# Gesamtverzeichnis des deutschsprachigen Schrifttums (GV) 1700 – 1910

Bearbeitet unter der Leitung von
Hilmar Schmuck und Willi Gorzny

Bibliographische und redaktionelle Beratung:
Hans Popst und Rainer Schöller

## 116

---

## Reink - Reus

K · G · Saur München · New York · London · Paris 1984

CIP-Kurztitelaufnahme der Deutschen Bibliothek

**Gesamtverzeichnis des deutschsprachigen Schrifttums** :
(GV). – München, New York, London, Paris : Saur.
Bd. 1 – 6 bearb. unter d. Leitung von Peter Geils
u. Willi Gorzny.
ISBN 3-598-30000-X

1700 – 1910 / bearb. unter d. Leitung von Hilmar
Schmuck u. Willi Gorzny. Bibliograph. u. red.
Beratung: Hans Popst u. Rainer Schöller

NE: Schmuck, Hilmar [Bearb.]

116. Reink - Reus. - 1984.


Techn. Realisierung und Druck: Norbert Gärtner, Mainz-Kastel
Binden: Karl Schaumann, Darmstadt
Printed in the Federal Republic of Germany
ISBN 3-598-30000-X (Gesamtwerk)

**Reinkarnation**, s. a. Handbücher, theosophische. IV.

**Reinkarnation.** Von e. Schüler d. Theosophie. Autor. Übers. d. Point Loma-Ausg. Nürnberg: Heller [1907]. VIII, 58 S. 8°
(Theosophische Handbücher [Theosophical Manuals]. 4.) [11. 6681

**Reinke** de Fos, s. Reineke Fuchs.

**Reinke** de Vos, s. Reineke Fuchs.

**Reinke, Loewentraut u. Brunzlow**, biblische Geschichten. Ausg. C des Religionsbuches f. evangel. Schulen. (XV, 119 S. m. 1 Karte.) 8. Berlin (905). Nicolai's Verl. Geb. n. — 60

**Reinke, Loewentraut u. Brunzlow**, biblische Geschichten. Ausg. C d. Religionsbuches f. evang. Schulen. 3. verb. Aufl. (XVIII, 142 S. m. 1 farb. Karte.) 8. Berlin (908). Nicolai's Verlag. Geb. — 70

**Reinke**, Hilfsbuch f. den Lese-Unterricht, s.: Wacker, K.

– Loewentraut und Brunzlow

— — — **Kirchengeschichte für evangelische Schulen.** (II. Tl. des Religionsbuches f. evangel. Schulen.) (IV, 57 S.) 8. Ebd. (904). n. — 40

— — — Kirchengeschichte. Ausg. D des Religionsbuches für evangel. Schulen. 3. verb. Aufl. (IV, 60 S.) 8. Ebd. (908). — 40

**Reinke, Loewentraut, Brunzlow**, Religionsbuch f. evangel. Schulen. Ausg. A f. mehrklass. Schulen, m. dem f. die Berliner Gemeinde-Schulen vorgeschriebenen Lehrstoffe. gr. 8. (XIX, 224 u. 4 S. m. 1 farb. Karte.) Berlin (902). Nicolai's Verl. Geb. in Leinw. n. 1. —

— — — dasselbe. Ausg. A f. mehrklass. Schulen, m. dem f. die Prov. Sachsen vorgeschriebenen Lehrstoffe. (XIX, 228 u. 4 S. m. 1 farb. Karte.) gr. 8. Ebd. (903). Geb. in Leinw. n. 1. —

— — — dasselbe. Ausg. A f. mehrklass. Schulen, m. dem für die Prov. Brandenburg vorgeschriebenen Lehrstoffe. (XIX, 224 S. m. 1 farb. Karte.) gr. 8. Ebd. (904). Geb. in Leinw. n. 1. —

— — — **Religionsbuch** f. evangelische Schulen. Ausg. A. 2. verb. Aufl. (XXIII, 242 S. m. 1 Karte.) 8. Ebd. (905). Geb. n. 1. —

— — — dasselbe. Ausg. B. (ohne Lernstoff). (XIX, 176 S. m. 1 Karte.) 8. Ebd. (905). Geb. n.n. — 90

— — — dasselbe. Ausg. B. 3. verb. Aufl. (XXII, 206 S. m. 1 farb. Karte.) 8. Ebd. (908). Geb. 1. 10

— — — dasselbe. Ausg. A. Prov. Brandenburg. 4. Aufl. (XXII, 251 S. m. 1 farb. Karte.) 8. Ebd. (910). Geb. 1. 20

— — — **Religionsbuch** für evang. Schulen. Ausg. A. Berlin. 9. Aufl. (XXII, 268 S. mit 1 farb. Karte.) 8. Ebd. (910). Geb. 1. 20

**Reinke,** Alwin, Referendar in Oldenburg i. Gr.: Die allgemeinen Grundsätze über die anfängliche Unmöglichkeit der Leistung. Borna-Leipzig 1905: R. Noske. (69 S.) 8° [F.]
Rostock, Jur. Fak., Ref. Matthiass, Diss. v. 20. März 1905
[Geb. 8. Okt. 77 Rechterfeld, Oldenbg.; Wohnort: Oldenburg i. Gr.; Staatsangeh.: Oldenburg; Vorbildung: Gymn. Vechta Reife M. 99; Studium: Freiburg i. B. 1, Kiel 3, Berlin 2 S.; Rig. 16. Dez. 04.]

**Reinke,** Anna, Schön Ellen. E. Novelle f. junge Mädchen. 12. (268 S.) Stuttgart 898. E. Barth. Geb. in Leinw. 4. —

Jugendchöre, dem HErrn zur Ehre! Eine Liedersammlung z. Sonntagsschul- u. Hausgebrauch. Hrsg. von C. **Reinke** u. E. Lissau. Mit Vorw. von P. [Ernst] Modersohn, Mülheim a. d. Ruhr. *Barmen: Montanus & Ehrenstein [1901].* (88 S.) 8° [F.] [02. 14976

**Reinke, C., u. E. Lissau,** Jugendchöre, dem HErrn zur Ehre! Eine Liedersammlg. zum Sonntagsschul- u. Hausgebrauch. Mit Vorwort v. Modersohn. 16. (92 S.) Barmen (901). Verlag „Des Königs Botschaft". Kart. n. — 25

**Reinke, E., die Vermögensverwaltung der Berufsgenossenschaften. Handbuch f. den prakt. Gebrauch. Unter Benutzg. amtl. Quellen hrsg.** (VIII, 342 S.) Lex.-8. Berlin-Grunewald 903. Gr.-Lichterfelde, Verlag der Arbeiterversorgg. A. Troschel. 8. —; geb. 9. 50; erm. Pr. n. 1. —

**Reinke, Frdr., Anatomie d. Menschen f. Studirende u. Ärzte. M. genauer Berücksicht. d. neuesten anatom. Nomenclatur.** (In 3 Lfgn.) 1. u. 2. Lfg. gr. 8. Wien 898. Urban & Schwarzenberg. à n. 4. —
1. Knochen, Bänder u. Muskeln. (202 S.)
2. Eingeweide u. Blutgefässe. (S. 203—386.)

**Reinke,** Frdr., Grundzüge der allgemeinen Anatomie. Zur Vorbereitung auf das Studium der Medizin nach biolog. Gesichtspunkten bearb. gr. 8. (XXII, 339 S. m. 64 Abb.) Wiesbaden 901. J. F. Bergmann. n. 7. 60

— kurzes Lehrbuch der Anatomie des Menschen f. Studirende u. Ärzte. Mit genauer Berücksicht. der neuesten anatom. Nomenclatur. 3. Abth. Nervenlehre. gr. 8. (XVI u. S. 395—597.) Wien 899. Urban & Schwarzenberg. n. 4. —; (kplt. n. 12. —; geb. n. 14. —)

**Reinke,** Friedrich [app. Arzt, Assist. an d. Anat. in Kiel]: Aus d. anatom. Anstalt in Kiel. Untersuchungen über das Verhältnis der von Arnold beschriebenen Kernformen zur Mitose und Amitose. . . . Kiel, Druck v. A. F. Jensen, 1891; 14 S., 1 Bl. 8°
Kiel, Med. Fak., Inaug.-Diss. v. [28. März] 1891

**Reinke,** Friedr. Untersuchungen üb. das Verhältnis der v. Arnold beschriebenen Kernformen zur Mitose u. Amitose. Diss. gr. 8. (14 S.) Kiel 891, (Gnevkow u. v. Gellhorn). 1 —

[Umschlagt.:] **Reinke,** Friedrich [Dr.]: Zellstudien . . . (Aus: Arch. f. mikr. Anat., Bd. 43.) [o. O.], *1893;* 377—422 S., 3 Taf. 8.
Rostock, Med. Fak., Hab.-Schr. v. 1893

**Reinke,** Georg: **Frankreich und Papst Johann XXIII.** *Heiligenstadt (Eichsfeld) (1900): F. W. Cordier.* (66 S.) 8°
Münster, Phil. Diss. v. [9. Aug.] 1900

Festschrift zum 40jährigen Bestehen des Vereins Stettiner Buchdrucker (V. d. D. B.). 1868. 1908. Hrsg. v. Vorstande. Verf. von Gust. **Reinke** 1. (Stettin 1908: Pasenow.) 85 S. 8° [09. 6269

Festschrift zur 500jährigen Geburtstagsfeier Johannes Gutenbergs im Jahre 1900. Im Auftr. d. Festausschusses verf. von Gustav **Reinke**. *Stettin 1900: F. Hessenland.* (44 S.) quer-4°
(Gutenberg-Feier Stettin 1900.) [00. 9536

**Reinke**, Johann Theodor

**Reinke,** J. T., Karte von den Mündungen der Elbe, Weser und Jahde und einem Theile der Nordsee. Auf Kosten der hamburger Commerz-Deputation herausg.; gez. von J. Koch; gest. von Fingerling u. Hagemann. 1798. (1802) . . . reduc. Weimar, Geogr. Inst., 1803. . . . . . . . . . . . . . . . . . . . . .

**Reinke,** Joh. Thdr, u. J. A. Lang, Karte von einem Theile der Nordsee, des Elbe-Stroms, der Mündung der Weser etc. auf Verlangen des Hamburgischen Commerz-Deputation aufgenommen im J. 1787. (Hamburg.) Hierzu: Beschreibung der Karte von einem Theile der Nordsee . . . 1787. . . . . . . . . . . . . . . . . . . . (HC.)

Lebensbeschreibung des Ernst Georg **Sonnin,** Baumeisters und Gelehrten in Hamburg. Hrgg. v. Johann Theodor Reinke. Mit Kupferstichen und Stein-Abdrücken. Hamburg. 1824. 8°.

**Reinke, J. T.,** über die parabol. Reflektoren u. deren Anwendung zu Nachtsignalen an d. Seeküsten, nach Woltmanns Abhandl. über das Verhältniß zwischen dem reflectirten u. simplen Lichte bei den engl. Reflectirlampen. 4. Hamb. 803. Bachmann. 3 ⁄⁄

**Reinke,** Johannes, s.a. R e i n c k e , J. T.

Abhandlungen über Flechten 1—5. Von Johannes **Reinke.** (Mit zahlreichen Abbildungen.) (Separat-Abdruck aus Pringsheims Jahrbüchern für wissenschaftliche Botanik. Bd. 26. Heft 3; Bd. 28. Heft 1 u. 3; Bd. 29, Heft 2.) Berlin. 1894—96. 8°.

**Reinke, J., morphologische Abhandlungen. Mit 7 lith. Taf. gr. 8. (VI, 122 S.) Leipzig 873. Engelmann. n. 6. —**

Johannes **Reinke:** Die braunen Algen (Fucaceen und Phaeosporeen) der Kieler Bucht. Separatabdruck aus den Berichten der Deutschen Botanischen Gesellschaft. Jg. 1888. Bd. 6, Heft 1. Berlin. 1888. 8°.

Johannes **Reinke:** Die braunen und rothen Algen von Helgoland. Sonderabdruck aus den Berichten der Deutschen Botanischen Gesellschaft. Jg. 1891. Bd. 9, Heft 8. Berlin. 1891. 8°.

Johannes **Reinke:** Einige neue braune und grüne Algen der Kieler Bucht. Separatabdruck aus den Berichten der Deutschen Botanischen Gesellschaft. Jg. 1888. Bd. 6, Heft 7. Berlin. 1888. 8°.

Zur Algenflora der westlichen Ostsee. Von Johannes **Reinke.** (Kiel und Leipzig. 1896.) Siehe in: Wissenschaftl. Meeresuntersuchungen, N. F., Bd. 1. Heft 2. 4° g.

Algenflora der westlichen Ostsee deutschen Antheils. Eine systematisch-pflanzengeographische Studie v. Johannes **Reinke.** Mit 8 Holzschnitten und 1 Vegetationskarte. Berlin. 1889. — 6. Bericht der Commission zur wissenschaftlichen Untersuchung der deutschen Meere in Kiel. Jg. 17—21. Heft 1. Fol.

**Reinke, J., Atlas deutscher Meeresalgen.** Im Auftrage d. königl. preuss. Ministeriums für Landwirthschaft, Domänen u. Forsten hrsg. im Interesse der Fischerei von der Kommission zur wissenschaftl. Untersuchg. der deutschen Meere. 1. Hft. In Verbindung mit F. Schütt u. P. Kuckuck bearb. Fol. (IV, 34 S. m. 25 farb. Steintaf.) Berlin 889. Parey. n. 30. —

**Reinke, J., Atlas deutscher Meeresalgen. Im Auftrage d. königl. preuss. Ministeriums f. Landwirthschaft, Domänen u. Forsten hrsg. im Interesse der Fischerei v. der Kommission zur wissenschaftl. Untersuchg. der deutschen Meere. 2. Hft. 5 Lfgn. In Verbindg. m. P. Kuckuck bearb. Fol. (IV u. S. 35—70 m. 25 Taf.) Berlin 891. 892. P. Parey. n. 30. — (kplt.: n. 60. —)**

**— Beiträge zur vergleichenden Anatomie u. Morphologie der Sphacelariaceen, s.: Bibliotheca botanica.**

**— s.: Bericht, 6., der Kommission zur wissenschaftl. Untersuchg. der deutschen Meere.**

Über Caulerpa. Ein Beitrag z. Biologie d. Meeres-Organismen. Von J[ohannes] **Reinke.** *(Kiel & Leipzig: Lipsius & Tischer 1900.)* (96 S.) 4°
= **Meeresuntersuchungen,** Wissenschaftl. N. F. Bd 5, H. 1. [00. 3987

Ueber Deformation von Pflanzen durch äußere Einflüsse. Von J[ohannes] **Reinke.** Mit 1 Taf. *Leipzig: A. Felix 1904.* (S. 81—112.) 4°
**Zeitung,** Botanische. Jg. 62, Abth. 1, H. 5/6. [04. 9080

**Reinke, J., Einleitung in die theoretische Biologie. gr. 8. (XV, 637 S. m. 83 Abbildgn.) Berlin 901. Gebr. Paetel. n. 16. —; geb. in Halbfrz. n. 18. —**

**— die Entwicklung der Naturwissenschaften, insbesondere der Biologie im 19. Jahrh.** Rede zur Feier **des Jahrhundertwechsels, geb. am 13. I.** 1900 in der **Aula der Universität zu Kiel. gr. 8.** (21 S.) Kiel 900. Universitäts-Buchh. n. 1. 40

**Reinke, J., die Entwickelungsgeschichte der Dünen an der Westküste v. Schleswig. (15 S. m. Abbildgn.) gr. 8. Berlin 903. (G. Reimer.) n. — 50**
**Sonderabdruck aus: „Sitzungsber. d. preuss. Akad. d. Wiss."**

**Reinke, Iohannes: Dissertatio** patrio sermone scripta de **evolutione comparativa Laminariacearum. (Nebent.: Studien zur vergleichenden Entwicklungsgeschichte der Laminariaceen.)** *Kiliae: Lipsius & Tischer 1903.* (67 S.) 8°
Kiel, Progr. zum Geburtstage d. Kaisers 1903

Eine botanische Expedition in der Nordsee v. Johannes **Reinke.** (Berlin. 1893.) Siehe in: 6. Bericht der Commission zur wissenschaftlichen Untersuchung der deutschen Meere in Kiel. Jg. 17—21. Heft 3. Fol.

Die Flora von Helgoland. Von Johannes **Reinke.** Separatabdruck aus: Deutsche Rundschau. Hrgg. v. Julius Rodenberg. Jg. 17. Heft 12. September 1891. Berlin. 8°.

Johannes **Reinke:** Über Gäste der Ostseeflora. Sonderabdruck aus den Berichten d. Deutschen Botan. Gesellschaft. Jg. 1892. Bd. 10. Heft 1. Berlin. 1892. 8°.

**Johannes Reinke:** Ueber die Gestalt der Chromatophoren bei einigen Phäosporeen. Separatabdruck aus den Berichten d. Deutschen Botan. Gesellschaft, Jg. 1888, Bd. 6, Heft 6. Berlin. 1888. 8°.

**Reinke, Joh., Grundzüge der Biologie für Unterrichtsanstalten u. z. Selbstbelehrung. (IV, 179 S. m. Abb.) gr. 8. Heilbronn 909. E. Salzer. 2.—; geb. 2.80**

Die ostfriesischen Inseln. Studien über Küstenbildung u. Küstenzerstörung. Von J[ohannes] **Reinke.** Mit 143 Abb. Kiel: (Lipsius & Tischer) 1909. 79 S. 4°
(Wissenschaftl. Meeresuntersuchungen. N. F. Bd 10, Erg H. Abt. Kiel.) [09. 9330 3

**Reinke,** Johannes: Die K o h l e n s t o f f a s s i m i l a t i o n im chlorophyllosen Protoplasma, s. U n t e r s u c h u n g e n aus dem botan. Laboratorium der Universität Göttingen.

**Reinke, J.,** Lehrbuch der allgemeinen Botanik mit Einschluss der Pflanzenphysiologie. Für den Gebrauch der Studirenden an Universitäten u. Akademieen, sowie zum Selbstunterricht bearb. Mit 295 (eingedr.) Orig.-Holzschn. u. einer Taf. in Farbendr. gr. 8. (XVI, 584 S.) Berlin 880. Parey. n. 12. —

**— Haeckels Monismus u. seine Freunde. Ein freies Wort für freie Wissenschaft. 1.—6. Taus. (39 S.) gr. 8. Leipzig 907. J. A. Barth. — 50**

**— Die Natur u. Wir. Leichtverständl. Aufzeichngn. 1. u. 2. Aufl. (238 S.) 8. Berlin 907. 08. Gebr. Paetel. 5.—; geb. in Leinw. 6. —**

**— Naturwissenschaft u. Religion. Hrsg. v. der Gesellschaft f. Naturwissenschaften u. Psychologie. (20 S.) gr. 8. München 907. Isaria-Verlag. — 30**

**— Neues vom Haeckelismus. Eine Antwort u. Abwehr. (33 S.) 8. Heilbronn 908. E. Salzer. — 50**

**— Philosophie der Botanik, s. Bibliothek, natur- u. kulturphilosophische. 1. Bd.**

Philosophie der Botanik von Dr. J[ohannes] **Reinke.** Prof. Leipzig: J. A. Barth 1905. (VI, 201 S.) 8°
= **Bibliothek,** Natur- u. kulturphilosophische. Bd 1. [05. 1272

Soll und Haben in der Natur. Ein Beitrag zur Physiologie des Kosmos v. Johannes **Reinke.** Separatabdruck aus: Deutsche Rundschau, Jg. 20. Heft 9. Berlin. 1894. 8°.

Die Stellung der Naturwissenschaft zur Religion. Von Dr. J[ohannes] **Reinke**, Prof. in Kiel. *o. O. [um 1900].* (20 S.) 8° [F.] [09. 409 4

Botanisch-geologische Streifzüge an den Küsten des Herzogtums Schleswig. Von J[ohannes] Reinke. Mit 257 Abb. *(Kiel & Leipzig: Lipsius & Tischer 1903.)* (157 S.) 4°
= Meeresuntersuchungen, Wissenschaftliche. N.F. Bd 8. Erg.H. Abt. Kiel. [03. 15758

— W. Kulemann, O. Beck, die religionsfeindlichen Strömungen der Gegenwart. Referate auf dem 20. deutschen Protestantentage in Hamburg. gr. 8. (III, 62 S.) Berlin 899. C. A. Schwetschke & Sohn. n. 1. —

— **Studien zur vergleichenden Entwicklungsgeschichte der Laminariaceen.** (67 S. m. Abbildgn.) gr. 8. Kiel 903. Lipsius & Tischer. n. 1. —

Reinke, Johannes u. H. Rodewald: Studien über das Protoplasma, s. Untersuchungen aus dem botanischen Laboratorium der Universität Göttingen.

Reinke, Johannes: Über Turgescenz u. Vacuolenbildung im Protoplasma, s. Untersuchungen aus dem botan. Laboratorium der Universität Göttingen.

Johannes **Reinke**: Uebersicht der bisher bekannten Sphacelariaceen. Separatabdruck aus den Berichten d. Deutschen Botan. Gesellschaft, Jg. 1890, Bd. 8, Heft 7. Berlin. 1890. 8°.

Die preussischen Universitäten im Lichte der Gegenwart. Rede gehalten bei Antritt des Rektorats der Christian-Albrechts-Universität in Kiel am 5. März 1891 von *Johannes* **Reinke**. Kiel, Univ.-Buchh. (P. Toeche), 1891; 23 S. 8°

— entwicklungsgeschichtliche Untersuchungen über die Cutleriaceen des Golfs von Neapel. [Aus: „Nova acta d. kaiserl. Leop.-Carol.-Deutschen Akad. d. Naturforscher".] Mit 4 lith. Taf. gr. 4. (40 S.) Dresden 878. Leipzig, Engelmann in Comm. n. 4. —

— entwicklungsgeschichtliche Untersuchungen über die Dictyotaceen des Golfs von Neapel. [Aus: „Nova acta d. kaiserl. Leop.-Carol.-Deutschen Akad. d. Naturforscher".] Mit 7 lith. Taf. gr. 4. (56 S.) Ebend. 878. n. 6. —

Untersuchungen über den Pflanzenwuchs in der östlichen Ostsee. Von J[ohannes] Reinke. [Th.] 1. *Kiel & Leipzig: Lipsius & Tischer 1897.* 4.
= Meeresuntersuchungen, Wissenschaftliche. N. F. Bd 2. H. 2, [2.] [97. 3004

—— Untersuchungen über die Quellung einiger vegetabilischer Substanzen, s. Abhandlungen, botanische, aus dem Gebiet der Morphologie und Physiologie.

— **Untersuchungen üb. Wachsthumsgeschichte der Phanerogamen**, s.: Abhandlungen, botanische.

Verzeichniss der von Prof. Brandt in der Ostsee vom 13. bis 22. September 1887 gesammelten, mit dem Netze an Steinen oder in frisch abgerissenen Exemplaren heraufbeförderten Algen v. Johannes **Reinke.** (Berlin. 1890.) Siehe in: 6. Bericht der Commission zur wissenschaftlichen Untersuchung der deutschen Meere in Kiel. Jg. 17—21. Heft 2. Fol.

Reinke, Johannes u. L. Kretschmar: Üb. das Vorkommen u. die Verbreitg. flüchtiger reducirender Substanzen im Pflanzenreiche, s. Untersuchungen aus dem botan. Laboratorium der Universität Göttingen.

**Reinke,** J[ohannes]: Naturwissenschaftliche Vorträge für die Gebildeten aller Stände. H. 1—6. Heilbronn 1907—1911. 8°
*[Mehr nicht erschienen.]*

— Naturwissenschaftl. **Vorträge** f. die Gebildeten aller Stände. 1.—5. Heft. (I. Ser. 4 Hefte u. II. Ser. 1 Heft.) (III, 71; III, 80; III, 78; III, 64 u. 78 S.) 8. Ebd. 907—10. à 1.—; kart. à 1.50

— dasselbe. 2. Aufl. (293 S.) 8. Ebd. 908. 4.—; geb. 5.—

— die **Welt** als That. Umrisse e. Weltansicht auf naturwissenschaftl. Grundlage. 2. Aufl. gr. 8. (VIII, 504 S.) Berlin 901. Gebr. Paetel. n. 10.—; geb. in Halbfrz. n. 12.—
1. Aufl. (IV, 483 S.) Ebd. 899. n. 10. —; geb. n. 12. —.

— die **Welt** als Tat. Umrisse e. Weltansicht auf naturwissenschaftl. Grundlage. 4. Aufl. Mit 6 Abbildgn. im Text u. 1 Portr. in Lichtdr. (506 S.) gr. 8. Berlin 903. Gebr. Paetel. · n. 10. —; geb. in Halbfrz. n. 12. —
3. Aufl. (XIII, 491 S.) 903. n. 10. —; geb. n. 12. —.

—— und G. Berthold, die Zersetzung der Kartoffel durch Pilze, s. Untersuchungen aus dem botanischen Laboratorium der Universität Göttingen.

Reinke, J., und G. **Berthold**: Die Zersetzung der Kartoffel durch Pilze. Berlin 1879

Reinke (J.). Ueber die Zusammensetzung der Protoplasma von Aethalium septicum. Vorlaeufige Mittheilung, als MS. gedruckt. Goettingen, [1880]. 8°.

**Reinke,** Joseph, (Kaplan u. Kand. d. höh. Schulamtes): J. G. Herder als Übersetzer altdeutscher Gedichte. *Münster i. W. 1902: Westfäl. Vereinsdruckerei.* (64 S.) 8° [F.]
Münster, Phil. Diss. v. (20. Dez.) 1902

**Reinke,** Julius Frid. (geb. Stralsund 28. 12. 1817): De chorea St. Viti. Berolini (1842). (30 S.) 8°
Berlin, Med. Diss. v. 14. Apr. 1842

**Reinke, Laurenz.** Philologisch-historische Abhandlung über den Gottesnamen Jehova. Beiträge zur Erklärung des A. Testam. Münster, Coppenrath, 1855, Bd. III, S. 3—143.

**Reinke, Laurenz.** Beiträge zur Erklärung des A. Test. 1851—1872, 8 Bde, gr. 8°.
Bd. I: Münster, Coppenrath, 1851, VII u. 532 S., 6 Mk.
Bd. II: Ebendas., 1853, X u. 584 S., 6,80 Mk.
Bd. III: Ebendas., 1855, XII u. 406 S., 5,75 Mk.
Bd. IV: Ebendas., 1855, XI u. 497 S., 6,20 Mk.
Bd. V: Ebendas., Theissing, VI u. 385 S., 6 Mk.
Diese 5 Bände recens. Litter. Handw. 1864, S. 18—21. (Tübing.) Theol. Quartalschr. 1853, S. 603—618 (Bd. I u. II); 1855, S. 658—665 (Bd. III); 1856, S. 322—331 (Bd IV).
Bd. VI: Münster, Theissing, 1864, VII u. 500 S., 7 Mk.
Bd. VII: Münster, Niemann, 1866, XIII u. 340 S., 6 Mk.
Bd. VIII: Gießen, Roth, 1872, VII u. 257 S., 4,50 Mk.

**Reinke,** Laur., Beiträge zur Erklärung des alten Testamentes. Drei Abhandlungen. 1. Die Schwierigkeiten u. Widersprüche mancher Zahlangaben in den Büchern des alten Testamentes u. deren Entstehung u. Lösung. 2. Ueber das Recht der Israeliten an Canaan u. über die Ursache seiner Eroberung u. der Vertilgung seiner Einwohner durch die Israeliten u. die verschied. Erklärungsversuche darüber. 3. Ueber das Gelübde Jephta's Richt. 11, 30—40. gr. 8. (VIII u. 532 S.) Münster 851, Coppenrath. n. 2 ℔

**Reinke,** Laur., Beiträge zur Erklärung des alten Testamentes, 2. Bd., enthltd. I. Eine allgemeine Einleitung in die Weissagungen, insbesondere in die messianischen Verheissungen und Weissagungen und über die vorgeblich nichterfüllten Weissagungen des alten Testamentes. II. Zwei exegetisch-historische Abhandlungen: 1) Ueber das Protevangelium 1. Mos. 3, 15. 2) Ueber die messianische Weissagung vom unblutigen Opfer des neuen Bundes Mal. 1, 11. III. Bemerkungen, als Anhang zum 1. Bde. der Beiträge. Münster 853. Coppenrath. gr. 8. (X, 584 S.) n. 2 ℔. 8 ngr.

— — 3. Bd., enthltd. fünf Abhandlungen. Münster 855. Coppenrath. gr. 8. (XII, 406 S.) n. 1 ℔. 20 ngr.

— — 4. Bd., enthltd. die messian. Verheissungen und Weissagungen in den histor. Büchern des alten Testamentes als Fortsetzung von 1. Mos. 3, 15 und 49, 8—10 exeget.-kritisch und historisch behandelt. Münster 855. Coppenrath. gr. 8. (XI, 499 S.) n. 1 ℛ. 20 ngr.

Reinke, Laur., Beiträge zur Erklärung des alten Testamentes. 5. und 6. Bd. gr. 8. Münster, Theissing'sche Buchh. *

Inhalt:

Bd. 5. Elf Abhandlungen, exegetisch-kritisch und historisch behandelt: 1. Ueber die Zeitdauer der Schöpfungstage 1 Mos. Kap. 1. 2. Abhandlung über das Tohu-wa-Bohu des A. T. 1 Mos. 1, 2. 3. Ueber die Worte Gottes 1 Mos. 1, 26: Lasst uns Menschen machen etc. 4. Ueber die Anrufung des Namens „Jehova" 1 Mos. 4, 26. 5. Die Ehen der Söhne Gottes mit den Töchtern der Menschen 1 Mos. 6, 1—4. 6. Beantwortung der Frage, ob die Uebereinstimmung der Sprache im Pentateuch mit der Sprache der mehrere Jahrhunderte später geschriebenen Bücher des A. T. die nachmosaische Abfassung derselben beweise. 7. Ueber die Schreibekunst bei den Hebräern im mosaischen und vor- und nachmosaischen Zeitalter. 8. Ueber das Dasein des Glaubens der Hebräer an die Unsterblichkeit der Seele im mosaischen Zeitalter. 9. Die Verhärtung Pharao's. 10. Das Manna der Israeliten nebst Beurtheilung der verschiedenen Ansichten über dasselbe. 11. Beantwortung der Frage, ob der Gottesname Elohim im A. T. auch Engel bedeute. (VII und 387 S.) 863. * 2 Thlr.

» 6. enth. die Echtheit des Propheten Sacharja und den Charakter der alten unmittelbaren Uebersetzungen, nebst Grundtext, Uebersetzung und einem philologisch-krit. und histor. Commentar des nichtmessian. Theiles desselben. (VIII und 472 S.) 864. * 2 Thlr. 10 Ngr.

—— dass. — 7. Bd. gr. 8. Münster 866, Niemann. *

Inhalt:

Die Veränderungen des hebräischen Urtextes des alten Testamentes und die Ursachen der Abweichungen der alten unmittelbaren Uebersetzungen unter sich und vom masoret. Texte nebst Berichtigung und Ergänzung beider. (XIII und 340 S.)

1.—4. Bd. Ebendas. 1851—56, Coppenrath'sche Buchh. * 7 Thlr. 25⅓ Ngr.

Reinke, Laur., Beiträge zur Erklärung d. alten Testamentes. 8. u. 9. Bd. gr. 8. Giessen 874. 75. Roth. n. 8. 50; 1—9.: n. 51. 5

8. Enth. 11 Abhandlgn., exegetisch-kritisch u. historisch behandelt. (VII, 257 S.) n. 4. 50

9. Der Prophet Micha. Einleitung, Grundtext u. Uebersetzg. nebst e. vollständ. philologisch-krit. u. histor. Commentar. (222 S.) n. 4. —

Reinke, Laur., De Geneseos cap. IX. 25—27. Programma ad indicendas lectiones semestris aestivi anni 1832. in academia Monasteriensi.

Reinke, L., Die Echtheit des Propheten Sacharja und der Charakter der alten unmittelbaren Übersetzungen, nebst Grundtext, Übersetzung und einem philologisch-kritischen und historischen Kommentar des nicht messianischen Teiles desselben. Münster, Theissing, 1864, 8°, VIII u. 472 S., 6 Mk.

Recens. von Hülskamp, Litt. Handw. 1867, S. 297—298; von Friedhoff, Wiener Allg. Litt.-Ztg., Jahrg. 12, Nro 22.

Reinke, Laur., Exegesis critica in Jesaiae cap. 52, 13—53, 12, seu de Messia expiatore passuro et morituro commentatio. Adiecta est dissertatio de divina Messiae natura in libris sacris Vet. Testamenti. Münster, Theissing, 1836, gr. 8°, herabgesetzter Preis 4,50 Mk.

Recens. Katholik 1837, Bd. 65, S. 182—186.

Reinke, Laur., Exegesis critica in Jesaiae cap. 11. 2.—4., seu de gentium conversione in Vet. Test. praedicta eiusque effectibus. Münster, Theissing, 1838, gr. 8°, 8¼ Bg., 2 Mk.

Recens. (Mainzer) Katholik 1839, Bd. 74, S. 111 f.

—— der Prophet Habakuk. Einleitung, Grundtext und Uebersetzung nebst einem vollständ. philologisch-krit. und histor. Commentar. gr. 8. (VIII, 172 S.) Brixen 870, Weger's Buchh. *

—— der Prophet Haggai. Einleitung, Grundtext und Uebersetzung nebst einem vollständ. philologisch-krit. und histor. Commentar. gr. 8. (VIII, 117 S.) Münster 868, Niemann. *

Reinke, Laur. (jun.), Die Juden im 19. Jahrhundert. Münster, Niemann, 1866.

—— zur Kritik der älteren Versionen der Propheten Nahum. gr. 8. (XI und 70 S.) Münster 867, Niemann. *

— der Prophet Malachi. Einleitung, Grundtext u. Uebersetzung nebst einem vollständ. philolog.-krit. u. histor. Commentar. Giessen 856. Ferber. gr. 8. (XVI, 630 S.) n. 3 ℛ.

Reinke, Laur., Der Prophet Micha. Einleitung, Grundtext und Übersetzung nebst einem vollständigen philologisch-kritischen und historischen Kommentar. Gießen, Roth, 1874, gr. 8°, 222 S., 4 Mk. (9. Bd. der Beiträge z. Erklär. d. A. T.)

Recens. von Danko, Litt. Rundsch. 1875, S. 41—42.

— der Orden Unserer Frau von Sion. Münster 865. Regensberg. 16. (VI, 84 S. mit 1 Steintaf.) n. 7½ ngr.

—— aus dem Orient. 16. (340 S.) Münster 864, Theissing'sche Buchh. *

—— der Protestantismus im Orient. Ein Beitrag zum Verständniß der religiösen Frage des Orients, zugleich als Replik an den evangel. Pfarrer Andreae zu Reheim. gr. 8. (XV und 147 S.) Münster 867, Niemann. *

Reinke, Laur., die messianischen Psalmen. Einleitung, Grundtext und Uebersetzung nebst einem philologisch-krit. und histor. Commentar. 1. Bd. gr. 8. (VIII und 450 S.) Giessen 857, Ferber'sche Universitäts-Buchh.

—— dass. — 2. Bd. in 2 Abthlgn. nebst einem Anhang. gr. 8. Ebendas. [1. Abthl. (252 S.) 857. * 1 Thlr. 6 Ngr., 2. Abthl. (XIII und 316 S.) 858. * 1 Thlr. 20 Ngr.]

Reinke, Laurent. (junior), Rudimenta linguae Hebraicae. Accedunt loci selecti cum indice vocabulorum. Münster, Theissing, 1861, 4°, 64 S., 1,60 Mk.

—— die Schöpfung der Welt. gr. 8. (VIII und 309 S.) Münster 859, Coppenrath'sche Buchh.

— die freie Theilbarkeit des Grundbesitzes ein Unglück für Volk u. Staat. Ein Mahnruf an alle Grundbesitzer im Oldenburg. Münsterlande. Vechta 866. (Münster, Niemann.) gr. 8. (IV, 44 S.) n. 5 ngr.

Reinke, Laur., Die Veränderungen des hebräischen Urtextes des Alten Testamentes und die Ursachen der Abweichungen der alten unmittelbaren Übersetzungen unter sich und vom masorethischen Texte nebst der Berichtigung und Ergänzung beider. Münster, Niemann, 1866, XIII u. 340 S., 6 Mk.

Reinke, Laur., die Weissagung Jacobs über das zukünftige glückliche Loos des Stammes Juda und dessen grossen Nachkommen Schilo. 1 Mos. 49, 8—12. Eine exegetisch-histor. Abhandlung. gr. 8. (VIII und 226 S.) Münster 849, Coppenrathsche Buchh. *

—— die Weissagung von der Jungfrau und vom Immanuel Jes. 7, 14—16. Eine exeget.-histor. Untersuchung. gr. 8. (IV und 429 S.) Münster 848, Coppenrathsche Buchh. *

— die messianischen Weissagungen bei den grossen und kleinen Propheten des Alten Testaments. Einleitung, Grundtext und Uebersetzung nebst einem philologisch-kritischen u. historischen Commentar. 4 Bde. Giessen 859—62. Ferber. (Roth.) gr. 8. n. 10 ℛ

1. Bd.: Den Commentar über die messianischen Weissagungen im 1. Theil des Propheten Jesaia enth. (VIII, 431 S.) n. 2 ℛ

2. Bd.: Commentar über die messianischen Weissagungen im 2. Theile des Propheten Jesaia Kap. 40—66, nebst einem Anhang über die Echtheit des Buches Jesaia. (VII, 556 S.) n. 2 ℛ

3. Bd.: Commentar über die messianischen Weissagungen der Propheten Hosea, Joel, Amos, Obadia, Micha, Habakuk, Zephania und Jeremia. (VII, 604 S.) n. 2 ℛ

4. Bd. 1. Hälfte: Commentar über die messianischen Weissagungen der Propheten Ezechiel, Daniel und Haggai. (VIII, 440 S.) n. 2 ℛ

4. Bd. 2. Hälfte: Commentar über die messianischen Weissagungen der Propheten Sacharja und Maleachi. (VIII, 409 S.) n. 2 ℛ

—— der Prophet Zephanja. Einleitung, Grundtext und Uebersetzung nebst einem vollständ. philologisch-krit. und histor. Commentar. gr. 8. (VIII, 144 S.) Ebendas. 868. *

— kurze Zusammenstellung aller Abweichungen vom hebräischen Texte in der Psalmenübersetzung der LXX und Vulgata, verglichen mit der latein. Uebersetzung des h. Hieronymus u. dem hebr. Texte, nebst e. deutschen Uebersetzung desselben u. krit. Erläuterungen. (Abdr. aus den messian. Psalmen.) Giessen 858. Ferber. gr. 8. (IX, 314 S.) n. 1 *ℛ* 20 *ngr.*

**Reinke**, Max, Lehrbuch der Scheithauer'schen Volks-Stenographie in schulgem. Form z. Selbstunterrichte, sow. zum Gebrauche in Schulen. gr. 8. (16 S.) Berlin 896. Schwerte, P. Liese. n. — 60

Herzogliche Technische Hochschule Carolo-Wilhelmina zu Braunschweig. Einführung und Rede des Rektors Professor Dr. **Otto Reinke** (Über die Entwicklung der landwirtschaftlich-chemischen Technik und deren wichtige Beziehungen zu den technischen Hochschulen) sowie die öffentliche Preisverteilungsfeier am 6. Dezember 1907. 1908. 20 S. 8⁰

**Reinke**, Steph., Jugendlektüre u. Schüler-Bibliotheken, s.: Herold, Heinr.

-- Wanderungen in Gottes Natur, s.a Für Mußestunden. I, 1.

**Reinke**, Steph., Wanderungen in Gottes Natur. Lebensbilder f. d. Jugend u. ihre Freunde. gr. 8. (VIII, 183 S. m. Abb.) Münster 895. H. Schöningh. n. 2. —; geb. n. 2. 50

**Reinke**, Steph., Wanderungen in Gottes Natur. Lebensbilder f. die Jugend u. ihre Freunde. 2. verm. Aufl. (VIII, 204 S. m. Abbildgn. u. Titelbild.) 8. Münster 905. H. Schöningh. n. 1. 60; geb. in Leinw. n. 2. 25

Reinke, Thdr., Lineamenta veri zum Beweise des Heilsgrundes wider den Zweifel. 8. (36 S.) Stavenhagen 879, Beholtz. *

[Reinke, W.], Karte der Unter-Ems von hoher See bis Papenburg mit Darstellung und Beschreibung des neuen Beleuchtungsplanes für die Unter-Ems. Emden 1883.

**Reinke**, W., und H. Holsten, neuester Plan der Stadt Emden mit der projektierten Hafenerweiterung für den Schiffahrtskanal von Dortmund nach den Emshäfen, den beiden Poldern und den beiden neuen Schleusen: Seeschleuse bei Nesserland und Kesselschleuse des Ems-Jade-Kanals. Nach dem Wigger'schen Stadtplan und den Katasterkarten bearb. 2 Bl. Chromolithogr. Imp.-Fol. Emden 888, Haynel.

Zur Charakteristik der primären bronchitis fibri chronica. Von Werner **Reinke**. Greifswald 1886: Abel. 25 S., 1 Taf. 8⁰
Leipzig. Med. Diss., 24.3.1886.

**Reinke**, Wilhelm, approb. Arzt. Aus d. pathol. Institut zu Rostock. Ein Fall von primärem Pankreas-Karzinom. *Rostock 1904: Adlers Erben.* (37 S.) 8°
Rostock, Med. Diss. v. [10. Febr.] 1904

**Reinke**, Wilh., Organisation u. Lehrplan der mehrstuf. Volksschule nach d. Forderungen d. Gegenwart. gr. 8. (128 S.) Berlin 896. L. Oehmigke's Verl. n. 1. 60

**Reinke**, Wilh., die Organisation mehrklassiger Volksschulen. Vortrag, geh. in der Generalversammlg. des preuss. Rektoren-Vereins. 8. (47 S.) Berlin 900. Nicolai's Verl. n. — 60

— d. Unterweisg. u. Erziehg. schwachsinniger (schwachbefähigter) Kinder. Bericht üb. e. im Auftr. d. „Diesterweg-Stiftg. zu Berlin" unternomm. Reise zur Besichtigg. v. Schulen f. schwachsinn. Kinder in ein. Städten Deutschlands. gr. 8. (96 S.) Ebd. 897 n. 2. —

Reinkens, Bischof, und seine Helfer, s. Rotert, F.

Reinkens, Hubert Joseph, s. Reinkens, Joseph Hubert

**Reinkens**, J., das Mädchen aus Böhmen. Idyllisches Epos. Trier 870. Lintz' Verl. 8. (79 S.) n. 12 *ngr.*

**Reinkens**, Joseph Hubert

**Reinkens**, Josephus Hubertus: Anecdota sintne scripta a Procopio Caesariensi, inquiritur. Vratislaviae 1858. (29 S.) 8°
Breslau, Kath.-theol. Fak., Antr.-Progr. als ord. Prof. v. 10. Juli 1858

**Reinkens**, Jos. Hubert, Aristoteles über Kunst, besonders über Tragödie. Exegetische u. krit. Untersuchungen. Wien 870. W. Braumüller. gr. 8. (IX, 339 S.) n. 2 *ℛ* 20 *ngr.*

Reinkens, Jos. Hub., deutsche Bischöfe vor 100 Jahren und jetzt. Vortrag, gehalten am 9. März 1884, dem zehnten Jahrestage der Konstituierung der [alt-]kathol. Gemeinde zu Heidelberg. gr. 8. (29 S.) Heidelberg 884, Weiß' Verlag. *

Reinkens, Jos. (Hub.) Clemens von Rom. Nebst drei kleineren Legenden. 8. (III und 256 S.) Breslau 855, Aderholz. *

**Reinkens**, Hub. Jos., de Clemente presbytero Alexandrino homine, scriptore, philosopho, theologo liber. gr. 8. (X u. 358 S.) Vratislaviae 851, G. P. Aderholz. 1⅔ *ℛ*

REINKENS, Hubert Joseph (Burtscheid): De Clemente Presbytero Alexandrino theologo.- Vratislaviae: Mischkowsky 1849. 1 Bl., 48 S.
8.8.1849 - Urk (Titel: De Clemente Alexandrino theologo.); F 44
Diss.Ingolst.-Landsh.-Mchn.

**Reinkens**, Jos. Hub., die päpstlichen Decrete vom 18. Juli 1870. I—VI. 8. Münster 871. Brunn. à n. — 50
I. Der Universal-Bischof im Verhältniß zur Offenbarung. Nach Gregor dem Großen u. Pius IX. in Vergleich gestellt. (31 S.)
II. Die Traditionsregel der alten Kirche u. die moderne päpstliche Unfehlbarkeit verglichen. (64 S.)
III. Die Unregelmäßigkeit u. Unfreiheit d. vatican. Concils. (92 S.)
IV. Die Unterwerfung der deutschen Bischöfe zu Fulda. In ihren Gründen geprüft. (95 S.)
V. Glaube u. Unterwerfung. In ihrem Unterschiede dargestellt. (53 S.)
VI. Die Infallibilisten u. der moderne Staat. In ihrer Unverträglichkeit nachgewiesen. (75 S.)

—— Melchior v. Diepenbrock. Ein Zeit- und Lebensbild. Mit dem Portr. Diepenbrock's in Orig.-Radirung. gr. 8. (VIII, 499 S.) Leipzig 881, Fernau. *

Reinkens, Jos. Hub., über Einheit der kathol. Kirche. Einige Studien. 8. (VII, 160 S.) Würzburg 877, Stahel'sche Buchh. *

Reinkens, Jos. Hub., die Einsiedler des heil. Hieronymus. In freier Bearbeitung dargestellt. gr. 8. (XLI und 306 S.) Schaffhausen 864, Hurter'sche Buchh.

Festrede des Bischofs (Josef Hubert) **Reinkens** zur Feier des 20jährigen Bestehens der altkatholischen Gemeinde in Köln 1892, zugl. Firmungspredigt. Nach stenogr. Aufnahme durchges. Bonn (1892): J. Bach Wwe. (19 S.) 8° [K.] (e5. 1283) 10

— meine Festschrift zur Jubelfeier der Breslauer Universität u. die gegen mich gerichtete Bewegung im schlesischen Clerus. Eine Vertheidigungsschrift. Breslau 861. Gosohorsky. gr. 8. (VIII, 52 S.) n. 10 ngr.

Reinkens, Josephus: De fide et γνώσει Clementis presbyteri Alexandrini. Vratislaviae (1850). (38 S.) 8° *[Wieder-abgedr. in d. Verf. 1851 bei Aderholz in Breslau erschien. Buche: „De Clemente presbytero Alexandrino homine, scriptore, philosopho, theologo liber".]*
Breslau, Kath.-theol. Fak., Hab.-Schr. v. 29. Apr. 1850

—— die Flucht des Hrn. Dr. Friedrich Julius Stahl vor dem Principien-Kampfe. Anerkannt und gewürdigt. gr. 8. (32 S.) Breslau 854, Aderholz. *

—— Gedächtnißrede auf des hochsel. Königs Friedrich Wilhelm IV. Majestät, gehalten am 17. Febr. 1861 zu Breslau in der Pfarrkirche zu St. Maria auf dem Sande. gr. 8. (15 S.) Breslau 861, Aderholz.

—— die Geschichtsphilosophie des heiligen Augustinus. Mit einer Kritik der Beweisführung des Materialismus gegen die Existenz des Geistes. Rede, gehalten bei der Uebernahme des Rektorats der Universität Breslau am 15. Octbr. 1865. gr. 8. (IV und 41 S.) Schaffhausen 866, Hurter'sche Buchh.

—— Luise Hensel und ihre Lieder. 1. und 2. unveränd. Abdr. gr. 16. (VIII, 255 S.) Bonn 877, Neusser. *
geb. mit Goldschn. *

—— Hilarius v. Poitiers. Eine Monographie. Lex.-8. (XL und 359 S.) Schaffhausen 864, Hurter'sche Buchh. *

— über die Hindernisse und Hoffnungen der altkatholischen Bewegung. Rede geh. auf dem Alt-Katholiken-Congress zu Köln am 22. Sept. 1872. gr. 8. (19 S.) Leipzig 873. Mayer. — 30

— Hirtenbrief. gr. 8. (20 S.) Bonn 873. Neusser. n. — 50

—— Hirtenbrief vom 20. Febr. 1875. Autoris. Ausg. gr. 8. (15 S.) Ebendas. 875.

[J. u. Ant.] Hirtenbriefe v. Dr. Joseph Hubert Reinkens, kathol. Bischof d. Altkatholiken d. Deutschen Reichs. Nach dessen Tode hrsg. v. d. Synodal-Repräsentanz. *Bonn: (Buchdr. v. K. Drobning) 1897.* (XV, 219 S.) 1 Bd 8.

— ist an die Stelle Christi für uns der Papst getreten? Rede geh. in der Versammlg. d. kathol. Reform-Vereins zu Würzburg am 30. März 1873. gr. 8. (24 S.) Würzburg 873. Stahel. n. — 35

**Reinkens, J. H., katholisch, nicht päpstlich. 6 Vorträge, geh. in den Tagen vom 1. bis 12. XII. 1872. Mit einem Vorwort v. Eduard Herzog. Hrsg. vom christl.-kathol. Preßkomitee. (88 S.) gr. 8. Olten 903. (Aarau, H. R. Sauerländer & Co.) — 80**

—— Kniefall und Fall des Bischofs Wilh. Em. Freiherrn v. Ketteler gewürdigt. 1.—3. unveränd. Abdr. gr. 8. (40 S.) Ebendas. 877. *

—— Amalie v. Lasaulx. Eine Bekennerin. gr. 16. (X, 368 S.) Ebendas. 878. * *M.* 4,80.; geb. mit Goldschn. *

— die Lehre d. heil. Cyprian v. der Einheit der Kirche. 8. (VII, 62 S.) Würzburg 873. Stahel. n. 1. —

—— Lessing über Toleranz. Eine erläuternde Abhandlung in Briefen. 8. (IV, 173 S.) Leipzig 883, Grieben's Verlag. *

—— Martin v. Tours der wunderthätige Mönch und Bischof. In seinem Leben und Wirken dargestellt. gr. 8. (X und 288 S.) Breslau 866, Mälzer.

Reinkens, Jos. Hubert, Martin von Tours, der wunderthätige Mönch und Bischof. In seinem Leben und Wirken dargestellt. 2. Ausg. 3 Lfgn. gr. 8. (X, 288 S.) Breslau 870, Mälzer. à Lfg. * *M.* 1. *

—— dass. — 3. (Titel-)Ausg. gr. 8. (X, 288 S.) Gera 876, Reisewitz' Verlag. *

—— Papst und Papstthum nach der Zeichnung des hl. Bernard von Clairvaux. Uebersetzung und Erläuterung seiner Schrift: De consideratione. 8. (XLVIII, 191 S.) Münster 870, Brunn's Verlag.

—— religiöse Parabeln. 16. (68 S.) Breslau 863, Aderholz' Buchh.

— der Protestantismus als politisches Princip von Dr. Friedrich Julius Stahl. Nach den Principien gewürdigt. Breslau 853. Aderholz. gr. 8. (IV, 131 S.) n. 15 ngr.

—— und J. Friedrich, Reden, gehalten auf der Altkatholiken-Versammlung im Akademie-Saale des ehemals kurfürstl. Schlosses zu Mainz am 11. Juni 1876. Nach stenograph. Aufzeichnung nebst einleitendem Vorbericht hrsg. vom Verein zur Unterstützung der kathol. Reformbewegung in Mainz. 2. Aufl. gr. 4. (15 S.) Mainz 876, Diemer.

## Reinkens, Joseph Hubert.

Religiöse Reden. Gotha 1902. H: *Schirmer, Wilh.* (Berl)

Reinkens, Jos. Hub., religiöse Reden. gr. 8. (VIII, 150 S. m. Bildnis.) Gotha 902. F. A. Perthes. n. 1.60; geb. n. 2.25

— Revolution u. Kirche. Beantwortung e. Tagesfrage m. Rücksicht auf die gegenwärt. Tendenz u. Praxis der röm. Curie. gr. 8. (79 S.) Bonn 876. Neusser. n. 2. —

Reinkens, Jos. (Hub.), die barmherzigen Schwestern vom heil. Carl Borromäus zu Nancy, geschichtlich dargestellt nach den bisher nur statt handschriftlicher Mittheilung gedruckten Berichten und officiellen Rundschreiben der geistl. Oberen der Congregation. Mit einem Vorworte von Dieringer. 2., unveränd. Aufl. gr. 8. (XVI und 176 S.) Breslau 855, Aderholz. Thlr.

— Sei getrost, dein Glaube hat dir geholfen. Matth. 9, Vers 22. Predigt, geh. in der St. Bernhardin-Kirche zu Breslau am 9. Nov. 1873. gr. 8. (16 S.) Breslau 874. Fiedler & Hentschel. n. — 25

—— Sendschreiben an Hrn. Reblich, königl. Superintendent ec., als Antwort auf seine „Beleuchtung des neuesten Hirtenbriefes des Kardinals und Fürstbischofs von Breslau." gr. 8. (27 S.) Breslau 852, (Aderholz.) * *

Reinkens, Studien üb. d. Einheit d. kathol. Kirche. Würzburg 877.

—— über die päpstliche Unfehlbarkeit, s. Stimmen aus der kathol. Kirche.

**Reinkens, Jos. Hub.**, Über die päpstliche Unfehlbarkeit. Einige Reflexionen. Daselbst 1870, 8°, 2 Mk. (Stimmen aus d. kath. Kirche ec. Bd. 2, Heft 3, IX u. 325—486 S.)
Gegen Hergenröthers Antijanus, s. o. S. 587, u. Rudis, o. S. 564. Recens. Litt. Handw. 1870, S. 433—4. Scheebens Ökum. Konzil Bd. 2, S. 209. Ökum. Konzil. Stimmen ec. Heft 11, S. 105—6.

—— die Universität zu Breslau vor der Vereinigung der Frankfurter Viadrina mit der Leopoldina. Festschrift der katholisch-theolog. Facultät. gr. 4. (VI und 132 S.) Breslau 861, Aderholz. *

— über den Ursprung der jetzigen kirchlichen Bewegung aus dem Gewissen der Katholiken. Vortrag geh. den 20. März 1872 im großen Gürzenich-Saale zu Köln. gr. 8. (15 S.) Leipzig 872. Mayer. — 25

—— Ursprung, Wesen und Ziel des Altkatholicismus. Vortrag, gehalten auf Wunsch des kathol. Kirchenvorstandes der altkathol. Parochie Breslau am 30. Septbr. 1882. 8. (54 S.) Heidelberg 882, Weiß' Verlag. *

— über die angebliche Verfolgung der katholischen Kirche in Deutschland, besonders in Preußen. Rede geh. am 31. Jan. 1873 in einer Versammlg. patriot. gesinnter Katholiken Breslau's. 8. (21 S.) Ebend. 873. — 30

— Vortrag, geh. in Essen am 31. Oktbr. 1882. gr. 8. (16 S.) Essen 883. (Bädeker.) n. — 40

**Reinkens,** Prof., Vortrag, gehalten an der Versammlung schweiz. freisinniger Katholiken zu Olten am 1. Dcbr. 1872. 8. Bern, Jent & Reinert. 1873. —. 20

— Vortrag, geh. in der Versammlg. freisinn. Katholiken zu Luzern am 5. Dezbr. 1872 nebst e. Bericht üb. diese Versammlg. Hrsg. vom hies. Verein freisinn. Katholiken. gr. 8. (21 S.) Luzern 873. Doleschal. n. — 20

**Reinkens,** [Josef Hubert]: Warum ist das in der römischen Kirche jetzt geltende ultramontane System nicht katholisch? Rede. Bonn (1892). 8° *[Umschlagtit.]*

Reinkens, Joseph Martin Der accusativus cum infinitivo bei Plautus und Terentius. Erster Teil (Umschlagtitel: Über den ... Teil.) 4 (21 S.). **Progr.** G. *Düsseldorf* 1887 (406)

**Reinkens,** Joseph *Martin* [Prof.]: Berechtigung und Ziel des griechischen Unterrichts. Köln a. Rh., Druck v. J. P. Bachem, Verlagsbuchh. u. Buchdr., *1894;* 1—29 S. 4.
Köln, k. kath. G an Marzellen, P 1894 (432)

**Reinkens, M.,** Berechtigung u. Ziel des griechischen Unterrichts. 4. (29 S.) Leipzig 894. (G. Fock.) n. — 80

Reinkens, Joseph Martin De Aeschyli Danaidibus. 4 (16 S.). **Progr.** G. *Düsseldorf* 1886 (400)

**Reinkens, Jos. Mart.,** Joseph Hubert Reinkens. Ein Lebensbild. Von seinem Neffen. (VIII, 259 S. m. 1 Bildnis.) 8. Gotha 906. F. A. Perthes. n. 3. —

Reinkens, Josephus, s. Reinkens, Joseph Hubert

Reinkens, M., s. Reinkens, Josef Martin

**Reinking, Theodor.** [Mitau 1784.] V: *Recke, Joh. Friedrich v.* (R-N)

**Reinking,** Augustus (Henr. Ludov.) (geb. Burgsteinfurt in Westf. 25. 5. 1819): De tenotomia. Berolini (1845). (35 S.) 8°
Berlin, Med. Diss. v. 14. Okt. 1845

Reinking, Dietrich, s. Reinkingk.

**Reinking,** Friedrich, approb. Arzt aus Köln-Ehrenfeld: Aus d. Kieler chirurg. Universitätspoliklinik. Über den Einfluß der Alkoholverbände auf den Verlauf entzündlicher Prozesse. *Kiel 1903: Schmidt & Klaunig.* (32 S.) 8°
Kiel, Med. Diss. v. [28. Jan.] 1903

**Reinking,** Karl [aus Braunschweig]: Beiträge zur Kenntniss des Diphenylenketons ... Aachen, Druck v. J. Stercken, 1895; 34 S., 1 Bl. 8.
Göttingen, Phil. Fak., Inaug.-Diss. v. [11. Juli] 1895

**Reinking,** Karl, Beiträge z. Kenntniss d. Diphonylenketons. Diss. gr. 8. (34 S.) Aachen 895. (Göttingen, Vandenhoeck & Ruprecht.) n. 1. —

Reinking, Ludwig

**Reinking,** Ludw., einige Bemerkungen zu Giefers Beleuchtung meiner Schrift: Die Kriege der Römer in Germanien. gr. 8. (29 S.) Münster 864, Regensberg.

**Reinking,** Ldw., s. Catullus ausgewählte Gedichte.

—— die Kriege der Römer in Germanien. gr. 8. (X und 313 S. mit 1 lithogr. Karte in gr. 4.) Münster 863, Regensberg. *

**Reinking,** L., die Niederlage des Quintilius Varus und Germanicus Kriegszug durch das Bructererland. Eine Prüfung der bisherigen Ansichten. gr. 12. (104 S. mit 1 lithogr. Karte in Fol.) Warendorf 855. (Leipzig, Müller.) *

**Reinking,** L., die Niederlage des Quintilius Varus u. Germanicus Kriegszug durch das Bructererland. Eine Prüfung der bisherigen Ansichten. Mit 1 (lith.) Karte (in Fol.). Warendorf 856. (Leipzig, Müller.) 12. (104 S.) n. 12 ngr.

**Reinking,** Otto [app. Arzt aus Gandersheim]: Aus d. patholog. Institut zu Kiel. Beitrag zur Kenntnis der Flegmonösen Gastritis. ... Kiel, Druck v. Schmidt & Klaunig, 1890; 25 S. + 1 Bl. 8°
Kiel, Med. Fak., Inaug.-Diss. v. 20. März 1890

Reinking, Otto. Beitrag zur Kenntniss der flegmonösen Gastritis. Aus dem patholog. Institut zu Kiel. Diss. gr. 8. (26 S.) Kiel 890, (Lipsius u. Tischer). * 1 —

Reinkingk, Dietrich

**REINKING,** Dieterich (zu Wellingsbüttel, Kgl. Dennemärck. Raht (!), vnd in den Fürstenthümmern (!) Schlesswig Hollstein etc. bestellter Cantzler, etc.), Biblische Policey, Das ist: Gewisse, auss Heiliger Göttlicher Schrifft zusammen gebrachte, auff die drey Haupt-Stände: Als Geistlichen, Weltlichen, vnd Häusslichen, gerichtete Axiomata, oder Schlussreden, Sonderlich, mit Biblischen Sprüchen vnd Exempeln, auch andern bestärcket, in allen Ständen nützlich, dienlich vnd anmüthig zulesen: Durch —. Gedruckt zu Franckfurt am Mäyn, Bey Wolffgang Hoffmann: In Verlegung Johan Martin Porschen. M DC LVI. (1656.) (Tit. in Kpf. gestoch.) 4°. (In Marburg, Univ.-Bibl.: XVI. B 26.)
Schmutztit., Tit. (schwarz), 10 Bll. Zuschr. (an Friedrich den Dritten zu Dennemarck, Norwegen &c. Könige), 19 Bll. Inh. u. 873 SS. (3 Bücher.) Das 3te Buch (S. 710—873) „Von dem Hauss- vnnd Ehestande" enth. interessante Anekdoten und einige ziemlich derbe gereimte Strophen. — 1. seltene Ausgabe des interess., s. Z. renommirten Werkes.

— — Dasselbe. 6. (sol) Edition. Ebd. 1701. 4°. 642 S. (6 Mk. Friedr. Klüber Nchflgr., 1909.)
Bibl. Ludovici (bibliop.) continuatio. Vitemb. 1705.

— — [Dasselbe Werk:] Die Sechste Edition, verbessert und vermehret. Frankfurt aM., J. M. Bencard, 1701. 4°. 16 Bl. (inkl. *Titelkupfer*), 642 S. 11 Bl. Etwas benutzter und fleckiger Pbd. d. Z.
H.-G. VI. 398.

**Reinkingk, Dietr.,** bibl. Polizey. 4. Frankf. (Helwing, Hannov.) 701.

Reinkingk, Theodor

Theodori **Reinkingks** bequemes Promptuarium über die revidirte Land-Gerichts-Ordnung, gebräuchliche Constitutionen und Edicten, nach alphabetischer Ordnung und mit Registern versehen. 2. verb. Aufl. Hamburg. 1749. 4°k.

— de regimine seculari et ecclesiast. S. I. R. Germ. 4. Augsb. Wolf. 771.

**Reinkingk,** Th., Responsum juris in ardua et gravi quadam causa, concernente processum quondam, contra sagam. Ubi quaestiones quaedam de nocturnis sagarum conventiculis, saltationibus, usurpatione, suppellectil. piorum in illis, transmutat. personarum in alia animalia etc. Col. Agr. 4°.

1712

— Tractatus synopticus de retractu consanguinitatis, nova et accurata methodo per conclusiones, declarationes, ampliationes in certas quæstiones collectus. Huic acc. ejusdem auctoris responsum juris de processu contra sagos et maleficas. Ed. IV prioribus correctior et emendatior. Colon. Agripp. 1708. 4.

**Reinkingk, Theod.,** de retractu consanguitatis et de processu contra sagas et maleficos. 4. Colon. 710.

**Reinkober, Otto:** Über Absorption und Reflexion ultraroter Strahlen durch Quarz, Turmalin und Diamant. Leipzig: J. A. Barth 1910. 38 S. 8°
Berlin, Phil. Diss. v. 13. Aug. 1910, Ref. Rubens
[Geb. 13. Aug. 84 Salzbrunn i. Schl.; Wohnort: Charlottenburg; Staatsangeh.: Preußen; Vorbildung: Gymn. Wohlau Reife O. 02; Studium: München Techn. Hochsch. 4, Berlin Techn. Hochsch. 2, Univ. 10 S.; Rig. 14. Juli 10.]
[U 10. 236

**Reinl, Anton** (Schiessglocken/Böhmen), Explorationem semiotico-diagnosticam organorum sexualium in feminis. Diss. med. Prag (C. Gerzabek, Fr. Rohliczek) 4. L. 1845. 35 S. (4.—) 28276

**Reinl,** C., vergleichende Untersuchungen üb. den therapeutischen Werth der bekanntesten Moorbäder Oesterreichs u. Deutschlands. gr. 8. (34 S.) Prag 886. Tompsky. — Leipzig, Freytag. n. — 40

Reinl, C., die Wellenbewegung der Lebensprocesse des Weibes, s. Sammlung klinischer Vorträge.

Reinländer, Albin. Über die Brustseuche der Pferde und selbstausgeführte Schutzimpfungen. Diss. Vet.-Med. Bern. [Mit 1 Figur.] 46 S. 8. Verden ⟨Aller⟩, F. Tressan, [1910].

**Reinländer,** Wilhelm

Reinländer, W., taktische Beurtheilung von größeren Schlachten. Mit Atlas. Wien 1872. 8.

**Reinländer,** Wilh., Vorträge üb. die Taktik. Gehalten an der k. k. Kriegsschule. 2 Bde. Mit e. Atlas v. 15 (lith.) Taf. (in gr. Fol.) gr. 8. (III, 399 u. IV, 551 S.) Wien 870—72. Seidel & Sohn. n. 24. —

— dasselbe. 1. Bd. 2. Aufl. gr. 8. (X, 414 S.) Ebend. 872. n. 8. —.

**Reinländer, W.** Vorträge über die Taktik. 2. Aufl. Bd 1. 2. (Mit) Atl. Wien 1872. 8°. — 2. (u. d. T.:) Taktische Beurtheilung von größeren Schlachten.

**Reinle, K. E.** Zur Metrik der schweizerischen Volks- und Kinderreime. In-8°. 80 S. Basel, (Georg & Co.). These. 1894.

**Reinle,** Phpp. J., reine Naturheilkunde im Gegensatze zu den sämmtlichen Richtungen d. bisherigen Heilwissens, in Form v. öffentl. Vorträgen behandelt. 1. Vortrag. 8. (48 S.) München 883. (Fritsch.) n. — 50

**Reinle, Sophie.** Neue Häkel-Vorlagen [Serie III: Neue Macramé-Vorlagen] componirt und gezeichnet von Sophie Reinle . . . [Konstanz 1892, J. A. Pecht.]
4 Serien. 8°.
I Heft 1: Umschlagtit., 19 Taf. Heft 2: Umschlagtit., 18 Taf.
II Heft 1: Umschlagtit., 24 Taf. Heft 2: Umschlagtit., 24 Taf.
III. Umschlagtit., 15 Taf. IV: Umschlagtit., 12 Taf. Umschlagtit. u. Taf. in Lithogr.

**Reinlein,** F. F., Erinnerung an König Ludwig I. von Bayern. Gedächtnißpredigt über 1. Mose 25, 8. Mit e. erbaul. Gedichte des höchstsel. Königs. Augsburg 868. v. Jenisch & Stage. gr. 8. (11 S.) 2 ngr.

Reinlein, F. F., der erhöhete Heiland und seine treuen Jünger. Worte des Trostes und der Ermunterung. Predigt zum Himmelfahrtsfeste. gr. 8. (16 S.) Augsburg 866, v. Jenisch und Stage'sche Buchh.

—— Jesus am Kreuz. Betrachtung auf den heil. Charfreitag. Mit zwei geistreichen Abendmahlsgebeten und der Grabschrift des höchstsel. Königs von Preußen Friedrich Wilhelm IV. 8. (48 S. mit 1 schönen Titelbilde in Stahlst.) Augsburg 867, v. Jenisch und Stage'sche Buchh.

— Papst Innocenz der Dritte u. seine Schrift: De contemptu mundi. Ein Beitrag zur Geschichte des Geistes im Mittelalter in nächster Beziehung zur Cultur der Renaissance u. der Reformation. 1. Abthl. Geschichte u. Kritik. Erlangen 871. Deichert. 8. (IV, 68 S.) 7½ ngr.

—— Innocenz III. nach seiner Stellung zur Unfehlbarkeitsfrage. Aus den Quellen beschrieben. 1. Heft. gr. 8. (23 S.) Ebendas. 872. (* 50 Pf.)

—— Pabst Innocenz III. nach seiner Stellung zur Unfehlbarkeitsfrage. Ein Beitrag zur Charakteristik des Pabstes. Aus den Quellen beschrieben. 2. Heft: Hundert Bemerkungen und Belegstellen. [Zugleich als Berichtigungen und Ergänzungen zum 1. Heft.] gr. 8. (IV, 52 S.) Ebendas. 873. *

**Reinlein,** F. F., Predigten auf die Sonn- u. Festtage d. katholischen Kirchenjahres. 1. Bd. 1. u. 2. Hft. gr. 8. (III u. S. 1—288.) Erlangen 876. Deichert. à 1. 80

—— Joseph Schaitberger. Ein Beitrag zur Hagiographie der luther. Kirche. gr. 8. (14 S.) Augsburg 868, v. Jenisch und Stage'sche Buchh.

Reinlein, F. F., des heiligen Cyprians erweckliche Schrift: Von der Sterblichkeit. Zum Trost und zur Stärkung für alle Christen, welche den Tod ihrer Lieben betrauern und den eigenen fürchten, ins Deutsche übersetzt. Mit einem Lebensabrisse des heil. Bischofs nach Löhe u. A. 12. (X, 30 S.) Erlangen 869, Deichert.

—— zu Mariä Verkündigung. Eine altkathol. Festpredigt des Pabstes Innocenz III. 8. (12 S.) Erlangen 873, Deichert.

**Reinlein,** Hans: Der Wechsel der Anschauungen über Stoff und Form der sittlichen Unterweisung bis zum Ende des 18. Jahrhunderts unter dem Einflusse der wichtigsten Wandlungen und Fortschritte auf religiösem und moralischem Gebiete. *München 1900: V. Höfling.* (151 S.) 8° [F.]
Leipzig, Phil. Diss. v. [17. Dez.] 1900

**Reinlein,** Hans, Wirtschaftsgeographie, s.: Gruber, Christian.

– Deutsches Wirtschaftsleben, s.: Aus Natur u. Geisteswelt. (Gruber, Christian.)

*Reinlein*, Jak., († im Juli 1816.) animadversiones circa ortum, incrementum, causas, symptomata et curam Taeniae latae in intestinis humanis nidulantis, casibus practicis illustratae. Cum fig. 8maj. Wien 812. v. Mösle. 1 ß

— Bemerkk. üb. den Ursprung, die Entwickelung, die Ursachen, Symptome u. Heilart des breiten Bandwurms in den Gedärmen des Menschen, durch prakt. Fälle erläutert. Mit 1 Kpf. 8. Wien 812. v. Mösle. 1 ß

Reinlein, Jacobus.
Dissertatio physico-chemico-medica de phosphoris. Viennæ, 1768. pp. 62, 8vo.

— kurzer Umriß d. Physiologie od. der Naturlehre des Menschen. 8. Wien 815. v. Mößle. 12 gr.

Reinlein's, Jak., Ursprung, Entwicklung, Symptome u. Heilart des breiten Bandwurmes in d. Gedärmen des Menschen. Durch praktische Fälle erläutert. Neue verm. Ausg. Mit 1 Kpfr. 8. Wien 838. Braumüller u. Seidel. 2/3 ℔

Reinlein, Jakob: Vorlesbuch über die Anfangsgründe der Arzneywissenschaft für die Wundärzte. 56 S., gbd.

Wien: v.Trattnern 1776

JB 2.166

— Vorlesebuch über die Anfangsgründe der Arzneiwissenschaft f. Wundärzte. gr. 8. Wien 783. Trattner. 4 gr.

Reinlein, Jakob: Medizinisch-pathologisches Vorlesbuch für die Wund-Aerzte. 276 S., gbd.

Wien: v.Mößle 1805

JB 2.167

Reinlein, Pius, Der Niobemythus nach Ovid übersetzt u. erklärt. Augsburg (Pfeiffer) 1871, 4°, 31 S., Progr. d. Studienanst.

Reinlichkeit, von der, ihrem Einfluß auf die Gesundheit u. ihren Wirkungen auf Erhaltung der körperl. Schönheit etc.; aus d. Französ. (von L. F. Amelung u. G. D. R. Schatzmann). 12. Darmst. 828. Leske. 14 gr.

Reinlinger, J. K., der kleine Schreib- u. Leseschüler. Ein Handbüchlein für die ersten Anfänger der Schreiblesetehre. Zunächst entworfen für die ersten Klassen der Elementarschulen. 8. (Mit 8 lith. Blättern Vorschriften.) Eßlingen 841, Dannheimer'sche Buchh. 1/6 ℔

Reinmann, E. Die VS im Übergange v Staatsbund zum Bundesstaat. Weimar, 1855.

Reinmann, Ernst, der General Bonaparte. Ein Schauspiel. (164 S.) 8. Berlin 910. S. Fischer, Verl. 3. —; geb. n 4. —

Johann Christoph Reinmann

Brevis Prolusio qua actum anatomicum ... in orphanotropheo die 1. Oct. 1751 rite instituendum scienterque demonstrandum aperit Io[annes] Christoph[orus] Reinmann, Rudelstadii (1751:) Loewe. 4 Bl. 8°

Reinmann, Johann Friedrich

— — (Tübingen), De eo, quod justum est circa reformationem sacrorum maxime in Germania. Diss. theol. eademque jur. ecclesiastici. Präs. Christoph Matthaeus Pfaff. Tübingen (J. Sigmund) 28. VIII. 1739. 12 S. (4.50) 28283

Reinmann, Johann Georg

— — De edendis a judice actis ad formandam defensionem pro avertenda inquisitione. Diss. jur. Präs. Jo. Joachim Hahn. Erfurt (Grosch) 1. X. 1721. 25 S. (4.50) 28285

— Joh. Zacharias (Saalfeld/Thüringen), De jure praeferentiae in locatione Vulgò Vom Vorpacht. Disput. jur. Präs. Christian Wildvogel. Jena (Muller) Okt. 1703. 44 S. (5.25) 28286
Widm. v.: Christian Wildvogel.

Reinmar vom Rheine, s.: Kreuz u. Krummstab.

Reinmar's v. Zweter Gedichte, hrsg. v. G. Roethe. Mit e. Notenbeilage. gr. 8. (VIII, 643 u. Notenbeilage 15 S.) Leipzig 887. Hirzel. n. 12. —

Reinmar, Walter, Berliner Kinder. Bunte Bilder aus der Reichshauptstadt. [Kleines Volk. — Landpartieen und Kremserfahrten. — Militärische Bilder. — Restaurants, Weinstuben und Aehnliches. — Die Hasenheide.] 1. und 2. Aufl. 8. (241 S.) Berlin 888, J. J. Heine. *

Reinmar, Walter, Weihnachtsschnee u. Frühlingsglanz. Eine stille Geschichte. 16. (51 S.) Braunschweig 872. J. H. Meyer. geb. m. Goldschn. 2. 25

Reinmenschliche, das, bei Richard Wagner. Von Philokalon. gr. 8. (32 S.) Berlin 876. Weile. — 75

Reinmold, Franz, aus Mörshausen (Hess.-Nass.): Beaumont und Fletcher's 'The Triumph of Honour' und seine Quelle. *Halle a. S. 1903: C. A. Kaemmerer & Co.* (34 S.) 8°
Halle, Phil. Diss. v. 1903

Reinmöller, Johannes, Arzt: Beiträge zur Kenntnis des Verhaltens einiger Derivate der Oxalsäure im Organismus. Rostock 1905: Adlers Erben. (42 S.) 8°
Rostock, Med. Fak., Ref. Kobert, Diss. v. 25. Febr. 1905
[Geb. 25. Mai 77 Bebra; Wohnort: München; Staatsangeh.: Preußen; Vorbildung: Gymn. Hersfeld Reife O. 97; Studium: Marburg 2, Gießen 2, Rostock 5 S.; Coll. 17. März 04; Approb. 17. März 04.]

Reinmöller, Johs. Alb., das dentale Empyem des antrum Highmori. (44 S. m. Abb. u. 5 Taf.) gr. 8. Rostock 908. G. B. Leopold. 4. —

— Die Pflege des Mundes und der Zähne. Vortrag, geh. am 1. II. 1909 in der Aula d. Universität. (23 S.) gr. 8. Ebd. 909. — 50

Reinmüller, [Paul], Dir. Prof. Dr.: Geschichte der ehemaligen Realschule der Evangelisch-Reformierten Gemeinde in Hamburg. Hamburg 1904: Lütcke & Wulff. (S. 1—25.) 4°
Hamburg, R in St. Pauli P 1904 (856)

Vollständige Geschichte der Freimaurerei in Deutschland und sämmtlich bekannt gewordenen geheimen Gesellschaften. Aus authent. Quellen zsgetr. [Von Remigius Reinmund.] Leipzig: Lauffer 1828. XX, 166 S. 8°
[Nebentit.:] Die Königliche Kunst vor dem Richterstuhle des Zeitgeistes. Programm zu der hundertjährigen Jubelfeier der im Jahre 1733 aus England in Deutschland eingeführten Frmrei.
Recens: Neue ZfFr. 1833—1834 S. 209—213. Kl. 3001, Tt. 409. Wendet sich gegen Missstände in der Frmrei.

Reinmuth, Aug., die geistig Armen u. Schwachen in Gesellschaft der Vollsinnigen. Vortrag, geh. zu Pestalozzis Geburtstagsfeier den 13. Jan. 1891 im Diesterwegvereine zu Mannheim. gr. 8. (16 S.) Mannheim 891. Bender. — 30

**Reinmuth**, Aug., Lehr- und Übungsbuch für den Unterricht in der deutschen Orthoepie und Orthographie in Schule und Haus. Ausg. für die Hand des Lehrers. Nebst einem Verzeichnis der Wörter, deren neue Rechtschreibung amtl. festgestellt wurde. 8. (XVI, 95 S.) Weinheim 882, Ackermann. cart. *
Ausg. für die Hand des Schülers u. d. T.: „Übungsbuch". (IV, 68 S.) cart. *

—— Rechen-Apparat für Schule und Haus. Auf Grund der Geschichte der Rechen-Apparate nach pädagog. Grundsätzen bearb. Begleitschrift zu dem vom Verf. dieser Schrift konstruierten und in gleichem Verlage erschienenen neuen Rechen-Apparat. 8. (VII, 53 S. mit 25 in den Text gedr. Holzschn.) Ebendas. 881. *

**Reinmuth**, J., Karl Aug. Mühlhäußer, s. Zeitfragen des christlichen Volkslebens.

**Reinmuth**, Johs., die gemischte Schule in Baden, ihre Einführung und ihre jetzt schon vorliegenden Resultate. Vortrag auf der Versammlung des Vereins zur Erhaltung der evangel. Volksschule am 22. Mai 1878 im Vereinshaus zu Barmen. gr. 8. (16 S.) Langenberg 879, Joost. *

**Reinmuth**, Ph., der Amtsbezirk Rastatt. Mit Berücksicht. des Normal-Lehrplanes für die bad. Volksschulen beschrieben. Mit 1 (chromolithogr.) Karte des Amtsbezirks. gr. 8. (46 S.) Rastatt 881, Hanemann. geb. *

**Reinnel's**, F., engl. Receptbuch für Maurer, s.a Schauplatz, neuer, der Künste u. Handwerke.

Reinnel's F, englisches Rezeptbuch für Maurer, Tüncher, Stubenmaler, Stukkaturarbeiter und Zementierer. 2. Aufl. v. AW Hertel. (Schauplatz d. K. 31) Weimar 1866

**Reinnel's**, F., prakt. Vorschriften f. Maurer, Tüncher, Haus- u. Stubenmaler, Gips- u. Stuckaturarbeiter, Zementierer u. Tapezierer. 8. Aufl., vollst. neu bearb. v. Ernst Nöthling. gr. 8. (XII, 252 S.) Leipzig 898. B. F. Voigt. 4. 50

**Reinöhl**, Frdr. v., Armuth u. Armenpflege. Ein Beitrag zur Lösung der Armenfrage. Wien 868. Beck's Verlag. gr. 8. (35 S.) n. 6 ngr.

**Reinöhl**, Friedr. v., Frauen-Weihe. Gedichte. 16. (VIII und 143 S.) Dresden 858. [Hamburg, Richter.] geb. *

**Reinöhl**, Friedr. v., Frauen-Weihe. Gedichte. Dresden 858. R. Schäfer. (Prag, Kober u. Markgraf.) 16. (VIII, 143 S.) n. 24 ngr.

**Reinöhl**, Frdr. v., evangelisches Friedens-Album. Als Mahnruf in bewegter Zeit zur Erweckung und Förderung der wahren Religion der Liebe und des Friedens. Prag 861. Tempsky. 8. (XIV, 150 S.) 18 ngr.

— die Gebrechen der bisher. Bildung des weibl. Geschlechts, s. Blätter f. Tagesfragen d. deutschen Volksschulwesens.

—— Grundlage zur zeitgemäßen Bildung des weiblichen Geschlechts. 2 Thle. gr. 8. Nürnberg 856, v. Ebner'sche Buchh. Verlags-Conto. *

Inhalt:
Thl. 1. Die wahre Bildung des weibl. Geschlechtes. (52 S.)
" 2. Entwurf zur zeitgemäßen Organisation der weibl. Bildungsanstalten in den deutschen Staaten. (118 S.)

—— Herzensklänge. Lyrische Gedichte. 16. (VIII und 228 S.) Jena 855, Mauke. *

— kleinere philosophische Schriften. I. II. Jena 854. Mauke. 8. (68; 40 S.) 15 ngr.
Inhalt. I. Darstellung des Aristotelischen Gottesbegriffes, Vergleichung desselben mit dem Platonischen u. Beurtheilung, ob ersterer den letzteren ueberrage. II. Einleitung in die Philosophie.

**Reinöhl**, Friedrich, aus Bissingen u. T.: Die Variation im Andröceum der Stellaria media Cyr. Mit 3 Taf. *(Leipzig: A. Felix) 1903.* (44 S.) 4° ¶ (Aus: Botan. Zeitung 1903, H. 8/9.)
Tübingen, Naturw. Diss. v. 1903

**Reinöhl**, Gust., der Begriff der Ursache nebst e. Darstellg. u. Kritik der Theorie v. John Stuart Mill. Fragment aus e. Preisarbeit. gr. 8. (51 S.) Tübingen 871. Fues. n. 1. —

**Reinöhl**, Paul, Führer durch's Neuffener Thal auf den Hohen-Neuffen. Im Auftrag d. Verschönerungsvereins Neuffen verf. 12. (24 S. m. 2 Abbildgn.) Neuffen 891. (Stuttgart, J. B. Metzler's Sort.) n.n. — 20

**Reinöhl**, Paul, General-Register, s.: Correspondenz-Blatt, medizin., d. württemberg. ärztl. Landesvereins.

— Gustav Adolf, e. Christ u. Held. Jubelgabe f. das deutsche evangel. Volk zum 9. Dezbr. 1894. 1.—3. Aufl. gr. 8. (32 S. m. 4 Illustr.) Eßlingen 894. A. Lung n. — 25

**Reinöhl**, Paul, Gustav Adolf, e. Christ u. Held. Jubelgabe f. d. deutsche evang. Volk z. 9. Dezbr. 1894. 6. Aufl. gr. 8. (32 S. m. 4 Illustr.) Eßlingen 894. Stuttgart, A. Lung. n. — 25

**Reinöhl**, Paul, Gustav Adolf. Ein Christ u. Held. 7. Aufl. Volksausg. gr. 8. (20 S. m. 4 Abbildgn.) Stuttgart (900). A. Lung. n. — 12; m. Umschlag n. — 20

**Reinöhl**, P., König Karl I. v. Württemberg. Ein Gedenkblatt für Volk u. Jugend zur Jubelfeier seiner 25jähr. Regierg. Mit 7 Illustr. gr. 8. (13 S.) Eßlingen 890. Lung. — 15

**Reinöhl Rainer von**: Ueber den Anschluß Xenophons an Thukydides.
H. 1880 PN 185 Diss. Wien, Univ. 659

— Festrede, bei der Säkularfeier von Friedr. Schillers Todestag. 4. ibd. 05.
Progr.

**Reinöhl** Dr. Rainer v.: Zur Geschichte Badens im Alterthum. 13. Baden 01.
Progr.

**Reinöhl**, Rainer v., die Hut der Sudetenländer durch den Deutschen Schulverein. Verb. Sonder-Abdr. aus: „Deutsche Worte". gr. 8. (40 S.) Wien 886, Pichler's Wwe. und Sohn. *

**Reinöhl**, R. v., Kaiser Josef II. als Reformator auf kirchlichem Gebiete, s. Riehl, A.

—— der tschechische Schulverein. Ein Weckruf an meine Stammesgenossen. gr. 8. (23 S.) Ebendas. 885. *
Aus: Deutsche Worte, besonders abgedruckt.

**Reinöhl** Dr. Rainer von: Studien zu Wildenbruchs Harold. 80. Baden 95.
Progr.

**Reinöhl**, Wilh. v., einige Gedanken über die kriegsmäss. Ausbildung der Infanterie, s.a Braumüller's militär. Taschenbücher.

**Reinöhl**, Wilh. v., einige Gedanken üb. die kriegsmässige Ausbildung der Infanterie im Geiste der modernen Feuertaktik, m. Programm f. die Rekrutenausbildung. 12. (74 S. m. Formularen.) Komotau 902. (Wien, L. W. Seidel & Sohn.) n. 1. 50

**Reinöhl**, W. v., Einige Gedanken über die kriegsmäßige Ausbildung der Infanterie im Geiste der modernen Feuertaktik mit Programm für die Rekrutenausbildung. 2. Aufl. [Braumüllers militärische Taschenbücher. Bd. 16] 8°. (99 S.) K 1 60
Wien: Braumüller 1904.

Reinöhl, Wilh. v., die gute alte Zeit, s. Scheible.

§ * **REINÖHL**, Wilh. v., Die gute alte Zeit geschildert in histor. Beiträgen zur näheren Kenntniss der Sitten, Gebräuche und Denkart, vornehmlich des Mittelstandes, in den letzten fünf Jahr hunderten; nach grossentheils alten und seltenen Druckschriften, Manuscripten, Flugblättern etc. Aus Wilh. v. Reinöhls handschriftl. u. artist. Sammlungen hrsg. von J. Scheible. I. (einz.) Bd. Stuttgart, Scheible, 1847. 8⁰. Vergriffen! (12 Mk. Max Jaeckel, Potsdam, 1902.)

1106 SS. Mit vielen Abbild. auf 71 Taf. u. mit 33 Holzschn. Hat auch den Titel: Das Kloster, Bd. 6. — Handelt u. a. von Kleidertrachten, Liebestränken, Nestelknüpken, Tanzfreuden. Frauenhäusern, fahrenden Frauen, Klöstern der Büsserinnen; enth. Gemälde einer Courtisane d. 16. Jahrh., Gesch. d. Lustseuche &c.

Reinold, Emmy, oder Thorheit der Großen und Kleinen, a. d. Engl. 8. Lpz. Weygand. 789.

– s.a. Reinolds

Reinold, Bernhard Heinrich

Reinoldi, B. H., Diss. ad S. C. Macedonianum. Francof. 717. 4.

**Reinold, Bern. H.: D. de edicto Publiciano.** *Frcf. ad Viad.* **715. 4.**

Reinold, Bernhard Heinrich [Praes.], s. Lang, Joh. Konr.: Diss. jur. ad senatus consultum Macedonianum. Römischer Rathschluss vom Darlehn an unmündige Personen.

**Reinold, Bernhard Heinrich,** Johann Mercerii, conciliator, Sive ars conciliandorum, quae in jure contraria videntur, utendique iis, quae vere contraria sunt. Quintum in Germania edidit, recensuit, et animadversiones adjecit. Berlin (J. A. Rüdiger) (Juli) 1722. 156 S. (4.—) 28287

*Reinoldi*, B. H., opuscula jurid. adhuc rariora, a J. F. Jugler. 8maj. Leyden 755. Luchtmans. 1 ℔ 12 ℔

(—). — Ordinis jureconsultorum in acad. Viadrina decanus **Bernhard Heinrich Reinold** lectori s. d. (Frankfurt/Oder 12. X. 1723.) (3.50) 28288

Reinold, Bernhard Heinrich [Praes.], s. Reinold, Theodor Adolph: De edicto publiciano.

Reinold, Bernhard Heinrich [Praes.], s. Reinold, Theodor Adolph: Observationes interpretatione Codicis praemissas complectens.

Reinold, Bernhard Heinrich [Praes.], s. Wasmuth, Philipp: Dissertatio juridica inauguralis ad 1. I. c. si adversus venditionem.

**Reinold, E., Mördergrube, od. Pietsch im Wachsfiguren-Cabinet, s.: Bloch's, E., Theater-Gartenlaube.**

Reinold, E.: Drunter und drüber, s. Bloch's, E., Theater-Gartenlaube.

**Reinold, Drunter u. drüber, s. Theater des Auslandes rc.**

Reinold, J. C. D. P., Warnung v. gesetzlosem Zustande. Eine Rede. 8. Heidelb. Weber. 809.

**— Johann Theodor** (Bremen), De lubricitate jurisjurandi suppletorii. Diss. jur. Präs. Jo. Gottl. Heinecke. Frankfurt/Oder (J. Chr. Schwartz) Okt. 1730. 50 S. (—.—) 28289

Gew.: Tidon Heinrich von Lith, Gabriel von Lith (Oheim.)

Reinold, K. D., s. Reimold, K. D.

**Reinold, Karl:** Die österreichische Sozialdemokratie und der Nationalismus. — Wien: Deutschnationale Geschäftsstelle 1910. VII, 130 S.

**— Theodor Adolph** (Hamm / Westfalen), De edicto publiciano. Diss. jur. Präs. Bernhard Heinrich Reinold. Frankfurt/Oder (J. Chr. Schwartz) Juli 1715. 21 S. (—.—) 28290

Gew.: Johann von Masch.

**— — Observationes interpretatione Codicis praemissas complectens. Diss. Jur. Präs. Bernhard Heinrich Reinold. Frankfurt / Oder (J. Chr. Schwartz) Sept. 1716. 28 S. (4.50) 28291**

**Reinolds, Emmy, oder Thorheiten der Großen und Kleinen, aus dem Engl. mit 1 Kupf. 8. Leipzig, 790. Weygand. 1 Rthl. 20 sgl.**

– s.a. Reinold

*Bützow:* Auszug aus einem Vortrage des Br. [Joh. Friedr. Gust.] **Reinnoldt,** gehalten in der Loge Urania zur Eintracht zu Bützow an ihrem 15ten Stiftungsfeste, den 10. Nov. 1836. [Bützow 1836.] 2 Bl. 4⁰ [Kopftit.]

Rückblick auf Entstehung u. Tätigkeit der Loge.

Reinolt von Montelban, s.a. Bibliothek des litterarischen Vereins in Stuttgart CLXXIV.

**Reinolt von Montelban [Renaud de Montauban] oder die Heimonskinder. Hrsg. von Fridrich Pfaff. — Tübingen: Litterarischer Verein in Stuttgart 1885. 680 S. (Bibliothek des Litterarischen Vereins in Stuttgart. 174.)**

**1: Ag 303–174. 12: H. misc. 33t–174 [u.] 33ta–174. 355: 393.111–B. Per. 174. 2. 3. 4. 5. 6. 7. 8. 9. 10. 11.**

**8.12501**

Reinow, M., Idealisten. Roman. 8. (438 S.) Berlin 881, Bahlen. *

Reinow, M., Novellen. 1. Aufl. (272 S.) 1870; 2. Aufl. 8. (267 S.) Berlin 876, Bahlen. *
—— dass. — Neue Folge. 8. (324 S.) Ebendas. 876. *

**REINPRECHT, FRANC(ISCUS) CHRIST(OPHORUS), GRAMMATIKSCHÜLER:** Tres sagittae ad signum. 1. Reg. c. 20 v. 20. Drey Pfeil Jonathä zum Zeichen. Das ist Jährliche Pflicht- und Ehren-Rede, in welcher das unbegreifliche Geheimnuss der Allerhöchsten Drey-einigen GOttheit nach Maaß des eingeschränkten menschlichen Vernunfts vorgebildet, und am hohen Titular-Fest des von Gott selbst gestiften Ordens Der Allerheiligsten Dreyfaltigkeit von Erlösung gefangener Christen, in der königl. ung. Frey-Stadt Commorn, vor zahlreicher Gegenwart einer hochlöbl. Englischen Ertz-Bruderschaft erwehnten Ordens. Raab 1746. Gedr. b. Gregori Joh. Streibig. 9 f. - kl. 4⁰

REINPRECHT, Ludwig: Die Geschichte Abrahams in keilschriftlicher Beleuchtung. — (1906) XIII, 212 Bl. 4⁰ (Handschr.) Diss. 825
**Diss. Wien, Univ.**

Reinprecht, Ludw., die Kommunarden von Paris. Trauerspiel in 4 Akten, mit einem Zwischenspiel: Die Kaiserwahl in Versailles. gr. 16. (VII, 126 S.) Leipzig 877, Minde. *

**Reinprechter,** Freimüthige Ansichten über den Verfall des Ackerbaues.

**Bamberg** 1837

Reins, C. G., die Insel Nordernei nach ihrem früheren und ihrem gegenwärtigen Zustande geschildert. gr. 12. (VI und 148 S.) Hannover 853. (Aurich, Prätorius und Seyde. — Bremen, Kühtmann und Comp.) *

**Reins,** Heinrich, a. Cassel, appr. Arzt: Aus der Universitäts-Frauenklinik zu Marburg ⟨Geheimrat Prof. Dr. Ahlfeld⟩. Zur Casuistik schwerer Blut-Erkrankungen in Schwangerschaft, Geburt und Wochenbett. Ein Fall von schwerer Anämie. Purpura hämorrhagica als Folge der Schwangerschaft. Marburg 1907: J. Hamel. (63 S.) 8°

Marburg, Med. Fak., Ref. Ahlfeld-Brauer, Diss. v. 13. Aug. 1907

[Geb. 13. Juli 80 Cassel; Wohnort: Cassel; Staatsangeh.: Preußen; Vorbildung: Kgl. Wilhelms-Gymn. Cassel; Studium: Marburg 5, Berlin 2, Marburg 3 S.; Coll. 27. Juni 07; Approb. 8. Juni 05.]

Reinsberg, v., [Ida v. Düringsfeld], Niko Veliki, s. Bergson's Eisenbahnbücher.

**Reinsberg, Willy:** Über die Phenylhydrazone der Glucose. 1910. 34 S. 8⁰ ¶ Mit unwesentl. Änderungen in: J. Liebig's Annalen d. Chemie. Bd 377.

Hannover, Dr.-Ing.-Diss. v. 18. 7. 1910

Reinsberg-Düringsfeld, Otto Freiherr von

Reinsberg-Düringsfeld, O. Frhr. v., Festgebräuche in Oberitalien, s. Reiselectüre.

**Reinsberg-Düringsfeld,** O. v., Fest-Kalender aus Böhmen. Ein Beitrag zur Kenntniß des Volkslebens und Volksglaubens in Böhmen. 861. n. 2 ℛ 4 ngr. — Neue billigere (Titel-)Ausg. Prag 863. Kober. gr. 8. (XVI, 627 S.) n. 1 ℛ 18 ngr.

Reinsberg-Düringsfeld, O. Frhr. v., Fest-Kalender aus Böhmen. Ein Beitrag zur Kenntniß des Volkslebens und Volksglaubens in Böhmen. Neue billigere (Titel-)Ausg. gr. 8. (XVI und 627 S.) Prag (861)64, Kober. *

– Forzino, s. Düringsfeld, Ida von

—— die Frau im Sprichwort. 8. (VIII und 208 S.) Leipzig 863, Fries.

—— das festliche Jahr. In Sitten, Gebräuchen und Festen der german. Völker. gr. 8. (XVIII und 402 S. mit gegen 130 in den Text gedr. Illustr., vielen [9] Tonbildern ꝛc. in Holzschn.) Leipzig 863, Spamer. * 2 Thlr.; geb. *

**Reinsberg-Düringsfeld,** Otto Frhr. v., das festliche Jahr. In Sitten, Gebräuchen, Aberglauben u. Festen d. german. Völker. 2., verm. u. verb. Aufl. Mit üb. 100 Illustr. u. 1 großen Farbdr.-Taf. Nebst ausführl. Namen- u. Sach-Register. gr. 8. (VII, 487 S.) Leipzig 898. H. Barsdorf. n. 6. —; geb. in Leinw. 7. 50; feine Ausg. m. 7 Farbdr.-Taf. n. 8. · ; geb. n. 10. — Erschien auch in 6 Lfgn. à n. 1. —.

Reinsberg-Düringsfeld v, Kalenderkunde. (Weber's Katech. 75) Leipzig 1876

**Reinsberg-Düringsfeld,** O. Frhr. v., Katechismus der Kalenderkunde, s.: Webers, J. J., illustrirte Katechismen.

Reinsberg-Düringsfeld, O. Frhr. v., das Kind im Sprichwort. 8. (IV und 107 S.) Leipzig 864, Fries. *

**Reinsberg-Düringsfeld,** O. Frhr. v., ethnographische Curiositäten, s.: Düringsfeld, J. v.

— Sprichwörter der germanischen u. romanischen Sprachen, s.: Düringsfeld, I. v.

— culturhistorische Studien aus Meran. Sprache — Literatur — Volksgebräuche — Zunftwesen — mit vielen ungedr. Documenten. 8. (IV, 192 S.) Leipzig 871. List & Francke. n. 2. 40

—— internationale Titulaturen. 2 Bde. 8. (VIII und 316 S.) Leipzig 863, Fries. *

—— das Wetter im Sprichwort. 8. (VII und 216 S.) Leipzig 864, Fries. *

**Reinsch,** A., Entwurf e. Polizeiverordnung f. den Verkehr m. Milch, nebst Protokoll üb. die öffentl. Besprechg. derselben in der Versammlg. der Abteilg. E (Milchgesetzgebung) der allgem. Ausstellg. f. hygien. Milchversorgg. in Hamburg, am 6. V. 1903. Nach den stenograph. Aufzeichngn. zusammengestellt. (48 S.) gr. 8. Hamburg 903. C. Boysen. n. 1. 50

— die gesetzliche Regelung des Milchverkehrs in Deutschland, insbesondere in den größeren deutschen Städten. (48 S.) gr. 8. Ebd. 903. n. 1. 50

Reinsch, Adolf [aus Breslau]: Über die anatomischen Verhältnisse der Hamamelidaceae mit Rücksicht auf ihre systematische Gruppirung. . . . (Aus: Engler's bot. Jahrb. Bd. XI.) Leipzig, Wilhelm Engelmann, 1889; 58 + 1 S. 8°

Erlangen, Phil. Fak., Inaug.-Diss. v. 1889

**Reinsch,** Friedrich [app. Arzt aus Emskirchen]: Ueber Endocarditis ulcerosa septica. 29 Fälle d. Münchener patholog. Institutes '(1885—1893)' ... München, Buchdr. v. M. Ernst, 1895; 51 S. 8.

München, Med. Fak., Inaug.-Diss. v. 1895

**Friedrich Reinsch, Der angehende Landwirth. Erlangen 1853**

**Reinsch,** Frdr. Carl, Granada. E. Trauersp. in 4 Akten. 8. (80 S.) Leipzig 898. O. Mutze. n. 1. —

Reinsch, Gust., Fest-Bericht üb. die Jubiläumsfeier des 100jähr. Bestehens der Königin Luise-Schule zu Nordhausen 8.—10. IV. 1908. (52 S.) 8. Nordhausen 909. (G. Wimmer.) nn — 75

— Festschrift zur städtischen höheren Mädchenschule zu Nordhausen zur Feier des 100jährigen Bestehens. Hrsg. unter Mitwirkung des Kollegiums der Anstalt. (78 S, m. Abb.) Ebd. 908. 1. —

**Reinsch, G[ustav]:** Die Jubiläumsfeier des 100jährigen Bestehens der Anstalt. Nordhausen 1909: Eberhardt. S. 3—52. 8°

Nordhausen, Königin Luise-S P 1909 [209] [S 09. 380

Reinsch, Gust., Kaisergeburtstags-Reden. Eine patriot. Gabe für Deutschlands Töchter. Schul-Reden. gr. 8. (26 S.) [Nordhausen 881, Greiner.] Leipzig, J. Naumann. *

—— Stellung und Leben der deutschen Frau im Mittelalter, s. a Sammlung gemeinverständlicher wissenschaftlicher Vorträge.

**REINSCH,** G. Stellung und Leben der deutschen Frau im Mittelalter. Berlin 1882. 8°.

H. R. Reinsch, Betrachtungen über die wichtigsten Grundsätze des preuß. Stempelgesetzes. Breslau 1841.

Reinsch, Hugo.
Arsenik (Das). Sein Vorkommen, hauptsächlichsten Verbindungen, Anwendung und Wirkung, seine Gefahren für das Leben und deren Verhütung, seine Erkennung durch Reagentien, die verschiedenen Methoden zu dessen Ausmittelung, nebst einer neuen von Jedermann leicht ausführbaren zu dessen Auffindung. Zur allgemeinen Belehrung, so wie zum Gebrauche für Aerzte, Apotheker und Gerichtspersonen bearbeitet. Nürnberg, 1843. pp. 58, 8vo. Ill.

Reinsch, Hugo, das Arsenik. Sein Vorkommen, die hauptsächlichsten Verbindungen, Anwendung u. Wirkung, seine Gefahren für das Leben u. deren Verhütung, seine Erkennung durch Reagentien rc. Zur allgem. Belehrung, so wie zum Gebrauche für Aerzte, Apotheker u. Rechtsgelehrte. Mit 1 lithogr. Taf. gr. 8. Nürnberg 843, Schrag. 1/4 ℛ

Reinsch, H., die Bedeutung des Lehms für die Landwirthschaft. Eine Festgabe, der 7. Wanderversammlung bayer. Landwirthe vom 8.—10. Juni 1863 zu Nürnberg gewidmet. gr. 8. (15 S.) Erlangen 863, Deichert. *

Reinsch, H. „Experimentelle Beiträge über die Ernährung der Pflanze, durch welche bewiesen wird, dass die Pflanze ihren Kali- und Phosphorsäuregehalt grossentheils der Luft verdanke". pg. 3—34. 8°. E. Th. Jacob.
Erlangen, Progr. 1870/71

Reinsch, H., experimentelle Beiträge üb. die Ernährung der Pflanze, durch welche bewiesen wird, daß die Pflanze ihren Kali- u. Phosphorsäuregehalt großentheils der Luft verdanke. gr. 8. (34 S.) Erlangen 871. Deichert. n. — 50

(Reinsch, H. Dr.) „Beiträge zur Kenntniss des Landkommissariats Zweibrücken, in botanischer und landwirthschaftlicher Beziehung". pg. 5—17. 4°. Nebst Karte. G. Ritter.
Zweibrücken, Progr. 1847/48

Reinsch, H. Dr. „Einige Bemerkungen über die Wichtigkeit der Einführung der Seidenzucht in der Pfalz". pg. 3—6. 4°. G. Ritter'sche Buchdr.
Zweibrücken, Progr. 1845/46

Reinsch, H. Beschreibung der in Erlangen für die Wiener-Weltausstellung angefertigten physikalischen Apparate. Erlangen 1873.

Reinsch, H. Dr. „Beschreibung und Anleitung zum Gebrauche der physikalischen Apparate, welche in der mechanischen Werkstätte der Gewerbschule zu Erlangen für die Wiener Weltausstellung angefertigt worden sind". pg. 3—14. 8°. E. Th. Jacob.
Erlangen, Progr. 1872/73

Reinsch, H. Dr. „Ueber die Bodenverbesserung als Grundlage der Landwirthschaft, nebst einer neuen, leicht ausführbaren Untersuchung des Ackerbodens". pg. 3—36. 8°. VI. Folge der agricultur-chemischen Abhandlungen. E. Th. Jacob, Univ.-B.
Erlangen, Progr. 1866/67

—— über die Bodenverbesserung als Grundlage der Landwirthschaft nebst einer neuen, leicht ausführbaren Untersuchung des Ackerbodens. gr. 8. (36 S.) Erlangen 867, Deichert. *

Reinsch, H(ugo), über den Einfluss tönender Saiten auf die Magnetnadel und eine darauf gegründete Erklärung der electrischen und magnetischen Erscheinungen. gr. 8. (16 S. mit eingedr. Holzschn.) Speyer 855, Lang.

Reinsch, H. Dr. „Ueber den Einfluss, welchen die Gewerbschulen auf die Gewerbe ausüben, ausüben können und sollen". pg 3—10. 4°. J. J. Barfus'sche U.-B.
Erlangen, Progr. 1851/52

— Erzählungen zur Unterhaltung u. Belehrung aus dem Bereiche der Landwirthschaft u. Naturwissenschaft welche insbesondere auch als Lesebücher für Land- u. Bürgerschulen geeignet sind. 1. u. 2. Bdchn. A. u. d. T.: Friedrich der angehende Landwirth. Erlangen 853, 55. Deichert. 8. (VI, 84; VI, 66 S.) Jedes Bdchn. 5 ngr

Reinsch, Hugo, elementare Formenlehre. Ein Lehrbuch für den ersten method. Zeichenunterricht. 1. Thl.: Die Grade und die aus ihr zusammengesetzten Gebilde. (Lehrer-Ausg.) gr. 8. (XVI, 46 S. mit 47 Stnt.) Miltenberg 881, Halbig. cart. *

—— dass. — Schüler-Ausg. gr. 8. (IV, 46 S. mit 47 Stnt.) Ebendas. 881. cart. *

Reinsch, H. Dr. „Ueber die Fortschritte des Seidenbaues in der Gegend von Zweibrücken, nebst einer Anleitung zur Seidenraupenzucht im Kleinen". pg. 3—10. 4°. Mit einer Textfigur. G. Ritter.
Zweibrücken, Progr. 1846/47

— Grundlinien der Naturerkenntniß. Speyer 856. Lang. 8. (2 Bl., 168 S. m. Holzschn. im Text.) n. 20 ngr

— Grundriß der Chemie für den Unterricht an technischen Lehranstalten so wie zur Selbstbelehrung für angehende Pharmaceuten, Techniker und Gewerbtreibende. Nebst einem Anhange über die chemische Technologie. Mit Holzschn. (im Text.) Mannheim 854. Bassermann. gr. 8. (VII, 316 S.) 1 ℛ. 12 ngr

— Lehrbuch der Technologie für den Unterricht an technischen Schulen u. zur allgemeinen Belehrung, insbesondere auch für Gewerbtreibende bearb. Bamberg 859. Buchner. gr. 8. (VIII, 289 S.) n. 1 ℛ 2 ngr

Reinsch, H. Dr. „Ueber die Luft, als die unversiegbare Quelle alles Lebens, über ihre Bedeutung für die Landwirthschaft und Versuche über ihre qualitative Zusammensetzung". pg. 3—34. 8°. V. Folge der agricultur-chemischen Abhandlungen. E. Th. Jacob.
Erlangen, Progr. 1865/66

—— über die Luft, als die unversiegbare Quelle alles Lebens, über ihre Bedeutung für die Landwirthschaft und Versuche über ihre qualitative Zusammensetzung. gr. 8. (34 S.) Erlangen 866, Deichert. *

Reinsch, H. Dr. „Mittheilungen aus dem Bereiche der Agrikulturchemie". II. Folge. pg. 3—8. 4°. Adolph Ernst Junge'sche Univ.-B.
Erlangen, Progr. 1857/58

Reinsch, H. Dr. „Mittheilungen und Vorschläge aus dem Bereiche der Agriculturchemie". pg. 3—61. 8°. Adolph Ernst Junge'sche Un.-B.
Erlangen, Progr. 1855/56

— Mittheilungen und Vorschläge aus dem Bereiche der Agriculturchemie. Erlangen 856. Deichert. gr. 8. (2 Bl., 61 S.) 7½ ngr

— Naturgeschichte in Bildern. Ein Hülfsbuch für den ersten naturhistorischen Unterricht in Schulen u. zur Unterhaltung für die Jugend. Zeichnungen von C. Fröhlich. München (858.) Braun u. Schneider. qu. Fol. (32 Bl. m. Holzschn. im Text.) 2 ℛ.; color. 3 ℛ.

Reinsch, H. Dr. „Notizen über die industrielle Thätigkeit Erlangens". pg. 3—18. 4°. C. H. Kunstmann'sche Universitäts-Buchd.
Erlangen, Progr. 1861/62

Reinsch, Hugo: Ben Jonsons Poetik und seine Beziehungen zu Horaz. *Naumburg a. S. 1898: Lippert & Co.* (31 S.) 8° ¶ [Erschien vollst. als H. 16 d. Münchener Beiträge zur roman. u. engl. Philologie.]
München, Phil. Diss. v. 1898

Reinsch, Hugo, Ben Jonsons Poetik u. seine Beziehungen zu Horaz, s. a. Beiträge, Münchener, zur romanischen u. englischen Philologie. XVI.

Ben Jonsons Poetik und seine Beziehungen zu Horaz. Von Dr. Hugo Reinsch. *Erlangen & Leipzig: A. Deichert 1899.* (X, 130 S.) 1 Bd 8.
— Beiträge, Münchener, z. roman. u. engl. Philologie. H. 16.

—— die Schöpfung. Vom Standpunkte der speculativen Naturforschung und der heil. Schrift aus dargestellt. 8. (190 S.) Erlangen 856, Palm's Vrlgsh.

—— Taschenbuch der Flora von Deutschland nach Linnéischem Systeme und Koch'scher Pflanzenbestimmung zum Gebrauche für botan. Excursionen bearb. gr. 16. (VIII und 300 S.) Stuttgart 854, Becher's Verlag. *

— Taschenbuch der Flora von Deutschland nach Linnéischem Systeme u. Koch'scher Pflanzenbestimmung zum Gebrauche für botanische Excursionen bearb. 2. Ausg. Stuttgart 862. Becher. 16. (IV, 300 S.) 15 ngr

Reinsch, H. Dr. „Ueber die einfachste Untersuchung des Wassers auf seine Güte, und die besten Mittel zu seiner Reinigung, mit einem Anhang: Ueber die Bestandtheile des Erlanger Brunnen- und Flusswassers". pg. 3 bis 48. 8°. Mit einer Karte. Th. Jacob, Univ.-Buchd.
Erlangen, Progr. 1868/69

— über die einfachste Untersuchung des Wassers auf seine Güte und die besten Mittel zu seiner Reinigung. Mit einem Anh.: über die Bestandtheile des Erlanger Brunnen- und Flußwassers. gr. 8. (48 S. mit 1 Stnt. in Fol.) Erlangen 869, (Besold.) **

Versuch einer von der atomistischen Ansicht abweichenden Erklärungsweise der chemischen Verbindungen. Erlangen, 1854. 8vo.

— Versuch einer neuen Erklärungsweise der electrischen Erscheinungen. 8. Nürnberg 841, Bauer u. Raspe. 1/2 ₰

Reinsch, H. „Agricultur-chemische Versuche". IV. Folge. pg. 1—7. 4°. Junge & Sohn.
Erlangen, Progr. 1864/65

Reinsch, H. Dr. „Versuche über Bodenverbesserung und die Wirkung künstlicher Düngungsmittel". III. Folge. pg. 3—10. 4°. E. Th. Jacob. (Fortsetzung des Progr. 1855/56 und 1857/58.)
Erlangen, Progr. 1863/64

— neue Versuche zur Beweisführung, dass die Pflanze ihren Kali- u. Phosphorsäuregehalt grossentheils der Luft entnimmt. gr. 8. (16 S.) Erlangen 873. Besold. n. — 40

Reinsch, H. Dr. „Was hat der Gewerbsstand von den technischen Schulen zu erwarten?" pg. 3—12. 4°. G. Ritter'sche Buchdr.
Zweibrücken, Progr. 1844/45

Reinsch, H. Dr. „Das Wasser und seine Bedeutung für das Leben der Pflanze, insbesondere der ökonomischen Gewächse". pg. 3—25. 8°. VII. Folge der agricultur-chemischen Abhandlungen. E. Th. Jacob, Univ.-Buchd.
Erlangen, Progr. 1867/68

Reinsch, H., das Wasser u. seine Bedeutung für das Leben der Pflanze, insbesond. der ökonomischen Gewächse. Ebend. 868. gr. 8. (25 S.) n. 4 ngr.

Reinsch, H. Dr. „Ueber die Wichtigkeit des Unterrichtes durch Anschauung, insbesondere des Unterrichtes in den Naturwissenschaften zur Bildung der Jugend". pg. 3—13. 4°. Adolph Ernst Junge'sche U.-B.
Erlangen, Progr. 1852/53

Reinsch, H(ugo), über die Wirkungen des Düngers insbesondere des Humus. gr. 8. (21 S.) Erlangen 852, Deichert. Thlr.

Reinsch, Hugo, über die wahrscheinl. Zusammensetzung der chem. Grundstoffe. gr. 8. Hof u. Wunsiedel 839, (Grau.) 5/12 ₰

Reinsch, H. Dr. „Zusammenstellung der Resultate, welche in der agricultur-chemischen Versuchsstation Erlangen bezüglich der Aufnahme der Aschenbestandtheile der Pflanzen, insbesondere der Phosphorsäure und des Kali aus der Luft erhalten worden sind". pg. 3—30. 8°. E. Th. Jacob.
Erlangen, Progr. 1873/74

— Zusammenstellung der Resultate, welche in der agricultur-chemischen Versuchsstation Erlangen bezüglich der Aufnahme der Aschenbestandtheile der Pflanzen, insbesondere der Phosphorsäure u. d. Kali aus der Luft erhalten worden sind. gr. 8. (30 S.) Erlangen 874. Deichert. n. — 60

Reinsch, J. G. H., die beiden Sindbad, s. Sindbad, die beiden.

Reinsch, Jos., durch Feuer u. Wasser, s.: Heidelmann's, A., Theaterbibliothek.

Reinsch, K. H. R., Betrachtungen über die wichtigsten Grundsätze der Königl. Preuß. Stempel-Gesetze, mit besond. Beachtung der sich hierauf beziehenden Petitionen der Provinzial-Stände; ein Beitrag zur Finanz-Wissenschaft. gr. 8. Breslau 841, G. P. Aderholz. 1/2 ₰

Reinsch, Max, 100 Geschäfts- u. Reklamewagen. Für die Praxis gezeichnet u. hrsg. qu. 8. (100 Taf. m. 20 S. Text.) Ravensburg (901). O. Maier. In Mappe n. 12. —

— 100 moderne Wagen. Sammlung moderner Wagenzeichngn.. f. die Praxis hrsg. qu. 8. (100 z. Tl. farb. Taf. m. 60 S. Text.) Ebd. (900). In Mappe n. 18. —

Reinsch, Max, d. Wagenkasten u. s. Plan. Anleitg. z. Planzeichnen, sow. z. richt. u. vorteilhaften Arbeiten nach d. Plan. E. unentbehrl. Hilfsbuch f. Wagenfabrikanten, Meister, Gesellen u. Lehrlinge, sowie f. Handwerker- u. Fortbildungsschulen. M. e. Atlas v. 16 Foliotaf. gr. 8. (VIII, 40 S.) Weimar 895. Leipzig, B. F. Voigt. 4. 50

Reinsch, Max, der Wagenkasten u. sein Plan. Anleitung zum Planzeichnen u. vorteilhaften Arbeiten nach dem Plan. Ein system. Hilfsbuch f. Wagenfabrikanten, Meister u. Gesellen sowie f. Handwerker- u. Fortbildungsschulen. 2., durchgeseh. u. erweit. Aufl. 20 Foliotaf. nebst erläut. Text. (IV, 24 S.) gr. 4. Leipzig 904. B. F. Voigt. 5. —

Reinsch, Paul Friedrich

Reinsch, Paul, die Algenflora des mittleren Theiles von Franken (des Keupergebietes mit den angrenzenden Partien des jurass. Gebietes) enthltd. die vom Autor bis jetzt in diesen Gebieten beobachteten Süsswasseralgen u. die Diagnosen u. Abbildungen von 51 vom Autor in diesem Gebiete entdeckten neuen Arten u. 3 neuen Gattungen. Nürnberg 867. (Regensburg, Coppenrath.) gr. 8. (VIII, 239 S. mit 13 Steintaff.) (n. 1 ₰ 10 ngr.) Ermässigter Preis n. 1 ₰

Reinsch, Paul „Beiträge zur chemischen Kenntniss der weissen Mistel". pg. 3—26. 4°. Mit einer Tafel. Adolph Ernst Junge'sche Un.-Buchd.
Erlangen, Progr. 1859/60

Reinsch, Paul Frdr., contributiones ad algologiam et fungologiam. Vol. I. Accedunt tabulae (lith.) CXXXI: Melanophyceae: Tabulae XLI. — Rhodophyceae: Tabulae LXIII. — Chlorophyllophyceae: Tabulae XVIII. — Fungi: Tabulae IX. gr. 4. (XII, 103 S.) Leipzig 875. T. O. Weigel. geb. n. 60. -

Reinsch, Paul. Entdeckung neuer pflanzlicher Gebilde in der Steinkohle und im Anthrazit. 1880.

— morphologische, anatomische u. physiologische Fragmente. Moskau 865. (Erlangen, Besold.) gr. 8. (59 S. mit 2 Steintaff. in 4.) n. 20 ngr.

Reinsch, Paul. Die Kryptogamenflora des baslerischen, sowie eines Theiles des angrenzenden bernischen und solothurnischen Jura. [A.] 8. [Basel 1863.]

Reinsch, Paul „Die Meteorsteine". Die Ergebnisse der seitherigen Beobachtungen über die chemische und mineralogische Zusammensetzung wie über die Bildungsweise und den Ursprung derselben. pg. 1—22. 4°. Mit einer Tafel. P. P. Hallanzy.
Zweibrücken, Progr. 1868/69

Reinsch, Paul F., micro-palaeophytologia formationis carboniferae. Iconographia et dispositio synoptica plantularum microscopicarum omnium in venis carbonis formationis carboniferae hucusque cognitarum, eorumque illis proximorum corpusculorum natura vegetabilica non incerta, quae inveniuntur et in venis carbonis et in stratis formationum infra supraque carboniferam sequentium. 2 voll. gr. 4. (VIII, 66 u. IV, 55 S. m. 107 Stein- u. 2 Lichtdr.-Taf.) Erlangen 884. (Krische.) In Mappe. n n. 75. —

— Mikrophotographien üb. die Strukturverhältnisse u. Zusammensetzung der Steinkohle d. Carbon, entnommen v. mikroskop. Durchschnitten der Steinkohlen. Enth. 74 photogr. Darstellgn. gr. 4. (III, 13 S. m. 13 Taf.) Leipzig 883. T. O. Weigel. In Mappe. n.n. 60. - -

— das Mikroskop in seiner Bedeutung für die Erweiterung der Naturkenntniss, für die Entwickelung der physikalischen, der beschreibenden u. physiologischen Wissenschaften, wie auch für einige Zweige des bürgerlichen Lebens. Nebst einer übersichtl. Darstellung seiner Einrichtung u. seines Gebrauches. Nürnberg 867. Stein's Buchh. gr. 8. (XVI, 242 S. mit 6 lith. Fig.-Taff.) n. 2 ₰ 10 ngr.

REINSCH (P. F.). Morphologie, Anatomie und Physiologie der Pflanzen. Erlangen, 1867. 8°.

— de speciebus generibusque nonnullis novis ex algarum et fungorum classe. Accedunt tabb. VI. (lith. u. color.) [Aus: Abhandlungen der Senkenberg. naturforsch. Gesellschaft.) Frankfurt a. M. 867. Winter. gr. 4. (36 S.) n. 1 ₰

PAUL REINSCH, Die atomistische Theorie mit den diese Theorie unterstützenden Erfahrungen und Gesetzen der theoretischen Chemie sowie den bezüglichen physikalischen Gesetzen fasslich erläutert. (Ohne bes. Titelblatt. — Zweibrücken. 1871. Buchdruckerei von P. & L. Hallanzy.) 4°.

Reinsch, Paulus Frdr., neue Untersuchungen über die Mikrostruktur der Steinkohle des Carbon, der Dyas u. Trias. Beiträge zur Aufhellung des Ursprunges u. der Zusammensetzung dieser Mineralkörper, sowie zur Kenntniss des einfachsten Pflanzenlebens der Vorwelt. Mit 94 lith. Taf. gr. 4. (VIII, 124 S.) Leipzig 881. T. O. Weigel. cart. n. 50. —

Reinsch, Rob. Le Bestiaire, s. Bibliothek, Altfranzösische.

Reinsch, R., le Bestiaire, s.: Le Clerc, G.

Reinsch, R. Die Pseudo-Evangelien von Jesu und Maria's Kindheit in der romanischen und germanischen Literatur. Nebst Mitteilungen aus Pariser und Londoner Handschriften. Diss. Leipzig 1879. 31 S.

Reinsch, Rob., die Pseudo-Evangelien von Jesu und Maria's Kindheit in der romanischen und germanischen Literatur. Mit Mittheilungen aus Pariser und Londoner Handschriften versehen. gr. 8. (138 S.) Halle 879, Niemeyer. *

Reinsch, Sigmund: Untersuchung über Kobalttetrammine. *München 1898: V. Höfling.* (35 S.) 8°
München, Phil. Diss. v. 1898

Reinsch, Walther, appr. Arzt: Klinisch-experimentelle Studie über die Aetiologie der nach Laparotomien auftretenden akuten Lungenerkrankungen. (Preisarbeit WS. 1908/09.) Halle a. S. 1910: Kaemmerer. 36 S. 8°
Halle, Med. Diss. v. 6. Aug. 1910, Ref. v. Bramann
[Geb. 4. Nov. 84 Borgesdorf; Wohnort: Düsseldorf; Staatsangeh.: Anhalt; Vorbildung: Gymn. Bernburg Reife O. 04; Studium: Halle 5, Prag 1, Kiel 1, Halle 3 S.; Coll. 23. Juni 09; Approb. 22. Mai 10.] [U 10. 1697

Reinschmidt, Chr., Vorstellung der Temperamenten. Cohten. 4°. 1717

Reinschmied, Frz., Touristen-Rathgeber zur leichteren Orientierung f. Besucher d. mähr.-schles. Sudeten-Gebirges, s.: Klotz, Heinr.

Reinsdorf (August) und die Propaganda der That. 8°. New York, März 1885. 2. Aufl. 8°. New York, 15. Oct. 1890. („International Library", no. 3.)

Reinsdorf u. Genossen. Anarchistenprozess zu Leipzig vom 15.—22. Dec. 1884. Mit 8 Portraits. Nach stenogr. Niederschrift hrsg. von S. Werner. 8°. Leipzig 1884.

Reinsdorf, s. Bestimmungen für den Arznei-Verkehr beim Gewerks-Kranken-Verein zu Berlin.

Reinsdorf. H(erm.) (geb. Halberstadt 18. 5. 1849): Ueber Krebs und Krebsmetastase. Berlin (1875). (32 S.) 8°
Berlin, Med. Diss. v. 6. März 1875

Reinsdorf, Otto, eine Beleuchtung des Sternschen „Conservatoriums der Musik" in Berlin, nebst einigen Worten über die Kullaksche „neue Akademie der Tonkunst" daselbst. Berlin 868. (Königsmann.) gr. 8. (13 S.) n. 5 ngr.

— und Moritz Vogel, das Clavierspiel. Brieflicher Unterricht für das Selbststudium Erwachsener. 15 Hefte. 4. Leipzig 871, Payne. à Heft M. 1. cart.

— Theodor Kullak u. seine neue Akademie der Tonkunst in Berlin. Ein Karakterbild. Neusalz a. O. 870. Lange. gr. 16. (22 S.) 3 ngr.

Reinsdorf, O., u. Mor. Vogel, prakt. Kursus z. Selbstunterricht im Clavier-Spiel, s.: Panorama d. Wissens.

Reinsdorff, Carl, s. Reinsdorff, Karl

Reinsdorff, G., zur Frage d. Militär-Strafprozesses u. seiner Reform. gr. 8. (III, 43 S.) Berlin 885. Liebel. n. — 75

Reinsdorff, Karl

Reinsdorff, Carolus: De tumoribus malignis in ovariis. Halis Saxonum (1849): Schmidt. 28 S. 8°
Halle-Wittenberg, Med. Diss. v. 24. März 1849
Geb. Holzzelle (Seekr. Mansfeld) 30. 6. 1824. V.

Reinshagen, Karl, Referendar: Das eingebrachte Gut der in Fahrnisgemeinschaft lebenden Ehegatten. *Schleiden 1902: F. W. Braselmann.* (41 S.) 8°
Freiburg i. B., Rechts- u. staatswiss. Diss. v. 1902

Reinshagen, Otto, Referendar beim Kgl. Landgericht zu Chemnitz: Die Konkurrenzklausel des Handlungsgehilfen. *Leipzig 1903: J. B. Hirschfeld.* (48 S.) 8°
Leipzig, Jur. Diss. v. 1903

Reinshagen, Otto, die Konkurrenzklausel des Handlungsgehilfen. (IV, 48 S.) gr. 8. Leipzig 903. [C. L. Hirschfeld.] Tübingen, J. C. B. Mohr. n. 1. 40

Reinson, Ed., Untersuchungen über die Ausscheidung des Kali und Natrons durch den Harn. gr. 8. (29 S.) Dorpat 864, (Gläser's Verlag.) *

v. Reinsperg, Emil J. A., Anweisung für Brauerei- und Brennereibesitzer, und zunächst für Böttcher, ohne geometrische Vorkenntnisse die Umfangsverhältnisse anzufertigen: der runder u. viereckiger Gefäße v. gegebenem Kannen-Inhalt leicht u. sicher zu bestimmen. gr. 12. Grimma 839. Verlags-Comptoir. 3/8 ₰

**Reinsperg**, Emil J. A. v., Anweisung zur leichteren Ermittelung der Dimensionen für anzufertigende kreis- und länglichrunde, sowie viereckige Gefäße von einem bestimmten Inhalte, nebst einer Tabelle für die Durchmesser aller Kreisflächen von 1 bis 100 Liter. Für Brennerei- und Brauereibesitzer, sowie für Böttcher, Kupferarbeiter, Klempner und andere Geschäftsleute bearb. II. oder besonderer Thl. zu den Tabellen für Berechnung des Rauminhaltes runder Gefäße. gr. 8. (31 S.) Dresden 878, G. Dietze. *

**Reinsperg**, E. J. A. v., das neue metrische Maß und Gewicht. Uebersichtlich dargestellt für Schule und Haus. 4. Aufl. gr. 16. (24 S.) Chemnitz 871, Hager.

— **Rechnungs-Tabellen** zur bequemeren und schnellern Berechnung sämmtlicher durch die Allerhöchsten Gesetze vom 4. Decbr. 1833 u. 4. Octbr. 1834 in dem Königreiche Sachsen angeordneten Abgaben-Sätze für inländ. Gegenstände. 4. Meißen 836. Klinkicht u. Sohn. n. 1/3 Thlr.

—— **Rechnungstafeln** z. Bestimm. d. Nettogewichtes u. d. Zollbetrages bei Versteuerung v. Cigarren, wie dies. nach d. hohen General-Verordnn. d. k. sächs. Zoll- u. Steuer-Direction v. 9. Dec. 1836 u. 20. Juli 1837 z. Anwend. kommt. Nach Leipziger- u. Zoll-Gewicht u. d. 21 Gulden-Fuss gefertigt. gr. 4. (1/2 gedr. u. 2 lith. B.) Grimma 838, Verlags-Comptoir.

— **Rechnungs-Tafeln** zur Königl. Preuß. Erhebungsrolle der Ein-, Aus- u. Durchgangs-Abgaben. Nach dem Zollgewichte 2c. 8. Quedlinburg 840. Basse. 5/12 Thlr.

— ausführliche **Tabelle** für den Kannen-Inhalt der cylindrischen u. konischen Gefäße, nebst deutlicher Gebrauchserklärung und Anweisung, solche körperliche Räume leicht und richtig zu vermessen. gr. 8. Dresden u. Leipzig 835. Arnold. 1 Thlr.

—— ausführl. **Tabelle** f. d. **Quartinhalt** d. rechtwinkligviereckigen Brenn- u. Brauereigeräthe von ein. Länge v. 70 preuß. Zoll, mit 1/2 Zoll steigend, bis zu e. Breite v. 200 Zoll u. ausreichender Höhe. gr. 8. (2 B.) Quedlinburg 840, Basse.

— s. **Tabelle** zur Berechnung der Branntweinsteuer.

— ausführliche **Tabellen** zur leichtern und mathematisch genauen Berechnung des Quartinhaltes der kreisrunden u. länglichrunden gleichweiten Gefäße, als auch der kreisrunden u. länglichrunden Gefäße mit schrägstehenden Seitenwänden oder Mantel. gr. 8. Quedlinburg 840. Basse. 1/3 Thlr.

—— ausführliche **Tabellen** zur Vergleichung der englischen und französischen Längenmaaße mit den Maaßen von Sachsen, Preußen und Oesterreich. gr. 8. (27 S.) Wurzen 854, Verlags-Comptoir.

**Reinsperg**, Em. J. A. v., Tabellen zur leichtern und mathematisch genauen Berechnung des Dresdner Kanneninhaltes der Bottiche u. Fässer. von 10 Sächs. Zoll, mit 1/4 Zoll steigend, bis 190 Zoll Durchmesser. 3. sorgfältig revid. 2c. Ausg. Leipzig 854. Spamer. 8. (30 S.) 10 ngr.

—— **Tabellen** zur leichtern und mathematisch-genauen Berechnung des Liter- oder Cubikdecimeter-Inhalts der Bottiche und Fässer, sowie aller runden Hohlräume und Baumstämme 2c. von 1 Centimeter mit 1/2 steigend, bis 450 Centimeter Durchmesser, nebst Anweisung, wie auch viereckige Gefäße leicht und sicher zu berechnen sind. Ein Handbuch für Steuerbeamte, Brennerei- und Brauereibesitzer, Böttcher und Kupferschmiede. 2. sorgfältig revid. und verm. Ausg. gr. 8. (36 S.) Pirna 872, (Dresden, G. Dietze.) *

—— **Versuch**, d. Ermittelung d. Kannen-Inhaltes bei Brau- u. Brennerei-Gefäßen, sowohl v. runder als viereckiger Form, durch e. Meßband zu erleichtern, nebst Anweis. z. Gebr. desselben. Für d. Steuerbeamten entworfen. gr. 8. (1 B. u. 1 Stnt.) Dresden u. Leipzig 835, Arnoldische Buchh.

— **Vorschriften** üb. die Größe, das Material, die Gestalt, die Bezeichnung u. die sonstige Beschaffenheit der vom 1. Januar 1872 ab im öffentlichen Verkehr geltenden u. bereits vom 1. Januar 1870 zur Eichung zuzulassenden neuen Längen- u. Hohlmaaße. Nach der Eichordng. f. den norddeutschen Bund vom 16. Juli 1869. gr. 16. (16 S.) Ebend. 871. — 20

**Reinstadler**, Seb., Elementa philosophiae scholasticae. Vol. I et II. 8. Freiburg i/B. 901. Herder. n. 5. 40; geb. in Halbfrz. n. 7. 80
I. Continens logicam, ontologiam, cosmologiam. (XXIII, 425 S.) n. 2. 80; geb. n. 4. —
II. Continens anthropologiam, theologiam naturalem, ethicam. (XV, 382 S.) n. 2. 60; geb. n. 3. 80

**Reinstadler**, Seb., Elementa philosophiae scholasticae. 2 voll. Ed. altera ab auctore recognita. (XXIX, 452 u. XVIII, 448 S.) kl. 8. Freiburg i/B. 904. Herder. n. 6. —; geb. in Halbfrz. n. 8. 80

**Reinstaedler**, Seb., elementa philosophiae scholasticae. 2 voll. Ed. IV ab auctore recognita. (XXVII, 482 u. XVIII, 467 S. m. Fig.) kl. 8. Freiburg i/B. 909. Herder. 6.—; geb. in Leinw. 7. 40

**Reinstädtler**, Wilhelm, appr. Arzt aus Töpen i. B.: Ueber Gicht mit hochgradigen Muskelatrophien. *Leipzig 1902: B. Georgi.* (24 S.) 8°
Leipzig, Med. Diss. v. (12. Sept.) 1902

**Reinstein**, Adalbert v., der Raubritter d. Harzes, s.: Harzbibliothek, romantische.

Reinstein, A., und C. Sander, Kösen. gr. 16. (173 S. mit 3 Stnt. und eingedr. Holzschn. von A. Thierbach und 1 lithogr. Karte von W. Hertel in Imp.-4.) Naumburg 848, Cursch. *

**Reinstein**, Alwin, die Frage im Unterricht. Zugleich Versuch e. prakt. Logik. 3. gänzlich umgearb. Aufl. v. Chr. G. Scholz, Anleitg. zur Fragbildg. gr. 8. (VI, 161 S.) Leipzig 874. Leuckart. n. 1. 50

**Reinstein**, Alwin, die Frage im Unterricht. Zugleich Versuch e. prakt. Logik. 4. Aufl. v. Chr. G. Scholz' Anleitg. zur Fragbildg. 8. (VIII, 167 S.) Leipzig 886. Leuckart. n. 1. 50

**Reinstein**, Alwin, d. Frage im Unterricht. Zugl. Versuch e. prakt. Logik. Gänzl. umgearb. Aufl. v. Chr. G. Scholz' „Anleitg. zur Fragbildg." 5 Aufl. 8. (VIII, 167 S.) Leipzig 895. F. E. C. Leuckart. n. 1. 50

**Reinstein**, Aug., der Gebrandmarkte. Eine Erzählung aus der russischen Geschichte, zur Zeit Iwan Wasiljewitsch des Schrecklichen. 8. Greiz 815, Schumann. 1 Thlr. 18 Ngr.

**Reinstein**, Herm., Scherz u. Ernst. I.—V. Hft. Den Kameraden der deutschen Feuerwehren gewidmet. gr. 8. Plauen i/V. 890. (Hamburg, Kramer Verl.) n. 3. 30
I. 4. Aufl. (32 S.) n. — 60. — II. III. 2. Aufl. (39 u. 32 S.) à n. — 60. — IV. V. (39 u. 32 S.) à n. — 75.

**Reinstein**, Herm., Scherz u. Ernst. (Lustspiele, lebende Bilder 2c.) Den Kameraden der deutschen Feuerwehren gewidmet. 1.—6. Hft. gr. 8. Plauen i/V. 897. Selbstverlag. à — 75 (zusammen bezogen 4. —)
1. 5. Aufl. (32 S.) — 2. 4. Aufl. (36 S.)
3. 3. Aufl. (32 S.) — 4. (39 S.) — 5. 6. 2. Aufl. (à 32 S.)

**Reinstein**, Herm., Scherz u. Ernst. (Lustspiele, lebende Bilder usw.) Den Kameraden der deutschen Feuerwehren gewidmet. III. u. IV. Heft. 8. Plauen i/V. Leipzig, Rauh & Pohle. à n. 1. —
III. 5. Aufl. (32 S.) — IV. 3. Aufl. (39 S.)
Heft 1. 2. 5 u. 6. Jetzt Ebd. 897. Erh. Pr. à n. 1. —

**Reinstein,** J(ohann) H(ugo), approb. Arzt aus Belgern a. d. E.: **Beteiligt** sich die vordere Irisfläche an der Absonderung des humor aqueus? Experimentelle Untersuchungen mit kritischer Würdigung d. bisherigen auseinandergehenden Ansichten. *Halle a. S. 1903: O. Hendel.* (22 S.) 8°
Halle, Med. Diss. v. 26. Mai 1903

**v. Reinstich,** G. W., auf vieljähr. Erfahrung gegründete Empfehlung einiger sehr wohlfeilen, überall darzustellend., Unkraut vertilgenden, schädl. Insekten u. Würmer vom Boden abhaltenden, den Nachtheil zu großer Nässe od. Trockne vermindernden, den eigenthüml. Geruch od. Geschmack der Gewächse nicht umänderuden u. dem Miste auch an Kraft u. Nahrhalt weit vorstehenden Düngungsmittel f. Wein-, Obst-, Hopfen-, Gemüse- u. Blumengärten 2c. gr. 8. Brünn 824. Traßler. 2 ꝶ 16 gr

**Reinstorf,** E., s. a Geschichte, biblische, f. Schule u. Haus.

— u. L. **Gerke,** biblische Geschichte f. Schule u. Haus (Unterstufe). Mit 31 bildl. Darstellgn. v. Schnorr v. Carolsfeld. 2. Aufl. (62 S.) 8. Harburg (909). G. Elkan. nn —40; geb. nn — 50

**Reinstorf,** E., kurze Geschichte d. Lüneburger Lehrervereins s.: Felde, L. zum.

**Reinstorff,** E., üb. Reform d. höheren Schulwesens. Nach e. Vortrag, geh. am 11. Febr. 1890 im Hamburger Bezirksverein deutscher Ingenieure. gr. 8. (34 S.) Hamburg 890. Seippel. n. — 50

**Reinstorff,** Ernst, carmina nonnulla poetarum recentiorum germanicorum in latinum convertit R. gr. 8. (67 S.) Hamburg 895. Herold's Verl. n 2.—

Reinstorff, Ernst Buergeri Lenoram et Schilleri Cassandram in Latinum convertit R. S. 11—18. Wi. G. **Hamburg* 1885. Progr.

Reintel, Ph. von

**v. Reintel,** Geschichte Napoleons. 1e u. 2e Lfrg. Bog. 1—8, mit 4 Abbildd. gr. 8. Burg u. Berlin 839. Otto. à 1/8 ꝶ

Reintel, Ph. v., vollständige Geschichte des Kaisers Napoleon. 1. u. 2. Thl. gr. 8. Berlin 844, Otto'sche Buchh. à
Thl. 1. Von der Geburt Napoleons bis zu seiner Kaiserkrönung. (23½ B., 1 Stahlst. u. 9 Stnt.)
„ 2. Von der Krönung Napoleons zu Mailand bis zur Geburt des Königs von Rom. (21½ B. u. 10 Stnt.)

**Reintgen,** Jak., Handbuch der Weberei, s.: Reiser, Nik.

Reintgen, Jac. Die Kunstweberei, s. Reiser, Nik., u. Jos. Spennrath. Handbuch der Weberei.

**Reintgen,** Peter, a. Bonn: Die Geographie der Kautschukpflanzen. Berlin 1905: E. S. Mittler & Sohn. (IV, 146 S.) 8°
Bonn, Phil. Fak., Ref. Rein, Diss. v. 1. Aug. 1904
[Geb. 26. April 72 Bonn; Wohnort: Bonn; Staatsangeh.: Preußen; Vorbildung: Gymn. Bonn Reife O. 03; Studium: München 1, Wien 2, Bonn 4 S.; Rig. 16. Dez. 05.]

Die Kautschukpflanzen. Eine wirtschaftsgeogr. Studie. Von Peter Reintgen. Berlin: Der Tropenpflanzer 1905. (IV S., S. 74–218.) 8°
— Tropenpflanzer, Der. Beihefte. Bd 6, No 2/3. 105. 6331

**Reintgen,** Peter, Kandidat aus Bonn: Thesen ... zur Erlangung der Doktorwürde ... (nebst Lebenslauf). *Bonn 1904: E. Eisele.* (2 Bl.) 8°
Bonn, Phil. Thes. v. 1. Aug. 1904
(Nicht für den Austausch)

**Reintges,** Wilhelm, aus Krefeld: Aus d. chirurg. Klinik in Bonn. Die Trepanation des Processus mastoideus. *Bonn 1900: K. Drobnig.* (60 S.) 8°
Bonn, Med. Diss. v. [14. Nov.] 1900

Reinthal, Ernst v., Berend v. der Borch. Drama aus der Geschichte Livlands in 5 Aufzügen. gr. 8. (149 S.) Dorpat 868, (Gläser.) [Schnakenburg.] *

**Reinthaler,** Jephtha u. s. Tochter, s.: Breitkopf & Härtel's Textbibliothek. Nr. 42.

Reinthaler, Carl, s. Reinthaler, Karl

**Reinthaler,** Jonas [app. Arzt aus Sulzbach i/O.]: Ueber das tuberkulöse Geschwür der Zunge ... München, Druck d. Akad. Buchdr. v. F. Straub, 1892; 22 S. 8.
München, Med. Fak., Inaug.-Diss. v. 1892

Reinthaler, Karl

Reinthaler, Carl, Adam u. Christus od. d. Christbaum in Mart. Luthers Kinderstube. Ein Weihnachtsbüchlein für alle Christenkinder. 2. Aufl. 8. (10⅝ B.) Erfurt 844, (Hennings u. Hopf.) *

**Reinthaler,** Karl, Adam u. Christus od. der Christbaum in M. Luthers Kinderstube. Ein Weihnachtsbüchlein f. alle Christenkinder. 3. Aufl. br. 8. (XIV u. 148 S. m. 1 Stahlst. u. 4 Lith.) Erfurt 850, Martinstift. Leipzig, Dörffling & Franke. 24 ngr

Reinthaler, Karl, Adam und Christus oder der Christbaum in M. Luthers Kinderstube. Ein Weihnachtsbüchlein für alle Christenkinder. 4. Aufl. gr. 8. (136 S. mit 1 Stahlst. und 4 Holzschntaf.) Erfurt 863, (Körner'sche Buchh.) **

Reinthaler, Carl, tria carmina Phil. Melanthonis praeceptoris Germaniae. Zur dritten Jubelfeier seiner Verklärung mit der kirchlichen Verdeutschung und den alten Sangweisen zusammengestellt. gr. 4. (4 S.) Erfurt 860, (Körner'sche Buchh.) **

**Reinthaler,** Carl, Einig und frei in dem Herrn, s. Einig und frei.

— die hohen Feste unsers Herrn. Drei historische Liturgieen für Weihnachten, Ostern u. Pfingsten. breit 8. Erfurt 840. (Körner.) 1/6 ꝶ — 2. Ausg. 8. Ebend. 842. baar 1/6 ꝶ — 3. Ausg. Erfurt 846. (Hennings u. H.) n. 1/6 ꝶ

— dass. mit Singweisen. (In einem apart. Hftchn.) br. 8. (4 B.) Ebds. 846. *
Die Singweisen besonders * 10 Ngr.

**Reinthaler,** Karl, des Königs und Volkes Freude in dem Herrn. Eine Festandacht u. 40 Freudenlieder. breit 8. Erfurt 840. (Otto.) 1/8 ꝶ (bei Wohlgemuth in Berlin) 1/4 ꝶ

— die Furcht des Herrn, s. Furcht, die, des Herrn.

— die heil. Geburt uns. Herrn. Eine histor. Liturgie f. d. Weihnachtsabend u. die Christmette. 8. (1 B.) Erfurt 839, (Körner.)

— die heil. Geburt unsers Herrn. Eine historische Liturgie für den Weihnachtsabend u. die Christmette. breit 8. Erfurt 839, Otto. 2 ngr

— die heilige Geburt unsers Herrn. Eine histor. Liturgie und 25 Festlieder für den Weihnachtsabend und die Christmette zusammengestellt. 3. Aufl. br. 8. (32 S. mit 2 Stnt. in Tondr., eingedr. Holzschn. und Melod.) Erfurt 850. Leipzig, Dörffling und Franke. *

**Reinthaler,** Karl, die heilige Geburt unsers Herrn. Zur Feier der Weihnachten in Kirche, Schule u. Haus. 6. Aufl. Erfurt (855.) Körner'sche Buchhdlg. 12. (24 S. m. Holzschn. im Text.) n. 3 ngr

— die heilige Geburt unsers Herrn. Zur Feier der Weihnachten in Kirche, Schule und Haus. 6. Aufl. gr. 12. (24 S. mit eingedr. Holzschn. und Melodien.) Erfurt 855, Weingart. *

—— die heilige Geburt unsers Herrn. Zur Feier der Weihnachten in Kirche, Schule und Haus. 9. Aufl. gr. 8. (24 S. mit eingedr. Holzschn.) Erfurt 861, (Körner'sche Buchh.) * *

—— am Grabe unsers geliebtesten Landesvaters ein Halleluja aus der neuen Lutherspforte. 4. (11 S.) Erfurt 861, (Körner'sche Buchh.) *

*Reinthaler, Karl.* Zehnter Jahrbericht von 1829. (über das Martinsstift in Erfurt, in dem ersten Jahrzehend seines Bestehens.) 4. *Erfurt, Joh. Immanuel Ukkermann.*

—— Königsworte in Volksliedern, s. Königsworte.

— drei Lieder von Luther und Schiller mit alten Volksweisen. Zur Feier ihres gemeinsamen Geburtstages zusammengestellt. Ebend. 860. 4. (4 S.) n. 3 ngr.

—— deutsche Liederbibel. 2., verm. und verb. Aufl. vollständig 2 Thle. in 1 Bde. gr. 8. (XVI und 714 S.) Erfurt 863, (Körner'sche Buchh.) *

—— unsere Lutherslieder zu unsrer Reformation in Kirche, Schule und Haus. gr. 8. (60 S. mit eingedr. Holzschn. und 1 Holzschntaf.) Erfurt 863, (Körner'sche Buchh.) *

—— die heil. Passion in sechs Fastenandachten. 1. Aufl. 837. Neue unveränd. Ausg. gr. 8. (à 5 1/8 B. u. Ttlbild.) Erfurt 842, (Körner.) à

— die heilige Passion unsers Herrn, in sechs Fastenandachten zusammengestellt. Mit Titelbild u. Titelvign. gr. 8. Erfurt 837. (Otto.) n. 1/3 ß — dass. mit Melodien. gr. 8. Ebd. n. 3/4 ß

— Sangweisen u. Saitenspiel hierzu. br. gr. 8. Ebd. 837. 5/12 ß

—— Sangweisen u. Saitenspiel hierzu. gr. 8. (5 lith. B.) (Ebds.) 839.

— die heil. Passion in sechs Fastenandachten. Neue unveränd. Ausg. breit 8. Ebend. 842. 1/4 ß

— Sangweisen u. Saitenspiel hierzu. breit 8. Ebd. 842. 3 ngl

— Noahs Predigt an die Kinder Gottes u. die Töchter der Menschen in diesen unsern Tagen. Dem deutschen Kirchentage u. den preuß. Luthersvereinen zunächst vorgelegt im Halljahre unsers Heils 1851. br. 8. (32 S. m. eingedr. Holzschn. u. Melodien.) Erfurt 851. (Körner.) baar n. n. 1/6 ß

— der Sieg des Lammes und seiner Gerechten. Eine historische Liturgie vor und am S. Cantate aus der deutschen Liederbibel. Dem 7. deutschen Kirchentage 1854. 1. Ausg. 854. 5 ngr. — 2. Ausg. Erfurt. (Körner'sche Buchhdlg.) gr. 16. (15 S.) n. 3 ngr.

—— der Sieg des Lammes und seiner Gerechten. Eine histor. Liturgie vor und am Sonnt. Cantate aus der deutschen Liederbibel. Dem 7. deutschen Kirchentage 1854. 1. Ausg. 1854. 5 Ngr. und 2. Ausg. br. 8. (15 S.) Erfurt 855, (Weingart.) *

—— geistliche Tafellieder, den Brüdern vorgelegt zur Speisung auch seiner Kinder. gr. 8. (16 S. mit Melodien.) Erfurt 854. (Frankfurt a. M., Völcker.) **

—— Tafellieder für deutsche Glaubensbrüder. br. 8. (34 S. mit Melodien und eingedr. Holzschn.) Erfurt 850. Leipzig, Dörffling und Franke. *

Reinthaler, Paul Bericht über die Einweihung des neuen Gymnasialgebäudes. S. 10—18. Progr. *Cöslin* 1880.

Reinthaler, Paul, Bilder aus preuß. Gymnasialstädten. gr. 8. (VII, 182 S.) Berlin 899. [R. Gaertner.] Weidmann. n. 2. 80

— Zur Darstellung der paulinischen Heilslehre auf der oberen Stufe des Gymnasialunterrichts. 26 S. **Progr.** *Sorau* 1882.

**Reinthaler, Paul** Martin Adolph: * Ueber Christian Fuerchtegott Gellert. 104 S. 4° (2°)

Halle-Wittenberg, Phil. Diss. v. 10. Mai 1869

Geb. [Erfurt 5. 10. 1839]

Ersch. mit geringen Veränderungen u. d. T.: Christian Fürchtegott Gellert als Moralphilosoph und geistlicher Liederdichter. Köslin 1870: Hendess. 29 S. 4° Kgl. u. Stadtgymn., Progr.

Reinthaler, Paul, das Lehrerkollegium des Erfurter Gymnasium 1849—1868. Ein Beitrag zur preuß. Schulgeschichte. (89 S.) gr. 8. Halle 903. Buchh. des Waisenhauses. n. 1. —

Reinthaler, Paul Biblisches Lektionarium für die Morgenandachten höherer Lehranstalten. S. 1—22. **Progr.** *Cöslin* 1881.

Reinthaler, Paul, biblisches Lectionarium für die Morgenandachten höherer Lehranstalten. 8. (23 S.) Glogau 882. Reisner's Nachf. n. — 20

[F.] Karl Reinthaler, Königl. Rektor des Martinsstiftes in Erfurt u. seine Familie. Aus dessen Aufzeichngen u. nach eig. Erinnerg dargest. v. Prof. Dr. Paul **Reinthaler** in Weimar. Nebst Portr. *Hamburg: Verl. d. Agentur des Rauhen Hauses 1897.* (VIII, 122 S., 1 Bl., 1 Portr.) 1 Bd 8. [illegible]

— der Religionsunterricht an den höh. Lehranstalten Preußens nach der Unterrichtsordnung v. 1891. gr. 8. (21 S.) Halle 900. E. Strien. — 60

Sonderabdruck aus: „Deutsch-evangel. Blätter".

(REINTHALER, SEVERIN O. F. M.:) Unterrichtungen der Heilsammen Buß des dritten Ordens, Welche in der Regel von dem Seraphischen Heiligen Vatter Francisco Weltlichen Tertiariis vorgeschrieben, von Nicolao den IV. bestättiget. Um dadurch alle in ihren eigenen Behausungen wohnende catholische Christen anzueyfferb, das höchstnothwendige Geschäft ihrer Seelen zu würcken so zusammen/getragen, mit dem Anhang H. Gebettern sammt dem h. Creutz-Weg. Von einem armen Franciscaner (Macarius Machek), Marian. Hung. Provinz zu grösserer Ehre Gottes, des H. Francisci und Trost des ganzen dritten Ordens deren Büssern. Preßburg 1752. Gedr. bey Joh. Mich. Landerer. 9 f. 345 S. - 12°

- Dass. Pressburg 1778. Druck. Patzko. (14) 334 (4) S. - 180 mm

Reinthaler, Steph., Georg Held. Ein kurzes Lebensbild e. würd. Priesters der neuesten Zeit. Mit 10 Bildern u. e. Fksm. (56 S.) 8. Regensburg 905. Verlagsanstalt vorm. G. J. Manz. n. — 60

Reinthaller, Franz

— Lehrer Sem.: Katalog der Lehrerbibl. 99. 0 . v. Frz. Reinthaller. **Progr.** St. Pölten

Reinthaller O. S. F. P. Joannes —. Begräbnißnorm und Vorurtheil. Vortrag gehalten am 9. November 1856 in der Stadtpfarrkirche Maria Himmelfahrt zu Graz von — —. Graz 1856. Druck von C. Tanzer. Fr. Ferstl'sche Buchhandlung (Karl Tendler.) (16 S. 8.)

**Reintjes,** Heinrich [app. Arzt aus Vrasselt '(Rheinl.)']: Aus d. chirurg. Klinik zu Kiel. Über die Bassini'sche Methode der Radicaloperation freier Leistenbrüche ... Kiel, Druck v. L. Handorff, 1893; 16 S., 1 Bl. 8.

Kiel, Med. Fak., Inaug.-Diss. v. [3. Febr.] 1893

Reintjes, M. Die Kostengesetzgebung, enth. sämmtl. Bestimmgn. üb. die zur Erhebg. gelang. Gerichtsgebühren, incl. der Civil-Kostengesetze d. ehemal. Appellationsgerichtshofes zu Cöln, nebst den einschläg. Verfüggn. u. Verordngn. Für den prakt. Gebrauch erläutert u. m. Anmerkgn. versehen. 8. (154 S.) Xanten 891. (Lpz., Streller.) * 3 50

Reintke, Eugen. Über die Abspaltung von Kohlenoxyd aus α, α-Diarylpropionsäuren. Diss. Math.-Naturw. Freiburg in der Schweiz. 51 S. 8. Halle a. S., Wischan & Burkhardt, 1905.

Reints, John H., das christliche Taufdogma u. das antipedobaptistische System theoretisch-praktisch abgehandelt. Oder: die ganze Tauffrage beleuchtet, die Rechtmäßigkeit der Kindertaufe bewiesen rc. New-York 868. (Schmidt.) br. 8. (VIII, 202 S.) 1 ß

**Reintzsch, Christian Friedrich Wilhelm** (Düben), **De fluxu coeliaco. Diss. med. Berlin (Brüschcke) 6. I. 1826. 36 S. mit Biogr. (M.: W. Kyritz.)** (3.25) **28292**
Oppon.: **Fried. Ippel, E. Gabler,** Fr. Rudorf. — **Gew.: F. G. M. Ehrich.**

**Reinus,** Max, s.a **Halle in der Gegenwart.**

Reinus, Max. Halle in der Gegenwart. M. hist. Rückblicken. Unter Mitwirk. namhaft. Fachmänner hrsg. Halle a. S. 1907. 8°.

Reinwald, Gustav, od. d. geheime Gesch. d. Grafen v. R.; e. moral. Erzählung v. G. Müller. 8. Stuttg. Erhard. 801.

Reinwald, Louis, od. d. schöne Geheimniß v. G. Schmidt. 8. Altenb. Schnuphase. (a. Rudolphi in Erf.) 807. 1 Rthlr.

Reinwald, B.

Reinwald, die Spende. 8. Offenb. 823. Brede. 1 ß 16 gr

Reinwald, B., die Spende; e. Auswahl v. Aphorismen, Epigrammen, Anekdoten, Bemerkungen rc., mit e. Vorrede von Dr. Börne. 8. Offenbach 824. Brede. 1 ß 16 gr

Reinwald, Carl, s. Reinwald, Karl

Reinwald, Otto, d. Recht d. Enterbten. E. Wort f. d. Neu-Malthusianismus. gr. 8. (28 S.) Leipzig 897. M. Spohr. n. — 60

Vom Reichstag in Lindau 1496 bis 1497. — Von G. Reinwald, Subr. Verw. — 1879, Lindau, ibid. — S. 10—18$^{8}$.
Progr. Lindau (Schwaben), Isol. lat. Schule

Rückblicke auf die Geschichte der Lateinschule in Lindau I. — Von G. Reinwald, Subr., Verw. — 1876, Lindau, B. Thoma. — S. 11—16$^{8}$.
Dasselbe, von dems. — 1877, ibid. — S. 9—16$^{8}$.
Dasselbe, von dems. — 1878, ibid. — S. 10—16$^{8}$.
Progr. Lindau (Schwaben), Isol. lat. Schule

Aus der Stadtbibliothek in Lindau. — Von G. Reinwald, Subr. — 1880, Lindau, Stoffel und Wachter, S. 11—15$^{8}$.
Progr. Lindau (Schwaben), Isol. lat. Schule

§ **REINWALDS,** George Ernst, Academien- und Studenten-Spiegel, In Welchen Das heutige Leben Auf Universitäten gezeiget, geprüfet und beklaget wird. Berlin, Rüdiger, 1720. 8°.
(In Marburg, Univbibl.) TKpf., 7 Bll. Vorst., 427 SS. Vieles in Versen.

Reinwald, Geo. Ernst, Akademien- oder Studentenspiegel. 8. Berl. Rudiger. 727.

Reinwald, J., heimatliche Dichter, s.: Volksbücher, Kärntner.

**Reinwald, Johann Christian (Dresden), De cautionibus quibusdam in allegoriis explicandis. Präs. Johann Friedrich Hiller. Wittenberg (C. Chr. Dürr) 3. IV. 1770. 16 S. (3.75) 28293**

Reinwald, Johann Georg, s.a. Philalethes, J. G. R. – Rheinwald.

— ernste Abwehr herz- u. bodenloser Kritik von d. Schrift: Die entdeckte wahrhafte Staatsweisheit. 8. Ebd. 839. 1/8 ß

(Reinwald, Joh. Geo.,) †(J. G. R. Philalethes,) Betrachtungen üb. Deutschlands Einigung, s. Betrachtungen.

— über populäre Gesetzkunde. Wenige Memorabilien für deutsche Staatsleute u. Juristen. gr. 8. Frankfurt a/M. 846, Keßler. 5/12 ß

Reinwald, J. G. v., üb. populäre Gesetzkunde. Wenige Memorabilien f. deutsche Staatsleute u. Juristen. gr. 8. (5 1/4 B.) Frankfurt a. M. 846, Varrentrapp's Sorth.

Reinwald, (J. G.,) Kultur u. Barbarei oder Andeutungen aus u. zu d. Geschichte d. Menschheit, mit steter Beziehung auf unsere Zeit. gr. 12. Mainz 825, Kupferberg.

—— Kultur u. Barbarei, od. Andeutungen aus u. zu der Geschichte d. Menschheit, mit steter Beziehung auf unsre Zeit. 2., verb. Aufl. gr. 12. (17 B. u. 1 Bign.) Mainz 828, Kupferberg.

Reinwald, J. G., die entdeckte wahrhafte Staatsweisheit. Ein Versuch, sie populär aphoristisch kennbar zu machen. 16. Stuttgart 839. Literatur-Comptoir. 1 1/2 ß

Reinwald, J. G., die entdeckte wahrhafte Staatsweisheit. Ein Versuch, sie populär aphorist. kennbar zu machen. 16. (30 B.) Stuttgart 839, [Scheible, Rieger u. Sattler.]

— was ist von den Veräußerungen d. Klöster u. Stiftsgüter im Hildesheimischen, welche unter Westphäl. Regierung verfügt worden, zu halten. gr. 8. Braunschw. 816. Vieweg. 6 gr

Reinwald, Karl

Reinwald, Carl, das Wuchergesetz. Mit Erläuterungen auf Grund der Motive, der Commissionsberichte und der Reichstagsverhandlungen hrsg. 8. (48 S.) Leipzig 880, Roßberg'sche Buchh. *

Reinwald, Carl, das Wuchergesetz, nebst dem Gesetz, das Pfandleihgewerbe betreffend, vom 21. April 1882, sowie nebst der dazu gehörenden Ausführungsverordnung u. den weiteren einschlagenden Bestimmungen. Mit Erläuterungen hrsg. 8. (76 S.) Leipzig 882. Roßberg. n. 1.—

Reinwald, Ludw., Die Sozialdemokratie vom Standpunkte d. wahren u. unverfälschten Christentums. Ein Mahnwort an Staat u. Kirche. 1. u. 2. Aufl. gr. 8. (36 S.) Stuttg. 891. Levy u. Müller. * — 50

Reinwald, Thdr., dunkle Fügungen. Ein Roman. 2 Thle. gr. 8. (IV und 481 S.) Wien 862, Markgraf.

Reinwald, Thdr., gesammelte Novellen. 2 Bde. gr. 8. (IV, 387 u. 480 S.) Prag 873. Kosmack & Neugebauer. n. 10. —

Reinwald, Wilhelm Friedrich Hermann

— s. Briefe über d. Elemente rc.

— poet. Briefe u. kleine Gedichte. 8. Meining. 769.

— s. Gesangbuch, Meining.

Reinwald, Wlh. Fr. Herm., († d. 6. Aug. 1815.) Henneberg. Idiotikon. 2 Thle. gr. 8. Berl. 793—801. Nicolai. 1 ß

Reinwald, W. F. H., Hennebergisches // Idiotikon, //oder // Sammlung // der in der gefürsteten Grafschaft Henneberg // gebräuchlichen Idiotismen, // mit // etymologischen Anmerkungen // und // Vergleichung anderer alten und neuen Germanischen // Dialekte; //von // W. F. H. Reinwald, // Herzogl. Sächsis. Rath und Bibliothekar in Meiningen. // Das Alterthum und sein Archiv der Pöbel. // Fulda's Preißschr. // Berlin und Stettin, // bey Friedrich Nicolai. // 1793. - XVI Seiten Titelblatt und Vorrede. - 115 Seiten. -

Angebunden:

Hennebergisches // Idiotikon, // oder // Sammlung // der in der gefürsteten Grafschaft Henneberg // gebräuchlichen Idiotismen. // Zweyter Theil, // welcher // Berichtigungen, Ergänzungen // und // Vermehrungen des Ersten // enthält. // Voran ein Versuch über die sämmtlichen Germa- //nischen Hauptdialekte und einige Unterscheidungs- //zeichen derselben, // und // am Ende ein Verzeichniß von Volkswörtern // des mittlern Frankens. // Von // W. F. H. Reinwald, // Herzogl. Sächsis. Rath und Bibliothekar in Meiningen. // Berlin und Stettin, // bey Friedrich Nicolai. // 1801. - 171 S. und 1 Blatt (nicht paginiert) Druckfehler.

B. S. T. 8°.562b.

§ **KNAB**, Der, und das Mädgen. An die Frau P. W in S. (Gedicht von *Wilh. Friedr. Hermann Reinwald.*)

Doutons: examinons les différentes routes
Cherchant l'illustre Verité!
Elle est plus belle après les doutes.
Réveries poetiques.

O. O. 1774. Kl. 8°. Selten!

16 S., enth. 23 vierzeil. (zahme) Strophen an eine Dame, aus Anlass ihrer bevorstehenden Entbindung. — Anon.-Lex. II. p. 365 (nach Meusel u. Adelung).

— poet. Launen, Briefe u. Miscellaneen. 8. Dessau 782. N. A. 794. Gel. Buchh. (Wienbrack in Leipz.) 6 gr.

**REINWALD**, W. F. H., Poetische Launen, Briefe und Miscellaneen. Dessau, 1782 in der Buchhdlg. der Gelehrten. 8°.

Magaz. d. Buch- u. Kunst-Handels. Jahrg. 1782. Lpz. gr. 8°. S. 832.

— — Dasselbe, tit.: Poetische Launen, Erzählungen, Briefe und Misscellaneen. Neue Auflage. Leipzig, Heinr. Gräff, 1794. 8°. (¼ Rthl.)

Anzeige des Verlegers.

**Reinwald**, Wlh. Fr. Herrm., s. Lottens Briefe.

**Reinwald**, Wlh. Fr. Herrmann, s. Milton u. Elmire.

**Reinwald v. Birkenfeld**, J. G., Die eine Frage! (Weises Gesetz, sociales Glück; keine Frage. —) gr. 8. Leipzig 842, Fr. Fleischer. n. 1⅓ ß

**Reinwaldt**, chronologische Übersicht üb. die Geschichte der Städte Lindau i. B. u. Bregenz. In 2. verm. Aufl. m. e. Stammtafel der Grafen v. Montfort hrsg. v. K. Fr. Joetze u. Chr. Kittler. gr. 8. (III, 26 S.) Lindau 900. J. Th. Stettner. n. — 40

**Kaspar Georg Karl Reinwardt**

**Caspari Georgii Caroli Reinwardt Oratio de ardore, quo historiae naturalis, et inprimis botanices cultores in sua studia feruntur, publice habita 10.Junii 1801. ... Hardervici:Tyhoff (1801). 56 S. 4°**

— de ardore, quo hist. naturalis imprimis botanices cultores in sua studia feruntur. 4maj. Harderovici 801. (Leipz., Weidmann).

— oratio de augmentis, quae historiae naturali ex Indiae investigatione accesserunt. 4maj. (Lpz.) 823. (Weigel). 8 gr.

**Reinwardt**, C. G. G., († d. 6. März 1853), Bemerkungen über die Flora der Magalhaenschen Länder, siehe: **Jahrbuch**, geographisches, I.

**Reinwardt**, Ksp. Geo. Karl, über den Charakter der Vegetation auf den Inseln des Indischen Archipels. Vortrag, gehalten in d. Versamml. deutscher Naturforscher u. Aerzte in Berlin am 20. Sept. 1828. gr. 4. Berl. 828. (Dümmler). 6 gr.

**Reinwardt**, C. G. C., Plantae Indiae Orientalis quas in itinere per insulas Archipelagi Indici Javam, Amboinam, Celebem, Ternatam, aliasque annis 1815—21 exploravit. Jussu augustiss. Regis Guilielmi III. dig. et illustr. G. H. de Vriese. Fasc. I. 4maj. (S. 1—80 en pl. I—IV.) Lugdunae Batav. 856, Brill.

**Reinwardt**, Casp. Geo. Carl, Plantae Indiae Batavae Orientalis, quas in itinere per insulas Archipelagi Indici, Javam, Amboinam, Celebem, Ternatam, aliasque, annis 1815—1821, exploravit. Jussu augustissimi regis Guilielmi III, digessit et illustravit Wilh. Henr. de Vriese. Fasc. II. gr. 4. (S. 81—160 mit 3 Stnt. in gr. 4. und qu. gr. Fol.) Leyden 857, Brill.

**Reinwarth**, C., üb. die Steinsalzablagerung bei Stassfurt u. die dortige Kali-Industrie, sowie üb. die Bedeutg. derselben f. Gewerbe u. Landwirthschaft. gr. 8. (43 S.) Dresden 871. Schönfeld's Verl. n. 1. —

**Reinwarth**, Johs., kann e. denkender Mensch von heute noch an e. Gott glauben? Zur Abwehr u. Verständigg. Vortrag, geh. im Evangel. Bund zu Laubegast. (16 S.) gr. 8. Lockwitz 906. (Dresden, C. L. Ungelenk.) n. — 20

Reinwarth, Jul. (Red.), s. Auf hohen Zinnen.

Reinwarth, Julius (Hrsg.), s. Bach, Friedrich: Gedichte.

**Reinwarth**, Jul., die Geschichte vom langen Fernrohr u. den fünf Brüdern. Ein Märchen aus dem Erzgebirge. Buchschmuck v. Woldem. Müller. (36 S.) 8. Gottesgab (Böhmen) 909. Ant.Günther.(Schneeberg, F.Goedsche.) nn 1. 50

Reinwarth, Julius: Dr. Anton Ohorn, s. Anton-Ohorn-Heft

**Reinwarth**, Jul., Dr. Anton Ohorn, s.: Sammlung gemeinnütziger Vorträge.

Reinwarth, Mor., die bei den Wahlen der evangelisch-luther. Kirchenvorstände im Königreich Sachsen zu beobachtenden Vorschriften der Kirchenvorstands- und Synodal-Ordnung, sowie der dazu gehörigen Verordnung vom 30. März 1868, unter Berücksichtigung des Kirchengesetzes vom 1. Decbr. 1876 nebst Ausführungsverordnung vom 12. Decbr. 1876. Zum Handgebrauche für Geistliche, Kirchenvorstände ꝛc. übersichtl. zusammengestellt. 8. (IV, 36 S.) Döbeln 886, Schmidt. *
cart. *

Reinweller, Xaver Ph.

**Reinweller**, P., christkathol. Erbauungs- und Andachtsbuch z. allgemein. Gottesverehrung. 1r Theil. Geschichte Jesu. 8. Sulzb. Seidel. 814.

**Reinweller**, P. X., christkatholisches Erbauungs- und Andachtsbuch zur allgemeinen häuslichen und öffentlichen Gottesverehrung. 2r Theil. 8. Sulzbach, Seidel. 817.

**Reinweller**, Xav. Ph., christkathol. Erbauungs- u. Andachtsbuch zur allgem. häusl. u. öffentl. Gottesverehrung. 1r u. 2r Thl. 8. Sulzb. 814, 19. v. Seidel. 20 gr.

— christkathol. Erbauungsbuch ꝛc. 3r Thl. 1s Hft. Morgen- u. Abendandachten. Jesus wahrer Gott u. Mensch ꝛc. 2s Hft. Jesus in d. heil. Sakramente des Altars wahrhaft zugegen, auch d. heil. Messen aus d. Missale übersetzt. ...

— christkathol. Erbauungs- u. Andachtsbuch, alle sonn- u. festtägl. heil. Messen, nebst Episteln u. Evangelien nach d. Kirchenjahre, zum allgem. Gebrauch. 8. Sulzb. 815.

— größere Tagezeiten d. seligsten Jungfrau Maria. 8. Sulzb. 814. (Münch., Lentner). 6 ℋ

Reinwolle, C. Jm., Widerl. der ärgerl. Schr. Edelmanns. 2 Thle. 8. Frankf. Haude. 747.

Reiny, in St. Huberti Namen, s.: Astura, Manfr., St. Hubertus.

**Franz Reinzer**

**Meteorologia philosophico politica, in duodecim dissertationes per quaestiones meteorologicas et conclusiones politicas divisa... Authore Francisco Reinzer. Augustae Vindelicorum: Wolf 1709. 297 S. 4°**

**[Erschien früher als Diss. Linz 1698.]**

Rejouissances, Les, des Hollandois. Epitre gratulatoire . . . S. l. 1749. V: *Lön, Johann Michael von.* (ML)

Reipen, Joseph (geb. am 15 Nov. 1846 in Giesenkirchen Rgbz. Düsseldorf): Aneurysma traumaticum nach Schussverletzungen . . . Bonn, Druck v. J. Trapp 1872. 40 S. 8.
Bonn, Med. Fak., Diss. v. 20 Juni 1872

**Reipen,** Werner, approb. Arzt aus Kalk: Die Dauererfolge der vaginalen Totalexstirpation des karcinomatösen Uterus. *Leipzig: A. Georgi 1901.* (41 S.) 8°
Halle, Med. Diss. v. 1. März 1901

Reippel, C. F., Anleitung z. Pflanzung u. Gewinnung des Tabaks im Königreich Baiern. 8. Bamberg, Lachmüller. 813.

Reiprich, Berthold Über numerische Angaben im bell. goth. des Prokop von Cäsarea. S. 13—20. **Progr.** *Gr. Strehlitz* 1885.

Reiprich, Berthold Zur Geschichte des ostgotischen Reiches in Italien. I. Die Agrikultur Italiens unter der Herrschaft der Ostgoten. (S. 1—13.) II. Über numerische Angaben im Bellum goticum des Prokop von Caesarea. (S. 13—20.)
**Progr.** *Gross-Strehlitz* 1885.

Reiprich, zur Geschichte des ostgothischen Reiches in Italien. 4. (20 S.) Gross-Strehlitz 885, (Wilpert.) *

**Reiprich,** Bertholdus *(geb. Groß-Wieran in Schles. 15. 1. 1848)*: De Sicilia insula sub regno Ostrogothorum Italico. Vratislaviae (1875). (38 S.) 8°
Breslau, Phil. Diss. v. 20. März 1875

**Reipschlaeger,** Erwin [aus St. Louis, Mo. U. S. A.]: Ueber die Cholecystitis suppurativa und ihre chirurgische Behandlung . . . . Strassburg, Druck v. Ed. Hubert, E. Simon's Nachf., 1887; 52 S. 8°.
Strassburg, Med. Fak., Inaug.-Diss. v. 1887.

Reipschlaeger, Erwin, über die Cholecystitis suppurativa und ihre chirurgische Behandlung. Diss. Strassburg i. Els. 1887, Trübners Buchh. u. Antiqu. (E. d'Oleire). 8°. 52 S.

**REIRRET,** Noël (ps.), Die Honigwochen Louisens von Cornoué. Paris, zu haben in allen Läden galanter Damen. 1886. 8°. Orig.-Br. m. Bordüre.
VI—37 S. Priap. Schilderung von 7 Nächten der Flitterwochen, nebst „Nachwort". Lat. Lett.
Orig.: Reirret, Noël, La lune de miel de Louise de Cornoué, Paris, en vente dans tous les magasins de petites dames. 1886. 8°. Sur pap. de Holl. — Le meme sur pap. vergé, in-12°, de 33 pp, tiré à 200 expls. (frcs. 3—.)

— — Dasselbe, tit.: Sieben Nächte aus den Flitterwochen Louisens von Cornoué. (Aus d. Französ.) 5. (?) verbess. Aufl. Fin de Siècle (ca. 1890). 8°.
29 S. (incl. Tit. u. 1 Bl. Vorw.), 1 weißes Bl. — Lat. Lett.

Reis, s.a. Reiss

**Reis,** Adolf [app. Arzt aus Mannheim]: Über Polyphagie . . . Freiburg i. B., Univ.-Buchdr. v. Ch. Lehmann, 1895; 36 S., 1 Bl., 1 Bl. Taf. 8.
Freiburg i. B., Med. Fak., Inaug.-Diss. v. 1895

**Reis, Alfred**: Ueber die Reduktion ungesättigter Karbonsäuren und über den Ersatz der Diazogruppe durch Wasserstoff. Strassburg 1909: Goeller. 46 S. 8°
Straßburg, Math.-naturwiss. Diss. v. Sept. 1908, Ref. Thiele
[Geb. 1. Nov. 82 Wien; Wohnort: Wien; Staatsangeh.: Österreich; Vorbildung: Gymn. Wien Reife Sommer 01; Studium: Wien 4, Straßburg 8 S.; Rig. 9. Nov. 08.] [U 09. 3875

REIS, Armin: Die Geschichte der Entwicklung unserer Orthographie in der zweiten Hälfte des 18. Jahrhunderts. — 1900. XV, 207, 19 Bl., 6 Tab. Diss. Graz, Univ.

Reis, Armin, Josua, lies mein Buch. Ein Vermächtnis. (V, 277 S.) 8. Dresden (906). E. Pierson. n. 3. —; geb. n. 4. —

Reis, Ed., Mainz wie es ist, od. neues u. vollständiges Panorama von Mainz. (Ein Führer für Fremde u. Einheimische.) 8. (Mit 1 Stahlst. u. 1 col. Plan.) Mainz 844. (Halenza.) geb. n. 2/3 ℛß

Reis, E., Mainzer Silhouetten und Genrebilder. Mainz 1841. 8°. (2 Mk. 50 Pfg., sehr schönes Expl. in Hfrz., Schnabel u. Walter, Potsdam, 1907.)

— s. Telegraph, der rheinische.

Gedenkrede auf Br. Jul. Goldenberg. Von Eman. Reis. Leipzig: Findel 1890. 15 S. 8°
Abgedr. in: Bh. 33 (1890) S. 75—76, 82—85. Lebensgang des Entschlafenen.

Reis, Emanuel: Goethes „Geheimnisse", s. Brunner, Philipp

**Reis, Eman.**, Carl Frdr. Chr. Krause als Philosoph u. Freimaurer. gr. 8. (14 S.) Wien 894. (J. Eisenstein & Co.) n. — 60

Carl Friedr. Christian Krause als Philosoph und Freimaurer. Von Eman. Reis. Wien: Selbstverl. 1894. 14 S. 8°
Aus: Z. 24 (1894) S. 18—20, 28—30.
Recens: Bh. 37 (1894) S. 412 (C. Gotthold).
cf. Al. 20 (1894) S. 119 (H Hagen).

Was ist der Zweck unserer Arbeit! Versuch einer systemat. Darst. Von Eman. Reis. Wien: Eisenstein 1898. 17 S. 8° [Umschlagtit.]
Abgedr. in: Z. 28 (1898) S. 1—3, 9—11.
cf. Bh. 41 (1898) S. 192 (C. Gotthold).
Verf. wünscht Ordnung u. Plan in d. Arbeit verwirklicht zu sehen, damit d. Erfolg mehr gesichert sei.

**Reis, Fel.**, zur Kenntnis der Condensationsprodukte der $\alpha$-Ketonsäuren u. ihrer Umwandlungsprodukte. Diss. gr. 8. (56 S.) Strassburg 902. J. Singer. n. 1. —

**Franz Anton Reis**

**De Officio medici in itinere principis. Altorfii (1740:) I.G. Meyer. 24 S. 8°**

**Altdorf, Med. Diss. v. 9. Mai 1740**

**Reis**, Frdr., Handbuch für Gerichtsschreiber im Königreich Bayern. Eine Zusammenstellung der auf den Gerichtsschreiberdienst bezüglichen Gesetzesstellen, Verordnungen, Bekanntmachungen x. gr. 8. (VII, 282 S.) Kaiserslautern 882. Crusius. n.n. 3. 50

**Reis, Friedrich**, Dipl.-Ing.: Chemische und physiologische Versuche mit Calciumcyanamid und mit einigen daraus hergestellten Verbindungen. Berlin: Springer 1910. 36 S. 8° ¶(Aus: Biochem. Zeitschrift. Bd 25, H. 6.)
Königsberg, Phil. Diss. v. 19. April 1910, Ref. Stutzer, Klinger
[Geb. 30. April 85 Prag; Wohnort: Königsberg i. P.; Staatsangeh.: Österreich-Ungarn; Vorbildung: 1. dtsch. Stadtrealsch. Prag Reife Juli 03; Studium: Techn. Hochschulen Prag 4, Wien 4 S.; Rig. 19. Febr. 10.] [U 10. 2622

**Reis**, Hans: Beiträge zur Syntax der mainzer Mundart ... Mainz, *J. Gottsleben*, 1891; 46 S., 1 Bl. 8.
Giessen, Phil. Fak., Inaug.-Diss. v. 1891

**Reis, Hans, Beiträge zur Syntax der mainzer Mundart. Diss. gr. 8. (46 S.) Mainz 891. (Leipzig, G. Fock.)** n. 1. 50

**Reis**, Hans (Frl. Linda Siehr), Eheschen, s.: Bloch's, Ed., Theater-Korrespondenz. (Real, Max.)

**Reis, Hans, die Mundarten des Grossherzogt. Hessen. Laut- u. Formenlehre. (181 S.) gr. 8. Halle 910. Buchh. des Waisenhauses.** 3. —
Sonderabdruck aus: „Ztschr. f. deut. Mundarten".

**Reis**, H[ans], Dr.: Untersuchungen über die Wortfolge der Umgangssprache. Mainz 1906: H. Prickarts. (S. 5—21.) 4°
Mainz, großh. Oster-G P 1906 (795)

Reis, Heinrich Maria Wilhelm, s. Reis, Wilhelm

**Reis**, J., über die Wahl, den Gebrauch u. den Nutzen der verschied. Arten von Brillen für kurzsichtige, weitsichtige u. schwache Augen. kl. 8. Danzig 842, Gerhard. 1/6 ℔

**Reis**, J. T., kathol. Gebetbüchlein im groben Druck. Mit Titelvignette. 18. Rottenburg 845. (Reutlingen, Fleischhauer u. Spohn.) 1/6 ℔

**Reis**, J. T., katholisches Gebetbüchlein im groben Druck, in welchem Morgen-, Abend-, Meß- x. u. Communiongebete x. enthalten sind. Nebst dem heil. Kreuzweg. Mit einer Titelvignette (in Holzschn.). Reutlingen 870. Fleischhauer & Spohn. 16. (392 S. mit eingedr. Holzschn.) geb. mit Goldschn. in Futteral 10 ngr.

Reis, J. T., das Kind in der Andacht, s. Kind.

— die Perle der Andacht. Ein Gebet- u. Erbauungsbüchlein für Katholiken. Mit 1 Titelvignette. 18. Reutlingen 843, Fleischhauer u. Spohn. 1/8 ℔ — 2. Aufl. 18. Rottenburg 845. (Reutlingen, Fleischhauer u. Spohn.) 1/8 ℔

— die Perle der Andacht. Ein Gebet- u. Erbauungsbüchlein für Katholiken. 1. Aufl. (5 B.) 843. 3¾ Ngr. 5. Aufl. 18. (178 S. u. Titvign.) Rottenburg 845. (Reutlingen, Fleischhauer u. Spohn.) Thlr.

**Reis**, J. T., die Perle der Andacht. Ein Gebet- und Erbauungsbüchlein für Katholiken. 3. Aufl. 1848. und 4. Aufl. 24. (176 S. mit 1 Titelvign. in Holzschn.) Reutlingen 851, Fleischhauer und Spohn.

**Reis**, J. T., die Perle der Andacht. Ein Gebet- und Erbauungsbüchlein für Katholiken. 6. Aufl. 859. — 7. Aufl. Mit 1 Titelvignette (in Stahlst.). Reutlingen 863. Fleischhauer & Spohn. 16. (188 S. m. Holzschn.) 15 ngr.

— Vater Unser. Ein vollständiges Gebet- u. Unterrichtsbuch f. d. kathol. Jugend aus allen Ständen x. 12. (16½ B. u. 1 Stahlst.) Rottenburg 845. (Reutlingen, Fleischhauer u. Spohn.)

— Vater Unser. Ein vollständiges Gebet- und Unterrichtsbuch für die kathol. Jugend aus allen Ständen, wie auch für Erwachsene kindlichen Gemüthes. 2. Aufl. 1847. und 3. Aufl. 8. (XII und 384 S. mit 1 Stahlst.) Reutlingen 851, Fleischhauer und Spohn.
Mit lithochrom. Titel

[Reis, Jacobus]: [1.] * Kritisch-historische Untersuchung des Targum Scheni zu dem Buche Esther. 113 S. 4° u. gekürzte lat. Bearb.: [2.] * Disputatio critica et historica de versione Targum scheni libri Esther. 54 S. 8° (4°)
Halle-Wittenberg, Phil. Diss. v. 7. Juli 1871
Geb. [Nikolsburg (Mähren) 1845/46]

Reis, Jean-Pierre: Briefpost. Porto-Tarif für Briefpostsendungen aus dem Grossherzogthum Luxemburg nach fremden Ländern, nebst darauf bezüglichen Anmerkungen und Erläuterungen. Nach amtlichen Angaben zusammengestellt. Luxemburg: V. Bück 1873. 31 S. 4°

Reis, Jean-Pierre: Packetpost. Porto-Tarif für Packetsendungen nach und aus dem Grossherzogthum Luxemburg und nach fremden Ländern. Nach amtlichen Angaben bearbeitet. Luxemburg: V. Bück 1874. 47 S. 4°

Reis, Johann Georg

Reis, Joh. G. Ein Beitrag zur Geschichte des Kaisers L. Septimius Severus. XX S. 8. **Progr.** *Ried* 1884.

Reis, [Johann Georg]: [Festrede bei der Feier der 100. Wiederkehr des Todestages Friedrich Schillers.] S. 61—67. 8.
**Progr.** K. k. erstes Staats-Gymn. *Graz* 1905.

**Reis, Joh. Geo., kurze Geschichte Oesterreichs.** (Mit 1 Kaiserbilde u. 4 Stammtaf.) 8., erweit. Aufl. (88 S.) 8. Graz 904. U. Moser. n. — 60

**Reis**, Joh. Geo., Österreich üb. alles! Kurze Geschichte uns. Vaterlandes, f. Jugend u. Volk dargest. Festgabe z. 60jähr. Regierungs-Jubiläum Sr. Maj. d. Kaisers Franz Josef I. (Mit e. Kaiserbilde u. 4 Stammtaf.) 2. Aufl. 8. (64 S.) Graz 898. U. Moser. n. — 40

**Reis**, Jh. Kep., (†...) gründl. Untersuchung d. Aderlassens u. Schröpfens, worin eigentl. d. rechte Gebrauch u. Mißbrauch dieser zweier chirurg. Operationen unpassionirt gezeigt wird. 8. Augsb. 751. ... 3 gl

**Reis**, Jos., Bereitung der Brennerei-Kunsthefe. Auf Grundlage vieljähr. Erfahrgn. geschildert. 8. (48 S.) Wien 883. Hartleben. 1. 50; geb. 2. 30

**Reis, Joseph**, approb. Arzt aus Heidelberg: Über einfache psychologische Versuche an Gesunden und Geisteskranken. *Leipzig: W. Engelmann 1899.* (110 S.) 8° ¶(Aus: Kraepelin, Psychol. Arbeiten.)
Heidelberg, Med. Diss. v. 1899

**Reis**, Julian [aus Heidelberg]: I. Ueber α-Methyl-α-oxy-i-hexylessigsäure. II. Ueber eine Reihe neuer Derivate und Umwandlungsprodukte des p-Oxybenzaldehyds ... Heidelberg, Univ.-Buchdr. v. Ph. Wiese, 1897; 40 S., 1 Bl. 8.
Heidelberg, Naturw.-math. Fak., Inaug.-Diss. v. [31. Juli] 1897

**Reis**, Karl, Agrarfrage u. Agrarbewegung in Schlesien im J. 1848, s. Darstellungen u. Quellen zur schles. Geschichte. 12. Bd.

Agrarfrage und Agrarbewegung in Schlesien im Jahre 1848. Von Karl **Reis**. Breslau: Hirt 1910. 148 S. 8°
(Darstellungen u. Quellen z. schles. Geschichte. Bd 12.) [10. 13318 9

**Reis, Karl:** Die Ursachen und ersten Äußerungen der schlesischen Agrarbewegung des Jahres 1848. Breslau 1910: Nischkowsky. 33 S. 8° ¶ (Ersch. vollst. u. d. T.: Agrarfrage u. Agrarbewegungen in Schlesien im J. 1848, als: Darstellungen u. Quellen z. schles. Gesch. Bd 12.)
Heidelberg, Phil. Diss. v. 24. Juni 1910, Ref. Oncken
[Geb. 20. Aug. 86 Speier; Wohnort: Speier; Staatsangeh.: Bayern; Vorbildung: Gymn. Speier Reife M. 05; Studium: München 2, Berlin 2, Tübingen 1, Heidelberg 4 S.; Rig. 16. Dez. 09.] [U 10. 2159

**Reis, Leop., was wir wünschen. Ein Beitrag zur Lösung moderner Culturfragen, nebst Anleitg. zur richt. Erkenntnis u. Erlangg. d. wahren Lebensgenusses f. Arm u. Reich.** gr. 8. (III, 113 S.) Wien 893. (Leipzig, Literar. Anstalt A. Schulze.) n. 1. 40

Reis, Matthias, bunter Kram. (158 S.) 8. Straßburg 909. J. Singer. 2. —

**Reis, Max** [aus Trier]: Aus d. med. Poliklinik d. Univ. zu Bonn. **Über den Rheumatismus nodosus.** . . . Bonn, Univ.-Buchdr. v. Carl Georgi, 1890; 37 + 1 S. 8°
Bonn, Med. Fak., Inaug.-Diss. v. [21.] Jul. 1890

**— Michael (Nürnberg), Diss. theol.-histor. qua Josephi silentium evangelicae historiae non noxium esse. Präs. Gustav Georg Zeltner. Altdorf (J. W. Kohle) 12. IV. 1730. 48 S. (4.50) 28295**
Wdm. v.: Gustav Georg Zeltner.

Reis, Moritz Adolf von. Zur Kenntniss der oxalsauren Salze mit besonderer Rücksicht auf ihre Benützung zu quantitativen Bestimmungen. Freiburg i. B., 1879.

Reis, Otto M., die Coelacanthinen, mit besond. Berücksicht. der im Weissen Jura Bayerns vorkommenden Gattungen. gr. 4. (100 S. mit 5 Taf.) Stuttgart 888, Schweizerbart'sche Verlagsh. *
Aus: Palaeontographica, besonders abgedruckt.

**Reis, Otto M., Handlirschia Gelasii nov. gen. et spec. aus dem Schaumkalk Frankens.** (S. 659—694 m. 1 Taf.) Lex. 8. München 909. G. Franz' Verl. 2. 50
Sonderabdr. a.: „Abhandlgn. d. k. bayer. Akad. d. Wiss."

**Reis, Otto M., Illustrationen z. Kenntnis d. Skeletts v. Acanthodes Bronni Agassiz.** [Aus: „Abhandlgn. d. Senckenberg. naturforsch. Gesellsch."] gr. 4. (16 S. m. 6 Taf.) Frankfurt a/M. 895. (M. Diesterweg.) n. 3. —

Ueber Lithiotiden. Von Dr. Otto M. Reis. (Mit 7 Lichtdr.-Taf. u. 4 Zinkotyp.) Wien: Geolog. Reichsanst. 1903. (44 S.) 4°
— Abhandlungen d. k. k. geologischen Reichsanstalt. Bd 17, H. 6.

**Reis,** Otto M. [aus Mainz]: Zur Osteologie der Coelacanthinen. I. Th. '(Rumpfskelet, Knochen d. Schädels u. d. Wangen, Kiemenbogenskelett, Schultergürtel, Becken, Integument u. innere Organe.)' ... (Schlusskap. d. Abh. in: Palaeontogr. XXXV.) München, Druck v. H. Kutzner, 1892; 39 S., 2 Taf. 8.
München, Phil. Fak., Inaug.-Diss. v. 1892

Das Skelett der Pleuracanthiden und ihre systematischen Beziehungen. Von Dr. Otto M. Reis, München. Mit 1 Taf. Frankfurt a. M.: M. Diesterweg in Komm. 1897. (S. 57—155.) 4°
— **Abhandlungen** hrsg. von d. Senckenbergischen naturforschenden Gesellschaft. Bd 20, H. 1.

Reis, Paul, Elemente der Physik, Meteorologie und mathematischen Geographie. Hilfsbuch für den Unterricht an höheren Lehranstalten. Mit zahlreichen Uebungsfragen und -Aufgaben. gr. 8. (VIII, 411 S. mit 240 Fig. im Text.) Leipzig 879, Quandt und Händel. *

**Reis, Paul, Elemente der Physik, Meteorologie und mathematischen Geographie. Hilfsbuch für den Unterricht an höheren Lehranstalten. Mit zahlreichen Übungsfragen und -Aufgaben. 2. verm. und verb. Aufl. gr. 8. (VIII, 422 S. mit 261 Holzschn.-Fig. im Text.) Leipzig 882, Quandt und Händel. ***

Reis, Paul, Elemente der Physik, Meteorologie und mathematischen Geographie. Hilfsbuch für den Unterricht an höheren Lehranstalten. Mit zahlreichen Übungsfragen und -Aufgaben. 3. verm. und verb. Aufl. gr. 8. (VIII, 429 S. mit 269 Fig. im Text.) Leipzig 886, Quandt und Händel. *

**Reis, P., Elemente der Physik,** Meteorologie u. mathematischen Geographie. Hilfsbuch für den Unterricht an höheren Lehranstalten. Mit zahlreichen Uebungsfragen u. -Aufgaben. 4., verm. Aufl. gr. 8. (VIII, 440 S. m. 274 Fig.) Leipzig 889. Quandt & Händel. n. 4. 50

**Reis, Paul, Elemente der Physik, Meteorologie u. mathematischen Geographie. Hilfsbuch f. den Unterricht an höheren Lehranstalten. Mit zahlreichen Übungsfragen u. Aufgaben.** 5., verm. u. verb. Aufl. gr. 8. (VIII, 450 S. m. 276 Fig.) Leipzig 892. Quandt & Händel. n. 4. 50

**Reis, Paul, Elemente d. Physik,** Meteorologie u. mathemat. Geographie. Hilfsbuch f. d. Unterricht an höh. Lehranstalten. M. zahlr. Uebungsfragen u. -Aufgaben. 6., verb. Aufl., bearb. v. Ed. Penzoldt. gr. 8. (VIII, 437 S.) Leipzig 897. Quandt & Händel. n. 4. 50

**Reis, Paul, Elemente der Physik, Meteorologie u. mathematischen Geographie. Hilfsbuch f. den Unterricht an höh. Lehranstalten.** Mit zahlr. Uebungsfragen u. -Aufgaben. 7., vollständig umgearb. Aufl., hrsg. v. Eduard Penzoldt. (X, 419 S. m. 435 Fig.) gr. 8. Leipzig 905. Quandt & Händel. n. 4. 80

—— s. **Klein, Herm., Theorie der Elasticität, Akustik und Optik.**

**Reis, Paul, Lehrbuch der Physik, einschließlich der Physik** der Luft (Meteorologie), des Himmels (Himmelskunde) u. der Erde (physikal. Geographie). Gemäß der neueren Anschauung für Gymnasien, Realschulen u. andere höhere Lehranstalten bearb. In 2 Hälften. 1. Hälfte: Einleitung, Mechanik, Wellenlehre, Akustik. Mit 120 Abbildungen (in Holzschn.) u. 400 Aufgaben. Leipzig 870. Quandt & Händel. gr. 8. (256 S.) n. 25 ngr.

— — 2. Hälfte. 1. Abthl. Die Lehre vom Lichte oder die Optik, Wärmelehre. Mit 46 Abbildungen in eingedr. Holzschn. u. 150 Aufgaben. Ebend. 870. gr. 8. (S. 257 —384.) n. 15 ngr.

**Reis, Paul, Lehrbuch der Physik.** Einschließlich der Physik **der Luft** [Meteorologie], d. Himmels [Himmelskunde] u. **der Erde** [physikal. Geographie]. Gemäß der neueren Anschaug f. Gymnasien, Realschulen u. andere höhere Lehranstalten bearb. 2. Hälfte. 2. Abth.: Die Lehre v. der Wärme. — Magnetismus. — Elektricität u. Galvanismus. — Anh. [Physik d. Himmels, der Luft u. der Erde.] Mit 33 Abbildgn. (in eingedr. Holzschn.) u. 200 Aufgaben. gr. 8. (S. 385—560.) Leipzig 872. Quandt & Händel. n. 2. 50 (cplt.: n. 6. 50)

—— dass. — Einschließlich der Physik des Himmels [populäre Astronomie], der Luft [Meteorologie] und der Erde [physikal. Geographie]. Gemäß der neueren Anschauung für Gymnasien, Realschulen und ähnl. Lehranstalten. 2. durchgeseh. und verb. Aufl. Mit 200 (eingedr.) Holzschn. und 800 Aufgaben nebst Lösungen. 3 Lfgn. gr. 8. Ebendas. 873. [1. und 2. Lfg. (S. 1—320.) à * M 2.; 3. Lfg. (VIII, S. 321—664.) * M 3.] *

—— Lehrbuch der Physik. Einschließlich der Physik des Himmels [Himmelskunde], der Luft [Meteorologie] und der Erde [Physikalische Geographie]. Gemäß der neueren Anschauung für Gymnasien, Realschulen und andere höhere Lehranstalten bearb. 3. stark verm. und verb. Aufl. gr. 8. (IX, 740 S. mit 276 in den Text gedr. Holzschn. und 829 Aufgaben nebst Lösungen.) Ebendas. 876. *

— Lehrbuch der Physik. Einschließlich der Physik des Himmels [Himmelskunde], der Luft [Meteorologie] u. der Erde [physikalische Geographie]. Gemäß der neueren Anschauung u. mit den neuesten Fortschritten. Für Gymnasien, Realschulen u. andere höhere Lehranstalten bearb. 4. verb. u. verm. Aufl. Mit 297 in den Text gedr. Holzschn. u. 829 Aufgaben nebst Lösungen. gr. 8. (VIII, 752 S.) Ebend. 878. n. 7. 80

—— Lehrbuch der Physik. Einschließlich der Physik des Himmels [Himmelskunde], der Luft [Meteorologie] und der Erde [physikalische Geographie]. Gemäß der neueren Anschauung und mit den neuesten Fortschritten. Für Gymnasien, Realschulen und andere höhere Lehranstalten bearb. 5. verm. und theilweise umgearb. Aufl. Mit 394 in den Text gedr. Holzschn. und 849 Aufgaben nebst Lösungen. gr. 8. (XI, 791 S.) Ebendas. 882. *

— Lehrbuch der Physik. (Einschließlich der Physik d. Himmels [Himmelskunde], der Luft [Meteorologie] u. der Erde [physikalische Geographie). Gemäß der neueren Anschaug. u. m. den neuesten Fortschritten. Für Gymnasien, Realschulen u. andere höhere Lehranstalten bearb. 6. Aufl. Mit 410 Holzschn. u. 849 Aufgaben nebst Lösgn. gr. 8. (VIII, 827 S.) Ebend. 885. n. 8. 40

—— Lehrbuch der Physik. Einschließlich der Physik d. Himmels [Himmelskunde], der Luft [Meteorologie] u. der Erde [physikal. Geographie]. Gemäß der neueren Anschaug. u. m. den neuesten Fortschritten. Für Gymnasien, Realschulen u. andere höhere Lehranstalten. 7. umgearb. u. verm. Aufl. Mit 420 eingedr. Holzschn. u. 849 Aufgaben nebst Lösgn. gr. 8. (X, 856 S.) Ebd. 890. * 8 75

— Lehrbuch der Physik. Einschließlich der Physik des Himmels (Himmelskunde), der Luft (Meteorologie) u. der Erde (physikal. Geographie). Gemäß der neueren Anschaug. u. m. den neuesten Fortschritten. Für Gymnasien, Realschulen u. andere höhere Lehranstalten. 8., umgearb. u. verm. Aufl. Mit 442 Holzschn. u. 849 Aufgaben nebst Lösgn. gr. 8. (VIII, 912 S.) Ebd. 893. n. 9. —

Reis, Paul, Lehrbuch der Physik. Einschließlich der Physik des Himmels (Himmelskunde), der Luft (Meteorologie) u. der Erde (physikal. Geographie). Gemäß der neueren Anschaug. u. m. den neuesten Fortschritten. Für Gymnasien, Realschulen u. andere höhere Lehranstalten bearb. 9. unveränd. Aufl. Mit 442 in den Text gedr. Holzschn. u. 849 Aufgaben nebst Lösgn. (VIII, 912 S.) gr. 8. Leipzig 910. J. A. Barth. 10.—; geb. in Leinw. 12.—

—— neue electrische Maschinen, insbesondere die magnet-electrischen Maschinen und deren Anwendungen. Drei Vorträge in der Rhein. Naturforschenden Gesellschaft zu Mainz im März 1877. gr. 8. (IV, 109 S. mit 37 in den Text gedr. Holzschn.) Ebendas. 877. *

—— Naturlehre für höhere Töchterschulen. Physik und Meteorologie. 2 Lfgn. Mit eingedr. Holzschn. gr. 8. Köln, DuMont-Schauberg'sche Buchh. [1. Lfg. (VI, S. 1—224.) 881. *M 2,20.; 2. Lfg. (S. 225—376.) 882. *M 1,60.] *

—— die Sonne. Zwei physikal. Vorträge gehalten in der rhein. naturforschenden Gesellschaft zu Mainz. Nebst einer neuen Sonnenflecken-Theorie. 8. (110 S. mit 1 Holzschntaf.) Ebendas. 869. *

—— das Telephon und sein Anrufapparat nach seiner historischen Entwickelung und seiner praktischen Anwendung. Vortrag in Mainzer Vereinen im Novbr. und Dezbr. 1877. gr. 8. (52 S. mit eingedr. Holzschn.) Mainz 878, v. Zabern. *

— erster Unterricht in der Chemie vereinigt mit der Mineralogie. Mainz 866. Faber. gr. 8. (VIII, 168 S.) n. 16 ngr.

**Reis, Paul, erster Unterricht in der Chemie vereinigt m. der Mineralogie. Gemäss der neueren Anschaug. umgearb. 2. Aufl. gr. 8. (V, 215 S.) Mainz 876. v. Zabern.** n. 3. —

—— das Wesen der Wärme. Versuch einer neuen Stoffanschauung der Wärme, mit vergleich. Betrachtung der übrigen jetzt gebräuchl. Würmetheorien. In allgemein fassl. Darstellung. 2., bedeutend verm. Aufl. gr. 8. (VIII und 163 S.) Leipzig 865, Quandt und Händel. * —

—— die periodische Wiederkehr von Wassersnoth und Wassermangel im Zusammenhang mit den Sonnenflecken, den Nordlichtern und dem Erdmagnetismus. gr. 8. (VIII, 124 S. mit 6 eingedr. Holzschn.) Leipzig 883, Quandt und Händel. *

**Reis**, Petr., studia Tulliana ad „oratorem" pertinentia, s.a Dissertationes philologicae Argentoratenses selectae.

**Reis**, Peter, Moguntinus: Studia Tulliana ad Oratorem pertinentia. Argentorati: K. J. Trübner 1906. (60 S.) 8°
¶ (Erscheint vollst. in Dissertationes Argentoratenses selectae, Bd 12, in gleichem Verlag.)
Straßburg, Phil. Fak., Ref. Reitzenstein, Keil, Diss. v. 15. Juli 1905
[Geb. 8. Okt. 82 Mainz; Wohnort: Mainz; Staatsangeh.: Hessen; Vorbildung: Gymn. Mainz Reife 01; Studium: Straßburg 10 S.]

Reis, Rich., Bürgerliches Gesetzbuch f. das Deutsche Reich, nebst dem Einführungsgesetze v. 18. VIII. 1896, unter eingeh. Berücksicht. des Handelsgesetzbuches, der Konkursordng., des Gesetzes üb. die Angelegenheiten der freiwill. Gerichtsbarkeit, des Gesetzes üb. die Zwangsversteigerg. u. die Zwangsverwaltg., der Grundbuchordng., sowie der sonst. kleineren reichsrechtl. Nebengesetze üb. bürgerl. Recht in gemeinverständl. Weise f. den Gebrauch des Kaufmanns, Landwirts, Gewerbetreibenden 2c. erläutert, m. e. Übersicht üb. die Ausführungsgesetze sämtl. deutscher Einzelstaaten u. e. Inhaltsverzeichnis. gr. 8. (686 S.) Reutlingen (902). Enßlin & Laiblin.
Geb. in Leinw. 5. —

— die Grundzüge des Familien- u. Erbrechts, } s.: Mayer, H.
— Lehrbuch des Familien- u. Erbrechts, }

Reis, Richard [Justizrof. in Stuttgart]: Die strafrechtliche Lehre von der Unterdrückung und Veränderung des Personenstandes. . . . Tübingen. Druck v. Heinrich Laupp jr., 1888; VII + 98 S. 8°
Tübingen, Jur. Fak., Inaug.-Diss. v. 1888

**Reis**, Richard, Kand. d. höh. Lehramts aus Trier: Die Sprache im 'Libvre du bon Jehan, Duc de Bretagne' des Guillaume de Saint-André ⟨14. Jh.⟩. *Erlangen 1903: Junge & Sohn.* (56 S.) 8°
Straßburg, Phil. Diss. v. 1903

**Reis, Rich., die Unterdrückung und Veränderung des Personenstandes. Eine strafrechtl. Abhandlung. [Tübinger Preisschrift und Inaugural-Dissertation.] gr. 8. (VII, 98 S.) Tübingen 888, Laupp'sche Buchh.** *

**Reis, Robert**: Phytochemische Untersuchung der Erythraea Centaurium Pers. Strassburg 1909: Manias. 45 S. 8°
Straßburg, Math.-naturwiss. Diss. v. 22. Febr. 1909, Ref. Schär
[Geb. 17. Okt. 81 Trier; Wohnort: Trier; Staatsangeh.: Preußen; Vorbildung: Realgymn. Trier bis O. 99; Studium: Straßburg 7 S.] [U 10. 4121

**Reis**, Siegmund (Hrsg.), s.a. Theater- und Musik-Blätter, Ostrauer.

**Reis, Theodor, Referendar** in Meiningen: Zeichnung und Übernahme von Aktien. Meiningen 1906: Keyssner. (IV, 79 S.) 8°
Jena, Jur. Fak., Ref. Rosenthal, Diss. v. 4. März 1907
[Geb. 31. Dez. 84 Karlsruhe in Baden; Wohnort: Meiningen; Staatsangeh.: Sachsen-Meiningen; Vorbildung: Gymn. Meiningen Reife O. 03; Studium: Genf 1, München 2, Berlin 2, Jena 2 S.; Rig. 18. Dez. 06.]

**Reis**, Thdr., Zeichnung u. Übernahme v. Aktien, s.a Beiträge, Berliner juristische. 11. Heft.

Zeichnung und Übernahme von Aktien von Dr. jur. Theodor **Reis** mit e. Einl. von Josef Kohler. Berlin: R. v. Decker 1907. (III, 74 S.) 8°
— **Beiträge**, Berliner Juristische, z. Civilrecht, Handelsrecht, Strafrecht. H. 11. [07. 13222

Reis, Wilhelm

**Reis,** *Heinrich Maria* Wilhelm [aus Trier]: Aus d. pharmakolog. Laboratorium in Bonn. Ueber Augenmaassprüfungen unter dem Einflusse pharmakologischer Agentien ... Bonn, Druck v. K. Drobnig, 1895; 39 S., 1 Taf. 8.
Bonn, Med. Fak., Inaug.-Diss. v. [o. Aug.] 1895

**Reis,** W., aus der Universitäts-Augenklinik zu Lemberg, s.: Neisser, Alb., stereoskop. medizin. Atlas. 56. Lfg.

**Reis Quita, Domingos dos.** Ignaz de Castro, Trauerspiel a. d. Portug. Weimar [1782]. Ü: *Zanthier*, *Friedrich Wilhelm von.* (MGT)

v. Reisach, K. A. Graf v. Steinberg; Exgeneral-Commissair Sr. Majest. des Königs v. Baiern; e. Charaktergemälde nach d. Leben gezeichnet. 8. o. O. (Nürnb.) 814.

v. *Reisach*, C. C., de antiqua juris romani regula: nemo sibi ipse causam possessionis mutare potest. Dissertat. inaug. 4. Landsh. (821.) Krüll. 6 gr

Reisach, Hans Adam Graf von

— Geschichte der Grafen v. Lechsmünd u. Graisbach. Mit 17 Kpft. 4. Münch. (813.) (G. Franz). 1 ℛ 6 gr

v. Reisach, Graf Hans Adm., Pfalz-Neuburgische Provinzialblätter. 1r u. 2r Bd. zu 6 Hften. 8. Pappenheim u. (Nürnb.) 800—5. Lechner. (v. Ebner). 2 ℛ 22 gr (1r Bd. A. u. d. T.: Journal f. Baiern u. d. angränzend. Länder. 4 Hfte.) — Dess. 3r Bd, 1s u. 2s Hft. (hrsgg. mit seinen 3 andern Brüdern, K. A., M. u. L. v. Reisach). 8. Ebd. 805. 1 ℛ 6 gr

Reisach, Hans Adam Graf von (Hrsg.), s. T a s c h e n b u c h , Neuburger.

v. Reisach, Frhrr. Jh. Nep. Ant., Anzeige der im Herzogth. Neuburg gelegenen Klöster, Herrschaften, Hofmarken u. adel. Sitzen rc. 4. Regensb. 780. Montag u. W. 4 gr

*Reisach*, Joh. Nep. Ant. Frhr. v. (wirkl. Reg.-Rath zu Neuburg). histor.-topogr. Beschreibung des Herzogthums Neuburg. • Mit TKpf. u. TVign. Regensburg. J. L. Montag. 1780. 4°. Gebraucht. Hpgmtb.
7 Bll., 1-2 S., 3 Bll.

Reisach-Steinberg, Karl August Graf von

Reisach, Aug. Graf v., u. Pet. Ad. Linde, Archiv f. rhein. Gesch., s. A r c h i v.

— s. B a i e r n unter d. Regierung d. Ministers v. Montgelas, u. setze hinzu: (v. K. A. F. A. Graf v. Reisach).

v. Reisach, Graf Karl Aug. Frz. Ant., Beitrr. zur Kenntniß der neuen Einrichtungen in Baiern, der Ursachen des Widerstandes, welche man finden wird rc. 1s Hft. gr. 8. Nürnb. 802. Lechner. (v. Ebner). 12 gr

— Generalbericht an das deutsche Volk. 8. (Landsh.) 815. Krüll. 6 gr; (a. Rein in Leipz.) 8 gr

**v. Reisach, Graf Karl Aug., s. Hirtenbrief.**

Reisach-Steinberg, Karl August Graf von (Hrsg.), s. T a s c h e n b u c h , Neuburger.

— patriot. Wünsche zu dem Landtage in Neuburg. 8. Nürnb. 802. Lechner. (v. Ebner). 3 gr

Reisacker, Anton Johann

Reisacker, Ant. Joh. Epicuri de animorum doctrina a L u c r e t i o discipulo tractata. 36 S.
Köln, Kath., Progr. 1855

**Reisacker,** A. J., Gymnasien u. Realschule. Die Berechtigungsfrage der Realschule I. O. u. Vorschläge zu zeitgemässen Änderungen im gymnasialen Unterricht. [Aus: „Ztschr. f. Gymn.-Wesen".] gr. 8. (46 S.) Berlin 882. Weidmann. n. 1. —

**Reisacker, A. J.**, Horaz in seinem Verhältnis zu Lucrez und in seiner kulturgeschichtlichen Bedeutung. Pr. 1873. 36 S. 4°. 15.—

**Reisacker,** A[ntonius] Iosephvs (geb. am 8 Jan. 1821 in Düsseldorf): Qvaestiones Lvcretianae ... Bonnae, form. F. P. Lechneri 1847. IV, 76 S., 1 Bl. 8.
Bonn, Phil. Fak., Diss. v. 17 Dez. 1847

**Reisacker,** J., Der Todesgedanke bei den Griechen, eine historische Entwicklung mit besonderer Rücksicht auf Epikur u. den römischen Dichter Lucrez. Trier 1862. 4°, 47 S., Progr. des Gymn.

Reisalpe [Schlagwort]

**Reisalpe,** s.: Alpen. Winterkarte. — A u s f l u g s k a r t e n.

**Reisalpe,** s.: Wiener Ausflugskarten.

**Reisberger, Ludw., Anleitung zum Farbenmischen** f. die Praxis des **Dekorationsmalers u. Anstreichers.** (54 S.) 8. München (910). G. D. W. Callwey. 1. —

**Reisberger,** Ludw., das kleine Malerbuch. Ein prakt. Handbuch f. Maler, Lackierer, Vergolder etc. Enth. 50 Seiten Illustr. u. 50 Seiten f. die Praxis ausgewählten Text. 1. Serie. qu. Lex.-8. (VI, 100 S.) München 900. G. D. W. Callwey. n. 3. —

**Reisberger,** Ludw., s.: Maler-Kalender.

— Spruchweisheit. Eine Sammlg. v. fast 2400 Sprüchen u. Inschriften heiteren u. ernsten Inhaltes zum Gebrauche f. Maler, Bildhauer, Baumeister, Hausbesitzer, Gastwirte etc. Gesammelt u. gesichtet. (VIII, 264 S.) 8. München (903). G. D. W. Callwey. n. 3. 50

— das Wasserglas u. dessen Verwendung im Malergewerbe, s. Flugblätter, technische, der Mappe u. deutschen Malerzeitung. Nr. 3.

Reisberger, L.: Das Wasserglas und dessen Verwendung im Malergewerbe. München (1903)

**Reisch,** s.: B e r i c h t üb. das Versuchsfeld der Universität Königsberg i. Pr. in Waldgarten.

**Reisch,** Albert: In wiefern sind die Reformbewegungen beim einleitenden geometrischen Unterricht berechtigt? *Chemnitz 1901: J. C. F. Pickenhahn & Sohn.* (32 S.) 4°
Chemnitz, st. R, OP 1901 (608)

**Reisch, Chrysogonus, O. S. F., Album St. Annaberg O. S.** (24 S.) 15,5×22 cm. Breslau (910). (Goerlich & Coch.) — 30

— G e d e n k b l a t t zum 200jähr. Bestehen der Kalvarie St. Annaberg. (110 S. m. 8 Taf.) 8. Ebd. 909. — 60

— Geschichte des St. Annaberges in Oberschlesien. Nach ungedr. Quellen bearb. (VIII, 478 S. m. 58 Abb.) 8. Ebd. 910. 4.—; geb. n 4.75

— Geschichte des Klosters u. der Kirche St. Dorothea in Breslau. Nach meist ungedr. Quellen bearb. Mit 28 Illustr. u. e. Lageplane. (XII, 425 S.) 8. Ebd. 908. nn 4.50; geb. in Leinw. nn 5.25

Reisch, Chrysogonus, O. Fr. M., der hl. Kreuzweg. Franziskaner-Text. Mit 14 Stationsbildern. 16. (48 S.) Breslau (901). F. Goerlich. n. —10

Reisch, Chrysogonus, O. Fr. M., der hl. Kreuzweg. Franziskaner-Text. Mit 14 Stationsbildern. Ster.-Aufl. (26 bis 35. Tausend) (52 S.) 16. Breslau (906). F. Goerlich. n. —10

— Der hl. Kreuzweg. Franziskaner-Text. Mit 14 Stationsbildern. Ster.-Aufl. (36.—45. Tausend) 16. Breslau (910). F. Goerlich. —10

Reisch, Emil

Reisch, E., s.: Abhandlungen des archäologisch-epigraphischen Seminars der Universität Wien.

Reisch Emil: De musicis Graecorum certaminibus capita quattuor. Diss. Wien. Univ.
D: Wien, 1885.
1885 PN 390 1453

Reisch, Emil, de musicis Graecorum certaminibus capita IV. gr. 8. (124 S.) Wien 885. Gerold's Sohn. n. 4. —

Reisch, Emil, Entstehung u. Wandel griech. Göttergestalten. Vortrag, geh. in der feierl. Sitzung der kaiserl. Akademie der Wissenschaften am 27. V. 1909. (41 S.) 8. Wien 909. A. Hölder. 1.20

Reisch, Zur Entwicklungsgeschichte d. griech. Theaters. S.-A. s. a. 14 S.

Reisch, E., Die Mykenische Frage. Gel. 1893. 26 S. 4°.

Reisch, Emil, guide to the public collections of classical antiquities in Roma, s.: Helbig, Wolfg.

– Guide dans les musées d'Archéologie classique de Rome, s. Helbig, Wolfgang

Reisch, Emil. Das etruskische Museum im Vatikan etc., s. Helbig, Wolfg. Führer.

Reisch, E., Propers-Studien. Zur Chronologie der drei ersten Bücher. S.-A. 1887. 57 S. 1.20
s.a. Studien, Wiener.

— d. griech. Theater, s.: Dörpfeld, Wilh.

Reisch, E., griechische Weihgeschenke, s.: Abhandlungen d. archäol.-epigraph. Seminares der Universität Wien.

Reisch, E., Griech. Weihgeschenke. 1890. 153 S. u. 14 Abb.

— Ein vermeintliches Wort des Euphranor. Gel. 1893. 31 S.

Reisch, Ernst [aus Königsberg in Pr.]: ... Ueber die Zersetzung der zweifach gebromten Bernsteinsäuren durch Basen ... Königsberg in Pr., Buchdr. v. R. Leupold, 1897; 2 Bl., 86 S., 1 Bl. 8.
Königsberg, Phil. Fak., Inaug.-Diss. v. 14. Juni 1897

Reisch, Frz., Schitouren um Kitzbühel. Mit 19 Photogr. v. Jos. Herold u. e. Plane. (Photographie des Reliefs „Kitzbüheler Alpen" v. J. Dinges.) (42 S.) 13×18,5 cm. München 908. [G. Lammers.] Verlag d. Dtsch. Alpenzeitung. Kart. 1.50

REISCH, Franz Joseph (Sulzberg): De discrimine quod intercedit inter noson et pathos. (Titel nach der Urkunde)
22.8.1832 - Urk; F 60
Diss. Ingolst.-Landsh.-Mchn.

Reisch, Fridericus, Francofurtensis: De adiectivis Graecis in — ιος motionis Graecae linguae specimen. Borna 1907: R. Noske. (70 S.) 8°
Bonn, Phil. Fak., Ref. Elter, Diss. v. 3. Juni 1907
[Geb. 24. Okt. 81 Frankfurt a. M.; Wohnort: Frankfurt; Staatsangeh.: Preußen; Vorbildung: Lessing-Gymn. Frankfurt a. M. Reife O. 01; Studium: Bonn 3, Berlin 3, Bonn 5 S.; Rig. 14. Nov. 06.]

Reisch, Otto, aus Köln-Deutz: Die pathologische Anatomie des Caput obstipum musculare. *Würzburg 1899: Verlagsdruckerei.* (33 S.) 8°
Würzburg, Med. Diss. v. 1899

Reisch R.: Über den Bindungswechsel bei den Homologen des Phloroglucins. S. 10 S. Hb. 22 . . . . . . . . . . . . vgr.
Separatabdruck

Reisch, Rich., u. Jos. Clem. Kreibig, Bilanz u. Steuer. Grundriss der kaufmänn. Buchführg. unter besond. Würdigg. ihrer wirtschaftl. u. jurist. Bedeutg. 2 Bde. gr. 8. Wien 900. Manz. n. 16.60; Einbde. à n. 1.40
1. Einfache u. doppelte Buchführung bei Privatunternehmungen. (VIII, 316 S.) n 7.60
2. Die Buchführung der öffentlich Rechnung legenden Unternehmungen. (VII, 365 S.) n. 9.—

Reisch, Rich., u. Jos. Klemens Kreibig, Bilanz u. Steuer. Grundriss der kaufmänn. Buchführg. unter besond. Würdigg. ihrer wirtschaftl. u. jurist. Bedeutg. 2., wesentlich umgearb. u. erweit. Aufl. 1. u. 2. Bd. Lex. 8. Wien, Manz. 18.70; geb. in Leinw. n 22.10
1. Einfache u. doppelte Buchführung bei Privatunternehmgn. (VIII, 395 S.) 907. 8.50; geb. n 10.20
2. Die Buchführg. der öffentlich Rechnung leg. Unternehmgn. (IV, 474 S.) 909. 10.20; geb. n 11.90

— u. Paul v. Möraus, das Gesetz vom 25. X. 1896, betr. die directen Personalsteuern, s. Gesetze, die österreich.

Reisch, Rich., d. Gesetz v. 25. X. 1896, R. G. B. Nr. 220, betr. d. directen Personalsteuern, sow. d. neben demselben in Geltg. verblieb. bezügl. Gesetze u. Verordngn. M. Belegstellen aus d. parlamentar. Materialien, erläut. Anmerkgn., Inhaltsübersicht u. ausführl. Register. 12. (XXII, 355 S.) Wien 896. Manz. n. 4.—

Reisch, Rich., das Gesetz v. 25. X. 1896, R.G.Bl. Nr. 220, betr. die direkten Personalsteuern, samt Vollzugsvorschriften u. Nebengesetzen. Unter Berücksicht. der bis 1. I. 1905 publizierten Nachtragsgesetze u. -Verordngn., sowie der Verwaltungsgerichtshof-Judikatur, mit Beihilfe des Paul v. Möraus hrsg. (Große Ausg.) 2 Bde. (XXI, 618 u. XXI, 630 S.) 8. Wien 905. Manz. n. 10.40; geb. n. 12.—

— die directen Personalsteuern in Oesterreich. Unt. Darstellg. ihrer parlamentar. Verhandlgn. u. d. Inhaltes d. Vollzugsvorschriften erörtert. gr. 8. (IV, 195 S.) Wien 898. Manz. n. 3.—

Reisch, Rob., aus der Geschichte der Parochie Tauche. (130 S.) gr. 8. Beeskow 898. (Berlin, G. Nauck.) n. 2.—

**Reischach,** Eberhard Graf von, aus Ludwigsburg, Kgr. Württemberg: **Beiträge zur Kenntniss der drei isomeren Benzoxacetsäuren.** *Berlin 1899: F. v. Perbandt & Co.* (34 S.) 8°
Berlin, Phil. Diss. v. 14. Aug. 1899

**Reischach, Elisab., Gräfin v., geb. v. Eicke, Eck v. Reyschach. Histor. Erzählg. aus der Zeit der ersten Belagerg. Wiens. (158 S.) 8. Berlin 908. Herm. Walther. 4.—; geb. 5.—**

**Reischach, Gräfin Elisab. v., geb. v. Eicke, die Zavelsteiner. Lebensbilder aus ernster Zeit. (140 S. m. 8 Abbildgn.) kl. 8. Calw u. Stuttgart 907. Vereinsbuchh.**
**Geb. in Leinw. n. 1.—**

Die Zwingergarde. Eine lustige Knabengeschichte von E[lisabeth] Gräfin Reischach, geb. v. Eicke. 2. verb. Ausg. *Breslau: A. Nessel in Comm. 1904.* (27 S.) 8° [04. 10309

**Reischauer,** Adolf *Carl Ludwig* [app. Arzt aus Peetzen bei Bückeb.]: In wie weit lassen sich die Fälle von angebornem Harnröhrenverschluss in der Frage von der Abstammung des Fruchtwassers verwerten? ... Marburg, O. Ehrhardt's Buchdr., 1895; 34 S., 1 Bl. 8.
Marburg, Med. Fak., Inaug.-Diss. v. 16. Nov. 1895

**Reischauer,** Arnold, approb. Arzt aus Bergkirchen: **Vergleichende Untersuchungen über die Brauchbarkeit verschiedener Verfahren zur Ausführung der Wohnungsdesinfektion mit Formaldehyd.** *Halle a. S. 1901: C. A. Kaemmerer & Co.* (78 S.) 8°
Halle, Med. Diss. v. 14. März 1901

Reischauer, Carl, s. Reischauer, Karl

**Reischauer,** Ernst [aus Eisenach]: Beziehungen der Hysterie zum Genitalapparat. (Ein Fall von Hysterie beim Manne nach Urethrotomia externa.) . . . Berlin, Buchdr. v. Gustav Schade (Otto Francke) (1890); 31 + 1 S. 8°
Berlin, Med. Fak., Inaug.-Diss. v. 26. Jul. 1890

**Reischauer,** Fritz [prakt. Arzt aus Detmold]: Über Salzsäure- und Milchsäure-Nachweis im Mageninhalt . . . . Berlin, Buchdr. v. Gustav Schade (Otto Francke) (1888); 35 + 1 S. 8°
Berlin, Med. Fak., Inaug.-Diss. v. 14. Jul. 1888

Reischauer, G. C., und A. Vogel jun., über Bleysesquiphosphat, s. Vogel jun., A.

*Reischauer, H.* Der Militärdienst der Volksschullehrer. Gesetzliche Bestimmungen und Erlasse nebst Vorschlägen zur finanziellen Vorbereitung für den einjährigen Dienst. Leipzig 1910.

**Reischauer, H. F., Gedanken und Regeln von der geistlichen Beredsamkeit. 8. Lemgo, Meyer. 744.**

**— Gedanken und Reg. v. d. Poesie überh. u. d. geistl. insbes. 8. Ebend. 745.**

**— Gedanken über die Werke der Natur. 8. Ebendas. 747.**

**— Vorsichtigkeit eines geistlichen Redners. 8. Ebendas. 745.**

**Reischauer, Heinrich Friedrich** (Bückeburg/Schaumburg), Prolusio qua commilitones suos ad disputationes singulis diebus Saturni ab hora I—III. Publice in audit. philos. habendas invitare simulque de dubitatione, pauca disserere voluit. Jena (Croeker), 5. XI. 1738. 14 S. mit Namen. (—.—)
28297

Reischauer, Heinrich Friedrich [Praes.], s. Kirchhoffer, Friedrich Ludwig: Vera principia ratiocinandi.

Reischauer, Heinrich Friedrich [Praes.], s. Schmid, Johann Theodor Ludwig: Binae meditationes altera de iure naturae athei altera de systemate iuris philosophici genuino.

Reischauer, Heinrich Friedrich [Praes.], s. Schmid, Karl Ludwig: Variae cogitationes de rebus physicis atque mathematicis, partim novae, partim iucundae, partim utiles.

Reischauer, Karl

**Reischauer, Carl, die Chemie des Bieres. Aus dessen Nachlaß hrsg. von Vict. Grießmayer. Mit 11 (eingedr.) Holzschn. 8. (IV, 340 S.) Augsburg 878. Lampart & Co. n. 5.—**

**Reischauer, Carl, die Chemie des Bieres. Aus dessen Nachlaß hrsg. von Vict. Grießmayer. 2. (Titel-)Ausg. 8. (IV, 340 S. mit 11 eingedr. Holzschn.) Augsburg 882, Lampart und Comp.** *

**Reischauer, Luise, Magister Nothold. Erzählg. aus der ersten Hälfte des 17. Jahrh. (243 S.) 8. Stuttgart 908. J. F. Steinkopf. Geb. in Leinw. 4.—**

**Reischel, Ernst, kurzer Leitfaden üb. erste Hilfe bei Unglücksfällen nach d. Grundsätzen d. Naturheilkunde. 12. (16 S.) Leipzig-Reudnitz (Lutherstr. 20 II) 895. Selbstverlag. —10**

**Reischel, Fr. Edw., Blicke eines Moderatisten über den gegenwärt. Zustand Frankreichs. 8. Dresd. 794. Hilscher. 3 gr**

– s. a. **Briefwechsel, das Münch. Theater betreffend.**

**THEATER.** — Briefwechsel, Dramatischer, das Münchner Theater betreffend. Von einem Freunde der Schaubühne *(Friedr. Ludw. Reischel)*. 6 Stücke (soviel ersch.). München 1797. gedruckt bey Franz Seraph Hübschmann, im Augustinerstock an der weiten Gasse. 23, 35, 31. 56, 55 u. 56 Seiten. 8°. (Max Perl's Berliner October-Auction 1907 no. 703.
Anon.-Lex. I. p. 277 (nach Goedeke, Kayser, Meusel).

– s. **Friedensepistel.**

**— allgem. Gedanken über Vorurtheile. 8. Dresd. 794. Hilscher. 2 gr**

**— ein Wort üb. Erziehung u. Unterricht. 16 Bdchn. (4 verschied. Piecen, se. Erzieh.-Anstalt betreff., enthaltend). 8. Berl. 787.**

Reischel, Gustav

**Reischel, G., die Begräbnisstätte bei Hornsömmern in Thür., s. a. Alterthümer, vorgeschichtl., der Prov. Sachsen.**

Die Begräbnisstätte bei Hornsömmern in Thüringen von Dr. G[ustav] **Reischel,** Sömmerda. Halle a. d. S.: O. Hendel 1888. (10 S.) 2° [Umschlagt.]
**— Altertümer,** Vorgeschichtl., d. Prov. Sachsen u. angrenz. Gebiete. Abt. 1, H. 9, [1.] [86. 966.

**Reischel,** Gustav: Beiträge zur Ansiedelungskunde von Mittelthüringen. Halle a. S. 1885: Gebauer-Schwetschke. 65 S. 8°
Halle-Wittenberg, Phil. Diss.. v. [8. Aug.] 1885
Geb. Sömmerda (Thür.), 15. 11. 1858. V.

**— neuester Führer durch Brandenburg a. d. H., s.: Haselbacher, J.**

Reischel, Jos. Herm., Versuch e. systemat. Abrisses des Grundinhalts aller mögl. Gesetze f. Menschen; nebst Anhang üb. die natürl. Freiheit. 8. Münst. 790. Perrenon. (Coppenrath). 9 gr.

Reischenbeck, J., kurze Globuslehre für deutsche Volksschulen zusammengestellt. 1. Aufl. 1874, und 2. Aufl. gr. 16. (8 S.) Neu-Ulm 875, Helb's Sortiment. *

Reischer, M., der internationale Getreide-Verkehr. Studien u. Skizzen. 1. Doppelbd. à 20 Hfte. 8. (1. Hft. 16 S.) Odessa 884. Russ. Merkur. n. 5. —; einzelne Hfte. à n. — 25

— Handbuch d. Odessaer Getreide-Verkehrs. 8. (83 S.) Ebend. 884. n. 10. —

— Rabatt. — Schleuderei od. Rückzahlung. Ein Wort an Verleger u. Sortimenter. 8. (30 S.) Ebend. 885. n.n. — 50

Reischert, Edw., die Bischöfe u. Erzbischöfe von Köln, s. v. Mering, Frhr. F. E.

Reischert, Edw., Lebens-Geschichte und Märtyrtod der heil. Ursula, Prinzessin von Britannien und ihrer Gesellschaft. Nach den bewährt. älteren Autoren, archivar. Nachrichten und vorhand. Monumenten. Nebst einer Beschreibung sämmtl. in der sogenannten „goldenen Kammer" der St. Ursula-Kirche aufbewahrten h. Reliquien u. Merkwürdigkeiten. gr. 12. Köln 837. Gaul u. Tonger. n. 1/6 ß

Reischert, Ludw., Lebens-Geschichte u. Märtyrtod d. h. Ursula, Prinzessin v. Britannien u. ihrer Gesellschaft. Eine Gelegenheitsschr. z. 1600jähr. Gedächtnißfeier am 21. Oct. 1837. gr. 12. (2⅓ B.) Köln 837. (Leipzig, Volet.) *

— histor. Nachrichten über Teufelsbanner, s. Mering, F. E. v.

Reischke, Richard

Reischke, R., Herbartianismus u. Turnunterricht, s.a. Magazin, pädagogisches.

Herbartianismus und Turnunterricht. Von R[ichard] Reischke, Halle. Langensalza: H. Beyer & Söhne 1905. (24 S.) 8°
— Magazin, Pädagogisches. H. 270. [05. 6060 8

— Spiel u. Sport in der Schule, s.a. Magazin, pädagogisches.

Spiel und Sport in der Schule. Von R[ichard] Reischke in Halle. *Langensalza: H. Beyer & Söhne 1904.* (17 S.) 8°
— Magazin, Pädagogisches. H. 231. [04. 12356

Reischke, Wilhelm

Reischke, W., deutscher Liederschatz. Auswahl der beliebtesten Volkslieder und Gesänge für Knaben- und Mädchenschulen. 3 Hefte. gr. 8. Leipzig 885, M. Hesse's Verlag. *
Inhalt:
Heft 1. Unterstufe. (24 S.) * 15 Pf.
" 2. Mittelstufe. (32 S.) * 20 Pf.
" 3. Oberstufe. (44 S.) * 25 Pf.

Reischke, W., deutscher Liederschatz. Auswahl der beliebtesten Volkslieder u. Gesänge f. Knaben- u. Mädchenschulen. 2 Hfte. gr. 8. Halle, H. Schroedel. à n. — 30
1. Unter- u. Mittelstufe. 5. Aufl. (48 S.) 899.
2. Oberstufe. 4. Aufl. (53 S.) 898.

— u. C. Stein, Schul-Choralbuch f. die Prov. Sachsen. 61 der gebräuchlichsten Choräle, nach den Beschlüssen der Provinzialsynode ein-, zwei- u. dreistimmig bearb. u. hrsg. 8. (40 S.) Wittenberg 886. Herrosé Verl. n. — 25

Reischke, W., u. Carl Stein, Schul-Choralbuch f. die Prov. Sachsen. 61 der gebräuchlichsten Choräle, nach den Beschlüssen der Provinzialsynode ein-, zwei- u. dreistimmig bearb. u. hrsg. (2. Aufl.) 8. (40 S.) Wittenberg 891. R. Herrosé. n. — 25

Reischl, philosophia Aristotel. sec. explic. Thomae Aquin. 4. Salzb. Mayr. 741.

Reischl, Josef

Reischl, J., Bilder aus dem Natur- u. Volksleben d. Innviertels, s.a. Aus dà Hoamàt.

Reischl, Josef, Aus dà Hoamát. Bilder aus dem Natur- und Volks-Leben des Innviertels. Herausgegeben von Dr. H. Zötl, Dr. A. Matosch und H. Commenda. Gr.-8. (VIII, 82 S.) In Leinwand gebunden * 1.—
Linz: Mareis 1893.

Reischl, Korn., alphabetische Uebersicht über die in Oesterreich nach dem Strafgesetzbuche 1. u. 2. Thls. u. den seither erschienenen Gesetzen, strafbaren Handlungen, gereiht nach Verbrechen, deren Hauptverhandlung den Geschwornen-Gerichten [in der Tab. I.]; nach Verbrechen u. Vergehen, deren Untersuchg. u. Hauptverhandlung den Bezirks-Collegial-Gerichten [in der Tab. II.]; u. nach Uebertretungen, welche den Bezirksgerichten [in der Tab. III.] zugewiesen sind, mit Beziehung der bezügl. Gesetzesstellen u. Strafen. 3 Bog. in Imp. Fol. Linz 850. Eurich & Sohn. 18 ngr

Reischl, Marc., Manuale Scientiae Sanctorum, non solum Religionis, sed etiam omnibus Christianis perutile. 12. Augsburg, Wagner.

Reischl, Marc., († d. 30. Jan. 1783.) manuale scientiae sanctorum, e variis ascetarum libellis collectum. 12. Augsb. u. Freiburg 758. Wagner. 4 gr.

Reischl, Wilh. Karl, Arbeiterfrage u. Socialismus. Vorlesungen, geh. im Sommer-Semester 1871. Aus seinem Nachlasse hrsg. Mit dem Bildnisse (Photogr.) d. Verf. gr. 8. (VI, 226 S.) München 874. Stahl. 3. —

Reischl, Wilh. Karl, Arbeiterfrage u. Socialismus. Vorlesungen, geh. im Sommer-Semester 1871. Aus seinem Nachlasse hrsg. 2. (Titel-)Ausg. Mit dem Bildnisse des Verf. gr. 8. (VI, 226 S.) Stuttgart 892. Jos. Roth. n. 2. —

— über die Bedeutung d. Martyrthums in der christl. Kirche, s.: Ebedjesu.

— Brosamen f. den Pilgerweg. Andachts-Uebungen f. den Tag u. die wichtigsten Zeiten u. Feste d. kathol. Kirchenjahres. gr. 16. (96 S.) Regensburg 870. Manz. n. — 28

Reischl, Wilh. Karl, s.a. Buch, das, d. Psalmen.

Reischl, W. K., Das Buch der Psalmen. Aus der Vulgata unter steter Vergleichung des Grundtextes übersetzt und nach Wort und Geist erklärt. Regensburg, Manz, jetzt Verl.-Anst., 1873, 8°, 2 Bände, 8,40 Mk.

Reischl, W. C., kleines Chor-Amt, s. Officium parvum.

Reischl, Wilh. Karl, Chor- u. Meß-Buch ꝛc., s.a. Chor- u. Meß-Buch.

Reischl, Wilh. Karl, Chor- u. Meßbuch der katholischen Kirche. Für den Gebrauch der Laien geordnet, übers. u. in latein. u. deutschem Texte hersg. 2., verb. Aufl. München 866. (Regensburg, Pustet.) 16. (LII, 848 S. mit 1 Stahlst.) 1 ₰ 3 ngr.

— und J. M. Haslinger, Erinnerung an den Marien-Mai. Abendbetrachtungen. 2. Aufl. Mit 1 Stahlst. Regensburg 860. Manz. 8. (158 S.) n. 12 ngr.

Reischl, W. C., die Feier d. heil. Dienstes in der kathol. Kirche, s. Feier, die,

— die Feier d. heiligen Dienstes in der katholischen Kirche. Nach der Liturgie der Kirche m. näherer Beziehung auf die öffentl. u. gemeinsame Feier zum Gebrauche der Laien bearb. 3. Thl. A. u. d. T.: Passionale, d. ist: Die kirchl. Feier der heil. Charwoche u. die Verehrg. d. Leidens unsers Herrn Jesus Christus. Nach dem Officium der Kirche bearb. u. m. e. Auswahl v. Andachtsübgn. sammt Matthew Bridges' „Gesängen vom Leiden Christi". 2. Aufl. Mit 1 Stahlstich. 16. (VIII, 538 S.) München 873. Stahl. 3. —

Reischl, Wilh., die 15 Geheimnisse des heil. Rosenkranzes Unserer lieben Frauen in Bild u. Wort zur Betrachtung dargelegt. Mit Text. Regensburg 867. Pustet. gr. Fol. 1 Tab. 2 ngr.

—— christkatholisches Haus- und Pilger-Buch enth. nach den nothwendigsten Andachtsübungen die „Psalmen Davids" das „neue Testament u. H. Jesus Christus" und „die Nachfolge Christi von Thomas von Kempis". Uebersetzt und hrsg. 16. (XXIV, 877 S.) Regensburg 870, Manz. *

Die Idee der Erlösung. (Fragment.) Von Prof. Dr. W. K. Reischl. — 1848. Ebend. — S. 3—8.
Progr. Amberg

—— der heilige Kreuzweg oder der liebe Heiland auf Seinem Todesgange zum Kalvarienberge. Mit Text. 1 Tab. qu. Fol. Regensburg 866, Pustet.

—— Messen an den neuern und neuesten Festen des Herrn und der Heiligen. Ergänzung zu dem „Missale des kathol. Kirchenjahres" zum Gebrauche für Laien. 8. (IV und 35 S.) München 865, Lentner'sche Buchh.

Reischl, W. K. Missale, das ist Meßbuch für das kathol. Kirchenjahr. 12. Münch. 888. Stuttg., J. Roth. * 5 20

Reischl, W. K., Missale, d. i.: Meßbuch f. das kathol. Kirchenjahr. Aus dem römisch-kathol. Missale übers. u. hrsg. 2. Aufl. Umgearb. u. m. den neueren Festen versehen von J. Punkes. 12. (XII, 728 u. 160 S. m. 1 Stahlstich.) München 888. Stahl son. n. 5. 20

Reischl, Wilh. C., Officium parvum, s. Officium parvum.

— Passionale d. i.: d. kirchl. Feier d. heil. Charwoche u. d. Verehrg. d. Leidens uns. Herrn Jesus Christus. Nach d. Officium d. Kirche bearb. u. m. e. Auswahl v. Andachtsübgn. sammt Matthew Bridges' „Gesängen vom Leiden Christi" hrsg. 2. Aufl. Neue (Titel-) Ausg. 8. (VIII, 537 S. m. 1 Stahlst.) Stuttgart (873) 892. J. Roth. n. 2. 60

Reischl, W. K., Predigten auf die Sonn- u. Festtage des katholischen Kirchenjahres. 1. Bd. 3. (Schluß-) Hft. gr. 8. (S. 289—427.) München 876. Stahl. 1. 80

— dasselbe. 2. Bd. gr. 8. (504 S.) Ebend. 878. 5. 40 (cplt.: 10. 80)

— Predigten auf d. Sonn- u. Festtage d. kathol. Kirchenjahres. 2., unveränd. (Titel-) Ausg. 2 Bde. gr. 8. Ebd. (876—879) 892. 9. —
1. Predigten auf d. Sonntage. (III, 431 S.)
2. Predigten auf d. Festtage. (504 S.)

— s. a. Psalmen, die, sammt den übrigen alt- u. neutestamentlichen Lobgesängen.

Die Psalmen samt den übrigen alt- und neutestam. Lobgesängen. Nach der Vulgata . . . übersetzt und herausgegeben. Ebendaselbst. Miniatur-Ausg., 40 Pf.
Neueste Aufl. 1892.

—— die geistliche Rose, s. Führich, Jos.

— s.: Schriften d. heiligen, d. alten u. neuen Testamentes.

—— Tagzeiten von der unbefleckten Empfängniß Mariä, s. Steinle, Ed.

Ueber das sociale Verhältniß der ältesten Christen zum heidnischen Staate. Von Dr. W. K. Reischl, k. P. — 1853. Ebend. — S. 3—12.
Progr. Regensburg.

— Vesperale d. i.: Vesperbuch f. d. kath. Kirchenjahr u. d. Feier d. christl. Abendes. Nach d. römisch-kathol. Breviere u. kirchl. Quellen bearb. u. hrsg. 2. (Titel-) Ausg. 12. (689 S. m. 1 Stahlst.) Stuttgart (862) 892. J. Roth. n. 3. —

—— Vitis Mystica, s. Reliquien aus dem Mittelalter.

Reischle, Anton Karl. Untersuchungen über neue Alkali-Borate und über die quantitative Bestimmung der Borsäure. (Basel) München, 1892.

Reischle, Carl, s. Reischle, Karl

Reischle, E., landwirtschaftl. Gesellschaftsreise in Italien, s.: Günz, Max.

**Reischle, Ferdinand**: 1. Ueber Fluorhydrate einiger sehr schwacher organischer Basen. 2. Ueber ein Jodoxyfluorid, über fluorierte Jodate und Jodoverbindungen. Tübingen 1908: Laupp. 29 S. 8°
Tübingen, Naturw. Diss. v. 1. Aug. 1908, Ref. Wislicenus
[Geb. 1. Juli 80 Kißlegg; Wohnort: Tübingen; Staatsangeh.: Württemberg; Vorbildung: Gymn. Ravensburg Reife f. Obersek.; Studium: Tübingen 9 S.; Coll. 1. Aug. 08.] [U 09. 4013

REISCHLE, Fritz (Augsburg): Ueber die schädlichen Wirkungen der Carbolsäure.- München, Augsburg: Nimmer 1879. 26 S.
31.10.1879 - Urk (Titel: De noxiis acidi carbolici effectibus.); Chr 1879/80,14
Diss.Ingolst.-Landsh.-Mchn.

Reischle, Karl

Ueber die Culturſitze der ältesten Völker nebst Angabe der vorzüglichsten Gründe, warum sich in Asien die Cultur so frühe entwickelte. Von Carl Reischle, G. P. — 1838. K., Kösel. — S. 2—22.
Progr. Kempten

Commentatio de locis, quibus C. Cornelius Tacitus et C. Julius Caesar de veteribus Germanis inter se differunt. Scrips. Carol. Reischle, G. P. — 1831. Campiduni, typ. T. Dannheimeri. — S. 3—16.
Progr. Kempten

Observationes in Homeri Odysseam. Scrips. Carolus Reischle, G. P. — 1844. C., Kösel. — S. 3—16.
Progr. Kempten

Reischle, M., Anleitung zur Erlernung der Decimalbrüche und der anwendbarsten Rechnungs-Abkürzungen. gr. 12. (60 S.) München 854, Franz. *

Reischle, M., die doppelte Buchhaltung nach prakt. Verzeichnung erläutert. gr. 8. (160 S.) Augsburg 849, Rieger'sche Buchh.

**Reischle, M.**, die doppelte Buchhaltung nach praktischer Verzeichnung erläutert für Handelsschulen und zum Selbstunterricht. 2. Aufl. Augsburg 862. Rieger. gr. 8. (IV, 146 S.) n. 22½ ngr.

**Reischle, M.**, die einfache u. doppelte Buchhaltung, nach pract. Verzeichnung erläut. für Handelsschulen u. zum Selbstunterricht. 3. Aufl. (VIII, 214 S.) 867. u. 4. verm. Aufl. Augsburg 870. Rieger'sche Buchh. gr. 8. (VIII, 274 S.) n. 28 ngr.

— dasselbe. 5. verm. Aufl. gr. 8. (VIII, 219 S.) Ebend. 875. n. 4. —

**Reischle, M.**, die einfache u. doppelte Buchhaltung, nach prakt. Verzeichng. erläutert f. Handelsschulen u. Handlungslehrlinge. 6. Aufl. gr. 8. (X, 291 S.) Augsburg 884. Rieger. n. 4. —

Reischle, M. Die einfache u. doppelte Buchhaltung, nach prakt. Verzeichnung erläutert für Handelsschulen u. Handlungslehrlinge. 7. Aufl. gr. 8. (VIII, 299 S.) Augsb. 890, Rieger. * 4 —

**Reischle, M.**, die einfache u. doppelte Buchhaltung, nach prakt. Darstellg. erläutert, f. Handelsschulen u. Handlungsbeflissene. 8. Aufl., bearb. v. Eman. Meyer. gr. 8. (VIII, 312 S.) Nürnberg 900. F. Korn. Geb. in Leinw. n. 4. —

**Reischle, M.**, die einfache u. doppelte Buchhaltung, nach praktischer Darstellung erläutert f. Handelsschulen u. Handlungsbeflissene. 10. Aufl. (19.—20. Taus.), bearb. v. Aug. Weiss u. Ed. Glück. (VIII, 352 S.) 8. Nürnberg 908. F. Korn. Geb. 4. 20

**Reischle, M.**, die Decimalbruchrechnung und die neuen Maße und Gewichte. Ein Leitfaden für Schulen und zum Selbstunterricht. 3. Aufl. 8. (IV, 56 S.) München 871, Rieger'sche Universitäts-Buchh. *

**Reischle, M.**, die Decimalbruchrechnung nebst den praktischsten Rechnungs-Abkürzungen. Ein Leitfaden für Schulen und zum Selbstunterricht. 4. Aufl. 8. (38 S.) München 876, Rieger'sche Universitäts-Buchh. *

**Reischle, Max**, Aufsätze u. Vorträge, hrsg. u. m. einer biograph. Einleitg. versehen v. Thdr. Häring u. Frdr. Loofs. Mit e. Bilde Max Reischle's. (XLVII, 198 S.) gr. 8. Tübingen 906. J. C. B. Mohr. n. 3. —

**Reischle, Max**, die Bibel u. das Volksleben. Eine Vergleichg. v. röm. u. evangel. Bibelgebrauch. Vortrag, geh. auf der XV. Generalversammlg. des evangel. Bundes zu Hagen i. W. am 8. X. 1902. gr. 8. (29 S.) Leipzig 902. Buchh. des ev. Bundes v. C. Braun. n.n. — 10

**Reischle, Max**, Christentum u. Entwicklungsgedanke, s.a. Hefte zur „Christlichen Welt".

[F.] Christentum und Entwicklungsgedanke v. D. Max Reischle, Prof. in Halle a. S. *Leipzig: J. C. B. Mohr 1898.* (39 S., 1 Bl.) 1 Bd 8.
= Hefte z. 'Christlichen Welt'. No 31. [97. 8172

**Reischle, M.**, die Frage nach dem Wesen der Religion. Grundlegung zu e. Methodologie der Religionsphilosophie. gr. 8. (III, 124 S.) Freiburg i/Br. 889. J. C. B. Mohr. n. 3. —

**Reischle, Max**, der Glaube an Jesus Christus u. die geschichtliche Erforschung seines Lebens, s. Hefte zur „Christlichen Welt".

— christliche Glaubenslehre in Leitsätzen f. e. akadem. Vorlesg. entwickelt. 2. Aufl. der 1899 als Mskr. gedr. Leitsätze. gr. 8. (VIII, 158 S.) Halle 902. M. Niemeyer. n. 2. —

— Sohms Kirchenrecht u. d. Streit üb. d. Verhältnis v. Recht u. Kirche, s.: Vorträge d. theolog. Konferenz zu Gießen.

Drei Lehren aus der Lehre des Leidens! Predigt z. Totenfest über Klagelieder 3, 22–33 von Prof. D. Max **Reischle**†. Halle a. S.: Bibel- u. Schriften-Ver. [1906]. (8 S.) 8° [F.]
= [**Flugschriften** d. Bibel- u. Schriften-Vereins zu Halle a. S. 19.] [06. 13395 8

— Leitsätze f. e. akademische Vorlesung üb. die christliche Glaubenslehre. gr. 8. (IV, 138 S.) Ebd. 899. n. 1. 80

— d. Spielen d. Kinder in s. Erziehungswert. E. Vortrag. gr. 8. (32 S.) Göttingen 897. Vandenhoeck & Ruprecht. n. — 60

— d. akadem. Studium u. d. Kampf um d. Weltanschaug., s.a. An d. deutschen Studenten, Hft. 2.

— das akademische Studium u. der Kampf um die Weltanschauung. s.a. Bericht üb. die Verhandlungen d. christlichen Studentenkongresses, Frankfurt a. M. 1894.

Das akademische Studium und der Kampf um die Weltanschauung. Ein Vortrag von D. Max Reischle, ord. Prof. in Giessen. *Göttingen: Vandenhoeck & Ruprecht 1895.* (29 S.) 8° [F.]
= **Studenten**, an die deutschen. Flugschriften im Zusammenhange m. d. Christl. Studentenkongress. H. 2. [99. 864: 11

— Theologie u. Religionsgeschichte. 5 Vorlesgn., geh. auf dem Ferienkurs in Hannover im Oktbr. 1903. (VII, 105 S.) gr. 8. Ebd. 904. n. 1. 80

**Reischle**, Max, Prof. D.: **Werturteile** und Glaubensurteile. Eine Untersuchung. *Halle a. S.: M. Niemeyer 1900.* (IV, 120 S.) 8° [F.]
Halle, Osterprogr. für 1899 u. 1900

**Reischle, Max**, e. Wort zur Controverse üb. die Mystik in der Theologie. gr. 8. (69 S.) Freiburg i/B. 886. Mohr. n. 1. 60

— **Jesu Worte** v. der ewigen Bestimmung d. Menschenseele in religionsgeschichtlicher Beleuchtung. gr. 8. (30 S.) Ebd. 902. n. — 80
Sonderabdruck aus: „Philosoph. Abhandlgn. Gedenkschrift f. Rud. Haym".

— s.: Zeitfragen.

**Reise**, s.a. Reise / Reisen ...

— vergl. Reisen.

**Reise, die**, Lustsp. v. Kalek. 8. Fürth, Geyer. 797.

**Reise, die, nach Aachen**, Seitenstück zu Knigge's Reise nach Braunschweig, von E. Nicolai. 8. Halberstadt, Helm. 819.

— u. Abentheuer durch einen Theil Deutschlands, die Schweiz, Italien, nach Griechenland, s.a. Albano.

— u. Abenteuer durch einen Theil Deutschlands, die Schweiz, Italien, nach Griechenland; in d. J. 1821 u. 22. 2r u. letzter Bd. 8. Gotha 824, Hennings.

**REISE**, Abentheuerliche, des Superintendenten Typke aus Dobrilugk (Prov. Brandenb., Reg.-Bez. Frankf. a. O.) nach der Residenz des Prinzen Beelzebub. Acheron, 1700. (c. 1800.) 8⁰. Rar!
IV—29 S. Cynische, aber sehr humorvolle Satyre, mit Anspielungen auf Dr. Barth, den Hofbuchhändler Dr. Richter etc. Auch Dr. Faust's Mantel spielt hier eine Rolle.
Den Anlaß zu der sehr selten gewordenen ergötzlichen Schrift gab des Superint. Typke Dissertation über die aufgestellte Frage: „Welche Zeit ist es im Reiche Gottes?" (Dagegen ersch. verschiedene anonyme Flugschriften, u. a.: „Beleuchtung der vom Superintendenten Typke herausgegeb. Schrift: Welche Zeit ist es im Reiche Gottes? von einem Bänkelsänger". — „Welche Zeit ist es im Gehirn des Superintendenten Typke", u. s. w.) — „Welche Zeit ist's im Reiche der Menschheit?" . . . . (von *Carl Gottlieb Anton*). Görlitz 1800. (Anon-Lex. IV. p. 426 (nach Kayser u. Meusel). Die 4 oben angeführten Schriften fehlen im Anon.-Lex.

Reise, Abentheuerliche, des Superintendenten Typke nach der Residenz des Prinzen Beelzebub. Acheron 5700 (Rein in Leipzig). (1799.)
Beides selten!

—des Mirza Abu Taleb Khan, durch Asien, Afrika u. Europa, in d. J. 1799—1803, nebst Widerlegung d. Begriffe von d. Freiheit d. asiat. Weiber. gr. 8. Heidelb. 812. (Mohr.) (Meder). 2 ₰

**REISE** des Mirza Abu Taleb Khan, durch Asien, Afrika und Europa in den Jahren 1799, 1800, 1801, 1802 und 1803. Nebst einer Widerlegung der Begriffe, welche man in Europa von der Freiheit der Asiatischen Weiber hat. Aus d. Französ. Mit Titelkpfr. Wien 1813. 8⁰.
Wildmoser's (jetzt Gmähle's) Leihbibl. in München, No. 2447.

—nach Aegypten; aus d. Französ., mit Anmerkk. u. Zusätzen v. Ehrmann, s. Bibliothek der Reisebeschreibb. 13r Bd.

A. G.....d. Reise nach Aegypten und Bemerkungen über verschiedene Gegenstände, während des dreijährigen Aufenthaltes der französischen Armee in diesem Lande (1798—1801). Gesammelt von ....., vormal. Mitgliede der Commission der Künste und Wissenschaften zu Kahira. Aus dem Französischen übersetzt von Ehrmann. (Mit 1 Karte.) 8. Weimar 1804.

G...d, A., Reise nach Aegypten. Aus dem Französischen ... Herausgegeben von Theophil Friedrich Ehrmann. Weimar 1801. [= BR. 13. Band.]

**Reise** nach Egypten im Jahre 1798—1801 . . . Weimar 1804. V: *Galland, Antoine.* (EngG)

— nach Aegypten, a. d. Franz. mit Anmerk. u. Zus. gr. 8. Wien, Ind. Comt. 804. (auch d. Biblioth. d. Reisebeschreib. 13r Bd.)

**Reise, Des Genius Alaciels,** in die Eylander Taciturnien und Frivolien, a. d. Franz. . . . O. O. 1760. V: *Ring, Friedrich Dominik.* (Mn)

**Reise** des Genius Alaciels in die Eylande der Taciturnien und Frivolien. A. d. Franz. [Carlsruhe] 1760. V: *Ring, Frdr. Dominic.* (BGE)

**REISE** (Des Genius Alaciels —) in die Eylander Tacitournien u. Frivolien. Aus d. Französ. übers. (von Frdr. Dominikus Ring). O. O. (Carlsruhe) 1760. 8⁰.
Rar! Ueber Ring vgl. Gradmann, J. J., das gelehrte Schwaben. (Tüb.) 1802. p. 496—500. — Anon.-Lex. III. p. 357 (nach Hayn) u. 360 (nach W. v. Maltzahn).

**Reise,** die, S. M. Kanonenboot „Albatros" im Rothen Meere, in den ostindischen u. chinesischen Gewässern in den Jahren 1884—1885. Mit Benützg. der Berichte d. Commandos u. der Schiffs-Officiere bearb. v. der Red. der „Mittheilgn. aus dem Gebiete d. Seewesens". Mit 1 Karte u. 6 lith. Curs-Skizzen. Beilage zum 8. Hft. der „Mittheilgn". gr. 8. (64 S.) Pola 885. (Wien, Gerold's Sohn.) n. 2. 40

Reise durch die Alpen und das Wallisland. [A.] s. [Wyttenbach, Jacob Samuel].

**Reise** durch die Alpen und das Walliser Land im Jahr 1771. [St. Gallen 1796.] V: *Wyttenbach, Jacob Samuel.* (MS)

Eine **Reise** nach Amasia im Jahre 1555. Eine deutsche Gesandtschaft in Kleinasien an dem Hoflager des Sultans Soliman des Prächtigen, nach den Briefen des Gesandten Busbeck und dem Tagebuch seines Begleiters Hans Dernschwam aus der Augsburger Originalhandschrift des Fürstlich Fugger'schen Hausarchivs im Auszuge mitgeteilt von Heinrich Zimmerer. (Programm des K. Gymnasiums Ludwigshafen am Rhein.) Ludwigshafen am Rhein 1899. 41 S. 8⁰.

Reise, die, nach Amerika, und das Leben in den Vereinigten Staaten. Ein Rathgeber für deutsche Auswanderer. Von Franco vom Rhein. gr. 12. (165 S.) Frankfurt a. M. 855, Brönner.

**Reise, Amors,** nach Deutschland. Rom [Berlin] 1786. V: *Büschel, Johann Gabriel Bernhard.* (BGE IV, 99)

**Reise, Amors,** nach Fockzana zum Friedenscongress . . . Jena 1773. V: *Nonne, Joh. Gfr. Chn.* (Imecourt I, 107)

**Reise, Anselmus Rabiosus,** nach dem Kürbislande im J. 1779—82 . . . Kammerstetten u. Leipz. 1782—83. V (Th. 3): *Bellotti, Franz Xaver.* (MGT) (Cat. d. Stadtbibl. Zürich. Zürich 1864—97.)

**Reise, Anselmus Rabiosus,** durch Oberteutschland. Salzb. u. Leipzig [Nördlingen] 1778. V: *Wekhrlin, Wilhelm Ludwig.* (ML) (GGr) (Mn) (BB) (Cb) (Kat. d. Bibl. Frz. Schnitzer. Münch. 1902. S. 81.)

**Reise, Antiquarische,** im östlichen Schwaben. O. O. [1814]. V: *Pahl, Johann Gottfried.* (Heyd)

Reise württembergischer Arbeiter zum Besuch der ständigen Ausstellung für Arbeiterwohlfahrt in Charlottenburg. (31 S.) Stuttgart 1905

— nach dem Archipelagus und die asiat. Küstenländer. 8. Gießen, Tasche. 807.

**Reise, Arconavis,** nach dem Monde; ein pädagogischer Roman. Mannheim 18?? Frankenthal 1816. V: *Wasserburg, Andreas.* (Ky)

Reise mit der Armee im J. 1809. 3 Bde. mit Kupf. gr. 12. Rudolstadt, Hofbuchhandl. 809—11. (1r 1 Rthlr. 18 gr. 2r 2 Rthlr. 3r 1 Rthlr. 18 gr.)

Reise mit der Armee im Jahre 1809. Mit 3 Titelkupfern. Th. 1—3. Rudolstadt 1810. 8. (HC.; D.)

**Reise** mit der Armee im Jahr 1809. Rudolstadt 1811. V: *Rühle von Lilienstern, Joh. Jac. Otto Aug.* (Hitzig)

— eines deutschen Artillerie-Officiers nach Griechenland u. Aufenthalt daselbst v. Aug. 1822 bis Juli 1823. Nach d. Tagebüchern u. Aufzeichn. desselb. bearb. von F. W. v. Mauvillon. gr. 8. Essen 824. Bädeker. 18 gr

**Reise, Just Artus,** ins heilige Land: Der Gesellschafter 1840, Nr. 188/91. V: *Grossmann, Julie v.* Vgl. GGr X, 302, 5/9. (DARP)

**Reise,** die, S. M. Corvette „Aurora" nach Brasilien u. den La Plata-Staaten in den J. 1884–1885. Mit Benützg. der Berichte d. Commandos der Corvette bearb. v. der Red. der „Mittheilgn. aus dem Gebiete d. Seewesens". Mit 1 Karte u. 2 lith. Taf. Beilage zu Hft. X 1885 der „Mittheilgn. aus dem Gebiete d. Seewesens". gr. 8. (56 S.) Pola 885. (Wien, Gerold's Sohn.) n. 2.-

Reise, Die, S. M. Corvette „Aurora" nach Brasilien und den La Plata-Staaten in den Jahren 1884—1885. „Mittheilungen aus dem Gebiete des Seewesens." — Wien 1888.

**Reise, Die,** ins Bad. Von L. v. S. Berlin 1803. V: *Steinhart, Heinrich Christoph.* (BGE VI[a], 407)

– die, ins Bad, v. Ludw. v. Selbiger. 8. Berlin, Maurer. 803.

**Reise, Die,** in's Bad oder Gewalt der Liebe und des Zufalls. Giessen 1812. V: *Tasche, Sophie geb. Hoffmann.* (GGr) (HS) (schl)

Reise ins Bad; oder Gewalt der Liebe u. des Zufalls. 8. Gießen, Tasché. 812.
Schreibp.

— ins Bad mit Erzählungen und Mährchen von St. 8. Gießen 813. (Leipzig, Fr. Fleischer.) 5/6 ß Schreibp. 1 ß

**Reise, Die,** ins Bad. Erzählungen. [Leipzig 1818.] V: *Lindau, Wilh. Adolph.* (MGT)

— noch eine, ins Bad, od. 3 Monate d. Kanonikus v. Selbiger. m. K. 8. Ebend. 806.

Reise in das Land Bambuk im innern Afrika. Aus dem Französischen [übersetzt von J. G. Forster].
in: Beiträge zur Völker- und Länderkunde. Th. 13. S. 59–110. Leipzig 1790. 8°.

Reise. Die R' nach Basel. Njbl. s.a. [Schulthess, Heinrich].

**Reise, Die,** nach Basel [zum schweizerischen Musikfest 1820]. [Zürich 1823.] V: *Schulthess, Heinrich.* (Cat. d. Stadtbibl. Zürich. Zürich 1864—97.)

Reise d. ersten Bataillons d. k. k. 6. Linien-Infanterie-Regiments (Herzog Wilhelm) nach Griechenland, von d. Eintritte in d. k. k. österr. Staaten bis z. Einschiffung in Triest. 1. Fortsetz. gr. 8. (2 B.) Kempten 833, (Dannheimer.)
Das Werk selbst wird noch erwartet.

— durch Bayern, s. Reisen d. südl. Deutschland 4r Bd.

— u. Begebenheiten eines Weltmannes, s. Begebenheiten.

— und Begebenheiten eines Weltmannes, 2 Theile, 8. , Frankfurt, 784. Garbe. 1 Rthl. 20 ggl.

**Reise, Benjowsky's,** durch Sibirien und Kamschatka über Japan und China nach Europa . . . a. d. Engl. . . . O. O. 1790. Ü: *Liebeskind, Dorothea Margarethe vorm. Forkel geb. Wedekind.* (schl)

Reise, Benützte, durch Deutsch- u. Wälschland mit angemerktem Hauswirtschaftlichen ..., s.a. Baumann, Christian

— benützte, durch Deutsch- u. Welschland, mit angemerkt. hauswirthschaftl. eines jeden Landes etc., (v. Chr. Baumann). Mit 2 Tabb. u. 5 Kpf. 8. Augsb. 782. Beit. 1 ß — Dass. unt. d. Titel: Geheimnisse d. Land- u. Hauswirthschaft, s. Chr. Baumann.

— u. Beobachtt. durch Aegypten u. Arabien; aus d. Werken gelehrt. Reisenden (Niebuhr u. Forskal) ausgezogen, (v. J. S. Wyttenbach). 2 Bde. Mit Kpf. u. Karten. gr. 8. Bern 780. Typ. Soc.; (a. Steiner in Winterthur). 4 ß

**Reise** und Beobachtungen durch Egipten, Arabien und andere Gegenden Morgenlands . . . Bern u. Winterthur 1781. V: *Wyttenbach, Jac. Sam.* (AarF)

v. L., K. F. Bergmännische Reise von Grätz über Eisenärz nach Steier. Wien. 1798.

Reise, die, durch Berlin. Komisches Gedicht m. 18 (eingedr. Holzschn.) Illustr. v. G. Guthknecht. gr. 16. (18 S.) Berlin 876. Berliner Buchh (A. Krause.) — 30

**Reise** von Berlin über Breslau nach dem Schlesischen Gebirge im Sommer 1783 . . . Berlin 1784. V: *Troschel, Jacob Elias.* (MGT) (Ky) (MS) (LVS) (Nent) (BrMm)

— von Berlin über Breslau, nach d. Schles. Gebirge, im Sommer 1783, (v. J. El. Troschel). 8. Berl. 784. Mylius. 9 gr

Reise von Bern nach Interlacken, von S. W. Bern 1805 s.a. W[agner], S[igmund von].

**Reise** von Bern nach Interlaken . . . Bern 1805. V: *Wagner, Sigm.* (EngG)

— von Bern nach Interlacken, von S. W. 8. Bern 805. Haller. 6 gr

— im Bette und so weiter. Kleinigkeiten von Fr. Laun. 8. Leipzig, Hartmann. 820.

**Reise** von Bex nach Sitten über den Berg Anzeindaux; a. d. Franz. [St. Gallen 1796.] V: *Bridel, Philipp Samuel.* (MS)

Reise, die, ins Blaue von † Plinius dem Jüngsten, (O. L. B. Wolff.) illustrirt v. Tony Johannot. Lex.-8. (12⅚ B. u. 50 Holzschnitttaf.) Leipzig 846, Lorck. *

**Reise, Bonapartes,** von der Insel Elba durch Frankreich nach der Insel Helena . . . A. d. Franz. Leipzig 1816. V: *Bergk, Johann Adam.* (MGT) (NN) (Ky)

**BOXHORN's,** Magister Zacharias, Reise nach Lügenfeld. Mit 1 (scherzhaften) Landkärtchen. Alethopel, gedruckt auf Kosten d. Wahrheit. (Augsb.) 1791. Kl. 8°. 125 S. (In Warmbrunn.) (3 Mk. Friedr. Klüber, München, 1905.)
Mit vielen Holzschnitten im Text und 1 Karte von der Stadt und Landschaft Lügenfeld. Seltene und wenig bekannte Utopie, bestehend in Klatschereien und satyr. Randglossen.

Reise, die, nach Braunschweig, ein komischer Roman, von A. Freyh. Knigge, 2te verbesserte Aufl. mit 1 Kupf. 8. Hannover, 794. Ritscher. 23 sgl.

— nach Braunschweig; e. kom. Roman v. Aug. v. Knigge. m. K. 8. Hannov. Hahn. 802.

Reise. Ueber die R' des Zürcher Breytopfes nach Strasburg.... Bayreuth 1787 s.a.[Ring, Friedrich Domenicus].

— über die, des Zürcher Breitopfs nach Straßburg, v. J. 1576, (v. F. D. Ring). 8. Bayr. 787. Lübecks Erb. 10 gl

**Reise** von Bremen nach Holstein. Bremen 1797. V: *Denecken, Arn. Grh.* (KY 2/27) (BiblPort)

— die, nach dem Brocken. Seitenstück zur Reise nach Aachen, von C. Nicolai. 8. Nordhausen, Landgraf. 821.

**Reise** nach dem Brocken im Jahre 1786 . . . Braunschweig 1786. V: *Bräss, Hermann Werner Dieterich.* (ML) »1787« (Ky) V: *Bräss, Carl.* H: *Braess, H. W. D.* (BrMm)

**Reise, Brockwells,** nach der Insel St. Andreas. Zittau 1788. V: *Ehrmann, Theophil Friedrich.* (MGT)

*Capitain Samuel Brunts Reise nach Cacklogallinien, und weiter in den Mond, Nebst dem Leben Harvays, des weltbekannten Zauberers in Dublin, Und einigen andern Moralischen und Satyrischen Schriften Herrn D. Swiffts, aus dem Englischen übersetzt. Die Dritte Auflage. Leipzig, 1751.*

16 cm. 3 leaves, 280 pages. With frontispiece showing the land of fowls. H. Teerink, in his bibliography of Swift, calls this imitation "a worthless parody of Gulliver's travels." The appended pieces are also of doubtful provenance.

**Reise** des Capitains Samuel Brunt nach Kaklogallinien und in den Mond; nach d. Engl. des Swift . . . Berlin 1800. V: *Kinderling, Johann Friedrich.* (MGT) (EE) (GGr) »1799« (Ky)

**Reise** nach der Insul Caphar Salama und Beschreibung der darauf gelegenen Republic Christiansburg nebst einer Zugabe von moralischen Gedanken in gebundener und ungebundener Rede hrsg. von D. S. G. Esslingen 1741. V: *Andreae, Johann Valentin.* H: *Georg, David Samson.* (Kl 2575) (Taute, Ordens- u. Bundesromane 16) (wolfstieg II, 945)

**Reise** nach der Insul Caphar Salama Und beschreibung der daraufgelegenen Republik Christiansburg. Esslingen 1741. V: *Andreae, Valentin.* Ü: *Georgii, Salomon.* (Mitth. Prof. Dr. Ullrich-Brandenburg a. H.) (TübZ 17, 22)

**Reise** nach der Insel Capharsalania Und beschreibung der daraufgelegenen Republik Christiansburg . . . Esslingen 1741. V: *Georgii, David Samson.* (Kl)

— n. der Insel Caphor Salama, u. d, Fest. Christiansburg. 8. Eßling. 741.

— n. d. Insel Caphor Salama, und der dort. Republik. 8. Lpz. 750.

**Reise** nach Cochin-China. Jena 1825. V: *White, John.* (EB)

**Reise, Die,** des Dalailama von Putola nach Pecking zum Kaiser in China, ein Bruchstück aus der Geschichte der Päbste. Frankfurt und Leipzig 1784. V: *Watteroth, Hch. Joseph.* ([Heinr. Wolfg. Behrisch] Die Wiener Autoren. Pressburg 1784. S. 242) (Petzek S. 155 verboten) (BiblPort)

**Reise** eines reisenden Dänen, geschrieben im Jahre 1791 und 92 während seiner Reise durch einen Theil Deutschlands, der Schweiz und Frankreichs. A. d. Dän. Züllichau 1793. V: *Sneedorf, Frdr.* (EngG)

Reise nach dem Demerary, nebst e. Beschreibung d. Niederlassungen daselbst, so wie jen. am Essequebo, Berbice u. and. Flüssen von Guyana. Aus d. Engl. gr. 8. Leipz. Rein. 812.

**Reise** eines Teutschen in Italien in den Jahren 1786—88. Berlin 1791—93. V: *Moritz, Carl Philipp.* (MS)

Reise eines jungen Deutschen in Frankreich und England im Jahre 1815, s.a. Brückner, August Gotthelf

**Reise** eines jungen Deutschen in Frankreich und England im Jahre 1815, herausgegeben von Georg Brand. Leipzig 1909. V: *Clodius, Friedrich Leberecht.* (BEM I, 1, S. 39)

— e. jungen Deutschen in Frankreich u. England im J. 1815. Nach Orig.-Berichten hrsg. v. Geo. Brand. (164 S. m. 1 Bildnis.) 8. Leipzig 909. G. Wigand. Kart. 2. —

— dasselbe. Neue Folge: Briefe. Nach den Originalen hrsg. v. Geo. Brand. (299 S. m. Abb., 1 farb. Taf. u. 2 Bildnissen.) 8. Ebd. 909. Kart. 3.50

— e. Deutschen nach Paris mit der franzöſ. Armee 1813, 14. 2 Thle. 8. Quedlinb. 815. Basse. 2 Rthlr. 12 gGr.

— durch Deutschland, Beobachtt. u. Anmerkk. aus Baiern. 8. Bern 788. Typ. Soc. 16 gGr.

— durch Deutschland. Ein Unterhaltungsbuch für die Jugend zur Beförderung der Vaterlandskunde. 2 Bdchen. 3e verb. und bis auf die neuesten Zeiten fortgeführte Ausgabe von „Rinaldo's Reisen durch Deutschland." Mit 12 illum. Kpfr. 8. Leipzig 837. Enobloch. $2^2/_3$ Rthlr.

— durch Deutschland, Dänemark, Schweden, Norwegen u. einen Theil von Italien. 4 Bde, s. a. K. Glo. Küttner.

**Reise** durch Deutschland, Dänemark, Schweden ... in den Jahren 1797—99. Leipzig 1801. 2. Ausg. 1804. V: *Küttner, Carl Glob.* (CBH) (Schles) (MGT) (AarK)

**Reise** durch Teutschland, Holland, Frankreich ... in den Jahren 1797, 1803 und 1804 ... Altona 1816. V: *Frisch, Pauline Dorothea geb. Tutein.* (Bruun, Bibl. Danica II, 404.)

Reise durchs südliche Deutschland, Die. Bd. 1—4. Bd. 1. 2. 4. Ulm 1789—95. Bd. 2. 3. Klagenfurt 1789—91. gr. 8.

— durch das südl. Deutschland, (von Ph. L. H. Röder). 4 Bde. gr. 8. Klagenf. u. Ulm 789—95. Stettin. 4 Rthlr. 8 gGr. 2r u. 3r Bd. (auch W. Vogel in Leipz.) 1 Rthlr. 20 gGr.

— durch Deutschl., Ungarn, Italien ꝛc. n. Keyßlers Route. Tüb. 797. s. a. Samml. v. Reisebeschr. 5r.

Reise durch Deutschland, Ungarn, Italien, ... nach Keyßlers Route. Tübingen 1797. 8.
Ist: Sammlung von Reisebeschreibungen. Th. 5.

Reise der Familie Joh. Fr. Diederichs von Elberfeld nach Manitouwoc in Nord-Amerika. In Briefen u. Tagebuchblättern üb. die Reise ꝛc. [Als Manuscript f. seine Familie u. Freunde.] 12. (58 S.) Barmen 848, Sartorius in Comm. n. $^1/_6$ Rthlr.

— auf d. Donau von Ulm bis Wien, mit Angabe aller Städte, Flecken u. Dörfer ꝛc. an beiden Ufern. 2te verm. Aufl. 8. Ulm, Jakob Ebner. 814.

— auf d. Donau von Ulm bis Wien, mit genauer Angabe, sowohl aller Städte, Flecken ꝛc., die an beiden Ufern liegen, als auch aller Flüsse, die sich mit der Donau vereinigen. 2e A. Mit 24 Kpf. 8. Ulm 818. Ebner. 1 Rthlr. 16 gGr. (die Kpf. allein) 1 Rthlr.

**Reise, Franz Drake'ns,** um die Welt, a. d. Engl. ... Leipzig 1726. V: *Engelmann, Heinrich Wilhelm.* (ML)

**Reise, Die,** nach Dresden. Stendal 1796. V: *Wisselinck, Frdr. Wilhelm Carl.* (Ky) (BrMm)

— die, nach Dresden, (v. Wisseling). 12. Stendal 796. Franzen u. Gr. 6 gGr.

**Reise** von Dresden nach Töplitz. Dresden 1802. V: *Arndt, Chn Aug.* (Ky) (MGT) *Arndt, Gottfried August.* (Call)

— von Dresden nach Töplitz ꝛc. zum Unterricht f. die, welche sich dieses Bades bedienen wollen, (v. Chr. A. Arndt). 8. Dresd. 802. Hilscher. 6 gGr.

**Reise** auf die Eisgebirge des Kantons Bern und Ersteigung ihrer höchsten Gipfel im Sommer 1812 ... Aarau 1813. V: *Zschokke, Johann Heinr. Daniel.* (AarK) (Cat. d. Stadtbibl. Zürich. Zürich 1864—97.)

— auf die Eisgebirge des Kantons Bern u. Ersteigung ihrer höchsten Gipfel im Sommer 1812. Mit 1 Karte. gr. 8. Aarau 813. Sauerländer. 1 Rthlr. 8 gGr.

— eines französ. Emigranten durch die Rheingegend im J. 1793, (v. J. A. Mercy); hrsgg. v. Erd. Jul. Koch. 8. Berl. 793. 2e A. 798. Franke. 9 gGr. Schrbp. 10 gGr.

**Reise** einer französischen Emigrantin durch die Rheingegenden. in Briefen an einen teutschen Domherrn ... Berlin 1793. V: *Mercy, Joseph Alois.* (BrMm) (MGT) (Ky)

**Reise, Emiliens,** nach Paris oder die Macht der Verführung. Berlin 1791. V: *Wahl, Sophie Helmine geb. Singer.* (Ky) (MGT) (Schl) (GGr)

**EMILIENS** Reise nach Paris oder die Macht der Verführung. (Zahmer Roman von einer Dame.) 2 Thle. Frankfurt (Berlin, Nicolai) 1791. 8°.

**Reise, Empfindsame,** der Prinzessin Ananas nach Gros-Glogau. Riez [Leipzig] 1798. V: *Benkowitz, Carl Friedrich.* (BGE IV, 163)

Reise, empfindsame, der Prinzessin Ananas nach Gros.-Glogau. 8. Lpz. Graff. 798. Rthlr.

**Reise, Empfindsame,** durchs Deutschland. Wittenberg 1771—72. V: *Schummel, Johann Gottlieb.* (Ky) (EE)

— empfindsame, durch Deutschland, (von J. G. Schummel). 3 Thle. 8. Wittenb. 771, 72. Zimmermann. 1 Rthlr. 12 gGr.

— s.a. Reisen ...

**Reise, Empfindsame,** durch Italien, die Schweiz und Frankreich. A. d. Engl. Hamburg 1794. V: *Schink, Johann Friedrich.* (GGr)

— empfindsame, durch Italien, die Schweiz u. Frankreich; aus d. Engl. (v. Jh. Fr. Schink). 8. Hamb. 794. (Campe). 20 gr

— empfindsame durch Italien, der Schweitz u. Frankreich, in Yoricks Charakter, a. d. Engl. v. Schink. 8. Hamburg, Hoffmann. 794.

— s.a. Reisen ...

— empfindsame, v. Oldenburg nach Bremen (von H. F. C. v. Hedemann). gr. 8. Bremen 796. (Heyse). 10 gr Hbg. Pr. 2 gr

— empfindsame, von Oldenburg nach Bremen. gr. 8. Bremen, Muller. 796.

**Reise, Empfindsame,** von Oldenburg nach Bremen. Falkenburg [Bremen] 1797. V: *Hedemann, Hartwig Joh. Chph von.* (Ky) (MGT) (Wr) »1796« (Rotermund, Gel. Hannover. Bremen 1823.) (GGr)

**Reise, Empfindsame,** von Oldenburg nach Bremen. Falkenburg [Bremen] 1797. V: *Rebmann, Andreas Georg Friedrich.* (GGr V, 547) V (nicht): *Heun, Carl Gottlieb Samuel.* (GGr X, 58)

**Reise, Empfindsame,** durch den europäischen Olymp ... Deutschland [Erfurt] 1800. V: *Albrecht, Johann Frdr. Ernst.* (GGr) (BGE) (Wr)

— empfindsame, durch d. europ. Olymp. 2 Bde. 8. Erfurt u. Gotha 800. Hennings. 1 Rthlr 8 gr

— s.a. Reisen ...

— empfindsame, nach Schilda, (v. A. G. F. Rebmann). Mit Kpf. 8. Gera 793. Heinsius. 16 gr

— — derselben 2r Thl. s. Münchhausen d. jüng. Leben u. Thaten.

**Reise, Empfindsame,** nach Schilda. Leipzig 1793—95. V: *Rebmann, Andreas Georg Friedrich* oder *Heun, Carl* [?]. (Ky) (MGT)

**REISE,** Empfindsame, nach Schilda. (Satyr. Roman von *Andreas Georg Friedr. Rebmann,* 1768—1824.) Mit Titelkpf. u. 2 Bll. m. 4 satyr. Radirgn. (nach Schubert v. Dornheim gestoch.). Leipzig, 1793. bey Wilh. Heinsius d. Jüngern. 8°. (In Heidelberg, Univ.-Bibl.) (6 Mk. Max Jaeckel, Potsdam, 1910.)

Titelkpf. (unterz.: „Schammer Diener!"), gestoch. Tit., 191 S.. 1 S. Druckf. Am Schl. „Epilog", unterz.: „Geschrieben am Ufer d. Elbe 1793". Lat. Lett. Rebmann, bekanntl. Nachfolger Wekhrlin's auf d. Gebiete d. Satyr.-Komischen, hat sich nicht genannt. Das Werkchen ist „Herrn Ismael Mulai, Kaiser v. Fetz u. Marocco", zugeeignet. — Ebeling III. p. 623 nennt den Vf. fälschlich Andr. Geo. Friedr. v. Rabenau (!). — Anon.-Lex. III. p. 361 hat „1793—95" (nach Kayser u. Meusel). — Als zweiter Theil zo obigem Roman, welcher auch Carl Heun (dem nachmal. Clauren ps.) zugeschrieben wird, erschien: Leben und Thaten des jüngern Herrn v. Münchhausen, wohlweisen Bürgermeister zu Schilda. Thorn 1795. Kl. 8° (1 Mk. 50 Pfg. C. H. Beck, Nördl., 1890.)

— — Dasselbe mit d. Tit.: Neue Bibliothek zur Unterhaltung und Vergnügen. Mit Titelkpfr. u. 4 Vignetten Frankfurt und Leipzig 1797. 8°. (5 Mk. Adolf Weigel, 1910.)

Nur veränderter Titel, übrigens der vorige Druck.

Reise, Empfindsame, eines expatriierten Schwärmers durch Teutschland. ..., s.a. Groß-Hoffinger, Anton Johann.

— empfindsame, eines expatriirt. Schwärmers durch Teutschland, Böhmen, Oesterreich, Italien, Ungarn, die Türkei 2c. in die elisäischen Felder. 8. Leipzig 835. Festsche Verlagsh. 2 Rthlr

**Reise, Empfindsame,** eines expatriirten Schwärmers durch Teutschland, Böhmen, Österreich ... in die elisäischen Felder ... Leipzig 1836. H: *Gross-Hoffinger, Anton Johann.* (EngG)

**Reise** eines Engländers durch Mannheim, Baiern und Oestreich nach Wien ... Amsterdam 1790 ... V: *Geiger, Carl Ignaz.* (Wr)

**Reise eines Engelländers, noch ein Bändchen, durch Mannheim, Baiern und Oesterreich nach Wien. Hrsg. von einem teutschen Freunde L. A. F. v. B. Amsterdam 1790. 2. Aufl. 1790. 3. Aufl. 1807. V: *Geiger, Carl Ignaz.* (BGE VIII[3], 4/91)**

— eines Engländers durch Manheim, Baiern u. Oestreich nach Wien. 8. Leipz. 790. ... 3e A. 807. (W. Rauck). 9 gr Noch 1 Bdchn. 8. Frkf. a. M. 790. Pech. (Wienbrack in Lpz.) 9 gr

— e. Engländers durch Mannheim, Bayern und Oesterreich n. Wien. 8. Lpz. Sommer. (a. Gräff.) 790.

**Reise** eines Engländers durch einen Theil vom Elsass. Amsterdam u. Stockholm [Regensburg] 1793. V: *Piaggino, Joseph Maria Friedrich.* (Wr) (Ky) (MGT) (EB)

— eines Engländers durch e. Theil v. Elsaß u. Niederschwaben, (v. J. M. F. Piaggino). 8. Amsterd. u. Stockh. (Regensb.) 793. Montag u. W. 10 gr Nebst 1r u. 2r Fortsetz. 8. Ebd. 794. 18 gr Alle 3 Thle. (Dannheimer in Kempt.) 1 Rthlr

**Reise** eines Engländers durch einen Theil von Frankreich ... A. d. Engl. Leipz. 1791. V: *Villiers Earl of Clarendon, John Charles.* (EB)

— eines Engländers durch e. Theil v. Frankreich. gr. 8. Nürnb. 791. Schneider u. W. 10 gr (Vergl. Bibliothek d. Reisebeschreibb. 18r Bd.)

Reise eines Engelländers durch einen Teil von Schwaben .... Amsterdam 1789 s.a. [Geiger, Carl Ignaz].

**Reise** eines Engländers durch einen Theil von Schwaben und ... der Schweitz ... Amsterd. [Leipzig] 1789. V: *Geiger, Carl Ignaz.* (ML) (BrMm) (Ky) (Wr)

— eines Engländers durch e. Theil v. Schwaben u. d. Schweiz, (v. Karl Ign. Geiger). 8. Amsterd. (Leipz. 789. Wienbrack). 6 gr

— e. Engländers d. e. Theil v. Schwaben u. d. Schweiz. 8. Lpz. Graff. 789.

Reise der Epicurer durch das glückliche Arabien nach dem Himmel unter Anführung dreyer Brüder, nemlich Prahlhansens, Wohlers und Geitzwansts. Jena 1730. 8°. (8 Mk. Ludw. Rosenthal, 1906.)
Frühere Ausgabe. Ebd. 1724. 8°. 6 Bog. Cat. Meissner III. p. 1904; Scheible, Cat. 45, no. 1353, Beibd., wo aber „Wohlhers" steht.

**Reise** eines Erdbewohners in den Mars. Philadelphia [Leipzig] 1790. V: *Geiger, Carl Ignaz.* (ML) (Wr) (Ky)

— eines Erdbewohners in d. Mars, (v. Karl Ign. Geiger). 8. (Leipz.) 790. (W. Nauck; a. Wienbrack). 8 gr.

— eines Erdbewohners in den Mars. 8. Philadelphia. (Sommer in Lpz.) 791.

**Reise um die Erde.** Humorist.-geogr. Gesellschaftsspiel. Ebds. 1815. Ebenso. 2 fl. 10 kr.

Reise um die Erde. Hrsg. v. Karl Tanera u. Paul Gisbert unter Mitwirkg. v. Kurt Aram, E. Below, Gust. Dircks, Leo Frobenius u. A. Leiter der Illustration: Bernh. Esch. 36 Hefte. (VII, 424 u. VIII, 424 S.) gr. 4. Berlin-Schöneberg (904. 905). Internationaler Weltverl. à — 50 geb. n. 25. —

**Reise** um die Erde, hrsg. von Karl Tanera u. Paul Gisbert [d. i. Pniower] unter Mitw. von ... Leiter d. Ill.: Bernhard Esch. Bd 1. 2. Berlin-Schöneberg: Internat. Welt-Verl. 1905. 2 Bde 4° [J.] [c6. 66..

**Reise, Die,** nach Erfurt zum grossen Frohnleichnamsfeste. Komische Erz.: Der Sammler. Wien 1817. Nr. 26/38. Gibt sich als Seitenstück zu Knigges Reise nach Braunschweig. V: *Beier* (?), abgedr. in dessen Buche Der lustige Erzähler, 1. Bd. Erfurt 1818. (DARP)

**Reise** des Herzogs Ernst von Sachsen-Coburg-Gotha nach Aegypten und den Ländern der Habab, Mensa und Bogos. qu. gr. Fol. (V und 78 S. mit 20 Zeichnungen nach der Natur aufgenommen und chromolithogr. von Rob. Kretschmer, 4 Photogr. nach Handzeichnungen und 2 chromolithogr. Karten.) Leipzig 864, Arnoldische Buchh. geb.

**Reise** des Herzogs Ernst von Sachsen-Coburg-Gotha nach Aegypten u. den Ländern der Habab, Mensa u. Bogos. 2. Ausg. Leipzig 865. Arnoldische Buchh. qu. gr. Fol. (V, 78 S. mit 20 Zeichnungen nach der Natur aufgenommen u. chromolith. von Rob. Kretzschmer, 4 Photogr. nach Handzeichnungen u. 2 chromolith. Karten.) In Mappe. n. 12 Rthlr.

— die erste, s.: Familien-Bibliothek.

— die erste, in das Gebiet d. Naturgeschichte. Ein Geschenk f. gute Kinder. Von C. A. B.... qu. 16. (4 B. u. 9 ill. Bild.) Berlin 836, Winckelmann u. Söhne.

**Reise, Erste,** der Russen um die Welt. [Riga 1803.] V: *Krusenstern, Adam Johann von.* (R-N)

— die erste, der Russen um die Welt, in einem zweckmäßigen Auszuge des Reiseberichts des Capitains von Krusenstern. gr. 8. Wien, Kosmograph. Büreau. 813.

**Reise** nach Falaise, a. d. Franz. ... O. O. [17??]. V: *Böttger, Gottfried Conrad.* (ML)

**Reise, Die,** nach Faläse oder der Normandische Poet. Aus dem Französ. Halberstadt 1764. V: *Le Noble de Tenneliére, Eustache baron de.* (BGE VI³, 401)

— nach Falaise, od. der normann. Poet. 8. Halberst. 764. Groß. 6 gr.

**FAN-FÉRÉDIN,** Des Printzen, wunderbare Reise nach Romanzy oder in das Land derer irrenden Ritter, nebst allerhand Anmerkungen, welche zur Historie, Weltbeschreibung, Naturlehre, Critic u. Sittenlehre dieses Landes gehören. Aus d. Frantzös. Mit Titelkpf. Hamburg und Leipzig 1736. 8°. (3 Mk. Frz. Teubner, c. 1898; jetzt theurer!)

**REISE** des dramatischen Faustins. Hamburg, Mattießen, 1785. 8°.
Citirt Kayser 1827 unter Romanen, S. 100. — Sehr rar!

**Reise, Faustins,** im philosophischen Jahrhundert. Neue sehr verbesserte und vermehrte Auflage. O. O. [Zürich?] 1785. V: *Winkopp, Peter Adolph.* (Jahrbuch der der Grillparzer-Gesellschaft XVI. [1906], S. 183) (»Realzeitung«. Wien 1784. S. 633, 746) (Wiener Blaettchen 1784 vom 11. Nov.) (BiblPort) (BGE I³, 241/242)

**Reise** nach dem Fegfeuer ... O. O. 1739. V: *Hering, Georg Carl.* (ML)

**REISE** nach dem Fegefeuer. Ein Gesicht von L. Dingen (sic!). (Lat. Motto aus Palingenius, 215 v. 15.) (Zierleiste.) O. O. 1784. 8°.
4 Bl. Vorst. u. 84 S. Sehr originelle und seltene antikatholische Satire aus der josephin. Reformperiode, gewidmet: „Dem Hochehrwürdigen Herrn, Herrn Pater Patrizius Präputius Fast, der schrecklichen Ketzergeißel, dem eifrigen Verfechter des Präputiums, der grösten (!) Stütze des Mönchswesens, dem mächtigen Seelenhirten, — von Seinem und Seiner Schriften Verehrer."

— nach dem Fegefeuer, sämmtl. Ketzern zur Belehrung. 8. Wien 784. Hochenleitner. 5 gr.

**Reise, Frater Felicians merkwürdige,** zum Kaiser Karl im Untersberg ... Salzb. 1787. V: *Huber, Franz Xaver.* (Ky) (MGT) (Hr)

**Reise, Figaro's,** nach und in Spanien; a. d. Franz. Leipz. 1785—86. V: *Fleuriau, Jér. Charlemagne.* Ü: *Hammersdörfer, Carl.* (ML) »Reisen« (EngG)

**Reise, Figaros,** nach und in Spanien. Aus d. Französ. von K. H—r. Leipz. 1785. V: *Fleuriot Marquis de Langle, Jérome Charlemagne.* Ü: *Hammerdörfer, Carl.* (BGE VII³, 359)

— eine, in Finnland. Nach Originalgemälden von A. v. Becker, A. Edelfelt, R. W. Ekman etc. Text v. Z. Topelius. Aus dem Schwed. übers. v. Herm. Paul. qu. gr. 4. (VIII, 112 S. m. 36 Stahlst.) Helsingfors. Leipzig 874. T. O. Weigel. geb. m. Goldschn. n. 36. —

**Reise, Fischers,** von Leipzig nach Heidelberg im Herbst 1805. Görlitz 1808. V: *Wetzel, Friedrich Gottlieb.* (Schultz, Franz, der Verfasser der Nachtwachen des Bonaventura. Berlin 1909. S. 229.)

—— durch die Florida's, s.a. Bromme, Tr.

**Reise** durch die Florida's, von St. Augustine durch die Halbinsel nach Pensacola. Baltimore 1837. V: *Bromme, Traugott.* (EngG)

**Reise, Fortgesetzte,** nach Hammelburg oder meine harten Schicksale im Kautzenland. München.1818. V: *Lang, Carl Heinrich Ritter von.* (MGT) (AarK) (Wr)

— — fortgesetzte. oder 2te Fahrt nach Hammelburg, oder meine harten Schicksale im Kautzen Land. 8. Ebend. 818. (Ebend.)

— — 3te Fahrt. 2te Aufl. 8. Ebend. 818. (Ebend.)

— — 4te Fahrt, oder neueste Nachrichten aus dem Lande Großgescheid und Kleingescheid. 8. Ansbach. 821. (Ebend.) · (Alle 4 Hefte sind von K. H. Ritter v. Lang und kosten 1 Rthlr. 1 Gr.)

– s.a. Reise, Merkwürdige, über Erlangen ... nach Hammelburg.

**Reise, Fortunens,** am Neujahrsmorgen. Leipzig 1796. V: *Claudius, Georg Carl.* (Ky) (MGT)

[F.] Albert Franks **Reise** um die Erde in 72 Tagen oder Interessante u. Galante Abenteuer e. Weltmannes auf d. Jagd nach e. Million. Sensationsroman aus d. Gegenwart, vf. auf Grund d. Tagebuchnotizen Alb. Franks u. seiner Begleiter. Bd I. II. (In 100 Heften.) *Berlin: Verlagshaus f. Volkslitt. u. Kunst [1893].* 2 Bde 8.
I. (umfassend S. 1—1168)'. (1 Bl., 1168 S., 49 Taf.)
II. (umfassend S. 1169 bis Schluss)'. (1 Bl., 1169—2404 S., 51 Taf.) [95. 4213]

[F.] F. Franson's **Reise** um die Welt. 1892—1895. (Vf.: C. M. [in] Barmen.) *Barmen: Deutsche China-Allianz-Miss.; Dr. v. A. Gerhard in Emden 1896.* (111 S.) 1 Bd 8. [97. 4864]

— A. H. Ihrer k. k. Apostolischen Majestäten Franz Joseph und Elisabeth durch Kärnthen im September 1856. Wien 859. (Gerold.) gr. Fol. (91 S. u. 34 Lithogr., wovon 12 in Farbendr.) n. 10 ℛ

— zweier Franzosen durch Belgien in d. J. 1791—1802. 2 Thle. 8. Pesth 804. Hartleben. 1 ℛ 8 gr

– zweyer Franzosen durch Belgien, Holland, Deutschland, Italien rc. in den J. 1791—802. 2 Thle. 8. Wien, Ant. Doll. (Liebeskind in Lpz. in Commiss.) 804.

– s.a. Reisen ...

**Reise** eines jungen Frauenzimmers von Stuttgart nach Cannanore auf der malabarischen Küste in Ostindien ... Stuttgart 1800—4. H: *Lohbauer, Carl Phil.* (Heyd)

Freymaurerische **Reise** durch die bayerschen Lande, worin die Aufhebung des Illuminaten- und Freymaurer-Ordens erzählt, und deren System geprüft wird. Hamburg: Mathiessen 1786. 31 S. 8°
Recens: WJ. 3, 3 (1786) S. 233—234.
cf. D. neuesten Religionsbegebenheiten. 9, Zugabe 2 (1786) S. 137.
Kl. 3228.

– s.a. Reisen ...

**Reise** durch die nordamerikanischen Freystaaten und durch Ober- und Unter-Canada in den Jahren 1795—97. A. d. Engl. [des J. Weld] ... Berlin 1800. Ü: *König, Carl Dietrich Eberhard.* (EngG)

— aus der Fremde in die Heimath, v. Ernst Wagner. 1r Bd. 8. Hildburgh. Hanisch. 808.

— — desselben Buches 2r Bd. 8. Tubing. Cotta. 810.

— — Anhang hierzu, s. ABC eines 40jähr. Fibelschützen.

— aus der Fremde in die Heimath, v. E. Wagner. 1r Bd. 8. — Hat die Jahrzahl 1818 bekommen und ist jetzt Verlag von G. Fleischer in Leipzig.

**Reise, Fritzens,** nach Dessau. Leipzig 1776. V: *Schummel, Johann Glieb.* (Ky) (MGT) (GGr)

**Reise** nach Fritzlar im Sommer 1794. Auszug aus dem Tagebuch ... [Braunschweig] 1798. V: *Knigge, Adolph Friedrich Franz Ludwig Freih. v.* (EE) (ML) (Ky) (Zeitschr. f. Büch. IV, S. 4.) »1795« (Roterm)

— nach Fritzlar im Sommer 1794, (v. Ad. Frhrrn. v. Knigge). 16. Braunschw. 798. Schulbuchh. 8 gr

—— die fröhl., nach Thüringen, von *r., s.a. Reisen f. d. Jugend, I. Bdchn.

**Reise, Die fröhliche,** nach Thüringen ... Leipzig 1840. V: *Becker, Gottfried Wilhelm.* (Ky) (EngG)

— die, S. M. Corvette „Frundsberg" im Rothen Meere u. an der Ostküste Afrikas in den J. 1884—1885. Mit Benützg. der Berichte d. Commandos der Corvette bearb. v. der Red. der „Mittheilgn. aus dem Gebiete d. Seewesens". Mit 1 Karte u. 2 lith. Curs-Skizzen. Beilage zum 9. Hft. der „Mittheilgn." gr. 8. (80 S.) Ebend. 885. n. 2. 40

—— dass. — in den J. 1885—1886, s. Benko, Jerolim v., Reise etc.

Reise einer Fürstin und ihres wie sie gläubigen Dieners von Norddeutschland nach Tyrol. Von letzterem selbst beschrieben und ohne seine Veranlassung aber mit seiner Erlaubniß hrsg. Mit einem Vorwort von Glob. v. Polenz. gr. 8. (VIII und 143 S.) Halle (861)62, (Petersen.) Thlr. * *

**Reise** durch das Hessische Gebiet und angränzende Länder ... Freistadt 1780. V: *Krieger, Johann Justus Friedrich.* (stri)

**Reise** durch das Gebiet von Zürich ca. 1782. V: *Pezzl, Johann.* (Gustav Gugitz: Johann Pezzl, S. 179) (BIBLPORT)

**Reise** durch eine der romantischesten Gegenden der Schweitz, 1788... Gotha 1789. V: *Bridel, Philippe Syrach.* (Bibliogr. d. Schweiz. Landeskunde. Bern 1892 ff. III.)

**Reise, Eine gemeinsame,** von Mitgliedern des westfälischen Kriegerverbandes und des lippischen Kriegerbundes zum Besuch der Denkmäler und Kriegergräber auf den Schlachtfeldern von Saarbrücken und Metz ... Lage 1890. V: *Burre, A.* (Landesbibl. Detmold. Kat. d. Zugänge 1869—95. Detm. 1896.)

Reise von Genf durch das südliche Frankreich, in den Jahren 1809 und 1810, von D R .... [A.] 8. (Berlin 1815.)

Reise. Die R' nach Genf zum Musikfeste. Njbl. s.a.[Bürkli, Johann Georg].

**Reise, Die,** nach Genf zum Musikfeste. [Zürich 1827.] V: *Bürkli, Joh. Georg.* (Cat. d. Stadtbibl. Zürich. Zürich 1864—97.)

— geographische, durch Deutschland, (v. Gottfr. Konr. Böttger) 2 Thle. 8. Leipz. 782, 83. Schwickert. 1 ₰ 4 gr

Reise. Die R' der zürcherischen Gesandten nach Solothurn.... Njbl. Zürich s.a.[Meyer von Knonau, Gerold II].

**Reise, Die,** der zürcherischen Gesandten nach Solothurn zur Beschwörung des französischen Bündnisses 1777. Zürich [1870]. V: *Meyer v. Knonau, Gerold.* (Cat. d. Stadtbibl. Zürich. Zürich 1864—97.)

**Reise** der russisch kaiserl. ausserordentlichen Gesandtschaft an die othomanische Pforte im Jahre 1793 ... St. Petersb. 1803. V: *Reimers, Heinr. Chph von.* (CBH) (Ebert)

— der russ.-kaiserl. außerordentl. Gesandtschaft an die ottoman. Pforte im J. 1793. 3 Theile vertrauter Briefe e. Ehstländers (H. Cph. v. Reimers) an e. seiner Freunde in Reval. Mit 7 Kpf. u. 1 Karte. Auch u. d. T.: Reise von St. Petersburg durch die Petersburg., Pleskowische, Polozkische rc. Statthalterschaften rc. 3 Thle. Mit Kpf. u. 1 Karte. gr. 4. St. Petersb. 803. (Leipz., Leich). 16 ₰ Hbg. Pr. 8 ₰ (Ohne Kpf. u. Karte.) 3 ₰

— s.a. Reisen ...

* **REISE,** Die Geschwinde, auff dem Lufft-Schiff nach der obern Welt, Welche jüngsthin fünff Personen angestellt, um zu erfahren, ob es eine Wahrheit, daß der Planet Mars den 10. Jul. dieses Jahres das erste mahl, so lange die Welt stehet, mit einem Trabanten oder Mond erschienen? Der untern Welt zu curieuser Gemüths-Ergötzung und Versicherung dieser Begebenheit mitgetheilt durch die allgemeine Fama. Mit curiosem Titelkpfr. (Sterngucker, Luftschiff, in der Mitte die Fama, ringsum gestoch. Textzeilen.) O. O. 1744. 4°. (In Berlin: Bibl. Diez. 4° 2643, Beibd.)

30 S. (incl. Titel u. 1 Bl. Vorr.). Die 5 Luftschiffer führen die Namen Auditus, Visus, Odor, Gustus und Tactus. Rares aeronaut.-astronom. Curiosum, nichts Erotisches!

**Reise, Die geschwinde,** auf dem Lufft-Schiff nach der oberen Welt ... Lemgo 1744; Neudruck: Berlin 1923 = 17. Erasmus-Druck. V: *Kindermann, Eberh. Chn.* Vgl. Zeitschr. f. Büch. N. F. 15, 1923, Beibl., Sp. 175 f. (DARP)

Reise eines Gesunden in die Seebäder Swinemünde, Putbus u. Dobberan. 8. Berlin 823, Gäbicke.

— eines Gesunden in d. Seebäder Swinemünde, Putbus u. Dobberan. 8. Berl. 823. (Henning in Greiz). 16 gr

**Reise** von Glogau nach Sorent über Breslau, Wien, Triest, Venedig, Bologna, Florenz, Rom und Neapel ... Berlin 1803—4. V: *Benkowitz, Carl Friedrich.* (GGr) (MGT) (AarF) (EngG) (LVS) (Nent) (Rotermund, Gel. Hannover. Bremen 1823.)

**REISE,** Die, auf gut Glück. Aus d. Französ. übers. von Alexis dem Wanderer (d. i. Günther Leberecht Förster). 2 Thle. Altenburg, Hahn, 1820. 8°.

Meusel's in Coburg Lhbiblcat. 1822. no. 17 379—80. — Fehlt in Kayser's Roman-Verz. von 1827, S. 100.

— die, auf gut Glück, von J. Pgin. Aus dem Franz. übersetzt von Alexis dem Wanderer. 2 Theile. 8. Altenburg, Hahn. 820.

— die glückliche, eine moralische Erzählung von der Verf. von Rosaliens Briefen (Frau von la Roche) 8. Frankfurt (Basel) 783. (Serini) 5 sgl.

Reise, glückliche. Nachschlagebuch u. Notizkalender f. in's Ausland reis. Russen. Hrsg. vom russ. Verein „Bratstwo" zu Berlin. (In russ. Sprache.) 12. (VI, 520 S. m. Abbildgn. u. 1 Karte.) Berl. 892, Stankiewicz. geb. * 4 —

Reise. Glückliche R'! (Illustriertes Verzeichnis der neuesten Reisehandbücher, Führer, Karten, Pläne und Kursbücher, nebst einer Auswahl geographischer Pracht- und Bilderwerke, Reisebeschreibungen und Sprachführer.) IV + IV + 132 S. 8. (Altenburg, Stephan Geibel & Co., [1904].)

*Darin S. 1—7:* Eine Rigibesteigung. Von Mark Twain. [Illustriert.]

**Reise, glückliche!** Illustriertes Verzeichnis d. neuest. Reisehandbücher, Führer, Karten, Pläne u. Kursbücher, nebst e. Auswahl geograph. Pracht- u. Bilderwerke, Reisebeschreibgn. u. Sprachführer. (176 S.) gr. 8. Leipzig (908). F. Volckmar, Bar-Sort. — 20

— glückliche! Sommerbuch der Berliner illustr. Zeitg. Mit Beiträgen v. Ludw. Thoma, Roda Roda, Ompteda u. a. (III, 127 S. m. Abb.) Lex. 8. Berlin (909). Ullstein & Co. 2. —

Reise. Glückliche Reise in der Schweiz! [Hrg. von der] Jura-Simplon-Bahn (Schweiz). [Illustriert.] II + 64 S. 8. (Lausanne, Corbaz & Cie, [1901].)

**Reise** nach Goldau, Lowerz und auf den Rigi . . . Zürich 1806. V: *Hirzel, Heinrich.* (Cat. d. Stadtbibl. Zürich. Zürich 1864—97.)

(Reise auf den Gotthard. [Mit 1 Tafel.]) Njbl. Naturf. Ges. Zürich 1806. 4. [Zürich.]
*Mutmasslicher Verfasser:* Hans Conrad Escher von der Linth.

—— die, der Hrn. Karl Green, Rob. Hollond u. Thom. Monk-Mason von London nach Weilburg am 7. u. 8. Nov. 1836 in d. Luftschiffe Royal-Vauxhall-Nassau. Voraus geht e. kurze Gesch. d. Aeronautik. gr. 8. (4½ B. u. 1 Abbild.) Weilburg 837, Lanz.

—— die große. Eine Wanderung durch's Thal der Thränen nach dem Berge Zion, der Stadt des lebendigen Gottes. 16. (160 S.) Neu-Ruppin 860, Bergemann.

—— dass. — Aus dem Engl. 16. (162 S. mit eingedr. Holzschn. und 1 Holzschnt.) Cincinnati 857. (Bremen, Heyse's Verlag.) geb. * —

Die grosse ewige **Reise** aller Wesen zum Weltgeist, oder Die Unsterblichkeit der ganzen Natur, als erste wahre Unsterblichkeitslehre. Ein Vortrag des Mstrs v. St. der unterweltlichen Centralloge zum „Aufgehenden Morgenstern". Leipzig: Rein i. Comm. 1844. 32 S. 8⁰ [Umschlagtit.]
Satire auf die Logenvorträge.

— n. Guiana und Cayenne, ist d. Gesch. d. See- u. Landr. 7n Bds 2e Abthl.

Reise nach Guiana und Cayenne, nebst einer Uebersicht der ältern dahin gemachten Reisen und neuern Nachrichten von diesem Lande, dessen Bewohnern und den europäischen, besonders französischen Colonien daselbst. Aus dem Franz. mit einer Charte und 1 Kupfer. gr. 8. *Hamburg, Hoffmann.* 1798

**Reise** nach Guiana und Cayenne, nebst einer Übersicht der ältern dahin gemachten Reisen . . . A. d. Franz. Hamburg 1799. V: *Prudhomme, Louis.* Ü: *Lohmann, Christoph Wilhelm.* (EngG)

Reise von Hamburg nach Philadelphia. Hannover: Ritscher. 1800. 208 S. 8⁰. Staats- und Universitätsbibliothek Göttingen Sabin 69140. Baginsky 1484.

— von Hamburg nach Philadelphia. 8. Hannov. 800. Ritscher. (Hahn). 14 gGr

— eines Hamburgers nach Hannover zur Zeit d. Anwesenheit Georg IV. Herausgg. v. Fr. M. 8. Hamburg 822, (Herold.)

— eines Hamburgers nach Hannover zur Zeit d. Anwesenheit Georg VI. Herausgg. v. Fr. M. 8. Hamb. 822. (Herold). 9 gGr

— Hammelburger, s.a. K. H. v. Lang.

**Reise, Hammelburger.** Dritte Fahrt. München 1818. V: *Lang, Carl Heinrich Ritter von.* (MGT)

— Hammelburger, herausgg. v. K. H. v. Lang. 5e — 8e Fahrt. 8. Ansbach 822—26, (Nürnb., Riegel u. W.)

HANS-JÖRGELS Reise nach Oberœsterreich, Salzburg u. Bayern, oder Abenteuer auf einer Fahrt nach Steyer, Gmunden, Ischl etc. 2 Bde. Mit 1 color. Bilde. Wien 1844. 8⁰. (3 Kr. Franz Malota, Wien, 1909.)

**Reise, Emanuel Hartensteins, eines peregrinirenden Weltbürgers,** von Berlin über Rostock nach Dresden . . . Halle 1780. V: *Kindleben, Christian Wilhelm.* (ML) (GGr) (Ky)

**Reise, Die,** in den Harz. Für die Jugend und ihre Freunde . . . Leipzig 1837. V: *Becker, Gottfried Wilhelm.* (EngG) (Ky) (BrMm)

—— die, in d. Harz. Für d. Jugend u. ihre Freunde. Vom Verf. d. „Fahrten u. Abenteuer d. Kapit. Roß" ꝛc. 16. (17 B. u. 6 Abbild.) Leipzig 837, [H. Fritzsche.]

— die, in den Harz. Für die Jugend und ihre Freunde. Vom Verfasser der „Fahrten und Abenteuer des Kapitain Roß" ꝛc. (Becker). Mit 6 Abbildd. 16. Leipzig 837. Weber. n. 1 ß

— eine, durch d. Harz, und Bemerk. a. e. Reise v. Dresd. n. Lpz. 4 Bdchen. 8. 801 - 803.

—— durch den Harz, Eine, und Bemerkungen auf einer Reise von Dresden nach Leipzig. Bdch. 1—4. . . . 1801—5. 8.

**Reise** durch den Harz und die Hessischen Lande . . . Braunschweig 1797. V: *Wagener, Samuel Christoph.* (BrMm) (EngG) (Ky)

— durch den Harz u. die Hess. Lande, (v. S. Cph. Wagener). gr. 8. Braunschw. 797. Schulbuchhandl. 20 gGr

—— die, S. M. Corvette „Helgoland" an der Westküste Afrikas in den J. 1884—1885. Mit Benützung der Berichte des Commandos der Corvette bearb. von der Redaction der „Mittheilungen aus dem Gebiete des Seewesens". Mit 1 Karte. Beilage zu den „Mittheilungen aus dem Gebiete des Seewesens, 1885, 12. Heft". gr. 8. (65 S.) Pola 885. (Wien, Gerold's Sohn.) *

— durch Helvctien u. Italien in d. J. 1776—78. 2 Thle. gr. 8. Hamb. 784. Bohn. 1 ß 22 gGr

— aus dem Herzen in das Herz. Eine Reisebeschreibung von Genf über Turin, Mailand, Florenz, Venedig ꝛc. nach Dresden, in Briefform, von C. Baumgarten-Crusius. 2 Theile. 8. Dresden, Hilscher. 819.

— eine, in die Himmel; od. 5 Bilder aus der Höhe, gemalt v. Oculeus. 8. (79 S) Cleveland, O. 884. (Philadelphia, Schäfer & Koradi.) cart. n. 2. —

Reise, die, mit Hindernissen. Mit Illustr. v. G. Doré. gr. 8. (152 S.) Leipzig 885. Hannover, O. Borgmeyer. n. 2. —; ermäß. Pr. n. 1. —

Reise, die, mit Hindernissen. Abenteuer eines Stubenhockers auf klass. Boden. gr. 8. (152 S. mit über 100 Illustr. von Gust. Doré.) Leipzig 885, [Unstad.] R. Bauer. [*ℳ 2.—.] *

— die, zur Hinrichtung, u. s. w. von Fr. Laun. s. Kleinigkeiten von Fr. Laun. 3s Bdchen.

Reise. Historische und literarische R' durch das abendländische Helvetien. Leipzig 1782 s.a.[Sinner von Ballaigues, Johann Rudolf von].

**Reise, Historische und literarische,** durch das abendländische Helvetien. A. d. Franz. Leipzig 1782. V: *Sinner Herr zu Salligue*, *Jean Rodolphe.* (Ky) (EngG) (BrMm)

— hist. literar., d. d. abendl. Helvetien, a. d. Frz. 2 Thle. gr. 8. Lpz. Junius. 798.

**Reise, Die,** zur Hochzeit. Ein Schnack. Leipzig 1800. V: *Cramer*, *Carl Gottlob.* (BGE)

— die, zur Hochzeit; e. Schnak v. K. G. Cramer. m. Kupf. 2 Thle. 8 ,Lpz. W. Fleischer. 800.

Reise des Grafen von **Hoffmannsegg**, in einige Gegenden von Ungarn bis an die türkische Gränze. 8. Görlitz **1800.**

— e. erfahrn. Hofmeist. d. d. Welt. 8. Dresd. Gerlach. 732.

**HOFMEISTERS,** Eines erfahrnen, curiose Reise durch die Welt. Dresden und Leipzig 1752. 8⁰.
War in einem alten Wiener Cat. (1775) verbotener Bücher. — Selten!

Reise seiner Hoheit d Herzogs Bernhard, durch N-A. 1825-26.

**Reise** durch Holland im Jahr 1806 . . . Leipzig 1808. Ü: *Bergk*, *Johann Adam.* (Ky) (MGT) (NN) »in Holland« (EngG)

— durch Holland, im J. 1806. 1r Bd. Aus d. Französ. (v. J. A. Bergk). Mit 21 illum. u. schwarz. Kpf. 8. Leipz. 808. Gr. Fleischer. 2 ß 12 gr

**Reise** durch Holland im Jahr 1771 . . . [Berlin 1781.] V: *Lynar*, *Rochus Friedrich Graf zu.* (ML)

**REISE,** Die, in die Hölle, oder Martin Kochem, das edelste Genie aus dem goldnen Zeitalter Deutschlands. 2 Stücke. O. O. (München) 1780. 8⁰ 23 Bll. (2 Mk. 50 Pfg. Frdr. Klüber, 1905.) Selten!

— eines Hottentotten nach d. gesitteten Europa ꝛc. u. dess. Reise in das Land der Freiheit u. d. Patriotismus, s. Briefe e. Hottentotten.

**Reise** eines Hottentotten nach dem gesitteten Europa. Görlitz 1795. V: *Tolberg*, *Johann Wilhelm.* (EB)

— eines Hottentotten nach dem gesitteten Europa ꝛc. a. d. Frz. 8. Görlitz, Anton. 795.

— — dess. Reise in d. Land d. Freyh. u. d. Patriotismus. 8. Ebend. 795.
(Diese beyden Bücher haben auch den neuen Titel: Briefe eines Hottentotten über die gesittete Welt. 1r und 2r Thl.)

**Reise, Humoristische,** durch ein hochseeliges Königreich Westphalen . . . Quedlinburg 1816. V: *Nicolai*, *Carl.* (MGT)

— humoristische, durch ein hochseliges Königreich. An das Licht gestellt von Peter Hilarius. 2 Bde. 8. Quedlinburg, Basse. 816.

**Reise, Hwiids,** durch Deutschland. Ein Turnier zwischen Heinze und Cramer in Kiel. Kiel 1788. V: *Cramer*, *Carl Frdr.* (Bruun, Bibl. Danica II, 403.)

— die, durch Jahrhunderte. Mit Illustr. v. G. Doré. gr. 8. (114 S.) Leipzig 886. Hannover, R. Brunn. n. 2.—; ermäß. Pr. n. —75; geb. n. 1.—

— die, durch Jahrhunderte. Aus der Plaudermappe e. Grenzenbummlers. Mit 115 Illustr. v. Gust. Doré. gr. 8. (114 S.) Ebend. 886. n. 2.—; geb. n. 3.—

— die, zum Jahrmarkt nach der Stadt. Ein Bilderbuch für artige Kinder. Mit color. Bildern. 4. Magdeburg 834. Robrahn u. Comp. 1/3 ß

**Reise, Johann Jakson's,** zu Lande von Bengalen nach England im J. 1798 . . . Leipzig 1803. V: *Wichmann*, *Christian August.* (MGT)

—von Jerusalem durch Syrien; aus d. Italien. 2 Thle. gr. 8. Leipz. 789. (Hinrichs). 1 ß 6 gr

**Reise** von Jerusalem durch Syrien. A. d. Ital. . . . Strassburg 1789. V: *Mariti*, *Giovanni.* (EngG)

**Reise** nach Indien aus Briefen und Tagebüchern zusammengestellt . . . Berlin 1893. V: *Böckmann*, *Wilh.* (Berl)

—durch die Inseln des Archipelagus. 8. Leipz. 807. (W. Nauck). 12 gr

— durch die Inseln des Archipelagus. 8. Lpz. Sommer. 807.

**Reise** von Johann. Leipz. 1793. V: *Göschen*, *Georg Joachim.* (ADB) (MGT) (Rotermund, Gel. Hannover. Bremen 1823.)

**Reise, Joseph II. in den Jahren 1780 und 81 unternommene 2. und 3.** Halle 1781. V: *Geisler*, *Adam Friedrich.* (Ky)

—nach Italien. Mit 7 Kpf. Leipz. 802. (W. Nauck). 1 ß 12 gr

— n. Italien, m. K. Lpz. Sommer. 802.

— eine, durch Italien, s.a. Projections-Vorträge.

Reise, e., durch Italien. Begleit. Text zu e. Serie v. 60 photograph. Natur-Aufnahmen. gr. 8. (19 S. m. 1 Kunstbeilage.) Düsseldorf 897. E. Liesegang. n. — 50

**Reise** durch Italien nach Egypten auf den Berg Libanon und in das gelobte Land. Breslau u. Leipz. 1788. V: *Binos, de.* (Cat. d. Stadtbibl. Zürich. Zürich 1864—97.)

— durch Italien u. Egypten, auf d. Berg Libanon u. das gelobte Land. 8. Bresl. 788. W. G. Korn. 18 gr.

**Reise** auf den Jungfrau-Gletscher und Ersteigung seines Gipfels. Von Joh. Rudolf Meyer und Hieronymus Meyer ... 1811 unternommen. [Aarau 1812.] V: *Zschokke, Johann Heinrich Daniel.* (stadt biblBerlin XVI)

**Reise, Jupiters,** nach unsrer Welt. Vom Verfasser der Eipeldauerbriefe. Wien bey Christoph Peter Rehms seel. Witwe 1808. 15 S. 8°. 2. Aufl. Wien 1808. 3. Aufl. Wien 1808. V: *Richter, Joseph.* (Hans Viktor Pisk: Josef Richter. Diss. Wien 1927. S. 161—162) (WBL XXVI/62)

— durch Paulinens Kabinet; aus d. Französ. 8. Leipz. 802. (Fort). 1 ℛ Hbg. Pr. 12 gr.

**REISE** durch Paulinens Kabinet. Aus d. Französ. übersetzet und mit Paulinens Bildniss bereichert v. J. H. Grohmann (Prof. zu Lpz., geb. 1764, † 1805). Leipzig, Tauchnitz, 1802. 8°. (1 Rthl.) (2 Mk. 50 Pfg., Expl. im Orig.-Umschl., Frdr. Klüber, 1905.)
Orig.: Voyage dans le Boudoir de Pauline. Par *L. F. M. B. L.* 8. Paris, Maradan, 1800. 8°. 245 pp. Joli frontispice par Tardieu. (6 Mk. Scheible, vor 1885.)

— die, durch den österreichischen Kaiserstaat. Für die Volksschuljugend geschrieben von J. S. M. Wien 860. Sommer. (F. Klemm.) 8. (20 S.) n. 3 ngr.

**Reise** durch einige Kantone der Eidgenossenschaft. Leipzig 1784. V: *Afsprung, Johann Michael.* (Versuch einer Litteratur deutscher Reisebeschreibungen Prag 1793. S. 335) (KY 1/35) (Auct. Perl, Oct. 1910, Nr. 1109) (GGR VII/187, Nr. 3/6) (Friedrich Nicolai, Beschreibung einer Reise 9/101) (BiblPort)

**Reise** durch etliche Kantone der Schweiz von einem Schweizer im Jahre 1789. Zürich 1790. V: *Müller, Johann Georg.* (BrMm) (EngG) »Durch einige ...« (Ky) (MGT)

— durch einige Kantone d. Schweiz, v. e. Schweizer (Jh. Geo. Müller). 8. Zürich 790. Orell. 12 gr.

**Reise, Zebedaeus Karfunkels,** auf die Leipziger Messe. Eine komische und höchst interessante Geschichte. Von dem Verfasser der Abentheuer des Herrn von Lümmel. Leipzig 1799. V: *Bornschein, Johann Ernst Daniel.* (BGE IV, 117/118)

Reise. – Karls d. Gr. Reise nach Jerusalem u. Konstantinopel, s.a. Chanson du voyage de Charlemagne ...

Karls des Grossen **Reise** nach Jerusalem und Constantinopel. Ein altfranz. Heldengedicht. Hrsg. von Dr. Eduard Koschwitz, Prof. in Marburg. 4., verb. Aufl. *Leipzig: O. R. Reisland 1900.* (XL, 127 S.) 8°
— **Bibliothek**, Altfranzösische. Bd 2. [o4. 10517

**Reise, Karl's pädagogische,** ins Bad. Leipzig 1808. V: *Siebdrat, Carl Wilhelm.* (Ky)

**Reise** nach den Badeörtern Karlsbad, Eger u. Töplitz im Jahre 1797. Leipz. 1798. V: *Meissner, Aug. Glieb.* (Call) oder: *Kretschmann, C. F.* (MGT) (Ky) (WBL) H: *Kretschmann, Carl Friedrich.* (Adel) (JL)

— nach d. Badeörtern Karlsbad, Eger u. Töplitz im J. 1797, (v. K. F. Kretschmar, od. A. G. Meißner?) 8. Leipz. 798. Voß. 1 ℛ 16 gr.

**Reise, Prinz Karnevals,** in den Mond; ein schwyzerisches Zeitbild. Schwyz [1898]. V: *Waser.* (Zuwachsverz. d. Bibliotheken in Zürich 1898 ff.)

**Reise, Hans Kiekindiewelts,** in alle vier Welttheile und in den Mond. Leipzig 1794. V: *Rebmann, Andreas Georg Friedrich.* (Ky) (MGT)

– s.a. Reisen ...

— die, in die Kinderherzen, siehe a. Selma.

Reise, die, in die Kinderherzen. Eine Erzählung für die Jugend von Tante Selma. gr. 16. (IV und 109 S.) Berlin 851, J. A. Wohlgemuth. Thlr. *

**Reise, Eine kleine altertumsforschende;** von einem romantischen Gefühlsmenschen. St. Gallen 1895. V: *Schlumpf, Karl.* (zuwzür 1912)

— kleine, in fremde Länder, od. Erzähll. u. Briefe merkwürd. Gegenstände jener Gegenden. Ein Geschenk f. Kinder. Mit 9 Kpf. 12. Leipz. 817. Lauffer. 15 gr.

**Reise und Abentheuer, Des weltberühmten Niclas Klim,** in einer ganz neuen Welt. Für die Jugend neu bearb. Nürnb. 1824. V: *Holberg, Ludwig v.* (EH)

**Reise und Abentheuer, Des weltberühmten Niclas Klim,** in einer gantz neuen Welt. Für die Jugend neu bearb. Nürnb. 1824. V: *Holberg, Ludwig von.* B: *Lappe, K.* (Mitth. Prof. Dr. H. Ullrich-Brandenburg a. H.)

**Reise, Klim's unterirdische,** worinnen eine ganz neue Erdbeschreibung . . . enthalten ist. Kopenhagen 1741. 1780. V: *Holberg, Ludwig v.* (Stams) (Pettersen, Anon. og Pseudonymer. Kristiania 1890.)

**Reise**, e., durch die deutschen Kolonien. Hrsg. v. der illustr. Zeitschrift „Kolonie u. Heimat". I. Bd. Deutsch-Ostafrika. Mit 2 Karten u. 169 Abbildgn., darunter 23 ganzseit. Bildern. (VIII, 127 S.) Quer 4. Berlin, Verlag kolonialpolit. Zeitschriften. Geb. in Leinw. 5. —

— eine, durch die deutschen Kolonien. Hrsg. v. der illustr. Zeitschrift „Kolonie u. Heimat". I.—III. Bd. 26,5×34 cm. Berlin, Verlag kolonialpolit. Zeitschriften. Geb. in Leinw. 14. —

I. Deutsch-Ostafrika. 2. verb. Aufl. Mit 2 Karten u. 169 Abb., darunter 23 ganzseit. Bildern. (VIII, 127 S.) 910. Geb. 5. —
II. Kamerun. Mit 2 Karten u. 209 Abb., darunter 14 ganzseit. Bildern. (VII, 127 S.) 910. Geb. 5. —
III. Togo. Mit 2 Karten u. 156 Abb., darunter 6 ganzseit. Bildern. (VI, 88 S.) 26,5×34,5 cm. 910. Geb. 4. —

**Reise** des Königs zur Huldigung nach Königsberg. [Halberstadt 1798.] V: *Fischer, Gottlob Nathanael.* (ML)

**Reise** des Königs und der Königin vom 25. Mai—5. Juli 1799. [Halberstadt 1800.] V: *Fischer, Gottlob Nathanael.* (ML)

—— die, auf gemeinschaftliche Kosten, s. Cuendias, Eman. v.

— die, auf gemeinschaftliche Kosten, unternommen v. einer Gesellschaft von Schriftstellern u. Künstlern. 1. Bd. Spanien u. die Spanier, geschildert von Emman. v. Cuendias, illustrirt mit vielen Holzschn., ausgemalten Volkstrachten u. Abbild. der vorzügl. Bau- u. Kunstdenkmäler. 24 Lfgn. Lex. 8. (381 S. m. eingedr. Holzschn., 25 schwarz. u. 25 color. Holzschnitttaf.) Brüssel u. Leipzig 847. 48, Muquardt. (à n. 1/3 Thlr) n. 8 Thlr (2. Ausg. siehe: v. Cuendias, E., Spanien.)

— durch d. Baierisch. Kreis, (v. Jh. Pezzl). 8. Salzb. 774. N. A. 785. (Orell in Zürich). 12 gr (Fleischmann in Münch.) 10 gr

**Reise** durch den Baierschen Kreis . . . Salzb. u. Leipzig [Zürich] 1784. N. A. 1785. V: *Pezzl, Johann.* (EngG) (Hr) (Ky) (Wr) (MGT) (weber) (BrMm) (Cat. d. Stadtbibl. Zürich. Zürich 1864—97.)

**Reise** des Hutmachergesellen Franz Kronecker aus Stubenberg, k. Ldger. Simbach in Baiern, nach dem *gelobten Lande*, nebst e. Uebersicht seiner durch Europa während e. Zeitraumes von 21 Jahren gemachten Wanderungen. München (Selbstverlag) 1824. 8⁰. Cart.
31 S. Die Abreise nach d. Orient erfolgte von München, d. 23. Septbr. 1822. — Selten!

— des Kronprinzen von Preußen durch Rheinland-Westphalen im Herbst 1833. Aus öffentl. u. Privat-Mittheilungen redig. v. C. Simons. gr. 8. Iserlohn 834. Langewiesche. 1 1/6 Thlr

**REISE,** Curiöse, eines erfahrenen Hofmeisters durch die Welt welche derselbe nebst seinem Untergebenen verrichtet und auf selbiger gesucht einen honnête-homme, an dessen Statt aber meistenteils angetroffen honnêtes-gens à la mode d. i. redliche Leute nach heutiger Art, wobey zwischen beyden eine Vergleichung angestellet wird. Dresden 1732. 8⁰. Selten! (4 Mk. 50 Pfg. A. Bielefeld, Carlsruhe, 1911.)

* **REISE,** Curiöse, nach der Insel der Liebe. Aus d. Französ. Kölln 1725. 4⁰.
Aeusserst selten!
Orig. (vielleicht): Voyage à l'Isle d'Amour ou la Clef des coeurs (par l'abbé Paul Tallemant). La Haye 1713. 12⁰. 204 pp. Front. gr. — Vorher titulo: Le Voyage de l'Isle d'amour, à Lycidas, par —. Paris, Billaire, 1663. 12⁰. (Trad. ital. Melzi III, 217.)

**Reise** durch Kursachsen in die Oberlausitz, nach den Evangelischen Brüdergemeindeorten Barby . . . Leipzig 1805. Neue Ausg. 1807. V: *Maass, Johann.* (Ky) (GGr) (EngG) (MGT) (BrMm)

— durch Kursachsen in die Oberlausitz, nach d. evangel. Brüdergemeindeorten Barby ꝛc. Eine Schilderung d. Zustandes dieser Gemeinden, (v. Jh. Maaß). Mit 1 Karte 8. Leipz. 805. (Hinrichs). 1 Thlr 12 gr

— durch Chursachsen in die Oberlausitz, nach den Evang. Brüdergemeinorten Barby ꝛc. Eine Schilderung des Zustandes dieser Gemeinen. 8. Leipzig, Weigel. (Hinrichs.) 807.

**KURZBAUCH'S** Reise nach Leipzig. Eine komische Geschichte unserer Zeit. Leipzig, im Magazin der Literatur. O. J. (c. 1805). 8⁰. Rar!

**REISE,** Eine Kurze, in Westindien, mit verschiedenen Anekdoten und Charakterschilderungen. Aus d. Englischen von W. Mit Titelvignette. Mannheim 1792. 12⁰. 152 S. Sehr selten! (60 Mk. [so!] K. W. Hiersemann, Lpz., 1908.)

— e. kurze, nach Westindien, mit verschied. Anekdoten u. Charakterschilderr.; aus dem Engl. 8. Manh. 792. Schwan u. G. 20 gr

**LA CHAISE'S** des Jüngern Reise durch's gelobte Land. Ein Fragment aus Amors Brieftasche. Arkadien, b. Amors Erben. 1798. 8⁰. (4 Mk. Scheible 1872; 6 Mk. Theod. Ackermann, 1886; jetzt theurer!)
Mit TKpf. u. 1 illum. Karte, welche einem sitzenden Mädchen gleicht. Allegorie auf Grund einer Menge zweideutiger Wörter, welche zu einer Reisebeschreibung durch die Reize des Frauenzimmers verarbeitet sind, mit einer entsprechenden Karte. — Es gibt ein ähnliches, viel früher ersch. englisches Werkchen: A New description of Merryland . . . . 7. edition. Bath. J. Leake, 1741. 8⁰. XVI, 48 pp. u. 4 ff. Mit Frontisp. — Französ. Uebersetzg.: Description topographique, historique, critique et nouvelle du pays et des environs de la Forêt-Noire, située dans la province du Merryland. Traduction très-libre de l'anglais avec cette épigraphie: A bon entendeur, salut. A Boutentavos, chez les veuves Sulamites, aux petits appartements de Salomon. L'an du monde 100, 700, 700, 000 (1770). 8⁰. 83 pp. avec 1 figure libre, représ. la carte topogr. Très rare!

§ — — Dasselbe. Neue Aufl. ib. 1799. 8⁰. Beides höchst selten!

— in das Land der Franken von einem Militär. 1. u. 2. Aufl. 8. (IV, 112 S.) Hannover 882. Helwing's Verl. in Comm. n. 1. 60

— in's heilige Land. 8. (24 S. m. eingedr. Holzschn.) Barmen 874. Wiemann. n. — 20

**REISE,** Die, auf der Landkutsche. In zweenen Theilen (in 1 Bde.). Aus d. Englischen. Leipzig und Rostock, Stiller, 1777. 8⁰. Zahm. (24 xr. Beck, Nördl., c. 1872.)

**Reise, Launige,** durch Holland; nach Yoriks Manier . . . a. d. Engl. Zittau u. Leipzig 1795. Ü: *Reichel, Christian Heinrich.* (MGT) (Ky)

— launige; durch Holland, in Yoriks Manier; aus d. Engl. (v. C. H. Reichel). 8. Zittau. 795. N. A. 804. Schöps. 12 gr Schrbp. 16 gr

Reise. Die R. nach Lausanne. Njbl. s. a. [Schulthess, Heinrich].

**Reise, Die,** nach Lausanne [zum schweizerischen Musikfest 1823]. [Zürich 1824.] V: *Schulthess, Heinrich.* (Cat. d. Stadtbibl. Zürich. Zürich 1864—97.)

**Reise** eines Lehrers mit seinen Schülern durch die preussischen Staaten ... Küstrin 1801. V: *Michaelis, Joh. Friedrich.* (Adel) (MGT) (Ky)

— e. Lehrers mit seinen Schülern durch die Preuß. Staaten in histor. u. geograph. Hinsicht; e. vaterländ. Lesebuch, v. Verf. d. Brandenburg.-Preuß. Regententafel (J. F. Michaelis II.) 1r Thl. 8. Küstrin 801.

**Reise** eines Lehrers mit seinen Zöglingen aus Ifferten in einige romantische Gegenden der Schweiz ... München 1821—22. V: *Franz, Joh. Frdr.* (EngG)

— e. Lehrers mit seinen Zöglingen, aus Ifferten in einige romant. Gegenden d. Schweitz. 2 Bdchen. Mit 13 ill. Steindr. 8. Münch. 821, 22. Fleischmann. 3 ₰ 12 gr

— von Leipzig nach Gotha rc. ist R. durch den Harz 4r.

**Reise, Die,** nach Leipzig zur Messe ... Leipzig 1818. V: *Feldhof, F.* (Ky) (MGT)

— — die, nach Leipzig zur Messe, ein belehrendes Bilder- und Lesebuch für Kinder. Mit 14 color. Kpfrn. quer 4. Leipzig, Mag. f. Ind. 818.

— die, nach Leipzig z. Messe, ein belehrendes Bilder- u. Lesebuch f. Kinder (v. F. Feldhof). Mit 14 color. Kpf. qu. 4. Leipz. 828. Magaz. f. Ind. 1 ₰ 12 gr

— von Leipzig nach Oesterreich, s. Meine große Reise.

Reise, letzte, des 81jährigen nach Amerika u. Japan. Vom Verf. der „Memoiren e. österreich. Veteranen", der „53 Jahre aus e. bewegten Leben" u. der „Reise-Erfahrgn. eines 80jährigen". (III, 127 S. m. Titelbild.) gr. 8. Wien 909. W. Braumüller. 2.50

**Reise, Literarische,** durch Deutschland. Wien 1786. V: *Schulz, Joach. Christoph Friedrich.* (ML) (Ky) (R-N) (BrMm)

— literar., durch Deutschland. 4 Hefte. 8. Wien, Wucherer. (a. Graffe in Weissenf.) 786.

**Reise** eines Liefländers durch Italien. Berlin 1797. V: *Schulz, Joachim Christoph Friedrich.* (EB)

**Reise** eines Liefländers von Riga nach Warschau, durch Südpreussen über Breslau, Dresden, Karlsbad, Bayreuth, Nürnberg, Regensburg, München, Salzburg, Linz, Wien u. Klagenfurt nach Botzen in Tyrol. Berlin 1795. V: *Schulz, Joachim Christoph Friedrich.* (BGE VIII[2], 316/7)

**Reise** eines Liefländers von Riga nach Warschau, durch Südpreussen, über Breslau, Dresden ... nach Botzen in Tyrol ... Berlin 1795—97. V: *Schulz, Joachim Christoph Friedrich.* (EngG) (R-N) (ML) (GGr) (Ky) (CBH) (BrMm) (LVS)

— e. Liefländers (Fr. Schulz) von Riga nach Warschau, durch Preußen rc. nach Botzen in Tyrol. 6 Hefte. 8. Berl. 797—801. Vieweg in Braunschw. 3 ₰ 14 gr 78 Hft. oder neue Reise durch Italien rc. 16 Hft. 8. Ebd. 797. 16 gr

Reise nach London, s. Selby.

**REISE** nach Paris, Des Lords erste —, und fünfzehntägiger Aufenthalt daselbst. Mit Titelvignette. Berlin u. Stralsund, G. A. Lange, 1780. 8°. 6 u. 274 S. — Des Lords *** zweite Reise nach Paris. Berlin 1781. 8°. 6 u. 250 S. (Zus. 4 Mk., etwas wasserfl., W. H. Kühl, Berlin, c. 1882; jetzt theurer!)

„Band I enthält die sehr anschaulich geschilderte Plünderungsgeschichte des Lords, der von Gaunern beiderlei Geschlechts (Opernnympfen, Hetären u. falschen Spielern etc.) systematisch bis zur Abführung nach dem Schuldgefängniss ausgesogen wird; Band II bringt interess. Mittheilungen u. Reflexionen über die Oper und Komödie des damal. Paris, über französ. Musik, Einfluss der theatral.-musikal. Darstellgn. auf die Sitten, über Schriftsteller, bildende Künstler, Schauspieler, Sänger etc. etc."

Kayser's Roman-Verz. citirt p. 100 „3 (?) Thle., ebd. 1780—81". (1¼ Rthl.)

Ein französ. Original von 1780—81 kam mir nicht vor. Dagegen: Premier et second voyages de Milord de*** à Paris par le ch. *R*** (J. J. Rutlidge?).* 3 vols. Londres 1782. 18°. (⅔ Rthlr., veau, tr. dor., M. L. St. Goar, Frankf. a. M., Cat. 36.) — Rep. ibid. 1786. 24°. (6 Mk., veau ancien, dos orné, tr. dor., S. Calvary & Co., Berlin, 1897: „Roman amoureux".)

— des Lords ** erste und zweyte, nach Paris, 3 Theile, 8. Berlin, 780-82. Lange. 1 Rtl. 8 sgl.

**Reise, Jonas Loswaters, eines Holländischen Schiffsbarbiers,** nach Mikroskopeuropien, einem neuerer Zeit entdeckten Weltkörper. Glückstadt 1758. V: *Hertel, Johann Jacob.* (BGE IV[2], 263)

— Ihrer Majestät d. Königin v. Großbritannien u. ihres Kammerherrn, d. Baron Pergami, in d. Jahren 1814 bis 1820, mit merkwürd. Anekdoten. Von d. Griechen Termini Almerté; aus d. Französ. gr. 8. Leipz. 821. Baumgärtner. 16 gr

Reise, Die, Sr. Majestät des Kaisers durch Kärnten in den Tagen vom 8. bis 11. September 1882. (Aus „Carinthia". Zeitschrift für Vaterlandskunde, Belehrung und Unterhaltung. Herausgegeben vom Geschichtsvereine und naturhistorischen Landesmuseum in Kärnten. Nr. 9 und 10. 72. Jahrg. 1882.) 8. Klagenfurt 1882.

— Ihrer Majestäten des Königs u. der Königin von Preußen durch die Altmark im Mai u. Juni 1841, nebst Beschreibung der Empfangsfeierlichkeiten. Redig. von Geo. Doeger. 8. Tangermünde 842, Doeger. n. ⅙ ₰

**REISE** von Mainz nach Kölln im Frühjahr 1794, in Briefen. Nebst Beilagen, die Franzosen in Deutschland, den D(oktor) Bahrdt in Marschlinz u. den (Augustinermönch) Pater Simplicianus Haan in Kölln (u. dessen blödsinnige, am Frohnleichnamsfeste in Mühlheim am Rhein 1780 gehaltene Zeloten-Rede: „Kein Protestant kann seelig werden") betreffend. Kölln, bey Peter Hammer (Rostock, Stiller). 1795. 8°.

Wichtiger Beitrag zur Litt. über den berüchtigten Theologen u. Abentheurer Carl. Friedr. Bahrdt, der auf's Heftigste angegriffen wird; überhaupt (wie schon Titel anzeigt) von vielseitigem Interesse. Wegen verschiedener Anstößigkeiten war das seltene Buch hier einzureihen.

274 S. (incl. Tit. u. 1 Bl. Vorber. d. Herausgebers).

— eines Malers mit der Armee im Jahr 1809 (v. J. J. Rühle v. Lilienstern). 3 Bde mit 3 Kpf. gr. 12. Rudolst. 809—11. Hofbuchh. 5 ℛ

**Reise** eines Malers mit der Armee im J. 1809. Rudolstadt 1810—11. V: *Rühle von Lilienstern, Johann Jacob Otto August.* (Ky) (Pr) (MGT)

— malerische, in Aegypten u. Syrien, über Konstantinopel nach Griechenland, Dalmatien, Illyrien, Neapel u. Sicilien. 6 Bdchn. Mit 103 Kpf. 8. Leipz. 820. Gr. Fleischer. 12 ℛ

— Vergl. *Taschenbuch.*

Reise, maler., in Asien u. Afrika, e. allgem. Uebersicht d. alten u. neuen Reisen. Deutsch v. A. Diezmann. (20 Lfgn.) gr. 4. (37½ B., 69 Kpfrt. u. 2 Karten, gr. Fol.) Leipzig 840, 41, Baumgärtners Buchh. à * ¼ Thlr., * 5 Thlr., hrbgs. Pr. *

**Reise, Malerische,** nach den Eisbergen und Gletschern von Savoyen im J. 1772 . . . A. d. Franz. Nürnb. 1775. Ü: *Lederer, Johann Georg.* (Will) (ML) (BrMm)

— malerische, nach d. Eisbergen u. Gletschern v. Savoyen. 8. Nürnb. 775. (Schmidmer). 12 ℊ

— maler., nach d. Eisbergen und Gletschern v. Savoyen. 8. Nrnb. Bauer. (Schmidtmer.) 775.

— malerische, nach Heidelberg. Zehn Blätter. Nach der Natur gezeichn. v. Jh. Jak. Meyer (v. Zürich), gest. von Hezv, J. J. Meyer, C. Meichelt u. C. Nordorf. Nebst d. Verzeichn. u. e. kurzen Erklär. d. 10 Ansichten u. d. Texte. gr. Fol. in Portef. Heidelb. Engelmann. ill. 31 ℛ 12 ℊ (das Bl. einzeln 3 ℛ 12 ℊ)

Reise, malerische, durch d. Lombard.-Venetian. Königreich. N. d. Italien. übers. Mit Orig.-Ansichten, nach Zeichn. v. G. Pezolt auf Stahl gest. 1—4. Hft. (od. 1—5. Lfg.) gr. 4. (10 Ansichten u. 5¾ B. Text.) Carlsruhe 833, 35, Kunst-Verlag. à L. 12 Gr., Chines. Pap.

**Reise, Malerische,** eines deutschen Künstlers nach Rom. Ein würdiger Pendant zu Volkmanns und von Archenholz Werken. Wien 1789. V: *Grund, J. J.* (MMBibl 87)

**Reise, Malerische,** eines deutschen Künstlers nach Rom . . . Wien 1789. V: *Grund, Norbert von.* (Ky) (MS) (MGT) (EngG)

— maler., e. deutsch. Künstlers n. Rom. 2 Thle. 8. Wien, Hochenleitner. 789.

Schreibv.

— — dies. franz. s. Tableaux pittoresques etc.

**Reise, Malerische,** am Niederrhein, oder Merkwürdigkeiten der Natur und Kunst aus den Gegenden des Niederrheins . . . Cöln u. Nürnberg 1784—89. V: *Hüpsch, Johann Wilhelm Carl Adolph Freiherr von.* (MGT) (EngG)

**Reise, Malerische,** am Niederrhein . . . Cöln u. Nürnb. 1784—89. V: *Schönebeck, Joh. Bernh. Constantin.* (Verh. d. naturhist. Vereines d. preuss. Rheinlande 44, 1887, S. 181 ff.) (Mitth. Erich Haarmann-Charlottenburg.)

— maler. durch Rügen. 2 Hefte. Mit 12 Kpf. qu. Fol. Berl. (821.) Rücker. 6 ℛ ill. 9 ℛ

**Reise, Malerische,** durch Sachsen. Dresden 1786—1791. N. A. Dresden 1798 bis 1806. V: *Günther, Chr. Aug.* (wrztg 1786, S. 2136) (Ky 4/478, 2/458) (BiblPort)

— maler., durch Sachsen. 4 Hefte. Mit Kpf. gr. Fol. Dresd. 786—91. Richter. 15 ℛ Mit ill. Kpf. 24 ℛ (Vergl. Chr. Aug. Günther II.)

— malerische, in Süd- u. Nordamerika. Verfaßt von einer Gesellschaft von Reisenden u. Gelehrten unter der Leitung des Alcide d'Orbigny. Deutsch von A. Diezmann. 20 Lfrgg. Mit Kpfrtaf. gr. 4. Leipz. 837—40, Baumgärtner. (à n. ¼ ℛ) 5 ℛ

Reise, maler., in Süd- u. Nordamerika. Eine geordn. Zusammenstell. d. Wissenswürdigsten v. d. Entdeckungsreisen; verfaßt v. e. Gesellschaft Reisender u. Gelehrter unt. d. Leitung v. Alcide d'Orbigny. Deutsch v. A. Diezmann. (1. Aufl. 20 Lfg. 837—39. u. neue Ausg.) gr. 4. (à 42¼ B., 68 Kpfrt. u. 2 Kart., gr. Fol.) Leipzig 841, Baumgärtners Buchh. à L. * ¼ Thlr., * 5 Thlr., hrbgs. Pr. *

**Reise, Malerische,** durch einen grossen Theil der Schweitz vor und nach der Revolution. Jena 1806. H: *Reichard, Heinrich August Ottocar.* (MGT) »1805«

—— malerische, um die Welt. Eine geordn. Zusammenstell. d. Wissenswerthesten v. d. Entdeckungsreisen e. Byron, Wallis, Carteret, Bougainville, Cook, Laperouse ꝛc. ꝛc., verfaßt v. e. Gesellsch. Reisender u. Gelehrter unt. d. Leitung d. Herrn Dümont d'Urville. In's Deutsche übertr. u. mit einigen Anmerkn. u. Zusätzen vers. v. A. Diezmann. 1. Bd. (1—19. Lfg.) gr. 4. (43½ B., 71 Stahlst. u. 2 Kart.) Leipzig 834, 35, Industrie-Compt. à L.

—— maler., um d. Welt. Ins Deutsche übertr. u. mit einigen Anmerkn. u. Zusätzen vers. v. A. Diezmann. 20—38. Lfg. (od. 2. Bd.) gr. 4. (41 B., 72 Kpfrt. u. 1 Karte, gr. Fol.) Leipzig 836, 37, Baumgärtners Buchh. à L. * ¼ Thlr. *
1—19. Lfg. (od. 1. Bd.) Ebendas. 1834, 35. * 4 Thlr. 18 Gr. — 2 Bde. vollst., hrbgs. Pr. * 3 Thlr. 8 Gr.

**Reise** nach der Insel Malta im Jahre 1776. Aus dem Französischen. [= NSR. Theil 5.]

— nach Malta, in d. J. 1776. a. d. Frz. und Cordiner Alterthümer v. Neuschottland, a. d. Engl. gr. 8. Hamb. Bohn. 783.

— nach d. Insel Malta in d. J. 1776 u. K. Cordiners Alterthümer u. Beschreibung v. Neuschottland. gr. 8. Hamb. 783. (Schnuphase in Altenb.) 12 ℊ

— des grünen Mannes durch Deutschland u. Ungarn, (von Ch. Fr. Dreyßig). 2 Thle. 8. Halle 788, 90. Dreyßig. 20 ℊ

— s.a. Reisen . . .

**Reise** eines Marsbewohners auf die Erde; zur Zeit der Wahl und Krönung Leopolds zum Kaiser. Frankf. a. M. 1791. V: *Köhling, Johann Christoph.* (Wr) (MGT) (HS) (Stri) (ADB) (Ky)

— eines Marsbewohners auf die Erde, z. Zeit d. Wahl u. Krönung Leopolds II. ꝛc. (v. J. Cph. Röhling). 8. Frankf. a. M. 791. Gebhardt u. K. 18 gr (Später unt. d. Tit.: Reise e. Unsichtbaren ꝛc.)

**Reise** des Marschalls, Herzogs von Ragusa, durch Ungarn, Siebenbürgen, Südrussland, die Krimm ... Stuttgart u. Wien 1837—38. V: *Marmont, Auguste Frédéric Louis Viesse de.* (WFM)

— nach d. Insel Martinique v. J. R., s. a. Bibliothek d. neuesten u. wichtigsten Reisebeschreibb. 19r Bd.

— n. d. Insel Martinique v. J. R., a. d. Frz. gr. 8. Weimar, Ind. C. 805. (a. Sprengels Bibl. der Reisen 19r Bd.)

— M*** R*** (meine Reise), s. a. E. A. A. v. Göchhausen.

— meine, (M*** R***) 1r Thl. 8. Eisenach, Wittekind. 783.

m. Plan.

— — 2r Thl. in and. Manier. 8. Ebend. 788.

— s.a. Reisen ...

**Reise, Meine,** durch Deutschland, Belgien, Frankreich, Italien und die Schweiz ... Dresden [1853]. V: *Schultz, Carl Alexius.* (R-N) (Ky) (EngG)

— meine, durch Deutschland, Belgien, Frankreich, Italien und die Schweiz. Tagebuch eines Livländers. (Von Schulz.) 2 Thle. Leipzig 853. Naumann in Comm. 8. (406; 358 S.) n. 1 ℛ. 10 ngr.

**Reise, Meine,** von Frankfurt a. M. nach Carlsbad und Franzensbrunn in Briefen an Frau und Kinder. Erlangen 1800. V: *Hufnagel, Wilhelm Friedrich.* (StBFrankf I, 77)

— meine, v. Frankfurt a. M. nach Carlsbad und Franzbrunnen, in Briefen. 8. Erl. Palm. 800.

**Reise, Meine,** über das Gebirg und das offene Land und mein Aufenthalt zu Grunden im Lande Dickkopf ... St. Domingo 5799. [Leipz. 1797.] V: *Fikenscher, Georg Wolfgang Augustin.* (Ky) (Wr) (MGT) (Fiker)

— meine, über das Gebirg u. das offene Land. u. mein Aufenthalt zu Grunden im Lande Dickkopf ꝛc., (v. G. W. A. Fickenscher). 8. Domingo 5799. (Leipz. 799.) (Schiegg). 8 gr Anh. dazu, s. Mitteln, v. den, in Grunden sein Glück zu machen.

Reise. Meine R' über den Gotthard nach den Borromäischen Inseln.... Stuttgart 1803–1804 s.a. [Hölder, Christian Gottlieb].

— meine, über d. Gotthard nach d. Borromäischen Inseln u. Mailand im Sommer 1801, (von ... Hölder). 2 Bde. 8. Stuttg. 802. Steinkopf. 2 ℛ Schrbp. 3 ℛ

**Reise, Meine,** über den Gotthard nach den Borromäischen Inseln und Mayland ... Stuttgart 1803—4. V: *Hölder, Christian Gottlieb.* (Ky) (MGT) (BrMm)

**Reise, Meine grosse,** von Leipzig nach Österreich ... Leipz. 1835. V: *Becker, Gottfried Wilhelm.* (EngG) (Ky) (BrMm)

**MEINE** Reise vom Städtchen H*** zum Dörfchen H***. („Seit der Mode sich zu kleiden, wagt es die nackte Wahrheit nur selten in der Welt zu erscheinen.") Hannover, in der Helwingschen Hofbuchhdlg. 1799. 8⁰.

2 Bll., 204 S. (214 ist Druckf.) Zahmer satyr.-moral. Roman, mit ebensolchen eingestreuten (32) Gedichten (S. 95—128).

**Reise, Meine,** von Halle nach dem Brocken in dem Jahre 1802 ... Halle 1803. V: *Spieker, Christian Wilh.* (MGT)

— — meine, und ich. 8. Jena, Schmid. 821.

— meine, in Italien. Prachtalbum v. 800 Photographien. Hrsg. v. A. Spühler. 25 Lfgn. qu. Fol. (V, 306 S.) Neuchâtel (900). Leipzig, K. F. Koehler. à — 75; (kplt. geb. in Leinw. n. 20. —)
Französische Ausg. zu gleichem Preise.

**Reise, Meine,** von Karlsruhe nach Stuttgart. Neustadt a. d. A. u. Leipz. 1786. V: *Junker, Carl Ludwig.* (ML) »1787« (Ky)

— meine, von Karlsruhe nach Stuttgart, (v. K. L. Junker). 8. Neust. 787. Riedel. 6 gr

— meine, nach Carlsruhe und Stuttgart. 8. Neustadt, Riedel. 788.

— meine, zum Congreß. Wahrheit und Dichtung, von A. Weißenbach. 12. Wien, Wallishauser. 816.

Meine Reise in's blaue Ländchen, nebst Bemerkungen über Danzig. In Briefen an einen Freund. O. O. 1795. 8⁰. Selten! (4 Mk. 75 Pfg. Paul Graupe, Berlin, 1808.)

**Reise, Meine,** ins blaue Ländchen ... O. O. 1799. V: *Lehndorff, August Graf von.* (Mitt. d. Westpreuss. Gesch.-Ver. 11, S. 10 f.) (Zeitschr. f. Büch. N. F. 15, 1923, S. 119)

— meine, ins blaue Ländchen, nebst Bemerkk. über Danzig. 8. Danzig 799. Troschel. 12 gr

— s.a. Reisen ...

**Reise, Meine letzte,** nach Paris. Zürich 1798. V: *Meister, H. (= Joh. Tim. Hermes).* (EngG)

—meine letzte, nach Paris. 8. Zürich 798. Orell. 16 gr

**Reise, Meine,** nach dem Monde, oder Geschichte des Quartzerkienschen Staates ... Berlin 1793—94. V: *Seyfried, Heinrich Wilhelm.* (MGT)

MEINE Reise am Pulte beym Scheine einer Argantischen Lampe. 3 Thle. Coburg, Ahl, 1799. 8°. (1²/₃ Rthl.) Rarl

— meine, am Pulte beim Scheine e. Argant-Lampe. 3 Thle. 8. Coburg 799. (Riemann). 1 rthl 16 gr

**Reise, Meine,** nach St. Helena, nebst Ansichten und Bemerkungen über diese Insel. Helmstädt 1815. V: *Fiedler, F. Siegmund.* (Ky)

— meine, nach St. Helena, nebst Ansichten u. Bemerkungen üb. diese Insel. Helmst. Fleckeisen. 815.

— meine, durch d. Schweiz. Sammlg. v. 792 Ansichten d. schönsten Punkte d. Schweiz n. Photographien. M. begleit. Text u. Suppl.: D. Bodensee. Hrsg.: Comptoir de Phototypie, Neuenburg (Schweiz). 22 Lfgn. qu. Fol. (à 12 S.) Neuenburg 896. 97. (Leipzig, K. F. Koehler, Barsort.) à Lfg. n. — 60 (kplt. geb.: n. 18. —
Auch in französ. Sprache u. d. T.: Voyage, mon, en Suisse zu gleichem Preise.

Reise. Meine R' durch die Schweiz. Sammlung von photogr. Ansichten der Schweiz [samt Text und 2 Karten]. Hrg. vom Comptoir de Phototypie, Neuchâtel .... (22 Lieferungen.) quer-fol. Paris, Leipzig [1896–1897].

**Reise, Meine,** im deutschen Vaterlande, aus Thüringen ins Riesengebirge zu den Elbquellen ... Breslau, Hirschberg, Lissa 1799. V: *Gutsmuths, Johann Chph Friedrich.* (Nent) (LVS)

— meine, im deutschen Vaterlande aus Thüringen ins Riesengebirge ꝛc. gr. 8. Bresl. 799. J. F. Korn. 22 gr

**Reise, Meine,** durch das Wallis und Pays de Vaud ... Stuttgart 1805. V: *Hölder, Chn H. von.* (Bibliogr. d. Schweiz. Landeskunde. Bern 1892 ff. III.)

— meine, durch Wallis u. Pays de Vaud 1803. 8. Stuttg. 805. Steinkopf. 1 rthl 8 gr

MEINE Reise nach Wien. 2 Hfte. Bregenz 1785. 8°. Rarl (In Wien, Stadtbibl.)
Karajan's Bibl. II. no. 5286.

**Reise, Merkwürdige,** über Erlangen, Dresden, Kassel und Fulda nach Hammelburg. München 1817—23. V: *Lang, Carl Heinrich Rittter von.* (GGr) (BrMm) »1818—30« (Ky)

— merkwürd., über Erlangen, Dresden, Kassel u. Fulda nach Hammelburg. 1e—10e Fahrt, (v. K. H. v. Lang). 8. Münch. 818—30. (Leipz., Barth. Nürnb., Riegel u. W.) 2 rthl 12 gr (9e Fahrt. A. u. d. T.: Skizze aus d. Leben des Hrn. Elias Springer jun. zu Hammelburg, als Beitrag zu der Biographie der Hammelburger Zeitgenossen. (Von K. H. v. Lang). 8. Nürnb. 828. Riegel u. W. 6 gr)

Merkwürdige Reise des Papstes in den Himmel, in die paradiesischen Gerichtshöfe und in die Hölle. Rom 1792. 8°. 32 S.

MOMUS Allerneueste Reise in das Innere von Afrika. (Satyrisches Werk von *H. C. Schiede.*) 2 Bde. Deutschland (Erfurt, Hennings) 1801.
Anon.-Lex. III. p. 367 (nach Weller, Kayser, Meusel).

— s.a. Reisen ...

Stumpf, G. (Herausgeber): „Monatliche ökonomisch-kameralistische Reise durch Städte, Dörfer und Forste Deutschlands", nach Arthur Youngs Manier, Jahrgang 1794, 3 Stücke, Gotha (Hennings).

— monatl. ökonomisch-cameralistische durch Städte, Dörfer u. Forste Deutschlands nach Arthur Youngs Manier, m. K. u. Charten herausg. v. G. Stumpf. 1s 2s 3s Stck. Jahrg. 1794. 8. Jena, Akad. Buchhdl.

— monatl. ökonom.-kameralist., durch Städte, Dörfer u. Forste Deutschlands, nach Arthur Youngs Manier; mit Kupf. u. Kart. herausg. v. J. G. Stumpf. 1s, 2s u. 3s Stück. Jahrg. 1794. 8. Jena. (Hennings in Neisse). 18 gr

— s.a. Reisen ...

**Reise** (Die) in den Mond. I. Theil. Sep.-Abdr. des sozialökonomischen Volksblattes „Die Wahrheit". 8°. Pressburg, Verlag von Karl Hauslitschek, 1880.

Müller und Schulze's Reise zum danziger Sängerfeste 1857. 8. (36 S.) Danzig, 857, Bertling. *

Reise. Die R' zum Musikfest in Luzern.... Njbl. s.a.[Bürkli, Johann Georg].

**Reise, Die,** zum Musikfest in Luzern ... [Zürich 1825.] V: *Bürkli, Joh. Georg.* (Cat. d. Stadtbibl. Zürich. Zürich 1864—97.)

**Reise, Neue.** A. d. Franz. v. Schnetzler. Freiburg 1826. V: *Maistre, Xavier de.* (EE)

— neue, durch Berlin in 79³/₄ Stunden. Von Meuer, Rentier aus Zossen. Mit 54 (eingedr. zinkotyp.) Illustr. von Dietrich, Guthknecht, Hucklenbroich, Köhler u. A. 8. (125 S.) Berlin 877, E. Mecklenburg. *

**Reise, Neue,** nach Cayenne. Oder zuverlässige Nachrichten von der französischen Guiana . . . Leipzig 1799. V: *Galard-Terraube, Vicomte de.* (BrMm)

Neue Reise nach Cayenne. Oder zuverlässige Nachrichten von der französischen Guiana, jetzigen Deportationsort der Franzosen. Nach eignen auf drei Reisen gesammelten Beobachtungen. Aus dem Tagebuche eines französischen Bürgers mit Anmerkungen, von M. G.** Mit einer Charte von Guiana. Neue Auflage. Leipzig 1802. VIII, 214 S. 8°.

— neue, nach Cayenne, oder Nachricht von d. franz. Guiana, aus dem Französ. gr. 8. Leipzig, Reinicke. (Hinrichs.) 802.

**Reise, Neue,** durch Teutschland. Leipzig 1798. V (Th. 1. 2): *Meisner, Gottfried, Benjamin.* (Adel)

— neue, in Deutschland, (v. Gf. B. Meißner). 2 Thle. Mit Kpf. 8. Leipz. 798. 2e A. 800. (2r Thl. A. u. d. T.: Bemerkk. u Gefühle auf e. Reise üb. den Harz. 18 gl) 2 ₰ 2 gl 3r Thl. (v. Fr. Hermann u. K. F. P. ...) 8. Ebd. 800. (W. Rauck). Alle 3 Thle 4 ₰

— neue, in Deutschland. 3 Bde. m. K. Leipzig, Sommer. 800.

— neue, empfindsame, a. d. Franz. 8. Hamb. (Gräff in Lpz.) 785.

**REISE,** Neue empfindsame. (In der 2. Hälfte frivoler Roman.) Aus d. Französ. übers. Mit Titel-Signetvign. (And. Stöltrup inv. & sc.). Hamburg, 1785. Bey dem Buchhändler H. J. Matthiessen. 8. (4 Mk. Frdr. Klüber, 1896.)
Tit., 1 Bl. Vorber., 168 S. — Selten!

— neue empfindsame; aus d. Französ. 8. Hamb. 785. (Wienbrack in Leipz.) 12 gl

— neue, durch Spanien u. Portugal. Frei nach dem Französ. bearbeitet. Mit 1 Titelkupf. u. 1 Karte. 8. Wien 804. (Ign. Klang.) 6¼ ngl

Reise, Neue, im Deutschen Vaterlande aus Thüringen ins Riesengebirge, zu den Elbquellen und durch Böhmen ins Erzgebirge. Breslau 1799. gr. 8.

— neue, im deutschen Vaterlande aus Thüringen ins Riesengebirge ꝛc. gr. 8. Bresl. Korn d. ält. 799.

— neue, in meinem Zimmer, übers. v. Rosa Schilling, s: Jugend-Bibliothek, kathol. 25.

**Reise, Neue,** in meinem Zimmer herum. A. d. Franz. übersetzt. Basel 1798. V: *Maistre, Xavier de.* (Mitth. Prof. Dr. Ullrich-Brandenburg a. H.) Ü: *Zinck, Friedrich von.* (BrMm)

**REISE,** Neue, in meinem Zimmer herum. Aus d. Französ. (übers. von Friedr. v. Zinck). Basel, Flick, 1798. 8°. (Im British Museum.)
Anon.-Lex. III. p. 362.

— neue, in meinem Zimmer herum; aus d. Französ. 8. Basel 798. Flick. (Neukirch). 6 gl

—— neueste, in Palästina. A. d. Engl. Mit Ergänzn. u. Zusätzen aus d. besten Werken üb. Palästina, u. 22 Abbildn. gr. 12. (7⅙ B.) Leipzig 834, Baumgärtner.

**Reise** nach Nordamerika im Sommer 1845. Von F. A. G., Candidat der Medizin. Ein Wort für Auswanderungslustige. Regensburg 1846. V: *Glöggler, F. A.* (Russell IX, 698)

— nach Nord-Amerika im Sommer 1845. Von F. A. G. Ein Wort für Auswanderungslustige. 8. Regensburg 846, Manz. ½ ₰

**Reise** eines Norddeutschen durch die Hochpyrenäen in den Jahren 1841 und 42 . . . Leipz. u. Paris 1843. V: *Rhetz, Wilh. von.* (BrVV)

— eines Norddeutschen durch die Hochpyrenäen in den Jahren 1841 u. 1842. Von W. v. R. 2 Thle. gr. 12. Leipzig u. Paris 843, Brockhaus u. Avenarius. n. 2⅔ ₰

**Reise** nach Norden, worinnen die Sitten . . . derer Norweger, Lapländer . . . beschrieben werden. Leipz. 1703. 1706. 1711. 1718. V: *La Martinière, Anth. Augustin Bruzen de.* (Bruun, Bibl. Danica III, 840.) (Zeitschr. d. Ver. f. Volkskde. XI, 431.) *La Martinière, Martin de.* (Pettersen, Anon. og Pseudonymer. Kristiania 1890.)

Reise der österreichischen Fregatte Novara um die Erde in den Jahren 1857, 1858, 1859 unter den Befehlen des Commodore B. von Wüllerstorf-Urbair. Wien 1861—1875. 20 Bde. 4°.
1. Nautisch-physicalischer Theil. Herausgegeben von der Hydrographischen Anstalt der Kaiserlich-Königlichen Marine. Abth. 1. 2. 3. Tafeln. 1862—1865. (3 Bde.)
2. Statistisch-commercieller Theil von Dr. Karl von Scherzer. Bd. 1. 2. 1864—1865. (2 Bde.)
3. Geologischer Theil. Bd. 1. Abth. 1. Geologie von Neu-Seeland. Beiträge zur Geologie der Provinzen Auckland und Nelson von Ferdinand von Hochstetter. 1864. Abth. 2. Paläontologie von Neu-Seeland. Beiträge zur Kenntniss der fossilen Flora und Fauna der Provinzen Auckland und Nelson. Redigirt von Ferdinand von Hochstetter, Moriz Hörnes und Franz Ritter von Hauer. 1865. Bd. 2. Abth. 1. Geologische Beobachtungen von Ferdinand von Hochstetter. Abth. 2. Paläontologische Mittheilungen von A. E. Reuss und Conrad Schwager. 1866. (3 Bde.)
4. Anthropologischer Theil. Abth. 1. Cranien der Novara-Sammlung. Beschrieben von E. Zuckerkandl. 1875. Abth. 2. Körpermessungen. Bearbeitet von A. Weisbach. 1867. Abth. 3. Ethnographie. Auf Grund des von Dr. Karl von Scherzer gesammelten Materials bearbeitet von Friedrich Müller. 1868. (3 Bde.)
5. Linguistischer Theil. Von Friedrich Müller. 1867.
6. Medizinischer Theil. Bd. 1. Von Eduard Schwarz. 1861.
7. Zoologischer Theil. Bd. 1. Säugethiere. Vögel. Reptilien und Amphibien. Fische. 1869. Bd 2. Abth. 1. A. Coleoptera. Hymenoptera. Formicidae. Neuroptera. B. Diptera. Hemiptera. 1868. (2 Bde.) Abth. 2. Lepidoptera. Text und Atlas. 1864—1867. (2 Bde.) Abth. 3. Crustacea. 1865.
8. Botanischer Theil. Bd. 1. Sporenpflanzen. 1870.

— der österreichischen Fregatte Novara um die Erde, in den Jahren 1857, 1858, 1859, unter den Befehlen des Commodore B. v. Wüllerstorf-Urbair. Beschreibender Theil von Karl v. Scherzer. 1—3. Bd. Wien, Gerold. Lex.-8. Jeder Bd. n. 3 ₰
1. Bd. 861. — 2. Aufl. 863. (IX, 394 S. mit 9 lith. Karten, 5 Beilagen u. 65 Holzschntaf. in 4. u. Fol.) — 2. Bd. 861. — 2. Aufl. 865. (VII, 448 S. m. 15 lith. Karten, 2 Beilagen u. 76 Holzschntaf. in 4. u. Fol.) — 3. Bd. 862. (VIII, 457 S. m. Holzschn., 11 lith. Karten, 2 Lithogr., 16 Holzschntaf. u. 8 S. Musikbeilagen in 4. u. Fol.)

— der österreichischen Fregatte Novara um die Erde, in den Jahren 1857, 1858, 1859, unter den Befehlen des Commodore B. v. Wüllerstorf-Urbair. Beschreibender Theil von Karl v. Scherzer. 3. Bd. 2. Aufl. Wien 866. Gerold's Sohn. Lex.-8. (VII, 450 S. mit 11 lith. Karten, 2 Beilagen u. 79 Holzschn. in Lex.-8. u. qu. Fol.) geb. n. 3 ₰

**Reise** der österreichischen Fregatte Novara um die Erde, in den Jahren 1857; 1858, 1859 ꝛc. Volks-Ausgabe. 1. Bd. 1—15. Liefg. — 2. Bd. 1—5. Liefg. Wien 863, 64. Gerold. Lex.-8. (1. Bd.: X, 632 S.; 2. Bd.: S. 1—208.) Jede Liefg. n. 6 ngr.

— — Volks-Ausg. 2. Bd. 6—15. Liefg. Ebend. 865, 66. Lex.-8. (VII u. S. 208—648 mit eingedr. Holzschn., 35 Holzschntaff., 3 Steintaff. u. 5 lith. Karten.) Jede Liefg. n. 6 ngr.; cplt. n. 6 ß; geb. n. 7 ß 10 ngr.

— — 4., billige Volks-Ausg. 2 Bde. à 15 Liefgn. Ebend. 868,69. Lex.-8. (1. Bd. XII, 600 S. u. 32 S. Beilagen mit eingedr. Holzschn., 14 Holzschntaff., wovon 7 in Tondr. u. 3 chromolith. Karten in 8., qu. 4. u. gr. Fol., 2. Bd. 642 S. mit eingedr. Holzschn., 7 Steintaff., 11 Holzschntaff. in Tondr., 4 lith. Karten u. 2 Tabb. in qu. 4. u. Fol.) Jede Liefg. n. 6 ngr.; cplt. n. 6 ß

— dasselbe. Beschreibender Theil von Karl v. Scherzer. 5. Volksausg. 1—9. Lfg. gr. 8. (1. Bd. S. 1—256 m. eingedr. Holzschn., Tonbildern, lith. Plänen u. Karten.) Ebend. 876. à — 50

—— dass. — Beschreibender Theil von Karl von Scherzer. Illustr. Volksausg. 5. Aufl. 46 Lfgn. oder 2 Bde. gr. 8. (642 S. mit eingedr. Holzschn., Tonbildern, lithogr. Plänen und Karten.) Ebendas. 877. à Lfg. 50 Pf.; compl. * geb. *

— der österreichischen Fregatte Novara um die Erde in den J. 1857, 1858, 1859 unter den Befehlen d. Commodore B. v. Wüllerstorf-Urbair. Anthropologischer Thl. 1. Abth. Hrsg. im allerh. Auftrage unter der Leitg. der kais. Akademie der Wissenschaften. Imp.-4. Wien 875. Gerold's Sohn in Comm. n. 17. —

Cranien der Novara-Sammlung. Beschrieben v. E. Zuckerkandl. (XII, 12C S. m. 24 lith. u. chromolith. Taf.)

— — Anthropologischer Theil. 2. Abthl.: Körpermessungen an Individuen verschied. Menschenracen vorgenommen durch Karl Scherzer u. Ed. Schwarz, bearb. von A. Weisbach. Ebend. 867. gr. 4. (III, 271 S. mit eingedr. Holzschn. u. 8 Tabb.) n. 5 ß 10 ngr.

— — Anthropologischer Thl. 3. Abthl. Ethnographie. Auf Grund des von Karl v. Scherzer gesammelten Materials bearb. von Friedr. Müller. Mit 10 photogr. Taff. u. 1 (chromolith.) Karte (in qu. gr. Fol.). Ebend. 869. (XXX, 225 S.) n. 8 ß

Reise der österreichischen Fregatte Novara um die Erde, in den J. 1857, 1858, 1859, unter den Befehlen des Commodore B. v. Wüllerstorf-Urbair. Botanischer Theil. 1. Bd. (1. Heft): Algen. Bearb. von A. Grunow. gr. 4. (104 S. mit 12 Stnt.) Wien 867, (Gerold's Sohn.) *

— dasselbe. Botanischer Thl. 1. Bd. Sporenpflanzen v. A. Grunow, J. Krempelhuber, H. W. Reichardt etc. red. v. Ed. Fenzl. 2—4. Lfg. gr. 4. Ebend. 871. n. 19. 50 (cplt.: n. 30. —)

2. Lichenes. Bearb. von A. v. Krempelhuber. (S. 105—130 m. 8 Steintaf.) n. 5. —
3. Fungi hepaticae et musci frondosi. Bearb. v. H. W. Reichardt. (S. 131—196 m. 17 Steintaf.) n. 11. —
4. Cryptogamae vasculares. Bearb. v. Geo. Mettenius. Ophioglosseae u. Equisetaceae v. Jul. Milde. (S. 197—261.) n. 3. 50

— — Geologischer Thl. 1. Bd. 1. Abth. Geologie von Neu-Seeland. Beiträge zur Geologie der Provinz Auckland und Nelson von Ferd. v. Hochstetter. Mit 6 geologischen Karten in Farbendr., 6 Lithogr., 1 Kpfrst., 1 Photogr. (in 4. u. Fol.) u. 66 Holzschn. Ebend. 864. gr. 4. (XLVII, 274 S.) n. 12 ß

— — Geologischer Theil. 1. Bd. 2. Abthl. Paläontologie von Neu-Seeland. Beiträge zur Kenntniss der fossilen Flora u. Fauna der Provinzen Auckland u. Nelson von F. Unger, Karl Zittel, E. Suess, Fel. Karrer, Ferd. Stoliczka, Guido Stache, Gust. Jaeger. Redig. von Ferd. von Hochstetter, Mor. Hörnes u. Frz. Ritter v. Hauer. Ebend. 865. gr. 4. (VII, 318 S. mit 26 Blatt Erklärungen u. 26 Steintaff., wovon 8 in Buntdr.) n. 13 ß 10 ngr.

— — Geologischer Theil. 2. Bd. 1. u. 2. Abthl. Ebend. 867. gr. 4. (XIV, 268 S. mit eingedr. Holzschn. u. 12 Steintaff., wovon 3 color. u. in Buntdr., in gr. 4. u. Fol.) n. 8 ß

1. Abthl. Geologische Beobachtungen während der Reise der österreichischen Fregatte Novara um die Erde in den Jahren 1857, 1858, 1859. Von Ferd. v. Hochstetter. (Nebst einem Anh.: „Die mikroskopischen Lebensformen auf der Insel St. Paul", von C. G. Ehrenberg.) Mit 5 Steintaff. u. 33 Holzschnitten.
2. Abthl. I. Ueber fossile Korallen von der Insel Java. Von A. E. Reuss. Mit 3 Steintaff. II. Fossile Foraminiferen von Kar Nikobar. Von Conrad Schwager. Mit 4 Steintaff.

**Reise** der österreichischen Fragatte Novara um die Erde in den Jahren 1857, 1858, 1859, unter den Befehlen des Commodore B. v. Wüllerstorf-Urbair. Linguistischer Theil von Friedr. Müller. Wien 867. Gerold's gr. 4. (VII, 357 S.) n. 8 ß

—— dass. — Medizinischer Theil. 1. Bd. von Ed. Schwarz. gr. 4. (X und 299 S. mit 10 eingedr. Holzschn., 1 Stnt. und 1 Kpfrt. und 3 Beilagen in gr. 4., qu. Fol. und Imp.-Fol.) (Ebendas.) 861. geb. *

— — Nautisch-physicalischer Theil. Ebend. gr. 4.

1. Abth. Geographische Ortsbestimmungen und Fluthbeobachtungen. Mit 3 (lith.) Curskärtchen und einer Beilage von 7 lith. Plänen (in gr. Fol.) 862. (59 S.) n. 2 ß 4 ngr.
2. Abth. Magnetische Beobachtungen. (Mittheilungen der hydrograph. Anstalt der k. k. Marine. 1. Bd. 2. Heft.) 863. (S. 60—133.) n. 25 ngr.

— — Nautisch-physikalischer Theil. 3. Abthl. Meteorologisches Tagebuch. Ebend. 865. gr. 4. (XIX, u. S. 135—499 mit 22 beigebundenen lith. Courskärtchen u. einer verbesserten Aufl. des Planes Nr. 11.) n. 6 ß 8 ngr.

— — Statistisch-commercieller Theil von Karl v. Scherzer. 1. Bd. Mit 13 in den Text gedr. Karten (in Holzschn.) u. 1 lith. Erdkarte (in Fol.). Ebend. 864. gr. 4. (IX, 388 S.) n. 8 ß

— — Statistisch-commercieller Theil von Karl v. Scherzer. 2. Bd. Ebend. 865. gr. 4. (VIII, 690 S. mit 22 in den Text gedr. Karten in Holzschn. u. 8 lith. Karten in Buntdr. in gr. 4., Fol. u. Imp.-Fol.) n. 16 ß 20 ngr.

Vgl.: v. Scherzer, statistisch-commerzielle Ergebnisse.

— — Zoologischer Theil. 1. Bd. Wirbelthiere. Ebend. gr. 4. n. 22 ß

1. (Heft.) Säugethiere. Bearb. von Joh. Zelebor. (44 S. mit 3 Steintaff., wovon 2 color.) 869. n. 1 ß 15 ngr.
2. (Heft.) Vögel von Aug. v. Pelzeln. (IV, 176 S. mit 6 chromolith. Taff.) 865. n. 5 ß
3. (Heft.) Reptilien. Bearb. von Frz. Steindachner. (98 S. mit 3 Steintaff.) 867. n. 2 ß 10 ngr.
4. (Heft.) Amphibien. Bearb. von Frz. Steindachner. (70 S. mit 5 Steintaff.) 867. n. 2 ß 10 ngr.
5. (Heft.) Fische. Bearb. von Rud. Kner. 3 Abthlgn. [1. Abthl, (S. 1—109 mit 5 Steintaff.) 865. n. 3 ß 10 ngr., 2. Abthl. S. 110—272 mit 6 Steintaff.) 865. n. 4 ß, 3. Abthl. (S. 273—433 mit 5 Steintaff.) 857. n. 3 ß 20 ngr.] n. 11 ß

— — Zoologischer Theil. 2. Bd.: (Wirbellose Thiere.) 1. Abthl. A. Ebend. gr. 4. n. 14 ₰ 20 ngr.
1. (Heft.) Coleoptera. Bearb. von Ludw. Redtenbacher. (IV, 249 S. mit 5 Blatt Erklärungen u. 5 Steintaff.) 867. n. 5 ₰ 10 ngr.
2. (Heft.) Hymenoptera. Familien der Vespiden, Sphegiden, Pompiliden, Crabroniden u. Heterogynen. Bearb. von Henri de Saussure. (156 S. mit 4 Blatt Erklärungen u. 4 Steintaff.) 867. n. 3 ₰ 10 ngr.
3. (Heft.) Formicidae. Von G. L. Mayr. (119 S. mit 4 Kpfrtaff.) 865. n. 3 ₰ 10 ngr.
4. (Heft.) Neuroptera. Bearb. von Friedr. Brauer. (105 S. mit 2 Steintaff.) 866. n. 2 ₰ 20 ngr.

— — Zoologischer Theil. 2. Bd. (Wirbellose Thiere.) 1. Abthl. B. Ebend. gr. 4. n. 12 ₰ 20 ngr.
1. Heft. Diptera. Bearb. von J. R. Schiner. (VI, 388 S. mit 4 Blatt Erklärungen u. 4 Steintaff.) 868. n. 7 ₰ 20 ngr.
2. Heft. Hemiptera. Von Gust. L. Mayr. (204 S. mit 5 Steintaff.) 866. n. 5 ₰

— — Zoologischer Theil. 2. Bd. (Wirbellose Thiere.) 2. Abthl. Lepidoptera von Cajet. Felder u. Rud. Felder. 1—3. Heft. Ebend. gr. 4. n. 24 ₰ 10 ngr.; color. 43 ₰
1. Heft. Papilionidae. (136 S. mit 21 Kpfrtaff.) 864. n. 6 ₰ 20 ngr.; color. 12 ₰
2. Heft. Pieridae, Lycaenidae, Erycinidae, Neriidae, Libytheidae, Danaidae, Acraeidae u. Heliconidae. (S. 137—352 mit 26 Taff. in Kpfrst.) 865. n. 9 ₰; color. 15 ₰ 20 ngr.
3. Heft. Rhopalocera. (S. 353—536 mit 27 Taff. in Kpfrst.) 867. n. 8 ₰ 20 ngr.; color. 15 ₰ 10 ngr.

—— dass. — Zoologischer Thl. 2. Bd. 2. Abthl. 4. Heft: Lepidoptera. Von Rud. Felder und Alois F. Rogenhofer. 4. Heft. Atlas der Heterocera sphingida-noctuida. Mit (Kpfr.-)Taf. 75—120. gr. 4. (S. 537—548, 13 S. Tafel-Erklärungen.) Ebendas. 875. *ℳ 27.; color. *

—— der österreichischen Fregatte Novara um die Erde in den J. 1857, 1858, 1859 unter den Befehlen des Commodore B. v. Wüllerstorf-Urbair. Zoologischer Thl. 2. Bd. 2. Abthl. 5. (Schluss-)Heft: Lepidoptera. Von Rud. Felder und Alois F. Rogenhofer. 5. Heft. Atlas der Heterocera, Geometrida, Pterophorida. Mit (Kpfr.-)Taf. 121—140. gr. 4. (VI, 30 S. mit 20 S. Tafelerklärungen.) Wien 875, (Gerold's Sohn.) * ℳ 17.; color. *

— — Zoologischer Theil. 2. Bd. (Wirbellose Thiere.) 3. Abthl. Ebend. gr. 4. n. 12 ₰ 12 ngr.
1. (Heft.) Crustaceen beschrieben von Camil Heller. (280 S. mit 25 Taff. in Kpfrst. u. 25 Blatt Erklärungen.) 865. n. 10 ₰
2. (Heft.) Anneliden. Bearb. von Ed. Grube. (46 S. mit 4 Kpfrtaff. u. 4 Blatt Erklärungen.) 867. n. 1 ₰ 20 ngr.
3. (Heft.) Mollusken. Bearb. von Geo. Ritter v. Frauenfeld. (16 S. mit 2 Steintaff. u. 2 S. Erklärungen.) 868. n. 22 ngr.

Reise durch Oberdeutschland . . . 1800. S. a. Graf von Spauer.

**Reise** durch Ober-Deutschland. in Briefen an einen vertrauten Freund . . . Marburg 1800. V: *Spaur (Spauer)*, *Frdr. Franz Joseph Graf von.* (GGr) (Hr) (Ky)

— durch Oberdeutschland, in Briefen an e. vertrauten Freund. 1r Bd. (v. Grafen v. Spauer). Mit 2 Kpf. 8. Marb. 800. Krieger. 1 ₰ 8 gr

**Reise** in Ober-Pensylvanien und im Staate Neu-York . . . Berlin 1802. V: *Crévecoeur*, *Michel Guill. Jean de.* (EB)

**Reise** eines deutschen Officiers nach Griechenland, seine dort erlebten Schicksale und seine Rückkehr . . . Parchim 1823. V: *Kiesewetter*, *Ferd. von.* (Ky) (MGT)

— eines deutschen Offiziers nach Griechenland, seine dort erlebten Leiden u. Schicksale, u. seine Rückkehr ins Vaterland. 8. Parchim 823, (Neubrandenb., Dümmler.)

**Reise** eines königlichen französischen Offiziers nach den Inseln Frankreich und Bourbon . . . A. d. Franz. . . . Altenburg 1774. V: *Saint Pierre*, *Jacques Henri Bernardin de.* Ü: *Reichard*, *Hnr. Aug. Ottocar.* (CBH) (EngG) (MGT) (Ky)

— eines franz. Officiers nach den Inseln Frankreich und Bourbon, a. d. Frz., mit Anmerk. e. Arztes, m. K. 2 Thle. gr. 8. Altenb. (Akad. Buchhdl. in Jena.) 774.

— eines französ. Officiers (Ritters v. St. Pierre) nach d. Inseln Frankreich u. Bourbon; aus d. Französ. mit Anmerkk. (v. H. A. O. Reichard). 2 Thle. Mit Kpf. gr. 8. Altenb. 774. (Hennings in Neisse). 1 ₰ 16 gr

**Reise** eines preussischen Officiers von Berlin nach Lausanne im Herbst 1805 . . . Warschau 1796. V: *Menu von Minutoli*, *Heinrich Freiherr.* (MGT)

— eines Preußischen Officiers v. Berlin nach Lausanne, im Herbst 1795, in Briefen. 12. Warschau, Wilke. 796.

— eines preuß. Officiers von Berlin nach Lausanne, im Herbst 1805, in Briefen (von H. Menu v. Minutoli). 12. Warschau 796. Wilke. 6 gr

Reise, Oeconomische und statistische, durch Meklenburg, Pommern, Brandenburg und Holstein a. d. Dänischen übers., und mit einigen Anmerkungen von V. A. Heinze. Mit Kupfern. Kopenhagen 1786. 8. . . . . . . . . . . . . . . . . . . . (D.)

**Reise, Oekonomische und statistische,** durch Mecklenburg, Pommern, Brandenburg und Holstein. A. d. Dän. . . . Kopenh. 1786. V: *Buchwald*, *Friedrich v.* (CBH) (Bruun, Bibl. Danica II, 270.) (Rotermund, Gel. Hannover. Bremen 1823.) (Kordes, Schlesw.-holst. u. eutin. Schriftst. Schleswig 1797.)

— ökonom. u. statistische, durch Mecklenburg, Pommern, Brandenburg u. Holstein; aus d. Dän. von V. H. Heinze. gr. 8. Kopenh. 786. Proft. (Brummer). 1 ₰ 4 gr

**Reise** nach dem Orient 1836—38. Stuttgart 1839. V: *Hallberg-Broich*, *Theod. Freih. v.* (Hauptkat. d. Univ.-Bibl. Tübingen. F. S. 14.)

— in **Ostafrika**, in den J. 1903—1905 m. Mitteln der Hermann u. Elise geb. Heckmann Wentzel-Stiftg. ausgeführt v. Prof. Dr. Alfr. Voeltzkow. Wissenschaftliche Ergebnisse. II. Bd. Systemat. Arbeiten. 1.—5. Heft. 32×24,5 cm. Stuttgart, E. Schweizerbart. Subskr.-Pr. 68.—; Einzelpr. 83. —

Budde-Lund, G., Isopoda v. Madagaskar u. Ostafrika; Aurivillius, Chr., Lepidoptera, Rhopalocera u. Heterocera v. Madagaskar, den Comoren u. den Inseln Ostafrikas; Newstead, R., Coccidae and Aleurodidae of Madagascar and Comoro Is.; Ulmer, G., Trichopteren v. Madagaskar u. den Comoren; Ulmer, G., Ephemeriden v. Madagaskar u. den Comoren; Kohl, F. F., Sphegiden u. Pompiliden v. Madagaskar, den Comoren u. Ostafrika; Geba, J., Landplanarien v. Madagaskar u. den Comoren; Pax, F., die Aktinien der ostafrikanischen Inseln. Mit 13 Taf. u. 50 Textfig (S. 265—398 m. 13 Bl. Erklärgn.) 909. (4. Heft.) Subskr.-Pr. 23.—; Einzelpr. 28. —

Michaelsen, W., Oligochaeten v. Madagaskar, den Comoren u. anderen Inseln des westlichen Indischen Ozeans. — Friederichs, K., Embiiden v. Madagaskar u. Ostafrika. — Horn, W., Cicindelliden v. Madagaskar u. Ostafrika. — Burr, M., Dermapteren von Madagaskar, den Comoren u. Britisch-Ostafrika. — Friese, H. F., Apidae v. Madagaskar, den Comoren u. Ostafrika. — Schulthess Rechberg v., Vespiden v. Madagaskar, den Comoren u. Ostafrika. — Forel, A., Ameisen v. Madagaskar, den Comoren u. Ostafrika. — Pagenstecher, A., Lepidoptera-Heterocera von Madagaskar, den Comoren u. Ostafrika. — Börner, C., Collembolen aus Ostafrika, Madagaskar u. Südamerika. Mit 3 Taf. u. 66 Textfig. (S. 41—178 m. 3 Bl. Erklärgn.) 907. (2. Heft.) Subskr.-Pr. 13.—; Einzelpr. 16. —

Reichenow, A., Vögel von den Inseln Ostafrikas; Schoenichen, W., Gnathia aldabrensis n. sp., e. neuer Isopode aus dem Indischen Ozean; Speiser, P., die Diptera pupipara der madagassisch-maskarenischen Region; Cohn, M., Alcyonacea v. Madagaskar u. Ostafrika; Enderlein, G., Beiträge zur Kenntnis der Copeognathen; Mocsáry, A., Chrysididen v. Madagaskar, den Comoren u. Ostafrika. Mit 3 [1 farb.] Taf. u. 19 Textfig. (S. 177—263 m. 3 Bl. Erklärgn.) 908. (3. Heft.) Subskr.-Pr. 9.—; Einzelpr. 11. —

Siebenrock, F., Schildkröten v. Ostafrika u. Madagaskar. Mit Taf. 1—5 u. 14 Textfig. (40 S. m. 5 Bl. Erklärgn.) 906. (1. Heft.) Subskr.-Pr. 8.—; Einzelpr. 10. —

Weise, J., Chrysomelidae v. Madagaskar, den Comoren u. den Inseln Ostafrikas; Weise, J., Coccinellidae v. Madagaskar, den Comoren u. den Inseln Ostafrikas; Trybom, F., 2 neue Physapoden aus Madagaskar; Weltner, W., Cirripedien v. Ostafrika; Kieffer, J. J., Serphiden u. Cynipiden v. Madagaskar; Escherich, K., Lepismatiden v. Madagaskar, den Comoren u. Ostafrika; Lenz, H., Crustaceen v. Madagaskar, Ostafrika u. Ceylon; Simroth, H., Lissopode Nacktschnecken v. Madagaskar, den Comoren u. Mauritius. Unter Berücksicht. verwandter Arten; Bruner, L., Acridoidea from Madagascar, Comoro Islands and Eastern Africa. (VII u. S. 417—644 m. 23 Fig., 3 [2 farb.] Taf. u. 3 Bl. Erklärgn.) 910. (5. Heft.) Subskr.-Pr. 15.—; Einzelpr. 18. —

— dasselbe. III. Bd. Systemat. Arbeiten. 2. Heft. 32×24,5 cm. Ebd. Subskr.-Pr. 20.—; Einzelpr. 24. 60

Grünberg, K., Culicidae v. Madagaskar, den Comoren u. Ostafrika; Attems, Graf C., Myriopoden v. Madagaskar, den Comoren u. den Inseln Ostafrikas; Wasmann, E., S. J., Termiten v. Madagaskar, den Comoren u. Inseln Ostafrikas. (V u. S. 65—127 m. 54 Fig., 3 Taf. u. 3 Bl. Erklärgn.) 910. (2. Heft.) Subskr.-Pr. 7.—; Einzelpr. 8. 60

Lindau, G., Lichenes v. Madagaskar, Mauritius u. den Comoren; Hennings, P., Fungi v. Madagaskar, den Comoren u. Ostafrika; Pilger, Rob., über Trichogloea Kütz; Pilger, Rob., Corallinaceae aus dem westlichen indischen Ozean; Brotherus, V. F., Musci Voeltzkowiani. Ein Beitrag zur Kenntnis der Moosflora der ostafrikan. Inseln. (64 S. m. 9 Taf. u. 8 Bl. Erklärgn.) 908. (1. Heft.) Subskr.-Pr. 13.—; Einzelpr. 16. —

— in **Ostafrika**, in den J. 1903—1905 mit Mitteln der Hermann u. Elise geb. Heckmann Wentzel-Stiftg. ausgeführt v. Professor Dr. Alfred Voeltzkow. Wissenschaftliche Ergebnisse. IV. Bd. Anatomie u. Entwickelungsgeschichte. 1. Heft. 4. Stuttgart 906. E. Schweizerbart. n. 34. 50

Beiträge zur Anatomie u. Entwickelungsgeschichte des Blutgefässsystemes der Krokodile. Von F. Hochstetter. — Ueber die Entwickelung der Scheidewandbildungen in der Leibeshöhle der Krokodile. Von F. Hochstetter. (139 S. m. 45 Fig. u. 15 lith. Taf.)

Bd. I—III sind noch nicht erschienen.

Reise in **Ostafrika**, in den J. 1903—1905 m. Mitteln der Hermann u. Elise geb. Heckmann Wentzel-Stiftg. ausgeführt v. Prof. Dr. Alfr. Voeltzkow. Wissenschaftliche Ergebnisse. IV. Bd. Anatomie u. Entwickelungsgeschichte. 2. Heft. 32×24,5 cm. Stuttgart, E. Schweizerbart. Subskr.-Pr. 9.—; Einzelpr. 11. —

2. Über die Richtung der Haare bei den Halbaffen. Von G. Schwalbe. Zur Kenntnis des Hyraciden-Gehirns. Von J. Dräseke. (S. 207—277 m. 17 Fig., 4 Taf. u. 8 S. Erklärgn.) 910.

**Reise, Die,** nach Ostafrikanaan. [Wien 1892.] V: *Tambour, Rudolph.* (EB)

**Reise** durch Österreich nach Constantinopel und Triest . . . Hamburg 1839. V: *Ladenberg, von.* (EngG)

—— durch Oesterreich nach Constantinopel u. Triest, von W. v. M. 8. (15¾ B.) Hamburg 839, Hoffmann u. Campe.

**Reise** nach Ostindien und China 1774—1781. Aus dem Französischen. Mit 140 Kupferstichen. 2 Bde. Zürich 1783. gr. 4°. V: *Sonnerat, P.* (Jahrb. d. Grillparzer-Gesellschaft XVI [1906], S. 178—179)

**Reise** nach Palästina im J. 1460. O. O. [1828]. V: *Eptingen, Hans Bernhard.* (AarF)

**Reise, Die,** des Papsts zum Kayser. Wien [Ulm] 1782. V: *Gaum, Joh. Ferd.* (AarK) (MGT) (Ky)

— d. Papstes z. Kaiser, (v. J. F. Gaum). 8. Ulm 782. Stettin. 8 gr u. Heimreise d. Papstes v. Wien nach Rom, (v. J. F. Gaum). 8. Ebd. 782.

**Reise** nach Paris im August und September 1798 . . . Deutschland [Duisburg] 1800. V: *Merrem, Blas.* (Ky) (EngG) (MGT) (Roterm) (Wr) (BrMm)

— nach Paris im Aug. u. Sept. 1798. (Vorgeblich) aus italien. Handschriften (von Bl. Merrem). 8. Duisb. 800. Bädeker 21 gr

**Reise** nach Paris zur Kaiserkrönung, ein komischer Roman. Leipzig 1805. V: *Kuhn, Friedrich August.* (Hitzig) (MGT) (Ky)

— nach Paris z. Kaiserkrönung. 8. Leipz. 805. Rein. 16 gr

**Reise** von Paris nach Korsika. Aus dem Franzoes. von Friedrich Schulz. Koenigsberg 1796. V: *Renaud de la Grelaye.* (RHMB VI, 91)

— von Paris nach Corsika; aus d. Französ. v. Fr. Schulz. 8. Königsb. 796. (Kummer in Leipz.) 14 Gr.

— v. Paris n. Corsika, a. d. Frz. v. Fr. Schulz. 8. Königsb. Nicolovius. 796.

**Reise** ins Paulinerkloster im Fürstenthum Scheerau. Hamburg u. Mainz 1801. V: *Kosmeli (Cosmeli), Michael.* (schr) (EE) (R-N) (Ky) (MGT) (GGr)

— ins Paulinerkloster im Fürstenthum Scherau, (v. Mch. Cosmeli). 8. Hamb. 801. Nestler. 8 Gr.

— nach Persien, nebst Beschreib. d. Merkwürdigkk. dieses Reichs. 2 Bde. Mit Kpf. 8. Frankf. a. M. 780, 81. Garbe. (Hermann; Brönner; a. Gebhard u. K.) 3 Thlr. 8 Gr.

**Reise, Philosophische,** an meine Schwester über den Menschen nach seinen verschiedenen Verhältnissen. Halle 1779. V: *Brastberger, Gebh. Ulrich.* (MGT)

**Reise, Pitts,** ins Ehebett ... Leipzig 1804. 2. Ausg. 1806. V: *Müller, Johann Ernst Frdr. Wilh.* (Ky) (BGE) (GGr)

— pittoreske, am Rhein, im J. 1809 u. 10. (v. Uklansky.) 8. Berl. Kunst u. Ind. Comt.

— pittoreske, am Rhein in d. Jahren 1809 u. 10. (v. Baron v. Uklansky). 8. Berl. 810. (Schlesinger). 1 Thlr. 6 Gr.

**Reise, Pittoreske,** am Rhein im Sommer 1809 und im Frühjahr 1810 ... Berlin 1811 [1821]. V: *Uklanski (Uklansky), Carl Theodor von.* (MGT) (EngG) (Ky)

**Reise, Die,** Pius des VI., ein allegorisches Gemälde. Wien. V: ***Weidmann, Paul.*** (wrztg 1782, Nr. 34 Anhg.) (Geissau, Verzeichniss, S. 46) (biblport)

**Reise, Des heiligen Vater Pabst Pius des Sechsten,** von Rom nach Wien ... Wien u. Rom 1782. V: *Gaum, Johann Ferd.* (wr) oder: *Geissler, Adam Frdr.* (EB)

**Reise, Poetische,** 1837. O. O. u. o. J. [ca. 1838.] V: ***Drinkwater, Anna.*** (Bibliogr. d. Schweiz. Landeskunde. Bern 1892 ff. III.)

**Reise** aus Polen nach St. Petersburg. Erfurt u. Gotha 1818. V: *Schlegel, Chn Hieron. Justus.* (BrMm)

— aus Polen nach St. Petersburg. 8. Erf. 818. Hennings. 1 Thlr.

— auf der Post von Dresden nach Leipzig, eine humoristische Erzählung von C. Baumgarten-Crusius. 8. Dresden, Hilscher. 820.

— die, auf dem Postwagen, oder: Beurtheile nicht, was du nicht kennst. (Aus der kleinen, wohlfeilen kathol. Bibliothek.) 12. Aachen 838. Cremer. 1/6 Thlr.

Reise, die, auf dem Postwagen, oder: Beurtheile nicht, was du nicht kennst. (Aus d. wohlfeilen kathol. Bibliothek besonders abgedruckt.) 2. Aufl. Aachen 841, Cremer'sche Buchh. (Cazin.) 1/6 Thlr.

— die, auf dem Postwagen, oder: Beurtheile nicht, was du nicht kennst! 3. Aufl. gr. 12. (98 S.) Aachen 851, Cremersche Buchh.

— die, auf dem Postwagen, oder: Beurtheile nicht, was du nicht kennst! 4. Aufl. 12. (80 S.) Aachen 860, Cremer'sche Buchh.

Reise eines gewesenen Römischen Priesters durch Franckreich und Italien, Worinnen eine deutliche Erklärung und Beschreibung vom rechten Zustande der Römischen Kirche, benebst den Betrügereien, so deren Priester, Mönche und Nonnen zur Verblendung und Verführung des gemeinen Volcks anwenden. Altona 1729. 8°. 16 Bogen. Rar!
Cat. Meissner III. p. 720; Rüdiger, Berlin, Cat. univ. p. 432; Haydinger's Bibl. I, 2, no. 583, Beibd.

— eines römischen Priesters durch Frankreich und Italien. 8. Altorf. 729.

**Reise** durch die neu eroberten Provinzen Russlands im Jahre 1797. O. O. 1798. V: *Hacquet, Balthasar.* (EB)

**REISE** in die mittäglichen Provinzen von Frankreich im Jahr 1785—86 ... Leipzig 1791 ff., s. a. *Thümmel, Mor. Aug. v.*

**Reise** in die mittäglichen Provinzen von Frankreich im Jahr 1785—86 ... Leipzig 1791—1805. V: *Thümmel, Moriz August von.* (BrMm) (EE) (Grisebach, Weltlitteraturkat. Berlin 1898—1900. I, 214.) S. a. Nr. 11733.

— in die mittäglichen Provinzen von Frankreich, im Jahr 1785 bis 86, (von Thümmel) 5 Theile, mit Kupf. 8. Leipzig, 791-94. Göschen. Holländisch-Pap. 6 Rthl. 8 sgl.
Dasselbe Buch, 5 Theile, Schreib-Papier, ohne Kupfer. 4 Rthl. 25 sgl.
Dasselbe Buch, 3 Theile. Druckp. 2 Rthl. 5 sgl.

— in die mittägl. Provinzen Frankreichs 1785. 86. v. Mor. Aug. v. Thümmel. m. Kupf. 10 Thle. 8. Lpz. Göschen. 791 bis 805. (I. II. 2 Rthlr. 12 gr. III. IV. V. 3 Rthlr. 18 gr. VI-X. à 1 Rthlr. 18 gr.)

— — dass. kleiner Druck ohne K. 8 Thle., welche d. 10 Thle. d. Ausg. m. K. ausmachen. 8. Ebend. 791-805. (I. 16 gr. II. III. 1 Rthlr. 12 gr. IV. V. à 16 gr. VI. VII. à 12 gr. VIII. 16 gr.)

— s.a. Reisen ...

— die, der Puppen. Eine heitere Geschichte für fröhliche Kinder. 4. (34 S. m. eingedr. color. Holzschn.) Leipzig 851, Naumburg. n. 1/2 Thlr.

—— die, der Puppen. Eine heitere Geschichte für fröhliche Kinder. 2. Aufl. gr. 4. (34 S. mit eingedr. und ill. Holzschn.) Mainz 859, Janitsch.

— des Pythagoras nach Aegypten, Indien, Griechenland u. a. Mit Kupfern. Giessen 801. 804. 2 Bände. 8. 3 rthl. 8 gr. Vergl. *Voyages.*

— s.a. Reisen ...

**Reise** in das Reich der Liebe nebst der Charte dieses Landes. Basel 1791. V: *Ring, Friedrich Dominik.* (Ky) (BGE)

Reise, die, in die Residenz, ein satyrischer Roman von Paläotrephes Neophron. 8. Bamb. 823, Kunz.

— die, in die Residenz. Ein satyrischer Roman von Paläotrephes Steophron. 823. Jetzt Dresch in Bamberg. $^5/_6$ ß

**Reise** auf dem Rhein. Koblenz 1789—90. V: *Lang, Joseph Gregor.* (BrMm) (Ky) (MGT) V: *Lange.* (Jes)

— auf d. Rhein (von Jos. Gr. Lang). 2 Thle. gr. 8. Coblenz 789, 90. Andreä in Frankf. 2 ß 2 ℊ

Reise eines Rheinländers durch d Namschen Staaten. Frankf. 1812.

— eines Rheinländers durch die nordamerikanischen Staaten, od. Nachrichten u. Erfahrr. über die vereinigten Staaten von Amerika. Mit 1 Kupf. u. 1 Karte. 8. Frankf. a. M. 814. (Körner). 1 ß 8 ℊ 2e A. nebst 1 Karte. 8. Frankf. a. M. 824. Wesché. 12 ℊ

**Reise** auf den Rigi, nach Zug und Adlischweil ... [Leipzig 1833.] V: *Hirzel, Hnr.* (Cat. d. Stadtbibl. Zürich. Zürich 1864—97.)

**Reise** über den Rigiberg und die vier Waldstädte. [St. Gallen 1796.] V: *Orell, Conrad von.* (MS)

**Reise, Romantische,** von Jena über Weimar, Erfurt, Gotha, Eisenach ... Eisenach 1807. V: *Thon, Christian Frdr. Gottlob.* (MGT) (Ky)

—— die, Sr. Exc. des Kriegs- und Marineministers Herrn v. Roon durch die Grafschaft Ravensburg im Juli 1863. gr. 8. (23 S.) Berlin 863, Fahlisch.

**Reise** eines jungen Russen von Wien über Jassy in die Krim ... Gotha 1801. V: *Struve, Johann Christian von.* (MGT) (EngG) (Ky)

— eines jungen Russen, von Wien in die Krimm, u. ausführl. Tagebuch d. im J. 1793 von St. Petersburg nach Konstantinopel gescheh. Gesandschaft. 8. Gotha 801. Ettinger. 1 ß

— d. d. Erzst. Salzburg, s.a.L. Hübner.

**Reise** durch das Erzstift Salzburg. [Salzburg] 1796. V: *Hübner, Lorenz.* (Hr)

—— durch Salzburg u. Tyrol nach Italien. 2 Bde. gr. 8. (33 u. 36½ B.) Düsseldorf 840, 42. [Leipzig, Fr. Fleischer.] à 1½ Thlr.

— durch Salzburg und Tyrol nach Italien. 1r Bd. gr. 8. Düsseldorf 840. Schreiner. 1½ ß

— durch Salzburg u. Tyrol nach Italien. 2. Bd. gr. 8. Düsseldorf 842, Schreiner. 1½ ß Beide Bände 3 ß

**Reise** über den St. Gothardt und durch das Livinen Thal. [Berlin 1794.] V: *Gillet, Friedrich Wilhelm.* (Hitzig)

**Reise** von St. Petersburg nach dem Gesundbrunnen zu Lipezkum Don ... Breslau 1809. V: *Raupach, Joh. Friedrich.* (MGT) (BrMm)

—— von St. Petersburg nach d. Pleskowschen Gouvernement, s. Reisen in mehr. russische Gouvernements ꝛc., 6. Bdchn.

—— von St. Petersburg nach Reval ꝛc., s. Reisen in mehr. russ. Gouvernements ꝛc., 8. Bdchn.

**Reise** von St. Petersburg durch die St. Petersburgische, Plescowische ... Staathalterschaften ... St. Petersb. 1805. V: *Reimers, Heinrich von.* (MGT)

— ins Schlaraffenland. Von Fr. Laun. 8. Leipzig, Göschen. 816.

**Reise** mehrerer Schlesier in die Alpen der Schweitz und Tyrol's; in Briefen des Grafen von P. Breslau 1830. V: *Pfeil, Graf von.* (Bibliogr. d. Schweiz. Landeskunde. Bern 1892 ff. III.)

—— mehrerer Schlesier in d. Alpen d. Schweiz u. Tyrol's, in Briefen des Grafen v. P. Mit e. Ansicht d. Oertler's in Tyrol. gr. 8. (11½ B.) Breslau 830, Aderholz.

§ **SCHNOFERL'S** u. Schnuckerl's Reise mit Hindernissen zur Wiener Weltausstellung 1873. Würzburg. Exped. des Herriedener Laubfroschkalenders. O. J. (1873). Kl. 4⁰. 4 Bog.

**Reise** durch Schottland und seine Inseln, Dänemark und einen Theil von Deutschland ... Leipzig 1808. V: *Macdonald, John.* (CBH) (EngG)

— durch Schottland, seine Inseln, Dänemark u. einen Theil v Deutschland; aus d. Engl. von D. W. Soltau. 3 Thle. 8 Leipz. 808. Göschen. 3 ß 6 ℊ Schrbp. 3 ß 18 ℊ

Schreckliche und gefahrvolle | Reise in die Heimath, | sowie traurige Ankunft des Sohnes in seines Vaters Hause. Auf Verlangen | vieler guten Freunde herausgegeben und beschrieben von ihm selbst. 1861.
Kol.: Colmar, Buchdruckerei von C. M. Hoffmann.
o. J. (1864), 1 Bl., 275 × 220.
BNP F 4975 (286).
Schenda VoB S. 386.

—— des Pfarrers Elias Schwarzmann, eines geborenen Hirschaueis, zum Passionsspiel in Oberammergau im Juli 1860. 12. (VI und 73 S.) Landshut 862, Krüll'sche Buchh.

**Reise** durch die Schweiz. [Berlin 1793.] V: *Gillet, Friedrich Wilhelm.* (Hitzig)

**Reise** durch die Schweiz nach Mailand und München. Als Manuscript gedruckt. Berlin [1839]. V: *Waldenburg, Mathilde von.* (Cat. d. Stadtbibl. Zürich. Zürich 1864—97.)

Die **Reise** nach den Ober-Italienischen Seen (Deckelt.: Die Oberitalien. Seen): Como-See, Lugano-See, Lago Maggiore, Mailand. Prakt. Handb. f. Reisende. Von Th[eodor] Stromer. 2. Aufl. m. Ktn u. Ill. *Berlin: A. Goldschmidt 1897.* (IV, 103 S., 2 Kt.) 1 Bd 8.
= Reisebücher, Griebens. Bd 15. (97. 4339

Die **Reise** nach den oberitalienischen Seen: Como-See, Lugano-See, Lago Maggiore, Garda-See u. Mailand. Prakt. Reisehandb. neu bearb. von Franz Tismar. 3. Aufl. Mit 3 Kartenbeil. *Berlin: A. Goldschmidt 1900.* (IV, 166 S.) 8°
= Reisebücher, Griebens. Bd 15. (00. 10601

Die **Reise** nach den oberitalienischen Seen: Lago Maggiore, Lugano-See, Como-See, Garda-See u. Mailand. Prakt. Reisehandbuch neu bearb. von Franz Tismar. 4. Aufl. Mit 4 Karten. *Berlin: A. Goldschmidt 1903–04.* (IV, 105 S.) 8° [J. u. Ant.]
= Reiseführer, Griebens. Bd 15. (04. 3837

Die **Reise** nach den oberitalienischen Seen: Lago Maggiore, Lugano-See, Como-See, Garda-See u. Mailand. Prakt. Reisehandbuch neu bearb. von W. Schultz-Riesenberg. 5. Aufl. Mit 4 Karten. Berlin: A. Goldschmidt 1905–06. (IV, 159 S.) 8°
= Reiseführer, Griebens. Bd 15. (06. 3309

— seltsame, und Abentheuer d. Hrn. Peter von Großmaul, Taufpathen Münchhausens. Mit vielen Kupfern. 8. Wien, Tendler u. v. Mannstein. 820.

**Reise** auf dem Sempione. [Leipzig 1798.] V: *Brun, Friederike geb. Münter.* (MGT)

**Reise** durch Sicilien und Gross-Griechenland. Zürich 1771. V: *Riedesel zu Eisenbach, Johann Hermann Freih. von.* (ML) (Ky) (BrMm) (EngG) (Cat. d. Stadtbibl. Zürich. Zürich 1864—97.)

— durch Sicilien u. Groß-Griechenland (v. Jh. H. v. Riedesel). 8. Zürich 771. Orell. 16 gr. Französ., mit Anmerkk. 12. Lausanne 773. (Rottmann in Berl.) 20 gr.

REISE einer jüngern Sophie, aber nicht von Memel nach Sachsen. Bd. 1. (einz.) in 2 Abthlgn. Frankf. (Nürnb., Felsecker) 1780. 8°. Selten! (2/3 Rsth.) (In Warmbrunn.)

**Reise, Sophiens,** von Memel nach Sachsen. Leipz. 1769—73 ... 2. Ausg. 1776. V: *Hermes, Johann Timotheus.* (EE) (BrMm) (Heine, Roman in Deutschl. Halle 1892. S. 33.) (Neuer dtsch. Bücherschatz [v. K. Biltz]. Berlin 1898. S. 214.)

**Reise und merkwürdige Schicksale, Sophiens,** in England und der Türkei ... Leipzig 1824. V: *Kerndörffer, Heinrich August.* (Ky)

— u. Sport. 10. Jahrg. der illustr. österreich. Alpenzeitg. Monatsschrift f. Fremdenverkehr, Reise u. Sport. Hrsg. u. verantwortlich: Fritz Georg. Jahrg. 1909 u. 1910. à 12 Nrn. (à ca. 48 u. 4 S. m. Taf.) 31×22,5 cm. Wien, M. Braunschweig. à Jahrg. 8.--
Vergl.: Alpenzeitung, österreich.

— die, nach der Stadt. Lustsp. v. Iffland. 8. Leipz. Göschen. 795.

Reise des Heinrich Stulz in das hl. Land, im Jahre 1519. [Nidwaldner-Kalender vom Jahre 1861.]

**Reise, Die,** von vier und zwanzig Stunden. Leipzig 1806. V: *Lindau, Wilh. Adolph.* (NN) (Ky) (EE)

— die, von 24 Stunden, (von W. A. Lindau). 8. Leipz. 806. (Brockhaus). 1 rthl 12 gr.

— die, von 24 Stunden v. Verf. d. Heliodora. 8. Lpz. Gleditsch. 806.

— durch Südindien, Aegypten u. Palästina 1821 u. 22; aus d. Engl. e. Kavallerie-Officiers. gr. 8. Jena 824. Bran. 1 gr.

— durch Südindien, Aegypten u. Palästina 1821 u. 22. Aus d. Engl. eines Cavallerie-Offiziers. gr. 8. Jena 825, Bran.

**Reise** in das Südmeer einiger Officiere des Schiffes, der Wager genannt ... a. d. Engl. Nürnberg 1772. Ü: *Schad, Georg Friedrich Cas. von.* (Ky)

— in das Südmeer einiger Officiere d. Schiffes, d. Wager genannt, als ein Beitr. zu Ansons Reisen nebst dessen Lebensbeschreib.; aus d. Engl. (v. G. F. C. v. Schad). gr. 8. Nürnb. 772. Bauer u. R. 16 gr.

Reise uber den Sund. Tubingen 1803 334 S. 8°

**Reise** über den Sund. Tübingen 1803. V: *Kerner, Johann Georg.* (Schr) (Bruun, Bibl. Danica II, 590.)

— üb. d. Sund. 8. Tübing. 803. v. Cotta. 1 rthl 4 gr.

**Reise, Die,** des Dr. Syntax, um das Malerische aufzusuchen. Ein Gedicht in 26 Gesängen. Aus dem Englischen ... Berlin 1822. V: *Combe, William.* (Zeitschr. f. Büch. N. F. 15, 1923, S. 119) (BGE VI³, 409)

— des Doktor Syntax, um das Lerische aufzusuchen. Ein Gedicht in 26 Gesängen. Aus d. Engl. M. 50 color. Steindrücken. gr. 8. Berl. 822, Maurersche B.

**Reise** einer Tante in vieler Herrn Länder ... [Freiberg] 1817. V: *Bernhardi, Elis. Eleonore.* (Ky) (MGT) (GGr)

— einer Tante in vieler Herrn Länder, von d. Herausg. d. Wochenblatts (E. L. Bernhardi). 8. Freiberg 817.

— einer Tante in vieler Herren Länder. 8. Freiberg 817. (Craz u. G.) 20 gr.

Reise, Taurische, der Kaiserin von Russland, Katharina II. Aus d. Englischen. Koblenz (Frankfurt a. M., Andreä) 1799. 8⁰. (2 Mk. E. Frensdorff, 1905.)
Weller, fing. Druckorte.

— d. e. Theil von Deutschland, Helvetien und Oberitalien, in Briefen, mit Kpf. 3 Thle. 8. Berl. Himburg. (Sommer in Lpz.) 805–6. (1r u. 2r 2 Rthlr. 8 gr. 3r 1 Rthlr. 16 gr.)

**Reise** durch einen Theil von Deutschland, Helvetien und Oberitalien, im Sommer 1803 ... Berlin 1806. V: *Menu von Minutoli, C. Freih.* (EngG)

— s.a. Reisen ...

Reise durch einen Theil vom mittäglichen Deutschland und den Venetianischen Staat. Erfurt 1798. 8. . . . . . . . . . . . . . . . . . . . . . . . . . . . (D.)

— durch einen Theil vom mittägl. Deutschland und den Venetianischen Staat. 8. Erfurt, Hennings. 798.

— durch e. Theil Deutschlands, vorzügl. durch Sachsen, Thüringen rc., mit freien Bemerkk. üb. Cultur, Regierungsform rc. 3 Bde. 8. Hamb. 804–6. Vollmer. (Herold jun.) 2 Rthlr. 2 gr.

— durch einen Theil vom südl. Deutschland, Helvetien u. Oberitalien. 3 Bde. Mit Kpf. 8. Berl. 806. (Reimer). 1 Rthlr. 16 gr.

**Reise** durch einen Theil des westlichen Frankreichs ... Leipzig 1803. V: *Cambry, Jacques.* (EngG)

— durch einen Theil des westlichen Frankreichs, a. d. Franz. Ch. A. Fischer. 8. Leipzig, Hartknoch. 803.

— d. einen Theil des Harzes, s. F. Giersch.

— durch einen Theil des Harzes, des Hannöverischen, Hessischen, der Rhein- und Maingegenden, der Pfalz und Schwaben in Briefen an einige junge Freunde in technischer und physischer Hinsicht beschrieben. Bdchn. 1. Heilbronn 1805. 8. . . (D.)

**Reise** durch einen Theil des Harzes, des Hannoverschen, Hessischen, der Rhein- und Mayn-Gegenden ... Briefe ... Heilbronn 1805. V: *Giersch, F.*

**Reise** durch einen Theil Russlands und Deutschlands in den Jahren 1797 und 98. Altona 1798. V: *Rhode, Johann Gottlieb.* (R-N)

**Reise** durch einen Theil von Sachsen und Dänemark. Altona 1813. V: *Hanson, Pet. Treschow.* (Collin, Anonymer. Kiobenh. 1869.) (Bruun, Bibl. Danica III, 590.)

**REISE** durch einen Theil von Sachsen und Dänemark in den letztverflossenen Jahren (von H., einem gebornen Norweger). Altona, J. F. Hammerich, 1813. 8⁰. 314 S.
Auch über Berlin, S. 168–181.

**Reise, G. E. v. R.,** durch einen Theil des Königreichs Ungarn ... 1763 ... [Leipzig 1784.] V: *Rotenstein, Gottfried Edler von.* (MS)

**Reise** durch einen Theil des Königreichs Ungarn, im 1763 und folgenden Jahren. [Leipzig 1792.] V: *Rotenstein, Gottfried Edl. von.* (MGT)

— durch e. Theile vom mittägl. Deutschland u. d. Venetianische, (v. J. H. G. Schlegel). 8. Erf. u. (Gotha) 798. Hennings. 1 Rthlr. 12 gr. Neue Ausg., s. Schlegel.

**Reise** durch einige Theile vom mittäglichen Deutschland und dem Venetianischen ... Giessen 1798. V: *Schlegel, Julius Heinrich Gottlieb.* (EngG) (Ky) (MGT) (Call) (BrMm)

**Reise, Telemachs,** zu seiner Braut. Augspurg 1747. V: *Niedermayer, Johann Carl.* (BGE V³, 265)

— nach den Inseln Teneriffa, Trinidat, St. Thomas rc., s. Ledru, Reise rc.

**Reise** nach Teplitz im Jahre 1794. Zerbst 1797. V: *Hoffmann, D.* (KY 4/479) (Auct. Renz 2249) (EngG S. 976) (BiblPort)

— n. Töplis 1794. 8. Zerbst. Füchsel. 797.

— nach Töplitz 1794. 8. Zerbst 797. (Kummer). 21 gr.

**TEUFELS,** Des, Reise durch einen Theil des Protestantismus. Leipzig 1847. 8⁰. Selten! (In Posen: Bibl. d. histor. Vereins.)

**REISE** der Themis nach P*** oder das Schloss des Freiherrn von Donnersburg. Dialog u. Erzählung. Posse u. Ernst. Fabel u. Wahrheit. O. O. (Dresden, Gerlach). 1803. 8°. (4 Mk. 50 Pfg. v. Zahn & Jaensch, Dresden, 1909.)

— der Themis nach P***, oder d. Schloß d. Freyhrn. von Donnersburg; Dialog, Erzählung rc. 8. Dresden, Gerlach. (Sommer in Lpz.) 803.

— d. Themis nach P...., od. d. Schloß d. Frhrrn. v. Donnersberg. 8. Dresd. 803. (W. Nauck in Leipz.) 21 gr

**Reise** durch Thüringen, den Ober- und Niederrheinischen Kreis ... Dresden u. Leipzig 1795—96. V: *Wölfling*. (Ky) (BrMm)

— durch Thüringen, d. Ober- u. Nieder-Rhein, nebst Anmerkk. über Staatsverfassung, öffentl. Anstalten, Gewerbe rc. (von Wölfing). 3 Thle. 8. Dresd. 795, 96. Hilscher. 2 rthl 16 gr

**Reise** von Thüringen durch Sachsen, die Sächsische Schweiz ... in das Schlesische Riesengebirge ... Leipzig 1804. V: *Herrmann, Friedrich*. (EngG) (Nent) (LVS) V: *Schulze, David Friedrich*. (Ky)

— von Thüringen durch Sachsen, die sächs. Schweiz rc. in das schles. Riesengebirge (v. Fr. Herrmann). 2 Bde. mit Kpf. 8. Leipz. 804. Steinacker. 1 rthl 18 gr

**Reise, Die,** nach dem Tode. Pirna 1800. V: *Schilling, Friedrich Gustav*. (NN) (MGT)

**Reise, Die, nach dem Tode: eine Posse vom Verfasser des Weibes wie es ist. Neue wohlfeile Ausgabe. Dresden 1804. 2te sehr verbesserte Auflage. Dresden 1810. V: *Schilling, Gustav*. (BGE VI³, 406/407)**

— transoceanische, S. M. Corvette „Saida" in den J. 1884—1886. Zusammengestellt nach den Berichten d. Commandos der Corvette vom k. k. marine-techn. Comité. Mit 1 Karte. [Beilage zu den „Mittheilgn. aus dem Gebiete d. Seewesens".] gr. 8. (94 S.) Pola 886. Wien, (Gerold's Sohn). n. 3. —

— e. Ungenannten durch Deutschland u. die Schweiz. Mit 1 ill. Kpf. gr. 8. Bresl., Buchheister. 2 rthl Hbg. Pr. 20 gr

Reise eines Ungenannten durch Deutschland und die Schweiz 1799 bis 1801. 8. Breslau 1802.

Die | unglückliche Reise | eines Hamburger Schiffes, | und die schrecklichen Erlebnisse und Schicksale | der Mannschaft desselben, von denen nur drei | in ihr Vaterland zurückkehrten. | Eine wahre Begebenheit. | *(Text)*.
Kol.: Hamburg. Gedruckt bei J. Kahlbrock Wwe. Grünersood No. 52.
o. J. (1859), 2 Bl. n. n., 168 × 102.
Dt. Vl.-Arch. Freiburg V 1. 1135/1.
Eine andere Auflage o. O., o. J. findet sich in der LBO Bänkelsängerlit. I, 49 und Jahrmarktslit. R. c. 3, 86.

— auf die Universität. Seitenstück zu Knigge's Reise nach Braunschweig. 12. Leipz., Joachim. 12 gr

**Reise** auf die Universität. Seitenstück zu Knigge's Reise nach Braunschweig. Leipzig ... [1805]. V: *Müller, Carl Ludwig Methusalem* [?]. (Ky, 8)

— e. Unsichtbaren rc., s. a. oben Reise e. Marsbewohners.

**Reise** eines Unsichtbaren, Auf der Erde. [Frankfurt] 1791. V: *Röhling, Johann Christian*. (Wr)

Reise. Die R' auf den Uetliberg. Zürich 1775 s.a.[Schinz, Salomon].

**Reise, Die,** auf den Uetliberg. Im Junius 1774. Zürich 1775. V: *Schinz, Salomon*. (CLZür Forts. III)

— eines Vaters mit seinen beiden Söhnen durch ganz Deutschland; ein interessantes, aufklärendes und das Herz veredelndes Lesebuch für deutsche Kinder, zur Kenntniss des Vaterlandes, der weisen Einrichtungen in der Natur, des Schöpfers u. s. w. 3 Thle. Frankfurt a. M. 1797—1801. 8.

— eines Vaters mit seinen beiden Söhnen durch Deutschland. 3 Thle. 8. Frankf. a. M. 797—801. Zeßler. 2 rthl

**Reise, Vaterländische,** oder Fussreise durch Sachsen nach Hannover im Jahre 1804. Hannover u. Bremen 1805. V: *Lohmann, Christoph Wilhelm*. (MGT)

— vaterländische, 1r Theil, oder Fußreise der Sachsen, Hannoveraner rc. 8. Hannov. Lohmann. 805.

— s.a. Reisen ...

**Reise, Vaterländische,** von Grätz über Eisenerz nach Steyer ... Wien 1798. V: *Leitner, Cajetan Franz von*. (MS) (BrMm) (GGr) (Ky) (MGT)

— vaterländ., üb. Eisenerz nach Steyer, von K. F. v. L. (Leitner). gr. 8. Wien 798.

— die verunglückte, nach Jerusalem. Aus d. Leben des ehemal. Predigers Augusti. 16. Düsselthal 846. (Berlin, Wohlgemuth's Buchh.)

**Reise** meines Vetters auf sein Zimmer. Bremen 1797. V: *Schreiber, Alois Wilhelm*. (EE) (MGT)

— meines Vetters auf seinem Zimmer, (v. A. W. Schreiber). 2 Bde. 8. Frankf. a. M. 797. Fr. Wilmans. 22 gr Mit Kpf. Schrbp. 1 rthl 8 gr

— s.a. Reisen ...

**Reise** von Warschau über Wien nach der Hauptstadt von Sicilien. Breslau, Leipzig u. Wien 1795. V: *Hager, Joseph*. (EngG) (MGT) (BrMm) (Ky)

— v. Warschau üb. Wien, nach der Hauptst. v. Sicilien. 8. Wien, Albertl. 795.

— von Warschau üb. Wien nach d. Hauptstadt v. Sicilien (von Jos. Hager). 8. Wien 795. (Schalbacher). 14 Kr

**Reise, Webbs, Raper's und Hearsey's,** zur Entdeckung der Quellen des Ganges im Jahre 1808. [Weimar 1820.] V: *Wagner, Gottlob Hnr. Adolph.* (MGT)

— die, um die Welt. Bibliothek der vorzüglichsten neueren Reisebeschreibungen. Hrsg. von einem Vereine Gelehrter. 1. Bd. 1—10. Lfg. 4. (S. 1—320 mit 16 Stahlst., wovon 8 in Buntdr.) Carlsruhe 860. 61, Kunstverlag. à Lfg. * 7 Ngr. *

— die, um die Welt. Bibliothek der vorzüglichsten neueren Reisebeschreibungen. Herausg. von einem Vereine Gelehrter. 2 Bde. Karlsruhe 860, 61. Kunstverlag. Lex.-8. Jeder Bd. (à 30 Bgn., 24 Stahlst. u. 1 Karte.) n. 2 Thlr 21 ngr.

— die, um die Welt. Grösse I. gr. 8. (21 Taf. in Photographie-Imitation.) Lindenau-Lpz. 889, Fr. Pfau. In Leinw.-Decke * 1 50 Grösse II. qu. 8. (36 Taf.) * 1 20; III. kl. 4. (24 Taf.) * 1 — Grösse IV. 8. (12 Taf.) * — 40

Ausgaben in englischer u. französischer Sprache unter den Titeln „Around the world" u. „Le tour du monde" zu gleichen Preisen.

Reise, die, um die Welt. Ergötzliche Bilder m. lust. Reimen f. Knaben u. Mädchen. Leporello-Album. qu. 4. (8 farb. Taf.) Stuttgart 889. Nitzschke. n. 2. —

— die, um die Welt in Ansichtskarten. Illustrirte Zeitschrift f. unsere Weltreise-Ansichtskarten-Abonnenten. Red.: Otto Profe. 1. Jahrg. 1899. 12 Nrn. Mit 100 Ansichtskarten u. 1 Salonalbum. gr. 4. (à ca. 12 S. m. Abbildgn.) Berlin, Touristen-Magazin H. Mues. à Nr. n.n. 2. 50

— um die Welt in den Jahren 1816—19. Aus d. Französ. des Camille de Roquefeuil. 2 Abthll. gr. 8. Jena 823, Bran.

**Reise, Eine,** um die Welt, von Westen nach Osten durch Sibirien und das stille atlantische Meer. . . . Aschaffenburg 1854. V: *Tiling.* (EngG)

— eine, um die Welt, von Westen nach Osten durch Sibirien und das stille und atlant. Meer. 8. (IX und 136 S. mit 1 lithochrom. Titelbilde und 1 lithogr. Karte.) Aschaffenburg 854, [Krebs.] *

— eine, um die Welt, von Westen nach Osten durch Sibirien u. das stille u. atlantische Meer. Mit 1 (lith.) Titelbild (in Farbendr.) und 1 (lith.) Karte. Aschaffenburg 854. Pergay. 8. (VI, 136 S.) n. 20 ngr.

— eine, durch den Weltenraum, s.: Projections-Vorträge.

**Reise, Karl Wertheims,** durch Kursachsen; seinen jüngern Brüdern und Schwestern gewidmet. Leipzig 1793—94. V: *Köhler, Carl Gottlob.* (Adel) (MGT)

**Reise** nach Wien. Hof 1795. V: *Reitzenstein, Carl Philipp Caspar Freiherr von.* (Ky) (Fiker) (BrMm)

— nach Wien, (v. K. v. Reitzenstein). 8. Hof 795. Grau. 1 Thlr 8 Kr

**Reise, Eine,** nach Wien . . . Leipzig 1848. V: *Lützow, Therese von geb. von Struve.* (Schr) (BrVV)

**Reise, Herrn G. E. von R.,** von Wien nach Böhmen und Sachsen im May 1783 . . . Leipzig 1784. V: *Rotenstein, Gottfried Edler von.* (MS)

**Reise** von Wien nach Böhmen und Sachsen im May 1783. [Leipzig 1792.] V: *Rotenstein, Gottfried Edl. von.* (MGT)

**Reise** von Wien nach Madrid im Jahre 1790. Berlin 1792. V: *Hager, Jos.* (BrMm) (EngG) (MGT) (Ky) (Kat. d. Bibl. Franz Schnitzer. München 1902. S. 28.)

— von Wien nach Madrid, (v. Jos. Hager). Mit Kpf. 8. Berl. 792. Vieweg in Braunschw. 20 Kr

Reise von Wien nach Paris, s.a. Richter, Joseph

**Reise** von Wien nach Paris, in Briefen . . . Wien 1781. V: *Richter, Jos.* (MGT) (Adel) (Kn) (Ky) H: *Meltzer, C. G.* (BrMm)

**Reise** von Wien nach Paris. In Briefen an einen Freund. Wien mit von Kurzbekischen Schriften 1781. 87 S. 8°. V: *Richter, Joseph.* (Hans Viktor Pisk: Josef Richter. Diss. Wien 1927. S. 84)

— von Wien nach Paris; in Briefen (von Jos. Richter). 8. Wien 781. Pazowsky. 6 Kr

— v. Wien n. Paris, in Br. 8. Wien, Pazowsky. 793.

**REISE** von Wien über Prag, Dresden und durch einen Theil der Lausitz nach Berlin und Potsdam. (Mit Vorrede von Adam Friedr. Geisler, Vf. diverser Erotica.) Leipzig 1787. (Im British Museum.)
Anon.-Lex. III. p. 360. — Selten!

* **REISE** von Wien über Prag, Dresden, und durch einen Theil der Lausitz nach Berlin u. Potsdam. (Laut Vorber. d. Herausgebers v. einem ungar. Edelmann verfaßt.) Leipzig, bei Karl Friederich Schneider. 1787. 8°. 5 Bll. 134 S.
S. 72—102: Berlin. — Selten!

**Reise** einer Wienerin in das heilige Land. Wien 1844. V: *Pfeiffer, Ida.* (EB)

— einer Wienerin in das heilige Land. Unternommen im März bis Decbr. 1842. Nach den Notaten ihrer sorgfältig geführten Tagebücher von ihr selbst beschrieben. 2 Thle. Mit 1 col. Bilde. 2. verb. Aufl. gr. 8. Wien 845, Dirnböck. 1 Thlr

— die, wider Willen. Empfindsam-launige Skizzen eines harmlosen Touristen. Illustrirt von Gust. Doré. gr. 8. (400 S. mit eingedr. Holzschn.) [Stuttgart 876.] Berlin, Auerbach. *
geb. mit Goldschn. *

**Reise, die, wider Willen.** Illustrirt von Gust. Doré. gr. 8. Stuttgart 876. Leipzig, Unflad. * 10 —
geb. mit Goldschn. * 12 —

—— die, wider **Willen.** Empfindsam-launige Skizzen eines harmlosen Touristen. 2. umgearb. Aufl. gr. 8. (324 S. mit über 200 Illustr. von Gust. Doré.) Leipzig 885, [Unflad.] R. Bauer. [*ℳ 4.50.; geb. *ℳ 5.50.] geb. *

Wunderbare **Reise** des Printzen Fan-Férédin nach Romanzy, oder in das Land derer irrenden Ritter. Nebst allerhand Anmerckungen, welche zur Historie, Weltbeschreibung, Naturlehre, Critic und Sittenlehre dieses Landes gehören. Aus dem Frantz. übers. Hamburg u. Leipzig. Leipzig: Boetii seel. Tochter in Comm. 1736. 162 S. 32⁰ [Kupfertit.]

Nach Angabe des Herrn Rechtsanwalts Kullmann, Wiesbaden, in dessen Besitz sich die Schrift befindet, u. der in einer auf S. 127—128 befindlichen Stelle eine Anspielung auf den schottischen Mstr., insbes. auf Lord Derwentwater erblickt.

**Reise, Wunderbare** des Prinzen Fan Férédin nach Romanzy oder in das Land der irrenden Ritter. Aus dem Französischen. Görlitz 1737. V: *Bougeant, Guillaume Hyacinthe.* (Mitth. Prof. Dr. H. Ullrich-Brandenburg a. H.)

**REISE,** Wunderbare, ins Land Rerum. Mit Titelkpfr. u. Titelvign. (Philadelphia, Leipzig, Gräff) 1786. 8⁰.
Seltene satyrische Utopie in Romanform. — R. Zinke's Dresdner Novbr.-Auct. 1905, no. 1268.

— — Dasselbe. Leipzig, Heinrich Gräff, 1803. 8⁰. (1/4 Rsth.)
Anzeige d. Verlegers.

**Reise, Yoricks empfindsame,** durch Frankreich und Italien. A. d. Engl. . . . Hamburg u. Bremen 1768—69. 2. Aufl. 1770. 3. Aufl. 1770—72. 4. Aufl. 1776. 5. Aufl. 1804. Mannheim 1780. V: *Sterne, Lawrence.* Ü: *Bode, Joh. Joachim Christoph.* (KY) (SCHR) (GGR) (JL) (ML) 5. Bd. Weissenfels 1795. Ü: *Seidel, Carl August Gottlieb.* (STAT)

**Reise, Yoricks empfindsame,** durch Frankreich und Italien von neuem verteutscht. Leipz. 1801. V: *Sterne, Lawrence.* Ü: *Benzler, Joh. Lorenz.* (MGT)

—— **die, S. M. S. Zrinyi, s. Benko, Jerolim v., Reise etc.**

Reise eines ältern Zürchers durch Zürich. Zürich 1828 *s.a.*[Meister, Jacob Heinrich].

**Reise** eines älteren Zürchers durch Zürich. A. d. Franz. . . . Zürich 1828. V: *Meister, Jac. Heinr.* Ü: *Hemmann, D.* (ENGG)

—— eines ältern **Zürchers** durch Zürich. A. d. Franz. übers. u. mit Anmerkn. begl. v. e. jüngern Nicht-Zürcher. 12. (6¼ B.) Zürich 828, Orell, Füßli u. Comp.

**Reise: Zweite Reise. Schilderungen aus Amerika**
① Eine Monatsschrift herausgegeben vom Lehrer Heinrich Boßhard von Bolstern ③ Anschauungen und Erfahrungen in Nordamerika (1853—1855) ⑤ 1859—1860 ⑥ 8° ⑦ Monatsblatt ⑧ Zürich: Zürcher & Furrer ⑩ Heinrich Boßhard ⑪ Heinrich Boßhard (Verfasser) ⑫ enthält praktische Ratschläge für Auswanderer ⑭ Bs: U (1860); Be: L; Zh: Z.

**Reise,** Adolph, a. Mühlhausen i. Th.: Quantitative **Bestimmungen** von Blei und Trennungen von anderen Metallen. Gießen 1906: v. Münchow. (31 S.) 8°

Gießen, Phil. Fak., Ref. Elbs, Diss. v. 6. Juli 1908

[Geb. 25. Mai 80 Mühlhausen; Wohnort: Gießen; Staatsangeh.: Preußen; Vorbildung: Gymn. Weilburg Reife M. 02; Studium: Göttingen 1, Gießen 5, Straßburg 1, Techn. Hochsch. Aachen 2, Univ. Heidelberg 3 S.; Rig. 30. Juli 06.]

**Reise, Gottfried,** Fundamenta tutelarum legitimarum ex jure Saxonico antiquo medio et recentiori electorali hac commentatione. Jena (Marggraf) 1745. 44 S. (5.—) 28298

Reise — Reisen

– s.a. Reise ...

– s.a. Reisen ...

— u. Abentheuer d. Fräuleins Emilie v. Bornau ꝛc. (von Hnr. Thdr. Edw. Schnoir), s. v. **Bornau, Emilie.**

— u. Abentheuer d. Hrn. Peter v. Großmaul. N. A. 8. Wien, Tendler. 1 fl 8 kr

— u. Abenteuer in **Kaklogallinien,** s. **Brunt.**

— u. Abentheuer Ferdinand Urians. 8. Hamb. 798. Vollmer. (Herold jun.) 18 kr

— abenteuerl. nach der **Brunnenkur** bey Rimbach. 12. Leipz. 737.

— nach **Afrika,** Amerika und Westindien. 8. Magdeburg. 746.

— allerneueste, ins Innere von **Afrika,** v. Momus. 2 Bde. 8. Erfurt, Hennings. 801.

— durch Amerika, oder Bemerkk. üb. den gegenwärt. Zustand, Anbau u. Handlung der Britischen Colonien in Amerika; aus d. Engl. u. Französ., mit Anmerkk. v. Forster. 8. Leipz. 783. Schneider. 10 kr

— nach dem glücklichen **Arabien,** durch die morgenländische See und die Enge des rothen Meeres, m. Kupf. 8. Leipz. 740.

— auch eine, auf meinem **Zimmer,** v. Carl Stern. 8. Lpz. Gleditsch.

— nach **Auvergne,** v. d'Aussi, a. d. Franz. gr. 8. Bayr. Zeitungsdruck. 791.

— u. Begebenheiten Civans, Königs in Bungo; aus d. Französ. v. J. Chr. Giesecken. 8. Wittenb. 791. Kühne.

— und Begebenh. d. armen W. **Freytags,** f. Kinder, m. K. 16. Riga, Hartmann. 804.

— u. Begebenheiten des armen W. Freytags, f. Kinder. Mit 5 Kpf. 12. Riga 804. 18 kr (Serig in Lpz.) Hbg. Pr. 12 kr

— u. Begebenheiten Etvans, Königs in Bungo. 8. Wittenb. 791. Kühne. 1 Rthlr. 4 gr.

— od. Beobachtt. auf d. Wege nach Frankreich. 4. Neust. 784. Riedel. 12 gr.

— die, auf d. Brocken, e. Gesch. am Ende des philosoph. Jahrhunderts. 3 Thle. 8. Leipz. 801. Dyck. 2 Rthlr.

— der russ.-kaiserl. Flotten-Officiere Chwostow u. Dawydow von Petersburg durch Sibirien nach Amerika in d. J. 1802, 3 u. 4. 8. Berl. 816. Fr. Maurer. 1 Rthlr.

— durch Deutschland u. Ungarn. 8. Mühlh. 795. Danner. 8 gr.

— von Dresden nach Prag; nebst e. Beschreib. d. Stadt Prag vom Syndikus P***. Mit 1 Karte. 8. Leipz. 804. (W. Nauck). 1 Rthlr.

Reise von Dresden nach Prag, mit einer Charte. 8. Leipz. Sommer. 804. Rthlr.

— ins Chebette, s. Pitt.

— ins Chebette, v. Verf. d. Unterröckchens. 8. Lpz. Schlegg. 805.

— empfindsame, der Prinzessin Ananas. 8. Leipz. 808. (W. Nauck). 16 gr.

— empfindsame, der Prinzessin Ananas. 8. L.ipz. Sommer. 808.

— empfindsame, durch Frankreich u. Italien, a. d. Engl. d. L. Sterne. (Yorick.) v. Bode, m. K. gr. 12. Lpz. Rabenhorst. 802.

— — dass. aufs neue übers. 2 Thle. 8. Lpz. Junius. 802. Schreibp.

— — dass. nebst d. Leben d. Verfass. 4 Thle. 8. Mannheim, Schwan.

— — dass. 8. Brschw. Schulbuchh. 769.

— — dass. 4 Thle. m. K. 8. Bremen, Cramer. 776. 77. ohne Kupf.

— — dess. 5r Thl. s. Mariens Briefe.

— durch England; hrsgg. v. K. Gl. Küttner. 2 Bde. 8. Leipz. 803. Göschen. 2 Rthlr. 8 gr. (1r Bd. Warners Reise durch die nördl. Graffschaften v. England rc.)

— u. Entdeckungen d. Spanier in Amerika, e. Lesebuch f. die Jugend. 1r Bd. Mit Kpf. 8. Altona 805. Bechtold. 16 gr. illum 20 gr.

— eines Franzosen nach Jersey. 8. Greiz 794. Henning. 12 gr.

— des kleinen Freymüthigen n. Breslau. 8. 805.

— eines Gallo-Amerikaners, s. L. Simond.

— — eines Gallo-Amerikaners (Simond) in England, Schottland und Irland. 1r und 2r Bd. Mit Kupf. gr. 8. Altenburg, Brockhaus. 817 u. 818. (1r Bd. 2 Rthlr. 2r 2 Rthlr. 12 Gr.

— üb. das Gebirge ins offene Land, u. m. Aufenth. z. Grunden. 8. Domingo. (Schlegg in Lpz.) 799.

— in Gedanken durch d. eröffn. allg. Himmelskugeln. 8. Rudolst. 739.

— eines engl. Geistlichen durch Schweden. 8. Berl. 784. Maurers B. 8 gr.

— im Gebiet d. Geographie. Ein erheit. u. lehrr. Spiel f. d. Jugend rc. Mit 16 Landkarten u. 36 ill. Kpft. 2e wohlf. u. verb. Aufl. Wien, Müller. 16 gr.

— der Gesandtschaft der Holländ.-Ostindischen Gesellschaft an den Kaiser v. China in d. J. 1794 u. 95; aus d. Tagebuche André Everard van Braam-Houkgeest; hrsgg. v. Moreau v. St. Mery; aus d. Französ. (v. J. A. Bergk). 2 Thle. gr. 8. Leipz. 798. 99. (Brockhaus). 1 Rthlr. 16 gr.

— der Gesandschaft der holländ. ostind. Gesellschaft an den Kaiser von China, herausgeg. von Moreau v. St. Mery, aus dem Franz. 2 Thle. gr. 8. Leipz. Heinsius. (Gleditsch.) 798. 99. (1r 1 Rthlr. 2r 16 gr.)

— auf den Gletscher von Savoyen u. den Montblanc. gr. 8. Bern, Typ.

— der Göttin d. Tanzkunst in d. Apollosaal u. zu den übrigen Faschings-Lustbarkt. Wiens. 4 Hfte. Wien, Schrämbl sch. 16 gr.

— — in das Innere von Brasilien, vorzüglich nach den dortigen Gold- und Diamantendistricten. Nach dem Engl. des Mawe, mit Anmerk. v. E. A. W. v. Zimmermann. 2te Abtheil. 8. Bamberg, Kunz. 817.

— e. Cavaliers durch Schlesien u. durch Europa. 8. Sorau. 739.

— kleine, ein Buch zur Belehrung und z. Unterhaltung für Kinder. 8. Leipzig, Sommer. 804.

— kleine, in die schönsten Gegenden meines Vaterlandes. 1s Bändchen. od. Reise nach Kloster Banz. 12. Berlin, Gädicke. 801.

— kl., in die schönsten Gegenden meines Vaterlandes. 1s Bdchn. od. Reise nach Kloster Banz. 12. Berl. 801. (Henning in Greiz). 12 gr.

— kleine ökonomische, v. S. B. B. R. 8. Bern 788. (Rabenhorst in Leipz.) 1 Rthlr.

— kleine, unternommen z. Prüfung d. in unsern Tagen so gepriesenen Christenthums. Nürnb. 800. Raw. 3 gr.

— ins Paulin.-Kloster im Fürstenth. Schneeau, v. Kosmall. 8. Hamb. Nestler. 801.

— nach der nordwestl. Küste v. Amerika. gr. 8. Nürnberg, Grattenauer. 795.

— nach der nordwestl. Küste von Amerika von den Kapitänen Meares, Dixon, Portlock u. A. gr. 8. Nürnb. 795. (Eichhorn). 1 Rthlr. 4 gr.

— in das gelobte Land und dessen umliegenden Oerter. 8. Dresden. 758.

— in das Land d. Liebe, nebst d. Karte dieses Landes, (von L. D. Ring). 8. Basel 791.

— in mein gelobtes Ländchen, begleitet von einem Päckchen Klostergeschichten, v. Bruder Joseph. 8. Hamburg, Vollmer. 801.

— literar., durch Siebenbürgen, Temeswar, Banat, Ungarn. 8. Götting. 782. Brose. 8 gr.

— Ihrer Sicilian. Majest. von Wien nach Venedig u. Florenz, (v. A. Janitsch). 3 Bde. gr. 8. Klagenf. 792. Walliser. (W. Vogel in Leipz.) 2 ℛ

— malerische, od. Merkwürdigkk. d. Natur u. Kunst, aus d. Gegenden d. Niederrheins ꝛc. (von … u. Frhrr. v. Hüpsch). 3 Hefte. Mit 18 Kpf. gr. 4. Nürnb. 774—89. Schneider u. W. 3 ℛ

— malerische, an der Mosel v. Coblenz nach Trier. Nebst d. Mosella des Ausonius, übers. v. Karl Geib. In 12 Bl. gezeichn. v. Fries, Kunz, Rottmann, Xeller, u. gestoch. v. Hegy, Kenz u. Schnell. qu. Fol. Mit Text. Heidelb., Engelmann. (Vor der Schrift:) 11 ℛ 8 ℊ Mit d. Schrift 5 ℛ 16 ℊ Mit ill. Kpf. Prachtexempl. 13 ℛ 12 ℊ (Aus d. maler. Ansichten d. Rheins, d. Mosel ꝛc. abgedr.)

— maler., d. einige Provinz. d. Russischen Reichs, franz. u. deutsch, v. C. G. G. Geißler u. F. Hempel. 1r—3r Thl. m. ill. K. kl. Fol. Lpz. Ind. Comt. 804—5. (à 6 Thlr.)

— malerische, nach Rom (v. Nord. Grund). 2 Thle. 8. (Weißenburg) 789. Verfasser. Darauf unt. folg. Tit.: maler. Reise e. deutschen Künstlers nach Rom. 2 Thle. 8. Wien 789. Hochenleitner. 1 ℛ Schrbp. 1 ℛ 8 ℊ

— maler., d. Schlesien in color. Landschaft. s. Saalfeld.

— malerische, in die italien. Schweiz. Mit Kpf. 4. Zürich 793. Geßner. 2 ℛ 6 ℊ Hdg. Pr. 1 ℛ 8 ℊ

— des grünen Mannes nach Mainz 1793 (v. Chr. Fr. Dreyßig). 8. Halle 794. Dreyßig. 9 ℊ

— des grünen Mannes n. Maynz 1794. 8. Halle, Dreyßig, 794.

— meine, nach d. Brocken, s. Chr. Wlh. Spieker.

— meine, nach Frankreich, s. Ludw. v. Selbiger.

— meine, nach Frankreich, i. d. Jahre 1800 u. 1801. m. K. v. Ludw. v. Selbiger. 3 Theile. 8. Berlin, Maurer. 806. (1r 1 Rthlr. 4 gr. 2r 1 Rthlr. 11 gr. 3r 1 Rthlr. 16 gr.)

— meine, n. Italien, s. Ludw. v. Selbiger.

— meine, nach Italien. Seitenstück z. Reise n. Frankreich v. Ludw. v. Selbiger. m. K. 3 Theile. 8. Berlin, Maurer. 804—6. (1r u. 3r à 1 Rthlr. 12 gr. 2r 1 Rthlr. 16 gr.)

— meine, nach Strahlow, Treptow und Rummelsburg. 8. Berl. Schöne. 805.

— meine, wider Willen, e. Gemälde d. neuen Italiens. 8. Götting. 803. Dieterich. 1 ℛ

— meine wirkl., unter den Franzosen u. zu d. Leuten, wo sie sind u. wo sie waren ꝛc. in den J. 1800 u. 1801. Was sagen die Leute? 8. Leipz. 801. Weygand. 1 ℛ 8 ℊ

— meine, im Wonne- und Brachmond 1792. 8. Berlin, Felisch. (Gräff in Lpz.) 796.

— meine, im Wonne- u. Brachmonat 1792. 8. Berl. 796. Felisch. (Wienbrack in Leipz.) 2 ℛ

— n. Mequinez, s. F. E. Weber.

— die, zur Messe. Auszüge a. d. Tagebuche eines Reisenden ꝛc. 8. Elberfeld, Büschler. 799.

— die, z. Messe. Auszüge aus d. Tagebuche e. Reisenden. 8. Elberf. 799. (Schönian). 20 ℊ

— d. Morea u. Constantinopel u. a. Oerter des Ottomannischen Reichs. 1798—801. s. Pouqueville.

— — der Lady Morgan. s. Morgan.

— nach d. Moritzberg durch das Städtchen Lauf, nebst e. kleinen Beschreib. d. am Fuße d. Berges liegenden Dörfer. 8. Nürnb. 816. Zeh. 4 ℊ

— neue romantische, von Fr. v. Thümmel. 8. Neuburg. (Joachim in Lpz.) 804.

— neueste, durch einige französ., engl., holländ. u. span. Besitzungen in d. neuen Welt. 8. Leipz. 789. Weygand. 14 ℊ

— neueste Europäische, die wirkl. geschehen sind. 1r Thl. Hunters Reise durch Frankreich. 8. Leipz. 797. Weygand. 18 ℊ

— neueste, d. Spanien u. Portugal, a. d. Franz. 8. Wien, Ant. Doll. (Liebeskind in Lpz. in Commiss.) 804.

— die neuesten, nach d. Botany-Bay, Port Jakson ꝛc., od. Philipps, White, Bligh, Hunter u. King's Reisen dahin, (in eine Samml. gebracht unt. dies. Titel). Mit Kpf. u. Kart. 3 Bde. gr. 8. Berl. 794. Voß. 4 ℛ

— v. Nizza nach Venedig 1796; aus d. Französ. 8. Leipz. 797. Hartknoch. 8 ℊ

— an d. Nordpol; aus d. Tagebuche e. Grönlandfahrers. Mit Anmerkk. 8. Bautzen 791. Deinzer. 4 ℊ

— d. Norwegen u. Lappland. (v. L. v. Buch.) 2 Thle. m. K. u. Ch. Berl. Nauck. 810.

— eines französ. Officiers durch die barbarischen Staaten: Marokko, Algier ꝛc. Aus d. Französ. Mit 1 Kpf. gr. 8. Nürnb. 788. Schneider u. W. 8 ℊ

— e. franz. Officiers, durch die Barbarischen Staaten Marokko, Algier ꝛc. a. d. Franz. gr. 8. Nürnb.rg, Weigel. 788.

— e. französ. Officiers nach Tunis, Tripolis ꝛc. s. Bibliothek d. neuesten Reisebeschreibb. 7r Bd.

— eines Officiers durch die Schweiz u. Italien. gr. 8. Hannov. 786. Helwing. 16 ℊ

— nach der Ost- u. West-Küste v. Afrika, enthaltend: Priors Reise nach d. Westküste Afrika. Die Republik der Fanters an der Westküste v. Afrika, v. G. H. Robertson Esq. gr. 8. Jena 820. Bran. 1 ℛ (Aus d. ethnograph. Archiv besond. abgedr.)

— O-Wohaus d. Otahiten durch Athen. 8. Dresd. Hilscher. 780.

— n. d. stillen Ocean, s. Cook.

— n. Palästina z. d. groß Emir, u. n. Arabien, m. K. 8. Lpz. 740.

Reise v. Paris n. St. Cloud, n. d. Franz. v. Neeb. 18. Cobl. Lassaulx. (Behrens, F.) 801. Rthlr.

— in Persien, nach Chardin, Forster ꝛc. herausgg. von J. A. Bergk. Mit 6 Kpf. 8. Leipz. 805. Baumgärtner. 1 ℛ (A. u. d. T.: Reisen nach allen 4 Welttheilen ꝛc. 36 Bdchn.)

— n. Petersburg, oder hist. polit. Nachr. u. Bemerk. über Rußl. gesamml. v. Crottier de la Messaliere, u. b. 1802. fortg. f. v. Mussat Pathay, a. d. Franz. m. Zus. u. Bericht. gr. 8. Lpz. Hinrichs. 803.

Schreibp.

— pittoreskische d. Sachsen, s. Brückner u. Günther

— von Prag nach Wien, ein geograph. Spiel. gr. Fol. Nürnb. 805. (v. Seidel in Sulzb.) 4 gGr.

— durch die südlichen, westl. u. nördl. Provinzen v. Frankreich, während d. J. 1807—9 u. im J. 1815. 2 Bde. 12. Frankf. Varrentrapp. 816.

— durch die südl., westl. u. nördl. Provinzen v. Frankreich, während d. J. 1807—9 u. im J. 1816. 2 Thle. 12. Frkf. a. M. 817. Varrentrapp. 4 Thlr. Velinp. 6 Thlr. 14 gGr.

— durch die vornehmsten Provinzen d. Ottomannischen Pforte. 8. Berl. 772. Haub. 6 gGr.

— durch d. vornehmsten Prov. d. Ottomannischen Pforte. 8. Berlin, Himburg. 772.

— in die französ. Pyrenäen, ein Anh. zu Carbonieres Reisen; aus d. Französ. gr. 8. Straßb. 790. Akadem. (Hinrichs in Leipz.) 18 gGr.

— d. Pythagoräer nach Aegypten, Indien, Griechenl. xc. m. K. u. Chart. 1r Bd. gr. 8. Gießen, Tasché. 801.

— — dies. im Ausz. 2 Thle. m. K. u. Ch. 8. Gieß. Müller. 804.

— in das Land Rerum. 8. Leipz. 786. (W. Nauck). (Wienbrack). 6 gGr.

— in das Land Rerum. 8. Lpz. Sommer (Gräff) 786.

— in das Riesengebirge u. die umliegende Gegend Böhmens u. Schlesiens 1796. gr. 8. Gotha 799. Perthes. 20 gGr.

— auf d. weltberufene schlesische Riesengebirge. 4. Hirschberg. 736.

— romantische, v. Jena nach Weimar u. s. f. nach Frankfurt a. M. 8. Eisen. 802. (Bärecke). 1 Thlr.

— romantische, v. Jena n. Weimar u. s. f. n. Frankf. a. M. Eisenach, Wittekind. 802.

— romant., um die Welt. Ein Spiel z. angenehmen Unterhaltung in Gesellschaften. Mit 1 ill. Kpft. Wien, Müller. 16 gGr.

— nach St. Marino. 8. Leipz., Linke. 3 gGr.

— nach Savoyen u. in d. südl. Frankreich im J. 1804, 5; aus d. Französ. von Ph. Cph. Weyland. gr. 8. Berl. 809. Voß. 20 gGr. (s. auch Magazin d. Reisebeschreibb. 30r Bd.)

— eines nach der Liebesinsel gewanderten Schäfers. 8. Lpz. 744.

— d. Schlesien, 1801. 1r Thl. 8. Berl. Quien (a. Saalfeld) 802.

— einer Gesellsch. Schüler nach d. Harz. 8. Leipz. 796. Schmidt. 4 gGr. Dies. 8. Quedlinb. 808. Basse. 3 gGr.

— durch die Schweiz u. Italien mit der französ. Reservearmee. 8. Götting. 801. Dieterich. 1 Thlr. 4 gGr.

— eines Schweizers nach d. rothen Fluß in Nordamerika, dortiger Aufenthalt u. Rückkehr ins Vaterland. gr. 8. Bern 825. Jenni. 5 gGr.

— engl. Seefahrer nach d. nordamerikan. Küsten u. in das Innere v. Nordamerika. 2 Bde. Mit Kpf. u. Kart. ... 2e A. gr. 4. Berl. 804. Voß. 4 Thlr. 16 gGr.

— nach Sicilien u. Athen, d. Inseln d. Archipelagus xc.; aus d. Engl. mit Anmerkk. v. B. v. Reith mit 5 Kpf. 4. Leipz. 798. Baumgärtner. 2 Thlr.

— d. Spanier u. Portugiesen im 15. Jahrh. oder Entdeck. v. Amerika d. Columbus, Cortez u. Pizarro., a. d. Engl. 3 Thle. gr. 8. Stuttg. (Cotta, Tüb.) 792.

— in die barbar. Staaten von Marocco, Algier, Tunis, Tripolis xc. 8. Lübeck 765. (Niemann u. R.) 4 gGr.

— in d. barbar. Staaten v. Marokko, Algier, Tunis, Tripolis xc. 8. Lübeck, Donatius. (Niemann und R.) 785.

— von Stade nach Madras. 8. Bremen, Müller. 14 gGr.

— im Süden u. Norden von Amerika, enthaltend: Alex. Gillespie's Reisen im Innern von la Plata, u. M'Keevors Reise nach der Hudsonsbay. gr. 8. Jena 820. Bran. 1 Thlr. (Aus d. ethnograph. Archiv besonders abgedr.)

— durch d. Südsee im J. 1771. u. 72. angef. d. v. Marion u. geend. durch d. Ritter Duclesmurr, a. d. Franz. gr. 8. Lpz. Fritsch. 784.

— durch die Südsee im J. 1771 u. 72, angefangen durch v. Marion u. beendigt durch d. Ritter Duclesmurr; aus d. Französ. gr. 8. Leipz. 784. (Hannov., Hahn). 10 gGr.

— n. d. Südsee, Peru u. Brasilien. 8.

— d. e. Thl. Deutschl. u. Rußl. in d. J. 1797 und 98. v. Maler Anton. 8. Hamb. Vollmer. 798.

— durch d. größten Theil Frankreichs im 3n u. 4n Jahre der Revolution. 1r Thl. 8. Helmst. 796. Fleckeisen. 20 gGr.

— d. d. südl. Thle v. Rußland, a. d. Franz. 8. Duisburg, Bädecker u. K. (Helwing in Hann.) 798.

— die, nach d. Tempel d. Ehre. Ein unterhaltendes Spiel mit Würfel u. Marken. Magdeb. 826. Rubach. In Futt. 16 gGr.

— durch Thüringen, (von Fr. Herrmann). Mit 1 Kpf. 8. Leipz. 800. N. A. 804. (W. Nauck). 18 gGr.

— d. Thüringen. 8. Leipz. Sommer. 800.

— durch Thüringen u. Hessen, in Briefen, v. einem wandernden Helvetier im J. 1800. 8. Leipz. 809. Hinrichs. 16 gGr.

— ins Thierreich, s. Regenten des Thierreichs 4r.

— die, nach dem Tode u. das Leben im Fegfeuer v. G. Schilling. 2 Thle. 8. Dresden, Arnold. 806.

Reise, die, nach dem Tode u. das Leben im Fegfeuer v. G. Schilling. 2 Thle. 8. Freyberg, Craz. 800. Rthlr.

— zur Unterhaltung u. Belehr. nach d. Wahrheit, im romant. Gewande, mit besond. Berücksichtig. d. Seelebens. 8. Hamb., Schubert u. N. 1 ℳ 4 ℊ

— der Vernunft durch Europa; aus d. Französ. 8. Leipz. 772. Müller. 10 ℊ

— durch das Visitenzimmer. 5 Stück. 8. Hamb. 773. Buchenröder. 20 ℊ

— d., der Vorzeit. 2 Bdchen. 8. Jena, Cröcker. 808. u. 9. (1s 1 Thlr. 2s 18 gr.)

— aus d. Welt in den Himmel. 12. Büding. 755.

— von Wien üb. Dresden, Prag, e. Theil d. Lausitz nach Berlin u. Potsdam. Mit e. Vorrede hrsgg. von A. F. Geisler d. Jüng. 8. Leipz. 787. Schneider. 6 ℊ

— v. Wien üb. Dresden, Prag, e. Theil d. Lausitz, nach Berl. u. Potsd. 8. Leipz. Schneider, (Linke) 787.

— wunderbare Morgen- und Abendländische, oder zweyer Freunde Glücks- u. Unglücksfälle. 8. Langensalza. 749.

— wunderbare, eines Philosophen in d. Mond. 8. Stettin 764. Drevenstädt. 5 ℊ

— des Kronprinzen v. Ypsilon, von ihm selbst herausgg. 8. Lpz. 787. Dyck. 10 ℊ

— d. Chunischen Zöglinge durch einige Gegenden am Main rc. 8. Frankf. 792. Pech. 6 ℊ

Reiseabenteuer, v. Ch. A. Fischer, 2 Bde. 8. Lpz. Gräff. 805.

Schw. Pap.

**Reiseabenteuer.** Hamburg 1840. V: *Hoffmann, Pet. Frdr. Ldw.* (SCHR)

**Reise-Abenteuer** mit dem Eilwagen. Komisches Fresko-Gemälde in sechs Skizzen. Frei nach dem Französ. von Alois Gleich. 8. Wien 841, Haas'sche Buchh. 2/3 ℳ

**Reiseabenteuer, Prinz Fedors.** [Berlin 1725.] V: *Bernstein, Caroline.* (GGR)

**REISEABENTHEUER** eines französischen Flüchtlings. Basel, Flick, 1804. 8°. (10 ggr.)

**Reiseabenteuer** des Hans-Jörgels von Gumpoldskirchen auf einer Lustfahrt von Wien nach Gratz. Wien 1841. V: *Weis, Johann Bapt.* (EB)

— des Hans-Görgels von Gumpoldskirchen auf einer Lustfahrt von Wien nach Gratz u. zurück über Leoben, Vordernberg, Eisenerz, Admont, Ischl, Gmunden, Linz, Mölk, St. Pölten, Abstätten, Gablitz nach Ober St. Veit. In Briefen an seinen Schwager Marel in Feselau mit den Bemerkungen des Amtsschreibers Rigowitz. Ein Handbuch für Reisende, welche zu Hause bleiben wollen. (Mit illum. Titelkupf.) 8. Wien 841, Bauer u. Dirnböck. 5/8 ℳ 148 S.

Reise-Abenteuer, humoristische, des Hrn. Knickebein aus Beeskow. Nr. 1—5. 8. Berlin 860—62, Lassar's Buchh. à Nr. * 2⅓ Ngr. * —

Inhalt:

Nr. 1. Knickebein im Seebade Misdroy von H. Salingré. (15 S. mit eingedr. Holzschn.)

„ 2. Knickebein als Extra-Zügler nach Potsdam von E. Jacobson. (15 S. mit eingedr. Holzschn.)

„ 3. Knickebein in der sächsischen Schweiz von E. Cohnfeld. (15 S. mit eingedr. Holzschn.)

„ 4. Knickebein und Stiebel in Hamburg von J. Jacobson. (19 S. mit eingedr. Holzschn.)

„ 5. Knickebein und Stiebel auf der leipziger Messe von E. Cohnfeld. (15 S.)

Reiseabentheuer, interess., eines französ. Flüchtlings. 8. Basel 804. Flick. (Neukirch). 10 ℊ

**REISE-ABENTEUER** des Herrn Knickebein aus Beeskow. Nr. 1—5 (soviel ersch.?). Mit color. Titelbildern und zahlreichen Holzschnitten. (Berlin, c. 1860?) 8°. (6 Mk., 1—5 in Hldrbd., E. Frensdorff, 1906.)

Mit Beiträgen von Salingré, Jacobsohn u. Cohnfeld. — Ziemlich harmlos.

**Reise-Abenteuer, Komische,** einer Predigerfamilie. Berlin 1807. V: *Kuhn, Friedrich August* (?). (BGE VI[2], 409)

**Reise-Abenteuer** und Mess-Scenen. Berlin und Leipzig [Gotha] 1811. V: *Oppalka, von.* (BGE IV, 118)

**REISE-ABENTHEUER** und Mess-Scenen. Berlin u. Leipzig (Erfurt, Hennings) 1811. 8°. (1 Mk. 50 Pfg. A. Bielefeld, vor 1885.)

415 S. — Ziemlich zahm.

**Reiseabenteuer, Napoleons,** von Fontainebleau nach der Insel Elba; a. d. Franz. Leipzig 1815. Ü: *Bergk, Joh. Adam.* (KY)

Reise- u. Jagd-Abenteuer, neue. Erzählgn. f. die Jugend. — Für die Deutsche Jugend. Hübsche u. unterhalt. Erzählgn. (Einbandtitel: Gesammelte Erzählungen für die Jugend.) 12. (80 u. 80 S. m. 6 Farbdr.) Fürth (891). C. Schaller. Geb. n. — 75

— nordische. 2 Thle. 8. Gießen 815. Müller. 1 ℳ 16 ℊ

Reiseabenteuer des Capitän Pamphil. Nach d. Französischen. 8. (4⅓ B. u. 1 Stnt.) Thorn 845, Lambeck.

— einer Predigerfamilie. 8. Leipz. 810. Rein. 1 ℳ

**Reiseabenteuer, Pudelnärrische,** dreyer Königssöhne. Leipz. 1789. V: *Weise, Christian.* (ML) *Weisse, Chn Fel.* (KY) (MGT)

— pudelnärrische, dreier Königssöhne, (v. Chr. Weise). 8. Leipz. 789. Schwickert. 7 ℊ

**STIEFELTONS,** Lord, wunderbare Reise-Abenteuer und Erlebnisse. Mit Illustrationen. Herausgegeben von Habekuk Besenstiel. Leipzig 1869. 8°.

Gmähle's (München) Leihbibl.-Cat. no. 28,269; Weller, Lex. Ps. p. 71 hat „Habakuk".

**Reise-Adressbuch** f. Lehrerinnen. Hrsg. im Auftrage des Vorstandes des allgem. deutschen Lehrerinnen-Vereins v. Margarete Simson, geb. Mac Lean. 7. Aufl. (XVI, 193 S.) kl. 8. Berlin (907). L. Oehmigke's Verl. —60; Nachtrag 1908. (6 S.) nn — 10

Neues **Reise-Adreßbuch** für Mittel-Europa. München: Oesterr.-Bayer. Correspondenz 1904. (XIX, 92 S.) 8° [F.] [os. 10078

**Reise-Adressbuch, neues,** f. Mittel-Europa. (Hrsg.: A. Schmalix.) 8. Aufl. (217 S.) kl. 8. München 906. (Brixen, Pressvereins-Buchh.) n. — 60

**Reise-Agenda** für Deutschland. Sommer 1846. Enth. die Post-, Eisenbahn- u. Dampfboot-Course von Deutschland, nebst Preis-Tarif, die Entfernungen in Meilen, die Sehenswürdigkeiten u. Hôtels in den größern Städten ꝛc. Nach den neuesten officiellen Angaben zusammengestellt von F. Jagor. 2. Aufl. 16. (Mit 2 Stahlst. u. 1 Kärtchen.) Berlin 846, Schröder. n. 1/6 ß

**Reise-Album.** Internat. illustr. Auskunftsbuch f. Reise u. Verkehr. Central-Organ zur Förderg. d. Fremdenverkehrs. Beschreibg. v. Städten, Landschaften, Bade- u. Kurorten, Sommerfrischen, Touristenplätzen, Heil- u. Erziehungsanstalten, Hôtels, Restaurants, Cafés, Vergnügungs-Etablissements, gewerbl. Etablissements u. Einkaufs-Geschäften. 1897/98. 4. Jahrg. gr. 4. (IV, 198 S.) München 897. C. Andelfinger & Co. Geb. in Leinw. 3. —

**Reise-Album,** internationales illustriertes. Auskunftsbuch f. Reise u. Verkehr. Central-Organ zur Förderg. des Fremdenverkehrs u. Handels. Beschreibung von Städten, Landschaften, Bade- u. Kurorten, Sommerfrischen, Touristenplätzen, Heil- u. Erziehungsanstalten, Hotels, Restaurants, Cafés, Vergnügungs-Etablissements, gewerbl. Etablissements u. allerhand Einkaufs-Geschäften. 8. Jahrg. gr. 4. (IV, 214 S.) München (902). C. Andelfinger & Co. Geb. in Leinw. 6. —

**Reise-Album.** Internationales illustriertes Auskunftsbuch f. Reise u. Verkehr. Central-Organ zur Förderg. des Fremdenverkehrs u. Handels. Beschreibung von Städten, Landschaften, Bade- u. Kurorten, Sommerfrischen, Touristenplätzen, Heil- u. Erziehungsanstalten, Hotels, Restaurants, Cafés, Vergnügungs-Etablissements, gewerbl. Etablissements u. allerhand Einkaufs-Geschäften. 9. Jahrg. (IV, 160 S.) gr. 4. München (903). C. Andelfinger & Co. Geb. in Leinw. n. 6. —

**Reise-Album.** Internationales illustr. Auskunftsbuch f. Reise u. Verkehr. Zentralorgan zur Förderg. des Fremdenverkehrs u. Handels. Beschreibg. v. Städten, Landschaften, Bade- u. Kurorten, Sommerfrischen, Touristenplätzen, Heil- und Erziehungs-Anstalten, Hotels, Restaurants, Cafés, Vergnügungs-Etablissements, gewerbl. Etablissements u. allerhand Einkaufsgeschäften. 16. Jahrg. (IV, 222 S.) 32,5×24,5 cm. München (910). C. Andelfinger & Co. Geb. in Leinw. 7. —

**Reise-Album f. 1894.** Illustr. Auskunftsbuch u. Gratisgabe f. die Abonnenten des Reise-Onkel üb. Bade- u. Kurorte, Sommerfrischen, Touristenplätze, Heilanstalten, Hôtels, Restaurants, Cafés, Vergnügungs-Etablissements u. Einkaufs-Geschäfte. Red.: M. Koch v. Berneck u. Johs. Winkler. gr. 4. (VIII, 192 S.) München 894. Zeitungs-Verl. d. Reise-Onkel. Geb. in Leinw. 3. —

**Reise-Album,** poetisches. Hrsg. von Jos. Rank. 8. (VIII und 156 S.) Leipzig 855, Brockhaus. *
Aus: Brockhaus' Reise-Bibliothek.

**Reiseanekdoten** d. Wiener Furchtsamen auf ihrer Flucht im Apen 1797. 8. Wien, Schönfeld. 5 gr

**Reise-Anecdoten, Gesammelte,** der Wiener Furchtsamen auf ihrer Flucht im Monate April 1797. Prag o. J. [1797]. 88 S. 8°. V: *Richter, Joseph.* (KY 4/480) (GILHOFER 106/78) (BGE[2] VIII/491) (GGR V/319, Nr. 47/20) (WRZTG 1797, S. 2176) (BIBLPORT) (Hans Viktor Pisk: Josef Richter. Diss. Wien 1927. S. 144)

* **REISE-ANEKDOTEN,** Gesammelte, der Wiener Furchtsamen, auf ihrer Flucht (vor den Neufranken) im Monate April 1797. Prag, in der v. Schönfeldschen Niederlage. (In Wien, Stadtbibl.) — Nachtrag .... Wien u. Prag, in den v. Schönfeldschen Niederlagen. 8°. (24 Kr. Gilhofer & Ranschburg, 1909:)

**Reiseanzeiger,** illustrirter. 1863. gr. 4. (64 Sp. mit eingedr. Holzschn.) Leipzig, Lorck.

**Reise-Archiv,** allgemeines, in Auszügen ꝛc.
auch unter dem Titel:
Reise-Encyclopädie ꝛc. Ist jetzt Verlag von Rükker in Berlin und der Preis
(Einzeln jeder Band 1 Rthlr. 16 Gr.)

**Reisearchiv, Allgemeines,** in Auszügen aus ungedruckten und grössern erschienenen Reisewerken ... Berlin 1810-12. V: *Bratring, Frdr. Wilh. Aug.* (KY)

**Reisearzt,** der, od. prakt. Gesundheitsregeln f. Reisende zu Wasser u. zu Lande. Als Anh. f. jed. Reise-Handb. von e. Arzt, der selbst viel reiste. gr. 12. (7 5/6 B.) Ulm 840, F. Ebner.

Reiseatlas [Schlagwort]

**Reiseatlas,** s.: Atlanten. Gaebler, Ed.

Reiseatlas [Sachliches OW]

**Reise-Atlas,** s. Brockhaus' Reise-Atlas.

**Brockhaus' Reise-Atlas.** Entworfen und gezeichnet von Henry Lange, s. Dresden. Plan der Stadt. — Hof-Nürnberg. Führer für Reisende. — Leipzig. Plan der Stadt. — Leipzig-Dresden. Führer für Reisende. — Leipzig-Hof. Führer für Reisende. — München-Augsburg-Ulm. Führer für Reisende. — Nürnberg-Augsburg. Führer für Reisende. — Prag-Bodenbach. Führer für Reisende. — Schweiz, die sächsische. Führer für Reisende.
Vgl.: Brockhaus' Reise-Bibliothek.

**Reiseatlas,** kleiner, f. Deutschland. Enth.: 24 (lith.) Karten (in 8. u. 4.) mit sämmtl. deutschen Eisenbahnen, Personenposten u. Dampfschiffen, einer Postordnung u. Münztabelle. Ein Anhang zu allen Reisebüchern für Deutschland. 8. (30 S.) München 847, Literarisch-artistische Anstalt. n. 24 ngl

**Reise-Atlas,** polytopischer. 1. Liefg. No. 1—7. Reise auf dem Rhein von Basel bis Düsseldorf. schmal gr. 8. (7 lith. Karten.) Stuttgart 843, Neff. 1 ß (Einzelne Blätter kosten 1/6 ß — in Etui 1/4 ß)

— derselbe. No. 8. 9. Das Moselthal zwischen Coblenz u. Trier. schmal gr. 8. Ebend. 843. n. 1/3 ß

— derselbe. No. 10. 13. 16. 18. Das Neckarthal zwischen Heilbronn u. Mannheim. Route von Stuttgart nach Ulm. Route von Stuttgart nach Balingen. Route von Stuttgart nach Carlsruhe. schmal gr. 8. Ebend. 843. n. 2/3 ß

— derselbe. No. 14. 15. Die Neckarseite der Schwäbischen Alp. Route von Ulm nach München. schmal gr. 8. Ebend. 843. 1/4 ß

— derselbe. Plan v. Stuttgart. schm. gr. 8. Ebend. 843. 1/4 ß

— derselbe. No. 11. Karte der Bergstraße u. des Odenwaldes. Lith. schmal gr. 8. Ebend. 844. 1/4 ß

— derselbe. No. 12. Route von Stuttgart nach Heidelberg. Lith. schmal gr. 8. Ebend. 844. 1/4 ß

— derselbe. No. 17. Route von Balingen nach Schaffhausen. Lith. schmal gr. 8. Ebend. 844. 1/4 ß

— derselbe. No. 20. Route von Schaffhausen nach Zürich. Lith. schmal gr. 8. Ebend. 844. 1/4 ß

— derselbe. No. 27. Route von Interlaken nach Bern. Lith. schmal gr. 8. Ebend. 844. 1/4 ß

— derselbe. No. 28. Route von Thün nach Leuk. Lith. schmal gr. 8. Ebend. 844. 1/4 ß

— derselbe. No. 30. Route von Martigny nach Sallanches. Lith. schmal gr. 8. Ebend. 844. 1/4 ß

— derselbe. No. 31. Route von Sallanches nach Genf. Lith. schmal gr. 8. Ebend. 844. 1/4 ß

— derselbe. No. 32. Der Genfer See. Lith. schmal gr. 8. Ebend. 844. 1/4 ß

— derselbe. 5 elegante Karten zur Reise von Baden u. Carlsruhe nach Stuttgart u. München. Lith. schmal gr. 8. Ebend. 844. n. 5/6 ß

**Reise-Atlas**, polytopischer. 6 elegante Karten zur Reise von Frankfurt a/M. nach München über Mannheim, Heidelberg, Stuttgart, Ulm u. Augsburg. Lith. schmal gr. 8. Stuttgart 844, Neff. 1 ß

— derselbe. 3 elegante Karten zur Reise von Frankfurt a/M. nach Stuttgart. Lith. schmal gr. 8. Ebend. 844. 1/2 ß

— derselbe. 2 elegante Karten zur Reise von Stuttgart nach Schaffhausen. Lith. schmal gr. 8. Ebend. 844. n. 1/3 ß

— derselbe. Städtepläne. II. Plan von München. Lith. schmal gr. 8. Ebend. 844. 1/4 ß

— derselbe. Städtepläne. III—VI. Frankfurt a/M. — Mainz. — Straßburg. — Cöln. Lith. schmal gr. 8. Ebend. 844. à n. 5 ngl

**Reise- u. Taschen-Atlas.** 6 Hfte. 8. Lpz. Herzog. (à 12 gr.)

**Reiseaufnahmen,** architektonische, aus Trier u. dem Elsass, gesammelt u. gezeichnet unter Leitung von Ewerbeck u. Henrici von den Studirenden der Architekturabtheilung an der königl. Techn. Hochschule zu Aacheu. [Aus: „Deutsche Renaissance".] Fol. (50 autogr. Taf. m. 2 Bl. Text.) Leipzig 882. Seemann. n. 16. —

**Reise-Aufnahmen** der Studirenden der Architektur an der königl. technischen Hochschule zu Aachen unter Leitg. v. Ewerbeck u. K. Henrici. 1.—8. Abth. gr. Fol. Leipzig, E. A. Seemann. n. 90. —

1. 2. Trier u. Elsass. (50 Taf. m. 2 Bl. Text.) 881. n. 18. —
3. Coblenz u. Moselthal. (50 Taf. m. 4 Bl. Text.) 882. n. 18. —
4. Mittelrhein. (30 Taf. m. 1 Bl. Text.) 883. n. 9. —
5. Goslar. (20 Taf. m. 1 Bl. Text.) 884. n. 6. —
6. Franken. (50 Taf. m. 1 Bl. Text.) 885. n. 15. —
7. Ostfriesland: Emden, Norden u. Jever. (50 Taf. m. 4 Bl. Text.) 886. n. 15. —
8. Werrathal, Lahnthal u. Westfalen. (30 Taf.) 887. n. 9. —

**Reiseaufnahmen aus Westfalen u. d. Fürstenth. Lippe-Detmold**, unt. Leitg. v. Henrici ausgeführt v. Studirenden d. Architektur d. kgl. techn. Hochschule in Aachen im J. 1890. Fol. (50 Lichtdr.-Taf.) Aachen 892. Prof. Henrici. In Leinw.-Mappe n. 10. —

Reiseaufnahmen aus Westfalen u. dem Fürstenthum Lippe-Detmold unter Leitung des Prof. Henrici ausgeführt von Studirenden der Architektur der Königl. technischen Hochschule in Aachen im J. 1890. Fol. (50 Lichtdr.-Taf.) Köln 892, (Inderau). In Caliko-Mappe * 10 —

Reise-Avis auf den 27 Eisenbahnen in Norddeutschland, Schlesien und Holstein. Leipzig 1847. 8. . . . . . . . . . . . . . . . . . . . . . . . . . . . . (D.)

**Reise-Begleiter** zu den Fahrten der Eisenbahnen u. Dampfschiffe. Zusammenstellung der neuesten Fahrpläne f. Deutschland u. die angrenzenden Länder nebst einer (lith.) Eisenbahn-Karte (in gr. 4.) wie auch einer Münz- u. Meilen-Vergleichungs-Tabelle, etc. December 1852. 12. (IV u. 66 S.) Magdeburg, Falckenberg & Co. n. 1/12 ß

**Reisebegleiter, der, durch Graubünden. Ein Vademecum für alle Besucher des Engadins und der übrigen rhätischen Thäler, enthaltend: Höhen- und Längenangaben für die Postrouten, Bade- und Luftkurorte, die Post- und Telegraphenstationen etc. In-8⁰. Mit einer Karte. Chur, Kellenberger'sche Buchhandlung.** 1882.

**Reisebegleiter,** kurzgefasster u. praktischer, auf der Rundfahrt durch Oberösterreich, das Salzkammergut u. Salzburger Gebirgsland auf der Kronprinz Rudolf-, Gisela- u. Elisabeth-Westbahn. Zugleich Wegweiser für die Dampfschiff-Fahrten über die Seen des Salzkammergutes mit besonderer Berücksichtigung der Eisenbahn-Anschlüsse u. des Omnibus-Verkehrs. 32. (48 S. m. 1 chromolith. Karte in gr. 4.) Salzburg 878. Glonner. n. — 80

Männerchor Unterstrass-Zürich. Reisebegleiter. Sängerreise Zürich — ... Davos — ... Arosa — Chur. 11., 12. und 13. Juli 1903. IV + 8 S. 8. Zürich, Aschmann & Scheller.

**Reise-Begleiter,** neuer, nach u. in Nord-Amerika. [Auszug aus dem „Amerika-Taschenbuch".] Mit e. amerikan. Eisenbahn-Stations-Karte (m. illustr. Text auf der Rückseite.) gr. 8. (24 S.) Leipzig 888. Rauert & Rocco. n. — 50

**Reisebegleiter** für die Schweiz. Fahrtenplan der schweiz. Eisenbahnen, Posten und Dampfboote. Mit 1 Kärtchen. Nr. 53. Sommer-Saison 1871. 88 u. 36 Stn. in-12. Zürich, D. Bürkli. —. 40

**Reisebegleiter** für die Schweiz. Nr. 61. Sommer-Saison 1875. Fahrtenplan der schweiz. Eisenbahnen, Posten u. Dampfboote. Mit Eisenbahnkärtchen. 32. Zürich. Bürkli. —. 40

—— für die Schweiz. Fahrtenplan der Schweizer Eisenbahnen, Posten und Dampfboote mit den Anschlüssen im Innern und nach dem Ausland. Verzeichniss der Telegraphen-Bureaux der Schweiz. Nach den offiziellen Bekanntmachungen zusammengestellt. Mit 2 (lithogr.) Eisenbahnkärtchen. 25.—29. Jahrg. 1880—1884. à Jahrg. 2 Hefte. 16. (à Heft ca. 160 S.) Zürich, (Meyer und Zeller.) à Heft ** 50 Pf.; à Jahrg. **

—— für die Schweiz. Fahrtenplan der Schweizer Eisenbahnen, Posten und Dampfboote mit den Anschlüssen im Innern und nach dem Ausland. Verzeichniss der Telegraphen-Bureaux der Schweiz. Nach den offiziellen Bekanntmachungen zusammengestellt. Mit 2 lithogr. Eisenbahnkärtchen. 30.—33. Jahrg. 1885—1888. à Jahrg. 2 Hefte. 16. (à Heft ca. 180 S.) Zürich, (Meyer und Zeller.) à Heft **

— f. die Schweiz. Fahrtenplan der Schweizer Eisenbahnen, Posten u. Dampfboote m. den Anschlüssen im Innern u. nach dem Ausland. Verzeichniss der Telegraphen-Bureaux der Schweiz. Nach den offiziellen Bekanntmachgn. zusammengestellt. Mit 2 (lith.) Eisenbahnkärtchen. 34. Jahrg. 1889. 2 Hfte. 16. (1. Hft. 193 S.) Zürich 889. (Meyer & Zeller.) à n.n. —50

**Reisebegleiter** für die Schweiz. Fahrtenplan der schweizer. Eisenbahnen, Posten und Dampfboote mit den Anschlüssen im Innern und nach dem Ausland. Verzeichniss der Telegraphen-Bureaux der Schweiz. Nach den offiziellen Bekanntmachungen zusammengestellt. 35. Jahrg. Wintersaison 1890/91. Mit 2 Karten (in-4⁰). In-12⁰. 190 u. 6 S. Zürich, D. Bürkli. — 50

**Reisebegleiter** für die Schweiz. Fahrtenplan der schweizer. Eisenbahnen, Posten und Dampfboote mit den Anschlüssen im Innern und nach dem Ausland. Verzeichniss der Telegraphen-Bureaux der Schweiz. Nach den offiziellen Bekanntmachungen zusammengestellt. 36. Jahrg. Sommersaison 1891. Mit 2 Karten (in-4⁰). In-12⁰. 203 u. 40 S. Zürich, David Bürkli. — 50

**Reisebegleiter** f. die Schweiz. Fahrtenplan der schweizer Eisenbahnen, Posten u. Dampfboote m. den Anschlüssen. Verzeichniss der Telegraphen-Bureaux der Schweiz. Mit 2 (lithogr.) Eisenbahnkärtchen. 37. Jahrg. 1892. 2 Hefte. 16. (220; 211 S.) Zürich. (Basel, H. Amberger.) à Heft * — 40
34.—36. Jahrg. bei Meyer u. Zeller in Zürich. à Heft * — 50.

**Reisebegleiter** für die Schweiz. Fahrtenplan der schweizer Eisenbahnen, Posten u. Dampfboote m. den Anschlüssen im Innern u. nach dem Ausland. Verzeichniss der Telegraphen-Bureaux der Schweiz. Nach den offiziellen Bekanntmachungen zusammengestellt. Mit 2 (lith.) Eisenbahnkärtchen. 39. Jahrg. 1894. Nr. 102. 16. (229 S.) Zürich. (Basel, H. Amberger.) n. — 60

**Reisebegleiter** f. d. Schweiz. (Guide des voyageurs en Suisse.) Fahrtenplan d. schweizer. Eisenbahnen, Posten u. Dampfboote m. d. Anschlüssen im Innern u. nach d. Ausland. Verzeichnis d. Telegraphen-Bureaux d. Schweiz. Nach d. offiz. Bekanntmachgn. zusammengest. Hrsg. v. L. Amberger vorm. Dav. Bürkli. M. 2 (lith.) Eisenbahnkärtchen. 43. Jahrg. Wintersaison 1898/99. Nr. 110. 16. (340 S.) Zürich 898. Basel, H. Amberger. n. — 50

**Reisebegleiter** für die Schweiz. (Guide des voyageurs en Suisse.) Fahrtenplan der Schweizer Eisenbahnen, Posten u. Dampfboote m. den Anschlüssen im Innern u. nach dem Ausland. Verzeichnis der Telegraphen-Bureaux der Schweiz. Hrsg. v. *L. Amberger* vorm. D. Bürkli. Mit 2 (lith.) Eisenbahnkärtchen. 44. Jahrg. Sommersaison 1899. Nr. 111. 16⁰. 351 S. Zürich. H. Amberger's Verlag. — 60

**Reisebegleiter** für die Schweiz. (Guide des voyageurs en Suisse.) Fahrtenplan der schweizer. Eisenbahnen, Posten und Dampfboote m. den Anschlüssen im Innern und nach dem Ausland. Verzeichnis der Telegraphen-Bureaux d. Schweiz. Nach den offiziellen Bekanntmachgn. zusammengestellt. Mit 2 (lith.) Eisenbahnkärtchen. 44. Jahrg. Wintersaison 1899—1900. Nr. 112. 16⁰. 344 S. Basel. H. Amberger's Verlag. — 60

**Reisebegleiter** für die Schweiz. Fahrtenplan der Schweizer Eisenbahnen, Posten und Dampfboote mit den Anschlüssen im Innern und nach dem Ausland. (Verzeichnis der Telegraphen-Bureaux der Schweiz. Nach den offiziellen Bekanntmachungen zusammengestellt. 45. Jahrg. Sommer-Saison 1900. No. 113. 16⁰. 368 S. mit 2 Eisenbahnkärtchen. Zürich, Fritz Amberger vormals David Bürkli. — 60

**Reisebegleiter** für die Schweiz. (Guide des voyageurs en Suisse). Fahrtenplan d. Schweizer. Eisenbahnen, Posten und Dampfbote mit den Anschlüssen im Innern und nach dem Ausland. Verzeichnis der Telegraphen-Bureaux der Schweiz. Nach den offiz. Bekanntmachungen zusammengestellt. Mit 2 lith. Eisenbahn-Kärtchen. 45. Jahrg. Wintersaison 1900/1901. Nr. 114. 16⁰. 364 S. Zürich, Fritz Amberger. — 60

**Reisebegleiter** für die Schweiz. Fahrtenplan der Schweizer Bahnen, Posten und Dampfboote.... Nach den offiziellen Bekanntmachungen zusammengestellt. — Guide des Voyageurs en Suisse. Indicateur général des Chemins de fer Suisses, Postes, Télégraphes et Bateaux à vapeur.... [Nr.] 115. Jahrg. 46 — 46ᵉ Année. Sommersaison — Saison d'Été 1901. [Mit doppelter Karte.] IV + 388 + 28 S. 8. Zürich, Fritz Amberger vorm. David Bürkli. fr. —. 60

**Reisebegleiter** für die Schweiz. Fahrtenplan.... — Guide des Voyageurs en Suisse. Indicateur général.... [Nr.] 116. Jahrg. 46 — 46ᵉ Année. Wintersaison — Saison d'hiver 1901/2. [Mit doppelter Karte.] — *Mit:* Ergänzungsheft zum Reisebegleiter...: Billet-Verzeichnis für den Rundreiseverkehr. Wintersaison 1901/2. — Supplément du Guide «Bürkli»: Table des billets circulaires. IV + 308 + 12 S. + *Erg.-Heft* 80 S. 8. Zürich, Fritz Amberger vorm. David Bürkli. fr. —. 60 + *Erg.-Heft* fr. —. 20; Ausland *zus.* fr. 1.—

**Reisebegleiter** für die Schweiz. Fahrtenplan.... — Guide des Voyageurs en Suisse. Indicateur général.... Jahrg. 47 — 47ᵉ Année. [*Je* mit doppelter Karte.] — *Je mit:* Ergänzungsheft...: Billet-Verzeichnis für den Rundreiseverkehr.... — Supplément du Guide «Burkli».... 8. Zürich, Fritz Amberger vorm. David Bürkli. *je* fr. —. 60 + *Erg.-Heft* fr. —. 20; Ausland *zus.* fr. 1.—

[Nr.] 117. Sommersaison — Saison d'Été 1902. VI + 326 + 26 S. + *Erg.-Heft* 88 S.

[Nr.] 118. Wintersaison — Saison d'hiver 1902/3. VI + 322 + 14 S. + *Erg.-Heft* 65 S.

Roisebogleiter für die Schweiz. Fahrtenplan ... = Guide des Voyageurs on Suisse. Indicateur général.... [Nr.] 119. Jahrg. 48 = 48e Année. Sommersaison = Saison d'Été 1903. [Mit doppelter Karte.] — *Mit:* Ergänzungs-Heft.... Billet-Verzeichnis für den Rundreiseverkehr ... = Supplément au Guide «Burkli».... IV + 384 + 32 S. + *Erg.-Heft* 98 S. 8. Zürich, Fritz Amberger vorm. David Bürkli. fr. —. 60 + *Erg.-Heft* fr. —. 20; Ausland *zus.* fr. 1. —

Roisebegleiter für die Schweiz. Fahrtenplan ... = Guide des Voyageurs en Suisse. Indicateur général.... [Nr.] 120. Jahrg. 48 = 48e Année. Wintersaison = Saison d'hiver 1903/4. [Mit doppelter Karte.] — *Mit:* Ergänzungs-Heft.... Billet-Verzeichnis für den Rundreiseverkehr ... = Supplément au Guide «Burkli».... IV + 354 + 14 S. + *Erg.-Heft* 98 S. 8. Zürich, Fritz Amberger vorm. David Bürkli. fr. —. 60 + *Erg.-Heft* fr. —. 20; Ausland *zus.* fr. 1. —

**Reisebegleiter** f. die Schweiz. (Guide des voyageurs en Suisse.) Fahrtenplan der schweizer Bahnen, Automobil-Verbindgn., Posten u. Dampfboote m. den Anschlüssen im Innern u. nach dem Ausland. Nach den offiziell. Bekanntmachgn. zusammengestellt. 50. Jahrg. Sommersaison 1905. Nr. 123. (345, 80 u. 115 S. m. 2 Karten.) 16. Zürich, F. Amberger.
Mit Ergänzungs-Heft n. — 80
Fortsetzg., s.: Bürkli's, Dav., Kursbuch.

**Reisebegleiter,** scandinavischer. Fünf Wochen in Norwegen im Jahre 1881. Mit genauer (chromolith.) Specialkarte, nebst einem praktischen Notizbuch für den scandinavischen Touristen [Reisekalender, Nachschlage- u. Umrechnungstabellen]. 12. (88 S.) Koburg 882. Riemann'sche Hofbuchh. geb. n. 2. —

Reisebegleiter zur Londoner Welt-Ausstellung 1862. 16. (64 S. mit einem ausführl. lithogr. Plane von London und Umgebung in qu. Fol.) Wien 862, Sommer. (F. Klemm.) *

**Reisebekanntschaften,** unsere. Erinnerungsblätter an frohe Tage. Mit e. Geleitwort v. Jul. Wolff. (79 S.) gr. 8. Leipzig (903). W. Möschke.
Geb. in Leinw. m. Goldschn. 3. —

Reisebemerkungen

— v. einig. Bezirken Deutschlands, d. Schweiz etc. 2 Thle. 8. Cassel, Griesbach. 809.

— von einigen Bezirken Deutschlands, der Schweiz etc. 2 Thle. 8. Cassel 809. (Luckhardt). 9 gGr

**Reisebemerkungen** in Briefen. [Berlin 1792.] V: *Gillet, Frdr. Wilh.* (Hitzig)

Reisebemerkungen üb. Ehst- u. Weißrußland etc., s. Reisen in mehr. russ. Gouvernements etc., 7. Bdchn.

**Reisebemerkungen,** neue, in u. üb. Deutschland. 6 Thle. 8. Halle 786—91. Hendel. 5 Rthlr 6 gGr (6r Thl. Auch u. d. T.: unterhaltende topograph.-statist. Beschreib. e. Sommerreise durch Braunschweig-Wolfenbüttel, Quedlinburg, Halberstadt, Magdeburg u. Barby. 3 Thle.)

**Reisebemerkungen** über einen Theil von Italien, Frankreich und England; nebst einem Anhange von Algier. Celle 1784. V: *Lindemann, Christoph Friedrich Heinrich.* (MGT) (Adel) (Ky)

— üb. e. Theil v. Italien, Frankreich u. England, (v. Cph. Fr. H. Lindemann). 8. Zelle 784. Richter. 6 gGr

**Reise-Beobachtungen,** erdmagnetische, s. a. Veröffentlichungen des hydrographischen Amtes der k. u. k. Kriegs-Marine zu Pola. Nr. 13.

Erdmagnetische Reise-Beobachtungen ... Hrsg. v. d. Abth. 'Geophysik'. Heft I. *Pola: Comm.-V. v. Gerold & C. in Wien; Dr. d. k. k. Hof- u. Staatsdr. 1897.* 4.
= Veröffentlichungen d. Hydrogr. Amtes d. k. u. k. Kriegs-Marine in Pola. Gruppe III. Fortlauf. No 3. [98. 1140

538
**Erdmagnetische Reise-Beobachtungen.** II. Heft. Erdmagnetische Beobachtungen ausgeführt während der Reise S. M. Schiffes „Zrinyi" 1897/98. Ostküste Süd-Amerikas und Westküste Afrikas. Herausgegeben von der Abtheilung „Geophysik". Pola. 1898. In Comm. Gerold & Cie. Wien. 4°. 32 S. fl. 1.—

**Erdmagnetische Reisebeobachtungen** IV. Heft. Bestimmungen der magnetischen Deklination im österreichisch-ungarischen Küstengebiete. [Veröffentlichungen des hydrographischen Amtes der k. u. k. Kriegsmarine in Pola. Gruppe IV. Nr. 25.] Fol. (30 S.) † K 2.—
Wien: Gerold 1908.

Reise-Bericht der (Münchener) Deputation zur Besichtigung auswärtiger *Schlachthäuser* u. *Viehmärkte.* München 1873. Fol. Cart.
52 S. (à 2 Col.), 6 Taf., 1 Bl.

**Reisebericht, Ein,** über Berlin und Hamburg vom Jahre 1795. [Hamb. 1913.] V: *Bock, C. G.* (Franck 25/613) (Auct. Graupe 3/281) (Biblport)

**Reisebericht** der m. Verfügg. des zur einstweiligen Besorgg. der Geschäfte der Reichshaupt- u. Residenzstadt bestellten k. k. Bez.-Hauptmannes Hans v. Friebeis vom 25. IX. 1895, Z. 7801 zum Studium der Einrichtgn. auswärtiger Schweineschlachthäuser entsendeten Commission. gr. 4. (118 S. m. 169 Fig.) Wien 896. (Leipzig, G. Schlemminger.) n. 14. —

**Reisebericht** der von der Museums-Deputation in Breslau zur Besichtigung grösserer Städte gewählten Commission. Breslau 1898. V: *Plüddemann, Richard, Friedrich Friese & Hans Seger.* (Kat. d. Druckschr. üb. Breslau. Breslau 1903 S. 343.)

Reisebericht d. Familie Köpfli u. Suppiger nach St. Louis am Mississippi, u. Gründung v. New-Switzerland im Staate Illinois. 8. (15½ B. u. 1 Holzschn.) Sursee 833. (Bern, Dalp.)

**Reisebericht** der Familie Köpfli u. Süppiger nach St. Louis am Mississippi, und Gründung von New-Schwitzerland im Staate Illinois. Mit 1 Holzschnitt. 8. Sursee 833. (Bern, Dalp.) 7/12 Rthlr — 2e Aufl. Mit 1 Karte. Ebd. 1 Rthlr

**Reisebericht** über die Kunstgewerbe-Ausstellung in München ... Schönberg [1897]. V: *Schmidt, Wilh.* (EB)

Reisebericht über Paris. Mit 4 Tafeln und 111 Textfiguren. Wien. 1901. Verlag des Magistrates. In Comm. Braumüller Lex.-8°. XI, 372 S. K 6.—

Reisebericht über Zuckerrübenwirthschaften. Hrsg. von der Administration der Fischer'schen Stiftung „Gottesgabe". gr. 8. (43 S.) Flensburg 880, Huwald'sche Buchh. *

**Reisebericht, Zweiter,** des k. k. Hauptmünzamts-Obergoldscheiders über die k. k. Münzstaetten zu Venedig und Mailand. Mailand 1836. V: *Hassenbauer, Johann.* (WFM)

Centralverband Deutscher Industrieller. — REISEBERICHTE ÜBER BRASILIEN. Für die Deutsche Industrie erstattet von H. RAMELOW, Referent im Centralverband Deutscher Industrieller.

I. Wirtschaftliche Zustände und Aussichten in Brasilien. Rio de Janeiro, Santos und Sao Paulo. Die Kaffee-Erzeugung und -Ausfuhr. Die Seeverbindungen zwischen Europa und Brasilien. Eisenbahnen und Elektrizitätswerke im Staate Sao Paulo. (Mit Tafeln.) Berlin 1905. (Druck: Deutscher Verlag (Ges. m. b. H.).) 8°.

II. Die Handelsbilanz Brasiliens. Sao Paulo: (Fortsetzung.) Die Entwickelung der nationalen Industrien: Textil- und Zuckerindustrie, Brauereigewerbe, Glas-, Flaschen- und Zündholzfabrikation, Eisenindustrie. Einige besonders wichtige Importartikel: Landwirtschaftliche Maschinen und Geräte, Goldwaren und Bijouterien. Kleinere Dampfmaschinen und Maschinen aller Art, Eisenwaren, Chemikalien, Spielwaren, Zement. Die Filiale der „Brasilianischen Bank für Deutschland". (Mit Tafeln.) ib. 1905. —

III. Staat Rio Grande do Sul. Geologischer Aufbau des Landes. Die Bevölkerung und die innerpolitischen Zustände. Die Staatsverfassung und die Staatsfinanzen. Wirtschaftliche Zustände und Aussichten. Der Hafen von Rio Grande do Sul. Die Handelsbilanz des Jahres 1903. A. Die Ausfuhr: Ausfuhrländer und Ausfuhrartikel. B. Die Importverhältnisse: Die Einfuhrwerte des Jahres 1903 und die Beteiligung der Ursprungsländer der Waren an der Importstatistik. — Stellung des Deutschtums im Großhandel von Rio Grande do Sul. — Die Zollverhältnisse und -Schikanen. — Der Geschmack des Abnehmers in Rio Grande do Sul. Die Seeverbindungen zwischen Europa und Rio Grande do Sul. (Mit Tafeln.) ib. 1905. —

IV. Staat Rio Grande do Sul: (Fortsetzung.) Porto Alegre: Seine wirtschaftliche Bedeutung als Umschlagsplatz für das Hinterland. — Die Stellung des Deutschtums dortselbst. — Die direkte Einfuhr und Ausfuhr über den Hafen von Porto Alegre. — Wie vollzieht sich der Handel in Porto Alegre? A. Das Detailgeschäft. B. Der Handel nach dem Hinterlande (Musterreiter), die Transportverhältnisse. — Die Entwickelung der nationalen Industrien. Einige grössere schwebende Projekte: Kanalisationsanlagen, elektrische Kraftstation, Kaianlagen. — Die Filiale der „Brasilianischen Bank für Deutschland" und die übrigen Banken. Die Bodenschätze des Landes: Die Mineralien, der Holzreichtum und die nationale Kohle. — Die Landwirtschaft des Staates: Campzone, Kolonien. — Die kulturellen Verhältnisse. ib. 1905. —

**Reiseberichte** aus Griechenland. In Auszügen aus d. Briefen d. Archit. Ludw. Lange. 8. (1. u. 2. Bog.) Darmstadt 835, Lange, 1/6 Thlr., Blnp.

— **der Comités zur Veranstaltung ärztlicher Studienreisen in Bade- u. Kurorte.** 1. Bd. gr. 8. Berlin, Vogel & Kreienbrink. n. 4. —
Die bei der ersten deutschen Aerzte-Studienreise besuchten Nordsee-Bäder. Von W. H. Gilbert, P. Meissner u. A. Oliven. Hrsg. im Auftrage des Comités zur Veranstaltung ärztl. Studienreisen in Bade- u. Kurorte. (III, 178 S. m. Abbildgn., 2 Taf. u. 1 Karte.) 902.

**Reise-Berichte des Komitees zur Veranstaltung ärztl. Studienreisen.** 2. u. 3. Bd. gr. 8. Berlin, Halle, C. Marhold. n. 14. —
2. Die bei der 2. deutschen Aerzte-Studienreise besuchten sächsischen u. böhmischen Bäder. Hrsg. im Auftrage des Comités zur Veranstaltg. ärztl. Studienreisen in Bade- u. Kurorte. Von W. H. Gilbert, P. Meissner u. A. Oliven. (III, 348 S. m. Abbildgn., 5 Taf. u. 1 Karte.) 903. n. 8. —
3. Die bei der 3. deutschen Aerzte-Studienreise besuchten rheinischen, hessischen, lippischen u. waldeckschen Bäder. Hrsg. im Auftrage des Comités zur Veranstaltung ärztl. Studienreisen. Von W. H. Gilbert, P. Meissner u. A. Oliven. (III, 340 S. m. Abbildgn., 3 Taf. u. 1 Karte.) 904. n. 6. —
Bd. 1. Jetzt Ebd. 902. n. 4. —.

REISE-BERICHTE DES COMITÉS ZUR VERANSTALTUNG AERZTLICHER STUDIENREISEN IN BADE- UND KURORTE. [1])

Herausgegeben im Auftrage des Comités zur Veranstaltung ärztlicher Studienreisen in Bade- und Kurorte von W. H. GILBERT, P. MEISSNER, A. OLIVEN.

Bd. 4.: Die bei der vierten Deutschen Aerzte-Studienreise besuchten Bäder, Genesungsheime, Lungenheilanstalten, Hüttenbezirke und hygienischen Institute Schlesiens. (Mit Tafeln.) ib. 1905. Verlag: Medizinischer Verlag, G. m. b. H.

Bd. 5.: Die bei der 5. Deutschen Ärzte-Studienreise besuchten Bayerischen und Österreichischen Bäder. (Mit Tafeln.) Halle a. S. 1906. Verlagsbuchhandlung Carl Marhold.

Herausgegeben im Auftrage des Komitees zur Veranstaltung ärztlicher Studienreisen von Dr. A. OLIVEN, Berlin, Dr. P. MEISSNER, Berlin, Dr. R. BASSENGE, Berlin-Grunewald.

Bd. 6. Deutsche Ärzte-Studienreise (Baden, Württemberg, Hohenzollern). (Mit Tafeln.) Berlin 1907. Verlag: Komitee zur Veranstaltung ärztlicher Studienreisen.

Bd. 7. Bericht über die 7. Deutsche Ärzte-Studienreise. (Ostseebäder, Schweden und Dänemark.) (Mit Tafeln.) ib. 1908. —

Herausgegeben im Auftrage des Komitees zur Veranstaltung ärztlicher Studienreisen von Dr. A. OLIVEN, Dr. R. BASSENGE, Prof. Dr. PANNWITZ.

Bd. 8. Bericht über die 8. Deutsche Ärzte-Studienreise. (Ostende—Isle of Wight—San Sebastian—Madeira—Teneriffa—Tanger—Lissabon—Hamburg.) (Mit Tafeln) ib. 1909. Verlag: Deutsches Zentralkomitee für ärztliche Studienreisen.

Herausgegeben im Auftrage des Komitees zur Veranstaltung ärztlicher Studienreisen von Dr. A. OLIVEN, Dr. S. KAMINER.

Bd. 9. Bericht über die 9. Deutsche Studienreise (Budapest—Pöstyén—Trencsén—Teplitz—Balaton—Almádi—Siófok—Balaton—Füred—Abbazia—Venedig—Genua—Algier—Gibraltar—Antwerpen—Hamburg.) ib. 1910. (Druck von Leonhard Simion Nf.)

Bd. 10. Bericht über die X. Deutsche Studienreise. Stuttgart—Friedrichshafen—Ragaz—Flims—Davos—Vulpera—Tarasp—Gstaad—Interlaken—Bern. ib. 1910. (—)

Bd. 11. Bericht über die Tätigkeit des Zentralkomitees für ärztliche Studienreisen im Jahre 1911. ib. 1911. (—)

[1]) Mitteilungen des Komitees zur Veranstaltung ärztlicher Studienreisen, erschienen in der Zeitschrift für Balneologie.

**Reise-Berichte** aus entfernten Ländern: Der Gesellschafter 1826, Nr. 203/6. V: *Lessmann, Dan.*, der erst in Nr. 208, S. 1056a als Verf. genannt wird. (DART)

Haus d. Abgeordneten. **Reiseberichte** über Nord-Amerika erstattet von Kommissaren des Königl. Preuß. Ministers f. Handel u. Gewerbe. Berlin 1906: W. Moeser. (490 S.) 4°(2°) [Umschlagt. F.]
Aus: Haus d. Abgeordn. 20. Leg.-Per., 2. Sess. 1905/06. Drucks. No 257. (07. 10749 2

**Reiseberichte** über **Paris**, erstattet v. den nachstoh. Beamten des Stadtbauamtes. I. Verkehrswesen. Von Paul Kortz. — II. Marktwesen, Schulen, Bäder. Von Herm. Beranek. — III. Stadtregulierung u. Gartenwesen. Von Heinr. Goldemund. — IV. Baupolizei, Theater etc. Von Alfr. Greil. — V. Canalisationswesen u. Beriesolungsanlagen. Von Jos. Ruiss. — VI. Strassenbau u. Strassenpflege. Von Alex. Swetz. — VII. Wasserversorgung u. Beleuchtungswesen. Von Mart. Paul Lex.-8. (XI, 372 S. m. 111 Abbildgn. u. 4 Taf.) Wien 901. (W. Braumüller). Geb. n.n. 10.—

— **tabellarische,** nach den meteorologischen Schiffstagebüchern. Hrsg. v. der Deutschen Seewarte. 1. u. 2. Bd. Eingänge d. J. 1903 u. 1904. (VIII, 184 u. IX, 200 S.) Lex.-8. Berlin 904. 905. E. S. Mittler & Sohn. à n. 3.—

**Reiseberichte, tabellarische,** nach den meteorologisch. Schiffstagebüchern. Hrsg. von der kaiserl. Marine. Deutsche Seewarte. 3.—7. Bd. Eingänge der J. 1905—1909. (VIII, 192; X, 221; X, 236; X, 248 u. X, 245 S.) Lex. 8. Berlin 906—10. E. S. Mittler & Sohn. à 3. —

**Reiseberichte,** zwei ultramontane, üb. das Königr. Sachsen. gr. 8. (7 S.) Neusalza 889. (Oeser.) n.n. — 10

**REISE-BESCHREIBUNG,** Abentheuerliche, eines in der Welt herumirrenden Maldivischen Ritters von Tranckillie, nebst der Europäischen Caroline angenehmen Liebes-Geschichte. Franckfurt u. Leipzig (Delitzsch. Vogelgsang) 1753. 8°. Höchst selten!

**Reise-Beschreibung, Die allerneueste,** des irrenden Polter-Geistes der erst kürtzlich begrabenen frantzösischen Reputation, So überall aus Himmel, Fegfeuer und Hölle verstossen, und in ein besonder viertes Ort, gantz alleine zu sein, verbannet worden. Nebst einem Historisch-Politisch und lustigen Staats-Discours zwischen diesem Frantzösischen Reputations-Gespenste und dem Höllischen Archivario Fizlipuzli Allen ehrlich getreuen curieusen Teutschen und allen französisch gesinnten Mameluken gebührend dedicirt von dem Archivario. An. 1744. V: *Vetter, Johann Friedrich.* (BGE II[3], 399)

§ **REISE-BESCHREIBUNG,** Eine angenehme, eines nach der Liebes-Insel gewanderten Schäfers, nebst *Anhang.* Aus d. Französ. in's Teutsche übers. von einem Freund der Liebes-Händel. Nebst einer besonderen Vorrede. Leipzig, Blochberger, 1744. 8°. 13 Bogen! Höchst selten!

Reisebeschreibung e. schlesis. Chirurgi durch Deutschland, Portugal ꝛc. 8. Glogau, Günther. 756. -

Reise-Beschreibung des 2. Bat. Prinz Ernst v. Meklenburg nach Minorka 1775. (56.) 8. s. l. 1789.

— gründl. u. wahrh., n. Norden, u. all. nordw. gel. Ländern. 8. Nürnb. 728.

— interessante, im Auszuge, enth.: 1) Grose, Reise in Ostindien. 2) Büron, Reise um die Welt. 3) Wallis, Reise um die Erdkugel. Mit Kpf. 8. Leipz. 806. (W. Rauck). 14 gr

**Reisebeschreibung, Eine kleine.** [Berlin 1796.] V: *Krause, Chn Sigm.* (MGT)

— kleine interessante, im Auszuge, od. Beyträge z. nähern Kenntn. d. Länder u. Menschen. 8. Lpz. Sommer. 800.

— kleine, aus d. besten histor. Zeitschriften. 8. Altona 797. Kaven. 1 ℔ 4 gr

**Reise-Beschreibung, Curieuse,** in das gelobte Land ... Dresden 1738. V: *Portmann, Chn.* (Cat. d. Stadtbibl. Zürich. Zürich 1864—97.)

**Reisebeschreibung, Curieuse und vollständige,** von gantz Italien. Freyburg [Leipzig] 1701. V: *Huyssen, Heinrich von.* (Wr)

Reiss-Beschreibung, Curieuse u. vollständige, von gantz Italien, worinnen der gegenwärtige Zustand nicht allein des Päbstlichen Hofs, sondern auch anderer Höfen, Republiquen u. Städten in Italien beschrieben etc. 3 Thle. Mit vielen Kpfrn. Freyburg (fing.) 1701. 4° 2 Alph. u. 22 Bog., 2 Bog. Kpfr. Sehr selten! (1/2 Rthl Maske, Breslau, Cat. 18; jetzt viel theurer! — 4 Mk., ohne Theilesangabe, A. Bielefeld, 1892.)

**Reisebeschreibung, Kurze,** in die drey Urkantone. Ein Geschenk für die Schweizerische Schuljugend auf das Jahr 1828. Luzern 1828. V: *Rietschi, Niklaus.* (BSCHWL V, 5, S. 22)

**Reisebeschreibung, Kurze,** in die drey Urkantone. Ein Geschenk für die Schweizerische Jugend. Luzern 1828. V: *Rietschl, Nicolaus.* (Bibliogr. d. Schweiz. Landeskunde. Bern 1892 ff. III.)

Reisebeschreibung, kurzgefaßte, nach Nortamerika, von der Gattin d. J. Schweizer, in einem Brief an ihre Aeltern in d. Schweiz. 8. Ebnat 823. Keller. (Leipz., Kayser). 3 gr

Kurtz verfassete Reiß-Beschreibung, oder: oft beschuldigter aber niemahls erwiesener Zauber-Kunst, so in zweyen künstlichen Hunden bestunde, welche Rudolph Lang, Bürger und Bierbrauer zu Augsburg, dermassen künstlich abgerichtet, daß auch die grösten Herrn und gelehrteste Leute nicht begreifen konten, wie diese Kunst beschaffen wäre und die meisten sie vor unnatürlich hielten. Augsb. 739. 8.

**Reisebeschreibung, Kurtz verfasste,** eines neulich aus Carolina in sein Vatterland zurückgekommenen Lands-Angehörigen. Zürich 1738. V: *Trachsler, Hans Wernh.* (Cat. d. Stadtbibl. Zürich. Zürich 1864—97.)

**REISE-BESCHREIBUNG,** Lustige u. spashafte, eines auf der Wanderschaft sich befindenden Schneiders-Gesellen (der sich Joh. Balthasar Irrgeist aus Strassburg nennt), welcher auf seiner Wanderschaft sich hoch empor geschwungen, aber auch wieder in grosses Abnehmen gerathen, bald an Kayserlichen, Königlichen u. andern vornehmen Höfen in Ehren u. Ansehen gestanden, bald aber wieder von denselben verjaget u. vertrieben worden, endlich in groses (!) Armuth verfallen u. ein betrübtes Ende genommen. Zum erstenmal an das Tages-Licht gestellet u. entworffen von Dem unbekaNten Herausgeber. Franckfurt und Leipzig 1749. 8°. 108 S.

Ungemein rarer Avanturier-Roman. — Dr. Franz Schnitzer's Bibl. München 1902. (Auct.-Cat.)

Merkwürdige und vollständige Reisebeschreibung, der im Jaher 1817 ausgewanderten Württemberger, Badenser und Schweizer, nach Kaukasien; Aus dem Tagebuch eines dahin Gewanderten. Nebst kurzer Angabe der an der Donau liegenden Städte . . . — [Ulm: Ebner] 1818. X, 115 S.

— neueste, im Ausz., 18 od. Wilson Reise. 8. Prdn. C. Mand. 793.

Reisebeschreibung, neueste, u. Entdeckungen d. 5ten Welttheils, welche v. Banks u. Solander unternomm. 2 Thle. m. Anh., welche Fabricius Reise ꝛc. enth., m. K. gr. 8. Nürnb. Weigel. 785.

— — ders. 3r Bd. des 2n Thls. od. Cooks dritte u. letzte Reise 1776-80 ꝛc. 2 Bde. gr. 8. Ebend. 786-87.

*Reisebeschreibung Sr. Päbstl. Heiligkeit Pius VII.* von Frankreich nach Rom. 1814. — *A. E.*: (Augsburg) Bey Joh. Geo. Bullmann, Buchhändler in der Fuggerey. Nr. 45. 8°. 2 Bll. Beibd.

**Reisebeschreibung** von Pultawa durch das Desert Dzike Pole nach Bender und durch die Wallachey und Moldau nach Teutschland. O. O. 1714. V: *Bardili, Joh. Wendel.* (Kat. d. ständ. Bibl. Stuttg. 1907. S. 415.)

**Reisebeschreibung, Recensionirte wunderbare,** zu Wasser und zu Lande des Freiherrn von Münchhausen ... O. O. 1787. II: *Bürger, Gottfried Aug.* (Grisebach, Weltliteraturkat. Berlin 1898—1900. I, 243.)

**Reisebeschreibung, Schelmuffskys warhafftige curiöse und sehr gefährliche,** zu Wasser und Lande In Zweyen Theilen curiösen Liebhabern vor Augen gelegt und mit Zweyen Lust- und Trauerspielen versehen. Frankf. u. Leipz. 1780. V: *Reuter, Christian.* (Neudrucke Halle Nr. 57. 58.)

**Reisebeschreibung, Schelmuffskys wahrhaftige curieuse und sehr gefährliche,** zu Wasser und zu Lande; auf das Neue in das Licht gestellt vermehrt und verbessert ... 1818. [Düsseldorf.] V: *Reuter, Christian.* (Neudrucke Halle Nr. 57. 58.)

— sehr wunderbare, nach d. Fegefeuer. 8. Liegnitz u. Leipz. 756. Siegert. 2 gr.

**Reisebeschreibungen,** kleine. 8. Gießen 803. Müller. 12 gr.

**Reise- und Bad-Bibliothek,** 1. Bd., s. Kock's, P. de, Physiologie des Ehemanns.

**Brockhaus' Reise-Bibliothek** für Eisenbahnen und Dampfschiffe, s. Alexis, Wilibald, Reise-Pitaval. — Berneck, Gust. v., die Schlachten bei Leipzig. — Bock, Adf., die thüringische Eisenbahn. — Buddeus, Aurelio, von Frankfurt a. M. nach Basel. — Förster, Marie, Briefe aus Südrußland. — Gottschall, Rud., das schlesische Gebirge. — Hocker, N(ikol.), das Moselthal von Nancy bis Koblenz. — Hocker, N., der Rhein von Mainz bis Köln. — Horn, J. E., Brüssel nach seiner Vergangenheit und Gegenwart. — Kapper, Siegfr., die böhmischen Bäder. — Kühne, Ferd. Gust., Wien in alter und neuer Zeit. — Kurnik, Max, Breslau und die schlesischen Eisenbahnen. — Müller, Em., das hessische Land und Volk. — Müller von Königswinter, Wolfg., münchener Skizzenbuch. — Pröhle, H., Harzbilder. — Rank, Jos., poetisches Reise-Album. — Rank, J., Schillerhäuser. — Schücking, Levin, eine Eisenbahnfahrt durch Westfalen. — Schücking, Levin, von Minden nach Köln. — Willkomm, E., von Berlin nach Hamburg.
Vgl.: Brockhaus' Reise-Atlas.

**Reisebibliothek,** deutsche. Nr. 1.: Reisen und galante Erlebnisse einer deutschen Erzieherin in Belgien, England, Spanien, Portugal, Polen und Deutschland. 2., wohlf. (Titel-)Ausg. 8. (VI und 357 S.) Berlin (861)64, Janke. *

**Reise-Bibliothek** für Eisenbahnen und Dampfschiffe, s. Brockhaus' Reise-Bibliothek.

**Grieben's Reisebibliothek.** Berlin.
20. 14. Aufl. 1884.

**Reise-Bibliothek,** Hamburger. 1. und 2. Bd. gr. 16. Altona, Verlags-Bureau. à Bd. * M. 1. *
Inhalt:
Bd. 1. Müldener, Rud., aus der Gesellschaft. Zwei Novellen. (160 S.) 876.
" 2. Wulff, Fr. Wilib., am Strande. Zwei Novellen. (107 S.) 877.

Otto Hendel's **Reisebibliothek.** Ser. 1. No 1. Halle a. S.: O. Hendel [1908]. 8° [F.] [08. 16870 3

**Reise- u. Eisenbahn-Bibliothek,** humoristische. 1. (Bdchn.) Humoristisches in Prosa. — II. (Bdchn.) Humoristisches in Prosa u. Versen. Mülheim a. d. R. 855. (Berlin,) Reymann. 16. (128; 111 S.) Jedes Bdchn. n. 5 ngr.

**Lloyd's** illustrirte Reisebibliothek. VIII. Bd. Adelsberg und seine Grotten. Eine topografisch-historische Schilderung des Ortes, der Grotten und der nächsten in der Umgebung befindlichen Sehenswürdigkeiten. Von P. v. Radics. Mit 10 Abbildungen, 1 Grottenplan und 1 Eisenbahnkarte von Laibach bis Triest. 8. (IX. 61 S.) Ebds. 1861. 80 kr.
— — VII. Bd. Von Wien nach München. Reisehandbuch für alle Stationen der Kaiserin Elisabeth-Westbahn und der k. baier. Staatsbahn, nebst Donaufahrt von Passau nach Wien. Herausg. vom österr. Lloyd in Triest. Mit 5 Stahlstichen, 34 Holzschnitten und 3 Eisenbahnkärtchen. kl. 8. (VI. 174 S.) Triest, lit. art. Abth des österr. Lloyd. Leinwbd. 1861 2 fl. 40 kr.
— — X. Bd. Venise. Guide historique, topographique et artistique. Publié par le Lloyd autrichien à Trieste. Avec douze gravures et le plan de la ville sur acier. 2. Edition augmentée et corrigée. 8. (VIII. 287 S.) Ebds. Leinwbd. 1861 2 fl. 50 kr.

**Reise-Bibliothek,** Pudor'sche. 1. Bdchn. 8. Leipzig 894. H. Pudor. n. 2. —
Englische Reiseskizzen. Von Heinr. Pudor. (V, 98 S. m. 4 Abbildgn. u. 1 Karte.)

— rheinische, für Dampfschiff und Eisenbahn. 1. u. 2. Bdchn. Coblenz 859, 61. Hergt. 16.
1. Bdchn.: Die Mosel-Lieder von Wilh. v. Waldbrühl. 2. neu durchgeseh. Aufl. (VIII, 128 S.) 9 ngr.
2. Bdchn.: Siebenundfünfziger. Ein Lied vom Rhein von Thdr. Meurer. (2 Bl., 163 S.) 12 ngr.

Reisebibliothek. Schweizerische R.-B. 1. [einziges Bändchen] s. [Kolb, Georg Friedrich.] Die Schweiz.... Zürich 1858.

**Reise-Bibliothek,** schweizerische, s. Schweiz, die, in ihren bürgerlichen rc. Zuständen.

—— schweizerische. I. (Bd.) Die Schweiz in ihren bürgerlichen und politischen Zuständen, ihren finanziellen, militärischen, Gewerbs- und Handels-Verhältnissen. Für Einheimische und Fremde. 2., völlig umgearb. und verm. Aufl. der Schrift: „Schweizerische Zustände." gr. 8. (IV und 132 S.) Zürich 858, Schabelitz'sche Buchh. Thlr.

**Reise-Bibliothek,** unterhaltende. Nr. 8—10. 8. Wien, Markgraf & Müller.
Inhalt: Nr. 8. Fritze, Ernst, Lebensbilder. Novellen (284 S.) 50 kr. Nr. 9. Fritze, Ernst, Drei Novellen. (255 S.) 50 kr. Nr. 10. Haffner, Karl, Portefeuille des Humors. (129 S.) 1861 20 kr.

—— unterhaltende. 1. Bd.: Lohengrin. Eine Badereise-Novelle von A. Gärtner. gr. 8. (72 S.) Kolberg 877, Post'sche Buchh. *
Nicht weiter erschienen.

Reisebilder

Reisebilder, oder Züge von Menschen und Städten. Vom Verfasser der "Heer- und Querstraßen". 1830
s.a. Hell, Theodor [Übers.]

**Reisebilder** oder Züge von Menschen und Städten ... A. d. Engl. ... Berlin 1830. V: *Grattan, Thomas Colley.* (Ky) (EE)

—— oder Züge v. Menschen u. Städten. Vom Verf. der „Heer- u. Querstraßen (Thom. Colley Grattan)." A. d. Engl. übers. v. †Th. Hell. 2 Thle. gr. 12. (25 B.) Berlin 830, Duncker u. Humblot.

**Reisebilder.** Original-Beiträge zur neuesten Länder- und Völkerkunde. Gesammelt u. herausg. von Jos. Haller. 16 Bdchen. A. u. d. T.: Reisebilder aus England u. Frankreich. 8. Bamberg 838. Literarisch-artist. Institut. 1 1/6

**Reisebilder.** Hrsg. v. der Wupperthaler Traktat-Gesellschaft. Nr. 1—3. 8. Barmen 872—74. Wiemann. n. — 50
1. (32 S.) n. — 20. — 2. (24 S.) — 15. — 3. (24 S.) — 15.

**Reisebilder** aus Egypten u. Palästina. Ihren Sonntagsschulkindern erzählt von M. v. O. Mit zahlr. Illustr., zumeist nach Orig.-Aufnahmen der Verf. 2. Aufl. 8. (40 u. 48 S.) Schwerin 903. F. Bahn. Kart. n. — 75

Reisebilder aus Algier. Biel 1885 s. L[anz], E[mil].

Amerikanische Reisebilder: 1880? ?
A travel bulletin describing journeys through Wisconsin to encourage settlers. Publ. by Karl Ludloff.
Milwaukee, WI

**Reisebilder** eines hypochondrischen Engländers. Nach dessen Tode veröffentlicht von H. G....w. 8. Hamburg 841, Berendsohn. 1½ ₰

**Reisebilder, Humoristische,** entworfen auf einer Wanderung durch Berlin, Dresden, der Sächsischen Schweiz . . . Meissen 1831. V: *Wagner, Gottlob Heinr. Adolph.* (EngG)

**REISEBILDER,** Humoristische, entworfen auf einer Wanderung durch Berlin, Dresden, die sächsische Schweiz, Teplitz, Prag; und heimwärts durch Weimar, Göttingen und Hannover. Meissen, 1831. 8⁰. X, 230 S. (2 Mk. Max Perl's Berliner März-Auct. 1909.)
Enthält Interessantes über Goethe und den Weimarer Musenhof.

**Reisebilder,** humoristische, entworfen auf e. Wanderung durch Berlin, Dresden, die sächs. Schweiz, Töplitz, Prag, u. heimwärts durch Weimar, Göttingen u. Hannover. 8. Meißen 831. Gödsche. 22 gr

Reisebilder, humorist., entworfen auf e. Wanderung durch Berlin, Dresden, d. sächs. Schweiz, Teplitz, Prag; u. heimwärts durch Weimar, Göttingen u. Hannover. 8. (15 B.) Meißen 831. [Leipzig, Rostosky.]

**Reisebilder,** illustrirte, aus Süddeutschland u. Schweiz. Nr. 1—4. 8. Zürich 883. 84. Schmidt. n. 3. 30
1. Der Rheinfall bei Schaffhausen v. Sam. Pletscher. (40 S. m. 3 Taf. u. 1 lith. u. color. Karte.) n. — 50
2. Zürich u. seine Umgebungen. Mit e. Anh. f. die Landesausstellg. 1883. Ein Führer f. Einheimische u. Fremde. Nach den neuesten Quellen bearb. Mit e. Plane der Stadt u. vielen Ansichten. (59 u. Anh. 33 S.) n. 1. 50; ohne Anh. n. 1. —
3. Lugano u. seine Umgebungen. Mit Plan der Stadt u. Ansichten. (31 S.) n. — 50
4. Die Seethalbahn [schweizerische normalspurige Strassenbahn] von Luzern nach Lenzburg. Ein Kulturbild aus der Centralschweiz. Für Touristen u. Naturfreunde v. M. (48 S.) n. — 80

**Reise- und Lebensbilder** aus Neuholland, Neuseeland und Californien. Aus dem Tagebuche eines Verwandten herausg. von W. Schulze. 853. (IV, 167 S.) — 2. verb. Aufl. Magdeburg 853. Baensch. (Leipzig, Gräbner.) gr. 8. (144 S.) n. 24 ngr.

Reisebilder aus der Levante. Aus dem Englischen von Rudolf Lindau, mit einer Vorrede von Wilhelm Adolf Lindau. Dresden u. Leipzig 1828. 259 S. 8⁰. Arnold.

Reisebilder u. Novellen aus der Vergangenheit u. Gegenwart. Gesammelt von ? 3 Bde. 8. (12⅔ B.) Braunschweig 846, G. C. E. Meyer sen.

— aus den Pyrenäen, nebst Bemerkungen über Languedoc, die Provence und la Cornice. Von der Verfasserin der „Reminiscenzen vom Rhein." Aus d. Engl. von F. Bauer. 2 Bde. 8. Quedlinburg 838. Basse. 2⅓ ₰

**Reisebilder** in gemüthlichen Reimen. 3. Aufl. Wien 1877. V: *Littrow, Heinrich Edler von.* (Verl.-Cat. L. Rosner, Wien.)

**Reisebilder** aus der Schweiz. 5 Blatt Ansichten: Rigistaffel, Wetterhorn, Maderanerthal, Vierwaldstätter-See, Mühle bei Chambéry, nach Aquarellen in Chromolith, von G. W. Seitz, und 5 Blatt: Morschach, bei Amstäg, Iseltwald etc. nach Zeichnungen in Lichtdruck. Gr. in-fol. Berlin, Reimer. In Mappe 1882. 40 —

**Reisebilder,** schweizer. Auswahl der schönsten Stellen der Schweiz in Wort u. Bild. Fol. (92 S. m. eingedr. Holzschn. u. 1 Farbendr.) Zürich 887. Schmidt. geb. 12. —

**Reisebilder u. Skizzen,** flüchtige, von einem alten Offizier. Bremen 868. Heyse. 8. (III, 247 S.) n. 1 ₰

**Reisebilder** u. Skizzen aus Dänemark, siehe: Weltkunde, die, 1. Bd.

— u. Skizzen aus Frankreich, s.: Weltkunde, die, 5. Bd.

— u. Skizzen aus der pyrenäischen Halbinsel, siehe: Weltkunde, die, 7. Bd.

**Reisebilder** aus Süddeutschland, aufgenommen im Sommer 1836 . . . Leipzig 1837. V: *Becker, Gottfried Wilh.* (Ky) (EngG) (BrMm)

— aus Süddeutschland, aufgenommen im Sommer 1836 von *r. (Becker.) gr. 12. Leipzig 837. Fest'sche Verlagsbuchh. 1 ₰

— aus dem Süden. Von Walter vom Wingolf. gr. 8. (VIII, 55 S.) Innsbruck 900. (Wagner.) n. 1. —

**Reisebilder** eines alten Touristen. Arco [1897—98.] V: *Sievers, Louis.* (Margr)

— e. alten Touristen. III. Nord-Afrika — Tripolis, Tunis, Algier, Sahara-Oasen, Tanger — u. Süd-Spanien 1898. gr. 8. (109 S.) Arco 898. C. Emmert. n. 1. —

**Reisebilder** eines alten Touristen bis hinten in der Türkei. Giessen 1896. V: *Sievers, Louis.* (Berl 1914, S. 653)

**Reisebilder-Sammelbuch.** 4. (64 Bl. m. 1 Bl. Text.) Leipzig 890. Heitmann. geb. 3. —; Ausg. m. 32 Blatt 2. —

**Reise-Blätter,** Reise- u. Verkehrs-Zeitung. Internat. illustr. Organ f. Fremdenverkehr. Hôtel-, Bäder- u. Geschäfts-Anzeiger. Red.: Carl Andelfinger. — Reise-Onkel. Unterhaltungsblatt d. illustr. Reise-Blätter. Red.: C. A. Hennig. 3. Jahrg. II. Sem. Juli—Dezbr. 1895. 26 Nrn. (à 16 S.) gr. 4. München, C. Andelfinger & Co. 5. —; einz. Nrn. — 20

— dasselbe, m. d. Witzblatt „Reise-Onkel". Red.: C. A. Hennig. 4. Jahrg. 1896. 52 Nrn. (à ca. 20 S.) gr. 4. Ebd. n. 8. —

— dasselbe, s. a.: Reiseonkel.

**Reiseblüthen**, humoristische, gesammelt auf einer Eilpostfahrt von Dresden nach Leipzig, oder Reisebemerkungen wie sie nicht sein sollen. Nebst einem poetischen Anhange. 16. Leipzig 836. (Melzer.) 1/3 Thlr.

Reiseblüthen, humorist., gesamm. auf e. Eilpostfahrt v. Dresden n. Leipzig, od. Reisebemerkn. wie sie nicht sein sollen. Nebst e. poet. Anh., das dresdner Vogelschießen in zierlichen Knittelreimen, verfaßt v. Urian. 16. (7½ B.) Leipzig 836, Zirges.

Reise-Brevier, s. Bergson's Eisenbahnbücher.

Reisebrevier, s. Breviarium Romanum ex decreto Ss. Consilii Tridentini restitutum etc.

—— humoristisches. Lustige Weisheitslehren eines Commis voyageur a. D. für Bade-, Vergnügungs- und Geschäftsreisende. gr. 16. (148 S. mit Illustr. von G. Heil in Holzschn.) Berlin 867, Conrad. [Gensch.] *

**Reisebriefe**, afrikanische u. indische, der Hermannsburger Missionsdirectoren. gr. 8. (164 S. m. 18 Bildern.) Hermannsburg 893. Missionshandlg. n. 1. 20; kart. n. 1. 50

**Reisebriefe** aus Brasilien, mit besonderer Rücksicht auf die Auswanderung. Bremen 1847. V: *Kalkmann*, *Louis Ferd.* (Ky) (EngG)

**Reisebriefe** aus Brasilien, m. besonderer Rücksicht auf die Auswanderung (v. C. F. Kalkmann). gr. 8. (53 S.) Bremen 847. (Schünemann.) n. 1/6 Thlr.

**Reisebriefe** eines Diplomaten. Von Chariklès. 8. (VII, 319 S.) Wismar 880, Hinstorff'sche Hofbuchh. *

Reisebriefe einer Mutter an ihre Kinder, geschrieben im J. 1861—62. 8. (XI und 264 S.) Lübeck 863, Dittmer'sche Buchh. *

Reisebriefe über Oesterreich. Von einem Sachsen. 8. (15 S.) Dresden 860, Zeh.

Sarah's Reisebriefe aus drei Welttheilen (Amerika, Europa und Skobeleffia). Würzburg, o. J. 8°. (1 Mk. 50 Pfg. G. Priewe.)
Schmähschrift auf Sarah Bernhardt, wohl veranlasst durch: Colombier, Marie, Voyages de Sarah Bernhardt en Amérique par —. Préface par Arsène Houssaye. Appréciations par Henri Fouquier et J. J. Weiss. Caricatures américaines. Avec frontisp. et vign. Paris, Marpon et Flamarion, s. d. 8°. (4 frcs.) (5 Mk. Max Harrwitz, Berlin, c. 1903.) Portrait de Marie Colombier et nombreuses caricatures de Sarah Bernhardt, en pleine page.

**Reisebriefe** über die Schweiz, Oberitalien, Tyrol und Baiern . . . Neuwied 1854. V: *Halm.* (EngG)

Reise-Briefe über die Schweiz, Oberitalien, Tyrol und Baiern. Von einem kathol. Geistlichen. gr. 12. (71 S.) Neuwied 854, (van der Beeck.) Thlr. *

Reisebuch. Nr. 1.: Ein Wandergruß von Friedr. Eckart. 1—3. Aufl. 16. (14 S.) Hamburg 850, Agentur des Rauhen Hauses. 25 Exempl. *

—— dass. — Nr. 2.: Der Knopfmachergesell erzählt von Dems. 1. und 2. Aufl. 16. (14 S. und 1 Holzschn.) Ebds. 850. 25 Exempl. *

—— dass. — Nr. 3.: Bibelblätter für die wandernde Bevölkerung. Bog. 1. 1. und 2. Aufl. 16. (16 Bl.) Ebds. 850. 12 Exempl. *

—— dass. — Nr. 4.: Weber's Johann, erzählt von Friedr. Eckart. 16. (15 S. und 1 Holzschn.) Ebds. 851. 25 Exempl. *

—— dass. — Nr. 5.: Für arme Leute ein gut Wort von Friedr. Eckart. 16. (15 S.) Ebds. 851. 25 Exempl. *

**Reisebuch**. Hamburg 857. Agentur des Rauhen Hauses. 16.
Nr. 1. Ein Wandergruß von F. Eckart. 5. Aufl. (14 S.) 25 Expl. n. 6 *ngr.*
Nr. 2. Der Knopfmachergesell, erzählt von F. Eckart. 6. Aufl. (14 S.) 25 Expl. n. 6 *ngr.*
Nr. 3. Bibelblätter für die wandernde Bevölkerung. 4. Aufl. je 10 Bgn. à 16 Bl. n. 6 *ngr.*
Nr. 4. Weber's Johann, erzählt von F. Eckart. 4. Aufl. (15 S.) 25 Expl. n. 6 *ngr.*
Nr. 5. Für arme Leute, ein gut Wort von F. Eckart. 4. Aufl. 854. (16 S.) 25 Expl. n. 6 *ngr.*

— allgem. europ., f. Passagiere, 12. Leipz. 757. Müller. 5 gr.

**Reisebuch** durch ganz Deutschland und die angrenzenden Länder. Für Künstler u. Handwerker. Nebst 1 Karte von Deutschland. gr. 12. Stuttgart 838. Brodhag. n. 2/3 Thlr.

Reisebuch durch ganz Deutschland u. d. angrenz. Länder. Für Künstler u. Handwerker. gr. 12. (11½ B. u. 1 Karte v. Deutschland.) Stuttgart 838, Scheible, Rieger u. Sattler. *

**Reise- und Eisenbahn-Buch.** Enthaltend die Eisenbahn-, Post- und Dampfschifffahrts-Verbindungen in Deutschland sowie von da nach dem Auslande. Abgangszeiten — Fahrtdauer. — Entfernungen. — Fahrpreise. Nebst 16 (lithogr.) Karten. Früher von J. V. Kutscheit hrsg. Fortgesetzt von Gust. Hempel. 6. Aufl. Juni 1850. und 7. Aufl. Juli 1850. 16. (XII und 100 S.) Berlin 850, Hempel. *

— geograph. u. topograph., durch alle Staaten d. österr. Monarchie. gr. 8. Wien 789. Gräffer. 20 kr.

— f. Handwerker, od. Klugheitslehren, wie sich d. junge Handwerker auf seinen Wanderungen zu verhalten hat ꝛc. N. Aufl. 8. Leipz. 818. Lauffer. 8 gr. 3e Aufl. Mit 41 Reiserouten durch Deutschland ꝛc. Mit 1 Kpft. 16. Berl. 824. (Krause). 14 gr.

Reisebuch für Handwerker, oder Klugheitsregeln, wie sich der junge Handwerker auf seinen Wanderungen zu verhalten hat ꝛc., von einem Welterfahrnen. Mit 410 Reiserouten durch Deutschland ꝛc. 3e Aufl. Mit 1 Kpfr. 12. Berlin 824, Cosmar u. Kr.

—— für Handwerker, od. Klugheitsregeln ꝛc. von e. Welterfahrnen. Mit 411 Reiserouten durch Deutschland ꝛc., nebst d. Hauptsehenswürdigkeiten d. vorzügl. Städte. 3. Ausg. (15¼ B. u. Titkpfr.) 838., 4., verm. u. verb. Aufl. M. 437 Reiserouten. 12. (14½ B.) Berlin 840. [Halle, Colbitz.]
Mit Streit's Post- u. Reisekarte v. Deutschl. schw. ½ Thlr., ill.

— dass. color. 7/12 Thlr.

— dass. Mit e. Anh. von Gebeten für Christen röm.-kathol. Confession u. Streit's Karte. color. 7/12 Thlr. schwarz ½ Thlr.

— dass. ohne Karte 1/3 Thlr.

**Reisebuch** für junge Handwerker ... Cassel u. Marburg 1820. V: *Schmieder, Carl Chph.* (MGT) (KY)

**Reisebuch** f. junge Handwerker, die sich auf d. Wanderschaft befinden, (v. K. Cph. Schmieder). Nebst 1 Karte. 8. Marb. 820. Krieger. 14 gr.

Illustriertes Reise- und Wanderbuch durch die Gebiete von Niedersachsen, Hannover, Braunschweig, Bremen, Hamburg, Oldenburg, die Lippeschen Fürstentümer, Waldeck u. angrenzende Teile v. Westfalen. M. 00 Ill., 19 Ktnsk. u. 1 Übersichtskt. Hrsg. v. Ernst Kniep. (Deckelt.: Illustr. Reise- u. Wanderbuch durch d. Prov. Hannover. ...) *Hannover: O. Borgmeyer [1898].* (XIV, 388 S., 1 Kt.) 1 Bd 8. [98. 10132 Go

**Reisebuch** des deutschen Lehrervereins f. 1902/1903. Verzeichnis v. Reise-Erleichtergn. für die Mitglieder desselben. Hrsg. v. geschäftsführ. Ausschuss. 12. Ausg. 12. (VI. 130 S.) Leipzig, J. Klinkhardt. — 75
Nur für Mitglieder des Lehrervereins.

**Reisebuch des deutschen Lehrervereins f. 1904/5. Verzeichnis v. Reise-Erleichtergn. f. die Mitglieder desselben. Hrsg. v. geschäftsführ. Ausschuss. 13. Ausg. (148 S.) 12. Leipzig, J. Klinkhardt. n. — 75**
**Nur f. Mitglieder des Lehrervereins.**

**Reisebuch**, neues, f. Handwerker, s. Gebeth- u. Reisebuch.

**Reisebuch, Neuestes.** durch Deutschland u. nach den Hauptstädten der angränzenden Länder. Nürnberg 1819. gr. 8.

**Reisebuch, Neuestes,** enthaltend die Postcurse von Wien nach den vornehmsten Städten und Handelsplätzen mit Stationen, Meilen, Postreglements, Münzwährung, u. s. w. und andern einem Reisenden nöthigen Nachrichten. Wien 1789. V: *Lucca, Ign. de.* (WRZTG 1789, S. 1841) (KY 3/595) (WBL 16/120) (BIBLPORT)

Reisebuch der Posten und der Militär-Stationen für die Österreichischen und die fremden italienischen Provinzen nebst Theilen der angränzenden Länder, entworfen unter der Leitung des k. k. General Quartier-Meister Stabs im geographischen Militair Institute zu Mailand, herausgegeben im Jahre 1820. 8. Mailand 1820.

**Reise-Buch** zu der von dem k. k. General Quartiermeister-Stabe herausgegebenen Postkarte der österreichischen Monarchie im Jahre 1824. 8. Wien 1824.

**Reisebuch** für Professionisten auf den Wanderschaften. Nördlingen 1806. V: *Beck, Johann Renatus Wilhelm.* (MGT)

**Reisebuch, das, der Familie Rieter.** Hrsg. von Rhold. Röhricht und Heinr. Meisner, s. Bibliothek des litterarischen Vereins in Stuttgart, Bd. 168.

**Reisebuch.** Schweizer R'. Hrg. von der Reisevereinigung Deutscher Beamten, Lehrer und Kaufleute — Sitz der Vereinigung: Berlin. [Mit 1 Karte.] 64 S. 8. (Leipzig, Oscar Brandstetter,) 1906.

**Reisebuch** des Verbandes Deutscher Post- u. Telegraphen-Assistenten. Im Auftr. d. Verbandsvorst. bearb. von Postsekr. Berghoff, Bonn. Jg. 1. Berlin: Verband Deutscher Post- u. Telegr.-Assist. (1904). 8° [Ü.] [07. 1906

— des Verbandes deutscher Post- u. Telegraphen-Assistenten f. 1906. Im Auftrage des Verbandsvorstandes bearb. v. Berghoff. 2. Jahrg. (337 u. III S.) kl. 8. Berlin, Verlag des Verbandes deutscher Post- u. Telegraphen-Assistenten. Kart. n. 1. —

— vollständiges, über Cöln durch ganz Belgien nach Paris. Kurzer und längerer Aufenthalt daselbst, Ausflüge in die Umgebungen, und Routen über Straßburg und den Rhein hinab. 2 Bde. mit Karte u. Plänen. Cöln 855. Tonger. 8. n. 25 ngr; jeder Bd. einzeln à n. 15 ngr.
(1. Bd.) A. u. d. T.: Belgien. Das Land u. Volk, seine Kunstschätze, Denkmäler, industriellen Anstalten u. sonstigen Merkwürdigkeiten. Ein historisch-statist. Handbuch für den Reisenden rc. Nach eigener Anschauung u. nach den zuverlässigsten Quellen bearbeitet. Mit (lith. u. color.) Karte u. (5 lith.) Plänen (in 8., 4. u. Fol.). (96 S. u. 1 Stahlst.)
(2. Bd.) A. u. d. T.: Paris, seine Merkwürdigkeiten und Umgebungen. Vollständiges historisch-statist. Handbuch zum Gebrauch bei längerm u. kürzerm Aufenthalt in dieser Hauptstadt. Nebst der Route aus Belgien nach Paris u. Touren in die Umgegend, nach Straßburg u. den Rhein hinab. Mit 1 großen (lith. u.) color. Plane von Paris (in gr. Fol.), zur raschen Auffindung sämmtl. Straßen u. Routen. (XVIII. 110 S.)

**Reisebücher,** Thüringer. Nr. 1—4. 8. Gotha 883. 84. Stollberg. à n. — 75
1. Ilmenau u. seine Umgebung. Ein Führer u. Gedenkblatt f. Badegäste u. Touristen. Von Ernst Lausch. Des Gedenkblattes „Mein Ilmenau" 2. verm. Aufl. Mit 15 Illustr., 1 Spezial-, 1 Wege- u. 1 Eisenbahnkarte. (V, 36 S.)
2. Bad Elgersburg m. seiner nächsten u. weiteren Umgebg. v. Polizaeus. 3. Aufl. Mit Illustr., 1 Spezial-, 1 Wege- u. 1 Eisenbahnkarte. (VIII, 42 S.)
3. 4. Friedrichroda u. seine Umgebung. Ein Führer u. Gedenkbuch f. Kurgäste u. Touristen v. Rich. Roth. 3. gänzlich umgearb. Aufl. m. 28 Illustr., e. Specialkarte d. Thüringer Waldes, 4 Wegekarten, e. Stadtplan v. Friedrichroda, e. Eisenbahnkarte, Fahrplan, Tarifen etc. (IV, 175 S.)

**Reisebücher,** Thüringer. Wasserheilanstalt Bad Elgersburg im Thüringer Wald mit seiner nächsten und weiteren Umgebung von Barwiński. 6. Aufl. Mit 18 Illustr., 1 Special- u. 1 Eisenbahnkarte. 8. (V, 98 S.) Gotha 888. Stollberg. n. 1. —

— dasselbe. Friedrichroda und seine Umgebung. Ein Führer u. Gedenkbuch f. Kurgäste u. Touristen von R. Roth. 8., verb. Aufl. m. 27 Illustr., 1 Specialkarte d. Thüringer Waldes, 4 Wegekarten, 1 Stadtplan v. Friedrichroda, 1 Eisenbahnkarte, Fahrplan etc. 8. (III, 95 S.) Ebd. 888. n. 1. —

**Reisebücher,** Thüringer. Auf zum Heldrastein! Ein Führer f. die Besucher des „Heldrasteins". Mit Titelbild, 1 Spezial- u. 1 Eisenbahnkarte. (32 S.) kl. 8. Gotha (894). Stollberg. n. — 60

**Reisebücher, Thüringer. Eisenach u. seine Umgebung. Ein Führer u. Gedenkbuch f. Kurgäste u. Touristen v. Herm. Wettig. Mit 17 Illustr., 1 Specialkarte, 1 Eisenbahnkarte. 2 Fahrplänen, Tarifen etc. 8. (VIII, 62 S.) Gotha 891. Stollberg. n. 1. —**

**— dasselbe. Bad Elgersburg im Thüringer Wald m. seiner nächsten u. weiteren Umgebung v. Barwiński. 8. Aufl. Mit 24 Illustr., 1 Special- u. 1 Eisenbahnkarte 8. (IX, 130 S. m. 1 Bildnis.) Ebd. 892. n. 1. —**

**Reisebücher,** Thüringer. Friedrichroda u. seine Umgebung. Ein Führer u. Gedenkbuch f. Kurgäste u. Touristen v. Rich. Roth. 11., verb. Aufl. Mit 27 Illustr., 1 Specialkarte d. Thüringer Waldes, 4 Wegekarten, 1 Stadtplan v. Friedrichroda, 1 Eisenbahnkarte, Fahrplan etc. 8. (97 S.) Gotha 892. Stollberg. n. 1. —

— dasselbe. Luftkurort Oberhof m. seiner nächsten u. weiteren Umgebung. Ein Führer f. Kurgäste u. Touristen. Mit 16 Illustr. 8. (VII, 37 S. m. 1 Karte.) Ebd. 891. n. — 75

**Reisebücher,** Thüringer. Friedrichroda u. s. Umgebung. Ein Führer u. Gedenkbuch f. Kurgäste u. Touristen v. Rich. Roth. 14., durchgeseh. Aufl. M. 40 Illustr., 1 Specialkarte d. Thüringer Waldes, 1 Eisenbahnkarte, Fahrplan etc. 8. (III, 105 S.) Gotha 897. Stollberg. n. 1. —

— dasselbe. Bad Liebenstein u. s. Umgebung. Ein Führer u. Gedenkbuch f. Badegäste u. Touristen v. Herm. Wettig. M. 17 Illustr., 1 Spezialkarte, 1 Eisenbahnkarte u. Eisenbahn-Fahrplänen. 8. (VIII, 36 S.) Ebd. (893). n. 1. —

— dasselbe. Luftkurort Oberhof m. s. nächsten u. weit. Umgebg. E. Führer f. Kurgäste u. Touristen v. Herm. Wettig. 2., verb. Aufl. M. 16 Illustr., 1 Spezialkarte, 1 Eisenbahnkarte u. Fahrplan. 8. (VII, 45 S.) Ebd. (895). n. 1. —

**Reisebücher,** Thüringer. Eisenach u. seine Umgebg. Ein Führer u. Gedenkbuch f. Kurgäste u. Touristen v. Herm. Wettig. Mit 21 Illustr., 1 Special- u. 1 Eisenbahnkarte, Fahrplan, Tarifen. 2. Aufl. 8. (VIII, 79 S.) Gotha (898). Stollberg. n. 1. —

— dasselbe. Führer durch Bad Elgersburg i. Thür. u. seine Umgebg. v. Barwiński. 10. umgearb. Aufl. Mit 32 Illustr., 1 Special- u. 1 Eisenbahnkarte, Fahrplan. 8. (VIII, 136 S. m. 1 Bildnis.) Ebd. (900). n. 1. —

— dasselbe. Friedrichroda u. seine Umgebg. Ein Führer u. Gedenkbuch f. Kurgäste u. Touristen von Rich. Roth. 17. durchgeseh. Aufl. Mit 42 Illustr., 1 Specialkarte des Thüringer Waldes, 1 Eisenbahnkarte, Fahrplan etc. 8. (IV, 104 S.) Ebd. (901). n. 1. —

— dasselbe. Georgenthal-Tambacher Wegweiser v. Glob. Schneider. Mit 12 Illustr., 1 Specialkarte, 1 Plan der Klosterruine, 1 Eisenbahnkarte u. Fahrplan. 8. (III, 65 S.) Ebd. (896). n. 1. —

— dasselbe. Luisenthaler Wegweiser (nördliches Oberhofer Gebiet) v. Glob. Schneider. Mit dem Bildniss der Herzogin Luise Dorothee, sowie 7 Ansichten, 1 Eisenbahnkarte u. e. Fahrplan. 8. (40 S.) Ebd. (895). n. 1. —

Der **Reisebuchhandel.** Organ f. d. Interessen d. gesamten Reisebuchhandels. Zeitschrift f. d. Reisebuchhändler ... Jg. 1, Nr 1–7. [Mehr nicht ersch.] Köln: Kratz 1908–09. 4° [Kopft.] [illegible]

**Reisebuchhandel, der.** Organ f. die Interessen des gesamten Reisebuchhandels. Zeitschrift f. die Reisebuchhändler, sowie Verleger u. sonst. Interessenten Deutschlands u. des Auslandes, welche Beziehgn. zum Reisebuchhandel haben. Red.: Frdr. Kratz. XI. Jahrg. Aug. 1908—Juli 1909. 12 Nrn. (à ca. 16 S.) 35×23 cm. Cöln, F. Kratz & Co. nnn 5. —

— der treue Gefährte auf Reisen od. gemeinnützl., für deutsche Reisende, mechan. Künstler u. Handwerker rc. Von einem Freunde seiner deutschen reisenden Mitbrüder. 12. Leipz. 805. Taubert. 3 gr

**Reisebüchlein,** geistliches, f. die große u. alle kleinen Wanderungen d. Lebens. 2. Aufl. 16. (VIII, 312 S.) Karlsruhe 887. Evangel. Schriftenverein f. Baden. geb. n. 1. —

**Reisebüchlein, Des alten Jacobs,** oder die Welt, wie ich sie fand; ein tragikomischer Roman. Leipzig 1799. V: *Claudius*, *Gg Carl.* (MGT) (Ky)

**Reisebüchlein,** compendiöses, f. die Jugend. Fol. Nürnb. 751. Riegel. 10 gr

Reisebüchlein des Schweizerischen Lehrervereins. Erholungs- und Wanderstationen für schweizerische Lehrer. — Stations de villégiature et de passage. Guide-tarif à l'usage des instituteurs suisses. — Tariffa dei Prezzi delle Stazioni di passaggio e di riposo pei Maestri Svizzeri. (5. Aufl.) [Mit 2 Karten.] XVI + 140 S. 8. (Heiden, R. Weber, 1902.) [fr. 1.20]

**Reisebüchlein,** neues, für junge Handwerker. 2e mit Wasserrouten u. 1 Postkarte verm. Aufl. 12. Regensburg 836. Reitmayr. 5 xr — 3e verm. Aufl. 12. Ebd. 838. 5 xr

— welches f. jeden Christen, der nach d. Gnadenort Mariazell zu reisen gedenkt, zu gebrauch. ist, u. worin Morgen-, Abend-, Meß-, Beicht-, Kommunion- u. Reisegebete enth. 12. Brünn, Gastl. 2 gr

**Reisebund,** der. Schwank in 2 Akten. 2. Aufl. (16 S.) kl. 8. Paderborn 889. Bonifacius-Druckerei. — 30

**Reisecorrespondenz,** in, durch u. aus allen Theilen d. Welt. 2 Bde. 8. Quedlinb. 788. Ernst. 20 gr

Reise-Courier, internationaler, für Eisenbahn- und Dampfschifffahrten von Central-Europa. Enthaltend die authent. Fahrpläne sammt Fahrpreisen, Rundreise-Billets etc. der Eisenbahn- und Dampfschifffahrten. Hrsgbr.: Rud. Gunolt. Redact.: Max Hannbeckh. 1. Jahrg. 1885. 10—12 Nrn. 8. (à Nr. ca. LVIII, 617 S. mit 1 lithogr. Eisenbahn-Karte von Central-Europa.) Wien, (C. A. Müller.) à Nr. *

**Reise-Courier,** internationaler, f. Eisenbahn- u. Dampfschifffahrten v. Central-Europa. Enth. die authent. Fahrpläne sammt Fahrpreisen, Rundreise-Billets etc. der Eisenbahn- u. Dampfschifffahrten m. 1 (lith.) Eisenbahn-Karte v. Central-Europa. Hrsg.: Jos. Markbreiter. Red.: Max Hannbeckh. 2. Jahrg. 1886. 10—12 Nrn. 8. (à ca. 157 u. 692 S.) Wien, Expedition, I., Singerstr. 10. à n. 1. 50

**Reise-Courier,** internationaler, f. Eisenbahn- u. Dampfschifffahrten von Central-Europa. Enth. die authent. Fahrpläne sammt Fahrpreisen, Rundreise-Billets der Eisenbahn- u. Dampfschifffahrten m. 1 (lith.) Eisenbahn-Karte v. Central-Europa. Hrsg.: J. Markbreiter. Red.: M. Hannbeckh. 3. Jahrg. 1887. 10—12 Nrn. 8. (à ca. 217 u. 1003 S.) Wien, Expedition I., Singerstrasse 10. à Nr. n. 1. 50

**REISE-DISCURSE,** Geheime, einiger in Europa abgesendeter Sevaramben oder Südländer über einige gegenwärtig sich ereignende Conjuncturen Europae. 4 Thle. Cölln, P. Marteau (Bielcke in Jena). 1700.
Weller, fing. Druckorte. — Sehr rar!

**Reise-Dolmetscher,** der. Ein wicht. Handbuch f. Auslandreisende. Italienisch, Französisch, Russisch, Schwedisch, Spanisch, Englisch, Deutsch. 16. (256 S.) Leipzig 890. Wiesenthal. — 40

**Reiseeindrücke, Französische.** [Zürich 190?] V: *Pestalozzi, F. Otto.* (zuwzür 1912)

**Reiseeindrücke** u. Skizzen aus Rußland von Th. v. Bayer*. Mit 6 chemigr. u. 2 Lichtdr.-Illustr. u. 2 (chromolith.) Karten. gr. 8. (X, 616 S.) Stuttgart 885. Cotta. n. 8. —

Reise-Eindrücke auf einer Wanderung zwischen Breslau, Wien, Triest und Venedig von P. L. F. gr. 16. (III und 201 S.) Ostrowo 864, Priebatsch. * —

**Reise-Encyclopaedie, Allgemeine,** im Auszuge aus den grössern bisher erschienenen Reisewerken. Berlin 1810—11. V: *Bratring, Frdr. Wilh. Aug.* (MGT) »in Auszügen aus ungedruckten und grössern Werken ... 1810—12«. (Ky)

Reiseencyklopädie, allgemeine, in Auszügen aus ungedruckten u. größern Werken. Mit Kupf. und Charten. 2 Jahrgänge, jed. Jahrg 12 Hefte. (7 Rthlr. 12 gr.)
Auch unter dem Titel:
Allgemeines Reise-Archiv, in Auszügen aus ungedruckten u. den größern erschienenen Reisewerken. Zur unterhaltend. Belehrung in d. Länder-, Völker- u. Naturkunde. 7 Bde. gr. 8. Berl. Achenwall u. Comp. 810—11.

**Reise-Encyklopädie,** allgem., in Auszügen aus ungedruckten u. größern Werken, (v. F. W. A. Bratring). Mit Kpf. u. Karten. 2 Jahrgg., jeder Jahrg. 12 Hefte. A. u. d. T.: Allgem. Reise-Archiv, in Auszügen aus ungedruckten u. größern erschien. Reisewerken. Zur unterhaltend. Belehrung in d. Länder-, Völker- u. Naturkunde. Mit Kpf. u. Karten.. 7 Bde. gr. 8. Berl. 810—12. (Rücker). 11 ℛ 16 ℊ

Reise-Encyklopädie, allgem., in Auszügen a. ungedruckten u. größern Werken. (a. u. d. Tit.: Reise-Archiv rc.) 1s bis 6s Heft, m. K. u. Ch. gr. 8. Berl. Saalfeld. 810. (der Jahrg. v. 12 Heften 7 Rthlr. 12 gr.)

Reise-Erfahrungen eines Achtzigjährigen ... s. a. [Wattmann, Ludwig].

**Reise-Erfahrungen** eines Achtzigjährigen auf dem Gebiete des praktischen Lebens. Wien 1907. V: *Wattmann-Maelcamp-Beaulieu, Ludwig Freih. von.* (Bibliogr. Bull. d. Schweiz 1907.)

Reise-Erfahrungen eines Achtzigjährigen auf dem Gebiete des praktischen Lebens. Vom Verf. der „Memoiren e. österreich. Veteranen" u. der „53 Jahre aus e. bewegten Leben". 1. Bd. (V, 259 S. m. Abbildgn.) gr. 8. Wien 907. (W. Braumüller.) 5. —

**Reiseerinnerungen.** Wien [ca. 1895]. V: *Rothschild, Nathaniel Freih. von.* (EB)

**Reise-Erinnerungen.** 12 Bilder vom Rhein. gr. 8. (12 Farbdr.) Boppard 899. O. Maisel. 2. 50
Sonderabdruck aus: „Der Rhein in Bild u. Lied".

Reise-Erinnerungen an Avers ... s. a. C[asparis], T[homas]).

**Reise-Erinnerungen** an Avers, Graubünden, Schweiz. Höchstes in Dörfern bewohntes Thal Europas. [München 1901.] V: *Casparis, Thomas.* (BBullschw 1, S. 311)

**Reise-Erinnerungen** aus Frankreich. Bonn 1846. V: *Kehrer.* (EngG)

**Reise-Erinnerungen** aus Frankreich. kl. 8. Bonn 846. (Wittmann.) n. 6 ℊ

**Reise-Erinnerungen** von Gregorius M. Salzburg 1870. V: *Mödlhammer, Georg.* (Hr)

**Reise-Erinnerungen** aus London und Paris. Zweiter Abdr. Hamburg 1852. V: *Merck, Ernst von.* (schr) (CBH)

—— der Schauspielerin Minna Wohlgeboren-Wohlbrück. 8. (12 B.) Berlin 816, Duncker u. Humblot.

**REISEERLEBNISSE,** Amüsante. Aus den hinterlassenen Papieren eines Arztes. Erster Teil. Wien, Ew. Lilienthals Buchhandlung, o. J. (um 1910). 8°.
Verb. d. Ldg. Düsseldorf 2 J. 530/12.

Reise-Erlebnisse eines Badischen Jerusalempilgers aus dem Jahre 1881 .... Radolfzell s. T(hummel), W(ilhelm).

**Reise-Fragmente** aus Nord und Süd, gesammelt in Europa und Ägypten ... Breslau 1848-50. V: *Helmrich, L. v.* (Ky)

**Reise-Fragmente** aus Nord u. Süd, gesammelt in Europa u. Aegypten durch E. v. H(elmrich). 2 Abthlgn. gr. 8. 1. Abth.: Der Norden. (164 S.) 2. Abth.: Der Süden. (278 S.) Breslau 848—50, Gosohorsky in Comm. (1: n. 2/3 ℛ 2: n. 1 1/3 ℛ) n. 2 ℛ

**Reise-Fragmente** aus Nord und Süd gesammelt in Spanien, Portugal u. Schweden durch L. v. H. (L. v. Helmrich.) Breslau 859. Gosohorsky in Comm. gr. 8. (VII, 413 S.) n. 1 ℛ 10 ngr.

**Reisefreund,** der. Tägliche Betrachtungen für einen Monat im Jahr. Nach Fénélon bearb. von Cl. v. S. 16. (IV, 150 S.) Wolfenbüttel 879, Zwißler. *
geb. mit Goldschn. *

**Reisefreund,** der. Modernes Unterhaltungsblatt für die Eisenbahn. Mit Randleisten u. Zeichngn. v. Wilh. Schulz. Red.: Max Ludwig. 1. Jahrg. 2 Nrn. schmal gr. 8. (à 48 S.) Berlin 900. Die Welt am Montag. à Nr. — 30
Mehr nicht erschienen.

**Reisefrüchte** 1. Vorschlag z. gründlichen Desinfection d. Eisenbahnwaggons u. d. darin verführten Viehes.
Aus: Balt. Wochenschrift. Jg. 1872, Nr 39 – 41.

**Reisefrüchte** eines alten Geistlichen aus den Ostseeprovinzen. 1875. Riga 1876. V: *Berkholz, C. A.* (Mitth. Alex. Seeligmüller-Riga-Sassenhofen.)

Reiseführer für Besucher des Nahethals. Topographisch-statist. Andeutungen und Beschreibung der Rhein-Nahe-Bahn. 16. (IV und 76 S. mit 1 Stahlst. und 1 lithogr. Karte in qu. Fol.) Bonn 864, Habicht. cart. *

**Reiseführer, billige.** Nr. 1 u. 5. 8. Linz, Zentraldruckerei vorm. E. Mareis. n. 3.10
1. Führer (Umschlag: Kursführer) durch Venedig. (60 S. m. farb. Plan.) (904.) n. — 60
5. Neuester illustr. Reise-Führer durch Südtirol nach dem Gardasee, Oberitalien bis Mailand, Verona, Venedig. Von J. Heimfelsen u. E. Juckenack. (Mit 20 Vollbildern u. 70 Text-Illustr., Plänen v. Mailand u. Venedig u. e. Reisekarte v. Oberitalien.) (220 S.) 905/6. n. 2.50
Nr. 2—4 sind noch nicht erschienen.

Reise-Führer auf Eisenbahnen, Posten, Dampf-Schiffen und in den Städten Sachsens. Zusammenstellung sämmtl. offizieller Fahrpläne. Jahrg. 1861. 8—10 Nrn. 8. (Nr. 1. 24 S. mit 1 Karte und 2 Plänen in Holzschn. in 4.) Leipzig 861, Waldow's Buchdruckerei.
Einzelne Nrn. * $2\frac{1}{4}$ Ngr.: in Enveloppe *

**Reise- u. Fremdenführer durch Westpreussen,** s.: Städte u. Landschaften, nordostdeutsche.

Reise- und Bade-Führer, illustrirter, für Flensburg und Umgegend, das Ostseebad Glücksburg, Sundewitt und Alsen. 1. Aufl. (51 S. mit 3 lithogr. Taf.) 1873; 2. Aufl. Mit 3 (lithogr.) Special-Karten und vielen (photolithogr.) Ansichten. 16. (VI, 72 S.) Flensburg 880, Westphalen. *
—— —— dass. — 3. Aufl. Mit 3 (lithogr. und color.) Special-Karten und vielen (phototyp.) Ansichten. 8. (72 S.) Ebendas. 882. *

— illustrirter, auf den Eisenbahnen und Seen der nordöstlichen Schweiz, Bodensee, Züricher- und Wallenstattersee. Mit erläuterndem Texte von F. Zehender, dargestellt in malerischen Original-Ansichten und in Stahl gest. von Th. Beck. gr. 16. (3 Bl., 74 S. m. 15 Stahlst. u. 2 lith. Karten in 4. u. Fol.) n. 1 *Rthlr* 12 *ngr*

—— illustrirter, auf den Eisenbahnen und Seen der nordöstlichen Schweiz, Bodensee, Züricher- und Wallenstattersee. Mit erläut. Texte von F. Zehender, dargestellt in malerischen Orig.-Ansichten und in Stahl gest. von Th. Beck. br. 8. (V und 74 S. mit 15 Stahlst. und 2 chromolithogr. Karten in br. 8., 4., Fol., qu. Fol. und qu. Imp.-Fol.) Schaffhausen 857, Beck. geb. *

Reiseführer durch den Jura der Westschweiz: Waadt—Neuenburg—Bern. Hrg. vom offiziellen Verkehrsbureau (*Umschlag: Führer = Guide du Jura suisse romand: Vaud — Neuchâtel — Berne. Édité par le Bureau officiel de renseignements, Neuchâtel...). [Illustriert.] IV + 70 S. 8. Neuenburg (= Neuchâtel), Delachaux & Niestlé, 1905.
(*Ist nur — s. S. 5, Kopftitel:* — R' durch den Kanton Neuenburg.)

Reiseführer. Kleiner R' für Chur und Umgebung mit einem Stadtplan. Hrg. von der städtischen Verkehrskommission. 8. Chur 1893.

Reiseführer, nationale. Nr. 1—3. Hrsg. vom Landesverband Baden d. A. D. Schulvereins z. Erhaltg. d. Deutschtums im Auslande. gr. 8. Freiburg i/B., C. Troemer. n. 1.25
1. Lusern in Süd-Tirol. (19 S.) 900. n. — 25
2. Das Fersenthal in Süd-Tirol. Von Wilh. Rohmeder. Mit 1 Kartenskizze. (47 S.) 901. n. — 50
3. Wanderfahrten durch die Niederlande u. längs der Sprachgrenze in Belgien u. Luxemburg. Von W. Groos. Mit 1 (farb.) Kärtchen. (40 S.) 902. n. — 50

Reiseführer, praktischer, durch Russland. Nebst 1 (lithogr.) Eisenbahnkarte. 8. (VIII, 270 S.) Leipzig 881, Gerhard. geb. *
—— dass. — Suppl. 8. (III, 135 S.) Ebendas. 882. *

**Reiseführer** f. die Insel Rügen, s.: Rügen, die Insel.

Reisegefährte, der, vom Verf. der „Novellen f. d. Herz." 8. Hamb. ... (Herold jun.) 16 *gr*

Reisegefährte, der, v. Verfass. d. Novellen f. d. Herz. 8. Hamb. Vollmer.

**Reisegefährte, Der;** eine Sammlung kleiner unterhaltender Erzählungen, launichter Einfälle ... Berlin 1785-86. II: *Müchler, Carl Frdr.* (MGT) (Ky)

Reisegefährte, der, od. Samml. kleiner unterhalt. Erzähll., launigter Einfälle ꝛc. (von K. Müchler). 3 Bde. 8. Berl. 785, 86. Eisfeld. 1 *Rthlr*

Reisegefährte, der. Ein geistl. Liederbrevier für gute und böse Tage. 2. Aufl. 16. (154 S.) München 882, Th. Ackermann. cart. *
1. Aufl. war nicht im Handel.

Reisegefährte, d. christliche. 12. Wien 826, Strauß. Rthlr.

**Reisegefährte, Der christliche.** 6. Aufl. Wien 1846. V: *Schmid, Franz Seraph.* (Th)

— der hoch- u. plattpolnische, f. einen reisenden Deutschen ꝛc. 8. Bresl. 804. Gehr. 9 *gr*

**Reisegefährte** deutscher Jünglinge ... München 1801. V: *Richter, Jean Paul Friedrich.* H: *Sailer, Johann Michael.* (Erman & Horn, Bibliogr. d. dtsch. Universitäten. 1. Leipz. u. Berl. 1904.)

**Reisegefährte** Teutscher Jünglinge, besonders, wenn sie auf Universitäten gehen ... O. O. 1801. V: *Sailer, Johann Michael.* (MGT) »München 1802« (Ky)

— deutscher Jünglinge, besonders, wenn sie auf Universitäten gehen. Mit e. Nachworte d. Herausgebers (J. M. Sailer). 12. Münch. 802. Lentner. 2 *gr*

**Reisegefährte, Der,** auf den Wanderungen in die reizenden Gegenden Lieflands ... Riga 1804. V: *Truhart, Ernst Anton Immanuel.* (R-N) (Ky) (GGr)

— der, auf d. Wanderungen in d. reizenden Gegenden Lieflands. 1r Thl. 8. Riga 804. Meinshausen. 12 gr.

**Reisegefährten**, vom Verf. der Novellen für das Herz, 8. Altona, 797. Verlags-Gesellsch. 20 sgl.

**Reisegefährten.** 1r Bd. 8. Hamb. 797. (Herold jun.) 16 gr. (s. auch Mährchen am Kamin. 2r Thl.) 2r Bd. 8. Erfurt 797. (Otto). 16 gr.

**REISEGESCHICHTE**, E i n e, ein Halbroman. Berlin, Fröhlich, 1800. (1799?). 8°.

Die Seiten 210—267 sind von *Garlieb Merkel* verfasst (laut Anon.-Lex. III. p. 364, nach Meusel, Recke-Napiersky, Engelmann u. Schröder). — Darin eine h e f t i g e K r i t i k H a m b u r g e r S i t t e n z u s t ä n d e.

**Reisegeschichte**, eine, v. Verf. d. Rückkehr ins Vaterland (G. Merkel.) 8. Berlin, Frölich. (Dunker u. H.) 800.

**ALBERTUS**, Des westindianischen kleinen, und der schönen Europäerin Adolphaea von Tanoy auf der Insul Martinique merkwürdige Reisegeschichte.... Mit Titelkpfr. Frankf. 1757. 8°. (4 Mk. Paul Alicke, Dresden, 1908.) Sehr rar!

**REISE-** Liebes- und Lebensgeschichte der europäischen Banisetta, oder der unvergleichlichen Schäfferin. Frankfurt und Leipzig 1753. 8°.

Stellenweise sehr freier A v a n t u r i è r e - R o m a n. — Wiener Cat. (1774) verbotener Bücher.

Des Spanischen MARCANTONS Reise- Liebes- und Lebens-Geschichte, Zweyter Theil. (Vignette). Franckfurt und Leipzig, 1751. 8.

159 S. (incl. Tit. u. S. 3—8 „Vorbericht"), unterz.: *G.*

**Reisegesellschafter**, der lustige, e. Samml. von 168 spaßhaften Anekdoten z. Vertreibung d. langweil. Stunden auf Reisen. 8. Leipz. 819. 2e A. 822. 3e A. 825. Müller. 9 gr.

**Reisegesellschafter**, der, durch Rügen, v. K. S—r. (K. Schneider). 8. Berl. 823. Th. Enslin. 1 rthl. Mit 1 Karte. 1 rthl. 18 gr.

**Reisegesellschafter**, der, durch Rügen, von K. S—r. Mit 1 Musikbeilage. 8. Berlin 873, Th. C. F. Enslin. *

**Reisegespräch** des Königs im Jahre 1779. Vom Verf. der Preussischen Kriegslieder. Halberstadt 1784. V: *Gleim, Joh. Wilh. Ludwig.* (GGr IV³/88, Nr. 1/71)

**Reisegespräch** des Königs (Friedrichs des Großen) im J. 1779. (v. Gleim.) 8. Halberstadt, Vogler. 784. -

Reise-Gespräch | von dem | Weg zur Seligkeit. | Zwischen | einem Reisenden | und | einem Wegweiser. | (Fig.: *Reisender mit Kniehosen und Dreispitz und Mann in Mantel und Zylinder*, 72 × 72) | Reutlingen, | in der Kurtz'schen Buchdruckerei. o. J., 103 S., 170 × 95.
StB Ulm BB 940.

**Reisegespräche** König Friedrich d. Großen im J. 1779. Beim Besuch Seiner angelegten Colonien, v. dem O.-Amtm. Fromme, zu Fehrbellin aufgeschrieben u. nach 100 Jahren wieder an's Licht gestellt. Als Anh.: Friedrichs II. Stellg. als Christ im Leben u. Sterben. 8. (32 S.) Halle 886. Petersen. — 30

Bennett's **Reisehandbuch** für N o r w e g e n (m. 10 Kt.), nebst Anhang ... Hrsg. v. Thos. Bennett & Söhne, Christiania ... *Magdeburg: Comm. A. Rathke 1898.* (1 Bl., XXIV S., 1 Bl., 204 S., 7 Kt.) 1 Bd 8. (98.8900 Ha

**Reise-Handbuch** f. das Königr. B ö h m e n. Mit 12 Karten u. Plänen. Unveränd., bill. Ausg. 8. (XXV, 598 S.) Prag 887. Řivnáč. geb., die Karten u. Pläne in Carton. n. 6. —

**Reise-Handbuch** f. B o s n i e n u. Hercegovina. Hrsg. v. Tages-Journal „Bosnische Post". gr. 16. (138 S. m. 1 Karte.) Sarajevo 897. (Wien, Huber & Lahme.) Geb. in Leinw. n. 1. —

**R e i s e h a n d b u c h** durch Teutschland und nach den Hauptstädten der angränzenden Länder. Mit 1 grossen Postcharte in 2 Blättern. Nürnberg 1820. 8.
A. u. d. T.: J. C. Fick, Neuestes Reisehandbuch durch Teutschland. . . . . . . . . .

— für die wien-triester Eisenbahn, Steiermark, Kärnthen, Krain und das illyr. Küstenland. 8. (VIII und 105 S. mit 1 lithogr. Karte in hoch 4.) Leipzig 854, Gumprecht. *

— für die christliche F a m i l i e. Ein Wegweiser durch die Hospize u. Erholungsorte. 16. (VIII, 48 S.) Berlin 890. Buchhandlg. d. Berliner Stadtmission. n. — 40

**Reise-Handbuch** f. die christliche F a m i l i e. Ein Wegweiser durch die Hospize u. Erholungsorte. 2. Aufl. 12. (VI, 50 S.) Berlin 891. Buchhandlg. der Berliner Stadtmission. n. — 40

— f. die christliche F a m i l i e. 2 Tle. in 1 Bde. 12. (VII, 58 u. III, 60 S.) Ebd. 893. n. — 80

— f. d. christliche F a m i l i e. 2 Tle. in 1 Bde. (3. Aufl.) 12. (VII, 58 u. III, 60 S.) Berlin 895. Buchh. der Berliner Stadtmission. n. — 80

**Reise-Handbuch** für die christliche F a m i l i e. Ein Wegweiser durch d. Hospize, Pensionate, Erholungsorte, Bäder u. Luftkurorte. 4. verb. Aufl. *Berlin: Berl. Stadtmiss. [1899].* (VII, 172 S.) 8° [F.] (99. 7284

**Reise-Handbuch** für die christliche F a m i l i e. Ein Wegweiser durch d. Hospize, Pensionate, Erholungsorte, Bäder, Luftkurorte, Sanatorien, Wasser- u. Natur-Heilanstalten nebst prakt. Auskünften f. Reise u. Haus. 6. verb., verm. Aufl. *Berlin: Berl. Stadtmiss. 1901.* (VII, 193 S.) 8° [F.] (02. 7195

**Reise-Handbuch** f. die christliche Familie. Ein Wegweiser durch die Hospize, Pensionen, Erholungsorte, Bäder, Luftkurorte, Sanatorien, Erziehungs- u. Unterrichtsanstalten, nebst prakt. Auskünften f. Reise u. Haus. 7. verb., verm. Aufl. 12. (VI, 163 S.) Berlin (902). Vaterländ. Verlags- u. Kunstanstalt. Geb. in Leinw. n. — 80

**R e i s e - H a n d b u c h** für die christliche Familie. Ein Wegweiser durch die Hospize, Pensionen, Erholungsorte, Bäder, Luftkurorte, Sanatorien, Erziehungs- und Unterrichtsanstalten, nebst praktischen Auskünften für Reise und Haus. 8. Aufl. [Illustriert.] VI + 250 S. 8. Berlin, Buchh. der Berliner Stadtmission, 1903. [cart. M. —. 80]

**Reise-Handbuch** für die christliche Familie. Ein Wegweiser durch die Hospize, Pensionen, Erholungsorte, ... Sanatorien, Erziehungs- und Unterrichtsanstalten, nebst praktischen Auskünften für Reise und Haus. 9. Aufl. [Illustriert.] X + 259 S. 8. Berlin, Vaterländische Verlags- & Kunstanstalt, 1904. [geb. M. 1. —]

**Reise-Handbuch** f. die christliche F a m i l i e. Ein Wegweiser durch die Hospize, Pensionen, Erholungsorte, Sommerfrischen, Hotels, Bäder, Luftkurorte u. Sanatorien, nebst prakt. Auskünften f. Reise u. Haus. 11. Aufl. (X, 170 S. m. 4 Taf.) kl. 8. Berlin 906. Vaterländ. Verlags- u. Kunstanstalt. Geb. n. 1. —

**Reise-Handbuch** für die christliche Familie. Ein Wegweiser durch die Hospize, Pensionen, Erholungsorte, Sommerfrischen, Hotels, Bäder, Luftkurorte und Sanatorien, nebst praktischen Auskünften für Reise und Haus. 12. vermehrte Aufl. [Mit Illustrationen und 3 Tafeln.] X + 234 S. 8. Berlin, Vaterländische Verlags- und Kunstanstalt, 1907. ([cart.] M. 1.—)
*Darin S. 92—103 u. 121/4:* Schweiz; *s. auch S. 85 etc. u. Anzeigen S. 183ff. passim.*

**Reise-Handbuch** f. die christliche Familie. Ein Wegweiser durch Hospize, Pensionen, Hotels, Sanatorien, Erholungsorte, Sommerfrischen, Bäder, Kurorte nebst prakt. Auskünften f. die Reise. 15. verm. Aufl. (X, 137 S. m. 3 [1 farb.] Taf.) kl. 8. Berlin 910. Vaterländ. Verlags- u. Kunstanstalt. Geb. 1.—

**Reise-Handbuch** f. den wandernden Gesellen. Ein Wegweiser u. Ratgeber f. die Wanderschaft m. 446 Reiserouten, nebst e. Gewerbe-Geographie sowie e. Beschreibg. v. üb. 900 Städten Deutschlands, Oesterreichs u. der Schweiz, m. Angabe aller in denselben besteh. Gesellen- u. Jünglings-Vereine, Herbergen „zur Heimat" 2c. u. e. Anh. v. Wanderliedern u. Wandergedichten. 16. (VII, 336 S.) Aachen 885. Jacobi & Co. n. 1. 25

**Reisehandbuch** f. den Harz. Zur wissenschaftl. Vorbereitung für die Harzreise u. als Begleiter auf derselben. (Von C. S. Schweitzer.) 8. (11 1/4 B., 1 Reisekarte u. 4 Gebirgsansichten.) Berlin 844. [Danzig, Gerhard'sche Buchh.] *

**Reisehandbuch** für den Harz. Zur wissenschaftl. Vorbereitung für die Harzreise u. als Begleiter auf derselben. (Von C. S. Schweitzer.) Mit einer Reisekarte u. 4 Gebirgsansichten. 8. Berlin 844, Gumprecht. In Leinwandband. n. 5/6 ♂

— kleines, mit Nachrr. üb. Volksmenge, Sehenswürdigkt., Gasthäuser 2c. 12. Leipz. 805. Leo. 1 ♂ 8 gr

**Reise-Handbuch** f. Kranke u. Naturfreunde, welche das Thal u. Wildbad Gastein in naturhistor., archäolog. u. pittoresker Hinsicht zu zu bereisen wünschen. Herausgeg. v. Emil**. gr. 12. Wien 826, Tendler.

— f. Kranke u. Naturfreunde, welche das Thal u. Wildbad Gastein in naturhistor., archäolog. u. pittoresker Hinsicht zu bereisen wünschen. Herausgg. v. Emil**. gr. 12. Wien 827. 2e Aufl. Mit 2 Abbildd. gr. 12. Ebd. 832. (Tendler). 1 ♂ 18 gr (23 1/2 B.)

**Reisehandbuch** für Kranke und Reisende, welche das Wildbad Gastein ... zu besuchen wünschen. Wien 1827. V: *Trimel, Jos. Franz Emil.* (EB)

**Reisehandbuch**, neuestes, durch Teutschland 2c. s. a. Fick, J. C., neues Handbuch für Reisende.

**Reisehandbuch**, neuestes, durch Deutschland u. nach d. Hauptstädten d. angrenzenden Länder 2c. Mit 1 Postkarte. gr. 8. Nürnb. 820. Campe. 3 ♂

— für Radfahrer. Tourenbuch des „Gau 14" (Bamberg—Hof) des D. R. B. Ein Führer in dem Gebiete des Fichtelgebirges, des Franken- u. Thüringer-Waldes, des Vogtlandes, des Erzgebirges, des Duppauer- u. Toplergebirges, des Kaiser- u. Böhmerwaldes u. des fränk. Jura. Zusammengestellt vom Radfahrer-Verein Eger. (VI, 366 S. m. 1 Karte.) 8. Eger (903). (J. Kobrtsch & Gschihay. Geb. in Leinw. n.n. 3. 50

**Reise-Handbuch** durch Schweden u. Norwegen. Eine Anleitung diese Länder mit Vergnügen u. Nutzen zu bereisen, nebst einer Beschreibung der merkwürdigen Städte, Oerter, Schlösser, Edelsitze, Bergwerke, Bäder etc. (von A. G. F. Freese). Neue (Titel-) Ausg. Nebst 1 (lith.) Reisekarte (in Fol.) mit der Umgegend von Stockholm u. der Fahrt durch den Götha-Canal. 8. (22 1/4 S.) Berlin (844) 850, Th. Grieben. 1 ♂

—— für die Schweiz nebst den savoyer u. piemonteser Alpen. 8. (22 1/2 B. u. 1 Karte.) Berlin 844. [Danzig, Gerhard'sche Buchh.] *
Vgl. Passagier.

Berner Liedertafel [in Bern]. Sänger-Reise nach Marseille-Nizza-Genua-Venedig-Mailand, 10. bis 20. April 1903. Reise-Handbuch und Tagesbefehl. II + 36 S. 8. Bern, Büchler & Co.

**Reisehandbuch** für Tirol, Salzburg und das südbairische Hochland. 8. (VIII und 183 S. mit 1 lithogr. und ill. Karte in Fol.) Leipzig 854, Gumprecht. *

**Reisehandbuch** des Verbandes deutscher evang. Pfarrervereine. Im Auftr. d. Vorstandes dieses Verbandes zsgest. v. Vorstand d. Deutschen Pfarrerblattes ... 2. verm. Aufl. *Dieskau (Bez. Halle a. S.): Deutsches Pfarrerbl. 1904.* (171 S.) 8° [Umschlagt. F.] [c4. 9749]

**Reisehandbücher** des schwedischen Touristenvereins. XIV. kl. 8. Stockholm 906. (Leipzig, Woerl's Reisebücherverl.) Kart. n. 2.—
Stockholm u. Umgebungen. Hrsg. vom schwed. Touristenverein. Mit 4 Karten u. 10 Plänen. (Aus dem Schwed. übers. v. C. O. Nordgren.) (90 S.)

**Reise-Handbüchlein**, der wandernden Schuljugend gewidmet vom Verf. der Entdeckungsreisen in der Heimat (Karl Kohlstock). 12. (26 S.) Gotha (899). R. Schmidt. n.n. —25

**Reiseharfe.** Ein Melodienbüchlein zum Reisepsalter. Werder bei Jüterbog 853. (Berlin, W. Schultze.) 32. (168 S., 4 Bl.) n. 8 ngr

**Reiseharfe.** Melodienbüchlein zum Reisepsalter. 2. Aufl. Falkenhagen 857. (Berlin, Beck.) 16. (190 S.) nn. 6 ngr

**Reiseharfe.** Melodienbüchlein zum Reisepsalter. 3. Aufl. gr. 8. (96 S.) Falkenhagen 863. Berlin, Beck. — W. Schultze. * –

**Reise-Harfe.** Melodieenbüchlein zum Reisepsalter für Pianoforte, Harmonium oder Orgel, hrsg. von C. Straube. 4. und 5. Aufl. gr. 8. (104 S.) Berlin 880,82, Hauptverein für christl. Erbauungsschriften. geb. *

**Reise-Harfe.** Melodieenbüchlein zum Reisepsalter für Pianoforte, Harmonium od. Orgel, hrsg. v. C. Straube. 6. Aufl. gr. 8. (120 S.) Berlin 888. Hauptverein für christl. Erbauungsschriften. n. 1. 20; cart. n. 1. 40; geb. n. 1. 60

**Reisejournal.** Mainz 1776-85. V: *Goldhagen, Hermann.* (MI.)

**Reisejournal;** Manuscript für Freundinnen und Freunde. 1783. V: *Ring, Friedrich Dominik.* (MGT)

**Reise-Journal**, internationales. Hôtel- und Bade-Zeitung. Organ für Reise- und Verkehrs-Verhältnisse aller Länder der Erde. Unter Mitwirkung von Carl Stangen's Reise-Bureau in Berlin. Redact.: Adam. 1.—8. Jahrg. 1872—1879. à Jahrg. 24 Nrn. (à 1—3 Bog.) Fol. München, Administration. à Jahrg. *

**REISE-JOURNAL**, Curieuses, in 4 Theilen, enthaltend allerhand artige Staats-Affairen. 8°.
War in einem um 1710 ersch. Cat. von Renger in Halle. ohne Formatsangabe.

**Reisejournal**, neues, eines Unpartheiischen, in Briefen an Mad. H.. v. d. R—schen Reisegesellschaft. 8. Frkf. 784. Andreä. 4 gl

Reiseissen, J. D.

— s. auch Reiseisen.

*Reiseissen*, J. D., commentatio victrix de origine comitivae Palatinae sub Romanis imp. ejusque indole sub Merovingis et Carolingis Franciae regibus usque ad divisionem regni etc. gr. 4. Münch. 765. (G. Franz). 4 gl

Reise-Kaleidoscop, humorist., s. a. † Ohnesorgen, Freim.

**Reise-Kaleidoskop**, humorist., od. Fresco-Bilder e. erotischen Kunst- u. Entdeckungsreise, in vier Gallerien ꝛc. 2 Bde. gr. 12. Leipz. 829. Focke. 3 ℔ 12 gl

**Reisekalender für Freunde der innern Mission. 1883. 64. (64 S.) Leipzig 882, Buchh. des Vereinshauses.**
Nicht weiter erschienen.

Anonym: „Curiöser astronomischer meterologischer ökonomischer Reise- und Hauskalender für Frauenzimmer; oder die nöthigsten Materien der Hauswirthschaft", 3 Theile, Erfurt 1757—1760 (Kayser).

Reise- und Notiz-Kalender, s. Notiz- und Reise-Kalender.

**Reisekalender**, Todtmooser, f. 1909, v. H. Pampe. Die Orig.-Aufnahmen v. Todtmoos u. Umgebg. sind von J. Frank. (88 S.) 8. Freiburg i/B. 908. 09. F. P. Lorenz. Geb. in Leinw. —75

**Reisekärtchen des Thüringer Waldes 1875. qu. gr. 4. Leipzig, C. H. Reclam sen.**

**Reisekarte** des Königreiches Böhmen mit der Gerichtseinteilung. 1 : 600.000. 6. Aufl. 55×46 *cm* K —.60
Prag: Kytka 1906.

**Reise-Karte v. Deutschland u. den angrenz. Ländern bis London, le Hâvre, Lyon, Turin, Venedig, Agram, Debreczin, Lublin, Memel u. Kopenhagen, mit Berücksichtigung der neuesten Eisenbahnen- u. Dampfboot-Course. gr. Fol. Lith. u. color. Berlin 850, Th. Grieben. 1/2 ℔**

Reise-Karte von Deutschland bis Paris, Kopenhagen, Warschau und Mailand reichend. Mit Berücksichtigung der neuesten Eisenbahnen- u. Dampfboot-Course. Berlin, Th. Grieben, 1850. Fol. Lith. u. kolor. (1/4 ℔)

Reisekarte von Deutschland und einem Theile der angrenzenden Länder, mit Angabe sämmtlicher Eisenbahnen, nach den neuesten Hülfsmitteln bearb. Wesel. Bagel, 1861. Imp.-Fol. Chromolith.

**Reise-Karte von Deutschand und einem Theile der angrenzenden Länder mit Angabe sämmtl. Eisenbahnen. Fol. Wesel 869, Bagel.**

Reise- und Eisenbahn-Karte von Deutschland mit Einschluss von Elsass und Lothringen. Chromolithogr. Imp.-Fol. Nebst alphabet. Ortsverzeichniss. 8. (25 S.) Düsseldorf 882, A. Bagel's Verlag.

**Reise- und Eisenbahn-Karte von Deutschland mit Einschluss von Elsass und Lothringen. Chromolithogr. Imp.-Fol. Nebst alphabet. Ortsverzeichniss. 8. (25 S.) Düsseldorf 888, A. Bagel's Verlag.**
Erscheint jedes Jahr in neuer Auflage.

Reisekarte, forstliche, von Preussen. Oestliche Hälfte, enth. die Provinzen Ost- und Westpreussen, Pommern, Posen und Schlesien, sowie Brandenburg und Sachsen. Gezeichnet von Frhr. v. Rechenberg. 1 : 1,000,000. 2 Bl. Lithogr. qu. gr. Fol. Leipzig 885, Rust. *
—— dass. — Westliche Hälfte, enth. die Provinzen Sachsen, Hannover, Schleswig-Holstein, Hessen-Nassau, Rheinprovinz, Westfalen, sowie Theile von Brandenburg und Pommern. Gezeichnet v. Frhr. v. Rechenberg. 1: 1,000,000. 2 Bl. Lithogr. qu. gr. Fol. Ebendas. 886. *
Oestliche und westliche Hälfte zusammen *

**Reisekarte zum Harz. Nebst 5 Ansichten. Lithogr. Mit Fahrplänen und Text. qu. 4. (4 S.) Magdeburg 888, Sperling und Comp.**

**Reisekarte** der Bezirkshauptmannschaft Horn. 1:125.000
Aussig: Stelzig 1909. gefalzt in Mappe K —.50

— durch die 22 Cantone der Schweiz. Lithogr. von A. Haas. Terrain von C. Wenng. gr. Fol. München 834. Lindauer. In Etuis n. 1 ℔ — Auf Leinwand in Etuis n. 1 1/3 ℔

Reisekarte der österreichisch-ungarischen Monarchie. 1 : 2,250,000. Ausg. 1884. Chromolithogr. gr. Fol. Wien, Perles. *

**Reisekarte der österreichisch-ungarischen Monarchie. 1 : 2,250,000. 15. und 16. Aufl. Ausg. 1885 und 1886. Chromolithogr. qu. gr. Fol. Wien, Perles.** *

**Reisekarte der österr.-ungar. Monarchie 1887.** 17. Auflage. 1887. 1:2,250.000. Wien, Perles. Gefalzt fl. —.60.

**Reisekarte der österreichisch-ungarischen Monarchie** und der angrenzenden Länder. Mit Angabe sämmtlicher Eisenbahn- und Dampfschiff-Stationen. 21. Aufl. 1891. Qu.-Fol. Chromolith. Gef. in Umschlag —.60
Wien: Perles 1891.

**Reise-Karte** der österr.-ungar. Monarchie 1898. Gefalzt in Umschlag —.60
Wien: Perles 1898.

Reise-Karte — Neue — Verfertiget zum Behuf des Wegweisers durch die XXII Cantone der Schweizerischen Eidgenossenschaft. Par H. Weiss. Publié par J. J. Bourgdorfer à Berne. 1820. 1 : 725,000. 1 Bl.

**Reisekarte von Deutschland [Mittel-Europa], Neue, nebst Angabe der Eisenbahnen. Nach den besten Hülfsmitteln bearb. Dresden, Breyer, 1863. Imp.-Fol. Chromolith.**
—, — Dresden, Tittel & Wolf, 1867. Imp.-Fol. Lith. u. kol.

—— neue, von Deutschland [Mittel-Europa] nebst Angabe der Eisenbahnen. Fol. Dresden 869, Tittel.

**Reise-Karte, neue, von Frankreich. 1 : 3,000,000. Fol. Berlin 871, Goldschmidt.** *

—— neue, von der sächsischen Schweiz. qu. 4. Berlin 874, Goldschmidt. *

Reisekarte, neueste, von Deutschland und den angrenzenden Ländern mit genauester Beachtung aller Eisenbahn-, Dampfschiff- und Postcourse gezeichnet und mit zweckmässigen Notizen für Reisende versehen. Fol. (Mit 11 S. Text. in 16.) Nürnberg 847, Bauer und Raspe.

Reise- u. Eisenbahnkarte, neueste, v. Deutschland u. e. Theile der angrenz. Länder, für 1891. Farbendr. 58×67 cm. Nebst e. alphabet. Verzeichnis sämmtl. Ortsnamen. 8. (24 S.) Frankf. a. M., A. Gestewitz. — 60

Reisekarte, neueste, der oesterreichisch-ungarischen Monarchie und der angrenzenden Länder, mit Angabe sämmtl. Eisenbahn- und Dampfschiff-Stationen. 1 : 2,250,000. Fol. Wien 875, Perles. *

Reisekarte, neueste, der österreichisch-ungarischen Monarchie und der angrenzenden Länder, mit Angabe sämmtl. Eisenbahn- und Dampfschiff-Stationen. 1 : 2,250,000. Ausg. 1876 und 1877. Chromolithogr. Imp.-Fol. Wien, Perles. *

— — Reisekarte der. 1884. Gr.-Qu.-Fol. Farbendr. Wien, Artaria & Co. Gef. in gr. 8. 60 kr. S. 269

Oesterr.-ungar. Monarchie, Neueste Reisekarte d., u. d. angrenz. Länder mit Angabe sämmtl. Eisenbahn- u. Dampfschiff-Stationen. 15. Aufl. Tonfarbendr. in Gr.-Qu.-Fol. Ebds. Gefalzt in Umschl. 60 kr. 1885.

— neueste, der österr.-ungar. Monarchie und der angrenzenden Länder. Mit Angabe sämmtlicher Eisenbahn- und Dampfschiff-Stationen. 16. Aufl. Ausgabe 1886. Chromolith. qu. gr. fol. Wien, Perles. fl. —.60. 1886

**Neueste Reisekarte der österr.-ungarischen Monarchie** und der angrenzenden Länder. Mit Angabe sämmtl. Eisenbahn- und Dampfschiff-Stationen. 1 : 2,250.000. Ausgabe 1889. Imp.-Fol. Chromolithogr. —.60
Wien: Perles 1889.

Reisekarte, neueste, der österreich.-ungar. Monarchie u. der angrenzenden Länder m. Angabe sämmtlicher Eisenbahn- u. Dampfschiff-Stationen. 1 : 2,250,000. 22. Aufl. Farbendr. (47,5×70 cm.) Wien 892, Perles. * 1 20

**Reisekarte,** Neueste, der österreichisch-ungarischen Monarchie und der angrenzenden Länder. 1 : 2,250.000. Mit Angabe sämmtlicher Eisenbahn- und Dampfschiff-Stationen. Ausg. 1893. Qu.-Fol. Chromolith. Gef. —.60

**Reisekarte, Neueste, der österreichisch-ungarischen Monarchie und der angrenzenden Länder. 1 : 2,250.000. Mit Angabe sämmtlicher Eisenbahn- und Dampfschiff-Stationen. Ausg. 1894. Qu.-Fol. Chromolith. Gefalzt in Umschlag —.60**
Wien: Perles 1894.

**Reisekarte,** Neueste, der österreichisch-ungarischen Monarchie und der angrenzenden Länder. 1 : 2,250.000. Mit Angabe sämmtlicher Eisenbahn- und Dampfschiff-Stationen. Ausgabe 1895. Qu.-Fol. Chromolith. Gefalzt in Umschlag —.60
Wien: Perles 1895.

**Reisekarte,** Neueste, der österreichisch-ungarischen Monarchie und der angrenzenden Länder. 1 : 2,250.000. Mit Angabe sämmtlicher Eisenbahn- und Dampfschiff-Stationen. 26. Aufl. Ausgabe 1896. Qu.-Fol. Chromolith. Gefalzt in Umschlag —.60
Wien: Perles 1896.

**Reisekarte,** Neueste, der österreichisch-ungarischen Monarchie und der angrenzenden Länder. 1 : 2,250.000. Mit Angabe sämmtlicher Eisenbahn- und Dampfschiff-Stationen. 27. Aufl. Ausgabe 1897. Qu.-Fol. Chromolith. Gefalzt in Umschlag —.60
Wien: Perles 1897.

Neueste Reisekarte der Oesterreichisch-ungarischen Monarchie und der angrenzenden Länder. Mit Angabe sämmtlicher Eisenbahn- und Dampfschiff-Stationen. Wien. 1900. Perles. 69×47 *cm.* Gefalzt in Umschlag K 1.20

**Neueste Reisekarte der österreichisch-ungarischen Monarchie und der angrenzenden Länder. Mit Angabe sämmtlicher Eisenbahn- und Dampfschiff-Stationen. Wien.** 1901. **Perles. 47×70** *cm.* **Gefalzt in Umschlag K 1.20**

**Neueste Reisekarte der österr.-ungar.** Monarchie und der **angrenzenden Länder. 32. Aufl. 47×70** *cm* K 1.20
Wien: Perles 1902.

**Neueste Reisekarte der österr.-ungar.** Monarchie und der angrenzenden Länder. 1903. 33. Aufl. 70×47 *cm* gefalzt in Umschlag K 1.20
Wien: Perles 1903.

**Neueste Reisekarte der österr.-ungar. Monarchie** und der angrenzenden Länder. 1906. 36 Aufl. 47×70 *cm.* In Umschlag K 1.20
Wien: Perles 1906.

... **Neueste Reisekarte** der österreichisch-ungarischen Monarchie und der angrenzenden Länder. Mit Angabe sämtlicher Eisenbahnund Dampfschiffstationen. Wien 1908. 38. Aufl. gefalzt K 1.30
Wien: Perles 1908.

**Neueste Reisekarte der österreichisch-ungarischen Monarchie** und der angrenzenden Länder. 39. Auflage. 1909 gefalzt K 1.20
Wien: Perles 1909.

**Neueste Reisekarte** der österreichisch-ungarischen Monarchie und der angrenzenden Länder. 40. Aufl. gefalzt K 1.20
Wien: Perles 1910.

Reisekarte, Neueste, d. oesterr.-ung. Reiches,

— **Reisekarte, Neueste. Mit Angabe sämmtl. Eisenbahn- u. Dampfschiff-Stationen. 13. Aufl. 1883. Massstab 1 : 2,250.000. Wien, Moritz Perles. In Umschlag 60 kr.** B. 1710

Reisekarte von Oesterreich-Ungarn, gezeichnet u. lithogr. [illegible] Carl Loos, im Massstabe 1 : 650.000, mit specieller Berücksichtigung aller bei einer jeden Eisenbahndirection stehenden Eisenbahnen, Post- u. Telegraphenstationen, sowie auch Dampfschifffahrts-Stationen unter Angabe der Postrouten, Sitze der k. k. Bezirke und k. ungar. Comitatsbehörden etc. Format 93 : 70 Cm. Wien, Loos. fl. 2.—. 1886.

Polnische Reise Karte über die vornehmsten Passagen von Dresden nach Warschau auf zweyerley Wegen I über Breslau, Peterkau. II über Lissa, Kalicz. Aus Zürnerischen und anderen Nachrichten geographisch entworfen von den Homännischen Erben (Zweytes Blatt des Reise Atlas.) Nürnberg 1740? 1 : 700,000 circa. 1 Bl.

Reise-Karte der Provinz Preussen, enth. sämmtliche Post-Anstalten nebst allen Post- und Eisenbahn-Verbindungen, sowie Angabe der Entfernungen zwischen den einzelnen Stationen in Kilometern. Nach amtl. Quellen. 5. Aufl. Fol. Königsberg 876, Braun und Weber. *

Reise-Karte vom Riesengebirge. Lithogr. qu. Fol. Berlin 878, Barthol und Comp. *

Reise-Karte der Insel Rügen. Lithogr. und color. gr. Fol. Berlin 878, Barthol und Comp.

Reisekarte des Salzkammergutes und der angrenzenden Gebiete. Hrsg. von der Sektion »Austria« des deutschen und österreichischen Alpenvereins. 1 : 100 000. Wien 1877. 1 Bl. c. L. Ff.

Reise-Charte durch die Schweiz. Gezeichnet von H. Keller und gestochen von J. Scheurmann. Zürich, bey Füessli und Comp. 1813. Vermehrt und berichtigt 1815. 1 : 500,000. 1 Bl.

Reise-Karte der Schweiz. — Carte routière de la Confédération Suisse. Lithogr. de Frères Belliger à Aarau. (4 illum. Blätter in Fol.) (Bern u. Chur 833 Dalp.) n. 1 5/12 ₰ — Auf Leinwand in Futteral n. 1 7/8 ₰

Reisekarte der Schweiz. Maßst. 1 : 600'000. Carte géographique de la Suisse ... Winterthur [um 1906]: Top. Anst. J. Schlumpf; [Geogr. Kartenverl. Bern in Komm.]. (1 Kartenbl. 58×38 cm.) 8° [Umschlagt. lith.] [kol.] [06. 13315

Reisekarte der Holsteinischen Schweiz u. Touristenführer. Nach den Generalstabskarten bearb. Mit Ortschaftsverzeichniss auf der Rückseite. 1 : 150,000. Farbendr. gr. Fol. Hamb. 892, Adler. * — 50

Reise-Karte der sächsisch-böhmischen Schweiz. Fol. Dresden 873, Kubel.

Reise-Karte der Sächsischen Schweiz. Lithogr. qu. Fol. Berlin 878, Barthol und Comp. *

— von der Schweiz u. Vorarlberg. 4. (Lith. u. color.) Berlin 850, Th. Grieben. 1/4 ₰

— in die vereinigten Staaten von Nord-Amerika nebst Angabe der Kanäle und Eisenbahnen. Nach den neuesten und zuverlässigsten Quellen bearb. Lithogr. und ill. Imp.-Fol. Mit: Rathgeber für deutsche Auswanderer ꝛc. 8. (15 S.) Wesel 851, A. Bagel.

Reisekarte in die Vereinigten Staaten von Nord-Amerika nebst Angabe der Kanäle und Eisenbahnen. Nach den neuesten zuverlässigsten Quellen bearb. Lithochrom. Imp.-Fol. (Mit 8 S. Text in 8.) Wesel 852, Bagel.

Reise-, Strassen- und Bäder-Karte des grössten Theils vom mittleren Deutschland. Berlin, Schropp u. Co., 1836. Imp.-Fol. Kupferstich. (2/3 ₰) . . . . . .

— durch Südbayern, Tyrol, das lombardisch-venetian. Königreich, Salzburg u. das Salzkammergut. In Kpfr. gest. von Joh. Bapt. Seitz. gr. Fol. Color. München 851, Lindauer. n. 1 ₰ Auf Leinw. n. 1 1/3 ₰

Reisekarte durch Südbayern, Tyrol, das lombardisch-venetianische Königreich, Salzburg und das Salzkammergut. München [1865 ?] . . . . . . . . . . .

Reise-Karte durch die mähr.-schlesischen Sudeten. 1 : 200,000. Neue verb. Ausg. Chromolithogr. gr. Fol. Freiwaldau 884, Blažek. *

Reisekarte durch die mährisch-schlesischen Sudeten, 1 : 200.000. 54 × 62 *cm* Freiwaldau: Blazek 1909. gefalzt in Mappe K 2.—, aufgespannt K 3.—

Reisekarten [Schlagwort]

**Reisekarten, s.: Eisenbahnkarten.**

Reisekarten [Sachliches OW]

Reise-Karten, neue, vom Fichtelgebirge und von der fränkischen Schweiz. (2 Bl. in qu. 8. und qu. Fol.) Berlin 873, Goldschmidt. *

**Reisekatalog, illustrierter. Verzeichnis bewährter Reisehandbücher u. Führer, Touristen- u. Radfahrerkarten, Reisebeschreibungen, Prachtwerke, Konversationsbücher, Reiselektüre usw. 21. Jahrg. 1908. (110 S.) gr. 8. Leipzig, K. F. Koehler Barsort. — 20**

Reisekorrespondenz, s. Reisecorrespondenz

Reisekosten-Regulativ für die königl. preuß. Staatsbeamten und für die Armee, nach den allerhöchsten Bestimmungen vom 10. Juni und 28. Dezbr. 1848 und 29. Juni 1850. gr. 16. (23 S.) Berlin 850, Decker'sche geheime Ober-Hofbuchdr.

Reisekurier, s. Reisecourier

Reisel, A., neueste Polterabendscherze. 1. Hft. 8. (5 3/4 B.) Schweidnitz 846, Heege.

**Reiselectüre. Sorgenlose Stunden im Kreise beliebter Erzähler. Hrsg. v. F. W. Hackländer. 1—60. Hft. hoch 4. Stuttgart 874—76. Kröner. à — 50**

1. Falsches Spiel. Erzählung v. F. W. Hackländer. (34 S.)
2. Gräfin Katinka u. ihre Nachbarn. Eine Schloßidylle v. E. M. Vacano. (32 S.)
3. C'est fini! Eine Erzählg. aus dem J. 1773 v. Edm. Höfer (36 S.)
4. Zur Weltausstellung verurtheilt! Humoristische Erzählg. v. F. W. Hackländer. (40 S.)
5. „Gefunden." Novelle v. Karl Frenzel. (28 S.)
6. Die Gletscher-Amazone. Eine Erzählg. aus dem Gebirge von Max v. Schlaegel. (32 S.)
7. Die rothe Jula. Novelle v. Ernst Eckstein. (28 S.)
8. „Der Diplomat." Von Karl Heigl. (32 S.)
9. Die Favoritin. Eine Hofgeschichte v. E. M. Vacano. (40 S.)
10. Van Dyk's Meisterstück. Historische Novellette v. Aug. Lienhardt. — In den Katakomben. Ein Scherz v. F. W. Hackländer (40 S.)
11. Die Schoitaschirten. Eine Erzählung von Joh. v. Dewall. (32 S.)
12. Die feindlichen Gatten. Eine Liebes- u. Ehestandsgeschichte v. Graf Ulrich Baudissin. (32 S.)
13. Dorette. Eine Geschichte v. Hans Wachenhusen. (32 S.)
14. Der Kometenprinz. Novelle v. Max v. Schlaegel. (32 S.)
15. Die Balenzianerin. Erzählung v. F. W. Hackländer. (44 S.)
16. Komödien im Zwischenakt. Von F. W. Hackländer. (42 S.)
17. Der Diamantenkönig. Erzählung v. Hans Wachenhusen. (44 S.)
18. Maria la Brusca. Novelle v. Ernst Eckstein. (40 S.)
19. Zur Herrschaft geboren. Erzählung von F. v. Remmersdorf. (36 S.)
20. Der Garnisonsteufel. Eine Reitergeschichte von Max v. Schlaegel. (40 S.)
21. Frau Valeria. Erzählung v. Jul. Grosse. (40 S.)
22. Der Backfisch. Erzählung v. Hans Wachenhusen. (44 S.)
23. Der Sperling der Montespan. Das Gespenst v. Hallaburg. 2 Erzählgn. v. E. M. Vacano. (44 S.)
24. Mitten in den Bergen. Eine Geschichte v. Edm. Hoefer. (40 S.)
25. La Gitana. Erzählung v. F. W. Hackländer. (40 S.)
26. Der Leibarzt d. Kurfürsten, Novelle v. Karl Heigel. Professor Schmidtchen's Abenteuer. Humoreske v. L. Ghop. (40 S.)
27. Cousine Ella. Erzählung v. Hans Wachenhusen. (40 S.)
28. Eine Mesalliance. Erzählung v. Joh. van Dewall. (30 S.)
29. Mit der Sturmfluth. Novelle von Max v. Schlaegel. (30 S.)
30. Rossini's Uhr. Eine Erzählung aus dem Leben d. berühmten Komponisten. Von Ernst Pasqué. (30 S.)
31. Das Rendezvous zu Höchstädt. Historische Novelle v. Sacher-Masoch. (34 S.)
32. Der schöne Camill. Aus dem Tagebuch e. alten Redakteurs. Von Jul. Grosse. (44 S.)

33. Eine Viertelstunde Vater. Novellette v. F. W. Hackländer. (38 S.)
34. Bauer u. Kavalier. Erzählg. v. Hans Wachenhusen. (40 S.)
35. Melanie. Paula. 2 Novellen v. Ernst Eckstein. (36 S.)
36. Der türkische Kosak. Erzählung v. Hans Wachenhusen. (40 S.)
37. Der Admiral. Erzählung v. Ernst Pasqué. — Ein Orakel. Novellette von Ernst v. Waldow. (32 S.)
38. Fra Diavolo. Eine Künstlergeschichte v. F. W. Hackländer. (40 S.)
39. Auf eine Karte. Novelle v. A. Godin. — Aus der spanischen Hauptstadt. Von Ernst Eckstein. (32 S.)
40. Der Böswirth. Eine bayer. Dorfgeschichte v. Hans Hopfen. — Die Sonntagsgäste an der Table d'hôte. Von Ernst v. Waldow. (40 S.)
41. Blaue Husaren. Humoristische Erzählg. v. Carl Hecker. (36 S.)
42. Auf diesem nicht mehr ungewöhnlichen Wege. Novelle v. Johs. van Dewall. (32 S.)
43. Gemeinschaftliche Arbeit. Erzählung v. F. W. Hackländer. — Arion. Erzählung v. Karl Heigel. (32 S.)
44. Das Brod der Engel. Erzählung v. E. M. Vacano. (42 S.)
45. Der Erb-Onkel. Erzählung v. E. v. Dincklage. (40 S.)
46. Zwei Sünder. Erzählung von Max v. Schlaegel. — Der Heiduck. Von Schmidt-Weißenfels. (28 S.)
47. Der schöne Lehmann. Erzählung v. Johs. van Dewall. (40 S.)
48. Jorinde. Novelle v. Paul Heyse. – Der Graue. Aus dem Norweg. d. Jonas Lie. (24 S.)
49. Alma. Novelle von Helene v. Hülsen. Eine romantische Frau. Novelle v. Heinr. Stobitzer. (36 S.)
50. Die Rothhemden. Erzählung v. Hans Wachenhusen. (32 S.)
51. Ein Liebesbrief. Erzählung v. R. Artaria. (32 S.)
52. Dornröschen. Eine Theaternovelle in 9 Kapiteln v. Jul. Grosse. (40 S.)
53. Der Sklavenhändler. Erzählung v. J. van Dewall. — Ein heiliger Dreikönig. Novellette von Ernst v. Waldow. (28 S.)
54. Der Postillon v. Lonjumeau. Erzählung v. Ernst Pasqué. (32 S.)
55. Es steht geschrieben. Erzählung v. Hans Wachenhusen. (32 S.)
56. Isabella v. Bourbon. Kulturgeschichtliche Novelle L. K. (36 S.)
57. Stephan Lorenzen. Erzählung v. Josephine Gräfin Schwerin. — Samuel Heinzerling's Besuch bei dem großherzogl. badischen Gesandten. Von Ernst Eckstein. (32 S.)
58. Mein Vetter, der Graf. Eine Stadt- u. Hofgeschichte v. Karl Chop. (36 S.)
59. Miß Markland. Erzählung v. Hans Wachenhusen. (32 S.)
60. Sternschnuppen. Erzählung v. F. W. Hackländer. (32 S.)

**Reiselectüre.** Sorgenlose Stunden im Kreise beliebter Erzähler, hrsg. von F. W. Hackländer. Nr. 61—113. hoch 4. Stuttgart 877—82. Kröner. à n. — 50

61. Geschichte eines Briefes. Novelle von A. Godin. Stimmungsbilder aus Rom. Von Ernst Eckstein. (32 S.)
62. Der tolle Baron. Eine Erzählung von Johs. van Dewall. (32 S.)
63. Djanira. Novelle von Schmidt-Weißenfels. (32 S.)
64. Clémence von Montbard. Novelle von Paul Sirano. (32 S.)
65. Die Engelsstimme. Erzählung von Hans Wachenhusen. (32 S.)
66. Das Märchen von der Eisfee. Von F. W. Hackländer. Sie speculiert. Humoreske von Karl Heigel. (32 S.)
67. Der arme Papa. Novelle von Gfr. Böhm. Louis Lablache. Von A. Godin. (24 S.)
68. Durch Sturm zum Frieden. Novelle von F. C. Schubert. (32 S.)
69. Marienkönigin. Novelle aus der Gegenwart von Herm. Hirschfeld. Das Geisterschiff. Dem Leben nacherzählt von F. Meister. (24 S.)
70. Böser Leumund. Eine Dorf- u. Wirthshausgeschichte von Max v. Schlaegel. (26 S.)
71. Herr Alexis. Novellette von B. M. Kapri. (32 S.)
72. Vor Thoresschluß. Eine Erzählung von Johs. v. Dewall. (36 S.)
73. Spiele nicht mit Schießgewehren. Novelle von Karl Hecker. Ein Fund. Humoristische Skizze nach dem Leben von Karl Hecker. (28 S.)
74. Eigene Wege. Novelle von M. Rieser. Madame Quanz. Novellette von Herm. Hirschfeld. (32 S.)
75. Eine wunderliche Geschichte. Von E. M. Vacano. Decamerone. Von L. K. (28 S.)
76. Ebba. Eine Erzählung von Helene v. Hülsen. Variationen über die „Hugenotten". Von F. W. Hackländer. (34 S.)
77. Das stürmische Haus. Erzählung von C. Greiner. (28 S.)
78. Auf einem verlorenen Posten. Eine wahre Geschichte von Johs. van Dewall. (32 S.)
79. Der Roman eines Knaben. Von Schmidt-Weißenfels. Eleanor's Ball-Erfahrungen. Eine Skizze aus dem amerikanischen Leben von L. Maurice. (32 S.)
80. Auf Sylt. Novelle von D. v. Paschkowsky. (32 S.)
81. Dunkle Räthsel. Erzählt von A. Godin. Onkel Heinrich. Eine Erzählung von L. Maurice. (24 S.)
82. Eine Undine. Von André Theuriet. Mit Autoris. d. Verf. übers. von Alb. Waldrach. (30 S.)
83. Ein verhängnißvoller Irrthum. Novelle von Ernst v. Waldow. Der Engel aus der Holzkammer. Von Ernst v. Waldow. (24 S.)
84. Dr. Kräutlein u. seine zweite Frau. Humoreske von Ernst Norden. Lose Blätter aus Florenz von Ernst Eckstein. La Siora Ammalata. Von E. M. Vacano. (24 S.)
85. Zur Galeere. Novelle von Herm. Hirschfeld. Ein Maskenscherz. Von W. v. Dünheim. (24 S.)
86. Nazzarena Danti. Novelle von Johs. van Dewall. (28 S.)
87. Hat sie ihn dennoch geliebt? Eine Erinnerung von Edm. Hoefer. (28 S.)
88. Die Schlange im Paradiese. Von Aug. Krüger. (36 S.)
89. Ein Freund in der Noth. Novelle von Levin Schücking. Ein guter Fischzug. Aus dem Span. von P. Alarcon übersetzt von Lili Lauser. (24 S.)
90. Lars Björn. Eine Geschichte aus den Lofotten von Ph. Schweitzer. (28 S.)
91. Das gefährliche Vielliebchen. Novelle von Ernst Willkomm. Mexikanische Erinnerungen. Von Herm. Haardt. (28 S.)
92. Der Dreispitz. Aus dem Span. d. Alarcon übers. von Lili Lauser. (32 S.)
93. Der Ballvater. Novelle von Schmidt-Weißenfels. (28 S.)
94. Die Polengänger. Polizeinovelle von F. Ch. B. Avé-Lallemant. Der Köhlerschulz. Aus dem Span. d. Alarcon übers. von Lili Lauser. (28 S.)
95. Il Parpaglione. Novelle von Johs. van Dewall. (28 S.)
96. Eine alte Schuld. Erzählung von E. v. Bibra. (24 S.)
97. Die Gräfin von Görlitz. Von Adf. Palm. Hinter dem Rücken des Gatten. Von E. M. Vacano. (34 S.)
98. Aschenbrödel. Erzählung von A. Godin. Ein Beitrag zur Geschichte des seemännischen Aberglaubens. Von Herm. Haardt. (28 S.)
99. Aus eigener Wahl. Novelle von Helene v. Hülsen. Il Gobbo u. sein Liebesleid u. -Glück. Von E. v. Dincklage. (22 S.)
100. Magda. Novelle von Dora Paul. (34 S.)
101. Die Liebe der Stuarts. Novelle von Wilh. Jensen. (28 S.)
102. In der Steppe. Von Isolde Kurz. (32 S.)
103. Die Nebelwittwe. Novelle von E. Streben. (32 S.)
104. Das Buch Ruth. Novelle von Wilh. Jensen. Festgebräuche in Oberitalien. Von O. Frhr. v. Reinsberg-Düringsfeld. (24 S.)
105. Pater Florentin. Von Helene v. Hülsen. Frauenrache. Von M. Kolb. Ein Abenteuer in St. Petersburg. Von E. Benedict. (28 S.)
106. Die Kugel des Irländers. Von O. Plank. Beutelmann u. Sohn. Von R. Langer. Festgebräuche in Oberitalien. Von O. Frhr. v. Reinsberg-Düringsfeld. (28 S.)
107. Valenzia Gradonigo. Novelle von Wilh. Jensen. (28 S.)
108. Helene. Tagebuchblätter aus dem russ. Salonleben von E. Tegtmeyer. (40 S.)
109. Bon voyage. Die Geschichte einer Brautfahrt, erzählt von Ernst v. Waldow. Die goldenen Träume. Märchen von Isolde Kurz. (32 S.)
110. Der verfehlte Spuk. Von E. Benedikt. Die Halsbandgeschichte. Von R. Langer. (28 S.)
111. Der Lotterieträumer. Von Otto Jäger. Haschisch. Von Ernst Frhrn. v. Bibra. (28 S.)
112. Die verhexte Farm. Von Otto Jäger. Der Verehrer einer Gräfin. Von C. Groß. (24 S.)
113. Begraben in der Tiefe. Von Karoline Henderson. Eine gefährliche Hand. Von A. Ritter. (24 S.)

**Reise-Lectüre.** Reich illustriert. Nr. 1—4. gr. 16. (à 64 S.) Würzburg 893. L. Woerl. à n. — 50

Reise-Lectüre, unterhalt., Abentheuer, Schicksale, Freuden u. Leiden auf Land- u. Seereisen. 8. (27 B.) Nürnberg 836, Fr. Campe.

Reise- u. Post-Lexikon, geogr. 8. Jena, Schulz. 756.

Reiselexikon. – Geograph. Reise-, Post- u. Zeitungs-Lexikon v. Teutschland ..., s.a. Eber, Ch. L.

Reise-, Post- und Zeitungslexikon von Deutschland, Geographisches. Bd. 1. 2. Leipzig 1782. gr. 8. . . . . . . . . . . . . . . . . . . . . . . . . . .

**Reise-, Post- und Zeitungs-Lexicon, Topographisches,** von Teutschland oder kurze Nachrichten von den in Teutschland liegenden Marktflecken, Flecken, Schlössern . . . Neue . . . Ausg. . . . Leipzig 1782. V: *Haubold, Christian Gottfried.* (ML) (Kat. d. Bibl. d. techn Hochsch. Berlin 1900.)

Reise- u. Post-Lexikon, topograph., v. Deutschland (v. ... Eber). 8. Jena 756. Schulz. 2 ₰ 8 gr. Neue umgearb. Aufl. v. Chr. Gf. Haubold. 2 Bde. 8. Leipz. 782. Weidmann. 5 ₰

Reise-Lieder. 16. (15 S.) Zwickau 891. J. Herrmann. — 5

Reise-Magazin zur Ausbreitung der Erdkunde, der Völker und Menschen-Kenntnis. Mit Anmerkungen versehen. 1. Bd. Altona. 1784.

— z. Ausbreitung d. Erdkunde, d. Völker- u. Menschenkenntniß. Mit Anmerkk. 1r Bd. 3 Stücke. 8. Hamb. 792. Bachmann. 18 gr.

Reisemagazin, welches die Briefe e. Reisenden in sich faßt. 8. Frankf. 762. Drachstädt. 5 gr.

Reise-Manual. 2. Aufl. Allgemeiner — von den resp. Directionen concessionirter — Anzeiger aller Fahrpläne auf den 27 Eisenbahnen in Nord-Deutschland rc. Lex. 8. (16 S.) Leipzig 848, Thomas. — 3. Aufl. Winterdienst 1848/49. Lex. 8. (16 S.) Frankfurt a. M., Schmerber. Leipzig, Th. Thomas. — 3. Jahrg. 1849. Lex. 8. (16 S.) Ebd. à 1/24 ₰ Mit 1 lith. Karte in qu. gr. 4. à 1/12 ₰

— dass. — allgemeiner Anzeiger aller Fahrpläne auf den 20 Eisenbahnen in Süd-Deutschland, Rhein-Preußen und Holland und die neuesten Dampfschifffahrtspläne. gr. 8. (16 S.) Frankfurt a. M. 848, Schmerber. Leipzig, Thomas. Mit 1 lithogr. Karte in qu. 4.

Reisemärchen v. Rideamus. Illustriert v. Paul Kraemer. 1.—10. Taus. (126 S.) kl. 8. Berlin (906). Harmonie. n. 2. 50; kart. n. 3. 50

Reisen

— vergl. Reise.

— s.a. Reise / Reisen ...

Auf Reisen. Briefe eines Dilettanten. 8. (373 S.) geh. 3 fl. Wien: Konegen 1882.

Auf Reisen! Illustrierter Führer f. die reis. Welt, nach Teilstrecken geordnet. Billige Heftausgabe v. Stange's Reiseführer in losen Blättern. 39. Heft. Flüelen — Göschenen — Biasca (Gotthardtunnel). In-8°. 9 S. M. 1 Lichtdr. u. 2 Karten. Frankenberg i/S., C. Stange. Mk. — 35 1893

— 40. Heft. Interlaken. Lauterbrunnen-Grindelwald u. Interlaken-Grindelwald. In-8°. 12 S. M. 1 Lichtdr. Ebds. 1893 Mk. — 35

Auf Reisen! Illustrierter Führer f. d. reis. Welt, nach Teilstrecken geordnet. Billige Heftausgabe v. Stange's Reiseführer in losen Blättern. Heft 45. Konstanz-Radolfszell, Singen-Radolfszell, Singen-Schaffhausen. M. 1 Lichtdr. In-8°. 16 S. Frankenberg i/S., C. Stange. Mk. — 35 1893

Auf Reisen! Illustrierter Führer f. d. reis. Welt, nach Teilstrecken geordnet. Billige Heftausgabe v. Stange's Reiseführer in losen Blättern. Heft 46. Lausanne-Genf. In-8°. 16 S. M. 1 Lichtdr. Frankenberg i/S., C. Stange. 1893 Mk. — 35

— Dass. Heft 47. Arth-Goldau-Flüelen. In-8°. 6 S. M. 1 Karte. Ebds. 1893 Mk. — 35

Auf Reisen! Illustr. Führer f. die reis. Welt, nach Teilstrecken geordnet. Heft 65. Zürich. M. 1 Lichtdr. In-8°. 16 S. Frankenberg i/S., C. Stange, 1893 Mk. — 40

**Reisen** und Abentheuer der Brüder Robinsons ... Bern 1791. H: *Mayer, Aug. Frdr.* (Ullrich, Robinson u. Robinsonaden. Weimar 1898.)

**Reisen** und Abentheuer des Ritters Benno von Elfenburg im Jahre 1225. Eine höchst wunderbare und doch keine Geistergeschichte. Leipzig 1795—1796. V: *Spiess, Chn.Hch.* (WBL 36/160) (GGr V/507, Nr.9/23) (Biblport)

— u. Abenteuer Benno v. Elfenburg, s. Elfenburg.

**Reisen** und letzte Abentheuer des Freiherrn Hieronymus von Münchhausen ... [Stendal] 1800. Ü: *Schnorr, Heinrich Theodor Ludwig.* (Ky)

— u. Abenteuer d. Robinson Crusoe. In gedrängter Kürze bearb. Aus d. Engl. Mit 6 ill. Kpf. 8. Nürnb. 824. (v. Ebner). 6 gr.

Reisen u. Abenteuer d. Robinson Crusoe. In gedrängter Kürze bearb. Aus d. Engl. Mit 6 ill. Kpfrn. 8. Nürnb. 824, Haubenstricker.

Reisen u. Abentheuer d. Robinson Crusoe rc. A. d. Engl. übers. 2. Ausg. M. 6 ill. Abbild. 8. (3 B.) Nürnberg 834, v. Ebner.

**Reisen** und Abenteuer Rolandos und seiner Gefährten. Wien 1804. V: *Jauffret, L. Fr.* (Ullrich, H., Robinson und Robinsonaden. Weimar 1898. S. 239.)

— Abenteuer und Schiffbrüche des Don Alvar Nunez Cabeça de Boca. (1540), s. **Ternaux-Compans**, Amerika. 2r Bd.

— acht, in das Jenseits u. Blicke in die kommenden Tage von der Somnambule Wilhelmine Zieger, in Kotteritz bei Meißen. Zum Druck befördert v. J. G. Richter. 2. Aufl. gr. 8. (16 S.) Meißen 850, Goedsche in Comm. 2 ngr

Reisen in Afrika, siehe: Weltkunde, die, 10. Bd.

**Reisen** durch Ägypten und Arabien; aus den Werken gelehrter Reisenden ausgezogen. Bern 1780. H: *Wyttenbach, Jacob Samuel.* (Ky) (MGT)

**Reisen** in Aegypten, Libyen, Nubien und Dongola. Berlin 1828. V: *Ehrenberg, Chn Gfr.* (Großh. Hof- u. Landesbibl. Carlsruhe 1876.)

— im Alterthum, s. a. Reisen d. Pythagoräer.

Reisen, die, im Alterthum, ein Gegenstück zu den Sagen aus dem Alterthum. 2 Thle. m. K. 8. Ebendas. 804.

— die, im Alterthum. 2 Thle. Mit Kpf. 8. Gießen 804. (Ferber). 3 ₰ 8 gr (s. auch **Pythagoras**).

**Reisen, Amors,** nebst einigen Fragmenten aus seinem Tagebuch gezogen. Bern 1776. V: *Bürkli, Johann.* (BGE) (Cat. d. Stadtbibl. Zürich. Zürich 1864—97.) »1777« (Ky)

— Amors, Fragmente aus seinem Tageb. 8. Bern, Typogr. 777.

**Reisen, Amors Kleine.** Bern 1792. V: *Bürkli, Johann* (?). (Ky) S. a. III, 11749.

**Reisen, Anthropologische.** Riga 1793. V: *Nudow, Heinrich.* (Call) (Ky) (R-N)

— anthropologische, (von H. Nudow). 8. Riga 793. Hartknoch. 1 ₰ 6 gr

**Reisen, Antons,** in die wirkliche Welt ... Hamb. 1802. V: *Krüger, Wilhelm Gg.* (R-N) (Ky) (GGr) (NN) (Adel)

**Reisen** in Arabien, enthaltend eine Beschreibung derjenigen Gebiete in Hedjaz, welche die Mohamedaner für heilig achten. A. d. Engl. von J. L. Burkhardt. Weimar 1830. V: *Ouseley, Will.* (Ky)

— ausgewählte. 5 Bde. Mit Kpf. u. Karten. gr. 8. Gera 801. Heinsius. 10 ₰ 8 gr (1r u. 2r Bd. **Sonnini's** Reisen nach Aegypten. 3 ₰ 16 gr 3r Bd. **Browne**, Reisen in Afrika. 2 ₰ 12 gr 4r Bd. **Stofana**, Reisen in Griechenland. 1 ₰ 16 gr 5r Bd. **Antes**, üb. Sitten der Aegypter. **Grobert's** Beschreib. der Pyramiden. **Ripault**, Denkmäler in Aegypten. **Andreossy**, Untersuch. der Seen in Aegypten. 2 ₰ 12 gr)

**Reisen** durch Bayern, Schwaben, Franken, samt einer gründlichen Nachricht von dem ... Zustand des Temeswarer Banats. Frankf. u. Leipz. 1795. V: *Röder, Philipp Ludw. Hermann.* (Pk)

**BOYLE**, Cptn. Robert. — Die Reisen und Begebenheiten des Englischen Capitains Robert Boyle Worinnen die Geschichte der Mad. Villars, mit welcher er aus der Barbarey geflüchtet, wie auch eines Ital. Sclavens Anton Alvares, und eines Spaniers Don Petro Aquilio. Nebst denen merckwürdigen Reisen des Herrn Castelmanns, dessen Schiffbruch wunderbahren Conservation, Beschreibung von Pensylvanien und besonders derselben Haupt-Stadt Philadelphia. (Aus d. Engl. übers.) 2 Thle. Mit 6 Kpfrn. Leiptzig 1744, bey C. F. Schoppen in Halberstadt u. D. Pietsch in Bresslau. 8°. 9 Bll., 634 S. u. Reg. (15 Mk. Aldolf Weigel, Lpz., c. 1905.)

Sehr seltene Robinsonade, mit pikanten Episoden. Nicht bei Ullrich aufgeführt.
Zuerst gedr. ebd. 1735. 8°. (Sauermann's Messcat.) Kippenberg, S. XV.

**REISEN** und Begebenheiten eines Jünglings. Frankfurt und Leipzig 1793. 8°.
Auction Ballauf-Dortmund, c. 1900.

— u. Begebenheiten e. Cavaliers im Dienste Gustav Adolphs, Königs v. Schweden, u. Karl I., Königs v. England; herausgg. v. Dr. Defoe. Nach d. 2n engl. Ausz. 2 Thle. 8. Lpz. 785. Schwickert. 1 ₰ 12 gr

— u. Begebenheiten eines Cavaliers im Dienste Gustav Adolphs. 2 Thle. 8. Lpz. Schwickert. 785. 86.

**REISEN** und Begebenheiten verschiedener Personen. 3 Thle. Frankfurt und Leipzig (o. Adresse). 8°.
O. M. V. 1775. S. 854; Heine p. 14.

**Reisen** und Begebenheiten Ferdinand Vertramonts und seines Onkels Moriz. Nebst einer Schilderung von den Sitten und Gebräuchen und der Verfassung der Peru Mexikaner und den entdeckten Schätzen der ehemaligen Beherrscher von Mexiko und Peru. Prag und Leipzig 1793—1794. V: *Boulard, S.* (Leher 24/14355) (BiblPort)

— durch Belgien, Holland u. Großbritannien, siehe: Weltkunde, die, 3. Bd.

**Reisen, Botanische,** nach einigen oberkärntnerischen und benachbarten Alpen. Klagenfurt 1792. V: *Reiner, Jos.* & *Sigm. v. Hohenwarth.* (Tübz 19, 36)

Reisen in Brasilien und Algier oder Lebensschicksale Wendelin Schlossers. Erfurt: Hennings & Hopf 1839. VIII, 176 S. mit 6 Abb.

— in Brasilien u. Algier, od. Lebensschicksale Wendelin Schlossers, zuletzt gewes. Bombaschia des Achmed Bey v. Constantine. 8. (11½ B. u. 6 Abbild.) Erfurt 839, (Hennings u. Hopf.)

— in Brasilien, Peru u. Carracas; nach Lindley, Barrow, Tuckney rc. ausgearb. v. J. A. Bergk. Mit 6 Kpf. 8. Leipz. 808. Baumgärtner. 1 ℛ

— n. d. Brocken, s. a. C. Brdß.

**Reisen** nach dem Brocken im Jahre 1786 aufgesetzt zum Nutzen und Vergnügen . . . Braunschweig 1786. H: *Braess, Carl.* (Gatterer, Repert. d. mineral. Litt. Giessen 1798—99. I, 69.)

— nach d. Brocken im J. 1786, zum Nutzen u. Vergnügen junger Reiseliebhaber, (v. H. W. D. Bräß). 8. Braunschw. 787. Schulbuchh. 8 gr

Reisen, die, d. Christof Columbus 1492—1504. Nach seinen eigenen Briefen u. Berichten veröffentlicht 1536 v. Bischof Las Casas, seinem Freunde, u. Fernando Columbus, seinem Sohne. Aufgefunden 1791 u. veröffentlicht 1826 von Don M. F. v. Navarette. In das Deutsche übertr. v. Fr. Pr. gr. 8. (III, 220 S.) Lpz. 890, Hinrichs' Verlag. * 5 —; geb. * 5 60

— des Cyrus, s. a. Ramsay.

**Reisen, Die** des Cyrus, eine moralische Geschichte . . . A. d. Franz. Breslau 1780. V: *Ramsay, Andrew.* Ü: ***Claudius, Matthias.*** **(Mitth. Prof. Dr. H. Ullrich-Brandenburg a. H.)**

**Reisen, Die,** des Cyrus, eine moralische Geschichte . . . A. d. Franz. . . . Breslau 1780. Ü: *Claudius, Matthias.* (GGr) (Handb. d. Freimaurerei. Leipz. 1900.)

**Reisen, Dämonische,** in alle Welt. Aus einem noch ungedruckten französischen Manuscript bearbeitet. Tübingen 1847. V: ***Friederich, Johann Konrad.*** (Ebrard-Liebmann: Friederich) (Zeitschr. f. Büch. N. F. 15, 1923, S. 119) (BGE II³, 373)

**Reisen, Dämonische,** in alle Welt. Tübingen 1847. V: *Friedrich, Carl.* (BGE)

Reisen, dämonische, in alle Welt. (Nach einem noch ungedruckten französ. Manuscripte bearb.) 1.—4. Liefg. gr. 8. Tübingen 846, Osiander. à n. ⅓ ℛ

— dämonische, in alle Welt. (Nach einem noch ungedruckten franz. Manuscript bearb.) 5—10. Lfg. gr. 8. (VIII S. u. S. 371—826.) Tübingen 847, Osiander. cmplt. n. 3 ℛ

**Reisen** durch das südliche Teutschland. Leipzig 1789—91. V: *Röder, Phil. Ldw. Hermann.* (MS) (MGT) (EngG) »1789—95« (Ky) »1789—93« (BrMm)

**REISEN** durch das südliche Teutschland. Bd. 1. Mit hübscher Titelvign. (Donau-Ansicht, unsign.). Leipzig u. Klagenfurth, 1789, bey S. L. Crusius, u. Friedr. Carl Walliser. — Bd. 2. Ebd., 1791. in Kommiss. bey S. L. Crusius, gedr. u. verlegt v. Carl Walliser. — Bd. 3. Ulm, im Verlag d. Stetinischen Buchhdlg. 1793. Gr. 8⁰. (1—2: 5 Mk. Frdr. Klüber München, vor 1900; jetzt theurer!)

Reisen durch das südliche Teutschland und einen Theil von Italien. (3 Bde.) 8. Leipzig 1789—1793.

Reisen eines Amerikanischen Dolmetschers und Pelzhändlers, welche eine Beschreibung der Sitten und Gebräuche der Nordamerikanischen Eingebornen, und einige Nachricht von den Posten am St. Lorenz-Flusse, dem See Ontario u.s.w. enthalten. Herausgegeben von J. Long. [Aus dem Englischen übersetzt von Georg Forster.]
in: Forster: Geschichte der Reisen an der Nordwest-Küste Amerikas seit Cook. Th. 3. S. 81—256. Berlin 1792. 176 S. 8⁰.

**Reisen, Ducos neue,** in die Höhlen des Unglücks und Gemächer des Jammers. Hamb. 1797. V: (nicht) *Spiess, Chrn. Hch.* (BGE VII³, 388, Altona 1797) (Vgl. GGr V, 508, Nr. 9/26) (BiblPort)

Reisen, eigenmächtige, in eine andere Welt, vom Verf. der Lauretta Pisana (D. Albrecht) 1r Theil, mit 1 Kupf. 8. Prag, 790. Albrecht. 15 sgl.

**Reisen, Eigenmächtige,** in jene andere Welt . . . Prag 1790. V: *Albrecht, Johann Frdr. Ernst.* (BGE) (LS) (Ky) (GGr) (MGT)

— eigenmächtige, in jene Welt, (v. Jh. Fr. Er. Albrecht). 1r Thl. 8. Prag 790. Schönfeld. 12 gr

**Reisen, Empfindsame,** durch Teutschland. Wittenberg u. Zerbst 1770-72. 2. Aufl. 1771—72. V: *Schummel, Joh. Glieb.* (GGr) (BrMm) (MGT)

— s. a. Reise . . .

**Reisen, Empfindsame,** durch Italien, die Schweitz und Frankreich; ein Nachtrag zu den Yorikischen . . . Hamburg 1794. V: *Schink, Johann Friedrich.* (Ky) (GGr)

— s. a. Reise . . .

**Reisen, Empfindsame,** durch den europäischen Olymp. Vom Verfasser der Mirandro. Teutschland (Erfurt) 1800. V: *Albrecht, Johann Friedrich Ernst.* (BGE VI², 417)

– s.a. Reise ...

**Reisen, Empfindsame,** durch einen Theil der Niederlande ... A. d. Engl. Bützow u. Wismar 1774—77. V: *Paterson, Samuel.* Ü: *Müchler, Johann Georg Phil.* (MGT) (GGr)

**Reisen, Empfindsame,** durch die Visiten-Zimmer am Neu-Jahrs-Tage, am Oster-Tage, am Pfingst-Tage, am Johannes-Tage, am Weihnachts-Tage. Von einem deutschen Yorick angestellet. Cosmopolis [Hamb.] 1772—1773. V: *Bock, Johann Christian.* (BGE III², 42)

**Reisen, Empfindsame,** durch die Visitenzimmer am Oster- und Pfingsttage. Kosmopolis [Hamburg] 1772. V: *Bock, Joh. Christian.* (Schr) (Wr)

• — empfindsame, Yoriks. 2 Bde. 8. Leipz. Sommer. 801.

Reisen der Engländer im stillen Meer u. in der ... Welt, s.a. Hawkesworth, John.

**Reisen** der Engländer im stillen Meere und um die Welt. Wien 1792. V: *Hawkesworth, John.* (EB)

— eines Engl. durch einen Theil von Ober-Schwaben u. d. Schweitz ꝛc. 5 Thle. 8. Kempten Dannheimer. 794.

Noch ein Bändchen von den *Reisen eines Engländers durch Ober-Schwaben.* In Briefen verfasst u. von seinem teutschen Freunde *L. A. F. V. B.* herausg. Warschau (fing.) 1794. 12⁰. Tit. beschr. Eleg. Hsrsb.
Selten! 16 S. Enth. erzähl. Invectiven. u. a.

REISEN eines Erdbewohners in den Mars. Leipzig, Heinrich Gräff, 1803. 8⁰. (1/3 Rthl.)
Anzeige des Verlegers. — Selten!

Reisen und galante Erlebnisse einer deutschen Erzieherin, s.a. Reise-Bibliothek, deutsche.

REISEN u. galante Erlebnisse einer deutschen Erzieherin in Belgien, England, Spanien, Portugal, Polen u. Deutschland. Hrsg. von ***. (Reisebibliothek No. 1.) 2te wohlf. Ausgabe. Berlin, Otto Janke, 1864. 8⁰. (9 Mk. H. Barsdorf, Berlin, c. 1905.)
Zahmen Inh. Tit., 2 Bll. Vorr. u. 357 SS. Mit illustr. Umschl. — Vergriffen! (Ed. I. v. 1860?)

**Reisen, Ernsts,** durch die gestirnten Himmel in 6 Gesängen. Zerbst 1822. V: *Wünsch, Christian Ernst.* (GGr X 597) (Zeitschr. f. Büch. N.F. 15, 1923, S. 119)

— d. Europäischen, s. Krebel.

— nach Farö, Island, Sibirien ꝛc., siehe: Weltkunde, die, 2. Bd.

**Reisen und Thaten, Faustin's des Jüngeren,** im schwindelhaften Jahrzehend der Freiheit am Ende des philosophischen Jahrhunderts. Leipzig 1799. V: *Winkopp, Peter Anton.* (Ky)

**Reisen** eines Franzosen, oder Beschreibung der vornehmsten Reiche der Welt ... Leipzig 1769. V: *Bergmann, Gustav von.* (R-N)

• Reisen zweier Franzosen durch Belgien, in den J. 1791—802. 2 Thle. 8. Pesth, Hartleben. 804.

– s.a. Reise ...

REISEN eines deutschen Freigeistes. (Auch m. d. Titel: Reise-Spiegel von Erhard von Haselstein.) Cassel 1833. (Leipzig und Naumburg, Franke.) Gr. 12⁰. 12 Bogen. (3/4 Rthl.)

**Reisen, Freimaurerische,** durch die Bayrischen Lande. O. O. [17??]. V: *Schütz, Friedrich Wilhelm von.* (MGT) (Kordes, Schlesw.-holst. u. eutin. Schriftst. Schleswig 1797.)

– s.a. Reise ...

**Reisen** auf die Freite. Erster und zweiter Ritt. Magdeburg 1786. V: *Quirl, Justus Samuel.* Vgl. Geschichtsbll. des Ver. f. ... Magdeburg 35 (1900), S. 136. (DARP)

§ REISEN auf die Freite. Erster und zweeter (sic!) Ritt. Magdeburg, 1786. bei Johann Adam Creutz. 8⁰.
116 S. Selten. Zahmen Inhalts. — Antipoden. Bdchn. 2.

**Reisen** der württembergischen Fürsten nach Italien. [Stuttg. 1885.] V: *Hartmann, Jul.* (Heyd)

**Reisen, Fürstliche,** im achtzehnten Jahrhundert. [Stuttg. 1893.] V: *Hartmann, Jul.* (Heyd)

Reisen durch die merkwürdigsten Gegenden Helvetiens. London 1778 s.a. [Gruner, Gottlieb Sigmund].

**Reisen** durch die merkwürdigsten Gegenden Helvetiens. London [Bern] 1778. V: *Gruner, Gottlieb Sigmund.* (MI.) (EngG) (MS) (Ky) (AarK)

— durch die merkwürd. Gegenden Helvetiens (v. Gli. S. Gruner). 2 Thle. Mit Kpf. 8. London (Bern). 778. Typ. Gesellsch. 2 ß 16 gr

**Reisen** durch einige Gegenden von Schwaben und Franken ... Frankf. u. Leipzig 1794. V: *Etzdorf, Marquard Graf von.* (Ky) (MGT)

— durch einige Gegenden v. Schwaben u. Franken (v. M. Gf v. Etzdorff). 8. Regensb. Montag 794. 10 gr

— d. etl. Gegenden v. Schwaben u. Franken. 8. Montag. 794.

— durch verschied. Gegenden Deutschlands in Briefen, (v. Klem. Alo. Baader). 2 Thle. gr. 8. Augsb. 791, 97; auch mit d. Jahrz. 1807. Kranzfelder. 18 gr — Dass. mit d. Jahrz. 1801. 2 Thle. gr. 8. Augsb., (Andrä in Leipz.) 2 ß 12 gr

**Reisen** durch verschiedene Gegenden Deutschlands in Briefen. Augsb. 1792-95. V: *Baader, Clement Alois.* (Heyd) »1791—97« (Ky)

**REISEN** und Genesung eines am Geiste seltsam gefesselten jungen Russischen Edelmannes. Nebst den Schicksalen des Verfassers, der ihn begleitete, und der Regierung Kaiser Pauls I. (Motto.) Leipzig und Kopenhagen 1804. 8°. 302 S.

— u. Genesung e. am Geiste sattsam gefesselten jungen russischen Edelmanns. 8. Kopenh. 809. Schubothe. 1 ß

**Reisen** der russisch-kaiserl. ausserordentlichen Gesandtschaft an die ottomanische Pforte im Jahre 1793 ... St. Petersburg 1805. V: *Reimers, Heinrich Christoph von.* (Adel) (EngG) (MGT) (Ky)

— s.a. Reise ...

**Reisen** in mehrere russische Gouvernements in den Jahren 178*, 1801, 1807 und 1815. Meiningen 1819-23. 1830—34. V: *Schlegel, Chn Hieronymus Justus.* (BrMm) (R-N)

— — in mehrere russische Gouvernements in den Jahren 178*, 1801, 1807 und 1815. 1ß Bändchen. 8. Meiningen, Keyßner. 819.

— in mehrere russ. Gouvernements in d. Jahren 178* u. 1801, 1807 u. 15. 1ß — 4ß Bdchn. gr. 12. Meiningen 821 — 24. Keyßner. 4 ß 2 gr 5ß Bdchn. A. u. d. T.: Ausflug nach Esthland im Juni 1807. Ebd. 830. 1 ß 12 gr 6ß Bdchn. A. u. d. T.: Reise v. St. Petersburg nach d. Pleskowschen Gouvernement im Monat Juli 1815. Mit 2 Bog. lithogr. Zeichnn. u. Musikbeill. gr. 12. Ebd. 831. 1 ß

—— in mehr. russische Gouvernements in d. J. 1801, 1807 u. 1815. 5. Bdchn. — A. u. d. T.: Ausflug nach Ehstland im Jun. 1807. M. 2 Musikbeil. u. 1 Stndr. gr. 12. (18½ B.) Meiningen 830, Keyßner.

—— dass. 6. Bdchn. — A. u. d. T.: Reise v. St. Petersburg nach d. Pleskowschen Gouvernement im Monat Jul. 1815. M. 2 Bog. lith. Zeichn. u. Musikbeil. gr. 12. (11 B.) Ebds. 831.

—— dass. 7. Bdchn. — A. u. d. T.: Reisebemerkungen üb. Ehst- u. Weißrußland, Kleinrußland, d. Ukräne, d. Krimm, d. Pleskowsche Gouvernement u. (auf e. Reise v. Petersburg nach Rom u. Neapel) üb. Sklow, Kiow, Podolien, Radziviloff in Volhynien rc. Mit lith. Zeichn. u. Musikbeil. (auf ⅔ Bog.) 12. (11½ B.) Ebds. 232.

Reisen in mehr. russ. Gouvernements rc. 8. Bdchn. — A. u. d. T.: Reise v. St. Petersburg nach Reval ins Seebad, im 2. Drittel d. Monats Juni a. St. 1826. Mit lith. Musikbeil. (auf ⅚ Bog.) 12. (11 B.) Meiningen 832, Keyßner. Thlr.

—— dass. 9. Bdchn. — A. u. d. T.: Reisen v. St. Petersburg nach Reval ins Seebad, in d. J. 1827, 1828 u. 1829, nebst e. Beschreib. d. Wasserfahrt nach Peterhof zu d. glänzend. Fête, die daselbst nach Ankunft d. Königs v. Preußen den 1. Juli 1818 gegeben ward. Mit lith. Zeichn. u. Musikbeil. (auf ⅙ Bog.) 12. (13 B.) Ebds. 833.
1—4. Bdchn. Ebendas. 1821—24. 4 Thlr. 2 Gr.

**Reisen** des Capitain L. Gullivers in neu entlegene Länder. Leipzig 1728. V: *Swift, Jonathan.* (Myl)

**Reisen, Lemuel Gullivers,** nach Lilliput; auf's neue freyverteutscht ... Kopenhagen 1786. V: *Swift, Jonathan.* Ü: *Krögen, Carl Hnr.* (ML) (Ky) (Collin, Anonymer. Kiobenh. 1869.)

**Reisen, Lemuel Gulliver's,** zu verschiedenen entfernten Nationen; a. d. Engl. ... Zürich 1788. V: *Swift, Jonath.* Ü: *Riesbeck, Caspar.* (Ebert) (ML)

**Reisen, Lemuel Gullivers,** zu verschiedenen bisher unbekannten Völkern des Erdbodens. Leipzig 1811. V: *Swift, Jonathan.* (EB)

**Reisen, Des Capitäns Samuel Gulliver,** in unterschiedliche entfernte und unbekandte Länder. Hamburg 1733. V: *Swift, Jonathan.* (Ad. Weigel, Mittheil. f. Bücherfr. 39. II, 2711.)

Reisen, Nil Hammelmanns ... merkwürdige, ..., s. Reisen, Nil Stairs ... remarquable und höchst merkwürdige, ...

**Reisen und Abenteuer, Harlekins,** nebst Beilagen A. B. C. D. Berlin 1798. Halle 1800. V: ***Vulpius, Christian August.*** (BGE III³, 87)

**Reisen** auf die Heyrath. Frankf. a. d. Oder 1794. V: *Neumann, Johann Jacob Nathaniel.* (Adel) (Ky) (MGT)

— auf die Heirath. 8. Frkf. Aplz. 794.
Schreibp.

— auf die Heurath, (von J. J. N. Neumann). 8. Frankf. 794. (Wienbrack in Leipz.) 15 gr

**Reisen** nach Helvetien und Italien 1776—78. Ein Auszug. A. d. Franz. ... Hamburg 1784—85. V: *La Platiere, Roland de.* (EngG)

**Reisen** durch Helvetien und Italien in den Jahren 1776—78 ... Hamburg 1784—85. V: *Roland de la Platière, Jean Marie.* (EB)

Reisen der Hexen nach dem Blocksberge. s. l. 741. 8.

— humoristische, durch Dänemark ꝛc., s. Schütze, St.

Die Reisen Jesu Christi oder geographische Beschreibung der vorzüglichsten Orte und Denkmäler des hl. Landes zu den Zeiten Jesu. Mit einer Karte von Palästina und einem Plane von Jerusalem. Aus dem Französischen des C. M. D. M. übersetzt und mit einer geographisch-histor. Einleitung sowie mit erläuternden Anmerkungen versehen von J. N. F. Linz, Eurich u. Sohn, 1836, 8°, 35 Bogen, 6,75 Mk.

**Reisen** Jesu Christi. Nach d. Franz. ... Wien 1836. V: *Ehrenberg, Johann Nepomuk Volkhammer v.* (Kalemkian)

— Jesu Christi. Nach d. Franz. bearbeitet; mit der Geschichte der Juden von Salomo bis zu ihrer gänzlichen Zerstreuung. Mit 1 Grundriß von Jerusalem u. 1 Karte vom heil. Lande. 8. Wien 836. Mechitaristen-Congreg.-Buchh. 7/12 rß

**Reisen** durch das österreichische Illyrien, Dalmatien und Albanien im J. 1818 ... Meissen 1822. V: *Liechtenstern, Joseph Max Frdr. von.* (KU) (Pk) (EngJ)

— durch das österr. Illyrien, Dalmatien u. Albanien im Jahre 1818, eine umfaßl. Darstell. d. Landes, d. Sitten, Gewohnheiten u. merkwürd. Gebräuche seiner Bewohner, mit Nachr. üb. die Griechen u. übrigen Bewohner d. benachbarten türk. Länder enth.. v. R. v. H....g. 2 Theile. Mit e. Abbild. von Cattaro. 8. Meißen 822. Gödsche. 2 rß

**Reisen** nach Indien und Persien. A. d. Engl. ... Leipz. 1774—75. V: *Ives, Eduard.* (Rass)

Reisen u. Irrthümer eines Heirathslustigen, v. Fr. Laun. 2 Thle. 8. Dresd. Arnold. 809. Rthlr.

**Reisen** für die Jugend und ihre Freunde ... Leipzig 1840—43. V: *Becker, Gottfried Wilhelm.* (EngG) (Ky)

Reisen für die Jugend u. ihre Freunde v. *r. (Becker.) 1r Thl. A. u. d. T.: Die fröhliche Reise nach Thüringen. Mit 2 Ansichten. 8. Leipzig 840. Hinrichs. 1 rß

— für die Jugend und ihre Freunde von *r. 2. Thl. — A. u. d. T.: Die Fahrten und Abenteuer des Lieutenant Ferdinand von Wrangel auf der Reise von Petersburg nach der Nordostküste von Sibirien zu Wasser und zu Lande unter den Tataren, Baschkiren, Kirgisen, Tungusen, Jakuten, Ostiaken, Jukahiren, Tschuktschen und andern Völkerschaften daselbst. Mit 2 Ansichten. 8. Leipzig 841, Hinrichs'sche B. (à) 1 rß

— dass. 3. Thl. — A. u. d. T.: Lustige Wanderungen durch Baiern, Tyrol und Salzburg. Mit historischen Rückblicken. Nebst Titelkupfer. 8. Ebend. 842. (à) 1 rß

— dass. 4. Thl. A. u. d. T.: Kreuz- und Querzüge in China. Mit steter Rücksicht auf die Regierung und Religion, die Sitten und Eigenthümlichkeiten seiner Bewohner. Mit 1 Titelkupfer. 8. Ebend. 843. 1 rß

JULCHENS Reisen durch England und Frankreich Eine Arabeske. Weißenfels u. Leipzig, bey Friedr. Severin u. Comp. 1799. 8°.
TKpf. (von Boettger), Tit. u. 392 S. Theilweise in Dialogform. Zahmen Inhalts.

— — Dasselbe. Leipzig, Hinrichs, 1811. 8°. (1 1/3 Rthl.)

**Reisen** und Campagnen des Prinzen Max Emanuel von Würtemberg. Neue Aufl. Frankf. u. Leipz. 1739. V: *Bardili, Wendel.* (TübZ 7, 42)

**Reisen** eines St. Gallischen Cantonbürgers nach Nordamerika und Westindien in den Jahren 1816—18. St. Gallen 1820. V: *Büchler, Joh. Ulr.* (EngG)

**Reisen,** Carls vaterländische in Briefen an Eduard. Graz 1793. V: *Heun, Carl Gottl. Samuel.* (Fock 529/1796) (Siebert 23/523) (BGE 3/536) (BiblPort) (Ky 3/307) (GGr X, 49) S. a. III, 11765.

Reisen, Carl's vaterländische, in Briefen an Eduard. Leipzig 1793. 8.
Verf. ist Conrad D***, Erb-, Lehn- u. Gerichtsherr auf Gross-Bosdeberich. . . . . . . . . . (D)

**Reisen, Karls vaterländische.** Leipzig 1793. V: *Heun, Carl Gottlieb Samuel.* (MGT) (Ky) (Koner) (Hitzig)

**Reisen, Kein,** ist ohn' Ungemach! Reise-Erlebnisse einer Missionarin... Elmshorn 1899. V: *Seher, Frau H.* (Berl)

Reisen, kein, ist ohn' Ungemach! Reise-Erlebnisse e. Missionarin. Gesammelt u. hrsg. v. C. Seher. gr. 8. (III, 47 S.) Elmshorn 899. Gebr. Bramstedt. n. — 30

**Reisen, Hans Kieckindiewelt's,** in alle vier Welttheile und den Mond. Leipz. 1796 [1794]. V: *Rebmann, Andreas Gg Frdr. v.* (GGr)

— s.a. Reise ...

Reisen im südwestlichen Kleinasien. — 1. Band: Reisen in Lykien u. Karien, ausgeführt im Auftrage des K. K. Ministeriums für Cultus u. Unterricht, unter dienstlicher Förderung durch Sr. Maj. Raddampfer „Taurus“, Commandant Fürst Wrède. Beschrieben von Otto Benndorf u. George Niemann. Wien 1884. Fol. — 2. Band: Reisen in Lykien, Milyas u. Kibyratis. Ausgeführt auf Veranlassung der österreichischen Gesellschaft für archäologische Erforschung Kleinasiens unter dienstlicher Förderung durch Sr. Maj. Raddampfer „Taurus“, Commandant Baritz v. Ikafalva. Beschrieben u. im Auftrage des K. K. Ministeriums für Cultus u. Unterricht hrsg. von Eug. Petersen u. Felix von Luschan. Wien 1889. Fol.

**Reisen im südwestlichen Kleinasien.** 2. Bd. A. u. d. T.: Reisen in Lykien, Milyas u. Kibyratis. Ausgeführt auf Veranlassg. der österreich. Gesellschaft f. archäolog. Erforschg. Kleinasiens unter dienstl. Förderg. durch Sr. Maj. Raddampfer „Taurus“, Commandant Baritz v. Ikafalva. Beschrieben u. im Auftrage d. k. k. Ministeriums f. Cultus u. Unterricht hrsg. v. Eug. Petersen u. Felix v. Luschan. Mit 40 Taf. u. zahlreichen Illustr. im Text. Fol. (VI, 248 S.) Wien 889. Gerold's Sohn. cart. n. 150. — (1. 2.: n. 300. —)
1. Bd. s.: Benndorf, O., u. G. Niemann. 1884.

**Reisen, Kleine;** Lectüre für Reisedilettanten. Berlin 1785-91. V: *Reichard, Heinrich August Ottoc.* (Ky) (MGT) (EngG)

— kleine, Lektüre f. d. Reisedilettanten. 8 Bde. Berl. Unger. 785–91. (à 20 gr.)

— kleine, Taschenbuch f. Reisedilettanten (von H. A. O. Reichard). 8 Bde. 8. Berl. 785—91. Unger. (à 20 gr) 6 ℛ 16 gr

— kleine, durch merkwürd. Gegenden im südl. Frankreich, s. J. C. Schedel, Magazin f. d. Philosophen 2c.

**Reisen, Kleine,** durch merkwürdige Gegenden des südlichen Frankreichs. O. O. 1790. V: *Schedel, Joh. Chn.* (Ky)

— kleine, d. merkw. Gegenden im südlichen Frankreich. 8. Magdb. Creutz. 790.

**Reisen, Kleine oekonomische,** welche die wichtigsten Bemerkungen zur Beförderung der Aufnahme der Landwirthschaft ... enthalten. Züllichau 1785—86. V: *Benekendorf, Carl Friedrich von.* (EB)

— kleine, durch einen Theil v. Italien, Frankreich u. England. 8. Halberst. 795. N. A. 807. (W. Rauck). 8 gr

— kl., d. einen Theil von Italien, Frankr. und England. 8. Halberst. Sommer. 796.

• — kleine, durch einen Theil von Italien, Frankreich u. England. 8. Leipz. Sommer. 807.

**Reisen, Niels Klimm's unterirdische,** neu verteutscht. Berl. 1788. V: *Holberg, Ludwig v.* Ü: *Mylius, Wilh. Christhelf Siegmund.* (MGT) (stams) (Pettersen, Anon. og Pseudonymer. Kristiana 1890.)

**Reisen, Humphry Klinkers,** a. d. Engl. ... Leipz. 1772. 2. Aufl. Leipz. 1785. V: *Smollet, Tobias George.* Ü: *Bode, Johann Joachim Christoph.* (Schr) (ML) (Ky) (JL)

**REISEN,** Komische, eines kleinen Amors. Mit einem [reizenden] Titelkupfer und mehreren gestochenen Vignetten, Dunker del. et sc. Am Apollofest 1792. 8°. 151 S.

**Reisen, Komische,** eines kleinen Amors ... [Bern?] 1792. V: *Bürkli, Joh.* (EB)

**REISEN** eines Königs. Gedruckt im Sirius (Hirschberg, Ussner) 1791.
Weller, fing. Dr. I. p. 149. — Rar!

**Reisen** eines Curländers durch Schwaben ... [Nürnberg] 1784. V: *Gaum, Johann Ferdinand.* (AarK) »[Ulm]« (Heyd) (Wr) (Ky) (Kat. d. Bibl. Frz Schnitzer. Nürnberg 1902. S. 58.)

— eines Kurländers durch Schwaben, e. Nachtrag zu d. Briefen eines reisenden Franzosen (angebl. v. J. Fd. Gaum). 8. Nürnb. 784. (Stettin in Ulm). 12 gr

**REISEN** in das Land der Liebe. Frankfurt u. Leipzig 1767. 8°. Höchst selten!

**REISEN** durchs gelobte Land. Ein Fragment aus Amors Brieftasche. Arkadien bei Amors Erben. 1798. 8°. 48 S. (In Wien, Stadtbibl.: Secr. A 67.) Aeusserst selten!

**Reisen durch verschiedene Länder Europas. Leipzig 1778. V: *Pilati de Tassulo, Carl Anton.* (WBL 22/287) (BiblPort)**

**Reisen** in verschiedene Länder von Europa in den Jahren 1774—79; oder Briefe aus Deutschland, der Schweiz, Italien ... A. d. Franz. ... Leipzig 1778. V: *Pilati di Tassulo, Carlo Antonio.* (EngG)

— in versch. Länder v. Europa in d. Jahren 1774–76. 2 Thle. a. d. Frz. 8. Lpz. Böhme. 778.

— in verschied. Länder von Europa in d. J. 1774–76; aus d. Französ. 2 Thle. 8. Leipz. 778. (Knobloch). 1 ℛ 8 gr

Reisen u. Länderbeschreibungen der älteren und neuesten Zeit, eine Sammlung der interessantesten Werke über Länder- und Staaten-Kunde, Geographie u. Statistik. Mit Karten. Herausg. von Ed. Widenmann und Wilh. Hauff. 1e Lfrg. A. u. d. T.: Darstellung des gegenwärtigen Zustandes von Irland. gr. 8. Stuttgart 835. Cotta. 2/3 ℛ

— dass. 2e Lfrg. A. u. d. T.: Algier wie es ist. Mit 1 Karte u. 2 Ansichten. gr. 8. Ebd. 835. 7/8 ℛ

— dass. 3e u. 7e Lfrg. A. u. d. T.: Alex. Burnes Reisen in Indien und nach Bukhara. 1r u. 2r Bd. Enthaltend: 1. Gesandtschaftsreise nach Lahur. 2. Reise nach Bukhara. Mit 1 Abbild. gr. 8. Ebd. 835, 36. 3 1/6 ℛ

— dass. 4e Lfrg. A. u. d. T.: Ausflug auf die Prairien zwischen den Arkansas und Red-river, von Wash. Irving. gr. 8. Ebd. 835. 2/3 ℛ

— dass. 5e Lfrg. A. u. d. T.: Reiseschilderungen und Umrisse aus südlichen Gegenden. Von Alfred Reumont. gr. 8. Ebd. 835. 3/4 ℛ

— dass. 6e Lfrg. A. u. d. T.: Briefe in die Heimath, geschrieben zwischen October 1829 und Mai 1830 während einer Reise über Frankreich, England und die Vereinigten Staaten von Nordamerika nach Mexico. gr. 8. Ebd. 835. 5/6 ℛ

— dass. 7e Lfrg., s. oben 3e Lfrg.

— dass. 8e Lfrg. A. u. d. T.: Ein Besuch auf der Insel Island über Tronyem im Sommer 1834. Von John Barrow jun., Verfasser der Reisen im Norden von Europa. Mit Holzschn. gr. 8. Ebd. 835. 1 1/6 ℛ

— dass. 9e Lfrg. A. u. d. T.: Südafrikanische Skizzen von Thomas Pringle. Aus d. Engl. übersetzt. gr. 8. Ebd. 836. 2/3 ℛ

— 10e u. 13e Lfrg. A. u. d. T.: Mexicanische Zustände aus den Jahren 1830 bis 1832. Vom Verfasser der „Briefe in die Heimath ꝛc." 1r u. 2r Bd. gr. 8. Ebd. 837. 3 1/3 ℛ

— dass. 11e Lfrg. A. u. d. T.: Montenegro und die Montenegriner. Ein Beitrag zur Kenntniß der europäischen Türkei und des serbischen Volkes. gr. 8. Ebd. 837. 7/8 ℛ

— dass. 12e Lfrg. A. u. d. T.: Die Americaner in ihren moralischen, politischen u. gesellschaftlichen Verhältnissen. Von Francis P. Grund. In's Deutsche übersetzt vom Verfasser. gr. 8. Ebd. 837. 2 ℛ

— dass. 13e Lfrg., s. oben 10e Lfrg.

— dass. 14e Lfrg. A. u. d. T.: Astoria, od. Geschichte einer Handelsexpedition jenseits der Rocky Mountains. Aus d. Engl. des Wash. Irving. gr. 8. Ebd. 838. 1 2/3 ℛ

— dass. 15e Lfrg. A. u. d. T.: Reise in Abyssinien im Jahre 1836. Von A. v. Katte. Mit 1 Karte. gr. 8. Ebd. 838. 1 1/2 ℛ

— dass. 16e Lfrg. A. u. d. T.: Skizzen aus Irland, oder Bilder aus Irlands Vergangenheit und Gegenwart von einem Wanderer. 16 Heft. gr. 8. Ebd. 838. 3/4 ℛ

— dass. 17e u. 18e Lfrg. A. u. d. T.: Der Geist des Orients, erläutert in einem Tagebuche über Reisen durch Rumili während einer ereignißreichen Zeit. Von D. Urquhart, Esq. Aus d. Engl. übersetzt von F. Georg Buck, b. R. Dr. Hamburg. 2 Bde. gr. 8. Ebd. 839. 3 1/3 ℛ

— dass. 19e Lfrg. A. u. d. T.: Rußland u. die Tscherkessen. Von K. F. Neumann. gr. 8. Ebd. 840. 7/8 ℛ

— dass. 20e Lfrg. A. u. d. T.: Reisen auf den griech. Inseln des ägäischen Meeres. Von Ludw. Roß. 1r Bd. Mit 2 Kpfrn. gr. 8. Ebd. 840. 1 1/3 ℛ

— und Länderbeschreibungen der älteren und neuesten Zeit ꝛc. Herausgeg. von Ed. Widenmann u. Herrm. Hauff. 21. Liefg. A. u. d. T.: Ein Besuch auf Montenegro. Von Hnr. Stieglitz. gr. 8. Stuttgart u. Tübingen 841, Cotta'sche B. 1 1/3 ℛ

— dies. 22. Liefg. — A. u. d. T.: Acht Wochen in Syrien. Ein Beitrag zur Geschichte des Feldzuges 1840. Mit 1 Karte vom Kriegsschauplatz. gr. 8. Ebend. 841. 1 1/6 ℛ

Reisen u. Länderbeschreibungen der älteren u. neuesten Zeit ꝛc. 23. Liefg. A. u. d. T.: Reise durch Rußland nach dem kaukasischen Isthmus in den Jahren 1836, 1837 u. 1838, von Karl Koch. gr. 8. Stuttg. u. Tübingen 842, Cotta'sche B. 2 1/3 ℛ

— dies. 24. Liefg. A. u. d. T.: Beschreibung von Kordofan und einigen angränzenden Ländern, nebst e. Ueberblick über den dasigen Handel, die Sitten u. Gebräuche der Einwohner u. die unter der Regierung Mehemed Ali's stattgefundenen Sklavenjagden. Von Ign. Pallme, während dessen Anwesenheit in den Jahren 1838—1839 verfaßt. gr. 8. Ebend. 843. 1 1/3 ℛ

— dies. 25. Lief. A. u. d. T.: Reisen auf den griechischen Inseln des ägäischen Meeres. Von Ldw. Roß. 2. Bd. Enthaltend Andros, Syros, Mykonos, Amorgos, Astypaläa, Nisyros, Knidos, Kos, Kalymnos, Telendos, Leros, Patmos, Samos, Ikaros, Delos, Rhenäa, Gyaros, Belbina. Mit 1 Kpfr., 1 Karte u. mehren Holzschn. gr. 8. Ebend. 843. 1 1/2 ℛ

— dies. 26. Liefg. A. u. d. T.: Reise durch Rußland nach dem kaukasischen Isthmus 1836—1838, von Karl Koch. 2. Bd. gr. 8. Ebend. 843. 2 5/6 ℛ

— dies. 27. Liefg. A. u. d. T.: Geschichte der Entdeckung u. Eroberung Peru's von Francisco de Xerez, Pizzaro's Geheimschreiber. Aus dem Span. von Ph. H. Külb. Nebst Ergänzung aus Augustins de Zarate und Garcilasso's de la Vega Berichten. gr. 8. Ebend. 843. 1 1/2 ℛ

— dies. 28. Lief. Die heutigen Syrier oder gesellige und politische Zustände der Eingeborenen in Damaskus, Aleppo und im Drusengebirg geschildert nach den an Ort und Stelle in den J. 1841—1843 gemachten Aufzeichnungen eines Reisenden. Aus dem Engl. (übersetzt u. mit statist. Nachrichten aus der Handschrift des Verf. verm.) gr. 8. Ebend. 845. 1 2/3 ℛ

— dies. 29. Liefg. Istrien und Dalmatien. Briefe und Erinnerungen von Hnr. Stieglitz. gr. 8. Ebend. 845. 1 2/3 ℛ

— dies. 30. Liefg. Harris' Gesandtschaftsreise nach Schoa u. Aufenthalt in Südabyssinien. Deutsch von K. v. K. 1. Abth. Mit 1 Karte von Abyssinien. gr. 8. Ebend. 845. 2 1/3 ℛ

— dies. 31. Liefg. Reisen auf den griech. Inseln des ägäischen Meeres. Von Ldw. Roß. 3. Bd. Mit (1) Lith., 2 Karten und mehrern Holzschn. gr. 8. Ebend. 845. 1 1/3 ℛ (1—31: 44 1/12 ℛ)

— u. Länderbeschreibungen der älteren u. neuesten Zeit. Hrsg. v. Ed. Widenmann u. Herm. Hauff. 32. Lfg. A. u. d. T.: Harris' Gesandtschaftsreise nach Schoa u. Aufenthalt in Südabyssinien 1841—43. Deutsch von K. v. K. 2. Abth. gr. 8. (VIII u. 596 S.) Stuttgart 847, Cotta. 2 2/3 ℛ

— dies. 33 u. 34. Lfg. Die Entdeckungsexpedition der Verein. Staaten in den J. 1838 bis 1842 unter Lieutn. Charles Wilkes. Von ihm selbst beschrieben u. nach der Orig.-Ausg. abgekürzt übers. 2 Bde. gr. 8. (1: X u. 372 S. 2: VIII u. 499 S.) Ebd. 848. 50. (33: 1 ℛ 18 ngr 34: 1 ℛ 24 ngr) 3 ℛ 12 ngr

— dies. 35. Lfg. Reise nach dem Ararat u. dem Hochland Armenien von Mor. Wagner. Mit einem Anh.: Beiträge zur Naturgeschichte des Hochlandes Armenien. gr. 8. (XII u. 331 S.) Ebd. 848. 1 ℛ 18 ngr

Reisen u. Länderbeschreibungen der älteren u. neuesten Zeit ꝛc. 36. Lfg. Reise um die Welt in den J. 1844—1847. Von Carl Grafen v. Görtz. 1. Bd.: Reise in Nordamerika. gr. 8. (XII u. 440 S.) Stuttgart 852, Cotta. 2 ℛ (1—36: 53 ℛ 22 ngr)

**Reisen und Länderbeschreibungen** der älteren und neuesten Zeit, eine Sammlung der interessantesten Werke über Länder- und Staaten-Kunde, Geographie und Statistik. Herausg. von Ed. Widenmann und Herm. Hauff. Stuttgart 854—56. Cotta. gr. 8.

37. 38. Liefg.: Reise um die Welt in den Jahren 1844—47. Von C. Grafen v. Görtz. 2. Bd. Reise in Westindien und Südamerika. Mit einer Karte. — 3. Bd. Reise in China, Java, Indien und Heimkehr. 854. (VIII, 530 S. u. 1 lith. Karte in Farbendr.; VI, 648 S.) 4 ℛ.

39. 40. Liefg.: Wanderungen zwischen Hudson und Mississipp 1851 und 1852, von Mor. Busch. 2 Bde. 854. (4 Bl., 381 S.) 3 ℛ.

41. 42. Liefg.: Corsica. Von Ferd. Gregorovius. 2 Bde. 854. (IV, 272; 2 Bl., 265 S.) 2 ℛ.

43. Liefg.: Reisen in Canada u. durch die Staaten von New-York u. Pennsylvanien von J. G. Kohl. 856. (IV, 576 S.) 2 ℛ. 20 ngr.

**Reisen und Länderbeschreibungen** der älteren und neuesten Zeit. Herausg. von Herm. Hauff und O. F. Peschel. Stuttgart 860. Cotta. (Frankfurt a. M., J. Baer.) gr. 8

44. Liefg.: Grönland geographisch u. statistisch beschrieben. Aus dänischen Quellenschriften von Ant. v. Etzel. (XV, 665 S.) 3 ℛ 15 ngr.

**Reisen**, die, auf der Landkarte in 7 Gedichten nebst Anh.: Lebensregeln für die Kleinen. Ein nützliches Geschenk für fleißige Kinder. 2. Aufl. Erfurt (857.) Villaret in Comm. 16. (4 Bl., 74 S.) 7½ ngr; mit 6 lith. u. color. Karten in 4. n. 15 ngr.

Reisen, die, auf der Landkarte in sieben Gedichten nebst einem Anhang: Lebensregeln für die Kleinen. Ein nützliches Geschenk für fleißige Kinder. 2. Aufl. gr. 16. (III und 74 S.) Erfurt 858, (Villaret.)
Mit 6 lithogr. und ill. Karten in gr. 4. und in Futteral. *

— die, auf der Landkutsche, aus dem Engl. 2 Theile, 8. Rostock, 777. Stiller. 23 sgl.

**LERMON'S** Reisen und Liebesabentheuer, Gedicht in 6 Abtheilungen. Breslau, Maruschke & Berendt, 1863. (1 Rthl.; geb. 1⅓ Rthl.)
Anz. d. Verlegers. — Zahm.

**Reisen, Lottchens,** ins Zuchthaus. 1777—78. 2 ... Aufl. Leipz. 1784. V: *Kirsten, Joh. Adam Gotthard.* (BGE) (Ky) (MGT) »Reise, Lottchens« (Adel)

**Reisen, Lucians Neueste,** oder wahrhafte Geschichten. Alethopel [Tübingen] 1791. V: *Seybold, Dav. Chph.* (Wr) (MGT)

**Reisen** Ihrer Sicilianischen Majestäten von Wien nach Venedig und Florenz. Leipzig 1792. V: *Janitsch, Emilian.* (MGT) »Klagenfurt 1792« (Ky)

**Reisen** des grünen Mannes durch Teutschland und Ungarn. Halle 1788—90. V: *Dreysig, Carl Ehrenfried.* (MGT) *Dreyssig, A. F.* (Ky)

— s.a. Reise ...

**MARIANNENS** Reisen und Schicksale. Nicht Roman sondern wahre Geschichte. (Autobiogr. der Marianne Sprenger aus Göttingen.) Gotha 1801. 8°. 288 S. (3 Mk. Franz Teubner, Düsseldorf, c. 1895.) (In Gotha, Herzogl. Bibl.) Zahm.

**Reisen** in die Marschländer an der Nordsee zur Beobachtung des Deichbaues; in Briefen. Leipz. 1788. V: *Tetens, Joh. Nicolaus.* (Kordes, Schlesw.-holst. u. eutin. Schriftst. Schleswig 1797.)

Reisen und Campagnen, Des Weyland Durchl. Printzens Maximilian Emanuel von Würtemberg etc. Obristen über ein Schwedisch Dragoner-Regiment ... durch Teutschland, Polen, Lithauen, Sewerien und Ukraine, nebst der Reisebeschreibung von Pultawa nach Bender. 8. Stuttgart 1730.

**Reisen und Campagnen, Des weyland durchl. Printzens Maximilian Emanuels ...,** durch Teutschland in Polen, Lithauen, roth und weiss Russland ... Stuttgart 1730. V: *Bardili, Johann Wendel.* (BrMm) (ADB 21,76) (Heyd) (Myl)

* -- meine, M*. R*. v. v. Göckhausen, m. K. 8. Lpz. Sommer. 807.

* — — dieselben, mit noch einem Theile vermehrt, ohne K. 8. Ebend. 807.

— s.a. Reise ...

**Reisen, Meine,** zu Fuss, oder Beobachtungen über menschliche Schwachheiten. Frankf. u. Leipz. 1789. V: *Hauffe, Christian Gotthold.* (will)

— meine, zu Fuß, oder Beobachtt. menschl. Schwachheiten. 8. Leipz. 789. (Geyer). 20 gr (1795 unter d. T.: Dorfreise ꝛc.)

**Reisen, Meine,** durch die Höhlen des Unglücks und Gemälde des Jammers. Frankfurt 1796, Wien 1797, Franckfurt u. Leipzig 1796—1798, Frankfurt u. Leipzig 1797—1799. V: *Spiess, Chn. Hch.* (BGE VII[a], 395, 396) (GGr V, 508, Nr. 9/25) (Hdschr. Mitt. von Gustav Gugitz, Wien) (Köhler 34/1433) (wrztg 1798, S. 192) (BiblPort)

— meine, in die Hohlen des Unglücks u. Gemächer d. Jammers v. C. H. Spieß. 4 Thle. m. K. 8. Lpz. Leo. 796 – 99. (1r 1 Rthlr. 4 gr. 2r 3r à 1 Rthlr. 8 gr. 4r 1 Rthlr.)

**Reisen, Meine,** ins blaue Ländchen; nebst Bemerkungen über Danzig. Danzig 1799. V: *Berens, Frdr.* (MGT)

— s.a. Reise ...

**Reisen, Meine,** durch die Paläste der Freude und Gemächer des Wohlseyns ... Fürth 1799. Leipz. 1804. V: *Brückner, Johann Jacob.* (MGT)

— meine, durch die Palläste d. Freude u. Gemächer d. Wohlseyns. Gegenst. zu Spieß Reise. 2 Thle. 8. Leipz. Joachim. 804.

**Reisen, Die,** des Menschen auf Erden und am Himmel; ein ... unterhaltendes Bilderbuch ... Halle 1811. V: *Hempel, Frdr. Wilh.* (MGT)

— die, des Menschen auf Erden u. am Himmel, ein unterhalt. u. belehrendes Bilderbuch f. Knaben u. Mädchen, vom Verf. des Vater Hellmuth rc. 2 Bdchen. m. 38 Kupf. u. 3 Charten. 12. Halle, Waisenhausbuchh. 812.
Beide Bände unt. d. besond. Titeln:
Der Mensch auf Reisen durch die Welt, mit 25 K. u. 1 Charte. 12. 812.
Der Himmel mit seinen Wundern u. d. Kalender mit s. Deutung, mit 13 K. u. 2 Chart. 12. 812.

—— und Schicksale, merkwürd., e. deutschen Musikers als Kapellmeister bei d. Kais. Russ. Armee in d. Feldzügen 1813 u. 14 in Deutschland u. Frankreich. Hrsg. v. P—z—d. (J. G. Petzold.) 8. (11 B.) Görlitz 831, Schmidt. (?)

Reisen u. Seefahrten, merkwürdige, aus d. Engl. übersetzt von A. Diezmann und Joh. Sporschil. 6 Thle. Mit 5 Bildnissen, 23 Abbildd. u. 1 Karte. Neue Ausg. 8. Pesth 840. Hartleben. (Leipzig, Frohberger.) 1 1/2 ℛ

—— und Seefahrten, merkwürd., a. d. Engl. übers. v. A. Diezmann u. Joh. Sporschil. 6 Thle. Neue Ausg. 8. (76 3/4 B., 5 Bildn., 23 Abbild. u. 1 Karte.) Pesth 840, [Hartleben's Vrl.-Exp.]
Thl. 1., 2. Leben u. Reisen d. ersten engl. Seefahrer Drake, Cavendish u. Dampier. Uebers. v. Diezmann. 2 Bdchn.
" 3., 4. Geschichtl. Darstellung d. Erdumseglung u. d. Entdeckungen in d. Südsee. Uebers. v. Diezmann. 2 Bdchn.
" 5., 6. Die Reisen u. Forschungen d. Frhrn. Alex. v. Humboldt. Von W. Macgillivray. Uebers. v. Sporschil. 2 Bdchn.

— die merkwürdigsten, des 19ten Jahrhunderts im Auszuge dargestellt. 1ste u. 2te Liefer. Chateaubriands Reise nach Griechenland, u. Krusensterns Reise um die Welt. gr. 8. Wien, Kosmograph. Büreau. 813.

**Reisen** einiger Missionarien der Gesellschaft Jesu in Amerika ... Nürnberg 1785. H: *Murr, Christoph Gottlieb von.* (Ky) (BB) (EngG) (Will) »Missionen« (Adel)

— einiger Missionarien d. Gesellschaft Jesu in Amerika; aus ihren eigenen Aufsätzen herausgg. (v. C. G. v. Murr). gr. 8. Nürnb. 785. Zeb. 2 ℛ 4 ℊ

**Reisen, Momus allerneueste,** in das Innere von Afrika. Deutschland [Erfurt] 1801. V: *Schiede, H. C.* (Wr) (Ky) (MGT)

– s.a. Reise ...

Reisen durch Städte, Dörfer u. Förste Deutschlands, Monatliche, ökonomisch-cameralistische, nach Arthur Youngs Manier, mit Kupfern und Charten herausg. von G. Stumpf. Jhg. 1794. St. 1—3. Jena. 8.

– s.a. Reise ...

— in d. Mond; von e. Bewohner d. Blocksberges. 8. Halle 789. Fr. Ruff. 12 ℊ

— in den Mond, von einem Bewohner des Blocksberges. 8. Lpz. (Ruff in Halle.) 789.

— in den Mond, in mehrere Sterne und in die Sonne. — Geschichte einer Somnambüle in Weilheim an d. Teck im Königr. Würtemberg in den Jahren 1832 und 1833. Ein Buch, in welchem Alle über das Jenseits wichtige Aufschlüsse finden werden. gr. 8. Augsburg 834. (Stuttgart, Sonnewald.) n. 1 1/3 ℛ — 2e verm. Ausg. 8. Heilbronn 837. Claß. 1 1/6 ℛ — 3e Ausg. 837. 1 1/6 ℛ

—— in den Mond, in mehrere Sterne u. in d. Sonne. Gesch. e. Somnambüle in Weilheim in d. J. 1832 u. 1833. Ein Buch, in welchem Alle üb. d. Jenseits wichtige Aufschlüsse finden werden. 2—4., verm. Aufl. 8. (à 19 B.) Heilbronn 837—41, [Landherr.] à Thlr. *

— in den Mond, in mehrere Sterne und in die Sonne. — Geschichte einer Somnambüle in Weilheim. Ein Buch, in welchem Alle über das Jenseits wichtige Aufschlüsse finden werden. Herausgeg. von einem täglichen Augenzeugen und Freunde der Wahrheit und höhern Offenbarungen. 4. Aufl., vermehrt mit e. Verzeichnisse derjenigen Heilmittel gegen verschiedene Krankheiten, welche die Somnambüle angegeben. 8. Heilbronn 841, Claß. n. 1 1/6 ℛ — 6. Aufl. Heilbronn 846, Landherr. 1 1/6 ℛ

— in den Mond, in mehrere Sterne u. in die Sonne. Geschichte einer Somnambüle in Weilheim an der Teck im Königreich Württemberg. Ein Buch, in welchem Alle über das Jenseits wichtige Aufschlüsse finden werden. Hrsg. von einem täglichen Augenzeugen u. Freunde der Wahrheit u. der höhern Offenbarungen. Mit einem Verzeichnisse derjenigen Heilmittel gegen verschiedene Krankheiten, welche die Somnambüle angegeben hat rc. 7. verb. Aufl. gr. 8. (IV u. 315 S.) Heilbronn 850, Landherr. — 9. (Titel-) Aufl. gr. 8. (IV u. 315 S.) Ebd. (850) 852. n. 1 1/6 ℛ

Reisen in den Mond, in mehrere Sterne und in die Sonne. Geschichte einer Somnambule in Weilheim an der Teck im Königr. Württemberg. Ein Buch in welchem Alle über das Jenseits wichtige Aufschlüsse finden werden. Hrsg. von einem täglichen Augenzeugen und Freunde der Wahrheit und der höhern Offenbarungen. Mit einem Verzeichnisse derjenigen Heilmittel gegen verschiedene Krankheiten rc. welche die Somnambüle rc. angegeben hat rc. 10. (Titel-)Aufl. gr. 8. (IV und 315 S.) Heilbronn 853, Landherr. *

—— in den Mond, in mehrere Sterne und in die Sonne. Geschichte einer Somnambüle in Weilheim an der Teck im Königr. Württemberg. Ein Buch, in welchem Alle über das Jenseits wichtige Aufschlüsse finden werden. Hrsg. von einem täglichen Augenzeugen und Freunde der Wahrheit und der höheren Offenbarungen. Mit einem Verzeichniß derjenigen Heilmittel gegen verschiedene Krankheiten, deren Erforschung Aerzten und Chirurgen bis jetzt nicht gelungen ist rc. 12., verb. Aufl. gr. 8. (IV und 315 S.) Heilbronn 858, Landherr. *

Reisen in den Mond, in mehrere Sterne u. in die Sonne. Geschichte einer Somnambüle in Weilheim an der Teck im Königr. Württemberg. Ein Buch in welchem Alle über das Jenseits wichtige Aufschlüsse finden werden. Hrsg. von einem tägl. Augenzeugen u. Freunde der Wahrheit u. der höhern Offenbarungen. 13., verb. Aufl. Heilbronn 865. (Schmidt.) gr. 8. (IV, 315 S.) n. 1 ℛ 5 ngr

**Reisen in den Mond, in mehrere Sterne u. in die Sonne.** Geschichte e. Somnambüle in Weilheim an der Teck im Königreich Württemberg. Ein Buch, in welchem Alle üb. das Jenseits wicht. Aufschlüsse finden werden. Hrsg. v. e. tägl. Augenzeugen u. Freunde der Wahrheit u. der höheren Offenbarg. Mit e. Verzeichniß derjenigen Heilmittel gegen verschiedene Krankheiten, deren Erforschg. Aerzten u. Chirurgen bis jetzt nicht gelungen ist, welche die Somnambüle in ihren somnambülen Schläfen je auf besond. Befragen angegeben hat u. die sich bei richt. Gebrauche stets bewährt haben. 15. verb. Aufl. gr. 8. (IV, 315 S.) Heilbronn 875. Schmidt. 2. 50

—— in den Mond, in mehrere Sterne u. in die Sonne. Geschichte e. Somnambüle in Weilheim a. d. T. Ein Buch, in welchem Alle üb. das Jenseits wicht. Aufschlüsse finden werden. Hrsg. v. e. tägl. Augenzeugen u. Freunde der Wahrheit u. der höheren Offenbarung rc. 17. verb. Aufl. gr. 8. (IV, 315 S.) Heilbronn 892, Becker-Merker. 2 50
16. Aufl. Ebd. 1882.

**Reisen** in den Mond, in mehrere Sterne u. in die Sonne. Geschichte e. Somnambüle in Weilheim an der Teck im Königr. Württemberg. Ein Buch, in welchem Alle üb. das Jenseits wicht. Aufschlüsse finden werden. Hrsg. v. e. tägl. Augenzeugen u. Freunde der Wahrheit u. der höheren Offenbarg. Mit e. Verzeichnisse derjenigen Heilmittel gegen verschiedene Krankheiten, deren Erforschg. Aerzten u. Chirurgen bis jetzt nicht gelungen ist, welche die Somnambüle in ihren somnambülen Schläfen je auf besonderes Befragen angegeben hat, u. die sich bei richt. Gebrauche stets bewährt haben. 16. u. 17., verb. Aufl. gr. 8. (IV, 315 S.) Heilbronn 892. E. Becker-Merker. 2.50

**Reisen, Des Freiherrn von Münchhausen wunderbare,** zu Wasser und Lande, Feldzüge und lustige Abentheuer; a. d. Engl. Bodenwerder 1787-94. Ü (Bdch. 1): *Bürger*, *Gottfried August.* Ü (Bdch. 2—4): *Schnorr*, *Heinrich Theodor Ludwig.* (Wr) (NN)

**Reisen und Abenteuer, Des Freiherr v. Münchhausen wunderbare,** zu Wasser und zu Lande. Sechste Originalausgabe ... Göttingen 1849. V: *Bürger*, *Gottfried August.* II: *Ellissen*, *Adolph.* (Grisebach, Weltlitteraturkat. Berl. 1898—1900. I, 248.)

**Reisen und Abenteuer, Des Freiherrn von Münchhausen wunderbare,** zu Wasser und zu Lande. Für die Jugend bearbeitet . . . Berlin [1893?]. V: *Raspe*, *Rud. Erich.* (Berl)

— u. Nachr. zweier Neufranken, durch Deutschland, Rußland, Polen u. Oisterreich, währ. d. jetzigen Krieges; aus d. Französ. 2 Bde. 8. Leipz. 797. Weygand. 1 ℛ 16 gℊ

— u. Nachrichten zweier Neufranken, durch Schweden, währ. d. jetzigen Krieges; aus d. Französ. 8. Leipz. 796. Weygand. 1 ℛ 14 gℊ (Bildet auch d. 3n Bd. d. Vorhergehenden).

**REISEN** einer Negerinn. Charakteristische Gemälde aus der gesitteten und rohen Welt. Ein Pendant zu Voltaire's Candide. Frey nach d. Französ. bearb. (von Samuel Baur). 2 Thle. Mit 1 Kpfr. u. 1 Vignette. Nürnberg, in der Felßeckerischen Buchhandlung. 1790. 8°. (Im British Museum.) (1 Rthl. H. W. Schmidt, Halle a/S., vor 1870; 2 Mk. Völcker, Frf. a. M., vor 1885; 10 Mk. Max Perl, Berlin, 1904.) Ziemlich zahm.

I: XII—178 S., 2 Bll. Inh. II: 220 S., 2 Bll. Inh. — Anon.-Lex. III. p. 365 (nach Meusel, Goedeke, Kayser).

Goedeke VII, 661, 1: Vgl. Nürnb. gel. Ztg. 1790. S. 472; Allg. Lit.-Ztg. 1792. II., 569.

**Reisen, Neue,** eines Teutschen nach und in England im Jahre 1783 . . . Berlin 1784. V: *Büschel*, *Johann Gabriel Bernhard.* (GGr) (MGT) (EngG) (Ky) (BrMm) (MS) (JL)

— neue, e. Deutschen nach u. in England im J. 1783. Ein Pendant zu Moritz Reise, (v. J. B. G. Büschel). 8. Berl. 784. Maurers B. 16 gℊ

Reisen in Deutschland. Neue. Th. 1. 2. Mit Kupf. Leipzig 1798. 8. Th. 2 a. u. d. T.: Bemerkungen und Gefühle auf einer Reise über den Harz.

**Reisen, Neue,** in Deutschland. Leipzig 1798—1800. V (1. 2): *Meissner*, *Gottfried Benjamin.* (MGT) V (3. Th.): *Hermann*, *Frdr.* [?]. (BrMm) (Ky)

— — neue, der Engländer. 1r Bd. gr. 8. Jena, Bran. 814.

Auch unter dem Titel:

Broughtons Wanderungen unter den Marhatten im Jahr 1809.

— — derselben 2r Bd. gr. 8. Ebend. 815.

Auch unter dem Titel:

Lord Blaney's Reise durch Spanien und Frankreich in den Jahr. 810 — 14.

— — derselben 3r Bd. gr. 8. Ebend. 816.

Auch unter dem Titel:

D. Hollands Reisen durch die Jonischen Inseln, Thessalien, Macedonien und Griechenland in d. Jahr. 1812 und 13.

— — 4r Bd. gr. 8. Ebend. 817.

Auch unter dem Titel:

Archibald Campbells Reise um die Welt in d. Jahren 806 — 12. ferner:

Robert Adams Geschichtserzählung seiner merkwürd. Schicksale und seines Aufenthalts an der Küste und im Innern von Afrika in d. Jahren 1810 — 14. M. Anmerk. d. Herrn Dupuis, u. herausg. von S. Cok.

**Reisen, Neue,** der Engländer. Leipz. 1814. H: *Wagner*, *Gottlob Hnr. Adolph.* (NN) (MGT)

— neue, d. Engländer. Ir Bd. enth. Broughtons Wanderungen unt. d. Mahratten im J. 1809. IIr Bd. Lord Blayneys Reise durch Spanien u. Frankreich. gr. 8. Leipz. Expedition d. Minerva. 814 u. 15. (Ir 1 Rthlr. 16 gr. IIr 1 Rthlr. 18 gr.)

— neue, durch die Höhlen d. Unglücks rc. (v. Julius Strela). 8. Bresl. 805. (Gosohorsky). 20 gℊ

— neue, durch die Höhlen des Unglücks u. Gemächer d. Jammers. 8. Breslau, Meyer. 805.

— neue, in den Mond, die Planeten, Sonne u. andere Sterne. Aus dem Leben der Somnambüle Marie W....... von N........, auf dem Schwarzwalde. Merkwürdige Enthüllungen aus dem Geisterreiche. Nebst einem Anhang erprobter Heilmittel u. Magneto-Electricität zur Heilung aller nervösen Krankheiten. gr. 12. (IV u. 339 S. m. 1 Lith.) Ulm 852, Fr. Ebner. 1 ℛ

**Reisen, Neueste,** ins fabelhafte Thierreich . . . Germanien [Gera] 1796. V: *Albrecht*, *Johann Friedrich Ernst.* (GGr) (BGE) (Wr)

— neueste, in's Thierreich, fabelhaften Inhalts, vom Verf. des Pansalvin (D. Albrecht) mit Kupf. 8. Germanien, (Gera) 796 (Heinsius) 1 Rthl. 5 sgl.

**Reisen.** Ueber die neuesten R' und Entdeckungen in Inner-Afrika. Njbl. s. [Ziegler, Jacob Melchior].

**Reisen, die neuesten, in die interessant. Gegenden in den Alpen, Insel Otahaity, Java, Portugal, Südamerika, Neuseeland, Congo u. dem Innern des nördl. Afrika. Mit 3 Stahlst. u. 1 Karte. gr. 8. Freiburg ... Weizenegger. 2 ℛ**

**— die neuesten und interessantesten, im Auszug und in der Uebersetzung nach den Originalwerken für die reifere Jugend, so wie für Gebildete überhaupt herausg. von Johann Traugott (Löschke). Leipzig (854.) Löschke. 8.**
**1. Bdchn.: Der patagonische Robinson oder des Schiffslieutenants Bourne Gefangenschaft unter den Riesen Patagoniens von ihm selbst beschrieben. Aus dem Engl. von A. Kretzschmar. (VIII, 122 S. u. 1 Holzschn.) 12 ngr.**
**2. Bdchn.: Beide Oceane. Eine Reise nach Chili, Californien, Taiti, den Marquesas-Inseln, Brasilien ꝛc. Von Jacques Arago. Im Auszuge deutsch bearb. von A. Kretzschmar. (X, 206 S. u. 1 Holzschn.) 12 ngr.**

**— d. Päbste. 8. Lpz. Sommer.**

—der Päpste, (v. Jh. v. Müller). 8. (Frankf. a. M.) 782. Brönner. 4 gr (Leipz., W. Rauck). 5 gr. Neu hrsgg., bevorwortet u. erläut. v. G. Kloth. gr. 12. Aachen 831. (Cremer). 8 gr

**Reisen, Die,** der Päbste. A. d. Franz. Neue Aufl. O. O. 1783. V: *Müller, Johannes von.* (Hauptkat. d. Univ.-Bibl. Tübingen. G. S. 339.)

**Reisen** durch das obere Pensylvanien und den Staat von Neuyork; a. d. Franz.... Berlin 1801. Ü: *Spaur (Spauer), Frdr. Franz Joseph Graf von.* (Ky)

**— durch das obere Pensylvanien u. d. Staat v. Neuyork; aus d. Französ. (v. Grafen v. Spauer.) Mit Anmerkk. v. Tiedemann. gr. 8. Berl. 801. Voß. 2 ℛ (s. auch Magazin der Reisebeschreibb. 23r Bd.)**

**Reisen** in Persien und den beiden Indien. Herausgegeben von Friedrich Heinzelmann. (Die Weltkunde in einer planmässig geordneten Rundschau der wichtigsten neueren Land- und Seereisen, herausgegeben von Frdr. Heinzelmann. Bd. 14.) Leipzig 1855. X, 597 S., 1 Tf. 8°.

**— e. Philosophen m. Betr. üb. d. Gebr. Sitten, Künste ꝛc. a. d. Engl. 8. Danz. Wedel. (Jacobäer in Lpz. in Commiss.) 772.**

**Reisen** eines Philosophen, oder Bemerkungen über die Sitten und Künste der Einwohner von Afrika, Asien und Amerika. A. d. Franz. Salzburg 1783. V: *Poivre, Pierre.* Ü: *Pezzl, Johann.* (MGT) (Ky) (EngG) (WBL) »oder Beobachtungen ... 1767« Ü: *Wiedmer, Gfr. Rudolf.* (MGT) (OL) (EngG)

**— e. Philosophen, od. Bemerkk. über die Sitten d. Einwohner v. Afrika, Asien u. Amerika; aus d. Französ. (des Poivre, v. Jh. Pezzl). 8. Salzb. 783. Mayr. 4 gr Dass. aus d. Engl. übers. 8. Leipz. 773. Jacobäer. 4 gr**

**Reisen, Physiognomische,** voran ein physiognomisches Tagebuch. Altenburg 1778—79. 2. Aufl. 1779—80. N. A. 1788. V: *Musäus, Johann Carl August.* (ML) (BrMm) (Mp) (EE) (Ky) (AarK) (JL) (ADB) »1788—89« (Kat. d. Bibl. Frz Schnitzer. Münch. 1902. S. 47.)

— physiognomische, von J. A. K. Musäus; voran ein physiognomisches Tagebuch. 4 Thle. 8. Altenburg, Richter. (Akadem. Handl. in Jena.) 779.

— — physiognomische, (von Musäus.) 4 Hefte. 8. Altenb. 779. Jetzt Reimer in Berlin.

—physiognomische, (von J. K. A. Musäus), voran ein physiognom. Tagebuch. 4 Thle. 8. Altenb. 778, 79. N. Aufl. 788. Richter. (Reimer in Berl.) 1 ℛ 1 gr

—pittoreske, in die schönsten Gegenden des Thüring. Gebirgslandes, s. a. Wanderungen am Arm meiner Karoline.

— pittoreske, in die schönsten Gegenden des Thüringischen Gebirgslandes, 2 Bde. m. K. 8. Erfurt, Hennings. 801.

— pittoreske, durch die schönen Gegenden des thüringischen Gebirgslandes. 2 Bde. 8. Erfurt, Hennings. 811.

**Reisen, die, des Venezianers Marco Polo im 13. Jahrh., hrsg. v. Hans Lemke, s.: Bibliothek wertvoller Memoiren.**

**Reisen** der Portugiesen und Franzosen nach Afrika und Ostindien; a. d. Franz. . . . Nürnberg 1789. Ü: *Schad, Georg Frdr. Casimir von.* (Ky)

—der Portugiesen u. Franzosen nach Afrika u. Ostindien; aus d. Französ. übers. mit Anmerkk. (von G. F. C. v. Schad). gr. 8. Nürnb. 789. Bauer u. R. 1 ℛ

**Reisen** von Pressburg durch Mähren, beyden Schlesien und Ungern nach Siebenbürgen und von da zurück nach Pressburg . . . Frankf. u. Leipz. 1793. V: *Seipp, Christoph.* (ML) (GGr) (Ky)

— v. Preßburg durch Mähren, Schlesien, Ungarn u. Siebenbürgen 3 Thle. 8. Preßb. 793. Mahler. 1 ℛ 4 gr

**Reisen** in die mittäglichen Provinzen von Frankreich im Jahr 1785—86. Leipzig 1791—99. V: *Thümmel, Moriz August von.* (MGT) »1791—1805« (Ky)

— s.a. Reise ...

—des Pythagoras nach Aegypten, Chaldäa, Indien, Kreta, Sparta, Sicilien, Rom, Carthago, Marseille u. Gallien, nebst seinen politischen u. moral. Gesetzen. Aus d. Franz. 1r Thl. gr. 8. Gießen 800. (Leipzig. Fr. Fleischer.) 2 ℛ

— s.a. Reise ...

* — des Pythagoras nach Indien, Creta, Aegypten, Sparta u. s. w. 2 Bde. mit K. kl. 8. Gießen, Müller. 802.

**REISEN** im Reiche des Lichts und der Finsterniß. Stockholm, Societätsbuchh., 1809. 8⁰. (16 ggr.)

**Reisen, Rinaldo's,** durch Deutschland. Ein Unterhaltungsbuch ... Leipzig 1822. V: *Meynier, Joh. Hnr.* (Ky)

—— eines Russen durch Rußland, s. Gallerie d. neuesten Reisen, 1. Lfg.

**SACHSEN**, Eines gebohrnen, sehr curieuse Reisen und dessen seltsame Begebenheiten, so ihm bey seinem Sclaven-Stande in Algier und bey seiner Freyheit zu Ispahan in Persien begegnet sind, mit Kupfern, (Jena) b. Christ. Heinr. Cuno. 8⁰.
So im O. M. V. 1740, I 4b, sub l. f. n. p. — Wirklich erschienen?

**Reisen** durch Sachsen und Westphalen. Goslar 1808—11. V: *Lohmann, Chph Wilhelm.* (Ky)

— durch Sachsen u. Westphalen. 2 Thle. A. u. d. T.: Vaterländ. Reisen v. W. L. (Wlh. Lohmann). 8. Goslar 808—11. Lohmann. 2 ʄ

— sämmtl. um die Welt in d. Jahren 1816—19. 1r—3r Bd. Nach den Englischen d. S. Prior. 12. Jena 822—23, Bran.

—— von St. Petersburg nach Reval rc., s. oben Reisen in mehr. russ. Gouvernements rc., 9. Bdchn.

**REISEN** eines Schädellehrers. Eine launige Geschichte; zuletzt ein ernsthafter *Anhang*. Mit illum. Kpfrn. Halle, Hendel, 1805. 8⁰. (1/2 Rthl.)

**Reisen** und merkwürdige Schicksale zweyer in die Algierische Leibeigenschaft gerathener Brüder ... 2. Aufl. Augsburg 1767. V: *Köberlin, Balthasar.* (EngG) (ML) (Ky) V: *Koeberlin, Caspar.* (BB)

— u. Schicksale zweier in die Algierische Leibeigenschaft gerathener Brüder Wolfgang zu Augsburg; sammt Nachrr. v. dieser Künstlerfamilie. (Von B. Köberlin). 2e Aufl. 8. Augsb. 767. v. Jenisch u. St. 2 gr

**Reisen** und merkwürdige Schicksale zweier in die Algierische Leibeigenschaft geratener Brüder Adreas Matthäus und Johann Georg Wolfgang Kupferstecher aus Augsburg ... 2. Aufl. Augsburg 1769. V: *Stage, Conrad Heinrich.* (BMarsch 659)

**REISEN** und sonderbare Schicksale des Ritters von la Salle, eines französischen Seeoffiziers pp. Leipzig 1796. 8⁰.
Auction Ballauf, Dortmund (c. 1900).

— üb. das, durch die Schweiz, od. Anleit. für Ausländer, welche die Schweiz bereisen wollen. 8. Zürich 792. Orell. 10 gr

**Reisen** durch die Schweiz und Italien in den Jahren 1769. 1773. und 1776 bis 1778. 1. Abtheilung. Aus dem Französischen. Hamburg 1784. [= NSR. Theil 6.]

**Reisen** eines Schweizers in verschiedene Kolonien von Amerika während dem letztern Krieg. Nebst einer kurzen Relation von dem Seetreffen vom 12. April 1782, und einer Beschreibung von den Inseln Martinique, Curaçao und Saint Domingue, ihrer Produkten, Regierungsverfassung, Zustand der Sklaven, Handel u. s. w. und einer meteorologischen Tabelle. Aus dem Französischen übersetzt. Leipzig 1786. 304 S., 1 Tf. 8⁰.

**Reisen** eines Schweizers in verschiedenen Kolonien von Amerika während dem letztern Krieg ... A. d. Franz. Leipz. 1786. V: *Girod-Chantrans, Justin.* (EB)

— eines Schweizers in versch. Colonien v. Amerika, währ. des letzten Krieges, a. d. Franz. gr. 8. Leipzig, Böhme. 786.

— eines Schweizers in verschied. Kolonien v. Amerika während d. letzten Krieges; aus d. Französ. gr. 8. Leipz. 786. (Engelsch). 20 gr

Reisen e. Schweizers in verschiedenen Colonien v. Nordamerica währ. des letzten Krieges. A. d. Frz. 8. Leipzig 1786. 2,50.

— d. Graf. v. Silberbach, s. Silberbach.

**Reisen** des Grafen von Silberbach durch einen ungenannten Theil Deutschlands ... Meldorf u. Leipzig 1788—93. V: *Lawätz, Heinr. Wilh.* (Bruun, Bibl. Danica II, 406.)

**Reisen** vor der Sündfluth. Bagdad [Riga] 1795. V: *Klinger, Friedrich Maximilian von.* (GGr) (Wr) (Ky) (Adel)

— vor d. Sündfluth, (von F. M. v. Klinger). 8. Riga 795. (Hartknoch in Leipz.) 1 ʄ 16 gr

— — e. Forts. ders. s. Faust d. Morgenländ.

**Reisen** unter Sonne, Mond und Sternen. Erfurt 1798. V: *Albrecht, Joh. Friedrich Ernst.* (BGE)

**Reisen** unter Sonne, Mond und Sternen. Ein biographisches Gemälde. Erfurt 1798—1799. V: *Schorch, Heinrich.* (Zeitschr. f. Büch. N. F. 1913, 381; 1923, 119)

— unter Sonne, Mond u. Sterne. 2 Bde. 8. Erfurt u. Gotha 798. Hennings. 2 ʄ

**Reisen** der Spanier nach der Südsee, insbesondere nach der Insel O-Taheite ... a. d. Span. ... Berlin 1802. V: *Estala, Pedro.* (CBH)

— der Spanier nach d. Südsee, insbesond. nach d. Insel O-Taheite; zum erstenmale aus d. Span. herausgg. mit Anmerkk. u. einer histor. Schilderung d. Gesellsch.-Inseln begleit. v. F. W. A. Bratring. Mit 1 Karte. gr. 8. Berl. 802. Maurers B. 1 ℔

— durch die Verein. Staaten, siehe: Weltkunde, die, 4. Bd.

**Reisen** durch die Vereinigten Staaten von Nordamerika nebst einem Ausfluge nach Canada . . . Leipzig 1848. V: *Weichardt, August Carl.* (Ky)

NIL STAIRS, Des weitberühmten Seeländers —, remarquable und höchst merkwürdige Reisen nach denen unbekannten Insuln des Orientalischen Oceani . . . . 3. Auflage. Erfurt 1749. 8⁰.
Gasdirektors Ballauf in Dortmund Robinsonaden-Sammlg. (Autogr. Auct.-Cat., c. 1890.) — Zuerst gedr. 1743.

— — Dasselbe, tit.: Des weitberühmten Seeländers Nil Stairs remarquable u. höchst merkwürdige Reisen nach denen unbekannten Insuln des Orientalischen Oceani, darinnen dessen beträchtl. Schiffarth., jämmerl. Schiffbruch etc., nebst anderen curiösen Merkwürdigkeiten. Mit Kpfrn. u. Karten. Frankfurt und Leipzig, 1778. 8⁰. 269 S. (incl. Tit. u. 2 Bll. Vorr. d. ungenannten Verlegers, dat. Leipzig, d. 1. Dec. 1777.
R. Zinke's Dresdner Novbr.-Auct. 1905, no. 1258.

— — Fortsetzg., titulo: Nil Hammelmanns, als tapfern Nachfolgers des weit berühmten See-Länders NIL STAIRS merkwürdige Reisen nach denen nicht allein im Orientalischen Oceano, sondern auch dem Südpol zu gelegenen, bishero meistentheils noch unbekannt gewesenen Insuln und Ländern, wobey dessen verschiedene Gefährlichkeiten, Treffen mit den Seeräubern, blutiges Gefecht auf einer Menschenfresser-Insul, ausgestandene Stürme, Entdeckung einer bisher ganz unbekannt gewesenen vortrefflichen Insul, . . . . Lustreise durch die wilde See, allwo er endlich die beyden Insuln Gross- u. Klein-Felsenburg angetroffen und nachdem er wieder flott worden auch einige Zeit bey ihnen auszuruhen, beschlossen hat, vorgetragen worden. Aus der holländischen in die teutsche Sprache übersetzt. (Deutsches Original von *Andreas Speelmann?*) Erfurt 1747. 8⁰. (15 Mk. Adolf Weigel, c. 1905:).

— — — — Anderweite Nachricht von Nil Hammelmann pp. Zweiter Theil. Erfurt 1747. 8⁰.

— — — — Fortsetzung von Nil Hammelmann pp. dritter Theil. Erfurt 1749. 8⁰.
Alle 3 Theile besass Gasdirektor Ballauf in Dortmund.

— — Dasselbe. Mit Titelkpfr. Frankfurt und Leipzig (o. Adresse), 1778. 8⁰. 270 S. (incl. Titel).

— — Nil Hammelmanns, als tapfern Nachfolgers Nil Stairs, fortgesetzte merkwürdige Reisen etc. Mit Kpfrn. u. Karten. Frankfurt und Leipzig 1780. 8⁰.
R. Zinke's Dresdner Novbr.-Auct. 1905, an No. 1258.

**Reisen, Peregrin Stillwassers geistliche,** durch Böhmen: Oder Kapitel übers Mönchwesen, und Beyträge zur Geschichte des Cälibats, der Taxa Stolä, wie auch der nöthigen Seel- und Leibesorge. Sammt allerley andern curjosen und abentheuerlichen Pastoral und Liebesaffären, item hie und da ein paar Züge der geistlichen Leibeigenschaft Crescit indulgens sibi dirus hydrops. Nimburg 1783. V: *Zitte, Augustin.* (GGR VI/730, Nr. 16/6)

Reisen zum Studium der in anderen Bundesstaaten u im Ausland getroffenen Massnahmen zur Förderung des Kleingewerbes. Berichte. (123 S) (Drucksachen des preussischen Abgeordnetenhauses 1904 No. 70) 4⁰ Berlin 1904

Reisen durch einen Theil von Deutschland, Helvetien und Oberitalien, in Briefen. Th. 1—3. Mit Kupf. Berlin 1805—6. 8.

— s.a. Reise . . .

— durch einen Theil Deutschlands, vorzüglich durch Sachsen, Thüringen, Franken etc. nebst freimüthigen Bemerkungen. 3 Bde. Hamburg 1805. 8.

— zu d. Tempeln d. Christen u. ihren Priestern, (angebl. v. . . Vollmoeller). 4 Stcke. 8. Offenb. 776—78. Brede. 1 ℔ 8 gr

— zu den Tempeln der Christen u. ihrer Priester; e. wahre Geschichte. 4 Thle. 8. Offenbach, Brede. 776–78.

**Reisen** zu den Tempeln der Christen und ihren Richtern. Eine wahrhafte Geschichte . . . Offenbach 1776 . . . V: *Vollmöller, Johann Georg.* (Handschr. Mitth. Prof. Dr. Karl Vollmöller.) »1776—78« (Ky)

**Reisen, Theatralische.** Weissenfels u. Leipzig 1789—90. V: *Grüner, Christoph Sigm.* (BGE) & *Vulpius, Christian Aug.* (BrMm) (Ky) (MGT)

**Reisen, Theatralische.** 2 Bändchen. Weissenfels 1789—1790. V (nicht): *Grüner, Chrstoph Sigmund & Christian Aug. Vulpius.* V: *Vulpius, Christian August.* (BGE VI³, 414)

— theatralische, (v. Chr. A. Vulpius). 2 Bde. 8. Weißenf. 789, 90. Böse. (Baumgärtner in Leipz.) 1 ℔ 8 gr

THEODORS, Des jungen, Reisen. 2 Thle. Garding (fing.) 1779.
Weller, fing. Dr. — Sehr rar!

**Reisen** des Tiresias. Frankf. u. Leipzig 1776. V: *Mayer, Johann.* (WBL) (Ky) (MGT) (Adel)

**Reisen, Das,** in Tirol. [Bozen 1897.] V: *Amonn, Philipp Jacob.* (Bücherverz. d. Zentralbibl. d. D. u. Ö. A.-V. München 1906.)

**Reisen** der Tugend. Leipz. 1776. V: *Behrisch, Henrich Wolfgang.* (Ky)

— der Tugend, (von H. W. Berisch). 8. Leipz. 776. Hilscher. (Compt. f. Lit.) 9 gr

Reisen durch Ungarn und Deutschland. Halle 1791.

**Reisen** eines Ungenannten durch Spanien im Jahre 1655 ... Kempten 1786. V: *Weber, Friedrich August.* (EngG) (MGT »1787« (Ky)

— e. Ungenannten durch Spanien im J. 1655 (von F. A. Weber). 8. Kempten 787. Typ. (Köhler in Leipz.) 16 gl

— eines redl. Unglücklichen in die Sibirischen Bergwerke. 8. St. Petersb. (Erfurt, Hennings.) 811.

— eines redl. Unglücklichen in die sibir. Bergwerke. 8. Petersb. 811. (Gotha, Hennings). 1 ß 16 gl

UNSTETS, Nicolaus, Reisen in und durch die bezauberte Welt. (Zahmer Roman.) Leipzig, bey Friedr. Aug. Leo. 1794. 8⁰. Titel u. 500 S. (3 Mk. Frz. Teubner, Düsseldorf, c. 1898.)

— im Vaterlande, kein Roman, aber ziemlich theatralisch, 3 Theile, 8. Königsberg, 793-97. Hartung. 2 Rthl.

— im Vaterlande, kein Roman, aber ziemlich theatralisch (von Cph. S. Grüner). 3 Thle. 8. Königsb. 793—97. (Unzer). 2 ß

**Reisen** im Vaterlande; kein Roman, aber ziemlich theatralisch. Königsberg 1794. V: *Grüner, Christoph Siegmund.* (MGT) »1793—97« (Ky)

**Reisen, Vaterländische,** oder Fussreise durch Sachsen nach Hannover im Jahre 1804. Hann. u. Bremen 1805. V: *Lohmann, Christoph Wilhelm.* (schr) Goslar 1808—11. (Ky)

— s.a Reise ...

**Reisen, Vaterländische,** in Briefen an Eduard. Leipzig 1793. V: ***Heun, Carl Gttli. Samuel.*** (BiblPort) (Ky 3/307) (S. a. GGr III, 664 [1881], Nr. 137/3)

**Reisen, Vergnügte und Unvergnügte,** auf das Weltberuffene Schlesische Riesen-Gebirge ... Hirschberg 1736. V: *Lindner, Caspar Gottlieb.* (Nent)

**Reisen** meines Vetters auf seinem Zimmer. Bremen 1797. V: *Schreiber, Alois Wilhelm.* (Kn) (Ky)

— s.a. Reise ...

Die vornehmsten europäischen **Reisen,** wie solche durch Teutschland, Franckreich, Italien, Holl- und Engeland, Dännemarck und Schweden, vermittelst der dazu verfertigten Reise-Carten, nach den bequemsten Post-Wegen anzustellen, und was auff solchen curieuses zu bemercken. Wobey die Neben-Wege, Unkosten, Müntzen und Logis zugleich mit angewiesen werden. Welchen auch beygefügt LIV. Accurate Post- und Bothen-Carten von den vornehmsten Städten in Europa. Hamburg 1706. 348 S., 1 Tf. 8⁰.

**Reisen,** Die vornehmsten Europäischen, wie solche durch Teutschland, Frankreich, Italien ... nach den bequemsten Post-Wegen anzustellen. 4. Ausfertigung. Hamburg 1709. 8. . . . . . . . . . . . . . . . . (D.)

**Reisen, Die vornehmsten Europäischen,** Wie solche durch Deutschland, Frankreich, Italien ... anzustellen. Hamburg 1713. V: *Lehmann, Peter Ambros.* (EB)

—, — 9. verb. Aufl. Hamburg 1741. 8. . . . . . . . . . . . . . . . . (D.)

VOSZENS, Karl, eines curiösen Eyländers, kleine Reisen und Herumschweifungen. Leipzig, in der Weygandschen Buchhandlung. 1795. 8⁰. Selten! (5 Mk. Bangel & Schmitt, Heidelbg., 1909.)

REISEN und Wallfahrten, Kreuz- und Querzüge Josephs des Bettlers, durch Franken, Schwaben und Bayern, kurz vor und während der allgemeinen Säcularisationsepoche. Mit Titelkupf. (C. Schule del. et sc. 1801.) Mainz u. Hamburg, bei Gottfried Vollmer. 1803. 8⁰. ($1^1/_6$ Rthl.) (5 Mk., unbeschn. Expl., C. Uebelen, München, 1892; 5 Mk. 50 Pfg. J. Taussig, Prag, 1904.)

Tit. u. 210 S. Stellenw. anstössig. Darin Klostergeschichten, wobei S. 222—237 sehr temperamentvolle „Nonnenpoesien." — Der Beichtvater und Liebhaber in einer Person. — Herzenserleichterung über gewisse Romanschreiber. — Seite 295 u. folg.: „Das Verdienst der Societäten." Dramat. Schwank, worin ein Advokat Stockklop auftritt! — Selten!

Reisen eines Wandersmanns, der durch den Engel Raphael geleitet wird. Leipzig. s. a. 12. mit Kpf.

**Reisen** des Amtmanns Wanmann, des Försters Dornbusch und Ehrn Schottenii von Biesterberg nach *** zur Gevatterschaft ... Wolfenbüttel 1798-1800. V: *Müller, G. F.* (MGT)

**Reisen** zu Wasser und zu Land mit etwelchen Anhängseln ... Sulzbach 1835. V: *Harting, Joh. Nep.* (EE) (Wr)

**Reisen** des Amtmanns Waumann, des Försters Dornbusch und Ehrn Schotteim von Biesterberg nach *** zur Gevatterschaft. Wolfenbüttel 1798—1800. V: *Müller, G. F.* (BGE VI[3], 417)

**Reisen** in die andere Welt. Oder über- und unterirdische Visionen u. Phantasien verschiedener Geisterseher. Leipzig 1787. V: *Moscherosch, Hans Michael* (?). (BGE VI[3], 333)

— in d. andere Welt, od. üb. unterirdische Visionen rc. a. d. Span. d. Quevedo, m. K. 8. Leipz. Weygand. 787.

**Reisen** nach allen vier Welttheilen, oder Geschichte der vornehmsten Völker von Europa, Asia, Afrika und Amerika; a. d. Franz. Leipzig 1798. Ü: *Volckmann, Johann Wilhelm.* (MGT) (Ky)

— nach allen 4 Welttheilen, od. Geschichte d. vornehmsten Völker v. Europa, Asien, Afrika u. Amerika; aus d. Französ. (v. J. W. Volckmann). 2 Bdchn. Mit 12 Kpf. gr. 8. Leipz. (798.) Baumgärtner. 2 ß

— nach allen 4 Welttheilen, od. Gesch. d. vorn. Völker v. Europa, Asia ꝛc. m. K., welche ihre Kleid., Feste ꝛc. vorstellen, a. d. Franz. 3 Bdchen. gr. 8. Leipz. Baumgärtner. 806. (à 1 Rthlr.)

— im Westen von Afrika ꝛc.; nach d. Engl. des William Hutton. gr. 8. Jena 822. Bran. 1 ß

— wunderbare, ꝛc. des Freiherrn v. Münchhausen, s. a. Volksbücher aus alter u. neuer Zeit.

Reisen u. Abenteuer, wunderbare, d. Freiherrn v. Münchhausen. Im Kreise s. Freunde v. ihm selbst vorgetragen. 8. (128 S.) Dresden 895. M. Fischer. — 50; kart. — 60; m. 4 farb. Bild., auf bess., breit. Pap., geb. 1. 50; gr. 8. (208 S. m. 4 farb. Bild.) Geb. 2. 50

Reisen u. Abenteuer, wunderbare, des Freiherrn v. Münchhausen. Für die Jugend bearb. von Mitgliedern des Dresdner Jugendschriftenausschusses. Bilder u. Buchschmuck v. William Krause. (78 S. m. farb. Abbildgn. u. 8 farb. Vollbildern.) gr. 8. Dresden 908. A. Köhler. Kart. 3. 50

**REISEN**, Wunderbare, eines Philosophen in die sehr unbekannten Länder des Mondes, der Lampeninsel, der schwimmenden Inseln, der Hölle, der Insel der Träume, der Antipoden, in die Republik der Thiere, in die Insel der Pyrandrier, in das Land der Arpartier, in das Königreich Numismacia, in die Insel der Poeten und in die Insel der Pygmeen. Und die Bezauberung, eine scherzhafte (sehr amüsante und pikante) Erzählung (wohl aus d. Franzos.). Frankfurt und Leipzig (o. Adresse), 1765. 8°.

Höchst seltene, nirgends citirte humorvolle Utopie. 124 S. (incl. Tit.). Die S. 101 ff. angehängte „Bezauberung" vielleicht eine Bearbeitung von Poinsinet de Sivry's „La Berlue"?

**Reisen, Wunderbare,** zu Wasser und Lande und Abentheuer des Fräuleins Emilie von Bornau ... Frankfurt [Stendal] 1801. V: *Schnorr, Heinrich Theodor Ludwig.* (BGE) (Ky)

**Reisen, Wunderbare,** zu Wasser und Lande, Feldzüge und lustige Abentheuer des Freiherrn v. Münchhausen. A. d. Engl. Lond. [Götting.] 1786. 2. Aufl. 1788. 3. Aufl. Kopenh. [Hamburg] 1794. 4. Orig.-Ausg. Göttingen 1822. V: *Raspe, Rudolph Erich.* (BrMm) (Mn) Ü: *Bürger, Gottfried August.* (Wr) II (Bd. 3) 1794: *Schnorr, Hnr. Theod. Ludw.* (Grisebach, Weltlitteraturkat. Berl. 1898—1900. I, 243.)

— wunderbare zu Wasser u. zu Lande, Feldzüge u. lustige Abenteuer des Frhrn. v. Münchhausen, wie er dieselben bei der Flasche im Cirkel seiner Freunde selbst zu erzählen pflegt. Aus dem Engl. nach der neuesten Ausg. übersetzt, hier u. da erweitert (von G. A. Bürger). Nach den ersten Drucken hergestellte u. bericht. Ausg. Mit Einleitung, den verschied. Lesarten u. Anmerkungen. Leipzig 870. Dyk. 16. (106 S. mit 1 Holzschntafl.) n. 2½ ℛ

**Reisen, Naphtali Wurmbrands,** in Abyssinien, 30 Jahre nach der dortigen Aufklärung ... Adowa [Leipzig] 1803. V: *Keck, Joh. Erdmann.* (Wr) (MGT)

**REISEN** durch die Wüsten des Lebens, oder schauerliche Erzählungen schrecklicher Menschenschicksale. 1. (einz.?) Bdchn. Erfurt, Beyer u. Maring, 1802. 8°. (18 ggr.)

Tit. u. 267 S. — Inh.: Schreckliche Schicksale eines französ. Ausgewanderten. — Maria Eleonore Schöning, die Tochter des Unglücks. (Vgl. Hess, Durchflüge durch Deutschland etc. Bd. 4. S. 97.) etc. — Einiges etwas frei.

— durch die Wüsten des Lebens, od. Erzählung schreckl. Menschenschicksale. 8. Erfurt 802. (Otto). 18 gℊ

**Reisen** der Meywerkischen Zöglinge durch verschiedene Kreise von Teutschland. Frankf. u. Leipzig 1792. V: *Stiehl, Maximilian Chn Frdr.* (MGT) (Ky) (GGr)

— d. Meywerkschen Zöglinge d. versch. Kreise von Deutschland ꝛc. 8. Frft. Eichenberg in Commiss. 792.

— der Meywerkschen Zöglinge in d. verschied. Kreisen v. Deutschland ꝛc. (von M. C. F. Stiehl). 8. Frankf. a. M. 793. (Eichenberg). 12 gℊ

**Reisen** der Salzmannischen Zöglinge. Leipz. 1784—93. V (1): *Salzmann, Chn Gotthilf.* (2): *André, Chn Carl.* (StAt) (EngG)

— d. Salzmann. Zöglinge. 6 Thle. 8. Leipz. Crusius. (F. C. W. Vogel) 784-93. (I. II. à 12 gr. III - VI. à 16 gr.)

— d. Salzmann. Zöglinge. 6 Thle. (1r u. 2r v. Chr. G. Salzmann u. Chr. K. Andre). 8. Leipz. 784—93. (W. Vogel). 3 ß 16 gℊ

Reisen der Zöglinge zu Schnepfenthal. Bd. 1 von Salzmann, Bd. 2 von Ausfeld. 1799—1803. S. a. Salzmann.

**Reisen** der Zöglinge zu Schnepfenthal. Schnepfenthal 1799—1803. V (Bd. 1): *Salzmann, Christian Gotthilf.* V (Bd. 2): *Ausfeld, Joh. Wilh.* (Ky) (BrMm)

— der Zöglinge zu Schnepfenthal. 2 Bde. Mit Kpf. 8. Schnepfenth. 799—803. Erziehungs-Anst. (1r Bd. v. C. G. Salzmann. 12 gℊ 2r Bd. v. J. W. Ausfeld. 18 gℊ) 1 ß 6 gℊ 2r Thl. auf Schrbp. 1 ß

Reisen, J. P., der Erstkommunikant in seiner Vorbereitg. auf die hl. Kommunion. 16. (XV, 325 u. 32 S. m. 1 Farbdr.) Kevelaer 902. J. Thum. Geb. in Leinw. — 80

**Reisen**, J. P., Vorbereitung auf die hl. Firmung. (80 S.) 16. Kevelaer (903). J. Thum. — 20

Reisen, Jean-Pierre: B ü c h e r v e r z e i c h n i s der Bibliothek des Vereins v. hl. Vincenz von Paul zu Luxemburg. (Angefertigt im März 1900.) [Luxemburg: St. Paul.-Ges. 1900.] 26 S. 8⁰

**Reisenachbetereyen**, üb., u. Naturauftritte, (v. H. Gli. Schmieder). 8. Halle 786. Hendel. 4 gr

R e i s e - Nachrichten, interessante, eines südamerikan. Offiziers von Mainz nach London. Nebst einigen noch unbekannten Notizen über Napoleon. 8. Eisenb. 826, Schöne.

R e i s e - N a c h r i c h t e n, interessante, e. Südamerikan. Officiers v. Mainz nach London. Nebst einigen noch unbekannt. Notizen üb. Napoleon. 2. Aufl. 8. (16½ B.) Eisenberg 828, Schöne.

**Reisenauer,** Vincenz, Preis-Analyse für die Kostenüberschläge üb. die beim Wasser- u. Strassenbaue vorkommenden Arbeiten an den Reichsflüssen im Kronlande Böhmen. (66 S. m. 1 Formular.) 8. Prag 909. G. Neugebauer. 2. —

**Reisenbichler,** G., der Automobilschrecken u. seine Bekämpfung. (16 S.) 8. Taucha (904). G. Gohlke. — 30

**Reisenbichler,** G. F., die Rettung der Landwirthschaft u. d. Bauernstandes durch Staats- u. Eigenhilfe. 8. (22 S.) Jena 886. Mauke. n. — 50

**Reisenbichler,** Gust., f. 10 Mark durch ganz Deutschland! Für 5 Gulden durch ganz Oesterreich! Ein Beitrag zur Personentariffrage. 12. (31 S.) Waldsee 891. (Leipzig, P. Ehrlich.) — 30

Reisende, der. Ein Wochenblatt zur Ausbreitung gemeinnüzziger Kenntnisse. 1. Qvartal. Hamburg (Wandsbeck). 1782. Hans Matthiesen. 8⁰

— der, e. Wochenblatt z. Ausbreit. gemeinnütz. Kenntnisse. 1s u. 2s Quart. 8. Hamb. 783. Matthiesen. 1 ℛ

**Reisende**, der, od. geograph.-histor. Beschreib. merkwürdiger Städte u. Gegenden. 5 Thle. 8. Berl. 797—98. Dieterici. (Mittler). 3 ℛ 16 gr Schrbp. 4 ℛ 12 gr

— der, ein nützl. Werk f. die Jugend u. Reisende. gr. 8. Wien 803. Camesina. 1 ℛ

**Reisende, Der blinde,** dem auf die Gesundheit des Prälaten in Schwaben und Baiern geträumet hat. Staarburg [Ulm] 1783. V: *Stadelhofer, Benedict.* (Wr) MGT)

**Reisende, Der Erlauchte,** oder: Denkwürdige Nachrichten von der Reise des Kaisers durch Frankreich. 3 Aufl. Augsburg 1777. V: *Koeberlin, Balthasar.* (Ky) (ML) V: *Koeberlin, Caspar.* (BB)

**Reisende, Gastwirthe u. Trinkgelder.** Eine gesellschaftl. u. volkswirthschaftl. Studie v. e. europ. Reisenden. 1. u. 2. Aufl. 8. (91 S.) Zürich 887. 888. Schmidt. n. 1. 20

**REISENDE,** D e r, i n c o g n i t o; eine Wochenschrift zur Unterhaltung (hrsg. von Carl Ernst Friedr. v. S c h e l e r). Cöln a. Rh. 1790—91.
Anon.-Lex. III. p. 368 (nach Meusel u. Goedeke). — Rar!

R e i s e n d e u. Krieger, der, od. Reise- u. Kriegesabentheuer in Europa, Asien u. Afrika. Wahre Geschichte e. Deutschen v. ihm selbst beschr. u. hrsg. v. d. Verf. der „Grafen Robach" (F. A. K. Musáphilus). 2 Thle. 8. (42 B.) Eisenberg 831, (Schöne.)

R e i s e n d e und Krieger, der, oder: Reise- und Kriegsabenteuer in Europa, Asien und Afrika. Wahre Geschichte eines Deutschen von ihm selbst beschrieben und hrsg. von dem Verf. der Grafen Rodach. 2. (Titel-)Aufl. 2 Thle. 8. (IV und 668 S.) Eisenberg 850, Schöne'sche Buchh.

**Reisende, Der,** auf der Wanderschaft durch ganz Deutschland und die angrenzenden Länder . . . Nürnberg 1843. V: *Herrmann, Ludwig.* (EngG)

R e i s e n d e, der, auf der Wanderschaft durch ganz Deutschland u. die angrenz. Länder, mit besond. Berücksicht. der Schweiz. Ein nothwend. Reisebüchlein für Fußreisende jeder Art. 12. (6 B. u. 1 Karte v. Deutschland.) Nürnberg 843, [Lotzbeck.]

**Reisende,** der, auf der Wanderschaft durch ganz Deutschland u. die angrenzenden Länder, mit besonderer Berücksichtigung der Schweiz. Ein nothwendiges Reisebüchlein für Fußreisende jeder Art. Mit 1 Karte von Deutschland. 12. Nürnberg 843, Zeh'sche Buchh. ¼ ℛ

— der wohlthätige, od. Anekdoten v. d. Reise Josephs II. nach d. Niederlanden ꝛc. 8. Frankf. a. M. 782. Vanbüren. 8 gr

Reisenden

— die, e. Spiel f. K i n d e r, m. 18. K. 8. Berl. Paull.

— die,. Lustsp. in 1 Aufz. 8. Wien, Wallishäußer.

R e i s e n d e n, die,. Eine Comödie vom Verf. des Orbispictus. 8. Hamburg. Gleditsch. 774.

— die, oder das Opfer des Stolzes u. Eigensinns; Schspl. 8. Prag 795. Calve. 8 gr

**Reisenden, Die glücklichen.** Ein Singspiel. Italienisch und deutsch. Wien 1784. V: *Livigni, Philipp.* (BiblPort)

**Reisenden, Die glücklichen.** Eine Operette aus dem Italienischen. Stuttgartt 1789. V: *Anfossi, Pasquale.* B: *Schubart, Chn. Friedr. Daniel.* (GGr IV², 875, Nr. 12, 409)

— die kleinen, s. K. R. Müller, Taschenbuch d. Erfindungen.

— die k l e i n e n, e. Buch z. Belehr. u. z. angen. Unterh. f. Kinder. 8. Leipz. Sommer. 804.

**Reisenden, Die kleinen;** ein Buch zur Belehrung . . . Leipzig 1820. V: *Müller, Carl Renat.* (Ky)

— die kleinen. Ein Buch zur Belehrung u. zur angenehmen Unterhalt. f. Kinder. 16. Lpz. 820. N. A. 823. (W. Nauck). 12 gr

**Reisenden, die kleinen.** Ein Buch zur Belehrung und zur angenehmen Unterhalt. f. Kinder. 16. Leipzig, Sommer. 820.

**Reisenden, Die,** für Länder- und Völkerkunde . . . hsg. 1.—5. Bd. Nürnberg 1788—91. H: *Papst, Johann Georg Friedrich & Joh. Gottlieb Cunradi.* (MGT) (Fiker) (EngG) (MGT) (BrMm)

**Reisenden, die, f. Länder- u. Völkerkunde.** 5 Thle. 8. Nürnb. Felsecker. 788–91. (à 1 Rthlr.)

— die, der Vorzeit. 2 Bdchn. 8. Jena 808, 9. Cröker. 1 ₰ 18 gr. 2s Bdchen. A. u. d. T.: Pinto, Mendez F., abentheuerliche Reise ꝛc. 18 gr.

**Reisenebelbilder** (travelling-dissolving-views) ... Erinnerungsblätter ... Leobschütz 1861. V: *Badenfeld, Eduard v.* (Cat. d. Stadtbibl. Zürich. Zürich 1864—97.)

**Reisenegger,** Anton von: Die Gebühren in Nachlaß- und Teilungssachen ..., s. Pfaff, Hermann von

**Reisenegger,** Ant. v., das bayerische Gebührengesetz, s.: Pfaff, Herm. v.

**Reisenegger,** Ant. v., Gerichtskostengesetz nebst Gebührenordng. f. Gerichtsvollzieher u. Gebührenordng. f. Zeugen u. Sachverständige in der vom 1. I. 1900 ab geltenden Fassg. Mit Noten, Sachregister u. Gebührentarif. 2. Aufl., bearb. v. Herm. Schmidt. 12. (VI, 213 S.) München 900. C. H. Beck. Geb. in Leinw. n. 2.—

**Reisenegger,** Ant. v., Gerichtskostengesetz, 3. Aufl., s.: Schmidt, Herm.

— d. bayer. Gesetz üb. d. Gebührenwesen, s.: Pfaff, Herm. v.

**Reisenegger,** A., das Reichs-Gerichtskostengesetz, nebst der Gebührenordnung f. Gerichtsvollzieher, Zeugen u. Sachverständige. Mit Noten, Sachregister u. Gebührentarif bearb. u. hrsg. 16. (VI, 158 S.) München 889. Beck. cart. n. 1.40

**Reisenegger,** A., Reichsstempelgesetz vom 27. Apr. 1894. Mit Einleitg., Erläutergn., den Ausführungsvorschriften des Bundesrats u. Sachregister hrsg. 12. (VI, 206 S.) München 894. C. H. Beck. Kart. n. 2.—

REISENEGGER, HERMANN. Ueber Phenol- und Orthoanisolhydrazin und über die Verbindungen der Hydrazine mit den Ketonen. Erlangen, 1883.

**Reisenhofer Rudolf:** Die sphärischen Kegelschnitte. (Mit Figurent.) 7. Kremsier R. 02
[illegible]

**Reisenleiter, Johann Heinrich Paul** (Nürnberg), Disput. inaug. *EYPETPOY*, seu de inventionis praemio. Nürnberg (H. Meyer) 2. XII. 1700. 32 S. (4.50) 28299
Widm. v.: Heinrich Hildebrand, Commensales Hildebrand.

Reisenotizen. Zwanglose R' aus Ostindien. Von einem katholischen Missionär. 8. Ingenbohl... 1862.

**Reise-Notiz-Kalender f. Versicherungsbeamte.** Hrsg. v. Carl Keller. 1903. 8. (IV, 200 S.) Leipzig, Eisenschmidt & Schulze. Geb. in Leinw. n. 2.—

**Reise-Notiz-Kalender f. Versicherungsbeamte.** Hrsg. v. Carl Keller. 4. Jahrg. 1906. (IV, 250 S.) kl. 8. Leipzig, Eisenschmidt & Schulze. Geb. in Leinw. n. 2.—

**Reise-Notiz-Kalender f. Versicherungsbeamte.** Hrsg. v. Carl Keller. 7. Jahrg. 1909. (II, 200 S.) kl. 8. Leipzig, Eisenschmidt & Schulze. Geb. in Leinw. 2.—

**Reise-Novellen.** Nr. 1. u. 2. Berlin 869. Heidemann & Co. 8. Jede Nr. 10 ngr.
1. „Verstoßen!" Orig.-Novelle aus jüngster Zeit von Carl Stangen. — Ein englischer Chorinsky. Criminal-Novelle vom Emil J. Jonas. (163 S.)
2. Die Industrieritter von London. Criminal-Novelle von Emil J. Jonas. — Ein Freier — ein Befreier. Aus dem Schwed. von Emil J. Jonas. (176 S.)

**Reise-Onkel: Der Reise-Onkel**
s.a. Der **Werktag.**

**Reiseonkel.** Authentisches Coursbuch u. Fremdenführer f. Berlin u. Umgegend m. 14 (eingedr.) Specialkarten. 1883. Sommer-Saison. 16. (160 S.) Berlin 883. Internationale Buchh. n. — 25

— **der.** Internationales illustr. Organ f. Fremdenverkehr. Unterhaltungsblatt u. Wegweiser f. alle Geschäfts-, Erholungs-, Vergnügungs-Reisende u. Touristen. Red.: M. Koch v. Berneck; Joh. Winkler. 1. Jahrg. Apr. 1893—März 1894. 52 Nrn. (à ca. 3 Bog.) gr. 4. München, Zeitungs-Verlag d. Reise-Onkel. n. 10.—

— **dasselbe.** Nebst: Illustr. Reise- u. Verkehrszeitung. Internationaler Hôtel-, Bäder- u. Geschäfts-Anzeiger. Offizielles Organ des süddeutschen Eisenbahn-Reform-Vereins, m. Zweigvereinen in Baden-Baden, Frankfurt a/M., Freiburg i/B. etc. Red.: M. Koch v. Berneck. 2. Jahrg. Apr.—Decbr. 1894. 39 Nrn. (à ca. 3 Bog.) gr. 4. Ebd. n. 7.50; einzelne Nrn. n. — 20

**Reise-Onkel, der.** Internat. illustr. Organ f. Fremdenverkehr. Unterhaltungsblatt u. Wegweiser f. alle Geschäfts-, Erholgs.-, Vergnügungs-Reisende u. Touristen. Publikationsorgan f. Hotels, Gasthöfe, Restaurationen ꝛc. Nebst: Illustr. Reise- u. Verkehrszeitg. Internat. Hotel-, Bäder- u. Geschäfts-Anzeiger. Offic. Organ d. süddeutschen Eisenbahn-Reform-Vereins, m. Zweigvereinen in Baden-Baden, Frankfurt a/M., Freiburg i/Br. etc. Red.: M. Koch v. Berneck. 3. Jahrg. 1. Qu. Jan.—März 1895. 13 Nrn. gr. 4. (à ca. 18 S.) München, C. Andelfinger & Co. n. 3.—
Von Nr. 10 an u. d. T.:

— **dasselbe.** Unterhaltungsblatt z. illustr. Reise- u. Verkehrs-Zeitg. Fremdenblatt u. Wegweiser f. alle Geschäfts-, Erholungs-, Vergnügungsreisende u. Touristen. Nebst Reise- u. Verkehrs-Zeitung. Internationales illustr. Organ f. Fremdenverkehr, Hôtel-, Bäder- u. Geschäfts-Anzeiger. 3. Jahrg. 2. Qu. Apr.—Juni 1895. 13. Nrn. (à ca. 16 S.) gr. 4. München, C. Andelfinger & Co. n. 2.50
Erschien vom Juli 1895 bis Dezbr. 1896 u. d. T.: Reiseblätter.

**Reise-Onkel,** der. (Illustr. Reiseblätter.) Nebst: Reise- u. Verkehrs-Zeitg. Internat. illustr. Organ f. Fremdenverkehr. Hôtel-, Bäder- u. Geschäfts-Anzeiger. Red.: C. A. Hennig. 5. Jahrg. 1897. 52 Nrn. (à ca. 12 S.) gr. 4. Ebd. n. 8.—
Erscheint seit 1898 u. d. T.: „Reisealbum".

**Reise-Onkel,** der. Illustrirter Familien-Kalender f. d. J. 1894. 4. (33 u. 8 S. m. 1 Oeldr.-Bild u. 1 Wandkalender.) Berlin, Friedrichs & Co. — 50

— **der.** Illustr. Familien-Kalender f. d. J. 1899. 4. (32 u. 7 S. m. Abb., 1 Farbdr. u. Wandkal.) Berlin, A. Weichert. — 50

Reise-Onkel, der. Illustrierter Familien-Kalender f. d. J. 1903. 4. (27 u. 6 S. m. 1 Farbdr. u. Wandkalender.) Berlin, A. Weichert. — 50

**Reise-Onkel, der. Illustrierter Familien-(Umschlag Volks-) Kalender f. d. J. 1907. (24 u. 6 S. m. 1 Farbdr. u. Wandkalender.) gr. 8. Berlin, A. Weichert. — 30**

Reise-Onkel, der. Illustrierter Familien-Kalender f. d. J. 1911. (26 u. 6 S. m. 1 Farbdr. u. Wandkalender.) gr. 8. Berlin, A. Weichert. — 50

— der. Periodisch erschein. Zeitschrift. Von Ewald Salvator. Jahrg. 1906. 12 Nrn. (à ca. 48 S.) 8. Graz (Griesk. 16), Alois Tauber. n. 2. 30

**REISE-ONKEL**, Der fidele. Humorist. Abhandlungen, Theater- u. andere Scandalgeschichten, Witze, Couplets etc. Magdeb. (c. 1880). 8°. Zahm. (1 Mk. Fischhaber, vor 1885.)

— der fidele. I. II. Allerhand Humoristisches in Wort u. Bild. Mit laun. Erzählgn. v. Vict. Blüthgen, Herm. Ferschke, D. Saul u. Illustr. nach Originalen v. R. Blumenau, F. Czabran, M. Flashar u. a. gr. 8. (114 S. m. 100 Illustr.; 115 S. m. 112 Illustr.) Dresden 892. 893. Verlag des Universum. à 1. 50

— dasselbe. III. Allerhand Humoristisches in Wort u. Bild. Mit laun. Erzählgn. v. Bald. Groller, Leo Hildeck, Eufemia v. Adlersfeld u. 100 Illustr. nach Originalen v. R. Blumenau, O. Bromberger, F. Czabran u. a. gr. 8. (116 S.) Ebd. 1. 50

— d. fidele. IV u. V. Allerhand Humoristisches in Wort u. Bild. gr. 8. Dresden. Leipzig, Ph. Reclam jun. à 1. 50
IV. M. laun. Erzählgn. v. Alw. Römer, Frz. Koppel-Ellfeld, Max Haushofer, Vict. Band u. 130 Illustr. nach Originalen v. Peter Bauer, R. Blumenau, F. Czabran u. a. (116 S.) 895.
V. M. laun. Erzählgn. v. Alw. Römer, Balduin Groller, Eufemia v. Adlersfeld-Ballestrem u. Illustr. nach Originalen v. Pet. Bauer, R. Blumenau, O. Bromberger &c. (112 S.) 897.

— der flotte. Illustr. Familien-Kalender f. d. J. 1895. 4. (48 S. m. Abbildgn., 1 Farbendr. u. Wandkalender.) Berlin, H. Schildberger. n. — 50

— d. flotte. Illustr. Familien-Kalender f. d. J. 1897. 4. (39 u. 9 S. m. Abb., 1 Farbendr. u. Wandkal.) Berlin, H. Schildberger. n. — 50

**— illustrierter. Für d. J. 1907. 26. Jahrg. (XVI, 48 S. m. 2. farb. Taf.) gr. 8. Weißensee, E. Bartels. — 50**

— illustrierter. Für d. J. 1911. 31. Jahrg. (XIV, 16, 16 u. 13 S. m. 1 Taf. u. Wandkalender.) gr. 8. Weißensee, E. Bartels. — 50

— der Luzerner. 253 Ausflüge v. Luzern. 12. (XII, 215 S.) Luzern 898. (A. Gebhardt.) Kart. n. 1. 60

**Reiseonkel's humor. Bibliothek. 1. Bd. Alte u. neue Kalauer. Unter Mitwirkg. e. Anzahl alter Reiseonkels hrsg. v. B. Mikosch jun. (I, 61 S.) 8. Eßlingen (903). W. Langguth. — 50**

**Reise-Onkel's humoristischer Hausschatz f. Kaufleute jeden Alters &c., s.: Nach der Arbeit!**

[F.] Reiseordnung für die Personen des Soldatenstandes. [Nebst] Beiheft. *Berlin: E. S. Mittler & Sohn 1889—96.* 2 Bde 8.
Reiseordnung. 1889. (VIII, 73 S.)
Beiheft [u. d. T.:] Kilometerzeiger d. direkten Entferngn nach d. kürzesten fahrbaren Landwege zwischen d. Garnisonen d. Preuss. Heeresverwaltg z. Berechng d. Umzugskosten. Hrsg. v. Kgl. Preuss. Kriegsministerium. 1896 (242 S.)

**Reiseordnung f. d. Personen d. Soldatenstandes, Beihft., s. a. Kilometeranzeiger d. direkten Entferngn. &c.**

Reiseordnung f. die Personen des Soldatenstandes. R. O. (5. 9. 1901.) gr. 8. (VIII, 102 S.) Berlin 901. E. S. Mittler & Sohn. n. 1. —; kart. n. 1. 20

**Reiseordnung f. die Personen des Soldatenstandes. (R. O.) (21. 10. 1904.) (D. V. E. No. 159.) (VIII, 120 S.) 8. Berlin 904. E. S. Mittler & Sohn. n. 1. —; kart. n. 1. 20**

Reiseordnung f. die Personen d. Soldatenstandes der kaiserl. Marine. (Mar. R. O.) gr. 8. (VIII, 96 S.) Berlin 892. E. S. Mittler & Sohn. n. 1. 25

Reisepartien von Gmunden durch das schöne Kremsthal gegen Wien. Mit 1 (lithogr.) Gebirgsansicht vom Gustermairberge aus (in qu. Imp.-Fol.). gr. 8. (IV und 28 S.) Wels 858, Haas. *

**REISEPASS** eines durstigen Bruders. Ausgestellt von Jeremias Nimmernüchtern u. seinem Sekretär Bartelt Sauffaus. O. O. 1729. 4°. (7 Mk. 50 Pfg. L. Rosenthal, 1906.)
2 nicht beziff. Bll. Mit 1 Holzschn. — Ungemein rar!

**Reise-Paß eines Christen. 1 Bog. in Fol. Zürich 850, Hanke. 1½ ngr**

Reise-Paß eines Christen. 1 Bog. in Fol. Zürich 851, Hanke.

Reiseportefeuille eines Deutschen. Aus dem. Herausgeg. von Erich Gothenburg. 2 Abthll. 8. Hamburg 836. Erie. 1¾ Thlr

Reisepsalter. Zum Besten der Bibel- u. Missionssache. 8. (8 B.) Werder 843. (Berlin, J. A. Wohlgemuth.) *

**Reisepsalter. 4. Aufl. 16. (256 S.) Werder 849. Berlin, J. A. Wohlgemuth in Comm. n. 8 ngr — 5. Aufl. [Ster.-Ausg.] 32. (272 S.) Ebd. 850. Berlin, Wohlgemuths Buchh. (W. Schultze) in Comm. n. 6 ngr**

Reisepsalter. 20—25. Aufl. 16. (336 S.) Falkenhagen 859—61. (Berlin, Beck.) * *

Reisepsalter. 26.—34. Aufl. (Galvanotyp-Ausg.) 16. (336 S.) Falkenhagen 862—66. (Berlin, Beck.) *

**Reisepsalter.** 31—38. Aufl. (Galvanotyp-Ausg.) Falkenhagen 865—69. (Berlin, E. Beck.) 16. (360 S.) n. 8 ngr

Reisepsalter. 37.—46. Aufl. 16. (360 S.) Falkenhagen 867—75. (Barmen, Wiemann.) * 80 Pf.; geb. *
geb. mit Goldschn. *

Reisepsalter. 47. und 48. Aufl. [Galvanotyp-Ausg.] 16. (360 S.) Falkenhagen 876,78. (Berlin, Simon. — Barmen, Wiemann.) * 80 Pf.; geb. *
geb. mit Goldschn. *
— dass. — 49. Aufl. [Galvanotyp-Ausg.] gr. 16. (330 S.) Falkenhagen 879. (Ebendas.) * 80 Pf.; geb. *
geb. mit Goldschn. *

Reisepsalter. 50. Aufl. Jubel-Ausg. 16. (360 S.) Falkenhagen 880. (Berlin, Deutsche evangel. Buch- und Tractat-Gesellschaft. — Barmen, Wiemann.) *
geb. * ℳ 1,40.; mit Goldschn. *

**Reisepsalter.** Hrsg. v. C. Straube. 56. Aufl. 16. (364 S.) Berlin 890. Hauptverein f. christl. Erbauungsschriften. Geb. n. 1. 40; m. Goldschn. n. 1. 80

**Reisepsalter,** Melodienbüchlein dazu, s.: Reise-Harfe.

**Reiser, Anton;** ein psychologischer Roman. Berlin 1785—94. V (Th. 1—4): *Moritz, Carl Philipp.* V (Th. 5): *Klischnige, Carl Frdr.* (Ky) S. a. Nr. 5381.

**Reiser, Anton,** ein psychologischer Roman, herausgegeben von C. P. Moritz, 1r bis 4r Theil, 8. Berlin, 785-90. Maurer. 2 Rthl. 5 sgl.
Desselben Buches, 5ter und letzter Theil, nach Moritzens Tode, herausgegeben von K. F. Klischnig, mit Moritzens Bildniß, 8. Berlin, 794. W. Vieweg. 20 sgl.
Dasselbe auch unter dem Titel:
Erinnerungen aus den zehen letzten Lebensjahren meines Freundes Anton Reiser, als ein Beytrag zur Lebensgeschichte des Herrn Hofrath Moritz v. K. F. Klischnig.

**Reiser,** die Elemente der Kriegs-Wissenschaften, s. Austin, v.

**Reiser,** Zusammenstellung der nachbarrechtlichen Bestimmgn. in Bezug auf: Gebäude u. andere Bauwesen; Beschaffenheit der Einfriedigungen an der Grenze; die Abstände der Einfriedigungen u. Pflanzenanlagen. (Baumsatz.) gr. 8. (V, 20 S.) Eßlingen (901). W. Langguth. n. — 20

**Reiser, Alb.,** Sancta Cäcilia, s.: Dilettantenbühne, kathol.

**Reiser, Alb,** s.: Maria-Lourdes-Predigten.

**Reiser, Alwine,** Helene. Unterhaltungsbuch für Töchter vom 10. bis 12. Jahre zur Veredlung des Herzens und zur Belehrung. Mit Bildern. 8. (IV und 133 S. mit 9 ill. Stnt.) Berlin 849, Winckelmann und Söhne.

**Reiser, Andreas Friedrich (Jesingen), Diss. med. sistens topographiam medicam pagi Jesingen. Präs. J. H. F. von Autenrieth. Tübingen (Reiss u. Schmid) Sept. 1813. 38 S. (3.50)** 28300

**Reiser, Anton,** aus Gammertingen ⟨Hohenzollern⟩, Regierungs-Ref. 1. Cl.: **Begriff** und Grenzen der Baupolizei nach württembergischem Rechte. *Amberg (1899): H. Böes.* (48 S.) 8°
Erlangen, Jur. Diss. v. 25. Febr. 1899

**Reiser, Aug.,** der Geiger v. Gmünd, s.: Miller, Elise.

**Reiser, Aug.,** 50 Kinder- u. Jugendlieder, s.: Hoffmann v. Fallersleben.

**Reiser, Aug.,** s.: Liederkranz aus Schwaben.

Reiser, Aug., Loreley. Sammlung auserlesener Männerchöre, hauptsächlich Repertoirstücke berühmter Vereine. 1.—3. Aufl. 8. (VIII, 589 S. mit chromolithogr. Taf.) Köln 878,79, P. J. Tonger. *
geb. in Halbldr. * ℳ 2,50.; geb. in Leinw. *

Reiser, Aug., Loreley. Sammlung auserlesener Männerchöre. 4.—10. mit 20 Preis- und andern treffl. Gelegenheits-Chören verm. Aufl. 8. (XXII, 596 S.) Köln 879—83, P. J. Tonger. *

Reiser, August (Red.), s. Musik-Zeitung, Neue.

**Reiser, Aug., St. Odilia. Musikalische Legende f. gemischten u. Frauen-Chor m. Kinderstimmen u. Klavierbegleitg. Dichtung v. Marie M. Schenk. Musik v. R. Textbuch. (18 S.) 8. Düsseldorf 906. L. Schwann.** n. — 20

**Reiser, Aug.,** s.: Puck, Aug. R.

— Weihnacht im Schnee. Dichtung v. Jul. Theobald. Musik v. R. Vollst. Textbuch. 8. (19 S.) Leipzig 898. C. F. W. Siegel. — 60

**Reiser, Aug., Wintersonnenwende. Melodramatisches Spinnstuben-Märchen in 3 Tln. Gedichtet v. Marie M. Schenk. In Musik gesetzt v. R. Textbuch. (31 S.) 8. Berlin-Gr.-Lichterfelde (903). Ch. F. Vieweg.** n. — 60

Reiser, P. Beat. Geschichtliche Ableitung des Wesens der Philosophie aus dem Zusammenhang der philosophischen Systeme. (Teil 1: Griechentum und Christentum.) Beilage zum Jahresbericht der Stiftsschule Einsiedeln im Studienjahre 1908/1909. 74 S. 8. Einsiedeln ⟨Schweiz⟩, Benziger & Co. A. G., 1909.

Reiser, P. Beat. Die aristotelisch-thomistische Philosophie und ihre modernen Gegner. Beilage zum Jahresbericht der Stiftsschule Einsiedeln im Studienjahre 1909/1910. 69 S. 8. Einsiedeln ⟨Schweiz⟩, Benziger & Co. A. G., 1910.

Reiser, Beat. Über Philosophie der Grammatik. Vortrag des … Prof. Dr. P. B' R', Einsiedeln. Separatabdruck aus dem 36. Jahresheft des Vereins schweizerischer Gymnasiallehrer. ([Mit] Diskussion.) II S. + S. 7—35. 8. Aarau, H. R. Sauerländer & Co., [1906].

**Reiser, Dr. C., zur Berieselungsfrage. Die Gefahren für die öffentl. Gesundheitspflege Zürichs und den Aussengemeinden von Seiten der projektirten Rieselfelder und des Kübelsystems. Zürich, Schiller & Co. 1876** —. 40

Reiser, Carl, s. Reiser, Karl August

Reiser, E., s. Reiser, Fridolin

**Reiser, Emil** [aus Cannstatt]: Vergleichende Untersuchungen über die Skelettmuskulatur von Hirsch, Reh, Schaf und Ziege. Mit 4 Tafeln. Langensalza s. a. 42 S. 8°.
Bern. Phil. Diss. 1902/1903.

Reiser, Emil. Vergleichende Untersuchungen über die Skelettmuskulatur von Hirsch, Reh, Schaf und Ziege. Diss. Phil. Bern. Mit 4 Tafeln. IV+42 S. 8. Langensalza, Hermann Beyer & Söhne, (1903).

**Reiser, Emil, vergleichende Untersuchungen üb. die Skelettmuskulatur v. Hirsch, Reh, Schaf u. Ziege. (III, 42 S. m. 4 Taf.) gr. 8. Berlin 903. P. Parey.** n. 3.—
Sonderabdruck aus: „Arbeiten a. d. anatom. Instit. d. tierärztl. Hochsch. zu Berlin".

Reiser, F., s. Taschenbuch der Handelscorrespondenz.

**Reiser, F. H.,** die Jahreszeiten, s. a. Hoffmann v. Fallersleben.

**Reiser, F. H., die Jahreszeiten. Vier Kinder-Gesangfeste mit verbindender Deklamation. Gedichtet von Hoffmann von Fallersleben. Op. 33. 4 Hefte. 1.—3. Aufl. 8. (82 S.) Leipzig 880—84, Siegismund und Volkening.** à Heft 30 Pf.
Partitur und Stimmen à Heft * ℳ 3,50. *
Partitur in 1 Heft *
Stimmen *

Inhalt:
Heft 1. Der Frühling. (16 S.)
" 2. Der Sommer. (20 S.)
" 3. Der Herbst. (16 S.)
" 4. Der Winter. (16 S.)

— Kinder-Gesangfeste. Dichtungen v. Hoffmann v. Fallersleben. Op. 33. 4 Hfte. 8. Ebend. 883. à — 30
1. Der Frühling. (16 S.) — 2. Der Sommer. (20 S.) — 3. Der Herbst. (16 S.) — 4. Der Winter. (16 S.)

REISER, Ferdinand (Friedberg): De struma.- Monachii: Deschler 1839. 15 S.
27.11.1839 - Urk; F 64
Diss.Ingolst.-Landsh.-Mchn.

Reiser, Fr.: Beiträge zum schwäbischen Sprachschatz. Hechingen. 11 u. 19 S. 4°. Schul-/Univ.-Schrift 1865.

Reiser, Fr.: Beiträge zum schwäbischen Sprachschatz. Hechingen 1867.
Schul-/Univ.-Schrift

Reiser, Fr., Allgemeine Weltgeschichte nach Murmelters Plane. Mit Kupf. Wien 811. 7 Bde. 8. 10 rthl. 16 gr.

Reiser, Fridolin, das Härten des Stahles in Theorie und Praxis. gr. 8. (VIII, 136 S.) Leipzig 881, Felix. *

Reiser, Fridolin, d. Härten d. Stahles in Theorie u. Praxis. 2., neubearb. Aufl. gr. 8. (VIII, 125 S.) Leipzig 896. A. Felix. n. 3. —

Reiser, Fridolin, das Härten des Stahles in Theorie u. Praxis. 3., verm. Aufl. gr. 8. (VIII, 128 S.) Leipzig 900. A. Felix. n. 3. —

Reiser, Fridolin, das Härten des Stahles in Theorie u. Praxis. 4., verm. Aufl. (VIII, 159 S. m. 28 Abbildgn.) gr. 8. Leipzig 906. A. Felix. n. 4. —; geb. n. 4. 80

Reiser, Fridolin, das Härten des Stahles in Theorie u. Praxis. 5., verm. Aufl. (VIII, 167 S. m. 27 Abb.) gr. 8. Leipzig 908. A. Felix. 4.—; geb. 4. 80

Reiser, Friedr., von deutscher Nation Nothdurft, d. i.: Die Reformation Sr. Maj. Kaiser Wilhelms I. Ein Blick in die Vergangenheit und Zukunft Deutschlands. 8. (16 S.) Berlin 881, (Lorentz.) *

Reiser's, Frdr., Reformation d. K. Sigmund. Mit Benutzg. der ältesten Handschriften nebst e. krit. Einleitg. u. e. erklär. Commentar hrsg. v. Willy Boehm. gr. 8. (IV, 260 S.) Leipzig 876. Veit & Co. n. 7. 20

Reiser, Fritz, Carl Maria v. Weber's Oberon, Wiesbadener Bearbeitg., s.: Wiesbaden, Festspiele.

REISER, Georgius: De motivis credibilitatis fidei theologicae. — (1882) 73 S. 4° (Handschr.) Diss. 373
Diss. Wien, Univ.

Reiser, Hans, der Amtsgerichtsbez. Seßlach u. seine Umgebung. Ein Handbuch f. einheim. Touristen u. Sommerfrischler. (80 S. m. Titelbild.) 12. Bamberg 903. Handels-Druckerei u. Verlagsh. n. — 70

Reiser, Heinr., die Briefschule. Eine Anleitung zum Briefschreiben, enthaltend 369 neubearb. Briefmuster und 304 Aufgaben und Skizzen zu Briefen nebst einer Anleitung zur Abfassung von Eingaben und Bittschriften mit den nöthigsten Mustern rc. Ein Handbuch für Lehrer und Schüler, sowie für Erwachsene rc. 1. Abthl.: 154 leichte Kinderbriefe und 153 Aufgaben zu kleinen Briefen für Mittelklassen. 1. Aufl. 1852. und 2. Aufl. gr. 8. (VI und 90 S.) Stuttgart 853, Hallberger'sche Vrlgsh.

—— dass. — 2. Abthl.: 151 Briefe von größerem Umfange für geübtere Schüler und 151 Aufgaben zu Briefen rc. gr. 8. (IV und 154 S.) Ebds. 852. *

—— dass. — 3. Abthl. enthaltend 51 Musterbriefe für die fähigsten Schüler in Werktags- und Fortbildungsschulen, eine Anleitung zur Abfassung von Eingaben an Behörden mit den nöthigen Mustern rc. gr. 8. (III und 75 S.) Ebds. 852.

Reiser, Heinr., Characterbilder aus der preußischen Geschichte für Schule und Haus. Stuttgart 863. Hallberger'sche Verlhdlg. gr. 8. (VIII, 296 S. u. 1 Holzschntaf.) 1 Thlr

Reiser, Heinr., Christoph Columbus, s. Familien-Bibliothek.

Reiser, Heinr., das Denkrechnen in der Volksschule. Vollständige Anleitung zur method. Behandlung dieses Unterrichtsgegenstandes mit einer großen Anzahl systematisch geordneter Uebungs-Beispiele u. Andeutungen zur Lösung derselben bearb. 3., durchaus umgearb. Aufl. Stuttgart 865. Koch. gr. 8. (VI, 256 S.) 24 ngr

Reiser, H., der alte Diener, s. Familien-Bibliothek.

— Elementarbüchlein, oder erster Unterricht im Lesen, Schreiben, Denken und Sprechen, für die unterste Schülerklasse in Volksschulen. 3. unveränd. Aufl. 12. (Mit 2 Vorlegeblättern.) Sigmaringen 843, Beck u. Fränkel. 1/8 Thlr

— Elementarbüchlein oder erster Unterricht im Lesen, Schreiben, Denken u. Sprechen. 5. f. den Schreiblese-Unterricht eingerichtete u. stark verm. Aufl. 12. (II u. 56 S. wovon 10 lith.) Stuttgart 851, Beck & Fränkel. n. 4 ngr

— Erziehung u. Unterricht. Abhandlungen u. Erörterungen über die wichtigsten Fragen aus dem Gebiete der Pädagogik, Methodik, Didaktik, über den Musikunterricht u. aus dem Berufsleben des Lehrers überhaupt. (In 6 Liefgn.) 1. u. 2. Liefg. Aarau 870. Sauerländer's Verl. gr. 8. (VIII u. S. 1—160.) Jede Liefg. 8 ngr

— Erziehung u. Unterricht. Abhandlungen u. Erörtergn. üb. die wichtigsten Fragen aus dem Gebiete der Pädagogik, Methodik, Didaktik, üb. den Musikunterricht u. aus dem Berufsleben d. Lehrers überhaupt. 3—6. (Schluß-) Lfg. gr. 8. (S. 161—459.) Aarau 870. 71. Sauerländer. à — 80

Reiser, H., Erziehung und Unterricht. Abhandl. u. Erörterungen über die wichtigsten Fragen aus dem Gebiete der Pädagogik, Didaktik, über den Musik-Unterricht und aus dem Berufsleben des Lehrers überhaupt. 2. unveränd. Abdruck. VIII u. 489 Stn. gr. 8. Aarau, H. R. Sauerländer. 1872. 5. 40

(Reiser, H[einrich].) Geschichte des Stadtsängerverein Winterthur 1827—1902 auf den Anlass seiner 75jährigen Jubiläumsfeier vom 16. März 1902 nach... Protokollen und Vereinsberichten... zusammengestellt. 28 S. 8. Winterthur, Geschwister Ziegler, 1902.

Reiser, Heinr., im jungen Hausstand. Praktische Winke zur Begründung des häusl. Glückes und wohlgemeinte Ratschläge in Beziehung auf Kinderpflege und Erziehung. Ein Buch für sorgsame Mütter. 8. (VIII, 204 S.) Basel 883, Riehm. *
geb. *

—— Hülfsmittel zum Kopf- u. Tafelrechnen, s. Hülfsmittel.

Reiser, Heinr., Clavier-Schule f. Kinder, mit besond. Rücksicht auf einen leichten u. langsam fortschreitenden Stufengang. Mit e. Vorwort v. G. Schilling. 2 Abthl. qu. Lex.-8. (1 7/8 B. u. 10 5/8 B. Noten.) Stuttgart 846, Hallberger'sche Vrlgsh. [1. Abthl. 25 Ngr., 2. Abth. 1 Thlr.]

Reiser, Heinr., Clavier-Schule für Kinder, mit besond. Rücksicht auf einen leichten und langsam fortschreitenden Stufengang bearb. Mit einem Vorwort von G. Schilling. 1. und 2. Abthl. 1—6. Aufl. 1848—51. und 7., unveränd. Aufl. qu. 4. Stuttgart, Hallbergersche Vrlgsh. [Abthl. 1. (VIII und 73 S.) 25 Ngr., 2. (116 S.) 1 Thlr.]

—— dass. — 3. Abthl. 3 Hefte. A. u. d. T.: Uebungsstücke für junge Clavierspieler etc. I. Bd. Op. 12. qu. gr. 4. (VIII und 78 S.) Ebds. 851.

—— dass. — 4. Abthl. 1. Heft. A. u. d. T.: Uebungsstücke für junge Clavierspieler etc. 2. Bd. 1. Heft. Op. 13. qu. gr. 4. (VI und S. 1—28. Ebds. 851(52.)

—— Clavier-Schule für Kinder, mit besonderer Rücksicht auf einen leichten und langsam fortschreitenden Stufengang bearb. Mit einem Vorwort von G. Schilling. 1. Abthl. 8. Aufl. 1853. und 2. Abthl. 9. und 10., unveränd. Aufl. qu. 4. (VIII und 189 S.) Stuttgart 855, Hallberger'sche Vrlgsb. [Abthl. 1. 25 Ngr., 2. 1 Thlr.]

Reiser, Heinr., Clavier-Schule für Kinder, mit besonderer Rücksicht auf einen leichten und langsam fortschreitenden Stufengang bearb. Mit e. Vorw. von G. Schilling. 1. Abth. 8—10. Aufl. 854, 55. — 2. Abth. 9. Aufl. Stuttgart 855. Hallberger'sche Verlhdlg. 4. (VIII, 73; 116 S.) 1.: 25 ngr.; 2.: 1 rf.

— Lehr- und Lesebuch für Fortbildungsschulen. 1. und 2. Thl. Ebend. 861. gr. 8. 25 ngr.
1. Thl.: Lehr- und Lesebuch für Handwerker-, Fortbildungs- und männliche Sonntagsschulen. Mit 46 (eingedr.) Holzschn. (XII, 267 S.) 16 ngr.
2. Thl.: Landwirthschaftliches Lehr- und Lesebuch für Fortbildungsschulen sowie zum Selbstunterricht für den Landmann und landbautreibenden Bürger bearb. und mit einer Anleitung zur Obst- und Bienenzucht versehen. (XII, 127 S.) 9 ngr.

— Lehr- u. Lesebuch f. die Mittelstufe in Volksschulen. 4. vollständig umgearb. Aufl. gr. 8. (X, 196 S.) Stuttgart 875. Rupfer. n. — 80

—— Lehr- und Lesebuch für die Mittelstufe in Volksschulen. 5. nach der neuen Rechtschreibung bearb. Aufl. gr. 8. (X, 196 S.) Stuttgart 882, Rupfer. * 90 Pf.; geb. *

Reiser, H., Lehr- u. Lesebuch f. die Oberstufe in Volksschulen. 5. vollständig umgearb. Aufl. gr. 8. (VI, 391 S.) Stuttgart 875. Rupfer. n. 1. 40

—— Lesebüchlein für die erste Schülerklasse in Volksschulen. 2., unveränd. Aufl. 2. Abth. des Elementarbüchleins. 12. (3½ B. u. 2 Vorlegeblätter.) Sigmaringen 843, Beck u. Fränkel. *

— dreistimmige Lieder für die reifere Jugend in deutschen Schulen. 1—3. Stimme. 16. (à 46 S.) Stuttgart 847, Hallbergersche Verlagsbuchh. (à Stimme 6 ngr.) 18 ngr.

— dies. Partitur. 16. (92 S.) Ebd. 847. n. ⅓ rf

— Lieder mit leichter Pianoforte-Begleitung. Zur Uebung im Gesang und im Accompagnement für die Jugend. 1.—5. Heft. qu. Lex.-8. Stuttgart 846, Hallberger. à 9 ngr.

—— Lieder mit leichter Pianoforte-Begleitung. Zur Uebung im Gesang und im Accompagnement für die Jugend componirt. 11. Werk. 5 Hefte. qu. gr. 4. (68 S.) Stuttgart 850, Hallbergersche Vrlgsb. à Heft 9 Ngr.

*Heinrich Reiser's* arithmetischer Lustgarten. 8. 15 B. 1705.

— Materialien zum Tafelrechnen. 1. Abth. Die vier Grundrechnungen mit gleichnamigen Zahlen. Stuttgart 864. Lubrecht & Co. gr. 8. (48 S.) 3 ngr.

— Materialien zum Tafelrechnen. 2—6. Abthl. Stuttgart 865—66. Lubrecht & Co. gr. 8. 21 ngr.
2. Abthl. Die vier Grundrechnungsarten mit ungleichnam. Zahlen. (S. 49—84.) 3 ngr.
3. Abthl. Das Rechnen mit gebrochenen Zahlen. (S. 85—116.) 3 ngr.
4. Abthl. Die Schlußrechnung. Der Zwei- u. Vielsatz, Zins- u. Gesellschaftsrechnungen. (S. 119—164.) 3 ngr.
5. Abthl. Mischungs-, Gewinn- u. Verlust-, Rabatt-Rechnungen rc. (S. 165—196.) 3 ngr.
6. Abthl. Auflösungen zu Heft 1—5. (S. 197—246.) 6 ngr.

Reiser, Heinr., Materialien zum Tafelrechnen in fortschreitender Ordnung. Für Volksschulen eingerichtet u. berechnet. (Mit Auflösungen.) 8. (11 B.) Reutlingen 844, Enßlin u. Laiblin. Thlr.

Reiser, Heinr., deutsche Messe für Sopran, Alt, Tenor und Baß mit Orgelbegleitung. Op. 25. Nr. 11. 2. Aufl. gr. 4. (15 S.) Tauberbischofsheim 879, Lang. *

Reiser, Heinr., deutsche vierstimmige Messe mit Orgel-Begleitung. Für Landchöre componirt. Op. 5. Nr. 3. 3. Aufl. gr. 4. (15 S.) Tauberbischofsheim 879. Lang. n. 2. 50

— dasselbe. Op. 10. Nr. 5. 3. Aufl. gr. 4. (8 S.) Ebend. 879. n. 2. 50; 4 Stimmen (à 2 S.) à n. — 25

— dasselbe. Op. 14. Nr. 6. 2. Aufl. gr. 4. (16 S.) Ebend. 879. n. 2. 50

—— Musteraufsätze zum Diktiren, nebst Aufgaben zur stillen Selbstbeschäftigung. Ein Hilfsmittel zur Förderung der Satzkenntniß, der Rechtschreibung und der richtigen Interpunktion. gr. 8. (XII und 146 S.) Stuttgart 863, Hallberger's Verlag.

—— die Realien. Ein Lehrbuch für gehobene Volksschulen bearb. gr. 8. (IV und 240 S.) Stuttgart 852, Hallberger'sche Vrlgsb.

— der Rechenunterricht in der Volksschule. Vollständige Anleitung zur method. Behandlung dieses Unterrichtsgegenstandes mit einer großen Anzahl systematisch geordn. Uebungs-Beispiele u. Andeutungen zur Lösung derselben bearb. 2. Abthl. Das schriftliche Rechnen. 2., umgearb. u. verm. Aufl. Stuttgart 866. Koch. gr. 8. (245 S.) 21 ngr.

—— Deutschlands Schmach und Deutschlands Ehre. Scenen und Bilder aus den Befreiungskämpfen des deutschen Volkes gegen seinen Unterdrücker. Eine Gedenkschrift zur 50jähr. Feier der Schlacht von Waterloo, für Alt und Jung bearb. 1. Aufl. 1865. 24 Ngr. und 2. (Titel-)Aufl. gr. 8. (VIII und 208 S.) Stuttgart 867, Koch.

— Deutschlands Schmach u. Deutschlands Ehre. Scenen u. Bilder aus den Befreiungskämpfen d. deutschen Volkes gegen seinen Unterdrücker. Der deutschen Jugend gewidmet. 3. Aufl. gr. 8. (IV, 206 S. m. e. Steintaf.) Stuttgart 871. Koch. 1. 50

—— das dritte Schuljahr, oder der deutsche Volksschüler in der Unterklasse. Ein Lese- und Sprachbuch für Schüler von 8—10 Jahren. gr. 8. (VIII und 104 S.) Stuttgart 852, Hallberger'sche Vrlgsb.

—— das dritte Schuljahr, oder der katholische Volksschüler in der Unterklasse. Ein Lese- und Sprachbuch für Schüler von 8—10 Jahren. 3. Aufl. gr. 8. (VIII und 104 S.) Stuttgart 860, Hallberger'sche Verlagsb.

—— das zweite Schuljahr, ein Lehr-, Lese- und Aufgaben-Büchlein für die 2. Abthl. der Unterklasse in Volksschulen. 3., vollständig umgearb. Aufl. gr. 8. (VIII und 56 S.) Stuttgart 852, Hallberger'sche Vrlgsb.

Reiser, Heinr., das zweite Schuljahr, ein Lehr-, Lese- und Aufgaben-Büchlein für Schüler der 2. Abthl. der Unterklasse in Volksschulen. 4. Aufl. gr. 8. (VIII und 56 S.) Stuttgart 860, Hallberger'sche Verlagsb. Thlr.

—— kurzgefaßte deutsche Sprachlehre. Die Grammatik in Verbindung mit dem analyt. Sprachunterrichte, nebst einer Anleitung zum Rechtschreiben und zum schriftlichen Gedankenvortrage. Für Volksschulen bearb. gr. 8. (XII und 114 S.) Stuttgart 852, Hallberger'sche Vrlgsb. Thlr. *

—— der deutsche Sprachunterricht durchgeführt an 30 Musterstücken. Ein Handbuch zur Ertheilung eines vollständig und geistbildenden Unterrichts in der Muttersprache. 8. (XIV, 303 S.) Stuttgart 876, Rupfer.

—— dass. — Eine Sammlung planmäßig geordneter Lesestücke mit den aus denselben abgeleiteten Regeln, als Grundlage eines geistbildenden Unterrichts in der Muttersprache. Leitfaden für die Hand der Schüler. [Auszug aus dem größeren Handbuch für den Lehrer.] 8. (58 S.) Ebendas. 876.

—— die Stylschule. Ein Handbuch zur Förderung der Stylistik und des Sprachunterrichts in deutschen Elementar-, Fortbildungs- und Sonntagsschulen, mit einer großen Anzahl von Musteraufsätzen, Skizzen und Aufgaben, nebst Anleitung zur Behandlung derselben. 2 Bdchn. gr. 8. Stuttgart 861, Hallberger'sche Verlagsh. [1. Bdchn. (VII und 206 S.) 16 Ngr., 2. (VIII und 200 S.) 18 Ngr.]

Reiser, Heinr., der deutsche Volksschüler. Ein Sprach- u. Lesebuch f. Oberklassen in gehobenen Volksschulen. gr. 8. (VIII u. 344 S.) Stuttgart 852, Hallbergersche Verlagsbuchhandlung. 21 ngr

— der deutsche Volksschüler in der Mittelklasse. Ein Sprach- u. Lesebuch für Schüler von 9—11 Jahren. gr. 8. (VIII u. 239 S.) Ebd. 852. n. 14 ngr

—— der katholische Volksschüler in der Mittelklasse. Ein Sprach- und Lesebuch für Schüler von 9—11 Jahren. 2., umgearb. Aufl. gr. 8. (VIII und 188 S.) Stuttgart 860, Hallberger'sche Verlagsh.

—— der katholische Volksschüler in der Oberklasse. Ein Sprach- und Lesebuch für Schüler von 11 bis 14 Jahren. 2., umgearb. Aufl. gr. 8. (XIV und 370 S.) Stuttgart 861, Hallberger'sche Verlagsh.

—— Vorlegeblätter zum Tafelrechnen. 8. (17 B.) Reutlingen 845, Enßlin u. Laiblin.

— die fünf Welttheile, dargestellt in Bild und Wort. Landschafts- u. Städtebilder, Schilderungen u. Characterzeichnungen aus allen Ländern der Erde. Ein Handbuch der Länder- u. Völkerkunde nach den vorzüglichsten geograph. und ethnograph. Werken u. den interessantesten Reise-Beschreibungen für Jung u. Alt bearb. Illustrirt mit Ansichten. Scenerien u. Karten. 4 Bde. (in 46 Heften.) Hildburghausen 857, 58. Bibliographisches Institut. gr. 8. Jedes Heft n. 7 ngr.
1. Bd. Asien u. Afrika. (10 Hefte.) (480 S., 47 Stahlst., 14 color. Karten u. Titel in Stahlst.)
2. Bd. Europa. (12 Hefte.) (575 S., 54 Stahlst., 18 color. Karten u. Titel in Stahlst.)
3. Bd. Europa. (12 Hefte.) (576 S., 49 Stahlst., 23 color. Karten u. Titel in Stahlst.)
4. Bd. Amerika u. Australien. (12 Hefte.) 575 S., 59 Stahlst., 12 color. Karten u. Titel in Stahlst.)

Reiser, J., s. Reiser, Heinrich

Reiser, J. B., B. Petrus Canisius als Katechet in Wort und Schriften. Aus dem Leben und den Werken der Seeligen dargestellt. 2. Aufl. 12. (XII, 104 S.) Mainz 882, Kirchheim.

Reiser, J. B., Notizen über das katechetische Wirken des sel. Petrus Canisius in Wort u. Schriften. Ingolstadt 869. Krüll. 8. (X, 100 S.) n. 7 ngr.

— unsere Pflichten in jetziger Zeitlage. Predigt gehalten am 24. Juli 1870. Ebend. 870. gr. 8. (8 S.) 1½ ngr.

Reiser, Jh. Ulr., prakt. Briefe f. junge Leute. 8. Münch. 785. Strobl. 8 gr.

Reiser, Karl, s.a. Reiser, Karl August

Reiser, Karl, von Herrliberg [Kt. Zürich]: Die Einwirkung verschiedener Reagentien auf den quergestreiften Muskelfaden. Zür. F. Walder u. S. Dr. 1860. 28 S., 2 Bl., 1 Taf. 8°.
Zürich. Med. Diss. v. 17. März 1860.

Reiser, Karl Aug.: Ueber die Eruptivgesteine des Algäu. Ein Beitrag zur Geologie Bayerns. . . . (Aus: Mineralog. u. petrograph. Mitth. hrsg. v. G. Tschermak. Bd. X. H. 6.) Wien, Alfred Hölder, k. k. Hof- u. Univ.-Buchh., 1889; 1 Bl. + 49 S. u. 1 Taf. 8°
München, Phil. Fak., Inaug.-Diss. v. 1889

Reiser, Karl A., Führer durch Hindelang u. Umgebung, s.: Woerl's Reisehandbücher.

Reiser, Karl A. [Dr.]: Geschichte des Blei- und Galmei-Bergwerks am Rauschenberg und Staufen in Oberbayern. München, kgl. Hof- u. Univ.-Buchdr. v. Dr. C. Wolf & Sohn, 1895; 71 S. 8.
München, k. Luitpold- Kreis-R, P 1895*

Reiser, Karl A. Hindelang u. Umgebung, s. Woerl's Reisehandbücher.

Reiser, Karl Aug., Sagen, Gebräuche u. Sprichwörter d. Allgäus. Aus d. Munde d. Volkes gesammelt. 1.—13. Hft. gr. 8. (1. Bd. 567 S. u. 2. Bd. S. 1—256 m. Abb. u. 1 Lichtdr.) Kempten 895 - 898, J. Kösel. à Hft. n. 1. —

Reiser, Karl Aug., Sagen, Gebräuche u. Sprichwörter des Allgäus. Aus dem Munde des Volkes gesammelt. 14.—21. Hft. gr. 8. (2. Bd. V u. S. 257—764.) Kempten (899 - 902). J. Kösel. à n. 1. —; (kplt. n. 21. —; geb. in Leinw. od. Halbfrz. n. 25. —)

Reiser, Max., der Schulzwang der belgischen Kammer. Referat d. Abg. Mgr. de Haerne. Aus dem Franz. übersetzt. gr. 8. (XVIII, 128 S.) Passau 872. Bucher. n. 2. —

Reiser, Nicolas: Die Appretur der wollenen und halbwollenen Waren. Leipzig 1898-1899. 609, 1 S. 8°

Reiser, Nic., d. Appretur d. wollenen u. halbwollenen Waren. Zum Gebrauche an Webschulen u. f. Praktiker. gr. 8. (XVIII, 609 S. m. 371 Abb.) Leipzig 899. A. Felix. n. 22. —

Reiser, Nic., und Jos. Spennrath, Atlas zum Handbuch der Weberei. 1. Lfg. gr. 4. (2 Lichtdr.-Taf.) [Berlin 886, Burmester und Stempell.] München, Callwey. *
Nicht weiter erschienen. — Die Tafeln sind in der Folge dem „Handbuch" beigeheftet.

Reiser, Nicolas: Vereinfachte Austauschgewebe. [Blum, Bibl. lux.]

Reiser, Nic., Beidrechte u. andere Austausch- od. Reformgewebe zum Gebrauche an Webeschulen u. f. Praktiker. 3. Aufl. Mit 686 in den Text gedr. Abbildgn. u. 42 Stoffmustern. (VII, 212 S.) gr. 8. Leipzig 905. A. Felix. n. 6. 60

Reiser, Nic., die Betriebs- u. Warenkalkulation f. Textilstoffe, unt. besond. Berücksicht. der wollenen Waren. Zum Gebrauche an Webschulen u. f. Praktiker. Mit 44 in den Text gedr. Abbildgn. u. 2 Zwirnberechnungstaf. gr. 8. (IX, 194 S.) Leipzig 903. A. Felix. n. 6.—

Reiser, Nicolas: Durchwebende Bindungen oder Verstärkung von Geweben ohne besondere Fäden. Zum Gebrauche für Webeschulen und für Praktiker. Zweite wesentlich verbesserte und vermehrte Auflage. Mit 305 in den Text eingedruckten Musterzeichnungen. Aachen 1896. IV, 91 S. 8°

**Reiser**, Nic., die grossen Diagonalen. Les grandes diagonales. qu. Fol (11 S. Text in deutscher u. französ. Sprache m. Abbildgn. u. 20 Taf.) München 892. G. D. W. Callwey. n. 7.50

— die Dichtstellung der Kette f. alle Arten v. Geweben, unter besonderer Berücksicht. der Wollen- u. Halbwollen-Waren-Fabrikation. Für die Praxis bearb. Mit 57 in den Text gedr. Abbildgn. u. 10 Tab., darunter 3 zur Bestimmung der Warenschwere bei gegebener Fadenzahl u. Garnstärke. gr. 8. (56 S.) Aachen 901. (München, G. D. W. Callwey.) n. 3.60

— üb. Fehler in Wollenwaren u. deren Verhütung. Zum Gebrauche an Webeschulen u. f. Praktiker. gr. 8. (IV, 146 u. V S. m. 40 Abbildgn.) Aachen 894. (O. Müller.) n. 5. —

Fehler in Wollenwaaren und deren Verhütung. Z. Gebr. an Webeschulen u. f. Praktiker bearb. v. Nicolas Reiser, Dir. d. Spinnerei- . . . Schule in Aachen . . . 2. verb. u. verm. Aufl. M. 62 in d. Text gedr. Abb. *Aachen: C. Mayer 1896.* (IV, 170, VI S.) 1 Bd 8. (96. 3644

(B) **Reiser**, Nicolas, Fehler in Wollenwaren. 898. (KBL 30.) Jetzt: Berlin, M. Krayn.

— Fehler in Wollenwaren u. deren Verhütung. Zum Gebrauche an Webeschulen u. für Praktiker bearb. 2., verb. u. verm. Aufl. Neuer [Titel-] Abdr. gr. 8. (IV, 170 u. VI S. m. 62 Abb.) Aachen 898. C. Mayer. n. 4. —; geb. n. 5. —

Handbuch der Weberei zum Gebrauche für Webeschulen und für Praktiker, begründet von Nicolaus Reiser und Joseph Spennrath.
Band I. Die Rohstoffe und ihre Verarbeitung zu Geweben. München. 44 Lieferungen. 8°
Band II. Die Compositionslehre. Ebd 1900. 34 Lieferungen. Mit Atlas.
Band III. Die Kunstweberei, bearbeitet von Nicolaus Reiser und Jacob Reintgen. Mit 1841 in den Text gedruckten Abbildungen und 58 grösseren Mustertafeln. Ebd. 1900. XXVII, 1239 S. 8°. In Zusammenarbeit mit Jacques Reintgen.
Band IV. Die Appretur der wollenen und halbwollenen Waren. Mit 371 Textillustrationen. Ebd.

**Reiser**, Nic., u. Jos. **Spennrath**, Handbuch der Weberei zum Gebrauche an Webeschulen u. f. Praktiker. Mit vielen in den Text gedr. Holzschn. u. farb. Mustertaf. 1. Bd. Die Rohstoffe u. ihre Verarbeitg. zu Geweben. 1—8. Lfg. Lex.-8. (S. 1—240 m. 8 Chromolith.) München 885. 86. Callwey. à n. 1.20

**Reiser**, N., u. J. **Spennrath**, Handbuch der Weberei zum Gebrauche an Webschulen u. f. Praktiker. Mit vielen in den Text gedr. Holzschn. u. farb. Mustertaf. 1. Bd. Die Rohstoffe u. ihre Verarbeitg. zu Geweben. 9.—21. Lfg. Lex.-8. (S. 241—656.) München 887—890. Callwey. à Lfg. n. 1.20

— u. Jos. **Spennrath**, Handbuch der Weberei zum Gebrauche f. Webeschulen u. f. Praktiker. Mit vielen in den Text gedr. Holzschn. u. farb. Mustertaf. 1. Bd. Die Rohstoffe u. ihre Verarbeitg. zu Geweben. 22.—45. (Schluss-)Lfg. Lex.-8. (V, 10 u. S. 657—1382.) Ebd. 891—894. à Lfg. 1.20

— — dasselbe. 2. Bd.: Die Compositionslehre u. die Appretur. 1—8. Lfg. Lex.-8. (S. 1—256 m. 9 Chromolith.) Ebend. 886. à n. 1.20

— — dasselbe. 2. Bd. Die Compositionslehre und die Appretur. 9.—29. Lfg. gr. 8. (S. 257—928.) Ebd. 887—890. à Lfg. n. 1.20

— — dasselbe. 2. Bd. Die Compositionslehre u. die Appretur. 30.—33. (Schluss-)Lfg. gr. 8. (XVII u. S. 929—1028.) Ebd. 891. à Lfg. n. 1.20

— — dasselbe. 3. Bd. Die Kunstweberei, bearb. v. Nik. Reiser u. Jak. Reintgen. 1.—22. Lfg. Lex.-8. (S. 1—704.) Ebd. à Lfg. n. 1.20

— u. Jos. **Spennrath**, Handbuch der Weberei zum Gebrauche f. Webeschulen u. f. Praktiker, begründet v. R. u. S. M. vielen in d. Text gedr. Holzschn. u. farb. Mustertaf. III. Bd. D. Kunstweberei, bearb. v. Nic. Reiser u. Jak. Reintgen. 23.—37. Lfg. gr. 8. (S. 705—1184.) München 895—898. G. D. W. Callwey. à Lfg. 1.20

— u. Jos. **Spennrath**, Handbuch der Weberei zum Gebrauche f. Webeschulen u. f. Praktiker, begründet v. R. u. S. Mit vielen in den Text gedr. Holzschn. u. farb. Mustertaf. III. Bd. Die Kunstweberei, bearb. v. Nic. Reiser u. Jak. Reintgen. 38.—41. (Schluss-)Lfg. gr. 8. (XXVII u. S. 1185—1239.) München 899. 900. [G. D. W. Callwey.] Leipzig, A. Felix. à 1.20

— u. Jos. **Spennrath**, Handbuch der Weberei zum Gebrauche an Webschulen u. f. Praktiker. 2., verb. u. verm. Aufl., bearb. v. Nic. Reiser. II. Bd. Die Kompositionslehre. Mit 2491 in den Text gedr. Abbildgn. 12 Lfgn. (XXIII, 1104 S.) gr. 8. Ebd. 906. n. 35. —

— u. Jos. **Spennrath**, Handbuch d. Weberei (u. Spinnerei) zum Gebrauche an Webschulen u. f. Praktiker. 2. verb. u. verm. Aufl., bearb. v. Nicolas Reiser. I. Bd. 2 Tle. gr. 8. Leipzig, A. Felix. 44. —
1. Die Rohstoffe u. ihre Vorbereitung. Mit 139 in den Text gedr. Abbildgn., 1 Taf. im Text u. 9 Taf. im Anh. (X, 459 S.) 907. 14. —
2. Die Verarbeitung der Rohstoffe zu Gespinsten resp. das Spinnen der Garne. Mit 598 in den Text gedr. Abbildgn. u. 1 Taf. (X, 1300 S.) 908. 30. —
II. Bd. Ebd. 906. 35. —.

Reiser, Nicolas: Die Kompositionslehre der Weberei im Neudruck. Aachen 1890.

— Lehrbuch der Spinnerei, Weberei u. Appretur, s.: Weber's illustr. Katechismen. Nr. 43.

Reiser, Nicolas: Die Rohstoffe und ihre Verarbeitung zu Geweben im Neudruck. 1894.

— Vorlagen f. Tischdecken in symmetrischen Figuren. 54 Taf. in lith. Druck m. erläut. Texte in deutscher u. französ. Sprache. qu. Fol. (8 S.) München 893. G. D. W. Callwey. In Mappe. n. 20. —

Reiser, Nicolas: Vorlagen für Tischdeckenmuster in symmetrischen Figuren. 54 Tafeln in lithographischem Druck mit erläuterndem Text in deutscher und französischer Sprache. München [1893]. 8 S.

Reiser, Nicolas: Die wollenen Waren. Praktische Winke für Tuchhändler und Schneider. Erste Ausgabe. Mit 19 in den Text gedruckten Abbildungen. München. VII, 145, 1 S. 8°

– und Jos. Spennrath,

— — die mechanischen Webstühle. Lehrbuch f. Webereitechniker u. zum Unterrichte an Webeschulen. [Aus: „R. u. S., Handbuch der Weberei".] gr. 8. (V, 200 S. m. 242 Fig. u. 10 Taf.) Ebd. 894. n. 7.50

Reiser, Othmar

**Reiser, O.**, Liste der Vogelarten, welche auf der v. der kaiserl. Akademie der Wissenschaften 1903 nach Nordostbrasilien entsendeten Expedition des Hofrates Dr. F. Steindachner gesammelt wurden. (46 S.) 31,5 ×24,5 cm. Wien 910. A. Hölder. 3.60
Sonderabdruck aus: „Denkschr. d. k. Akad. d. Wiss."

**Reiser, Othmar**, Materialien zu e. Ornis balcanica. Hrsg. v. bosnisch-hercegovin. Landesmuseum in Sarajevo. II. Bulgarien (einschliessl. Ost-Rumeliens u. d. Dobrudscha). Lex.-8. (XII, 204 S. m. 3 farb. Taf. u. 1 Karte.) Wien 894. (C. Gerold's Sohn.) Kart. n. 10.

**Reiser, Otmar, Materialien zu e. Ornis balcanica.** Hrsg. vom bosnisch-herzegowin. Landesmuseum in Sarajevo. III. Griechenland u. die griech. Inseln (m. Ausnahme v. Kreta). Mit 4 Taf. in Farbendr., 6 Abbildgn. in Schwarzdr. u. 1 Karte. (XIV, 589 S. m. 1 Bl. Erklärgn.) Lex.-8. Wien 905. A. Holzhausen. Kart. 20.—
I ist noch nicht erschienen.

— u. Ludw. v. **Führer**, dasselbe. IV. Montenegro. Lex.-8. (X, 149 S. m. 2 Farbdr. u. 1 Karte.) Ebd. 896. Kart. n. 10.—
Bd. I u. III sind noch nicht erschienen.

**Reiser, O.**, die Vogelsammlung d. bosnisch-hercegovinischen Landesmuseums in Sarajevo. Enth. die während der J. 1887—1891 gesammelte Avifauna d. Occupations-Gebietes. Mit 2 Orig.-Skizzen von Géza v. Vastagh. gr. 8. (XXXII, 148 S. m. 1 Taf.) Budapest 891. (Berlin, R. Friedländer & Sohn.) n. 3.—

**Reiser, Otto**, aus Waldfischbach (Rheinpfalz): Zur Biologie des Bacillus fluorescens liquefaciens. *Berlin (1902): G. Schade.* (33 S.) 8°
Berlin, Phil. Diss. v. 31. Mai 1902

**Reiser, Sebast. Jak. Wilh.**, Anleit. zur mathemat. Erdbeschreibung. 8. Frkf. a. M. 777. Brönner. 6 gr

— prakt. Beitr. z. Erziehungskunst in e. Nachr., die Handlungsschule in Mühlhausen betreff. 8. Basel 790. Schweighäuser. 4 gr

— Nachr. v. Handlungsschule in Mühlhausen betr. 8. Basel, Schweighäuser. 790.

— Nachr. von einigen neuen Verrichtungen bei physikal. Experimenten. Mit Kpf. 8. Basel 790. Serini. 3 gr

— s. Untersuchung der Streitigkeiten zwischen Gög.

**Reiser, St.**, Schicksal d. Reichs-Gotteshauses Zwiefalten u. einiger dazu gehör. Ortschaften, sowie auch Riedlingen u. Ehingen 1795—96 bei d. Einfall d. Franzosen. 8. s. l. 1876.

**Reiser, Wilh.**, Worte, gesprochen am Sarge des am 5. Juni 1893 im Herrn entschlafenen hochwürdigsten Herrn Bischof Karl Joseph v. Hefele. gr. 8. (18 S.) Rottenburg 893. W. Bader. n. —20

**Réiserègeln, 50, v. einem Vielgeréisten. (Deutsch u. volapük.) (11 S.) kl. 8. Konstanz 905. J. M. Schleyer's Weltsprache-Zentralbüro. (Nur direkt.) n. —20**

**Reiserer, Hermann**, Rechtsprakt.: Eigentum an Gewässern. München 1909: Huber, Diessen. VII, 50 S. 8°
Würzburg, Jur. Diss. v. 29. Juli 1909, Ref. Mendelssohn-Bartholdy
[Geb. 22. Jan. 83 München; Wohnort: München; Staatsangeh.: Bayern; Vorbildung: Gymn. Bonn Reife Juli 02, Studium: München 8 S.; Rig. 26. Mai 09.] [U 09. 4083

**Reise-Roman, ein, von Frhrn. F. A. von Bugh am Forst.** 16 Bdchn. 8. Dresden 839. G. Fleischer. 1½ ₰

**Reise-Roman, ein, von F. A. v. Bugh am Forst.** 1. Bdchn. 8. (24⅛ B.) Dresden 839. [Leipzig, Kummer.]

**Reiserouten** in Bosnien und Herzegowina. Illustrirter Führer. Wien 1892. 2. Aufl. 1895. 3. Aufl. 1898. V: *Asboth* (?), *Janos.* (EB)

**Reiserouten** in Bosnien u. der Herzegovina. Illustr. Führer. 8. (VII, 128 S. m. 58 Abbildgn., 1 Plane u. 1 Karte.) Wien 892. A. Hartleben. n. 1.80

**Reiserouten** in Bosnien u. der Hercegovina. Illustr. Führer. M. 82 Abb., e. Plane v. Sarajevo, e. Kartenskizze u. e. grossen Übersichtskarte. 3., bericht. u. wesentl. verm. Aufl. 8. (VIII, 164 S.) Wien 898. A. Hartleben. n. 1.80

**Reisert, Fritz**, Kali u. die Presse. Behandlung e. deutschnationalen Aufgabe. (15 S.) 8. Hannover (Rumannstr. 8) 909. Selbstverlag. —40

— Unsere Kalilager als e. Quelle deutschen Nationalwohlstandes. (16 S.) 8. Berlin 908. „Industrie". nn —90
Sonderabdruck aus: „Industrie".

**Reisert, H:** Catalog über Kessel-Reinigungsapparate usw. Köln a. R. 1889

**Reisert, H:** Katalog über Wasserreinigungsanlagen. Köln und Leipzig 1897

**Reisert, H:** Selbstthätiger Wasserreiniger. (Köln 1893)

Reisert, Karl [I. Studienlehrer am Gymn. in Neustadt a. d. Haardt]: Zur Attraktion d. Relativsätze in der griechischen Prosa. Ein Beitrag zur historischen Syntax der griechischen Sprache. I. Allgemeines. Herodot und Thucydides. . . . Neustadt a. d. H., Akt.-Druckerei, 1889; 78 S. + 1 Bl. 8°
Würzburg, Phil. Fak., Inaug.-Diss. v. 1889

Reisert, Karl [Dr.]: Die Attraktion der Relativsätze in der griechischen Prosa. — Ein Beitrag zur historischen Syntax der griechischen Sprache. 1. Teil. Allgemeines. Herodot. Neustadt a. d. Haardt, Aktien-Druckerei, 1889; 49 S. 8°
Neustadt a. d. Haardt, k. StA, P 1889.

Reisert, Karl [Dr.]: Zur Attraktion der Relativsätze in der griechischen Prosa. Ein Beitrag zur historischen Syntax der griechischen Sprache. 2. Teil. Thucydides. (Fortsetzung des Progr. v. 1888/89.) Neustadt a. d. Haardt, Akt.-Druckerei, 1890; 1 Bl., S. 51-78, 1 Bl. 8°
Neustadt an der Haardt, k. StA, P 1890

**Reisert, Karl**, Freiburger Gaudeamus. Taschenliederbuch f. die deutsche Jugend, enth. 212 unserer schönsten Lieder, zumeist m. Melodie. (XV, 222 S.) kl. 8. Freiburg i/B. 908. Herder. Geb. in Leinw. 1.20

**Reisert, Karl, s.:** Jahrbuch, statistisches, der humanistischen u. techn. Mittelschulen d. Königr. Bayern.

**Reisert, Karl, s.:** Kommersbuch, deutsches.

— s. a. Kommers-Lieder, 50 der beliebtesten.

Fünfzig der beliebtesten Kommers-Lieder. Durchges. von Dr. K[arl] Reisert. 12. Aufl. *Köln: J. P. Bachem [1901].* (24 S.) 8° [F.]

— Lehr- u. Übungsbuch der Gabelsbergerschen Stenographie. Mit e. geschichtl. Einleitg. Nach den Berliner Beschlüssen v. 1902 bearb. 1. Tl.: Die Verkehrsschrift. 2., verb. Aufl. (XII, 144 S.) gr. 8. Würzburg 910. E. Bauer. Geb. in Leinw. 2. —

Reisert's, Karl, stenographische Lehrmittel. I. u. II. gr. 8. Würzburg 904. E. Bauer. Geb. in Leinw. n. 3. 20
I. Lehr- u. Uebungsbuch der Gabelsbergerschen Stenographie. Mit e. geschichtl. Einleitg. Nach den Berliner Beschlüssen v. 1902 bearb. 1. Tl.: Die Verkehrsschrift. (XV, 144 S.) n. 2. —
II. Dasselbe. 2. Tl.: Die Redeschrift. (VII, 62 S.) n. 1. 20

Deutsche Lieder. Klavierausg. d. Deutschen Kommersbuches, besorgt von Dr Karl **Reisert.** 2., verm. Aufl., enth. 621 Vaterlands-, Studenten- u. Volkslieder ... mit Klavierbegleitung. [Nebst] Anhang. Freiburg im Br.: Herder (1906). (X, 528, 17 S.) 4° 06. 11468

— Liederbuch f. das deutsche Volk. Enth. 233 Texte unserer schönsten Lieder (Chor-, Solo- u. Quartettgesänge), m. Angabe der Urheber u. der Entstehungszeit v. Wort u. Weise u. m. Bezeichng. der Tonart u. des Melodienanfanges. (XIII, 160 S.) 16. Offenburg (908). H. Zuschneid. (Nur dir.) n. — 50

— kleiner Liederschatz f. die deutsche Jugend, besonders an höheren Lehranstalten. Ein Liederbuch f. frohes Wandern u. gesell. Beisammensein, enth. 130 unserer schönsten Lieder (m. Melodien). Zusammengestellt u. m. e. litteratur- u. musikgeschichtl. Anh. versehen. 12. (XI, 171 S.) Freiburg i/B. (901). Herder. In Leinw. kart. n. 1. —

Kleiner Liederschatz für die deutsche Jugend, besonders an höh. Lehranst. Enth. 132 ... Lieder (mit Melodien). Zsgest. ... von Dr. Karl **Reisert.** 2. Aufl. Freiburg im Br.: Herder (1903). (XI, 176 S.) 8° [F.] 08. 6960

— kleiner Liederschatz f. die deutsche Jugend, besonders an höheren Lehranstalten. Enth. 132 unserer schönsten Lieder (m. Melodien). Zusammengestellt u. m. e. litteratur- u. musikgeschichtl. Anh. versehen. 3. Aufl. (XI, 176 S.) kl. 8. Freiburg i/B. 906. Herder. Geb. n. 1. —

— Kleiner Liederschatz f. die deutsche Jugend, besonders an höheren Lehranstalten. Enth. 132 unserer schönsten Lieder (m. Melodien). Zusammengestellt u. m. e. literar- u. musikgeschichtl. Anh. versehen. 5. Aufl. (XI, 176 S.) kl. 8. Freiburg i/B. (909). Herder. Geb. 1. —

— griechisches Schönschreibheft m. Schriftvorlagen. 3. Aufl. (36 S) 8. Würzburg (905). E. Bauer. n. n. — 40

— Griechisches Schönschreibheft m. Schriftvorlagen. 4. verm. Aufl. (40 S.) 8. Würzburg (909). E. Bauer. nn — 40

— dasselbe. 4. Aufl. Ausg. B m. den durch k. bayer. Ministerialentschliessg. vom 25. VII. 1909 vorgeschriebenen Schriftformen. (40 S.) 8. Ebd. (909). nn — 40

**Reisert,** Karl, Taschenbuch f. d. Lehrer an höh. Unterrichtsanstalten, s. a.: Taschenbuch, neues, f. d. Lehrer an höh. Unterrichtsanst.

— Taschenbuch für d. Lehrer an höh. Unterrichtsanstalten auf d. Schulj. 1898/99. 10. Jahrg. M. Beilage: Personalstatus der Gymnasien, Progymnasien, Lateinschulen, Industrieschulen u. Realschulen im Königr. Bayern nach d. Stande v. 1. IX. 1898. Hrsg v. Stapfer. gr. 16. (164 u. 86 S.) München, J. Lindauer. Geb. in Leinw. u. geh. n. 1. 20

**Reisert,** Karl, Taschenbuch f. die Lehrer an höheren Unterrichtsanstalten auf d. Schulj. 1902/1903. 14. Jahrg. Mit Beilage: Personalstatus der Gymnasien, Progymnasien, Lateinschulen, Industrieschulen, Realschulen u. Landwirtschaftsschulen im Königr. Bayern nach dem Stande vom 1. IX. 1902. 12. (167 u. 95 S.) München, J. Lindauer. Geb. in Leinw. u. geh. n. 1. 50

— Taschenbuch f. die Lehrer an höheren Unterrichtsanstalten auf d. Schulj. 1906/07. 18. Jahrg. Mit Beilage: Personalstatus der Gymnasien, Progymnasien, Lateinschulen, Industrieschulen, Realschulen u. Landwirtschaftsschulen im Königr. Bayern nach dem Stande vom 1. IX. 1906. (176 u. 105 S.) kl. 8. München, J. Lindauer. Geb. in Leinw. u. geh. n. 1. 50

— Taschenbuch f. die Lehrer an höheren Unterrichtsanstalten auf d. Schulj. 1909/10. 21. Jahrg. (176 S.) kl. 8. Mit Personalstatus, bearb. v. Gust. Hofmann u. Aug. Düll. (115 S.) 16. München, J. Lindauer. Geb. in Leinw. u. geh. 1. 50

Reisert, Karl, zum deutschen Unterrichte in den beiden unteren Lateinklassen, im besonderen über den Lehrstoff der zweiten Klasse nach der 2. bayer. Schulordng. v. J. 1874. Ein Beitrag zur Frage der Reform der humanist. Gymnasien. gr. 8. (IV, 60 S.) Bamberg 890. Buchner's Verl. n. 1. —

Reise-Scenen, s. Reise-Szenen

**Reiseschatten** von dem Schauspieler Luchs. Carlsruhe 1811. V: *Kerner, Justinus.* (EE)

Reiseschatten, v. dem Schattenspieler Luchs. 8. Carlsruhe, Braun. 811.

Reise-Schatzkästlein. 128. (118 Bl.) Falkenhagen 861. (Berlin, Beck.) * *

Reise-Schatzkästlein. 2. Aufl. 128. (170 Blatt.) Falkenhagen 865. (Berlin, Beck.) *

Reise-Schilderungen aus dem Flußgebiete d. Dnjepr von O. A. G. T. 12. (104 S.) Hannover 890. Helwing's Verl. n. 1. —

Reise- u. Städte-Schilderungen aus aller Welt. Nr. 2. 12. Stuttgart, E. Baur. — 30
Leipzig. Schilderung. Von Rob. Geerds. (66 S.) (897.)

Reiseschilderungen und Umrisse aus südl. Gegenden, s. Reisen u. Länderbeschreibungen. 3e Lfrg.

Reiseskizze

Reiseseizze, e. ungarische landwirthschaftliche, v. E. B. (55 S.) Halle 875. Reichardt. — 75

**Reiseskizzen.** Briefe an Madame v. H. Heines Nachfolger. Hamburg 1841. V: *Koch, Otto.* (A)

Reiseskizzen. Episteln an Madame von H. Heine's Nachfolger. 2 Thle. gr. 12. (40¾ B.) Hamburg 842, Restler u. Melle.

**Reiseskizzen.** Wien 1856—61. V: *Maximilian, Kaiser von Mexiko.* (Mitth. M. Grolig.)

Reiseskizzen. Gr. Bernhard — Montblanc — St. Gotthard — Italien. Mit Titelbild (in Holzschn.) 8. (87 S.) Leipzig 875. Schmidt & Günther. n. 1. 20

**Reise-Skizzen.** Gedichte von E. v. C. Bozen 1884. V: *Chambaud-Charrier*, Ernst von. (MARGR)

Reiseskizzen [die Ostseeprovinzen, Deutschland u. d. Schweiz]. Von Le Flâneur. gr. 8. (436 S.) St. Petersburg 888. (Leipzig, Kasprowicz.) n. 6. —

**Reiseskizzen**, architektonische, von Studirenden der technischen Hochschule zu Aachen unter Leitung von F. Ewerbeck u. K. Henrici. Excursion vom 30. Mai bis 8. Juni 1879. Fol. (23 autogr. Taf.) Aachen 879. (Barth.) n. 4. —

Reiseskizzen, Architektonische, aus Thüringen. 1860. 4.

**Reise-Skizzen** der niedersächsischen Bauhütte. Schoeningen, Helmstedt, Koenigslutter. Pfingsten 1862. Hannover 864. Rümpler. Fol. (31 Steintaff., wovon 2 in Buntdr., in Fol. u. Imp.-Fol. mit 6 S. Text u. lith. Titel.) n. 4 ₰ 10 ngr.

— aus Hameln u. Umg. aufg. u. autogr. v. Studirenden d. polyt. Schule zu Hannover. Fol. (17 Steintaf. in gr. Fol. m. 2 S. Text.) Hannover 871. Schmorl & v. Seefeld. n. 6. —

**Reiseskizzen** v. Magdeburg, Naumburg, Erfurt, hrsg. v. acad. Arch.-Verein Berlin. gr. Fol. (19 autogr. Taf.) Berlin 898. E. Wasmuth. n. 4. —

**Reiseskizzen**, Märkische. Gesammelt von Studirenden der Bauingenieur-Abtheilung der Technischen Hochschule zu Berlin. Berlin 1884 (Aus: Wochenblatt für Architekten und Ingenieure. 1884)

Reiseskizzen [Handzeichnungen] des Reg.-Bauführers Jul. Meyer. angefertigt während seines Aufenthalts in Aegypten 1877-78. Fol. [Der Bibliothek der Königl. Techn. Hochschule zu Berlin von den Hinterbliebenen gewidmet.]

Reiseskizzen aus d. Morgenlande. (Von v. Luisenthal.) Lex.-8. ($11\frac{3}{4}$ B. u. 11 Ansichten.) Zweibrücken 841, Ritter. *

Reise-Skizzen aus Teneriffa. Basel 1892 s. Wyss, Paul Friedrich von].

Reise-Skizzen aus Teneriffa. (Von v. Wyß.) 8. (164 S.) Basel 892. (R. Reich.) n. 1. 60

**Reiseskizzen, Transatlantische,** und Christophorus Bärenhäuter. Vom Verfasser des »Legitimen« und der »Republikaner«. Zürich 1834. V: *Sealsfield*, *Charles (Postl, Carl)*. (EngG) (Cat. d. Stadtbibl. Zürich. Zürich 1864—97.)

Reiseskizzen, transatlant., u. Christophorus Bärenhäuter. Vom Verf. des „Legitimen" u. der „Republikaner" (Sealsfield). 2 Bdchn. 8. (24 B.) Zürich 834, Orell, Füßli u. Comp.

**Reiseskizzen, Transatlantische,** oder Lebensbilder aus beiden Hemisphären. Zürich 1834—37. V: *Sealsfield*, *Charles (= Carl Postl)*. (Cat. d. Stadtbibl. Zürich. Zürich 1864—97.)

Reisesparkasse der Altonaer Turnerschaft v. 1880 in Altona, 2 S., Kl.-8°.

Reisespiegel von Erhard v. Haselstein, s. Reisen eines deutschen Freigeistes.

**Reisestudien,** architectonische, vom Bodensee u. der Schweiz. Aufgenommen, autographirt u. hrsg. unter Leitg. v. Rob. Reinhardt u. Th. Seubert v. Studirenden der Architekturfachschule am k. Polytechnikum zu Stuttgart. 2 Lfgn. gr. Fol. (66 Steintaf. in Fol. u. Imp.-Fol.) Stuttgart 873. 74. Wittwer. à n. 2. 40

Reise-Studien, architectonische, vom Bodensee und der Schweiz. Aufgenommen, autogr. und hrsg. unter Leitung von Rob. Reinhardt und Th. Seubert von Studirenden der Architekturfachschule am kgl. Polytechnikum zu Stuttgart. 8 Lfgn. gr. Fol. (65 Bl. in Autographie.) Stuttgart 874, Wittwer. à Lfg. * M 2,40.; geb. *
Enthält Aufnahmen von Heiligenberg, Salem, Lindau, Ueberlingen, Konstanz, Bern, Zürich und Basel.

Reise-Studien, architektonische, aus Würzburg. Aufgenommen und gezeichnet unter Leitung der Proff. R. Reichardt und T. Seubert von Studirenden der Architektur am k. Polytechnikum Stuttgart. 3 Lfgn. gr. Fol. (à Lfg. 20 autogr. Taf.) Berlin 880, Wasmuth. à Lfg. * M 8.; cart. *

Reisestudien über das dänische Seebad Klampenborg nebst Umgebung, von einem Badegaste. [Von E. Th. Winkler.] Neue Folge II. gr. 8. (25 S.) Dresden 879, (Art.) *
I. und III., s. Winkler, E. Th.

Reise-Szenen

Reise-Scenen u. Abenteuer, zu Wasser u. zu Lande v. Fr. Laun. 3 Thle. 8. Lpz. Enrich, Junius. (Gleditsch.) (I. 809. 1 Rthlr. 16 gr. II. 809. 1 Rthlr. 12 gr. III. 805. 1 Rthlr. 16 gr.)

Reise-Scenen aus Amerika. Hrsg. v. Adrian. 1. Thl. 8. (24 B.) Frankfurt a. M. 835, [Sauerländer's Verl.]

Reisescenen u. Reiseabenteuer, auch Kreuz- u. Querzüge eines deutschen Musensohns des 19. Jahrhund. von Uriel a Costa. 8. Quedlinb. Basse. 811.

**Reisetagebuch,** illustriertes. Erinnerungen. (24 S.) 11 ×15,5 cm. Karlsruhe (910). Stuttgart, Verlag f. Volkskunst. — 30

روزنامه Reisetagebuch d. Nasreddin-Schah. [Nach der pers. Handschrift.] 8. (371 S.) Leipzig 874. C. J. Günther. n. 3. —

Reisetagebuch, pädagogisches, s. Schultheiß, W. K.

**Reisetagebuch, Pädagogisches,** über einen Theil von Bayern, Thüringen, Württemberg . . . Nürnberg [Hof] 1839. V: *Schultheiss*, *Wolfg. Conr.* (EngG) (BaBb)

Reise-Tasche, humoristische. Mit 70 Illustr. (Holzschn.) von W. Scholz. Berlin 862. Hofmann & Co. 8. (2 Bl., 92 S.) n. 10 ngr.

Reise-Taschenbuch für Alkoholgegner und Vegetarier. Ein Wegweiser durch die alkoholfreien und vegetarischen Hotels, Restaurants, Gast- und Speisehäuser, Cafés, Reform-Gasthäuser, Naturheilanstalten, Sanatorien, Pensionate und Erholungshäuser Deutschlands, Österreichs, der Schweiz und angrenzender Länder. (1. Ausgabe.) Abgeschlossen am 1. Januar 1909. 148 + *Anzeigen* IV + 32 S. 8. Freiburg ⟨Baden⟩ und Leipzig, Fr. Paul Lorenz, 1909—1910. (M. 1. —)
Lorenz' Reiseführer.

Fröhlichs Reise-Taschenbuch für Handwerker und andere Gewerbtreibende. Prakt. Wegweiser f. Deutschland u. d. Nachbarländer ... 19. Aufl. neu bearb. von J[ulius] I[wan] Kettler. Mit 1 Karte. *Berlin: A. Goldschmidt 1901.* (IV, 209 S.) 8° [F.]
— Reisebücher, Griebens. Bd 14.

Reise-Taschenbuch, kleines, od. die Post- u. Reiserouten durch Deutschland nach Frankreich, Holland, Preußen, Italien u. d. Schweiz. Nebst Vergleichung d. darin übl. Maaße, Gewichte u. Münzen u. e. Postkarte von Deutschland. 8. Leipz. 813. Hinrichs. 12 gr. Ohne Karte 4 gr.

Reise-Taschenbuch, neues, für Handwerker oder Wegweiser durch Deutschland, die Schweiz und angrenzende Länder, nebst einigen 100 Reisetouren und Uebersicht der Schifffahrten und Eisenbahnen. 16. (72 S.) Mügeln 865. (Leipzig, Senf.)

Reise-Taschen-Notizbuch 1905. (Schreibpap. u. 22 S. Text m. 1 farb. Karte.) kl. 8. Leipzig-Neustadt, A. Henze. — 20

Reise-Taschen-Wörterbuch, s. Schul- und Reise-Taschen-Wörterbuch.

Reise-Telegraph, schweizerischer. 3. Aufl. Winterhalbjahr 185⁶/₇. 16. (32 S. mit einer Uebersichtskarte der Schweiz in Holzschn. und qu. 4.) Leipzig 856, Weber. *

Reise-Telegraph, schweizerischer. 4. Aufl. Sommerhalbjahr 1857. 1. Ausg. Mit einer Uebersichtskarte der Schweiz. 16. (31 S. mit 1 Holzschn. in qu. 4.) Leipzig 857, Weber. *

REISETOUREN IM ÖSTLICHEN ERZGEBIRGE. (Amtshauptmannschaft Dippoldiswalde.) Empfohlen vom Erzgebirgs-Zweigverein Dippoldiswalde. Heftchen 1. (Dippoldiswalde) 1879. Verlag vom Erzgebirgs-Zweigverein Dippoldiswalde. 8°

Reisetrain, Der aus zwei Wagen bestehende, Jhrer Kaiserl. und Königl. Hoheiten des Kronprinzen und der Kronprinzessin des Deutschen Reiches und von Preußen. Gebaut von der Breslauer Aktiengesellschaft für Eisenbahn-Wagenbau. Berlin 1883

Reise-Traktate. I. Serie. (250 S.) kl. 8. Neumünster (906). Vereinsbuchh. G. Ihloff & Co. n.n. — 20

Reise-Verbindungen, direkte, von Italien u. der Schweiz nach Deutschland, Holland, Belgien, England u. Frankreich u. umgekehrt über Elsass-Lothringen, Baden, Württemberg u. Bayern, nebst Fahrplan für die Vogesen (Elsass-Lothringen), den Schwarzwald (Baden) u. den Bodensee (Württemberg u. Bayern), sowie die hauptsächlichsten Eisenbahn- u. Dampfschiffstrecken der Schweiz. Nach den amtl. Fahrplänen zusammengestellt v. A. Schön. Sommer 1910. 1. V.—30. IX. (IX, 175 S. m. 1 Karte.) kl. 8. Basel, (Koehler). — 50

Reise-Wegweiser der deutschen Alpenzeitung. Schriftleitung: Gust. Platt. 1. Jahrg. April 1904—März 1905. Etwa 24 Nrn. (à ca. 8 S. m. Abbildgn.) hoch 4. München, G. Lammers. 5. —
Erscheint nicht mehr als selbständ. Blatt.

Reisewinke für Reiselustige von einem Wanderfreund. In 8°. 137 S. Zürich, Th. Schröter. 1895. 1 50

Reisewinke f. Reiselustige. Von e. Wanderfreund. 2. [Titel-] Aufl. 8. (137 S.) Leipzig [896.] 901. Zürich, Th. Schröter. n. 1. 20

**Reisewinke** für Reiselustige. Leipzig 1896. 2. Aufl. 1903. V: *Weber, Herm.* (BBullschw 4, 1904) (Cat. d. Stadtbibl. Zürich. Zürich 1864—97.) (Zuwachsverz. d. Bibliotheken in Zürich 1898 ff.)

Reisewitz (Hrsg.), s. Abendblatt, Oberschlesisches.

Frhr. v. Reisewitz, (..) u. Hoffmann, (Pt. J. Jac.): Repertorium d. Europ. Pass-Polizeygesetze. *Berl.* 822. 2 Thl. 8. (2 Thl. 10 Gr.)

Reisewitz, Gust., Bosporus und Attila, s. Unterhaltungs-Bibliothek, deutsche.

Reisewitz, Gust., Conturen. Novellen und Fahrten. 8. (III und 335 S.) Stuttgart 862, Kröner. *

Reise- u. Schulwörterbuch, neues kleines engl.-deutsch u. deutsch-engl., s. a. Pocket-Dictionary.

Reise- u. Schulwörterbuch, neues kleines, engl.-deutsches und deutsch-englisches, nach d. besten Meistern, mit d. Aussprache. Zunächst für Auswanderer u. den Selbstunterricht. 8. Bern 834. Dalp. ²/₃ rthl — Vgl. Dictionary.

**Reise-Zeitung** [gewidmet unserem Chormeister] v. Wien [1910]. H: *Micheli, Gustav.* (FB)

Reise-Zeitung, allgemeine deutsche, für Besitzer oder Pächter von Hôtels, Gasthäusern, Restaurationen, Conditoreien etc. Ein Führer u. Wegweiser für den Reise-Verkehr jeder Art im In- und Auslande. Red.: L. v. Alvensleben. Jahrg. 1863. April—December. 39 Nrn. (à ½ Bgn.) Dessau, Neubürger. Lex.-8. n. 3 rthl

Reise-Zeitung, Deutsche. Bearb. u. hrsg. v. W. Wölker. Jahrg. 1849. Mai—Decbr. 8 Nrn. Fol. (à 2 Bog.) Berlin, David in Comm. 16 ngr.

— u. Hôtel-Anzeiger. Organ des Vereins deutscher Gastwirthe. Redact.: C. O. Liebig. (2.) Jahrg. 1866. 52 Nrn. (à 1—2 Bgn.) Mit: Deutscher Eisenbahn-Bericht. Uebersicht der Abfahrts- u. Ankunftszeiten auf den deutschen Eisenbahnen in der Wintersaison 1865—66. Chemnitz 866. (Dresden, Türk's Verl. gr. Fol. (XII, 81 S. in 8.) n. 4 rthl

Reise- u. Bäder-Zeitung, illustrierte. Zeitschrift für das Bäderwesen u. den Fremden-Verkehr. Organ des Verbandes deutscher Ostseebäder u. des Thüringer Bäderverbandes u. des Verbandes sächs. Verkehrsvereine. Red.: Johs. Kleinpaul. Für den balneolog. Tl.: Röchling. 16. u. 17. Jahrg. 1901 u. 1902. à 39 Nrn. gr. 4. (à ca. 44 S.) Dresden-Blasewitz, A. Arnold. à Jahrg. n. 10. —

Reise- u. Bäder-Zeitung, illustrierte. Organ f. die Gesamtinteressen der Kur- u. Badeorte, Sanatorien, physikalisch-diätet. Heilanstalten u. ähnliche Institute, Pensionate u. Hôtels, des Fremdenverkehrs u. der Touristik. Offizielles Organ des Thüringer Bäderverbandes u. des Verbandes sächs. Verkehrsvereine usw. Red.: Alfr. Zeller. Für den balneolog. Tl.: Mart. Ebeling. Hrsg. u. Red. f. Oesterreich-Ungarn: A. Berg. 18.—21. Jahrg. 1903—1906. à 36 Nrn. (1564, 1368, 1148 u. 1272 S.) gr. 4. Dresden-Blasewitz, Elbgau-Buchdr. u. Verlagsanstalt H. Beyer. à Jhrg. n. 6. —

Reise-Zeitung, illustrirte deutsche. (1.) Jahrg. 1870. Nr. 1. gr. Fol. (Bgn. mit eingedr. Holzschn.) Mit dem Beiblatte: Berliner humoristische Blätter. Nr. 1. Berlin, Jahncke. gr. Fol. (½ Bgn.) n. 5 ngr.; das Beiblatt apart n. 2½ ngr.

Reise- u. Verkehrszeitung, illustr., s.: Reise-Onkel, der.

Reisezeitung, internationale. Herausgeber und Eigenthümer: Wilhelm Friedenstein. 1883. Nr. 3 u. 4 Folio. (à 24 S.) Wien, Carl Konegen. à 30 kr., pro anno mit Zustellung f. Wien und f. Oesterreich-Ungarn 10 fl. 1883.

**Reise-Zeitung**, Kärntner. Klgft., Gutenberghaus, 1909—. Quart.

**Reise-Zeitung, Kärntner. Amtliches Organ des Landesverbandes f. Fremdenverkehr in Kärnten. (Zeitschrift f. die Kurorte u. Sommerfrischen in den Alpenländern u. an der österreich. Riviera.) Hrsg.: Joh. W. Adler u. Rud. Bertschinger; Schriftleiter: Ernst Maier-Höffern u. Ant. Ed. Funk. 2. Jahrg. 1910. 24 Nrn. (à ca. 16 S. m. Abbildgn.) 33,5×26 cm. Klagenfurt, J. Heyn. 12.—**

Reise-Zeitung für gebildete Reisende und nicht Reisende. 1r Jahrg. gr. 4. Berlin, Krause. (Leipzig, Lauffer.) 820 und 821. à 5 Rthlr. 1

**Reise- u. Verkehrs-Zeitung**, s.: Reise-Blätter.

Reise-Zeitung für Nord- u. Mittel-Deutschland. Wolff's. Enthaltend: Alle Eisenbahnfahrpläne, abgehende Posten, Dampfschiffe, Sehenswürdigkeiten, Gasthöfe, so wie die wichtigsten Notizen für Reisende. 1847. I. Jahrg. Juli—November. 1848. — II. Jahrg. Januar—Juni. Berlin. Imp.-4.

Reisezeitvertreib, illustrirter, auf das J. 1852 zur heitern Unterhaltung auf Eisenbahnen, Dampfbooten und ledernen Anhaltepunkten mit drolliger, illustr. Reisenovelle nebst (lithogr.) Eisenbahnkarte, Münztabelle und Reisekalender auf 1852, sammt den neuesten, sorgfältig berichtigten Fahrplänen der deutschen Dampfwagen, Fluß- und See-Dampfschiffe rc. hoch 4. (XVIII und 24 S. mit eingedr. Holzschn.) Grimma 851(52.) [Wurzen,] Verlags-Comptoir.

**Reise- und Bade-Zustände, gasteiner, früherer Zeit. Als Bade-Lektüre und Fortsetzung der gasteiner Zustände im Mittelalter von Emil. gr. 8. (107 S.) Wien 858, Beck'sche Universitäts-Buchh. Verlag.** *

Reishammer, Felix, gründl. Unterricht v. d. Logarithmen; aus d. Französ. übers. v. A. Chr. Mayer. 2 Thle. gr. 8. Augsb. 807, 8. v. Jenisch u. St. 4 ₰ 16 gr. (2r Thl. Auch u. d. T.: allgem. Handbuch für die Vergleichungen der Wechselcourse, u. viele andere dem Handelsstande nothwend. Rechnungen rc.; aus d. Französ. übers. v. A. Chr. Mayer. 2 Thle. 8. Ebd. 808. 3 ₰)

Reishammer, Felix, gründl. Unterricht von den Logarithmen. 2 Thle. 8. Augsb. Stage. 810. (Ir 1 Rthlr. 16 gr. IIr 3 Rthlr. 8 gr.) Rthlr.
Der 2 Thl. auch unt. d. Titel:
Allgemeines Handbuch d. Wechselcourse, als Fortsetzung des Nelkenbrecherschen Taschenbuchs.

Reishammer, Felix, gründlicher Unterricht v. d. Logarithmen. 2 Thle. gr. 8. Leipz. (Stage in Augsb.) 810. (1r 3 Rthlr. 8 gr. 2r 1 Rthlr. 16 gr.)

Reishauer, Hermann. Die Alpen. Mit 26 Bildern und Figuren im Text [wovon 1 Tafel] und 2 Alpenkarten. IV + 140 S. 8. Leipzig, B. G. Teubner, 1909. (M. 1. —, geb. 1. 25)
Aus Natur und Geisteswelt. Sammlung wissenschaftlich-gemeinverständlicher Darstellungen. Bändchen 276.

**Reishauer, Herm., Höhengrenzen der Vegetation in den Stubaier Alpen u. in der Adamello-Gruppe, s.: Veröffentlichungen, wissenschaftliche, des Vereins f. Erdkunde zu Leipzig. VI.**

**Reishauer, Herm.**, der Militärdienst d. Volksschullehrer. Gesetzl. Bestimmgn. u. Erlasse nebst Vorschlägen zur finanziellen Vorbereitg. f. d. einjähr. Dienst. Im Auftr. d. deutschen Lehrervereins bearb. gr. 8. (48 S.) Leipzig 898. J. Klinkhardt. n. — 50

**Reishauer, Herm., der Militärdienst der Volksschullehrer.** Gesetzliche Bestimmgn. u. Erlasse nebst Vorschlägen zur finanziellen Vorbereitg. f. den einjähr. Dienst. Im Auftrage des deutschen Lehrervereins bearb. 5., veränd. Aufl. gr. 8. (64 S.) Leipzig 902. J. Klinkhardt. n. — 60

— der Militärdienst der Volksschullehrer. Gesetzliche Bestimmgn. u. Erlasse nebst Vorschlägen zur finanziellen Vorbereitg. f. den einjährigen Dienst. Im Auftrage des deutschen Lehrervereins bearb. 7. veränd. Aufl. (64 S.) 8. Leipzig 905. J. Klinkhardt. n. — 60

**Reishauer,** Herm., Militärdienst der Volksschullehrer. Gesetzl. Bestimm. u. Erl. nebst Vorschlägen z. finanz. Vorbereit. f. d. einjähr. Dienst. Im Auftr. d. Deutschen Lehrerver. bearb. 8. Aufl. Leipzig 1907. 8°. *[1. Aufl. 1898.]*

— Militärdienst der Volksschullehrer. Gesetzliche Bestimmgn. u. Erlasse nebst Vorschlägen zur finanziellen Vorbereitg. f. den einjähr. Dienst. Im Auftrage des deutschen Lehrervereins bearb. 9., veränd. Aufl. (32.—35. Taus.) (64 S.) 8. Leipzig 910. J. Klinkhardt. — 60

— rechtliche Stellung der militärpflichtigen u. militärentlassenen Volksschullehrer im Königr. Preußen. Auf Grund der einschläg. Ministerialerlasse u. Regierungsverfüggn. f. den prakt. Gebrauch bearb. (56 S.) gr. 8. Ebd. 906. n. — 60

[Reishauer-Bodmer, Jacob Friedrich.] 1. Conrad Hitz (1798–1866). Eine biographische Skizze. [Von J. F. Reishauer-B.. Mit 1 Porträt-Tafel.] – 2. Uebersicht der Sammlungen der Künstlergesellschaft. [Von Verwalter Jacob Hess.] Njbl. Künstlerges. Zürich 1868. 4. [Zürich.]

Reishauer & Co. G, Zürich. Werkzeugfabrik. Musterbuch. qufol Zürich (1871)

**Reishauer & Freudweiler:** Preis-Courant über Gewindebohrer usw. Mainz (1891 ?)

**Reishaus,** Karl Bernhard: **Aus der Universitäts-Augenklinik zu Greifswald. Beitrag zur Ätiologie der Cornea-Fibrome.** *Hamburg: L. Voss 1898.* (16 S. m. Taf.) 8° ¶(Aus den **Beiträgen zur Augenheilkunde.)**
Greifswald, Med. Diss. v. 19. Jan. 1898

Reishaus, Theodor

— über Nietzsche's Also sprach Zarathustra. Briefe aus Thüringen. gr. 8. (37 S.) Ebd. 901. n. 1. —

Reishaus, Th., Briefe aus Norwegen. gr. 8. (49 S.) Brandenburg 885. (Stralsund, Bremer.) n. — 60

**Reishaus, Theodor,** Ueber den hydraulischen Druck von Wasser, welches zwischen zwei Platten unter Wasser ausströmt. (Aus: Ann. der Physik und Chemie. Bd. 104, St. 3.) (S. 5624)

**Reishaus**, Th.: Aus der Geschichte der deutschen Bildung. Stralsund. G., Progr. 1870.

**Reishaus, Th., Glaube, Liebe, Hoffnung, nebst e. Feldblumensträußchen. Den Freunden zum Andenken. 12. (54 S.) Stralsund 887. (Bremer.) n. 1. —**

**Reishaus, Th., Gerda's Hochzeit. Eine Frühlingsfeier. 16. (63 S.) Stralsund 892. Bremer's Sort. n. 1. —; geb. in Leinw. m. Goldschn. n. 1. 50**

**Reishaus, Th., drei Kaiser. Gedenkblätter aus den letzten 25 Jahren. gr. 8. (58 S.) Stralsund 896. (Bremer.) n. 1.—**

**Reishaus, Th., Dr. Hermann Lehmann. Ein Ueberblick seines Lebens und Wirkens. 8. (10 S.) Berlin 880, Calvary und Comp.** * 1 —
**Aus: Jahresbericht über die Fortschritte der classischen Alterthumswissenschaft, besonders abgedruckt.**

— das Lied v. Lambert Steinwich. Ein Denkmal f. Stralsunds heldenhaften Bürgermeister. 8. (47 S.) Ebd. 894. Geb. in Leinw. m. Goldschn. n. 2. —

**Reishaus,** Theodor [Prof. Dr.]: Zur Parallelenfrage. Stralsund, Druck d. kgl. Regierungs-Buchdr., 1894; 1—14 S. 4. Stralsund, G, OP 1894 (147).

— zur Parallelenfrage. Beweis des Parallelen-Satzes u. des Satzes v. der Winkelsumme im Dreieck ohne Hülfe irgend e. zweifelhaften Axioms. 4. (14 S. m. 3 Fig.) Ebd. 894. n. 1. —

Reishaus, Theod. Das Pensum der Tertia in der Mathematik. A. Arithmetik. I. Abt. II, 60 S. Progr. G. *Stralsund* 1877.

— die Seele d. Menschen. Eine gemeinfaßl. Darstellg. der menschl. Seelenkräfte, wie sie sich in der Erfahrg. des Lebens offenbaren. 8. (VIII, 108 S.) Hanau 890. Alberti. n. 1. 20

Reishaus, Th.: Turnen, eine wichtige Angelegenheit für unsere gute Stadt Stralsund und jede andere. Stralsund 1902. 41 S.

Reishaus, Th., Vorschule zur Geometrie. 2 Abthlgn. gr. 8. (Mit eingedr. Holzschn.) Leipzig 879, Teubner. *
Inhalt:
Abthl. 1. Lehrbuch. (IV, 134 S.) *ℳ 2.
» 2. Wiederholungs- und Aufgabenbuch. (86 S.) *ℳ 1,20.

— Wallenstein u. die Belagerung Stralsunds im J. 1628. Ein Vortrag, geh. im Verein junger Kaufleute zu Stralsund. Mit 1 Plane von Stralsund. 12. (38 S.) Stralsund 887. Bremer. — 75

Papierfabrik Reisholtz A.G., Düsseldorf. Werk Reisholtz. — [Düsseldorf: Papierfabrik Reisholtz] o. J. 17 Bl. [In Mappe.] 2°

Reisich, J. M., theoret.-prakt. Abhandl. üb. die Coxalgie, od. das sogen. freiwillige Hinken. gr. 8. Prag 824. Enders. 16 g

Bundesgruss zum Neujahr 1860. [Unterz.: A.] Reisig. [Weimar 1860: Hof-Buchdr.] 1 Bl. 8⁰ [Kopftit.]
Lied ohne Noten: „So hat denn seinen Kreis geschlossen . . .“ 446.

Bundesgruss zum 24. Okt. 1854. [Unterz.: A.] Reisig. [Weimar 1854.] 1 Bl. 8⁰ [Kopftit.]
Lied ohne Noten: „Versammelt froh zur hehren Bundesfeier, . . .“ 446.

Festgruss zum 24. Oct. 1859. [Unterz.: A.] Reisig. [Weimar 1859: Hof-Buchdr.] 1 Bl. 8⁰ [Kopftit.]
Lied ohne Noten: „Auf! töne nun zur frohen Stunde . . .“

[Dasselbe u. d. Tit.:]
Festgruss zum 24. Oct. 1867. [Unterz.:] A. R[eisig]. [Weimar 1867: Hof-Buchdr.] 1 Bl. 8⁰ [Kopftit.] 446.

[Lied.] Zum Johannisfeste 1852. [Unterz.: A.] R[eisi]g. [Weimar: 1852.] 1 Bl. 8⁰ [Kopftit.]
Ohne Noten: „Glorie von Millionen, . . .“ 446.

Der Loge Amalia [in Weimar] zum Janustage 1878. Xenie nach Goethe. [Unterz.: A.] Reisig. 1 Bl. 8⁰. Steindruck.
„Janus erscheint . . .“ 358a.

*Rückoldt:* Rundgesang zum siebenzigsten Wiegenfeste des [Brs] Rückoldt am 20. Jan. 1855. [Unterz.: A.] Reisig. [Weimar 1855.] 1 Bl. 8⁰ [Kopftit.]
Ohne Noten: „Auf! Brüder, mischt nun mit dem Gold der Reben . . .“ 446.

[Toast.] Zum Johannisfeste 1837. [Unterz.: A.] R[eisi]g. [Weimar: 1837.] 1 Bl. 8⁰ [Kopftit.]
In Versen: „Dreyfach ist des Bundes Zeichen, . . .“ 446.

Willkommen zum ersten Mai 1855. [Unterz.:] A. Reisig. [Weimar 1855.] 1 Bl. 8⁰ [Kopftit.]
Lied ohne Noten: „Frühlingssänger kehren wieder . . .“ 446.

Willkommen zum ersten Mai 1860. [Unterz.: A.] Reisig. [Weimar 1860: Hof-Buchdr.] 1 Bl. 8⁰ [Kopftit.]
Lied ohne Noten: „Wonne, Brüder, geht mir auf, . . .“

[Dasselbe u. d. Tit.:]
Willkommen zum fünften Mai 1868. [Unterz.:] A. R[eisig]. [Weimar 1868: Kühn.] 1 Bl. 8⁰ [Kopftit.]

**Reisig, Adolph** (Weissensee/Thüringen), De ventriculi in cavo thoracis situ congenito. Scriptio med. Berlin (Trowitsch) 19. IX. 1823. 26 S. mit Biogr. (M.: A. C. Roll) u. 3 Taf. (4.—) 28301
Oppon.: Hildebrandt, Mandt, Gabler.

Reisig, Chr. Ludwig, s. Reissig, Chr. Ludwig.

— **Jo. Christ. Wilhelm** (Stolberg), Diss. med. complectens medicinae dynamicae vestigia in monimentis veterum medicorum obvia. Jena (Schreiber) 9. XI. 1814. 46 S. (4.—) 28302
Gew.: Johann Reisig (Vater).

Reisig, Johann

Reisig, Jo., kl. Beitr. zur Erwägung des Unterrichts der heil. Schrift u. insonderheit des N. Test. vom Reiche Christi. Eine zu Amsterdam üb. Joh. 18, 36. gehalt. Gastpredigt. 8. Leipz. 780. W. Vogel. (2 g)

— Beitrr. zur evangel. Liturgie. in 8. Nebst der Melodie zum Pange lingua für 4 Singstimmen, mit Begleitung d. Orgel. (5 lithogr. Blätter). 4. Hamm 826. Schulz. 12 g Die Musik apart. 8 g

Reisig, Joh., über volksmäß. Bibelerklärung f. gebild. Bibelleser u. angeh. Theologen. Mit e. Vorw. v. J. Chr. W. Augusti. gr. 8. (21 B.) Gotha 830, Hennings.

Reisig, Johann, s. Gesangbuch der Gemeinde in Stollberg.

Reisig, J., Hauptst. d. christl. Lehre. 8. Leipz. Crusius. (F. C. W. Vogel) 788.

— der Jüngling zu Nain; e. Homilie. gr. 8. Leipz. 792. (Bädeker in Essen). 2 gl

— geistl. Lieder. Neue verm. Aufl. Mit e. Vorrede üb. Verfertigung neuer Kirchenlieder. 8. Hamm 822. Schulz. 5 gl

— freie Nachahmungen d. heil. Chrysostomus. 8. Amsterd. 774.

— Predigt üb. d. Sectengeist. 8. Dortm. Mallinkrodt. 800.

— Predigten über die Evangelisten. 1r Bd. 1s—5s Hft. Nebst Anh. v. Predigten. gr. 8. Leipz. 783—87. (W. Vogel). 1 ℛ 8 gl (5s Hft. A. u. d. T.: freie Nachahmungen des Chrysostomus, od. Predigten üb. die Evangelisten. 1r Bd. 782.)

— Predigten üb. d. Evang. 1r Bd. 1s—5s Heft, n. Anh. v. Predigten. gr. 8. Leipz. Crusius. (F. C. W. Vogel) 782-88. (I-IV. à 5 gr. V. 12 gr.)

– s. Predigten über einzelne Materien.

— Predigten üb. einzelne Materien, f. diejenigen d. nach christl. Weisheit und Tugend fragen. 1r u. 2r Thl. gr. 8. Duisb. Bädeker u. K. 791.

— moral. Reden. 4 Samml. 8. Leipz. Crusius. (F. C. W. Vogel) 797.

— vom Sectengeist. 8. Hamm 799. Wundermann. 2 gl

— neuer Versuch freier Nachahmungen des Chrysostomus, oder Predigten über die Evangelisten, s. Reisig: Predigten üb. d. Evangelisten.

—— evangel. Vorträge. 1. Bd. 8. (22 B.) Aachen 828, Mayer.

— Warnung vor einigen Fehlern unsers Zeitalters, die an einem beharrl. Glauben hindern ɩc. 8. Elberf. 819. Büschler. 6 gl

— **Johann Benjamin** (Thamsbrück / Thüringen), De contractu suffragii Occasione l. vn. C. de suffrag. Diss. jur. Göttingen (Hager) 14. IX. 1737. 28 S. (4.—) 28303
Gew.: Gerlach Adolph von Munchhausen. — Widm. v.: Georg Christian Gebauer.

(Reisig, Jo. Benj.:) Vernünftige Gedanken v. Ueberlass. u. Uebernehmung d. Hülfstruppen, wornach d. Rechte u. Pflichten sowohl d. Ueberlass. als Uebernehmens, nicht weniger d. Hülfstruppen selbst vorgestellet u. beurth. werden. *Langensalza.* 736. 4.

— — (Weißensee / Thüringen), De sulphuris crudi usu interno. Diss. chem. med. Leipzig (Langenheim) 8. IV. 1768. 40 S. (4.25) 28304
Gew.: Ernst Gottfried Baldinger.

*Reisig*, Karl, Commentationes crit. de Sophoclis Oedipo Coloneo. 8maj. Jena 822. Cröker. 1 ℛ Vol. II. A. u. d. T.: Commentarii in Sophoclis Oedipum Colon. crit. commentationibus addita enarratione integri. 8maj. Jena 823. Cröker. 1 ℛ

Reisig, G., Commentarii in Oedipum Col., criticis commentationibus addita enarratione integri. 1823. 274 S. 1.50

— id. lib. Vol. II. A. u. d. T.: Commentarii in Sophoclis Oedipum Colon. crit. commentationibus addita enarratione integri. 8 maj. Jenae 824, Croeker.

— Conjectaneorum in Aristophanem libri II ad G. Hermannum. Liber Ius. 8maj. Leipz. 816. Weidmann.

Reisig, C., Coniectaneorum in Aristophanem libri II ad G. Hermannum. I. 1816. 328 S. 1.50

[Reisig, Karl]: Friderico Guilielmo Borussiae principi hereditario et Elisabethae Bavarorum principi regiae nuptias gratulatur Academia Fridericiana Halensis cum Vitebergensi a. 1823. (Lipsiae 1823): Tauchnitz. 4 Bl. 2°
Lat. Gedicht. Verf. nach Schrader 2, 209.
Wieder abgedr. in: Sämmtliche Gedichte, welche bey der Durchreise ... der ... Kronprinzessin Elisa Ludovica am 26. Nov. 1823 aus hiesiger Stadt und Gegend überreicht wurden. Halle 1823. S. 12—15 (mit nachfolgender Deutscher Uebers. S. 15—17) und in H. Paldamus, Narratio de Car. Reisigio Thuringo. Acc. carmina eius Latina. Gryphiswaldiae 1839. S. 32—35.

[Reisig, Karl]: Augusto Hermanno Niemeyero viro summe reverendo senatus cancellario theologiae doctori et professori publ. ordinario quinquaginta abhinc annis philosophiae doctoris et aa. ll. magistri honoribus rite ornato festum hoc gloriose redintegratum gratulatur academia Fridericiana Halensis cum Vitebergensi sociata a. d XIIII. Kal. Mai. 1827. [Halle] 1827: Gebauer. 6 Bl. 2°
Lat. Gedicht. Angabe des Verf.: ALZ. 1827. I. S. 858.
Wiederabgedr. ALZ 1827. I. Nr. 105 Sp. 863—70 und in H. Paldamus. Narratio de Car. Reisigio Thuringo. Acc. carmina eius Latina. Gryphiswaldiae 1839. S. 35—42.

— De constructione antistrophica triam carminum melicorum Aristophanis syntagma criticum. Hab. 1819. 88 S. Jena. 1.20

Reisig, K., Vorlesungen über Horat. Satir. I. 1 veröffentl. v. E. F. Eberhard. Pr. 1840. 26 S. 4°. 5.—

— Vorlesungen über Horat. Satir., s. Chr. Fr. Eberhard, Einladungsschrift.

Reisig's, Karl, Vorlesungen über lateinische Sprachwissenschaft. Herausg. mit Anmerkk. von Friedr. Haase. gr. 8. Leipzig 839. Lehnhold'sche Buchh. 3½ ℛ — Ausg. in 4. 6 ℛ

—— Vorlesungen üb. latein. Sprachwissenschaft. Hrsg. mit Anmerkn. v. Friedr. Haase. gr. 8. (56½ B.) Leipzig 839, [Wöller.]

Reisig, (Chrn.) Karl, Vorlesungen über lateinische Sprachwissenschaft, mit den Anmerkungen von Friedr. Haase. Unter Benutzung der hinterlassenen Manuscripte neu bearb. von Herm. Hagen. 1. Bd. 8. (VII, 427 S.) Berlin 881, Calvary und Comp. * 6 —
—— dass. — s. Calvary's philologische und archäologische Bibliothek.

Reisig, K., Vorlesungen über lateinische Sprachwissenschaft. II. 1888. 96 S.

Reisiger, allgemeiner Traumdeuter, oder: Kunst alle Träume zu deuten und das Räthsel der Traumbilder richtig zu lösen. 8. (VII und 182 S.) Berlin 847, [Danz.] *

Reisiger, allgem. Traumdeuter, oder: Kunst alle Träume zu deuten u. das Räthsel der Traumbilder richtig zu lösen. 8. (VIII u. 182 S.) Berlin 847. (J. Rocca. — Schepeler.) n. ⅓ ℛ

**Reisiger**, allgemeiner Traumdeuter, oder Kunst alle Träume zu deuten und das Räthsel der Traumbilder richtig zu lösen. 2. verb. Aufl. 854. — 3. verb. (Titel-)Aufl. Berlin 855. Janke. 16. (125 S.) 5 ngr.

**Reisiger**, allgemeiner Traumdeuter, oder die Kunst alle Träume zu deuten und das Räthsel der Traumbilder richtig zu lösen. 3., verb. Aufl. 16. (112 S.) Berlin 861. [Posen, Jagielski.] *

**Reisiger**, allgemeiner Traumdeuter, oder die Kunst, alle Träume zu deuten u. das Räthsel der Traumbilder richtig zu lösen. 10., verb. Aufl. Posen 867. Jagielski. 16. (112 S.) 7½ ngr.

**Reisiger, Hans**, stille Häuser. Novellen. (Buchausstattung v. Max Schwerdtfeger.) (208 S.) 8. Frankfurt a/M. 910. Literar. Anstalt. 2.50; geb. in Halbldr. 3. 50

**Reisigl**, Franz Anton, s. Beschreibung des Ober-Pinzgaues.

— üb. die Bevölkerung d. Fürstenth. Salzburg ꝛc. Mit 2 Tab. 8. Salzb. 798. Mayr. 4 gr.

— Feuerverhütungs- u. Löschordnung f. d. Bannmarkt St. Veit im Pongaue des Herzogthums Salzburg. 4. Salzb. 806. Mayr. 4 gr.

REISIGL, Franz Anton: Unpartheyische Gedanken über die Forstwirthschaft im Fürstenthume Salzburg, nebst einigen Vorschlägen, wie den Mängeln derselben abzuhelfen wäre. - Salzburg 1791. 88 S., 1 Tab.

— unpartheiische Gedanken üb. die Forstwirthschaft im Fürstenthum Salzburg. 8. Salzb. 791. Mayr. 4 gr.

— üb. d. Straßenbau. 8. Salzb. 791. Mayr. 3 gr.

REISIGL, Franz Anton: Abhandlung von Überwerfung der Salzasche, Austrocknung und Urbarmachung des großen Pinzgauischen Mooses. - München, Salzburg 1791 Mayr.

**Reisigl**, Frz. Ant., Versuch e. Beantwort. d. Preisfr.: Wie die eingeführte Anlaitrechniß in eine jährl. Gabe zu verwandeln ꝛc. wäre. 8. Salzb. 780. Mayr. 4 gr.

**Reisigl**, Frz. Ant., Von Zerstückelung der Güter. 8⁰. Salzburg, Mayr, 1792.

**Reising**, D., aus der Schule — für die Schule. Praktisch erprobter u. systematisch geordneter Lehrweg f. das Freihandzeichnen. Gezeichnet u. hrsg. gr. 4. (9 Taf. auf Karton m. 1 Bl. Text.) Mainz 899. (F. Schöningh.) In Mappe n. 3. 50

**Reising**, Franz Leopold von

— **Das wahre Leben und eigentliche Wesen des thätigen seligmachenden Glaubens. Hamburg. 1712.**

— Andächtige Paszions-Schule über das Geheimnisz des Creutzes Christi, in 54 Betrachtungen. Hamburg. [1713].

— Seelen-Ruhe derer Gläubigen, wie sie ein wahrer evangelischer Christ bey seinem Jesu suchen, finden und beständig besitzen könne. Hamburg. 1714.

REISING; FRANC. LEOP. a, Selbst-Prüfung, ob man ein wahrer Christ sey? Hamburg. 1710.

**Reising, Konr.**, das Lesebuch als Stoffquelle f. den Aufsatz. Ausgeführte Musterbeispiele im Anschlusse an bekannte Lesestücke. (IV, 100 S.) gr. 8. Mainz 903. Kirchheim & Co. n. 1. 80; geb. in Leinw. n. 2. 20

**Reising, K.**, u. J. **Kempf**, Liederbuch f. Mädchen-Schulen. Eine Sammlg. 1-, 2- u. 3stimm. Lieder f. mehrklass. u. höhere Mädchen-Schulen. Nach den neuesten Grundsätzen geordnet u. bearb. 3 Hfte. 8. Mainz 892. F. v. Kittlitz-Schott. Kart. n.n. 2. 15

1. Unterstufe. 1stimm. Lieder f. Kinder v. 6—10 Jahren. (IV, 64 S.) n.n. — 40
2. Mittelstufe. 1-, 2- u. 3stimm. Lieder f. Kinder von 10—14 Jahren. (IV, 124 S.) n.n. — 75
3. Oberstufe. 1-, 2- u. 3stimm. Lieder f. die Oberklassen der höheren Mädchen-Schulen. (V, 120 S.) n. 1. —

**Reising, K.**, Liederhain. Eine Sammlg. ein- u. mehrstimm. Lieder f. die oberen Klassen der Volksschulen, m. besond. Rücksicht auf pass. Gesänge f. vaterländ. Schulfeste. 8. (IV, 80 u. Anh. 4 S.) Mainz 890. Diemer. n. — 50

**Reisinger, (Damen-Kleidermacher) Alois**, die Kunst das Zuschneiden d. Damenkleider nach geometrischer Berechnung richtig und gründlich in einigen Stunden zu erlernen. Mit 5 lithogr. Zeichentafeln. gr. 8. Wien 838. (Heubner.) n. 2½ fl.

**REISINGER**, E., Die Tanzkunst und die Tänze. Mit 189 Illustr. Wien 1889. 8⁰. (1 Mk. A. L. Schäffer, München, 1896.)

**Reisinger**, Ernst, **Aufgabe** u. Gestaltung der höheren Schulen, s.: Cornelius, Hans.

Reisinger, F., Karte der Umgebung von Komotau, Brüx, Bilin, Teplitz, Aussig, Leitmeritz und Theresienstadt. 1 : 150,000. Chromolithogr. qu. gr. Fol. Brüx 880, Kunz'sche Buchh. * 1 50

Wiener-Liqueur, — Fabrik F. Reisingers. Laimgrube, Kothgasse Nr. 43. Wien, 1856. Mechitharisten-Buchdruckerei. (16 S. 8.)

*Reisinger*, Felix, Diss. inaug. med. observationes medicas et chirurgicas continens. 4. Götting. 789. Dieterich. 2 gr.

**Reisinger**, Fel., De tetano. Gott. 4⁰. Diss. obs. med. et chir. Gött. 1789.

1789

Reisinger, Franz (Hrsg.):

s.: Annalen, Baiersche, für Abhandlungen, Erfindungen und Beobachtungen aus dem Gebiete der Chirurgie, Augenheilkunst und Geburtshülfe. Bd 1/1. Sulzbach: 1824

— Anzeige einer v. Dupuytren zu Paris erfundenen u. mit d. glücklichsten Erfolge ausgeführten Operationsweise z. Heilung d. Anus artificialis. Mit 1 Kpf. gr. 8. Augsb. 817. Wolff. 9 gr.

**Reisinger, Frz.**, allgemein faßliche Aufklärung über die Bestrebungen der republikan. Parteien in Deutschland u. Oesterreich, zur nützl. Belehrung des Volkes. 8. (8 S.) Linz 848. (Fink.) n. 1 ngr.

Reisinger, Dr., Abgeordneter des Wahlbezirkes Freistadt bei der deutschen National-Versammlung in Frankfurt am Main, Allgemein faßliche Aufklärung über die Bestrebungen der republikanischen Parteien in Deutschland und Oesterreich, zur nützlichen Belehrung des Volkes. Linz, J. Wimmer, 1848. 8 S. 8⁰.

Reisinger, Frz., Beitr. z. Chirurgie u. Augenheilkunst. 1r Bd. Mit 1 Kpf. 8. Götting. 814. Dieterich. 16 gr

— politische Bilder aus Ungarn's Neuzeit. 8. (IV u. 200 S.) Hamburg 849, Hoffmann & Campe. 5/6 ℔

— Darstell. e. neuen Verfahrens, die Mastdarmfistel zu unterbinden, u. einer leichten u. sichern Methode künstl. Pupillen zu bilden. Mit 1 Kpf. gr. 8. Augsb. 816. Wolf. 16 gr

— Enchiridion anorganognosiae Vol. I. 8maj. Ofen 821. (Wien, Heubner). 2 ℔
Vgl. Reisinger, J.

— de exercitationibus chirotechnicis, et de constructione atque usu phantasmatis in ophthalmologia, cum figuris. 8. Gotting. Brose. 814.

— die künstl. Frühgeburt als wichtiges Mittel in der Entbindungskunst und vorzüglich als Beytrag zur Charakteristik der engl. Geburtshülfe. Nebst Abbild. gr. 8. Augsburg, Jenisch und St. 820.

— Pester Mephisto. 6 Hfte. gr. 8. (96 S.) Pest 847. (Heckenast.) (à n. 4 ngr) n) 24 ngr

— üb. d. Wirken d. chirurg. Lehranstalt an d. königl. baier. Universität zu Landshut rc. Ein Beitr. z. Methodologie der Heilkunst; nebst Bericht üb. die chirurg. ophthalmolog. Klinik u. Poliklinik. gr. 8. Sulzb. 823. v. Seidel. 6 gr

Reisinger, Heinr., Anleitung zum Selbstunterricht der Quadrille française nebst kurzer Beschreibung des Sechsschritt-Walzer, s. a. Tanzschule, Wiener.

(F) Reisinger, H., Anleitung zum Selbstunterricht der Quadrille française. 3. Aufl. [Wiener Tanzschule. I.] 8°. (32 S.)
Wien: M. Stern 1910. K —.72

— Polka française, Polka mazur, Schnellpolka, Schottisch (Polka), s.: Tanzschule, Wiener.

(F) Quadrille française, choreographisch beschrieben, nebst 42 Abbildungen, von Heinrich Reisinger. Wien. 1901. Moritz Stern. 16°. 30 S. K —.72

Reisinger, Heinr., Quadrille française u. Sechsschritt-Walzer, s.: Tanzschule, Wiener. 1. Bdchn.

Reisinger, Heinr., s.: Tanzschule, Wiener.

Reisinger, J., Enchiridion anorganognosiae. Vol. I. 8maj. Budae. (Viennae, Heubner. in comm.) 821.
Vgl. Reisinger, Franz.

Reisinger, Ignaz

Reisinger, Ign., das Wechselfieber u. dess. Heilung mittelst Haus- u. Volksmittel. gr. 8. (4¼ B.) Pesth 833, Hartleben.

Reisinger, Johann

Reisinger, Joh., specimen ichthyologiae sistens pisces aquarum dulcium Hungariae. gr. 8. (XII u. 104 S.) Budae 830. (Pesth, Geibel.) ½ ℔

Reisinger, Johann Baptist

Reisinger, Joh. Bapt., das Doppelverhältniß zwischen dem guten Seelenhirten u. dem christkathol. Volke. Primizpredigt. gr. 12. (46 S.) Straubing 849, Schorner. 2 ngr

Reisinger, Jh. Bapt., kleines Gebet- und Erbauungsbuch zur Erweckung, Beförderung und Bewahrung eines bußfertigen Lebenswandels. gr. 12. (Mit 1 Holzschn.) Straubing 846, Schorner'sche Buchh. 1/6 ℔

— die Heiligen Gottes in wahrhaften Abbildungen sammt Lebensbeschreibungen u. Gebeten f. das fromme kathol. Volk, besonders f. die Jugend bearb. 1—12. Lfg. 8. (à ¼ B. m. 1 Stahlst.) Stuttgart 848, Dittmarsch & Co. (à n. 1 ngr) n. 12 ngr

— Dominikus Hahn's, vormal. Schullehrers v. Konzell, k. Landgerichtes Mitterfels in Niederbayern, Lebensbegebnisse bis zu seiner Ueberweisung an die Geistlichkeit durch die Hände der weltlichen Gerechtigkeit, diese seine Ueberweisung, seine Vorbereitung zum Tode u. seine Hinrichtung; dargestellt in einer Predigt zu Straubing am 15. August 1847. 12. (48 S. m. 1 Holzschn.) Straubing 847. (Schorner.) 1½ ngr

Reisinger, Josef

Reisinger, Jos., kurze Anleitung zu einer vortheilhaften Anpflanzung des Phillippinischen Maulbeerbaums (Morus multicaulis) u. Morus Morettiana, sowie zu einer zweckmäßigen Hecken-Anlegung und zum Anbau des Maulbeerbaum-Saamens für die Seidenzucht. 12. Salzburg 843, Mayr. 1/8 ℔

REISINGER, JOSEF: Kleines Baumgärtchen. Neusiedl am See. o. J.

REISINGER, JOSEF, Pfarrer: Kleines Baumgärtchen. Neusiedl am See 1906. Druck u. Verlag Viktor Horváth. 608 S. - 115 mm

Reisinger, L., s.: Statistik der deutschen Schulen im Reg.-Bez. Oberpfalz u. v. Regensburg.

Reisinger, Michael (Lorsch)
Ueber den Zusammenhang chronischer Ileocoelintussusception mit inneren Hernien.
Mainz: J. Wirth 1882. 23 S.
Diss. med. Giessen 14.12.1882. vorh. 26. 7. la.

Reiske, Johann Jakob, u. Friedrich der Große, s. Förster, Rich.

Reiske, Ernestine Christiane, geb. Müller, († d. 27. Juli 1798.) s. 1) Für teutsche Schönen. 2) Hellas. 3) Libanii Sophistae orationes. 4) Moral, zur. 5) Jh. J. Reiske, Leben.

Hellas von Ernestine Reiske. Mitau 778. 2 B. 8. 1 rthl.

Reiske, Erneste Christine, zur Moral, aus griech. Schriftstellern. 8. Dessau. (Sommer, Leipz.) 782.

Rat und Hilfe für Frauen! Beseitigung von Gram u. Not durch Aufklärung von Franz Reiske. Berlin: G. Goldstein [1901]. (50 S.) 8° [F.] [01.6333]

— das Weib. Aufklärung des Weibes üb. die geheimsten Sorgen ihres Geschlechts. gr. 8. (47 S. m. Abbildgn.) Ebd. (900). 1.50

Das Weib. Aufklärung d. Weibes über d. geheimsten Sorgen ihres Geschlechts von Franz Reiske. Mit Ill. Berlin: G. Goldstein [1901]. (48 S.) 8° [F.] [01.6333]

— dasselbe. (2. [Umschlag-]Aufl.) gr. 8. (47 S. m. Abb.) Ebd. (901). 1.—

**Reiske,** Johannes, a. Culm: Franz Freiherr von Gaudy als Dichter. ⟨Kap. 1 und 2.⟩ (Berlin: Mayer & Müller 1906.) (62 S.) 8° ¶(Erscheint vollst. als Palaestra H. 60.)
Berlin, Phil. Fak., Ref. E. Schmidt, Diss. v. 14. Juli 1906
[Geb. 20. Nov. 79 Culm, Westpreußen; Wohnort: Berlin; Staatsangeh.: Preußen; Vorbildung: Gymn. Culm Reife O. 99; Studium: Berlin 9 S.; Rig. 31. Juli 05.]

Reiske, Johann Jakob

— Abi'l Walidi Ibn Zeidûni Rissalet s. Epistolium, Arab. et Lat. cum notulis. 4. Leipz. 756.

Reiske, Johann Jakob, s. Abulfedae: Annales et ejusd. Tabula Syriae.

**Reiske, J. J., De actamo philosopho Arabico, praefatus, ad actum oratorium in schola Nicolaitana invitat. Leipzig (Langenheim) 16. VII. (1759.) 12 S. mit Namen. (3.25) 28306**

*Reiske*, Jh. Jak., animadversionum ad Graecos Auctores V Voll. 8. Leipz. 757—66. Gleditsch. 8 ℔ (Der 6e Bd. ist nicht erschienen).

Reiske, I. Iac., animadvers. in graec. auctor. VI Vol. 8. Lips. Gleditsch. 759-66.

— animadv. ad Euripidem et Aristophan. 4. Lips. Gleditsch. 753.

— animadvers. ad Euripidem et Aristophanem.. 4. Leipz. 754. Gleditsch. 8 gr.

Reiskii, J. J., Animadversiones ad Libanium, Artemidorum et Callimachum. Item G. Cantori Curae secundae ad Aristidem. Lips. 766. 8. 2 rthl. 16 gr.

Reiskii, J. J., Animadversiones philolog. et criticae in Polybium. Lips. 763. 8.; zu 1 rthlr. 18 gr.

— animadversiones in Sophoclem. 8. Leipz. 753.

— s. Anthologia graeca.

Reiske, Johann Jakob (Hrsg.), s. Apparatus criticus ad Demosthenem.

— Apparatus critici ad Demosthenem. Acced. indices operum Demosthenis. IV Voll. 8maj. Leipz. 774, 75. (Barth). 12 ℔ (Vergl. *Oratorum* graecorum).

— Apparatus critici ad Demosthenem. Acced. Indices operum Demosthenis. Vol. IV. 8. maj. Lips. Sommer.

Johann Jacob Reiske's Briefe. Hrsg. v. Richard Foerster. *(Leipzig: S. Hirzel 1897.)* (4 Bl., XVI, 928 S.) 1 Bd 4.(8.)
= Abhandlungen d. Kgl. Sächs. Gesellschaft d. Wissenschaften. Philol.-hist. Cl. Bd 16. [97. 994]

**Reiske's, Joh. Jak., Briefe, hrsg. v. Rich. Foerster. [Aus: „Abhandlgn. d. philol.-histor. Classe d. k. sächs. Gesellsch. d. Wiss."] Lex.-8. (XVI, 928 S.) Leipzig 897. B. G. Teubner. n. 30.—**

Reiske, Johann Jakob: Manuscriptorum CXXXV. orientalium Bibliothecae Electoralis Dresdensis catalogus.

— conjecturae in Jobum et proverbia Salomonis, cum ejusd. oratione de studio Arabicae linguae. 8. Leipz. 799. (List in Berl.) 1 ℔ (NB. unt. d. Vorrede steht die Jahrz. 1749).

— conjecturae in Iobum et proverb. Salom. 8. Lips. Sommer. 779.

— s. Constantini Porphyrog.

— s. Demosthenis u. Aeschinis Reden.

— s. Dio Chrysostomus.

— s. Dionysius: Opera.

**— Jo. Jakob, De optimo episcopo. Leipzig (Langenheim) o. J. (3.—)[1759] 28307**
**Gratulationsschrift für Johann August Ernesti.**

Reiske, Ioannes Iacobus, De Arabum Epocha vetustissima, Sail ol Arem, id est. ruptura catarrhactae Marebensis, dicta, disserit. [Antrittsschrift.] Lipsiae 1748.

— de Arabum epocha vetust. said ol arem. 4. ibid. 765.

— s. Isaei et Antiphontis orationes etc.

— Lebensbeschreib. v. ihm selbst aufgesetzt, hergg. (v. fr. Frau, Ernest. Christ. Reiske). 8. Dessau 783. (W. Mauck in Leipz.) 1 ℔ 16 gr.

— Lebensbeschr. v. ihm selbst aufges. ꝛc. 8. Dessau, (Sommer, Leipz.) 783.

Reiske's, J. J., von ihm selbst aufgesetzte Lebensbeschreibung (nebst seinem gelehrten Briefwechsel). Leipz. 783. 8. 1 rthl. 16 gr.

— s. Lessing, G. E.: Briefwechsel.

— s. Libanii, Sophistae, orationes.

**Reiskii, Jo. Jac., († d. .... 1774), primae lineae historiae regnorum Arabicorum et rerum ab Arabibus medio inter Christum et Muhammedem tempore gestarum. Cum tab. genealog. tribuum Arabicarum. E libro manuscripto biblioth. Gotting. ed. Ferd. Wüstenfeld. gr. 8. (XVI u. 274 S.) Gottingae 847, Dieterich. n. 1½ ℔**

— s. Lysias, quae supers. graece.

— s. Maximi Tyrii dissertationes.

— —, et Jo. Ern. Fabri opuscula medica ex monimentis Arabum et Ebraeorum. Iterum recensuit, praefatus est, vitas auctorum indicemque rerum adiecit Chr. Godofr. Gruner. Hal. 1776. 8.

— et Fabri opuscula med. ex monum. Arabum et Ebraeor. ed. Gruner. 8. maj. Halae, Gebauer. 776.

— Oratores graec., vid. Oratores.

— s. Plutarchi, Chaeronens. opera omnia.

— de principib. mahummedanis. 4. Lips. Gleditsch. 764.

Proben der arabischen Dichtkunst in verliebten und traurigen Gedichten, aus dem Motanabbi, Arabisch und Deutsch ... [von Johann Jacob Reiske]. Leipzig 1765.

— Proben arabischer Dichtkunst; aus d. Montanabbi; arab. u. deutsch mit Anmerkk. 4. Leipz. 765. Löper. 9 gr.

— De rebus ad scholam civicam quae Lipsiae ad D. Nicolai est, pertinentibus expositio. Leipzig (Langenheim) (28. III.) 1759. 28 S. mit Namen. (4.—) 28309
Gratulationsschrift für Jakob Heinrich Born.

— Samml. einiger arab. Sprüchwörter, die v. d. Stecken oder Stäben hergenommen sind. 4. Leipz. 758. Gleditsch. 4 gr.

— Samml. einig. arab. Sprichwörter, d. v. Stecken hergenomm. sind. 4. Leipz. Gleditsch. 763.

– s. T h e o c r i t i reliquae.

– s. T h u c y d i d e s : Reden.

– s. T o g r a i s sogen. Lommisches Gedicht.

— (Leipzig). Ad memoriam anniversariam viri Christian Gottlob Haltaus scholae Nicolaitanae rectoris orationibus duabus in scholae amicos invitat et de Zenobio sophista Antiocheno quaedam disserit. Leipzig (Loeper) 12. II. o. J. 16 S. (3.75) [1759] 28308

**Reiske,** Rudolf, Assistenzarzt im Inf.-Reg. v. Lützow ⟨1. Rheinisches⟩ No 25, Rastatt: Über Gastroenteroplastik und Enteroplastik aus der Heidelberger chirurgischen Klinik. *Tübingen: H. Laupp 1900.* (20 S.) 8° ¶ (Aus: Beiträge zur klinischen Chirurgie, Bd 27, H. 3.)
Heidelberg, Med. Diss. v. 1900

Reisky, Simon Über die Bewegung eines schweren Atoms in einem rotierenden Kreise. 19 S. u. Taf. **Progr.** Mar. G. *Posen* 1877.

-- Über den Einfluſs der Schwungkraft auf die Bewegung eines schweren, in einer rotierenden Parabel befindlichen Atoms. 14 S. *Sagan* 1883. **Progr.**

**Reisky,** [Simon], Prof.: Zur Einführung in die geometrische Analysis. Leobschütz 1906: W. Witke. (XI S.) 4°
Leobschütz, k. kath. G P 1906 (243)

Reisland, B. (Hrsg.), s. S t u d i e n , Berliner, für klassische Philologie und Archäologie.

Reisler, Karl Gottlieb

Reisler, C. G., dänisch-deutsch Handlexikon. gr. 8. Copenh. Schubothe. 800.

Reisler, C. G., vollständig deutsch-dänisches u. dänisch-deutsches Lexikon. 3 Bde. gr. 8. Copenhag. Bonnier. 804.

**Reisler,** Karl Gli., vollständ. deutsch-dänisches u. dänisch-deutsches Lexicon. 3 Bde. gr. 8. Kopenh. 804—808. Schubothe.

— vollst. deutsch-dänisches und dänisch-deutsches Lexikon. 3 Bde. gr. 8. Ebend. 810.

Reisler, (Carl, Gottl.,) vollst. deutsch-dänisches, u. dän.-deutsches Lexicon. 1r Thl. 3e Aufl. 824. 2r u. 3r Thl. 2e Afl. 807—8. gr. 8. Kopenhagen, Schubothe.

— vollständ. deutsch-dänisches Wörterbuch. 1r Thl. gr. 8. Leipz. 804. Barth. 4 ℘

**Reismann,** Arnold [app. Arzt aus Haspe]: Ein Fall von Bruch des VI. Halswirbels ... Erlangen, Druck v. A. Vollrath's k. b. Hofbuchdr., 1891; 32 S. 8.
Erlangen, Med. Fak., Inaug.-Diss. v. 1891

Reismann, Heinr. Dreijähriger Kursus zur Erlernung der englischen Sprache. Für höhere Bürgerschulen, Töchterschulen, die Tertia u. Untersekunda der Realgymnasien u. die entsprech. Klassen ähnl. Anstalten. 1. u. 2. Tl. gr. 8. Münster i. W., H. Schöningh. geb. * 3 60.
1. Erstes Jahr. (VIII, 90 S.) 889. * 1 20.
2. Zweites u. drittes Jahr. (VI, 220 S.) 891. * 2 40.

**Reismann,** Leo (geb. Freren in Hann. 29. 2. 1828): De hypertrophia cordis. Berolini (1852). (31 S.) 8°
Berlin, Med. Diss. v. 8. Mai 1852

Reismann (-Grone), Theodor

**Reismann-Grone,** die Arbeits-Einstellung auf den Kohlengruben Durhams im J. 1892. gr. 8. (VI, 89 S.) Essen 892. G. D. Baedeker. n. 2. —

— die Bergarbeiterbewegung der niederrheinisch-westfälischen Zechen im J. 1890/91. gr. 4. (106 S.) Ebd. 891. n. 2. —

— Die Bergarbeiterbewegung der niederrheinisch-westphälischen Zechen im Jahre 1890/91. gr. 8°. Essen, G. D. Bädeker, 1892.

Die slawische Gefahr in der Ostmark. Vortrag von Dr. [Theodor] **Reismann**-Grone, geh. zu Hamburg. *München: J. F. Lehmann 1899.* (16 S.) 8° [F.]
— **Flug-Schriften** hrsg. vom All-Deutschen Verband. H. 11. [03. 2230

**Reismann,** Theodoricus [Westfalus]: Geschichte der Grafschaft Tekeneburg bis zum Untergang der Ekbertinger 1263. ... Halis Saxonum (Münster, Regensberg'sche Buchdr.) 1889; 80 S. 8°
Halle, Phil. Fak., Inaug.-Diss. v. [17 Jan.] 1889

Geschichte der Grafschaft Tekeneburg bis zum Untergang d. Egbertinger 1263 von Dr. Th. **Reismann**-Grone. *Ibbenbüren i. W.: B. Scholten 1894.* (195 S.) 8° [F.] [01. 7709

— die Kohlenkartelle u. die Eisenindustrie. [Vortrag, geh. in der General-Versammlg. d. Vereins deutscher Eisengießereien zu Frankfurt a. M. am 14. Septbr. 1891.] [Aus: „Glückauf".] 3. unveränd. Aufl. gr. 8. (31 S.) Ebd. 891. n. — 80

—— Die Kohlenkartelle u. die Eisenindustrie. [Vortrag.] 1.—3. Aufl. gr. 8. (31 S.) Ebd. 892. * — 80
Aus: Glückauf, besonders abgedruckt.

Die deutschen Reichshäfen und das Zollbündnis mit den Niederlanden. Bericht erstattet d. Alldeutschen Verbandstag zu Hamburg 1899 von Dr. [Theodor] **Reismann**-Grone. Hrsg. vom Alldeutschen Verband. *München: J. F. Lehmann 1899.* (20 S.) 8° [F.]
= **Flugschriften** d. Alldeutschen Verbandes. H. 12. [09. 13901 2

Überseepolitik oder Festlandspolitik? 2 Vorträge geh. von Dr. [Theodor] **Reismann**-Grone u. E[duard] v. Liebert, Gen.Lt. z. D., auf d. Alldeutschen Verbandstage 1905 zu Worms. Hrsg. v. Alldeutschen Verbande. München: J. F. Lehmann 1905. (24 S.) 8° [F.]
= **Flugschriften** d. Alldeutschen Verbandes. H. 22. [05. 14608

**Reismüller, Georg,** a. Regensburg: Romanische Lehnwörter bei Lydgate. Naumburg a. S. 1909: Lippert. 53 S. 8° ¶ (Ersch. vollst. als: Münchener Beiträge z. roman. u. engl. Philol. H. 48.)
München, Phil. Diss. v. 23. Juli 1909, Ref. Schick, Breymann
[Geb. 11. Mai 82 Ingolstadt; Wohnort: München; Staatsangeh.: Bayern; Vorbildung: Altes Gymn. Regensburg Reife Juli 01; Studium: München 5, Besançon 1, Lyon 2, München 4 S.; Rig. 23. Juli 09.] [U 10. 3689

**Reisner,** Adolf, Volksschullehrer u. Custos des cult.-hist. Museums. Die F r a n z o s e n i n E i s e n e r z. 8. Eisenerz 1900.

**Reisner,** Alois [app. Arzt aus Weicherau '(Schles.)']: Ein Fall von Porokeratosis ... Strassburg i. E., Buchdr. C. & J. Gœller, 1896; 43 S. 8.
Strassburg, Med. Fak., Inaug.-Diss. v. 1896

Reisner, Ferdinand

— Anredung v. dreifacher Zubereitung zu e. glückſel. Tode. gr. 8. Augsb., Wagner. 16 *K*

— die Bekehrung des Augustins; Schspl. gr. 8.
Innsbruck: Wagner 1769.

— Bernard, ein geistl. Vater seiner Kinder. gr. 8. Ebd. 769. 3 *K*

— der Beruf des heil. Aloysius; Schspl. gr. 8. Ebd. 769. 6 *K*

Reisner, Ferd., 50 Betracht. z. Lobe Mariä. gr. 8. Freyburg, Wagner. 780.

**Reisner, Ferdinandus,** Explanatio idiotismorum in Latina Vulgata recurrantium. Aug. Vind. 1775, 8°. Bolling.

— explanatio idiotismorum in lat. Vulgata occurrent. 8. mai. Vien. Mauracher. 776.

Reisner, Ferdinand, s. Garzia, J.: Rathgeber.

**Reisner, Ferdinandus,** Lexicon eruditionis Hebraicae ad s. paginam pro dignitate tractandam theologis, concionatoribus, asceticis opportunum. Augsburg, Wagner, 1777, 8°, 167 S.

— Lob u. Leben Mariä in 50 Betrachtungen. gr. 8. Freiburg 782. Wagner. 1 *f*

— fünffache Lob- u. Sittenpredigten auf die Festtage Mariä u. d. heil. Rosenkranzes. 8. Augsb. 782. Wagner. 1 *f*

— fünffache Lob- und Sittenreden auf die Festtage Mariä. gr. 8. Ebend. 782.

**Reisner, Ferdin.,** Nova methodus seu ratio psalmos in officio divino iuxta ritum Romanum occurrentes intelligendi facilius, dicendi religiosius et usurpandi fructuosius explanatos eo ordine, quo dici solent. Augsburg, Mauracher. 1775. 8°. 381 S.

— der büßende Petrus. Schspl. gr. 8. Ebd. 769. 3 *K*

— Rebekka. Schsp'. gr. 8. Insbr. 769. Wagner. 6 *K*

**Reisner, Fd.,** geistliche Schaubühne, mit beigefügten moralischen Betrachtungen. gr. 8. Insbr. 793. a. 803. Wagner. 16 *K*

— die büßende Seele. Schspl. gr. 8. Ebd. 768. 3 *K*

**Reisner, Fd.** († ...) der z. wahren Buße angewiesene u. bekehrte Sünder; aus d. Italien. 8. Augsb. 776. Bolling. 4 *K*

— d. zur Buße angewies. u. bekehrte Sünder. 8. Wien, Mauracher. 776.

— Thomas Kempen, der zuvor laue, hernach eifrige Diener. Schspl. gr. 8. Ebd. 768. 3 *K*

**Reisner, George (A.),** Amulets, s.: Catalogue général des antiquités égyptiennes du musée du Caire. XXXV.

— The early dynastic cemeteries of Naga-ed-Dêr, s.: University of California publications. II.

**Reisner, George A.,** the Hearst medical papyrus. Hieratic text in 17 facsimile plates in collotype with introduction and vocabulary. (University of California publications, Egyptian archaelogy, vol. 1.) (VIII, 48 S.) 4. Leipzig 905. J. C. Hinrichs' Verl.
Geb. in Leinw. n. 25. —

**Reisner, Geo.,** sumerisch-babylon. Hymnen nach Thontafeln griech Zeit, s.a. Mitteilungen aus d. oriental. Sammlgn. d. kgl. Museen zu Berlin, X.

Reisner, George (A.) (Hrsg.), s.a. Hymnen, Sumerisch-babylonische ...

**Reisner, Geo.,** Tempelurkunden aus Telloh, s.: Mitteilungen aus den orientalischen Sammlungen der königl. Museen zu Berlin. XVI.

**Reisner, H.,** s.: Surgite.

**Reisner** Josef: Ermittlung einiger bestimmten Integrale aus der Definitionsformel. (9). Wien VIII. (Langer) 904.
**Progr.**

Reisner, Karl von: Schwimmhallen und Sportplätze und ihre Bedeutung für die Einwohnerschaft der größeren Städte. Vortrag geh. 1909 in Riga. Als Ms. gedr. Riga 1910: Häcker. S. 112-125. 8°
(Hefte d. Gesellschaft f. kommunale Sozialpolitik in Riga. No 15.)

Heisser Boden. Roman in 2 Büchern von Victor v. **Reisner**. *Berlin: A. Schall [1901]*. (333 S.) 8° [F.]
= Verein d. Bücherfreunde. 10, [4.] [01. 10933

Tolle Chosen! Satirische Zeitbilder von Victor v. **Reisner**. Berlin: Verl. f. moderne Lit. [1905]. (128 S.) 8° [05. 14007

Victor v. **Reisner**. Slavonische Dorfgeschichten. *Berlin: H. Costenoble 1902*. (318 S.) 8° [F.]
(Romane u. Novellen neuzeitl. Schriftsteller. Ausg. Costenoble.) [03. 9836

Victor v. **Reisner**. Slavonische Dorfgeschichten. *Berlin: Verl. f. moderne Lit. [1904]*. (318 S.) 8° [F.] [04. 13258

[Ant. u. F.] Victor von **Reisner**. Juraj Dragutinowitsch. Roman a. d. kroat. Gesellsch. *Berlin: S. Fischer 1896*. (2 Bl., 309 S.) 1 Bd 8. [97. 1341

Victor v. **Reisner**. Ein angenehmes Erbe. Humorist. Roman. Berlin: C. Duncker [1905]. (477 S.) 8° [Ant. u. F.] [06. 1934

[F.] Mein Herrenrecht. Kroatisch-slavon. Dorfgeschichten v. Victor v. **Reisner**. *Berlin: Romanwelt 1897*. (191 S.) 1 Bd 8. [97. 8683

— mein Herrenrecht. Kroatisch-slavon. Dorfgeschichten. 8. (191 S.) Berlin 897. Vita, Deutsches Verlagshaus. n. 2. —

— Künstler-Ehe. Roman. (251 S.) gr. 8. Leipzig 906. [E. Polz.] P. List. n. 3. —; geb. n. 4. —

**Reisner-Cepinsky, Vikt. Frhr. v.,** Künstler-Ehe. Roman. 2. [Titel-]Aufl. (251 S.) gr. 8. Leipzig [906] 907. P. List. 3.—; geb. 4.—

— Mama Leichtsinn. Roman. (347 S.) 8. Berlin (904). Verlag f. mod. Literatur. n. 3. —; geb. n. 4. —

Victor v. **Reisner**. Mama Leichtsinn. Roman. 2. Aufl. *Berlin: Verl. f. moderne Lit. [1904]*. (347 S.) 8° [F.] [04. 13259

**Reisner,** V. V., Ein Staatsstreich. (20 S.) 8. Berlin '05, Verlag f. moderne Literatur. —. 60.

Die Unschuld. Humorist.-satir. Zeitbilder von Victor v. **Reisner**. 1. bis 10. Taus. *Berlin: R. Eckstein Nachf. [1901].* (96 S.) 8°
— **Bibliothek**, Eckstein s Moderne. No 8. [03. 13588

— die Unschuld, s.a. Eckstein's moderne Bibliothek.

Die Einwohnerzahl deutscher Städte in früheren Jahrhunderten. Mit bes. Berücks. Lübecks. Von Dr. Wilhelm **Reisner**. *Jena: G. Fischer 1903.* (VIII, 152 S.) 8°
— **Sammlung** nationalökon. u. statist. Abhandlungen d. staatswiss. Seminars zu Halle. Bd 36. [03. 3208

**Reisner,** Wilhelm: Die **Einwohnerzahl** deutscher Städte in früheren Jahrhunderten mit besonderer Berücksichtigung Lübecks. *Halle a. S. 1902: (E. Herberger, Schwerin i. M.).* (VIII, 59 S.) 8° ¶(Erscheint vollst. als: Sammlung nationalökon. u. statist. Abhandl. d. Staatswiss. Sem. zu Halle a. S., Bd 34.)
Halle, Phil. Diss. v. 1902

**Reisner Frhr. v. Lichtenstern,** s.a. Lichtenstern.

Die psychologischen Elemente bei Angriff und Vertheidigung. Vortrag, geh. in München von [Karl] **Reisner** F^rh. v. Lichtenstern, Oberst. *Berlin: E. S. Mittler & Sohn.* (S. 257–266.) 8° [F.]
— **Militär-Wochenblatt**. 1899. Beiheft 7. (6.) [w. 12675

Die Macht der Vorstellung im Kriege und ihre Bedeutung für die Friedens-Ausbildung. Von Generalmajor [Karl] **Reisner** F^rh. v. Lichtenstern. Mit 2 Skizzen. *Berlin: A. Bath 1902.* (48 S.) 8°
— **Zeitfragen**, Militärische. H. 3. [03. 863

Taktische Probleme. Studie von Generalmajor [Karl] **Reisner** F^rh. v. Lichtenstern. *Berlin: A. Bath 1903.* (47 S.) 8°
Aus: Jahrbücher f. d. deutsche Armee u. Marine. [04. 1906

**Reisner Frhr v. Lichtenstern, K.** Schießausbildung und Feuer der Infanterie im Gefecht. Berlin 1895. 8°.

[F.] Schiessausbildung und Feuer der Infanterie im Gefechte. Vortr. v. Karl **Reisner** F^rh. v. Lichtenstern, Oberst ... 2. erweit. Aufl. *Berlin: E. S. Mittler & Sohn 1897.* (XI, 165 S.) 1 Bd 8. [97. 2534

Schiessausbildung und Feuer der Infanterie im Gefecht. Von Karl **Reisner** F^rh. v. Lichtenstern, Generalmajor. 3., erw. Aufl. *Berlin: E. S. Mittler & Sohn 1900.* (XIII, 175 S.) 8° [F.] [01. 2545

Reisner v. Lichtenstern, k. bayer. Major im 1. Inft.-Reg. „König". Ueber das Schiessen des Infanteristen im Felde mit Bezugnahme auf die neue Schiessvorschrift. Vortrag, gehalten in der militärischen Gesellschaft München am 28. Februar 1890. Als Manuscript gedruckt. 8. München (1890).

Schießtaktik der Infanterie von [Karl] **Reisner** F^rh. v. Lichtenstern, Gen.Major z. D. Berlin: A. Bath 1904. (40 S.) 8°
Aus: Jahrbücher f. d. deutsche Armee u. Marine.
— **Zeitfragen**, Militärische. H. 10.

**Reisperger, J.,** Sonn- u. Feyert. Predigten. 2 Bde. Fol. Augsb. Wolf. 763.

Reiss, s.a. Reis, u. Reuß.

REISS: Die Fürstlich Isenburg-Birstein'schen Waldungen bei Offenbach a. Main. - Offenbach a. M. 1891. 70 S., 2 Tab.

Reiss, Ad.: Entstehung, Vorkommen und Verbreitung der wichtigsten Inflammabilien. 25 S. 8° – Auspitz, UR., Progr. 1872.

***Reiss A.***: Die Flora von Auspitz. 4. Auspitz R. 75.
Progr.

Reiss, Adam „Einige Andeutungen über die Länder des grossen Oceans und deren steigende Wichtigkeit". pg. 3—12. 4°. Mintzel'sche Buchdr. (C. Hörmann).
Hof, Progr. 1845/46

Ueber Zweck, Umfang und Methode des Unterrichts in der deutschen Grammatik mit Rücksicht auf die lateinische Sprache. Von Adam Reiß, P. — 1852. Ebend. — S. 3—16.
Progr. Hof

Reiß, Benignus

**Reiß, Bg., Betr. üb. d. Beichtwesen. 8. Nürnb. Grattenauer. 787.**

**Reiß, Benign.,** († ...) geistreiche Predigten an d. gewöhnl. Monatssonntagen. 2 Thle. 8. Augsb. 774. Rieger. 20 gr.

— s. Schatzkammer, marian.

**Reiß, C. W.,** d. erzgebirg. Liqueur-Fabrikant rc. nebst d. hierzu erforderl. Recepten. Schneeberg, Schumann. 16 gr.

Reiß, Carl, s. Reiß, Karl.

**Reiss,** Eduard, approb. Arzt aus Frankfurt a. M.: Klinische **Beobachtungen** über Osteomyelitis der langen Röhrenknochen, besonders in Bezug auf die Epiphysenknorpelfuge und die begleitenden Gelenkaffectionen. *Berlin 1901: L. Schumacher.* (31 S.) 8°
Strassburg, Med. Diss. v. 1901

**Reiss, Eduard,** Dr. med., Assistenzarzt a. d. Universitätsklinik f. Gemüts- u. Nervenkrankh.: **Konstitutionelle Verstimmung und manisch-depressives Irresein.** Klinische Untersuchungen über d. Zshang von Veranlagung und Psychose. Berlin: Springer 1910. 281 S. 8° ¶(Ersch. auch als Buch ebd. Aus: Zeitschrift f. d. ges. Neurol. u. Psychiatrie. Orig.Bd 2.)
Tübingen, Med. Hab.-Schr. v. 1910 [U 10. 4260

**Reiss,** Emil, aus Frankfurt a. M.: **Der Brechungskoefficient** des Blutserums als Indikator für den Eiweissgehalt. *Strassburg i. E.: J. Singer 1902.* (31 S.) 8°
Strassburg, Med. Diss. v. 1902

**Reiss,** Ernst (geb. Berlin 1. 10. 1857): Ueber Enchondroma ovarii.
Berlin (1882). (32 S.) 8°
Berlin. Med. Diss. v. 31. Juli 1882

**Reiß, F.,** Doctor Robin, s. Kühling's, A., Album für Liebhaber-Bühnen.

**Reiß, Frz.,** s. Malgaigne, J. F., Abhandl. der chirurg. Anatomie.

**Reiss,** Franz Ewald, Arzt a. Hassloch (Pfalz): Ueber falsche Divertikel des Wurmfortsatzes. Heidelberg 1907: H. Dörr. (26 S.) 8°
Heidelberg, Med. Fak., Ref. Narath, Diss. v. 1907
[Geb. 4. Aug. 79 Haßloch; Wohnort: Rheingönheim; Staatsangeh.: Bayern; Vorbildung: Gymn. Neustadt a. H. Reife M. 97; Studium: Würzburg 4, Berlin 1, Kiel 1, Heidelberg 4 S.; Coll. 14. Febr. 07; Approb. 2. März 03.]

Dir, Natur! Dichtungen von Friedrich **Reiss**. Berlin-Leipzig: Wigand 1910. 338 S. 8° [11. 4181

**Reiß, Fritz,** All Heil! Federzeichnungen, m. Versen von Ernst v. Khuon. 4. Aufl. 8. (20 Bl.) Leipzig 887. Brehse. In Leinw.-Mappe. n. 5.—

**Reiß, Fritz,** All Heil! Federzeichnungen, mit Versen von Ernst v. Khuon. gr. 8. (20 Bl.) Leipzig 887, Freund. In Leinw.-Mappe * 5 —

**Reiss, Fritz, Aquarello.** Fol. (4 Bl.) Berlin (900). W. Schulz-Engelhard. 8.—

**Reiss, Fritz** [aus Cassel]: Beiträge zur Kenntnis der Anilido-Chinoline ... Marburg, Buchdr. F. Sömmering, 1893; 44 S., 1 Bl. 8.
Marburg, Phil. Fak., Inaug.-Diss. v. [21. Febr.] 1893

**Reiss, Fritz, aus'm Dorfe.** 8 (farb.) Malvorlagen. gr. 8. Berlin 897. W. Schultz-Engelhard. 6. —

— aus'm Dörfle, } s.: Universal-Malvorlagen, Mappe 39.

**Reiß, Fritz, Hänschens Ferientage.** Ein Bilderbuch m. 10 hochfeinen Farbendr.-Bildern nach Orig.-Zeichngn. v. F. R. u. Versen v. W. Herbert. gr. 4. (6 Bl. Text.) Eßlingen 892. J. F. Schreiber. Kart. n. 2. —

— von Haus u. Hof aus dem Schwarzwald. 6 (farb.) Blatt Stillleben. gr. 4. Leipzig 892. E. Baldamus, Sep.-Cto. n. 6. —; einzelne Blätter 1. 80

— Jugendlust, m. Reimen v. F. Erck. gr. 8. (32 S. m. z. Tl. farb. Illustr.) Leipzig 889. Meißner & Buch. geb. n. 3. —

— aus Hänschens Jugendzeit. Ein Bilderbuch m. 24 hochfeinen Farbendr.-Bildern nach Orig.-Zeichngn. v. F. R. u. Versen v. W. Herbert. gr. 4. (12 Bl. Text.) Ebd. 892. Kart. n. 3. 50

**Reiss, Fritz, Landschaften.** schmal Fol. (4 Bl.) Berlin (900). W. Schulz-Engelhard. 7. 50

— Lustiges aus'm Schwarzwald. Text v. J. J. Hoffmann u. H. Domsch. gr. 4. (55 S. m. Initialen, Vignetten u. 21 Illustr. in Farbendr.) Stuttgart 894. Deutsche Verlags-Anstalt. Geb. in Leinw. n. 10. —

— u. Cornelie Lechler, der Nußknacker, in (farb.) Bildern v. R. m. Text v. L. gr. 4. (14 S.) Eßlingen (900). J. F. Schreiber. Geb. n. 1. 80

— — dasselbe. (2. [Umschlag-]Aufl.) gr. 4. (14 S.) Ebd. [900.] (902). Geb. n. 1. 50

— Rhein-Album, s.: Freytag.

Reiß, Fritz: Schwarzwald-Idyllen, s. Universal-Malvorlagen Nr. 40.

— am See. 8 Malvorlagen. Farbdr. gr. 8. Ebd. 899. n. 8. —

— dasselbe, s.: Universal-Malvorlagen. Nr. 77.

— Hänschens drollige Streiche. Ein Bilderbuch m. 10 hochfeinen Farbendr.-Bildern nach Orig.-Zeichngn. v. F. R. u. Versen v. W. Herbert. gr. 4. (6 Bl. Text.) Ebd. 892. Kart. n. 2. —

— allerlei neue Vignetten. 1. u. 2. Hft. gr. 4. (à 6 Taf.) Stuttgart (Hohenheimerstr. 1) 898. H. Reiss. à n. 2. —

— Vignetten f. Brandmalerei auf Holz u. Leder, s.: Universal-Malvorlagen. Nr. 86.

— moderne Vignetten. gr. 4. (7 Bl.) Leipzig 893. (A. Seemann.) n. 2. —

— Vignetten, 2. Aufl., s.: Vignetten, moderne.

**Reiß, Fritz, Weihnachten.** Ausgeschlagen in Gestalt e. Knecht Ruprecht. gr. 8. (26 S. m. Illustr.) Leipzig 889. Meißner & Buch. cart. n. 1. 50

— neue Zeichenvorlagen f. den Rotstift, Bleistift sowie den Brennstift. 1. Serie. hoch 4. Leipzig (900). E. Haberland. n. 4. 50

Reiß, G. H. F., Dieter u. Peter. (78 S.) 8. Berlin (909). Zehlendorf, R. Eckstein Nachf. 1. —

**Reiss, Georg,** Referendar a. Hann. Münden: Die befreite Vormundschaft. Münden 1910: Klugkist. 120 S. 8°
Rostock, Jur. Diss. v. 25. Aug. 1910, Ref. Matthiaß
[Geb. 27. Dez. 86 Blume b. Hann.-Münden; Wohnort: Verden; Staatsangeh.: Preußen; Vorbildung: Gymn. Hann.-Münden Reife O. 05; Studium: Freiburg i. B. 3, Berlin 1, Göttingen 2 S.; Rig. 13. Mai 10.] [U 10. 3873

Reiss, G(eorg) Friedr., Anthologia latina quam in usum tironum collegit et edidit. 8. (VIII und 191 S.) Basel 858, Georg's Verlagsbuchh. *

—— Grammaire latine élémentaire. gr. 8. (VIII und 209 S.) Basel 859, Georg's Verlagsh.

—— Lieder aus der Heimath. 12. (... S.) Genf 852, [Müller-Darier.]

**Reiss, G. F., et E. Favre,** manuel classique de la conversation Française et Allemande, siehe: Favre, E.

Reiß, Gottfried

**Reiß,** Gfr., die Schutzwaffe des Infanteristen. Eine Andeutung über die Existenz der Erfindung: auf eine einfache, leichte und wohlfeile Weise in den Mehrfällen des Gefechts den Soldaten schuß-, hieb- und stichfest zu machen. Nebst Hinweisung auf die Einführung einer neuen, vereinzelten manuellen Quarreegefechtswehre, sowie über eine naturgemäßere einfache Behandlung der Verwundeten auf dem Schlachtfelde, Verhegung der Amputation rc. Auf 40jährige selbstständige Studien, Versuche und Erfahrungen basirt. 1. Heft. Arnsberg 853. Ritter in Comm. gr. 8. (40 S.) n. 10 ngr.

**Reiß, H. A. A., Gebetbuch f. Christen.** 4 Thle. 8. Nürnb. Bierling. 796.

**Reiß,** Hans, aus Rambeltsch, Referendar am Kgl. Landgericht zu Elbing: **Kritik des Begriffs und Umfangs der Autonomie nach deutschem Privatrecht.** *Pr. Holland 1902: H. Weberstädt.* (87 S.) 8° [F.]
Erlangen, Jur. Diss. v. 6. Mai 1902

**Reiß,** Heinr., Naturkunde: Naturgeschichte u. Naturlehre. Eine Zusammenstellung des naturkundl. Unterrichtsstoffes für die Hand der Schüler in den oberen Volksschulklassen. (In deutscher u. ungar. Sprache.) 2. Aufl. Pest 865. Lampel. 8. (135 S.) n. 10 ngr.

(Reiss, Heinrich.) Sammlung der schönsten Miniaturen des Mittelalters aus dem 14. und 15. Jahrhunderte, der Blüthezeit jener Meister-Miniatoren, deren Werke in den berühmtesten geistlichen und weltlichen Bibliotheken Deutschlands als Unica aufbewahrt und bewundert werden. (Herausgegeben von Heinrich Reiss.) Wien, Ludwig Lott 1867. [Umschlagtit.]
80 farb. Taf. 8°.

**Reiß, J., Grammatik zur Ergänzung der direkten Methode** (Berlitz-Methode), s.: Schroeder, E

**Reiß, J.,** die Hypotheken-Banken und die Bank der Arbeiter in ihren Beziehungen zu dem Hausbesitz u. den Communal-Interessen. Königsberg 858. Koch. gr. 8. (31 S.) n. 5 ngr.

— Evangelist., institut. oratoriae. 8. maj. Nrnb. (Wolf, Augsb.) 773.

— Predigten üb. d. S. u. F. Evang. 4. Nürnb. Milbrodt. (Korn in Fürth in Commiss.) 791.
Schreibp.

Reiß, J., die Regulirung der Weichsel u. die Trockenlegung des Frischen Haffes. Mit 2 lith. Taf. gr. 8. (20 S.) Königsberg 878. Hartung. n. — 75

Reiß, J., Unterhalt. f. d. Passionsz. üb. d. Leidensgesch. Jesu. 2 Thle. 8. Nürnb. Schneider u. W. 805–806.

Reiß, J. Bernh., verkehrte Welt rc. 12. Langensalz. 724.

Reiss, Jodocus: Vom Rheinwein. Eine chemisch-medizinische Abhandlung. Mainz: Crass 1791. VIII, 61 S. Mainz, Med.Diss. v. 13.8.1791 -- 1.12.17.36. Frei 100°
Simon: Bibliotheca vinaria: Reiss, Jodoens.

Reiß, Johann Kaspar

— compend. anatom.-chirurgic., od. Anl. z. Wundarznev. 8. Augsb. Lotter. 739.

Reiß, Johann Kaspar: Gründliche Untersuchung des Aderlassens und Schrepfens...worinnen eigentlich der rechte Gebrauch und Mißbrauch dieser zweyen chirurgischen Operationen... gezeiget wird. 2.Aufl. 144 S., gbd.

Augspurg: Lotter 1751

Reiss, Jonas [aus Frankfurt a/Main]: Geometrische Isomerien bei Dimethyltolanderivaten. . . . Leipzig, Druck v. Carl Marquart, 1889; 14 S. + 1 Bl. 8°
Leipzig, Phil. Fak., Inaug.-Diss. v. 16. Aug. 1889

Reiss, Josef, appr. Arzt: Aus der Kgl. chirurg. Univ.-Kinderklinik in München. ⟨Prof. Dr. Herzog.⟩ Ein Fall von primärem Wirbel-Sarkom bei einem 12 1/2 jährigen Mädchen. München 1905: B. Heller. (32 S.) 8°
München, Med. Fak., Ref. v. Angerer, Diss. v. 1. Sept. 1905
[Geb. 23. Sept. 86 München; Wohnort: München; Staatsangeh.: Bayern; Vorbildung: Luitpold Gymn. München Reife Juli 00; Studium: München 4, Erlangen 1, München 5 S.; Coll. 1. Sept. 05; Approb. 5. Juli 05.]

Jesuiten und Jesuitenschulen. Offene Antwort, dem Historiker d. 'Deutschen Schulzeitung', Herrn C. Henze, ins Album geschrieben von Joseph Reiß, Weilderstadt. Kempten: J. Kösel 1894. (93 S.) 8° [F.]
= Vorträge u. Abhandlungen, Pädagogische. H. 3. [08. 6060

Reiß, Joseph: Kritik der Willensphänomene des Privatrechts. Eine rechtspsychologische Untersuchung. Leipzig: G. Fock 1906. (IV, 126 S.) 8°
Leipzig, Phil. Fak., Ref. Wundt-Hölder, Diss. v. 1. Sept. 1906
[Geb. 7. Juli 84 Czernowitz; Wohnort: Prag; Staatsangeh.: Österreich; Vorbildung: K. k. Gymn. Czernowitz Reife Juli 02; Studium: Leipzig 3, Prag 1, Czernowitz 2 S.; Rig. 21. Juni 06.]

Reiß, Jos., Bukowinaer Landesordnung u. Landtagswahlordnung, samt dem Gesetz zum Schutze der Wahlfreiheit u. dem Entwurfe e. Wahlpflichtgesetzes. (109 S.) 8. Czernowitz 910. H. Pardini. 2. 40

Reiss, Carl, das Asthma, Atemnot u. Brustbeklemmung. Wesen, Ursache, erfolgreiche Behandlg. Gemeinverständlich dargestellt. gr. 8. (51 S.) Berlin 892. H. Steinitz' Verl. n. 1. 50

Reiss, Carl, das Asthma. Atemnot u. Brustbeklemmg. Wesen, Ursachen, erfolgreiche Behandlg. Gemeinverständl. dargestellt. 2. verm. Aufl. gr. 8. (56 S.) Berlin (900). H. Steinitz. n. 1. 50

Reiß, Carl, Referendar aus Frankfurt a. M.: Uber mittelbaren Besitz. *Frankfurt a. M. 1904: R. Mahlau.* (80 S.) 8° [F.]
Marburg, Jur. Diss. v. [9. Febr.] 1904

Reiss, Carl, Rechtsprakt.: Der Einfluss des Spiels auf Darlehen, Auftrag und andere Rechtsgeschäfte. München 1909: Schön. VII, 51 S. 8°
Erlangen, Jur. Diss. v. 27. Nov. 1909, Ref. Binder
[Geb. 28. Juni 83 München; Wohnort: München; Staatsangeb.: Bayern; Vorbildung: Wilhelms-Gymn. München Reife 02; Studium: München 8 S.; Rig. 15. Juni 09.] [U 10. 747

Reiß, Karl, d. prakt. Hühnerzucht. Allerlei Erprobtes f. Freunde u. Züchter d. Geflügels. gr. 8. (VIII, 85 S.) Leipzig 896. Landwirtschaftl. Schulbuchh. (K. Scholtze). n. — 80

—— Die Krankheiten der Nase u. ihre Behandlung. gr. 8. (53 S.) Ebd. 892. 1 50

Reiss, Carl, d. Krankheiten d. Nase u. ihre Behandlg. 2., verm. u. verb. Aufl. gr. 8. (69 S.) Berlin 898. H. Steinitz. n. 1. 50

Reiss, Carl, die Krankheiten der Nase u. ihre Behandlg. Für Ärzte u. Laien. 3. verm. u. verb. Aufl. (102 S.) 8. Berlin (909). H. Steinitz. 1. 50

— die Naturheilmethode bei Asthma u. Herzleiden, s.: Bibliothek der gesamten Naturheilkunde. 4.

[F.] Dr. Carl Reiss. Die Naturheilmethode bei Blutarmut, Magerkeit, engl. Krankht, Scrofeln u, erschöpf. Leiden. *Berlin: H. Steinitz 1896.* (3 Bl., 56 S.) 1 Bd 8.
= Bibliothek d. gesamten Naturheilkunde. Bd 11. [96. 7135

[F.] Dr. Carl Reiss. Die Naturheilmethode bei Erkältungskrankheiten '(Schnupfen, Husten, Rheumatismus, Augenleiden, Grippe, Influenza etc. etc.)'. *Berlin: H. Steinitz (1897).* (64 S.) 1 Bd 8.
= Bibliothek der gesamten Naturheilkunde. Bd 14. [97. 5401

[F.] Dr. Carl Reiss. Die Naturheilmethode bei Fettleibigkeit u. Verfettgskrankhtn. *Berlin: H. Steinitz 1896.* (4 Bl., 63 S.) 1 Bd 8.
= Bibliothek d. gesamten Naturheilkunde. Bd X. [96. 7136

Die Natur-Heilmethode bei Gallen-, Nieren-, Blasen- etc. Steinleiden von Dr. Carl Reiß. *Berlin: H. Steinitz (1903).* (70 S.) 8° [F.]
= Bibliothek d. gesamten Naturheilkunde. Bd 19. [03. [illegible]

Die Natur-Heilmethode bei den Geschlechtskrankheiten von Dr. Karl Reiß. Berlin: H. Steinitz (1904). (70 S.) 8° [F.]
= Bibliothek d. gesamten Naturheilkunde. Bd 20.

[F.] Dr. Carl Reiss. Die Naturheilmethode bei Hämorrhoidalleiden. *Berlin: H. Steinitz 1895.* (4 Bl., 57 S.) 1 Bd 8.
= Bibliothek d. gesamten Naturheilkunde. Bd IX. [96. 362

Die Naturheilmethode bei Hämorrhoidalleiden von Dr. Carl Reiß. 2. Aufl. Berlin: H. Steinitz (1905). (64 S.) 8°. [F.].
= Bibliothek d. gesamten Naturheilkunde. Bd 9. [06. 378

[F.] Dr. Carl Reiss. Die Naturheilmethode bei Hautleiden. *Berlin: H. Steinitz (1899).* (4 Bl., 54 S.) 1 Bd 8.
= Bibliothek d. gesamten Natur-Heilkunde. Bd 16. [99. 3778

Dr. Carl Reiss. Die Naturheilmethode bei Krämpfen und Krampfkrankheiten ⟨Epilepsie, Schreibkrampf, Veitstanz, Schüttellähmung etc. etc.⟩. *Berlin: H. Steinitz 1900.* (61 S.) 8° [F.]
= Bibliothek d. gesammten Naturheilkunde. Bd 17. [00. 13016

[F.] Dr. Carl Reiss. Die Naturheilmethode bei Leber- und Gallenleiden. *Berlin: H. Steinitz (1898).* (4 Bl., 63 S.) 1 Bd 8.
= Reiss, C.: Naturheilmethode. Tl 15.
= Bibliothek d. gesamten Natur-Heilkunde. Bd 15. [98. 6409

Die Natur-Heilmethode bei Lungen- und Halskrankheiten von Dr. Carl Reiß. 2. verb. Aufl. Berlin: H. Steinitz (1906). (64 S.) 8° [F.]
= Bibliothek d. gesamten Naturheilkunde. Bd 7. [07. 3565

[F.] Dr. Carl Reiss. Die Naturheilmethode bei Magen- und Darmkrankheiten '(Verdauungsstörgn)'. 2. Aufl. *Berlin: H. Steinitz (1897).* (70 S., 1 Bl.) 1 Bd 8.
= Bibliothek der gesamten Naturheilkunde. Bd III. [97. 5422

Die Naturheilmethode bei Magen- und Darm-Krankheiten (Verdauungsstörungen) von Dr. med. Carl **Reiß**. 3. Aufl. Berlin: H. Steinitz (1905). (64 S.) 8° [F.]
= **Bibliothek** d. gesamten Naturheilkunde. Bd 3. [04. 373

**Reiß, Dr. Carl**, Die Naturheilmethode bei Nerven- und Rückenmarks-Krankheiten. (Bibliothek der gesammten Naturheilkunde. II Bd.) 8. (61 S.)
Berlin: Steinitz 1893. (Wien: Breitenstein) —.60

[F.] Dr. Carl **Reiss**. Die Naturheilmethode bei Nerven- und Rückenmarks-Krankheiten. 2. Aufl. *Berlin: H. Steinitz 1897.* (72 S.) 1 Bd 8.
= **Bibliothek** d. gesamten Naturheilkunde. Bd 2. [97. 5095

[F.] Dr. Carl **Reiss**. Die Naturheilmethode bei Nervenschmerzen '(Neuralgien)'. Hüftweh, Gesichts- u. Kopfschmerz, Magenkrampf u. a. *Berlin: H. Steinitz (1897).* (56 S.) 1 Bd 8.
= **Bibliothek** d. gesamten Naturheilkunde. Bd 13. [97. 5096

Dr. Carl **Reiss**. Die Naturheilmethode bei Sexueller Neurasthenie. *Berlin: H. Steinitz (1901).* (62 S.) 8° [F.]
— **Bibliothek** d. gesamten Naturheilkunde. Bd 18. [01. 13605

[F.] Dr. Carl **Reiss**. Die Naturheilmethode bei Nieren- und Blasenleiden '(Harnbeschwerden)'. *Berlin: H. Steinitz 1897.* (4 Bl., 53 S.) 1 Bd 8.
= **Bibliothek** d. gesamten Natur-Heilkunde. Bd 12. [97. 5[illegible]

Dr. Carl **Reiß**. Die Naturheilmethode bei der Zuckerkrankheit. (2. Aufl.) Berlin: H. Steinitz (1904). (80 S.) 8° [F.]
— **Bibliothek** d. gesamten Natur-Heilkunde. Bd 8. [04. 374

**Reiss, Karl**, a. Karlsruhe: Untersuchung über fossile Hölzer aus Japan. Rostock: C. Hinstorff 1907. (VI, 224 S. m. Taf.) 8°
Leipzig, Phil. Fak., Ref. Credner-Pfeffer, Diss. v. 31. Aug. 1907
[Geb. 7. Dez. 74 Karlsruhe (Baden); Wohnort: Karlsruhe; Staatsangeh.: Baden; Vorbildung: Gymn. Wertheim a. M. Reife Juli 93; Studium: Techn. Hochsch. Karlsruhe 4, Univ. Heidelberg 2, Leipzig 10 S.; Rig. 14. Mai 06.]

**Reiss,** Kauffmann (geb. Gollantsch in Posen 2. 4. 1847): Der Hängebauch bei Schwangeren. Berlin (1870). (32 S.) 8° * Kauffmann ist der Familienname der Mutter.
Berlin, Med. Diss. v. 1. März 1870

**Reiß, L. H.**, zeitgenössische Vorträge u. Aufsätze. gr. 8. (46 S.) Frankfurt a/M. 897. Voigt & Gleiber. n. — 50

**Reiss, M.**, Beiträge zur Theorie der Determinanten. gr. 4. (VIII und 113 S.) Leipzig 867, Teubner. *

**Reiss, Marcus** [approb. Arzt aus Herbstein]: Beiträge zur Hyperplasie der Decidua am Ende der Gravidität syphilitischer Frauen .... Giessen, Curt v. Münchow, Univ.-Buch- u. Steindr., 1885; 30 S. u. 1 Taf. 8°.
Marburg, Med. Fak., Inaug.-Diss. v. 8. Jan. 1886.

**Reiss, Marcus**, Beiträge zur Hyperplasie der Decidua am Ende der Gravidität syphilitischer Frauen. Diss. Marburg 1885, N. G. Elwertsche Univ.-Buchh. 8°. 30 S. mit einer Taf.

Reiß, Matthias

**Reiß, Matth.**, kurzer liturgischer Unterricht üb. die Kirche, die kirchlichen Geräthe, Kleider u. Ausschmückungs-Gegenstände. Ein Hülfsbüchlein f. den katechet. Unterricht in der Volksschule. 32. (V, 73 S.) Freiberg i/Br. 875. Herder. n. — 20; cart. n. — 25

**Reiß, Matth.**, kurzer liturgischer Unterricht über Kirche, Gottesdienst und kirchl. Geräte. 2. verm. Aufl. 32. (VI, 108 S.) Freiburg i. Br. 882, Herder'sche Verlagsh. * — 25
geb. * — 35

**Reiß, Matthias**, kurzer liturgischer Unterricht über Kirche, Gottesdienst und kirchl. Geräte. 3. verm. Aufl. 32. (VII, 100 S. mit 1 Titelbild in Farbendr.) Freiburg i. Br. 887, Herder'sche Verlagsh. * 25 Pf.; geb. ** — 35

**Reiß, Matthias**, kurzer liturgischer Unterricht üb. Kirche, Gottesdienst u. kirchliche Geräte. 4., verb. Aufl. 16. (VII, 102 S. m. farb. Titelbild.) Freiburg i/B. 894. Herder. n. — 25; geb. in Halbleinw. n.n. — 35

**Reiß, Matthias**, kurzer liturgischer Unterricht üb. Kirche, Gottesdienst u. kirchliche Geräte. 5., verb. Aufl. (VII, 106 S. m. farb. Titelbild.) 16. Freiburg i/B. 903. Herder. Kart. n. — 40

**Reiss, Meinhold**, das finstere Tal. Erzählungen. (87 S.) 8. Strassburg 909. J. Singer. 2.—; geb. 3. —

**Reiss,** Nathan (geb. Danzig 13. 4. 1807): Nonnulla de febrium pathologia et therapia. Berolini (1836). (35 S.) 8°
Berlin, Med. Diss. v. 20. Juli [vielmehr 4. Aug.] 1836

**Reiss, N.** (Danzig), Nonnulla de febrium pathologia et therapia. Diss. med. Berlin (J. Sittenfeld) 29. VII. 1836. 35 S. mit Biogr. (M.: L. Jacobsthal.) (2.75) 28314
Oppon.: M. Litten, L. Salbach, S. H. Gans. — Gew.: Martin Steinthal, E. Hirschberg.

**Reiss, Osk.**, Reichsgewerbeordnung m. den wichtigsten Ausführungsbestimmungen f. das Deutsche Reich u. das Grossherzogt. Baden nebst Kinderschutzgesetz vom 30. III. 1903. Erläutert v. R. (XV, 913 S.) gr. 8. Karlsruhe 905. Macklot. 8. —; geb. in Leinw. 9. —; erm. Preis n. 5. —; geb. n.n. 6. —

Verzeichniss der Büchersammlung der Loge „zum wiedererbauten Tempel der Bruderliebe" im Or.˙. Worms. Zsgest. von P. **Reiss.** Worms: Verl. d. Loge 1894. 88 S. 8°
cf. S. 3 (1896) S. 69 (J. G. Findel). 462.

**Reiß, Paul**, das Recht d. Actionärs auf seinen Antheil am Reingewinne nach dem Reichsgesetze vom 18. Juli 1884. gr. 8. (16 S.) Frankfurt a/M. 885. Auffarth. n.n. — 50

**Reiss,** Peter, einj.-freiw. Arzt im Kgl. 2. Feld-Art.-Reg. aus Obernau: Aus d. bakteriol. Untersuchungsstation d. kgl. Garnisonslazaretes Würzburg. Über Formalin-Desinfektion. *Würzburg 1899 [vielm. 1900, 1901]: N. Seubert.* (49 S.) 8°
Würzburg, Med. Diss. v. 1899

**Reiss, R**: Preisliste über Bureau-, Schreib- und Zeichenbedarf. Jub.-Ausg. 1883 —1908. Liebenwerda 1908/1909

**Reiss, R.**, Schulwandkarte von Deutschland, nach Anleitung praktischer Schulmänner gezeichnet. 10. Aufl. 6 Bl. Color. [Grösse 138 × 148 cm.] Düsseldorf 889, Schwann. * 8 —
Auf Leinw. mit Stäben * 15 —

**Reiss, R.**, Wandkarte von Deutschland nach Anleitung praktischer Schulmänner. 6 Bl. Lithogr. und color. Imp.-Fol. [Köln und Neuss 876.] Düsseldorf, Schwann. * 8 —

**Reiss, R.**, Wandkarte von Deutschland nach Anleitung praktischer Schulmänner. 6 Bl. Lithogr. und color. Imp.-Fol. Düsseldorf 882, Schwann'sche Verlagsh. * 8 —
Auf Leinw. mit Stäben ** 15 —

Reiss, R. Wandkarte v. Deutschland nach Anleitung praktischer Schulmänner. 6 Blatt. Lithogr. u. color. qu. gr. Fol. Düsseldorf 889, Schwann. * 8 —; auf Leinw. * 15 —

Reiss, R., Wandkarte der Rheinprovinz. Nach Anleitung prakt. Volksschulmänner. 6 Bl. Fol. Köln und Neuss [Düsseldorf] 875, Schwann's Verlag. * 6 —

Reiss, R., Wandkarte der Rhein-Provinz nach Anleitung praktischer Volks-Schulmänner. 6 Bl. Lithogr. und color. Imp.-Fol. Düsseldorf 882, Schwann'sche Verlagsh. * 6 —
Auf Leinw. mit Stäben ** 12 —

Reiß, R., Wandkarte der Rhein-Provinz, nach Anleitung prakt. Volks-Schulmänner gezeichnet und lithogr. 1 : 200,000. 6 Bl. 3. Aufl. Chromolithogr. Imp.-Fol. Düsseldorf 885, Schwann. * 6 —
Auf Leinw. mit Stäben * 12 —

Reiss, Rodolphe [de Gut-Hechtsberg, Bade]: Ueber die Einwirkung von Alkali-Persulfaten auf einige organische Verbindungen. Lausanne 1898. 75 p. 8°.
Lausanne. Thèse sc. 1897/98.

REISS, Rudolf: Über die Natur der Reservecellulose und über ihre Auflösungsweise bei der Keimung der Samen. - Berlin 1889. 57 S., 1 Taf. - Diss. Univ. Erlangen 1889

Reiß, Rudolf Archibald

Reiss, R. A., die officinellen Drogen, s.: Rabow, S.

Reiss, R[udolf] A. Einiges über die signaletische Photographie ⟨System Bertillon⟩ und ihre Anwendung in der Anthropologie und Medizin. Von Dr. R. A. Reiss, ... Lausanne. [Mit 4 Figuren.] 13 S. 8. München, Seitz & Schauer, 1902. [M. 1. —]
(Zwanglose Abhandlungen aus dem Gebiete der medizinischen Photographie, Röntgoskopie, Röntgographie und der Lichtanwendung.... Bd. 9, 1902. Heft 1.)

Reiss, R[udolf] A[rchibald]. Die Entwicklung der Photographischen Bromsilbertrockenplatte und die Entwickler. Von Dr. R. A. Reiss, Vorstand des Photogr. Laboratoriums der Universität Lausanne. Mit 8 Tafeln und 4 in den Text gedruckten Abbildungen. VIII + 156 S. 8. Halle a. S., Wilhelm Knapp, 1902. [M. 4. —]
(Encyklopädie der Photographie. Heft 39.)

— die Photographie von Krankheitserscheinungen. gr. 8. (12 S. m. 9 Abbildgn.) München 900. Seitz & Schauer. n. 1.50

Ⓑ Reiss, R. A., Photographie v. Krankheits-Erscheingn. 900. — Photographie mikroskop.-anatom. Präparate. 900. (KBl. 32.) Jetzt: München, Verlag d. ärztl. Rundschau.

— die Photographie makroskopischer Präparate. gr. 8. (11 S. m. 7 Abbildgn.) Ebd. 900. n. 1. —
2 Sonderabdr. aus: „Internat. phot. Monatsschr. f. Medizin".

— Das „gesprochene Porträt", s.a. Signalementslehre.

Reiss, R[udolf] A[rchibald, und] Schneickert, Hans. Signalementslehre ⟨System Alphonse Bertillon⟩, enthaltend: 1. Das »gesprochene Porträt« ⟨Portrait parlé⟩. Von Prof. Dr. R. A. R', Lausanne. 2. Identitätsfeststellungen ohne Signalement. Von Dr. H. Sch'. Handbuch für Polizeibehörden, Gendarmerie- und Polizeischulen. Mit sieben Tafeln und zahlreichen Illustrationen im Text. Deutsche Ausg., bearb. und erweitert von Dr. iur. H' Sch' .... IV + 164 S. 8. München, J. Schweitzer, 1908. [geb. M. 4. 50]

Reiß, Sally, Gerichtsref. aus Crefeld, bacc. iur.: Die rechtliche Bedeutung des Frachtbriefes. *Borna-Leipzig 1902: R. Noske.* (IX, 44 S.) 8°
Leipzig, Jur. Diss. v. 1902

Reiss, Titus [prakt. Arzt in Frankfurt a/O.]: Zwei Fälle von Exstirpation eines malignen Netztumors, welche zu Verwechslung mit Ovarialtumor Anlass gaben .... Berlin, Buchdr. v. Knoll u. Wolbling (1886); 29 + 2 S. 8°.
Berlin, Med. Fak., Inaug.-Diss. v. 11. Aug. 1886.

Reiss, Titus, zwei Fälle von Exstirpation eines malignen Netztumors, welche zu Verwechslung mit Ovarialtumor Anlass gaben. Diss. Berlin 1886, Mayer & Müller. 8°. 29 S.

Reiß, Ulrich

Reiss, Ulr., († d. 24. Aug. 1795.) analysis collectionum et fontium juris eccles., publici et privat. germanici etc. 8. Augsb. 777. Rieger. 8 gr.

Reiß, Ulrich, s. Beichtbuch, Katholisches.

– s. Belletrie, J. M.

– s. Blanc, Carol Lud. le

– s. Falk, Frz.

— instructio solida et fructuosa circa casus reservatos almae dioeces. August. II Ptes. 8. Augsb. 778. M. Rieger. 12 gr.

– s. Mayer, Aloys.

– s. Patuzzi, V.: Instructio.

Reiss, Udalricus, Synopsis doctrinae christianae de veris falsisque miraculis, in duas partes distributa. Pars prior complectitur doctrinam christ. de veris falsisque miraculis in genere, pars posterior in particulari. August. Vind. 1780—82, in 8°.
Wie Spagni richtet auch Reiß seine ausführl. u. gründl. Abhandlung gegen die rationalist. Leugner der bibl. Wunder. Siehe darüber Schwarz a. a. O., Bd. 1 S. 237. Nova biblioth. Friburg. VI, 307—14.

— de veris falsisq. miraculis in gen. Prs. I. 8maj. Augsb. 780. M. Rieger. 9 gr. Prs. II. de miraculis in particulari. 8maj. ibid. 782. 16 gr.

Reiss, Walter: Die Theorie des Tragischen im 17. Jahrhundert in Deutschland und Frankreich. Berlin 1910. 96 S. 8°. Die vollständige Arbeit erscheint in „Untersuchungen zur neueren Sprach- und Literaturgeschichte" hg. von Professor Walzel. [26. X. 07.]
Bern. Phil. Diss. 1909/10.

Reiss, Walter. Die Theorie des Tragischen im 17. Jahrhundert in Deutschland und Frankreich. Diss. Phil. Bern. 96 S. 8. Berlin, Gustav Schade, 1910.
(... Bruchstück einer grösseren Arbeit, die ... in den ... »Untersuchungen zur neueren Sprach- und Literaturgeschichte« erscheinen soll.)

Reiß, Wilhelm

— u. A. Stübel, Ausflug nach den vulkanischen Gebirgen von Aegina u. Methana im Jahre 1866, nebst mineralogischen Beiträgen von K. v. Fritsch. Heidelberg 867. Bassermann'sche Verlagsh. gr. 8. (84 S. mit 1 chromolith. Karte in gr. 4.) n. 1 Thlr 18 ngr

Reiss, W., geologische Beschreibung der Insel Tenerife, } s. Fritsch, K. v.

Reiß, Wilhelm: Über eine Besteigung des Cotopaxi 1873.

Reiss, Wilh., die Diabas- und Laven-Formation der Insel Palma. gr. 8. (75 S. mit 1 Stnt. in Fol.) Wiesbaden 861, Kreidel's Verlag. *

**Reiss, Wilh.**, Ecuador 1870—1874. Petrographische Untersuchgn., ausgeführt im mineralogisch-petrograph. Institut der Universität Berlin. 1. Hft. gr. 4. (116 S.) Berlin 901. A. Asher & Co. n. 8. —

**Reiss, Wilh.**, Ecuador 1870—1874. Petrographische Untersuchgn., ausgeführt im mineralogisch-petrograph. Institut der Universität Berlin. 2. Heft. (S. 117—304 m. 1 Taf.) 4. Berlin 904. Behrend & Co. 14. —
Heft 1. Jetzt Ebd. 901. n. 8. —.

**Reiss**, Wilhelm: Funde aus der Steinzeit Aegyptens. Mit Hinzufügung sechs neuer Tafeln abgedruckt aus den Verhandlungen der Berliner Anthropologischen Gesellschaft. Berlin 1890. 31 S. 8°. [I 1261

— und A. **Stübel**, Geschichte und Beschreibung der vulkanischen Ausbrüche bei Santorin von der ältesten Zeit bis auf die Gegenwart. Nach vorhandenen Quellen und eigenen Beobachtungen dargestellt. gr. 8. (XII, 201 S.) Heidelberg 868, Bassermann'sche Verlagsh. * 6 —

Reiss, Wilhelm: Indianer-Typen aus Ecuador... s. Stübel, Alfons

**Reiss, W.**, s.: Kultur u. Industrie südamerikanischer Völker.

Reiss, W. und H. G. Bronn. Mittheilungen über die tertiären Schichten von Santa Maria. 1873.

**Reiss. Wilh.** Mittheilungen über die tertiären Schichten von Santa Maria, der südlichsten der Azoren, und ihre organischen Einschlüsse, letztere beschrieben von H. G. Bronn. (Aus Leonhard's und Bronn's Jahrb.) Stuttgart. 1862. 8.

**Reiss, W., and A. Stübel**, the Necropolis of Ancon in Peru. A series of illustrations of the civilisation and industry of the empire of the Incas. Being the results of excavations made on the spot. With the aid of the general administration of the Royal Museums of Berlin. (In 14 parts.) Part I—XI. gr. Fol. (Mit 1 lithogr. und 109 chromolithogr. Taf. und 100 Bl. Taf.-Erklärungen.) Berlin 880—84, Asher und Comp.
In Mappe à Thl. ** ℳ 30. ** 330 —

Reiss, W., and A. Stübel, the necropolis of Ancon in Peru. A series of illustrations of the civilisation and industry of the empire of the Incas. Being the results of excavations made on the spot. With the aide of the general administration of the royal museums of Berlin. 12th—14th part. gr. Fol. (11 Chromolithogr. mit 11 Bl. Taf.-Erklärungen und 72 Bl. Text.) Berlin 886, Asher und Comp.
In Mappe à Lfg. ** ℳ 30.—. ** 90 —

— and A. **Stübel**, the necropolis of Ancon in Peru. A series of illustrations of the civilisation and industry of the empire of the Incas. Being the results of excavations made on the spot. With the aide of the general administration of the royal museums of Berlin. Titles, introductions, lists of plates. gr. Fol. (72 Bl.) Berlin 887. Asher & Co. In Mappe. gratis
(cplt.: n.n. 420. —)

W[ilhelm] **Reiss** und A[lfons] Stübel, Reisen in Süd-Amerika. [Abt. 1—3.] *Berlin: A. Asher & Co. 1890—1902.* 1 Bd 2°, 5 Bde 4°
[1] = Weymer, Gustav, u. Maassen, Peter: Lepidopteren gesammelt auf e. Reise durch Colombia ... von A. Stübel. 1890.
[2, 1—3.] Geol. Studien in d. Republik Colombia. 1—3. 1892—99.
1. 2. Petrographie. 1. 2.
1 = Küch, Rich.: Die vulkan. Gesteine. 1892.
2 = Bergt, Walther: Die älteren Massengesteine ... 1899.
3 = Peter, Bruno: Astron. Ortsbestimmungen. 1893.
[3] = Hochgebirge, Das, der Republik Ecuador. 1. 2. 1892—1902. [04. 1961

— u. A. **Stübel**. Reisen in Süd-Amerika. Lepidopteren, gesammelt auf e. Reise durch Columbia, Ecuador, Perú, Brasilien, Argentinien u. Bolivien in den J. 1868—1877 v. Alph. Stübel. Bearb. v. Gust. Weymer u. Pet. Maassen. Fol. (XI, 182 S. m. 9 color. Taf. u. 9 Bl. Erklärgn.) Berl. 890, Asher u. Comp. cart. 30 —

**Reiss, W., u. A. Stübel**, Reisen in Süd-Amerika. Geologische Studien in der Republik Colombia. I. u. III. gr. 4. Berlin, A. Asher & Co. n. 42. —
I. Petrographie. 1. Die vulkan. Gesteine, bearb. v. Rich. Küch. Imp.-4. (XIV, 204 S. m. 9 Taf. in Lichtdr. u. 9 Bl. Erklärgn.) 892. n. 20. —
II. Erscheint später.
III. Astronomische Ortsbestimmungen, bearb. v. Bruno Peter. gr. 4. (XXII, 327 S.) 893. n. 22. —

— u. A. **Stübel**, Reisen in Süd-Amerika. Geologische Studien in der Republik Colomba. II. Petrographie. 2. Die älteren Massengesteine, krystallinen Schiefer u. Sedimente, bearb. v. Walt. Bergt. Mit 1 Karte, 8 Lichtdr.-Taf. u. Abbildgn. im Text. gr. 4. (XVI, 239 S. m. 8 Bl. Erklärgn.) Ebd. 899. n. 22. —

— — dasselbe. Das Hochgebirge der Republik Ecuador. I. Petrographische Untersuchgn. 1. West-Cordillere, bearb. im mineralogisch-petrograph. Institut der Universität Berlin. 1. u. 2. Lfg. gr. 4. Ebd. n. 18. —
1. (140 S. m. 2 Taf. u. 2 Bl. Erklärgn.) 892. n. 10. —
2. (S. 141—228 m. 3 Taf. u. 3 Bl. Erklärgn.) 893. n. 8. —

**Reiss, W., u. A. Stübel**, Reisen in Süd-Amerika. Das Hochgebirge der Republik Ecuador. I. Petrographische Untersuchgn. 1. West-Cordillere, bearb. im mineralogisch-petrograph. Institut der Universität Berlin. 3. Lfg. gr. 4. (X u. S. 227—358 m. 2 Taf. u. 2 Bl. Erklärgn.) Berlin 898. A. Asher & Co. n. 10. —

— dasselbe. II. Petrograph. Untersuchgn. 2. Ost-Cordillere. 1. Lfg. gr. 4. (S. 1—60 m. 3 Taf. u. 3 Bl. Erklärgn.) Ebd. 896. n. 6. — (I., 1., 1.—3. u. II, 2., 1. n. 34. —)

— — dasselbe. Das Hochgebirge der Republik Ecuador. II. Petrographische Untersuchgn. 2. Ost-Cordillere. Bearb. im mineralogisch-petrograph. Institut der Universität Berlin. 2. Lfg. gr. 4. (IX u. S. 61—366 m. 4 Taf. u. 4 Bl. Erklärgn.) Ebd. 902. n. 20. —; (kplt. n. 54. —; das ganze Werk n. 118. —)

**Reiss, W.**, Santorin, s. **Fritsch, K. v.**

Reiss, Wilhelm s. Tenerife geologisch topographisch dargestellt. Winterthur 1867.

**Reiss. W[ilhelm] & A[lfons] Stübel.** Das Todtenfeld von Ancon in Perú. Ein Beitrag zur Kenntnis der Kultur und Industrie des Inca-Reiches nach den Ergebnissen eigener Ausgrabungen. Mit Unterstützung der Generalverwaltung der Königlichen Museen zu Berlin ... Berlin. Verlag von A. Asher & Co 1880—1887
3 Bde. gr 2°
I. Das Todtenfeld und seine Gräber. Vortit., Tit. 7 Bl. Tafel-Verzeichnis: 16 Bl. 37 Taf. m 37 Bl. Text.
II. Gewänder und Gewebe. Vortit., Tit., 13 Bl., 59 Taf. m. 59 Bl. Text
III. Schmuck, Geräthe, Thongefässe. Entwickelung des Ornaments. Naturwissenschaftliche Abtheilungen bearbeitet von Prof. L. Wittmack, Prof. R. Virchow, Prof. A. Nehring. Vortit. Tit. 29 Bl. 45 Taf. m. 40 Bl. Text
*Die Grabungsfunde wurden Besitz des Museums für Völkerkunde in Berlin*

Ⓑ **Reiss, W., u. A. Stübel**, das Todtenfeld v. Ancon. 881 887. (KBL 28.) Jetzt: Leipzig, K. W. Hiersemann.

**Reiss**, Wilhelm: Die geologischen Verhältnisse der Fundstellen fossiler Säugethier-Knochen in Ecuador. ([S.-A.] „Palaeontologische Abhandlungen". Bd. 1. Heft 2.) (Jena 1891.) 18 S., 1 Krt. 4°. [M 7553

**Reißacher, Karl**

**Reissacher, C.** Bruchstücke aus der Geschichte des Salzb. Goldbergbaues an den Tauern. (Aus dem Jahrsb. d. Mus. Carol. August.) Salzburg 1860. 4.

**Reissacher, K.** Die goldführenden Gangstreichreihen der Salzburgischen Central-Alpenkette. (Aus d. naturw. Abh. von W. Haidinger. Vol. II.) Wien. 1848. 4.

**Reissacher, C.** Die geognostische Sammlung des k. k. Bergamtes in Böckstein vom Gasteiner Thal. (Aus d. Mitth. d. Gesellsch. für Salzb. Landeskunde.) Salzburg. 1862. 4.

**Reißacher, Carl**, der Kurort Wildbad-Gastein. Mit besond. Rücksicht auf die Thermal-Quellen. Salzburg 865. Mayrische Buchh. gr. 8. (114 S. mit 5 Tabb. u. 1 lith. Karte in Fol.) n. 1 ℳ

**Reiss-Beschreibung**, s. Reise-Beschreibung

Vom **Reissbrett** der Joh. Loge „Lessing" Or. Valparaiso. Auswahl von Reden und Vorträgen Johanni 1879 bis 1882. Zusammengestellt vom Schriftführer der Loge. Leipzig, Findel. 1883. 3 Bl. 72 S. 8°

**Reißbuch**, das, 1504. Die Vorbereitgn. der Kurpfalz zum bair. Erbfolgekriege. Aus der im großh. General-Landes-Archiv zu Karlsruhe befindl. Handschrift. hrsg. v. Frdr. v. Weech. gr. 8. (128 S.) Karlsruhe 874. Braun. n. 2. —

**Reiß**- und Zeichenbuch. Fol. Frankf. Andreä. 700.

**Reithe**, Ernst, s.: Chorgesänge f. höhere Schulen.

**Reithe**, Ernst, s.: Liederbuch f. höhere Schulen.

**Reisse**, Eugen: Über die Zersetzungsprodukte der Natriumsalze der Chlormilchsäuren. . . . Leipzig, Druck v. König & Fretor, 1888; 29 S. + 1 Bl. 8°
Leipzig, Phil. Fak., Inaug.-Diss. v. 24. Dez. 1888

**Reisse**, G. E., wissenschaftliche Kurpfuscherei. Eine öffentl. Kritik der Schulmedizin als Heilkunst. Eine Antwort an die Denunziationskommissionen der Aerztekammern. (An den Reichstag u. die Regierg. betreffs Abänderg. des § 35 d. G.-O.) (74 S.) gr. 8. Berlin 904. F. Schlosser. n. — 75

**Reisse**, Hugo, s.: Kalender f. Stenotachygraphen.

[S.] Liederkranz für Stenotachygraphen. Hrsg. v. Hugo Reisse, Schweidnitz. 1. Aufl. *(Schweidnitz): Selbstr.*; (Aufgestempelt: *Verl. d. Allgem. Deutschen Stenotachygr.-Verb.; Eisleben: L. Rennert) 1895.* (1 Bl., 39 S.) 1 Bd 8.
[98, 7193

**Reisseisen**, Franc., Strassburgische Chronik von 1667—1710. Memorial. Zum 1. Male nach dem Original hrsg. m. Anmerkungen u. Einleitung v. Rud. Reuss. gr. 8. (XXVIII, 224 S.) Strassburg 877. Schmidt. n. 4. —

— dasselbe, von 1657—1677. Aufzeichnungen, mit Einleitung u. Anmerkungen hrsg. von Rud. Reuss. [Zugleich ein Nachtrag zum Memorial Reisseisen's.] gr. 8. (155 S.) Ebend. 879. n. 2. 80

**Reißeisen**, Franz Daniel: Über den Bau der Lungen. - De fabrica pulmonum commentatio. (Dt.u.Lat.) Latine expressit Justus Friedrich Karl Hecker. 28 S., gbd., 6 Taf.
Berlin: Rücker 1822

**Reisseisen, Franz Daniel.**
Über den Bau der Lungen . . . Berlin 1822.
H: *Rudolphi, Carl Asmus.* (BrMm)

**Reißeisen**, (Fr.,) üb. den Bau d. Lungen; eine von d. Kön. Acad. d. Wissenschaften zu Berlin gekrönte Preisschrift. Mit 6 ill. Kpf.t. gr. Fol. Berlin 822, (Rücker.)
Dasselbe Buch in latein Sprache:

— de fabrica pulmonum; latine express. J. F. C. Hecker. Cum tab. VI. aeri incisis et color. Fol. maj. Ibid. 822.

— üb. die Struktur, die Verrichtung u. den Gebrauch d. Lungen, s. Sömmerring.

**Reisseisen**, Jo. Daniel [Praes.], s. Weiler, Johann: De parricidio.

**Reissek**, Siegfried

— über Endophyten d. Pflanzenzelle, siehe: Abhandlungen, naturwissenschaftl., hrsg. v. W. Haidinger, 1. Bd.

— üb. die selbstständige Entwickelung der Pollenzelle zur keimtragenden Pflanze, siehe: Actorum, novorum, acad. caes. Leopold.-Carol., vol. XXI, pars 2.

— Über die Entwicklungsgeschichte des Tieres und der Pflanze durch Urzeugung. (Auszug.) S. 7. 311 . . . . . vgr.
Separatabdruck

**Reissek** S.: Monographische Erläuterung d. Gattung *Pennantia* u. Aufklärung ihrer natürlichen Verwandtschaft. [Halle 1842]. (10) S. 1 Tvl. (Særtr.). P.

**Reissek**, Siegfr., die Fasergewebe des Leines, des Hanfes, der Nessel u. Baumwolle. Mit 14 (lithochrom.) Taf. [Aus d. Denkschriften der k. Akademie der Wiss.] Fol. (54 S.) Wien 852. (Braumüller.) n. 5 ℛ (siehe auch: Denkschriften der kaiserl. Akademie. Mathemat.-naturwissenschaftl. Cl. IV. Bd. 2. Lfg.)

**Reissek**, Siegfr., die Fasergewebe des Leines, des Hanfes, der Nessel und Baumwolle. Fol. (54 S. mit 14 lithochrom. Taf.) Wien 852, (Gerold's Sohn.)
Aus: Denkschriften der k. Akademie der Wissenschaften, besonders abgedruckt.

**Reissek** D. Siegfried: Über die Fasergewebe des Leines, Hanfes, der Nessel und Baumwolle in anatomischer, chemischer und technischer Beziehung. (Auszug.) S. 1. 44 vgr.
Separatabdruck

**Reissek**, Siegfr., Festkranz zur zweiten Jahresfeier des zoologisch-botanischen Vereines in Wien. Wien 853. (Braumüller.) gr. 8. (2 Bl., 40 S.) n. 10 ngr.

**Reissek**, Siegfried, die Palmen. Eine physiognomisch-culturhistorische Skizze. (Aus den populären Vorträgen der k. k. Gartenbau-Gesellsch.) Wien 861. Braumüller. Lex.-8. (39 S.) n. 10 ngr.

— über eine neue, merkwürdige Pilzbildung auf einer Caseinlösung. Mit 1 (lith.) Taf. (in 4.) (Aus d. Sitzungsberichten d. k. Akad. d. W.) Wien 856. (Gerold.) gr. 8. (7 S.) n. 6 ngr.

— Untersuchungen üb. die Fäulniss der Mohrrüben. [Mit 1 (lith.) Taf. (in qu. Fol.)] [Aus d. Sitzungsberichten 1852 der k. Akad. der Wiss. abgedr.] gr. 8. (12 S.) Wien 852. (Braumüller.) n. 1/4 ℛ

—— Untersuchungen über die Fäulniss der Mohrrüben. gr. 8. (12 S. mit 1 Stat. in qu. Fol.) Wien 852, (Gerold's Sohn.)

Reisseck (S.). Die Vegetation von Suedasien. Wien, 1864. 12°.

**Reissek** S.: Ueber die wilde Vegetation d. Rebe im Wiener Becken. [Wien 1856]. (6) S. (Særtr.). P.

— über künstliche Zellenbildung in gekochten Kartoffeln. Mit 1 lith. Taf. (in qu. gr. 4.) [Aus den Sitzungsberichten 1851 der k. Akademie d. Wiss. abgedr.] gr. 8. (7 S.) Wien 851, Braumüller. n. 1/6 ℛ

—— über künstliche Zellenbildung in gekochten Kartoffeln. gr. 8. (7 S. mit 1 Stat. in qu. 4.) Wien 851, (Gerold's Sohn.)
aus: Sitzungsberichte der k. Akademie der Wissenschaften, besonders abgedruckt.

**Reißenberger**, Fr[iedrich]: Jesus Christus. Für die Schüler zusammengestellt. S. 1—10. 8.
In: Festschrift zum 70. Geburtstag des Direktors Carl Albrich sen. Ev. Gymn. A. B. u. verb. Realschule *Nagyszeben (Hermannstadt)* 1906.
Progr.

**Reissenberger**, Karl, Bilder aus der Vergangenheit der Siebenbürger Sachsen, s. Bibliothek, historische, für die Jugend.

**Reissenberger**, Karl Festrede, gehalten anläfslich des Namensfestes Seiner k. und k. apostolischen Majestät am I. Staats-Gymnasium in Graz den 4. October 1886. 8 (S. 3—9).
Progr. Erstes Staats-G. *Graz* 1887.

**Reissenberger** Dr. Karl: Zum armenischen Märchen „Der Fuchs und der Sperling". 7 Bielitz R. 95.
**Progr.**

—— zur Krone Heinrichs von dem Türlîn. Lex.-8. (34 S.) Graz 879, Leuschner und Lubensky. *

Reissenberger, Karl (Hrsg.), s.a. N o t , Des hundes.

**Reissenberger** Dr. Karl: Des hundes nôt. Untersucht und herausgegeben. 39. Bielitz R. 98.
**Progr.**

**Reissenberger**, Karl, d. hundes nôt. Untersucht u. hrsg. Progr. gr. 8. (39 S.) Wien 893. C. Gerold's Sohn. n. — 80

**Reissenberger**, Karl, üb. Hartmanns Rede vom Glauben. Ein Beitrag zur deutschen Literaturgeschichte. Inauguraldissertation. gr. 8. (39 S.) Hermannstadt 871. (Schmiedicke.) n. 1. —

**Reissenberger**, Karl, s.: Reinhart Fuchs.

**Reissenberger**, K., das Großfürstent. Siebenbürgen, s. Länder, die, Oesterreich-Ungarns in Wort und Bild.

**Reissenberger** Dr. Karl: Josef Steinbrenner. †. 2. Bielitz R. 01.
**Progr.**

REISSENBERGER, LUDWIG: Die Kerzer Abtei von Ludwig Reissenberger. Mit zahlreichen Illustrationen. Herausgegeben vom Ausschuss des Vereines für siebenbürg. Landeskunde. Hermannstadt 1894: W. Krafft. In Commission bei Franz Michaelis. 59 S. 4 t. - 270 mm

**Reissenberger**, Ludw., Bericht über das Freiherr Samuel v. Brukenthalische Museum in Hermannstadt. I. Die Bibliothek. Veröffentlicht im Auftrag des Curatoriums. gr. 8. (82 S.) Hermannstadt 877. (Michaelis.) n. — 50

**Reissenberger**: Zur Bestimmung des täglichen Ganges der Luftwärme und des Luftdruckes in Hermannstadt. 39 S.–Hermannstadt ev., Progr. 1862

**Reissenberger**, Ludw., die bischöfliche Klosterkirche bei Kurtea d'Argyisch in der Walachei. Imp.-4. (48 S. mit 4 Taf. in Stahlst. und 25 eingedr. Holzschn.) Wien 860, Braumüller's Sortiment. *
Aus: Jahrbuch der Central-Commission zur Erforschung und Erhaltung der Baudenkmale, besonders abgedruckt.

**Reissenberger**, L., s.: Kunstdenkmale, kirchliche, aus Siebenbürgen.

Reissenberger, Ludw. Die siebenbürgischen Münzen des freiherrlich Samuel von Bruckenthalschen Museums in Hermannstadt. 39, 37, 21, 26 SS. u. 4 Taf.
**Progr.** *Hermannstadt* 1878. 1879. 1880. 1882.

**Reissenberger**, Ludw., die evangelische Pfarrkirche A. B. in Hermannstadt. Mit Holzschn., 4 Lith. u. 1 Kpfrst. gr. 4. (IV, 80 S.) Hermannstadt 884. Michaelis. n. 10. —

**Reissenberger**: Ueber die Regenverhältnisse Siebenbürg. 38 S.–Hermannstadt ev., Progr. 1860

**Reissenberger**, L., Ueberreste der Gothik u. Renaissance an Profanbauten in Hermannstadt. [Aus: „Archiv d. Vereins f. siebenbürg. Landeskde."] gr. 8. (56 S. m. eingedr. Fig. u. 2 Taf.) Hermannstadt 888. (Michaelis.) n. — 80

**Reissenberger** Ludwig: Übersicht aller bis nun teils trigonometrisch, teils barometrisch bestimmten Höhenpunkte von Siebenbürgen. S. 3. 180 . . . . . . . . . . . . vgr.
**Separatabdruck**

**Reissenberger**, Ludwig, Ueber die Witterungs-Verhältnisse von Hermannstadt. (S. 5517)

**Reißer**, Ant. Matthias, s.: Chronik, e. Mieser, des 18. Jahrh.

**Reisser**, F. Königreich Hungarn samt den vereinigten Ländern. Wien. 1 Bl. c. K. v.

**Reißer**, Franz v. Paula Michael

**Reißer**, Frz. de Paula Mich., allgem. Erdbeschreibung. 4 Bde. gr. 8. Wien . . . (Schaumburg u. C.) 7 ℔

**Reißer**, Frz. de Paula Mich., Geschichte d. österreich. Monarchie. 4 Bde. in 8 Abthll. gr. 8. Wien 799—802. Schaumburg u. C. 6 ℔ 16 gr.

— Versuch e. Darstell. d. allgem. Weltgeschichte, nach d. Plane Frz. Jos. v. Mumelter. 1r u. 2r Bd. à 2 Abthll. 8. Wien 805. Dass. 7 Bde. Mit Kpf. gr. 8. Ebd. 811. Bauer u. D. 10 ℔ 16 gr. Hbg. Pr. 5 ℔

— Vers. e. allgem. Weltgesch., n. d. Plane S. J. v. Mumelter. 1r u. 2r Bd. 8. Wien, Rehm 805.

Mieser Kräuter- und Arzneienbuch. (Verf.: Ignaz **Reißer.**) Hrsg. von Georg Schmidt, [Gymn. Prof.], ⟨Mies⟩. Prag: J. G. Calve 1905. (XIV. 00 S.) 8° [5.]
= **Beiträge** z. deutsch-böhmischen Volkskunde. Bd 5, H. 3. 05. 13537

Reisser, Karl

**Reisser**, K., u. Chr. **Braun**, Muster-Sammlg. f. die Sitz-Möbel-Industrie. 300 Musterblätter m. üb. 1000 Zeichngn. in elegantester u. einfacher Ausführg. Zum Gebrauch f. Möbelfabrikanten, Möbelhändler, Tapezierer u. Decorateure entworfen u. gezeichnet. In Lichtdr. ausgeführt v. C. Koch in Pforzheim. 1. Serie. 1—4. Lfg. qu. Fol. (à 10 Taf.) Stuttgart 886. A. Heinrich. à n. 3. 50

— u. Chr. **Braun**, Mustersammlung f. die Sitz-Möbel-Industrie. 300 Musterblätter m. üb. 1000 Zeichngn. in elegantester u. einfacher Ausführung. In Lichtdr. ausgeführt v. C. Koch in Pforzheim. 1. Serie. 5.—7. Lfg. qu. Fol. (à 10 Taf.) Stuttgart 887. A. Heinrich. à n. 3. 50

**Reisser**, C., illustrierte Preisliste der Modelle f. den Modellier- u. Zeichen-Unterricht v. C. R. in Stuttgart. 6 Taf. in Lichtdr. m. 36 Abbildgn. Imp.-4. Stuttgart 890. Nitzschke. n. 1. 20

**Reisser**, C., Stuck-Decken. Eine Sammlg. ausgeführter Plafonds aus nagelbarem Trockenhartstuck. I.—IV. Serie. (à 20 Taf.) Fol. Stuttgart (903—905). K. Wittwer. In Mappe à n. 7. 50

Reisser W., Festschrift zur Eröffnung des Elektrizitätswerkes und der Verbindungsbahn Trossingen. (53 S 12 T) Stuttgart 1898

Reissermayer, Jakob Der grofse Christentag zu Regensburg 1471. I. Teil. 8 (VI, 80 S.). II. Teil. 8 (158 S.).
**Progr.** Neues G. *Regensburg* 1887. 1888.

Commentatio de choro Sophocleo. — Scrips. Jac. Reissermayer. — 1878, Ratisbonae, — P. I–II, 5—45.
Progr. Regensburg, Realgymn.

Reissert, Arnold

**Reissert**, A., das Chinolin u. seine Derivate. gr. 8. (IX, 228 S.) Braunschweig 889. Vieweg & Sohn. n. 6. 50

**Reissert**, Arnold (geb. Powayen in Ostpr. 25. 10. 1860): Ueber die Einwirkung von Phenylhydrazin auf die Cyanhydrine von Benzaldehyd, Acetaldehyd und Aceton. Berlin (1884). (44 S.) 8°
Berlin, Phil. Diss. v. 30. Juli 1884

**Reissert,** Arnold, Generalregister, s.: Berichte der deutschen chem. Gesellschaft.

— Geschichte u. Systematik der Indigo-Synthesen. Mit spec. Berücksicht. der einschläg. Patentliteratur. gr. 8. (27 S.) Berlin 898. R. Friedländer & Sohn. n. 1.—

**Reissert,** Arnold, Lehrbuch der organischen Chemie, s.: Meyer, Vict.

Reissert, Ernst [app. Arzt aus Schleusingen]: Über weiche Papillome der Nasenhöhle. . . . Würzburg, Becker's Univ.-Buchdr., 1889; 29 S. 8°
Würzburg, Med. Fak., Inaug.-Diss. v. 1889

**Reissert, Fedor Max.** (Berlin), De strictura oesophagi. Diss. med.-chir. Berlin (Nietack) 11. V. 1836. 27 S. u. Biogr. (M.: W. Bardou.) (3.—) 28319
Oppon.: J. Schiess, Rich. Jansenius, J. Kornfeld.

**Reiſſert, G.,** das Pflanzen der Obſtbäume. Bodenbereitg. u. Düngg., Baumſchnitt u. Bepflanzungsſkizzen ſowie e. Monatskalender f. die Arbeiten im Obſtgarten. 3. verb. Aufl. f. Obſtbauintereſſenten, Schulen, Landwirte u. Anſiedler, Chauſſeeverwaltgn., ſowie f. Teilnehmer an Obſtbaulehrkurſen in der Provinz. (84 S. m. Abb. u. 7 Taf.) 8. Poſen 909. (Verlag des landw. Centralblattes.) (Nur direkt.) 1.—

**Reiſſert,** Louis, die landwirthſchaftliche Geflügelzucht. Praktiſche Anleitung zum rationellen Großbetriebe derſelben, unter Berückſichtigung der künſtlichen Brut zur Erzielung gleichaltr. Maſſenaufzuchten. 8. (VII, 110 S.) Breslau 879. Korn. cart. n. 1. 50

**Reiſſert's** Katechismus der verbeſſerten Landhühnerzucht, eine Geldquelle für verſtänd. Landfrauen. 8. (31 S.) Rinteln 882, (Böſendahl.) *

—— Katechismus der verbeſſerten Landhühnerzucht. Nebſt einem Anhang über Verbeſſerungen in der Züchtung und Mäſtung der Gänſe und Enten. 2. verm. Aufl. 8. (40 S.) Ebendaſ. 883.

**Reiſſert's** Katechismus der verbeſſerten Landhühnerzucht. Nebſt e. Anh. üb. das Truthuhn u. die Zücht. u. Mäſtg. der Gänſe u. Enten. In 3. Aufl. hrsg. v. E. Sabel. 8. (VI, 64 S.) Breslau 884. Korn. cart. n. — 70

**Reiſſert,** Louis, der Rathgeber. Rathſchläge f. Landleute, wie ſie ſich geſund erhalten u. geſunde Kinder erziehen können; nebſt Verhaltungsregeln bei Erkrankgn. u. Angabe v. Hausmitteln bei den am häufigſten vorkomm. Krankheiten in der Familie u. beim Vieh. Nach 30jähr. Erfahrgn. 8. (IV, 51 S.) Leipzig 875. (Siegismund & Volkening.) n. — 50

**Reiſſert's,** Louis, Ratſchläge f. Landleute, wie ſie ſich geſund erhalten u. geſunde Kinder erziehen können; nebſt Verhaltungsmaßregeln bei Erkrankgn. u. Angabe von Hausmitteln bei den am häufigſten vorkommenden Krankheiten in der Familie u. beim Vieh. Nach 30jähr. Erfahrgn. hrsg. 2. Aufl. gr. 8. (VI, 56 S.) Leipzig 900. Fritzſche & Schmidt. — 75

Reißert, Oswald

Reissert, O. Die syntaktische Behandlung des zehnsilbigen Verses im Alexius- und Rolands-Liede. Erster Theil. Diss. Marburg 1883. 44 S.

**Reissert,** O., die syntaktische Behandlung d. zehnsilbigen Verses im Alexius- u. Rolandsliede, s.: Ausgaben u. Abhandlungen aus dem Gebiete der romanischen Philologie.

Reiſſert, Osw. Däumling. Ein Märchen. Zur Aufführg. in höheren Schulen bearb. 8. (51 S.) Lpz. 892, Renger. * — 80

**Reissert, Oswald: Der Notstand der Höheren Mädchenschule in Preussen. Unter bes. Berücks. der Verhältnisse der akadem. gebildeten Lehrer. — Hannover: Meyer 1887. 77 S. 8°**

**Reißert,** Oswald [Dr.]: Otto mit dem Barte. Eine deutsche Sage. Zur Aufführung in d. Schule bearb. Hannover, Hofbuchdr. d. Gebr. Jänecke, 1891; 1 Bl., IV, 21 S. 4°
Hannover, k. Kaiser Wilhelms G, P 1891 (297)

—— Otto m. dem Barte. Eine deutſche Sage. Zur Aufführg. in höheren Schulen bearb. 8. (43 S.) * — 70
Leipzig: Renger 1892.

**Reiſſert, Osw.,** hannoverſcher Touriſt, ſ.: Puritz, Ludw.

**Reissert,** Osw., Wanderregeln f. ein- u. mehrtägige Schüler-Turnfahrten zur Verteilung an die Schüler aller Klassen. Nebst Angaben üb. die v. dem führ. Lehrer mitzunehm. Arznei- u. Verbandsstoffe. gr. 8. (2 S. u. 1 Bl.) Leipzig 894. Renger. Block v. 24 Explrn. n. — 50

Das Weserbergland und der Teutoburger Wald. Von O[swald] **Reißert.** Mit e. geolog. Übersicht von H[ans] Stille. Mit 123 Abb. u. 1 Kt. Bielefeld & Leipzig: Velhagen & Klasing 1909. 130 S. 4°(8°)
(Land u. Leute. 24.) [10. 1909]

**Reißert,** O., das Weſerbergland u. der Teutoburger Wald, ſ.: Land u. Leute. 24.

**Reißhofer,** J., Lehr- u. Hilfsbuch der kaufmänniſchen Arithmetik zum Gebrauche an zweiclaſſigen Handelsſchulen u. verwandten Lehranſtalten. 1. Thl. gr. 8. (VIII, 315 S.) Wien 887. Gerold's Sohn. geb. n. 3. 20

Reiſsig, A. Pierre Corneille. Ein Beitrag zur Förderung des Studiums dieses Dichters. Greiz, G., 1881. 18 S. 4. Progr.

**Reißig,** A., ſ.: Handbuch f. das preußiſche Herrenhaus.

**Reiſſig,** A., Jean Baptiſte Molière's Leben u. Schriften u. ſein Don Juan. gr. 8. (88 S.) Leipzig 876. Siegismund & Volkening. n. 1. 20

**Reiſſig,** A., Jean Jacques Rouſſeau's Leben u. Wirken. Nebſt der Ueberſetzung einiger Abſchnitte aus deſſen Geſellſchaftsvertrag [Contrat social]. Mit dem Stahlſt.-Portr. Jean Jacques Rouſſeau's. [Pädagog. Sammelmappe 31. Hft.] gr. 8. (104 S.) Leipzig 879. Siegismund & Volkening. n. 1. 20

**Reißig,** A., Jean Jacques Rouſſeau, ſ.: Sammelmappe, pädagogiſche.

**Reiſſig,** Chr. Edw., Blümchen d. Einſamkeit. Mit Kpf. 8. London 815. (Leipz., Göſchen). 1 ₰ 4 gr.

**Reiſſig,** Chr. L. v., Blümchen der Einſamkeit. 3te verbeſſ. Ausgabe. Taſchenformat. Wien, Wallishauſer. 815.

*Marco, Georg:* [Lithogr.] Dem Andenken eines hochverehrten Freundes des Br: Georg Marco weihet dieses [Gedicht] aus besonderer Hochachtung u. inniger Dankbarkeit bei dessen Todenfeyer [!] in der g. u. v. St. Johannis Loge zur Wahrheit u. Freundschaft [in Fürth] Edu. **Reissig** für sich und die gesammte Brüderschaft der Loge den 29. Dec. 5830. Fürth [1830]: Herrlein. 2 Bl. 4⁰ [Umschlagtit.]
„Umnachtet sind des Tempels Hallen . . .“
155.

**Reissig, Heinr.**, s.: Budwiński's Sammlung der Erkenntnisse des k. k. Verwaltungsgerichtshofes. XXIV.

**Reissig**, Heinrich, s. Judicatenbuch des Verwaltungsgerichtshofes. V.Bd. I; Abt. Finanzrechtl. Teil.

**Reissig, Hermann,** pr. Arzt: Aus d. Kgl. hyg. Inst. zu Posen: pathol.-anat. Abt. Ein Beitrag zur Lehre von den Rückenmarksgeschwülsten: Zwei Fälle von Psammom der Dura mater spinalis. Greifswald 1909: Wolfram. 49 S. 8°
Greifswald, Med. Diss. v. 24. Dez. 1909; Ref. Busse in Posen, Grawitz
[Geb. 7. Nov. 77 Greiz; Wohnort: Schwersenz; Staatsangeh.: Preußen; Vorbildung: Gymn. Greiz Reife O. 96; Studium: Halle 4, Jena 1, Berlin 5 S.; Coll. 16. Dez. 09; Approb. 11. Aug. 02.] [U 10. 1586

**Reissig,** Hugo: Ueber den Zusammenhang zwischen Alkoholismus und Epilepsie. *Berlin (1898): E. Ebering.* (25 S.) 8°
Berlin, Med. Diss. v. 5. Juli 1898

**REISSIG, Jakob:** Tafeln zur Berechnung der Coordinaten ohne Logarithmen bei Gemarkungs-, Flur- und Gewannvermessungen sowie bei Forstvermessungen und Wasserwägungen mit dem Theodolit. - Darmstadt 1830. XXX, 202 S. -

**Reissig, Tenner u. Reutzel,** Tafeln zur Berechn. d. Coordinaten ohne Logarithmen, bei Gemarkungs-, Flur- u. Gewann-Vermessungen, so wie bei Forstvermessungen u. Wasserwägungen mit d. Theodolit. M. 2 Stnt. gr. 4. (30¼ B.) Heidelberg 830, (Reichard.)

**Reissig, Tenner, Reutzel, Tafeln zur Berechnung der Coordinaten ohne Logarithmen bei Gemarkungs-, Flur- und Gewann-Vermessungen, sowie bei Forstvermessungen und Wasserwägungen mit dem Theodolit. 2. (Titel-)Aufl. gr. 4. (XXXVI und 203 S. mit 2 Stnt.) Heidelberg 854, E. Mohr.** *

**Reißig, Joseph,** a. Gerolzhofen: Ultramikroskopische Beobachtungen. Erlangen 1908: Junge & Sohn. (47 S.) 8°
Erlangen, Phil. Fak., Ref. Wiedemann, Diss. v. 8. Febr. 1908
[Geb. 7. Sept. 79 Gerolzhofen (Unterfranken); Wohnort: Vegesack b. Bremen; Staatsangeh.: Bayern; Vorbildung: Altes Gymn. Würzburg Reife 98; Studium: Würzburg 6, München 4, Erlangen 4 S.; Rig. 27. Jan. 08.]

Antwort auf die Rede des Hw. M. v. St. [Heinr. Friedr.] M[eyer?]. [Unterz.:] J[ul.] W[ilh.] R[eissig?]. [Fürth] o. J. 1 Bl. 4⁰ [Lithogr.] [Kopftit.]
Gedicht: „Der warme Hauch der Liebe weht uns an, . . .“ 155.

**Reißig,** Karl

Die Aufklärung des Volkes als Mittel zur Bekämpfung der Kurpfuscherei von Dr. [C. F. G. M.] **Reissig**-Hamburg. *(Leipzig [1902]: Ackermann & Glaser.)* (VIII S.) 4°
— Tagesordnung d. XXX. Deutschen Aerztetages in Königsberg i. Pr. Beil. No 3.

**Reissig,** Carl [aus Warmbrunn]: Ein Beitrag zur Lehre von Enchondrom ... Würzburg, P. Scheiner's Buchdr., 1892; 25 S. 8.
Würzburg, Med. Fak., Inaug.-Diss. v. 1892

**Reissig**, Karl (Hrsg.), s.a. Hausbuch, Das ärztliche, f. Gesunde u. Kranke.

**Reißig, Carl,** das ärztliche Hausbuch f. Gesunde u. Kranke. Mit 430 Abbildgn. u. 27 meist farb. Taf. Hrsg. unter Mitwirkung v. Abel, Albu, Avellis u. a. (IV, 992 S.) gr. 8. Leipzig 904. F. C. W. Vogel. Geb. in Leinw. n. 15.—

Reissig, Dr. C., Liebe eine hypnotische Suggestion? Mit besonderer Berücksichtigung des Prozesses Czynski-Zedlitz. 1. und 2. Aufl. (Berlin) 1895. Gr. 8⁰. Eleg. in zweifarb. Umschlage broch. (2 Mk. Julius Neumann, Magdeb., 1908; 1 Mk. H. Barsdorf, Berlin, 190*, ohne Ortsangabe:)

**Reißig, C.,** Liebe e. hypnotische Suggestion? M. bes. Berücksicht. d. Prozesses Czynski-Zedlitz. 2. Aufl. gr. 8. (71 S.) Leipzig 895. H. Barsdorf. n. 1.—

Medizinische Wissenschaft und Kurpfuscherei. Zur Aufklärung d. Publikums gemeinverständl. dargest. von Dr. C[arl] **Reissig**, Arzt in Hamburg. Leipzig: F. C. W. Vogel 1900. (IV, 126 S.) 8° [07. 14447 4

**Reissig, C., medizinische Wissenschaft u. Kurpfuscherei. Zur Aufklärg. des Publikums gemeinverständlich dargestellt. 2., veränd. u. verm. Aufl. gr. 8. (IV, 145 S.) Leipzig 901. F. C. W. Vogel. n. 2.—**
1. Aufl. (IV, 126 S.) Ebd. 900. n. 2.—.

**Reissig**, Kornelius von

**Reissig, C. v.,** Der Apparat zur Messung einer Basis. Petersburg 1823. gr. Fol.

**Reissig, Corn. v., der Reflections-Zirkel z. Erleichterung d. Aufnahme nach d. Augenmasse bei militär. Recognoscirungen. (... u. 2 Kpfrt.) 8. St. Petersburg 820, (Eggers u. Comp.)** *

— der Spiegel-Sextant z. Erleichterung d. Situations-Details bei militär. Aufnahmen. 8. (3¾ B. u. 2 Kpfrt.) St. Petersburg 819, (Eggers u. Comp.) *

— Tafeln der Chorden für alle Winkel des Quadranten ꝛc. Mit 2 Kpfr. 12. St. Petersburg 817. (Leipzig, Voß.) n. ¾ ℔

— **der multiplicirende Theodolit mit Anleitung zu seiner Berichtigung. 4. (4½ B. u. 2 Kpfrt.) St. Petersburg 820, gedr. b. Gretsch. (Eggers u. Comp.)** *

Reissig, R., Ollo und Torilda. Novelle. 8. (180 S.) Weipert 888, (Brüder Kanneberger.) * 2 —

**Reissig, W., Handbuch für Holz- und Torfgas-Beleuchtung und einigen verwandten Beleuchtungsarten. Anhang zum Handbuch der Steinkohlengas-Beleuchtung von N. H. Schilling. gr. 4. (V und 166 S. mit 11 Stnt. und 35 eingedr. Holzschn.) München 863, Oldenbourg.** cart. *

**Reissig, W.,** über das Verhalten des Jodsilbers im Lichte. [Aus den Sitzungsber. der k. Akad. der Wiss.] Wien 866. (Gerold's Sohn.) Lex.-8. (13 S.) n. 2 ngr.

**Reissiger, M., Rathgeber beim praktischen Gebrauche der metrischen Maasse und Gewichte enth. das Einführungsgesetz; die Eichordnung; die Verhältnisszahlen für die Umrechnung der alten in die neuen Maasse etc. Für Schulen und Jedermann zusammengestellt. 8. (IV, 124 S.) Posen 872, Jagielski. [Jolowicz.]** (*ℳ 1,20.) — 40

**Reissinger, s.: Weidmanns Heil!**

Reissinger, Adolf „Ausgezeichnete Form der Polaren-Entwicklung eines symbolischen Produktes mit 3 und beliebig vielen Reihen von Veränderlichen, nebst Umkehrung". pg. 3—46. 8°. (Kemptner Tagblatt.)
Kempten, Progr. 1906/07

Reissinger, August. Vergleichende Untersuchungen über den mikroscopischen Bau der arteriellen Blutgefässe des Kopfes und Halses der Haussäugetiere. Diss. Vet.-Med. Bern. Mit 10 Zeichnungen und 6 Photographien [auf 7 Tafeln]. *Kopftitel:* Aus dem Anatomischen Institut der Tierärztlichen Hochschule zu Dresden. ⟨Prof. Dr. [Hermann] Baum.⟩ VIII + 60 S. 8. Amorbach, Gottlob Volkhardt, 1904.

**Reissinger,** Karl *Friedrich Michael* [aus Beerbach]: Über Bedeutung und Verwendung der Präpositionen ob und propter im älteren Latein. E. lexikal.-semasiolog. Untersuchg ... Landau, Buchdr. K. & A. Kaussler, 1897; 83 S. 8.
Erlangen, Phil. Fak., Inaug.-Diss. v. 29. Jan. 1897

Über Bedeutung und Verwendung der Präpositionen ob und propter im älteren Latein. Eine lexikalisch-semasiologische Untersuchung. — Von Dr. Karl Reissinger, G.-A. — 1897, Landau, K. und A. Kaussler. — P. 3—82.
Progr. Landau (Pfalz), K. Gymn.

**Reissinger,** K[arl], Dr.: Über Bedeutung und Verwendung der Präpositionen ob und propter. Eine lexikalisch-semasiol. Untersuchung. T. 2. *Speyer 1900: Jäger.* (63 S.) 8° ¶(Schluss d. P-Beil. Landau 1897.)
Speyer, k. humanist. G, P 1900*

Reissinger, Karl (Hrsg.), s. Dokumente z. Gesch. d. humanist. Schulen im Geb. d. Bayer. Pfalz.

Reissinger, L., Sprachübungsstoff, s. Fröhlich, A.

**Reissmann:** Der jetzige Stand unserer Kenntnisse u. Anschauungen v. der Gesundheitsschädlichkeit d. Fleisches tuberkulöser Thiere. U. St. 1896. 59 S. (Særtr.). P.

Reißmann, August

Reissmann, Aug., zur **Aesthetik** der Tonkunst. 8. (VII, 245 S.) Berlin 879, H. W. Müller. *

**Reißmann, Aug., Johann Sebastian Bach. Sein Leben und seine Werke. Mit Portr. in Stahlst. und Notenbeilagen. gr. 8. (VIII, 283 S.; Notenbeilagen 15 S.) Berlin 881, [Guttentag.] Brachvogel und Boas. *ℳ 7,50.; geb. ***

**Reißmann, Aug., Johann Sebastian Bach. Sein Leben und seine Werke. gr. 8. Berlin 881. Leipzig, List und Francke. [ℳ 6.—.] *ℳ 3.20.; geb. [ℳ 7.50.] * 4 50**

Ludwig van Beethoven. Von Dr. August Reissmann. *Berlin: H. Schildberger [1901].* (21 S.) 8° [ჴ.]
= **Männer**, Bedeutende, aus Vergangenheit u. Gegenwart. 7. [09. 7437

—— s. Conversations-Lexikon, musikalisches.

Dichtkunst und Tonkunst in ihrem Verhältniss zu einander. Dargest. von Dr. Aug. **Reissmann**. *Leipzig & Berlin: Schulz & Co.* (aufgekl.: *Köln a. Rh. [&] Leipzig: H. vom Ende) [1897].* (94 S.) 8°
= **Universal-Bibliothek** f. Musiklitteratur. No 11. 12. [00. 1293

Dichtungen für Musik. Gesamm., geordnet u. mit Anweisungen vers. von Dr. August **Reissmann**. Lfg 1. *Leipzig & Berlin: Schulz & Co.* (aufgekl.: *Köln a. Rh. [&] Leipzig: H. vom Ende) [1897].* 8°
= **Universal-Bibliothek** f. Musiklitteratur. No 13. 14 [00. 1294

**Reissmann, A., Elementargesanglehre für Schule und Haus bearb. I. Cursus. 8. (16 S.) Leipzig 852, Naumburg.**

**— Liederheft dazu. 1. Cursus. 8. (31 S.) Ebd. 852. 6 ℊℊ.**

**—— 9 Musiktafeln dazu. gr. Fol. Ebds. 852.**

**—— Form und Inhalt des musikalischen Kunstwerkes, s. Sammlung musikalischer Vorträge.**

**Reissmann,** Aug., üb. Fortschritt in der Musik, s.: Fragen, zeitbewegende.

**Reissmann,** Aug., über Fortschritt in der Musik. 2. (Titel-) Aufl. gr. 8. (20 S.) Leipzig 890. Levien. — 25

— brennende Fragen auf dem Gebiete der Tonkunst. gr. 8. (III, 98 S.) Wiesbaden 889. Bechtold & Co. n. 1. 50

Reissmann, Aug., s. Gathy, A., musikalisches Conversations-Lexicon.

**Reissmann,** Aug., allgemeine Geschichte der Musik. Mit zahlreichen in den Text gedruckten Notenbeispielen u. Zeichnungen sowie 59 vollständigen Tonstücken. 3 Bde. Leipzig 863, 64. Fues. Lex.-8. (VII, 343 S.; 2 Bl., 428 S.; 2 Bl., 437 S.). 1.: 3 ℛ; 2. u. 3.: à 4 ℛ

Reissmann, Aug., allgemeine Geschichte der Musik. Mit zahlreichen in den Text gedr. Notenbeispielen und Zeichnungen sowie 59 vollständ. Tonstücken. 3 Bde. Lex.-8. München. [Leipzig, Danz.]
Ermässigter Preis complet *
Inhalt:
Bd. 1. Die vorchristliche Zeit. Die Musik unter dem Einfluss des Christenthums. (V und 292 S. Text und 51 S. Notenbeilagen.) 863,64. (3 Thlr.) Ermässigter Preis * 1 Thlr. 15 Ngr.
» 2. Der Volksgeist bestimmt die Weiterentwickelung der Tonkunst. (310 S. Text und 110 S. Notenbeilagen.) 864. (4 Thlr.) Ermässigter Preis * 1 Thlr. 15 Ngr.
» 3. Die Individualität gewinnt Antheil an der Weiterentwickelung der Tonkunst. (366 S. Text und 23 S. Notenbeilagen.) 866. (4 Thlr.) Ermässigter Preis * 3 Thlr.

**Reissmann, Aug.,** illustrirte Geschichte der deutschen Musik. Mit authent. Abbildgn. u. fosm. Beilagen. gr. 8. (X, 482 S. m. eingedr. Holzschn. u. 7 Musik-Beil.) Leipzig 880. 81. Fues. n. 14. —; geb. n. 16. —

**— illustrirte Geschichte der deutschen Musik. 2., verm. u. verb. Aufl. 10 Lfgn. gr. 8. (XI, 547 S. m. Musikbeilagen u. Fksms.) Leipzig 892. O. R. Reisland. à n. 1. 20**

**Reissmann, Aug., Geschichte d. deutschen Liedes. Mit Musikbeilagen u. vielen in den Text gedr. Beispielen. gr. 8. (VI, 364 S.) Berlin 874. Guttentag. n. 6. —**

Reissmann, A., Geschichte des deutschen Liedes. gr. 8. Berlin 874, Brachvogel und Ranft. * 6 —

**—— Christoph Willibald v. Gluck. Sein Leben und seine Werke. Mit Portr. in Stahlst. und Notenbeilagen. gr. 8. (VIII, 199 S.; Notenbeilagen 36 S.) Berlin 882, [Guttentag.] Brachvogel und Boas. *ℳ 6,50.; geb. ***

**Reißmann, Aug., das Gralspiel. Große Oper in 3 Akten. Textbuch. 8. (32 S.) Wiesbaden 895. Stuttgart, J. Schmitt. — 50**

—— Grundriss der Musikgeschichte. gr. 8. (VIII und 143 S.) München 865. [Leipzig, Danz.] —
Ermässigter Preis *

**—— Grundriss der Musikgeschichte. 8. (VIII, 143 S.) Leipzig 870, Danz. [O. A. Schulz.] (ℳ 2,25.) 1 50**

**—— Georg Friedrich Händel. Sein Leben und seine Werke. Mit Portr. in Stahlst. und Notenbeilagen. gr. 8. (VII, 216 S.; Notenbeilagen 16 S.) Ebendas. 882. * geb. ***

**—— Handlexikon der Tonkunst. gr. 8. (IV, 632 S.) Berlin 882, Oppenheim. *ℳ 9.; geb. ***

Reissmann, Aug., Handlexikon der Tonkunst. Neue Ster.-Ausg. 18 Lfgn. gr. 8. (IV, 632 S.) [Berlin 885, Oppenheim.] Leipzig, List und Francke. [à Lfg. * 50 Pf. * ℳ 9.—.] * ℳ 4.—.; geb. * 5 50

— Harmonie- u. Formenlehre f. Musiklehrer u. zum Selbstunterricht. Leichtfaßlich dargestellt. gr. 8. (IV, 124 S.) Berlin 884. Horrwitz. n. 3. —

— Harmonie- u. Formenlehre f. Musiklehrer u. zu Selbstunterricht. Leichtfaßlich dargestellt. 2. (Titel-)Ausg. gr. 8. (IV, 124 S.) Berlin 889. Cronbach. n. 3. —

— die Hausmusik. In ihrer Organisation u. kulturgeschichtl. Bedeutg. dargestellt. gr. 8. (VII, 322 S.) Berlin 884. Oppenheim. n. 6. —

—— Joseph Haydn. Sein Leben und seine Werke. Mit Portr. in Stahlst., Notenbeilagen und Facs. gr. 8. (VIII, 263 und Notenbeilagen 48 S.) Berlin 879, Guttentag. * geb. *

Reissmann, Aug., die königliche Hochschule für Musik in Berlin beleuchtet. gr. 8. (29 S.) Berlin 876, Guttentag. *

—— Katechismus der Gesangskunst. 8. (VIII und 87 S.) Leipzig 853, Weber. *

— die Kunst u. die Gesellschaft, s. z. Sammlung gemeinverständlicher wissenschaftlicher Vorträge.

Reissmann A, die Kunst in der Gesellschaft. (Sammlung gemeinverständlicher wissenschaftlicher Vorträge N F 146) Hamburg 1892

— die sociale Lage der Musiker in der Gegenwart beleuchtet. I. Die Kritik. gr. 8. (45 S.) Breslau 884. Hientzsch. n. 1. —

— Lehrbuch der musikalischen Komposition. 1. u. 2. Bd. Berlin 866. Guttentag. gr. 8. Jeder Bd. n. 3 ₰
1. Bd. Die Elementarformen. (XVI, 392 S.)
2. Bd. Die angewandte Formenlehre. (VIII, 403 S.)

—— Lehrbuch der musikalischen Komposition. 3. Bd.: Die Instrumentationslehre. gr. 8. (IX, 453, 78 lithogr. S.) Berlin 871, Guttentag. * 9 —
1. und 2. Bd. Ebendas. 1866. à * ℳ 9.

— das deutsche Lied in seiner historischen Entwicklung dargestellt. Mit Musikbeilagen: 33 Lieder aus dem 15., 16., 17. u. 18. Jahrhundert. Cassel 861. Bertram. (Halle, Barthel.) gr. 8. (2 Bl., 331 S.) n. 1 ₰ 15 ngr.

— Friedrich Lux. Sein Leben u. seine Werke, dargestellt v. A. R. Mit Portr. in Stahlst. gr. 8. (130 S.) Leipzig 888. Breitkopf & Härtel. n. 3. —; geb. n. 4. 50

—— Felix Mendelssohn-Bartholdy. Sein Leben und seine Werke. gr. 8. (V und 317 S.) Berlin 867, Guttentag. * 1 Thlr. 20 Ngr.; geb. *

—— Felix Mendelssohn-Bartholdy. Sein Leben und seine Werke. 2. stark verm. und verb. Aufl. gr. 8. (VII, 320 S. mit Portr. in Stahlst.) Berlin 872, Guttentag. * 5 — geb. * 6 —

— Felix Mendelssohn-Bartholdy. Sein Leben u. seine Werke. 3., sehr verm. u. verb. Aufl. Mit Mendelssohn's Bildniss u. Ansicht seines Denkmals in Leipzig. gr. 8. (VIII, 347 S.) Leipzig 893. List & Francke. n. 5. —; geb. n. 6. —

—— Wolfgang Amadeus Mozart, s. Plutarch, der neue.

— die Musik als Hülfsmittel der Erziehung. gr. 8. (VII, 148 S.) Wiesbaden 887. Bechtold & Co. n. 3. —; geb. n. 3. 75

—— leichtfassliche Musikgeschichte in 12 Vorlesungen, gehalten im Conservatorium der Musik zu Berlin. gr. 8. (VII, 212 S.) Berlin 877, Janke. *

— dasselbe. 2. (Titel-)Aufl. gr. 8. (VII, 212 S.) Ebend. 881. n. 2. —

—— allgemeine Musiklehre. Für Lehranstalten und zum Selbstunterricht bearb. gr. 8. (VII und 327 S.) Berlin 864, [Weber.]
Ermässigter Preis *

—— allgemeine Musiklehre. Für Lehranstalten und zum Selbstunterricht. 2. Aufl. gr. 8. (VI, 327 S.) Berlin 874, Weber. * 3 —

—— Der Naturalismus in der Kunst, s. Zeit- u. Streitfragen, deutsche. 88/89.

— die Oper, in ihrer kunst- u. kulturhistorischen Bedeutung dargestellt. 8. (V, 298 S.) Stuttgart 885. Bonz & Co. n. 5. —; geb. n. 6. —

Reissmann, Aug., Franz Schubert. Sein Leben u. seine Werke. Mit Portrait in Stahlstich, Notenbeilagen u. e. (lith.) Fcsm. (in Fol.) gr. 8. (VII, 348 S. u. Notenbeilagen 18 S.) Berlin 873. Guttentag. n. 6. —; geb. n. 7. —

—— Robert Schumann. Sein Leben und seine Werke. gr. 8. (VII und 240 S.) Berlin 865, Guttentag. *

— Robert Schumann. Sein Leben u. seine Werke. 2. verb. Aufl. gr. 8. (V, 240 S. m. 1 Stahlst.) Ebend. 871. n. 4. 50; geb. n. 5. 50

—— Robert Schumann, sein Leben und seine Werke. 3. wesentlich verb. Aufl. gr. 8. (VII, 248 S.) Berlin 879, Guttentag. * geb. *

— Von Bach bis Wagner. Zur Geschichte der Musik. Berlin. 861. Guttentag. gr. 8. (VIII, 180 S.) 27 ngr.

Richard Wagner. Von Dr. August Reissmann. *Berlin: H. Schildberger [1904].* (20 S.) 8° [ã.]
= Männer, Bedeutende, aus Vergangenheit u. Gegenwart. 1. [04. 7433]

Was wird aus unserer deutschen Musik? E. Mahnwort an d. Wende d. Jhs f. Alle, die es angeht v. Dr. August Reissmann ... *Berlin: M. Driesner [1897].* (164 S.) 1 Bd 8. [97. 5097]

— was wird aus unserer deutschen Musik? Ein Mahnwort an d. Wende d. Jahrhunderts f. Alle, die es angeht. gr. 8. (164 S.) Berlin 897. Dessau, Anhalt. Verlagsanstalt. n. 3. —

— Carl Maria v. Weber. Sein Leben u. seine Werke, dargestellt. Mit Portraits, Illustr. (in Holzschn.) u. Notenbeilagen. gr. 8. (V, 218 u. Notenbeilagen 32 S.) Berlin 882. Oppenheim. n. 6. —

—— Carl Maria v. Weber. Sein Leben und seine Werke. gr. 8. [ℳ 3.50.] * ℳ 2.40.; geb. * 3 80
Berlin: Brachvogel u.Boas 1883.

Carl Maria von Weber. Sein Leben und seine Werke dargest. v. August Reissmann. Mit Portraits, Illustrationen und Notenbeilagen. Berlin. 1886. 8°

Reißmann, Fr., Anleit. z. Meßkunst, z. geometr. Perspectiv- u. z. Zeichenkunst, f. angehende Künstler. Mit vielen Kpf. 8. Leipz. 801. N. A. 820. (W. Rauck). 22 gr

**Reissmann, Gerhard:** Tilos von Culm Gedicht von siben Ingesigeln. Kap. A. (Berlin: Mayer & Müller 1910.) 66 S. 8° ¶ (Ersch. vollst. als: Palaestra. Bd 99.)
Berlin, Phil. Diss. v. 15. Juni 1910, Ref. Roethe
[Geb. 20. Jan. 85 Berlin; Wohnort: Friedrichsfelde b. Berlin; Staatsangeh.: Preußen; Vorbildung: Lessing-Gymn. Berlin Reife M. 04; Studium: Berlin 12 S.; Rig. 15. Juli 09.] [U 10. 237

Tilos von Culm Gedicht von siben ingesigeln. Von Gerhard **Reissmann.** Berlin: Mayer & Müller 1910. VI, 182 S. 8°
Ein T. ersch. als Inaug.-Diss. Berlin 1910.
(Palaestra. 99.) [10. 17042

Reißmann, Dr. J., Actenmäßige Darstellung der Wirksamkeit der deutschen Bundesversammlung; betreffend die Vertretung, Vertheidigung u. Wahrung der Rechte des deutschen Volkes gegen die Gewaltschritte der deutschen Regierungen seit ihrem Bestehen bis auf die neueste Zeit. Dresden, Kori. 1848. 1 Bogen. 8°.

**Reißmann, J.,** die Zerstörung Wiens im J. 1848 durch den Tilly des 19. Jahrh. 8. (62 S.) Dresden 849, Kori (& am Ende.) n. 1/6 ℔

**Reissmann, Joann. Valentin.,** Dissertatio inauguralis de cantico Habacuc prophetae. III. cap. Würzburg. 1831. 8°. 80 S.

Reißmann, Camillo, Johann Gottfried Seume, s.: Planer, Osk.

**Reißmann, Otto,** über den Gesetz-Entwurf betr. ergänzende Vorschriften üb. den Dienstvertrag f. Krankenpflege, Unterricht, Erziehung u. andere höhere häusliche od. persönl. Dienstleistungen. Ein Beitrag zur Reform des Dienstvertrages nach allgem. Civilrechte. (58 S.) gr. 8. Wien 903. M. Breitenstein. n. 1.—

**Reißmann,** Otto, Referendar am Amtsgericht Greiz: Die Rechtspflegeorgane im Deutschen Reich für die gewerblichen Streitigkeiten nach dem Gewerbegerichtsgesetz in der Fassung vom 29. September 1901. Borna-Leipzig 1907: R. Noske. (IX, 66 S.) 8° [F.]
Leipzig, Jur. Fak., Diss. v. 23. Dez. 1907
[Geb. 21. Mai 85 Greiz; Wohnort: Greiz; Staatsangeh.: Reuß ä. L.; Vorbildung: Städt. Gymn. Greiz Reife O. 03; Studium: Lausanne 1, München 3, Leipzig 4 S.; Rig. 22. Jan. 07.]

**Reißmann,** P: Selbsttätige Dampfkessel-Speisevorrichtung. Bauart Fischer. Berlin (1908?)

**Reissmüller's Städteführer.** 1. Bd. 8. Posen, E. Reissmüller. (Nur direkt.) 1.—
Führer durch Posen u. seine Umgebung, m. 1 (farb.) Plan der Stadt Posen. Aufgrund amtl. u. geschichtl Materials bearb. von Hugo Sommer. (116 S.) 910.

E[duard] **Reißmüller.** Das Königl. Residenzschloß in Posen. Ill. Führer mit 12 Abb. 1. Aufl. (Posen): Selbstverl. (1910). 23 S. 8° [11. 9430

**Reißmüller, Rich.,** die sächsischen Fleischschaugesetze m. der Dienstanweisung f. die Fleischbeschauer, nebst dem Schlachtviehversicherungsgesetze u. Regulativ der staatl. Versicherungsanstalt, zum Gebrauche f. die Tierärzte, Fleischbeschauer, Fleischer, Verwaltungsbeamte, Gemeindevorstände u. Landwirte im Königr. Sachsen. 8. (74 S.) Chemnitz 901. Selbstverlag. Kart. n. 1.—

— Tagebuch f. sächsische Trichinen- u. Fleischbeschauer. 8. (II S. u. Schreibkalender.) Ebd. 901. Kart. n. 1.—

**Reißmüller, Rich.,** s.: Taschentagebuch f. deutsche Fleisch- u. Trichinenschauer.

— die f. das Königr. Sachsen gültigen Trichinenschaugesetze u. Vorschriften. (32 S.) 8. Chemnitz 903. R. Reißmüller. n. —60

**Reißner.** D. Irren- u. Siechenzählg i. Grherzogt. Hessen 1880. Darmstadt 1883. 4.

**Reissner,** Arthur, Kammergerichtsref. aus Cottbus: Die Befugnis des Testamentsvollstreckers zur Führung von Prozessen um die Wirksamkeit oder Unwirksamkeit des Testaments. *Greifswald 1901: F. W. Kunike.* (VII, 52 S.) 8°
Freiburg i. B., Rechts- u. staatswiss. Diss. v. 1901

Die Zwangsunterbringung in Irrenanstalten und der Schutz der persönlichen Freiheit. Von Dr. jur. Arthur **Reißner**, Berlin. Mit e. Vorw. von Prof. Dr. A[lbert] Eulenburg, Berlin. Berlin, Wien: Urban & Schwarzenberg 1905. (VIII, 86 S.) 8° [05. 19430

**Reißner, E.,** Horaz, Persius, Juvenalis, die Hauptvertreter der röm. Satire, s.: Sammlung gemeinverständlicher wissenschaftlicher Vorträge.

Reissner, Ernst

**Reissner, E.,** der Bau des centralen Nervensystemes der ungeschwänzten Batrachier, untersucht u. beschrieben. Dorpat 864. (Gläser's Verl.) gr. 4. (X, 119 S. mit 1 Atlas von 12 Steintaf.) n. 2 ℔ 15 ngr.

**Reissner, E(rnst), Beiträge zur Kenntniss der Haare des Menschen und der Säugethiere. gr. 8. (128 S. mit 2 Stnt.) Breslau 854, [Trewendt.]** *

Reissner, Ernst, aus Livland. Es soll mit Rücksicht auf die neue Arbeit von Steenstrup untersucht werden, ob die Thiere aus der Familie der Regenwürmer und Blutegel Zwitter sind oder nicht, und in welcher Weise bei ihnen die Paarung vor sich geht. Preisarbeit Dorpat 1847.

**Reissner, Ernest., de auris internae formatione. Dissertatio inauguralis. 4maj. (55 S. und 1 Stnt.) Mitaviae 851, Reyher.**

**—— Nonnulla de hominis mammaliumque pilis. Commentatio. 8maj. (75 S. mit 2 Stnt.) Dorpati Liv. 853, (Glaeser.)**

**Reissner,** *Eugen* [app. Arzt]: Ueber die Ausscheidung von Fremdkörpern aus der Niere. '(M. bes. Rücks. auf Mikroorganismen.)' ... Göttingen, Druck d. Dieterichschen Univ.-Buchdr., 1891; 36 [vielm. 38] S. 8.
Göttingen, Med. Fak. Inaug.-Diss. v. [15. Juli] 1891

**Reissner, E., üb. die Ausscheidung v. Fremdkörpern aus der Niere. [Mit besond. Rücksicht auf Mikroorganismen.] Diss. gr. 8. (36 S.) Göttingen 891. (Vandenhoeck & Ruprecht.) n. —80**

Reissner, Friedrich Wilhelm

**Reissner,** Frid. Guil. (geb. Magdeburg 19. 4. 1834): De acido Valerianico eiusque effectu in animalibus observato. Berolini (1855). (27 S.) 8°
Berlin, Med. Diss. v. 3. Mai 1855

Reissner, Hans

**Reissner, H., amerikanische Eisenbauwerkstätten. Bericht. Mit 69 Fig. u. 30 Tab. im Text u. 11 Fig.-Taf. (Hrsg. von der königl. techn. Hochschule zu Berlin. Louis Boissonnet-Stiftung. 1904.) (IV, 75 S.) gr. 4. Berlin 906. R. Dietze. Geb. in Leinw. n. 12.—**

**Reissner, H[ans]:** Schwingungsaufgaben aus der Theorie des Fachwerks. 1902. 28 S. 8° ¶ Auszugsweise u. um einen 2. T. verm. in: Zeitschrift f. Bauwesen. Jg. 53. 1903.
Berlin, Dr.-Ing.-Diss. v. 20. 6. 1902

**Reißner, J. G.,** Vernunft u. Glaube, oder wer wird siegen? 8. Leipz. Schödel. 806.

**Reißner,** J(ohannes), Assistenzarzt am Diakonissenhause in Bromberg: Über Gallensteinileus. Breslau 1907: Breslauer Genossenschafts-Buchdruckerei. (34 S.) 8°
Breslau, Med. Fak., Ref. v. Strümpell, Diss. v. 20. Aug. 1907
[Geb. 5. Febr. 80 Breslau; Wohnort: Bromberg; Staatsangeh.: Preußen; Vorbildung: Gymn. Allenstein Reife O. 01; Studium: Freiburg i. B. 1, Königsberg 4, Breslau 2, Königsberg 2 S.; Coll. 12. Aug. 07; Approb. 9. April 07.]

**Reißner, Joh. Conr., ABC-Buchstabier- u. Lesebuch, zum Gebrauch f. deutsche Schulen in den Vereinigten Staaten. 3. Aufl. 8. (151 S.) Neu-Berlin 843. (Philadelphia, Schäfer & Koradi.) n. 12 ngl**

Bilder aus der Irrenanstalt. Von Julius **Reissner**. (Vorr.: Dir. Dr. Gerlach, Königslutter.) *Berlin: O. Salle 1900.* (IV, 79 S.) 8° [F.]

**Reissner,** Martin, a. Berlin: Beiträge zur Kenntnis der Wärmestarre. Würzburg 1905: [A. Borst]. (14 S.) 8°
Würzburg, Med. Fak., Ref. v. Frey, Diss. v. 7. Juni 1906
[Geb. 10. Sept. 81 Berlin; Wohnort: Würzburg; Staatsangeh.: Preußen; Vorbildung: Gymn. Berlin Reife M. 99; Studium: Berlin 8, Würzburg 2 S.; Coll. 3. Mai 05; Approb. 23. März 05.]

**Reissner, Mart., Beiträge zur Kenntnis der Wärmestarre. Diss. (14 S. m. 1 Taf.) 8. Würzburg 905. F. Freudenberger. n. 2. —**

**Reissner, Mart., u. Wilh. Reissner, Panorama der Zugspitze. 2964 m. Aufnahme u. Bergbezeichng. v. M. u. W. R. Hrsg. v. Wilh. Reissner. 14×214 cm. Lichtdr. München (907). (J. Lindauer.) 2. —**

**Reissner,** Otto [app. Arzt]: Zur Frage der intermediären Trepanation bei Osteophlebitis cranii ... (Aus: Beitr. z. klin. Chir. VIII. Bd. III. Heft.) Tübingen, H. Laupp, 1891; 2 Bl., 25 S. 8.
Heidelberg, Med. Fak., Inaug.-Diss. v. [5. Mai] 1891

**Reissner,** Paul: Ein **Beitrag** zur Würdigung der Gruber-Widal'schen Serum-Diagnose des Abdominal-Typhus. *Leipzig 1898: F. Fischer.* (50 S.) 8°
Leipzig, Med. Diss. v. 1. Aug. 1898

**Reissner,** Richard [app. Arzt aus Darmstadt]: Casuistischer Beitrag zur Wahl der Blasensteinoperationen beim Manne. . . . Heidelberg, Univ.-Buchdr. v. J. Hörning, 1891; 88 S., 1 Bl. 8°
Heidelberg, Med. Fak., Inaug.-Diss. v. [5. Mai] 1891

**Reist, Karl, Rentennot. Lustspiel in 5 Akten. 8. (IV, 143 S.) München 888, Th. Ackermann Verlag.** *

**Reister, Heinr., Lehr- u. Lesebuch f. die Unterklasse in katholischen Volksschulen. 8. vollständig umgearb. Aufl. gr. 8. (VIII, 120 S.) Stuttgart 874. Hallberger. n. — 60**

Reiswitz, Freiherr von (Hrsg.), s. Polizei-Archiv, Allgemeines, für Preussen, Berlin 1818–1821.

**v. Reiswitz, ... (Reg. Rath,) Repertorium d. europ. Paß-Polizei-Gesetze, s. a. Ldw. Hoffmann**

**Reiswitz**, Frh. v. u. **Hoffmann**: Repertorium der europäischen Paß-Polizei-Gesetze. Th. 1. 2. Berlin 1821.

Reiswitz, . . . . . . Frh. von und Hoffmann, Pt. J. Jak.: „Repertorium der europäischen Pass-Polizey-Gesetze", 2 Teile, Berlin 1822.

Reiswitz, B. v., Premier-Lieut. in der k. preuss. Garde-Artillerie. Anleitung zur Darstellung militärischer Manöver, mit dem Apparat des Kriegspieles. (1 Bd. Text, 1 Bd. Erklärungstabellen, 96 grosse, 56 kleine Pläne.) (59 S) 4. Berlin 1824.

**v. Reiswitz, B., Anleit. z. Darstell. militär. Manövers mit d. Apparat d. Kriegs-Spieles. gr. 4. Mit 32 Plän. u. 1 Kästchen mit bleiernen Marquen etc. Berl. 824. (Laue). (inclus. Apparat) 44 ₰**

**Supplement** zu den bisherigen Kriegsspiel-Regeln (von B. v. Reißwitz). Mit 1 Taf.
Berlin 1828. 38 S.

**v. Reiswitz, Frhrr. G. L., u. Wadzeck, Beitrr. z. Kenntniß d. Mennoniten-Gemeinden in Europa u. Amerika. Statist., histor.-religiösen Inhalts. Mit 1 Kpf. u. 1 Karte. gr. 8. Berl. 824. Verfasser. (Rücker). 1 ₰ 12 gl (A. u. d. T.: Glaubensbekenntniß d. Mennoniten u. Nachrr. von ihren Kolonien etc.) (Erschien 1821 unt. d. Tit.: Beitrr. zur Kenntniß d. Mennoniten-Gemeinde. 8. Berl., (Stuhr). 2 ₰) 2r Thl. unt. d. T.: Beitrr. z. Kenntniß d. taufgesinnten Gemeinden od. der Mennoniten, statistisch., histor. u. religiösen, auch jurist. Inhalts. Mit 2 lithograph. Ansichten u. 1 Plane. gr. 8. Bresl. 829. (Leukart). 1 ₰ 20 gl**

**Reiswitz**, Frhr. v., und **Wodzeck**, Beiträge zur Kenntnis der Mennoniten-Gemeinden in Europa und Amerika, statistischen, historischen und religiösen Inhalts. Mit dem Bildnis des Menno Simon und einer Karte „Der Fluß Molotschna und die daran liegenden Colonien im Jahre 1806". Berlin 1823

Reiswitz, G. L. v., Beiträge z. Kenntniß d. taufgesinnt. Gemeinden od. der Mennoniten, statist., histor. u. religiösen, auch jurist. Inhalts. 2. Thl M. 2 lith. Ansichten d. Danziger Bethauses. gr. 8. (24 B., 1 B. Tab. u. 1 lith. Plan.) Breslau 829, (Leuckart.)
1. Thl. erschien 1822 u. d. T.: Beiträge zur Kenntniß der Mennoniten-Gemeinden in Europa u. Amerika etc. Hrsg. von v. Reiswitz u. F. Wadzeck. Berlin, (Maurer.) 2 Thlr., 1824 u. d. T.: Glaubensbekenntniß der Mennoniten u. Nachricht v. ihren Colonien etc. Berlin, (Rücker.) 1 Thlr. 12 Gr.

**Reiswitz,** Wilh. Georg Heinr., s. Bericht des Arbeitgeber-Verbandes Hamburg-Altona

**Reiswitz, W. G. H. v., Ca'canny. (Nur immer hübsch langsam!) Ein Kapitel aus der modernen Gewerkschaftspolitik. 1. u. 2. Aufl. gr. 8. (à III, 98 S.) Berlin 902. O. Elsner. n. 2. —**

**— Generalstreik? Ein Rückblick auf den Hafenarbeiter-Streik in Marseille. 1.—3. Aufl. (Je V, 85 S.) gr. 8. Berlin 905. O. Elsner. n. 1. 25**

Gründet Arbeitgeberverbände! Von W[ilhelm] G[eorg] H[einrich] Frh. v. Reiswitz, Generalsekr. *Berlin: O. Elsner 1904.* (85 S.) 8°
= Zeitfragen, Sozialwirtschaftliche. H. 3.

**Reiswitz,** W[ilh.] G[eorg] H[einr.], Die deutsche Industrie und der Arbeitsnachweis. Hamburg 1902. 8°.

**Reiswitz,** W. G. H. Frhr. v., Die politische Organisation der Arbeit. Vortrag. Wien, 1905. 26 S.

**Reiswitz, W. G. H. Frhr. v., die politische Organisation des Unternehmertums. (30 S.) 8. Berlin 900. O. Elsner. — 25**
Sonderabdruck aus: „Deut. Arbeitgeber Ztg."

**Reiswitz,** W. G. H. Frhr. v., Die Organisation des Unternehmertums im Unterelbe-Bezirk. Hamburg, 1906. 39 S.

**Reiswitz,** Willy Frh. von

**Reiswitz, W. Frhr. v., heitere Gesellen, s.: Eckstein's Miniaturbibliothek.**

**— „Ich hatt' e. Kameraden —". 8. (115 S.) Hamburg (902). Schröder & Jeve. n. 1. —**

Reiswitz, Willy Frh. v.: Der Kampf um die Liebe. Roman. Mit Ill. von W. Roegge. Berlin, Eisenach, Leipzig: H. Hillger [1899]. (127 S.) 8°
= Bücherschatz, Kürschner's. No 165.

— der Kampf um die Liebe, s. o. Kürschner's, Jos., Bücherschatz.

Reit im Winkel [Schlagwort]

Reit im Winkel, s.: Deutschland. Karte. (Abt. Bayern.)

**Reitemeier,** August, cand. agr.: Geschichte der Züchtung landwirtschaftlicher Kulturpflanzen. *Breslau 1904: H. Fleischmann.* (VII, 198 S.) 8°
Breslau, Phil. Diss. v. 26. Juli 1904

Reitemeier, Johann Friedrich

**Reitemeier, J. F.,** die Abschoßpflichtigkeit d. Prediger in d. Churmark Brandenburg. 2 Thle. gr. 8. Frankfurt a. d. O. 800 — 802. Akad. Buchh.
Jetzt: Flittner.

— die Abschoßpflichtigkeit d. Prediger in der Churmark Brandenburg. (2 Abthll.) 1r u. 2r Nachtr. zu dessen allgem. u. preuß. Abschoßrecht. gr. 8. Frankf. 801, 2. (Sander in Berlin). 8 gr

Reitemeyer, J. F.: „Das allgemeine Abschossrecht in Deutschland", Frankfurt a. d. O. 1800 (Akad. Buchh.).

Reitemeier, Jh. Fr., das allgem. Abschoßrecht in Deutschland u. d. Abschoßrecht in d. preuß. Staaten, als Anh. gr. 8. Frankf. 800. (Sander in Berl.) 1 rthl

— Anruf an die hohen Landesstände in allen Provinzen der Kgl. Dänischen Monarchie. Für die Erhaltung und Sicherstellung des gesetzlichen Jurizschutzes wider ungerechte Endurtheile. Als Vorwort der angehängten Druckschrift: Das Willkührssystem der Dänisch-Holsteinischen Kanzleyen etc. (Frankf. a/M. d. 6. Julii 1835). U. St. (jf. B. D. III. 1390).

— das Bundesgericht für Staaten u. Regenten, eine stehende Friedenspflege. 8. Kiel 816. Acad. B.; (auch A. Campe in Hamb.) 16 gr

— Das Bundesgericht für Staaten und Regenten. Eine stehende Friedenspflege mit Spruchsausträgen. Kiel. 1817. P.

— der Bürgervertrag für die Gesetzgebung mit der Ständeverfassung in den Germanischen Staaten. 8. Hamburg, Hoffmann und Campe. 815. Rthlr.

— Der Bürgervertrag für die Justiz, Staatshülfe und Finanzpflege, mit der Ständerverfassung in den Germanischen Ländern. Kiel. 1816. (jf. B. D. III. 836).

— der Bürgervertrag f. die Justiz-Staatshülfe u. Finanzpflege, mit d. Ständeverfassung in d. german. Staaten. 8. Kiel 816. Acad. B.; (a. Campe in Hamb.) 16 gr

**— Conspectus juris Romani ad eius naturam ordine dispositi. Göttingen (J. Chr. Dieterich) 1784.**
62 S. (4.25) 28323

— Deutschland vor u. nach d. Lüneviller Frieden, ein Handbuch d. Geschichte, Statistik u. d. Staatsrechts. 1. Bd. gr. 8. Frkf. 804. (Sander in Berl.) 2 rthl 12 gr

— **Deutschland vor und nach dem Lüneviller Frieden.** 1r Bd. gr. 8. Frankfurt a. d. O. 804. Jetzt Flittner.

— **Encyklopädie und Gesch. d. Rechte in Deutschl.** 8. Götting. Dieterich. 785.

— das german. Europa, insbesond. Deutschland vor u. seit d. Jahre 1813. Betrachtung der Schutzvereine in Stämmen, Reichen u. Bündnissen. 8. Kiel. 814. Hesse. 12 gr

— der Gebrauch fremder Rechte, besonders des allgem. preuß. Landrechts, als eine Autorität in Deutschland. gr. 8. Frankf. a. O. 803. Acad. B; (a. Sander in Berl.) 10 gr

— der Gehorsam gegen die obrigkeitl. Befragung in Zwangs- u. Straffällen; eine Vorlesung üb. das allgem. deutsche Gesetzbuch. Abtheil. I. Tit. 27. 8. Frankf. 801. (Sander in Berlin). 2 gr

— Geschichte d. Bergbaues u. Hüttenwesens bei den alten Völkern; e. Preisschr. 8. Götting. 785. Dieterich. 6 gr

Reitemeier, J. F., Geschichte des Bergbaues und Hüttenwesens bei den alten Völkern. Göttingen, 1785. 166 S.

— Geschichte d. preuß. Staaten vor u. nach ihrer Vereinigung in eine Monarchie. 2 Thle. 8. Frankf. 801—5. (Sander in Berl.) 4 rthl

— — d. preuß. Staaten vor und nach ihr. Verein. in eine Monarchie. 2 Thle. 8. Frankfurt, Akadem. Buchh. 801—805. (à 2 Rthlr.)

— — und Zustand der Sclaverey und Leibeigenschaft in Griechenland, eine gekrönte Preisschr. 8. Berlin, Mylius. 788.

**Reitemeier,** Jh. Fr., Geschichte und Zustand der Sklaverei und Leibeigenschaft in Griechenland; eine gekrönte Preisschrift. 8°. Berlin, Mylius, 1789.

**Reitemeier,** Joh. Friedr.: Allgemeines Deutsches Gesetzbuch aus den unveränderten brauchbaren Materialien des gemeinen Rechts in Deutschland, entworfen. Abt. 1, Bd 1. 2. Frankfurt a. d. O. 1801. 02.
2 Bde
[Nebentit.:] Das Bürgerrecht in den Deutschen Reichslanden.

— allgem. deutsches Gesetzbuch, aus d. unveränderten brauchbaren Materialien d. gemeinen Rechts in Deutschland entworfen. 1r — 3r Bd. gr. 8. Frankf. 801, 2. (Sander in Berl.) 4 rthl 12 gr (2r Bd. A. u. d. T.: das Bürgerrecht in d. deutschen Reichslanden &c.)

Reitemeier, Jh. Fr., üb. Gesetzgebung mit Rücksicht auf den neuern Plan d. russ. kaiserl. Gesetzcommission. 8. Frankf. 805. (Sander in Berl.) 16 gr

Reitemeier, Joh. Friedr., Ueber Gesetzgebung insbesondere in den deutschen Reichsstaaten. Mit Rücksicht auf den neuen Plan der Russisch-Kais. Gesetzcommission und mit Entwickelung der ersten Grundsätze des positiven Rechts. Frankf. a/O. 1806. Akad. Buchhandlung.

— die deutsche Gesetzwissenschaft seit d. neuern Legislation, eine Revision der Gesetze u. Rechtsmeinungen. 1r Bd. 1s u. 2s Stück. gr. 8. Frankf. a. O. 804. Acad. B.; (a. Sander in Berl.) 1 Thl.

Reitemeier, J. F.: „Grundsätze der Regentschaft in souver. und unabhängigen Staaten", Berlin 1784 (Mylius).

— Grundsätze d. Regentschaft in souveränen u. abhängigen Staaten. 8. Berl. 789. Mylius. 14 Gr.

— Justizverbesser. b. d. Ausübung und Controlle d. Rechtspflege. 8. Frankf. Akadem. Buchhdl. 802.

— Justizverbesserungen bei d. Ausübung u. Controlirung der Rechtspflege. 8. Frankf. 802. (Sander in Berl.) 1 Thl. 4 Gr.

— üb. höhere Cultur, deren Erhaltung, Vermehrung u. Verbindung im Staate. 8. Frankf. 799. (Sander in Berl.) 1 Thl. 12 Gr.

**Reitemeier**, Johann Friedrich, s. Meßanzeiger.

– s. Meßweiser.

— Das Napoleonsrecht als Allgemeines Recht in Europa insbesondere in Deutschland. Frankf. a/d. O. 1808. Akad. Buchhandl.

— das Napoleonsrecht, als allgem. Recht in Europa, insbesondere in Deutschland betrachtet. 8. Frankf. 809. (Sander in Berl.) 9 Gr.

— Notiz d. Wissenschaften u. d. Vorlesungen üb. dieselben. gr. 8. Berl. 794. Mylius. 4 Gr.

**Reitemeier, Joh. Fried.,** De origine et ratione quaestionis per tormenta apud Graecos et Romanos commentatio. Göttingen (J. Chr. Dieterich) o. J. 56 S. (4.25) 28322

— Diss. inaug. de origine et ratione quaestionis per tormenta ap. Graec. et Rom. 8. Götting. 782. Dieterich. 3 Gr.

REITEMEIER, Joh. Fr.: Das gemeine Recht in Deutschland vor der Aufnahme des röm. Rechts, aus den Reichsgesetzen, dem Sachsen- u. Schwabenspiegel u. andern Quellen dargestellt. *Frkf. a. d. O.*, (*Berlin*, Sander.) 804. 8. (1 Thl.)

— üb. die Redaction e. deutschen Gesetzbuchs aus d. brauchbaren aber unveränderten Materialien des gemeinen Rechts in Deutschland. gr. 8. Frankf. 800. (Sander in Berl.) 8 Gr.

— die deutsche Reichsverfassung seit dem Lüneviller Frieden. 8. Frankf. Akadem. Buchh. 803.

— d. deutsche Reichsverfassung seit d. Lüneviller Frieden. 8. Frkf. 803. (Sander in Berl.) 1 Thl. 8 Gr.

**Reitemeier**, Johann Friedrich: Der Recurs an den Gesetzgeber wider fehlerhafte Rechtsansprüche. Ein Hauptschutzmittel der zeitgemässen Justizverfassung. Erläutert durch einen Rechtsfall; die landgerichtliche Verurtheilung des Landsassen J. J. Kühl zu Neumühlen, zur Concurserklärung bei Zahlungsbereitwilligkeit auf Antrag der Gräflich Rantzauischen Fideicommissadministration. Kiel. 1818. 8°

**Reitemeier, Joh. Friedr.: Revision der Wahrheit vor Gericht. Eine Sammlung von Rechtsfällen mit einer Prüfung der Wahrheit der Thatsache, nach den gesetzlichen Regeln der Auslegung u. des Beweises. H. 1. [einz.] Frankfurt a.d. O. 1802.** Akad. Buchh.

Die außerordentlichen Schutzmittel bey rechtswidrigen Endentscheidungen. Erl. durch die Rechtssache des Landsassen Kühl wider die gräflich Ranzauische Fideicommißadministration v. Johann Friedrich **Reitemeier.** Copenhagen. 1818. 8°

[**Reitemeier**, Johann Friedrich:] Die Ständeverfassung in den Germanischen Ländern, insbesondere in Dänemark und Preussen. Kiel. 1815. 8°

— üb. das Studium der Staatswissenschaft. gr. 8. Berl. 791. Mylius. 4 Gr.

**Reitemeier,** Jh. Fr. Neues System des Papiergeldes und des Geldwesens beim Gebrauche des Papiergeldes. 2 Abhandl. 8°. Kiel, Hesse, 1814.

Reitemeyer, J. F.: „Neues System des Papiergeldes und des Geldwesens, beim Gebrauch des Papiergeldes", Kiel 1819 (Akademische Buchhandlung).

**REITEMEYER, J. F.: Die Wahrh. vor Gericht; e. Unterr. z. Prüf. d. Behauptt. u. Ablengn. im Processe.** *Frkf. a. d. O.*, akad. B. 802. 8. (9 Gr.)

— die Wahrheit vor Gericht; ein Unterricht z. Prüfung d. Behauptung u. Abläugnung in Processen. 8. Frankf. 802. (Sander in Berl.) 9 Gr.

**Reitemeier, J. F.,** Welches war der Luxus der Athenienser von den Zeiten des Pisistratus an bis auf Philipp. Götting. 781. 8. 5 gr.

— Beantwort. d. Preisfr.: Welches war d. Luxus d. Athenienser u. seine Folgen f. d. Staat etc. 8. Götting. 782. Vandenhöck u. R. 5 Gr.

— üb. Zollfreiheit der Lieferanten etc.; ein Beitr. z. Kameralrecht. 8. Berl. 799. Mylius. 4 Gr.

– s. Zosimi historiae.

**Reitemeier**, Johann Heinrich

**Reitemeier, Jh. Hnr., s. Weltgeschichte,** allgem., v. Guthrie etc. 5r Thl.

Kurorte und Bäder in Algerien. Von Aug. **Reitemeyer.** *Halle a. S.: C. Marhold 1901.* (40 S.) 8°
— **Archiv** f. Balneotherapie u. Hydrotherapie. Bd 2, H. 8. (a. 1889 3

**Reitemeyer, Else,** Beschreibung Aegyptens im Mittelalter, aus den geograph. Werken der Araber zusammengestellt. (III, 238 S.) gr. 8. Leipzig 903. Dr. Seele & Co. n. 6. —

Reitemeyer, Johann Friedrich,
s. Reitemeier, Johann Friedrich.

**Reitemeyer, Martin Friedrich** (Braunschweig), De cautelis circa remediorum praecipue evacuantium usum in morbis flentibus vel sub initio morborum. Göttingen (J. Chr. Dieterich) 29. VII. 1778. 34 S. (4.25) 28321
Gew.: Julius Justus von Floegen, Johann Bernhard Martini.

**Reitemeyer,** Phil. August. (geb. Paderborn 8. 5. 1840): De intoxicationibus in puerperio. Berolini (1863). (31 S.) 8°
Berlin, Med. Diss. v. 5. Aug. 1863

**Reitemeyer,** Theodor

**Reitemeyer, Th.,** Kulturgeschichtsbild e. Weserortes. Kemnade u. sein Kloster m. Berücksicht. der Stadt Bodenwerder. (270 u. 2 S. m. Abbild. u. 1 Taf.) 8. Wolfenbüttel 909. J. Zwißler. 2.50; geb. in Leinw. 3. —

Ueber Reiten und Z u r i c h t e n schwieriger und verdorbener Pferde. (69 S.) Kassel. 1890.

Reitenbach. – John Reitenbach. 1816–1902, s.a.K a t t e n t i d t, Gottfr. Ludw.

**Reitenbach, John.** 1816—1902. Ein Gedenkblatt. Der General-Versammlung des Ostpr. Vereins der freisinnigen Volkspartei . . . zugeeignet . . . Insterburg 1902. V: *Kattentidt, Gottfried Ludwig.* (Berl)

**Rejtényi, Jos.,** serbisch-ungarisch-lateinisch-deutsches Schulwörterbuch für Untergymnasien. 4 Thle. gr. 8. Budapest 875, Lauffer. à Thl. * ℳ 1,60. *

Inhalt:
Thl. 1. Lateinisch-ungarisch-deutsch-serbisch. (176 S.)
» 2. Ungarisch-serbisch-lateinisch-deutsch. (156 S.)
» 3. Serbisch-ungarisch-lateinisch-deutsch. (187 S.)
» 4. Deutsch-lateinisch-ungarisch-serbisch. (171 S.)

**Reiter** [Sachliches OW]

Der englische **Reiter.** [Zirkusreiter] Wien & Leipzig. Verlag Trentsensky & Vieweg [um 1830].
24 Taf. in kol. Lithogr. 8°

**Reiter, J.,** siehe: *Morold, M.*

**Reiter,** die kühnen, ein Geschenk für brave u. fleißige Knaben. qu. gr. 4. (10 fein color. Abbild.) Nürnberg 843, Renner u. Comp. geb. 3/4 ℛ︀

ein Lützowscher Reiter. [Karl Ludwig v. Mühlenfels]. 8. Leipzig 1861.

**Reiter,** Roß und Wagen, Bilderbuch für Knaben. gr. 4. (12 ill. Stnt. und 16 S. Text.) Nürnberg 851, Lotzbeck.

**Reiter,** die, sind da!! Bilder- u. Lesebuch f. gute muntere Knaben. 8. (24 ill. Abbildn., ill. Ttlvign., 1 Bl. Vorschriften u. 5 B. Text.) Neuhaldensleben 838, Eyraud.

**Reiter** [Verfasser]

**Reiter, A.,** die beiden Afrikaner. Schwank in 3 Aufzügen. 16. (87 S.) München (898). Rubinverlag. n. 1.—

**Reiter, A.,** Liebes-Lust u. Liebes-Leid. Erzählungen. 8. (VII, 339 S.) Berlin 890. Siegismund. n. 3.—

**Reiter, A.,** Lieder f. Kinder bei verschiedenen Veranlassungen der öffentl. Prüfungen 2c. 2 Bdchn. Regensb. 822—28. Reitmayr. 16 ℛ︀ Die Melodien hierzu. 8 ℛ︀

Wiedergefunden. Volksschauspiel mit Gesang in 3 Aufz. von Adolf **Reiter.** Berlin: K. Siegismund 1905. (80 S.) 8° [F.] [06. 3733

**Reiter, Antonius:** De Ammiani Marcellini usu orationis obliquae . . . . Ambergae, in aed. J. Habbeli, 1887; 1 Bl. + 78 S. 8°.
Würzburg, Phil. Fak., Inaug.-Diss. v. 1887.

**Reiter, Ant., de Ammiani Marcellini usu orationis obliquae. Dissertatio inauguralis. gr. 8. (78 S.) [Amberg 887.] Regensburg, Habbel.** *

**Reiter,** Anton De Ammiani Marcellini usu orationis obliquae. 8 (78 S.). Progr. G. *Amberg* 1887.

**Reiter,** Bernard [aus Wonsehdorf (Unterfranken)]: Über Fettembolie . . . . Würzburg, Paul Scheiner's Buchdr., 1886; 34 S. 8°.
Würzburg, Med. Fak., Inaug.-Diss. v. 1886.

**Reiter,** Bernard, über Fettembolie. Diss. Würzburg 1886, Stahelsche Univ.-Buchh. 8°. 34 S.

Reiter, Caspar, s. R e i t e r, Kaspar

Reiter, Curt, s. R e i t e r, Kurt.

**Reiter, E.,** s: Kalender, Weidmann'scher, f. d. höh. Lehranst. Preussens.

**Reiter, Ernst Ant.,** Schematismus der katholischen deutschen Geistlichkeit in den Ver.-Staaten Nord-America's; Statistik aller deutschen Missions-Pfarreien, Stationen u. Schulen, u. Wegweiser für katholische deutsche Einwanderer. Mit einer kirchl. (lith. u. color.) Karte der Ver.-Staaten (in gr. Fol.). Regensburg 870. Pustet. gr. 8. (VII, 258 S.) n. 1 ℛ︀

**Reiter,** Franz S.

**Reiter, F. S.,** s.: Aus dà Hoamàt.

Liadá und Gsángl. Bearb. unter Mitw. von H. Schnopfhagen von Franz S. **Reiter.** Ster. Neuaufl. zu Bd 1 'Aus dä Hoamát'. Linz: Selbstverl. des Hrsg. als Stelzhamer-Bund 1900. (142 S.) 8° [F.]
— **Hoamát,** Aus dá. Volksausg. ausgew. oberösterr. Dialektdichtungen. Bd 12. [08. 17915

Das Hausbuch des Franz Xaver **Reiter** aus Lauchheim. Neue Volkslieder aus d. Anfang d. 18. Jhs hrsg. von August Gerlach. Jena: E. Diederichs 1907. (61 S.) 8° [F.] [07. 17776 7

**REITER,** Fritz (ps.), Garnison-Liebschaften. Erstes (einz.) Heft. Mit 6 (erot.) Abbildgn. (meist fehlend). Sondershausen, Verlag von G. Neuse. 1862. 8°. 150 S. (5/6 Rthl. Scheible, v o r 1875.)
Vergriffen! — Inh.: Das erste Quartier. — Eine Unteroffiziers-Liebe. — Eine Liebe vom Ballet. — Auf Posten. — Strenger Befehl. — Eine materielle Liebe. — Die Brautwahl.

**Reiter, G.,** 150 Bibelsprüche u. 24 Kirchenlieder zum Auswendiglernen in Elementarschulen. Zum Schulgebrauch nach den fünf Hauptstücken des lutherischen Katechismus zusammengestellt. Königsberg 860. Richter. 8. (8 S.) 1½ ngr.

**Reiter,** H.

— u. H. **Schmitt,** Präparation zu Herodot, s.: Krafft u. Ranke's Präparationen f. die Schullektüre.

**Reiter, H.,** Präparation zu Homers Odyssee, s.: Krafft u. Ranke's Präparationen f. die Schullektüre.

**Reiter, H.,** Präparation zu Homer's Odyssee, s.: Präparationen f. d. Schullektüre griech. u. latein. Klassiker.

**Reiter, H.,** s.: Präparationen f. die Schullektüre griech. u. latein. Klassiker.

**Reiter,** Hanns

— der Entwicklungsgang der Wissenschaften v. der Erde u. sein Einfluss auf die Stellung derselben in der Gegenwart. Erste Vorlesg. üb. vergleich. Erd- u. Länderkunde, geh. zu Beginn d. Sommersemesters 1886. 8. (29 S.) Freiburg i/Br. 886. Wagner. n. 1.—

REITER, Hans H.: Die Kalahari. Ein Beitrag zur Geographie von Süd-Africa. — 1882. X, 151 S. Diss. Graz, Univ.

**Reiter,** Hanns, die Consolidation der Physiognomik. Als Versuch e. Oekologie der Gewächse. Mit e. Anh.: Das System der Erdkunde. gr. 8. (XII, 258 S.) Graz 885. Leuschner & Lubensky. n. 6. 40

Reiter, Hanns, die Südpolarfrage und ihre Bedeutung für die genetische Gliederung der Erdoberfläche. Hab.-Schr. Freiburg i. B. 1886. Weimar, Geographisches Institut. 8°. 34 S. mit einer Taf.
Sonder-Abdruck aus: Zeitschrift für wissenschaftliche Geographie 6. Band.

**Reiter,** Hans Conrad Julius, a. Leipzig: Nephritis und Tuberkulose. Leipzig 1906: B. Georgi. (35 S.) 8°
Leipzig, Med. Fak., Ref. Curschmann, Diss. v. 25. Juli 1906
[Geb. 26. Febr. 81 Leipzig-Reudnitz; Wohnort: Leipzig; Staatsangeh.: Sachsen; Vorbildung: Thomas-Gymn. Leipzig Reife O. 01; Studium: Leipzig 3, Breslau 1, Leipzig 2, Tübingen 3 S.; Coll. 26. Juli 06; Approb. 3. März 06.]

Reiter, Hilarius

Reiter, Hilar., kathol. Gesang- u. Andachtsbuch f. d. ganze Kirchenjahr. Neue, erst eigentl. Origausg. 8. (30½ B.) Nördlingen 830 (31), Beck. 12 Gr., hrbgs. Pr.

Reiter, Hilar., kathol. Gebet- u. Andachtsbuch f. das ganze Kirchenjahr. Neue erst eigentl. Original-Aufl. Mit Melodien. 8. Nördl. 831. Beck. 12 gl.

— gemeinschaftl. Wandfiebel rc. Gmünd 814. Ritter. 2 fl 8 gl

— Dies. kleiner. 32. Ebd. 2 gl

REITER, Hugo: Beitrag zur Kasuistik der Kompressionsmyelitis bei tuberkulöser und luetischer Spondylitis.- München: Straub 1898. 24 S.
27.7.1892 - Chr 1892/93,15; Jv 1897/98,218 (Prom.-Datum: 1898)
**Diss. Ingolst.**-Landsh.-Münch.

**Reiter,** Hugo, Prof. Dr.: Beiträge zur Erklärung des Sophokles. Braunsberg 1906: Heyne. (9 S.) 4°
Braunsberg, k. G OP 1906 (3)

Reiter, Hugo: Beiträge zur Erklärung des Sophokles. 9 S. 4.
**Progr** Kgl. Gymn. *Braunsberg* 1906 (3).
I. Zur Antigone.

Reiter, Hugo Observationes criticae in M. Terenti Varronis de lingua latina libros. 10 S. **Progr.** *Braunsberg* 1884.

Reiter, *Hugo* [Dr.]: De Platonis proprietate quadam dicendi. Braunsberg, Heyne'sche Buchdr., *1897;* 3—25 S. 4.
Braunsberg, k. G, OP 1897 (3)

**Reiter, Hugo, Quaestiones Varronianae grammaticae. Dissertatio inauguralis. gr. 8. (122 S.) Königsberg 882, (Hartung'sche Verlagsdruckerei.)** *

**Reiter sen., J., u. J. B. Hegner, kurze Anleitung in der Düngerkunde u. Düngeranwendung. Zum Selbstunterricht u. zu Vorträgen f. landwirtschaftl. Kasinos verf. 12. (VI, 110 S.) Trier 894. H. Stephanus. Kart. n. 1. —**

**— — Leitfaden der Obstbaumpflege u. Obstverwerthung. Nebst e. Verzeichniß der empfehlenswertheiten Obst- u. Beerensorten. 12. (VII, 160 S.) Trier 893. F. Lintz. Kart. n. 1. —**

Reiter, Jakob Ernst von (Hrsg.), s. Zeitung, Die landwirtschaftliche, ...

Reiter Joh. Der Kinder Lust und Leid. Wien, Dorfmeister 1852. 8.

Reiter Joh. Neuestes Mährchenbuch. Wien, Dorfmeister 1852. 8.

Reiter, Johann Daniel, s. Reitter, Johann Daniel.

Reiter Joh*ann Max* Ueber kirchliche Kunst in Tirol in der zweiten Hälfte des 19. Jahrhunderts. 8 (S. 3—42).
**Progr.** K. k. Ober-G. der Franciskaner *Hall* 1895.

Der christliche Arbeiter. Belehrungs- u. Erbauungsbuch f. d. Arbeiterstand mit e. vollst. Gebetbuche f. kath. Christen. Verf. von Joseph **Reiter**, Pfarrer in Scheuring. *Heiligenstadt: F. W. Cordier [1900].* (456 S.) 8° [F.] [wi. 2856

**Reiter, Jos., der christliche Arbeiter. Belehrungs- u. Erbauungsbuch f. den Arbeiterstand, m. e. vollständ. Gebetbuche f. kathol. Christen. 12. (IX, 463 S. m. farb. Titel.) Heiligenstadt (901). F. W. Cordier.**
Geb. in Leinw. n. 1. 50

Reiter, Jos., Elementar-Waffenlehre zum Gebrauche der k. k. Divisions-Schulen. 7 Lfgn. Lex.-8. (VIII, 328 S. mit eingedr. Holzschn.) Triest 868, Eßmann. à Lfg. * M 1. * 7 —
—— dass. — zum Gebrauche der k. k. Regimentscadetten- und Truppen-Divisions-Schulen. 2. vollständ. umgearb., wesentl. verb. und verm. Aufl. Mit 300 in den Text eingedr. Holzschn. In 3 Abthlgn. gr. 8. Triest 869, Schimpff. [1. und 2. Abthl. Für den 1. und 2. Jahrg. der Regimentscadetten-Schulen. (S. 1—371.); 3. Abthl. Für den 1. Jahrg. der k. k. Truppen-Divisions-Schulen. (XIII, S. 372—568.)] à Abthl. * M 2. * 6 —
—— dass. — zum Gebrauche der k. k. Regimentsvorbereitungs- und Kadeten-Schulen sowie für Einjähr.-Freiwill. 3. Aufl. (XV, 577 S.) 1870; 4. Aufl. (XV, 574 S.) 1872, und 5. wesentl. verb. und verm. Aufl. In 3 Abthlgn. Lex.-8. (XII, 554 S. mit 300 in den Text eingedr. Abbild.) Ebendas. 874. * 7 20

**Reiter, Jos., die 10 Gebote in d. häuslichen Erziehung. Kurzer Wegweiser zur christl. Erziehg. der Kinder. 8. (80 S.) Lindau 898. J. Lutz.** n. — 50

(F). **Reiter,** J., Die 10 Gebote in der häuslichen Erziehung.
8°. (79 S.) K —.50
Feldkirch: Unterberger 1904.

- u. Frz. Frdr. **Kohl**, Heimatlieder aus Deutschböhmen, Oberösterreich, Niederösterreich, Steiermark, Kärnten, Salzburg, Tirol, Schweiz u. Bayern.
s.: Liederheft des deutschen Volkslied-Vereines in Wien.

**Reiter, Jos., Jesus unser Weg u. Leben. Kathol. Gebetbuch zur Beförderg. der Frömmigkeit m. vielen, schönen Ablaßgebeten. Neue Ausg. (192 S. m. Titelbild.) 10,5×6,5 cm. Kevelaer 909. Gebr. v. Danwitz.**
**Geb. in Leinw. m. Goldschn. — 50**

**— kurze Jugend-Legende. Vorbilder f. d. christl. Jugend. M. e. Zugabe: d. Jugendfeste d. Herrn nebst d. Festen d. hl. 12 Apostel u. d. heiligsten Jungfrau Maria. Besond. f. d. Schuljugend bearb. 12. (III, 62 S.) Augsburg 897. Kranzfelder.** Kart. n. — 35

Die allein seligmachende Kirche oder Katholizismus und Seligkeit. Zeitgemässe populäre Abhandlungen über d. kath. Kirche f. jedermann, Katholiken u. Protestanten, von Joseph **Reiter**, Pfarrer. *Paderborn: Bonifacius-Dr. 1902.* (84 S.) 8° [F.] [wj. 4806

**— Liberalismus u. Katholizismus, s.:** Volksbibliothek, **katholische. Nr. 14.**

— Lob der Himmelskönigin. Kathol. Gebetbuch zur Beförderg. der Frömmigkeit m. vielen schönen Ablaßgebeten. Neue Ausg. (256 S. m. Titelbild.) 10,3×6,5 cm. Ebd. 909. Geb. in Leinw. m. Goldschn. — 60

— Die Mai-Andacht od. die Verehrung der allerseligsten Jungfrau u. Gottesmutter Maria im Monate Mai u. auch im Oktober, zum Gebrauche bei öffentl. u. privaten Andachten. (III, 414 S.) 16. Mainz (907). Druckerei Lehrlingshaus. Geb. in Leinw. 1.50; in Ldr. m. Goldschn. n 2. —

— Pflichten u. Rechte des christlichen Arbeiters. Ein Belehrungs- u. Gebetbuch f. jeden christl. Arbeiter u. alle Freunde des Arbeiterstandes. (XII, 500 S. m. 1 Farbdr.) 16. Bühl 907. Unitas. Geb. in Leinw. 1.—; in Ldr. 1.20; m. Goldschn. 1.50

Reiter, Joseph: Der katholische Priester und das christliche Volk. Kurze Abhandlung über d. Würde d. Priesters u. d. Pflichten d. Volkes gegen denselben. München: Seyfried 1898. 68 S. 8°

— das katholische Priestertum. Die Größe, Würde u. Bedeutg. desselben in populären u. apologet. Abhandlgn. dargestellt, zugleich m. e. Anh. üb. die „Los v. Rom"-Bewegg. 12. (136 S.) Amberg 899. (F. Pustet.) n. — 70

— der hl. Schutzengel unser Begleiter. Kathol. Gebet- u. Erbauungsbuch. 16. (228 S. m. Titelbild.) Lindau 899. J. Lutz. Geb. in Leinw. n. — 80

Reiter, Jos., der hl. Schutzengel unser Begleiter. Katholisches Gebet- u. Erbauungsbuch. (Neue [Titel-]Ausg.) (228 S. m. Titelbild.) 16. Feldkirch [899]. (904). F. Unterberger. Geb. in Leinw. n. — 60

— Vademekum f. christliche Arbeiter. Belehrungs- u. Erbauungs-Buch f. den Arbeiterstand. Zugleich e. vollständ. Gebetbuch f. jeden kathol. Christen. (VIII, 366 S. m. farb. Titelbild.) 16. Mainz 904. Druckerei Lehrlingshaus. Geb. in Leinw. n. 1. —

Vertraue auf Gott! Vollständiges Gebet- u. Andachtsbuch m. vielen Ablaßgebeten f. kathol. Christen. Neue Ausg. (m. grobem Druck). (384 S. m. Titelbild.) 11×7 cm. Kevelaer 909. Gebr. v. Danwitz. Geb. in Leinw. — 90

Reiter, Jos., 25 echte Volkslieder f. die höheren Klassen der Volks- u. Bürgerschulen sowie f. die unteren Klassen der Mittelschulen, aus den Liederbüchern des deutschen Volksliedervereines in Wien ausgewählt u. f. drei Stimmen (1. Sopran, 2. Sopran u. Alt) gesetzt. (31 S.) 8. Wien 907. A. Pichler's Wwe. & Sohn. — 30

— 36 bezw. 40 Volkslieder, s.: Liederheft des deutschen Volkslied-Vereines in Wien.

Reiter, Jos., u. Rich. Wickenhauser, 82 Volkslieder, s.: Liederheft des deutsch. Volkslied-Vereins in Wien.

Reiter, Josef: 12 echte dt. Volkslieder ..., s. Liederheft d. dt. Volkslied-Vereines in Wien.

— Die Volksliederbewegung in Deutschösterreich, s.: Blümel, Emil Karl.

— Was geht den Klerus die Politik an? Eingehende Würdigg. e. vielumstrittenen u. höchst zeitgemäßen Frage. (127 S.) kl. 8. Salzburg 907. A. Pustet. — 60

Reiter, Caspar. Ueber die elektrolytische Reduktion der drei isomeren Nitrobenzylsulfonsäuren. Diss. Phil. [II.] Univ. Zürich von K'R'... VI + 55 S. 8. München, J. Fuller, 1906.

Reiter, Curt, Gewächshäuser u. Mistbeete, s.: Thaer-Bibliothek. (Hartwig, F.)

Reiter, L., Anleitung z. Zeichnen nach d. Natur. 2., verb. Aufl. M. 1 Stnt. (Fol.) 12. (1 B.) Bromberg 831, [Hirschberg.]

Reiter, L., Anleit. zum Zeichnen nach d. Natur. 2e verb. Aufl. Mit 1 Steint. (in Fol.) 12. Bromb. 831. Müller. 6 ℊ

Reiter, Ludw. Traug., kurzer Wegweiser für das Rechnen. Ein Handbuch für Jeden, der nächst praktischer Fertigkeit im Rechnen, klare Einsicht in die Gründe des Verfahrens zu erlangen, eine Repetition anzustellen, oder bei den im jetzigen Verkehr vorkommenden, durch die neuen preuß. Gewichts- und Münzbestimmungen mehrfach veränderten Berechnungen, sich schnell Rath zu holen wünscht. br. 8. (V und 57 S.) Bromberg 858, Aronsohn. *

Reiter, Matthäus (Simon)

Reiter, Matth. (Sim), Andachtsübungen f. gemeine kathol. Christen, sammt Morgen-, Abend-, Beicht- u. Communion-Gebeten rc. 8. Salzb. 793. 2e A. 795. 4e A. 808. Mayr. 5 ℊ Schrbp. 7 ℊ 5e verb. Aufl. 12. Ebd. 827. 8 ℊ

Reiter, Matthäus (Sim.), Andachtsübungen f. gute kathol. Christen, besond. bey d. heil. Messe, auf alle Zeiten u. Feste uns. Herrn rc. 5., verb., sehr verm. Aufl. 12. (9½ B.) Salzburg 827, Mayr.

Reiter, Matthäus, Beicht-, Kommunion- u. Meß-Andacht, mit kindlichen Lehrsprüchen. Ein Geschenk für d. ersten Kommunikanten. 2e, mit einer Meßandacht verm. Aufl. 18. Salzburg 837. Mayr. 1 ℊ

Reiter, Matth., Beicht-, Communion- und Meß-Andacht mit kindlichen Lehrsprüchen. Ein Geschenk für die ersten Kommunikanten. Der Schuljugend gewidmet. 3 verm. Aufl. 24. Salzburg 843, Mayr. 1/12 ℛ

(——) der wahre Christ, s. Christ.

— Gebet um Bewahrung der Unschuld vor dem Bilde Jesu, u. zwei Worte der warnenden Liebe aus dem Munde Jesu an die christl. Jugend. Mit 1 Bildn. 8. Salzburg 836. Mayr. 1 ℊ

— Gebeth um Bewahrung der Unschuld vor dem Bilde Jesu, und zwei Worte der warnenden Liebe aus dem Munde Jesu an die christliche Jugend. 8. Ebend. 843. 1/24 ℛ

— dass. vor d. Bilde der heil. Jungfrau Maria rc. 8. Ebd. 836. 1 ℊ

— Gebeth um Bewahrung der Unschuld vor dem Bilde der heiligen Jungfrau Maria und zwei Worte der warnenden Liebe aus dem Munde Jesu an die christl. Jugend. 8. Ebend. 843. 1/24 ℛ

— kathol. Gebetbuch z. Beförder. d. wahren Christenthums. 8. Salzb. 785. 17e verb. Ausg. gr. 12. Ebd. 830. Mayr. 10 ℊ Schrbp. 16 ℊ Velinp. 1 ℛ Fein Pap. 1 ℛ 5 ℊ Dass. a. Wesché in Frankf. a. M. 8 ℊ Schrbp. 9 ℊ

— — dass. 8. Bamb. Göbhard. 801.

— kathol. Gebetbuch. 8. Ebend. 805.
Schreibp.
Holl. Pap.

— — dasselb. in polnischer Sprache: Książka Modlitwena etc. 8. Bresl. Korn sen. 806.

Reiter, M.(S.), kathol. Gebetbuch z. Beförderung des wahren Christenthums rc. 13te Ausg. mit 1 K. 8. Salzb. Mayr. 812.

Reiter, M., kathol. Gebetbuch zur Beförderung des wahren Christenthums 15te Aufl. 12. Salzburg, Mayer. 819.

Reiter, (M.) kathol. Gebetbuch zur Beförderung des wahren Christenthums unter nachdenk. u. gutgesinnten Christen, 16e Aufl. mit 5 Kpfrn. gr. 12. Salzburg 824, Mayr, 10 gr. Schreibpap.

Reiter, Matthäus (Sim.), kathol. Gebethbuch zur Beförder. d. wahren Christenthums unt. nachdenk. u. gutgesinnt. Christen. 17., verb. u. m. 7 Meßandachten, Kreuzweg u. Kirchengesängen verm. Origausg. 12. (14½ B. u. Ttlkpfr.) Salzburg 830, Mayr. 10 Gr., Schrbp. 16 Gr., Vlnp. Thlr.

—— kathol. Gebethbuch z. Beförder. d. wahr. Christenthums unt. nachdenk. u. gutgesinnten Christen. 18., verb. u. verm. Orig.-Aufl. gr. 12. (12½ B. u. Ttlkpfr.) Salzburg 838, Mayr'sche Buchh. 5/12 Thlr., Vlnp.

— kathol. Gebethbuch zur Beförderung des wahren Christenthums. 18e verb., mit 7 Meßandachten u. dem Kreuzweg verm. Orig.-Aufl. Mit Titelkpfr. gr. 12. Ebd. 838. 5/12 ℛ Velinp. 1 ℛ

— kathol. Gebethbuch zur Beförderung des wahren Christenthums unter nachdenkenden und gutgesinnten Christen. 19. Original-Aufl. Mit Titelkpfr. 12. Ebend. 845. ½ ℛ

— Salzburger Gebetbuch. Bregenz, Brentano.

Reiter, Matthäus, s. Jais, A.: Predigten. 4. Bd.

— der heil. Kreuzweg. gr. 8. Salzb. 825. Mayr. 1 gℛ

— der heilige Kreuzweg. 3. Aufl. 24. (24 S.) Salzburg 843, Mayr'sche Buchh.

— Kreuzweg-Andacht nach den gewöhnl. Stationen. Neue Aufl. 18. Salzb. 818. Duyle. 1 gℛ

—— Kreuzweg-Andacht nach d. gewöhnl. Stationen mit Gesängen (u. Holzschnn.) 5. Aufl. 12. (1½ B.) Salzburg 838, Mayr'sche Buchh.

— Kreuzweg-Andacht nach den gewöhnl. Stationen, mit Gesängen. 6. Aufl. 24. (36 S.) Salzburg 843, Mayr'sche Bh.

Reiter, Matthäus — Kreuzweg-Andacht nach den gewöhnlichen Stationen mit Gesängen. Von — —. Siebente Auflage. Salzburg. 1855. Druck von Zaunrith. Verlag der Mayr'schen Buchhandlung. (36 S. 16.) geb.

— das Leiden u. Sterben Jesu Christi, bei d. heil. Messe rc. Mit Bildn. 8. Salzb., Mayr. 6 gℛ

— christl. Liebe gegen Sterbende u. Verstorbene rc. (2 Bog.) Salzb., Mayr. d. Dutz. 6 gℛ

— livre de dévotion trad. de l'Allemand. 8. Salzb. 803. Mayr. 20 gℛ

— kindliches Lob Gottes in Morgen-, Abend-, Kreuzweg-, Beicht- u. Communion-Gebethen, Bitten u. Fürbitten zum h. Schutzengel u. mehreren andern Andachtsübungen für Kinder. 64. (2½ B.) Salzburg 843, Mayr'sche Buchh.

— der Mensch vor Gott. Vollständiges Gebethbuch meiner Sammlung von auserlesenen Gebethen zum Gebrauche kathol. Christen. 5. mit 4 Kpfr. verm. u. verb. Aufl. 8. Salzburg 844, Oberer'sche Buchh. ⅔ ℛ

Reiter, Matth.(Sim.) Meßandacht f. d. erwachsene Jugend rc. 12. Salzb. 808. 2e A. 811. 3e A. 812. 4e Aufl. unt. d. T.: Meßandachten z. tägl. Gebrauche. Mit Uebersetz. d. Meßordnung u. Kirchengebete. 12. 815. Mayr. 2 gℛ

— Meßandacht f. die erwachsene Jugend rc. 12. Ebendas. 813.

— Meßbüchlein f. Kinder. 3e Aufl. 32. Salz. 826. Mayr. 2 gℛ

—— Meß-Büchlein f. Kinder. Mit Morgen- u. Abendgebethen, Beicht-, Communion-, Kreuzweg- u. a. tägl. od. sonntägl. Andachtsübungen. Der Schuljugend gewid. 4., verm Aufl. 32. (128 Seit.) Salzburg 837, Mayr'sche Buchh.

— Meß-Büchlein f. Kinder. Der Schuljugend gewidmet. 4., verm. Ausg. 64. (128 S.) Salzburg 842, Mayr'sche Buchh.

— Meß-Büchlein für Kinder. Der Schuljugend gewidmet. 4. verm. Ausg. 64. Ebend. 843. 1/12 ℛ

— Meß-Büchlein für Kinder. Der Schuljugend gewidmet. 4. Ausg. 32. Salzburg 843, Mayr. 6 ₰

Reiter, Matthäus — Meß-Büchlein für Kinder. Der Schuljugend gewidmet von — —. Fünfte vermehrte Ausgabe. (108 S.) Salzburg. Mayr'sche Buchhandlung. Zaunrith'sche Druckerei. 1854.

—— Nachtrag biograph. u. schriftstell. Notizen zu P. Aeg. Jais „Geist u. Leben." Nebst e. nöth. Antwort auf e. unnöth. Frage. Von J. U. Mit Jais Bildn. 8. (5½ B.) Salzburg 828, Mayr.
Aus Jais „Predigten" 4. Bd. besond. abgedruckt.

Reiter, Matthäus — Predigten auf alle Sonntage des Kirchenjahres. Von — —. 1—2. Band. Mit Approbation des hochwürdigsten fürsterzbischöflichen Ordinariates Salzburg. Salzburg, 1856. Zaunrith'sche Buchdruckerei in Salzburg. Mayr'sche Buchhandlung. (XVI. 424 S. Mit dem lithogr. Porträt des Matthäus Reiter. Gedruckt bei J. B. Kuhn in München.(2. Band)(XI. 447 S. 8.)

Reiter, Matth. (Sim.), Predigten auf alle Sonntage des Kirchenjahres. 2 Bde. gr. 8. (XXVII und 871 S. mit lithogr. Portr.) Salzburg 856, Mayr'sche Buchh.

— der heil. Rosenkranz, nach allen seinen Theilen erklärt (2 Bog.) Salzb., Mayr. d. Dutz. 8 gℛ

— Schutzgeist d. Jugend, e. Andachtsbuch f. Jünglinge u. Jungfrauen. Mit 1 Kpf. 8. Münch. 812. (Landsh.) 817. Krüll. 7 gℛ N. A. 12. Salzb. 820. Mayr. 6 gℛ 4e Aufl. gr. 12. Ebd. 825. 4 gℛ Schrbp. mit 1 Kpf. 6 gℛ 5e Aufl. 828. 6e verb. Aufl. 12. Ebd. 830. 4 gℛ Schreibp. 6 gℛ Velinp. 9 gℛ Mit 1 Holzstich weiß Pap. 1 ℛ 4 gℛ

—— Schutzgeist der Jugend. Ein Andachtsb. f. Jünglinge u. Jungfrauen. Zum Andenken bey ihr. Austritte aus d. Schulen u. Eintritte in d. Welt. 5—9., mit e. Kreuzweg-Andacht u. mit Kirchengesängen verm. Aufl. (à 10 B. u. 1 Holzschn.) 12. Salzburg 828—35, Mayr. à 4 Gr., Schrbp. 9 Gr., Vlnp.

— Schutzgeist der Jugend. Ein Andachtsbuch für Jünglinge und Jungfrauen. Zum Andenken bei ihrem Austritte aus den Schulen u. Eintritte in d. Welt. 8e verm. Aufl. Mit Holzschn. 12. Ebd. 834. 1/6 Thlr. — 9e Aufl. 835. 10e Aufl. 836. 11e Aufl. 838. 12e Aufl. 839. 13e verm. Aufl. 840. 1/6 Thlr.

— dass. mit Titelkpfr. u. gestoch. Titel. Ebd. 838. 1/2 Thlr. — Fein Velinp. 5/8 Thlr.

—— Schutzgeist d. Jugend. Ein Andachtsb. f. Jünglinge u. Jungfrauen. Zum Angedenken bei ihrem Austritte aus d. Schulen, u. Eintritte in d. Welt. 10—13., verm. Aufl. gr. 12. (à 10 B. u. Ttlbild.) Salzburg 836—40, Mayr'sche Buchh. à Dass. m. Ttlkpfr. u. gest. Ttl. Vlnp. ½ Thlr., f. Vlnp.

—— Schutzgeist der Jugend. Ein Andachtsbuch für Jünglinge u. Jungfrauen. Zum Andenken bei ihrem Austritte aus den Schulen u. Eintritte in die Welt. Neueste verb. u. verm. Aufl. 12. (10 B. u. 1 Kpfr.) Salzburg 841, Mayr'sche Buchh.

— dass. mit Schulpreis und Firmungsgeschenk. 15. verm. u. verb. Orig.-Aufl. 12. Ebend. 844. 1/6 Thlr.

—— Schutzgeist der Jugend. Neu hrsg. u. verm. v. e. Priester. 1. Ausg. 12. (11 B.) 842. u. 2., verb. Aufl. 16. (18½ B. u. 1 Stahlst.) Wiesensteig 845, Schmid'sche Buchh. à

— Schutzgeist der Jugend. Ein vollständ. Gebet- u. Andachtsbuch für Jünglinge, Jungfrauen u. jeden kathol. Christen. Neu bearb., verm. u. hrsg. von J. Schmid. 2. Ausg. Mit 1 Titelkupfer. 16. (VI u. 265 S.) Rorschach 850, Koch. 6 ngr

**Reiter, Matth.**, Schutzgeist der Jugend. Ein Andachtsbuch für Jünglinge u. Jungfrauen. Zum Angedenken bey ihrem Austritte aus den Schulen u. Eintritte in die Welt, wie auch ein Schulpreis u. Firmungsgeschenk. 16., mit einer Kreuzweg-Andacht, Litaneyen u. m. Kirchengesängen verm. einzig rechtmäß. Orig.-Aufl. 12. (X u. 252 S. m. 1 Holzschn.) Salzburg 850, Mayr. 1/6 Thlr.

— Schutzgeist der Jugend. Ein vollständiges Andachtsbuch für Jünglinge, Jungfrauen u. alle kathol. Christen. Neu hrsg. u. verm. v. einem Priester im Bisthum Augsburg. 3. verb. Aufl. Mit 1 Stahlst. 12. (288 S.) Wiesensteig 851, Schmid. 8 ngr

—— Schutzgeist der Jugend. Ein Andachtsbuch für Jünglinge und Jungfrauen. Zum Angedenken bei ihrem Austritte aus den Schulen und Eintritte in die Welt, wie auch ein Schulpreis und Firmungsgeschenk. 17., mit einer Kreuzweg-Andacht, Litaneien und mit Kirchengesängen verm. einzig rechtmäßige Orig.-Aufl. 12. (XI und 228 S. mit 1 Holzschn.) Salzburg 854, Mayr'sche Buchh.
fein Pap.

**Reiter's, Matth. (Simon)**, Schutzgeist der Jugend. Ein vollständiges Andachtsbuch für Jünglinge, Jungfrauen und alle kathol. Christen. Besonders geeignet zum Andenken an die erste heil. Communion. Neu hrsg. und verm. von einem Priester im Bisthum Augsburg. 4., verb. Aufl. 16. (288 S. mit 1 Stahlst.) Wiesensteig 858, Schmid'sche Buchh.

Reiter, Matth., Schutzgeist der Jugend. Ein vollständ. Andachtsbuch für Jünglinge und Jungfrauen. Neue verb. und verm. Aufl. von einem kathol. Priester. 16. (384 S. mit Titelbild in Stahlst.) Regensburg 868, Pustet. geb. * — 80

**Reiter, Matthäus**, Schutzgeist der Jugend. Ein vollständ. Andachtsbuch f. Jünglinge u. Jungfrauen. Neue, verb. u. verm. Aufl. 16. (416 S. m. farb. Titelbild.) Regensburg 894. F. Pustet. n. — 60

REITER, Michael (Gindering): De aqua in nosocomium Landishutanum affluente.- Landishuti: Storno 1825. 12 S.
29.8.1825 - Pe 414; F 58
Diss. Ingolst.-Landsh.-Mchn.

**Reiter, Mich.**, Beiträge zur richtigen Beurtheilung und erfolgreichen Impfung der Kuhpocken. gr. 8. München 846, (Literar.-artist. Anstalt.) n. 22 ngr

**Reiter, Mich.**, Beiträge z. richtigen Beurtheilung u. erfolgreichen Impfung der Kuhpocken. 2. (Titel-) Aufl. gr. 8. (XII u. 204 S.) München (846) 852. Leipzig, Thomas in Comm. n. 16 ngr

Reiter, M., über die Errichtung und den Geschäftsbetrieb bei der k. b. Central-Impfanstalt München, s. Mittheilungen und Auszüge aus dem ärztl. Intelligenzblatt.

**Reiter, Mich.**, Würdigung der grossen Vortheile der Kuhpockenimpfung für das Menschengeschlecht. gr. 8. (52 S.) München 852. (Leipzig, Thomas.) Thlr. *

Reiter, M., über Zwangs-Revaccination, s. Mittheilungen und Auszüge aus dem aerztlichen Intelligenz-Blatt.

Reiter, Moritz

**Reiter, Mor.**, die Orgel unserer Zeit. Ihre Entwickelung, Construction, Prüfung u. Pflege. Ein Handbuch für Orgelbauer, Orgelrevisoren, Organisten etc. Mit 1 Atlas von ca. 40 (lith.) Taf. in gr. 4. (In ca. 10—12 Lfgn.) 1. Lfg. gr. 8. (64 S.) Berlin 880. W. Poiser Verl. n. 3. —

Reiter Dr. Siegfried: Zur Etymologie von „elementum". 14. kön. Weinberge. 1900.
Progr.

Reiter, Siegfried (Hrsg.), s. Euripides: Iphigenia auf Tauris.

Reiter Siegfried, Dr.: Über den Gebrauch drei- und vierzeitiger Längen bei Euripides. S. 129 3 . . . . . . . . „ 1.60
Separatabdruck

**Reiter, Siegfr.**, drei- u. vierzeitige Längen bei Euripidos. [Aus: „Sitzungsber. d. k. Akad. d. Wiss."] Lex.-8. (80 S.) Wien 893. (F. Tempsky.) n. 1. 60

Reiter, Siegfried: Noch einmal „elementum". S. 19—22. 8.
K. k. deutsches Staatsgymn. in der Stadt *Kgl. Weinberge* 1903.
Progr.

Reiter, Siegfried: Textkritisches zu Ciceros „Orator". S. 3—18. 8.
K. k. deutsches Staatsgymn. in der Stadt *Kgl. Weinberge* 1903.
Progr.

Reiter, S., De syllabarum in trisemam longitudinem productarum usu Aeschyleo et Sophocleo. Diss. 1879. 106 S. 2.75

Reiter Siegfried: De syllabarum in trisemam longitudinem productarum usu Aeschyleo Sophocleoque.
D: Leipzig u. Prag, 1887, u. Diss. phil. Vindobonensis, I. Bd., 1887.
1884 PN 354 Diss. Wien, Univ.

Reiter, S., de syllabarum in brisemam longitudinem productarum usu Aeschyleo et Sophocleo, s. Dissertationes philologae Vindobonenses.

Reiter Viktor: Zur Bedeutungsentwicklung von lateinisch rumpere und verwandter Wörter im Französischen.
II. 1908 PN 2459 Diss. Wien. Univ.

**Reiterangriff**, der, im grossen Style als Mittel der Schlachten-Entscheidung. Von einem österreich. Reiterofficier. gr. 8. (102 S.) Wien 882, Seidel und Sohn. *

Reiter-Bibliothek, s. Reuter-Bibliothek.

**Reiter-Bibliothek.** Stuttgart 1825—31. V: *Bismarck, Frdr. Wilh. Graf v.* (Kat. Hiersemann-Leipzig, 304.)

**Reiterbriefe**, die. Aus d. Leben e. Kavallerie-Officiers. 8. (224 S.) Dresden 898. E. Pierson. n. 3. —

Reiter-Buch, das große, f. kleine Kinder. 12 große illum. Bilder nach Adam. Fol. Nürnberg 846, [Lotzbeck.] —

**Reiter-Buch**, das große, für kleine Kinder. 12 große, fein illum. Bilder nach Adam. Fol. Nürnberg 846, Zeh'sche Buchh. 1/8 ₰

**Reiterei**, die bayerische, im Kriege 1870/71. [Aus: „Deutsche Reiter-Zeitg."] gr. 8. (26 S.) München 895. Th. Ackermann. n. — 40

**Reiterei**, infanteristische, oder der Dienst zu Pferde bei der Infanterie, mit Berücksichtigung der dabei maßgebenden Anforderungen von einem älteren Infanterie-Offizier. gr. 8. (VIII, 100 S.) Hannover 879. Helwing's Verl. n. 2. —

*Reiterer*, Ant., († d. 2. Juli 1806.) Ilias in nuce, id est: Scientia ascetica, et ars practica amandi Deum, in compendio. 8. Salzb. 783.

— d. heil. Kreuz Jesu Christi, od. dreifache Predigt, beim wunderthät. Krucifix zu Than. 8. Augsb. 791.

— Maria, unsere Hoffnung; drei Predigten. 8. Burghaus. 789.

— drei Predigten von d. gekreuzigten Heilande. 8. Burghausen 789.

Reiterer, Franz Xaver, s. Reitterer, Franz Xaver.

**Reiterer**, Karl, Alplerblut, s.: Für Hütte u. Palast. 21.

**Reiterer**, Karl, illustr. Führer durch das obersteirische Murtal u. Umgebung. (47 S. m. Abbildgn. u. 7 Taf.) schmal 8. Leoben (905). J. Hans Prosl. (Nur direkt.) n. — 60

**Reiter-Fest** zur Feier d. 25jähr. Regierungs-Jubiläums Sr. Hoh. des Herzogs Friedrich am 25. Mai 1896. Fol. (80 S. m. Abb.) Dessau 896. Anhalt. Verlagsanstalt. n. 1. 50

**Reiterfestspiel** des Dragoner-Regiments „König" zur Feier seines 100jährigen Bestehen's, Stuttgart. 1805. 5. XII. 1905. (Programm.) (14 Bl. m. farb. Abbildgn.) 4. Stuttgart (905). (H. Enderlen.) n. 4. —

**Reiterfestspiel** des Dragonerregiments König zur Feier des 25jähr. Chefjubiläums Sr. Maj. d. Königs, Stuttgart, December A. D. 1896. gr. 8. (17 Bl. m. z. Tl. farb. Abb.) Stuttgart 897. (H. Wildt.) n.n. 2. —

Reiter-Gedanken, s. Gedanken-Reiter.

**Reitergedanken.** München 867. Franz'sche Buchh. gr. 8. (46 S.) n. 10 ngr.

—— dass. — 1. Fortsetzung. gr. 8. (50 S.) Ebendas. 868. *

**Reiterin, Die hohe.** Eine Hof-, Burg- und Jagdgeschichte, a. d. Franz. 3. Aufl. Rom [ca. 1890]. V: *Mendes, Catulle.* (Weigel-Leipzig, Kryptadia Nr. 2. S. 18.)

**Reiterin, die Hohe.** eine Hof-, Burg- u. Jagdgeschichte. Aus d. Französ. übers. von *Rolo Helen* (ps.). 4. Aufl. Rom, libreria centrale (Ed. Müller). o. J. (auf d. bunten Umschl.: 1883). 12°. Eleg. blau Hsaffianb. m. Fil. 2 Bll. (Tit. roth u. schwarz) 116 S. Hübscher Elzevierbd. (Druck von Drugulin) in schöner Ausstattung. — Saison-Romane Bd. III. (Vielleicht deutsches Original.) Ed. I. 188?.

Allerlei **Reiterliches** und Jagdliches. Von B. v. L. Sangerhausen 1898. 175 S. 8°

**Reiter-Predigten**, neue. Vergleichende Rückblicke auf einige Vorschriften der alten Reit-Instruction u. der Grundsätze e. wissenschaftl. begründeten Reitkunst. gr. 8. (VIII, 289 S.) Königsberg 885. Hartung. n. 4. —

**Reiter-Regiment, Das kgl. württembergische dritte.** Ludwigsburg 1820. V: *Bassewitz, von.* (Pr)

**Reiter-Regimenter, Die,** der k. k. österreichischen Armee. Historische Skizzen . . . Wien 1863. 2. Aufl. 1866. V: *Thürheim, Andr. Graf.* (KA)

**Reiter-Regimenter**, die, der k. k. österreichischen Armee Historische Skizzen, chronologisch geordnete Bruchstücke Regimentsweise bearb. von einem ehemal. Kavallerie-Offizier. 3 Bde. 1. Aufl. 1862,63. * 4 Thlr. 10 Ngr. und 2. Aufl. Lex.-8. Wien 866, Geitler. *

Inhalt:
Bd. 1. Die Kürassiere und Dragoner. (IV und 427 S.)
» 2. Die Husaren. (336 S.)
» 3. Die Uhlanen. (343 S.)

**Reiterstatue**, die, d. Churfürsten Maximilian I. von Bayern auf d. Wittelsbacher Platze zu München. gr. 4. (1 B. u. 1 Stnt.) München 840, Mey u. Widmayer. *

**Reiter-Zeitung**, deutsche. Allen Angelegenheiten der Kavallerie gewidmete Zeitschrift. Red.: S. v. Sanden. Jahrg. 1894. 24 Nrn. (à ca. 1½ Bog. m. Illustr.) Fol. Charlottenburg, R. F. W. Krahl. n. 6. —

**Reiter-Zeitung**, deutsche. Allen Angelegenheiten der Kavallerie gewidmete Zeitschrift. Red.: S. v. Sanden. 2. Jahrg. 1895. 28 Nrn. (à ca. 8 S. m. Abb.) Fol. Charlottenburg (Bismarckstr. 74). R. F. W. Krahl. n. 8. —

— dasselbe. 3. Jahrg. 1896. 26 Nrn. (à ca. 8 S. m. Abb.) Ebd. n. 8. —; einz. Nrn. n. — 50

**Reit- und Zuggeschirr** der großh. badischen Feldartillerie. Karlsruhe 1859. 23 Taf. 4°

**Reith**, A., das Chorgestühl des Domes zu Cöln, zugleich ein Lehrbuch gothischer Ornamentik. 1. und 2. Lfg. Fol. (à Lfg. 4 Bl. in Lichtdr. mit 1 Bl. Text.) Dresden 877, Gilbers'sche Verlagsh. à Lfg. * M. 5. *
Nicht weiter erschienen.

**Reith**, A. B., wilde u. halbwilde Fasanerie, deren Anlage u. Betrieb. 12. (238.) Wien 901. W. Frick. n.n. — 80

Reith, Bernhard von

— s. 1) Beitr. z. Revolutionsgeschichte von Worms. 2) Briefe, histor.-politische. 3) H. C. Davila, Geschichte. 4) Dümouriez, Gemälde. 5) Etwas üb. Klubbs. 6) Etwas üb. Wahlkapitulation. 7) Gemälde der Revolution in Italien. 7) Magazin d. Philosophie. 8) Reise nach Sizilien.

v. **Reith, B.** Beitrag zur Revolutionsgeschichte von Worms 1792—93. 2 St. 8. Offenbach 1793. 0,65.

(v. Reith, Bernh.) Histor.-polit. Briefe; nebst d. Versuch einer Geschichte der Stadt Mainz. 8. Mannheim 1789. 1,25.

— **Geist d. literar. Kultur d. Orients u. Occidents. Eine Rede. 4. Charkow 811.**

**Reith, B.**, (früher Reib,) († d. 24. Dec. 1824.) Geschichte d. königl. Macht u. Staatsveränderung in Frankreich v. Untergange der Ligue bis z. Errichtung d. Republik. 2 Thle. gr. 8. Lpzg. 796, 97. Weidmann. 2 ₰ 12 gℊ

— der Orient. Eine Rede. 4. Charkow 814.

Reith, Bernhard. Reise nach Sicilien und Athen, den Inseln des Archipelagus, Smyrna, Konstantinopel und den Küsten von Afrika. Aus dem Englischen übersetzt und mit einigen Zusätzen begleitet. Mit Kupfern. Leipzig 1798. 4°.

— specimen historiae Rossorum. Pars prior. 4. Charkow 811.

**Reith, Johannes Werner,** Medizinalprakt.: Aus d. pathol.-hygien. Inst. d. Stadt Chemnitz. Ueber 2 Fälle von primärem Sarcom des Oesophagus. ⟨Mit 2 Taf.⟩ Leipzig 1909: Georgi. 31 S. 8°
Leipzig, Med. Diss. v. 11. März 1909, Ref. Marchand
[Geb. 2. März 83 Chemnitz; Wohnort: Chemnitz; Staatsangeh.: Sachsen; Vorbildung: Gymn. Chemnitz Reife O. 02; Studium: Grenoble 1, Leipzig 3, Rostock 2, Kiel 2, München 4 S.; Coll. 25. März 09.] [U 09. 2850

Reithard, Johann Jakob R'. [SA.] s. [Pestalozzi, Ludwig].

Reithard, Johann Jakob

Reithard (Hrsg.), s. Alpenrosen 1848-54.

**Reithard, J. J., neue Alpenrosen, s. Alpenrosen.**

[Reithard, Johann Jacob.] Auf dem Emmenfelde bei Luzern am 1. April 1845. Gedicht von dem Verfasser der Neujesuitenpredigt. 8. Zürich 1845.

Reithard, J. J., schweizer. Familienbuch, s. Familienbuch.

[Reithard, Johann Jacob.] Fragment einer zweiten Neujesuitenpredigt. [Gedicht.] ⟨Als Anhang zur zweiten Auflage der „Radikalen Jesuitenpredigt".⟩ 8. [Zürich 1845.]

**Reithard, J. J., Gedichte. (Mit verziert. Titel.) gr. 12. St. Gallen u. Bern 842, Huber u. Comp. 1¾ ₰**

**Reithard, J. J., Geschichten und Sagen aus der Schweiz. In Dichtungen. 8. (XV und 562 S.) Frankfurt a. M. 853, Literarische Anstalt.** *

**Reithardt, J. J., die Jesuiten von Freiburg. Erzählung aus der ersten Hälfte des XVII. Jahrhunderts. 8. (224 S.) Zürich 851, Beyel. 18 ngℊ**

[Reithard, Johann Jacob.] Radikale Jesuitenpredigt. Gehalten am Neujahrstage 1845 im geheimen Conventikel der Wissenden von Pater Incognitus, schweizerischem Mitgliede des Ordens der Neujesuiten. [Gedicht.] Zum Druck befördert von einem Nichtjesuiten. 8. 1845.
[1. Aufl. Umschlag illustriert.] Basel 1845.
2. vermehrte Aufl. Zürich 1845.

— **Kalender für die Jugend, s. Kalender.**

[Reithard, Johann Jacob.] Höchst wunderbarliche vaterländische Prophezeiungen auf das Jahr der Ungnade 1847. An's Licht gezogen aus dem Nachlasse des sel. Verfassers der „radikalen Jesuitenpredigt"... von Jeremias Lachmund. Friedensprediger in partibus infidelium. [Gedicht.] 8. Frauenfeld 1847.

Reithard, J. J., Schweizerblätter, s. Schweizerblätter.

Reithard, Johann Jakob: Der Tag ze Zürych am yngenden Meien 1351 oder grundliche Beschrybung, wie es bey der Eidleystung ze Zürych ergangen. Drey Brieff des Jungkher Hannes v. Moos etc. Zürich 1851.

[Reithard, Johann Jacob.] Die Todesnacht auf dem Wallensee. Dichtung eines Ungenannten. Sammt sichern Angaben über den „Delphin" und die zwölf mit demselben verunglückten Personen. 8. Zürich 1851.
Dass.s.a.:Todesnacht,Die,...

Reithard, Johann Jacob s. Ulrich, J[ohann] J[acob]. Die Schweiz in Bildern....

REITHER, Hans (Nürnberg): Ein Fall von echter Knochenmetastase bei Uterus-Carcinom.- München: Kastner & Callwey 1910. 30 S.
16.1.1911 - Chr 1910/11,24; U 11.3715
Diss.Ingolst.-Landsh.-Mchn.

Reither, Konrad

Reither, K., Erinnerungen, den Zöglingen des königl. katholischen Schullehrer-Seminars zu Speyer zur Feier des 25jährigen Jubiläums dieser Anstalt gewidmet. gr. 8. (61 S.) Speyer 864, Bregenzer. *

**Reither, Konr., Hirtenbrief an die Gläubigen seiner Diöcese bei dem Antritte d. Oberhirtenamtes erlassen. gr. 8. (16 S.) Speyer 870. Kleeberger. — 20**

**Reither, Rud., Aus dem Haus. Lieder und Bilder aus dem Familienleben. Ansbach 853. Gummi. 32. (91 S.) n. 15 ngℊ**

Reither, Rud., ein Jahr. Poesien-Cyklus auf eine Jahresfolge. 8. (19½ B.) Nördlingen 846, Beck'sche Buchh.

Reither, Rud., aus der Schule. Pädagogische Distichen. gr. 16. (IV, 115 S.) Ansbach 869, Junge. 1 20

**Reithmaier, J., Gedichte. 12. (76 S.) Nürnberg 896. (Fürth, G. Rosenberg.) — 30**

Reithmann C, die elektrischen Normal-Uhren nach eigener Erfindung auf der Weltausstellung zu Paris 1867. München 1867

Reithmayr, Franz Xaver

— s. Archiv für theolog. Literatur.

**Reithmayr, Franz Xav.,** Einleitung in die kanonischen Bücher des Neuen Bundes. Regensburg, Manz, jetzt Verl.-Anst., 1852, 8°, XII und 785 S., 8 Mk.

REITHMAYR, Franz Xaver (Illkofen): Indigetne s. scriptura interprete supremo? - quis est - et in quantum privatam interpretationem restringit. (Titel nach der Urkunde)
17.8.1836 - Urk; P 43
Diss. Ingolst.-Landsh.-Mchn.

Reithmayr, Fr. X., Kommentar zum Briefe an die Galater. München, Lentner, 1865, 8°, VIII u. 496 S., 8,70 Mk.

Reithmayr, Franz Xaver, Kommentar zum Briefe an die Römer. Regensburg, Manz, jetzt Verl.-Anst., 1845, gr. 8°, 50 Bg., 8,50 Mk.

Reithmayr's, weil. Fr. Xav., Lehrbuch der biblischen Hermeneutik, aus dessen hinterlassenen Handschriften m. Ergänzgn. u. e. Lebensskizze d. Verf. hrsg. v. Valent. Thalhofer. Mit dem Porträt d. Verf. Lex.-8. (XLVI, 256 S.) Kempten 874. Kösel. 4. 20

Reithmayr, s. J. A. Möhler, Patrologie.

Reithmayr, Franz Xaver, s. P a t r u m apostolicorum S. Clementis Romani ...

Reithmayr, Franz Xaver (Hrsg.), s. T e s t a m e n t u m, Novum, Graece et Latine. 1847.

Reithmeier, Wolfgang

— s. v. Aquin, Th., Erklärung des apostol. Glaubensbekenntnisses. — Groiset, J., das Leben Jesu Christi. — Droz, Jos., Gedanken über das Christenthum. — Grosez, J. St, heil. Tagebuch. — Peter Marie, die Wissenschaft des Gekreuzigten. — Poujoulat, Geschichte von Jerusalem.

Reithmeier, Wolfg., Erklärung der Episteln u. Evangelien der heil. Fastenzeit nach den heil. Kirchenvätern u. andern guten kathol. Schriftauslegern. gr. 8. (284 S.) Schaffhausen 851, Hurter. 21 ngl.

Reithmeier, Wolfgang, Erklärung der Episteln und Evangelien der Sonn- und Festtage des kath. Kirchenjahres, nach den hl. Kirchenvätern und andern guten kathol. Schriftauslegern. Schaffhausen, Hurter, jetzt Regensburg, Verl.-Anst., 1847—1848, gr. 8°, 2 Lfrgen, IV u. 448 S., 3 Mk.

Reithmeier, Wolfg., Erklärung der Episteln und Evangelien der Sonn- und Festtage des katholischen Kirchenjahres, nach den heil. Kirchenvätern und andern guten kathol. Schriftauslegern. Schaffhausen 853. Hurter. gr. 8. (VI, 448 S.; 2 Bl., 284 S.) 1 ₰. 12 ngr.

Reithmeier, Wolfg., Flores patrum latinorum et hymni ecclesiastici. Ad optimarum editionum fidem recognovit et brevibus notis illustravit. 8maj. (XIV und 381 S.) Scaphusiae 853, libr. Hurter.

—— Geschichte des heil. Cyprian, Bischofs und Märtyrers von Karthago. gr. 8. (XVI und 253 S.) Augsburg 848, Schmid'sche Buchh.

— Leben des heil. Thomas Becket, siehe: R o b e r t.

Reithmeier, Wolfgang, Leben des heiligen Franz Xaver, Apostels von Indien und Japan. gr. 8. Schaffhausen 846, Hurter. 3/4 ₰

Reithmeier, W., Leben d. heiligen Franz Xaver, Apostels v. Indien u. Japan, neu bearb. v. J. Firnstein. 2., vollständig umgearb. Aufl. Mit 1 Stahlst. gr. 8. (XII, 241 S.) Regensburg 881. Manz. 2. 25

Reithmeyer, Ed., Ansicht der Karavanken vom Görlach [Hobelebauer] bei Velden. Nach der Natur gezeichnet. Lithogr. qu. Fol. Wien 878, (Hölder.) *
Aus: Jahrbuch des österreichischen Touristen-Club, besonders abgedruckt.

Reithner, Karl „Der Torf und einige daraus zu gewinnende Produkte". Eine kurze technologische Skizze. pg. 3—10. 4°. J. B. Rindfleisch.
Neuburg a. D., Progr. 1860/61

Reithofer, (Franz v. Paula) Dionys

Reithofer, Dionys. Frz. von Paula, († d. 7. Aug. 1819.) gründl. religiöse mit der Geistlichkeit gemeinschaftl. Andachtsübungen am heil. Frohnleichnamsfeste. 8. Augsb. 798. Kranzfelder. 2 gl.

— geistl. Andenken für Neukommunikanten. 8. Augsb. 802 u. 806 mit folg. n. Tit.: Jos. Fichtl, geistl. Andenken rc. Ebd.

Reithofer, Dionys, s. A r n p e c k d. Jüng., V.

— histor.-statist.-topograph. Beschreibung d. Reichsstadt Kaisersheim, Cisterzienserordens. 8. Nördl. 799.

— Biographie d. Frhrn. Andreas v. Litgenau. Ein Beitrag z. baier. Gelehrten- u. Schulgeschichte; nebst Nachr. v. kirchl.-polit.-literärisch-merkwürdig gebürtigen Erdingern. 8. München 817.

– s. C h r o n i k, Kleine, von Baiern.

*Reithofer*, F. D., kleine Chronik der Kgl.-Baier. Haupt- u. Universitäts-Stadt Landshut, . . . . vom J. 1204—1810. . . . . Landshut in Baiern, 1811: 8°. Ppb. Die letzten Bll. braunfleckig.
80 S. „Zum Vergnügen u. Nutzen der Jugend seiner Vaterstadt verfasst."

— kl. Chronik d. königl. baier. Haupt- u. Residenzstadt Landshut v. Erbauung derselben an bis auf unsere Zeit, nämlich v. J. 1204 bis 1810. 8. Landsh. 811.

— Gebet-, Sitten- u. Klugheits-Lehrbuch f. junge reisende Künstler u. wandernde Handwerksgesellen. 8. Augsb. 800. Kranzfelder. 8 gl.

*Reithofer*, Frz. Dionys, Geschichte u. Beschreibung der Kgl.-Baier. Ludwig-Maximilians-Universität in Landshut. Landshut in Baiern 1811. Auf Kosten d. Verf. gedr. 8°. Ppb.
XII—224 S., 1 Bl. Err., 1 Bl. druckbereite Schriften d. Vf. — Sepp, Ludwig Augustus, König v. Bayern. S. 7: „Die alte Hochschule Ingolstadt (gestiftet 1472) wurde aus keinem andern Grunde nach Landshut (im Mai 1800) versetzt, als um den anrüchigen kathol. Namen in Vergessenheit zu bringen." In Landshut blieb die Univers. bis 1826.

*Reithofer*, F. D., chronolog. Geschichte der Stadt Aichach in Bayern. München, 1818. Gedr. u. zu haben bei Jos. Zängl. 8°. VIII—39 S.
Vf., Dr theol. ehemal. Prof. u. Pfarrer in Kaisersheim etc., privatis. Gelehrter zu Wasserburg am Inn, verlegte das Werkchen selbst.

*Reithofer*, F. D., chronolog. Geschichte von Dachau in Baiern. Zum 1. Male in allem Ernste bearb. u. hrsg. München, 1816. Gedr. u. zu halen bei Jos. Zängl . . . ., u. bei d. Vf. zu Wasserburg . . . . 8°. 40 S.

*Reithofer*, F. D., chronolog. Geschichte der baier. Städte Dillingen, Lauingen u. Rain, sammt Materialien zur Geschichte der ehemal. Universität Dillingen u. Notizen von merkwürdigen gebürtigen Lauingern! . . . . Dillingen 1821, in der Rossnagel'schen Buchh. 8°. Hlwdb.
128 S. m. 1 Kpftaf. — Die Jesuiten-Universität Dillingen bestand von 1551—1804.

*Reithofer*, F. D., chronolog. Geschichte des Marktes Haag in (Ober-)Baiern, mit noch einem *Anhange*; aus Original-Handschriften. O. O. 1818. Kl. 8°. 32 S.

— chronolog. Geschichte des Marktes Haag in Baiern, mit e. Anh. aus Originalhandschriften. 8. Münch. 818.

— chronolog. Geschichte d. ehemal. acht Klöster zu Landshut in Baiern. 8. Landsh. 810. Autor.

Reithofer Frz. Dionys, chronolog. Geschichte der kgl. baier. Städte *Landsberg* u. *Weilheim*, des Fleckens *Ebersberg* u. des (ehemal. Augustiner-) Klosters *Ramsau*, aus grösstentheils noch unbenützten Quellen verfasst. München 1815. Gedr. u. zu haben bey Jos. Zänzl (Druckf. statt Zängl!) . . . ., u. bey d. Verf. in Wasserburg am Inn . . . . Kl. 8°. Ppb.
72 S. — Kloster Ramsau, unweit d. Marktfleckens Haag in Oberbayern, wurde 1414 von Geo v. Fraunberg, Graf zu Haag, gestiftet, 1802 säkularisirt.

— chronolog. Geschichte d. k. baier. Städte Landshut u. Weilheim, d. Fleckens Ebersberg u. d. Klosters Ramsau. 8. München 815.

Reithofer, F. D. Denkwürdige Geschichte der Stadt Landshut in Baiern im 30jähr. Kriege. T. 1. 2. Landshut 1810. Verf.

— kurzgefaßte Geschichte der königl. baier. Stadt Wasserburg. Aus Urkunden u. Quellen verfaßt u. nach d. Sachen u. Zeitfolge geordnet. 8. Wasserburg 814.

— Geschichte d. ehemal. Augustinerklosters Schönthal in Baiern. 8. Landsh. 816.

— die letzten 31 Jahre v. Kaisersheim. Ein Denkmal d. Dankbarkeit. 8. Münch. 817.

— d. Katechet z. Fastenzeit, od. katechet. Reden üb. Beichte u. Kommunion, an Kinder, welche beide heil. Sakramente z. erstenmal auf Ostern empfangen sollen. 8. Augsb. 801. Rieger 10 xr (Landsh., Krüll). 8 xr

Reithofer, P. D., der Katechet z. Fastenzeit, oder katechet. Reden über Beichte und Kommunion, an Kinder, welche beyde heil. Sakramente zum erstenmal auf Ostern empfangen sollen. 8. Landshut, Krüll. 817.

Reithofer, Dionys. Frz. v. Paula, Katechismus v. d. Beichte u. Kommunion f. Kinder. 8. Augsb. 802. Kranzfelder. 3 xr Mit folg. n. Tit.: Jos. Fichtl, Katechismus v. d. Beichte u. Kommunion rc. 8. Ebd. 806. 3 xr

— das gute u. verständige Kind an seinem ersten Kommuniontage; ein Christenlehrgeschenk auf Ostern 1797. 12. Augsburg. 797.

Reithofer, F. D. Die Kriegsereignisse in Landshut am 16. und 21. April 1809. Mit Nachtrag: Tagebuch eines Stabs-Offiz. der 3. k. b. Armee-Division. Leipzig 1810. 55 S.

— die Kriegsereignisse in Landshut am 16. u. 21. April 1809 rc. 8. Leipz. 810. Baumgärtner. 5 xr

— Sitten- u. Klugheitslehren f. reisende Künstler u. Handwerksgesellen, als Lesebuch f. Feiertagsschulen rc. 8. Augsb. 806. Kranzfelder. 3 xr

— Unterricht u. Gebete f. Mütter bei ihrem ersten Kirchgange z. priesterl. Einsegnung nach d. Kindbettwochen. 12. Augsb. 809 u. 826. Kranzfelder. 1 xr

— kurzer Unterricht v. d. Ceremonien bei Ausspendung d. heil. Sakraments d. Taufe u. Firmung. 18. Augsb. 816.

Reithofer, Dionys, katechetische Vorträge über die heil. Sakramente der Buße und des Altars. Zur Vorbereitung der Kinder für die österliche Beicht und Communion. Nebst einer kurzen Erläuterung der kirchl. Gebräuche u. Ceremonien in der Fastenzeit. Bearbeitet von J. M. Rauch. 8. Regensburg 836. Manz. $^{1}/_{2}$ ℛ

Reithofer, Jos. Kast., Kanzelrede bei der goldnen Jubelfeier d. 50jähr. Ehe sr. Eltern. 8. Münch. 810. Fleischmann. 3 xr

Reithoffer, Burgei, das Kind, dessen Pflege u. Erziehung in den ersten Lebensjahren. Ein Rathgeber f. junge Frauen. 8. (V, 176 S.) Wien 893. Derflinger & Fischer. 1. —

Reithoffer, Max, Aufzeichnung elektr. Wechselströme, s.: Vorträge des Vereines zur Verbreitung naturwiss. Kenntnisse in Wien. 46. Jhrg. 13. Hft.

Reithoffer, Max. der Drehstrom, s.: Vorträge des Vereines zur Verbreitung naturwiss. Kenntnisse in Wien. 41. Jahrg. 13. Hft.

Reithoffer, Max, die Grundlagen d. drahtlosen Telegraphie, s.: Vorträge des Vereines zur Verbreitung naturwissenschaftlicher Kenntnisse in Wien. 48. Jahrg. 16. Heft.

— elektrisches Licht, s: Vorträge des Vereines zur Verbreitung naturwiss. Kenntnisse in Wien. 45. Jhrg. 13. Hft.

— Neuerungen in der drahtlosen Telegraphie, s.: Vorträge des Vereines zur Verbreitg. naturwissenschaftlicher Kenntnisse in Wien. 50. Jahrg. 7. Heft.

— Über elektrische Unfälle u. deren Verhütg., s.: Vorträge des Vereines zur Verbreitung naturwissenschaftl. Kenntnisse in Wien. 47. Jahrg. 15. Heft.

— der Wechselstrom, s.: Vorträge des Vereines zur Verbreitung naturwiss. Kenntnisse in Wien. 40. Jahrg. 8. Hft.

**Reitinger, Josef:** Analytische Untersuchungen über die natürlichen Phosphate der Ceriterden und Yttererden sowie über Zirkon- und Titanmineralien. 1902. 60 S. 8° ¶ Vgl. Zeitschrift f. Krystallographie u. Mineralogie. Bd 37. 1903.
München, Dr.-Ing.-Diss. v. 8. 3. 1902

Reitinger, Karl, Liederbuch f. sämtliche Klassen der Volksschule. 8. (56 S.) Straubing 894. M. Hirmer. n.n. — 25

Reitinger, Carl B., Materialien f. den naturgeschichtlichen Unterricht in der Volksschule. Für die Hand des Lehrers bearb. gr. 8. (VII, 286 S.) München (900). R. Oldenbourg. n.n. 3. —

Reitinger, Karl, der Übertritt in die humanistische u. techn. Mittelschule. Ein Ratgeber f. Eltern u. Lehrer. Nach den neuesten Vorschriften bearb. (VIII, 100 S.) 8. München 908. M. Kellerer. 1. —

Reit-Institut, ein, für die Kavallerie. Neujahrstraum eines alten Kavalleristen von F. v. K. gr. 8. (48 S.) Berlin 870, Mittler und Sohn. * — 80

Reitinstruktion. 1. Tl. Entwurf der Garde-Kavallerie-Division. (56 S.) 8. Berlin 910. Vossische Buchh. Nicht im Handel.

Reit- u. Fahrinstruktion f. die k. u. k. Artillerie. Entwurf. (VI, 166 S. m. Abbild.) 8. Wien 909. (Hof- u. Staatsdruckerei.) 1. —

Reit-Instruction für die leichte Kavallerie. Von einem preuß. Kavallerie-Offizier (C. Herstatt). Mit vielen (eingedr.) Holzschnitten. 16. (IV u. 72 S.) Düsseldorf 850, Stahl. 6 xr

Reitius, Moritz Otto, s. Reiz, Moritz Otto.

Reitkunst, die, oder Anweisung sich ohne prakt. Unterricht mit den höchst nöthigen Stücken derselben bekannt zu machen. 8. Grätz 792. Kienreich. $^{1}/_{6}$ ℛ

— d., od. ohne praktischen Unterricht in d. nöthigsten Stücken derselben bekannt zu machen. 8. Leipz. Reinicke. 792.

Reitkunst v. du Paty, s. Clamm.

Die edle Reit-Kunst, mit Kpf. u. einem Anh. von der Roß-Arzenei. Eisenach 1755. 439 S.

Reitkunst, die edle, mit Kpf. u. e. Anh. v. d. Roßarzneikunde. 8. Eisenach 772. Griesbach. 1 rf

Natürliche Reitkunst. Nach d. Papieren e. passionirten Reitlehrers. Hrsg. von *,* Berlin: E. S. Mittler & Sohn 1901. (IV, 232 S.) 8° [F.] [01. 10074

Reitkunst, natürliche. Nach den Papieren e. passionierten Reitlehrers. Hrsg. v. *,*. 2. erweit. Aufl. (VII, 240 S.) 8. Berlin 905. E. S. Mittler & Sohn. n. 3. 50; geb. in Leinw. n. 4. 50

Reitkunst, natürliche, 3. Aufl., s.: Croix, Otto de la,

— 1. Selbstunterr., s. Beter.

Reitlechner: M ö d l i n g als Sitz einer landwirthschaftlichen Lehranstalt. 21-27 S. 8°– Mödling, Fr.Jos., Progr. 1871.

REITLECHNER, Gregor

(F) Patrocinien-Buch zur Verehrung der Schutzheiligen der Kirchen und Kapellen der Erzdiöcese Salzburg, der meisten von Brixen, Seckau, Gurk, Oberösterreich und der benachbarten bayrischen Decanate. Für das katholische Volk verfasst von P. Gregor Reitlechner. Mit Approbation des hochw. f.-e. Ordinariates Salzburg und Erlaubnis des Ordensobern. Salzburg. 1901. Pustet. 8°. VIII, 674 S. mit 1 Tafel K 1.60

Reitlechner, Carl, die Analyse des Weines mit besonderer Berücksichtigung des verbesserten Klosterneuburger Wein- und Most-Untersuchungsapparates. 8. (59 S. mit 1 Stnt.) Wien 877, [Faesy und Frick.] Faesy. *

Reitlechner, Carl, die Bestandtheile d. Weines. Mit 12 (eingedr. Holzschn.-) Abbildgn. 2. Aufl. der „Analyse d. Weines". 8. (VIII, 185 S.) Wien 883. Faesy. n. 3. 20

Reitlechner, Carl, die Behandlung des Weines. 8. (VIII, 117 S.) Wien 881, [Frick.] Faesy. *

Reitlechner, Carl, Lehrbuch der landwirthschaftlichen Maschinenlehre. Ein Leitfaden für Vorträge an landwirthschaftl. Schulen, sowie zum Selbststudium des heut. landwirthschaftl. Maschinenwesens. gr. 8. (XI, 269 S. mit 133 eingedr. Holzschn.) Wien 869, Braumüller. * 6 —

Reitlechner, Carl, unsere Nahrungsmittel. Die Beurtheilung der Nährwerthbedeutung der wichtigsten Nahrungsmittel. 8. (VI, 72 S.) Wien 887, Faesy. *

Reitler, Ant., Conrad Ferdinand Meyer. Eine litterarische Skizze zu d. Dichters 60. Geburtstage. gr. 8. (59 S.) Leipzig 885. Haessel. n. 1. —

Reitler, Anton. Conrad Ferdinand Meyer. Eine litterarische Skizze zu des Dichters 60. Geburtstage. 8. Leipzig 1885.
[1. Aufl.]
2. Aufl. Mit einem facsimilirten Briefe C. F. Meyer's an den Verfasser.

Reitler, Ernst, üb. Anlage u. Einrichtgn. d. nordamerik. Bahnhöfe,
— üb. englische Güterbahnhöfe,
— üb. englischen u. nordamerikan. Oberbau,
} s. Vorträge u. Abhandlungen, technische.

Reitler, Ernst, Ueber Anlage und Einrichtungen nordamerikanischer Bahnhöfe. Mit 22 in den Text gedruckten Abbildungen. (Technische Vorträge und Abhandlungen. XXIV.) Gr.-8. (31 S.) —.60
Wien: Spielhagen & Schurich 1895.

— — Ueber englische Güterbahnhöfe. Mit 11 in den Text gedruckten Abbildungen. (15 S.) 8. Geh. Ebda.1895. —.60

Reitler, Ernst, Ueber Englischen und Nordamerikanischen Oberbau. Mit 23 in den Text gedruckten Abbildungen. (28 S.) 8. Geh. —.60
Ebda.1895.

Reitler, Joseph: Die Uebergangsformen zwischen typischen Skelettzellen ⟨Bast und Libriform⟩ und mechanisch wirksamen parenchymatischen Elementen. ⟨Mit 12 Fig. im Text⟩. (Berlin 1910: Ebering.) 48 S. 8°
Berlin, Phil. Diss. v. 9. März 1910, Ref. Schwendener
[Geb. 1. Febr. 78 Wehrden a. S.; Wohnort: Hamm a. S.; Staatsangeh.: Preußen; Vorbildung: Friedrich-Wilhelms-Gymn. Trier Reife O. 99; Studium: Trier Priestersem. 8, Berlin 8 S.; Rig. 17. Febr. 10.] [U 10. 238

Reitler, M. A. (Emil Arter), Briefe v. Selbstmördern. Ein Buch f. Denker u. Menschenfreunde. (VII, 161 S.) 8. Dresden 905. E. Pierson. n. 2. —; geb. n. 3. —

Reitler, M. A. (Emil Arter), Briefe v. Verbrechern. Ein Buch f. Denker u. Menschenfreunde. (VII, 193 S.) 8. Dresden '06, E. Pierson. 2. —; geb. 3. —

Reitler, M. A., Duelle, s. Universal-Bibliothek Nr. 1436.

Reitler, M. A., der Einnahmen-Verrechnungs- u. Revisionsdienst der Eisenbahnen, s.: Bibliothek d. Eisenbahnwesens. VII.

Reitler, M. A., der vereinfachte Eisenbahndienst. Studien und Vorschläge behufs Vereinfachung und Verbesserung des Personen- und Güter-Transportdienstes. gr. 8. (IX, 194 S.) Wien 878, Lehmann und Wentzel. *

Reitler, M. A., Linderung menschlichen Elends. Vorschläge u. Anreggn. 8. (30 S.) Baden bei Wien 895. A. Dittrich. n. — 50

**Reitler, M. A., Linderung menschlichen Elends. Vorschläge und Anregungen. 8°. Baden bei Wien, A. Otto, 1895.**

—— die Personal-Einrichtungen der Eisenbahnen vom Standpunkte des Denkers und Menschenfreundes. Studien und Vorschläge. 8. (348 S.) Wien 879, v. Waldheim. *

Reitler, M. A., Die Personal-Einrichtungen der Eisenbahnen vom Standpunkte des Denkers u. Menschenfreundes. Studien u. Vorschläge. 2. Aufl. 8. (VIII u. 347 S.) geh. 1 fl. 50 kr.
Wien: R.v.Waldheim 1881.

Reitler, M. A. (Emil Arter), Reformen f. das Alltagsleben. Anregungen. (16 S.) 8. Dresden (909). E. Pierson. 20

— der neue Verein. Humoristisch-sociale Erzählg. gr. 8. (125 S.) Wien 896. L. Weiß. n. 1. 70

Reitler, R., über den Selbstmord, s.: Diskussionen des Wiener psychoanalyt. Vereins.

Reitlinger, Edmund

Reitlinger, Edm., freie Blicke, s. Verein, allgemeiner, für deutsche Literatur.

— u. Frdr. **Wächter,** über Disgregation der Elektroden durch positive Elektricität u. die Erklärung der Lichtenberg'schen Figuren. [Mit 11 (eingedr.) Holzschnitten.] [Aus: „Sitzungsber. d. k. Akad. d. Wiss."] Lex.-8. (19 S.) Ebend. 881. n. — 40

**Reitlinger,** Edm., über die Einwirkung der Elektricität auf Springbrunnen. Lex.-8. (23 S.) Wien 860, (Gerold's Sohn.) *

— Über die Einwirkung der Elektrizität auf Springbrunnen. S. 39. [illegible] . . . . . . vgr.
Separatabdruck

— Zur Erklärung der Lichtenberg'schen Figuren. S. 41. [illegible] . . . . . . . . . . vgr.
Separatabdruck

Reitlinger, Edmund, Dr., Zur Erklärung des Lullin'schen Versuches und einiger anderen Art-Unterschiede der positiven und negativen Elektricität. (Sonder-Abdr. aus dem XLI. Bde. der Sitzungsber. der Kais. Akad. der Wissensch.) (S. 5102)

— Erläuterungen über Lichtenberg'sche Figuren. S. 43. II. [illegible] . . . . . . . . . vgr.
Separatabdruck

**Reitlinger,** Edm., üb. einige merkwürdige Erscheinungen in Geissler'schen Röhren. Nach gemeinschaftl. Versuchen d. Verf. u. d. Hrn. A. v. Urbanitzky. [Aus: „Sitzungsber. d. k. Akad. d. Wiss."] Lex.-8. (11 S.) Wien 876. (Gerold's Sohn.) n. — 20

**Reitlinger,** Edm., u. Alfr. **v. Urbanitzky,** über die Erscheinungen in Geissler'schen Röhren unter äusserer Einwirkung. 1. u. 2. Abthlg. [Aus: „Sitzungsber. d. k. Akad. d. Wiss."] Lex.-8. (22 u. 39 S.) Wien 879. 80. Gerold's Sohn. n. 1. 80

— über flüssige Isolatoren der Electricität. (Aus den Sitzungsber. der k. Akad. der Wissensch.) Ebend. 859. gr. 8. (34 S.) n. 4 ngr.

—— C. W. Neumann und G. Gruner, Johannes Kepler. 4 Bücher in 3 Thln. 1. Thl. gr. 8. (XVI, 224 S. mit eingedr. Holzschn. und 1 Stahlst.) Stuttgart 868, Grüninger. [Nürnberg, Heerdegen.] (*M 4,50.) 1 50

— Ueber Kreisprocesse mit zwei isothermischen Curven. Ein Beitrag zur Theorie der calorischen Maschinen. (Separ.-Abdr. aus der Zeitschr. des österr. Ingenieur- und Architekten-Vereins, Heft XIV, Jahrg. 1873.) [o. O.] (9601)

— Note über eine Beobachtung bei Elektrisiermaschinen mit zwei Glasscheiben. S. 38. [illegible] . . . . . . . . . . . . . . . . . . . . vgr.
Separatabdruck

— Vorläufige Note über Lichtenberg'sche Figuren in verschiedenen Gasen und Erläuterungen über Lichtenberg'sche Figuren. (Sonder-Abdr. aus dem XLIII. Bde. der Sitzber. d. Kais. Akad. d. W.)

**Reitlinger,** E: Joseph Ressel, der Erfinder des Schraubendampfers. Festschrift. Wien 1863.

Reitlinger, Edmund u. F. Wächter

— — über elektrische Ringfiguren u. deren Formveränderung durch den Magnet. [Mit einer (lith.) Fig.-Taf.] [Aus: „Sitzungsber. d. k. Akad. d. Wiss."] Lex.-8. (39 S.) Ebend. 880. n. 1. 20

— und Zerjau, Luka, Ueber Schichtung durch Entladungsschläge der Leidner Batterie. (Vorgelegt in der Sitzung vom 24. Juli 1862.) (Sonder-Abdr. aus dem XLVI. Bde. der Sitzungsber. der Kais. Akad. der Wissensch.)

— Ueber die Schichtung des elektrischen Lichtes. (Sonder-Abdruck aus dem XLIII. Bde. der Sitzber. der Kais. Akad. der W.)

—— und Mor. Kuhn, über Spectra negativer Elektroden und lange gebrauchter Geissler'scher Röhren. Lex.-8. (9 S.) Wien 870, (Gerold's Sohn.) * — 20
Aus: Sitzungsberichte der k. Akademie der Wissenschaften, besonders abgedruckt.

— Ueber Töne und einige Bewegungs-Erscheinungen im Schliessungsbogen des galvanischen Stromes. (Sonder-Abdr. aus dem XLV. Bde. der Sitzber. der Kais. Akad. der Wissensch. [Wien 1862.]

— und Kraus, Franz, Ueber Brande's elektro-chemische Untersuchungen. (Vorgelegt in der Sitzung vom 10. Juli 1862.) (Sonder-Abdr. aus dem XLVI. Bde. der Sitzungsber. der Kais. Akad. der Wissensch.)

**Reitmaier,** Bernhard, Übungen bei dem 12. Bayerischen Turnfest in Kempten 23.—25. 7. 1905, Nürnberg 1908, 112 S., 8°.

**Reitmaier,** Georg [app. Arzt aus Würzburg]: Ein Beitrag zur Lehre von der Dystrophia muscularis progressiva ... Würzburg, P. Scheiner's Buchdr., 1893; 35 S. 8.
Würzburg, Med. Fak., Inaug.-Diss. v. 1893

REITMAIER, Paul (Hall/Württ.): Ueber die temporäre Oberkieferresektion zur Entfernung der basilaren Rachentumoren.- München: Wolf 1880. 28 S.
20.7.1880 - Urk (Titel: De temporali maxillae superioris resectione ad amovendos basilares tumores pharyngeos facta.): Chr 1880/81,14
Diss. Ingolst.-Landsh.-Mchn.

**Reitmair,** Otto, erster Bericht üb. die Braugersten-Düngungsversuche v. 1906. Unter Mitwirkg. v. F. Pilz. Analysen v. Hellm. Müller u. Frz. Wohack. (Mitteilung d. k. k. landw.-chem. Versuchsstation in Wien.) (28 S.) gr. 8. Wien 906. (Korneuburg, J. Kühkopf.) — 80
Sonderabdruck aus: „Ztschr. f. d. landw. Versuchswesen in Österr."

**Reitmair,** Otto, Bericht üb. die m. Winterhalmfrucht im Herbste 1900 eingeleiteten u. 1901 zum Abschluss gebrachten Phosphat-Düngungs-Versuche. (100 S. m. 1 Taf.) gr. 8. Wien 902. (W. Frick.) n. 1. 60

**Reitmair,** O., die Beschaffenheit der pp. Trinkbranntweine und die Methoden ihrer Untersuchung auf Fuselöle, s. Stutzer, A.

Reitmair, O.: Bewerthung, Die, des Thomasschlackenmehles, s. Dafert, F.W.

— Die Blattrollkrankheit der Kartoffel u. ihr Auftreten in Österreich, s.: Kornauth, K.

— die bedrohte Existenz der österreichischen Gerstenproduktion u. ihre Rettung durch Herrn Professor Stoklasa. (18.) 8. Korneuburg 905. (J. Kühkopf.) n. — 40
Sonderabdruck aus: „Ztschr. f. d. landw. Versuchswesen in Oesterreich".

— Über die Grenzen der Leistungsfähigkeit u. die beste Art der Durchführung des Topf- u. Feldversuches. Referat 3 der Sektion II/B des VIII. internationalen landwirtschaftl. Kongresses in Wien, 21. bis 25. V. 1907. (14 S.) gr. 8. Wien 907. (Korneuburg, J. Kühkopf.) — 40

— Ueber Kalkdüngung. (Mitteilung der Abtlg. I [f. Pflanzenbau] an der k. k. landwirtschaftlich-chem. Versuchsstation in Wien.) (14 S.) 8. Korneuburg 906. (J. Kühkopf.) — 50
Sonderabdruck aus: „Wiener landw. Zeitg."

— das entkeimte Knochenmehl als Düngemittel. (Mitteilung der Abteilg. f. Pflanzenbau der k. k. landwirtschaftlich-chem. Versuchs-Station in Wien.) (20 S.) 8. Wien 905. (Korneuburg, J. Kühkopf.) n. — 60
Sonderabdruck aus: „Wiener landwirtsch. Zeitg."

— Die Vegetations-Station Korneuburg. (8 S. m. 2 Taf.) gr. 8. Wien (907). (Korneuburg, J. Kühkopf.)
Sonderabdruck aus: „Die k. k. landwirtschaftlich-chem. Versuchsstation in Wien 1869 bis 1905".

**Reitmair**, O., üb. Phosphorsäure-Düngung m. bes. Berücksicht. d. wichtigsten Phosphorsäure-Dünger d. Handels (Superphosphat u. Thomasschlacke). Mit e. Vorwort v. E. Meissl. gr. 8. (39 S.) Wien 897. W. Frick. n. — 40

— der Proteingehalt der Gerste u. die Kalidüngung. (Mitteilung der Abteilg. f. Pflanzenbau an der k. k. landw.-chem. Versuchsstation in Wien.) (34 S.) 8. Korneuburg (906). (J. Kühkopf.) n. — 80

**Reitmair, O.**, Ueber Stickstoff-Düngung. Mit besonderer Berücksichtigung der wichtigsten Stickstoff-Dünger des Handels (schwefelsaures Ammoniak und Chilisalpeter). Mit einem Vorworte von Prof. Dr. E. Meißl. Gr.-8. (24 S.) —.60
Wien: Frick 1897.

— Studien üb. die Blattrollkrankheit der Kartoffel, s.: Kornauth, K.

— unter welchen Umständen wirkt e. Kalidüngung proteinvermindernd auf die Braugerste? Mitteilung der Abteilg. f. Pflanzenbau an der k.k. landw.-chem. Versuchsstation in Wien. (84 S.) gr. 8.
Korneuburg: Kühkopf 1905. n. 1. 20
Sonderabdruck aus: „Ztschr. f. d. landw. Versuchswesen in Oesterreich".

**Reitmann** Eduard: Das für Realschüler Wissenswerteste über Stipendien. 20. Mähr.-Ostrau R.898. Prag.

**Reitmann**, Dr. Leo —. Oesterreichs Heeres-Lied. Gedichtet von — —. 8. (4 S.) Lemberg. Druck von Jos. Schnayder's sel. Wwe. 1854.

**Reitmayer, G.**, Entwurf eines Palais, s. Studien aus der Special-Schule von Th. R. v. Hansen.

**Reitmayer, H.**, christliche Aphorismen. gr. 16. (52 S.) Mainz 852, Wirth Sohn.

Reitmayer, Heinrich Josef

**Reitmayer, Heinr. Jos.**, friedliche Antworten auf verschiedene moderne Einwürfe gegen Religion, Christentum u. Kirche. 8. (IV, 98 S.) Paderborn 892. F. Schöningh. n. — 80

**Reitmayer, H. J.**, Apologie des Christentums. Den gebildeten Ständen gewidmet. Mainz, Kirchheim, 1881. 8°, 88 S., 0,90 Mk.

—— Beiträge zur Kürzung u. Vereinfachung d. Mainzer Diözesan Katechismus, nebst einigen Fingerzeigen zur Erzielg. e. guten Katechese u. praktisch ausgeführten Katechesen. gr. 8. (24 S.) Mainz 891, J. P. Haas. — 25

**Reitmayer, H. J.**, das heilige Bußsakrament in praktischen Katechesen bearb. nach dem großen Deharbe'schen Katechismus. 8. (IV, 64 S.) Mainz 869, Kirchheim. * — 50

**Reitmayer, H. J.**, Gedanken üb. e. Reihe religiöser Zeit-Fragen, den gebildeten Ständen gewidmet. 8. (66 S.) Mainz 884. Kirchheim. — 90

**Reitmayer, H. J.**, Katechesen über den kleinen Deharbe'schen Katechismus der katholischen Religion. 16. (110 S.) Mainz 864, Kirchheim. *

**Reitmayr, Jos.**, Wirkungskreis der Feldgeschworenen, s.: Stadelmann.

Reitmayr, Josef Siegmund

**Reitmayr, J. S.**, Handels- u. Gewerbs-Adreß-Taschenbuch d. königl. baier. Haupt- u. Residenzstadt München. Mit e. vorangehenden Uebersicht dieser Stadt, als Wegweiser in derselben u. einer Wohnungsanzeige der P. T. ꝛc. Staatsbeamten. Nach zuverläss. Mittheil. u. eignen Ansichten bearb. 8. Münch. 818 Lentner. 16 gr.

**Reitmayr, Jos. Siegm.**, Legenden aus d. Geschichte Baierns, f. die Jugend u. d. Volk. 1s Bdchn. A. u. d. T.: Severin der Einsiedler. Ein Bild v. Sieae d. Christenthums, üb. alle irdischen Mächte ꝛc. Nach d. Geschichte getreu geschildert u. mit histor. u. geograph. Notizen begleit. 8. Regensb. 829. (Reitmayr). 8 gr.

Reitmeyer, Georg Sebastian

**Reitmeyer, Geo. Sebast.**, gemeinnütz. Rechenbuch, worin alle mögl. z. Ersparung d. Zeit bei Rent- u. Rechnungs-Aemtern, Orts-Vorständen, Steuervorstehern ꝛc. vorkomm. Rechnungs-Aufgaben ꝛc. zu finden sind. 8. Altd. ... 2e verm. Aufl. 815.

**Reitner, Ab.**, Handbuch der Wundarzneikunde für Familienväter in der Stadt und auf dem Lande. 12. Nordhausen 844, Fürst. 1/12 ℳ

**Rejtö, Alexander**, Anleitung für Private zur Durchführung der Papier-Prüfung. Uebersetzt von Oscar Thiering. Gr.-8. (27 S.) 1.—
Budapest: Kilian 1893.

**Rejtö, Alex.**, Bestimmung der charakteristischen Eigenschaften durch Schervorsuche m. parallelen Schneiden u. rechtwinkl. Schneidewinkeln. (Deutsch, französisch u. englisch.) (32 S. m. 25 Fig.) 32,5×23 cm. Stuttgart 904. (Freiburg i/B., J. Bielefeld.) 4.—
S.-A. aus: Baumaterialienkunde.

**Rejtö, A.**, rationelle Durchführung der Materialprüfung auf Grund des Gesetzes der Kraftvermittlung u. der inneren Reibung. (Uebersetzung aus dem Ung.) Bericht auf dem internationalen Kongress der Materialprüfungstechniker zu Paris am 10. VII. 1900. (Deutsch, französisch u. englisch.) (63 S. m. Abbildgn.) hoch 4. Stuttgart 901. Freiburg i/B., J. Bielefeld. n. 6.—
Sonderabdruck aus: „Baumaterialienkunde".

— De la formation des lignes de force à la surface des corps soumis à des efforts. (15 S. m. 46 Fig.) 32,5×23 cm. Ebd. (899). 2.—
S.-A. aus: Baumaterialienkunde.

Die innere Reibung der festen Körper als Beitrag z. theoret. mech. Technologie v. Alexander Rejtö, Ingen. u. Prof. ... zu Budapest. A. d. Ungar. übs. v. Karl Gaul, Ingen. u. Priv.-D. ... zu Budapest. M. 22 Taf. *Leipzig: A. Felix 1897.* (VI S., 1 Bl., 111 S., 22 Taf.) 1 Bd 8. [97. 5098

— Der Wert der inneren Reibung. (Deutsch, französ. u. englisch.) 32,5×23,5 cm. Ebd. 909. 1. 50
Sonderabdruck aus: „Baumaterialienkde."

Reit-Reglement für die Kgl. Hannov. Cavallerie. Hannover 1838. 8°.

**Reitsch, W**(illy), Assistenzart a. kgl. hygien. Institut zu Beuthen O.-S.: Zur Frage der Streptokoccen-Immunität. Breslau (1905): Grass, Barth u. Co. (42 S.) 8°
Leipzig, Med. Fak., Ref. Hofmann, Diss. v. 3. März 1905
[Geb. 21. Aug. 78 Wongrowitz; Wohnort: Beuthen; Staatsangeh.: Preußen; Vorbildung: Paedagog. d. Klost. U. L. F. Magdeburg Reife O. 98; Studium: Leipzig 4, Kiel 1, Breslau 4 S.; Coll. 21. März 05; Approb. 13. Febr. 04.]

Reitschulblätter, 7, gezeichnet und erklärt von C. A. H. Hetz, und gestochen von C. G. Krüger. Mit illumin. Kupf. Fol. Leipzig, Seeger.
schwarz

Reitschule für Damen. Nach dem Lady's Equestrian Manual bearbeitet. Mit vielen Holzschn. u. verziert. Titel u. Titelbild. 8. Braunschweig 839. Oehme u. Müller. In gepreßtem Einband n. 1 ₰

[**Reitschule** der Zwerge. o. O. um 1730.]
12 Taf. in Kupferst. 4°.

REITSHAMMER, Jakob: De principio fidei Romano-catholico. — (1839) 64 S. 8° (Handschr.) Diss. 22
**Diss.** Wien, Univ.

**Der geöffnete Reit-Stall.** Hamburg 1706. 104 S.
— — 1715. 104 S.

Reittenhart, Jos., s. R. Guerard, Auszug aus der heil. Schrift.

Reitter, Rede über den Anschluß Oesterreichs, s. Reden, 9.

**Reitter,** Carl, s. R e i t t e r , Karl.

**Reitter,** Edmund

**Reitter,** Edm., die süd- u. mittelamerikanischen **Arten** der Gattung Tenebrioides Pill. u. Miterp. [Trogosita Strm, Er., Redt, Thomas., Horn] diagnostisch dargestellt. [Aus: „Verhandl. d. naturforsch. Ver. in Brünn."] gr. 8. (15 S.) Brünn 875. (Berlin, Friedländer & Sohn. n. — 80

**Reitter E.:** Bestimmungs-Tabelle d. Borkenkäfer (*Scolytidae*) aus Europa u. den angrenzenden Ländern. Brünn 1894. (62) S. (Særtr.). P.

**Reitter,** Edmund: C a r a b i d a e . Abth.: Harpalini u. Licinini, s. B e s t i m m u n g s - T a b e l l e der europ. Coleopteren. 41. Hft.

**Reitter,** Edm., s.: **Catalogus** Coleopterorum Europae....

**Reitter,** E., **catalogus** coleopterorum Europae et Caucasi, s.: **Heyden,** L. v.

— Coleoptera, s.: **Süsswasserfauna,** die, Deutschlands. Heft 3. 4.

– C u r c u l i o n i d a e . 5. Thl., Cossonini u. Calandrini, s. B e s t i m m u n g s - T a b e l l e der europ. Coleopteren. 37. Hft.

—— **Darstellung** der mit Epuraea verwandten Gattungen. gr. 8. (14 S. mit 1 Taf. in Kpfrst.) Ebendas. 875. * 1 20

— systematische **Eintheilung** der Nitidularien. Mitgetheilt im Juli 1873. [Aus: „Verhandl. d. naturforsch. Ver. in Brünn."] gr. 8. (194 S.) Ebend. 874. n. 5. —

Fauna Germanica. Die Käfer des Deutschen Reiches. Nach d. analyt. Methode bearb. von Edmund **Reitter**. Bd 1. 2. Stuttgart: Lutz 1908–09. 8°
(Schriften d. Deutschen Lehrervereins f. Naturkunde. Bd 22. 24.) (10. 1371) 7

**REITTER, Edmund: Fauna Germanica. - Die Käfer des Deutschen Reichs. - Stuttgart 1908-1916. 5 Bd. - Bd. 1: 1908. VIII, 248 S., 66 Abb., 40 Taf. - Bd. 2: 1909. 392 S., 70 Abb., 40 Taf. - Bd. 3: 1911. 436 S., 147 Abb., 48 Taf. - Bd. 4: 1912. 236 S., 31 Abb., 22 Taf. - Bd. 5: 1916. 343 S. Zusammengest. u. redig. v. K. G. Lutz**

**Reitter,** Edm., das **Insektensieb,** dessen Bedeutung beim Fange v. Insekten, insbesondere Coleopteren u. dessen Anwendung. 2. verm. Aufl. (17 S.) gr. 8. Paskau 905. (Berlin, R. Friedländer & Sohn.) n.n. 1. —

– M e l o l o n t h i d a e . 2. Thl., Dynanastini, Euchirini, Pachypodini, Cetonini, Valgini u. Trichiini, s. B e s t i m m u n g s - T a b e l l e der europ. Coleopteren. 38. Hft.

— **Revision** der europäischen Meligethes-Arten. [Aus: „Verhandlgn. d. naturforsch. Vereines in Brünn."] gr. 8. (135 S. m. 6 Steintaf.) Brünn 871. (Berlin, Nicolai's Verl.) n. 6. —

— **Revision** der Gattung Trogosita Oliv. [Temnochila Westw.] [Aus: „Verhandl. d. naturforsch. Ver. in Brünn."] gr. 8. (44 S.) Brünn 875. (Berlin, Friedländer & Sohn.) n. 1. 60

— Scaritini, s.: **Fleischor,** Ant.

**Reitter, Edm., Uebersicht der bekannten Dasytiscus-Arten.** gr. 8. (7 S.) Berlin 885, Friedländer und Sohn. *
Aus: Entomologische Nachrichten, besonders abgedruckt.

— **Uebersicht** der Käfer-Fauna v. Mähren u. Schlesien. [Aus: „Verhandlgn. d. naturforsch. Vereines in Brünn."] gr. 8. (V, 195 S.) Brünn 870. (Hauptmann.) n. 1. 80

-- s.: **Zeitung, Wiener entomologische.**

Reitter, F. Kurzer Abriß der Geschichte des 9. Jäg.-Batl. Passau 1872. 127 S.

**Reitter,** H.: Die D e s t i l l a t i o n unt. vermind. Druck i. Laboratorium. 2. Aufl., s. A n s c h ü t z , Rich.

**Reitter, Hans** [aus Wien, II. Unterrichtsassist. am chem. Inst. d. Univ. zu Bonn]: Die Anile der Diacetylweinsäuren. Beitrag zur Kenntnis substituirter Bernsteinsäuren . . . Bonn, Univ.-Buchdr. v. C. Georgi, 1891; 48 S., 1 Bl. 8°
Bonn, Phil. Fak., Inaug.-Diss v 24. Jan. 1891

**Reitter,** Johann Daniel

Reitter, J. D., und G. F. Abel, Abbild. d. 100 deutsch. wild. Holzarten nach d. Nummerverzeichn. in Burgsdorfs Forsthandbuch, s. Burgsdorf.

**Reitter J. D. u. Abel G. F.:** Abbildung d. hundert deutschen wilden Holz-Arten, nach dem Numern-Verzeichniss im Forst-Handbuch v. F. A. L. v. B u r g s d o r f. Als eine Beilage zu diesem Werke herausg. Stuttg. 1790. 100 Tvl. m. 38 S. Forkl. 4°.

**Reiter, J. D., u. G. F. Abel,** Abbildungen der 100 deutschen wilden Holzarten nach dem Nummerverzeichniss im Forsthandbuch des Herrn von Burgsdorf. H. 1—4 u. Fortsetzung. Stuttgart 1791—1803. gr. 4.
Fortsetzung u. d. T.:
—— Beschreibung und Abbildung der in Deutschland seltener wildwachsenden oder bereits einheimisch gewordenen Holzarten. Stuttgart 1805 gr. 4.

Reitter, J. D., († d. 6. Febr. 1811.) u. G. F. Abel, Abbild. d. hundert deutschen wilden Holzarten, nach d. Nummer-Verzeichniß im v. Burgsdorf'schen Forsthandbuch, als eine Beilage zu diesem Werke. 4 Hefte u. 1 Supplem.-Heft, nebst Beschreibung. Mit 125 ill. Kpf. gr. 4. Stuttg. 803—805. v. Cotta. 41 ₰ 16 gr

**Reitter,** Johann Daniel, s. J o u r n a l f. d. Forst- u. Jagdwesen.

**Reitter,** Johann Daniel u. G. F. Abel

—— **Représentation** de 100 arbres des forêts d'Allemagne. Stuttgard 1805. 4.

Reitter, Carl, die Indikationen f. den Aderlass m. nachfolgender Kochsalzinfusion in der Therapie d. uräm. Störungen. (III, 86 S. m. 2 Fig.) gr. 8. Wien 907. F. Deuticke. 2. —

Reitter, M., Methoden-Buch zum Unterr. f. Taubstumme. gr. 8. (17 B.) Wien 828, Heubner.

REITTER, MATHIAS: Katholisches Gebet- und Gesangbuch mit einem Anhang der nöthigsten ungarischen Lieder aus den verschiedensten Quellen gesammelt und dem christlichen Volke gewidmet von Mathias Reitter, Oberlehrer an der katholischen Volksschule und Organist zu Nagy Kovácsi. Temesvár (Temeswar) 1900: Union-Buchdruckerei. 442 S. - 160 mm PS
- Dass. 2. Aufl: Budapest 1904: Allein erhältlich bei dem Herausgeber J. Heisler's Buchdruckerei. 442 S. - 160 mm

**Reitter,** Nikolaus: Der Glaube an die Fortdauer des römischen Reiches im Abendlande während des 5. und 6. Jahrhunderts, dargestellt nach den Stimmen der Zeit. *Münster 1900: Regensberg.* (34 S.) 8° ¶ (T. 1 d. eingereichten Arbeit.) Münster, Phil. Diss. v. [13. Jan.] 1900

Reitterer, Frz. X., s. a.: Friedberg, Frz.

REITTERER, Franz Xaver
(F) Auf zur That! Rede, gehalten von Franz X. Reitterer bei der gründenden Versammlung des „Oesterreichischen Bauernbundes" in Budweis am 18. December 1898. Anhang: „Bundeslied" von Heinrich Mauder, Landwirt in Kroh. Budweis. 1898 Verlag des „Oesterreichischen Bauernbundes". 8°. 9 S. mit 1 Porträt. fl. —.08

— Auf zur That! Rede, geh. bei der gründ. Versammlg. des „Oesterreich. Bauernbundes" in Budweis am 18. XII. 1898. Anh: „Bundeslied" v. Heinr. Mauder. 2. Aufl. 8. ( 9 S.) Budweis 899. (A. Blaha.) n.n. — 15

(F) Brauchen wir eine eigene Bauernpartei? Eine Frage, beantwortet im Auftrage des „Deutsch-österreichischen Bauernbundes" von Franz X. Reitterer. Anhang: Die hauptsächlichsten Forderungen einer Bauernpartei. Herausgegeben vom „Deutsch-österreichischen Bauernbund". Budweis. 1900. „Moldavia". Gr.-8°. 14 S. K —.20

Reitterer, Frz. X., d' Hausnoda. Schwank in 1 Aufz. 8. (55 S.) Winterberg 894. (Leipzig, Literar. Anstalt, A. Schulze.) n. 1.20

— Die Not der Deutschen in Österreich. Ein Vortrag, geh. auf der außerordentl. Hauptversammlg. des altdeutschen Verbandes zu Leipzig am 22. XI. 1908. (64 S.) gr. 8. Budweis 909. Verlagsanstalt „Moldavia". —50

Reitterer, Franz X[aver]: Die Not der Deutschen in Österreich. Vortr. 3.—5. Taus. Budweis '09. 64 S.

(F) Die neuen Reichsrathsabgeordneten und ihre Gegenkandidaten. Eine genaue Zusammenstellung der Reichsraths-Wahlresultate aus den Jahren 1897 und 1900/1901 mit Angabe des Stimmenverhältnisses. Von Franz X. Reitterer. Budweis. 1901. Moldavia. 8°. 76 S. K —.60

Reitterer, Frz. X., Böhmens Steuerleistung od.: Wie verhalten wir uns zur geplanten Erhöhung der Landesumlagen? (32 S.) gr. 8. Budweis 904. Verlagsanstalt „Moldavia". n. — 50

— d. Winkelschreiber. Schwank in 1 Aufz. 8. (48 S.) Ebd. 894. n. 1.20

(F) Wohin mit Oesterreich? Eine zeitgemässe Frage von Franz X. Reitterer. Budweis. 1899. Verlag des „Oest. Bauernbundes". [In Comm. Blaha] 8°. 18 S. fl. —.20

Leben und Werke Peter Pindars (Dr. John Wolcot) von Theodor **Reitterer**. *Wien & Leipzig: W. Braumüller 1900.* (VIII, 150 S.) 8°
— Beiträge, Wiener, zur engl. Philologie. 11. [00. 7516

Reitterer, Th., Lehrbuch der englischen Sprache, s.: Swoboda, W.

— Lehrgang der englischen Sprache f. österreichische Realgymnasien, s.: Brandeis, Art.

Reitterer Theodor: Peter Pindar or the Rev. John Wolcot, M. D. Hiss Life and Works. Diss. Wien, Univ.
D: Wiener Beiträge, Bd. XI. 1904.
1893 PN 819

**Reitterer** Dr. Theodor: Die englische Sprache als relativ-obligater Lehrgegenstand am k. k. Staatsgymnasium im XIX. Bez. in Wien. (17). Wien XIX. 1905.
Progr.

Reittmayer, Joach., Sonnt.- und Festpred. über die Evang. 2 Thle. Fol. Ingolst. Krüll. 742.

Reitz, Gesetz üb. d. Handelskammern v. 24. II. 1870—19. VIII. 1897. Erläutert v. R. 8. (IV, 156 S.) Berlin 897. F. Vahlen. n. 3. —; geb. n. 3.60

Reitz, Gesetz üb. d. Landwirthschaftskammern v. 30. Juni 1894. Erläut. v. R. gr. 8. (IV, 123 S.) Berlin 896. Puttkammer & Mühlbrecht. n. 2. —

Reitz, A., Anfangsgründe d. Naturlehre f. Wundärzte. gr. 8. Wien 797. Trattner. 8 K

Reitz, A. & E. Farbige Flachstich-Muster von A. & E. Reitz ... Hamburg, Gustav W. Seitz Nachf. Besthorn Gebr. 1891. [Umschlagtit.]
10 farb. Taf. 4°.

Reitz, Adolf: Bakteriolog. Butteruntersuchungen Jena 1906. (20 S.) Sonderabdr.

Reitz, Adf., zur Hebung des Trinkmilchverbrauchs. (16 S. m. 4 Taf.) 8. Stuttgart (908). A. C. Reitz. nn — 90

**Reitz A.**: Die dänische u. schwedische milchwirtschaftliche Industrie als Muster f. unser süddeutsches Molkereiwesen. Vortr. Leipz. 1906. 8 S. (Særtr.). 4°.

Reitz, Adf., s.: Ingenieur, der.

— s.: Mikrokosmos.

**Reitz A.**: Milchhygiene u. Tuberkulosebekämpfung in Dänemark u. Schweden, zugleich ein Beitrag z. Technik d. Pasteurisationsapparate. Berl. 1906. 8 S. (Særtr.). 4°.

Nahrungsmittel und Fälscherkünste. Ein Büchlein z. Untersuchung unserer wichtigsten Nahrungs- u. Genußmittel. Mit Anh.: Untersuchung von Kleiderstoffen. Von Dr. Adolf **Reitz.** Mit zahlr. Abb. Stuttgart: Franckh 1910. 76 S. 8°
(Mikrokosmos. Bd 3. Beigabe 4.)
(Naturwissenschaftliche Volksbücher. Nr 14/16.) [10. 5469

— Nahrungsmittel u. Fälscherkünste. Mit Anh.: Untersuchung v. Kleiderstoffen, s. a. Volksbücher, naturwissenschaftl. Nr. 14—16.

— Milchwirtschaftliche Studien üb. Frankreich, England, Belgien, Dänemark, Schweden, Holland. Nach amtl. Quellen u. auf Grund v. Studienreisen bearb. (VIII, 228 S. m. Abb. u. 6 Taf.) gr. 8. Stuttgart 907. A. C. Reitz. 5.—; geb. 6. —

— Die chemische u. bakteriologische Untersuchung v. Milch u. Milchprodukten. Ein Handbüchlein f. den Praktiker. 2. Aufl. (34 S. m. Abb. u. 3 Tab.) 8. Ebd. (908). 2. —

— Bakteriologische Untersuchungen mit d. Stuttgarter Markt- u. Handelsbutter. München (1906). 28 S.).
Sonderabdr.

**Reitz,** Adolf, Diplomingenieur a. Stuttgart: Untersuchungen mit photodynamischen Stoffen ⟨photobiolog. Sensibilisatoren⟩. Jena: G. Fischer 1907. (42 S., 7 Taf.) 8°
¶ [Aus: Centralblatt f. Bakteriologie Abt. 1 Bd 45.]
Tübingen, Naturw. Fak., Ref. v. Hüfner, Diss. v. 19. Juli 1907
[Geb. 15. April 84 Stuttgart; Wohnort: Stuttgart; Staatsangeh.: Württemberg; Vorbildung: Oberrealsch. Stuttgart Reife M. 03; Studium: Techn. Hochsch. Stuttgart 7 S.; Coll. 19. Juli 07.]

Reitz, Conr., s. Reitz, Konr.

**Reitz,** Eduardus [Caroliruhensis]: De praepositionis ὑπέρ apud Pausaniam Periegetam usu locali ... Friburgi Bris., form. C. A. Wagneri, 1891; 2 Bl., 81 S. 8.
Freiburg i. B., Phil. Fak., Inaug.-Diss. v. 1891

**Reitz,** F. H., Ueber die Ausführung von Höhenmessungen mit dem Aneroid-Barometer-System Reitz, Fabrik Deutschbein in Hamburg. Hamburg 1874. 8°. brosch. (13 S. mit 5 St.-Tafeln.)

— Ein für das Königlich Preussische Geodätische Institut der europäischen Gradmessungen ausgeführter Fluthapparat. (Separat-Abdr. aus den Mittheilungen der Geogr. Ges. in Hamburg 1876—77.) Hamburg. (1241—12)

Reitz, F. H., Fluthapparat, System Reitz, ausgeführt von Dennert und Pape in Altona. (Autographirt. In deutscher und englischer Sprache.)
Hamburg 1876. Fol. (1211—12)

**Reitz,** F. H., Fluthmesser System F. H. Reitz. Selbstwirkende Eintheilg., Registrirg. der Wasserstände u. Integrirg. f. die mittlere Höhe. Mit 2 (1 lith. u. 1 photolith.) Taf. Figuren. gr. 8. (16 S.) Hamburg 884. Friederichsen & Co. n. 1. 50

— Seeweg-Integrator und Logg. (Patentschrift No. 6576.) Berlin 1879.

Reitz, F. H., Theorie des Amsler'schen Planimeters. Fol. (2 S. mit eingedr. Holzschn.) Hamburg 868, Grüning. *

Reitz, F. H.: Wasserstandszeiger für die mittlere Höhe. Hamburg 1873. 4°

**Reitz,** F. W., s.: Jahrhundert, e., voller Unrecht.

Reitz, Fr. Aug., e. Bemerkk. zur Geschichte der Entstehung u. Gestaltung d. Supernaturalismus u. Rationalismus. 4. Rostock 819.

REITZ, Friedrich von (München): Ein Fall von Wirbelkaries.- München: Wolf 1893. 29 S.
7.7.1892 - Chr 1892/93,14; Jv 1892/93,210 (Prom.-Datum: 1893)
Diss. Ingolst.-Landsh.-Mchn.

**Reitz,** v., die Reserve-Offiziers-Prüfung. Ein Wiederholungsbuch zur Vorbereitung auf die am Schlusse der Uebg. A. stattfind. theoret. Reserveoffiziersprüfg. der Infanterie u. Jäger. (VII, 110 S.) kl. 8. Frankenthal 905. L. Göhring & Co. Geb. in Leinw. n. 1. 20

Reitz, Frdr. v., die Reserve-Offiziers-Prüfung. Ein Buch zur Vorbereitg. auf die Prüfgn. der Einjährig-Freiwilligen u. Offiziersaspiranten des Beurlaubtenstandes der Infanterie u. Jäger. 3. nach den neuesten Vorschriften umgearb. Aufl. (IX, 125 S.) 8. Frankenthal 909. L. Göhring & Co. Geb. in Leinw. 1. 80

Reitz, Friedrich Wolfgang, s. Reiz, Friedrich Wolfgang.

**Reitz, Hans:** Farbenblindheit und Farbensehen. Elmshorn 1909: Groth. 16 S. 4°
Elmshorn, st. RG i. E. m. R OP 1909 (388) [S 09. 381

Reitz, Hans: Farbenblindheit und Farbensehen. 16. S. 4.
**Progr.** Städt. Realgymn. i. E. mit Realschule *Elmshorn* 1909 (388)
Was ist Farbenblindheit? Wie äußert sich die Farbenblindheit im täglichen Leben und besonders in der Schule? Was uns die Farben sind und was die Schule zur Besserung des Farbensinns tun kann.

**Reitz,** Hans Hermann, aus Frankfurt a. M.: Über das Verhalten von Mono- und Polyhalogenorganomagnesiumverbindungen zu den Alkaloidderivaten Cotarnin und Hydrastinin. Marburg 1905: Heinr. Bauer. (46 S.) 8°
Erlangen, Phil. Fak., Ref. Fischer, Diss. v. 16. Dez. 1904
[Geb. 4. Aug. 82 Frankfurt a. M.; Staatsangeh.: Preußen; Vorbildung: Klinger Oberrealschule Frankfurt Reife O. 01; Studium: Gießen 5, Frankfurt a. M. chem. Institut 1, Gießen 1 S.; Rig. 16. Dez. 04.]

**Reitz,** Heinrich, aus Frankfurt a. M.: Ueber Bromderivate des p-Tertiärbutylphenols. *Marburg 1901: F. Sömmering.* (38 S.) 8°
Marburg, Phil. Diss. v. [1. Febr.] 1902

**Reitz, Heinrich** [aus Gladenbach, Baden]: Zur Geschichte und Theorie des Anschauungsbegriffs. Zürich 1901. 108 S. 8°. [13. X. 03.]
Zürich. Phil. Diss. I. 8. 1903/1904.

Reitz, Heinrich. Zur Geschichte und Theorie des Anschauungsbegriffs. Diss. Phil. I. Univ. Zürich. IV + 108 S. 8. Zürich, Berichthaus, 1901.

Reitz, J. H., Historie d. Wiedergebornen. 7 Thle. 8. Berleburg, Haug. 724—46.

— Nachfolge Christi. 12. Leipz. Walther. 730.

— Neues Testament. 8. Büding. 730.

**Reitz,** Johannes, approb. Arzt: Aus d. II. med. Abt. d. Allg. städt. Krankenhauses l. d. I. in München. ⟨Prof. Dr. von Bauer.⟩ Beiträge zur Casuistik des Carcinoms im jugendlichen Alter. *München 1902: C. Wolf & Sohn.* (32 S.) 8°
München, Med. Diss. v. 1902

Reitz, Johann Adam Leonhard

**Reitzii,** M. Joh. Adam Leonh., diss. II. de naturali ratione demonstrata existentia angelorum. Viteberg. 701. 4.

Reitz, Johann Fr.

*Reitz,* Jh. Fr., († 31. März 1778.) u. Karl Konr. († d. 14. Sept. 1773.) Apologia adversus criminationes Anonymi in Miscellaneis Lipsiensibus cum supplemento ad ambigua. 8maj. Utrecht 752. 4e Aufl. Utrecht 754.

**Reitz,** Joh. Heinr., Ehre um Ehre. Schauspiel in 3 Akten. 12. (109 S.) Chemnitz 893. (W. Troitzsch.) n. 1. —

**Reitz,** Joh. Heinr., Traumzauber. Dramat. Dichtg. in 3 Akten. 8. (VII, 120 S.) Chemnitz 896. M. Bülz. Geb. in Leinw. n. 3. —

**Reitz,** Joh. Petrus ⟨geb. am 15 [nicht 13] Juni 1832 in Boppard⟩: De chloroformio ... Bonnae, ex typogr. C. Krueger (1858). 32 S., 1 Bl. 8.
Bonn, Med. Fak., Diss. v. 12 Aug. 1858

**Reitz,** Conr., Religionsunterricht der Jugend in seinem erziehlichen Erfolge auf Verstand, Gemüt u. Willen, s.: Handbibliothek, katechetische.

Reitz Konstantin, Dr.: Berichte über seine letzten Reisen in Abessinien. S. 11. 868 . vgr. Separatabdruck

**Reitz,** Otto, approb. Arzt aus Chemnitz: **Die Exstirpatio** tali beim angeborenen und erworbenen Klumpfuß. *Leipzig 1903: B. Georgi.* (44 S.) 8°
Leipzig, Med. Diss. v. (30. Nov.) 1903

**Reitz,** Ph. Just. Eph., Abbild. u. Beschreib. eines neuerfund., einfachen u. wenig kostspiel. Brenn- u. Destillir-Apparate, durch welchen mit geringer Holz- od. Torffeuerung sogleich d. reinste Spiritus-Branntwein gezogen wird. Mit 2 Kpf. gr. 8. Berl. 820. Schüppel. 16 *gr.*

Reitz, S., Geschichte der Turngemeinde Bornheim, Bornheim b. Frankfurt a. M. 1885, 32 S., 8°.

**Reitz, Viktor: Das Grundbuchsrecht in Rheinhessen.** *Mainz 1898: Ph. v. Zabern.* (II, 87 S.) 8°
Giessen, Jur. Diss. v. 1898

**Reitz, W.,** Beiträge zur Kenntniss des Baues der Placenta des Weibes. [Mit 1 (lith.) Taf.] [Aus den Sitzungsber. der k. Akad. der Wiss.] Wien 868. (Gerold's Sohn.) Lex.-8. (4 S.) 3 *ngr.*

Reitz, W., **Grundzüge der Physiologie, Pathologie und Therapie des Kindesalters. gr. 8. (XVI, 295 S.) Berlin 883, Hirschwald.** *

Reitz, W., Untersuchungen über die künstlich erzeugte croupöse Entzündung der Luftröhre. Lex.-8. (9 S. mit 2 Stnt. in Lex.-8. und 4.) Wien 867, (Gerold's Sohn.) * *
Aus: Sitzungsberichte der k. Akademie der Wissenschaften, besonders abgedruckt.

**Reitz, W., Versuch einer Kritik der Schutzpockenimpfung. gr. 8. (81 S.) St. Petersburg 873. Ricker.** n. 2. —

— über die passiven Wanderungen von Zinnoberkörnchen durch den thierischen Organismus. [Aus d. Sitzungsber. der k. Akad. der Wiss.] Ebend. 868. Lex.-8. (3 S.) 1½ *ngr.*

**Reitz, Wilh., deutsches Wörterbuch nebst Regeln f. die Rechtschreibung zum Gebrauche in Schule u. Haus. Hrsg. v. e. Kommission d. pädagog. Vereins zu Schwerin. 2. verm. u. verb. Aufl. 8. (92 S.) Parchim 874. Wehdemann.** n. — 60

**Reitz,** Wilh., deutsches Wörterbuch, nebst Regeln f. die Rechtschreibung zum Gebrauche in Schule u. Haus. Hrsg. v. einer Kommission d. pädagog. Vereins zu Schwerin. Neue Ausg. 8. (91 S.) Parchim 880. Wehdemann. n. — 60

**Reitz,** Wilhelm Gottlieb, s. Reiz, Wilhelm Gottlieb.

***Reitz,*** Wlh. Otto, († d. 22. Oct. 1768.) s. *Theophili* Antecessor., paraphrasis graeca instit. Caesar.

**Reitzberg C.:** Über den Einfluss d. Nervensystems auf das Wachsthum d. Horngebilde u. die Temperaturverhältnisse d. Organismus. Diss. (veter.). Dorpat 1855. 61 S. P.

**Reitze,** Aloys, Oesterreich's Ehrenspiegel etc., s. Höfel, B.

Reitze, Fr., zur Beurtheilung des Liederdichters Béranger. Progr. des Gymn. Detmold 1848.

Reitze. Ueber einige französische Diminutiva auf *et* und *ol.* Detmold, G., 1864. 41 S. 4. **Progr.**

**Reitzel,** Aug., s.: L'Echo littéraire.

**Reitzel, A., et Pouly.** Grammaire élémentaire de la langue allemande, abrégée du Cours de la langue allemande. Deutsche Elementargrammatik. 5me édition. In-12°. 215 p. Lausanne, F. Payot. 2 — 1897.

Reitzel, Auguste. Histoire de France au XIXe siècle d'après les meilleurs écrivains. Extraits annotés par A' R'.... 8. Lausanne. Heilbronn 1899.

**Reitzel, A.** Deutsches Lesebuch. 2 Theile. In-8°, 188 u. 308 S. Lausanne, Imer & Payot. 1881.

Reitzel, Aug(uste). **Les poètes français du XIXème siècle. Anthologie pour l'école et la famille publiée par Aug. Reitzel, professeur à Lausanne. (*Umschlag:* Auguste Reitzel. Anthologie des poètes — — siècle.) [Avec des portraits.] 351 + VIII p. 8. Heilbronn, Eugen Salzer, 1898 (*Umschlag:* 1901). [M. 2. 50]**

**Reitzel, A.** Deutsche Sprechübungen mit systematischem Wörterverzeichnisse f. d. mittlere Stufe des deutschen Sprachunterrichts in französischen Schulen. In-8°. Lausanne, Imer & Payot 1879. cart. 2 75

**Reitzel, Hans,** das Rechnungswesen von Gemeinden, Kirchen u. Stiftgn. im Großherzogt. Hessen. E. Hand- u. Nachschlagebuch f. Vorstände u. Rechner v. Gemeinden u. Kirchen. 2 Abtlgn. gr. 8. (519 S.) Mainz 898. J. Diemer, Verl. n. 8. —

**Reitzel, Hans, das Rechnungswesen v. Gemeinden, Kirchen** u. Stiftungen im Großherzogt. Hessen. Ein Hand- u. Nachschlagebuch f. Vorstände u. Rechner v. Gemeinden u. Kirchen. Nachtrag. (III, 118 S.) 8. Mainz 905. J. Diemer. n. 2. 20
Hauptwerk Ebd. 898. n. 8. —.

**Reitzel,** R., Wiesenblumen. Gedichte und Erzählungen. 8. Lörrach 841, Gutsch. 5/8 *rf*

Reitzel, Rhard., Natur-Blätter. 50 Gedichte. 16. (95 S.) Mannheim 862, Schneider.

Reitzel, Robert. Mein Buch, Einem Vielgeliebten zum Gedächtnis. Detroit, 1900. UC

——— Mein Buch; or Das Reitzel-Buch. Detroit, 1909.

Reitzel-Album. Zusammengestellt v d Freunden Robert Reitzels. Wash, n. d.

Reitzel, Robert (ed). Der arme Teufel. 15v. Detroit, 1884-97.

**Reitzenbeck,** Heinrich

**Jahresbericht der k. k. vollständigen Unter-Realschule in Salzburg. Veröffentlicht am Schlusse des Schuljahres 1856. Salzburg, 1856 Schnellpressendruck der Zaunrith'schen. Buchdr. (35 S. 4.)**
**Inhalt: Beiträge zu einer Geschichte der botanischen Forschungen in Salzburg. Mitgetheilt von Heinrich Reitzenbeck.** (21S) **Schulnachrichten.**

**Reitzenbeck,** H.: Der Einfluss der Naturgeschichte auf die Bildung d. Jugend. 8 S.– Salzburg OR.. Progr. 1854.

**Reitzenbeck**, Hnr., Glimmer. 4 Bdchn. 1. Lieder und Briefe in österr. Mundart. — 2. Der reiche Bettler. Ein Bild aus dem Volksleben in 3 Aufzügen. — 3. u. 4. Kurze Geschichten I. II. 8. Regensburg 846, Manz. 4½ ℳ

Reitzenbeck, Heinrich — Kindergeschichten gegen Thierquälerei. Eine Preisschrift von — —. Illustrirt mit Abbildungen von den Erzählungen Nr. 1, 4, 5 und 7. Herausgegeben auf Veranlassung und Kosten des Vereines gegen Mißhandlung der Thiere im Erzherzogthume Oesterreich ob der Enns und im Herzogthume Salzburg. Wien, 1855. Druck und Verlag von M. Auer. (68 S. und 4 Abbildg. 8.)

Reitzenbeck, H.: Franz Stelzhammer. 44 S. 8°.– Salzburg OR., Progr. 1872.

Reitzenbeck: Uebersicht der Geburts- und Todesfeste bekannter in Kunst und Literatur u. Wissenschaften hervorragender Personen vom Mittelalter bis zur Gegenwart. Nach den Tagen d. Jahres zusammengestellt. 102 S. 8°–Salzburg OR., Progr. 1867

Reitzenbeck: Die Zusammensetzung nach der Lehre der Wortbildung betrachtet in Göthes Dichtungen. 31 S. 8°.– Salzburg OR., Progr. 1862.

Reitzenfels, G. E. de, comment. ad ius statutarium Saxonum in Transylvania. 4. Lips. 744.

**Reitzenhain, Das Dorf,** als Sommer-Luftkurort. [Reitzenhain 1880.] V: *Franke, Eduard.* (Kat. d. stat. Bureaus. Dresden 1890.)

**Reitzenstein** oder die Geschichte eines teutschen Offiziers. Leipzig 1778—79. 2. Aufl. Kempten 1779. V: *Seybold, David Christoph.* (MGT) (stri)
Vgl. Reizenstein...

Reitzenstein. I. Linie zu Wildenau 1493–1640. München 1882. 8.

Reitzenstein, Frhr. v., der Angriff und die Verteidigung fester Plätze. An der Hand der Geschichte dargestellt für Offiziere aller Waffen. gr. 8. (VII, 262 S.) Küstrin 882, (Berlin, Bath.) **

**Reitzenstein**, Frhr. v., mein Distanzritt Berlin — Wien. Vortrag, geh. in der militär. Gesellschaft zu Berlin am 7. Dezbr. 1892. [Aus: „Beiheft zum Militärwochenbl."] 1. u. 2. unveränd. Aufl. gr. 8. (26 S. m. 1 Taf.) Berlin 893. E. S. Mittler & Sohn. n. -- 75

— dasselbe, s.: Beiheft zum Militär-Wochenblatt.

**Reitzenstein**, ..., der Streiter Christi. Fünf Soldaten-Predigten. gr. 8. (60 S.) Frankfurt a/O. 852, Hoffmann in Comm. n. ⅙ ℳ

Reitzenstein, der Streiter Christi. Fünf Soldaten-Predigten. gr. 8. (60 S.) Frankfurt a. d. O. 853, (Hoffmann.) *

**Reitzenstein**, A., Frhr. v., Betrachtungen üb. die Rentabilität der Waldungen. 8. (16 S.) Leipzig 894. H. Voigt. n. — 40

**Reitzenstein**, Adele Freifrau v., Immergrün. Christl. Gedenkbuch m. Sprüchen d. hl. Schrift, f. alle Tage d. Jahres ausgewählt. 12. (366 S.) Dresden 896. J. Naumann. Geb. in Leinw. m. Goldschn. n. 2. 50

**Reitzenstein,** Albert [aus Nürnberg]: Untersuchungen ueber die Ausscheidung des Aldehyds im Organismus. Aus d. pharmakolog. Institut d. Univ. Würzburg ... Würzburg, Druck d. Stahel'schen k. Hof-Buchdr., 1894; 28 S. 8.
Würzburg, Med. Fak., Inaug.-Diss. v. 1894

*Fichte, Joh. Gottlieb:* Fichte. Mit Einl. und Erl. von Albin Frh. v. **Reitzenstein.** Berlin: Wunder [1907]. 131 S. 8°
in: Mrische Klassiker 1.
(Bücherei f. Frmr. 7. 8.)
cf. DrL. 37 (1906—1907) S. 256—257 (J. H. Papsdorf); FZ. 61 (1907) S. 183 (R. Bachmann); L. 30 (1907) S. 111 (P. Fischer); H. 18 (1907) No 26 (L. Fenger); S. 14 (1907) S. 41 (F. Rackhorst).
Üb. Fichte s. Überweg-Heinze: Grundriss der Gesch. der Philosophie. 10. Aufl. Bd 4, wo alle weitere Literatur zu finden ist.

Die Freimaurerei in Frankreich von Albin Frh. v. **Reitzenstein.** Berlin: F. Wunder (1906). (VII, 72 S.) 8° [F.]
= **Bücherei** f. Freimaurer. 3. (o8. 1106

Die Freimaurerei in Frankreich von Albin Frh. v. **Reitzenstein.** Berlin: Wunder [1907]. VII, 42 S. 8°
(Bücherei f. Frmr. 3.)
Recens: V. 1 (1906—1907) S. 194 (W. H. Denier v. d. Gon); Brh. 4 (1907) S. 163 (W. Kunis); FZ. 61 (1907) S. 87 (R. Bachmann); H. 18 (1907) No 11 (O. Wirth); L. 30 (1907) S. 48 (P. Fischer); S. 14 (1907) S. 27 (F. Rackhorst).
cf. DrL. 37 (1906—1907) S. 160 (J. H. Papsdorf); BBurInt. 6 (1908) S. 121. 23. 25.

— Herder, s.: Bücherei f. Freimaurer.

Maurerische Klassiker, s.: Bücherei f. Freimaurer.

Die Strikte Observanz. Dargest. von Albin Frh. v. **Reitzenstein.** Berlin: Wunder [1907]. 80 S. 8°
(Bücherei f. Frmr. 13.)
Recens: ArSt. 5 (1908) S. 93 (R. Grosse); ML. 36 (1907—1908) S. 64 (O. Henckel); V. 2 (1907—1908) S. 158—159 (W. H. Denier v. d. Gon); S. 14 (1907) S. 101 (F. Rackhorst).
cf. Bh. 50 (1907) S. 399 (Ch. Gotthold); BstF. 16 (1907) S. 174 (A. Feld); Bbl. 21 (1907) S. 634 (G. Diercks); FZ. 61 (1907) S. 369 (R. Bachmann); L. 30 (1907) S. 355 P. Fischer); DrL. 38 (1907—1908) S. 66 (J. H. Papsdorf).

— Die strikte Observanz, s.a. Bücherei f. Freimaurer.

**Reitzenstein,** Albin Frh. v.: Fichtes philosophischer Werdegang. Jena: Diederichs 1909. 35 S. 8° [Umschlagt.]
(Vorträge u. Aufsätze aus d. Comenius-Gesellschaft. Jg. 17, St. 3.)

**Reitzenstein,** Albin Frhr. v., Fichtes philosoph. Werdegang, s.a. Vorträge u. Aufsätze aus der Comenius-Gesellschaft. XVII, 3.

Wieland. Von Albin Frh. v. **Reitzenstein.** Berlin: Wunder [1909]. 79 S. 8⁰
in: Mrische Klassiker. 4.
(Bücherei f. Frmr. 20.)
cf. ML. 37 (1908—1909) S. 218 (J. Bluhm); Bk. 28 (1909) No 101 (Ch. Hünerberg); Bbl. 23 (1909) S. 400 (G. Diercks); FZ. 63 (1909) S. 271—272 (R. Bachmann); S. 16 (1909) S. 101 (F. Rackhorst); BZC. 38 (1909) S. 325; Bh. 53 (1910) S. 104 u. S. 287 bis 288 (Berger). 25a.

- Wieland, s.a. Bücherei f. Freimaurer.

**Reitzenstein,** C. Chl. Frhr. v., Regesten der Grafen v. Orlamuende aus Babenberger u. Ascanischem Stamm m. Stammtaf., Siegelbildern, Monumenten u. Wappen, hrsg. vom histor. Verein f. Oberfranken zu Bayreuth. gr. 4. (VII, 284 S. m. 12 Steintaf., wovon 1 in Buntdr. u. 6 Tabellen in qu. Fol.) Bayreuth 871. (Berlin, Mitscher & Röstell.) n. 10. 50; feine Ausg. n. 12 —

—— dass. — s. Archiv für Geschichte und Alterthumskunde von Oberfranken.

Reitzenstein, C. C., Der Landherr Alb. v. Seeberg, Burggraf von Leisnig, seine Vorfahren und Nachfolger. Mit Stammtfl. Berlin 1873. 8.

**Reitzenstein,** Carl Frh. von,
s. Reitzenstein, Karl Frh. von.

**Reitzenstein,** Ed., die Gütertarife der Eisenbahnen, insbesondere das Gewichts- u. Wagenraumtarifsystem. gr. 8. (96 S.) Berlin 874. Vahlen. n. 3. —

**Reitzenstein,** Ed., über einige Verwaltungseinrichtungen und das Tarifwesen auf den Eisenbahnen Englands. gr. 8. (V, 212 S.) Berlin 876, Vahlen. *

**Reitzenstein,** F. Frh. von

— das deutsche Wegerecht in seinen Grundzügen. Mit Erweitergn. versehener Sep.-Abdr. aus: „Stengel, Wörterbuch d. deutschen Verwaltungsrechts". 12. (VIII, 160 S.) Freiburg i/Br. 890. J. C. B. Mohr. n. 2. —

**Reitzenstein,** F. Frhr. v., das deutsche Wegerecht in seinen Grundzügen. Mit Erweitergn. verseh. Sep.-Abdr. aus dem Wörterbuch d. deutschen Verwaltungsrechts von Frhrn. v. Stengel. 2., m. e. Nachtrag verm. Ausg. gr. 16. (VIII, 160 u. 16 S.) Freiburg i/B. 892. J. C. B. Mohr. n. 2. —

Der Wormser Dom und seine Ausgestaltung in historischer und ästhetischer Beleuchtung. Eine krit. Studie u. Erwiederung auf d. Gutachten von 6 deutschen Professoren von Ferdinand Frh. v. **Reitzenstein.** (Worms: Verl.- u. Dr.-G. m. b. H. 1907.) (39 S.) 8° [F.] [07. 14103 3

**Reitzenstein,** Ferd. Frhr. v., Entwicklungsgeschichte der Liebe. 1.—4. Aufl. (111 S. m. Abb.) 8. Stuttgart (908. 09). Franckh. 1.—; geb. 2. —

**REITZENSTEIN,** Ferd. Frh. v., Die Entwicklungsgeschichte der Liebe. Mit zahlr. Abbildgn. Stuttgart, Franckh, o. J. (1908). 8⁰. 111 S. (Br. Mk. 1—.)
Bereits in 10 Auflagen erschienen.

**Reitzenstein,** Ferd. Frh. v. Kulturgeschichte der Ehe. Stuttgart, Franckh'sche Verlagshandlung
9 Bde. 8⁰.
1. 1908. Urgeschichte der Ehe.
2. 1908. Entwicklungsgeschichte der Liebe.
3/4. 1909. Liebe und Ehe im alten Orient.
5. 1910. Liebe und Ehe im europ. Altertum.
6. 1912. Liebe und Ehe im Mittelalter.
7. 1910. Liebe und Ehe in der Renaissance
8. 1910. Liebe und Ehe in der neuesten Zeit.
9. 1910. Liebe und Ehe in Ostasien und bei den Kulturvölkern Altamerikas
*Bd. 6—8 verloren.*

**REITZENSTEIN,** Ferdinand Freiherr v. Kulturgeſchichte der Ehe. Stuttgart, Franckh. 8⁰.
Bd. 1. Urgeſchichte der Ehe. 3. Auflage. 1908. 115 S.
Bd. 2. Entwicklungsgeſchichte der Ehe. 1908.
Bd. 3/4. Liebe und Ehe im alten Orient. 1909. 187 S.
Bd. 5. Kulturgeſchichte der Ehe im europäiſchen Altertum. 1910. 108 S.
Bd. 6. Liebe und Ehe im Mittelalter. 1912. 100 S.
Bd. 7/8. Nicht erſchienen.
Bd. 9. Liebe und Ehe in Oſtaſien und bei den Kulturvölkern Altamerikas. 2. Auflage. 1910. 108 S.

- Liebe u. Ehe im europäischen Altertum. (109 S. m. Abb.) 8. Ebd. (910). 1.—; geb. 1. 80

dasselbe im alten Orient. 1.—5. Aufl. (187 S. m. Abb.) 8. Ebd. (909). 2.—; geb. 3. —

- dasselbe in Ostasien u. bei den Kulturvölkern Altamerikas. (108 S. m. Abb.) 8. Ebd. (910). 1.—; geb. 1. 80

Urgeschichte der Ehe. Ihre Bildg. u. ihr Entwicklungsgang. 1.—6. Aufl. (115 S. m. Abb.) 8. Ebd. (908. 10). 1.—; geb. n 2. —

**Reitzenstein,** Franziska Freifrau von,
s. Reizenstein, Franziska Freifrau von.

**Reitzenstein,** Friedrich Frh. von

**Reitzenstein,** F. Frhr. v., Arbeiterversicherung, Armenpflege und Armenreform. Ein Sondergutachten über die Frage: In welcher Weise wirkt die neue sociale Gesetzgebung auf die Armengesetzgebung und Armenpflege ein? Zu dem von Herrn Dr. Freund dem Deutschen Verein für Armenpflege und Wohlthätigkeit erstatteten Referate verfasst. gr. 8⁰. Freiburg i. Br., F. Wagner, 1895. (32 S.)

**Reitzenstein,** F. v., Der Arbeitsnachweis. Seine Entwickelung und Gestaltung im In- und Auslande. Nach des Verfassers Tode hrsg. von Rich. Freund. Schriften d. Centralst. f. Wohlfahrts-Einrichtungen, Nr. 11. gr. 8⁰. Berlin 1897. C. Heymann. (XI, 586 S.)

— u. Rich. **Freund,** der Arbeitsnachweis, s.a. Schriften d. Centralstelle f. Arbeiter-Wohlfahrtseinrichtgn.

**Reitzenstein, F. Frhr. v.**, die Armengesetzgebung Frankreichs in den Grundzügen ihrer historischen Entwickelung. [Aus: „Jahrbuch f. Gesetzgebung, Verwaltung u. Volkswirthschaft".] gr. 8. (VIII, 235 S.) Leipzig 881. Duncker & Humblot. n. 5. —

Reitzenstein, F.Frhr.v. (Hrsg.), s. Armenpflege, Die ländliche, und ihre Reform.

Reitzenstein, F[riedrich] Frh. v.: Die Beschäftigung der Arbeitslosen. Die Organisation der offenen Krankenpflege (v. Ludwig-Wolf). – Der Werth allgemeiner Waisenanstalten (v. Born und Schwabe). Leipzig 1887. = Schriften des deutschen Vereins für Armenpflege ... Heft 4. 8°

Reitzenstein, Frhr., v., Die Beschäftigung der Arbeitslosen. 8°. Leipzig 1897.

**Reitzenstein,** Frhr. v. Das Communalsteuer-System Frankreichs und die Reform in Preussen. Ein Beitrag zur Beurtheilung des Projects dieser Reform. Schrift. d. Ver. f. Soz.-Pol., Bd. 12. Leipzig 1877.

**Reitzenstein F. v. u. Nasse E.:** Agrarische Zustände in Frankreich u. England ... Leipz. 1884. 222 S.
(Schriften d. Vereins f. Socialpolitik. 27).

**Reitzenstein, F. Frhr. v., u. E. Nasse,** agrarische Zustände in Frankreich u. England, s. a. Schriften d. Vereins f. Socialpolitik.

(Reitzenstein, Friedrich Wolf Karl von), Over // salig // Kammer-Junker // Friedrich Wolf Carl // von // Reitzenstein. - 1 Titelkupfer. 1 Titelblatt und 126 S.
Es ist eine Sammlung von Gedichten und Reden.
Die Vorrede ist datiert:
Soröe, den 14de Januarii 1778.

**Reitzenstein,** Fritz: **Ammoniak-, Pyridin-Salze** und **Hydrate bivalenter Metalle** von gemeinsamen und trennenden Gesichtspunkten. *Würzburg 1898: Stahel.* (134 S.) 8°
Würzburg, Phil. Hab.-Schr. v. 1898

**Reitzenstein,** Fritz [aus Nürnberg]: I. Zur Kenntnis des **Diketohydrindens.** II. Über Anhydrobidiketohydrinden, ein Condensationsprodukt des Diketohydrindens ... Würzburg, Druck d. Stahel'schen k. Hofbuchdr., 1892; 47 S. 8.
Würzburg, Phil. Fak., Inaug.-Diss. v. 1892

**Reitzenstein II., H. Frh. v.,** Geschichte d. militair. Ereignisse in Belgien in d. J. 1830 bis 1832. Mit Karten u. Plänen. 2. Abthl. — A. u. d. T.: Die Expedition der Franzosen u. Engländer geg. d. Citadelle v. Antwerpen u. d. Schelde-Mündungen. M. 15 Tab., 6 Beil. u. 1 Atlas v. 16 (lith.) Karten, Plänen u. Zeichn. (qu. gr. Fol. u. 3 B. gr. Fol.) gr. 8. (29½ B. u. 2½ B. Fol.) Berlin 834, Mittler.
Die 1. Abthl. wird noch erwartet.

**Reitzenstein II,** H. Frh. v. Die Expedition der Franzosen u. Engländer gegen die Zitadelle von Antwerpen u. die Schelde-Mündungen. Mit Tab., Beil. u. 1 Atlas.
Berlin 1834. 453 S. 8° u. 2°

**Reitzenstein, Hans Frhr. v.,** praktische Anleitung zur Ausbildung der Compagnie im Felddienst für den jungen Offizier und Unteroffizier. Nach den neuesten Vorschriften und eigenen Erfahrungen zusammengestellt. 1. Aufl. (61 S.), und 2. verm. und nach den neuesten Bestimmungen abgeänderte Aufl. 16. (52 S. mit eingedr. Holzschn. und 1 chromolithogr. Signaturentaf. zum Croquiren in 4.) Berlin 873, Mittler und Sohn. *

**Reitzenstein, Hans Frhr. v.,** praktische Anleitung zur Ausbildung der Kompagnie im Felddienst m. besonderer Berücksichtigung des Gefechts, wie dasselbe durch das Infanteriegewehr M/71 bedingt wird. Nach den jetzigen Vorschriften u. eigenen Erfahrungen neu bearb. Mit (eingedr.) Holzschn., (8 chromolith. Taf.) Zeichnungen u. einer (chromolith.) Signaturentaf. zum Croquiren. 8. (IV, 82 S.) Berlin 878. Mittler & Sohn. n. 1, 50

**Reitzenstein, Hans Frhr. v.,** praktische Anleitung zur Ausbildung der Kompagnie im Felddienst, m. besond. Berücksicht. d. Gefechts, wie dasselbe durch das Infanteriegewehr M/71. 84 bedingt wird. Nach den jetzigen Vorschriften u. eigenen Erfahrgn. neu bearb. 4. Aufl. Mit Holzschn., Zeichngn. u. 1 Signaturentaf. zum Croquiren. 8. (VI, 92 S.) Berlin 887. Mittler & Sohn. n. 1. 60

**Reitzenstein, Hans Frhr. v.,** praktische Anleitung zur Ausbildung der Kompagnie im Felddienst m. besond. Berücksicht. d. Gefechts, wie dasselbe durch das Infanteriegewehr 88 bedingt wird. Nach den jetz. Vorschriften u. eigenen Erfahrgn. neu bearb. 5. Aufl. Mit Holzschn., Zeichnungen u. e. Signaturentaf. zum Krokiren. 12. (V, 92 S.) Berlin 891. E. S. Mittler & Sohn. n. 1. 80

**Reitzenstein, Hans Frhr. v.,** Erinnerungen u. Aufzeichngn. aus d. Kriegsj. 1870/71 als Compagnie-Chef im Brandenburg. Füsilier-Regt. Nr. 35, jetz. Füsilier-Regt. Prinz Heinrich v. Preußen (Brandenburg.) Nr. 35. gr. 8. (180 S.) Rathenow 897. M. Babenzien. n. 1. 50

— **der Patrouillenführer.** Fortsetzung der prakt. Anleitg. zur Ausbildg. der Compagnie im Felddienst. Für den jungen Offizier u. Unteroffizier. gr. 16. (77 S. m. 16 lith. u. chromolith. Taf.) Ebend. 875. n. 1. 50

— **der Patrouillenführer.** Fortsetzung der prakt. Anleitung zur Ausbildung der Kompagnie im Felddienst. Für den jungen Offizier u. Unteroffizier. 2. Aufl. Mit 16 lith. Taf. gr. 16. (79 S.) Ebend. 877. n. 1. 50

— **d. Patrouillenführer.** Fortsetzg. d. prakt. Anleitg. z. Ausbildg d Kompagnie im Felddienst. Für d. jungen Offizier u. Unteroffizier. 3., verm. u. unt. Berücksicht. d. Felddienstordng. 1894 verb. Aufl. 12. (IV, 84 S. m. Abb. u. 15 lith. Taf.) Berlin 895. E. S. Mittler & Sohn. n. 1. 50

[F.] Die auf den Civilprozess bezüglichen Normen des preussischen Landesrechts. F. d. Gebiet d. allgem. Landrechts im Anschluss an d. Reichscivilprozessordng dargest. v. [Herm.] **Reitzenstein,** Landrichter in Breslau. *Freiburg i. B. & Leipzig: J. C. B. Mohr 1896.* (XIII, 233 S.) 1 Bd 8.
= **Civilprozessordnung,** Die, f. d. Deutsche Reich. Erl. v. Dr. L. Gaupp. 2. Aufl. Anh. v. (97. 5099

**Reitzenstein, d. auf d. Civilprozeß bezügl. Normen d. preuß. Landesrechts,** s. a. Gaupp, L., d. Civilproceßordng. f. d. Deutsche Reich.

Die preußischen Landesgesetze und Verordnungen zur Ausführung und Ergänzung der Civilprozeßordnung und des Zwangsversteigerungsgesetzes. Zsgest. u. im Anschluß an die CPO erl. von Hermann **Reitzenstein,** Oberl.Ger.R. 2. umgearb. u. alle Rechtsgebiete d. Monarchie umfassende Aufl. d. 'Normen d. preuß. Landesrechts'. Tübingen: J. C. B. Mohr 1906. (IX, 400 S.) 8° [F.]
— **Sammlung** d. landesrechtl. Civil-Prozeß-Normen. 4. (06. 13956

**Reitzenstein, J. Frhr. v.,** zur Wiederaufnahme des Hauprozesses. Der „graubärt. Herr" hinter den Damen Molitor am 6. XI. 1906, meine Herausforderg. des Staatsanwalts Dr. Bleicher z. Zweikampf auf Pistolen u. meine Festungshaft auf dem Ehrenbreitstein bei Koblenz. Geschrieben im Dezbr. 1908. (32 S. m. 1 eingedr. Plan.) 8. Leipzig (909). Kleinzschachwitz, Deutscher Kampf-Verlag. — 60

Reitzenstein, Johann Frh. von

**Reitzenstein,** J. Frhr. v., die königl. hannoversche Artillerie im Kriege 1866. Zur 25jähr. Gedenkfeier der Schlacht bei Langensalza, nach authent. Quellen bearb. Nebst e. Plane der Umgebg. v. Langensalza u. e. Gedicht von M. v. R. gr. 8. (112 S.) Bremen 891. (Hannover u. Celle, Schulbuchh.) n.n. — 60

**Reitzenstein,** J. Frhr. v., Ehrengedächtniß d. im Kriege von 1866 gebliebe. Offiziere u. Mannschaften der königl. hannoverschen Armee. Namentl. Liste d. Gebliebe. u. Beschreibg. ihrer Grabstätten u. Denkmäler. Nach authent. Quellen u. persönl. Wanderstudien bearb. gr. 8. (VII, 56 S. m. 12 Abb.) Hannover 896. (Leipzig, M. Ruhl.) n. 1. —

-- d. Geschützwesen u. d. Artillerie in d. Landen Braunschweig u. Hannover v. 1365 bis zur Gegenwart. 1. u. 2. Thl. Nach authent. Quellen bearb. gr. 8. Leipzig, M. Ruhl. à n. 3. 50

1. Von d. ersten Anwendg. e. Pulvergeschützes in Deutschland im J. 1365 durch Herzog Albrecht II. v. Braunschweig-Grubenhagen bei d. Vertheidigg. f. Schlosses Salzderhelden bis zur Errichtg. d. ersten steh. Truppen durch Herzog Georg v. Braunschweig-Lüneburg im J. 1631. (X, 187 S.) 896.
2. Von d. Errichtg. d. ersten steh. Truppen durch Herzog Georg v. Braunschweig-Lüneburg im J. 1631 b. zur Besetzg. Hannovers durch d. Franzosen im J. 1803. (VII u. S. 189 436 m. 1 Stammtaf.) 897.

**Reitzenstein,** J. Frhr. v., das Geschützwesen u. die Artillerie in den Landen Braunschweig u. Hannover von 1366 bis auf die Gegenwart. 3. Thl. Von der Besetzg. Hannovers durch die Franzosen im J. 1803 bis zum Beginn des 20. Jahrh. Nebst 1 farb. Uniformtaf., 5 Bildertaf., 3 Abbildgn. u. 2 Planskizzen im Texte sowie 1 Plane. Nach authent. Quellen bearb. gr. 8. (IX u. S. 437—1091.) Leipzig 900. M. Ruhl. n. 12. — ; (kplt. n. 19. —)

-- die königl. Hannoversche Cavallerie u. ihre Stammkörper von 1631—1866. Mit besond. Berücksicht. der Thätigkeit im Kriege 1866 nach authent. Quellen bearb. Nebst 2 Bildern, 1 Plane der Umgebg. v. Langensalza, 2 Anlagen u. e. Anh. gr. 8. (VI, 236 S.) Baden-Baden 892. (D. R. Marx. — Hannover u. Celle, Schulbuchh.) n. 2. 40; Volks-Ausg. n. 1. 20

**Reitzenstein,** J. Frhr. v., Ueberſicht der Geschichte der hannoverschen Armee, s.: Schütz v. Brandis.

**Reitzenstein,** Carl v., Erlebnisse eines Gefangenen von Jena. Aus dem Tagebuche des königl. preuß. Stabscapitaines im Feldjäger-Regiment C. v. R. Hrsg. von W. Frhr. v. Waldenfels. gr. 8. (VI, 116 S.) Berlin 887, Mittler und Sohn.

**Reitzenstein,** Karl Frhr. v., der Feldzug des J. 1621 m. der Besitzergreifung der Oberpfalz. gr. 8. (III, 219 S.) München 887. (P. Zipperer.) n. 2. —

**Reitzenstein,** K. Frh. v. Der Feldzug des Jahres 1622 am Oberrhein. Ladenburg u. Hagenau. Heidelberg 1906. 67 S.

— -- Der Feldzug des Jahres 1622 am Oberrhein. Verhandl. über d. Neutralität Badens nach der Schlacht von Wimpfen. Heidelberg 1908. 32 S.

-- — Der Feldzug des Jahres 1622 am Oberrhein. Das Treffen auf der Loricher Heide (10. Juni 1622). T. 1–3. Heidelberg 1910. 1911.

Der Feldzug des Jahres 1622 am Oberrhein und in Westfalen bis zur Schlacht von Wimpfen v. Karl F[rh.] v. **Reitzenstein,** Hauptm. a. D. II. 1. II. *München: P. Zipperer 1891—93.* 2 Bde 8.

I. Vom Ausg. d. J. 1621 bis z. Hervortreten d. Markgr. Georg Friedrich v. Baden. 1891. (2 Bl., 188 S.)
II. Vom spanisch-ligist. Gegenangriff auf Westfalen bis z. Schlacht bei Wimpfen. M. 4 Kinbeil. 1893. (2 Bl., 225 S., 4 Kt.) (97. 6701

**Reitzenstein,** K. Frhr. v., Geschichte des kurbayerischen Heeres, s.: Staudinger, Karl.

Kurze Lebensabrisse der bayerischen Generale und Obersten unter Kurfürst Max II. Emanuel. Zsgest. von Karl F[rh.] v. **Reitzenstein,** Major a. D. München: J. Lindauer 1904. (59 S.) 8° [F.]
— Darstellungen aus d. Bayerischen Kriegs- u. Heeresgeschichte. H.13. [1.] (05. 1666 4

**Reitzenstein,** Karl v., Quellen zur deutschen Kriegsgeschichte von 1793. Urkundlicher Beitrag zu L. Haussers Deutscher Geschichte etc. Weimar 858. Landes-Industrie-Comptoir. gr. 8. (XV, 168 S.) n. 24 *ngr.*

Reitzenstein, Carl Frhr. v., Quellen zur deutschen Kriegsgeschichte, s. Quellen.
Vgl.: Sprenger's Geschichte der Stadt Hameln.

**Reitzenstein,** Karl Frhr. v., die ältesten bayerischen Regimenter zu Fuß. gr. 8. (VII, 91 S.) München 885. (Berlin, Mittler & Sohn.) n. 2. —

Reitzenstein, Karl Phil. Kaspar Frh. v.,
s.a. Reizenstein, Karl Phil. Kaspar Frh. v.

Reitzenstein, Karl Phil. Kaspar Frh. v., s. Königsmark, Graf.

**v. Reitzenstein, Frhr. Karl, die Negersclaven. Trspl. 8. Wien 793. Schaumburg u. C. 12 gr.**

Reise nach Wien (von *Carl Phil. Caspar* Frhrn. *v. Reitzenstein*). Hof 1795. (Im British Museum.)
Anon.-Lex. III. p. 359 (nach Kayser u. Fikenscher).

Vgl. Reise nach Wien.

Reitzenstein, C. F., Spiegel v. Pickelsheim, Gedichte, s. Spiegel zc.

**Reitzenstein,** M. v., s.: Dragoner-Regiment, das 1., der königl. deutschen Legion zc. — Dragonerschmied, der. — Georg Herzog v. Braunschweig-Lüneburg.

**Reitzenstein,** Freifrau Marie v., die Haussuchung. Lustspiel in 4 Aufzügen. 8. (44 S.) Baden-Baden 892. (D. R. Marx.) n. 1. —

— Pfalzgraf Heinrich, Herzog Heinrich d. Löwen Sohn. Vaterländisches Bild aus dem 12. Jahrh. 8. (43 S. m. Titelbild.) Ebd. 892. n. 1. —

**Reitzenstein,** R. Frh. v. Der Zug der Nürnberger nach Lichtenberg im Jahre 1444. o. O. 1865. 34 S.

**Reitzenstein** (Richard), der Anfang des Lexikons des Photios, s.: Photios.

**Reitzenstein,** Ricardus [Vratislaviensis]: Arriani *τῶν μετ' Ἀλέξανδρον* libri septimi fragmenta e codice Vaticano rescripto edita . . . Vratislaviae, apud Guilelmum Koebner, 1888; 2 Bl. + 36 S. 8°
Breslau, Phil. Fak., Hab.-Schr. v. 24. Febr. 1888
Buchausg. als: Breslauer philol. Abhandl. Bd. 3. H. 3.

**Reitzenstein,** R., s.a. Arriani *τῶν μετ' Ἀλέξανδρον* libri VII, fragmenta.

s.: Dissertationes philologicae Argentoratenses selectae.

**Reitzenstein,** R., Epigramm u. Skolion. Ein Beitrag zur Geschichte der alexandrin. Dichtg. gr. 8. (VII, 288 S.) Giessen 893. J. Ricker. n. 6. —

**Reitzenstein, R.,** Verrianische Forschungen, s. Abhandlungen, Breslauer philologische.

Zwei religionsgeschichtliche Fragen nach ungedruckten griechischen Texten der Strassburger Bibliothek von R[ichard] **Reitzenstein.** Mit 2 Taf. in Lichtdr. *Strassburg: K. J. Trübner 1901.* (VIII, 149 S.) 8° [01.7974

**Reitzenstein, R.,** Inedita poetarum Graecorum fragmenta. Pr. 1890. 18 S. 4°. 1.—
— — II. Pr. 1891. 24 S. 4°. 1.20
— — III. Pr. 1892. 28 S. 4°. 1.20

— zwei neue Fragmente der Epoden des Archilochos. gr. 8. (8 S. m. 1 Taf.) Berlin 899. (G. Reimer.) n. — 50
Sonderabdrucke aus: „Sitzungsber. d. preuss. Akad. d. Wiss."

Geschichte der griechischen Etymologika. E. Beitr. z. Gesch. d. Philol. in Alexandria u. Byzanz v. Richard **Reitzenstein.** M. 2 Taf. *Leipzig: B. G. Teubner 1897.* (IX, 408 S., 2 Facs.) 1 Bd 8. [97. 1141

— Pseudo Sallusts Invective geg. Cicero. S.-A. 1898. 15 S. 1.—

**Reitzenstein,** Ricardus (Augustus) (geb. Breslau 2. 4. 1861): De scriptorum rei rusticae qui intercedunt inter Catonem et Columellam libris deperditis. Berolini (1884). (62 S.) 8°
Berlin, Phil. Diss. v. 28. Juni 1884

**Reitzenstein,** Rich., de scriptorum rei rusticae, qui intercedunt inter Catonem et Columellam, libris deperditis. gr. 8. (58 S.) Berlin 884. (Mayer & Müller.) n. 1. 20

Die hellenistischen Mysterienreligionen, ihre Grundgedanken u. Wirkungen. Vortrag, geh. in dem wissenschaftl. Predigerverein f. Elsass-Lothringen, den 11. IX. 1909. (222 S.) 8. Leipzig 910. B. G. Teubner. 4.—; geb. in Leinw. 4. 80

**Reitzenstein, R.,** Poimandres. Studien zur griechisch-ägypt. u. frühchristl. Literatur. (VIII, 382 S.) gr. 8. Leipzig 904. B. G. Teubner. n. 12. —; geb. n. 15. —

**Reitzenstein, R.,** Properz-Studien. S-A. 1896. 36 S. 1.—

**Reitzenstein, R.,** Das römische in Cicero und Horaz. S.-A. 41 S. 1.50

— Scipio Aemilianus u. die stoische Rhetorik. gr. 8. (S. 143—162.) Strassburg 901. K. J. Trübner. n. — 80
Sonderabdruck aus: „Strassb. Festschrift z. 46. Versammlg. deutscher Philologen u. Schulmänner".

**Reitzenstein,** R[ichard]: Studien zu Quintilians grösseren Deklamationen. Strassburg: Trübner 1909. 90 S. 4°
(Schriften d. Wissenschaftlichen Gesellschaft in Straßburg. 5.)

Studien zu Quintilians grösseren Deklamationen, s. a. Schriften der wissenschaftl. Gesellschaft Strassburg. 5.

**Reitzenstein,** R. Supplementa ad Procli commentarios in Platonis de republica libros nuper vulgatos, s. a. Abhandlungen, Breslauer philologische.

**Reitzenstein, R.,** Supplementa ad Procli commentarios in Platonis de rep. libro nup vulgatos. 1889. 31 S.

M. Terentius Varro und Johannes Mauropus von Euchaita. Eine Studie z. Gesch. d. Sprachwissensch. von R[ichard] **Reitzenstein.** *Leipzig: B. G. Teubner 1901.* (97 S.) 8° [01. 962

— drei Vermutungen zur Geschichte der römischen Litteratur. [Aus: „Festschrift f. Th. Mommsen".] gr. 8. (55 S.) Marburg 894. N. G. Elwert's Verl. n. 1. 50

**Reitzenstein, R.,** 3 Vermutungen z. Gesch. d. röm. Litteratur. I. Die Abfassungszeit d. I. Bchs. Cic. de leg. II. E. litterar. Angriff auf Octavian. III. Lukrez und Cicero. 1894. 55 S. 1.50

— dasselbe, s. a. Mommsen, Thdr. Festschrift zum 50jährigen Doctorjubiläum.

— Werden u. Wesen der Humanität im Altertum. Rede zur Feier des Geburtstages Sr. Maj. d. Kaisers am 26. I. 1907 in der Aula der Kaiser Wilhelms-Universität Strassburg geh. (32 S.) gr. 8. Strassburg 907. J. H. E. Heitz. 1. —

Hellenistische Wundererzählungen von R[ichard] **Reitzenstein.** Leipzig: B. G. Teubner 1906. (171 S.) 8° [06. 8439

**Reitzenstein,** Richard Michael

*Reitzenstein,* Rich. Mich., Chronik von Grünwald bei München, dem ehemal. Jagdschloss der bayerischen Herzoge. Mit 5 Taf. (Hlzsch.-)Illustr. (vom Verf.). München, Selbstverlag, 1885. 8°.
V—120 S., 1 Bl. Inh., 1 Bl. Err. — Mit Wappen-Holzsch.-Frontisp.

**Reitzenstein,** Rich. Mich., der Eibsee bei Partenkirchen. [Bayerisches Hochland.] Mit Orientirungs-Karte u. 2 Ansichten. 12. (20 S.) München 885. Palm. n. — 75

**Reitzenstein, R. M.,** der Eibsee bei Garmisch u. Partenkirchen. [Bayerisches Hochland.] Nebst Orientirungs-Karte u. 2 Ansichten. 2. Aufl. 12. (20 S.) München 888. Palm. n. — 50

**Reitzenstein,** Wilhelm Frhr. von, a. Metz in Lothr.: Untersuchungen über die Entwicklung der Stirnaugen von Periplaneta orientalis und Cloeon. München 1904: (Lippert & Co., Naumburg a. S.) (18 S.) 8° ¶ (Aus: Zoolog. Jahrbücher Bd 21. Abt. f. Anatomie. 1904.)
München, Phil. Fak., Ref. Hertwig, Diss. v. 27. Febr. 1905
[Geb. 22. Sept. 79 Metz i. Lothr.; Wohnort: Freiburg i. B.; Staatsangeh.: Baden; Vorbildung: Gymn. Freiburg i. B. Reife Juli 98; Studium: Leipzig 2, München T.H. 2, München Univ. 6 S.; Rig. 15. Juni 04.]

**Reitzenstein,** Wolf Ehrenfried Frh. von,
s. Reizenstein, Wolf Ehrenfried Frh. von.

**Reitzenstein**-Reuth, Hermann Frh. von

Reizenstein-Reuth, H. Frh. v., Geschichte der Familie von Reitzenstein. 1. Bd. München 1889? 8.

**Reitzenstein-Reuth,** Herm. Frhr. v. Das Regnitzland bis zur Erwerbung durch die Burggrafen v. Nürnberg 1373. gr. 8. (62 S.) Münch. 888. (Hof, Lion.) * 1 50

**Reitzer, Adolf,** Bezugsquellen-Adressbuch für Buchhändler, Buchdrucker, Buchbinder, Schreib- und Zeichenrequisiten-Händler, Cartonage-Arbeiter, Lithographien und alle verwandte Geschäftszweige. 8. (72 S.) Cart. —.30
Wien: A.Reitzer 1891.

**Reitzer, Adf.,** s. a. Bezugsquellen-Adressbuch f. Buchhändler, Buchdrucker, Buchbinder etc.

**Reitzer, Adolf,** Oesterr.-ungar. Buchbinder-Kalender für das Jahr 1893. 16. (34 S.) mit Tagebuch. In Lwd. geb. —.75
Wien: Reitzer 1892.

**Reitzer,** Adolf, Histor.-biograph. Sentenzen-Kalender pro 1885. Wien, L. Raimann. (Block-Kalender) 60 kr.

— s.: Spediteur-Adressbuch, österr.-ungar.

Reitzer, Avrom, Gut Jontev. Rituelle Scherze und koschere Schmonzes f. ünsere Leut. Neue Folge der Meissos & Schnohkes. 8. (112 S.) Pressburg (899). (Wien, J. Doubler.) 2. –

— Rebbach. Rituelle Scherze, Lozelech, Maisses u. koschere Schmonzes f. ünsere Leut. Gesammelt u. bearb. 8. (111 S.) Ebd. (901). 2. —

— Solem Alóchem. Nix f. Kinder. E Waggon feiner, vescher, saft. Lozelech, Schmonzes takef pickfeiner Schmüs f. ünsere Leit, gesammelt u. bearb. 8. (110 S.) Ebd. (902). 2. —

Reitzert, A., lateinische Elementar-Grammatik. gr. 8. (IV, 146 S.) Neuwied 886. Heuser's Verl. n. 1 80

Reitzes III. Ein Wort zur Wiener Tramwayfrage. gr. 8. (18 S.) Wien 897. F. Schalk. n. — 40

Reitzes, Josef

Reitzes, J., zur Geschichte der religiösen Wandlung Kaiser Maximilian's II. Mit bisher ungedr. Urkunden aus dem städt. Archiv zu Wien. Leipzig 870. Duncker & Humblot. gr. 8. (V, 79 S.) n. 12 ngr.

Reitzner, Viktor von

Reitzner, Vict. v., Anleitung zum Lesen der Pläne u. Karten in allgemeinem u. taktischem Sinne, bearb. f. das Selbststudium. gr. 8. (III, 287 S. m. 100 Taf.) Wien 898. (L. W. Seidel & Sohn.) n. 9. —

Reitzner, Vikt. v., Behelf f. die Durchführung der Übungs-Mappierung u. Recognoscierung. 8. (72 S. m. 55 Fig.) Wien 893. L. W. Seidel & Sohn. n. 1. 40

Reitzner, V. v., das Croquiren mit und ohne Instrumente. 16. (IV, 108 S. mit 26 eingedr. Xilogr. und 4 lithogr. Taf. in qu. 8. und qu. 4.) Kaschau 876. (Wien, Seidel und Sohn.) * 1 60

Reitzner, V. v., General-Karte von Griechenland, Thessalien und dem Epirus. Mit 1 Suppl.-Bl., enthaltend Albanien, Rumelien und Macedonien. 1 : 1,000,000. Chromolithogr. Imp.-Fol. Wien 880, (Schworella und Heick.) * 3 20

Reitzner, Vikt. v., Grundzüge der allgemeinen praktischen Geometrie und der militärischen Landes-Aufnahme für Officiers-Aspiranten der k. k. Armee. Bearb. im Auftrage des k. k. Reichs-Kriegsministeriums. gr. 8. (IV, 190 S. mit 43 Taf.) Wien 888, Seidel und Sohn. *

Reitzner, Vict. v., Hilfstafeln für das Plan- und Kartenlesen, Recognoscirungen und für die Terrain-Aufnahme. 16. (64 S. mit 19 zum Theil farb. Stnt.) Wien 881, (Seidel und Sohn.) geb. *

Reitzner, Vikt. v. Hilfstafeln f. das Plan- u. Kartenlesen, f. Recognoscirungen u. f. die Terrain-Aufnahme. 6. Aufl., bearb. auf Grundlage d. neuen Zeichnungsschlüssels. 12. (66 S. m. 81 Taf.) Wien 891, Seidel u. Sohn. * 1 60

Reitzner, V. v., Hilfstafeln f. das Plan- u. Kartenlesen, f. Recognosciergn. u. f. d. Terrain-Aufnahme. 8. Aufl., bearb. auf Grundlage d. neuen Zeichnungsschlüssels. 12. (64 S. m. 92 Taf. u. 20 S. Erläutergn.) Wien 897. L. W. Seidel & Sohn. n. 1. 60

Reitzner, Vict. v., Instruktion für den Gebrauch der Schule der Terraindarstellung; bestimmt für den Schüler. 2 Abthlgn. gr. 8. Wien, (Seidel und Sohn.) [1. Abthl. (36 S. mit Textfig.) 881. * 48 Pf.; 2. Abthl. (45 S. mit Textfig. und 7 Taf.) 884. * M 2,40.] * 2 88

—— Lehrbuch der Terrainlehre. 2. verb. Aufl. 3 Thle. gr. 8. Wien 878, Seidel und Sohn. [1. Thl. (VIII, 186 S. mit 137 in den Text gedr. Holzschn.-Fig. und 3 lithogr. Taf.); 2. und 3. Thl. (VII, 178 S. mit 118 in den Text gedr. Holzschn.-Fig. und 7 lithogr. Taf.) à Thl. * M 6.] * 12 —

REITZNER, Victor v.: Lehrbuch der Terrainlehre. - Wien 1878. 2. Aufl. 3 Tl. - 3. Aufl. u. d. T.: Die Terrainlehre. ebd. 1879 u. 1880. 3 Tl. - Tl. 1: 186 S. - Tl. 2 u. 3: 234 S. - 4. Aufl. ebd. 1882. 3 Tl.

— Leitfaden f. den Unterricht in der Terrainlehre u. der Darstellung u. Aufnahme des Terrains an den k. u. k. Militär-Akademien u. Cadettenschulen. gr. 8. (174 S.) Mit 96 Taf. gr. 4. (1 Bl. Text.) Ebd. 893. n. 6. —

— Situations-Zeichnungsschule f. Reserve-Landwehr- u. Landsturm-Officiers-Aspiranten. gr. 8. (9 S. m. 10 Textfig. u. 40 Taf.) Ebd. 889. n. 2. —

Reitzner, Vict. v., Situationszeichnungsschule f. Reserve- u. Landwehr-Offiziersaspiranten. Enth.: 1 Instruktion m. 2 Fig.-Taf. (23 S.), 25 Vorlegeblätter, 1 Gerippe- u. Schraffenskala, Anlagenmassstab, 24 Uebungsblätter, eventuell e. Relief zur Taf. 20. (Neue Aufl.) gr. 8. Wien 906. L. W. Seidel & Sohn. n. 2. 40

Reitzner, V. v., k. k. Oberlieutenant. Die Terrainlehre als Lehrbehelf und zum Selbststudium für Officiers-Aspiranten aller Waffen und als Handbuch für sonstige Militärs. Mit 73 Textfiguren, 16 Tafeln und einer verigraphischen Zeichenschule in 5 Blättern. (1 Bd. Text und 1 Atlas in Folio.) (2 Bde.) (Donation Liechtenstein.) 8. u. qu. Fol. Kaschau 1875.

Reitzner, V. v. Die Terrainlehre. Mit Abb. u. 1 Atl. Kaschau 1875. 198 S. 8° u. 2°

—— die Terrainlehre. 3. verb. Aufl. 1. Thl. gr. 8. (VII, 186 S. mit 137 in den Text gedr. Holzschn.-Fig. und 3 lithogr. Taf.) Ebendas. 879. * 6 —

—— die Terrainlehre. 3. verb. Aufl. 2. und 3. (Schluß-) Thl. gr. 8. (X, 234 S. mit vielen Textfig. und 8 lithogr. Taf.) Ebendas. 880. * 6 —
1. Thl. Ebendas. 1879. * M 6.

—— dass. — 4. verb. Aufl. 3 Thle. Mit Text-Fig. und 11 (lithogr.) Taf. gr. 8. (VII, 181; IX, 229 S.) Ebendas. 882. * 12 —

—— die Terrainlehre. 2 Hefte. 5. verb. Aufl. gr. 8. (IV, 465 S. mit Text-Fig. und 13 Taf.) Ebendas. 887. *

—— Die Terrainlehre. Mit 71 Taf. 6. verb. Aufl. gr. 8. (315 S.) Ebd. 890. * 11 30

— k. u. k. Major etc. Die Terrainlehre. Mit 70 Tafeln. 7. verbesserte Auflage. (Vom k. u. k. Reichs Kriegs-Ministerium für die k. u. k. Militär-Akademien und Cadettenschulen, vom k. k. Ministerium für Landes-Vertheidigung für die k. k. Landwehr-Cadetten Schulen als Lehrbehelf vorgeschrieben.) (Tafeln fehlen.) 8. Wien 1892.

— die Terrainlehre. Mit 81 Taf. (in gr. 4). 8. verb. Aufl. gr. 8. (III, 272 S.) Ebd. 898. n. 9. —

Reiz. Der Unterricht im Französischen in der Realschule. Alsfeld, R., 1869. 21 S. 4. Progr.

Reiz, Friedrich Wolfgang, s. Aristoteles: De arte poetica. – Politica. – Techne rhet.

Reiz, Friedrich Wolfgang: De Beatitate dei ..., s. Heyde, Ludwig Jakob.

— **Orationes in memoriam Henricianam Ridelianam et Seyfertianam in auditorio maiori habendas indicit. — Burmannum de Bentleii doctrina metrorum Terentianorum judicare non potuisse.** (Leipzig) 7. IV. 1787. 12 S. (3.50) 28333

Reiz, F. W., — Catalogus libror. F. W. Reizii. Lips. 790. 8.

— chrestomathia graeca poëtica et prosaica. 8. maj. Lips. Breitkopf et Härtel. 780.

Reiz, Friedrich Wolfgang, s. Descriptio Musei Francici.

**Reiz, Friedrich Wolfgang, De scholis suis aestivis anni 1767 ad commilitones suos epistola.** (Leipzig (Breitkopf) Fer. Pentecostal.) 1767. 8 S. (3.—) 28327

Reiz, Friedrich Wolfgang, s. Herodotus: Historiar. libri.

— **Prosodiae Graecae accentus inclinatio. Pars prima de accentus depositione.** Leipzig (Breitkopf) (1775.) 40 S. (4.25) 28329

— **Prosodiae Graecae accentus inclinatio. Professionis philos. adeundae caussa orationem habebit et ad eam audiendam invitat.** Leipzig (Breitkopf) 23. IX. 1775. 40 S. (4.25) 28328

— u. (Soz.) **Ludwig Heinrich Teucher** (Leipzig), **Prosodiae Graecae accentus inclinatio ΕΠΙΜΕΤΡΟΝ partis I.** Leipzig (Breitkopf) 21. VIII. 1782. 32 S. (4.25) 28334

— **Prosodiae Graecae accentus inclinatio. Pars II.** Leipzig (Breitkopf) 28. VIII. 1782. 23 S. (4.—) 28330

Reitz, F. Wolfg., de prosodiae graecae accentus inclinatione, ed. F. A. Wolf. 8. maj. Lips. Crusius. (F. C. W. Vogel.) 791.

— **Orationem quae in memoriam Joh. August Ernesti in auditorio philos. habebitur indicit et ad eam audiendam invitat.** (Leipzig (Klaubarth)) 13. IX. 1786. 8 S. (3.50) 28332

Reiz, Friedrich Wolfgang, s. Plautus: Rudens.

— **Saeculum ab inventis clarum XIII philos. candidatis qui magistri creantur rectore Sam. Friedr. Nathanael Moro procancellario Christian Theophil Seydlitz prodecano August Wilhelm Ernesti adscripto carmine solemni celebrat.** Leipzig (Klaubarth) 10. II. 1785. 26 S. (4.25) 28331

Enthält Biogr. v.: Johann Gotthelf Tilsner (Leipzig) (M.: S. M. Korb), Johannn Wilhelm Link (Leipzig) (M.: Fr. A. V. Hill), Heinrich Blumner (Leipzig) (M.: Fr. A. A. Scharf), Christian Theophil Haubold (Dresden) (M.: J. S. Baetke), Hieronymus Christoph Wilhelm Eschenbach (Leipzig) (M.: J. D. Boem), Samuel Friedrich Hein (Leipzig) (M.: B. H. Ridner), Johann Samuel Traugott Palm (Kislingwalda bei Lauban/Lausitz) (M.: Chr. S. Charitate), Georg Friedrich Baumgaertel (Leipzig) (M.: Chr. S. Weis), Gottlob Timotheus Wislicenus (Naumburg) (M.: S. M. Huth), Leberecht Christian Gottlob Schmid (Mansfeld/Creisfeld bei Eisleben) (M.: Fr. Ch. Alban), Johann Gottlob Mauk (Kerzdorf bei Lauban/Lausitz) (M.: M. R. Hartmann), Friedrich Traugott Reichel (Altenburg) (M.: E. J. Schubart), Carl Heinrich Heidenreich (Stolpen/Meißen) (M.: J. S. Hermann.)

— u. (Soz.) **Gottlob Heinr. Trenkman** (Leipzig), **De temporibus et modis verbi Graeci et Latini. Pars prima.** Leipzig (Breitkopf) 6. XII. 1766. 20 S. (4.—) 28335

— Vorlesungen üb. die röm. Alterthümer nach Oberlins Tafeln hauptsächl. zur Erleichterung d. Studiums d. röm. Klassiker. gr. 8. Leipz. 796. (Hahn). 2 ℛ

— Vorles. üb. d. röm. Alterthüm. nach Oberlins Taf. gr. 8. Leipzig, Fritsch. 796.

— **Georg Laurent. Gottlieb** (Marktbreit / Franken), **Particulam historicae theol. h. e. protevangelium paradisiacum Genes. III. 15. A strophis et perversionibus docti cuiusdam patris Ignatiani vindicatum.** Präs. Joh. Balthas. Bernhold. Altdorf (J. W. Kohle) 17. IX. 1732. 24 S. (4.50) 28336

Gew.: Johann Leonhard Lenz (Oheim).

Reiz, Gottlieb

— **Theophil** (Greiz), **Ad senatusconsultum Macedonianum diss.** Präs. Christian Gotthelf Hübner. Leipzig (C. Tauchnitz) 4. I. 1798. 26 S. (4.25) 28337

**Reiz, Hans Ottomar, die Reichs-Gewerbe-Ordnung vom 21. Januar 1869. Nebst den sie ergänz. u. abänd. Bestimmgn., dem Gesetze vom 8. April 1876, betr. die Abänderg. d. Titels VIII, den Einführungs-Gesetzen f. Bayern, Württemberg, Baden, Hessen südlich d. Mains, Elsaß-Lothringen, dem Gesetze üb. die eingeschriebenen Hülfskassen vom 7. April 1876 u. dem Gesetze üb. die Besteuerg. d. Gewerbebetriebes im Umherziehen vom 3. Juli 1876. Durch die Erlasse der höheren Verwaltungsbehörden, Präjudizien der höchsten Gerichtshöfe, Allegate, Hinweisgn. auf gleichlaut. Gesetzesstellen u. s. w. erläutert, erklärt u. m. ausführl. Inhaltsverzeichnissen, sowie die Strafmaße mitenthalt. Sachregister versehen. 8. (VII, 259 S.) Berlin 876. Grosser.** n. 4. —

Reiz, Hans Ottomar, die Reichs-Gewerbe-Ordnung vom 21. Juni 1869. Nebst den sie ergänz. und abänd. Bestimmungen, den Gesetzen vom 8. April 1876 und 17. Juli 1878, betr. die Abänderung der Titel VII. und VIII., den Einführungsgesetzen für Bayern, Württemberg, Baden, Hessen südlich des Mains, Elsaß-Lothringen, dem Gesetze über die eingeschriebenen Hülfskassen vom 7. April 1876, den Bekanntmachungen vom 23. April und 20. Mai 1879, betr. die Beschäftigung von Arbeiterinnen und jugendl. Arbeitern in Walz- und Hammerwerken, Glashütten und Spinnereien, und dem Gesetze vom 14. Mai 1879, betr. den Verkehr mit Nahrungsmitteln, Genußmitteln, und Gebrauchsgegenständen. Durch die Erlasse der höheren Verwaltungsbehörden, Präjudizien der höchsten Gerichtshöfe, Hinweisungen auf gleichlautende Gesetzesstellen ꝛc. erläutert, erklärt und mit ausführl. Sachregister versehen. 2. verm. Aufl. 8. (XII, 240 S.) Berlin 880, Grosser. * 2 —

—— dass. — Nebst den sie ergänz. und abänd. Gesetzen, Novellen und Bestimmungen. Durch die Erlasse der höheren Verwaltungsbehörden, Präjudizien der höchsten Gerichtshöfe, Allegate, Hinweisungen auf gleichlaut. Gesetzesstellen ꝛc. erläutert, erklärt und mit ausführl. Sachregister versehen. 3. verm. und bis auf die Neuzeit ergänzte Ausg. 8. (XII, 272 S.) Ebendas. 882. * 2 —

— Strafgesetzbuch f. das deutsche Reich, nebst der Straf-gesetz-Novelle vom 10. Dez. 1871. Mit Inhaltsangabe jedes Paragraphen, Anmerkgn. u. ausführl. das Straf-maaß jedes Artikels enthalt. Register. Zum Handge-brauch. 8. (VIII, 176 S.) Erlangen 872. Deichert. n. 1. —; cart. n. 1. 20

—— das Strafgesetzbuch für das Deutsche Reich. In der durch Bekanntmachung des Reichskanzlers vom 26. Febr. 1876 fest-gestellten Fassung. Aus den Commentaren von Oppenhof und von Schwarze, sowie den Präjudizien der höchsten deutschen Ge-richtshöfe erläutert; auch mit den Einführungs-Gesetzen, Mar-ginal-Bemerkungen, ausführl., die Strafmaße jedes Artikels mitenthalt. alphabet. Sachregisters, sowie 5 Beilagen, enth. sämmtl. Bestimmungen über Maaße und Gewichte, Verzeichnisse der in Elsaß-Lothringen eingeführten einschläg. Bundes- resp. Reichs-Gesetze, der in Baiern, Baden, Hessen südlich des Mains und Württemberg eingeführten Gesetze des ehemal. Norddeutschen Bundes und den Auslieferungs-Vertrag mit Luxemburg, versehen. 8. (VIII, 752 S.) * 10 —
Berlin: Grosser 1877.

Reiz, J. A. L., Erweckungsrede bei Anwesenheit der Salz-burger Emigranten den 23. Januar 1733 in Marktbreit gehalten. Auf's Neue dem Druck übergeben u. mit kurzer historischer Einleitung versehen. Marktbreit 862. — Er-langen, Bläsing. gr. 8. (23 S.) nn. 3 ngr.

Reiz, J. A. L., Erweckungsrede bei Anwesenheit der Salzburger Emigranten den 23. Jan. 1733 in Marktbreit gehalten. Auf's Neue dem Druck übergeben und mit kurzer histor. Einleitung versehen. gr. 8. (23 S.) Marktbreit 862. Erlangen, Deichert. *

Reiz, Joh. Georg: De testimonio Tertulliano, etc., s. Benner, Johann Hermann [Praes.]

Reiz, Moritz Otto

Reitius [Reiz], Mauritius Otto: De poena correctoria. Speciem 1. Halae 1830: Baentsch. 4 [vielmehr: 14] S. 4°
Halle-Wittenberg, Jur. Diss. v. 9. Juli 1830
Geb. Greiz 2. 7. 1808. V.
Auf dem Ms. [63 S. 8° (4°)] nennt sich der Verf. Reizius.

Reiz, Wilhelm Gottlieb

Reitz, Wlh. Gli., üb. die Amtstreue e. Knechtes Christi. 8. Nürnb. 809. Raw. 2 gr

Reitz, Wlh. Gli., († d. 12. März 1808.) Empfindungen des Glaubens vor, bei u. nach d. Tische d. Herrn. Regensb. 764. 3e Aufl. 8. Greitz 760. 4e Aufl. Frankf. 766. 5e Aufl. 769. Neue verb. Aufl. mit e. Denkmal f. d. sel. Verf. versehen. 8. Nürnb. 825. Raw. 9 gr

—— Empfindungen des Glaubens vor, b. und nach d. Tische d. Herrn. 8. Nürnb. Raw. 804.

——. Empfindungen d. Glaubens vor, bey und nach dem Tisch des Herrn. N. Aufl. 8. Nürnberg, Raw. 819.

Reiz, Wilh. Gtli., Empfindungen d. Glaubens vor, bei u. nach d. Tische d. Herrn, nebst Gebeten u. Liedern. Neueste, verb. Aufl. 8. (19 B.) Nürnberg 833. Raw.

Reiz, Wilh. Gtli., Empfindungen d. Glaubens vor, bei u. nach d. Tische d. Herrn, nebst Gebeten u. Liedern. Neueste, verb. Aufl. 8. (19 B.) Nürnberg 837, Raw'sche Buchh.

Reiz, Wilh. Gottl., (Pastors zu Ebdorf, gest. am 12. März 1808.) Empfindungen des Glaubens vor, bei und nach dem Tische des Herrn, nebst Gebeten und Liedern. Neueste verb. Aufl. 8. Nürnberg 845, Raw'sche Buchh. 3/8 ₰

Reiz, Wilh. Glieb., Empfindungen des Glaubens vor, bei und nach dem Tisch des Herrn. Zur eigenen Erbauung aufgeschrie-ben. Neue Ausg. 8. (II, 62 S.) Alt-Tschau 870. (Neusalz a. d. O., Lange.) *

Reizenberg, die Familie. 8. Heilbr. 808. Rausche. (190 S.)

Reizenhofen, E. von [Pseudon.] s. Fajkmajer, Frl. Elise.

— die Diamanten der Frankenbergs. Der Stein der Weisen, s.: Engelin's Roman- u. Novellenschatz.

— Zwanzig Millionen Dollar, s.: Weber's moderne Bibliothek.

Reizenhofen, E. v. (Frl. Elise Fajkmajer), Dämon Gold, s.: Engelin's Roman- u. Novellenschatz.

Reizenhofen, E. v. (Frl. Elise Fajkmajer), falsche Karten, s.: Engelin's Roman- u. Novellenschatz.

Die Königin des Westens. Das Geheimnis v. Herfort-Castle, s.: Engelin's Roman- u. Novellenschatz.

Reizenhofen, E. v., Waldrauschen. Gedichte. 8. (47 S.) Leipzig 898. Literar. Anstalt, A. Schulze. n. 1. 60

Reizenstein, die Geschichte eines deutschen Offiziers, 2 Theile, 8. Leipzig, 778/79. Weygand. Schreibp. Pap. mit Kupf. 2 Rthl. 5 sgl.
Dasselbe Buch. Druckp. ohne Kupf. 1 Rtl. 13 sgl.
Vgl. Reitzenstein...

— Sophrosine, Gräfin von, e. histor. Gemälde, nebst eini-gen and. Erzählungen aus d. wirklichen Welt. 8. Lpz. Joa-chim.

REIZENSTEIN, Sophrosine Gräfin von —, historisches Gemälde. Leipzig, Joachim. 1807. 8°. (1¼ Rthl.) Selten!

Reizenstein, Franziska Freifrau v., s.a. † Nemmersdorf, Franz v.

NEMMERSDORF, Franz v., (d. i.: Frau *Franziska v. Reitzenstein*). Der Kampf der Geschlechter. Eine Studie aus dem Leben und für das Leben. Leipzig 1861. 8°. (1½ Rthl.) (1 Mk. 50 Pfg., Max Perl, Berlin, 1909.)

[Reizenstein, Franziska Freifrau v.:] Der Kampf der Geschlechter. Eine Studie aus d. Leben u. f. d. Leben v. Franz v. Nemmersdorf [d. i. Franziska Freifr. v. Reizenstein]. 2. Aufl. — Leipzig: Spohr 1892. VIII, 188 S. 8°

Reizenstein, Baronin v. (Frz. v. Nemmersdorf), das Räthsel des Lebens. Roman in 2 Bdn. 8. (255 u. 251 S.) Leipzig 894. W. Friedrich. n. 8. —; in 1 Bd. geb. n.n. 9. —

— — Die Verworfene und die Reine. Novelle. 2 Thle. München, o. J.

[J.] Aus gärender Zeit. E. Studie a. d. Leben v. Franz v. Nemmersdorf [d. i. Franziska v. Reizenstein] ... *Stuttgart: Foerster & C. [1896].* (2 Bl., 233 S., 3 Bl.) 1 Bd 8. [97. 759]

**CLARI**, A u r o r a v. Von Frln. *K. v. R.* (d. i. *Friederike v. Reizenstein*, geb. *v. Spitznas*, geb. 3. Febr. 1749 [1748?] zu Stuttgart, † 10. Aug. 1819 zu Walsrode). Halle, bey Hendel, 1805. 8°. (4 Kr. Halm & Goldmann, 1907; 2 Mk. 40 Pfg., Taussig, 1907.)

In zahmen Briefen. Tit. u. 144 S. N i c h t von ihrer Tochter K a r o l i n e, die 1805 starb, sondern von F r i e d e r i k e und ihrer Tochter T h e r e s e, Stiftsdame in Walsrode. Goedeke VI, 431, 15 hat 2 Thle., ebenso Kayser, dieser mit d. Jahrz. „1804". (?)

**v. Reizenstein, Fräulein, s. Aurora v. Clari.**

**v. Reizenstein, Frhr. Karl Phil. Ksp., Versuch üb. die Sittenveredlung durch bessre Gesetze. 8. Heilbr. 798. Glaß. 1 ₰**
Vgl. Reitzenstein, Karl Ph. Ksp. F. v.

Reizenstein, Wolf Ehrenfried Frh. von

**Reitzenstein, Wolf Ehrenfr. Frhr. v.,** Die beste und bewährteste Erfinduug wider Koppen der Pferde. Mit 8 Kpfrn. 4°. Uffenheim 764. (Wobler, Ulm.) (Felssecker in Nürnb.) (16 S.) M. 1.–

Reizenstein, Wolf Ehrenfried v. („marggräfl. Brandenb.-Onolzb. Geh. Rath u. Oberst-Stallmstr., Ober-Amtmann zu Uffenheim" etc.), der *vollkommene Pferde-Kenner*, welcher nicht nur alle Schönheiten, Fehler u. verschiedene Landes-Arten der Pferde *mit schönen Kpfrn.* zu erkennen giebt, sondern auch anweiset, wie man mit dem Pferd von s. Ursprung an umgehen muss; wie es zum Reiten u. Fahren anzugewöhnen ist; wie *Sattel-Zäumung u. Beschläg* beschaffen seyn muss; wie alle Krankheiten zu erkennen u. mit denen bewährtesten Mitteln zu heilen sind; wie man bey dem Wallachen, Englisiren u. a. chirurg. Operationen an denen Pferden verfähret, nebst vollst. Registern u. *Anhang*, wie auch alphabet. Verzeichnuss derer von den *Juden* sonderlich auf *Ross-Märcklen* gebräuchl. hebräischen Wörter, Redens-Arten u. ihrer Art zu zählen. 2 Thle. Mit Kpftit. (*A. Hofer* sc.) u. 27 Kpftfln. Uffenheim, gedr. bey Joh. Sim. Meyer, hochfürstl. priv. Buchdr. 1764. 4°. Hfrzbde., schönes Expl.

Geschätztes Pferdebuch! — I: 11 Bll. Verst. (incl. Widm. d. Verlegers an d. Markgr. C h r n. F r i e d r i c h C a r l A l e x a n d e r v. A n s b a c h, V o r r e d e R e i z e n s t e i n's u. „V e r z. d. B ü c h e r, w e l c h e d i e P f e r d e b e t r e f f e n", . . . ., nebst 2 Bll. Inh.), 176 S., 4 Bll. Reg., 16 Bll. A n h a n g.
II: 176 S., 7 Bll. Reg. etc., 27 Kpftaf.
N e u e A u f l., ebenfalls m. 27 Kpftaf., erschien Anspach 1780. 4°.

**Reizenstein, Wolf Ehrenfried, Freyherr** v. Der vollkommene Pferdekenner, welcher nicht nur alle Schönheiten, Fehler und verschiedene Landesarten der Pferde mit schönen Kupfern zu erkennen giebt, sondern auch anweiset, wie man mit dem Pferd ... umgehen muß; wie es zum Reiten und Fahren anzugewöhnen ist; wie Sattel, Zäumung und Beschläg beschaffen seyn muß; wie alle Krankheiten zu erkennen und ... zu heilen sind . Zwey Theile, durchgesehen und mit einer Vorrede begleitet von Wolf Ehrenfried, Freyherrn von Reizenstein . Anspach, in ... Benedict Friederich Haueisens . Hofbuchhandlung 1780. Titelkupfer nach Zeichn. von J. A. D. Steingruber gest. von A. Hoffer 172 – 153 S. 31 Bl. 28 Taf. in Kupferst. 8°

**—der vollkommene Pferdekenner, od. vollständ. Unterricht von d. Pferdezucht, dem Pferdehandel ꝛc. u. d. Roßarzneikunst. 2 Thle. 4. Uffenheim 764. 2e Aufl. umgearb. von K. W. Ammon. 2 Thle. Mit 10 Kpf. gr. 8. Ansp. ... 3e Aufl. 806. (Gassert). 4 ₰ 2r Thl. Auch u. d. T.: vollkommener Roßarzt ꝛc.**

— vollkommn. P f e r d e k e n n e r, od. vollst. Unterr. v. d. Pferdezucht, d. Pferdehandel ꝛc. und der Roßarzneykunst, umgearbeitet v. C. W. Ammen. 2 Thle. m. K. (der 2e Thl. hat a. d. Tit. vollkommener Roßarzt ꝛc.) gr. 8. Ansb. Haueisen. 806. (à 2 Rthlr.)

**Reizenstein**-Reuth, Hermann Frh. von,
s. R e i t z e n s t e i n - Reuth, Hermann Frh. von.

**Reizer**, Adam [Praes.], s. B r e g l e r , Philipp Friedrich: De collaterali, qui a primo acquirente non descendit, aut investitura simultanea non gaudet, in feudo sive dato sive oblato haud succedente; vulgo: Von der nur auf gleiche Helm und Schild nicht gegründeten Lehens-Folge.

**Reizer**, Adam [Praes.], s. H a c k , Johann Georg: De eo, quod circa optionem filii natu minoris prae natu majore in haereditatis paternae divisione justum est: sive brevis exegesis juridica in notum istud diverbium: Major dividit; Minor eligit.

**Reizes, Eman., aus e. Leben. Aus dem Nachlaß hrsg. v. Melanie Klein-Reizes u. Irma Schneider-Schönfeld. Mit Vorwort v. Geo. Brandes. (XII, 227 S.) gr. 8. Wien 906. Wiener Verlag. n. 5. —; geb. n. 6. 50**

**REIZMITTEL**, Q u i n t e s s e n z i a l i s c h e s, z u m L a c h e n. Verordnet und herausg. von Dr. P u r g a n t i u s und dem Dorfbarbier L u x. Liliput (Wien) 1812. 8°. Rar!

Enth. auch Briefe u. Todtengespräche pikanten u. satir. Inhalts. — Gradmann, Gelehrtes Schwaben p. 622, u. Koch, Compend. II. p. 288 führen auch einen zu Kempten 177* ersch. N a c h d r u c k an.

**Reizungen, Sittliche,** der Tugend und des Vergnügens. Königsb. u. Leipzig 1755. V: *Lindner, Joh. Gbelf.* (GGr)

Reitzungen, sittliche, d. Tugend u. des Vergnügens. 1r Thl. 8. Königsb. 755.

**Rekate, Hermann,** aus Lüdenscheid (Preußen): Beitrag zur **Chemie der Zinndoppelhalogenide und der Zinndialkyle.** [Mit einer Abbildung im Text.] Leipzig-R., **August Hoffmann,** 1910. 96 S. 8°. [1. IV. 11.]

Zürich. Univ. Phil. Diss. II. S. 1910/11.

Rekawinkel [Schlagwort]

**Rekawinkel**, s.: Wiener Ausflugskarten.

**Rekittke, Helene, das Leben gabs. Gedichte. 8. (V, 102 S.) Dresden 902. E. Pierson. n. 1. 50; geb. n. 2. 50**

Aus einsamen Stunden. Gedichte von Helene Rekittke. *(Allenstein: Harich [1904].)* (IV, 29 S.) 8° [J.]

**Reklamation, die erfolgreiche, gegen zu hohe Steuerveranlagung. Praktischer Ratgeber f. jeden Steuerzahler. Mustergültige Formulare nebst preuß. Einkommensteuergesetz v. 19. 6. 1906 u. Erläutergn. Von e. Steuersekretär. (64 S.) 16. Berlin (907). L. Schwarz & Co. 1. 30**

**Reklame, die.** Fachzeitschrift f. prakt. Geschäftsreklame u. Anzeigeblatt f. die m. der reklamemach. Geschäftswelt in Verbindg. steh. Branchen. Unter Mitwirkg. bewährter Fachschriftsteller u. prakt. Reklamemänner hrsg. u. red. durch Rob. E x n e r. 1. Jahrg. 1891. à 12 Nrn. (à ca. 2 Bog.) gr. 4. Zittau, R. Exner. à Jahrg. n. 4. —

**Reklame, die.** Fachzeitschrift f. prakt. Geschäftsreklame u. Anzeigeblatt f. die m. der reklamemach. Geschäftswelt in Verbindg. steh. Branchen. Unter Mitwirkg. bewährter Fachschriftsteller u. prakt. Reklamemänner hrsg. u. redig. durch den Reklame-Anw. Rob. Exner. 2. Jahrg. 1892. 12 Nrn. (2 Bog.) gr. 4. Zittau, Expedition. * 4 —

**Reklame, die.** Fachzeitschrift f. prakt. Geschäftsreklame u. Anzeigeblatt f. die m. der reklamemach. Geschäftswelt in Verbindg. steh. Branchen. Unter Mitwirkg. bewährter Fachschriftsteller u. prakt. Reklamemänner hrsg. u. red. durch Rob. E x n e r. 3. u. 4. Jahrg. 1893. 1894. à 12 Hfte. (à ca. 3 Bog.) gr. 4. Zittau, R. Exner. à Jahrg. n. 6. —

**Reklame, die.** Zeitschrift f. kaufmänn. Propaganda. Schriftleitg.: Heinr. Poeschl. 5.—8. Jahrg. 1895—1898. à 24 Hfte. (à ca. 2 Bog. m. Abb.) gr. 4. Berlin, R. Exner & Co. à Jahrg. n. 10. —

Der 6. u. 7. Jahrgang waren von Rich. K r o c h e l t u. Max W u n d e r m a n n redigiert. — Kann auch halbjährlich bezogen werden.

**Reklame, die.** Zeitschrift f. das Propaganda-, Annoncen-, Plakat-, Offerten-, Adressen-, Ausstellungs- u. Zeitungs-Wesen. Red.: F. Kuntze. 9. u. 10. Jahrg. 1899 u. 1900. à 24 Hfte. gr. 4. (à ca. 12 S. m. Abbildgn.) Berlin, R. Exner & Co. à Jahrg. n. 10. —

**Reklame,** die, des Detaillisten. Ueber 300 Inseraten-Vorlagen f. alle geschäftl. Reclame-Gelegenheiten im Detail-Handel. Zusammengestellt u. m. Anmerkgn. versehen vom Verlag des „Confectionair". (88 S.) 48,5×33 cm. Berlin (904). L. Schottlaender & Co. 6.—; erm. Pr. 3. —

[F.] Die kostenlose und verbilligte Reklame. Prakt. sofort durchführbare neue Vorschläge, Systeme, Ideen, Anreggn, Kombinationen. *Wittenberg [F.] Friedenau: Komm.-V. Fiedler & Kluge [1896].* (87 S., 1 Bl.) 1 Bd 8. (97. 42k5

— u. Kultur, s.: Flugschrift, 46., d. Dürer-Bundes zur ästhetischen Kultur.

— moderne. Zeitschrift f. das Reklame-, Inseraten-, Plakat- u. Zeitungswesen. Hrsg.: P. Friesenhahn, Ernst Growald. Verantwortlich: Ernst Growald. 1. Jahr. März 1902—Febr. 1903. 12 Hfte. gr. 4. (à ca. 32 S. m. Abbildgn. u. farb. Taf.) Berlin, Verlag der „Modernen Reklame". n. 10. —

**Reklame: Wirksame Reklame v. Neue Zürcher-Zeitung.**

**Reklame-Anwalt,** der. Zeitschrift f. die gesamte Reklame-Wissenschaft. Reklametechnik, Reklamekunst, Propaganda, Organisation, Volkswirtschaft, Welthandel. Unter Mitwirkg. namhafter Fachmänner hrsg. April 1907—März 1908. 24 Hefte. (à ca. 12 S. m. Abb.) Lex. 8. Leipzig, K. R. Vogelsberg. 12. —

**Reklameschriften.** Eine Sammlg. v. Lack-, Kork- u. Holzschriften f. Schaufensterdekorateure u. Kaufleute. 20 Taf. Alphabete u. Anwendgn. in farb. Druck. (1 Bl. Text.) 23×30 cm. Stuttgart (910). Paasche & Luz. In Mappe 2. —

Rekner, Carl. Ueber eine dritte Phenanthrensulfosäure und ihre Abkömmlinge. Diss. Phil. [II.] Zürich von Karl Rekner.... 34 S. 8. Zürich, Müller, Werder & Cie., 1901.

Reknil-Eilé, die Begründung des europäischen Friedens. Eine Widmung an alle Völker. gr. 8. (28 S.) Wien 877, (Gerold's Sohn.) * — 60

**Reko,** Vict. A., les quatre saisons. Ein Übungs- u. Hilfsbuch zur Einführg. in die französ. Sprache m. Hilfe der Sprechmaschine. 1. Heft: Le printemps. (12 S. m. 1 farb. Taf.) gr. 8. Stuttgart 908. W. Violet. — 60

— dasselbe. Ein Übungs- u. Hilfsbuch f. den Unterricht in der französ. Sprache unter Zugrundelegg. d. Hölzelschen Jahreszeitenbilder u. des Textes der Gourdiatschen Sprechmaschinenplatten. (24 S.) gr. 8. Ebd. 909. — 60

**Reko,** Vict. A., Prinzessin Seele. Lyrische Studien. (86 S.) 8. Stuttgart 904. A. Juncker. n. 2. —

— Sprachenerlernung m. Hilfe der Sprechmaschine. Winke f. Lehrer u. Selbstunterrichttreibende nebst Nachweisen verwendbarer Sprechmaschinenplatten u. Sprechmaschinen. (46 S. m. Abb.) 8. Ebd. 908. — 75

— Die Sprechmaschine beim französischen Sprachunterricht. Erläuterungen zu Les quatre saisons. Ein Übungs- u. Hilfsbuch zur Einführg. in die französ. Sprache m. Hilfe der Sprechmaschine. (11 S.) gr. 8. Ebd. 908. — 30

Rekognoszirung, die, in der Gegend Schüpfen-Büren-Biel am 24. und 25. Septbr. 1881. Allgemeiner und takt. Bericht. gr. 8. (III, 138 S. mit 6 autogr. Skizzen.) Bern 882, (Huber und Comp.) * 3 —

**Rekognoszierungsritt,** der, des Grafen Zeppelin am 24. u. 25. VII. 1870. Nach authent. Quellen bearb. Mit Porträts der Teilnehmer, 1 Grundriß, 1 Übersichtskarte u. Illustr. v. Ernst Zimmer. Mit Vorwort von F. Frhr. v. Dincklage. (47 S.) gr. 8. Berlin (908). Zehlendorf, R. Eckstein Nachf. 1.—; geb. n 1. 50

**Zu der projektirten monumentalen Rekonstruirung und Erweiterung der Pfarrkirche in Jedenspeigen V. U. M. B. Wien, 1856. Gedr. bei A. Pichlers Witwe & Sohn. (15 S. 8.)**

Rekowski, F. v., die wirthschaftlichen und socialen Zustände auf Sizilien in der ersten Hälfte unseres Jahrh. Ein kurzer Beitrag zum Verständnisse der auf der Insel heute obwaltenden Verhältnisse. gr. 8. (23 S.) Berlin 882, Puttkammer und Mühlbrecht. * — 80

**v. Rekowski,** F. W. F., Balgowe. Historisch-romant. Gemälde. 3 Bde. 8. Altenburg 844, Helbig. 3 ℛ

**Rekowski,** F. W. F. v., Epheuranken. Danzig 856. (Berlin, Geelhaar.) 8. (2 Bl., 244 S.) 1 ℛ. 6 ngr.

**Rekowski,** F. W. F. v., die Frauen von Culm. Histor.-romant. Gemälde. 3 Bde. 8. (821 S.) Altenburg 847, Helbig.

Rekowski, Ferd. v., Eichenkränze, um d. Denksteine d. Vorzeit Preußens gewunden. 1. u. 2. Bdchn. 12. (12 u. 12⅙ B.) Danzig 839, 40, Homann's Kunst- u. Buchh. à *

—— der letzte Stern Marienburg's, od. d. edle Bürgermeister. Histor.-dramat. Gemälde in 5 Akten. 8. (12¾ B.) Danzig 837, [Gerhard'sche Buchh.] *

Rekowski, Gynz v., Karte von der südlichen Senne. 1 : 20,000. Lithogr. Paderborn 884, Esser. * 1 50

Die Rekreationszeiten der Kapuziner. Nürnberg (o. Adresse) 1783. 8°. 143 S. (incl. Tit. u. 2 Bll. Vorr.).

**Rekrut, Der.** E miletärisch Schlamassel fers Thioter. Meissen 1833. V: *Holzschuher, H.* (GGr)

**Rekrut, Der.** Kurze Anleitung zur Ausbildung des Infanteristen bis zur Einstellung in die Compagnie . . . Berlin 1872. 2. Aufl. 1877. V: *Koeppel.* (KA)

**Rekrut,** der. Kurze Anleitg. zur Ausbildg. d. Infanteristen bis zur Einstellg. in die Compagnie. Nach allgemeinen Gesichtspunkten u. in systemat. Uebersicht bearb. 8. (20 S.) Berlin 872. Mittler & Sohn. n. — 50

Rekruten, die beiden ersten schlesischen, s. Volksbücher, preußische.

**Rekruten, Die jungen,** eine komische Oper in drei Aufzügen. Ulm 1781. V: *Lederer, Joseph.* (Ky)

**Rekrutenlehrer, der.** Enth. das Rekrutenpensum aus Exerzir-Reglement, Felddienst-Ordng., Schieß-, Turn- und Bajonettir-Vorschrift. Von e. Kompagniechef. 12. (VI, 143 S.) Stuttgart 902. Strecker & Schröder. Geb. in Leinw. n.n. — 75

Rekruten-Prüfung 1875 und 76. Bern 1876—77. 4°. (Schweiz. Statistik. 27 u. 34.)

Die Rekruten-Prüfungen im Kanton Luzern im Jahre 1900. ([Bericht von] Josef Leopold Brandstetter, Erziehungsrat.) 18 S. 8. Luzern, J. Schill, 1901.

Die Rekruten-Prüfungen im Kanton Luzern im Jahre 1901. ([Bericht von] Josef Leopold Brandstetter, Erziehungsrat.) 17 S. 8. Luzern, J. Schill, 1902.

Die Rekruten-Prüfungen im Kanton Luzern im Jahre 1902. ([Bericht von] Dr. Josef Leop[old] Brandstetter, Erziehungsrat.) 18 S. 8. Luzern, J. Schill, 1903.

Recrutenprüfungen. Die Rekruten-P' im Kanton Luzern im Jahre 1903. ([Bericht von] Dr. Josef Leopold Brandstetter.) 21 S. 8. Luzern, J. Schill, 1904.

Die Rekruten-P' im Kanton Luzern im Jahre 1904. ([Bericht von] Dr. Jos[ef] Leop[old] Brandstetter.) 18 S. 8. Luzern, J. Schill's Erben, 1905.

Die Rekruten-P' im Kanton Luzern im Jahre 1905. ([Bericht von] Dr. Jos[ef] Leop[old] Brandstetter.) 18 S. 8. Luzern, J. Schill's Erben, 1906.

Die Rekruten-P' im Kanton Luzern im Jahre 1906. ([Bericht von] Dr. Jos[ef] Leop[old] Brandstetter.) 18 S. 8. Luzern, J. Schills Erben, 1907.

Die Rekruten-P' im Kanton Luzern im Jahre 1907 *u.* 1908 *u.* 1909. ([Bericht von] Dr. Josef Leopold Brandstetter.) 18 *u.* 18 *u.* 14 S. 8. Luzern, J. Schills Erben, 1908 *u.* 1909 *u.* 1910.

**Rekruten-Unterricht** für die Unteroffiziere der königl. bayer. Armee. 8. (77 S.) Regensburg 850, Pustet.

Rekrutirungs-Gesetz. (Cassel 1834.) 8°.

**Rekrutirungs-Gesetz**, Großh. Hess., v. 20. Juli 1830, nebst der z. Vollziehung desselben erlass. Verordn. 8. ... Darmstadt 831, (Leske.)

**Rekrutirungsgesetz, das,** für Kurhessen, ertheilt am 10. Juli 1832. 8. Hanau, Edler. 3 gl (bei Luckhardt in Cassel). 4 gl

**—für das Königr. Würtemberg mit d. Instruktion. Nebst e. alphabet. Register. gr. 8. Stuttg. 828. Steinkopf. 8 gl**

Rekrutierungs-Gesetz für das Kgr. Württemberg mit der Instruktion. Stuttgart 1828. 110 S.

**Rekrutirungsgesetz, das Königlich Württembergische,** vom 10. Febr. 1828. Mit beigefügten Auszügen aus nachgefolgten Verordnungen (und alphabet. Register). gr. 8. Reutlingen 841, Kurtz. (Leipzig, Herbig.) n. 1/6 ß

Rekrutirungs-Gesetz, Königl. württembergisches, vom 7. August 1819. Aus: „Königlich württembergisches Staats- und Regierungs-Blatt", Nr. 51, vom 18. August 1819. 8. 1819.

Die Abhängigkeit der Lage der Schneegrenze von den Sommerisothermen in Norwegen. Von J. **Rekstad**. Christiania: J. Dybwad i Komm. 1907. (8 S.) 8°
= **Forhandlinger** i Videnskabs-Selskabet i Christiania. 1907, No 7.

**Rektor, der.** Korrespondenzblatt f. Schuldirektoren, Rektoren, Hauptlehrer u. Oberlehrer. Hrsg.: O. Pache. 1. Jahrg. 1894. 12 Nrn. (à ca. 2 Bog.) gr. 4. Wittenberg, R. Herrosé. Mit Frankozusendg. n.n.n. 3. —
Wird nur direkt von der Verlagshandlung an die Abonnenten versandt.

**Rektor, der.** Zentralorgan f. d. Interessen d. Schulinspektion u. Schulaufsicht. Hrsg.: Ökf. Pache. 2.—4. Jahrg. 1895—1897. à 24 Nrn. (à ca. 12 S.) gr. 4. Wittenberg, R. Herrosé. à Jahrg. 5. —
Forts.s.:Monatsblatt, Pädagog.

**Rektor** und Senat der Hochschule Zürich an den Kantonsrath (betreff. Organisation der Hochschule). 10. Nov. 1871.

— unser, u. seine Kollegen. Erinnerungen e. alten Grimmensers. Der teuren Alma mater am Muldenstrande zur Feier der Einweihg. ihrer neuen Heimstatt in unvergängl. Dankbarkeit zugeeignet. Mit Ed. Wunders Portr. (Von J. Winter.) 8. (VII, 56 S.) Leipzig 891. Dürr'sche Buchh. — 75

**Rektoratswechsel an der Akademie f. Sozial- u. Handelswissenschaften zu Frankfurt a. M. am 21. X. 1903. I. Rede des abtret. Rektors Morf. — II. Rede des antret. Rektors K. Burchard. (36 S.) gr. 8. Jena 903. G. Fischer. n. — 80**

**Rektoratswechsel** an der Akademie f. Sozial- u. Handelswissenschaften zu Frankfurt a. M. am 21. X. 1905. I. Rede des abtret. Rektors Prof. Dr. K. Burchard. — II. Rede des antret. Rektors L. Pohle. (40 S.) gr. 8. Jena '05, G. Fischer. —. 80.

**Rektoratswechsel** an der Akademie f. Sozial- u. Handelswissenschaften zu Frankfurt a. M. am 21. X. 1907. I. Bericht des abtret. Rektors L. Pohle. — II. Rede des antret. Rektors Freund: Die Konstitution der Materie. (31 S.) gr. 8. Jena '07, G. Fischer. —. 50.

**Rektoratswechsel** an der Akademie f. Sozial- u. Handelswissenschaften zu Frankfurt a. M. am 3. XI. 1909. I. Bericht des aus dem Amte scheid. Rektors Freund. — II. Rede des antret. Rektors Freudenthal: Die staatsrechtl. Stellg. des Gefangenen. (28 S.) gr. 8. Jena, G. Fischer. 1910. —. 50.

**Rektoren od. Kreisschulinspektor?** Eine Denkschrift Duisburger Lehrer üb. das Rektorensystem in seinen Folgen f. Schule u. Lehrerschaft. gr. 8. (22 S.) Duisburg 899. Duisburger Verlagsanstalt. n. — 40

**Rektořík, St.**, Praeparata pharmaceutica (composita) quorum dispensatio — jussu minist. rerum intern. die 17. XII. 1894 (l. i. a. num. 239, art. 1.) absque medici praescriptione pharmacopolis licita est. Omnibus officinalibus pharmacopoeis europaeis et tribus editionibus, quae novissimam pharmacopoeam austriacam praecedunt, adhibitis composuit R. (Mit latein., deutschen, tschech. u. poln. Titel.) (VI, 144 S.) gr. 8. Wien 903. J. Šafář. n. 3. 40; geb. in Leinw. n. 4. —

**Rektorreden, Hallesche. II. gr. 8. Halle, M. Niemeyer. n. 1. —**
Die Heimat des Puppenspiels. Rede, geh. am 12. VII. 1900. Von Rich. Pischel. (28 S.) 900.
I erschien unter d. Titel: Loening, Edg., die Repräsentativverfassung im XIX. Jahrh.

**Rektorreden, Hallische. III. gr. 8. Halle 903. M. Niemeyer. n. 1. —**
Molières Kämpfe um das Aufführungsrecht des Tartuffe. Von Herm. Suchier. (23 S.)

**Rektorys, Joh., s.: Forst- u. Jagd-Kalender.**

**Rektoržik, Ernst**, über das Vorkommen einer den sogenannten pacchionischen Drüsen analogen Bindegewebs-Formation an der allgemeinen Scheidenhaut des Hoden und Samenstranges. Lex.-8. (7 S. mit 1 Stnt.) Wien 857, (Gerold's Sohn.) *

—— über das Vorkommen eines Sinus venosus im Canalis caroticus des Menschen. Lex.-8. (7 S.) Wien 858, (Gerold's Sohn.) *

Vorstehende zwei Schriften des Verf. wurden aus: Sitzungsberichte der k. Akademie der Wissenschaften, Jahrg. 1857 und 1858, besonders abgedruckt.

Rekurs. –

Zum Rek' der Appenzeller Bahn wegen verweigerter Baubewilligung der Linie Herisau-St. Gallen. (Ausführungen [gerichtet an die Mitglieder des] Nationalrat[es durch] den Verwaltungsrat der Bodensee-Toggenburgbahn. 1905 September 20.) 12 S. 4. St.Gallen, Zollikofer, 1905.

Rek' an die Bundesversammlung für den Verband schweizerischer Sekundärbahnen ([gegen] den Bundesratsbeschluss vom 31. Mai 1904 betreffend die Berechnung des Reinertrags der Privatbahnen zum Zwecke ... der Herabsetzung der Transporttaxen. 1907 Februar). II + 20 S. 4. (Lausanne, Georg Bridel & Cie.)

Rek' des Initiativ-Komitee für eine durchgehende Wynentalbahn an die hohe schweizer. Bundesversammlung gegen den Beschluss des hohen sch' Bundesrates vom 18. August 1905. betr. Genehmigung der Baupläne und des Finanzausweises für die Reinach-Münster-Bahn. ([Redigiert vom Präsidenten des I'-K' Vincenz Stirnimann.] 1905 August 28.) II + 18 S. 8. [Luzern, J. Burkhardt.]

Rekurs des Konsumvereins in Baden an das Bundesgericht. Basel: Verband schweiz. Konsumvereine 1897.

Rekurs für die Regierung des Kantons Bern gegen den schweiz. Bundesrat an die schweiz. Bundesversammlung (in Sachen Beschwerde der schweiz. Bundesbahnen betreffend Schliessung der Bahnhofwirtschaft in Bern. 1903 Mai 15). 11 S. 4.

Rekurs des Regierungsrates des Kantons Basel-Stadt gegen die Entscheide des Bundesrates vom 24. Juli 1900 betreffend die Überführung der Bruderholzstrasse über den Centralbahnhof Basel und vom 16. März 1900 betreffend die Beseitigung der Passerelle über den Centralbahnhof an der Solothurnerstrasse in Basel. d. d. 10. Juni 1901. ([Mit] 3 Planbeilagen.) 21 S. 8.

Rekurs des Regierungsrates des Kantons Basel-Stadt gegen die Entscheide des Bundesrates ... betreffend die Überführung der Bruderholzstrasse über den Centralbahnhof Basel und ... die Beseitigung der Passerelle über den Centralbahnhof an der Solothurnerstrasse in Basel. d. d. 10. Juni 1901. [2 Nachträge.] 8.

[1.] Ergänzung der Rekursschrift vom 10. Juni 1901 betreffend die Kompetenz der Bundesversammlung zur materiellen Entscheidung über diesen Rekurs. d. d. 18. Januar 1902. 14 S.

[2.] Antwort auf den Bericht des Bundesrates vom 21. Juni 1902. d. d. 16. August 1902. 17 S.

Der staatsrechtliche Rekurs im Straffalle von Dr. E(ugen) Wannier. 32 S. 8. Basel, Druck der Gesellschaft des «Basler Volksblatt», 1906.

(Urteil des Appellationsgerichts des Kantons Basel-Stadt vom 16. Januar 1905; — Rekursschrift für Dr. E. W'..., 1905 März 16; — Urteil des Schweizerischen Bundesgerichts ... vom 23. November 1905.) Der Straffall (Eugen) Wannier.... Basel ... 1906. [Teil 4.]

Recurs. Staatsrechtlicher Rekurs für 1. Amstutz Walter, Conducteur, Goldau, ... 14. Ziegler Heinrich, Condukteur, ([sämtlich vom] Zugspersonal) Goldau, Rekurrenten an den h. Bundesrat ... zu Handen der h. Bundesversammlung betreffend Verletzung des Bundes-gesetzes betreff. den Militärpflichtersatz... , gegen den ... Entscheid des Bundesrates vom 3. November 1902. (1903 Januar 2. — *Unterzeichnet:* J[oseph] Albisser, Fürsprech, Luzern.) 12 S. 8.

Rekurs der Gemeinde Wollishofen an das Bundesgericht betreff. das Verfassungs- und Vereinigungsgesetz des Kantons Zürich vom 9. Aug. 1891. Mit Replik.

Rekurs des Regierungsrathes Zürich an die Bundesversammlung betreff. Aufhebung des zürich. Gesetzes über die Ausgabe von Banknoten. Zürich 1877.

Rekursantwort des Kantons Graubünden an das hohe schweizer. Bundesgericht in Lausanne in Sachen „Helvetia" u. Konsorten gegen Graubünden betr. Eigentumsgarantie. (96 S.) gr. 8. Chur (909). (F. Schuler.) 2. 50

An den hohen schweizerischen Bundesrat Bern. Rekursantwort des Kantons Graubünden i. S. 'Helvetia' und Kons. gegen Graubünden betreffend Bündnerisches Gebäudeversicherungs-Gesetz. [Chur: Schuler um 1908.] 87 S. 8° [illegible]

— dasselbe an d. Hohen Schweizerischen Bundesrat Bern i. S. „Helvetia" u. Kons. gegen Graubünden betr. bündnerisches Gebäudeversicherungs-Gesetz. (87 S.) gr. 8. Ebd. (909). 2. —

Rekursentscheidungen, die, des Reichs-Versicherungsamtes als Spruchcollegium in Unfallversicherungs-Angelegenheiten. Jahrg. 1891/92. VI. Bd, enth. die vom 17. Septbr. 1891 bis einschl. 14. Juli 1892 ergangenen wicht. Rekursentscheidgn. f. die gewerbl., sowie f. die landwirthschaftl. Berufsgenossenschaften, nebst e. Sach-, Gesetzes- rc. Register. gr. 4. (144, XVIII S.) Berlin 893. (Puttkammer & Mühlbrecht.) n. 7. 50

Bd. I u. II sind vergriffen. Bd. III kostet n. 6. —; Bd. IV u. V à n. 7. 50.

— dasselbe. Jahrg. 1893/94. VII. Bd., enth. die vom 19. Septbr. 1892 bis einschl. 14. Juli 1893 ergangenen wicht. Rekursentscheidgn., nebst e. Sach-, Gesetzes- rc. Register, ferner e. Anzahl Rekursentscheidgn. einzelner Landes-Versicherungsämter, nebst e. Sach- rc. Register. gr. 4. (242, XXXVI S.) Ebd. 894. 8. 80

Rekursentscheidungen, die, d. Reichs-Versicherungsamtes als Spruchcollegium in Unfallversicherungs-Angelegenheiten. Jahrg. 1893/94. VIII. Bd., enth. die v. 18. Septbr. 1893 bis einschl. 13. Juli 1894 ergang. wicht. Rekursentscheidgn. f. d. gewerbl., sow. f. d. landwirthschaftl. Berufsgenossenschaften, nebst e. Sach-, Gesetzes- rc. Register, ferner e. Anzahl Rekursentscheidgn. einz. Landes-Versicherungsämter, nebst e. Sach- rc. Register. gr. 4. (221 u. XXII S.) Berlin 895. (Puttkammer & Mühlbrecht.) n. 8. 80

— dasselbe. Jahrg. 1894/95. IX. Bd., enth. die vom 1. Oktbr. 1894 bis einschl. 13. Juli 1895 ergang. wicht. Rekursentscheidgn. f. d. gewerbl., sow. f. die landwirthschaftl. Berufsgenossenschaften, nebst e. Sach-, Gesetzes- rc. Register, ferner e. Anzahl Rekursentscheidgn. einz. Landes-Versicherungsämter, nebst e. Sach- rc. Register. gr. 4. (235 u. XXVII S.) Ebd. 896. n. 8. 80

Rekursschrift des Kts. St. Gallen betreff. Entschädigung für Abtretung des Postregals. 1852.

Rekursschrift des Kts. St. Gallen betreff. die Steuerverhältnisse der schweiz Niedergelassenen. 1854. Mit Nachtrag.

Rekzey, A., üb. grammatische u. rhetorische Stellung d. Adjektivums bei den Annalisten, Cato u. Sallust. gr. 4. (31 S.) Berlin 888. Gaertner. n. 1. —

Relação das Publicações scientificas feitas pelo Museu Goeldi de Historia natural e Ethnographia Pará (Brazil) durante o periodo de 1894–1904 sendo um Retrospecto bibliogr. sobre o primeiro decennio da existencia do mesmo museu contendo tambem uma enumeração completa dos trabalhos sobre Historia natural publ. pelo Dir. Prof. Dr. phil. Emilio A[ugusto] Goeldi de 1879–1904 ... Verzeichnis d. wiss. Publikationen, welche während d. Periode 1894–1904 aus d. Staatsmuseum Goeldi ... in Pará hervorgegangen sind ... Zugleich e. vollst. Liste der von Prof. Dr. phil. Emil A. Goeldi während d. Zeitraums 1879–1904 ... verfassten naturwiss. Veröffentlichungen. Bern (1905): H. Jent. (58 S.) 8° [illegible] 9

Relacye nuncyuszów apostolskich i innych osób o Polsce od roku 1548 do 1690. 2 Tomow. Wydanie biblioteki polskiej w Paryżu. gr. 8. (XVI und 1080 S.) Berlin 864, Behr's Buchh. *

Relais-Anordnungen f. automatische Ausschalter in Wechselstrom-Anlagen, s.: Maximal- u. Rückstromrelais, das autom.

Reland, Adriaan

— Antiquitates sacrae veterum Hebraeorum. Traj. ad Rhen. 711. 8. 1 rthl. Cum praef. J. F. Buddei. Lips. 713. 8. Ib. 734. 8. 20 gr. Cum notis J. E. Ravii. Herborn. 743. 8.

— Dasselbe. Praefationem praemisit Io. Franciscus Buddeus. Lipsiae 1724.

— — id. lib. c. praef. I. Frz. Buddei. 8. Lips. Wehrmann. 734.

— antiquitates sacrae veterum Hebraeorum, c. not. et animadvers. J. Eberh. Rau. 8. Frankf. a. M., Andreä. 1 1743.

— — id. lib. c. notis I. E. Rauii. 8. Frcf. Andreä. (Benj. Fleischer, Lips.) 743.

*Reland*, Hadr., antiquitates sacrae vet. Hebraeorum; recens. et animadvers. auxit G. J. L. Vogel. 8maj. Halle 769. (Laue in Berl.) 16 gr

— — id. l. ex rec. Vogelii. 8. maj. Halae, Curt. 769.

— exercitat. philol. de vera pronunciatione nominis Iehova. 8. Traj. ad Rhen. 717.

**Relandi, Hadriani, Galatea cum Petri Bosschae notis selectis edidit Carolus F. G. Siedhof. 8. Stuttgardiae 845, Cast. 5/8 ₰**

Relandus, Hadrianus: Palaestina, ex monumentis veteribus illustrata, in tres libros distributa, tabulis geographicis necessariis, iisque accuratis exornata, et a multis insuper, quae in primam editionem irrepserant, mendis purgata. Norimbergae 1716. 787 S., + Krt. 8°. [G 1713

— palaestina ex monum. vet. illustr. c. fig. 4. Nrnb. Monath. 716.

— Religion d. Moscowiter, m. K. 8. Hannover, Helwing. 717.

— zwey Bücher v. d. türk., oder mahometan. Religion. 8. Ebend. 727.

**Reland, Adriaan.** De spoliis templi Hierosolymitani in arcu Titiano Romae conspicuis liber singularis. Editio nova . . . Francof. ad Rhen. 1775. H: *Schulze, Ernst August.* (ML)

**RELANDER**(ps.).—Der bey müssigen und langweiligen Stunden curieuse auch lustige Zeit-Vertreiber, Oder Neue Sammlung Von 309 auserlesenen u. Gemüthsergetzenden Historien und Begebenheiten. Nebst einem *Anhange* einiger nachdencklichen Schertz-Reden der neubegierigen Welt zum Vergnügen ans Licht gestellet. Von RELANDERN. Franckfurt u. Leipzig 1735. 12°.
2 Bll., 356 SS. Vorr. dat. 1734.

— — Dasselbe. 2. Aufl. Frankfurt u. Leipzig 1756. 12°. (8 Mk. Kühl, c. 1882.)
2 Bll., 347 SS. Enth. 309 höchst komische Geschichten, worunter viele derb-pikante.

**Relander, lustig. Zeitvertreiber best. in mehr als 300 Hist. ꝛc. 8. Langens. (Linke, Leipz.) 756. Rthlr.**

**Relast, Wilhelmine,. Trauersp. von Albrecht. 8. Leipz. Liebeskind. 795.**

*Relatio*, brevis, vitae rev. D. Innocentii a Praes. B. V. M. episcop. Aurel. et Carmelitae excalceati, c. mappa geograph. 8. Augsb. 797. Doll. 6 gr

**Relatio, Colloquii quorumdam de tribus primis ›Thesauri antiquitatis graecarum‹ voluminibus ad eorum auctorem.** Berolini 1702. V: *Beger, Lorenz.* (Barbier)

**Relatio** historica sive brevis atque succincta narratio eorum, quae in pacificatione Osnabrugo-Monasteriensi . . . inter paciscentes gesta fuere. Francof. 1707. V: *Adami, Adam.* (Oa)

**Relatio** sive Votum in causa Revisionis a Ciuitate Imperiali Norimberga contra Sereniss. Domum Brandenburgicam super Iurisdictione territoriali . . . S. l. 1731. H: *Gilhausen, Ludw.* (Holz)

Abgeforderte Relation oder Erscheinung eines entleibten Geists, dem Publico zur Nachricht getreulich aus dem Munde derer, die von Anfang bis ans Ende interessiret aufgeschrieben. Ephrata: Brüderschaft. 1761. Mystical visions. HSP

— **aktenmäßige, v. d. Schloßdleben in Berl., Runck u. Stieffen. 4. Berl. Rüdiger. 720.**

Actenmäßige und umständliche Relation von denen Vampyren oder Menschen-Saugern, welche sich in diesem und vorigen Jahren im Königreich Servien hervorgethan; nebst einem Raisonnement darüber, und einem Sendschreiben eines Officiers des Prinz-Alexandrinischen Regiments aus Medvedia in Servien, an einen berühmten Doctorem der Universität Leipzig. 732. 8.

Relation von der Action zw. d. kaiserl. u. franz. Armee d. 11. Juni (1703) in Italien bey Quarantula. 4. s. l. & a.

Relation von der Action, so zwischen der kaiserlichen und französischen Armee den 11. Juni (1703) in Italien bei Quarantula vorbeygegangen. 4. 1703.

Relation von der den 27. Juni zw. der alliirten u. französ. Armee bei Dettingen u. Kleinostheim vorgefallenen Action. 4. Frankfurt a/M. 1743.

Relation der zw. Moscowitern u. Schweden oberhalb Petersburg vorgefallenen Action. (4.) 4. (1704.)

Relation der zw. der Kays. u. Türck. Armee d. 15. July 1738 bey Mehadia vorgegangenen Action u. herrlichen Sigs. 4. Salzburg.

Relation von der den 2. Aug. bey Carlowitz vorgegangenen Action u. der den 5. erfolgten totalen Niederlage der Türcken zw. Carlowitz u. Salankemet. (4.) 4. Alten Stettin (1716.)

Anderweite Relation von der am 18. Juni 1757 zw. der k. k. Hungar. und der Kgl. Preuss. Armée bey Planian vorgefallenen Bataille. 4.

Anderweitige Relation des Sieges, w. S. Maj. v. Preussen, d. 17. May bei Chotusitz erhalten. (4 Bl.) 4. s. l. 1742.

Relation von dem, den 3ten Decembris 1759 durch den Kais. Königl. General-Feldmarschall-Leutenant Baron v. Beck, wider das jenseits der Elbe einige geraume Zeit über, unter Commando des General Türk gestandene Preussische Corps, unternommenen Angriff. (1759.)

Relation de l'Armée du Roi, du 24 Octobr. 1745.
— Du 25. Octobr.

Relation von der attaque u. eroberung der Insel Usedom d. 31. Jul. 1715. 4.

**Relation, Aufrichtig und aussführliche, dess herrlichen Sieges, welchen das Bernische Kriegs-Volck . . . bey Vilmergen . . . erhalten. O. O. 1712. V: *Haller, Niklas Eman.*** (ZuwZür)

Relation. Aufrichtig und außführliche R' Deß herrlichen Sieges. Welchen das Bernische Kriegs-Volck ... Wider Die gesamte Macht der fünff Catholischen alten Orten, ... den 25. Jul. 1712. Bey Vilmergen ... erhalten. Sampt vorläuffiger kurtzer Erzehlung Deß Bey der Seisser-Brugg beschehenen denckwürdigen Uberfahls. 4. *o. O.* 1712.

**Ausführliche Relation von Anfang der Kayserlichen Belagerung der Türckischen Haupt-Vestung Temeswar, wie auch was von Tag zu Tag biß zur Ubergab und Außzug der Türckischen Guarnison darbey passiret, nebst denen eingewilligten Accords-Puncten. O. O. (Wien). Joh. Paul Sedlmayr, o. J. (1716). Flugblatt: Oben radierte Darstellung der beschossenen, brennenden Festung und der Belagerungsheere, altkoloriert (21:32 cm), darunter geklebt ausführlicher Text in zwei Spalten. Gr.-Fol. (65:32 cm). 50.—**
**Nicht bei Apponyi.**

Ausführl. Relation von Anfang der Kayserl. Campagne 1716 biss auff die siegreiche d. 5. Aug. unweit Peterwardein unter Printz Eugen geschehene Schlacht. 4. Prag 1716.

Ausführl. Relation von Aufhebung der Türck. Belagerung der Venetian. Festung Corfu, u. völliger Verlassung dieser Insel, 22. Aug. 1716. (8) 4. Regenspurg (1716.).

Ausführliche Relation von der den 27. Junii st. v. 1709 zw. J. Gross-Czaar. Maj. u. des Königes von Schweden Armee ohnweit Pultowa vorgefallnen glorieusen Bataille. (8.) 4. Dresden. s. l.

**Ausführl. u. gründl. Relation v. d. hitzigen Treffen u. glorreichen Sieg bei Torgau, 3. Nov. 4. (1760.)**

**Ausführl. Relation v. d. blutigen Hauptschlacht so zw. d. k. k. u. kgl. Preuss. Völkern d. 5. Dec. 1757 bey Neumark vorgef. (2 Bl.) 4. Glogau.**

**Relation, Aussführliche, der den 15. Aug. 1702 durch die Kayserl. siegreiche Kriegs-Waffen wider die Königl. Frantzösiche Kriegs-Völcker und deren Allijrten in Italien erfochtenen blutigen Niederlag. 30. Aug. 1702. O. O. u. Dr. (1702). 6 Bl. 4°. Kart. 18.—**
**Mit Angabe der Verluste.**

Ausführl. Relation von d. glückl. Progressen u. unweit Gadebusch 20. Dec. 1712 befochtenen Sieges der Schwed. Armeo unter Graf Steinbock. (1 B.) 4. — på Swenska. (1 a.) 4. Stockolm (1713).

Ausführl. Relation von der in Schonen vorgefallenen grossen Schlacht zwischen Schweden und Dänen, d. 10. u. 11. Martii 1710. (8) 4. s. l. & a. (1710.)

**(Relation, Ausführliche, des von der Rußisch-Kaiserl. Armee d. 30. Aug. erfochtenen Siegs, dat.) Petersburg den 10. Sept. 1757. O. O., Dr. u. J. (Wien 1757). 2 Bl. 4°. Kart. 15.—**
**Sieg Apraxins über die Preußen unter Lehwaldt bei Großjägersdorf.**

Ausführl. Relation des herrl. Sigs d. Kayserl. Waffen unter Anführung Printzen Eugenii wider die Türcken unweit Belgrad d. 16. Aug. 1717. 4. Augspurg 1717.

Ausführl. Relation von der unter Anführung des Gen.-Lieut. Prinzens Francisci Eugenii v. Savoyen Eroberten Vestung Temeswar. (16.) 4. Regenspurg s. a. (1716.)

Ausführl. Relation von der durch die Kayserl. Waffen unter Printzen Francisc. Eugen v. Savoyen eroberten Vestung Temeswar. 4. München 1716.

**Ausfuehrliche** Relation über das Treffen, so in der Gegend vnd Ebne bey Höchstött rc. vorgangen. Den 20. Sept. 1703. o. O. 1703. 7 S.

**Ausführl. Relation des unter Hertzog Carl v. Lothringen glücklich vollbrachten Ueberganges d. Oesterreich. Völker über den Rhein. 4. M. Pl. s. l. & a.**

Ausführl. u umbständl. Relation des herrl. Sieges, welchen das Bernische Kriegs-Volck unter H. General v. Diessbach wider die Macht der fünf Cath. Orten d. 23. July 1712 bei Vilmergen erhalten. Sampt Erzehlung dess bey der Seisser Brugg vorgegangen denkw. Treffens. (16.) 4. s. l. (Bern) 1712.

Ausführl. Relation von der Kayserl. Armee unter Anführung des Printzen Eugenii befochtenen Victoria wieder die Türcken. Nebst Liste der Kayserl. Armee; Diario, was nach der Schlacht passirt. (16.) 4. Berlin 1716. — Leipzig 1716. — s. l. 1716.

**Ausführliche Relation der Victorie, so die Kayserliche wider die Türck. Armee vor Belgrad erhalten. Berlin 1717. 8°.**

Ausführliche u. wahrhafte Relation von dem sehr fatalen Abmarsch der Schwed. Armee aus dem Drontheimischen District. 4 1719.

Ausführl. Relation, was sich bey dem am 16. Aug. von der Kayserl. über die türck. Armee erhalten Sieg u. Uebergab der Vestung Belgrad vorgegangen, auss d. Feldlager bey Belgrad v. 16.—20. Aug. 1717. 4. s. l. & a.

**Ausführl. Relation was sich zw. d. K. K. u. K. Preuss. Armee seit der Einrückung in Böhmen v. 13. April bis zu Befreyung der Hauptstadt Prag zugetragen. 4. Prag 1757.**

**Ausführliche Relation was zw. den K. K. u. K. Preuss. Armeen bey der Belagerung Dresdens v. 9.—30. Juli d. J. vorgefallen. 4. 1760.**

Ausführl. Relation, welche der Commendant in der Vestung Fridrichstén überschrieben, betr. die Belagerung von Friedrichshall, den Tod des Königs in Schweden u. die Retirade der Schwed. Armee, d. 21. Dec. 1718. (8.) 4. Berlin (1719).

**Relation des leitenden Ausschusses der Gesellschaft der Musikfreunde in der Hauptstadt des Kronlandes Oesterreich ob der Enns zu Linz über die Gebahrung mit dem Vermögen der Gesellschaft rc. — —. kl. 8. (40 S.) Linz. Gedruckt bei J. Huemer's Witwe 1854.**

**Relation des leitenden Ausschusses der Gesellschaft der Musikfreunde in der Hauptstadt des Kronlandes Oesterreich ob der Enns zu Linz über die Gebarung mit dem Vermögen der Gesellschaft und über das Wirken des leitenden Ausschusses im Bereiche der Tonkunst im Laufe des Jahres 1854. Linz. 1855. Druck von Johann Huemer's Witwe. (30 S. 8. geh.)**

**Relation des leitenden Ausschusses der Gesellschaft der Musikfreunde in der Hauptstadt des Kronlandes Oberösterreich zu Linz über die Gebarung mit dem Vermögen der Gesellschaft und über das Wirken des leitenden Ausschusses im Verlaufe des Jahres 1855. Linz, 1856. Druck von Johann Huemer's Witwe. (31 S. 8.)**

Relation antentique des opérations de l'armée Prussienne depuis la bataille de Lignitz et de la victoire que le roi a remportée le 3. Novembre 1760. près de Torgau sur l'armée Autrichienne sous les ordres du maréchal Daun. 1760. 4. (4. S.)

**Relation authentique de la victoire que S. M. le roi de Prusse a remportée le 5 Nov. 1757 près de Rossbach. (4.) 4. Berlin.**

**Authent. Relation v. d. Siege Sr. Kgl. Maj. in Preussen d. 5. Dec. 1757 bey Lissa über die grosse österr. Armee unter Prinz Carl v. Lothringen u. Graf Daun. Halle 1757.**

Authentique Relation von dem Siege, welch. S. M. v. Preussen d. 5. Nov. 1757 bey Rossbach über die Französ., Oesterr. u. Reichs-Truppen erhalten. 4. M. Pl.

**Relation, Authentische,** über den Statum Morbi, das Ableben und Funeral-Ceremonien, weyl. Christiani Augusti Cardinalis, Ertz-Bischoffens zu Gran, Hertzogen zu Sachsen, J. Kays. Maj. zu fürwährender Reichs-Versammlung zu Regensburg Principal Commissarii, von 17. Martii 1724 biß 26. Sept. 1725. Stadt am Hoff, Joh. Fr. Hanck, (1725). Mit 2 großen Kupfertafeln, Andr. Geyer inv. et sc. 9 Bl. Fol. Kart. 60.—

Sehr selten. Nicht bei Vinet, Lipperheide, Jessen, Ritter. Die Kupfer stellen dar: Trauerbühne mit der Aufbahrung zu St. Emmeram. Leichenzug (unten links fehlt ein Stück mit der Landschaft).

**Relation, Authentische,** von den Versammlungen der meisten christlichen Religionen in Pennsylvanien. Philadelphia [Görlitz] 1742. V: *Zinzendorf u. Pottendorf, Nicolaus Ludw. Graf v.* (Wr)

Relation de la bataille de Breslau le 22 nov. (6.) 4. 1757.

Relation der Bataille bei Lapland zw. Schweden u. Russen. 8. St. Petersburg 1714.

Relation de la bataille, de Lutzberg, gagnée par le prince de Soubise sur l'armée des Hessois et des Hanovriens (10. oct.) 4. Francfurt a. M. (1758.)

**Relation** von der den 22. Nov. 1757 in der Gegend von Breßlau vorgefallenen Bataille. O. O., Dr. u. J. (Wien 1757). 8 Bl. 4°. Kart. 18.—

Mit Listen der verlorenen Offiziere.

Relation von der zw. d. Russ. u. Schwed. Armee am 6./17. Oct. unter Gen. Adm. Gr. Apraxin vorgefallenen Bataille. (1 B.) 4. St Petersburg 25 Oct./7. Nov. 1713.

**Relation von der Bataille, welche die Königl. Preuss. Armee bey Chotusitz in Böhmen über die Oesterreichische gewonnen. 1742. 4. (2 Bl.)**

**Begruendte** Relation über die bey dem Marckt Aidenbach Freytags den 8. Jenner vorgegangene Niderlag der Rebellischen Underthanen in Bayrn Anno 1706. o. O. 1706. 4 S.

— von der Belägerung der Chur-Pfältzischen Stadt Neuburg an der Donau. — Ingolstadt den 8. Februarij 1703.
Ingolstadt 1703. 4 S. 4°

Relation von der Belagerung der Festung Schweidnitz, Capitulation derselben und Verzeichniss derer . . ., so darinnen, von den Oesterreichischen Trouppen den 16. April 1758 zu Kriegsgefangenen gemacht worden sind. Nach der Original-Liste, so von den Kayserl. Generalfeldmarschal-Lieutenant Grafen von Thürhaimb übergeben und eigenhändig unterschrieben ist. Berlin 1758. 4. (12 S.)

**RELATION, Berlinische privilegirte wöchentliche, der merkwürdigsten Sachen. Berlin 1756. Rar! (Bibl. d. Vereins f. d. Geschichte Berlins.)**

Relation od. Beschreibung des Todfahls des Obrist Conradin Beli von Bellfort, nebst Beschreibung des Treffens bey Bremgarten. (4.) 4. 1712.

**Relation oder Beschreibung des unglücklichen, doch seligen Todfalls des hochverdienten Herrn Obrist Conradin Beli von Bellfort. 4. s. l. 1712. — 4. Chur 1712.**

**Relation** Oder Beschreibung der Hochfeyrlichen, Herrlich- und grossen Ceremonien, So den 8. Wintermonat 1729 und andere folgende Täg zu Solothurn seynd gehalten worden wegen glücklichister Geburt des Durchl. Delphins ... Zug 1730. V: *Dürholz, Johann Caspar Joseph.* (zürkl)

Relation von Bestürmung u. Einnehmung des Schwed. Retranchements vor Stralsund. 4. 1715.

**Relation** de la Campagne de 1756 tant en Bohème qu'en Silesie et qu'en Saxe. Dresde 1757. V: *Friedrich II. König v. Preussen.* (ML) (Adel) (Ky)

**— de la Campagne de 1756, tant en Bohème,** qu'en Silesie et qu'en Saxe, (par Frédéric II.) 8. Dresd. 757 Walther. 3 ℊ

Relation de la campagne du roi de Prusse en Silésie 1745 et de la bataille de Friedberg, 4 juin 1745. (9.) 4. Berlin 1745.

**Relation** de la Campagne du Roi en Silésie de l'an 1745. Et de la Bataille de Friedeberg gagnée par le Roi sur l'armée combinée Autrichienne et Saxonne le 4. de Juin 1745.

Relation von der Campagne in Schlesien u. dem Sieg bei Friedeberg d. 4. Juni 1745. 8. Breslau.

**Rélation des campagnes du Général Bonaparte en Egypte et Syrie. gr. 8. Leipz. 804. Wolf. (Schmidt). 1 ꝑ 4 ℊ**

Relation du complot de trahison qui a éclaté contre la ville de Fribourg.... Fribourg 1781 s. [Castella, Philippe de].

— darinn mit mehreren Umbständen begriffen, was jüngstens den 27. und 28. Martij 1703 zwischen denen Chur-Bayrischen, dann denen Kayserl. u. andern Alürten-Trouppen in dem Pfaltz-Neuburgischen zu Emhoff- und Schmidmühlen, auch sonsten an der Vilß vorgefallen. Den 31. Martij 1703.
Burcklengenfeld 1703. 4 S. 4°

Relation von demj., was zu Vigo, bey der Attaque der Frantz. u. Span. Kriegs-Schiffe von der Engl. u. Holländ. Flotte fürgegangen. (7.) 4. s. l. & a. (1702).

**Relation détaillée de la bataille de Siptitz près de Torgau. Leipzig o. J. 4°.**

**Relation plus détaillée de la campagne de 1758. Depuis l'entrée du roi en Moravie jusqu'à l'occupation du camp de Koeniggraetz, du 15. Juill. (Avec suites de la relation, la bataille de Zorndorf, de Hochkirch — — —) 4. (13 Bl.)**

Relation von dem Russischen Einfall, ins Wendausche Kirchspiel, d. 24. May 1703. 4.

**Relation über die Einnahme des verschanzten Postens von Hochheim am Main, am 9. November 1813. 4. Wien 1814.**

**— über die Ereignisse bei Hanau, vom 29. October bis 1. November 1813. 4. Wien 1814.**

Relation od. ausführl. Erzählung, was sich vor Tripolis zw. den Franzosen u. Tripolitanern begeben; wie die franz. Galioten diese Stadt bombardiert haben. 4. s. l. & a.

**Relation**, Exacte, von der Von Sr. Czaarschen Majestät Petro Alexiowitz an dem grossen Newa Strohm und der Ost-See Neu erbauten Vestung und Stadt St. Petersburg, Wie auch von dem Castel Cron Schloss u. derselben umlieg. Gegend, Ferner Relation von den Uhralten Rüssischen Gebrauch der Wasser Weyh und Heilung. Von H. G. Leipzig, Nicol. Förster, 1713. 4 Bl., 112 S. 8°. Kart. Etw. fleckig. 30.—

**Relation** von der Gelnhauser Exemtions- und Immedietäts-Sache. O. O. 1774. V: *Borie, Aegidius Valentin Felix Freih. v.* (ML)

Relation de Expedition de l'Armée Prussienne dans la Lusace.

Relation von der Expedition der beyden Königl. Preussischen Armeen aus Sachsen und Schlesien nach Böhmen. (Beytrag zum Reichspostreuter. No. 78 vom 17. May 1757. 4. (1 Bl.)

Relation de l'Expédition de Bohême des deux Armées Prussiennes tant de celle de Saxe que de celle de la Silésie. 1757. 4.

Relation v. d. Expedition in Schlesien. 4. 1760.

Relation von der Expedition, so Gen. Lieut. Meydell im Anfange July 1701 genommen. (8.) 4. s. l. & a.

Relation du fait arrivé près d'Angstorf dans la nuit du 7 au 8 novembre (1847), d'après les pièces officielles. 8. Fribourg 1847.

**Relation, Der Benderisch-Türckischen Fama Vollständige, unpartheyische und historische,** oder: was Se Königl. Majestät von Schweden . . . vor eine Art des Landes . . . in der Türckey gefunden. Hamburg 1713—15. V: *Hagelgans, Joh. Gg & Lehms.* (Bygdén, Svenskt anon. och pseud. lex. Upsala 1898ff. I.)

Relation auss dem Kayserl. Feldlager vor Belgrad v. 17. Julii. 4. s. l. 21. Julii 1717.

Relation auss dem Kayserl. Feldlager vor Belgrad v. 21. Julii. 4. s. l. 28. Julii 1717.

**—de ma fuite des prisons de Venise,** s. *Casanova.*

— de ma fuite des prisons de Venise. 8. Halle, Gebauer. 797.

Relation der Gefechte, vom 17. und 18. September 1813. bei Arbesau und Kinnitz. 4. Wien 1813.

Relation über die Gefechte der k. k. österreichischen Süd-Armee bei Genf und Lyon, im Februar und März 1814. 4. Wien 1814.

— über die bei der k. k. Armee in Italien, vom 1. bis 7. März 1814, zu Parma und Reggio vorgefallenen Gefechte. 4. Wien 1814.

— der bei der k. k. Armee in Italien, am 6. September 1813 bei Feistritz, und am 8. September bei Tresain, vorgefallenen Gefechte. 4. Wien 1814.

Gründliche Relation Was bey der Belagerung der Festung Brieg in Nider-Schlesien und der hierauf am 4. May a. c. erfolgten (*sic!*) Capitulation und Uebergabe derselben vorgegangen. Anno 1741. 4. (2 Bl.)

Relation von getreuer Hand über gegenwärtigen Zustand der Schweitzerischen Unruhe. (4.) 4. s. l. 1712.

**Relation** über den Hergang der von Ihrer Churf. Durchl. in Bayrn rc. beiegten Statt Ulm. — Schloß Liechtenberg, den 10. Sept. 1702. o. O. 1702. 4 S. 4°

**—historique et critique de la Campagne de 1799, des Austro-Russes en Italie. Braunschw. 813. Pluchart. 18 ℛ**

Relation Historique de la Statue Pédestre de Marbre du Grand Roi Frédéric II. qui a été érigée à Stettin le 10. Octobre 1793, avec les harangues qui ont été prononcées à cette occasion. Plinius, Epist. lib. 2. epist. 6. (Est pergratum mihi, hanc effigiem subinde intueri, subinde respicere, sub hac consistere, praeter hanc commeare.) A Berlin. Imprimé chez George Decker, Imprimeur du Roi.

Hiftorifche Relation von dem Leben und Ubelthaten eines verftockten Diebes und Kirchen-Räubers, Johann David Wagners, fonft Maufe-David genannt, welcher am 21. Nov. 1721 zu Leipzig, feiner Mißhandlungen wegen, mit dem Schwerdt vom Leben zum Tode geftraffet, und deffen Cörper, nach vollftreckter Execution, auf ein Rad geflochten worden. Aus den Judicial-Actis colligiret, nebft einen (!) Regifter. Mit 6 Kupfertafeln und 1 Porträt im Text. O. O. u. J. (Leipzig 1721). 4°. 204 S. und Regifter.
Sehr feltenes Buch; vgl. Wuftmann, Leipziger Bilderbuch, S. 60/61, mit 2 Abbildungen.

**RELATION,** Hiftorifche, Von dem Leben und Ubelthaten Eines verftockten Diebes und Kirchen-Räubers, Joh. Dav. Wagners, fonft Maufe David genannt, Welcher am 21. Nov. 1721 zu Leipzig, feiner Mißhandlungen wegen, mit dem Schwerdt vom Leben zum Tode geftraffet ... Nebft einem Regifter. Leipzig 1722. 8°.

Relation, Historische, von der Liebe des jetzt regierenden Käysers von Marocco für die Frantzösische Princeßin Douairière de Conty, durch Herrn Grafen *D**** an eine vornehme Standts-Person Frantzösisch geschrieben, anjetzo aber wegen besonderer Curiosität in unsere hochdeutsche Sprache übersetzet. Cölln (Leipzig, b. Kroniger u. Göbels Erb.) 1700. 12°. Sehr rar!
O. M. V. 1700. L 1 a sub libris serius exhib.; Bibl. Langii. Lips. 1702. p. 187; Auctio libror. Lips. 18. Jan. 1717. p. 64; Weller, fing. Dr., kennt den wirklichen Druckort nicht.

Historische Relation spanischer Staats Affairen, das successions-Werk der spanischen Königreiche und die von Franckreich, Engel- u. Holland gemachte Zertheilung selbiger Monarchie betreffend. 4. s. l. 1700.

**Relation** von dem Kayserlichen Hofe zu Wien ... [A. d. Franz.]. Cölln [Leipzig] 1705. N. A. 1705. V: *Freschot, Casimir.* Ü: *Rinck, Eucharius Glieb.* (wr)

Relation uber die Hofe von Paris, Madrid und Wien. 4 Thle. Colln (fing.) 1705. 8°.
Dass. s. a.: Relationen...

**Relation** über die im Namen Kaiser Joseph II. durch den Kaiserlichen Stellvertreter Grafen Franz v. Spauer von der Reichsstadt Wetzlar im Juli d. J. 1766 entgegengenommene Huldigung. Mitgeth. von Dr. Hermann Veltmann. *Wetzlar 1901: F. Schnitzler.* (21 S.) 8° [J.] 101. 3703 4

**— ou Journal d'un officier franç. au Service de la Confédération de Pologne, pris p. les Russes et relégué en Sibérie. 8. Voss, Braunschw. 776.**

Relation u. Continuation Diarii Kön. Maj. in Spanien Carl des Dritten, vom 29. Mertz biss 15. May 1706. Worinnen alles, was während der Frantzös. Belagerung auch bey Entsetzung vor u. in Barcellona vorgegangen. (16.) 4. s. l. & a. (1706.)

— der Kriegsereignisse, vom 22. bis 30. August 1813 bei Dresden und Kulm. 4. Wien 1813.

Relation über die bei der k. k. Armee in Italien, vom 1. bis 10. Februar 1814. vorgefallenen Kriegsereignisse. 4. Wien 1814.

Relation vom Kriek in kute Deutscheland die swar schon alle Welt iss fort bien bekannt Doch ats du Teuf iss kahr mit helle Lüge los nach Wahreit proponir ein arme Deutschfransos. Dresden 1757. 4. 40 S. (Spruchgedicht.)
Am neun und zwansikt Tagk Monat August die Preuss.

**Relation** vom Kriek in kute Deutschland die swar schon albe Welt iss fort bien . . . bekannt . . . Dresde 1787. V: *Trimel.* (BIBLPORT)

Relation, curiose, doch veritable, von d. Geistererscheinungen, mit welchen d. Verstorb. V. zu Va—th in d. letzten Tagen seines Fleisches gequält worden. In Briefen v. d. Verstorb. selbst u. hrsgg. v. Adolpho Clarmundo (Chr. Gf. Mantzel). gr. 8. Schwerin 786.

**Relation, Curieuse, doch veritable,** von den Geistererscheinungen, mit welchen der verstorbene Hr. V. zu Va—th . . . gequält worden . . . Schwerin 1786. V: *Mantzel, Christian Gfr.* (MGT)

V. S. G. E. Curieuse u. wunderbare Relation von den in Servien sich erzeugenden Blutsaugern u. Vampyren. 8°. 1732.

**RELATION,** Curieuse, von dem gegenwärtigen Zustand des Königreichs Frankreichs etc. Cölln 1703. Rar!
Weller, fingierte Druckorte.

Kurtze Relation von der Einäscherung der Pommerschen Städte Gartz u. Wolgast 1713 von den Moscovitern, im April. (3 B.) 4. 1713.

Kurtze Relation von der Haupt Action zw. Graf Löwenhaupt u. der Wisnowietzischen, Oginskischen u. Muscovitischen Armeen unweit Jacobstadt, d. 26. Juli 1704. (½ B.) 4. på Swenska.

Kurtze Relation e. Schwed. Officiers von der zw. der Schwed. u. Dän. u. Sächs. Armee bey Gadebusch vorgefallenen Bataille, dat. d. 21. Dec. 1712. (½ B.) 4.

Kurtze Relation von der Kays. Victoria wider die Türcken, nebst der Capitulation der Vestung Belgrad. o. O. 1717. 8°.

Kurtze u. wahrhafte Relation von der bey Pälkänä in Finnland d. 7. Oct. s. v. 1713 vorgefallenen Action. (1 B.) 4. Hamburg.

**Relation, Kurtze doch wahrhaffte,** von dem, was jüngsthin, beym Entsatz, der . . . belagert gewesenen Stadt Narva . . . den 20. Novembr. Ao. 1700 passiret. [Stockholm.] V: *Höpken, Dan. Niclas v.* (Bygdén, Svenskt anon. och pseud. lex. Upsala 1898 ff. I.)

**Relation, Kurze aber wahrhaffte,** von der wunderbaren Erleuchtung etlicher ehrlicher Leuthen in dem Bärenthal . . . Zürich 1720. V: *Ulrich, Johann Heinrich.* (Cat. d. Stadtbibl. Zürich. Zürich 1864—97.)

Relation von der glückl. Landung der hohen Alliirten auf Rügen u. der Niederlage der Schwed. Armee. 15. Nov. 1715. 4.

Relation des malheurs de Genève. 8. *s. l.* [1794].

Relation e. ehrl. gewüssenhaften Manns, so der action zw. Bernerischen Truppen u. den V Orten Truppen d. 26. May 1712 ob Bremgarten beygewohnet. (4.) 4.

Relation abgelegten Marsches der Dänischen Armee und Detachement als auch Treffens mit den Schweden bey Torsöe-Brücke in Schonen. 4. 1710.

**Relation, Eines hohen Ministri,** von dem gegenwärtigen Zustande des Königreichs Frankreich. Cöln [Leipz.] 1703. 1705. V: *Sinzendorf, Philipp Ludwig Wenzel Graf von.* (Bibliotheca Rinckiana. Lipsiae 1747.) (MS)

Relation d'un Ministre d'état à son Maitre de ce qui s'est passé en l'affaire de Holstein jusqu'au 4 février 1714. (franç. et allem.)

Relation du miracle de la liquefaction du sang à l'imitation de celuy qui se pratique à Naples au sang pretendu de St.Janvier. Berlin: Hall 1736. 2 Bl. 8°

Rélation de la mort heureuse de Jacques Covey, matelot. 8. Basle 1810.

Nähere Relation u. ausführl. Bericht von der d. 10. Juli am Pruth vorgegangenen Action. 4. 1711.

RELATION, NEUE UND CURIEUSE, von Einen Reisenden an den meisten Höfen in Europa Allwo man siehet eine sonderliche Nachricht von dem Hofe zu Wolfenbüttel. Flensburg 1718. 12°. 41 S. Kart.

En förnäm Officerares utförliga Relation om den Bataillen och Segren d. 9./19. Jul. 1702 vid Clissowa öfver Sachsiska och Polniska Armée. (2 a.) 4. Stockholm. — deutsch.

Relation officielle du désastre arrivé le 2 Septembre dans la vallée d'Arth, Canton de Schwytz. Précédée d'une notice sur cette contrée. et suivie d'une Lettre d'un Voyageur contenant divers détails sur cette terrible catastrophe. Publiée au profit des habitans de ce malheureux district. 8. *s. l.* [1806].

Suite de la Relation, des Operations de l'armée du Roi, en Silesie, et en Boheme, du 21. Juin 1745.

Relation aus dem Parnasso. – Hamburg. – 4.I.1687 – 1740.
[„Spieringsche Zeitung".]

— du passage du Rhin le 1er Floréal entre Klistet et Diersheim par l'armée du Rhin-Moselle sous le command. du Général Moreau etc. 8. Strasb. Levrault.

**Relation** von der Stadt Nürnberg Böhmischen Pfandschilling und Lehen, wie auch derselben Herkommen betreffend. O. O. 1732. V: *Müllner, Joh.* (HOLZ)

**Relation** de Phihihu emissaire de l'empereur de la Chine en Europe traduit du Chinois. Cologne [Berl.] 1760. V: *Friedrich II. König von Preussen.* (MILCHS)

— de Phihihu émissaire de l'empereur de la Chine en Europe. 8. Leipz. 760. (Brockhaus). 3 gr.

— de Phihihu émissaire de l'Empereur de la Chine en Europe. 8. Leipz. Gleditsch. 760.

Relation que la cour de Prusse à donnée de ce qui s'est passé dans l'Armée Prussienne en Silésie et en Saxe dep. le combat de Liegnitz jusqu' à la victoire que S. M. a remportée le 3. Nov. près de Torgau. 4. Altona 1760.

- - deß zwischen den Chur-Bayrischen dann den Kays. vnd Fränckischen Craysz-Trouppen zu Emhoffen an der Vilß ohnweit Schmidtmühl in dem Pfaltz-Neuburgischen vorgangnen Rencontre. — Den 28. Martij 1703. Burglengenfeld 1703. 4 S. 4°

Relation de la fameuse retraite du gén. Moreau vers la fin de la campagne de 1796. Traduction libre de l'allem. du Dr. Posselt, par Frey, corr. et fort augm. par main de maître (Moreau et Regnier). 8. av. 1 carte. Basle 1798.

Relation über die von dem Wirthschaftsrathe u. Gutsbesitzer A. J. Oppelt, zu Swinarz im berauner Kreise, im Jahre 1832 neu errichtete Rübenzucker-Fabrik, nebst genauer Beschreibung der in jenem Jahre dort bestandenen, v. C. Weinrich eingeführten Manipulation. Abgedr. aus den neuen Schriften der k. k. patr. ökonom. Gesellschaft in Böhmen. Mit 1 lithogr. Tafel. gr. 8. Prag 834. Haase Söhne. 1/3 rf.

Relation von dem Schicksal der Sächs. Armee im Lager bey Pirna. 1756. 4.

Relation von d. Schicksal der Kgl. Chur-Sächs. Armee aus ihrem Lager bey Pirna, wobei Nachricht von der Retirade dieser Armee. 4. M. Pl. Frankfurth u. Leipzig 1757.

Relation von der Schlacht bey Aspern auf dem Marchfeld. Pest 1809. 8°.

— von der Schlacht bei Aspern auf dem Marchfelde am 21. und 22. Mai 1809. 4.

Relation v. d. Schlacht bey Bergen ohnw. Frankfurth a. M. d. 13. Apr. 1759, nebst Begebenheiten, w. vorhergegangen. 4. Frankfurt a. M. 1759.

Relation von der blutigen Schlacht, welche den 1. Oct. 1759 in Paraguay zw. den Jesuiten ein., d. Spaniern u. Portugiesen and. Theils vorgefallen. A. d. Span. 4. s. l. 1760.

**Relation** über die Schlacht bey Teutsch-Wagram auf dem Marchfelde ... 1809 ... O. O. [1809]. V: *Grünne, Jos. Maria Carlomann Graf v.* (MGT)

— über die Schlacht bei Deutsch-Wagram auf dem Marchfelde am 5. und 6. Juli 1809, nebst Marginalien zu dieser Relation. 8. 1809.

Relation über die Schlacht bei Deutsch-Wagram auf dem Marchfelde am 5. und 6. Julius 1809 etc. 4. Pesth 1809.

Relation über die Schlacht bei Deutsch-Wagram auf dem Marchfelde, am 5. und 6. Juli 1809 und die Gefechte, welche derselben bis zum Abschluss des Waffenstillstandes am 12ten des nämlichen Monats folgten. Nebst Marginalien dazu von einem Offizier des k. k. österr. General-Stabes. (Donation Liechtenstein.) 8. (Ohne Druckort.) 1810.

**Relation** der Schlacht von Heilsberg 10. Juny 1807. Berlin 1808. V: *Both, von.* (Pr)

Relation über die Schlacht bei Leipzig im October 1813, in einer ausführlichen, treuen historischen Darstellung. 4. Leipzig.

**Relation** der Schlacht von Preuss.-Eylau 7. u. 8. Febr. 1807. Berlin 1807. V: *Both, von.* (Pr)

Relation von der Schlacht bey Pultawa 1709. 8. 1716.

**Relation** der Schlacht bei Pultusk 26. Dec. 1806. Berlin [1807]. V: *Both, von.* (Pr)

Relation von der bey Vilmergen den 25. Heumonat 1712 zw. Bern u. Cathol. orten vorgegangenen Schlacht, aus Bern vom 30. Heumonat. (8.) 4 1712.

Relation der Schlachten bei Leipzig am 16. und 18. October 1813. Wien. Aus der kaiserlich-königlichen Hof- und Staatsdruckerei. 1813. 51 S. 4°. Kart.

Relation om then härliga Seger under Gen. Gr. Magn. Stenbok emot den Danska Arméen wid Helsingborg d. 28. Febr. 1710. (1 a.) 4. Stockholm. - - deutsch.

Relation v. d. am 20. Aug. 1760 bei Strehla v. d. Preuss. Truppen unter Gen.-Lt. v Hülsen üb. d. Oesterr. u. Reichsarmee erfochtenen Siege. 4. (1760).

Relation du mémorable siége du fort de Kehl. 8. Av. pl. Basle 1798.

**Relation, Simple jedoch authentische,** von den curieusen schwimmenden Batterien, wie solche anno 1782 ... unvermuthet zu schwimmen aufgehört ... Göttingen 1783. V: *Lichtenberg, Georg Christoph.* (Mn)

**Relation** über die Studienanstalten in Münster ... Münster 1851. V: *Krabbe, Caspar Franz.* (Rass I. 187, 396) (Erman & Horn, Bibliogr. d. dtsch. Universitäten. 2. Leipz. u. Berl. 1904.)

Relation von denen zweyen zwischen den Kayserlichen vnd Chur-Bayrischen Trouppen vnweit Shärding vorgangnen Treffen. Den 11. Martij. Anno 1703. O. O. u. Dr. (1703). 4 Bl. Fol. 20.—

Sieg des Kurfürsten Maximilian II. Emanuel von Bayern mit seinen Generalen, den Grafen Arco, Sanfre, Tattenbach, Seefeld im spanischen Erbfolgekrieg über die Kaiserlichen unter dem Grafen Leop. Ant. Jos. v. Schlick bei Schärding in Oberösterreich (südlich von Passau). Unter den gefangenen kaiserlichen Offizieren werden genannt von Manteuffel, Dieterichstein, Delfft, Widemann, Osterhausen, Bless.

Relation von der Uebergab und Besitznehmung der Vestung Ingolstadt. (1743.)

Relation wegen Übergabe der Vestung Strahlsund. Flensburg. U. A. [1715?]. 4. (M. Titelbill.).

Relation üb. den, d. 4. Oct. 1742 stattgef. Uebergang der in Lothring. Handen gestand. Stadt Landshut an I. kais. Maj. 4. München 1742.

Relation, Umständliche, über die den 14. Jenner auf des k. k. Darmstädtisch-Chevauxleger-Regiments-Obristen Freiherrn v. Lövenohr anvertraut gehabten Posten bey Zuckmantel fruchtlos unternommene feindliche Attaque. 8. Prag 1779.

Umständliche Relation wegen der am 25. Aug. 1758 von Sr. Königl. Maj. in Preussen ohnweit Cüstrin, zwischen Zorndorf und Quartschen, über die Russische Armee glücklich erhaltenen Bataille. (Nebst Gedanken über den bey Zorndorf erfochtenen Sieg, von J. V. K. poët.) Berlin 1758. 4. 2 Bl.

Umbständl. Relation von dem was bey der Descente auf Rügen vorgegangen. 4. 1715.

Umbständl. Relation des Gefechts zw. aus Churland u. Littauen commendirten Truppen u. der Moscowitisch-Littauischen sechsmahl grösseren macht ohnweit Birsen, d. 19. Mart. 1703. (2 B.) 4. — På Swenska. (2 a.) 4. Stockholm.

Relation, Umständliche, der Revolution in Copenhagen. Copenhagen (Braunschweig, Schröder) 1772. (l. c.)

Relation. Umståndliche R'. Der nahmhafften Schlacht…, So… den 25. Julij 1712. bey Villmergen vorgangen, Zwischen der Armee Loblichen Stands Bern…. Und Der Armee der fůnff alt Catholischen Orten…. 4. *o. O.* 1712.

Umständl. Relation der namhafften Schlacht u. Treffens d. 25. Julii 1712 bey Villmergen, zw. der Armee Stands Bern u der Armee der fünff Cath. Orten. (8.) 4. 1712. – en français. (12.) 4.

Umständl. Relation von der Schlacht bey Wilmanstrand u. der Eroberung dieser Festung. 4. St. Petersburg 1741.

Umständliche Relation von dem feindlichen Ueberfall in Halberstadt nebst einem allerunterthänigsten Glückwunsch zum Königlichen Geburtstage. Gedruckt im Januar 1758. 4. (4 Bl.)

**Relation, Umbständliche,** wie es mit der Reformation der Stadt Reuttlingen . . . eigentlich hergegangen. O. O. 1717. V: *Beger, Johann Georg.* (Heyd)

Unparth. Relation od. Bericht was nach der Pultavischen Begebenheit in den Nordischen Quartieren vorgegangen. (3¾ B.) 4. 1710.

**Relation** über die seit letzter Feuer-Versicherungs-Konferenz . . . sich ergebenden Veränderungen. Wien [1867]. V: *Wagner, Aug. Wilh.* (EB)

**Relation** über die Verhandlung des Westgalizischen Forstvereins bei der dritten Versammlung in Bochnia, am 22. und 23. Sept. 1852. — 8. (28. S.) Bochnia, Laurenz Pisch, 1852.

Relation véritable du combat de Hollowczin (franç. et allem.) 4. 1708.

Relation der Verrichtung einer Hochlobl. Evangel. Standescommission, in Betreff der entstandenen Streitigkeiten, wegen denen sogenannten Herrenhutischgesinnten Geistlichen, nebst derselben auf Wolgefallen der Ehrs. Räth und Gemeinden Evang. Religion abgefaßten Parere. Im Jahr 1775 den $\frac{1}{18}$ Hornung. 4. Chur.

Relation. Relazion der Verrichtungen der Kommission, welche der lezte hochlöbl. Bundstag auf Davos angeordnet hat, um die Mehren auf sein Ausschreiben vom $\frac{4ten}{15ten}$ Sept. 1797. aufzunehmen, und zu klassifizieren. (Den 16ten Oktober 1797.) fol. *o. O.*

Relation der unter Aufführung des Hertzogen v. Marlborug befochtenen grossen Victorie in Flandern, d. 23. Mai 1706. 4. s. l. & a.

Relation von der Schwed. u. Türk. Victorie, bei Budziak gegen die Moskowiter befochten. 4. s. l. 1711.

Relation viridique de la bataille de Lowositz arrivé le 1. Octob. en 1756. (Berlin.) 4.

Vorläufige Relation ein. Preuss. Officiers v. d. 10. Apr. 1741 ohnw. Hermsdorff vorgegangenen Treffen. (8.) 4. s. l. & a.

Relation, Vorläuffige, von dem herrlichen Sieg welchen Ihro Königl. Majestät von Schweden den 5/15. Julii 1708 bey Holofsin, 5 Meilen von Mohylow, wider die Moscowiter befochten. O. O., gedruckt im Monath Augusti, (1708). 4 Bl. 4°. Kart. 30.—
Darstellung des letzten Siegs Karls XII. von Schweden über die Russen unter Menschikow bei Golowtschin. — Titel an der Seite scharf beschnitten.

— od. kurze Vorstell. d. Kriegsbegebenheiten in Deutschland, z. Gebrauch d. Kriegskarte, in 4 Blätt. 8. Nürnb. 756. Homann. 2 gr

— d'une Voyage à Bruxelles et à Coblenz (1791). Ouvrage de Louis XVIII. Roi de France. 8. Leipz. 823. Er. Fleischer. 12 gr

— d'un voyage aux monts d'Altaïro en Sibérie. 8. Berne, Typ.

Wahrh. u. ausführl. Relation von der am 27. Junii 1743 zw. den Alliirten u. Frantzosen bey Dettingen vorgefallenen Action. 4. M. Pl. s. l. & a.

Warhafte ausführl. Relation von dem so bey der Dänischen Landung auf Schonen u. seithero bis 10. Decemb. vorgegangen. 4. Altona 1709.

Warhaffte Relation wegen des so bei der Action unweit Errestfer zw. Gen.-Maj. von Schlippenbach u. e. fast unzählbaren Macht Moskowiter d. 30. Dec. 1701 passiret. 4. Stockholm 1702.

**Relation, Wahrhaffte,** desjenigen, so sich in Spanien unter Graff von Peterborough . . . 1706 zugetragen . . . A. d. Engl. . . . O. O. 1708. V: *Friend, Johann.* (Pr)

Wahrhafte Relation dessen, was sich zur Christnacht 1715 zu Jena mit einer Beschwörung des Satans nahe am Galgen zugetragen hat. Jena 716. 8.

*Relation.* Wahrhaffte u. gründliche, was sich in den letzten Stunden mit dem ehemalig. Würtembergischen Finanzien Directore, anjetzo aber fameusen *Ertz-Dieb u. Land-Betrüger Juden Joseph Süss Oppenheimer* zugetragen. . . . . Im Jahr 1738. Augspurg, zu finden bey Romanus Held u. Joh. Jac. Baumgartner, am hintern Lech. Fol. Pgmtb.
Ebenfalls rar! 2 Bog. Den grösseren Theil von Bl. 12 nimmt ein aufgeklebter Kupferstich ein, Jud Süss in Ketten im Kerker, unten 4 Reimzeilen. Der Bericht an den Leser ist dat.: Stuttgardt d. 4. Febr. 1738. Die letzte S. enth. in 2 Col.: „Einige gebundene Zeilen von dieses Juden Glücks- u. Unglücks-Stand".

Wahrhafte Relation von dem Siege, welchen Se. Königliche Majest. von Preussen den 5. Nov. 1757 bey Rossbach in Sachsen über die vereinigte Französisch-Oesterreichische und sogenannte Reichs-Truppen unter Commando der Prinzen von Hildburghausen und Soubise erhalten. Gedruckt im November 1757. 4. (4 Bl.)

Warhafte umständ- u. gründl. Relation zw. I. K. M. zu Schweden u. dero Feinden v. 17/27. Oct. bis 1/11. Nov. 1704 in Gross-Pohlen vorgefallenen Actionen. (½ B.) 4.

Warhafte u. umständl. Relation was in Jan. u. Febr. mit J. K. M. zu Schweden bey Bender vorgefallen. (1 B.) 4. Frankfurt 1713. – Stockholm, April (1713.)

Warhafte Relation der glorieusen Victorie S. K. M. in Pohlen d. 29. Oct. ohnweit Kalisch wider Gen. Mardefeld u. Potochi. (1 B.) 4. 1706.

Wahrhaftige Relation dessen, was in der heil. Christ-Nacht 1715 bey der Stadt Jena in einem dem Galgen nahe gelegenen Weinberge mit einer schändlichen conjuration des Satans an einem Studioso und zwei Bauern sich zugetragen. Jen. 716. 8.

Warhafftige u. umständl. Relation von dem herrlichen Sieg welchen die Moscowiter unter S. Czar. Maj. d. 9. Oct. 1708 erfochten. 4.

Warschausche Relation vom 20. Mart. 1702. (½ B.) 4.

Relation was sich bey attaquirung des Königl. Schwed. Palais bey Bender zugetragen, u. wie heldenmüthig J. K. M. den Türcken u. Tartarn resistiret. 4. 1713.

**Relation.** was vom 11. bis 17. October 1742 in der Kayserl. Haupt- und Regierungs-Stadt **Burghausen** sich anbegeben. 4. München (1742).

Relation, was von Anfang der Belagerung Belgrad 1717 biss zur Uebergabe notables vorkommen ist. fol. M. Pl. Prag 1717.

Relation was gestalten Prinz Eugenius v. Savoyen d. 16. Aug. 1717 die Türck. Armee angegriffen u. aus dem Feld vor Belgrad geschlagen. 4. München 1717.

**Relation,** wie Prag von den Chur-Bayr. u. alliirten Trouppen mit stürmender Hand eingenommen. 4. s. l. 1741.

Relation, wie vom Churf. v. Bayern die Stadt Ulm erobert u. besetzt worden. 4. s. l. 1702.

**Relation** von dem gegenwärtigen Zustande des Moscowitischen Reichs. Francfurt 1706. V: *Stiess, C.* (BrMm)

Relation von dem gegenwärtigen zustande des moscowitischen Reiches. (248.) 8. Frankfurt 1706.

Relazion über den Zustand der unter dem Allerhöchsten Schutze Ihrer Majestät der Kaiserin-Königin Karolina Augusta stehenden Kinderbewahr-Anstalten in Wien, und über die Leistungen des zum Besten dieser Anstalten bestehenden Hauptvereines im vier und zwanzigsten Jahre seiner Wirksamkeit, vom ersten Jänner bis letzten Dezember 1854. Von dem leitenden Ausschusse des Hauptvereines. Wien, 1855. Gedruckt bei Leopold Grund. (XXV. 21 S. 4.)

**Relazion über den Zustand der unter dem Allerhöchsten Schutze Ihrer Majestät der Kaiserin-Königin Karoline Auguste stehenden Kinderbewahr-Anstalten in Wien, und über die Leistungen des zum Besten dieser Anstalten bestehenden Hauptvereines im fünfundzwanzigsten Jahre seiner Wirksamkeit, vom 1. Jänner bis letzten Dezemb. 1855. Von dem leitenden Ausschusse des Hauptvereines. Wien, 1856. Gedruckt bei Leopold Grund. (XXX 39 S. 4.)**

**Relation, Zuverlässige,** von denen emigrirenten Saltzburgern, darinnen eine umständliche Nachricht von dem, was sich seit dem vorigen 1731. Jahr ... zugetragen mitgetheilet wird ... Frankf. a. M. 1732. V: *Diess, Johann Hector.* (BrMm)

**Zuverlässige** Relation von dem Siege, welchen Se. Königl. Majestät von Preussen den 5. December 1757 bey Lissa in Schlesien über die grosse Oesterreichische Armee und ... Sächsische, Bayerische, Würtembergische und Würtzburgische Hülfs-Völcker unter ... Carl von Lothringen und ... Grafen von Daun erfochten. kl. 4. (4 Blätter.)

Zuverlässige Relation von dem glückl. angelangten Schwed. Transport d. 25. Sept. 1712 bey Wittau auf Rügen. 4.

**Relationen**

— der bei der k. k. Armee in Italien. im October 1813, ausgeführten Bewegungen und der Gefechte bei **Tarvis**, an der **Mühlbacher Klause**, bei **Bassano**, **S. Marco**, **Calliano** und **Cismone**. 4. Wien 1814.

Relationen der bei der k. k. Armee in Italien, im September 1813 ausgeführten Bewegungen und der Gefechte bei **Lippa**, **Jelchano**, **St. Maria**, **Weichselburg**, **St. Hermagor**, **Hollenburg**, **Laschitz** und **Zirknitz**. 4. Wien 1814.

Relationen, Gedruckte, über die Schlacht bei **Lützen** 1632. (Aus: „Materialien zur neueren Geschichte" Nr. 1.) kl. 8. Halle 1880.

Relationen, Gedruckte, über die Schlacht bei **Nördlingen** 1634. (Aus: „Materialien zur neueren Geschichte" Nr. 4.) kl. 8. Halle 1885.

Relationen über die Höfe von Paris, Madrid und Wien. 4 Thle. Cöln (fing.) 1705. 8⁰.
Scheible, Cat. 29. (188*). p. 54.

Dass.s.a.: Relation...

**Relationen** von gelehrten Neuigkeiten. Tübingen u. Nürnberg 1730—31. H: *Moser, Johann Jacob.* (ML)
Dass.s.a.: Relationes...

**Relationen** der Schlachten bei Aspern, Wagram und Znaim 1809. [Wien] 1810. V: *Grünne, Jos. Maria Carlomann Graf von.* (Pr) (Ky)

**Relationen d. Schlachten bei Aspern, Wagram u. Znaim im Jahre 1809, (v. Graf Grünne). Mit Plan. u. Kpf. 4. o. O. (Wien) 810. Geistinger. 10 K**

**Relationen, Woechentliche,** von Schwäbischen gelehrten Neuigkeiten ... Tübingen 1721. H: *Moser, Johann Jacob.* (ML)
Dass.s.a.: Relationes...

**— wöchentl., d. merkw. Sachen a. d. Reiche d. Natur der Staaten** rc. 5 Bde. 8. Berlin. 753.

**RELATIONES** curiosae oder Denkwürdigkeiten der Welt, worinnen allerhand remarquable Seltenheiten .... zusammengetragen .... werden (hrsg. von Barthold Feind). Hamburg 1705—7.
Anon.-Lex. III. p. 371 (nach Schröder).

**Relationes** et epistolae variorum. (Curante Camillo Beccari.) P. 1, liber 1. Romae: Luigi; (Lipsiae: Harrassowitz) [usw.] 1910. 4⁰
(Rerum Aethiopicarum scriptores occidentales ined. a saec. 16 ad 19. Vol. 10.)
[illegible] 11

**Relationes et epistolae** variorum. s. Rerum aethiopicarum scriptores occidentales. X.

**Relationes, H. W. v. L. Vermehrte,** et casus conscientiae cum rationibus dubitandi et decidendi, Ingleichen einigen dazu gehörigen Königl. Chur- und Fürstlichen Rescriptis, sambt andern Beylagen ... Zelle 1721. V: *Laffert, Hieronymus Wigand von.* (ZürKl)

**Relationes** de Libris Novis. Gottingae 1752—55. H: *Michaelis, Johann David.* (BrMm) (Barbier)

*Rélationes* de libris novis de ann. 1752—55. XVIII Fasc. 8maj. Götting. 753—55. Vandenhöck u. R. 4 ℔ 8 gr.

**Relationes** vn gelehrten Neuigkeiten. 12 Stück. Tübingen u. Nürnberg 1730/1731. Hr: *Moser, Joh. Jacob.* (Joh. Jacob Moser, Lebensgeschichte von ihm selbst beschrieben Frankfurt u. Leipzig 1777. III, 167.)
Dass.s.a.: R e l a t i o n e n...

Relationes oratorum pontificiorum, s. Monumenta Vaticana historiam regni Hungariae illustrantia.

**Relationes, Wochentliche,** von Schwäbischen gelehrten Neuigkeiten. Semestre aestivum. Tübingen 1721. Hr: *Moser, Johann Jacob.* (Joh. Jacob Moser, Lebensgeschichte von ihm selbst beschrieben. Frankfurt u. Leipzig 1777. III, 167)
Dass.s.a.: R e l a t i o n e n...

Relationibus, von, 1709 — 1746. 4. Halae, Waisenh. Buchh.

Relations Danoise et Suédoise de ce qui s'est passé dans la Baltique l'an 1712 entre la Flotte du Roi de Dannemarc sous le Gén. Admiral Uldric Chr. Guldenleu et entre la Flotte du Roi de Suède commandée par le Gén. Am. Jean Wachtmeister. (67.) 8. 1714. dansk. 4. — deutsch 4.

Dunant, Emile. Les Relations diplomatiques de la France et de la République Helvétique. 1798—1803. Recueil de documents tirés des archives de Paris. Publié par Emile Dunant, Dr. phil. CXXXVI + 706 S. 8. Basel, Basler Buch- und Antiquariatshandlung (vormals Adolf Geering), 1901. [fr. 20.—] P
Quellen zur Schweizer Geschichte. Hrg. von der Allgemeinen geschichtforschenden Gesellschaft der Schweiz. Band 19.

Relations-Courier. –
Hamburg-Altona. – 28.IV.1696 – 9.(?)IX.1700.
[„Heuß'sche Zeitung".]
Fortges. u.d.T.: Reichspost-Reuter.

Relations-Courier. –
Hamburg. – 3.V.1813 – 18.V.1813.
Vorh. u.d.T.: Hamburger Relations-Courier.

Relations-Courier. – H a m b u r g e r Relations-Courier.
20.IX.(?)1697 – 29.III.1811.
Vorh. u. fortges. u.d.T.: Relations-Courier.

Relations-Courier. – H i l d e s h e i m e r Relations-Courier. –
24.VI.1705 – 2.I.1775.
[Ab 1751 „Lüdemannsche Zeitung".]
Fortges. u.d.T.: Privilegirte Hildesheimische Zeitung.

Relations-Courier. – S t r a l s u n d i s c h e r Relations-Courier. –
1.I.1689 – 1757(?).

Relations-Mercurius. – A n g e k o m m e n e r Dienstagischer (Donnerstagischer) Relations-Mercurius. –
Berlin. – 1704(?) – 1709(?).
[A. u.d.T.: (ab 29.X.1704) Angekommener Dienstagischer (Donnerstagischer) Relations-Postilion.]
Fortges. u.d.T.: Angekommener Dienstagischer (Donnerstagischer, Sonnabendscher) Relations-Postilion.

Relations-Postilion. – A n g e k o m m e n e r Dienstagischer (Donnerstagischer, Sonnabendscher) Relations-Postilion. –
Berlin. – 1709(?) – 1712.
Vorh. u.d.T.: Angekommener Dienstagischer (Donnerstagischer) Relations-Mercurius.
Fortges. u.d.T.: Berlinische ordin. Zeitung.

RELATIONS-Postillon, Berlinischer. Eine Zeitschrift (Berlin) 1711. (l. c.) Aeusserst selten!

Relations-Postilion. – S t e t t i n i s c h e r Relations-Postilion. –
6.(?)VI.1705 – 1708.
Fortges. u.d.T.: Stettinische Ordinaire Post-Zeitung.

Relatives, trois, à J. J. Rousseau, adressées à Mr. le Comte de W. 8. Basle, Tourneysen. 765.

Relav, Pet., Jesus Christus u. Benedictus Spinoza im Zwiegespräch. gr. 8. (61 S.) Berlin 893. Bibliograph. Bureau. n. 1. —

— die Kellnerin. Roman. 8. (159 S.) Ebd. 893. n. 2. —

Relazion s. Relation.

Relazioni della Missione Leopoldina nell' Impero d' Austria. Fascicolo XXV. 8. (108 pag. et 1 tav.) Vienna. In Commissione presso la Cancellaria Arcivescovile e consistoriale. 1854

Relazioni della missione Leopoldina nell' Impero d' Austria. Fasc. XXVI. 1854. 8. (62 S.) Vienna. Coi tipi dei PP. Mechitaristi. 1854.

Relazioni della F o n d a z i o n e Leopoldina nell' Impero d'Austria. Fasc. 27. 1855. Vienna, 1855. In Commissione presso la Cancelleria Arcivescovile e Consistoriale. Coi tipi dei P. P. Mechitarist. (81 S. 8°)

**Relazioni** della fondazione Leopoldina nell' Impero d'Austria. Fascicolo XXIX. 1857—1858. *Vienna* 1858. Vendibile presso la *Cancellaria Arciresc. e Consistoriale.* 43 S., 2 Bl. 8°.

**Relbin,** Margarete, Lust u. Leid der Backfischzeit, s.: Laukau, J. M.

**Relda,** Max (Adler), aus dem Reiche des Storches. Ein Skizzenbuch. 1.—5. Tausd. (163 S. m. Abbildgn.) 8. Döbeln (906). C. Schmidt's Buchh. Geb. in Leinw. n. 2.70

Reldärg, Ernst, Deutschlands Sturz. Eine Warng. dem deutschen Volke. 1.—10. Taus. (176 S.) 8. Leipzig 910. Leipziger Verlags- u. Kommissionsbuchh. 2.50; geb. 3.50

Reldieo, (Seidler), Kuno v. Kyburg; Trspl. in 5 A. 8. Stuttg. 815. Eichele. 6 gr

Relfföl, Karl

**Relfföl,** C., der Räuberhauptmann Joseph Bojanowsky, des reichen Goldschmieds Sohn, genannt: der Fuchs, oder: Der Fürst der Todtengruft. Historisch-romant. Gemälde aus dem 18. Jahrh. Dresden (857.) Breyer. 8. (342 S. u. 11 color. Lithogr.) 27½ ngr

**Relgen,** F., wenn ich ein deutscher Kaiser wäre! Ein neues sozialpolit. u. nationales Programm f. das deutsche Volk. gr. 8. (IV, 186 S. m. 1 farb. Karte.) Breslau 899. Hönsch & Tiesler. n. 1. 50

Reigin-Müälits, eine Kollegin, s.: Geschichten, intime.

Relham, der Sohn des Tagelöhners, s.: Dietrich's Bibliothek f. d. reifere Jugend. 1. Bd.

**Relief, Das,** vom Engelbergthal im Kanton Unterwalden nebst den angrenzenden Bergen und Thälern der Kantone Bern und Uri in der Schweiz. Luzern 1811. V: *Müller, J. E.* (Bibliogr. d. Schweiz. Landeskunde. Bern 1892 ff. III.)

**Relief, malerisches,** v. Frankfurt a. M. bis Darmstadt u. üb. d. Bergstrasse nach Heidelberg. Nach d. Natur aufgenomm. u. gez. v. H. Rosenkranz, in Stahl gest. unt. Leitung d. etc. Frommel. — Relief pittoresque de Francfort s. M. à Darmstadt et par la Bergstrasse à Heidelberg. (Mit d. Ansichten v. Frankfurt u. Heidelberg.) 3 Ellen lang u. 10 Zoll breit. Mit Text u. d. T.: Begleiter auf d. Bergstrasse v. A. L. Grimm. Lex.-8. (2 B.) Frankfurt a. M. 831, [Wilmans.]

**Relief, malerisches, des Vier-Waldstaetter-Sees,** mit Angabe der Tracé der Rigibahn. Fol. Frankfurt a. M. 871, (Delkeskamp.) *

Relief. Das R' vom Muotathal.... Bern 1847 s. [Theiler, P ].

—— pittoresque du Sol classique de la Suisse, s. Delkeskamp, F. W.

**Relief** vom Rigi nach Dufour bearb. von R. Leuzinger. 8. In Schachtel. Luzern, C. F. Prell. 1876. 4. —

Relief-Bilderbuch für Kinder zum Selbstanfertigen. 4. (16 S. mit eingedr. Illustr. und Reliefbildchen in Mappe.) Berlin 884, (Dümmler's Verlagsh.) cart. 1 80

**Relief-Bilderbuch** f. Kinder zum Selbstanfertigen. 4. (16 S. m. eingedr. Illustr. u. Reliefbildchen in Mappe.) Dresden 884. Schwager. 2. 25

**Relief-Bilderbuch**, neues. Mit 4 Farbdr.-Taf. u. über 100 bunten Relief-Fig. zum Aufkleben. qu. 4. Stuttgart 889. Loewe. geb. 1. 80

Relief-Erdglobus. 65 cm auf Holzfuss mit Rollen. (Schotte & Co.) Berlin

— 27 cm. (Nr. 5) mit Halbmeridian auf Metallfuss. (Heymann) Berlin

**DelkesKamp's Reliefkarte des Vierwaldstättersee's** und Umgebung. Quer in-fol. Zürich, Orell Füssli & Cie. 1882. 1 90

**Plastische Reliefkarte von Tirol.** Gefalzt in Futteral K 1.—
Innsbruck: Wagner 1909.

Reliefkarte des Deutschen Reiches. Berlin, E. Schotte & Co., o. J. [vor 1877.] 73×73 cm. (M. 36.)

**Reliefkarte** von Salzburg und Umgebung. (Mit Berchtesgaden, Lofer, Reichenhall, Traunstein.) 1 : 100.000. Mit Höhenschichten zu 100 Meter. Nach eigenem Modelle bearbeitet und herausgegeben von Gust. Edl. v. Pelikan. Salzburg. 1899. In Comm. Kerber. 51×58 cm.
Gefalzt in Umschlag fl. 1.30, auf Leinwand fl. 1.90

**Relief-Karte** von Salzburg und Umgebung. (Mit Berchtesgaden, Lofer, Reichenhall, Traunstein.) 1 : 100.000. 2. Aufl. 55×51 *cm* gefalzt in Umschlag K 2.—, aufgezogen K 3.20
Salzburg: Höllriegel 1902.

**Relief-Karte** der Schweiz, hsggb. vom eidg. Stabsbüreau f. d. Wiener Weltausstellung. Bern: E. Nicola-Karlen, Photograph. 1873.

**Reliefkarte** der sächsisch-böhmischen Schweiz nach den neuesten Untersuchungen von Odeleben, Oberreit, Schiffner u. Wiemann bearb. (10 Zoll lang und 9 Zoll breit. Nebst 1 Blatt Text: Verzeichniß einiger Barometer-Höhen-Bestimmungen in Pariser Fuß vom Spiegel der Nordsee.) Dresden 844, Meinhold u. Söhne. (Leipzig, Fr. Fleischer.) In Etui. baar 3 ₰

**Reliefkarte** vom Sernfthal (Ct. Glarus) nach dem Rheine und der Linth, hrsg. vom Verkehrs-Verein Sernfthal (Engi-Matt-Elm). Verkehrsbureau in Engi. Mit tourist. Notizen u. Führerverzeichnis. 36,5 : 45,5 cm. (Glarus, Bäschlin's Buchh.) 1899.

**Relief Routen-Karte des Kantons Graubünden, Schweiz — Suisse.** [Herausgeber:] Neues Hotel Steinbock, Chur.... 243/350 mm. 1 Bl. fol., *zus.-gefaltet mit Titel* 8. (Zürich, Orell Füssli, 1904.)
*2seitig: a. Titel und illustrierter Text, b. Karte mit Text.*

**Melodrama, Adam und Eva** im Paradeisz. Ein musikal. Bauernspiel vom J. 1250 etc. verfasset von **Sebast.** **Relles** O. S. B. verbessert und vermehret von M. H. und A. M. etc. aus dem Schwäbischen in die Oesterreicher Bauernsprache übersetzet. 1784. 8o.

**Relieur: Le Relieur**
v. Der Buchbinder — Le Relieur.

**Relieur: Le Relieur**
① Organe de la Fédération suisse des ouvriers relieurs. Journal pour les intérêts des ouvriers relieurs, maroquiniers, gaîniers, cartonniers ainsi que pour les ouvriers et ouvrières auxiliaires occupés dans ces professions ③ Der Buchbinder - Le Relieur ④ Der Buchbinder - Le Relieur ⑤ 11. 1. 1908—26. 12. 1908 ⑥ in-4° ⑦ tous les 15 jours ⑧ Berne: Unionsdruckerei ⑩ Fédération suisse des ouvriers relieurs ⑪ Willy Peterwitz, Plainpalais-Genève ⑫ socialiste ⑬ A nos collègues. «Le Relieur», no. 1 du 11. 1. 1908 ⑭ Bs: WA; Be: L.

**Relieur: Le Relieur et Cartonnier**
v. Der Buchbinder und Kartonager — Le Relieur et Cartonnier — Il Legatore e Scatolaio.

Religieuse, la, ouvr. posth. de Diderot. 12. Basle, (Tourneisen, a. Lev ault à Paris.) 797.

**Religio.** (Religion.) Verantw. Red. u. Verl. *Ev. Joh. Zalka.* Dr. v. *J. Beimel* u. *Basil. Kozma.* Erscheint in **Pest**, wöchentl. 2mal, Mittwoch u. Samstag in 4°. 2-spalt. Prän.-Pr. ½-jähr. 4 fl. 40 kr. — pr. Post 5 fl.

**Religio** seu cultae religionis emolumenta. Argumentum quinque meditationum . . . Monachii 1763. V: *Pemble, Joseph.* (Jes) (So)

**Religio,** seu neglectae religionis detrimenta argumentum quatuor meditationum . . . Monachii 1764. V: *Pemble, Joseph.* (Jes) (So)

**Religio,** seu conservandae religionis adjumenta argumentum quatuor meditationum . . . Monachii 1765. V: *Pemble, Joseph.* ›. . . quinque meditationum . . . 1766‹ V: *Pemble, Joseph.* (Jes) (So)

**Religio, Catholica,** In Tvto Vicinia In Tvto Regni Poloniae Vindicatis Silesiae Dvcatibvs Adversus Avstriacam Vim. Anno 1741. V: *Ludewig, Joh. Peter von.* (Preussische Staatsschriften. Bd. I. Berlin 1877. S. 277 ff.)

Religio medici juxta exemplar Lugdunense. Eleutheropol. 1748.

Religio medici, juxta exemplar Lugdunense. 8. Zürich, Orell, Füssli et Comp. 743.

**Religio** Vindicata sive relatio Belli Turcici ... Viennae 1720. V: *Vanossi, Anton.* (Jes) (SO)

Religio vindicata s. Relatio belli Turcici inter Carolum VI. et Orientem gesti. 8. Viennae 1720.

Religion. –

— von der, (v. Jak. Fr. Schmidt). 8. Königsb. 764. Kanter. (Hartknoch in Leipz.) 8 gr. Hbg. Pr. 6 gr.

**Religion.** Ein Fragment. Göttingen 1786. V: *Herchen, C.* (Hauptkat. d. Univ.-Bibl. Tübingen. A. S. 17.)

Religion, über. 8. London 791. (W. Rauck in Leipz.) 8 gr.

Religion, über,. 8. London. (Sommer, Leipzig.) 791.

— über. (Von H. C. E. v. Gagern). 8. Deutschland (Frankf. a. M.) 798. (Schäfer). 9 gr.

— über,. 8. Deutschl. Lübeck. 798.

— über,. 8. Frankf. Eßlinger. 798.

— über die, Reden an d. Gebild. unt. ihr. Verächtern, siehe a. Schleiermacher.

— über die, Reden an die Gebildeten unter ihren Verächtern. (Von Fr. Schleiermacher). gr. 8. Berl. 799. 2e Aufl. gr. 8. Ebd. 807. (Reimer). 1 Thlr. 16 gr. 3e Aufl. gr. 8. Ebd. 821. 2 Thlr. 4e Aufl. gr. 8. Ebd. 831. 1 Thlr. 12 gr.

— über die, Reden an Gebildete unter ihren Verächtern (v. Fr. Schleiermacher.) gr. 8. Berl. 822, Reimer.

— über die. Reden an die Gebildeten unter ihren Verächtern. (Von Fr. Schleiermacher.) 5. Aufl. gr. 8. Berlin 843, Reimer. 1½ Thlr.

**Religion, Die.** Ein Gemälde in 6 Gesängen, frei nach Racine bearbeitet ... Mannheim 1822. 2. Ausg. 1826. V: *Keller-Schleidheim, Franz de Paula Ignaz Joseph Freiherr von.* (MGT) (Th)(Ky) (Schmal)

— die, ein Gemälde in 6 Gesängen. Frei nach Racine bearb. 2e Ausg. Mit erklärr. Anmerkk. (von Frz. v. P. Keller). gr. 8. Manh. 826. Schwan u. G. 2 Thlr.

**Religion** eine Angelegenheit des Menschen. Leipz. 1797. 4. Aufl. 1806. V: *Spalding, Johann Joachim.* (Winer) (JL)

— n. Angelegenh. d. Mensch., s. a. Spalding.

**Religion** eines Arztes aus dem Original von neuem übersetzt und herausgegeben von Georg Vensky. Prenzlau und Leipzig 1746. V: *Browne, Thomas.* (Mitth. Prof. Dr. Ullrich-Brandenburg a. H.)

**Religion, Die,** mit philosophischen Augen betrachtet. Wien 1774. V: *Bretschneider, Hnr. Gottfried.* (WBL) (Ky)

**Religion** der Bibel. Ein Buch für jeden Menschen. Gotha 1826. V: *Horstig, Carl Gottlieb.* (Ky)

Religion der Bibel. Ein Buch f. jeden Menschen v. Sinn u. Gefühl (v. K. G. Horstig). 8. Gotha 826. Becker. 21 gr.

Religion, die, der Bibel. Vom Verf. der Schriften: La religion pure et sans tache, De la prière etc. Aus dem Französ. von G. Ohlsen. Würzburg 865. Stuber. 8. (VI, 97 S.) n. 10 ngr.

— die, der Bibel, in Abhandll. üb. einige Stellen d. heil. Schrift. Zur Erbauung f. gebildete Leser; nach d. Bedürfnissen unserer Zeit. 8. Straßb. 811. Treuttel u. W. 1 Thlr. 12 gr.

Religion, die, der Bibel, in Abhandlungen üb. einige Stellen d. heil. Schrift. Zur Erbauung f. gebild. Leser; nach den Bedürfnissen unserer Zeit. 8. Leipzig, Kummer. (in Comm.) 812.

**Religion, Die,** im Bunde mit dem Fortschritt ... Frankfurt a. M. 1854. V: *Hirsch, Samson Raphael.* (Schr)

**Religion, Die,** im Bunde mit dem Fortschritte, von einem Schwarzen. Frankfurt 1854. V: *Hess, Michael.* (StBFrankf I 253)

— Christenthum, Confession u. s. w., s. a. Skizze e. Handbuchs f. brem. Bürger.

**Religion,** Christenthum und Confession ... Bremen 1804. V: *Aschen, Johann Heinrich von.* (MGT)

**Religion, Die christliche;** Leitfaden für den Confirmandenunterricht. Zürich 1871. V: *Schmid, Jacob.* (Cat. d. Stadtbibl. Zürich. Zürich 1864—97.)

Religion, die christliche. Leitfaden f. den Confirmanden-unterricht. 8. (98 S.) Zürich 871. Schmidt. n. — 60

Religion, die christliche. Leitfaden für den Konfirmandenunterricht. 2. Aufl. 8. Zürich, C. Schmidt. —. 50 Cts., cart. 1872. —. 70

**Religion, Die christliche,** besser, als Deismus und über alle Einwürfe und Spöttereyen ... erhaben. Magdeburg 1789. V: *Wilker, Johann Matthias.* (ML)

— die christl., besser als Deismus, u. über alle Einwendd. u. Spöttereien erhab. 8. Magdeb. 792. (Schöne in Berl.) 3 gr

Die christliche **Religion** mit Einschluß der israelitisch-jüdischen Religion von J(ulius) Wellhausen, A(dolf) Jülicher, A(dolf) Harnack [u. a.]. (In 3 Lfgen.) Berlin & Leipzig: B.G. Teubner 19(05–)06. (IX, 752 S.) 4°(8°)
— **Kultur**, Die, d. Gegenwart. T. 1, Abt. 4. [o6. 1197

**Religion, die christliche, m. Einschluss der israelitisch-jüd. Religion. Von J. Wellhausen, A Jülicher, A. Harnack, N. Bonwetsch, K. Müller, F. X. Funk, E. Troeltsch, J. Pohle, J. Mausbach, C. Krieg, W. Herrmann, R. Seeberg, W. Faber, H. J. Holtzmann, s.a. Kultur, die, der Gegenwart. I. 4.**

— die christliche, nach dem Geiste der allgem. Kirche betr. als Quelle aller Weisheit rc. gr. 8. Prag 789. Gerle. (W. Vogel in Leipz.) 12 gr

— die christliche, in kurzen Grund- u. Hauptzügen od. christliche einzigwahre Weltanschauung. (4 S.) kl. 8. Konstanz (905). J. M. Schleyer's Weltsprache-Zentralbüro. (Nur direkt.) — 03

— weder d. christl., noch d. röm.-kathol. Kirche, ist d. allein seligmachende. 8. Frankf. (Löwe, B. a. Hertel.) 791.

Religion, christliche, und christlicher Kirchenglauben. Eine Skizze der Ansichten eines Nichttheologen. gr. 8. Leipzig 841, W. Vogel. 1/3 Thlr

— d. christl., ohne die Lehre v. d. Genugth. Jesu, e. philos. Sekte, v. J. G. Schwarz. Marburg, Krieger. 777.

**Religion, Christliche,** im ganzen Umfange der Glaubens- und Sittenlehre fasslich dargestellt ... Lemgo 1798. V: *Gebhardt, Georg Ludwig.* (MGT)

**Religion, Die christliche,** in ihrem wahren Zusammenhange ... Göttingen 1786. V: *Pütter, Joh. Stephan.* (Adel)

**Religion der Damen;** a. d. Franz. Wallerstein 1775. V: *Lang, Georg Heinrich.* (Ky)

— über, Deismus, Aufklärung u. Gewissensfreiheit; ein Wort zu seiner Zeit rc. (v. J. F. Knüppeln). 8. Germanien 799.

— v. der, der alten Deutschen u. nord. Völker, (v. Jh. P. Siebenkees). 8. Altdorf 781.

— die, in Erklärungen, Gesp. n. Anl. d. K. K. Katech. 4 Thle. gr. 8. Grätz, Kienreich. (Tusch.) 793.

— die, in Erklärungen u. Gesprächen nach dem Katechismus 5te verb. Aufl. 4 Thle. 8. Grätz, Ferstl. 815.

Religion, die, in Erklärungen und Gesprächen nach der Anweisung des in den k. k. Staaten vorgeschriebenen Katechismus in vierzig Unterrichten und vier Wiederholungen eingetheilt rc. 9e Aufl. 4 Thle. 8. Grätz 840. Kienreich. 3 1/3 Thlr

**Religion, Die,** der Feueranbeter und Parsen in Indien und Persien. Altona 1796. V: *Eckard, Frdr. Simon.* (Bruun, Bibl. Danica II, 439.) (Kl)

— d. Feueranbeter in Indien und Persien, (nur. N. Tit. d. B. Ormuzd, lebend. Wort an Zoroaster, ed. v. F. S Eckart). gr. 8. Altona, Hammerich. 796.

— der Feueranbeter in Indien, s. a. Ormuzd, lebend. Wort an Zoroaster.

— u. sociale Frage. Von e. Arbeiter. gr. 8. (8 S.) Königsberg 872. Braun & Weber. n. — 10

Religion u. Freiheit. Grundgedanken des kirchlichen Liberalismus, in den Reden auf dem Protestantischen Volksabend in den Concordiasälen beim 22. Deutschen Protestantentage dargestellt von D. Max Fischer ... (Berlin), Reinhold Einde ... Bremen, [Alfred] Altherr, Pfarrer in Basel, [und] Dr. Pohle ... Berlin. Nach den Stenogrammen.... Hrg. vom kirchlich-liberalen Parochialverein von St. Markus (Berlin). 22 S. 8. Berlin, Gustav Winkler, 1905. M. —.20

**Religion und Freimaurerei.** o. O. u. J. 11 S. 8° [Kopftit.] 358.

— u. Gebräuche d. Theophilanthropen; aus d. Französ. 4 Hfte. 8. Leipz. 798, 800. (Knobloch). 2 Thlr 2 gr

— und Gebr. d. Theophilantropen, a. d. Fr. 4 Hefte. 8. Leipzig, Martini. 798. 800. (1s 12 gr. 2s 14 gr. 3s 10 gr. 4s 12 gr.)

— — dies. in e. and. Uebers., s. Gottesverehrungen.

Religion, die, des Geistes. Hrsg. v. Eug. Heinr. Schmitt. Jahrg. 1894. 6 Hfte. (2 Bog.) gr. 8. Leipzig, A. Janssen. n. 3. —; einzelne Hfte. n. — 60

Religion, die, d. Geistes. Hrsg. v. Eug. Heinr. Schmitt. 2. u. 3. Jahrg. 1895—1896. à 6 Hfte. (à ca. 2 Bog.) gr. 8. Leipzig. Hamburg, A. Janssen. à Jahrg. n. 3. —; einz. Hfte. n. — 60

— die, des Geistes, Fortsetzg., s.: Einsicht, die.

— u. Geisteskultur. Zeitschrift f. religiöse Vertiefg. d. mod. Geisteslebens. Hrsg. v. Th. Steinmann. 1.—4. Jahrg. 1907—1910. à 4 Hefte. (IV, 356; IV, 350; IV, 348 u. IV, 348 S.) gr. 8. Göttingen, Vandenhoeck & Ruprecht. à Jahrg. 6.—; geb. 7. 40

— die, in Gesängen. 8. Leipz. 779. Jacobäer. 2 gr

— u. Geschichte, od. des Menschen Vergangenheit, Gegenwart u. Hoffnungen, in histor. Abhandll., Betrachtt. u. religiösen Grundsätzen. Eine Gabe f. edle Seelen. Zum Theil vom Abt Kornmann, herausgg. v. e. kathol. Geistlichen. Mit Pius VII. Bildn. 8. Köln 832. (Leipz., Central-Compt.) 1 Thlr

— und Geschichte, oder des Menschen Vergangenheit, Gegenwart, Hoffnungen rc. 8. Köln 832, ist Verl. v. Gaul u. T. 3/4 Thlr

Die Religion in Geschichte und Gegenwart. Monatsblatt d. Religionsgeschichtl. Volksbücher. Hrsg. von D. Friedrich Michael Schiele. 1.⟨einziger⟩ Jg. Tübingen: Mohr 1907. IV, 88 S. 4⁰

Religion. Die R' in Geschichte und Gegenwart. Handwörterbuch in gemeinverständlicher Darstellung. Redigiert von Gunkel..., Heitmüller..., Mulert.... Unter Mitwirkung von Hermann Gunkel und Otto Scheel hrg. von Friedrich Michael Schiele. Band 1: Von A bis Deutschland. Mit 39 Abbildungen und 6 Tafeln. XVI S. + 2128 Sp. 4. Tübingen, J. C. B. Mohr, 1909. [geb. M. 26. —]

Religion. Die R' in Geschichte und Gegenwart. Handwörterbuch in gemeinverständlicher Darstellung. Redigiert von Gunkel..., Heitmüller..., Mulert.... Unter Mitwirkung von Hermann Gunkel und Otto Scheel hrg. von Friedrich Michael Schiele und Leopold Zscharnack. Band 2: Von Deutschmann bis Hessen. Mit 4 Abbildungen und 6 Tafeln. XII S. + 2194 Sp. 4. Tübingen, J. C. B. Mohr, 1910. [geb. M. 26. —]

— über, u. Gottesdienst. Fragment. 8. Marb. 783. Krieger. 5 gr.

**Religion, Die,** die Grundveste der Staaten; in Predigten bewiesen. Augsburg 1800. V: *Wucherer, Rupert.* (Th) (schmal)
Vgl.: Die Religion ist die Grundveste der Staaten.

— f. d. Herz. Worte d. edelst. Einfalt. und d. erhabensten Würde, aus d. geistvollst. Schr. uns. Zeitalt. 8. Stuttgart, Steinkopf. 802.

— für das Herz, od. Bekenntnisse des Glaubens, der Liebe u. der Hoffnung, in auserles. Stellen aus geistvollen Schriften unsers Zeitalters. Mit 1 Titelkpf. 8. Stuttg. 802. Steinkopf. 20 gr.

Religion für das Herz, oder Bekenntnisse des Glaubens der Liebe und der Hoffnung, in auserlesenen Stellen aus geistvollen Schriften unsers Zeitalters. 8. Stuttgart, Steinkopf. 820.

— üb. die, mit Hinsicht auf die Folgen des Katholicismus, (von Jak. Richter). 8. Frankf. u. Leipz. 792. 8. Neuwied 793. (Gehra im Thal Ehrenbreitstein). 12 gr.

Religion, Die, des kommenden Jahrhunderts. Aufruf an alle Freunde der Wahrheit. 2. Aufl. 8. (56 S.) geh. 50 kr.
Budapest: L. Aigner 1881.

Religion Jesu Christi, in Fastenpred. 8. Cöln, Haas. (Fabricius.) (a. Aschenborff in Münster.) 779. Rthlr.

— Jesu Christi, vertheid. gegen die neuern Freydenker. 8. Augsb. Doll. 785.

— Jesu, in ihr. edlen Einfalt. 8. Düsseld. Schreiner. 804.

Religion Jesu in ihrer edlen Einfalt, ein kurzer Leitfaden zum Unterrichte protest. Kinder. 3te Aufl. 8. Düsseldorf, Schreiner. 819. Rthlr. -

— die, Jesu in Gesängen, oder Samml. d. besten Religionsgesänge, s. Ant. Fischer II.

**Religion, Die,** ist die Grundfeste der Staaten, bewiesen in einigen Predigten ... Augsburg 1800. V: *Wocher, Rupert.* (MGT) (Ky)
Vgl.: Die Religion, die Grundveste der Staaten.

— ist die Grundfeste der Staaten, erwiesen in e. Predigten, (von Rupert Wocher). 8. Augsb. 800. Rieger. 1 rß 4 gr.

**Religion, Die,** der Celten, insonderheit der Gallier und Deutschen. A. d. Franz. Frankfurt 1784. V: *Pelloutier, Sim.* (Ky)

— die, der Celten, insonderheit d. Gallier u. Deutschen. Aus d. Französ. (d. Pelloutier). 8. Frankf. 784. Gebhardt u. K. (a. Herman). 20 gr.

— über, an meine Kinder. 8. Frankf. u. Leipz. Gräff. 792.

— über, an meine Kinder. 8. Frankf. u. Leipz. 792. (Wienbrack). 12 gr.

Religion, die, der Kindheit. Ein Leitfaden f. Mütter u. Erzieherinnen zum ersten Religionsunterrichte. Nebst einem poet. Anhang religiösen Inhalts. 8. (114 S.) Berlin 852, J. A. Wohlgemuth. n. ⅓ rß

— über, u. Kirchenwesen unter Protestanten. 1s Heft. 8. Greiz 791. Henning. 7 gr.

— die, der Kleinsten. Zum Gebrauche für Bewahrer und Bewahrerinnen in Kleinkinderbewahr-Anstalten, so wie für jede liebende Mutter. Von einem römisch-kathol. Katecheten. 8. Wien 843, Tauer u. Sohn. geb. ⅙ rß

— der Klugen von dieser Welt, als die eignen Geständnisse von ihrer Thorheit. 4. Bresl. 757. Pietsch. 14 gr.

**Religion** und Konfession in der Schule. Streiflichter auf ein Feuilleton in Nr. 2 der »Deutsch-österr. Lehrerzeitung«. Wien [1907]. V: *Langer, Edmund.* (EB)

— u. Konfession in der Schule. Lichtstreifen f. e. Seher im Souterrain der Nr. 2 d. „Deutsch-österreich. Lehrerzeitg." in Wien. (Von Austrian Streifer.) Vereinsgabe z. 10jähr. Gründungsgedächtnis des Lehrervereines „Austria" f. Deutschböhmen. (24 S.) 8. Wien (907). St. Norbertus. — 20

Die confessionslose Religion. Von W[ilh.] L[öwenthal]. Berlin: Staude 1877. XV, 123 S. 8⁰
Recens: Bh. 20 (1877) S. 309—310 (M. G. Conrad).
cf. FZ. (Wien) 4 (1877) S. 41—43, 73—74 (C. v. Gagern).

**Religion und Kultur**
**v. Die Ostschweiz.**

— und Kunst. Eine Sammlung werthvoller Stahlstiche der vorzüglichsten Meister zur Belebung frommen Sinnes und Wandels. Mit belehr. Texte von Franz Seraph Häglsperger. 16—21s Heft. (à 3 Tafeln u. Text.) gr. 8. Regensburg 839 —40. Manz. (à ¼ rß) 5¼ rß

— und Kunst. Eine Sammlung werthvoller Stahlstiche der vorzügl. Meister zur Belebung frommen Sinnes und Wandels. Mit belehr. Texte von Franz Seraph Häglsperger. 22.—93. Heft. gr. 8. (Mit 204 Stahlst., Tafeln u. Text.) Regensburg 841—46, Manz. à ¼ rß

— u. Kunst. Eine Sammlung werthvoller Stahlstiche. Mit belehrendem Text von Frz. Seraph Häglsperger. 94—154. Hft. gr. 8. (à 3 Bl. Text u. 3 Stahlst.) Regensburg 847—52, Manz. à ¼ rß (1—154: 38½ rß)

**Religion und Kunst.** Eine Sammlung werthvoller Stahlstiche der vorzüglichsten Meister zur Belebung frommen Sinnes und Wandels. Mit belehrendem Texte von Frz. Seraph Häglsperger. 155—211. Heft. Regensburg (853—56.) Manz. gr. 8. Jedes Heft (à 3 Stahlst. u. 3 Bl. Text) 7½ ngr.

— **und Kunst.** Eine Sammlung von Stahlstichen der ausgezeichnetsten Künstler Deutschlands, Englands u. Frankreichs. 1. Abtheil. Religiöse Gegenstände. Lex.-8. (33 Stahlst.) Darmstadt 844, Lange. n. 1 ₰ Jedes Blatt einzeln n. 1/12 ₰

— dass. 2. Abth. Historische Bildnisse u. Genrescenen. Lex.-8. (52 Stahlst.) Ebend. 844. n. 1⅔ ₰

—— die, im Leben oder Rath und Trost in allerlei Fällen. Ein nützl. Hausbüchlein zur Förderung eines glückl. Lebens, sonderlich eine passende Mitgabe für Neuconfirmirte, enth.: Betrachtungen, Aussprüche, Verse aus Schriften von M. Luther, G. Nitsch, Chr. Scriver etc. über Ehe und Frieden, Erziehung und Familienleben, Umgang und Freundschaft etc. 2. Aufl. 16. (60 S.) Elberfeld 878, Buchh. der evangel. Gesellschaft. cart. * — 60

Die Religion im Leben der Gegenwart. 4 Vortr. von K[arl] *Sell* [u. a.] Leipzig 1910. 8°.

**Religion und Liebe.** Ein Trauerspiel zum Jubelfeste (der Reformation) von F. Schützenberger. 8. Carlsruhe, Marx. 818.

**Religion u. Liebe.** Roman aus dem Tagebuche eines Anonymen. Hamburg 860. Hoffmann & Campe. 8. (VIII, 167 S.) 25 ngr.

—— die, in Liedern. (Von G. Fr. Seiler.), s. Seiler, G. Fr.)

**Religion, Die,** in Liedern, eine Sammlung christlicher Lieder für Stadt- und Landschulen. Erlangen 1789. 6. Aufl. 1811. 8. Aufl. 1832. H: *Seiler*, *Georg Friedrich.* (Ky) (MGT) (GGr)

**Religion** in Liedern. Erlangen 1789. 2. A. 1790. H: *Seiler*, *Georg Frdr.* (Fiker)

— in Liedern, die, e. Samml. christl. Lieder f. Stadt- u. Landschulen, (v. Seiler). 8. Erlang. 8e Aufl. 832. (Heyder). 3 gl.

— über, religiöse Macht, Kirche u. Toleranz etc. gr. 8. Pappenheim 788., s. J. W. Loy, Magazin.

— über religiöse Macht, Kirche und Toleranz etc. gr. 8. Pappenheim, Toy. (Gräff, Leipz.) 788.

**Religion, Die** eines Medici aus d. Französischen ins Teutsche übersetzet. Halberstadt 1731. V: *Browne*, *Thomas.* (Mitth. Prof. Dr. Ullrich-Brandenburg a. H.)

— meine, 8. Basel, Flick. 781.

**Religion,** die, der Menschheit. Monatsschrift zur Verbreitg. der positiven Weltanschaug. Hrsg.: H. Molenaar. 1. Jahrg. 1901. 12 Nrn. gr. 8. (216 u. 10 S. m. 1 Bildnis.) München [Dr. H. Molenaar]. Leipzig, R. Uhlig. Geb. n. 4.—

— dasselbe. 2. Jahrg. 1902. 12 Nrn. gr. 8. (à ca. 20 S. m. 1 Bildnis.) Leipzig, R. Uhlig. n. 4.—

— die, der Menschheit. Monatsschrift zur Verbreitg. der positiven Weltanschauung. Hrsg.: H. Molenaar. 3. Jahrg. 1903. 9 Nrn. (à ca. 32 S.) gr. 8. Leipzig, R. Uhlig. n. 3.—
Fortsetzg., s.: Weltanschauung, positive.

**Religion,** die — und die Modernen. Gedanken und Verständigungen aus den Konversationskreisen. 8. (176 S.) Olmütz, Franz Slawik, 1853.

—— die, und die Modernen. Gedanken und Verständigungen aus den Konversationskreisen. gr. 8. (IV und 175 S.) Olmütz 853, (Hölzel.) *

— über d. muhamedanische, deren Secten, Gebräuche u. Sitten, Feste, Orden etc.; e. Beitrag zur Religionsgeschichte, v. C. R. (Rose). 8. Elberf. 800. (Schönian). 20 gl. (NB. Ist ein wörtl. Abdruck von: Nerreter, Dav., die mohamedanische Moschee etc. 8. Nürnb. 1703.)

— über d. muhamedische, der Sekt. und Gebr. 8. Elberfeld, Büschler. 800.

—— u. Moral. Ein Wort wider die atheist. „Gegenwart" v. e. „wissenschaftlich ungebildeten Mann". gr. 8. (31 S.) Gotha 892, F. A. Perthes. * — 40

**Religion** der Moscowiter. Frankf. a. M. 1712. V: *Schleusing*, *Gg Andreas.* (EB)

— d. Moscowiter, m. K. 8. Frankf. (Helwing, Hannov.) 717.

Die **Religion** mit Hilfe der neuern Gelehrsamkeit u. Wissenschaft in ihrer Allgemeinheit nachgewiesen. Nach dem Französ. bearbeitet u. herausgegeben von einem kathol. Priester. Würzburg, Stahel, 1837—38, 8°, 2 Bde. XIV, 1216 S., 10 Mk., ermäß. 5 Mk.

**Religion, Die,** aus der Natur und Offenbarung. Geprüfet mit philosophischen und kritischen Augen. Wien 1774. V: *Bretschneider*, *Hch. Gottfried von.* (Denkwürdigkeiten aus dem Leben des K. K. Hofrathes Heinrich Gottfried von Bretschneider 1739—1810 ... hg. von Karl Friedrich Linger [= Jacques Eisenstein]. Wien u. Leipz. 192. S. 361) (WBL 2/142) (BiblPort)

Die **Religion** aus der Natur und Offenbarung geprüft. Wien, Trattner, 1784, 8°.

— natürl., oder Ursprung, Beschaffenheit u. Schicksal. 8. Erf. 789. Keyser. 14 gl.

**Religion, Die natürliche.** Nebst einem Anhange ... Leipzig 1825. V: *Bergk*, *Johann Adam.* (MGT)

**Religion,** die neue. Begründung u. Entwurf e. Religion der Zukunft. Von e. Ungenannten. gr. 8. (33 S.) Altona 892, Gebr. Harz. — 50

[F.] Die neue **Religion.** Begründg u. Entwurf e. Religion d. Zukunft. V. einem Ungenannten. (2. Aufl.) *Altona (Elbe): Gebr. Harz [1893].* (4 Bl., 31 S., 1 Bl.) 1 Bd 8. [97- 3903

— u. Philosophie in Frankreich. 1r Bd. A. u. d. T.: Religionsphilosophie in Frankreich, eine Folge v. Abhandll. von Benj. Constant, u. Sismondi, übersetzt mit Einleit. u. Anmerkk. v. F. W. Carové. gr. 8. Götting. 827, Vandenhöck u. R.

— dass. 2r Bd. A. u. d. T.: Philosophie in Frankr., eine Folge v. Abhandll. v. Royer-Collard, V. Cousin u. Massias, übers. mit Anmerkk. v. F. W. Carové. gr. 8. Götting. 827, Vandenhöck.

**Religion, Die,** nach der Politik. Dessau 1767. V: *Hofmann, Gottlieb Benedict.* (Ky) (MGT)

— die, nach der Politik, (v. G. B. v. Hofmann). 8. Dessau 767. Luschky. 3 gr

**Religion** und Priester. Wien 1782—84. V: *Huber, Franz Xaver.* (Mitth. Dr. Ign. Schwarz-Wien.)

— u. Priester. 24 Stcke. 8. Prag 782, 84. Schönfeld. 1 ß 16 gr

— über, u. Protestantismus. A. u. d. T.: Rathschläge e. Weltbürgers zu e. zweckmäß. u. dauerhaft. Vereinigung beider protestant. Kirchen, mit e. Vorworte von W. F. Hufnagel. 8. Frkf. a. M. 803. Jäger. 6 gr

**Religion** und Rechtspflege. Linz 1875. V: *Kissling, Carl Ritter von.* (EB)

Religion, d. reformirte, keine fremde, e. Schutzschrift für die Lehre v. Abendmahl. 8. Frkf. a. M. 769. Eßlinger. (Schäfer). 6 gr

(F) Religion und Religionslosigkeit. Von R. S. Warnsdorf. [1900.] Opitz. 16°. 48 S. K —.10

— u. Religionslosigkeit, s. a. Volksaufklärung. 31

**Religion, Die,** der Römer. Ein Vortrag. O. O. 1845. V: *Zumpt, Carl Glob.* (Bibl. d. archäol. Instituts in Rom. Rom 1900—02.)

—— die Saint-Simonist., 5 Reden an d. Zöglinge d. polytechn. Schule. Nebst e. Vorberichte, üb. d. Leben u. d. Character Saint-Simons. A. d. Franz. übers. gr. 8. (6 B.) Göttingen 831, Kübler.

Die St.-Simonistische Religion; 5 Reden an d. Zögll. d. polytechn. Schule; nebst e. Vorbericht üb. d. Leben u. d. Charakter St.-Simon's; a. d. Franz. übers. *Gött.*, Kübler. 832. gr 8° 9 gr

Die Religion in der Schule. Thesen von [Otto] Baumgarten [u. a.]. Eisenach d. 2. Okt. 1900. *Marburg 1900: H. Bauer.* (13 S.) 8° [F.] [01. 25464

**Religion,** Sittlichkeit, Lebensweisheit, in geräumten Sinn-Sprüchen und Gleichnissen ... Stuttg. 1835. V: *Lotter, Tobias Heinrich.* (Ky) (ZU)

— Sittlichkeit, Lebensweisheit, in gereimten Sinn-Sprüchen u. Gleichnissen. Der Jugend u. ihren Freunden gewidmet (v. Lotter). Auf jeden Tag des Jahres Etwas. 16. Stuttgart 835. Steinkopf. 1/8 ß

Religion und Sozialdemokratie. Debatten in Versammlungen des Allgemeinen Arbeiter-Vereins für Magdeburg u. Umgegend zwischen dem Herrn Pastor Schall (Bahrdorf), Redacteur Dr. H. Lux (Magdeburg) und Schriftsteller H. Peus (Dessau). 2. Aufl. 8°. Magdeburg, Volksstimme, 1894.

Religion und Sozialismus. 7 Vorträge geh. beim 5. Weltkongress f. Freies Christentum u. Religiösen Fortschritt, Berlin 1910. Hrsg. von Lic. W(ilhelm) Schneemelcher. 1. Aufl. Berlin-Schöneberg: Protest. Schriftenvertrieb 1910. 72 S. 8° [11. 2525

— Staat u. Kirche in ihrem Verhältniß der menschlichen Gesellschaft gegenüber. Ansprache an den Orthodoxismus aller Confessionen v. e. alten Historikus. gr. 8. (57 S.) Hannover 871. Brandes. — 75

— über, Staatsverfass., Gesetzgeb. und Bildungsfach v. verschied. 2c. 8. Halle, Franke. (Anton, Görlitz.) 788.

Systematische christliche Religion. Von Ernst Troeltsch [u. a.]. 2., verb. Aufl. Berlin & Leipzig: Teubner 1909. VIII, 286 S. 4°(8°) (Die Kultur d. Gegenwart. T. 1, Abt. 4, 2.) [09. 10423

Religion, systematische christliche, v. Ernst Troeltsch, Jos. Pohle, Jos. Mausbach, Cornel. Krieg, Wilh. Herrmann, Reinh. Seeberg, Wilh. Faber, Heinr. Jul. Holtzmann. s. a. Kultur, die, der Gegenwart. I, 4. II.

—— die, in der That. 16. (IV und 155 S.) Hamburg 852. (B. S. Berendsohn.)

—— und Theologie. Lose Blätter der Zeit von einem Lehrling im Dienste der Anthropologie. I—III. [Von Bastian.] gr. 8. Berlin, Wiegandt und Hempel. [I. (44 S.) 872. *ℳ 1.; II. (XVI, 66 S.) 872. *ℳ 1,50.; III. (VI, 60 S.) 873. *ℳ 1,50.] *

— u. Theologie. Lose Blätter der Zeit v. e. Lehrling im Dienste der Anthropologie. I—III. gr. 8. Berlin 872. 73. Wiegandt, Hempel & Parey. n. 4. — 1. (44 S.) n. 1. —. — 2. (XVII, 66 S.) n. 1. 50. — 3. (VI, 60 S.) n. 1. 50.

**Religion** und Tugend für Kinder. Leipzig 1782. V: *Kosche, Christian Traugott.* (ML) (Ky)

— u. Tugend f. Kinder, (v. C. T. Kosche). 8. Leipz. 782. Weidmann. 8 gr

**Religion** und Tugend für Kinder von reiferen Alter. Leipzig 1783. V: *Kosche, Christian Traugott.* (ML) (Ky)

— u. Tugend f. Kinder von reif. Alter, (von C. T. Kosche). 8. Leipz. 783. Weidmann. 16 gr

— die, der Unmündigen, f. kathol. Aeltern u. Kinder. 8. Augsb. 789. Rieger; (a. Müller in Mainz). 9 gr

— — dies. 8. Prag. Widtmann. 805.

— der Unmündigen, zum Gebrauch für Eltern und Kinder. 8. Mainz. 789. Frankfurt a. M., Streng.

**Religion** der Unmündigen zum gemeinnützigen Gebrauche der Eltern und Lehrer. Nach dem Seilerischen Entwurfe auf katholische Art eingerichtet und vermehret. Prag (1780). V: *Pařižek, Alex Vincenz.* (GGr VI/727 Nr. 14/1) (Ky 4/302, Prag 1781) (Böhmische und Maehrische Litteratur auf das Jahr 1780. Prag 1780 Bd. 2, S. 49) (BiblPort)

— d. Unmündigen (v. G. F. Seiler,) f. Kathol. bearb. v. A. Parizeck. 8. Ebend. (M. Rieger in Augsb.) 796.

**Religion** der Unmündigen, zum gemeinnützigen Gebrauche der Eltern u. Lehrer. Klgft., Kleinmayr, 1783. 367 S.

— die, der Unmündigen, zum gemeinnütz. Gebrauch kathol. Aeltern u. Lehrer. 8. Münst. 785. Aschendorff. 10 gl

**Religion** der Unmündigen; in biblischen Katechisationen. Leipzig 1793. V: *Werner, Johann Ernst.* (ML) (Ky)

**Religion**, die staatlich unterhaltene, als Geister-Götterkultus naturhistorisch, geschichtlich u. philosophisch erörtert und dargestellt. Mit Bezugnahme auf das Begehren der Reformation um Abschaffung des Glaubensbekenntnisses und der Vertheidigung desselben von Seite der 20 Pfarrer Basel's. 82 Stn. 8. Basel, Chr. Krüsi. 1871 1. —

**Religion, Die unwandelbare und ewige,** der ältesten Naturforscher und Adepten . . . Berlin u. Leipzig 1760. V: *Schade, Georg.* (ML) (Bruun, Bibl. Danica I, 251.) (Kordes, Schlesw.-holst. u. eutin. Schriftst. Schleswig 1797. Nachtr.) (Ky) (Collin, Anonymer. Kiobenhaven 1869.)

**Religion** und kirchliche Verfassung der alten Wenden zu Dresden. [Dresden 1782.] V: *Hasche, Joh. Chn* (MGT)

**Religion, Die,** der Vernunft, entworfen von einem Mitgliede der K. teutschen Gesellschaft zu Königsberg und Göttingen. Berlin 1752. V: *Hecker, Joh. Wilhelm.* (ML) (Ky)

— der Vernunft, entworfen v. e. Mitgliede d. kön. deutschen Gesellschaft zu Königsberg u. Göttingen, (v. Jh. W. Hecker). 8. Berl. 752. Haude u. Sp. 6 gl

— d. Vernunft, entw. v. e. Mitgl. d. k. deutsch. Gesellsch. z. Königsb. und Götting. 8. Berlin, Haude. 753.

**Religion** der Vernunft, Sr. Königl. Majestät v. Preussen zugeeignet. Berlin 1787. V: *Berger, Christian Gottlieb.* (ML) (Ky)

— der Vernunft, (von C. G. Berger). 8. Berl. 787. (Leipz., Brockhaus). 1 ℛ 10 gl

— der Vernunft, s. a. Berger.

— die, der Vernunft, nach d. feinsten populären Geschmack. 8. Marb. 772. Krieger. 10 gl

— Vernunft und Tugend. 8. Leipz. Comt. für Lit.

**Religion, Die,** in Versen; in den freundschaftl. Bemühungen in den Wissenschaften . . . Jena [Erfurt] 1755. V: *Schwarz, Georg Christoph.* (ML)

Religion, die, in Versen, od. Denksprüche z. Katechismus d. christl. Religion. Ein Geschenk f. d. liebe Jugend. 12. (1½ B.) Straubing 833, Schorner. Thlr.

— die, in Versen, oder Denksprüche zum Katechismus der christkathol. Religion. 12. Straubing 833. Schorner. 1½ gl

**Religion, Die von Hrn von Loen verstümmelte,** beleuchtet . . . Frankf. a. M. 1751. V: *May, Johann.* (ML)

**Jahres Bericht über die Egerer k. k. Kreis-Hauptschule 1854. 8. (54 S.) Eger. Druck von Kobrtsch und Gschihay. 1854.**
**Inhalt: Die Religion in den Volksschulen. — Die Muttersprache in der Volksschule. — Schulnachrichten.**

— u. **Volksschulgesetz.** Gesetzliche Bestimmgn. üb. d. Unterrichtsgegenstand Religion u. die religiösen Übgn. in der Volks- u. Bürgerschule u. üb. das Verhältnis zwischen Religion u. Aufgabe der Volksschule in Österreich. (Von e. Schulmanne.) (31 S.) kl. 8. Warnsdorf (909). A. Opitz. — 10

**Religion, Die wahre.** O. O. 1725. V: *Metternich, Wolf Freih. von* [?]. (Myl)

**Die wahre Religion** oder Religionsprüfung. Aus dem Franz. übersetzt. Frankfurt, Voß, 1748.

— wahre, Christenthum u. s. w. (v. J. H. v. Aschen.) 8. Bremen, Seifert. (Müller.) 804.

— wahre, ein Handbuch f. Christen. 8. Bremen, Müller. 8 gl

**Religion, Die einzig wahre,** allgemein in ihren Grund-Sätzen, verwirrt durch die Zänkereyen der Schriftgelehrten — vereiniget in Christo. Frankf. u. Leipz. 1750. V: *Loen, Joh. Mich. v.* (Hauptkat. d. Univ.-Bibl. Tübingen. G. S. 224.)

— die einzig wahre, nach ihren Glaubenslehren u. Lebenspflichten. 8. Bautzen 759. Drachstädt. 12 gl

— d. einz. wahre, nach e. prüfend. Lehrbegriff, nebst einer Erklär. des Verf. üb. d. ihm angedichtet. ungleiche Meinungen. 8. Frankf. 752.

**Religion, Die,** in ihrer ganzen Wahrheit, oder praktische Anwendung der heiligen Schrift auf das alltägliche Leben. Von der Verfasserin der »Perle der Tage«. Aus dem Englischen übersetzt. Stuttgart 1850. V: *Farquhar, Barbara H.* (EH)

— die, in ihrer ganzen Wahrheit, oder prakt. Anwendung der heil. Schrift auf das alltägliche Leben. Von der Verfasserin der „Perle der Tage". Aus d. Engl. von Herm. Bischoff. 32. (112 S.) Stuttgart 850, Scheible. 3½ ngr

— die, der heutigen Welt; aus d. Französ. von J. Sutter. 8. Augsb. 770. Rieger. 7 gr

**Religion—Weltliebe.** Von einem Christen. Dresden 1902. V: *Mulert, Hermann Christian.* (Mitth. M. Grolig.)

— **Weltliebe.** Von e. Christen. gr. 8. (47 S.) Dresden 902. E. Pierson. n. 1. —

— **Weltliebe.** Von e. Christen (Mulert). 2. Aufl. (47 S.) gr. 8. Dresden 904. E. Pierson. n. 1. —

— üb., als Wissenschaft zur Bestimm. des Inhalts d. Religionen rc., (v. F. J. Niethammer). 8. Neustrel. 795. (Albanus). 9 gr

— üb., als Wissenschaft, s. Niethammer.

— die, der kommenden Zeit. Bekenntnisse u. Studien üb. Moral, Religion u. Kirche. Von e. modernen Theologen. gr. 8. (VII, 91 S.) Lpz. 891, Spohr. * 1 80

— die, der Zukunft. Dargestellt in e. wissenschaftl. Briefwechsel zweier Freunde. Lex.-8. Bonn 844, König. n. 1½ ₰

**Religion, Die,** des Zweiflers. Leipzig 1874. V: *Schmidt, Carl August* (pseud. *Karl Stugau*). (Mitth. Geh. Rat Dr. Karl Boysen, Leipzig)

— **die, d. Zweiflers.** gr. 8. (260 S.) Leipzig 874. Haessel. 4. —

**Religionen,** die, Confessionen u. Sekten d. Erde, in kurzen, unterhalt. Abrissen nach alphabet. Ordnung dargestellt, v. J. G. F. J. Mit 5 Kpf. 2e mit e. neuen Einleit. verm. Aufl. 8. Nürnb. 825. (v. Ebner). 12 gr

Religionen, die, Confessionen u. Secten d. Erde in kurzen, unterhalt. Abrissen nach alphabet. Ordnung dargestellt, von J. G. F. J. Mit 5 Kupf. 2e, mit e. neuen Einleit. verm. Aufl. 8. Nürnb. 825, Haubenstricker.

Die orientalischen **Religionen** von Edv(ard) Lehmann, A. Erman, C. Bezold, H. Oldenberg, I. Goldziher, A. Grünwedel, J. J. M. de Groot, K. Florenz, H. Haas. Berlin & Leipzig: B. G. Teubner 1906. (VII, 267 S.) 4°(8°)
= Kultur, Die, d. Gegenwart. T. 1, Abt. 3, 1.

**Religionen,** die vier, d. Weins. 1.—5. Tausend. 16. (1 S. auf Cartonpap.) Kaiserslautern 889. Gotthold. n. — 10

**Die Religionen der Welt,** oder: Geschichte u. Beschreibung der religiösen Meinungen, Gebräuche, geistlichen Trachten u. Tempel der Christen, Juden, Muhamedaner u. Heiden. Von einer Gesellschaft Gelehrter. In 4 Bänden mit 500 bildlichen Darstellungen. Augsburg, Schlosser, gr. 8°.
1. Bd. in 31 Lieferungen, 1836—8, 7,80 Mk. (Mehr nicht erschienen.)

**Religionsbegebenheiten, Die neuesten,** mit unpartheyischen Anmerkungen. Giess. 1778—96. H: *Köster, Heinrich Martin Gottfried.* (Stri) (MGT) (Winer) (Adel) (Pütter, Litt. d. Teutsch. Staatsr. Göttingen 1773—91. IV, 513.)

**Religionsbegebenheiten,** die neuesten, mit unpartheiisch. Anmerck. (v. H. M. G. Köster u. A.). 20 Jahrgg. 1778—97. 8. Marb., Krieger. (Jahrg. à 1 ₰ 12 gr) 30 ₰ — 1r, 2r u. 3r Anh. zu d. Jahren 1786, 87. 8. Ebd. 18 gr

Religionsbegebenheiten, m. unparth. Anmerk. v. 1778—784. 7 Jahrg. zu 12 Stck. 8. Marburg, Krieger. (Jahrg. à 1 Rthlr. 12 gr.)

— d. neuesten, m. Anm. v. 1785—95. 11 Jahrg. z. 12 Stck. 8. Ebend. (à 1 Rthlr. 12 gr.)

— — derselb. Jahrg. 1796 u. 97. zu 4 Quartal. (à 9 gr.)

Religionsbegriff für evangel. Schul. und Gymnasien. 8. Nördl. Beck. 775.

Religionsbekenntniß e. Laien. 8. Hannov. 802. Hahn. 2 gr

**Religionsbekenntnisse** zweier Vernunftfreunde, nämlich eines protestantischen und eines katholischen Theologen . . . Sulzbach 1835. V: *Röhr, Johann Friedrich* & *Bernard Bolzano.* (ZU)

**Religionsbekenntnisse** zweier Vernunftfreunde, nämlich eines protest. u. eines kath. Theologen. Mit Vorrede u. Beurteilung des Herausgebers. Sulzbach, Seidel. 1835, 8°, 256 S.
Der ungenannte Verf. räumt in dem Streben nach Wiedervereinigung der akath. Konfessionen zu viel ein u. weicht allzu weit von d. kath. Lehre ab. Katholik 1836, Bd. 59 S. 305—20.

Religionsbeschwerden

— d. sämmtl. Evangel. und Reformirt. im H. R. Reich zu Regensb. überg. 6 Thle. Fol. Frankf. (Monath, Nürnb.) 720—27.

Der Evangelisch-Reformirten in der Untern Pfaltz **Religions-** und andere **Beschwerden.** o. O. 1720.

Religionsbeschwerden d. Cölnisch. Kirche. 2 Bde. 8. Cöln 764. (Felßecker in Nürnb.) 2 ₰ 16 gr

**Religionsbeschwerden, Die,** der Protestanten in Ungarn ... Leipzig 1838. V: *Schroer, Tobias Gottfried.* (GGr)

**Religionsblatt.** Herausgeg. von H[ANS] L[OR.] A[NDR.] VENT. 1—3. Jahrg. Schleswig. 1829—32. 4. — Neue Folge. 1—4. Jahrg. Herausgeg. von H[ANS] A[NDR.] F[RIEDR.] C[ARL] VOLQUARDTS, C[PH.] C[ARL] J[UL.] ASSCHENFELDT, C[HR.] F[RIEDR.] CALLISEN, L[OR.] LORENTZEN. Husum. 1834—36. — 5—19. Jahrg. Herausgeg. von VOLLQUARDTS, ASSCHENFELDT und LORENTZEN. Sm. St. 1837—50. 4.

**Religionsblatt.** Redactoren: die Prediger H. A. F. C. Volquarts, C. C. J. Asschenfeldt, C. F. C. Callisen, L. Lorenzen. 1r Jahrg. 1832. Juni (13.) bis Decbr. 26 Numm. Mit Titelvign. 4. Flensb., Korte Jessen. 1 ₰ 8 gr

Religionsblatt. Redactoren: H. A. F. C. Volquardts, C. C. J. Aschenfeldt, L. F. C. Callisen, L. Lorentzen. 1r Jahrg. 1832, Juni bis 1833 Juni. 52 Numm. 4. Flensburg, Korte. 1 1/3 ℊ — 2r Jahrg. 1833 Juni bis dahin 1834. 52 Numm. Mit Titelvign. gr. 4. Ebd., Husum, Meyler. (Hamburg, Niemeyer.) n. 1 3/4 ℊ — 3r—8r Jahrg. 1834 Juni bis 1840. à 52 Numm. Mit Titelvign. gr. 4. Ebd. à 1 3/4 ℊ

Religionsblatt. Redactoren: H. A. F. C. Volquardts, C. C. J. Aschenfeldt, L. F. C. Callisen, L. Lorentzen. 1—3. Jahrg. 1832 Juni bis Juni 1835. à 52 Nrn. (½ Bog.) Mit Titvign. gr. 4. Flensburg. (Hamburg, Schuberth u. Niemeyer.) à J.

Religionsblatt. Redact.: H. A. F. C. Volquardts, C. C. J. Aschenfeldt, L. F. C. Callisen, L. Lorentzen. 4—11. Jahrg. 1835 Juni bis dahin 1842. à 52 Nrn. (½ Bog.) gr. 4. Flensburg u. Husum. (Schleswig, Bruhn.) [4—10. J. à * 1 1/3 Thlr., 11. J. * 1 1/3 Thlr.] *

Religionsblatt. Zum Besten des Reiches Gottes. Redactoren: Volquardts, Aschenfeldt, Lorentzen. 11. Jahrg. 1842. Juni ꝛc. 52 Numm. (½ Bogen.) Mit Titelvign. gr. 4. Flensburg u. Husum. (Schleswig, Bruhn.) n. 1 1/3 ℊ

Religionsblatt, eine christl. Volksschrift f. die Herzogthümer Schleswig, Holstein u. Lauenburg. Red.: Volquardts, Lorentzen. 16—19. Jahrg. 1847—1850. à 52 Nrn. gr. 4. (½ B.) Flensburg. Schleswig, Bruhn in Comm. à Jahrg. n. 1 1/3 ℊ

Religions- u. Kirchenbote, katholischer, eine religiöse Zeitschrift zur Belehrung u. Erbauung d. Volks. 1r—4r Jahrg. 1832—1841. (Augsburg, Kollmann.) (à Jahrg. n. 2 2/3 ℊ) 10 2/3 ℊ

**Religions(-bote): Katholischer Religions- und Kirchenbote**
① Eine religiöse Zeitschrift zur Belehrung und Erbauung des Volkes (Jahresumschlag) ⑤ 5. 1. 1838—24. 12. 1840 ⑥ 4° ⑦ Wochenblatt ⑧ Luzern: Gebrüder Räber (1838, 1839), Anton Petermann (1840) ⑪ Anton Huber, Pfarrer, Uffikon ⑫ religiöse Zeitschrift ⑬ BGSZ: 1028 ⑭ Lu: Z ⑮ Die religiösen und vaterländischen Nachrichten sind auch für die politische Geschichte wichtig.

Religions- u. Spruchbuch, christliches, zum Gebrauche in evangelischen Volksschulen bearbeitet; nebst Luthers Hauptstücken des christlichen Glaubens. Ein Leitfaden zu Dinters Katechisationen. gr. 12. Meißen 840. Klinkicht u. Sohn. 1/8 ℊ

**Religionsbuch, Katholisches,** für die studirende Jugend. Salzburg 1797—99. V: *Schiessl, Thaddäus.* (Ky) (Hr)

Religionsbuch, kathol., f. die studirende Jugend, (von Th. Schießl). 3 Hfte. 8. Salzb. 797—99. Duyle. 6 ℛ

Religionsbuch f. die ersten drei Schuljahre der evangelischen Volksschulen. Eine Vorstufe zu dem Religionsbuche v. A. Falcke u. Förster. (IV, 68 S.) 8. Halle 905. H. Schroedel. Geb. n.n. — 60

**Religionsbuch** für die ersten drei Schuljahre der evangelischen Volksschulen. Eine Vorstufe zu d. Religionsbuche von A[ugust] Falke (Falcke) u. Prof. D. [Theodor] Förster. 2. Aufl. Halle a. S.: H. Schroedel 1907. (III, 75 S.) 8° [F.] 08. 3361 3

Religions-Spruch- u. Versbuch f. d. unt. Classen in evangel. Volksschulen, auf drei Cursus v. 1½ Jahren berechnet, nebst e. Anh. von Sprüchen, Versen u. Gebeten zu besond. Zeiten, u. Luthers Hauptstücken d. Christenthums m. Anmerkn. (Von Mühlberg.) gr. 12. (4 B.) Grimma 840, Verlags-Comptoir. Thlr. *

**Religionsbüchlein.** 1824,
s. Religionsbüchlein, Christliches.

**Religionsbüchlein.** 1832. 1851,
s. Religionsbüchlein, Christkath.

Religions-Büchlein, Berliner. (E. Bombe's Memorierstoff.) Erweit. u. neu hrsg. v. Berliner Lehrerverein. 50. Aufl. gr. 8. (II, 45 S. m. 1 Karte.) Berlin 897. Leipzig, J. Klinkhardt. n.n. — 10

Religions-Büchlein, Berliner. Hrsg. vom Berliner Lehrerverein. 55. Aufl. gr. 8. (44 S. m. 1 eingedr. Karte.) Berlin 899. Leipzig, J. Klinkhardt. n.n. — 10

— dasselbe. Nach dem Grundlehrplan der Berliner Gemeindeschule hrsg. vom Berliner Lehrerverein. Neubearbeitung. 1.—3. Aufl. gr. 8. (à 72 S. m. 1 Karte.) Berlin 902. M. Schnetter. n. — 20

Religions-Büchlein, Berliner. Nach dem Grundlehrplan der Berliner Gemeindeschule hrsg. vom Berliner Lehrerverein. 4. Aufl. (71 S. m. 1 Karte.) gr. 8. Berlin 903. Schnetter & Dr. Lindemeyer. n. — 20

**Berliner Religions-Büchlein.** Nach d. Grundlehrplan d. Berliner Gemeindeschule hrsg. v. Berliner Lehrerver. 5. Aufl. *Berlin: M. Schnetter 1903.* (71 S.) 8° [Umschlagt. F.] 04. 11362

— christ-kathol., enthalt. die wichtigsten Lehren des Christenthums. 18 Düsseldorf 824, Schaub.

Religions-Büchlein, enthalt. d. wichtigsten Lehren d. Christenthums in bibl. Texten, begl. mit erklär. u. erbaul. Versen. Ein Geschenk f. kleine u. große kathol. Christen. 3. Aufl. 12. (3 B.) Düsseldorf 832, Schaub.

Religions-Büchlein, enthaltend die wichtigsten Lehren des Christenthums in biblischen Texten, begleitet mit erklärenden u. erbaulichen Versen. Ein Geschenk f. kleine u. große kathol. Christen. 3. (Titel-)Aufl. 12. (72 S.) Düsseldorf 851, Kampmann. 1½ ℳ

**Religionsbüchlein, Christliches,** oder Unterricht in der Religion nach der Lehre Jesu ... Königsberg 1810. 2. Aufl. 1812. 3. Aufl. 1821. V: *Weiss, J. G.* (Ky) (MGT)

Religionsbüchlein, christliches, od. Unterricht in d. Religion nach d. Lehre Jesu. 2te verm. Auflage. 8. Königsb. Nicolovius. (in Comm.) 812.

Religionsbüchlein, christl., oder Unterricht in der Religion nach der Lehre Jesu für die Jugend. (v. Dr. Weiß.) 3te verb. Aufl. 8. Königsberg. Hartung. 820.

Religionsbüchlein, od. christl. Religionslehre, nebst Dr. M. Luthers kl. Katechismus, d. Verzeichn. d. bibl. Bücher u. 3fachem Anh. (von Weiß.) Neue verb. Aufl. lang. 12. Königsberg 824, (Berlin, Enslin.) 3 gr. In kl. 8.

Religionsbüchlein, katholisches. f. die unteren Klassen der Volksschulen d. Erzbist. Bamberg. (Mit Abb.) — Nebst: Ecker, Jak., kleine katholische Schulbibel. Illustriert v. Philipp Schumacher. (62 u. 62 S.) 8. München 909. Isaria-Verlag. Geb. nn — 50

Religionsbüchlein für die unteren Klassen der höheren Lehranstalten. 2. Aufl. 8. (36 S.) Danzig 880, Saunier's Buchh. * — 30

— f. Quarta. gr. 16. (32 S.) Ebend. 878. cart. n.n. — 30

—— für Quinta. gr. 16. (23 S.) Ebendas. 878. cart. ** — 30

Religionsbüchlein für Sexta. gr. 16. (17 S.) Danzig 878, Saunier's Buchh. cart. ** — 25

Religionsdeclaration, Kurpfälzische, vom 9. Mai 1799. 4. Düsseld., Dänzer. (Barth in Leipz.) 3 gl

Religionsdeclaration, churpfälzische, v. 9. May 1799. 4. Düsseld. Dänzer. (a. Löffler in Mannh.)

Religionsduldung, üb. die öffentl., verschied. Religionspartheien im deutschen Reiche. 8. Brem. 789. Förster. 3 gl

Religionsedict, Das. Ein Lustspiel in fünf Aufzügen ... Thenakel [Wien] 1789. N. Aufl. Berlin [Giessen] 1789. V: *Bahrdt, Carl Friedrich.* (ML) (Wr) (GGr) (Ky) »V: *Kotzebue, August Frdr. Ferd. v.*« (cb)

Religionsedikt, das; e. Lstspl. in 5 Aufz. (v. Karl Fr. Bahrdt). 8. Berl. 789. (Krieger in Cassel).

Religionsedikt, das. Lustsp. 8. Krieger. (Mayr in Salzburg.) 789.

— — dass. 3r u. 4r Akt. 8. Thal Ehrenbreitstein, Gehra.

Religionsedict, über das Preuß., vom 9. Juli 1788 ꝛc., (v. L. Ph. G. Happach). 8. Halle 789. Waisenhaus-B. 8 gl

Das preußische Religionsedikt. Eine Geschichte aus dem 18. Jahrhundert erzählt für das 19. Leipzig, J. C. Hinrichs 1842. 36 S. 8.

Religionseid, üb. den, veranlaßt durch v. Winklers Dissert. de juram. religionis, (von Chr. G. Krause). 8. Berl. 785. Schneider. 4 gl

Religionseifer, v. falschen. 8. Berlin. Mylius. 767.

Religionsfeier, die einheitliche, des Gnadenreiches Jesu Christi, nach dem lebendigen Wahrheitsgeiste der katholischen Kirche dargestellt von einem Geistlichen. 8. (XI und 323 S.) Mainz 857, Kupferberg.

Religionsfrage, die Leipziger,: „Wie dünket euch um die Höllenfahrt Christi? verworfen von Herrn Nr. 56, beantwortet und allen wahrhaft denkgläubigen Christen, so wie insbesondere allen Geistlichen und Schullehrern, die es amtlich zu thun haben mit dem apostol. Bekenntnißworte: „niedergefahren zur Hölle", zur Prüfung und Beherzigung empfohlen von Sincerus Bibliophilus. gr. 8. Magdeburg 844, Falckenberg u. Comp. n. 1/3 ℛ

Religionsfreiheit! Patent König Friedr. Wilh. IV. v. Preußen, die Bildung neuer Religions-Gesellschaften betreff., vom 30. März 1847. Zusammenstellung der Bestimmungen über Glaubens- u. Religionsfreiheit ꝛc. 8. (15 S.) Nordhausen 847, Förstemann. n. 2 ngl

Religionsfreyheit der Evangelischen in Schlesien. Fol.

Religions-Freiheit, über die, u. die Frage, was hat der Clerus ihr gegenüber zu thun? gr. 8. (12 S.) München 848, Kaiser. 2 ngl

Religionsfreiheit, die, in Preußen u. der § 135 des Strafgesetzbuches vom 14. April 1851 von einem protestantischen Geistlichen. Elberfeld 861. Bädeker. gr. 8. (46 S.) n. 6 ngr

Religions-Freund, der. Eine Wochenschrift im Interesse der kathol. Religion und Kirche. Hrsg. von J. W. Müller. 1. Jahr. Juli 1852 — Juni 1853. 52 Nrn. (Bog.) Imp.-4. Baltimore 854. (Philadelphia, Schäfer und Koradi.) *

Der Religions-Freund: 1860?—? Baltimore, MD Catholic weekly.

Religionsfreund. I. Gottesleugner. Verfasser Fr. Serapion a. S. Andrea. gr. 8. (56 S.) Linz 878. (Wien, Mayer und Comp.) ** — 40

Religions- u. Kirchenfreund u. Kirchencorrespondent, allgem., e. theolog. u. kirchenhistor. Zeitschr. Von F. G. Benkert. 1—8. Jahrg. 1828—35. à 12 Hfte. gr 4. Würzburg, Stahel. à J. 4 Thlr. 12 Gr., Schrbp. 5 Thlr., Vlnp. Bildet die Fortsetz. von „der Religionsfreund f. Katholiken," vgl. dieses.

Religions- u. Kirchenfreund u. Kirchencorrespondent, allgem., e. theolog. u. kirchenhistor. Zeitschr. Hrsg. v. F. G. Benkert u. G. J. Saffenreuter. 9—13. Jahrg. 1836—40. à 12 Hfte. gr. 4. Würzburg, Stahel'sche Buchh. à J.

Religions- und Kirchenfreund und Kirchencorrespondent, allgemeiner, verbunden mit einem kritisch-theolog. Literatur-Blatte. Eine katholische Zeitschrift. Herausgeg. von G. J. Saffenreuter und F. X. Himmelstein. Neue Folge. 1.—6. (der ganzen Reihenfolge 14.—19.) Jahrg. 1841—1846. à 12 Hefte. gr. 4. Würzburg 841—46, Stahel'sche Buchh. 1.—3. Jahrg. à 5 1/2 ℛ 4., 5. J. à n. 4 ℛ 6. J. n. 4 ℛ 24 ngl

Religions- u. Kirchenfreund, allgemeiner, nebst Kirchencorrespondenten verbunden mit einem kathol.-theolog. Literaturblatte u. einer Beilage u. d. T.: Euphemia, Blätter für religiöse Kunst u. Unterhaltung. Hrsg. v. G. J. Saffenreuter. N. F. 7. Jahrg. Der ganzen Reihenfolge 20. Jahrg. 24 Hfte. gr. 4. Würzburg, Stahel'sche Buchh. 4 ℛ 24 ngl
4—7. Jahrg. von Saffenreuter allein hrsgeg.

Religionsfreund, der, f. Katholiken; in Verbindung mit mehreren kathol. Geistlichen u. and. religiös gesinnten Männern; hrsgg. v. F. G. Benkert. 1r Jahrg. 1822. April — Decbr. 2 ℛ 2r—6r Jahrg. 1823—27. à 4 ℛ gr. 4. Würzb., Stahel. 20 ℛ

Religionsfreund, der, f. Katholiken. Fortges. v. G. Riegler. 7. Jahrg. 1828. 12 Hfte. gr. 4. Würzburg, (Strecker.)
1 Jahrg. 1822. April—Dec. 2 Thlr. — 2—6. J. 1823—27., hrsg. v. F. G. Benkert. Ebendas. à 4 Thlr.
Als Fortsetzung desselben erschien:
**Allgemeiner Religions- und Kirchenfreund und Kirchenkorrespondent**, eine theologische und kirchenhistorische Zeitschrift Herausgegeben von F. G. Benkert u. G. J. Saffenreuter. Ebendas., 1828—1840, gr. 4°, 13 Jahrgänge, à 12 Hefte, 13,50 Mk.
Als neue Folge des vorgenannten:
**Allgemeiner Religions- und Kirchenfreund und Kirchenkorrespondent**, verbunden mit einem katholisch-theol. Litteraturblatte. Eine katholische Zeitschrift, herausgegeben von G. J. Saffenreuter und Fr. X. Himmelstein.

Religionsfriede,

— der Augsburger, vom 25. Septbr. 1555. Geschichtlicher Ueberblick im Auftrage des Königl. Consistoriums zusammengestellt zunächst zum Gebrauche für Volksschulen. Hannover 855. Rümpler in Comm. gr. 8. (16 S.) 1 1/4 ngr

— der Augsburger, vom 25. Septbr. 1555, der Grundpfeiler der Freiheit und Sicherheit der evangel. Kirche in Deutschland, nach seinen Ursachen und Folgen. Zur belehrenden u. erbauenden Vorbereitung auf dessen 300jähr. Jubelfeier 1855. Leipzig (855.) Wöller. 8. (X, 134 S.) 12 ngr

— der augsburgische, vom J. 1555, zu dessen dreihundertjährigem Gedächtnisse. gr. 8. (13 S.) Straßburg 855, (Treuttel und Würtz.) *

Religionsfriede, der Augsburgische, vom 25. Septbr. 1555. Den evangel. Fürsten und dem evangel. Volke zur Erinnerung. Darmstadt 855. Leske. gr. 8. (16 S.) n. 2 ngr

**Religionsfrieden**, der augsburger, vom 25. Septbr. 1555 zur Erinnerung an den 25. Septbr. 1855. 8. (48 S.) Berlin 855, (J. A. Wohlgemuth.) *

CHRISTLICHES RELIGIONS-FUNDAMENT, vormals in lateinischer Sprach zu Hildesheim im Gymnasio der Gesellschaft Jesu zur neuen Jahres-Geschanknuß ausgetheilt; nachgehens zu Wien in Oesterreich in das Deutsche übersetzt, in Presburg abermals aufgelegt. Presburg 1737: Maria Magd. Royerin Wittib. 167, 1 S. - 16° OSZK

**Religionsgebräuche**, die abergläubischen u. sehr beschwerlichen, den talmudischen Juden v. ihren Rabbinen vorgeschrieben, aber nur hie u. da durchwegs noch beobachtet. Den hierin meistens unwissenden Christen, gläub. wie ungläub., zur Belehrg. Aus ältern u. neuern Schriften. 8. (88 S.) Bern 874. Jenni. n. 1. —

**Religionsgebräuche**, die abergläubischen u. sehr beschwerlichen, den talmudischen Juden von ihren Rabbinen vorgeschrieb., aber nur hie u. da durchwegs noch beobachtet. Den hierin noch meistens unwissenden Christen, gläubigen wie ungläubigen, zur Belehrung. Aus ältern u. neuern Schriften. Bern, Rud. Jenni, o. J. (c. 1880). Kl. 8°.
88 S., 1 Bl. Inh.

**Religionsgebräuche**, die abergläubischen und sehr beschwerlichen, den talmud. Juden von ihren Rabbinen vorgeschrieben, aber nur hie und da durchwegs noch beobachtet. Den hierin meistens unwissenden Christen, gläubigen wie ungläubigen, zur Belehrung. Aus ältern und neuern Schriften. (Neue Ausg.) 8. (90 S.) Bern 881, Jenni's Buchh. — 80

**Religionsgedanken** zu eigener Erbauung . . . O. O. [1762]. V: *Bünau, Heinrich Graf u. Herr von.* H: *Burscher, Johann Friedrich.* (ML)

Ueber die sogenannte Religionsgefahr. Ein Beitrag, das Pfaffenthum überhaupt insbesondere aber den Jesuitismus zu stürzen, dem Antijesuitenbunde in der Schweiz gewidmet von einem Freunde der Aufklärung. Bern, Jenni Sohn 1845. 40 S. 8.

Religionsgefahr. Die Zeller'sche R' im Kanton Bern. Bern 1847 *s.* [Weyermann, Albrecht].

**Religionsgesänge**, bergmännische. 8. Dresd. 808. Meinhold. 12 gr

**Religionsgesänge, Christliche.** Schneeberg 1799. H: *Hahn, Joh. Zach. Herm.* & *Chn Glieb Viebig.* (winer)

**Religionsgesänge, Christliche** . . . Danzig 1810. H: *Bertling, Carl Friedr. Theod.*, *Abrah. Friedr. Blech*, *Jac. Glieb Ehwalt*, *Theod. Friedr. Rink*, *Joh. Glieb Köll* & *Joh. Ephr. Heinr. Vogt.* (winer)

**Religionsgesänge, Christliche,** für die öffentlichen und häuslichen Andachtsübungen. Pesth 1824. H: *Kalchbrenner, Joh. Joseph.* (Pk) (KU)

**Religionsgesänge, Christliche,** für Bürgerschulen, zunächst für die Freischule in Leipzig. Leipzig 1794. 6. Aufl. 1828. V: *Dolz, Johann Christian* & *Andere.* (winer) (Ky)

— christl., f. Bürgerschulen, zunächst f. d. Freischule in Leipzig, (v. J. Chr. Dolz). 8. Leipz. 794. 2e A. 795. 5e A. 811. 6e A. 828. Barth. 9 gr Anhang. 2e A. 828. Ebd. 3 gr

— christliche, für Bürgerschulen, zunächst für d. Freyschule in Leipzig. 8. Leipz. Barth. 804.

**Religionsgesänge, Christliche,** für Bürgerschulen. Leipzig 1806. H: *Nowak, Joh. Nep.* (Th)

— — Anhang dazu. 8. Ebend. 810.

— Anhang dazu. 2te Aufl. 8. Ebend. 810.

Religionsgesänge, christliche, f. Bürgerschulen. Zunächst f. die Rathsfreischule in Leipzig. 5te Aufl. 8. Leipz. Barth. 811.

Religionsgesänge, christl., f. Bürgerschulen. Zunächst f. d. Raths-Freischule in Leipzig. (Von J. Chr. Dolz.) 6. Aufl. 8. ... Leipzig 828, Barth.

—— Anhang hierzu. 3. Aufl. 8. ... Ebds. 828.

— christl., f. d. öffentl. u. häusl. Erbauung. 8. Schneeb. 804. (Barth in Leipz.) 20 gr

**Religionsgesänge und Gebete, Christliche,** für die königl. sächsische Armee. Stolberg im Erzgeb. 1793. Neue Aufl. 1808. H: *Klotz, Immanuel.* (winer)

-- u. Gebete f. die königl. sächs. Armee, herausgeg. von Klotz. 16. Dresd. Arnold. 812.

**Religionsgesänge**, christliche, zum Gebrauche in kathol. Kirchen u. Schulen. Mit einem Anh. v. Morgen-, Abend-, Meß- rc. Gebeten u. einer Kreuzwegandacht. 16. (VI u. 131 S.) Nördlingen 851, Beck. n. 1/6 Thlr

—— christl., f. d. öffentl. u. häusl. Gottesverehrung. Zum Besten d. deutschen Schulen. 8. (53½ B. u. Titkpfr.) Schneeberg 831, (Schumann.)

**Religionsgesänge**, christliche, für die öffentliche und häusliche Gottesverehrung. Schneeberg 843, Rentzsch. 5/6 Thlr — dass. gr. 16. Ebend. 844. 1 2/3 Thlr

— christl., bei Privat-Copulationen. 8. Ulm, Ebner. 2 gr

**Religionsgesänge, Moralische,** für Schulen. Plauen 1813. H: *Engel, Moritz Erdmann.* (MGT)

**Religionsgesänge**, 79, für Schulen. Ein Anhang zu Engel's Religions-Gesangbuche. (3. Aufl.) 8. (24 S.) Quedlinburg 852, Ernst'sche Buchh. Thlr.

**Religionsgeschichte, Biblische,** der vier ersten tausend Jahre von der Schöpfung der Menschen bis zur Geburt Jesu Christi . . . Magdeburg u. Leipzig 1778. V: *Küster, Carl Daniel.* (Adel) (Ky) (MGT)

Religionsgeschichte, biblische, der ersten 4000 Jahre, von der Schöpfung des Menschen bis z. Geb. Jesu, (v. K. D. Küster). gr. 8. Magdeb. 778. (Centr.-Compt. in Leipz.) 1 ₰ 8 gr

Religionsgeschichte, biblische, d. vier ersten 1000 Jahre von d. Schöpf. d. Mensch. b. z. Geb. Jesu. gr. 8. Magdeburg. Scheidhauer. 778.

— christl., d. ersten Jahrhunderts. 8. Leipz., Barth. 1 ₰

**Religionsgeschichte, Christliche,** des alten Testaments. 1. Band. Nurnberg 1780. V: *Bayer, Albrecht.* (MGT)

**Religionsgeschichte, Evangelische,** des hohen Stifts Strasburg, mit vorzüglicher Rücksicht auf die daselbst erblich gegründeten Domherrnstellen ... O. O. 1794. V: *Gumpelzhaimer, Christian Gottlieb.* (MGT)

**Religionsgeschichte** für allerhand Gattungen von Lesern ... Nürnberg 1780. V: *Bayer, Albr. & Johann Christian Schmid.* (Ky)

— für allerhand Gattungen von Lesern, (v. A. Bayer u. J. Chr. Schmid I.) Mit Vorrede v. J. G. Rosenmüller. gr. 8. Nürnb. 780. Stiebner. 1 ₰

— für alle Gattungen v. Lesern, unt. Aufs. Rosenmüllers. gr. 8. Nürnb. Stiebner. 780.

— kleine. Ein Leitfaden f. d. Unterricht d. evangel. Jugend. Nebst einer Zugabe über d. Reformation in Westphalen u. am Niederrhein. gr. 8. Essen 824. Bädeker. 4 gr

Religionsgeschichte, kurze, für Schulen und Confirmanden, so wie zur Belehrung für den evangel. Bürger u. Landmann. 8. Görlitz 844, Heinze u. Comp. $^{1}/_{8}$ ₰

**Religions- und Kirchengeschichte, Kurzgefasste Rothenburgische.** Zur Feyer des dritten Jubelfestes der evangelisch-protestantischen Kirche ... Rothenb. 1817. V: *Merz, Georg Christoph Friedrich.* (MGT) (Ky)

Religions- u. Kirchengeschichte, kurzgefaßte Rothenburger, zur Feier d. 3n Jubelfestes d. evangel.-protestant. Kirche f. d. Bürger u. Landmann, (v. G. Cph. Fr. Merz). 8. Rothenb. 817.

— neueste, unt. d. Aufs. Walchs, s. C. W. F. Walch.

**Religionsgeschichte** für Volksschulen und ihre Lehrer. Neustadt a. d. O. 1823. V: *Dinter, Gustav.* (Winer)

Religionsgeschichte f. Volksschulen, s. Dinter.

**Religionsgeschichte** für Volksschulen und ihre Lehrer, auch als Lesebuch für den gebildeten Bürger und Landmann ... Landshut 1829—30. V: *Busse, Johann Bernhard Joseph.* (Th) (schmal) (Winer) (Ky)

— f. Volksschulen u. ihre Lehrer, auch als Lesebuch f. den gebild. Bürger u. Landmann zu gebrauchen, (von J. B. J. Busse). 3 Thle. gr. 8. Landsh. 829 u. 30. Thomann. 1 ₰ 23 gr Velp. 2 ₰ 18 gr

Religionsgeschichte f. Volksschulen ɔc., s. (Busse, J. B. J.)

—— für Volksschullehrer u. Volksschulen. M. 2 Charten. gr. 12. (8⅔ B.) Neustadt a. d. O. 832, Wagner.
Vgl. Auszug aus Dinters Katechisationen.

Religionsgeschichte für Volksschullehrer u. Volksschulen. Mit 2 Karten. 3e Aufl. gr. 12. Neustadt 837. Wagner. $^{3}/_{8}$ ₰

Religions-Gesellschaften, Conventikel und Hausgottesdienst, Sektenstiftungen u. Verbitterung der Religions-Parteien in Preußen, in kirchenrechtlicher und strafrechtlicher Beziehung dargestellt von einem preuß. Justizbeamten. gr. 8. Halberstadt 845, (Lindequist u. Schönrock.) n. $^{1}/_{6}$ ₰

Religionsgespräch, Berliner, s.: Hat Jesus gelebt.

Religionsgespräch, histor., v. d. Augsb. Confession. 4. Camenz. 730.

**Religionsgespräch** mit einem Jünglinge von edler Geburt am Tage seiner Confirmation ... Frankfurt a. O. 1801. V: *Brescius, Carl Friedrich.* (Ky)

Religions-Gespräch mit e. Jünglinge von edler Geburt am Tage seiner Confirmation d. 13. Febr. 1801 gehalten, (v. K. F. Brescius). 8. Frkf. a. d. O. 801. (Joachim in Leipz.) 8 gr

— m. e. Jüngl. edler Geburt, am Tage s. Confirmation. 8. Leipz. Joachim. 802.

— eines Protestanten mit e. Pater aus Rom. 8. Jena 783. Reinhold. 14 gr

Religionsgespräche, unparth., in w. v. all. Relig. Nachr. und Kirchenhist. mitgetheilt wird. 8. Frankf. (Monath in Nürnb.) 759.

Der Evangelisch-Lutherischen in der Untern Pfaltz **Religions-Gravamina** wie solche auf dem Reichs-Tag zu Regenspurg überreichet worden. Regenspurg 1720.

Der sämtlichen Evangelisch - Lutherisch und Reformirten im Heil. Römis. Reich Neue **Religions-Gravamina** welche jüngsthin auf dem Reichs-Tag zu Regenspurg überreichet ... worden. Th. 1—5. Franckfurt a. M. 1720. 2 Bde fol.

Religionsgravamina, Hohenloh., w. sich weg. d. Osterfeyer 1744 zugetrag., n. e. ausführl. rechtsgegrund. Deduction, m. 119 Beylag. Fol. Heilbronn. 751.

**Religionsgrundsätze, Vernunftmässige.** Leipzig 1811. V: *Kiesling, Johann Georg Gottfried.* (Ky)

**Religionsgrundsätze,** vernunftmäßige, (von J. G. G. Kiesling). 8. Leipz. 811. (Barth). 8 gr

**Religionshandbuch, Katholisches,** mit der heil. Schrift des neuen Testaments. Mainz 1790. V: *Nimis, Nicolaus.* (MGT) »nach der heil. Schrift« (Ky) »verbunden mit der« (Th)

**Religionshandbuch,** kathol., nach d. heil. Schrift d. N. Testaments, (v. Nik. Nimis). 2 Bde. gr. 8. Mainz 790. (Andreä in Frkf. a. M.) 3 ß

**Religionshandlungen, Cronbergische.** Frankf. u. Leipzig 1754. V: *Moser, Frdr. Carl Freih. von.* (Stri) (ML)

Franckfurtische **Religions-Handlungen,** welche zwischen Einem Hoch-Edlen ... Magistrat und denen reformirten Bürgern und Einwohnern daselbst wegen des innerhalb denen Ring-Mauren dieser Stadt gesuchten exercitii religionis reformatae publici bey dem ... Kayserl. Reichs-Hof-Rath gepflogen worden. Th. 1. 2. Franckfurth a. M. 1735.
2 Bde fol.

Religionshandlungen, Frankfurt., zw. d. Magistrat u. d. reformirt. Bürgern. 2 Thle. Fol. Frankf. Varrentrapp. 735.

**Religionshasse,** vom, zur Beförder. d. Menschenliebe, mit e. Zuschrift an Mendelsohn. 8. Dessau 782. Gel. Handl. 4 gr

**Religionsindifferentismus,** der, bei den Juden. Dem evangelisch-luther. Centralverein f. die Mission unter Israel gewidmet v. e. Juden. (Neue Titel-Ausg. v.: „Warum treten wir nicht in das Christenthum ein?") 8. (34 S.) Leipzig 891. Levien. — 25

**Religionsjournal.** Auszüge aus alten und neuern Schriftstellern und Vertheidigern der christlichen Religion, mit Anmerkungen. Herausgegeben von Hermann Goldhagen. Mainz, 1776–1785, 8°, 10 Jahrgänge, je 6 Hefte.

**Religionsjournal,** Oder Auszüge aus den bessten alten und neuen Schriftstellern ... Maynz 1778—94. H: *Goldhagen, Herm.* (Jes) (So) »1776—85« (Ky)

Religionscantaten, nach Anl. d. evang. Festtexte a. ganze Jahr. 8. Leipzig, Crusius. (F. C. W. Vogel.) 788.

**Religionskarte** [Schlagwort]

**Religionskarte,** s.: Europa. Hickmann, A. L.

— **Bevölkerung,** die evangelische u. katholische, des Königr. Württemberg am 1. XII. 1900. (Religionskarte.) Hrsg. vom k. statist. Landesamt. Farb. Karte 1 : 350,000. 65×49 cm. Stuttgart (906). (H. Lindemann.) n.n. — 75

**Religionscasse, Die Roemische,** ein Anhang zum römischen Gesetzbuch ... Carlsruhe [Wien] 1787—88. H: *Güntherode (Günderode), Carl Freiherr von.* (ML) (BrMm) (Engl) (MGT) (Wr) (WBL) (Ky)

Religionskasse, d. römische, e. Anh. z. röm. Gesetzb., od. die im Deutschl. noch z. wenig bekannt. Grunds. d. röm. Hofes. 3 Thle. gr. 8. Wien, Kurzböck. (Camesina) 787.

Die röm. Religionskasse, ein Anh. zum röm. Gesetzbuche, od. d. in Deutschland noch zu wenig bekannten Grundsätze des röm. Hofes, aus päpstlichen Bullen gezogen. 3 Thle. *Wien*, Kurzböck. 787, 88. 8. (4 Thl.)

**Religionskasse,** d. römische, s. Gesetzbuch, römisches.

**Religionscatechismus, Christlicher,** für Konfirmanden. Lübeck 1800. 2. Aufl. 1803. 3. Aufl. 1806. H: *Gehren, Carl Christian von.* (Stri)

Religionscatechismus, christl., z. Gebr. b. Unterr. bei Confirmanden. 8. Lüb. Bohn. (Niemann u. R.) 803.

**Religionscatechismus, Christlicher,** bestimmt zum Unterrichte für die Jugend ... [Soest 1806.] V: *Pilger, Johann Dietrich Christoph.* (MGT)

— histor.-theologischer. 8. Eisenach 772. Wittekind. 6 gr

Religionsklagen gegen Hrn. Trunk, s. dessen Beantwort. 8. Eisenach, Wittekind. 780.

**Religionskrieg,** der jetzige, in der Schweiz, seine Ursachen, Freunde u. Feinde, die Jesuiten daselbst rc. Ein klarer gedrängter Ueberblick von einem Katholiken. 8. (19 S.) Düsseldorf 847, Kampmann. 1½ ngr

**Religions-Krieg, Der,** in Ungarn. 1.—3. Aufl. Wien 1895. H: *Koller, Carl.* (EB)

**Religions-Krieg,** der, in Ungarn. Der Kampf des glaubenslosen Staates gegen d. Christenthum. Aufruf zur Vertheidigg. d. hl. Kirche. (Uebersetzung aus d. Ung.) 1.—4. Aufl. gr. 8. (67 S.) Wien 895. St. Norbertus. n. — 30

**Religions-Cursus** für Lehrer; zum prakt. Gebrauche in Schulen bearbeitet nach Luthers Katechismus. Enthaltend: vollständige Dispositionen, sowie passende Gebete und Gesänge zum Anfange und Schlusse des Unterrichts. gr. 8. Leipzig 844, Gebr. Reichenbach. n. ½ ß

RELIGIONSLEHRE. Magyarkimle - Ungarisch-Kimling o. J.: Druckerei zur Verbreitung guter Schriften. 88 S.

Religions- u. Sittenlehre, allgem., pädagog., f. Schule u. Haus. Ein Lehr-, Lern- u. Andachtb. Zunächst f. ihre Kinder bearb. v. zweyen befreund. Vätern. gr. 12. (6 B.) Aachen 831, [Roschütz u. Comp.]

Religions- u. Sittenlehre, allgem. pädagog., für Schule u. Haus. Ein Lehr-, Lern- u. Andachtsbuch. Zunächst f. ihre Kinder bearb. von zweien befreund. Vätern. gr. 12. Aachen 831. (Rossel). 6 gr

Religionslehre, die, d. Buddhisten. Aus d. „Evangelium Buddhas". Nach dem Orig.-Texte ins Engl. übers. v. Paul Carus. Ins Deutsche übertr. v. Frz. Hartmann. M. D. 8. (III, 129 S.) Leipzig 895. W. Friedrich. n. 2. —

— dasselbe, s.: Bibliothek, esoterische, Bd. I.

**Religionslehre** für junge Christen, die konfirmirt seyn wollen ... Mitau 1822. V: *Dullo, Herm. Frdr.* (R-N)

—— christkathol., s. Dictando-Sätze.

CHRISTKATHOLISCHE Religionslehre in Fragen und Antworten zum öffentlichen, und Privatunterrichte der Schüler von der zweiten bis vierten Grammatikal-Classe. Erster Theil. Vom Glauben. 2. Grammatikal-Classe. Zweiter Theil. Die christkatholische Sittenlehre. Allgemeine christliche Pflichten gegen uns selbst, und gegen den Nächsten. 3. Grammatikal-Classe. Dritter Theil. Von den besonderen christlichen Pflichten. Von der christlichen Gerechtigkeit, und von den Sakramenten. 4. Grammatikal-Classe. Ofen 1835: Mit Kön. Universitäts-Schriften. - 200 mm
1. Thl. 1835. 135 S.
2. Thl. 1835. 108 S.
3. Thl. 1835. 137 S.

**Religionslehre, Christkatholische,** für die reifere Jugend. München 1812. V: *Roider, Joh. Peter.* (schmal) (Ky)

— christkathol., für die reifere Jugend, (von J. P. Roider). 8. Münch. 812. 2e A. 818. Giel. 8 gr

Religionslehre, christkatholische, für die reifere Jugend. 2te Aufl. 8. München, Giel. 817.

Religionslehre, christkatholische, für d. reifere Jugend. 7e verb. Aufl. 8. München 834. Giel. 1/3 ₰

— u. Tugend-, christliche, f. Lehrer in Volksschulen. 8. Gießen, Tasché. 812.

**Religionslehre, Katholische.** Systematisch geordnet für höhere Lehranstalten. 2. Th. Wien 1849. V: *Gruscha, Ant. Jos.* (Ky)

**Religionslehre,** katholische. Systematisch geordnet für höhere Lehranstalten (von Gruscha). (2. Thl.) A. u. d. T.: Kathol. Sittenlehre. Systematisch geordnet für höhere Lehranstalten. gr. 8. (166 S.) Wien 849, Mayer & Co. n. 16 ngr (Den 1. Thl. hierzu bildet die: Katholische Glaubenslehre.)

Religionslehre, katholische. Systematisch geordnet für höhere Lehranstalten. (Von Gruscha.) (2. Thl.) A. u. d. T.: Katholische Sittenlehre. Systematisch geordnet für höhere Lehranstalten. gr. 8. (166 S.) Wien 851, Mayer und Comp. Thlr. *
Der 1. Thl. erschien u. d. T.: Katholische Glaubenslehre (v. Gruscha.) Vgl.: Glaubenslehre.

**Religionslehre, katholische, für höhere Lehranstalten. I. Thl. Katholische Glaubenslehre 2. Aufl. Wien, Mayer u. K. 1853. 8.**

**Religionslehre, Katholische,** für die vier obersten Klassen der Gelehrtenschulen und für gebildete Männer. Innsbruck 1884. V: *Wilmers, Wilhelm.* (MARGR)

Religionslehre, katholische, für die vier obersten Klassen der Gelehrtenschulen und für gebildete Männer. 4 Thle. gr. 8. Regensburg 884, Pustet. * 2 94
Inhalt:
Thl. 1. Glaubenslehre. (XVI, 142 S.) * 80 Pf.
„ 2. Sittenlehre. (126 S.) * 64 Pf.
„ 3. Gnaden- und Sakramentenlehre. (123 S.) * 80 Pf.
„ 4. Kirchengeschichte. (136 S.) * 70 Pf.

Religionslehre, katholische, f. die vier obersten Klassen der Gelehrtenschulen u. f. gebildete Männer. 4 Tle. 2. verb. Aufl. gr. 8. Regensb. 891, Pustet. * 3 20; geb. * 4 —
1. Glaubenslehre. (XVI, 148 S.) * — 90. — 2. Sittenlehre. (136 S.) * — 70. — 3. Gnaden- u. Sakramentenlehre. (132 S.) * — 80. — 4. Kirchengeschichte. (142 S.) * — 80.

— kleine, in gereimten Denksprüchen nach Anleitung des „Katechismus der kathol. Religion f. das Bisthum Mainz". 1. Thl. 16. (44 S.) Mainz 850, Wirth Sohn. 2 ngr

**Religionslehre,** kleine, in gereimten Denksprüchen für die Jugend. gr. 12. Mainz 840, Kirchheim, Schott u. Thielmann. 1/12 ₰

Religionslehre, kurzgefaßte christl., mit Hinweisung auf Luthers Katechismus. 8. Kempt. 821. Dannheimer. 3 gr

**Religionslehre** und Liederverse für die Jugend. Altona 1822. V: *Bertels, Johann David.* (GGr) (NN) (LS)

Religionslehre, mosaische, für israelitische Volksschulen. Wien 1871

— für Schulen. 8. Freiburg, Wagner. 4 gr

**Religions- und Sittenlehre** des Christenthums. Berlin 1803. V: *Wilmsen, Frdr. Phil. & Joh. Carl Pischon.* (Ky)

-- u. Sittenlehre d. Christenthums. 8. Berlin, Lange. 803.

Religions- und Sittenlehre (v. Wilmsen u. Pischon.) 8. Berlin. Jetzt Dieimer.

Religions- und Sittenlehre für die christliche Jugend. Mit 1 Kärtchen von Palästina (in Holzschn.) 8. (XX, 260 S.) Bern 880, Wyß. cart. * 1 40

— u. Sittenlehre u. Vernunft u. Offenbarung. 8. Paderborn. (Macklot in Carlsr.) 794.

**Religions- und Tugendlehre, Vollständige christliche,** in Liedern; ein Gesangbuch ... Soest 1806. V: *Pilger, Johann Dietrich Chph.* (MGT)

— die wahre, der Herrenhuter Brüdergemeine. 8. Leipz. 784. Schönfeld. 3 gr

**Religionslehren**, od. Katechismus. 8. Luzern, Anich. 784.

— Auszug hiervon. 12. Ebend. 793.

**Religions- und Sittenlehren der Mischnah.** Zum Gebrauch beim Religionsunterricht in jüd. Religionsschulen. gr. 8. (VI und 60 S.) Berlin 854, Resselmann und Comp. *

**Religions-** u. Sittenlehrer, für die Jugend. Mit 4 illum. Kupft. Nürnb., Schrag.

**Religionslieder** u. Liederverse, f. die Jugend. 8. Altona 822. Aue. 6 gr.

**Religions-Magazin**, christkatholisches, zur Beförderung des Glaubens und der Sittlichkeit, oder Sonntagsblatt zur Unterhaltung, Erbauung u. Belehrung für alle Stände. Herausg. im Verein mit mehr. Geistlichen u. mit Genehmigung des bischöfl. Ordinariats zu Limburg von Fr. C. Hedler. 1r Jahrg. 1835. 52 Lfrgg. Mit Titelvign. Fol. Frankfurt, Schmerber. n. 1 1/2 rf — 2r Bd. 1s Heft. gr. 4. Ebd. 836. n. 1/3 rf

**Religions-Magazin**, christkathol., z. Beförderung d. Glaubens u. d. Sittlichkeit, od. Sonntagsblatt z. Unterhalt., Erbau. u. Belehr. f. alle Stände. Hrsg. im Verein mit mehr. Geistlichen v. Fr. C. Hedler. 1. Jahrg. 1835. 52 Lfgn. (Bog.) (od. 1. Bd.) u. 2. Bd. 1. Hft. Frankfurt a. M. [Leipzig, Kersten.] [1. Fol. * 1½ Thlr., 2. 1. gr. 4. 836. * ⅓ Thlr.] *

**Religions-Manifest.** Von Oekonomus. (47 S.) 8. Berlin 907. Verlag Neues Leben. 1. —

**Religionsmaxime**, über die, des Königs v. Siam, (v. J. A. Emmerich). 8. Meining. 790. Hanisch. 2 gr

**Religionsmeinungen, Voltaire'ns,** zusammengestellt. O. O. 1794. V: *Wachler, Johann Friedrich Ludw.* (MGT)

**Religionsphilosophen**, die jüdischen, des Mittelalters oder Uebersetzungen der seit dem 10. Jahrh. verfaßten jüdischen Religionsphilosophieen. Mitgeth. v. Jul. Fürst. 1. 2. Liefg. Emunot we — Deot oder Glaubenslehre u. Philosophie von Saadja Fajjumi. 1., 2. Lief. 16. Leipzig 845, O. Wigand. à n. 2/3 rf

**Religionsphilosophie** in Einzeldarstellungen. Hrsg. v. O. Flügel. 1.—8. Heft. gr. 8. Langensalza, H. Beyer & Söhne. n. 10. 30

**Flügel, O.,** die Religionsphilosophie der Schule Herbarts Drobisch u. Hartenstein (V, 88 S.) 905. (Hft. 3.) n. 1. 50

**Leibniz's** Religionsphilosophie nach Chr. A. Thilo. (V, 36 S.) 906. (Hft. 8.) n. — 70

**Religionsphilosophie**, die, des absoluten Idealismus. Fichte, Schelling, Hegel u. Schopenhauer nach C. A. Thilo. (V, 72 S.) 905. (Hft. 4.) n. 1. 20

**Schleiermachers** Religionsphilosophie nach Chr. A. Thilo. (VI, 128 S.) 906. (Hft. 5.) n. 2. –

**Spinoza's** Religionsphilosophie nach Chr. A. Thilo. (80 S.) 906. (Hft. 7.) n. 1. 25

**Thilo, Chr. A.,** Fr. H. Jacobis Religionsphilosophie nach Thilo. (XX, 51 S.) 905. (Hft. 2.) n. 1. 20

— Kants Religionsphilosophie. (VII, 65 S.) 905. (Hft. 1.) n. 1 20

— die Religionsphilosophie des Descartes u. Malebranche. (V, 76 S.) 906. (Hft. 6.) n. 1. 25

**Religionsphilosophie** auf modern-wissenschaftlicher Grundlage. Mit e. Vorwort v. Jul. Baumann. gr. 8. (VII, 230 S.) Leipzig 886. Veit & Co. n. 4. 60

**Religions-Philosophie**, die, als eine Wissenschaft für Jeden, ist reif für eine Umgestaltung. Halle 869. (Herrmann.) 8. (VII, 152 S.) n. 10 ngr.

**Religions-Probe** und Nachricht von den Elberfeldischen Bewegungen. Franckf. u. Leipz. 1754. V: *Spitzbart, Stephan.* (Hauptkat. d. Univ.-Bibl. Tübingen. G. Nachtr. 16.)

**Religionsprobe** u. Nachr. v. d. Elberfeld. Bewegungen. 2 Thle. 8. Berl. Realschulbchhdl. 755.

**Religionsprozeß**, der Basler, vom J. 1884/85. Berichterstattung üb. den wegen Beschimpfg. der römisch-kathol. Religion gegen die „Basler Nachrichten" erhobenen u. vor den Basler Gerichten geführten Prozeß. gr. 8. (IV, 188 S.) Bern 885. Schmid, Francke & Co. n. 1. 60

**Religionsproceß** des Predigers G. H. Schulz zu Gielsdorf, nebst dess. eigener 2c. Vertheidigungsschrift sr. Lehren. 8. o. O. (Görlitz) 792. Anton in Halle. 16 gr Schrbp. 20 gr Fortsetz. 8. Halle 800. Franke. 1 rf 8 gr

Religionsrecht

— **Kirchen- und Kirchenstaatsrecht**, allgemeines. gr. 8. Bamberg, Dederich. 809.

**Religions-**, Kirchen- u. **Kirchenstaatsrecht**, allgem., aus Grundbegriffen entwickelt. gr. 8. Bamberg, Dederich. 810.

**Religions-**, Kirchen- u. Kirchenstaatsrecht, allgem., aus Grundbegriffen entwickelt. gr. 8. Bamb. 810. (Wesché in Frankf. a. M.) 14 gr

**Religions-** u. Schulreden für Israeliten. Nebst einer Sammlung biblischer Texte u. Ideen für Sabbath-, Fest- u. Gelegenheitsreden. Von Mehreren bearbeitet. Herausg. von J. Heinemann. 1s Bdchen. A. u. d. T.: Zwölf Reden, gehalten in der israelit. Gemeinde zu Sondershausen von J. Wolfsohn. 8. Leipzig 838. Göthe. 1 rf

**Religions- u. Schulreden** f. Israeliten. Nebst e. Samml. bibl. Texte u. Ideen f. Sabbath-, Fest- u. Gelegenheitsreden. Von Mehreren bearb. Hrsg. v. J. Heinemann. 1. Bdchn. — A. u. d. T.: Zwölf Reden, geh. in d. israelit. Gemeinde zu Sondershausen v. J. Wolfsohn. 8. (13 B.) Leipzig 838, [Serig'sche Buchh.]

**Religionsschreiben** an alle Protestanten und an die anders als sie gesinnten Gegner und Recensenten des Vereinigungsbuches . . . Leipzig 1786. V: *Masius (Meese), Joh. Nicolaus (Gottfried Lebrecht).* (MGT) (StAt)

**Religionsschreiben** an eine vornehme Stands-Person von gewissenhafter Beständigkeit bey der evangelischen Religion . . . Frankfurt u. Leipzig 1755. V: *Meyerlein, Friedrich.* (Holz)

**Religionsspötter, Der abgewiesene.** Dressden u. Leipzig 1733. V: *Du Perron, Jacques.* Ü: *Marbach, Christian & Martin Gruhlich.* (Myl)

**Religionsstand**, assecurirter evangel., im Herzogth. Sulzbach. 4. Sulzb. 794. Montag. 4 gr

**Religionsstand, Assecurirter Evangelischer,** im Herzogthum Sulzbach . . . Leipzig 1797. V: *Tretzel, Johann Stephan.* (MI.) (Ky) (Winer)

— Derf. erläutert u. gegen Angriffe vertheidigt, (v. J. St. Tretzel). gr. 8. Leipz. 797. Fr. Fleischer. 20 gl

**Religionsstand, Ungekränkter evangelischer,** im Herzogthume Sulzbach; ein Seitenstück zu der Schrift: Assecurirter evangelischer Religionsstand . . . Leipzig u. Frankfurt 1794. V: *Ditterich, Franz Georg.* (Ky) (MGT)

— ungekränkter, im Herzogth. Sulzbach. Mit Beilagen. A—U, (v. F. G. Ditterich). 4. (Münch.) 794.

**Religionsstreit,** über, u. üb. die mit demselben in Verbindung stehende dunkle Winkel. gr. 8. (24 S.) Oldenburg 848, Schulze. 1/6 ₰

**Religionssystem,** besonders zum Gebrauch in Schulen. Berlin 1785. V: *Ernst von Ernsthausen, Victor Tobias.* (Ky) (MGT)

— besond. zum Gebr. in Schulen, (v. V. T. Ernst v. Ernsthausen. 8. Berl. 785. Rottmann. 6 gl

**Religionssystem** für Leute von guter Erziehung. Berlin 1770. V: *Buchwitz, J. L.* (Hs. Mitth. Grolig.)

Religionssystem f. junge Leute v. guter Erziehung. 8. Berl. 770. (Mylius). 6 gl

**Religionsübung, Die katholische,** in Mecklenburg-Schwerin. Geschichtlich und rechtlich. Jena 1852. V: *Schröter.* (Russell VI, 114)

Religionsübung, die katholische, in Mecklenburg-Schwerin. Geschichtlich und rechtlich. gr. 8. (104 S.) Jena 852, Frommann. *

Religionsübung u. Religionsduldung. (Kurbadisches Edict). 8. Manh., Kaufmann. 3 gl

Religionsunterhaltungen f. Kranke. 8. Stettin 795. (Leich). 4 gl

Religionsunterricht? 80 Gutachten. Ergebnis einer von d. Vereinigung f. Schulreform in Bremen veranst. allgem. deutschen Umfrage hrsg. v. Fritz Gansberg. Leipzig: R. Voigtländer 1906. (XIX, 202 S.) 8° [J.] (*4. ***

Religionsunterricht durch Briefe. 8. Prag 790. Diesbach. 16 gl

**Religionsunterricht** für junge Christen, die confirmirt seyn wollen . . . Mitau 1802. V: *Dullo, Hermann Frdr.* (R-N)

— christkathol., nach Anleit. des Würzburger Diözesan-Katechismus. Ein Handbuch f. Katecheten zum Gebr. in Kirchen u. Schulen. 3 Thle. 8. Würzb., (Strecker). 2 ₰

**Religionsunterricht, Christkatholischer,** für kleine Kinder. Gmünd 1816. 2. Aufl. Ulm 1819. V: *Rink, Joseph Alois.* (MGT) (Ky)

— christkathol., für kleine Kinder, (v. Jos. Alo. Rink). 12. Ellwang. 816. 2e Aufl. Ulm 819.

Religionsunterricht, der christliche, für die evangelisch-protestantische Jugend. Ein Hilfsbüchlein für Lehrer und Eltern. 1. Schuljahr. 8. (36 S.) München 881, Expedition des k. Zentral-Schulbücher-Verlags. ** — 25

— christlicher. 8. Leipz. 788. (W. Vogel). 2 gl

— christl., in Gespräch. f. d. protest. Jug. 8. Leipzig, Crusius. (F. C. W. Vogel) 783.

**Religionsunterricht, Christlicher,** für denkende Jünglinge. [Winterthur] 1788. V: *Lavater, Johann Kaspar.* (schstr S. 124)

**Religionsunterricht, Rein christlicher,** nach Luthers kleinem Katechismus. Halle 1817. V: *Krüger, Carl Ludwig.* (MGT)

— christl., nach d. Katechismus Lutheri, f. Volksschulen, (v. . . . Lindner). 8. Arnst. 829. Mirus. 5 gl

Religionsunterricht, christl., nach d. Katechismus Lutheri, f. Volksschulen. (Von Lindner.) 8. (14¼ B.) Arnstadt 829, [Ohlenroth.]

— christl., f. Katechumenen, mit Luthers Katechismus. 8. Magdeburg, (Creutz). 4 gl Ohne Katechismus. 3 gl

Religionsunterricht, christl., zur Vorbereitung auf die erste Nachtmahlsfeyer. 1s 2s Heft. 3te Aufl. 8. Zürich. (Leipzig, Fr. Fleischer in Comm.) 821.

— christlicher, zur Vorbereitung auf die erste Nachtmahlsfeier. 1e Hälfte. 6e Aufl. 2e Hälfte. 3e Aufl. 8. Zürich ... Schulthess. (I. 1/12 ₰ II. 1/8 ₰) 5 gl

Religionsunterricht, der einheitliche, in der Oberklasse der evangelischen Elementarschule. Ein Versuch. Essen 866. Bädeker. qu. 4. (22 S.) n. 6 ngr.

— erster, f. Kinder, (nur n. Titel e. alten Buchs). 8. Leipz. 797. Baumgärtner. 6 gl

Religionsunterricht, erster, f. Kinder. In 12 Lectionen. A. d. Engl. übers. gr. 8. (1½ B.) Tübingen 840. [Stuttgart, Ebner u. Seubert.]

Religionsunterricht, erster, für Kinder. In 12 Lectionen. Aus d. Engl. übersetzt. gr. 8. Tübingen 840. Zu-Guttenberg. 1/8 ₰

Religionsunterricht, erster, für Kinder. 8. Stuttgart 869. Neukirchl. Buchh.

**Religionsunterricht** für Erwachsene, s. Religionsunterricht für Kinder u.d. erwachsene Jugend.

Der evangelische **Religionsunterricht** auf höheren Schulen dargestellt von ... Hrsg. von Dr. Julius Smend, Prof., Straßburg. Göttingen: Vandenhoeck & Ruprecht 1910. VI, 135 S. 8°
(Religionspädagogische Bibliothek. Nr 4.) 10. 5187

**Religionsunterricht**, der evangelische, auf höh. Schulen, dargestellt v. O. Schönhuth, H. Strohl, K. Scheer, O. Göller u. J. Schoell. Hrsg. v. Jul. Smend. (.A.Bibliothek, religionspädagog. Nr. 4.

Vom evangelischen **Religionsunterricht** an höheren Schulen. Unter Mitw. von Adolf Metz [u. a.] hrsg. von Lic. Hans Vollmer. Tübingen, Freiburg & Leipzig: Mohr 1900. 52 S. 8° A 12. 25204

**Religionsunterricht**, evangelischer. Grundlegung u. Präparationen. Unter Mitwirkg. v. G. Bauer, W. Bittorf, G. Döll u. a. hrsg. v. A. Reukauf u. E. Heyn. 1. u. 3.—9. Bd. gr. 8. Leipzig, E. Wunderlich. n. 29.60; geb. n. 34.—

1. Grundlegung f. Auswahl u. Anordnung der Unterrichtsstoffe od. Didaktik des evangel. Religionsunterrichts in der Volksschule. Grundlegung f. Lehrplan u. Methode. Von A. Reukauf. 1. Tl. (XI, 166 S.) 900. n. 1.60; geb. n. 2.—
3. Jesusgeschichten. Von J. Hofmann. Erzvätergeschichten. Von W. Bittorf. Präparationen f. den evangel. Religionsunterricht in den Unterklassen der Volksschule. (XXIII, 164 S.) 900. n. 2.—; geb. n. 2.40
4. Urgeschichten, Moses- u. Josuageschichten. Präparationen für den evangel. Religionsunterricht in den Mittelklassen der Volksschule u. d. Unterklassen höh. Schulen. Von Gust. Bauer. (XI, 259 S.) 900. n. 3.20; geb. n. 3.80
5. Richtergeschichten. Von Gust. Bauer. — Israelit. Königsgeschichten. Von Ghard. Gille. Präparationen f. d. evangel. Religionsunterricht in den Mittelklassen der Volksschule u. den Unterklassen höh. Schulen. (VIII, 279 S.) 900. n. 3.60; geb. n. 4.20
6. Geschichten aus dem Leben Jesu. Präparationen für den evangel. Religionsunterricht in den Mittelklassen der Volksschule u. den Unterklassen höherer Schulen. Von Gust. Döll. 3. Tl. (XII, 453 S.) 902. n. 5.80; geb. n. 6.40
7. Geschichte des alten Bundes. Präparationen f. den evangel. Religionsunterricht in den Oberklassen der Volksschule u. den Mittelklassen höh. Schulen. Von Ernst Heyn. 2. Tl. (XXIV, 343 S.) 902. n. 4.40; geb. n. 5.—
8. Geschichte Jesu. Präparationen für den evangel. Religionsunterricht in den Oberklassen der Volksschule u. d. Mittelklassen höh. Schulen. Von Ernst Heyn. 2. Tl. (XV, 335 S.) 900. n. 4.—; geb. n. 4.60
9. Geschichte der Apostel. Präparationen für den evangel. Religionsunterricht in den Oberklassen der Volksschule u. den Mittelklassen höh. Schulen. Von A. Reukauf u. H. Winzer. 3. Tl. (XVI, 397 S.) 903. n. 5.—; geb. n. 5.60

— evangelischer. Grundlegung u. Präparationen. Unter Mitwirkg. v. G. Bauer, W. Bittorf, G. Döll u. a. hrsg. v. A. Reukauf u. E. Heyn. 1.—4., 6.—8. Bd. u. 10. Bd., I. Hälfte. 8. Leipzig, E. Wunderlich. n. 28.60; geb. in Leinw. n 32.80

1. Didaktik des evangelischen Religionsunterrichts in der Volksschule. Evangelischer Religionsunterricht. Grundlegung f. Lehrplan u. Methode, hrsg. v. A. Reukauf. 1. Tl. 2. umgearb. Aufl. (XX, 327 S.) 906. n. 4 —; geb. in Leinw. n. 4.60
2. Methodik des evangelischen Religionsunterrichts in der Volksschule. Von W. Bittorf. (XI, 176 S.) 902. n. 2.—; geb. n. 2.40
3. Jesusgeschichten. Von J. Hofmann. — Erzvätergeschichten. Von W. Bittorf. (Präparationen f. den evangel. Religionsunterricht in den Unterklassen der Volksschule, hrsg. v. A. Reukauf.) 2. verm. u. verb. Aufl. (XXVIII, 183 S.) 903. n. 2.—; geb. n. 2.40
4. Urgeschichten, Mose- u. Josuageschichten. Präparationen f. den evangel. Religionsunterricht in den Mittelklassen der Volksschule u. den Unterklassen höh. Schulen. Von Gust. Bauer. 1. Tl. 2. verb. Aufl. (X, X, 237 S.) 904. n. 3.20; geb. n. 3.60
6. Geschichten aus dem Leben Jesu. Präparationen f. den evangel. Religionsunterricht in den Mittelklassen der Volksschule u. den Unterklassen höh. Schulen. Von Gust. Döll. 3. Tl. 2., verb. Aufl. (XII, 451 S.) 905. n. 5.80; geb. n. 6.40
7. Geschichte des alten Bundes. Präparationen f. den evangel. Religionsunterricht in den Oberklassen der Volksschule u. den Mittelklassen höherer Schulen. Von Ernst Heyn. 2. Tl. 2. verb. Aufl. (3. u. 4. Tausf.) (XX, 329 S.) 906. n. 4.40; geb. n. 5.—
8. Geschichte Jesu. Präparationen f. den evangel. Religionsunterricht in den Oberklassen der Volksschule u. den Mittelklassen höh. Schulen. Von Ernst Heyn. 2. Tl. 2. umgearb. Aufl. (3.—4. Tausf.) (XVI, 331 S.) 904. n. 4.—; geb. n. 4.60
10. I. Kirchengeschichte bis 1500. Von Ernst Heyn. Präparationen f. den evangel. Religionsunterricht in den Oberklassen der Volksschulen u. den Mittelklassen höh. Schulen, hrsg. v. A. Reukauf u. E. Heyn. (XII, 248 S.) 906. n. 3.20; geb. n. 3.80

**Religionsunterricht**, evangelischer. Grundlegg. u. Präparationen. Unter Mitwirkg. v. G. Bauer, W. Bittorf, G. Döll u. a. hrsg. v. A. Reukauf u. E. Heyn. 2.—9. Bd. 10. Bd. II. Hälfte u. 10. Bd. Ausg. B. gr. 8. Leipzig, E. Wunderlich. 38.80; geb. 44.60

Bauer, Gust., Urgeschichten, Mose-, Josua- u. Richtergeschichten. Durchgesehen u. teilweise umgearb. v. A. Reukauf. (Präparationen f. den evangel. Religionsunterricht in den Unterklassen der Volksschule u. den Unterklassen höherer Schulen, hrsg. v. A. Reukauf.) 3. verb. u. 4. verb. Aufl. (XI, 259 S.) 907. 09. (Bd. 4.) 3.60; geb. 4.40

Bittorf, W., Methodik des evangelischen Religionsunterrichts in der Volksschule, nebst Anh.: Religions-Lehrplan f. die evangel. Volksschule, bearb. v. A. Reukauf. (Evangelischer Religionsunterricht, Grundlegg. f. Lehrplan u. Methode, hrsg. v. A. Reukauf II. Tl.) 2., verb. Aufl. 3.—5. Tausf. (XI, 192 u. 51 S.) 908. (Bd. 2.) 2.60; geb. 3.20

Döll, Gust., Geschichten aus dem Leben Jesu. (Präparationen f. den evangel. Religionsunterricht in den Mittelklassen der Volksschule u. den Unterklassen höh. Schulen, hrsg. v. A. Reukauf.) 3. verb. u. 4. verb. Aufl. (XII, 445 S.) 907. 09. (Bd. 6.) 5.80; geb. 6.40

Gille, Gerh., Geschichten v. d. Königen u. Propheten Israels. (Präparationen f. den evangel. Religionsunterricht, hrsg. v. A. Reukauf.) 3. verb. Aufl. (VIII, 317 S.) 908 u. 4. verb. Aufl. (VIII, 319 S.) 910. (Bd. 5.) 3.60; geb. 4.20

Heyn, Ernst, Geschichte des alten Bundes. (Präparationen f. den evangel. Religionsunterricht in den Oberklassen d. Volksschule u. den Mittelklassen höh. Schulen, hrsg. v. A. Reukauf u. E. Heyn.) 3. verb. Aufl. (XX, 299 S.) 909. (Bd. 7.) 4.—; geb. 4.60

Geschichte Jesu. Präparationen f. den evangel. Religionsunterricht in den Mittelklassen höh. Schulen u. den Oberklassen der Volksschule hrsg. v. A. Reukauf u. E. Heyn. 4. u. 5. verb. Aufl. (XXIV, 332 S.) 910. (Bd. 8.) 4.—; geb. 4.60
3. verb. Aufl. (XVIII, 337 S.) 908.

— Kirchengeschichte von 1500 bis z. Gegenwart. Abschließender Katechismusunterricht. Präparationen f. den evangel. Religionsunterricht in den Oberklassen höherer Schulen, hrsg. v. E. Heyn. u. A Reukauf. (XVI, 418 S.) 908. (Bd. 10. II.) 5.—; geb. 5.60 (Vollständig: 8.20; geb. 9.40)

Hofmann, J., Jesusgeschichten, u. Sem.-Lehr. W. Bittorf: Erzvätergeschichten. Präparationen f. den evangel. Religionsunterricht. 4. verb. u. 5. verm. u. verb. Aufl. (XXVI, 181 S.) 907. 09. (Bd. 3.) 2.—; geb. 2.40

Reukauf, A., Kirchengeschichte. Präparationen f. d. evangel. Religionsunterricht in den Oberklassen der Volksschulen u. d. Mittelklassen höh. Schulen, hrsg. v. A. Reukauf u. E. Heyn. (XV, 247 S.) 907. (Bd. 10 Ausg. B f. Volks- u. Mittelschulen.) 3.20; geb. 3.80

Reukauf, A., u. H. Winzer, Geschichte der Apostel. 2. verb. Aufl. Präparationen f. d. evangel. Religionsunterricht in den Oberklassen der Volksschulen u. den Mittelklassen höh. Schulen, hrsg. v. A. Reukauf u. E. Heyn. (XVI, 371 S.) 907. (Bd. 9.) 4.80; geb. 5.40

— in Gesprächen, nebst e. kurzen Lebensgesch. Jesu. 8. Glogau 799. Neue Güntersche B. 14 gr

**Religionsunterricht** für die Jugend. Giessen 1792. V: *Ouvrier, Ludwig Benjamin.* (Stri)

— katholischer, übersichtlich dargestellt auf den Grund der bayerischen Diözesan-Katechismen u. des römischen Katechismus. Ein katechetischer Versuch. München 861. Lentner. 12. (40 S.) 1 ngr.

—— dass. — 2. Folge und Schluß. Von den Geboten und Gnadenmitteln. 12. (IV und 112 S.) Ebendas. (861)62.

Religions-Unterricht, katholischer, in Fragen und Antworten. Als Lesebuch zu dem großen Katechismus 8. (202 S. 1 Bl.) Wien Gedruckt bei Leopold Grund. 1854 Gebunden in Leinwandrücken. 18 kr. C. M. Vlg.d.Schulbücher-Verschleiß-Administration.

Religions-Unterricht, katholischer, in Fragen und Antworten. Als Lesebuch zu dem kleinen Katechismus. 8. (84 S 1 Bl.) Wien. Gedruckt bei Leopold Grund. 1854. Gebunden in Leinwandrücken 9 kr. C. M. Vlg.d.Schulbücher-Verschleiß-Administration.

— f. Kinder u. d. erwachs. Jugend. 1r f. Kinder von 10 Jahren. 2 gr. 2r f. Erwachs. 4 gr. 8. Lübeck. (Hammerich, Altona) 796.

— erster, f. Kinder von 10 Jahren. 796. 2 gr — zweiter, für Erwachsene. 3e A. 800. 4 gr 8. Lübeck, (Hammerich in Altona). 6 gr

— für Kinder, nach Salzmannischer Lehrart. 8. Stendal 780. Franzen u. Gr. 12 gr

— der, in der unteren Klasse der kath. Volksschule, s.: Handbibliothek, katechetische.

Religionsunterricht, der, in den unteren Klassen der Volksschule. Ein Leitfaden für Lehrer. Wiesbaden 864. Limbarth. 8. (46 S.) n. 5 ngr

**Religionsunterricht, Der natürliche und christliche,** für Kinder. Berlin 1806. V: *Martens, Friedrich Freiherr von.* (Hitzig)

— d. natürliche und christliche, f. Kinder. 1c. 8. Berlin, Unger. 806.

— der natürliche 1c. gr. 8. Berlin. 806. Jetzt Sommerbrodt.

Religionsunterricht, der nichtconfessionelle. Ein Leitfaden zum Unterricht in der Religion für Schule und Haus. 8. (27 S.) Hirschberg 849, Rosenthal. *

— oder nicht? Denkschrift der brem. Lehrerschaft. (16 S.) gr. 8. Bremen 905. (G. Winter.) n. — 25

— der, in den Schulen, e. brenn. Frage. 1. Für die Kirche. Von M. Glage. 2. Für d. Schule. Von E. Hoppe. 3. Für das Haus. Von Budde. 4. Die Abhilfe. Von J. H. Höck. Geh. im Auftrag d. kirchl. Vereins z. Hamburg. (56 S.) gr. 8. Hamburg 907. Ev. Buchh. 1. —

Religionsunterricht, der, f. die ersten Schuljahre nach den Katechesen v. G. Mey. 12. (51 S.) Freiburg i/Br. 890. Herder. n. — 25; cart. n.n. — 30

— der, f. die ersten Schuljahre nach den Katechesen v. G. Mey. 12. (50 S.) Freiburg i/B. (902). Herder. Geb. in Halbleinw. n.n. — 25

— der, f. die ersten Schuljahre nach den Katechesen v. Gustav Mey. (Neue Aufl.) (50 S.) kl. 8. Freiburg i/B. (909). Herder. — 20; kart. — 25

**Religionsunterricht, Systematischer,** für Candidaten der Philosophie. Wien 1821. 1826. V: *Leonhard, Johann Michael.* (EB)

Religions-Unterricht, systematischer, f. Candidaten d. Philosophie. 1r Thl. 8. Wien 826, Ueberreiter.

— systemat., f. Candidaten d. Philosophie. 3 Thle. 8. Wien, (Gerold's Verlh.) *
Thl. 1. Philosoph.-histor. Einleitung. (19½ B.) 826.
„ 2. Christl. Glaubenslehre. (25½ B.) 826.
„ 3. Sittenlehre. (25½ B.) 822.

Religionsunterricht und religiöser Unterricht an Gymnasien. 26 S. 8°–Feldkirch, Progr. 1857.

— der, in der Volksschule in Hinsicht auf das neue preußische Volksschulgesetz. Eine Stimme aus dem Reichsland. gr. 8. (24 S.) Straßb. i. E. 892, Bull. * — 50

Religionsunterricht, der, in der Volksschule in Hinsicht auf das neue preußische Volksschulgesetz. Eine Stimme aus dem Reichsland. gr. 8. (24 S.) Straßburg i/E. 892. C. F. Schmidt. n. — 50

Religionsunterricht an Volksschulen. Gesetz vom 20. Juni 1872, abgeändert in den §§ 3 und 5 durch das Gesetz vom 17. Juni 1888, R.-G.-Bl. Nr. 99, betreffend die Besorgung des Religionsunterrichtes in den öffentlichen Volks- u. Mittelschulen, sowie in den Lehrerbildungsanstalten und den Kostenaufwand für dieselbe. 8. (8 S.) —.12
Klagenfurt: J.Heyn 1891.

Religions-Unterricht an Volksschulen. Gesetz vom 20. Juni 1872, betreffend die Besorgung des Religions-Unterrichtes in den öffentlichen Volks- und Mittelschulen, sowie in den Lehrerbildungs-Anstalten und den Kostenaufwand für dieselben. 8. (8 S.) * —.12
Klagenfurt: F.v.Kleinmayr 1891.

— an Volksschulen. Redaktionelle Beilage d. kärnt. Gemeindeblattes. gr. 8. (7 S.) Klagenf. 891, (v. Kleinmayr). * — 24

**Religionsunterricht** zur Vorbereitung auf die erste Nachtmahlsfeyer. Zürich 1806. V: *Wolf, Salomon.* (Cat. d. Stadtbibl. Zürich. Zürich 1864—97.)

Religions-Unterweisungen, christkathol. zum Gebrauche in Kirchen und Schulen. 2 Bde. 8. Augsb. 816. M. Rieger. 2/3 rf

Religions-Urkunden d. Völker. Hrsg. v. Jul. Boehmer. II. Abtlg. 1. Bd. u. IV. Abtlg. 1. Bd. Lex. 8. Leipzig, Dieterich. 10.—; geb. 12.—; Subskr.-Pr. 8.—; geb. 10.—
II, 1. „Amida Buddha unsere Zuflucht". Urkunden z. Verständnis d. japan. Sukhāvati-Buddhismus. Von Hans Haas. (VIII, 185 S. m. 12 Vollbildern.) 910. 6.—; geb. 7.—; Subskr.-Pr. 4.80; geb. 5.80
IV, 1. Die Religion d. Batak. Ein Paradigma f. die animist. Religionen des Indischen Archipels. Von Joh. Warneck. Mit 4 Abb. (VI, 136 S.) 909. 4.—; geb. 5.—; Subskr.-Pr. 3.20; geb. 4.20

**Religionsurkunden, Würtembergische,** in historischem Zusammenhang . . . O. O. 1741. H: *Georgii, Friedrich Heinrich.* (ML)

Religionsvereiniger, an den, Massus. 8. Halle, Hendel. 785.

Religionsvereinigung, über, u. Dereformation. Zur Beruhigung f. ungelehrte Christen. 8. Kempt. 812. Dannheimer. 3 gr

**Religionsverfassung, Die neueste,** und Religionsstreitigkeiten der Reformirten . . . Leipz. 1780. V: *Mieg, Joh. Frdr.* (Zuwachsverz. d. Bibl. Zürich 1898 ff. 7.)

**Religionsverfassung, Die neueste,** und Religionsstreitigkeiten der Reformirten in der Unterpfalz . . . Leipzig 1780. V: *Ulrich, Joh. Hnr. Frdr.* (ML) (Ky)

**Religionsvergehen.** Falsche Anschuldigung. Zweikampf. Münzdelikte. Meineid. Bearb. von den Prof. D. Dr. (Wilhelm) Kahl [u. a.]. Berlin: O. Liebmann 1906. (XI, 412 S.) 4°(8°)
— **Darstellung,** Vergleichende, d. deutschen u. ausländ. Strafrechts. Besond. T. Bd 3.

**Religions-Vergleich.** welcher zwischen . . . Friedrich Wilhelmen, Marggrafen zu Brandenburg . . . und Philip Wilhelmen, Pfaltzgrafen bey Rheyn . . . über das Religions- und Kirchen-Wesen in denen Hertzogthumben Gülich, Cleve und Berge, auch Graffschafften Marck und Ravensberg . . . am 26. Apr. 1672 zu Cölln an der Spree und am 30. Julii zu Düsseldorff aufgerichtet worden. [Nebst] **Neben-Receß** in puncto religionis d. 26. Apr. 1672. [u.] **Religions-Vergleich** vom 20. Julii 1673. Cleve 1674.
— [Desgl.] Düsseldorff 1735.
— [Desgl.] 1753.

**Religionsvorträge** für die Bedürfnisse unsres Zeitalters . . . Leipzig 1793. V: *Pölitz, Carl Hnr. Ludwig.* (Ky) (NN) (Kläbe, Neuest. Gel. Dresden. Leipz. 1796.) »1794« (MGT)

— f. die Bedürfnisse unseres Zeitalters, mit Hinsicht auf die reine Moral, (von K. H. L. Pölitz). gr. 8. Leipz. 793. (Aue in Altona). 16 gl.

— f. Bedürfn. unf. Zeitalters, m. Hinf. a. d. reine Moral. (v. K. H. L. Pölitz.) gr. 8. Leipz. Jacobäer. 794.

**Religionsvorträge, Christliche,** über die epistolischen und einzelne andere Texte. Tübingen 1797. V: *Müller, Carl Georg Ernst.* (Ky) (MGT)

**Religionsvorträge** an die Erziehungsanstalt zu Schnepfenthal rc. f. Ausfeld.

**Religionsvorträge** grösstentheils an Festtagen und bei besonderen Veranlassungen und Fällen gehalten. Stendal 1804. V: *Meyer, J. C.* (Ky)

— größtenth. an Festtag. u. bey bes. Veranl. rc. 8. Stend. Franzen. 804.

— größtentheils an Festtagen u. bei besond. Veranlassungen u. Fällen gehalten, (von J. C. Meyer). 8. Stendal 820. Franzen u. Gr. 20 gl.

**Religionsvorträge** nach dem Grundsatze des Christenthums, nebst e. reinen Sittenlehre. 8. Stuttg. 802. (Hofmann). 12 gl.

**Religionsvorträge** nach dem Grundf. des Christenthums u. e. rein. Sittenlehre. 8. Stuttg. Erhard. (a. Müller in Carlsruhe) 802.

**Religionsvorträge,** kurzgefaßte, mit den wörtlich angeführten Bibelstellen nach der Ordnung des größeren Katechismus f. die Erzdiöcese München-Freising u. f. die Diöcesen Eichstädt, Passau u. Speyer. gr. 8. (XVI u. 471 S.) Regensburg 847, Manz. 1 1/4 ℔

— über selbstgewählte Texte, zur Beförder. e. vernünft. Gottesdienstes. 8. Leipz. 792. (W. Rauck). 18 gl.

— üb. selbstgewählte Texte, z. Beförderung eines vernünftigen Gottesdienstes. 8. Leipz. Sommer. 792.

**Religions-Vorurtheile und Missbräuche, Politische und,** Pendant zu der Schrift: Vorurtheile des Christenthums. Öhringen 1798. V: *Seckendorf, Carl Aug. Gfr. von.* (GGr) (Ky)

**Religions-Vorurtheile** u. Mißbräuche, polit., Pendant zu d. Schrift: Vorurtheile d. Christenthums, (v. K. A. G. v. Seckendorf). 8. Oehring. 798. (Joachim in Leipz.) 20 gl. N. A. 8. Hall am K. 813. Schmeuer. 18 gl.

**Religionswahrheiten** m. Beweisgründen entgeg. d. Religionsspötter rc. 8. Frankf. Vandüren. 790.

Die **Religionswirren** u. der Mainzer Katechismus. Ein Beitrag zur Verständigung u. Beruhigung. Mainz, Wirth, 1845, gr. 8°, 38 Pi.

**Religionszustand** der St. Nürnberg. 8. Leipzig, Göschen. 789.

— üb. den, in d. Preuß. Staaten, seit d. Regier. Friedrichs d. Großen. 5 Bde. m. Reg. 8. Leipz. Weygand. 778–80. (1r–4r à 1 Rthlr. 4 gr. 5r 1 Rthlr. 8 gr.)

**Religionszustand,** Ungekränkter, im Herzogthum Sulzbach, s. Religionsstand, Ungekränkter ...

**Religiosität,** die ächte, oder: Die Anwendung der heil. Schrift auf unser tägliches Leben. Von einer Gärtners-Tochter, der Verf. der „Perle der Tage." Aus dem Engl. gr. 16. (64 S.) Berlin 850, Hertz.

**Religiosität, Die ächte,** oder die Anwendung der heiligen Schrift auf das tägliche Leben. Von einer Gärtnerstochter. Aus d. Engl. Berlin 1850. Ü: *Hertz, Frau.* (Russell II, 1, 864)

**Franz Anton Reling**

De Ganglio vulgo Uberbein. ([Altdorf] 1717:) Kohl. 16 S. 8°
Altdorf, Med. Diss. v. 28. Juni 1717

[F.] Anstands-Büchlein. E. Ratgeber f. Jünglinge. Zsgest. v. Herm[ann] **Reling**, Kgl. Präparanden-Anst.-Vorst. *Erfurt: F. Bartholomäus [1896].* (50 S., 1 Bl.) 1 Bd 8. [96. 8527

**Reling**, H., d. Gebiet der drei Gleichen, Wandersleben u. Umgebung. Beschreibung der geolog. Verhältnisse u. deren Einfluß auf Bodenbeschaffenheit u. Oberflächengestalt. gr. 8. (23 S. m. Fig.) Dessau 895. Anhalt Verlagsanstalt. n. — 40

**Reling**, H., deutsches Lesebuch f. Lehrerbildungsanstalten, 1.: Girardet, F.

Reling, H., und J. Bohnhorst, unsere Pflanzen nach ihren deutschen Volksnamen, ihrer Stellung in Mythologie und Volksglauben, in Sitte und Sage, in Geschichte und Litteratur. Beiträge zur Belebung des botan. Unterrichts und zur Pflege sinniger Freude in und an der Natur, für Schule und Haus gesammelt und hrsg. gr. 8. (XVI, 256 S.) Gotha 882, Thienemann. * 4 —

Reling, H., u. J. Bohnhorst. Unsere Pflanzen nach ihren deutschen Volksnamen, ihrer Stellung in Mythologie u. Volksglauben, in Sitte u. Sage, in Geschichte u. Litteratur. Beiträge zur Belebg. d. botan. Unterrichts u. zur Pflege sinniger Freude in u. an der Natur, f. Schule u. Haus gesammelt u. hrsg. 2. verm. Aufl. gr. 8. (XVI, 408 S.) Gotha 889, Thienemann. * 4 60

— u. J. **Bohnhorst**, unsere Pflanzen nach ihren deutschen Volksnamen, ihrer Stellung in Mythologie u. Volksglauben, in Sitte u. Sage, in Geschichte u. Litteratur. Beiträge zur Belebg. d. botan. Unterrichts u. zur Pflege sinn. Freude in u. an der Natur, für Schule u. Haus gesammelt u. hrsg. 3., verm. Aufl. gr. 8. (XVI, 411 S.) Gotha 898. E. F. Thienemann. n. 4. 60; geb. n. 5. 50

Unsere Pflanzen nach ihren deutschen Volksnamen, ihre Stellung in Mythologie u. Volksglauben, in Sitte u. Sage, in Geschichte u. Literatur. Beiträge z. Belebung d. botan. Unterr. u. z. Pflege sinniger Freude in u. an d. Natur, f. Schule u. Haus gesammelt u. hrsg. von H[ermann] **Reling** u. J[ohannes] Bohnhorst. 4., verm. Aufl. Gotha: E. F. Thienemann 1904. (XVI, 416 S.) 8° [F.] [06. 7736

**Reling**, Herm., die Privatlektüre in der Präparandenanstalt nach ihrer Stoffauswahl u. Einrichtung. gr. 8. (14 S.) Gotha 902. E. F. Thienemann. n. — 30

— **Vorbereitungen** zu den biblischen Geschichten des alten u. neuen Testaments. gr. 8. (VIII, 368 S.) Ebd. 900. n. 4. 20; geb. n. 4. 80

— Vorbereitungen zu den biblischen Geschichten des alten u. neuen Testaments. 2. Aufl., nach den Lehrplänen vom 1. VII. 1901 ergänzt u. erweitert. (VIII, 465 S.) gr. 8. Gotha 903. E. F. Thienemann. Geb. n. 4. 80

— Vorbereitungen zu den biblischen Geschichten des alten u. neuen Testaments. 3., durchgeseh. Aufl. (X, 465 S.) gr. 8. Gotha 907. E. F. Thienemann. Geb. in Lw. 4. 80

**Reliquiae** antiquae. Scraps from ancient manuscripts, illustrating chiefly early english litterature, and the english language. Edited by Thomas Wright, Esq. M. A., F. S. A., etc. and James Orchard Halliwell, Esq. F. R. S., F. S. A., etc. No. I and II. July; October 1st. 1839. gr. 8. London 839. Berlin, Asher. n. $2^1/_6$ ₰

Reliquiae Haenkeanae; seu descript. et icones plantarum quas in America merid. et boreali, in insulis Philippinis et Marianis colleg. Th. Haenke. Redegit et in ordinem digessit Car. Bor. Presl. Cura Musei Bohemici. Tom. I. Fasc. III—V. et Tom. II. Fasc. I et II. Fol. maj. Prague, Calve. [I. 3. (15 B. u. 11 Kpfrt.) 828. 5 Thlr., 4., 5. (19½ B. u. 12 Kpfrt.) 830. 8 Thlr., II. 1. (14 B. u. 12 Kpfrt.) 831., 2. (24 B. u. 12 Kpfrt.) 835. à 5 Thlr. 8 Gr.]
Tom. I. Fasc. I et II. Ebendas. 1825, 27. à 5 Thlr. 8 Gr.

— **Haenkeanae**; seu descriptiones et icones plantarum, quas in Amerikà merid. et boreali, in insulis Philippinis et marianis collegit Thadd. Haenke. Redegit et in ordinem digessit Car. Bor. Presl. Cura Musei Bohemici. Tomi II. Fasc. II. Cum tabb. XII aeri incisis. Fol. maj. Pragae 835. libr. Calve. n. $5^1/_3$ ₰ Vgl. Thadd. **Hänke.**

Historicorum romanorum **reliquiae**. Disposuit, recensuit, praefatus est Hermannus Peter. Vol. 1. 2. Lipsiae: B. G. Teubner 1870—1906. 2 Bde 8°
1. Veterum historicorum roman. reliquiae. 1870. 2. 1906. [06. 13326

— Houstounianae, c. fig. 8 maj. Nürnb. 794. Bauer u. R. 12 gr.

Reliquiae Houstounianae, c. fig. 8. maj. Nrnb. Raspe. 794.

**Reliquiae** juris ecclesiastici antiquissimae. Syriace primus ed. A. P. de Lagarde. 8maj. (VIII und 144 S.) Lipsiae 856, Teubner. **

— id. — Graece ed. A. P. de Lagarde. 8maj. (LVI und 96 S.) Lipsiae 856, Teubner. **

**Reliquiae** Kotschyanae. Beschreibung u. Abbildung einer Anzahl unbeschriebener oder wenig gekannter Pflanzenarten, welche Thdr. Kotschy auf seinen Reisen in den Jahren 1837 bis 1839 als Begleiter Jos. v. Russeger in den südlich von Kordofan u. oberhalb Fesoglu gelegenen Bergen der freien Neger gesammelt hat. Hersg. von Geo. Schweinfurt. Nebst einer biograph. Skizze Thdr. Kotschy's von O. Kotschy. Mit 35 lith. Taff. u. dem (lith.) Bildn. Kotschy's (in Tondr.) Berlin 868. G. Reimer. Imp.-4. (XL, 52 S.) geb. n. 8 ₰

Reliquiae sacrae: sive Auctorum fere jam perditor. secundi tertiique saeculi post Christum natum quae supersunt. Acced. Synodi, et Epistolae canon., Nicaeno Concilio antiquiores. Ad. Cod. mss. rec. notisque illustr. Mart. Jos. Routh. Edit. II. IV Vol. 8maj. (Vol. I. 33½ B.) Oxonii 846. (Lipsiae, T. O. Weigel.) **

— tabularum terrae regni Bohemiae anno MDXLI igne consumptarum. Edidit Joseph Emler. Tom. 1. Prag 870. (Grégr & Dattel.) gr. 4. (XXIV u. S. 1—120.) n. 1 ₰

**Reliquiae** tabularum terrae regni Bohemiae anno MDXLI igne consumptarum. Edidit Jos. Emler. Tom. I. Vol. 2—5 u. Tom. II. Vol. 1—3. gr. 4. (Tom. I. S. 121—606 u. Tom. II. S. 1—312.) Prag 871—74. (Grégr & Dattel.) à Vol. n. 3. —

Reliquiae tabularum terrae regni Bohemiae anno 1541 igne consumptarum. Edidit Jos. Emler. Tom. II. vol. 4. gr. 4. (S. 313—424.) Prag 877, (Grégr und Dattel.) * 3 —
Tom. I, 5 vol. und Tom. II vol. 1—3. (Ebendas.) 1870—74. à *ℳ 3.

**Reliquiae** tabularum terrae regni Bohemiae anno 1541 igne consumptarum. Ed. Jos. Emler. Tom. II. vol. 4. (S. 313—424.) Prag 877. Grégr & Valecka in Comm. n. 3. —

**Reliquie**, eine, von Klopstock, griech. u. deutsch; hrsgg. v. H. H. Füßli. gr. 4. Zürich 809. Orell. 6 gr.

Reliquie, e. kostbare, von uns. allerheiligst. Erlöser Jesus Christus. Näml.: Ein Brief v. uns. Herrn u. Heiland, den er an Abgarus, König v. Edessa, geschrieben hat. A. d. Griech. übers. Nebst 31 Lehrstücken, welche uns Jesus Christus, d. himml. Lehrmeister, selbst z. tägl. Nachfolge z. Erlangung d. ewigen Lebens, u. Vermeid. d. ew. Untergangs gegeben hat. Ein Beytr. z. Beleb. u. Stärkung d. religiös. Sinnes. 4. (1 B.) Cöln 832. (Regensburg, Manz.)

— eine kostbare, von unserm allerheiligsten Erlöser Jesus Christus. Nämlich: Ein Brief von unserm Herrn u. Heiland, den er an Abgarus, König v. Edessa, geschrieben hat; aus d. Griechisch. übers. Nebst 31 Lehrstücken, welche uns Jesus Christus, der himml. Lehrmeister, selbst zur tägl. Nachfolge zur Erlangung des ewigen Lebens ꝛc. gegeben hat. Ein Beitr. zur Belebung u. Stärkung des religiös. Sinnes. 4. Cöln. (Landsh., Krüll). (Sollinger in Wien). 2 gr

**Reliquien.** Frankfurt a. M. 1766. V: *Moser, Friedrich Carl Freiherr von.* (ML) (BrMm) (stri) (Cb) (Ky) (ErschDL) (ADB 22, 770)

Reliquien, (v. F. K. v. Moser). 8. Frankf. a. M. 767. Brönner. 18 gr

Reliquien, s. F. C. Moser.

— üb. die, 8. Hannover, Ritscher. 784.

— über die, (v. J. J. Fezer). 8. Hannov. 787. Ritscher. 4 gr

Reliquien, die, (v. Nicolai, L. H.,) gr. 8. Leipzig 823, Kummer.

Reliquien von Albr. Dürer, seinen Verehrern geweiht (von Fr. Campe.) Schmal. 12. Nürnb. 827, Campe.

**Reliquien** von Albrecht Dürer ... Nürnberg 1828. H: *Campe, Friedrich.* (MN) (BrMm) (Ky)

**Reliquien** eines Frühvollendeten. Zürich 1863. V: *Wild, Eduard.* (Cat. d. Stadtbibl. Zürich. Zürich 1864—97.)

Reliquien, geistige, d. Bischofs Geo. Mich. Wittmann, hochs. Andenkens. Ein Blumenkranz auf sein Grab an seinem Sterbetag d. 8. März 1840. Von e. Pfarrer d. Bisth. Regensburg. 8. (4¼ B.) Stadtamhof. (Regensburg, Manz.) 1840.

**RELIQUIEN** gesammelt auf den Gefilden der Wahrheit und Dichtung (hrsg. von Nicolaus Daniel Hinsche). Hamburg 1814.
Anon.-Lex. III. p. 374 (nach Goedeke). — Schröder hat „1814—15".

— gesammelt auf den Gefilden d. Wahrheit u. Dichtung. 1r Bd in 6 Hften. gr. 8. Hamb. 814. Bohn. 1 ℛ

**Reliquien** von Glashütten, in der Amtshauptmannschaft Bayreuth gelegen. [Bayr. 1768.] V: *Künneth, Joh. Theodor.* (ML)

Reliquien eines Honvéd. Hamburg 861. O. Meißner. 16. (90 S.) 10 ngr

Reliquien der Fräulein v. Klettenberg, s. Klettenberg.

**Reliquien** und Kunst. [Luzern 1902.] V: *Stückelberg, Ernst A.* (Zuwachsverz. d. Bibl. Zürich 1898 ff. 6.)

— aus dem Mittelalter. Geistlich u. Weltlich. Beiträge nach Originalurkunden zur Erkenntniß u. Würdigung christl. Vorzeit. I. Das Kloster. A. u. d. T.: Vitis Mystica. Christus d. wahre Weinstock. Passionsbilder aus der Zeit u. Schule des heil. Bernhard v. Clairvaux. Mit 1 Stahlst. gr. 16. (XXXII u. 320 S.) Regensburg 847, Manz. 7/12 ℛ

— dies. II. Das Ritterthum. A. u. d. T.: Leben des heil. Ludwig v. Frankreich. Nach der Erzählung seines Zeit- u. Kampfgenossen Joh. Sir v. Joinville in's Deutsche übers. von Thdr. Nißl. Mit 1 Stahlst. 16. (LXIV u. 474 S.) Ebd. 852. 5/6 ℛ

Reliquien aus dem Mittelalter. Geistlich und Weltlich. Beiträge nach Originalurkunden zur Erkenntniß und Würdigung der christl. Vorzeit. III. Das Kloster. 2. (Thl.) A. u. d. T.: Das Buch der geistl. Gnaden. Aufzeichnungen aus dem beschaulichen Leben der gottsel. Jungfrau Mechtildis v. Helfeda. († 1297.) Mit 1 Stahlst. Regensburg 857. Manz. 16. (XLVIII. 511 S.) 1 ℛ

Reliquien aus dem Mittelalter. Geistlich und Weltlich. Beiträge nach Originalurkunden zur Erkenntniß und Würdigung der christl. Vorzeit. IV. Das Kloster. 3. (Thl.) A. u. d. T.: Lebensbeschreibungen der ersten Schwestern des Klosters der Dominikanerinnen zu Unterlinden von deren Priorin Katharina v. Gebsweiler. Aus dem Latein. übers. und eingeleitet von Ludw. Clarus. Mit einem Anh. vom „Leben mehrer Mönche" im Kloster zu Waldsassen. 16. (488 S. mit 1 Stahlst.) Regensburg 863, Manz.
I.—III. Ebendas. 1852—60. * 2 Thlr. 12½ Ngr.

Reliquien aus dem Mittelalter. Geistlich u. Weltlich. Beiträge nach Orig.-Urkunden zur Erkenntniß u. Würdigung der christl. Vorzeit. V. Das Kloster. 4. (Thl.) A. u. d. T.: Offenbarungen der Schwester Mechtild von Magdeburg, aus der einz. Einsiedler-Handschrift' des 13. Jahrh. mit unveränd. Texte in jetz. Schriftsprache hersg. von Gall Morel. Regensburg 869. Manz. 16. (XL, 500 S.) 1 ℛ

Reliquien aus dem Mittelalter. Geistlich und Weltlich. Beiträge nach Orig.-Urkunden zur Erkenntniß und Würdigung der christl. Vorzeit. V. Das Kloster. 4. (Thl.) A. u. d. T.: Offenbarungen der Schwester Mechtild von Magdeburg, aus der einz. Einsiedler-Handschrift des 13. Jahrh. mit unveränd. Texte in jez. Schriftsprache hrsg. von Gall Morel. 16. (XL, 500 S.) Regensburg 869, Pustet.
I—IV. Ebendas. 1852—62. M 10,15.

— aus dem Mittelalter. Geistlich u. Weltlich. Beiträge nach Originalurkunden zur Erkenntniß u. Würdigung christlicher Vorzeit. I.: Vitis Mystica. Christus der wahre Weinstock. Ein Passionsbild aus der Zeit u. Schule des heil. Bernhard v. Clairvaux. Herausg. von W. K. Reischl. 2. Aufl. Mit 1 Stahlst. Regensburg 860. Manz. 16. (352 S.) 19½ ngr

Reliquien, moderne. Herausgeg. von Arthur Mueller. 1. Bd. Nachträge zu den Schriften v. Wlh. Müller, Grabbe, Goethe, dem Maler Müller, Jean Paul u. Hoelderlin. 2. Bd. Nachträge zu den Schriften von Ludw. Börne, E. T. A. Hoffmann, Fr. v. Sallet und Ed. Ferrand. 2 Bde. 8. Berlin 845, Gumprecht. 3½ ℛ

Reliquien, moderne. Hrsg. von Arthur Mueller. 2 Bde. 8. (46⅞ B.) Berlin 845. [Danzig, Gerhard'sche Buchh.]
Inhalt:
Bd. 1. Nachträge zu den Schriften von Wilh. Müller, Grabbe, Goethe, dem Maler Müller, Jean Paul u. Hoelderlin.
" 2. Nachträge zu den Schriften von Ludw. Börne, E. T. A. Hoffmann, Friedr. v. Sallet u. Ed. Ferrand.

Reliquien von Justus Möser und in Bezug auf ihn, herausg. von B. R. Abeken. Nebst einer Abbildung von Möser's Denkmal u. e. Facsimile seiner Handschrift. 8. Berlin 837. Nicolai. ¾ ℛ

**RELIQUIEN**, Neue, den Wahrheitsfreunden gewidmet (von *Adolph Friedr. v. Reinhard*). O. O. (Wetzlar) 1778—80. (1 Mk., Probe 1—2 [„Bützow"], 1778, L. St. Goar, Frf. a. M., vor 1885.)
Anon.-Lex. III. p. 374 (nach Meusel). Kayser hat „Bützow 1779".

— neue, d. wahrhaften Freunden gewidmet (v. Ad. Fr. v. Reinhard). 3 Proben. 8. Bützow 779. Bödner. 3 ℛ

**Reliquien, Neue,** der Reliquien ... Frankfurt 1767. V: *Ortmann, Adolph Dietrich.* (BrMm)

Reliquien, poetische. 8. Lemgo 770. Meyer. 4 ℛ

**Reliquien, Die,** unter moralischer Quarantaine. Frankf. a. M. 1767. V: *Creutz, Friedrich Casimir Carl Freiherr von.* (Adel) (Ky) (ML)

— unter moral. Quarantaine, (v. F. K. K. v. Creuz). 8. Frkf. a. M. 767. Varrentrapp. 16 ℛ

**Reliquien** oder neue Sagen des Alterthums ... Neue ... Ausg. Leipzig 1802. V: *Albrecht, Johann Friedrich Ernst.* (Ky) (MGT) (LS)

— od. neue Sagen des Alterthums, vom Verf. der Familie Medicis, m. 3 K. 8. Lpz. Schäfer. (Kühn.) 802.

**Reliquien** für Staatswohl und Völkerglück. Germanien [Hamb.] 1798. V: *Knüppeln, Julius Friedrich.* (Wr)

— für Staatenwohl u. Völkerglück, von e. Prediger in d. Wüsten. 2 Hfte. 8. Hamb. 798. Villaume. 16 ℛ

— die, der heil. Valentina in d. fürstl. Metternich. Gruftkirche zu Plaß. Mit 1 Kpf. 12. Prag 829. Enders. 2 ℛ ill. 4 ℛ

**Reliquien, Die vornehmsten hl.,** im Dome zu Brixen. Kurze Beschreibung derselben, hauptsächlich nach der Ordnung, wie sie bei Prozessionen herumgetragen werden. Brixen 1894. V: *Walchegger, Johann.* (Margr)

**Reliquien**, die vornehmsten hl., im Dome zu Brixen. Kurze Beschreibg. derselben, hauptsächl. nach d. Ordng., wie sie bei Processionen herumgetragen werden. gr. 16. (16 S. m. 1 Abb.) Brixen 894. Buchh. d. Kath.-polit. Preßvereins. n.n. — 10

**RELIQUIEN** von verkannten Wahrheiten. O. O. 1786. 8⁰. Selten! (30 xr. Taussig, Prag, Cat. 5, no. 354.)

Reliquien v. Wilhelm u. Lina, (v. Gli. Ant. Chr. Niemeyer) 8. Leipz. 805. Bauer. (Andrä). 20 ℛ

**Reliquien** aus dem goldnen Zeitalter der deutschen Freimaurerey: also weder Sarsena noch Mac Ben Nac, wohl aber kein unwichtiger Beytrag zur Würdigung der wahren Tendenz und zur Bestimmung des eigentlichen Characters der echten Maurerey. Leipzig: Lauffer 1818. VI, 140 S. 8⁰
Kl. 601, Tt. 1753. Reden u. Aphorismen üb. Wesen u. Zweck d. Frmrei, Urteile von Ehlers, Klein, Hufeland, Baur üb. d. Bund u. Übersicht d. Gesch. d. Frmrei in Grossbritannien. 23. 25.

Reliquien. Zwei R' aus Isaac Iselins Studienzeit. Festgruss zur Secularfeier der gemeinnützigen Gesellschaft in Basel, Ostern 1877. Aus der Autographen-Sammlung der Basler Universitäts-Bibliothek herausgegeben. 8. Basel 1877.

**Reliquien-Büchlein** od. kurze Belehrungen üb. den hohen geistigen Werth der hl. Reliquien, Kreuze u. Agnus Dei. 16. (26 S.) Steyl 885. Missionsdruckerei. n. — 10

**Reliquienbüchlein**, heiligstes. Eine geschichtliche Beschreibung der noch vorhandenen Leidenswerkzeuge Christi, sowie anderer, durch das Leben Jesu und Maria's geheiligter und merkwürdiger Gegenstände, nebst Angabe der Orte, wo sich dieselben gegenwärtig befinden. 8. (III und 105 S.) Würzburg 856, Stahel'sche Buchh.
Aus dem Beiblatt zur Philothea, besonders abgedruckt.

**Reliquienschrein**, der, der heil. Ursula zu Brügge, acht Gemälde von Joh. Hemling in der Grösse der Originale photographisch dargestellt von Joh. Fr. Michiels. — Sepulchre of the holy Ursula at Bruges etc. — La Châsse de Ste. Ursule à Bruges etc. Köln 854. F. C. Eisen. Fol. (8 Bl.) n. 20 ℛ.

**Reliquienschreine, Die,** der Kathedrale zu Gratz. Arbeiten von Nicola und Giovanni Pisano ... Wien 1858. V: *Steinbüchel von Rheinwall, Anton.* (EB)

**Reliquienschreine, Die zwei,** im Dome zu Graz. Graz 1881. V: *Graus, Joh.* (Schlossar)

Ein **Reliquienverzeichnis** der Fuldaer Stiftskirche aus dem 15. Jahrhundert. Mitgeteilt von Dr. G[regor] Richter, Prof. in Fulda. Fulda 1907: Fuldaer Actiendr. (S. 53—64.) 8⁰
— **Quellen** u. Abhandlungen z. Geschichte d. Abtei u. d. Diözese Fulda. 4. [3.] [07. 8078

*Reliquies* of ancient poetry. III Voll. 8. Frankf. a. M. 791. Guilhaumann. 2 ℛ 16 ℛ

— the same. III Voll. 8. Frkf. a. M. 803. Varrentrapp. 3 ℛ

**Relkowich,** Mathias Antonius, k. k. Oberlieut. Nova slavonska i nimačka gramatika. Neue slavonisch-deutsche Grammatik in 3 Thle. getheilt. 1. Thl. Die slav. Orthographie nebst kurzer Einleitung in die deutsche Rechtschreibung. 2. Thl. Die Etimologie etc. 3. Thl. Die Syntax etc. Darnach folget ein Wörterbuch und Gespräche etc. 3. Aufl. (In 1 Bd.) 8. Wien 1789.

*Relkowich*, A., Grammatica nova slavonska, neue slavon. u. deutsche Grammatik. 3 Thle. gr. 8. Wien 789. (Gamesina). 1 ℛ

**Rella,** Attilio, die Wasserversorgung u. Reinigung von österr. Ortschaften, s.: Gruber, Max.

Relleffen, Leonhardt Alois

—— Die Göttlichkeit des kath. Glaubenssystems bewiesen in 6 Predigten. Düsseldorf, Schreiner, 1821, 8°.

Rellensmann, H., 181 Kindergebete für christliche Schulen und Familien. 16. Bielefeld 840. Belhagen u. Klasing. 1/8 ℛ

**Rellensmann, H.,** Kindergebete für christliche Schulen und Familien. 2. sehr verm. Aufl. kl. 16. Bielefeld 841, Belhagen u. Klasing. 1/8 ℛ

Rellensmann, H., Kindergebete für christliche Schulen und Familien. 2. sehr verm. Aufl. 16. (90 S.) Bielefeld 874, Belhagen und Klasing. *

**Reller, Johann Gottfried** (Glauchau/Schönburg), IV. Exercitatio jur. civilis exhibens receptas lectiones ad Jauchium. Präs. Johann Gottfried Sammet. Leipzig (Stopffel) 25. IX. 1750. S. 101—120. (4.25) 28340

Gew.: Johann Jakob Mascov. — III. Exercitatio siehe Holtz, Johann Christian.

Rellig, Theod. Über einen Versuch in Betreff der Influenzmaschine. S. 26—28. 8. Progr. *Ried* 1880.

**Relling, Paul,** Referendar: Der fingierte Zugang empfangsbedürftiger Willenserklärungen. Borna-Leipzig 1909: Noske. VIII, 52 S. 8°

Rostock, Jur. Diss. v. 15. Nov. 1909, Ref. Bernhöft

[Geb. 15. April 85 Oldesloe; Wohnort: Altona; Staatsangeh.: Preußen; Vorbildung: Gymn. Wandsbek Reife O. 04; Studium: Tübingen 3, Berlin 1, Kiel 2 S.; Rig. 25. Sept. 09.] [U 10. 3874

**Rells, Edm. W.,** psychologische Skizzen. [Der Zauberspiegel. Die Logik d. Kindes. Zur Psychologie der Taschenspielerkunst. Das Genie. Die Psychologie in der neuesten französ. Litteratur.] 8. (VIII, 191 S.) Leipzig 893. J. A. Barth. n. 2. 40

**Rellstab, A.** Die göttliche Wiedervergeltung. Ein Wort an Christen. 8°. 23 S. Basel, P. Kober. 1898. — 25

**Rellstab, Elise,** Bilder aus dem Lazarettleben im deutsch-französischen Krieg 1870, s.: Neujahrsblatt, 109., der zürcherischen Hülfsgesellschaft. (Escher, Konr.)

**Rellstab,** Ernestus: De ea quae inter Henricum IV. Franciae regem et Christianum I. principem Anhaltino-Berenburgensem intercesserit coniunctione. Halis Saxonum (1864): Ploetz. 32 S. 8°

Halle-Wittenberg, Phil. Diss. v. 18. Juni 1864

Geb. [Berlin 26. 12. 1835]

**Rellstab, Ernst,** der Staat u. der Versicherungszwang. gr. 8. (III, 64 S.) Berlin 882. Springer. n. 1. 40

Rellstab, Gottlieb. Aus Belps Vergangenheit. Mit einem Bilde des alten Schlosses Belp [Tafel]. 8. Belp 1898. (35 S)

**Rellstab, Joh. Carl Friedr.** C. P. E. Bachs Anfangsstücke mit einer Anleitung den Gebrauch dieser Stücke, die Bachsche Fingersetzung, die Manieren und den Vortrag betreffend. 3. Auflage. Berlin.

**Rellstab,** Johann Karl Friedrich, s. Ausflucht nach d. Insel Rügen.

—

Rellstab, Jh. Karl Fr., üb. die Bemerkk. e. Reisenden, die Berliner Conzerte, Opern, Kirchen- u. Kammermusiken betreff. 8. Berl. 788. Rellstab. 4 ℊ

**Rellstab, J. K. F.,** üb. d. Bemerk. e. Reisenden, d. Berl. Musik betr. 8. Berlin, Verf. 789.

— s. Melodie u. Harmonie.

— Versuch über die Vereinigung d. musikal. u. orator. Deklamation, hauptsächl. f. Musiker u. Componisten, mit erläut. Beispielen. Fol. Berl. 786. Rellstab.

**Rellstab,** Ludwig

Rellstab, (Heinr. Friedr.) Ludw., † (Freim. Zuschauer,) 1812. Ein histor. Roman. 4 Bde. 1. u. 2. Aufl. (à Aufl. 89 B.) 8. Leipzig 834, 36, Brockhaus. à Aufl.

**Rellstab, Ludw.,** 1812. Ein histor. Roman. 5 Bde. 12. (90, 224, 212, 224 u. 122 S. m. Illustr.) Teschen 891. K. Prochaska. In 3 Leinw.-Bde. geb. n. 2. 70

**Rellstab,** Ludw., 1812. Ein histor. Roman. 6. (Titel-) Aufl. 4 Thle. 8. (XVI, 373; 353, 344 u. 314 S.) Leipzig 892. F. A. Brockhaus. n. 6. —; geb. in 2 Bde. n. 8. —

**Rellstab, Ludw.,** 1812. Ein histor. Roman. 7.—18. illustr. Aufl. Mit 10 Szenenbildern, 6 Portr. u. 1 Karte. (XXXII, 704 S.) 8. Leipzig 910. F. A. Brockhaus. Geb. in Leinw. 5. —

— dasselbe, s.: Familien-Bücherschatz.

— dasselbe, s.: Romane, die besten, der Weltliteratur.

**Rellstab,** Ldw., (Hnr. Fr. Ldw.), Algier u. Paris im Jahre 1830. 2 Novellen. 1r Bd. A. u. d. T.: Die Aventura. 2r, 3r (u. letzter Bd. A. u. d. T.: Die Juliustage. 2 Thle. 8. Berl. 830, 31. Laue. 4 ℛ 12 ℊ

—— Algier u. Paris im J. 1830. 2 Novellen. 1. Bd. — A. u. d. T.: Die Aventure. Eine Novelle. 8. (20 B.) Berlin. [Leipzig, Köhler.]

—— dass. 2. u. 3. (letz.) Bd. — A. u. d. T.: Die Juliustage. Eine Novelle. 2 Thle. 8. (46 B.) Ebds. 831.

**Rellstab,** Ldw., Ludwig Berger, ein Denkmal. gr. 8. (Mit 1 Portrait.) Berlin 846, Trautwein'sche Buchh. 1 ℛ

—— Berlin,
—— Berlin u. Athen, } s. Berlin.

**Rellstab, Ludw.,** Berlin u. seine nächsten Umgebungen in malerischen Originalansichten. Historisch-topographisch beschrieben. Lex. 8. (152 S. m. 31 Stahlst.) Darmstadt 852, Lange. In Engl. Einb. n. 3⅓ ℛ

**Rellstab, Ludwig.** Musikalische Beurtheilungen. (Gesammelte Schriften. Neue Ausgabe. Zwanzigster Band.) Leipzig 1861.

—— Blumen- u. Aehrenlese aus meinem jüngsten Arbeits-Lustrum. Gesammelte Schriften. 2 Thle. gr. 12. (40¼ B.) Leipzig 836, Brockhaus.

—— s. Eram.

— zur Erinnerung an d. 3. August, in Gedichten. Nebst e. Abbild. Sr. verewigten Majestät im Sarge. 8. Berlin 840. Trautwein. 1/3 ℛ

—— Erinnerung an den 3. August in Gedichten. 8. (2¼ B. u. 1 Abbild.) Berlin 840, [Trautwein u. Comp.]

Rellstab, (Heinr. Friedr.) Ludw., †(Freim. Zuschauer,) Erzählungen, Skizzen u. Gedichte. 3 Bde. 8. (57 B.) Berlin 833, Duncker u. Humblot. Thlr.

Das Fernsprechwesen von Dr. Ludwig **Rellstab**. Mit 47 Fig. u. 1 Taf. Leipzig: Göschen 1902. 127 S. 8°
(Sammlung Göschen. 155.) [II. 14327 II

**Rellstab,** Ludw., das Fernsprechwesen, s.a. „Sammlung Göschen.

**Rellstab,** Ludw., Friedrich Wilhelm Ludwig Prinz von Preußen, Statthalter von Pommern, K. Preuß. General der Infanterie rc. Kurzer Abriß seines Lebens u. Wirkens. Mit dem (lith.) Bildniß des Prinzen. Lex. 8. (14 S.) Augsburg 850. (Berlin, Gärtner.) n. ⅙ ℛ

—— Friedrich Wilhelm Ludwig Prinz von Preußen, Statthalter von Pommern, k. preuß. General der Infanterie rc. Kurzer Abriß seines Lebens und Wirkens. Lex.-8. (14 S. mit dem lithogr. Bildniß des Prinzen.) Augsburg 850. Berlin, (Amelang'sche Sortimentsb.) *

Rellstab, Ludw., Fruchtstücke. Novellen. 2 Bde. 8. (V und 611 S.) Berlin 861, Guttentag.

**Rellstab,** Ludw., Garten und Wald. Novellen und vermischte Schriften. 4 Thle. Leipzig 854. Brockhaus. 12. (IX, 306; 2 Bl., 303; 4 Bl., 295; 3 Bl., 262 S.) n. 5 ℛ. 10 ngr.

— Gedichte. 16 Bdchen. gr. 12. Berlin 827, Laue.

—— Genre- u. Fresco-Skizzen aus Berlin u. Athen. In Mappen mit flieg. Blättern. I—IV. gr. 12. Leipzig, [Köhler'sche Vrlsb.] à
No. I. Die Johannismappe. } (6½ B.) 836.
- II. Die Michaelismappe. }
- III. IV. Die Weihnachtsmappe. (6⅓ B.) 836, 37.
Neue Ausg., vgl. unten dess., Scherz u. Ernst.

—— zwei Gespräche mit Sr. Maj. dem Könige Friedrich Wilhelm dem Vierten (am 23. Novbr. 1847, und am 19. März 1848) in geschichtl. Rahmen gefaßt. gr. 16. (88 S.) Berlin 849, Deckersche geheime Ober-Hofbuchdr.

**Rellstab, L.** Die Gestaltung der Oper seit Mozart. (Die Wissenschaften im 19. Jahrhundert. Band II, Heft 4. 5.) Sondershausen 1859.

Zuschauer, Freimund (d. i. *Heinr. Friedr. Ludw. Rellstab*, 1799—1860), Henriette, oder die schöne Sängerin. Eine (zahme) Geschichte unserer Tage von —. Leipzig, bei F. L. Herbig. 1826. 8⁰. 174 S. (12 Mk. Max Perl, 1909; 7 Mk. 50 Pfg., etw. fleckig u. mehrfach gestemp., F. Waldau, 1909; 25 Mk., Expl. mit handschriftl. Schlüssel der im Buche erwähnten Personennamen, E. Frensdorff, 1907.)

Berühmte Satyre auf d. gefeierte Sängerin u. ihre zahllosen Anbeter.

Die Mehrzahl der Expll. wurde bekanntlich auf Betreiben des Kammergerichts vernichtet und Rellstab wegen dieses Pamphlets mit 6 Monat Festung bestraft. Karl Simrock führte die Vertheidigung. (Vgl. Hocker, Karl Simrock, S. 22 ff.)

Französ. Uebersetzg.: Henriette Sontag, Histoire contemporaine, traduite de l'allemand, ornée d'un portrait. 2 tomes. Paris 1828. 8⁰. (12 Mk. E. Frensdorff, 1907.)

— s. a. Henriette, die schöne Sängerin,

— drei Jahre von dreissigen. Ein Roman. 10 Halbbde. Leipzig 858. Brockhaus. 12. (1.: XII, 250 S.; 2.: 297 S.; 3.: 195 S.; 4.: 201 S.; 5.: 218 S.; 6.: 261 S.; 7.: 165 S.; 8.: 156 S.; 9.: 133 S.; 10: 190 S.) Jeder Halbbd. n. 1 ℛ.

—— Drei Jahre von Dreißigen. Ein Roman. 1. und 2. Aufl. 5 Bde. gr. 12. (XXVIII und 2066 S.) Leipzig 858, Brockhaus. à Bd. * 2 Thlr. *

— drei Jahre von Dreißigen. Ein Roman. 2. Aufl. 5 Bde. Leipzig 858—60. Brockhaus. 12. (XXVIII, 2066 S.) Jeder Bd. n. 2 ℛ

——, Iris im Gebiete d. Tonkunst, s. Iris.

Rellstab, (L.,) Karl der Kühne. Trauersp. in 5 Aufz. gr. 12. Berl. 824, Duncker u. H.

Rellstab, Ludwig, s. Kock, Paul de: Belletr. Schriften.

**Rellstab,** Ludw., Aus meinem Leben. 2 Bde. Berlin 861. Guttentag. 8. (XVI, 568 S.) 2 ℛ 15 ngr.

**Rellstab,** Ludw., Leitfaden f. den Unterricht in der Naturlehre an der kaiserl. Marineschule. gr. 8. (179 S.) Kiel 887. Universitäts-Buchh. n. 3. —

Leitfaden für den Unterricht in der Naturlehre an der Kaiserlichen Marineschule. (Vf.: L[udwig] Rellstab.) Hrsg. v. d. Kais. Inspection d. Bildgswesens d. Marine. 2. Aufl. *Kiel: P. Toeche 1898.* (2 Bl., 140 S.) 1 Bl 8. 102. 1776 8

Leitfaden für den Unterricht in der Naturlehre an der Kaiserlichen Marineschule. (Verf.: L[udwig] **Rellstab**.) Hrsg. v. d. Kais. Inspection d. Bildgswesens d. Marine. 3. verm. u. verb. Aufl. *Kiel: P. Toeche 1901.* (111 S.) 8° [01. 7975

—— Franz Liszt. Beurtheilungen. — Berichte. — Lebensskizze. gr. 8. (5 B.) Berlin 842, Trautwein u. Comp. *

Rellstab, (L.,) Griechenlands Morgenröthe in 9 Gedichten; ein Festgeschenk zum 18ten October gr. 8. Heidelberg 822, Oswald.

—— allgem. Oppositionsblatt, s. Oppositionsblatt.

— Paris im Frühjahr 1843. Briefe, Berichte und Schilderungen. 3 Bde. 8. Leipzig 844, Köhler. 4⅚ ℛ

—— Reise-Berichte u. -Gedichte. Erinnerungen aus den Sommerwandertagen 1841. 2 Thle. 8. (51⅓ B.) Leipzig 842, [Köhler'sche Vrlgsb.]

— empfindsame Reisen. Nebst e. Anhange von Reise-Berichten, -Skizzen, -Episteln, -Satiren, -Elegien, -Jeremiaden rc. aus den Jahren 1832 und 1835. 2 Bdchen. gr. 12. Leipzig 836. Brockhaus. 2⅓ ℛ

—— neue empfinds. Reisen. 2 Bde. (Post- u. Seestücke; Erzstufen, Intermezzo's rc.) gr. 12. (27 B.) Leipzig 837, [Köhler'sche Vrlsb.]

— Sagen u. romant. Erzählungen. 3 Bdchen. gr. 12. Berl. 825—29. Laue. 3 ℛ 12 gr

—— Sagen u. romant. Erzählungen. 3 Bdchn. gr 12. (13 B.) Berlin 829. [Leipzig, Köhler.]
1. u. 2. Bdchn. Ebendas. 1825. 2 Thlr. 6 Gr.

—— Scherz u. Ernst. Zusammengenähte Schriften. gr. 12. (16⅔ B.) Leipzig 837, [Köhler'sche Vrlsb.]
Neue Ausg. von dess., Genre- u. Fresco-Skizzen.

Rellstab, Ludw., gesammelte Schriften. 12 Bde. 12. (191 B.) Leipzig 843, Brockhaus.

A. u. d. Titln.:

Bd. 1—4. 1812. Ein histor. Roman. 3. Aufl. 4 Thle. 843.
" 5. Sagen u. romant. Erzählungen. 843.
" 6. Kunst-Novellen. 843.
" 7., 8. Novellen. 2 Thle. 844.
" 9. Auswahl aus der Reisebildergallerie des Verfassers. — Vermischte Aufsätze. 844.
" 10. Vermischte Schriften. 844.
" 11. Dramatische Werke. 844.
" 12. Gedichte. 844.
Einzeln nur in Lfgn. von 3 Bdn. (à Lfg. 3 Thlr.)

—— dass. 13—18. Bd. Neue Folge. 1—6. Bd. 12. Leipzig 846, 47, Brockhaus.

A. u. d. Titln.:

Bd. 1., 2. Algier u. Paris im Jahr 1830. Neue Aufl. 2 Bde. (29⅝ B.)
" 3—6. Erzählungen. 1—4. Thl. (57 B.)

— gesammelte Schriften. 17 u. 18. Bd. Neue Folge. 5 u. 6. Bd. Erzählungen. 3 u. 4. Thl. 12. (342 u. 320 S.) Leipzig 847, Brockhaus. 2 ß

Rellstab, Ludw., gesammelte Schriften. 19. und 20. Bd. Neue Folge. 7. und 8. Bd. gr. 12. Leipzig 848, Brockhaus.

Inhalt:

Bd. 19. Dramatische Werke. (XII und 383 S.)
" 20. Musikalische Beurtheilungen. (XVI und 416 S.)

Rellstab, Ludw., gesammelte Schriften. 1—4. Bd. A. u. d. T.: 1812. Ein histor. Roman. 4. Aufl. 4 Bde. gr. 12. Leipzig, Brockhaus. [1. (XVI und 374 S.) 2. (355 S.) 3. (344 S.) 4. (314 S.) 854.]

— gesammelte Schriften. Leipzig 854, 55. Brockhaus. 12. Jeder Bd. n. 1 ß.
1—4. Bd.: 1812. Ein historischer Roman. 4. Aufl. In 4 Thln. (1. Thl.: XVI, 374 S.; 2. Thl.: 355 S.; 3. Thl.: 244 S.; 4. Thl.: 314 S.)

— gesammelte Schriften. Neue Ausg. 24 Bde. Ebend. 860, 61. 8. Jeder Bd. n. 15 ngr.
1—4. Bd.: 1812. Ein historischer Roman. 5. Aufl. 4 Thle. (XVI, 1387 S.)
5. Bd.: Sagen u. romantische Erzählungen. (XI, 370 S.)
6. Bd.: Kunst-Novellen. (V, 392 S.)
7. 8. Bd.: Novellen. 2 Thle. (X, 693 S.)
9. Bd.: Auswahl aus der Reisebildergalerie des Verf. — Vermischte Aufsätze. (XI, 415 S.)
10. Bd.: Vermischte Schriften. (XIII, 406 S.)
11. Bd.: Dramatische Werke. (2 Bl., 465 S.)
12. Bd.: Gedichte. (XI, 342 S.)
13. 14. Bd.: Algier u. Paris im Jahre 1830. 2 Thle. (XII, 690 S.)
15—18. Bd.: Erzählungen. 4 Thle. (XX, 1331 S.)
19. Bd.: Dramatische Werke. (XII, 383 S.)
20. Bd.: Musikalische Beurtheilungen. (XVI, 416 S.)
21—24. Bd.: Garten u. Wald. Novellen u. vermischte Schriften. 4 Thle. (XXIV, 1165 S.)

Rellstab, Ludw., s.: Schwachstromtechnik, die

Rellstab, Ludwig [Übers.]

s. Sedgwick, Catharine Maria: Miß Sedgwicks Erzählungen und Novellen. 1836.

— Sommerblumensträuße, den holden Frauen gewidmet. 2 Thle. 8. Leipzig 842, Köhler. 3½ ß

Rellstab, Ludwig

Sommerblumensträuße, den holden Frauen gewidmet. Th. 2.
Leipzig: Köhler 1842. 362 S. 8°

—— Sommerfrüchte. Gesammelte Erzählungen. 2 Thle. 8. (38 B.) Leipzig 838, [Köhler'sche Vrlsb.]
Inh.: Die Artilleristen. — Osraim der Suchder. — Die Venetianer. — Drei Tage an den Ufern des Orinoko. — Der Pflegesohn.

— Sommermährchen in Reisebildern aus Deutschland, Belgien, Frankreich, England, Schottland im J. 1851. 3 Thle. 8. (1: XII u. 346 S. m. 6 Stahlst. 2: IV u. 268 S. 3: VI u. 270 S.) Darmstadt 852, Lange. (1: 1½ ß 2 u. 3: à 1 ß) 3½ ß

— Drei Tage an den Ufern des Orinoko. — Pflegesohn. 8. Leipzig 838. Köhler. 3 ß

Rellstab, Ludwig: Die elektrische Telegraphie. Mit 19 Fig. Leipzig: Göschen 1903. 122 S. 8°
(Sammlung Göschen. 172.)

— die elektrische Telegraphie, s.a. Sammlung Göschen.

Rellstab, Ludwig ⟨geb. am 13 Dez. 1842 in Berlin⟩: Ueber Transspiration homologer Flüssigkeiten ... Bonn, Druck v. C. Georgi 1868. 2 Bl., 54 S., 2 Bl., 3 Taf. 8.
Bonn, Phil. Fak., Diss. v. [29 Juli] 1868

— üb. mein Verhältniß als Kritiker zu Hrn. Spontini als in Componisten ꝛc., nebst e. vergnügl. Anh. 8. Leipzig 827, Whistling.

Rellstab, Ludwig: Über Wechselwirkungen elektromagnetischer Resonatoren. *Braunschweig 1898: J. H. Meyer.* (49 S. mit Taf.) 8°
Kiel, Phil. Diss. v. [14. Apr.] 1898

—— der Wildschütz. Ein Roman. 8. (19½ B.) Berlin 835, Duncker u. Humblot.

Rellüm (Ludw. Joh. Müller), s.a. Ludwig, Herb.

Rellüm (Ludw. Joh. Müller), humoristische Erzählungen aus dem Jägerleben. gr. 8. (VIII, 294 S.) Magdeburg 901. (Lichtenberg & Bühling.) n. 4. 50

Rellüm, humoristische Erzählungen aus dem Jägerleben, 2. Tl., s.: Müller, Ludw. Joh.

Relly, Black, s.: Erzählungen f. die Jugend.

— am Rande der Prairie. Eine Geschichte aus dem wilden Westen. gr. 8. (127 S. m. 8 Farbdr.) Dresden (900). (M. Fischer.) Geb. 4. 50; (201 S. m. 4 Farbdr.) 6. —

Relly, Black, d. weiße Rose od. d. Tochter d. Trappers. E. Geschichte aus d. wilden Westen. 8. (127 S.) Dresden 895. M. Fischer. — 50; kart. — 60; m. 4 farb. Bildern, auf bess., breit. Pap., geb. 1. 50; gr. 8. (201 S. m. 4 farb. Bild.) Geb. 2. 50

— die weiße Rose od. Die Tochter des Trappers. Eine Geschichte aus dem wilden Westen. 8. (127 S. m. 4 Farbdr.) Ebd. (899). Geb. 4. —

— dasselbe. gr. 8. (201 S. m. 4 Farbdr.) Ebd. (899). Geb. 6. —

Relly, E., s.a. Allesch, E. — Reuß, Elly.

Relly, E., der gefüllte Pfannkuchen, s. Bachem's Novellen-Sammlung.

El Reloncavi: no. 1, Oct. 30, 1885 – no. 754, Sept. 5, 1901. Puerto Monti
Weekly, published in Spanish and German.

Relotius, Ayold, approb. Arzt aus Landschaftspolder ⟨Ostfriesl.⟩: Aus d. psychiatr. Klinik Tübingen. Casuistische Beiträge zur Lehre von den Zwangsvorstellungen. *Tübingen: F. Pietzcker 1899.* (26 S.) 8°
Tübingen, Med. Diss. v. 1899

**Relotius,** Heinrich, appr. Arzt a. Grotegaste ⟨Ostfriesland⟩: Aus der Kgl. chirurgischen Klinik zu Kiel. Zwei Fälle von Appendicitis bei ungewöhnlicher Lage des Appendix in der Magengegend. Kiel 1904: H. Fiencke. (14 S.) 8°
Kiel, Med. Fak., Ref. Helferich, Diss. v. 12. Okt. 1904
[Geb. 10. Apr. 80 Grotegaste (Ostfriesl.); Wohnort: Grotegaste; Staatsangeh.; Preußen; Vorbildung: Gymn. Leer Reife O. 99; Studium: Erlangen 4, Tübingen 1, München 2, Kiel 3 S.; Coll. 19. Juli 04; Approb. 6. Apr. 04.]

**Relotius,** Wiard, geprüfter Rechtskandidat: Die Übertragung des mittelbaren Besitzes. Rostock 1907: Adlers Erben. (V, 63 S.) 8°
Rostock, Jur. Fak., Ref. Bernhöft, Diss. v. 25. Juni 1907
[Geb. 2. Mai 78 Landschafts-Polder; Wohnort: Landschafts-Polder; Staatsangeh.: Preußen; Vorbildung: Gymn. Emden Reife O. 01; Studium: Göttingen 2, Münster 2, Göttingen 2 S.; Rig. 29. Jan. 07.]

Relph, J., Untersuchung üb. Heilkräfte d. neuentdeckt. gelben Peruvian. Rinde; aus d. Engl. gr. 8. Berl. 797. Maurers Buchh. 6 ℊ

— — dass. in e. and. Uebers. m. Anm., v. F. G. Friese. gr. 8. Breslau, Meyer. 797.

— Dass. aus d. Engl., mit Anmerkk. v. F. G. Friese. gr. 8. Bresl. 797. (Gosohorsky). 12 ℊ

Relstieg, W. A., Sagen u. Legenden der Stadt Magdeburg u. Umgegend. 2 Bde. 8. (VIII u. 948 S. m. Lith.) Magdeburg 847, Quednow in Comm. 2 ℛ

Relten, W. v. Das gnädige Fräulein. Roman. 8. (195 S.) Dresd. 892, Pierson. * 2 —

Reltis, R., Geschichte u. Sage der Ritterveste u. Geisterburg Stockenfels bei Regensburg. Der Verbannungsort der Bierpantscher u. anderer Schelme nach dem Tode. 2. Aufl. 8. (III, 64 S. m. 1 Abbildg.) Regensburg 893. W. Wunderling. n. 1. —
Die 1. Aufl. war bearb. v. J. Knott.

Reltis, R., Sagen d. Oberpfalz. Für d. Jugend bearb. 8. (III, 68 S.) Regensburg 896. A. Coppenrath's Verl. n. — 60; geb. in Leinw. n.n. 1. —

Rema, E. [Autorname] = Zehl, Else.

Rema, E. Sanatorium Esperanza. Roman. [Umschlag illustriert.] VI + 383 S. 8. Dresden, Carl Reissner, 1910. [M. 5. —, geb. 6. —]

Else Rema: Interviews. Scenen aus d. Künstlerleben. *Berlin: Harmonie [1902].* (39 S.) 8° [F.]
— Brettl- u. Theater-Bibliothek, Bunte. 12. [c4. 5899

**Remack, Julius Siegfried** (Posen), Mictus cruenti adumbratio. Diss. med. Berlin (Zuerngibl) 29. V. 1818. 21 S. u. Biogr. (3.25) 28341
Gew.: Heinrich Friedrich Link.

**Remacly,** Edvardvs (geb. am 18 Mai 1841 in Düren): De fissvra genae congenita ... Bonnae, typ. F. Krvegeri (1864). 27 S., 2 Bl. 8.
Bonn, Med. Fak., Diss. v. 3 Sept. 1864

Remacly, H. Josef

Remacly, H. J. De comparationibus Homericis. 9 S. . . . . .
Düren, Progr. 1837

Remacly, H. J. De comparationibus Homericis. Part. II. 22 S.
Derselbe Part. III. 41 S. . .
Düren, Progr. 1843
Bonn, Progr. 1846

**Remacly, H. Jos., de comparationibus Homericis disputatio. Part. II.: De natura et finibus comparationum, praecipue Homericarum. 4. Marcoduri 843. (Bonn, Habicht.) n. 1/6 ℛ**

**— ead. Part. III. De generibus comparationum Homericarum, praecipue de simplicibus. 4maj. Bonn 846. (Habicht.) geb. n. 5/12 ℛ**

Remacly: Die Erziehung für den Staatsdienst bei den Athenern. 16 S.–Bonn, Progr. 1864

Remacly, H. Jos., über die Erziehung für den Staatsdienst bei den Athenern. gr. 4. (16 S.) Bonn 864, Habicht. *

—— Festrede zur Vorfeier des Geburtsfestes Sr. Maj. des Königs am 21. März 1867 in der Aula des Gymnasiums gehalten. gr. 4. (14 S.) Bonn 867, Habicht. *

Remacly, H. J., deutsches Lesebuch, s. Lesebuch.

— deutsches Lesebuch, s. Pütz, Wlh.

—— deutsches Lesebuch für die obern Klassen höherer Lehranstalten mit den nothwendigsten Erläuterungen und einem biograph. Anh. 3., umgearb. und stark verm. Aufl. des Lesebuchs von W. Pütz und H. J. Remacly. gr. 8. (X und 598 S.) Bonn 867, Habicht. *

—— deutsches Lesebuch für die untern und mittlern Klassen höherer Lehranstalten. gr. 8. (XI und 483 S.) Bonn 868, Habicht. *

Remacly, H. Jos., deutsches Lesebuch für höhere Lehranstalten. 1. Thl.: Für die unteren und mittlern Klassen. 2. verb. Aufl. gr. 8. (XIV, 489 S.) Bonn 871, Habicht. *

Remacly, H. Jos., deutsches Lesebuch f. höhere Lehranstalten. 1. Thl. Für die untern u. mittlern Klassen. 1. u. 2. Stufe. 3. verm. u. verb. Aufl. gr. 8. Leipzig 875. Siegismund & Volkening. n. 3. 75
1. Für die untern Klassen. (VIII, 263 S.) n. 1. 50
2. Für die mittlern Klassen. (XVI, 376 S.) n. 2. 25

Remacly, H. J., deutsches Lesebuch für höhere Lehranstalten. 1. Thl.: Für die untern und mittlern Klassen. 2 Stufen. 4. verb. Aufl. gr. 8. Leipzig, Siegismund und Volkening. * 3 75
geb. * 4 85
Inhalt:
Stufe 1. Für die untern Klassen. (VIII, 263 S.) 877. *M 1,50.; geb. *M 2.

Remacly, H. J., deutsches Lesebuch für höhere Lehranstalten rc.
Stufe 2. Für mittlere Klassen. (VIII, 376 S.) 879. *M 2,25.; geb. *M 2,85.
2. Thl. Ebendas. 1867. *M 4.; geb. *M 4,60.

— lateinisches Memorirbuch, s. Meiring, M.

Remacly: Observationum in Luciani Hermotimum specim. I. 28 S.– Specim. II. Prolegomena continens. 20 S.– Bonn, Progr. 1851,55.

**Remacly,** H. I., **observationum in Luciani Hermotimum specimen.** gr. 4. (28 S.) **Bonnae 851, Habicht. n. 1/3 ℛ**

**Remacly,** H. J., **observationum in Luciani Hermotimum particula II. prolegomena cont. Bonnae 855. Habicht. gr. 4. (20 S.)** n. 7½ ngr.

Remacly, Karl

**Remacly,** Carolus (geb. am 25 Juni 1837 in Düren): De genu valgo ... Bonnae, form. F. Kruegeri (1860). 3 Bl., 27 S., 1 Bl. 8.
Bonn, Med. Fak., Diss. v. 10 Aug. 1860

**Remagen, H. v.,** der Raubmörder, — die zerbrochene Uhr, } f.: Dilettanten-bühne, kathol.

Remagen, H. v. Ein seltsamer Schwur, f. Familien-Bibliothek.

Remak, [illegible] Anatomische und physiologische Beobachtungen: 1. Über den Bau und die Funktion der Nieren. 2. [illegible] Bau und die Zusammenziehung der Muskelfasern. S. 31. H. 41 [illegible] verr. Separatabdruck

Remak, [illegible] (geb. Posen [illegible] 1860): Die Tracheotomie bei Schwangern. Posen (1882). [illegible] S. 8°
Berlin, Med. Diss. v. 22. Juli 1882

**Remak,** Ernst. Grundriss d. Elektrodiagnostik u. Elektrotherapie f. prakt. Ärzte. gr. 8. (VIII, 196 S. m. 19 Holzschn.) Wien 895. Urban & Schwarzenberg. n. 4. —; geb. n. 5. 60

**Remak,** Ernst, Grundriss der Elektrodiagnostik u. Elektrotherapie f. prakt. Ärzte. 2., umgearb. Aufl. (VIII, 198 S. m. 25 Holzschn.) Lex. 8. Wien 909. Urban & Schwarzenberg. 4.—; geb. in Leinw. n 5. 50

**Remak,** Ernst, über die Localisation atrophischer Spinallähmungen und spinaler Muskelatrophieen. Klinische Beiträge zur Pathologie und Physiologie des Rückenmarks. gr. 8. (126 S.) Berlin 879, Hirschwald. * 3 —
Aus: Archiv für Psychiatrie und Nervenkrankheiten, besonders abgedruckt.

Neuritis und Polyneuritis. Von Prof. Dr. Ernst Remak in Berlin. Anat. u. pathol.-anat. Theil bearb. von Dr. Edward Flatau in Warschau. Mit 18 Abb. (In 2 Hälften.) *Wien: A. Hölder 1899.* (X, 740 S.) 8°
= Pathologie, Specielle, u. Therapie. Bd 11, Th. 3, Abth. 3. 4. [illegible]

Neuritis und Polyneuritis. Von Prof. Dr. Ernst Remak in Berlin. I. Hälfte. Anatomischer und pathologisch-anatomischer Theil, bearbeitet von Dr. Eduard Flatau in Warschau. Mit 18 Abbildungen, davon 15 in Farbendruck (Tafel I—VIII.) Wien. 1899. Hölder. Gr.-8°. VII, 290 S. fl. 5.60
Specielle Pathologie und Therapie. Herausgegeben von Hofrath Prof. Dr. Hermann Nothnagel. XI. Bd. III. Theil. III. Abtheilung.

Neuritis und Polyneuritis. Von Prof. Dr. Ernst Remak. II. Hälfte. Wien. 1900. Hölder. Gr.-8°. Paginirt X, 289—714 S.
Specielle Pathologie und Therapie, herausgegeben von Hofrath Prof. Dr. Hermann Nothnagel unter Mitwirkung von Geh. San.-R. Dr. E. Aufrecht, Prof. Dr. V. Babes etc. etc. XI. Bd. III. Theil. IV. Abtheilung.

**Remak,** Ernst (geb. Berlin 26. 5. 1846): Zur Pathogenese der Bleilähmungen. Berlin (1875). (30 S.) 8° * Aus: Archiv f. Psychiatrie u. Nervenkrankheiten Bd 6 1875.
Berlin, Med. Diss.
nachgeliefert v. den. am 5. Aug. 1870 auf Grund gedruckter Thesen promov. Verf.

**Remak, Gust.,** allgemeine Uebersicht der Welt, enthaltend eine umständliche Beschreibung der physikalischen, politischen und statistischen Zustände aller Länder der Erde, eine getreue Lebensbeschreibung aller Präsidenten der Vereinigten Staaten und vollständ. statist. Tab. über alle Länder der Erde, in's Besondere aber über die Vereinigten Staaten, mit etwa 1200 Abbild. (in eingedr. Holzschn.) und einer die Nationalflaggen der vorzüglichsten Völker der Erde enthaltenden (chromolithogr.) Karte (in Imp.-Fol.) versehen. Nach dem engl. Werke von S. Aug. Mitchell u. m. a. engl. und deutschen Werken bearb. gr. 8. (904 S.) Philadelphia 856(61), (Schäfer und Koradi.) geb. *

Remak, Robert

**Remak,** Rob., uber ein selbständiges Darmnervensystem. Mit 2 Kpfrtaf. Fol. (VI u. 137 S.) Berlin 847, G. Reimer. n. 2⅔ ₰

**Remak,** (Rob.), über methodische Elektrisirung gelähmter Muskeln. 1. Aufl. (31 S.) 1855. und 2. Aufl. mit einem Anhang: Ueber Galvanisirung motorischer Nerven. gr. 8. (36 S.) Berlin 856, A. Hirschwald. *

Remak, Rob., Galvanotherapie der Nerven- und Muskelkrankheiten. gr. 8. (XV und 461 S.) Berlin 858, A. Hirschwald.

**Remak,** Robert, die abnorme Natur des Menstrualflusses erläutert. (Abgedruckt in Busch's Zeitschrift für Geburtskunde 1842. Bd. XIII. Heft 2.) gr. 8. Berlin 842, A. Hirschwald. n. ⅓ ₰

Remak, Rob. (geb. Posen 30. 7. 1815): Observationes anatomicae et microscopicae de systematis nervosi structura. Berolini (1838). (30 S.) 4° * Vollst. ersch. Berlin: Reimer 1838
Berlin, Med. Diss. v. 30. Jan. 1838

Remak, Robert: Observationes anatomicae et microscopicae de systematis nervosi structura. 42 S., gbd., 2 Taf.

Berolini: Reimer 1838

---- diagnostische u. pathogenetische Untersuchungen, in der Klinik des Geh. Raths Dr. Schönlein auf dessen Veranlassung angestellt u. mit Benutzung anderweitiger Beobachtungen veröffentlicht. gr. 8. (16 B. u. 1 Kpfrt.) Berlin 845, Aug. Hirschwald, Verl. *

— Untersuchungen über die Entwickelung der Wirbelthiere. I. (Thl.): Ueber die Entwickelung des Hühnchens im Eie, mit 7 Kupfertaf. 2 Lfgn. gr. Fol. (XXVI u. 80 S.) Ebd. 850. 51. (1: n. 4 ₰ 2: n. 5⅓ ₰) n. 9⅓ ₰

— **Untersuchungen über die Entwickelung der Wirbelthiere.** Mit 12 Kpfrtaf. 3. (letzte) Liefg. Berlin 855. G. Reimer. gr. Fol. (3 Bl., S. XXVII—XXXVIII, S. 81—195 u. 5 Kpfrtaf.) n. 6 ₰. 20 ngr.

**Remanus,** die Seele. Leipzig 894. K. F. Pfau.
Angekündigt, wird aber infolge Ablebens d. Verfassers nicht erscheinen.

**Remark,** Ferd., der Kakteenfreund. Anleitung zur Zucht u. Pflege der Kakteen in Töpfen, sowie in Gärten u. Anlagen. Ein Handbüchlein f. Kakteen-Liebhaber u. angeh. Züchter. Mit 34 Illustr. 8. (III, 32 S.) Minden i/W. 890. Köhler. n. 1. —

**Remark,** O., Pfadfinder redivivus. Lose Betrachtgn. m. unterhalt. Ratschlägen f. junge Lehrer. (63 S.) 8. Mageburg 904. (Berlin, Gerdes & Hödel.) n. — 80; geb. n. 1. —

Die Schönheits-Pflege. Rathschläge u. prakt. Winke z. Erhaltung d. Schönheit von Otto Remark. (1.) *Berlin: Tessaro-Verl. [1902].* 8° [J.]
= Volksbücher. 36.

**Remark,** Otto, die Schönheits-Pflege des Gesichts. Rathschläge u. prakt. Winke zur Erhaltg. der Schönheit. 12. (34 S.) Berlin (902). [Tessaro-Verlag.] R. Krüger. — 20

— Weihnachts- u. Neujahrs-Lieder. Eine Sammlg. von Weihnachts- u. Neujahrs-Liedern zum Mitsingen, nebst e. Anh.: Weihnachts-Gedichte zum Deklamieren. 12. (48 S.) Charlottenburg (902). Ebd. — 20

Weihnachts- und Neujahrs-Lieder. Eine Sammlung von Weihnachts- z. Neujahrs-Liedern z. Mitsingen nebst e. Anh.: Weihnachts-Gedichte z. Deklamieren. Zsgest. von Otto **Remark**. *Charlottenburg: A. Michow; (Berlin: Tessaro-Verl. [1902].)* (48 S.) 8° [F.]
— Volksbücher. 31.

Remark, Thdr. v., Ernst und Scherz für's Kinderherz. gr. 4. (28 Bl. mit Holzschnfarbendr.) München 882, Braun und Schneider. cart. * 5 50

**Remarken, Historische,** Ueber D. Johann Faustens, Des Schwartz-Künstlers, Geführtes Leben, Und dessen Ausgang . . . Zwickau [1722]. V: *Weinhold (Vinholdus), Georg Andreas.* (Engel, Bibl. Faustiana. 2. Aufl. Oldenb. 1885.) (Heuer, Faust-Ausstellung in Frankf. a. M. Frankf. a. M. 1893.)
Dass.s.a.:Remarquen,...

**Remarken, Historische und politische,** über den Sevilischen Tractat. O. O. 1730. V: *Schaumburg, Johann Gottfried.* (stri)

**Remarken, Historische,** der neuesten Sachen in Europa. Hamburg 1699—1707. V: *Lehmann, Peter Ambros.* (Myl)

**Remarken, Kurze und eilfertige,** über einige Artikel des 33. Kapitels der neuen Edition des ersten Teils von Klüvers Beschreibung des Herzogtums Mecklenburg. O. O. 1739. V: *Rudloff, Ernst August.* (Bachmann, Mecklenburg. Güstrow 1889.)

**Remarken** über die Königliche Groß-Brittannische Vertheidigung des sogenannten Gründlichen Unterrichts, von dem von Seiner Königl. Majestät von Groß-Britannien als Churfürsten von Braunschweig und Lüneburg praetendirten Successions-Recht in die Graffschaft Ostfriesland und darzu gehörige Herrschaften. Berlin anno 1745. V (nicht): *Cocceji, Samuel von.* (Preussische Staatsschriften. II. Berlin 1885. S. 375.)

**Remarken** der ewigen Zeit oder Pique Daus vor dem Reputirer aller guten Sachen . . . O. O. 1784. V: *Bergmann, Gustav von.* (R-N)

**Remarks, An Impartial Foreigner's,** Upon The Present Dispute Between England and Prussia In a Letter From a Gentleman at The Hague To His Friend In London. Anmerkungen eines unpartheyischen Fremden über die gegenwärtige Streitigkeit zwischen England und Preußen; in einem Briefe eines Edelmanns in dem Haag an seinen Freund in London. Aus dem Englischen gedruckt im Jahre 1753. V: *Vockerodt, Johann Gotthilf.* (Preussische Staatsschriften. II. Berlin 1885. S. 478.) Ü (ins Englische): *Keith.* Ü (ins Deutsche): *Lessing, Gotthold Ephraim.*

Remarks, some, on animal Magnetism and our Defence from it. gr. 8. (15 S.) Mainz 876, Kleiner. * — 35

**Remarks** on the proposed railway from Hanover and Brunswik to Hamburg. Hamburg 1845. V: *Elliot, William.* (schr) (CBH)

Remarquen, Görlitz., zusammengetragen v. d. schweigend. Societät. 2 Thle. 4. Halle. 726.

Historische Remarquen über Dr. Fausts geführtes Leben und dessen Ausgang. Zwickau s. a. 4.
Dass.s.a.:Remarken,...

Acten-mässige Remarques Uber ein von etzlichen Capitularibus des Thum-Capittels zu Lübeck, dem Käyserlichen Hoff Im October vorigen Jahrs übergebenes, und nachgehends vor kurtzer Zeit durch den Druck public gemachtes Memorial (betreffend die Wahl Christian Augusts zum Coadjutor ...). Mit Beylagen a Nr. 1. usque 9. o. O. 1706. 4°

— sur un ouvrage intitulé; Antiquités grecques au Bosphore Cimmérien, (par H. K. E. Köhler). gr. 8. St. Petersb. 823. (Mylius in Berl.) 1 ß 14 gr

**Remarques** über die Antwort eines Catholischen Philosophi, betreffend die Gültigkeit des Protestantischen Priesterthums . . . O. O. [1733]. V: *Pertsch, Johann Georg.* (Fiker) (ML)

**Remarques** sur un article de la Gazette de Leipsic du 5 Octobre 1813. [Leips.] 1813. V: *Schlegel, August Wilhelm von.* (BrVV)

— sur la Cavalerie. 8. Wien 781. Gräffer. 18 gr

— sur les circonstances de la guerre telles qu'elles paroissent être dans la 4me Sem. du mois Octbr. 1796. 8. London 796. (Varrentrapp in Frkf. a. M.) 9 gr

**Remarques** De La Commission Prussienne Sur Le Rapport Fait à Sa Majesté Le Roi de La Grande Bretagne Par Les Commissaires Anglois; Servant De Replique à Ce Rapport. [1753.] V: *Cocceji, Samuel von.* Ü: *Pelloutier, Simon.* (Preuß. Staatsschriften. II. Berl. 1885. S. 470.)

**Remarques** de la Cour de Prusse concernant le droit à la succession d'Ost-Frise. Traduits ... Berlin et Gött. 1746. H: *Formey, Johann Heinrich Samuel.* (ML) (MGT)

— sur une Dissertation de Msr. Monnet. gr. 8. Leipz. 789. (Löffler in Manh.) 6 ℊ

Remarques sur un écrit, publié à Berlin 1745. Sous le titre de manifeste de sa maj. le roy de Prusse contre la cour de Dresde. Dresde 1745. 4.

**Remarques** sur les principaux événemens de cette histoire. [Berlin 1772.] V: *Heunert, Carl Wilhelm.* (ML)

**Remarques** d'un gentilhomme Courlandois sur le mémoire relatif aux affaires de la Courlande. S. l. 1763. V: *Keyserling, Heinrich Christian Reichsgraf von.* (ML)

**Remarques** d'un gentilhomme Prussien sur celles d'un gentilhomme Polonois à l'occasion de la prise de possession de la Prusse Polonoise. S. l. [1763]. V: *Keyserling, Hnr. Chn Reichsgraf von.* (ML)

**Remarques** sur les Germanismes ... Dresd. 1786. V: *Mauvillon, Éléazar de.* (ML)

— sur le militaire des Turcs et sur la façon de les combattre, p. Msr. de G. W(arnery). 8. Dresd. 770. Gröll. 8 ℊ

**Remarques** sur le militaire des Turcs et des Russes, sur la façon la plus convcnable de combattre les premiers ... Breslau 1771. V: *Warnery, Carl Eman. von.* (Pr) »Dresde 1770« (Ky)

— sur le militaire des Turcs et des Russes, sur la façon la plus convenuble de combattre les préniers et sur la marine des deux empires belligérans. 8. Bresl. 771. W. G. Korn. 16 ℊ

**Remarques** militaires sur plusieurs auteurs militaires et autres ... Breslau 1780. V: *Warnery, Carl Eman. v.* (Ky)

— milit. sur plus. auteurs militairs et autres, par le G. de W(arnery). 8. Bresl. 780. W. G. Korn. 8 ℊ

**Remarques** militaires et politiques. Berl. 1755. V: *Nicolai, Ferd. Frdr. v.* (Pr)

Remarques à l'occasion de quelques paroles de Pie IX. 8. (29 S. mit 1 Portr. in Holzschn.) Reichenberg 879. (Prag, Dominicus.) * — 80

— sur les Oeuvres de Boileau Despreaux, gr. 12. Berl, Maurer, 788.

**Remarques** d'un bon Patriote Allemand Sur l'Écrit intitulé, Exposé des motifs, qui ont obligé, Le Roi De Prusse de donner des trouppes auxiliaires à l'Empereur. Pologne 1744. V: *Podewils, Heinrich v.* (Preussische Staatsschriften. Bd. I. Berlin 1877. S. 432 ff.)

**Remarques** philologiques sur le Voyage au Chine de Mr de Guignes ... Berl., Leipz. et Paris 1809. V: *Montucci, Anton.* (MGT)

Remarques, quelques, sur la question de l'affranchissement des paysans en Russie. gr. 8. (32 S.) Leipzig 861, Brockhaus' Sortiment und Antiquarium. *

Remarques d'un Suisse sur la relation que la cour de Vienne a donnée de la bataille de Prague du 6. de Mai. Avec une lettre à son ami à Zuric. à Dresde 1757. 4. (20 Seiten.)

— quelques, sur le Pamphlet intitulé: Testament politique etc. 8. Frkf. a. M. 796. Varrentrapp. 12 ℊ

— sur la Vie de Cicéron, trad. de l'Anglois. 8. Zürich. Orell, F. et Comp. 757.

**Remarques** d'un Voyageur moderne au Levant. Amsterdam [Stuttgart] 1773. V: *Riedesel, Johann Hermann Freiherr von.* (Ky) (ML) (MS)

— d'un voyageur moderne au Levant, (par Jh. H. v. Riedesel). 8. Amsterd. 773. (Metzler in Stuttg.) 16 ℊ — Deutsch, s. Bemerkk. auf e. Reise nach d. Levante.

**Remay**, Maria Ilse, vom Herzen — zum Herzen! Gedichte. 12. (III, 96 S. m. Lichtdr.-Portr.) Leipzig 891. A. Danz. Geb. in Leinw. 3. —

**Rembacz**, J., Fachzeichnen f. Schneider, s.: Lehrhefte f. das Fachzeichnen an gewerblichen Schulen.

**Rembe**, A. C., afrikanischer Totentanz. Nach den Erinnergn. e. engl. Offiziers vom Stabe des General Buller. 1. Tl. Von London nach Ladysmith. (4.—6. [Umschlag-]Aufl.) gr. 8. (à 136 S.) Berlin 900. Fussinger. n. 1. — Fortsetzung s. a. Totentanz, afrikanischer.

A. C. Rombo. (z H.: Eugen v. Enzberg.) Afrikanischer Totentanz. T. 1–4. *Berlin: Fussinger 1900–02.* 4 Bde 8°
1. Nach d. Erinnerungen e. engl Offiziers vom Stabe d. Gen. Buller. Von London nach Ladysmith. 1900.
2. Nach d. Erinnerungen e. deutschen Offiziers vom Stabe d. Gen. Joubert. Ladysmith-Bloemfontein. Sensationelle Enthüllungen aus d. Burenlager. 2. Aufl. 1901.
3. Nach d. Erinnerungen e. Feldcornets unter d. Fahnen De Wets aus d. Jahre 1900. Von Bloemfontein nach Pretoria. 1901.
4. Auszug aus d. Kriegstagebuche e. aufständ. Kapholländers. Der Guerillakrieg. 1901. [illegible]

Rembe, Anatole.

**Rembe**, A., Christus der Mensch u. Freiheitskämpfer. 8. (80 S.) Leipzig 887. Friedrich. n. 1. —

— die Erbtante, s. Dilettanten-Mappe.

— der Millionenraub, s. Dilettanten-Mappe.

**Rembe**, Anatole, Hieroglyphen. 8. (46 S.) Leipzig 886. Friodrich. n. 1. —

**Rembe**, A., u. C. **Rembe**, Straßburg. Schauspiel in 9 Vorgängen. gr. 8. (107 S.) Straßburg 895. W. Heinrich) n. 1. 20

— der Strohmann. Pillen. Zwei Lustspiele. gr. 8. (84 S.) Berlin 885. Zipf. n. 2. —

— dasselbe, s.: Dilettanten=Mappe.

**Rembe, August** *Robert* **[aus Eisleben]: Ueber die durch das Tuberkulin hervorgebrachten histologischen Veränderungen der Sehnenscheiden-, Knochen- u. Gelenks-Tuberkulose . . . Halle a. S., Plötz'sche Buchdr., 1891; 32 S., 1 Bl. 8⁰**
Halle, Med. Fak., Inaug.-Diss. v. 11. Aug. 1891

**Rembe**, C.: Straßburg, s. Rembe, Anatole.

**Rembe, Heinr., Geschichte der Buchdruckerkunst in der Stadt Eisleben. gr. 8. (79 S.) (Halle 885.) Kropp, Selbstverlag des Verfassers.** *
Aus: Zeitschrift des Harzvereins für Geschichte &c., besonders abgedruckt.

**Rembe**, H., die Grafen v. Mansfeld in den Liedern ihrer Zeit. Volkslieder aus dem XVI. u. XVII. Jahrh., gesammelt u. erläutert. Lex.=8. (VIII, 60 S.) Halle 885. Hendel. n. 1. —

Rembe, Heinrich. Herz u Natur, neue Gedichte . . . NY, n. d.

**Rembe**, Heinrich (Hrsg.), s. Spangenberg, Cyr.: Formularbüchlein der alten Adamssprache.

**Rembe**, *Burghard Wilhelm Louis* Reinhard [aus St. Louis Mo. U. St. A.]: Ueber Gonorrhoische Conjunctival-Blennorrhoe . . . Berlin, Buchdr. v. G. Schade, *1892;* 30 S., 1 Bl. 8.
Berlin, Med. Fak., Inaug.-Diss. v. 20. Aug. 1892

**Remberg**: Die Lehre Luther's von der heiligen Schrift. Wittenberg 1867. 47 S.
Schul-/Univ.-Schrift

**Rembert, Leben des heiligen Ansgar. Zu dessen 1000jähr. Todesfeier am 3. Febr. 1865 aus dem Latein. übers. und mit erläut. Anmerkungen und einem hymnolog. Anh. begleitet von Lebrecht Dreves. 8. (XXVII und 170 S. mit 1 Stahlst.) Paderborn 864, Schöningh.**

**Rembert, Hans, die Revolution des Volkes der Leser. Offener Brief von Einem aus dem, von den deutschen Dichtern so oft citirten, Lesepöbel. gr. 8. (57 S.) Leipzig 888, Friedrich.** *

[F.] **Rembert,** *Karl Wilh. Ludw.* [aus Westfalen]: Die Wiedertäufer im Herzogtum Jülich. Cap. II u. III . . . Münster i. W., Buchdr. v. J. Bredt, 1893; 68 S., 2 Bl. 8.
Münster, Phil. Fak., Inaug.-Diss. v. [5. Juli] 1893

**Rembert, Karl:** Die „Wiedertäufer" im Herzogtum Jülich. *Studien zur Geschichte der Reformation, besonders am Niederrhein. Berlin: R. Gaertners Verlagsbuchhandlung, Herman Heyfelder 1899. XI, 637 S.*

**Rembert,** Karl, die „Wiedertäufer" im Herzogt. Jülich. Studien zur Geschichte der Reformation, besonders am Niederrheine. gr. 8. (XI, 637 S.) Berlin 899. [R. Gaertner.] Weidmann. n. 16. —

**Rembold**, s.: Bericht der X. Kommission üb. den Entwurf e. Hypothekenbankgesetzes.

**Rembold**, J. J.

Das Lustige Moral- und Satyrische Frauenzimmer-Cabinet, Oder: Sammlung artiger Gedancken über die unartige Art desselben in auserlesenen kurtzen Versen und Epigrammatibus vorgestellet. Erste (-Zwölfte) Eröffnung. (Berlin, 1724)

**HISTORIEN-CABINET,** Das neu-eröffnete Sinn- Lust- u. Lehrreiche, oder ernsthafft u. lustige Begebenheiten, Apophtegmata, Gleichnisse u. Schertz-Reden, mit untermengten auserlesenen Moralischen Gedancken, zu Auszierung des Verstandes u. Verbesserung der Sitten, in gebunden u. ungebundener Rede, alles in beliebter Kürtze u. nach der Wahl des besten, in alphabet. Ordnung (nur A—L) vorgestellet von *J. J. R(embold).* Mit Titelkupf. (unten 2 Verszeilen gestoch.). Berlin u. Leipzig, in Verlag des Autoris, 1733. 8⁰. (In Dresden: Lit. Germ. rec. D. 313, fleckig.)

Tit. (roth u. schwarz) u. 158 S. Vieles in latein. Sprache. — Manche Artikel Derbpikantes enthaltend, u. a.: Artzt, Bastard, Huren-Kinder; Bauer [S. 34—38]; Bettler (S. 40—42); Böse Weiber; Carneval od. Fast-Nacht; der Castrat od. Verschnittene (S. 50—52); Diebe (S. 57—61); Dienen, Dienstboten (S. 61—62); Fressen, Schwelgen (S. 74 bis 75); Freyen; Gasconnaden, lächerl. Aufschneidereyen; Gastereyen, Gastwirth (S. 88—90); Geilheit (S. 94—97); Gesundheit trincken (S. 106—7); Hanrey (S. 116—21, also sehr reichhaltig); Hencken, Hencker (S. 122—24); Heyrathen (S. 124—27); Hure, Hurerey, Huren (S. 133—36); Jagd (S. 137—39); Juden (S. 141—42); Jungfrau (S. 144 bis 45); Kauffmann (S. 146—48); Kleider-Pracht (S. 152 bis 54). — Sehr selten!

**Rembold, J. J., nützl. u. künstl. Papier. 8. Berl. 736.**

**Rembold**, Ludwig, s.a. Remboldt, Ludwig.

*Rembold*, **Ldw., psychologia in usum praelectionum. 8. Wien 817. (Gerold). 1 ₰ 16 gr. Hbg. Pr. 20 gr.**

**Rembold**, Otto

**Rembold, O., über einige Abkömmlinge der Ellagsäure. Lex.-8. (6 S.) Wien 875, (Gerold's Sohn.)** * — 20
**Aus: Sitzungsberichte der k. Akademie der Wissenschaften, besonders abgedruckt.**

**Rembold** Otto: Kleinere Mitteilungen: 1. Über das Aloisol. 2. Notiz über die Einwirkung des Succinylchlorids auf Bittermandelöl. 3. Über das Scoparin. Von Heinrich Hlasiwetz. S. 53. II. 44 . . . vgr.
**Separatabdruck**

— Mitteilungen aus dem chemischen Laboratorium in Innsbruck: 3. Chinagerbsäure. S. 55. II. 559 . . . vgr.
— — 8. Gerbsäure der Granatwurzelrinde. S. 55. II. 571 . . . vgr.
— — 10. Über die Bestandteile der Tormentillwurzel. S. 56. II. 391 . . . vgr.
— — 10. Vorläufige Notiz über einige Derivate der Gallussäure. S. 62. II. 767. Siehe die Berichtigungen zu Barth Ludwig von.
— — 23. Über einige Abkömmlinge der Ellagsäure. S. 72. II. 407 . . . —.20
**Separatabdruck**

**Rembold, O., vorläufige Notiz über einige Derivate der Gallussäure, s. Mittheilungen aus dem chem. Laboratorium der Universität Innsbruck.**

**Rembold,** Robert **[Dr., Districtsarzt in Oberdischingen]: Ueber syphilitische Oesophagusstrictur. . . . Tübingen, Druck v. Heinrich Laupp jr., 1889; 24 S. 8⁰**
**Strassburg, Med. Fak., Inaug.-Diss. v. 1889**

**Rembold**, Sigmund

**Rembold, Sigm., ein Fall von Chloroformintoxikation,** — **s. Mittheilungen aus der ophthalmiatrischen Klinik in Tübingen.**

**Rembold, S.,** zur Gesundheitspflege in der Schule. Vortrag. [Aus: „Korrespondenzbl. f. die Gelehrten- u. Realschulen Württembergs".] gr. 8. (15 S.) Tübingen 889. Fues. n. — 40

**Remboldt,** Sigm., üb. Pupillarbewegung u. deren Bedeutung bei den Krankheiten d. Centralnervensystems, s.: Mittheilungen aus d. ophthalmiatrischen Klinik in Tübingen.

—— Schulgesundheitspflege. 8. (VIII, 191 S. m. Fig. u. 1 Taf.) Tüb. 889, Laupp. 3 —; geb. * 3 60

—— Untersuchungen über den Einfluss des Schreibens auf Auge und Körperhaltung des Schulkindes, s. Berlin, R.

—— über Verletzungen des Kopfes und der Glieder der Kinder durch den Geburtsakt selbst und durch Einwirkungen äusserer Gewalt auf den Unterleib der Mutter während der Schwangerschaft und deren gerichtsärztl. Bedeutung. gr. 8. (72 S. mit 1 lithogr. Taf.) Stuttgart 881, Enke. * 2 —

Remboldt, Ludwig, s.a. Rembold, Ludwig.

Remboldt, L., Psychologia in usum praelectionum. 8maj. Viennae. (Lipsiae, W. Vogel in c.) 818.

Rembowski, A. v., Polnische Agrargesetzgebung und Stadtgemeindeordnung vom Jahre 1791. Ein Beitrag zur Geschichte des Gemeindewesens. 8⁰. Heidelberg (Weiss) 1873. (34 S)

Rembowski, Johann Bernhard

— (Posen), Juris Romani et Germanici differentias, occasione interpretum ad titulos Justiniani. Moder. Johann Peter Ludewig. Halle/Saale (Chr. Henckel) 29. IV. 1712. 78 S. (5.50) 28343

**Rembowski, Johann Bernhard** (Breslau), De efficaci mulierum intercessione. Disput. jur. Präs. Justus Henning Böhmer. Halle/Magdeburg (J. Chr. Grunert) 14. XII. 1718. 99 S. (5.—) 28342

**Rembrandt** in Bild u. Wort. Hrsg. v. Wilh. Bode m. Text v. Wilh. Valentiner. 20 Lfgn. (60 Kpfrdr.-Taf. m. illustr. Text VI, 160 S.) gr. 4. Berlin (906). R. Bong. Geb. 36. —

**Rembrandt** als Erzieher. Von einem Deutschen. Leipzig 1890. V: *Langbehn, Julius.* (Kü) (Kat. der ständischen Bibl. Stuttg. 1907. S. 36.)

Rembrandt als Erzieher. Von einem Deutschen. 1.—11. Aufl. gr. 8. Lpz. 890—92, Hirschfeld. * 2 —
1.—11. Aufl. (VII, 309 S.); 12.—36. Aufl. (VII, 329 S.); 37.—41. Aufl. (V, 356 S.) Vgl.: Anti-Rembrandt. — Bewer, Max. Rembrandt und Bismarck. — Dahn, Fel. Moltke als Erzieher. — Erziehung, unsere nationale. — „Est" „Est" „Est". — Goethe als Hemmschuh. — Höllenbreughel als Erzieher. — Individualismus u. Schablone im dtsch. Heere. — Pudor, Heinr. Ein ernstes Wort. — Ders. Kaiser Wilhelm II. u. Rembrandt als Erzieher. — Ueber Rembrandt als Erzieher. — Weisheit, billige.

**Rembrandt** als Erzieher. Von e. Deutschen. 1.—25. Aufl. gr. 8. (VII, 329 S.) Leipzig 890. Hirschfeld. n. 2. —

**Rembrandt als** Erzieher. Von e. Deutschen. 26.—36. Aufl. gr. 8. (VII, 329 S.) Leipzig 891. C. L. Hirschfeld. n. 2. —

— **dasselbe. 37.—43. Aufl. gr. 8. (V, 356 S.) Ebd. 891—893.** n. 2. —

— als Erzieher. Von e. Deutschen. 44. Aufl. gr. 8. (V, 356 S.) Leipzig 896. C. L. Hirschfeld. 2. —

**Rembrandt als Erzieher. Von e. Deutschen (J. Langbehn.) 46. Aufl. gr. 8. (V, 356 S.) Leipzig 900. C. L. Hirschfeld.** 2. —

— **als Erzieher. Von e. Deutschen** (J. Langbehn). **46. Aufl. (V, 356 S.) gr. 8. Leipzig 903. C. L. Hirschfeld.** 2. —

**Rembrandt als Erzieher. Von einem Deutschen** (J. Langbehn). 48. u. 49. Aufl. (V, 356 S.) gr. 8. Leipzig 908. (09). C. L. Hirschfeld. 2. —

**Rembrandt Harmensz van Rijn, der Architekt,** s.: Blätter, bunte, aus aller Welt.

Rembrandt, Harmensz van Rijn

Rembrand's van Rijn, Biographie und Charakteristik, s. Lemcke, C.

—— sa vie et ses œuvres, s. Vosmaer, C.

Rembrandt. Des Meisters Gemälde in 405 Abb. Mit e. biogr. Einl. von Adolf Rosenberg. *Stuttgart & Leipzig: Deutsche Verl.-Anst. 1904.* (XXXVI, 278 S.) 4°
= Klassiker d. Kunst in Gesamtausgaben. Bd 2. [04. 8.74 11

**Rembrandt.** Des Meisters Gemälde in 505 Abb. Mit e. biogr. Einl. von Adolf Rosenberg. 2. Aufl. Stuttgart & Leipzig: Deutsche Verl.-Anst. 1906. (XXXVII, 440 S.) 4°
= **Klassiker** d. Kunst in Gesamtausgaben. Bd 2. [05. 28,2 5

— Landschaft (v. 1638), s.: Meisterbilder.

— s.a. Meisterbilder.

Die Meisterbilder von **Rembrandt.** Eine Auswahl von 60 Reprod. nach Franz Hanfstaengls Orig.-Aufnahmen. (Neue Aufl.) Berlin & Leipzig: Weicher 1909. 70 S. 8°
(Weichers Kunstbücher. Nr 3.) [10. 17644

— Meisterbilder, s.a. Weicher's Kunstbücher.

— s.: Meisterbilder fürs deutsche Haus.

— **Meisterwerke.** Orig.-Aufnahmen in Lichtdruck. 40,5×33 cm. (10 Bl. m. 1 Bl. Text.) Lübeck (902). B. Nöhring. n. 3. —

— Die Nachtwache, s.: Blätter, bunte, aus aller Welt.

**Rembrandt.** (18) Photogravuren nach Gemälden v. R. in der Galerie zu Berlin. Imp.-Fol. (1 Bl. Text.) Berlin (895). Photograph. Gesellschaft. In Halbldr.-Mappe 225. —

— **dasselbe.** 16 Photogravuren nach Gemälden v. R. in der Galerie zu Dresden. Imp.-Fol. (1 Bl. Text.) Ebd. 897. In Halbldr.-Mappe 225. —

— 23 Photogravuren nach Gemälden in der Galerie der Eremitage in St. Petersburg. Imp.-Fol. (1 Bl. Text.) Berlin (898). Photograph. Gesellschaft. In Halbldr.-Mappe n. 300. —

**Rembrandt.** 17 Photogravuren nach Gemälden v. Rembrandt in der Galerie zu Cassel. Fol. Berlin 894. Photogr. Gesellschaft. In Mappe. 200. —

**Rembrandt** (Hermansz van Rijn). 26 Photograv. nach den schönsten Gemälden der Ausstellung in London Jan.—Febr. 1899 u. Amsterdam Sept.—Octbr. 1898 (Supplement). Mit erläut. Text von C. Hofstede de Groot. 4 Lfgn. Imp.-Fol. (1. Lfg. 7 Taf.) Amsterdam (901). Scheltema & Holkema. In Mappe à 82. 50; Luxusausg. à 130. —; in Luxus-Mappe à 192. 50

Rembrandt, [Harmensz van Rijn]: 40 Photogravüren nach den hervorragendsten Gemälden der Ausstellung zu Amsterdam. Mit Text von Cornelis Hofstede de Groot. Amsterdam: Scheltema & Holkema; Berlin: A. Asher & Co. [1899]. (18 Bl., 40 Taf.) 2°

**Rembrandt.** Radierungen. [Hrsg. von Paul Schubring.] Folge [1.] 2. Berlin: Centralstelle f. Arbeiter-Wohlfahrts-Einrichtungen [1904–06]. 1 Bd 4°, 1 Bd 8° [Umschlagt. F.]
[1.] 38 Radierungen. [1904.] 2. 50 Radierungen. [1906.] [08. 17273

— 88 **Radierungen.** (24 S.) 4. Berlin (904). (Edm. Meyer.) n. — 50

— 50 **Radierungen.** (II. Folge.) (Hrsg. v. Paul Schubring.) (8 S. Text u. 50 S. Abb.) Lex. 8. Berlin (906). (Albrecht Dürer-Haus.) — 75

Aus **Rembrandts** Radierungen. Mit e. Einl.: Des Künstlers Persönlichkeit u. s. Werk. Hrsg. v. Jugendschriften-Ausschuß d. allg. Lehrervereins Düsseldorf. Berlin: Fischer & Franke [1900]. (2 Bl., 20 Taf.) 2° [F.]
= **Hausschatz** deutscher Kunst d. Vergangenheit. H. 2. [08. 13397

**Rembrandt.** Des Meisters Radierungen in 402 Abb. Hrsg. von Hans Wolfgang Singer. Stuttgart & Leipzig: Deutsche Verl.-Anst. 1906. (XXI, 285 S.) 4°
= **Klassiker** d. Kunst in Gesamtausgaben. Bd 8. [06. 8111

**Rembrandt's** sämmtliche Radirungen. Nach den im k. Kupferstich-Kabinet zu München befindl. Originalien. Facs., in Lichtdr. vervielfältigt von J. B. Obernetter. Mit erläut. Texte von H. E. v. Berlepsch. 70 Lfgn. Fol. (375 Bl. mit 70 S. Text.) München 882—86, Kellerer's Hofbuchh. à Lfg. *ℳ 4. * 280 —

— die schönsten **Radirungen** in Nachbildngn. 42×31 cm. (20 Taf. m. 2 S. Text u. Text auf der Rückseite.) Berlin (902). Düsseldorf, Fischer & Franke. In Mappe n. 6. —

— die schönsten **Radierungen** in Nachbildungen. (Neue Ausg.) (25 Bl. m. V S. Text.) Fol. Düsseldorf (904). Berlin, Fischer & Franke. In Mappe n. 10. —

**Rembrandt-Album.** 12 Photographien nach Kreidezeichnungen. Text von Frdr. Müller. Cassel 869. Krieger. 4. (30 S.) In engl. Einb. mit Goldschn. n. 8 ℳ; Ausg. in gr. Fol. n. 16 ℳ

**Rembrandt-Album.** 80 Reproduktionen seiner berühmtesten Werke. (30 S.) gr. 4. Berlin (903). Globus Verlag. Geb. n. 1. 20

**Rembrandt-Almanach 1906–1907.** Eine Erinnerungsgabe zu des Meisters 300. Geburtstage. (64 S. m. Abbildgn. u. 10 [2 farb.] Taf.) Lex.-8. Stuttgart (906). Deutsche Verlags-Anstalt. n. 1. —

**Rembrandt-Galerie.** Hrsg. von Alfr. v. Wurzbach. Eine Auswahl von 100 Gemälden Rembrandts, nach den vorzüglichsten Stichen, Radirungen und Schwarzkunstblättern in unveränderl. Lichtdr. ausgeführt von Mart. Rommel und Comp. 20 Lfgn. 60 Bl. in gr. Fol. und 40 Text-Illustr. (108 S. Text.) gr. Fol. Stuttgart 884, Neff. à Lfg. *ℳ 3.; geb. * 80 —

**Rembrandt-Galerie,** hrsg. von Alfr. v. Wurzbach. Eine Auswahl v. 100 Gemälden Rembrandts nach den vorzüglichsten Stichen, Radirgn. u. Schwarzkunst-Blättern. 60 Blätter in gr. Fol. u. 40 Text-Illustr. In Lichtdr. ausgeführt v. Martin Rommel & Co. Nebst Textbd. hoch 4. (104 S.) Stuttgart 886. Neff. geb. n. 80. —

**Rembrandt-Mappe.** Hrsg. vom Kunstwart. (14 Bl. m. 8 S. Text u. Titelbl. m. Bildnis.) Fol. München (903). G. D. W. Callwey. 3. —; Vorzugsausg. 5. —

— **zweite.** Hrsg. vom Kunstwart. (15 Bl. m. 4 S. Text u. Titelbild.) Fol. Ebd. (906). 3. —; Vorzugsausg. 5. —

— Saskia, s.: Blätter, bunte, aus aller Welt.

— Die sogen. Scharwache, s.: Meisterbilder.

— Die Staalmeesters, s.: Bildkunst.

— dasselbe, s.: Blätter, bunte, aus aller Welt.

— **„Staalmeesters".** Das Gesamtbild u. die Einzelbildnisse in Heliograv. (6 Taf.) 72,5×56,5 cm. Berlin 906. Gesellschaft zur Verbreitung klass. Kunst. In Papp-Mappe 60. —; Luxusausg. auf Japanpap. 78×63 cm. 100. —

**Rembrandt,** Stiche u. Radirungen, s.: Schongauer.

— **Teekeningen.** Serie A u. B (Je 10 Taf. m. 1 Bl. Text.) Fol. Haag 906. M. Nijhoff. In Mappe n. 20. —

— **Zeichnungen,** in Lichtdr. nachgebildet. Hrsg. unter der Leitg. v. F. Lippmann im Verein m. W. Bode, Sidney Colvin, F. Seymour Haden u. J. P. Heseltine. 4 Lfgn. gr. Fol. (à 50 Taf. m. 4 S. Text.) Berlin-London 888. 892. Leipzig, K. W. Hiersemann. In Leinw.-Mappen n. 720. —

— **Zeichnungen,** in den Orig.-Farben nachgebildet durch Emrik & Binger in Haarlem. 3. Folge. 2 Lfgn. Nr. 1—100. (Hrsg. unter der Leitg. v. C. Hofstede de Groot.) (Je 50 Taf. m. IV S. Text.) 51×37,5 cm. Haag 903. 06. M. Nijhoff. (Leipzig, K. W. Hiersemann.) In Leinw.-Mappe à nn 125. —

— dasselbe in Lichtdr. nachgebildet durch Emrik & Binger in Haarlem. 4. Folge. 2. Lfg. Nr. 51—100. (Hrsg. unter der Leitg. v. C. Hofstede de Groot.) (50 Taf. m. IV S. Text.) 53×39,5 cm. Haag 910. M. Nijhoff. In Leinw.-Mappe nn 125. —

— 50 **Zeichnungen.** Ausgewählt u. eingeleitet v. Rich. Graul. (18 S. m. 50 Bl. Text.) gr. 8. Leipzig 906 E. A. Seemann. Geb. n. 3. —

— **Zeichnungen** im Budapester Museum der bildend. Künste. 26 bisher unveröffentlichte Blatt, in Fksm.-Lichtdr. nachgebildet. (Hrsg. von Gabr. v. Térey.) (Mit 3 Bl. Text.) 53,5×39,5 cm. Leipzig 909. K. W. Hiersemann. In Leinw.-Mappe nn 110. —; seit 1. IV. 1910 erh. Pr. 200. —

**Rembrandt, K.,** der Sohn d. Verschollenen, s.: Volksbücher, Münchener.

Rembrandtdeutsche, der. Von einem Wahrheitsfreund. gr. 8. (VIII, 194 S.) Dresd. 892, Druckerei Glöß. * 1 —

**Rembrandt, deutsche, Der.** Von einem Wahrheitsfreund. Dresden 1892. V: (S. 1—39): *Kepler, Paul,* (S. 41—94): *Langbehn, Julius August.* (Die Zukunft XVIII, S. 96) *Verleger*: *Glöss, F. W.* ( Biogr. Jahrb. XIII. 385)

**Rembsen, Johann Jakob** (Danzig), De advocatis pauperum. Disput. jur. Präs. Samuel Friedrich Willenberg. Danzig (J. Z. Stoll) 9. VII. 1705. 42 S. Disp. XIII. (4.50) 28344

Remda [Schlagwort]

**Remda** (Stadt Remda), s.: Geologische Karten (Preussen).

Allerleihand von Ihm und Ihr. Buschiade von Fritz **Remdt**. Skizzen von Julius Zernin. Berlin-Leipzig: Wigand 1910. 71 S. 8° (n. 4150

**Remé, Rich.**, Antritts-Predigt üb. Hiob 19,25, bei seiner Einführung in das Amt e. Pastors zu St. Gertrud in Hamburg am 8. VI. 1910 geh., u. Einführungrede d. Hrn. Hauptpastor D. v. Broecker üb. 2. Tim. 1,7. (18 S.) gr. 8. Hamburg 910. L. Gräfe. — 40

— Christliche Wissenschaft. (Christian science.) Vortrag, geh. im kirchl. Verein zu Hamburg am 12. I. 1910. (32 S.) 8. Hamburg 910. Ev. Buchh. — 30

**Remec**, Bog., über die specifische Doppelbrechung der Pflanzenfasern. gr. 8. (24 S. m. 3 Fig.) Wien 901. (C. Gerold's Sohn.) n. — 60
**Sonderabdruck aus: „Sitzungsber. d. k. Akad. d. Wiss."**

Remedia sympathetica; das ist Sammlung der bewährtesten und sympathet., antipathet. und spagyr. Mittel und Zauberkräfte bey Krankheiten der Menschen und Thiere, gegen Beheren und das Anthun böser Leute, gegen allerhand Laster, als Trunk und Spiel ꝛc., ingleichen Anweisung beym Verfahren des mag. Schatzgrabens ꝛc. 8. (98 S. mit 1 Kpfr.) Baltimore 865. (Stuttgart, Fischhaber.) *

Remedies for Beauty, od. 24 untrügl. Recepte, die jugendliche Schönheit d. Damen u. Herren zu erhöhen, zu verlängern u. herzustellen. gr. 8. Berl. Neue Soc. Buchh. 804.

*Remedies* for beauty, oder 24 untrügl. Recepte f. die Toilette, die jugendl. Schönheit der Damen u. Herren zu erhalten, zu erhöhen u. zu verlängern; aus d. Engl. gr. 8. Berl., 805. W. Oehmigke. 2 ₰ 16 ℊ (Sander). 1 ₰

Remedies for Beauty — d. i. 25 Recepte f. d. Toilette jung. Damen u. Herren, z. Erhalt. u. Verbess. d. Haut ꝛc. a. d. Engl. gr. 8. Berlin, W. Oehmigke. 805.

Nützliches und in allen Proben bewährt erfundenes Remedium für die schon über einige Jahre grassirende Seuche unter dem Horn- Vieh, samt der Ordnung wie solches zu gebrauchen, u. was dabey zu observiren; ... mitgetheilet... von einem schuldigen Beförderer des gemeinen Bestes... o.O. 1746. 32 S. 8

*Remedium*, sicheres, f. Mädchen, um sich zu würdigen Frauen zu bilden. 8. Wien 780. Gerold. 6 ℊ

**Remedius, A.**, IV komische Gesänge f. vierstimmigen Männergesang. qu. 4. (80 lith. S.) Landshut 849, Thomann. 18 ℊ

Remeis [Schlagwort]

**Remeis, s.: Preussen. Messtischblätter.**

Remeis, Karl, die Frage der Veränderlichkeit des Sonnendurchmessers. gr. 8. (32 S.) Leipzig 880, Scholtze. * 1 —
Aus: Sirius, besonders abgedruckt.

—— die Strahlung und die Temperatur der Sonne. Eine Darstellung und Erörterung der einschläg. Messungen und der erlangten Resultate. Lex.-8. (68 S.) Köln 881, Mayer. * 1 60
Aus: Gaea, besonders abgedruckt.

Remeis, Carl, die Wiederaufnahme im Strafverfahren. gr. 8. (VII und 90 S.) Erlangen 864, Deichert. *

Remekházy, Josephine v., Fantasieblumen. Novellen. 2 Bde. 8. (37 B.) Leipzig 839, Kollmann.

**v. Remekházy, Josephine, Feldblumen.** Mit 16 Vignetten, gezeichnet von Th. Alconiere, in Holz geschnitten von Bl. Höfel. gr. 8. Wien 841, Ig. Klang. 1⅓ ₰

—— Novellen. 3 Thle. 8. (45⅝ B.) Leipzig 837, Kollmann.

Remelé, Dr., und das Lehrbuch der forstlichen Chemie von G. Schwarzer und F. Langenbacher. 8. (13 S.) Sternberg. Jahnke. 1869

—— s. Schwarzer, G., und F. Langenbacher.

**Remelé,** Adolph. (Car.) (geb. Uerdingen im Rheinl. 17. 7. 1839): De rubro uranico. Berolini (1864). (20 S.) 4°
Berlin, Phil. Diss. v. 23. Juli 1864

Remelé, Adf., Uebersicht der Hauptgesteinarten des k. preussischen Staatsgebietes mit Berücksicht. angrenz. Länder. gr. 8. (58 S.) Berlin 873, Springer's Verlag. (* 75 Pf.) * — 80

Remelé, Ad., geognostische Übersichtskarte der Gegend von Eberswalde. 1 : 150,000. Chromolithogr. qu. 4. Berlin 882, Springer. Auf Leinw. in Carton * 1 —

**Remelé**, Adf., Untersuchungen üb. die versteinerungsführenden Diluvialgeschiebe d. norddeutschen Flachlandes m. besond. Berücksicht. der Mark Brandenburg. I. Stück. Allgemeine Einleitg., nebst Uebersicht der älteren balt. Sedimentgebilde. Untersilurische gekrümmte Cephalopoden. (In 2 Lfgn.) 1. Lfg. gr. 4. (CLII S. m. 1 Lichtdr. u. 1 lith. u. color. Karte.) Berlin 883. Springer. n. 16. —

Remelé, Adf. Untersuchungen üb. die versteinerungsführenden Diluvialgeschiebe d. norddeutschen Flachlandes m. besond. Berücksicht. der Mark Brandenburg. 1. Stück. Allgemeine Einleitg. nebst Uebersicht der älteren balt. Sedimentgebilde. Untersilurische gekrümmte Cephalopoden. 3. Lfg. gr. 4. (108 S. m. eingedr. Fig., 6 Steintaf. u. 6 Bl. Erklärgn.) Berl. 890, Springer. * 20 —
1. Lfg. Ebd. 1883. * 16 —; 2. Lfg. noch nicht erschienen.

**Remelé**, C. (Mitarb.), s. Anzahl u. Bedeutung d. niederen Organismen in Wald-u. Moorböden.

**Remelé**, Ernst: Die durch d. Gesetz v. 1. Juni 1909 abgeänderten Bestimmungen d. Gerichtsverfassungsgesetzes, d. Zivilprozessordnung, d. Gerichtskostengesetzes u. d. Gebührenordnung f. Rechtsanwälte. Lahr i. B. 1910. 8°

**Remelé**, E., die durch das Gesetz vom 1. VI. 1909 abgeänderten Bestimmungen d. Gerichtsverfassungsgesetzes usw., s. a. Petersen, Jul., Kommentar zur Zivilprozessordnung.

Remelé, E., Handbuch des deutschen Civilprocessrechts. Eine Anleitung zum Studium und prakt. Gebrauch. gr. 8. (XII, 515 S.) Köln 878, DuMont-Schauberg'sche Buchh. * 8 —

**Remelé, Ernst, die Civilprozessordnung f. das Deutsche Reich, s. Petersen, Jul.**

Reméle, Johann Nepomuk

**Reméle, J. N., Analyse ungarischer Classiker, gestützt auf einfache Grundregeln d. ungarischen Sprache, nebst einer alphabetischen Uebersicht sämmtlicher Ableitungs- und Zusammensetzungs-Sylben und ihrer Bedeutungen. Eine prakt. Fortsetzung jeder ungarischen Grammatik ꝛc. gr. 8. Wien 842, Tendler u. Comp. 1 1/6 ℛ**

— Elemente der magyarischen Sprache. S. 17. 316 . . . . . . . . . . . . . . . vgr.
Separatabdruck

**— elemi föl dirás különös tekintettel Magyarországra. Minden tanulók számára, kik a földirási tanulmányt, sikerrel akarják megkezdeni, és abban rövid idö alatt kitünö haladást tenni. gr. 8. (112 S. m. 2 lith. Karten in gr. 4.) Wien 847, Manz. 1/2 ℛ**

Reméle, Nep. Ján., **elemi föl dirás különös tekintettel Magyarországra. gr. 8. (112 S. und 2 lithogr. Karten in gr. 4.)** Wien 848, [Jasper's Witwe und Hügel.]

Reméle, Joh. Nepom., ungarischer Geschäftsstyl in Beispielen. Eine Anweisung, alle Arten von ungarischen ämtlichen Aufsätzen auf die leichteste Art zu verstehen, zu verfassen, u. selbe vom Ungarischen ins Deutsche u. zurück zu übersetzen. Zum Gebr. der ungarisch lernenden Jugend. gr. 8. (14 1/2 B.) Wien 843, [Tendler u. Comp.]

**Reméle, Joh. Nep., der ungarische und deutsche Gesellschafter. Lehr- und Gesprächbuch um sich in der ungar. und deutschen Conversations-Sprache möglichst schnell und gründlich zu vervollkommnen, mit Rücksicht auf die Eigenthümlichkeit beider Sprachen. br. 8. (170 S.) Wien 855. (Leipzig, Hübner.) ***

**Reméle, Joh. Nepom., der ungarische und deutsche Gesellschafter. Lehr- u. Gesprächbuch um sich in der ungarischen u. deutschen Conversations-Sprache möglichst schnell und gründlich zu vervollkommnen, mit Rücksicht auf die Eigenthümlichkeit beider Sprachen. A. u. d. T.: Magyar és német társalkodó etc. Wien 855. Sommer. (F. Klemm.) 8. (2 Bl., 176 S.) n. 16 ngr.**

Reméle Johann Nepomuk, Dr.: Über die Identität der Magyaren und Jazyger. S. 1. 303 vgr.
Separatabdruck

Reméle, Joh. Nep., praktisches Lehrbuch der ungarischen Satzbildung und kurze Geschichte der ungarischen Literatur. Mit zahlreichen Beispielen für die ungarisch-lernende Jugend. gr. 8. (XIV und 301 S.) Wien 863, Gerold's Sohn. *

**Reméle, J. N., Lehrbuch d. ungarischen Sprache nach e. neuen leichtfaßl. prakt. Methode, mit Berücksichtig. d. gegenwärt. Bedürfnisse, auf Beispiele gegründet, sowohl z. öffentl. als Selbstunterr. bearb. gr. 8. (15 B.) Wien 841, [Tendler u. Comp.]**

—— Lehrbuch der ungarischen Sprache nach einer neuen, leichtfaßlich., prakt. Methode, mit Berücksichtig. des gegenwärt. Bedürfnisses, auf Beyspiele gegründet, sowohl zum öffentlichen als Selbstunterr. bearb. 2., verm. u. verb. Aufl. gr. 8. (18 1/8 B.) Wien 846, [Tendler u. Comp.]

**Reméle, Joh. N., Lehrbuch der ungarischen Sprache. 3. umgearb. u. verm. Aufl. gr. 8. (X u. 290 S.) Wien 850, Tendler & Co. n. 1 ℛ**

**—— Lehrbuch der ungarischen Sprache. 4. Aufl. (IV und 322 S.) 1853. und 5. Aufl. gr. 8. (IV und 284 S.) Wien 856, Tendler und Comp. ***

— Lehrbuch der ungarischen Sprache. 6. Aufl. Wien 861. Tendler & Co. (Gerold.) gr. 8. (2 Bl., 285 S.) n. 1 ℛ

Reméle, Joh. Nep., fünfzehn Lektionen zur schnellen und vollständigen Erlernung der magyarischen Sprache für fähige und fleißige Schüler. 8. (IV, 135 S.) Wien 869, Hartleben's Verlag. * 1 60

**—— Musterstücke zur praktischen Erlernung der ungarischen Sprache. Nach Hamilton's und Boisgermain's Interlinear-Methode. gr. 8. (IV und 224 S.) Wien 855, Tendler und Comp. ***

**Reméle, Joh. Nep., praktische ungarisch-deutsche Sprachlehre. Nach den deutschen Sprachlehren von Grimm, Heyse und Becker bearb. A. u. d. T.: Gyakorlati német nyelvtan. gr. 8. (VI und 300 S.) Wien 851, Tendler und Comp. Thlr. ***

Reméle, Dr. Joh. Nep. — Ueber den Werth der Arbeitsschulen und die Mittel diese zum Wohle der Menschheit zweckmäßig einzurichten. Mit Benützung der bei den bereits bestehenden Arbeitsschulen gemachten Erfahrungen von — —. Wien, 1856. Druck von Anton Schweiger in Wien. Im Verlage bei Mayer und Komp. (VIII. 115 S. 8.)

**Remelé, M., Kursus d. französ. Sprache. Prakt.-theoret. Theil in 61 Lect., nebst e. Anh. Nach d. Methode Robertson's. Lex.-8. (21 B.) Crefeld 840, Funcke'sche Buchh.**

Remelé, Philipp

—— humoristische Bilder aus dem Versicherungs-Leben. Ein Cyclus romant. Geschichten und unromant. Abentheuer. 2. (Titel-) Aufl. von „Ernst und Humor". gr. 8. (128 S.) Lörrach (873)75, Roesling. * 1 —

Remelé, Ph.: Die G. Rohlfs'sche Expedition nach der Libyschen Wüste 1873—74. In Photographien. (Kapsel in Buchform.) qu.-fol.

**Remelé, Phil., kurzes Handbuch der Landschafts-Photographie auf nassem Wege. Mit einer Photogr. Berlin 869. Oppenheim. gr. 8. (123 S. mit eingedr. Holzschn.) n. 20 ngr.**

Remelé, Phpp., kurzes Handbuch der Landschafts-Photographie. 2. durchges. und verm. Aufl. gr. 8. (VI, 160 S.) Berlin 880, Oppenheim. * 2 50

Remele's, Phpp., kurzes Handbuch der Landschafts-Photographie m. besond. Berücksicht. d. Gelatintrockenplattenprocesses f. Fachphotographen, Liebhaber, Forschungs- u. Vergnügungsreisende. 3. Aufl., ergänzt v. H. W. Vogel. Mit 31 Holzschn. gr. 8. (IV, 195 S.) Berlin 884, Oppenheim. n. 3. —

—— Spielhahnfedern. Gebirgs-Humoreske. 8. (107 S.) München 874, (L. Finsterlin.) — 60

Remellay, G. Die Elementar-Schadenversicherung in Ungarn nach Joseph Osztróvszky aus dem Ungarischen übersetzt. *Pest* 1858. *Emil Müller*. 60 S. 8°.

**Reményi, A., zur Geschichte der Donauflotille von den Römerzeiten bis zur Schlacht bei Mohács 1526. Mit hauptsächl. Benützung von Eug. Szentkláryʼs Werk „A dunai hajóhadak története" verf. Vortrag, gehalten im wissenschaftl. Vereine der k. k. Kriegsmarine am 23. März 1888. [Beilage zu Heft VII und VIII der „Mittheilungen aus dem Gebiete des Seewesens".] gr. 8. (24 S.) Pola 888. (Wien, Gerold's Sohn.) ***

Arithmetica theoretico - practica, Das ist: Anweisung zu der arithmetique, für diejenigen, so in derselben den rechten Grund legen wollen... Dargest. durch Christian Stephan Remer. Braunschweig: Schröder 1737. 684 S. 8°

**Remer, C. Steph., demonstrative Rechenkunst. 8. Braunschweig, Schröder. 759.**

**Remer, Christoph Andreas (Braunschweig), De dominio, in rebus occupatis, ultra possessionem, durante. Diss. jur. Präs. Gottlieb Gerhard Titius. Braunschweig (Zilliger) Juni 1704. 38 S. (4.75) 28346**
Gew.: Philipp Ludwig Probst von Wenthusen.

— De habitu territoriorum Germanicorum et inde veniente totius reipublicae forma. Diss. jur. publ. Präs. Gottlieb Gerhard Titius. Braunschweig (Zilger) Juni 1704. 56 S. (4.50) 28347

**Remer**, Chrph. Andr.: Tractatus de perjurio ficto, das ist: Gründliche Erklärung, worinnen der Mein-Eyd eigentlich bestehet. Franckfurth 1707.

Remer, C. Andr., Erkl wor. d. Meineid eigentl. bestehe. 4. Hannov. Helwing. 707.

Remer, Chr. Andr.: Tr. de vero obligationum valore. *L.* 714. 4.

— de vero ex jure rom. statui Germaniae attemperato obligationum valore. 4. Hamb. Bohn. 732.

**Remer**, H, Unsere Herren Rechtsanwälte, wie sie zu den hohen Einkünften kommen. Werdegang, Leben u. Treiben der Rechtsanwälte. (64 S.) 8. Leipzig, Verlags-Anstalt „Cliché". 1904. 1. —

**Remer**, H., unsere Herren Rechtsanwälte, wie sie zu den hohen Einkünften kommen. Werdegang, Leben u. Treiben der Rechtsanwälte. (64 S.) 8. Leipzig 904. Verlags-Anstalt „Cliché". 1. —

Remer, Joh. H., Einleit. in d. evang. luther. Lehre derjenigen, so sich nicht auf die Theologie legen können. 8. Wolfenb. Meisner. 731.

Remer, Jul., Erinnerungen an die gefeiertesten Chirurgen der neueren Zeit. gr. 8. (1 ½ B.) Breslau 845, (Gosohorsky's Bh.) *

**Remer**, Julius August

— Abriß des gesellschaftl. Lebens, s. W. Robertson, Geschichte Karls V.

**Remer, Julius August:** Amerikanisches Archiv, *herausgegeben von . . . 3 Bde. Braunschweig: Verlag der Fürstl. Waisenhaus-Buchhandlung 1777/78. (12), 267 S., (2); (6), 294 S.; (14), 334 S.*

**REMER**, Julius August 1738 - 1803
Amerikanisches Archiv, herausgegeben von Julius August Remer ...
Erster [- Dritter] Band.
Braunschweig: Waisenhaus. 1777 [- 1778]. 8°.
Landes- und Stadtbibliothek Düsseldorf [Bd. 1 u. 2]; Staats- und Universitätsbibliothek Göttingen [Bd. 3]. Frankfurt-Leipziger Meßkatalog, Ostermesse 1777, S. 201: Bd. 1; Ostermesse 1778, S. 399: Bd. 3. Sabin 1286 u. 69549. Palmer.
Darin enthalten:
PRICE, Richard: Anmerkungen über die Natur der bürgerlichen Freyheit, über die Grundsätze der Regierung, und über die Rechtmäßigkeit und Politik des Krieges mit Amerika ... Nach der siebten, vermehrten und verbesserten Englischen Ausgabe ins Deutsche übersetzt [von Matthäus Theodor Christian Mittelstedt]. [Bd. 1, S. 1-108, 241-267]
Übers. v. Observations on the Nature of Civil Liberty, London [7]1776.
BURKE, Edmund: Rede, womit er seinen Vorschlag einer Aussöhnung mit den Colonien empfiehlet. Gehalten im Parlament, den 22ten März 1775. [Bd. 1, S. 109-219]
Übers. v. Speech ... on Moving His Resolutions for Conciliation with the Colonies, London 1775.
LEE, Charles: Briefe des Generals Lee, und des Generals Burgoyne, bey Gelegenheit der Ankunft des letztern in Boston.
[A. d. Engl. v. M. T. C. Mittelstedt]. [Bd. 1, S. 221-239]
Übers. v. Letters of Major General Lee ... and ... Burgoyne, upon His Arrival in Boston, 1775.
JOHNSON, Samuel: Schatzung keine Tiranney. Eine Antwort auf die Entschlüsse und Addressen des Amerikanischen Congresses.
Nach der vierten Ausgabe aus dem Englischen übersetzt. [Bd. 2, S. 1-58]
Übers. v. Taxation No Tyranny. An Answer to the Resolutions and Address of the American Congress, London [4]1775.
TUCKER, Josiah: Eine demüthige Vorstellung und ernstliche Appellation ... ob es für das Beste der Nation, und für das dauerhafte Wohl dieser Königreiche zuträglich sey, mit den amerikanischen Colonien vereinigt zu bleiben, oder sich von ihnen zu trennen.
Aus dem Englischen nach der zwoten Ausgabe von 1775 übersetzt.
[Bd. 2, S. 59-140]
Übers. v. An Humble Address and Earnest Appeal ..., London [2]1775.
[LEE, Arthur:] Berufung auf die Gerechtigkeit und den Vortheil der Großbrittannischen Nation in den gegenwärtigen Streitigkeiten mit Amerika, von einem alten Mitgliede des Parlements.
Nach der vierten Ausgabe aus dem Englischen übersetzt. [Bd. 2, S. 141-208]
Übers. v. An Appeal to the Justice and Interests of the People of Great Britain, in the Present Disputes with America, by an Old Member of Parliam London [4]1776.
[LEE, Arthur:] Zweyte Berufung auf die Gerechtigkeit und den Vortheil des Volks, in Absicht der Maaßregeln gegen Amerika, von dem Verfasser der ersten Berufung.
Nach der Ausgabe von 1775 aus dem Englischen übersetzt. [Bd. 2, S. 209-294]
Übers. v. A Second Appeal to the Justice and Interests of the People, on the Measures Respecting America. By the Author of the First, London 1775.
[LIND, John:] Anmerkungen über die vornehmsten Acten des dreyzehnten Parlements von Großbritannien, von dem Verfasser der Briefe über den jetzigen Zustand von Polen, nebst einem Aussöhnungsplan.
Nach der ersten Ausgabe von 1775 aus dem Engl. übersetzt.
Braunschweig: Waisenhaus. 1778. 22, 335 S. 8°.
[als Bd. 3]
Übers. v. Remarks on the Principal Acts of the Thirteenth Parliament of Great Britain. By the Author of Letters Concerning the Present state of Poland, London 1775.
Der von H. Meyer, Nordamerika im Urteil des deutschen Schrifttums [Hamburg 1929], S. 157 genannte Separatdruck von Price konnte nicht gefunden werden. Bei der von Sabin 65454 für die Library of Congress nachgewiesenen Ausgabe von Price handelt es sich um die vorliegende.
Zur Ausg. v. Lee: Sabin 39709. Dagegen Sabin 9259 [unter Burgoyne] sowie Palmer und Meyer, Nordamerika, S. 157, als selbständige Publikation; konnte nicht gefunden werden.
Zur Ausg. v. Lind: Ein Separatdruck [Frankfurt-Leipziger Meßkatalog, Ostermesse 1778, S. 398 u. Sabin 41285] konnte nicht gefunden werden.
Matthäus Theodor Christian Mittelstedt, 1712-1777
[Übersetzerangabe: Katalog der Library of Congress]
Edmund Burke, 1729-1797
Samuel Johnson, 1709-1784
Arthur Lee, 1740-1792
Charles Lee, 1731-1782
John Lind, 1737-1781
Richard Price, 1723-1791
Josiah Tucker, 1712-1799

**Remer**, Julius August, s. Basreliefs, Histor.

– s. Briefe üb. d. Zustand von Großbritannien.

**CHRONIK**, Kleine, des Königreichs Tatojaba. Von Herrn Wieland dem ältern. Allein, was werden — — — zu unserm Gesang die strengen Kenner sagen. Wieland der jüngere. Mit Titelvign. Frankfurt u. Leipzig 1777. [Eine Fülle pikanter Curiositäten.] Verfasser J. A. Remer.

Vgl. Wieland d. Ältere.

**REMER**, Julius August
Darstellung der Gestalt der historischen Welt in jedem Zeitraume.
Von Julius August Remer ...
Berlin-Stettin: Nicolai. 1794. IV, 338 S. 8°.
Landesbibliothek Coburg
Nachdr., s. nachfolgende Nr.

**REMER**, Julius August
Darstellung der Gestalt der historischen Welt in jedem Zeitraume.
Von Julius August Remer ...
Frankfurt-Leipzig. 1794. IV, 338 S. 8°.
Stadtbibliothek Mainz
Nachdr. d. voraufgehenden Nr.

— Darstell. der Gestalt d. histor. Welt, durch alle Jahrh. gr. 8. Berl. ... 2e A. 801. Nicolai. 1 ₰ 4 ℊℊ (Aus Klügels Encyklopädie besond. abgedr.)

— Gesch. des heut. Europa in d. neuest. Zeit. 1r–3r Thl. gr. 8. Halle, Hemmerde u. S. 801–803. (ist Krause Gesch. 5r u. 7r.) (1r 1 Rthlr. 2r u. 3r à 1 Rthlr. 12 gr.)

— Geschichte des heut. Europa, s. Jh. Cph. Krause.

— Geschichte d. franz. Constitution, von dem Eintritt d. Franken in Gallien bis auf Ludwig des XVIten Regierung. Neue Auflage. gr. 8. Helmstädt, Fleckeisen. 808.
1. Aufl. s.: Remer: Versuch...

[REMER, Julius August]
Geschichte des Krieges zwischen Großbritannien und den vereinigten Bourbonischen Mächten und Nordamerikanischen Kolonien.
Erster Band, der das Jahr 1778 enthält.
Leipzig: Weygand. 1780. 8, 488 S. 8°.
Zentralbibliothek der deutschen Klassik Weimar
Mehr nicht erschienen.
Verfasserangabe in J. A. Remer, Handbuch der neuern Geschichte, Braunschweig ³1799, S. 813.
Frankfurt-Leipziger Meßkatalog, Ostermesse 1780, S. 849.

– s. Geschichte d. letzten Kriegs in Deutschland.

– s. Geschichte d. Papstthums.

**Remer,** Jul. Aug., ausführl. Handbuch d. ältern allgem. Geschichte. 8. Braunschw. 775. Schulbuchh. 2 ℛ

**Remer,** J. A., Ausführliches Handbuch der ältern allgem. Geschichte. Ausg. 3. umgearb. Braunschw. 794. 8. Ebda.

REMER, Julius August
Handbuch der allgemeinen Geschichte.
Erster [- Dritter] Theil.
Braunschweig: Waisenhaus. 1783 [- 1784]. 8°.
Stadtbibliothek Trier
3. Aufl. v. Tl. 3 [1799] u. d. T. Handbuch der neuern Geschichte,
Dasgl. in 2. Aufl. 1785 [Frankfurt-Leipziger Meßkatalog, Ostermesse 1785, S. 79] konnte nicht gefunden werden.

— Handbuch d. allgem. Geschichte, 1r Bd. die alte, 2r d. mittlere, 3r die neuere Gesch. enth. 8. Ebend. 793–804. (1r u. 2r à 1 Rthlr. 12 gr. 3r 2 Rthlr. 8 gr.)

— Handb. d. allgem. Gesch. 3 Thle. 8. Braunschw. 2e A. 794—99. Schulbuchh. 3e A. 1r Thl. A. u. d. T.: Handb. d. ältern Gesch., von d. Schöpfung d. Welt bis auf die Völkerwanderung. 8. Ebd. 803. 1 ℛ 12 ℊ 2r Thl. A. u. d. T.: Handb. d. mittlern Gesch., von d. Gründung d. jetzig. Europ. Staaten bis auf die Kirchenverbesserung. 8. Ebd. 801. 1 ℛ 12 ℊ 3r Thl. in 2 Bden. A. u. d. T.: Handbuch d. neuern Gesch., von d. Kirchenverbesserung bis aufs J. 1799. 8. Ebd. 799. 4e A. bis aufs J. 1804. 5e bis auf d. Aachener Congreß 1818. v. Prof. Saalfeld verm. A. gr. 8. Ebd. 824. 3 ℛ 8 ℊ.

— — d. mittl. Gesch. 8. Ebend. 798.

**Remer,** Julius August, Hofrath und Prof. in Helmstedt. Handbuch der mittleren Geschichte. Von der Gründung der jetzigen europäischen Staaten bis auf die Kirchenverbesserung. 4. Aufl.
8. Braunschweig **1801.**

REMER, Julius August
Handbuch der neuern Geschichte. Von der Kirchenverfassung bis auf das Jahr 1799. Von Julius August Remer ...
Dritte durchaus umgearbeitete Auflage.
Braunschweig: Schulbuchhandlung. 1799. XVI, 980 S. 8°.
Universitätsbibliothek München
1. Aufl. als Handbuch der allgemeinen Geschichte, Bd. 3, 1783-1784,
2. Aufl. als Handbuch der neuern Geschichte, 1785 [Frankfurt-Leipziger Meßkatalog, Ostermesse 1785, S. 79] konnte nicht gefunden werden.
Kayser, IV, 486-487, gibt die vorliegende Ausg. sowohl als 2. wie als 3. Aufl. an.

**Remer,** Julius August, Hofrath und Prof. in Helmstedt. Handbuch der neuern Geschichte. Von der Kirchenverbesserung bis auf den Frieden zu Amiens, und die Veränderungen in Deutschlands Constitution im Jahre 1802. 4. sehr verm. Aufl. (2 Bde.)
8. Braunschweig **1803.**

**Remer,** (J. A.,) Handbuch der neuern Geschichte, von der Kircherverbesserung bis auf den Aachener Congreß im J. 1818. 2 Bde. 5e verb. u. verm. Aufl. vom Prof. Saalfeld. gr. 8. Braunschw, 824, Schulbuchh.

REMER, Julius August
Handbuch der Geschichte neuerer Zeiten von der grossen Völkerwanderung bis auf den Hubertusburger-Frieden.
Von Julius August Remer ...
Braunschweig: Waisenhaus. [1771]. 24, 689 S. 8°.
Landesbibliothek Coburg
Datum der Vorrede 12. Okt. 1771.
Frankfurt-Leipziger Meßkatalog, Michaelismesse 1771, S. 278.

REMER, Julius August
Handbuch der Geschichte unsrer Zeiten vom Jahre 1740 bis zum Jahre 1799 von Julius August Remer ...
Braunschweig: Schulbuchhandlung. 1799. VI, 450 S. 8°.
Universitätsbibliothek München

— Handbuch d. Gesch. unserer Zeiten vom J. 1740—1800. 8. Braunschw. 804. Schulbuchh. 1 ℛ 12 ℊ

REMER, Julius August
Lehrbuch der algemeinen Geschichte für Akademien und Gymnasien von Julius August Remer ...
Halle: Hemmerde und Schwetschke. 1800. XIX, 754 S. 8°.
Universitätsbibliothek München

— Lehrbuch d. allgem. Geschichte f. Akademien u. Gymnasien. Aufs neue bearb. u. bis zu Ende des J. 1810 fortgesetzt v. T. G. Voigtel. 8. Ebd. 811. N. A. 821. Schwetschke u. S. 1 ℛ 8 ℊ

— Lehrb. d. Staatskunde d. vornehmst. europ. Staat. 8 Braunschw. Schulbchhdl. 786.

— Lehrbuch d. Staatskunde d. vornehmsten Europ. Staaten. 8. Braunschw. 789. Schulbuchh. 1 ℛ

– s. Lobrede auf Voltaire.

– s. Praun, v.: Siegelkabinet.

— Rede von d. charakterist. Zügen d. Bildes eines vorzügl. Regenten ꝛc. 8. Helmst. 790. Fleckeisen. 4 ℊ

– s. Stedtmann, K.: Geschichte.

REMER, Julius August
Tabellarische Uebersicht der allgemeinen Geschichte zur Erhaltung einer richtigen Kenntniß des Zusammenhangs der wichtigsten Weltbegebenheiten von Julius August Remer ...
Zweyte sehr verbesserte und vermehrte Auflage.
Braunschweig: Waisenhaus. 1783. 1 Folioblatt.
Bibliothèque Nationale Paris
1. Aufl. 1781 [Frankfurt-Leipziger Meßkatalog, Ostermesse 1781, S. 81] konnte nicht gefunden werden.

REMER, Julius August
Tabellarische Uebersicht der allgemeinen Geschichte zur Erhaltung einer richtigen Kenntniß der Entstehung und des Zusammenhangs der wichtigsten Weltbegebenheiten von Julius August Remer ...
Dritte verbesserte und vermehrte Auflage.
Braunschweig: Waisenhaus. 1786. 1 Folioblatt.
Sächsische Landesbibliothek Dresden
1. Aufl. 1781 [Frankfurt-Leipziger Meßkatalog, Ostermesse 1781, S. 81] konnte nicht gefunden werden.

— tabellar. Uebersicht d. allgem. Geschichte, zur Kenntniß des Zusammenhanges d. wicht. Weltbegebenheiten. Fol. Braunschw. 781. 2e A. 783. 3e A. 785. 4e A. 804. Schulbuchh. 2 ℊ

— tabellar. Uebersicht d. wichtigsten statist. Veränderungen in d. Europ. Staaten. 14 Tabb. in d. J. 1786—94. Fol. Braunschweig 787—93. Schulbuchh. 2 ℛ 4 ℊ

**Remer,** Jul. A., tabellar. Uebersicht d. wichtigst. statist. Veränderungen in d. europ. Staaten. 14 Tabell. in d. J. 1787-1794. Fol. Braunsch. Schulbchhdl. Rthlr.

Remer, Jul. Aug.: „Tabellen zur Aufbewahrung der wichtigsten statistischen Veränderungen in den vornehmsten europäischen Staaten", insgesamt 14 Tabellen über die Jahre 1786 bis 1792, Braunschweig 1787 bis 1794.

— Versuch e. Geschichte d. franz. Constitution, v. d. Eintritt d. Franken in Gallien bis auf Ludwig XVI. Regier. gr. 8. Helmstädt, Fleckeisen. 802.
Neue Aufl. s.: Remer: Geschichte...

– s. Versuch e. Gesch. der französ. Constitution.

— **Julius August** (Helmstedt), Die Vorzüge der Erbstaaten vor den Wahlstaaten. Helmstedt (C. G. Fleckeisen) 1802. 31 S. (3.—) 28348

Remer, Karl Julius Wilhelm Paul

Remer, K. J. W. P., Beobachtt. üb. die epidem. Cholera, gesammelt in Folge einer in amtl. Auftrage gemacht. Reise nach Warschau, u. mit höheren Orts eingeholter Genehmigung herausgg. 3e Aufl. gr. 8. Bresl. 832. Max u. C. 16 gr

**Remer**, Karl Jul. Wilh. Paul, u. Ludw. Ad. **Neugebauer**, die asiat. Cholera, ihre Behandlung u. die Mittel sich gegen sie zu verwahren, nach früheren Erfahrungen u. den neuesten Beobachtungen für Aerzte u. Nichtärzte bearb. gr. 8. (X u. 117 S.) Görlitz 848, Heyn. 18 ngr

Remer, Carol. Jul. Wilielm. Paul. *(geb. Helmstädtin Braunschweig [21. 12.] 1802)*: Pathologiae comparatae specimen. Vratislaviae (1825). (52 S.) 8°
Breslau, Med. Diss. v. 10. Aug. 1825

**Remer,** *Theodor* **Maximilian** [aus Michaelsdorf]: Kritischer Bericht über 100 Fälle von Cataracta traumatica ... Berlin, C. Vogts Buchdr., *1896*; 33 S., 1 Bl. 8.
Berlin, Med. Fak., Inaug.-Diss. v. 20. Nov. 1896

**Remer**, Paul, das Aehrenfeld. Schrift u. Schmuck v. Max Fröhlich. (V, 57 S.) qu. 8. Berlin 904. Schuster & Loeffler. Kart. n. 5. —; geb. in Ldr. n. 8. —; Luxusausg. n. 20. —

**Remer**, Paul, das Buch der Sehnsucht. Eine Sammlg. deutscher Frauendichtg. Eingeleitet u. hrsg. 12. (395 S. m. 8 Bildnissen.) Berlin 900. Schuster & Loeffler. Geb. in Leinw. n. 5. —

In goldener Fülle. Von Paul **Remer**. 2., geänd. u. verm. Aufl. Berlin & Leipzig: Schuster & Loeffler 1906. (78 S.) 8° [F.]
→ Remer: Dichtungen. Reihe 2. [06. 11346

— Johanniskind. Sommerlieder. Mit dem Bilde des Dichters nach e. Photographie v. Jos. Kainz. 12. (60 S.) Ebd. 899. 1. 50; geb. 2. 50

Detlev Liliencron. Von Paul **Remer**. *Berlin & Leipzig: Schuster & Loeffler [1904]*. (81 S.) 8°
— Dichtung, Die. Bd 4. [04. 13438

Paul **Remer**. Osterglocken. Ein Schauspiel. *Berlin & Leipzig: Schuster & Loeffler 1901*. (59 S.) 8° [F.] [01. 3704

**Remer, Paul,** unterm **Regenbogen.** 12. (88 S.) Berlin 894. Deutsche Schriftsteller-Genossenschaft. n. 1. 50

— **unterm Regenbogen.** [Neue (Titel-) Ausg.] gr. 16. (88 S.) Berlin (894) 896. Schuster & Loeffler. 1. 50; geb. n. 2. 50

Paul **Remer**. Unterm Regenbogen. Ein Märchenbuch f. Grosse. Buchschmuck von Arthur Ratzka. 2. bis 4. Taus. *Berlin & Leipzig: Schuster & Loeffler 1901*. (83 S.) 8° [F.] [01. 5354

Unterm Regenbogen. Von Paul **Remer**. 3. geänd. u. verm. Aufl. Berlin & Leipzig: Schuster & Loeffler 1905. (90 S.) 8° [F.]
— Remer: Dichtungen. Reihe 1. [06. 11345

**Remer, Paul: Die freien Rhythmen in Heinrich Heines Nordseebildern. Ein Beitrag zur neuen deutschen Metrik.** ... Heidelberg, Carl Winter's Universitätsbuchh., 1889; 56 S. 8°.
Rostock, Phil. Fak., Inaug.-Diss. v. 20. Mai 1889

**Remer**, Paul, Frau Sonne. Komödie in 1 Aufz. gr. 8. (87 S.) Berlin 897. E. Bloch. n. 1. —

[F.] Paul **Remer**. Unter fremder Sonne. Titelzeichng v. H. Friling. Kopfleisten v. Fidus. *Berlin: Schuster & Loeffler 1896*. (275 S.) 1 Bd 8. [96. 5626

[F.] Paul **Remer**. Theodor Storm als norddeutscher Dichter. M. e. Einführgsged. v. Detlev v. Liliencron. *Berlin: Schuster & Loeffler 1897*. (54 S.) 1 Bd 8. [97. 4086

**Remer,** Wilhelm: **Beiträge zur Anatomie und Mechanik tordierender Grannen bei Gramineen nebst Beobachtungen über den biologischen Werth derselben.** *Breslau 1900: R. Galle.* (45 S.) 8°
Breslau, Phil. Diss. v. 15. Nov. 1900

Remer, Guil. (Ern.) (geb. Breslau 12. 3. 1818): De tussi convulsiva. Berolini (1843). (26 S.) 8°
Berlin, Med. Diss. v. 27. Sept. 1843

Remer, Wilhelm Hermann Georg

Remer, Wlh. Herm. Geo., Annalen der klinisch. Anstalt zu Helmstädt. 1r Jahrg. gr. 8. Helmst. 805. Fleckeisen. 1 ₰ 16 gr

— de causa debilitatis, haemoptysin interdum excipientis et de vasorum, quae in hoc morbo sanguinem effundunt, genere. 8. Helmst., Fleckeisen. 1 gr

Ueber die Definition der Salze und die Eintheilung der Säuren. 2 chemische Abhandlungen. Von W[ilhelm] H[ermann] G[eorg] Remer. Helmstedt: Fleckeisen 1798. 61 S. 8°

Handbuch der Heilmittellehre... von Wilhelm Herrmann Georg Remer. Braunschweig & Helmstädt: Fleckeisen 1805. XVI,223 S. 8°

Lehrbuch der polizeilich- gerichtlichen Chemie. Von Wilh[elm] Herrm[ann] Georg Remer. Helmstedt: Fleckeisen 1803. XXXII, 454 S. 8°

Remer, W. H. G., Lehrbuch d. polizeil. gerichtl. Chemie. 2te verb. Aufl. gr. 8. Helmst. 812.

Remer, Wilh. Herm. Geo., Lehrbuch d. polizeil.-gerichtl. Chemie. 2 Bde. 3., verm. u. durchaus umgearb. Aufl. gr. 8. (54½ B.) Helmstädt 827, Fleckeisen.

Remer, Wilhelm Hermann Georg, s. Metzger, J. D.: Arzneiwissenschaft.

Plan und Gesetze des ambulatorischen Clinici zu Helmstedt. Von Wilh[elm] Herrm[ann] Georg Remer. [Helmstedt:] Fleckeisen [1803]. 15 S. 8°

Guilielmus Herrmannus Georgius Remer [Wilhelm Herrmann Georg Remer]: De Plethora sanguinea. (P.1, 2.) Helmstadii (1797:) Fleckeisen. 150 S. 1 Bd 8°
(P.1:) (1797.)
Helmstedt, Med. Diss. v. 2. Sept. 1797
(P.2:) (1797.)
Helmstedt, Med. Hab.- Schr. v. 19. Dez. 1797.

— **Wilhelm Herrmann Georg** (Braunschweig), De plethora sanguinea. Diss. med. Helmstedt (C. G. Fleckeisen) 2. IX. 1797. 86 S. (5.—) 28349

— s. Spannuth, J. F. J.: Predigt.

— Programma sistens tentamen sciographiae Materiae medicae. 4. Helmst. 804. Fleckeisen. 2 gr

— allgem. Therapie der Krankheiten des Menschen. Zu akadem. Vorlesungen entworfen. gr. 8. Bresl. 818. Holäufer. (Graß, B. u. C. i. a. J. F. Korn). 2 ₰ 12 gr

Remerk, Ludwig [Pseud.], s. Kremer, Ludwig [Wirkl. Name].

**Remertz,** Johannes [app. Arzt, Assist. am pharmakol. Univ.-Inst., aus Rossla am Harz]: Über die Beeinflussung der Schwefel- und Stickstoffausscheidung im Hundeharn durch das Chloralhydrat und Amylenhydrat ... Halle a. S., Hofbuchdr. v. C. A. Kaemmerer & C., 1893; 35 S., 1 Bl. 8.
Halle, Med. Fak., Inaug.-Diss. v. 14. März 1893

**Remertz,** Joan. Armin. (Bernard.) (geb. Artern in Thür. 27. 6. 1830): De nonnullis epilepsiae casibus, quorum complures, quae intercedat ratio inter auram caussamque morbi demonstrant. Berolini (1853). (29 S.) 8°
Berlin, Med. Diss. v. 14. Mai 1853

**Remesch, Wendelin,** Lehrmittel für den Anschauungs-Unterricht in Holzschnitzerei an den k. k. Fachschulen für Holzindustrie. (Min.-Erl. v 1. März 1893, Z. 2722.) Zu beziehen von Wendelin Remesch, Fachlehrer in Innsbruck 7.40
Vgl.Remmesch, Wendelin.

**Remi, Nicolas;** ein Roman. Altenburg 1802. V: *Müller, Carl Ludwig Methusalem.* (GGr) (Ky)

**Remi, Nikolaus,** e. Roman v. Verf. von Antenors Reisen nach Griechenland, 8. Leipz. Wolf. (Schnuphase in Altenb.) 802.

**Rémi,** Herman, a. Wien: Zur Kenntnis der Chinasäure. (Berlin 1905: E. Ebering.) (57 S.) 8°
Berlin, Phil. Fak., Ref. Gabriel, Nernst, Diss. v. 29. Juli 1905
[Geb. 28. März 81 Wien; Heimatsort: Wien; Staatsangeh.: Ungarn; Vorbildung: Communal-Real- und Obergymn. Wien II Reife Juli 00; Studium: Wien T.H. 1, Darmstadt T.H. 1, Charlottenburg T.H. 3, Berlin 5 S.; Rig. 13. Juli 05.]

**Remié, Siegfr.,** seraphisches Regelbuch nach der Reform Sr. Heil. Papst Leo XIII. Ein Hand- und Gebetbuch für Priester und Volk. 16. (X, 452 S.) Graz 884, Moser's Buchh. geb. *

**Remien,** Garl[l], approb. Arzt aus Lamstedt, Hannover: Aus d. pathol. Institute zu Kiel. Zwei interessante Befunde an Pleuren von Foeten. *Kiel 1900: P. Peters.* (14 S.) 8°
Kiel, Med. Diss. v. [19. Juni] 1900

**Remigius Graf,** s. **Graf, Remigius.**

Remigius von Auxerre

**Remigii Autissiodorensis** in artem Donati minorem commentum. Ad fidem codicum manu scriptorum ed. W. Fox, S. I. 8. (XII, 100 S.) Leipzig 902. B. G. Teubner. n. 1.80; geb. n. 2.20

Remigius, Nikolaus

**Remig, Nic., u. J. Bodin,** daemonolatria, od. Beschr. v. Zauberern u. Zauberinnen. 4 Thle. m. K. 8. Hamburg, Hoffmann. 703.

— — Dasselbe. 3 Thle. Mit Kpfrn. Hamburg 1703. 8⁰. (9 Mk. Th. Ackermann, c. 1885.)

**Remigius, P.,** eine Profeßpredigt. 8. München 781. (J. Lindauer.) 1/8 ₰

Rémilly [Schlagwort]

**Rémilly,** s.: **Geolog. Karten (Elsass-Lothringen).**

**Remin, Ernst,** neue **Bahnen.** Vaterländischer Roman. 8. (244 S.) Bielefeld 894. Velhagen & Klasing. Geb. in Leinw. n. 3.50

**Remin,** Ernst, Sigrid Bang, s.: Fehsenfeld's Romansammlung. I. 1. u. 2. Bd.

— der **Bauerngraf.** Humoristischer Roman. 8. (243 S.) Mannheim 892. J. Bensheimer's Verl. n. 4. —; geb. 5. —

**Remin, Ernst,** die **polnische Braut.** Roman aus den Tagen v. Jena. 8. (298 S.) Bielefeld 897. Velhagen & Klasing. Geb. in Leinw. n. 5.50

**Remin,** Ernst. Ein Genie der That, s. Engelhorn's allgemeine Romanbibliothek.

In schlimmen Händen. Roman v. Ernst **Remin** ... *Charlottenburg: A. Michow 1897.* (128 S.) 1 Bd 8.
= **Michow-Bücher.** Bd VII. [58. 2796

**Remin,** E., **Jahre d. Gärens,** s.: **Engelhorn's** allgemeine Romanbibliothek.

— Der gute Kampf, s. Universal-Bibliothek Nr. 2830.

— der **Narr der Herzogin,** } s.: **Universal-Bibliothek.**

— s.: **Preisausschreiben,** ein.

— eine verfehlte Speculation, s.: **Michow-Bücher.** 28.

**Remin,** E., die Versaillerin, s.: **Engelhorn's** allgemeine Roman-Bibliothek.

— was die **Gräfin** sann. Roman. 8. (216 S.) Leipzig 898. Dresden, C. Reißner. n. 3. —; geb. n. 4. —

— die **Wunde der Zeit.** Roman. 8. (312 S.) Jena 894. H. Costenoble. n. 5. —; geb. n.n. 6.20

**Remington-Gewehr,** das. Bericht über die von der österreich. k. k. Hinterladungs-Gewehr-Commission in Wien angestellten Versuche. gr. 8. (X und 18 S. mit eingedr. Holzschn. und 1 Holzschntaf. in gr. Fol.) Wien 867, Seidel und Sohn. *

**Reminiscences** of the King of Roumania. ['Aus dem **Leben** König Karls von Rumänien. Aufzeichnungen eines Augenzeugen.'] By Sidney Whitman. Copyright ed: Leipzig: Tauchnitz 1899. 320 S. 8°
(Collection of British authors. Tauchnitz Ed. Vol. 3383.) [11. 8294

**Reminiscences of the King of Roumania,** edited by Sydney Whitman, s.a.Collection of British authors.

**Reminiscenzen.** Goethe's Mutter; nebst Briefen und Aufzeichnungen zur Charakteristik anderer merkwürdiger Männer und Frauen. Herausgeg. vom Hofrath rc. Dr. Dorow. Mit Portrait u. Facsimile von Goethe's Mutter. 8. Leipzig 842, Hinrichs'sche Buchh. 1 2/3 ₰

**Reminiscenzen.** Fragmente eines Tagebuchs. Wien 1861. V: *Schwarzenberg, Friedrich Fürst von.* (EB) Wien 1864. V: *Thürheim, Andr. Graf.* (Auctions-Kat. Gilhofer & Ranschburg-Wien XI.)

**Reminiscenzen.** Fragmente eines Tagebuches. gr. 8. (V und 361 S.) Wien 864, Geitler. *

**Reminiscenzen** aus dem **Feldzuge** am **Rhein,** in den Jahren 1792 bis 1794. 8. Berlin und Leipzig 1802.

**Reminiscenzen** aus dem Feldzuge am Rhein in den Jahren 1792 bis 1795 . . . Berlin u. Leipzig 1802. V: *Mittler*. (EB)

Reminiscenzen aus dem Feldzuge am Rhein 1792—95. 8. Berl. 802. Dieterici. (Mittler). 1 ₰ 12 gl

Reminiszenzen aus dem Feldzuge am Rhein, in den Jahren 1792 bis 1794. Berlin 1802. 8°.

**Reminiscenzen, Historische,** bey der Feyer des 100jährigen Jubiläums der Leschwitzer Kirche am 4. Sept. 1808. [Dresden 1808.] V: *Engelhardt, Carl August.* (MGT)

**Reminiscenzen,** historische, der Veste Jülich. Nach Chroniken zusammengestellt v. e. Offizier. gr. 8. (28 S.) Jülich 880. Fischer. n. — 40

**Reminiscenzen, Historische,** betreffend die Prager Universität. Prag 1881. V: *Schneider, Franz Xaver.* (Erman & Horn, Bibliogr. d. dtsch. Univ. 2. Leipz. u. Berl. 1904.)

**Reminiscenzen,** historische, betr. die Prager Universität. gr. 8. (24 S.) Prag 881. (Wien, Pichler's Wwe. und Sohn.) *

—— aus dem Gebiete praktischer Lebensweisheit. Trostspende für Alle, welche, gedrückten Herzens, sich in Kürze an den Lehren einer gesunden, kräftigen, auf eine höhere Anschauung gegründeten Lebens-Philosophie erquicken wollen. Von einem Menschenfreunde. 16. (VIII und 60 S.) München 864, Franz'sche Buchh. cart. geb. mit Goldschn. —

**Reminiscenzen u. Reflexionen eines alten Schauspielers.** 8. (VI u. 86 S.) Berlin 852, Duncker & Humblot. n. 1/3 ₰

Reminiszenzen aus d. franz. Revolutionskriege oder histor. Tagebuch d. merkwürdigsten Kriegsbegebenheiten in u. bei Augsburg i. d. J. 1796 bis 1799. Augsburg 1802. 342 S.

Reminiscenzen aus dem Französ. Revolutionskriege, oder histor. Tagebuch der Kriegsbegebenheiten in u. bey Augsburg 1796 —1801. Augsburg 1801. — 2. verm. Aufl. ib. 1802. 3,00.

— aus d. französ. Revolutionskriege, oder histor. Tagebuch der merkwürd. Kriegsbegebenheiten v. J. 1796—1801. 2 Bdchn. 8. Augsb., Doll. (Landsh., Krüll). 1 ₰

Reminiscenzen für Semilasso v. Homogalakto. gr. 12. Stuttgart 837. Hallberger. 7/8 ₰ (Vgl. Semilasso.)

**Reminiscenzen** der Versammlung deutscher Philologen. Von einem Nicht-Philologen. Dulce est desipere in loco. Hamburg 1. Okt. 1855. V: *Wurm, Chn Frdr.* (schr)

**Remissio, Musarum.** Altdorfi 1766. H: *Hummel, Bernhard Frdr.* (will) (BB)

*Remissio* Musarum sive Commentationes aliquot satyrici, litterarii argumenti. Altorf. 770. 8. 16 gr.

**Remittenden, Die,** oder Leiden eines armen Buchhändlers auf der Leipziger Messe. Ein Schwank . . . [Frankfurt a. M. 1822.] V: *Jügel, Carl.* (Kat. d. Bibl. d. Börsen-Ver. 1885, S. 239) (Zeitschr. f. Büch. N. F. 15, 1923, S. 119)

**Remiz, Anton,** De justitia Placeti Regii. Diss. jur. Wien (J. Th. von Trattner) 1774. 45 S. (—.—) 28350

**Remiz, L.,** greift nur hinein. Allerhand Skizzen. (V, 102 S.) 8. Dresden (907). E. Pierson. 1.50; geb. n 2.50

[F.] Der erste geographische Unterricht als Universalpropädeutik. Von Hugo Remlakowsky. *Neuwied & Leipzig: Heuser 1899.* (20 S.) 1 Bd 8. = Schule, Aus der, für die Schule. H. 78. [98. 966.

**Remlakowsky,** Hugo, der erste geograph. Unterricht als Universalpropädeutik, s.: Für d. Schule aus d. Schule, Hft. 78.

Remlein, Theodor

**Remlein, Thdr.,** Assecuranz-Protuberanzen. Ernst u. Humor aus dem Versicherungs-Leben. gr. 8. (128 S.) Frankfurt a. M. 873. Boemel. n. 1. 70

— humoristische Bilder aus dem Versicherungs-Leben. Ein Cyclus romant. Geschichten u. unromant. Abentheuer. 2. Aufl. v. „Ernst u. Humor." gr. 8. (128 S.) Lörrach 875. Roesling. n. 1. —

**Remlein, Thdr.,** deutscher Gas-Kalender. Kurzgefaßte Geschichte der Gasbeleuchtung nebst Abhandlungen über Fabrikation, Betrieb, Materialien, Nebenprodukte rc. und ausführliche Gebrauchs-Anweisung. Aus geschichtl., techn. und statist. Werken zusammengestellt. gr. 8. (VI und 138 S.) Nürnberg 859. Stein. *

—— dass. — (2., billige Ausg.) gr. 8. (VI u 138 S.) Ebendas. 860. *

Remlein T.: Die bayerischen Fohlenaufzucht-Anstalten Mischenried u. Fall ... Münch. 1885. 16 S. P.

Remlein, Theod., *Spielhahnfedern.* Gebirgs-Humoreske. (Hlzschn.-Vign.) München, Hoepfner u. Grammer, 1874. 8°. Ppb.
Tit. u. 107 S.

— Spielhahnfedern. Gebirgs-Humoreske. 8. (107 S.) München 874. (L. Finsterlin.) — 60

**Remlein, Thdr.,** Lustschloß Nymphenburg's Vergangenheit und Gegenwart. 8. (215 S. mit 10 Stnt.) München 884, [Kellerer's Verlag.] de Ereignis. *

**Remlein, Thdr.,** Lustschloß Nymphenburg's Vergangenheit u. Gegenwart. 2. Aufl. 8. (215 S. m. 10 Taf.) München 885. Kellerer. n. 2. —

*Remlein*, Theod., Lustschloss *Nymphenburg's Vergangenheit u. Gegenwart.* 2. Aufl. München, Max Kellerer's h. b. Hof-Buch- & Kunsthandl., 1886. 8°. Ppb.*)
1 Bll., 215 S. Mit 10 Abbildgn. (wobei 7 Portr.).

Remler, Johann Christian Wilhelm

Salzchemie in Tabellen. Erfurt, 1789.

Remler, Johann Christian Wilhelm: Tabelle über die Menge der auflöslichen Bestandtheile, welche aus den Gewächsen durch Wasser und Weingeist ausgezogen werden, auch ihrem Vaterland und der Blühzeit. Nebst einer Tabelle über die Feuchtigkeit, so einige größtentheils officinelle Wurzeln, Kräuter, Blumen, Rinden, Früchte und Beeren durch die Trocknung verlieren. 30 S., gbd., Tab.

Erfurt: Keyser 1789

— Tabelle, welche das Verhältniß u. die Menge d. Bestandtheile d. genau untersuchten Erzarten bestimmt. gr. Fol. Erf. 790. Keyser. 9 gr.

— Tabelle, welche das Verhältniß u. die Menge der in neuern Zeiten untersuchten Stein- u. Erdarten in 100 Granen bestimmt. 4. Erf. 790. Keyser. 3 gr. Supplement A. zu dieser Tabelle. 4. Ebd. 791. 4 gr.

Remler, Jh. Chr. Wlh., Tabelle, welche die Menge des wesentl. Oels anzeigt, das aus verschied. Gewächsen erhalten wird. gr. Fol. Erf. 789. Keyser. 20 gr.

Remler, Johann Christian Wilhelm: Tabellen über den Gehalt der in neuern Zeiten untersuchten Mineralwässer nach Klassen und Gattungen. 58 S., gbd., Tab.

Erfurt: Keyser 1790

— s. Taschenbuch für Tintenliebhaber . . . Leipzig, 1795.

Remler, Jh. Chr. Wlh., tabellar. Uebersicht, welche d. Gehalt d. flüchtigen u. festen Bestandtheile in 1 Pfund od. 16 Unzen der Mineral-Wasser nach Granen in alph. bet. Ordnung anzeigt. Fol. Leipz. 793. Schwickert. 4 gr. Schrbp. 8 gr.

Remler, J. C. W., Tabellarische Übersicht, welche den Gehalt der Bestandtheile in 1 Pf. der Mineralwasser in alphabetischer Ordnung anzeigt, die in neuern Zeiten genauer untersucht sind. Leipzig 1793. Fol.

REMLER, JOHANN CHRISTIAN WILHELM.
Chemische Untersuchung der Tamarindensäure, . . . Erfurt, 1787. 4to. Keyser.

— tabellar. Versuch e. französ.-deutsch. Nomenclatur der neuern Chemie. Fol. Leipz. 793. Schwickert. 8 gr.

REMLER, JOHANN CHRISTIAN WILHELM.
Neues chemisches Wörterbuch, oder Handlexicon und allgemeine Uebersicht der in neuern Zeiten entworfenen französisch-lateinisch-italienisch-deutschen chemischen Nomenclatur nach Bergmann, Berthollet [u. s. w.] nebst Beyfügung der alter Nomenclatur und einem vierfachen Register. Erfurt, 1793. pp. [viii]-355-[iii], 12mo. Keyser.

**Remley,** Frederick *Alderson:* **The relation of state and church in Zurich — 1519 to the first disputation ... Leipzig, print. by E. Hedrich, 1895; 82 S., 1 Bl. 8.**
Leipzig, Phil. Fak., Inaug.-Diss. v. [11. Okt.] 1895

Remling, Franz Xaver

— kathol. Andachtsbuch für Erwachsene aus allen Ständen. Mit Titelkpfr. 8. Neustadt a. d. Haardt 838. Gottschick. n. 5/12 Thlr.
— In gepreßt. Einband mit Goldschnitt n. 1 Thlr.

**Remling,** F. X., der Speyerer Dom, zunächst über dessen Bau, Begabung, Weihe unter den Saliern. Eine Denkschrift zur Feier seiner 800jährigen Weihe. Mit 1 lith. Beigabe (in Fol.). Mainz 861. Kirchheim. gr. 8. (VI, 210 S.) n. 26 *ngr.*

**Remling,** Frz. Xaver, Cardinal v. Geißel, Bischof v. Speyer u. Erzbischof v. Köln im Leben u. Wirken. Sammt Urkundenbuche. gr. 8. (VIII, 467 S.) Speyer 873. Kleeberger. n.n. 6. —

**Remling,** Frz. Xav., Geschichte der Bischöfe zu Speyer. 1. Bd. 2 Hfte. gr. 8. (VIII u. 684 S.) Mainz 852, Kirchheim & Schott. (à n. 1 1/6 Thlr.) n. 2 1/3 Thlr.

— Geschichte der Bischöfe zu Speyer. 2. Bd. Mainz 854. Kirchheim. Lex.-8. (IV, 835 S.) n. 2 Thlr. 10 *ngr.*

—— Urkundenbuch zu Obigem. (Aeltere Urkunden.) gr. 8. (VI und 722 S.) Mainz 852, Kirchheim. *

— Urkundenbuch zur Geschichte der Bischöfe zu Speyer. (Jüng. Urkunden.) Ebend. 853. gr. 8. (IV, 794 S.) n. 2 Thlr. 10 *ngr.*

Remling, Frz. Xav., Urkundenbuch zu Obigem. (Jüngere Urkunden.) gr. 8. (IV und 794 S.) Mainz 854, Kirchheim. Thlr. *

**Remling,** Frz. Xav., neuere Geschichte der Bischöfe zu Speyer sammt Urkundenbuche. Speyer 867. Kleeberger. gr. 8. (VIII, 676 S.) n. 2 Thlr.

—— Geschichte der Benediktiner-Probstei St. Remigiberg bei Cusel in der Rheinpfalz, urkundlich erläutert. gr. 4. (106 S.) München 856(58), (Franz.) * —
Aus: Abhandlungen der k. bayer. Akademie der Wissenschaften, III. Cl., VIII. Bd., II. Abthl., besonders abgedruckt.

Remling, Frz. Xav., urkundliche Geschichte der ehemaligen Abteien und Klöster im jetzigen Rheinbayern. 2 Thle. gr. 8. (Neustadt a. d. Haardt 838. Gottschick.) 3 Thlr.

Remling, Frz. X., urkundl. Geschichte d. Klosters Heilsbruck oberhalb Edenkoben. Eine Monographie. gr. 8. (7 B.) Mannheim 832, Schwan u. Göz.

*Remling,* Frz. Xav. (Pfarrer u. Distriktsschulinsp. zu Hambach), die Maxburg bei Hambach. Mit 1 TKpf. (gest. v. *M. Storz*), Uebersichsplane u. Grundrisse d. Burg. Auf Kosten d. Verfassers. Mannheim, Schwan- u. Götz'sche Hofbuchh., 1844. 8⁰. Eleg. falb. Hsrsb.
VIII—211 S., 1 S. Erklärung der beiden Pläne. — „Sr. Kgl. Hoheit Maximilian, Kronprinzen v. Bayern, dem Durchlauchtigsten Burgherrn auf Hohenschwangau u. Maxburg" — gewidmet.

**Remling,** Frz. Xav., das Reformationswerk in der Pfalz. Eine Denkschrift für die Heimath, sammt einem Umrisse der neuern pfälz. Kirchengeschichte. 12. Mannheim 846, Schwan u. Götz. n. 2/3 Thlr.

**Remling,** Frz. Xav., Konrad Reither, Bischof v. Speyer. Hinterlassenes Mskr., hrsg. u. m. e. Geleitswort u. Register versehen v. J. Baumann. (IX, 128 S. m. 1 Bildn.) 8. Speyer 910. Dr. Jäger. 2. —

— der Retscher in Speyer, urkundlich erläutert. 2 Hefte. Speyer 858. (Mainz, Kirchheim.) 8. (1.: 104 S.; 2.: X, 134 S. u. 1 lith. Taf. in 4.) Jedes Heft n. 10 *ngr.*

— die Rheinpfalz in der Revolutionszeit von 1792 bis 1798. Ein urkundl. Beitrag zur vaterländ. Geschichte. 2 Bde. 1. Aufl. 1865 u. 2. (Titel-)Ausg. Ebend. 867. gr. 8. (XVI, 1092 S.) 2 Thlr. 24 *ngr.*

**Remling,** Dr. Franz Xaver, Domcapitular, geistlicher Rath, bischöflicher Theologe und Historiograph zu Speyer etc. Die Rheinpfalz in der Revolutionszeit von 1792—1798. Ein urkundlicher Beitrag zur vaterländischen Geschichte. (2 Bde.) 8. Speyer 1865—1866.

**Remling, F. X.** Die Rheinpfalz in der Revolutionszeit 1792—1798. 2 Bd. (XVI. 1092.) 8. Speyer 1865—67. 8,40.

— s. Urkundenbuch d. Klosters Otterberg.

— Nikolaus v. Weis, Bischof zu Speyer, im Leben u. Wirken. 2 Bde. sammt Urkundenbuche. gr. 8. (VIII, 464 u. IV, 524 S.) Ebend. 871. n.n. 9. —

Götze Gold. Roman von Konrad **Remling**. Berlin, Leipzig: Hillger [1909]. 112 S. 8°
(Kürschners Bücherschatz. Nr 696.) [10. 7396

**Remling**, Konr., Götze Gold, s.a. Kürschner's Bücherschatz.

Der Weg des Märtyrers. Roman von Konrad **Remling**. Mit Ill. von A. Lewin. Berlin, Leipzig: H. Hillger [1907]. (128 S.) 8° [F.]
— **Bücherschatz**, Kürschners. No 564. [07. 15380

— Der Weg des Märtyrers, s.a. Kürschner's Bücherschatz.

**Remlinger** und Kuhn, statistisches Handbuch der katholischen Schulstellen Württembergs, s. Kuhn.

**Remlinger**, Alfons, prakt. Arzt in Metz: Zur Statistik der Arteriosklerose. ⟨Aus der medizinischen Poliklinik der Universität Marburg⟩. Marburg 1905: Gebr. Lang, Metz. (15 S.) 8°
Marburg, Med. Fak., Ref. Mannkopff, Diss. v. 31. März 1905
[Geb. 6. März 64 Bamay; Wohnort: Metz; Staatsangeh.: Elsaß-Lothr.; Vorbildung: Lyceum Metz Reife O. 84; Studium: Freiburg i. B. 2, Straßburg 6, Heidelberg 1, Erlangen 5 S.; Coll. 1. März 05; Approb. 31. Juli 96.]

**Remlinger**, G., Betrachtungen über das Sendschreiben von Joh. Ronge. 3. Aufl. 12. (1½ B.) Coblenz 845, Reiff.

**Remme**, F. W. C., Magdeburg im Sommer. Humoristische Schilderungen aus Magdeburgs Gegenwart. (Neue Bearbeibeitung des „Sonntags-Amüsement in Magdeburg.") 3. Aufl. 16. (16 S.) Magdeburg 863, Gebhardi.

**Remme**, Henricus Carolus: De Homeri latini codicum fatis atque statu disputatio critica. Monaci 1906: C. Wolf & Sohn. (64 S.) 8°
München, Phil. Fak., Ref. Vollmer, Diss. v. 12. Juli 1906
[Geb. 15. Febr. 81 Bevergern, Westf.; Wohnort: Bevergern; Staatsangeh.: Preußen; Vorbildung: Gymn. Münster i. W. Reife O. 02; Studium: Münster 6, München 3 S.; Rig. 12. Juli 06.]

**Remmelini**, J., klein. Weltspiegel, od. Anatomie und Abbild. göttl. Schöpfung an des Mensch. Leib, m. K. Fol. Ulm, Stettin. 744.

**Remmelts**, H[eime]. Untersuchungen betreffend Bacterium Coli Commune bei Säugetieren, Vögeln und Fischen. Diss. Vet.-Med. Bern. Mit 4 Tafeln. 48 S. 8. Vlaardingen, Dorsman & Odé, 1902.

**Remmer**, Herm., Rußland und die europäische Lage. gr. 8. (VII, 151 S.) Leipzig 888, Friedrich. * 3 —

**Remmer**, Herm. Rußland u. die europäische Lage. 2. Aufl. gr. 8. (VII, 151 S.) Lpz. 892, W. Friedrich. * 2 —

—— die bulgarische Situation. gr. 8. (37 S.) Berlin 886, H. S. Hermann. * 1 —
Aus: Die Nation, besonders abgedruckt.

**Remmer**, Wilhelm [cand. med. aus Köln '(Rhein-Prov.)']: Ueber typhöse Darmblutungen. Aus d. med. Klinik d. Hrn. Prof. Dr. Naunyn zu Strassburg ... Strassburg i. E., Buchdr. C. Gœller, 1893; 134 S., 1 Bl. 8.
Strassburg, Med. Fak., Inaug.-Diss. v. 1893

Remmers, Ernst

**Remmers**, E., Hilfsbuch zur Ausbildung im Rechnen, s.: Runze.

Remmers, E. (Red.), s. Reichs-Post, Deutsche.

Remmers, Ernst, s.: Reichs-Post-Kalender, deutscher.

**Remmers, Gerd**: Ätiologie und Prophylaxe der postoperativen Thrombose und Embolie. Freiburg i. B.: Hammerschlag & Kahle 1908. 34 S. 8°
Freiburg i. B., Med. Diss. v. 1909, Ref. Krönig
[Geb. 12. März 84 Twixlum; Wohnort: Larrelt; Staatsangeh.: Preußen; Vorbildung: Gymn. Emden Reife O. 03; Studium: Tübingen 3, Kiel 3, München 1, Freiburg i. B. 3 S.; Coll. 17. Juli 08.] [U 09. 966

**Remmers**, J. Entwürfe u. Dispositionen zu Evangelien-Predigten. Heft 1—3, od. 1. Bd. gr. 8. Norden, Soltau. à Heft * 1 20
* 3 60; geb. * 4 60
1. Advent bis Estomihi. (S. 1—96.) 891. — 2. Invocavit bis Trinitatis. (S. 97—195.) 892. — 3. 1. bis 27. Sonntag nach Trinitatis. (VIII u. S. 193—326.) 892.

**Remmers**, J., Entwürfe u. Dispositionen z. Evangelien-Predigten. 2. Aufl. 8. (VIII, 349 S.) Norden 896. D. Soltau. n.n. 3. 50; geb. n.n. 4. 50

(R) **Remmers**, J., Entwürfe u. Dispositionen. 896. (KVL 30.) Jetzt: Leipzig, O. Lenz.

**Remmer's**, J., sei eingedenk! Erinnerung an den Tag der Konfirmation. 3. u. 4. Aufl. 12. (32 S. m. Titelbild.) Norden 892. D. Soltau. — 15

**Remmers**, J., Sursum corda! Liturgische Formulare u. Gebete der luther. Kirche, gesammelt u. hrsg. gr. 16. (X, 137 S.) Norden 880. Soltau. n. 2. 50; geb. m. Goldschn. n. 4. —

**Remmers**, Karl Die epische Poesie bei den alten und den modernen Völkern. 24 S. Progr. *Nienburg* 1876.

**Remmers**, Ludw., Beitrag zur Kenntniss v. Abkömmlingen bromirter Aniline. Inaugural-Dissertation. 8. (40 S.) Berlin 874. (Göttingen, Vandenhoeck & Ruprecht.) n. — 60

**Remmers**, *Friedrich Konrad* Otto [aus Hannover]: Untersuchungen der Fjorde an der Küste von Maine mit besonderer Berücksichtigung des Parallelismus und Verwertung der dortigen Befünde für eine allgemeine Theorie der Fjorde. . . . Leipzig, Druck v. Gressner & Schramm, 1891; 68 S. 8°
Leipzig, Phil. Fak., Inaug.-Diss. v. [30. März] 1891

Remmert, s. Versuche mit Mallein in der russ. Armee.

**Remmert**, Adalbert [aus Gr. Schwein bei Glogau]: Cysticercus cellulosae... Berlin, C. Vogt's Buchdr., *1893*; 43 S., 2 Bl. 8.
Berlin, Med. Fak., Inaug.-Diss. v. 24. Febr. 1893

**Remmert**, E[vert] W[illem]. Ueber die Reduktion von o-Nitrobenzaldehyd. Diss. Phil. [II.] Univ. Zürich. 84 S. 8. Zürich, J. Frank, 1902.

**Remmert, Paul**, a. Berlin: Über die Einwirkung aliphatischer Organo-Magnesium-Verbindungen auf die freie Tere- und Isophthalsäure. Berlin 1910: G. Schade. 61 S. 8°
Münster, Phil. Diss. v. 11. April 1910, Ref. Salkowski
[Geb. 11. Aug. 84 Stolberg Rhpr.; Wohnort: Steglitz; Staatsangeh.: Preußen; Vorbildung: Realgymn. Mannheim Reife Juli 03; Studium: Berlin Techn. Hochsch. 8, Univ. 2 S.; Rig. 12. Febr. 10.] [U 10. 3797

Remmesch, Wendelin (vgl. Remesch, Wendelin)

**Remmesch** W, Sammlung v. Modellen f. d. Elem.-Unterr. in d. Holzschnitzerei mit bes. Berücksicht. d. Möbeldekoration. 97 Papiermaché-Abdrücke auf (19 T) fol nebst Text. Innsbruck

**Remmets**, über die Pflege des Säuglings. Rathschläge für junge Frauen. 8. (45 S.) Berlin 887, Dressel's Verlag. * 1 50

**Remmets**, Theod. ⟨geb. am 28 Juli 1848 in Weeze Kr. Geldern⟩: Ueber die Hypochondrie ... Bonn, Druck v. C. Georgi 1872. 28 S., 1 Bl. 8.
Bonn, Med. Fak., Diss. v. 26 Juli 1872

REMMIGHAUSEN, DIETR. JAC. (autor), Diss. inaug. med. de dysuria senili ex motibus hæmorrhoidalibus oriunda. Hælæ Magd. 1743. 4. P. [Præs. Jo. Juncker].

**Remmler, Hans,** Assist. am chem. Untersuchungsamte: Synthese des 8-Methyl-Conidins und einige Derivate des α'-Methyl-α-Aethylolpiperidins. Breslau 1910: Fleischmann. 61 S. 8°
Breslau, Phil. Diss. v. 22. Jan. 1910, Ref. Buchner
[Geb. 5. Sept. 85 Klein-Saul; Wohnort: Breslau; Staatsangeh.: Preußen; Vorbildung: Realgymn. Leipzig Reife O. 04; Studium: Straßburg 2, München 2, Breslau 6 S.; Rig. 18. Dez. 09.] [U 10. 633

**Remmler,** Hugo [aus Merseburg]: Untersuchungen über Kobalt.... Berlin, Druck v. H. M. Dobrin, 1891; 82 S. 8°
Erlangen, Phil. Fak., Inaug.-Diss. v. 1891

**Remmlinger,** Heinrich, approb. Arzt aus Köln: Aus d. Universitäts-Augenklinik zu Giessen. Zur Casuistik der Tuberkulose der Bindehaut. Mit 1 Taf. *Giessen 1898: v. Münchow.* (36 S.) 8°
Giessen, Med. Diss. v. 1898

**Remmlinger,** Robert [aus Obergriesheim]: Aus d. pharmakolog. Institut d. Univ. in Würzburg. Aristol ... Würzburg, P. Scheiner's Buchdr., 1891; 45 S. 8.
Würzburg, Med. Fak., Inaug.-Diss. v. 1891

Remmo s. a.: Ommerborn, Karl.

— nur e. Magd. Aus den Tiroler Bergen. (Bibliothek f. junge Mädchen.) 12. (126 S. m. Abbildgn. u. 4 Taf.) Würzburg (902). F. X. Bucher. Geb. in Leinw. n. 1.20

**Remmo, Jean,** der Bettler u. sein Kind od. Totgeglaubt u. Wiedergefunden, s.: Rademacher's, J., Vereinsbühne.

**Remmo, Jean,** der Glockenguß zu Breslau, — Vaterfluch u. Mutterfegen, } s.: Rademacher's, J., Vereinsbühne.

Remmo, L., die Amtseinführung des Schulzen, —— unliebsame Verwechselungen, } s. Theater, kleines.

**Remmo, L.** (Karl Ommerborn), der Brautführer, — e. Kneipp'sche Kur, } s.: Dilettantenbühne, kathol.

**Remmo, L.,** die Wahrsagerin. — Die Weltausstellung in Chicago od.: Kurirt, s.: Dilettantenbühne, katholische.

Remnant, W. Merchants letters. 8. Leipz. Sommer.

Remo, A. Unter Musensöhnen, s. Friedrich's Erzähl̈gn. u. Novellen.

**Remol, Hans,** wer will's hören? Neue Kasperlstückchen f. Kinder. (82 S.) 12. Leipzig (903). F. Brandstetter. n. 1.—

Rémon, George

Remon, G., einfache Möbel, s. Prignot, E.

**Rémon,** George, moderne Moebel. Moebel im Empire-Stil. 1. Abth. gr. Fol. (20 farb. Steintaf. m. 2 S. Text.) Berlin 894. E. Wasmuth. In Mappe. n. 30. —

**Rémon,** Georges, moderne Möbel. 2. Abth. Möbel im engl. Stil. gr. Fol. (20 Lichtdr.-Taf. m. 1 Bl. Text.) Berlin 895. E. Wasmuth. In Mappe n. 30. —

— dasselbe. Möbel in verschiedenen Stilen. 3. Abth. gr. Fol. (20 Taf. m. V S. Text.) Ebd. 900. In Mappe n. 30. —

— dasselbe. Moderne Innenräume. 4. u. 5. Abth. gr. Fol. (20 z. Tl. farb. Taf. m. V S. Text.) Ebd. 900. In Mappe à n. 20. —

Remond, J. M., der evangelische Geistliche und die heilige Schrift. Ein Wort zur Beherzigung für die evangel. Christen im Elsaß. gr. 8. (16 S.) Straßburg 861, Bomhoff.

Remond, Jh., († d. 10. Jan. 1793.) Versuch e. Geschichte der Ausbreitung des Judenthums, von Cyrus bis auf d. gänzl. Untergang d. jüdisch. Reichs. 8. Leipz. 789. (W. Vogel). 8 gl.

Remond — Versuch der Geschichte der Ausbreitung des Judenthums von Cyrus bis zum gänzlichen Untergange des jüdischen Staates. Leipzig 789. 8.

**Remond, J.,** Vers. e. Gesch. d. Ausbreit. des Judenthums. 8. Leipz. Crusius (F. C. W. Vogel) 789.

Remond de St. Mard, freundschaftl. u. philosoph. Briefe; aus d. Französ. 8. Gotha 756. Dieterich in Götting. 8 gl.

*Remond* de Vermale, ..., († ...) observations et rémarques de chirurgie pratiques. II Prts., avec fig. Ed. II. 8. Münch. 767. Lentner; (a. Löffler in Manh.) 16 gl.

**Remonstration, Kurze wahrhafte,** von dem Dienste und Hause des hiesigen Baumeisters ... Hamb. [1706]. V: *Dohmsen, Lorenz.* (Schr)

**Remonstration, Der Stadt Lübeck,** des zur Möllnischen Sache nicht gehörigen Territorial-Streits ... O. O. 1742. V: *Krohn, Herm. Georg.* (Holz) (ML)

**Rémont de Sainte Albine, Pierre.** Der Schauspieler, ein dogmatisches Werk für das Theater; a. d. Franz. Altenburg 1772. Ü: *Bertuch, Friedrich Justin.* (MGT)

Remonte, Nach.ᵉ Ein cavalleristisches Vademecum. Zum Besten der Nationaldanks-Spezial-Stiftung eines Cavallerie-Regiments zusammengestellt von einem k. preuss. Rittmeister a. D. 8. Berlin 1860.

Remonte und Augmentation. Alphabetisch geordn. Sammlung von Pferde-Namen. Eine kameradschaftl. Gabe für Eskadron- und Batterie-Chefs, Rittmeister beim Train, sowie für alle Pferde-Freunde. 32. (96 S.) Celle 870, Schulze'sche Buchh. 1 —

Remontierungsordnung. München 1877. 1894.

**Remontirungsordnung.** (Rem. O.) 8. (IX, 85 S.) Berlin 894. E. S. Mittler & Sohn. n. — 60; kart. n. — 80

**Remonrd, E.,** meine geheimen Recepte, od. Katechismus f. Ausschweifende in d. Liebe ꝛc. 8. Naumburg, Rößler. (Steinacker in Leipz.) 806.

Remp, Johann (vgl. Rempe, Joh., u. Rempen, Joh.)

**Remp, I.,** deliciae Parnassi, s. poemata select. 8. Helmst. 725.

— Glaubensgewißheit der evang. Religion. Fol. Leipz. 730.

— Schaubühne d. evang. Wahrheit wid. d. Papisten. Fol. Leipz. 721.

Rempe, Frau, diätetisches Kochbuch f. Zuckerkranke m. Anwendung v. Ergon=Mehl. (Umschlag: Ärztl. empfohlenes diätet. Kochbuch f. Zuckerkranke [bürgerl. Küche] m. Anwendg. v. Ergon=Mehl.) 8. (XII, 163 S.) Bad Neuenahr 901. Frau Dr. Rempe Wwe. (Nur direkt.) n. 2. —

(Ärztlich empfohlenes) Diätetisches Kochbuch für Zuckerkranke mit Anwendung von Ergon-Mehl. Hrsg. von Frau Dr. Rompe Wwe. *Bad Neuenahr 1901: (C. Schnabel, Ludwigsburg).* (XII, 163 S.) 8° [ ]

Rempe Wwe., Frau, diätetisches Kochbuch m. Backrezepten. f. Zuckerkranke m. Anwendg. v. Diabetiker-Mehl. 2. verb. Aufl. (XII, 129 S.) 8. Bad Neuenahr (908). (Leipzig, Fritzsche & Schmidt.) 2. —

REMPE, André (Paderborn): Ein Fall von hämorrhagischer Pericarditis.- München: Wolf 1892. 20 S. 21.1.1892 - Chr 1891/92,26; Jv 1891/92,209
Diss. Ingolst.-Landsh.-Mchn.

Rempe, J. J., Predigt am Dankfeste nach d. Einnahme v. Paris. 8. Sondershaus. 814. (Voigt in Ilmenau). 2 gr.

Rempe, Johann (vgl. Remp, Joh., u. Rempen, Joh.)

— — Deliciae Parnassi sive Poemata selectiora .... Mit Titelkpfr. Helmstadii 1711. 8⁰. (18 Mk. Edm. Meyer, Berlin, 1906.)
„Ein Teil der Gedichte in lateinischem und deutschem Text". — Sehr selten!

Rempel, (C. G.) Friedrich

Rempel, F. Carmen gratulatorium. Bei der fünfzigjährigen Jubelfeier des Rectors van Haar. 3 S. 8. . . . . . .
Hamm, Progr. 1831

Rempel, (C. G.) F. Curarum in Soph. Antigonam specim. 26 S. . .
Minden, Progr. 1829

Rempel, Fr. Einleitung zu Sophokles Antigone. 31 S. 8. . .
Hamm, Progr. 1843

Rempel: Ueber den Hippolytos des Euripides. 22 S.- Hamm. Progr. 1867

Ders. Krit. und exeget. Nachlese zu Soph. Antigone. 1ste Hälfte. 26 S. . . . . . . . . . . . . . . . . . . . .
Hamm, Progr. 1837

Rempel: Kritische und exegetische Nachlese zu Sophokles' Antigone. Zweite Hälfte. 12 S. - Hamm. Progr. 1852.

— s. Sophokles, Antigone.

Rempel, Fr., Ludw. Troß u. Jac. Hopf, Stoffsammlung zu method. Memorirübungen für 5 Gymnasialklassen, aus Cicero's Schriften grammatisch und stufenmäßig geordnet. 8. Hamm 844, Schulzische Buchh. 1/3 Thlr

Rempel, Frdr., Französisches Uebungsbuch, vorzüglich f. Gymnasien bearb. 2 Abthlgn. 8. (1: VIII u. 110 S. 2: VI u. 264 S.) Essen 851. 52, Bädeker. (1: n. 1/4 Thlr 2: n. 1/2 Thlr) n. 3/4 Thlr

Rempel, Friedr., französisches Uebungsbuch. I. Abth. (Für Anfänger.) 2. gänzl. umgearb. u. mit Paradigmen verm. Aufl. Essen 858. Bädeker. gr. 8. (VI, 88 S.) n. 7½ ngr.

Rempel, Friedr., französisches Uebungsbuch, vorzüglich für Gymnasien bearb. 1. Abthl. 3. durchaus verb. Aufl. 8. Essen 870, Baedeker. * — 75
2. Abthl. Ebendas. 1852. *M. 1,50.

Rempel, H., Sparkassenhandbuch, s.: Riedel, E.

Rempel, Itzco-Juda: Ein seltener Fall von Gehirnverletzung durch einen 10cm langen Nagel. Berlin 1910: Ebering. 30 S. 8°
Berlin, Med. Diss. v. 9. Aug. 1910, Ref. Bier
[Geb. 24. Nov. 77 Bender; Wohnort: Bender; Staatsangeh.: Rußland; Vorbildung: I. Gymn. Petersburg Reife Sommer 04; Studium: Kasan 2, Berlin 10 S.; Rig. 6. Aug. 10.] [U 10. 85

Rempel, Rudolf, aus Bielefeld in Westfalen: Derivate der Korksäure. Stuttg. J. B. Metzler Dr. 1883. 37 S., 1 Bl. 8°.
Zürich, Phil. Diss. v. 19. Dec. 1883.

Rempen, Johann, DELICIAE // PARNASSI // SIVE // POEMATA // SELECTIORA // AUCTORE // JOANNE REMPEN // PHILOSOPHIAE // ET // THEOLOGIAE // QUONDAM APUD PONTIFICIOS // PROFESSORE // PUBLICO // MODO AUTEM // PROFESSORE // IN // ACADEMIA JULIA // Helmstadii, // Typis HENRICI HESSII, // ANNO MDCCXI. - 4 Blatt (nicht paginiert) Titelkupfer, Titelblatt und Vorrede. - 376 S.
Lateinische und Deutsche Gedichte.
Vgl. Remp, Joh., u.: Rempe, Joh.

Rempen, T., Die Sagenkönige von Sikyon. Pr. 1858. 10 S. 4⁰. 1.20

Rempen, T., Salmoneus. Pr. 1847. 8 S. 4⁰.

Rempff, M., Anfangsgründe zum Kopfzeichnen, zum Gebrauche in Schulen und zum Selbstunterricht. 1s Heft. 10 Blätter. gr. 4. Hannover 836. Carl Hornemann. n. 1/2 Thlr — 2s Heft. 10 Blätter. gr. 4. Ebd. 836. n. 2/3 Thlr

Remphis, König, oder das Labyrinth, 8. Leipzig 793. Beygang. 15 ggl
Auch unter dem Titel:
Alme, oder Egyptische Mährchen, 2ter Theil.

Remphis s.a. Alme 2r.

Rempis, Fritz, appr. Arzt a. Gmünd: Beitrag zur Lehre von den Cylindromen. Mit e. Taf. München 1907: C. Wolf & Sohn. (45 S.) 8°
München, Med. Fak., Ref. v. Bollinger, Diss. v. 8. März 1907
[Geb. 2. Juni 75 Gmünd in Württemberg; Wohnort: Gmünd; Staatsangeh.: Württemberg; Vorbildung: Realgymn. Stuttgart Reife Juli 94; Erg.-Prüfung Karls-Gymn. Stuttgart Reife Dez. 94; Studium: Tübingen 4, München 6 S.; Coll. 8. März 07; Approb. 18. März 00.]

Remplacant, oder Joseph v. Hazzi; ein ächtes Gemälde unsrer Tage. Schspl. in 3 A. (v. Fr. Wlh. Rädiger). 8. Elberf. 810, (Schönian). 8 gr.

Remplaçant; ein ächtes Gemälde unserer Tage. Schausp. 8. Elberfeld, Büschler. 810.

Rempp, Georg, a. Weißenburg i. Els.: Die Dämpfung von Kondensatorkreisen mit Funkenstrecke. ⟨Erweiterung einer Preisschrift.⟩ Leipzig: J. A. Barth 1905. (30 S.) 8°
Straßburg, Math.-naturwiss. Fak., Ref. Braun, Diss. v. 1905
[Geb. 9. Juni 82 Mörchingen i. Lothr.; Wohnort: Straßburg i. E.; Staatsangeh.: Elsaß-Lothringen; Vorbildung: Gymn. Weißenburg i. E. Reife S. 00; Studium: Straßburg 9 S.; Rig. 19. Dez. 04.]

Remppis, s.: Beschreibung d. Oberamtsbez. Heilbronn.

Remppis (Diac.), Zur Geschichte des Branntweintrinkens und der Mässigkeitsvereine. 2. Aufl. 8⁰. Schw. Hall, Haspel, 1846.

Remppis, s.: Heilbronn a. N., unsere Heimat.

Remscheid [Sachliches OW]

**Remscheid.** Führer u. Heimatkunde des Stadtkreises Remscheid. 8. (43 S. m. 6 Abbildgn. u. 1 Karte.) Remscheid 894. W. Witzel. n. 1. —

Remscheid [Schlagwort]

Remscheid, s.a. Umgebungskarten.

**Remscheid.** Pharus-Plan Remscheid. 1:17,000. 38,5×50 cm. Farbdr. Nebst: Wissenswerte Angaben f. Einheimische u. Fremde m. Hinweis auf den Pharusplan Remscheid. (8 S.) 8. Remscheid (909). H. Krumm. — 75

**Remscheid.** Plan von Remscheid. 22×26 cm. Farbdr. Mit Strassenverzeichnis. 12. (1 Bl.) Remscheid (901). W. Witzel. n. — 30

**Remscheid.** Plan der Stadt Remscheid. 1:18,000. Farbendr. 36×47 cm. Mit Text am Rande. Remscheid 892. G. Schmidt. n. 1. 75; auf Leinw. in Karton n. 2. 75

**Remschel,** G. W. C., Handels-Korrespondenz in englischer u. deutscher Sprache. 2 Tle. gr. 8. Leipzig 898. H. Haessel. à n. 2. —; geb. à n. 2. 60
1. Englisch-deutscher Tl. (X, 172 S.)
2. Deutsch-englischer Tl. (VIII, 196 S.)

**Remschel,** G. W. C., B. A., Handels-Korrespondenz in englischer u. deutscher Sprache. 2 Tle. 8. Leipzig 899. H. Haessel Verl. à n. 2. —; geb. à n. 2. 60
1. Englisch-deutscher Tl. (X, 172 S.)
2. Deutsch-englischer Tl. (VIII, 196 S.)

Remschsteark, Emil, s.: Volksbücher, neue.

**Remse,** Paul [aus Berlin]: Ueber Diphenylpropylamin und Condensationsproducte des p.Nitrobenzylcyanids. . . . Ziesar, Druck v. W. Leddin, *1890;* 39 S. 8°
Rostock, Phil. Fak., Inaug.-Diss. v. [9. Jul.] 1890

**Remsen,** Ira, anorganische Chemie. Autoris. deutsche Ausgabe. gr. 8. (XXII, 962 S.) Tübingen 890. Laupp. n. 12. —

**Remsen,** Ira, anorganische Chemie. Nach der 2. Aufl. des Orig.-Werkes m. Einwilligg. des Verf. bearb. v. Karl Seubert. gr. 8. (XVIII, 786 S. m. 14 Abbildgn. u. 2 Taf.) Tübingen 899. H. Laupp. n. 10. —; geb. n. 11. —

Anorganische Chemie [Inorganic Chemistry] von Dr. Ira **Remsen.** 3. Aufl. d. deutschen Ausg., selbständig bearb. von Dr. Karl Seubert. Mit 2 Taf. u. 21 Textabb. Tübingen: H. Laupp 1906. (XVI, 528 S.) 8° [06. 3717

**Remsen,** Ira, anorganische Chemie. 4. Aufl. d. autoris. deutschen Ausg., selbständig bearb. v. Karl Seubert. (XVI, 513 S. m. 21 Abb. u. 2 Taf.) gr. 8. Tübingen 909. H. Laupp. 9.40; geb. 10. —

**Remsen,** Ira, Einleitung in das Studium der Chemie. Autoris. deutsche Ausg., bearb. von Karl Seubert. 8. (XIII, 445 S. mit 2 Tab.) Tübingen 887, Laupp'sche Buchh. * 6 — geb. * 7 —

**Remsen,** Ira., Einleitung in das Studium d. Chemie. Autor. deutsche Ausg. Bearb. v. Karl Seubert. 2. Aufl. gr. 8. (XVI, 474 S. m. 2 Tab.) Tübingen 895. H. Laupp. n. 6. —

Einleitung in das Studium der Chemie [Introduction of the Study of Chemistry] von Dr. Ira **Remsen,** Prof. in Baltimore. Autor. deutsche Ausg. Bearb. von Dr. Karl Seubert, Prof. zu Hannover. 3., neubearb. Aufl. Mit 44 Abb. u. 2 Taf. *Tübingen: H. Laupp 1904.* (XVI, 462 S.) 8° [04. 5483] 11

— Einleitung in das Studium der Chemie. Autoris. deutsche Ausg. Selbständig bearb. v. Karl Seubert. 4. Aufl. (XVI, 437 S. m. 49 Abb. u. 2 Taf.) 8. Ebd. 909. 6.—; in Schulbd. 6.60; geb. in Leinw. 7. —

**Remsen,** Ira, Einleitung in das Studium der Kohlenstoffverbindungen od. organische Chemie. Autoris. deutsche Ausg. 8. (X, 390 S.) Tübingen 886. Laupp. n. 5. —

**Remsen, Ira,** Einleitung in das Studium der Kohlenstoffverbindungen od. organ. Chemie. Autoris. deutsche Ausgabe. 2., umgearb. Aufl. gr. 8. (X, 398 S.) Tübingen 891. H. Laupp. n. 5. —; geb. n. 6. —

Einleitung in das Studium der Kohlenstoffverbindungen oder organische Chemie v. Ira Remsen, Prof. in Baltimore. Autor. deutsche Ausg. 3., umgearb. Aufl. *Tübingen: H. Laupp 1897.* (XI, 402 S.) 1 Bd 8. [98. 4875 Ik

—— Grundzüge der theoretischen Chemie. Mit besond. Berücksicht. der Konstitution chem. Verbindungen. Autoris. deutsche Ausg. [Nach der 3. Aufl. des Originals.] gr. 8. (X, 370 S.) Ebendas. 888. *ℳ 5.—.; geb. * 6 —

REMSEN, IRA. Investigations on Piperic Acid and Derivatives. Göttingen, 1869.

Remsen Demokrat: 1887? - 1889?

Democratic weekly. Circulation: 1888, 624. Edited & published by John Rathmann, 1887—89.
Remsen, IA

**Remstedt, Heinrich:** Aus d. Psychiatr. u. Nervenklinik in Kiel. Über einen Fall von Amentia oder akutes, hallucinatorisches Irresein auf dem Boden geistiger und körperlicher Erschöpfung. Kiel 1910: Fiencke. 21 S. 8°
Kiel, Med. Diss. v. 20. Juli 1910, Ref. Siemerling
[Geb. 21. Nov. 84 Altona a. E.; Wohnort: Altona; Staatsangeh.: Preußen; Vorbildung: Realgymn. Altona Reife O. 04; Studium: Freiburg i. B. 1, Kiel 4, Freiburg i. B. 1, München 1, Kiel 3 S.; Coll. 8. März 09; Approb. 4. Juni 10.] [U 10. 2467

**Remsthalbote.** – Der Remsthalbote.
Schwäbisch Gmünd. – 2.I.1864 – 1.VI.1867.
Vorh. u.d.T.: Der Bote vom Remsthale.
Fortges. u.d.T.: Rems-Zeitung.

**Rems-Zeitung.** –
Schwäbisch Gmünd. – 2.VI.1867 – 30.VI.1936.
24.XII.1949 ff.
Vorh. u.d.T.: Der Remsthalbote.

**Remus,** soll ich Mission treiben? Ja oder nein? gr. 8. (31 S.) Berlin 895. Buchh. d. Berliner evangel. Missionsgesellschaft. n. — 20

Georg Ernst Remus

Experimenta quaedam circa circulationem sanguinis instituta. Gottingae (1752:) G.L. Schulz. 64 S. 8°
Göttingen, Med. Diss. v. 8. Aug. 1752

**Remus, [Hans]:** Beiträge zur Behandlung Shakespeares im englischen Unterricht der Prima. Düren 1908: Becker. 19 S. 8°
Düren, RG OP 1908 (629) [S 08. 372

Die kirchlichen und speziell-wissenschaftlichen romanischen Lehnworte Chaucers von Hans **Remus.** Halle a. S.: M. Niemeyer 1906. (XII, 154 S.) 8°
= Studien z. englischen Philologie. H. 14. [06. 6603 6

**Remus,** Hans, aus Salzmünde bei Halle a. d. S.: Untersuchungen über den romanischen Wortschatz Chaucers. *Halle a. d. S. 1903: E. Karras.* (38 S.) 8° ¶(T. 1 d. gesamten Arbeit erscheint vollst. als: Studien zur engl. Philol., Bd 14.) Göttingen, Phil. Diss. v. [7. Okt.] 1903

Remus, Karl

Heimatsgefühl und naturgeschichtlicher Unterricht. Nach einem auf d. 1. Versammlung d. Posener Prov.-Lehrer-Ver. f. Naturkunde geh. Vortrage von K. **Remus** in Lissa. Lissa i. P.: O. Eulitz 1907. (22 S.) 8° [08. 11904

**Remus,** K., Heimatsgefühl u. naturgeschichtl. Unterricht, s. a. Blätter, pädagog., aus d. deutschen Ostmark. 7.

Der dynamologische Lehrgang. Versuch e. geschlossenen Naturkunde von K[arl] **Remus,** Ostrowo. Mit 36 Textabb. Leipzig & Berlin: B. G. Teubner 1906. (IX, 132 S.) 4°(8°)
— **Sammlung** naturwiss.-pädag. Abhandlungen. Bd 2, H. 4. [06. 5348

Die Naturkunde als Kräftelehre. Ein Wort über d. einheitl. Gestaltung d. naturkundl. Unterrichts. Von Karl **Remus**, Ostrowo. *Ostrowo: Verl. d. Verf. 1902.* (106 S.) 8° [04. 3479

**Remus,** Karl, die Naturkunde als Kräftelehre. Ein Wort über die einheitl. Gestaltung des naturkundl. Unterrichts gr. 8. (106 S.) Ostrowo (902). (H. Hayn.) n. 1. 50

Das dynamologische Prinzip. Ein Wort z. einheitl. Gestaltung d. naturkundl. Unterrichts von K[arl] **Remus**, Ostrowo. *Leipzig & Berlin: B. G. Teubner 1904.* (41 S.) 4°(8°)
= **Sammlung** naturwissenschaftlich-pädagogischer Abhandlungen. Bd 1, H. 8. [04. 11316

**Remus,** Karl: Der naturkundliche Unterricht in seiner einheitlichen Gestalt. Bielefeld: A. Helmich [1898]. (16 S.) 8°
= Abhandlungen, Pädagogische. N. F. Bd 4, H. 5.

Remus, Paul: Festschrift ..., s. Pietzsch, Gustav

Remus, [Paul]: Aus der Geschichte der Privatknabenschule. S. 10—13. 4. **Progr.** Kgl. Realprogymn. *Kulmsee* 1908 (50).

**Remus,** T., Christus od. Mohammed, wer soll siegen? 8. (111 S. m. Abbildgn.) Berlin-Westend 900. Verlag d. akadem. Buchh. W. Faber & Co. Geb. in Leinw. n. 2.—

**Remusat,** über das Zweikammer-System, s. Montalembert.

**Remusat,** (Abel,) chinesische Erzählungen. 3 Bdchn. **M. K.** 8. Leipz. 827, Ponthieu, M. u. C.

**Remusat,** Abel, chines. Erzählungen. 3 Bdchen. Mit Kpf. 8. Leipz. 827. Michelsen. 2 *ß* 16 *gr*

## Rémusat, Jean Pierre Abel.

**Chinesische Erzählungen . . . Leipzig 1827.**
**Ü:** ***Becker, Gottfried Wilhelm.*** (EE)

Rémusat, Abel, s. Iu-Kiao-Li.

Remusat, A., Recherches sur les langues tatares, ou mémoires sur différens points de la Grammaire et de la littérature des Mandchous, des Mongols, des Ouigours et des Tibétains. Tom. 1. in 4. Paris. 820.

Rémusat, Charles de

**Remusat, Carl v., St. Anselmus von Canterbury. Ein Gemälde des Mönchlebens und des Kampfes der geistlichen Macht mit der weltlichen im 11. Jahrhundert. Aus d. Französ. von Consk. Wurzbach. Regensburg 854. Manz. gr. 8. (XVI, 384 S.)** 1 *ß*. 15 *ngr.*

Rémusat, Claire de

**Remusat, Gräfin,** Palastdame der Kaiserin Josephine, Napoleon I. u. sein Hof. Memoiren. Deutsche Orig.-Ausg. von Adf. Ebeling. 3 Bde. 8. (410, 460 u. 392 S.) Köln 880—82. Ahn. n. 18. —

Memoiren der Gräfin (Claire de) **Romusat,** Palastdame d. Kaiserin Josephine. 1802-1810. (Hrsg.: Paul de Remusat. Deutsche Orig.-Ausg. von Adolf Ebeling. Bd 1—3.) *Köln & Leipzig: A. Ahn 1891—1901.* 3 Bde 8° [F]
1. 5. u. 6. Aufl. 1901. 2. 4. Aufl. 1891. 3. 5. u. 6. Aufl. 1901.
— Napoleon I. u. s. Hof. Bd 1—3
= **Memoiren-Bibliothek.** 1—3. [01. 10853

Rémusat, Gräfin, s. a. Napoleon I. und sein Hof.

**Remy u. Géhin,** Anweisung zur künstlichen Fortpflanzung der Fische, siehe: Géhin.

**Remy, A., first English Reading Book with English-German Vocabulary, for The Use of Schools and Private Teachers. With a Preface by Th. Solly. Berlin 854. Wiegandt u. Grieben. 8. (2 Bl., 80, 47 S.)** n. 15 *ngr.*

**Remy,** A., first English reading book with English-German vocabulary for the use of schools and private teachers. With a preface by Thom. Solly. 2. edit. (revised and corrected.) Berlin 866. Wiegandt & Grieben. gr. 8. (48 S.) n. 15 *ngr.*

Remy, A. C., De Arato Sicyonio. Diss. 1836. 187 S.

**Remy, Albert [aus Rasselstein bei Neuwied]:** Über *β*-Nitronaphtalin und einige andere Abkömmlinge des Naphtalins . . . . Bonn, Univ.-Buchdr. v. Carl Georgi, 1886; 62 S. 8°.
Tübingen, Naturwiss. Fak., Inaug.-Diss. v. 1886.

Remy, Albert, über *β*-Nitronaphtalin und einige andere Abkömmlinge des Naphtalins. Diss. Tübingen 1886, Fues' Sort. 8°. 62 S.

**Remy, Antonius,** Paraphrasis seu dilucida expositio in epistolas canonicas ss. Petri, Joannis, Jacobi et Judae apostolorum. Konstanz, Neyer, 1740, 4°, 182 S.

Remy, Ant., Comment. in Epist. S. Petri, Ioannis, Iacobi et Iudae. 4. Augsb. Wolf. 740. Rthlr.

**Remy, Anton.,** Paulus elucidatus sive commentarius paraphrasticus in omnes epistolas divi Pauli, gentium apostoli. Augsburg u. Regensburg, Strötter u. Fesenmayr, 1739 (1740), 4°, 2 Bde, 430 u. 495 S.

Remy, Ant., Commentar. in Epist. Pauli. II Tmi, 4. Augsb. Wolf. 739.

**Remy, Eduard,** Apotheker u. Nahrungsmittelchemiker: 1 Phenyl-3-Pyrazolon und 1 Phenyl-3-Pyrazolon-4-Carbonsäure. Elberfeld 1909: Wuppertaler Aktien-Dr. 55 S. 8°
Rostock, Phil. Diss. v. 26. Okt. 1909, Ref. Michaelis
[Geb. 3. Juni 81 Elberfeld; Wohnort: Elberfeld; Staatsangeh.: Preußen; Vorbildung: Realgymn. Elberfeld bis O. 98; Studium: Würzburg 5, Rostock 4 S.; Rig. 22. Okt. 09.] [U 10. 3975

Remy, F.

— die Krim in ethnographischer, landschaftlicher u. hygienischer Beziehung. Dem großen reisenden Publikum. Mit 2 Stahlst., 2 (eingedr.) Holzschn. u. 1 (lith.) Karte (in qu. Fol.) 8. (XIII, 243 S.) Leipzig 872. Berndt. n. 4. —; geb. n. 5. —

**Remy,** Franz, Referendar: Die Entwicklung des moderamen inculpatae tutelae zum Recht der Notwehr des Bürgerlichen Gesetzbuches. Rostock 1904: Adlers Erben. (111 S.) 8°
Rostock, Jur. Fak., Ref. Matthiass, Diss. v. 15. Dez. 1904
[Geb. 1. Apr. 77 Stettin; Wohnort: Stettin; Staatsangeh.: Preußen; Vorbildung: Friedr. Wilh.-Gymn. Greifenberg i. Pomm. Reife M. 96; Studium: Jena 1, Marburg 1, Berlin 2, Greifswald 5 S.; Rig. 24. Juli 02.]

Remy, Frz., Hausandachten aus Schleiermacher's Predigten in täglichen Betrachtungen nach der Ordnung des Kirchenjahres zusammengestellt. 1. Thl. Enthaltend die festliche Hälfte des Kirchenjahres von Advent bis Pfingsten. Berlin 861. G. Reimer. gr. 8. (XVI, 472 S.) n. 1 ₰ 10 ngr

— — 2. Thl. Enthaltend die festlose Hälfte des Kirchenjahres oder die Trinitatiszeit. Ebend. 862. gr. 8. (XII, 432 S.) n. 1 ₰ 10 ngr

Remy, F., Jesus als Erlöser v. der Sünde, s.: Vorträge, protestant.

Remy, F., über den Werth der Lehre von den letzten Dingen, s. Vorträge, protestantische.

Remy, Gotthold. Guil. (geb. Ogrosen in d. Lausitz 24. 5. 1841): De ulcere ventriculi chronico. Berolini (1865). (34 S.) 8°
Berlin, Med. Diss. v. 8. Apr. 1865

Remy, Heinr., Bilder in Versen. 12. (64 S.) Hagen (899). (G. Butz.) Geb. in Leinw. n. 2. —

Remy, Heinr., Herzenslaute. 12. (60 S.) Hagen 895. (G. Butz.) Geb. in Leinw. n. 2. —

'Herzenslaute'. Alte u. neue Reime von Heinrich Remy. (Hagen i. W.): Selbstverl. 1905. (160 S.) 8° [05. 9901

Herzenslaute von Heinrich Remy. (Hagen i. W.): Selbstverl. 1906. (142 S.) 8°

**Remy,** Heinz, approb. Arzt aus Hameln a. W.: **Beiträge zur Kenntniss der Pankreascysten.** *Göttingen 1901: Dieterich.* (53 S.) 8°
Göttingen, Med. Diss. v. [6. Sept.] 1901

**Remy,** Heinz, Beiträge zur Kenntniss der Pankreascysten. Diss. gr. 8. (53 S.) Göttingen 901. (Vandenhoeck & Ruprecht.) n. 1. 20

Remy, Jul., Ka Mooolelo Hawaii. Histoire de l'archipel Hawaiien (îles Sandwich). Texte et traduction précédés d'une introduction sur l'état physique, moral et politique du pays. gr. 8. (LXXV und 254 S.) Paris et Leipzig 862. Franck. *

[Ant. u. F.] **Remy,** Julius [Gerichts-Ref.]: (Der Begriff des jus singulare und seine praktische Verwendbarkeit '(nach gemeinem Recht)'.) ... Wesel, W. Romen'sche Buchdr., 1895; 39 S. 8.
Erlangen, Jur. Fak., Inaug.-Diss. v. 1895

v. Remy, Karl, s. F. Arago, Unterhaltungen.

Remy, Carl v., Darstellung der Gestalten des oktaëdrischen Systemes als Drillings-Bildungen des piramidalen Systemes mit Berücksichtigung der stereometrischen Verhältnisse. Innsbruck 862. Wagner. Lex.-8. (39 S. mit Holzschn. u. 1 lith. Taf. in gr. Fol.) n. 10 ngr

**Remy, Karl,** Reg.-Bauführer: Die Grössenbestimmung reiner Versand- und Empfangsschuppen. Wiesbaden: Kreidel 1910. 75 S. 4° ¶ Auch als Buch.
Hannover, Dr.-Ing.-Diss. v. 14. 2. 1910

**Remy, Karl, die Grössenbestimmung reiner Versand- u. Empfangsschuppen.** (III, 75 S. m. 33 Abb.) Lex. 8. Wiesbaden 910. C. W Kreidel. 3. 20

— konstruktive Methoden zur Umwandlung der regelmäßigen Polygone in Kreise von angenähertem Flächeninhalte. [Größte Annäherung im Radius im Verhältnisse von 1:1,0000001 ...] Wien, Gerold in Comm. Lex.-8. (37 S. u. 3 lith. Taf. in Fol.) 1860. n. 8 ngr

**Remy, Leo:** Über Meningitis cerebrospinalis epidemica. Bonn 1910: Eisele. 67 S. 8°
Bonn, Med. Diss. v. 25. Juni 1910, Ref. Schultze
[Geb. 20. Dez. 79 Menzelen; Wohnort: Bonn; Staatsangeh.: Preußen; Vorbildung: Marzellen-Gymn. Cöln Reife O. 04; Studium: Kiel 1, Bonn 4, Leipzig 1, Bonn 4 S.; Coll. 9. Okt. 09; Approb. 1. Juni 10.] [U 10. 329

**Remy, Marie, kleine Albumblätter [Blumengrüsse]. Zum Einzeichnen von Bibelsprüchen, Gedenkversen, Glückwünschen etc. Nach der Natur in Gouache gemalt. 2 Hefte. 4. (à Heft 4 Chromolithogr.) Berlin 880, Winckelmann und Söhne.** à Heft * ℳ 3. *

**Remy, Marie, Auswahl kleiner Vorlagen, s. Arnold's Vorlagen-Mappen.**

Remy, Marie, Blumen und Früchte. Vorlagen für Gouache-, Aquarell- und Porzellan-Malerei. Nach der Natur in Gouache ausgeführt. 3 Hefte. 4. (18 Bl.) Leipzig 873, Arnoldische Buchh. à Bl. ℳ 1,25.; à Heft * ℳ 5. * 15 —

**Remy, Marie,** Blumen u. Früchte. Vorlagen f. Guache-, Aquarell- u. Porzellan-Malerei. Nach der Natur in Guache ausgeführt. 1—3. Hft. 4. (à 6 Bl.) Leipzig 878—76. Arnold. à n. 5. —

— Blumen u. Früchte. Vorlagen f. Gouache-, Aquarell- u. Porzellan-Malerei. Nach der Natur in Gouache ausgeführt. 4. Hft. 4. (6 Chromolith.) Leipzig 880. Arnold. n. 5. — (1—4: n. 20. —)

**—— Blumen und Früchte. Vorlagen für Gouache-, Aquarell- und Porzellan-Malerei. Nach der Natur in Gouache ausgeführt. 2. Aufl. 4 Hefte. 4. (à Heft 6 Chromolithogr.) Leipzig 880, [Arnoldische Buchh.] Zehl's Verlag.** à Heft * ℳ 3,60. * In Leinw.-Mappe *

— dasselbe. 1. u. 2. Hft. 2. Aufl. gr. 4. (à 6 Chromolith.) Ebend. 881. à n. 5. —

Remy, M., J. Höppner u. a., kleine Blumen u. Ranken, s.: Vorlagen f. Brandmalerei.

**—— Blumengrüsse. Kleine Albumblätter in Farbendr. nach der Natur in Gouache gemalt. (Ausg. mit Versen deutscher Dichter.) gr. 4. (8 Chromolithogr.) Berlin 880, Winckelmann und Söhne.** In Mappe * Ausg. mit Bibelsprüchen *

**—— acht Blumen-Rahmen für Bilder in Visitenkartenformat. Neue Vorlagen für Blumenmalerei. gr. 8. (8 Chromolithogr.) Leipzig 881, [Arnoldische Buchh.] Zehl's Verlag.** In Mappe * Einzelne Bl. à *

**Remy, Marie, Blumen-Vorlagen auf schwarzem Grund.** [Größeres Format.] 1. Hft. gr. 4. [4 Chromolith.) Berlin 879. Winckelmann & Söhne. n. 5. —

—— kleine Blumen-Vorlagen auf schwarzem Grund. Nach der Natur gemalt. 1. und 2. Heft. gr. 8. (à 4 Chromolithogr.) Ebendas. 879. à Heft * ℳ 3. * 6 —

**—— Pantographie-Ausgabe der Blumen-Vorlagen auf schwarzem Grund. Nach der Natur gemalt. 4. (4 Chromolithogr.) Berlin 881, Winckelmann und Söhne.** *

— Pantographie-Ausgabe der Blumen-Vorlagen auf schwarzem Grund. Nach der Natur gemalt. 4. (4 Chromolith.) Ebend. 882. n. 2. 25

—— Blumen-Vorlagen für decorative Zwecke. Nach der Natur gemalt. 1. Heft. gr. 4. (4 Chromolithogr.) Berlin 879, Winckelmann und Söhne. * 5 —

—— Kennst Du das Land? Italienische Blumen und Früchte. Nach der Natur in Gouache gemalt. 5 Lfgn. gr. 4. (à Lfg. 4 Chromolithogr.) Düsseldorf 875, Breidenbach und Comp. à Bl. *M* 1,50.; à Lfg. **M* 5. * 25 —
compl. in Carton * 30 —

— kleine Vorlagen f. Blumenmalerei. Zum Uebertragen auf Papier, Holz, Marmor, Alabaster, Elfenbein, Pergament, Leder, Porzellan, Seide etc. Nach der Natur in Gouache ausgeführt. 1—4. Hft. (à 6 Blatt.) 4. Leipzig 872—75. Arnold. à n. 5. —; cplt. in Leinw.-Carton n. 22. —

Remy, Marie, kleine Vorlagen für Blumenmalerei. Zum Uebertragen auf Papier, Holz, Marmor, Alabaster, Elfenbein, Pergament, Leder, Porzellan, Seide etc. Nach der Natur in Gouache ausgeführt. 4 Hefte. 4. (24 Chromolithogr.) Leipzig 873, Arnoldische Buchh. à Bl. 1 25
à Heft **M* 5. * 20 —
In Lwd.-Carton * 22 —

— kleine Vorlagen für Blumenmalerei. Zum Uebertragen auf Papier, Holz, Marmor etc. Nach der Natur in Gouache ausgeführt. 1. Hft. Bl. 1—6. (3. Aufl.) Chromolith. gr. 4. Leipzig 882. Arnold. n. 5. —

—— kleine Vorlagen für Blumen-Malerei. Zum Uebertragen auf Papier, Holz, Marmor, Alabaster, Elfenbein, Leder etc. Nach der Natur in Gouache ausgeführt. 4 Lfgn. 3. Aufl. 4. (à Lfg. 6 chromolithogr. Bl.) [Leipzig 883, Arnoldische Buchh.] Zehl's Verlag. à Lfg. **M* 3,60. * ]
In Leinw.-Carton * ;

Remy, Max[imilianus]: Platonis doctrina de artibus liberalibus, praecipue de imitationis in artibus conspicuae vi ac natura. Halis Saxonum (1864) Schmidt. 43 S. 8°
Halle-Wittenberg, Phil. Diss. v. 28. Juli 1864
Geb. Berlin 9. 7. 1839. V.

Remy, Max, die Erhebung des deutschen Volkes im Jahre 1813. Zum 17. März 1813. Ein Gedenkblatt. Berlin 863. Preusker. gr. 8. (31 S.) n. 5 ngr.

Remy M, Goethe's Erscheinen in Weimar. (Samml. wiss. Vortr. 265) Berlin 1877

Remy, Max, Goethe's Erscheinen in Weimar, s. Sammlung gemeinverständl. wissenschaftl. Vorträge.

— der Deutschen Heldenkampf im Jahre 1870 in Wort u. Lied. (In ca. 8 Liefgn.) 1—3. Liefg. Berlin 870. Klönne. gr. 8. (S. 1—108.) Jede Liefg. 3 ngr.

Remy, Max, der Deutschen Heldenkampf in Wort u. Lied. 4—14. Lfg. gr. 8. (S. 109—460.) Berlin 871. Klönne. à — 30

— Merope. Trauerspiel in 5 Aufzügen. Berlin 860. D. Reimer's Sortbdlg. 8. (94 S.) n. 15 ngr.

Remy, Max, vom Fels zum Meer. Vaterländische Gedichte von den ältesten Zeiten bis auf unsere Tage in chronolog. Folge geordnet, nebst histor. Einleitungen für Schule u. Haus hrsg. Berlin 867. Heinicke. Lex.-8. (IX, 488 S.) n. 1 *a* 10 ngr.

— — (Auszug aus des Verf. größerem Werke.) Ebend. 867. gr. 8. (VIII, 236 S.) n. 10 ngr.

Remy, Nahida, s. a. Lazarus, Nahida Ruth.

Remy, Nahida. Heißes Blut (neue Ausg. der sizilian. Novellen), s. Eckstein's Reisebibliothek.

—— Das Gebet in Bibel u. Talmud. 1. u. 2. Aufl. gr. 8. (43 S.) Berl. 892, Apolant. * — 80

Remy, Nahida, geheime Gewalten. Roman in 2 Bdn. 8. (V, 370 u. V, 383 S.) Dresden 890. Pierson. n. 8. —

— Culturstudien üb. das Judenthum. gr. 8. (V, 322 S.) Berlin 893. C. Duncker. n. 5. —

— — Sizilianische Novellen. (Typ. Ornam.) Berlin 1886. Verlag von Richard Eckstein Nachf. (Carl Hammer). 8°. Farbig illustr. Umschl.
Tit., 269 S., 1 Bl. Inh. — *A. E.:* Hempel & Co., Berlin SW., Zimmerstr. 7. — 1. Der Volksredner. 2. Auf wilden Wogen. 3. Die Wahrsagerin. 4. Ein Weiberkomplott. 5. Der Hochwürdige. 6. Banditen. 7. Angioletta. 8. Coco, der Tollkopf. (Sämmtlich zahm.)

REMY, Nahida, Das jüdische Weib. Mit einer Vorrede von M. Lazarus. Leipzig 1891. 8°. (Mk. 6—.) (6 Mk. A. Bielefeld, 1892:)
Christl. Auffassung v. Weib u. Ehe. — Temperament u. Talmud. — Jüdische Königinnen. — Küstlerinnen. — Schriftstellerinnen etc.

—— Das jüdische Weib. Mit e. Vorrede v. M. Lazarus. 1. Aufl., u. 2. (Titel-)Aufl. gr. 8. (VIII, 328 S.) Lpz. 892, Laudien.
* 5 —; geb. * 6 —
Die 1. Aufl. erschien bei Malende in Leipzig.

Remy, Nahida, das jüdische Weib. Mit e. Vorrede v. M. Lazarus. 2. unveränd. (Titel-)Aufl. gr. 8. (VIII, 328 S.) Leipzig 892. W. Malende. n. 5. —; geb. n. 6. —

— dasselbe. 3. unveränd. (Titel-)Aufl. gr. 8. (VI, 328 S.) Leipzig 892. G. Fock. n. 5. —; geb. in Leinw. n. 6. —

— — Dasselbe. 3. Auflage. Ebd. 1893. 8°. (2 Mk., schönes Expl. im Origbd., Wilh. Scholz, Brnschw., 1896; 3 Mk. 50 Pfg., eleg. Orig.-Lwdbd., neu, R. Levi, Stuttgart 1893.)

Remy, Rich., die Kohlen-Aufbereitung u. Verkokung im Saargebiete, s. a. Steinkohlenbergbau, der, d. preussischen Staates in der Umgebung v. Saarbrücken.

Remy, R., Die Kohlenaufbereitung und Verkokung im Saargebiete. Berlin, 1890. 36 S. mit 10 Taf.

Remy, Romanus Adolph (Riga), De cholera Asiatica ejusque in gravidas et foetum humanum efficacitae. Diss. med.-pathol. Berlin (B. Schlesinger) 12. X. 1850. 26 S. u. Biogr. (M.: Fr. A. Boehm.) (3.25)
28356
Oppon.: Schlottmann, Saland, Lambrechts.

Remy, Theodor

Remy, Th., der Hackfruchtbau. Für die Praxis bearb. 1. Tl. Der Kartoffelbau. Bedeutung, Geschichte, Kultur, Aufbewahrg. u. Verwertg. unserer wichtigsten Hackfrüchte. (VII, 177 S. m. 21 Abb.) gr. 8. Berlin 909. P. Parey.
Geb. in Leinw. 4. —

Remy, Th., männliche Hopfenpflanze. Im Auftrage der Versuchs- u. Lehranstalt f. Brauerei in Berlin hrsg. Plakat. gr. Fol. Farbdr. Berlin (899). P. Parey.
n.n. — 50

Der Kartoffelbau. Bedeutung, Geschichte, Kultur, Aufbewahrung u. Verwertung unserer wichtigsten Hackfrüchte. Von Th[eodor] Remy, Prof. Mit 21 Textabb. Berlin: Parey 1909. VI, 177 S. 8°
(Remy: Der Hackfruchtbau T. 1.) [10. 2162]

[.J.] Untersuchungen über das Kalidüngerbedürfnis der Gerste. Mitteilgn aus d. Inst. f. Gärungsgewerbe in Berlin v. Dr. Theodor Remy. *Berlin: P. Parey 1898.* (2 Bl., 83 S.) 1 Bd 8. 1⁸ 9373

Remy, Theodor [aus Vynen]: Der Verlauf der Nährstoffaufnahme und das Düngerbedürfnis des Roggens ... (Aus: Journ. f. Landw., 1896.) Merseburg, Druck v. F. Stollberg, 1896; 2 Bl., 73 S., 1 Bl. 8.
Kiel, Phil. Fak., Inaug.-Diss. v. [18. Apr.] 1896

**Remy, Wilh.**, der Sündenfall. Vier ausleg. Betrachtungen zum 2. u. 3. Kapitel des 1. Buches Mosis. Herbg. von C. Nitzsch. Berlin 867. Hertz. 8. (VIII, 174 S.) n. 20 ngr.

**REMY** de Gourmont, Epiloge zur Moral (I. Das Obszöne. II. Die Sittlichkeit). (Aus d. Französ. übers.)
„Der Amethist", Heft 3, Febr. 1906, 4⁰, S. 76—81.

— — Komödien einer Frau. Roman. Deutsch von Anna S. Gasteiner. München, Hans v. Weber, 1908. (Luxusausgabe Mk. 12.—, geb. 4.50; br. 3.50.

— — Die Physik der Liebe. Deutsch von Rudolf Brettschneider. Ebd. 1909. (Geb. Mk. 4,50; br. 3.50.)

**Remztan, H. V.**, s.: Natzmer, H. v.

**Renaissance.** Zeitschrift f. Kulturgeschichte, Religion u. Belletristik. Hrsg.: Jos. Müller. 1. Jahrg. 1900. 6 Hfte. gr. 8. (à ca. 32 S.) Ellwangen. (Straßburg, C. Bongard.) n. 3. —

— dasselbe. 2. Jahrg. 1901. 12 Hfte. gr. 8. (à ca. 32 S.) Augsburg. Ebd. n. 4. —

**Renaissance.** Monatsschrift f. Kulturgeschichte, Religion u. schöne Literatur. Hrsg.: Jos. Müller. 3. Jahrg. 1902. 12 Hfte. gr. 8. (à ca. 64 S.) München. (Straßburg, C. Bongard.) n. 8. —

**Renaissance.** Monatsschrift f. Kulturgeschichte, Religion, schöne Literatur. Hrsg. u. Red.: Jos. Müller. 4. bis 7. Jahrg. 1903—1906. à 12 Hefte. (à Jhrg. 768 S.) 8. München (Holzstr. 11$^{IV}$), Dr. Jos. Müller. (Leipzig L. Fernau.) à Jhrg. n. 8. —

**Renaissance.** Monatsschrift f. Kulturgeschichte, Religion u. schöne Literatur. Hrsg. u. Red.: Jos. Müller. 8. Jahrg. 1907. 12 Hefte. (à ca. 64 S.) 8. Leipzig, Th. Grieben.
erscheint nicht mehr. 8. —

Renaissance, deutsche. Eine Sammlung von Gegenständen der Architektur, Decoration und Kunstgewerbe in Originalaufnahmen von verschiedenen Mitarbeitern unter Redaction von A. Ortwein hrsg. (In ca. 200 Lfgn.) Heft 1—60: Autographien à 10 Bl. oder 1. und 2. Bd. 26 Abthlgn. Fol. Leipzig 871—75, Seemann. * 144 —
geb. in 2 Bdn. in Lwd. * 178 —
halb Saffian * 192 —

Inhalt:

Abthl. 1. Nürnberg, 10 Hefte (vollständig), von A. Ortwein.
» 2. Augsburg und Kreis Schwaben, Heft 1—4, von Leybold.
» 3. Rothenburg a. T., 4 Hefte (vollständig), von G. Graef.
» 4. Schloss Bevern, 2 Hefte (vollständig), von B. Liebold.
» 5. Höxter, 1 Heft (vollständig), von B. Liebold.
» 6. Mainz, Heft 1 und 2, von W. Ohaus.
» 7. Luzern, Stadt und Canton, 3 Hefte (vollständig), von E. Berlepsch.
» 8. Merseburg und Halle a. S., Heft 1, von H. Schenk.
» 9. Heidelberg, Heft 1 und 2, von Esswein.
» 10. Zürich, Heft 1. (Der Seidenhof), von E. Berlepsch.
» 11. Brieg, Heft 1 und 2, von P. Engel.
» 12. Hameln, 3 Hefte (vollständig), von Dreher und Griesebach.
» 13. Münden, Heft 1 und 2, von B. Liebold.
» 14. Tübingen, Heft 1, von L. Theyer.
» 15. Dresden, Heft 1 und 2, von P. Naumann.
» 16. Wertheim, 2 Hefte (vollständig), von G. Graef.
» 17. Basel, 3 Hefte (vollständig), von W. Bubeck.
» 18. München, Heft 1, von J. Stockbauer und H. Otto.
» 19. Berlin, Heft 1, von P. Engel.
» 20. Ulm, Heft 1, von L. Theyer.
» 21. Landshut, Heft 1 und 2, von G. Graef.
» 22. Cöln, Heft 1 und 2, von G. Heuser.
» 23. Baden-Baden, 4 Hefte (vollständig), von L. Gmelin.
» 24. Hannover, 2 Hefte (vollständig), von W. Bubeck.
» 25. Celle, 1 Heft (vollständig), von W. Bubeck.
» 26. Aschaffenburg, Heft 1, von A. Niedling.

Renaissance, deutsche. Eine Sammlung von Gegenständen der Architektur, Decoration und Kunstgewerbe in Orig.-Aufnahmen. Redig. von A. Scheffers. Neue Folge. 17.—62. Lfg. [Nr. 61—106.] Fol. Leipzig 876—79, Seemann. à Lfg. * 2 40

Inhalt:

Abthl. 2. Augsburg. Von L. Leybold. 5. (Schluss-)Heft.
» 6. Mainz. Von W. Ohaus und G. Heuser. 3. und 4. (Schluss-)Heft.
» 9. Heidelberg. Von Esswein. 3. (Schluss-)Heft.
» 13. Münden. Von B. Liebold. 3. (Schluss-)Heft.
» 14. Tübingen. Von L. Theyer. 2. (Schluss-)Heft.
» 15. Dresden. Von P. Naumann. 3.—5. (Schluss-)Heft.
» 20. Ulm. Von L. Theyer. 2. und 3. Heft.
» 21. Landshut. Von G. Graef. 3.—6. (Schluss-)Heft.
» 22. Cöln. Von G. Heuser. 3.—10. (Schluss-)Heft.
» 26. Aschaffenburg. Von A. Niedling. 2. (Schluss-)Heft.
» 27. Hämelscheburg. Von F. Dreher. 1 Heft.
» 28. Münster. Von W. Rincklake. 6 Hefte.
» 29. Braunschweig. Von B. Liebold. 1.—3. Heft.
» 30. Gandersheim. Von G. Bohnsack. 1 Heft.
» 31. Verden und Stadthagen. Von E. Schreiterer. 1 Heft.
» 32. Helmstedt. Von C. Krämer. 1 Heft.

33. Abth. Zwickau. Autogr. u. hrsg. von G. L. Möckel u. F. Dreher. 2 Hfte. (20 Blatt mit 2 Blatt Text.)

34. Abth. Bremen. Autogr. u. hrsg. von J. Mittelsdorf. 5 Hfte. (50 Blatt mit 4 Bl. Text.)

35. Abth. Hildesheim. Autogr. u. hrsg. von Emil Schreiterer u. G. Heuser. 4 Hfte. (40 Blatt mit 3 Blatt Text.)

36. Abth. Paris. Louvre-Museum. Autogr. u. hrsg. von G. Heuser. (10 Blatt mit 1 Blatt Text.)

37. Abth. Stuttgart. Autogr. u. hrsg. von F. Baldinger. (10 Blatt mit 2 Blatt Text.)

**Renaissance, deutsche.** Eine Sammlung von Gegenständen der Architektur, Decoration und Kunstgewerbe in Orig.-Aufnahmen. Redig. von A. Scheffers. Heft 107—183. [Neue Folge. Heft 68—139.] Fol. Leipzig 880—84, Seemann. à Heft *

Inhalt:

Abthl. 8. Merseburg und Halle. 2.—4. (Schluss-)Heft. Aufgenommen und hrsg. von C. Bummerstedt, F. Berger und G. Heuser. (30 autogr. Taf. mit 2 Bl. Text.) (126. 129. 130.)
» 11. Brieg. Autogr. und hrsg. von M. Bischof. 3. (Schluss-)Heft. (10 Taf. mit 1 Bl. Text.) (151.)
» 18. München. Autogr. und hrsg. von L. Gmelin. 2.—6. (Schluss-)Heft. (59 Bl. mit 10 Bl. Text.) (155—157. 161. 162.)
» 19. Berlin. Aufgenommen und hrsg. von G. Heuser und Max Bischof. 2. und 3. (Schluss-)Heft. (20 autogr. Taf. mit 2 Bl. Text.) (133. 137.)
» 20. Ulm. Autogr. und hrsg. von Leop. Theyer. 4. und 5. (Schluss-)Heft. (20 Bl. mit 2 S. Text.) (107. 108.)
» 29. Braunschweig und Wolfenbüttel. Autogr. und hrsg. von B. Liebold und G. Heuser. 4.—6. (Schluss-)Heft. (30 Bl. mit 1 Bl. Text.) (134—136.)
» 34. Bremen. Autogr. und hrsg. von J. Mittelsdorf. 3.—5. (Schluss-)Heft. (30 Taf. mit 3 Bl. Text.) (109. 110. 145.)
Abthl. 35. Hildesheim. Autogr. und hrsg. von G. Heuser. 2.—4. (Schluss-)Heft. (30 autogr. Taf. mit 3 Bl. Text.) (114—116.)
» 38. Danzig. Autogr. und hrsg. von M. Bischof und E. Klingenberg. 3.—7. (Schluss-)Heft. (50 Taf. mit 4 Bl. Text.) (112. 113. 148—150.)
» 39. Gernsbach, Ettlingen, Mainau. Autogr. und hrsg. von H. Wallraff. (10 autogr. Taf. mit 2 S. Text.) (111.)
» 40. Lüneburg. Autogr. und hrsg. von G. Heuser. 3 Hefte. (30 autogr. Taf. mit 2 Bl. Text.) (117—119.)
» 41. Hamburg. Autogr. und hrsg. von G. Heuser. (10 Bl. mit 1 Bl. Text.) (120.)
» 42. Trier. Reise-Aufnahmen der Studirenden der Architektur an der königl. technischen Hochschule zu Aachen unter Leitung von Ewerbeck. 2 Hefte. (20 autogr. Bl. mit 1 Bl. Text.) (121. 122.)
» 43. Lübeck. Aufgenommen und hrsg. von Th. Sartori und A. Scheffers. 5 Hefte. (50 autogr. Taf. mit 4 Bl. Text.) (123—125. 163. 177.)
» 44. Colmar. Reise-Aufnahmen der Studirenden der Architektur an der königl. techn. Hochschule zu Aachen unter Leitung von Ewerbeck und Henrici. 4 Hefte. (40 autogr. Taf. mit 2 Bl. Text.) (127. 128. 131. 132.)
» 45. Koblenz und das Moselthal. Reise-Aufnahmen der Studirenden der Architektur an der königl. techn. Hochschule zu Aachen unter Leitung von Ewerbeck. 5 Hefte. (45 Taf. mit 4 Bl. Text.) (138. 139. 143. 144. 147.)
» 46. Halberstadt nebst Nachbarorten und Magdeburg. Autogr. und hrsg. von G. Heuser. 3 Hefte. (30 Taf. mit 2 Bl. Text.) (140—142.)
» 47. Die Plassenburg bei Kulmbach. Autogr. und hrsg. von Fritz Köberlein. (10 Taf. mit 1 Bl. Text.) (146.)
» 48. Erfurt und Heldburg. Autogr. und hrsg. von G. Heuser. 2 Hefte. (20 Taf. mit 1 Bl. Text.) (152. 153.)
» 49. Schloss Gottesau. Aufgenommen und autogr. von E. v. Czihak. (10 Taf. mit 1 Bl. Text.) (154.)
» 50. Mittelrhein. Reise-Aufnahmen der Studirenden der Architektur an der königl. techn. Hochschule zu Aachen unter Leitung von Ewerbeck. 3 Hefte. (30 autogr. Taf. mit 1 Bl. Text.) (158—160.)
» 51. Torgau. Aufgenommen von Studirenden der königl. Kunstakademie zu Leipzig unter Leitung von A. Scheffers. 1.—6. Heft. (60 autogr. Taf. mit 5 Bl. Text.) (164—166. 181—183.)
» 52. Goslar. Reise-Aufnahmen der Studirenden der Architektur an der königl. techn. Hochschule zu Aachen unter Leitung von Henrici. 1. und 2. Heft. (20 Bl. mit 1 Bl. Text.) (167. 168.)
» 53. Breslau und andere schlesische Orte. Aufgenommen und hrsg. von Max Bischof. 1.—6. Heft. (60 Bl. mit 6 Bl. Text.) (169—172. 175. 176.)

» 54. Franken. Unter Leitung von Ewerbeck, aufgenommen von Studirenden der technischen Hochschule in Aachen. 5 Lfgn. (50 autogr. Taf. mit 5 Bl. Text.) (173. 174. 178—180.)

**Renaissance, deutsche.** Eine Sammlung von Gegenständen der Architektur, Dekoration und Kunstgewerbe in Orig.-Aufnahmen. Redact. des Gesamtwerkes, A. Scheffers. 184.—223. (Schluss-)Lfg. Fol. Leipzig 885—88, Seemann.
à Lfg. * ℳ 2.40. * 96 —

Inhalt:

Abthl. 8. Merseburg und Halle. Suppl.: Das Thalhaus zu Halle a. S. Aufgenommen und hrsg. von H. Steffen. (10 autogr. Taf. mit 1 Bl. Text.) (187.)
» 10. Zürich und Wettingen. Autogr. und hrsg. von H. E. v. Berlepsch. 2. und 3. (Schluss-)Heft. (20 Taf. mit 1 Bl. Text.) (196. 197.)
» 53. Breslau und andere schlesische Orte. Aufgenommen und hrsg. von Max Bischof. 7. (Schluss-)Heft. (10 autogr. Taf. mit 1 Bl. Text.) (186.)
» 55. Die Chorstühle des Münsters zu Bern. Aufgenommen von C. Müller-Sommer. (10 autogr. Taf. mit 1 Bl. Text.) (184.)
» 56. Schloss Leitskau. Aufgenommen und hrsg. von H. Ehlert. (10 autogr. Taf. mit 1 Bl. Text.) (185.)
» 57. Frankfurt, Hanau und Umgegend. Autogr. und hrsg. von J. Mittelsdorf. 4 Hefte. (40 autogr. Taf. mit 3 Bl. Text.) (188. 189. 198. 199.)
» 58. Saalfeld, Rudolstadt, Coburg. Autogr. und hrsg. von M. Bischof. 2 Hefte. (20 autogr. Taf. mit 2 Bl. Text.) (190. 191.)
» 59. Mecklenburg. A. Rostock. Autogr. und hrsg. von Studirenden der Leipziger Kunstakademie unter Leitung von A. Scheffers. 4 Hefte. (40 Taf. mit 4 Bl. Text.) (192. 193. 200. 201.)
» 59. —— dass. — B. Doberan, Teitenwinkel. Aufgenommen und autogr. von Studirenden der Leipziger Kunstakademie unter specieller Leitung des Hrsgbrs. A. Scheffers. (10 Taf. mit 2 Bl. Text.) (206.)
» 59. —— dass. — C. Wismar. Aufgenommen und autogr. von Studirenden der Leipziger Kunstakademie unter specieller Leitung des Hrsgbrs. A. Scheffers. 5 Lfgn. (50 Taf. mit 5 Bl. Text.) (210—214.)
» 59. —— dass. — D. Güstrow. Aufgenommen und autogr. von Studirenden der Leipziger Kunstakademie unter specieller Leitung des Hrsgbrs. A. Scheffers. 4 Lfgn. (40 Taf. mit mit 2 Bl. Text.) (215—218.) — E. Bützow. (10 Taf. mit 1 Bl. Text.) (219.)
» 59. —— dass. — F. Schwerin. Aufgenommen und autogr. von Studirenden der Leipziger Kunstakademie unter specieller Leitung des Hrsgbrs. A. Scheffers. (20 Taf. mit 1 Bl. Text.) (220. 221.) — G. Parchim und Lübz. (20 Taf. mit 11 S. Text.) (222. 223.)
» 60. Ostfriesland. Reise-Aufnahmen der Studirenden der Architektur an der königl. Technischen Hochschule zu Aachen unter Leitung von Henrici. 5 Hefte. (50 autogr. Taf. mit 3 Bl. Text.) (194. 195. 204—206.)
» 61. Marburg. Aufgenommen und hrsg. von J. Mittelsdorf. (10 Taf. mit 1 Bl. Text.) (205.)
» 62. Werrathal, Lahnthal und Westfalen. Aufgenommen von Studirenden der Architektur an der königl. techn. Hochschule zu Aachen, unter Leitung von K. Henrici. 3 Hefte. (30 Taf. mit 1 Bl. Text.) (207—209.)

Die Restauflage übernahm Fr. Eug. Köhler in Gera-Untermhaus.

Renaissance,

—— deutsche, in Oesterreich. Begonnen von Aug. Ortwein, fortgeführt von Rud. Bakalowits, W. Schulmeister, M. Bischof. 1.—13. Lfg. oder 1. und 2. Abthl. Fol. Ebendas. 883,84.
à Lfg. *
1. und 2. Abthl. cart. in 1 Bd. *

Inhalt:

Abthl. 1. Steiermark. Aufgenommen und hrsg. von Rud. Bakalowits und W. Schulmeister. 10 Hefte. (100 autogr. Taf. mit 8 Bl. Text.) (Lfg. 1. 4—12.)
» 2. Böhmen. Aufgenommen und hrsg. von Aug. Ortwein und M. Bischof. 3 Hefte. (30 autogr. Taf. mit 3 Bl. Text.) (Lfg. 2. 3. 13.)

—— deutsche, in Oesterreich. Begonnen von Aug. Ortwein, fortgeführt von R. Bakalowits, W. Schulmeister, M. Bischof und Frz. Paukert. 14.—26. (Schluss-)Lfg. oder 3. und 4. Abthlg. Fol. Leipzig 886,87, Seemann.
à Lfg. * ℳ 2.40. * 31 20

Inhalt:

Abthl. 3. Oberösterreich und Salzburg. Aufgenommen und hrsg. von Frz. Paukert. (70 autogr. Taf. mit 5 Bl. Text.) (Lfg. 14—19, 26.)
» 4. Tirol. Aufgenommen und hrsg. von Frz. Paukert. (60 autogr. Taf. mit 3 Bl. Text.) (Lfg. 20—25.)

1.—13. Lfg. Ebendas. 1883,84. à * ℳ 2.40.; 1. und 2. Abthl. cart. in 1 Bd. * ℳ 35.—.

Die Restauflage übernahm Fr. Eug. Köhler in Gera-Untermhaus.

—— italienische. Original-Aufnahmen von architekton. Details, Flächen-Decorationen, plast. Ornamenten und kunstgewerbl. Erzeugnissen in systemat. Gruppirung. 11 Hefte oder 3 Serien. Fol. Leipzig 875, Seemann.
à Heft * ℳ 2,50. * 27 50

Inhalt:

Heft 1. 2. 5—7. 1. Serie: Das Chorgestühl der Kirche San Severino in Neapel. Autogr. und hrsg. von A. W. Cordes und E. Giesenberg. 5 Hefte. (50 Stnt. in Fol. und gr. Fol.)
Heft 3. 4. 2. Serie: Skizzenbuch eines Architekten des 16. Jahrh. Autogr. und hrsg. von E. v. Berlepsch. 2 Hefte. (20 Stnt. in Fol. und gr. Fol.)
» 8—11. 3. Serie: Schloss Stern bei Prag. Autogr. und hrsg. von Ph. Baum und M. Haas. 4 Hefte. (40 Bl. in Fol. und gr. Fol. mit 2 Bl. Text.)

— Italienische. Original-Aufnahmen v. architekton. Details, Flächendekorationen, plast. Ornamenten u kunstgew. Erzeugn. Abt. 1-3. (110 T) in 2 Bdn fol Leipzig 1875-77

—— **italienische.** 12.—16. Heft. [4. Serie. 1.—5. Heft]: Das Chorgestühl der Kirche Sant Eusebio in Rom. Aufgenommen und hrsg. von Max Bischof und Paul Knochenhauer. Fol. (48 autogr. Taf. mit 1 Bl. Text.) Leipzig 882, Seemann.
à Heft *

Die Renaissance der Körperbildung, Leipzig 1891, 16 S., 2°.

**Renaissance, Münchener, und Barock** in Architektur und Plastik. 2. (Titel-)Aufl. Fol. (60 Taf. in Lichtdr.) München 887, Buchholz und Werner. * 20 —
(Die 1. Aufl. erschien im J. 1878 unter d. T.: Bauer, Lorenz, Münchener Renaissance.)

— u. **Philosophie.** Beiträge zur Geschichte der Philosophie. Hrsg. v. Adf. Dyroff. 1.—4. Heft. gr. 8. Bonn, P. Hanstein. 16. 50
Güsgens, Jos., Joannes Chrysostomus Magnenus, e. Naturphilosoph des 17. Jahrh. (III, 119 S.) 910. (4. Heft.) 3. —
Horten, M., die philosophischen Probleme der spekulativen Theologie im Islam. (VIII, 284 S.) 910. (3. Heft.) 7. 50
Pendzig, Paul, die Ethik Gassendis u. ihre Quellen. (IV, 83 S.) 910. (2. Heft.) 2. —
— Pierre Gassendis Metaphysik u. ihr Verhältnis zur scholastischen Philosophie. (XV, 176 S.) 908. (1. Heft.) 4.—

Renaissance-Alphabete, deutsche. (8 T) qu 4° Stuttgart (1887)

**Renaissance-Bauten,** drei Venetianer. [Bibliothek San Marco, 4 Taf. — Bruderschaftshaus San Marco, 4 Taf. — Bruderschaftshaus San Rocco, 6 Taf.] Lichtdr. Fol. Wien 881, [Lehmann und Wentzel.] Lehmann. *
Aus: Bauschatz, besonders abgedruckt.

**Renaissance-Bibliothek.** Hrsg. v. Hans Landsberg. 1.—3. Bd. 8. Berlin, L. Simion Nf. n. 8. —; geb. in Leinw. n. 11. —
1. Byron's Tagebücher u. Briefe. Von Eduard Engel. 4. Aufl. Neue völlig umgearb. u. verdoppelte Ausg. (VI, 196 S. m. Bildnis.) 904. n. 3. —; geb. n. 4. —
2. Rahel. Ein Buch des Andenkens f. ihre Freunde. Bearb. u. eingeleitet v. Hans Landsberg. (XII, 256 S. m. 1 Bildnis.) n. 3. —; geb. n. 4. —
3. Dürer's, Albr., schriftliches Vermächtnis. Familienchronik — Briefe — Reime. Tagebuch der niederländ. Reise. Aus den theoret. Schriften. Ausgewählt u. eingeleitet v. Max Osborn. (XXVIII, 160 S.) 905. n. 2. —; geb. n. 3. —

**Renaissance-Broschüren.** Hrsg. v. Jos. Müller. Nr. 5. München [R. Abt.] G. Schuh & Cie. — 75
Das Christentum Christi. Eine krit. Studie zu Harnacks „Wesen des Christentums". Von Herm. Schell. Mit e. Einleitung v. Jos. Müller. [Aus: „Renaissance".] (24 S.) 902.
Die früheren u. späteren Nummern sind einzeln unter: Müller, Jos., aufgenommen.

**Renaissance-Cartouchen.** 40 Taf. m. 100 Facsimilereproductionen nach Originalen d. XVI. Jahrh. gr. 4. Leipzig 896. K. W. Hiersemann.
In Leinw.-Mappe n. 20. —

**Renaissance-Gallerie.** Photographieen von Orig.-Erzeugnissen auf dem Gebiete der Zimmer-Einrichtung. Jahrg. 1862. 12 Hefte. (à 4—5 photograph. Blatt.) Fol. Berlin, A. Abelsdorff. *

**Renaissance-Paläste,** drei spanische. [Alcazar in Toledo, 4 Taf. — Palast Infantado in Guadalaja, 5 Taf. — Erzbischöflicher Palast in Alcala de Henares (Säulenhof), 2 Taf.] [Aus: „Bauschatz".] Lichtdr. Fol. Wien 881. Lehmann. n. 7. —

Die Renaissance- und Barockvilla in Italien. Bd 3. Leipzig: Klinkhardt & Biermann 1908. 4°(8°) [09. 11233

**Renaldis,** Lucas de: Litterae ad Maximilianum I. imperatorem datae Romae XXVII. Augusti 1503. (Hrsg.: H[einrich] Ulmann.) [Fing. T.] *Gryphiswaldiae (1900): F. G. Kunike.* (6 S.) 4°
Greifswald, Progr. zur Croy-Feier d. 20. Juli 1900

**Renaldo Mariae a Sancto Joseph, Reverendo admodum Patri, R. P.,** quondam in collegio Bononiensi Philosophiae ac Theologiae professori . . . Ode. S.l. 17?? V: *Kauffmann, Nicolaus.* (Jes)

Renaldus, Achilles, s. Renaud, Achilles.

**Renan, Monsieur,** et l'Allemagne. Lettre ouverte . . . Wiesbaden 1879. V: *Solling, Gustav* (Ky)

**Renan,** Monsieur, et l'Allemagne. Lettre ouverte d'un Allemand (G. Solling). 1re et 2e édit. gr. 8. (10 S.) Wiesbaden 879, Rodrian. *

**Renan,** Ernest, der Antichrist. Autoris. deutsche Ausg. gr. 8. (XLVI, 456 S.) Leipzig 873. Brockhaus. n. 6. —; geb. n. 7. —

**Renan,** Ernest, die Apostel, s.: Universal-Bibliothek.

**Renan,** Ernest, die Apostel. Autoris. deutsche Ausg. Leipzig 866. Brockhaus. gr. 8. (VI, 384 S.) n. 1 Thlr; geb. n. 1 Thlr 10 ngr.

**Renan,** Ernst, philosophische Dialoge und Fragmente. Mit Genehmigung des Verf. übers. von Konr. v. Zdekauer. gr. 8. (XIX, 237 S.) Leipzig 877, Koschny. *

**Renan,** Ernst, philosophische Dialoge u. Fragmente. Mit Genehmigung des Verf. übers. von Konr. v. Zdekauer. gr. 8. (XIX, 237 S.) Heidelberg 877. Weiß' Verl. n. 6. —

**Renan,** Ernest, Erinnerungen aus meiner Kindheit u. Jugendzeit. Autoris. Uebersetzg. v. Steph. Born. Mit e. Brief d. Verf. in Facs. gr. 8. (XXIII, 407 S.) Basel 883. Bernheim. n. 9. —

—— Geschichte der Anfänge des Christenthums. Deutsch von Ludw. Eichler. 1. Bd.: Das Leben Jesu. 1.—5. Aufl. 8. (VII und 436 S.) Berlin 863,64, Schlingmann.

**Renan,** Ernst, Geschichte der Anfänge des Christenthums. Deutsch von Ludw. Eichler. Berlin 864. Schlingmann. 1. Bd.: Das Leben Jesu. 1—5. Aufl. (VII, 436 S.) 1 Thlr 7½ ngr.

— Geschichte der Anfänge des Christenthums. Deutsch von Ludw. Eichler. 2. Bd. Die Apostel. 4 Liefgn. Berlin 866, 67. Hasselberg'sche Verlagsh. 8. (256 S.) Jede Liefg. 4 ngr.

— Geschichte des Volkes Israel. Deutsche autoris. Ausg., übers. v. E. Schaelsky. 5 Bde. gr. 8. (IV, 421; IV, 511; IV, 510; IV, 380 u. IV, 404 S.) Berlin 894. S. Cronbach. à n. 6. —; geb. in Halbfrz. à n.n. 8. 25

—— Jézus élete. Az eredeti franczia hetedik kiadás után magyarra forditva. 8. (399 S.) Wien 864, Beck's Universitäts-Buchh. *

—— der Islam und die Wissenschaft. Vortrag, gehalten in der Sorbonne am 29. März 1883. Kritik dieses Vortrags vom Afghanen Scheik Djemmal Eddin und Ernest Renan's Erwiderung. Autoris. Uebersetzung. gr. 8. (48 S.) Basel 883, Bernheim. * 1 20

**Renan, Ernst.** Judenthum und Christenthum, ihre ursprüngliche Identität u. allmälige Scheidung. Vortrag gehalten in der Gesellschaft für das Studium des Judenthums zu Paris am 26. Mai 1883. Autorisirte Uebersetzung. In-8°, 30 S. Basel, Bernheim. 1883. 1 —

**Renan, Ernest.** Das Judenthum vom Gesichtspunkte der Rasse und der Religion. Vortrag gehalten am 27. Januar 1883. Autorisirte Uebersetzung. In-8°, 32 S. Basel, Bernheim. 1883. 1 —

**Renan,** E., Les Juifs sous la domination romaine. Hérode le Grand. S.-A. 1894. 22 S. 1.—

— das Leben Jesu. Volks-Ausg. 863. (IV, 392 S.) — 2. Aufl. Berlin 864. Fahlisch. 8. (VI, 290 S.) n. 20 ngr.

—— dass. — Volks-Ausg. 1. und 2. Aufl. br. 8. (IV und 390 S.) Berlin 863,64, Fahlisch. [Reichardt und Zander.] *

— — Pracht-Ausg. 1. u. 2. Aufl. Ebend. 863. Lex.-8. (IV, 392 S.) n. 1 Thlr 20 ngr.

—— dass. — Pracht-Ausg. 1. und 2. Aufl. Lex.-8. (IV und 392 S.) Ebendas. 864. *

— — Vom Verf. autorisirte Ausg. Leipzig 863. G. Wigand. gr. 8. (IV, 383 S.) 1 Thlr 20 ngr.

—— dass. — Ster.-Ausg. 1.—4. Aufl. 8. (VI und 276 S.) Berlin 864, Hasselberg'sche Verlagsh. *

—— dass. — Für das Volk bearb. Billigste Volks-Ausg. 8. (XII und 227 S.) Berlin 864, Humburg und Comp.

— — Einzige vollständige illustrirte Volks-Ausg. Berlin 864. Humburg & Co. 8. (271 S. mit Portr. in Holzschn. u. 1 lith. u. color. Karte in 4.) 10 ngr.

—— dass. — Vollständige illustr. Volks-Ausg. 10. Aufl. 8. (XXXII und 240 S. mit Portr. in Holzschn. und 1 lithogr. und ill. Karte in 4.) Ebendas. 864.

— — Für das Volk erzählt. 1—5. Aufl. Vollständig nach der 10. französ. Orig.-Volks-Ausg. Berlin 864. A. Jonas. 16. (X, 112 S.) 5 ngr.

—— dass. — Für das Volk erzählt. 1.—5. Aufl. Vollständig nach der 10. französ. Orig.-Volks-Ausg. 16. (X und 212 S.) Berlin 864, A. Jonas.

—— dass. — In neuer Bearbeitung für das Volk. Klassiker-Ausg. 1. und 2. Aufl. gr. 16. (208 S.) Berlin 864, (Reichardt und Zander.)

—— dass. — Für das Volk neu bearb. Deutsch von J. D. 1.—4. Aufl. 8. (XII und 232 S.) Berlin 864, Sacco Nachfolger.

—— dass. — Ster.-Ausg. 8. (IV und 276 S.) Brünn 864, Karafiat. *

— Das Leben Jesu. Vollständige Volks-Ausgabe. 8. (XXXI. 240 S.) Wien, Herzfeld & Bauer. 1864 60 kr.

— — Deutsch von Richard Braun. 1—10. Aufl. Wien 864. Markgraf. 8. (374 S.) 1 ℛ

—— dass. — Vollständige deutsche Ausg. übers. von Alex. Patuzzi. gr. 8. (214 S. mit Portr. in Holzschn.) Wien 864, Wenedikt. -

— das Leben Jesu. Vom Verf. autoris. Ausg. 2. Aufl. Leipzig 865. O. Wigand. (Brockhaus.) gr. 8. (IV, 383 S.) 1 ℛ 20 ngr.

— — 3. Aufl., verm. mit neuen Vorreden des Verf. u. e. Anh. nach den letzten Ausg. des Orig. Leipzig 870. Brockhaus. gr. 8. (XLII, 439 S.) 1 ℛ 20 ngr.; geb. n. 2 ℛ

— — Supplement (zu früheren Ausg.), neue Vorreden des Verf. u. einen Anh. über das 4. Evangelium enthltd. Autorisirte deutsche Ausg. Ebend. 870. gr. 8. (XXXVI, 59 S.) n. 10 ngr.

—— das Leben Jesu. Autoris. deutsche Ausg. 4. verb. und verm. Aufl. nach der 16. Aufl. des Originals. gr. 8. (XLVI, 482 S.) Leipzig 880, Brockhaus. * 6 —
geb. * 7 —

Renan, E., das Leben Jesu. 8. (XII, 228 S.) Berlin 889. Norddeutsches Verlags-Institut (J. Jolowicz). n. 2. —

Renan, Ernest. Das Leben Jesu. 8. (XII, 228 S.) Berl. 889, [Norddeutsches Verlags-Institut] Pohlmann. * 2 —

— das Leben Jesu. Autoris. deutsche Ausg. 5. Aufl. gr. 8. (XLVI, 482 S.) Leipzig 893. F. A. Brockhaus. n. 6. —; geb. in Leinw. n. 7. —

— dasselbe. (Neue Ausg.) 8. (XII, 228 S.) Berlin 893. [G. Pohlmann.] H. Steinitz' Verl. 1. —

Renan, Ernest, d. Leben Jesu. 8. (XII, 228 S.) Berlin 895. H. Steinitz. n. 1. —

Renan, Ernest, das Leben Jesu. (XII, 228 S.) 8. Berlin (901). H. Steinitz. n. 1. —

— dasselbe. (Volksausg.) Mit Einleitg. u. Anmerkgn. v. Frz. Lüdtke. (248 S. m. Bildnis.) 8. Berlin (907). A. Weichert. (Urspr. Pr. 2. —)

Ernest **Renan**. Das Leben Jesu [Vie de Jésus]. 100. Aufl. Berlin: Steinitz [1908]. XII, 228 S. 8° [10. 12911 11

— dasselbe, s.: Bibliothek der Gesamt-Litteratur d. In- u. Auslandes.

— dasselbe, s.: Meyer's Volksbücher.

— dasselbe, s.: Universal-Bibliothek.

— dasselbe, s.: Volksbibliothek, wissenschaftl. 18—20.

— Paulus. Mit 1 (lith.) Karte (in qu. 4.). Autorisirte deutsche Ausg. 8 Liefgn. Leipzig 869. Brockhaus. gr. 8. (476 S.) Jede Liefg. 7½ ngr.

**Renan**, Ern., de philosophia peripatetica apud Syros commentatio historica. Parisiis 852. (Leipzig, Gerhard.) 8. (2 Bl., 76 S.) n. 15 ngr.

— Spinoza. Rede am 21. Febr. 1877 bei dessen 200-jähriger Todesfeier geh. im Haag. Autoris. Uebersetzung von C. Schaarschmidt. gr. 8. (24 S.) Heidelberg 877. Weiss' Verl. n. 1. —

— dasselbe. s.: Sammlung gemeinnütziger populär-wissenschaftlicher Vorträge.

—— Vie de Jésus. 8. (XLVIII und 327 S.) Berlin 863, Springer's Verlag.

—— dass. — 1.—12. édit. 8. (XLVIII und 327 S.) Naumburg 863,64, Pätz.

—— Vortrag über das Judenthum vom Gesichtspunkte der Rasse und der Religion 1883 im Vergleich zu seinen früheren Aeußerungen über das Judenthum in den Werken: Histoire des origines du christianisme u. a. 1873—1879. 8. (22 S.) Berlin 884, F. Luckhardt. — 60

—— Vorträge. [Gehalten in London April 1880.] Frei bearb. von Gfr. Hessel. gr. 8. (80 S.) Leipzig 880, O. Wigand. * 1 —

—— život Ježíšův. Zčeštil V. B. 8. (412 S.) Prag 864, Steinhauser. *

—— жизнь Іисуса. Часть первая. Съ Французскаго И. Монаковымъ. 8. (LXII und 259 S.) Dresden 864, (Wienecke.) *

— жизнь Іисуса. Часть вторая. Съ французскаго И. Монаковымъ. Dresden 865. (Wienecke.) 8. (IV, 248 S.) n. 20 ngr.

[Russ. u. Ant.] Ernesta Renana Žizn' Iisusa. 4. izd. Perevod s francuskago I. M. (Renan, Leben Jesu.) *Berlin: B. Behr 1896.* [. . . Übs. a. d. Franz.] (IV, 382 S.) 1 Bd 8. [97. 1176

Renan, Ernest, das Leben Jesu. Aus dem Franz. übers. v. J. M. (In russ. Sprache.) 5. u. 6. Aufl. 8. (IV, 382 S.) Berlin 901. B. Behr's Verl. n. 5.—

Renard, Samuel und Gregor, s. Erörterung, historisch-theologische.

**Renard**, Betrachtungen über die Taktik der Infanterie. Uebers. von einem Deutschen Officier. Deutsche, vom Verf. autorisirte Ausg. Brüssel 858. Muquardt. gr. 8. (XII, 199 S. mit Holzschn. im Text.) n. 1 ℛ.

**Renard**, général. De la Cavalerie. Reflexions sur les idées émises au sujet de la diminution et de la transformation de cette arme. 8. Bruxelles et Leipzig 1861.

**Renard**, A.

— Elementarvorschriften f. Stadt- u. Landschulen. qu. Fol. Cöln 823. (Bachem). 2 ℛ

Renard, (A.) deutsche Schulvorschriften. 4. Cöln, Du-Mont-Schauberg. Rthlr.

Renard, Anton: Der Kunstschatz, s. Kisa, Anton

**Renard**, B., das Linear-Zeichnen, oder erster Unterricht im Zeichnen f. Gewerbe-, Real- u. Volks-Schulen. Lithogr. v. M. Wieser. qu. ½ gr. Fol. (12 Bl.) Stuttgart 842, Ebner'sche Kunsth. *

Renard, Camille, Album der Archeologie — Album archéologique. A—D. und G. hoch 4. Lüttich 872, Claesen. cart. * 8 75

Inhalt:

A—D. Indien — Medien — Persien — Assyrien. (12 Stnt., wovon 2 chromolithogr.) *ℳ 2,25.

G. Italien — Antik. (30 Stnt., wovon 2 chromolithogr.) *ℳ 6,50.

**Renard,** Edmund: Die Bauten der Kurfürsten Joseph Clemens und Clemens August von Köln. E. Beitr. z. Geschichte d. Rococo in Deutschland. Th. 1 ... (Erscheint vollst. in: Jahrb. d. Ver. v. Alterthumsfreunden im Rheinl., Heft XCIX u. C.) Bonn, Univ.-Buchdr. v. C. Georgi, 1890; 1 Bl., 164—240 S., 1 Bl. 8.
Leipzig, Phil. Fak., Inaug.-Diss. v. [25. März] 1890

**Renard,** Edm., s.a. Bund deutscher Architekten.

Bund Deutscher Architekten. B. D. A. **Werke** der Ortsgruppe Cöln, 1906. (Hrsg.: Dr. Edmund Renard.) Berlin: Wasmuth (1906). 79 S. 4°
(Die Architektur d. 20. Jahrhunderts. [Sonderh. 5.]) A 12. 11534

Köln. Von Edmund **Renard**. Mit 188 Abb. Leipzig: E. A. Seemann 1907. (216 S.) 8°
— **Kunststätten**, Berühmte. No 38. [07. 15980

— Die Kunstdenkmäler des Kreises Düren, s.: Kunstdenkmäler, die, der Rheinprovinz. IX, 1. (Hartmann, Paul.)

Die Kunstdenkmäler der Kreise Erkelenz und Geilenkirchen. Im Auftr. d. Provinzialverbandes d. Rheinprov. bearb. von Edmund **Renard**. Mit 12 Taf. u. 147 Abb. *Düsseldorf: L. Schwann 1904.* (VI, 221 S.) 4°(8°)
= **Kunstdenkmäler**, Die, d. Rheinprovinz. Bd 8, 2. [04. 5065 3

**Renard,** Edm., die Kunstdenkmäler des Kreises Euskirchen, bezw. Mühlheim a/Rh., s.: Clemen, Paul.

Die Kunstdenkmäler der Kreise Gummersbach, Waldbroel u. Wipperfürth ... bearb. von Edmund **Renard**. Mit 9 Taf. u. 74 Abb. im Text. *Düsseldorf: L. Schwann 1900.* (VI, 135 S.) 4°(8°)
= Kunstdenkmäler d. Rheinprovinz. Bd 5, 1. [00. 7980 3

— dasselbe des Kreises Jülich, s.: Franck-Oberaspach, Karl.

Die Kunstdenkmäler des Siegkreises. Im Auftr. d. Provinzialverb. d. Rheinprov. bearb. von Edmund **Renard**. Mit 21 Taf. u. 117 Abb. Düsseldorf: L. Schwann 1907. (VI, 293 S.) 4°
— **Kunstdenkmäler**, Die, d. Rheinprovinz. Bd 5, 4. [07. 13223 6

— s.: Kunstschatz, der.

Die Schlösser zu Würzburg und Bruchsal von Dr. Edmund **Renard**. *Berlin & Stuttgart: W. Spemann [1898].* (20 S., 8 Taf.) 8°
= Baukunst, Die. [Ser. 1,] H. 7.

**Renard,** Geo., ist der Mensch frei, s.: Universal-Bibliothek.

**Renard,** Graf J., goldene Worte e. deutschen Katholiken. Neue. gr. 8. (8 S.) Leipzig 873. Geibel. 1. —

Renard, Joh. Fr., die Erzeugung des Geschlechts nach Willkühr, nicht durch physische Manipulationen, sondern nach dem Willen der Aeltern. Nebst Beweis, daß selbst durch Ausschweifung oder andere Ursachen geschwächte Personen im Stande sind, gesunde Kinder zu zeugen. 8. Elberfeld, Schaub. 819. -

Renard, Johann Klaudius (Hrsg.), s.a. Abhandlungen, Auserlesene medicinisch-praktische, der neuesten französischen Literatur.

**Renard, J. K., und F. J. Wittmann,** auserlesene medizin. prakt. Abhandlungen der neuesten franz. Literatur. 1r u. 2r Bd. 1ste Abtheil. gr. 8. Pesth, Hartleben. 817. 818. (1r Bd. 1 Rthlr. 16 Gr. 2r Bd. 1ste Abtheil. 1 Rthlr.)

Renard, Joh. Klaud., das Bad, als Mittel zur Erhaltung u. Wiederherstellung d. Gesundheit u. Schönheit, nach Halle, Guilbert und Nysten. 12. Mainz 813. Kupferberg. 18 ℛ

Renard, J(ohann) C(laudius) (Übers.):

s.a. Hallé, (Jean Noël): Das Bad als Mittel zur Erhaltung und Wiederherstellung der Gesundheit und Schönheit. (Dictionnaire des sciences médicales. 1812. Tom.2: Bain. Dt.) Von (J.N.) Hallé, (Jean Nicolas) Guilbert und (Pierre Hubert) Nysten. Mainz: 1814

— der Branntwein in diätetischer u. medicin.-polizeil. Hinsicht. 8. Mainz 817. Kupferberg. 4 ℛ

Renard, Johann Klaudius, s. Cadet de Vaux: V. d. Kenntniß d. Bodens.

— s. Cullerier: Abhandlungen.

Renard, J(ohann) Cl(audius) (Übers., Comm.u. Hrsg.):

s.: Cullerier, (François Aimé Guillaume): Über die Lustseuche, ihre Zufälle und Heilmittel. (Aus dem Französischen übers.) Mainz: 1822

Renard, J(ohann) C(laudius) (Übers., Comm.u. Hrsg.):

s.: Cullerier, (François Aimé Guillaume): Ueber das Quecksilber und seine Anwendung gegen syphilitische Krankheiten. Pesth: 1822

— die gesammte Fieberlehre, s. Fieberlehre.

Uiber den Hospitalbrand. Von Johann Klaudius Renard. Mainz: Kupferberg 1815. 29 S. 8°

Renard, J(ohann) Claudius (Übers.u.Comm.):

s.: Leroy, Alphonse (Louis Vincent): Vorlesungen über die Gebärmutterblutflüsse während der Schwangerschaft, bei und nach der Niederkunft... (Leçons sur les pertes de sang pendant la grossesse, lors et à la suite de l'accouchement... Dt.) Leipzig: 1802

Renard, J(ohann) C(laudius) (Übers.u.Comm.):

s.: Pinel, Phil(ippe): Von den Blutflüssen im Allgemeinen, dem Blutbrechen und Blutspeien. Aus dem Französischen. Leipzig: 1821

Die mineralsauren Räucherungen als Schutzmittel gegen ansteckende und epidemische Krankheiten. 2 Vorlesungen... von J[ohann] C[laudius] Renard. Mainz: Kupferberg 1810. 76 S. 8°

— Samml. d. Gesetze u. Verordnn. Frankreichs, in Bezug auf Aerzte, Wundärzte u. Apotheker, wie auch auf d. öffentl. Gesundheitswohl überhaupt, mit beigefügt. französ. Texte. gr. 8. Mainz 812. Kupferberg. 1 ℛ 12 ℛ

— d. inländ. Surrogate der Chinarinde, mit besond. Rücksicht auf d. Continent v. Europa. gr. 8. Mainz 809. Kupferberg. 1 ℛ

— Verf. d. Entsteh. u. Ernähr., d. Wachstp. u. alle übrig. Veränder. d. Knochen, im gesunden u. kranken Zust. zu erklären. 8. Leipz. Schäfer. (Kühn) 803.

— das Weib im gesunden u. kranken Zustande, s. Virey.

Renard, ..., s. Weib, das, im gesunden u. kranken Zustande.

Renard, das Weib im gesunden u. kranken Zustande. Nach Fournier bearb. 2. Aufl. Wien 866. Wenedikt. 8. (VIII, 455 S.) 1 ₰ 6 ngr.

RENARD, LOUIS, Der Holsteinische Landbau. Ein Handbuch für angehende Oeconomen, sowohl belehrend für das Oertliche und Herkömmliche des Landes, als in Bezug auf die Fortschritte der Kunst und deren Anwendung in Zukunft; nebst einer Anleitung zur landwirtschaftlichen Buchführung. Mit 2 Steindruck-Tafeln. Hamburg. 1838.

Renard, L.: „Der holsteinische Landbau. Ein Handbuch für Oekonomen, sowohl belehrend für das Oertliche und Herkömmliche, als in Bezug auf die Fortschritte der Kunst. Nebst einer Anleitung zur landwirthschaftlichen Buchführung", Hamburg 1839 Perthes).

Renard, Maurice, der Doktor Lerne. Ein Schauerroman. Deutsch v. Heinrich Lautensack. (1. u. 2. Aufl.) (344 S.) 8. München 909. H. v. Weber. 4.50; geb. 5. 50; auf Bütten 12. —

Renard, O., Aufforderung an die Herren Landwirthe Mecklenburgs zum Anbau der Waldplatterbse. (Lathyrus silvestris Wagneri.) 2., vervollständ. Aufl. gr. 8. (8 S.) Ludwigslust 894. Hinstorff. n. — 25

Renard, Sophie. Ein anatomischer Beweis für die Lehre von der sekundären Schrumpfniere. Diss. Med. Univ. Zürich. *Kopftitel:* Aus dem pathologischen Institut der Universität Zürich. Director Herr Prof. Dr. P[aul] Ernst. — [Mit 1 Tafel.] 24 S. 8. Zürich, A. Markwalder, 1902.

Renat, Matthäus, Herbart, s.: Zeitfragen, pädagogische.

Renata, romant. Drama, von Friedrich v. Heyden. gr. 8. Berl. Realschulbuchh. 816. — 20

Renata, Herzogin v. Ferrara. Ein Lebensbild aus dem Zeitalter der Reformation. Mit einem Vorwort von W. v. Giesebrecht. Gotha 869. F. A. Perthes. gr. 8. (VIII, 159 S.) n. 24 ngr.

Renatus, s.: Klerikalismus, römischer.

— s.: Leuconius.

Renatus, Fel., Verfall, Nutzlosigkeit und Schädlichkeit der heutigen römisch-katholischen Kirche. Mahnworte in ernster Zeit. gr. 8. (47 S.) Berlin 872, Kortkampf. * 1 —

Renatus, Johannes [Pseudon.] s. Wagner, Johannes Andreas von.

— Allerlee aus d'r Aberlausitz, s.: Wagner, Joh. A. Frhr. v.

Renatus, Johs. (Joh. A. v. Wagner), sechs Deklamatorien. (Was dann? D. Gründer. Es ist doch sonderbar! D. Macht d. Gesanges. D. Näscher. D. Vereinsbekämpfer.) gr. 8. (34 S.) Dresden 898. Verbandsbuchh. (E. Zacharias). — 60

— Dresden, wie es leibt u. lebt. Kleine Lebensstudie. (IV, 148 S.) gr. 8. Dresden 905. Holze & Pahl. n. 1. 75; geb. n. 2. 50

Renatus, J., deutsche Einigkeit. Declamatorium für Jünglings-Vereine. 3. Aufl. 8. (4 S.) Bautzen 889. (Leipzig, Buchhandlg. d. Vereinshauses.) n.n. — 5

Renatus, Johs. Deutsche Einigkeit. Declamatorium f. Jünglings-Vereine. 3. Aufl. 8. (4 S.) Bautzen 889. (Lpz., Wallmann.) ** — 05

— deutsche Einigkeit. Declamatorium. 4. Aufl. Anhang: D. deutschen Knaben Tischgebet v. K. v. Gerok. 8. (8 S.) Dresden 895. (O. Hackebeil.) — 15

— Die Freunde. Declamatorium. 2. Aufl. 8. (8 S.) Dresd. 889. (Lpz., Wallmann.) ** — 15

— die Freunde. Deklamatorium. 4. Aufl. 8. (8 S.) Dresden 898. Verbandsbuchh. (E. Zacharias.) — 15

— die Geheilten. Erinnerungen an Elgersburg u. Ilmenau. 8. (VI, 188 S. m. Vignetten.) Leipzig 890. Böhme Nachf. n. 2. —; geb. n. 2. 75

— Die Geheilten. Erinnerungen an Elgersburg u. Ilmenau. 8. (VI, 188 S. m. Vignetten.) Lpz. 890, Ungleich. * 2 —; geb. * 2 75

— das Haus in der Harmoniestraße, s.: Pilgergrüße. 1.

Renatus, Johs., Heidekraut und Centifolien. Eine Geschichte aus der Heide. 8. (VIII, 349 S.) Leipzig 888, Böhme Nachf. *M 4.—.; geb. * 5 —

— Heidekraut u. Centifolien. Eine Geschichte aus der Heide. 2. Aufl. (IX, 363 S.) 8. Leipzig 904. E. Ungleich. n. 4. —; geb. n. 5. —

— Korle u. Carlo. Anne äberlausitzer G'schichte aus'm Leben. Mit e. Anh.: Bemerkungen üb. die Mundart, nebst Wörterverzeichniß. 12. (IV, 203 S.) Bautzen 892, Rühl. * 2 —; geb. * 2 50

— Lebensskizzen aus ernsten und heitren Tagen; erzählend gezeichnet. 2 Bde. 1. und 2. Aufl. 8. (V, 199; IV, 213 S.) Dresden 885, v. Zahn und Jaensch. * 5 —
geb. in 1 Bd. ** 6 —

— Lebensskizzen aus ernsten u. heiteren Tagen. Erzählend gezeichnet. 2 Bde. 4. u. 5. Aufl. 8. (IX, 228 u. 197 S.) Dresden 892. 893. v. Zahn & Jaensch. n. 3. —; in 1 Leinw.-Bd. n. 4. —

— Lebensskizzen aus ernsten u. heit. Tagen. Erzähl. gezeichnet. 2 Bde. 6. Aufl. 8. (XI, 228 u. IV, 197 S.) Dresden 896. v. Zahn & Jaensch. n. 3. —; in 1 Leinwdb. n. 4. —

— Lebensskizzen aus ernsten u. heiteren Tagen. Erzählend gezeichnet. 7. Aufl. 2 Bde. 8. (XI, 228 u. IV, 197 S.) Dresden 902. v. Zahn & Jaensch. n. 3. —; in 1 Leinw.-Bd. n. 4. —

— meine vier Liebchen, s.: Pilgergrüße. 6.

—— die letzten Mönche vom Oybin. Eine Geschichte aus dem 16. Jahrh. 8. (VIII, 216 S.) Leipzig 887, Böhme Nachf. * 2 60
geb. * 3 50

—— Die letzten Mönche von Oybin. Eine Geschichte aus d. 16. Jahrh. 2. verb. Aufl. 8. (VIII, 216 S.) Lpz. 889, Ungleich. · 2 60; geb. * 3 50

— die letzten Mönche vom Oybin. E. Geschichte aus d. 16. Jahrh. 3. Aufl. 8. (VIII, 216 S.) Leipzig 897. E. Ungleich. n.n. 2. 50; geb. n. 3. 60

— die letzten Mönche vom Oybin. Eine Geschichte aus dem 16. Jahrh. 4. Aufl. (VIII, 216 S.) 8. Leipzig (905). E. Ungleich. n. 2. 60; geb. n. 3. 50

Konrad Nesen. Lebens- u. Geschichtsbild aus d. 16. Jh. von Joh. Renatus ⟨Joh. Frh. v. Wagner⟩. *Berlin: A. Schall [1903].* (294 S.) 8° [F.]
— Verein d. Bücherfreunde. [Jg. 12, 7.]

— Poesie u. Prosa. Declamatorium. 8. (8 S.) Bautzen 889. (Leipzig, Buchhandlg d. Vereinshauses.) n.n. — 15

—— Poesie u. Prosa. Declamatorium. 8. (8 S.) Bautzen 889. (Lpz., Wallmann.) · · — 15

-- Poesie u. Prosa. Declamatorium. 2. Aufl. 8. (8 S.) Dresden 895. (O. Hackebeil.) — 15

— Spaziergang durch die Sprache. Freie Studien. 12. (96 S.) Bautzen 893. E. Hübner. n. 1. 20; geb. n. 1. 50

— gesellige Stunden f. Jung u. Alt. Lustspiele, Deklamatorien etc. 8. (VI, 248 S.) Leipzig 893. A. Deichert Nachf. n. 3. —; geb. n.n. 3. 60

— Rudolf v. Vargula, der Schenk zu Saaleck. Ein thüringer Lebensbild aus dem 13. Jahrh. 8. (XII, 399 S.) Leipzig 890. Deichert Nachf. n. 4. 50; geb. n.n. 5. 40

— Rudolf v. Vargula, d. Schenk zu Saaleck. Ein thüringer Lebensbild aus d. 13. Jahrh. 2. Aufl. 8. (XII, 388 S.) Leipzig 896. A. Deichert Nachf. n. 4. 50; geb. n. 5. 50

Renatus, Johs., (Joh. A. Frhr. v. Wagner), Rudolf v. Vargula, der Schenk zu Saaleck. Ein thüringer Lebensbild aus dem 13. Jahrh. 3. Aufl. (XII, 388 S.) 8. Leipzig 908. A. Deichert Nachf. 4.50; geb. n 5. 50

— die Vorstandswahl. Declamatorium. 3., unveränd. Aufl. 12. (16 S.) Bautzen 889. (Leipzig, Buchhandlg. d. Vereinshauses.) n.n. — 20

—— Die Vorstandswahl. Declamatorium. 3. Aufl. 12. (16 S.) Bautzen 889. (Lpz., Wallmann.) · · — 20

— die Vorstandswahl. Declamatorium. 6. unveränd. Aufl. 12. (16 S.) Dresden 893. (O. Hackebeil.) n. — 20

— die Vorstandswahl. Declamatorium. 7., unveränd. Aufl. 8. (16 S.) Dresden 898. Verbandsbuchhdlg. (E. Zacharias). — 20

— die Vorstandswahl. Deklamatorium. 10. unveränd. Aufl. (16 S.) kl. 8. Dresden (904). Verbandsbuchh. (E. Zacharias). n. — 20

— dreierlei Wege zum Ziele. Lebensbilder. (302 S.) 8. Leipzig (905). M. Spendig. n. 3. —; geb. in Leinw. n. 4. —

— der Graf v. Wertheim. Ein Lebens- u. Geschichtsbild aus der Reformationszeit. 8. (VIII, 488 S.) Leipzig 892. A. Deichert Nachf. n. 5. —; geb. in Leinw. n.n. 6. —

Renatus, Johs. (Johs. Frhr. v. Wagner), s. a.: Wagner, Joh. A. Frhr. v.

Renatus, S.

— Bereit. d. philos. Steins. 8. Ebend. 714.

Renati, S., sämmtl. philos. u. chym. Schriften. 8. Bresl. Meyer. 741.

Renatus, Sincerus [Pseud.], s. Richter, Samuel

Renaud, Achill, Beitrag zur Theorie der Reallasten. gr. 8. (8¼ B.) Stuttgart 846, J. F. Steinkopf.

Renaud, Achill, Beiträge zur Staats- u. Rechtsgeschichte der Schweizer. Cantone. 1. Hft. A. u. d. T.: Beitrag zur Staats- u. Rechtsgeschichte des Cantons Zug, insbesondere zur Kenntniss des ungedruckten Zuger'schen Stadt- u. Amtbuches vom Jahre 1566. gr. 8. (98 S.) Pforzheim 847, Flammer & Hoffmann. (Stuttgart, Scheitlin.) ⅔ ₰

Renaud, Achilles, rechtliche Gutachten. Aus dessen Nachlaß hrsg. von Th. Hergenhahn. 2 Bde. gr. 8. (XIV, 559; V, 502 S.) Mannheim 886, Bensheimer's Verlag.
à Bd. *M 8.—. * 16 —
geb. à Bd. *M 10.—. * 20 —

Renaud, Ach.: Ueber die Handelsgesellschaften. Rede. Heidelberg 1872.

Renaldi, Achill., de historia juris Tugiensium hujusque fontibus manu scriptis. 4maj. Bernae 846. (Huber u. Comp.) n. 12 ngl

Renaud, Achill, Kritik des Entwurfs einer schweizerischen Wechselordnung. Erlangen 855. Enke. gr. 8. (38 S.) n. 6 ngr

Renaud, Achilles, Herrn Dr. Friedrich Nöllner's Kritik des Heidelberger Rechtsgutachtens in Sachen der 109 Nationalvereinsmitglieder aus Offenbach beleuchtet. Heidelberg 861. K. Groos. gr. 8. (27 S.) n. 4 ngr

—— Lehrbuch des gemeinen deutschen Privatrechts. 1. Bd. gr. 8. (XXII und 481 S.) Pforzheim 848. [Stuttgart, Scheitlin's Vrlgsh.]

—— Lehrbuch des gemeinen deutschen so wie des in der allgemeinen deutschen Wechsel-Ordnung enthaltenen Wechselrechts. gr. 8. (X und 200 S.) Gießen 854, Ricker. *

Renaud, Achill., Lehrbuch des gemeinen deutschen sowie des in der allgemeinen deutschen Wechsel-Ordnung enthaltenen Wechselrechts. 2., verm. und verb. Aufl. gr. 8. (XII und 251 S.) Gießen 857, Ricker. *

— Lehrbuch des allgemeinen deutschen Wechselrechts. 3. verm. u. verb. Aufl. Gießen 868. Ricker. gr. 8. (XV, 356 S.) n. 2 ₰

Renaud, Achilles, Lehrbuch des gemeinen deutschen Civilprozeßrechts mit Rücksicht auf die neueren Civilprozeßgesetzgebungen. Der ordentliche Prozeß. Leipzig 867. C. F. Winter'sche Verlagsh. gr. 8. (XVIII, 734 S.) n. 4 ₰

—— Lehrbuch des gemeinen deutschen Civilproceßrechts mit Rücksicht auf die neuern Civilproceßgesetzgebungen. Der ordentl. Proceß. 2. verm. und verb. Aufl. gr. 8. (XX, 780 S.) Leipzig 878, C. F. Winter'sche Verlagsh. *

Renaud, Achilles: De originibus juris civilis Franco-Gallici. Heidelbergae. 1857. In: Natalicia divi Caroli Friderici Badarum quondam Magni Ducis celebrata renuntiat Achilles Renaud. Heidelberg 1859. 4°

Renaud, Achilles, das Recht der Actiengesellschaften. gr. 8. (XI und 834 S.) Leipzig 863, B. Tauchnitz.

Renaud, Achilles, das Recht der Actiengesellschaften. 2. verm. und verb. Aufl. gr. 8. (XII, 915 S.) Leipzig 875, B. Tauchnitz.

—— das Recht der stillen Gesellschaften und der Vereinigungen zu einzelnen Handelsgeschäften für gemeinschaftliche Rechnung. Hrsg. und ergänzt von Paul Laband. gr. 8. (VII, 248 S.) Heidelberg 885, C. Winter's Universitäts-Buchh. [*ℳ 6.—] * 2 —

Renaud, Achilles, das Recht der Commanditgesellschaften. gr. 8. (XV, 823 S.) Leipzig 881, B. Tauchnitz. 15 —

Renaud, Hippolyte

— Solidarität. Kurzgefasste Darstellung der Lehre Fourier's. 1. Thl. 3. Aufl. Deutsch bearb. von Kasp. Bär und Karl Bürkli. kl.-8°. Zürich, Selbstverl. d. Schweizer-Phalanx, 1855.

Renaud, Jac. Wilh., zwei Festpredigten, geh. am Charfreitag u. Ostersonntag 1839. 8. (2½ B.) Erlangen, Bläsing. 1839. *

Renaud, L., prakt. Anweisung zur Fabrikation des Schießpulver's und zur Bereitung seiner Bestandtheile. Ins Deutsche übertragen v. J. F. Hartmann. 8. Quedlinb. 838. Basse. ⅔ ₰

— Praktische Anweisung zur Fabrikation des Schießpulvers u. zur Bereitung seiner Bestandteile. Ins Deutsche übs. von Dr. J. F. Hartmann. Quedlinburg 1838. 106 S.

Renaud, L., poësies de societé. 8. Leipz. 775. Weidmann. 12 ₰

Renaud, Th., s. a. Vulpinus, Thdr.

Paulus Beck von Strassburg und seine Schicksale. 1705—1778. Von Theodor Renaud. Mit 1 Portr. Strassburg: Heitz 1910. 79 S. 8° (Beiträge z. Landes- u. Volkeskunde von Elsass-Lothringen. 39.) (10. 14615)

Ritter Friedrich Kappler, e. elsäss. Feldhauptmann a. d. 15. Jh. v. Theodor Vulpinus [d. i. Theodor Renaud] ... *Strassburg: J. H. E. Heitz 1896.* (VIII, 111 S.) 8.
= Beiträge z. Landes- u. Volkskunde v. Elsass-Lothringen. H. 21.

Renaud, Thdr. (Th. Vulpinus), Legenden. (136 S. m. Titelbild.) 8. Straßburg 905. F. Bull.
Geb. in Leinw. n. 3. —

Renaud, Thdr., Zeitgedichte f. Volk u. Heer. 8. (V, 68 S.) Stuttgart 871. Bonz & Co. 1. 40

— s.: Hell v. Kaysersberg, Mathis, Verantwortung.

Renaudin, Paul. Die Definierbarkeit der Himmelfahrt Mariä. Eine theologische Studie von Dom Pᵉ Rᵉ, ... Benediktiner von Glanfeuil. Uebersetzt von einem deutschen Benedictiner. Hrg. von J[ohann] Ev[angelist] Kleiser.... IV + 160 S. 8. Freiburg ⟨Schweiz⟩, Canisiusdr. & Verlag, 1904. [fr. 1.50]

Renaudin, Paul, mémoires d'un petit homme, Bearbeitg., s.: Eggert-Windegg, Walth., Arme u. Reiche.

Renaudot, M., Algier. Eine Beschreib. des Königr. u. der Stadt Algier u. ihrer Umgebungen, nebst e. Schilderung der Sitten u. Gebräuche des Landes u. e. histor. Einleit. über die verschied. Kriegs-Unternehmungen seit Karl V. bis auf die jetzigen Zeiten. Mit 1 Karte, 1 Ansicht d. Stadt, e. latein. Inschrift u. Abbildd. rc.; aus d. Französ. übers. von Ph. v. M. gr. 8. Stuttg. 830. Exped. d. W. Unsere Zeit. (Schweitzerbart).

—— Algier. Eine Beschreib. d. Königr. u. d. Stadt Algier u. ihrer Umgebungen rc., nebst e. Schilderung d. Sitten u. Gebräuche d. Landes, u. e. histor. Einleitung üb. d. verschied. Kriegs-Unternehmungen seit Carl V. bis auf d. jetz. Zeiten. M. 1 Karte, 1 Ansicht d. Stadt, 1 latein. Inschr. u. (4 Bl.) Abbild. d. Einwohner u. d. Landestrachten. A. d. Franz. v. Ph. v. M. gr. 8. (12 B.) Stuttgart 830, Schweizerbart.

—— (dass. u. d. T.:) Algier. Gemälde d. Staats u. d. Stadt Algier u. sein. Umgebungen, sein. Handels, sein. Land- u. Seemacht, Beschreib. d. Sitten u. Gebräuche d. Landes, mit e. histor. Einleit. der Geschichte aller Expeditionen wider Algier seit Kaiser Karl V. bis zu uns. Tagen. M. 1 Plan, 1 Ansicht u. 1 Karte d. Stadt u. d. Umgegend d. Stadt Algier. (A. d. Franz.) 8. (8½ B.) Leipzig 830, Köhler.

Renaudot, Algier. Gemälde v. dem Königr., d. Stadt Algier u. ihren Umgebungen. A. d. Franz. v. Fr. Schott. M. 1 Karte u. 1 Ansicht v. Algier u. den Trachten sein. Bewohner (auf 4 Stnt.). 8. (16 B. u. 1 Inschriften-Tafel.) Leipzig 830, Lehnhold.

Renaudot, M., Algier. Gemälde des Staats rc., übers. von Hugo. Mit 1 Karte u. Ansicht v. Algier. 8. Wien 830. Sollinger. 20 ₰

—— (dass. u. d. T.:) Gemälde von Algier. Nebst e. histor. Einleit. üb. d. verschied. Expeditionen gegen Algier, seit Carl V. b. auf d. neueste Zeit. A. d. Franz. M. 1 Karte u. 1 Ansicht v. Algier. 8. (10½ B.) Wien 830, Sollinger.
Vgl. Algier.

v. Renauld, E., Ritter, s. Janus, Blicke in die Vergangenheit.

Renauld, E., Grammatik d. französ. Sprache, s. Lemaire, J.

Renauld, Edler v. Kellenbach, Jos. Ritter v., Beiträge zur Entwicklung der Grundrente u. Wohnungsfrage in München. (VI, 210 S. m. 1 farb. Karte). Lex.-8. Leipzig 904. C. L. Hirschfeld. n. 6. 40

Der Bergbau und die Hüttenindustrie von Oberschlesien 1884—1897. Eine Untersuchung über d. Wirkungen d. staatl. Eisenbahntarifpolitik u. d. Wasserverkehrs. Von Dr. Joseph Rᵉ v. Renauld, Edler v. Kellenbach, Oberst a. D. Mit e. Anh. graph. Darstellungen u. 1 Karte d. Prov. Schlesien. Preisgekr. 1899 durch d. staatswirtschaftl. Fak. d. Univ. München. *Stuttgart: J. G. Cotta 1900.* (XIX, 428 S.) 8°
= Studien. Münchener volkswirtschaftliche. Stück 38.

Renauld, Edler von Kellenbach, Joseph Ritter von, Oberst a. D.: Die Oberschlesische Eisenindustrie und ihre Absatzbedingungen. *Stuttgart 1900: Union.* (137 S.) 8° ¶(Bildet den 3. Abschnitt der als Stück 38 d. Münchener Volkswirtschaftl. Studien erschienenen Schrift: Der Bergbau und die Hüttenindustrie von Oberschlesien 1884—1897.)
München, Staatswirtsch. Diss. v. 1900

Finanzen und Branntweinbesteuerung des Deutschen Reichs in ihren Grundzügen. Von Dr. Joseph Rᵉ v. Renauld, Oberst a. D., München. Mit 4 Tab. München: L. Schnitzler & Co. 1907. (76 S.) 8° [F.]

Renauld, [Joseph Ritter] v[on]. Stehendes Heer oder Miliz? Referat, gehalten in der vom Jungliberalen Verein zu München am 8. Januar 1906 einberufenen öffentlichen Versammlung von Oberst a. D. Dr. v. R'. 26 S. 8. Frankfurt a. M., E. Grieser, 1906. (M. —.30)

Jungliberale Schriften. Herausgeber: Generalsekretär Paul Zimmermann, Köln [und] Max Fleischer, Frankfurt a. M. (Heft) No. 5....

Die finanzielle Mobilmachung der deutschen Wehrkraft. Von Dr. Joseph Rt. v. Renauld, Edler v. Kellenbach, Oberst a. D. *Leipzig: Duncker & Humblot 1901.* (VII, 112 S.) 8° [01. 10648

**Renauld-Kellenbach, Liana** v., Funken- u. Taulieder. 1. u. 2. Tl. 8. Leipzig-Gohlis. Raschwitz, B. Volger. à 1. —
1. Mit e. Anh.: Uebersetzungen aus fremden Zungen. 2. Aufl. (48 S.) 909.
2. Mit e. Anh.: Neue Wanderlieder. 2. Aufl. (31 S.) 910.

**Renauld** Edle von **Kellenbach,** Maximiliana Emilie von, a. Ingolstadt: S. W. Hamilton und die neueste Psychologie. Erlangen 1907: Junge & Sohn. (89 S.) 8°
München, Phil. Fak., Ref. v. Hertling, Diss. v. 16. Febr. 1907
[Geb. 9. Aug. 76 Ingolstadt; Wohnort: München; Staatsangeh.: Bayern; Vorbildung: Maximilians-Gymn. München Reife Juli 00; Studium: München 13 S.; Rig. 16. Febr. 07.]

⟨Renauld, [Edle von Kellenbach,] Maximiliane von⟩ u. Hermann Kiehne: Mutter-Totenlieder. Gedichte von Falk v. Sonnenfels. Nordhausen 1908: (Strecker). 31 S. 8°

Renault, Passionsschule, s. Launert.

Renault, J. F., Règles fixes, p. bien prononcer les Sons franç., suivies des règles sur l'orthogr. etc. 12. Hannov. Hahn. 804.

— — les mêmes. 8. Hamb. Vollmer. 805.

**Renaut, M. J., u. S. Jaccoud,** der Bronchialkatarrh u. seine physikal.-diätetische Behandlung, s.: Bücherei, freie hygienische.

Renbir, Leonhard [d. i. Leonh. Ribner], s. Fitzjames: Unterweisung ...

— Gedanken über die d. Klostergeistlichen u. Weltpriester vom Wiener Consistorium vorgelegten Fragen. 3 Bde. gr. 8. Wien 783—85. (Heubner). 1 fl 8 kr

— Gedanken üb. die d. Klostergeistl. u. Weltpriester v. Wiener Consistor. vorgel. Fragen. 3 Bde. gr. 8. Ebend. 789.

**Renbir,** Ld., (Leonh. Ribner,) Gedanken über d. Wiener Concursfragen vom 3., 4. u. 5. Septbr. 1788. gr. 8. Wien 789. (Heubner). 9 kr

Renbir, Ld., Gedanken üb. d. Wiener Concursfragen v. 3. 4. u. 5. Septbr. 1788. gr. 8. Wien, Camesina. 789.

— ausführl. christl. Sittenlehre. 1r Bd. gr. 8. Wien 790. v. Mösle. 16 kr

Wie mache ich mein Testament? Ein gemeinverständl. Ratgeber f. Jedermann von Dr. jur. W. H. **Renburg**. Berlin: Continent [1904]. (124 S) 8° [F.]

**Renburg, W. H.,** wie mache ich mein Testament? Ein gemeinverständl. Ratgeber f. Jedermann. (124 S.) 8. Berlin (905). Verlag Continent. n. 1. 60

**Rencesval.** Édition critique du texte d'Oxford de la chanson de Roland par Éd. Böhmer. 8. (110 S.) Halle 872. Lippert'sche Buchh. n. 1. 60

Renchen [Schlagwort]

**Renchen,** s.: Schwarzwald. Lorenz.

Renchthal [Schlagwort]

**Renchthal,** s. a. Murgthal.

**Renchthal.** Lorenz', P., neueste Karte vom Renchthal u. Kniebis. 1 : 75,000. 33,5 × 44 cm. Farbdr. Freiburg i/B. (900). F. P. Lorenz. n. — 60

Renck, Detlev Anton

**Renck,** D. A., zur Verfassungsfrage der Dänischen Monarchie. Altona 860. Lehmkuhl & Co. Lex.-8. (123 S.) n. 15 ngr.

Renck, Ernst, deutsche Jugend, übe Tierschutz!, s.: Gehring, K.

**Renck,** Ernst, schützet die Tiere, s.: Gehring, Karl.

**Renck,** Heinrich, Oberlehrer, Berlin: Platens politische Anschauungen in ihrer Entwicklung. München 1907: Kastner & Callwey. (52 S.) 8° ¶ (Nur Kap. 1—3; erscheint vollst. im Buchhandel.)
München, Phil. Fak., Ref. Muncker, Diss. v. 26. Juli 1907
[Geb. 4. Jan. 76 Lübeck; Wohnort: Berlin; Staatsangeh.: Preußen; Vorbildung: Gymn. Katharineum Lübeck Reife O. 97; Studium: Tübingen 3, München 2, Berlin 4 S.; Rig. 26. Juli 07.]

**Renck,** Heinr., Platens politisches Denken u. Dichten, s.: Beiträge, Breslauer, zur Literaturgeschichte. 19. Heft.

Verdries, Johann Melchior [Präs.] u. Frider. Ludwig Rencker (Giessen) [Auctor et Resp.]
De pullitie verminosa in primis viis nidulante, theses inaugurales medicae.
Giessae 19. Aug. 1728: vidua Vulpii. 24 S. 4°
pro licentia summos in arte salutari honores .... consequendi

**Renda,** Dr. G., s. a. Cottin, Mathilde.

Renda, Dr., Mathilde, Novelle aus d. Zeiten d. Kreuzzüge, nach Mad. Cottin erzählt. Nebst e. kurzen Uebersicht der drei ersten Kreuzzüge als Einleitung. 8. Cöln 833. Gaul u. Tonger. 5 ngr

Renda, (J. W. C. G.,) der Kanzelvortrag f. angeh. Theologen u. kurzer Entwurf e. wissenschaftl. Symbols f. d. evangel. Kirche. 8. Hadamar 823, Gelehrten Buchh.

**Renda,** J. W. C. G., der Kanzelvortrag f. angeh. Theologen u. kurzer Entwurf e. wissenschaftl. Symbols f. d. evangel. Kirche. 8. Hadam. 823. (Lanz in Weilb.) 15 kr

Rende, Johann Christian

**Rende,** J. J., († ...) kurzer Begriff d. christl. Lehre. 8. Nördling. 779. Beck. 3 kr

— Erklär. der Episteln d. ganz. Jahres, mit Fragen, nach Hübners bibl. Historien. 8. Augsb. 772. Klett. 16 kr

— Erklär. der Evangelien auf alle Aposteltage. 8. Augsb. 753. Klett. 3 kr

— Erklär. der Evangelien d. ganzen Jahres, mit Fragen, nach Hübners bibl. Historien. 8. Augsb. 761. Klett. 20 kr

Rende, Johann Christian: Kurtze Erklärung der Evangelien auf alle Sonn-, Fest- und Feyertage des gantzen Jahrs, mit beygefügten Fragen, worauf die Antwort aus der Erklärung zu nehmen, der lieben Jugend zum Besten verf. und mit einer Vorrede Samuel Urlspergers hrsg. 2. Aufl. – Augsburg: Klett 1762. 958 S. *(12 ungez. S. Vorrede, vom 15. März 1747.)*

**Rende's**, Joh. Chrn., Erklärung der Sonn- und Festtags-Evangelien zum Gebrauch in Christenlehren. Neu herausg. von K. H. Caspari. Nördlingen 857. Beck. gr. 8. (VIII, 320 S.) 1 $\mathscr{f}$.

**Rende, Tobias** (Eisenach), De peculiaribus Hebraeorum loquendi modis diatribe philol. Präs. Johann Heinrich Michaelis. Glauchau / Halle (Orphanotroph.) 8. VII. 1702. 20 S. (4.25) 28357

— — Dasselbe. [Halle] 8. VII. 1702. Editio Secunda. 1715. 20 S. (4.25) 28358

**Rendelstein**, Jul., die Natur. Dramatisches Gedicht in 1 Akt. (III, 88 S.) 8. Dresden 905. E. Pierson. n. 1.50

**Rendenbach**, Karl, approb. Arzt aus Trier: Über einen seltenen Fall von Fibrosarcom des Ovariums. *Straßburg i. E. 1903: C. Müh & Co.* (29 S.) 8°
Straßburg, Med. Diss. v. 1903

**Rendes, Géza, vergessene Bücher Hufelands.** (4 S.) 8. Leipzig 909. B. Konegen. 1. —

— Das Leichengift als Todeszeichen. (4 S.) 8. Ebd. 909. 1. —
2 Sonderabdrucke aus: „Reichs-Med.-Anz."

— Scheintod u. Wiederbelebungsversuche. (47 S.) 8. Leipzig (908). M. Spohr. — 75

*Rendez* à César ce qui appartient à César; introduction à une nouvelle histoire philosophique des papes, av. grav. 8. Leipz., (W. Nauck). 18 gr

Rendez à César ce qui appartient à César. Introd. à une nouvelle hist. philosophique des Papes, av. grav. 8. Leipz. Sommer.

Rendezvous

— od. Untreue aus Liebe. Lustsp. von Claudius. 8. Frankf. Brönner. 784.

— die; od. alles heirathet. Lustsp. in 3 A. v. F. C. v. Dantelmann. gr. 8. Fürth, Bureau f. Lit. (Campe in Nürnb.) 804.

Rendez-vous, das. Illustrirte Wiener Revue. Organ f. die Elite der Gesellschaft. Hrsgbr. u. Chefredact.: A. Hembo. Redact.: M. Leo Katz. 1. Jahrg. Juli 1892 – Juni 1893. 36 Nrn. gr. 4. (à Nr. ca. 2 Bog. m. z. Tl. farb. Abbildgn. u. 1 photolith. Taf.) Wien, (Daberkow). 12 —; einzelne Hefte à — 40

**Rendezvous, Ebenteuerliches.** Erstes [einz.] Bändchen. Von E.N.ch.rsb.rg. Breslau, Hirschberg und Lissa 1794. V: *Nachersberg, E.* (BGE VI[3], 425)

**Rendezvous, abentheuerliches.** 1s Bdchen. 8. Bresl. 794. (J. F. Korn). 1 $\mathscr{f}$ 8 gr

*Rendezvous*, les, bourgeois. Opera buffa en 1 A. 8. Braunschw. 810. Pluchart. 6 gr

**Rendezvous**, das Breslauer. Ein politisches Memoire vom Verf. des „Hamlet in der Politik." Hamburg 860. Hoffmann & Campe. 8. (42 S.) 5 ngr.

**Rendezvous, Das nächtliche.** Frankf. a. M. 1791. V: *Reitzenstein, Sophie von geb. Marianne S. Weickard.* (GGr)

Rendezvous, les, nocturnes; ou l'aventure comique. Comédie. 8. Prague, Schönfeld. 787.

Naiadaceae mit 71 Einzelb. in 5 Fig. von A. B. Rendle. *Leipzig: W. Engelmann 1901.* (21 S.) 8° [Umschlagt.]
= Pflanzenreich. H. 7. (IV, 12.) [illegible]

**Rendle**, Adph., Anleitung zum zweckmäßigen Gebrauch der 500 Aufgaben zu Gedächtniß-, Sprach-, Rechtschreib- u. Aufsatzübungen, behufs der Einübung u. Begründung der Redetheile, der Wort- u. Satzbildung, der Rechtschreibung u. des schriftlichen Gedankenausdruckes, insbesondere zu Stillbeschäftigungen u. Hausaufgaben für sämmtliche Klassen der deutschen Schulen. Zunächst für die Hand des Lehrers bestimmt, aber auch für die Schule anwendbar bearb. Augsburg 859. Rieger. 8. (30 S.) 3 ngr.

— Fragen aus der biblischen Geschichte des alten und neuen Testamentes, mit beigefügten Antworten und mehreren Aufgaben. Für die Hand der Schüler in den deutschen Schulen, in kurzem Abrisse nach dem Wortlaute der neuen Ausg. bearb. Ebend. 860. 8. (16 S.) 1½ ngr.

**Rendler**, Jos., († ...) d. vortheilhafte Bienenstock. 8. Wien 777.

— s. David, J. a St. Cajetano, Beschreib. seiner astronom. Uhr.

RENDLER Josef. Welches sind die vorzüglichen Schindeldächer. Wien 1785.

†**Rendlin**, (... Lindner,) was sind unsere Communalgarden? Was müssen sie sein? u. was ist f. d. Zukunft v. dies. Bewaffnungsmacht f. Länder u. Thronen zu erwarten? Ein freimüth. Wort, sämmtl. in Deutschland besteh. Communal- u. Bürgergarden, so wie allen Deutschen, die es mit ihrem Vaterlande gut meinen, ans Herz gelegt. (Nebst e. Anh.) 8. (4½ B.) Leipzig 832, [Franke'sche Vrls.-Expedit.]

**Rendlin**, (Lindner), Dr., Was sind unsre Communalgarden? Was müssen sie seyn? u. was ist f. die Zukunft v. dieser Bewaffnungsmacht f. Länder u. Thronen zu erwarten? Ein freimüth. Wort, sämmtl. in Deutschland bestehenden Communal- u. Bürgergarden, so wie allen Deutschen, die es mit ihrem Vaterlande gut meinen, ans Herz gelegt. Nebst e. Anh. 8. Leipz. 832. Schladebach. (Drobisch). 6 gr

**Rendlin**, (Dr. Lindner) was sind unsere Communalgarden? was müssen sie seyn? u. was ist für die Zukunft von dieser Bewaffnungsmacht für Länder und Kronen zu erwarten? rc. 8. Leipzig 832. (Melzer.) ¼ $\mathscr{f}$

**Rendlin, D.** Was sind unsere Communalgarden? Was müssen sie sein? Und was ist für die Zukunft von dieser Bewaffnungsmacht für Länder und Throne zu erwarten? (4½ B.) 8. Leipzig 1833. 0,75.

**Rendlin**, Heinr., Erbschleicher. Ein Sittenbild aus dem Herzen Deutschlands. gr. 8. (20 S.) Berlin (SW. Lindenstraße 90) 900. A. Hendebett. — 30

**Rendlöm**, Adf., Gedichte. 12. (III, 34 S.) Gablonz 880, (Rößler.) * — 50

**Rendorp, Joachim.** Geheime Nachrichten zur Aufklärung der Vorfälle während des letzten Krieges zwischen England und Holland. Aus dem Holländ. Leipzig 1793. Ü: *Schlegel, August Wilhelm.* (GGr VI, 9) (Zeitschr. f. Büch. N. F. 15, 1923, S. 119)

**Rendorp, J.**, geheime Nachr. zur Aufklär. der Vorfälle während des letzt. Kriegs zwisch. England u. Holland; aus d. Holländ. mit Anmerkk. 1r Thl. 8. Leipz. 793. (Brockhaus). 16 gr.

Rendorp, J., geh. Nachr. z. Aufklär. d. Vorfälle während d. letzt. Kriegs zw. Engl. u. Holland, a. d. Holl. m. Anm. 1r Thl. 8. Leipz. Heinsius. (Gleditsch) 793.

**Rendsa,** Carl, die wichtigsten Fragen des Volkswohls. Zur Belehrg. f. Jedermann. Ein Beitrag zur Besserg. unserer wirtschaftl. u. sozialen Verhältnisse. gr. 8. (60 S.) Leipzig 899. W. Friedrich. n. — 80

Rendsburg [Schlagwort]

**Rendsburg.** Plan v. Rendsburg. Nach den neuesten Aufnahmen u. m. der Lage d. Nord-Ostsee-Canals. 1 : 5000. Autogr. gr. Fol. Rendsburg 888. Berger. n.n. 1. —; color. n.n. 1. 20

**Rendsburg.** Plan der Stadt Rendsburg. 1 : 10,000. 43,5 × 25 cm. Farbdr. Rendsburg (902). Coburg. n. — 60

Die Festung **Rendsburg** mit Umgegend. Rendsburg. o. J. Lithogr. 1 Bl. Imp.-Fol., 55,5/76 cm.

**Rendschmidt,** Berthold L(eontin), Referendar in Oppeln: Bestandteil und Zubehör nach dem Bürgerlichen Gesetzbuch verglichen mit anderen Gesetzbüchern. Borna-Leipzig 1907: R. Noske. (56 S.) 8°
Breslau, Jur. Fak., Ref. Meyer-Leonhard, Diss. v. 7. Aug. 1907
[Geb. 8. Jan. 81 Antonienhütte; Wohnort: Oppeln; Staatsangeh.: Preußen; Vorbildung: Gymn. Pleß, Reife M. 02; Studium: Genf 1, Heidelberg 1, Breslau 4 S.; Rig. 8. Febr. 07.]

Rendschmidt, Felix

Rendschmidt, F., Anweisung zum Kopfrechnen für Lehrer an Volksschulen, wie auch zum Selbstunterricht. 8. Breslau, Max u. Comp. 818.

— Anleitung zum Zifferrechnen f. Lehrer u. Volksschulen. gr. 8. Bresl. 825, Graß, Barth u. Comp.

**Rendschmidt, F.**, Anweis. zum Kopfrechnen f. Lehrer an Volksschulen, wie auch zum Selbstunterricht. 8. Bresl. 2e Aufl. 826. Max u. C. 10 gr.

Rendschmidt, (F.,) Anleitung z. Kopfrechnen f. Lehrer an Volksschulen. 2e Aufl. 8. Bresl. 826, Max u. C.

— Anweisung zum Rechnen für Lehrer an Stadt- und Landschulen, mit besond. Rücksicht auf d. Beschäftigung der Schüler in mehreren Abtheilungen und den wechselseitigen Unterricht methodisch bearbeitet. 1r Thl. A. u. d. T.: Anweisung zum Kopfrechnen. Nebst 4 Tabellen. 3e neu bearb. u. verm. Aufl. 8. Breslau 836. Aderholz. 1/2 ₰ — 2r Thl. A. u. d. T.: Anweisung zum Zifferrechnen. Nebst 1 Tabelle. 3e neu bearb. u. verm. Aufl. 8. Ebd. 836. 2/3 ₰

Rendschmidt, Felix, Anweisung zum Rechnen f. Lehrer an Stadt- u. Landschulen, mit besond. Rücksicht auf die Beschäftigung der Schüler in mehr. Abtheil. u. den wechselseit. Unterricht methodisch bearb. 1. Thl. — A. u. d. Tl.: Anweisung zum Kopfrechnen. 4., verb. u. verm. Aufl. 8. (15¾ B. u. mehr. Tab.) Breslau 841, G. Ph. Aderholz.

—— dass. 2. Thl. — A. u. d. Ttl.: Anweisung zum Zifferrechnen. 3., neu bearb. u. verm. Aufl. 8. (20¼ B. u. 1 Tab.) Ebds. 841.

— Aufgaben zum Zifferrechnen für Klassen-Abtheilungen und einzelne Schüler, mit besond. Rücksicht auf den wechselseitigen Unterricht methodisch bearbeitet. 2 Hefte. Nebst Auflösungen. 2 Hefte. 8. Breslau 838. Aderholz. 2/3 ₰

—— Aufgaben zum Zifferrechnen für Klassen-Abtheil. u. einzelne Schüler mit besond. Rücksicht auf den wechselseit. Unterricht methodisch bearbeitet. 1. Hft. 2., mit der ersten ganz gleiche Aufl. 8. (7 B.) Breslau 846, G. Ph. Aderholz.

**Rendschmidt, Felix, Aufgaben zum Zifferrechnen für Klassen-Abtheilungen u. einzelne Schüler mit besonderer Rücksicht auf den wechselseitigen Unterricht. 2 Hfte. 8. 1. Hft. 2. mit der 1. ganz gleiche Aufl. (IV u. 108 S.) 2. Hft. 2. verb. Aufl. (110 S.) Breslau 847. 49, G. P. Aderholz.** (à 1/6 ₰) 1/3 ₰

**— Ksiażka do czytania dla Klassy sredniéj w szkolach Katolickich miejskich i wiejskich. Tlumaczona przez Józefa Lompe. 12. Wroclawiu 843, Leuckart. n. 1/4 ₰**

—— Ksiazka do czytania dla klassy sredniej szkol katolickich miejskich i wiejskich, przetłomaczona na język polski. Wydanie drugie poprawne i powjekszone. 8. (20¼ B.) Breslau 845, Leuckart. *

—— Książka do czytania dla klassy średniéj szkół katolickich miejskich i wiejskich. Przetłómaczona na język polski. Wydanie 3. 1850. und Wydanie 4., poprawne i powiększone. 8. (IV und 319 S.) Breslau 852(53,) Leuckart. *

Rendschmidt, F(elix), Książka do czytania dla klasy średniéj szkół katolickich miejskich i wiejskich; przetłómaczona na język polski. Widanie. 5. w części przerobione, poprawne i znacznie powiększone. 8. (VIII und 300 S.) Breslau 856, Leuckart. *

Rendschmidt, F., Ksiażka do czytania dla klasy średniéj szkoł katolickich miejskich i wiejskich. 7. Wydanie. 8. (VIII und 310 S.) Breslau 864, Leukart. [Korn.] *
geb. **

**Rendschmidt, F.**, ksiażka do czytania dla klasy średniéj szkół katolickich miejskich i wiejskich. Wydanie 8., poprawiono, pomnożone i drzeworytami ozdobne. Breslau 870. Korn. 8. (VIII, 312 S. mit eingedr. Holzschn.) n. 8 ngr.

**— ksiażka do czytania dla klassy wyźszéj w szkolach katolickich miejskich i wiejskich. 12. Bresl. 846, Korn. n. 12** ngr.

—— Lesebuch f. d. mittlere Klasse d. kathol. Stadt- u. Landschulen. gr. 12. (14 B.) Breslau 841, Leuckart.

—— Lesebuch f. die mittlere Klasse der kathol. Stadt- u. Land-Schulen. I. 2—4., unveränd. Aufl. gr. 8. (à 21 B.) Breslau 843—46, Leuckart. à *

**Rendschmidt, Felix, Lesebuch f. die mittlere Klasse der kathol. Stadt- u. Land-Schulen. I. (Thl.) 5. unveränd. Aufl. 8. (IV u. 331 S.) Breslau 850, Leuckart. — 6. unveränd. Aufl. 8. (IV u. 331 S.) Ebd. 852. n. 8** ngr.

—— Lesebuch für die mittlere Klasse der kathol. Stadt- und Land-Schulen. I. (Thl.) 7., durchges. und verm. Aufl. hrsg. von Frz. Kühn. 8. (VIII und 312 S.) Breslau 855, Leuckart. *

Rendschmidt, Felix, Lesebuch für die mittlere Klasse der katholischen Stadt- und Land-Schulen. I. (Thl.) 7., durchgeseh. und verm. Aufl. (2. Abdr.) hrsg. von Frz. Kühn. 8. (VIII und 312 S) Breslau 858, Leuckart. *

— Lesebuch für die mittlere Klasse katholischer Stadt- und Landschulen. 8—10. verm. Aufl., mit in den Text gedr. Abbildgn. in Holzschn. herausg. von Frz. Kühn. Ebend. 861—64. 8. (VIII, 318 S.) n. 8 ngr.; geb. n. 10 ngr.

—— Lesebuch für die mittlere Klasse katholischer Stadt- und Landschulen. 9.—14., unter Berücksichtigung der neuesten Ereignisse umgearb. und verm. Aufl. mit zahlreichen Illustr. in Holzschn. hrsg. von Frz. Kühn. 8. (VIII und 320 S.) Breslau 867, Korn. * 8 Ngr.; geb. * *

Rendschmidt, F., Lesebuch für die mittlere Klasse katholischer Stadt- u. Landschulen. 11—15., unter Berücksichtigung der neuesten Ereignisse umgearb. u. verm. Aufl. mit zahlreichen Illustr. in Holzschn. hersg. von Frz. Kühn. Breslau 865—69. Korn. 8. (VIII, 320 S.) n. 8 ngr.; geb. n.n. 10 ngr.

Rendschmidt, Fel., Lesebuch für die mittlere Klasse kathol. Stadt- und Landschulen. Hrsg. von Frz. Kühn. 15.—20. verm. Aufl. gr. 8. (VIII, 320 S. mit zahlreichen Illustr. in Holzschn.) Breslau 868—74, Korn. * 80 Pf.; geb. **

Rendschmidt, Fel., Lesebuch f. die mittlere Klasse kathol. Stadt- u. Landschulen. 18. verm. Aufl., m. zahlreichen Illustr. in Holzschn. hrsg. v. Frz. Kühn. gr. 8. (VIII, 320 S.) Breslau 872. Korn. n. — 80

— dasselbe. 21. verm. Aufl., m. zahlreichen Illustr. in (eingedr.) Holzschn., hrsg. v. Frz. Kühn. gr. 8. (VIII, 320 S.) Ebend. 875. n. 1. —

Rendschmidt, Felix, Lesebuch für die mittlere Klasse katholischer Stadt- u. Landschulen. 24. verm. Aufl., m. zahlreichen (eingedr.) Abbildungen in Holzschnitt, hrsg. von Frz. Kühn. 8. (VIII, 320 S.) Breslau 879. Korn. n. 1.—

Rendschmidt, Felix, Lesebuch für die mittlere Klasse kathol. Stadt- und Landschulen. 25. Aufl. Hrsg. von Frz. Kühn. 8. (VIII, 336 S. mit eingedr. Abbild.) Breslau 883, Korn.

Rendschmidt, Felix, Lesebuch für die obere Klasse der kathol. Stadt- u. Landschulen. 8. Breslau 840. Leuckart. 1/2 ₰

—— Lesebuch f. die obere Klasse der kathol. Stadt- u. Landschulen. 5. Aufl. gr. 12. (21 B.) 842. 15 Ngr. u. 6. Aufl. gr. 8. (31 1/2 B.) Breslau 843, Leuckart. *

—— Lesebuch für die obere Klasse der kathol. Stadt- und Landschulen hrsg. 2. (Thl.) 8. Aufl. 1849. und 9., verm. Aufl. 8. (IV und 508 S.) Breslau 851, Leuckart. *

— Lesebuch für die obere Klasse der katholischen Stadt- und Landschulen. II. (Thl.) 10. Aufl. 853. (2 Bl., 508 S.) — 11. durchgef. ꝛc. Aufl. herausg. von Frz. Kühn. Breslau 856. Leuckart. 8. (VIII, 520 S.) n. 10 ngr.

—— Lesebuch für die obere Klasse der katholischen Stadt- und Land-Schulen. II. (Thl.) 12., durchgeseh. und verm. Aufl. hrsg. von Frz. Kühn. 8. (VIII und 520 S.) Breslau 859, Leuckart. *

—— Lesebuch für die obere Klasse katholischer Stadt- und Landschulen. 13.—15., durchgeseh. und verm. Aufl. hrsg. von Frz. Kühn. Ausg. A. 8. (VIII und 528 S.) Breslau 864—67, Korn. * * 10 1/2 Ngr.; geb. * * –

—— dass. — Ausg. B. 8. (VIII und 550 S. mit zahlreichen Illustr. in Holzschn.) Ebendas. 864. * 12 1/2 Ngr.; geb. *

— Lesebuch für die obere Klasse katholischer Stadt- u. Landschulen. 14—16., durchgeseh. u. verm. Aufl. hersg. von Frz. Kühn. Ausg. A. Ebend. 865—69. 8. (VIII, 528 S.) n.n. 10 1/2 ngr.; geb. n.n. 12 1/2 ngr.

— — Ausg. B. Ebend. 865—69. 8. (VIII, 550 S. mit zahlreichen Illustr. in Holzschn.) n. 12 1/2 ngr.; geb. n. 15 ngr.

—— dass. — für die obere Klasse katholischer Stadt- und Landschulen. 16.—20. umgearb. und verm. Aufl., hrsg. von Frz. Kühn. Ausg. A. ohne Abbildungen. gr. 8. (VIII, 528 S.) Ebendas. 868—74. *

—— dass. — Ausg. B. mit zahlreichen Abbild. (in eingedr. Holzschn.) gr. 8. (VIII, 550 S.) Ebendas. 872. *

— dasselbe f. die obere Klasse katholischer Stadt- u. Landschulen. 19., umgearb. u. verm. Aufl., hrsg. v. Frz. Kühn. Ausg. A. ohne Abbildgn. gr. 8. (VIII, 528 S.) Ebend. 875. n. 1. 25; Ausg. B. m. (eingedr. Holzschn.-) Abbild. (VIII, 550 S.) n. 1. 50

—— Lesebuch für die obere Klasse katholischer Stadt- und Landschulen. 20. umgearb. und verm. Aufl., hrsg. von Frz. Kühn. Ausg. A. ohne Abbildungen. gr. 8. (VIII, 528 S.) Ebendas. 875. *

—— dass. — Ausg. B. mit eingedr. Holzschn.-Abbildungen. gr. 8. (VIII, 550 S.) Ebendas. 875. *

—— dass. — für die obere Klasse. In neuer Bearbeitung hrsg. von Frz. Kühn. 21. verm. Aufl. 8. (VIII, 512 S.) Ebendas. 883. * 1 25

—— Nauka czytania dla szkół elementarnych miejskich i wiejskich. Wydanie 1. und 2. 1847 und 1850. und Wydanie 3. — Uebungen im Lesen des Deutschen für polnisch sprechende Kinder zum ersten poln. Lesebuche gehörig. 8. (IV, 140 und 4 lithogr. S.) Breslau 854, Leuckart. *

— nauka czytania dla Skól elementarnych miejskich i wiejskich. Als Anh.: Uebungen im Lesen des Deutschen für polnisch sprechende Kinder. 8. (128 S.) Ebd. 847. 1/6 ₰ — 2. Wydanie poprawne i powiększone. 8. (IV u. 140 S. m. 2 lith. Taf.) Ebd. 850. 4 ngr — 3. Wydanie. 8. (IV, 140 u. 4 lith. S.) Ebd. 852. 4 ngr

—— Nauka czytania dla szkół elementarnych miejskich i wiejskich. 4. Wydanie. 8. (144 S.) Breslau 856, Leuckart. *

—— Nauka czytania dla szkół elementarnych miejskich i wiejskich. 5. Wydanie. (Lesebuch für die Elementar-Klassen der Stadt- und Land-Schulen. 5. Aufl.) 8. (144 S.) Breslau 860, Leuckart. *

—— Nauka czytania dla szkół elementarnych, oder polnisch-deutsches Lesebuch für utraquist. Elementarschulen. 6., verb. und verm. Aufl. 8. (158 S. mit zahlreichen Illustr. in eingedr. Holzschn. hrsg. von A. J. Kossatz und Frz. Kühn.) Breslau 865, Korn. * 4 Ngr.; geb. *

—— Nauka czytania dla szkól elementarnych, oder polnisch-deutsches Lesebuch für utraquistische Elementarschulen. 7. verb. und verm. Aufl., mit zahlreichen Illustr. in (eingedr.) Holzschn., hrsg. von A. J. Kossatz und Frz. Kühn. 8. (158 S.) Ebendas. 872. * 40 Pf.; geb. *

— Przewodnik do rachunków etc., s.: Lompe, Joz.

— Rede gehalten am Pestalozzi-Fest zu Breslau den 12. Jan. 1846. gr. 8. Breslau 846, Scholz. n. 1/12 ₰

Rendschmidt, F., systematisches Repertorium der in der Gesetz-Sammlung für die k. preuß. Staaten enthaltenen Verordnungen für Juristen, s. Repertorium.

**Rendschmidt,** Heinrich, approb. Arzt aus Berent (Westpr.): Aus d. Universitäts-Augenklinik zu Gießen. Bericht über elf Fälle von Sarkom des Uvealtraktus. *Gießen 1903: v. Münchow.* (31 S.) 8°
Gießen, Med. Diss. v. 1903

**Rendtorf**, F., Notae in Anatolium et Democritum de sympathia antipathia. Hamb. 4°.
1712

Rendtorff, Franz Martin

**Rendtorff, F. M., das Apostolikum.** Eine evangel. Verantwortg. vor der Gemeinde aus Anlaß der neuesten Streitigkeiten. gr. 8. (32 S.) Gotha 893. F. A. Perthes. — 30

**Rendtorff.** Bericht üb. die Eröffnung d. evangelisch lutherischen Diakonissenhauses f. Thüringen in Eisenach am 1. Juli 1891. 8. (31 u. 4 S.) Gotha 891, F. A. Perthes. • — 40

**Rendtorff,** die Diakonissensache in Thüringen. Abendvortrag. 8. (20 S.) Gotha 889. Schloeßmann. n. — 30

Zur Entstehungsgeschichte der schleswig-holsteinischen Landeskirche. Vortrag v. [Franz Martin] **Rendtorff.** Preetz 1909. 8° Sonderabdruck aus: Schriften des Vereins für Schleswig-Holst. Kirchengeschichte. [Reihe 2, Bd. 5, H. 1.]

**Rendtorff,** [Franz Martin]: Evangelium und Deutschtum. Vortrag geh. in Flensburg am 2. Dez. 1908. Sonderabdruck aus d. „Schlesw.-Holst. Gustav Adolf-Boten". Preetz. 1909. 8°

**Rendtorff,** Franz Martin: Der heilige Joseph. Ein Bild aus dem religiösen Leben der römischen Kirche. Sonderabdr. aus dem „Schlesw.-Holst. Gustav Adolf-Boten". Preetz. 1905. 8°

**Rendtorff,** [Franz Martin]: Die evangelische Kirche im Befehlsbereich des Generalfeldmarschalls von Hindenburg. Vortrag o. O. u. J. 8° [Kopft.]

**Rendtorff,** F., s.: Predigten, 4, bei der 62. Hauptversammlg. des evangel. Vereins der Gustav Adolf-Stiftung geh.

— Das Problem der Konfirmation u. der Religionsunterricht in der Volksschule. Katechetische Erwäggn. (50 S.) gr. 8. Leipzig 910. Dörffling & Franke. — 80

[**Rendtorff,** Franz Martin:] Heinrich Rendtorff, Konsistorialrat und Klosterprediger in Preetz, geboren zu Ludwigsburg bei Eckernförde am 14. April 1814, gestorben zu Preetz am 3. December 1868. 8°
(Sonderabdruck aus dem Schlesw.-Holst. Gustav Adolf-Boten. 1896. Nr. 6.)

Graf Christian **Reventlow,** der Pfadfinder und Bahnbrecher der Gustav-Adolf-Sache in Schleswig-Holstein. Von [Franz Martin] Rendtorff. = Beilage und Anzeiger zum Schlesw.-Holst. Gustav-Adolf-Boten. Jg. 1. Nr. 6. Dresden. 1891. [illegible]

Die schleswig-holsteinischen **Schulordnungen** vom 16. bis zum Anfang des 19. Jahrhunderts. Texte u. Untersuchungen z. Gesch. d. Schulwesens u. d. Katechismus in Schleswig-Holstein von Lic. theol. F. M. Rendtorff, Studiendir. in Preetz. *Kiel: R. Cordes in Komm. 1902.* (XV, 347 S.) 8°
= Publikationen d. Vereins f. schleswig-holstein. Kirchengeschichte. Reihe 1, H. 2.

**Rendtorff,** F. M., die schleswig-holstein. Schulordngn. v. 16. bis zum Anfang des 19. Jahrh., s. Schriften des Vereins f. schleswig-holstein. Kirchengeschichte.

**Rendtorff,** F. M., die Taufe im Urchristentum im Lichte der neueren Forschungen. Ein krit. Bericht. (III, 55 S.) gr. 8. Leipzig 905. J. C. Hinrichs' Verl. n. 1. 20

**Rendtorff,** [Franz Martin]: Die kirchlichen Verhältnisse in Nordschleswig. Separat-Abdruck aus: Deutsch-Evangelisch, hrsgg. v. Erich Haupt u. Mart. Schian. Jg. 1, H. 3. Berlin. 1910. 8°

— das deutsche Volkstum in Böhmen. Eine protestant. Geschichtsbetrachtg. (Vortrag, am 20. II. 1905 auf dem „Deutschen Abend" des allgemeinen deutschen Schulvereins zur Erhaltg. des Deutschtums im Auslande, Ortsgruppe Kiel, geh.) (18 S.) gr. 8. Kiel 905. R. Cordes. n. — 50

Rendtorff, Heinrich

**Rendtorff,** H., die evangelische Diaspora der preußischen Monarchie und die neuesten Arbeiten in ihr. Nach amtlichen Quellen dargestellt. Berlin 855. Hertz. gr. 8. (VI, 202 S.) n. 24 ngr

**Rendtorff,** H., die Kreuzzeitung und die Holsteinische Geistlichkeit. Kiel 864. Homann. gr. 8. (60 S.) 9 ngr

**Rendtorff,** H., die Trübsal unsrer Zeit im Lichte des Friedens. Sieben Predigten aus dem Herzogth. Schleswig. gr. 8. (VII und 92 S.) Kiel 851, Schwers'sche Buchh.

**Rendtorff,** Heinrich (Hrsg.), s. Verhandlungen, Die, des 6. dt. ev. Kirchentages ...

Das Anschar-Schwestern- und Krankenhaus in Kiel v. [Julius] **Rendtorff.** Sonderabdruck aus: „Das Deutsche Rote Kreuz" v. Kimmle. Berlin. 1910. 4°

(**Rendtorff,** Julius:) Aufhebung des Amtsgerichts Kiel für auswärtige Güter zum 1. Januar 1900. Nebst Anlage 1–2, Formulare, und 3, Verzeichnis der Güter. Kiel. 1899. Fol.

Die Familie **Rendtorff.** Zsgest. von Julius **Rendtorff.** Mit 1 Abb. d. Familienwappens u. 1 Stammtaf. Als Ms. gedr. Kiel 1904: (Verlagsanst. u. Dr. A.-G., Hamburg). (77 S.) 4° [F.]

Die Familie **Rendtorff.** Zsgest. v. Julius Rendtorff. Kiel. 1904. Nachtrag. Als Handschrift gedr. Kiel. 1922. Fol.

Rendtorff, Karl

**Rendtorff,** Car. (geb. Hamburg Dez. 1799): De hydatidibus in corpore humano praesertim in cerebro repertis. (Berolini 1822.) (57 S.) 8°
Berlin, Med. Diss. v. 25. Mai 1822

Rendtorff, Karl Gustav

**Rendtorff,** Karl G., Hauptmanns Kaiser Karls Geisel, s.: Zeitfragen, literarische. Nr. 1.

**Rendu, Louis.** Die Anstrengungen des Protestantismus in Europa und die Mittel, welche er anwendet, um die Katholiken zum Uebertritt . . . zu verführen. . . . Weimar 1856. H: *Steinacker, Gustav.* (zu)

**Rendu,** Ludw., Die Anstrengungen des Protestantismus in Europa u. die Mittel, welche er anwendet, um kathol. Seelen zu verführen. Aus dem Franz. übersetzt u. mit widerlegenden u. berichtigenden Noten versehen von einem protest. Geistlichen. Weimar. Voigt, 1856, 8°, XIV, 384 S.

**Rendu,** Ludw., Über die Notwendigkeit einer Einigung der christl. Konfessionen. Ein Sendschreiben an Se K. Maj. den König von Preußen. Übers. von F. Singer. Mit einem Vorwort von Freiherrn H. v. Andlaw. Schaffh., Hurter (jetzt Regensb., Verlagsanst.), 1853, 8°, XXI, 233 S. u. 1 Tab. in 4°, 2,10 Mk.
Angezeigt Hist.-pol. Blätt. Bd. 33, S. 339–42.

**René;** ou les effets des passions par F. A. Chateaubriand. 12. Leips. Voss. 802.

René; od. die Wirkungen d. Leidenschaft, von F. A. Chateaubriand. Seitenst. zu Atala, od. die Liebe zweyer Wilden. 8. Leipz. Voß. 802. Rthlr.

Rene oder die wahre Quelle des Glücks, s.a. Kemen.

Rene oder die wahre Quelle des Glücks. Ein Lese- und Uebersetzungsbuch für die deutsche Jugend. Frei nach der 4. französ. Aufl. von Carl Kemen. gr. 8. (154 S.) Frankfurt a. M. 858, Hermann'sche Verlagsh. *

René, Arth., Frühlingstage in Florenz. 2. Aufl. gr. 8. (260 S.) Breslau 878. Schottlaender. n. 4. —

René, Arth., aus Heimath und Fremde. Studien und Skizzen. 8. (IV, 332 S.) Berlin 884, [Kamlah'sche Buchh.] G. Nauck. * 4 —

—— Jahreszeit-Blumen. Eine Festgabe für Frauen und Töchter. 12. (VII, 226 S.) Breslau 880, Schottländer. * 3 —
geb. * 4 —

René, Carl, s. René, Karl

René, Charles, Idiotikon der französischen Umgangssprache, oder neues Lehrbuch zur schnellen Erlernung der französ. Umgangssprache. 12. Leipzig 845, Fr. Fleischer. 1/2 ℛ︀

— vocabulaire allemand-français et franç.-allem. des termes de commerce, des tournures et phrases commerciales etc. A. u. d. T.: Deutsch-französisches und französisch-deutsches Taschenwörterbuch der kaufmännischen Ausdrücke, Redensarten u. der am meisten vorkommenden Sätze, ꝛc. nebst e. 3. Abth. enthalt. Formulare von Frachtbriefen, Connossamenten, u. s. w. Zum Gebrauch f. Kaufleute, Real- u. Handelsschulen. 16. Mainz 846, Kupferberg. 18 ngl

René, E., Sultan u. Prinz. Trauerspiel in 5 Aufzügen. 8. (150 S.) geh. 1 fl. 50 kr.
Wien: Wallishausser 1881.

René, E., Sultan und Prinz. Trauerspiel in 5 Aufzügen. 12. (150 S.) Wien 882, [Wallishausser'sche Hofbuchh.] Klinast. * 3 —

René, Gaston, s.a. Schätzler-Perasini, Gebhardt

René, Gaston (Gebh. Schätzler-Perasini), die Falle, s.: Sammlung interess. Criminal- u. Detectiv-Romane. 9. Bd.

— das Gespenst im Kaiserschlosse, s.: Collektion Geister- u. Gespenster-Romane. 1. Bd.

— die schwarze Kassette, s.: Sammlung interess. Criminal- u. Detectiv-Romane. 18. Bd.

— der verschwundene Kopf, s.: Sammlung interess. Criminal- u. Detectiv-Romane. 4. Bd.

— die St. Andreasnacht, s.: Collektion Geister- u. Gespenster-Romane. 7. Bd.

— das geheimnisvolle Schloßzimmer, s.: Collection Geister- u. Gespenster-Romane. 5. Bd.

René, Guido, der Quidde'sche Caligula-Kladderadatsch od. „Sie werden nicht alle!" Auch 'ne Studie m. 24 Illustr. 9. u. 21. Aufl. gr. 8. (16 S.) Stettin 894. P. Hagemann. n. — 50

†René, Guido [Paul Hagemann], ein origineller Theaterskandal aus der II. Hälfte des XIX. Jahrhunderts. gr. 8. (43 S.) Leipzig 885, (Brauns.) 1 20

René, H., Herzensräthsel. Novellen. 2 Bde. 8. (203; 229 S.) Leipzig 885, Bergmann. * 8 —

René, Karl

René, Carl, Ferdinand I., König der Bulgaren u. sein Land 1887—1909. Studie zum Jahrestage der Unabhängigkeitserklärg. Bulgariens. (51 S. m. 1 Bildnis.) gr. 8. Berlin (909). Charlottenburg, A. Glaue. 1. —

— Kaiser Franz Josef I. Ein Wort zu seinem 60jähr. Regierungsjubiläum. Mit 2 Portr. des Kaisers. (71 S.) Lex. 8. Berlin 908. Weimar, A. Duncker Verlag. 2. —

— s.: Gottschalg, A. W., Franz Liszt in Weimar.

René, Carl, Kamerun u. die deutsche Tsâdsee-Eisenbahn. Unter Benutzg. amtl. Materials u. Mitarbeit von F. Wohltmann. Mit 37 Textbildern u. 22 Taf. nach Orig.-Aufnahmen der Kamerun-Eisenbahn-Expedition 1902/1903 u. der Herren: Major v. Morgen, Hauptmann: v. Besser, Glauning u. Ramsay, sowie m. 3 Karten. (IX, 251 S.) gr. 8. Berlin 905. E. S. Mittler & Sohn. n. 6. 50

Die Kamerun-Eisenbahn und ihre Bedeutung. (Verf.: Carl René.) *(Stettin 1903: L. Pusenow.)* (7 S.) 2° [Kopft. J.]

— Russland u. die ostasiatische Frage. (III, 135 S.) 8. Berlin 905. Puttkammer & Mühlbrecht. n. 1. 60

René de Milleran, Lettres, voy. Tholosan.

Renée, Amédée, die Nichten Mazarin's. Studien der Sitten und Charaktere im 17. Jahrhundert. Nach der 3., mit neuen, noch nicht veröffentlichten Documenten bereicherten Aufl. übers. von Fr. Szarvady. Autorisirte Ausg. gr. 8. (IV und 526 S.) Dresden 858, Kuntze.

Renée, François, Gedichte. Mainz 855. Kirchheim. 16. (IV, 126 S.) n. 20 ngr.

Renegat. – Der Renegat. Bürgerl. Trauerspiel, s.a. Breithaupt, Ch. Th.

**Renegat, Der,** ein bürgerliches Trauerspiel in fünf Aufzügen. Helmstädt 1759. V: *Breithaupt, Carl Theodor.* (Sauer, Brawe. Strassb. 1878. S. 83.) »1764« (GGr)

Renegat, der; Trspl. 8. Helmst. 759. (Leipz., Weygand). 5 gl

— der. 8. Wien 764. Krauß. 4 gl

Renegat

Der Renegat. Nach dem Franz. von K. von K. Th. 1.2. Basel: Schweighauser 1823. 8°

**Renegat, Der,** und die Jesuiten in den J. 1809—28. Eine Geschichte voller Abentheuer. Weimar 1832. V: *Gräbner, Karl.* (GGr X 252) (Zeitschr. f. Büch. N. F. 15, 1923, S. 119)

Renegat, der, u. die Jesuiten in d. Jahren 1809—1828. Eine Geschichte voller Abentheuer. Vom Verf. der Novantiken. 8. Weimar 832. Gräbner. 20 gl

Renegat, der, und die Jesuiten in d. Jahren 1809 bis 1828. 8. Weimar 832. jetzt Hennings u. Hopf in Erfurt. 5/6 ℛ︀

Renegaten- u. Communisten-Lieder. 16. Dresden 844, Villig. n. 1/3 ₰

Renegaten- und Communisten-Lieder. 8°. Dresden, Villig, 1844.

Renegatus, s. a. Stellung, meine, zur welfischen Partei

Meine Stellung zur welfischen Partei. Von Renegatus. Berlin: Schwetschke 1900. 19 S. 8°

Renehr, Gust., im Donaureich. Der Zeitgeist und die Politik. gr. 8. (VI, 274 S.) Prag 877, Bellmann's Verlag.

—— dass. — II. Abthl.: Die Kultur. gr. 8. (IV, 321 S.) Ebendas. 878.

Renelle, Lucie Elis.

— Bureau typographique, ou methode courte et facile pour apprendre à lire et à écrire correct. aux enfans. 8. Berl. 786.

Renelle, Mad., Géogr. nouv. III Vol. 8. Berl. Rottmann. 786–83.

*Renelle*, Mad. Lucie Elis., geb. Bouillon, géographie nouvelle à l'usage des Instituts et des Gouvernantes françaises. III Vols. 8. Berl. 786—90. Rottmann. 5 ₰ 8 ℊ

— nouv. traité géographique, renfermant les productions et les usages de chaque pays. 8. Leipz. 808. Reclam. 1 ₰ 8 ℊ

* Renelle, Mad., nouveau Traité geographique, renfermant les productions etc., ist Verlag von Benj. Fleischer in Leipz.

*Renelle*, Lucie Elis., s. *la Veuve*.

Rene's, Vater, letzte Fahrt od.: Im Schnee begraben. [Aus: „Kathol. Missionen".] 16. (16 S. m. Abbildgn.) Basel 891. Missionsbuchh. n. — 4

— dasselbe, s. a. Missions-Traktate, kleine.

Bekämpfung des Alkoholismus durch die kirchlichen Kreise. Vortrag von Pfarrer v. Renesse in Soest. Herford: Westfäl. Verband. ev.-kirchl. Blau-Kreuz-Vereine 1905. (15 S.) 8° [Ȝ.]

Die Grundsätze des Blauen Kreuzes in biblischer und kirchlicher Beleuchtung. Hrsg. von Pfarrer v. Renesse in Soest. *Soest: M. Hoffmann (1900)*. (26 S.) 8° [Ȝ.]

Renesse, A. v., der Militair-Telegraphist. Ein Hülfsbuch für den theoret. Unterricht zur Ausbildung in der Feld- und Festungs-Telegraphie. gr. 8. (IV, 44 S. mit 54 Abbild.) Berlin 888, C. Duncker's Verlag. * 1 —

Renesse, A. v., der Militair-Telegraphist. Ein Hülfsbuch f. den theoret. Unterricht zur Ausbildg. in der Feld- u. Festungs-Telegraphie. 2., verb. Aufl. gr. 8. (44 S. m. 54 Abbildgn.) Berlin 890. C. Duncker. n. 1. —

Renesse, A. v., die elektrische Minenzündung. Ein Hülfsbuch f. Militär- u. Civil-Techniker. 8. (IV, 72 S. m. Abbildgn.) Berlin 891. C. Duncker. n. 2. 50; geb. n. 3. —

Renesse, Alfred v.

Renesse, v., das goldene ABC der Landwirtschaft od. Ratschläge f. e. zweckmäß. Fütterg. u. Düngg. m. besond. Berücksicht. v. erläut. Tabellen, f. jeden leichtfaßlich dargestellt. 4. Aufl. Mit e. Anh. üb. die am häufigsten vorkomm. Krankheiten der Haustiere. (192, 12 u. 29 S.) 8. Osnabrück 904. B. Wehberg. n. 1. —

Renesse, A. v., des Haushuhns äußerer u. innerer Bau u. zweckmäßige Fütterung. Nach e. Vortrage. (19 S. m. 2 Abb.) 8. Münster 908. Theissing. — 60

Renesse, A. v., Erkennung des Alters beim Pferde. Ein Lehrbuch der prakt. Zahnkunde f. Pferdebesitzer u. zum Gebrauch beim Unterricht. 12. (15 S. m. 24 farb. Taf.) Münster 903. Coppenrath. Kart. n. 2. —

– Die rationelle Geflügelzucht, s. Landwirtschaftl. u. Gartenbau-Biblioth. Leipziger.

— die Krankheiten des Hundes u. ihre Behandlung, s.: Bibliothek, Leipziger landwirtschaftl., Gartenbau- u. Weinbau-Bibliothek. 9. Bd.

— u. L. Karus, Krankheiten d. landwirthschaftl. Kulturgewächse u. deren Verhütg. [Aus: „Fühlings landwirthschaftl. Zeitung."] gr. 8. (25 S.) Leipzig 896. H. Voigt. n. 1. –

Renesse, A. v., die Krankheiten d. Pferdes, deren Heilg. u. Verhütg., s. a. Landwirtschaftliche u. Gartenbau-Bibliothek, Leipziger, Nr. 3.

Renesse (A. v.). Die Krankheiten d. Pferdes, deren Heilung u. Verhütung. (48 S. m. 17 Ill.) Leipz. 1898. M. 1.—

– Die Krankheiten des Rindviehes, s. Landwirtschaftl. u. Gartenbau-Biblioth. Leipziger.

Renesse, A. v., die Krankheiten des Schweines, deren Heilung u. Verhütung. Nach eigenen Erfahrgn. u. Beobachtgn. in gemeinverständl. Form zusammengestellt. gr. 8. (IV, 48 S.) Münster 894. Theissing. n. 1. —

— die Krankheiten d. Schweines, deren Heilung u. Verhütg. Nach eig. Erfahrgn. u. Beobachtgn. in gemeinverständl. Form zusammengest. 2., verb. u. verm. Aufl. gr. 8. (54 S. m. Abb.) Münster 897. Theissing. n. 1. —

— Die Schweinezucht u. die Krankheiten des Schweines, deren Heilung u. Verhütung. Nach eigenen Erfahrgn. in gemeinverständl. Form zusammengestellt. 3. verb. u. verm. Aufl. (60 S. m. Abb.) 8. Leipzig 910. O. Lenz. 1.—; geb. 1. 50

— die Ziegenzucht. Krankheiten der Ziegen, deren Heilg. u. Verhütg. gr. 8. (39 S.) Münster 901. Theissing. n. — 60

Renesse, Carl v., s. Renesse, Karl v.

v. Renesse, *Emil: Ἡ διδαχὴ τῶν δώδεκα ἀποστόλων.* (Th. I.) Leipzig, G. Fock, 1891; S. 8–25; 4°
Lauban, st. ev. G, OP 1891 (180)

v. Renesse, Emil: Διδαχὴ τῶν δώδεκα ἀποστόλων. II. Tl. Erörtergn. (I: P-Beil. 1891.) Lauban, Druck v. A. Ludwig, 1892; 1—22 S. 4.
Lauban, k. G, P 1892 (191)

[Umschlagt.:] [℈.] **von Renesse,** Emil [Prof.]: Lehre der zwölf Apostel. ([Umschlagt.:] Die Lehre von den 12 Aposteln.) (Schluss von: v. Renesse, 'Η διδαχὴ τῶν δώδεκα ἀποστόλων. (I.) II. — P-Beil. Lauban 1891. 92.) Oels, Hofbuchdr. v. A. Ludwig, 1897; 3—16 S. 4.
Oels, k. G, P 1897 (205)

**Renesse, Emil v.,** die Lehre d. zwölf Apostel. Text, Uebersetzg. u. eingeh. Erklärung, nebst Untersuchgn. üb. d. Entstehg., sow. d. Bearbeitg. d. Didache in d. späteren Schriften. gr. 8. (VI, 113 S.) Giessen 897. J. Ricker. n. 5. —

Renesse, Karl v.

Gedichte, maurer.·. und prof.·. Inhalts. Den ger.·. und vollk.·. ▭ ▭ zu Duisburg, Hamm und Münster in dankbarer Erinnerung gewidmet von C[arl] **v. Renesse.** Münster 1863: Cazin. 95 S. 8°

**Renesse,** Otto von, Ref. in Eitorf a. d. Sieg: Das Zurückbehaltungsrecht und sein Verhältnis zur Einrede des nicht erfüllten Vertrages, dargestellt nach dem Rechte des Bürgerlichen Gesetzbuches unter gleichzeitiger Berücksichtigung des gemeinen Rechts. Borna-Leipzig 1906: R. Noske. (XV, 148 S.) 8° [℈.]
Leipzig, Jur. Fak., Diss. v. 15. März 1906
[Geb. 8. Juni 82 Orsoy; Wohnort: Eitorf; Staatsangeh.: Preußen; Vorbildung: Gymn. Moers Reife O. 01; Studium: Freiburg i. B. 1, Leipzig 2, Bonn 3 S.; Rig. 21. Febr. 05.]

Renesse-Breidbach, C. W. de

*de Renesse - Breidbach*, **Comte, histoire numismatique** de l'évêché et principauté de Liége, depuis les temps les plus reculés jusqu'à la réunion de ce pays à la république française, enrichie des dessins de principales Médailles, Médaillons, Jetons et Monnais, n. 1 Heft mit 79 Steintaf. Lex.-8. Brüssel 830, 31. (Frankf. a. M., Hermann). 5 *ß* 12 *g*.

**de Renesse-Breidbach,** Comte C. W., **mes Loisirs, Amusements Numismatiques.** Ouvrage posthume, publié par son fils, comme spécimen d'un grand ouvrage numismatique, projetté par l'auteur. III Vols.: Médailles Grecques et Romaines. — Médailles et Monnaies des Empereurs, Rois, Electeurs, Papes et Personnes ecclésiastiques, Comtes d'Anhalt, Dues de Bade, de Bavière, de Brabant, Bourgogne etc. gr. in-8. Anvers 835, 36. (Leipzig, T. O. Weigel.) n. 8 *ß*

Renevier, Eugène

**Renevier, E., Carte géologique de la partie sud des Alpes Vaudoises et des portions limitrophes du Valais:** s. Beiträge zur geologischen Karte der Schweiz.

**Renevier.** Carte géolog. de la partie sud des Alpes vaudoises et des portions limitrophes du Valais compren. les massifs des Diablerets, Muveran, Dt. de Morcles etc. Echelle 1:50,000. Texte in-4°. Berne, J. Dalp. 1879 10 —

**Renevier, E.,** voir: *Congrès géologique.*

**Renevier, E.,** siehe: *Karte. Geog.. d. Schweiz.*

Renevier, E[ugène]. Mémoire géologique sur la perte du Rhône et ses environs. [Avec 4 planches.] E. 4. Zurich 1854.

**Renevier, E.** Mémoire géologique sur la Perte du Rhône et ses environs. (Aus d. Denkschr. d. Schweiz. Naturf. Ges.) Zürich. 1855. 4.

Renevier, E[ugène]. et Schardt, H[ans]. Notice explicative de la feuille 11 ⟨2^de Ed.⟩ (de la carte géologique de la Suisse) au 1: 100000.... 8. Berne 1900.
Carte géologique de la Suisse.... [Erlanterungen] N° 2.

Renevier, E[ugène]. et Schardt, H[ans]. Notice explicative de la feuille 16 ⟨2^de Ed.⟩ (de la carte géologique de la Suisse) au 1: 100000. 8. Berne 1899.
Carte géologique de la Suisse.... [Erlanterungen] N° 1.

**Renevier, E. Orographie der hohen Kalk-Alpen. Siehe a. „Itinerarium des S. A. C." 1880/81.**

Renevier, E[ugène]. Orographie der hohen Kalk-Alpen zwischen Rhone und Rawyl ⟨Diablerets- und Wildhorn-Gruppe⟩ von E. R.... zudem enthaltend Botanische Notiz von Hrn. L[ouis] Favrat. Entomologische Notiz von Hrn. Dr Ed[ouard] Bugnion und verschiedene Angaben. Deutsche, vom Central-Comité durchgesehene Uebersetzung von H[ans] Schardt. 8. Lausanne 1880.
S. A. C. Itinerarium für 1880-81.

**Renezeder,** Heinr., einiges aus dem Kreislauf der Materie: Reinigung u. **Verwertung städtischer Abwässer,** s.: Vorträge des **Vereines zur Verbreitung** naturw. Kenntnisse in Wien. **48. Jahrg. 3. Heft.**

— Einiges üb. Trass-, **Trasszement- u. Zementkalkmörtel,** s. a. Mitteilung, 8., **aus dem mechan.-techn.** Laboratorium der k. k. techn. Hochschule in Wien.

**Renezeder, H.,** Einiges über Traß-, **Traßzement- und Zementkalkmörtel.** [8. Mitteilung aus dem mechanisch-technischen Laboratorium der k. k. technischen Hochschule in Wien.) Sonderabdruck a. d. „Österr. Wochenschrift für den öffentlichen Baudienst". Heft 28. Jahrg. 1909. Gr.-8°. (19 S. mit 1 Tafel) K 1.20
Wien: Lehmann & Wentzel 1909.

(Renfer, Adr[ian].) Besoldungsverhältnisse am städtischen Gymnasium in Bern. 8 S. 4. ([Bümpliz, Benteli A.-G.,] 1910.)

**Renfer, Adrian** [von Lengnau (Kanton Bern)]: Über **Schraubenlinien und Schraubenflächen.** Burgdorf 1900. 68 S. 8 Taf. 4°.
Bern. Phil. Diss. 1899/1900.

**Renfer, H.,** zur Frage der Verstaatlichung der Mobiliarversicherung in der Schweiz, s.: **Gubler, S. E.**

*Renfer*, Hnr., s. *Lavater*, **essais sur la physiognomie.**

**Renfer, Hermann** [von Lengnau (Kt. Bern)]: Die **Definition der Bernoullischen Funktion** und Untersuchung **der Frage, welche von denselben für** die Theorie die **zutreffendste ist.** [Historisch-kritisch beleuchtet.] Bern 1900. 100 S. Tab. V—VII. 8°. (S.-A. aus Mitteilungen der naturforschenden Gesellschaft in Bern, 1900.)
Bern. Phil. Diss. 1900/1901.

**— Lehrbuch der politischen Arithmetik, enth. Theorie u. Übungsbeispiele üb. die Zinseszins-, die Sparkassa-, die Renten- u. die Amortisationsrechng., die verschied. Arten der Kapital-Rückzahlgn. u. die Aufstellg. v. Tilgungsplänen. Zum Gebrauche an höh. Handelsanstalten u. zum Selbstunterricht bearb. (VIII, 190 S.)** gr. 8. St. Gallen 910. **Fehr. 4.—; geb. in Leinw. 4. 60**

Renfer, H[ermann]. Ueber Pensionskassen. Beitrag zur Errichtung von P' für Staats-, Gemeinde- und Privatbeamte. [Mit 1 Tabelle.] 8.
(Bericht, im Auftrage des Polizei- und Militärdepartementes des Kantons St. Gallen verfasst ..., *für den Abdruck etwas abgeändert.*)
*Ausg. A:* 64 S. — Städtische Handelsakademie St. Gallen. 8. Jahresbericht 1906/1907. St. Gallen, V. Schmid & Co., 1907. ... Beilage....
*Ausg. B:* II + 64 S. St. Gallen, V. Schmid & Co, [1907].

**Renftel, C.**, kurze Beschreibung der Prov. Brandenburg für Volksschulen. Mit 1 (chromolithogr.) Kreiskarte der Provinz. gr. 8. (24 S.) Hannover 882, Helwing'sche Verlagsh. * — 40
Ohne Karte * — 30

—— vaterländische Geschichte für Volksschulen. gr. 8. (III, 69 S.) Ebendas. 882. * — 40

**Renftle, J.**, die apostolische Reise d. Erzbischofs v. Utrecht nach Deutschland 1872. Ein Beitrag zur Geschichte der kathol. Reformbewegg. Aus Briefen u. anderen Schriftstücken zusammengestellt. gr. 8. (IV, 87 S.) Augsburg 872. Lampart & Co. n. 1. 20

**Reng, M.**, warum? Eine Erzählg. (88 S.) kl. 8. Leipzig 907. Verlag f. Literatur, Kunst u. Musik. 2.—; geb. n 3. —

Rengel, Karl

**Rengel,** Carl [Oberl. in Potsdam]: Über die Veränderungen des Darmepithels bei Tenebrio molitor während der Metamorphose ... (Erscheint ausführlich in d. Zeitschr. f. wiss. Zool.) Potsdam, Buchdr. v. E. Stein. *1896;* 36 S. 8.
Berlin, Phil. Fak., Inaug.-Diss. v. 7. März 1896

**Rengelduwen.** Neue humoristische Gedichte em wopperdhaler Plattdütsch tum Vördregen. Elberfeld [1898—1902.] V: *Schmachtenberg, C.* (Berl)

**Rengelduwen.** Em Wopperdhaler Platt sind neu Gedichte datt v. C. Sch. 8. (32 S.) Elberfeld 898. J. Faßbender. n. — 50

**Rengelduwen**, 2. Hft., s.: Schmachtenberg, C.

**Renger, Fritz**, der berühmte Besuch. Singspiel in 1 Aufzuge. Op. 22. Text nach Max. Schmidt vom Komponisten. Vollständiges Text- u. Regiebuch. 12. (32 S.) Leipzig (902). C. F. W. Siegel. — 80

— Ekkehard. Märchendichtung v. Jul. Gersdorff. Musik von R. Op. 21. Vollständiges Textbuch. 8. (14 S.) Ebd. (901). — 60

— der Geburtstagskuchen. Humoreske nach e. Erzählg. v. L. H. Schubert in „Meggendorfer's humorist. Blätter". Text u. Musik v. R. Op. 20. Text- u. Regiebuch. 12. (21 S.) Ebd. (900). n. — 50

— o wir Mädchen. Operette in 1 Aufzuge. Text u. Musik v. R. Op. 14. Text- u. Regiebuch. 12. (44 S.) Ebd. (901). — 60

— Mädchenstreiche. Operette in e. Aufzuge. Text u. Musik v. R. Op. 11. Text- u. Regiebuch. 12. (48 S.) Ebd. 899. — 60

— der litterarische Verein. Musikalischer Schwank in 1 Aufzuge. Text u. Musik v. R. Op. 18. Text- u. Regiebuch. 12. (32 S.) Ebd. (900). —60

**Renger, Georg**: I. Bildung von Bleialkylen bei elektrolytischen Reduktionen. II. Zur Kenntnis der kathodischen Überspannung. Würzburg 1909: Staudenraus. 62 S. 8°
Würzburg, Phil. Diss. v. 11. Dez. 1909, Ref. Tafel
[Geb. 6. Dez. 78 Kreußen; Wohnort: Würzburg; Staatsangeh.: Bayern; Vorbildung: Gymn. Koburg bis Obersek.; Studium: München 3, Würzburg 4 S.; Rig. 7. Nov. 08.] [U 10. 4399

— **Joh. Christoph** (Rothenburg/Franken), Selectas observationes forenses continens. Diss. jur. Präs. Heinrich Brokes. Jena (J. Fr. Schill) 23. XI. 1748. 16 S. (4.75) 28363

**Renger, W., & Cie.**: Katalog über eiserne Karren und Fuhrgeräte. Arnstadt i. Th. 1904

**Renger,** Wilhelm, Gerichtsref. in Altona a. E.: Die Beurteilung von Konkurrenzklauseln unterm Recht der §§ 74, 75 des H.G.B. vom 10. Mai 1897. *Borna-Leipzig 1903: R. Noske.* (VIII, 64 S.) 8°
Leipzig, Jur. Diss. v. 1903

**Renger-Patzsch, R.**, der Eiweiss-Gummidruck u. andere Modifikationen des Gummidruck-Verfahrens. Anleitung f. Amateure u. Fachphotographen. Mit 5 Bildertaf. (III, 68 S.) gr. 8. Dresden 904. Verlag des „Apollo". n. 2. 50

Rengers, Edzard van Welderen,
s.a. Welderen Baron Rengers, Edzard van

**Rengers,** Edzard van Welderen, aus Leeuwarden ⟨Holland⟩: Staatliche Massnahmen zur Förderung der Rindviehzucht in der Schweiz und in Dänemark. *Halle a. S. 1901: R. P. Nietschmann.* (60 S.) 8° ¶ [Erschien vollst. 1901 in Komm. bei Reichardt in Halle.]
Halle, Phil. Diss. v. 1901

Rengersbrunn [Schlagwort]

**Rengersbrunn**, s.: Bayern. Karte.

**Rengert, Willi,** appr. Arzt: Die ambulante Behandlung der Humerusfrakturen mittels Gipsverbandes. Berlin 1910: G. Schade. 28 S. 8°
Berlin, Med. Diss. v. 9. Aug. 1910, Ref. Hildebrand
[Geb. 17. Febr. 84 Berlin; Wohnort: Berlin; Staatsangeh.: Preußen; Vorbildung: Luisenstädt. Realgymn. Berlin Reife O. 04; Studium: Heidelberg 1, Freiburg i. B. 1, München 1, Berlin 7 S.; Coll. 19. u. 22. Juli 10; Approb. 1. Aug. 10.] [U 10. 86

**Rengger, ...,** von der polit. Verketzerungssucht unsrer Tage. 8. Bern 793. Götting. 794. Vandenhöck u. R. 3 gr

[Rengger, Albrecht.] Antwort auf die urkundliche Beleuchtung der Frage: In welchem Lichte erscheint Bern, durch seine Reclamationen an das Aargau und die Waadt...? 8. *o. O.* Geschrieben im Heumonat 1814.

**Rengger, (A.,)** Beiträge zur Geognosie, besonders zu derjenigen der Schweiz u. ihrer Umgebung. 1r Bd. 1e Lief. Mit 1 Karte u. 2 Steintaf gr. 8. Stuttg., v. Cotta.

Rengger, A[lbrecht]. Beyträge zur Geognosie, besonders zu derjenigen der Schweiz und ihrer Umgebungen. Hrg. von A. R'. Band 1. Lieferung 1. [Mit 3 Tafeln.] 8. Stuttgart und Tübingen 1824.
*Alles was erschienen.*

— Bericht üb. die Armen-Erziehungs-Anstalt in Hofwyl. gr. 8. Tübing. 815. v. Cotta. 1 ß

Albrecht Rengger

Briefe über jetzt lebende Ärzte, von einem reisenden Arzt aus der Schweiz. [Verf.: Albrecht Rengger] o.O. 1794. 80 S. 8°

[Rengger, Albrecht.] Über den Schweizerischen Bundesverein und die Ansprüche Berns. Geschrieben im May 1814. 8. *o. O.*

[Rengger, Albrecht.] Ueber den Schweizerischen Bundesverein und die Ansprüche Berns. 3. unveränderte Aufl. 8. *o. O.* Geschrieben im Mai 1814.

[Rengger, Albrecht.] Sur la Confédération suisse et les prétentions de Berne. Écrit en Mai 1814. Traduit de l'Allemand [par Daniel-Alexandre Chavannes]. 8. *s. l.* 1814.

[Rengger, Albrecht]. Erläuterung der Beyträge zu Vervollständigung der Schrift, betitelt: Ueber den Schweizerischen Bundesverein und die Ansprüche Berns u. s. w. 8. *o. O.* 1814.

[Rengger, Albrecht.] Ueber die politische Lage der Schweiz. Geschrieben im Brachmonat 1832. ⟨SA.⟩ 8. Aarau [1833].

— constitutiones aevi nostri febris quaedam momenta. 8maj. Götting. 787. Dieterich. 2 𝒦

— s. J. R. Rengger, Reise nach Paraguay.

[Rengger, Albrecht.] Réponse à l'Eclaircissement authentique de la question: Sous quel jour se montre Berne quant à ses prétentions sur l'Argovie et Vaud.... Traduit de l'Allemand [par Daniel-Alexandre Chavannes]. 8. *s. l.* Écrit en Juillet 1814.

Rengger's, Albrecht, kleine, meistens ungedruckte Schriften, herausg. v. Friedr. Kortüm. 8. Bern 838. Jenni, Sohn. 1 ℛ

Ueber den Umfang der Jura-Formation, ihre Verbreitung in den Alpen, und ihr Verhältniss zum Tertiär-Gebirge, als Einleitung einer Beschreibung des Aargauischen Juragebirges, sammt einem Querdurchschnitte des letzteren. Aarau. 8.

Rengger, Albrecht. Ueber den Umfang der Jura-Formation, u. Verbreitung in den Alpen und ihr Verhältniss zum Tertiar-Gebirge; als Einleitung einer Beschreibung des Aargauischen Jura-Gebirges, sammt einem Quer-Durchschnitte des letztern. (Denkschr. Schweizer. Ges. für Naturwiss. Band 1, Abtheil. 1.) 4. (Zürich 1829.)

— s. J. G. Zimmermann, Briefe.

Rengger, Johann Rudolf

Rengger, (J. R. u. M.,) Lonchamp, Abschnitt e. Reise nach Paraguay, s. Versuch, historischer.

— über den schweizerischen Bundesverein. Geschrieben im Jahr 1831. 8. Aarau 833. Christen. $1\frac{1}{2}$ 𝒦

— et Longchamp. Essai historique sur la révolution du Paraguay etc. 16. Stuttgart 829. (Gaul et Tonger in Cöln.) $\frac{3}{8}$ ℛ

—— et Longchamp, Essai historique sur la révolution du Paraguay, et le gouvernement dictatorial du Dr. Francia. 16. (14½ B.) Stuttgart 829, [Scheible.] 12 Gr., hrbgs. Pr.

Rengger, J. R., Naturgeschichte d. Saeugethiere v. Paraguay. gr. 8. (25½ B.) Basel 830, Schweighauser.

Rengger, J. R., Reise nach Paraguay in d. Jahren 1818—1826. Aus des Verfassers handschriftl. Nachlasse herausg. von A. Rengger. Mit 1 Landkarte u. 4 Blättern Abbildd. gr. 8. Aarau 835. Sauerländer. $2\frac{1}{3}$ ℛ

Rengger, J. R., physiolog. Untersuchungen üb. die thier. Haushaltung d. Insekten. gr. 8. Tübing. 817. Laupp. 9 𝒦

— histor. Versuch über die Revolution von Paraguay u. die Direktorial-Regierung des Dr. Francia. Ein Abschnitt d. Reise nach Paraguay. gr. 8. Stuttg. 827. v. Cotta. 1 ℛ 8 𝒦

Renggers, Albr., Leben und Briefwechsel, s. Leben.

Renggli, J. A., Anleitung zur Alterserkenntniß und Altersschatzung der landwirthschaftlichen Haussäugethiere, bearb. für Thierärzte, Landwirthe und Thierbesitzer. gr. 8. (VII und 110 S. mit eingedr. Holzschn. von H. Bachmann und 8 Stnt.) Zürich 855(56,) Orell, Füßli und Comp.

Renggli, J[ohann]. Diesseits und Jenseits, oder Der Himmel über der Erde. (2. Aufl.) IV + IV + 20 S. 8. Luzern, C. J. Bucher, [1903].

Renggli, J[ohann]. Recht und Unrecht der Sozialisten. Grundsätzliche Beiträge zur Lösung der alten und neuen sozialen Frage. 16 S. 8. Basel, Emil Birkhäuser, 1905.

Renggli, J[ohann]. Reichtum und Aufklärung, oder Anleitung, sicher und viel zu erben und zu erwerben. IV + 36 S. 8. Rorschach, J. M. Caveltí-Hubatka, 1902.

R[enggli], J[ohann]. Sociales und sonst noch etwas. Von J. R. 16 S. 8. (Basel, Emil Birkhäuser, [1901].)

Renggli, J[ohann]. Soziales und sonst noch etwas von J. R'. 3. Aufl., verändert und vermehrt. II + 29 S. 8. Luzern, J. Burkhardt, [1905]. [fr. 1. —]

Renggli, Joh[ann]. Steine statt Brod — Gefängnis statt Patrimonium für den kath. Priester von 74 Jahren (Joh. R'). Selbstverteidigung vor Obergericht gegen Gemeinderat und Bezirksgericht Entlebuch. II + 22 S. 8. Luzern, C. J. Bucher, [1905]. [fr. 1. —]

Renggli, J[ohann]. Erster unfehlbarer Taschenfahrplan für die internationale Reise in das Jenseits. Gültig für Sommer und Winter. II + 51 S. 8. Luzern, J. Burkhardt, [1905]. [fr. 2. —]

Renggli, J[ohann]. Blinder Unglaube. II + 6 S. 8. Luzern, J. Fischer, 1905. [fr. —. 60]

**Renggli,** Karl, med. pract., von Entlebuch (Kt. Luzern): Aus dem pathologisch-anatomischen Institute der Universität Zürich. Über Multiple Cysten der Milz. Mit einer Tafel. Zür. Orell Füssli Dr. 1894. 24 S., 1 Taf., 1 Bl. 8°.
Zürich, Med. Diss. [v. 30. Mai 1894].

Renggli, M. Josepha, der Unterricht in den weiblichen Handarbeiten f. die Arbeitsschulen. 8. (42 S.) Luzern 888. Gebr. Räber. cart. n. — 30

Renggly-Arbenz, J. A., über Erkältungskrankheiten. Eine Abhandlung für Studirende u. Praktiker der Thierheilkunde. Zürich 867. Hanke. gr. 8. (VII, 88 S.) n. 12 ngr.

Rengier, M., Hand-Fibel für den Schreib-Lese-Unterricht. 8. (IV und 44 S.) Paderborn 857, Schöningh. *

Rengier, M., Hand-Fibel für den Schreib-Lese-Unterricht. 2., verb. Aufl. Paderborn 863. Schöningh. 8. (IV, 52 S.) n. 2 ngr.

Rengier, M., Hand-Fibel für den Schreib-Lese-Unterricht. 3., unveränd. Aufl. Paderborn 866. Schöningh. 8. (56 S.) n. 2 ngr.

Rengier, M., Hand-Fibel f. den Schreib-Lese-Unterricht. 5. unveränd. Aufl. 8. (56 S.) Paderborn 873. Schöningh. n. — 20

Rengier, M., kleiner Lese-Freund. Ein Uebungsbuch für untere Klassen kathol. Elementarschulen. 8. (127 S.) Paderborn 856, Schöningh. *

—— kleiner Lese-Freund. Ein Uebungsbuch für mittlere Klassen kathol. Elementarschulen. 2. Aufl. 1862. und 3., verb. Aufl. 8. (IV und 139 S.) Paderborn 865, Schöningh. *

— kleiner Lese-Freund. Ein Uebungsbuch f. mittlere Klassen kathol. Elementarschulen. 4., verm. u. verb. Aufl. 8. (144 S.) Ebend. 871. n. — 40

Rengier, M., kleiner Lese-Freund. Ein Uebungsbuch für mittlere Klassen kathol. Elementarschulen. 5. verm. und verb. Aufl. gr. 8. (174 S.) Paderborn 876, F. Schöningh. **

— Rechenbuch f. Gewerbe- u. Fortbildungsschulen, sowie zum Selbstunterrichte. Mit Zugrundelegg d. metr. Maßes u. Gewichtes. gr. 8. (322 S. m. eingedr. Holzschn.) Ebend. 875. n. 1. 20

— Rechenbuch f. angehende Handwerker. Für den Schul- u. Selbstunterricht m. Zugrundelegg. d. metr. Maßes u. Gewichtes. gr. 8. (322 S.) Ebend. 872. n. 2. —

—— Rechenfibel für die untern Klassen der Volksschulen, zu Dr. Flaur' Rechenbuch für die mittleren und oberen Klassen der Volksschulen bearb. Mit Zugrundelegung des metr. Maßes und Gewichtes. 2. Aufl. 8. (48 S.) Ebendas. 870. *

— Wandtafeln f. den Schreib-Lese-Unterricht. 2. Aufl. Imp.-Fol. (18 Bl.) Ebend. 874. n. 6. —; aufgezogen u. gefirnißt. n. 10. 50

**Rengstorf,** Rudolf, approb. Arzt aus Göttingen: Beitrag zur Statistik des Verlaufes, der Prognose und des Ausganges der Nephritis. *Göttingen 1903: E. A. Huth.* (114 S.) 8°
Göttingen, Med. Diss. v. [22. Okt.] 1903

**Rengstorf,** Rud., Beitrag zur Statistik des Verlaufes, der Prognose u. des Ausganges der Nephritis. Diss. (115 S.) gr. 8. Göttingen 903. (Vandenhoeck & Ruprecht.) n. 2. 40

Reni's, G., Biographie und Charakteristik, s. Janitschek, H., die Malerschule von Bologna.

**Reni,** G. E. H., die Behandlung der Dynamomaschinen u. Elektromotoren. Ein Ratgeber f. Alle, welche m. diesen Maschinen zu thun haben. 12. (VIII, 176 S. m. 41 Fig.) Magdeburg 894. Verl. des Elektrotechn. Echo. Geb. in Leinw. n. 2. —

Reni, Guido, Christus m. der Dornenkrone, s.: Blätter, bunte, aus aller Welt.

Renielk, Macj., nach de erste sechs Woche. Lustspiel in e. Akt. 8. (24 S.) Aarau 902. H. R. Sauerländer & Co. n. — 50

Renieres, Markos

Renieres, M., *Περὶ τῆς πρακτικῆς χρήσεως τῆς Ἑλληνικῆς γλώσσης.* 1864. 26 S.

Renieres, M., *Περὶ Βλοσσίου καὶ Διοφάνους ἔρευναι καὶ εἰκασίαι.* 1878. 204 S.

***Ρενιερη, Μαρκου, περὶ Βλοσσίου καὶ Διοφάνους,*** gr. 8. (204 S.) Leipzig 873. (Lorentz.) n. 4. —

Ρενιερη, Μαρκου, περὶ Βλοσσίου καὶ Διοφάνους. gr. 8. (204 S.) Leipzig 874, (Lorentz.) *

Renieri, De l'usage pratique de la langue grecque. S.-A. 1864. 24 S.

Renierg, Joh. Lor., des Lebens, der Lieb' u. Freundschaft Ernst u. Scherz. Gereimte, poet. Stammbuchs-Aufsätze u. Gelegenheitsgedichte, der Hochachtung, Freundschaft u. Liebe gewidm. I. u. II. (Bdchn.) 16. (10 B.) Grätz 834, Ferstl.

—— dass. III. (Bdchn.) — A. u. d. T.: Blumen-Gedichte f. Freundschaft u. Liebe. Poesien zu Blumengemälden in Stammbücher od. bei Ueberreichung v. Blumen; nebst e. Blumen-Sprach-Wörterbuche zur Verfertig. v. sinnreich. Blumengewinden u. Blumensträußen. 16. (5 B.) Ebds. 834.

**Renierſch,** Jules, im Zickzack. Satyrische Betrachtgn. der Jetztzeit vom J. 1950. 8. (IV, 118 S.) Berlin-Friedrichshagen 892. Lemke & Kunzke. 1. —

**Renjes,** Ludovicus [Megalopolitanus]: De ratione quae inter Plinii naturalis historiae librum XVI et Theophrasti libros de plantis intercedit ... Rostochii, typ. acad. Adlerianis, 1893; 101 S. 8.
Rostock, Phil. Fak., Inaug.-Diss. v. [17. Juli] 1893

[F.] Geschichte des Volksschullehrerseminars zu Cöpenick von 1848—1898. M. e. Übersicht üb. seine 100j. Entwickelg v. 1748 - 1848. Festschrift z. 150j. Jubelfeier d. Seminars am 14. Dez. 1898 v. Schulrat Dr. (Paul) **Renisch,** kgl. Seminardir. M. 10 Abb., 3 Grundr. u. 2 farb. Pl. ... *Breslau: F. Hirt 1898.* (149 S.) 1 Bd 8. [98. 1321]

**Renisch,** Paulus *(geb. Neiße 6. 2. 1853)*: De nominibus Graecis in *-λος* terminatis. Vratislaviae (1877). (46 S.) 8°
Breslau, Phil. Diss. v. 9. Jan. 1877

Überblick über die Geschichte des Vereins 'Bismarck-Warte' während seines fünfjährigen Bestehens 1899–1904 mit besond. Berücks. d. Grundsteinlegung u. d. Einweihung d. Bismarck-Warte auf d. Müggelbergen von Schulrat Dr. P[aul] **Renisch.** Coepenick: Selbstverl. d. Ver. 1904. (40 S.) 8° [F.]
[Umschlagt.:] Die Bismarck-Warte auf d. Müggelbergen bei Berlin. [05. 5997]

**Renisch, Ueberblick üb. die Geschichte des Vereins „Bismarck-Warte" während seines 5jährigen Bestehens 1899 bis 1904, m. besond. Berücksicht. der Grundsteinlegung u. der Einweihung der Bismarck-Warte auf den Müggelbergen. (Umschlag: Bismarck-Warte, die, auf den Müggelbergen bei Berlin.) (47 S. m. Abbildgn. u. 3 Taf.) 8. Cöpenick 904. (R. Schön.)** — 50

Renitentus, M., s. Denunciant, der.

— — Ein Opfer der Büffelei, oder Schicksale einer ausgewiesenen Nonne. 1876.
I. c.: 7 Auflagen von diesem Jahre.

— s. a. Opfer, e., d. Culturkampfes.

**RENITENTUS,** M., Ein Opfer des Culturkampfes oder Schicksale eines gesperrten und ausgewiesenen nen Priesters. 1875.
Weller, Lex. Ps. p. 476.

Renitenz, die hessische, ist die Rechtsstellung der hessischen Kirche gegenüber dem preußischen Kirchenregiment. [Eine Eingabe.] gr. 8. (22 S.) Kassel 884. Klaunig. n. — 25

**Renizleym, Bruno, „nur f. Kavaliere!" Bilder aus dem Kavaliertum des XX. Jahrh. Titelblattzeichnung v. Rich. Scholz. (55 S. m. 1 Abb.) 16×19,5 cm. Dresden 908. E. Pierson.** 2.—; geb. n 3. —

RENK, Anton
(F) Anton Renk. Ueber den Firnen, Unter den Sternen. Gedichte. Linz. Wien. Leipzig. [1901.] Oesterr. Verlagsanstalt. Gr.-8°. 201 S. K 2.40

— über den Firnen, unter den Sternen. Gedichte. 8. (206 S.) Linz (902.) Wien, Österreich. Verlagsanstalt. n. 2. —

**Renk,** Ant., im obersten Junthal Tirols. 12. (96 S.) Innsbruck 897. (Wagner.) n. — 80

**Renk,** Ant., Kraut u. Ruebn. Kleine Geschichten aus Tirol. 1. u. 2. Aufl. (Je 249 S.) 8. Linz 904. O.-ö. Buchdruckerei- u. Verlagsgesellschaft. n. 3. —

— Küsse. (19 S.) 8. Kufstein 895. E. Lippott. n. — 35

Renk, Anton. Ins neue Land. Dramatisches Symbol. In-8º. 20 S. Basel, G. L. Kattentidt. — 75
1897

— Pax vobiscum!, s.: Neweselý, Karl.

— d. Schneekönigin. Dramat. Dichtg. in 1 Act. 8. (23 S.) Innsbruck 896. A. Edlinger. n. 1. —

— unter zwei Sonnen. Nocturno. 8. (III, 210 S.) München 899. A. Schupp. n. 2. —

— Tiroler u. Buren. 8. (III, 51 S.) Innsbruck 901. Verlag „Der Scherer". — 85

— der Tod in den Alpen. 12. (97 S.) Innsbruck 900. Wagner. n. 1. 20

Renk, Ant., von der Feirtigschuel bis zur Hoachzeitroas. gr. 16. (43 S.) Innsbruck 899. Wagner. n. — 60

Renk's, Ant., Werke. Hrsg. v. Jungtirol. 4 Bde. 8. München, G. Müller. 16.—; geb. 20. —
1. Gedichte. 1. Bd. Ueber den Firnen. Unter den Sternen. Mit e. Einleitg. v. Frz. Kranewitter. (XIX, 187 S.) 907. 3.—; geb. 4. —
2. Gedichte. 2. Bd. Unter Föhren u. Cypressen. Mit e. Portr. Anton Renks. (295 S.) 907. 4.—; geb. 5. —
3. Prosaschriften. I. Bd. Erzählgn. (362 S.) 908. 450; geb. 5. 50
4. Dasselbe. II. Bd. Auf der Wanderung. (333 S.) 908. 4.50; geb. 5. 50

Renk, Frdr., s.: Arbeiten aus den kgl. hygienischen Instituten zu Dresden.

Renk, Friedr., öffentliche Bäder, s. Handbuch der speciellen Pathologie und Therapie.

Renk F, Öffentliche Bäder. (Handb. d. Hyg. v. Pettenkofer u Z. II, 2.) Leipzig 1882

Academiae Fridericianae Halensis ... rector Gregorius Kraus cum senatu nomina civium suorum, qui in certamine litterario ... praemia reportaverunt, renuntiat novasque simul quaestiones in annum sequentem propositas promulgat. — Praemissa est commentatio Friderici Renk: Ueber die künstliche Beleuchtung von Hörsälen. Halis, form. Gebauero-Schwetschkeianis, 1892; 24 S., 2 Bl., 10 Taf. 4.

Renk, Frdr., die neue Beleuchtung der Universitäts-Auditorien in Halle a. S. [Aus: „Festschrift der Facultäten zur 200jähr. Jubelfeier der Universität Halle".] gr. 4. (21 S.) Berlin 894. A. Hirschwald. n. 1.—

Renk, Frdr., über den Einfluß von Lesen u. Schreiben auf den menschlichen Körper, s.: Sammlung gemeinnütziger Vorträge.

Renk, [Friedrich]: Zur Frage der Kohlenoxydproduktion durch das Auer'sche Gasglühlicht. Gutachten, erstattet an S. Magnif. d. Rektor d. Univ. Halle a. S. 4°
Aus: Gesundheits-Ingenieur. 1894, No 20. [03. 8779 3

— s.: Gutachten des Reichs-Gesundheitsrates betr. die Verunreinigung der Orla.

Renk, F., die Kanalgase, s.: Tagesfragen, hygienische.

—— die Kanalgase, deren hygienische Bedeutung und technische Behandlung. [Hygienische Tagesfragen. II.] gr. 8. (120 S. mit 25 Abbild. auf 3 Taf.) München 882, Rieger'sche Universitäts-Buchh. * 3 —

Renk, F., die Luft, s. Handbuch der speciellen Pathologie und Therapie.

Renk Fr, die Luft. (Handbuch d. Hyg. v. Pettenkofer u Z. I, 2. 2) Leipzig 1886

Renk, Paul, schulgemäße Behandlung des römisch-kathol. Katechismus der Erzdiözesen Gnesen-Posen, in synthet. Lehrform f. Lehrer u. Seminaristen bearb. I. Tl.: Glaubenslehre. (IV, 112 S.) 8. Breslau 908. H. Handel. Kart. 1. 40

Renk, Paul — Heimwärts aus der Fremde! Lieder und Reime von — —. St. Pölten, 1856. Druck von F. Lorenz. In Kommission bei Passy und Sydy. (299 S. 8.)

Renk, Paul, Sursum Corda! Lieder und Reime eines deutschen Pilgers. 8. Wien 846, Mechitaristen-Congr.-B. 1/3 ℔

Renkel, Valentin [cand. med. aus Kempten]: Zwei Fälle von traumatischen Neurosen.... Augsburg, Buchdr. v. Theodor Lampart, 1889; 32 S. 8º
Erlangen, Med. Fak., Inaug.-Diss. v. 1889

Renken, Heinrich [approb. Arzt aus Ruhwarder-Groden]: Die Osteomyelitis der kleinen Röhrenknochen an den Händen und Füssen scrophulöser Kinder (spina ventosa) in ihrer Beziehung zur Tuberculose.... Leipzig, Druck v. B. G. Teubner, 1886; 20 S. 8º.
München, Med. Fak., Inaug.-Diss. v. 1886.

Renken, Heinrich, die Osteomyelitis der kleinen Röhrenknochen an den Händen und Füssen scrophulöser Kinder (spina ventosa) in ihrer Beziehung zur Tuberculose. Diss. München 1886, A. Buchholz. 8º. 20 S.

Renken, Wilhelm: Hat König Albrecht I. dem Papste Bonifaz VIII. einen Lehnseid geleistet? Halle a. S. 1909: Kaemmerer. 102 S. 8°
Halle, Phil. Diss. v. 29. Sept. 1909, Ref. Lindner
[Geb. 3. Nov. 84 Hannover; Wohnort: Hannover; Staatsangeh.: Preußen; Vorbildung: Lyz. I Hannover Reife O. 04; Studium: Halle 4, Göttingen 2, Halle 3 S.; Rig. 12. Mai 09.] [U 10. 1789

Renken, Wilh., der angebliche Lehnseid Albrecht I. (102 S.) gr. 8. Halle 910. C. A. Kaemmerer & Co. 1. 20

Renker, Fel., Andreasnacht im Mädchenpensionat, s.: Damenbühne.

— Arbeitertreue, s.: Meißner's Arbeiter-Bühne.

Renker, Fel.: Der Arzt wider Willen, s.a. Liebhaber-Bühne, Neue.

Der Arzt wider Willen. Orig.-Lustspiel in 1 Akt von Felix Renker. Landsberg a. W.: Volger & Klein [1903]. (15 S.) 8° [F.]
= Liebhaber-Bühne, Neue. No 74. [03. 8,8

— Der Herr Attaché, s.: Teich's Vereinstheater.

— Barbier u. Seifensieder, s.a. Liebhaber-Bühne, Neue.

Barbier und Seifensieder. Lustspiel in 1 Akt von Felix Renker. Landsberg a. W.: Volger & Klein [1905]. (16 S.) 8° [F.]
= Liebhaber-Bühne, Neue. No 81. [07. 1864

Renker, Fel., der falsche Baron od. Ein unerwarteter Schwiegersohn. s.a. Theater-Album, militärisches.

Der falsche Baron oder Ein unerwarteter Schwiegersohn. Milit. Orig.-Lustsp. in 1 Akt von Felix Renker. *Landsberg a. W.: Volger & Klein [1901].* (23 S.) 8° [F.]
= Theater-Album, Militärisches. No 101. [02. 1139

— Ein fideler Bauer, s.: Meißner's Vereinsbühne.

— Der Blaustrumpf, s.: Teich's Vereinstheater.

— Bräutigam wider Willen, s.: Meißner's Vereinsbühne.

— die Brüder, s. a. Danner's, G., deutsche Volksbühne.

Die Brüder. Schauspiel in 1 Akt von Felix **Renker**. Mühlhausen i. Th.: G. Danner [1905]. (10 S.) 8° [F.]
= **Volksbühne**, Danner's deutsche. No 2. (05. 10833 3

— A b'sondrer Bua, s.: Lustspiele.

— Der Bursche als Ehestifter, s.: Vereinstheater.

— der Buttermann ist da, s.: Teich's Vereinstheater.

— Die Herren Chambregarnisten, s.: Teich's Vereinstheater.

— Der internationale Damen-Ringkampf zu Knautschenbach, s.: Fastnachts-Aufführungen.

— **Dienstmann Nr. 11 u. andere humoristische Soloszenen, Kostümcouplets, Jugdeklamationen, Duoszenen, Schwänke, Couplets, Scherzgedichte, Ensembleszenen f. Damen u. Herren. (96 S.) 8. Reutlingen (906). R. Bardtenschlager. — 50**

– Der Herr Disponent, s. Teich's Vereinstheater.

– Der Ehrenkreuzhof, s. Teich's Vereinstheater.

– Oberstelgers Ehrentag, s.: Danner's, G., Theater-Abend.

— Das Ehrenwort, s.a. Danner's, G., deutsche Volksbühne.

Das Ehrenwort. Dorf-Schwank in 1 Akt von Felix **Renker**. Mühlhausen i. Th.: G. Danner [1907]. (30 S.) 8° [F.]
= **Volksbühne**. Danners Deutsche. 5. (08. 6133 3

— Eifersucht u. Ansichtskarten, s.: Für frohe Stunden. 7.

– Eifersucht macht blind, s. Teich's Vereinstheater.

— Geschmolznes Eis, s.: Lustspiele.

— ein schöner Empfang od. Zwei Eifersüchtige, s.a. Volger's Vereinsbühne.

Ein schöner Empfang oder Zwei Eifersüchtige. Orig.-Schwank in 1 Akt von Felix **Renker**. Landsberg a. W.: Volger & Klein [1904]. (16 S.) 8° [F.]
= **Vereins-Bühne**, Volger's. No 3. (07. 11407

— Mietzis Entführung. Orig.-Schwank in e. Akt. 8. (56 S.) Dresden 899. J. Günther. 2.—

— dasselbe, s.a. Theater, kleines.

Mietzis Entführung. Original-Schwank in 1 Akt von Felix **Renker**. *Paderborn: B. Kleine 1898.* (56 S.) 8° [F.]
— **Theater**, Kleines. H. 315. (03. 3052

— Glückliche Erben, s.: Teich's Vereinstheater.

— Der Herr Fabrikant od.: Im feindl. Lager, s.: Arbeiterbühne.

— die geborgte Familie, s.: Meißner's Vereinsbühne.

— Der Völker Feiertag, s.: Arbeiterbühne.

**Renker**, Felix: Eine lustige Flugblattverbreitung oder Der geprellte Gensdarm! Humorist. Ensemblescene f. 7 Herren von –. Musik v. C. Sachse. Berlin: A. Hoffmann [1895? ]. ( 5 S.) 1 Bd 4°
= Vorwärts. Ser. IV. No 1.

— die zweite Frau, s.a. Theater, kleines.

Die zweite Frau. Schwank in 1 Aufz. von Felix **Renker**. *Paderborn: B. Kleine [1901].* (14 S.) 8° [F.]
— **Theater**, Kleines. H. 308. (03. 3046

— freigesprochen, s.: Teich's Vereinstheater.

— Freiquartier od. Turnersieg, s.: Vereinstheater.

— Auf Freiers Füßen, s.: Herrenbühne.

— der Geheimschreiber, s.: Barthel's, Karl, Theater-Bühne.

— Das Geldmädel, s.: Teich's Vereinstheater.

– Steinemanns Geschäftsreise, s. Teich's Vereinstheater.

— **eine kritische Geschichte od. Wenn die Frau verreist ist, s.: Für frohe Stunden. 1. Hft.**

Das rote Gespenst!, s.: Arbeiterbühne.

– Gewitter-Regen, s. Teich's Vereinstheater.

— Das Glück im Forsthause, s.: Teich's Vereinstheater.

– Ein Glückspilz, s. Teich's Vereinstheater.

Renker, Felix. u. Teich, Otto, Mister Graham auf d. Bommelshaus'ner Turnf., Humoristische Ensemble-Szene f. mehrere Personen, Leipzig, 2°.

— Die Gründung der freiwilligen Feuerwehr zu Brennselwitz, s.: Herrenbühne.

— **Handwerker-, Fach- u. Berufsbühne. 1.—7. Heft. 8. Mühlhausen i. Th., G. Danner. à 1.—**

1. Für Fleischer. Allerlei Aufführungs-Material wie: Theaterstücke, dramat. Scenen, Couplets, Soloscenen, Ansprachen, Toaste, Tafellieder, Witze etc. etc. f. Festlichkeiten im Fleischergewerbe. (72 S.) (910.)
2. Für Bäcker u. Konditor. Allerlei Aufführungs-Material wie: Theaterstücke, dramat. Scenen, Couplets, Soloscenen, Ansprachen, Toaste, Tafellieder, Witze etc. etc. f. Festlichkeiten im Bäcker- u. Konditorgewerbe. (72 S.) (910.)
3. Für Postbeamte. Allerlei Aufführungs-Material, wie: Theaterstücke, dramat. Scenen, Couplets, Soloscenen, Ansprachen, Toaste, Tafellieder, scherzhafte Aufführgn., leb. Bilder etc. f. Festlichkeiten im Post- u. Telegraphenbeamten-Vereine. (80 S.) (910.)
4. Für Eisenbahner. Allerlei Aufführungs-Material wie: Theaterstücke, dramat. Scenen, Couplets, Soloscenen, Ansprachen, Prologe, Toaste, Tafellieder, scherzhafte Aufführgn., leb. Bilder, Witze etc. f. Festlichkeiten im Eisenbahner-Vereine. (80 S.) (910.)
5. Für Bergleute. Allerlei Aufführungs-Material wie: Theaterstücke, dramat. Scenen, Couplets, Soloscenen, Ansprachen, Prologe, Toaste, Tafellieder, scherzhafte Aufführgn., leb. Bilder etc. f. Festlichkeiten im Gruben-Revier. (79 S.) (910.)
6. Für Kaufleute. Allerlei Aufführungs-Material wie Theaterstücke, dramat. Scenen, Couplets, Soloscenen, Ansprachen, Prologe, Toaste, Tafellieder, scherzhafte Aufführgn., leb. Bilder etc. f. Festlichkeiten im kaufmänn. Verein. (88 S.) (910.)
7. Für Lehrer. Allerlei Aufführungs-Material wie: Theaterstücke, dramat. Scenen, Couplets, Soloscenen, Ansprachen, Prologe, Toaste, Tafellieder, scherzhafte Aufführgn., leb. Bilder etc. f. Festlichkeiten im Lehrerverein. (84 S.) (910.)

— Herren-Moral od. Ein Kampf ums Recht, s.: Mehrakter.

– Der Hochzeits-Frack, s. Teich's Vereinstheater.

– Auf der Hochzeitsreise, s. Teich's Vereinstheater.

— Andreas Hofer, der Sandwirt vom Passeier, s.a. Mehrakter.

Andreas Hofer, der Sandwirt vom Passeier. Ein Volksschauspiel in 4 Akten von Felix **Renker**. Mühlhausen i. Thür.: Danner [1910]. 56 S. 8°
(Mehrakter. Nr 45.) (11. 1087

– Hübsch nach der Reihe, s. Teich's Vereinstheater.

— Der erste Junge, s.: Meißner's patriotische Festbühne.

– Der erste Junge, s. Teich's Vereinstheater.

**Renker, Felix, Frau Kanzleiräthin, s.: Vereinstheater.**

– Pension Kohlmeier, s.: Vereinstheater.

– harte Köpfe, s.a. Vereinstheater Nr. 161.

Harte Köpfe. Milit. Schwank in 1 Akt von Felix **Renker**. Mühlhausen i. Th.: G. Danner [1906]. (24 S.) 8° [F.]
**— Vereinstheater.** 161. [06. 13830 3

– Lachpillen! Humoristische Solo- u. Gesamt-Vorträge f. lust. Vereins- u. Familienabende. Nebst e. Anh. kleinerer humorist. Vorträge f. Gesang u. Deklamation. (96 S.) kl. 8. Reutlingen (905.) R. Bardtenschlager. — 40

– Treue Liebe od. Das Glück am Weihnachtsabend, s.: Weihnachtsbühne.

– Die Liebesprobe, s.a. Thalia.

Die Liebesprobe. Lustspiel in 1 Akt von Felix **Renker**. Mühlhausen i. Th.: G. Danner [1907]. (24 S.) 8° [F.]
**— Thalia.** 135. [08. 6124 3

– Im Familienbad Luft, s.: Fastnachts-Aufführungen.

[F.] Ein 1. Mai auf d. Lande. Maifestspiel v. F[elix] R[enker] ... *Berlin: A. Hoffmann 1895.* (8 S.) 1 Bd 8.
— Vorwärts. Ser. III. No 10. [96. 2775

– Meister Blech's Maifeier, s.: Arbeiterbühne.

– um schnöden Mammon, s.a. Vorwärts.

[F.] Um schnöden Mammon. Sociales Schausp. in 3 Akten v. Felix Renker ... *Berlin: A. Hoffmann 1895.* (24 S.) 1 Bd 8.
— Vorwärts. Ser. III. No 5. [96. 2776

– 100000 Mark od. Ein Besuch u. seine Folgen, s.: Damenbühne.

– Förster Mertens, s.: Danner's, G., deutsche Volksbühne.

– Ein Millionentraum, s.: Lustspiele.

– Nemesis, s.: Mehratter.

– o, diese Offiziersburschen!, s.a. Vereinstheater.

O, diese Offiziersburschen. Militär. Schwank in 1 Akt von Felix **Renker**. Mühlhausen i. Th.: G. Danner [1906]. (29 S.) 8° [F.]
**— Vereinstheater.** 158. [06. 13807 3

– des Kaisers Patenkind, s.: Meißner's patr. Festbühne.

– Bursche Pfiffig als Kriegsgott, s.a. Theater-Album, militär.

Bursche Pfiffig als Kriegsgott. Schwank in 1 Akt von Felix **Renker**. *Landsberg a. W.: Volger & Klein [1903].* (16 S.) 8° [F.]
= Theater-Album, Militärisches. No 106. [04. 4080

– Plümpke in Schwulitäten, s.: Meißner's Vereinsbühne.

– Der neue Präsident, s. Teich's Vereinstheater.

– Ein feines Quartier, s.: Danner's, G., Herren-Bühne.

– die Rehkeule u. der 3. Mann zum Skat, s.: Für frohe Stunden. 2. Hft.

– Das Reichsluftschiff, s.: Meißner's Vereinsbühne.

– Major's Rieke auf Wache, s.a. Vereinstheater.

Major's Rieke auf Wache. Militär. Orig.-Schwank in 1 Akt von Felix **Renker**. Mühlhausen i. Th.: G. Danner [1905]. (20 S.) 8° [F.]
**= Vereinstheater.** 150. [05. 19907 3

– Försters Rosel, s.: Teich's Vereinstheater.

– Das erste Schauschwimmen od.: Zurück zur Natur!, s.a. Danner's, G., Theater-Abend.

Das erste Schauschwimmen oder: Zurück zur Natur! Lustspiel in 1 Akt von Felix **Renker**. Mühlhausen i. Th.: G. Danner [1907]. (24 S.) 8° [F.]
**= Theater-Abend,** G. Danners. No 41. [08. 6128 3

– Die Schlummerrolle, s. Teich's Vereinstheater.

– Ein idealer Schwiegersohn, s. Teich's Vereinstheater.

– Eine Soiree bei Hauptmanns, s.a. Vereinstheater.

Eine Soiree bei Hauptmanns. Schwank in 1 Akt von Felix **Renker**. Mühlhausen i. Th.: G. Danner [1907]. (24 S.) 8° [F.]
**= Vereinstheater.** 168. [08. 5638 3

– Sozialistentöter, s.: Arbeiterbühne.

– Eine fidele Spritzenprobe od.: Der abgekühlte Freier, s.a. Volger's Vereins-Bühne.

Eine fidele Spritzenprobe oder: Der abgekühlte Freier. Orig.-Feuerwehr-Schwank in 1 Akt von Felix **Renker**. Landsberg a. W.: Volger & Klein [1905]. (16 S.) 8° [F.]
**— Vereins-Bühne,** Volger's. No 6. [07. 1999

– Das Spukhaus, s.: Meißner's Herrenbühne.

– Der Herr Stadtbaumeister, s. Teich's Vereinstheater.

– Der Herr Stadtschreiber, s. Teich's Vereinstheater.

– Das Ständchen, s.: Arbeiterbühne.

– ein häuslicher Streit, s.a. Thalia Nr. 131.

Ein häuslicher Streit. Schwank in 1 Akt von Felix **Renker**. Mühlhausen i. Th.: G. Danner [1906]. (21 S.) 8° [F.]
**— Thalia.** 131. [06. 13806 3

– Bursche Stümper oder Nur auf Besuch, s.a. Theater-Album, militärisches.

Bursche Stümper oder Nur auf Besuch. Milit. Orig.-Schwank in 1 Akt von Felix Renker. *Landsberg a. W.: Volger & Klein [1901].* (16 S.) 8° [F.]
= Theater-Album, Militärisches. No 100. [02. 1138

– das verhängnisvolle Telegramm, s.: Für frohe Stunden. 6. Hft.

– Tippel im Schlafrock, s.a. Theater-Album, militär.

Tippel im Schlafrock. Militär. Orig.-Lustspiel in 1 Akt von Felix **Renker**. Landsberg a. W.: Volger & Klein [1905]. (19 S.) 8° [F.]
**— Theater-Album,** Militärisches. No 112. [07. 1974

– der Trotzkopf, s.: Jugendbühne, die.

– freie Turner, s.a. Lustspiele, turnerische, Nr. 9.

Renker, Felix, Freie Turner, Lustsp. in 1 Akt, Probstheida-Leipzig, 30 S., 8°.

– über alles die Pflicht, s.: Teich's Vereinstheater.

– Der Ungeratene, s.a. Danner's, G., deutsche Volksbühne.

Der Ung'ratene. Volksstück mit Gesang in 1 Akt von Felix **Renker**. Musik von Max Schmidt. Mühlhausen i. Th.: G. Danner [1907]. (30 S.) 8° [F.]
= **Volksbühne**, Danners Deutsche. o. [08. 6154 3

— **Vergeltung!**, s.: Arbeiter-Bühne.

— **Verschollen u. wiedergefunden**, s.a. Aufführungen f. Weihnachten u. Neujahr Nr. 21.

Verschollen und wiedergefunden. Weihnachts-Lebensbild in 1 Akt von Felix **Renker**. Mühlhausen i. Th.: G. Danner [1906]. (24 S.) 8° [F.]
= **Aufführungen** f. Weihnachten u. Neujahr. No 21. [07. 6407 3

**Renker**, Fel., Vorträge. Nr. 1—6. Dresden, E. Neumann & Co. 9. —
1. Der Gockelbauer. Humorist. Orig.-Soloscene. (4 S.) gr. 8. (909.) 1. —
2. Der Froschtümpel-General. Humoristische Orig.-Soloscene. (4 S.) gr. 8. (909.) 1. —
3. Der Streit der Jahreszeiten. Festspiel f. 4 Damen. (7 S.) gr. 8. (909.) 1 Regieheft u. 4 Rollenhefte. 4. —
4. D'r Sepp un d'Lenei. Humorist. Orig.-Duoscene f. 1 Herrn u. 1 Dame. (7 S.) kl. 8. (909.) 1. —
5. Die Cakewalk-Negerin. Humorist. Costüm-Couplet f. 1 Herrn. (5 S.) kl. 8. (909.) 1. —
6. Mrs. Kissi-Kissi. Humoristische Soloscene. (5 S.) kl. 8. (909.) 1. —

— die Wahrheit üb. alles, s.: Teich's Vereinstheater.

— der Weiberfeind od. Amor siegt, s.: Teich's Vereinstheater.

— ein frohes Weihnachtsfest, s.a. Aufführungen f. Weihnachten u. Neujahr. Nr. 18.

Ein frohes Weihnachtsfest. Weihnachtsschwank in 1 Akt von Felix **Renker**. Mühlhausen i. Th.: G. Danner [1905]. (24 S.) 8° [F.]
= **Aufführungen** f. Weihnachten u. Neujahr. No 18. [06. 1687 3

— Wem gehört der Paletot?, s.: Meißner's Vereinsbühne.

— Der Wilderer, s.: Meißner's Vereinsbühne.

— Jung Willibald, das Wunderkind. Eine lehrsame Familiengeschichte in lust. Versen. Illustriert v. Mor. Zocher. (116 S.) 8. Leipzig (908). Webel. 2. —

— die neue Wirtschafterin, s.: Teich's Vereinstheater.

— Komische u. dramat. Zwiegespräche sowie heitere Duoscenen f. 1 Dame u. 1 Herrn. (111 S.) 8. Mühlhausen i/Th. (910). G. Danner. 1. —

**Renker, Max**, über Bestimmungsmethoden der Cellulose, s.a. Schriften d. Vereines d. Zellstoff- u. Papier-Chemiker.

**Renker, Max:** Über Bestimmungsmethoden der Cellulose. 1909. 106 S. 8°
¶ Ausz. in: Zeitschrift f. angewandte Chemie. Jg. 23, 1. 1910; 2. verb. Aufl. bei Borntraeger in Berlin als: Schriften d. Vereines d. Zellstoff- u. Papier-Chemiker. H. 1. 1910.
Berlin, Dr.-Ing.-Diss. v. 16. 7. 1909

Renkewitz, Emanuel

**Renkewitz, E.**, die mich frühe suchen, finden mich. Kinderstunden aus der Brüdergemeine. Mit e. Vorwort v. H. Bauer. (74 S.) gr. 8. Leipzig 905. F. Jansa. n. 1. —; geb. n. 1. 60

**Renkewitz, E.**, die mich frühe suchen, finden mich. Kinderstunden aus der Brüdergemeine. Neue Folge. (III, 112 S.) gr. 8. Leipzig 909. F. Jansa. 1.25; geb. 2. —

Renkewitz, Emanuel s. Passions-Betrachtungen aus der Brüdergemeine.

**Renkewitz, Ferd.**, Hülfe in der Not. Selbsterlebtes aus d. Missionsdienst auf d. Moskitoküste, s.: Traktate, kleine, aus d. Brüdermission.

**Renkewitz, Fr. Wlh.**, 200 Aufsätze zum Dictiren, nebst den wichtigsten Regeln der Orthographie. Zum Gebrauch in Volksschulen. 8. Leipzig 842. Schwickert. 6½ ngl

**Renkewitz, Fr. Wlh.**, kurze Beschreibung des Schlosses Augustusburg und seiner Umgebungen. Ein Beitrag zur Geschichte u. Geographie unseres Vaterlandes und zugleich ein Wegweiser f. Reisende. Mit 1 Ansicht. gr. 8. Leipzig 836. Tauchnitz. 1/6 ₰

— kleine Geographie und sächsische Vaterlandskunde, für Mittelclassen niederer Bürgerschulen und zum Selbstunterricht. 8. Leipzig 838. Reclam. 1/8 ₰

**Renkewitz, Friedr. Wilh.**, kleine Geographie und sächsische Vaterlandskunde für Mittelclassen niederer Bürgerschulen, sowie für Landschulen und zum Selbstunterricht. 2., verb. und verm. Aufl. 8. (IV und 91 S.) Leipzig 850, Hunger. *

**Renkewitz, Th. G.**, Anfangsgründe der Arithmetik und Trigonometrie. 1. und 2. neu durchgeseh. und verm. Aufl. 8. (VI, 86 S. mit 2 Stnt.) Neuwied 873,76, Heuser'sche Verlagsh. *

**Renkewitz, Th. G.**, die Gehilfenschule der Brüdergemeine in Gnadenthal, Süd-Afrika. Kurze, nach Photographien illustr. Skizze. (34 S. m. 37 Taf. u. 1 Tab.) qu. 8. Neuwied (905.) (L. Heuser Wwe. & Co.) Geb. in Leinw. n. 1. 50

**Renlow, H.**, d. menschliche Auge u. seine Hilfsorgane. Anatom. dargest. u. m. erläut. Text. 4. (32 Sp. m. 5 Fig. u. 1 farb. Phantom.) Fürth 896. G. Löwensohn. Kart. 1. 80

**Renn**, Privat-Agende. Handbüchlein f. evangel. Küster u. Lehrer bei Rottaufen u. Beerdiggn. 8. (VIII, 81 S.) Rummelsburg i/Pomm. 890. Hasert. Geb. n. — 80

Novae tres ad M. V. Martialem commentationes. — Von E. Renn, Stdl. — 1882, Lindau, ibid. — S. 11—15[8].
Progr. Lindau (Schwaben), Isol. lat. Schule

Parvulae ad tria Val. Martialis epigrammata commentationes. — Von E. Renn, Stdl. — 1881. Lindau, ibid. — S. 12—16[8].
Progr. Lindau (Schwaben), Isol. lat. Schule

**Renn, Emil** [Dr.]: Die griechischen Eigennamen bei Martial. Grammatisch-kritische Untersuchung. Landshut, J. Thomann'sche Buchdr. (1889); 70 S., 1 Bl. 8°
Landshut, k. StA, P 1889 •

**Renn, Emil**, s.a. Verzeichnis der Programme u. Gelegenheits-Schriften, welche an d. kgl. bayer. Lyceen etc. v. Schulj. 1823/24 an erschienen sind.

**Renn, Emil** [Dr.]: Verzeichnis der Programme & Gelegenheitsschriften welche an den Kgl. Bayer. Lyzeen, human. Gymnasien und Lateinschulen vom Schuljahre 1823/24 an erschienen sind. Ein Beitrag zur Schul- und Literaturgeschichte Bayerns begonnen von Dr. J. Gutenäcker . . . IV. Abteilung: Die Schuljahre 1884/85 bis 1888/89. (I. u. II. v. Gutenäcker, Bamberg 1861—62; II. u. III. v. J. G. Zeiss, P-Beil. Landsh. 1874 u. 1885.) Landshut, J. Thomann'sche Buchdr., 1890; 62 S., 1 Bl. 8°
Landshut, k. StA, P 1890 •

**Renn,** Emil [Dr., Prof.]: Verzeichnis der Programme & Gelegenheits-Schriften, welche an den Kgl. Bayer. Lyceen, Gymnasien und Lateinschulen vom Schuljahr 1823/24 an erschienen sind. E. Beitr. z. Schul- u. Litteraturgeschichte Bayerns begonnen v. Dr. *Joseph* Gutenäcker, K. Studienrektor, fortges. v. Abt.: Die Schuljahre 1889/90 bis 1894/95. [I u. II v. Gutenäcker = P-Beil. v. Bamberg 1861 u. 62; II u. III v. J. G. Zeiss = P-Beil. Landshut 1874. 75 u. 85; IV v. Renn = P-Beil. Landshut 1890.] Landshut, J. Thomann'sche Buchdr., 1896; 69 S., 1 Bl. 8.
Landshut, k. Humanist. G, P 1896*

**Renn,** Emil, Dr., Prof.: **Verzeichnis** der Programme und Gelegenheitsschriften, welche an den Bayer. Lyceen, Gymnasien und Lateinschulen sowie an andern Mittelschulen vom Schuljahre 1823/24 an erschienen sind. Ein Beitrag z. Schul- u. Literaturgeschichte Bayerns, begonnen von Dr. J[oseph] Gutenäcker, k. Studienrekt. Abt. 6: Die Schuljahre 1895/96 bis 1901/02. *Landshut 1903: J. Thomann.* (83 S.) 8° ¶[Forts. d. P-Beil.: Bamberg 1861 u. 1862, Abt. 1. 2; Landshut 1874, 1875, 1885, 1890 u. 1896. Abt. 2.—5.]
Landshut, k. humanist. G, P 1903*

**Renn, Emil:** Verzeichnis der Programme und Gelegenheitsschriften, welche an den Bayer. Lyzeen, Gymnasien und Lateinschulen sowie an andern Mittelschulen vom Schuljahre 1823/24 an erschienen sind. Ein Beitr. z. Schul- u. Literaturgeschichte Bayerns, begonnen von J[oseph] Gutenäcker. Abt. 7. Die Schuljahre 1902/03 bis 1907/08. Landshut 1909: Thomann. 80 S. 8° ¶[Forts. d. P-Beil. Bamberg 1861. 1862. Landshut 1874. 1875. 1885. 1890. 1896. 1903.]
Landshut, k. G P 1909* [S 09. 382

**Renn, Paul, Gedichte.** 16. (VI u. 97 S.) Wien 850, Pfautsch & Voß. 18 ngr; in Engl. Einb. m. Goldschn. n. 27 ngr

**Renn, Wilh.,** patriotisches Liederbuch. Für 1- u. 2stimm. Gesänge bearb. qu. 8. (VI, 82 S.) Metz 898. G. Scriba. n. — 60

Rennard, Eduard. Das wirksame Princip im wässerigen Destillate der Canthariden. Mag. Diss. Dorpat. 8°. 31 pp.
1871

**Rennart, Br. Carl,** Erinnerungen e. alten Frankfurters. Ein kleiner Vortrag. (32 S.) 8. Frankfurt a/M. 909. Gebr. Knauer. — 70

**Rennau, [Heinr.]: „Ich glaube.“ Vortrag, gehalten in der Joh. Loge Teutonia zur Weisheit i. O. Potsdam. Potsdam 1910. 15 S. 8°**
*[Nach Angabe des Br. F. Fischer in Potsdam.]*

Deutscher Eislauf-Verband ... **Rennbericht** über die **Wettlaufen** um die **Meisterschaften** des **Deutschen Eislaufs-Verbandes** im **Kunst-** u. **Schnelllaufen** verbunden mit **Verbands-Wettlaufen** am 14. Jan. 1900 zu Berlin. Im Auftr. d. Renn-Ausschusses hrsg. *Berlin: F. Schewohl 1900.* (24 S.) 8° [00. 10904

**v. Renndrand, J. G.,** der geschickte u. erfahrne Jäger. 8. Quedlinb. 824. Basse. 18 gr

**Renné, Alb.,** s.: **Adressbuch der Stadt- u. Gemeinde-Verwaltungen Deutschlands.**

Renné, Albert (Hrsg.), s. Terrain - Zeitung.

**Renne, K.,** der Vogel u. sein Leben, s.: **Altum, Bernard.**

**Renne, Ferd.,** Jagd-Manual. gr. 8. (III, 210 S. m. 1 Chromolith.) Münster 884. H. Schöningh. geb. in Leinw. n. 6. —; in Ldr. n. 7. 60

**Rennebaum,** Dissert. inaug. med. sistens historiam morbi contagiosi epidem. etc. 8. maj. Erl. Breuning.

*Rennebaum,* Dr., Diss. inaug. med. sistens historiam morbi contagiosi epidem. etc. 8maj. Erlang., (Heyder). 4 gr

**Rennebaum, Frz.,** die Athmungscurve des neugeborenen Menschen. Inaugural-Dissertation. gr. 8. (30 S. mit 19 eingedr. Abbild.) Jena 884, (Neuenhahn.) * 1 35

**Rennebaum, Fritz: Ueber das Verhalten von 3-Nitroparakresol zu Schwefelsäure. 1906. 36 S. 8°**
München, Dr.-Ing.-Diss. v. 6. 8. 1906

Rennebaum, Jh. Sophian Sam.

— Ankündigung der Auszüge aus Homers Iliade u. Odyssee; nebst dem Anhang der Auszüge. 8. Hof 785. Fortsetzung unt. d. T.: Auszüge aus Homers Iliade u. Odysse, zum Gebrauch der jungen Studirenden. 8. Ebd. 786.

**Rennebaum, J. S. F.,** kurz. tabell. Lehrbuch d. Zeitrechnung u. Gesch., neu bearb. v. J. T. W. Helfrecht. gr. 4. Hof, Grau. 798.

Rennebaum, J. S. F., Tabellarisches Lehrbuch der Zeitrechnung und Geschichte. Neu bearbeitet von Helfrecht. Hof 797. 4. 1 rthl. 4 gr.

**Rennebaum, Jh. Sophian Sam.,** († d. 28. Juli 1792.) synchronist. Tafeln der Universalhistorie, von Christi Geburt; nebst e. Einleit. in die wichtigsten Zeitrechnungen der alten Geschichte 2c. 4. Hof 786. Vierling. Neu hrsgg. v. J. Th. B. Helfrecht unt. d. T.: kurzes tabellar. Lehrbuch d. Zeitrechnung u. Geschichte vom Anfang der Welt bis auf die Zerstörung Jerusalems. gr. 4. Hof 798. Grau. 1 ℛ 4 gr

— s. Vorstellung, kurze, der allgem. Weltgeschichte.

**Renneberg, Aug.,** Blicke in die Weltgeschichte. Ein histor. Lern- u. Lesebuch für die oberen Klassen mittlerer Bürgerschulen, die unteren Klassen von Gymnasien u. Realschulen, für Lehrer-Präparandenklassen 2c. Leipzig 865. Merseburger. 8. (XI, 348 S.) 18 ngr

**Renneberg, Aug.,** Blicke in die Weltgeschichte. Ein histor. Lern- u. Lesebuch f. die oberen Klassen gehob. Volks- u. mittlerer Bürgerschulen, die unteren Klassen der Gymnasien u. Realschulen 2c. 2. verm. Aufl. 8. (VIII, 408 S.) Leipzig 871. Merseburger. n. 2. 40

— dasselbe. 3., verm. Aufl. gr. 8. (VIII, 421 S.) Ebend. 875. n. 2. 60

**Renneberg, Aug.,** Blicke in die Weltgeschichte. Ein historisches Lern- u. Lesebuch. 4., verm. Aufl. 8. (VIII, 423 S.) Leipzig 879. Merseburger. n. 2. 60

— **Grundriß** der Erdkunde. Ein geograph. Lern- u. Aufgabenbuch f. die oberen Klassen gehobener Volks- u. mittlerer Bürgerschulen, die unteren Klassen der Gymnasien 2c. gr. 8. (VIII, 127 S.) Ebend. 872. n. 1. —

**Renneberg, A.,** Grundriß der Erdkunde. Ein geograph. Lern- u. Aufgabenbuch f. die oberen Klassen gehobener Volksschulen, f. Mittelschulen, die unteren Klassen der Gymnasien, Real- u. höherer Bürgerschulen, f. Lehrerpräparandenklassen u. s. w. 2., verb. Aufl. gr. 8. (VII, 102 S.) Leipzig 890. Merseburger. n. — 80

—— kurzgefaßtes **Lehrbuch** der Erdkunde für den Unterricht in den oberen Klassen gehobener Volks- und mittlerer Bürgerschulen, die unteren Klassen der Gymnasien 2c. gr. 8. (VIII, 266 S.) Leipzig 872, Merseburger. *

—— Leitfaden für den Geschichtsunterricht in der Form von Geschichtstabellen. 8. (VIII und 91 S.) Leipzig 865, Merseburger.

Renneberg, Aug., Leitfaden für den Geschichtsunterricht. 2. Aufl. (VIII, 98 S.) 1869, und 3. verm. und verb. Aufl. gr. 8. (VIII, 100 S.) Ebendas. 875.

— Leitfaden für den Geschichts-Unterricht. 4., verm. u. verb. Aufl. 8. (VIII, 99 S.) Ebend. 879. — 75

Renneberg, A., Leitfaden f. den Geschichts-Unterricht. Ausg. A. Geschichte der alten Völker, der christl. Kirche, Deutschlands u. Preußens. 6., verm. Aufl. 8. (VIII, 112 S.) Leipzig 891. C. Merseburger. — 75

— dasselbe. Ausg. B. Geschichte der christl. Kirche u. unseres engeren u. weiteren Vaterlandes. 6., verm. Aufl. 8. (80 S.) Ebd. 891. Kart. n. — 50

Rennecke, Chrph. Huldreich, über die principielle Begründung der Lehren von der Sünde, von der Person Christi, von der Erlösung und Rechtfertigung. gr. 12. (VI und 433 S.) Magdeburg 848, Falckenberg und Comp. —

Rennecke, Cph. Huldreich, die Lehre vom Amt der Schlüssel nach ihrer principiellen Begründung. 8. Malchin 845, Piper. n. 5 ngl

— die Lehre vom Staate, nach principieller Begründung u. mit besond. Berücksichtigung des christl. Princips. gr. 8. (XVI u. 247 S.) Leipzig 850, Dörffling & Franke. n. 1 ℔

— der erste Stein zur Kirchenverfassung wird damit zu legen sein, daß die Selbst-Disciplin innerhalb des Clerus organisirt werde. Eine Thesis zur Lehre von der Kirchenverfassung. gr. 8. (35 S.) Demmin 849. (Berlin, Springer.) 6 ngl

Rennecke, C. H., Tholuck. Nach Erinnerungen aus persönlichem Umgange mit demselben. gr. 8. (14 S.) Rostock 878. Stiller in Comm. n. — 60

Rennecke, F., der allzeit glückliche Angler,
— das zahme Kaninchen,
s. Fundgrube für leichten Nebenerwerb.

**Rennecke,** Huldreich [aus Teterow]: Glaukom im aphakischen Auge ... Berlin, C. Vogt's Buchdr., *1893;* 27 S., 2 Bl. 8.
Berlin, Med. Fak., Inaug.-Diss. v. 11. Dez. 1893

Rennecke, Pauline

Aus Doktor Martin Luthers Leben und Haushalt. Gedichte von P[auline] Rennecke. Ill. von Fr. Weissenborn. 1.–3. Taus. Elberfeld: Luth. Büchervereiu [1907]. (111 S.) 8° [J.]

Rennecke, P., d. Liebe bessert, s.: Schillingsbücher.

Rennecke, Pauline, Liebes, Loses u. Lustiges vom kleinen Volk. Gesammelt f. erwachs. Leute. (X, 90 S. m. Titelbild.) kl. 8. Dresden 905. E. Pierson. n. 1.50; geb. n. 2.50

Rennecke, P., „nach dem Leben gezeichnet". (255 S.) 8. Elberfeld 908. Luther. Bücherverein. Geb. in Leinw. 1.80

**Rennefahrt, Hermann,** Fürsprecher in Bern: Die Allmend im Berner Jura bis zur französischen Revolution. Breslau 1904. 84 S. 8°. Vollst. ersch. als H. 74 der Unters. z. deutschen Staats- und Rechtsgeschichte.
Bern. Jur. Diss. 1904/1905.

**Rennefahrt, Herm., die Allmend im Berner Jura,** s. a. **Untersuchungen zur deutschen Staats- u. Rechtsgeschichte. 74. Hft.**

Die Allmend im Berner Jura von Dr. Hermann **Rennefahrt.** Breslau: M. & H. Marcus 1905. (231 S.) 8°
= Untersuchungen z. Deutschen Staats- u. Rechtsgeschichte. H. 74.

**Rennefahrt,** H., Rechtskunde f. Kaufleute, s.: Grogg, H.

— Der Rechtsschutz des Briefes in der Schweiz. (Vom schweizer. Juristenverein preisgekrönt.) (VII, 126 S.) gr. 8. Basel 908. Helbing & Lichtenhahn. 2. —

**Rennefahrt,** Karl, Bromberg-Schleusenau: Aus d. chirurg. Abth. d. Universität Kiel. Drei Fälle von Unterbindung der Carotis communis zur Verhinderung des Wachsthums inoperabler Krebse des Gesichts. *Kiel 1901: Schmidt & Klaunig.* (15 S.) 8°
Kiel, Med. Diss. v. [8. Aug.] 1901

**Rennefarth,** W., siehe: *Dietzi-Bion, H.*

Rennell, Jak., Abhandl. üb. seine Karten v. Hindostan ꝛc. u. Frz. Gladwins Probestück aus Ayin Albari etc.; aus d. Engl. mit Anmerkk. v. Jh. Bernoulli. (A. u. d. T.: Tiefenthalers Beschreib. v. Hindostan. 3r Bd.) gr. 4. Berl. 787. Bernoulli. (Maßdorf). 2 ℔

Rennell, Abhdl. üb. s. Karten v. Hindostan. (od. d. 3ten Thl. v. Tiefenthalers Hindostan) gr. 4. Berl. Bernoulli. (Matzdorf) (Graffé in Weißenf.) 787.
(Es hat a. d. Titel: Tiefenthalers histor.-geograph. Beschreib. v. Hindostan. 8r Bd.)

— vergl. Tiefenthaler.

(Rennell, James): Jacob Rennell's Abhandlungen über seine Charte von Hindustan, über die Ströme Ganges und Burramputer und über die inländische Schiffahrt in Bengalen. Nebst Herrn Franz Gladwins Probestück aus dem Ayin Akbari, und andern Zusätzen, aus dem Englischen zusammengetragen, übersetzet und mit Anmerkungen begleitet von Johann Bernoulli. Mit 2 Charten. Berlin 1787. VIII, 214 S. 8°.

**Rennel,** J., Geographische Bestimmung von Hindustan nebst dessen Nachricht von dem Ganges und Burramputer. Aus dem Englischen. Hamburg 1784. [= NSR. 6. Theil.]

**Rennell,** James: Geographische Erläuterungen des Hornemannischen Reiselaufes nebst Beytragen zur allgemeinen Geographie von Africa.
= Bibliothek der neuesten und wichtigsten Reisebeschreibungen. Bd. 7. S. 145—234. Weimar 1802. 90 S. 8°.

Rennell, Jam., Geschichte des Feldzugs des Cyrus u. des Rückzugs der zehntausend Griechen, besond. geograph. bearb.; aus d. Engl. frei übers. u. mit Anmerkk. versehen v. A. Lion. gr. 8. Götting. 823. Vandenhöck. 16 gl

**Rennemann,** Henning., de transmissione actorum. 4. Wetzl. Förster. 729.

**Rennemann, Henning** (Erfurt), Tractatus de transmissione actorum à Joh. Schmidel. Denuò editus, Notisque et Animadversionibus subitaneis, quas duo hi Asterisci ** complectuntur, auctus. Wetzlar (N. L. Winckler) 1729. 102 S. (5.50) 28364

Rennen, Kasp. Ant.: Bemerkungen über das Bergische Landrecht, nebst Zusätzen aus den Landes-Edikten u. allgemeinen in Deutschland geltenden Rechten. Düsseldorf 1803.

Rennen, ..: Bemerkungen über das Preussische Landrecht. *Düsseldorf.* 1803.

Rennenbaum, s. Rennebaum

Rennenkampf, Gustav Reinhold Georg v.

— s. Bemerkk. über die Leibeigenschaft in Liefland.

Rennenkampf, G. v., Bemerkungen über die Leibeigenschaft in Liefland und ihre Aufhebung. gr. 8. (Riga, Meinshausen in Comm.) 819.

v. Rennenkampf, Gust. Reinh. Geo., über die bevorstehende Freiheit der Ehsten u. Letten. 8. Dorpat 820.

Rennenkampf, Pavel K.

Rennenkampf, v., der zwanzigtäg. Kampf meines Detachements in der Schlacht v. Mukden. Mit Genehmigg. des Verf. übers. u. m. e. Einleitg. u. Erläutergn. verseh. von Frhr. v. Tettau. Mit 2 v. Übersetzer nach d. russ. Generalstabskarte neu aufgestellt. Skizzen in Steindr., e. Kriegsgliederg. u. d. Portr. d. Verf. (XV, 184 S.) gr. 8. Berlin 909. E. S. Mittler & Sohn. 4.—; geb. 5. --

**Rennenkampff, Ihrem geliebten Br. Carl Jac. Alex. v.,** bei seinem fünfzigjährigen Maurer-Jubiläum, 25. März 1852, seine dankbaren Brüder. »Es sei vergönnt in dieser Feierstunde . . .« M. Oldenburg 1852. V: *Merzdorf, Theodor.* (wolfstieg I, 904)

**Rennenkampff,** Ernst v., üb. dio in Folgo intravasculärer Injektion v. Cytoglobin eintretenden Blutveränderungen. Diss. gr. 8. (46 S.) Jurjew (Dorpat) 891. (E. J. Karow.) n. 1. 20

v. Rennenkampff, G., über einen Haupttheil des Gefängnißwesens, aus Privat-Briefen. gr. 12. Oldenburg 843, Schulze-sche Buchh. $^{1}/_{4}$ ₰

v. *Rennenkampff*, (Karl Jak.) Alex., essai sur l'essence et l'histoire des arts plastiques. 8. St. Petersb. 813.

— s. Fragmente aus d. Briefen e. Reisenden. — Machiavelli, Geschichte. — Mots, quelques, inutiles.

— über Pius VII. u. dessen Excommunication Napoleons. 8. St. Petersb. 813.

Rennenkampff, (Karl Jak.) Alex. v., Umrisse aus meinem Skizzenbuche. 2. Thl. gr. 8. (28 B.) Hannover 828, Hahn. Thlr.

1. Thl. (anonym) Ebendas. 1827. 2 Thlr. — Beide Theile wurden 1828 mit des Verf. Namen ausgegeben.

Renner's Eigen-Kleid-Bericht. Grosse Buch-Ausg. Sonder-Preisheft f. „Renner's Reform-Kleider". Herbst u. Winter 1909/10. (VI, 62 S. m. Abbildgn. u. 2 Taf.) 33×24 cm. Dresden 909. Verlag der Mode-Berichte. 1. —

Renner (I.), es ist ein köstlich Ding, daß das Herz fest werde. Konfirmationsrede über Hebr. 13, 9. Gehalten in der Schloßkirche zu Wernigerode am 29. März 1885. gr. 8. (8 S.) Gotha 885, Schloeßmann. * — 20

Aus: Pastoralbibliothek, besonders abgedruckt.

**Renner**: Geschichte des Religions-Unterrichts, s. Liese, Ad.: Methoden-Kreis für sämmtliche Unterrichtsgegenstände der deutschen Volksschule.

Renner, Gutachten üb. das Project e. Wasserversorgung Darmstadts, s.: Bose.

— Haupt-Mode-Bericht. Grosse Buch-Ausg. Herbst u. Winter 1911. (84 S. m. Abbildgn. u. 1 farb. Taf.) 33×24,5 cm. Ebd. 1. 50

— Lebensbilder aus der Pietistenzeit. Ein Beitrag zur Geschichte u. Würdigg. d. späteren Pietismus. 8. (IX, 409 S.) Bremen 886. Müller. n. 5. —

— Methodik des Religions-Unterrichts, s. Liese, Ad.: Methoden-Kreis für sämmtliche Unterrichtsgegenstände der deutschen Volksschule.

— Modebericht. 53. Geschäftsj. Lenz u. Sommer 1908. Hauptkatalog Nr. 22. (84 S. m. Abb.) 32,5×24 cm. Ebd. — 75

Renner, A., s.: Guthe, H., die Lande Braunschweig u. Hannover.

**Renner,** Alfred, approb. Arzt aus Breslau: **Traumen** als Ursache von Sarkomen. Beitrag zur Aetiologie d. malignen Tumoren. *Kiel 1899: P. Peters.* (16 S.) 8°
Kiel, Med. Diss. v. [15. Sept.] 1899

RENNER, Alois Joseph (Frankfurt): De portione statuaria. (Titel nach der Urkunde)
4.8.1832 - Urk; F 48
Diss. Ingolst.-Landsh.-Mchn.

Renner, Aug., des Weibes seel. Eigenart u. daraus sich ergeb. Folgergn. f. d. Erziehg. d. Mädchen, s. a. Abhandlungen, pädagog., III, 3.

Des Weibes seelische Eigenart und daraus sich ergebende Folgerungen für die Erziehung der Mädchen. Von August Renner, Kgl. Kreisschulinsp. in Linden-Hannover ... Bielefeld: A. Helmich [1898]. (19 S.) 1 Bd 8°
= Abhandlungen, Pädagogische. N. F. Bd III. H. 3.

Renner, Aug., ein neuer Lyriker. Josef Kitir. Aesthetische Studien gr. 8. (12 S.) Wien 899. G. Szelinski. n. — 50

Renner, A., die Porzellanmalerei in ihrem ganzen Umfange, od. gründl. Anweis., diese Kunst ohne einen andern Lehrer zu erlernen. 8. Leipz. 830. Taubert. 9 gr

Renner, Aug., die Porzellanmalerei in ihrem ganzen Umfange ꝛc. 2e Ausg. 8. Leipzig 833. Taubert. $^{3}/_{8}$ ₰

Renner, Aug., die Porzellanmalerei in ihrem ganzen Umfange, oder gründliche Unterweisung, diese Kunst ohne einen andern Lehrer zu erlernen. 3. Ausgabe. 8. Leipzig 841, Krappe. $^{3}/_{8}$ ₰

**Renner**, August (Hrsg.), s. a. Wien, Das lyrische.

— das lyrische Wion. Eino moderne Loso m. Dichtgn. von Ferd. v. Saar, Fel. Dörmann, J. J. David u. a. gr. 8. (59 S.) Ebd. 899. n. 2. —

Renner, C. E., auserlesene geistvolle Briefe der Reformatoren und sonstiger bedeutender Männer der evangelischen Kirche. Zur christlichen Erbauung u. Belehrung. Stuttgart 862. Cammerer. gr. 8. (VIII, 262 S.) 1 ₰

Renner, C. E., die sonn- u. festtäglichen Episteln (Abend-Lectionen) des 2. Jahrg. durch Parallel-Verse aus dem Württemberg. evangel. Gesangbuche beleuchtet. Stuttgart 870. Stöckhardt. gr. 16. (112 S.) n. 10 *ngr.*

— Handbuch für die Schulaufsicht in den Volksschulen u. in den studienräthl. Lehranstalten für sämmtl. Geistliche, Schulvorstände u. Lehrer Württembergs. Nach Art des kleinen F. G. Kapff'schen Handbuchs bearb. Mit 3 Geschäftstabb. Ulm 869. (Tübingen, Heckenhauer.) gr. 8. (IV, 122 S.) n. 20 *ngr.*

—— christlich-evangelisches Hausbuch, s. Hegler.

— der Prophet **Jesaias**, ausgelegt mit Berücksichtigung der Württemberg. Summarien für Kirche, Schule u. Haus. Stuttgart 865. Schober. gr. 8. (231 S.) 21 *ngr.*

Renner, C. E., die Psalmen nach Joh. David Frisch's, weil. Gen.-Superint. und Stiftspred. „neuklingender Harpffe Davids" zum Gebrauch in Kirche und Haus, insbesondere in Betstunden bearb. Mit einem Vorwort von Staudenmeyer. 8. (IX und 502 S.) Stuttgart 856(57,) Quack.

Renner, Carl ..., s. R e n n e r , Karl ...

Renner, Caspar Friedrich, s. R e n n e r , Kaspar Friedrich

**Renner**, Christiani, commentationum Lysiacarum capita duo. Dissertatio inauguralis. Göttingen 869. Vandenhoeck & Ruprecht's Verl. gr. 8. (45 S.) n. 10 *ngr.*

Renner, Cph. Frz.

**Renner, Cph. Frz.**, († d. 16. Juni 1816.) Anfangsgründe d. Algebra. 8. Münst. 805. (Theyssing). 12 *gl.*

**Renner, C. F.**, Anfangsgründe d. Algebra. 8. Münster, Waldeck. 805.

— Disquisitiones ad calculum integralem finitorum spectantes. 4. Mitau 810.

— s. Tacitus, Lebensbeschreibung.

**Renner, C. R.**, das Roulette-Spiel. Oder eine auf richtigen Calcul und vieljährige Erfahrung begründete Anweisung, dieses Spiel so zu spielen, daß man jedenfalls dabei gewinnen muß. Mit Abbildd. 8. Quedlinb. 839. Basse. Geh. u. verkl. 1/2 *ℛ*

**Renner**, Emil, das diätetische Heilverfahren bei Pferden u. der englische Hufbeschlag. Erfahrungen im Bereiche des Militär-Veterinär-Wesens während des Feldzuges gegen Oesterreich im J. 1866 gesammelt. Breslau 867. Korn. 8. (79 S.) n. 10 *ngr.*

**Renner**, Ernst [approb. Arzt aus Dornburg]: Ein Beitrag zur Behandlung der Distorsionen mit Massage .... München, Druck v. M. Ernst, 1885; 16 S. 8°.
München, Med. Fak., Inaug.-Diss. v. 1885.

Renner, F.

— Beantwortung der fiskalischen Berufungsschrift in der Prozeßsache der jüngeren [Philippsthaler] Linie d. Kurhauses Hessen gegen den preußischen Staat in Betreff d. kurfürstl. Hausschatzes, eingereicht im Hohen Auftrage J. H. D. d. Hrn. Landgrafen Ernst und Prinzen Carl sowie d. Hrn. Landgrafen Alexis v. Hessen bei königl. Appellationsgerichte zu Cassel am 30. Jan. 1879. gr. 4. (VI, 34 S.) Cassel 879. (Klaunig.) n. 2. 50

**Renner, F.**, Beantwortung d. Berufungsschrift zur Prozeßsache der königl. Regierung u. d. königl. Oberpräsidenten der Prov. Hessen-Nassau zu Cassel, in Vertretung d. Preußischen Staates Verklagte, hier Appellanten gegen Ihre Hochfürstl. Durchlauchten 1) den Hrn. Landgrafen Ernst Eugen Karl v. Hessen [Philippsthaler Linie], 2) den Hrn. Prinzen Carl Alexander v. Hessen [Philippsthaler Linie], 3) den Hrn. Landgrafen Alexis Wilhelm Ernst v. Hessen [Philippsthal-Barchfelder Linie], 4) den Hrn. Prinzen Wilhelm Friedrich Ernst v. Hessen [Philippsthal-Barchfelder Linie], Kläger hier Appellaten wegen Anerkennung u. Eintrags fideicommissarischer Rechte. gr. 4. (94 S.) Cassel 878. (Klaunig.) n. 2. 50

**Renner**, F., Handbuch üb. d. Lichtdruck-Verfahren, s.: A l l g e y e r , Jul.

**Renner, F.**, ist der Kurfürstlich Hessische Hausschatz Staatseigenthum? Eine Beantwortg. der Schrift „Ein Nachtrag zur Denkschrift üb. das Kurfürstl Hausfideicommiß vor u. nach der Einverleibg. Kurhessens in den preuß. Staat. Betrifft den Hausschatz. Cassel 1876." gr. 4. (26 S.) Cassel 877. (Klaunig.) n. 2. —

—— die **Kreis- und Provinzial-Ordnung** für die Prov. Hessen-Nassau vom 7. und 8. Febr. 1885 und ihre Bedeutung für die Selbstverwaltung des Reg.-Bez. Cassel. gr. 8. (IV, 115 S.) Cassel 886. (Leipzig, Förster.)

Renner, Ferd., s. B e g l e i t e r d. Jugend.

– s. B i e n e n k o r b , Der.

– s. B i l d u n g , Über, d. Atmosphäre.

– s. D a r s t e l l . , Maler., aus Sachsen.

– s. D a r s t e l l . , Mikroskop., wicht. Gegenstände.

– s. E n c y k l o p ä d i e d. Sternkunde.

– s. G e s c h i c h t e u. Beschreib. des gegenwärt. Kriegs.

– s. M a g a z i n witzig. Einfälle.

**Renner**, Ferdinand, Medizinalpraktikant a. München: Aus der I. medizin. Abteilung des Krankenhauses l. d. I. in München. Die Pleuritis exsudativa in den Jahren 1890 mit 1899. München 1906: Kastner & Callwey. (22 S.) 8°
München, Med. Fak., Ref. v. Bauer, Diss. v. 20. Aug. 1906
[Geb. 27. Apr. 81 München; Wohnort: München; Staatsangeh.: Bayern; Vorbildung: Ludwigs-Gymn. München Reife Juli 00; Studium: München 10 S.; Coll. 20. Aug. 06; Approb. 31. Juli 06.]

– s. P o s t - u. Reise r o u t e n .

– s. R e i s e n , Neue, durch Deutschland.

– s. T a s c h e n b u c h f. Jedermann.

Renner, Ferd. (Hrsg.), s. W e s p e n n e s t , Das.

**Renner, Fr. Rob., das Blumenmädchen.** Roman aus der Zeit der ersten französ. Revolution. 2 Bde. 8. (420 S.) Leipzig 852, Kollmann. 2 *ℛ*

**Renner, Fr. Rob.**, der Dämon des Fürsten. Roman in 2 Bdn. 8. (483 S.) Leipzig 857, Kollmann.

— **Rebecca oder die Jüdin v. Moscau.** Roman. 2 Thle. 8. (439 S.) Zwickau 852, Gebr. Thost. 2 *ℛ*

— **Theater-Geheimnisse.** I. u. II. (Thl.) 8. I. Geheimnisse eines Stadttheaters. Roman in zwanglosen Bdn. (182 S.) II. Geheimnisse reisender Gesellschaften. Roman in zwanglosen Bdn. (187 S.) Leipzig 852. (C. F. Schmidt.) (à 1/2 *ℛ*) 1 *ℛ*

**Renner, Fr. Rob.**, die Tochter des Fabrikanten und die Fabrikarbeiterin. Ein Roman. Leipzig 861. (Voigt &) Zieger. 8. (227 S.) 1 *ℛ*

**Renner**, Franc. (Anton. Cornelius) (geb. Werden im Rheinl. 6. 7. 1826): De natura et effectibus miasmatis et contagii. Berolini (1856). (28 S.) 8°
Berlin, Med. Diss. v. 30. Sept. 1856

**Renner**, Frdr., Gesang-Schule. hoch 4. (69 S.) Leipzig u. Baden-Baden 892. C. Wild's Verl. n. 3. —

**Renner**, Friedr., über d. öffentl. techn. Unterrichtsanstalten f. d. Gewerbtreibenden. gr. 8. (6 B.) Eschwege 832, Hoffmann.

**Renner**, Fr., über die öffentlichen technischen Unterrichtsanstalten für die Gewerbtreibenden. gr. 8. Eschwege 832. (Leipzig, Weygand.) n. 1/2 ₰

**Renner**, F., De vestitura possessoria rerum mobilium ejusque tuitione secundum vetus jus germanicum. Diss. inaug. Marburgi 1857. 8. . . . . . . . . . . . . . . (886.; D.)

**Renner**, Frid., de vestitura possessoria rerum mobilium ejusque tuitione secundum vetus jus germanicum. Dissert. inaug. Marburgi 858. (Bayrhoffer.) gr. 8. (2 Bl., 60 S.) n. 8 ngr.

**Renner**, Friedr., de vestitura prossessoria rerum mobilium ejusque tuitione secundum vetus jus germanicum. Dissertatio inauguralis. gr. 8. (III und 60 S.) Marburg 858, (Ehrhardt's Universitäts-Buchh.)

**Renner, Friedrich August** (Bernstadt/Lausitz), Observationes quasdam de febribus intermittentibus quartanis continens. Diss. med. Präs. Friedrich Ludwig Kreysig. Wittenberg (Chr. Ph. Meltzer) 11. XI. 1797. 31 S. (4.50) 28365
Gew.: Carl Irenotheo Bürger.

**Renner**, G. F. W., kleine Samml. plattdeutsch. Gedichte. gr. 8. Hamb. 817. (Herold). 3 gr

**Renner**, Gabr., kurze u. leichtfaßliche Weltgeschichte in Fragen u. Antworten f. Volksschulen. 8. (50 S.) Regensburg 886. Coppenrath. n. — 45

**Renner**, Georg: Das Selbstbewusstsein der Gottheit im Systeme Spinozas. Goldberg Schl. 1906: O. Collmar. (27 S.) 4°
Goldberg Schl., st. PG OP 1906 (233)

**Renner**, G([eor]g). Zeichnungen für Spitzen und Stickereien ... von G. (*Serie I u. Serie II, Umschlag:* H.) Renner ... = Dessins de Broderies et Dentelles = Designs for Embroideries and Laces. (Serie I *u.*) S' II. fol. Zürich, M. Kreutzmann, [1910 *u.* 1911]. ([in Mappe] *je* fr. 40. —)
(Serie I.) IV S. + 34 Tafeln. [1910.]
Serie II. 300 Motive = 300 Dessins = 300 Motifs. IV S. + 32 Tafeln. [1911]

– Dass., s.a. Renner, Henry

**Renner**, Gottfried

**Renner**, (G..) Anweis. f. Jäger u. Jagdliebhaber zur Kenntniß, Erziehung u. Abricht. der Jagdhunde. 8. Leipzig 822, Hartmann.

**Renner**, G., Anweis. f. Jäger u. Jagdliebhaber zur Kenntniß, Erziehung u. Abrichtung d. Jagdhunde. 8. Leipz. 822. (Lehnhold). 10 gr

**Renner**, Gust., Ahasver. Eine Dichtg. 8. (120 S. m. Bildnis.) Leipzig 902. J. Werner. 2. —; geb. in Leinw. n. 3. —

**Renner**, Gust., Ahasver. Eine Dichtg. (120 S. m. Bildnis.) 8. Gr.-Lichterfelde 904. [E. Th. Förster] (Leipzig, L. A. Kittler). n. 2. 20; geb. n. 3. —

**Renner**, Gust., auf nach Chikago! oder Eine verunglückte Amerikafahrt, s.: Lustspiele Nr. 17. — Lustspiele, turner., Nr. 20.

— aufgekniffen, s.: Lustspiele, turnerische, Nr. 11.

**Renner**, Gust., Beamter muß er sein, s.: Glaser's, Conr., Theater-Bibliothek.

— Meisels Brautfahrt, s.: Lustspiele, turnerische, Nr. 6.

— die neue Feuerwehr, s.: Lustspiele f. Feuerwehren, Nr. 4.

— auf dem Feuerwehrball, s.: Glaser's, Conr., Theaterbibliothek.

— Francesca. Tragödie in 5 Aufzügen. (184 S.) 8. Stuttgart 909. A. Bonz & Co. 2.40; geb. in Leinw. 3. 40

— Nur geborgt, s.: Heidelmann's, A., Theaterbibliothek.

— Ellis Geburtstag, s.: Heidelmann's A., Theaterbibliothek.

Ellis Geburtstag. Schwank in 1 Aufz. von Gustav **Renner**. Bonn: A. Heidelmann [1904]. (20 S.) 8° [F.]
= **Theaterbibliothek**, A. Heidelmann's. H. 140. 06. 2684

**Renner**, Gustav: Gedichte. Rixdorf-Berlin: Selbstverl. [1896]. (VII, 84 S.) 8°

**Renner**, Gust., Gedichte. 2. [Umschlag-] Aufl. 8. (VII, 84 S.) Berlin (62, Kleiststr. 28) (896). Selbstverlag. n. n. 1. 50

— dasselbe. 8., verm. Aufl. 12. (VIII, 98 S.) Zürich 896. Th. Schröter. n. 2. —; geb. m. Goldschn. n. 3. —; erm. Preis n. 1. 50; geb. n. 2. 30

— Gedichte. Gesamtausg. Durchgesehen u. vermehrt. (IX, 174 S.) 8. Ebd. 904. n. 2. 50; geb. 3. 50

[F.] Gustav **Renner**. Neue Gedichte. *Berlin: Selbstv.; Dr. v. C. H. Schulze & C. in Gräfenhainichen 1898.* (2 Bl., 102 S., 1 Bl.) 1 Bd 8. 98. 2496

— Freund Krause, s.: Lustspiele, turnerische.

— Krieg u. Frieden vor dem Gauturnfeste, s.: Lustspiele, turnerische.

— Merlin. Tragödie. (224 S.) 8. Ebd. 904. n. 3. 50
Aus dem Handel gezogen.

— Eine halbe Million, s.: Lustspiele.

— In Nöten, s.: Lustspiele.

Eine Bummel-Turnfahrt, s.: Lustspiele, turnerische.

— Ein Turnersieg, s.: Lustspiele turnerische.

— Am Weihnachtstag, s.: Lustspiele, turnerische.

— Zimmer zu vermieten, s.: Lustspiele, turnerische.

— Ihre Rose, s.: Heidelmann's, A., Theaterbibliothek.

**Renner**, H., s. Rohlwes' Vieharzneibuch.

Das Wichtigste aus der Heimatkunde des Kreises Militsch-Trachenberg. Beilage z. Flemmingschen Schulkarte d. Kreises Militsch-Trachenberg. Bearb. von H[ans] **Renner**, Lehrer in Militsch. Glogau: C. Flemming [1905]. (12 S.) 8° [F.] 06. 6896

**Renner**, Heinr., durch Bosnien u. d. Hercegovina kreuz u. quer. Wanderungen. M. 35 Vollbild., 253 Abb. im Text v. W. L. Arndt, E. Arndt-Ceplin u. A., sow. nach photograph. Aufnahmen u. 1 Uebersichtskarte. gr. 8. (XIV, 481 S.) Berlin 896. D. Reimer. n. 3. —; geb. m. Goldschn. n. 5. —

**Renner**, Heinrich. Durch Bosnien und die Hercegovina. Wanderungen kreuz und quer. 2. in Wort und Bild erg. u. verm. Aufl. Berlin: Dietrich Reimer 1897.
XV + 566 S. m. 390 Abb.; 54 Taf. 1 Karte. 4°.
1. Aufl. 1895/96

— **Heinrich Ludwig** (Neumarkt/Schlesien), De aëre atmosphaerico mero atque inquinato. Diss. aetiol. Berlin (Feister u. Pisersdorf) 15. XII. 1825. 52 S. u. Biogr. (M.: D. Wegner.) (4.—) 28366
Oppon.: J. H. Nicolai, F. Schwerdt, F. W. Becker. — Gew.: Albert Wilh. Herrmann Seerig.

Renner, H[enry]. Zeichnungen für Spitzen und Stickereien = Dessins de Broderies et Dentelles = Designs for Embroideries and Laces. IV S. + 34 Tafeln. fol. Zürich, M. Kreutzmann, [1910]. [in Mappe fr. 40. —]

– Dass., s.a. Renner, Georg

Renner, Herm., moderne Erziehung und die sittliche Verwilderung der Jugend unter dem Einflusse der socialen Übelstände. Pädagogisch-socialpolit. Betrachtungen. Ein Buch für Lehrer, Geistliche und Eltern deutscher Nation. gr. 8. (IV, 161 S.) [Bernburg 885, Bacmeister.] Gotha, Behrend. *

Renner, Herm., Materialien für den Anschauungsunterricht. Eine Sammlung von Dispositionen, Erzählungen, Gedichten und Liedern zum Gebrauche bei den Anschauungs-, Denk- und Sprechübungen in den Volksschulen. 8. (VIII, 216 S.) Langensalza 883, Schulbuchhandlung. 1 80

**Renner,** Herm., Materialien f. den Anschauungsunterricht. Eine Sammlg. v. Dispositionen, Erzählgn., Gedichten u. Liedern zum Gebrauche bei den Anschauungs-, Denk- u. Sprechübgn. in den Volksschulen. 2. Aufl. 8 (VIII, 216 S) Langensalza 893. Schulbuchh. 1. 80

— Menschenlehre. Bau u. Pflege d. menschl. Körpers u. das Notwendigste aus der Seelenlehre f. Volks- u. Bürgerschulen. 8. (48 S. m. Illustr.) Gotha 885. Behrend. n. — 30

—— Realienbuch für Volksschulen, s. Hüttmann, J. F.

— Weltkunde, s.: Hüttmann.

**Renner,** Hugo, s.: Encyklopädie der Philosophie.

**Renner,** Hugo, aus Pollkwitz (Prov. Schl.): Beneke's Erkenntnistheorie. Ein Beitrag zur Kritik d. Psychologismus. *Halle a. S. 1902: Wischan & Wettengel.* (95 S.) 8°
Halle, Phil. Diss. v. 8. Febr. 1902

**Renner,** Hugo, Beneke's Erkenntnistheorie. Ein Beitrag zur Kritik des Psychologismus. Diss. gr. 8. (96 S.) Halle 902. (Leipzig, Buchh. G. Fock.) n. 1. 60

— Monismus, Religion u. Philosophie, Vortrag, geh. in der Gesellschaft f. Philosophie. (26 S.) gr. 8. Charlottenburg 907. [O. Günther.] Dr. H. Renner. — 90

**Renner,** Hugo, das Wesen der Philosophie und die Kultur. Prolegomena zu e. System des positiven Kritizismus. (77 S.) 8. Leipzig 905. H. Rohde. n. 1. 20

— s.: Wochenschrift, philosophische, u. Literatur-Zeitung.

**Renner,** J., der praktische Gemüsegärtner. Neue Ster.-Ausg. 8. (92 S.) Reutlingen 884. Enßlin & Laiblin. — 60

Renner, J., der praktische Gemüsegärtner. Gründliche Anleitung zur leichten und gewinnbringenden Kultur aller Gemüsearten und Küchengewächse mit besond. Berücksicht. der Mistbeettreiberei, der Spargelzucht, der Melonenzucht und der Champignonkultur. Nebst einem Anhang über die Erziehung der Zwergobstspaliere, die Kultur des Beerenobstes, des Weinstocks und der Fruchtsträucher. Nach den neuesten Erfahrungen für Nutzgärtner und Gartenfreunde bearb. Neue Ster.-Ausg. 8. (92 S.) Reutlingen 884, Enßlin und Laiblin's Verlagsh. — 60

**Renner,** J. De jure telonicorum in Borussia. Vom preussischen Zollrecht. 4°. Regiomont. 1716.

**Renner,** J., der praktische Landwirt. Unentbehrliche Lehre u. Ratschläge über Boden, Düngung, Pflanzenbau. Zuverlässiger Ratgeber, die Erträge der Landwirtschaft beträchtlich u. dauernd zu erhöhen, ohne zum Düngerankauf Zuflucht nehmen zu müssen, nebst Unterweisung zu fast kostenloser Selbstbereitung wirksamer Düngermittel. Nach den neuesten Fortschritten u. Erfahrungen für Landwirte, Guts- u. Gartenbesitzer hrsg. 8. (80 S.) Reutlingen 882. Enßlin & Laiblin. — 50

Renner, J. G., Emendationsversuche zu Sophokles. Pr. 1881. 8 S.

Renner, J. Geo., polit. Hist. v. d. 4 Monarchien. 8, Zittau, Spickermann. 743.

*Renner*, J. M., meditationes ad J. G. Schaumburgii principia praxeos judiciariae juridicae. 8. Jena 784. Cröker. 8 gl

**Renner,** J. P., Palmgarten, ein christkathol. Gebetbuch, mit Morgen-, Abend-, Meß-, Vesper-, Beicht-, Kommunion- u. Ablaßgeben, nebst den 7 Bußpsalmen. 8. Cöln 817. Mathieur. 8 gl

Renner, Johann. Chronicon /// der Löflichen olden // Stadt Bremen /// in Sassen /// So vele de vornehmesten Ge- // schichte / de sich im Ertz-Stiffte und // der Stadt Bremen thogedragen // hebben / belanget /// Dem Jahr-Talle nach in dudesche // Vers verwatet. // Joan. Renner. // Gedruckt tho Bremen by Dieterich // Glüichstein / M. D. LXXXIII. // Nagedruckt / M. D. CC. XVII. //
Am Schluß:
STADE /// Gedruckt bey Caspar Holwein / Anno 1717. // In welchem vor 200. Jahren / nemlich Anno 1517. der sel. // D. Lutherus das heilsame Werck der Reformation // angefangen.
87 S. und noch 8 Blatt (nicht paginiert) Anmerckungen und Register.
B. S. T. 8°.562.

**Renner's,** Joh., livländische Historien. Hrsg. v. Rich. Hausmann u. Konst. Höhlbaum. gr. 8. (XXXV, 427 S.) Göttingen 876. Vandenhoeck & Ruprecht's Verl. n. 9. —

Renner: Ueber Herder's Verhältnis zur Schule. 25 S. 4°
–Göttingen, Progr. 1871.

Renner (H.), über das Verhältniß Herder's zur Schule. 4. (25 S.) Göttingen 871, (Vandenhoeck und Ruprecht's Verlag.) *

Renner, Johann G.

Renner, Joh. Kritische und grammatische Bemerkungen zu Homer. 27 S. Progr. G. *Zittau* 1883.

Renner, Johann Georg Fr.

Renner, Jean G. Fréd., petite école, ou livre élémentaire, destinée à faciliter aux commençants l'étude de la langue franç. 8. (8 B.) Gottingue 839, Kübler. (Dieterich.) *

— s. Florian, Guillaume Tell.

**Renner,** J. Geo. Fr., kleine Geographie d. Königr. Hannover. 8. Götting. 819. Vandenhöck u. R. 6 gl 2e völlig umgearb. u. verm. Aufl. 8. Osterode 826. Hirsch. 14 gl

**Renner,** J. G. Fr., Hilfsbuch zur leichten und festbegründenden Einübung der richtigen Stelle des adjectiv français. 8. Quedlinburg 841, Basse. 1/3 rf

Renner, Jean G. Friedr., Hilfsbuch zum schnellen Erlernen d. französ. Sprichwörter u. sprichwörtl. Redensarten. Für Schulen u. zum Privatgebrauche. 8. (6 B.) Quedlinburg 842, Basse.

—— Mélanges d'histoire naturelle à l'usage de la jeunesse allemande qui s'adonne à l'étude du français. Accomp. d'un vocabulaire. 2. édit., corr. et augm. 8. (10 B.) Quedlinbourg 842, Basse.

— Hannöverischer Militärfreund. 8. Osterode am Harze 837. (Sorge.) n. 11/12 ₰

Renner, J. G. Fr., histor.-, topograph.-statist. Nachrichten u. Notizen v. d. Stadt Osterrode am Harze. 8. (22 B. incl. 1 Tab. 4. u. 1 Holzschn.) Osterrode 833, Sorge.

—— Unterhaltungsstoff, zunächst f. d. gebild. Familien d. Hannoveraner u. Braunschweiger, üb. d. Gesch. d. erlauchten Welfenhauses, von d. frühesten Zeit bis auf d. Gegenwart. 8. (11½ B.) Göttingen 836, Kübler. (Dieterichsche Buchh.) *

— **Johann Gottfried August** (Lichtenburg/Sachsen), De jureconsulto disputatore. Präs. Augustin von Leyser. Wittenberg (E. G. Eichsfeld) Juli 1749. 20 S. (4.50) 28367

Renner, Johann Gotthold

Renner, J. G., Ueber das Formelwesen im griech. Epos und epische Reminiscenzen in der älteren griech. Elegie. Pr. 1871/72. 30. 39 S. 4°. 3.—

**Renner**, Joh. Ghold., über das Formelwesen im griechischen Epos u. epische Reminiscenzen in der ältern griech. Elegie. gr. 4. (69 S.) Leipzig 872. Teubner. n. 2. 40

**Renner**, Jos., Anleitung zum Gebrauche der Renner'schen Gesangswandtafeln. gr. 16. (32 S.) Regensburg 871. Pustet. n. — 20

Renner, Jos., Auswahl deutscher Madrigale für gemischten Chor von Orlando di Lasso, Hasler und andern großen Meistern des 16. Jahrh. In Partitur gebracht, transponirt und hrsg. Partitur. hoch 4. (VI, 96 S.) Regensburg 875, Pustet. Stimmen

— Regensburger Choräle f. 3., 2. u. 1 Männer- od. Knaben-Stimmen. 2. Aufl. Mit e. Anh.: Anleitung zum Gesange u. Chor-Solfeggien als Treffübgn. qu. 8. (XXXII, 249 S.) Regensburg 875. Coppenrath. n. 1. 35

Renner, Jos., Regensburger Chöre, zugleich Treffschule für Ober- und Unterstimmen im Anschlusse an die Gesangswandtafeln. Für den Unterricht in Schule und Haus hrsg. 3. sehr verm. Aufl. qu. gr. 16. (XX, 338 S.) Regensburg 881, Coppenrath. * 1 35
cart. * ℳ 1,70.; geb. * 1 80

Renner, Jos., Regensburger Chöre, zugleich Treffschule für Ober- und Unterstimmen im Anschlusse an die Gesangswandtafeln. Für den Unterricht in Schule und Haus hrsg. 4. und 5. Aufl. qu. gr. 16. (XX, 338 S.) Regensburg 886, Coppenrath's Verlag. * ℳ 1.35.; geb. *

Renner, Jos. Regensburger Chöre, zugleich Treffschule f. Ober- u. Unterstimmen im Anschlusse an die Gesangswandtafeln. Für den Unterricht in Schule u. Haus hrsg. 7. verm. Aufl. qu. gr. 16. (XX, 442 S.) Regensb. 892, Coppenrath's Verlag. * 1 20

**Renner**, Jos., Regensburger Chöre, zugleich Treffschule f. Ober- u. Unterstimmen, im Anschlusse an die laut allerhöchster Entschliessg. des kgl. bayer. Staatsministeriums vom 29. Juli 1874 u. des k. k. österreich. Staatsministeriums vom 11. Febr. 1873 empfohlenen u. zur Anschaffg. aus Regie- u. Stiftungsmitteln genehmigten Gesangswandtafeln. Für den Unterricht in Schule u. Haus hrsg. 8. Aufl. qu. gr. 16. (XX, 442 S.) Regensburg 894. A. Coppenrath's Verl. n. 1. 20; geb. in Leinw. n.n. 1. 55

**Renner**, Jos., Gaudeamus. Sammlung fröhl. Lieder. 16. (128 S.) Regensburg 885. Pustet. n. — 20; geb. n. — 35

**Renner**, Jos., Gaudeamus. Sammlung fröhl. Lieder. 3. verb. Aufl. (128 S.) 16. Regensburg 897. F. Pustet. — 20; kart. — 35

—— Gesangfibel. Erster Gesangunterricht. Ausg. mit den musikal. Leseübungen. 8. (20, 32 S.) Regensburg 883, Pustet. * — 40

—— Gesangfibel. Erster Gesangunterricht. Ausg. mit den musikal. Leseübungen. 8. (20; 32 S.) Ebendas. 886. *

**Renner**, Jos., Gesangfibel. Erster Gesangunterricht. Op. 28. 8. Aufl. 8. (20 S.) Regensburg 902. F. Pustet. — 15

**Renner**, Jos., Gesangfibel. Erster Gesangunterricht. Op. 28. 9. Aufl. (20 u. 32 S.) 8. Regensburg 904. F. Pustet. n. — 40

— Gesangfibel. 1. Gesangunterricht. op. 28. 12. Aufl. (20 S.) 8. Ebd. 909. — 15

— 12 Gesangwandtafeln. Imp.-Fol. Regensburg 871. Pustet. n. 9. —

**Renner** jun., Jos., Joseph Haydn. Singspiel in 1 Akt v. Frz. Lehner. Musik v. R. jun. Textbuch. 12. (38 S.) Regensburg 894. A. Coppenrath's Verl. n. — 30

**Renner** jun., Jos., moderne Kirchenmusik u. Choral. Eine Abwehr. gr. 8. (21 S.) Leipzig 902. F. E. C. Leuckart. n. — 60

**Renner**, Jos., Lehrbuch der deutschen Sprache mit besond. Berücksichtigung der Orthographie u. des schriftlichen Gedankenausdruckes. 2., verb. Aufl. Regensburg 867. Pustet. 8. (96 S.) 4 ngr.

—— Leitfaden bei dem Unterricht in der deutschen Sprache. Mit besond. Berücksicht. der Orthographie [nach der in amtl. Auftrage bearb. deutschen Rechtschreibung] und des schriftlichen Gedankenausdrucks. (94 S.) 1864; 2. Aufl. (96 S.) 1867. * 40 Pf.; 3. Aufl. (124 S.) 1873; 4. Aufl. 8. (128 S.) Ebendas. 880. cart. * — 50

—— Litania Ss. nominis Jesu ad IV voces [Cant., Alt., Ten. et Bass] cum organo vel harmonio comitante. Partitur und Stimmen. hoch 4. (22 S.) Ebendas. 878. *
Partitur allein * ℳ 1.; Stimmen allein à *

— litaniae lauretanae ad IV voces. Cant. I et II, Alt et Bass [Oberquartett] cum organo vel harmonio comitante. Partitur u. Stimmen. hoch 4. (23 S.) Regensburg 879. Coppenrath. n. 1. 60

—— Regensburger Männerchöre gesammelt und für 3, 2 und 1 Stimme eingerichtet. qu. 8. (V und 249 S.) Regensburg 867, Coppenrath. * —

—— Männerquartette von der Donau. 1. und 2. Aufl. (IV, 456 S.) 1878; 3. und 4. Ster.-Ausg. 8. (IV, 462 S.) Ebendas. 879. ** ℳ 1,70.; geb. *

—— Männerquartette von der Donau. 5. und 6. Ster.-Ausg. 8. (IV, 461 S.) Regensburg 882, (Coppenrath.) * 1 70

— Männerquartette v. der Donau. I. u. II. Abtlg. à 4 Stimmen. qu. gr. 16. Ebd. 894. n. 5. 40; geb. in 4 Leinwbde. n.n. 7. 20
I. 100 verschiedene 4 stimmige Männerchöre verschiedenen Inhalts f. mittlere u. kleine Vereine. (215, 215, 213 u. 214 S.) Stimmen einzeln à n. — 60; geb. à n.n. — 95
II. 142 4 stimmige Männerchöre verschiedenen Inhalts. (S. 217—498; 217—498; 215—498; 217—498 u. je 16 S.) Stimmen einzeln à n. — 80; geb. à n.n. 1. 15

— 210 Männerquartette v. der Donau. Sammlung vierstimm. Männerchöre verschiedenen Inhalts. 7. Aufl. 8. (461 S.) Regensburg 886. Coppenrath. n. 1. 70

—— 218 Männerquartette von der Donau. 1. Abthl.: 100 vierstimm. Männerchöre verschiedenen Inhalts für mittlere und kleine Vereine. 8. verm. Aufl. 8. (240 S.) Ebendas. 888. cart. *

— 218 Männerquartette v. der Donau. Sammlung vierstimm. Männerchöre verschiedenen Inhalts. 9. Aufl. 8. (II, 507 S.) Ebd. 892. n. 1. 70

— 236 Männerquartette v. der Donau. Vierstimmige Männerchöre verschiedenen Inhalts. 9., verm. Aufl. 8. Ebd. 893. n. 2. —; geb. in Leinw. n. 2. 60; in 1 Bd. geb. n.n. 2. 60

1. 100 Männerchöre f. mittlere u. kleine Vereine. (II, 240 S.) n. — 80; geb. n. 1. 10
2. 136 Männerchöre. (III u. S. 241—555.) n. 1. 20; geb. n. 1. 50

Renner, Jos, 242 Männerquartette von der Donau. I. Abth. 100 vierstimm. Männerchöre verschied. Inhalts f. mittl. u. kleine Vereine. 10. Aufl. 8. (II, 556 S.) Regensburg 897. A. Coppenrath's Verl. n. 2. —; geb. in Leinw. n.n. 2. 60

— Rechentafeln. Tafel 1—4. gr. 8. (16 S.) Regensburg 875. Coppenrath. n. — 20

—— Rechentafeln. 1. Taf. 3. Aufl. 8. (4 S.) Ebendas. 880. ** — 5

—— erster Unterricht im Rechnen. 8. (8 S.) Regensburg 869, Coppenrath.

Renner, Ritter K., Beitr. zur Rückerinnerung an d. denkwürd. Feldzüge d. Preußen in den J. 1812—15. 8. Glogau 829. (Neue Güntersche B.) 1 ß

Renner, K., Gebet dem Kaiser was des Kaisers ist und Gott, was Gottes ist, s. Sammlung gemeinnütziger Vorträge.

Renner, K., Landsleute, versichert Eure Habe, s. Sammlung gemeinnütziger Vorträge.

Renner, K., Maria Theresia v. Oestreich u. Friedrich d. Große v. Preußen. Geschr. zur Vorbereit. auf d. Studium der 3 Schles. Kriege, zunächst f. d. unt. Klassen d. Militairschulen. 8. (6 B.) Glogau 830, (Flemming.)

Renner, Ritter K., Maria Theresia v. Oestreich u. Friedrich d. Große v. Preußen. Geschrieben z. Vorbereit. auf d. Studium d. 3 Schles. Kriege, zunächst f. d. untern Klassen d. Militärschulen. 8. Glogau 831. Neue Güntersche B. 6 ℋ

Renner, K. Maria Theresia v. Oesterreich u. Friedrich d. Grosse v. Preussen. (6 B.) 8. Lissa 1840. 0,75.

—— die allgem. Sparkasse u. öffentl. Leihanstalt, zwei f. alle Staatsbürger höchst wohlthät. u. segensr. Anstalten, besond. aber f. d. ärmere Volksklasse; in Kürze dargest. 8. (5 B.) Glogau 832, (Flemming.)

— die allgem. Sparkasse u. öffentl. Leihanstalt, zwei für alle Staatsbürger höchst wohlthätige u. segensreiche Anstalten, besond. aber f. d. ärmere Volksklasse; in Kürze dargestellt. 8. Glogau 832. Neue Güntersche B. 8 ℋ

Renner, Karl, s.a. Springer, Rud.

Der deutsche Arbeiter und der Nationalismus. Untersuchungen über d. Größe u. Macht d. deutschen Nation in Oesterreich u. d. nationale Programm d. Sozialdemokratie vom Reichstagsabgeordneten Dr. Karl Renner. Wien: Brand 1910. 71 S. 8° [10. 3413

Renner, Karl (Rud. Springer), der deutsche Arbeiter u. der Nationalismus. Untersuchungen üb. die Größe u. Macht d. deutschen Nation in Oesterreich u. das nationale Programm der Sozialdemokratie. (72 S.) 8. Wien 910. Wiener Volksbuchh. 1. —

Renner, Carl [aus Crefeld]: Ueber einen Fall von Cyklopie, Polydactylie, Uterus bicornis duplex und Vagina septa. . . . Halle a. S., Hofbuchdr. v. C. A. Kaemmerer & Co., 1889; 36 S. + 2 Bl. u. 2 Taf. 8°
Halle, Med. Fak., Inaug.-Diss. v. 19. März 1889

Renner, Karl, Landwirtschaftliche Genossenschaften u. Konsumvereine. Referat am 7. Verbandstage des Zentralverbandes österreichischer Konsumvereine. 8⁰. Wien, Wiener Volksbuch handlung, 1910.

Grundlagen und Entwicklungsziele der Österreichisch-Ungarischen Monarchie. Polit. Studie über d. Zusammenbruch d. Privilegienparlamente u. die Wahlreform in beiden Staaten, über d. Reichsidee u. ihre Zukunft von Rudolf Springer (d. i. Karl Renner). Wien & Leipzig: F. Deuticke 1906. (VIII, 248 S.) 8° [06. 10960 4

Der Kampf der oesterreichischen Nationen um den Staat. Von Rudolf Springer [d. i. Karl Renner]. Th. 1. Leipzig & Wien: Deuticke 1902. 8⁰

(Renner, Karl,) der preuß. Staat, s. 8. Bd.: Staat.

— Der nationale Streit um die Aemter u. die Sozialdemokratie. Teilweise erweit. Sep.-Abdr. aus der sozialdemokrat. Monatsschrift „Der Kampf". (28 S.) Lex. 8. Wien 908. (Wiener Volksbuchh.) — 50

— Das arbeitende Volk u. die Steuern. Zum Kampfe gegen die Steuervorlagen d. Regierg. Bienerth-Bilinski. 1. Tl.: Allgemeine Einführg. in das Steuerwesen. (59 S.) 8. Ebd. 909. — 50

(F) Renner, K., Das arbeitende Volk und die Steuern. 2. Teil: Der österreichische Staatshaushalt und die Steuerreform. 8°. (80 S.) K —.50
Wien: Brand 1909.

Renner, K., Was haben die Sozialdemokraten geleistet? I. 10 Jahre Kämpfe um die polit. Gleichberechtigg. des arbeit. Volkes. (32 S.) 16. Wien, Wiener Volksbuchhdg. —. 10.
„Lichtstrahlen". No. 14.
1907

— Was haben die Sozialdemokraten geleistet?, s. a. Lichtstrahlen. Nr. 17.

Renner, K., Was haben die Sozialdemokraten geleistet? II. Zehn Jahre parlamentarische Arbeit f. das Wohl der arbeit. Klasse. (32 S.) 16. Wien, Wiener Volksbuchhdg. —. 10.
„Lichtstrahlen" Nr. 17.
1907

Renner, Karl Ed.

Renner, Carl Ed. (Hrsg.), s. Arnd, Johann: Catechismus-Predigten.

Renner, Karl Friedrich

Renner, Carolus Fredericus: *De impedimentis, quae apud veteres Romanos philosophiae negaverint successum. 6 Bl. 8° (4°)
Halle-Wittenberg, Phil. Diss. v. 11. April 1825
Geb. [Eilenburg 1. 1. 1803]

Renner, Karl Edw., das goldene Buch für Eltern über Erziehung und Unterricht der Kinder. 2e Ausg. 8. Nürnberg 834. Campe. 1 ß

Renner, Karl Ludw., das goldene Buch f. Eltern üb. Erziehung u. Unterricht d. Kinder. Ein Hand- u. Hülfsb. f. Väter, Mütter, Erzieher u. Lehrer. 2. Ausg. 8. (27 B.) Nürnberg 834, Campe.

**RENNER,** C. L., Lehrsätze über die Bestimmung und Veredlung des weiblichen Geschlechts, oder wie soll sich eine Jungfrau würdig bilden. Wien 1816. 8°. (1 Mk. 80 Pfg. A. Bielefeld, c. 1895:)

**Renner,** Karl Ldw., (J. H. Meynier,) wie soll sich ein Jüngling würdig bilden? Nebst e. Anh. über das beste Verhältniß auf Universitäten u. Reisen 8. Nürnb. 822. Campe. 1 ₰

— wie soll sich ein Jüngling würdig bilden? 2e verb. Aufl. 8. Ebd. 834. 3e Aufl. 838. 1 ₰

— wie soll sich ein Jüngling würdig bilden? Lehren der Moral und Lebensklugheit, als sicherer Führer beim Eintritt in die Welt. 3. verb. (Titel-)Aufl. Ebend. (834.) 854. 8. (VIII, 308 S.) 10 ngr.

— wie soll sich eine Jungfrau würdig bilden? 8. Nürnberg 822, Campe.

— wie soll sich eine Jungfrau würdig bilden? 3e verb. Aufl. 8. Ebd. 834. 1 ₰ — 4e Aufl. 8. Ebd. 837. 1 ₰

**Renner,** Carl Ludw., wie soll sich eine Jungfrau würdig bilden? Lehren der Moral u. Lebensklugheit, als sicherer Führer beim Eintritt in die Welt. 4. verb. (Titel-)Aufl. Nürnberg (834.) 854. Lotzbeck. 8. (VIII, 227 S.) 10 ngr.

Renner, Kaspar Friedrich

**Hennynk de Han** (von Caspar Fr. Renner.) *Am Ende:* Ghedruckt im Yaer 1732. 4o.
Sehr seltene Original-Ausgabe. Ebert No. 9111 Gervinus IV. S. 93.

**PINSEL,** Der. An die Fräulein von Vrints (von *Caspar Friedr. Renner*). (Bremen 1738.)
Anon.-Lex. III. p. 277 (nach W. v. Maltzahn — Rar!

**WITWENTREUE** (von *Caspar Friedr. Renner*). (Bremen 1738.)
Anon.-Lex. IV. p. 405 (nach W. v. Maltzahn).

Renner, Ludwig

Renner, Bleibe bei uns, Herr. Gedenkblätter aus der Osterzeit 1880. gr. 8. (IV, 46 S.) Wernigerode 880, [Angerstein's Buchh.] Jüttner. * 1 —

— Regensburger Chöre, zugleich Treffschule für Ober- u. Unterstimmen im Anschlusse an die Gesangswandtafeln. Für den Unterricht in Schule u. Haus hrsg. 3., sehr verm. Aufl. qu. gr. 16. (XX, 338 S.) Ebend. 881. n. 1. 35; cart. n. 1. 70; geb. n. 1. 80

**Renner,** Ludw., Elementar-Gesangschule. Regensburg 867. Coppenrath. gr. 8. (24 S.) 3 ngr.

Renner, Ludw., Elementar-Gesangschule für Volksschulen und Lehrerbildungsanstalten. Bearb. und zum Besten der bayer. Lehrer-Waisen-Anstalten hrsg. 2. verm. Aufl. 8. (32 S.) Regensburg 873, Coppenrath. *

Renner, Ludw. (I.), Elementar-Gesangschule für Volksschulen und Lehrerbildungs-Anstalten. Zum Besten der bayerischen Lehrer-Waisenanstalten hrsg. 3. verm. Aufl. 8. (40 S.) Regensburg 878, Coppenrath. *

Renner, Ludw., Elementar-Gesangschule für Volksschulen, Lehrerbildungsanstalten, Latein-, Real- und höhere Töchterschulen. 4. sehr verm. Aufl. 8. (80 S.) Regensburg 880, Coppenrath. * — 60

Renner, Ludw., Elementar-Gesangschule für Volksschulen, Lehrerbildungsanstalten, Latein-, Real- und höhere Töchterschulen. 5. sehr verm. Aufl. 8. (80 S.) Regensburg 885, Coppenrath's Verlag. *

Renner, Ludw., Elementar-Gesangschule f. Volksschulen, Lehrerbildungsanst., Latein-, Real- u. höhere Töchterschulen. 6., verm. Aufl. 8. (88 S.) Ebd. 899. n. — 50

Renner, Ludw. (II.), „Es ist in keinem Andern Heil". Vier Zeitpredigten. 8. (62 S.) Eckartsberga 878. (Wernigerode, Riegelmann.) *

[F.] **Renner,** Ludwig [Kgl. Gymnasiall. in Bayreuth]: Über die Gruppe der 24 Kollineationen, durch welche ein ebenes Viereck oder ein Vierkant in sich selbst übergeht ... Bayreuth, Druck v. L. Ellwanger, 1896; 26 S., 1 Bl., 1 Taf. 8.
Strassburg, Math.-naturw. Fak., Inaug.-Diss. v. 1896

—— die schönsten geistlichen Lieder aus alter und neuer Zeit, zum Gebrauche beim öffentl. Gottesdienste für Volks- und Mittelschulen bearb. 5 Hefte. 8. München 883, Expedition des k. Zentral-Schulbücher-Verlages. [1. und 2. Heft. (16 S.) à ** 6 Pf.; 3. Heft. (10 S.) ** 8 Pf.; 4. Heft. (11 S.) ** 10 Pf.; 5. Heft. (23 S.) ** 15 Pf.] ** — 45

Renner, Ludw., Liederbuch für Volksschulen. gr. 8. (VI und 80 S.) Regensburg 867, Coppenrath.

**Renner,** Ludw., Liederbuch f. Volksschulen. 2. verb. Aufl. 72 Volkslieder u. 29 Kirchengesänge enth. 8. (86 S.) Ebend. 872. n. — 50

—— Liederbuch für Volksschulen. Ausg. ohne Noten. 3. und 4. Aufl. 12. (86 S.) Ebendas. 873,75. *

— Liederbuch für Volksschulen, sowie für die Unterklassen der Mittelschulen. 4., sehr verm. Aufl. 85 Volkslieder u. 26 Kirchengesänge enth. 8. (II, 96 S.) Ebend. 882. cart. n. — 50

— Liederbuch f. Volksschulen. Ausg. ohne Noten. 5., verm. Aufl. [85 Volkslieder u. 26 Kirchengesänge enth.] 12. (52 S.) Regensburg 883. Coppenrath. n.n. — 10

—— Liederbuch für Volksschulen. Ausg. ohne Noten. 6. unveränd. Aufl. kl. 8. (52 S.) Ebendas. 888. **

**Renner,** L., Liederbuch f. Volksschulen, sowie f. die Unterklassen der Mittelschulen. 5., sehr verm. Aufl. 101 Volkslieder u. 28 Kirchengesänge enth. 8. (II, 110 S.) Regensburg 889. Coppenrath's Verl. n. — 50

Renner, Ludw., Liederbuch f. Volksschulen. Ausg. ohne Noten. 7. unveränd. Aufl. [86 Volkslieder u. 26 Kirchengesänge enth.] 12. (52 S.) Regensburg 892. A. Coppenrath's Verl. n.n. — 10

— Liederbuch f. Volksschulen. Ausg. ohne Noten. 8., unveränd. Aufl. [85 Volkslieder u. 26 Kirchengesänge enth.] 12. (52 S.) Ebd. 895. n.n. — 10

**Renner,** Ludw., Liederbuch f. Volksschulen, sowie f. die Unterklassen der Mittelschulen. 6. Aufl. 101 Volkslieder u. 28 Kirchengesänge enth. (II, 110 S.) kl. 8. Regensburg 901. A. Coppenrath's Verl. n. — 50

Renner, M., erweit. Grundregeln d. lat. Spr. 8. Augsb. Wolf. 794.

Renner, Max „Der Zeichenunterricht, ein wichtiges Mittel zur ästhetischen und praktischen Bildung des Volkes". pg. 3—29. 8°. J. Krämer.
München, Progr. 1885/86

**Renner,** Otto: Beiträge zur Anatomie und Systematik der Artocarpeen und Conocephaleen insbesondere der Gattung Ficus. Leipzig: W. Engelmann 1906. (S. 319—448.) 8°
¶(Aus: Englers Botan. Jahrbücher Bd 39 H. 3.)
München, Phil. Fak., Ref. Radlkofer, Diss. v. 18. Juni 1906
[Geb. 25. Apr. 83 Neu-Ulm; Wohnort: München; Staatsangeh.: Bayern; Vorbildung: Gymn. Ulm Reife Juli 01; Studium: München 10 S.; Rig. 18. Juni 06.]

**Renner,** Otto, appr. Arzt a. Wernigerode a. H.: Zur Statistik der Gallensteinerkrankungen und ihrer Komplikationen. München 1905: C. Wolf. (32 S.) 8°
München, Med. Fak., Ref. v. Bollinger, Diss. v. 18. April 1906
[Geb. 15. Dez. 79 Wernigerode; Wohnort: Wernigerode; Staatsangeh.: Preußen; Vorbildung: Gymn. Wernigerode Reife O. 00; Studium: München 5, Halle 1, Freiburg i. B. 1, München 3 S.; Coll. 18. April 06; Approb. 21. Febr. 05.]

**Renner,** Otto *(geb. Lüben in Schles. 21.11.1808)*: De steatomate. Vratislaviae (1831). (18 S., 1 Taf.) 4°
Breslau, Med. Diss. v. 10. Dez. 1831

Geschichte des Freimaurer-Klub „Zur Goldenen Lotosblume" zu Crimmitschau 1857—1907. [Unterz.:] [Otto Paul] **Renner.** Crimmitschau 1907: Böttcher & Neumerkel. 32 S. 8°
cf. L. 30 (1907) S. 175 (P. Fischer).
Mit Verzeichn. der Mitgl. von 1857—1907 u. ein Lied ohne Noten von O. Neumerkel.

**Renner,** Philipp, aus Langensalza, Referendar am Kgl. Amtsgericht zu Wernigerode a. H.: Die Schuldhinterlegung nach gemeinem Recht und dem Bürgerlichen Gesetzbuche für das Deutsche Reich. *Dessau 1901: Anhaltische Buchdr. Gutenberg.* (VIII, 58 S.) 8°
Erlangen, Jur. Diss. v. 10. Juni 1900

**Renner,** Robert, aus München: Zu Epiktets Diatriben. 1. Epiktet u. seine Ideale. 2. De Epicteteorum titulis. *Amberg 1904: H. Böes.* (69 S.) 8°
München, Phil. Diss. v. 1903

**Renner,** Robert: Epiktet und seine Ideale. Eine litterar-ethische Skizze. *Amberg 1903: H. Böes.* (54 S.) 8°
Amberg, k, humanist. G, P 1903*

**Renner,** Rudolf [app. Arzt aus Pforzheim]: Über die Resultate der Kastration bei Myomen des Uterus ... Tübingen, F. Pietzcker, 1895; 36 S. 8.
Tübingen Med. Fak., Inaug.-Diss. v. 1895

**Renner,** Sebald [aus München]: Ueber Ehen unter Blutsverwandten ... München, Buchdr. Kastner & Lossen, 1896; 21 S. 8.
München, Med. Fak., Inaug.-Diss. v. 1897

Renner, Theobald

— Abhandlungen für Pferdeliebhaber und Thierärzte, besonders für Officiere, Güterbesitzer und Oekonomen. Mit 1 Steindrucktafel. gr. 8. Jena 844, Luden. 2 ß

— s. Arboval, Wörterbuch der Thierheilkunde.

— — Cogitata quaedam circa hydrophobiae naturam. Diss. Berlin 10.

*Renner,* Theob., cogitata quaedam circa hydrophobiae naturam et medelam. Diss. inaug. med. 4. Moskau 810.

Renner, Theobald: Die Erkenntnis der Hundswuth und Berichtigung der Irrthümer, welche dieselbe oft verhindern von Th. Renner und Ernst Schenk. 36 S., gbd., Abb.

Jena: Luden 1844

**Renner,** Theob., etwas über die preuß. Pferdezucht und ihre Geschichte seit dem Tode Friedrichs des Großen. Mit Abbildung eines Gestütpferdes. (Separatabdruck aus dem 22. Jahrg. des Jahrbuchs für Pferdezucht.) 12. Weimar 846, Voigt. 2/3 ß

—— Veterinäratlas. Eine Sammlung der nötigsten Abbildungen für praktische Tierärzte. Zunächst zur Erläuterung des „neuen Wörterbuchs der Tierheilkunde." 1. Heft. (Mit 6 T. u. 6 Bl. Text.) gr. 4. Weimar 28. Land.-Ind.-Compt. M. 2.25

—— Wörterbuch der Tierheilkunde. (Dictionnaire de médicine et de chirurgie véterinaire v. Hurtrel d'Arboval.) S. a.: Wörterbuch d. Tierhlk. 4 Bd. A-Z. gr. 8. Ebd. 30—32. M. 45.—, herabges. Pr. M. 18.-

**Renner,** B., die Ernährung unserer Haustiere, s.: Merkblätter, landwirtschaftliche.

— Kurze Fütterungslehre m. Anleitung zur Aufstellung v. Futterrationen. Auf Grund der neuesten, insbesondere der Kellner'schen Forschgn. in leicht faßl. Form bearb. (IV, 68 S.) gr. 8. Stuttgart 907. E. Ulmer. Kart. 1.50

**Renner,** Vitus, vergl. S. v. Cosander.

**Renner,** Vict. v., Johann Andreas v. Liebenberg, der Römisch-kaiserl. Maj. Rat und Bürgermeister von Wien. Biographische Skizze. Aus Anlaß der zweiten Säcularfeier den 9. Septbr. 1683 auf Anregung des Bürgervereines im dritten Bezirke hrsg. Lex.-8. (30 S. mit Illustr.) Wien 883, v. Waldheim. *

Griechische Münzen. Für Schulzwecke zsgest. von Victor v. **Renner.** Mit Taf. T. 1. 2. *Wien: C. Fromme 1894–95.* 2 Bde 8°
1. Der Osten. 1894. 2. Der Westen. (Mit 3 Münzabb.) 1895. [04. 1949]

**Renner,** V. v., türkische Urkunden, den Krieg d. J. 1683 betr., nach den Aufzeichngn. d. Marc' Antonio Mamucha della Torre. gr. 8. (48 S.) Wien 888. Hölder. n. 1. —

— Wien im J. 1683. Geschichte der zweiten Belagerg. der Stadt durch die Türken im Rahmen der Zeitereignisse. Aus Anlaß der 2. Säcularfeier verf. im Auftrage d. Gemeinderathes der k. k. Reichshaupt- u. Residenzstadt Wien. Lex.-8. (XVII, 487 S. m. Illustr.) Ebend. 883. cart. n. 9. —; Pracht-Ausg. gr. 4. geb. n. 20. —

Renner, Wilhelm

**Renner,** die Beziehungen der Seeschiffahrt zur Binnenschiffahrt, s. a. Verbands-Schriften des deutsch-österr.-ungar. Verbandes f. Binnenschiffahrt. N. F. 6.

Die Beziehungen der Seeschiffahrt zur Binnenschiffahrt. Von [Wilh.] **Renner,** Civil-Ing., Köln. Mit 5 Taf.
Berlin: A. Troschel 1901. (15 S.) 8°
= Deutsch-Oesterr.-Ung. Verband f. Binnenschiffahrt. Verbands-Schriften. N. F. No 6.

– Naphta-Heizung auf Dampfschiffen, s.a. Verbands-Schriften des deutsch-österr.-ungar. Verbandes f. Binnenschiffahrt. Nr. 47.

Naphta-Heizung auf Dampfschiffen, im Speciellen bei d. Kanal- u. Flussschiffahrt. Anregung z. Einführ. e. wirthschaftlicheren Heizbetriebes. Von Dipl. Ing. **Renner,** Köln a. Rh.
Berlin: Siemenroth & Troschel 1899. (23 S.) 8°
= Deutsch-Oesterr.-Ung. Verband f. Binnenschiffahrt. Verbands-Schriften. No 47.

**Renner,** Wilh., Normalschiffstype f. Flussschiffe, s.: Baumgarten, Heinr.

– Schwimmdock für Flussschiffe, s.a. Verbands-Schriften des deutsch-österr.-ungar. Verbandes f. Binnenschiffahrt. Nr. 45.

S c h w i m m d o c k für Flussschiffe. Von Civiling. Renner, Köln, Rh. Berlin: Siemenroth & Troschel 1899. (24 S.) 8⁰
= Deutsch-Oesterr.-Ung. Verband f. Binnenschiffahrt. Verbands-Schriften. No 45.

**Renner,** die Wolga als Schiffahrtstrasse u. in ihrer wirthschaftl. Bedeutg., s.a.Verbands-Schriften d. deutsch-österr.-ungar. Verbandes f. Binnenschiffahrt Nr. XXXV.

Die W o l g a als Schiffahrtsstrasse und in ihrer wirthschaftlichen Bedeutung. Von Oberingen. [Wilhelm] Renner-Budapest, Werftdir. ...Berlin: Siemenroth & Troschel 1898. (2 Bl., 48 S., 4 Taf.) 1 Bd 8⁰
= Deutsch-Oesterr.-Ung, Verband f. Binnenschiffahrt. Verbands-Schriften. No 35.

**Renner,** Willy [aus Schkeuditz '(Prov. Sachsen)']: (I.) Einwirkung von Anilin auf 1,5-Diketone. (II.) Einwirkung von Hydroxylamin auf Benzalacetessigester ... Heidelberg, Univ.-Buchdr. v. Ph. Wiese, 1896; 39 S. 8.
Heidelberg, Naturw.-math. Fak., Inaug.-Diss. v. [7. Mai] 1896

**Renner,** Xav., praktisches Notiz- u. Nachschlagebuch f. Baumeister u. Baugeschäfte. 3. verb. Aufl. 12. (168 S.) München (901). (E. Scherzer.) Geb. in Leinw. n.n. 1.50

Rennerod [Schlagwort]

**Rennerod,** s.: Geologische Karten (Preussen).

**Rennerod,** s.: Preussen. Messtischblätter.

**Rennerstorfer,** Alois, heimliche Freuden, s.: Schul- u. Vereinsbühne, christliche.

(F) **Rennerstorfer,** A., Der steinerne Jäger. Dramatisierte Sage aus den Ennsbergen in 3 Aufzügen [Christl. Schul- und Vereinsbühne. Nr. 3.] 16⁰. (32 S.) K —.36
Wien: Hölder 1902.

(F) **Rennerstorfer,** A., Das sterbende Jahr. Ein Märchen in 2 Aufzügen. [Christl. Schul- und Vereinsbühne. Nr. 1.] 16⁰. (20 S.) K —.24
Wien: Hölder 1902.

— Land Pfui! Stadt Hui!, s.: Schul- u. Vereinsbühne, christliche.

**Rennerstorfer,** Alois, die böse Schloßfrau, s.: Schul- u. Vereinsbühne, christliche. Nr. 58.

**Rennerstorfer,** Alois, s.: Schul- u. Vereinsbühne, christl.

(F) **Rennerstorfer,** A., Der Spitalbau oder der Haderlump. Lustspiel in 3 Aufzügen. [Christl. Schul- und Vereinsbühne. Nr. 6.] 16⁰. (32 S.)
Wien: Hölder 1902.

— die Teufelsmühle am Spielberg od. Die Schwarzen sind an Allem Schuld, s.a.Schul- u. Vereinsbühne, christliche. Nr. 30.

(F) **Rennerstorfer,** A., Die Teufelsmühle am Spielberg oder die Schwarzen sind an allem schuld! Lustspiel in 4 Aufzügen. [Christl. Schul- und Vereinsbühne. Nr. 30.] 8⁰. (24 S.) K —.30
Linz: Urfahr. Verlag des Katholischen Pressvereines 1904.

**Rennert,** Beiträge zur Kenntniss v. den Missbildungen der Extremitäten beim Menschen. 1. Hft.: Der einfache Mangel der Extremitäten. Mit 4 lith. Taf. gr. 8. (32 S.) Frankfurt a/M. 882. Wilcke. n. 3. —

**Rennert,** Alfred, a. Duisburg a. Rhein: Studien zur altfranzösischen Stilistik. Versuch einer historischen Stilbetrachtung. Göttingen 1904: H. John, Halle a. S. (VI, 122 S.) 8⁰
Göttingen, Phil. Fak., Ref. Stimming, Diss. v. 21. Sept. 1904
[Geb. 1. Jan. 80 Duisburg; Wohnort: Duisburg; Staatsangeh.: Preußen; Vorbildung: Realgymn. Duisburg Reife O. 99; Studium: Göttingen 3, München 1, Berlin 2, Göttingen 4 S.; Rig. 11. Mai 04.]

Rennert, Carl, s. R e n n e r t , Karl

[F.] **Rennert,** Ernst *Friedrich Hermann* [aus Suhl, Prov. Sachsen, app. Arzt]: Ein Beitrag zur Epidemiologie der asiatischen Cholera ... Halle a. S., Buchdr. O. Thiele, 1895; 36 S., 1 Bl. 8.
Halle, Med. Fak., Inaug.-Diss. v. 23. Febr. 1895

**Rennert,** Hugo Albert [B. Sc., LL. B., A. M. of Philadelphia]: The Spanish Pastoral Romances ... (Erscheint vollst. in: Public. of the Mod. Lang. Assoc. of America, Bd VII No. 3.) Baltimore, publ. by the Mod. Lang. Assoc. of America, 1892; 1 Bl., 42 S. 8.
Freiburg i. B., Phil. Fak., Inaug.-Diss. v. 1892

Rennert, Karl

**Rennert,** Carl: Abraham de Wicquefort. Halle a/S. 1880: Ploetz. 66 S. 8⁰
Halle-Wittenberg, Phil. Diss. v. [30. Dez.] 1880
Geb. Weißenfels 1. 10. 1851. V.

**Rennert,** Malwine, in den menschlichen Dschungeln. Wie deutsche Mädchen im Auslande rechtlos sind, s.a.Rechtsfragen. 4. Heft.

**Rennert,** Malwine: In den menschlichen Dschungeln. Wie deutsche Mädchen im Auslande rechtlos sind. Ein Weckruf. — Leipzig: Dietrich 1905. 24 S. 8⁰ (Rechtsfragen. 4.)

**Rennert,** Max, a. Berlin: Die vollmachtlose Stellvertretung in ihren Innen- und Außenverhältnissen. Borna-Leipzig 1906: R. Noske. (50 S.) 8⁰
Heidelberg, Jur. Fak., Ref. Buhl, Diss. v. 15. Okt. 1906
[Geb. 21. Nov. 80 Berlin; Wohnort: Berlin; Staatsangeh.: Preußen; Vorbildung: Luisenstädt. Gymn. Berlin Reife M. 00; Studium: Lausanne 1, Berlin 6, Leipzig 2 S.; Rig. 9. Aug. 06.]

**Rennert,** Rud., das Feuerlöschwesen u. d. Rechte u. Pflichten der freiwilligen Feuerwehren in Preußen. Darstellung des Feuerlöschwesens u. des gesamten die freiwill. Feuerwehren betr. öffentl. u. privaten Rechts, Gesetz betr. die Hilfeleistg. bei Bränden, sämtl. Ministerial-Erlasse u. Verfüggn., Musterstatuten nebst Erläutergn. 2. Aufl. (VIII, 184 S.) 8. Berlin 910. Mayer & Müller. Kart. 3. —

Die Rechte und Pflichten der freiwilligen Feuerwehren in Preußen. Darstellung d. gesammten öffentl. u. privaten Rechts, Ministerial-Erlasse u. Verfügungen, Musterstatuten nebst Erl. Von R u d o l f **Rennert.** Büreauvorst. *Berlin: Mayer & Müller 1902.* (118 S.) 8⁰ [F.] [03. 10470

**Rennerth,** Christ(ianus) Joseph(us) Fried(ericus) *(geb. Gleiwit: 10. 9. 1802)*: De molari quadam graviditate. Vratislaviae (1828). (27 S.) 8⁰
Breslau, Med. Diss. v. 5. Jan. 1828

Rennes, Katharina v.

**Rennes,** Catharina v., in d. Musenwelt, s.: Snollon, Agatha.

Rennev, Arn., s. R e n n e w , Arnold

**Renneville**, die wohlthätige Fee. 8. Prag u. Wien 816. K. Haas. 20 gr

— Nina, od. die gute Tochter. Mit 9 Kpf. 8. Wien 817. K. Haas. 20 gr

v. **Renneville**, Frau, die Mutter als Erzieherin, oder Grundsätze der Höflichkeit, gestützt auf die Eigenschaften des Herzens. Aus dem Französ. übersetzt von einer Ungenannten. gr. 12. Coblenz 842, Hölscher. 2/3 Thlr

v. Renneville, Frau, Unterhaltungen eines kleinen Mädchens mit seiner Puppe. Nach d. Franz. von Gust. Holting. Mit 12 illum. Bildern. 12. Berlin 836. Winckelmann u. Söhne. 2/3 Thlr

Renneville, Konstantin de

**RENNEVILLE,** Const. de. Historie von der Baſtille in Paris / Worin nebſt vielen leßwürdig / traurigen / auch ſeltſam — und luſtigen Begebenheiten / die allda herrſchende, und in unterſchiedlichen Geſtalten erſcheinende Laſter, Geitz, Betrug und Ungerechtigkeit, mit aufrichtiger Feder beſchrieben werden. Erſter (Zweyter) Theil. O. O. 1727. (Titel rot und ſchwarz, der 2. Bd. mit Vignette.) 2 ſtarke Bde. 8°. Mit 32 äußerſt kurioſen, kolorierten Kupfern auf Unterſatzbogen.

Brunet IV, 1223 erwähnt die franzöſiſche Ausgabe. Äußerſt intereſſantes und ſeltenes Werk zur Geſchichte der franzöſiſchen Inquiſition und der Baſtille.

Renneville, Constantin de, Historie von der Bastille in Paris, Worinn, nebst vielen leßwürdig-traurigen, auch seltsamsten u. lustigen (oft anstößigen) Begebenheiten, die allda herrschende, u. in unterschiedlichen Gestalten erscheinende Laster, Geitz, Betrug u. Ungerechtigkeit, mit aufrichtiger Feder beschrieben werden von Monsr. —. Erster Theil, zweyte Auflage. O. O. 1758. (Ed. I: 1715.) 8°. Titel (roth u. schwarz), 7 Bll. Zuschrift (an Georg I. von England), 40 Bll. wichtige Vorr. des Verfassers, 552 S., 4 Bll. Reg. Columnen-Ueberschr.: „Französische Inquisition od. Beschreibung der Bastille." — Zweyter Theil. O. O. 1720. 8°. Titel (roth u. schwarz), 46 S. Vorst. (nämlich S. 1—4 Vorr. d. ungenannten [neuen] Uebersetzers, S. 5—18 Zuschrift de Renneville's an Prinz Friderich Ludwig, Enkel Georg's I., S. 19—46 Vorr. d. Verfassers), 456 S. (incl. 443 ff. Register). — Dritter Theil. O. O. 1722. 8°. Titel (roth u. schwarz), 3 Bll. Dedicatio (an den Herzog August zu Brnschw.-Lüneburg, Bruder Georg's I. v. England), 479 S. (incl. 473 ff. Register). — Vierdter u. lezter (!) Theil. O. O. 1724. 8°. Titel (roth u. schwarz), 7 Bll. Zuschrift d. Verf. (an den Grafen v. Sunderland, 1. Kammerherr u. Oberster Commissarius d. Schatzkammer Georg's I.), 500 S. (incl. *Anhang*, S. 449 ff.: „Historie von dem Abt Grafen v. Buquoy, biß zu seiner Entkommung aus der Bastille"), 10 unbeziff. Bll. Register. — Mit zusammen 48 interess. (unsignirten) Kupfern (z. Th. recht drastisch). Die Titelbll. zu 2, 3 u. 4 tragen eine große Ornament-Kartusche in Rothdruck, mit Bandschrift: „Allidor non Elidor". (Cplt. Mk. 36, schönes Expl., Fr. Klüber, 1901; 35 Kr. Halm & Goldmann, 1904; 30 Kr., „1720—58", Josef Grünfeld, 1906; 12 fl., „1715—24", ohne Titelbl. zu Bd. 3, Gilhofer & Ranschburg, 1897; jetzt theurer!)

Cplt höchst selten! Das Werk enth. viele liederliche Liebeshändel, die mit großer Freimüthigkeit erzählt sind. Hauptwerk über die Bastille! Darin auch die Greuel der Reformirten-Verfolgung seit der Aufhebung des Edictes v. Nantes, 1685.

Orig.: L'inquisition française, ou l'histoire de la Bastille, par M. *de Renneville*, 5 tomes. Avec nombreuses planches. Amsterdam 1719. (u. früher). 8°. (15 Mk., veat 1, Scheible, c. 1905.) Quérard III, 532. — Même ouvrage. 4 vols. avec suppl. = 5 tomes. Avec beaucoup de planches. Amsterdam et Leyde 1724. 8°. (8 Mk. Alfred Lorentz, Lpz., 1897.) Tous les 5 titres impr. en rouge et noir. La plupart des figg. sont scènes de la Bastille. Le tome 5 contient une histoire générale de l'inquisition. Les expls. cplts. avec toutes les planches sont rares et recherchés.

I: LXXXVI—477 pp., 10 pp. n. ch. „table des matières." Dédié à George I, roi de la Grande Bretagne (dont portr. et armes après le titre, Constantin Scut inv. et del., Ludovicus Surugue sc. 1715). II: XLIV—412 pp., 8 ff. „table", 1 f. d'errata. III: VII—416 pp., 7 ff. „table", 1 f d'errata. IV: IX—408 pp.-B ff., „table", 1 f. d'errata. V: Titre, 438 pp., 13 ff. „table".

**Renneville**, Const., Historie der Bastiue zu Paris. 4 Thle. 8. Nürnb. 758. Felssecker. 1 Thlr 16 gr

Rennew, Arnold

—— das Ende der Welt nahet, s. a. Ende.

Rennew, Arnold, das Ende der Welt nahet! Des heil. Malachias, Primaten von Irrland, Weissagungen über die 12 letzten Päpste u. deren Vorgänger bis hinauf zu Cölestin II., nebst Hinweisungen auf d. bevorstehende Ende der Welt. 3., unveränd. Aufl. 12. (2 B.) Borken 846. [Münster, Coppenrath'sche Bh.] *

**Rennew, Arnold [Ferd. Wenner]**, Das Ende der Welt nahet! Des hl. Malachias, Primaten von Irland, Weissagung über die 12 letzten Päpste u. deren Vorgänger bis hinauf zu Cölestin II., nebst Hinweisung auf das bevorstehende Ende der Welt. Zusammengetragen u. nach den besten Quellen bearbeitet. Borken, Brunn, 1847, 45 S., 16°, 3. Aufl., 40 Pf.

—— Die vielfach besprochene berühmte Weissagung des Eremiten von Orval. Aus dem Franz. übers. u. mit Anmerkungen versehen. Coesfeld 1849.

—— Pater Riccis Weissagung. Borken 1848.

**Rennew, Arn. [Ferd. Wenner]**, Frater Hermann von Lehnins Weissagungen über die Schicksale des Hauses Brandenburg. Münster, Brunn, 1848, 4. Aufl.

1. Aufl. Borken 1845.

**Rennev**, Arn., das freie Wort und die freie That. (Preßfreiheit, Constitution und Organisation der Arbeit vom ächtchristl. Standpunkte aus.) gr. 8. Borken 846, Brunn. (Cöln, Lengfeld.) n. 1/6 Thlr

**Rennew**, A., das freie Wort u. die freie That; (Preßfreiheit, Constitution u. Organisation der Arbeit vom ächt-christlichen Standpunkte aus.) gr. 8. (39 S.) Borken 847, Brunn. (Cöln, Lengfeld.) n. 1/6 Thlr

**Rennfahrer**, d. bedeutendsten, d. Welt. I.—III. Serie. qu. 4. (à 15 photozinkogr. Taf. m. 1 Bl. Text.) Berlin 897. 98 Emil Schwarz. In Mappe à n. 1.—

**Rennfahrer**, die bedeutendsten, der Welt. IV. u. V. Serie. qu. 4. (à 15 photozinkogr. Taf. m. 1 Bl. Text.) Berlin (898. 899), E. Schwarz. In Mappe à n. 1.—

**Renn-Geschichten.** Hrsg. v. „Sport im Bild". 12. (119 S.) Berlin 898. Charlottenburg, Sport im Bild. 1.—

Renngesetze und Kampfregeln für die leichte Athletik. Festgesetzt vom österreichischen Sportausschuss für leichte Athletik. Wien. 1902. Verlag des österreichischen Sportausschusses für leichte Athletik. [In Comm.] Allgem. Sportzeitung. (Victor Silberer.) 8°. 10 S. K —.20

**Renngesetze**, die, f. Oesterreich-Ungarn. Autoris. Ausg. 16. (VI, 34 S.) Wien 888. Verlag der Allg. Sport-Zeitung. n. 2.—

**Renn-Gesetze d. Union-Klub.** Reglement f. die Flachrennen u. Rennen m. Hindernissen u. allgemeine auf die Rennen bezügl. Bestimmgn. des Union-Klub. (129 S.) 8. Berlin (W. H. Kühl). n. 4.80

**Rennie**, James, die Baukunst der Insecten, s. Wochenbände. Nr. 99—108.

— die Baukunst der Vögel, s. a. Wochenbände.

Rennie, J., die Baukunst d. Vögel. M. 82 Abbild. (Kpfrst.) gr. 12. (18½ B.) Leipzig 835, Baumgärtner.

**Rennie, J.**, Engineering Bridge Works. Practical (A) Treatise on Bridge Building, edited by Edward Cresy; consisting of a splendid Series of Examples from the great Engineering Bridge Works of all Countries, founded on the Works of that eminent Engineer, John Rennie, with nearly 200 copper plate engravings by the most eminent Artists, folio. Part I and II. each. London, Black et Armstrong. à $8^3/_4$ Thlr.

Rennie, J., Fähigkeiten u. Kräfte d. Vögel. A. d. Engl. 2 Abthln. gr. 12. ($24^1/_6$ B. u. viele Holzschn.) Leipzig 839, Baumgärtners Buchh.

— die Lebensweise der Vögel. 1e u. 2e Abthl. Mit 83 Abbildd. gr. 12. Ebd. 835, 36. (à $^7/_8$ Thlr.) $1^3/_4$ Thlr.

Rennie, J., Wunder d. Insektenwelt, od. Insekten-Verwandlungen. 2 Abthln. gr. 12. Leipzig 836, Baumgärtners Buchh. [1. (11 B. u. 77 Abbildn. in Holzschn.), 2. (11 B. u. 57 Abbildn. in Holzschn.) à $^7/_8$ Thlr.] Thlr.

Wilhelm Christoph Renniger

Catalogus omnium medicamentorum tam simplicium quam compositorum ut & chymicorum in officina aulico-pharmaceutica Brunsvicensi prostantium, quem ordine alphabetico conscripsit Wilhelm Christoph Renniger. Brunsvigae 1706: Zilliger. 98 S. 8

**Renning.** Landwirthschaftliche Briefe über England. Dresden 1862. 12.

Renninger, Joh. Bapt. Sein Leben u. Wirken, s. Braun, C.

**Renninger, Erh. Ph.**, († d. 8. Aug. 1826.) einige Bemerkk. zu den Wolken des Aristophanes v. 276—290 u. v. 298—312. Progr. 4. Riga 815.

— s. ferner: Platonis Eutyphro. — Terenz Heautontimorumenos. — Theater der Griechen.

— Uebersetzungsversuch der Beschreib. d. Pest in Athen, aus Thukydides Gesch. d. Peloponn. Kriegs. Progr. 4. Riga 820.

Renninger, J., die Grundlage christlicher Politik. gr. 8. (VII, 97 S.) Würzburg 879, Woerl. *

**Renninger**, Joh. Bapt., Pastoraltheologie, s.: Bibliothek, theologische.

**Renninger,** Karl [app. Arzt aus Bad Kissingen]: Floride, rachitische Funktionsstörungen ... Würzburg, Buchdr. d. „Neuen Bayer. Landeszeitg", 1894; 48 S., 1 Taf. 8.
München, Med. Fak., Inaug.-Diss. v. 1894

Renn-Kalender für Deutschland nebst mehreren Registern. Herausg. von C. H. Vogler. Jhg. 1843—51. Berlin 1844—51. 12.
Vorher: Taschen-Rennkalender.

—— Deutscher, f. d. J. 1852—62. Th. 1. herausg. von C. H. Vogler. Berlin. 12.

—— für Deutschland im Anschluss an die bisher von C. H. Vogler herausg. Jahrgänge bearbeitet von F. André. Jhg. 1863—67. Th. 1. 2. Abth. 1. Berlin. 8.

**Renn-Kalender** für Deutschland hersg. vom General-Secretariat des Unions-Clubs. Jahrg. 1868 u. 1869. à 2 Thle. Berlin, Bernstein. 8. (165 S., IV, 207 S., VII, 131 S. u. IV, 247 S.) Jeder Thl. 1 Thlr.

**Renn-Kalender** für Deutschland hersg. vom General-Secretariat des Unions-Clubs. Jahrg. 1870. 1. Thl. Berlin, Bernstein. 8. (VIII, 128 S.) n. 1 Thlr.

**Renn-Kalender** f. Deutschland hrsg. vom General-Secretariat d. Unions-Clubs. Jahrg. 1871. 2 Thle. 8. (VII, 92 u. III, 132 S.) Berlin, Bernstein. n. 3. —

—— dass. — Jahrg. 1872—1874. à Jahrg. 2 Thle. 8. Berlin, Expedition des Sporn. à Jahrg. *

**Renn-Kalender** für Deutschland. Hrsg. vom General-Secretariat des Unions-Clubs. Jahrg. 1875—1879. à Jahrg. 2 Thle. (à Jahrg. ca. 400 S.) 8. Berlin, Unions-Club. à Jahrg. *

Renn-Kalender für Deutschland. Hrsg. vom General-Sekretariat des Union-Klub's. Jahrg. 1880—1884. 8. (à Jahrg. ca. 400 S.) Berlin, (Kühl.)
Jahrg. 1880—1883 à *
Jahrg. 1884 *

Renn-Kalender für Deutschland. Hrsg. vom General-Sekretariat des Union-Klub's. Jahrg. 1885—1888. 8. (VIII, 376; VIII, 384; IX, 414; XIV, 357, 77 S.) Berlin, (Kühl.) à Jahrg. *

**Renn-Kalender** f. Deutschland. Hrsg. vom General-Sekretariat d. Union-Klubs. Jahrg. 1889. 12. (XLVIII, 389 u. 78 S.) Berlin (Kühl). n. 16. —

Renn-Kalender f. Deutschland. Hrsg. vom General-Sekretariat d. Union-Klub's. Jahrg. 1892. 12. (462 S.) Berl., (Kühl). * 12 —
Erscheint jährlich. — Preis bis incl. 1890 à Jahrg. * 16 —.

**Renn-Kalender** f. Deutschland. Hrsg. vom General-Sekretariat des Union-Klubs. Jahrg. 1893. 8. (XIX, 510 u. 108 S.) Berlin 894. (W. H. Kühl.) n. 12. —

**Renn-Kalender** f. Deutschland. Hrsg. v. General-Sekretariat d. Union-Klubs. Jahrg. 1896. 8. (XXII, 572 u. 156 S.) Berlin 897. (W. H. Kühl.) n. 12. —

— dasselbe, Fortsetzg., s.: Jahres-Renn-Kalender.

**Renn-Kalender,** illustrierter, des illustr. österr. Sportblattes f. d. J. 1910. (32 S. m. Abbildgn.) gr. 8. Wien, H. Goldschmiedt. — 50

**Renn-Kalender** für Oesterreich-Ungarn 1883. Herausgegeben vom General-Secretär des Jockey-Club. Mit Anhg.: Renn-Reglement. kl. 8. (27 B.) Wien, Fr. Beck's Verlag. 3 fl. N. b. 1884

**Rennkalender** f. Oesterreich-Ungarn. Herausg. vom General-Secretariate des Jockey-Club f. Oesterreich. Jahrg. 1884. 8. (XXVIII u. 387 S.) Wien, *Friedr. Beck. Geb. 3 fl. N. b.
1885

Renn-Kalender für Oesterreich-Ungarn. Hrsg. vom General-Secretariate des Jockey-Club für Oesterreich. Jahrg. 1885—1887. 8. (XXI, 449; XXII, 456; XXIV, 542 S.) Wien 886—88, F. Beck. geb. à Jahrg. *

**Rennkalender** für Oesterreich-Ungarn. Herausgegeben vom General-Secretariate des Jockey-Club für Oesterreich. Jahrg. 1888. 8. (XXVI, 616 S.) In Leinwd. geb. 3.—
Wien: Beck 1889.

—— dass. — Jahrg. 1889—1891. 12. (XXIX, 703; XXVIII, 654, 58; XXIX, 566, 192, 59 S.) Ebd. 890—92. geb. à Jahrg. · 10 —

— f. Oesterreich-Ungarn. Hrsg. vom General-Secretariate d. Jockey-Club f. Oesterreich. Jahrg. 1891. 12. (XIX, 567; III, 192 u. 59 S.) Wien 892. Frdr. Beck. Geb. in Leinw. n. 10. —

— österreichisch-ungarischer [Races past.]. 2. Jahrg. 1869. Unter Controle des Jockey-Club zusammengestellt von H. Wackerow. Wien 870. Gerold's Sohn in Comm. 8. (IX, 126 S.) n. 1 Thlr.

—— dass. — Hrsg. von der Redact. des „Sportblatt". Jahrg. 1872—1875. à Jahrg. 2 Thle. 8. (ca. XVI, 120—150 S.) Wien, (Fr. Beck's Verlag.) à Thl. *

— österreichisch-ungarischer. Hrsg. v. der Red. d. „Sport". Jahrg. 1876. 2 Thle. 8. (1. Thl. LIV, 146 S.) Wien, F. Beck in Comm. à n. 3. —

—— dass. — Jahrg. 1877—1879. à Jahrg. 2 Thle. 8. (LV, 137, IV, 211; LVIII, 124, IV, 201; XXVIII, 113, 184 S.) (Ebendas.) à Thl. * ℳ 6.; à Jahrg. *

—— österreichisch-ungarischer. Hrsg. von der Redact. des „Sport". Jahrg. 1880—1884. 8. (...; XXVII, 187; XXVI, 204; XXVII, 339; XXVIII, 387 S.) Wien, (F. Beck.) à Jahrg. *

**Rennlitw**, A. M., s.: Willner, A. M.

**Rennpferde**, die bedeutendsten, in anerkannt vorzüglichen Photographien. Eine Collection v. ca. 75 Blatt. qu. Fol. Berlin 874. Schnaebeli. Subscr.-Pr. à Bl. 2. —; einzelne Blatt à 3. —

**Renn-Reglements** für Velocipede-Rennen. Ausgearbeitet von der Redaction der Allgemeinen Sport-Zeitung. Wien o. J. V: *Silberer*, *Victor.* (Russell XIII, 1340)

**Renn-Resultate** pro 1887. Taschen-Ausg. Juni 1887. 16. (64 S.) Berlin, (Bouillon). n. — 75

—— pro 1887. Enth. die Resultate aller Rennen Deutschlands für das J. 1887 und derjenigen Rennen Oesterreich-Ungarns, in denen Pferde gelaufen, welche auch in Rennen auf deutschen Bahnen genannt sind. Taschen-Ausg. Juli und Aug. 1887. 16. (112; 168 S.) (Ebendas.) à *

— dasselbe. Septbr. 1887. 16. (226 S.) Ebd. 887. n. 1. 20

— dass. — Juni 1888. 16. (139 S.) (Ebendas.) *
Nicht weiter erschienen.

Rennsteig [Schlagwort]

**Rennsteig**, s.: **Thüringen, Routenkarte.**

**Renn-Taschenbuch** für Deutschland, Oesterreich u. Ungarn. Jahrg. 1880. 8. (XI, 115 S.) Hamburg, Eug. Richter. n. 1. 50

**Renn-Vademecum.** Ein Notizbuch auf den Turf. 8. (102 S. mit Notizb.) geb. 1 fl. 50 kr.
Wien: Beck 1882.

**Renn-Vademecum** für 1882 und 1883. 1. und 2. Jahrg. 16. (IV, 186; III, 196 S.) Wien, F. Beck. geb. à Jahrg. *
Nicht weiter erschienen.

Rennwegthor. Das R' und die Umgestaltung des Rennweges. Zürich 1891 sa[Kraut, Rudolf].

**Rennwegthor, Das,** und die Umgestaltung des Rennweges. Zürich 1891. V: ***Kraut*, *Rud.*** **(Cat. d. Stadtbibl. Zürich. Zürich 1864—97.)**

**Rennwegthor**, das, u. die Umgestaltung d. Rennweges. Vortrag, geh. im Rennweg-Quartier-Verein. gr. 8. (15 S. m. Abbildgn.) Zürich 891. Kraut-Boßhart. n. — 50

**Rennwetten**, Anglomanie od. Pferdezucht u. Reitkunst. Ein Beitrag zum Spielerprozeß in Hannover. gr. 8. (16 S.) Leipzig 894. H. Beyer. — 30

[Umschlagt.:] [F.] Rennwolffahren und Schneeschuhlaufen. Prakt. Winke v. Wintersportverl. Schutzm. „Tourist" ... Berlin: (Dr. v. A. Winser [1896].) (24 S.) 1 Bd 8°

**Reno**, Karl, aus Cöln a. Rh., Assistenzarzt im 10. Rhein. Inf.-Reg. No 161: Aus d. chirurg. Klinik d. Universität Bonn. Beitrag zur Kasuistik der Darmintussusception. *Aachen 1902: 'Volksfreund'.* (21 S.) 8°
Bonn, Med. Diss. v. 18. Juli 1902

**Renold,** Wilhelm, aarg. Fürsprech, bacc. jur. a. Dättwill (Kanton Aargau): Das Schweizerische Bundesverwaltungsstrafrecht. Materiellrechtlicher Teil: Systematische Darstellung der allgemeinen Bestimmungen und Übersicht der einzelnen Bundesverwaltungsvergehen. Zürich 1905: Schulthess & Co. (XIII, 162 S.) 8°
Leipzig, Jur. Fak., Diss. v. 2. Aug. 1905
[Geb. 24. Dez. 77 Dättwill, Kant. Aargau; Wohnort: Lausanne; Staatsangeh.: Schweiz; Vorbildung: Gymn. Aarau Reife O. 97; Studium: Heidelberg 2, München 1, Leipzig 3, Bern 2 S.; Rig. 13. Febr. 01.]

**Renold**, Bundesverwaltungsstrafr., s.Beiträge, Zürcher.

Das Schweizerische Bundesverwaltungsstrafrecht. Von Dr. jur. Wilhelm **Renold**. Materiellrechtl. T. Zürich: Schultheß & Co. 1905. 8°
Erschien auch als Inaug.-Diss. Leipzig 1905.
= **Beiträge**, Zürcher, z. Rechtswissenschaft. 7. [05. 1946]

**Renoldi,** Wilhelm, Referendar in Essen a. d. Ruhr: Der obligatorische Vertrag bei der Veräußerung und dem Erwerbe von Grundstücken. Ein Beitrag zur Auslegung des § 313 B.G.B. Borna-Leipzig 1907: R. Noske. (VIII, 45 S.) 8°
Leipzig, Jur. Fak., Diss. v. 17. Aug. 1907
[Geb. 30. März 80 Essen; Wohnort: Essen; Staatsangeh.: Preußen; Vorbildung: Kgl. Gymn. Essen Reife O. 99; Studium: Freiburg i. B. 1, München 1, Berlin 1, Bonn 4 S.; Rig. 27. Mai 03.]

(F) **Renolt**, H., Worte der Sehnsucht. Gedichte. 8°. (61 S.) K —.80
Graz: Verlagsbuchhandlung „Leykam" 1906.

Renouard, K.

—— das norddeutsche Bundes-Corps im Feldzuge von 1815, mit besonderer Rücksicht auf die kurhessischen Truppen. Nach handschriftl. Originalien und anderen Quellen bearb. Mit 10 Beilagen und 1 (lithogr.) Uebersichtskarte (in gr. Fol.) gr. 8. (VIII und 284 S. mit 1 Tab. in qu. Fol.) Hannover 859, C. Rümpler. *

Renouard, C., das norddeutsche Bundes-Corps im Feldzuge von 1815, mit besond. Rücksicht auf die kurhess. Truppen. Nach handschriftl. Orig. und anderen Quellen bearb. 2. (Titel-)Aufl. gr. 8. (VIII und 284 S. mit 1 Tab. in qu. Fol., 10 Beilagen und 1 lithogr. Uebersichtskarte in Fol.) Hannover (859)65, Rümpler.

—— Geschichte des Krieges in Hannover, Hessen und Westfalen von 1757 bis 1763. Nach bisher unbenutzten handschriftl. Orig. und andern Quellen politisch-militairisch bearb. 3 Bde. gr. 8. Cassel 863,64, Fischer. [1. Bd. (XVI und 848 S. mit 9 Stnt. in Fol. und gr. Fol.) * 3 Thlr. 10 Ngr., 2. und 3. Bd. (XVI und 1617 S. mit 18 Stnt. in Fol. und gr. Fol.) * 6 Thlr. 10 Ngr.] *

— Geschichte des französischen Revolutionskrieges im J. 1792. Grossentheils nach bisher unbenutzten handschriftl. Originalien so wie anderen Quellen politisch-militärisch bearb. Cassel 865. Fischer. gr. 8. (XII, 496 S. mit 6 Beilagen und 1 lith. Uebersichtskarte in Fol.) 2 ℛ 15 ngr.

**Renouard,** C., die Kurhessen im Feldzuge von 1814. Ein Beitrag zur hessischen Kriegsgeschichte. Nach handschriftlichen Originalien und anderen Quellen bearb. Mit 18 Beilagen u. 1 (lith.) Uebersichtskarte (in 4.). Gotha 857. Scheube. 8. (XII, 300 S.) n. 1 ℛ. 10 ngr.

—— die Kurhessen im Feldzuge von 1814. Ein Beitrag zur hessischen Kriegsgeschichte. Nach handschriftl. Originalien und anderen Quellen bearb. Mit 18 Beilagen und 1 (lithogr.) Uebersichtskarte (in Fol.) gr. 8. (XII und 299 S.) Gotha 857, [T. O. Weigel.] *

**Renouard, C.,** Aus dem Leben des Offiziers. Anschauungen und Urtheile betreffs militairischer Verhältnisse und Leistungen. gr. 8. (III und 179 S.) Hannover 859, C. Rümpler. *

**Renouard, C.,** Leitfaden zur Auffassung des Wesens, der Bedeutung, der Darstellungsweise und des Studiums der Kriegsgeschichte. gr. 8. (IV, 114 S.) Kassel [Leipzig und Berlin] 868, Luckhardt'sche Verlagsh. *

[F.] Erinnerungen eines alten Rossleber's aus d. Jahren 1838 bis 1842 v. M[aximilian] v. Renouard, Oberst z. D. *Berlin: Schall & Grund [1897?].* (98 S.) 1 Bd 8. [97. 2455

**Renoüard de Bussierre, B. Th.,** Voyage en Sicile. gr.in-8. Paris et Strasbourg 837. Levrault. $2^{1}/_{2}$ ℳ

RENOUF, EDWARD. Ueber das Dimethyl-Hydrazin. (Freiburg) München, 1881.

**Renouf, Sir Peter Le Page,** the Life-Work. I. Series. Egyptological and Philological Essays. Vol. I—IV. gr. 8. Leipzig, J. C. Hinrichs' Verl.
Geb. in Leinw. à nn 25. —
I. Edited by G. Maspero and W. Harry Rylands. (III, 460 S. m. 1 Bildnis u. 8 Taf.) (Paris) 902.
II. Edited by Edouard Naville and W. Harry Rylands. (459 S. m. 2 Taf.) (Paris) 903.
III. Edited by Edouard Naville and W. Harry Rylands. (II, IV, 558 S. m. 8 Taf.) Paris 905.
IV. The Book of the Dead. Translation and commentary. Continued and completed by E. Naville, Biography of Sir P. Le Page Renouf. (CLVII, 398 S. m. Abbildgn. u. 62 Taf.) 907.

**Renouf,** P. Le Page, Vorlesungen über Ursprung u. Entwickelung der Religion der alten Aegypter. Autoris. Uebersetzung. gr. 8. (VII, 240 S.) Leipzig 881. Hinrichs' Verl. n. 5. —

Renoult, Jean Baptiste

§ **RENOULT** („gewesener Römisch-Cathol. Prediger"). — Begebenheiten der Madona (!) u. des H. FRANCISI von Assisi, aus verschiedenen Römisch-Catholischen Schrifften zusammen getragen, u. auf eine ergötzende Art vorgestellt, woraus man den Ungrund des Pabstthums, ohne einigen Streit, sattsam erkennen kan, vormahls von dem Herrn RENOULT, —, in Französischer Sprache beschrieben, u. wegen seiner Seltenheit ins Teutsche übersetzt. Mit (10) unsign. curiosen Kpfr. (incl. Kpftit.). Cöln am Rhein (Berlin, Rüdiger), 1736. 8⁰. (In Dresden: 8⁰ Vit. Sanct. 525, schönes Expl.) (2 Rthl. Scheible, vor 1875; 4 Mk. 50 Pfg. Th. Ackermann, vor 1885; jetzt theurer!)

Kpftit., Tit., 14 Bll. Zuschr. (an Carl XII., König in Schweden), 208 S. (incl. 1 Bl. Reg.)

Orig.: Les avantures de la Madona et de François d'Assise. Recueillies de plusieurs ouvrages des Docteurs Romains; écrites d'un stile récréatif; en même temps capable de faire sentir le ridicule du Papisme sans aucume controverse. Par Mr. Renoult. Cy-devant prédicateur en l'Eglise Romaine & à présent ministre du St. Evangile. Avec 10 grav. (y compr. le frontisp., La Feuille excud.). (A la sphère.) Amsterd., Nic. Chevalier & Jacques Tirel, M.DCCI. (1701.) 8⁰. Première éd. non citée par Cohen. (In Zürich.) 10 ff. prél., 133 pp. de texte, 2 pp. n. ch. pour la table (des 10 chap.), 1 f. blanc. — Chap. VI: Les galanteries de la Madona avec ses dévots (av. gravure curieuse). — Liber prohib. sacrae congregationis indicis Romanae decreto 26. Octbd. 1701. Clemente XI papa. — Volumne rare et recherché! (16 Mk. Max Perl's März-Auct. 1909 no. 875 (mit 1 Beibd.) — Le même. Ibid., Dan. de la Feuille, 1701. 8⁰. Avec 10 figg. (In Wolfenbüttel.) — 3ème éd. Ibid., chez les héritiers de Daniel la Feuille, 1745. 8⁰. Frontisp. et 8 figg. (H. Bukowski's Stockholmer Novbr.-Auct. 1884. No. 996.) — Réimpr. Paris 1882. 8⁰. (2 Mk. 50 Pfg., demiveau, M. Edelmann, Nürnb., 1904.)

**Renouvellement** périodique des Continents terrestres. 8. Leips. Wolf. Rthlr.

**Renouvier, Charles,** republikanischer Katechismus, oder: Grundzüge der Verhältnisse des Menschen und des Bürgers in der Republik. Aus dem Französ. Veröffentlicht unter den Auspicien des provisor. Ministers des öffentl. Unterrichts. gr. 16. (48 S.) Heidelberg 848, Groos. *

Hans Michael Renovanz

Mineralogisch-geographische und andere vermischte Nachrichten von den altaischen Gebürgen russisch kayserlichen Antheils. Von H[ans] M[ichael] Renovantz [Renovanz]. Reval: Verf. 1788. XIX, 272 S.

**Renovanz,** H. Mich., mineral. geogr. u. a. verm. Nachr. v. d. Altaisch. Gebirgen, Ruß. Antheils, m. K. gr. 4. Freyberg, Crat. 789.

**Renovanz,** L., Chronik der Fürstlich Schwarzburgischen Residenzstadt Rudolstadt, oder nach den besten Quellen bearbeitete Erzählung alles Dessen, was sich auf die Entstehung und Entwickelung der Stadt Rudolstadt, ihre Regenten rc. von den ältesten Zeiten bis auf die neueste Zeit bezieht. Mit einigen Zugaben. Mit 1 lith. Abbildg., Rudolstadt vor 200 Jahren darstellend. 4 Hefte. Rudolstadt 859, 60. (Erfurt, F. W. Otto.) 8. (378 S.) Jedes Heft $7^{1}/_{2}$ ngr.

**Renovatio, Triduana spiritus,** quam congregatio latina major ... instituit ... Constantiae 1770. V: *Scherer, Franz Xaver.* (Jes)

**Renovation,** die, der Domkirche in Freising durch den Fürstbischof Veit Adam. Nach Akten im erzbischöfl. Archiv u. in der Kapitel-Bibliothek in München. (Von B. W.) 16. (28 S.) Freising 888. (Datterer.) — 40

**Renrist, M.,** Denkschrift über den Aufschwung der Gewerbe und der Landwirthschaft im Umfange des großen deutschen Handels-Vereines, in nächster Beziehung auf die am diesjähr. Oktoberfeste zu München ausgestellten Sammlungen aus dem Gebiete des Ackerbaues und der Industrie. gr. 8. München 835. Franz. 5 gl

**Renrög,** Julia u. Romeo, s.: Theater, deutsches.

**Rensburg,** Eduard *Hermann* [Referendar aus Bonn]: Die Anwendungsfälle der actio ad exhibendum ... Bonn, Buch- u. Steindr. J. Bach Wwe, 1896; VII, 62 S., 1 Bl. 8.
Erlangen, Jur. Fak., Inaug.-Diss. v. 1896

**Rensburg,** Hermann, aus Bonn a. Rh.: 5 Fälle von Fremdkörpern in den Luftwegen. *Saarlouis 1900: F. Stein Nachf.* (32 S.) 8°
Bonn, Med. Diss. v. [3.] Okt. 1900

**Rensch, ...,** s. Karl Gutmann in Halle.

Rensch, Carl Wilhelm, s. Rensch, Karl Wilhelm

**Rensch,** Friedrich Hermann, appr. Arzt aus Eisleben: Statistische Betrachtung der Typhusfälle in den Jahren 1890—1898 im Krankenhause l. J., II. Medizinische Abteilung. *Eisleben 1901: E. Schneider.* (38 S.) 8°
München, Med. Diss. v. 1901

Rensch, Karl Wilhelm

**Rensch,** Carl Wilhelm: Ein Fall von doppelseitiger Pyonephrose nach Nephrolithiasis. *München 1897: E. Schneider, Eisleben.* (14 S.) 8°
München, Med. Diss. v. 1898

Rensch, Walter

**Rensch,** Walt. (Gualter.), de manumissionum titulis apud Thessalos, s. a. Dissertationes philologicae Halenses. XVIII, 2.

**Rensch,** Gualterus, Megalopolitanus: De manumissionum titulis apud Thessalos. Halis Sax. 1908: E. Karras. (S. 65—131.) 8° ¶ (Aus: Diss. Philol. Halenses Vol. 18.)
Halle, Phil. Fak., Ref. Kern, Diss. v. 24. Juli 1908
[Geb. 8. Aug. 84 Rostock; Wohnort: Halle a. S.; Staatsangeh.: Mecklenburg-Schwerin; Vorbildung: Gymn. Rostock Reife O. 03; Studium: Rostock 3, Berlin 3, Rostock 2, Halle 3 S.; Rig. 5. März 08.]

**Renschüt**, E., das gelöste Problem: Knaben od. Mädchen nach Wunsch zu zeugen. Gemeinverständliche Abhandlg. auf wissenschaftl. u. statist. Grundlage. gr. 8. (32 S.) Berlin 893. E. Streisand. n. 1. 50

Renschild, Karl

**Renschild**, Carl, bunte Falter. Märchen. Mit e. Prologe v. Carl Biberfeld. 8. (VIII, 127 S.) Berlin 894. G. Wattenbach. n. 1. 40

— Falter u. Mücken. Märchen u. Humoresken. [Bunte Falter. Lustige Mücken.] Mit e. Prologe v. Carl Biberfeld. 2 Thle. in 1 Bd. 8. (VIII, 127 u. III, 129 S.) Ebd. 894. n. 2. 80; geb. n. 3. 80

**Renschild**, Carl, aus e. oberschlesischen Kleinstadt. Skizzen. gr. 8. (V, 94 S.) Kattowitz 897. G. Siwinna. n. 1. —

— lustige Mücken. Humoresken. 8. (III, 129 S.) Ebd. 894. n. 1. 40

Renschle

— C. G., Tafeln complexer Primzahlen, welche aus Wurzeln der Einheit gebildet sind. Auf dem Grunde der Kummer'schen Theorie der complexen Zahlen berechnet. Berlin 1875.

*Renseignemens* sur la situation et la nature des Marais du Danube en Bavière, avec une charte topograph. Manh. 801. Kauffmann. 8 gr.

Université de Lausanne. Renseignements pratiques fournis aux Etudiants étrangers par le Comité de patronage. 7 p. 8. Lausanne, Adrien Borgeaud, 1901.

Renseignements pratiques pour visiter l'Oberland Bernois (Suisse). Registre des hôtels, Climat, altitudes, Moyens de communication. Publié par la Société des communications de l'Oberland Bernois, Interlaken (Suisse). [Couverture illustrée.] IV + 32 p. 8. Bern, A. Benteli, [1902].

Rensen, P. von: Der holländische Härings- und Frischfischfang, s. Freeden, W. von

Rensing, Bernhard Ambr. Benedikt

**Apologie** d. Schriften d. Hrn. B. Overberg, wider d. Recensionen derselben im 1sten Stück d. n. allgem. deutschen Bibliothek, von e. kathol. Geistlichen (Bhrd. Ambr. Bdkt. Rensing). 8. Dorsten 808.

— s. J. B. Bodde, Bericht.

**Rensing**, Bhrd. Ambr. Bdkt., die Lebensgesch. des heil. Franz v. Sales, Bischofs von Genf. gr. 8. Paderb. 818. Wesener. 1 rthl 8 gr.

— Rede bei der ersten Communion d. Kinder. Duisb. 806. Bädeker. 3 gr.

Rensing, B. A. B., Spiegel christl. Vollkommenheit, od. d. heil. Franz. v. Sales Aussprüche u. Lehren üb. d. wichtigsten Heilswahrheiten, bekräftiget durch sein erhab. Beispiel. Zur Erbau. u. z. Unterr. aus d. Schriften des Heiligen u. seiner Vertrauten zusammengestellt. A. d. Nachlasse d. Verstorb. hrsg. v. sein. Freunden. 8. (15½ B. u. Ttlbild.) Münster 836, Deiters. ½ Thlr., Schrbp.

**Rensing**, B. A. B., Spiegel christlicher Vollkommenheit, oder des heil. Franz. v. Sales Aussprüche u. Lehren über die wichtigsten Heilswahrheiten, bekräftigt durch sein erhabenes Beispiel. 2. verm. Ausg. 8. (Mit 1 Stahlst.) Münster 843, Deiters. ½ rthl

Rensing, Ernst Wilhelm (Darmstadt) [ Auctor ]
Dissertatio inauguralis medica de lienteria.
Giessae 20. April 1786: Joh. Jac. Braun. 12 S. 4°
pro gradu doctoris medicinae et chirurgiae ... rite obtinendis.

[Umschlagt.:][F.] Die Rechtslage der Königlichen Rentmeister in Rheinland und Westfalen infolge der neuen preussischen Steuergesetzgebung. E. Rechtsgutachten v. Dr. Franz Rensing ... *Wesel: W. Reinen 1895.* (30 S.) 1 Bd 8. [99. 6783 B

**Rensing**, Franz, approb. Arzt aus Warendorf i. Westf.: Ueber Rhachitis sera sive adultorum. *Warendorf i. W. 1901: J. Schnell.* (32 S.) 8°
Freiburg i. B., Med. Diss. v. 1901

**Rensing**, Frz., die Widerrechtlichkeit als Schadenersatz-Grund nach schweizerischem Obligationenrechte u. dem Entwurfe e. bürgerlichen Gesetzbuches f. das deutsche Reich unter Berücksicht. d. römischen Rechts. Progr. Lex.-8. (69 S.) Freiburg (Schweiz) 892. (Universitätsbuchh. [B. Veith].) n.n. 3. —

**Rensing**, Frz. Jos., Geschichte des Postwesens im Fürstbist. Münster, s. a. Beiträge f. die Geschichte Niedersachsens u. Westfalens. 20. Heft.

**Rensing, Franz Joseph:** Geschichte des Postwesens im Fürstbistum Münster. Hildesheim 1909: Lax. 88 S. 8°
¶ (Ersch. auch als: Beiträge f. d. Gesch. Niedersachsens u. Westf. H. 20.)
Münster, Phil. Diss. v. 16. Nov. 1909, Ref. Erler
[Geb. 23. Sept. 84 Beckum; Wohnort: Beckum; Staatsangeh.: Preußen; Vorbildung: Gymn. Attendorn Reife O. 04; Studium: Innsbruck 1, München 2, Berlin 2, Münster 3 S.; Rig. 12. Dez. 08.] [U 10. 3798

**Rensing,** Heinrich: Über magneto-elastische Wechselbeziehungen in paramagnetischen Substanzen. *Münster i. W. 1904: Aschendorff.* (35 S.) 8°
Münster, Phil. Diss. v. [7. März] 1904

**Rensland,** Geo., allgemeines Namensverzeichniss in- u. ausländischer Pflanzen, enth. die Gattungsnamen m. ihren wichtigsten Arten in alphabet. Reihenfolge lateinisch-deutsch u. deutsch-lateinisch, nebst e. Anh. gr. 8. (66 S.) Mannheim 891. (Weinheim, Fr. Ackermann.) n. — 80

Rensop, E. W.

— die Heilkraft des kalten Wassers. Eine allgemeine Darstellung des Kaltwassergebrauchs in diätetischer Beziehung, wie in den am häufigsten vorkommenden Krankheiten, mit besonderer Rücksicht auf die Gräfenberger Heilanstalt und die Priesnitz'sche Heilmethode. Nebst einem Abriß der Geschichte u. Literatur der Wasserheilkunde und einem Verzeichniß der bekannten Wasserheilanstalten. gr. 12. Ebend. 842. ½ rthl

—— Rathgeber bei Hämorrhoidal-Beschwerden oder ihre sichere Verhütung u. gründl. Heilung. Ein Buch für Alle, die von diesem Uebel befreit werden u. bleiben wollen. 8. (6⅞ B.) Glogau 843, Flemming. —

**Rensop**, E. W., sicherer Rathgeber bei Unterleibs-Krankheiten. Nach den Grundsätzen der Erfahrung bearbeitet. 8. Glogau 843, Flemming. ⅜ rthl

†Rensop, E. W., (Posner,) unentbehrlicher Rathgeber f. Schwindsüchtige, oder Erkenntniß u. Cur der Schwindsuchten, namentlich der Lungenschwindsucht, deren sichere Verhütung u. Heilung durch Diät u. die einfachsten Mittel erreicht werden kann. 8. (7 B.) Glogau 843, Flemming. Thlr. –

enss, Alois, Eisenbahn-Karte der österreichisch-ungarischen Monarchie. 1 : 1,800,000. Chromolithogr. Imp.-Fol. Wien 883, Hartleben's Verlag. In Leinw.-Carton 1 50

**Renss**, Alois, Eisenbahn-Karte der österreichisch-ungarischen Monarchie. 1 : 1,800,000. Chromolithogr. Imp.-Fol. Wien 886, Hartleben. In Leinw.-Carton * 1 50

A. Hartleben's Eisenbahn-Karte der österreich-ungarischen Monarchie zsgest. u. gezeichnet von Alois Rensz. Massst. 1:1,800.000. 4. Aufl. [Mit 1 Nebenkarte.] Wien: A. Hartleben [1906]; (Kartogr. Anst. G. Freytag & Berndt). (1 Kartenbl. 73×54 cm.) 8° [lith.] [kol.]

**Renss, Alois, Karte von Salzburg, dem Salzkammergut und Berchtesgaden. 1:300,000. Chromolithogr. Imp.-Fol. Wien 883, Hartleben's Verlag. In Leinw.-Carton — 90**

Renss, A., Karte von Salzburg, Salzkammergut und Berchtesgaden. 1:325,000. 2. Aufl. Chromolithogr. qu. gr. Fol. Wien 887, Hartleben. In Leinw.-Carton * — 90

Renss, A., Rhein-Panorama. Nr. I. Lithogr. schmal Fol. Mit Text. 8. (8 S.) Leipzig 882, Lesimple. In Leinw.-Carton * 1 25

Renss, A., Rhein-Panorama. Nr. 1. Lithogr. schmal Fol. Mit Text. 8. (3 S.) Leipzig 888, Lesimple. In Leinw.-Carton * 1 25

—— Touristen-Karte von Nieder-Oesterreich und den angrenzenden Gebieten. 1:375,000. Chromolithogr. qu. gr. Fol. Ebendas. 882. In Leinw.-Carton 1 10

— Touristen-Karte von Nieder-Oesterreich und den angrenzenden Gebieten. 1:375.000. Chromolith. qu. gr. fol. Ebd. In Leinw.-Carton fl. —.60.
1886

Rensz, Alois, Touristen-Karte von Nieder-Österreich und den angrenzenden Gebieten. 1:375,000. 2. Aufl. Chromolithogr. qu. gr. Fol. Wien 886, Hartleben. In Leinw.-Carton * 1 10

Rensz, A. Touristen-Karte v. Nieder-Österreich u. den angrenzenden Gebieten. 1:375,000. 3. Aufl. Farbendr. 53×57,5 cm. Wien 892, A. Hartleben. In Leinw.-Karton * 1 10

Touristen-Karte von Nieder-Österreich und d. angrenzenden Gebieten. Im Maße 1:375.000. Zsgest. u. gezeichnet v. A. Renss. [Mit 1 Nebenkarte.] 6. Aufl. Wien: A. Hartleben [1905]; (Kartogr. G. Freytag & Berndt). (1 Kartenbl. 55x51 cm.) 8° [lith.] [kol.] [Umschlagt.:] Touristen-Karte von Nieder-Österreich u. d. angrenz. Gebieten.

Renssborg in Holstein. Ohne M. 1 Bl.

Renssen, J. W. A., Disputatio de diurnis aliisque Romanorum actis. gr. 8. (III und 77 S.) Groningen 857. (Leipzig, Thomas.) *

**Renstieg, J. H. B., die Futterpflanzen auf beackertem Boden, ihre Kenntniß und vortheilhafteste Benutzung für Landwirthe, Volksschullehrer 2c. Nach eigener mehrjähriger Erfahrung. Wolfenbüttel 856. (Braunschweig, Leibrock.) 8. (XI, 147 S.) n. 15 ngr.**

Rentabilitätsfragen, landwirtschaftliche, v. e. prakt. Landwirt, s.: Ceres-Bibliothek. 4. Bdchn.

Rente oder Dividende? Ein Ratschlag f. Kapitalisten mit besond. Berücks. d. oesterr. ungar. u. deutschen Effekten-Marktes. Hrsg. von d. Schriftleitung 'Der Finanzielle Wegweiser'. (Budapest: Wegweiser [1907].) (16 S.) 8° [Umschlagt.]

Rentebuch, das 2. Kieler, hrsg. v. Mor. Stern, s. a. Mitteilungen der Gesellschaft f. Kieler Stadtgeschichte.

Das zweite Kieler **Rentebuch** (1487–1586). Im Auftr. d. Gesellsch. f. Kieler Stadtgeschichte hrsg. von Moritz Stern. Kiel: (Lipsius & Tischer) 1904. (XXXIX, 107 S.) 8° [F.]
= Mitteilungen d. Gesellschaft f. Kieler Stadtgeschichte. H. 21.

**Rentel, Arthur,** Referendar aus Balga, Ostpr.: Das römische und gemeine Schatzrecht unter kurzer Berücksichtigung der neueren Gesetzgebungen, in Sonderheit der Bestimmungen des Deutschen bürgerlichen Gesetzbuches. (§ 984 B. G. B.) *Königsberg 1899: L. Krause & Ewerlien.* (56 S.) 8°
Erlangen, Jur. Diss. v. 21. Dez. 1898

Rentel, W. [pr. Arzt]: Beitrag zur Statistik der Hasenscharten mit besonderer Berücksichtigung der Mortalitäts-Statistik. Berlin, gedr. bei W. Röwer (1890); 31 S. 8°
Berlin, Med. Fak., Inaug.-Diss. v. 25. Jul. 1890

Renteln, Karlotto

**Renteln,** Carlotto v., Beiträge zur forensischen Chemie des Solanin. Inaugural-Dissertation. gr. 8. (74 S.) Dorpat 881. (Karow.) n. 1. —

Rentenanspruch, der, d. Grafen v. Hallberg auf die dem Grafen v. Sternberg als Entschädigung zugefallene Abtei Schussenried, beleuchtet durch mehrere Aktenstücke. 8. (...) Stuttgart 838, Metzler'sche Buchh.

Rentenanstalt, die allgemeine, in Stuttgart, nachdem sie von der öffentlichen Meinung verworfen worden, nunmehr auch nach ihrer Grundlage, ihren Wahrscheinlichkeitsberechnungen, der Stellung der Directoren u. den Manipulationen derselben vor den Schranken der Gerichte. 8. (8 B.) Stuttgart 843, Becher's Verl.

**Rentenanstalt** (Ueber die) der bayerischen Hypotheken- und Wechselbank. gr. 8° München, J. A. Finsterlin, 1865.

**Schweizer. Rentenanstalt.** 14. Rechenschaftsbericht pro 1871. 23 Stn. 4. Zürich, Druck v. D. Bürkli. 1872

**Schweizer. Rentenanstalt.** 15. Rechenschaftsberich pr. 1872. 27 Stn. 4. Zürich, Druck v. D. Bürkli. 1873

**Schweizer. Rentenanstalt.** 16. Rechenschaftsbericht f. 1873. 25 Stn. 4. Zürich, Bürkli'sche Offizin. 1874

**Schweizerische Renten-Anstalt.** 17. Rechenschaftsbericht f. 1874. Zürich, Druck v. Bürkli. (30 Stn. in-4.) 1875

Rentenanstalt, schweizerische. Protest-Erklärungen. Circular betreff. Statutenrevision. 1876. 4.

Rentenanstalt, schweizerische. Actenstücke. Zürich 1877—78.

**Rentenanstalt, schweizer.** I. Gutachten der vom h. Bundesrath bestellten Experten-Commission. II. Schlussentscheid des h. schweiz. Bundesraths vom 12. März 1880. In-8°, 70 S. Zürich, Druck von Bürkli. 1880

**Rentenanstalt, schweizerische.** Ueber 27 Geschäftsjahre, 1858—84. In-4°, 83 S. Zürich, Bürklische Offizin. 1885

**Rentengüter** in Tirol. Eine Studie über die bezügliche Vorlage der Regierung. Innsbruck 1894. V: *Falser, Stephan Ritter von.* (Margr)

**Renten-Versicherung, die reichsgesetzliche.** Blätter zur Aufklärg. üb. Wirkg. u. Nutzen dieser Versicherg. Auskunft f. Einzelpersonen üb. ihre Stellg. zur Versicherg. Ratschläge f. die Durchführg. ihrer Versicherg. Belehrg. f. Interessenten. Hrsg.: Wilh. Mergler. Blatt Nr. 1 u. 2. (16 S.) 31,5×24 cm. Mainz-Mombach (910). W. Mergler. — 30; Subskr.-Pr. f. 1 Serie v. 6 Nrn. 1. —

Die Preussische Rentenversicherungs-Anstalt. Eine Jubiläumsschrift zum 10. October 1888. Berlin 1888.

Rentenversicherungs-Anstalt (Die sächsische) zu Dresden. Festschrift zum 22. Febr. 1901, hrrg. vom Vorstande der Sächsischen Rentenversicherungs-Anstalt zu Dresden. 8⁰. Leipzig 1901.

Renthe, A. E., De existentia genii. Frcf. ad V. 4°. 1754

**Renthe, Aug. Er., († 1799.) erläuternde Anmerkk. z. Etymologie d. latein. Sprache. 8. Leipz. 767. (Brockhaus). 10 gr**

Renthe, A. E., Anmerk. z. Etymologie d. lat. Spr. 8. Leipzig, Heinsius. (Gleditsch) 767.

– s. Antwortschreiben an den Verfass. der Abhandl.: Was f. Werth haben schnelle Bekehrungen.

– s. Prüfung d. Schrift: Ist es besser, Missethäter.

— allgem. Sittenlehre d. sinnl. Vergnügens. 8. Frkf. u. Leipz. 769. Hertel. 12 gr

Renthe, Lebr. August

**Renthe, Lbr. A.:** Versuch ein. system. Erläut. d. Lehre v. d. Transacten. *Rost. u. Lpz.*, Koppe. 789. 8.

**Renthe,** Lebr. Aug., Versuch e. systemat. Erläuterung d. Lehre von d. Transakten. 8. Rostock 789. Stiller. 12 gr

**Renthe-Fink, A. v.,** s.: Eckberg, Curt.

**Renthe-Fink,** Cécil von, Referendar: Die Verkehrsfähigkeit des Kux im Preußischen Bergrecht. Jena 1907: A. Kämpfe. (47 S.) 8°
Jena, Jur. Fak., Ref. Rosenthal, Diss. v. 23. Sept. 1907
[Geb. 27. Jan. 85 Breslau; Wohnort: Jena; Staatsangeh.: Preußen; Vorbildung: Klostersch. Roßleben Reife O. 03; Studium: Genf 2, München 1, Berlin 3 S.; Rig. 5. Aug. 07.]

Renthe-Fink, Karl August

**Renthe-Fink, Carl August** von: Die Verweigerung der Leistung auf Grund eines fälligen Gegenanspruches nach bürgerlichem Rechte. (Das Zurückbehaltungsrecht.) Jena 1909: Kämpfe. 63 S. 8°
Jena, Jur. Diss. v. 4. Mai 1909, Ref. Danz
[Geb. 10. Okt. 86 Breslau; Wohnort: Jena; Staatsangeh.: Preußen; Vorbildung: Gymn. Jena Reife O. 05; Studium: Lausanne 1, Jena 5 S.; Rig. 5. März 09.] [U 09. 2115

**von Renthe** gen. Fink, Timon [Kammergerichtsref. aus Berlin]: Der Unterschied zwischen dem Familienfideikommiss und dem Lehn mit aufgehobener Lehnsherrlichkeit ... Berlin, Buchdr. v. G. Schade, 1896; 63 S. 8.
Erlangen, Jur. Fak., Inaug.-Diss. v. 1896

**Renthe gen. Fink, W. v.. Geschichte des Kaiser Alexander Garde-Grenadier-Regiments Nr. 1. s.: Kries. A. v.**

**Rentielba,** der Hausthierschutz od. die Gesundheits- u. Krankenpflege der Pferde, Rinder, Schafe, Schweine, Geflügel u. Bienen, s.: Volksbibliothek, deutsche.

**Rentner,** s.: Bericht üb. d. Haushaltungsschule in Naumburg a. S.

**Rentner,** Rob., die Verfassung f. die Vereinigten Staaten v. Amerika. Uebers. u. kurz erläutert. gr. 8. (VII, 184 S.) Tübingen 901. J. C. B. Mohr. n. 3.—; geb. n.n. 4.—

**Rentners Almanach,** s. Kapitalisten und Rentners Almanach.

**Rentrop,** Adolf, approb. Arzt aus Altena, Westf., Vol.-Ass. am Städt. Krankenh. zu Hildesheim: **Beitrag zur Casuistik der Mesenterialsarkome.** *Leipzig 1902: B. Georgi.* (46 S.) 8°
Leipzig, Med. Diss. v. (4. Aug.) 1902

[Umschlagt.:] **Rentrop,** *August:* „Elternhaus und höhere Lehranstalt". Rheydt, Druck v. J. Kirschbaum, *1897;* 3—20 S. 4.
Rheydt, OR u. PG, P 1897 (522)

**Rentrop,** Diterichus (geb. Altena in Westf. 7. 12. 1828): De scirrho ventriculi. Berolini (1852). (24 S.) 8°
Berlin, Med. Diss. v. 13. Okt. 1852

**Rentrop,** Emil, aus Lüdenscheid: **Setzung** des Personalpronomens als Subjekt im älteren Neufranzösisch. *Gießen 1903: v. Münchow.* (61 S.) 8°
Gießen, Phil. Diss. v. 1903

Evangelische Bewegungen am Siebengebirge etwa von 1550–1670 und Geschichte d. evang. Gemeinde Königswinter. Verf. von Ernst Rentrop, Pfarrer zu Königswinter. *Bonn 1903: C. Georgi.* (45 S.) 8°
[Umschlagt. J.] [03. 1461] 5

**Rentrop,** Richard [Referendar aus Bonn]: Irrtum bei der Eigentumstradition nach gemeinem Recht. '(Unter Berücks. d. bürgerl. Gesetzbuches.)' ... Bonn, Buchdr. J. Bach Wwe, 1897; 1 Bl., 82 S. 8.
Erlangen, Jur. Fak., Inaug.-Diss. v. 1897

**Rentsch,** s.: Amoretten.

— s.: Anschauungsbilder, 20, s. den ersten Unterricht in der biblischen Geschichte.

**Rentsch, Aug., Gewerbekunde f. gewerbliche Fortbildungsschulen. Holzarbeiter. (IV, 24 S. m. Abbildgn.) gr. 8. Nürnberg 904. F. Korn.** n. — 40

**Rentsch,** Aug., **Gewerbekunde f. gewerbliche Fortbildungsschulen. Maler u. Lackierer. (IV, 59 S.) kl. 8. Nürnberg 908. C. Koch.** — 35

— **dasselbe. Metallarbeiter. (IV, 81 S. m. Abbildgn.) gr. 8. Ebd. 904.** n. — 40

— Rechenbuch f. die 8. Knabenklassen der Volksschule. Auch f. Fortbildungsschulen. Nach dem Lehrplan f. die 8. Knabenklassen Nürnbergs zusammengestellt. 3. Aufl. (55 S. m. Fig.) 8. Nürnberg 910. F. Korn. — 50

**Rentsch,** Erich, approb. Arzt aus Abtnaundorf: Ein **Fall** von Hirntumor bei einer Geisteskranken, nebst einem Beitrag über den Zusammenhang zwischen Hirntumor und Psychosen. *Leipzig 1901: B. Georgi.* (21 S.) 8°
Leipzig, Med. Diss. v. (19. Mai) 1901

**Rentsch, Eugen:** Der Humor bei Rembrandt. München. 54 S. 8°. [22. XII. 06.]
Bern. Phil. Diss. 1908/09.

**Rentsch, Eug.,** der Humor bei Rembrandt, s. o. Studien zur deutschen Kunstgeschichte.

Rentsch, Eugen. Der Humor bei Rembrandt. 56 S. 8.
*Ausg. A:* Diss. Phil. Bern.... München, Druck Carl Aug. Seyfried & Comp., [1908].
*Ausg. B:* ... von Dr. E' R' [von Köniz, Kt. Bern]. Strassburg, J. H. Ed. Heitz, 1909. (M. 2.—.) — Studien zur Deutschen Kunstgeschichte. Heft 110.

— **Münchener Kunstdenkmale. Illustrierter Führer. Mit Bilderschmuck v. Otto Geigenberger. (84 S.) kl. 8. München (908). C. A. Seyfried & Co.** (Urspr. Pr. 1. 20)

Rentsch, F., Talks about English life. Ein Hilfsmittel zur Erlerng. der engl. Umgangssprache. Seitenstück zu Causeries françaises v. Geo. Stier. Für höhere Lehranstalten, Fortbildungsschulen, Pensionate, sowie zum Selbststudium. 8. (XVI, 301 S.) Cöthen 902. O. Schulze. Geb. in Leinw. n. 3. —

Rentsch, F., Talks about English life. Ein Hilfsmittel zur Erlerng. der engl. Umgangssprache. Für höhere Lehranstalten, Fortbildungsschulen, Pensionate, sowie zum Selbststudium. 2., durchgeseh. u. verb. Aufl. (XVI, 301 S.) 8. Cöthen 905. O. Schulze Verl. Geb. in Leinw. n. 3. —

Rentsch, F., talks about English life. Ein Hilfsmittel zur Erlerng. der engl. Umgangssprache. Für höhere Lehranstalten, Fortbildungsschulen, Pensionate, sowie zum Selbststudium. 4., verb. Aufl. (XVI, 303 S.) 8. Cöthen 910. O. Schulze Verl. Geb. 3. —

Rentsch H, Handwörterbuch der Volkswirtschaftslehre. 1. u 2. A. Leipzig 1864. 70

*Rentsch.* Handwörterbuch der Volkswirtschaftslehre. Leipzig 1866.

Rentsch H, der Staat und die Volkswirtschaft. Leipzig 1863

Rentsch, Hugo, Sammlg. v. Aufsätzen u. Aufgaben aus d. Orthographie, Grammatik u. Arithmetik bei d. Aufnahmsprüfg. in d. oberfr. Latein- u. Realschulen 1887 bis 1895. 2. Aufl. gr. 8. (94 S.) Bayreuth (895). H. Heuschmann jun. n.n. — 80

Rentsch, Hugo, Sammlung v. Aufsätzen u. Aufgaben aus der Orthographie, Grammatik u. Arithmetik bei den Aufnahmsprüfungen in die oberfr. Latein- u. Realschulen. 3. Aufl. gr. 8. (96 S.) Bayreuth (901). H. Heuschmann jun. n.n. — 90; geb. n. 1.20

Rentsch, Hugo, Sammlung v. Aufsätzen u. Aufgaben aus der Orthographie, Grammatik u. Arithmetik bei den Aufnahmsprüfungen in die oberfr. Latein- u. Realschulen. 3. Aufl. (96 S.) gr. 8. Bayreuth (903). H. Heuschmann jr. n.n. — 90

Sserske Jubel-Prjedowanje wot Kwalby wjecźneho Boha, kiź kojźdemu Ludu we jeho Ryczi pschipowedana budźe, kotreź pschi Składnosczi Teho pol- sta ljetneho Jubel-Ssewedźenja, kiź to sserske Prjedarske Towarstwo w Lipsku ton 10. Decembr. 1766. wobendźe. JAN RENTSCH, ... dźerźesche s Prjedyryczu JURJA MOEHNJA, ... wohndate. Saloźene w Budyschini wot Rychtarjowych Herbow. a czischeźane w Solerzu, s Fickelschererowem Pismom. (Wendische Jubel-Predigt vom Lobe des ewigen Gottes, der jedem Volke in seiner Sprache verkündigt wird, welche bei Gelegenheit der halbhundertjährigen Jubel-Feier, welche die Wendische Prediger-Gesellschaft zu Leipzig am 10. Decembr. 1766 beging, JOHANN RENTSCH, ... hielt, mit einer Vorrede GEORG MOEHN's ... herausgegeben. Verlegt in Budissin von Richters Erben und gedruckt in Görlitz mit Fickelscherer's Schrift.) 8°.

Rentsch, Jo. Adolph Jakob (Weimar), Spicilegium antiquitatum Lystrensium actor. XIIII. Präs. Jo. Ernst Imman. Walch. Jena (Schill) 16. VI. 1759. 40 S. (4.50) 28368
Widm. v.: Jo. Ernst Imman. Walch, Johann Friedrich Hirt, Johann Dittenberg, Jo. Daniel Reimann (Oppon.)

Rentsch, Johannes [Dr.]: Lucianstudien. (Th. 1.) Plauen i. V., gedr. bei M. Wieprecht, 1895; 1 Bl., 44 S. 4.
Plauen i. V., k. G, OP 1895 (555)

Rentsch, Johannes [aus Leipzig]: Johann Elias Schlegel als Trauerspieldichter, mit besonderer Berücksichtigung seines Verhältnisses zu Gottsched. . . . Leipzig, Druck v. Pöschel & Trepte, 1890; 2 Bl. + 118 S. + 1 Bl. 8°
Erlangen, Phil. Fak., Inaug.-Diss. v. 1890

Rentsch, Johs. Johann Elias Schlegel als Trauerspieldichter mit besond. Berücksicht. seines Verhältnisses zu Gottsched. gr. 8. (III, 119 S.) Lpz. 890. (P. Beyer). 1 50

Rentsch, Johs. Geo., Geschichte der Kirche u. Kirchfahrt Kittlitz. 8. (VII, 80 S.) Bautzen 884. (Löbau, Walde.) n.n. — 75

Rentsch, M., s.: Wegweiser, biblischer.

Rentsch, Max, aus Werdau: Matthew Gregory Lewis. Mit besond. Berücks. seines Romans 'Ambrosio, or The Monk'. *Leipzig 1902: Pöschel & Trepte.* (VIII, 158 S.) 8°
Leipzig, Phil. Diss. v. [10. März] 1902

Rentsch, Otto, neue Thüringer Klänge. Ernste und humorist. Erzählungen und Gedichte in Volksmundart. 1. Bdchn. 12. (V, 64 S.) Jena 885, Mauke. *

Rentsch, Otto, Confirmandenbüchlein, s.: Hänsel, A.

— deutsches Liederbuch zum Gebrauche bei Volks-, Gesangs- u. Turnfesten f. Schulen. Nebst e. Anh. vaterländ. Gedichte zum Declamiren. 16. (IV, 110 S.) Bromberg 876. Mittler. n. — 40

— die Ordnung der Hauptgottesdienste der preußischen evangelischen Landeskirche m. Rücksicht auf das Bedürfniß der Gemeinde f. Geistliche, Lehrer u. die Gemeinde erklärt. gr. 8. (32 S.) Hannover 874. Meyer. n. — 30

Rentsch, Otto, Schiffbruch. Drama in 3 Aufzügen. 12. (88 S.) Bremen 899. (C. Kiehne.) n. 2. —

— Friedrich v. der Trenk. Trauerspiel in 5 Aufzügen nebst e. Vorspiel. gr. 16. (95 S.) Ebend. 872. n. 1. 50

—— von der Wiege bis zum Grabe. Liederhort für das deutsche Haus. Die edelsten deutschen Volks- und volksmäß. Lieder, gesammelt und geordnet. gr. 8. (XVI, 454 S.) Frankfurt a. O. 887, Trowitzsch und Sohn. geb. *

Rentsch, (S.), die homöopathische Behandlung der Cholera asiatica. gr. 8. (15 S.) Potsdam 848, Stuhr'sche Buchh.

Rentsch, S., Homologenesis. Beiträge zur Natur- und Heilkunde. 1. Heft: Gammarus ornatus und seine Schmarotzer. hoch 4. (IX und 165 S. mit 16 Stnt. Abbildungen.) Wismar 860, Hinstorff'sche Hofbuchh. *

Rentsch, (Georg. Frid.) Sigism. (geb. Mühlhausen in Thur. 16. 2. 18[illegible]): De pathologia amauroseos. Berolini (1842). (43 S.) 8°
Berlin, Med. Diss. v. 7. Apr. 1842

Rentschka, Paul, Weltpriester: Die Dekalogkatechese des hl. Augustinus. *Breslau 1904: R. Grosser & Co.* (50 S.) 8°
¶ (Erscheint vollst. bei J. Kösel in Kempten.)
Breslau, Kath.-theol. Diss. v. 8. Aug. 1904

Rentschka, Paul, die Dekalogkatechese des hl. Augustinus. Ein Beitrag zur Geschichte des Dekalogs. (VIII, 178 S.) Lex.-8. Kempten 905. J. Kösel. n. 3. 50

Rentschler, Dr. Herm., Wie kann dem Deutschen Reiche auf dem landwirthschaftlichen, gewerblichen und handelspolitischen Gebiete geholfen werden? Welches sind die psychologischen Mittel zur Verdrängung des Socialismus? Worin besteht die beste Regelung des Volkssparkassen- und Armenwesens? Was hat die deutsche Landwirthschaft und Industrie ohne die Einführung thatkräftiger und umfassender Reformen von Nordamerika zu befürchten? gr. 8°. Cannstatt, Boshenger, 1880.

**Rentschler, Herm.**, wie kann dem deutschen Reiche auf dem landwirthschaftlichen, gewerblichen u. handelspolitischen Gebiete geholfen werden? Welches sind die psychologischen Mittel zur Verdrängung des Socialismus? Worin besteht die beste Regelung des Volkssparkassen- u. Armenwesens? Was hat die deutsche Landwirthschaft u. Industrie ohne die Einführung thatkräftiger u. umfassender Reformen von Nordamerika zu befürchten? gr. 8. (X, 200 S.) Cannstatt 880. Bosheuyer. n. 1. 50

Rentschler, Oscar. Kondensationen der Diphenyl- und Diphenylen-Glycolsäure mit aromatischen Kohlenwasserstoffen und Phenoläthern. Diss. Math.-Naturw. Freiburg in der Schweiz ... von Oskar R'.... 55 S. 8. Freiburg ⟨Schweiz⟩, St.-Paulus-Druckerei, 1906.

**Renttack, H. J.**, theoretisch-praktische Anleitung zur leichten u. schnellen Erlernung der französischen Sprache. Ein Handbuch zum Gebrauch bei dem Schul- und Selbstunterricht rc. kl. 8. Schweidnitz 841. (Heege.) n. $^{7}/_{12}$ ℛ

Rentwertshausen [Schlagwort]

**Rentwertshausen**, s.: Geologische Karten (Preussen).

**Rentwertshausen**, s.: Preussen. Messtischblätter.

Aus dem ersten Jahrhundert der Schlesischen Provinzial-Ressource 1800 bis 1900. Festgabe zur Jubelfeier. [Verf.: A. Frh. v. Rentz.] Breslau 1899: W. G. Korn. (44 S.) 4°

**v. Rentz, Alex.**, Verfassung und Rechts-Zustand der Dalmatinischen Küsten-Städte u. Inseln im Mittel-Alter. Aus ihren Municipal-Statuten entwickelt. Ein Beitrag zur Kenntniß Slavischer Rechte. gr. 8. Dorpat 841. (Gläser.) n. $2^{1}/_{4}$ ℛ

F. Rentz. Stadtactuar. ⟨Oberst der Kieler Schützengarde.⟩ o. O. u. J. 1 Bl. 4° Lithogr.

**Rentz, Marga v.**, die goldene Kette u. andere Erzählungen. (271 S.) 8. Breslau 906. Berlin, S. Schottlaender's schles. Verlagsanstalt. n. 2. —

Die goldene Kette u. andere Erzählungen von Marga v. Rentz. Breslau: Schles. Verl.- Anst. 1907. (271 S.) 8°
(Kollektion Schottlaender.)

[RENTZ, MICHAEL (Stecher)]. Geistliche TODTS-GEDANCKEN Bey allerhand Gemählden und Schildereyen In Vorbildung Unterschiedlichen Geschlechts, Alters, Standes, Und Wurdens-Persohnen sich des Todes zu erinneren. Aus dessen Lehr Die Tugend zu üben, Und Die Sünd zu meyden. Erstlich in Kupfer entworffen. Nachmahlen Durch sittliche Erortherung und Uberlegung unter Todten-Farben in Vorschein gebracht . . . Passau, Fr. Gabriel Mangold fur Frantz Anton Hoer, 1753 Kl. fol. 2 Bl. 182 S. 1 Bl. und *52 prachtvolle Kupfertafeln von Rentz.* Dunkler Lfdbd. d. Z. auf Bünden mit rotem Rsch. (Einband etwas bestoßen, am Rücken leicht lädiert.)
Maimann p. 52. I. 2. [illegible] II p. 153. [illegible] Nr. 511. Green p. 232.

Rentz, Placid., philos. ad ment. Thomae Aquinatis. 8. Col. Rommerskirchen. 723.

Rentzel, Hermann

— Anleit. zum verständ., wahre Religiosität befördernden Katechisiren üb. den kleinen Hamburger Katechismus. 4 Hfte. 8. Hamb. 819—20. Campe. 2 ℛ

— Anleit. zum Confirmationsunterricht f. d. Jugend. 8. Hamb. 807. (Campe). 4 ß

Rentzel, Herm., Anl. z. e. vern. heilsam. Nachdenk. b. Genusse des Abendmahls. 8. Hamburg, Hoffmann. 805.

— Anleit. zum ersten Religionsunterricht. 8. Hamb. 806. (Campe). 5 ß 2r Curs. 8. Ebd. 810. 6 ß

**Rentzel, Herm.**, durch d. Hrn. Senat. Hudtwalker's Schrift veranlaßte u. abgenöthigte Aeußerung. gr. 8. Hamb. 827. Hoffmann u. C. 4 ß

— nöthige Bemerkk. über den vom Hrn. Senator Bartels herausgg. Entwurf zu e. Gesetz über die Civilstandsregister. 8. Hamb. 815. Campe. 3 ß

— Betrachtt. zur Beförder. der Hochschätzung des Abendmahls u. dessen würdigen Genusses. 8. Hamb. 799. 3e A. 818. 5e A. 826. 6e A. ... Herold jun. 9 ß Campe. 6 ß

Rentzel, Herm., Betrachtungen zur Beförder. d. Hochschätzung d. Abendmahls u. dess. würd. Genusses. 6., (unveränd.) Aufl. 8. (8 B.) Hamburg 833, Herold.

— Hülfsbuch f. unstudirte u. ungeübte Religionslehrer, s. Inbegriff d. Religionslehren.

— nothgedrungene Selbstvertheidigung gegen Mißdeutungen seiner letzten Schrift. gr. 8. Hamb. 827. Hoffmann u. C. 2 ß

— deutsche Sprachlehre f. Bürgerschulen u. Privatunterricht, zunächst in Niedersachsen. Mit e. Anh. fehlerhafter Aufsätze. 8. Hamb. 824. Hoffmann u. Campe. 12 ß

v. Rentzell, C., Handbuch zum Selbstunterricht für Unteroffiziere und Gemeine und zur Anleitung beim Schulunterricht. Mit 1 Karte des Preuß. Staates. 8. Berlin 835. Plahn'sche Buchh. (Nitze.) n. $^{5}/_{12}$ ℛ

Rentzell, D. v.

**Rentzell, v.**, Geschichte d. Garde-Jäger-Bataillons. 1808 bis 1888. Nebst e. Anh.: Die 1. Kompagnie d. I. Reserve-Jäger-Bataillons im Feldzuge 1870/71. Lex.-8. (VIII, 371 S. m. 1 Portr., 6 Uniformbildern, Karten u. Plänen.) Berlin 889. Mittler & Sohn. n. 10. —; geb. n.n. 12. —

— — Major im pommerschen Jäger-Bataillon Nr. 2 etc. Geschichte des Garde-Jäger-Bataillons. 1744—1891. Nebst einem Anhang: Die 1. Compagnie des 1. Reserve-Jäger-Bataillons im Feldzuge 1870—1871. Im Auftrage des Bataillons bearbeitet. 2. umgearbeitete Aufl. Mit 2 Bildnissen, 6 Uniformbildern, Karten und Plänen. 8. Berlin 1894.

**Rentzell, v.**, Geschichte d. Garde-Jäger-Bataillons. 1744 bis 1894. Nebst e. Anh.: Die 1. Kompagnie d. 1. Reserve-Jäger-Bataillons im Feldzuge 1870/71. Im Auftrage d. Bataillons bearb. 5., umgearb. Aufl. Mit 2 Bildnissen, 6 Uniformbildern, Karten u. Plänen. Lex.-8. (X, 896 S.) Berlin 894. E. S. Mittler & Sohn. n. 11. —; geb. in Leinw. n.n. 13. —

Rentzell, v., Geschichte des ostpreußischen Jäger-Bataillons Nr. 1 von seiner Errichtung bis zur Jetztzeit. Nebst einem Anhang: Die 3. Kompagnie des I. Reserve-Jäger-Bataillons im Feldzuge 1870/71. Im Auftrage des Bataillons bearb. gr. 8. (VIII, 325 S. mit 1 lithogr. und color. Uniformbilde und 3 lithogr. Uebersichtskarten und Skizzen im Text.) Berlin 882, Mittler und Sohn. *

**Rentzmann, Wilh.**, numismatisches Legenden-Lexicon des Mittelalters und der Neuzeit. 2 Thle. Berlin 865, 866. Wegener. Lex.-8. n. 4 ℛ 15 ngr.
1. Thl. Alphabetisch-chronologische Tabellen der Münzherren und Verzeichniss der auf Münzen vorkommenden Heiligen. Mittelalter und Neuzeit. (X, 191 S.) n. 2 ℛ
2. Thl. Ergänzungen der auf Münzen vorkommenden Titel-Abbreviaturen und Verzeichniss der den Münzen aufgeprägten Städte- und Ländernamen. Mittelalter und Neuzeit. (VII, 247 S.) 2 ℛ 15 ngr.

**Rentzmann, Wilh.**, numismatisches Legenden-Lexicon des Mittelalters u. der Neuzeit. Nachtrag. Lex.-8. (46 S.) Berlin 878. Calvary & Co. n. 2. —
(Hauptwerk u. Nachtr.: n. 15. 50)

**Rentzmann**, Wilh., numismatisches Legenden-Lexicon des Mittelalters und der Neuzeit. Lex.-8. (46 S.) Berlin 878, (Steinthal.) *

— numismatisches Wappen-Lexicon des Mittelalters u. der Neuzeit. Staaten- u. Städtewappen. gr. Fol. (85 Steintaf. in Imp.-Fol. mit VIII, 113 S. Text in gr. 8. m. 1 Steintaf.) Berlin 876. Veit. n. 54. —

**Rentzsch**, Die Pechsteine des Meissener Porphyrdistriktes. Dresden 1860. 4. (Programm.)

Rentzsch, Arthur

— des Kaufmanns A-B-C, Erläuterung, Verdeutschg. u. Erklärg. der gebräuchlichsten Fremdwörter, Abkürzgn. u. Fachausdrücke der Handelssprache. (86 S.) 8. Ebd. 904. n. 1. 50

**Rentzsch**, Arth., die doppelte Buchführung. Ein Handbuch für Kaufleute, Bankbeamte etc. 2. Aufl. (32 S.) kl. 8. Zwickau 905. Oelsnitz, A. Rentzsch. n. — 60

— Mentor f. Kaufleute, Bankbeamte, Rentiers etc., enth. Tabellen u. Erläutergn., insbesondere über den Verkehr m. Banken. 5. Aufl. (92 S.) kl. 8. Ebd. (904). n. 1. —

— der Wechsel u. seine Abrechnungen, nebst Wechselbestimmungen, Wechselstempeltarife u. Angabe der Bankplätze v. sämtlichen europäischen Staaten, sowie Beispiele v. Wechsel-Abrechnungen auf fremde Orte. Als Lehr- u. Nachschlagebuch gehalten u. hrsg. (117 S.) 8. Ebd. 905. n. 1. 50

Rentzsch, Carl ..., s. Rentzsch, Karl ...

Rentzsch, Friedrich

**Rentzsch**, Fr., Hülfsbuch zum 1. Cursus von Dr. Fr. Ahn's pract. Lehrgange zur Erlernung der französ. Sprache. gr. 8. Gotha 846, Gläser. 1/2 Thlr

**Rentzsch**, Friedr., Hülfsbuch zum 1. Cursus von Dr. F. Ahn's prakt. Lehrgange zur Erlernung der französ. Sprache. gr. 8. (X und 190 S.) Gotha 847, Gläser.

**Rentzsch**, H: Neues System zur Befestigung und gleichzeitigen Isolirung von elektrischen Apparaten und Montirungsstücken am Mauerwerk mittels Isolir-Düboln. Meißen 1900

Rentzsch, Hermann

**Rentzsch**, H., s.: Adress-Buch deutscher Export-Firmen.

**Rentzsch**, H. Adressbuch f. Montan- u. Metallindustrie etc., s. Reichs-Adressbuch.

**Rentzsch**, Herm., Gewerbefreiheit und Freizügigkeit. Mit besonderer Berücksichtigung der gewerblichen Zustände im Königreich Sachsen u. des Gewerbegesetz-Entwurfes von 1860 nach statistischen Quellen bearb. Dresden 861. am Ende. gr. 8. (VI, 209 S.) n. 1 Thlr 5 ngr

— — 2 Abthlgn. 2. Aufl. Ebend. 862. gr. 8. (VI, 112 S.; VI, 116 S.) Jede Abth. n. 15 ngr

Inhalt: 1. Zünfte oder Gewerbefreiheit? — 2. Die Reform der sächsischen Gewerbegesetzgebung.

**Rentzsch**, Herm., Handwörterbuch der Volkswirthschaftslehre, s. a. Handwörterbuch.

**Rentzsch**, Dr. H., Handwörterbuch der Volkswirthschaftslehre. Unter Mitwirkung von namhaften deutschen Gelehrten und Fachmännern bearbeitet. Leipzig 1866. gr. 8°.

**Rentzsch**, Handwörterb. d. Volkswirthschaftslehre. 2. Ausg. 870.

— Sympher u. Oelwein, die Methoden d. statist. Erhebgn. bei Voranschlagg. d. Güterverkehrs auf zu erbauenden Kanälen, s. a. Verbands-Schriften des deutsch-österr.-ungar. Verbandes f. Binnenschiffahrt.

Die Methoden der statistischen Erhebungen bei Veranschlagung des Güterverkehrs auf zu erbauenden Kanälen. Vorträge v. Dr. H. **Rentzsch**, Dresden-Blasewitz. Wasserbauinsp. Sympher, Münster i. W., K. k. Oberbaur. Prof. [A.] Oelwein, Wien. *Berlin: Siemenroth & Troschel 1897.* (18 S.) 1 Bd 8.
= Deutsch-Oesterreichisch-Ungarischer Verband für Binnenschiffahrt. Verbands-Schriften. No IV. [97. 596]

—— gewerbstatistische Mittheilungen zur Berathung der Ministerial-Vorlage über das Gewerbegesetz. Der Handels- und Gewerbekammer zu Dresden überreicht. Lex.-8. (173 S.) Dresden 866, (Burdach.)

— die Nachtheile aus der Verwüstung der Privatwaldungen und deren Abhilfe. Durch die Oekonomische Gesellschaft im Königreich Sachsen gekrönte Preisschrift. (Abdr. aus den Jahrbüchern für Volks- und Landwirthschaft.) Dresden 859. Arnold. gr. 8. (VI, 113 S.) 15 ngr

**Rentzsch**, H., s.: Reichs-Adressbuch deutscher Industrie- u. Handelsfirmen.

—— der Staat und die Volkswirthschaft. Eine Parallele zwischen den leitenden Grundsätzen der bestehenden Gesetzgebungen und den zeitgemäßen Forderungen der Volkswirthschaftslehre. gr. 8. (VIII und 268 S.) Leipzig 863, [Klinckhardt.] *

— der Staat und die Volkswirthschaft. Eine Parallele zwischen den leitenden Grundsätzen der bestehenden Gesetzgebungen u. den zeitgemäßen Forderungen der Volkswirthschaftslehre. Leipzig 863. G. Mayer. gr. 8. (VIII, 268 S.) n. 1 Thlr

—— der Wald im Haushalt der Natur und der Volkswirthschaft. (Gekrönte Preisschrift.) 2., umgearb. Aufl. gr. 8. (V und 168 S.) Leipzig 862, [Klinkhardt.] *

—— das für die Praxis Wichtigste aus dem sächsischen Gewerbegesetze und den damit in Verbindung stehenden Gesetzen und Ausführungsverordnungen. gr. 8. (23 S.) Dresden (861)62, am Ende.

Aus des Verf.: Gewerbefreiheit und Freizügigkeit. 2. Aufl., besonders abgedruckt.

**Rentzsch**, Joh. Chr. Ferd., Bilder aus dem Lehrerleben. Der Pastor Dr. Löhn in Hohnstein u. Kirchenrath Dr. Wahl aus Dresden. [Mit dem Umschlagstitel: Der Kirchen- u. Consistorialrath Dr. Wahl aus Dresden am 2. März 1849 in der Schule zu Hohnstein. Eine erbauliche Geschichte zur Beförderung der Wahrheit u. eines frommen Sinnes.] 3. sehr verm. u. verb. Aufl. gr. 8. (IV u. 28 S.) Hohnstein 848, Centralschulbuchhandlung in Comm. — 4. sehr verm. u. verb. Aufl. gr. 8. (IV u. 28 S.) Ebd. 849. n. n. 1/6 Thlr

**Rentzsch**, Joh. Chr. Ferd., Eintheil. u. Vergleichung d. vorzügl. Münzen, Maaße u. Gewichte, e. Hülfsbüchl. f. Rechenschüler. 8. (1½ B.) Rodewisch 832. (Leipzig, Berger's Vrlsbuchh.)

**Rentzsch**, Jh. Chr Fd., 48 Exempeltafeln mit fast 2000 Aufgaben zur nöthigen Uebung beim ersten Unterricht im Rechnen. Nach einer genauen Stufenfolge methodisch zum Gebrauche der untersten Classen in Volksschulen geordnet. I. Cursus. gr. 8. Leipzig 833. (Berger.) n. 1/3 Thlr

— Gedichte für Kinder zur Uebung im Lesen und Deklamiren und als Textbuch beim Gesangunterricht. 1e Sammlung. 8. Schneeberg 835. (Leipzig, Rein.) 5 gGr

**Rentzsch**, Joh. Christ. Friedr., Gedichte für Kinder, zur Uebung im Lesen u. Deklamiren u. als Textbuch beim Gesangunterricht. 1. u. 2. Samml. 8. (8 B.) Schneeberg 835 u. 843, [Gärtner.]

**Rentzsch**, Jh. Chr. Fr., Gedichte für Kinder, zur Uebung im Lesen u. Deklamiren u. als Textbuch beim Gesangunterricht. 1. u. 2. Sammlung. 8. Schneeberg 835 u. 43, Rentzsch. 1/4 ℛ

— s. Kinder-Bibel.

— der Kirchen- u. Consist.-Rath Dr. Wahl aus Dresden, am 2. März 1849 in der Schule zu Hohnstein. Eine erbauliche Geschichte zur Beförderung der Wahrheit u. eines frommen Sinnes. gr. 8. Ebd. 848. — 2. verm. Aufl. gr. 8. (20 S.) Ebd. 849. n. 1/6 ℛ

— Knaben-ABC-Buch, od. Erstes Uebungsbuch für Leseschüler, ein prakt. Lehrgang nach 62 Lectionen das mechanische Lesen zu lernen. 3e verb. u. verm. Aufl. Mit 24 illum. Abbildd. 8. Leipzig 837. Berger. 1/4 ℛ

—— das schwarze Raubschloß zu Goßdorf, oder: Der schwarze Tod im J. 1349 im meißner Hochlande. gr. 16. (224 S.) Hohnstein 849, Centralschulbuchhandlung.

—— Schutzrede für die Neigung Böses von Andern zu reden in Hohnstein gehalten von der Grazie Mandelkern. gr. 16. (30 S.) Hohnstein 849, Schulbuchhandlung. **

—— erstes Uebungsbuch f. Leseschüler, e. prakt. Lehrgang, nach 62 Lectionen d. mechan. Lesen zu lernen. Nach d. neuesten pädagog. Ansichten u. Hülfsmitteln bearb. 2. Aufl. 8. (2 B.) Leipzig 832, [Berger's Vrlsbuchh.]

**Rentzsch**, Joh. Chr. Ferd., 230 Vexir- u. Räthselfragen zur nützl. Unterhaltung f. alte Esel u. junge Staare, f. Schwarzgelbe u. Affenrepublikaner ꝛc. 32. (47 S.) Hohnstein 850, Centralschulbuchhandlung in Comm. 8 ngr

—— orthograph. Vorlegeblätter verbund. mit Calligraphie, Denkübungen, deutscher Sprachlehre u. Stylübung. 1. Hft. Fol. (4 lith. B.) Leipzig 833, [Berger's Vrlsbuchh.]

**Rentzsch**, Joannes, Ossitiensis: De δίκη ψευδομαρτυρίων in iure Attico comparatis Platonis imprimis legum libris cum oratoribus Atticis. *Lipsiae 1901: Hallberg et Buechting.* (64 S.) 8°
Leipzig, Phil. Diss. v. [16. Febr.] 1901

Rentzsch, Karl August

**Rentzsch, Carl August** (Penig), De indole quam nostris temporibus orationes sacrae habere debeant. Diss. Penig (Fr. E. Sighart) o. J. 34 S. mit Namen. (4.—) 28369
Gratulationsschrift für Heinrich Aug. Wilhelm Bermann.

Rentzsch, Karl Gottfr. Leberecht

— **Carl Gottfr. Leberecht** (Dresden), De ignorantia populi circa poenas, earum, vim impediente specimen. Präs. August Friedrich Schott. Leipzig (Saalbach) 24. IV. 1788. 40 S. (4.—) 28370

**Rentzsch**, Oskar [Oberl.]: Herodots Stellung zum alten Mythus. Dresden, Druck v. B. G. Teubner, 1892; 1—23 S. 4.
Dresden-Altstadt, Annen-S '(RG)', OP 1892 (550)

Rentzsch, Otto

**Rentzsch**, O., das Gesammtgebiet der Vergolderei nach den neuesten Fortschritten u. Verbesserungen. Praktisches Handbuch f. Vergolder, Maler, Bildhauer u. andere Praktiker. Mit 70 Abbildgn. 8. (VIII, 216 S.) Wien 890. Hartleben. n. 4. —; geb. n. 4. 80
[Chemisch-technische Bibliothek. Bd. 179.]

**Rentzsch**, Otto, das Gesamtgebiet der Vergolderei, nach den neuesten Fortschritten u. Verbesserungen. Umfassend sämtl. Kirchenarbeiten in Vergoldg., Versilberg. u. Polychromierg., sowie die Herstellg. v. Dekorationsgegenständen aus Holz, Steinpappe u. Gußmasse in Glanz-, Matt- u. Altvergoldg., Lackmalerei, Cuivre poli- u. Holzimitationen. Ferner die Fabrikation u. Verarbeitg. der Leisten. Mit genauer Anleitg. zum Formen, Gießen u. Pressen m. Hand- u. Maschinenbetrieb. 2., bedeutend erweit. Aufl. (VIII, 220 S. m. 75 Abbildgn.) 8. Wien 908. A. Hartleben. 4.—; geb. 4. 80
[Chemisch-technische Bibliothek. Bd. 179.]

**Renuntiatio** eventus certaminis litterarii anni superioris et quaestionum in annum 1903 propositarum. *Gryphiswaldiae 1902: H. Adler.* (6 S.) 4°
Greifswald, Einladungsprogr. zur Rektoratsübergabe 1902

... Rector universitatis Alexander Reifferscheid ... rectori designato Henrico Zimmer ... magistratum sollemni ritu traditurus est d. XV. m. Maii ... ad quem actum ... cives academici ... invitantur. — Inest renuntiatio praemiorum in certamine literario anni superioris adiudicatorum et quaestionum novarum in annum 1892 propositarum. Gryphiswaldiae, typ. F. G. Kunike, 1891; 7 S. 4°

**Renuntiatio** praemiorum in certamine litterario anni superioris adiudicatorum et quaestionum novarum in annum 1901 propositarum. *Gryphiswaldiae 1900: F. G. Kunike.* (7 S.) 4°
Greifswald, Einladungsprogr. zur Rektoratsübergabe 1900

**Renuntiatio** praemiorum in certamine litterario anni superioris adiudicatorum et quaestionum novarum in annum 1902 propositarum. *Gryphiswaldiae 1901: J. Abel.* (7 S.) 4°
Greifswald, Einladungsprogr. zur Rektoratsübergabe 1901

**Renvall**, G., Suo malainen Sana-Kirja. — Lexicon linguae Finnicae, cum interpret. duplici, copiosiore Latina, breviore Germanica. II Tomi. 4maj. Abo 826. (Leipz., Cnobloch). 8 ℛ

**Renvall, Gerh.**, über Appendicitis während Schwangerschaft u. Geburt. (Aus der gynaekolog. Klinik v. Otto Engström in Helsingfors.) (III, 119 S.) Lex. 8. Berlin 908. S. Karger. 5. —
Sonderabdruck aus: „Mitteilgn. a. d. gynaekol. Klinik d. Otto Engström in Helsingfors".

**Renvers**. Bemerkungen über den mathematischen Unterricht auf Gymnasien. Ueber Bildung von Zahlengrößen. 8 S.
Aachen, Progr. 1860

Renvers: Einige Eigenschaften d. sphärischen Dreiecks u. die wichtigsten Lehrsätze d. spärischen Trigonometrie. 18 S. und Figt. – Aachen, Progr. 1865.

**Renvers**, Albert (geb. Aachen 27. 12. 1857): Ueber Dermatomycosen. Berlin (1881). (31 S.) 8°
Berlin, Med. Diss. v. 16. März 1881

**Renvers** J. Ph. Formulae fundamentales geometriae analyticae sphaericae in usu angulorum coordinatorum evolutae. 1850. 4.
Diss. Münster

**Renvers, Ignat.**: De lineis sphaericis ad systema angulorum coordinatorum relatis commentatio. 18 S. u. Figt. – Aachen, Progr. 1853.

**Renvers**, Rud. (geb. Aachen 18. 2. 1854): Ueber Gelenktuberkulose. Berlin (1875). (32 S.) 8°
Berlin, Med. Diss. v. 31. Juli 1875

**Renversement** de la morale chrétienne, par les désordres du Monarchisme. Pars I. 4. Weisseuf. Graffé.

**Renz**. Geschichte der Bergfeste Zavelstein. 8. Nagold 1846.

**Renz**, siehe: Jahre, 25, aus dem Leben eines Schauspielers.

**Renz, Albert Conrad Friedr.** (Stuttgart), De nexus inter magistratum ac cives civitatum imperii fundamento ac effectu. Göttingen (Fr. A. Rosenbusch) 31. III. 1779. 38 S. (4.25) 28372

**Renz,** August Georg, approb. Arzt aus Stuttgart: Aus d. Tübinger Universitäts-Augenklinik. **Beitrag** zur Prognose intraoculärer maligner Tumoren. *Tübingen: F. Pietzcker 1900.* (23 S.) 8°
Tübingen, Med. Diss. v. 1900

Renz, B [Pseud.]
s.a. Behrens, Hugo [Wirkl. Name]

**Renz, B. (Hugo Behrens), die polnische Gefahr u. andere Novellen,** s.: Kürschner's, Jos., Bücherschatz.

— im Gertraudenhof, s.: Kürschner's, Jos., Bücherschatz.

**Renz, B.** (Hugo Behrens), Hamburger Geschichten. 8. (V, 384 S.) Stuttgart 896. Deutsche Verlags-Anstalt. n. 4. —; geb. n.n. 5. —

**Renz, B.** (Hugo Behrens), Hamburger Geschichten. (Neue [Titel-]Ausg.) 8. (V, 384 S.) Stuttgart [896.] (901). Deutsche Verlags-Anstalt. n. 1. 50; kart. n. 1. 75

— nach 40 Jahren. Pyramus u. Thisbe, — am Ibenstein, s.: Kürschner's Bücherschatz.

**Renz, B., feurige Kohlen,** s.a. **Romanbibliothek** der Gartenlaube.

Renz, B., feurige Kohlen. Roman. 8. (336 S.) Leipzig 885. Keil's Nachf. 4. 50; geb. n. 5. 50

— nach dem Sturme. Roman. 8. (VII, 280 S.) Leipzig 887. Keil's Nachf. 4. 50; geb. n. 5. 50

**Renz,** Barbara Klara, eine schwäbische Philosophin diesseits u. jenseits des Ozeans. Gesammelte Vorträge. gr. 8. (IV, 131 S.) Dillingen 900. [P. Tabor.] Regensburg, Verlagsanstalt vorm. G. J. Manz. n. 1. 50

Renz, Barbara Klara, Völkerleben in Wort u. Bild. 1. Bd. Des Indianers Familie, Freund u. Feind. (XII, 218 S.) 8. Münster 907. Aschendorff. 2.60; geb. in Leinw. 3. 60

— s.: Völkerschau.

Renz, Carl, s. Renz, Karl

**Renz,** Chr., Rechenbuch f. gewerbliche Fortbildungsschulen, s.: Krauß, A.

— Uebungsstoff f. den gewerbl. Geschäftsaufsatz, s: Krauß, A.

— der schriftliche Verkehr des Landwirts, s.: Krauß, A.

**Renz,** F., livre de lecture à l'usage des écoles de la Suisse romande. 6. éd., revue par L. Favrat. 8. (VIII, 328 S. m. Illustr.) Lausanne 890. Payot. cart. n. 1. 20

**Renz,** F., Positionen der Jupiterstrabanten. Nach photograph. Aufnahmen berechnet. 1. Tl. Oppositionen 1891 bis 1895. gr. 4. (172 S.) St. Pétersburg 898. (Leipzig, Voss' Sort.) n. 9. —
Sonderabdruck aus: „Mémoires de l'acad. imp. des sciences de St.-Pétersbourg."

**Renz,** F., Positionen der Jupiterstrabanten. Nach photograph. Aufnahmen berechnet. 2. Tl. Oppositionen 1896 —1898. (XXVIII, 271 S.) 33,5×25,5 cm. St. Petersburg 902. (Leipzig, Voss' Sort.) 11. —
Sonderabdr. aus: „Mémoires de l'acad. imp. des sciences de St.-Pétersbourg".
1. Tl. Ebd. 898. 9.—.

Renz, F., s. Wittram, Theodor: Telegraphische Längenbestimmung ...

**Renz,** Frz. Ser., die Geschichte des Messopfer-Begriffs od. der alte Glaube u. die neuen Theorien über das Wesen des unblut. Opfers. 2 Bde. gr. 8. Freising. (München, Dr. F. P. Datterer & Co.) à n. 10. —; geb. à n n. 12. 60
1. Altertum u. Mittelalter. (XVI, 816 S.) 901.
2. Neuzeitliche Kirche. (IV, 506 u. XIX S.) 902.

**Renz,** Franz *Seraph* [Subregens d. bischöfl. Priestersem. in Dillingen]: Opfercharakter der Eucharistie nach der Lehre der Väter und Kirchenschriftsteller der ersten drei Jahrhunderte. E. dogmengeschichtl. Abhandlg ... Paderborn, F. Schöningh, 1892; V S., 1 Bl., 151 S. 8.
München, Theol. Fak., Inaug.-Diss. v. 1893
(Nur in beschränkter Zahl für den Austausch)

Renz, Friedrich

Renz, Fr., Barrenübungen einer Riege des Stuttgarter Turnerbundes zum schwäbischen Landesturnen in Tübingen, 1868, 11 S., 16°.

**Renz,** Friedrich, appr. Arzt aus Waibstadt: Die Colporrhaphia fusiformis und deren Ergebnisse. *Heidelberg 1903: J. Hörning.* (31 S.) 8°
Heidelberg, Med. Diss. v. 1903

**Renz,** F.: Gesellschafts-Übungen. Flach-, Rund- u. Geräth-Pyramiden. Stuttgart 1877. 60 Taf.

**Renz,** Frdr., Gesellschafts-Uebungen. Flach-, Rund- u. Geräthe-Pyramiden. 60 (lith.) Taf. mit 78 Gruppen. 8. Stuttgart 881. (Metzler's Sort.) In Futteral. n. 4. —

**Renz, Fr., 36 verschiedene Ringübungen u. 24 verschiedene Wettläufe, f. Schulen u. Turnvereine zusammengestellt. 12. (30 lith. Taf. m. 1 S. Text.)** Stuttgart 890. (Metzler's Sort.) cart. n.n. 1. 50

Renz, F.: Schwingel-Uebungen einer Riege des Stuttgarter Turnerbundes zum schwäbischen Landesturnen Kirchheim. Stuttgart 1872. 16 S.

**Renz, Fritz, Jean Bodin, s.a. Untersuchungen, geschichtliche.**

**Renz,** Fritz, a. Eichleide: Jean Bodin. Ein Beitrag zur Geschichte der historischen Methode im 16. Jahrhundert. Gotha 1905: F. A. Perthes. (84 S.) 8° ¶ [Geschichtl. Untersuchungen Bd 3, H. 1.]
Leipzig, Phil. Fak., Ref. Lamprecht u. Brandenburg, Diss. v. 24. Mai 1905
[Geb. 13. Aug. 78 Eichleide b. Waldenburg i. S.. Wohnort: Dresden; Staatsangeh.: Sachsen; Vorbildung: Realgymn. Dresden-N. Reife O. 99; Studium: Leipzig 11 S.; Rig. 23./26. Juli 04.]

**Renz,** G., „christliche" Hemmnisse der Nüchternheitsbewegg. (10 S.) gr. 8. Hamburg (909). Deutschlands Grossloge II. nn — 10

Renz, G. A., s. Olim meminisse iuvabit.

— **Gunther Albert,** Dubia quaedam circa materiam de praesumtione juris et de jure per modum Disputationis Inaug. Präs. Joh. Theod. Scheffer. Tübingen (J. Sigmund) 26. IX 1731. 16 S. (4.25) 28373

— — (Präs.) u. (Respond.) **Ferdinand Heinrich Woelffing** (Stuttgart), Mixtura juris Romani et Germanici in materia patriae potestatis et quae inde dependent. conspicua. Tübingen (J. Sigmund) März 1735. 34 S. (4.50) 28374

— — Dasselbe. Halle / Magdeburg (Hendel) März 1735. Rec. o. J. 44 S. (4.50) 28375

— — Dasselbe. Halle / Magdeburg (Hendel) März 1735. Rec. 1759. 46 S. (4.50) 28376

**Renz**, Gust., Resolvirungen über die Notariats- sowie die Erbschafts- und Vermächtnißsporteln für die Geschäfte der freiwilligen Gerichtsbarkeit, gegründet auf das definitive Gesetz über die Notariatssporteln v. 4. Juli 1842; nebst e. Anhange, betreffend ein Regulativ über die Verwaltungs-Gebühren der Pfleger, u. Gebühren der Waisenrichter. gr. 8. Stuttgart 843, Beck u. Fränkel. geb. 1/4 ₰

**Renz,** Gust. Adf., Beiträge zur Geschichte d. Schottenabtei St. Jakob u. des Priorats Weih St. Peter in Regensburg. [Aus: „Studien u. Mitteilgn. aus d. Benediktiner- u. Cistercienser-Orden".] gr. 8. (IV, 110 S.) Stift Raigern 897. (Regensburg, J. Habbel.) n. 2.—

**Renz,** Hermann, appr. Arzt a. Bamberg: Aus d. pathol. Institut zu Gießen. Zur Casuistik der Myxome des Mesenteriums. Gießen 1907: v. Münchow. (22 S.) 8°
Gießen, Med. Fak., Ref. Bostroem, Diss. v. 22. Aug. 1907
[Geb. 14. Dez. 80 Bamberg; Wohnort: Gießen; Staatsangeh.: Bayern; Vorbildung: Gymn. Freising Reife M. 00; Studium: München 2, Freiburg i. B. 1, Straßburg 1, Berlin 3, Leipzig 1, Gießen 1 S.; Coll. 2. März 06; Approb. 25. Sept. 06.]

Renz, J., das Gemeinde-Waschhaus, seine Erbauung, Einrichtung u. sein Nutzen f. e. Familie, f. e. Gemeinde u. f. d. Staat. gr. 8. (2 1/4 B.) Gmünd 840, Dillenius. (Hall, Haspel'sche Buchh.)

Renz, J., das Gemeinde-Waschhaus, seine Erbauung, Einrichtung und sein Nutzen für eine Familie, für eine Gemeinde u. für den Staat. gr. 8. Gmünd 840. Dillenius. (Leipzig, Meißner.) 1/4 ₰

Renz, Jak., die moderne Landwirthschaft in ihrer Beziehung zu den Naturwissenschaften. Ein Beitrag aus der Praxis. gr. 8. (III und 38 S.) München 862, [Merhoff's Verlag.] *

Renz, Jo. Sebastian [Praes.], s. Heller, Jonathan: De Judaeorum veterum saltationibus religiosis ad illustr. Exod. XV, 20 et XXXII, 6. 19.

**RENZ**, J. Seb., De religiosis saltationibus veterum Judaeorum. (Diss.) Lipsiae 1738. 4°.
Bartholomäus p. 19. — Selten!

Renz, Karl

**Renz,** Carl: Aus d. chemischen Institut d. Universität Breslau. 'Beiträge zur Kenntnis des Indiums und Thalliums'. *Breslau 1902: H. Fleischmann.* (64 S.) 8°
Breslau, Phil. Diss. v. 13. Dez. 1902

**Renz,** [Karl], Dir. Dr.: Eröffnungsfeier des Progymnasiums. *Schwerte i. W. 1901: C. Braus.* (S. 16—18.) 4°
Schwerte, PG m. Realabt., OP 1901 (396a)

**Renz,** Karl [aus Wildbad in Württemb.]: Ein Fall von akut verlaufender Epilepsie mit tödlichem Ausgange ... München, Druck d. Akad. Buchdr. v. F. Straub, 1893; 33 S. 8.
München, Med. Fak., Inaug.-Diss. v. 1893

**Renz** (Carl), Die mesozoischen Faunen Griechenlands. Stuttgart. 4°
T. 1. Die triadischen Faunen der Argolis. M. 7 Taf. u. 15 Textfig. 1910.
Aus: Palaeontographica. Bd 58.

**Renz, Carl,** Dr. phil.: Zur Geologie Griechenlands. Breslau: Fleischmann 1909. 149 S. 8° ¶(T. 1. einer Abhandlung, die in: Jahrbuch d. oesterr. geol. Reichsanst. ersch.)
Breslau, Phil. Hab.-Schr. v. 7. Aug. 1909 [U 09. 647
(Nicht für den Austausch)

**Renz** (Carl), Die Geologie Griechenlands. Wien.
T. 1. Stratigraph. Untersuchungen im griechischen Mesozoikum und Paläozoikum. 1910.
Aus: Jahrbuch d. k. k. Geolog. Reichsanst. 1910, Bd 60, H. 3.

**Renz,** Carl [app. Arzt aus Stuttgart]: Zur Casuistik der Sarkome des Ovarium. . . . Stuttgart, Druck v. W. Kohlhammer, 1891; 29 S. 8°
Tübingen, Med. Fak., Inaug.-Diss. v. 1891

**Renz,** Carl, zur Casuistik der Sarkome d. Ovarium. Diss. gr. 8. (29 S.) Stuttgart 891. (Tübingen, A. Moser.) n.n. —70

**Renz, Carl, der chronische Magen- u. Darmkatarrh als e. der häufigsten Ursachen heilbarer Impotenz. Ein Fingerzeig f. gebildete Laien, welche e. Nachlaß od. den Verlust ihrer Manneskraft zu beklagen haben. 8. (18 S.) Stuttgart 872. E. Müller. n. — 60**

**Renz,** [Karl], Dir. Dr.: Der Neubau des Progymnasiums. Die Feier der Einweihung. *Schwerte i. W. 1902: C. Saatmann.* (S. 3—6.) 4°
Schwerte, PG m. Realabt., OP 1902 (408)

**Renz,** Karl: Die lateinischen und die niederen Real-Schulen in ihrer nothwendigen Einheit. Mit besond. Rücksicht auf Kapff: Das Landexamen. Calw: Rivinius 1844.

**Renz, Kurt:** Über das Atomgewicht des Rhodiums. Erlangen 1909: Junge. 26 S. 8°
Erlangen, Phil. Diss. v. 23. Febr. 1909, Ref. Fischer
[Geb. 30. Okt. 80 Stuttgart; Wohnort: Erlangen; Staatsangeh.: Württemberg; Vorbildung: Realgymn. Schwäbisch-Gmünd Reife O. 01; Studium: Stuttgart Techn. Hochsch. 2, München 8, Erlangen 2 S.; Rig. 12. März 08.] [U 09. 856

Renz, L. O. [Pseud.], s.a. Lorenz, Maria

Renz, L. O., Septuor. 7 Sachen. 8. (VII, 232 S.) Dresden 900. E. Pierson. n. 4.—; geb. n. 5.—

**Renz, M. F. — Was ist von Sparkassen, was ist von Assekuranz-Anstalten zu hoffen? Eine mit Zifferbeweisen durchgeführte Erläuterung ohne Unterschiebungen über den Nutzen der Sparkassen und deren wichtigen Einfluß auf Wohlfahrt und Glück der Familien. In der Sprache des täglichen Umganges von — —. Wien, 1857. Aus J. B. Wallishaussers k. k. Hoftheater-Druckerei. (19 S. 8.)**

**Renz,** Mary, Polterabend-Gedichte, s.: Sattler's interessante Bibliothek. 41.

Renz, Osk., Geschichte d. k. b. 1. Ulanen-Regiments, Kaiser Wilhelm II., König v. Preußen. 1863—1898. Für Unteroffiziere u. Mannschaften im Auftr. d. Regiments bearb. 8. (IV, 86 S. m. 6 Lichtdr.) Bamberg 898. (Schmidt.) n. 1.60

**Renz, P., Skatbuch in Versen. 8. (XVIII, 158 S.) Wismar 888. Hinstorff's Verl. geb. n. 2.40**

**Renz, T., telegraphische Längenbestimmungen zwischen Polkowo u. Potsdam, s.: Wittram, Th.**

— **Tobias Conrad** (Kirchheim/Teck), De eo quod naturaliter justum est circa emtionem et venditionem. Diss. moralis. Präs. Johann Eberhard Roesler. Tübingen (H. Franck) April 1721. 16 S. (4.25) 28377

**Renz,** Wendelin: Alliterationen bei Tacitus. Aschaffenburg 1905: Schippner. (40 S.) 8°
Aschaffenburg, k. human. G P 1905*

**Renz, Wendelin:** Die Inkunabeln der Stiftsarchiv-Bibliothek zu Aschaffenburg. Aschaffenburg 1908: Werbrun. 132 S. 8°
Aschaffenburg, k. G P 1908* [S 08. 373

Renz, Wilh. Thdr., Beitrag zur Behandlung der Brüche des Oberschenkels und der Kniescheibe. Als Inaugural-Abhandlung aus den in der chirurg. Klinik zu Tübingen vom Frühjahr 1843 bis Herbst 1858 gemachten Aufzeichnungen historisch-kritisch bearb. gr. 4. (III und 28 S. mit 1 Chromolithogr.) Tübingen 860, Moser. *

Balneologische Bibliothek des †Geh. Hofrathes Dr. [Wilhelm Theodor] v. Renz, Badearzt zu Wildbad. Versteigerung 1900 durch K. Th. Völcker's Verl. Frankfurt a. M. *(Frankfurt a. M.: K. Th. Völker 1900.)* (140 S.) 8° [Umschlagt.] [00. 10637

**Renz,** Wilh. Thdr., historische Briefe üb. das Wildbad. 1. Hft. Wildbad's Name, Ursprung u. Eintritt in die Geschichte. Drei Briefe. 8. (XIII, 52 S. m. eingedr. Holzschn.) Stuttgart 871. Cotta. n. 1. 20

**Renz,** W. Th. v., die Eigenart der Warmquellen v. Wildbad in Württemberg u. deren richtiger Kur-Gebrauch. Nach den Erfahrgn. der Jahrhunderte, sowie nach eigener 20jähr. Erfahrg. faßlich dargestellt. 8. (VIII, 207 S.) Stuttgart 888. Enke. n. 3. 60

Renz, Wilh. Thdr. v., die Heilkräfte der sogenannten indifferenten Thermen insbesondere bei Krankheiten des Nervensystems. Historisch-krit. Vorträge im Collegenkreise. Allgemeiner Theil: I. Die Wärme, Affinität und Elektricität der indifferenten Thermen und Badformen in theoret. und prakt. Beziehung. gr. 8. (VII, 96 S.) Tübingen 878, Moser. *

— dass. — 2. stark verm. Aufl. Allgemeiner Theil. gr. 8. (X, 158 S.) Bonn 879, Lempertz. *

— erste Heilung eines traumatischen Gehirnabscesses durch consequente Aspiration des Eiters, ohne vorhergegangene Trepanation. 1. u. 2. unveränd. Abdruck. Tübingen 867. Laupp'sche Buchh. gr. 8. (VI, 46 S.) n. 12 ngr.

— ein Collegen-Gruss aus dem Reserve-Lazareth zu Wildbad. Die Spreizlade, ein praktischer Verband für Schuss-Fracturen des Oberschenkels. 8. (14 S. mit 1 Stnt.) Wildbad 870. (Stuttgart, J. Weise.) * — 40

— über Krankheiten des Rückenmarks in der Schwangerschaft. Ein bei der Strassburger Naturforscher-Versammlung nicht gehaltener Vortrag. gr. 8. (VIII, 25 S.) Wiesbaden 886, Bergmann. *

**Renz,** Wilh. Thdr., die Cur zu Wildbad im Königr. Württemberg. Ein Führer für Curgäste. Mit 3 (eingedr.) Holzschn., 1 (lith.) Karte: „Wildbad u. Umgegend" (in Fol.), 1 (lith.) Stadtplane u. 1 (lith. u. color.) Grundriss der Bäder (in qu. Fol.). Stuttgart 869. J. Weise. br. 8. (X, 196 S.) In engl. Einb. n.n. 1 ₰ 16 ngr.

Renz W. die Kur zu Wildbad in Württemberg. Stuttgart 1872

— die Kur zu Wildbad. I. u. II. Tl. 8. Wildbad 887. Ringe. à n. 2. —
I. Führer f. Wildbad u. Umgebung. Nach den Schriften d. R. zusammengestellt u. m. Illustr., Plänen etc. versehen v. Max Ringe. Nebst 1 Karte v. Wildbads Umgebg. (VII, 142 S.)
II. Die Heilkräfte der Thermen v. Wildbad u. deren kurgemässer Gebrauch in chronischen Krankheiten, zur Orientirg. f. Aerzte u. Kurgäste nach 19jähr. kurärztl. Erfahrg. dargestellt. (VIII, 120 S.)

Renz, Wilh. Thdr. v., Literatur-Geschichte von Wildbad in Text-Proben und Biographieen, nebst einer Beigabe: die Lage, das Klima, die heutigen Curmittel, der Krankheits-Kreis und die Frequenz-Statistik Wildbad's. hoch 4. (VII, 191 S. mit 10 Abbild. im Text und 1 lithogr. und color. Taf., den „Grundriss der Bäder" darstellend.) Stuttgart 881, Greiner und Pfeiffer. *
geb. *

— Principien und Preisverhältnisse der Medicinaltaxen Würtembergs für Verrichtungen in der Privatpraxis. Ein historisch-krit. Beitrag zur rationellen Taxenbildung und Taxenrevision. gr. 8. (VII und 147 S.) Erlangen 863, Enke's Verlag. *

— Schriften u. Schriftsteller, Reimereien u. Dichtungen üb. das Wildbad. Eine Literatur-Studie. gr. 8. (VI, 103 S. m. 1 Holzschntaf.) Wildbad 874. Hase. n. 1. 80

**Renz,** Dr. W. T. Die Spreizlade, ein praktischer Verband für Schuß-Frakturen des Oberschenkels. Mit 1 Taf. Wildbad 1870. 13 S.

— die Spreizlade, e. prakt. Verband f. Fracturen d. Oberschenkels. 2. durch e. Nachtrag verm. Aufl. Mit e. (eingedr.) Holzschn. gr. 8. (19 S.) Wildbad 875. (Tübingen, Moser.) n. — 80

— die Trichinenkrankheit des Menschen insbesondere deren specielle Aetiologie und öffentl. Prophylaxis. Eine Studie an der Hand der Kratz'schen Schrift über die Trichinenepidemie zu Hedersleben. gr. 8. (X und 166 S. mit 1 Stnt. in qu. Fol.) Tübingen 867, Laupp'sche Buchh. *

— Wildbad and its environs. Translated by C. Lobenhofer. gr. 16. (VIII, 115 S.) Ebendas. 876. cart. * 3 —

— das Wildbad im württembergischen Schwarzwald u. sein neu-eröffnetes laues Thermalbad König-Karls-Bad, f. Kurgäste u. Aerzte beschrieben. 12. (X, 245 S. m. 1 chromolith. Karte.) Wildbad 883. Hase. geb. n. 3. —

— Wildbad, ses thermes et ses environs. Guide pour les étrangers. Avec gravures sur bois, une (lith.) carte (in Fol.), un (lith.) plan de la ville et une (lith.) ichnographie des bains (in qu. Fol.). Stuttgart 869. J. Weise. br. 8. (X, 183 S.) In engl. Einb. n.n. 1 ₰ 15 ngr.

— das Wildbad und seine Umgebungen. Ein Führer für Curgäste. Mit 1 (chromolithogr.) Karte: „Wildbad und Umgegend" (in Fol.). gr. 16. (VIII, 253 S.) Wildbad 875, Hase. cart. * 2 20

— das Wildbad u. seine Umgebung. Ein Führer für Curgäste. Mit einer (chromolith.) Karte von Wildbad u. Umgegend u. einem (lith.) Grundriss der Bäder. 3. Aufl. der „Cur zu Wildbad". 12. (VIII, 228 S.) Wildbad 880. Hase. geb. n. 3. —

— das Wildbad im Königr. Württemberg wie es ist u. war. Ein Beitrag zur Landeskunde zugleich e. Führer f. Curgäste. Mit sechs Tab. (in qu. 4.) e. (lith.) Karte: Wildbad u. Umgebg., e. (lith.) Stadtplan u. e. (lith.) Grundriss der Bäder (in qu. 4.) 8. (XXIII, 549 S.) Wildbad 874. Hasse. n. 6. —

— praktische Winke f. Kurgäste u. deren Pflege-Begleitung. 8. (50 S.) Stuttgart 886. Bonz & Co. geb. n. 1. —

Renzel, Hermann, s. Rentzel

**Renzenbrink, Fritz:** Untersuchungen über die Entstehung und den syntaktischen Gebrauch der aus einem substantivierten Adjektivum, einem Pronomen und einer Verbform abzuleitenden französischen Präpositionen. Göttingen 1908: Haensch. XIV, 77 S. 8°
Göttingen, Phil. Diss. v. 18. Aug. 1908, Ref. Stimming
[Geb. 9. Nov. 83 Quakenbrück; Wohnort: Quakenbrück; Staatsangeh.: Preußen; Vorbildung: Realgymn. Quakenbrück Reife O. 03; Studium: Göttingen 1, Berlin 2, Kiel 1, Göttingen 5 S.; Rig. 29. Apr. 08.] [U 09. 1394

**Renzer, Jakob S.** [aus Lemberg]: Die Hauptpersonen des Richterbuches in Talmud und Midrasch. I. Simson. Berlin 1902. 44 S. 8°.
Bern. Phil. Diss. 1901/1902.

Renzer, J. S., die Hauptpersonen des Richterbuches in Talmud u. Midrasch. I. Simson. gr. 8. (44 S.) Berlin 902. S. Calvary & Co. n. 1. 50

Renzer, Jacob. Die Hauptpersonen des Richterbuches in Talmud und Midrasch. I. Simson. Diss. Phil. Bern ... von Jakob S Renzer.... 44 S. 8. Berlin, H. Itzkowski, 1902.

**Renzhausen, Wilhelm** (Lüneburg), De coxarthrocace. Diss. med.-chir. Göttingen (Dieterich) 1830. 36 S. (3.75) 28378
Gew.: Conr. Jo. Mart. Langenbeck.

Renzi, E. de, Pathogenese, Symptomatologie u. Behandlung der Lungenschwindsucht. Bearb. nach der II. Aufl. des italien. Originals. gr. 8. (X, 295 S.) Wien 894. A. Hölder. n. 5. —

**Renzis**, F. de, Verhängnis (Ananke), — auf Vorposten u. andere Geschichten, f.: Engelhorn's allgemeine Romanbibliothek.

**Renzlaw**, C., Sodom I. Berliner Geschichten u. Sittenbilder, f.: Unterhaltungs-Bibliothek, naturalist.

— zwei Vertreter d. Sozialismus. Ein spekulativer Heiratskandidat. Naturalistische Sittenbilder. (Titel-Ausg. v. Sodom I.) 8. (123 S.) Berlin 891. J. L. B. Laverrenz. n. 1. —

**Renzlaw**, E. R., Zeitspiegel. Politische Bilder aus der Gegenwart. gr. 8. (III, 179 S.) Berlin 893. R. v. Decker. n. 1. 75

**Renzlaw**, E. R., Zeitspiegel. II. Juristische Paradoxa. gr. 8. (X, 117 S.) Berlin 900. H. Walther. n. 1. 50

**Renzow**, Karl, Gutenberg. Festspiel, aus Anlaß der Feier des 500jähr. Geburtstages Johann Gutenbergs gedichtet. 8. (43 S.) Leipzig 900. (S. Schnurpfeil.) n. 1. —

**Reorganisation** d. deutschen Adels. 8. (20 S.) Leipzig 890. Rauert & Rocco. n. — 50

Reorganisation der Anstalten für berufliche Ausbildung der Primarlehrer. Vortrag der Direktion des Unterrichtswesens an den Regierungsrat des Kantons Bern. (Oktober 1901.) 6 S. 4.

Reorganisation, die, der preußischen Armee nach dem tilsiter Frieden. Mit Beilagen. 1. und 2. Abschnitt, bis zum Schluß des J. 1807. [Dazu 1 Heft mit 4 Beilagen (7 Tabellen in gr. Fol. und Imp.-Fol.)] Beiheft zum Militair-Wochenblatt für Oktbr. bis einschließlich Dezbr. 1854, und für Jan. bis einschließlich Juni 1855. Redig. von der histor. Abtheil. des Generalstabes. gr. 8. (VIII und 191 S.) Berlin 855, (Mittler und Sohn.) *

Reorganisation, die, der preußischen Armee nach dem tilsiter Frieden. Mit Beilagen. 2. Heft: 3. Abschnitt: Das J. 1808. Kapitel I und II mit einem Beitrag zur früheren Geschichte des Generalstabes. [Dazu 1 Heft mit 5 Beilagen (7 Tab. in gr. 8., 4., und gr. Fol.)] Beiheft zu Militair-Wochenblatt für Mai bis einschließlich Dezember 1856. Redig. von der histor. Abtheilung des Generalstabes. gr. 8. (VI und S. 193—410.) Berlin 857, (Mittler und Sohn.) **
1. und 2. Abschnitt. (Ebendas.) 1855. * 1 Thlr.

**Reorganisation, Die,** der preußischen Armee nach dem Tilsiter Frieden. Berlin 1866. V: *Scherbening, v.* (ADB 45, 225)

Reorganisation, Die, der preussischen Armee nach dem Tilsiter Frieden. I. Bd. Die Jahre 1806—1808, mit einem Beitrag zur früheren Geschichte des Generalstabes (dazu 20 Beilagen). II Bd. Die Jahre 1809—1812. (Mit 4 Beilagen.) Beihft. z. „Milit.-Wochenbl." Berlin 1854, 1855, 1856, 1862, 1865 und 1866.

Die Reorganisation der preuß. Armee nach dem Tilsiter Frieden 1807—12. (Mit) Kartenbd. Berlin 1854—66. 8° u. 4°.

Reorganisation, die, der Armee und ihre Wechselbeziehungen zur Nationalgarde und Constitution. Eine Denkschrift, dem constituirenden, österreich. Reichstage gewidmet von J. B. gr. 8. (43 S.) Wien 848, Sallmayer und Comp.

J. B. S. Zur bevorstehenden Reorganisation der österreichischen Feld-Artillerie. Nebst einer Tabelle zur Vergleichung der Kriegs- und Friedensstände der Feld-Artillerien Oesterreichs, Deutschlands, Frankreichs und Russlands. gr. 8. Budapest 1883.

**Reorganisation, Die,** des weiteren Bundes. Frankfurt a. M. 1850. V: *Liebe, Friedrich.* (wen S. 275)

—— die, des weitern Bundes. gr. 8. (31 S.) Frankfurt a. M. 850, Brönner.

—— gründliche, der schweizerischen Armee, oder einfache und wenig kostspielige Vertheidigungsmittel, welche die Schweiz im Falle eines Angriffs dem Feinde entgegensetzen kann. Aus dem Französ. übers. von einem alten Soldaten. gr. 8. (30 S.) Schaffhausen 854, Brodtmann'sche Buchh.

**Reorganisation**, die, des Handwerkstandes, ihre Nothwendigkeit u. Möglichkeit. Ein Mahnruf an die deutschen Handwerker u. das deutsche Volk von einem Handwerker. gr. 8. (III, 52 S.) Ahrensburg 882. Riese. — 75

**Reorganisation, Die,** der Provinziallandschaften des Königreichs Hannover. Ein Wort zur Versöhnung. Hannover 1851. V: *Lichtenberg, Conrad.* (Löwe, Bibl. der Hann. und Braunschw. Geschichte. Hann. 1908. S. 153.)

—— die, der Provinziallandschaften des Königr. Hannover. Ein Wort zur Versöhnung. gr. 8. (32 S.) Hannover 851, Helwingsche Hofbuchh.

Reorganisation, die, der Rechtspflege in Rußland. Nach dem Orig.-Text übers. 8. (68 S.) Riga 862, Kymmel. (Leipzig, C. F. Fleischer.) *
Aus: Rigaische Zeitung, 1862, besonders abgedruckt.

**Reorganisation**, die, e. Schuhfabrik. (21 S.) 33,5×24 cm. Berlin (908). Kampffmeyer'scher Verl. — 75
Sonderabdruck aus: „Schuh u. Leder".

—— die, der bayerischen Staatsforstverwaltung. gr. 8. (40 S.) Berlin 884, Parey. **
Aus: Forstwissenschaftliches Centralblatt, besonders abgedruckt.

Reorganisation (Zur) des gewerblichen Unterrichtes in Oesterreich. Bericht der Reichenberger Handels- und Gewerbekammer. 8°. Reichenberg 1881.

Reorganisation des Unterrichts in den weiblichen Handarbeiten. Zwei Vorträge, hrsg. von dem Vorstande des mecklenburg. Industrieschul-Vereins. 1. und 2. unveränd. Abdr. gr. 8. (28 S.) Ludwigslust 881, Hinstorff'sche Hofbuchh. *

**Reorganisation**, die, der Verwaltung u. der Einrichtungen der Eisenbahnen. Offenes Wort an alle Interessenten v. e. Fachmanne. gr. 8. (37 S.) Berlin 875. Kortkampf. n. — 80

— die, der inneren Verwaltung in Preußen besonders der Einrichtg. v. Landeskultur-Behörden. (47 S. m. 1 Tab.) 8. Berlin 909. (Illustr. landw. Zeitung.) — 30
Sonderabdruck aus: „Deutsche Tageszeitg."

**Reorganisation, Die,** der technischen Waffe. Wien 1892. V: *Salis-Soglio, Daniel Freih. v.* (Ky)

**Reorganisation,** die, der technischen Waffe. (Von Feldzeugmstr. Frhrn. v. Salis-Soglio.) gr. 8. (34 S.) Wien 892. Verlagsanstalt „Reichswehr". n. — 75

**Reorganisation,** Eine zeitgemässe, zum Vortheile des Staates, der Armee und der Waffe, angeregt durch einen Stabsoffizier der eidg. Kavallerie. Gr. in-8°. 77 S. Luzern, Doleschal's Buchh. 1890 2 —

**Reorganisations-Akte** des Eklektischen Freimaurerbundes. Entwurf vorgelegt im Dec. 1845. [Frankfurt a. M.]: 1845. 35 S. 8° [Umschlagtit.]
cf. L. 7 (1846) S. 319—320.
Tt. 1054.

[N. Ausg. u. d. Tit.:]
Reorganisations-Akte des Eklektischen Freimaurerbundes. Mit Anlagen A. und B. Rev. und genehmigt von der Grossen Mutterloge des Eklektischen Freimaurerbundes zu Frankfurt am Main und den eklektischen Bundeslogen im Jahre 5849. [Frankfurt a. M. 1849.] 52 S. 8° [Umschlagtit.]
Beigefügt deutsch. Übers. der „Alten Pflichten" 1723 u. Stiftungsbrief des Eklekt. Frmrbundes.

[N. Ausg. u. d. Tit.:]
Reorganisations-Acte des Eklektischen Freimaurerbundes. Rev. u. genehmigt von derGrossenMutterloge desEklektischen Freimaurerbundes zu Frankfurt am Main und den eklektischen Bundeslogen im Jahre 5860. Mit Anl. A und B. [Frankfurt a/M.] 1860: Krebs-Schmitt. 52 S. 8° [Umschlagtit.]
Tt. 1054. In den Anl. die „Alten Pflichten" nach dem engl. Konstitutionenbuch v. J. 1723, u. Stiftungsbrief des Eklektischen Bundes vom 18./21. März 1783.

**Reorganisationsplan** der Schule (Realschule). Kiel. 1881. 4°. Realsch.-Progr.

Neue **Reorganisations-Vorschläge** für die Train-Bataillone der preuß. Armee. o. O. (c. 1895). 8°.

**Reorganisatoren** d. preussischen Staates 1807—1813. (Russisch.) gr. 8. (101 S.) Leipzig 874. Duncker & Humblot. n. 2. 40

Ueber **Reorganisirung** der Militär-Bildungs-Anstalten. gr. 8. (18 S.) Wien, Seidel & Sohn. 20 kr.
1868

**Reparatur,** Ueber die, von Musik-Werken. Hrsg. durch Mermod frères. St. Croix (Um 1889?)

**Reparatur-Instruktion** f. den Revolver M/83. 12. (III, 16 S.) Berlin 885. Mittler & Sohn. n. — 20; cart. n. — 27

**Reparatur-Instruktion** für den Revolver M/79. 8. (22 S.) Berlin 881. (v. Decker.) cart. n. — 54

**Reparatur-Instruktion** für den Revolver M 79. (Beigeb.: Tektur [Nachtrag] 1886.) 8. Berlin 1881 u. 1886.

**Reparatur-Instruktion** f. den Revolver M/79. 1881. Neudr. 1890. 8. (27 S. u. 3 Bl.) Berlin 890. Mittler & Sohn. n.n. — 35

**Reparatur-Instruktion** f. d. Schußwaffen M 71. Entw. München 1885.
— — 1885: Desgl. f. d. Inf.-Gewehr M 69 <aptiert u. neuen Musters>. Entw.
— — 1886: Desgl. f. d. Schußwaffen M 71. 84. Entw.

**Répartition** du réseau télégraphique et téléphonique suisse. Bern 1909 s. Einteilung des schweizerischen Telegraphen- und Telephonnetzes. Bern 1909.

**Repeater,** the. An instructive and entertaining journal. Eine belehr. u. unterhalt. Zeitschrift. Ed. by William Wright. 1. Jahrg. Juli—Decbr. 1891. 12 Nrn. (1/2—3/4 Bog.) Lex.-8. Berlin, Rosenbaum & Hart. n. 2. —

— dasselbe. 2.—4. Jahrg. 1892—1894. à 24 Nrn. (1/2—3/4 Bog.) Lex.-8. Ebd. à Jahrg. n. 4. —

**Repeater,** the. An instructive and entertaining journal. Ed. by William Wright. 5.—8. Jahrg. 1895—1898. à 24 Nrn. (à ca. 12 S.) Lex.-8. Berlin, Rosenbaum & Hart. à Jahrg. n. 4. —
Kann auch vierteljährlich bezogen werden.

**Repeater,** the. An instructive and entertaining journal. Ed. by William Wright. 9.—12. Jahrg. 1899—1902. à 24 Nrn. gr. 8. (à ca. 8 u. 4 S.) Berlin, Rosenbaum & Hart. à Jahrg. n. 4. —

**Repeater,** the. An instructive and entertaining journal. Ed. by William Wright. 13.—16. Jahrg. 1903—1906. à 24 Nrn. (à Jhrg. VI, 192 u. 48 S) Lex.-8. Berlin, Rosenbaum & Hart. à Jhrg. n. 4. —; geb. n. 5. 50

**Repeater, the.** An instructive and entertaining journal. Ed. by William Wright. 17.—20. Jahrg. 1907—1910. à 24 Nrn. (à ca. 8 u. 4 S.) Lex. 8. Berlin, Rosenbaum & Hart. à Jahrg. 4. 80

**Repentance,** the fruitless, or the history of Misskitty Le Fever. 2 Vol. London, (Bauer in Lpz.) 760.

**Repenthin,** Walter [app. Arzt aus Wilsnack]: Beitrag zur Symphyseotomie ... Jena, Druck v. A. Kämpfe, 1895; 59 S. 8.
Jena, Med. Fak., Inaug.-Diss. v. [22. Juli] 1895

**Repères,** les, du nivellement de précision de la Suisse, s.: Fixpunkte, die, d. schweizer. Präcisionsnivellements.

**Repertoir** der ausländischen Bühne. Herausg. von Paul Fuchs. Würzburg 864. Julien. 8.
1. Heft: Die Großmutter. Schauspiel in 5 Acten. Nach dem Französ. bearb. von Paul Fuchs. (2 Bl., 120 S.) 15 ngr.

Repertoir des herzogl. Meiningen'schen Hof-Theaters. Offizielle Ausg., nach dem Scenarium des herzogl. Meiningen'schen Hoftheaters bearb. 1.—13. Heft. 16. Dresden 879, v. Grumbkow. à Heft * 40 Pf. * 5 20

Inhalt:

Heft 1. Björnson, Björnstjerne, zwischen den Schlachten. Schauspiel in 1 Aufzug. (36 S.)
" 2. Kleist, Heinr. v., die Hermannsschlacht. Drama in 5 Aufzügen. (85 S.)
" 3. —— das Käthchen von Heilbronn. Großes histor. Ritterschauspiel in 5 Acten. (80 S.)
" 4. —— Prinz Friedrich von Homburg. Schauspiel in 5 Acten. (79 S.)
" 5. Molière, die gelehrten Frauen. Lustspiel in 5 Aufzügen. (72 S.)
" 6. —— der eingebildete Kranke. Lustspiel in 3 Acten [ohne Fallen des Vorhangs]. (56 S.)
" 7. Schiller, Friedr. v., Fiesco oder die Verschwörung zu Genua. Republikan. Trauerspiel. (89 S.)
" 8. —— die Räuber. Schauspiel in 5 Aufzügen. (78 S.)
" 9. —— Wilhelm Tell. Schauspiel in 5 Aufzügen. (96 S.)
" 10. Shakespeare, Will., Julius Cäsar. Trauerspiel in 5 Acten. (72 S.)
" 11. —— der Kaufmann von Venedig. Schauspiel in 5 Acten. (76 S.)
" 12. —— Was ihr wollt. Lustspiel in 5 Acten. (73 S.)
" 13. —— das Wintermärchen. Schauspiel in 5 Aufzügen. (80 S.)

Repertoir des herzogl. Meiningen'schen Hof-Theaters. Offizielle Ausg., nach dem Scenarium des herzogl. Meiningen'schen Hof-Theaters bearb. 14.—19., 21.—24. Heft. 16. [Dresden, v. Grumbkow.] Leipzig, Conrad. à Heft *

Inhalt:

Heft 14. Goethe, J. W. v., Iphigenie. (61 S.) 881.
" 15. Wolff, J., Preciosa. (63 S.) 883.
" 16. Schiller, F. v., Wallensteins Lager. Piccolomini. (113 S.) 881.
" 17. —— Wallenstein's Tod. (96 S.) 882.
" 18. Goethe, J. W. v., Clavigo. (56 S.) 878.
" 19. Iffland, A. W., die Jäger. (92 S.) 878.
" 21. 22. Fitger, A., die Hexe. (78 S.) 883.
" 23. Lessing, G. E., Miß Sara Sampson. (72 S.) 884.
" 24. Schiller, F. v., Maria Stuart. 884.

20. Heft ist noch nicht erschienen.

Repertoir d. herzogl. Meiningen'schen Hof-Theaters. Officielle Ausg., nach dem Scenarium d. herzogl. Meiningen'schen Hoftheaters bearb. 14—19. u. 21—27. Bd. Leipzig, Conrad. à n. — 40

14. Iphigenie auf Tauris. Ein Schauspiel v. Goethe. (61 S.) 881.
15. Preciosa. Schauspiel in 4 Aufzügen v. Pius Alex. Wolff. 7. Aufl. (63 S.) 883.
16. Wallensteins Lager. Ein dramat. Gedicht. Die Piccolomini. Von Frdr. v. Schiller. (113 S.) 881.
17. Wallenstein's Tod. Ein dramat. Gedicht v. Frdr. v. Schiller. (96 S.) 882.
18. Clavigo. Ein Trauerspiel von W. v. Goethe. (56 S.) 877.
19. Die Jäger. Ein ländl. Sittengemälde in 5 Aufzügen v. A. W. Iffland. (92 S.) 877.
21. 22. Die Hexe. Trauerspiel in 5 Aufzügen v. A. Fitger. (78 S.) 886.
23. Miß Sara Sampson. Ein Trauerspiel in 5 Aufzügen v. G. E. Lessing. (72 S.) 884.
24. Maria Stuart. Ein Trauerspiel von Frdr. v. Schiller. (102 S.) 884.
25. 26. Lord Byrons Marino Faliero. Übers. u. bearb. v. A. Fitger. (IV, 92 S.) 884.
27. Die Braut v. Messina. Ein Trauerspiel m. Chören von Frdr. v. Schiller. (70 S.) 886.

Das 20. Heft erscheint später.

Repertoir des herzogl. Meiningen'schen Hof-Theaters. Officielle Ausg., nach dem Scenarium des Hoftheaters bearb. 12.—27., 29. und 30. Heft. 16. Leipzig, F. Conrad. à Heft *

Inhalt:

Heft 12. Shakespeare, William, was ihr wollt. Lustspiel in 5 Akten. 4. Aufl. (71 S.) 887.
" 13. —— ein Wintermärchen. Ein Schauspiel in 5 Aufzügen. 7. Aufl. (75 S.) 888.
" 14. Goethe, W. v., Iphigenie auf Tauris. Ein Schauspiel. (61 S.) 881.
" 15. Wolff, Pius Alex., Preciosa. Schauspiel in 4 Aufzügen. 7. Aufl. (63 S.) 883.
" 16. Schiller, Friedr. v., Wallenstein's Lager. Ein dramat. Gedicht. Die Piccolomini. (113 S.) 881.
" 17. —— Wallenstein's Tod. Ein dramat. Gedicht. (96 S.) 882.
" 18. Goethe, W. v., Clavigo. Ein Trauerspiel. (56 S.) 877.
" 19. Iffland, A. W., die Jäger. Ein ländl. Sittengemälde in 5 Aufzügen. (92 S.) 877.
" 20. Schiller, Friedr. v., die Jungfrau von Orleans. Eine romant. Tragödie. (94 S.) 887.
" 21. 22. Fitger, A., die Hexe. Trauerspiel in 5 Aufzügen. (78 S.) 886.
" 23. Lessing, G. E., Miß Sara Sampson. Ein Trauerspiel in 5 Aufzügen. (72 S.) 884.
" 24. Schiller, Friedr. v., Maria Stuart. Ein Trauerspiel. 4. Aufl. (99 S.) 886.
" 25. 26. Lord Byron's Marino Faliero. Übers. und bearb. von A. Fitger. (IV, 92 S.) 886.
" 27. Schiller, Friedr. v., die Braut von Messina. Ein Trauerspiel mit Chören. (70 S.) 886.
" 29. 30. Lindner, Alb., die Bluthochzeit. Ein geschichtl. Trauerspiel in 4 Akten. (86 S.) 887.

28. Heft noch nicht erschienen; 1.—11. Heft. [Dresden 1879, R. v. Grumkow.] Leipzig, Conrad. à Heft * 40 Pf.

Repertoir, neuestes, des deutschen Theaters für das J. 1852. Dramatische Dichtungen in Originalen, Bearbeitungen und Uebersetzungen. (Den Bühnen gegenüber als Mscr. gedr.) Nr. 1—5. gr. 8. Grimma [Wurzen] 852, Verlags-Comptoir. [Nr. 1. und 2. à * 10 Ngr., 3—5. à 7½ Ngr.]

Inhalt:

Nr. 1. Paris bei Nacht. Dramatisches Lebensbild in 5 Tableaus. Frei nach Delacour und Lambert Thiboust von L. v. Alvensleben. (52 S.)
" 2. Die Dame mit den Camelien. Dramatisches Gemälde in 5 Acten. Nach A. Dumas d. S. von L. v. Alvensleben. (71 S.)
" 3. Ein ruhiger Tag. Lustspiel in 1 Akt. Frei nach dem Engl. von L. v. Alvensleben. (20 S.)
" 4. Seit gestern ausgezogen. Lustspiel in 1 Akt. Aus dem Französ. von L. Gischer. (21 S.)
" 5. Ein Künstlerherz. Dramatisches Gedicht in 2 Akten von Herrm. Sallmayer. (46 S.)

Repertoir des deutschen Puppentheaters für große und kleine Kinder. 8. (78 S. mit 8 ill. Abbild. in Holzschn.) Frankfurt a. M. 861, Literarische Anstalt. *

—— des deutschen Puppentheaters für große und kleine Kinder. 2. Aufl. I—III. 8. (Mit je 1 Titelbild.) Frankfurt a. M. 887, Jaeger. à * 50 Pf. * 1 50

Inhalt:

I. Prinz Zerbino. Zauberspiel in 3 Akten. (32 S.)
II. Der Katzenschwanz. Komödie in 4 Akten. (24 S.)
III. Das Biribi. Tragödie in 3 Akten. (32 S.)

Ernst v. Wolzogen's offizielles Repertoir. Bd 1. 2. Berlin: J. Bard 1902.
2 Bde 8°
1. 2 = Theater, Buntes, hrsg. von Karl Frh. v. Levetzow. (1. 2.) [07. 7731

Répertoire instructif et amus. pour le Marchand. 2 Vol. 8. Weimar. (Gaedicke à Berl.) 800-801. (à 18 gr.)

*Répertoire* instructif et amus. pour le marchand. II Vols. 8. Weim. 800, 801. (Henning in Greiz). 1 ℔ 12 gr

**Répertoire** de la législation générale 1848—1903 concernant la Direction des Travaux publics du Canton de Fribourg. (61 p.) 8. Fribourg '05, Impr. de l'Œuvre de Saint-Paul.

Repertoire des sächsischen Marionettentheaters. Nach alten Ueberliefergn. hrsg. v. Ernst Trommer. Nr. 1 u. 2. 8. Zwickau, C. R. Moeckel. à n. 1. 50

1. Genovefa, die Pfalzgräfin zu Trier. Ritterschauspiel in 6 Akten. (60 S.) (905.)
2. Der sächsische Prinzenraub. Vaterländisch-histor. Ritterschauspiel in 6 Akten. Nach e. alten Mskr. v. 1825 bearb. Von E. Trommer. (76 S.) (905.)

—— nouveau du théâtre franç. de Berlin, s. Omnibus.

RÉPERTOIRE du premier semestre de la Feuille Décadaire du Bas-Rhin. An IX. — Inhalts-Verzeichniss des ersten Halbjahrs des niederrheinischen Dekaden-Blattes. 9ten Jahrs. s. l. & a. 8°.

— des tems et des modes des verbes irréguliers allemands. 12. Strasb. König. 810.

Répertoire du théâtre français à Berlin, ou: Collection des meilleures pièces du théâtre français moderne. No. 1—150. gr. in-8. ... Berlin 829—36, Schlesinger.

No. A. s. l. t.:

1. Mes derniers vingt sols, vaudev. en 1 acte, p. Théaulon et Ramond. 2. édit. 4 Gr.
2. Malvina, ou un mariage d'inclination, coméd.-vaudev. en 2 actes, p. Scribe. 2. édit. 8 Gr.
3. L'Ambassadeur, coméd.-vaudev. en 1 acte, p. Scribe et Mélesville. 6 Gr.
4. Les Moralistes, coméd.-vaudev. en 1 acte, p. Scribe et Varner. 6 Gr.
5. Un dernier jour de fortune, coméd.-vaudev. en 1 acte, p. Dupaty et Scribe. 4 Gr.
6. Les Cuisiniers diplomates, vaudev. en 1 acte, p. Rochefort, Barthélmi et Masson. 4 Gr.
7. Mr. Jovial, ou l'Huissier chansonnier, coméd.-vaudev. en 2 actes, p. Théaulon et Choquart. 6 Gr.
8. Le mariage de raison, coméd.-vaudev. en 2 actes, p. Scribe et Varner. 2. édit. 8 Gr.
9. Le Paysan perverti, pièce en 3 journées, p. Théaulon. 10 Gr.
10. Les premières amours, ou les souvenirs d'enfance, coméd.-vaudev. en 1 acte, p. Scribe. 2. édit. 6 Gr.
11. Théobald, ou: le retour de Russie, coméd.-vaudev. en 1 acte, p. Scribe et Varner. 6 Gr.
12. Mme. de Sainte-Agnès, coméd.-vaudev. en 1 acte, p. Scribe et Varner. 6 Gr.
13. Yelva, ou: l'orpheline Russe, coméd.-vaudev. en 2 actes, p. Scribe, Devilleneuve et Desvergers. 6 Gr.
14. La jeune Marraine, coméd.-vaudev. en 1 acte, p. Scribe, Lockroy et Chabot. 6 Gr.
15. Simple histoire, coméd.-vaudev. en 1 acte, p. Scribe et Courcy. 6 Gr.
16. Léonide, ou: la Vieille de Suresne, coméd.-vaudev. en 3 actes, p. Villeneuve et Saint-Hilaire. 8 Gr.

17. La Somnambule, coméd.-vaudev. en 2 actes, p. Scribe et Casimir Delavigne. 6 Gr.
18. Le Diplomate, coméd.-vaudev. en 2 actes, p. Scribe et Casimir Delavigne. 2. édit. 6 Gr.
19. La quarantaine, coméd.-vaudev. en 2 actes, p. Eugène, Scribe et Mazères. 4 Gr.
20. Le Cousin Frédéric, ou: la correspondance, coméd.-vaudev. en 1 acte, p. Émile, Arago et Alexandre. 4 Gr.
21. La lune de miel, coméd.-vaudev. en 2 actes, p. Scribe, Mélesville et Carmouche. 8 Gr.
22. La Demoiselle à marier, ou: la première entrevue, coméd.-vaudev. en 1 acte, p. Scribe, Mélesville et Carmouche. 6 Gr.
23. L'héritière, coméd.-vaudev. en 1 acte, p. Scribe et Delavigne. 6 Gr.
24. Le jeune Mari, coméd.-vaudev. en 3 actes et en prose, p. Mazères. 8 Gr.
25. Le vieux Général, coméd.-vaudev. en 2 actes, imitée du théâtre allemand de Kotzebue, p. Desvergers et Varin. 6 Gr.
26. Le vieux Mari, coméd.-vaudev. en 2 actes, p. Scribe et Mélesville. 8 Gr.
27. La Maîtresse, coméd.-vaudev. en 2 actes, p. Merville, H. Leroux et Alexis. 6 Gr.
28. La mansarde des Artistes, coméd.-vaudev. en 1 acte, p. Scribe, Dupin et Varner. 6 Gr.
29. La haine d'une femme, ou: le jeune homme à marier, coméd.-vaudev. en 1 acte, p. Scribe. 4 Gr.
30. Les perroquets de la mère Philippe, vaudev. en 1 acte, p. Dartois, A. Dartois et ***. 6 Gr.
31. Tony, ou: les Canards, coméd.-vaudev. en 2 actes, p. Brazier, Mélesville et Carmouche. 6 Gr.
32. Le Confident, coméd.-vaudev. en 1 acte, p. Scribe et Mélesville. 4 Gr.
33. Angéline, ou: la Champenoise, coméd.-vaudev. en 1 acte, imitée de l'Allemand, p. Dartois et Léon. 6 Gr.
34. La Mère au bal et la Fille à la maison, coméd.-vaudev. en 2 actes, p. Théaulon. 6 Gr.
35. Marie Mignot, coméd.-historique, mêlée de couplets, en 3 époques, p. Bayard et Duport. 8 Gr.
36. Avant, pendant et après, esquisses historiques, p. Scribe et de Rougemont. 2. édit. 8 Gr.
37. L'école des vieillards, coméd. en 5 actes et en vers, p. Casimir Delavigne. 2. édit. 8 Gr.
38. Le nouveau Pourceaugnac, coméd.-vaudev. en 1 acte, p. Scribe et Delestre-Poirson. 6 Gr.
39. La suite d'un bal masqué, coméd. en 1 acte et en prose, p. Mme. de Bawr. 6 Gr.
40. Un moment d'imprudence, coméd. en 3 actes et en prose, p. Wafflard et Fulgence. 6 Gr.
41. Le Précepteur dans l'embarras, coméd.-vaudev. en 1 acte, p. Mélesville. 6 Gr.
42. Valérie, coméd. en 3 actes et en prose, p. Scribe et Mélesville. 6 Gr.
43. La seconde année, ou: à qui est la faute, coméd.-vaudev. en 1 acte, p. Scribe et Mélesville. 6 Gr.
44. Louise, ou la réparation, coméd.-vaudev. en 2 actes, p. Scribe, Mélesville et Bayard. 6 Gr.
45. La Mère rivale, coméd. en 3 actes et en vers, p. Casimir Bonjour. 6 Gr.
46. Le matin et le soir, ou: la fiancée et la mariée, coméd. en 2 actes, mêlée de couplets, p. Dartois et Eugène. 6 Gr.
47. Le roman d'une heure, ou: la folle gageure, coméd. en 1 acte et en prose, p. Hoffmann. 4 Gr.
48. La semaine des amours, roman-vaudev. en 7 chapitres, p. Philippe D. et Julien de M. 6 Gr.
49. La manie des places, ou: la folie du siècle, coméd.-vaudev. en 1 acte, p. Scribe et Bayard. 6 Gr.
50. Le menteur véridique, coméd.-vaudev. en 1 acte, p. Scribe et Mélesville. 4 Gr.
51. l'Artiste, coméd.-vaudev. en 1 acte, p. Scribe et Perlet. 6 Gr.
52. Michel et Christine, coméd.-vaudev. en 1 acte, p. Scribe et Dupin. 6 Gr.
53. Les trois quartiers, coméd. en 3 actes et en prose, p. Picard et Mazères. 8 Gr.
54. Le Conscrit, vaudev. en 1 acte, p. Merle, Simonin et Ferdinand. 4 Gr.
55. La Chatte métamorphosée en femme, folie-vaudev. en 1 acte, p. Scribe et Mélesville. 4 Gr.
56. Hernani, ou: l'honneur Castilian, drame en 5 actes, p. Vict. Hugo. 2. édit. 8 Gr.
57. La Reine de seize ans, coméd. mêlée de couplets en 2 actes, p. Bayard. 6 Gr.
58. L'Actrice en voyage, vaudev. en 1 acte, p. MM. *** 6 Gr.
59. Ninette, ou: la petite Fille d'honneur, coméd. en 2 actes, mêlée de couplets, imitée de Favart, p. Brazier, Carmouche et Jouslin. 6 Gr.
60. Philippe, coméd.-vaudev. en 1 acte, p. Scribe, Mélesville et Bayard. 6 Gr.
61. Ma place et ma femme, coméd. en 3 actes et en prose, p. Bayard et G. de Wailly. 8 Gr.
62. La fin du mois, coméd.-vaudev. en 1 acte, p. Mazères. 4 Gr.
63. Monsieur Botte, coméd.-vaudev. en 3 actes, tirée du Roman de Pigault-Lebrun, p. Ch. Dupeuty et de Villeneuve. 8 Gr.
64. Le célibataire et l'homme marié, coméd. en 3 actes et en prose, p. Wafflard et Fulgence. 8 Gr.
65. Le sourd, ou: l'auberge pleine, coméd. en 1 acte, p. Desforges. 6 Gr.
66. Le Parrain, coméd. en 1 acte et en prose, p. Delestre, Scribe et Mélesville. 4 Gr.
67. Les deux Cousins, coméd.-vaudev. en 3 actes, p. Saint-Hilaire, Laloue et Paulin. 8 Gr.
68. Le marquis de Pomenars, coméd. en 1 acte et en prose, p. Mad. Sophie Gay. 6 Gr.
69. Le plus beau jour de la vie, coméd.-vaudev. en 2 actes, p. Scribe et Varner. 6 Gr.
70. La Mère et la Fille, coméd. en 5 actes et en prose, p. Empis et Mazères. 8 Gr.
71. Jeune et vieille, ou: le premier et le dernier chapitre, coméd.-vaudev. en 2 actes, p. Scribe, Mélesville et Bayard. 8 Gr.
72. La Dame et la Demoiselle, coméd. en 4 actes et en prose, p. Empis et Mazères. 8 Gr.
73. Une faute, drame en 2 actes mêlé de couplets, p. Scribe. 6 Gr.
74. La revanche, coméd. en 3 actes et en prose, p. Roger et Creuzé-de-Lessert. 6 Gr.
75. La séparation, coméd. en 3 actes et en prose, p. Mélesville et Carmouche. 8 Gr.
76. Madame Lavalette, drame historique en 2 actes, p. Barthélemy, Brunswick et Lhérie. 6 Gr.
77. Le Tartufe, coméd. en 5 actes, p. Molière. 8 Gr.
78. Madame Dubarry, coméd. en 3 actes, mêlée de couplets, p. Ancelot. 8 Gr.
79. La famille Riquebourg, ou: le mariage mal assorti, coméd.-vaudev. en 1 acte, p. Scribe. 6 Gr.
80. Le Quaker et la Danseuse, coméd.-vaudev. en 1 acte, p. Scribe et P. Duport. 6 Gr.
81. Le tyran domestique, ou: l'intérieur d'une famille, coméd. en 5 actes et en vers, p. A. Duval. 10 Gr.
82. Marion de Lorme, drame en 5 actes et en vers, p. Vict. Hugo. 12 Gr.
83. La perle des maris, coméd.-vaudev. en 1 acte, p. Bayard, Philipp D. et Julien de M. 6 Gr.
84. L'Oncle rival, coméd.-vaudev. en 1 acte, p. Mélesville. 4 Gr.
85. Mr. Cagnard, ou: les Conspirateurs, folie du jour en 1 acte, mêlée de couplets, p. Dumersan et Brazier. 4 Gr.
86. Le Dey d'Alger, ou: la visite au pensionnat, coméd. en 1 acte et en prose, p. Etienne et Nanteuil. 4 Gr.
87. L'oublie, ou: la chambre nuptiale, vaudev. en 1 acte, p. P. Duport. 6 Gr.
88. Le philtre champenois, coméd.-vaudev. en 1 acte, p. Mélesville et Brazier. 6 Gr.
89. Rabelais, ou: le presbytère de Meudon, coméd.-anecdote mêlée de couplets, p. A. de Leuven et Charles. 4 Gr.
90. La grande Dame, drame en 2 actes, mêlée de couplets, p. Bayard. 8 Gr.
91. La Fille d'honneur, coméd. en 5 actes et en vers, p. A. Duval. 10 Gr.
92. Chacun de son côté, coméd. en 3 actes et en prose, p. Mazères. 8 Gr.
93. a. Louis XI, tragédie en 5 actes et en vers, p. Casimir Delavigne. 12 Gr.
— b. Les Vêpres siciliennes, Tragédie en 5 actes, précédée du discours d'ouverture du second théatre français, p. Casimir Delavigne. 12 Gr.
94. Le Chaperon, coméd.-vaudev. en 1 acte, p. Scribe et P. Duport. 6 Gr.
95. La duchesse de Guise, ou: l'intérieur d'une famille illustre dans le temps de la ligue, drame en 3 actes, p. Mad. de Souza. 6 Gr.
96. La cloison, ou: beaucoup de peine pour rien, coméd. en 1 acte et en prose, p. Bélin. 4 Gr.
97. La vengeance italienne, ou: le Français à Florence, coméd.-vaudev. en 2 actes, p. Délestre, Scribe et Desnoyer. 8 Gr.
98. Le serrurier, coméd. en 1 acte, mêlée de vaudev., p. Bayard, Emile Vanderburch et Alexis. 6 Gr.
99. Mémoires d'un colonel de hussards, coméd. en 1 acte, mêlée de vaudevilles, p. Scribe et Mélesville. 4 Gr.
100. La famille Jabutot, ou: la veuve sans enfans, coméd. en 1 acte mêlée de vaudevilles, p. Brazier, de Leuven et Charles. 4 Gr.
101. Une monomanie, coméd.-vaudev. en 1 acte, p. Scribe et P. Duport. 6 Gr.
102. L'Enfant trouvé, coméd. en 3 actes et en prose, p. Picard et Mazères. 8 Gr.
103. Le jeune homme à marier, ou: le choix d'une femme, coméd.-vaudev. en 1 acte, p. Delestre, Desvergers et Varin. 6 Gr.
104. Heure et malheur, vaudev. en 1 acte, p. Duvert, Alexandre et Lauzanne. 6 Gr.
105. Kettly, ou: le retour en Suisse, coméd.-vaudev. en 1 acte, p. Duvert et Paulin. 6 Gr.
106. La Duchesse et le Page, coméd. en 3 actes, p. Béraud. 6 Gr.
107. La vie de Molière, coméd. historique en 3 actes mêlée de couplets, p. Dupeuty et Etienne Arago. 10 Gr.
108. Toujours, ou: l'avenir d'un fils, coméd.-vaudev. en 2 actes, p. Scribe et Varner, 8 Gr.
109. La puritaine, ou: la cour d'Angleterre en 1710, coméd.-historique mêlée de couplets en 2 actes, p. P. Duport. 8 Gr.
110. Lucrèce Borgia, drame en 5 actes, p. Vict. Hugo. 12 Gr.
111. Camilla, ou: la Soeur et le Frère, coméd.-vaudev. en 1 acte, p. Scribe et Bayard. 8 Gr.
112. Le Roi s'amuse, drame en 5 actes, p. Vict. Hugo. 12 Gr.
113. Le vieux péché, coméd.-vaudev. en 1 acte, p. Mélesville et Philippe Dumanoir. 6 Gr.
114. Le Gardien, coméd. vaudev. en 2 actes, tirée du roman d'Indiana, p. Scribe et Bayard. 8 Gr.
115. Les Enfans d'Edouard, tragédie en 3 actes et en vers, p. Casimir Delavigne. 12 Gr.
116. L'Avare, coméd. en 5 actes, p. Molière. 8 Gr.
117. Les malheurs d'un amant heureux, ou: le nouvel homme à bonnes fortunes, coméd.-vaudev. en 2 actes, p. Scribe. 8 Gr.
118. Les deux ménages, coméd. en 3 actes et en prose, p. Picard, Wafflard et Fulgence. 6 Gr.
119. L'art de payer ses dettes, coméd.-vaudev. en 1 acte, p. Mélesville et Varner. 6 Gr.
120. Iphigenie, tragédie en 5 actes, p. Racine. 6 Gr.
121. Bertrand et Raton, ou: l'art de conspirer, coméd. en 5 actes et en prose, p. Scribe. 12 Gr.
122. Marie Tudor, drame en 3 journées, p. Vict. Hugo. 12 Gr.
123. L'art de se faire aimer de son mari, coméd.-vaudev. en 3 actes, p. Xavier, Devilleneuve et Dupaty. 8 Gr.
124. Angèle, drame en 5 actes, p. Alex. Dumas. 12 Gr.
125. Le Savant, coméd.-vaudev. en 2 actes, p. Scribe et Monvel. 8 Gr.
126. Le Sauveur, coméd. en 3 actes mêlée de couplets, p. Halevy et Lhérie. 8 Gr.
127. Une Mère, drame en 2 actes, p. Bayard. 8 Gr.
128. Le Cid, tragéd. en 5 actes, p. Corneille. 6 Gr.
129. Michel Perrin, ou: l'Espion sans le savoir, coméd.-vaudev. en 2 actes, p. Mélesville et Duveyrier. 10 Gr.
130. Le lorgnon, coméd.-vaudev. en 1 acte, p. Scribe. 6 Gr.
131. La Dugazon, ou: le choix d'une maitresse, coméd.-vaudev. en 1 acte, p. Scribe et P. Duport. 6 Gr.
132. Un duel sous le cardinal de Richelieu, drame en 3 actes, mêlée de couplets, p. Lockroy et Badon. 6 Gr.
133. Le retour, ou: la suite de Michel et Christine, coméd.-vaudev. en 1 acte, p. Scribe et Dupin. 4 Gr.
134. Le budget d'un jeune ménage, coméd.-vaudev. en 1 acte, p. Scribe et Bayard. 6 Gr.
135. Le mari de la veuve, coméd. en 1 acte et en prose, p. Mme. Sophie Gay. 6 Gr.
136. Salvoisy, ou: l'amoureux de la reine, coméd. en 2 actes, p. Scribe, Rougemont et de Comberousse. 6 Gr.
137. Les Charmettes, ou: la jeunesse de J. J. Rousseau, coméd. mêlée de couplets, p. Bayard, Vanderburch et de Forges. 4 Gr.
138. Le Matelot, coméd. en 1 acte mêlée de chants, p. Sauvage et de Lurieu. 4 Gr.
139. La Lectrice, ou: une folie de jeune homme, coméd.-vaudev. en 2 actes, p. Bayard. 8 Gr.
140. Le jeune homme en lotérie, coméd. en 1 acte et en prose, p. Alex. Duval. 6 Gr.
141. Estelle, ou: le Père et la Fille, coméd.-vaudev. en 1 acte, p. Scribe. 6 Gr.
142. Une heure de mariage, coméd. en 1 acte, p. Etienne. 4 Gr.
143. Partie et revanche, coméd.-vaudev. p. Scribe, Francis et Brazier. 4 Gr.
144. La Fille de l'Avare, coméd.-vaudev. en 2 actes, p. Bayard et P. Duport. 8 Gr.
145. Chatterton, drame en 3 actes, p. Alfr. de Vigny. 8 Gr.

146. Etre aimé ou mourir! coméd.-vaudev. en 1 acte, p. Scribe et Dumanoir. 6 Gr.
147. Angelo, Tyran de Padoue, drame en 3 journées, p. Vict. Hugo. 8 Gr.
148. L'ami Grandet, coméd.-vaudev. en 3 actes mêlée de couplets, p. Ancelot et Comberousse. 8 Gr.
149. La France pittoresque, ou: la Reine des vendanges, tableau-vaudev. en 1 acte, p. Théaulon et Desmares. 4 Gr.
150. Une camarade de pension, coméd.-vaudev. en 2 actes, p. Ancelot et P. Duport. 6 Gr.

## Alphabetische Zusammenstellung aller genannten Verfasser der vorstehenden Theaterstücke.

Alexandre, s. No. 20 u. 104.
Alexis, s. No. 27 u. 98.
Ancelot, Mme. Dubarry, s. No. 78.
—— et Comberousse, l'ami Grandet, s. No. 148.
—— et Duport, une camarade de pension, s. No. 150.
Arago, s. No. 20 u. 107.
Badon, s. No. 132.
Barthélemy, Brunswick et Lhérie, Madame Lavalette, s. No. 76.
Barthélmi, s. No. 6.
Bawr, Mme. de, la suite d'un bal masqué, s. No. 89,
Bayard, la grande Dame, s. No. 90.
—— la Lectrice, s. No. 139.
—— une mère, s. No. 127.
—— la Reine de seize ans, s. No. 57.
—— et Duport, la Fille de l'Avare, s. No. 144.
—— et Duport, Marie Mignot, s. No. 35.
——, Philipp D. et Julien de M., la perle des maris, s. No. 83.
——, Vanderburch et Alexis, le serrurier, s. No. 98.
——, Vanderburch et de Forges, les Charmettes, s. No. 137.
—— et de Wailly, ma place et ma femme, s. No. 61.
——, s. auch No. 44, 49, 60, 71, 111, 114 u. 134.
Bélin, la cloison, s. No. 96.
Béraud, la Duchesse et le Page, s. No. 106.
Boujour, la Mère rivale, s. No. 45.
Brazier, Carmouche et Jouslin, Ninette, s. No. 69.
——, de Leuven et Charles, la famille Jabutot, s. No. 100.
——, Mélesville et Carmouche, Tony, s. No. 31.
——, s. auch No. 85, 88 u. 143.
Brunswick, s. No. 76.
Carmouche, s. No. 21, 31, 59 u. 75.
Chabot, s. No. 14.
Charles, s. No. 89 u. 100.
Choquart, s. No. 7.
Comberousse, de, s. No. 136 u. 148.
Corneille, le Cid, s. No. 128.
Courcy, s. No. 15.
Creuzé-de-Lessert, s. No. 74.
Dartois, A. Dartois et ***, les perroquets de la mère Philippe, s. No. 30.
—— et Eugène, le matin et le soir, s. No. 46.
—— et Léon, Angéline, s. No. 33.
Delavigne, l'école des vieillards, s. No. 87.
—— les Enfans d'Edouard, s. No. 115.
——, Louis XI., s. No. 93 a.
—— les Vêpres siciliennes, s. No. 93 b.
—— s. auch No. 17, 18 u. 23.
Delestre, Desvergers et Varin. le jeune homme à marier, s. No. 103.
——, Scribe et Desnoyer, la vengeance italienne, s. No. 97.
——, Scribe et Mélesville, le Parrain, s. No. 66.
Delestre-Poirson, s. No. 88.
Desforges, le sourd, s. No. 65.
Desmares, s. No. 149.
Desnoyer, s. No. 97.
Desvergers, s. No. 13, 25 u. 103.
Devilleneuve, s. No. 13 u. 123.
Dumanoir, s. No. 113 u. 146.
Dumas, Angèle, s. No. 124.
Dumersan et Brazier, Mr. Cognard, s. No. 85.
Dupaty et Scribe, un dernier jour de fortune, s. No. 5.
——, s. auch No. 123.
Dupeuty et Arago, la vie de Molière, s. No. 107.
—— et de Villeneuve, Monsieur Botte, s. No. 63.
Dupin, s. No. 28, 52 u. 133.
Duport, l'oubli, s. No. 87.
——, s. auch No. 35, 80, 94, 101, 109, 131, 144 u. 150.
Duval, la Fille d'honneur, s. No. 91.
—— le jeune homme en lotérie, s. No. 140.
—— le tyran domestique, s. No. 81.
Duvert, Alexandre et Lauzanne, heure et malheur, s. No. 104.
—— et Paulin, Kettly, s. No. 105.
Duveyrier, s. No. 129.
Emile, Arago et Alexandre, le Cousin Frédéric, s. No. 20.
Empis et Mazères, la Dame et la Demoiselle, s. No. 72.
—— et Mazères, la Mère et la Fille, s. No. 70.
Etienne, une heure de mariage, s. No. 142.
—— et Nanteuil, le Dey d'Alger, s. No. 86.
Eugène, Scribe et Mazères, la quarantaine, s. No. 19.
——, s. auch No. 46.
Favart, s. No. 59.
Ferdinand, s. No. 54.
Forges, s. No. 137.
Francis, s. No. 143.
Fulgence, s. No. 40, 64.
——, s. No. 118.
Gay, Sophie, le mari de la veuve, s. No. 136.
—— le Marquis de Pomenars, s. No. 68.
Halevy et Lhérie, le Sauveur, s. No. 126.
Hilaire, s. Saint-Hilaire.
Hoffmann, le roman d'une heure, s. No. 47.
Hugo, Angelo, Tyran de Padoue, s. No. 147.
——, Lucrèce Borgia, s. No. 110.
——, Hernani, s. No. 56.
——, Marion de Lorme, s. No. 82.
——, le Roi s'amuse, s. No. 112.
——, Marie Tudor, s. No. 122.
Jouslin, s. No. 59.
Kotzebue, le vieux Général, s. No. 25.
Laloue, s. No. 67.
Lauzanne, s. No. 104.
Léon, s. No. 33.
Leroux, s. No. 27.
Leuven, de, et Charles, Rabelais, s. No. 89.
——, s. auch No. 100.
Lhérie, s. No. 76 u. 126.
Lockroy et Badon, un duel etc., s. No. 132.
——, s. auch No. 14.
Lurieu, de, s. No. 138.
Masson, s. No. 6.
Mazères, chacun de son côté, s. No. 92.
—— la fin du mois, s. No. 62.
—— le jeune Mari, s. No. 24.
——, s. auch No. 53, 70, 72 u. 102.
Mélesville, l'Oncle rivale, s. No. 84.
—— le Précepteur dans l'embarras, s. No. 41.
—— et Brazier, le philtre champenois, s. No. 88.
—— et Carmouche, la séparation, s. No. 75.
—— et Dumanoir, les vieux péchés, s. No. 113.
—— et Duveyrier, Michel Perrin, s. No. 129.
—— et Varner, l'art de payer ses dettes, s. No. 119.
——, s. auch No. 3, 21, 26, 31, 32, 42, 43, 44, 50, 55, 60, 66, 71 u. 90.
Merle, Simonin et Ferdinand, le Conscrit, s. No. 54.
Merville, Leroux et Alexis, la Maîtresse, s. No. 27.
Molière, l'Avare, s. No. 116.
—— le Tartufe, s. No. 77.
Monvel, s. No. 125.
Nanteuil, s. No. 86.
Paulin, s. No. 67 u. 105.
Perlet, s. No. 51.
Picard et Mazères, l'Enfant trouvé, s. No. 102.
—— et Mazères, les trois quartiers, s. No. 53.
——, Waflard et Fulgence, les deux ménages, s. No. 118.
Racine, Iphigénie, s. No. 120.
Ramond, s. No. 1.
Rochefort, Barthélmi et Masson, les Cuisiniers diplomates, s. No. 6.
Roger et Creuzé-de-Lessert, la revanche, s. No. 74.
Rougemont, de, s. No. 36 u. 136.
Saint-Hilaire, Laloue et Paulin, les deux Cousins, s. No. 67.
——, s. auch No. 16.
Sauvage et de Lurieu, le Matelot, s. No. 138.
Scribe, les premières amours, s. No. 10.
——, Bertrand et Raton, ou: l'art de conspirer, s. No. 121.
—— la Demoiselle à marier, s. No. 22.
——, Estelle, s. No. 141.
—— une faute, s. No. 73.
—— la haine d'une femme, s. No. 29.
—— de lorgnon, s. No. 130.
—— les malheurs d'un amant heureux, s. No. 117.
——, Malvina, s. No. 2.
—— la famille de Riquebourg, s. No. 79.
—— et Bayard, le budget d'une jeune ménage, s. No. 134.
—— et Bayard, Camilla, s. No. 111.
—— et Bayard, le Gardien, s. No. 114.
—— et Bayard, la manie des places, s. No. 49.
—— et Courcy, simple histoire, s. No. 15.
—— et Delavigne, le Diplomate, s. No. 18.
—— et Delavigne, l'héritière, s. No. 23.
—— et Delavigne, la Somnambule, s. No. 17.
—— et Delestre Poirson, le nouveau Pourceaugnac, s. No. 88.
——, Devilleneuve et Desvergers, Yelva, s. No. 13.
—— et Dumanoir, être aimé ou mourir!, s. No. 146.
—— et Dupin, Michel et Christine, s. No. 52.
—— et Dupin, le retour, s. No. 133.
——, Dupin et Varner, la mansarde des Artistes, s. No. 28.
—— et Duport, le Chapéron, s. No. 94.
—— et Duport, la Dugazon, s. No. 131.
—— et Duport, une monomanie, s. No. 101.
—— et Duport, le Quaker et la Danseuse, s. No. 80.
—— Francis et Brazier, partie et revanche, s. No. 143.
——, Lockroy et Chabot. le jeune Marraine, s. No. 14.
—— et Mélesville, l'Ambassadeur, s. No. 3.
—— et Mélesville, la seconde année, s. No. 43.
—— et Mélesville, la Chatte métamorphosée en femme, s. No. 55.
—— et Mélesville, le Confident, s. No. 32.
—— et Mélesville, le vieux Mari, s. No. 26.
—— et Mélesville, mémoires d'un colonel de hussards, s. No. 90.
—— et Mélesville, le menteur véridique, s. No. 50.
—— et Mélesville, Valérie, s. No. 42.
——, Mélesville et Bayard, jeune et vieille, s. No. 71.
——, Mélesville et Bayard, Louise, s. No. 44.
——, Mélesville et Bayard, Philippe, s. No. 60.
——, Mélesville et Carmouche, la lune de miel, s. No. 21.
—— et Monvel, le Savant, s. No. 125.
—— et Perlet, l'Artiste, s. No. 51.
—— et de Rougemont, avant, pendant et après, s. No. 36.
——, de Rougemont et de Comberousse, Salvoisy, s. No. 136.
—— et Varner, le plus beau jour de la vie, s. No. 69.
—— et Varner, le mariage de raison, s. No. 8.
—— et Varner, les Moralistes, s. No. 4.
—— et Varner, Mme. de St.-Agnès, s. No. 12.
—— et Varner, Théobald, s. No. 11.
—— et Varner, toujour, s. No. 108.
——, s. auch No. 5, 66 u. 97.
Simonin, s. No. 54.
Souza, Mme. de, la duchesse de Guise, s. No. 95.
Théaulon, la Mère au bal etc., s. No. 34.
—— le Paysan, s. No. 9.
—— et Choquart, Mr. Jovial, s. No. 7.
Théaulon et Desmares, la France pittoresque, s. No. 149.
—— et Ramond, mes derniers vingt sols, s. No. 1.
Vanderburch, s. No. 98 u. 137.
Varin, s. No. 25 u. 103.
Varner, s. No. 4, 8, 11, 12, 28, 69, 108 u. 119.
Vigny, de, Chatterton, s. No. 145.
Villeneuve, de, et Saint-Hilaire, Léonide, s. No. 16.
——, s. auch No. 63.
Wafflard et Fulgence, le célibataire et l'homme marié, s. No. 64
—— et Fulgence, un moment d'imprudence, s. No. 40.
——, s. auch No. 118.
Wailly, de, s. No. 61.
Xavier, Devilleneuve et Dupaty, l'art de se faire aimer de son mari, s. No. 123.

**Répertoire du théatre français à Berlin, ou: Collection des meilleures pièces du théâtre français moderne. No. 151—250. gr. in-8. Berlin 836—42, Schlesinger.** *

No. A, s. l. t.:
151. Pourquoi? coméd.-vaudev. p. Lockroy et Anicet. 6 Gr.
152. Changement d'uniforme, coméd.-vaudev. p. D'Ennery. 4 Gr.
153. Don Juan d'Autriche, ou la vocation, coméd. p. Cas. Delavigne. 12 Gr.
154. Catherine, ou la croix d'or, coméd. mêlée de chants p. Brazier et Mélesville. 8 Gr.
155. Une chaumière et son cœur, coméd.-vaudev. p. Scribe et Alphonse. 8 Gr.

156. L'éclair, opera comique en 3 actes p. de Planard et de Saint-George. Musique de M. F. Halevy. 6 Gr.
157. Un mari charmant, coméd.-vaudev. p. Dumanoir et Lafargue. 6 Gr.
158. La passion secrète, coméd. p. Scribe. 8 Gr.
159. Phèdre, tragéd. p. Jean Racine. 6 Gr.
160. Le gamin de Paris, coméd.-vaudev. p. Bayard et E. Vanderburch. 8 Gr.
161. Don Juan de Marana, ou la chute d'un ange, mystère p. Alex. Dumas. 12 Gr.
162. Une famille au temps de Luther, tragéd. p. Cas. Delavigne. 6 Gr.
163. Esther, tragéd. p. Jean Racine. 4 Gr.
164. Les rivaux d'eux mêmes, coméd. p. Pigault-Lebrun. 6 Gr.
165. Moiroud et Compagnie, coméd.-vaudev. p. Bayard et Devorme. 6 Gr.
166. Un mariage raisonnable, coméd. p. Ancelot. 6 Gr.
167. La pensionnaire mariée, coméd.-vaudev. p. Scribe et Varner. 6 Gr.
168. Marie, ou trois époques, coméd. p. Ancelot. 8 Gr.
169. L'homoeopathie, coméd.-vaudev. p. N. Fournier et de Biéville. 4 Gr.
170. Un bonheur ignoré, coméd.-vaudev. p. Léonce et Petit. 4 Gr.
171. L'heureuse erreur, coméd. p. Patrat. 4 Gr.
172. La camaraderie ou la courte échelle, coméd. p. E. Scribe. 8 Gr.
173. Un mariage sous l'empire, coméd. p. Ancelot et Paul Duport. 8 Gr.
174. Une position délicate, coméd.-vaudev. p. Léonce et de Bernhardt. 6 Gr.
175. Cinna, tragéd. p. P. Corneille. 6 Gr.
176. Schubri, coméd.-vaudev. p. Paul Duport et de Forges. 4 Gr.
177. Vouloir, c'est pouvoir, coméd., mêlée de chant p. Ancelot et de Comberousse. 8 Gr.
178. Le père de la débutante, coméd.-vaudev. p. Bayard et Théaulon. 8 Gr.
179. La comtesse de Tonneau, ou les deux cousines, coméd.-vaudev. p. Théaulon. 6 Gr.
180. Les indépendants, coméd. p. Scribe. 8 Gr.
181. Zoé ou l'amant prêté, coméd.-vaudev. p. Scribe et Mélesville. 4 Gr.
182. L'épée de mon père, coméd.-vaudev. p. Ch. Desnoger et D'Avrecourt. 4 Gr.
183. A trente ans, ou une femme raisonnable, coméd. p. Rosier. 8 Gr.
184. Le misanthrope, coméd. p. Molière. 6 Gr.
185. Tropheureuse, ou une jeune ménage, coméd. p. Ancelot et Leroux. 4 Gr.
186. Le conseil de discipline p. Cogniard frères et Lubize. 4 Gr.
187. Zaïre, tragéd. p. Voltaire. 6 Gr.
188. Une bonne fortune, coméd.-vaudev. p. Bayard et Alexis Decomberousse. 4 Gr.
189. Un colonel d'autre fois, coméd.-vaudev. p. J. C. Vial. 6 Gr.
190. Le mari et l'amant, coméd. p. J. C. Vial. 6 Gr.
191. Sans nom! ou drames et romans, mystère-folie-vaudev. p. Théaulon et Biéville. 4 Gr.
192. Clementine, coméd.-vaudev. p. Ancelot et Jules Cordier. 4 Gr.
193. Brittanicus, tragéd. p. Jean Racine. 4 Gr.
194. Jean, ou les fruits de l'education, vaudev. p. Théaulon. 4 Gr.
195. Ruy Blas, drame p. Victor Hugo. 8 Gr.
196. Clermont, ou une femme d'artiste, coméd.-vaudev. p. Scribe et Emile Vanderburch. 6 Gr.
197. Un premier amour, coméd.-vaudev. p. Bayard et Emile Vanderburch. 6 Gr.
198. Les deux manières, coméd.-vaudev. p. Bayard et Mathon. 6 Gr.
199. Le jouer, coméd. p. Regnard. 8 Gr.
200. Rodolphe, ou frère et soeur, drame p. Scribe et Mélesville. 4 Gr.
201. Le rêve du mari, ou le manteaux, coméd. p. F. G. J. S. Andrieux. 4 Gr.
202. Une fille d'Eve, coméd.-vaudev. p. Dumanoir et Camille. 4 Gr.
203. Napoléon Bonaparte, ou trente ans de l'histoire de France, drame p. Alex. Dumas. 8 Gr.
204. Mademoiselle de Belles-Isle, drame p. Alex. Dumas. 8 Gr.
205. Dieu vous bénisse! coméd.-vaudev. p. Ancelot et Paul Duport. 4 Gr.
206. Henri III et sa cour, drame historique p. Alex. Dumas. 6 Gr.
207. Les parens de la fille, coméd. p. Arvers et Davrecour. 4 Gr.
208. Elle est folle, coméd. p. Mélesville. 6 Gr.
209. Le malade imaginaire, coméd. p. Molière. 8 Gr.
210. Passé minuit, vaudev. p. Lockroy et Anicet-Bourgeois. 4 Gr.
211. Lekain a Draguignan, coméd. p. de Forges et Paul Vermond. 4 Gr.
212. Le capitaine Roland, coméd.-vaudev. p. Varin, Desvergers et Edouard. 4 Gr.
213. L'octogénaire, ou Adèle de Senanges, coméd.-vaudev. p. Bayard et ***. 4 Gr.
214. Mahomet, ou le fanatisme, tragéd. p. de Voltaire. 6 Gr.
215. Maurice, coméd.-vaudev. p. Mélesville et Duvegrier. 8 Gr.
216. Paul et Jean, vaudev. p. Bayard. 6 Gr.
217. Athalie, tragéd. p. Jean Racine. 6 Gr.
218. Henri Hamelin, ou le fabricant, coméd. p. Emile Souvestre. 6 Gr.
219. La jeune femme colère, coméd. p. C. G. Etienne. 4 Gr.
220. L'école des journalistes, coméd. p. Emile de Girardin. 8 Gr.
221. Les brodequins de Lise, coméd.-vaudev. p. Laurencin, Desvergers et G. Vaez. 4 Gr.
222. Un pont-neuf, coméd.-vaudev. p. Aycard et Emmanuel. 4 Gr.
223. Veuve et garçon, coméd.-vaudev. p. Th. P. de Colombey. 4 Gr.
224. Une couronne dans l'exil, ou la reine de France, coméd.-vaudev. p. Th. P. de Colombey. 4 Gr.
225. Le charlatanisme, coméd.-vaudev. p. Scribe et Mazères. 4 Gr.
226. Le voyage à Dieppe, coméd. p. Waffiard et Fulgence. 3 Gr.
227. Le mariage d'argent, coméd. p. Scribe. 3 Gr.
228. La fille du Cid., tragéd. p. Cas. Delavigne. 6 Gr.
229. M. Musard, ou comme le temps passe, coméd. p. L. B. Picard. 3 Gr.
230. Le conteur, ou les deux postes, coméd. p. L. B. Picard. 3 Gr.
231. Catherine Howard, drame p. Alex. Dumas. 6 Gr.
232. Une dame de l'empire, coméd.-vaudev. p. Ancelot et Paulin. 4 Gr.
233. Les deux Philibert, coméd. p. L. B. Picard. 3 Gr.
234. La première ride, coméd.-vaudev. p. Lockroy et Anicet-Bourgeois. 4 Gr.
235. Voltaire en vacances, coméd.-vaudev. p. de Villeneuve et C. de Livry. 4 Gr.
236. Stockholm, Fontainebleau et Rome, triolog. dramat. sur la vie de Christine, 5 actes en vers, avec prologue et épilogue p. A. Dumas. 6 Gr.
237. Chut! ou un polonais à la cour de Catherine, coméd.-vaudev. p. E. Scribe. 4 Gr.
238. Le bourgeois gentilhomme, coméd. p. Molière. 6 Gr.
239. Le jeu de l'amour et du hasard, coméd. p. Marivaux. 6 Gr.
240. Le verre d'eau, ou les éffets et les causes, coméd. p. E. Scribe. 6 Gr.
241. Bocquet père et fils, ou le chemin le plus long, coméd.-vaudev. p. Laurencin, Marc-Michel et Labiche. 6 Gr.
242. Le chevalier du Guet, coméd. p. Lockroy. 6 Gr.
243. Japhet, ou la recherche d'un père, coméd. p. Scribe et Vanderburch. 4 Gr.
244. Le barbier de Seville, ou la précaution inutile, coméd. p. Beaumarchais. 6 Gr.
245. Le mariage de Figaro, ou la folle journée, coméd. p. Beaumarchais. 6 Gr.
246. La mère coubable, ou lautre Tartüfe, coméd. p. Beaumarchais 6 Gr.
247. L'abbé de l'epée, coméd. p. J. N. Bouilly. 2 Gr.
248. Encore des ménechmes, coméd. p. J. N. Picard. 4 Gr.
249. L'ombre d'un amant, coméd.-vaudev. p. Fournier et Clairville. 4 Gr.
250. L'habit ne fait pas le moine, coméd.-vaudev. p. St. Hilaire et P. Duport. 6 Gr.

No. 1—150. Le même. 1829—36. * 41 Thlr. 18 Gr. — Eine Folge von 6 Nrn. nur * 1 Thlr.

## Alphabetische Zusammenstellung aller genannten Verfasser der vorstehenden Theaterstücke. No. 151—250.

Scribe, la camaraderie, s. No. 172.
—— Chut, s. No. 237.
—— les independants, s. No. 180.
—— le mariage d'argent, s. No. 227.
—— la passion secrète, s. No. 158.
—— le verre d'eau, s. No. 240.
—— et Alphonse, une chaumière et son coeur, s. No. 155.
—— et Mazères, la charlatanisme, s. No. 225.
—— et Mélesville, Rodolphe, s. No. 200.
—— ——, Zoé, s. No. 181.
—— et Vanderburch, Clermont, s. No. 196.
—— —— Japhet, s. No. 243.
—— et Varner, la pensionnaire mariée, s. No. 167.
Souvestre, Henri Hamelin, s. No. 218.
Théaulon, la comtesse de Tonneau, s. No. 179.
——, Jean, s. No. 194.
—— et Biéville, sans nom, s. No. 191.
—— s. auch No. 178.
Vanderburch, s. No. 160, 196, 197 u. 213.
Varin, Desvergers et Edouard, le capitain Roland, s. No. 212.
Varner, s. No. 167.
Vaez, s. No. 221.
Vermond, s. No. 211.
Vial, un colonel d'autre fois, s. No. 189.
—— le mari et l'amant, s. No. 190.
Villeneuve, de, et de Livry, Voltaire en vacances, s. No. 235.
Voltaire, de, Mahomet, s. No. 214.
—— Zaire, s. No. 187.
Wafflard et Fulgence, le voyage à Dieppe, s. No. 226.

Répertoire du théâtre français à Berlin, ou Collection des meilleures pièces du théâtre franç. moderne. No. 15, 29, 37, 42, 65, 85, et No. 116. 2. Edit. gr. in-8. Berlin 842, 43, libr. Schlesinger. *

A. s. l. t.:

No. 15. Simple histoire, comed.-vaudeville en 1 acte, p. Scribe et de Courcy. (2 B.) * 5 Ngr.
- 29. La haine d'une femme, ou le jeune homme à marier, coméd.-vaud. en 1 acte, p. Scribe. ($1\frac{3}{4}$ B.) 5 Ngr.
- 37. L'école des vieillards, coméd. en 5 act. et en vers, p. Casimir Delavigne. ($5\frac{1}{2}$ B.) * 10 Ngr.
- 42. Valérie, coméd. en 3 act. et en prose, p. Scribe et Mélesville. (2 B.) * 5 Ngr.
- 65. Le sourd, ou l'auberge pleine, coméd. p. Desforges. ($1\frac{3}{4}$ B.) * 5 Ngr.
- 85. Mr. Cagnard, ou les conspirateurs, Folie du jour en 1 acte, p. Dumersan et Brazier. ($1\frac{1}{4}$ B.) * 5 Ngr.
- 116. L'Avare, coméd. en 5 act., p. Molière. (4 B.) * $7\frac{1}{2}$ Ngr.

— le même No. 93. Louis XI, tragédie en 5 actes et en vers, par M. Cas. Delavigne. gr. in-8. le même 842. n. $\frac{1}{3}$ ℛ

— le même No. 122. Marie Tudor, Drame en 3 journées, par Victor Hugo. (Nouv. édit.) gr. in-8. le même 842. n. $\frac{1}{3}$ ℛ

— le même No. 172. La camaraderie, ou la courte échelle, Comédie par M. E. Scribe. gr. in-8. le même 842. n. $\frac{1}{3}$ ℛ

— le même No. 77. 203. 204.: 77. Le tartuffe, Comédie en 5 actes, suivie d'une notice historique et de trois placets présentés au Roi, par Molière. ($\frac{1}{4}$ ℛ) 203. Napoléon Bonaparte, ou trente ans de l'histoire de France. Drame en 6 actes, par Alex. Dumas. ($\frac{1}{3}$ ℛ) 204. Mlle. de Belle-Isle. Drame en 5 actes en prose par A. Dumas. ($\frac{1}{3}$ ℛ) gr. in-8. le même 846. $\frac{11}{12}$ ℛ

Répertoire du théâtre français à Berlin, ou Collection des meilleures pièces du théâtre franç. moderne. (1. Série.) No. 82, 110, 128 et No. 240. 2. Édit. gr. in-8. Berlin, libr. Schlesinger.

Aussi s. les titres:

No. 62. Marion de Lorme, drame par Victor Hugo. 2. Édit. (92 S.) 849. 10 Ngr.
- 110. Lucrèce Borgia, drame par Victor Hugo. 2. Edit. (62 S.) 849. 10 Ngr.
- 128. Le Cid, tragédie en 5 actes par P. Corneille. 2. Édit. (52 S.) 852. $7\frac{1}{2}$ Ngr.
- 240. Le verre d'eau, ou: Les effets et les causes. Comédie en 3 actes et en prose par E. Scribe. 2. Édit. (72 S.) 850. $7\frac{1}{2}$ Ngr.

Répertoire du théâtre français à Berlin. (1. Série.) No. 36. 56. 128. 163. et 175. gr. 8. Berlin, libr. Schlesinger.

Inhalt:

No. 36. Avant, pendant et après. Esquisses historiques par Scribe et de Rougemont. (Nouvelle édition.) (56 S.) 856. $7\frac{1}{2}$ Ngr.
- 56. Hernani; ou l'honneur Castillan. Drame par Victor Hugo. (Nouvelle édition.) (IV und 70 S.) 856. $7\frac{1}{2}$ Ngr.
- 128. Le Cid, tragédie en 5 actes par P. Corneille. (Nouvelle édition.) (52 S.) 852. $7\frac{1}{2}$ Ngr.
- 163. Esther, tragédie en 3 actes et en vers, tirée de l'écriture sainte, par Jean Racine. (1689.) (Nouvelle édition.) (38 S.) 854. 5 Ngr.
- 175. Cinna, tragédie en 5 actes par P. Corneille. (Nouvelle édition.) (44 S.) 855. $7\frac{1}{2}$ Ngr.

Répertoire du théâtre français à Berlin. Nr. 184. 252. 403—408. gr. 8. Berlin 858, Schlesinger'sche Buchh.

Inhalt:

Nr. 184. Molière, le misanthrope, comédie en 5 actes. (49 S.) $7\frac{1}{2}$ Ngr.
„ 252. Xavier, Duvert et Lauzanne, un monsieur et une dame. Comédie-Vaudeville en 1 acte. (31 S.) 5 Ngr.
„ 403. Dumas, Alex., l'invitation à la valse. Comédie en 1 acte et en prose. (35 S.) 5 Ngr.
„ 404. Uchard, Mario, la Fiammina. Comédie en 4 actes en prose. (61 S.) 10 Ngr.
„ 405. Dumas (fils), Alex., la dame aux camélias. Pièce en 5 actes en prose. (73 S.) 10 Ngr.
„ 406. —— le fils naturel. Comédie en 5 actes, dont un prologue. (90 S.) 10 Ngr.
„ 407. Decourcelle, A., et Jaime fils, on demande un gouverneur. Comédie en 2 actes. (46 S.) $7\frac{1}{2}$ Ngr.
„ 408. Marc-Michel et Labiche, un monsieur qui prend la mouche. Comédie mêlée de couplets en 1 acte. (34 S.) 5 Ngr.

—— le même. — 2. Série. No. 1—24. gr. in-8. Berlin 842, Schlesinger. Thlr. *

No. A. s. l. t.:

1. Un mariage à rompre, coméd.-vaudev. p. Fournier et Arnould. 4 Gr.
2. Un monsieur et une dame, coméd.-vaudev. p. Xavier, Duvert et Lauzanne. 4 Gr. — Mérope, tragéd. p. Arouet et Voltaire. 4 Gr.
3. La marquise de Senneterre, coméd. p. Mélesville et Duveyrier. 6 Gr.
4. Renaudin de Caen, coméd.-vaudev. p. Duvert et Lauzanne. 6 Gr.
5. Rodogune, tragéd. p. P. Corneille. 6 Gr. — L'humoriste, comme on fait son lit, on se couche, proverbe dram. p. T. Leclerq. 2 Gr.
6. Le parasite, ou médiocre et rampant, coméd. p. L. B. Picard. 6 Gr.
7. Une chaine, coméd. en 5 actes et in prose, p. E. Scribe. 6 Gr. — L'hôtel garni, ou la leçon singulière, coméd. p. Désaugiers et Gentil. 4 Gr.
8. Les gants jaunes, vaudev. p. Bayard. 4 Gr.
9. Le dépit amoureux, coméd. en 5 actes et en vers p. Molière. 6 Gr. — La manie des proverbes, ou chacun pour soi, et Dieu pour tous, prov. dram. en 1 acte p. T. Leclercq. 4 Gr.
10. Un secret, drame en 3 actes mêlé de couplets p. Arnould et Fournier. 6 Gr.
11. Tiridate, ou comédie et tragédie, coméd.-vaudev. en 1 acte p. N. Fournier. 4 Gr.
12. La calomnie, coméd. en 5 actes et en prose p. E. Scribe. 6 Gr.
13. Le bon moyen, coméd. en 1 acte, mêlée de couplets p. Leuven et Brunswick. 4 Gr.
14. Lorenzino, drame p. A. Dumas. 8 Gr.
15. Les deux voleurs, coméd. p. de Leuven et Brunswick. 4 Gr. — Horace, tragéd. p. P. Corneille. 6 Gr.
16. L'ambitieux, coméd. p. E. Scribe. 6 Gr.
17. Vatel, ou le petit fils d'un grand homme, coméd.-vaudev. p. E. Scribe. — Indiana et Charlemagne, vaudev. p. Bayard et Dumanoir. 4 Gr.
18. Les mémoires du diable, coméd.-vaudev. p. Etienne Arago et Paul Vermond. 8 Gr.
19. Oscar, ou le mari qui trompe sa femme, coméd. p. E. Scribe. 4 Gr.
20. Le tyrann d'une femme, coméd. p. E. Scribe. 4 Gr.
21. La chanoinesse, coméd.-vaudev. p. Scribe et Francis-Cornu. — Madame Sorbet, ou un peu d'aide fait grand bien, prov. dramat. p. T. Leclercq. 4 Gr.
22. Les premières armes de Richelieu, coméd. p. Bayard et Dumanoir. 6 Gr.
23. L'ange dans le monde et le diable à la maison, coméd. p. de Courcy et Ch. Dupeuty. 6 Gr.
24. Andromaque, tragéd. p. J. Racine. — L'homme propose et dieu dispose, ou le passage et l'enterrement, prov.-dramat. p. T. Leclercq. 4 Gr.

Alphabetische Zusammenstellung aller genannten Verfasser der vorstehenden Theaterstücke. 2. Serie. No. 1—24.

Arago et Vermond, les mémoires du diable, s. No. 18.
Arnould et Fournier, un secret, s. No. 10.
—— s. auch No. 1.
Arouet et Voltaire, Mérope, s. No. 2.
Bayard, les gants jaunes, s. No. 8.
—— et Dumanoir, les premièrs arms de Richelieu, s. No. 22.
—— —— Indiana et Charlemagne, s. No. 17.
Brunswick, s. No. 13 u. 15.
Corneille, Horace, s. No. 15.
——, Rodogune, s. No. 5.
Courcy et Dupeuty, l'ange dans le monde etc., s. No. 23.
Désaugiers et Gentil, l'hôtel garni, s. No. 7.
Dumanoir, s. No. 17 u. 22.
Dumas, Lorenzino, s. No. 14.
Dupeuty, s. No. 23.
Duvert et Lauzanne, Renaudin de Caen, s. No. 4.
—— s. auch No. 2.
Duveyrier, s. No. 3.
Fournier, Tiridate, s. No. 11.
—— et Arnould, un mariage à rompre, s. No. 1.
—— s. auch No. 10.
Francis-Cornu, s. No. 21.
Gentil, s. No. 7.
Lauzanne, s. No. 2 u. 4.
Leclercq, l'homme propose et dieu dispose, s. No. 24.
—— l'humoriste, s. No. 5.
—— la manie des proverbes, s. No. 9.
——, Madame Sorbet, s. No. 21.
Leuven et Brunswick, le bon moyen, s. No. 13.
—— —— les deux voleurs, s. No. 15.
Mélesville et Duveyrier, la marquise de Senneterre, s. No. 3.
Molière, le dépit, s. No. 9.
Picard, le parasite, s. No. 6.
Racine, Andromaque, s. No. 24.
Scribe, l'ambitieux, s. No. 16.
—— la calomnie, s. No. 12.
—— une chaine, s. No. 7.
——, Oscar, s. No. 19.
—— le tyran d'une femme, s. No. 20.
——, Vatel, s. No. 17.
—— et Francis-Cornu, la chanoiesse, s. No. 21.
Vermond, s. No. 18.
Voltaire, s. No. 2.
Xavier, Duvert et Lauzanne, un monsieur et une dame, s. No. 2.

— le même 2. Série. No. 24 A. et No. 25—95. (od. der ganzen Reihenfolge No. 274—345.) gr. in-8. Le même 843—47. *

A. s. l. t.:

No. 24 A. L'homme propose et Dieu dispose, ou les passage et l'enterrement, Proverbe dram., p. T. Leclercq. (2 B.) 5 Ngr.
- 25. Clémence ou la fille de l'avocat, coméd. p. Mad. Ancelot. (3 B.) 7½ Ngr.
- 26. George Dandin, coméd. p. Molière. (2½ B.) 5 Ngr.
- 27. La nuit aux soufflets, coméd. p. Dumanoir et d'Ennery, (2¾ B.) 7½ Ngr.
- 28. Le fils de Cromwell ou une restauration; coméd. p. Scribe. (4½ B.) 10 Ngr.
- 29. Faute de s'entendre, coméd. p. Duveyrier. Le protégé, coméd. p. Rosier. (3¼ B.) 7½ Ngr.
- 30. Shakespeare amoureux, coméd. en 1 acte et en prose, p. A. Duval. — Toutlemondiana (tout le monde y en a.) Recueil ou feu roulant de calembourgs, épigrammes, jeux de mots, pointes, saillies, réparties ingénieuses lazzis etc. p. Philantrope (Filant trop.) (3¼ B.) 7½ Ngr.
- 31. Le vicomte de Létorières, coméd. en 3 act. mêlée de chant, p. Bayard et Dumanoir. (4¼ B.) 10 Ngr.
- 32. En pénitence, coméd.-vaudeville en 1 acte, p. Anicet-Bourgeois. — Les circonstances atténuantes, coméd.-vaudeville en 1 acte, p. Mélesville, Labriche et Lefranc. (3¼ B.) 7½ Ngr.
- 33. Les Burgraves, trilogie p. Vict. Hugo. (4 B.) 10 Ngr.
- 34. Mathilde, drame p. E. Sue et Pyat. (4 B.) 7½ Ngr.
- 35. Lucrèce, tragéd. p. Ponsard. (3¼ B.) 7½ Ngr.
- 36. Un roman intime, ou les lettres du mari, coméd. p. N. Fournier. (1½ B.) 5 Ngr.
- 37. Les demoiselles de Saint-Cyr, coméd. p. A. Dumas. (5 B.) 10 Ngr.
- 38. Bajazet, tragéd. p. Jean Racine. (3 B.) 7½ Ngr.
- 39. Davis, ou le bonheur d'être fou, coméd.-vaudeville p. N. Fournier. (2½ B.) 5 Ngr.
- 40. Polyeucte, tragéd., p. P. Corneille. (3¼ B.) 7½ Ngr.
- 41. Pierre-Le-Rouge, coméd. p. de Rougemont et Dupeuty. (3¼ B.) 7½ Ngr.

No. 42. La Courte-Paille, drama-vaudev. p. Cogniard Frères. (3¼ B.) 7½ Ngr.
- 43. Quand l'amour s'en va... coméd.-vaudeville p. Laurencin et Marc-Michel. (2 B.) 5 Ngr.
- 44. Nanon, Ninon et Maintenon, coméd. p. Théaulon, Dartois et Lesguillon. (3¼ B.) 7½ Ngr.
- 45. Le démon de la nuit, coméd.-vaudeville p. Bayard et Arago. (2¾ B.) 7½ Ngr.
- 46. Mademoiselle Dangeville, coméd. p. de Villeneuve et de Livry. (2 B.) 5 Ngr.
- 47. Les mystères de Paris, roman en V parties et XI tableaux, p. E. Sue et Dinaux. (6¼ B.) 10 Ngr.
- 48. Les petites misères de la vie humaine, vaudev. en 1 acte, p. Clairville. (2 B.) 5 Ngr.
- 49. Les mémoires de deux jeunes mariées, coméd.-vaudeville en 1 acte, p. Dennery et Clairville. (1¾ B.) 5 Ngr.
- 50. Le cadet de famille, ou l'intrigue impromptu, coméd.-vaudev. en 1 acte p. E. Lemaitre. (2 B.) 5 Ngr.
- 51. Les surprises, coméd.-vaudeville en 1 acte p. Scribe. (2 B.) 5 Ngr.
- 52. Antigone, Tragéd. p. Sophocle. (2½ B.) 5 Ngr.
- 53. La ciguë, coméd. en 2 act. et en vers, p. Emilie Augier. (2½ B.) 5 Ngr.
- 54. L'école des maris, coméd. en 3 act. et en vers, p. Molière. 1661. (2½ B.) 5 Ngr.
- 55. Le mari à la campagne, ou le Tartuffe moderne, coméd. en 3 act., p. Bayard et de Vailly. (4½ B.) 10 Ngr.
- 56. Les femmes savantes, coméd. en 5 act., p. Molière. 1672. (3½ B.) 7½ Ngr.
- 57. Une jeunesse orageuse, coméd. en 2 act., p. Charl. Desnoyer. (3½ B.) 7½ Ngr.
- 58. Mithridate, tragéd. en 5 act. et en vers, p. Jean Racine. 1673. (3 B.) 7½ Ngr.
- 59. Rebecca, coméd.-vaudev. en 2 act., p. Scribe. (3 B.) 7½ Ngr.
- 60. Le Docteur Robin, comed.-vaudev. en 1 acte, p. Jules de Prémaray. (2 B.) 5 Ngr.
- 61. Les projets de mariage, ou les deux militaires, coméd. en 1 acte, p. A. Duval. (1¾ B.) 5 Ngr.
- 62. Napoléon, ou Schönbrunn et Ste.-Hélène, drame histor. en 2 part. et neuf tableaux, p. Dupeuty et Régnier. (3½ B.) 7½ Ngr.
- 63. La grace de Dieu, drame en 5 act. (mêlé de chant), p. D'Ennery et Gust. Lemoine. (4¼ B.) 10 Ngr.
- 64. Le médecin malgré lui (Sganarelle), coméd. en 3 act., p. Molière. (2 B.) 5 Ngr.
- 65. Marino Faliero, pièce en 5 act., p. C. Delavigne. (4 B.) 10 Ngr.
- 66. Kean, coméd. en 5 act., p. A. Dumas. (4¼ B.) 10 Ngr.
- 67. Follette, coméd.-vaudev. en 1 acte, p. Mde. Ancelot. (2 B.) 5 Ngr.
- 68. Loïsa, coméd. en 2 act., mêlée de chant, p. Mde. Ancelot. (3¼ B.) 5 Ngr.
- 69. Marie-Jeanne, drame en 5 act. et 6 tableaux, p. Dennery et Mallian. (4¼ B.) 10 Ngr.
- 70. Diogène, coméd. en 5 act., précédée d'une prologue, p. Felix Pyat. (4¼ B.) 10 Ngr.
- 71. La polka en province, folie-vaudev. en 1 acte, p. Decomberousse et Cordier. (1½ B.) 5 Ngr.
- 72. Rue de la lune, vaudev. en 1 acte, p. Varin et Boyer. (1¾ B.) 5 Ngr.
- 73. Gabrielle, ou les aides-de-camp, coméd.-vaudev. en 2 act., p. Ancelot et Paul Duport. (2¼ B.) 5 Ngr.
- 74. Arthur, ou 16 ans après, drame-vaudev. en 2 act., p. Dupeuty, Fontan, Davrigny. (2¼ B.) 5 Ngr.
- 75. La veille du mariage, coméd. en 1 acte mêlée de chant, p. E. Vernisy. Les trois péchés du diable, férie-vaudeville en 1 acte p. Varin et Lubize. (2¼ B.) 5 Ngr.
- 76. Noémie, coméd.-vaudev. en 2 act., p. Dennery et Clément. (3 B.) 7½ Ngr.
- 77. Michel Brémond, drame en 5 act. en vers, p. Viennet. (4¼ B.) 10 Ngr.
- 78. Le docteur noir, drame en 7 act., p. Anicet-Bourgeois et Dumanoir. (4¾ B.) 10 Ngr.
- 79. Prête-moi cent sous, ou riche d'amour, coméd.-vaudev. en 1 acte, p. Xavier, Duvert et Lauzanne. (2¾ B.) 5 Ngr.
- 80. Le mari de la veuve, coméd. en 1 acte, et en prose, p. Alex. Dumas et ***. (2¾ B.) 5 Ngr.
- 81. Clarisse Harlowe, drame en 3 act., mêlée de chant, p. Dumanoir, Clairville et Guillard. (3½ B.) 7½ Ngr.
- 82. Le Vicomte Giroflée, ou: Celui que j'ai rêvé, coméd.-vaudev. en 1 acte, p. Laurencin et Marc-Michel. (2 B.) 5 Ngr.
- 83. Deux filles à marier, coméd.-vaudev. en 1 acte, p. Amédée de Beauplan et ***. (2 B.) 5 Ngr.
- 84. Madame de Cérigny, coméd.-vaudev. en 1 acte, p. Bayard et Regnault. (2¼ B.) 5 Ngr.
- 85. Le Chevalier de Saint-Georges, coméd. mêlée de chant, en 3 act., p. Mélesville et Roger de Beauvoir. (4¼ B.) 10 Ngr.
- 86. Un mari qui se dérange, coméd.-vaudev. en 2 act., p. Cormon et Eugène Grangé. (3¼ B.) 7½ Ngr.
- 87. La protégée sans le savoir, coméd.-vaudev. en 1 acte, p. Scribe. (2¼ B.) 5 Ngr.
- 88. Les Plaideurs, coméd. en 3 act., p. Jean Racine, 1668. (2½ B.) 5 Ngr.

No. 89. Bérénice, tragéd. en 5 act., p. Jean Racine. 1670. (3 B.) 5 Ngr.
- 90. Monsieur et Madame Galochard, coméd. en 1 acte, p. Xavier, Duvert et Lauzanne. (2 B.) 5 Ngr.
- 91. Le code des femmes, coméd. en 1 acte, p. Dumanoir. (2 B.) 5 Ngr.
- 92. Une femme qui se jette par la fenêtre, coméd.-vaudev. en 1 acte p. Scribe et Gust. Lemoine. (2¾ B.) 5 Ngr.
- 93. Ce que femme veut..., coméd. en 2 act., p. Duvert et Lauzanne. (3¼ B.) 7½ Ngr.
- 94. L'image, coméd.-vaudev. en 1 acte, p. Scribe et T. Sauvage. (2¼ B.) 5 Ngr.
- 95. Don César de Bazan, drame en 5 act., mêlé de chant, p. Dumanoir et Dennery. (3¼ B.) 7½ Ngr.

Je 6 Nrn. zusammengenommen. * 1 Thlr.

## Alphabetische Zusammenstellung aller genannten Verfasser der vorstehenden Theaterstücke. Nr. 24. A. u. Nr. 25—95.

Rougemont, de, et Dupeuty, Pierre-Le-Rouge, s. No. 41.
Sauvage, s. No. 94.
Scribe, le fils de Cromwell, s. No. 28.
—— la protégée sans le savoir, s. No. 87.
—— Rebecca, s. No. 59.
—— les surprises, s. No. 51.
—— et Lemoine, une femme qui se jette par la fenêtre, s. No. 92.
—— et Sauvage, l'image, s. No. 94.
Sophocle, Antigone, s. No. 52.
Sue et Dinaux, les mystères de Paris, s. No. 47.
—— et Pyat, Mathilde, s. No. 34.
Théaulon, Dartois et Lesguillon, Nanon, Ninon et Maintenon, s. No. 44
Vailly, de, s. No. 55.
Varin et Boyer, Rue de la lune, s. No. 72.
—— et Lubize, les trois péchés du diable, s. No. 75.
Vernisy, la veille du mariage, s. No. 75.
Viennet, Michel Brémond, s. No. 77.
Villeneuve et de Livry, Mademoiselle Dangeville, s. No. 46.
Xavier, Duvert et Lauzanne, Monsieur et Madame Galochard, s. No. 90.
—— et Lauzanne, prête-moi cent sous, s. No. 79.

—— le même. 2. Série. No. 96—132. (oder der ganzen Reihenfolge No. 346—382.) gr. in-8. Le même 848—52.

Aussi s. les titres:

No. 96. Le diner de Madelon, ou le bourgeois du Marais, comédie par Désaugiers. (26 S.) 5 Ngr.
No. 97. La mère de famille, comédie-vaudev. de Dennery et Gust. Lemoine. (33 S.) 5 Ngr.
- 98. Un caprice, comédie par Alfr. de Musset. (26 S.) 5 Ngr.
- 99. Le chiffonnier de Paris. Drame par Félix Pyat. (80 S.) 10 Ngr.
- 100. La fille de Dominique. Comédie-vaudev. par de Villeneuve et Charles. (30 S.) 5 Ngr.
- 101. Le puff, ou: Mensonge et vérité, comédie par Eug. Scribe. (84 S.) 7½ Ngr.
- 102. Le château de mon oncle ou: le mari par hasard, comédie par Désaugiers et Armand. (30 S.) 5 Ngr.
- 103. La propriété c'est le vol, folie-socialiste par Clairville et J. Cordier. (39 S.) 5 Ngr.
- 104. Les grenouilles qui demandent un roi. Vaudeville par Clairville, J. Cordier et A. de Beauplan. (19 S.) 5 Ngr.
- 105. La foire aux idées, journal-vaudeville par de Leuven et Brunswick. Nr. 1. (27 S.) 5 Ngr.
- 106. Le testament de César, drame en 5 actes et en vers suivi d'un épilogue par Jules Lacroix. (100 S.) 10 Ngr.
- 107. Adrienne Lecouvreur, comédie-drame en 6 actes, en prose par (Eug.) Scribe et (Ernest) Légouvé. 1. und 2. Edit. (86 S.) 10 Ngr.
- 108. Jeanne d'Arc, tragédie en 5 actes et en vers, par Alex. Soumet. (42 S.) 7½ Ngr.
- 109. Marie Stuart, tragédie en 5 actes et en vers, traduite de l'allemand de Fr. de Schiller par Pierre Lebrun. (54 S.) 7½ Ngr.
- 110. Il faut qu'une porte soit ouverte ou fermée. Proverbe par Alfred de Musset. (15 S.) 5 Ngr.
- 111. Le moineau de Lesbie, comédie en un acte, par Armand Barthet. (24 S.) 5 Ngr.
- 112. Virginie, tragédie en 5 actes, par Latour (de Saint-Ybars). (52 S.) 7½ Ngr.
- 113. Lydie et Horace, comédie en un acte, par F. Ponsard. (17 S.) 5 Ngr.
- 114. Les contes de la reine de Navarre, comédie en 5 actes en prose, par (Eug.) Scribe et (Ernest) Legouvé. (98 S.) 10 Ngr.
- 115. Les vêpres siciliennes, tragédie en 5 actes, par Cas. Delavigne. (46 S.) 7½ Ngr.
- 116. Bataille de dames ou un duel en amour, comédie en 3 actes et en prose par Scribe et Legouvé. (64 S.) 7½ Ngr.
- 117. Pas de fumée sans feu. Comédie-proverbe en 1 acte, mêlée de couplets, par Bayard. (21 S.) 5 Ngr.
- 118. Un tigre du Bengale. Comédie mêlée en 1 acte, par Ed. Brisebarre et Marc-Michel. (39 S.) 5 Ngr.
- 119. Livre III, chapitre I. Comédie en 1 acte, en prose, par Eug. Pierron et Ad. Laferrière. (25 S.) 5 Ngr.
- 120. Embrassons-nous Folleville! Comédie-vaudeville en 1 acte, par Labiche et Lefranc. (29 S.) 5 Ngr.
- 121. La femme qui trompe son mari. Comédie-vaudeville en 1 acte, par Moreau et Delacour. (34 S.) 5 Ngr.
- 122. Les petits moyens. Comédie-vaudeville en 1 acte, par Lemoine, Labiche et Decourcelle. (35 S.) 5 Ngr.
- 123. Jeanne Mathieu ou être aimé pour soi-même. Comédie-vaudeville en 1 acte, par N. Fournier. (32 S.) 5 Ngr.
- 124. Une fille terrible. Vaudeville en 1 acte, par Eug. Deligny. (32 S.) 5 Ngr.
- 125. La demoiselle majeure. Comédie-vaudeville en 1 acte, par Varin et Laurencin. (35 S.) 5 Ngr.
- 126. Une mauvaise nuit est bientôt passée. Comédie-proverbe en 1 acte, par Honoré. (25 S.) 5 Ngr.
- 127. Jobin et Nanette. Comédie-vaudeville en 1 acte, par Michel Carré et Léon Battu. (22 S.) 5 Ngr.
- 128. La niaise de Saint-Flour. Comédie-vaudeville en 1 acte, par Bayard et Lemoine. (36 S.) 5 Ngr.
- 129. Le mobilier de Rosine. Comédie-vaudeville en 1 acte, par de Leuven, Brunsvick et Siraudin. (24 S.) 5 Ngr.
- 130. Le marchand de jouets d'enfant. Comédie-vaudeville en 1 acte, par Mélesville et Guillard. (35 S.) 5 Ngr.
- 131. Croque-Poule. Vaudeville en 1 acte, par Rosier. (24 S.) 5 Ngr.
- 132. Diane. Drame en 5 actes en vers, par Emile Augier. (63 S.) 7½ Ngr.

—— le même. — 2. Série. No. 107.: Adrienne Lecouvreur, comédie-drame en 5 actes, en prose par Scribe et Legouvé. (Nouv. édition.) gr. 8. (86 S.) Le même 853.

—— le même. — 2. Série. No. 133—146. 148. 149. 149 a. et 150—152. oder der ganzen Reihenfolge No. 383—396. 398. 399. 399 a. und 400—402. gr. 8. Le même 853—56.

Inhalt:

No. 133. Le démon du foyer, comédie en 2 actes par George Sand. (47 S.) 7½ Ngr.
- 134. D'Aranda, ou les grandes passions. Comédie-vaudeville en 2 actes par E. Scribe. (51 S.) 7½ Ngr.
- 135. Un soufflet n'est jamais perdu. Comédie vaudeville en 1 acte par Bayard. (37 S.) 5 Ngr.
No. 136. Un bal du grand monde, comédie-vaudeville en 1 acte par Varin et Desvergers. (36 S.) 5 Ngr.
- 137. Madame et Monsieur Pinchon, comédie-vaudeville en 1 acte par Bayard, Dumanoir et d'Ennery. (37 S.) 5 Ngr.
- 138. Le piano de Berthe. Comédie-vaudeville en 1 acte, par Barrière et Lorin. (26 S.) 5 Ngr.
- 139. Bruno le fileur. Comédie-vaudeville en 2 actes par Cogniard frères. (42 S.) 7½ Ngr.
- 140. Le petit-fils. Comédie-vaudeville en 1 acte, par Bayard et Varner. (34 S.) 5 Ngr.
- 141. Le bonhomme Jadis. Comédie en 1 acte en prose, par Henry Murger. (24 S.) 5 Ngr.
- 142. Mademoiselle de la Seiglière. Comédie en 4 actes et en prose par Jules Sandeau. (81 S.) 7½ Ngr.
- 143. Le cachemire vert, comédie en 1 acte, par Alex. Dumas et Eug. Nus. (27 S.) 5 Ngr.
- 144. Secours contre l'incendie. Comédie en 1 acte, par Lefranc et Nyon. (29 S.) 5 Ngr.
- 145. La corde sensible. Vaudeville en 1 acte, par Clairville et Lambert Thiboust. (25 S.) 5 Ngr.
- 146. Lady Tartuffe. Comédie en 5 actes et en prose. Par Emile de Girardin. (90 S.) 10 Ngr.
- 148. Mon étoile. Comédie en 1 acte, en prose, par E. Scribe. (38 S.) 5 Ngr.
- 149., 149a. Le pour et le contre. Comédie en un acte et en prose par Octave Feuillet. — Diviser pour régner. Comédie-vaudeville en un acte par Adrien Decourcelle. (43 S.) 7½ Ngr.
- 150. La joie fait peur. Comédie en un acte et en prose par Emile de Girardin. (37 S.) 5 Ngr.
- 151. Le menteur, comédie en 5 actes et en vers, par P. Corneille. (52 S.) 7½ Ngr.
- 152. Le précieuses ridicules. Comédie en 1 act et en prose, par Molière. (21 S.) 5 Ngr.

No. 147, oder der ganzen Reihenfolge No. 397 erschien zur Zeit noch nicht.

- 397. (II. 147.) L'étoile du nord. Opéra comique en 3 actes, paroles de E. Scribe. Musique de Giacomo Meyerbeer. (75 S.) 10 ngr.
- 398. (II. 148.) Mon étoile. Comédie en 1 acte, en prose, par E. Scribe. (36 S.) 5 ngr.
- 399 et 399 A. (II. 149 et A.) Le Pour et le Contre. Comédie en 1 acte et en prose par Octavie Feuillet. — Diviser pour réguer. Comédie-Vaudeville en 1 acte par Adr. Decourcelle. (43 S.) 7½ ngr.
- 400. (II. 150.) La joie fait peur. Comédie en 1 acte et en prose par Mme. Emile de Girardin. (37 S.) 5 ngr.
- 401. (II. 151.) Le menteur. Comédie en 5 actes et en vers, par P. Corneille. (52 S.) 7½ ngr.
- 402. (II. 152.) Les précieuses ridicules. Comédie en 1 acte et en prose, par Molière. (21 S.) 5 ngr.
- 403. (II. 153.) L'invitation à la valse. Comédie en 1 acte et en prose par Alex. Dumas. (35 S.) 5 ngr.
- 404. (II. 154.) La Fiammina. Comédie en 4 actes en prose par Mario Uchard. (61 S.) 10 ngr.
- 405. (II. 155.) La dame aux camélias. Pièce en 5 actes en prose par Alex. Dumas (fils). (73 S.) 10 ngr.
- 406. (II. 156.) Le fils naturel. Comédie en 5 actes, dont un prologue par Alex. Dumas fils. (90 S.) 10 ngr.
- 407. (II. 157.) On demande un gouverneur. Comédie en 2 actes par A. Decourcelle et Jaime fils. (46 S.) 10 ngr.
- 408. (II. 158.) Un monsieur qui prend la mouche. Comédie mêlée de couplets en 1 acte par Marc-Michel et Labiche. (34 S.) 5 ngr.

—— le même. — (No. 274.) 2. Série. No. 24.: Andromaque, tragédie en 5 actes et en vers, par J. Racine. (Nouvelle édit.) (44 S.) Le même 856. Thlr. -

Répertoire du Théâtre français à Berlin. No. 409—411. gr. 8. Berlin 871, Schlesinger's Verlag. [Friedberg und Mode.] à No. — 50

Inhalt:

No. 409. Le village, comédie en 1 acte, en prose par Oct. Feuillet. (31 S.)
» 410. Le cheveu blanc, comédie en 1 acte, en prose par Oct. Feuillet. (18 S.)
» 411. La pluie et le beau temps, comédie en 1 acte, en prose par Léon Goslan. (24 S.)

**Répertoire** du théâtre français. Nr. 405. gr. 8. Berlin 883. Friedberg & Mode. — 30
La dame aux camélias. Drame en 5 actes et en prose par Alex. Dumas [fils]. Avec notes par A. W. Kastan. 2. éd. (71 S.)

*Répertoire*, le, du Vaudeville (p. Gli. Fr. Winkler). 2 Cah. 8. Jena 800, 801. Frommann. 1 ß 20 gl

**Repertoirstücke** der deutschen Bühne, in neuen Bearbeitungen und Einrichtungen von Feod. Wehl. 1. und 2. Lfg. gr. 8. Erfurt 877, Bartholomäus. à Lfg. * ℳ 2. * 4 —
Inhalt:
Lfg. 1. Shakespeare, der Widerspenstigen Zähmung. Lustspiel in 5 Aufzügen. Mit Zugrundelegung von Schlegel's Uebersetzung und Deinhardstein's Einrichtung neu bearb. von Feod. Wehl. (IX, 104 S.)
" 2. —— Antonius und Kleopatra. Tragödie in 5 Akten und einem Vorspiel. Für die Darstellung eingerichtet von Feod. Wehl. (120 S.)

**REPERTORIEN ZU SCHLESWIG-HOLSTEINISCHEN URKUNDEN-SAMMLUNGEN.** Reihe 1–4. Anhang zu: Zeitschrift der Gesellschaft für Schleswig-Holstein-Lauenburgische Geschichte
Bd. 6–8. Kiel 1876–1878. Bd. 10. ib. 1881.

*Repertorio* della litteratura Italiana, ouvero guida alla conoscenza delle più nuove producioni litterarie d'Italia. gr. 8. Zwickau 804. Schumann. 2 ß

**Repertorio** topografico della contea principesca del Tirolo e del Voralberg. Compilato in base all' anagrafi della popolazione del 31. Dicembre 1869 dall' i. r. Commissione centrale statistica in Vienna. gr. 8. (IV, 106 S.) Innsbruck 873. Wagner. n. 1. 40

**Repertorio** universale delle opere dell' Instituto archeologico dall' anno 1834—43. Secondo e terzo lustro. 8. Roma 848. (Leipzig, Brockhaus.) n. n. 4 ß (siehe: Annali del Instituto.)

**Repertorio** universale delle opere dell' Istituto archeologico, sezione romana, dall' anno 1874—1885. gr. 8. (184 S.) Roma 889. (Berlin, G. Reimer.) n. 4. 60

**Repertorium**, systematisches chronologisches und alphabetisches Sachregister zu dem Central-Blatt der Abgaben-, Gewerbe- und Handels-Gesetzgebung und Verwaltung in den königl. preuß. Staaten der Jahrgg. 1839 bis incl. 1852. gr. 4. (IV und 139 S.) Berlin 854, Abelsdorff. *

**Repertorium**, systematisches, chronologisches und alphabetisches Sach-Register zu dem Central-Blatt der Abgaben-, Gewerbe- und Handels-Gesetzgebung und Verwaltung in den Königl. Preußischen Staaten der Jahrgänge 1839 bis incl. 1852. Berlin 854. Stuhr. gr. 4. (2 Bl., 139 S.) n. 2 ß.

Repertorium chirurgischer und medicinischer Abhandlungen f. praktische Aerzte u. Wundärzte aus den wichtigsten u. neuesten engl. Zeitschriften. [Hrsg.: Christian Friedrich Michaelis, 1727 - 1804.] Bd 1 - 3. Leipzig: Reinicke u. Hinrichs (2: Reinicke) 1794 - 98. 8°
Bd 1: 2. unveränd. Aufl. 1797.
Bd 2: 1794.
Bd 3: 1798.

**Repertorium** chirurg. u. medicin. Abhandll. f. prakt. Aerzte u. Wundärzte. 1r — 3r Bd. (v. Chr. Fr. Michaelis II.) 4r Bd. fortges. von J. A. F. Leune. 4 Bde. Mit Kpf. gr. 8. Leipz. 797—802. Reinicke u. C. in Halle. 5 ß 18 gl

Repertorium der Abschiede der eidgenössischen Tagsatzungen vom Jahr 1803 bis Ende des Jahrs 1813, oder während des Zeitraums, da die mediationsmässige Bundesverfassung Geltung hatte. Mit einem Bande... Urkunden. ([Hrg. von Joseph Carl Franz] Am Rhyn.) [2 Theile.] 4. Bern 1842–1843.
[Theil 1.] Repertorium....
[Theil 2.] Urkunden zum Rep'....

**Repertorium der Abschiede der eidgen. Tagsatzungen aus den Jahren 1841—1848. 2. Bd. gr. 4. Basel, F. Schneider. geb. 14. —**
1877

Repertorium der Abschiede der eidgenössischen Tagsazungen.... Bern 1886 *u.* Bern 1874–1876 *s.* Sammlung. Amtliche S' der neuern Eidgenössischen Abschiede. Bern 1874–1886.

—— allgemein., der Gesetzgebung f. d. Mecklenburg-Schwerin. Lande. Hrsg. v. A. N. Rötger. 2 Bde. (od. 4 Lfgn.) 4. (290 B.) Güstrow 824, 25. (Rostock, Stiller.)

— allgem. homilet. od. Samml. v. Dispos. über Gegenst. a. d. Glaubenslehre ꝛc. 5 Bde. gr. 8. Berlin u. Leipzig, Gräff. 794--804. (I. 1ß 2ß u. II. 1ß à 12 gr. 2ß 3ß à 16 gr. III. 1ß 14 gr. 2ß 16 gr. IV. 1ß 14 gr. 2ß 1 Rthlr. V. 1ß 18 gr. 2ß 1 Rthlr.)

— allgem. homilet., od. Samml. v. Dispositionen über Gegenstände aus d. Glaubenslehre ꝛc. 5 Bde. gr. 8. Berl. u. Leipz. 794—804. (Wienbrack). 7 ß 10 gl

**Repertorium, allgemeines, d. gesammt. deutsch. medicin.-chirurg. Journalistik. In Verbindung mit mehrern herausgeg. v. C. Ferd. Kleinert. 1r Jahrgang 1827. gr. 8. Leipz., Kollmann. Rthlr.**

—— allgem., der gesammt. deutsch. medicin.-chirurg.-Journalistik. In Verbind. mit mehr. Aerzten hrsg. v. C. F. Kleinert. 2—9. Jahrg. 1828—34. à 12 Hfte. gr. 8. Leipzig, Kollmann. [828—31. à 6 Thlr., 32—35. à 7 Thlr.]

—— allgem., d. gesammten deutschen medizin.-chirurg. Journalistik. In Verbind. mit mehr. Aerzten hrsg. v. Carl Ferd. Kleinert. 10. Jahrg. 1836. 12 Hfte. gr. 8. Leipzig, Kollmann.

—— dass., hrsg. v. dems. 2. Dec. Neue Folge 1. u. 2. Jahrg. 1837 u. 38. à 12 Hfte. gr. 8. Ebds. à J.

—— dass., fortges. u. redig. v. Heinr. Wilh. Neumeister. 2. Dec. Neue Folge 3—6. Jahrg. 1839—42. à 12 Hfte. gr. 8. Ebds. à J.
Seit 1840 ist im Titel der Zusatz aufgenommen: „mit Berücksichtigung des Neuesten u. Wissenswürdigsten aus der ausländischen medizin.-chirurg. Journal-Literatur."

—— allgemeines, der gesammten deutschen medizinisch-chirurgischen Journalistik, mit Berücksichtig. des Neuesten u. Wissenswürdigsten aus der ausländ. medizin.-chirurg. Journal-Literatur. In Verbind. mit mehr. Aerzten fortgesetzt u. red. v. Heinr. Wilh. Neumeister. 2. Decennium. Neue Folge 7. u. 8. Jahrg. 843, 44. à 12 Hfte. gr. 8. Leipzig, Kollmann. à J. *

—— dass. hrsg. v. Dems. (Der ganzen Reihe 19—21. Jahrg.) 1845—47. à 156 Nrn. (Bog.) gr. 4. Ebds. [19. u. 20. J. à 156 Nrn. (Bog.) à * 8 Thlr., 21. J. 75 Nrn. * 4 Thlr.] *

—— dass. — Suppl.-Hfte. zum 2—5. Jahrg. (1828—31.) gr. 8. Ebds.
Suppl.-Hft. z. 2. Jahrg. (14½ B.) 829. 1 Thlr.
— z. 3. - (21½ B.) 831. 1 Thlr. 8 Gr.
— z. 4., 5. Jahrg. 2 Abthln. [1. (27 B.) 832. 1 Thlr. 16 Gr., 2. (33 B.) 834. 2 Thlr.] 3 Thlr. 16 Gr.
Zum 1. Jahrg. wurde kein Suppl.-Hft. geliefert.

—— dass. — Suppl.-Hfte. z. 7—9. Jahrg. gr. 8. Ebds.
Suppl.-Hft. z. 7. u. 8. Jahrg. 2 Abthln. [1. (24¾ B.) 837. 1 Thlr. 16 Gr., 2. (...) 838. 1 Thlr.] 2 Thlr. 16 Gr.
—— z. 9. — 3 Hfte. (...) 836. 1 Thlr. 18 Gr.

**Repertorium, allgemeines, der gesammten deutschen medizinisch-chirurg. Journalistik etc. Supplem.-Heft zum 7. u. 8. Jahrg. II. Abth. Nebst Namen- u. Sachregister zu beiden Abth. gr. 8. (17½ B.) Leipzig 842, Kollmann. Thlr.**
Vgl. 9. Bd. 2. Abthl. S. 177.

—— dass. — General-Register zum 1—6. Jahrg. (1827—32.) gr. 8. Ebds.
General-Register z. d. 1. Jahrg. (8 B.) 828. 8 Gr.
— - 2. - (13½ B.) 829. 16 Gr.
— - 3. - u. zu d. Suppl.-Hft. d. 2. Jahrg. (16½ B.) 831. 18 Gr.
— - 4. - u. zu d. Suppl.-Hft. d. 3. Jahrg. (18 B.) 832. 20 Gr.
— - 5. - u. zu d. Suppl.-Hft. d. 4., 5. Jahrg. 1. Abthl. (16½ B.) 834. 18 Gr.
— - 6. - u. zu d. Suppl.-Hft. d. 4., 5 Jahrg. 2. Abthl. (18½ B.) 835. 20 Gr.
1. Jahrg. 1827. 12 Hfte. Ebendas. 5 Thlr. 12 Gr.

—— dass. — General-Register z. 7—15. Jahrg. (1833—41.) gr. 8. Ebds.
General-Register z. d. 7. Jahrg. (17 B.) 836. 18 Gr.
— — — 8. — (17 B.) 840. 18 Gr.
— — — 9. — u. den dazu gehör. 3 Ergänzhftn. (19½ B.) 838. 20 Gr.
— — — 10. — (15½ B.) 839. 16 Gr.
— — — 11—13. — (31 B.) 841. 1 Thlr. 8 Gr.
— — — 14. u. 15. — (24½ B.) 842. * 1 Thlr. 8 Gr.

—— dass. General-Register zu dem 6—8. Jahrg. der N. F. od. dem 16—18. Jahrg. (1842—1844.) der ganzen Reihe. Bearb. v. Karl Chr. Anton. gr. 8. Ebds. [6. (13¼ B.) 843., 7. (12¾ B.) 44., 8. (10½ B.) 45. à 20 Ngr.]

— allgem., der medicin.-chirurg. Journalistik des Auslandes, s. a. Journalistik d. Auslandes.

—— allgem., der medizin.-chirurg. Journalistik d. Auslandes in vollständ., kurzgefasst. Auszügen hrsg. v. Fr. Jac. Behrend zu Berlin. 2. Jahrg. 1831. Nr. 1—6. (od. Juli—Dec.), 3. u. 4. J. 1832 u. 33. à 12 Hfte. gr. 8. Leipzig, Kollmann. à J.

— allgemeines, der medizinisch-chirurgischen Journalistik d. Auslandes in vollständigen, kurzgefaßten Auszügen herausg. von Fr. Jac. Behrend zu Berlin. 4r—8r Jahrg. 1833—1837. à 12 Hefte. gr. 8. 4r Jahrg. Leipzig, Kollmann. 6 ℛ — 5r—8r Jahrg. Berlin, Hirschwald. (4r—6r J. à 6 ℛ) 18 ℛ 7r u. 8r J. (à n. 4½ ℛ) 9 ℛ Vgl. Journalistik

Repertorium allgemeines Journalistik

Allgemeines Repertorium der medizinisch-chirurgischen Journalistik des Auslandes in ...Auszügen. Bd 1 - 10, N.R.1 - 6. Der älteren Reihe: Neueste medizinisch-chirurgische Journalistik des Auslandes... Bd 6 - 21, gbd.

Bd 1 - 10: Leipzig: Kollmann 1831 - 1833
N.R.1 - 6: Berlin: Hirschwald 1834 - 1835

JB 6.075

— allgemeines, d. Kritik, od. vollst. systemat. geordnetes Verzeichniß aller Werke, welche seit d. J. 1826 erschienen u. in krit. Blättern beurtheilt sind. Herausgeg. v. J. D. F. Rumpf, u. H. Ph. Petri. 1r Bd. 2 Hefte. gr. 8. Berl. 827, Hayn.

—— allgem., der Kritik, od. vollständ., systemat. geord. Verzeichniss aller Werke, welche seit d. J. 1826 erschienen u. in Deutschlands krit. Blättern beurtheilt worden sind. Mit Andeutung d. Kritik u. Angabe d. Bogenzahl, der Verleger u. Preise, nebst literar. Notizen u. Registern. Hrsg. v. J. D. F. Rumpf u. H. Ph. Petri. 2. Bd. 3 Hfte. gr. 8. Berlin 828, Hayn.
1. Bd. 2 Hfte. Ebendas. 1827. 1 Thlr. 20 Gr.

**Repertorium, Allgemeines,** der Literatur für die Jahre 1785—[1800]. Jena 1793—1807. MII: *Ersch, Johann Samuel.* Petz; (Ba) (MGT) (BrMm)

—— allgem., der Literatur, (v. J. S. Ersch), f. 1785—90. 7 Bde. gr. 4. Jena 793, 94. (Ind.-Compt. in Weim.) 8 ℛ Schrbp. 9 ℛ — Dass. f. 1791—95. 3 Bde. gr. 4. Ebd. 799, 800. Ebd. 10 ℛ — Dass. f. d. J. 1796—800. 2 Bde. gr. 4. Ebd. 806—9. 9 ℛ

**Repertorium, Allgemeines,** der neuesten in- und ausländischen Literatur . . . 1819—33. II (1819—32): *Beck, Christian Daniel.* II (1833): *Pölitz, Carl Heinrich Ludwig.* Ky

— — allgemeines, der neuesten in- und ausländischen Literatur. Herausgeg. von einer Gesellschaft Gelehrter. 1r u. 2r Jahrg. 1819 und 1820. à 24 Stücke. gr. 8. Leipzig, Cnobloch. à 6 Rthlr.

— — Jahrg. 1821, herausgegeben von einer Gesellschaft Gelehrter und besorgt von Chr. Dan. Beck. 24 Stücke. gr. 8. Ebend.

— allgemeines, d. neuesten in- u. ausländischen Literatur 1822—827. Herausg. v. C. D. Beck. gr. 8. Leipz. Cnobloch. à 6 Rthl. 16 gr.

—— allgem., der neuest. in- u. ausländ. Literatur f. 1828—32. Hrsg. v. e. Gesellsch. Gelehrter u. besorgt v. Chr. Dan. Beck. 10—14. Jahrg. à 4 Bde. od. 24 Stcke. gr. 8. Leipzig, Cnobloch. à J.
1. u. 2. Jahrg. 1819 u. 20. à 6 Thlr. — 3—9. J. 1821—27. à 6 Thlr. 16 Gr. Ebendas.
Hieran schliesst sich: Repertorium, Neues allgem., der neuesten in- u. ausländ. Literatur f. 1833.

Repertorium, allgem., f. d. theolog. Literatur u. kirchl. Statistik. In Verbind. mit mehr. Gelehrten hrsg. v. G. F. H. Rheinwald. Jahrg. 1833—35. od. 1—11. Bd. gr. 8. Berlin, Herbig. à Bd. Thlr.

—— allgem., f. d. theolog. Literatur u. kirchl. Statistik. In Verbind. mit mehr. Gelehrten hrsg. v. G. F. H. Rheinwald. 12—39. Bd. od. Jahrg. 1836—42. à 12 Hfte. gr. 8. Berlin, Herbig. à J. *
Vgl. 8. Bd. 2. Abthl. S. 158.

— dass. Register über die Jahrg. 1833—1842. (Bd. 1—39.) gr. 8. Berlin 844, Herbig. n. 1 ℛ

—— allgemeines, f. die theolog. Literatur u. kirchl. Statistik. Hrsg. v. H. Rheinwald. 40—47. Bd. od. 11. u. 12. Jahrg. 1843 u. 844. à J. 12 Hfte. gr. 8. Berlin, Herbig. à J. *

— dass. 1845—1847. à 12 Hefte. Herausg. von H. Th. Bruns u. C. Häfner. gr. 8. Berlin 845—47, Schultze. à J. n. 6 ℛ

—— dass. Hrsg. v. Herm. Reuter. 13—15. Jahrg. Band 48—59. oder: Neue Folge. 1—3. Jahrg. Bd. 1—12. 1845—47. à 12 Hfte. gr. 8. Ebds. à J. *

—— allgemeines, für die theologische Literatur und kirchl. Statistik. Neue Folge. Hrsg. von Herm. Reuter. 16—20. Jahrg., Bd. 60—79. oder Neue Folge 4—8. Jahrg., Bd. 13—32. 1848—52. à 12 Hefte. gr. 8. Berlin, Herbig, Brlgsh. à Jahrg. *

— dass. 17—20. Jahrg. Bd. LXIV—LXXIX. oder Neue Folge 5—8. Jahrg. Bd. XVII—XXXII. 1849—1852. à 12 Hfte. gr. 8. Berlin, J. A. Wohlgemuth. à Jahrg. n. 6⅙ ℛ

—— allgemeines, für die theologische Literatur und kirchliche Statistik. Neue Folge. Hrsg. von Herm. Reuter. 21—24. Jahrg. Bd. 80—95. oder neue Folge, 9—12. Jahrg. Bd. 33—48. 1853—56. 12 Hefte. gr. 8. Berlin, J. A. Wohlgemuth. à Jahrg.

—— allgemeines, für die theologische Literatur und kirchliche Statistik. Neue Folge. Hrsg. von Herm. Reuter. 25—28. Jahrg. Bd. 96—111. oder Neue Folge, 13—16. Jahrg. Bd. 49—64. 1857—60. à Jahrg. 12 Hefte. (à ca. 6 Bog.) gr. 8. Berlin, J. A. Wohlgemuth. à Jahrg.
Ist nicht fortgesetzt worden.

Repertorium. Allgemeines, der Mineralogie, von C. C. Leonhard. Erstes Quinquennium. Jahre 1806—11. Frankfurt a. M. 1811. 8. — Ferner: Drittes Quinquennium, Jahre 1817—21. Frankfurt a. M. 1822. 8.

—— allgemeines, der Mineralogie, Geognosie, Geologie und Petrefakten-Kunde für das Decennium 1850—1859. Ein Personal-, Real- und Lokal-Index zu den in Leonhard's und Bronn's Neuem Jahrbuche für Mineralogie etc., Jahrgg. 1850 —1859, enthaltenen Abhandlungen, Briefen und Auszügen. gr. 8. (436 S.) Stuttgart 861, Schweizerbart'sche Verlagsh. *
Repertorium für die J. 1840—1849, vgl. Giebel, Chr. Gottfr.

—— allgemeines, der Mineralogie, Geologie und Paläontologie für das Decennium 1860—1869. Ein Real-, Personal- und Lokal-Index zu den in Leonhard's und Geinitz' Neuem Jahrbuch für Mineralogie, Geologie und Paläontologie, Jahrg. 1860—1869, enth. Abhandlungen, Briefen und Auszügen. gr. 8. (115 S.) Stuttgart 870, Schweizerbart'sche Verlagsh. * 3 —

Allgemeines Repertorium fur empirische Psychologie und verwandte Wissenschaften. Mit Unterstützung ...hrsg. von J[mmanuel] D[avid] Mauchart. Bd 1-3. Nürnberg: Felsecker 1792 - 93. 8
Bd 1.2: 1792.
Bd 3: 1793.

— allgem., über die v. 1813—23 einschließl. erlassenen Königl. Hannoversch. Verordnn. u. Ausschreiben. Mit Vorbericht von Dr. Spangenberg. gr. 4. Hannov. 825. Hahn. 20 gr

**Repertorium** alphabeticum ordinationum judicialium Pomeraniae. Gryphiswaldiae 1752. V: *Balthasar, August von.* (KGBerlin I 1865)

Repertorium alphabeticum, oder Register, Darinnen nach Ordnung des A. B. C. die Sachen und Wörter, die im Jütischen Low-Buch fürkommen, enthalten etc. vor diesem, als Anno 1593, und 1603, also vom Blasio Eckenbergern verfasset und im Druck gegeben: anitzo aber . . . wiederum von neuen zum Druck befördert durch Emanuel Wölffel. Flensburg. 1717. Bei: Das Jütische Low-Buch, zum 3. mahl zum Druck befördert durch Emanuel Wölffel. Flensburg. 1717. 4° k.

**Alphabetisch-chronologisches** Repertorium der seit Einführung des Wehrgesetzes vom 30. Januar 1868 erschienenen Gesetze, Allerh. Verordnungen rc. das bayer. Heerwesen betr. Von L. v. Stengel. Speyer 1870. 255 S. 4°

— alphabetisch-chronologisches, der Gesetze, allerhöchsten Verordnungen, Kriegs-Ministerial-Rescripte, Ordren rc. rc., das bayer. Heerwesen betr. Nachtrag I [März 1870—31. Decbr. 1872.] Ein Handbuch f. den Bureau-, Registratur- u. Privatgebrauch der Offiziere u. Beamten aller Branchen d. königl. bayer. Heeres rc. Am Schlusse m. e. chronolog. Register der Gesetze, allerh. Verordngn., Kriegsministerial-Rescripte u. Ordren, sowie e. alphabet. Wörterverzeichniß. Zusammengestellt von L. v. St. Lex.-8. (VII, 252 S.) Speyer 873. (Eichstätt, Krüll.) n. 3. 50
Das Hauptwerk erschien 1870 im Selbstverlag des Hauptm. L. v. Stengel (jetzt in Metz) u. ist vergriffen.

— alphabetisch-chronologisches, der Gesetze, allerhöchsten Verordnungen, Kriegs-Ministerial-Rescripte, Ordren rc. rc., das bayer. Heerwesen betr. Nachtrag II [Jan. 1873—31. Decbr. 1876]. Ein Handbuch für den Bureau-, Registratur- u. Privatgebrauch der Offiziere u. Beamten aller Branchen des königl. bayer. Heeres rc. Am Schlusse m. einem chronolog. Renner der Gesetze, allerh. Verordnungen, Kriegs-Ministerial-Rescripten u. Ordren, sowie einem alphabet. Wörterverzeichniß. Zusammengestellt von L. v. St. Lex.-8. (VII, 270 S.) Speyer 877. Neidhard in Comm. n. 3. — (Nachtrag I. u. II.: n. 6. 50)

Repertorium, alphabetisches, zum k. k. Armee-Verordnungsblatte für die Jahrgänge 1850 bis einschlüssig 1860, mittelst welchem jedes darin enthaltene Gesetz und jede Circular-Verordnung nebst deren allfälligen nachträglichen Ergänzungen, Erläuterungen und Abänderungen schnell und vollständig aufgefunden werden kann. Verfaßt und zusammengestellt von Johann Hovniga. 4. (116 S.) Wien, Dirnböck. 2 fl.
1861

— alphabetisches, zum allgemeinen deutschen Handels-Gesetzbuch und dem Einführungs-Gesetze für das Königreich Preußen vom 24. Juni 1861. Zur Erleichterung der Uebersicht für Kaufleute, Fabrikanten u. sonstige Geschäftsleute zusammengestellt. 862. n. 15 ngr — 2. Aufl., mit Berücksichtigung der neuern Einführungs-Gesetze. Lübeck 863. v. Rohden. gr. 8. (IX, 195 S.) 7½ ngr

Repertorium, alphabet., über den Inhalt des „Hermes auf 1821"; nebst e. alphab. geordnet. Verzeichniß der beurtheilten Schriften. gr. 8. Leipz. 822. Brockhaus. 16 gr

—— alphabet., üb. d. Inhalt d. großh. hess. Regierungsblatts v. 1819 bis Ende 1839. (Hrsg. v. E. Hofmann u. W. Heß.) gr. 8. (13½ B.) Darmstadt 840, Jonghaus. *

**Repertorium, Alphabetisches,** über den Inhalt des Grossh. Hessischen Regierungsblatts von 1819 bis Ende 1851. Darmstadt 1852. V: *Walther, Philipp Alexander Ferdinand.* (Hessische Biographien. Hgbn. von Hermann Haupt, Darmstadt 1918, I, 277)

— alphabetisches, über den Inhalt des Großherzogl. Hessischen Regierungsblatts v. 1819 bis Ende 1851. Nebst zwei Zugaben: 1. chronolog. Uebersicht der Gesetze u. Verordnungen, 2. eine systemat. Zusammenstellung der Schlagwörter d. Repertoriums. 4. (IV u. 200 S.) Darmstadt 850, Jonghaus. 1⅓ ℔

—— alphabetisches, zum Landesgesetz- und Regierungsblatte für Tirol und Vorarlberg 1848—1865. gr. 4. (IV, 832 S.) Innsbruck 869, Wagner'sche Universitäts-Buchh. * 10 50

—— alphabet., der in den (24) wichtigst. nord- u. mitteldeutsch. Zeitungen enthalt. Proclamata, Edictalcitationen, gerichtl. u. amtl. Bekanntmachn., Vorladungen u. Aufforderungen, Erkenntnisse üb. Eröffnung d. Concoursverfahrens, Insolvenz- u. Todeserklärungen, Testamentspublicationen, Steckbriefe rc. Hrsg. v. E. Nolte. 1829. 12 Hfte. 8. Hamburg. (Leipzig, Focke.)

**Repertorium, Alphabetisches,** zu der allgemeinen Städte-Ordnung für das Königreich Sachsen . . . Leipzig 1834. H: *Budäus, Joh. Carl Imman.* (Engl. (Cat. d. stat. Bureaus. Dresd. 1890.)

—— alphabetisches, zur bayer. Strafprozeßordnung. Umfassend den 2. Thl. des Strafgesetzbuches vom J. 1813, die Novellen und das Gesetz vom 10. Novbr. 1848, dann die Literatur des bayer. Strafprozesses. Hrsg. von einem prakt. Juristen. Nebst einer Zusammenstellung der Bestimmungen des Gesetzes vom 10. Novbr. über den Geschäftsumfang des Präsidenten der Schwurgerichtshöfe der sieben älteren Kreise Bayerns bezüglich Vorbereitung und Leitung der Verhandlungen vor den Schwurgerichten. 8. (IV und 141 S.) Nördlingen 849, Beck'sche Buchh.

— alphabetisches, über die Verhandlung der beiden Kammern der Ständeversammlung des Königreichs Bayern im Jahre 1843. gr. 8. München 844. (Finsterlin.) n. 1½ ℔

— alphabetisches, über Verhandlung f. d. Notarien des Königreichs Westphalen. Halle, Grunert sen. u. Sohn. (a. Hemmerde u. Schw.)

**Repertorium**, **Alphabetisches**, über die Verhandlungen der Stände des Königreichs Baiern 1819 und 1827/28. München 1821—30. H: *Delling, Georg von.* (Bücher-Samml. d. hist. Ver. v. u. f. Oberbayern. Münch. 1867.)

—— alphabetisch-systematisches, zum Codex Saxonicus. Lex.-8. (6 B.) Leipzig 843, Ph. Reclam jun. *

Repertorium d. class. Alterthumswissenschaft, s. Weber, C. F.

—— für d. Amts-Praxis d. Personals d. Heil- u. Thierarznei-Kunde, Chirurgie, Geburtshülfe u. Pharmacie im Königr. Würtemberg. 1. Bdchn. 2., umgearb. u. verm. Aufl. u. Fortsetz. gr. 8. Tübingen, Fues. [1. ... 831. 20 Gr., Forts. (15¼ B.) 830. 20 Gr.] Thlr.

— f. alle Amtsverricht. e. Predigers, herausg. von Sam. Baur. 8 Bde. gr. 8. Halle, Gebauer. 805-811. (1r u. 2r Bd. 805-806. à 2 Rthlr. 3r 806. 2 Rthlr. 6 gr. 4r u. 5r (a. u. d. Titel: homiletisches Handbuch f. alle christl. Festtage d. ganz. Jahrs. 2 Bde. 8.) 807-808. à 2 Rthlr. 6r (a. u. d. Titel: homilet. Handb. f. Wochenpred. üb. auserles. Bibelstellen) 809. 2 Rthlr. 6 gr. 7r u. 8r (a. u. d. Titel: homilet. Handb. üb. d. sämmtl. Evangel. u. Epist. 2 Bde.) 810-811. à 2 Rthlr.)

Repertorium f. alle Amtsverrichtungen e. Predigers, herausgegeb. von Sam. Baur. 9r—11r Band. gr. 8. Halle, Gebauer. 812 — 15.
Auch unter dem Titel:
Homiletisches Handbuch üb. die sonntägl. Evangelien u. Episteln. 3r, 4r u. 5r Bd. (9r—10r Bd. à 2 Rthlr. 6 gr. 11r Bd. 2 Rthlr. 12 gr.)

Repertorium f. Anatomie u. Physiologie, s. Valentin, G.

Repertorium Anatomie Physiologie

Repertorium für die Anatomie und Physiologie. Kritische Darstellung fremder und Ergebnisse eigener Forschung. Von G(abriel Gustav) Valentin. Bd 1-7, gbd.

Berlin, Bern, St. Gallen: 1836-42

JB 6.091

**Repertorium f. Anatomie u. Physiologie.** Krit. Darstellung fremder u. Ergebnisse eigener Forschung, v. G. Valentin. Bd. 1-8. [1] Berl., [2-8] Bern u. St. Gallen 1836-43.
(Hvert Bd. indeholder »Die Fortschritte d. Physiologie« (1835-42) og en eller flere Afhandlinger af V.).

- für die Angelegenheiten des evangelisch-protestantischen Predigtamtes. In Verbindung mit Andern herausg. v. C. W. Hildebrand. 1r u. 2r Jahrg. à 3 Hefte. 8. Meißen 825 u. 26. Gödsche. à 10 gr.

— der literarischen Arbeiten aus dem Gebiete der reinen u. angewandten Mathematik. „Originalberichte der Verfasser." Gesammelt u hrsg. v. Leo Königsberger u. Gust. Zeuner. 1. Bd. 1—3. Hft. gr. 8. (S. 1—284.) Leipzig 876. Teubner. n. 4. 80

—— der literarischen Arbeiten aus dem Gebiete der reinen und angewandten Mathematik. „Orig.-Berichte der Verfasser", gesammelt und hrsg. von Leo Königsberger und Gust. Zeuner. 1. Bd. 5 Hefte. gr. 8. (III, 444 S.) Leipzig 877, Teubner. * 7 20
—— dass. — 2. Bd. 6 Hefte. gr. 8. (451 S.) Ebendas. 877—79. * 10 —
Nicht weiter erschienen.

Repertorium Arzneiwissenschaft öffentliche

Repertorium für die öffentliche und gerichtliche Arzneywissenschaft. Hrsg. von Johann Theodor Pyl. Bd 1-3, gbd.

Berlin: Vieweg 1789-93

JB 6.139

**Repertorium der topographischen Atlasblätter etc., s.a. Atlas, topograph. von Bayern.**

— der topographischen Atlasblätter. München 857—61. (May & Widmayer.) 8. Jedes Heft n. 8 ngr.
Inhalt: Sect. Amberg. (143 S.) — Aschaffenburg. (208 S.) Baireuth. (167 S.) — Bamberg. (100 S.) — Brückenau. (235 S.) — Forchheim. (115 S.) — Kempten. (219 S.) — Königshofen. (138 S.) — Miltenberg. (67 S.) — Orb. (103 S.) Osterhofen. (131 S.) — Pegnitz. (100 S.) — Pfreimt. (67 S.) — Rothenburg. (48 S.) — Scheinfeld. (144 S.) — Schönsee. (48 S.) — Sonthofen. (92 S.) — Weiden. (151 S.) — Windsheim. (131 S.) — Würzburg. (123 S.)
Vgl.: Atlas, grosser topographischer, von Bayern.

— d. best. Aufsätze a. d. neuest. Zeitschr, 8. Berlin, Schöne. 795.

**Repertorium über die in Zeit- und Sammelschriften der Jahre 1812—1890 enthaltenen Aufsätze u. Mitteilungen schweizergeschichtlichen Inhaltes. Hrsg. von der allgemeinen geschichtsforschenden Gesellschaft der Schweiz u. in deren Auftrag bearb. von *J. L. Brandstetter*. Lex. in-8°. IV, 467 S. Basel, A. Geering.** 1892 **8 —**

— ausführl. alphabetisches, über d. Verhandlungen d. 2n Bad. Landtags im J. 1822 u. 23, herausgeg. v. (Gerwig). gr. 8. Carlsr. 824, Müller.

**Repertorium** der Preuß. Bau- u. Feuer-Polizeigesetze. Ein Handbuch für Polizei- u. Kommunalbeamte, Bauhandwerker, Grundeigenthümer u.s.w. Nach alphabet. Materienfolge zusammengestellt von M. F. Vogt. gr. 8. Breslau 845. (Graß, Barth u. Co.) n. ½ ℛ︎

— über das neue Bau-Statut für die Stadt Frankfurt und Sachsenhausen vom 11. Juni 1809. Mit Hinzufügung später ergangener Bau-Verordnungen u. der Feuer-Assecuranz-Ordnung. kl. 8. Frankfurt a/M. 841. (Jägersche Buchh.) geb. ⅝ ℛ︎ (bei Krug das.) 5/12 ℛ︎

— zur Beförderung der Künste u. Manufakt. siehe J. G. Geißler.

**Repertorium** über die Beyträge zur juristischen Litteratur. Berlin 1790. H: *Eisenberg, Frdr. Philipp.* (Ky) (MGT)

— üb. d. Beyträge d. jurist. Literatur in Pr. Staat. s.a. Hymmen.

— über (Hymmen's) Beitr. der juristisch. Literatur im Preuß. Staate, (v. Fr. Ph. Eisenberg). gr. 8. Berl. 790. Schöne. 1 ℛ︎

—— gesetzl. Bestimmungen, offiziell. u. Privat-Bekanntmachn. in Finanz- u. Handels-Angelegenheiten, zunächst d. deutschen Bundesstaaten betreff., unt. Kundgebung gemeinnütz. Nachrichten rc. Redig. v. Fr. Berndt. 1—7. Jahrg. 1827—33. à ca. 52 Nrn. (½ Bog.) gr. 4. Frankfurt a. M., (Krug.) à J.

Repertorium gesetzl. Bestimmungen u. Verfügungen, welche üb. d. evangel. Kirchen- u. Elementar-Schulwesen, üb. d. Amtsführung u. Pflichten, sowie üb. d. Einkünfte u. Gerechtsame der Kirchen- u. Schulbeamten des Preuss. Staats ergangen sind. Hrsg. v. J. Chr. Fr. SEGER. *Berlin*, Stuhr. 828. gr. 4. (1 Thlr. 8 Gr.)

Nachtrag dazu, enthalt. die neuern gesetzl. Bestimmungen u. Verfügg. bis z. Ende d. J. 1836. Mit e. vollständ. Sach-Register über das ganze Werk. *Berlin*, Stuhr. 837. gr. 4. (16 Gr.)

**Repertorium,** bibliographisches. Veröffentlichgn. der deutschen bibliograph. Gesellschaft. 1.—3. Bd. Lex.-8 Berlin, B. Behr's Verl. Kart. n. 104. —

1. Zeitschriften der Romantik. In Verbindg. mit Osk. F. Walzel hrsg. Von Heinr. Hub. Houben. (18, XX S. u. 524 Sp.) 904. n. 32. —
2. Die Sonntagsbeilage der Vossischen Zeitung. 1858—1903. — Das Neueste aus dem Reiche des Witzes. Von Heinr. Hub. Houben. 1751. (XXIII S. u. 1070 Sp. u. 8 S. in Fksm.) 904. n. 40. —
3. Zeitschriften des jungen Deutschlands. Von Heinr. Hub. Houben. (1. Tl.) (VII S. u. Sp. 1—460, S. 461—465, Sp. 466—477, S. 478 u. 479.) 906. n. 32. —

**Repertorium,** bibliographisches. Veröffentlichgn. der deutschen bibliograph. Gesellschaft. 4. Bd. Lex. 8. Berlin 909. Zehlendorf, B. Behr's Verl. Kart. 35. —
Zeitschriften des jungen Deutschlands. Von Heinr. Hub. Houben. (2. Tl., nebst Register zum 1. u. 2. Tl. (VIII S. u. 766 Sp.)

— dasselbe, s.a. Veröffentlichungen der deutschen bibliographischen Gesellschaft.

— biblisch-exegetisches, s.a. Rosenmüller.

**Repertorium**, Biblisch-exegetisches, oder die neuesten Fortschritte in Erklärung der heiligen Schrift. Herausgegeben von Ernst Friedrich Karl Rosenmüller und Georg Hieronymus Rosenmüller. Band 1. 2. 2 voll. Leipzig 1822. 1824.

— aller 1802 in Deutschland wirkl. herausgekomm. Bücher, mit Angabe der Verleger u. Preise, nebst e. wissenschaftl. geordneten Uebersicht. gr. 4. Leipz. 803. Junius. (Cnobloch). 1 ₰
— Dass. für 1803 u. 4. gr. 4. Ebd., (Brockhaus). 1 ₰ 16 gr

Repertorium über die nach den halbjährigen Verzeichnissen der J. C. Hinrichs'schen Buchhandlung in Leipzig in d. Jahren 1857—61, 62—65, 66—70 erschienenen Bücher, Landkarten etc. Nach den Wissenschaften geordnet u. bearb. von A. Büchting. Nordhausen 1863—71. 8. . . . . . . . . . . . . . . . . . . . . . . . . . . (D.)

—— Bd. 2. 3. Die Jahre 1862—65, 66—70 umfassend. Nordhausen 1866—71.

Repertorium des topographischen Atlasblattes Burgau, Burghausen. gr. 8. (15 B.) (München 846, Mey u. Widmeyer.) Thlr. *

Repertorium und Charte ...,
s. Repertorium und Karte ...

**Repertorium** der analytischen Chemie für Handel, Gewerbe u. öffentliche Gesundheitspflege. Organ des Vereins analyt. Chemiker. Red.: J. Skalweit. 1. u. 2. Jahrg. 1881 u. 1882. à 24 Nrn. (B. m. eingedr. Fig.) gr. 8. Hamburg, L. Voss. à Jahrg. n. 18. —

**Repertorium** der analytischen Chemie f. Handel, Gewerbe u. öffentliche Gesundheitspflege. Organ d. Vereins analyt. Chemiker. Red.: J. Skalweit. 3—6. Jahrg. 1883—1886. à 24 Nrn. (B. m. eingedr. Fig.) gr. 8. Hamburg, Voss. à Jahrg. n. 18. —

**Repertorium** der analytischen Chemie. Organ d. Vereins analyt. Chemiker. Ein Wochenblatt f. die gesamte angewandte Chemie. Red.: J. Skalweit. 7. Jahrg. 1887. 52 Nrn. (B. m. eingedr. Fig.) gr. 8. Hamburg, Voss. n. 18. —
Fortsetzg. s.: Zeitschrift f. angewandte Chemie.

—— der Chemie u. Pharmacie. Hrsg. zu St. Petersburg v. J. H. W. Swittau. I. Jahrg. 1837. 1—3. Bd. à 4 Hfte. gr. 8. St. Petersburg, Brieff. (?) Thlr.

Repertorium für Chemie, Pharmacie und Arzneimittelkunde. Herausgegeben von Joh. Casp, Elwert. 8vo. Hildesheim, 1790. [*Second edition in* 1796].

—— für d. Chemie als Wissenschaft u. Kunst, s.a. Brandes, R.

— f. die Chemie als Wissenschaft u. Kunst der neuern Zeit. Auch u. d. T.: chemisches Wörterbuch v. Brandes, Nicholson u. Ure, nach e., mit reichen Zusätzen u. vielen neuen Artikeln verm. Umarbeitung v. Dr. Ure's, auf die Grundlage des älteren Nicholson'schen Dictionary gestützten, chem. Wörterbuche; verfaßt u. hrsgg. v. R. Brandes. 1r—3r Bd. 1e u. 2e Abtheil. Mit Kpf. gr. 8. Hannov. 826—31. Hahn. 11 ₰

**Repertorium** für die Chemie als Wissenschaft u. Kunst der neuern Zeit ꝛc., v. R. Brandes. 4r Bd. 1e Lfrg. gr. 4. Hannover 833. Hahn. 5/6 ₰ (Vgl. Thl. IV. S. 489.)

**Repertorium,** Chemisches. Jg. 9, 2. 1885ff. (Jg. 9, 2—13, 1 in der Chemikerzeitung = g 45.) Coethen
Von Jg. 41. 1917 ab: **Übersicht,** Chemisch-technische.

Repertorium, Chemisches. Her. von G Krause. 1889-99. 4° Köthen 1889-99

Repertorium, Chemisches. Herausg. v. G Krause. 1900-07 4° Köthen 1900-07

Repertorium, chemisch-technisches, s.a. Jacobsen, Emil.

CHEMISCH-TECHNISCHES REPERTORIUM. Uebersichtlich geordnete Mittheilungen der neuesten Erfindungen, Fortschritte und Verbesserungen auf dem Gebiete der technischen und industriellen Chemie mit Hinweis auf Maschinen, Apparate und Literatur. Herausgegeben von Emil Jacobsen. 1862–'91. 30 vols., 8vo. Berlin, 1863–'92+
General-Register zu Jahrg. I–V (1862–66). Berlin, 1867.
General-Register zu Jahrg. VI–X (1867–71). Berlin, 1873.
General-Register zu Jahrg. XI–XV (1872–76). Berlin, 1879.
General-Register zu Jahrg. XVI–XX (1877–81). Berlin, 1884.
General-Register zu Jahrg. XXI–XXV (1882–86). Berlin, 1889.

CHEMISCH-TECHNISCHES REPERTORIUM (Jacobsen). General-Register. Jahrgang XXVI–XXX (1887–91). Berlin, 1893.

Repertorium, chemisch-technisches. (Beilage zur Chemikerzeitung.) 1908-13. 4° Cöthen 1908-13

Repertorium, chronologisches, nach der gesetzlichen Vorschrift für e. Jahr. 8. Halle, Grunert und Sohn. (Hemmerde und Schwetschke.) Rthlr.

REPERTORIUM. – codicis iudicialis, oder alphabetischer Materien- und Paragraphenanzeiger über die josephinische Gerichts- und Konkursordnung. Schönfeld, Prag und Wien 1782. 1 vol. 55

— des corporis constitutionum Regio-Holsaticarum, (ab Gf. Profe). III Voll. 4. Altona 757. Vol. IV. Repertorium corporis statutorum provincialium Holsatiae, et Vol. V. Repertorium utriusque corporis. 4. ibid. 757.

„Repertorium novi corporis constitutionum; 1. chronologicum, 2. reale", von 1751 bis 1800, Berlin 1803. — Vorh.: Bibl. des Preuß. Justizministeriums Berlin — Ab. 405 — und Preuß. Oberbergamt Dortmund — T. 63.

**Repertorium** Corporis statutorum provincialium Holsatiae. Altonae 1757. H: *Profe, Gottfried.* (ML)

— von allen in d. Berliner Zeitung v. 1796 enthalt. Königl. Preuß. Declarationen ꝛc. v. E. Wahlreich (Pseudonym.) gr. 8. Berl. W. Oehmigke. 798.

—— Dissertatinum Belgicarum, s. Dodt, J. J.

Repertorium der für das k. k. Kriegs-Ministerium einzusendenden periodischen Eingaben. 4. Wien 1861.

— — C. K. Nr. 5726, vom 12. December 1864.) Beigeb.: Berichtigungen. (Zu C. K. Nr. 395 vom 12. Februar 1866.) 4. Wien 1864—1866.

— — der einzusendenden periodischen Eingaben (für die General- und Militär-Commanden, dann Militär-Intendanzen) als Anhang III (b) zur Geschäfts-Ordnung für das k. k. Heer. (N.-V.-Bl. 39. Stück ex 1875.) 4. (Wien 1875.)

—— der periodischen Eingaben für die Militär-Territorial-Commandanten und deren Intendanzen. Anhang III [b] zur Geschäftsordnung für das k. k. Heer. 2. Aufl. gr. 4. (23 S.) Wien 886, Hof- und Staatsdruckerei. * — 40

— — (A—5k[b]) der periodischen Eingaben für die Militär-Territorial-Commanden und deren Intendanzen, Anhang III (b) zur Geschäftsordnung für das k. k. Heer. 2. Aufl. (N.-V.-Bl. für das k. k. Heer 4 Stück.) Beigeb.: (1. Nachtrag fehlt.) 2. Nachtrag v. J. 1889. (10 Bde.) 4. Wien 1886—1889.

Repertorium der periodischen Eingaben für das Ministerium für Landesvertheidigung, das Landwehr-Ober-Commando, die Landesvertheidigungs-Oberbehörde und die Landwehr-Territorial-Commanden. (V.-Bl. für die k. k. Landwehr Nr. 5 ex 1890.) 4. Wien 1890.

Repertorium (A—XXVI.) der periodischen Eingaben für das Ministerium für Landesverteidigung, das Landwehroberkommando, die Landesverteidigungs-Oberbehörde, die Landwehr-Truppen-Divisionskommanden und das Landwehrkommando in Zara. A. Fusstruppen. — B. Ergänzungsbezirkskommanden. — C. Landsturmbezirkskommanden (Expposituren). — D. Berittene Truppen. — E. Kadettenschule. — F. Stabsoffizierskurs. — G. Subalternoffizierskurs. — H. Kavallerieoffizierskurse. — I. Offiziersaspirantenschulen. — K. Ausrüstungshauptdepot. — L. Landsturmzeughäuser (Filialen). — M. Landwehrgerichte. — N. Landwehrstationskommanden. Landwehrplatzkommando in Wien. — O. Brigadekommanden. — P. Kavallerieinspektor. — Qu. Truppendivisionskommanden, beziehungsweise Territorialkommanden. — R. Landwehr- (Landesverteidigungs) kommandanten. — S. Landesverteidigungs-Oberbehörde. — T. Landwehroberkommando. — 1 Beilagenheft zum Repertorium etc. (Nr. 15816/VIII vom Jahre 1904. — V. Bl f. d. k. k. Landwehr Nr. 17 ex 1904.) (20 Hefte in 1 Bde.) 4. Wien 1904.

Repertorium (A—5k[a]) der periodischen Eingaben für das k. k. Reichs-Kriegs-Ministerium. Anhang III (a) zur Geschäftsordnung für das k. k. Heer. N.-V.-Bl. für das k. k. Heer 11. Stück ex 1884. Beigeb.: (1.—7. Nachtrag fehlen.) 8. Nachtrag v. J. 1889. (Repertorium v. J. 1875 fehlt.) 4. Wien 1884—1889.

— der periodischen Eingaben f. das Reichs-Kriegs-Ministerium. Anhang III. [a] zur Geschäftsordng. f. das k. k. Heer. 2. Aufl. gr. 4. (162 S.) Wien 884. Hof- u. Staatsdruckerei. n. 1. 40

—— zum Eintragen v. Predigt-Entwürfen f. d. evangel. Geistlichen Würtembergs. Fol. (30 B.) Stuttgart 832, Steinkopf.

Repertorium der neuen Entdeckungen in der unorganischen Chemie. Von G. T. Fechner. Leipzig 1830—33. 3 Bde.

— des grundgesetzl. neuen Rostocker Erbvertrags vom 13. Mai 1788, (v. Dieder. G. Babst.). 4. Rostock 789.

— d. neuesten Erfahrr. engl. Gelehrten aus d. Fache d. Physik, d. Medicin u. d. Chirurgie, s. Journal, phys.-medicin.

— d. neuest. Erfahr. Engl. Gel., aus dem Fache d. Physik, d. Medicin u. d. Chirurgie, herausg. m. Zus. u. einer vollständigen Literatur v. C. G. Kühn. 1r—6r Bd. mit K. gr. 8. Leipzig. 803—5. (1r 2r 5 Rthlr. 3r 4r 5 Rthlr. 5r 6r. 5 Rthlr.)

**Repertorium** für Experimental-Physik, für physikalische Technik, mathematische u. astronomische Instrumentenkunde. Hersg. von Ph. Carl. 4—6. Bd. à 6 Hfte. (à 4 Bgn. mit eingedr. Holzschn. u. Steintaff.) München 858—70. Oldenbourg. Lex.-8. Jeder Bd. n. 6 ℛℳ 12 ngr.
s.: Repertorium für physikalische Technik.

**Repertorium** f. Experimental-Physik f. physikalische Technik, mathematische u. astronomische Instrumentenkunde. Hrsg. v. Ph. Carl. 7—12. Bd. à 6 Hfte. Lex.-8. (à Hft. 64 S. m. eingedr Holzschn. u. 4 Steintaf. in gr. 4.) München 871—76. Oldenbourg. à Bd. n. 19. 20

— für Experimental-Physik, für physik. Technik, mathemat. u. astronom. Instrumentenkunde. Hrsg. v. Ph. Carl. 13. Bd. Jahrg. 1877. 6 Hfte. Lex.-8. (1. Hft. 96 S. m. eingedr. Holzschn. u. 1 Steintaf.) München, Oldenbourg. n. 19. 20

—— dass. — 14. Bd. Jahrg. 1878. 6 Hefte. Lex.-8. (à Heft ca. 60 S. mit Stnt.) Ebendas. * 20 —
—— dass. — 15. Bd. Jahrg. 1879. 12 Hefte. Lex.-8. (à Heft ca. 60 S. mit Stnt.) Ebendas. * 24 —
—— dass. — 15. Bd. Jahrg. 1879. Suppl.: Hilfstafeln für Messungen elektrischer Leitungswiderstände, vermittelst der Kirchhoff-Wheatstone'schen Drahtcombinationen berechnet von Eugen Obach. Lex.-8. (16, XL S. mit 2 lithogr. Taf.) Ebendas. * ℳ 1,80.; Einzelpr. * 2 40

—— für Experimental-Physik, für physikal. Technik, mathemat. und astronom. Instrumentenkunde. Hrsg. von Ph. Carl. 16.—18. Bd. Jahrg. 1880—1882. à Jahrg. 12 Hefte. Lex.-8. (à Heft ca. 70 S. mit Stnt.) München, Oldenbourg. à Bd. *
Fortsetzung u. d. T.: Repertorium der Physik.

— dasselbe. General-Register zu Bd. I—XV. Lex.-8. (71 S.) Ebend. 881. n. 2. —

Repertorium für Experimental-Physik, für physikalische Technik, mathematische und astronomische Instrumentenkunde. Band 1—25. Nebst General-Register zu Band 1—15. München 1866—79. München und Leipzig 1880—89.

Repertorium für Experimental-Physik. Band 26—27. Jahrgang 1890/91. München u. Leipzig 1890/91.

**Repertorium** für den Festungskrieg. Berlin 1856—60. V: *Prittwitz und Gaffron*, *Carl Ernst v.* (Bücherverz. der Hauptbibl. d. Reichs-Marine-Amts. Berlin 1902.) (KA)

—— des topographischen Atlasblattes Forchheim. 8. (III und 115 S.) München 857, (Mey und Widmayer.) *

— zum Forstgesetz vom 28. März 1852, s. Gesetzgebung, die, des Königreichs Bayern.

— Frankfurter, für Handel und Finanz-Wesen, zunächst die deutschen Bundesstaaten betreffend, mit Kundgebung gemeinnütziger Nachrichten, Entdeckungen u. Erfahrungen im Gebiete der Industrie, Haus- u. Landwirthschaft. Redigirt v. Fr. Berndt. 1r—9r Jahrg. … 10r—13r Jahrg. 1836—1839. Mit der Beilage „der Dampfwagen." gr. 4. Frankfurt, (Fischer.) $3^1/_2$ ℛℳ (Der Dampfwagen ist auch apart für n. $1^1/_3$ ℛℳ zu haben.)

—— der in sämmtlichen Publicationen des königl. sächsischen statistischen Bureaus von 1831 bis 1886 behandelten Gegenstände. Zusammengestellt im statist. Bureau des kgl. Ministerium des Innern. Lex.-8. (III, 122 S.) Dresden 886, (v. Zahn und Jaensch.) * 2 —

—— über d. Kreittmayr'sche u. Mayr'sche Generaliensamml., s. Döllinger, G. F.

Repertorium ... u. Generalregister der Zeitschrift für Krystallographie und Mineralogie. Bd 31—40. Hrsg. von G. Baumann. T. 1. 2. Leipzig 1910.

— geograph.-statistisch., zu Sotzmanns Generalkarte v. Preuß. Staaten. 2 Thle. Nebst Anh. (Die 2e Abtheil. hat a. d. T.: geograph. Abriß der einzelnen Staaten d. Preuß. Monarchie, welche zu dem deutschen Reichskörper gehören, zum Gebr. in Schulen.) gr. 8. Berl. 799—803. Academ. B. (1e 14 gr, 2e 12 gr, Anh. 6 gr) 1 ℔ 8 gr Der Anhang, (von F. L. Brunn). apart 6 gr

Repertorium der höheren Geometrie. Unter Mitw. ... hrsg. von H[einrich] E[mil] Timerding, Prof. 2. Aufl. Hälfte 1. Leipzig & Berlin: Teubner 1910. 8°
(E. Pascal: Repertorium d. höheren Mathematik. Bd 2.) 10. 1726

Repertorium Alphabetisch geordnetes — aller für Galizien, Lodomerien und Bukovina erschienenen Gesetze, Verordnungen, Patente, Gubernial- und Kreisschreiben, im politischen, Justiz- und Kameralfache, welche in der sogenannten Piller'schen Patentsammlung vom Jahre 1772 bis 1818, und in der Provinzial-Gesetzsammlung vom Jahre 1819 bis 1848 erschienen sind. Lemberg, 1856. E. Winiarz Verlags-Expedition. (495 S. 8.)

„Sachlich geordnetes Repertorium der von 1814 bis 1835 incl. in den Intelligenz-Blättern, in der Gesetzsammlung, dem früheren Amtsblatte der Provinz Westphalen und dem jetzigen der königlichen Regierung zu Münster publicirten Gesetze und Verordnungen", Ibbenbüren 1837.

—— 3. sachlich geordnetes, der in der Gesetzsammlung und den Amtsblättern der königl. Regierung zu Münster publicirten Gesetze, Verordnungen und sonstigen Nachrichten für die J. von 1848 bis 1853 einschließlich. 4. (61 S.) Ibbenbüren 855. (Münster, Deiters.) *
Der Preis für das 1. und 2. Repertorium ist * 1 Thlr. 10 Ngr.

— über die fünf ersten Jahrgänge der Zeitschrift: Gerichtssaal, s. Gerichtssaal.

—— über die fünf ersten Jahrgänge (1849—1853) der Zeitschrift: Gerichtssaal. Hrsg. von Ludw. v. Jagemann. (Bearb. von P. Bopp.) Lex.-8. (102 S.) Erlangen 854, Enke's Vrlgsh. *

Repertorium germanicum. Regesten aus d. päpstl. Archiven zur Geschichte d. Deutschen Reichs u. s. Territorien im XIV. u. XV. Jahrh. M. allergnädigster Unterstützg. Sr. Maj. d. Kaisers hrsg. durch das k. preuss. histor. Institut in Rom. Pontificat Eugens IV. (1431—1447). 1. Bd. Unter Mitwirkung v. Johs. Haller, Jos. Kaufmann u. Jean Lulvès bearb. v. Rob. Arnold. Lex.-8. (LXXIX, 677 S.) Berlin 897, A. Bath. n. 26. —

— s. die neueste Geschichte und Statistik zu den neuesten Landkarten. gr. 8. Nürnb. Weigel. 795.

Repertorium der Nürnbergischen Geschichte und Münzkunde ... Nürnb. 1800. II: *Will, Georg Andr.* (Cat. d. Stadtbibl. Zürich. Zürich 1864—97.)

— des Gesetz- und Verordnungsblattes für das Königreich Sachsen, s. Gesetz- und Verordnungsblatt.

—— des Gesetz- und Verordnungsblattes für das Königr. Sachsen auf die J. 1818 bis mit 1851. Alphabetisch geordnet. Nebst Anhang über die vom 1. Jan. bis Ende Juni 1852 erschienenen Gesetze. 1. und 2. Aufl. gr. 4. (III und 196 S.) Dresden 852, Meinhold und Söhne.

Repertorium des Gesetz- und Verordnungsblattes für das Königr. Sachsen. 1. Nachtrag, enthaltend die J. 1852 bis mit 1856. Alphabetisch geordnet. gr. 4. (42 S.) Dresden 857, Meinhold und Söhne. *

—— des Gesetz- und Verordnungsblattes für das Königr. Sachsen. 2. Nachtrag, enth. die J. 1857 bis mit 1861. Alphabetisch geordnet. gr. 4. (33 S.) Dresden 862, Meinhold und Söhne. *

— des Gesetz- und Verordnungsblattes für das Königr. Sachsen. 3. Nachtrag, enthltd. die J. 1862 bis mit 1867. Alphabetisch geordnet. Dresden 868. Meinhold & Söhne. gr. 4. (74 S.) n. 12 ngr.

—— über alle, in den Weimar. Wochenblättern v. 1811—1827 enthalt. Gesetze 2c., s. Hase, K. G.

—— über alle von 1864 bis 1869 ergangenen, in den Gesetz- und Regierungsblättern enthaltenen Gesetze, Verordnungen, k. Entschließungen, Bekanntmachungen der k. Staatsministerien 2c. nach der in den erwähnten Blättern beobacht. Reihenfolge und unter Anführung der bezüglich derselben erschienenen Commentare, Abhandlungen 2c. von einem prakt. Juristen. [Zugleich die Fortsetzung zu Hauffs Repertorium, das den Zeitraum von 1818—1863 umfaßt.] gr. 8. (75 S.) München 870, Beck. — 90
Vgl.: Hauff, Ludw., Repertorium 2c.

— über alle von 1864 bis incl. 1869 ergangenen, in den Gesetz- und Regierungsblättern enthaltenen Gesetze, Verordnungen, k. Entschließungen, Bekanntmachungen der Staatsministerien u. s. w. nach der in den erwähnten Blättern beobacht. Reihenfolge u. unter Anführg. der bezüglich derselben erschienenen Commentare, Abhandlungen u. s. w. von einem prakt. Juristen. [Zugleich die Fortsetzung zu Hauffs Repertorium, das den Zeitraum von 1818—1863 umfaßt.] München 870. Gummi. gr. 8. (75 S.) 9 ngr.
s.: Hauff, L., Repertorium 2c.

—— aller in der preußischen Gesetzsammlung 2c. enthaltenen, den Polizei- und Kommunaldienst betreffenden Gesetze 2c., s. Stamm, C. H., Repertorium.

Repertorium über die im Gesetz-Bülletin des Königreichs Westphalen enth. Gesetze und Decrete von d. J. 1807, 1808 u. 1809 . . . [Verf. wohl Isenbart. Friedensrichter.] Einbeck 1810.

Repertorium über die unter den Regierungen Ihrer Majestäten Franz I. und Ferdinand I. erlassenen Gesetze und Verordnungen im Justiz-Fache vom Jahre 1821 bis 2. Dezember 1848. Fol. (944 S.) Wien. Aus der k. k. Hof- und Staatsdruckerei. 1854.

Repertorium der für Schleswig-Holstein von 1848—63 erlassenen Gesetze Verordnungen und Verfügungen. Flensburg 1865. II: *Ipsen, Heinr. Adolph Mirus.* (A)

—— über die noch geltenden Gesetze, Verordnungen und instruktiven Bestimmungen für das Königr. Bayern, enthalten in den bayer. Gesetzblättern, den Amtsblättern der k. Staatsministerien des Innern, der Justiz, des Kultus, der Finanzen und des Krieges und den Reichsgesetzblättern der Jahrgänge 1878 bis 1882 incl. Bearb. von einem Verwaltungsbeamten. Fortsetzung des Keller'schen Repertoriums. gr. 8. (152 S.) München 883, Huber's Verlag. *

— der kirchlichen u. staatlichen Gesetze u. Verordnungen einschließlich der besonderen f. Hohenzollern geltenden kirchlichen Vorschriften im Dienstkreis der katholischen Kirchenbehörden u. Seelsorger der Erzdiöcese Freiburg in Baden. gr. 8. (III, 86 S.) Tauberbischofsheim 884. Lang. n. 1. —

**Repertorium** russischer Gesetze und Ukasen, abgefasst zum Behufe practischer Übungen bei der juristischen Facultät in Moscau. A. d. Russ. . . . Riga 1792. H: *Müller, J. C. D.* Engl

— Russ. Gesetze u. Ukasen, zum Behuf prakt. Uebungen bei der jurist. Facultät zu Moskau; aus d. Russ. von J. G. v. Belinghausen. 4. Riga 792. Müller. 1 ₰ 8 gr

— der wichtigsten Gesetze, Ministerial- u. Regierungs-Rescripte rc. über das Schulwesen in den Königl. Preuß. Staaten seit dem Jahre 1816 bis incl. 1843. Ein Handbuch für Lehrer, Schul-Inspektoren rc. Mit e. chronol. u. Sachregister u. dem Portrait des Ministers Eichhorn. 8. Breslau u. Neisse 844, Kohn. (Leipzig, Melzer.) n. 1 ₰

—— zur Gesetzgebung Sachsens, s. Richter, Wilh. Thdr.

Repertorium der Gesetz- und Verordnungs-Sammlung auch der Gesetze des norddeutschen Bundes für die herzogl. braunschweig. Lande umfassend den Zeitraum vom 1. Januar 1860 bis 1. Januar 1870 mit erläut. und ergänz. Rescripten, Instructionen, Bekanntmachungen, Berichten rc. und einem vollständ. Register. Begonnen von Carl Bege. Fortgesetzt von Wilh. Görtz. 9. Thl. 4. (522 S.) Wolfenbüttel 872, Holle. 19 50
1.—8. Thl. Ebendas. *M 82,50. — Vgl.: Bege, Repertorium.

— zur Allgemeinen Gewerbe-Ordnung f. Preußen, das Entschädigungs-Gesetz zu derselben u. die Verordnungen z. betr. die Errichtung v. Gewerberäthen u. verschiedene Abänderungen der allgemeinen Gewerbe-Ordnung u. b. über die Errichtung von Gewerbegerichten. gr. 8. (101 S. u. Gewerbe-Ordnung 93 S.) Wetzlar 851, Rathgeber. 1/2 ₰ Ausg. ohne die Gewerbe-Ordnung 9 ngr

Repertorium zu Heusingers geographischem Handatlas über alle bekannten Länder des Erdbodens, in 24 Karten.
8. Gotha 1809.

—— oder allgem. Handbuch d. homöopath. Thierheilkunst. 1. Aufl. (16½ B.) 836. ⅞ Thlr., 2., umgearb. u. sehr verm. Ausg. 8. (29 B.) Leipzig 840. [T. O. Weigel.]

— der Handschriften (aus Marc Rosenberg's bad. Sammlung), s. Rosenberg's, Marc, bad. Sammlung. V.

Repertorium der Handschriften. *Karlsruhe: A. Bielefeld 1899.* (45 S.) 4°(8°)
= Sammlung, Marc Rosenberg's badische. 5. [03. 6901

— u. Hauptelenchus über alle 8 Bde des k. k. Theresianischen Gesetzbuches vom J. 1740—80. gr. 8. Wien 787. v. Mösle. 3 ₰ 8 gr Hbg. Pr. 2 ₰

Repertorium u. Hauptelenchus üb. alle 8 Bde. d. Samml. aller k. k. Gesetze vom J. 1740—80; in chronol.-alphabet. Ordn. u. systemat. Verbind. *Wien*, (v. Mösle u. Braumüller. 787. gr. 8. (2 Thl.)

— der bewährtesten Heilformeln aus d. Praxis d. berühmtesten deutschen Aerzte, Wundärzte rc. gr. 12. Leipzig 827, Hartmann.

Repertorium Heilformeln bewährtesten
Repertorium der bewährtesten Heilformeln aus der Praxis der berühmtesten deutschen Aerzte Wundärzte und klinischen Lehrer. Ein ärztliches Handbuch für practische Aerzte und Wundärzte von einem practischen Arzte und Chirurgen. 280 S., gbd.

Leipzig: Hartmann 1828

JB 1.623

— der bewährtesten Heilformeln aus d. Praxis d. berühmtesten deutschen Aerzte, Wundärzte u. klinischen Lehrer. Ein ärztl. Handbuch f. prakt. Aerzte u. Wundärzte, von e. prakt. Arzte u. Chirurgen. gr. 12. Leipz. 828. (Lehnhold). 1 ₰ 2e Aufl. 829. Ebd. 1 ₰ 12 gr

**Repertorium** der besten Heilformeln aus der Praxis der bewährtesten Aerzte, Wundärzte, Geburtshelfer und der berühmtesten klinischen Lehrer Deutschlands. 2. Aufl. Leipzig 1829. V: *Ammon, Frdr. Aug. v.* (zuwzür)

—— der besten Heilformeln aus d. Praxis der bewährt. Aerzte, Wundärzte, Geburtshelfer, u. d. berühmt. klin. Lehrer Deutschlands. Von e. pract. Arzte u. Chirurgen. 2., verb. u. verm. Aufl. gr. 12. (19 B.) Leipzig 829, Lehnhold.

—— Hinrichs', über die nach den halbjährigen Verzeichnissen 1871—75, 76—80, 81—85 erschienenen Bücher, Landkarten etc. bearb. von E. Baldamus. Leipzig 1877—86. 8. . . . . . . . . . . . . . . . . . . . . . . . . . . . (D.)

**Repertorium, Historisch-geographisches,** der Staatsverwaltung des Königreichs Bayern. München 1815—1817 V: *Koch-Sternfeld, Joseph Ernst Reichsritter von.* MGT.

— — homiletisches, s. Häßler, 2. A.

— homilet., s. C. F. Dietzsch.

—— homilet., od. Sammlung d. Wissenswürdigsten auf d. Felde d. neuest. homilet. Literatur, hrsg. v. C. F. Dietzsch. 2. Bd. 2 Hälften. 8. (15 u. 16½ B.) Heilbronn 829, 33, Drechsler. à Thlr.

—— dass., hrsg. v. dems. 3. Bd. — A. u. d. T.: Neues homilet. Repertor. 1. Bd. 4 Hfte. 8. ... Ebds. 835.
1. Bd. 2 Hälften. Ebendas. 1826. 2 Thlr.

Bd. 2. Abthl. 2. Die Evangelien v. Sonnt. Estomihi b. z. Sonnt. Judica. (23 B.) 833. 1 Thlr. 8 Gr.
" 3. " 1. Die Evangelien v. Sonnt. Palmarum b. z. Sonnt. Quasimodogeniti. (21⅓ B.) 834. 1 Thlr. 8 Gr.

—— homiletisches, üb. d. sonn- u. festtägl. Evangelien d. ganzen Jahres. Enthalt. ausführl. Predigtentwürfe, Auszüge u. Grundrisse aus d. neuesten, großenth. noch ungedr. Predigten deutscher Kanzelredner. Hrsg. v. J. Hörner. 1—3. Bd. 1. Abthl. gr. 8. Magdeburg, Heinrichshofen.

Bd. 1. Abthl. 1. Die Evangelien v. 1. Advent b. z. Sonnt. nach Weihnachten. (23 B.) 830. 1 Thlr. 8 Gr.
" 2. Die Evangelien v. Neujahrsfeste b. z. 3. Sonnt. nach d. Erscheinung Christi. (23 B.) 831. 1 Thlr. 8 Gr.
" 2. " 1. Die Evangelien v. 4. Sonnt. nach d. Erscheinung Christi b. z. Sonnt. Sexagesimä. (23 B.) 831. 1 Thlr. 8 Gr.

—— homiletisches, üb. d. sonn- u. festtägigen Evangelien d. ganzen Jahres. Enth. Predigten u. Predigtentwürfe v. mehr. Kanzelrednern uns. Zeit. Hrsg. v. J. Hörner. 3. Bd. 2. Abthl. u. 4. Bd. 2 Abthln. gr. 8. Magdeburg, Heinrichshofen.

Bd. 3. Abthl. 2. Die Evangelien v. Sonnt. Misericordias Domini bis z. ersten Pfingsttage. (22½ B.) 836. 1 Thlr. 8 Gr.
Vgl. 8. Bd. 2. Abthl. S. 157.
Bd. 4. Abthl. 1. Die Evangelien v. zweiten Pfingsttage bis z. 10. Sonntage n. Trinitatis. (20½ B.) 838. 1 Thlr. 8 Gr.
" 2. Die Evangelien v. 11—20. Sonntage n. Trinitatis. (20½ B.) 840. 1 Thlr. 8 Gr.
1—3. Bd. 1. Abthl. Ebendas. 1830—34. 6 Thlr. 16 Gr.

— homöopathisches, der in der Geschlechtssphäre des Mannes wie des Weibes vorkommenden Krankheitserscheinungen mit Angabe des jedem einzelnen Falle entsprechenden Heilmittels ꝛc. Bevorwortet von C. Haubold sen. 16. Leipzig u. Gera 846, Armbruster. 12 ngr

— homöopathisches, der in der Geschlechtssphäre des Mannes wie des Weibes vorkommenden Krankheitserscheinungen, mit Angabe des jedem einzelnen Falle entsprechenden Heilmittels. Ein Hand- u. Hülfsbüchlein für den Laien etc., sowie für angehende homöopath. Aerzte. Mit einer Einleitung über den Gebrauch der homöopath. Arzneimittel im Allgem. Bevorwortet v. Carl Haubold. 2. umgearb., verm. u. verb. Aufl. gr. 16. (XIV u. 90 S.) Gera u. Leipzig 847, Armbruster. ½ ℛ

JACOBSEN'S REPERTORIUM. *See* Chemisch-technisches Repertorium.

—— und Inhalts-Register sämmtl. in d. bisher erschien. Amtsblättern d. k. Regierung zu Liegnitz v. J. 1811—1839 einschließl. enth. Gesetze, Verordnn. u. Bekanntmachungen jeder Art. Sorgfältig bearb. v. e. prakt. Juristen. gr. 4. (17 B.) Glogau 840, Prausnitz. *

—— der gesammten homöopath. Journalistik, od. aller bis jetzt homöopath. geheilten u. öffentl. gemachten Krankheitsfälle. Von D. St. 12. (10½ B.) Leipzig 836, Hartknoch. Thlr.

Repertorium der milit. Journalistik. XII. (1. Juli bis Ende December 1881.) 8. (38 S.) geh. 50 kr.
Wien: Seidel & Sohn 1882.

—— der musikalischen Journalistik und Literatur, gesammelt und hrsg. von Ant. Gebhart. 1. Jahrg. 1. Heft. gr. 8. (S. 1—80.) Dillingen 850, Aulinger'sche Brlgsh.

— der pädagogischen Journalistik u. Literatur, od.: Allgem. Wichtiges aus der neuesten Zeit u. andern Schriften für Erziehung u. Unterricht gesammelt u. hrsg. v. F. Xav. Heindl. 1—6. Jahrg. 1847—1852. à 6 Hfte. gr. 8. Augsburg, v. Jenisch & Stage. à Hft. 9 ngr à Jahrg. 1 ℛ 24 ngr

— der pädagogischen Journalistik und Literatur, oder: Allgemein Wichtiges aus den neuesten Zeit- und andern Schriften für Erziehung und Unterricht, gesammelt und herausg. für Deutschlands Volksschullehrer, Schulinspectoren und für Alle, deren Geschäft Erziehung und Unterricht ist, von F. X. Heindl. 7—9. Jahrg. 1853—55. à 12 Hefte (à 6 Bgn.). Augsburg, Pilon u. Co. gr. 8. Jedes Heft 9 ngr

—— der pädagogischen Journalistik und Literatur, oder: Allgemein Wichtiges aus den neuesten Zeit- und andern Schriften für Erziehung und Unterricht, gesammelt und hrsg. von F. Xav. Heindl. 7. und 8. Jahrg. 1853 und 1854. à Jahrg. 6 Hefte. gr. 8. Augsburg, Pilon und Comp. à Jahrg.

—— dass. — Hrsg. von Joh. Bapt. Haindl. 9. und 10. Jahrg. 1855 und 1856. à Jahrg. 6 Hefte. gr. 8. München, Finsterlin. à Jahrg.
1—6. Jahrg. 1847—52. Augsburg, v. Jenisch und Stage'sche Buchh. à Jahrg. 1 Thlr. 24 Ngr.

—— der pädagogischen Journalistik und Literatur, oder: Allgemein Wichtiges aus den neuesten Zeit- und andern Schriften für Erziehung und Unterricht. Von Joh. Bapt. Heindl. 11—15. Jahrg. 1857—61. à Jahrg. 6 Hefte. gr. 8. (à Heft 112 S.) München, L. Finsterlin. à Heft 9 Ngr. à Jahrg.

—— der pädagogischen Journalistik und Literatur, oder: Allgemein Wichtiges aus den neuesten Zeit- und andern Schriften für Erziehung und Unterricht. Von Joh. Bapt. Heindl. 16.—20. Jahrg. 1862—66. 16. und 17. Jahrg. à 6 Hefte und 18.—20. Jahrg. à 12 Hefte. gr. 8. (à Heft ca. 64 S.) München, L. Finsterlin. à Jahrg.

—— dass. — Rückblick auf die 10 ersten Jahrgänge desselben und Inhaltsverzeichniß dazu. gr. 8. (45 S.) Ebendas. 857.

— — Beilagehefte. A. u. d. T.: Galerie berühmter Pädagogen, verdienter Schulmänner, Jugend- und Volksschriftsteller und Componisten aus der Gegenwart in Biographien u. biograph. Skizzen. Herausg. von Joh. Bapt. Heindl. 1—5. Liefg. Ebend. 858. gr. 8. (S. 1—480.) Jede Liefg. 9 ngr

— — Beilagehefte. A. u. d. T.: Galerie berühmter Pädagogen, verdienter Schulmänner, Jugend- u. Volksschriftsteller u. Componisten aus der Gegenwart in Biographien u. biographischen Skizzen. Von Joh. Bapt. Heindl. 6—12. Liefg. München 859. J. A. Finsterlin. gr. 8. (1. Bd.: S. 481—576; 2. Bd.: 384 S.) 6—11.: à 9 ngr; 12.: 18 ngr

— der pädagogischen Journalistik für die Volks- und Bürgerschule. Herausg. von Dr. Danzel. 1r Jahrg. 1839. 12 Hefte. 8. Ritzebüttel. (Hamburg, Perthes, Besser u. Mauke.) 2½ ℛ

Repertorium der technischen Journal-Litteratur. Begründet von B Kerl. Herausgegeben im Kaiserlichen Patentamt. 1854-99. 8° u 4° Leipzig, Berlin 1871-1900

— der technischen Journal-Litteratur. Im Auftrage d. kaiserl. Patentamts hrsg. v. R. Biedermann. Jahrg. 1885. hoch 4. (V, 412 Sp.) Berlin, C. Heymann's Verl. n. 15. —

—— der technischen Journal-Litteratur. Im Auftrage des kaiserl. Patentamts hrsg. von Rieth. Jahrg. 1886 und 1887. hoch 4. (X, 440; X, 432 S.) Berlin, C. Heymanns Verlag. à Jahrg. * 15 —
Frühere Jahrgänge s. Biedermann, Rud., Repertorium.

—— der technischen Journal-Litteratur. Im Auftrage d. kaiserl. Patentamts hrsg. v. Rieth. Jahrg. 1888—1891. hoch 4. (XI, 502; XII, 362; VII, 326; XI, 475 Sp.) Berl., C. Heymann. à Jahrg. * 15 —

— der technischen Journal-Litteratur. Im Auftrage des kaiserl. Patentamts hrsg. v. Rieth. Jahrg. 1890—1893. hoch 4. (VII S. u. 326 Sp.; XI S. u. 475 Sp.; XII S. u. 502 Sp.; XII S. u. 412 Sp.) Berlin 891—893. C. Heymanns Verl. à Jahrg. n. 15. —

— d. technischen Journal-Litteratur. Im Auftr. des kaiserl. Patentamts hrsg. von Rieth. Jahrg. 1894 u. 1895. hoch 4. (XII, 362 Sp. u. X, 290 Sp.) Berlin, C. Heymann's Verl. à Jahrg. n. 15. —

— dasselbe. Jahrg. 1896 u. 1897. (In deutscher, engl. u. französ. Sprache.) hoch 4. (XII, 564 u. XX, 656 Sp.) Ebd. à Jahrg. n. 18. —

— der technischen Journal-Literatur. Hrsg. im kaiserl. Patentamt. Jahrg. 1898—1901. (In deutscher, engl. u. französ. Sprache.) Lex.-8. (XLII, 1052; XL, 1038; XXXIV, 1010 u. XLII, 1030 Sp.) Berlin 899—902. C. Heymann. à Jahrg. n. 24. —

— der technischen Journal-Literatur. Hrsg. im kaiserl. Patentamt. Jahrg. 1902—1905. (In deutscher, engl. u. französ. Sprache.) Lex.-8. Berlin, C. Heymann. n. 129. —
1902. (XLIV, 1366 Sp.) 28. —. 1903. (XLIV, 1678 Sp.) 34. —
1904. (LXXII, 1648 Sp.) 34. —. 1905. (LXXII, 1566 Sp.) 33. —

Repertorium d. technischen Journal-Literatur. Hrsg. im kaiserl. Patentamt. Jahrg. 1906—1908. (In deutscher, engl. u. französ. Sprache.) Lex. 8. Berlin, C. Heymann. 106. —
1906. (LXXII, 1665 Sp.) 907. 36. —
1907. (LXXII, 1855 Sp.) 908. 40. —
1908. (LXXIV, 1373 Sp.) 909. 30. —

Repertorium d. techn. Journal-Literatur. Bearb. im Kais. Patentamt. N. F. 1910.
s. Fortschritte d. Technik. Itv. 9915

— der technischen, mathematischen u. naturwissenschaftlichen Journal-Literatur. Mit Genehmigung des k. preuss. Ministeriums für Handel, Gewerbe u. öffentl. Arbeiten, nach amtlichen Materialien hersg. von F. Schotte. 1. u. 2. Jahrg. 1869 u. 1870. à Jahrg. 12 Nrn. (à 2½—3 Bogn.) Leipzig, Quandt & Händel. gr. 8. Jeder Jahrg. n. 3 ℳ

— der technischen, mathematischen u. naturwissenschaftlichen Journal-Literatur. Unter Benutzg. amtl. Materialien m. Genehmigg. d. königl. preuss. Ministeriums f. Handel, Gewerbe u. öffentl. Arbeiten hrsg. v. F. Schotte. 3. Jahrg. 1871. 12 Nrn. (à 2½—3 B.) gr. 8. Leipzig, Quandt & Händel. 12. —

Repertorium juris hannoverani, s. a. Schlüter, E. W. G.

Repertorium Juris Hannoverani... Stade 1854. V: *Schlüter, Ernst Wilhelm Gustav.* (Petz)

Repertorium juris Hannoverani, oder Nachweisungen der wichtigsten Erläuterungen der bewährtesten hannoverischen Practiker zu dem im Königreiche Hannover geltenden Rechte, welche in deren Werken u. Zeitschriften zerstreut sind. Ein Beitrag zur Literatur des gesammten hannov. Rechts. Stade 854. Pockwitz. gr. 8. (XXVI, 448 S.) n. 2 ℳ.

— iuris publ. s. Buder.

Repertorium für praktische Juristen in den Preussischen Staaten. Berlin 1793—94. H: *Stengel, Christian Ludwig.* (Engj) (Ky) (MGT)

— für Juristen in d. Preuß. Staaten, (von Chr. L. Stengel). 4 Lieferr. gr. 8. Berl. 793, 94. Rauck. 2 ℛ 6 gℊ

— der besten Kanzelreden über die Sittenlehre Jesu. 6 Thle. gr. 8. Marb. 792—98. Krieger. (à 6 gℊ) 1 ℛ 12 gℊ

Repertorium und Karte ...

— u. Charte aller Poststationen ꝛc., s. a. Gädicke.

Repertorium und Karte aller Poststationen von Deutschland und einigen angränzenden Ländern. Berlin 1808. 2. Aufl. 1809. 3. Aufl. 1812. 4. Aufl. 1814. 5. Aufl. 1814. 6. Aufl. 1816. 7. Aufl. 1821. V: *Gädicke, Johann Chn.* (NN) (Hitzig)

— — und Karte aller Poststationen von Deutschland, oder alphabetisches Verzeichniß aller Oerter, Flüsse, Seen, als auch der hierbey befindlichen und nach einer neuen Methode in 144 Quadrate eingetheilten großen Postkarte, und Anweisung, jeden Gegenstand sogleich aufzufinden. 6te Aufl. gr. 8. Berlin, Gebr. Gädicke. 816.

— der topograph.-militär. Karte v. Deutschland, in 204 Blätt. 4 Abtheill. gr. 8. Weim. 812, 13. Geograph. Institut. 6 ℛ

— der vorhand. geograph. Charten älterer u. neuer. Zeit. gr. 8. Wien, Camesina. 812.

Repertorium der im k. k. Kriegs-Archive vorhandenen gezeichneten Karten und Pläne, dann Manuscripte der Landesbeschreibung, welche im Karten Katalog nicht enthalten sind. (Lithogr.) Fol. (Wien 1879).

Repertorium von guten Casualpredigten und Reden. Nürnb. 1779—91. H: *Waldau, Georg Ernst.* (MGT, »1779—85« Ky) »1779—88« (Winer)

— von guten Casualpredigten u. Reden, (von G. E. Waldau). 12 Bde. Mit Register. 8. Nürnb. 779—85. Schneider u. W. 4 ℛ 12 gℊ, 13r—20r Bd. A: u. d. T.; neues Magazin vorzügl. Predigten. 8 Bde. 8. Ebd. 786—91. 3 ℛ 10 gℊ

Katholisches Repertorium. Zeitschrift zur allgemeinen Orientierung über Leben, Wissenschaft und Kunst innerhalb der katholischen Kirche. Redigiert von M. Huber. Innsbruck, Aufschlager, 1857, gr. 4°. 1. Jahrgang, 12 Hefte, 14,60 Mk.
Scheint mit dem 1. Jahrg. wieder eingegangen zu sein.

— katholisches, Zeitschrift zur allgemeinen Orientirung über Leben, Wissenschaft und Kunst innerhalb der katholischen Kirche. Redig. von M. Huber. 1. Jahrg. 1857. 104 Nrn. (Bog.) oder 12 Hefte. gr. 4. Innsbruck, Vereinsbuchh. und Buchdruckerei.

— des topograph. Atlasblattes Kaufbeuern. 8. (96 S.) Ebd. 846. baar ¼ ℛ

— der christlichen Kirchen- und Dogmengeschichte. 12. (IV und 372 S.) Fürth 847, Schmid's Buchh.

Repertorium der neueren Kriegsgeschichte. Von *** Oldenburg i. Gr.: G. Stalling [1901]. (VII, 176 S.) 8° Iog. 4377

Repertorium der neueren Kriegsgeschichte. Von ***. gr. 8. (VII, 176 S.) Oldenburg (902). G. Stalling's Verl. n. 4. —

Repertorium des K. Preuß. Criminalrechts ꝛc. s. Berger.

Kritisches Repertorium für die gesammte Heilkunde. Hrsg. von Johann Nep[omuk] Rust (6 ff. u. Johann Ludw[ig] Casper). Bd 1 - 32 [nebst] Suppl.-H. [1-3.] Berlin: Reimer 1823 - 33. 8°

Bd 23 - 32 Hrsg. von Johann Ludw. Casper. 1829 -33.

Bd 1: 1823.
Bd 3-5: 1824.
Bd 6-10: 1825.
Bd 11-14: 1826.
Bd 15-18: 1827.
Bd 19-20: 1828.
Bd 21-23 = N.F. Bd 1 - 3: 1829.
Bd 24-27 =[N.F. Bd 4 - 7:]1830.
Bd 28-29 =[N.F. Bd 8 - 9:]1831.
Bd 30-31 = N.F. Bd 10-11: 1832.
Bd 32 = N.F. Bd 12: 1833.
Suppl.H.[1:] Reg. z. Bd 1-10. 1826.
Suppl.H.[2:] Reg. z. Bd 11-20. 1829.
Suppl.H.[3:] Reg. z. Bd 21-30. 1832.

—— kritisches, f. d. gesammte Heilkunde. Hrsg. v. J. N. Rust u. J. L. Casper. 18—22. Bd. (21. u. 22. Bd. auch m. d. Bemerk.: Neue Folge 1. u. 2. Bd.) à 3 Hfte. Jeder Bd. m. 1 Bildn. gr. 8. Berlin 828, 29, Reimer. à Bd.

—— dass. Hrsg. v. J. L. Casper. 23—32. Bd. (od. Neue Folge 3—12. Bd.) à 3 Hfte. Jeder Bd. m. 1 Bildn. gr. 8. Ebds. 829—33. à Bd.

—— dass. — 2. u. 3. Suppl.-Hft. hierzu, enth. d. vollst. Register zum 11—30. Bde. gr. 8. Ebds. [2. z. 11—20. Bde. (9 B.) 829. 18 Gr., 3. z. 21—30. Bde. (7 B.) 832. 16 Gr.]

1—17. Bd. (1—4. hrsg. v. Rust, 5—17. v. Rust u. Casper.) 1823—27. à 2 Thlr. 12 Gr. — 1. Suppl.-Hft. Register z. 1—10. Bde. 14 Gr. Ebendas.

Hieran schliesst sich als indirecte Fortsetz. d.: Wochenschrift f. d. gesammte Heilkunde, hrsg. v. Casper, vgl. diese.

—— kritisches, d. homöopath. Journalistik. Hrsg. v. e. Gesellschaft pract. Aerzte unt. nächster Mitwirk. v. L. Griesselich. 1—4. Hft. gr. 8. (57⅓ B.) Leipzig 835, 36, Kollmann. à

— kritisch., der theolog. Literatur, von 1790—95. 1r Thl. gr. 8. Berl. 799. Schöne. 1 ℛ 8 gr Velinp. 2 ℛ 1803 mit folg. neuen Titel: Handbuch, kritisches, f. Theologen, Buchhändler rc. 1 ℛ 8 gr

— kritisch., d. a. in- u. ausländ. höhern Lehranstalten von 1781—800 herausgek. Probe- u. Einladungsschrift. a. d. Gebiete d. Arzneygel. u. Naturkunde, herausg. v. S. J. L. Döring. gr. 8. Marb. Krieger. 803.

— d. vorzüglichst. Kunstmaschinen u. Kunsterfindungen rc. 1s Hft. 8. Coburg, Ahl. 806.

— der vorzügl. Kunstmaschinen u. Kunsterfindungen rc. Gesammelt u. herausgg. v. C. St*** 1s Hft. 8. Cob. 806. (Riemann). 16 gr

— für Kunstwissenschaft. Red. v. Frz. Schestag. 1. Bd. (4 Hfte.) Lex.-8. (1. u. 2. Hft. XXII, 208 S.) Stuttgart 875. Spemann. n. 16. —

— für Kunstwissenschaft. Red. v. Frz. Schestag. 2. Bd. 4 Hfte. Lex.-8. (VII, 426 u. LVIII S. m. eingedr. Holzschn. u. 1 Lichtdr.) Stuttgart 878. Spemann. n. 16. —

— dasselbe. Red. v. Hub. Janitschek u. Alfr. Woltmann. 3—5. Bd. à 4 Hfte. Lex.-8. (à Hft. XV, 120 S. m. 1 Lichtdr.) Ebend. 879—81. à Bd. n. 16. —

— für Kunstwissenschaft. Red. v. Hub. Janitschek. 6—9. Bd. à 4 Hfte. gr. 8. (à Hft. ca. 111 S. m. 1 Heliograv.) Stuttgart 883—86. Spemann. à Bd. n. 16. —

— f. Kunstwissenschaft. Red. v. H. Janitschek. 10.—12. Bd. à 4 Hfte. gr. 8. (à Hft. ca. 128 S.) Stuttgart 887—889. Berlin, Spemann. à Bd. n. 16. —

— dasselbe. 13. u. 14. Bd. à 6 Hfte. gr. 8. (à Hft. ca. 90 S.) Berlin 890. 891. Spemann. à Bd. n. 24. —

Repertorium f. Kunstwissenschaft. Red. v. Hub. Janitschek. 15. u. 16. Bd. à 6 Hfte. (à ca. 100 S.) gr. 8. Berlin 892. 893. W. Spemann. à Bd. n. 24. —

— dasselbe. Red. v. Henry Thode u. Hugo v. Tschudi. 17. Bd. 6 Hfte. (à ca. 100 S.) gr. 8. Ebd. 894. n. 24. —

— f. Kunstwissenschaft. Red. v. Henry Thode u. Hugo v. Tschudi. XVIII—XXI. Bd. à 6 Hfte. (à ca. 5 Bog.) Lex.-8. Berlin 895—898. W. Spemann. à Bd. n. 24. —

— Kunstwissenschaft. Red. v. Henry Thode u. Hugo v. Tschudi. 22.—24. Bd. à 6 Hfte. Lex.-8. (VI, 509; VI, 506 u. V, 496 S. m. Abbildgn.) Berlin 899—901. [W. Spemann.] G. Reimer. à Bd. n. 24. —

— dasselbe. 25. Bd. 6 Hfte. Lex.-8. (V, 482 S.) Berlin 902. G. Reimer. n. 30. —

— für Kunstwissenschaft. Red. v. Henry Thode u. Hugo v. Tschudi. 26.—29. Bd. à 6 Hefte. (IV, 553 u. CXLIV; IV, 578; V, 547 u. V, 571 S.) Lex.-8. Berlin 903—906. G. Reimer. à Bd. n. 30. —

— f. Kunstwissenschaft. Red. v. Henry Thode u. Hugo v. Tschudi. 30.—33. Bd. à 6 Hefte. (IV, 584; VI, 589; V, 553 u. V, 570 S. m. Abb.) Berlin 907—10. G. Reimer. à Bd. 30. —

— des topograph. Atlasblattes Landau. 8. (154 S.) Ebd. 846. baar ⅓ ℛ

Repertorium der neuern Preuss. Landes-Gesetze von 1806 bis incl. 1836. Ein Hülfsb. für Beamte u. Geschäftsmänner, in alphab.-chronolog. Ordn. bearb. v. M. F. B. Wentz. *Potsdam*, Horvath. 827. gr. 4. (1 Thl. 8 Gr.)

Repertorium der Königlich Preussischen Landes-Gesetze. E. neues Hülfsbuch f. sämmtl. Kgl. Beamte, d. Bürger u. Landmann, enth. ... Von Optatus Wilb. Leop. *Richter*. Bd 1—7. Leipzig 1832—1835. 8°.

6: D. Königl. Preuss. Gesetze u. Verordn. üb. d. Bauwesen. Vollständ. in alphabet. Ordnung zugest. f. Baumeister u. Bauherren. 1835.

7: Die Königl. Preuss. Gesetze u. Verordn. un. d. gutsherrl. u. bäuerl. Verhältnisse. Vollständ. zugest. als Hülfsbuch f. sämmtl. Kgl. Beamte, d. Gutsbesitzer u. Landmann. 1835.

— für katholisches Leben, Wirken u. Wissen. Herausgeg. von F. A. v. Besnard in München, unter Mitwirkung des Domprobstes, geistl. Rathes J. F. Allioli, Domcapit. und geistl. Rathes J. N. Hortig, Prof. v. Moy und mehrerer anderer Notabilitäten des geistlichen und gelehrten Standes. 1.—3. Jahrg. 1841—1843 à 52 Numm. (Bogen.) gr. 4. Landshut, v. Vogel'sche Verlagsb. Velinp. à 2¾ ℛ

— Leipziger, der deutschen u. ausländischen Literatur. Unter Mitwirkung der Universität Leipzig herausgeg. von E. G. Gersdorf. 1.—4. Jahrg. 1843—1846. à 52 Hefte. gr. 8. Ebend. à Jahrg. n. 12 ℛ

Repertorium, Leipziger, der deutschen u. ausländ. Literatur. Unter Mitwirkung der Universität Leipzig hrsg. von E. G. Gersdorf. 5 u. 6. Jahrg. 1847 u. 1848. à 52 Hfte. gr. 8. Leipzig, Brockhaus. à Jahrg. n. 12 ℛ

— dass. 7—10. Jahrg. 1849—1852. à 2 Bde. oder 24 Hefte. gr. 8. Leipzig, T. O. Weigel. à Jahrg. n. 10 ß (der Jahrg. 1850 erschien auch in folg. getrennten Abtheilungen. I. Abth.: Repertorium d. neuesten Literatur der Theologie, Philosophie, Philologie u. des Schul- u. Unterrichtswesens. Jahrg. 1850. 8 Hfte. gr. 8. Ebd. n. 4 ß — II. Abth.: Repertorium der neuesten Literatur der Jurisprudenz, der Staatswissenschaften, sowie der Geschichte u. deren Hülfswissenschaften. Jahrg. 1850. 8 Hfte. gr. 8. Ebd. n. 4 ß — III. Abth.: Repertorium der neuesten Literatur der medicin., mathemat. u. Naturwissenschaften. Jahrg. 1850. 6 Hfte. gr. 8. Ebd. n. 3 ß)

—— leipziger, der deutschen und ausländischen Literatur. Unter Mitwirkung der Universität Leipzig hrsg. von E. G. Gersdorf. 11—14. Jahrg. 1853—56. à Jahrg. 2 Bde. oder 24 Hefte. (à 64 S.) gr. 8. Leipzig, T. O. Weigel. à Jahrg. *

—— leipziger, der deutschen und ausländischen Literatur. Unter Mitwirkung der Universität Leipzig hrsg. von E. G. Gersdorf. 15—18. Jahrg. 1857—60. à Jahrg. 2 Bde. oder 24 Hefte. (à 64 S.) gr. 8. Leipzig, T. O. Weigel. à Jahrg. *
Ist nicht fortgesetzt worden.

**Repertorium** für biblische und morgenländische Litteratur. Leipz. 1777-86. H: *Eichhorn, Joh. Gfr.* (Cat. d. Stadtbibl. Zürich. Zürich 1864—97.) (BrMm)

— für bibl. u. morgenländ. Literatur; hrsgg. v. J. G. Eichhorn. 18 Thle. gr. 8. Leipz. 777—86. Weidmann. (à Thl. 18 𝔤) 13 ß 12 𝔤

**Repertorium** der chemischen Litteratur vom Jahr 494 vor C. G. bis 1806 ... Jena u. Leipzig 1806—12. H: *Fuchs, Georg Christian Friedrich.* (MGT) (Petz) »Repertorium, Neues« (Ky)

— der chemischen Literatur von 494 v. Christi Geburt bis 1806 in chronolog. Ordnung aufgestellt. 2 Bde. 8. Jena, Gabler. 807—11. (jeder Band in 2 Abtheilungen à 3 Rthlr.)

— neues, der chem. Literatur von 494 vor Christi Geb. bis 1806 in chronolog. Ordnung aufgestellt (v. G. F. C. Fuchs u. A.) 2 Bde, à 2 Abtheill. 8. Jena 806—12. (Cnobloch in Lpz.) 6 ß

**Repertorium** der dt. kolon. Litteratur, s.a. Brose, Maximilian

— der gesammten deutschen Literatur für die Jahre 1834—1840. Herausg. im Vereine mit mehreren Gelehrten von E. G. Gersdorf. 1r—26r Bd. gr. 8. Leipzig 834—40. Brockhaus. (à n. 3 ß) 78 ß — 7r—26r Bd. Mit den Beilagen: Literarische Miscellen. — Allgemeine Bibliographie. — Bibliographischer Anzeiger.

— der gesammten deutschen Literatur für das Jahr 1840—1843. Herausg. im Vereine mit mehreren Gelehrten von E. G. Gersdorf. 26.—34. Bd. Mit den Beilagen: Literar. Miscellen, Bibliographie. Anzeiger. gr. 8. Leipzig 841—43, Brockhaus. à Bd. n. 3 ß

— der historischen Literatur für Deutschland seit dem Jahre 1840. Herausgeg. von Leopold v. Ledebur. 1. Bd. 1.—3. Heft. gr. 8. Berlin 841—43, Gropius. à n. 2/3 ß

—— der historischen Literatur f. Deutschland, seit d. Jahre 1840. Hrsg. v. Leop. v. Ledebur. 1. Bd. 4. Hft. gr. 8. (9½ B.) Berlin 843, C. G. Lüderitz. *
1—3. Hft. Ebendas. 1841. à * 20 Ngr.

— der in- und ausländ. Literatur der gesammten Philosophie. In vierteljähr. Lfrgg. Herausg. von Hubert Beckers. 1r u. 2r Jahrg. 1839 u. 1840. à 4 Hefte. gr. 8. Nürnberg, Fr. Campe. (à n. 3 ß) 6 ß

Repertorium der medicinischen Litteratur des Jahres... Hrsg. von Paulus Usteri. (Jg. 1-5:) 1789-93. Zürich: Ziegler 1790-95. 5 Bde 8°

(Jg. 1:) 1789: 1790.
(Jg. 2:) 1790: 1791.
(Jg. 3:) 1791: 1793.
(Jg. 4:) 1792: 1794.
(Jg. 5:) 1793: 1795.

Forts. s. Literatur, Medicinische. Jg. 1. 1796.

— der mineralogischen u. krystallographischen Literatur vom Anfang des J. 1897 bis Ende des J. 1902, u. Generalregister der Zeitschrift f. Krystallographie u. Mineralogie Bd. XXXI—XL. Hrsg. u. bearb. v. G. Baumann. 2 Tle. gr. 8. Leipzig 910. W. Engelmann. 58. —
1. Repertorium. (III, 372 S.) 22. —
2. Generalregister. (509 S.) 30. —

**Repertorium** der neuesten Literatur der Jurisprudenz, der Staatswissenschaften, sowie der Geschichte und ihrer Hülfswissenschaften. Abth. 2 des Leipziger Repertorium der deutschen u. ausländ. Literatur hrsg. von E. G. Gersdorf. Jg. 1850, Bd 1. [einz.] Leipzig 1850.

REPERTORIUM DER PERIODISCHEN BOTANISCHEN LITERATUR vom Beginn des Jahres 1864 an.
Jahrg. I—IX. 1864—1872. Als Beiblatt zur Flora 1864—1873. Regensburg 1864 und 1865—1873. Druck von Fr. Neubauer (Chr. Krug's Wittwe). 8°.

—— der technischen Literatur, s. Kerl, Bruno.

— für theologische Litteratur u. kirchliche Statistik, von Reuter; neue Folge. Berl. 1852—60. 9 Bde. 8.

**Repertorium** der theologischen Litteratur, für Freunde des theologischen Studiums. Leipzig 1788—89. H: *Köhler, Joh. Frdr.* (MGT) (Ky) (ADB)

— der theolog. Literatur. 1r—3r Thl. von d. J. 1785—87, (v. J. F. Köhler l.) gr. 8. Leipz. 788, 89. Göschen. 1 ß 12 𝔤

— für die gesammte Medicin. In Verbindung mit e. Vereine von Aerzten herausg. von Heinr. Häser. 1—6. gr. 8. Jena 840. Mauke. à n. 1/3 ß

— für die gesammte Medicin. In Verbindung mit einem Vereine von Aerzten herausgeg. von Hnr. Haeser. 1. Bd. 6. Heft, u. 2.—5. Bd. à 6 Hefte. (Mit Steintafeln.) gr. 8. Jena 840—42, Mauke. à n. 1/3 ß — Jahrg. 1843, oder 6. u. 7. Bd. à 6 Hefte. gr. 8. Ebend. 843. n. 4 ß — Jahrg. 1844, 8. u. 9. Bd. Neue Folge 1. u. 2. Bd. 26. Numm. gr. 8. Ebend. n. 4 ß

—— für die gesammte Medicin. In Verbind. m. e. Vereine von Aerzten hrsg. v. Heinr. Haeser u. (Jahrg. 1844. v.) W. Grabau. Jahrg. 1843 u. 1844 od. 6—9. Bd. à 6 Hfte. gr. 8. Jena, Mauke. à J. *
1—5. Bd. Ebendas. 1840—42. à Bd. * 2 Thlr.

Repertorium der Praktischen Medizin. Monatsberichte f. prakt. Ärzte. Unter ständ. Mitarb. ... hrsg. u. red. von L[udwig] Jankau. Jg. [1.] 1904. Würzburg (1904): Stürtz. 8°

— der praktischen Medizin. Monatsberichte f. prakt. Aerzte. Unter ständ. Mitarbeit hervorrag. Spezialärzte hrsg. u. red. v. L. Jankau. 1.—3. Jahrg. 1904—1906. 1. Jhrg. 9; 2. u. 3. Jhrg. 12 Hefte. (389, 589 u. 587 S.) 8. Leipzig-Go., M. Gelsdorf. à Jhrg. n. 5. —
Der 1. Jahrgang erschien in Frankfurt a. M.

— der praktischen Medizin. Monatsberichte f. prakt. Ärzte. Unter ständ. Mitarbeit hervorrag. Spezialärzte hrsg. u. red. v. L. Jankau. 4.—7. Jahrg. 1907—1910. à 12 Hefte. (à ca. 48 S.) 8. Eberswalde, M. Gelsdorf. à Jahrg. 5. —

— medicinisches ꝛc. s. J. W. Müller.

Repertorium der im Kriegs-Archiv vorhandenen kriegsgeschichtlichen und kriegswissenschaftlichen Memoiren. (Lithographiert.) Fol. (Wien 1875.)

—— für Meteorologie, hrsg. von der kaiserl. geograph. Gesellschaft zu St. Petersburg, redig. von Ludw. Friedr. Kämtz. 1. und 2. Bd. à Bd. 4 Hefte. gr. 4. (à Heft ca. 106 S.) Dorpat 859. 61. Leipzig, (Köhler.) [1. Bd. * * 6 Thlr., 2. Bd. * 7 Thlr.] *

—— für Meteorologie, hrsg. von der Kaiserl. geograph. Gesellschaft zu St. Petersburg, redig. von Ludw. Friedr. Kämtz. 3. Bd. 4 Hefte. gr. 4. (à Heft 107 S.) Dorpat 863. Leipzig, Köhler. *
1. und 2. Bd. Ebendas. 1859,61. * 13 Thlr.

— für Meteorologie, hersg. von der kaiserl. Akademie der Wissenschaften, red. von Heinr. Wild. 1. Bd. 1. Hft. Leipzig 870. Voss in Comm. Imp.-4. (V, 174 S. mit 3 Steintaff., wovon 1 in Tondr., u. 1 Tab. in Imp.-4. u. Fol.) n. 1 ₰ 15 ngr.

— für Meteorologie, hrsg. v. der kaiserl. Akademie der Wissenschaften red. v. Heinr. Wild. 1. Bd. 2. Hft. Imp.-4. (V, 247 S. m. 3 Steintaf. in gr. Fol.) St. Petersburg 1870. Leipzig 871. Voss in Comm. n. 8. 30. (I. Bd. cplt.: n. 12. 80)

— dasselbe. 2. Bd. Imp.-4. (V, 322 S. m. 4 Steintaf. in 4. u. qu. Fol.) Ebend. 872. n. 11. 60

— dasselbe. 3. Bd. [Mit 7 (lith.) Taf. (in Imp. 4. u. Imp.-Fol.)] Imp. 4. (IV, 467 S.) Ebend. 874. n. 14. 40

— dasselbe. 4. Bd. [Mit 7 (lith.) Taf. u. e. (lith.) Karte (in 4., Fol. u. Imp.-Fol.)] Imp.-4. (475 S.) Ebend. 874. n. 19. 30

— dasselbe. 5. Bd. 1. Hft. [Mit 4 (lith. u. chromolith.) Taf. (in gr. 4. u. Fol.)] Imp.-4. (225 S.) Ebend. 876. n. 9. 20

— für Meteorologie, hrsg. von der kaiserl. Akademie der Wissenschaften, red. v. Heinr. Wild. 5. Bd. 2. Hft. [Mit 4 (lith.) Taf.] Imp.-4. (588 S.) St. Petersburg 877. Leipzig, Voss' Sort. n. 10. 50 (5. Bd. cplt.: n. 19. 70)

— dasselbe. 6. Bd. [Mit 24 (lith. u. chemigraph.) Taf.] Imp.-4. (617 S.) Ebend. 879. n. 26. 30

— dasselbe. 7. Bd. 1. u. 2. Hft. Imp.-4. (280 u. 257 S. m. 9 Steintaf.) Ebend. 880. 81. n. 19. 30

Repertorium für Meteorologie, hrsg. v. der kaiserl. Akademie der Wissenschaften, red. v. Heinr. Wild. 8. Bd. Imp.-4. (IV, 476 S. m. 20 Taf.) St. Petersburg 883. Leipzig, Voss' Sort. n. 16. 70

— dasselbe. 9. Bd. Imp.-4. (530 S.) Ebend. 885. n. 19. —

— f. Meteorologie. Hrsg. v. der kaiserl. Akademie der Wissenschaften, red. v. Heinr. Wild. 10. Bd. Imp.-4. (628 S. m. 14 Taf. u. 29 Karten.) St. Petersburg 887. Leipzig, Voss' Sort. n. 21. 30

— dasselbe. 11. Bd. Imp.-4. (558 S. m. 1 Holzschn., 6 Taf. u. 9 Karten.) Ebd. 888. n. 12. 40

— dasselbe. 12. Bd. Imp.-4. (VII, 39; 15, 94, 16, 19, 87, 75; II, 67; 32, 29, 18, 28, 28; II, 242 u. 10 S. m. 8 Taf. u. 18 Karten.) Ebd. 890. n. 31. —

— dasselbe. 13. Bd. Imp.-4. (28, 54, 19, 20, 51, 74; IV, 311; 14, 40, 22, 18, 52 u. 17 S. m. 7 Taf. u. 4 Karten.) Ebd. 890. n. 29. 25

— f. Meteorologie, hrsg. v. der kaiserl. Akademie der Wissenschaften, red. v. Heinr. Wild. 14. Bd. Imp.-4. (III, 80; 40, 120, 7, 23, 21, 35, 107, 71, 67, III, 121, III, 61 u. 24 S. m. 9 Taf. u. 2 Karten.) St. Petersburg 891. (Leipzig, Voss' Sort.) n. 31. 65

— dasselbe. 15. Bd. Imp.-4. (IV; VIII, 166; 20; 35; 45; 21; 27; 22; 15; 22; III, 48, LI; III, 318 u. III, 85 S.) Ebd. 892. n. 30. 90
Hieraus:

— dasselbe. 15. Bd. Nr. 1. Imp.-4. Ebd. 892. n. 5. 65
Über den gegenwärtigen Zustand der Actinometrie. Eine krit. Studie v. O. Chwolson. (VIII, 166 S.)

— dasselbe. 16. Bd. gr. 4. (III, 53; VII, 150; 41, LXXIX; 53, IV, 363; III, 94; IV, 61 u. 34 S. m. 8 Taf., 1 Karte u. 3 Holzschn.) Ebd. 896. n. 37. 30

— f. Meteorologie, hrsg. v. d. kaiserl. Akademie d. Wissenschaften, red. v. Heinr. Wild. 17. Bd. gr. 4. (V, III, 118; 25, 19, 19, 60, 31, 33, 44, 25, 54, 41, 78, 29; III, 73 u. 12 S. m. 18 Taf. u. 1 Karte.) St. Petersburg 894. (Leipzig, Voss' Sort.) n. 43. 50

Repertorium für Meteorologie, hrsg. von der kaiserl. Akademie der Wissenschaften, red. von Heinr. Wild. Suppl.-Bd. Imp.-4. St. Petersburg 877—81. Leipzig, Voss' Sort. n. 36. 80
Die Temperatur-Verhältnisse des russischen Reiches, auf Veranlassung Sr. Erl. des Hrn. Staatssecr. Graf P. A. v. Waluew kritisch bearb. v. H. Wild. Mit einem Atlas (1 Tab., 3 Steintaf. u. 22 chromolith. Karten in Fol. u. gr. Fol.). (XIV, 349; Tabellen CCLXXI u. Anh. VIII 396 S.)

— dasselbe. 2.—5. Suppl.-Bd. Imp.-4. Ebd. 887. n. 56. 55
2. Ueber den Auf- u. Zugang der Gewässer des Russischen Reiches. Bearb. v. M. Rykatschew. Mit 3 Taf. (103 u. 309 S.) n. 10. 70
3. Wahre Tagesmittel u. tägliche Variation der Temperatur an 18 Stationen d. Russischen Reiches. Von E. Wahlén. (XXI, 536 S.) n. 14. 15
4. Katalog der meteorologischen Beobachtungen in Russland u. Finnland. Von E. Leyst. (XXII, 435 S.) n. 11. 70
5. Die Regen-Verhältnisse d. Russischen Reichs v. H. Wild. (IV, 120; IV, 95 u. 286 S. m. 1 Atlas von 6 chromolith. Karten in gr. Fol.) n. 20. —

— dasselbe. 6. Suppl.-Bd. gr. 4. Ebd. 894. n. 25. —
Der jährl. Gang u. d. Vertheilg. d. Feuchtigkeit d. Luft in Russland nach d. Beobachtungen v. 1871—1890. Von A. Kaminskij. (IV, 352 S. m. 1 Kurventaf. u. 10 Karten.)

— dasselbe. Liste systématique des travaux imprimés dans les 23 vols, publiés par l'académie impériale des sciences de St.-Pétersbourg depuis 1869 jusqu'à 1894. (Par I. Kiersnowsky.) (Mémoires de l'académie impériale des sciences de St.-Pétersbourg.) Imp.-4. (VI, 19 S.) Ebd. 895. n. 1. 50
Weiter nicht erschienen.

Repertorium der Militär-Journalistik. (Aus: Organ der militärwissenschaftlichen Vereine.) Vom 1. Jänner 1876 bis 31. December 1895. (2 Bde.) 8. Wien 1876—1895.

—— der Militair-Journalistik. 5. Heft: 1. Octbr. 1877 bis Ende Maerz 1878. gr. 8. (38 S.) Wien 878, (Seidel und Sohn.) * 1 —
Die Repertorien 1—4 sind den Bdn. XII—XV des Organs der militär-wissenschaftlichen Vereine beigegeben. Preis à *ℳ 1.

—— dass. — 6. Heft: 1. April 1878 bis Ende Decbr. 1878. gr. 8. (56 S.) (Ebendas.) 879. * 1 —

—— dass. — 7. Heft: 1. Jänner 1879 bis Ende Juni 1879. gr. 8. (34 S.) (Ebendas.) 879. * 1 —
Vorstehende drei Schriften sind aus: Organ der militär-wissenschaftlichen Vereine, besonders abgedruckt.

—— der Militair-Journalistik. 8. Heft. [1. Juli bis Ende Decbr. 1879.] gr. 8. (34; 33 S.) Wien 880, (Seidel und Sohn.) * 1 —

—— dass. — 9.—18. Heft. [1880—1884.] gr. 8. (35, 35; 37, 38; 36, 40; 41, 37; 38, 37 S.) (Ebendas.) 881—85. à Heft * 1 —
Aus: Organ der militär-wissenschaftl. Vereine, besonders abgedruckt.

—— 19.—22., der Militär-Journalistik. gr. 8. Wien, (Seidel und Sohn.) [19. 1. Jänner bis Ende Juni 1885. (37 S.) 886; 20. 1. Juli bis Ende Decbr. 1885. (36 S.) 886; 21. 1. Jänner bis Ende Juni 1886. (38 S.) 887; 22. 1. Juli bis Ende Dezbr. 1886.) (34 S.) 887.] à Bd. * 1 —
Nicht weiter erschienen.

Repertorium der Militär-Journalistik. (Aus: „Organ der militärwissenschaftlichen Vereine.") (Fortsetzung.) Vom 1. Januar 1893—30. Juni 1904. 8. Wien 1893—1904.

— — der Militärjournalistik. Beil. zum „Organ der milit.-wissenschaftl. Vereine, 1902—1906".

Repertorium der Militär-Literatur mit dem Jahre 1853 beginnend. T. 1. 2. Berlin 1854—1859.
(Als Beilage zur „Zeitschrift für Kunst, Wissenschaft und Geschichte des Krieges" erschienen.)

—— monatliches, der im Börsenblatt mit besonderen Bezugsbedingungen von den Verlegern angekündigten Bücher. Redig. von Ad. Lehmann. 1857. October bis December. 3 Nrn. qu. Fol. (Nr. 1. 6 S.) Leipzig 858, [Henning's'sche Buchh.] Thlr. * *

Repertorium des topograph. Atlasblattes Mühldorf. 8. (München 844, Mey u. Widmayer.) n. 1/4 ß

—— der steierischen Münzkunde, s. Pichler, Friedrich.

— musikalisch-kritisches, aller neuen Erscheinungen im Gebiete der Tonkunst. Herausg. durch e. Verein von Künstlern, redig. von Herm. Hirschbach. 1. Jahrg. 1844, 12 Hfte. gr. 8. Leipzig, Whistling. n. 4 ß — 2. Jahrg. 1845, 36 Numm. gr. 8. Leipzig. (Brauns.) n. 4 ß

Repertorium, Musikalisch-kritisches- aller neuen Erscheinungen im Gebiete der Tonkunst . . . redigirt von Herrmann Hirschbach. Jahrgang 1. 2. (Jahrgang 2 unter dem Titel: Repertorium für Musik.) Leipzig 1844, 1845.

—— neues, f. d. Angelegenheiten d. evangel.-christl. Predigtamtes ꝛc., s. Eutaxia.

— neues allgemeines, der neuesten in- u. ausländischen Literatur für 1833. (Des allgem. Repertoriums 15r Jahrg.) Herausg. von einer Gesellschaft gelehrter Männer unter Redaction von Karl Heinr. Ludw. Pölitz. (1r Jahrg.) 4 Bde. à 6 Stücke. (Hefte à 5 Bogen.) gr. 8. Leipzig, Cnobloch. n. 6 2/3 ß

— neues allgem., f. empir. Psychologie u. verwandte Wissenschaften, in Verbind. mit mehrern Gelehrten hrsgg. v. J. D. Mauchart u. G. H. Tzschirner. 1r u. 2r Bd. 8. Leipz. 802, 3. (W. Rauck). 2 ß

Repertorium, neues, zur homöopathischen Arzneimittellehre. Probeheft: Zähne, bearb. von V. Meyer. Hrsg. vom Centralverein homöopath. Aerzte Deutschlands. Lex.-8. (XX und 36 S.) Leipzig 860, C. L. Fritzsche. *

Repertorium, Neues, von seltenen Büchern und Schriften. Nürnberg 1795—97. V: *Waldau, Georg Ernst.* (MGT) (Petz) »1795—98« (Ky) (BrMm)

— neues, von seltenen Büchern, (von G. E. Waldau). 3 Stcke. 8. Nürnb. 795—98. Zeh. 1 ß

— neues, der gesammten deutschen medicinisch-chirurgischen Journalistik mit Berücksichtigung des Neuesten u. Wissenswürdigsten aus der ausländischen medicinisch-chirurg. Journal-Literatur. Red.: H. W. Neumeister. III. Jahrg. (Der ganzen Reihe XXI. Jahrg.) 1847. 75 Nrn. gr. 4. (Bog.) Leipzig, Kollmann. n. 4 ß

– Neues. für Biblische und Morgenländische Litteratur, herausgegeben von Heinr. Eberh. Gottlob Paulus. Theil 1—3. 3 voll. Jena 1790—1791.

—— neues, für die theolog. Literatur u. kirchliche Statistik. In Verbind. mit mehr. Gelehrten hrsg. von H. Th. Bruns. Jahrg. 1845 u. 1846. à 12 Hfte. (oder 4 Bde.) gr. 8. Berlin, Herm. Schultze. à J. *

—— dass. Jahrg. 1847. 12 Hfte. oder 9—12. Bd. Hrsg. v. H. Th. Bruns u. C. Häfner. gr. 8. Ebds. *

—— neues, für die theologische Literatur und kirchl. Statistik. Hrsg. von Th. Bruns und C. Häfner. (Neue Folge.) 13—19. Bd. oder Jahrg. 1848 und 1849. à Jahrg. 12 Hefte. gr. 8. Berlin, Herm. Schultze. [13—15. Bd. * 4 Thlr. 15 Ngr., 16—19. Bd. * 6 Thlr.] *
9—12. Bd. oder Jahrg. 1847. Ebendas. * 6 Thlr.

Repertorium neues Pharmazie

Neues Repertorium für Pharmazie. Hrsg. v. J(ohann) A(ndreas) Buchner. N.F. 1-18 München: 1852-1869

s. o. Repertorium für die Pharmacie.

JB 6.163

— neues, für Pharmacie. Unter Mitwirkung v. L. A. Buchner, Alb. Frickhinger, C. F. Haenle etc. hrsg. v. A. Buchner sen. 1. Bd. (od. Jahrg. 1852.) 12 Hfte. gr. 8. München, Kaiser. n. 2 ß 16 ngr

—— neues, für Pharmacie. Unter Mitwirkung von Alb. Frickhinger, C. F. Haenle, J. E. Herberger etc. hrsg. von A. Buchner. 2—5. Bd. à 12 Hefte. gr. 8. München 853—56, Kaiser. à Bd. *

—— neues, für Pharmacie. Unter Mitwirkung von Alb. Frickhinger, C. F. Haenle, X. Landerer etc., hrsg. von A. Buchner. 6—10. Bd. à Bd. 12 Hefte. gr. 8. (à Heft 48 S.) München 857—61, Kaiser. à Jahrg. *

—— neues, für Pharmacie. Unter Mitwirkung von Alb. Frickhinger, Dan. Hanbury, J. B. Henkel etc. hrsg. von A. Buchner. 11.—15. Bd. à Bd. 12 Hefte. (à 3—4 Bog.) gr. 8. München 862—66, Kaiser. à Bd. *

— — Hersg. von L. A. Buchner. 16—19. Bd. à 12 Hfte. (à 3—4 Bgn.) Ebend. 867—870. gr. 8. Jeder Bd. n. 4 ß

— neues, f. Pharmacie. Hrsg. v. L. A. Buchner. 20—25. Bd. Jahrg. 1871—1876 à 12 Hfte. (4. B.) gr. 8. München, Kaiser. à Jahrg. n. 12. —

—— Autoren und Sach-Register hierzu, s. Wittstein.

Repertorium für das Neueste aus der Staatsarzneiwissenschaft und inneren praktischen Heilkunde. Von Johann Heinrich Jugler. Jg. 1-2. Braunschweig: Reichard 1801 - 02. 3 Bde 8°

Jg. 1, Th. 1.2: 1801.
Jg. 2, Th. 1: 1802.

— des Neuesten u. Wissenswürdigsten aus der Naturkunde, s.o. Flörke.

Repertorium der Neusten und Wissenswuerdigsten aus den gesammten Naturkunde. Berlin, 1811-12. 4 vols. 8°.
Edited by H. G. Floerke.

**Repertorium, Oekonomisches,** für Liefland. Riga 1808—11. H: *Friebe, Wilhelm Christian.* (R-N) (EngOec) (Ky) H (Bd. 8 Stück 3): *Blankenhagen, Wilhelm von.* (Ky)

— ökonom., f. Liefland; (hrsgg. v. W. Chr. Friebe). 8 Bde, à 3 Stcke. (8r Bd, 3s Stck. hrsgg. von W. v. Blankenhagen). 8. Riga 808—811. Neueres ökonom. Repertorium; hrsgg. v. A. Löwis. 1r—9r Bd, à 4 Stcke, u. Ergänzungs-Hft. 8. Ebd. 812—25.

Repertorium aller Oerter und anderer Gegenstände in der topographisch-militärischen Charte von Teutschland in 204 Blättern. 1. Abtheilung. Nordöstliches Viertel, welches die Sectionen des beiliegenden Tableau's No. 1 enthält. Mit dem Tableau No. 1. — 2. Abtheilung. Südöstliches Viertel, welches die Sectionen des beiliegenden Tableau's No. 2 enthält. Mit dem Tableau No. 2. — 3. Abtheilung. Nordwestliches Viertel, welches die Sectionen des beiliegenden Tableau's No. 3 enthält. Mit dem Tableau No. 3. — 4. Abtheilung. Südwestliches Viertel, welches die Sectionen des beiliegenden Tableau's No. 4 enthält. Mit dem Tableau No. 4. (4 Bde.) 8. Weimar 1812—1813.

— aller Oerter u. anderer Gegenstände in d. topograph.-militär. Karte v. Preußen in 215 Blättern. 1s Viertel. gr. 8. Weim. 814. Geograph. Institut. 1 ₰ 12 gr

**Repertorium** für die Pädagogik in Gymnasien und Trivialschulen. Frankf. a. M. 1788. H: *Heyler, Carl Christian* & *Johann Georg Hutten.* (NN) (Ky) (MGT)

— für die Pädagogik in Gymnasien, (v. K. Chr. Heyler u. J. G. Hutten). 1n Bdes 1r Thl. 8. Frankf. a. M. 788. Hermann. 10 gr

— der Paedagogik. Central-Organ für Unterricht, Erziehung u. Literatur. Unter Mitwirkung namhafter Pädagogen u. Schulmänner hersg. von Joh. Bapt. Heindl. Neue Folge. 1—3. Jahrg. (Der ganzen Folge 21—23. Jahrg.) 1867—1869. à 12 Hfte. (à ca. 64 S.) Ulm, Ebner. gr. 8. Jeder Jahrg. n. 1 ₰ 24 ngr.

— der Pädagogik. Central-Organ f. Unterricht, Erziehg. u. Literatur. Unter Mitwirkg. namhafter Pädagogen u. Schulmänner hrsg. v. Joh. Bapt. Heindl. Neue Folge. 4—10. Jahrg. [Der ganzen Folge 24—30. Jahrg.) 1870—1876 à 12 Hfte. 8. (à Hft. 61 S.) Ulm, Ebner. à Jahrg. n. 5. 40

— der Pädagogik. Central-Organ für Unterricht, Erziehung u. Literatur. Unter Mitwirkung namhafter Pädagogen u. Schulmänner hrsg. v. Joh. Bapt. Heindl. Neue Folge. 11—16. Jahrg. [Der ganzen Folge 31—36. Jahrg.] 1877—1882. à 12 Hfte. gr. 8. (à Hft. 64 S.) Ulm, Ebner. à Jahrg. n. 5. 40

— der Pädagogik. Central-Organ f. Unterricht, Erziehg. u. Literatur. Unter Mitwirkg. namhafter Pädagogen u. Schulmänner hrsg. v. Joh. Bapt. Heindl u. J. B. Schubert. Neue Folge. 17—21. Jahrg. [Der ganzen Folge 37—41. Jahrg.] 1883—1887. à 12 Hfte. gr. 8. (1. Hft. 80 S.) Ulm, Ebner. à Jahrg. n. 5. 40

— der Pädagogik. Organ für Erziehung, Unterricht u. pädagog. Literatur. Im J. 1847 begründet von F. X. Heindl, fortgesetzt v. J. B. Heindl. Unter Mitwirkg. v. F. Baisch, L. Bauer, J. Böhm etc. hrsg. u. red. v. Joh. Bapt. Schubert. 42.—45. Bd. 1888—1891. à 12 Hfte. gr. 8. (à Hft. ca. 64 S.) Ulm, Ebner. à Jahrg. n. 5. 40

— der Pädagogik. Organ f. Erziehg., Unterricht u. pädagog. Literatur. Im J. 1847 begründet von F. X. Heindl, fortgesetzt v. J. B. Heindl. Unter Mitwirkg. v. L. Bauer, J. Böhm, J. Esselborn etc. hrsg. u. geleitet v. Joh. Bapt. Schubert. 46.—49. Bd. 1892—1895. à 12 Hfte. (à ca. 60 S.) gr. 8. Ulm 891—893. J. Ebner. à Bd. n. 5. 40

— d. Pädagogik. Organ f. Erziehung, Unterricht u. pädagog. Literatur. Im J. 1847 begründet v. F. X. Heindl, fortges. v. J. B. Heindl. Unter Mitwirkg. v. L. Bauer, J. Böhm, J. Esselborn etc. hrsg. u. geleitet v. Joh. Bapt. Schubert. 50.—53. Bd. 1896—1899. à 12 Hfte. (à ca. 4 Bog.) gr. 8. Ulm, J. Ebner. à Bd. n. 5. 40

— der Pädagogik. Organ f. Erziehg., Unterricht u. pädagog. Literatur. Im J. 1847 begründet v. F. X. Heindl, fortgesetzt v. J. B. Heindl. Unter Mitwirkg. v. Fr. Gärtner, M. Geistbeck, E. Gerlicher etc. hrsg. u. geleitet v. Joh. Bapt. Schubert. 54.—57. Bd. 1900—1903. à 12 Hfte. gr. 8. (675, 672, 674 u. 672 S.) Ulm, J. Ebner. à Jahrg. n. 5. 40

— der Pädagogik. Organ f. Erziehg., Unterricht u. pädagog. Literatur. Im J. 1847 begründet v. F. X. Heindl, fortgesetzt von J. B. Heindl. Unter Mitwirkg. von Fr. Gärtner, M. Geistbeck, E. Gerlicher u. a. hrsg. u. geleitet v. Joh. Bapt. Schubert. 58. Bd. 1904. 12 Hefte. (676 S.) gr. 8. Ulm, J. Ebner. n. 5. 40
Erscheint nicht mehr.

—— pharmaceutisches. Sammlung wissenschaftl. Mittheilungen der Pharmaceut. Zeitung. 1879. gr. 4. Breslau. (Berlin, Springer.) [1. Halbj. (IV, S. 1—88 mit eingedr. Holzschn.); 2. Halbj. (IV, S. 89—212 mit eingedr. Holzschn.)] à Halbj. * M. 2,40. * 4 80

— pharmaceutisches. Sammlung wissenschaftl. Mittheilungen der Pharmaceut. Zeitg. 1879. gr. 4. (IV, 212 S. m. eingedr. Holzschn.) Bunzlau. (Berlin, Springer.) n. 4. 80

— für die Pharmazie, s.a. Gehlen.

Repertorium Pharmazie

Repertorium für die Pharmacie. Unter Mit=wirkung des Apotheker-Vereins Baiern hrsg.v. Johann Andreas Buchner. Bd 20-27, 29-42, 58-64, 67-68, 71-73, 75-100. 3.Reihe 1-8. N.F. 1-18/1-10. gbd.

Nürnberg, München: 1825-1869
Titeländerung: N.F. 1-18: Repertorium, Neues, für die Pharmacie. Hrsg.v. L(udwig) A(ndreas) Buchner. 1852-69.

JB 6.163

— für die Pharmacie, angefangen v. A. F. Gehlen u. fortgesetzt in Verbind. mit C. F. Bucholz, Rink u. A., von J. A. Buchner. 1r—40r Bd, à 3 Hfte. 8. Nürnb. 815—32. Schrag. 30 ₰ Ergänzungsband in 3 Hften zu d. ersten 10 Bden. 12. Ebd. 816. 1 ₰ 12 gr

— für die Pharmacie, angefangen v. Af. Gehlen u. fortgesetzt v. J. A. Buchner. 40r Bd. Register. 12. Nürnberg 833. Schrag. $1^1/_2$ ₰ — 41r—49r Bd. à 3 Hefte. Mit Kpfr. 12. Ebd. 833, 34. (à Bd. $1^1/_2$ ₰) 15 ₰ — dass. 2e Reihe. 1r—22r Bd. à 3 Hefte. gr. 12. Ebd. 835—40. (à Bd. $1^1/_2$ ₰) 33 ₰

-- für die Pharmacie. Herausgeg. von J. A. Buchner. 2. Reihe. 23.—44. Bd. à 3 Hefte. Mit Steindrucktaf. 12. Nürnberg 841—46, Schrag. à Bd. $1^1/_2$ ₰

— für die Pharmacie, hrsg. v. A. Buchner. 2. Reihe. Bd. XLV—L. 3. Reihe. X Bde. à 3 Hfte. 12. Nürnberg 847—51, J. L. Schrag. à Bd. $1^1/_2$ ₰

—— für Pharmacie u. pract. Chemie in Russland, oder Zusammenstell. des Wichtigsten u. Wissenswerthesten aus den neuesten Entdeckungen im Gebiete der Pharmacie u. Chemie, mit vorzügl. Rücksicht auf das russische Reich; hrsg. v. Gust. Gauger. 1. Jahrg. 1842. 12 Hfte. u. 2. J. 1843. 2 Abthl. gr. 8. St. Petersburg. (Leipzig, Hartmann.) [1. J. * 6 Thlr., 2. J. ** 8 Thlr.] **

—— für Pharmazie und prakt. Chemie in Russland, oder Zusammenstellung des Wichtigsten und Wissenswerthesten aus den neuesten Entdeckungen im Gebiete der Pharmazie und Chemie; hrsg. von Gust. Gauger. 3—6. Jahrg. 1844—1847. gr. 8. (2484 S. mit 8 Stnt. und eingedr. Holzschn.) St. Petersburg 845—48. (Leipzig, Hartmann.) à Jahrg. **

—— dass. — 7. Jahrg. 1848. 12 Hefte. gr. 8. Ebds. 849—50. **
1. und 2. Jahrg. 1842 und 1843. Ebendas. ** 14 Thlr.

— der classischen Philologie und der auf sie sich beziehenden pädagog. Schriften. Herausgeg. von Gust. Mühlmann und Ed. Jenicke. 1. Heft. Januar—April 1844. Lex.-8. Leipzig 844, L. Schumann. (T. O. Weigel.) n. $^1/_2$ ₰

— dass. 2.—5. Heft. Mai—December 1844. Lex.-8. Ebend. 844. n. $1^2/_3$ ₰

— dass. 2. Bd. 2 Hefte. Lex.-8. Leipzig 846, 47, C. L. Fritzsche. n. $1^1/_2$ ₰

—— der classischen Philologie und der auf sie sich beziehenden pädagog. Schriften, hrsg. von Gust. Mühlmann und Ed. Jenicke. 3. Bd. 1. Heft. gr. 8. (S. 1—182.) Leipzig 847, C. L. Fritzsche. *

Repertorium der Physik. Herausg. von Fechner. Leipzig 1832. 3 Bde.

—— der Physik. Enth. e. vollständ. Zusammenstellung d. neuern Fortschritte dies. Wissenschaft. Hrsg. v. Heinr. Wilh. Dove u. Ludw. Moser. I—VI. Bd. gr. 8. Berlin, Veit u. Comp. *

Bd. I. Allgem. Physik, mathem. Physik, Galvanismus, Electromagnetismus, Magnetoelectricität, Thermomagnetismus. ($23^1/_2$ B. u. 2 Kpfrt.) 837. * 2 Thlr. 8 Gr.
- II. Electricität, Magnetismus, Erdmagnetismus, Literatur der Optik. (25 B. u. 1 Taf. Abbild.) 838. * 2 Thlr. 8 Gr.
- III. Akustik, theoret. Optik, Meteorologie. (26 B. u. 3 Taf. Abbild.) 839. * 2 Thlr. 16 Gr.
- IV. Meteorologie, specifische Wärme, strahlende Wärme. (31 B., 2 Taf. Abbild. u. 1 Karte.) 841. * 2 Thlr. 16 Gr.
- V. Mechanik, Allgem. Gesetze d. Wellenbewegung, Literatur d. Magnetismus u. d. Electricität. Ueber das Auge. ($23^3/_4$ B. u. 1 Kpfrt.) 844. * 2 Thlr. 4 Gr.
- IV. Akustik, von A. Seebeck. — Electricitätslehre, v. P. Riess. ($20^1/_2$ B. u. 2 Taf. Abbild.) 842. * 2 Thlr.

—— der Physik. Eine Zusammenstellung der neueren Fortschritte dieser Wissenschaft. 7. Bd. Enth.: Besondere Gesetze der Wellenbewegung von Broch. Allgem. Physik, von Knochenhauer. Magnetismus der Erde von Lamont. gr. 8. (26 B. u. 2 Figurentaf.) Berlin 846, Veit u. Comp. *
1—6. Bd. Ebendas. 1837—44. * 14 Thlr. 5 Ngr. — Vgl. 9. Bd. 2. Abthl. S. 177.

—— der Physik. Eine Zusammenstellung der neueren Fortschritte dieser Wissenschaft. Bd. VIII. Enthält: Galvanismus, von W. Beetz. Akustik, von A. Seebeck. gr. 8. (III und 461 S. mit 2 Stnt. in qu. gr. 4.) Berlin 849, Veit und Comp. *

—— der Physik. Hrsg. von F. Exner. 19. und 20. Bd. Jahrg. 1883 und 1884. à Jahrg. 12 Hefte. Lex.-8. (à Heft ca. 90 S.) München, Oldenbourg. à Bd. * 24 —
Früher u. d. T.: Repertorium für Experimental-Physik.

—— der Physik. Hrsg. von F. Exner. 21.—24. Bd. à Bd. 12 Hefte. gr. 8. (à Heft ca. 70 S.) München 885—88, Oldenbourg. à Bd. * 24 —

—— der Physik. Hrsg. v. F. Exner. 25.—27. Bd. à Bd. 12 Hefte. gr. 8. (à Heft ca. 60 S. m. Text-Illustr.) Münch. 889—91, Oldenbourg. à Bd. * 24 —
Nicht weiter erschienen.

Repertorium für Physik und Instrumentenkunde. Gegründet von Ph. Carl. Bd. 1-27. München 1865—91.

— latinae poeseos. (Catholica hymnologica excepta.) Specimen. gr. 4. (34 S.) Gandavis 895. (Leipzig, O. Harrassowitz.) n. 2. —

Repertorium latinae poeseos (Catholica hymnologica excepta) Specimen. In-4⁰. 34 p. Genève et Bâle, Georg & Co. 2 50
1895

— aller Poststationen von Deutschland, s. a. J. C. Gädicke.

— aller Poststationen v. Deutschl. und einigen angränzenden Ländern, mit Charte. gr. 8. Berlin, Gädicke. 809.

—— der Predigtentwürfe d. vorzügl. Kanzelredner rc., s. a. Haupt, K. G.

— der Predigtentwürfe der vorzüglichsten Kanzelredner neuerer und neuester Zeit. Ein Beitrag zur vergleichenden Homiletik. In alphabet. Reihefolge der Materien. Für Prediger und Candidaten der Theologie. Herausgeg. von Karl Gerh. Haupt. 2 Bde. 2. verb. u. verm. Aufl. gr. 8. Quedlinburg 841, Basse. (à $1^3/_4$ ₰) $3^1/_2$ ₰

— üb. die westphälische Prozeß-Ordnung, siehe a. Lometsch.

— über die Westphäl. bürgerl. Proceß-Ordnung, (v. F. R. Lometsch). gr. 8. Marb. 811. Krieger. 16 gr

— reale practicum juris privati imperii romano-germanici, oder: vollständ. Samml. aller übl. u. brauchbaren Rechte im heil. röm. Reiche u. den benachbarten Ländern rc. Nach alphabet. Ordnung bearb., unter der Aufsicht Jh. Aug. Hellfelds. 4 Thle. gr. 4. Jena 753—62. (Varrentrapp in Frkf. a. M.) 11 ₰

— reale pract. iuris priv. communis german. unter d. Auff. J. Aug. Hellfelds. IV Tomi. 4. Ienae. (Varrentrapp, Frcf.) 753—72.

Repertorium reale pragmaticum iuris publici et feudalis imperii Romano-Germanici. Oder des Heil. Röm. Reichs Staats- u. Lehn-Recht . . . In alphab. Ordnung gebracht. Mit e. Vorr. Chr. Gottl. Buders. Bd [1.] 2. Jena 1751.
2 Bde

Der landwirtschaftliche Verein in Bayern.

Der l. Verein in B., Repertorium oder systematisch-geordneter Realindex über die Jahrgänge 1810—1836 des Wochenblattes des l. Vereins in B.
Fortsetzungen des Realindex in den späteren Jahrgängen des Wochenblatts.
München 1836

— d. gesammt. positiven Rechts der Deutschen. 12 Thle. gr. 8. Leipz. 798—805. Cr. Fleischer. (à 1 ℛ) 12 ℛ

— zum Weiske'schen Rechtslexikon, s. a. Rechtslexikon.

**Repertorium** zum Weiske'schen Rechtslexicon. Leipzig 1862. V: *Merkel, Julius.* (EB)

—— zum Weiske'schen Rechtslexicon. Lex.-8. (264 S.) Leipzig (861)62, O. Wigand. *

—— zur Rechtsprechung der Gerichte bei Anwendung des Rheinischen Bürgerlichen Gesetzbuchs [Code civil], nebst einem Quellen- und Sachregister. Hrsg. von einem Mitgliede eines Rhein.-Preuß. Landgerichts. 8. (VI, 444 S.) Trier 885, Lintz'sche Buchh. *ℳ 6.—.; geb. * 6 50

**Repertorium** zur Rechtsprechung der Gerichte bei Anwendung des rheinischen bürgerlichen Gesetzbuchs (Code civil), nebst e. Quellen- u. Sachregister. 2. Aufl. Trier 894.

— zur Rechtsprechung der Gerichte bei Anwendung des rheinischen bürgerlichen Gesetzbuchs (Code civil), nebst e. Quellen- u. Sachregister. 2., verb. u. verm. Aufl. Hrsg. v. e. vormal. Mitgliede e. rhein-preuß. Landgerichts. 8. (VII, 571 S.) Trier 895. F. Lintz. n. 6. —; geb. in Leinw. n. 6. 50

— für d. Reformations- u. Literargesch., besond. des 16. Jahrh. 8. Erf. 798. Gerling. 6 gr.

— od. allgem. Register üb. die Matrikel des Bisth. Regensburg, vorzügl. zum Behuf d. vaterländ. Topographie f. Diplomatiker, (v. Jos. Moritz); hrsgg. v. Thom. Ried. 8. Regensb. 814.

— des deutschen Reichstages. Unter Leitg. v. Ludw. Bamberger. bearb. v. A. Teichmann. 1. Bd. 1—4. (Schluß-)Lfg. Lex.-8. (VII, 795 S.) Berlin 871. 72. Guttentag. à 3. —

— der erläuternden und ergänzenden Rescripte, Instructionen, Bekanntmachungen ꝛc. der Verordnungssammlung für d. Herzoglich Braunschweigischen Lande vom Jahre 1814 bis auf die neueste Zeit, herausg. von Karl Aug. Schneider. 1r Bd. in 2 Abthll. gr. 8. Braunschweig 832, 33. G. C. E. Meyer sen. n. 2 ℛ

**Repertorium** der topograph. Atlasblätter Rindalpenhorn u. Madeler Gabel. 8. (VIII u. 60 S.) München 849. (Mey & Widmayer.) n. n. 8 gr. (siehe: Atlas, grosser topographischer, von Bayern.)

— des topograph. Atlasblattes Rottthalmünster. gr. 8. (München 844, Mey u. Widmayer.) n. 1/4 ℛ

— f. Schriftsteller, Recensenten u. Buchhändler, f. 1795, 96 zu 5 Hften. 8. Jena, Voigt. (à 4 gr.) 1 ℛ 16 gr.

— f. kathol. Seelsorger, welche sich eine Leitung oder Erleichterung wünschen, s. a. Predigten, Predigtentwürfe u. Stoffe zu Predigten üb. die evangel. Perikopen.

— — für kathol. Seelsorger, welche sich eine Leitung oder Erleichterung wünschen. 1ste Abtheil. 1r 2r u. 3r Bd. Auch unter dem Titel: Predigten, Predigtentwürfe und Stoffe zu Predigten über die evangel. Perikopen an den vier Sonntagen im Advent. gr. 8. Linz, akadem. Buchhandl. (Leipzig, Schmidt in Comm.) 818.

**Repertorium, Siebentes.** Chronologisches Inhalts-Verzeichniss des Aich-Verordnungs-Blattes von Nro. 76 incl. 100 Lex.-8. (8 S.) Wien: Hof- und Staatsdruckerei 1898. —.05 no

— novarum specierum regni vegetabilis — Centralblatt für Sammlung u. Veröffentlichung von Einzeldiagnosen neuer Pflanzen — auctore Friderico Fedde. 1. Jahrg. 2 Bde. je 13 Nrn. (I. Bd. VI, 202 S.) gr. 8. Berlin 905. Gebr. Borntraeger. n. 10. —

— dasselbe, s. a. Just's botanischer Jahresbericht..

**Repertorium** novarum specierum regni vegetabilis. Centralblatt f. Sammlung u. Veröffentlichung von Einzeldiagnosen neuer Pflanzen auctore Friderico Fedde. Fasc. 1. ⟨1905.⟩ Leipzig: Gebr. Borntraeger 1906. 8°
= **Jahresbericht**, Just's Botanischer. Jg. 32, Anh. 106. 371•

**Repertorium** der Teutschen Staatenkunde. Hildburghausen 1795. H: *Höck, Johann Daniel Albrecht.* (Ky) (MGT) (MS) (weber) »deutschen« (NN)

— der deutsch. Staatenkunde, (v. J. D. A. Höck). 8. Hildburgh. 795. Hanisch. 14 gr.

**Repertorium** des Staatsarchivs zu Basel. ([Bearb. von] Rudolf Wackernagel, Staatsarchivar. [Mit Grundrissen, Längenschnitt, Vignetten und 8 Tafeln.] LXX + 834 S. gr.-8. Basel, Helbing & Lichtenhahn, 1904 (*Umschlag:* 1905). [fr. 40. —]

— des deutsch. Staats- u. Lehnrechts ꝛc., verbess. von Scheidemantel u. K. F. Häberlin. 4 Thle. gr. 4. Leipz. 781—95. Weidmann. 18 ℛ

—— der Staats-Verwaltung d. Königr. Bayern, s. a. Döllinger, G. F.

— der Staatsverwaltung des Königr. Baiern, v. G. F. Döllinger. 1r—14r Bd. gr. 8. Münch. 815—26. (3r Bd. 2e Aufl. 822. Religions- u. Kirchensachen. 1 ℛ 8 gr. u. 4r Bd. 2e A. 823. 1 ℛ 8 gr.) (Fleischmann). 22 ℛ 8 gr. 15r—18r Bd. A. u. d. T.: Samml. d. im Königr. Baiern bestehend. Forst- u. Jagdverordnn. 1r—4r Bd. Mit 1 Tab. gr. 8. Ebd. 831. v. Cotta. 7 ℛ 1r—5r Suppl.-Bd. gr. 8. Ebd. 818—28. (1r, 2r, 4r u. 5r 818, 19.) Fleischmann. 6 ℛ 8 gr. 3r 1 ℛ 16 gr. 6r—10r Bd. (7r in 2 Abtheill.) A. u. d. T.: Samml. von d. jetzt regier. König Ludwig erlass. organ. Edikte u. Verordnn. Mit vollständ. Sachregister. 1r—4r Bd. gr. 8. Ebd. 828—31. Jaquet. 8 ℛ 11r Suppl.-Bd. A. u. d. T.: Samml. der von Sr. Maj. dem jetzt regier. König Ludwig erlass. organ. Edikte u. Verordnn. Mit vollständ. Sachregister. 5r Bd. Mit 1 Steindruck. gr. 8. Münch. 832. Franz. 2 ℛ 4 gr.

— der Staatsverwaltung des Königreichs Baiern, von Döllinger. 1r Bd. Staats- u. lehnrechtliche Gegenstände. 2r Bd. Staatswirthschaftl. Gegenstände enthaltend. gr. 8. Münch. (Nürnb. Stein in Comm.) 815.

— — desselben 3r u. 4r Bd. gr. 8. Ebend. 815.

— — der Staatsverwaltung des Königreichs Baiern. 1r bis 4r Bd. gr. 8. München. 815. Ist Verlag von Fleischmann.

— — 5r — 8r Bd. gr. 8. Ebend. 816 — 821. (5r 6r à 1 Rthlr. 8 Gr. 7r 1 Rthlr. 16 Gr. 8r 1 Rthl. 16 Gr.)

— d. Staatsverwaltung d. Königr. Baiern, v. Döllinger. 3r Bd. 2e Aufl. Religions- u. Kirchensachen 822, 1 Rthl. 8 gr. — 4r Bd. 2e Aufl. A. u. d. T.: Samml. aller K. baier. Verordnungen in Unterrichts- u. Bildungssachen 823. 1 Rthl. 8 gr. — 9r — 13r Bd. 822—27. gr. 8. Münch., Fleischmann.

— — 1r — 5r Supplement-Band. gr. 8. Ebendas. 818 bis 819. (1r 1 Rthlr. 16 Gr. 2r 1 Rthlr. 8 Gr. 3r — 5r à 1 Rthlr. 16 Gr.)

— dess. 6r — 7r Suppl.-Bd. A. u. d. T.: Samml. d. v. d. jetzt regier. König Ludwig erlass. organ. Edikte u. Verordnn. 1r u. 2r Bd. 1e Abthlg. gr. 8. Münch. 826, (Lindauer.)

– Zur Kgl. Sächs. Städte - Ordnung, s. (Buddeus. J.)

Repertorium üb. das Königl. Preuß. Stempelgesetz u. den Allerhöchst vollzog. Stempel-Tarif vom 7. März 1822, nebst Tabellen zur Erleichterung der Stempelberechnung. 8. Erf. 822. Müller. 14 gl.

Repertorium der jetzt geltenden Preußischen Stempel-Gesetze. Reichenbach (1812).

Repertorium üb. d. Strafgesetzbuch Franciscus II. *Wien*, Gastler. 804. 8.

—— zu dem Strafprozeßgesetz vom 10. Novbr. 1848, s. Gesetzgebung, die, des Königr. Bayern.

—— systematisches, der in der Provinz Schleswig-Holstein auf dem Gebiete der Verwaltung geltenden Gesetze, Verordnungen und wichtigeren reglementar. Bestimmungen, hrsg. von v. Zastrow. gr. 8. (XVI, 156 S.) Kiel 872, Mohr. [Schleswig, Bergas.] (*M. 4.) * 2 50

— systematisches, der in der Provinz Schleswig-Holstein auf dem Gebiete der Verwaltung geltenden Gesetze, Verordnungen u. wichtigeren reglementar. Bestimmgn. gr. 8. (XVI, 156 S.) Kiel 872. (Schwers.) n. 4. —

— systemat., der gesammt. medicin. Literatur Deutschlands. In Verbind. mit E. Heß, F. Heß, C. C. Hüter, G. Landgrebe, F. Nebert, Fr. Rothamel, herausgg. v. D. W. H. Busch. Jahrgg. 1828. 12 Hefte. 4 rf, Jahrg. 1829. 1r Bd. 2 rf gr. 8. Marb., Garthe. 6 rf Alphabet. Namen- u. Sachregister zum Jahrg. 1828. Ebd. 829. 12 gl.

— systematisches, der in der Gesetz-Sammlung für die Königl. Preußischen Staaten enthaltenen und noch geltenden Verordnungen, welche das Allgem. Landrecht, die Allgem. Gerichts-Ordnung, die Criminal-, Deposital- und Hypotheken-Ordnung abändern oder ergänzen. Zusammengestellt von F. Rendschmidt. Breslau 855. Aderholz. Lex.-8. (VII, 871 S.) 3 rf.

Repertorium, Systematisches, ....

—— des preuß. Vormundschafts-Rechtes, s. a. Schröter, L.

— systemat. des Preuß. Vormundschaftsrechts, mit vollständiger Vergleichung des gemeinen Rechtes, (v. L. Schröter). gr. 8. Berlin 838. Heymann. 5 gl.

Systemat. Repertorium des preuss. Vormund-schafts-Rechtes mit vollständ. Vergleichung des gemeinen Rechtes. *Berlin*, Heymann. (838.) gr. 8. (5 Gr.)

Repertorium für physikalische Technik, für mathematische und astronomische Instrumentenkunde. Bd 1—27. 1866—1891. München und Leipzig
Seit 1868: Repertorium für Experimental-Physik, für physikalische Technik u. s. w. mit Atlas.
Seit 1883: Repertorium der Physik.
Reg. 1—15

— für physikalische Technik, für mathematische u. astronomische Instrumentenkunde. Hersg. von Ph. Carl. 1—3. Bd. à Bd. 6 Hfte. (à 4 Bgn. mit Steintaff.) München 865—867. Oldenburg. Lex.-8. Jeder Bd. n. 6 rf 12 ngr.
s.: Repertorium für Experimental-Physik.

— biblischer Texte f. freie Vorträge u. Casualfälle, s. Chr. Aug. Hoffmann, Religions- u. Tugendlehren.

— der Thierheilkunde, herausg. v. E. Hering. 1r Jahrg. 1840. 4 Hefte. gr. 8. Stuttgart 840. Ebner u. Seubert. 1 3/8 rf

— der Thierheilkunde. Herausg. von E. Hering, als Vorstand des thierärztl. Vereins für Würtemberg ꝛc. 2.—7. Jahrg. 1841—1846. à 4 Hefte. Mit Abbildungen. gr. 8. Stuttgart, Ebner u. Seubert. à 1 3/8 rf

Repertorium der Thierheilkunde, hrsg. von E. Hering. VIII — XIII. Jahrg. 1847 – 1852. à 12 Hfte. gr. 8. Stuttgart, Ebner & Seubert. à Jahrg. n. 1 rf 12 ngr.

— der Thierheilkunde, herausg. von E. Hering. 14—19. Jahrg. 1853—58. à 4 Hefte (à 6—7 Bgn.). Stuttgart, Ebner u. Seubert. 8. Jeder Jahrg. n. 1 rf. 10 ngr.

— der Thierheilkunde, herausg. von E. Hering. 20—25. Jahrg. 1859—64. à 4 Hefte (à 5—6 Bgn.). Stuttgart, Ebner & Seubert. gr. 8. Jeder Jahrg. n. 1 rf 10 ngr.

— der Thierheilkunde, hersg. von E. Hering. 26—31. Jahrg. 1865—1870. à Jahrg. 12 Hfte. (à ca. 112 S.) Stuttgart, Ebner & Seubert. 26. Jahrg. n.n. 1 rf 10 ngr. 27—31. Jahrg. à n. 1 rf 18 ngr.

— der Thierheilkunde. Hrsg. v. E. Hering. 32—35. Jahrg. 1871—1874 à 4 Hfte. gr. 8. (à Hft. 94 S.) Stuttgart, Schickhardt & Ebner. à Jahrg. n. 4. 80

— dasselbe. 36. u. 37. Jahrg. 1875 u. 1876 à 4 Hfte. gr. 8. (à Hft. 128 S.) Ebend. à Jahrg. n. 5. —

— der Thierheilkunde. Angefangen von v. Hering, fortgesetzt v. Vogel. 38—43. Jahrg. 1877—1882. à 4 Hfte. gr. 8. (à Hft. ca. 136 S.) Stuttgart, Schickhardt & Ebner. à Jahrg. n. 5. —

— der Thierheilkunde. Angefangen von v. Hering, fortgesetzt v. Vogel. 44—47. Jahrg. 1883—1886. à 4 Hfte. 8. (à Hft. ca. 96 S.) Stuttgart, Schickhardt & Ebner. à Jahrg. n. 5. —

— der Thierheilkunde, angefangen von v. Hering. Red.: Vogel. 48.—51. Jahrg. 1887—1890. à 4 Hfte. gr. 8. (à Hft. ca. 80 S.) Stuttgart, Schickhardt & Ebner. à Jahrg. n. 5. —

— der Tierheilkunde. Angefangen 1840 von v. Hering. Zeitschrift f. tierärztl. Chirurgie. Red.: L. Hoffmann. 52.—54. Jahrg. 1891—1893. à 12 Hfte. (2 Bog.) gr. 8. Stuttgart, Schickhardt & Ebner. à Jahrg. n. 5. —

— der Thierheilkunde nach homöopathischen Grundsätzen, oder alle bis jetzt bekannten homöopath. Krankheitsheilungen u. Erfahrungen an Thieren. 8. Leipzig 836. Schumann. 7/8 rf — 2e umgearb. u. verm. Ausg. unt. d. Tit.: Repertorium od. allgemeines Handbuch d. homöopath. Thierheilkunst. 8. Ebd. 840. 1 1/2 rf

— od. alphabet. Uebersicht der Verordnn. üb. den Zoll u. die Verbrauchssteuer in d. Königl. Preuß. Monarchie ꝛc. Fol. Erfurt 819. Müller. 20 gl.

Repertorium oder alphabet. Uebersicht der Verordnungen über den Zoll und die Verbrauchssteuer in der Königl. preuß. Monarchie. Erfurt, 1819. Fol. Abgabentarif dazu alphabet. geordnet. Ebendas., 1819. Fol. — Erfurt, 1823. Fol.

Repertorium und Unterricht der auf die tarifmäßige Einhebung der Verzehrungssteuer von Wein (Most) und Fleisch-Verbrauche Bezug nehmenden Gesetze und Vorschriften. Zusammengestellt zum Gebrauche für die Verzehrungssteuer-Lehr-Curse und zum Selbstunterrichte von August Wagner. 8. (64 S. und Formulare) —.80
Hernals: Arming'sche Buchhandlung 1890.

– Zur Kgl. Sächs. Verfassungsurkunde ..., s. (Buddeus, J.)

— aller Verordnn. u. Publicanda, insoweit sie allgemeine Gegenstände u. ganze Städte betreffen von 1796. gr. 8. Berl., W. Oehmigke. 8 gl.

— üb. die königl. bayer. Verordnungen in Pfarr- u. Schulsachen für die J. 1811—1813. 8. Augsburg, M. Rieger. 1 ggl

— von Verordnungen u. Bekanntmachungen, die wichtigsten Finanz- u. Handelsangelegenheiten in d. deutschen Bundesstaaten betreffend ꝛc. Herausgegeben v. Fr. Berendt. 1r Jahrg. 827. 1s Heft. Imp. 4. Frankf. 826, (Andreä.)

— von Verordnn. u. Bekanntmachungen, die wichtigsten Finanz- u. Handelsangelegenheiten in d. deutschen Bundesstaaten betreff. ꝛc.; hrsgg. von Fr. Berendt. 1r Jahrg. 1827. 3 Hfte. gr. 8. Frkf. a. M. 827. (Barth in Leipz.) 2 ß

**Repertorium** der für die Herzogthümer Schleswig und Holstein erlassenen Verordnungen und Verfügungen. 4° k.
Th. 1: Systematische Uebersicht der allgemeinen Verordnungen. Kiel. 1824.
Th. 2: Systematische Uebersicht der speciellen Verordnungen. Ebd. 1824.

— der, für die Herzogthümer Schleswig u. Holstein erlassenen Verordnungen u. Verfügungen. 2 Bde. 4. Kiel 825, Akadem. Buchh.

— der, f. d. Herzogthümer Schleswig u. Holstein erlassenen Verordnn. u. Verfügungen. 2 Bde. 4. Kiel 825. Hesse. 6 ß

**Repertorium** der für die Herzogthümer Schleswig und Holstein erlassenen Verordnungen und Verfügungen. 4° k.
Th. 1: Systematische Uebersicht der allgemeinen Verordnungen. Kiel 1840.
Th. 2: Systematische Uebersicht der speciellen Verordnungen. Ebd. 1840.

**Repertorium** der Verordnungen und Verfügungen aus den Jahren 1840-1847, beide Jahre inclusive. Als Fortsetzung des Repertoriums aus dem Jahre 1840. Flensburg. 1853. 4° k.

—— zum Verordnungsblatt für das Herzogth. Nassau. Eine systematisch geordnete Inhaltsangabe der bis zum Schlusse des J. 1861 für das Herzogth. Nassau erlass. Edikte, Gesetze und Verordnungen, zugleich ein Leitfaden zur Kenntniß der Nassauischen Gesetzgebung. Nebst einer chronolog. Uebersicht aller Verordnungen. gr. 4. (XII und 158 S.) Wiesbaden 862, Limbarth. *

— oder systemat. Verzeichniß der d. Herzogthüm. Schleswig u. Holstein ꝛc. betreff. Constitutionen ꝛc. von d. J. 1747—96; hrsgg. v. F. G. Koch u. J. F. Jensen. 4. Hamb. 797. Gundermann. 3 ß 8 gl Schrbp. 4 ß 8 gl

— od. systemat. Verzeichniß d. vorzügl. Schriften, welche üb. die Erziehungskunde u. Unterricht bis zum J. 1821 erschienen sind. 8. Prenzlau, Ragoczy. 6 gl

— — der Preussischen Veterinär-Polizeigesetze, siehe: Gielen.

— vollständiges alphabetisches, über alle bis gegenwärtig nachträglich erfolgte Hofdecrete und Erläuterung zu d. Stempelpatent vom 5ten October 1802. 8. Brünn, Gastl.

— vollständ. alphabet., üb. alle bis gegenwärtig nachträgl. erfolgte Hofdecrete u. Erläuterung zu d. Stempelpatent vom 5. Octbr. 1802. 8. (Wien, v. Mösle). 8 gl

— vollständ. alphabet., über d. Verhandll. d. Königr. Baiern im J. 1819. gr. 8. Münch. 821. Lentner. 2 ß 16 gl

**Repertorium, Vollständiges theoretisch-praktisches,** der französischen Sprache in Fragen und Antworten, zum Schul- und Privatunterricht . . . Berlin 1834. H: *Eckenstein, Joh.* (KY)

Repertorium der neben und zu dem Kassenregulative und den „Allgemeinen Vorschriften für das Staatsrechnungswesen" in Gesetzen, Verordnungen, Anweisungen, Taxordnungen ꝛc. ertheilten Vorschriften über das Kassen- und Kostenwesen der K. S. Gerichtsbehörden. Fortgeführt bis Jahresschluß 1882. Hrsg. von einem Kassenbeamten. 8. (36 S.) Zwickau 883, Bär. * — 80

— des topograph. Atlasblattes Wegscheid. 8. (60 S.) Ebd. 846. baar 1/4 ß

Repertorium der Wissenschaften. Berlin, 1875. 8°

— f. die chemischen Wissenschaften der neuern Zeit. — A. u. d. T.: Chemisches Wörterbuch v. Brandes, Nicholson u. Ure, nach e., mit reichen Zusätzen u. vielen neuen Artikeln vermehrten Umarbeitung von Dr. Ure's, auf die Grundlage des älteren Nicholson'schen Dictionary gestützten, chem. Wörterbuche; verfaßt u. herausgg. v. Dr. R. Brandes. 1r Thl. 1e Lief. gr. 8. Hannov. 825, Hahn.

— dass. 1r Bd. 2e u. 3e Lieferung. gr. 4. Ebd. 826, Ebd. 2e Lief. 1 Rthl. 3e Lief. 1 Rthl. 8 gr.

— dass. 2r Bd. 1e Lieferung. gr. 4. Ebd. 827, Ebd.

— des Wissenswürdigsten, was während 1791—810. in d. mechan. Künsten geleistet worden, s. Journal für Fabrik ꝛc. Registerband.

**Repertorium** zu dem Wochenblatt für merkwürdige Rechtsfälle 1841—62. Leipzig 1863. V: *Schletter, Theodor Hermann.* (ADB)

Repertorium wöchentliches Literatur
Wöchentliches Repertorium der neuesten medizinisch-chirurgischen Literatur des Auslandes. Nebst einer medizinischen Bibliographie oder kritisch-analytischer Anzeiger. Hrsg. von Friedrich Jakob Behrend. Bd 1 - 4. gbd.

Berlin: Hirschwald 1836 - 1837

JB 6.076

— der topograph. Atlasblätter Wolfstein u. Finsterau. 8. (63 S.) Ebd. 848. baar 1/4 ß

**Repertorium, Würtembergisches,** der Literatur. Stuttgart 1782-83. H: *Petersen, Joh. Wilh. & Andere.* (ErschDL)

Repertorium, Würtemberg., der Literatur. 3 Stcke. gr. 8. Stuttg. 782, 83. Metzler. 1 ß 12 gl

— erstes u. zweites, über E. Hitzig's Zeitschrift f. die Criminal-Rechtspflege in d. Preuß. Staaten. Die Jahrgg. 1825—29 umfassend. Mit e. Vorrede von Jul. Fr. Hnr. Abegg. gr. 8. Berl. 830. Dümmler. 1 ß 8 gl

**Repertorium** zu der Zeitschrift für Rechtspflege und Verwaltung 1—3. N. F. 1—23. Leipzig 1863. V: *Schletter, Theodor Hermann.* (ADB)

Repertorium zu der Zeitschrift für Rechtspflege und Verwaltung. Bd. 1—3. und Neue Folge Bd. 1—23 und dem Wochenblatt für merkwürd. Rechtsfälle. Jahrg. 1841—1862. 2 Hälften. gr. 8. (IV und 316 S.) Leipzig 863, B. Tauchnitz. à Hälfte * 20 Ngr.

— zweites, zu der Zeitschrift für Rechtspflege u. Verwaltung. N. F. Bd. 24—34 u. dem Wochenblatt für merkwürd. Rechtsfälle. Jahrg. 1863—1869. Leipzig 870, B. Tauchnitz. gr. 8. (IV, 205 S.) n. 1 ß

—— drittes, zu der Zeitschrift für Rechtspflege und Verwaltung N. F. Bd. 35—44 und dem Wochenblatt für merkwürdige Rechtsfälle Jahrg. 1870—1873. Zusammengestellt von Carl Kiesling. gr. 8. (III, 166 S.) Leipzig 878, B. Tauchnitz. * 4 —

—— über die Zeitschrift für die gesammte Staatswissenschaft. Bd. 1—12 und das Archiv der politischen Oekonomie und Polizeiwissenschaft. Bd. 1—5 und Neue Folge 1—1( nebst alphabet. Registern über die Verff. der einzelnen Aufsätze in beiden Zeitschriften und über die im Archive und dessen neuer Folge referirend oder recensirend behandelter Schriften. Verfasst von Jos. v. Dall'armi. gr. 8. (75 S.) Tübingen 857, Laupp'sche Buchh. *

REPERTORIUM der 23 ersten Jahrgänge (von 1840—62) der Stettiner entomologischen Zeitung, ausgearbeitet von M. WAHNSCHAFFE. (Beilage zum 4. Heft des Jahrganges 1862 der Stettiner entomologischen Zeitung.) Stettin 1862. Druck von R. Grassmann. 8°.

REPERTORIUM der 8 Jahrgänge (von 1863 — 1870) der Stettiner entomologischen Zeitung, ausgearbeitet von M. WAHNSCHAFFE. (Beilage zum 4. Heft des Jahrganges 1870 der Stettiner entomologischen Zeitung.) (Mit 1 Tafel.) Stettin 1870. —

REPERTORIUM der 8 Jahrgänge (von 1871 — 1878) der Stettiner entomologischen Zeitung, ausgearbeitet von M. WAHNSCHAFFE. (Beilage zum 4. Heft des Jahrganges 1878 der Stettiner entomologischen Zeitung.) Stettin, 1878. —

REPERTORIUM der 8 Jahrgänge (von 1879—1886) der Stettiner entomologischen Zeitung. (Beilage zum 4. Heft des Jahrganges 1886 der Stettiner entomologischen Zeitung.) Stettin 1886. Druck von R. Grassmann. 8°.

**Repetier-Gewehr M. 95.** Längenschnitt, geschlossener Verschluss nach Abgabe des Schusses, Kasten leer. 71×98 cm. Farbdr. Wien (903). G. Freytag & Berndt. — 90

Repetirgewehr, das österreichisch-ungarische, M. 1888. 1 Stnt. qu. gr. Fol. Wien 888, Seidel und Sohn. * — 60
color. * 1 60

**Repetir-Gewehre,** die. Ihre Geschichte, Entwickelung, Einrichtung u. Leistungsfähigkeit. Unter besonderer Berücksicht. amtl. Schiessversuche u. m. Benutzung von Orig.-Waffen dargestellt. Mit 56 (eingedr.) Holzschn. u. vielen Tabellen. gr. 8. (XII, 256 S.) Darmstadt 882. Zernin. n. 7. 20

**Repetir-Gewehre,** die. Ihre Geschichte, Entwickelg., Einrichtg. u. Leistungsfähigkeit. Unter besond. Berücksicht. amtl. Schiessversuche u. m. Benutzg. v. Orig.-Waffen dargestellt. 2. Bd. 1—3. Hft. Mit 147 Holzschn. u. mehreren Tab. gr. 8. (VI, 308 S.) Darmstadt 884—86. Zernin. n. 8. 80 (I - II. 3.: n. 16. —)

Repetir-Uhr, die goldne, mit Brillanten, oder geistlicher Stunden-Weiser. 16. Berlin 823. Elsner. (Wohlgemuth.) 1½ ℛ

**Repetir-Uhr,** die goldene, mit Brillanten, od. geistl. Stunden-Weiser. 16. (2 B.) Berlin 839, (J. A. Wohlgemuth.)

**Répétiteur,** le. Journal instructif et amusant. Eine Zeitschrift f. Jeden, der die gründl. Kenntniss der französ. Sprache durch unterhalt. Lektüre erlangen will. Red.: Charles Oudin. 1. Jahrg. April—Decbr. 1884. 18 Nrn. (½ B.) Lex.-8. Nürnberg. Fürth, Essmann. 3. —

Répétiteur, le. Journal instructif et amusant. Eine Zeitschrift für Jeden, der die gründl. Kenntnis der französ. Sprache durch unterhalt. Lektüre erlangen will. Redact.: Charles Oudin. 1. Jahrg. April 1884—März 1885. 25 Nrn. (à Nr. ½ Bog.) Lex.-8. Nürnberg, (Hermann und Satlow.) * 4 —

Répétiteur, le. Journal instructif et amusant. Eine Zeitschrift für Jeden, der sich der gründl. Kenntnis der französ. Sprache durch unterhaltende Lektüre aneignen will. Redact.: Charles Oudin. 2. Jahrg. 1885. 24 Nrn. (à Nr. ½ Bog.) Lex.-8. Nürnberg, (Hermann und Satlow.) 4 —

—— dass. — 3. Jahrg. [1. Serie.] Jan. — Septbr. 1886. 18 Nrn. (à Nr. ½ Bog.) Lex.-8. (Ebendas.) 3 —

—— dass. — 3. Jahrg. [2. Serie.] Octbr.—Dezbr. 1886. 6 Nrn. (à Nr. ½ Bog.) Lex.-8. Nürnberg. Fürth, (Schmittner.) * 1 —

—— dass. — 4. Jahrg. 1887. 24 Nrn. (à Nr. ½ Bog.) Lex.-8. (Ebendas.) * 4 —

—— dass. — 5. Jahrg. Jan. — Juni 1888. Nr. 1—12. (à Nr. ½ Bog.) Lex.-8. (Ebendas.) * 2 —

**Répétiteur,** le. Journal instructif et amusant. Eine Zeitschrift für Jeden, der sich die gründl. Kenntniss der französ. Sprache durch unterhalt. Lektüre aneignen will. Red.: Charles Oudin. 5.—7. Jahrg. 1888—1890. à 24 Nrn. (à ½—¾ B.) Lex.-8. Nürnberg, (Korn). à Jahrg. n. 4. —

Répétiteur, le. Journal instructif et amusant. Eine Zeitschrift f. Jeden, der sich die gründl. Kenntnis der französ. Sprache durch unterhalt. Lektüre aneignen will. Redact.: Charles Oudin. 6.—9. Jahrg. 1889—1892. à Jahrg. 24 Nrn. (à Nr. ½—¾ Bog.) Lex.-8. Berl., Rosenbaum u. Hart. à Jahrg. * 4 —; geb. * 5 —
6. Jahrg. erschien im Verl. d. Heynemann'schen Buchdr. in Halle; 7. Jahrg. im Comm.-Verlage der Fr. Korn'schen Buchh. in Nürnberg.

**Répétiteur,** le. Journal instructif et amusant. Eine Zeitschrift f. Jeden, der sich die gründl. Kenntnis der französ. Sprache durch unterhalt. Lektüre aneignen will. Red.: Charles Oudin. 8.—11. Jahrg. 1891—1894. à 24 Nrn. (à ca. ¾ Bog.) Lex.-8. Berlin, Rosenbaum & Hart. à Jahrg. n. 4. —

**Répétiteur,** le. Journal instructif et amusant. Eine Zeitschrift f. Jeden, der sich d. gründl. Kenntnis der französ. Sprache durch unterhalt. Lektüre aneignen will. Red.: Charles Oudin. 12.—15. Jahrg. 1895—1898. à 24 Nrn. (à ca. 12 S.) Lex.-8. Berlin, Rosenbaum & Hart. à Jahrg. n. 4. —
Kann auch vierteljährlich bezogen werden.

**Répétiteur,** le. Journal instructif et amusant. Eine Zeitschrift f. Jeden, der sich die gründl. Kenntnis der französ. Sprache durch unterhalt. Lektüre aneignen will. Fondateur: Charles Oudin. 16.—19. Jahrg. 1899—1902. à 24 Nrn. gr. 8. (à ca. 8 u. 4 S.) Berlin, Rosenbaum & Hart. á Jahrg. n. 4. —

**Répétiteur,** le. Journal instructif et amusant. Eine Zeitschrift für Jeden, der sich die gründl. Kenntnis der französ. Sprache durch unterhalt. Lektüre aneignen will. Fondateur: Charles Oudin. 20.—23. Jahrg. 1903 bis 1906. à 24 Nrn. (à Jhrg. IV, 192 u. 48 S.) Lex.-8. Berlin, Rosenbaum & Hart. à Jhrg. n. 4. —; geb. n. 5. 50

**Répétiteur,** le. Journal instructif et amusant. Eine Zeitschrift f. Jeden, der sich die gründl. Kenntnis der französ. Sprache durch unterhalt. Lektüre aneignen will. Fondateur: Charles Oudin. Red.: Ludw. Emanuel. 24.—27. Jahrg. 1907—1910. à 24 Nrn. (à ca. 8 u. 4 S.) Lex. 8. Berlin, Rosenbaum & Hart. à Jahrg. 4. 80

Repetitio compendii iuris pandectarum Lauterbachii. II Tmi. 8. Vitteb. Bruhn. 754.

**Repetitions-Bibliothek.** Nr. 1—50. 128. Halberstadt 892. Aug. Bange. à — 30
1. Geographie I. [Mathematische Geographie.] (90 S.) 892.
2. — dasselbe II. [Physische u. histor. Geographie.] (116 S.) 892.
3. — dasselbe III. Deutschland. [Physikalische Uebersicht.] (66 S.) 892.
4. — dasselbe IV. Deutschland. [Politische Uebersicht.] (105 S.) 892.
5. — dasselbe V. Australien u. Europa I. (64 S.) 892.
6. — dasselbe VI. Europa II. u. Afrika. (61 S.) 892.
7. — dasselbe VII. Asien u. Amerika. (69 S.) 892.
8. Brandenburg-preussische Geschichte I. Bis zum gr. Kurfürsten incl. (106 S.) 892.
9. — dasselbe II. Die ersten drei preuss. Könige. (114 S.) 892.
10. — dasselbe III. Von 1789 bis heute. (77 S.) 892.
11. Geschichte der orientalischen Völker. (79 S.) 892.
12. Geschichte der Griechen. (69 S.) 892.
13. Geschichte der Römer. (68 S.) 892.
14. Geschichte d. Mittelalters. I. Tl. Von Beginn der Völkerwanderg. bis zu den Hohenstaufen. (99 S.) 892.
15. — dasselbe. II. Tl. Von den Hohenstaufen bis zur Reformation. (107 S.) 892.
16. Geschichte der neueren Zeit. Von der Reformation bis zu Friedrich dem Grossen. (98 S.) 892.
17. Geschichte der Neuzeit. Von Friedrich dem Grossen bis auf heute. (77 S.) 892.
18. Organische Chemie. I. [Cyan, Kohlenstoffhydrate u. Alkohole.] (107 S.) 892.

19. — dasselbe. II. [Organische Säuren, natürl. Fette. (95 S.) 892.
20. — dasselbe. III. [Wachsarten, Alkaloide, Glykoside, äther. Oele, Harze, Proteinstoffe.] (104 S.) 892.
21. — dasselbe. IV. [Farbstoffe. Die Ackererde. Elementare Boden-Analyse. Chemische Vorgänge im Pflanzen- u. Tierkörper. Geschichte der Chemie.] (103 S.) 892.
22. Anorganische Chemie. I. Metalloide. (100 S.) 892.
23. — dasselbe. II. Die Leichtmetalle. (79 S.) 892.
24. — dasselbe. III. Die unedlen Metalle. (70 S.) 892.
25. — dasselbe. IV. Die edlen Metalle. (51 S.) 892.
26. Grundriss der Botanik. Mit besond. Berücksicht. der Medicin u. Pharmacie. I. [Bau der Pflanzen, Systematisches, Cryptogamen.] (73 S.) 892.
27. 28. — dasselbe. II. III. Phanerogamen. 2 Tle. (56 u. 94 S.) 892.
29. — dasselbe. IV. Pharmakognosie. (90 S.) 892.
30. Zoologie. Pharmakognosie. (38 S.) 892.
31. Litteratur. I. Die altdeutsche Dichtg. (79 S.) 892.
32. — dasselbe. II. Vom Mittelalter zur Neuzeit. (59 S.) 892.
33. — dasselbe. III. Die neuere Zeit bis 1775. (75 S.) 893.
34. — dasselbe. IV. Die neueste Zeit [seit 1775]. (90 S.) 892.
35. 36. Pädagogik. I. II. Psychologie. 2 Tle. (109 u. 122 S.) 892.
37. 38. — dasselbe. III. IV. Logik. 2 Tle. (76 u. 69 S.) 892.
39. Geschichte der Pädagogik. 1. Tl. Bis zur Reformation. (72 S.) 892.
40. — dasselbe. 2. Tl. Von Luther bis Pestalozzi. (74 S.) 892.
41. — dasselbe. 3. Tl. Von Pestalozzi bis auf die Gegenwart. (89 S.) 892.
42. Evangel. Kirchenlied. I. (69 S.) 894.
43. — dasselbe. II. (41 S.) 894.
44. Kirchengeschichte. I. Bis zur Reformation. (80 S.) 894.
45. — dasselbe. II. Seit der Reformation. (83 S.) 894.
46. 47. Bibelkunde. I a. b. Die Geschichtsbücher des alten Testaments. (151 S.) 894.
48. — dasselbe. II. Die Lehrbücher, Propheten u. Apokryphen. (127 S.) 894.
49. — dasselbe. III. Die 4 Evangelien u. die Apostelgeschichte. (99 S.) 894.
50. — dasselbe. IV. Die apostolischen Briefe u. die Offenbarung St. Johannis. (129 S.) 894.

**Repetitions-Bibliothek.** Nr. 51—60. 128. Halberstadt 896. Leipzig, A. Bange. à n. — 80
51. Physik d. Materie. Molekularphysik u. Akustik. (89 S.)
52. Dasselbe. Mechanik. 1. Tl. (89 S.)
53. Dasselbe. 2. Tl. (87 S.)
54. Physik d. Aethers. Wärmelehre. I. Tl. (84 S.)
55. Dasselbe. 2. Tl. (64 S.)
56. Physik d. Aethers. Optik. 1. Tl. (94 S.)
57. Dasselbe. 2. Tl. (86 S.)
58. Dasselbe. Elektrik. Stat. Elektrik. (Magnetismus und Reibungs-Elektricität.) (100 S.)
59. Dasselbe. Dynamische Elektrik. (Galvanismus.) 1. Tl. (88 S.)
60. Dasselbe. 2. Tl. (83 S.)

**Repetitionsbuch**, neues, für die Kapitulanten-Schulen der Deutschen Armee, sowie zum Selbstunterricht jedes Soldaten d. steh. Heeres, der Reserve u. der Landwehr. 9., verm. Aufl. 8. (64 S. m. Fig.) Berlin 890. Gerstmann. n. — 50

**Repetitionsbuch, neues, f. die Kapitulanten-Schulen der deutschen Armee, sowie zum Selbstunterricht jedes Soldaten des steh. Heeres, der Reserve u. Landwehr. 10., verm. u. verb. Aufl. 8. (64 S.) Berlin 893. S. Gerstmann.** n. — 50

**Repetitionsbuch**, neues, f. die Militär-Schulen der deutschen Armee, sowie zum Selbstunterricht jedes Soldaten d. steh. Heeres, der Reserve u. der Landwehr. 8. (64 S.) Potsdam 883. E. Stechert. n. — 50

**Repetitionsbüchlein. Ein Leitfaden f. den Katecheten zur Wiederholg. des Notwendigsten aus dem Katechismus, was dem Kind fürs Leben bleiben soll, f.: Handbibliothek, katechetische.**

— Ein Beitrag zur Katechismusfrage. [Aus: „Katechet. Handbibl."] 3 Tle. in 1 Bde. 12. (64, 54 u. 61 S.) Kempten 896. J. Kösel. n. — 50; geb. n. — 60; in Leinw. n. — 80

**Repetitions-Büchlein.** (Auch z. Selbstunterr.) 1. u. 2. Bdchn. 2., umgearb. Aufl. 8. Kempten, J. Kösel. à n.n. — 35
1. Die kathol. Glaubenslehre. (IV, 58 S.) 900.
2. Die kathol. Sittenlehre. (128 S.) 901.

**Repetitions-Büchlein für Geschichte, Geographie und Naturgeschichte. 8. (39 S.) Neuwied 881, Heuser's Verlag.** * — 25

**Repetitionsfragen** aus der Landwirtschaftslehre. I. Ackerbaulehre. 2. Aufl. (40 S.) gr. 8. Helmstedt 905. F. Richter. Durchsch. n. 1. —

**Repetitions-Handkarte von Hessen-Nassau und Waldeck. Reliefpapierprägung. qu. gr. 4. Kassel 884, (Kleimenhagen.)** ** — 15

**Repetitions-Hefte** f. Volksschüler. 1.—4. Hft. 8. Stuttgart, Holland & Josenhans. n.n. — 45
1. Naturgeschichte. (32 S.) 896. n. — 10
2. Geschichte. Von E. Eisele. (32 S.) 897. n. — 10
3. Geographie. Von Fr. Wink. (32 S.) 897. n.n. — 10
4. Naturlehre. Von C. Rumm. M. 24 Abb. (32 S.) 898 n. — 15

**Repetitions-Karten** zu M. v. Webell's Unterricht auf der Kapitulantenschule. Nr. 1. und 2. Lithogr. Fol. Nebst Bemerkungen. 8. (4 S.) Berlin 883, Eisenschmidt. ** — 43

Inhalt:
Nr. 1. Deutschland. 1:2,000,000. ** 25 Pf.
„ 2. Europa. 1:12,000,000. ** 18 Pf.

**Repetitionstafeln, geographische. Zum Zweck gruppenweiser Einprägnng der erdkundl. Stoffe zusammengestellt. 8. (71 S.) Halle 878, Anton.** *

Repetitionszahlen für die Klassen Quarta, Tertia und Untersekunda. 4 (1 S.). **Progr.** Schiller-Rg. *Stettin* 1899 (159).

**Repetitorien, Breitenstein's.** Nr. 1—29, 31 u. 35—38. 8°. Wien, Breitenstein. * 43 20

**Repetitorium, kurzes, der chemischen Analyse.** [Nr. 36 u. 37]. 2 Thle. 1. Qualitative Analyse. (29 S. m. 6 Tab.) 892. * 1 10. — 2. Quantitative Analyse. (Mass- u. Gewichts-Analyse.) (76 S.) 892. * 1 10.

—— der Anatomie. [Nr. 9 u. 10]. 2 Thle. 1. Thl. (120 S.) 891. * 1 60. — 2. Thl. Gefass- u. Nerven-System u. Sinnesorgane. (130 S.) 892. * 1 60.

—— der Augenheilkunde. [Nr. 12.] (62 S.) 891. * 1 10.

—— der Bacteriologie [Methode, Verfahren u. Technik, sowie -Systematik d. pathogenen Mikroorganismen.] [Nr. 6.] (VI, 52 S.) 891. * 1 10.

—— d. Botanik [Pflanzen-Anatomie, -Morphologie, -Physiologie u. -Systematik]. [Nr. 19.] (96 S.) 892. * 1 35.

—— d. Chemie. [Nr. 7 u. 8.] 2 Thle. I. Anorganische Chemie. (128 S.) 892. * 1 35. — II. Organische Chemie. (108 S.) 892. * 1 35.

—— d. Chirurgie. [Nr. 13 u. 14.] 2 Thle. I. Chirurg. Pathologie u. Therapie. (100 S.) 891. * 1 60. — II. Specielle Chirurgie [Operations-, Instrumenten- u. Verbandlehre]. (VII, 78 S.) 892. * 1 60.

—— d. epidemischen Krankheiten. I. [Nr. 31.] Cholera (Cholera asiatica, Cholera nostras, Cholera infantum). (29 S.) 892. * — 75.

—— d. Geburtshilfe. [Nr. 20.] (85 S. m. Illustr.) 892. * 1 60.

—— d. gerichtlichen Medicin. [Nr. 26.] Mit gleichmäss. Berücksicht. d. deutschen u. österreich. Gesetzgebg. (IV, 99 S.) 892. * 1 60.

—— d. Gynäkologie [einschl. d. gynäk. Operationen u. m. e. Anh. betr. die Massage u. Elektrotherapie]. [Nr. 24.] (82 S. m. Illustr.) 892. * 1 60.

—— d. Hautkrankheiten. [Nr. 11.] (44 S.) 891. * 1 10.

—— f. Hebammen u. klinische Praktikanten. [Nr. 38.] (67 S. m. Illustr.) 892. * 1 10.

—— d. Kinderheilkunde. [Nr 16.] (III. 66 S.) 892. * 1 10.

—— d. internen Medicin, Nervenkrankheiten u. d. klinischen Untersuchungsmethoden. I.—III. Thl. [Nr. 1—3.] 1. Specielle Pathologie und Therapie. (VII, 134 S.) 891. * 1 80; cart. * 2 10. — 2. Nervenkrankheiten. 891. * 1 10. — 3. Klinische Untersuchungsmethoden. (II, 54 S.) 891. * 1 10. 2. Aufl. (IV, 68 S.) 892. * 1 35.

—— d. Ohrenheilkunde. [Nr. 5.] (30 S.) 891. * — 75.

—— d. allgemeinen Pathologie. [Nr. 23.] (72 S.) 892. * 1 35.

—— d. Pharmakognosie. Mit gleichmäss. Berücksicht. d. deutschen u. österr. Pharmakopoe. 1. Thl. [Nr. 29.] (III, 92 S.) 892. * 1 35.

—— d. Pharmakologie. [Nr. 4.] (III, 124 S.) 892. * 1 60.

—— d. Physiologie. Mit Illustr. 2 Thle. [Nr. 21 u. 22.] 1. Vegetatives System. (100 S.) 892. * 1 60. — 2. Animalisches System (mit einem Anh. betr. Entwickelungsgeschichte). (90 S. m. Illustr.) 892. * 1 60.

—— d. Physik. [Nr. 35.] (109 S.) 892. * 1 35.

—— d. Psychiatrie. [Nr. 15.] (III, 59 S.) 892. * 1 10.

**Repetitorium, d. Thierheilkunde. I. Specielle Pathologie u. Therapie, nebst e. Einleitg. üb. das gesunde Thier, sowie d. Dosirg. u. Anwendg. d. gebräuchlichsten Thierheilmittel. 1. u. 2. Abth. [Nr. 17 u. 18.] 1. Abth. Invasions- u. Infectionskrankheiten. (IV, 82 S.) 892. * 1 35. — 2. Abth. Intercurrirende Krankheiten. (84 S.) 892. * 1 35.**

—— d. Pathologie u. Therapie d. venerischen Krankheiten (Syphilis, Ulcus molle, Gonorrhoe). [Nr. 27.] (51 S.) 892. * 1 10.

—— d. Zahnheilkunde. [Nr. 25.] (IV, 78 S.) 892. * 1 60.

—— d. Zoologie. [Nr. 26.] (128 S.) 892. * 1 35.

— üb. die theologischen Disciplinen. Bearb. auf Grund verschiedener darauf bezügl. Werke älteren und neueren Datums. Nr. 1—7. 8. Berlin 890. Aug. Schultze's Verl. à n. 2. —

1. Einleitung in das Alte Testament. (123 S.) — 2. Einleitung in das Neue Testament. (139 S.) — 3. Biblische Theologie des Alten Testaments. (136 S.) — 4. Biblische Theologie d. Neuen Testaments. (147 S.) — 5. Kirchengeschichte. (212 S.) — 6. Dogmatik. (143 S.) — 7. Ethik. (136 S.)

**Repetitorien** üb. die theologischen Disciplinen. Bearb. auf Grund verschiedener darauf bezügl. Werke älteren u. jüngeren Datums. Nr. 8—12. 8. [Berlin, A. Schultze Verl.] Braunschweig, H. Wollermann. n. 11. — (1—12.: n. 25. —)
8. Dogmengeschichte u. Symbolik. (199 S.) 891. n. 3. —
9. Homiletik u. Geschichte der Predigt. (126 S.) 891. n. 2. —
10. Liturgik, Hermeneutik, Katechetik. (100 S.) 891. n. 2. —
11. Praktische Theologie: Pastorallehre u. Diakonik. (106 S.) 892. n. 2. —
12. Christliche Kunst. Evangelistik. — Kybernetik. (183 S.) 892. n. 2. —

**Repetitorien der Elektrotechnik.** Hrsg. v. A. Königswerther. I. III. IV. VI. u. VIII—XI. Bd. 8. Hannover, Dr. M. Jänecke. n. 33. 60; geb. in Leinw. n. 38. 40
I. Physikalische Grundlagen der Gleich- u. Wechselstromtechnik. Von A. Königswerther. Mit 74 Abbildgn. (119 S.) 905. n. 2. 60; geb. n. 3. 20
III. Gleichstromerzeuger u. -Motoren. Ihre Wirkungsweise, Berechnung u. Konstruktion. Von W. Winkelmann. Mit 40 Abbildgn. (VIII, 124 S.) 905. n. 2. 80; geb. n. 3. 40
IV. Synchronmaschinen für Wechsel- u. Drehstrom, ihre Wirkungsweise, Berechnung u. Konstruktion. Von W. Winkelmann. Mit 79 Abbildgn. (VIII, 148 S.) 905. n. 3. 40; geb. n. 4. —
VI. Die Akkumulatoren u. galvanischen Elemente. Theorie, Konstruktion u. Anwendg. Von L. Lucas. Mit 64 Abbildgn. (X, 120 S.) 906. n. 3. 80; geb. n. 4. 40
VIII. Elektrische Beleuchtung. Von Berth. Monasch. Mit 83 Abbildgn. (XII, 329 S.) 906. n. 5. 00; geb. n. 6. 20
IX. Stromverteilungssysteme u. Berechnung elektrischer Leitungen. Von Phil. Häfner. Mit 276 Abbildgn. (VIII, 328 S.) 906. n. 8. —; geb. n. 8. 60
X. Projektierung v. Elektrizitätswerken. Von Fritz Hoppe. Mit 43 Abbildgn. (VIII, 204 S.) 906. n. 3. 80; geb. n. 4. 40
XI. Elektrische Traktion. Von G. Sattler. Mit 123 Abbildgn. (VIII, 158 S. m. 1 Taf.) 905. n. 4. 20; geb. n. 4. 80
Bd. II, V u. VII sind noch nicht erschienen.

**Repetitorien** der Elektrotechnik, Fortsetzg., s.: Grundriss der Elektrotechnik.

— u. **Examinatorien**, germanistisch-neuphilologische. 1.—3. Bd. 8. Leipzig, Roßberg. cart. n. 4. 90
1. Grundfragen aus dem Gebiete der Grammatik u. Litteraturgeschichte. Mit e. Tabelle d. histor. Consonantenentwicklg. vom Indogermanischen bis zum Neuhochdeutschen. Als Vorbereitg. zum Doktor- u. Staatsexamen zusammengestellt v. H. Zimmer. (IV, 55 S.) 890. n. 1. —
2. Repetitorium u. Examinatorium üb. die gotische Grammatik. Als Vorbereitung zum Doktor- u. Staatsexamen zusammengestellt v. H. Zimmer. (VIII, 80 S.) 890. n. 1. 50
3. Repetitorium u. Examinatorium üb. die althochdeutsche Grammatik. Als Vorbereitung zum Doktor- u. Staatsexamen zusammengestellt v. H. Zimmer. (VII, 144 S.) 891. n. 2. 40

— u. **Examinatorien**, germanistisch-neuphilologische. 4. Bd. 8. Leipzig 891. Roßberg. Kart. n. 1. 60 (1—4.: n. 6. 50)
Repetitorium u. Examinatorium üb. die mittelhochdeutsche Grammatik. Nebst e. Übersicht üb. die beiden Lautverschiebgn. Als Vorbereitg. zum Doktor- u. Staatsexamen zusammengestellt v. Hans Zimmer. (VIII, 30 S.)

**Repetitorien**, jurist. Hrsg. v. **Schmidt**, **Brosy**, **Harwitz** u. **Reuss**. Leipzig. Rossberg. 30 Bände.
1. Deut. Reichs- u. Rechtsgeschichte. 5. Aufl.
Suppl.: Tafeln zur röm. u. deut. Reichs- u. Rechtsgesch.
2. Allgem. Staatsrecht. 3. Aufl.
3. Sächsisches Privatrecht.
4. Deutsches „ 2. Aufl.
5. „ Strafrecht.
6. Pandekten. 2. Aufl.
7. Rechtsphilosophie.
8. Kirchenrecht.
9. Deutscher Strafprozess.
10. Deutsches Verfassungsrecht.
11. Deut. Reichs-Civilprozess. 1. Allgem. Civilprozesslehren.
12. „ „ „ 2. Spezielles Prozessrecht.
13. Gemeiner Civilprozess.
14. Nationalökonomie. 3. Aufl.
15. Preuss. Privatrecht. 1. Allgem. Theil.
16. „ „ 2. Familien- u. Erbrecht.
17. „ „ 3. Sachen- u. Obligationenrecht.
18. Deut. Konkursprozess.
19. Aeussere römische Rechtsgeschichte. 1. Staatsrecht und Rechtsquellen.
20. Entwickelung d. röm. Civilprozesses.
21. Handels-, Wechsel- und Seerecht. 3. Aufl.
22. System d. allgem. Finanzrechts, der Finanzwissenschaft.
23. Völkerrecht.
24. Politik.
25. Deut. Staatsrecht.
26. Allgem. Verwaltungsrecht.
27. Institutionen. 2. Aufl.
28. Oesterreich. Strafrecht.
29. Innere römische Rechtsgeschichte Privat- u. Strafrecht.
30. Bürgerliches Recht nach d. neuen B. G. B.

**Repetitorien**, jurist. 6., 14. u. 27. Bd. 8. Leipzig, Roßberg. Kart. n. 7. 40
6. Repetitorium d. Pandekten f. Studir. u. Prüfungs-Candidaten. Von Ludw. Heinr. Schmidt. 2., verm. Aufl. v. Herm. Reuß. (IV, 352 S.) 896. n. 3. —
14. Repetitorium d. National-Ökonomie, nebst kurzgef. Darstellg. ihres Entwicklungsganges, f. Studir. u. Prüfungs-Kandidaten. 3., neubearb. u. verm. Aufl. (IV, 148 S.) 898. n. 2. —
27. Repetitorium der Institutionen. Nach d. neuesten Lehrbüchern bearb. u. hrsg. Von Ludw. Heinr. Schmidt. 2., durchgesch. Aufl. v. Herm. Reuß. (IV, 215 S.) 897. n. 2. 40

**Repetitorien**, juristische. 4. u. 21. Bd. 8. Leipzig, Roßberg'sche Verlagsbuchh. Geb. in Leinw. n. 5. 80
4. Repetitorium des deutschen Privatrechts unter Berücksicht. des deutschen bürgerl. Gesetzbuchs f. Studierende u. Prüfungs-Kandidaten. Von Horst Auerswald. (VIII, 193 S.) 900. n. 1. 80
21. Repetitorium des neuen Handelsrechts f. Studirende u. Prüfungs-Kandidaten. Von Horst Auerswald. (VI, 342 S.) 900. n. 4. —

**Repetitorien**, juristische. 11., 18. u. 30. Bd. 8. Leipzig, Roßberg'sche Verlagsbuchh. Geb. in Leinw. n. 8. 20
11. Repetitorium des Zivilprozeßrechts. Von Arth. Kulow. (VIII, 184 S.) 905. Geb. n. 3. —
18. Repetitorium des Konkursrechts. Von Arth. Kulow. (VI, 69 S.) 906. Geb. n. 1. 60
30. Der allgemeine Teil des bürgerl. Gesetzbuchs in vergleich. Darstellung mit dem röm. Rechte. Ein Repetitorium für Studierende. Von H. Auerswald. (VII, 231 S.) 904. Geb. n. 3. 60

— juristische. 5. 15.—17. 20. u. 21. Bd. kl. 8. Leipzig, Roßberg'sche Verlagsbuchh. Geb. in Leinw. 22. 20
Freymuth, Arnold, das Strafrecht. Kurzgefaßte Darstellg. d. materiellen Strafrechts, namentl. z. Gebrauch f. Studierende. (VII, 228 S.) 908. (Bd. 5.) Geb. 4. —
Hüttner, Rud., das Erbrecht des bürgerlichen Gesetzbuchs. Ein Repetitorium f. Studierende u. Juristen im Vorbereitungsdienste. (IV, 181 S.) 909. (Bd. 20.) Geb. 3. 60
— Das Familienrecht des bürgerlichen Gesetzbuchs. Ein Repetitorium f. Studierende u. Juristen im Vorbereitungsdienste. (V, 159 S.) 909. (Bd. 17.) Geb. 3. —
— Das Handelsrecht. Kurzgefaßte Darstellg. des Handelsrechts m. Ausschluß des Seerechts unter Berücksicht. der wichtigsten handelsrechtl. Nebengesetze zum Gebrauch f. Studierende u. Kaufleute. (IX, 319 S.) 907. (Bd. 21.) Geb. 4. —
— Das Recht der Schuldverhältnisse nach dem bürgerlichen Gesetzbuch. Ein Repetitorium f. Studierende u. Juristen im Vorbereitungsdienste. (V, 236 S.) 909. (Bd. 15.) Geb. 4. —
— Das Sachenrecht des bürgerl. Gesetzbuchs. Ein Repetitorium f. Studierende u. Juristen im Vorbereitungsdienste. (V, 185 S.) 909. (Bd. 16.) Geb. 3. 60

Juristische **Repetitorien**. Bd 1. Halle a. S.: Waisenhaus 1905. 8° [F.] (05. 906)

— des **Maschinenbaues**. Hrsg. v. Ernst Immerschitt. 1. u. 3. Bd. 8. Hannover, Dr. M. Jänecke. Geb. n. 10. —
1. Die Dampfturbinen. Ihre Theorie, Konstruktion u. Betrieb. Von Hans Wagner. (VI, 145 S. m. 150 Abbildgn. u. 1 Taf.) 904. Geb. 8. —
3. Das Veranschlagen v. Schiffen. (64 S.) 906. n. 1. 60; geb. n. 2. —
Bd. 2 (ohne Sammeltitel erschienen), s.: Hildebrandt, H., Lehrbuch der Metallhüttenkunde.

— des Maschinenbaues, Fortsetzg., s.: Grundriss des Maschinenbaues.

**Repetitorien**, medicinische. Nr. 2. 12. Wien 891. Deuticke. cart. n. 1. —
Repetitorium d. normalen Histologie. Mit e. kurzen Anleitg. zu histolog. Untersuchgn. (49 S.)
Das 1. Bdchn. bildet: Repetitorium der allgemeinen und speciellen Mineralogie.

**Repetitorien** und Examinatorien, medicinische, s. a. Kolb, Grundriss der Arzneimittellehre.

**Repetitorien** und Examinatorien, medicinische. 1. Bd. Repetitorium der vergleichenden Anatomie nebst beigefügtem Examen. A. u. d. T.: Grundriss der vergleichenden Anatomie, nebst systemat. Uebersicht des Thierreichs und einer einleitenden Entwickelungsgeschichte. Von C. Kolb. Mit 127 Abbild. 8. (VIII und 334 S. mit 10 Stahlst.) Stuttgart 854, Krabbe. *

—— dass. — 2. Bd. Repetitorium der pathologischen Anatomie nebst beigefügtem Examen. A. u. d. T.: Grundriss der pathologischen Anatomie. Von C. Kolb. Mit 24 Abbild. in (eingedr.) Holzschn. 8. (XVI und 406 S.) Ebds. 855.

Repetitorien und Examinatorien, medicinische. 3. Bd.: Repetitorium der Arzneimittellehre. A. u. d. T.: Grundriss der Arzneimittellehre. Von C. Kolb. gr. 16. (VIII und 363 S.) Stuttgart 857, Krabbe. Thlr. *

—— dass. — 4. Bd. A. u. d. T.: Grundriss der Anatomie des gesunden menschlichen Körpers. Von C. Kolb. gr. 16. (X und 348 S. mit 140 Abbild. in eingedr. Holzschn.) Ebendas. 861. *
1. und 2. Bd. Ebendas. 1854,55. à Bd. * 1 Thlr. 13 Ngr.

Repetitorien u. Examinatorien, medicinische. 4. Bd. A. u. d. T.: Grundriss der Anatomie des gesunden menschlichen Körpers. Von C. Kolb. 2. verb. Aufl. Mit 157 (eingedr.) Holzschn. Stuttgart 868. (Braunschweig, Wreden.) gr. 16. (X, 361 S.) cart. n. 1 ₰ 18 ngr.

Repetitorien und Examinatorien, medicinische. 5. Bd. A. u. d. T.: Grundriss der Physiologie des Menschen. Von C. Kolb. gr. 16. (VIII und 352 S. mit 82 Abbild. in eingedr. Holzschn.) Stuttgart 864, Krabbe. cart. *

—— dass. — 6. Bd. A. u. d. T.: Grundriss der topographischen Anatomie von C. Kolb. gr. 16. (X und 363 S. mit 81 Abbild. in eingedr. Holzschn.) Ebendas. 867. cart. *
1.—4. Bd. 1854—61. à Bd. * 1 Thlr. 18 Ngr.

— — 7. Bd. A. u. d. T.: Grundriss der Geburtshülfe. Von C. Kolb. Mit 65 Abbild. in eingedr. Holzschn. Ebend. 869. gr. 16. (VIII, 376 S.) cart. n. 1 ₰ 18 ngr.

Repetitorien u. Examinatorien, medicinische. 3. 4. u. 8. Bd. 12. Braunschweig 871–73. Wreden geb. à n. 4. 80
3. Grundriss der Arzneimittellehre. Von C. Kolb. 2. verm. u. verb. Aufl. (VIII, 380 S.)
4. Grundriss der Anatomie d. gesunden menschl. Körpers. Von C. Kolb. 3. verb. Aufl. Mit 182 (eingedr.) Abbildgn. in Holzschn. (X, 373 S.)
8. Die Lehre v. den vener. Krankheiten u. ihrer Behandlg. Von C. Kolb. (XII, 374 S.)

— — der chemischen Analyse zum Gebrauche für Mediciner, Pharmaceuten, Techniker, Lehramts-Candidaten u. A. (Gearbeitet nach Benedikt, Classen, Fleischer, Fresenius, Medicus, Mohr, Rose, Will u. A. I Theil. Qualitative Analyse. (Breitenstein's Repetitorien. Nr. 36) .60
Wien: Breitenstein 1892.

Repetitorium der Anatomie. Ein Leitfaden zur Vorbereitung bei Prüfungen in dieser Wissenschaft. Zum Gebrauch für Studirende der Medizin. Hrsg. von einem prakt. Arzte. 16. (IV und 96 S.) Berlin 853, C. Heymann.
Erschien bereits 1837 u. d. T.: Meyer, Jos., Gedächtnisshülfe für anatom. Studien 2c.

Repetitorium der Anatomie. Systemat. u. topogr. Anatomie, Entwicklungsgeschichte u. Histologie f. Studenten u. Kandidaten d. Med. Breslau: Preuß & Jünger 1905. (132 S.) 8°
= Universal-Repetitorien, Jüngers medizinische. 1. [05. 5268

— d. patholog. Anatomie, s. Jünger's medizin. Universal-Repetitorien, Nr. 3.

Repetitorium der pathologischen Anatomie. Für Studenten u. Kandidaten d. Medizin. Breslau: Preuss & Jünger 1906. (134 S.) 4°(8°)
= Universal-Repetitorien, Jüngers medizinische. No 3. [06. 6333

— der medicin. Hilfswissenschaften Chemie, Physik, Botanik u. Zoologie für Studirende der Medicin, Pharmacie, Thierarzneikunde, Chemie etc. 1.—3. Thl. gr. 8. Breslau, Preuss & Jünger. n. 8. 80
1. Repetitorium der Chemie v. Geo. Kassner. (XI, 182 S.) 887. n. 3. —. — 2., verm. Aufl. (264 S.) 890. n. 4. —
2. Repetitorium der Physik v. Th. Schmidt. (VI, 196 S. m. 1 Taf.) 887. n. 3. —
3. Repetitorium der Botanik von G. Kassner. (X, 100 S.) 887. n. 1. 80

— der medicinischen Hilfswissenschaften Chemie, Physik, Botanik u. Zoologie f. Studierende der Medicin, Pharmacie, Tierarzneikunde, Chemie etc. 4. Thl. gr. 8. Breslau 891. Preuss & Jünger. n. 5. —; geb. n. 5. 60 (1—4.: n. 13 80)
Repetitorium der Zoologie f. Studierende der Medicin, Tierarzneikunde, Natur- u. Forstwissenschaft v. Otto Taschenberg. (VIII, 313 S. m. 177 Textabbildgn.)

— der medicinischen Hilfswissenschaften Chemie, Physik, Botanik u. Zoologie f. Studierende der Medicin, Pharmacie, Thierarzneikunde, Chemie etc. 2. u. 3. Tl. gr. 8. Breslau, Preuss & Jünger. n. 6. —
2. Physik. Von Thdr. Schmidt. 2. Aufl., neu bearb. von H. Lux. (VII, 235 S. m. 59 Fig.) 900. n. 4. —; geb. n. 4. 60
3. Repetitorium der Botanik. Von Frdr. Fedde. 2. Aufl. (VIII, 126 S.) 899. n. 2. —

— der organischen Chemie. Nach den besten Quellen bearb. f. Studierende der Medizin u. Pharmacie. 12. (59 S.) Augsburg 890. Schmid's Verl. Kart. n. — 80

Repetitorium der organischen Chemie nach den besten Quellen bearbeitet für Studierende der Medicin und Pharmacie. Augsburg, 1891. 12mo.

— der Chirurgie als Vademecum für die Prüfungen und für die Praxis Gearbeitet nach den Werken und Vorlesungen von Albert, Billroth, Esmarch, König, Tillmanns, Virchow u. A. I. Chirurgische Pathologie u. Therapie. (Breitenstein's Repetitorien. Nr. 13.) 8. (100 S.) —.90
Wien: Breitenstein 1892.

Repetitorium der Dogmatik für Studierende der Theologie. 16. (79 S.) Lyck 887. (Königsberg, Gräfe und Unzer.) * 1 40

— f. das Einjährig-Freiwilligen- u. Fähnrichs-Examen. Bearb. v. mehreren Fachmännern. (In 10 Tln. nebst Anh.) 1., 7. u. 8. Tl. 8. Berlin, H. J. Meidinger. Geb. à 2. —
1. Deutsch. 4. verm. u. verb. Aufl. (VIII, 142 S.) 899.
7. Erdkunde. 4., durchgeseh. u. erweit. Aufl. (XII, 123 S.) 896.
8. Geschichte. 4., durchgeseh. u. verb. Aufl. (XII, 151 S.) 897.

— für das Einjährig-Freiwilligen-, Fähnrichs- u. Seekadetten-Examen. Bearb. v. mehreren Fachmännern. 3., verm. u. verb. Aufl. in 2 Bdn. od. 10 Tln. 1., 4.–9. Tl. u. Anhang. 8. Berlin, H. J. Meidinger. Kart. n. 14. 50
1. Deutsch. (VIII, 136 S.) 891. n. 2. —. — 4. Französisch. (X, 66 S.) 892. n. 1. 50. — 5. Englisch. (VIII, 67 S.) 892. n. 1. 50. — 6. Mathematik. (VIII, 185 S. m. Fig. u. 1 Taf.) 891. n. 3. —. — 7. Geographie. (VIII, 115 S.) 891. n. 2. —. — 8. Geschichte. (VIII, 119 S.) 891. n. 2. — 9. Physik. (X, 66 S. m. 1 Taf.) 892. n. 1. 50. — Anhang: Prüfungsanforderungen u. Pädagogien-Verzeichnis. (18 S.) 892. n. 1. —.
Früher erschienen u. d. T.: Kemper u. Heine, Repetitorium.

— für d. Einjährig-Freiwilligen, Fähnrichs- u. Seekadetten-Examen. Bearb. v. mehreren Fachmännern. 3., durchgeseh. u. erweit. Aufl. in 2 Bdn. od. 10 Tln. X. Tl. Pflanzeichnen. 1 autogr. Taf. 26×44 cm. Ebd. (893). In Karton n. — 50

**Repetitorium** der Exegese des alten Testaments . . . Berlin 1839—41. V: *Gentzel, Adam Gfr.* (Zuwachsverz. d. Bibliotheken in Zürich 1898 ff.)

—— der Exegese des alten Testaments. Hebräischer Text nebst einem nach den neuesten Hilfsmitteln bearb. Kommentar. Zum Handgebrauch für Theologie-Studirende, besonders zur Vorbereitung auf das Examen. 1—4. Thl. gr. 8. Berlin 855, Gaertner. à Thl. * 10 Ngr. *

Inhalt:
Thl. 1. Die Genesis. 2. Ausg. (VIII und 291 S.)
- 2. Hiob. 2. Ausg. (XVI und 170 S.)
- 3. Die Psalmen. 2. Ausg. (X und 188 S.)
- 4. Der Prophet Jesaias. 2. Ausg. (VIII und 166 S.)
Ist eine Titel-Ausg. der ohne den Haupttitel einzeln erschienenen vier Schriften.

— zum Neudammer Försterlehrbuch. In 1340 Fragen zusammengestellt f. Unterricht u. Selbstprüfg. von den Verff. des Lehrbuchs. gr. 8. (48 S.) Neudamm 900. J. Neumann. n. — 60; f. Abnehmer des Lehrbuchs n. — 20

Repetitorium zur alten Geographie.... Zürich s.[Grob, Heinrich].

Repetitorium zur alten Geographie u. zur Chronologie. In-8°. Zürich, F. Schulthess. — 80
1879

Repetitorium der alten Geographie und zur Chronologie. gr. 8. (31 S.) Zürich 883, Schultheß. * — 60

**Repetitorium** zur alten Geographie und zur Chronologie. Zürich 1890. V: *Grob, Heinrich.* (zuwzür)

Repetitorium zur alten Geographie und zur Chronologie. (Als Manuscript gedruckt.) In-8°. 31 S. Zürich, Fr. Schulthess. 1890 — 60

**Repetitorium** der alten Geographie und der Chronologie. 7. Aufl. Zürich 1905. V: *Grob, Heinrich.* B: *Haene, Johannes.* (BBullschw 5, 1905)

—— der analytischen Geometrie. Zusammenstellung der wichtigsten Sätze aus der analyt. Geometrie des Raumes über Puncte, Gerade, Ebenen, Oberflächen zweiten Grades, die Wellenfläche und die sphär. Trigonometrie. gr. 8. (48 S.) Halle 880, Nebert. * 1 20

Repetitorium der deutschen Geschichte. 1. [2.] Berlin: A. Duncker 1900—06. 2 Bde 8°
1. Mittelalter. Von Dr. U[do] Gaede u. C. Brinkmann. 1900.
2. Neuzeit. Im Anh. Brandenburg.-Preuss. Verfassungs- u. Verwaltungsgeschichte. 1906. [07. 11113

Repetitorium der deutschen Geschichte. 2. u. 3. verb. u. verm. Aufl. [1.] Berlin: A. Duncker 1907. 8° [07. 13116

— — der Gynäkologie als Vademecum für die Klinik und Praxis, sowie als Katechismus für die Prüfungen. Gearbeitet nach Chrobak, Hegar, Kaltenbach, Pozzi, Schauta, Schröder, Winckel, Zweifel u. A. Mit Illustrationen. (Breitenstein's Repetitorien. Nr. 24.) 8 (82 S.) .90
Wien: Breitenstein 1892.

—— des deutschen Handels-, See- und Wechselrechts für Prüfungs-Candidaten und Studirende der Rechte. Hrsg. von einem prakt. Rechtsgelehrten. 16. (III, 100 S.) Leipzig 877, Stangel. *

—— dass. — 2. verm. Aufl. 16. (III, 100 S.) Halle 879, Hoffstetter. *

—— des deutschen Handels-, See- und Wechselrechts für Prüfungs-Candidaten und Studirende der Rechte. Hrsg. von einem prakt. Rechtsgelehrten. 3. verm. Aufl. Mit dem Aktiengesetz vom 18. VII. 1887. 16. (III, 100 S.) Halle 887, Hoffstetter. * 1 —

Repetitorium des Handelsrechts mit Einschluß des Seerechts und Wechselrechts für Studirende und Prüfungs-Candidaten. 16. (IV, 173 S.) Berlin 877, C. Heymann's Verlag. cart. *

— des Handelsrechts m. Einschluß d. Seerechts u. Wechselrechts f. Studirende u. Prüfungs-Candidaten. 2. verb. u. unter besond. Berücksicht. d. Gesetzes vom 18. Juli 1884 betr. die Kommanditgesellschaften auf Aktien u. die Aktiengesellschaften verm. Aufl. 12. (VII, 263 S.) Berlin 885. C. Heymann's Verl. n. 3. —

**Repetitorium** der normalen Histologie. Mit einer kurzen Anleitung zu histologischen Untersuchungen. 8. (47 S.) Cart. —.60
Wien: Deuticke 1890.

— der Hygiene, s.a. Jünger's medizin. Universal-Repetitorien. Nr. 5.

Repetitorium der Hygiene für Studenten und Kandidaten der Medizin. Breslau: Preuss & Jünger 1906. (49 S.) 4°(8°)
= Universal-Repetitorien, Jüngers medizinische. No 5. [06. 6065

Repetitorium der christl. Kirchen- u. Dogmengeschichte. 12. (IV u. 372 S.) Fürth 847, Schmid. $^5/_6$ ₰

**Repetitorium** der christlichen Kirchen- u. Dogmen-Geschichte. 2. Aufl. gr. 8. (XII, 414 S.) Erlangen 875. Deichert. n. 3. —

—— des Kirchenrechts für Studirende und Prüfungs-Candidaten. 16. (III, 138 S.) Berlin 879, C. Heymann's Verlag. cart. *

Repetitorium des Kirchenrechts für Studirende und Prüfungs-Candidaten. Berlin 1880.

—— des Kirchenrechts für Studirende und Prüfungs-Candidaten. 2. verm. Aufl. 16. (III, 165 S.) Berlin 884, C. Heymann's Verlag. cart. * 2 —

**Repetitorium** des preussischen Kriminalrechts. Berlin 1839. V: *Schröter, L.* (EngJ) (Wa)

Repetitorium d. preuß. Kriminalrechts. gr. 8. ($3^1/_8$ B.) Berlin 839, Heymann.

**Repetitorium, kurzes, der chemischen Analyse.** Zum Gebrauche f. Mediciner, Pharmaceuten, Techniker, Lehramtscandidaten u. A. Gearb. nach Benedikt, Classen, Fleischer u. A. 2 Thle. 8. Wien 892. M. Breitenstein. à n. 1. 10
1. Qualitative Analyse. (29 S. m. 6 Tab.)
2. Quantitative Analyse. (Maass- u. Gewichts-Analyse.) (768.)

Repetitorium, kurzes, der Anatomie, s.a. Breitenstein's Repetitorien. Nr. 9 u. 10.

— kurzes, der Anatomie. [Als Vademecum f. Colloquium u. Rigorosum. Gearb. nach den Werken u. Vorlesgn. v. Born, Gegenbauer, Henle u. A. 1. u. 2. Thl. 2., verb. Aufl. 8. Ebd. 894. à n. 1. 60
1. Knochen-, Muskel- u. Eingeweidelehre. (121 S.)
2. Gefäss- u. Nerven-System u. Sinnesorgane. (132 S.)

Repetitorium, kurzes, d. Anatomie. Als Vademecum f. Colloquium u. Rigorosum. Gearb. nach d. Werken u. Vorlesgn. v. Born, Gegenbauer, Henle u. A. (Breitenstein's Repetitorien Nr. 10.) 3. Aufl. 8. (132 S.) Wien 896. Leipzig, J. A. Barth. n. 1. 60

— kurzes, der pathologischen Anatomie, s.a. Breitenstein's Repetitorien. Nr. 41.

— kurzes, der pathologischen Anatomie. Als Vademecum f. Aerzte u. Studierende. Gearb. nach Birch-Hirschfeld, Josef, Klebs u. A. 8. (111 S.) Ebd. 893. n. 1. 60

— kurzes, der topographischen Anatomie, s.a. Breitenstein's Repetitorien. Nr. 44.

— kurzes, der topographischen Anatomie als Vademecum f. die Prüfungen u. f. die Praxis. Gearb. nach den Werken u. Vorlesgn. v. Braune, Cunningham, Hyrtl u. A. 8. (124 S.) Ebd. 893. n. 1. 60

— kurzes, der Augenheilkunde als Vademecum f. die Prüfungen u. f. die Praxis. Gearb. nach den Werken u. Vorlesgn. v. Fuchs, Gräfe, Meyer u. A. 8. (62 S.) Ebd. 891. n. 1. 10

Repetitorium, Kurzes, der Augenheilkunde als Vademecum für Prüfungen und für die Praxis. Gearbeitet nach den Werken und Vorlesungen von Fuchs, Graefe, Meyer, Schmidt-Rimpler, Stellwag u. A (Breitenstein's Repetitorien. Nr. 12.) 8. (62 S ) —.60
Wien: Breitenstein 1892.

— kurzes, d. Augenheilkunde. Als Vademecum f. d. Prüfgn. u. f. d. Praxis. Gearb. nach den Werken u. Vorlesgn. v. Fuchs, Fick, Graefe u. A. 2., verm. u. verb. Aufl. (Breitenstein's Repetitorien Nr. 12.) 8. (III, 74 S.) Ebd. 896. n. 1. 10

— kurzes, der Bacteriologie [Methode, Verfahren u. Technik, sowie Systematik der pathogenen Mikroorganismen] als Vademecum f. Studierende u. prakt. Aerzte. Gearb. nach den Werken u. Vorlesgn. v. Babes, Baumgarten, Eisenberg u. A. 8. (VI, 52 S.) Wien 891. M. Breitenstein. n. 1. 10

— kurzes, d. Bakteriologie (Methode, Verfahren u. Technik, sow. Systematik d. pathogenen Mikroorganismen) als Vademecum f. Studir. u. prakt. Aerzte. 2., stark verm. u. verb. Aufl. 8. (IV, 108 S.) Ebd. 898. n. 1. 35

Repetitorium, kurzes, der Botanik [Pflanzen-Anatomie, -Morphologie, -Physiologie u. -Systematik]. Zum Gebrauche f. Mediciner, Pharmaceuten, Lehramtscandidaten, Agronomen etc. Gearb. nach den Werken u. Vorlesgn. v. Böhm, Hager, Korner u. A. 8. (96 S.) Wien 892 M. Breitenstein. n. 1. 35

Kurzes Repetitorium der Chemie. Zur Preparation zu den Prüfungen der Mediciner, Pharmaceuten und Lehramtskandidaten, bearbeitet nach den Werken und Vorlesungen von Fresenius, Gorup-Besanez, Graham-Otto, Hager u. A. Theil II: Organische Chemie. Wien, 1891. 8vo.

Kurzes Repetitorium der Chemie.
Gearbeitete nach den Werken und Vorlesungen von Fresenius, Gorup-Besanez, Graham-Otto und Andere. Zweite vermehrte und verbesserte Auflage. Theil I. Anorganische Chemie bearbeitet von E. Boyk. Wien, 1895. 8vo.

Kurzes Repetitorium der organischen Chemie, speciell für das Bedürfniss des Mediciners und Pharmaceuten bearbeitet. Zweite Auflage. Augsburg. 1898. 12mo. Ill.

— kurzes, der organischen Chemie. Spez. f. das Bedürfnis des Mediciners u. Pharmazeuten bearb. 2., vielfach erweit. Aufl. 12. (IV, 227 S.) Augsburg 899. B. Schmid's Verl. Kart. n. 2. —

— kurzes, der pharmaceutischen Chemie. (Zugleich als Commentar zu den chem. u. pharmaceut. Präparaten der Pharm. Germ. Ed. III u. Pharm. Austr. Ed. VII.) Zum Gebrauche f. Apotheker, Chemiker, Physici, Pharmaceuten. Gearb. nach den Werken u. Vorlesgn. v. Fischer, Flückiger, Godoffroy u. A. 1.—3. Thl. 8. Wien, M. Breitenstein. n. 5. 20
1. Anorganische Präparate. (IV, 156 S.) 893. n. 1. 80
2. Organische Präparate. (IV, 135 S.) 893. n. 1. 60
3. Pharmaceutische Präparate. (IV, 152 u. XXIII S. m. 1 Tab.) 894. n. 1. 80

Repetitorium, Kurzes, der Chemie zur Präparation zu den Prüfungen der Mediciner, Pharmaceuten und Lehramts-Candidaten. Gearbeitet nach den Werken und Vorlesungen von Fresenius, Gorup-Besenez, Graham-Otto, Hager, Lieber, Ludwig, Pinner, Roscol, Schorlemer u. A. II. Organische Chemie. (Breitenstein's Repetitorium. Nro. 8.) 8. (108 S.) —.75
Wien: Breitenstein 1891.

— kurzes, der Chemie zur Präparation zu den Prüfungen der Mediciner, Pharmaceuten u. Lehramtscandidaten, gearb. nach den Werken u. Vorlesgn. v. Fresenius, Gorup-Besanez, Graham-Otto u. A. I. II. 8. Ebd. 892. à n. 1. 35
I. Anorganische Chemie. (128 S.) — II. Organische Chemie. (108 S.)

— kurzes, d. Chemie zur Präparation zu d. Prüfgn. d. Mediziner, Pharmazeuten, Lehramtscandidaten u. A., gearb. nach den Werken u. Vorlesgn. v. Fresenius, Gorup-Besanez, Graham-Otto u. A. II. Organische Chemie. (Breitenstein's Repetitorium Nr. 8.) 2., verm. u. verb. Aufl. 8. (115 S.) Ebd. 895. n 1. 35

Repetitorium, kurzes, der speziellen Chirurgie, als Vademecum für die Klinik u. Katechismus für Colloquium u. Rigorosum nach dem Fragebogen f. das chirurg. Rigorosum an den österreich. u. deutschen Facultäten u. nach den Werken Billroth's, Albert's, König's u. Tillmanns' gearb. 12. (39 S.) Wien 890. Breitenstein. n. — 75

— kurzes, der Chirurgie als Vademecum f. die Prüfgn. u. f. die Praxis. Gearb. nach den Werken u. Vorlesgn. v. Albert, Billroth, Esmarch u. A. I. II. 8. Ebd. à n. 1. 60
I. Chirurgische Pathologie u. Therapie. (100 S.) 891.
II. Specielle Chirurgie [Operations-, Instrumenten- u. Verbandlehre.] (VII, 78 S.) 892.

— kurzes, d. Chirurgie, e. Vademecum f. Studirende u. Ärzte. I. u. II. (Breitenstein's Repetitorien Nr. 13 u. 14.) 8. Wien. Leipzig, J. A. Barth. à n. 1. 60
I. Chirurg. Pathologie u. Therapie. Nach den Werken u. Vorlesgn. v. Albert, Billroth, Esmarch u. A. 2., verm. u. verb. Aufl., bearb. v. Jac. Pollach. (IV, 105 S.) 895.
II. Operationslehre. Gearb. nach den Werken u. Vorlesgn. v. Albert, Bardeleben, Billroth u. A. 2., vielfach verb. u. verm. Aufl. (IV, 92 S.) 898.

— kurzes, der Electrotherapie f. Aerzte u. Studirende, gearb. nach den Werken u. Vorlesgn. v. Benedikt, Bennett, Eichhorst u. A. 8. (73 S. m. Illustr.) Wien 893. M. Breitenstein. n. 1. 35

— kurzes, d. vergleich. Embryologie d. Menschen u. d. übrigen Wirbeltiere, als Katechismus f. d. Prüfgn. u. als Vademecum f. die Praxis. Zum Gebrauch f. Studier. d. Medicin, Aerzte, Thierärzte, Lehramtscandidaten etc. Gearb. nach d. Werken u. Vorlesgn. von Balfour, Bonnet, Hertwig etc. (Breitenstein's Repetitorien Nr. 67.) 8. (VII, 120 S.) Wien 895. Leipzig, J. A. Barth. n. 1. 60

**Repetitorium, kurzes,** der Geburtshilfe, s. Breitenstein's Repetitorien.

— kurzes, der Geburtshilfe. Als Vademecum f. die Prüfgn. sowie f. die Klinik u. Praxis. Gearb. nach den Werken u. Vorlesgn. v. Chrobak, Martin, Schröder u. A. 8. (85 S. m. Illustr.) Ebd. 892. n. 1. 60

— kurzes, der Geologie u. der verwandten Disciplinen zum Gebrauche f. Philosophen, Techniker, Lehramtscandidaten, Agronomen u. A., gearb. nach den Werken v. Bischof, Credner, Günther etc. I. II. 8. Ebd. 893. à n. 1. 35

I. Allgemeine Geologie. (Physiographische u. dynam. Geologie.) (88 S.)
II. Petrographie u. Geotektonik. (88 S.)

— kurzes, der Geschichte der Medicin zum Gebrauche f. Aerzte u. Studierende, gearb. nach den Werken u. Vorlesgn. v. Haeser, Hecker, Hirsch u. A. 1. u. 2. Thl. 8. Ebd. à n. 1. 35

1. Allgemeine Geschichte der Medicin bis zum Anfange des 19. Jahrh. (93 S.) 893.
2. Specielle Geschichte der medicin. Disciplinen. A. Hauptdisciplinen. (79 S.) 894.

— kurzes, der Gynäkologie [einschliesslich der gynäk. Operationen u. m. e. Anh. betr. die Massage u. Elektrotherapie] als Vademecum f. die Klinik u. Praxis sowie als Katechismus f. die Prüfgn. Gearb. nach Chrobak, Hegar-Kaltenbach, Martin u. A. 8. (82 S. m. Illustr.) Ebd. 892. n. 1. 60

**Repetitorium, kurzes, der Gynäkologie (einschliessl. der gynäk. Operationslehre) als Vademecum f. d. Klinik u. Praxis, sow. als Katechismus f. d. Prüfgn. Gearb. nach Chrobak, Fehling, Hegar-Kaltenbach u. A. 2., umgearb. u. verm. Aufl. (Breitenstein's Repetitorien Nr. 24.) 8. (96 S. m. 12 Abb.) Ebd. 895. n. 1. 60**

— kurzes, der Hautkrankheiten als Vademecum f. die Prüfungen u. f. die Praxis. Gearb. nach den Werken u. Vorlesgn. v. Eichhoff, Hebra, Kaposi u. A. 8. (44 S.) Ebd. 891. n. 1. 10

— kurzes, der Hautkrankheiten als Vademecum f. d. Prüfgn. u. f. d. Praxis. Gearb. nach d. Werken u. Vorlesgn. v. Eichhoff, Hebra, Josef u. A. (Breitenstein's Repetitorium Nr. 11.) 2., vielfach verb. u. verm. Aufl. 8. (94 S.) Ebd. 895. n. 1. 35

— kurzes, f. Hebammen u. klinische Praktikanten. Als Vademecum f. die Prüfgn., f. die Klinik u. Praxis. Gearb. nach den Werken u. Vorlesgn. v. Braun, Credé, Fehling u. A. 8. (67 S. m. Illustr.) Ebd. 892. n. 1. 10

— kurzes, der normalen Histologie, s.: Breitenstein's Repetitorien. 55.

— kurzes, d. pathologischen Histologie als Vademecum f. d. Studien u. Prüfgn. Gearb. nach d. Werken u. Schriften v. Bollinger, Israel, Orth u. A. (Breitenstein's Repetitorien Nr. 56.) 8. (V, 85 S.) Ebd. 898. n. 1. 10

— kurzes, der Histologie als Vademecum f. die Studien u. Prüfungen. I. Normale Histologie. Gearb. nach den Vorlesgn. u. Werken v. Ebner, Exner, Kölliker u. A. 8. (72 S.) Ebd. 893. n. 1. 10

— kurzes, der Hydrotherapie. Von Arth. Loebel. II. Thl. Hydriatische Verordngn. bei chron. Erkrankgn. m. curdiätet. Regeln. 2. Ausg. d. Leitfadens hydriat. Vorlesgn. (Breitenstein's Repetitorien Nr. 71.) 8. (VI, 82 S.) Ebd. 898. n. 1. 10

— kurzes, der Hydrotherapie als Vademecum f. Aerzte u. Studierende, gearb. nach den Werken u. Vorlesgn. v. Durand-Fardel, Krüche, Duval u. A. 8. (51 S. m. Abbildgn.) Ebd. 893. n. 1. 10

— kurzes, der Hygiene, als Vademecum f. Mediciner, Apotheker, Techniker, Lehramtscandidaten, Sanitätspersonen etc. gearb. nach den Werken u. Vorlesgn. v. Flügge, Gruber, Hueppe u. A. 8. (VII, 110 S.) Ebd. 893. n. 1. 60

**— kurzes, d. Hygiene. Als Vademecum f. Studir. an Universitäten u. techn. Hochschulen, Aerzte, Architekten, Ingenieure, Medicinal- u. Verwaltungsbeamte. 2 Thle. 2., vollst. neubearb. u. verm. Aufl. (Breitenstein's Repetitorien Nr. 47 u. 47a.) 8. (VIII, 82 u. VII, 91 S.) Ebd. 898. n. 1. 35**

— kurzes, der Kinderheilkunde als Vademecum f. die Prüfungen u. f. die Praxis, gearb. nach den Werken u. Vorlesgn. v. Baginsky, Gerhardt, Henoch u. A. 8. (III, 66 S.) Ebd. 892. n. 1. 10

**— kurzes, d. Kinder-Heilkunde als Vademecum f. d. Prüfgn. u. f. d. Praxis. Gearb. nach d. Werken u. Vorlesgn. von Baginsky, Biedert, Escherich u. A. 2., verb. u. verm. Aufl. v. J. Pollach. (Breitenstein's Repetitorien Nr. 16.) 8. (VI, 69 S.) Ebd. 895. n. 1. —**

— kurzes, der Kosmetik, s.: Loebel, A.

— kurzes, der epidemischen Krankheiten als Vademecum f. Aerzte u. Studirende. I–III. 8. Ebd. à n. — 75

I. Cholera (Cholera asiatica, Cholera nostras, Cholera infantum), gearb. nach Cantani, Drasche, Flügge u. A. (29 S.) 892.
II. Acute Exantheme. (Morbilli, Scarlatina, Rubeolae, Variola, Morbus miliaris etc.) Gearb. nach Eichhorst, Jürgensen, Leube u. A. (47 S.) 893.
III. Typhus (abdominalis, petechialis, recurrens) u. Dysenterie. Gearb. nach Baas, Dippe, Eichhorst u. A. (41 S.) 894.

— kurzes, der Krankheiten der Harn- u. Geschlechtsorgane, s. Breitenstein's Repetitorien.

**Repetitorium, kurzes,** der Krankheiten der Harn- u. Geschlechtsorgane (Anatomie, Untersuchungsmethoden, Pathologie u. Therapie, Operationen). Als Vademecum f. Aerzte u. Studierende. Gearb. nach Burckhardt, Dittel, Frisch u. A. 8. (131 S. m. Illustr.) Wien 893. M. Breitenstein. n. 1. 60

— kurzes, der Laryngologie (m. e. Anh., betr. die Krankheiten d. Rachens). Als Vademecum f. Aerzte u. Studierende. Gearb. nach Bresgen, Gottstein, Lennox-Browne u. A. 8. (82 S. m. Illustr.) Ebd. 893. n. 1. 35

**— kurzes, der deutschen Literaturgeschichte. Zum Gebrauche f. Lehrer u. Lernende. II. u. III. Thl. (Breitenstein's Repetitorien Nr. 63a u. b.) 8. Wien. Leipzig, J. A. Barth. à n. 1. 10**

II. Vom Ausgang d. 13. Jahrh. bis z. 30jähr. Krieg. Nach d. Quellen u. nach d. Schriften v. J. u. W. Grimm, Lachmann u. A. gearb. (VIII, 93 S.) 895.
III. Vom 30jähr. Krieg bis zum 7jähr. Krieg. Nach d. Quellen u. nach d. Schriften v. Goedeke, Scherer, Gervinus u. A. gearb. (80 S.) 898. n. 1. 10

— kurzes, der Massage als Vademecum f. Aerzte u. Studierende. Gearb. nach den Werken v. Thure Brandt, Ewer, Reibmayr u. A. 8. (89 S. m. Illustr.) Ebd. 893. n. — 75

— kurzes, der höheren Mathematik. Zum Gebrauche f. Techniker, Lehramtscandidaten, Rigorosanten, Ingenieure, Architekten u. A. Bearb. nach den Werken u. Vorlesgn. v. Duhamel, Herr, Königsberger u. A. 1. u. 2. Thl. 8. Ebd. à n. 1. 10
1. Differentialrechnung. (81 S. m. Fig.) 893.
2. Integralrechnung. (63 S. m. 12 Fig.) 894.

— kurzes, der gerichtlichen Medizin, s.a. Breitenstein's Repetitorien.

— kurzes, der gerichtlichen Medicin als Vademecum f. die Praxis u. f. die Prüfungen. Gearb. nach den Werken u. Vorlesgn. v. Casper, Ed. v. Hofmann, Krafft-Ebing u. A. Mit gleichmäss. Berücksicht. der deutschen u. österreich. Gesetzgebg. 8. (IV, 99 S.) Ebd. 892. n. 1. 60

Repetitorium, kurzes, der gerichtlichen Medizin, gearb. nach den Werken v. Cramer, Kolisko, Leppmann u. a. u. nach der Verhandlgn. der deutschen Gesellschaft f. gerichtl. Medizin. (2. Aufl.) (VIII, 103 S.) 8. Leipzig, J. A. Barth. 1. 80; geb. 2. 25.
„Breitenstein's Repetitorien". Bd. 28.
1908

**Repetitorium**, Kurzes, der internen Medicin, Nervenkrankheiten und der klinischen Untersuchungsmethoden als Vademecum für die Klinik und die Praxis, sowie als Katechismus für Colloquium und Rigorosum nach den Werken und Vorlesungen von Strümpell, Eichhorst, Leyden, Leube, Kahler, Nothnagel, Jürgensen etc. gearbeitet von Dr. Egon Werner. Specielle Pathologie und Therapie. II. Thl. Nervenkrankheiten. 8. (64 S.) —.60
Wien: Breitenstein 1891.

**Repetitorium**, Kurzes, der internen Medicin, Nervenkrankheiten und der klinischen Untersuchungsmethoden als Vademecum für die Klinik und die Praxis, sowie als Katechismus für Colloquium und Rigorosum nach den Werken und Vorlesungen von S. Trömpell, Eichhorst, Leyden, Leube, Kahler, Nothnagel, Jürgensen etc. gearbeitet von Dr. Egon Werner. III. Theil. Inhalt: Klinische Untersuchungs-Methoden. 8. (54 S.) —.90
Wien: Breitenstein 1891.

— kurzes, der Meteorologie u. Klimatologie zum Gebrauche f. Philosophen, Techniker, Ingenieure, Nautiker, Geographen, Land- u. Forstwirthe u. a., gearb. nach den Werken u. Vorlesgn. v. Bebber, Breitenlohner, Günther u. A. I. Meteorologie. A. Die meteorolog. Elemente. 8. (128 S.) Wien 894. M. Breitenstein. n. 1. 85

Repetitorium, kurzes, der allgemeinen u. speciellen Mineralogie f. Mediciner, Pharmaceuten, Philosophen, Techniker, Lehramtscandidaten u. A., gearb. nach den Werken u. Vorlesgn. v. Bauer, Descloizeaux, Kenngott u. A. 8. (110 S. m. 2 Taf.) Wien 893. M. Breitenstein. n. 1. 35

— kurzes, der Ohrenheilkunde, als Vademecum f. die Prüfgn. u. die Praxis gearb. nach den Werken u. Vorlesgn. v. Gruber, Kirchner, Pollitzer u. A. 8. (80 S.) Ebd. 891. n. —75

— kurzes, d. Ohrenheilkunde als Vademecum f. d. Prüfgn. u. d. Praxis, bearb. nach d. Werken u. Vorlesgn. v. Gruber, Jacobson, Kirchner u. A. (Breitenstein's Repetitorien Nr. 5.) 2., vielfach vorb. u. verm. Aufl. 8. (IV, 42 S.) Ebd. 896. n. —75

— kurzes, d. Parasitenkunde. Thierische Parasiten d. Menschen u. d. Hausthiere u. d. v. ihnen herrühr. Krankheiten. Zum Gebrauche f. Mediciner, Thierärzte, Sanitätsbeamte, Agronomen etc., gearb. nach Blanchard, Braun, Claus u. A. (Breitenstein's Repetitorien Nr. 68) 8. (VII, 143 S.) Ebd. 895. n. 1. 60

— kurzes, der allgemeinen Pathologie als Vademecum f. die Prüfungen u. f. die Praxis. Gearb. nach den Werken u. Vorlesgn. v. Birch-Hirschfeld, Klebs, Rindfleisch u. A. 8. (72 S.) Ebd. 892. n. 1. 35

— kurzes, d. spec. Pathologie u. Therapie. II. Thl.: Nervenkrankheiten (gleichzeitig als 2. Thl. d. Repetitoriums d. inn. Medicin), nach d. Werken u. Vorlesgn. von Eichhorst, Jaksch, Jürgensen etc. gearb. Von Egon Werner. 4., verm. u. neu umgearb. Aufl. (Breitenstein's Repetitorien Nr. 4.) 8. (VIII, 102 S.) Ebd. 898. n. 1. 60

— kurzes, der Pathologie u. Therapie der venerischen Krankheiten (Syphilis, Ulcus molle, Gonorrhoe) f. Aerzte u. Studirende. Gearb. nach den Werken u. Vorlesgn. v. Finger, Fürbringer, Kaposi u. A. 8. (51 S.) Wien 892. M. Breitenstein. n. 1. 10

— kurzes, der Pharmacopoea practica. Indication, Dosen u. ausgewählte Receptformeln der in pract. Hinsicht wicht. Medicamente der Pharmacopoea germanica u. austriaca m. besond. Berücksicht. der Kinderpraxis f. prakt. Aerzte u. klin. Praktikanten, gearb. nach den bewährtesten Lehrbüchern u. Recept-Sammlgn. 8. (108 S.) Ebd. 894. n. 1. 35

— kurzes, der Pharmakognosie. (Drogenkunde.) Mit gleichmäss. Berücksicht. der deutschen u. österr. Pharmakopoe. Als Vademecum f. Aerzte, Apotheker, Physici, Studierende der Medicin u. Pharmacie. Gearb. nach den Werken v. Berg, Flückiger, Hager u. A. 1. u. 2. Thl. 8. Ebd. n. 3. 15
1. (III, 92 S.) 893. n. 1. 35. — 2. (III, 151 u. 7 S.) 893. n. 1. 80.

— kurzes, d. Pharmacologie zum Gebrauche f. Mediciner u. Pharmaceuten als Vademecum f. Colloquium u. Rigorosum, sow. als Handbuch f. d. Praxis. Mit gleichmäss. Berücksicht. d. deutschen u. österr. Pharmacopöe nach d. Werken u. Vorlesgn. v. Bernatzik, Vogl, Böhm, Tappeiner u. A. 2., wesentlich umgearb. u. verb. Aufl. (Breitenstein's Repetitorien Nr. 4.) 8. (141 S.) Ebd. 897. n. 1. 60

— kurzes, der Physik zum Gebrauche f. Mediciner, Pharmaceuten, Lehramtscandidaten, Techniker etc., gearb. nach den Werken u. Vorlesgn. v. Beetz, Graetz, Lang u. A. 8. (109 S.) Ebd. 892. n. 1. 35

Repetitorium, kurzes, d. Physik (Experimental-Physik) z. Gebrauche f. Mediciner, Pharmaceuten, Lehramtscandidaten u. A., gearb. nach Beetz, Graetz, Lang u. A. 2., verb. u. verm. Aufl. (Breitenstein's Repetitorien Nr. 35.) 8. (121 S.) Wien (895). Leipzig, J. A. Barth. n. 1. 35

— kurzes, der Physiologie, s.a. Breitenstein's Repetitorien. Nr. 21.

— kurzes, der Physiologie als Vademecum f. die Prüfungen u. f. das Studium. Gearb. nach den Werken u. Vorlesgn. v. Brücke, Exner, Gruenhagen u. A. 1. u. 2. Thl. 8. Ebd. 892. à n. 1. 60
1. Vegetatives System. (100 S. m. Illustr.)
2. Animales System. (Mit e. Anh. betr. Entwicklungsgeschichte.) (90 S. m. Illustr.)

— kurzes, der Physiologie. Als Vademecum f. die Prüfgn. gearb. nach Brücke, Exner, Gruenhagen u. A. 1. Thl. (Breitenstein's Repetitorien Nr. 21.) 2., vielfach verb. u. verm. Aufl. 8. (160 S. m. Abb.) Ebd. 895. n. 1. 80

— dasselbe. Als Vademecum f. d. Prüfgn. gearb. unt. Benützg. d. einschläg. Literatur nach Brücke, Exner, Gad-Heymans u. A. II. Thl. (Breitenstein's Repetitorien Nr. 22.) 2., vollst. neubearb. u. verm. Aufl. 8. (143 S. m. Illustr.) Ebd. 897. n. 1. 80

— **kurzes, der Psychiatrie als Vademecum f. die Prüfungen u. f. die Praxis. Gearb. nach den Werken u. Vorlesgn. v. Charcot, Koch, Kraepelin u. A. 8. (III, 59 S.) Ebd. 892. n. 1. 10**

— kurzes, der Psychiatrie. Als Vademecum f. die Prüfgn. u. f. d. Praxis. Gearb. nach Werken u. Vorlesgn. v. Charcot, Griesinger, Koch u. A. (Breitenstein's Repetitorien Nr. 15.) 2., vielf. verb. u. verm. Aufl. 8. (III, 80 S.) Ebd. 895. n. 1. 35

— **kurzes, der Receptierkunde (Arzneiverordnungslehre), f. Mediciner u. Pharmaceuten. Gearb. nach den Werken u. Vorlesgn. v. Bernatzik-Vogl, Husemann, Nothnagel-Rossbach u. A. 8. (79 S.) Ebd. 893. n. 1.35**

— **kurzes, der Rhinologie. Als Vademecum f. die Praxis u. f. die Prüfgn. Gearb. nach den Werken u. Vorlesgn. v. Bresgen, Guttmann, Gottstein u. A. 8. (44 S. m. 1 Fig.) Ebd. 893. n. 1. 10**

— kurzes, der mikroskopischen Technik. (Untersuchungsmethoden der normalen u. patholog. Organe, d. Se- u. Excrete, sow. der Degenerationsproducte.) Zum Gebrauche f. Aerzte, Studierende der Medicin, Thierärzte, Apotheker, Sanitätsbeamte, Naturhistoriker etc. Bearb. nach d. Werken u. Vorlesgn. v. Behrens, Edinger, Günther u. A. (Breitenstein's Repetitorium Nr. 70.) 8. (X, 115 S.) Ebd. 896. n. 1. 60

— kurzes, der medizinischen Terminologie, s.a. Breitenstein's Repetitorien. Nr. 65.

— kurzes, der medicinischen Terminologie. (Medicinisches Taschenwörterbuch.) Etymologische u. sachl. Erklärg. der gebräuchl. Fachausdrücke der Heilkunde. Zum Gebrauche f. Mediciner, Thierärzte, Apotheker u. gebildete Laien. Nach den besten Quellen gearb., insbesondere nach Kraus, Thomas, Eulenburg, Roth u. dem Index medicus polyglottus. 8. (115 S.) Wien 894. M. Breitenstein. n. 1. 35

— **kurzes, der Thierheilkunde. Zum Gebrauche f. prakt. Thierärzte, Studierende der Thierheilkunde, Landwirthe etc. Mit Berücksicht. der veterinär- u. sanitätspolizeil., sowie der forens. Vorschriften. Gearb. v. e. Thierarzte nach den Werken v. Anacker, Dieckerhoff, Friedberger u. Fröhner, Pütz, Röll u. A. I. Specielle Pathologie u. Therapie, nebst e. Einleitg. üb. das gesunde Thier, sowie die Dosirg. u. Anwendg. der gebräuchlichsten Thierheilmittel. 1. u. 2. Abth. 8. Ebd. 892. à n. 1. 35**
1. Invasions- u. Infectionskrankheiten. (IV, 83 S.)
2. Intercurrirende Krankheiten. (84 S.)

— **kurzes, der Toxicologie. Als Vademecum f. Aerzte, Apotheker, Chemiker, Physici, Mediciner, Pharmaceuten u. A. Gearb. nach den Werken u. Vorlesgn. v. Brouardel, Chapuis, Dragendorff u. A. I. II. 8. Ebd. 893. n. 3. 15**
I. Chemischer Nachweis. Forensische Chemie der Vergiftgn. (144 S. m. 1 Taf.) n. 1. 80
II. Pathologie u. Therapie. (83 S.) n. 1. 35

**Repetitorium, kurzes, der Verbandlehre. Als Vademecum f. Aerzte u. Studierende. Gearb. nach den Werken u. Vorlesgn. v. Esmarch, Fischer, Hofmokl u. A. 8. (64 S. m. Illustr.) Wien 893. M. Breitenstein. n. 1. 10**

— kurzes, der Zahnheilkunde, s.a. Breitenstein's Repetitorien.

— **kurzes, der Zahnheilkunde. Als Vademecum f. die Klinik u. Praxis, sowie als Katechismus f. die Prüfungen. Gearb. nach den Werken u. Vorlesgn. v. Baume, Coleman, Müller u. A. 8. (IV, 78 S.) Ebd. 892. n. 1. 60**

— kurzes, der Zoologie, s.a. Breitenstein's Repetitorien. Nr. 26.

— kurzes, der Zoologie, s.a. Wolter, M.

— **kurzes, der Zoologie. Zum Gebrauche f. Mediciner, Pharmaceuten, Lehramtscandidaten, Agronomen etc. Gearb. nach den Werken u. Vorlesgn. v. Bronn, Claus, Gegenbaur etc. 8. (128 S.) Ebd. 892. n. 1. 85**

— kurzes, d. Zoologie zum Gebrauche f. Mediciner, Pharmaceuten, Lehramtscandidaten, Agronomen etc. Gearb. nach d. Werken u. Vorlesgn. v. Bronn, Claus, Gegenbaur, Hatschek, Hertwig, Kennel, Leuckart, Nuhn, Schmidt-Lang, Wiedersheim u. A. 2., verm. u. verb. Aufl. (Breitenstein's Repetitorien Nr. 26.) 8. (150 S.) Ebd. 897. n. 1. 60

— — zu Luthers Leben. Ein Auszug aus „Luthers Leben von J. Köstlin" zum Gebrauch für die Mittelklassen höherer Lehranstalten. Für seine Schüler hergestellt von einem Religionslehrer. 8. (44 S.) Göttingen 885, Vandenhoeck und Ruprecht's Verlag. cart. ** — 50

— — der gerichtlichen Medicin, als Vademecum für die Praxis und für die Prüfungen. Gearbeitet nach den Werken von Casper, Ed. von Hofmann, Krafft-Ebing-C. Linan Tardieu u. A. (Breitenstein's Repetitorien. Nro. 28.) 8. (99 S.) --.90
Wien: Breitenstein 1892.

— der allgemeinen u. speciellen Mineralogie. Nach den besten Quellen f. Studirende der Medicin bearb. 12. (VIII, 63 S.) Wien 890. Deuticke. cart. n. 1. —
s.: Repetitorien, medicinische.

**Repetitorium** d. Pandekten-Rechtes, s. Meister.

— der allgemeinen Pathologie, s.a. Breitenstein's Repetitorium. Nr. 23.

— — der allgemeinen Pathologie, als Vademecum für die Prüfungen und für die Praxis. Gearbeitet nach den Werken und Vorlesungen von Birch-Hirschfeld, Klebs, Rindfleisch, Stricker, Virchow u. A. (Breitenstein's Repetitorien Nr. 23.) 8. (72 S.) —.75
Wien: Breitenstein 1892.

— — der Pathologie und Therapie der venerischen Krankheiten (Syphilis, Ulcus molle, Gonorrhoe), als Vademecum für Aerzte und Studierende. Gearbeitet nach den Werken und Vorlesungen von Finger, Fürbringer, Kaposi, Lang, Lesser, Neumann, Unna u. A. (Breitenstein's Repetitorien. Nro. 27.) —.60
Wien: Breitenstein 1892.

— der Pharmakologie, s.a. Jünger's medizin. Universal-Repetitorien. Nr. 4.

Repetitorium der Pharmakologie für Studenten u. Kandidaten der Medizin. Breslau: Preuss & Jünger 1906. (61 S.) 4°(8°)
— Universal-Repetitorien, Jüngers medizinische. No 4.

— der Philosophie f. Studierende der katholischen Theologie. 1.—4. Hft. (Nach Stöckel's Lehrbuch der Philosophie.) gr. 8. Mainz 899. F. Kirchheim. n. 2. 55
1. Elemente der Logik. (67 S.) n. — 80
2. Elemente der Ontologie. (32 S.) n. — 45
3. Elemente der Kosmologie. (26 S.) n. — 40
4. Elemente der Psychologie. (77 S.) n. — 90

Repetitorium der Physiologie f. Studenten u. Kandidaten d. Medizin. Breslau: Preuß & Jünger 1905. (75 S.) 8°
= Universal-Repetitorien, Jüngers medizinische. 2.

—— des deutschen Privatrechts und der Rechtsgeschichte für Studirende und Prüfungs-Candidaten. 16. (182 S.) Berlin 877, C. Heymann's Verlag. cart. *

— dasselbe. 2., wesentlich verm. u. verb. Aufl. 12. (IV, 209 S.) Ebend. 882. cart. n. 2. —

—— des preußischen Privatrechts für Studirende und Prüfungs-Candidaten. 16. (183 S.) Ebendas. 879. cart. *

—— des preußischen Privatrechts für Studirende und Prüfungs-Candidaten. 2. wesentlich verm. und verb. Aufl. 12. (IV, 209 S.) Berlin 882, C. Heymann's Verlag. cart. * 2 —

— der römischen Rechtsgeschichte u. Pandekten. Zur Vorbereitg. f. die jurist. Prüfgn. nach den gebräuchl. Lehrbüchern bearb. I Allgemeine Lehren. Sachenrecht, Erbrecht. 8. (IV, 120 S.) Leipzig 876. Roßberg. n. 1. 50

— der römischen Rechtsgeschichte u. der Pandekten. Zur Vorbereitung für die juristischen Prüfungen nach den gebräuchlichen Lehrbüchern bearb. II. Obligationenrecht. Familienrecht. Historische Entwickelung einzelner Rechtsinstitute. Aeußere römische Rechtsgeschichte. 8. (IV, 127 S.) Leipzig 877. Roßberg. cart. n. 1. 50 (I. u. II.: n. 3. —)

—— des Reichs-Strafprozesses. Unter besond. Berücksicht. der preuß. Ausführungs-Gesetzgebung für Studirende und Prüfungs-Candidaten. 16. (VII, 222 S.) Ebendas. 880. cart. * 2 —

—— des Reichs-Civilprozesses. Unter besond. Berücksicht. der preuß. Ausführungs-Gesetzgebung für Studirende und Prüfungs-Candidaten. 16. (VIII, 200 S.) Berlin 879, C. Heymann's Verlag. cart. *

Repetitorium des Reichs-Civilprozesses. Unter besonderer Berücksichtigung der preuß. Ausführungs-Gesetzgebung für Studirende u. Prüfungs-Candidaten. 16. (VIII, 200 S.) Berlin 880. C. Heymann's Verl. cart. n. 2. —

Repetitorium des Reichs-Civilprozesses. Unt. bes. Berücks. der Preuß. Ausführungs-Gesetzgebung für Studirende u. Prüfungs-Candidaten. Berlin 1880.
(Heymann'sche Repetitorien. Nr 4.)

— d. Reichs-Civilprozesses. Unter besond. Berücksicht. der preuß. Ausführungs-Gesetzgebg. f. Studirende und Prüfungs-Kandidaten. 2., verm. Aufl. 12. (VIII, 208 S.) Berlin 889. C. Heymann's Verl. cart. n. 2. —

— des österreichischen Strafrechtes in systematischer Darstellung, nach den besten Quellen f. Studirende u. Prüfungs-Candidaten bearb. 8. (IV, 121 S.) Leipzig 884. Roßberg. cart. n. 1. 50

— des preußischen Verwaltungsrechts, auf Grund der neuesten preußischen Verwaltungsreformgesetzgebung bearb. f. Studirende &c. 12. (VI, 167 S.) Berlin 883. C. Heymann's Verl. cart. n. 2. —

— des preußischen Verwaltungsrechts, auf Grund d. neuesten Verwaltungsreformgesetzgebung bearb. f. Studirende u. Prüfungs-Kandidaten. 2., verm. Aufl. 12. (VII, 184 S.) Ebd. 887. cart. n. 2. —

Repetitorium, vollständ. theoret.-prakt., d. franzöſ. Sprache in Fragen u. Antworten, zum Schul- u. Privatunterr., ſo wie insbeſond. z. Erleichterung d. Selbstſtud. Bearb. nach Boniface, Boinvilliers, Domergue, Laveaux, Beſcher, Lemare, Levis, Marle, Noël u. Chapsal, Girault-Duvivier, Levizac, u. Wailly, mit beſtänd. Hinweiſungen auf d. Sprachlehren v. Franceſon, Mozin, Hirzel, Sanguin, Debonale, Herrmann u. Roquette. gr. 12. (20 B.) Berlin 834, Herbig.

Repetitorium der medicinischen Wissenschaften. Leitfaden für die Staatsprüfung der Aerzte. 1. Hft. Knochen-, Bänder- u. Muskellehre. Breslau 869. Maruschke & Berendt. 8. (III, 78 S.) n. $12\frac{1}{3}$ ngr.

—— der medicinischen Wissenschaften. Leitfaden für die Staatsprüfung der Aerzte in Preussen und Bayern. 2.—4. Heft. 8. Breslau, Maruschke und Berendt. *
Inhalt:
Heft 2. Eingeweidelehre. (IV, 71 S.) 877. *ℳ 1.
» 3. Gewebelehre incl. Bau und Entwickelung des Embryo und seiner Adnexa. (IV, 128 S.) 877. *ℳ 2.
» 4. Physiologie. (IV, 168 S.) 879. *ℳ 2.40.
1. Heft. Ebendas. 1869. *ℳ 1,25.

—— der medicinischen Wissenschaften. Leitfaden für die Staatsprüfung der Aerzte. 1. Heft: Knochen-, Bänder- und Muskellehre. 2. Aufl. 8. (III, 78 S.) Breslau 882, Maruschke und Berendt. * 1 25

—— der medicinischen Wissenschaften. Leitfaden f. die Staatsprüfg. der Aerzte. 1. Heft. Knochen-, Bänder- u. Muskellehre. 3. Aufl. 8. (III, 76 S.) Bresl. 890, Maruschke u. Berendt. · 1 40
2.—4. Heft. Ebd. 1877—89. * 5 40.

Repetzki, Paul [cand. med. aus Oberschlesien]: Zusammenstellung der Ansichten über die Aetiologie der Pyelonephritis nebst einer Statistik ihrer Complicationen. . . . Erlangen, Druck d. Univ.-Buchdr. v. E. Th. Jacob, 1890; 34 S. 8°
Erlangen, Med. Fak., Inaug.-Diss. v. 7. Aug. 1889

Repey, L., les rudimens de l'histoire, à l'usage de la jeunesse Moldo-Valaque. (Histoire du bas Empire, de l'Empire d'occident, de l'Empire germanique et de la Monarchie française. — Französisch und Walachisch.) 8. Bucarest 841, Walbaum. $1\frac{1}{2}$ ℔

Repgow, Eike von

v. Repgowe, Eike, Klage, s.: Bibliothek der deutschen National-Literatur. 33. Bd.

Repkow, Sachſenſpiegel, ſ. a. Gärtners Sachſenſpiegel.

Eyke von Repgow: „Sachsen-Spiegel, oder das sächsische Landrecht, in 3 Büchern, wie solches mit denen ältesten Codd. mss. zusammengehalten . . . ., nebst 2 noch nie gedruckten Texten der alten obersächsischen ursprünglichen Sprache dieses Rechts, auch dessen lateinischer Version und einer neuen Uebersetzung . . . . Mit Register und Vorbericht vom autore, Alter, Codicibus und Editionen dieses Rechts versehen und ausgefertigt von C. W. Gärtner", Leipzig 1732. fol.

Rephuhn, J. H., De Hesychio illustri christiano commentatio. Diss. 1716. 88 S. 4°.

**Rephun, Arnold Johann Sigismund,** De testamentaria tutela. Disput. jur. Präs. Jakob Bernhard Aeplin. Zerbst (J. D. Müller) 14. VIII. 1706. (4.50) 28380
Gew.: Arnold Heinrich von Treskow.

Rephun, Carl Wilhelm, s. Rephun, Karl Wilhelm

— **Jo. Georg Sigismund von** (Anhalt. Adel), De autonomia ecclesiae occasione pacis religiosae qua ecclesia nostra autonomiam est adepta. Disput. polit. prior. Präs. Johann Georg Walther. Wittenberg (E. G. Eichsfeld) 29. XII. 1755. 30 S. (4.50) 28382
Widm. v.: Johann Georg Walther.

Rephun, Karl Wilhelm

— **Carl Wilhelm** (Zerbst / Anhalt), De jure patrio. Disput. jur. Präs. Christian Graetz. Zerbst (S. Titius) 22. III. 1720. 29 S. (4.25) 28381
Widm. v.: A. J. S. R., Christian Reuter, Christian Graetz.

**Repke, J.,** Tolstoi u. der Patriotismus, s. a. Zeitfragen des christlichen Volkslebens. 198.

Tolstoi und der Patriotismus. Von J. **Repke**. *Stuttgart: Ch. Belser 1901.* (55 S.) 8° [F.]
= **Zeitfragen** d. christlichen Volkslebens. Bd 26, H. 6. (01. 1156

**Repke, J.,** was kann geschehen, um das Evangelium den gebildeten Kreisen, die es gering achten, wieder näher zu bringen? 2. Tausf. (46 S.) 8. Liegnitz 906. Buchh. des schles. Prov.-Vereins f. innere Mission. — 40
Sonderabdr. aus: „Die innere Mission im ev. Deutschl."

Die Provinzial-Irrenanstalt bei Schleswig v. **Repkewitz.** Sonderabdruck aus der Festschrift aus Anlaß des 4. Internationalen Kongresses zur Fürsorge für Geisteskranke: „Deutsche Heil- und Pflegeanstalten für Psychisch-Kranke in Wort und Bild." Halle a. S. 1910. 4°

**Repkewitz,** *Ernst* Otto [pr. Arzt]: Aus d. Kgl. geburtshilfl. Klinik zu Königsberg i. Pr. Geburten macerierter Früchte ... Königsberg i. Pr., Druck v. M. Liedtke, 1895; 2 Bl., 24 S., 2 Bl. 8.
Königsberg, Med. Fak., Inaug.-Diss. v. 16. Nov. 1895

**Repkewitz,** Otto, Geburten macerierter Früchte. Diss. gr. 8. (24 S.) Königsberg 895. (W. Koch.) n. — 60

Repkow, s. Repgow

**Replicae, Ad Imperatorem allerunterthänigste bestgegründete,** iuncto petito legali impetrantischen Anwalds in Sachen von Thurn und Valsassina, Freyherr Paul Anton contra das Domkapitul zu Costanz Rescripti, die höchst widerrechtliche Erschwerung der Adelsprobe betreffend. Eichstädt 1773. V: *Boller, Friedrich Wilhelm.* (ML) (Holz)

**Replicae, Ad Imperatorem allerunterthänigste in Rechten bestbegründete,** auf die a parte impetrata eingebrachte Exceptiones ... Nördlingen 1762. V: *Feder, Johann Heinrich.* (Holz)

**Replicae, Allerunterthänigste,** iuncto petito legali impetrantischen Anwalds in Sachen von Thurn und Valsassina contra das Domkapitul zu Constanz ... [Eichstätt 1774.] V: *Boller, Friedrich Wilhelm.* (ML)

**Replicae,** bestgegründete, an Kaiserl. Majest., in Sachen des Hoch- u. Deutschmeisters et Consorten, contra d. Fürstl. u. Gräfl. Haus Oettinger mandati d. Zollerneuerung u. Steigerung betreff. Fol. Nördling. 764. Beck. 1 ß

**Replicae** an den Reichshofrath in Sachen des Hrn Domprobsten von Twickel zu Hildesheim, contra den suspendirten Bürgermeister Dörrien ... [Hildesh.] 1730. V: *Moser, Johann Jacob.* (ML)

**Replicae ulteriores in derer Neu-Statt-Hildesheimischen Tumualten aufgedeckt ... [Hildesheim] 1730. V: *Moser, Joh. Jacob.* (Joh. Jacob Moser, Lebensgeschichte von ihm selbst beschrieben. Frankfurt u. Leipz. 1777. III, 143)**

**Replicae, Unterthänigste,** cum petito legali in Sachen Freyherrn von Gültlingen contra Freyherrn von Adelmann ... Wetzlar 1772. V: *Reynitzsch, Joh. Christ. Wilh.* V (Noten): *Gültlingen, Sam. Frdr. Freih. v.* (Holz)

**Replicae, Unterthänigste,** iuncto petito legali in Sachen des regierenden Hn Marggrafen zu Baden Hochf. Durchl. ... contra statum anni normalis neugestifteten Closters Frauenalb ... Carlsruhe 1772. V: *Preuschen, Georg Ernst Ludwig von.* H: *Gerstlacher, Carl Frdr.* (Holz)

„Unterthänigste Replicae .... in Sachen des regierenden Herrn Marggraven (!) zu *Baden* .... contra angemasste Aebtissin, Priorin u. Convent des im J. 1631 *neugestifteten Klosters Frauenalb* .... Carlsruhe (Macklot) 1772." Fol. Gleichzeit. Ppb.

132 S. Text u. 124 S. Beilagen. — Dieses immer häufiger gesuchte Buch ist in culturgeschichtl. Hinsicht, besonders auch für die ältere geheime Kloster-Geschichte Deutschlands, von hohem Interesse. Cfr. Hayn, Bibl. erot. 2. Aufl. S. 79.

Von besonderem Interesse: „Güttlich Verhörr gegen Frawe Paula vndt Catharina von Weitersshaussen, Aeptissin vndt Priorin des Closters Frawenalb in Ao. 1508." (Würtliches Geständniss der Aebtissin u. Priorin vor dem Markgrafen zu Baden u. Hochberg über ihre begangenen Missethaten etc.) Dieses Verhör umfasst 30 Folioseiten.

Obige Prozess-Akten bilden die Fortsetzung von: „Unterthänigste Supplication und Bitte pro clementissime decernendo mandato poenali de restituendo et evacuando Monasterium Frauenalb, .... ad normam pacis Westphalicae, .... in Sachen des regierenden Herrn Markgraven (!) zu Baden .... contra angemasste Abbtissin (!), Priorin u. Convent des in d. Jahre 1631 .... neugestifteten Klosters zu Frauenalb. Nebst Anlagen von Num. I—XXX. Exhib. Wezlariae, d. (") Jan. 1772. Carlsruhe, gedr. bey Michael Macklot, markgrävl.-Badischen priv. Hof-Buchhändlern, auch Hof- u. Canzley-Buchdruckern." Fol. 32+44 Seiten.

**Replik, Abgedrungene,** auf die Erklärung der theologischen Fakultät zu Halle gegen die Appellation ans Publikum wegen einer Censurbedrükkung. Berlin 1785. V: *Bahrdt, Carl Friedrich.* (Erman & Horn, Bibliogr. d. dtsch. Universitäten. 2. Leipz. u. Berl. 1904.)

**Replik** auf Herrn Joh. Jak. Moser's Abhandlung von der Verbindung der Evangelischen Reichs-Gerichts-Beysitzer an die Schlüsse des Corporis Evangelicorum. Frankf. u. Leipz. [Salzburg] 1776. V: *Stainhauser v. Treuberg, Johann Philipp.* (ML) (HR) (MGT) (Holz, (WBL) (Pütter, Litt. d. Teutsch. Staatsr. Gött. 1773—91. III, 429.)

— auf H. J. v. Moser Abhandl. v. d. Verbind. d. evangel. Reichs-Gerichts-Beisitzer an die Schlüsse des corporis evangel. 4. Salzb. 776. Duyle. 4 gl.

**Replik** der Aktionäre der aufgehobenen solothurn. Bank gegen den Staat Solothurn. O. O. [1887]. V: *Christ, Herm.* & *Sim. Kaiser.* (Cat. d. Stadtbibl. Zürich. Zürich 1864—97.)

Replik auf die Antwort gegen die Schrift: Urkundliche Beleuchtung.... November 1814 *s.* [Schärer, Friedrich].

**Replik** auf die neueste Beleuchtung des Dr. Iren. Eupistinus in Sachen des Dr Tzschirner . . . Ulm 1823. V: *Göss, Georg Friedrich Daniel.* (MGT) »1824« (KY)

Replik auf die neue Beleuchtung des Dr. Irenius Eupistinus, in Sachen des Dr. Tzschirner contra v. Haller; von e. Würtemberg. Landgeistlichen (G. F. Dn. Göß). gr. 8. Ulm 824. Ebner. 4 gl.

**Replik** für den schweizerischen Bundesrat Namens des Bundes gegen den Regierungsrath des Kanton Zürich betreffend die Baupflicht des letzteren in Beziehung auf die eidgenössische polytechnische Schule . . . [Bern] 1882. V: *Niggeler, Nicolaus.* (Cat. d. Stadtbibl. Zürich. Zürich 1864—97.)

**Replik** des Hofes Camana auf die Vernehmlassung der Gemeinde Safien betreffend Wald-Eigenthum. Chur 1903. V: *Hunger, Sebastian.* (BBullschw 4, 1904)

**Replik** und Duplik zu dem alten Streit über die Willensfreiheit . . . Leipzig 1863. V: *Wied, Hermann Fürst zu.* (BRVV)

—— und Duplik zu dem alten Streit über die Willensfreiheit. Ein ergänz. Anh. zu der Schrift: „Ein Ergebniß aus der Kritik der Kantischen Freiheitslehre." gr. 8. (XXVI und 61 S.) Leipzig 863, Brockhaus. *

Replik, evangel.-theologische, auf verschied. unfriedliche Aeusserungen des Erzbischofs von Cöln, Clemens August, in seinem Buche: Ueber den Frieden unter der Kirche u. den Staaten. 8. (2¾ B.) Barmen 843, [Castrop,] Falkenberg'sche Buchh.

**Replik** abseiten der Stadt Flensburg wieder das Hospital daselbst. O. O. 1738. V: *Zitscher, Frdr.* (Bruun, Bibl. Danica I, 719.) (Collin, Anonymer. Kiobenh. 1809.)

Replik der Gotthardbahn-Gesellschaft in Luzern ... betr. Rückkaufsentschädigung. (1909) *s.* (Schaller, G[ustav]).

**Replik** in Sachen des Oberingenieurs Hellwag in Zürich gegen die Direction der Gotthardbahngesellschaft . . . Basel 1879. V: *Brunner, Rud.* (Cat. d. Stadtbibl. Zürich. Zürich 1864—97.)

Replik an Herrn Gymnasial-Director Franz Hochegger, betreffend die Schrift: „Der öffentliche Unterricht im Lichte der Verfassung." gr. 8. (14 S.) Wien 863, Sallmayer und Comp. *

**Replik** der Frau Josepha Inderbitzin . . . Zürich [1859]. V: *Bruhin, Casp. Alois.* (Cat. der Stadtbibl. Zürich. Zürich 1864—97.)

**Replik** für die Herren Jules, Joseph und Auguste Favre, Bauunternehmer aus Genf in Luzern, gegen die Gesellschaft der Bern-Luzern-Bahn. Bern 1876. V: *Hofer, Fr.* (BSchwLK V, 9 h)

—— kurze, auf das Schreiben eines alten Republikaners an Dr. Ruge, Herausgeber der deutschen Jahrbücher. gr. 8. (1 B.) Leipzig 842, Otto Wigand. *

**Replik, Landschaftliche,** auf die Herzogliche Punktation wegen Abstellung der Landesbeschwerden. [Tübingen 1798.] V: *Georgii, Eberhard Frdr.* (MGT)

— des alten Landstandes zur Beantwort. der 7 Fragen der Antwort auf die 12 Fragen 2c., v. Fr. Buchholz. 8. Bresl. 823. Max u. C. 4 gl.

Replik aus Marne, s. Harmsen, Claus. 1831.

„Replic, Nachbarliche, auf die von Herrn Johann Georg Metzger, eines Löbl. Fränckischen Creyses Münz-Raths . . . . Verrichtete Prüfung, Betreffend Des Churfürstl. Münz- und Berg-Raths, dann Inspectoris Georg Friderich Jasters, J. U. D. Gegründetes Avertissement, Als Womit Herr Metzger in puncto des von ihm aufgestellten Probier-Scheins nicht ist beleydiget worden; Mitgetheilt in Kürze Von dem Verfasser des Avertissements", München im Jahr 1754 (Gedr. bei Joh. Jac. Vötter . . . .).

**Replik** für die schweizerische Nordostbahngesellschaft . . . gegen die Stadtgemeinde Zürich, Beklagte, an das Schiedsgericht. Zürich 1895. V: *Isler, Emil.* (Cat. d. Stadtbibl. Zürich. Zürich 1864—97.)

**Replik** im Prozeß des L. Nemelka ... gegen Fr. Wegmann in Zürich betreffend Schadenersatz. Zürich 1890. V: *Meili*, *Frdr.* (Cat. d. Stadtbibl. Zürich. Zürich 1864—97.)

**Replik** gegen des Hofraths von Strombeck Prüfung der Gedanken die vorgewesene Schatzrathswahl betreffend. O. O. 1801. V: *Müller*, *Gfr. Friedrich.* (MGT)

**Replik** in dem bei dem Hohen provisor. Bundes-Schiedsgerichte zu Erfurt anhängigen Rechtsstreite des Justizraths Lüdicke zu Berlin, als Anwalt der Großherzogl. Mecklenburg-Strelitzschen Regierung, Klägers, wider den Adv. Dr. Schliemann zu Rostock, als Anwalt der Großherzogl. Mecklenburg-Schwerinschen Regierung, Beklagten, wegen zu gewährender Mitwirkung zur Umgestaltung der Mecklenburgischen Verfassung. gr. 4. (62 S.) Berlin 850. (Schneider & Co.) n. 1/3 ℛ

**Replik** den in Sachen Sr. Kurf. Gn. zu Mainz und Höchstdero Universität daselbst contra den Herrn Landgrafen zu Hessen-Darmstadt u. Homburg ... genommenen Recurs betreffend. Darmst. 1785. V: *Koch*, *Johann Christoph.* (MGT) (HS)

**Replik** in Sachen des Propheten Samuels. Altona 1785. V: *Fidalgo*, *Benj. Mus.* (Collin, Anonymer. Kiobenh. 1869.)

**Replik für die Firma Sching, Ernst & Cie gegen die Herren Escher & Rahn. Winterthur 1898. V: *Forrer*, *Ldw.* (Zuwachsverz. d. Bibliotheken in Zürich 1898 ff.)**

**Replik, Vertheidigte,** gegen Johann Jakob Mosers ... nochmals befestigte Verbindung der evangelischen Reichsgerichtsbeysitzer ... Frankfurt u. Leipzig 1778. V: *Stainhauser v. Treuberg*, *Johann Philipp.* (Holz) (Hr) (ML)

— auf die grundlose Vertheidigung gegen die Schrift: Bericht üb. die Umtriebe der Frömmler in Halle. Ein Wort zu seiner Zeit f. jeden redl. Protestanten von e. wahrhaft unpartheiischen u. treuen Anhänger Jesu. 8. Altenb. 830. Literat. Compt. 6 gr.

Replik auf d. grundlose Vertheidigung geg. d. Schrift: „Bericht üb. d. Umtriebe der Frömmler in Halle." Ein Wort zu sein. Zeit f. jed. redlichen Protestanten v. e. wahrhaft unpartheiischen u. treuen Anhänger Jesu. 8. (3 B.) Altenburg 830, [Pierer.]

Replik gegen Mallet's neueste Schrift: „Merkwürdige Vorfälle in Hamburg" betitelt. gr. 8. (1 B.) Altona 840, Hammerich.

**Replik, Vorläufige,** auf die Einredeschrift des Prof. Zachariä ... Stuttg. 1836. V: *Hufnagel*, *Carl Frdr.* (Kat. d. ständ. Bibl. Stuttg. 1907. S. 625 u. 585.)

—— vorläufige, auf d. Einredeschrift d. Prof. Dr. Zachariä, betitelt: die Souveränitäts-Rechte d. Krone Würtemberg in ihrem Verhältnisse zu d. standesherrl. Eigenthums-Rechten d. fürstl. Gesammthauses Hohenlohe. 1836. Von d. Abgeordneten v. Heidenheim (Hufnagel). gr. 8. (2 3/4 B.) Stuttgart 836, Metzler'sche Buchh.

**Replikschrift** für die Baugesellschaft Flüelen-Göschenen gegen die Gotthardbahn-Gesellschaft, an das schweiz. Bundesgericht. Zürich 1886. 4.

**Réplique, Ample,** Au Detail Abrégé, Publié Par La Cour De Vienne Contenant quelques Infractions entre plusieurs autres commises par la Cour De Berlin Contre les Traités De Berlin Et De Dresde. Traduit de l'Allemand. Berlin 1756. V: *Fürst und Kupferberg*, *Carl Joseph Maximilian Freiherr von.* (Preußische Staatsschriften. III. Berlin 1892. S. 593.)

Réplique à l'auteur d'une Réponse Qui a paru sous le nom emprunté d'un Membre Forain de la Communauté de Fribourg. (Fribourg ce 10 Février 1782.) 8. *s. l.*

**Replique** à la lettre du Sieur K— Antwort eines Teutschen auf die Epitre Lycurgs ... [Frankfurt u. Aschaffenburg 1808.] V: *Dalwigk*, *Carl Friedrich August Philipp von.* (MGT)

Réplique à la réponse faite ([par] Monsieur [Albrecht] Rengger) à la brochure [de Friedrich Schärer]. intitulée: Dans quel jour parait Berne, etc. etc. De Juillet 1814. Septembre même Année. 8. *s. l.*

Répliques. Repliqves de Madame de Longveville avx Réponses de Madame de Nemovrs. 4. *s. l.* [1674].
*Contient la* Réponse *et les* Repliques.

**Reploh, Anton,** aus Lette, approb. Arzt: Plötzlicher Tod bei Perforativ-Peritonitis. *München 1898: Kastner & Lossen.* (24 S.) 8°
München, Med. Diss. v. 1899

**Repmann,** Christian Ehregott

— — (Weißenburg/Meißen), Quaestionum juris metallici Saxonici biga. Präs. Christian Gotthelf Hübner. Leipzig (Nagel) 8. IV. 1802. 97 S. (4.25) 28385

**Repmann, Christian Ehregott** (Jahnsdorf / Meißen), Brevis commentatio Super lege, in ambiguis etc. 96. D. d. R. I. Präs. Heinrich Gottfried Bauer. Leipzig (Langenheim) 16. XI. 1765. 8 S. (3.75) 28384

**Repmann, H.,** die gegenseitig. Rechte u. Verbindlichkeiten der Sächs. Spitzenverleger u. deren Klöppelleute. 8. Annab. 827. Hasper. 6 gr.

Repnin: „Rede des Generalgouverneurs Fürsten Repnin, als er bei Uebergabe des Gouvernements des Königreichs Sachsen am 8. November 1814 zu Dresden seine Abschiedsaudienz gab", 2 Blatt (französ. und deutsch) kl. fol.

**Repond.** Manuel de la Congrégation des Saints-Anges, établie au Collége St-Michel, à Fribourg. In 16°, 328 p. Fribourg, imprimerie de St-Paul. 1885 2 —

**[franz.] Réponçe solide & conforme aux actes à l'ainsy titrée Information imprimée à Berlin des différents, que S.M.Prussienne a avec la Cour Électorale de Brounsvic. — Hannover 1729. 7 Bl. 4° 1:22 in 2° Sl 107. 13.12315**

**Repond, Jules. Du for en matière de délits de presse. [Rapport présenté au] 8e Congrès international de la Presse. Berne, juillet 1902. 7 p. 8. [Berne, H. Jent.]**

**Réponse d'un Allemand à M. Victor Hugo. Darmstadt 870. Zernin. gr. 8. (16 S.) n. 4 ngr.**

**Réponse** d'un Allemand à M. Victor Hugo. 2. Ed. gr 8. (16 S.) Darmstadt 871. Zernin. n. — 40

**Réponse** d'un ami Prussien à un ami d'Hollandois au sujet de l'élection prochaine d'un Roy de Pologne. A La Haye. [Leipzig?] 1733. V: *Manteuffel, Ernst Christoph Graf.* (Droysen, Gesch. der Preuß. Politik. IV. Theil. IV. Abthlg. Leipz. 1870. S. 8.)

Réponse par un ami sincère de ses concitoyens, à l'exposé de la situation politique du peuple fribourgeois. 8. *s. l.* 1814.

**Réponse des armées catholiques et royales de la Vendée etc. 8. Frankf. a. M. 794. Esslinger. 4 gr.**

*L*** G**** Réponse à la brochure intitulée: Est-ce possible? (Vers.) In-4°, 1 p. Genève. 1880

**Réponse de MM. G[iuseppe] Colombo (Milan), L. Garnir (Bruxelles) et E[rnest] Pontzen (Paris) au questionnaire qui leur a été adressé (sur les points principaux de la question du percement des Alpes bernoises). Janvier 1904. ([Soumis] Au Comité d'initiative... du Lötschberg, le 14 novembre 1904.) II + 80 p. 4. Berne, Ott & Bolliger, 1904.**

**Réponse de MM. G[iuseppe] Colombo [Milano], L. Garnir [Bruxelles] et E[rnest] Pontzen [Paris] au questionnaire qui leur a été adressé ([au sujet du] percement des Alpes bernoises, du tunnel du Lötschberg [et] des voies d'accès). Janvier 1904. 77 p. 4. Berne, Ott & Bolliger, 1904.**

Réponse de Son Altesse Sérénissime Monseigneur, le Prince de Conti, à un ecrit intitulé, Manifeste de Sa Majesté le Roy de Prusse.... 4. *s. l.* [1707].

Réponse au Coup-d'oeil sur le Compte présenté par Berne contre le Canton de Vaud, par l'auteur du Coup-d'œil politique sur l'Helvétie, avec les Pièces justificatives. 8. Berne, 1. Décembre 1814.

**[franz.] Réponse de la Cour de Vienne au contenu essentiel de la Représentation et exposition ultérieure de Sa Majesté le Roi de Prusse à ses co-états de l'Empire avec une Réplique succincte de la Cour de Prusse à la dite Réponse de la Cour de Vienne. — Berlin 1779. 35 S. 8° 1: Flugschr. 1779-1. 2. 13.12323**

**[franz.] Réponse à la Déclaration de guerre de la France et au second Mémoire de Malbran de la Nouë. — La Haye: de Groot 1744. 32 S. 8° 14. 13.12173**

**—— Vienne 1744: v. Ghelen. 35 S. 4° 7. 24. 13.12175**

**Réponse** à la defense du R. P. Schefmacher . . . sur l'invocation des Saints. Francfort 1733. V: *Pfaff, Christoph Matthäus.* (Jes) (ML)

**Réponse** détaillée de la cour de Vienne du 7 de mai 1778. Servant d'analyse du mémoire de la cour de Berlin du 9. de Mars avec la réplique de cette dernière cour à cette analyse. 4.

**Réponse** Détaillée Au Mémoire De La Cour De Vienne Intitulé Exposé Succint De Quelques Unes Des Infractions De La Cour De Berlin Des Traités De Paix De Berlin Et De Dresde. A Berlin 1757. V: *Fürst und Kupferberg, Carl Joseph Maximilian Freiherr von.* (Preußische Staatsschriften. III. Berlin 1892. S. 594.)

Reponse de Madame la Duchesse Doüairière de Lesdiguières... Au Mémoire De S. A. S. M. le Prince de Conty.... [1707] *s.* [Terrasson, Matthieu].

Réponse à l'Eclaircissement authentique de la question: Sous quel jour se montre Berne... *s.* [Rengger, Albrecht].

Réponse à vn écrit intitvlé Deffenses des droits de Madame de Nemours pour les Souverainetez de Neuf-Chastel & de Vallengin. 7 parties. 4. *s. l.* [1674].
*Contient l'Ecrit et la Réponse.*

**— à un Ecrit sur la dernière revolution de Pologne. 8. Dresd. 798. Walther. 2 gr.**

Réponse à l'Étranger aux Suisses. 8. *s. l.* [1814].

Réponse à un gentil-homme francois, sur la conspiration de Jaques II....; Contre Sa Majesté Guillaume III., Roi de la Grande Bretagne. (A Cologne ce 25. Mars 1696.) 8. *s. l.* [Bâle?]

**Réponse** du Sr. de Hellen . . . aux Mémoire que le Sr de Kauderbach . . . a remis à leurs Hautes Puissances. S. l. 1756. V: *Herzberg, Ewald Friedrich Graf von.* (ML)

**Réponse d'un honnête homme à l'oeuvre anonyme sous le titre de „Notices sur les familles illustres et titrées de la Pologne." gr. 8. (24 S.) Berlin 862, Behr's Buchh.**

Réponse à la lettre adressée aux Bourgeoisies & Communautés de la Suisse ⟨par un membre d'une Commune du canton de Fribourg.⟩ 8. *s. l. n. d.* [1781/82].

Réponse à la lettre d'un membre de la Communauté de Fribourg, Par un membre forain de la même communauté. Fribourg 1781. 8. *s. l. n. d.* [1781/82].

**Réponse** à la Lettre d'un Theologien Catholique de Strasbourg sur l'invocation des Saints. Basle 1732. V: *Pfaff, Christoph Matthäus.* (ML)

Réponse au libelle appellé Exposé justificatif pour le peuple du Canton de Fribourg, &c. 8. *s. l.* [1782].
*Auteur présumé:* Claude-Joseph Odet d'Orsonnens.

Réponse de Madame de Longveville à la Repliqve de Madame de Nemovrs. [3 parties.] 4. *s. l.* [1674].

Réponse au Mémoire donné par le Louable Corps Helvétique *s.* [Comarieu, de].

**[franz.] Réponse au Mémoire pour servir de suite à l'Exposé des motifs qui ont engagé S. M. le Roi de Prusse à s'opposer au démembrement de la Bavière. — Vienne: de Trattner 1778. 27,14 S. 8° 2. 300: 37 Q 71. 13.12390**

**Réponse** Du Ministère Du Roi, Au Mémoire, Que Mr Le Comte De Puebla A Présenté Le 15 Juin Pour Demander L'Extradition Du Secrétaire De Légation. Weingarten. [1756.] V: *Podewils, Heinrich von* & *Kriegsrath Müller*. (Preußische Staatsschriften. III. Berlin 1892. S. 477.)

— von der grosser Kaiser Napoleon an Isaak Moses Hersch. Altona 869. Verlagsbureau. 32. (48 S.) 5 ngr.

**Loge des Frères-Réunis à l'orient de Strassbourg. Réponse au Grand Or. de France, Strassbourg, Silbermann 1869. 8 S. 8°. [Umschlagtit.]**
Befürwortet die Zusammenberufung einer Konferenz des Gr. Or. von Frankreich, um die maur. Prinzipien festzustellen. Schlägt einen Wortlaut vor.

Réponse particulière Pour Sa Majesté le Roy de Prusse, à L'objection contre ses droits à La pleine Souveraineté de Neufchâtel & Valangin .... fol. *s. l.* [1707].

— à plusieurs passàges de la Brochure de Mr. de Chateaubriand intitulée: de Buonaparte et des Bourbons, par A. F***. 8. Braunschw. 815. Pluchart. 8 gr.

Réponse d'une personne de Vienne à son correspondent à Berlin, du 2. d'Avril 1760. 4. 2 Bl.

**Réponse** pour Sa Majesté Le Roi de Prusse Au Mémoire De La Maison Électorale d'Hannover Dans laquelle on prouve évidemment, Que Le Roi de La Grande Bretagne, en qualité D'Électeur d'Hannover n'a aucun Droit légitime, à la Succession De La Comté D'Ost Frise Et Des Seigneuries qui en dépendent. Berlin 1745. V: *Cocceji, Samuel von.* Ü: *Pelloutier, Simon.* (Preußische Staatsschriften. II. Berlin 1885. S. 374.)

**Réponse** à Mr Saurine. Strassb. 1802. V: *Liebermann, Franz Leopold Bruno.* (MGT;

[franz.] Réponse succincte aux questions suivantes. 1mo. Pourroit on considérer comme limites sures, les frontières proposées par les ministres de france le 3. mai par le moyen desquelles toutes les isles du Rhin échéeroient à la République, et ne sauroit on les constituer d'après la nature du local, sans une limitation quelconque? 2do. Quelle seroit la solidité des frontières à établir par le Rhin, au congrès de la paix à Rastadt? 3tio. Quel principe à établir pour base afin de donner à ces frontières une bienfaisance hydrotecnique en faveur des habitans des rives du Rhin? — o. O. (1798). 8 S. 8° 17.
13.12369

Réponse d'un Suédois à la lettre d'un voyageur actuellement à Dantzig. 1757. kl. 8.

Réponse supplémentaire de MM. G[iuseppe] Colombo, L Garnir et E[rnest] Pontzen du 7 Août 1904 (adressée au Bureau du Comité d'initiative pour le percement du Lötschberg). 12 p. 4. [Berne, Ott & Bolliger.]

— pour la Comtesse de Valois de la Motte, au mémoire du Comte de Cagliostro. 12. Jene, Academ. Buchhandl. 786.

Swiss Mercantile Society, London. (Section de la Société Suisse des Commerçants, Schweizerischer Kaufmännischer Verein, Zürich).... (14 th) Annual Report, 1903 (*d. i.* 1902). II + 26 p. 8. London, Henry Detloff, 1903.

Biennial report of the board of directors of the North Dakota agricultural college. 1: 1891/92. Bismarck 1892.

Board of Manufacturers Committee. **Report** by Departmental Committee to enquire into the administration of the Board of Manufacturers. Vol. 1. 2. Presented to both Houses of Parliament by Command of His Majesty. *Edinburgh: H. Maj.'s Stationery Off. 1903.* 2 Bde 4°
1. Report. 2. Minutes of evidence and App. (04. 1970

Report of the Committee on D. Jenner's petition. Lond. 1802. 8. — *German. vert.* Car. Sigm. Kramer Halberstadt 1802. 8. — *Contra:* Geo. Pearson examination of the Report etc. Lond. 1802. 8. — Geo. C. Jenner evidence at large as laid before the Committee on D. Jenner's petition. Lond. 1803. 8.

Report of the 1st international congress on school hygiene, s.: Bericht üb. den I. internationalen Kongress f. Schulhygiene.

**Report** of the proceedings of the second international congress of orientalists, held in London 1874. Lex.-8. (VIII, 66 S.) London, 874. Leipzig Brockhaus' Sort. n. 4. 80

Swiss Reinsurance Company at Zurich. 38th *and* 39th Annual Report for the year 1901 *and* 1902. [à 4 p.] 4. (1902) *and* Zürich, Art. Institut Orell Füssli, (1903).

**Report** from the United States of America. [Berlin 1863.] V: *Ruggles, Samuel Bulkley.* (Kat. der stat. Bureaus. Dresden 1890.)

Reporter, der. Stenographische Wochenschrift. Redact.: Stenzinger-Striebel. 1. Jahrg. 1862. 52 Nrn. 8. (à 1/4 Bog. lithogr.) Wien, (Rospini.) * *

Der Reporter: 1884 - 1890;
Independent weekly. Circulation: 1890, 1000. Edited & published by H. F. Gessler, 1884 -86; by B. Koenig, 1887 - 90.
New York, NY

**Reporter.** Illustr. Welt-Blatt in 4 Farben. Hrsg. u. Red.: Ludw. Gümber. 2. Jahrg. 1896. 52 Nrn. (à ca. 8 S.) Fol. Dresden. Berlin, Reporter. 4. —; einz. Nrn. — 10

— illustr. Welt-Blatt. Red.: Osc. Kresse. 3. Jahrg. 1897. 52 Nrn. (à ca. 10 S.) Fol. Berlin, Reporter. 4. —; einz. Nrn. — 10

— dasselbe. 4. Jahrg. 1898. 52 Nrn. (à ca. 2 Bog.) Fol. Ebd. 5. 20; einz. Nrn. — 10
Kann auch vierteljährlich bezogen werden.

**Reporter.** Illustriertes Welt-Blatt. Red.: Max Schoenau. 5.—7. Jahrg. 1899—1901. à 52 Nrn. Fol. (à ca. 8 S.) Berlin. [Reporter.] Gebr. Wolffsohn. à Jahrg. 5. 20

— dasselbe. 8. Jahrg. Jan.—Septbr. 1902. 39 Nrn. Fol. (à ca. 8 S.) Ebd. n. 3. 90
Erscheint nicht mehr.

Reporter, the Hamburg, and Gleaner. Editor E. W. P. Sinnett. 1831—34. à 156 No. (Bog.) gr. Fol. Hamburg, (Hoffmann u. Campe.) à J.

Deutscher Pionier Ver v Jersey City, NJ. Annual reports. 4v. Jersey City, 1902-05.

Unabhängiger Bürgerverein v Md. Ann conv reports and celeb reports. 8 nos. Baltimore. 1903-10.

Reports on the Royal Botanic Garden, Peradenia. Colombo, 1844. 8°., afterwards, fol.—>
Dr. Gardner's first report referred to only four months, from May to August; continued annually since then by the Director.

J. Pierpont Morgan publication fund. **Reports** of the Princeton University Expeditions to Patagonia, 1896–1899. J[ohn] B[ell] Hatcher in charge. Ed. by William B[erryman] Scott, prof. Vol. 1. Princeton N. J.: The Univ.; Stuttgart: E. Schweizerbart 1903. 4° 1o7. 17333

Repos, le, de Cyrus. 8. Strasb. König. 762.

**Repos, le, du dimanche et les compagnies de chemin de fer. Fermeture des gares aux marchandises de petite vitesse. 2. édit. VII. 22 pp. in-8° Genève et Bâle. H. Georg.** 1875 •

Repositorium d. neuesten Gesch., Geogr. u. Statistik von Bruns u. Zimmermann, s. P. J. Bruns.

**Repp, F. K., imperator Guilielmus. Vita et res gestae. 12. (24 S.) Leipzig 887. Rust.** n. — 50

**Repp, Geo.,** die Entwickelung des evangelischen Schulwesens in Österreich seit 1869. Vortrag, geh. in der deutschen Section des evangel. Lehrervereins für Böhmen und Mähren. Hrsg. vom evangel. Lehrerverein für Böhmen und Mähren. 8. (48 S.) Reichenberg 888. (Klagenfurt, Heyn.)

**Repp** Otto: Adolf Müllners Lustspiele und ihre Quellen.
H. 1908 PN 2507 **Diss.** Wien, Univ. 261

**Repp, Thorl. Gudm.,** geschichtl. Abhandlung üb. d. Geschworenengericht, s. Buß, F. J.

**Repp, Thorl. Gudm., English Stories. 8. (15½ B.) Copenhagen 842, Reitzel.** *

**Repp,** Wilhelm, Zahnarzt aus Darmstadt: Empyema antri Highmori. Darmstadt Gebr. Edelmann Dr. 1892. 1 Bl., 150 S. 8°.
Zürich, Med. Diss. v. 29. Oct. 1892.

Repp Wilhelm: De Euripidis Hecuba et Troadibus (Comparatio).
H. 1910 PN 2961 **Diss.** Wien, Univ. 1670

**Reppe,** Rudolfus, Misnensis: De L. Annaeo Cornuto. Lipsiae 1906: R. Noske. (86 S.) 8°
Leipzig, Phil. Fak., Ref. Marx, Wachsmuth, Diss. v. 28. April 1906
[Geb. 12. Febr. 80 Meißen; Wohnort: Dresden; Staatsangeh.: Sachsen; Vorbildung: Wettiner Gymn. Dresden Reife O. 00; Studium: Leipzig 9 S.; Rig. 1. März 05.]

**Reppe, Rud., De L. Annaeo Cornuto. Diss. (87 S.) gr. 8. Leipzig 906. (E. Gräfe.)** n. 1. 80

Reppen [Schlagwort]

**Reppen, s.: Geologische Karten. Preussen 123.**

**Reppert, v.,** Handbuch f. den Bureau-Dienst bei Gemeinde- u. Polizei-Verwaltungen. Anleitung u. Beispiele f. die im Geschäftsverkehr der Gemeinde- u. Polizei-Verwaltgn. vorkomm. schriftl. Arbeiten u. Correspondenzen aller Art, als Berichte, Bescheide, Verhandlgn. rc. 2. Aufl. 8. (VIII, 141 S.) Wiesbaden 888. (Bechtold & Co.) n. 2. —

Reppert, H. Gl., d. letzten Reden d. sterbenden Jesu, als ein Labsal in Todesnoth. 8. Berlin, Rüdiger. 744.

**Reppert,** Rudolf, a. Saarbrücken: **Über gelbes, braunes und graues Arsen. Halle: (R. Trenkel, Berlin) 1907. (64 S.) 8° [F. u. Ant.]**
Halle, Phil. Fak., Ref. Volhard, Diss. v. 21. Juni 1907
[Geb. 1. Juni 81 Saarbrücken; Wohnort: Berlin; Staatsangeh.: Preußen; Vorbildung: Oberrealsch. Saarbrücken Reife O. 02; Studium: T.H. München 4, Berlin 2, Univ. Berlin 3 S.; Rig. 13. Mai 07.]

**Reppuhni, Hab.** Das Buch v. d. Kriege in Thüringen, welchen geführt haben die Preussen mit den Franzosen u. in einer Schlacht überwunden am 5. Nov. 1757. (23.) 4. Beuten.

**Repräsentanten-Wahl, Die** zu Dipplisburg. Schauspiel in drei Acten grösstentheils im schwäbischen Dialecte . . . Heilbronn a. N. u. Rothenburg a. d. T. 1826. N. A. 1842. V: *Wagner, Glieb Frdr.* (GGr)

**Repräsentanten-Wahl, die, zu Dipplisburg. Schauspiel in 3 Akten, größtentheils in schwäb. Dialekte; vom Verfass. der Schulmeisterwahl zu Blindheim. gr. 8. Heilb. 826, Claß.**

Repräsentanten-Wahl, die, zu Dipplisburg. Schausp. in 3 Acten, größtentheils im schwäb. Dialecte; v. Verf. der Schulmeisterwahl zu Blindheim. Neue Ausg. gr. 8. (3 B.) Heilbronn 842, Classische Buchh.

**Repräsentantenwahl,** die Solinger, vom 18. II. 1907. Denkschrift, hrsg. v. kirchlich-liberalen Wahlkomitee. (152 S.) gr. 8. Leipzig 907. (Quelle & Meyer.) 1. 50

Allerunterthänigste **Repraesentatio** gravaminum religionis der Römisch-Cathol. im Hertzogthumb Cleve auch Graffschafft Marck u. Ravensberg cum justificationibus erstattet von Ihro Churfürstl. Durchl. zu Pfaltz Gülich- u. Bergischer Regierung. Düsseldorf 1723. fol.

**Repraesentatio** belli ob successionem in Regno Hispanico auspiciis trium Caesarum Leopoldi I., Josephi I. et Caroli VI. intra 14 annos fortissime gesti . . . Der Spanische Successions-Krieg unter Leopoldo I., Josepho I. u. Carolo VI., innerhalb 14 Jahren mit siegreichsten Progressen biss zu dem Baadischen Frieden geführet, davon die merkwürd. Belagerungen, Bataillen . . . u. solenne Actus . . . in 56 schön inventierten u. mit curieusen Einfassungen gezierten Kupffer-Platten . . . vorgestellt worden. V: *Decker, Paul.* (Dorotheum. VI. Bücherauktion, Halm & Goldmann. 17. u. 18. März 1910. Nr. 125.)

**Repraesentatio** belli ob successionem in regno Hispanico . . . gesti . . . Der Spanische Successions-Krieg unter drey . . . Keysern Leopoldo I. Josepho I. und Carolo VI. innerhalb 14 Jahren . . . geführet . . . auf Unkosten und Verlag Jeremias Wolffens Kunsthändlers seel. Erben in Augspurg. [Nach 1714.]
Kupfertit. 1 Bl. 56 Taf. in Kupferst. gr. 2°
Nach Zeichnungen von Decker [illegible]

Repraesentatio belli ob successionem in regno Hispanico gesti. Der Spanische Successionskrieg unter Leopold I., Joseph I. u. Carl VI. innerhalb 14 Jahren glücklich geführet. Darin die merkwürd. Belagerungen, Bataillen in 56 Kupfern u. Beschreibungen. fol. Augsburg (1715.)

**Repraesentatio** causae Rupefortianae s. litis a Dominis Comitibus de Stolberg aduersus . . . domum Leonsteinianam . . . notae . . . Werthemii 1734. V: *Frühauf, Joh. Frdr. von.* (Holz)

**Repraesentatio, Dilucida,** magnificae et sumptuosae bibliothecae caesareae iussu — Caroli VI . . . Viennae 1737. V: *Heumann von Teutschenbrunn, Johann.* (Fiker)

**Repraesentatio** iuris primariarum precum . . . sine praeuio Pontificis assensu competentis. Magdeb. 1706. V: *Cortreius, Adam.* (Holz)

Abgedrungene **Repraesentation** an das Corpus Protestantium von dem Waldenburg-Bartensteinischen Stadt-Schultheiss in Syndringen gegen ein durch den Pistorius kürtzlich zu Regenspurg ad aedes distrib. Promemoria. Dat. 21. Juli 1750.

**Repräsentation, Acten-mässige,** dass das bey denen Freyherrl. von Crailsheimischen Stamm- und Geschlechtsgütern . . . befindliche Eigenthum . . . inalienable sey . . . O. O. u. J. V: *Schmidt, Joh. Lor.* (Holz)

**Repräsentation** des Bauernstandes. [Kiel 1815.] V: *Hegewisch, Franz Hermann.* (LS)

**Repräsentation, Bestgegründete rechtliche,** was es mit dem des Herrn Praelaten zu Zwyfalten HochWürden . . . angelegten kleinen Capellin . . . für eine . . . Beschaffenheit habe. [Reutlingen] 1714. V: *Beger, Joh. Gg.* (Heyd)

**Repräsentation**, über die, der evangel. Geistlichkeit auf dem Kön. Sächs. Landtage. Ein Beitr. zu d. Vorschlägen u. Wünschen dieser Zeit, seinen Mitbürgern u. Amtsgenossen zur Prüfung vorgelegt von e. evangel. Pfarrer des Meißn. Kreises. 8. Dresd. 830. Hilscher. 4 gr

Repraesentation der Huldigung in Nürnberg, 9. Febr. 1746, durch Frz. Sigm. Fr. Graf von Satzenhofen vor dem Rathaus. Flugblatt. Anon. Kupfer. (Nürnberg.) Chrph. Rieglische Kunsth. (1746.) Qu.-Fol. Drug. 4444. 15.—

Repräsentation, die, der evangel. Kirche nach ihrer Uebereinstimmung mit d. heil. Bunde, ihrer rechtl., polit. u sittl. Nothwendigkeit u. ihrer unabweisl. Zeitdringlichkeit. Ein Votum d. Kirche. Joh. 18, 23. gr. 8. (4¼ B.) Coburg 831, Sinner. Aus den „Annalen d. theolog. Literatur" besond. abgedruckt.

**Repräsentation, Die,** der protestantischen Kirche in Württemberg. Stuttg. 1845. V: *Rümelin, Gustav.* (ADB 53, 634) (Mitth. Geh. Ober-Rgrt. Dr. Adam-Stuttgart.)

**Repräsentation** der protestantischen Kirche in Würtemberg. gr. 8. Stuttgart 845, Neff. n. ⅙ Rthlr

— über landstand., im Großherzogth. Hessen. 1s Hft. 2e Aufl. u. 2s Hft. gr. 8. Stuttg. 820. Metzler. 12 gr

Repräsentation, über landständische, im Großherzogth. Hessen, 1s Heft 2te Aufl. und 2s Heft. gr. 8. Stuttgart, Metzler. 821.

Wiederholte unterth. **Repraesentation** u. Bitte von Stadt-Schultheiss u. Unterthanen des Städtleins Syndringen ad Corpus Evangelicorum sub dato 17. Oct. 1750 ad causam Hohenlohe ca. Hohenlohe. o. O. [1750.

Repräsentativ-Monarchie, über die, mit nächster Beziehung auf Baiern. gr. 8. Bamberg, Göbhardt. 819.

**Repräsentativ-Monarchie**, über die, mit nächster Beziehung auf Baiern. gr. 8. Bamb. 819. (Frkf. a. M., Wesché). 4 gr

*Représentation* de la Bourgeoise de Génève au magnifique Conseil concernant le Lotto Genois. 8. Leipz. 773. Weidmann. 2 gr

— des espèces d'argent en circulation, avec l'indication de leur titre, poids et valeur. gr. 8. Bern 823. Jenni. 1 Rthlr 20 gr

Chemin de fer du Saint-Gothard. 30e rapport 1901. ([Avec] Annexes, Représentation graphique [de 4 pages et couverture illustrée].) II + 79 + *Annexes* II + 23 + 43 p. 4. Lucerne, J. Burkhardt, 1902.

**Représentation** de l'ancien habillement de Strasbourg. Vorstellung der alten Straßburger Kleidertracht. Strassburg, zu finden bey Antoni Häussler Buchbinder [um 1735]. Tit. u. 8 Taf. in Photographie. 8°. *Unvollständig. Folgen mit 27 u. 29 Bl. erschienen.*

Représentation de Sa Majesté le roi de Prusse à la cour de Vienne sur la Note du 16. Fevrier, 1778. 4.

Représentation des Uniformes de l'Armée impér. de toutes les Russies p. J. de Lude. 89 feuill. gr. 4. color. Leipz. Hartknoch. 79.

Représentations de la Mythologie, s. Darstellungen, 61.

Représentations respectueuses adressées par les Couvens de l'Argovie au Grand-Conseil de ce Canton et à la Diète-Fédérale. (Ce 24. Avril 1836.) fol. (Schaffhouse.)

Représentations de 23 Statues de bronze, s. Abbildungen.

Repressalien. Schausp. in 4 Aufz. von Ziegler. 8. Wien, Wallishäußer.

**Repressalien** das einzige Mittel mit Rom fertig zu werden . . . Grimma 1840. V: *Bauer, Aurel Reinhard Eduin.* (Haan)

Repressalien, das einzige Mittel, mit Rom fertig zu werden. Sechs Briefe üb. d. gemischten Ehen v. e. Laien. 12. (5 B.) Grimma 840, Verlags-Comptoir.

**Repsold, E.**, alte französische Poesie XI. bis XVI. Jahrh. in deutsche Verse übertr. (94 S.) 8. Leipzig 908. Modernes Verlagsbureau. 1.—

**Repsold**, E.: Alte französische Poesie, XI. bis XVI. Jahrhundert, in deutsche Verse übertr. von –. Berlin-Leipzig: C. Wigand 1908. 94 S. 8°

Repsold, G. J., die Weinzucht unter Glas. 8. (32 S. mit 7 lithogr. Fig.-Taf.) Hamburg 878, O. Meißner.

**Repsold**, Joh. A.

Repsold, J. A., Beschreibung eines Basis-Mess-Apparates, ausgeführt von A. Repsold & Söhnen. Hamburg 1867.

**Repsold,** Joh. A., zur Geschichte der astronom. Messwerkzeuge von Purbach bis Reichenbach 1450 bis 1830. (VIII, 132 S. m. 171 Abb.) 33,5×25,5 cm. Leipzig 908. W. Engelmann. 16.—; geb. in Leinw. 18. 50

Repsold, Joh. A. Nachrichten über die Familie Repsold und ins Besondere über Joh. Georg Repsold. Hamburg 1884.

**Repta** Stefan v.: Kaiserin Elisabeth. †. I. Suczawa 99 **Progr.**

**Repta,** St. v.: Ciceros Kampf mit den zeitgenössischen Rednern. 42 S. 8⁰. – Suczawa, Progr. 1872.

– Zu Schillers Wallenstein. Abrahams a S. Clara Antheil an der Capuzinerpredigt. 17 S. Suczawa, Progr. 1877

**Repta,** W. B. v., Psychologie in ihrer Bedeutung f. die Weckung, Pflege und Förderung des religiösen Lebens. gr. 8. (66 S.) Czernowitz 888. Pardini. n. 2.—

—— religiöse Sitten, Gebräuche und Gewohnheiten in ihrer Bedeutung für die Entwicklung der Cultur. Rede, beim Antritt des Rectorats an der k. k. Franz-Josefs-Universität in Czernowitz, geh. am 4. Octbr. 1883. gr. 8. (23 S.) Ebendas. 888. *

**Repta,** W[lodimir v.]: Erster [bis vierzehnter] Jahresbericht über den Zustand der Bürgerschule und der Volksschulen in der Landeshauptstadt Czernowitz für das Schuljahr 1879/80 [bis 1892/93]. Czernowitz: Erzb. Morariu-Andriewicz 1880/93.

**Republicano: Il Republicano** (Der Republikaner)
① Liberta et patria! ⑤ 29. 3. 1843—14. 10. 1843 ⑥ 4° ⑦ Wochenblatt ⑧ Strada: Fr. Aug. Wahl ⑨ Fr. Aug. Wahl, Scuol (Schuls) ⑪ Maloth, Samignun (Samnaun) ⑫ radikal ⑬ BGSZ: 1002, 1019 ⑭ Ch: K.

**Die Republik.** Neue Zeitung fürs deutsche Volk. Redakteur August Braß. Berlin 1848. 6 Nummern. Oktober u. November. 4.

**Republik.** – Die Republik. – Heidelberg. – 1.IV.1848 – 21.VI.(?)1849.

**! Republik! 3 Abhandlungen aus der deutschen Volkszeitung abgedr. 1. Deutschland, eine constitutionelle Monarchie oder Republik? (von Jul. Wulff). 2. Die Natur der Monarchie u. der Republik (von Jul. Wulff). 3. Was ist wohlfeiler, die Republik oder die Monarchie? (von einem Schweizer). gr. 8. (16 S.) Mannheim 848, Hoff. 2 ngr**

**Republik: Die Republik**
⑤ 1850 ⑦ halbwöchentlich ⑧ Langnau i. E. ⑬ BGSZ: 973.

**Republik, Die allgemeine Christliche,** in Europa, nach den Entwürfen Heinrich des 4ten, König von Frankreich ... Göttingen 1752. V: *Toze, Eobald.* (ML) (Ky)

Republik, d. allgem. christl., in Europa, n. d. Entwickel. Heinrich des IV. u. des Abts v. St. Pierre. 8. Göttingen, Vandenhök. 752.

Die Republik der Arbeiter: Jahrgang 1 - 6, no. 4, Jan. 15, 1850 - July 21, 1855. Monthly, Jan. 1850 -May 1851; weekly, Apr. 1851 - Dec. 1854; monthly, 1855. Sub-title: Zentralblatt der Propaganda für die Verbrüderung der Arbeiter, Apr. 18, 1851 - July 21, 1855. Organ of Arbeiterbund (Allgemeiner Arbeiterbund), founded by Weitling. Quarto, each issue 16 pages. Circulation: 1850, 950; end of year 1850, 4000. Edited by Wilhelm Christian Weitling, Jan. 15, 1850 - ?; by Leopold D. S. Alberti. Published by the Arbeiterbund, 1850 - 55.
New York, NY

Die **Argentinische Republik.** Bevölkerung, Einwanderung, Ackerbaukolonien, Landschenkungen, Eisenbahnen usw. -- Bern 1869: Allemann. 34 S. mit 1 Kt. [Amtl. Mitt.]

Republik, Argentinische. Internationale Ausstellung für Eisenbahnen und Landverkehr 1910. (23 S) 4° Buenos Aires 1910

**Republik Costa Rica, die,** s. Costa Rica, die Republik.

**Republik.** – Die demokratische Republik. – Heidelberg. – 1.V.1849 – 10.VI.1849.

**Republik,** üb. die Europäische, (v. Nikl. Vogt). 5 Thle. gr. 8. Frkf. a. M. 787—92. Varrentrapp. 2 ₰ 20 gr

— üb. d. Französische, von P. 8. Tübing. 794. v. Cotta. 6 gr.

— der Gelehrten, wor. d. z. iure publ. et gent. gehörig. collect. etc. recensirt w. 4 Stck. 8. Nürnb. Monath. 737 - 740.

— die, der Gelehrten, oder Beschreib. d. Künste u. Wissenschaften. 8. Prag 771. Mangold. 6 gr

—— die, ihre Grundsätze und Verfassung. Nach dem Vorbilde Nordamerika's mit Berücksicht. der deutschen Zustände dargestellt von Ed. Vlr. 8. (VI und 74 S.) Villingen 848, Förderer.

**Republik, Die,** des 18. Jahrhunderts. [A. d. Franz.] Germanien [Leipzig] 1794. V: *Delisle de Sales, Jean Claude Izouard.* (wr)

— die, des 18. Jahrh., Lesebuch f. Politiker. 8. Leipz. 794. (W. Nauck). (1795 mit d. n. Titel: Wanderungen e. Cosmopoliten). 1 ₰

**Republik: Die junge Republik**
① Organ des politischen Arbeitervereins ⑤ 4. 5. 1874 (1 Nr.) ⑥ 4° ⑦ Wochenblatt ⑧ La Chaux-de-Fonds ⑫ sozialistisch ⑬ BGSZ: 1040 a (p. 269, Nr. 32) ⑮ Französische Ausgabe: La Jeune République.

Ligurische Republik — Die ehemalige — nach Chafrions grosser Charte und den neuesten Hülfsmitteln entworfen. Mit der jetzigen Eintheilung in drey Departements, Montenotte, Genova und der Apenninen. Herausgegeben von den Homännischen Erben. Nürnberg 1810. 1: 450,000. 1 Bl.

**Republik od. Monarchie, s. a Fragen, brennende.**

—— oder Monarchie? Beantwortet durch Thom. Paine's „gesunder Menschenverstand" und „Menschenrechte." Nach den Originalquellen bearb. von John Greis. 8. (VIII und 119 S.) Hamburg 848, Hoffmann und Campe.

— oder konstitutionelle Monarchie? (von Rich. Schneider). [Beilage zur „Zeitung f. Stadt u. Land". Nr. 22.] 8. (24 S.) Altenburg 848. Leipzig, Schrey in Comm. n. 1/12 ₰

**Republik** oder nicht? An die Arbeiter 8⁰. s. l. s. a. (1848).

Die Republik Oesterreich. Vom Gr. v. S. Mannheim, J. P. Grohe. 16 S. 8⁰.

— die Römische, e. Spiel zum Unterr. u. Zeitvertreib d. Jugend in Spielkarten. gr. 8. Dresd. 784. Hilscher. 16 gr

— d. schwimmende. E. Erzähl. d. Aufstand. d. britt. See=leute a. d. Themse 1787. Beschr. v. e. Augenzeug. 8. Fürth, Bürcau f. Lit. (Campe in Nürnb.) 803.

— die schwimmende; e. Erzählung d. Aufstandes d. Britisch. See=leute auf d. Themse 1787. Nebst R. Parkers Vertheidigung vor dem Kriegsgericht u. e. Anh. üb. Seewesen. Beschrieb. v. e. Augenzeugen. Mit Parkers Portr. 8. Fürth 803. (Campe in Nürnb.) 12 gl.

**Republik, Die siegende,** oder die vernichtete Bourbonische Staatsklugheit; a. d. Franz. . . . 1742. Amsterdam 1748. Ü: *Schmauss, Johann Jacob.* (ML) (Wr)

Soziale Republik : Jahrgang 1—3, no. 5. Apr. 24, 1858—May 26, 1860.

Weekly. Sub-title: Organ der freien Arbeiter, Apr. 24, 1858—Feb. 11, 1860, and the editor states: „Meine Platform war und ist: Wohlstand, Bildung und Freiheit für Alle." With the issue of Feb. 18, 1860, only motto remains: Freiheit, Gleichheit, Brüderlichkeit. Large quarto, each issue usually 8 pages.
Edited by Gustav Struve, Apr. 24, 1858—Feb. 5, 1859; by Wilhelm Kopp, Feb. 12—May 1859; by the *Vorstand* of the *Arbeiterbund*: Ph. Koch, D. Steinmetz, P. Rödel. Published by Der Arbeiterbund in New-York, Apr. 24, 1858—July 16, 1859; by Der Allgemeine Arbeiter-Bund in den Vereinigten Staaten, July 23, 1859—May 19? 1860; by Social-Reform-Club, May 26, 1860.
New York, NY

**Republik, Die in Paraguay zerstörte,** der Jesuiten. Hof [1757]. V: *Carvalho y Mello, Seb. Jos. de.* (Adel) »Amsterdam [Halberstadt]« (Wr)

— die zerstörte, der Jesuiten zu Paraguay. 8. Frankf. 758. (Lübecks Erb. in Bayr.) 3 gl.

**Republikaner: Der Republikaner**
v. Il Republicano.

**Republikaner: Der Republikaner** (Lu—Zh)
③ Der Republikaner nach liberalen Grundsätzen ⑤ 6. 1. 1802 (16. Nivose X) —8. 9. 1802 (21. Fructidor X) und wieder vom 15. 3. 1803 (24. Ventose XI)—6. 8. 1803 (18. Termidor XI) ⑥ 4° ⑦ 2×, 3×, sogar 4× wöchentlich ⑧ Luzern: Meyer & Cie. (6. 1. 1802—17. 7. 1802); Zürich: Ziegler & Söhne (17. 7. 1802—6. 8. 1830) ⑩ Paul Usteri ⑪ Paul Usteri ⑫ zentralistisch ⑬ BGSZ: 107, 884, 1028, 1034 ⑭ Lu: Z; Be: L ⑮ Die Zeitung zeigt Zensurlücken, z. B. am 9., 23. und 30. 3. 1802.

Der Republikaner : no. 1—279, Aug. 12, 1812—Jan. 2, 1818.

Weekly. An "Extra" "für die Subscribers des vorgeschlagenen Northumberl. Republicaners" one leaf, was issued Aug. 5, 1812; in it the editor apologized for the lateness of his first issue; no. 2 was issued Aug. 22, but paper was regular thereafter. Title varies: 1) Der Republikaner, Aug. 12, 1812; 2) Northumberl. Republicaner, no. 2—67, Aug. 22, 1812—Nov. 20, 1813; 3) Northumberl. Republicaner und Northumberland, Union und Columbia Counties Anzeiger, no. 68—279, Nov. 27, 1813—Jan. 2, 1818; 4) slight variations: "Counties" changed to "Caunties" with no. 95, May 28, 1814. Numbers 272—279, Nov. 13, 1817—Jan. 2, 1818, also as "Jahrgang 6." Large quarto, each issue 4 pages. Edited & published by John G. Jungman, 1812—18.
Sunbury, PA

Der Republikaner : 1827—1830? Somerset, PA
Weekly. Edited & published by Friedrich Goeb.

Republikaner : 1842—? Cincinnati, OH

Republikaner : 1843—1850? Berlin, PA

Der Republikaner : 1848?—? Easton, PA

Republikaner. – Der Republikaner. –
Leipzig. – 23.V.1848 – 2.X.1848.
Fortges. u.d.T.: Oppositionsblätter.

**Republikaner, der. Red.: Hans v. Streit, Wilh. Noack.** 1. Jahrg. 1848. Juni — Decbr. 64 Nrn. hoch 4. (½ Bog.) Leipzig. (Buch= u. Kunst=Verlag.) n. 1¾ ₰

**Republikaner** (Der), von A. Prinz. gr.-fol. Hamburg, April—Dec. 1848. 39 Nrn. Jänner—März 1849 als demokrat. Zeitung. Altona.

—— der. Eine Zeitschrift zur Besprechung hamburgischer und deutscher Verhältnisse. 1. Jahrg. 1848. April — Decbr. 39 Nrn. (Bog.) gr. Fol. Hamburg, (Berendsohn.) *

Der Republikaner : July—Dec. 1852? Detroit, MI
Republican weekly. Edited & published by Matthäus Kramer & Co.

**Republikaner: Der Republikaner** (Lu)
③ Der Eidgenosse (Lu) ④ Der Eidgenosse (Lu) ⑤ 23. 9. 1856—28. 12. 1857 ⑥ 4° ⑦ wöchentlich 2× ⑧ Luzern: Xaver Meyer (23. 9. 1856—27. 2. 1857). Hägi & Bösch (2. 3. 1857—28. 12. 1857) ⑪ Fürsprech Johann Theiler ⑫ freisinnig ⑬ BGSZ: 1028, 1032 ⑭ Lu: Z ⑮ Die Zeitung wurde durch das Eingehen des «Eidgenossen» ins Leben gerufen; als der «Eidgenosse» wieder erschien, ging der «Republikaner» ein.

Der Republikaner : 1857—1865? Peoria, IL

**Republikaner: Der Republikaner** (Zh I)
① Zürcher Intelligenzblatt ③ Zürcher Intelligenzblatt (I) ⑤ 21. 6. 1864—31. 12. 1869 ⑥ 2° ⑦ wöchentlich 6× ⑧ Zürich: J. Herzog ⑩ der Drucker ⑪ Fürsprech C. Dormann, J. Herzog und Walder ⑫ freiheitlich und sozial, republikanisch ⑭ Zh: Z ⑮ Der «Republikaner» übernimmt die Jahrgangsbezeichnung des Zürcher Intelligenzblattes (10.—15. Jg.).

**Republikaner: Der Republikaner** (Ag)
① Anzeiger für das Wiggerthal und Umgebung ⑤ 1872—1873 ⑥ 4° ⑦ wöchentlich 2× ⑧ Aarburg: Rudolf Haberstich ⑩ Konsortium zwecks Gründung einer Tageszeitung ⑬ BGSZ: 941.

**Republikaner, der.** Volkskalender auf d. J. 1877. Mit Beiträgen v. F. Autenheimer, J. Phil. Becker, S. Bleuler ꝛc. u. den Portraits v. Fr. Alb. Lange u. J. Lucius Michel (Holzschntaf.) Hrsg. v. Rhold. Rüegg. gr. 8. (96 S.) Winterthur 876. Bleuler-Hausheer & Co. n. — 50

—— der. Volks=Kalender auf die J. 1878 und 1879. Hrsg. von Rhold. Rüegg. gr. 8. (100; 87 S. mit eingedr. Holzschn.) Zürich, Volksbuchh. Jahrg. 1878 *
Jahrg. 1879 *

**Republikaner, der.** Illustr. Volkskalender auf das Schaltjahr 1880. Begründet von Reinh. Rüegg. In-4°. Zürich-Hottingen, Volksbuchhandlung. 1879

**Republikaner, der.** Illustrirter Volkskalender für das Jahr 1881. Fünfter Jahrgang. In-8°, 88 S. Hottingen-Zürich, Volksbuchhandlung. 1881

**Republikaner, der.** Illustrirter Volkskalender für das Jahr 1882. VI. Jahrgang. In-4°, 80 S. Zürich, Volksbuchhandlung. 1881

**Republikaner: Der Republikaner** (Zh II)
⑤ 1879 ⑦ Wochenblatt ⑧ Küsnacht (Zh): Egger-Honegger ⑨ Frauenzeitung ⑬ Helvetische Typographia 1879, Nr. 11.

Der Republikaner : 1882—1886?
Republican weekly. Circulation: 1885, 890 (est.). Edited & published by F. W. Schweppe.
Boerne, TX

Der Republikaner : 1887?—1889?
Weekly edition of Neue Freie Presse. Edited & published by J. E. Metzger.
Philadelphia, PA

Der Republikaner : 1892?—1910?
Republican daily, evening except Sunday. For Sunday edition, see Sonntagsblatt des Republikaner. Circulation: 1900, 40,000. Edited by G. F. Harmeyer & published by Republikaner Publishing Co., 1892—1910.
Chicago, IL

Sonntagsblatt des Republikaner : 1899?—1910? Chicago, IL
Sunday edition of Der Republikaner.

**Amerikanischer Republikaner** : Sept. 1855—1909?

Republican weekly; supported Hayes. Circulation: 1869, 1450 (est.); 1885, 1400; 1905, 1545; 1909, 1000. Edited & published by J. P. Bertram, by Aaron F. Snyder & C. Liebner, 1869?–75; by Aaron F. Snyder, 1876–81; by August Knecht, 1882–1909.
**Pottsville, PA**

**Republikaner von Berks** : 1868?

Republican campaign paper. Edited & published by Arnold Puwelle & Charles W. Günther.
**Reading, PA**

**Republikaner von Berks** : Jahrgang 1–31, no. 4, Jan. 6, 1869—Jan. 26, 1899.

Republican weekly; supported Hayes. Merged with DAS KUTZTOWN Journal.
Circulation: 1870, 1800 (est.); 1880, 1500; 1895, 700; 1899, 600.
Edited & published by Daniel Miller, 1869–99.
**Reading, PA**

**Der Christliche Deutsche Republikaner** : 1853?—1870?

Weekly. Of special interest to Methodist Churchmen. Edited & published by Wilhelm Nast.
**Cincinnati, OH**

**Der Deutsche Republikaner** : Sept. 28, 1842– Mar. 23, 1861?

Daily, evening except Sunday. Established as a Whig paper; became labor paper in Dec. 1858. Sub-title: 1) Ein Tageblatt für Politik, Gewerbe, und Wissenschaft, Jan. 4, 1853–Dec. 1857; 2) Organ der Arbeiter, Dec. 6, 1858–1861. Title varies: CINCINNATI REPUBLIKANER, Jan. 1858–1861? For weekly edition, see DER DEUTSCHE REPUBLIKANER: WOCHENBLATT. Large quarto, each issue 4 pages, but enlarged 1858. Edited by J. H. Schroeder, Sept. 28, 1842–1843; by Dr. C. F. Schmidt, 1843–44; by Wilhelm J. L. Kiderlen, 1844–Aug. 12, 1848; by Heinrich Geder, 1848–49; by Emil Klauprecht, 1849–51; by Ludwig Ferdinand Fenner von Fenneberg, 1851?–May 1852; by Emil Klauprecht, May 15, 1852–1856? (Klauprecht made it a militant, lively newspaper and expanded its influence. He also improved its literary offerings and in general contributed to the elevation of German journalism. He left to become U.S. Consul in Stuttgart) by August Becker, 1856?–Jan. 1858; by August Willich [with Hiller & Becht], Dec. 1858–? Other editors: Jucksch & Rohrbach, associate editors, 1846?; Johann Rittig; Carl Friedrich Guyo. Published by J. H. Schroeder, 1842–44; by Dr. C. F. Schmidt, 1844–49?; by F. C. Schmidt & Co., Feb. 12, 1853?–1855?; by Carl Hiller & Eduard Becht, Jan.?–Nov. 1858; by Sozialer Arbeiter-Verein, Dec. 1, 1858–1861.
**Cincinnati, OH**

**Der Deutsche Republikaner: Wochenblatt** : Oct. 13, 1842–Mar. 1861?

Weekly edition of DER DEUTSCHE REPUBLIKANER.
**Cincinnati, OH**

**Der Deutsche Republikaner** : 1856

Weekly. Back page of *Star of Empire* was in German and called *Der Deutsche Republikaner*.
**San Francisco, CA**

**der fränkische Republikaner.** Wochenschrift für die ganze Menschheit, vorzügl. für Mainz. Jahrg. 1, N. 1.—13. 20. Nov. 1792 bis 15. Febr. 1793. Mainz 1793.

**Der Republikaner und Codorus Gazette** : Apr. 10, 1831–?

Democratic weekly. Absorbed CODORUS GAZETTE. Edited & published by George Sprung & Co.
**Jefferson, PA**

**Republikaner: Der Republikaner nach liberalen Grundsätzen**

③ Der neue Schweizerische Republikaner ④ Blätter für Vaterland und Gemeinwohl (geplante Zeitung, die aber nicht erschien, v. Der Republikaner nach liberalen Grundsätzen 21. Stück, 11. 12. 1801 u. 36. Stück, 27. 12. 1801) ⑤ 10. 11. 1801—27. 12. 1801 ⑥ 4° ⑦ wöchentlich 6× ⑧ Bern (Joh. Anton Ochs: Verleger) ⑩ Escher und Usteri ⑫ helvetisch gesinnt ⑬ BGSZ: 107. 369. 371. 973 ⑭ Be: L. St ⑮ Das Blatt entspricht inhaltlich weitgehend dem vorangegangenen »Neuen Schweizerischen Republikaner«.

**Republikaner, Der neue Schweizerische.** Bern 1800. II: *Escher, Hans Conrad & Paul Usteri.* (MGT)

**Republikaner: Der neue Schweizerische Republikaner**

③ Neues republikanisches Blatt ④ Der Republikaner nach liberalen Grundsätzen ⑤ 21. 5. 1800—9. 11. 1801 ⑥ 4° ⑦ wöchentlich 6× ⑧ Bern (Joh. Anton Ochs: Verleger) ⑩ Escher und Usteri (21. 5. 1800—27. 3. 1801), Usteri (allein; 28. 3. 1801—28. 7. 1801); ab 29. 7. 1801 wird kein Herausgeber genannt ⑪ die Herausgeber ⑫ helvetisch gesinnt, doch nicht ohne gelegentliche Kritik ⑬ BGSZ: 107. 369. 372. 973. Der Republikaner nach liberalen Grundsätzen. 2 Stück. 11. 11. 1801 ⑭ Be: L. S. St: Lu: Z ⑮ Von der Regierung unterdrückt. — In einer Abonnementseinladung, erschienen am 15. 1. 1801 nennt sich die Zeitung »Neuer schweizerischer Republikaner«.

**Pittsburger Republikaner** : 1854–1879?

Democratic daily, except Sunday. Middleton states that it was of Roman Catholic interest. Sub-title: Ein demokratisches Organ für Wahrheit, Recht und Gemeinwohl. For weekly edition, see WÖCHENTLICHER PITTSBURGER REPUBLIKANER. Circulation: 1870, 2500 (est.); 1878, 1100 (est.). Edited by Ludger Werner Kollenbäck, 1854–69, by Gustav A. Heilmann, 1869–79; published by a Deutsche Gesellschaft.
**Pittsburgh, PA**

**Republikaner der italienischen Schweiz**

⑮ In der deutschschweizerischen Presse erscheinen oft Hinweise auf eine Zeitung dieses Namens. Es handelt sich um die Luganeser Zeitung »Il Repubblicano della Svizzera Italiana«.

**Republikaner: Der schweizerische Republikaner**

② Der schweizerische Republikaner, herausgegeben von Escher und Usteri, Mitgliedern in die gesetzgebenden Räthe der helvetischen Republik (18. 4. 1798) ④ Neues helvetisches Tagblatt ⑤ 20. 2. 1798—13. 4. 1798 (1. Serie); 18. 4. 1798—31. 7. 1799, 20. 3. 1799—6. 2. 1800 (*), Juli 1799—17. 11. 1799 (**) ⑥ 4° ⑦ wöchentlich 2× (aber auch 3×, 4×); wöchentlich 4× (ab 18. 4. 1798); später auch unregelmäßig ⑧ Zürich: Orell Füßli & Co.; Luzern: Gruner & Geßner (ab 8. 10. 1798.; Bern: Gruner & Geßner (ab 15. 6. 1799) ⑩ Konrad Escher, Paul Usteri ⑪ zuerst Escher und Usteri, dann Leonhard Meister (ab 18. 4. 1798); Mitarbeiter in der ersten Zeit: Zuckerbäcker David Vogel, Zürich ⑫ regierungsfreundlich ⑬ BGSZ: 107, 607, 745, 884, 1034 ⑭ Lu: Z: Be: L ⑮ Mit der Übersiedlung der Zeitung von Zürich nach Luzern ergab sich eine Doppelspurigkeit. Es erschienen: Montag, den 8. 10. 1798: in Zürich Nr. 166, in Luzern Nrn. 170, 171; Dienstag, den 9. 10.: in Zürich Nr. 167, in Luzern Nrn. 172, 173; Mittwoch, den 10. 10.: in Zürich Nr. 168, in Luzern Nrn. 174, 175; Donnerstag, den 11. 10.: in Zürich Nr. 169; Freitag, den 12. 10.: in Luzern Nr. 176. Die Nrn. 171, 173, 175 trugen kein Datum. Nr. 97 vom 18. 3. 1799 brachte folgende Erklärung: »... Die ersten 30 Nummern des 3ten Bandes sind bestimmt, das Zurückgebliebene der Sitzungen der Räthe der Beschüsse des Vollziehungs-Direktoriums usw. bis zum 18. März nachzuholen. Diese 30 Stücke werden in einer besonderen Druckerei gedruckt, und es sollen davon wöchentlich 2 Nrn. neben den obgemeldeten ordentlichen Stücken ausgegeben werden« (Die Zeit des Erscheinens dieser Nebenausgabe ist sub 5 mit * bezeichnet). — Nr. 100 v. 31. 7. 1799 enthält die Anzeige, daß vom 3. Bd. des »Republikaners« noch ein 20 Bogen starkes Supplement gdruckt werde, das die ruckständigen Verhandlungen der Räte bis zum 23. 7. 1799 enthalte. (Zeitdauer der Ausgabe des Supplementes sub 5 mit ** bezeichnet.)

**Republikaner,** schweizerischer, herausg. von Joh. Konr. Escher und Paul Usteri 1798 II 20–IV 20, ein Heft. 1798 IV 18–1799 VII 31. 3 Bde. und 1 Heft. — Als Forts.: Neues helvetisches Tagblatt 1799 VII 25–1800 IV 16. 2 Bde. — Neues republikanisches Blatt 1800 I 5–III 12. — Neuer schweizerischer Republikaner 1800 V 21–1801 IX 9. 3 Bde. 4.

**Republikaner: Schweizerischer Republikaner**

④ Neues schweizerisches Volksblatt ⑤ 26. 11. 1830—26. 6. 1846; 22. 11. 1848—30. 12. 1851 ⑥ 4°; 2° (10. 10. 1845; Vergrößerung: 22. 11. 1848); 4° (1850/51) ⑦ Wochenblatt (1830—34; 10. 10. 1845—28. 12. 1848); wöchentlich 2× (1835—3. 10. 1845; 1850/51) ⑧ Zürich: Geßnersche Buchdruckerei (1830—1833), Orell, Füßli & Cie. (1834 und 1. Halbjahr 1835), keine Druckerangabe (2. Halbjahr 1835), Ulrich'sche Buchdruckerei (1836—September 1837), Fr. Schultheß (Oktober 1838—Dezember 1842), Zürcher & Furrer (ab 30. 12. 1842) ⑨ Beiblatt zum Schweizerischen Republikaner (1831) ⑩ Aktiengesellschaft des Schweiz. Republikaners ⑪ Dr. Ludwig Snell (bis 1842), Wilhelm Füßli (bis 1822), Julius Fröbel (Ende 1842—Juli 1843), Heinrich Vögeli, J. J. Treichler (1852), Joh. Ludwig Meyer, Jakob Dubs ⑫ radikal, mit sozialistischem Einschlag (Fröbel, Treichler) ⑬ BGSZ: 1125, 1128, 1130; Neue Zürcher Zeitung 1954, Nr. 1645 ⑭ Zh: Z; Lu: Z (1830—1844); Be: L ⑮ Die Nummer v. 6. 9. 1844 zur Erinnerung an den Züricher Putsch von 1839 mit Trauerrand.

**Republikaner, schweizerischer,** Jahrg. 1841. 104 Numm. gr. 4. Zürich, Schultheß. n. 2½ ℳ

**Unabhängiger Republikaner** : July 27, 1810–1916

Weekly. The title is a misnomer, for the paper was staunchly Democratic, supported Jackson; Calhoun; Van Buren; Tilden. Title varies: 1) DER UNABHÄNGIGE REPUBLIKANER, July 27, 1810–July 17, 1812; 2) DER UNABHÄNGIGE REPUBLIKANER UND LECHA CAUNTY FREYHEITS FREUND, July 24, 1812–Apr. 8, 1814; 3) DER UNABHÄNGIGE REPUBLIKANER, Apr. 15, 1814–?; 4) UNABHÄNGIGER REPUBLIKANER VON LECHA, NORTHAMPTON, BUCKS, MONTGOMERY, SCHUYLKILL UND BERKS CAUNTIES ANZEIGER, [in 1838]; 5) UNABHÄNGIGER REPUBLIKANER. Small folio, when established, printed on coarse brown paper; in 1831 enlarged to 21 × 36, and a better quality of paper used. Circulation: 1872, 2600 (est.); 1880, 2375; 1890, 2100; 1900, 1650; 1910, 875; 1915, 450. Edited & published by Christian Jacob Hütter, July 27, 1810–July 17, 1812; by Carl L. Hütter, July 24, 1812–Oct. 1830; by Georg Hanke, Nov. 2, 1830–Jan. 1824; by Carl Ludwig Hütter, Jan. 1824–Sept. 1838; by Edwin W. Hütter [son of Carl L. Hütter, for Mrs. Hütter], Sept. 1838–Mar. 1839; by Reuben Bright, Mar. 27, 1839–Nov. 1841; by James W. Wilson, Dec. 2, 1841–Feb. 1854; by Reuben Bright & Ephraim B. Harlacher, Aug. 2, 1854–Dec. 1857; by Ephraim B. Harlacher & Benj. F. Trexler, Jan. 6–June 1858, by Harlacher, Trexler & Nelson Weiser, July 7, 1858–July 17, 1867, by Harlacher & Weiser, July 19, 1867–Feb. 1874; by Harlacher, Edwin J. Young & Lewis P. Hecker [Hecker withdrew very soon, and firm continued as E. B. Harlacher & Co.], Mar. 4–Sept. 1874; by Ephraim B. Harlacher, Sept. 30, 1874–June 1875, by Emil F. Pinn & William F. Schlechter, July 1, 1875–Feb. 1886; by William F. Schlechter [assisted by his son, Edward H. Schlechter], Mar. 1, 1886–1916.
**Allentown, PA**

**Der Wahre Republikaner** : 1805 **Lancaster, PA**
W[illegible]

**Der Wahre Republikaner** : Feb. 26, 1805–1808

Weekly. Title varies: DER WAHRE REPUBLIKANER, UND UNPARTHEYISCHE YORKER GAZETTE. Other slight variations in title: DER WAHRE REPUBLIKANER. Edited & published by Christian Schlichtung & Andreas Billmeyer, 1805–06, by Andreas Billmeyer, 1807–08, by Daniel Billmeyer, 1808.
**York, PA**

**Der Wahre Republikaner** : Oct.–Nov. 1856 **New Orleans, LA**

**Der Wahre Republikaner** : 1870–? **St. Louis, MO**

Campaign paper.

**Der Westliche Republikaner** : Mar. 1854–?

Weekly. Edited & published by Bernhard Buckle. Subscription held by Harmony Society, 1854–55.
**Pittsburgh, PA**

**Wöchentlicher Pittsburger Republikaner** : 1854?–1879?

Weekly edition of PITTSBURGER REPUBLIKANER, of Roman Catholic interest. Absorbed DER PITTSBURGER DEMOKRAT. Title varies: REPUBLIKANER UND DEMOKRAT. Circulation: 1870, 4000 (est.); 1878, 1600. Subscription held by Harmony Society.
**Pittsburgh, PA**

**Republikaner - Calender.** Haus- und Wirthschafts-Kalender des Schweizerischen Republikaners. Jg. 1—7. Zürich. H: *Bär*, *J. J.* (Cat. d. Stadtbibl. Zürich. Zürich 1864—97.)

Republiken, die, des Alterthums, e. Untersuchung, ob sie glücklicher als die heut. Staaten waren? 8. Leipz. 798. Gr. Fleischer. 1 ℔ 8 ℊ

**République** Française. Collection de documents pour servir à l'histoire de la chute de la Maison d'Orléans et de l'établissement de la République. 4 livrs. gr. 8. (XVI u. 372 S.) Leipzig 848, Brockhaus. (à n. 1/2 ℔) n. 2 ℔

**République** française, la première, en XLVI gravures. Réproduction de l'édition du commencement de ce siècle. qu. gr. 8. (25 Bl.) Leipzig 889. A. Twietmeyer. geb. n. 2. 40

**Repulsione** centrale opposta al sistema del sole centrale, e teorica de' moti tutti fisico-morali ed intellettuali, costituenti l'organismo dell' universo, senza ipotesi, con rappresentanze geometriche e d'accordo con la biblia dimostrata. Opera a complemento del poema „l'armonia universale" di N l e. d e B d o. B n i. gr. 4. (VI u. 90 S. m. 4 lith. Taf. in Fol.) Vienna 849. (Gerold.) n. 1 ℔ 24 ngr.

**Réquête** aux dames, par les pauvres enfans [!] des montagnes qui travaillent au fuseau, présentée par les francs-maçons de Dresde. [Dat.:] Dresde 1772. 2 Bl. 4° [Kopftit.]
Abgedr. in: Gesammlete Nachrichten von den Armen-Einrichtungen der Frmr in Chur-Sachsen. 1776 S. 37—40
Kl. 384. Selten.

Requête de l'Union suisse des paysans au Conseil fédéral concernant le Code civil suisse. (1904 Avril 5.) 41 p. 8. Berne, K.-J. Wyss, 1904.

Requiem. (Missa pro defunctis.) Textbuch latein. u. deutsch. Leipzig: Breitkopf & Härtel [1899]. (11 S.) 8° [Ant. u. F.] Textbibliothek, Breitkopf & Härtels. No 262.

**Requiem.** Erinnerungsblätter e. Mutter. 12. (52 S.) Braunschweig 900. R. Sattler. n. 1.50; geb. n. 2.—

**Requiem, Ein deutsches,** nach den Worten der heiligen Schrift komponiert von Johannes Brahms. Erläuternde Vorbemerkungen zu dem Konzert des Oratoriengesangvereins Frauenfeld am 19. Febr. 1905. [Frauenfeld.] V: *Haffter*, *Elias*. (BBullschw 5, 1905)

— m. deutscher Übersetzung, s.: Text-Bibliothek des Musikführers. Nr. 11.

**Requiescat** in pace, siehe: Jugend-Bibliothek englischer Schriften. II. (Bdchn.)

**Requisiten-Ausweis,** Aerztlicher, für das Jahr 1895. (Nachtrag zum Sanitäts-Reglement I. Beilage 24.) 8. (S. 177—181) —.02
Wien: Hof- und Staatsdruckerei 1895.

Réquisition ([concernant] les Privilèges [de] la Nation Suisse en France [adressée] à S. E. Mr. le Vicomte de Polignac, Ambassadeur [de France, par le] Corps Helvétique). 4. *s. l. n. d.* [1779/81].

**Requisitione,** de, iudiciali libellus variis observat. distinct. 8. Braunschw. Meyer. 747.

Rerich, C.: Souvenirkarte von Coburg.

—, Coburg. 6 Ansichten in Stahl gestochen. C. Zürich, Locher. 1875 —. 65

— — in Briefbogen —. 40
1875

**Rerich,** C., Souvenirkarte von Düsseldorf. 6 Stahlstiche. Zürich, Locher. 1875 —. 65

— — in Briefbogen. —. 25
1875

— — Würzburg. 6 Ansichten in Stahl gestochen. Zürich, Locher. 1875 —. 65

— — in Briefbogen —. 40
1875

**Rerum** aethiopicarum scriptores occidentales inediti a saeculo XVI ad XIX, curante C. Beccari, S. I. Vol. I—IV. Lex.-8. Romae. (Leipzig, O. Harrassowitz.) Subskr.-Pr. à n.n. 16.—; Einzelpr. à n.n. 20.—
I. Beccari, Camillo, S. I., Notizia e saggi di opere e documenti inediti riguardanti la storia di Etiopia durante i secoli XVI, XVII e XVIII, con 8 facs. e 2 carte geografiche. (X, 519 S.) 903.
II. Paez, Petri, S. I., Historia Aethiopiae. Liber I et II. (XLI, 644 S. m. 2 Taf.) 905.
III. Dasselbe. Liber III et IV. (XIII, 585 S.) 906.
IV. Barradas, P. Emmanuelis, S. I., tractatus tres historico-geographici. (XXXII, 403 S. m. 2 Taf.) 906.

**Rerum** aethiopicarum scriptores occidentales inediti a saeculo XVI ad XIX, curante C. Beccari, S. I. Vol. V—X. Lex. 8. Romae. (Leipzig, O. Harrassowitz.) Subskr.-Pr. à nn 16.—; Einzelpr. à nn 20.—
d'Almeida, P. Eman., S. I., historia Aethiopiae. Liber I—IV. (LXIV, 525 S. m. 3 Taf.) 907. (vol. V.)
— dasselbe. Liber V—VIII. (XI, 531 S.) 907. (vol. VI.)
— dasselbe. Liber IX et X. (VI, 573 S.) 908. (vol. VII.)
Mendez, Patriarchae Adph. S. I., expeditionis aethiopicae liber I—IV. 2 vols. (LX, 400 u. 545 S. m. 2 Taf.) 908. 09. (vol. VIII. IX.)
Relationes et epistolae variorum. Pars I—lib. I. (XVII, 502 S. m. 3 Taf.) 910. (vol. X.)

**Res** austriacae! Eine militär-polit. Studie aus u. üb. Oesterreich-Ungarn. gr. 8. (48 S.) Hannover 888. Helwing's Verl. n. 1. 25

**Res** suo Aevo gest. etc. vide K. G. Schulz.

**Res** gestae divi Augusti, hrsg. u. erklärt v. Ernst Diehl, s.: Texte, kleine, f. theologische u. philosophische Vorlesgn. u. Übungen.

**Res** gestae divi Augusti. Ex monumentis Ancyrano et Apolloniensi edidit Th. Mommsen. Accedunt tabb. tres (wovon 2 lithogr., in gr. Fol.) Lex.-8. (LXXXVII und 159 S.) Berlin 865, Weidmann'sche Buchh. *

**Res** gestae divi Augusti. Ex monumentis Ancyrano et Apolloniensi iterum edidit Th. Mommsen. Accedunt tabulae XI (photolithogr.) gr. 8. (XCVII, 223 S.) Berlin 883, Weidmann'sche Buchh. * 12 —
—— dass. — In usum scholarum edidit Th. Mommsen. gr. 8. (39 S.) Ebendas. 884. * 1 20

**Res** bello gestae anno ultimo Josephi I et primo Caroli VI ... V: *Magnet, Paul.* (Jes)

**Res** a Phocione in republica Atheniensium gestae in disceptationem vocatae. Gottingae 1787. V: *Heyne, Christian Gottlob.* (MGT)

**Rerum** Hungaricarum monumenta Arpadiana. Ed. Steph. Ladisl. Endlicher. Pars I.: Scriptores. 8maj. (296 S.) Sangalli 848, Scheitlin und Zollikofer.

—— id. — Pars II. (ult.): Leges. 8maj. (VIII und S. 297—748.) Ibid. 849.

**Res** memorabiles per decennium bello Austriaco-Hispanico-Gallico gestae. Viennae 1710. V: *Mitterdorfer, Seb.* (Jes)

**Rerum** naturalium scriptores graeci minores. Vol. I: Paradoxographi, Antigonus, Apollonius, Phlegon, Anonymus Vaticanus. Rec. Otto Preller. 8. (LXXXI, 132 S.) Leipzig 877, Teubner.

**Rerum** normannicarum fontes arabici, e libris quum typis expressis tum manu scriptis collegit et sumptibus universitatis Christianiensis edidit Alex. Seippel. Fasc. I, textum continens. Progr. gr. 4. (148 S. m. 4 farb. Karten.) Christiania 896. (Universitäts-Bibliothek.) n.n. 22. 20

— publica judiciarii imperii per divers. commentat. illustr. 4. Bamb. Göbhard. 774.

*Res* publica judiciarii imperii per divers. comment. illustrata. 4. Bamb. 774. (Frankf. a. M., Wesché). 1 ℳ 8 ℊ.

— publica romana exemplar. etc. 4. Lips. 747.

**Res** Romana exemplar. Lipsiae 1747. V: *Richter, Hnr. Bened.* (Verzeichn. der v. Meusebachschen Bibl. Berlin 1855. S. 47.)

**Res Tirolenses.** Antwort eines Tirolers auf die Res Tridentinae des Austriacus. Innsbruck 1887. V: *Graf von Gaderthurn, Friedrich.* (Margr)

—— Tirolenses. Antwort eines Tirolers auf die Res Tridentinae des Austriacus. gr. 8. (39 S.) Innsbruck 887, Wagner'sche Universitäts-Buchh.
Vgl.: Im rechten Licht! Eine Antwort auf die Res Tirolenses.

**Res Tridentinae.** Studie über die Nationale Bewegung in Welschtirol. Meran 1887. V: *Hochegger, Anton.* (Margr)

—— Tridentinae. Studie über die nationale Bewegung in Welschtirol. gr. 8. (34 S.) Meran 887, [Pötzelberger.] Ellmenreich's Verlag. *

Res viennenses. E. lokal-historisch-polit. Studie v. e. Wiener. 12. (18 S.) Hamburg 891. Verlagsanstalt u. Druckerei. n. — 60

**Resa,** Fr[iedrich] ⟨geb. am 23 Dez. 1853 in Breckerfeld Kr. Hagen Westf.⟩: Ueber die Periode der Wurzelbildung ... Bonn, Druck v. J. F. Carthaus (1877). 37 S., 1 Bl. 8. ¶ Erweiterung einer preisgekrönten Arbeit.
Bonn, Phil. Fak., Diss. v. 3 Febr. 1877

**Resa,** Fritz, Jesus der Christus. Bericht u. Botschaft in erster Gestalt. (III, 111 S.) 8. Leipzig 907. B. G. Teubner. — 80; geb. in Leinw. m. Goldschn. 2. 60

**Resa,** Fritz, aus Breckerfeld in Westf.: **Prolegomena zu Nathaniel Lees Theodosius.** *Rudolstadt 1903: F. Mitzlaff.* (VII, 32 S.) 8° ¶(Erschien vollst. als: Litterar-Hist. Forschungen H. 31, u. d. T.: Nathaniel Lees Trauerspiel Theodosius, or the Force of Love.)
Würzburg, Phil. Diss. v. 1903

— die Propheten. Erlesene Worte aus ihren Werken. (V, 120 S.) 8. Tübingen 906. J. C. B. Mohr. n. 1. 20

— Das Reich Gottes. [Aus: „Jesus der Christus".] (47 S.) 8. Ebd. 907. — 40

— theologisches Studium u. pfarramtliches Examen in Cleve-Mark. Ein Beitrag zur Bildungsgeschichte des 18. Jahrh. (56 S.) 8. Bonn 905. L. Röhrscheid. n. 1. 25

**Resa,** Fritz, Dr.: Theologisches Studium und pfarramtliches Examen in Cleve-Mark. Ein Beitrag zur Bildungsgeschichte des 18. Jahrhunderts. Wipperfürth 1905: P. Hahnen. (56 S.) 8° [J.]
Wipperfürth, G P 1905 (567)

**Resa,** Fritz, Nathaniel Lees Trauerspiel Theodosius, s. a. Forschungen, literarhistorische. XXX.

Nathaniel Lees Trauerspiel Theodosius or the force of love von Dr. phil. Fritz Resa. Berlin & Leipzig: E. Felber 1904. (219 S.) 8°
= Forschungen, Literarhistorische. H. 30. [os. 2]

Resa, Hermann, Geschichte des Turnvereins „Westfalia" Münster i. W., 1883—1908 (Festbuch f. d. 25jähr. Jubelf., 13.—14. 6. 1908, S. 3—9), Münster 1908, 13 S., 8°.

**Resa,** J., s. Resa, T.

**Resa,** T.

**Resa,** J., Burschenliebe. Edel-Wild. Cyclus. 12. (IV, 56 S.) München 890. Braun & Schneider. n. 2. 40

Resa, J. (Frau Theresa Gröhe), mein erster Freier u. andere Humoresken, s.: Reclam's Unterhaltungs-Bibliothek.

**Resa,** T. (Therese Gröhe), mein erster Freier u. andere Humoresken, s.: Universal-Bibliothek.

— Gedichte. 8. (VI, 160 S.) Königsberg 900. F. Beyer. n. 3. —; geb. in Leinw. m. Goldschn. n. 4. —

— Opfer der Liebe. Cyclus. 8. (40 S.) Ebd. 900. n. 1.20

**Resa, T., durch's Sprachrohr od. das Kronjuwel, s.: Liebhaber-Bühne, neue.**

— der „Taugenichts" u. andere Humoresken, s.: Schreiber's Humor. Bibliothek. Nr. 6.

Resa, T. (Frau Theresa Gröhe), Weihnachtsgeschichten, s.: Universal-Bibliothek.

Valentini, Michael Bernh. [Präs.] u. Joh. Matthias de Resse
Praxis medicinae infallibilis, cujus disputationem I, de morbis embryonum, cum annexo dispensatorio domestico.
Gissae - Hassorum 1704: Henning Müller. 24 S. 1 Taf. 4°

(F) Resch und fesch! Kowy's humoristische Vorträge. 4. Serie. 8°. (208 S.) K 2.—
Wien: Daberkow 1902.

Resch jr., die Kultur der Band- u. Flechtweiden als höchster Ertrag d. Bodens. 8. (16 S.) Meerane 884. (Brodbeck.) n — 50

Resch: Der Regenbogen. 26 S. und 5 Fgt. – Melk, Progr. 1869.

Resch, das Schulwesen der Stadt Greiz. 8. (80 S.) Greiz 863, Bredt.

Resch, Vita et. Acta Iesu Christi etc. 8. Brixen, Weger. 781.

Resch, Adf., siebenbürgische Münzen u. Medaillen von 1538 bis zur Gegenwart. Hrsg. vom Ausschuss des Vereines f. siebenbürg. Landeskunde. gr. 8. (VIII, 259 S. m. 86 Taf.) Hermannstadt 901. (F. Michaelis.) n. 10.—

Resch, Alfr., das lutherische Abendmahl. Das Abendmahl u. die Stiftg. des Neuen Testaments. Das Abendmahl, das Kleinod der luther. Kirche. Das luther. Abendmahl u. die Union. (VII, 48 S.) 8. Leipzig 908, A. Deichert Nachf. — 80

Resch, A., Agrapha, aussercanonische Evangelienfragmente, s. a. Texte und Untersuchungen zur Geschichte der altchristlichen Literatur.

Agrapha. Außercanonische Schriftfragmente. Gesammelt u. in 2., völlig neu bearb., durch alttestamentl. Agrapha verm. Aufl. hrsg. von Alfred Resch. Mit 5 Registern. Leipzig: J. C. Hinrichs 1906. (XVI, 426 S.) 8°
= Texte u. Untersuchungen z. Geschichte d. altchristl. Literatur. N. F. Bd 15, H. 3. 4. [06. 13937

Resch, Alfr., das lutherische Einigungswerk, beleuchtet. gr. 8. (XVI, 80 S.) Gotha 902. Verlagsbureau. n. 1.—

Resch, Alfr[ed]. Ein Fall von offenem Septum und Conusstenose. Diss. Med. Univ. Zürich. 29 S. 8. Zürich, Gebr. Leemann & Co., 1908.

Resch, Alfr., das Formalprincip d. Protestantismus. Neue Prolegomena zu e. evangel. Dogmatik. Mit Vorwort v. D. Dorner. gr. 8. (VIII, 142 S.) Berlin 876. Berggold. n. 3. —

Resch, Alfr., das Galiläa bei Jerusalem. Eine bibl. Studie. Ein Beitrag zur Palästinakunde. (55 S. m. 1 Kartenskizze.) 8. Leipzig 910. J. C. Hinrichs' Verl. 1.30
Sonderabdr. aus: „Theol. Zeitbl. im Dienste d. luth. Kirche".

— das Kindheitsevangelium nach Lucas u. Matthäus, s. a. Texte u. Untersuchungen zur Geschichte d. altchristl. Litteratur.

Das Kindheitsevangelium nach Lucas und Matthaeus unt. Herbeiziehung d. aussercanon. Paralleltexte quellenkrit. unters. v. Alfred Resch. *Leipzig: J. C. Hinrichs 1897.* (IV, 334 S., 1 Bl.) 8.
= Texte u. Untersuchgn z. Geschichte d. altchristl. Literatur. Bd X. H. 5. [97. 13

Resch, Alfr., s. a. Λόγια, τὰ, Ἰησοῦ.

Resch, Alfred: Τὰ Λόγια Ἰησοῦ = [hebr.] dibrê Ješû'a. Ein Beitr. z. synoptischen Evangelienforschg. *Göttingen 1897.*
in: Studien, Theologische, ... B. Weiss zu s. 70. Geburtst. dargebr. [97. 4

— die Logia Jesu. Nach dem griech. u. hebr. Text wiederhergestellt. Ein Versuch. gr. 8. (XXXII, 301 S.) Leipzig 898. J. C. Hinrichs' Verl. n. 10. —

Resch, Alfr., aussercanonische Paralleltexte zu den Evangelien, s. a. Texte u. Untersuchungen zur Geschichte der altchristlichen Literatur.

Aussercanonische Paralleltexte zu den Evangelien gesammelt u. unters. v. Alfred Resch. Th. I—III (in 5 Heften). *Leipzig: J. C. Hinrichs 1893—97.* 1 Bd 8.

I. (H. 1. 2.) Textkrit. u. quellenkrit. Grundleggn. Paralleltexte zu Matthäus u. Marcus. 1893. 94. (2 Bl., VI S., 1 Bl., 160 S., VII, 456 S.)
II. (H. 3.) Paralleltexte zu Lucas. 1895. (2 Bl., XII, 847 S.)
III. (H. 4. 5.) Paralleltexte zu Johannes. D. Kindheitsevangelium. [M. Sondert.] 1896. 97. (2 Bl., IV, 224 S.; IV, 334 S., 1 Bl.)
= Texte u. Untersuchgn z. Geschichte d. altchristl. Literatur. Bd X. [97. 8456

— der Paulinismus u. die Logia Jesu in ihrem gegenseitigen Verhältnis untersucht, s. a. Texte u. Untersuchungen zur Geschichte der altchristl. Literatur. N. F. XII.

Der Paulinismus und die Logia Jesu in ihrem gegenseitigen Verhältnis untersucht von D. Alfred Resch. *Leipzig: J. C. Hinrichs 1904.* (VIII, 656 S.) 8°
= Texte u. Untersuchungen z. Geschichte d. altchristl. Literatur. Bd 27. N. F. Bd 12. [04. 11

Resch, Alfr., die lutherische Rechtfertigungslehre, dargestellt u. gegen ihre neueste Verfälschung vertheidigt. Berlin 868. E. Beck. 8. (63 S.) n. 6 ngr.

—— das Zeulenrodaer Schulwesen in den J. 1852—79. Zugleich Ergänzungsheft zu Stemlers Geschichte von Zeulenroda. gr. 8. (70 S.) Zeulenroda 879, Hermann's Buchh.

— s.: Studien, theologische.

Resch, Andr., Blumenkranz. Zum Nutzen und Vergnügen gewunden für die liebe Jugend. 8. (VIII und 104 S.) Wien 858, Rospini.

Resch, Eduard [prakt. Arzt aus Durstel, Unt.-Els.]: Ueber die Excision der syphilitischen Initialsclerose .... Strassburg, Univ.-Buchdr. v. J. H. Ed. Heitz (Heitz & Mündel Nachf.), 1885; 44 S. 8°.
Strassburg, Med. Fak., Inaug.-Diss. v. 1885.

Resch, Eduard, über die Excision der syphilitischen Initialsclerose. Diss. Strassburg i. Els. 1885, Trübners Buchh. u. Antiqu. (E. d'Oleire). 8°. 44 S.

Resch, Erwin, „Anno 1870". Soldatenbilder aus dem deutsch-französ. Feldzug 1870, in 1 Aufz. 4. (38 autograph. S.) München (898). Rubinverlag. n. 1.—

— Doktor auf Reisen. Posse in 1 Akt (nach e. älteren Sujet). (Nur Herrenrollen.) 4. (34 autogr. S.) Ebd. (898). n. 1.—

— die Einbrecher. Posse in 1 Aufz. (m. Benützg. ält. Motive). 16. (19 S.) Ebd. (898). n. 1.—

— „die heilige Nacht". Weihnachtssp. in 1 Aufz. 4. (28 autogr. S.) Ebd. (898). n. 1.—

Resch, F. B., üb. den Ursprung d. dynastischen Namens Reuß. Beitrag zur Kenntniß der Urgeschichte d. Voigtlandes. gr. 8. (28 S.) Gera 874. Reisewitz. n. — 60

Resch, Frz., Religion u. Wissenschaft. Kirche u. Schule. Zum österr. Katholikentag u. seinen Folgen. (62 S.) 8. Leipzig 908. O. Mutze. 1. —

Resch, Franz Anton

Resch F. A.: Ueber die Benutzung d. Torfes im Allgemeinen u. üb. die Anwendung desselben z. Bierbrauen u. Malzdarren insbes. ... Erfurt 1800. 111 S.

— über die Benutzung des Torfes ꝛc. 8. Erf. 801. Keyser. 8 gr.

RESCH, Franz Anton v.: Der Bohnenbaum, ein sicheres Mittel dem Holzmangel mit abzuhelfen. Nebst einer allgemeinen Einleitung und Bemerkungen über den Holzmangel und die so sehr gestiegenen Holzpreise. - Erfurt 1800. 78 S.

v. Resch, Frz. Ant., der Bohnenbaum, e. Mittel d. Holzmangel abzuhelfen. 8. Erf. 800. Keyser. 5 gr.

— gesetzliche Einführung d. Schutzblatterimpfung in d. königl. Staaten ꝛc. 8. Erfurt, Beyer u. M. 805.

— über die gesetzl. Einführung d. Schutzblatternimpfung in den Königl. Preuß. Staaten ꝛc. 8. Erf. 805. (Otto). 4 gr.

— Hülfs-Vorschläge, wie den Unterthanen nach erlittenen Kriegsdrangsalen, Fruchttheuerung u. Hungersnoth, so wie den Verunglückten, welche durch Hagel- u. Wasserschäden ꝛc. gelitten haben ꝛc. Mit 5 Tabb. 8. Frkf. a. M. 818. Sauerländer. 6 gr.

— der ausländ. Indigo u. das Surrogat desselben, der Waid-Indig ꝛc. 12. Weim. 811. Ind.-Compt. 6 gr.

— Kunst, wohlfeil u. sicher, Steine u. Ziegel zu brennen. gr. 8. Mit 1 Kupfert. Erfurt, Beyer u. Maring. 812.

— die Kunst, wohlfeil u. sicher Steine u. Ziegel zu brennen. Mit 1 Kpft. gr. 8. Erf. 812. (Otto). 6 gr.

— über die besten u. wohlfeilsten Leuchtstoffe ꝛc. 8. Erfurt 803. Keyser. 3 gr.

— Menschenbeköstigung durch wohlfeile u. gesunde Speisen, nach vielfältigen eigenen Versuchen ꝛc. Mit Kpf. 4. Erfurt 804. Hennings. 3 ß

— Noth- u. Hülfstafel, od. Hülfsbuch zur Abhelfung d. Gegenden, die durch Kriegsdrangsale, Wetter-, Hagel- u. Wasserschäden gelitten haben ꝛc. Fol. Gotha 816. Hennings. 6 gr.

— s.a. Noth- u. Hülfs tafel zur Vertilgung d. Waldraupen.

RESCH, Franz Anton v.: Noth- und Hülfstafeln zur Vertilgung der schädlichen Waldraupe, Phalena bombix Monacha, die Nonne, mit nach der Natur gezeichneten und illustrierten Abbildungen - Erfurt 1797. - Neue Aufl. ebd. 1798

— der Sieg des Waid-Indigs üb. den Colonial-Indig; od. Bestätigung d. Möglichkeit, den letztern durch erstern gänzl. aus Europa zu verdrängen. Mit 1 Kpf. u. Mustern. gr. 4. Weim. 812. Ind.-Compt. 18 gr.

— üb. d. mannigf. Stellvertreter des Getreidebrodes im Allgem. gr. 8. Erf. Beyer u. M. 804.

— über die mannichfachen Stellvertreter des Roggenbrodes, u. vorzügl. Anwendung d. weißen Rübe (Brassica rapa) mit Roggenmehl vermengt, zum Brodbacken im Allgemeinen. gr. 8. Erf. 804. (Otto). 6 gr.

— s.a. Übersicht der Forst- u. Waldverrichtungen.

RESCH, Franz Anton v.: Tabellarische Übersicht über alle, das ganze Jahr hindurch vorkommenden Forst- und Waldverrichtungen. - Erfurt, Gotha 1803

— Versuch e. Beantwort. d. Frage: Wie ist d. Fleischmangel bei großen Armeen abzuhelfen? Ein Nachtrag zur Menschenbeköstigung. gr. 8. Erf. 807. Hennings. 6 gr.

Resch, Frz. Volkmar, Wohl dem, der nicht sitzet, wo die Spötter sitzen! Psalm 1, 1. Predigt bei Beerdigung Johann Michael Wagners v. Wildentaube am 17. Febr. 1854 zu Tschirma gehalten. gr. 8. (14 S.) Greiz 854, (Henning.) *

Resch, Friedrich [pr. Arzt aus Dürkheim a. H.]: Die Veränderungen der Körperschleimhaut bei Carcinom der Portio und der Cervix ... Strassburg i. E., Buchdr. v. C. Goeller, 1894; 33 S. 8.
Strassburg, Med. Fak., Inaug.-Diss. v. 1894

Resch, Fritz, Mutter Christels schönstes Geburtstagsfest. Eine Episode aus dem Leben Ihrer Maj. der verew. Königin Carola v. Sachsen. Zum Tl. nach e. Erzählg. v. Reinh. Rother in 2 Akten f. die Bühne bearb. In erzgebirg. Mundart übertr. v. Osw. Schleinitz. (Erzgebirg. Vereinstheater 20. Heft.) (13 S.) 8. Annaberg 910. Graser's Verl. — 60

Resch, Gotth., das Aposteldecret nach seiner ausserkanon. Textgestalt untersucht, s.: Texte u. Untersuchungen zur Geschichte der altchristl. Literatur. N. F. XIII, 3.

Resch, H., Was heisst social? 8⁰. Leipzig 1879.

Resch, Helene, s.a. Linke-Resch, Helene.

Resch, Helene, e. Appellation od. sofort zum Protest. Ein Lebensbild. 8. (63 S.) Bad Elster 884. (Lobenstein, Teich.) n. — 60

Resch, Helene, Art und Gesangbuch. Eine kleine Erzählung für das Volk. 1. und 2. Aufl. gr. 16. (52 S.) Schleiz 878, Lämmel.

Resch, Helene, verschiedene Ehefrauen oder aus Liebe. Skizzen aus dem Eheleben. 8. (84 S.) Leipzig 887. H. Resch. n. — 40

Resch-Lincke, Helene, der Fremdling od. das Gespenst. Sozialpolitische Skizze. 12. (21 S.) Dresden 894. Ziegelstraße 54, H. Resch-Lincke. n. — 25

— die Fürstin u. ihr Landeskind, oder: Erbarme Dich meiner! Erbarme Dich unser! Socialistisch gehaltene Erzählg. f. alle Stände. 4 Hfte. 8. (1. Hft. 101 S.) Ebd. 888. à n. — 50

— die drei Kreuze. Eine kleine Erzählung für das Volk. 16. (20 S.) Schleiz 880. (Dresden, J. Naumann.) * — 20

Resch, Helene. Der Kuppelpelz. Eine Erzählg. aus dem Volksleben. gr. 8. (16 S.) Lpz. 891, (Streller.) * — 30

— der brave Mann. Eine vogtländ. Erzählg. 8. (45 S.) Ebd. 898. n. — 40

—— Der kleine schöne Pantoffel. Eine Erzählg. f. das Volk. 12. (24 S.) (Ebd.) 891. * — 30

— sein Rechtsstandpunkt. Social-politische Skizzen. 8. (98 S.) Leipzig 889. (Streller.) n. — 70

—— die beiden Reisegefährten. Eine Erzählung. 16. (42 S.) Ebendas. 880. * — 40

—— Skizzen aus dem Badeleben in Elster. a. und b. 8. Ebendas. 880. * 1 5

Inhalt:
a. Ein Stimmungsbild. (25 S.) * 35 Pf.
b. Der Strohwittwer. (66 S.) * 70 Pf.

— die oberen Zehntausend u. der verschämte Arme. Beitrag zur Lösg. der Mittelstandsfrage, e. Appell an die deutschen Männer u. Frauen d. 19. Jahrh. 8. (31 S.) Ebd. 893. n. — 40

Resch, J. Jac., vier heilige Reden, von den lieblichen Wohnungen droben in des Vaters Hause. 8. Marburg, Müller. 761.

**Resch, Ignaz**: Die Kernteilung und der Depressionszustand bei Colpidium colpoda Stein. München 1908: Wolf. 34 S. 8°
München, Phil. Diss. v. 27. Juli 1908, Ref. Hertwig
[Geb. 16. Aug. 72 Bács; Wohnort: Kalocsa; Staatsangeh.: Ungarn; Vorbildung: Gymn. Kalocsa Reife Juni 92; Studium: Theol. Wien 5. Kalocsa Priestersem. bis 96, Phil. München 6 S.; Rig. 27. Juli 08.] [U 09. 3505

Resch, Jh. Aug., Warnungsbüchlein d. unvorsichtigen Jugend, zur Beförder. d. Vorsicht, Klugheit u. Sittsamkeit u. zur Erhaltung des Lebens u. der Gesundheit gewidmet. Mit 4 Kpf. 8. Neustadt 809. 2e A. 822. Wagner. 6 gl.

Resch, Josef

— Annales ecclesiae Sabionensis. Tom. I. et II. Fol. Augsb. 750, 67.

Resch, J. Zu Shakespeares „Julius Caesar" IV. 3, 143 ff. Leitmeritz, R., 1882. 3 S. Progr.

**Resch**, Josef, Medizinalprakt.: Ueber die Grössenverhältnisse des Herzens bei Tuberkulose. München 1905: Kastner & Callwey. (20 S.) 8°
München, Med. Fak., Ref. v. Bollinger, Diss. v. 29. Juli 1905
[Geb. 28. Okt. 81 Hörgertsham, Niederbayern; Wohnort: Hörgertsham; Staatsangeh.: Bayern; Vorbildung: Gymn. Metten Reife Juli 00; Studium: München 5, Kiel 1, München 3 S.; Coll. 29. Juli 05; Approb. 7. Juni 05.]

Resch, Joseph., Harmonia sanctorum evangeliorum. 1771.
Diese Schrift wird Reich von Wurzbach, biogr. Lexikon des Kaiserthums Oesterreich, Teil 25 (1873), S. 303 beigelegt, jedoch ohne Angabe des Druckortes u. Verlegers.

Resch, Jos., römischer Katechism. 2 Hfte. 12. München, Lentner. 796.

Resch, Jos., († d. 15. Febr. 1782.) römischer Katechismus. 2 Hfte. Neue Aufl. 12. Münch. 796. Lentner. 2 gl.

— Regeln zur deutschen Sprachkunst, von Abänderung der Hauptwörter rc. 8. Friedberg 782. N. A. 785.

– (Hrsg.), s. Shakespeare, William: Julius Cäsar.

Resch, Josef: Die Syntax des Berthold v. Regensburg. 16. Leitmeritz R. 80. Progr.

Resch jun., Ludw., die Kultur der Band- und Flechtweiden als höchster Ertrag des Bodens. 8. (16 S.) Meerane 884, (Brobbeck.) * — 50

— **Ludwig Reinhard** (Buschweiler/Elsaß), De matrimonio nobilis cum vili et turpi persona, praesertim rustica. Comment. jur. Germanici. Präs. Jo. Heinrich Christian von Selchow. Göttingen (J. Chr. L. Schulz) 30. IX. 1755. 50 S. (4.50) 28387
Gew.: Burkard Christian von Behr.

Resch, Max, Carol v. Bose und die Gründung der Kirche zu Netzschkau i. V. Eine Erzählung. 12. (43 S.) Plauen 884, (Neupert.) * — 60
cart. 70 Pf.; geb. * 1 20

Resch, Max: Weckstimmen. Von –. Gütersloh: C. Bertelsmann 1905. (104 S.) 8°
= Jugendbibliothek, G. Nieritz'. No 224.

Resch, Pet., die Aufeinanderfolge der Welthandelsherrschaften. Studie. 2. Aufl. 8. (III, 70 S.) Graz 885. Moser. n. 1. —

— die Entwickelungsstufen der Volkswirthschaft. Studie. 8. (VII, 246 S.) Ebend. 886. n. 3. —

**Resch**, P., Geschichte d. deutschen Nationalökonomie im 19. Jahrh. gr. 8. (46 S.) Graz 889. Moser. n. — 80

— die Internationale. Studie. gr. 8. (IV, 48 S.) Ebend. 886. n. — 80

— das moderne Kriegsrecht der civilisirten Staatenwelt. Systematisch dargestellt. gr. 8. (X, 94 S.) Ebend 885. n. 2. —

Resch, Pet. Das moderne Kriegsrecht der civilisierten Staatenwelt. Systematisch dargestellt. 3. neu bearb. Aufl. gr. 8. (XIII, 146 S.) Graz 890, Moser. * 3 —

Resch, Pet., die Lehre v. den Contocorrenten. Theoretisch u. praktisch bearb. gr. 8. (VII, 112 S.) Laibach 876. (v. Kleinmayr & Bamberg.) n. 2. 40

— das Papstthum u. das Völkerrecht. Studie üb. die völkerrechtl. Stellg. Sr. Heil. d. Papstes in d. Gegenwart. gr. 8. (VII, 61 S.) Ebd. 889. n. 1. —

Resch, d. Studie üb. Aufeinanderfolge d. Welthandelsherrschaften. Graz 885.

— das europäische Völkerrecht der Gegenwart. Für Studirende u. Gebildete aller Stände systematisch dargestellt. gr. 8. (XVI, 294 S.) Ebend. 885. n. 5. 60

— das Völkerrecht der heutigen Staatenwelt europäischer Gesittung. Für Studierende u. Gebildete aller Stände systematisch dargestellt. 2., neu bearb. Aufl. gr. 8. (XXIV, 442 S.) Ebd. 890. n. 7. —

Resch, Peter, das österreichische Wechselrecht. Zum Gebrauche an höheren Handels- und Gewerbeschulen, sowie auch für den Handels- und Gewerbestand und zum Selbstunterrichte leichtfasslich erläutert. gr. 8. (VIII, 346 S.) Wien 882, (Gerold's Sohn.) * 6 —

RESCH, Rudolf: Der Konflikt zwischen Christus und den Pharisäern, geschildert nach den vier Evangelien. — (1908) XXVI, 274 S. 4° (Handschr.) Diss. Wien, Univ.

Resch, Wilh., Inntaler Bleamei. Gedichte in oberbayer. Mundart. (XI, 121 S. m. Bildnis.) 8. Straßburg 907. J. Singer. Geb. in Leinw. 2. —

Resch-Lincke, Helene, s. Resch, Helene

Reschauer, Heinr., Geschichte des Kampfes der Handwerkerzünfte und der Kaufmannsgremien mit der österreichischen Bureaukratie. [Vom Ende des 17. Jahrh. bis zum J. 1860.] gr. 8. (XXIV, 268 S.) Wien 882, Manz'sche Hofverlagsh. cart. *

Reschauer, Heinr., das J. 1848. Geschichte der Wiener Revolution. 1—31. Lfg. Wien 867—70. v. Waldheim. hoch 4. (1. Bd. 436 S. u. 2. Bd. S. 1—316. mit eingedr. Holzschn.) Jede Liefg. 8 ngr.

Reschauer, Heinr., u. Mor. Smets, das Jahr 1848. Geschichte der Wiener Revolutin. 32—42. Lfg. hoch 4. (2. Bd. XVI u. S. 317—656 m. eingedr. Holzschn.) Wien 871. 72. v. Waldheim. à — 80

— dasselbe. Volks-Ausg. 43 Hfte Lex.-8. (1. Bd. 436 u. 2. Bd. 656 S. m. eingedr. Holzschn.) Ebend. 874. à Lfg. — 60

— — Dasselbe. 2 Bde. Ebd. 1876. Gr. 8⁰. (18 Kr., Orig.-Lwd., Carl Greif, 1914.)
Vergriffen und gesucht!

— Die Wohnungsnoth und ihr schädlicher Einfluss auf die Kleingewerbetreibenden u. Lohnarbeiter. Vorschläge. 8⁰. Wien, Ed. Hügel, 1871.

Reschauer, Heinr., das Wort des Kaisers und die Bedürfnisse des Gewerbestandes. gr. 8. (66 S.) Wien 873, Hölder. *

RESCHAUER, Lorenz (Schamhaupten): Num operatio synchondrotomiae in arte obstetricia ultra retinenda, an contra prorsus proscribenda sit.- Monachii: Zangl 1817. 39 S., Taf.
16.2.1816 - Pe 352; F 37
Diss. Ingolst.-Landsh.-Mchn.

Reschenhofer, Adele, religiöse Schauspiele f. kathol. Jungfrauenvereine, Apostolate u. Patronagen. I. Der Schatz des wahren Glaubens. II. Die Himmelspförtnerin. (103 S.) 8. Wien 904. H. Kirsch. n. 1.80

Reschenhofer, Adele, religiöse Schauspiele f. katholische Jungfrauenvereine, Apostolate, Patronagen 2c. III. Die Waldkapelle. IV. Das Gespenst m. der langen Hand. (IV, 61 S.) kl. 8. Wien 908. H. Kirsch. 1.20

Reschenscheideck [Schlagwort]

Reschenscheideck, s.: Schweiz. Atlas.

Rescher, Oscar: Studien über Ibn Ğinnī und sein Verhältnis zu den Theorien der Baṣrī und Baġdādī. Straßburg: Trübner 1909. 56 S. 8° ¶(Aus: Zeitschr. f. Assyriol. Bd 23, H. 1.)
Berlin, Phil. Diss. v. 26. Juni 1909, Ref. Sachau
[Geb. 1. Okt. 83 Stuttgart; Wohnort: Stuttgart; Staatsangeh.: Württemberg; Vorbildung: Gymn. Stuttgart Reife M. 02; Studium: Münster 2, Berlin 7 S.; Rig. 23. Juli 09.] [U 09. 256

Reschetnikow, F. M., die Podlipowzi, s.: Taschen-Bibliothek, russische.

Reschetnikow, Th., die Leute v. Podlipnaja, s.a. Aus Nord u. Ost. 4. Bd.

(F) Reschetnikow, Th., Die Leute von Podlipnaja. [Aus Nord und Ost. Bd. IV.] 8°. (280 S.) K 1.80
Wien: Konegen 1907.

Reschke, A., Beiträge zum Unterrichte in der Elementarklasse. gr. 8. (96 S.) Spandau 888. Hopf'sche Berl.-Buchdr. 1.—

RESCHNER, M(ARTIN): Kritische Beiträge zur Kirchengeschichte des Hermannstädter Kapitels in Siebenbürgen vor der Reformation. In: Arch. Landesk. Jg. 1. 1843, S. 71-106. 3. 1845, S. 386-430.

Reschop, Fritz, approb. Arzt aus Annen: Aus d. pathol. Institut zu Kiel. Ein Fall von Volvulus der Flexura sigmoidea. *Kiel 1904: Schmidt & Klaunig.* (15 S.) 8°
Kiel, Med. Diss. v. [3. Aug.] 1904

Reschreiter, Karl

RESCHREITER, Carl (München): Zur Morphologie des Sinus maxillaris.- München: Gotteswinter & Mössl 1878. 42 S.
14.1.1879 - Urk (Titel: De sinus maxillaris morphologia.); Chr 1878/79,11
Diss.Ingolst.-Landsh.-Mchn.

Reschreiter, Carl, zur Morphologie des Sinus maxillaris. Lex.-8. (44 S. mit 2 lithogr. Taf.) Stuttgart 878, Cotta'sche Buchh. *

Reschreiter, Max, aus leuchtenden Nächten. Gedichte. (46 S.) 8. Augsburg 904. (Lampert & Co.) n. 1.—

Reschreiter, Maximilian, Rechtskand.: Sicherheitspolizei und Theater. Borna-Leipzig 1909: Noske. 58 S. 8°
Leipzig, Jur. Diss. v. 10. Mai 1909
[Geb. 31. Mai 85 München; Wohnort: München; Staatsangeh.: Bayern; Vorbildung: Gymn. Neuburg a. D. Reife Juli 03; Studium: München 7, Leipzig 2 S.; Rig. 12. Dez. 08.] [U 09. 2637

Reschreiter, Rud., Alpenvereins-Taschen-Panorama, s.: Taschenpanorama der d. u. ö. Alpen.

Reschreiter, Rud., Führer durch das Kaiser-Gebirge, s.: Schwaiger, Heinr.

— Panorama vom Taubenberg (895 Meter über dem Meere). Aufgenommen u. bestimmt v. R. 17,5×164 cm. Lith. München (902). J. Lindauer. n.n. — 30

Reschreiter, Rud., Rundschau v. Brünnstein, s.: Taschenpanorama der d. u. ö. Alpen. Nr. 9.

— Rundschau vom Grossvenediger, s.: Taschenpanorama der d. u. ö. Alpen.

— Rundschau v. der Elmauer Haltspitze. Aufgenommen u. gezeichnet v. R. Hrsg. vom Centralausschusse des d. u. ö. Alpenvereins. 2 Blatt à 25×74 cm. Lith. Ebd. (900). n. 2.—

Reschreiter, Rud., Rundschau v. der Ellmauer Haltspitze (im Kaisergebirge bei Kufstein in Tirol). Hrsg. vom Zentralausschusse des d. u. ö. Alpenvereins. 61,5×74,5 cm. Lichtdr. Kufstein 904. (E. Lippott.) — 50

— Rundschau vom Herzogstand (1731 Meter). Aufgenommen u. bestimmt v. R. 20×179,5 cm. Photolith. Ebd. (901). n. — 80

— Wanderungen im Isar- u. Loisachtal, s.: Halbe, Alb.

Rescrit circulaire impérial à tous les ministres de Sa Maj. Imp. dans les cours étrangères. (Av. les relations des affaires de Braunau et Philippsbourg.) fol. Francfort, le 21. juin 1744.

Rescrit Circulaire que Sa Majesté le roi de Prusse a addressée à ses ministres . . . concernant les violences et les cruautés inouies exercées . . . par les troupes Autrichiennes et leurs alliés dans plusieurs provinces des états de Sa Majesté. 1760. 4. (36 S.)

**Rescrit** De S. M. Le Roi de Prusse A M. D'Andrié Son Ministre à la Cour d'Angleterre. A Rescript From H. M. the King of Prussia To Mr D'Andrie His Minister at the British Court &. [1744]. V: *Vockerodt*, *Joh. Gotthilf* & *Heinrich von Podewils*. (Preußische Staatsschriften. I. Berlin 1877. S. 575.)

Rese, Ferdinand

Rese, Fr., Abriß d. Geschichte des Bisthums Cincinnati in Nord-Amerika. Nach d. französ. Berichten der Jahrbücher des Vereins zur Weiterverbreitung des Glaubens. 1s Hft. gr. 8. Wien 829. (Wimmer). 6 gr.

**Georg Hermann August Rese**

De Nuce vomica. Ienae 1738: Fickelscherr-Stranckmann. 28 S. 4°

Rese, Jh. Karl Aug., Darstell. aus d. Geschichte des 30jähr. Kriegs. 1s Bdchen. 8. Magdeb. 809. Heinrichshofen. 16 gr.

– s. Emma: Eine Monatsschrift.

Rese, Jh. Karl Aug., s. Jh. S. Ersch, Handbuch der Literatur d. schönen Künste.

— Gedichte. 1s Bdchen. 8. Halberst. 806.

Rese, J. K. A., Literatur d. schönen Künste, s. Ersch, J. S.

– s. Raßmann, F.: Krit. Gesammtregister.

– s. Sprüchwörter, Moralische.

— die Zerstörung Magdeburgs von Tilly, e. histor. Gemälde. 8. Magdeb. 809. Heinrichshofen. 21 gr.

**Reseda.** Neujahrsgeschenk für 1807. Cassel 1807. H: *Calenberg*, *Philippine von*. (Schl) (MGT)

Reseda, Neujahrsgeschenk f. 1807. 8. Cassel, Griesbach.

Faxen des Onkel Fidelius Späßke. Hrsg. von Alfons de **Resée**. Bd 1. Insterburg: Quandel 1910. 8° [11. 1416 10

Alfons de **Resée**. Cranz im Lied. Ernste u. heitere Klänge v. heimatl. Strand. Königsberg i. Pr.: Ostpr. Dr. u. Verlagsanst. 1908. (47 S.) 8° [08. 8886 10

Resée, Alf. de, seine Rettungsmedaille u. and. heit. Geschichten. 8. (101 S.) Dresden 897. E. Pierson. n. 1. 50; geb. n. 2. 50

(B) Resée, A. de, seine Rettungsmedaille. 897. (KVL 30.) Jetzt: Berlin, Verlag Berlin-Wien.

Wegeblüthen. Gedichte in bunter Folge von Alfons de **Resée**. Bd 1. 2. Danzig: F. Brüning 1898–1902. 2 Bde 8° [J. u. Ant.] 2. Mit d. Bildn. d. Verf. [03. 2785 10

**Resek's mähr.-schles. Conducteur.** Course sämmtlicher Eisenbahnen und Fahrposten mit angrenzenden Anschlüssen. Winter-Ausgabe 1899 für Mähren und Schlesien. Brünn. [In Comm.] Winiker. 16°. 181 S. Mit 1 Karte. fl. —.10

**Resek's mähr.-schles. Conducteur.** Course sämmtlicher Eisenbahnen und Fahrposten mit angrenzenden Anschlüssen. Sommer-Ausgabe 1900 für Mähren und Schlesien. Brünn. [In Comm.] Winiker. 16°. 67 S. Mit 1 Karte. K —.20

Resek's mähr.-schles. Conducteur. Course sämmtlicher Eisenbahnen und Fahrposten mit angrenzenden Anschlüssen. Sommer-Ausgabe 1901 für Mähren und Schlesien. Brünn. [1901. In Comm.] Winiker. 16°. 65 S. mit 1 Karte. K —.20

Resek's mähr.-schles. Conducteur. Course sämmtlicher Eisenbahnen und Fahrposten mit angrenzenden Anschlüssen. Winter-Ausgabe 1901 für Mähren und Schlesien. Brünn. [In Comm.] Winiker. 16°. 65 S. mit 1 Karte K —.20

**Resek's Mähr.-schles. Conducteur.** Course sämmtlicher Eisenbahnen und Fahrposten mit angrenzenden Anschlüssen. Sommer-Ausgabe 1902 für Mähren und Schlesien. 16°. (65 S.) K —.20
Brünn: Winiker 1902.

**Resek's mähr.-schles. Kondukteur.** Sommer-Ausgabe 1903 für Mähren und Schlesien. 16°. (65 S. mit 1 Karte) K —.20
Brünn: Winiker 1903.

**Resek's** mähr.-schles. Conducteur. Course sämtlicher Eisenbahnen und Fahrposten mit angrenzenden Anschlüssen. Sommerausgabe 1904 für Mähren und Schlesien. 8°. (65 S.) K —.20
Brünn: Winiker 1904.

**Resek's mähr.-schles. Conducteur.** Winter-Ausgabe 1904. Für Mähren und Schlesien. 8°. (65 S.) K —.20
Brünn: Winiker 1904.

**Resek's mähr.-schles. Conducteur.** Sommerausgabe 1905 für Mähren und Schlesien. 8°. (65 S.) K —.20
Brünn: Winiker 1905.

**Resek's mährisch-schlesischer Kondukteur.** Winterausgabe. 1905. 8°. K —.20
Brünn: Winiker 1905.

**Resek's mähr.-schles. Kondukteur.** [Sommerausgabe 1906 für Mähren und Schlesien] 8°. K —.20
Brünn: Winiker 1906.

**Resek's mähr.-schles. Conducteur.** Course sämmtl. Eisenbahnen u. Fahrposten m. angrenz. Anschlüssen. Winter-Ausg. 1906 f. Mähren u. Schlesien. (65 S. m. 1 Karte.) kl. 8. Brünn, C. Winiker. n. — 20

**Resek's mähr.-schles. Kondukteur.** Sommerausgabe 1907 für Mähren und Schlesien K —.20
Brünn: Winiker 1907.

**Resek's mährisch-schlesischer Kondukteur.** Winterausgabe 1907 für Mähren und Schlesien K —.20
Brünn: Winiker 1907.

**Resek's mährisch-schlesischer Kondukteur** für Mähren und Schlesien. Sommerausgabe 1908 K —.20
Brünn: Winiker 1908.

**Resek's mähr.-schles. Conducteur.** Course sämmtl. Eisenbahnen u. Fahrposten m. angrenz. Anschlüssen. Winter-Ausg. 1910 f. Mähren u. Schlesien. (76 S. m. 1 Karte.) kl. 8. Brünn, C. Winiker. — 20

**Resek's Taschenfahrpläne.** Course sämmtlicher Eisenbahnen, Schiffahrten und Fahrposten mit angrenzenden Anschlüssen. Winter-Ausgabe 1899. Ortslexikon mit Angabe der böhm. Benennung, Einwohnerzahl, Bezirksgericht-Zuständigkeit, Jahr- und Wochenmärkte etc. Unter Ausgabe 1899. Brünn. [In Comm.] Winiker. 16°. 249 S. Mit 1 Karte. fl. —.20

**Resek's Taschenfahrpläne.** Course sämmtlicher Eisenbahnen. Schiffahrten und Fahrposten mit angrenzenden Anschlüssen. Sommer-Ausgabe 1900. Ortslexikon mit Angabe der böhm. Benennung, Einwohnerzahl, Bezirksgericht-Zuständigkeit, Jahr- und Wochenmärkte etc. Unter Ausgabe 1900. Brünn. [In Comm.] Winiker. 16°. 251 S Mit 1 Karte. K —.40

Resek's Taschenfahrpläne. Course sämmtlicher Eisenbahnen, Schiffahrten und Fahrposten mit angrenzenden Anschlüssen, Ortslexikon mit Angabe der böhm. Benennung, Einwohnerzahl, Bezirksgericht-Zuständigkeit, Jahr- und Wochenmärkte, Kalendarium etc. Sommer-Ausgabe 1901. [Brünn.] 1901. In Comm. Winiker. 16°. 222 S. mit 1 Karte. K —.40

Resek's Taschenfahrpläne. Course sämmtlicher Eisenbahnen, Schiffahrten und Fahrposten mit angrenzenden Anschlüssen. Winter-Ausgabe 1901. Ortslexikon mit Angabe der böhm. Benennung, Einwohnerzahl, Bezirksgericht-Zuständigkeit, Jahr- und Wochenmärkte, Kalendarium etc. Brünn. [In Comm.] Winiker. 16°. 229 S. Mit 1 Karte. K —.40

**Resek's** Taschenfahrpläne. Course sämmtlicher Eisenbahnen Schifffahrten und Fahrposten mit angrenzenden Anschlüssen. Sommer-Ausgabe 1902. 16°. (229 S) K —.40
Brünn: Winiker 1902.

**Resek's Taschen-Fahrpläne.** Sommer-Ausgabe 1903 für Böhmen, Mähren, Schlesien. 16°. (218 S. mit 1 Karte) K —.40
Brünn: Winiker 1903.

**Reseks** Taschen-Fahrpläne. Winter-Ausgabe 1903 für Böhmen, Mähren, Schlesien. 8°. (218 S.) K —.40
Brünn: Winiker 1903.

**Resek's** Taschenfahrpläne. Course sämtlicher Eisenbahnen, Schiffahrten und Fahrposten mit angrenzenden Anschlüssen. Sommerausgabe 1904. 8°. (212 S.) K —.40
Brünn: Winiker 1904.

**Resek's Taschenfahrpläne.** Winterausgabe 1904. Für Böhmen, Mähren und Schlesien. 8°. (210 S. mit 1 Karte) K —.40
Brünn: Winiker 1904.

**Resek's Taschenfahrpläne** für Böhmen, Mähren, Schlesien. Sommerausgabe 1905. 8°. (212 S.) K —.40
Brünn: Winiker 1905.

**Resek's Taschenfahrpläne.** Winterausgabe. 1905. 8°.
Brünn: Winiker 1905.

— **Taschenfahrpläne. Course sämmtl. Eisenbahnen, Schifffahrten u. Fahrposten m. angrenz. Anschlüssen. Nach officiellen Angaben bearb. Ortslexikon m. Angabe der böhm. Benennung, Einwohnerzahl, Bezirksgericht-Zuständigkeit, Jahr- u. Wochenmärkte, Kalendarium etc. Winter-Ausg. 1906. (215 S. m. 1 Karte.) kl. 8. Ebd.** n. — 40

**Resek's Taschenfahrpläne.** Sommerausgabe 1907 für Böhmen, Mähren, Schlesien K —.40
Brünn: Winiker 1907.

**Resek's Taschenfahrpläne** für Böhmen, Mähren, Schlesien. Sommerausgabe 1908 K —.40
Brünn: Winiker 1908.

— Taschenfahrpläne. Course sämmtl. Eisenbahnen, Schifffahrten u. Fahrposten m. angrenz. Anschlüssen. Nach officiellen Angaben bearb. Ortslexikon m. Angabe der böhm. Benenng., Einwohnerzahl, Bezirksgericht-Zuständigkeit, Jahr- u. Wochenmärkte, Kalendarium etc. Winter-Ausg. 1910. (262 S. m. 1 Karte.) kl. 8. Prag. (Brünn, C. Winiker.) — 40

**RESEL, Hans**
(F) Der Staat und seine Diener. Das Staatsdienerelend in Wort und Zahl. Von Hans Resel. Wien. [1899.] Volksbuchhandlung Brand. 12°. 32 S. fl. —.10

**Resel, J.,** Nichts von Goethe und Schiller. Aus Proletarier-Mussestunden. 8°. Graz, „Arbeiterwille", s. a.

Resende, Garcia de, Cancioneiro geral. Altportugiesische Liedersammlung. Neu hrsg. von E. H. v. Kausler, s. Bibliothek des litterarischen Vereins in Stuttgart, Bd. 15, 17 und 26.

**Resener, Hans,** Ägypten unter engl. Okkupation u. die ägyptische Frage. gr. 8. (VIII, 230 S.) Berlin 896. Deutscher Autoren-Verlag. n. 3. —

**Resener, Hans,** s.: Cuzzi, Gius., 15 Jahre Gefangener des falschen Propheten.

*Resenna* politica de la Europa en 1825, traduccion del frances al espannol. 8. Hamb. 826. Hoffmann u. Campe. 12 gr

**Resenscheck,** Friedrich, gepr. Lehramtskand. aus Erlangen: 1. Beiträge zur Kenntniss des Tellurs. 2. Zur Kenntniss des kolloidalen Goldes. *Erlangen 1904: E. Th. Jacob.* (52 S.) 8°
Erlangen, Phil. Diss. v. 3. Febr. 1904

Resensmith, C.

—— der Dolmetscher. Eine Anleitung zu Gesprächen in deutscher, französ., schwed. und dän. (norweg.) Sprache, namentlich für Kaufleute und Geschäftsreisende. gr. 16. (IV und 283 S.) Altona 864, Verlags-Bureau. *

Resensmith, C., der dänische und schwedische Correspondent. Eine Sammlung kaufmänn. Briefe zum Uebersetzen aus dem Deutschen ins Dänische und Schwedische, nebst einer deutsch-dänisch-schwed. Phraseologie. gr. 8. (IV und 166 S.) Hamburg 863, O. Meissner.

**Resensmith, C.,** praktisches Lehrbuch der dänischen Sprache. Zum Schul- und Privatunterricht. Hamburg 865. F. Schuberth. gr. 8. (VIII, 160 S.) 27 ngr.

Reservejägerliste. Liste der bei den königl. Regierungen etc. notierten Reserve-Jäger der Klasse A f. Preußen, die kgl. Hofkammer der kgl. Familiengüter u. Elsaß-Lothringen nach dem Stande v. 1. I. 1907. Hrsg. nach amtl. Quellen von der Red. der „Deutschen Forst-Zeitg." 13. Jahrg. (37 S.) 8. Neudamm 907. J. Neumann. 1. —
Vergl.: Liste der Reserve-Jäger.

Reserve- und Landwehr-Kalender für 1875. Hrsg. von der Redact. der „Unteroffizier-Zeitung". Große Ausg. gr. 16. (176 S. mit vielen eingedr. Holzschn.) Berlin 874, Militaria. *

Reserve- und Landwehr-Kalender für 1876. Hrsg. von der Redaction der „Unteroffizier-Zeitung". 8. (160 S. mit vielen eingedr. Holzschn.) Berlin, Militaria. *

—— dass. — für 1877 und 1878. Hrsg. von der Redaction der „Unteroffizier-Zeitung". 8. (152; 160 S. mit vielen eingedr. Holzschn.) Ebendas. à Jahrg. *
Nicht weiter erschienen.

—— dass. — Kleine Ausg. gr. 16. (128 S.) Ebendas. 874. *

**Reserve-Lösch-Block.** I, Januar—Juni. II, Juli bis December —.65
Wien: Engel 1890.

Reserven. — Moderne Reserven, s. a. Binder v. Krieglstein, Carl Frh.

**Reserven, moderne,** von C. v. B.-K. gr. 8. (108 S.) Berlin 895. Militär-Verlag, R. Felix. n. 2. —

Reservist, der deutsche. Ein Hand- u. Nachschlagebuch für alte u. junge Kameraden. Hrsg. vom Kaiser-Wilhelm-Dank, Verein der Soldatenfreunde E. V. 2. Aufl. 31.—60. Taus. (188 S.) 16. Berlin (910). Buchh. des Kaiser-Wilhelm-Dank. Geb. nn — 20

**Reservisten-Familie, Eine,** Original-Lebensbild . . . Wien [1900]. V: *Bartl, Hans.* (EB)

Rešetar Milan Ritter von, Dr.: Vorläufiger Bericht über eine zur Erforschung der Dialektgrenzen in Kroatien und Slawonien unternommene Reise.
Siehe Schriften der Balkankommission. Vorläufige Berichte IX

**Rešetar, Milan,** die serbokroatische Betonung südwestl. Mundarten, s.a. Schriften der Balkancommission.

Die serbokroatische Betonung südwestlicher Mundarten von Milan **Rešetar**. *Wien: A. Hölder 1900.* (VI, 222 S.) 4°
— Dialektstudien, Südslavische. 1.
— **Schriften** d. Balkancommission. Linguist. Abth. 1, H. 1. [03. 5698

RESETAR, Milan: Die Čakavština und deren einstige und jetzige Grenzen. — 1889. Getr. Pag. Diss. Graz, Univ.

**Rešetar,** Milan, der štokavische Dialekt, s.a. Schriften der Balkankommission. VIII, 4.

Der Štokavische Dialekt von Milan **Rešetar**. Mit 2 Karten. Wien: A. Hölder 1907. (320 Sp.) 4°
= **Schriften** d. Balkankommission. Linguist. Abt. 1, H. 4. [07. 14703

Südslavische Dialcktstudien. Von Milan **Rešetar**. 1. *Wien: A. Hölder 1900.* 4°
= **Schriften** d. Balkankommission. Linguist. Abth. 1, H. 1. [00. 1515

— Die serbokroatischen Kolonien Süditaliens mit 22 Abbildungen im Texte. Siehe Band 9 der Schriften der Balkankommission. Linguistische Abteilung.

Resewitz, Friedrich Gabriel

– s. Conybeare: Vertheidigung.

Resewitz, Abt Fr. Gabr., die Erziehung des Bürgers zum Gebrauch des gesunden Verstandes. gr. 8. Kopenh. 773. 2e veränd. Ausg. 776. Faber. (Schubothe). 16 gr.

— — dasselbe. 8. Brün, Gastl.

RESEWITZ Friedrich Gabriel. Die Erziehung des Bürgers zum Gebrauch des gesunden Verstandes und zur gemeinnützigen Geschäftigkeit von — o. V., Wien 1787. 1 vol. 11 Bl. + 244 S. + 1 E.

— Erziehungsschriften 2c., ist das Vorhergehende.

— Gedanken, Vorschläge u. Wünsche zur Verbesser. d. öffentl. Erziehung. 5 Bde à 4 Stcke. 8. Stettin 777—87. (1r Bd. 2e A. 799.) (Leipz., Kummer). 5 Rthlr. 4 gr. (5r Bd. 3s Stck. A. u. d. T.: Regeln f. junge Leute von gesitt. Stande. 8. Berl. 785. (W. Nauck in Leipz.) 3 gr.

— Gedanken, Vorschläge u. Wünsche zur Verbesserung der öffentlichen Erziehung. 5 Bde. zu 4 Stck. 8. Leipzig, Kummer. 797.

– s. Geschichte, Philosoph. u. polit.

– s. Hume, D.: Vier Abhandlungen.

— Inh. sämmtl. Predigten 1768–75 gehalt. gr. 8. Copenh. Proft. (auch Schubothe.) 784.

— Inhalt sämmtl. Predigten in d. J. 1768—75 gehalten. Neue Ausg. in 4 Bde gesammelt. gr. 8. Kopenh. 784. (Schubothe). 5 Rthlr. 12 gr.

— praktische Logik, oder Anweisung, den gesunden Verstand recht zu gebrauchen, eine Preisschrift. 8. Ebendas. 785.

— Nachr. v. der gegenwärt. Einrichtung im Unterricht 2c. auf d. Pädagog. zu Klosterbergen. 8. Magdeb. 776. Scheidhauer. 6 gr.

— Nachr. an das Publikum, von einer neuen Verfassung d. Armenpflege in Kopenhagen u. von d. Errichtung einer damit verbundenen Königl. Realschule. 4. Kopenhag. 771. Schubothe. 2 gr.

— zweite Nachr. von d. gegenwärt. Einrichtung im Unterricht, Lehrart 2c. auf d. Pädagog. zu Klosterbergen. 8. Berl. 784 Nicolai. 8 gr.

— Predigt auf d. Absterben d. verwittw. Königin v. Dänemark Sophie Magdalena. 8. Kopenh. 770. Proft. 1 gr.

— Predigten f. d. Jugend, zu Klosterbergen gehalten. 2 Thle. 8. Leipz. 779—82. Weygand. 1 Rthlr. 6 gr.

— letzte Predigten in d. Petrikirche 1775 gehalten. 8. Copenh. Faber. (Schubothe.) 775.

– s. Rathman, H.: Predigten.

— Reden an d. Jugend, n. einig. Erziehungsbeobachtung. 8. Magdeburg, Keil. (Heinrichshofen.) 798.

— Regeln f. junge Leute, s.oben: Gedanken.

**(F. Gbr. Resewitz): Regeln f. junge Leute v. gesitt. Stande b. ihrem Eintritte in die Welt.** *Berl.*, Nicolai. 785. 8° 3 gr.

Resewitz, F. Gabr., Regeln f. junge Leute v. gesitt. Stande, b. ihr. Eintr. in d. Welt. 8. Berl. (Sommer, Leipz.) 797. Rthlr.

— Samml. einiger Predigten. gr. 8. Quedlinb. 766. 2e A. 773, 799. Ernst. 14 gr.

– s. Schmidt, C. G.: Moral. Reden.

— über die Versorgung der Armen. 8. Kopenhag. 769. Proft. (Brummer). 4 gr.

*Resewitz, F. G.* Ueber die Versorgung der Armen. *Kopenhagen, C. G. Rother.* 1769

— Versuch über der Lehrart und d. Inhalt des Schulunterrichts für Kinder 2c. 8. Magdeburg, Keil. (Heinrichshofen.) 800.

— Vormittagspredigten, in e. vollständ. Ausz. v. J. 1774. 8. Kopenh. 775.

***Reši** dušo! Spomin svetega misijona. Celovec, St. Hermagoras-Druck., 1880. Sedez. 15 S. (Verf.: Franc Rihar. — Neue Aufl. v. unter diesem.)

Resiak, E. G., das Stammbuch. Eine Festgabe f. Alt u. Jung. 16. (12¾ B. u. 2 Stndr.) Barmen (831), [Falkenberg'sche Vrlsbuchh.] Vlnp. 14 Gr., Schrbp. 16 Gr., Engl. Vlnp.

Resident, der,. 2 Thle. 8. Chemnitz, Hoffmann. (Maucke.) 794.

Resident, der. 2 Thle. 8. Chemnitz 794. (Starke). 1 Rthlr. 12 gr.

Residenz, die. Illustrirtes Familienblatt. Mit illustr. Roman-Bibliothek. Hrsg. u. Redact.: Emil Beck. 1. Jahrg. Octbr. 1891—Septbr. 1892. 24 Hefte. (à Heft 4 Bog.) gr. 4. Wien, Wiener Residenz-Verlag. à Heft — 30; cmplt. 6 80

**Residenz, die, u. ihre Bewohner im J. 1800.** 8. Berl. 801. Belitz. 4 ℛ

**Residenz.** Aus einer kleinen R'. Novellen, Skizzen und Spitzen des « Oldenburger Residenzboten » u. a. [Mit illustriertem Umschlag.] 292 S. 8. Zürich, Cäsar Schmidt, 1904. [fr. 5. —]

**Residenz,** die, und was sich auf den Straßen derselben bewegt. Ein neues Bilderbuch mit 67 illum. Bildern, welche aufgeklebt und ausgeschnitten zu den verschiedensten Aufstellungen benutzt werden können, wodurch das Ganze ein sehr unterhaltendes Spiel für Kinder wird. qu. 1/2 Fol. (12 lith. Blätt.) Berlin 841, Winckelmann u. Söhne. 1 1/3 ℛ

**Residenz-Briefe,** rückhaltslose. Ein Winternachtstraum von Maxim. Rusticus. 1. und 2. Aufl. 8. (IX, 103 S.) Berlin 878, [Klönne und Müller.] Selbstverlag. *

**Residenz-Kalender,** Darmstädter, für das Jahr 1839. (Mit Militair- und Civil-Etat.) 4. Darmstadt 838. Jonghaus. (Heyer's Hofbuchh.) 1/8 ℛ

**Residenz-Kalender,** Darmstädter, f. d. J. 1839 u. 40. (Mit Militair- u. Civil-Etat.) 4. Darmstadt, Jonghaus. [839. (6 1/2 B.) 838. * 1/6 Thlr., 40. (6 B.) 839. * 1/12 Thlr.] *

**Residenz-Kalender,** Dresdner, auf die J. 1876—1880. Neue Folge. 68.—72. Jahrg. 16. (164; 164; 167; 165; 136 S.) Dresden, Burdach. à Jahrg. geb. à Jahrg. *

**Residenz-Kalender,** Dresdner, auf die J. 1881—1885. Neue Folge. 73.—77. Jahrg. 16. (167; 165; 165; 160; 160 S.) Dresden, Warnatz und Lehmann. à Jahrg. * geb. à Jahrg. *

**Residenz-Kalender,** Dresdner, auf das J. 1886. Enthaltend eine vollständige, bis auf die neueste Zeit ergänzte Genealogie der regierenden Häuser Europas, sowie der Regentenhäuser europäischer Abkunft, nebst einer Beigabe von Wappentafeln sächs. Adelsfamilien mit Erläuterungen. Neue Folge. 78. Jahrg. 16. (168 S. mit 3 Stnt.) Dresden, Warnatz und Lehmann. * geb. *

—— dass. — auf die J. 1887—1889. Enthaltend eine vollständige, bis auf die neueste Zeit ergänzte Genealogie der regierenden Häuser Europas, sowie der Regentenhäuser europäischer Abkunft, nebst einer Beigabe von Wappentafeln sächs. Adelsfamilien mit Erläuterungen. Neue Folge. 79.—81. Jahrg. 16. (174 S. mit 6 Stnt.; 174 S. mit 6 Stnt.; 172 S. mit 6 Stnt.) Ebendas. à Jahrg. ℳ 1.50.; geb. *

**Residenz-Kalender,** Dresdner, auf d. J. 1890—1893. Neue Folge. 82.—85. Jahrg. gr. 16. (à Jahrg. ca. 180 S. m. 6 Wappentaf.) Dresd., Warnatz u. Lehmann. 82. u. 83. Jahrg. à * 1 50 84. u. 85. Jahrg. à * 1 60; geb. à Jahrg. à * 2 25

**Residenz-Kalender, Dresdner, auf d. J. 1895. Neue Folge. 87. Jahrg. 12. (187 S. m. 6 Wappentaf.) Dresden, Warnatz & Lehmann. n. 1. 60; geb. in Leinw. n. 2. 25**

**Residenz-Kalender,** Dresdner, auf d. J. 1899. Neue Folge. 91. Jahrg. 12. (204 S. m. 3 Wappentaf.) Dresden, H. Burdach. n. 1. 60; geb. in Leinw. n. 2. 25

**Residenz-Kalender,** Dresdner, auf d. J. 1903. Neue Folge. 95. Jahrg. 12. (90 u. 102 S. m. 3 Wappentaf.) Dresden, H. Burdach. n. 1. 60; geb. in Leinw. n. 2. 25

**Residenz-Kalender, Dresdner, auf d. J. 1907. Neue Folge 99. Jahrg. (67 u. 88 S. m. 2 Wappentaf.) 16. Dresden, H. Burdach. n. 1. 60; geb. in Leinw. n. 2. 25**

**Residenz-Kalender,** Dresdner, auf d. J. 1909. (67 u. 72 S. m. 2 Wappentaf.) 16. Dresden, H. Burdach. 1. 60; geb. 2. 25.

**Residenz-Kalender,** Dresdner, auf d. J. 1911. 100. Jahrg. (74 u. 76 S. m. 2 Wappentaf.) 16. Dresden, H. Burdach. 1.60; geb. 2. 25

— für Rudolstadt. (Mit vollständigem Verzeichniß der Hausbesitzer u. Hausgenossen.) Imp.-Fol. Rudolstadt, Fröbel. — 75

**Residenz-Theater.** Aufführungen der leichten Muse. 1.—3. Heft. kl. 8. Berlin, E. Bloch. à 1. 50

Rivoire u. Tarride, eine ehrbare Frau. Lustspiel in 1 Akt. Deutsch v. Willy Ganske. (38 S.) (909.) (3. Heft.)
Stener, Jos., die Schlangendame. Schwank in 1 Akt. (47 S.) (908.) (1. Heft.)
— Der Strohmann. Schwank in 1 Akt. (54 S.) (908.) (2. Heft.)

**Resignation,** die; od. Lohn d. Tugend. Schausp. in 2 A. 8. Coburg, Ahl. 801.

**Resignation,** die, oder Lohn d. Tugend. Schspl. in 2 A. 8. Coburg 801. (Riemann). 5 ℛ

**Resignation,** od. Aurorens Leiden. 8. Lpz. 815. Joachim. 14 ℛ

**Resignation.** Eine Erzählung ... Hildburghausen 1823. V: *Bibra, Joh. Aug. Frdr. Wilh. Freih. von.* (Ky) (MGT)

**Resignation,** eine Erzählung v. Verf. der Braut im Grabe. 8. Hildburghausen 823, Kesselring.

**Resimius, M.,** Lütt Heidelärk. En plattdütsche Dichtg. (De Biller hat Joh. Mich. Ranke tekent.) (131 S.) 8. Bremen (910). Rolandverlag. 1.80; geb. n 2. 50

Lütt Heidelärk. En plattdütsche Dichtung von W. **Resimius**-Berkow. Bremen: Boesking [1910]. 131 S. 8° [10. 13728 9

**Resius,** E., „Meissner Porzellan“. Eine inoffizielle Erläutorg. d. Neuen Leipziger Puppentheaters. Beilage zum musikal. Wochenblatt. gr. 8. (16 S.) Leipzig 890. E. W. Fritzsch. — 10

**Reska,** Ignaz, die militärische Bildung u. die heutige Kriegführung. Eine stufenweise Anleitg. zum militär. Denken u. Handeln 1. Stufe. Zur Lösg. der militär. Verwicklgn. durch Aufklärg. der veränderten Umstände. Ein militär. Programm. gr. 8. (VIII, 182 S.) Wien 873. Seidel & Sohn in Comm. n. 3. 60

— dasselbe. 2. Stufe. 1. Abth. gr. 8. (II, 108 S.) Ebend. 875. n. 2. 80

**Reska,** Ignaz, die Pferdewissenschaft in ihrem ganzen Umfange. Populär dargestellt. 1r Thl. gr. 8. Prag 837. Haase Söhne. Subscr.-Pr. 1 2/3 ℛ — 2r Thl. 1e Abthl. gr. 8. Ebd. 838. 1 1/6 ℛ — 2r Thl. 2e Abthl. A. u. d. T.: Die Gesund-Erhaltung d. Pferdes. Auf allgemeine Grundsätze zurückgeführt. gr. 8. Wien 840. (Heubner.) n. 1 1/2 ℛ — Beide Theile bei Heubner n. 3 3/4 ℛ

**Reska,** Ignaz, die Pferdewissenschaft in ihrem ganzen Umfange. Populär dargestellt. 2. Thl. 2. Abthl. — A. u. d. T.: Die Gesund-Erhaltung des Pferdes. Auf allgemeine Grundsätze zurückgeführt. gr. 8. Wien 841. (Heubner.) n. 1 1/2 ℛ (I. u. II. 1. 2.: n. 3 3/4 ℛ)

**Reska,** Ignaz, die Pferdewissenschaft in ihrem ganzen Umfange populär dargestellt. 4. Thl. 1. Abth. 1. u. 2. Lfg. A. u. d. Ttl.: Populär-wissenschaftliche, medizin. Systemkunde. Zur Verständigung zwischen Aerzten u. gebildeten Laien. 1. Thl. 1. u. 2. Lfg. gr. 8. (16 3/4 B.) Prag 844, Calve'sche Buchh. *

1. u. 2. Thl. Ebendas. 1837, 41. 3 Thlr. 22 1/2 Ngr. Der 3. Thl. wird noch erwartet.

**Reska,** Ign., Programm der Reitkunst. Zur Übersicht und Beurtheilung der bisherigen Grundsätze dieser Kunst. gr. 8. (IV und 47 S.) Prag 858, (Tempsky.) *

— sa Welchen Nutzen gewährt die Chemie.

Reska, Ignaz.
Welchen Nutzen gewährt die Chemie nach ihrem jetzigen Standpuncte der practischen Landwirthschaft? Vorgetragen in der Plenarversammlung des landwirthschaftlichen Vereins zu Braunschweig 1843 von Herrn Forke und beleuchtet. Prag, 1845. 8vo.

**Reska, Ludw., u. Gust. Strauss, Führer durch Lofer u. seine Umgebung m. besond. Berücksicht. d. Alpenbades Unken, s.: Touristen-Führer.**

Sr. Königl. Majestät in Preussen Allergnädigstes Rescript an dero Comitial-Gesandten zu Regensburg, de dato Berlin d. 21. Augusti 1756. 4. (8 Bl.)

Sr. Römisch-Kayserlichen Majestät allergnädigstes Rescript, an des H. R. R. Stadt Nürnberg, d. d. Wien, den 25. Junii 1757. 4. (6 Seiten).

Großh. Meckl. Schwer. Rescript vom 9. October 1854, nebst Entwurf einer Verordnung betr. die Bestrafung der einfachen Unzucht und der wilden Ehe, nebst Motiven. (In Rostock, Landesbibl.)

Kayserlich Königl. Rescript an die auswärt. Ministers, im Aug. 1756. (Nebst Declaration des Kayserl. Königl. Ministers im Haag, Hrn. Baron von Reischach. Declaration des Königl. Franz. Ministers zu Berlin, d. Hrn. Marquis von Valory, nebst der Königl. Preuss. Beantwortung.) 1756. 4.

Königl.-Preussisches Rescript an Dero Comitial-Gesandten zu Regensburg, de dato Berlin den 17. Augusti 1756. 4. (4 S.)

**Rescript** an die Churbraunschweigische Comitialgesandtschaft de dato Hannover den 19. Dec. 1759 [betr. das Scharmützel vor Wetzlar]. V: *Münchhausen, Gerlach Adolph Frhr von.* (Kat. der ständ. Bibl. Stuttg. 1907. S. 444.)

**Rescript,** Welches Ihro Königl. Mayst. von Preußen an dero Ministrum zu Regensburg, den Geheimten Justitz-Rath von Pollmann ergehen lassen. Anno 1741. V: *Podewils, Heinrich von & Schweickard, Weinreich.* (Preußische Staatsschriften. I. Berlin 1877. S. 84.)

[**Reskripte**, Edikte, Berichte, Verordnungen etc., betr. das Herzogtum Schlesien und seine einzelnen Teile aus den Jahren 1653–1806. In Dr., Urschr. u. begl. Abschr.] fol.

(**Rescripte**. Gesetze und Verordnungen der Fürsten zu Nassau aus den Jahren 1773 bis 1813.) [Teils in Orig.-Dr., teils in Abschr.] Sammelbd. fol.

[**Reskripte**. Patente und Reglements die Provinz Neu-Ostpreußen betr., vom 15. 11. 1796 bis 9. 7. 1801.] Sammelbd.

[**Reskripte**, Resolutionen, Verordnungen für die Provinz West-Preußen aus d. Jahren 1775 1817.] Sammelbd. [Drucke und Abschr.] fol.

Zwey Königlich Preussische Rescripte d. d. Berlin den 7. und 10. May an dero Comitial-Gesandten den Herrn v. Plotho zu Regenspurg, wegen glücklicher Einrückung der Armeen in Böhmen im Monat April 1757 und des erhaltenen Sieges über die Oesterreicher am 6. May bei Prag.

**Reskripter**, kongelige, og Resolutioner, Reglementer, Instruxer, og Fundatser, samt Kollegialbreve, med flere Danmarks Lovgigning vedkommende offentlige Aktstykker, for Aaret 1836, 1837, samlede og udgivne af T. Algreen-Ussing. (Fortsættelse af den Fogtmann-Ussingske Reskriptsamling.) gr. 8. (1836: 524 S. 1837: 477 S.) Kjøbenhavn 847. 48, Deichmann. (1836: n. 3⅛ ₰ 1837: n. 2¹¹⁄₁₂ ₰) n. 6¹⁄₂₄ ₰

**Resky**, Jadwiga v., von Stufe zu Stufe, s. a. Weichert's Wochen-Bibliothek.

Von Stufe zu Stufe. Roman aus d. engl. Hofleben von Jadwiga v. Resky. Mit 3 Vollbildern. Berlin: A. Weichert [1900]. (96 S.) 8⁰
= Wochen-Bibliothek, Weicherts. Bd 96.

Jahresbericht uber den Zustand des k. k. Obergymnasiums zu Czernowitz in dem Herzogthume Bukowina während des Schuljahres 1856/57. Wien, 1857. Dr. von Ant. Schweiger. (45 S. 4.)
Enthält: Bedeutung der Reihenreproduktion für die Bildung synthetischer Begriffe und ästhetischer Urtheile. Eine psichologische Abhandlung vom Herrn G. L. Wenzel Resl.

**Resl**, Wladimir

**Resl.**: Bedeutung d. Reihenproduktion für die Bildung synthetischer Begriffe und ästhetischer Urtheile. 29 S. – Czernowitz, Progr. 1857.

Resl, Wladimir: Geschichte der polnischen Stenographie. S. 47 bis 67. 8. Progr. K. k. zweites Staats-Gymn. *Lemberg* 1908.
Erweiterung und Ergänzung eines im „Archiv für Stenographie" 56. Jahrg. N. F. I. (*Berlin* 1905) S. 119–124. 157–168 erschienenen Aufsatzes.

Resl, *Wladimir* Das menschliche Ich. Eine psychologische Studie. 8 (S. 3–30). Progr. K. k. zweites Oberg. *Lemberg* 1892.

Resl, *Wladimir* In welchem Verhältnisse stehen die Reden der fünf ersten im Symposion auftretenden Redner zu der des Sokrates und insbesondere zu der Lobrede des Alcibiades? 8 (35 S.). Progr. K. k Real- u. Ober-G. *Brody* 1886.

Resl, *Wladimir*: Katalog der Lehrerbibliothek zusammengestellt von W. R. 8 (S. 3–41). (Fortsetzung und Schluss.) 8 (S. 3–36). Progr. K. k. zweites Oberg. *Lemberg* 1899. 1900.

**Resl**, W.: Zur Psychologie der subjektiven Überzeugung. 76 S. 8⁰ Czernowitz, Progr. 1868.

**Resl,** Wladimir, Verhältnis der fünf ersten im platonischen Symposion vorkommenden Reden zur Rede d. Sokrates u. Alkibiades. Eine Abhandlg. gr. 8. (35 S.) Brody 886. (West.) n. 1. —

**Resler**, Hier., Andachtsübungen e. frommen Christen. 8. Grätz 801. Tusch. 10 Ǩ

– Dass., s. a. Ressler, J.

**Resler**, J.

**Resler**: Das Pays de Gex, der Auszug der Helvetier und Caesars Verschanzung gegen dieselben. 12 S u. Karte, –Oppeln, Progr. 1858

**Resler**, Jos. Mich., die doppelte Buchhaltung für Kaufleute in Heuwigs Manier. 2 Thle. gr. 8. Prag 793. Widtmann. 1 ₰ 8 Ǩ

— vollständ. Tabelle üb. den Cours d. österr. Papiergeldes gegen Conventionsmünze seit 1799. (1 Bl. in Fol.) Prag 822. Calve. 8 Ǩ

**Resler,** (Joannes) Julius *(geb. Breslau 9. 3. 1817)*: Ultimae Pindari Isthmiae VII (VIII), ex rec. Boeckhiana (scholia) maximam partem nunc primum edita cum adnotatione critica. Vratislaviae (1847). (35 S.) 8°

Breslau, Phil. Diss. v. 18. Okt. 1847

**Reslhuber,** Pater Augustin: Beobachtungen während der Nordlichter am 18. October und 17. November 1848 auf der Sternwarte zu Kremsmünster. S. 1. [illegible] vgr.
**Separatabdruck**

— Bericht über die im Jahre 1850 auf dem magnetischen Observatorium zu Kremsmünster [illegible] Störungen. S. 12. [illegible] vgr.
**Separatabdruck**

**Reslhuber, Augustin, Bericht über die am 21. und 29. April 1859 zu Kremsmünster beobachteten Nordlichter. Lex.-8. (10 S.) Wien 859, (Gerold's Sohn.)** *
**Aus: Sitzungsberichte der k. Akademie der Wissenschaften, Jahrg. 1859, besonders abgedruckt.**

**Reslhuber**: Die Constanten von Kremsmünster. 20 S. –Kremsmünster, Progr. 1853

Reslhuber, A. Dr. Marian (Wolfgang) Koller. Wien 1866.

**— über Professor Stampfer's Lichtpunkt-Mikrometer im Fernrohre des Meridiankreises der Sternwarte zu Kremsmünster. Mit 1 (lith.) Taf. (in 4.). (Aus den Sitzungsberichten d. k. Akad. d. W.) Wien 856. (Gerold.) gr. 8. (15 S.) n. 6 *ngr.***

— Vorläufige Mittheilung über die [illegible] S. 42. [illegible] vgr.
**Separatabdruck**

**Reslhuber, P. Augustin -. Ueber das magnetische Observatorium in Kremsmünster und die vom Jahre 1839 — 50 aus den Beobachtungen abgeleiteten Resultate von — —. Mit 7 Tafeln und 2 Beilagen. Beilage A) Die täglichen Beobachtungen der magnetischen Deklination und Horizontal-Intensität. Beilage B) Die Beobachtungen an den Terminstagen. (Der Theil „Ueber das Observatorium und die Resultate" aus dem VI. Bande der Denkschriften der mathematisch-naturwissenschaftlichen Klasse der kaiserlichen Akademie der Wissenschaften besonders abgedruckt.) 4. (56 S. 7 Tafeln 190 S.) Wien. Aus der k. k. Hof- und Staatsdruckerei. 1854.**

**Reslhuber, Augustin, über den Ozongehalt der atmosphärischen Luft. Aus den Sitzungsberichten d. k. Akad. d. W. Wien 854. (Gerold.) gr. 8. (11 S.) n. 2 *ngr.***

**Reslhuber, Augustin, über den Ozongehalt der atmosphärischen Luft. Lex.-8. (11 S.) Wien 855, (Gerold's Sohn.)** *

**Reslhuber, P. Augustin**, *Director der Sternwarte.* Resultate aus den im Jahre 1857 auf der Sternwarte zu Kremsmünster angestellten meteorologischen Beobachtungen. *Linz* 1858. Aus der *Eurich'schen* Buchdruckerei. 26 S. 8°.

— Über die Resultate aus den im Jahre 1858 auf der Sternwarte zu Kremsmünster angestellten meteorologischen und magnetischen Beobachtungen. S. 57 [illegible] vgr.
**Separatabdruck**

**— über die Temperatur der Quellen von Kremsmünster. (Aus d. Sitzungsberichten d. k. Akad. d. W.) Wien 854. (Gerold.) gr. 8. (14 S.) n. 4 *ngr.***

**Reslhuber, Augustin, über die Temperatur der Quellen von Kremsmünster. Lex.-8. (14 S.) Wien 855, (Gerold's Sohn.)** *

**Reslhuber, P. Augustin,** Untersuchungen über den Druck der Luft. Aus 36jahr. Beobachtungen in Kremsmünster. Ein Beitrag zur Klimatologie Oberösterreichs. (Aus: Mus. Jahr.-Ber. XVIII.) Kremsmünster, 5. Juli 1858.

**— Untersuchungen über das atmosphärische Ozon. (Aus d. Sitzungsberichten d. k. Akad. d. W.) Wien 856. (Gerold.) gr. 8. (30 S.) n. 5 *ngr.***

**Reslhuber, P. Augustin,** Ueber das Wetterleuchten. (Aus dem 28. Bande der Sitzb. der k. Akad. der Wissenschaften, No. 3 des Jahrgangs 1858 besonders abgedruckt). Wien 1858.

**RESMANN, FRANZ: Die Geschichte der Schismatischen Kirche bei den Serben bis zur Schlacht am Amselfelde 1389. Innsbruck Theol. Diss. (Kriegsverlust).**

Resmi, Achmed, s.a. Ressmi, Ahmed

**Resmi** Efendi, A. Wesentliche Betrachtungen oder Geschichte des Krieges zwischen den Osmanen u. Russen i. d. J. 1768—1774. A. d. Türk. übs. u. d. Anm. erläut. von H. F. v. Diez. Halle 1813. 307 S.

**Resmi,** Achmed Effendi. Wesentliche Betrachtungen, oder Geschichte des Krieges zwischen den Osmanen und Russen in den Jahren 1768 bis 1774. Aus dem Türkischen übersetzt und durch Anmerkungen erläutert von Heinrich Friedrich von Dietz.
8. Halle und Berlin **1815.**

Zwei **Vorträge** über die Einfachheit und Zuverlässigkeit der Schrift bei Gabelsberger und Stolze geh. in d. Stenogr. Gesellsch. 'Gabelsberger' in Berlin 1894. I. Vortrag von **Hugo Resnorowski**. II. Vortrag als Korreferat geh. von Karl Sack. *Dresden: G. Dietze 1895.* (24 S.) 8°
— **Sammlung** von **Vorträgen** aus d. Geb. d. **Stenographie** hrsg. v. Kgl. stenogr. Instit. zu Dresden. No 23.

**[illegible]. Società svizzera d'assicurazione sulla vita. 4. Basilea, Francesco Wittmer.**
(25°) Resoconto del Comitato centrale (a Basilea) per l'anno 1900. [Con 1 tabella.] II + 35 p. 1901.
(26° *e* 27°) Resoconto del Comitato centrale per l'anno 1901 *e* per l'anno 1902. II + 24 e II + 29 p. 1902 *e* 1903.

Resoconto sanitario dell' ospitale civico di Trieste per l'anno 1877, redatto di G. Brettauer. 5a annata. Con 3 tavole lithogr. ed. 1 phototip. gr. 8. (XII, 271 S.) Triest 879, (Dase.) *

**Resoconto** sanitario dell' ospitale civico di Trieste per l'anno 1878—1881. Pubblico per cura della presidenza del collegio medico dell' ospitale civico. VI—X. annata. gr. 8. (132, 71, 83, 87 u. 87 S.) Triest 882—84. (Dase.) à n. — 80

**Resoconto** sanitario dello spedale civico di Trieste per l'anno 1888. Pubblicato per cura della presidenza del collegio medico dello spedale civico. 16. annata. Lex.-8. (147 S.) Triest 889. (Dase.) n. — 80

**Resoconto sanitario dello spedale civico di Trieste per l'anno 1889—1891. Pubblicato per cura della presidenza del collegio medico dello spedale civico. 17.—19. annata. gr. 8. (197 S. m. 1 Lichtdr.; 155 u. LXV S.; 247 S.) Triest 890—893. (J. Dase.) à n.n. — 80**

**Resoconto** sanitario dell' ospedale di S. Maria Maddalona in Triosto. Publicato por cura dol Antonio Marcovich. 1. II.—31. XII. 1897. gr. 8. (72 S. m. 2 Taf. u. 2 Plänen.) Triest 899. (F. H. Schimpff) n.n. 2. —

**Resolut** des Königlichen evangelisch-lutherischen Consistoriums in Kiel betr. die Absetzung des Predigers Carl Lühr. Kiel, den 9. December 1881. Als Manuscript gedruckt. (Berlin.) [illegible]

**Resolut** des königl. evangelisch-lutherischen Consistoriums in Kiel betr. die Disciplinaruntersuchung gegen den Diak. Lühr in Eckernförde. 4. (12 S.) Kiel 882. Homann. n. — 40

**Resolut** d. evangelischen Oberkirchenrathes vom 25. Juni 1873 in der Disciplinar-Untersuchungssache wider den Prediger Sydow zu Berlin. Amtliche Ausg. gr. 8. (32 S.) Berlin 873. Rauh n. — 60

**Resolutio** salutaris quaestionis, num salvus fiam? Norinbergae 1706. V: *Praxl, Paul.* (Jes)

**Resolution** u. Berechnung über d. Getreide, d. Malter zu 12 Metzen. 8. Würzb. 785. Stahel. 6 Gr.

Resolution. Freie und Einhellige R' eines Ehrwürdigen reformirten Synodus, zu Steinsberg, im Unterengadin. 1790 den 18. Brachmonat. 8. *o. O.*

**Resolution** des Königlichen Ministerii für die Herzogthümer Holstein und Lauenburg, vom 17. April 1857, betreffend die Auflegung und Erhebung von Gewerberecognitionen in den adeligen Districten des Herzogthums Holstein. Hamburg. (1857.) 4°.

**Resolution, Sage.** Berlin 1776. V: *Elisabeth, Königin von Preussen.* (MGT) (ML

*Résolution* sage de feu la reine, épouse de Frédéric II. (Elisabeth). gr. 8. Berl. 776. Rottmann. 16 Gr.

Gesellschaft für Erdkunde, Berlin.
— — Resolution des Vorstandes und Beirathes der — über die Polarfrage. 1875.

**Resolutionen,** einstimmig beschlossen von den Abgesandten von 22 südwestdeutschen Logen verschiedener Systeme, versammelt am 23. Febr. 1908 in Strassburg im Elsass zur Tagung des oberrheinischen Stuhlmeistertages. [Unterz.: Heinr. Kraft, Gust. Köhler. [Colmar 1908: Strassburger Dr.- & Verlags-Anst.] 2 Bl. 8° [Kopftit.]

**Resolutionen** der Hauptversammlung des Vereines deutscher Ingenieure betreff. einheitliche Entwicklung der deutschen technischen Hochschulen und Einführung einer technischen Reichsprüfung. Nebst begründendem Vortrag von F. Grashof. Berlin 1876.

**Resolutionen der Hauptversammlung des Vereines deutscher Ingenieure [angenommen in ihrer Sitzung vom 28. Aug. 1876 zu Berlin], betr. die einheitl. Entwickelung der deutschen techn. Hochschulen und die Einführung einer techn. Reichsprüfung. gr. 8. (29 S.) Berlin 877, (Gärtner.) ***

**Resolutionen** d. 2. allg. österr. Katholikentages f. die gesammte Monarchie zu Wien am 29. u. 30. April, 1. u. 2. Mai 1889. 8. (24 S.) Wien 889. „St. Norbertus", Buch- u. Kunstdruckerei. n. — 24

**Resolutionum et annotationum juridicar. decas. 4. Lips. 720.**

**Resolutiones** Partheniae, seu Quaestiones 50 de B. V. Maria . . . Graecii 1701. V: *Wenner, Jacob.* (Jes)

**Résolutions adoptées par le III^e congrès national d'agriculture, s.: Beschlüsse des III. Agrar-Kongresses d. ungar. Landwirthe.**

**Resolvirung** über Bierpreise von 2 fl. bis 8 fl. incl. u. 1 Maaß bis 1220 Eimer. 8. Münch. 824. (Landsh., Krüll). 1 Rthlr.

Resolvirung über das Verhältniß des bayerischen Gewichts zum Zoll-Gewicht. 8. Ulm 837. Nübling. 1/8 Rthlr.

**Resolvirungs-Tabelle zur Berechnung der Tagelöhne in Mark und Pfennige. Lithogr. und color. qu. gr. Fol. Cannstatt 877, Bosheuyer's Buchh.**

**Resolvirungs-Tabelle der 1/4, 1/2 u. ganzen Kronenthaler u. der Alten u. Neu-Groschen u. ganzen Preußenthaler. Fol. Nürnberg, Endtersche Buchh.**

**Resolvirungstabelle der ganzen, halben u. Viertelskronenthaler in Gulden u. Kreuzer nach d. 24 fl. Fuß v. 1—1000 Stck. Ludwigsb., Nast. 4 Gr.**

Resolvierungs-Tabellen zur Berechnung I. des steuerbaren Betrags vom Dienst- und Berufs-Einkommen, II. der Staats- und Corporationssteuern aus dem Zinsen-Einkommen von Kapitalien, sowie aus dem steuerbaren Betrag des Dienst- und Berufseinkommens. Imp.-4. (2 S.) Stuttgart 887, Gerschel. * Schreibpap. *

**Resolvirungs-Tabellen zu Berechnung des Capital-Werths anbedungener Wohnungs-Rechte und Leibgedinge, sowie der Accise hievon in der Markwährung. Fol. (4 S.) Biberach 882, Dorn'sche Buchh. ***

**Resolvirungs-Tabellen** zur Berechnung des Capitalwerths anbedungener Wohnungsrechte u. Leibgedinge, sowie der Accise hiervon in der Markwährung. 2. Aufl. der neuen Ausg. Fol. Biberach 887. Dorn. n. — 60

**Resolvirungstabellen zur Einhebung des Steuerbeischlages von 7 kr. vom Gulden jährlicher Steuer aus der Haus-, Gewerbs- u. Einkommensteuer zu 2²/₁₀ Simplen nebst 17 kr. Beischlag vom Gulden Jahressteuer, in Hellern aufsteigend ꝛc. für die letzten 4 Jahre der 6. Finanzperiode. Imp. 4. (43 S.) Nördlingen 852, Beck. 1/3 Rthlr.**

**Resonanzen** aus meinem Leben. 1797—1825 . . . St. Gallen 1825. H: *Schläpfer, Johann Georg.* (GGr) (NN)

Resource, s. Ressource

**Resow,** F., Bibelkunde, s.: **Vogt, A.**

**Respa,** Ernst, wie werde ich Hypnotiseur? Praktische Anleitg. zur Anwendg. der Hypnose. (28 S.) gr. 8. Berlin (906). H. Rau. n. 1. —

**Respect dû à la tête couronnée etc. voyez Lobarzewsky, M.**

**Respinger, H.,** siehe: *Vierteljahrsschrift.*

Respinger, Joh. Heinr., Basel. Dissertatio inauguralis medica de vulnerum lethalitate.
**Basel, Med. Diss. 1733.**

Respinger, Joh. Heinr., Basel. Praecipuae mutationes, quae in infante recens nato contingunt. Dissertatio inauguralis.
**Basel, Med. Diss. 1768.**

Respinger, Joh. Heinr., Basel, als Bewerber um die anatom.-bot. Professur. Theses anatomico-botanicae
**Basel, Med. Diss. 1733.**

Respinger, J[ohann] R[udolf], [und] Vischer, W[ilhelm] *II.* Ansprache, gehalten bei der Beerdigung von Prof. Dr. Balth(asar) Reber am 16. März 1875... [zu Basel] von Herrn Pfarrer J. R. R', nebst Personalien. Worte am Grabe gesprochen von Herrn Professor W. V' (°*Umschlag:* Zur Erinnerung an Prof. Dr. Balthʳ Reber. 1875). 8. (Basel.)

**Respinger**, J[ohann] R[udolf]. Zum Gedächtniss des als Rector der Töchterschule verstorbenen gewesenen Waisenvaters Herrn J(ohann) R(udolf) Lucas Burckhardt.... Leichenrede und Personalien, vorgetragen... [zu Basel], bei dessen Beerdigung, den 10. Juni 1862. 8. Basel.

**Respinger**, Joh[ann] Rud[olf]. Leichenrede bei der Beerdigung von Frau Auguste Preiswerk geb. Faber, Ehegattin des Herrn Antistes Dr. Sam[uel] Preiswerk, gehalten... den 11. März 1862... [zu Basel]. 8. Basel.

**Respinger**, J[ohann] R[udolf]. Leichenrede, gehalten bei der Beerdigung von Herrn Pfarrer Em(anuel) Burckhardt-Preiswerk... [zu Basel] den 27. Januar 1869. 8. Basel.

**Respinger**, [Johann Rudolf]. Leichenrede, gehalten bei der Beerdigung von Herrn J R(ud[olf]) Liechtenhan, Handelsmann, den 17 September 1866... [zu Basel].... *Lithographicrt.* 8. *o. O.*

**Respinger**, J[ohann] R[udolf]. Worte der Theilnahme und des Trostes, gesprochen bei der Beerdigung von Frau Charlotte v[on] Speyr, geb. Riggenbach,... den 10. Januar 1858... [zu Basel]. 8. [Basel.]

**Respinger, Wilhelm** [Assistenzarzt an der chirurg. Poliklinik in Basel]: Untersuchungen über die angebliche Kontagiosität des Erysipels. Tübingen 1900. 21 S. 8°. (S.-A. aus Beiträge zur klinischen Chirurgie, Bd. 26.)
Basel. Med. Diss. 1899/1900.

**Respondek**, Georg, a. Königshütte O./Schl.: Definitive Bahnbestimmung des Kometen 1849 III. (Göttingen 1907: Dieterich.) (31 S.) 8°
Berlin, Phil. Fak., Ref. Bauschinger, Diss. v. 23. Nov. 1907
[Geb. 27. Okt. 79 Guttentag in Schlesien; Wohnort: Göttingen; Staatsangeh.: Preußen; Vorbildung: Gymn. Königshütte Reife O. 02; Studium: Berlin 9, Göttingen 1 S.; Rig. 16. Mai 07.]

**Responsa, Agamantis Palladii,** ad dubia anonymi adversus privilegium S. Stephani . . . S. l. 1779. V: *Batthyány, Alois Graf.* (Pk)

**Reponsa Erfordensia**, vide Collectio.

— d. Univerſ. Halle u. Göttingen ꝛc. 8. Frankf. u. Berl. Realſchulbuchh. 755.

***Responsa*** der Univerſität Halle u. Göttingen ꝛc. 8. Frankf. u. Berl. 755. (Reimer). 4 ℊ

**Responsa** praecisiora Auctoris Demonstrationis catholicae . . . Eustadii et Günzburgii 1780. V: *Stattler, Bened.* (Jes)

**Responsabilité** dans la guerre. gr. 8. (30 S.) Wien 869, Faesy und Frick. *

De la responsabilité dans la guerre. 2ième édition, gr. 8. (32 S.) Wien, Faesy & Frick. 40 kr.
1870

**Responsabilité** dans la guerre. gr. 8. Wien 879, Faesy. *

**Responsabilités**, les. Ueberſetzt nach der 2. Aufl. der in Conſtantinopel erſchienenen gleichnam. Broſchüre. gr. 8. (VI, 82 S.) Wien 877, Bloch und Hasbach. *

**Responsio, Ad illustriss. Dn. Antonii Ostrovscii Regii . . . coram Civitatis Ordinibus habitum d. XXVI. Junii sermonem eiusdem Civitatis Syndici.** Gedani 1765. V: *Lengnich, Gottfried.* (ML)

**Responsio** Amici ad Epistolam Ministri cujusdam super illa Quaestione: Num officia, quae Sacra Regia Majestas (Fridericus IV. Rex) Daniae in favorem Principis Caroli Fratris sui, ratione Coadjutoratus Lubecensis impendit, contraria sint Paci Travendalensi. s. l. Impressa Anno 1701. 4°k.

**Responsio** ad Epistolam Castiglioni ad Prochaska. 8. maj Prag, Gerle. 780.

***Responsio*** ad epistolam Castiglioni ad Prochaska, in causa praecipue Castiglioni. 8maj. Praga 780. (W. Vogel in Leipz.) 3 ℊ

**Responsio** Philippi Melanthonis de Controversiis Stancari scripta anno 1553. S. l. 1753. H: *David, Franz.* (Trausch)

**Responsio** Monachi Benedictini e Congreg. Bav. opposita Stattlerianis responsis pro veritatis defensione. Ratisbonae 1780. V: *Frölich, Wolfgang.* (Jes) (MGT)

**Responsoria** Missae ac Vesperarum s. Transpositiones harmonicae ad Tonos Psalmorum et Magnificat necnon ad Hymnos: „Te Deum, Pange lingua et Veni Creator" secundum Cantum Romanum authenticum. Auctore Jos. Hanisch. In Schwarzdr. qu. 4. (56 S.) Regensburg 886, Pustet. * geb. * *

**Responsorien** f. d. kirchlichen Musikchor an d. verschiedenen Festen u. Anlässen nach d. römischen Breviere u. d. Collectio Rituum. gr. 8. (12 S.) Linz 897. Verl. des kathol. Prefsvereines. n. — 40

**Reſponſorien**, welche bei der heil. Trauermetten in der Charwoche geſungen werden. 8. (10 S.) Prag, Druck. Fr. Rohlicek, 1853.

**Responsorientafel** f. den Kirchenchor. Fol. (1 Bl.) Passau 894. R. Abt. Auf Pappe. n. — 20

**Responsum** epistolare Amici ad Amicum, ad quaestiones: 1) an Studiosus, conveniens civem oppidanum apud saecularem Magistratum, coram eodem reconveniri possit? . . . S. l. 1719. V: *Weber, Immanuel.* (Stri) (Holz)

**Responsum** facultatis jur. Gissensis in Sachen v. Herrisem, verwittibter v. Petri modo Sturmfeder und v. Feignies contra Herrn Grafen v. Leiningen-Dachsburg zu Hartenburg und Emichsburg. Cum adjunct. Nr 1 usque ad 10 incl. Die Lehns-Quart des Dorffs Steinbach betr. [Giesen 1740.]

**Responsum** facultatis iur. Rostoch., quo ob renovationem feudi, per 30 annos neglectam, ex iusta causa poena pecuniaria dictata est. Gegeben Rostock 1740.

**Responsum** facultatis jur., universitatis regiae Regiomontanae, über die Frage, ob literati, doctores, licentiati, advocati so bey dem höchsten Tribunal, ... immatriculiret sind gleich denen Kauff-Leuten daselbst in der Kirche den Klinge-Beutel herumzutragen schuldig? Königsberg 1721.

**Responsum, E. Hochw. theol. Facultaet zu Wittenberg,** Herrn Dr Bahrdts Versuch eines biblischen Systems der Dogmatik betreffend. Arnstadt 1770. V: *Wernsdorf.* (GGr)

**Responsum** pro meliori informatione boni amici N. N. ad ejus informationem. S. l. [1748]. V: *Geissendorfer, Anselm.* (ClZür Forts. I)

**Responsum, Pro Brandenburgica intentione ... gründlichst ertheiltes,** inclytae Facultatis iuridicae Moguntinae ... O. O. 1706. V: *Pachelbel von Gehag, Wolfg. Gabr.* (Holz)

**Responsum** juridicum consultativum über das von der Fürther Gemeinde in causa fractae pacis Bamberg contra Brandenburg ergriffene remedium revisionis. Nebst e. Anh. darinnen die angezogene vornehmste Actenstücke enth. o. O. 1767.

**Responsum** juris in Sachen Andreae zu Frankfurt contra Andreae daselbst. O. O. [ca. 1779]. V: *Hartleben, Franz Joseph.* (MGT)

**Responsum** juris pro violato capit. episcop., von Frz. Ant. Dürr; mit Malers Beitr. 1r Thl. 8. Regensb. 790. Montag u. W. 16 gr

**Responsum** juris im Namen der Juristenfacultät die Frankfurter Reichs-Messen betreffend. O. O. 1761. V: *Hofmann, Gottfried Daniel.* (ML)

**Responsum** juris in Sachen der verwittibten Frau von Olenschlager ... zu Frankfurt contra G. N. Kessler daselbst. Frankfurt 1779. V: *Hartleben, Franz Joseph.* (MGT)

**Responsum** juris puncto primarum precum ser. D. D. S. R. Imper. vicariis competentium ... elucubratum anno 1790 ... Monach. 1790. V: *Klocker, Carl.* Adel) (Lindner)

**Responsum** juris ad quaestionem propositam, in quo demonstratur, quod in causis ecclesasiticis ... a Statibus imperii evangelicis per jura canonica et leges imperii ad suprema Germaniae tribunalia ... non possit licite appellari. Ed. 2. S. l. 1700. Ed. 4. S. l. 1723. V: *Thülemarius, Heinrich Günther.* (KGBerlin I, 1255)

**Responsum** iuris, die Reichsvogtey und das Reichsschultheissenamt in der Reichsstadt Nordhausen betreffend. [Ebersdorf] 1746. V: *Moser, Joh. Jac.* (ML)

**Responsum** iuris pro veritate ad quaesitum an Religiosi S. J. ... post biennium novitiatus emissa, reddantur incapaces retinendi ius et dominium bonorum suorum. [Innsbruck 17??] V: *Zech, Franz Xaver.* (ML)

„Responsum der Juristen-Fakultät der Universität Giessen, betr. sowohl die Local- als die Messentliche Müntz-Commission zu Francfurt am Mayn. (a. E.:) Giessen, den 6. Dezember 1760". —

**Responsum** im Namen der Juristenfacultät puncto juris Consistorii evangelischer Unterthanen ... O. O. 1761. V: *Hofmann, Gottfried Daniel.* (ML)

**Responsum** latinum delarvantis Anti-Trenkii ad responsum germanicum delarvati Trenkii. S. l. 1790. V: *Szeitz, Leo Mária.* (Pk)

**Responsum** in causa Stadt Lindau contra des Stifts Lindau producirtes falsches und unrichtiges diploma. Giessen 1700. V: *Weber, Imman.* (Holz)

**Responsum** in causa Dominae Mariae Gertrudis Anglicanae ... Giessae 1711. V: *Weber, Imman.* (Holz)

**Responsum, Rechtliches,** juris nomine facultatis iuridicae Tubingensis nach Frankfurt, puncto eines hominis tulliabilis ... S. l. 1759. V: *Hofmann, Gottfried Daniel.* (ML)

**Responsum** in Revisionssachen Anwalds Marie'n Margarethe'n Storchin ... die Herausgebung des Grossmütterlichen und Stiefväterlichen betreffend. O. O. 1762. V: *Sorber, Johann Jacob.* (ML)

**Responsum** Theologorum Heidelbergensium de sensu canonis III. Synodi Nicenae I. . . . Heidelb. 1779. V: *Jung, Johann.* (ML)

**Responsum** de sedecim prioribus earum thesium, quae s. tit. „Theses neoapprobandis et aliis presbyteris Archidioecesis Coloniensis ad subscribendum propositae" innotuerunt, in sermonem latin. conversum edendum cur. P. Q. 12. (2¼ B.) Darmstadii 837, Leske.

**Responsum, Tübingisches,** iuris ad caussam der reformirten Bürger . . . zu Frankfurt am Mayn contra Herren Burgermeister und Rath daselbst das . . . widerrechtlich nachgesehene Exercitium Religionis Reformatae publicum . . . betreffend . . . 1752. O. O. V: *Hofmann, Gottfried Daniel.* (ML) »1754« (Holz)

**Responsum, Tuebingisches,** juris über die Frage: Ob der status anni normalis auch bey Handwerkern . . . zu betrachten seye. O. O. [1769]. V: *Hofmann, Gottfried Daniel.* (ML)

— — Tübingisch., ingleichen Trierisch., ad causs. d. reformirt. Bürger u. Schutzangehör. zu Frankfurt a. M. Fol. Frankf. Andreä. 754.

Respublica, s. Res publica

Respur, P.M.de: Besondere Versuche vom Mineral-Geist zur Auflösung und Verwandlung derer Metallen, auch von der Bewegung der Welt und ihrer Theile. Übers.aus dem Französischen von Johann Friedrich Henkel, hrsg.von Johann Gottlob Lehmann. 348 S., gbd., Abb.

Leipzig: Schwickert 1772

JB 261

Ress, Carl, s. Ress, Karl

Ress, Jh. Heinrich

– s.a. Auferstehungsgesch. Jesu Christi.

Reß, J. H., d. Auferstehungsgeschichte Jesu Christi ohne Widerspr. 8. Braunschw. Schulbuchh. 779.

— üb. Benennung u. Ursprung aller Oerter des Herzogth. Braunschweig. Untersuchung aus d. ältest. Geschichte. 8. Leipz. 806. (Hinrichs). 16 gr

— Capitulare de Villis Kaisers Karls, s. Karl d. Große rc.

– s. Columella de Re Rustica

— üb. des Flavius Josephus Erwähnung v. Christo. 8. Braunschweig 775. Schulbuchh. 6 gr

– s. Landprediger, Der patriot.

— Lehrbuch des Christenthums f. Kinder u. Männer. 8. Wolfenb. 795. (Fleckeisen in Helmst.) 6 gr

Reß, Jh. Hnr., († d. 11. Jan. 1803.) Samml. einiger kleinen großtentheils landwirthschaftl. Aufsätze. gr. 8. Leipz. 780. Weygand. 16 gr

— sonntägl. Unterredungen einiger Landleute. 8. Braunschw. 775. Schulbuchh. 6 gr

— über nähere Verbind. der gegenwärt. u. zukünft. Welt, zur Beförder. d. Ruhe u. Tugend. 8. Leipz. 794. Weygand. 1 ß

Ress, Karl

(Ress, Carl.) Schlimme Erfahrungen bei'm Gesangstudium. Frankfurt am Main 1860.

Chronik der Stadt Heldburg seit 1750 (mit Nachträgen zur Krauß'schen Chronik). Von Rektor a. D. Ludwig Roß. *Hildburghausen: Kesselring 1901.* (63 S.) 4°(8°) [F.]
= Schriften d. Vereins f. Sachsen-Meining. Geschichte u. Landeskunde. H. 39, 1. [04. 2355

**Ress,** L., Geschichte u. Beschreibung der Veste Heldburg. Mit 6 Abbildgn., 1 Plan v. 1680 u. dem Aussichtspanorama vom Turme der Veste in Farbendr. 16. (36 S.) Hildburghausen 888. Gadow & Sohn. n. — 50

**Ress, L., Geschichte u. Beschreibung der Veste Heldburg. 2., verb. u. verm. Aufl. 16. (40 S. m. 6 Ansichten u. 1 farb. Panorama.) Hildburghausen 892. F. W. Gadow & Sohn.** n. — 60

**Ress,** L., Geschichte u. Beschreibung der Veste Heldburg. 3. Aufl. (40 S. m. 6 Taf. u. 1 farb. Panorama.) Hildburghausen (901). F. W. Gadow & Sohn. n. — 50

**Ress,** Rob., Farben. gr. 16. (56 S.) Berlin 899. J. Sassenbach. 2. —

(b) **Ress,** R., Farben. 899. (KBL 32.) Jetzt: München, R. Piper & Co.

**Resseb sla Suroh. redo eid nebeis eiw dnu muraw** [d. i.: Besser als Horus, oder Die sieben wie und warum]. Madretsma [Amsterdam, recte: Wien: Wucherer] 1784. 30 S. 8⁰
Recens: Frmr-Bibliothek. 3 (1785) S. 201; "Die neuesten Religionsbegebenheiten. 1785 S. 426.
Selten. Gegen das Buch „Horus" von Chr. E. Wünsch. In Österreich bei 50 fl. Strafe verboten. Ockler im Katalog d. Loge Friedr. z. g. Z. in Breslau gibt als Verl. an: Berlin: Schöne.

Resseguier, Jul. v., Almaria. Roman. Deutsch bearb. v Bernd v. Guseck. 8. (11½ B.) Dresden u. Leipzig 836, Arnoldische Buchh.

**Ressel,** Adolf, appr. Arzt a. Jutroschin ⟨Kreis Rawitsch⟩: Über fäkale Verunreinigungen auf Obst und Gemüse. Berlin (1907): G. Schade. (27 S.) 8°
Berlin, Med. Fak., Ref. Rubner, Diss. v. 14. Aug. 1907
[Geb. 28. Febr. 75 Jutroschin, Posen; Wohnort: Jutroschin; Staatsangeh.: Preußen; Vorbildung: Gymn. Breslau Reife M. 96; Studium: Breslau 10 S.; Coll. 6. Aug. 07; Approb. 01.]

Ressel, Emil, Balders-Blut. — Tellstätten. 2 Dichtgn. 8. (48 S.) Rumburg 900. H. Pfeifer. n. 1. —

Ressel, Emil, Flammenzeichen. Freiheits- u. Vaterlandsgesänge. 2., verm. Aufl. 12. (80 S.) Rumburg 896. H. Pfeifer. n. 1. —

— deutsche Kämpfe. — Walas Kunde. Dichtungen. 12. (80 S.) Ebd. 902. n. — 85

**Ressel, Emil, Theodor Körner u. seine Zeit. Zur Feier d. 100. Geburtstages d. Dichters am 23. Septbr. 1891. Mit e. Weihegesang. gr. 8. (31 S.) Reichenberg 891. J. Fritsche. n. — 40**

— im Rauschen der Eichen. Sturm- u. Trutzlieder. 8. (IV, 160 S.) Dresden 899. E. Pierson. n. 1. 70; geb. n. 2. 70

Ressel, Frz. Gust. Adph., Baden [bei Wien] u. dessen Umgebungen, sammt allen näheren u. entfernteren Ausflügen; nach J. Ad. Krickel's topograph. Nachlässen bearb. Mit 1 (lith.) Karte (in 4.) 12. (VIII u. 280 S.) Wien 851, Pichler's Wwe. 1 ℳ

**Ressel, Franz Gustav Adolph —. Oesterreichs Entwickelung, ein Ausfluß des Gesetzes der Nothwendigkeit — — dargestellt in biographischen Umrissen der einflußreichsten Persönlichkeiten in dem Leben des Staates, der Kirche, der Wissenschaft und der Gesellschaft von der Periode des allmäligen Verfalles des römischen Weltreiches mit dem Beginne unserer Zeitrechnung bis zum Hintritte Franz I. 1835, von — —. 1. Heft. (32 S.) 2tes Heft. (Von S. 33—64.) 8. Wien. Druck von F. Ullrich. 1854.**

Ressel, Franz Gustav Adolf. Oesterreichs Entwicklung — ein Ausfluss des Gesetzes der Naturnothwendigkeit — dargestellt in „biografischen Umrissen der einflussreichsten Persönlichkeiten in dem Leben des Staates, der Kirche, der Wissenschaft und der Gesellschaft" — von der Periode des allmäligen Verfalles des römischen Weltreiches — mit dem Beginne unserer Zeitrechnung, bis zum Hintritte Franz I. (1835.) (2 Hefte in 1 Bd. geb.) 8. Wien 1860.

Ressel, Frz. Gust. Adf., Oesterreichs Entwicklung — ein Ausfluß des Gesetzes der Naturnothwendigkeit; dargestellt in „biografischen Umrissen der einflußreichsten Persönlichkeiten in dem Leben des Staates, der Kirche, der Wissenschaft und der Gesellschaft" von der Periode des allmäligen Verfalles des römischen Weltreiches — mit dem Beginne unserer Zeitrechnung, bis zum Hintritte Franz I. — 1835. 2. Aufl. 1. Bdchn. 8. (1. Bd. S. 1—77.) Wien 861, (Leo's Verlags-Expedition.) *

Ressel, Gustav Andreas

Ressel, G. A. Adreßbuch des Gerichtsbezirkes Leitmeritz, mit historischen topogr. stat. Beiträgen. Mit 2 Karten. 8. (VIII, 200 S.) 1 50
Leitmeritz: Ressel 1889.

Ressel, G. A., s.: Adress-Buch d. polit. Bezirkes Teplitz.

Ressel, G. A., d. gegenwärt. Bergwerksbetrieb im nordwestböhm. Kohlenbecken u. s. Verhältnis zur Landwirtschaft daselbst. Hrsg. v. d. Preis-Abtheilg. d. Comités landwirtschaftl. Vertrauensmänner in d. polit. Bezirken Aussig, Teplitz, Brüx u. Komotau u. in dessen Auftrage verf. v. R. gr. 8. (52 S.) Sobochleben 895. (Teplitz, A. Becker.) n.n. — 50

— Elbe-Führer zwischen Leitmeritz u. Dresden. Mit vielen Illustr. 8. (V, 119 S.) Aussig 888. Grohmann. n. 1. 50

— die Fortbildungsschule. Ein Handbuch aller einschläg. Gesetze, Verordngn. u. Erlässe nebst Formularien zur Amtsführg. f. Genossenschaften, Behörden u. Schulleitgn. gr. 8. (XV, 254 S.) Wien 895. A. Pichler's Wwe. & Sohn. n. 3. 60

—— Franzensbad und Eger, s. Städtebilder und Landschaften aus aller Welt.

— illustr. Führer auf der böhmischen Nordbahn. Mit 1 Orientirungskarte. 8. (V, 128 S.) Reichenberg 886. Fritsche. geb. n. 2. 80

**— u. Camillo Morgan, die Glücksgobl. Posse m. Gesang in 1 Aufzuge. gr. 8. (15 S.) Leipzig 891. Literar. Anstalt A. Schulze. n. — 80**

**— Handbuch zur Führung der Amtsgeschäfte der Schulleitungen an Volks- u. Bürgerschulen. Mit pract. Beispielen zur Führg. der Amtsbücher, sowie f. den gesammten schriftl. Verkehr d. Schulleiters. gr. 8. (V, 411 S.) Wien 898. A. Pichler's Wwe. & Sohn. n. 5. 40; geb. in Leinw. n. 6. —**

Ressel, Gust. Andr., Handbuch zur Führung der Amtsgeschäfte der Schulleitungen an Volks- u. Bürgerschulen. Mit prakt. Beispielen zur Führg. der Amtsbücher, sowie f. den gesammten schriftl. Verkehr des Schulleiters. 2., neu durchgeseh. u. ergänzte Aufl. gr. 8. (VII, 417 S.) Wien 900. A. Pichlers Wwe. & Sohn. Geb. in Leinw. n. 6. —

— der junge Herr. Lebensbild in 3 Aufzügen. gr. 8. (120 S.) Linz (902). Wien, Oesterreich. Verlagsanst. n. 2 —

(B) Ressel, G. A., d. junge Herr. 902. (AB9 82.) Jetzt: Wien, J. Deubler.

**Ressel, G. A., Carlsbad and its environs, s.: Towns and landscapes of the whole world.**

Ressel, G. A., Carlsbad u. Umgebung, s.: Städtebilder u. Landschaften aus aller Welt.

**Ressel, G. A., Läuterung. Gedichte. 12. (81 S.) [Bremen 880, Kühtmann und Comp.] Norden, Fischer Nachf. ***

**RESSEL**, G. A., Rare Leut'. Neue Wiener Geschichten. Wien, o. J. 8⁰. (1 Kr. 20 H. der Vorige, 1914.)

(F) Ressel, G. A., Rare Leut'. Neue Wiener Geschichten. 8⁰. (257 S.)
Linz: Österr. Verlagsanst. 1902.

**Ressel, Gust. Andr., Rare Leut'. Neue Wiener Geschichten. Buchschmuck v. Leop. Burger. (258 S.) 8. Linz (903) Wien, J. Deubler. 3. 50; geb. 4. —**

—— Marienbad und Umgebung, s. Städtebilder und Landschaften aus aller Welt.

**— G'spassige Menschen! Neue Wiener Geschichten. (VII, 283 S.) 8. Wien 906. Akadem. Verlag Dr. W. Schultz & Co. n. 3. 50; geb. n. 4. 50**

— arme Narr'n! Neue (Wiener) Geschichten. 8. (VII, 146 S.) Dresden 900. E. Pierson. n. 2. —; geb. n. 3. —

**— das Raimund-Theater. Eine Denkschrift. Mit den Plänen d. Theaters. [Aus: „Allg. Kunst-Chronik".] hoch 4. (8 S.) Wien 893. (C. Daberkow.) n. — 40**

**— Teplitz-Schönau, Bilin-Sauerbrunn u. Eichwald m. ihr. Umgebg., s.a. Städtebilder u. Landschaften aus aller Welt.**

Teplitz-Schönau, Bilin-Sauerbrunn und Eichwald mit ihrer Umgebung. Von G[ustav] A[ndreas] Ressel. Mit 17 Abb. u. 1 Pl. Darmstadt: K. P. Geuter 1897. (81 S.) 8⁰
= Städtebilder u. Landschaften aus aller Welt. No 160a.

Ressel, G. A., Vergißmeinnicht. Bescheidene Lieder. gr. 16. (47 S.) Wien 879, Huber und Lahme. *

— Wiener Vorstadtgeschichten. Mit e. Vorworte v. Adam Müller-Guttenbrunn. 8. (VIII, 196 S.) Dresden 894, E. Pierson. n. 3. —; geb. n. 4. —

Ressel, Joh., Kaiser Heinrich IV. Geschichtliches Drama in 5 Akten. Hrsg. v. Wilh. Ressel. 12. (131 S.) Dresden 891. E. Pierson. n. 1. —

Ressel, Johannes [pr. Arzt]: Zur Kenntnis der Hautactinomykose. (Aus d. dermatolog. Klinik d. Herrn Prof. Neisser zu Breslau.) . . . Breslau, Druck d. Bresl. Gen.-Buchdr., 1891; 42 S., 1 Bl. 8°
Breslau, Med. Fak., Inaug.-Diss. v. 18. Apr. 1891

Ressel, Johs., zur Kenntnis der Hautactinomykose. Diss. gr. 8. (42 S.) Breslau 891. (L. Köhler.) n. 1. —

Ressel, Josef

— Anleit. zur schnellen u. richtigen Flächeninhaltsberechnung f. Forst- u. Landvermesser. Mit Steindr. gr. 8. Wien 817. Gerold. 8 ƒ

Ressel, Josef: Denkschrift. Hrsg. vom Comité für die Centenarfeier Josef Ressel's. Wien 1893

Ressel, Jos., Entwurf eines Distanzmessers. Mit 3 Kpft. gr. 8. Wien 817. N. A. 820. Gerold. 16 ƒ

**Ressel,** Julius *(geb. Trebnitz in Schles. 25.4.1833)*: De polyporum uteri exstirpatione methodo galvanocaustica instituta eorumque disquisitione microscopica. Vratislaviae (1857). (60 S., 1 Taf.) 8°
Breslau, Med. Diss. v. 1. Aug. 1857

**Ressel,** Jul., die Kriegs-Hospitäler des St. Johanniter-Ordens im dänischen Feldzuge von 1864. Ein Beitrag zur Chirurgie der Schusswunden. Breslau 866. Morgenstern. gr. 8. (VIII, 184 S. mit 4 eingedr. Holzschn.) n. 1 ₰ 6 ngr.

Ressel, W. Zacharias

Ressel: Ueber d. Bedeutsamkeit d. geschichtlichen Sage. 9 S.–Brüx, Progr. 1863

Ressel: Ueber den geschichtlichen Charakter der wichtigsten Völker der Neuzeit. 15 S.–Brüx, Progr. 1853

Ressel: Ueber den Einfluss der geographischen Verhältnisse auf die Entwicklung der Völker.–Brüx, Progr. 1860

Ressel, Entwurf eines Distanzmessers. Neue Ausgabe. Wien 1820. 8.

Ressel, W. Zacharias, Entwurf einer Universalgeschichte für gebildete Leser. 1. Abthl. — A. u. d. T.: Allgem. Geschichte des Alterthumes. gr. 8. Leipzig 843, Liebeskind. Für Oestreich, Pfeiffner in Reichenberg. n. 2 ₰

Ressel, W. Zach.: Die E r z i e h u n g der Völker. 18 S. 4° – Brüx, ROG., Progr. 1872.

Ressel's Familienfreund. [Früher: Reichenberger Familienfreund.] Illustrirte Blätter f. Unterhaltg. u. Aufklärg., hrsg. u. red. unter Mitwirkg der hervorragendsten Schriftsteller u. Publicisten Oesterreichs u. Deutschlands. 4. Jahrg. 1886. 24 Nrn. (2 B.) gr. 4. Reichenberg, Leipzig, (Fest). n. 8. —; in 12 Hftn à n. — 50

Ressel's Familienfreund. [Früher: Reichenberger Familienfreund.] Illustrirte Blätter für Unterhaltung und Aufklärung, hrsg. und redig. unter Mitwirkung der hervorragendsten Schriftsteller und Publicisten Oesterreichs und Deutschlands. 4. Jahrg. 1886. 24 Nrn. (à Nr. 2 Bog.) gr. 4. Reichenberg. (Leipzig, Fest.) *
In 12 Heften à *
1.—3. Jahrg. und 5. Jahrg. und Fortsetzung im Selbstverlage. [Reichenberg in Böhmen, Wilh. Ressel.]

Ressel: Über die Freiheit des Individuums. Brüx, Progr. 1854.

— Handbuch der Universalgeschichte für gebildete Leser. 1. u. 2. Lieferg. Lex.-8. Wien 846. Doll's Enkel. à 9 ngl

Ressel, W. Zacharias, Handbuch der Universalgeschichte für gebildete Leser. 3—36. Lfg. gr. 8. (3—29 Lfg.: 1. Bd. S. 193—586. 2. Bd. 1. Abthl. 447 S. 2. Bd. 2. Abthl. 416 S. 3. Bd. 608 S. 4. Bd. 620 S. 5. Bd. 516 S.) 30 — 36 Lfg. Allgemeine Geschichte der neuesten Zeit. 1 — 7. Lfg. (6. Bd. 272 S. 7. Bd. 272 S.) Wien 847—52, Greß. à 9 ngl (36 Lfgn. n. 10 ₰ 24 ngl)

Ressel: Weltgeschichtliche Ideen. 12 S.–Brüx, Progr. 1868

Ressel: Ist es wahr, dass die neuere Bildung auf der Grundlage der antiken erwachsen ist? –Brüx, Progr. 1867

Ressel, Z.: Oesterreichs geschichtliche L a u f b a h n . 15 S. 4°– Brüx, ROG., Progr. 1871.

Ressel, Z.: Die Mittelschule. 13 S. 4° – Brüx ROG., Progr. 1870.

Ressel, W.Z.: Die deutsche Sprache als Ausfluss des deutschen Volkslebens. 10 S.– Brüx. Progr. 1861.

Ressel, W.Z.: Übersetzungen, deren Bedeutsamkeit und Aufgabe. 8 S.– Brüx, Progr. 1865.

Ressel: Die Völkerfamilie der Germanen in Vergangenheit und Zukunft. –Brüx. Progr. 1851

Ressel, W.Z.: Was kann die Schule? - Brüx, Progr. 1869.

Ressel, Wilhelm

Ressel, W., der Dorfnarr. Eine hygienisch-naturwissenschaftl. Erzählg. Mit e. Vorwort von G. v. Langsdorff. 8. (VIII, 106 S.) Berlin 890. Siegismund. n. 1. —

Ressel, Wilh., der Elbestrand im Lied. (Von Schreckenstein bis Meißen.) Neue Gedichte. (61 S.) 8. Dresden 905. E. Pierson. n. 1. —; geb. n. 2. —

— empor zum Licht. Erzählung. 8. (IV, 246 S.) Berlin 888. Breitkreuz. n. 3. —; geb. n. 4. —

Ressel, Wilh., moderne Gelehrte. E. dramat. Kreidezeichng. vom Kriegsschauplatz d. Wissenschaft in 3 Thln. 8. (96 S.) Dresden 897. M. Rätze. n. 2. —

— Heilmagnetiseur Göffel in Dresden u. Generalmajor v. Lippe, Flügel-Adjutant Sr. Maj. d. deutschen Kaisers od. d. Schulmedizin im Kampf m. d. Naturheilkunde. Eine deutsche Antwort auf kathederwissenschaftl. Ueberhebg., Herausforderg., Verleumdg. u. Beschimpfg., zugl. e. Weckruf an d. gesunden Menschenverstand im deutschen Volke. gr. 8. (20 S.) Ebd. 896. n. — 50

— zur Stunde der Entscheidung. Eine hygiein. Erzählg. [nebst e. zeitgemäßen Nachwort]. 8. (VIII, 67 S.) Leipzig 889. Th. Grieben. n. — 75

Ressel, Wilh., Traum und Liebe. Gedichte. 16. (141 S.) Prag 878, [Verlag der Bohemia.] Haase. *

Ressemann, Theodor [aus Hartikowitz, Mähren]: Ein Fall von recidivirender Osteomyelitis, welche 30 Jahre nach der akuten Erkrankung auftrat .... Greifswald, Druck v. Julius Abel, 1885; 28 S. 8°.
Greifswald, Med. Fak., Inaug.-Diss. v. 24. Okt. 1885.

Ressemann, Theodor, ein Fall von recidivirender Osteomyelitis, welche 30 Jahre nach der acuten Erkrankung auftrat. Diss. Greifswald 1885, Jul. Bindewald. 8°. 28 S.

Herrn Hofrath Dr. Georg von Jaeger zur Feier Seines 50jährigen Dienstes-Jubiläums am 14. Dez. 1854 gewidmet von den Lehrern der Latein-Schule zu Germersheim. — 4 S. Fol. ohne Druckort. — 10 vierzeil. Stroph. [v. August Resser, Subr.]
Progr. Germersheim.

Des Königs Majestät bei Allerhöchst Ihrer Anwesenheit zu Neustadt a. H. am 13. Juni 1813. — Landau, J. Baur. — ½ Bog. Fol. [Ode in 10 Str. v. August Resser, Stdt.]
Progr. Neustadt a.d.Hardt.

Seiner Majestät Koenig Maximilian II. bei Allerhöchst Dero Anwesenheit zu Germersheim am 15. Juli 1858. — Germersheim, D. Hagenell. — 1 Bog. Fol. in extens. — 8 vierzeil. Stroph. [v. August Resser, Subr.]
Progr. Germersheim.

Seiner Majestät König Maximilian II. bei Allerhöchst Dero Anwesenheit zu Germersheim am 12. Juni 1860. Ebend. — 1 Bog. Fol. in extens. — 6 achtzeil. Stroph. [v. August Resser, Subr.]
Progr. Germersheim.

Ressi, Ad., Dell' Economia della specie umana. 4 Vol. in 8. gr. Pavia 817 — 820. (Vienna, Volke.)

Ressi, Ad., breve Esposizione di alcuni Principi intorno alla Scienza del Diritto mercantile. 8. gr. Pavia. 818. (Vienna, Volke.) Rthlr. -

— — Orazioni in Lode del Conte Pietro Verri. 8. gr. Pavia. 819. (Ibid.)

Ressig, I. I.: Dissertatio inaug. medica, sistens brevem expositionem aquarum mineralium regni Galiciae. Wien 1827: Dissert. Univ. Wien.

*Joh. Jürg. Ressing* arithmetischer und algebraischer Zeitvertreib. Hamburg. 8. 1745.

Ressing, J. Jürgen, arithm.- u. algebr. Zeitvertreiber, besteht in 6 Thlen. 8. Hamb. 747.

Resskopf J.: Multiple Kiefercysten bei einem Hunde. Diss. Giessen 1910. 38 S. 1 Tvl. P.

Ressler: Das Pays de Gex, ..., s. Resler, J.

Reßler, Aler., († ...) Lob- u. Ehrensprüche d. heil. christkathol. Kirche von d. Sakrament d. Altars. 8. Günzburg 777.

— Zubereitung zu dem Tod vor dem Tod. 8. Günzb. 776.

*George Reßler's* Neuvermehrter arithmetischer Trichter, Breslau. 8. 1 Alph. 9 und ein halber Bogen. 1713.

Reßler, J., Andachtsübungen eines frommen Christen. 8. Grätz, Tusch. 801.

– Dass., s.a. Resler, Hier.

**Ressmeyer,** Heinrich, prakt. Arzt in Borken (Hessen): Aus d. hygien. Institut zu Marburg. Zur Frage der Abwässerreinigung. *Marburg 1900: R. Friedrich.* (24 S.) 8°
Marburg, Med. Diss. v. 26. Apr. 1900

Ressmi, Ahmed, s.a. Resmi, Achmed

Ressmi Effendi, Ahmed, eine türkische Botschaft an Friedrich den Grossen, s.: Mitteilungen des deutschen Exkursions-Klubs in Konstantinopel. VI.

**RESSOURÇE,** Die. (Pikante Briefe voller Scandalosa, z. Theil mehr als cynisch.) 4 Bde. Zerbst, in Commiss. bei G. A. Kummer. 1826, 27, 28, 29. 8°. (4 Rthl. Scheible; 9 Mk. W. H. Kühl, Berlin, c. 1882; 1—2: 20 Mk. Adolf Weigel; 1906; cplt. jetzt ca. 30 Mk. werth!)
I: XII—212 SS. II: Tit., 1 Bl. Druckf. u. 220 SS. III: Tit. u. 260 SS. IV: Tit. u. 226 SS. In Theil 2 u. a.: Liebeshändel des Ministers v. Louvois mit der Prinzessin v. Monaco. — Liebeshändel der Offiziere in ihren Standquartieren. — Liebeshändel des Prinzen v. Monaco während s. sechsmonatl. Aufenthaltes bei den Armeen in Deutschland. — Abentheuer mit einer alten Gelegenheitsmacherin u. einem jungen schönen Mädchen. — Liebesbegeb. des Prinzen v. Monaco an verschied. Orten. — Die entdeckte Untreue der Prinzessin v. Monaco u. deren Folgen &c. — Cplte. Expll. kaum noch aufzufinden!
Karl Wallstein: Nach dem freilich unvollständig angegeb. Inhalt des 2. Theils zu schliessen, ist derselbe entlehnt oder übersetzt aus dem 1. T. von: Les délices et les galanteries de l'Isle de France. A Cologne (Holl.). Chez Pierre Marteau, à la Vérité. M. DCC. IX. (1709.) II. 12°. I: 2 Bll. Tit., 5 Bl. préface, 272 pp. u. 2 Bl. table. — II: 2 Bl. Tit., 276 pp. u. 2 Bl. table. Titel roth u. schwarz gedruckt. (16 Mk. Scheible, 1883.)

Resource, für Damen. 8. Elbing. 785. Hartmann. 4 gr

Ressourcen-Zeitung. Monatsschrift für Bürger-Ressourcen. Redact. A. Semrau u. J. Stein. (1. Jahrg.) 1846. Septbr. — December oder 4 Numm. (Bog.) Fol. Breslau 846, Trewendt. n. ⅓ ₰

Ressourcen-Zeitung. Monatsschrift für Bürger-Ressourcen. Red.: A. Semrau u. J. Stein. (2. Jahrg.) 1847. Nr. 5—16. gr. Fol. (à 1½ Bog.) Breslau, Trewendt. n. 1 ₰ (Fortsetzung s.: Staatsbürger, der. Monatschrift.)

*Ressouvenir* sur la Russie. 8. Riga 793. Hartknoch in Leipz. 10 gr

Rest, Adf., ein Christgeschenk. Ländl. Charakterbild in 1 Aufz. 4. (24 autogr. S.) München (898). Rubinverlag. n. 1. —

Rest, Adf.: Ein Christgeschenk. Ländliches Charakterbild in 1 Aufzug. (Neudr.) 16. (18 S.) München 1899. Rubinverlag.
(Rubin-Bibliothek.)

— unterm Dachel Schausp. in 1 Akt. 4. (86 autograph. S.) Ebd. (898). n. 1. —

— das heilige Licht. Schausp. in 1 Akt. 8. (24 S.) München 892. Rubinverlag. n. 1. —

— E. Maulwurfsarbeit od. wie man Direktor wird! Klär. Rückblick in die Vergangenheit des Theaters am Gärtnerplatz. gr. 8. (42 S.) München 898. A. Schupp. n. — 50

— das Reich der Kleinen. Gedichte u. Märchensp. für d. Kinderwelt. 8. (VII, 148 S.) München 897. J. Lindauer. n. 1. 50

Rest, Adf., Tannhäuser. Ein deutsches Sagen-Drama in 7 Bildern. (78 S.) 8. Berlin (908). Schall & Rentel. 1.50

Rest, Adf., Zeit in Liedern! Gedichte. 8. (IV, 80 S.) München 882. L. Finsterlin in Comm. n. 1. —

**Rest, Anton,** appr. Arzt a. Schrobenhausen: **Kasuistischer Beitrag zur** Umgehung **des Leberkreislaufes** bei Lebersyphilis. ⟨Spontane Entstehung der Talma'schen Collateralen.⟩ München 1907: C. Wolf & Sohn. (46 S.) 8°
**München, Med. Fak.,** Ref. v. Bollinger, Diss. v. 18. Febr. 1908
[Geb. 25. Juli 82 Schrobenhausen; Wohnort: Schrobenhausen; Staatsangeh.: Bayern; Vorbildung: Ludwigs-Gymn. München Reife Juli 01; Studium: München 10 S.; Coll. 18. Febr. 08; Approb. 31. Jan. 08.]

REST, Anton (München): Die therapeutische Verwendung des Vaselins.- München: Wolf 1881. 27 S.
15.7.1881 - Urk (Titel: De vaselino.); Chr 1881/82,7
Diss.Ingolst.-Landsh.-Mchn.

**Rest, Josef:** Kardinal Fillastre bis zur Absetzung Johannes XXIII. auf dem Konstanzer Konzil. Freiburg i. B. 1908: Wagner. VII, 57 S. 8°
Freiburg i. B., Phil. Diss. v. 1909, Ref. Finke
[Geb. 19. Dez. 84 Münchweier; Wohnort: Freiburg i. B.; Staatsangeh.: Baden; Vorbildung: Realgymn. Ettenheim Reife Juli 04; Studium: Freiburg i. B. 4, Paris 1, Freiburg i. B. 2 S.; Rig. 29. Febr. 08.] [U 09. 1040

REST, Joseph (Hohenaschau): De nutritione.- Monachii: Giesser 1837. 12 S.
29.8.1835 - Urk; F 62
Diss. Ingolst.-Landsh.-Mchn.

**Restaurant-Hotel-Revue. Kosmopolitische Wochenschrift für Gäste, Wirte, Hotel- und Restaurant-Personal. Offizielles Organ des Deutschen Kellner-Bundes.** 5.—7. Jahrg. 1882—1884. à Jahrg. 52 Nrn. (Bog.) Fol. Leipzig, Blüher. à Jahrg. *
1.—4. Jahrg. u. d. T.: Der Kellner-Freund.

**Restaurant-Hotel-Revue.** Kosmopolitische Wochenschrift für Gäste, Wirte, Hotel- und Restaurantpersonal. Offizielles Organ des deutschen Kellner-Bundes. 8. Jahrg. 1885. 52 Nrn. (à Nr. 1½ Bog.) Fol. Leipzig, Blüher. * 9 —

—— Zeitschrift über Gasthaus-Industrie und Kochkunst. 9.—11. Jahrg. 1886—1888. à Jahrg. 52 Nrn. (à Nr. 1½ Bog.) Fol. Ebendas. à Jahrg. * 9 —

**Restaurant-Hotel-Revue.** Zeitschrift üb. Gasthaus-Gewerbe u. Kochkunst. Redact.: A. Möller. 12.—15. Jahrg. 1890—1892. à Jahrg. 52 Nrn. (à Nr. 1½ Bog.) Fol. Lpz., Blüher. à Jahrg. ' 8 —

**Restaurant-Hotel-Revue.** Zeitschrift üb. Gasthaus-Gewerbe u. Kochkunst. Red.: A. Möller. 14.—16. Jahrg. 1891—1893. à 52 Nrn. (à ca. 2 Bog.) Fol. Leipzig, P. M. Blüher. à Jahrg. n. 8. —

— dasselbe. 17. Jahrg. 1894. 52 Nrn. (à ca. 2 Bog.) Fol. Ebd. n. 10. —

**Restaurant-Hotel-Revue.** Zeitschrift über Gasthaus-Gewerbe u. Kochkunst. Schriftleiter: A. Möller. 18.—20. Jahrg. 1895—1897. à 52 Nrn. (à ca. 8 S.) Fol. Leipzig, P. M. Blüher. à Jahrg. n. 10. —

— Fortsetzg., s.: **Hotel-Revue.**

**Restauratio** vagy revolutio? Öszinte szó a magyar nemzethez. gr. 8. (45 S.) Leipzig 861, O. Wigand.

**Restauration,** Ueber die, mittelalterlicher Bauwerke. (Nach Vorschrift der Königl. Ober-Bau-deputation.) Mit 20 Probeblättern. Berlin. 4.

**Restauration, die, des Kirchengesanges** &c., s. **Stimmen,** katholische, aus der Schweiz.

Restauration der Revolution. Kellner: à la carte? Druck von W. Jähndrich. 1 Bl. Fol.
Flugblatt. Berlin, 1848/49.

**Restaurationsfeier, Die,** der Allerhöchst Sr. K. K. Majestät . . . Franz des Ersten Namen führenden Universität in Olmütz . . . Olmütz [1828]. V: *Feigerle, Ignaz.* (Richter, Gesch. d. Olmützer Univ. 1841.) (Erman & Horn, Bibliogr. d. dtsch. Universitäten. 2. Leipz. u. Berl. 1904.)

**Restaurations-Kochbuch,** grosses. Ein Hand- u. Nachschlagebuch der modernen Restaurations-Küche, hervorgegangen aus e. Preisausschreiben des internationalen Verbandes der Köche, Sitz Frankfurt am Main. (XVI, 618 S.) Lex.-8. Frankfurt a/M. 905. (C. Blazek.) Geb. in Halbfrz. n. 12. —

**Restaurierung, Die,** der Kirche unserer lieben Frau zu den Schotten in Wien . . . Wien 1893. V: *Hauser, Alois.* (EB)

Restaut

— abrégé de la grammaire française. 8. Nürnb. 803. Campe. 8 gr

— abrégé de la grammaire française. 8. Leipz. 814. (W. Nauck). 6 gr

**Restaut,** Abrégé de la Grammaire française. 8. Leips. Sommer. 814.

— abrégé des principes de la grammaire française. 8. Leipz. 798. Fr. Fleischer. 8 gr

— — — l. m. 12. Regensb. Montag et W. 760.

— — — l. m. 8. Leipz. Sommer. 794.

— abrégé des principes de la grammaire française. 8. Basel 805. Schweighäuser. 8 gr

— Abrégé des principes de la langue françoise etc. franz. u deutsch. 8. Vien. Tendler. 778.

— abrégé des principes de la langue française etc. Französ. u. deutsch. 8. Wien 778. Trattner. 9 gr

*Restaut,* ..., grammaire française. gr. 12. Paris 771. (Schweighäuser in Basel). 1 ℔

— grammaire française en abrégé. 8. Halberst. 794. Gross. 6 gr

— Gramm. fr. en Abrégé. 8. Paris. (G. Fleischer, Leipz.) 798.

— grammaire française et polonaise. 8. Danzig 774. (W. Nauck in Leipz.) 1 ℔ 16 gr

— Grammaire franç. et polonaise. 8. Danzig. (Sommer Leipz.) 774.

— nouv. et parfaite Gramm. fr. gr. 8. Francf. Varrentrapp et W. 789.

— principes génér. et raison. de la grammaire française. 12. Hamb. 797. Fauché. 18 gr (Grüffer u. S. in Wien). 16 gr

— — les mêmes. Berne, Typ.

— nouv. principes raisonnés de la grammaire française. gr. 8. Frkf. a. M. ... 4e verm. Aufl. 789. Varrentrapp. 12 ggr

— traité de l'ortographe franç. en forme de dictionnaire. 8 Berne, Typ.

Reste, die im Bernstein befindlichen organischen, der Vorwelt, gesammelt in Verbindung mit Mehreren bearb. und hrsg. von Geo. Carl Berendt. I. Bd. 2. Abthl. A. u. d. T.: Die im Bernstein befindlichen Crustaceen, Myriapoden, Arachniden und Apteren der Vorwelt bearb. von C. L. Koch und G. C. Berendt. gr. Fol. (VIII und 124 S. mit 17 Stnt.) Berlin 854, (Nicolaische Buchh.) *

—— dass. — 2. Bd. 2 Abthlgn. (Schluss.) gr. Fol. Ebds. 856. *
Inhalt:
Abthl. 1. Die im Bernstein befindlichen Hemipteren und Orthopteren der Vorwelt bearb. von E. F. Germar und G. C. Berendt. (V und S. 1—40. mit 4 Kpfrt.)
2. Die im Bernstein befindlichen Neuropteren der Vorwelt bearb. von F. J. Pictet Baraban und H. Hagen. (S. 41—126. mit 4 Kpfrt.)
1. Bd. 1. Abthl. Ebendas. 1845. * 4 Thlr. 20 Ngr.

Reste-Kochbuch des Fröbel-Oberlin-Vereins. 1100 erprobte Rezepte. (Umschlag: 23.—25. Tauf.) (XV, 273 S.) 8. Berlin-Südende 906. Fröbel-Oberlin-Verlag. n. 2. 50

Restel, K. E., Beweis des Alterth., d. Wahrh. u. d. Göttlichk. d. Schriften d. Alt. u. N. Test. 2 Thle. 8. Leipz Blochberger. 733.

— Tagebuch f. d. Christen uns. Zeit. 2 Thle. 8. Ebendas 709.

Restif de la Bretonne, s.: Rétif de la Bretonne.

Restin, F., Güter-Tariftabelle der Stationen Frankfurt a. M. und Sachsenhausen, enthaltend: a. die allgemeinen Tarifbestimmungen nebst Waarenklassifikation, b. die direkten Tarifsätze von Frankfurt und Sachsenhausen nach sämmtlichen Verbandstationen der deutschen Eisenbahnen, c. Seehafen-Ausnahmetarif. 1.—4. Jahrg. à Jahrg. 4 Nrn. gr. 8. (à Nr. ca. 100 S.) Frankfurt a. M. 880—84, Jaeger'sche Buchh. à Jahrg. *

Restin, F., Güter-Tariftabelle der Stationen Frankfurt a/M. u. Sachsenhausen. 5. Aufl. 4. (181 S.) Frankfurt a/M. 888. Jaeger's Verl. n.n. 4. 50

Restitutio, Christianismi, Totius ecclesiae apostolicae et ad sua limina vocatio ... [Nürnberg 1790.] V: *Servet, Mich.* (BrMm)

Restitution u. Einspruch im mündlichen Civil-Processe. Wien 868. Manz' Verl. gr. 8. (38 S.) n. 8 ngr.

Restitution, üb. die, u. Verfassung der größern Handelsstädte Deutschlands. 8. Frkf. a. M. 817. (Gebhard in Grimma). 3 ggr

Restius, Junius, chronica Ragusina, digessit Speratus Nodilo, s.: Monumenta spectantia historiam Slavorum meridionalium, XXV.

Restivo, Pablo

Restivus, Paulus, linguae Guarani grammatica, — Lexicon Hispano-Guaranicum „Vocabulario de la lengua Guaraní", s.a. Seybold, Chrn. Frdr.

(Restivo, Pablo): Brevis linguae Guarani grammatica hispanice a Reverendo Patre Jesuita Paulo Restivo secundum libros Antonii Ruiz de Montoya et Simonis Bandini in Paraquaria anno MDCCXVIII composita et „Breve noticia de la lengua Guarani" inscripta .... ex unico, qui notus est, .... codice manuscripto edita et publici juris facta, necnon praefatione instructa opera et studiis Christiani Frederici Seybold. Stuttgardiae 1890. XII. 61 S. 8°.

(Restivo, Pablo): Linguae Guarani grammatica .... praefatione notisque instructa opera et studiis Christiani Frederici Seybold. Stuttgardiae 1892. XIV, 331 S. 8°.

(Restivo, Pablo). Lexicon hispano-guaranicum „Vocabulario de la lengua Guarani" inscriptum a Reverendo Patre Jesuita Paulo Restivo secundum vocabularium Antonii Ruiz de Montoya anno MDCCXXII in Civitate S. Mariae Majoris denuo editum et adauctum, .... ex unico qui noscitur .... exemplari redimpressum necnon praefatione notisque instructum opera et studiis Christiani Frederici Seybold. Stuttgardiae 1893. XI. 545 S. 8°.

Restle, Demosthenes u. Aeschines in Sachen d. Gesandtschaftsverraths. gr. 8. (47 S.) Ellwangen 875. (Tübingen, Fues.) n. 1. —

Restle, R., s.a. Bezirk, der hl., v. Delphi.

Der heilige Bezirk von Delphi. [Gezeichnet von Architekt R. Restle.] [Nebst] Erl. (München & Berlin: R. Oldenbourg 1904.) 1 Taf. gr. 2°. 1 Bd 4°
Erläuterungen z. Wandtaf. von Delphi von Dr. H[ermann] Luckenbach. [05. 598

Restorff, C. v., s. Restorff, K. v.

Restorff, Friedrich v.

v. Restorff, Fr., topograph. Beschreib. d. Provinz Pommern, mit e. statist. Uebersicht. gr. 8. Berl. 826. Nicolai. 1 rf 8 ggr

Restorff, Fr. v., topograph.-statist. Beschreibung d. Kgl. Preuß. Rheinprovinzen. gr. 8. (71¼ B. u. 2 B. Tab. gr. 4.) Berlin 830, Nicolai.

Restorff, Frdr. v., Geschichte d. Kürassier-Regiments Kaiser Nikolaus I. von Rußland (Brandenburg.) Nr. 6. Neu zusammengest. M. Bildn., Abb., Karten u. Plänen. gr. 8. (VIII, 286 S.) Berlin 897. E. S. Mittler & Sohn. n. 10. —; geb. in Leinw. n. 12. —

Restorff, H., Briefsteller für die Jugend. Eine stufenweis geordnete Anleitung der Jugend das Abfassen von Briefen auf eine leicht faßliche Weise zu lehren. Nebst einem Anhange. 12. Wien 846, Haas'sche Buchh. n. 2/3 rf

Restorff, K. v.

Restorff, C. v.: Charte der Grossherzogthümer Mecklenburg-Schwerin und Mecklenburg-Strelitz. Wismar 1838. 1 Bl. c. L.

Charte der Grossherzogthümer Mecklenburg-Schwerin und Mecklenburg-Strelitz v. C. von Restorff. Rev. 1842. Wismar. Farbendruck. 1 Bl. Imp.-Fol., 62 90 cm.

Restorff, C. v., die Theorie des Schießens mit besonderer Beziehung auf die gezogenen Handfeuerwaffen. gr. 8. (VII und 116 S. mit 2 lithogr. Figurent. in qu. Fol. und 1 Tab. in qu. gr. 4.) Berlin 855, Mittler's Sortimentsb. *

Restorff, R. v., Sedan-Büchlein, s.a. Soldaten-Bibliothek, kleine.

[F.] Sedan-Büchlein. Z. 25. Jubelf. d. grossen Siege unseres Volkes im J. 1870/71. Von R. v. Restorff, Lt. im 1. Magdeb. Feld-Artill.-Reg. Nr. 4 ... Mit 24 Abb. *Berlin: Christl. Zeitschriftenver. 1895.* (164 S.) 1 Bd 8.
= Soldaten-Bibliothek, Kleine. Bdch. 17. [97. 7392

— dasselbe, s.a. Volksbücher, neue.

[F.] Sedan-Büchlein. Z. 25. Jubelf. d. grossen Siege unseres Volkes im J. 1870/71. Von R. v. Restorff ... m. 24 Abb. *Berlin: Christl. Zeitschriftenver. 1895.* (164 S.) 1 Bd 8.
= Volksbücher, Neue. Bdch. 22. [97. 7641

**Restori,** Antonio, s.: **Caravajal,** Don Baltasar da, la bandolera de Flandes.

Grand Conseil [du] Canton de Fribourg. **Résultat des élections du 1er décembre 1901 pour le renouvellement intégral.** [8 p.] fol.

*Auch als Annexe im:* Bulletin officiel des lois... de Fribourg. 70e vol.... 1902.

**Resultat** des Emser Congresses von den 4 teutschen Erzbischöffen unterzeichnet . . . Frankfurt 1787. V: *Zauner, Judas Thaddäus.* (MGT)

— des Embser Congresses, von d. 4 deutschen Erzbischöfen unterzeichnet. 8. Frkf. a. M. 787. Varrentrapp. 5 gr; (a. Mayr in Salzb.) 4 gr

— — dieselben. 8. Eisenach, Wittekind. 787.

**Resultat** des Emser Congresses, von den 4 deutschen Bischöfen unterzeichnet, sammt genehmigender Antwort Joseph II. in echten Actenstücken. Im Interesse der Gegenwart durch die Allgem. Kirchenzeitung aufs neue veröffentl. u. aus derselben besond. abgedr. 12. Darmstadt 845, Leske. 3 ngl

**Resultat** meines mehr als fünfzigjährigen Nachdenkens über die Religion Jesu. Dessau u. Leipzig 1783. 2. Ausg. 1788. 3. Aufl. 1792. V: *Purgold, Daniel Heinrich.* (Winer Ky) (ML)

**Resultat meines mehr als 50jähr. Nachdenkens über d. Religion** Jesu, (v. Dn. H. Purgold). 8. Leipz. 783. 2e A. 788. 3e A. 792. Barth. 18 gr

**Resultat d. Reichsfriedensunterhandll. zu Rastatt in Verbind. mit d. neuern Frieden zu Lüneville.** *Offenbach.* 801. 8. (v. Ikstein?)

**Resultat der direkten Reichrathswahlen im Wahlkörper d. Grossgrundbesitzes vom 18. Decbr. d. J. 1871.** gr. 8. (35 S.) Prag 872. Mourek in Comm. n. — 80

Das **Resultat** der englischen Vermittelung in der vorjährigen holsteinischen Budgetangelegenheit. (1862.) Lithographirt! Fol.

**Resultate** aus G. v. Lehstens: Der Adel Mecklenburgs seit 1755 . . . Schwerin 1864. V: *Kamptz, Imanuel von.* (Bachmann, Mecklenburg. Güstrow 1889. S. 167.)

—— aus G. v. Lehsten's: Der Adel Mecklenburgs seit 1755 nebst einigen Zusätzen und statist. Noten. Von einem Freunde der Genealogie. gr. 8. (27 S.) Schwerin 864, Hildebrand. *

⊙ **Resultate** aus den Ansichten des Grafen [Adam] von Moltke. Den 7. März 1816. o. O. 8°.

**Resultate, Die,** der Kieler Armenverwaltung seit dem Jahre 1833. Von einem Mitgliede der Gesellschaft freiwilliger Armenfreunde. Kiel 1863. V: *Kraus, Reg.-Rat.* (Russell VI, 835)

Resultate, die, der Kieler Armenverwaltung seit dem Jahre 1833. Von einem Mitgliede der Gesellschaft freiwilliger Armenfreunde. Kiel 863. Akademische Buchhdlg. gr. 8. (42 S. u. 2 Tab. in Fol.) n. 9 ngr

**Resultate, die, der Kieler Armenverwaltung** seit dem J. 1833. Von einem Mitgliede der Gesellschaft freiwilliger Armenfreunde. gr. 8. (42 S. mit 2 Tab. in qu. Fol.) Kiel 863, [G. v. Maack's Verlag.] *

**Resultate** der Armenzählung in Leipzig von 1855. Leipz. 1855. V: *Stephani, E.* (Kat. des stat. Bureaus. Dresden 1890.)

**Resultate von Carl Friedr. Bahrdt mit Anwendungen; nach seinem Tod hrsg. Frankfurt u. Leipzig: Pech 1793. 187 S. 8°**

Verteidigung Bahrdts. Erwähnt auch auf S. 31 „die wichtigste der geheim. Gesellschaften, die der Frmr."

**Krakau,** K. K. Sternwarte, Resultate der an der — angestellten meteorolog. Beobachtungen, 1889, 90 (nebst fünfjährigen Resultaten, 1886—90), 91, 92, 93, 94, 95 (nebst fünfjährigen Resultaten, 1891—95). Krakau 1889—96.

**Krakau, k. k. Sternwarte,** Resultate der an der — angestellten meteorolog. Beobachtungen in den Jahren 1896—99. Krakau. 8°.

Resultate der Beobachtungen über die Entwickelung der Pflanzen in Mecklenburg in dem zehnjährigen Zeitraume 1853—1862.

Resultate [der meteorologischen Beobachtungen, angestellt an der meteorologischen Centralstation Stuttgart, für jeden Monat.] (Sond.-Abdr. aus dem „Staatsanzeiger für Württemberg.") 1877—78, 80—82. [Stuttgart.]

**Fiume, K. K. Marine-Akademie,** Resultate der meteorologischen Beobachtungen an der — im Jahre 1892—95. Fiume.

**Fiume, k. k. Marine-Akademie,** Resultate der metorologischen Beobachtungen im Jahre 1896/97. Fiume. 8°.

Resultate der meteorologischen Beobachtungen an den selbstregistrierenden Instrumenten der Sternwarte zu Bern, für 1874. Bern 1875. 4.

Resultate der meteorologischen Beobachtungen zu Kremsmünster. Von A. Reslhuber und Gabriel Strasser. Jahrg. 1864. 67—70. 76. 77. Linz-Wien. 8 u. 4.

**Pola, Hydrographisches Amt der k. k. Kriegsmarine,** Resultate aus den meteorologischen Beobachtungen zu Pola von 1864 bis 73. Zusammengestellt von Friedrich Jos. Pick. (Beilage zu den „Mittheilungen aus dem Gebiete des Seewesens.") Pola 1874.

Resultate der meteorologischen Beobachtungen in Sachsen. Bearbeitet von C. Bruhns. Jahrg. 1--10. Leipzig 1866—73. 4.

**Hamburg, Deutsche Seewarte,** Resultate meteorologischer Beobachtungen von deutschen und holländischen Schiffen für Eingradfelder des Nordatlantischen Ozeans. Quadrat 149 (No. IX); 113 (No. X); 77 (No. XI); 150 (No. XII). Hamburg 1890—93.

**Hamburg, Deutsche Seewarte,** Resultate meteorologischer Beobachtungen von deutschen und holländischen Schiffen für Eingradfelder des Nordatlantischen Ozeans. Quadrat 114 (No. XIII), 78 (No. XIV), 151 a/b (No. XV). Hamburg 1894, 96.

**Hamburg, Deutsche Seewarte,** Resultate meteorologischer Beobachtungen von deutschen und holländischen Schiffen für Eingradfelder des Nordatlantischen Ozeans: Quadrate 79, No. XVII und 116, No. XVIII. Hamburg 1899, 1900. 4°.

— aus Beobachtungen auf der Leipziger Sternwarte. I. Beobachtungen am Meridiankreis von Rud. Engelmann. Leipzig 870. Engelmann. gr. 4. (IV, 111 S.) n. 2 rf 10 ngr

Breslau, Resultate der von der Section für die Sudetenkunde im Jahre 1843 veranlassten meteorologischen Beobachtungen zu hypsometrischen und klimatologischen Zwecken.

—— aus d. Beobachtungen d. magnetischen Vereins in d. J. 1836 u. 37. Hrsg. v. Carl Friedr. Gauss. u. Wilh. Weber. gr. 8. Göttingen, Dieterichsche Buchh. [836. (8 B. u. 10 Stnt.), 837. * 1⅔ Thlr., 37. (13¼ B. u. 10 Stnt.) 838. * 2⅓ Thlr.] *

—— dass. — in d. J. 1838—41. Hrsg. v. dems. gr. 8. Leipzig, Weidmann'sche Buchh. [838. (14½ B. u. 10 Stnt.) 839. * 1⅚ Thlr., 39. (12 B. u. 4 Stnt.) 840. * 1⅚ Thlr., 40. (16½ B. u. 6 Stnt.) 841. * 2 Thlr., 41. (17½ B. u. 10 Stnt.) 843. * 2 Thlr.] *
Streiche unter C. F. Gauss diesen Artikel als unvollständig.

Resultate, die, der Berathungen der Regierungs-Kommissaire in Frankfurt a. M. 1848/49 zur Herstellung der Zoll-Einheit im Deutschen Reiche. gr. 8. (VI u. 400 S. m. 7 Tab. in qu. gr. 4. u. qu. gr. Fol.) Halle 851, (Braunschweig) Schwetschke & Sohn. 2 ß

Resultate des internationalen Breitendienstes. Bd 1. *Berlin: G. Reimer 1903.* 4°
= Centralbureau d. internat. Erdmessung. Veröffentlichungen. N. F. No 8.

*Resultate* d. Butterkontrolle im baltischen u. Nord-West-Gebiet Russlands. Mitteilung d. milchwirtschaftlich-bakteriologischen Laboratoriums in Jurjew (Dorpat). 1—11, 13—14, 18—19, 21—23, 26—29. [1908—13]. 4°.

Definitive Resultate aus den Prager Polhöhen-Messungen von 1880 bis 1892 und von 1895 bis 1899. Auf öffentl. Kosten hrsg. von Prof. Dr. L[adislaus] Weinek, Dir. in Prag. (Mit 1 Abb. u. 2 Taf.) *Prag: Selbstverl. 1903.* (VI, 293 S.) 4°

Resultate der Eichung und Verifikation der Masse, Gewichte und Wagen in Bayern. München 1873

— u. Erfahrungen. 1s Bdchen. 8. Jena 796. Voigt. 20 gr

Resultate d. wissenschaftl. Erforschg. d. Balatonsees. Hrsg. v. d. Balatonsee-Commission d. ung. geograph. Gesellschaft. 1. Bd. Physikal. Geographie d. Balatonsees u. seiner Umgebg. 6. Tl. hoch 4. Wien 898. (E. Hölzel.) n. 1. 40
D. chem. Verhältnisse d. Balatonsee-Wassers. Von Ludw. Ilosvay v. Nagy Ilosva. (31 S.)

— dasselbe. II. Bd. D. Biologie d. Balatonsees u. s. Umgebg. 1 Thl. u. 2. Thl. 1. Sect. gr. 4. Ebd. n. 17. 20 (I., 3. 6.; II., 1. u. 2. I.: n. 18. 60)
1. Die Fauna des Balatonsees. Von Karl Brancsik, Eug. v. Daday, Raoul Francé, Alex. Lovassy, Ludw. v. Méhely, Stef. v. Rátz, Karl Szigethy u. Eug. Vángel. Unt. der Leitg. v. Géza Entz. M. 138 zinkograph. Textfig. (XXXIX, 279 S.) 897. n. 12. —
2. D. Flora d. Balatonsees. 1. Sect. Istvanffi, Jul. v., D. Kryptogamen-Flora d. Balatonsees u. s. Nebengewässer. M. 17 zinkograph. Textfig. (149 S.) 898. n. 5. 20

Resultate der wissenschaftl. Erforschung des Balatonsees. Mit der Unterstützg. der hohen kön. ung. Ministerien f. Ackerbau u. f. Cultus u. Unterricht hrsg. v. der Balatonsee-Commission der ung. geograph. Gesellschaft. 1. Bd. Physische Geographie des Balatonsees u. seiner Umgebg. 4. Tl., 1. u. 2. Section. hoch 4. Wien 899. (E. Hölzel.) n. 9. 70
1. Die klimatologischen Verhältnisse der Umgebung des Balatonsees. Von Joh. Candid. Säringer. Übers. aus dem ung. Originale. Mit 81 Textfig., 51 Tab. u. 10 zinkograph. Kartenbeilagen. (132 S.) n. 6. 20
2. Niederschlagsverhältnisse u. Regenkarten (aus den J. 1882—1891) der Balatonsee-Gegend. Von Ödön v. Bogdánfy. Übers. aus dem ung. Originale. Mit 2 Textzinkogr., 8 Tab. u. 18 zinkograph. Kartenbeilagen. (16 S.) n. 3. 50

— dasselbe. I. Bd. 5. Thl.: Physikalische Verhältnisse des Wassers des Balatonsees. I. Sect. hoch 4. Ebd. 901. n. 2. 60
Temperaturverhältnisse des Balaton-Wassers. Von Joh. Säringer. Mit 27 Tab. u. 15 Textfig. (55 S.)

— dasselbe. III. Bd. Social- u. Anthropogeographie des Balatonsees. 4. Tl. hoch 4 Ebd. 900. n. 4.20
Beschreibung der Kurorte u. Sommerfrischen am Balatonsee. Von Stef. v. Bolemann. Mit 9 (farb.) Taf. u. 43 Textfiguren. (57 S.)

Resultate der wissenschaftl. Erforschung des Balatonsees. Mit Unterstützung der hohen königl. ung. Ministerien f. Ackerbau u. f. Cultus u. Unterricht hrsg. v. der Balatonsee-Commission der ung. geograph. Gesellschaft. Topographischer u. geolog. Atlas. I. Thl. Wien (E. Hölzel). n. 5. —
Spezialkarte des Balatonsees an seiner Umgebung. Von Ludw. v. Lóczy. 1:75,000. 4 Blatt je 42,5×64 cm. Farbdr. 903.

Resultate der wissenschaftl. Erforschung des Balatonsees. Mit Unterstützung der hohen königl. ung. Ministerien f. Ackerbau u. f. Cultus u. Unterricht hrsg. v. der Balatonsee-Commission der ung. geograph. Gesellschaft. I. Bd. Physische Geographie des Balatonsees u. seiner Umgebung. 4. Thl. 3. Section u. 5. Thl. 2. u. 3. Section. hoch 4. Wien (E. Hölzel.) n. 10. 40
IV. 3. Section. Resultate der phytophänologischen Beobachtungen in der Umgebung des Balatonsees. Von Mor. Staub. Aus dem Nachlasse. In Druck gelegt v. J. Bernátsky. Mit e. Karte. (45 S.) 906. n. 5. 20
V. Die physikalischen Verhältnisse des Wassers des Balatonsees. 2. u. 3. Section. — Die Farbenerscheinungen des Balatonsees. Von E. v. Cholnoky. — Die Reflexionserscheinungen an bewegten Wasserflächen. Von Baron Béla Harkányi. Mit 2 Farbentaf. u. 42 Fig. im Text. (68 u. 21 S.) 906. n. 5. 20

— dasselbe, II. Bd. Die Biologie des Balatonsees. 1. Thl. Anh. 2. Thl. I. Section. Anh. hoch 4. Ebd. n. 16. 70
1. Thl. Die Fauna des Balatonsees. Anh.: Beiträge zur Kenntnis des Planktons. Von Géza Entz jun. — I. u. II. Nachtrag zur Aufzählung der Weichthiere. Von A. Weiss u. Thdr. Kormos. (37, 27 u. 16 S. m. Abbildgn.) 906. n. 4. 20
2. Thl. Die Flora. Die Bacillarien des Balatonsees. Von Jos. Pantocsek. Mit 17 Taf. u. 1 Textfig. (113 S. m. 17 Bl. Erklärgn.) 902. n. 12. 50

Resultate der wissenschaftlichen Erforschung des Balatonsees. 2. Bd. Die Biologie des Balatonsees. 2. Teil. 2. Sektion. Die Pflanzengeographischen Verhältnisse der Balatonseegegend. Lex.-8°. (ill. 153 S. mit 3 Tafeln) K 10,–
Wien: Hölzel 1907.

— dasselbe, III. Bd. Social- u. Anthropogeographie des Balatonsees. 1. Thl. 1. Sect., 2. u. 5. Thl. hoch 4. n. 25. 20
1. I. Archäologie der Balatonsee-Umgebg. 1. Section. Archäologische Spuren aus der Urzeit u. dem Altertum bei Veszprém. Vom Gyula Rhé. Mit 1 Farbentaf. u. 20 Texfig. (34 S.) 906. n. 4. 20
2. Ethnographie der Bevölkerung der Umgebung des Balatonsees. Von Johs. Jankó. Nach dem Tode des Verf. deutsch bearb. v. Willib. Semayer. Mit 6 Taf., 16 Tab. u. 156 Abbildg. im Text. (V, 500 S.) 906. n. 16. 80
5. Bibliographie des Balatonsees. Von Jul. Szikla y. (68 S.) 906. n. 4. 20

– Forts., s. Resultate der wissenschaftlichen Untersuchung des Balaton.

— d. wissenschaftl. Erforschg. d. Plattensees. Hrsg. von d. Plattensee-Commission d. ung. geograph. Gesellschaft. 1. Bd. Physikal. Geographie d. Plattensees u. s. Umgebg. 3. Tl. hoch 4. Wien 897. (E. Hölzel.) n. 5. 20
Limnologie d. Plattensees. Von Eug. v. Cholnoky. (110 S. m. 68 Fig. u. 1 Lichtdr.-Taf.)

Die aus der Geschichte der neuern Criminalgesetzgebung sich ergebenden Resultate für die Ausarbeitung des Entwurfs eines Strafgesetzbuchs für die Herzogthümer Schleswig und Holstein. Kiel 1840. 4° k.

Resultate der auf Befehl Seiner Majestät des Königs Wilhelm I. von Preussen im Sommer 1868 nach Aegypten entsendeten archäologisch-photographischen Expedition. Herausgegeben von Johannes Dümichen. Th. 1. Berlin 1869. IV. 30 S., 57 Tf. Fol.

**Resultate** der österreichisch–ungarischen arktischen E x p e - d i t i o n 1872–1874 (mit 16 Taf., 1 Karte und 4 Textfiguren). Herausgegeben von der mathematisch-naturwissenschaftlichen Klasse der Kaiserlichen Akademie der Wissenschaften als 35. Band ihrer Denkschriften. Wien 1878. 4⁰

Resultate, die, der Experimente mit Dampfwagen auf der „Großen Westlichen" u. and. engl. Eisenbahnen; im Auftrag d. Directoren der ersteren, v. John Hawkshaw u. Nicholas Wood angestellt, um üb. d. vielfach bestrittene Zweckmäßigkeit der v. Brunel jun. angewandten, von d. bisher. System abweich. Bauart d. „Großen Westlichen" Eisenbahn zu entscheiden. Aus d. Railway Times No. 52 zusammengest. u. übers. v. Emil Müller. gr. 8. (2¾ B.) Hamburg 840, Hoffmann u. Campe. Thlr.

**Resultate** dynamometrischer Fahr-Versuche mit Fahrzeugen der bayer. Feldartillerie 1843 u. 1844. o. O. 1844. 164 S.

Resultate dynamometrischer Fahrversuche mit Fahrzeugen der königlich bayerischen Feld-Artillerie 1843 und 1844. (o. O. 1845?)

Resultate der Forstverwaltung im Regierungsbezirk Wiesbaden. Hrsg. Kgl. Regierung zu Wiesbaden. - Wiesbaden. 1872-1914. - (M. n. ersch.)

**Resultate der Forstverwaltung im Reg.-Bez. Wiesbaden. Jahrg. 1883. Hrsg. von der königl. Regierung zu Wiesbaden. gr. 4. (35 S.) Wiesbaden 884, Bechthold und Comp.**

Resultate der Forstverwaltung im Reg.-Bez. Wiesbaden. Jahrg. 1885—1887. Hrsg. von der königl. Regierung zu Wiesbaden. gr. 4. (35; 36; 35 S.) Wiesbaden 886—88, Bechtold und Comp. à Jahrg. 1 50
Jahrg. 1884 vergriffen.

Resultate der Forstverwaltung im Reg.-Bez. Wiesbaden. Jahrg. 1888 u. 1889. Hrsg. v. der königl. Regierung zu Wiesbaden. gr. 4. (37; 36 S.) Wiesbad. 889,90, Bechtold u. Comp. à Jahrg. * 1 50

— der Forstverwaltung im Regier.-Bezirk Wiesbaden. Jahrg. 1901—1904. Hrsg. v. der königl. Regierung zu Wiesbaden. (12, 54; 12, 54; 12, 54 u. 11, 66 S.) Lex.-8. Wiesbaden 903 - 906. P. Plaum. à n. 2.—

— der Forstverwaltung im Reg.-Bez. Wiesbaden. Jahrg. 1908. Hrsg. v. der königl. Regierg. zu Wiesbaden. (12 u. 54 S.) Lex. 8. Wiesbaden 910. P. Plaum. 1.—

Resultate von vergleichenden Heizversuchen mit verschiedenen Brennmaterialien ausgeführt von Decker & Cie. in Cannstatt. Cannstatt 1879

Die Resultate der berliner Monierens. Leipzig, G. Meyer 1846. 32 S. 8.

**Resultate der internationalen Conferenz von Delegirten der der Genfer Convention beigetretenen hohen Regierungen . . . welche zu Berlin vom 22.—27. April 1869 stattgefunden hat. Berlin 1869. 4⁰.**

**Resultate** des Emser C o n g r e s s e s . . ., s. R e s u l t a t . . .

Resultate d. **Wiener Congresses in Bezug auf Polen.** 8. (2 B.) Neu-Ruppin 831, [Oehmigke u. Riemschneider.]

— des zukünftigen Wiener Congresses. 8. Landsh. 819. (Weber). 2 gr

Resultate des zukünftigen Wiener Congresses. 8. (Landshut, Weber.) 820.

Resultate, die, der vom königl. Ministerium behufs Bildung des Stenographenbureaus für den norddeutschen Reichstag angeordneten stenographischen Concurrenzschreiben zu Berlin am 18. Febr. und 7. Septbr. 1867. Ein Beitrag zur Beurtheilung der Leistungsfähigkeit der betheiligten Stenographiesysteme. Auf Veranlassung des westdeutschen Stenographenbundes zusammengestellt von einem ehemal. Gabelsbergerianer. gr. 8. (IV, 43 S.) Münster 868, Fahle. *

— der **Kranken-Behandlung allopathischer u. homöopathischer Schule.** gr. 8. (1 B.) München 843. Franz. -

**Resultate, die, des ersten Kriegsjahres und ein Blick in die nächste Zukunft. gr. 8. (III und 52 S.) Wien 854. (Leipzig, Hübner.)**

**Resultate, die, des ersten Kriegsjahres und ein Blick in die nächste Zukunft. Wien 854. Sommer. (F. Klemm.) gr. 8. (2 Bl., 52 S.) 6 ngr**

Die Resultate des ersten Kriegsjahres u. e. Blick in die nächste Zukunft. (III. 52.) 8. Wien, (Leipzig) 1855. 0,60.

**Resultate, Die,** des Maschinenwesens in Bezug auf dessen Einfluss auf die Wohlfeilheit der Natur- und Kunsterzeugnisse . . . Leipzig 1833. V: *Brougham, Henry Peter, Baron Brougham and Vaux.* (WFM)

— die, d. Maschinenwesens, in Bezug auf dess. Einfluß auf d. Wohlfeilheit d. Natur- u. Kunsterzeugnisse, so wie auf d. Vermehrung d. Arbeit. (Von Henry Brougham.) Nach d. 5. engl. Origausg. u. nach d. franz. Uebersetz. v. Chuillier de l'Etang. Mit erläut. Anmerkn. v. Joh. Heinr. Rieken. — A. m. d. Umschlags-Ttl.: Der Freund d. Handwerkstandes. (1. Bd.) gr. 12. (13½ B. u. Brougham's Bildn.) Leipzig 833, [Weber.]

Resultate, die, d. Maschinenwesens, namentl. in Bezug auf wohlf. Production u. vermehrte Beschäftigung. (A. d. Engl. d. H. Brougham übers.) 1., u. 2., unveränd. Aufl. (à 13 B.) gr. 8. Lübeck 833, 34, v. Rohden. à Thlr

Resultate, merkwürdige — der Rosental'schen Metode. Mailand, 1856. Stabilimento tipografico del Dr. Pietro Boniotti. (16 S. 8.)

Monatliche und jährliche Resultate der an der Königl. Sternwarte bei München in dem Zeitraume 1825—66 angestellten meteorologischen Beobachtungen nebst einigen allgemeinen Zusammenstellungen und daraus abgeleiteten Interpolations-Reihen. III. u. VI. Supplementband (1825—56, 1857—66) zu den Ann. der Münchener Sternwarte. München 1859, 68.

Schwerin, Grossherzogl. Statist. Bureau, Resultate und Nachweisung der Beobachtungen über die Entwicklung der Pflanzen in Mecklenburg, in den Jahren 1853—66. (Theils enthalten in den „Beiträgen zur Statistik Mecklenburgs", theils Sep.-Abdr. aus denselben.) I. Bd. Schwerin.

— ökonomische, des Eisenbahnwesens nach seinem Stande zu Anfang des Jahres 1842. Mit besond. Hinblick auf die Altona-Kieler Eisenbahn-Anlage. Als Manuscript gedruckt. gr. 4. Kiel 842. (Schwers'sche Buchh.) n. ¼ Thlr

**— die, der Jacobischen u. Mendelsohnschen Philosophie. 8. Leipz. 785. Göschen. 16 gr**

**Resultate, Die,** der Jacobischen und Mendelssohnschen Philosophie kritisch untersucht . . . Leipzig 1786. V: *Wizenmann, Thomas.* (GGr) (ML) (ErGr) (ADB) (Cat. d. Stadtbibl. Zürich. Zürich 1864—97. »1785« (Ky)

— der krit. Philosophie, (v. Jh. Aug. Hnr. Tittmann). 8. Leipz. 801. Tauchnitz. 8 𝒢

**Resultate** aus den Prämissen einer reinen Moral-Philosophie . . . Leipzig 1799. V: *Pölitz, Carl Heinrich Ludwig.* ErschDL¹ (Ky) (MGT)

— aus d. Prämissen e. reinen Moralphilosophie, (von K. H. L. Pölitz). gr. 8. Leipz. 799. (Brockhaus). 1 ℛ 12 𝒢

— a. d. Prämissen e. rein. Moralphilosophie. gr. 8. Lpz. Junius. (Gleditsch.) 799.

— — der im Jahre 1841 abgehaltenen preuß. Provinzial-Landtage. 2 Abthln. gr. 8. Berlin, Schröder's Berl. à 1 Thlr.
Abthl. 1., enth. die Provinzen Brandenburg, Pommern, Posen, Preußen, Sachsen, Schlesien u. Westphalen. Mit e. Sachregister. (14 B.) 841.
2. A. u. d. T.: Der Rheinische Provinzial-Landtag im J. 1841. (13¾ B.) 842.

Resultate der über die Succession in das Herzogthum Schleswig durch die im offenen Briefe vom 8. Juli 1846 erwähnte Commission angestellten Prüfung. o. O. (1846.) 4°.

— der Prüfung einiger badischen u. außerbadischen Baumaterialien. Im Auftrage des großh. Ministeriums der Finanzen bearb. v. der großh. Baudirektion nach den amtl. Prüfgn. der Materialprüfungsanstalten der techn. Hochschulen Berlin-Charlottenburg, München, Stuttgart, Karlsruhe u. Zürich. III. Abth. (10 S.) gr. 8. Karlsruhe 902. (Macklot.) n. — 50

— der Prüfung der wichtigsten Bausteine des Großherzogthums Baden. Im Auftrage des großherzogl. Ministeriums der Finanzen bearb. von der großherzogl. Baudirektion nach den amtl. Prüfungen der königl. Prüfungs-Station für Baumaterialien in Berlin und des mechanisch-techn. Laboratoriums der königlich-techn. Hochschule in München. Mit einer Tabelle für die Bestimmungen über Eigengewicht, Belastung und Beanspruchung von Baustoffen und Bautheilen. 2 Abthlgn. 8. Karlsruhe, Macklot. [1. Abthl. (14 S.) 887. * 50 Pf.; 2. Abthl. (78 S.) 888. * ℳ 2.—.] * 2 50

— des Rechenbuchs zu den Eckernförder Rechentabellen. 8. Altona 839. Hammerich. 5 𝒢

— der Rechentabellen v. C. Eggers u. H. Hansen. 2e Aufl. 8. Altona 837. Hammerich. ⅛ ℛ

— der Revaccination in dem Königl. Würtembergischen Militär in den Jahren 1833—1835. (Abdruck v. Prof. Heim's amtl. Jahres-Berichten in dem medizin. Correspondenz-Blatt des würtemberg. ärztl. Vereines.) gr. 8. Ludwigsburg 836. Nast. (Leipzig, Herbig.) ⅔ ℛ

**Resultate von Schiessversuchen mit Positions-Geschützen, vorgenommen im April und Mai 1883 in Thun. Mit Tafeln und Tabellen. Gr. in-4°, 80 S. Aarau, Sauerländer.** 1883

Resultate, Ueber die, der See-Expeditionen in Bezug auf Küsten-Angriff und Küstenvertheidigung Beihft. z. „Milit.-Wochenblatt". — Berlin 1848.

**Resultate** meiner Sendung nach Paris im Brumaire des VIII. Jahres. Koblenz [1800]. V: *Görres, Joh. Joseph von.* (GGr

— die, der Sittengeschichte, s. Gagern, H. Ch. E. v.

**Resultate, Die,** der Sittengeschichte. Wien 1816—22. V: *Gagern, Hans Christoph Ernst Freiherr von.* (HS »Frankfurt a. M. 1802—22« (Ky) »1808« (MGT) »Stuttg. u. Tüb. 1822—47« (EB

— der Sittengeschichte, (v. H. C. E. v. Gagern). I. Die Fürsten. 8. Frkf. a. M. 808. Fr. Wilmans. 1 ℛ 4 𝒢 — II. Die Fürnehmen od. Aristokratie. gr. 8. Wien 812. Schaumburg u. C. 2 ℛ 16 𝒢 Velinp. 3 ℛ 8 𝒢 — III. Demokratie. 8. Frankf. a. M. 816. Wilmans. 1 ℛ 8 𝒢 — IV. Politie od. die Staaten-Verfassung. 8. Stuttg., v. Cotta. 2 ℛ — V. u. VI. Freundschaft u. Liebe. 8. Stuttg. 822. v. Cotta. 1 ℛ

— die, der Sittengeschichte. I. Die Fürsten, oder die Natur d. Monarchie. 2e Aufl. 8. Stuttgart 835. v. Cotta. 1⅓ ℛ — II. Aristokratie. 2e Aufl. 8. Ebd. 835. 2 ℛ — III. Demokratie. 2e Aufl. 8. Ebd. 836. 2⅓ ℛ — IV. Politie od. der Staaten Verfassungen, von Frhrn. v. Gagern. 2e Aufl. 8. Ebd. 837. 2¼ ℛ

**Resultate** der Statistik schweizerischer Starkstromanlagen. [Zürich 1902.] V: *Wyssling, Walter.* (Zuwachsverz. der Bibl. Zürich 1898 ff. 6.)

— die, der Taxations-Arbeiten des kurländischen Creditvereins in den J. 1865, 1866, 1867. Mitau 867. Lucas. gr. 4. (231 S.) n. 2 ℛ

— mit aller Unpartheilichkeit gezogen auf das Für u. Wider d. unmittelbar. Reichsritterschaft in Schwaben, Franken ꝛc. gr. 8. Frkf. a. M. 803. Simon. 9 𝒢

— die, d. Untersuchg. d. Bergbau-Terrains in den Hohen Tauern. Hrsg. v. k. k. Ackerbau-Ministerium. gr. 8. (IV, 114 S. m. 17 Abb. u. 1 farb. Karte.) Wien 895. (A. Hölder.) Kart. n. 4.—

**Resultate** der wissenschaftlichen Untersuchungen des Balaton. Frühere Titel, s. Resultate der wissenschaftlichen Erforschung des Balatonsees.

**Resultate der wissenschaftlichen Untersuchungen des Balaton. Mit Unterstützg. des ung. kön. Ackerbau-, Kultus-u. Unterrichtsministeriums u. anderen Mezänen hrsg. vom Balaton-Ausschusse der ung. geograph. Gesellschaft. I. Bd. 1. Tl. Geophysikalischer Anh. I.—III. Sektion u. 5. Tl. IV. Sektion; II. Bd. 2. Tl. 2. Sektion m. Anhang u. III. Bd. 1. Tl. 3. Abtlg. Lex. 8. Wien, (E. Hölzel).** 47. 20

I, 1. Physische Geographie des Balatonsees u. seiner Umgebung. 1. Tl. Die Geomorphologie des Balatonsees u. seiner Umgebg. Geophysikalischer Anh. I.—III. Sektion. I. Untersuchungen üb. die Schwerkraft. Von R. v. Sterneck. II. Die Niveaufläche des Balatonsees u. die Verändergn. auf diesem. Von Baron Lorand Eötvös. — Erdmagnet. Messgn. im Sommer 1901. Von L. Steiner. Mit 1 Karte, 43 Fig. im Text u. vielen Tabellen. (30, 64 u. 30 S.) 908. 5. 20

I, 5. IV. Dasselbe. 5. Tl. Die physikal. Verhältnisse des Wassers des Balatonsees. IV. Sektion. Das Eis des Balatonsees. Von Eug. v. Cholnoky. Mit 21 Taf. u. 122 Fig. im Text. (114 S.) 909. 8. 40

II, 2. II. Die Biologie des Balatonsees. 2. Tl. II. Section. Die pflanzengeographischen Verhältnisse der Balatonseegegend. Von Vincenz Borbás v. Dejtér. Deutsche Bearbeitg. v. J. Bernátsky. Mit 3 lith. Karten u. 23 Abbildgn. im Text. (155 S. m. 3 Bl. Erklärgn.) 907. 8. 40

II, 2. II. Anh. Dasselbe. 2. Tl. Die Flora. II. Sektion. Die pflanzengeograph. Verhältnisse der Balatonseegegend. Anh.: Die trop. Nymphaeen des Hévizsees bei Keszthely. Von Alex. Lovassy. Mit 4 Taf., 1 Plan u. 25 Fig. im Text. (92 S. m. 4 Bl. Erklärgn.) 909. 8. 40

III, 1. III. Soziologische u. anthropologische Geographie der Umgebung des Balaton. 1. Tl. Geschichte der Umgebg. des Balaton. 3. Abtlg. Kirchen u. Burgen in der Umgebg. des Balaton im Mittelalter. Von Remig Békefi. Übers. von Milan v. Sufflay. Mit 1 Landkarte u. 142 Abb. (VIII, 363 S.) 907. 16. 80

Resultate einiger Verhandll. der Ständeversammlung des Kö. nigr. Baiern. Kammer der Reichsräthe. gr. 8. Münch. 819. Fleischmann. 9 gr

— d. philosophirenden Vernunft, üb. d. Natur d. Vergnügens, d. Schönh. d. Erhabenen. (v. Dreves.) 8. Leipzig, Crusius. (F. C. W. Vogel.) 793.

— der philosophirenden Vernunft, über d. Natur d. Vergnügens, d. Schönheiten, des Erhabenen, (von Geo. Dreves). 8. Leipz. 793. (W. Vogel). 16 gr 2e Aufl. 2 Thle. 8. Ebd. 797, 98. 2 ℛ 8 gr

Die **Resultate** der Berliner Volks-Zählung vom 3. December 1864. Im Auftrage der städtischen Volkszählungs-Commission tabellarisch zusammengestellt und erläutert von S. Neumann. (Die Berliner Volks-Zählung vom 3. December 1864. Bericht der städtischen Volks-Zählungs-Commission über die Ausführung und die Resultate der Zählung.) Berlin 1866. XCII, 174 S. 4°.

**Resultate** der Volkszählung in Kiel im Jahre 1825. (Kiel. 1825.) 4°.

Resultate. Vorläufige R' der eidg. Betriebszählung vom 9. August 1905. Vom Statistischen Bureau des eidg. Departements des Innern = Résultats provisoires du recensement fédéral des entreprises agricoles, industrielles et commerciales. 9 août 1905. Par le Bureau de statistique du Département fédéral de l'Intérieur. VIII + 184 S. 4. Bern, Neukomm & Zimmermann, (1905). [fr. 2. —] Nq 4245—0q
Schweizerische Statistik. Liefg. 147 = Statistique de la Suisse. 147e livraison.

Resultate. Vorläufige Resultate der eidg. Volkszählung vom 1. Dezember 1900, zum Teile verglichen mit denjenigen früherer eidg. Volkszählungen. ([Herausgeber:] Eidgen. statistisches Bureau. — 1901 Februar 7. [Separatabdruck aus der Zeitschrift für Schweizerische Statistik. Jahrg. 37.]) — Aperçu des résultats provisoires du recensement fédéral de la population en 1900, comparés en partie avec les données fournies par des recensements antérieurs. ([Publication du] Bureau fédéral de statistique. — 1901 février 7.) 16 S. 4. [Bern, Stämpfli & Cie., 1901.]

**Resultate, Die,** der Wassercur zu Gräfenberg. Leipzig 1837. V: *Melzer, Ernst Friedrich.* (BrVV) (Call) (Nowack, Schles. Schriftst.-Lex. Breslau 1836—43. VI, 76.)

—— die, der Wassercur zu Gräfenberg. 8. (14½ B. u. 1 Abbild.) Leipzig 837, Brockhaus.

—— der relativen Werthberechnung der Privatbesitzlichkeiten in Kurland. Zum Zweck einer Katastrirung im Auftrage einer vom Landtage des Jahres 1884/85 niedergesetzten Commission zusammengestellt von Carl Möhring. gr. 4. (XXVIII, 264 S.) Mitau 888, (Besthorn.) * 9 —

— d. wichtigsten, d. allerneuesten Philosophie e. Aphorismen z. Stärk. d. Gläubigen ꝛc. 8. Ansb. Gassert. 807.

— wissenschaftliche, der v. der kaiserl. Akademie d. Wissenschaften zur Erforschung d. Janalandes u. der neusibirischen Inseln in den J. 1885 u. 1886 ausgesandten Expedition, s.: Mémoires de l'académie impériale des sciences de St.-Pétersbourg.

— wissenschaftliche, der v. N. M. Przewalski nach Central-Asien unternommenen Reisen. Auf Kosten e. v. Sr. kaiserl. Hoh. dem Grossfürsten Thronfolger Nikolai Alexandrowitsch gespendeten Summe hrsg. v. der kaiserl. Akademie der Wissenschaften. Pars botanica. Vol. I. Flora tangutica sive enumeratio plantarum regionis Tangut [Amdo] provinciae Kansu, nec non Tibetiae praesertim orientali-borealis atque Tsaidam. Ex collectionibus N. M. Przewalski atque G. N. Potanin elaboravit C. J. Maximowicz. Fasc. 1. Thalamiflorae et Disciflorae. (Russisch u. lateinisch.) Imp.-4. (XVIII, 114 S. m. 31 Taf.) St. Petersburg 889. (Eggers & Co. — Leipzig, Voss' Sort.) n. 18.—

— dasselbe. Vol. II. Enumeratio plantarum hucusque in Mongolia nec non adjacente parte Turkestaniae sinensis lectarum. Elaboravit C. J. Maximowicz. Fasc. 1. Thalamiflorae et Disciflorae. (Russisch u. lateinisch.) Imp.-4. (IV, 146 S. m. 14 Taf.) Ebd. 889. n. 12. —

— dasselbe. Zoologischer Thl. 1. Bd. Säugethiere. Bearb. v. Eug. Büchner. 1.—4. Lfg. (Russisch u. deutsch.) Imp.-4. (S. 1—184 m. 20 Taf. u. 20 Bl. Erklärgn.) Ebd. 888—890. à Lfg. n. 15. —

— wissenschaftliche, der v. N. M. Przewalski nach Central-Asien unternommenen Reisen. Auf Kosten e. v. Sr. kaiserl. Hoh. dem Grossfürsten Thronfolger Nikolai Alexandrowitsch gespendeten Summe. Hrsg. v. der kaiserl. Akademie der Wissenschaften. Zoologischer Thl. 1. Bd. Säugethiere. Bearb. v. Eug. Büchner. 5. Lfg. (Russisch u. deutsch.) Imp.-4. (S. 185—232 m. 5 Taf. u. 5 Bl. Erklärgn.) St. Petersburg 894. (Leipzig, Voss' Sort.) n. 15. — (1—5.: n. 75. —)

— dasselbe. 2. Bd. Vögel. Bearb. v. Th. Pleske. 1. u. 2. Lfg. (Russisch u. deutsch.) Imp.-4. (S. 1—144 m. 6 Taf. u. 6 Bl. Erklärgn.) Ebd. 890. n. 25. 50
1. Lfg. n. 10. 50. — 2. Lfg. n. 15. —.

— dasselbe. Zoologischer Thl. 2. Bd. Vögel. Bearb. v. Th. Pleske. 3. Lfg. (Russisch u. deutsch.) Imp.-4. (S. 145—192 m. 2 Taf. u. 2 Bl. Erklärgn.) Ebd. 894. n. 9. — (1—3.: n. 34. 50)

— wissenschaftliche, der von N. M. Przewalski nach Zentral-Asien unternommenen Reisen. Auf Kosten e. v. Sr. kaiserl. Hoh. dem Grossfürsten Thronfolger Nikolai Alexandrowitsch gespendeten Summe hrsg. v. der kaiserl. Akademie der Wissenschaften. Zoologischer Thl. 2. Bd. Vögel. Bearb. v. V. Bianchi. 4. Lfg. (II u. S. 193—360 m. 2 farb. Taf. u. 2 Bl. Erklärgn.) gr. 4. St. Petersburg 905. (Leipzig, Voss' Sort.) n. 9. 40 (1—4.: 43. 90)

— wissenschaftliche, der von N. M. Przewalski nach Central-Asien unternomm. Reisen. Auf Kosten e. v. Sr. kaiserl. Hoh. dem Grossfürsten Thronfolger Nikolai Alexandrowitsch, Sr. Maj. d. jetzt regier. Kaiser, gespend. Summe. Hrsg. von d. kaiserl. Akademie d. Wissenschaften. Zoologischer Thl. 3. Bd. 1. Abth. Amphibien u. Reptilien. Bearb. von J. v. Bedriaga. 1. Lfg. (Russisch u. deutsch.) Imp.-4. (69 S. m. 1 Taf. u. 2 S. Erklärgn.) St. Petersburg 898. (Eggers & Co.) n. 6. 25

**Resultate,** wissenschaftliche, der von N. M. Przewalski nach Central-Asien unternommenen Reisen. Auf Kosten e. v. Sr. kaiserl. Hoh. dem Grossfürsten Thronfolger Nikolai Alexandrowitsch gespendeten Summe hrsg. von d. kaiserl. Akademie d. Wissenschaften. Zoologischer Thl. III. Bd. 1. Abth. Amphibien u. Reptilien. Bearb. von J. v. Bedriaga. 2. u. 3. Lfg. (S. 73—502 m. 6 Taf. u. 9 Bl. Erklärgn.) 36×28,5 cm. St. Petersburg 907. (Leipzig, Voss' Sort.) 26. 50

— dasselbe. 3. Bd. 2. Abth. Fische. Bearb. von S. Herzenstein. 1. u. 2. Lfg. (Russisch u. deutsch.) Imp.-4. (S. 1—180 m. 13 Taf. u. 13 Bl. Erklärgn.) St. Petersburg 888. 889. (Eggers & Co. — Leipzig, Voss' Sort.) n. 22. 50

1. Lfg. n. 13. 50. — 2. Lfg. n. 9. —.

— dasselbe. Zoologischer Thl. 3. Bd. 2. Abth. Fische. Bearb. v. S. Herzenstein. 3. Lfg. (Russisch u. deutsch.) Imp.-4. (S. 181—262 m. 12 Taf. u. 12 Bl. Erklärgn.) St. Petersburg 891. (Eggers & Co. — Leipzig, Voss' Sort.) n. 16. 50 (1—3.: n. 39. —)

Resultate üb. die kalte Wollwäsche an den Thieren mit Anwendung des v. Jos. Andr. Preys in Pesth erfundenen u. zu beziehenden Waschmittels. 8. (½ B.) Bromberg 846, Levit. Thlr.

Aus: Oeconomische Neuigkeiten ꝛc., besond. abgedruckt.

**Résultats, Les,** de l'assurance ouvrière de l'empire allemand. [Berlin 1900.] V: *Klein, G. A.* (Zuwachsverz. der Bibl. Zürich 1898 ff. 8.)

Résultats des examens pédagogiques des recrues (dans le canton de Fribourg) ... = Ergebnisse der Rekrutenprüfung (im Kanton Freiburg).... 4. Fribourg, Impr. (*en 1902*: -Libr.) catholique suisse, 1902.

... en 1901 = ... Rekrutenprüfung im Jahre 1901. [Avec 1 carte.] II + 22 p.

... en 1902, élaborés par le Bureau cantonal de statistique = ... Rekrutenprüfungen im Jahre 1902, bearb. von dem kantonalen statistischen Amte. [Avec 1 tableau et 1 carte.] II + 20 p.

Résultats du recensement cantonal du bétail au 1er avril 1899 par le Bureau de Statistique du canton de Fribourg. 23 p. 8. Fribourg, Œuvre de Saint-Paul, 1901.

Résultats du (5e) recensement fédéral du bétail et des ruches d'abeilles du 19 avril 1901. 1er volume. Publication du Bureau de Statistique du Département fédéral de l'Intérieur. Avril 1904 (**Umschlag:* Publié en été 1903). [Avec 5 planches.] II + XXII + 42* + 196 p. 4. Berne, Impr. Lack Aeschlimann & Jost, comm. A. Fran(c)ke, 1904 (**Umschlag:* 1903). (fr. 5.—)

Statistique de la Suisse. 132e Livraison.

Résultats du [5e] recensement fédéral du bétail et des ruches d'abeilles du 19 avril 1901. 2e volume [fin]. Publication du Bureau de statistique du Département [fédéral] de l'Intérieur. (Publié en) Février 1905. [Avec 1 tableau graphique.] II + 31* + 168 p. 4. Berne, Impr. Gustave Grunau, comm. A. Francke, 1905. (fr. 4. —)

Statistique de la Suisse. 132e Livraison.

Résultats du (6e) recensement fédéral du bétail du 20 avril 1906. Publication du Bureau de statistique du Département fédéral de l'Intérieur. [Avec 5 cartes et 1 tableau graphique.] VIII + 20* + 272 p. 4. Berne, comm. A. Francke, Impr. Hans Feuz, 1908. (fr 9.—)

Statistique de la Suisse. 152e livraison.

Résultats du [premier] recensement fédéral des entreprises agricoles, industrielles et commerciales du 9 août 1905. Publié par le Bureau de statistique du Département fédéral de l'intérieur = Ergebnisse der [ersten] eidg. Betriebszählung vom 9. August 1905. Hrg. vom Statistischen Bureau des eidg. Departements des Innern. 1er volume: Les entreprises et le nombre des personnes actives dans ces e' = Band 1: Die Betriebe und die Zahl der darin beschäftigten Personen. 7e Fascicule = Heft 7.... 4. Berne, comm. A. Francke, Impr. Neukomm & Zimmermann, 1908. (fr. 2.50)

7e Fascicule: Cantons de Vaud, Valais, Neuchâtel et Genève = Heft 7: Kantone Waadt, Wallis, Neuenburg und Genf. XVI + 397 p.

Statistique de la Suisse. 154e livraison = Schweizerische Statistik. Liefg. 154.

**Résultats scientifiques du congrès international de botanique Vienne 1905. Hrsg. v. R. v. Wettstein, J. Wiesner u. A. Zahlbruckner, red. v. J. P. Lotsy, s. Publications scientifiques de l'association internationale des botanistes.**

Résultats scientifiques du Congrès international de Botanique, Vienne 1905 = Wissenschaftliche Ergebnisse des internationalen botanischen Kongresses, Wien 1905. Hrg. im Namen des Organisations-Komitees für den Kongress von R[ichard Ritter] v[on] Wettstein und J[ulius] Wiesner als Präsidenten und A[lexander] Zahlbruckner als Generalsekretär. Redigiert von J[ohn] P Lotsy.... Mit 3 lithographischen Tafeln, 1 Karte und 58 Abbildungen im Text. VI + 446 p. gr.-8. Jena, Gustav Fischer, 1906. [M. 20. —]

Publications scientifiques de l'Association internationale des Botanistes. [Tome] 1.

*Darin p. 130—173 u. 313—323 Vorträge von* John Briquet (Genève) *und* B[énédict] P[ierre] G[eorges] Hochreutiner... (Genève).

Résultats (*vol. 1—2:* statistiques) du recensement fédéral du 1er décembre 1900. 3 volumes. Publication du Bureau de statistique du Département fédéral de l'Intérieur. Berne, Impr. Gustave Grunau (* *vol. 1:* Impr. Lack & Grunau), comm A. Francke, 1904—1907.

1er volume: Nombre des maisons et des ménages. Population présente et pop' résidente, celle-ci répartie d'après l'origine, le lieu de naissance, le sexe, la confession et la langue; les citoyens suisses, d'après le canton et la commune d'origine. Publié le 20 septembre 1904. [Avec 5 cartes.] II + 48* + 370 p. 1904. (fr. 10. —)

2me volume: La population répartie d'après le sexe, l'état civil et l'âge. Publié le 15 juillet 1905. [Avec 1 tableau et 7 cartes.] II + 81* + 406 p. 1905. (fr. 10. —)

3e volume: La pop' d'après les professions. Publié le 15 février 1907. [Avec 4 cartes.] II + 48* + 460 p. 1907 (fr. 10. —)

Statistique de la Suisse. 140e *et* 145e *et* 151e Livraison.

Résultats (*vol. 1—2:* statistiques) du recensement fédéral du 1er décembre 1900. 4 volumes. Publication du Bureau de statistique du Département fédéral de l'Intérieur. 4. Berne, Impr. Gustav Grunau (**vol. 1:* Impr. Lack & Grunau), comm. A. Francke, 1904—1908.

1er—3e volume. 1904—1907. (*à* fr. 10. —) *v. Bulletin 1907, p. 143.*

4e volume: Exposé des résultats généraux du recensement. [Avec 1 carte.] II + 100* + 64 p. 1908. [fr. 2. —]

Statistique de la Suisse. 140e *et* 145e *et* 151e *et* 162e Livraison.

Les **résultats** de la triangulation de la Suisse. Publicat. du bureau topograph. fédéral. Livr. 1. (Vorr.: J. J. Lochmann.) *Bern: Impr. Haller 1896.* 4. (97. 3600

**Résultats, les, de la triangulation de la Suisse.** Publication du bureau topographique fédéral. 1. livr. Canton de Genève 1896. 4. (27 S. m. Fig. u. 1 farb. Karte.) Bern 896. (Schmid & Francke.) n. 2. —

Les **Résultats** de la triangulation de la Suisse. Publication du bureau topographique fédéral. 1re livr.: Canton de Genève 1896. Avec des figures dans le texte et 1 carte color. In-4°. 27 p. Berne (Bâle et Genève, Georg & Co.). 2 50

1897

**Résultats,** les, de la triangulation de la Suisse. Publication du bureau topographique fédéral. 5. livr. Canton de Fribourg. 1898. gr 4. (59 S. m. Fig. u. 1 Karte.) Bern, 898. (A. Francke.) n.n. 4. —

Vergl. Ergebnisse, die, der Triangulation der Schweiz.

**Les Résultats** de la triangulation de la Suisse. Publication du bureau topographique fédéral. 5e livr. Ct. de Fribourg. 1898. Gr. in-4°. 59 p. av. fig. et 1 carte. Berne, Schmid & Francke. 5 —

1899

Résumé des affaires de Bâle. (1831) *s.* [Vinet, Alexandre].

**Resumé** betreffend die Anlage einer Schiffbauwerft und Maschinenfabrik am Hafen zu Glückstadt. (Mit 1 Tafel.) Hamburg. (1872.) 4°.

Caisse d'Épargne de la Fédération valaisanne de Secours mutuels (à Saxon). 25e Résumé des Comptes, Exercice de 1900. 18 p. 8. Sion, F. Aymon, 1901.

Société pour le développement de Zermatt. 4.
(Résumé des comptes pour 1900, [au] 30 juin 1901.) [3 p.] (Zermatt, Impr. du Journal,) 1901.
(Résumé des Comptes du 30 juin 1901 au 31 décembre 1902.) [3 p.] 1903.

Résumé des délibérations de l'Assemblée fédérale suisse. Suite de la session ordinaire d'hiver. ⟨5me session de la 18me législature.⟩ 1901 mars 18—30. [Annexe *à la:* Feuille fédérale suisse 1901. No 17, avril 24.] [11 p.] 4. [Berne.]

Résumé des délibérations de l'Assemblée fédérale suisse. Session ordinaire d'été. ⟨6me session de la 18me législature.⟩ 1901 juin 3—29. [Annexe *à la:* Feuille fédérale suisse 1901. No 29, juillet 17.] [15 p.] 4. [Berne, C.-J. Wyss.]

Assemblée fédérale suisse. Résumé des délibérations. 4. [Berne, C.-J. Wyss.]
Session ordinaire d'hiver. ⟨7me session de la 18me législature.⟩ 1901 décembre 2—21. [17 p.] — Suite de la session ordinaire d'hiver. ⟨8me session....⟩ 1902 avril 1—26. [15 p.] — Session ordinaire d'été. ⟨9me session....⟩ 1902 juin 2—28. [17 p.]

Assemblée fédérale suisse. Résumé des délibérations. 4. [Berne, C.-J. Wyss.]
Suite de la session ordinaire d'été. ⟨10me session de la 18me législature.⟩ 1902 septembre 29 — octobre 11. [14 p.] — Session ordinaire d'hiver. ⟨1re session de la 19me législature.⟩ 1902 décembre 1—20. [15 p.]

Assemblée fédérale suisse. Résumé des délibérations. 4. [Berne, C.-J. Wyss.]
Suite de la session ordinaire d'hiver. ⟨2e session de la 19me législature.⟩ 1903 mars 16—28. [13 p.] — Session ordinaire d'été. ⟨8e session de la 19me législature.⟩ 1903 juin 2—26. [16 p.]

Résumé des délibérations et décisions du premier congrès international agricole et forestier, d'après le procés verbal sténographique publié en allemand. gr. 8. (125 S.) Wien 874, Faesy und Frick. *

Résumé de l'Histoire de Suisse depuis l'origine des Helvétiens jusqu'à nos jours. [A l'usage des élèves du Collège St-Michel à Fribourg.] *Lithographié.* 4. *s. l. n. d.* [ca. 1840].

Résumé de l'histoire de la Suisse dépuis l'origine des Helvétiens . . . Fribourg 1841. V: *Freudenfeld, Burkard Hnr.* ? NN!

Résumé d. lois etc. intérieures applicables au service des caisses d'épargne postales. Publ. par l'Union postale universelle. Av. Supplément. Berne 889—90.

Resumé des prescriptions réservées à la législation des états contractants par la convention internationale sur le transport de marchandises par chemins de fer du 14. Octobre 1890. In-4°. 64 p. Bern, Stämpfli & Co. 1894

Resumé de syntaxe française, d'après les meilleures grammaires. 8. (61 S.) Frauenfeld 871. Huber. — 60

Résumé de syntaxe française d'après les meilleures grammaires. Suivi de la conjugaison française. 2e édit. gr. 8. (60 S.) Frauenfeld 878, Huber. *

Resurrectio divi Quirini Francisci Baconi, Baronis de Verulam, vicecomitis Sancti Albani. CCLXII annis post obitum eius in die aprilis a. MDCXXVI. Cura et impensis G(eo.). C(antor.). 12. (IV, 24 S. m. 1 Taf.) Halle 896. (Leipzig, A. Lorentz.) n. 1. 25

Resurrecturi [Die Neuerstehenden]. Ein Beitrag zur balt. Frage v. E—. gr. 8. (III, 112 S.) Leipzig 889. E. H. Mayer. n. 2. 50

Resvoll, Thekla Susanne Ragnhild

— Pflanzenbiologische Beobachtungen aus dem Flugsandgebiet bei Röros im inneren Norwegen. Krist. 1906. 68 S. Fig. 6 Tvl. (Særtr.). P.

RESZETYTO, Romanus: Jus successionis hereditariae vindicetur et exponatur. — (1908) 75 Bl. 4° (Handschr.) Diss. 877
Diss.Wien, Univ.

The Retail Baker: vol. 1–32, no. 23, Nov. 1909–Dec. 6, 1929.
Monthly, Nov. 1909–Sept. 1913; bi-monthly, Oct. 1913–May 1918; weekly, May 17, 1918–Dec. 1929. Trade journal. Part of each issue printed in German, with title: DER RETAIL BAKER. Eine monatliche Fachschrift im Interesse des Kleingewerbes, Nov. 1909–Nov. 1911; then, German section called "Deutsche Abteilung." Official organ of Retail Bakers' Association of the Eastern States. Title varies: AMERICAN INDEPENDENT BAKER AND THE RETAIL BAKER, vol. 27–32. Place of publication varies: Brooklyn, N.Y., 1916–17. Quarto, each issue ca. 36 pages, of which ca. 10 pages in German, but with variations. Circulation: 1914, 7154; 1929, 5543. German section edited by Rudolph Fries, Nov. 1909–1916? by Russell Raymond Voorhees, 1916–17; by Julius Sonntag, 1918–19; by George Ament, 1929.
New York, NY

Retau, O., die Flucht um die Erde. Illustrirter Roman. Der Stern v. Avenel. 1.—50. Hft. gr. 8. (Mit je 1 Holzschn.-Taf.) Dresden 890. A. Wolf. à — 10
Die Flucht um die Erde. (S. 1—1048.) — Der Stern v. Avenel. (S. 1—80.)

Retau, O., die Flucht um die Erde. Illustrirter Roman. Der Stern v. Avenel. Roman. 51.—85. (Schluß-)Hft. gr. 8. (Mit je 1 Holzschn.-Taf.) Dresden 891. Ad. Wolf. à — 10
Die Flucht um die Erde. (S. 1049—1531.) Der Stern v. Avenel. (S. 81—654.)

Retau, Geheimnisse der Zeugung u. das Geschlechtsleben des Menschen, s.: Kreß.

Retau, O., das Geschlechtsleben des Menschen. Vollständige und gründl. Belehrung über die wissenswerthesten Vorgänge und Verrichtungen des Körpers bezüglich der Fortpflanzung, der Beschaffenheit, Natur und der Krankheiten der Geschlechtsorgane, sowie über die Wichtigkeit und sittl. Bedeutung des Geschlechtslebens überhaupt. Für junge Leute beiderlei Geschlechts, sowie für Verheirathete und Alle, die mit Ernst und sittl. Würde eine rein wissenschaftl. Unterweisung suchen. 8. (125 S.) [Dresden 877, Lohse und Kabler.] Düsseldorf, Kreuder.

Retau, O., das Geschlechtsleben des Menschen. Vollständige und gründl. Belehrung über die wissenswerthesten Vorgänge und Verrichtungen des Körpers bezüglich der Fortpflanzung, der Beschaffenheit, Natur und der Krankheiten der Geschlechtsorgane, sowie über die Wichtigkeit und sittl. Bedeutung des Geschlechtslebens überhaupt. Für junge Leute beiderlei Geschlechts, sowie für Verheirathete und Alle, die mit Ernst und sittl. Würde eine rein wissenschaftl. Unterweisung suchen. 2.—4. Aufl. 8. (125 S.) [Düsseldorf 878—80, Kreuder.] Reutlingen, Barbtenschlager.

—— s. Kreß, O., die Geheimnisse der Zeugung.

Retau, O., die Onanie beim weiblichen Geschlecht. Eine Abhandlung über die Krankheiten u. Leiden des Nerven- u. Zeugungssystemes durch die Onanie. Nebst einem Anhang über die Folgen der Ausschweifungen überhaupt, sowie über die wichtigsten Vorgänge im Geschlechtsleben des Weibes. Mit 10 pathologisch-anatomischen Abbildgn. (in Holzschn.) Leipzig 864. Pönicke. 16. (X, 164 S.) 22½ ngr.

Retau, O., die Selbstbewahrung. Aerztl. Rathgeber bei allen Krankheiten und Zerrüttungen des Nerven- und Zeugungssystems. 80. Aufl. 8. (224 S. mit 27 Abbild.) Leipzig 883, Verlags-Magazin.
Ausgaben in czechischer, dänischer, französischer, holländischer, italienischer, polnischer, russischer und schwedischer Sprache. Ebenda.

Retau, die Zeugung u. das Geschlechtsleben des Menschen, s.: Kreß.

RETAY, Julius: De unione Graecorum in Hungaria. — (1864) 80 S. 8°
(Handschr.) Diss. 233
Diss. Wien, Univ.

Zum Besten für Schleswig-Holstein. Drei deutsche Lieder v. R. von Retberg. München. 1863. 8°

**Retberg**, R. v., kulturgeschichtliche Briefe (über ein mittelalterl. Hausbuch des 15. Jahrh. aus der fürstlich Waldburg-Wolfeggischen Sammlung) nebst Anh. (Auszug aus Grünenbergs Wappenbuche.) Leipzig 865. H. Vogel. 8. (IV, 340 S.) n. 1 ₰ 25 ngr.

**Retberg**, R. v. Kulturgeschichtliche Briefe (uber ein mittelalterliches Hausbuch des 15. Jarhd. [!] aus der furstlich Waldburg-Wolfeggischen Sammlung) nebst Anhang (Auszug aus Grünenbergs Wappenbuche) ... Leipzig, Rudolph Weigel 1865.
IV – 340 S. 8°.

**Retberg**, R. v., Dürer's Kupferstiche u. Holzschnitte. Ein krit. Verzeichniss. Lex.-8. (IV, 171 S. m. e. Holzschntaf.) München 871. Th. Ackermann. n. 4. 80

**Retberg**, R. v., ein Wort der Verständigung über die deutsche nazionale Bewegung und ihre innere Notwendigkeit. München 863. Fleischmann. gr. 8. (23 S.) n. 5 ngr.

—— ein Wort der Verständigung über die deutsche-nazionale Bewegung und ihre innere Notwendigkeit. gr. 8. (23 S.) München 863, [Merhoff's Verlag.] *

Retberg, Ralf v., s.a. Geschichte, die, der deutschen Wappenbilder.

**Retberg**, R. v., die Geschichte der deutschen Wappenbilder. Aus dem Nachlasse. gr. 4. (102 S. m. eingedr. Abbildgn. u. 1 Bildniß.) Wien 887. (Frankfurt a/M., Rommel.) n. 4. —

Retchew, Aralk [Pseud.], s. Wechter, Klara [Wirkl. Name]

**Retcliff**, Eli, das Kaisergretl v. Trauteck od. die Feinde d. Hohenzollernhauses. Historisch-patriot. Roman. 1. u. 2. Hft. gr. 8. (56 S. m. je 1 Bild.) Dresden 888. Ad. Wolf. à — 10

**Retcliff**, Eli, das Kaisergretl v. Trauteck od. die Feinde d. Hohenzollernhauses. Historisch-patriot. Roman. 3.—62. (Schluß-)Hft. gr. 8. (S. 57—1492.) Dresden 888—890. Ad. Wolf. à — 10

**Retcliff**, Mara, die schöne Bulgarin, od. Geheimnisse v. Sofia. Historischer Roman aus der Gegenwart. (In ca. 70 Lfgn.) 1.—5. Lfg. gr. 8. (S. 1—128.) Dresden 886. Ad. Wolf. à — 10

— Mara, die schöne Bulgarin, od. Geheimnisse v. Sofia. Historischer Roman aus der Gegenwart. 6.—80. (Schluß-)Lfg. gr. 8. (S. 129—1924.) Ebd. 886. 887. à — 10

— Mara, die schöne Bulgarin, oder Geheimnisse von Sofia. Histor. Roman aus der Gegenwart. (In ca. 70 Lfgn.) 1.—5. Lfg. gr. 8. (S. 1—128.) Ebd. 888. à — 10

Retcliffe III., Europa's Gegenwart und Zukunft, oder die magische Leuchte. Illustr. histor. Zeitgemälde. 24 Lfgn. gr. 8. Berlin 868, Heidemann und Comp. à Lfg. 40 Pf.

Retcliffe III., Amerika's Kinder der Hölle und die finstern Geister Europa's oder Kampf um Menschenrechte. Illustrirter histor. Roman aus der Neuzeit. 32 Lfgn. gr. 8. (1529 S. mit eingedr. Holzschn.) Berlin 865—67, Scherl. à Lfg. 4 Ngr.

— humoristisch-satirische Kriegsbilder. Nr. 1—4. Berlin 866. Kießling. gr. 8. Jede Nr. (8 S.) 1½ ngr.

**Retcliffe**, J., [Wilh. Schröter], von Berlin nach Königsgrätz. Historischer Roman. 2 Bde. Leipzig 867. Häfele sen. 8. (1. Bd. 251 S., 2. Bd. 255 S.) 2 ₰

**Retcliffe**, J., das schwarze Buch von Berlin oder Geheimnisse der protestantischen Metropole. 1—8. Liefg. Leipzig 864. Purfürst. 8. (1. Bd.: 236 S.; 2. Bd.: S. 1—144.) Jede Liefg. n. 5 ngr.

— das schwarze Buch von Berlin oder Geheimnisse der protestant. Metropole. 50 Liefgn. Leipzig 865. G. J. Purfürst. [Haynel.] 8. (1. Abthl. 3 Bde. 708 S., 2. Abthl. 3 Bde. 720 S. u. 3. Abthl. 3 Bde. 720 S.) n. 8 ₰ 10 ngr.

— von Leipzig bis Sadowa. Roman aus der neuesten Zeit. Seitenstück zu „Von Berlin nach Königsgrätz". 2 Bde. Leipzig 867. Häfele sen. 8. (431 S.) n. 1 ₰ 20 ngr.

Retcliffe, John [Pseud.], s.a. Goedsche, Herm. Ottomar Friedr.

**Retcliffe**, Sir John, Biarritz. Historisch-polit. Roman aus der Gegenwart. 40 Liefgn. oder 4 Bde. Berlin 868—870. Liebrecht. gr. 8. (1. u. 2. Bd. à 479 S., 3. u. 4. Bd. à 480 S.) n. 8 ₰

**Retcliffe**, Sir John, Biarritz. 1. Abth. Gaëta-Warschau-Düppel. Historisch-polit. Roman aus der Gegenwart. 41—80. Lfg. gr. 8. (5. Bd. S. 1—480. 6. Bd. 477, 7. Bd. 478 u. 8. Bd. 479 S.) Berlin 871—76. Liebrecht. à n. — 60

**Retcliffe**, Sir John, Biaritz. 2. Abth. Um die Weltherrschaft. Historisch-polit. Roman aus der Gegenwart. 1—10. Lfg. 8. (1. Bd. S. 1—480.) Ebend. 876. à 60

**Retcliffe**, Sir John, Biarritz. 2. Abth., um die Weltherrschaft. Historisch-politischer Roman aus der Gegenwart. 11—46. Lfg. 8. (2. Bd. 478, 3. Bd. 436, 4. Bd. 512 S. u. 5. Bd. S. 1—288.) Berlin 877—79. Kogge & Fritze. à — 60

— Brasilien. Erlebnisse eines deutschen Auswanderers in den Mucury-Colonien. 2 Bde. Ebend. 868. gr. 8. (IV, 411 S. mit vielen Illustr. in Holzschn.) n. 24 ngr.

— s.: Cäsars, d., Ende.

**Retcliff**, Sir John, die Inselkönigin od. d. Kampf um Cuba. Histor. Roman. (In 100 Hftn.) 1. u. 2. Hft. gr. 8. (S. 1—48 m. je 1 Vollbild.) Dresden 898. A. Wolf. à — 10

**Retcliff**, Sir John, die Inselkönigin od. Der Kampf um Cuba. Historischer Roman. 3.—60. (Schluß-)Hft. gr. 8. (S. 49—1438 m. je 1 Vollbild.) Dresden 898. 899. A. Wolf. à — 10

— Abraham Lincoln. Historischer Roman. 1—21. Liefg. Dresden 865, 866. Wienecke. [Leipzig, Fries.] 8. (1. Bd. 335 S., 2. Bd. V, 385 S. und 3. Bd. S. 1—288.) Jede Liefg. 5 ngr.

**Retcliffe**, Sir John (Goedsche), s.a. Nena Sahib.

**Retcliffe**, John, Nena Sahib oder: Die Empörung in Indien. Historisch-politischer Roman aus der Gegenwart. Englische und Deutsche Orig.-Ausg. 1—26. Heft. Berlin 858. Röhring. gr. 8. (1. Bd.: 507 S.; 2. Bd.: 509 S.; 3. Bd.: S. 1—224.) Jedes Heft 3 ngr.

**Retcliffe, John,** Nena Sahib oder: Die Empörung in Indien. Historisch-politischer Roman aus der Gegenwart. Englische u. Deutsche Orig.-Ausg. 27—30. (letztes) Heft. Berlin 859. Röhring. gr. 8. (3. Bd.: S. 225—420.) Jedes Heft 3 *ngr.*

**Retcliffe, Sir John, Nena Sahib oder die Empörung in Indien. Sensations-Roman aus der Geschichte unserer Zeit. Illustr. Ausg. 41 Hefte oder 3 Bde. 8. (688; 688; 568 S. mit 40 Lithogr.) Berlin 881, Kogge und Fritze. à Heft 30 Pf.**

— Puebla oder die Franzosen in Mexiko. Historisch-politischer Roman aus der Gegenwart. 3 Bde. in 30 Liefgn. Ebend. 855—868. 8. (472 S., 480 S., 475 S.) n. 6 ℛ

**Retcliffe's, Sir John (Goedsche), Romane.** Illustrierte Ausg. 8. Berlin, A. Weichert.

Nena Sahib od. Die Empörg. in Indien. Roman in 4 Büchern m. einleit. Worten. 2 Bde. (730 u. 587 S.) (906.) (Urspr. Pr. 10. —)
Sebastopol. Roman in 7 Büchern, m. einleit. Worten. 2 Bde. (IX u. S. 3—794 u. 802 S.) (906.) (Urspr. Pr. 10. —)
Villafranca od. Die Kabinette u. die Revolutionen. Roman in 8 Büchern, m. einleit. Worten. 2 Bde. (798 u. 650 S.) (906.) (Urspr. Pr. 10. —)

—— historisch-politische Romane. Neue Volks-Ausg. 1. Serie. 52 Lfgn. oder 10 Bde. 8. Berlin 879,80, Kogge und Fritze. à Lfg. 60 Pf.

Inhalt:
Bd. 1—3. Nena Sahib oder: Die Empörung in Indien. Historisch-polit. Roman aus der Gegenwart. 3 Bde. (672; 672; 566 S.) ℳ 12.
„ 4—6. Puebla oder der Schatz der Inkas. Historisch-polit. Roman aus der Gegenwart. 3 Bde. (472; 480; 476 S.) ℳ 12.
„ 7—10. Sebastopol. Historisch-polit. Roman aus der Gegenwart. 4 Bde. (588; 606; 587; 700 S.) ℳ 16.

**Retcliffe's, Sir John, historisch-politische Romane. Neue Volks-Ausg. 1. Serie 52 Lfgn., 2. Serie 61 Lfgn., 3. Serie 64 Lfgn. oder 35 Bde. 8. Berlin 880—82, Kogge und Fritze.** à Lfg.
1.—34. Bd. à *ℳ 4.; 35. Bd. *ℳ 5. (*ℳ 141.) * 1

Inhalt:
Serie 1. Nena Sahib oder die Empörung in Indien. 3 Bde. (688; 688; 568 S.) ℳ 12.
Puebla oder der Schatz der Inkas. 3 Bde. (472; 480; 480 S.) ℳ 12.
Sebastopol. 4 Bde. (588; 608; 586; 698 S.) ℳ 16.
„ 2. Villafranca oder die Kabinete und die Revolution. 4 Bde. (560; 576; 408; 472 S.) ℳ 16.
—— dass. — 2. Abschnitt: Zehn Jahre. 4 Bde. (464; 480; 480; 480 S.) ℳ 16.
—— dass. — 3. und 4. Abschnitt: Magenta und Solferino. 4 Bde. (à 480 S.) ℳ 16.
„ 3. Biarritz. 1. Abschnitt: Gaëta — Warschau — Düppel. 8 Bde. (à 480 S.) ℳ 32.
—— dass. — 2. Abschnitt: Um die Weltherrschaft. 5 Bde. (480; 480; 448; 512; 338 S.) ℳ 21.

**Retcliffe's, Sir John,** historisch-politische Romane. (Neue Band-Ausg.) 1. Bd. 8. Berlin 884. Kogge & Fritze. Subscr.-Pr. 3. —
Nena Sahib od. die Empörung in Indien. [In 3 Bdn.] 1. Bd. (688 S.)

— historisch-politische Romane. Durchgesehen u. hrsg. von Ernst Goetz. I. Serie. 88 Lfgn. 8. Berlin [R. Eckstein Nachf.] Verlagsgesellschaft Berlin. à — 30; auch in Bdn. à 3. —; geb. in Leinw. à 4. —
Nena Sahib od. Die Empörung in Indien. 3 Bde. (608, 584 u. 528 S.) (903 904.) — Villafranca oder Die Kabinete u. die Revolutionen. 4 Bde. (503, 519, 376 u. 419 S.) (903—905.) — Zehn Jahre! (II. Abtlg. v. Villafranca.) 4 Bde. (422, 432, 416 u. 424 S.) (905.) — Magenta u. Solferino. (III. Abtlg. v. Villafranca.) 4 Bde. (4?2, 440, 422 u. 408 S.) (905.)

— dasselbe. II. Serie. 62 Lfgn. Berlin (905. 906). Verlagsgesellschaft Berlin. à — 30
Puebla od. der Schatz der Inkas. 3 Bde. (448, 444 u. 440 S.) — Biarritz. 4 Bde. (448, 466, 445 u. 496 S.) — Gaëta-Düppel. Fortsetzung v. Biarritz. 4 Bde. (334, 447, 432 u. 448 S.)

— dasselbe. III. Serie. (In 76 Lfgn.) 1.—4. Lfg. Ebd. (906). à — 30; auch in Bdn. à 3. —; geb. in Leinw. à 4. —; Subskr.-Pr. à 2. —; geb. à 3. —
Um die Weltherrschaft! (1. Bd. S. 1—320.)

— Historisch-politische Romane. Durchgesehen u. hrsg. v. Ernst Goetz. III. Serie. 5.—75. (Schluß-)Lfg. Berlin (907. 08). K. Voegels. à —30; (Erm. Pr. à Bd. 1.—)
Um die Weltherrschaft! (1. Bd. S. 321—460 u. 2.—5. Bd. 471, 431, 511 u. 375 S.) — Das Kreuz v. Savoyen. Zeitgeschichtlicher Roman v. Baron Persiani. (Fortgesetzt v. Abbate Rimesso.) 4 Bde. (405, 400, 415 u. 399 S.) — Sebastopol. Historisch-polit. Roman aus dem 19. Jahrh. 5 Bde. (418, 391, 387, 498 u. 445 S.)

**Retcliffe, Sir John, Sebastopol. Historisch-polit. Roman aus der Gegenwart. Engl. und deutsche Orig.-Ausg. 1—17. Heft. gr. 8. (1. Bd. 384 S., 2. Bd. 392 S. und 3. Bd. S. 1—320.) Berlin 855. 56, Röhring. à Heft * 5 Ngr.** *

—— Sebastopol. Historisch-politischer Roman aus der Gegenwart. Englische und deutsche Orig.-Ausg. 18—24. Heft. gr. 8. (3. Bd. S. 321—384 und 4. Bd. 419 S.) Berlin 857, Röhring. à Heft * 5 Ngr. *
1—17. Heft. Ebendas. 1855,56. * 2 Thlr. 25 Ngr.

—— Villafranca oder die Kabinete und die Revolutionen. Historisch-politischer Roman aus der Gegenwart. 30 Hefte. gr. 8. Berlin 860. 61, Röhring. [1. Bd. 1. Abthl. (440 S.) 2. Abthl. (480 S.) 2. Bd. (528 S.)] à Heft 4 Ngr.

—— dass. — 2. Abschnitt. A. u. d. T.: Zehn Jahre! (In 28—30 Lfgn.) 1—13. Lfg. gr. 8. Ebendas. 862. (1. Bd. 464 S. und 2. Bd. S. 1—192.) Berlin 862, Gerschel. à Lfg. * 6 Ngr. *

—— Villafranca oder die Kabinete und die Revolutionen. Historisch-polit. Roman aus der Gegenwart. 2. Abschn. A. u. d. T.: Zehn Jahre. 14.—39. Lfg. gr. 8. (2. Bd. S. 193—480., 3. Bd. 480 S. und 4. Bd. 480 S.) Berlin 863,64. Gerschel's Verlagsh. Subscr.-Pr. à Lfg. * 6 Ngr. Ladenpr. cplt. *

—— dass. — 3. Abthl. A. u. d. T.: Magenta und Solferino. 3 Bde. in 30 Lfgn. gr. 8. (à Bd. 480 S.) Berlin 864—66, Liebrecht. à Lfg. * 6 Ngr. *

—— dass. — 4. Abthl. A. u. d. T.: Solferino. 10 Lfgn. gr. 8. (479 S.) Ebendas. 866,67. à Lfg. * 6 Ngr. *

**Retcliffe, L.,** unschuldig verurtheilt, s.: Quelle für die deutsche Lesewelt.

— dasselbe, }
— Veronika, } s.: Ratenkasse.

**Retel, Achim,** Hinaus in's Freie. Ein Bilderbuch für Knaben und Mädchen. Mit Gedichten. qu. 4. (12 lithogr. und ill. Bilder in Tondr. und 14 Bl. Text.) Neusalza 857, Bornbrück.

**Retemeyer, A.,** Abonnements-Katalog der deutschen, französischen und englischen Zeitschriften wissenschaftlichen und unterhaltenden Inhalts für 1865. Berlin 865. Retemeyer. 4. (24 S.) cart. 12 *ngr.*

**Retemeyer, A.,** allgemeines Adressbuch für den deutschen Kunsthandel und dessen Nebenzweige. Unter Mitwirkung mehrer Kunsthändler herausg. (1. Jahrg.) Leipzig 853. (R. Hoffmann.) gr. 8. (3 Bl., 128 S.) nn. 1 ℛ.

Retemeyer, A., Adressbuch für den gesammten Kunsthandel und dessen Nebenzweige, Papier- und Farbenfabrikation, Stahl-, Kupfer- und Holzstecherkunst, Lithographie, Handel mit Instrumenten, Schreib-, Zeichen- und Mal-Utensilien, Antiquitäten, Musikalien und Landkarten etc. Als Hand- und Nachschlagebuch hrsg. 2 Abthlgn. (Alphabetisches Verzeichniss der Kunsthandlungen. — Geschäftsgeographie.) 1. und 2. Jahrg. gr. 8. Leipzig, Expedition des Central-Kunstanzeigers. [1. (VI und 128 S.) 853. * 1 Thlr. 10 Ngr., 2. (VI und 192 S.) 855. ** 1 Thlr. 15 Ngr.] *

—— Geschäfts-, Hand- und Adress-Buch für Kunsthändler, Kupfer- und Steindrucker, Papier- und Farbenfabrikanten, Händler mit Instrumenten etc. Genaue Mittheilung aller hierauf bezüglichen Firmen. gr. 8. (76 S.) Leipzig 855, Expedition des Central-Kunstanzeigers. **

Aus des Verf.: Adressbuch für den gesammten Kunsthandel, besonders abgedruckt.

—— Geschäfts-Bülletin, s. Geschäfts-Bülletin.

— s. Vacanzen-Liste.

Retgers, J. W. [aus Batavia (Insel Java): Das spezifische Gewicht isomorpher Mischungen. . . . (Aus: Zeitschr. f. physikal. Chem. Bd. III.) Leipzig, Wilhelm Engelmann, 1889; 2 Bl. + 65 + 1 S. 8°

Leipzig, Phil. Fak., Inaug.-Diss. v. 8. Jul. 1889

Reth, C. v., Zwingerbuch, s.: Ilgner, Emil.

RETH, Gustav (Hesselwang): Ueber die Behandlung der Rachentumoren.- München: Wolf 1881. 34 S. 10.5.1881 - Urk (Titel: De tumoribus pharyngeis curandis.); Chr 1880/81,15
Diss.Ingolst.-Landsh.-Mchn.

Reth, Heinr., Lehrjahre. Ein Lebens- u. Sittenbild aus dem Sauerlande. (827 S.) 8. Hagen (908). E. Rath. 3.—; geb. 4.—

Rethel, Alfred. Eine Charakteristik, s. Valentin, Veit. Aesthetische Schriften, 1. Bd.

Rethel, Alfr., die Fresko-Bilder aus der Geschichte Karl's des Grossen im Kaisersaale zu Aachen. Nach den Orig.-Zeichnungen in 10 Blättern photogr. und hersg. von Marie Rethel und Jos. Albert. München 865. Albert. Imp.-Fol. (4 S. Text in gr. 4.) n. 17 ₰ 15 ngr.

KATALOG der Ausstellung von Werken Alfred Rethels. veranstaltet vom Freien Deutschen Hochstift zu Frankfurt a. M. Juni 1888. Mit 1 Holzschnitt. (Herausgegeben von P. PALTMANN.) Frankfurt a. M. (1888.) Druck von Gebrüder Knauer. 8°

Rethel, Alfr., das Luther-Lied „Ein' feste Burg ist unser Gott" bildlich dargestellt. In Holz geschn. von A. Gaber. gr. Fol. (3 Blatt.) Dresden 861, Kuntze. *

Rethel, Alfr., s.: Meisterbilder fürs deutsche Haus.

Alfred Rethel's gesammelter Nachlass in Photographien nach den Original-Zeichnungen. 82 Bl. Berlin. Fol.

— Die Nibelungen. Fksm.-Wiedergabe der Orig.-Holzschnitte v. Ed. Kretzschmar, Fr. Unzelmann, Alb. Vogel u. a. (10 Bl. m. VIII S. Text.) Lex. 8. Berlin 909. F. Heyder. In Umschlag 1.20

Rethel, Alfr., Sieg des Todes, s.: Meisterbilder 129. Blatt.

Rethel, Alfred, ein Todtentanz aus dem J. 1848. Mit erklärendem Text von R. Reinick. Ausgeführt im akadem. Atelier für Holzschneidekunst zu Dresden unter Leitung von H. Bürkner. 2—5. Aufl. qu. Fol. (6 Bl.) Leipzig 849, [Schlicke.]

Rethel, Alfred, ein Todtentanz aus dem J. 1848. Mit erklärendem Text v. R. Reinick. Ausgeführt im akadem. Atelier für Holzschneidekunst zu Dresden unter Leitung von H. Bürkner. qu. Fol. (6 Bl.) Leipzig 849, G. Wigand. — 2. Aufl. qu. Fol. (6 Bl.) Ebd. 849. — 3. Aufl. qu. Fol. (6 Bl.) Ebd. 849. — 4. Aufl. qu. Fol. (6 Bl.) Ebd. 849. ½ ₰

Rethel, Alfr., auch ein Todtentanz. Mit erklärendem Text von Rob. Reinick. Ausgeführt im akadem. Atelier für Holzschneidekunst zu Dresden unter Leitung von H. Bürkner. 6. Aufl. Leipzig (857.) Schlicke. Fol. (6 Bl. in Tondr.) 15 ngr.

— Auch ein Todtentanz. Erfunden u. gezeichnet. Mit erklärendem Text von Rob. Reinick. 7. Aufl. Leipzig 861. Schlicke. qu. Fol. (6 Holzschntaf.) 15 ngr.

— auch ein Todtentanz. Mit erklär. Text von Rob. Reinick. 8. Aufl. Leipzig 1866. Schlicke. qu. Fol. (6 Holzschntaff. in Tondr.) 15 ngr.

Rethel, Alfr., Auch ein Todtentanz. Mit erklär. Text von Rob. Reinick. Ausgeführt im akadem. Atelier für Holzschneidekunst zu Dresden unter Leitung von H. Bürkner. 9. Aufl. 1872. ℳ 1,50., und 10. Aufl. qu. Fol. (6 Holzschntaf.) Leipzig 875, Schlicke.

Rethel, Alfr., auch ein Todtentanz. Mit erklär. Text von Rob. Reinick. Ausgeführt im akadem. Atelier für Holzschneidekunst zu Dresden, unter Leitung von H. Bürkner. 11. Aufl. Vorwort von Johs. Prölß. qu. Fol. (6 Holzschntaf. mit eingedr. und 5 S. Text.) Leipzig 879, Schlicke. In Mappe *

— auch e. Todtentanz. Erfunden u. gezeichnet. Mit erklär. Text v. Rob. Reinick. Ausgeführt im akadem. Atelier f. Holzschneidekunst zu Dresden unter Leitg. v. H. Bürkner. 13. Aufl. Mit e. Vorwort. qu. gr. 4. (6 Bl. m. 8 S. Text.) Leipzig (902). B. Elischer Nachf. Kart. n. 3.50

— auch e. Totentanz. Nach dem Holzschn. aus Bürkners Werkstatt hrsg. vom Kunstwart. (6 Taf. m. II S. Text m. Bildnis.) qu. Fol. München (904). G. D. W. Callwey. n. 1.50

— Auch e. Todtentanz. Erfunden u. gezeichnet. Mit erklär. Text v. Rob. Reinick. (Miniaturausg.) (15 S. m. 6 Vollbildern.) 13×18 cm. Leipzig (907). B. Elischer Nachf. —30

Rethel, Alfr., des Meisters Werke, hrsg. v. Jos. Ponten, s.a. Klassiker der Kunst.

Alfred Rethel. Des Meisters Werke in 300 Abb. Hrsg. von Josef Ponten. Stuttgart & Leipzig: Deutsche Verl.-Anst. 1911. LXXIII, 202 S. 4°
(Klassiker d. Kunst in Gesamtausgaben. Bd 17.)

— 16 Zeichnungen u. Entwürfe, m. e. Einleitg. von Walth. Friedrich. Hrsg. v. der Freien Lehrervereinigg. f. Kunstpflege. 1.—20. Taus. (39 S.) Lex. 8. Mainz 907. J. Scholz. 1.—

Rethers, Theodor [aus San-Francisco (N.-Amerika)]: (Aus d. med. Klinik von Prof. Gerhardt.) Beiträge zur Pathologie der Chlorose. Ausscheidung der Ätherschwefelsäuren; Diurese.) . . . Berlin, Buchdr. v. G. Schade, *1891;* 34 S., 1 Bl. 8°

Berlin, Med. Fak., Inaug.-Diss. v. 7. März 1891

Rethfeld, A., Prov. Posen, s.: Landes- u. Provinzialgeschichte. 4.

— die Rheinprovinz, s.: Landes- u. Provinzialgeschichte. 11.

Rethfeld, A.: Ueber den Ursprung des zweiten, dritten und vierten Teiles der sogenannten Fuldischen Annalen v. J. 838—887. . . . Halle a. S., Druck v. Carl Colbatzky, 1886; 54 S. 8°.

Halle, Phil. Fak., Inaug.-Diss. v. [21. Apr.] 1886.

Rethfeld, A., über den Ursprung des zweiten, dritten und vierten Teiles der sogenannten Fuldischen Annalen v. J. 838—887. Diss. Halle 1886, Lippertsche Buchh. 8°. 54 S.

**Rothfeld,** Alwin, Referendar in Magdeburg: Stand und Beruf im Bürgerlichen Gesetzbuch. Borna-Leipzig 1908: R. Noske. (82 S.) 8° [Ʒ.]
Leipzig, Jur. Fak., Diss. v. 15. April 1908
(Geb. 13. Juni 81 Cabelitz; Wohnort: Magdeburg; Staatsangeh.: Preußen; Vorbildung: Gymn. Stendal Reife O. 02; Studium: Heidelberg 1, Berlin 1, Halle 4 S.; Rig. 6. Juli 05.)

**Rothfeld,** [August], Dr.: De Euripidis Iphigeniae Tauricae versibus 392—466. Stolp i. Pomm. 1904: W. Delmanzosche Buchdr. (33 S.) 8°
Stolp, st. G, R, VS P 1904 (176)

Réthi, Leopold

**Réthi,** L., d. Blutgn. d. oberen Luftwege in ihren allgem. u. besond. Beziehgn., s.: Sammlung zwangloser Abhandlgn. aus d. Gebiete der Nasen-, Ohren-, Mund- u. Halskrankheiten.

**Réthi,** L., Diagnostik u. Therapie der Kehlkopfkrankheiten. Ein Grundriss für Studirende u. Ärzte. gr. 8. (VII, 88 S. m. 30 Holzschn.) Wien 891. Deuticke. n. 2. 50

**Réthi, (Leopold), die laryngealen Erscheinungen bei multipler Sklerose des Gehirns u. Rückenmarks.** (III, 148 S.) gr. 8. Wien 907. J. Šafář. 4. 80

**Réthi,** L., die Krankheiten des Kehlkopfes. Ein kurzgefasstes Lehrbuch f. prakt. Ärzte u. Studirende. 2. neubearb. u. verm. Aufl. gr. 8. (VIII, 152 S. m. 84 Holzschn.) Wien 901. F Deuticke. n. 3. 50

**Réthi,** L., die Krankheiten der Nase, ihrer Nebenhöhlen u. d. Rachens, m. Einschluss der Rhinoskopie u. der localtherapeutischen Technik. Für Studierende u. Ärzte. gr. 8. (X, 352 S. m. 35 Abbildgn.) Wien 892. A. Hölder. n. 8. —

— die Laryngitis haemorrhagica. gr. 8. (24 S.) Wien 889. Braumüller. n. — 80

— [illegible] Wissen[illegible] in Wien [illegible] 3 Taf. S. 121. [illegible]
Separatabdruck

**Réthi, Dr. L.,** Motilitäts-Neurosen des weichen Gaumens. Eine klinische Studie. (Gr.-8. (47 S.) Wien: Hölder 1893. —.80

— die Nervenwurzeln der Rachen- u. Gaumenmuskeln. [Aus: „Sitzungsber. d. k. Akad. d. Wiss."] Lex.-8. (40 S. m. 2 Textfig.) Wien 892. (F. Tempsky.) n. — 80

Réthi, L., Die sekretorischen Nervenzentren des weichen Gaumens. [Aus: Sitzungsber. d. k. Akad. d. Wiss., mathem.-naturw. Klasse.] Gr.-8°. (7 S. mit 1 Tafel.) † K —.40
Wien: Gerold 1904.

**Réthi,** L., die sekretorischen Nervenzentren des weichen Gaumens. (7 S. m. 1 Taf.) gr. 8. Wien 904. (A. Hölder.) n. — 40

— über Pachydermia laryngis. [Aus: „Wiener klin. Wochenschr."] gr. 8. (7 S. m. 2 Fig.) Wien 889. Hölder. n. — 40

— die polypoide Rhinitis u. ihre Behandlung, nebst e. Berichte üb. 200 Amputationen der hinteren Muschelenden. gr. 8. (III, 63 S. m. 5 Abbildgn.) Wien 894. F. Deuticke. n. 2. —

— Das Rindenfeld, die subcorticalen Bahnen und das Koordinationszentrum des Kauens und Schluckens. (Mit 13 Textfiguren.) S. 102. Ill. [illegible]
Separatabdruck

— das Rindenfeld, die subcorticalen Bahnen u. das Coordinationscentrum des Kauens u. Schluckens. [Aus: „Sitzungsber. d. k. Akad. d. Wiss."] Lex.-8. (19 S. m. 13 Fig.) Wien 893. (F. Tempsky.) n. — 60

Réthi Leopold, Dr.: Der Schlingakt und seine Beziehungen zum Kehlkopfe (mit 22 Textfiguren). S. 100. Ill. [illegible]
Separatabdruck

* — Der Schlingact u. seine Beziehungen zum Kehlkopfe. Lex.-8. (44 S. m. 22 Fig.) Wien 891, (Tempsky). * 1 10
Die mit * bezeichneten Schriften sind aus: Sitzungsber. d. k. Akad. d. Wiss., besonders abgedruckt.

— die Stimmbandspannung, experiment. geprüft. [Aus: „Sitzungsber. d. k. Akad. d. Wiss."] gr. 8. (9 S. m. 2 Fig.) Wien 897. (C. Gerold's Sohn.) n. — 30

Réthi, L., Untersuchungen über die Drüsen des weichen Gaumens und das Sekret derselben. [Aus: Sitzungsber. d. k. Akad. d. Wiss., mathem.-naturw. Klasse. Bd. CXIV.] Gr.-8°. (11 S.) †
Wien: Hölder 1906.

— Experimentelle Untersuchungen über die centripetale Leitung des N. laryngeus inferior. Mit 1 Taf. und 6 Textfiguren. S. 167. Ill. [illegible]
Separatabdruck

**Rethi, Dr. L.,** Experimentelle Untersuchungen über die centripetale Leitung des N. laryngeus inferior. Mit einer Tafel und 6 Text-Figuren. Gr.-8. (18 S.) Wien: Gerold 1898. —.30

— experimentelle Untersuchungen über die Luftströmung in der normalen Nase, sowie bei pathologischen Veränderungen derselben u. des Nasenrachenraumes. gr. 8. (20 S.) Wien 900. (C. Gerold's Sohn.) n. — 40
Sonderabdruck aus: „Sitzungsber. d. k. Akad. d. Wiss."

— Experimentelle Untersuchungen [illegible] Mechanismus der Stimmbänder bei der Falsettstimme [illegible] S. 126. Ill. [illegible]
Separatabdruck

— experiment. Untersuchgn. über d. Schwingungstypus u. den Mechanismus d. Stimmbänder bei der Falsettstimme. [Aus: „Sitzungsber. der k. Akad. der Wiss."] gr. 8. (16 S. m. 1 Taf.) Ebd. 896. n. — 70

**Réthi, Dr. L.,** Experimentelle Untersuchungen über den Schwingungstypus und den Mechanismus der Stimmbänder bei der Falsettstimme. Mit einer Tafel. Gr.-8 (16 S.) —.35
Wien: Gerold 1896.

Untersuchungen über die Innervation der Gaumendrüsen. Mit 1 Textfigur. S. 112. Ill. [illegible]
Separatabdruck

— Untersuchungen üb. die Innervation der Gaumendrüsen. (20 S. m. 1 Fig.) gr. 8. Ebd. 903. n. — 60
3 Sonderabdrucke aus: „Sitzungsber. d. k. Akad. d. Wiss."

— Untersuchungen [illegible] verschiedenen Gesangsregistern. S. 107. Ill. [illegible]
Separatabdruck

— Untersuchgn. üb. d. Schwingungsform d. Stimmbänder b. verschied. Gesangsregistern. [Aus: „Sitzungsber. d. k. Akad. d. Wiss."] gr. 8. (5 S.) Ebd. 897. n. — 20

Rethi, Dr. L., Untersuchungen über die Schwingungsform der Stimmbänder bei den verschiedenen Gesang - Registern. Gr. - 8. (5 S.) Wien: Gerold 1897. --.10

— Untersuchungen über die Stimme der Vögel (mit 2 Textfiguren). S. 117. III. 98 „ Separatabdruck

— Untersuchungen üb. die Stimmen der Vögel. (17 S. m. 2 Fig.) gr. 8. Wien 908. A. Hölder. — 60
Sonderabdruck aus: „Sitzungsber. d. k. Akad. d. Wiss."

Réthi, L., d. Verbildgn. d. Nasenscheidewand in ihren örtl. u. allgem. Beziehgn., s.a. Sammlung zwangloser Abhandlgn. aus d. Gebiete d. Nasen-, Ohren-, Mund- u. Hals-Krankheiten.

Die Verbildungen der Nasenscheidewand in ihren örtlichen und allgemeinen Beziehungen v. Privatdoc. Dr. L[eopold] Réthi in Wien ... *Halle a. S.: K. Marhold 1896.* (44 S.) 8.
= Sammlung zwangl. Abhandlungen a. d. Gebiete d. Nasen-, Ohren-, Mund- u. Hals-Krankhtn. Bd 1. H. 9. [90. 3641]

— Der periphere Verlauf der motorischen Rachen- und Gaumennerven (mit 1 Taf.). S. 102. III. 201 Separatabdruck

Réthi, L., der periphere Verlauf der motorischen Rachen- u. Gaumennerven. [Aus: „Sitzungsber. d. k. Akad. d. Wiss."] Lex.-8. (16 S. m. 1 farb. Taf.) Wien 893. (F. Tempsky.) n. 1.—

Rething, M., die Tochter des Malers. Erzählung. 8. (420 S.) Gotha 886, F. A. Perthes. *

Réthly, Ant., s.: Bericht üb. die Tätigkeit der kgl. ung. Reichsanstalt f. Meteorologie.

— s.a. Erdbeben, die, in Ungarn.

Az 1900, 1901., és 1902. évi Magyarországi földrengések. Feldolgozta Réthly Antal. Die Erdbeben in Ungarn in den Jahren 1900, 1901 und 1902. Bearb. von Anton Rethly ... Offizielle Publ. d. K. ung. Reichsanst. f. Meteorologie u. Erdmagnetismus. Budapest: Toldi in Comm. 1909. 91, XL S. 8° [09. 11460]

Réthly, A., Die Erdbeben in Ungarn im Jahre 1903, 1904, 1905. Gr.-8°. (43, 59, 28 S.) Budapest: Toldi 1906. à K 1.—

Réthly, A., Die Erdbeben in Ungarn im Jahre 1906. Gr.-8°. (143, XCVI S.) Budapest: Toldi 1907. K 4.—

Réthly, A., Die Erdbeben in Ungarn im Jahre 1907. Gr.-8°. (36, XXXV S.) † Budapest: Toldi 1908. K 1.50

Rethmeyer, Phil. Jul., Braunsch. Kirchenhist. 5 Thle. 4. Braunschw. Schröder. 707-15.

Rethmeyer, Phil. Ludw., Braunschw.-Lüneb. Chronik, od. hist. Beschr. d. Herzöge zu Braunschw. u. Lüneb. 3 Thle. m. K. Fol. Lüneb. (Helwing, Hann.) 722.

Reths, J. G., Samml. geistl. Reden u. Gedichte. 8. Bresl. 759. (J. F. Korn). .

Rethwisch, Carl, s. Rethwisch, Karl

Rethwisch, Conrad, s. Rethwisch, Konrad

Rethwisch, E. Beiträge zur mineralogischen und chemischen Kenntniss des Rothgültigerzes. Stuttgart. 1885.

Rethwisch, Ernst, über den Anfangspunkt der Strafbarkeit. Inaugural-Dissertation. gr. 8. (18 S.) Jena 879, (Neuenhahn.)

Rethwisch, Ernst, Ariadne. Trauerspiel in 5 Akten. 8. (III, 68 S.) Dresden 892. E. Pierson. n. 1. 50

Rethwisch, Ernst, Aufsätze u. Tagesschriften. gr. 8. (III, 319 S.) Leipzig (899). A. Strauch. n. 5. —; geb. n. 6. —

Ballade von Ridder Niels Sörensen og sein Sohn Sören Nielsen [v. Ernst Rethwisch?]. Kalligraphische Niederschrift. o. O. u. J. [1864?] 4 Bl. 8°.

Rethwisch, Ernst, der Begriff der Definition und seine Bedeutung für die monistische Entwicklungslehre. gr. 8. (VI, 54 S.) [Berlin 880.] Leipzig, Grieben's Verlag. *

—— Begünstigung. Strafrechtliche Studie. gr. 8. (62 S.) Berlin. 881. *

Rethwisch, E., die Bewegung im Weltraum. Kritik der Schwerkraft u. Analyse der Axendrehung. gr. 8. (III, 147 S.) Berlin 887. Schneider & Co. n. 4. 50

Rethwisch, Ernst, d. Bewegung im Weltraum. Kritik d. Gravitation u. Analyse d. Axendrehg. 2., ergänzte Aufl. gr. 8. (IV, 179 S.) Berlin 896. F. Schneider & Co. n.n. 4. 50

Rethwisch, Ernst: Die Bewegung im Weltraum. Kritik d. Gravitation u. Analyse d. Axendrehung von –. 3. erw. Aufl. Berlin: Schneider 1899. IV, 172 S. 8°

— Bismarck u. unsere politische Unreife. gr. 8. (24 S.) Freiburg i/Br. 882. Kiepert & v. Bolschwing. n. — 50

—— Kaiser Friedrich. Gedicht. Lex.-8. (3 S.) Berlin 888, Schneider und Comp.

Rethwisch, Ernst, Sammel Sören Sörensen. Gedichte. Hamburg 865. (Scharbius.) gr. 8. (40 S.) 7½ ngr.

Rethwisch, Ernst, Gedichte. (VII, 320 S.) 8. Berlin 905. F. Schneider & Co. n. 3. —

—— Geisterkranz. Gedichte an berühmte Deutsche der Zeit. gr. 16. (VII, 48 S.) Bremen 879, [Kühtmann und Comp.] Fischer. *

Höhere Gerechtigkeit. Drama in 5 Akten von Ernst Rethwisch. Berlin: F. Schneider & Co. 1902. (75 S.) 8° [02. 13745]

— der dankbare Gläubiger. Lustspiel in 4 Akten. 8. (III, 94 S.) Norden 889. Fischer Nachf. n. 2. —

— Heldra. Altnordische Erzählg. 8. (115 S.) Berlin 900. F. Schneider & Co. n. 2. —

— Deutschlands Ideal. Festgruß zu Kaisers Geburtstag. 4. (3 S.) Berlin 889. Schneider & Co. — 25

Rethwisch, Ernst, die Inschrift v. Killeen Cormac u. der Ursprung der Sprache. 8. (38 S.) Norden 886. Fischer Nachf. n. 1. 20

— der Irrthum der Gravitationshypothese. Kritik u. Reformthesen. gr. 8. (V, 80 S.) Freiburg i/Br. 882. Kiepert & v. Bolschwing. n. 2. —

— der Irrthum der Schwerkrafthypothese. Kritik u. Reformtheson. 2. Aufl. 8. (VII, 110 S.) Froiburg i/Br. 884. Kiepert. n. 2. —

— Jugendlieder. gr. 16. (VIII, 208 S.) Norden 879. Fischer Nachf. n. 4. —

— Jugendlieder. 2. Aufl. 8. (VIII, 186 S.) Norden 886. Fischer Nachf. n. 3. —

Rethwisch, Ernst. Letzte Jugendlieder. 2. verm. Aufl. 8. (IV, 79 S.) Norden 889, Fischer Nachf. * 1 20

— an den Kaiser. — An Bismarck. Zwei Gedichte. 1. u. 2. Aufl. 8. (7 S.) Norden 891. H. Fischer Nachf. n. — 40

—— seine Kinder. Trauerspiel in 5 Akten. 8. (VI, 85 S.) Norden 888, Fischer Nachf. *

Rethwisch, Ernst, Culturfragen, besprochen. 1.—4. Heft. gr. 8. Berlin 888, Wilhelmi. à Heft * 75 Pf. *

Inhalt:
Heft 1. Das Königthum der Gegenwart. (29 S.)
„ 2. Die Versöhnung mit Frankreich. (31 S.)
„ 3. Richard Wagner. (32 S.)
„ 4. Kaiser Friedrich und Bismarck. (31 S.)

— das Ministerium Lasker-Richter oder die Orgien des Pseudoliberalismus. Eine Haupt- u. Staatsaction. Lex.-8. (23 S.) Ebend. 879. n. — 60

—— Papst Leo XIII. Schauspiel in 5 Acten. 2. umgestalt. Aufl. 8. (III, 86 S.) Ebendas. 887. *

— Lichtbilder. Gedichte an deutsche Zeitgenossen. 2. Aufl. 8. (VII, 47 S.) Ebend. 886. n. 1. 20

Rethwisch, Ernst, Lieder. 8. (V, 264 S.) Berlin 895. R. Taendler. Geb. in Leinw. n. 3. —

— Bischof Lothar. Trauerspiel in 5 Akten. 8. (III, 100 S.) Ebd. 889. n. 2. —

Rethwisch, Ernst, die Löve ihm ist böd. Couplet aus: den tappern Sören Sörensen. Hamburg 864. Schardius. 8. (8 S.) n. 2 ngr.

— die Mozartpriesterin u. andere Novellen. 8. (IV, 314 S.) 899. Berlin: Schneider n. 3. —

—— Novellenkleeblatt. [Die Mozartpriesterin. Junge Kämpfe. Das Mädchen von St. Goarshausen.] 8. (147 S.) Leipzig 878, [Schloemp.] L. Senf.

—— Novellenkleeblatt. [Die Mozartpriesterin. — Junge Kämpfe. — Das Mädchen von St. Goarshausen.] 2. (Titel-) Ausg. 8. (V, 147 S.) [Leipzig 881, Gebr. Senf.] Berlin, Neufeld. *

—— Ostseenovellen. [Morgenroth. — Das Fischerkind. — Corswand.] 12. (94 S.) [Bremen 880, Kühtmann und Comp.] Norden, Fischer Nachf. *

—— Ostsee-Novellen. [Morgenroth. Das Fischerkind. Corswand.] 2. (Titel-)Aufl. 12. (94 S.) Ebendas. 885. *

—— an die nationalliberale Partei. Eine Warnung in zwölfter Stunde. Lex.-8. (7 S.) Bremen 879, [Kühtmann und Comp.] Fischer. *

—— Programm einer Nationalpartei. 1879. gr. 8. (23 S.) Ebendas. 879. *

—— über die Quantität der Urtheile. Inaugural-Dissertation. gr. 8. (23 S.) Jena 878, (Neuenhahn.)

Rethwisch, Ernst, plattdeutsche Redensarten. Couplet aus der Posse: den tappern Sören Sörensen. (Den Bühnen gegenüber als Mscr. gedruckt.) gr. 8. (4 S.) Hamburg 864, [Schardius.] *

— der letzte Republikaner. Roman. 8. (317 S.) Ebd. 888. n. 5. —

Rurik oder die Gründung Rußlands. Schauspiel in 5 Akten von Ernst Rethwisch. Berlin: F. Schneider & Co. 1901. (158 S.) 8° [J.]

— Sängerfahrten. 8. (64 S.) Freiburg i/Br. 882. Kiepert. n. 2. —; geb. n. 3. —

—— Sängerfahrten. 2. Aufl. 8. (VII, 89 S.) Ebendas. 886. *

—— Schattenbilder. 8. (III, 183 S.) Ebendas. 886.

—— Schauspiele. [Die Reichstagswahl. Rulinde. Papst Leo XIII. Bertha (Oper).] 12. (VIII, 146 S.) Bremen 879, [Kühtmann und Comp.] Fischer. *

— Schwarzwaldzauber u. anderes. Mit Bildern von Arno Grimm. (84 S.) 8. Leipzig (905). A. Strauch. n. 1.—

—— der Stein der Weisen. Roman. 8. (390 S.) Ebendas. 886. *

—— zwei nationale Studien. Das Gericht der Nation über die Fortschrittspartei. Die Schädigung der kathol. Religion durch die Centrumspartei. gr. 8. (36 S.) Berlin 885, Wilhelmi. *

—— Sünden und Zukunft der nationalliberalen Partei. gr. 8. (20 S.) Berlin 884, Wilhelmi. *

— der Urgeist. Eine Dichtg. 8. (54 S.) Dresden 892. E. Pierson. n. 1. —

—— vom Grafen zum Kellner. Lustspiel in 4 Acten. 8. (III, 45 S.) Norden 886, Fischer Nachf. *

Rethwisch, Ernst, üb. den Werth der Ehrenstrafen. Juristischer Essay. gr. 8. (28 S.) Berlin 876. Puttkammer & Mühlbrecht. n. — 60

—— das Wesen der bildenden Kunst. gr. 8. (64 S.) Berlin 877, C. Duncker.

RETHWISCH, H. P. E., Versuch in Ernst und Laune. Plöen. 1838. (Det er kun 1. H., der udkom desuden samme Aar. 1. Bd. 2 H. og 2. Bd. 1. H.).

Rethwisch, Johannes

Rethwisch, J., die Deutschen im Auslande. Beiträge zur Kolonial- u. Auswanderungs-Politik. 1. u. 2. Aufl. 8. (192 S.) Berlin 889. Siegismund. n. 2. 50

Rethwisch, Karl

Knospen. Gedichte v. Carl Rethwisch. Preetz. 1861. 8°.

Rethwisch, Konrad

Rethwisch, C[onrad]: [Ansprache bei der Schillerfeier.] S. 17—18. 4.
**Progr.** Kgl. Kaiserin Augusta-Gymn. *Charlottenburg* 1906 (77).

**Rethwisch,** Conrad: *Bericht über seine Einführung als Direktor der Anstalt.* Frankfurt a. O., kgl. Hofbuchdr. Trowitzsch & Sohn, 1895; XXXVIII—XXXIX S. 4.
Frankfurt a. d. O., k. Friedrichs-G, OP 1895 (74)

**Rethwisch,** Conr., die Berufung des deutschen Ordens gegen die Preussen. Berlin 868. Loewenstein. gr. 8. (67 S.) n. 10 *ngr*

— u. E. **Schmiele,** Geschichtstabellen f. höhere Schulen. gr. 8. (107 S.) Berlin 883. Gaertner. n. — 80

— — Geschichtstabellen f. Seminare, höhere Mädchen- u. Mittelschulen. gr. 8. (III, 108 S.) Ebend. 884. n. — 80

— u. E. **Schmiele,** Geschichtstafeln f. höhere Schulen. 2., neu bearb. Aufl. der Geschichtstabellen. gr. 8. (IV, 125 S. m. 1 Tab.) Berlin 890. Gaertner. geb. n. 1. 50

— u. Emil **Schmiele,** Geschichtstafeln f. höhere Schulen. 3. Aufl. gr. 8. (IV, 126 S. m. 2 Tab.) Ebd. 894. n. 1. 20; geb. in Leinw. n.n. 1. 50

— u. Emil **Schmiele,** Geschichtstafeln f. höhere Schulen. 4. Aufl. gr. 8. (III, 128 S. m 1 Tab.) Ebd. 900. n. 1. 20; geb. in Leinw. n.n. 1. 50

**Rethwisch,** Conr., u. Emil **Schmiele,** Geschichtstafeln f. höh. Schulen. 5. Aufl. (III, 128 S. m. 1 Tab.) gr. 8. Berlin 906. Weidmann. Geb. n. 1. 80

**Rethwisch,** Conr., s.: Jahresberichte üb. d. höh. Schulwesen.

**Rethwisch,** *Conrad:* Jubelfeier des 200jährigen Bestehens der Schule. Frankfurt a. O., kgl. Hofbuchdr. Trowitzsch & Sohn, 1895; XXIII—XXXVII S. 4.
Frankfurt a. d. O., k. Friedrichs-G, OP 1895 (74)

— **R. Lehmann, G. Bäumer, die höheren Lehranstalten u. das Mädchenschulwesen im Deutschen Reich, s.: Unterrichtswesen, das, im Deutschen Reich. 11.**

**Rethwisch, C[onrad]**: Leopold von Ranke als Oberlehrer in Frankfurt a. O. Berlin: Weidmann 1908. 53 S. 8°
Charlottenburg, k. Kaiserin-Augusta-G OP 1908 (70) [S 08. 374

— die Schulfrage in ihrer Wendung durch die Kaiserworte u. die Dezemberkonferenz. Aus: „Jahresberichte üb. d. höh. Schulwesen".] gr. 8. (28 S.) Berlin 891. R. Gaertner. n. — 60

**Rethwisch,** Conr., Deutschlands höheres Schulwesen im 19. Jahrh. Geschichtlicher Überblick im Auftrage d. königl. preuss. Ministeriums der geistl., Unterrichts- u. Medizinal-Angelegenheiten. Mit amtl. Nachweisgn. üb. den Besuch der höheren Lehranstalten d. Deutschen Reiches. gr. 8. (VIII, 206 u. 53 S.) Berlin 893. R. Gaertner. n. 4. —; geb. n.n. 5. —

Rethwisch, Karl, s. Sprak, Plattdütsch un Art.

**Rethwisch,** C[onrad], Dir.: Der bleibende Wert des Laokoon. *Berlin: R. Gaertner 1899.* (27 S.) 4°
Frankfurt a. d. O., k. Friedrichs-G, OP 1899 (72)

— der bleibende Wert des Laokoon. gr. 4. (27 S.) Berlin 899. [R. Gaertner.] Weidmann. n. 1. 20

Rethwisch, C[onrad] : Der bleibende Wert des Laokoon. Von Prof. Dr. C[onrad] Rethwisch, Dir. 2. Aufl. Berlin: Weidmann 1907. (44 S.) 8°

Rethwisch, C.: Westpreussens Wiederaufleben unter Friedrich dem Grossen. 23 S. – Berlin, Wilh. G., Progr. 1872.

**Rethwisch,** Conr., Westpreussens Wiederaufleben unter Friedrich dem Grossen. gr. 4. (23 S.) Berlin 872. Weber. n. 1. —

**Rethwisch,** Conr., der Staatsminister Frhr. v. Zedlitz und Preußens höheres Schulwesen im Zeitalter Friedrichs des Großen. gr. 8. (VII, 218 S.) Berlin 881, Oppenheim. *

**Rethwisch,** Conr., der Staatsminister Frhr. v. Zedlitz u. Preußens höheres Schulwesen im Zeitalter Friedrich d. Großen. 2., durch einige auf Fragen der Gegenwart bezügl. Aktenstücke u. Anmerkgn. verm. Ausg. gr. 8. (VII, 234 S.) Berlin 886. Oppenheim. n. 3. —

Rethwisch, C. Der Staatsminister Frhr. von Zedlitz. 2. Ausg. gr. 8. Berl. 886. Straßb., Trübner, Verlag. * 3 —

Gustav Frenssen der Dichter des „Jörn Uhl". Biographisches und Litterarisches v. Theodor Rethwisch. Mit Bildnis, Facsimile und 2 Abb. 2. Aufl. Berlin. 1902. 8°.

*Réthy,* Andr., lingua universalis communi omnium nationum usui. gr. 8. Wien 821. Strauss. (Beck). 1 ℛ Schrbp. 1 ℛ 8 𝒢 Velinp. 1 ℛ 16 𝒢

**Réthy, Maurit., s.: Bolyai de Bolya, Ios., appendix.**

Réti, Adolf. Über kongenitale Pylorusstenose im Säuglingsalter (durch umschriebene Hypertrophie der Muscularis und Mucosa des Pylorus und folgender Magenerweiterung). Diss. Med. Univ. Zürich, *Kopftitel:* Aus dem Kinderspitale Zürich. 50 S. 8. Zürich, Fritz Amberger, 1904.

**Réti, Filip, Weltanschauung e. Freidenkers, s.: Volksschriften zur Umwälzung der Geister. 41. Hft.**

**Réti,** S., sexuelle Gebrechen, deren Verhütg. u. Heilg. Vom Standpunkte d. prakt. Arztes beleuchtet. gr. 8. (III. 131 S.) Wien 895. M. Merlin. n. 2. —

**Réti,** S., sexuelle Gebrechen, deren Verhütung u. Heilung. Für Aerzte u. Laien. Vom Standpunkte des prakt. Arztes beleuchtet. 2. verm. Aufl. (148 S.) gr. 8. Halle 904. C. Marhold. n. 2. —

Ⓑ **Réti,** S., sexuelle Gebrechen. 904. (KBL 34.) **Jetzt: Leipzig,** R. Mojo.

Rétif de la Bretonne, Nicolas Edme,
s.a. Bretonne, Nicolas Edme Rétif de la

**Rétif (= Restif) de la Bretonne,** Nic. Edm.
(geb. 1734 zu Sacy, † 3. Febr. 1806).
Sämmtlich Seltenheiten!

**Rétif de la Bretonne, l'An deux-mille, s.a. Bibliotheca romanica 9. Heft.**

(Nicolas [Edmonde]) Restif [**Rétif**] de la Bretonne. L'an deux-mille. 1790. (Strasbourg: J. H. E. Heitz [1905].) (56 S.) 8°
— **Bibliotheca** romanica. 9. [06. 13359 2

**CORDAY,** Charlotte, die Tyrannenmörderin, frei übertragen von Arthur Schurig. Mit e. Bildnis der Charlotte Corday nach e. franz. Stich aus d. J. 1793. Siena, Jul. Eichenberg. 1906. 8°. 32 S. m. 1 Tafel. (Mk. 0,50 br.)
Dühren no. 78.

**EMIL,** Der neue, oder von der Erziehung nach bewährten Grundsätzen. 2 Thle. Erlangen, Heyder, 1775. 8°.
Orig.: Dühren no. 15.

* **ERZÄHLUNGEN,** Neue prosaische, und Schauspiele von wahren und rührenden Inhalt. Aus dem Französischen des Herrn *Rétif de la Bretonne.* Ein Nachtrag zu den Zeitgenossinnen. 2 Bde. Berlin, bey Christian Friedrich Voss und Sohn, 1786. 8°. Rar! (1½ Rthl.) (In Berlin: Xy 5076.)
(Vollständige oder theilweise?) Uebersetzung von Dühren no. 27—27 a.

**FLUCH,** Der väterliche. Ein gesammelter ächter Briefwechsel eines verfluchten Sohnes u. s. w. Aus dem Französischen. 3 Thle. Leipzig, Gleditsch, 1780. 8°.
Dühren no. 65.
Orig.: Dühren no. 22.

— — Dasselbe, tit.: Der väterliche Fluch. Briefwechsel eines verfluchten Sohnes, aus seinen Papieren herausgegeben von T. Joly. Aus dem Französischen. 3 Thle. 8°. Leipzig, Brockhaus (??), 1780.
Dühren no. 65 a.

**FRAUENZIMMER,** Das, im dreyfachen Stande, als Tochter, Frau u. Mutter. Eine wahre moralisch-komische Geschichte. Aus d. Französ. (von Chrn. Aug. Wichmann, geb. 1735, † 1807). 3 Thle. Mit Kpfrn. Breslau u. Leipzig, 1782, bey Joh. Fr. Korn, d. ältern. 8°. (3 Rthl.) (1 Rthl. Scheible, c. 1870; jetzt theurer!)
Magaz. d. Buch- u. Kunst-Handels. Jahrg. 1782. (Lpz.) S. 524.
Orig.: Dühren no. 10—10 b.

**FANCHETTENS** Fuss, Oder die Französische Wayse. Eine moralische Geschichte in drey Theilen. Aus dem Französischen (von Joh. Andreas Engelbrecht?). (Vignette.) Hamburg und Lüneburg bey Gotthilf Christian Berth. 1770. 8°. (15 Mk., Hldr. d. Zeit, Gust. Fock, Lpz., 1910; 18 Kr., Titel beschäd., Josef Grünfeld, Wien, 1910.)
Ziemlich freier Roman in sehr seltener Uebersetzung. Titel u. 386 S. — Steht auch in d. Hamb. Landbibl.
Orig.: Dühren no. 3—3 f.

— — Dasselbe. Neue Auflage. Ebd. 1777. 8°. 386 S. (In Stuttgart.) (1 Mk. 50 Pfg., Frzbd., Kirchhoff & Wigand, Lpz., 1892; jetzt theurer!)

— — Dasselbe. 3 Thle. Ebd. 1828. 8°. (2 Rthl. Scheible, 1873; jetzt theurer!)

* **GEMÄHLDE** der Feinern Welt, Oder Caracteristische Züge, geheime, politische, moralische und litterarische Anecdoten, gesammelt in dem Zirkel der gesitteten Stænde in den Jahren 1786 und 1787. (Aus d. Französ. des *Rétif de la Bretonne.*) Mit Kupfern, gezeichnet und gestochen von Herrn Moreau dem jüngern, königlichen Kupferstecher, und andern berühmten Meistern. 2 Bde. Paris 1787. (Mainz, Kupferberg.) 8°. (In Berlin: Yw 2501; Bd. 2 fehlt.) Rar!
Lat. Lett. Nur Bd. I. (3 Bll., 214 S., 7 Kupfer) lag vor: Die Mussestunde. Die Caffeezeit der Marquise D***. Die Tuilerie. (sic!) Die Oper. Die Garküche. Fontainebleau. Die Jagd. Der Ball. Das Caffeehaus im kleinen Keller. Versailles. Das Gasthaus. Der Besuch des Arztes. Das Abendessen bei der Marquise D***. Die Gesellschaft.
Orig.: Tableaux de la Bonne Compagne, ou traits caractéristiques, anecdotes secrètes, etc., accompagnées de planches en taille-douce, dessinées et gravées par M. Moreau le jeune, graveur du cabinet du Roi, et d'autres célèbres artistes. (16 figg., réduction des estampes de Moreau et Freudenberg, gravées par Camelique ou non signées.) 2 vols. Paris, 1787. in-18°.

* **GEMÄHLDE,** der feinern Welt, oder caracteristische Züge, geheime, politische, moralische u. litterarische Anecdoten, gesammelt in dem Zirkel der gesitteten Stænde in den Jahren 1786 u. 1787. 2 Bde. Mit (7+9) Kpfrn., gez. u. gestoch. von Herrn Moreau d. jüng., königlichen Kupferstecher, u. andern berühmten Meistern. Paris (Mainz, Kupferberg) 1787. 12°. (Bd. 1 in Berlin.) (Cplt. 25 Mk., Hfrz., Scheible, 1895.)
I: Tit. in Einf., 2 Bll. Vorr., 214 S. Die 7 Kpfrn. stellen dar: 1. La leçon de musique. (Die Musik-Stunde.) 2. Les Tuileries. 3. L'Opéra. 4. Fontainebleau. 5. Le bal. 6. Versailles. 7. La visite de médecin. — Aufsätze ohne Kpfrn.: 1. Die Caffeezeit der Marquise D***. 2. Die Garküche. 3. Das Caffeehaus im kleinen Keller. 4. Das Gasthaus. 5. Das Abendessen bei der Marquise D***. 6. Die Gesellschaft.
II: 192 S. (incl. Tit. in Einf.). Die 9 Kpfrn. stellen dar: 1. Les précautions. (Die Besorglichkeiten.) 2. Le Comité. (Die kleine Tafel.) 3. La lingerie. (Die Leinwandhändlerin.) 4. C'est un fils, Monsieur! (Es ist ein Sohn!) 5. Le coin de la cheminée. (Das Kamin-Feuer.) 6. Les petits parains. (Die kleine Gevatterschafft.) 7. Les confidences. (Die Vertraulichkeiten.) 8. Le printemps. (Der Frühling.) 9. Les vrais plaisirs. (Die wahren Freuden.)
Artikel ohne Kpfr.: 1. Anecdoten. 2. Die Geschichte d. Tages. 3. Die Ecke d. Schornsteins. 4. Der Congres (!) der Notablen. 5. Die Träume. 6. Die Mißvergnuegten. 6. Das Junggesellen-Leben.
Orig. (anon.): Tableaux de la bonne compagnie, ou traits caractéristiques, anecdotes secrètes, politiques, morales et littéraires, recueillies dans les sociétés du bon ton, pendant les années 1786 et 1787, accompagnés de (16 charmantes) planches en taille-douce dessinées et gravées par M. Moreau le jeune, graveur du cabinet du Roi. et d'autres célèbres artistes. 2 pts. Paris (Neuwied) 1787. 12°. (Cohen 60 à 70 fr.; Cat. Fontaine 200 fr.; 100 Mk., br., n. r., Scheible 1877; à présent plus cher.) — Neuwied sur le Rhin, s. d. (1788). Avec 16 figg. d'après Moreau le jeune. (Vente E. R. Greve, Berlin, Novbre. 1908, no. 1335.)

**HEURAT,** Die zerrissene. (Aus den „Contemporaines" des *Rétif de la Bretonne.*)
In: Kleine Romane, Erzählungen und Schwänke. Aus verschiedenen Sprachen (von Wilh. Christhelf Sigm. Mylius). 6 Thle. Berlin, Himburg, 1782—89. 8°

**JOHANNE** von Ark, oder das Mädchen von Orléans. (Aus d. Französ. des Hrn. *de la Bretonne.*)
In: Scenen, Interessante, aus der Geschichte der Menschheit. (Hrsg. von G. F. Palm.) Bdchn. 3. 2te Aufl. Hannover, Ritscher, 1799. 8°. S. 1—102.

**LANDMÄDCHEN,** Das verführte, oder die Gefahren der Stadt, vom Verfasser des „verführten Bauers". Aus d. Französ. (von Fr. Wilh. Ludw. Meyer). 4 Thle. Mit 4 TKpfrn. Berlin u. Libau bey de Lagarde & Friedrich, 1786. 8°. (2⅔ Rthl.) (In Wien, Stadtbibl.: A 49134.) (125 Mk. Adolf Weigel, 1907; 65 Mk., wohlerhalt. Expl., Gust. Fock, Lpz., 1909.)
204, 235, 232, 224 SS. Von grösster Seltenheit! — Bd. III u. IV haben auf dem Titel die Angabe: „Von *Retif de la Bretone*, dem Verfasser des verführten Bauers."
Orig.: Dühren no. 14 h—14 w, 14 p—14 r, 14 t.

— — Dasselbe, übers. (von Carl Chp. Nencke). 2 (?) Thle. Gera, Rothe, 1789. 8°.
Wolff, O. L. B., Geschichte d. Romans; dort wird auch eine Ausgabe Riga 1785. (?) citirt.

**Restif de la Bretonne, N. E.**
Leben meines Vaters. A. d. Franz. Lübeck 1780. Ü: *Cramer, Carl Friedrich.* (GGr'

**LEBEN,** Das, meines Vaters. Aus dem Französ. übers. von C. F. Cramer. 2 Thle. Mit Titelvignetten. Lübeck, bey Iversen u. Comp. 1780. 8°. (15 Mk. Emil Hirsch, München, 1904; 20 Mk., Orig.-Cart., unbeschn., Max Perl, Berlin, 1906; 30 Mk. Adolf Weigel, 1906.)
I: Tit. m. Vign., 1 Bl. Vorr. u. 220 S. II: 192 S. (incl. Tit. m. Vign.).
Orig.: Dühren no. 20—20d.

* — — Dasselbe, tit.: Leben meines Vaters, vom Verf. des Neuen Abeillards (übers. v. Wilh. Christhelf Sigm. Mylius). (In 1 Bde.) Mit 4 Kpf. u. 2 (schönen Portrait-) Vignetten (Rétif's Eltern) (gestoch. von Endner). Berlin, Bey Chrn. Fr. Voss u. Sohn, 1780. $8^0$. 342 S. u. 3 Bll. (In Berlin: Yy 5020.) (10 Mk. 50 Pfg. Scheible, c. 1888; 15 Mk., die Vignetten sauber herausgeschn., F. Waldau, Fürstenwalde, 1907; 25 Mk., Tit. gestemp., gutes Expl., Adolf Weigel, 1910.)

Cohen (30 frcs.): Les gravures de cette édition allemande sont supérieures à celles de l'édition française.

Restif de la Bretonne. Die Liebe m. 45 Jahren, s. a. Sammlung Fried.

**LIEBE**, Die, mit 45 Jahren! Intime Memoiren. Deutsch von L. v. Leiferde (Seiferde?). Berlin o. J. $8^0$. 128 S. (2 Mk. Taussig, Prag, 1904; 2 Mk. 80 Pfg. Ottmar Schönhuth, München, 1906.)

Orig.: Dühren no. 43c.

— — Dasselbe. 2. Auflage. Ebd., o. J. $8^0$. (1 Mk. Jürgensen & Becker, Hamburg, 1898.)

— — Dasselbe. Budapest 1891. $8^0$. (60 xr. Révai, Leo Budapest, 1897.)

§ — — Liebschaften der Freudenmädchen im Palais-Royal. (Aus d. Französ. des *Nicolas Edme Rétif de la Bretonne.*) 2 Thle. mit 2 freien Titel-Vignetten. Paris und Strassburg (Danzig, Troschel) 1791. $8^0$. 285 u. 268 SS. (In Wien, Stadtbibl.: Secr. A 117.) Von äusserster Seltenheit, wie das folgende. (12 Mk., eleg. Sarsbd., W. H. Kühl, Berlin, 1880; jetzt viel theurer!)

— — Neue Liebschaften der Freudenmädchen im Palais-Royal. Th. 1. (einz.). Mit Titelvignette. Ebd. 1798. $8^0$. 132 S. (In Dresden nur diese Fortsetzung, sekretirt; in Wien, Stadtbibl.: Secr. A. 308.)

Weller, fing. Druckorte. — Exactes Sittengemälde von Paris zur Zeit der großen Revolution; fehlt in der Bibliogr. de l'amour.

Orig.: Le Palais-Royal (par *Restif de la Bretonne*). 3 vols. Avec figg. A Paris, au Palais-Royal dabord (sic!); puis partout; même chés Guillot libraire; 1790. $12^0$. (25 Mk., bel expl., mais sans figg., d.-veau anc., Max Perl, Berlin 1909:) Jacob XL. Chaque volume a un sous-titre particulier (I: Les Filles de l'Allée-des-Soupirs. II: Les Sunamites. III: Les converseuses). „Dans cet ouvrage, si étrange d'ailleurs, l'orthographe et la ponctuation n'ont rien d'inusité et d'extraordinaire. Restif de la Bretonne, s'est mis lui-même en scéne, sous le nom de M. Aquilin-des-Ecopettes. Ce curieux et bizarre ouvrage a été composé sur le vif; on peut dire que l'auteur a travaillé in anima vili comme l'anatomiste sur le cadavre" (Paul Lacroix). 100 fr. La Bédoyère; 122 fr. en 1864. — Le même (contrefaçon, sans figures). Ibid. 1791 pet. in-$8^0$. III. (Vendu 43 frcs., Lebert, en 1874; 24 Mk., braune, reichverzierte Kalbldrbde., Max Perl's Berliner Oct.-Auct. 1907, no. 1079.) — Londres 1792. $8^0$. III. (55 Mk. W. H. Kühl, Berlin, 1880.) — Réimpression de l'éd. orig. 3 vols. Avec 3 planches piquantes s. acier. Bruxelles, s. d. (1880). $8^0$. (Mk. 40.—) (30 Mk. Theod. Ackermann, München, vor 1885.)

**RÉTIF** de la Bretonne, Nicolas Edme. Pariser Liebschaften. Intime Memoiren. Privatdruck 1906. $8^0$. (Br. Mk. 6—; Gzlwd. 8—; Luxusausgabe [nur 100 numer. Expll. auf Büttenpap.] 20—.) Sämmtl. vergriffen! Sehr selten! (Oskar Rauthe, Berlin, Cat. 12. [1909.].)

§ **MENSCH**, Der fliegende. Ein (zahmer) Halbroman von dem Verfasser der Zeitgenossinnen. (Aus d. Französ. von W. C. S. Mylius.) Mit satyr. TKpf. Dresden und Leipzig, Breitkopf, 1784. $8^0$.

Orig.: Dühren no. 24.

Es ist eine Nachahmung von: The Life and Adventures of Peter Wilkins. Taken from his own nouth, in his passage to England from off Cape Horn, in America, in the Ship Hector. By R. S., a Passenger in the Hector *(Robert Paltock)*. 2 vols. London 1750. $8^0$. (Graesse, Trésor VI. 2. p. 452; Französ. Barbier II, 861.) Von dem engl. Orig. gibt es einen Neudruck, hrsg. von A. H. Bullen. London, Reevesant Turner, 1884. Mit d. Illustr. der 1. Ausgabe. — Hiervon erschien eine deutsche Uebersetzung: Die fliegenden Menschen, oder wunderbare Begebenheiten Peter Wilkins (aus d. Engl. übers. von Friedr. Wilh. Zachariae). Braunschweig, Schulbuchhandlung, 1767. $8^0$. (2 fr. 50 cts. Schneider, Basel, 1888; jetzt höher!)

— — Parisische Nächte (88), oder der nächtliche Zuschauer. Nach dem Französischen des Herrn *Rétif de la Bretonne* im Auszug. 3 Thle. (2 u. 3 mit Motto aus Ovid's amores auf d. Titeln.) Mit 1 Titelkpfr. Hamburg, in der Hofmannischen Buchhandlng., 1789. $8^0$. Aeusserst selten! (4 Rthl., Scheible, 1872, jetzt theurer).

I: TKpf., G. Boettger sc., Tit., 2 Bll. Inh., 400 S. II: Tit., 3 Bll. Inh., 408 S. III: Tit., 3 Bll. Inh., 248 Seiten.

Orig. Les Nuits de Paris ou le spectateur nocturne. 15 vols. Paris, chez Mérigat jeune, 1790—91. pet. in-$8^0$. (u. früher Londres 1788 ff.) Ornés de belles planches gravées par Binet (non signées). Le 15ème vol. intitulé: „Le semaine nocturne" est fort rare! (38 Rthlr. Asher, Berlin, Cat. 105.)

**NICOLAS**, Monsieur. Das enthüllte Menschenherz. Band I: Monsieur Nicolas' erste Abenteuer. Deutsch von Julius Nestler. Siena (Italien) und Berlin. Gitschinerstr. 2, Verlag von Julius Eichenberg. 1905. $8^0$. XXIII (Einleitung von Franz Blei) u. 385 Seiten. (Orig.-Lwd. Mk. 7—, br. Mk. 6—.) (In Wien, Stadtbibl.: Secr. A 6.)

Dühren no. 77: Mangelhafte Übersetzung. Enthält die Jugenderlebnisse. — Es erschien auch eine Luxusausgabe (= Liebhaberausgabe) in 100 Expll. auf Büttenpap., oben mit Goldschn., elegant in Halbprgt. gebd.

— — Bd. II—III: Madame Parangon. Frei übertragen von Arthur Schurig. Ebd. 1905. $8^0$. 375 S. (Orig.-Lwd. Mk. 14—, br. Mk. 12—.) (Ebd.)

Auch eine Luxusausgabe v. 100 Expll. auf Büttenpap. wie vorhin.

— — Bd. IV: Pariser Liebschaften. Deutsch von Peter Aretin (ps.). O. O. 1906. $8^0$. (Orig.-Lwd. Mk. 7—, br. Mk. 6—.) (Ebd.)

Auch eine Luxusausgabe v. 100 Expll. auf Büttenpap. wie oben.

— — Bd. V (noch nicht ersch.).

— — Bd. VI: Sara. Liebesbekenntnisse eines Fünfundvierzigjährigen. Frei übertragen von Arthur Schurig. Mit einem Bildnis Rétifs nach Binet-Berthet aus dem Jahre 1785.

Dühren 77b: Davon „Vorbemerkung" auf S. 7—19; dann „Sara. Liebesbekenntnisse eines Fünfundvierzigjährigen" S. 27—293; Aus Rétifs „Kalender" S. 294 [die auf Sara Debée bezügliche Stelle] und Anhänge S. 295 342 [I. Geschichte der Charlotte Corday (s. ob.) von Rétif de la Bretonne S. 295—327; aus der Année des Dames nationales". II. Bibliographie der Werke des Rétif de la Bretonne S. 329—342].

Schiller, Tieck, Wilhelm von Humboldt und Andere haben über das Werk geradezu begeisterte Urteile abgegeben!

Orig.: Dühren no. 43—43c.

**RETIRADENTAUCHER**, Der. Mit Abbildg. New-York, Datum d. Poststempels.

Verboten. — K.-G. Budweis, 14. December 1883. § 516. — Längst verschwundenes Sotadicum!

**SCHUHGESCHICHTEN** von *Restif de la Bretonne*. Übertragen von Elsa Lafière (ps.). (Aus den „Contemporaines".) Leipzig. o. J. (1906). $8^0$. 78 S. (Mk. 2—.) (1 Mk. F. Waldau, Fürstenwalde, c. 1907; 2 Mk. O. Rauthe, Berlin, 1909.)

Schuh-Fetischismus. Zeigt des Verfassers Vorliebe für Damenschuhe. — Mit künstlerischem farbigen Umschlagbild von Raphael Kirchner, Paris.

**Schuhgeschichten von [Nicolas Edmond] Restif [Rétif] de La Bretonne. Übertr. von Elsa Lafière. Leipzig: Leipziger Verl. (1906). (VIII, 78 S.) 8° [F.]** 07. 7736

**Retius, s. a. Soll ich heiraten?**

Soll ich heiraten? Phantasien e. Ehemannes von **Retius**. Halle a. S.: C. Marhold 1905. (39 S.) 8° [F.] 05. 3999

**SYSTEM,** Philosophisches, der gesammten Phisik (so!) oder: die Philosophie des Herrn Nicolas. Aus d. Französ. übers. (von Franz Joseph Anton Gerstener). 3 Thle. Glogau, Günther der jüngere, 1801—4. 8°. (12 Mk. Scheible 1886; 1—2: 12 Mk. F. Waldau, 1908.) (Im British Museum.)

Sehr rar, besonders cplt.! Anon.-Lex. III., p. 380 (nach Kayser); Dühren no. 75 hat „1802—4"

Orig.: Dühren no. 44.

**Retif, de la Bretonne, philosoph. System d. gesammten Physik, od. der Philosophie d. Hrn. Nicolas; aus d. Französ. (v. .. Gerstener). 1r—3r Thl. 8. Glogau 802—4. N. Günter'sche B. 3 ℳ**

**Restif de la Bretonne, N. E.** Philosophisches System der gesammten Physik . . . a. d. Franz. Glogau 1802—4. Ü: *Gerstner, Franz Jos. Ant.* (Ky) (BrMm)

**TOCHTER,** Die natürliche. Aus d. Französ. von Ch. A. Wichmann. Breslau 1780. 8°.

Orig.: Dühren no. 5—5c.

— — Dasselbe, tit.: Die natürliche Tochter. Eine rührende Geschichte. Hamburg, Vollmer, 1794. 8°.

**UNSCHULD,** Die, in Gefahr, oder die ungewöhnlichen Ereignisse. Aus dem Französ. (von Chr. A. Wichmann). Mit hübscher Titelvignette von Rosmäsler. Breslau, Korn d. Aeltere, 1780, 8°. (²/₃ Rthl.) VIII, 224 S. (10 Mk., br., unbeschn., Scheible, c. 1890.)

Dühren no. 62: Deutsche Übersetzung von „Lucile" in der Ausgabe unter No. 2e. — Rar!

— — Dasselbe (mit veränderten Personen-Namen), tit.: Zoë, oder Pariser Sitten .... 1799 etc., s. bei Paris: *Malençon* (ps.), F. P. A.

**VATER-SCHULE,** Die. Aus d. Französ. nach der vollständigen Handschrift des Herrn *Rétif de la Bretonne* von J. A. E. (Joh. Andreas Engelbrecht?). 3 Bde. Berlin, Chr. Fr. Voss & Sohn, 1781—82. 8°. (In Wien, Stadtbibl.: A 48791; 1—2 auch in Breslau, Kgl. u. Univ.-Bibl.: Paedag. I 8° 193.) (30 Mk., eleg. Ppbde., Bernh. Liebisch, Lpz., 1906; 40 Mk., gut erhalt. in Ppbdn., F. Waldau, 1906.)

1: XVI—454 S. 2: 520 S. 3: IV—600 SS.

Orig.: Dühren no. 16—16a.

**Restif de la Bretonne, Nicolas Edme.** Das Verderben des Landmanns, oder die Gefahren der Stadt . . . Riga 1783. Ü: *Meyer, Friedrich Ludwig Wilhelm.* (Ky, (MGT

**VIERZIGER,** Der. Oder das schickliche Alter, der Liebe zu entsagen. Eine für mehr als einen Leser nützliche Geschichte (in Briefen). Aus d. Französ. 2 Thle. Leipzig, im Schwickertschen Verlage, 1778. 8°. (In Dresden: Lit. Gall. B. 8°. 1675.)

I: 220 S. (incl. Tit. u. 5 S. Vorber. u. Einleitg.). II: S. 221—438 (incl. Sondertitel).

Höchst seltene Uebersetzung dieses in Quérard's France lit. tom. XII. dem Rétif zugeschriebenen Werkes.

Die von Dühren 60a—b erwähnten Drucke noch nicht nachgewiesen.

Orig.: Le Quadragénaire, ou l'âge de renoncer aux passions; histoire utile à plus d'un lecteur. 2 vols. Avec 15 figures. Genève et Paris, Ve. Duchesne 1777. in-12°. Très rare! (20 fl., veau marbré, très bel expl., Gilhofer & Ranschburg, Wien, 1897.)

**ZEITGENOSSINNEN,** Die, vom Verfasser des neuen Abeillard. Aus d. Französ. (v. Wilh. Christhelf Sigm. Mylius). 11 Bde. (soviel ersch.). Mit 11 Titelkpfrn. u. 11 Titelvignetten (C. G. Endner del. & sc.). Berlin, bey Christian Friedr. Voß u. Sohn. 1781—87. (Nebentitel: „Die Zeitgenossinnen, od. Abenteuer der artigsten Frauenzimmer des gegenwärtigen Zeitalters: Gesamlet (sic!) durch N** ** ***; u. bekant (!) gemacht durch „Thomas Joly von Lion, Innehaber seiner Handschriften.") 8°. (Bd. 1—10, ebd. 1781—85, in Dresden: Lit. Gall. B. 1079.) Cplt. ungemein rar u. theuer bezahlt! (75 Mk., tadelloses, breitrandiges Expl. mit schönen Kupferabdrücken, Adolf Weigel, c. 1893; jetzt wohl das Doppelte werth! — Einzelne Bde. à 8 Mk. F. Waldau, 1907.)

Orig.: Dühren no. 23—23f.

I (1781): XII—456 S., 1 Bl. Inh.: 1. Der neue Pygmalion. 2. Er hat das Gedächtnis verloren. 3. Das Dienstmädchen aus Liebe. 4. Die verheuratete (sic) Grisette. 5. Gleichviel welche. 6. Ehe durch Liebe verdunkelt. 7. Das entronnene Mädchen. 8. Der Weib-Mann. 9. Das Mann-Weib. 10. Die kleine Verliebte. 11. Der kleine Auvergner. 12. Der Ladendiener.

II (1781): 3 Bll., 422 S., 1 Bl. Druckf. — 13. Die Verbündeten. 14. Die ** (man wird errathen wer). 15. Der Tod aus Liebe. 16. Die geheimgehaltene Heurat. 17. Das überlistete Mädchen. 18. Der Kostgänger. 19. Das verführte Mädchen. 20. Der Ehemann auf der Probe. 21. Die Ehefrau auf der Probe. 22. Die natürliche Tochter. 23. Die Amazone, od. das Mädchen, die gern ein Kind haben wil (!).

III (1782): Titelkpf., 404 S. (incl. Tit. u. 1 Nebentitel), 1 Bl. Inh.: 24. Die getäuschte Erwartung. 25. Alte Liebe rostet nicht. 26. Die erste Liebe. 27. Der unsichtbare Ehemann, od. Rezept f. die im Kriege verunstalteten Helden. 28. Die böse Mutter. 29. Die gute Mutter. 30. Die Ueberraschung der Liebe. 31. Die gute Stiefmutter. 32. Das niedliche Füschen (sic!).

IV (1783): 420 S. (incl. Titelkpf., Tit. u. Nebentit.), 1 Bl. Inh.: 33. Das sich selbst bestrafende Laster. 34. Der Mann, ein Gott. 35. Die Frau, eine Göttin. 36. Die Probe, od. der durch Grosmut (!) geheilte Eifersüchtige. 37. Die hübsche Häsliche (!), od. was den Manspersonen (!) gefält (!). 38. Die häsliche Schöne, od. das sich vernachlässigende Mädchen. 39. Das Modell. 40. Krisen eines hübschen Mädchens. — Anhang. („Timothäus Joly an den geneigten Leser wegen der über ihn ergangnen Kritiken.")

V (1783): 399 S. (incl. Titelkpf., Tit. u. Nebentit.), 1 Bl. Inh.: 41. Der verliebte Schwager (nicht etwa Postillon). 42. Die Tochter meiner Wirthin, od. die argwöhnische Mutter. 43. Die Spröde. Oder das Mädchen, die (!) ihren Werth empfindet. 44. Das dem Kloster geopferte Mädchen. 45. Der Vater, ein Bedienter. 46. Der beständig gewordene Wollüstling. 47. Die halbe Heyrath. (Nr. 48 existiert nicht, weil ausgelassen worden.) 49. Das gerächte Mädchen.

VI (1783): 405 S. (incl. Titelkpf., Tit. u. Nebentit.), 1 S. Inh.: 50. Die geheyrathete Buhlerin, od. der verleugnete Ehemann. 51. Die Wirkungen des Fluchs. 52. Der Fortschritt in der Tugend. 53. Die eifersüchtigen Schwestern. Erstes Beyspiel. 54. Der Wolf im Schafstalle, u. der Zauberer. 55. Die erzwungene Heyrath.

VII (1784): 399 S. (incl. Titelkpf., Tit. u. Nebentit.), 1 S. Inh.: 56. Die neue Sara od. die Frau von sieben Männern. 57. Der Castrat. 58. Die lebendig Todte. 59. Die Mätresse od. das Mädchen im Käfiche. 60. Der lebendig Todte od. der Mann, der sich selbst überleben will. 61. Die Eigensinnige od. die verwechselte Braut. 62. Der Schleyer u. die Maske. 63. Die Kinderheyrath, od. die pietistischen Mütter. 64. Die tugendhafte Schauspielerin. 65. Das vernünftige Mädchen.

VIII (1784): 437 S. (incl. Titelkpf., Tit., Nebentit.), 1 S. Inh.: 66. Der Mann zweyer Weiber. 67. Nothwendige Hut der Töchter, od. Rath an Eltern, die frühzeitige(!) Töchter haben. 68. Die prahlende Tugendhafte. 69. Der Vater als Vertrauter seiner Tochter. 70. Die sechs weiblichen Alter.

IX (1784): 390 S. (incl. Titelkpf., Tit. u. Nebentit.), 1 Bl. Inh.: 71. Die Eigensinnige. Oder die Heirath durch Tausch. 72. Die Frau, die ihren Namen ihren Mann führen läßt, od. die heimliche Heirath. 73. Die unglückliche Probe, od. der neue Alexis. 74. Die Frau, ein Schatz, od. das rechtschaffene Hülfsmittel. 75. Die blinde Frau u. der taube Mann. 76. Die parisische Haushaltung, od. die entdeckte Verschwörung. 77. Die durchs Loos erlangte Geliebte. 78. Die schöne Nachbarin.

X (1785): 374 S. (incl. Titelkpf., Tit. u. Nebentit.), 1 Bl. Inh.: 79. Der Gemahl als Vater. 80. Die Mutter, welche ihrer Tochter einen Liebhaber erwirbt. 81. Die von ihrem Manne verführte Frau. 82. Das schöne Trödelmädchen. 83. Das schöne Leyermädchen. 84. Die väterliche Sympathie. 85. Die wiedererkannte Tochter. 86. Die artige Strumpfflickerin.

XI (1787) lag nicht vor.

[J.] Von der Oder bis zur Seine, e. militär. Spaziergang v. Breslau nach Paris u. Umgegend in d. Jahren 1870/71 v. Negus **Retlaff.** *Reichenbach: Komm. v. R. Hoefer; (Dr. v. H. Dittrich) 1896.* (VI, 233 S.) 1 Bd S. [96. 5005

**Retland, Florus, s.: Tandler, J.**

**Retlaw, A., die Catastrophe von Banjaluka. Trauerspiel in 8 Aufzügen. 8. (47 S.) Leipzig 878. (Budapest, Grimm.) ***

**Retlaw**, J., Sammlung deutscher Gedichte für die Jugend. 1. u. 2 Heft. Landau 867. Kaußler. 8. (84 S.) Jedes Heft 4 ngr.

**Retmann**, Ed. Washington als Präsident. I. Teil. 8. Berlin 1861.

Retniff, E., das Hazardspiel und die Homburger Spielhölle. gr. 16. (128 S.) Wien 863, Typographisch-literarisch-artistische Anstalt. *

Retörchs, (Schröter) G. H., der joviale Herenmeister. Eine Sammlung ergötzlicher Kunst- und Zauberstücke, welche ohne große und kostspielige Vorrichtungen ausgeführt werden können. 16. Leipzig 837. Franke. 1/4 rf

† Retörchs, G. H., (G. H. Schröter,) der joviale Herenmeister. Eine Samml. ergötzl. Kunst- u. Zauberstücke, welche ohne große u. kostspiel. Vorrichtungen ausgeführt werden können. 16. (7 B.) Leipzig 837, [Voigt u. Fernau.]

**Retörchs**, G. H., der joviale Herenmeister im heitern Familienkreise. 88 wundervolle Hexereien aus der natürlichen Zauberei in scherzhaften Belustigungen, Kartenkunststücken u. Zahlen-Aufgaben ohne kostspielige Vorrichtungen auf der Stelle auszuführen. 4. verb. Aufl. Leipzig (853.) F. Voigt. 16. (VIII, 54 S.) n. 5 ngr.

Retörchs, G. H. (Schröter), der joviale Herenmeister im heitern Familienkreise. 88 wundervolle Hexereien aus der natürlichen Zauberei in scherzhaften Belustigungen, Kartenkunststücken und Zahlen-Aufgaben ohne kostspielige Vorrichtungen auf der Stelle auszuführen. 4., verb. Aufl. 16. (VIII und 54 S.) Leipzig 857, Friedr. Voigt. *

† Retörchs, G. H., (G. H. Schröter,) Muth u. Geistesgegenwart. Eine Samml. merkwürd. Jagd-, Kriegs- u. Reise-Fahrten, schauerl. Abenteuer, u. außerordentl. Begebenheiten aus d. Menschenleben d. neuesten Zeit. 8. (20 B.) Leipzig 834, [Schäfer.]

—— Muth u. Geistesgegenwart. Eine Samml. merkwürd. Jagd-, Kriegs- u. Reisefahrten, schauerl. Abenteuer, u. außerordentl. Begebenheiten aus d. Menschenleben d. neuesten Zeit. 2. Bd. — A. u. d. T.: Ausdauer in Gefahr. Züge v. Charakterstärke, Unerschrockenheit 2c. in Gefahren mancherlei Art u. Weise. 8. (19 B. u. Titlbild.) Leipzig 836, [E. Schäfer.]
1. Bd. Ebendas. 1834. 1 Thlr.

**Retorsions-Concordat, das**, aus seinem wahren Gesichtspunkte betrachtet. 8. Bern 823. Jenni. 4 gf 1r Nachtr. dazu. 8. Ebd. 823. 6 gf (Orell, in Zürich). 5 gf

**Retorsions-Princip**, üb. das, als Grundlagen eines deutschen Handelssystems, (von Karl Gust. Ad. Gruner). gr. 8. Leipz. 820. (Kummer). 12 gf

**Retorte, die.** Zeitung für praktische Pharmacie. Hersg. u. Red.: Hensel. 1. u. 2. Jahrg. 1867 u. 68. 104 Nrn. (½ Bgn.) Berlin, (Conrad.) [Gensch.] gr. 4. Jeder Jahrg. n. 1 rf 20 ngr.

Retorte, die. Berliner pharmaceut. Zeitung. Organ für Vereinswesen und Förderung pract. Interessen. Hrsgbr. und Redact.: J. Hensel. 2. Jahrg. 1868. 104 Nrn. (à ½ Bog.) gr. 4. Berlin, (Conrad.) *
Vgl.: Presse, pharmaceutische.

**Retouche, die**, photographischer Negative u. Abdrücke. Mit Abbildgn., Probedrucken u. anatom. Zeichngn. v. H. Mücke. gr. 8. (IV, 200 S.) Düsseldorf 888. Liesegang. n. 4. —

**Retouche, die**, photographischer Negative u. Abdrücke. Mit Abbildgn. u. anatom. Zeichngn. v. H. Mücke. 2. Aufl. gr. 8. (IV, 200 S.) Düsseldorf 891. E. Liesegang. n. 4. —

Die **Retouche** photographischer Negative und Abdrücke. Mit anatom. Zeichnungen von Prof. H. Mücke. 3. verm. Aufl. Düsseldorf: E. Liesegang [1896]. (IV, 203 S.) 8°

**Retour, le**, au comptoir ou l'éducation deplacée. Comédie — Vaudeville en 1 Acte, p. Divál. gr. 8. Rudolst. Hofbuchh. 821.

Retour, le, désiré, fête en deux actes, mêlé d'Ariettes, p. Trial. gr. 8. Potsdam, Horvath. 784.

Retour, le, du mari, par Ségur. 8. Leipz. Sommer.

— le, du Mari. Coméd. p. Ségur. 8. Braunschw. Pluchart. 806.

**Retour** à l'ordre. Lettre adressée à S. E. M. le baron de Manteuffel, ministre de l'Intérieur de S. M. le Roi de Prusse, etc. par un homme politique. gr. 8. (VIII u. 77 S.) Leipzig 850, Avenarius & Mendelssohn. n. ⅔ rf

**Retowski**, O., die tithonischen Ablagerungen v. Theodosia. Ein Beitrag zur Paläontologie der Krim. [Aus: „Bulletin de la soc. impér. des naturalistes de Moscou“.] gr. 8. (95 S. m. 6 Taf.) Moskau 893. (Berlin, R. Friedländer & Sohn.) n.n. 8. —

O. **Retowski**. Die Münzen der Komnenen von Trapezunt. Mit 15 Taf. u. 50 Abb. Moskau 1910: Synodal-Buchdr. 189 S. 4°(8°) [n. m.]

Retraite pour les dames, Posse, f. Lustspiele, von Jul. v. Voß. 6r Bd.

**Retraite** des Français. Traduit de l'Allemand. Berlin 1813. V: *Pfuel, Ernst von.* (BrMm)

— des Français depuis Moscou jusqu'à Vilna. Braunschw. 813. (Pluchart). 6 gf — Dass. deutsch. Ebd. 813. 4 gf

*Retraite* de dix jours ou meditations. gr. 8. Wien 774. (Trattner). 12 gf

Retraite, la, les tentations et les confessions de Mad. la Marquise de Montcornillon etc. av. fig. 8. Mainz, Lupferberg. 790.

Retsch, Adolf B. T., Guts Muths pädagogisches Verdienst um d. Pädagogik, d. Geographie u. d. Turnen, Diss., Hof i. S. 1901, 112 S., 8°.

Retsch, M.

— 8 Umrisse zu Schillers Fridolin oder d. Gang nach dem Eisenhammer, mit einigen Andeutungen von C. A. Böttiger. 4. Stuttg. 824, v. Cotta.

Umrisse zu Goethe's „Faust“, gezeichnet von Retsch. Stuttgart und Tübingen 1816. 4°.

Retsch, (M.,) 16 Umrisse zu Schiller's Kampf mit den Drachen. Nebst einigen Andeutungen. qu. Fol. Stuttg. 825, v. Cotta.

**Retscher-Almanach.** Herausg. vom evangelischen Vereine der Pfalz durch A. Ebrard und Joh. Schiller. Gotha 858. F. A. Perthes. 16. (IX, 295 S. u. 1 Stahlst.) n. 1 rf 10 ngr.

**Retſcher-Laterne** zur Heimbeleuchtung des in Speier erſchienenen Schriftchens „Der Retſcher in Speier, urkundlich erläutert ꝛc.“, angezündet von einem Proteſtanten. 2. Aufl. 8. (37 S. mit 1 lithogr. Karte in qu. Fol.) Neuſtadt a. H. 858. (Speyer, Neidhard's Buchh.) Thlr.

**Retschinsky,** Tscheslaw, a. Charkow, Rußland: Über die Wiedervereinigung der Jonen in Luft. Leipzig: J. A. Barth 1905. (46 S.) 8°
Göttingen, Phil. Fak., Ref. Riecke, Diss. v. 31. Mai 1905
[Geb. 25. Juli 78 Charkow; Wohnort: Charkow; Staatsangeh.: Rußland; Vorbildung: Gymn. Charkow Reife Aug. 97; Studium: Charkow 5, Göttingen 6 S.; Rig. 25. Jan. 05.]

Retsiem, Karl. 1908 [Pseud.]
s.Meister, Karl.

**Retſiem,** Carl (Carl Meiſter), Brautglocken. Dramat. Scherz in 1 Akt. (28 S.) 8. Berlin 907. (Hamburg, L. Gräfe & Sillem.) 1.—

— Das Buch der Freundschaft. Aussprüche und Sentenzen üb. die Freundschaft aus alter u. neuerer Zeit. Zusammengestellt v. R. Mit e. Geleitwort von Paul Alexander. (VIII, 171 S.) kl. 8. Berlin (910). Concordia. 2.—; geb. 3.—

**Retsiem, Carl,** ein Heiratsantrag. Plauderei in 1 Aufzug. (22 S.) gr. 8. Hamburg 906. L. Gräfe & Sillem. n. 1.—

— ſ.: Mit Schiller durch das Jahr.

**Retslag,** hygieniſch. Leben. (78 S.) 8. Blankenburg (908). (Ch. F. Vieweg.) 2.—

**Retslag,** Carl, s. Retslag, Karl

**Retslag, Herm.** Observations on english education and the new education bill. 12 S. Progr. *Greiz* 1876.

**Retslag,** Karl

**Retslag,** Carl, Apologie der Jurisprudenz. Eine Erwiederung auf den Vortrag des Hrn. Staatsanwalt v. Kirchmann. gr. 8. (32 S.) Berlin 848, Braune. 6 ngl

**Retslag,** Car. (Henr. Ludov.) (geb. Neubrandenburg 21. 7. 1821): De Malebranchio philosopho. Berolini (1840). (68 S.) 8°
Berlin, Phil. Diss. v. 23. Mai 1840

**Retslag,** Wilh. (geb. Berlin 24. 12. 1844): Ueber Perichondritis laryngea. Berlin (1870). (39 [vielmehr 37] S.) 8°
Berlin, Med. Diss. v. 9. Sept. 1870

**Rett,** Honorius, O. Fr. Min., geiſtliches Schatzkäſtlein. Belehrg. üb. d. Andachtsgegenſtände (Medaillen, Roſenkränze, Kruzifixe) m. Ablässen, zur Vermeidg. von Irrtümern beim Gebrauche, m. e. Anh. (45 S.) kl. 8. Wien 907. „Auſtria“ F. Doll. nn — 30

— Terziaren-Spiegel. Anleitg. zur Erforſchg. über die hl. Regel des 3. Ordens. Mit e. Anh. (VI, 48 S.) 16. Innsbruck 907. F. Rauch. p — 16

**Rettberg,** Chr. Hnr. Geo., kurzer Begriff d. Arithmetik f. die Clausthal. Schul. 8. Clausthal 775.

— s. Eusebii contra Marcellum.

**Rettberg,** C. H. G., Marcelliana, vide Marcelliana.

Rettberg, E. F.: „Erfahrungen über die Lagerstätte der Steinkohlen, Braunkohlen und des Torfes; nebst Grundsätzen und Regeln für die Einrichtung der verschiedenen Feuerungen, mit Anwendung derselben auf die ökonomischen Gewerbe, nebst einem Anhang über das Destillirgeschäfte, vorzüglich mit Bezug auf das Branntweinbrennen“, Hannover 1801. — Vorh.: Preuß. Oberbergamt Dortmund — E. c. 6.

— Erfahrr. üb. die Lagerſtätte d. Steinkohlen u. des Torfs ꝛc. Mit Kpf. 8. Hannov. 801. (Helwing). 16 gl

— die prakt. Feldmeßkunſt mit Prüfung u. neuen Vorſchlägen. Mit 1 Kpf. 8. Götting. 805. Dieterich. 16 gl

**Rettberg,** E. F., die Geſetze der nach ihrer Größe geordneten Brüche, mittelſt d. combinator. Analyſe aufgeſucht. 4. Hannov. 801. Helwing. 7 gl

**Rettberg,** Friedrich Wilhelm

— an Joannes in exhibenda Jesu natura reliquis canonicis scriptis vere repugnet. 8maj. Götting. 826. (Deuerlich). 12 gl

**Rettberg,** Friedr. Wilh., zum Andenken an weil. Hrn. Chrſtn. Friedr. Ruperti, Dr. d. Theologie, Superint. u. erſten Univerſitätsprediger zu Göttingen ꝛc. Eine Pred. gr. 8. (1¼ B.) Göttingen 836, Vandenhoeck u. Ruprecht.

**Rettberg,** Friedr. Wilh., Thaſcius Cäcilius Cyprianus, Biſchof v. Carthago, dargeſt. nach ſein. Leben u. Wirken. gr. 8. (26 B.) Göttingen 831, Vandenhoeck u. Ruprecht.

—— Handbuch d. chriſtl. Kirchengeſchichte, ſ. Schmidt, J. E. Chr., Handb. ꝛc., 7. Thl.

—— die chriſtl. Heilslehren nach d. Grundſätzen d. evangel.-luther. Kirche. Apologet. dargeſt. u. entwickelt. gr. 8. (18½ B.) Leipzig 838, Barth.

**Rettberg,** Fr. Wilh., Kirchengeſchichte Deutſchlands. 1. Bd. 1.—3. Liefg. gr. 8. (Mit 1 Karte.) Göttingen 845, 46, Vandenhoeck u. Ruprecht. à 1 ℛ

**Rettberg,** Frdr. Wilh., († d. 7. April 1849), Kirchengeſchichte Deutſchlands. 2. Bd.: die Geſchichte der Kirche bey den Alamannen, Bayern, Thüringern, Sachſen, Frieſen u. Slaven, ſo wie Allgemeines bis zum Tode Karls des Großen enth. gr. 8. (X u. 823 S.) Göttingen 848, Vandenhoeck & Ruprecht. 3½ ℛ (1. 2.: 6½ ℛ)

—— de parabolis Jesu Christi. Commentat. 4maj. (11 B.) Gottingae 827, Vandenhoeck et Ruprecht.

— die kaiſerl. Privilegien der Univerſität Marburg, verliehen den 16. Julius 1541. Eine academ. (Feier-) Rede. gr. 8. Marburg 841, Elwert. ⅛ ℛ

— **Friedrich Wilhelm** (Göttingen), Acad. Georgiae Augustae prorector cum senatu Sacra Pentecostalia indicunt. Inest Quaestionum scholasticarum spec. I., quo Doctorum scholasticorum placita de gratia et merito examinavit. Göttingen (Dieterich) (21. V.) 1836. 38 S. (4.—) 28395

**Rettberg, Friedrich Wilhelm.** Religionsphilosophie. Marb. 1850. H: *Henke, Ernst Ludwig Theodor.* (BrMm)

— Religionsphiloſophie. Aus ſeinem Nachlaſſe. gr. 12. (VIII u. 224 S.) Marburg 850, Elwert. ⅔ ℛ

— s. Jb. Cr. Chr. Schmidt, Handbuch der christl. Kirchengeschichte.

Rettberg, Georg Wilhelm. Observationes ad vitam sancti Galli spectantes. [A.] 4. Marburgi (1842).

**Rettberg, Hans:** 1. Abbau des Morphothebains. (Ein Beitrag z. Morphinforschung.) 2. Über einige Additionsprodukte zyklischer Basen mit Hydrochinon. (Berlin: Trenkel 1910.) 35 S. 8° ¶ (Ersch. auch als Buch ebd.)
Berlin, Phil. Diss. v. 1. Aug. 1910, Ref. E. Fischer
[Geb. 3. Sept. 85 Hamburg; Wohnort: Berlin; Staatsangeh.: Preußen; Vorbildung: Falk-Realgymn. Berlin Reife M. 06; Studium: Berlin 8 S.; Rig. 2. Juni 10.] [U 10. 239

**Rettberg,** P(aul), cand. phil.: **Studien zum Verständnis der Politik des Kurfürsten Richard von Trier in den Jahren 1519—1526.** *Greifswald 1901: J. Abel.* (78 S.) 8°
Greifswald, Phil. Diss. v. 16. Nov. 1901

**v. Rettberg,** R., Nürnberger Briefe zur Geschichte d. Kunst. Nebst 5 Uebersichtstaf.) 12. Hannover 846, Helwing'sche Hofb. n. 1⅔ ℳ

**Rettberg,** R. v., **Nürnberg's Kunstleben in seinen Denkmalen dargestellt. Ein Führer für Einheimische und Fremde. Stuttgart 854. Ebner u. Seubert. gr. 8. (XII, 232 S. mit Chalcotyp. im Text.)** n. 2 ℳ.

**Rettberg, R. v., chronolog. Tabelle d. Maler, seit Cimabue's Zeiten bis z. J. 1840. 13 Bl., Imp.-Fol. Hannover 841, Helwing'sche Hofbuchh.** *

Uebersichtstafel zur Begründung einer Geschichte der christlichen Kunst in Oberbayern bei Gelegenheit der siebenhundertjährigen Jubelfeier der Stadt München den Mitgliedern des historischen Vereines von und für Oberbayern gewidmet von R. von RETTBERG. (Ohne bes. Titelblatt. — 8 Bl. qu. fol.)

—— Uebersichtstafel zur Geschichte, namentlich der Kunst von Nürnberg. gr. Fol. (6 B.) Hannover 845, Helwing'sche Hofb. *

**Rettberg,** Wilhelm, approb. Arzt aus Schmalkalden: **Aus d. Chirurg. Klinik zu Marburg. Zur Chirurgie des in die Bauchhöhle durchgebrochenen Magengeschwüres.** *Marburg 1902: H. Bauer.* (70 S.) 8°
Marburg, Med. Diss. v. 15. Dez. 1902

**Rette deine Seele! Missionsbüchlein für kathol. Eheleute. Unterricht über die Generalbeichte nebst vollständiger Beichtandacht. Beispiele zur Nachahmung aus dem Leben der Heiligen. Betrachtung über das Ziel und Ende des Menschen, nebst Bibeltexten und Väterstellen über die Ehe. 4. Aufl. 8. (56 S.) Soest 854, Nasse'sche Buchh.** *

—— **dass. — für kathol. Söhne und Töchter. 4. Aufl. 8. (54 S.) Ebds. 854.** *

„**Rette** deine Seele!" Missionsbuch, enth. Unterrichte, Betrachtungen, Andachts-Uebungen u. Lieder zum Gebrauche vor, bei u. nach einer heiligen Mission. Hersg. von einem Priester der Diözese Regensburg. Mit einem Stahlst. Regensburg 870. Pustet. gr. 16. (VIII, 293 S.) n. 7½ ngr.

**Rette** deine Seele! Nur eins ist notwendig. Andenken an die heil. Uebgn., abgeh. zu Aachen, vom 16. bis 23. Dezbr. 1883 u. vom 3. bis 10. Februar 1884. 16. (4 S.) Aachen 884. Schweitzer. pro Hundert 2. 25

**Rette** deine Seele! Anleitung zu e. guten Missions- oder Generalbeicht, nebst e. kurzen Unterr. über d. geweihten Kreuze, Medaillen, Skapuliere u. Rosenkränze. Von e. Kapuziner-Missionär. 2. Aufl. Dülmen: A. Laumann 1906. (30 S.) 8° [F.] [07. 10020

**Rette** deine Seele um jeden Preis! Kurze Anleitg. zur Ablegg. e. würd. Generalbeichte, nebst den darauf bezügl. Andachten u. Gebeten. Missionsbüchlein f. Unverheiratete. 16. (64 S.) Paderborn 892. Bonifacius-Druckerei. — 15

— dasselbe f. Verheiratete. 16. (72 S.) Ebd. 892. — 15

**Retté,** Adolphe, vom Teufel zu Gott. Geschichte meiner Bekehrg. Mit e. Vorrede v. François Coppée. Berecht. Übersetzg. aus d. Franz. von Bl. v. Voigts-Rhetz. (XIII, 187 S.) kl. 8. Essen (909). Fredebeul & Koenen. 1.60; geb. in Leinw. 2.20

Andachtsglöcklein für katholische Christen. Von P. Aloys Rotte. Neu bearb. von Maria Hausen. *Saarlouis: Hausen & Co. 1903.* (224 S.) 8° [F.]

**Rette, Aloys,** O. F., **Andachtsglöcklein** f. kathol. Christen. Neu bearb. v. Maria Hausen. (224 S. m. Titelbild.) 16. Saarlouis 903. F. Stein Nachf. — 30; geb. in Leinw. n. — 40

— Heilige Maria, bitte f. uns! Gebetbüchlein f. d. Verehrer Mariä. Neubearb. v. Maria Hausen. (256 S. m. farb. Titel u. Titelbild.) 10,8×6,5 cm. Ebd. 907. Geb. in Leinw. — 48

**Rette,** Aloys, O. S. F., kathol. **Kirchengebete.** Gebet- u. Andachtsbuch m. vielen latein. Kirchengebeten u. Gesängen. (256 S. m. farb. Titel u. Titelbild.) 10,7×7 cm. Saarlouis 907. F. Stein Nachf. Geb. in Leinw. m. Goldschn. — 60

Maria, meine Zuflucht. Gebetbüchlein f. die Verehrer Mariä. Von P. Aloys Rette. Neubearb. von Maria Hausen. *Saarlouis: Hausen & Co.* (224 S.) 8° [F.] *1903.*

**Rettelbusch,** Adf., Botanik f. Dekorationsmaler u. Zeichner. 1. Serie. gr. Fol. (20 farb. Blatt m. 1 Blatt Text.) Nürnberg 898. (Leipzig, G. Hedeler.) n. 20. —

**Rettelbusch,** Adf., Botanik f. Dekorationsmaler u. Zeichner. 1. Serie. (2. Abtlg.) gr. Fol. (20 farb. Bl.) Nürnberg 899. (Leipzig, G. Hedeler.) n. 20. —

**Rettelbusch,** Ernst, die **Bautischlerei** modern. 4. Abtlg. Fol. (30 Taf.) Mit Textheft: Zeit- u. Material-Auszüge. gr. 8 (36 S.) Ebd. (901). n. 15. —

**Rettelbusch,** Ernst, die **Bautischlerei** modern. 5. u. 6. Abteilg. (30 u. 40 Taf.) Fol. Mit Textheft: Zeit- u. Material-Auszüge. (à 27 S.) 8. Nürnberg. (Leipzig, G. Hedeler. n. 40. —
5. Abtlg. 903. n. 15. —. — 6. Abtlg. 906. n. 25. —.

— **Einrichtungen** f. Küchen. Spezialausg. (20 Taf.) Fol. Ebd. (906). n. 15. —

Rettelbusch E, Entwürfe f. d. Bautischlerei. IV. V (je 30 T) fol Nürnberg (1902. 03)

Rettelbusch, Entwürfe für d. Möbeltischlerei. V. VI. (je 32 T) fol Nürnberg (1902. 05)

— moderne Entwürfe für die Bautischlerei. 9. Abt. (30 T m Text) fol Nürnberg (1910)

Rettelbusch E, moderne Entwürfe für die Möbeltischlerei. 2. und 3. Abteilung. Je 30 Tafeln. fol Nürnberg

**Rettelbusch, Ernst, moderne Geschäfts-Läden.** Entwürfe. (32 Taf.) 37,5×30 cm. Nürnberg (908). (Leipzig, G. Hedeler.) 25. —

— **Handbuch II für die Bautischlerei.** Entwürfe, in zuverlässig korrektem Massstab gezeichnet, prakt. Skizzenmaterial f. Architekten, Zeichner, Bautischlereibesitzer, Tischlermstr., Techniker, Werkmeister, Bibliotheken, Schulen, Baugeschäfte, Treppenbauer etc. (292 S.) 8. Ebd. (907). Kart. 18. —

— Hand-Lexikon f. die Bautischlerei. (Nachschlagebuch) in grammatikalisch geordneter Folge. Entwürfe, in zuverlässig korrektem Massstabe gezeichnet, prakt. Skizzenmaterial f.: Architekten, Zeichner, Bautischlereibesitzer etc. (207 S. m. Abbildgn. u. 8 Taf.) 8. Ebd. (904). Kart. n. 15. —

— u. Rud. Albrecht, Kunst-Schmiede- u. Schlosser-Arbeiten d. german. National-Museums zu Nürnberg. Photogr. Orig.-Aufnahmen. in Lichtdr. 8 Lfgn. gr. 4. (80 Taf.) Ebd. 897. n. 15. —

— Laden-Einrichtungen. Fol. (36 Taf.) Ebd. (900). n. 20. —

— Laden-Einrichtungen. (Taf. 37—60.) Fol. (903). Nürnberg n. 15. —

— moderne Möbel-Entwürfe. VI. Abtlg. (32 farb. Taf.) Fol. Nebst Text: Zeit- u. Material-Auszüge. (50 S.) 8. Ebd. 904. n. 16. —

— Moderne Möbel-Entwürfe. 11. Abtlg. (35 Taf.) Lex. 8. Nebst: Zeit- u. Material-Auszüge. (48 S.) 8. (910). Nürnberg In Leinw.-Mappe 18. —

— Möbel-Lexikon (Nachschlagebuch), alphabetisch registrirt ab Seite: 265. Entwürfe in korrektem Massstabe gezeichnet f.: 265. Küche, Vorplatz, Kontor, Wirthschaft, Schlafzimmer, Wohnzimmer, gute Stube, Salon, Herrnzimmer, Jagdzimmer, Speisezimmer, Kirchenmöb., Restaurationsmöb., Ladenmöb., Luxusmöbel, kleine Möbel, Einzelmöbel f. Photographen, Vereine, f. Schulen, Theater etc. (281 S. m. Abbildgn.) 8. Ebd. (904). Kart. n. 15. —

— Möbel-Motive. (Mappe 10.) (50 Taf.) 37,5×29,5 cm. (908). Nürnberg In Mappe 25. —

— Möbel-Skizzen f. moderne kunstgewerbl. Zimmer-Ausstattung. Offerten. 2 Tle. (72 farb. Taf.) gr. 4. (906). Nürnberg In Leinw.-Mappe n. 60. —

— d. Möbeltischlerei-modern. — L'Ébénisterie-moderne. 5. Abth. Fol. (32 farb. Taf.) Nebst Text: Zeit- u. Material-Auszüge. gr. 8. (46 S.) Ebd. (901). n. 15. —

— Motiven-Mappe. 2. Abtlg. gr. Fol. (32 Taf.) (902). Nürnberg n. 18. —

**Rettelbusch**, Ernst, Offerten-Material. Moderne Entwürfe f. die Bautischlerei. Mit 1 Hft. Kostenvoranschläge. 1. Abtlg. 2. Aufl. u. 2. Abtlg. Fol. (à Abtlg. 30 lith. Taf. m. 32 S. Text in 8.) Nürnberg 890. (Leipzig, G. Hedeler.) à Abtlg. n. 12. —; farbige Ausg. à Abtlg. n. 13. —

— dasselbe f. die Möbel-Tischlerei. 3., verb. Aufl. Fol. (32 lith. Taf.) Ebd. 890. In Mappe. n. 8. —; Kosten-Anschläge dazu. 8. (29 S.) n. 1. 50

— dasselbe. Moderne Entwürfe f. die Möbeltischlerei. 1. Abtlg. 4. Aufl. u. 2. Abtlg. Fol. (32 u. 30 autogr. Taf. m. je 1 Hft. Kostenvoranschläge, 44 S. in 8.) Ebd. 892. à Abtlg. n. 10. —; farbige Ausg. à Abtlg. n. 12. —

— dasselbe. Moderne Entwürfe f. die Möbeltischlerei. 3. Abtlg. 2 Hfte. Fol. (30 farb. Taf.) Nebst Text: Zeit- u. Material-Auszüge. gr. 8. (50 S.) Ebd. 894. n. 12. —

— dasselbe. Motive zu allerlei Tischlerarbeiten. 1. Abth. Fol. (30 z. Tl. farb. Taf.) Ebd. 895. n. 12. —

— dasselbe. Moderne Entwürfe für die Möbeltischlerei. IV. Abth. Fol. (30 farb. Taf.) Nebst Text: Zeit- u. Material-Auszüge. gr. 8. (52 S) Ebd. 897. n. 12. — (I—IV: n. 47. —)

**Rettelbusch**, Ernst, Offerten-Material. Moderne Entwürfe f. d. Bautischlerei. II. u. III. Abth. gr. Fol. (à 30 lith. Taf.) M. Text. gr. 8. Ebd. 898. à n. 13. —
II, 5. Aufl. (31 S.) — III, 2. Aufl. (46 S.)

— Offerten-Material f. die Fenster-Fabrikation, entworfen u. hrsg. (45 Taf.) 4. Ebd. (905). n. 15. —

— dasselbe f. d. Möbelfabrikation. 1. Tl. Fol. (15 farb. Taf.) Ebd. 898. n. 12. —

— Offerten-Material f. die Möbelfabrikation. 2. Tl. Fol. (16 farb. Taf.) Ebd. (900). n. 20. —; (1 u. 2. n. 32. —)

Rettelbusch, Ernst, Offerten-Material für Tischler. Fol. (32 autogr. Taf.) Leipzig 887, Hedeler. *
Ausgaben in englischer und französischer Sprache. Ebendas., zu gleichen Preisen.

— Moderne Schlafzimmer-Möbel. Spezialwerk. (32 Taf.) 37×29,5 cm. (908). Nürnberg

— Vorlagen-Lexicon. Bau-Tischler-Handwerk. 1. u. 2. Ausg. gr. 4. (à 30 Taf.) Ebd. 898. à n. 13. —

— dasselbe. Möbel-Tischler-Handwerk. 1. u. 2. Ausg. gr. 4. Ebd. 898. n. 25. —
1. (30 Taf.) n. 10. —. — 2. (45 Taf.) n. 15. —.

— Vorlagen-Lexicon für das Tischler-Handwerk. Kirchenmöbel. gr. 4. (15 Taf.) Ebd. (901). n. 12. —

— Zeit- u. Material-Auszüge zum Handlexikon f. die Bautischlerei. (80 S.) 8. Ebd. (905). n. 1. 50

**Rettelbusch**, Georg [Elementar- u. Turnl.]: Die in den Anlagen und einigen Gärten Merseburgs angepflanzten auffälligsten Ziersträucher und Bäume. Merseburg, Druck v. F. Stollberg, *1893*; 1 Bl., 20 S. 4.
Merseburg, Dom-G, OP 1893 (243)

**Rettenbacher**, Jos., das bischöfliche Priesterseminar d. Diözese Linz während seines hundertjährigen Bestehens vom J. 1806 bis zum J. 1906. Ein statist. Bericht. (124 S. mit 2 Taf.) Lex. 8. Linz 907. (Pressverein.) nn 1. 35

Rettenbacher, Simon, s. Rettenpacher

**Rettenmaier**, Hieron., der Monat März oder fromme Uebungen zur Verehrung des heiligen Joseph auf alle Tage im Monat März. Nach der 16. französ. Aufl. bearb. u. mit einer Zugabe von Gebeten u. Andachtsübungen herausg. Freiburg im Br. 860. Herder. 16. (VII, 360 S. u. 1 Stahlst.) 14 ngr.

**Rettenmaier**, Hieron., der fromme Verehrer d. heiligen Joseph, od. der Monat März, geheiligt durch fromme Uebungen zur Verehrg. d. heil. Joseph. Nebst einem Anh., allgemeine Andachtsübgn. enth. Nach der 16. französ. Aufl. d. „Monat März" übers. u. bearb. 2., verb. Aufl. 16. (XIX, 411 S.) Freiburg i/Br. 872. Herder. 1. 50

**Rettenmaier,** Hieron., der fromme Verehrer d. hl. Joseph, od. der Monat März, geheiligt durch fromme Uebgn. zur Verehrg. des hl. Joseph. Nebst e. Anh., allgemeine Andachtsübgn. enth. Nach der 16. französ. Aufl. des „Monat März“ übers. u. bearb. 3., verb. Aufl. 16. (XII, 364 S. m. 1 Stahlst.) Freiburg i/B. 894. Herder. 1. 20; geb. in Leinw. n. 1. 60; in Schafldr. m. Goldschn. n. 2. 20

**Rettenmayer, Jh. Ksp.,** der genaue u. accurate Zinsrechner, worin nach dreißigerlei Prozenten die Zinsen von Kreuzer an: gefangen bis auf 100,000 Fl. steigend, nicht nur auf Jahre, sondern auch auf Monate, Wochen u. Tage auf d. Genaueste ausgerechnet zu finden sind ꝛc. 9. Kempt. 809.

Rettenmeyer, J. K.: „Der neue Cameralist“, 1.—7. Heft, Kempten 1807—1809.

RETTENMOSER, Simon: Vis et metus, quatenus constituunt dirimens impedimentum matrimonii. — (1869) 154 S. 8° (Handschr.) Diss. 261
Diss. Wien, Univ.

Rettenpacher, Simon

*Consilia Sapientiae seu Epitome Axiomatum Salomonis necessariorum ad vitam prudenter instituendam. Cum Axiomatum illorum considerationibus Ex Gallico in latinum sermonem traducta Ab A. R. P. Simone Rettenbacher Ord. S. Benedicti Monacho Cremifanensi in Austria Superiore ... Anno à partu Virginis 1733. Lincÿ, Typis Joann. Michaëlis Feichtinger.*

16 cm. 2 vols. in 1. 4 leaves, 186 pages, 6 leaves; 1 leaf, 198 pages, 2 leaves.

**Rettenbacher's,** Simon, lyrische Gedichte. (In latein. Sprache.) Mit Unterstützg. der Leo-Gesellschaft hrsg. v. Tassilo Lehner. gr. 8. (LVI, 483 S. m. 1 Fksm.) Wien 893. „St. Norbertus“. n. 7. 20

**Rettenbacher (Rettenpacher), Simon.** Geschichte des Norikums: mit der Chronick von dem Kloster Kremsmünster ... A. d. Lat. ... O. O. 1793. Ü: *Sick, Dan. Wilh.* (Haydinger)

**Rettensteiner, J. A.,** Predigt üb. die Erforderniß z. Gewinnung des Ablasses, gehalten am Portiunkula-Ablaß-Feste, d. 1. Aug. in d. Kapuzinerkirche zu Burghausen. gr. 8. Münch. 819. Lentner. 4 kr

Retter F, Handbuch über die Militar-Ersatz-Instruktion vom 16. März 1868. Für das Königreich Württemberg bearbeitet. Stuttgart 1872

Retter, Johann Friedrich Konrad

**Retter,** J. F. Conr., Hessische Nachrichten, dar. allerh. zur Hist. v. Hessen geh. Anmerk. mitgeth. w. 5 Samml. 8. Frkf. Andreä. 741.

**Retter, Jo. Friedrich Conrad** (Michelstadt/Odenwald). Diss. histor.-chronol., qua sicula Dionysiorum tyrannis, ex antiquitate repetita. Präs. Christ. Friedrich Ayrmann. Gießen (Muller) 8. VI. 1726. 42 S. (5.—) 28396

***Retter,* Math., Speculum biblicum illustratum, 8. Augsb. 804. Doll. (Landsh., Krüll). 9 kr**

**Retter,** Richard [app. Arzt aus Giessen]: Aus d. geburtshilfl.-gynaecolog. Klinik d. Herrn Prof. Dr. Löhlein zu Giessen. Zur Lehre von der Retroflexio uteri gravidi partialis ... Giessen, C. v. Münchow, Univ.-Dr., 1892; 29 S., 1 Bl. 8.
Giessen, Med. Fak., Inaug.-Diss. v. 1892

**Retterspitz,** Frdr., die Geheimnisse d. Judenthums gegen alle Nichtjuden. Wissenswerthe u. sehr interessante Enthüllgn. v. unschätzbarem Werth u. zur Aufklärg. u. Belehrg. f. alle Kreise u. Schichten der ganzen christl. Bevölkerg. gr. 8. (VIII, 92 S.) Nürnberg 892. (Leipzig, H. Beyer.) n. 2. —

Rettert [Schlagwort]

**Rettert,** R.: Geologische Karten (Preussen).

**Rettet euer Vaterland!** Worte der Einkehr f. jeden Oesterreicher v. e. Dichter, der sein Vaterland liebt. (28 S.) schmal gr. 8. Wien (903). Szelinski & Co. — 40

**RETTHEIM** und Karoline von T***g, eine Geschichte jüngst vergangener Zeit von *F. v. R.* 2 Thle. Breslau, bei Wilhelm Gottlieb Korn. 1784. 8°. (In Oettingen, Fürstl. Bibl.) (48 xr. Th. Ackermann, vor 1875; 6 Mk. Max Jaeckel, Potsdam, 1908.)
I: Tit., 1 Bl. Vorw., 104 S., 2 weiße Bll. II: 102 S. (incl. Tit.), 1 weißes Bl. — In zahmen Briefen.

Die württembergische Kriminalität. Ein Beitrag z. Landeskunde auf Grundlage d. Reichsstatistik. Von Finanzass. Dr. jur. **Rettich.** *Stuttgart 1895: W. Kohlhammer.* (S. 332–519.) 4°
Aus: Württ. Jahrbücher f. Statistik u. Landeskunde. Jg. 1894, H. 1.

Rettich, Anton

— die Gastfreiheit. Gemälde in 3 A. 8. Ulm 804. Stettin. 6 kr

**Rettich,** Ant. v., dramat. Stücke, zur Bildung des Geistes und Veredlung des Herzens. 16 Stck. 8. Ulm, Stettin. 804.

**Rettich,** H., russisch-preußische Beziehungen in russischer Beleuchtung, s. a. Zeit- u. Streit-Fragen, deutsche.

Rettich H, russisch-preussische Beziehungen in russischer Beleuchtung. (Zeit- und Streitfragen, Deutsche, Neue Folge 49) Hamburg 1889

**Rettich,** Heinr., Prisenrecht u. Flußschiffahrt, s. a. Sammlung gemeinverständlicher wissenschaftlicher Vorträge.

Rettich H, Prisenrecht und Fluss-Schiffahrt. (Sammlung gemeinverständlicher wissenschaftlicher Vorträge NF 141) Hamburg 1892

— zur Theorie u. Geschichte d. Rechts zum Kriege. Völkerrechtl. Untersuchgn. gr. 8. (XIX, 294 S.) Stuttgart 888. Kohlhammer. n. 8. —

**Rettich,** Heinrich [Dr. der Philosophie, Kgl. Württb. Finanzreferendar I. Klasse aus Sigmaringen]: Die völker- und staatsrechtlichen Verhältnisse des Bodensees historisch und juristisch untersucht. Tübingen, Verlag der H. Laupp'schen Buchhandlung, 1884. 8. X, 191 S.

Rettich, Hugo Edler v., die Luft als Ausgleichmittel der Seilgewichte bei Fördermaschinen. Untersuchung der bis jetzt im Gebrauch stehenden Seilausgleichmittel bei der Verticalförderung und Vergleich derselben mit der vom Verf. patentirten Vorrichtung. gr. 8. (VII, 124 S. mit 3 Taf.) Wien 885, (Hölder.) *

**Rettich,** Hugo Edler v., Spinnrad-Typen. E. Sammlg. v. Hand-Spinngeräthen. Hrsg. vom k. k. Ackerbau-Ministerium. gr. 4. (VII, 64 S. m. 144 Abb.) Wien 895. (Hof- u. Staatsdruckerei.) n. 3. —

Rettich, Joh. Bapt. v., vermischte Gedichte. 2 Thle. (Nebst Charaden, Räthseln u. Logogriphen.) 12. Wien, (Gerold.) [1. (10½ B. u. R's. Bildn.) 832. 16 Gr., 2. (7½ B.) 833. 12 Gr.]

**Rettich,** Joh. Bapt. v., vermischte Gedichte. 3. Bdchn. 8. (160 S.) Frankfurt a. M. 852, (Keller.) *
1. und 2. Bdchn. Wien ?, Gerold's Sohn. * 1 Thlr. 5 Ngr.

v. **Rettich,** Joh. Bapt. Edler, vermischte Gedichte. 3. Bdchn. 8. (160 S.) Frankfurt a. M. 852. (Schmerber.) n. 5/6 ₰ (1 u. 2: Wien, Gerold. n. 1 1/6 ₰ (1—3: n. 2 ₰)

Erlass eines Gesetzes, betreffend den Verkehr mit Futter- und Düngemitteln, sowie Sämereien. Referate, gehalten am 15. Februar 1898 in der XXIII. General-Versammlung der Vereinigung der Steuer- und Wirthschafts-Reformer von Dr. MAERCKER-Halle a. S., Professor und Geheimer Regierungsrath, und M. RETTICH-Rostock, Domänenrath und Mitglied des Reichstages. ib. 1898. — 8°.

**Karl Rettich-Album.** Eine Auswahl hervorrag. Werke des Künstlers. (24 Taf. m. III S. Text.) Fol. Lübeck (906). B. Nöhring. In Leinw.-Mappe n. 20. —

**Rettig,** Formenlehre der lateinischen Sprache, s.: Becker.

Huldigung der Schwestern. Toast in der Schwester-Tafel-Loge, veranstaltet in der Loge Pythagoras zu den 3 Strömen im Or. zu Münden am 28. Juli 5844 gesprochen vom Br **Rettig.** o. O. [1844.] 1 Bl. 8° [Kopftit.]
Gedicht: „Drei heil'ge Säulen stehn in stiller Halle . . .“

**Rettig,** A., ein Beitrag zur Förderung der Obstzucht. 2. Aufl. gr. 4. (36 S.) Mainz 879. v. Zabern. n. — 75

**Rettig,** A., ein Beitrag zur Förderung der Obstzucht. 1. Aufl. (84 S.); 2. Aufl. gr. 4. (36 S.) Mainz 880, v. Zabern. *

**Rettig,** A., die Bildung d. Privat-Landeigenthums in Deutschland u. das sozialistische Schlagwort: „Eigenthum ist Diebstahl!“ 8. (30 S.) St. Johann a. d. Saar 892. (Bock & Seip.) n.n. — 50

Rettig, A., Die Tonbringer. (Autographie.) Saarbrücken 1889. Fol.

v. **Rettig,** Ant., dramat. Stücke, zur Bildung des Geistes u. Veredlung d. Herzens. 16 Stück. 8. Ulm 804. Stettin. 6 fl

**Rettig,** Arth., Abschluss-Verfahren nach der doppelten u. einfachen Buchführg. Zur schnellen u. sicheren Erlerng. des Bücherabschlusses inklus. der Gewinn- und Verlust-Ermittelung 3. Aufl. (15 S.) 8. Berlin (S. W. 47, Grossbeerenstr. 75), (909). Bücherrevisor A. Rettig. nn 1. —

Abschluss-Verfahren nach dem System der doppelten Buchführung. Zur schnellen u. sicheren Erlerng d. Bücherabschlusses incl. d. Gewinn- u. Verlust-Ermittelg bearb. v. Arthur **Rettig,** Bücher-Revisor ... zu Berlin ... *Berlin: Selbstv.; (Dr.: R. Amelung) 1896.* (1 Bl., 11 S.) 1 Bd 8. [97. 1343]

Geschäftsgang für den praktischen Teil des Buchführungsunterrichts, im Anschluß an d. Lehrbuch: Methodik d. einfachen Buchführung f. Handels- u. kaufmänn. Fortbildungsschulen ... bearb. von Arthur **Rettig,** Bücher-Revisor. 1. Aufl. (Berlin): Selbstverl. [1905]. (12 S.) 8° [05. 14380]

— Methodik der doppelten Buchführung m. besond. Berücksicht. des Bücher-Abschlusses. Lehrbuch für kaufmänn. Fortbildungsschulen, sowie zum Selbstunterricht. (72 S.) 8. Ebd. (909). nn 2. 50

Methodik der einfachen Buchführung mit besond. Berücks. d. Bücher-Abschlusses. Lehrbuch f. Handels- u. kaufmänn. Fortbildungsschulen, sowie z. Selbstunterr., bearb. von Arthur **Rettig,** Bücher-Revisor. 1. Aufl. (Berlin): Selbstverl. [1905]. (39 S.) 8° [05. 14381]

**Rettig,** E.: Kriegserlebnisse und Erinnerungen aus den Feldzügen 1866, 1870 u. 71. Von — (Wittenberg [1909]: Quoos.) 60 S. 8°
[Umschlagt.] Selbsterlebte Kriegsgeschichte von 1866, 1870 u. 71. E. Rettig. Wittenberg.

**Rettig,** Ernst, Ameisenpflanzen — Pflanzenameisen. Ein Beitrag zur Kenntnis der v. Ameisen bewohnten Pflanzen u. der Beziehgn. zwischen beiden. (II, 84 S.) gr. 8. Jena 904. G. Fischer. n. — 80

Rettig, Fr., Bericht üb. e. Petition mehr. Hochschüler zu Heidelberg an d. 2. Kammer d. Bad. Landstände. gr. 8. (2¼ B.) Heidelberg 831, Winter.

**Rettig,** Friedrich

**Rettig,** Fr., der Badische Bürgermeister. Eine prakt. Anleitung für die Bürgermeister u. Gemeinderäthe des Großherzogthums Baden, wie sie ihr Amt in Ehren u. mit segensreichem Erfolg verwalten mögen. 2. von dem Verf. durchges. Aufl. gr. 8. (Mit 1 Tab.) Freiburg 842, Emmerling. n. 1 ₰

**Rettig,** Frdr., der badische Bürgermeister. Eine prakt. Anleitung f. die Bürgermeister u. Gemeinderäthe des Großherzogthum Baden, wie sie ihr Amt in Ehren u. mit segensreichem Erfolg verwalten mögen. 3. nach dem jetzigen Stande der Gesetzgebung gänzlich umgearb. Aufl. gr. 8. (XVI u. 358 S. m. 4 Tab. in qu. 4. u. qu. Fol.) Heidelberg 852, Groos. n. 1 1/6 ₰

**Rettig,** Frdr., der badische Bürgermeister. Ein praktisches Handbuch für die Bürgermeister u. Gemeinderäthe des Großherzogth. Baden. 4., nach dem neuesten Stand der Gesetzgebung gänzlich umgearb. Aufl. von C. A. Kopp. gr. 8. (VIII, 371 S.) Heidelberg 879. Emmerling & Sohn. n. 5. —; geb. n.n. 6. —

**Rettig,** Friedr., der badische Bürgermeister. Ein prakt. Handbuch für die Bürgermeister und Gemeinderäthe des Großherogth. Baden. 4. nach dem neuesten Stand der Gesetzgebung gänzlich umgearb. Aufl. von C. A. Kopp. gr. 8. (VIII, 371 S.) Heidelberg 880, Emmerling und Sohn. *
geb. **

**Rettig,** Frdr., der badische Bürgermeister. Ein prakt. Handbuch f. die Bürgermeister, Gemeinderäthe u. Rathschreiber d. Großherzogth. Baden. 5., nach dem Stand der neuesten Gesetzgebg. gänzlich umgearb. Aufl. v. C. A. Kopp. gr. 8. (VIII, 427 S.) Heidelberg 891. Emmerling & Sohn. n. 5. —; geb. n.n. 6. —

**Rettig,** Friedr., Formularbuch für das Großherzogth. Baden, enthltd. Anleitungen und Formulare, Verträge und Rechtsgeschäfte abzuschließen und sich dabei vor Nachtheil zu bewahren. Mit Genehmigung des Verf. durchgesehen und nach dem Stand der neuesten Gesetzgebung berichtigt von einem praktischen Geschäftsmanne. 5. Aufl. 856. (XII, 320 S.) 1 ₰. 8 ngr. — 6. Aufl. Freiburg im Br. 858. Wangler. 8. (XII, 308 S.) 1 ₰.

**Rettig,** Frdr., Formularbuch für das Großherzogthum Baden, enthaltend Anleitungen u. Formulare, Verträge u. Rechtsgeschäfte abzuschließen u. sich dabei vor Nachtheilen zu bewahren. Mit Genehmigung des Verf. durchgesehen u. nach dem Stand der neuesten Gesetzgebung berichtigt von einem praktischen Geschäftsmanne. 7. Aufl. Freiburg im Br. 859. Wangler. 8. (XII, 308 S. u. 1 Tab. in 4.) n. 1 ₰

— die Polizeigesetzgebung d. Großherzogth. Baden. Systemat. dargestellt. gr. 8. Karlsr. 827. 2e A. 828. Müller. 2 ₰ 4 gl

Rettig, Friedr., die Polizeigesetzgebung f. d. Großh. Baden. 3., gänzl. umgearb. Aufl. gr. 8. (54 B.) Carlsruhe 839, Müller'sche Hofbuchh.

—— die Polizeigesetzgebung des Großherzogth. Baden. Systematisch bearb. 4. Aufl. Nach den seit 1839 erschienenen Gesetzen und Verordnungen, Ministerial-Entscheidungen und schriftlichen Verfügungen bearb. von P. Guerillot. gr. 8. (XX und 862 S.) Karlsruhe 853, Müllersche Hofbuchh.

— die Territorial-Grenzfrage zwischen Deutschland u. Frankreich. Von dem Standpunct der Geschichte betrachtet. gr. 8. Leipzig 841, Bösenberg. n. 5/12 ₰

—— die Territorial-Grenzfrage zwischen Deutschland u. Frankreich. Von d. Standpunct d. Gesch. betrachtet. gr. 8. (4½ B.) Leipzig 841, [Verlags-Magazin.] •

Rettig, Friedrich Gottfried, s.a. R e t t i g , Georg Ferdinand

Rettig, Frdr. Gottfr., s. A l p e n - R o s e n 1857.

**Rettig, Fr. G., s. Anacreon, Lieder.**

Rettig, Friedr. Gtfr., Bibelkunde, od. gemeinfaßl. Anleitung z. Kenntniß d. Bibel u. z. Erklär. ders. in d. Volksschule, nebst e. Anh., die nothwendigst. Vorkenntnisse aus d. bibl. Geschichte, Geographie u. Alterthumskunde enthalt. Ein Handb. f. Volksschullehrer rc. 1., u. 2., verb. Aufl. (à 14½ B.) gr. 8. Hannover 834, 35, Hahn. ü

Rettig, Friedr. Gtfr., Bibelkunde, od. gemeinfaßl. Anleit. z. Kenntniß d. Bibel u. z. Erklär. derselben in d. Volksschule, nebst e. Anh. rc. 3., sehr verm. u. verb. Aufl. gr. 8. (17¼ B.) Hannover 837, Hahn'sche Hofbuchh.

**Rettig**, Fr. Gttfr., Bibelkunde, oder gemeinfaßliche Anleitung zur Kenntniß der Bibel u. zur Erklärung derselben in der Volksschule, nebst einem Anhange, die nothwend. Vorkenntnisse aus der bibl. Geschichte, Geographie u. Alterthumskunde enthaltend. Ein Handbuch für Volksschullehrer, Seminaristen u. Schulpräparanden. 5. verb. Aufl. gr. 8. Hannover 845, Hahn'sche Hofbuchh. ⅔ ₰

—— Gedichte, s. Anakreon's Lieder.

**Rettig**, Frdr. Gfr., die Gleichnisse unseres Herrn Jesu Christi in Reimen. Zur Belehrung u. Erbauung für Alt u. Jung. Göttingen 863. Vandenhoeck & Ruprecht. gr. 8. (VI, 57 S.) n. 6 ngr.

—— Grundriss zu academ. Vorlesungen über religiöse Katechetik. 8. (1 B.) Göttingen 843, Vandenhoeck u. Ruprecht. ·

—— kleineres Lehr- und Lesebuch für den ersten Unterricht in Volksschulen. 8. Aufl. 8. (VIII und 112 S.) Hannover 864, Hahn'sche Hofbuchh. *

— Leitfaden für den christlichen Religionsunterricht auf der Grundlage des lutherischen Katechismi und des alten hannoverschen Landes-Katechismi. Zur Erleichterung des Confirmanden- u. Schul-Unterrichtes. 3. Aufl. Hannover 862. (Göttingen, Vandenhoeck & Ruprecht.) 8. (IV, 40 S.) n. 3 ngr.

—— größeres Lese- u. Lehrbuch f. Volks-Schulen. 8. Aufl. 8. (14½ B.) Hannover 844, Hahn'sche Hofbuchh.

**Rettig, Frdr. Gottfr.**, größeres Lese- u. Lehrbuch für Volks-Schulen. 10. Aufl. 8. (X u. 222 S.) Hannover 847, Hahn. ¼ ₰

— größeres Lese- u. Lehrbuch für Volksschulen zum Unterrichte im Lesen u. in den ersten nützl. Kenntnissen. 5. Aufl. ... 6. Aufl. 8. Ebend. 841. ¼ ₰ — 8. Aufl. 8. Ebend. 844. ¼ ₰

Rettig, Friedr. Gtfr., kleines Lese- u. Lehrbuch f. d. ersten Unterr. in Volksschulen. 8. (7½ B.) Hannover 836, Hahn'sche Hofbuchh. Thlr.

— kleineres Lese- u. Lehrbuch für den ersten Unterricht in Volksschulen. 3. Aufl. 8. Hannover 842, Hahn'sche Hofb. ⅙ ₰ — 4. Aufl. Ebend. 844. ⅙ ₰

**Rettig**, Frdr. Gfrd., kleineres Lese- und Lehrbuch für den ersten Unterricht in Volksschulen. 8. Aufl. Hannover 864. Hahn. 8. (VIII, 112 S.) n. 5 ngr.

— neues Lese- u. Lehrbuch für Volksschulen, zum Unterrichte im Lesen und in den ersten nützlichen Kenntnissen. 8. Hannover 835. 4e Aufl. 839 Hahn. ¼ ₰

—— neue Lesefibel nach d. Lautmethode. Zunächst f. d. Seminar-Schule in Hannover. 8. (3 B.) Hannover 833, Hahn.

—— neue Lesefibel nach d. Lautmethode. Zunächst f. d. Seminar-Schule in Hannover. 3. Aufl. 8. (...) Hannover 839, Hahn'sche Hofbuchh. •

— neue Lesefibel nach d. Lautmethode. 4. Aufl. ... 5. Aufl. 8. Ebend. 841. n. 1/24 ₰

**Rettig**, Friedr. Gfr., neue Lesefibel nach der Lautmethode. Zunächst für die Seminarschule in Hannover. 19—21. Aufl. Hannover 854—56. Hahn. 8. (48 S.) n. 1⅔ ngr.

— neue Lesefibel nach der Lautmethode. Zunächst für die Seminar-Schule in Hannover. 31. u. 32. Aufl. Hannover 867, 70. Hahn'sche Hofbuchh. 8. (48 S.) 2 ngr.

Rettig, Friedr. Gottfr., neue Lesefibel nach der Lautmethode. Zunächst für die Seminar-Schule in Hannover. 32.—34. Aufl. 8. (48 S.) Hannover 870—73, Hahn'sche Buchh. *

Rettig, Friedrich Gottfried (Elze)
Dissertatio historico-critica de origine ac indole nominis Asariae quod regi Judaeorum Usiae in secundo libro Chronicorum octies tribuitur.
MS. 29 S. 8⁰
Diss. phil. Giessen 1.7.1827. vorh. Univ.-Archiv.

—— der Tag des Herrn. Eine Sammlung von Gebeten nach der Folge der Sonn- u. Festtage des Kirchen-Jahres. gr. 18. (16 B.) Hannover 844, Hahn'sche Hofbuchh.

— s. Vorschriften zu Schreib-Uebungen.

—— Wandfibel zu d. neuen Lesefibel rc. 2. Aufl. gr. Fol. (24 Taf.) Hannover ..., Hahn'sche Hofbuchh.

—— Wandfibel zu d. neuen Lesefibel nach d. Lautmethode. Zunächst f. d. Seminar-Schule in Hannover. (24 Taf.) gr. Fol. Hannover 834, Hahn.

—— Wandfibel zu der neuen Lesefibel nach der Lautmethode. Zunächst für die Seminar-Schule in Hannover. (24 Tafeln.) 3. Aufl. gr. Fol. Hannover 849, Hahn'sche Hofbuchh.

— was antworten wir denen, die unser gutes Recht, am Hause des Herrn zu bauen, in Frage stellen? Predigt zur Nachfeier der 3. Hauptversammlung des evangel. Vereins der Gustav-Adolph-Stiftung. gr. 8. Göttingen 844, Vandenhoeck u. Ruprecht. ⅛ ₰

Rettig, G., s. Rettig, Georg Ferdinand

Rettig, G. F., s. Rettig, Georg Ferdinand

Rettig, Geo., die Beziehungen Mülhausens zur Schweizerischen Eidgenossenschaft bis zu den Burgunderkriegen. Nach den Urkunden dargestellt. gr. 8. (52 S.) Bern 888, Schmid, Francke und Comp. *
Aus: Archiv des historischen Vereins des Kantons Bern, besonders abgedruckt.

Rettig, G[eorg]. Bittschrift der vertriebenen Rottweiler an die Eidgenossen, 1529. Mitgeteilt von G. R. (SA.) 8. ([Bern] 1885.)

Rettig, G[eorg]. Buchdrucker und Reformatoren. SA. 8. Bern 1879.

Rettig, Geo., Leitfaden der Bibliothekverwaltung, hauptsächlich f. Jugend- u. Volksbibliotheken bearb. 8. (60 S.) Bern 883. Schmid, Francke & Co. n. — 80

Rettig, Georg. Dr. Marc Morlot. Lebensbild eines protestantischen Flüchtlings. In-8°, 11 S. Bern, Druck von B. F. Haller. 1880.
*** Separatabdruck aus den „Alpenrosen".

—— Nachträgliches über Apiarius, s. Publikationen des Börsen-Vereins der deutschen Buchhändler.

Rettig, G[eorg]. Notizen über Mathias Apiarius († ca 1554), ersten Buchdrucker in Bern. [SA.] 8. [Leipzig 1879.]

Rettig, Georg Ferdinand

—— Αἰτία im Philebus die persönliche Gottheit des Plato oder Plato kein Pantheist. gr. 4. (26 S.) Bern 866, (Dalp'sche Buchh.) *

Rettig, G. F., über einen Ausspruch Heraklits in Platons Symposion. Bern. 4. 12 S. 1865,
Schul-/Univ.-Schrift

Rettig, Friedr. Gottfr., über einen Ausspruch Heraklits in Platons Symposion. Bern. 865. Dalp'sche Buchh. 4. (12 S.) n. 6 ngr.

Rettig, G., Catulliana I. Pr. 1868. 12 S. 4°.
— — II Pr. 1870. 18 S. 4°.

– De Heracliti τοῦ σκοτεινοῦ aliquo dicto commentatio. 12 S. 4°. Bern, Schul-/Univ.-Schrift 1865

Rettig, G., Catulliana III. de epigrammatis in Gellium scriptis. 16 pp. in-4. Bern, in Commiss. bei Huber & Co. 1872. —. 60

Rettig, Georg Ferd. (Bern), Gymnasii Bernensis annuas lectiones inde a die 13. mensis Aprilis habendas ex decreto septem virorum scholis regundis indicit. — Insunt I. De Timaei Platonici initio commentatio. II. Annales scholastici. Bern (C. Staempfli) 1830. 36 S. mit Namen u. Lektionsverzeichnis. (3.25) 28397

Rettig, Georg Ferdinand
Polybii castorum romanorum formae interpretatio.
Budingae: Heller 1827. 50 S.
Diss. phil. Giessen 19.7.1827. vorh. 4.△.

Rettig, Geo. Ferd., Polybii castrorum romanorum formae interpretatio. 4. (6½ B.) Hannoverae 828, Hahn.

Rettig, Geo. Ferd., die Krankheit der Messe. Von Niklaus Manuel. Ein Beitrag zur Reformationsgeschichte der Schweiz. Wiederabdr. des II. Teiles der als Beilage zum Osterprogramm der Kantonsschule Bern anno 1862 erschienenen Broschüre. Im Auftrage v. Wilh. Joos. gr. 8. (27 S.) Schaffhausen 899. (C. Schoch.) — 30

Rettig, Geo. Ferd., de numero Platonis disputatio. 4maj. (3½ B.) Bernae 835, (Huber et Soc.)

— Commentatio de oratione Aristophanis in symposio Platonis cum versione Latina F. A. Wolfii inedita. Gel. 1860. 33 S. 4°. 1.20

Rettig, G. [F.], de pantheismo quem ferunt Platonis commentatio altera. gr. 4. (12 S.) Bernae 875. (Berlin, Calvary und Comp.) *
Den 1. Thl. bildet: Rettig, G., Αἰτία im Philebus die persönliche Gottheit des Plato und Plato kein Pantheist.

Rettig, Georg. Ferd., über Platons Phädon. Vorlesung. gr. 8. (2¼ B.) Bern 846, Huber u. Comp.

—— die Planmässigkeit der Ἀθηναίων πολιτεία erwiesen. gr. 8. (64 S.) Wien 877, Gerold's Sohn. *
Aus: Zeitschrift für österreichische Gymnasien, besonders abgedruckt.

—— Prolegomena ad Platonis Rempublicam. 8maj. (21 B.) Bernae 845, Huber et soc.

— Quaestiones Platonicae. Pr. 1831. 39 S.

Rettig, G. F, De conviviorum Xenophontis et Platonis ratione mutua. 1864.

—— kritische Studien und Rechtfertigungen zu Platons Symposion, s. a. Platons Symposion.

Rettig, G., Krit. Studien u. Rechtfertigungen zu Platons Symposion. Pr. 1876. 23 S. 4°. 2.—

Rettig, G., Vindiciae Platonicae. gr. 4. (11 S.) Bernae 872. (Berlin, Calvary und Comp.) *

*Rettig, G. F.*, Ueber ein Wandgemälde von Nicolaus Manuel und seine Krankheit der Messe. Bern 1862.
Progr.

Rettig, H., de literis commendatitiis. Giess. 1700. 4.

Rettig, Heinrich. Die Branntweinnoth. Preisschrift. 2. A. Langenthal 1872.

Rettig. Heinrich. Hausstandsbüchlein. Bern 1874.

Rettig, Heinr., s.: Jahrbuch, kirchl., der reform. Schweiz.

Rettig, Heinrich Christian Michael

Rettig, Hnr. Chr. Mich., deutsche Beispiele zur Einübung der griech. Formenlehre, nach Fr. Jacobs Elementarbuch d. griech. Sprache. 1r Thl. 1r Cursus. (Nebst e. Wortregister über die deutschen Beispiele). 8. Leipz. 828. Hahn 12 gr. Die Beispiele u. d. Wortregister einzeln à 6 gr.

Rettig, Hnr. Chr. Mich., Deutsche Beispiele zur Einübung der Griechischen Formenlehre nach Fr. Jacobs Elementarbuch der Griech. Sprache 1n Thls. 1n Cursus. (Nebst Wortregister hierüber und üb. Fr. Jacobs Elementarbuch 1n Thls. 1n Cursus. 2 Abthll.) 2e sorgfältig verb. Aufl. gr. 8. Leipzig 834. Hahn. ½ rf

— s. Codex Sangallensis.

— Heinr. Christ. Mich. (Gießen), Ad paedagogii acad. Gissensis examina publica quae instituentur solemniter concelebranda summa, qua par est, observantia omnes, literarum fautores cultoresque invitat. — Insunt quorundam anabaseos Xenophonteae locorum explicationes. Gießen (Schröder) 16. — 18. III. 1826. 24 S. mit Namen. (3.—) 28398

— die freie protestant. Kirche, oder die kirchl. Verfassungsgrundsätze d. Evangeliums. gr. 8. Gießen im Juli 1832. (Ricker). 1 ℳ 12 gℊ

Rettig, Hnr. Chr. Mich., de quatour Evangeliorum canonicorum origine. 2 Bdchn. Giessen 824. Müller.

— Quaestiones Philippenses. 8maj. Giessen 831. Heyer. 6 gℊ

— Quaestiones Platonicae. 8maj. Giessen 831. Heyer. 6 gℊ

— — Illustris gymnasii acad. Gissensis examina indicit. — Quaestiunculae Philippenses. Gießen (G. Fr. Heyer) 24.—26. III. 1831. 48 S. mit Namen. (3.25) 28399

— s. J. L. Reiss, Ephemerides.

Rettig, Henric. Christian. Mich. (Giessen)
De tempore, quo Magi Bethlehemum venerint. Diss. exeget. Giessae 1823. 12 S.
Diss. phil. 6.9.1823. vorh. 26. 7. Δ.

— de tempore, quo magi Bethlehemum venerint. Diss. exegetica. 4. Giessen 824. (Heyer). 2 gℊ

Rettig, (H. Chr. Mich.,) de tempore, quo Magi Bethlehemum venerint. Diss. exegetica. 4. Giessen 824, Müller.

— Ctesiae Cnidii vita cum appendice de libris, quos Ctesias composuisse fertur. 8maj. Hannov. 827. Hahn. 3 gℊ Schrbp. 4 gℊ

Rettig, Heinrich Christian Michael (Giessen)
Das erweislich älteste Zeugnis für die Aechtheit der in den Kanon des Neuen Testaments aufgenommenen Apokalypse. Leipzig: Hahn 1829. 64 S.
Diss. lic. theol. Giessen 26.1.1829. vorh. 26

Rettig, J. L., des Dorfmädchens Liebe. — Das Wiedersehen auf der Felsen-Insel. 2 Novellen. 8. Znaim 840. (Wien, Singer u. Goering.) 1/2 ℳ

Rettig, Magd., Martha. Ein belehrendes Unterhaltungsbuch für Mädchen, welche gute Frauen werden wollen. 12. Znaim 840. (Wien, Singer u. Goering.) 1/2 ℳ

Rettig, Magd. Dobr., die Haus-Köchin, od. e. leichtfaßl. u. bewährte Anweis., auf d. vortheilhaft. u. schmackhafteste Art die Fleisch- u. Fastenspeisen zu kochen, zu backen u. einzumachen; Tafeln nach d. neuesten Art zu decken; nebst vielen and. nützlichen in d. Haushaltung oft unentbehrl. Sachen, durch vieljähr. Erfahr. erprobt. 2., verm. u. verb. Aufl. (Mit d. Bildn. d. Verfin.) 8. (26 B.) Königgratz 833. (Wien, Wenedikt.)

Rettig, Magdalena Dobr., die Haus-Köchin, oder eine leichtfaßliche u. bewährte Anweisung, auf die vortheilhafteste u. schmackhaft. Art die Fleisch- u. Fastenspeisen zu kochen, zu backen u. einzumachen; Tafeln nach d. neuesten Art zu decken; nebst vielen andern nützl. in der Haushaltung oft unentbehrl. Sachen, durch vieljähr. Erfahrung erprobt. 3. verm. u. vielseitig verb. Aufl. 8. Königsgrätz u. Prag 838. (Wien, Wenedikt.) n. 5/6 ℳ

Rettig M. v. Die Hausköchin. 6. Aufl. Königgrätz, J. Pospischil 1852. 8.

Rettig, Magdalena, die Hausköchin, oder eine leichtfaßliche und bewährte Anweisung, auf die vortheilhafteste und schmackhafteste Art Fleisch- und Fastenspeisen zu kochen, zu backen etc. 8. (408 S.) Prag 861, Pospisil.

Rettig, Magdalena D., Hausköchin oder eine leichtfaßl. und bewährte Anweisung, auf die vortheilhafteste und schmackhafteste Art Fleisch- und Fastenspeisen jeglicher Gattung zu kochen, zu backen und einzumachen; mannigfaltige Leckerbissen von Mehl und Obst, Eingesottenes etc. zuzubereiten; Tafeln nach der neuesten Art zu decken; nebst vielen anderen nützl., in der Haushaltung oft unentbehrl. Sachen. 14. Aufl. 8. (VIII, 632 S. mit Portr. des Verf.) Prag 884. (Wien, Szelinski.) *

Rettig, Magdalena D., Hausköchin oder eine leichtfaßl. und bewährte Anweisung, auf die vortheilhafteste und schmackhafteste Art Fleisch- und Fastenspeisen jegl. Gattung zu kochen, zu backen und einzumachen; mannigfaltige Leckerbissen von Mehl und Obst, Eingesottenes etc. zuzubereiten; Tafeln nach der neuesten Art zu decken; nebst vielen anderen nützl., in der Haushaltung oft unentbehrl. Sachen. 15. um 122 neue Recepte verm. Aufl. 8. (VIII, 632 S. mit Portr. des Verf.) Prag 888. (Wien, Szelinski.) geb. *

Rettig, Magdalena, Die Hausköchin oder eine leichtfaßliche und bewährte Anweisung, auf die vortheilhafteste u. schmackhafteste Art Fleisch- und Fastenspeisen jeglicher Gattung zu kochen, zu backen u. einzumachen; mannigfaltige Leckerbissen von Mehl u. Obst, Eingesottenes u. s. w. zuzubereiten; Tafeln nach der neuesten Art zu decken, nebst vielen andern nützlichen in der Haushaltung oft unentbehrlichen Sachen. 15., um 122 neue Recepte vermehrte Auflage. 8. (VIII, 632 S.) Wien: Szelinski 1889. 1.50

Rettig, Magdalena D., Hausköchin oder eine leichtfaßliche und bewährte Anweisung Fleisch- und Fastenspeisen zu kochen, zu backen und einzumachen etc. 16., umgearbeitete und vermehrte Auflage 8. (VIII, 544 S.) In Comm. 1.50 Wien: Szelinski 1893.

Rettig, Magdalena D., Hausköchin, oder eine leichtfassliche und bewährte Anweisung, auf die vortheilhafteste und schmackhafteste Art Fleisch- und Fastenspeisen jeglicher Gattung zu kochen, zu backen oder einzumachen etc. 17. unveränderte Auflage. 8. (VIII, 468 S.) Wien: Szelinski 1897. 1.50

— — Die junge Köchin. Eine Belehrung, wie man gewöhnl. Speisen schmackhaft u. wohlf. zubereiten könne. 2., durchaus verb. Ausg. d. Schrift „Guter Rath f. Landwirthinnen u. Landmädch" kl. 8. (122 S.) *Ebds. 36 kr., cart. 50 kr. 1884.

Rettig, Max, Grundlagen des technischen Zeichnens f. d. Schiffchen-Stickerei. (40 S. m. Fig.) gr. 8. Plauen (908). Ch. Stoll. 2.80

Rettig, Paul, appr. Arzt: Ueber Caput obstipum musculare. Halle a. S. 1909: Hohmann. 52 S. 8°
Halle, Med. Diss. v. 12. Jan. 1909, Ref. Eberth
[Geb. 29. Jan. 84 Halle a. S.; Wohnort: Halle; Staatsangeh.: Preußen; Vorbildung: Latina Halle Reife M. 02; Studium: Halle 2, Marburg 1, Halle 7 S.; Coll. 3. Juli 08; Approb. 1. Jan. 09.] [U 09. 1614

**Rettig,** *Otto Rudolph* Richard [aus Lassowko (Prov. Posen)]: **Ueber angeborene Nabelschnurbrüche und ihre operative Behandlung ... Berlin, C. Vogts Buchdr.,** *1894;* 32 S., 2 Bl. 8.
Berlin, Med. Fak., Inaug.-Diss. v. 14. Aug. 1894

**Rettig,** Walther, Referendar: **Die stille Gesellschaft des Handelsgesetzbuches im Verhältnis zu der Gesellschaft des Bürgerlichen Gesetzbuches.** *Pr. Stargard 1902: E. Timm.* (IV, 48 S.) 8°
Rostock, Jur. Diss. v. [30. Mai] 1902

**Rettig, Walth., die stille Gesellschaft des Handelsgesetzbuches im Verhältnis zu der Gesellschaft des bürgerlichen Gesetzbuches.** gr. 8. (IV, 48 S) Berlin 902. Struppe & Winckler. n. 1. 50

Rettig, Wilhelm

**Rettig,** W., Leo **Burgerstein** u. d. Schulbankfrage. (31 S. m. Abb.) gr.8. Charlottenbg. 909. P. J. Müller. — 30

**Rettig,** Wilhelm, Prologe und Festlieder für deutsche Turnvereine, Leipzig, 58 S., 8°.

Rettig, Wilh.: Aus dem Reiche der Kunst, s. Marmorgruppen.

**Rettig,** W., **neue Schulbank.** gr. 8. (62 S. m. 29 Fig.) Leipzig 895. Leipziger Lehrmittel-Anstalt v. Dr. O. Schneider. n. 1. 50

Zur Schulbanksache. Offener Brief an Herrn komm. Kreis-Schulinsp. E. Wisskott zu Solbad Segeberg von W[ilhelm] **Rettig**, früh. Oberbaurat zu München. Charlottenburg: P. J. Müller 1908. (16 S.) 8° [illegible]

— Turnersinn, s.: Marmorgruppen. (Strapp, L.)

Rettig v. Constanz, Fr.: **Bericht über eine Petition mehrer Hochschüler zu Heidelberg an d. 2. Kammer d. Bad. Landstände.** *Heidelb.*, Winter. 831. gr. 8. (4 Gr.)

**Rettige, Schwarze,** gebaut von meinem Haussatyr. Nürnberg 1798. V: *Münch, Johann Gottlob.* (Fiker) (GGr) (Ky) (MGT) »Rettiche« V: *Münch, Johann Gottlieb.* (NN)

**Rettige,** schwarze, gebaut von meinem Haussatyr (von J. G. Münch). 8. Leipz. 798. Weygand. 1 ₰

**Rettinger,** *Kasp. Lud.* [Prof.]: **Zur Geschichte des Problems der Gleichgewichtsfiguren, die eine homogene, um eine feste Axe mit konstanter Winkelgeschwindigkeit rotierende Flüssigkeitsmasse unter dem Einfluss ihrer eigenen Anziehung annehmen kann. (Umschlagt.: Problem der Gleichgewichtsfigur einer rotierenden Flüssigkeitsmasse.)** Rottweil, M. Rothschild's Buchdr., 1893; 1—76 S., 1 kl. Bl. 4.
Rottweil, k. G, P 1893 (580)

**Rettler,** Heinrich, approb. Arzt aus Remblinghausen i. W.: **Aus d. chirurg. Klinik in Kiel. Zur Casuistik der malignen Tumoren, welche sich auf dem Boden angeborener Muttermale entwickeln.** *Kiel 1900: Nord-Ostsee-Zeitung.* (19 S.) 8°
Kiel, Med. Diss. v. [8. Mai] 1900

**Rettstadt,** G., Miscellanea aus dem grünen Wald u. vom grünen Tisch. gr. 8. (258 S.) Hannover 889. Klindworth. geb. n. 3. 60

**Rettung,** die, Schausp. in 4 Akten, von K. Aldbr. 8. Meißen, Gödsche. 811. Rthlr.

**Rettung,** die, e. Erzähl. f. d. heranwachs. Jugend. Verfaßt v. e. Nachkommen Luthers. 16. ($9\frac{1}{8}$ B.) Stuttgart 838, [Gärtner.]

**Rettung.** Deutsches Zentralblatt f. Enthaltsamkeitsbestrebgn. Publikationsorgan des Ernst Wulffschen Enthaltsamkeitsschulvereins. Rettung Trunksüchtiger. Rettung Leichtsinniger. Rettung Willensschwacher. Hrsg.: Ernst Wulff. Red.: Ernst Wulff u. Willy Wawrenock. 1. Jahrg. Septbr. 1903—Aug. 1904. 12 Nrn. (à ca. 4 S.) Fol. Düben a/d. Mulde (Ritterstr. 168), E. Wulff. n.n.n. 2.—
Nicht im Buchhandel.

**Rettung.** Hrsg. vom deutschen Zentral-Vorstand d. Blauen Kreuzes. Schriftleitg.: D. Goebel. 6. Jahrg. 1910. 52 Nrn. (Je 4 S. m. 1 Abb.) gr. 8. Barmen, Buchh. des Blauen Kreuzes. à Nr. — 01

Abgenöthigte Rettung der Gegen-Information Ludew. Otten und Fried. Philipps Gebr. Edlen v. **Plotho** . . . wieder eine Rechtsbegründete Wiederlegung vorgedachten Gegen-Information, welche Frau v. Tümpflingen . . . Kayserl. Reichs-Hoffrath . . . übergeben . . . nebst Beantwortung. Berlin 1720.
**fol.**

**Rettung** des hohen Adels der Bayrischen Landstände gegen die neuesten dawider gemachten Einwürfe. [Hildburghausen 1799.] V: *Aretin, Joh. Christoph Freiherr von.* (MGT)

**Zur Rettung Alt-Wiens.** [Flugschriften des Vereines zum Schutze und zur Erhaltung der Kunstdenkmäler Wiens und Niederösterreichs. II.] Gr.-8°. (98 S.) Wien: Fromme 1910. K —.40

**Rettung** der Bauernhöfe. Betrachtungen für den Bauernstand. Ein Beitrag zur Lösung der socialen Frage. Münster 864. Aschendorff. 8. (47 S.) n. $2\frac{1}{2}$ ngr.

**Rettung** der Bauernhöfe. Betrachtungen für den Bauernstand. Ein Beitrag zur Lösung der socialen Frage. 2. verb. Aufl. Münster 1865. V: *Neteler, Bernhard.* (Rass)

Rettung u. Behaupt. d. Freyh. u. Relig. d. St. Hildesheim. Fol. Hildesheim. 733.

**Rettung,** Deutschlands, durch die Schlacht bei Leipzig, s. a. **Deutschland.**

Deutschlands Rettung und Sachsens Befreiung durch die Schlacht bei Leipzig, im October 1813. Mit einem Plan. 8. Leipzig 1813.

**Rettung** der Ehre Adolph Frhrr. v. Knigge. 8. Hamb. 792. Gundermann. 3 ₰

— zur, der Ehre d. Leipz. Schauplatzes. gr. 8. Halle, Schwetschke u. S. 2 ₰

**Rettung** der Ehre und Unschuld des . . . Georg Heinrichs, Freyherrn von Schlitz, genannt von Goerz . . . erwiesen. S. l. 1776. 2. Aufl. Hamb. 1778. V: *Moser, Friedrich Carl Freih. v.* (schles) (CBH) (ML) (Ky) (Stri) (ADB 22, 779)

— der Ehre u. Unschuld des Frhrn. v. Schlitz, genannt v. Görz, (von F. K. v. Moser). 8. Hamb. 776. 2e Aufl. gr. 8. Ebd. 791. J. G. Herold. 1 ℳ 4 ℊ

— d. Ehre u. Unsch. d. Freyh. v. Schlitz, gen. v. Görz. 8. Hamb. Herold. 782.

Rettung Der Ehren und Rechten Der respective Hochen, und Ehren-Personen, Ständen und Gemeinen, Absonderlich Der Fürstl. Stüfft und Gottshauß St. Gallen Durch grundtlichen Widerlag... jener Schmach-Schrifft [von Johann Ulrich Nabholz], so in offnem Truck außgangen under dem Namen: „Wahrhafftiger und grundtlicher Entwurff Worauff das entzwüschen dem Fürstl. Stüfft St. Gallen, und der Landschafft Toggenburg nunmehro lange Zeit obgeschwebte Streit-Geschäfft eigentlich beruhwe"... Zusammen getragen von getreüen Fürstl. St. Gallischen Beambteten. 4. St. Gallen 1710.
*Enthält den Entwurff und die Widerlag.*

**Rettung, die, d. Eigentums. Vorschläge zur Bildg. e. freisinnig-sozialen Partei. Von ***. gr. 8. (64 S.) Berlin 891. Cassirer & Danziger.** n. 1. —

**Rettung** aus großer Gefahr. 8. (8 S.) Barmen 874. Wiemann. n. — 4

**Rettung** vor Gefahr und Krankheit. 2. Aufl. Leipzig 1853. V: *Reclam, Dr.* (Polizei an Staats-Kanzlei 31/3, 1853)

**Rettung** vor Gefahr u. Schande! Rettung vor den Krankheiten der Zeugungstheile, vor den Folgen der heimlichen Sünden, vor den Ausschweifungen der Jugend u. vor Impotenz. Eine medicinische Abhandlung für Laien. Nebst einem Anhange, welcher bewährte Schutzmittel gegen die genannten Leiden u. eine Uebersicht der Anatomie u. Physiologie der Zeugungstheile sowie der Entwickelung des Menschen enthält. Von einem alten Arzte. Mit 70 (lith.) anatom. Abbildgn. 8. (VIII u. 176 S.) Leipzig 850, Pönicke in Comm. Versiegelt. n. $1^{1}/_{3}$ ℳ

Rettung vor Gefahr und Krankheit! Rettung vor den Krankheiten der Zeugungstheile, vor den Folgen der heimlichen Sünden, vor den Ausschweifungen der Jugend und vor Impotenz. Eine medicin. Abhandlung für Laien. Nebst einem Anhang, welcher bewährte Schutzmittel gegen die genannten Leiden und einer Uebersicht der Anatomie und Physiologie der Zeugungstheile sowie der Entwickelung des Menschen enthält. Verfaßt von einem alten Arzte. 2. (Titel-)Aufl. 12. (VI und 176 S. mit 70 lithogr. anatom. Abbild.) Leipzig 853, (G. Poenicke.) *

— aus Gefahren. Erzählungen für die reifere Jugend von einem ihrer Freunde. br. 8. (V und 90 S. mit 6 lithogr. und ill. Illustr. in Tondr.) Nürnberg 858, Geißler.

**— die, Griechenlands, die Sache d. dankbaren Europa. 8. Leipz. 821. Kollmann. 8 ℊ**

Rettung der Grundbesitzer aus drohender Gefahr. Druck von F. Reichardt u. Co. 1 Bl. Fol.
Flugblatt. Berlin, 18. Okt. 1848.

**— die, d. Handwerks, durch den Befähigungsnachweis v. e. Handwerkerfreunde. gr. 8. (16 S.) Halberstadt 893. Helm.** n. — 20

**Rettung, Die, des Handwerks durch den Befähigungsnachweis... Halberstadt [1898].** V: *Krüger, Frdr. H.* (Berl)

— u. Hebung des Bauernstandes, soweit diese durch Raiffeisencassen-Vereine erreicht werden kann, s. a. Volksaufklärung.

**Rettung** und Hebung des Bauernstandes, soweit diese durch die Raiffeisencassen-Vereine erreicht werden kann. Wesen, Nutzen, Organismus und Verwaltung der Raiffeisencassen-Vereine, gemeinverständlich dargestellt von Seelsorgspriester A. P. Volksaufklärung, Heft 16. 16°. Warnsdorf, A. Opitz, 1899.

**Rettung** der Kenntnisse und Gelehrsamkeit Friedrichs III., Herzogs zu Schleswig-Hollstein . . . Kiel 1786. V: *Christiani, Wilhelm Ernst.* (Bruun, Bibl. Danica III, 790.)

— die, in Lebensgefahr u. nützliches Mancherlei, s.: Wochenbände.

Rettung durch Liebe, oder die Höllenmühle, Schausp. in 2 Aufzügen von A. v. Seckendorf. gr. 8. Leipzig, Compt. f. Literat. (Knobloch.) 821.

(Rettung des Menschenlebens aus der Gefahr in den Fluthen untergehen.) Njbl. s. [Vögelin, Salomon].

**— die, um Mitternacht. Ein Lustsp. in 1 Aufz. F. A. Musick. 8. Prag, Barth. 808.**

Rettung aus der Noth, die — durch Huld und Gnade. Verfaßt aus Anlaß der von Sr. Allerhöchsten Majestät dem Kaiser allergnädigst bewilligten Theuerungszuschüsse an die geringer besoldeten k. k. Staatsbeamten. Ein Lebensbild. Prag, 1856. Druck des artistisch-typographischen Instituts von Karl Bellmann. (14 S. 8.)

**Rettung** der Rechte des Erstgebohrnen in dem Fürstlichen Hause Salm-Salm . . . O. O. 1771. V: *Zwierlein, Chn Jacob von.* (Holz)

**Rettung** der Reichs-Unmittelbarkeit derer von Zedtniz und ihres Gerichtes Asch gegen die Einwürffe des Böhmischen Fiscals. (Hof) 1765. V: *Moser, Joh. Jacob.* (Joh. Jacob Moser, Lebensgeschichte von ihm selbst beschrieben. Frankfurt u. Leipzig 1777, III, 151)

— f. Rettung. Schausp. in 5 A. v. H. Beck. 8. Frankf. Eßlinger. 803.
mit Kupfern.
Velinpap. mit Kupfern.

**Rettung, Die,** aus den Ruinen der alten Burg oder das schreckliche Geheimniss ... Leipzig 1822—23. V: *Müller, Ernst.* (Ky) *Müller, Joh. Ernst Frdr. Wilh.* [?].

**Rettung**, die, aus den Ruinen d. alten Burg od. d. schreckl. Geheimn., e. abenteuerl. Geschichte. 2 Bde. 8. Leipz. 822—23, Central-Cptr.

**Rettung, Schriftmässige,** der Paulinischen Worte I. Cor. 11, 2. 3. ... Wittenberg 1724. V: *Bohner, Leonh.* (Myl)

Standhafte **Rettung** des Eigenthums und Besizes der Universität zu Mainz an den Klostergebäuden ... des aufgehobenen Klosters Altenmünster ... gegen die von dem Kurfürsten Friedrich Karl Joseph zu Mainz der Abtei Jakobsberg nichtiglich geschehene Schenkung derselben ... u. gegen das von dem Gerichtshofe des Dep. Donnersberg zu Mainz unter d. 12. Fructidor J. 7. erlassene Urtel in Sachen der Universität zu Mainz, Klägerin, nunmehrigen Adpellantin, entgegen Abten ... des Klosters Jakobsberg. [Mainz 1801.]

— die, der Wittenberger Universitäts-Bibliothek durch deren ersten Custos M. Gottlob Wilhelm Gerlach, jetzt ordentlicher Professor der Philosophie an der Universität Halle. Zur Geschichte des Jahres 1813. Halle 859. Fricke. gr. 16. (36 S.) n. 5 ngr.

**Rettung** der Unschuld der evang.-reformirten Gemeinde in der Freien Reichsstadt Worms ... Düsseldorf u. Frankfurt 1767. V: *Rediger, Andr.* (Holz)

**—der Unschuld d. evangel.-reformirten Gemeinde in Worms. 4. Düsseld. 767. (Hermann in Frankf.) 4 gr.**

— unverhoffte, Friedrich des Großen durch Rosalie Schreier in Oppeln und Geo. Margner in Zündel im ersten schlesischen Kriege. Nebst einer Widerlegung der Wahner'schen Schrift: „Friedrich der Große hat in Oppeln nicht unter der Maischbütte gesteckt." Berlin 861. Geelhaar in Comm. 8. (16 S.) n. 1 ngr.

**Rettung, die unvermuthete,** Lustsp. 8. Frankf. Brönner. (a. Gebhardt u. K.) 770.

— des Vaterlandes, Schauspiel mit Gesang von G. Henrici. gr. 8. Leipzig, Voigt. (Schmidt in Comm.) 820.

**Rett-** und Vertheidigung des Churpfälzischen Widerspruchs der Chursächsischen Ansprüche an die baierische Allodialverlassenschaft. 1779. 4. 31 S.

**Rettung, Die,** der Weinberge in Franken ... Würzburg 1804. V: *Voit, Johann Peter.* (MGT) »1767« (Ky)

**—der Weinberge in Franken, (angebl. von J. P. Voit). 16. Würzb. 804. Stahel. 8 gr.**

**Rettung**, die wunderbare, des deutschen Dampfers „Bulgaria" durch seinen Kapitän Schmidt. 8. (16 S. m. 4 Abbildgn.) Chemnitz (899). C. A. Hager. — 15

**Rettungsanker**, d. wunderbare, s.: Vereins-Theater, kath.

**Rettungsanstalt** für arme verwahrloste Kinder auf dem Freienstein, Kanton Zürich. 27. Jahresbericht. 12 Stn. 8. Zürich, Druck von J. J. Ulrich. 1875.

**Rettungsanstalt, Die schweizerische,** für Knaben in der Bächtelen bei Bern ... Bern 1875. V: *Hofmeister, Dieth.* (Cat. der Stadtbibl. Zürich. Zürich 1864—97.)

**Rettungsanstalt,** die schweizerische für Knaben in der Bächtelen, bei Bern. Geschichtlich dargestellt und herausg. für die internat. Ausstellung in Philadelphia. 36 Stn. 4. Bern, Stämpflische Druckerei. 1876.

**Rettungsgesellschaft**, die Wiener freiwillige, s. a. Festschrift der Wiener freiwilligen Rettungs-Gesellschaft.

Wien freiwill. Rettungsgesellsch. Jahresber. f. 1888—1900. Wien 1888—1901. 2 Bde.

**Die Wiener freiwillige Rettungsgesellschaft.** Ihre Entstehung und Entwicklung, ihre Organisation und ihre Tätigkeit sowie die Beschreibung ihres Sanitäts- und Transportmaterials. Gr.-8°. (ill. 223 S.) K 4.—
Wien: Moritz Perles, K. u. K. Hofbuchh. 1907.

**Rettungshaus-Bote, der.** Correspondenzblatt für die Rettungshaussache. Redact.: C. Lichtwark. 1.—3. Jahrg. Octbr. 1880—Septbr. 1883. à Jahrg. 4 Nrn. (à Nr. 1¼ Bog.) gr. 8. Lübeck, (Grautoff.) à Jahrg. **
—— dass. — 4. und 5. Jahrg. Oktbr. 1883—Septbr. 1885. à Jahrg. 6 Nrn. (Bog.) gr. 8. (Ebendas.) à Jahrg. *

Rettungshaus-Bote, der. Correspondenzblatt für die Rettungshaussache. Hrsgbr.: C. Lichtwark. 6.—8. Jahrg. Oktbr. 1885—Septbr. 1888. à Jahrg. 6 Nrn. (Bog.) gr. 8. Lübeck, (Schmersahl.) à Jahrg. *

**Rettungshauswesen, das,** mit besond. Beziehung auf den Stand desselben im Königr. Preußen. Eine Denkschrift des Central-Ausschusses für die innere Mission der deutschen evangel. Kirche. gr. 4. (22 S.) Berlin 882, Hertz. *

**Rettungsjubel.** Zum Gebrauch in Evangelisations- u. Glaubensversammlgn. (XV, 223 S.) gr. 8. Wandsbeck (906). Verlag des Missionshauses „Bethel".
Geb. in Leinw. n. 3.—; Prachtausg., geb. in Ldr. m. Goldschn. n. 4.50

**Rettungsjubel.** Zum Gebrauch in Evangelisations- und Glaubens-Versammlgn. 9. Aufl. (52.—61. Taus.) (X, 132 S.) kl. 8. Wandsbek (910). Verlagsbuchh. „Bethel". nn —30; geb. m. Goldschn. 1.—

**Rettungsjubel.** Zum Gebr. in Evangelisations- und Glaubens-Versammlungen. 12. Aufl. Wandsbek: Bethel [1910]. 223 S. 8° (11.4.27 8

**Rettungsmittel** bei Obst- u. Waldbäumen u. andern Gewächsen, d. im Winter d. Gefahr d. Erfrierens ausgesetzt sind. 8. Leipzig, 1798. Schwickert. — 7½

Rettungs=Mittel, sichere — für die von Kometenfurcht beängstigten schlechten Gewissen in Europa. Astronomische Prophezeibung aus den sybillinischen Büchern des Naturforschers Master Vorwärts zu Volksdorf, Mitglied sämmtlicher Wander=Vereine von Europa. Bekanntgegeben von M. J. v. Schickh. Gratz, 1857. Aus der Tanzer'schen Buchdruckerei. Gratz, Wien und Leipzig. In Kommission bei Karl Mühlfeith in Gratz. (24 S. 8.)

Rettungsplanke, die. Erzählung für katholische Familien. Aachen 853. Cremer. 8. (144 S. u. 1 Lithogr.) 12½ ngr.

Rettungsplanke, die. Aus dem Leben eines Studenten. Erzählung. 2. verb. Aufl. Aachen 861. Cremer. 12. (132 S. u. 1 Lithogr.) 12½ ngr.

**Rettungstafeln** bei Scheintodten . . . Braunschweig [1804]. V: *Kraus, Ludwig August.* (call)

Rettungsversuch, e.; aus der Praxis der Fürsorge-Erziehg., s.: Abhandlungen, pädagogische. 95. Hft.

Das Rettungswesen des Bayerischen Landeshilfsvereins vom Roten Kreuz. München 1910.

Retz, Anders Johann, s. Retzius, Anders Joh.

Retz, J. Fr. P. de Gondi- (Cardinal, né en 1614, † 1679), Denkwürdigkeiten, verflochten mit den wichtigsten Begebenheiten der ersten Jahre Ludwig's XIV. Aus d. Französ. 3 Bde. mit 1 Portrait. Jena 1798—1800. 8⁰. (6 Mk. 80 Pfg. Taussig, 1906.) Selten!
Orig.: Mémoires contenant ce qui s'est passé de remarquable en France pendant les premières années du règne de Louis XIV. (1648—55). 4 vols. Amsterdam 1723. 8⁰. (6 Mk. 50 Pfg. Taussig, 1906.) Voir Gay, Bibl. de l'amour III, 156.

Noël Retz
[Des Maladies de la peau. Deutsch:] Die Krankheiten der Haut, ihre Ursachen, ihre Symptome u. ihre ... Behandlungen. Von [Noel] Retz. Aus d. Franz. übers. u. m. Anm. begleitet von C.A.P. Breßlau: Gutsch 1788. XVI, 112 S. 8⁰

Retzbach, Ant., ABC des öffentl. Haushaltes, s.: Bücherei, soziale.

— Die gewerbl. Arbeiterinnenfrage, s. a. Bücherei, soziale.

**Retzbach,** Anton: Die gewerbliche Arbeiterinnenfrage. — München: Buchh. d. Verbandes südd. kath. Arbeiterinnenvereine 1910. 189 S. 8⁰ (Soziale Bücherei.)

**Retzbach,** Ant., Die Erwerbstätigkeit der Kinder in Deutschland. (Aus: „Oberrhein. Pastoralblatt".) Lex-8⁰. Freiburg i. Br., Herder, 1903.

— die soziale Frage. (VIII, 298 S.) gr. 8. Freiburg i/B. 905. Verband der kathol. Arbeitervereine. (Nur direkt.) n. 2. 50

— Die Frau im badischen Wirtschaftsleben unter besond. Berücksicht. der Industriearbeiterinnen. Vortrag, geh. auf dem Verbandstage der süddeutschen kathol. Arbeitervereine in Karlsruhe am 26. VI. 1910. (27 S.) 8. Freiburg i/B. 910. Verband d. katholischen Arbeitervereine. (Nur direkt.) — 50

— die Handwerker u. die Kreditgenossenschaften, s. a. Studien aus dem Collegium Sapientiae zu Freiburg i. Br. 2.

Retzbach, Anton: Die Handwerker und die Kreditgenossenschaften. E. Beitrag z. Handwerkerorganisation. Von Anton Retzbach, Dr. d. Staatswiss. Freiburg i. Br.: In Comm. d. 'Charitasverbandes f. d. kathol. Deutschland'; (Buchdr. J. Vollmer) 1899. (VIII, 132 S., 1 Bl.) 1 Bd 8⁰
= Studien aus d. Collegium Sapientiae zu Freiburg i. Br. Bd 2.

— das Kinderschutzgesetz, s.: Charitas-Schriften. 12. Hft.

— Leitfaden f. soziale Praxis. 5.—7. Taus. (VIII, 339 S.) gr. 8. Freiburg i/B. 907. Verband der kathol. Arbeitervereine. (Nur direkt.) n. 3. —; geb. n. 3. 70

— s.: Revue, soziale.

Retzbach, Ant., wie kann das Genossenschaftsgesetz f. die Handwerker nutzbar gemacht werden, s.: Ausgestaltung, die praktische, der Handwerker-Innungen.

— wie kann das Genossenschaftsgesetz f. die Handwerker nutzbar gemacht werden, s.: Tages-Fragen, soziale.

Retzdorff, Gustav, Ergebnis der Zählung im deutschen Turnkreise IIIb (Prov. Brandenburg) am 1. 1. 1903, 1905, Berlin, 10 S., 4⁰, 41 S., 8⁰. 2 Bde.

Retzdorff, Gustav, Geschichte des Havelländischen Gaues, Friedenau-Bn. 1900, 22 S., 8⁰.

Retzdorff, G.: Spiellust. Eine Sammlung wenig bekannter Spiele für das Freie u. den Turnsaal. Friedenau um 1898. 58 S. m. Abb.

Retzdorff, Gustav, Übungstafeln für das Gerätturnen der Frauen und Mädchen, f. 4 Stufen, m. Abb., Friedenau b. Berlin 1890, VIII u. 135 S., 16⁰.

Retzdorff, Gust., Uebungstafeln f. d. Gerät-Turnen d. Frauen u. Mädchen, f. 4 Stufen bearb., m. e. Einleitg. u. 36 Darstellgn. in 15 Abb. nach photograph. Aufnahmen. 16. (VIII, 135 S.) Friedenau-Berlin 896. H. Brücker. Geb. in Leinw. n. 1. 50

**Retze,** Wilhelm [cand. med.]: Ueber die Beziehung der Gesichtslage zum engen Becken ... Bonn-Poppelsdorf, Buchdr. v. J. Paffenholz, 1897; 34 S., 1 Bl. 8.
Bonn, Med. Fak., Inaug.-Diss. v. [24. Juni] 1897

Retzel, Geo. F., der sechs Tagewerke Gottes geheime Bedeut. 8. Blankenb. Förster. 722.

Retzen, T. v., Aufgaben und Musterarbeiten zum Portepee-Fähnrichs-Examen. Ein Hülfsbuch für junge Leute, welche sich zu diesem Examen vorbereiten. Berlin 858. Mittler's Sortbdlg. 8. (XI, 167 S.) n. 25 ngr

Retzendorf, C., dreyfaches Kleeblatt. 8. Görlitz, Richter. 739.

Retzer, Carl Friedrich, s. Retzer, Karl Friedrich

Retzer, Josef von

— s. K: H. v. Ayrenhoff sämmtl. Werke.

– s. Hieron. Balbi, Opera.

Ueber die Beschuldigungen der Hrsg. der Neuesten Religions-Begebenheiten, der Wiener Zeitschr. und des Magazins der Kunst und Litteratur. Von Jos. Edlen v. Retzer. Wien 1795: Seizer.
Abgedr. in: Berlinische Monatsschr. 26 (1795) S. 468—488; Intelligenzbl. d. Jenaisch. Allg. Litt.-Ztg. 1795 Nr 107.
cf. Neueste Religionsbegebenheiten. 18 (1795) S. 493—512, 1796 S. 151—176.
Mit einem Nachwort von J. E. Biester. Verteidigung gegen die Beschuldigung der Illuminat.

v. Retzer, Frhrr. Jos. Fr., der Beichtvater u. d. junge Geistliche als Beichtkind. 8. ... 785.

– s. Choice of the best poetical pieces.

Retzer, J., Choice of the best poetical pieces of the most eminent english poets. VI Vol. 8. Wien, Hörling. (Tendler. 783–87.

– s. M. Denis, Nachlaß.

— sieben Gedichte. 8. Berl. 806.

Retzer, F. Jos. v., Gedichte aus d. kais. königl. Theresiano. 8. Wien, Kurzböck. (Camesina) 774.

— Gedichte aus d. k. k. Theresiano. 8. Wien 774. Kurzböck. (Heubner). 5 gr

– s. Giovane, gesammelte Schriften.

– s. Mako, phys. Abhandl.

— Metastasio; e. Skizze f. seine künst. Biographie. 8. Wien 782.

— Nachr. v. d. Leben u. d. Schr. des ehemaligen Bischofs von Gurk. 8. Wien, Schaumburg. (Stabel in Würzb.) 790.

– s. Ossians Gedichte. Nachlese.

– s. Racine, Briefe.

v. Retzer, Jos. Frhr. Schreiben des k. k. Feldmarschall-Lieutenants von Ayrenhoff über einige seiner militairischen und literarischen Begebenheiten. 8. Wien 1810.

— Schreiben an Chr. H. Schmid, üb. die Anweis. d. vornehmsten Bücher in allen Theilen d. Dichtkunst. 8. Wien 782.

Retzer, Frhr. Jos. Fr. v. Tabakspachtungen in den österr. Landen von 1670—1783, nach ächten Urkunden. 8°. Wien, Hörling, 1784.

Retzer, Karl Friedrich

Retzer, Carl Frdr., die naturwissenschaftliche Weltanschauung u. ihre Ideale. Ein Ersatz f. das religiöse Dogma. gr. 8. (64 S.) Leipzig 890. Wiest. n. 1.—

Retzer, Robert, aus St. Louis, Mo. U. S. A.: (Aus d. Anat. Anstalt zu Leipzig). Über die musculöse Verbindung zwischen Vorhof und Ventrikel des Säugethierherzens. *Leipzig: Veit & Co. 1904.* (16 S.) 8° ¶(Aus: Archiv f. Anatomie u. Physiologie 1904. Anat. Abteil.)
Leipzig, Med. Diss. v. 1904

Retzer, Wilh., die deutschen Süsswasserschwämme. Inaugural-Dissertation. gr. 8. (30 S. mit 2 lithogr. Taf.) Tübingen 883, (Fues.) *

Retzius, Anders Johan

— Abhandl. v. Einflusse d. Witterung auf die Arzneiwissenschaft u. d. Ackerbau; aus d. Französ. mit Anmerkk. von Chr. Fr. Held. gr. 8. Greiz 786. Henning. 14 gr

Retz od. Retzius, Andr. Jh., Anfangsgründe d. Apothekerkunst; aus d. Latein. übersetzt u. z. Gebrauch d. Lehrlinge eingerichtet v. H. Ch. Ebermeier. 8. Lemgo 777. Meyer. 4 gr

Retzius, A. J. Crania oder Todtenkopfs-Muschel. (Aus Schrift. d. Gesellsch. naturforsch. Freunde.) Berlin. 1781. 8.

— Vermium intestinal. descriptio. 8. Upsala 787. Acad. 8 gr

— v. Einflusse d. Witterung a. d. Arzneywissenschaft und dem Ackerbau, a. d. Franz. m. Anmerk. gr. 8. Gratz, Henning. 786.

— Einleitung in die Lehre von d. Arzneien d. Pflanzenreichs; aus d. Latein. übers. mit Anmerkk. von J. Fr. Westrumb. 8. Leipz. 786. (Joachim). 5 gr

Retzius A. J.: Fauna Suecica a C. a Linné inchoata. Pars 1. sistens mammalia, aves, amphibia et pisces Succiae. Lips. 1800. 362 S. 1 kol. Tvl.

— Fauna Sueciae, a Linné inchoata. Prs. I. 8maj. Leipz. 800. (W. Vogel). 1 rℓ 12 gr

Retzius (A. J.). Flora Virgiliana. . . . Lund, 1809. 8°.

— s. K. v. Geer, genera et spec. insectorum.

— die Krankheiten der Haut; aus d. Französ. 8. Bresl. 788. (Berl., Belitz). 4 gr

— primae lineae pharmacologiae in usum praelect. 8. Götting. 771. Dieterich. 3 gr

— observationes botanicae. VI Fasc. cum fig. Fol.maj. Lpz. (W. Vogel). 5 rℓ color. 8 rℓ 16 gr

— Florae Scandinaviae prodromus. 8maj. Leipz. 795. (W. Vogel). 1 rℓ 4 gr

— prolegom. in pharmacologiam regni vegetab. privatar. instit. usui destinata. 8. Lipsiae, Müller. (Joachim.) 785.

Retzius, Anders, ethnologische Schriften. Nach dem Tode des Verf. gesammelt. Fol. (XI und 168 S. mit eingedr. Holzschn. und 6 Stnt., wovon 4 in Tondr.) Stockholm 864. (Leipzig, A. Dürr.) cart. * *

Retzius, Anders Johan. Versuch einer Aufstellung des Mineralreichs . . . A. d. Schwed. . . . Leipzig 1798. Ü: *Rudolphi, Carl Asmus.* (BrMm)

— Versuch e. Aufstellung d. Mineralreichs; aus d. Schwed. gr. 8. Leipz. 798. (W. Vogel). 1 ℔ 4 𝔤𝔯

Retzius, Andreas: Blick auf den gegenwärtigen Standpunkt der Ethnologie in Bezug auf die Gestalt des knöchernen Schädelgerüstes. Vortrag bei der 7. Versammlung skandinavischer Naturforscher in Christiania. 1856. ([S.-A.] J. Müller's Archiv für Anatomie und Physiologie. 1858.) Berlin 1857. 44 S. 8°.

Retzius, Gust., das Affenhirn in bildlicher Darstellung. (Cerebra simiarum illustrata.) (XI, 24 S. m. 67 Taf.) gr. 4. Stockholm 906. Jena, G. Fischer. Geb. n. 50. —

Anthropologia suecica. Beiträge z. Anthropologie d. Schweden, nach den auf Veranstaltung d. schwed. Ges. f. Anthropol. u. Geogr. in den J. 1897 u. 1898 ausgeführten Erhebungen ausgearb. u. zsgest. von Gustaf Retzius u. Carl M[agnus] Fürst. Mit 130 Tab., 14 Karten u. 7 Proportionstaf., vielen Kurven u. anderen Ill. *Stockholm 1902: Aftonbladet.* (VII, 301 S.) 2°(4°) [03. 4618

Cerebra simiarum illustrata. Das Affenhirn in bildlicher Darstellung hrsg. von Prof. Dr. Gustaf Retzius. Mit 67 Taf. Jena: G. Fischer (1906). (24 S., 67 Taf. mit je 1 Erl.-Bl.) 2° [07. 897

Retzius, Gust., Crania suecica antiqua. Eine Darstellg. der schwed. Menschen-Schädel aus dem Steinzeitalter, dem Bronzezeitalter u. dem Eisenzeitalter, sowie e. Blick auf die Forschgn. über die Rassencharaktere der europ. Völker. Mit 92 Taf. in Lichtdr. u. ausserdem 8 Taf. in Lichtdr. im Nachtrage. gr. Fol. (VIII, IV, 182 S. m. 29 Abb.) Stockholm 900. (Jena, G. Fischer.) Geb. n. 100. —

Retzius, Gustaf, Finnland. Schilderungen aus seiner Natur, seiner alten Kultur u. seinem heut. Volksleben. Autorisirte Übersetzg. v. C. Appel. Mit 93 Holzschn. u. 1 (chromolith.) Karte v. Finnland. gr. 8. (VIII, 158 S.) Berlin 885. G. Reimer. n. 5. —

Retzius, Gust., das Gehörorgan der Wirbelthiere. Morphologisch-histolog. Studien. I. und II. gr. 4. Stockholm, (Samson und Wallin.) geb. *

Inhalt:

I. Das Gehörorgan der Fische und Amphibien. (II, 221 S. mit 35 Stnt. und 39 S. Erklärungen.) 881. * ℳ 100.
II. Das Gehörorgan der Reptilien, der Vögel und der Säugethiere. (VIII, 368 S. mit 29 Stnt. und 30 Bl. Erklärungen.) 884. * ℳ 150.

— Zur Kenntnis der Struktur des Protoplasmas, besonders in den Eiern der Echinodermen. (29 S. m. 2 farb. Taf.) 8. Uppsala 910. Berlin, R. Friedländer & Sohn. nn 2. 20
Sonderabdruck aus: „Arkiv f. zoologi".

Retzius, Gust., das Menschenhirn. Studien in der makroskop. Morphologie. 2 Tle. Text u. Tafeln. Imp.-4. (VIII, 167 S. m. 96 Taf. in Lichtdr. u. Lith. m. IV S. Text u. 96 Bl. Erklärgn.) Stockholm 896. (Jena, G. Fischer.) Geb. n. 100. —

— über die Spermien der Fucaceen. (9 S. m. 5 Fig.) 8. Uppsala 906. (Berlin, R. Friedländer & Sohn.) n.n. — 80
Sonderabdruck aus: „Arkiv f. botanik".

Retzius, Gust., Studien in der Anatomie d. Nervensystems u. d. Bindegewebes, s.: Key, A.

— anatomische Untersuchungen. 1. Lfg. Imp.-4. (76 S. m. 5 Kpfrtaf. in Imp. u. qu. Fol.) Stockholm 872. Klemming. n. 15. —

Retzius, Gust. Biologische Untersuchungen. Neue Folge. I. u. II. gr. Fol. Stockh. 891. (Lpz., F. C. W. Vogel.) [I. (VIII, 99 S. m. 18 farb. Taf. u. 18 Bl. Erklärgn.) cart. * 36 —; II. (VI, 53 S. m. Textfig., 16 farb. Taf. u. 16 Bl. Erklärgn.) * 30 —.] * 66 —
—— dass. — Neue Folge. III. gr. Fol. (VI, 68 S. m. Textfig., 23 z. Tl. farb. Taf. u. 23 Bl. Erklärgn.) Stockh. 892. (Berl., Friedländer u. Sohn.) cart. * 36 —
Vorstehendes bildet die Fortsetzung der Biolog. Untersuchungen, hrsg. v. Gust. Retzius.

— biolog. Untersuchungen. Neue Folge. VI—VIII. gr. Fol. Ebd. Kart. n. 100. — (I—VIII: n. 274. —)
VI. (IV, 87 S. m. 32 Taf. u. 32 Bl. Erklärgn.) 894. n. 36. —
VII. (VIII, 71 S. m. 15 Taf. u. 15 Bl. Erklärgn.) 895. n. 24. —
VIII. (VI, 122 S. m. 31 Taf. u. 31 Bl. Erklärgn.) 898. n. 40. —

Retzius, Gust., biologische Untersuchungen. Neue Folge. IX. Fol. (VIII. 117 S. m. 28 Taf. u. 28 Bl. Erklärgn.) Ebd 900. Kart. n. 40. —; (I—IX. n. 314. —)

— biologische Untersuchungen. Neue Folge. X.—XIII. Fol. Stockholm. Jena, G. Fischer. Kart. n. 124. —
X. (VI, 72 S. m. Abbildgn., 19 Taf. u. 19 Bl. Erklärgn.) 902. n. 28. —
XI. (IX, 102 S. m. 33 Taf. u. 19 Bl. Erklärgn.) 904. n. 28. —
XII. (VIII, 115 S. m. 20 Taf. u. 12 Bl. Erklärgn.) 905. n. 28. —
XIII. (IX, 168 S. m. 1 Abbildg., 48 Taf. u. 4 Bl. Erklärgn.) 906. n. 40. —

Retzius, Gust., biologische Untersuchungen. Neue Folge. XIV. (XII, 232 S. m. 61 Taf.) 39,5×30 cm. Stockholm 909. Jena, G. Fischer. Kart. 60. —

Retzlaff, Bruno: Ursächliche Momente für die Stellung verkohlter Leichen. *Berlin (1897): E. Ebering.* (26 S. mit Taf.) 8°
Berlin, Med. Diss. v. 21. Dez. 1897

Retzlaff, F., s.: Adreß-Buch f. Schleswig-Holstein.

Retzlaff, F., das Feld- u. Forst-Polizei-Gesetz vom 1. IV. 1880 u. das Gesetz, betr. den Forstdiebstahl vom 15. IV. 1878. Mit Erläutergn. u. den Bestimmgn. üb. Uniformierg., Waffengebrauch, vorläuf. Festnahme u. s. w. sowie Anzeigen-Muster. (63 S.) kl. 8. Recklinghausen (905). F. Retzlaff. Kart. n. — 85

Retzlaff, F.: Feld- und Forstschutz. Das Feld- u. Forstpolizeigesetz, d. Forstdiebstahlgesetz: d. Vogelschutzgesetz ... Mit Erl. u. d. Bestimmungen über Uniform, Waffengebrauch ... u. 4 Abb. von F. Retzlaff, Polizeischuldir. 3. erw. Aufl. Recklinghausen: F. Retzlaff [1909]. 93 S. 8°

Retzlaff, F., die preußische Jagdordnung vom 15. VII. 1907 nebst Ausführungs-Anweisung vom 29. VII. 1907 u. allen jagdpolizeilichen Bestimmgn. (V, 152 S.) kl. 8. Recklinghausen (907). F. Retzlaff. Geb. in Leinw. 1. 50

Retzlaff, F., die Lokal-Polizei-Verordnungen der Oberbürgermeisterei Remscheid, soweit sie in Gültigkeit sind, nebst e. Anh., enth.: e. Auszug aus dem Strafgesetzbuch u. dem Feld- u. Forst-Polizei-Gesetz, gesammelt u. m. Anmerkgn. versehen. 8. (IV, 144 S.) Remscheid 889. Schmidt. cart. n. 1. 50

— das Remscheider Mietrecht, für den praktischen Gebrauch zusammengestellt. 12. (47 S.) Ebd. 889. n. — 50

Der Polizeiberuf. Hrsg. von F. Retzlaff. (Recklinghausen): Selbstverl. [1909]. 212 S. 8°
(Preußischer Polizeikalender f. 1910. Anl.)

Der praktische Polizei-Dienst in Muster-Anzeigen, -Verhandlungen u. -Berichten nebst Anleitung dazu u. e. Fremdwörterverzeichnis von F. Retzlaff, Polizei-Insp. a. D. 2. Aufl. (Recklinghausen): Selbstverl. [1905]. (48 S.) 8° [F.] [06. 1336c

Retzlaff, F., Polizei-Handbuch zum praktischen Gebrauch f. Polizei-Beamte [Bürgermeister, Amtmänner, Amtsvorsteher, Polizei-Inspektoren, Polizei-Kommissarien, Polizei-Wachtmeister, Gendarmen u. s. w.] 7 Lfgn. gr. 8. (VII, 1293 S. m. 1 farb. Taf.) M.-Gladbach 892. E. Schellmann. à n. 2. — (kplt. geb.: n.n. 16. 50)

— s.: Polizei-Kalender, preußischer.

— Tagegelder u. Reisekosten der Staats- u. Kommunal-Beamten nebst Ausführungsbestimmungen vom 11. XI. 1903. (23 S.) kl. 8. Recklinghausen (904). F. Retzlaff. n. — 25

Die Verbreitung von Druckschriften, anderen Schriften und Bildwerken. Hrsg. von F. **Retzlaff**, Polizei-Insp. a. D. 3. rev. Aufl. (Recklinghausen): Selbstverl. [1903]. (20 S.) 8° [F.] [o4. 13360

**Retzlaff**, F.: Die feuerpolizeilichen Vorschriften in der Provinz Westfalen. Hrsg. von F. Retzlaff, Polizei-Insp. a. D. Recklinghausen: Selbstverl. [1909]. 53 S. 8°

— **Vorschriften** üb. den Geschäftsbetrieb der Immobilien-Makler, der Trödler, Kleinhändler m. Garnabfällen etc., der Gesindevermiether u. Stellenvermittler, der Rechtsconsulenten, der Theater-Agenten, der Auctionatoren (Versteigerer). Anh. zum preuß. Polizeikalender 1903. (56 S.) kl. 8. Ebd. (902). n. — 60

Vorschriften über den Geschäftsbetrieb der Immobilien-Makler, Trödler, Gesindevermieter u. Stellenvermittler, Theater-Agenten, Rechtskonsulenten und Versteigerer. Hrsg. von F. **Retzlaff**, Polizei-Insp. a. D. 2. Aufl. (Recklinghausen): Selbstverl. [1906]. (56 S.) 8° [F.] [o6. 13363

**Retzlaff**, F., Vorschriften üb. den Geschäftsbetrieb der Pfandleiher, Gesindevermieter u. Stellenvermittler, Theateragenten, Trödler, Rechtsberater, Immobilienmakler, Versteigerer sowie Feuerversicherungsagenten. 3. rev. u. erweit. Aufl. (IV, 106 S.) kl. 8. Recklinghausen, F. Retzlaff. 1909

Astronomische Geographie. Vorbereitungen f. d. beiden Lehrstufen d. geogr. Unterr. in d. 6 bis 8 stufigen Volksschule von Fd. **Retzlaff**, Rektor. Lehrerheft [&] Schülerheft. Potsdam: A. Stein [1904]. 2 Bde 8° [F.] — [Handbücher, Steins, f. Lehrer. No 20.] [o4. 10380

— **Lehrplan** f. den evangelischen Religionsunterricht e. sechsstufigen Volksschule. Nach den Grundsätzen der neuern Pädagogik aufgestellt. (48 S.) gr. 8. Leipzig 903. Dürr'sche Buchh. n. — 80

**Retzlaff**, Friedrich: Ueber Herba Gratiolae. *Leipzig 1902: J. A. Sigall.* (31 S.) 8°
Leipzig, Phil. Diss. v. [13. Sept.] 1902

**Retzlaff**, H[ans]: Typische Formen der Meeresküsten. ⟨Aus dem Pensum der Untersecunda.⟩ (Kolberg 1904: C. F. Post). (S. 1—12.) 4°
Kolberg, k. Dom-G u. k. RG P 1904 (164)

**Retzlaff**, Herm., aus meinem **Tagebuche**. Erlebn. u. Erinnergn. aus dem deutsch-französ. Kriege 1870/71. Mit 23 Abb. im Text gr. 8. (VII, 79 S.) Berlin 897. E. S. Mittler & Sohn. n. 1. 50

**Retzlaff**, Karl, prakt. Arzt a. Berlin: Die diagnostische Bedeutung der Pupillenstarre und der Pupillenträgheit für die Erkennung von Nerven- und Geisteskrankheiten. Berlin (1907): G. Schade. (42 S.) 8°
Berlin, Med. Fak., Ref. Ziehen, Diss. v. 25. Juni 1907
[Geb. 24. Febr. 82 Berlin; Wohnort: Berlin; Staatsangeh.: Preußen; Vorbildung: Gymn. zum Grauen Kloster Berlin Reife M. 00; Studium: Berlin 10 S.; Coll. Mai 06; Approb. 28. April 06.]

**Retzlaff**, L., **Anleitung** zum Gebrauch der Ziffernstäbe beim Rechnen in den Zahlenkreisen von 1—10, 1—20, 1—100, 1—1000 im Anschluß an die Hefte. gr. 8. (8 S.) Gollnow 890. A. R. Wilzer. n. — 25

**Retzlaff**, L., **Aufgaben** für das schriftliche Rechnen in ein- und zweiklassigen Volksschulen. Ausg. A. 3 Hefte. 8. Stettin, Brandner. [1. und 2. Heft. 1. und 2. Aufl. (82; 86 S.) 887,88. à Heft * 20 Pf.; 3. Heft. (47 S.) 887. * 25 Pf.] *

**Retzlaff**, L. **Aufgaben** f. das schriftliche Rechnen in drei- u. mehrklassigen Volksschulen. Ausg. B. 4 Hefte. gr. 8. Gollnow 890, A. R. Wilzer. [1. Heft. (48 S.) * — 15; 2. u. 3. Heft. (28; 32, 4 S.) à * — 20; 4. Heft. (24, 4 S.) * — 25.] * — 80

**Retzlaff**, L. **Ziffernstäbe** beim Rechnen in den Zahlenkreisen von 1—10, 1—20, 1—100, 1—1000 im Anschluß an die Hefte. (13 Stäbe.) Gollnow 890, A. R. Wilzer. * 2 —

**Retzlaff**, M., s.: **Forst- u. Jagd-Kalender.**

**Retzlaff**, Otto, griechische Exercitien für die oberen Gymnasialklassen, nebst einem griechisch-latein. Vokabularium. gr. 8. (XV, 283 S.) Berlin 881, Th. Chr. Fr. Enslin. *

**Retzlaff**, Otto, approb. Arzt: Über Carcinome des Nierenbeckens. *Greifswald 1904: J. Abel.* (40 S.) 8°
Greifswald, Med. Diss. v. 22. März 1904

**Retzlaff**: Proben aus einer homerischen Synonymik I.II. 62 S.–Königsberg A., Progr. 1866, 1867

[F.] **Retzlaff**, Otto: Über den Unterricht in der Gesundheitspflege an Gymnasien. Pyritz, Druck d. Backe'schen Buchdr., 1894; 1—13 S. 4.
Pyritz, k. Bismarck-G, OP 1894 (140)

**Retzlaff, Otto** [aus Berlin]: Untersuchungen über den nordenglischen Legendencyclus der Mss. Harl. 4196 und Cotton. Tib. E VII .... Berlin, Buchdr. v. C. Rehm, 1888; 58 S. + 1 Bl. 8°
Berlin, Phil. Fak., Inaug.-Diss. v. 10. März 1888

**Retzlaff**, Otto, Untersuchungen über den nordenglischen Legendencyclus der Mss. Harl. 4196 und Cotton. Tib. E. VII. Diss. Berlin 1888, Mayer & Müller. 8°. 58 S.

**Retzlaff**, Otto, Vorschule zu Homer. I. Homerische Antiquitäten in Form eines Vokabulariums. II. Abriß der Homerischen Mythologie u. Geographie. Mit 2 (lith.) Taf. Abbild. (in qu. 4.) Berlin 868. Th. Enslin. gr. 8. (VIII, 166 S.) n 20 ngr.

—— Vorschule zu Homer. 2 Thle. 2. vielfach bericht. und erweit. Aufl. gr. 8. Ebendas. 881. *
Inhalt:
Thl. 1. Homerische Antiquitäten in Form eines Vokabulariums. (XVI, 114 S. mit 2 lithogr. Taf. Abbild.) * ℳ 1,60.
„ 2. Abriß der homerischen Mythologie und Geographie, nebst einer Uebersicht der Litteratur zu den homer. Realien. (VI, 136 S. mit 3 lithogr. Karten.) * ℳ 1,80.

**Retzler**, J. M., Darstellung u. Beschreib. d. Anlegung der Bruchbänder. gr. 8. Schaffhausen, Hurte. (Lentner in München.) 808.

**Retzler**, J. M., Darstellung u. Beschreib. der Anlegung der Bruchbänder. gr. 8. Schaffhausen 828. Hurter. 12 gr

**Retzmann**, C., die Eroberung der Stadt Münden im 30jährigen Kriege durch den Grafen Tilly. gr. 8. (23 S.) Münden 880, Augustin. *

Retzow, F. A. von

**v. Retzow**, F. A., Charakteristik d. wichtigsten Ereignisse des siebenjähr. Krieges, mit Zusätzen u. Berichtigungen. 2 Thle. (ohne s. Namen). gr. 8. Berl. 802. (Himburg). 3 ₰ 22 gr
2e Aufl. Mit 1 Plan. gr. 8. Ebd. 804. (Reimer). 3 ₰ 20 gr
Die Zusätze f. die Besitzer d. 1n Aufl. auch apart. gr. 8. Ebd. 804. 6 gr

v. **Retzow**, (F. A.,) Charakteristik d. wichtigsten Ereignisse d. 7jähr. Kriegs etc. Ist Verlag v. Voike in Berlin.

**Retzow**, F. A. v., Charakteristik der wichtigsten Ereignisse des siebenjährigen Krieges. 2 Theile. 2te verm. Aufl. Mit 1 Plan. gr. 8. Berlin. 804. Hat jetzt Liebeskind in Leipzig.

de Retzow, F. A. Nouveaux mémoires sur la guerre de 7 ans. Trad. de l'allem. 8. Berlin 1803. - 3 v. 8. Paris 1803. 12,00.

— nouv. Mémoires historiques sur la guerre de sept ans. II Vols. gr. 8. Berl. 804. (Reimer). 4 ᵽ

Retzow, F. A., nouv. Mémoires historiques sur la guerre de sept ans. II Vol. gr. 8. Leipsic, Sommer. 815.

(— —) Zusätze und Berichtigungen zur Charakteristik der wichtigsten Ereignisse des siebenjährigen Krieges etc. 8. Berlin 1804.

Retzow, J. A. von, s. Retzow, F. A. von

**Retzsch, Christian August** (Dresden), De eo quod juris est circa dardanarios et obligatione Vasalli erga Dominum, nec non Domini erga Vasallum et subditos tempore necessitatis frugum. Exercit. jur. Präs. Fried. Gottlieb Zoller. Leipzig (Langenheim) 16. X. 1771. 16 S. (4.—) 28402

— **Gottlieb August** (Driesen), De pubertate Saxonica. Präs. Christian Hanack. Wittenberg (J. Chr. Tzschiedrich) 23. IV. 1738. 40 S. (4.25) 28403

Retzsch, Mor., Fantasien. Umrisse, zum erstenmal v. d. Orig.-Platten abgedr. gr. 4. (6 Taf. u. 7 Bl. Text.) London 834, [Black u. Armstrong.]

Retzsch, Mor., Gallerie zu Shakspeare's dramatischen Werken. In Umrissen. 5. Liefg. Der Sturm. XIII Blätter. Mit Erläuterungen von Herm. Ulrici. Deutsch u. in englischer Uebersetzung. Herausgeg. von Er. Fleischer. — A. u. d. T.: Retzsch's Outlines to Shakspeare. 5. Series. The Tempest. XIII Plates. qu. Imp.-4. Leipzig 841, E. Fleischer. n. 5 ᵽ

— dass. 6. Liefg. Othello. XIII Blätter. Mit Erläuterungen von Herm. Ulrici. Deutsch u. in engl. Uebersetzung. Herausgeg. von Er. Fleischer. — A. u. d. T.: Retzsch's Outlines to Shakspeare. Sixth Series. Othello. Thirteen Plates. Genuine original edition. qu. Imp.-4. (Mit Einfassung.) Ebend. 842. Subscr.-Pr. n. 5 ᵽ

— dass. 7. Liefg. Die lustigen Weiber von Windsor. XIII Bl. Mit Erläuterungen von Herm. Ulrici. Deutsch u. in engl. Uebersetzung. qu. Imp.-4. Ebend. 844. Subscr.-Pr. n. 5 ᵽ

— dass. 8. Liefg. König Heinrich IV. 1. u. 2. Thl. XIII Bl. Mit Erläuterungen von Herm. Ulrici. Deutsch u. in engl. Uebersetzung. qu. Imp.-4. (Mit Text.) Ebend. 846. geb. n. 5 ᵽ (1—8: n. 38 ᵽ)

**Retzsch**, Mor., Gallerie zu Shakspeares dramatischen Werken. In Umrissen. Ausg. in 1 Bd. Mit Erläuterungen v. C. A. Boettiger, zu Hamlet u. Macbeth; von Carl Borrom. v. Miltitz, zu Romeo u. Julia, u. König Lear; von Herm. Ulrici, zu dem Sturm, Othello, den lustigen Weibern von Windsor, u. König Heinrich IV. 2. Thl. Deutsch u. in Engl. Uebersetzung. qu. gr. 4. (XCV S. m. 101 Stahlst.) Leipzig 847, E. Fleischer. n. 10 ᵽ

**Retzsch**, Mor., Gallerie zu Shakspeare's dramatischen Werken. In Umrissen. Ausg. in 1 Bde. Mit Erläuterungen von C. A. Boettiger zu Hamlet u. Macbeth; von Carl Borrom. v. Miltitz zu Romeo u. Julia u. König Lear; von Herm. Ulrici zu dem Sturm, Othello, den lustigen Weibern von Windsor u. König Heinrich IV. 2 Thle. Deutsch u. in englischer Uebersetzung. 2. Aufl. Leipzig 860. E. Fleischer. qu. gr. 4. (3 Bl., 95 S. u. 101 Kpfrtaf.) n. 10ᵽ; geb. n. 12ᵽ

Retzsch, Mor., der Kampf des Lichts mit der Finsterniss. In 5 Platten, erfunden, gest. u. erläutert etc. qu. ½ Fol. (½ B. engl. u. deutsch. Text.) Leipzig 846, Ernst Fleischer. *

Schiller's Lied von der Glocke nebst Andeutungen zu den Umrissen von Moritz Retzsch. Stuttgart und Tübingen 1833. 4°.

—— Outlines to Shakspeare. — A. u. d. T.: Gallerie zu Shakspeare's dramat Werken. In Umrissen erfunden u. gest. v. M. Retzsch. Hrsg. v. Er. Fleischer. 1—3. Lfg. Fol. Leipzig, E. Fleischer.

Lfg 1. Hamlet. (17 Bl. u. 12 B., enth.: C. A. Böttiger's Andeutungen u. die szenischen Stellen d. Textes (Engl., Deutsch u. Franz.) 828. 6 Thlr.

Lfg. 2. Macbeth. (13 Bl., Dedicationsbl. u. 12 B., enth.: C. A. Böttiger's Andeutungen u. d. szenischen Stellen d. Textes (Engl., Deutsch u. Franz.) 833. 6 Thlr.

1. u. 2. Lfg. ungetrennt nur 8 Thlr.

- 3. Romeo u. Julia. (13 Bl., Dedicationsbl. u. 14 B., enth.: Carl Barom. v. Miltitz, Andeutungen u. d. szenischen Stellen d. Textes (Engl. u. Deutsch.) 836. 5 Thlr.

Retzsch, Mor., Outlines to Shakspeare. — A. u. d. T.: Gallerie zu Shakspeare's dramat. Werken. In Umrissen, erfunden u. gest. v. M. Retzsch. Hrsg. v. Ernst Fleischer. 4—6. Lfg. Fol. Leipzig, E. Fleischer. à *

Lfg. 4. Koenig Lear. (13 Bl., 1 Dedicationsbl. u. 13 B. Mit Andeutn. v. Carl Borr. v. Miltitz. Deutsch u. in engl. Uebersetz. v. F. Shoberl, so wie mit d. sceuischen Stellen d. Textes.) 838.

- 5. Der Sturm. (13 Bl. u. 8 B. Mit Erlaeutern. v. Herm. Ulrici. Deutsch u. in engl. Uebersetzung.) 841.

- 6. Othello. (13 Bl. u. 6½ B. Mit Erlaeutern. v. Herm. Ulrici. Deutsch u. in engl. Uebersetzung.) 842.

—— Outlines to Shakspeare. A. u. d. Ttl.: Gallerie zu Shakspeare's dramat. Werken in Umrissen. 7. u. 8. Lfg. qu. Imp.-4. Leipzig, Ernst Fleischer. à *

Lfg. 7. Die lustigen Weiber von Windsor. Mit Erläuterungen v. Herm. Ulrici. Deutsch u. in engl. Uebersetzung. (13 Bl. u. 4¾ B. Text.) 844.

- 8. König Heinrich IV. 1. u. 2. Thl. Mit Erläuterungen v. Herm. Ulrici. Deutsch u. in engl. Uebersetzung. (13 Bl. u. 5¼ B. Text.) 846.

**Retzsch**, Mor., outlines to Shakespeare's dramatic works designed and engraved. 3. edition, with explanations by C. A. Boettiger, v. Miltitz and Ulrici. Leipzig 871. E. Fleischer. qu. Fol. (101 Kupfertaff. mit 28 S. Text.) geb. n. 6 ᵽ 20 ngr.

—— Outlines to Shakespeare's Dramatic Works. 4th edit. With a biographical sketch and explanations. qu. gr. 4. (100 Stahlst. und 32 S. Text.) Ebendas. 878. cart. *

— Phantasien und Wahrheiten. In 6 Platten, erfunden, gestochen und erläutert. — Fancies and Truths in 6 Engravings invented and engraved. — Fantaisies et Réalités. Six dessins, composées, gravés et commentés. qu. gr. 4. Leipzig 838. E. Fleischer. n. $1\frac{2}{3}$ ᵽ

— der Schachspieler. Eine Zeichnung. Nach dessen Andeutungen erläutert von C. Borr. von Miltitz. — Les joueurs d'échecs, dessin de Maurice Retzsch, expliqué, d'après ses indications par Charles Borromé de Miltitz. — The Chess-Players etc. (1 Kpfrstich u. Text.) qu. ½ Fol. Leipzig 836. (E. Fleischer.) n. $1\frac{1}{2}$ ᵽ

— 8 Umrisse zu Schillers Fridolin od. d. Gang nach d. Eisenhammer, mit einigen Andeutt. v. K. A. Böttiger. 4. Stuttg. 824. d. Cotta. ! ᵽ

—— Umrisse zu Goethe's Faust, 1. u. 2. Thl. qu. Fol. Stuttgart, Cotta. [1. (29 Kpfrt. u. 2½ B. Text.) 834 2 Thlr. 12 Gr., 2. (11 Kpfrt. u. 1 B. Text.) 836. 1 Thlr.] Thlr.

Der 1. Thl. wird nicht mehr einzeln gegeben.

Retzsch, Mor., Umrisse zu Goethes Faust. 1. und 2. Tl. (Neue Aufl.) qu. Fol. (40 Kpfrt. mit 12 S. Text.) Stuttgart 884, Cotta'sche Buchh. geb.

—— Umrisse zu Buerger's Balladen Leonore, das Lied vom braven Mann u. des Pfarrer's Tochter v. Taubenhayn. Mit Buerger's Text u. Erklaerungen v. Carl Borr. v. Miltitz, nebst engl. Uebersetz. v. F. Shoberl. qu. ½ Fol. (15 Kpfrt. u. 14 Bl. Text.) Leipzig 840, E. Fleischer. *

**Retzsch**, Mor., Umrisse zu Buerger's Balladen Leonore, das Lied vom braven Mann und des Pfarrers Tochter zu Taubenhayn, 15 Platten. Mit Buerger's Text und Erklaerungen von Carl Borromaeus v. Miltitz. Nebst englischer Uebersetzung von F. Shoberl. (Neue wohlf. Ausg.) Leipzig (854.) E. Fleischer. qu. gr. 4. (IV, 19 S. u. 15 radirte Kpfrtaf.) n. 1 ₰. 15 ngr.

**Retzsch**, Mor., Umrisse zu Bürger's Balladen. Neue Aufl. Mit Bürger's Text u. Erläutergn., biograph. u. kunstgeschichtl. Notizen hrsg. v. L. Hermann. qu. Fol. (16 S. m. 15 Kpfrtaf.) Leipzig 872. E. Fleischer. n. 3. 60

—— Umrisse zu Schiller's Lied von d. Glocke, nebst Andeutungen. qu. Fol. (43 Kpfr. u. $5^1/_2$ B. Text.) Stuttgart 834, Cotta.

—— Umrisse zu Schillers Lied von der Glocke, nebst Andeutungen. (Neue Aufl.) qu. Fol. (43 Kpfrt. mit 16 S. Text.) Ebendas. 884. geb.

—— Umrisse zu Schiller's Pegasus im Joche, nebst Andeutungen. qu. Fol. (12 Kpfr. u. 2 B. Text.) Stuttgart 833, Cotta.

**Retzsch**, M., 16 Umrisse zu Schillers Kampf mit d. Drachen. Nebst einig. Andeutt. qu. Fol. Stuttg. 825. v. Cotta. 2 ₰ 8 gr.

—— Umrisse zu Shakespeare's dramatischen Werken erfunden und gestochen. 3. Aufl. mit Andeutungen von C. A. Boettiger, v. Miltitz und Ulrici. In 8 Lfgn. qu. Fol. (101 Kpfrt. mit 28 S. Text.) Ebendas. 871. à Lfg. * geb. *

Inhalt:
Lfg. 1. Hamlet. Mit 17 Kpfrn.
" 2. Macbeth. Mit 12 Kpfrn.
" 3. Romeo und Julia. Mit 12 Kpfrn.
" 4. König Lear. Mit 12 Kpfrn.
" 5. Sturm. Mit 12 Kpfrn.
" 6. Othello. Mit 12 Kpfrn.
" 7. Die lustigen Weiber von Windsor. Mit 12 Kpfrn.
" 8. Heinrich IV. 1. und 2. Thl. Mit 12 Kpfrn.

Retzsch, Mor., Umrisse zu Shakespeare's dramatischen Werken. 4. Aufl. Mit biograph. Notizen und Erläuterungen. qu. gr. 4. (100 Stahlst. mit 32 S. Text.) [Leipzig 878, E. Fleischer.] Berlin, Friedberg und Mode. cart. *

—— Umrisse zu Shakespeare's dramatischen Werken. Mit Text nach Böttiger, Miltitz und Ulrici. Hamlet. 5. Aufl. qu. gr. 4. (17 Kpfrt. mit 19 Bl. Text.) Basel 880, Riehm. cart.

**Retzsch, Moritz.** [Der Winzerzug in der Lössnitz.] [Dresden(?)] um 1840. 8 Bl. Lithogr. von E. Otto nach Zeichnungen von M. Retzsch. 8°.

— Zeichnungen aus dessen Album, lithogr. von mehreren Künstlern. qu. gr. 4. (6 Blätter.) Dresden 846, Gr. Arnold. n. $2^1/_3$ ₰

**Reu, Joh. Mich.**, Erklärung des kleinen Katechismus Dr. Martin Luthers. Mit drei Anhängen. In synodalem Auftrag bearb. 3. Aufl. (VII, 160 S.) kl. 8. Chicago (905). Wartburg Publishing House. Geb. in Leinw. n. 1.20

**Reu, Joh. Mich.**, die alttestamentlichen Perikopen nach der Auswahl v. Professor Dr. Thomasius, exegetisch-homilet. ausgelegt. Festliche Hälfte. gr. 8. (XVI, 593 S.) Gütersloh 901. C. Bertelsmann. n. 7.—; geb. n. 8.—

— die alttestamentlichen Perikopen nach der Auswahl v. Thomasius, exegetisch-homiletisch ausgelegt. Festlose Hälfte. (VII, 292 S.) gr. 8. Gütersloh 905. C. Bertelsmann. n. 4.—; geb. n. 4.75 (Vollst. n. 11.—; geb. n. 12.75; in 1 Halbfrzbd. n. 13.—)

— s.: Quellen zur Geschichte des kirchl. Unterrichts.

**Reu**, Rich., einfache Möbel im neuen Stil, s.: Wedegärtner, Jul.

**Reubel**, B., an J. C. Lavater; aus d. Französ. 8. Leipz. 798. (Schmidt). 6 gr.

Reubel, Josef

— Entwurf e. Systems d. Pflanzen- u. Thierphysiologie. gr. 8. Münch. 804. (Fleischmann). 9 gr.

**Reubel**, Jos., Ideen üb. Kunst u. Religion, ein Beitrag zur Philosophie d. Kunst. 8. Münch. 804. (Fleischmann). 9 gr.

Reubel, Joseph: Ideen über Staat und Religion mit Reflexionen. Eine Vorarbeit zu einem System der Staatswissenschaft. München 1814. 242 S. [Mitteilung von Herrn Theo Reubel-Ciani, Nürnberg.]

**Reubel**, Jos., das Politisch-Böse unserer Zeit. gr. 8. Stuttgart 835. Balz. $^5/_{12}$ ₰

Reubel, Jos., das Politisch-Böse unserer Zeit. gr. 8. ($4^3/_4$ B.) Stuttgart 835, [Becher's Verl.]

— vier Vorlesungen üb. die asiat. epidemische Brechruhr (Cholera morbus) in Europa, enthaltend einen prakt. Unterricht f. Nichtärzte, diese Krankheit im Nothfalle auch ohne Arzt vollständig zu behandeln u. zu heilen; auf ausdrückl. Verlangen d. Publikums z. Druck befördert. 8. Münch. im Oct. 1831. Jaquet. 12 gr.

**Reubelt**, Joh. Ad., kurzgefaßtes Handbuch der Naturgeschichte. Enthaltend wissenschaftl. u. populäre Beschreibungen von dem Menschen, den Säugethieren, Vögeln, Amphibien, Fischen, Weich- u. Gliederthieren. Bearb. nach den besten deutschen u. engl. Werken neuerer Zeit. gr. 8. (392 S. m. eingedr. Holzschn.) Pottsville 848. (Philadelphia, Schäfer & Koradi.) n. $1^1/_3$ ₰

Reuber, Iust., Vet. Scriptor., qui Caesarum et Imperator. German. res per aliquot saecula gestas literis mandarunt, cura Ioannis. fol. Francofurti, Sande. 726. Rthlr.

— — idem liber. gr. P. fol. ibid. 726.

Reuber, Karl. Gedanken über d neue Zeit. Pittsburgh. 1872.

**Reuber**, Karl, aus Hanau, Referendar beim Kgl. Oberlandesgericht zu Kassel: Der begriffliche Unterschied von Spiel und Wette. *Frankfurt a. M. 1903: Gebr. Knauer.* (42 S.) 8°
Würzburg, Jur. Diss. v. 1903

**Reuber**, Otto, a. Hanau: Die Basalte südlich von Homberg a. d. Efze bis zum Knüllgebirge. Marburg 1904: (C. Grüninger, Stuttgart). (S. 503—555.) 8° ¶(Aus: Neues Jahrbuch f. Mineralogie, Beil.-Bd 19).
Marburg, Phil. Fak., Ref. Bauer, Diss. v. 1. Nov. 1904
[Geb. 2. Febr. 79 Hanau a. M.; Wohnort: Bremen; Staatsangeh.: Preußen; Vorbildung: Oberrealschule Hanau Reife O. 97; Studium: Göttingen 4, Marburg 4 S.; Rig. 27. Juli 04.]

**Reuber**, Phpp., Papolleren un Kramenzen. Ollerhand Niggemären un alle Geschichten in Plattdüschk, ut dem Waldegeschken un der Ümmegiegend gesammelt. 8. (96 S.) Arolsen 891. Speyer. n. 1. 25

**Reuberling**, Ernst [pr. Arzt aus Idstein '(im Taunus)']: Aus d. med. Poliklinik zu Marburg. Über Spontanheilung von Leberechinococcus .... Marburg, Univ.-Buchdr. '(C. L. Pfeil)', 1894; 32 S., 1 Bl. 8.
Marburg, Med. Fak., Inaug.-Diss. v. 9. Aug. 1894

**Reubold**, Fritz: Über den Succinylmalonester. *Leipzig-R. 1897: O. Schmidt.* (29 S.) 8°
Leipzig, Phil. Diss. v. [20. Dez.] 1897

**Reubold, Rud., Feuerlöschtaktik f. Landgemeinden.** 2. u. 3. Aufl. gr. 8. (IV, 52 S.) München 893. 894. R. Schweitzer. Verl. — 80

**Reubold, Rud.,** Feuerlöschtaktik f. Landgemeinden. 4. Aufl. 8. (IV, 52 S.) München 897. J. Schweitzer Verl. — 30

Reubold, Rud., Feuerlöschtaktik f. Landgemeinden. 6. verm. u. verb. Aufl. (54 S.) kl. 8. München (909). J. Schweitzer Verl. p — 40

Reubold, W.

Reubold, Bemerkungen über Adipocire. gr. 8. (7 S.) Würzburg 885, Stahel'sche Universitäts-Buchh. *
Aus: Sitzungsberichte der physikalisch-medicinischen Gesellschaft zu Würzburg, besonders abgedruckt.

Reubold, W., zur Entwicklungsgeschichte des menschlichen Gehirns, s. Festschrift zur dritten Saecularfeier der Alma Julia Maximiliana.

**Reubold,** üb. Pancreas-Blutung vom gerichtsärztlichen Standpunkte. [Aus: „Festschrift f. A. v. Kölliker".] gr. 4. (17 S.) Leipzig 887. Engelmann. n. 1. 20

—— über Schluckbewegungen des Foetus. gr. 8. (8 S.) Würzburg 885, Stahel'sche Universitäts-Buchh. *
Aus: Sitzungsberichte der physikalisch-medicinischen Gesellschaft zu Würzburg, besonders abgedruckt.

Reubold, W. (Hrsg.), s. Sitzungsberichte der physikal.-medizin. Gesellschaft zu Würzburg.

Reubold, W. (Hrsg.), s. Verhandlungen der physikal.-medizin. Gesellschaft zu Würzburg.

**Reubold, Wilh.,** geschichtliche Notizen üb. Gerichts- u. Gefängniß-Lokale zu Würzburg. gr. 8. (S. 169 -- 205.) Würzburg 901. Stahel's Verl. n. 1.20
Sonderabdruck aus: „Archiv d. histor. Vereins z. Würzburg".

Reuchel, J. C., andächt. Luther, od. Ausz. aller Gebete, d. in Luthers Schriften zu finden f. 8. Chemnitz. 758.

Reuchlin's Briefe, s. Gli. Friedländer, Beiträge rc.

**Reuchlin,** Hilfsbüchlein f. die französische Komposition. Enth. e. alphabet. Verzeichnis der Adjectifs u. Verbes régimes, der Verbes m. Infinitif m. folg. Subjonctif, sowie Tabellen f. die Stellung d. Pronom conjoint beim Verbum, f. den Unterricht wie f. den Selbstgebrauch hrsg. gr. 8. (IV, 25 S.) Leipzig 890. Renger. cart. n. — 60

**Reuchlin, Hilfsbüchlein f. die französische Komposition. Enth. e. alphabet. Verzeichnis der Adjectivs u. Verbes régimes, der Verbes m. folg. Infinitif u. m. folg. Subjonctif, sowie Tabellen f. die Stellg. des Pronom conjoint beim Verbe f. den Unterricht wie f. den Selbstgebrauch. 2. verb. Aufl. (IV, 25 S.) 8. Leipzig 905. Renger. Kart. n. — 60**

— Regeln üb. das Supinum, Participium u. Gerundium, sowie üb. den Indicativus u. Coniunctivus in Hauptsätzen. gr. 8. (26 S.) Heilbronn 885. (Stuttgart, Metzler's Sort.) n.n. — 70

**Reuchlin's Verdeutschung der 1. olynthischen Rede des Demosthenes. s.: Bibliothek älterer deutscher Übersetzungen. VI.**

Reuchlin, Christoph

– ABBILDUNG DESS FALSCHEN PHARISÄISCHEN UND WAHREN THÄTIGEN CHRISTENTHUMS, oder außerlesene Predigten, über unterschiedliche Evangelische Texte. – Tübingen: Cotta 1708.

– Eigentliche Abbildung eines recht christlichen Hertzens, bey volckreicher LEICH-BEGÄNGNUSS dess Casimir Obrechten vorgetragen von Christoph Reuchlin. – Tübingen 1706.

– KURTZE ABBILDUNG SO WOHL DES PHARISÄISCH- UND HEUCHLERISCHEN ALS AUCH DES RECHTSCHAFFENEN, WAHREN UND THÄTIGEN CHRISTENTHUMS. In unterschiedlichen Predigten der Christlichen Gemeine in der St.Georgen Kirche zu Tübingen offentlich vorgetragen und Auf vielfältiges Begehren Christlicher Hertzen samt einem Anhang Zweyer Rector-Predigten und Einer Leich-Predigt bey dem traurigen Fall zweyer vom Wetter erschlagenen Studiosorum Theologiae zum Druck übergeben: Von Christoph Reuchlin. S.S TH.D.P.P.O. und Stadt-Pfarrern daselbst. – Tübingen: Cotta 1705. 411, 81 S.
*Zwischent.: 1.* Erster Anhang zweyer Rector-Predigten. Aus 1.Petr. 2.17. Von Evangelischen Universitäten. Und Psal. 111.10.11. Von dem rechten Methodo Studiorum. 47 S.
*Zwischent.:* 2. Anderer Anhang Einer Leich-Predigt. bey dem traurigen Fall zweyer vom Wetter erschlagenen Studiosorum Theologiae. Aus Luc. 12. vers 35–40. S. 51–84.

– DE NOVA CREATIONE. Ephes. 2,10. – Tubingae 1700.

– DE CREDENDIS e Scripturae S. DICTIS exegesi theologica demonstratis. – o.O. u.J.

– DE DIGNITATE CHRISTIANORUM ad 1.Petr. 2,9. Resp.: Daniele Wielando. – Tubingae 1705.

– DE EVANGELIO AD ROM. 1,16.17. – Tubingae 1700.

– DE FUNDAMENTO FIDEI ex 1.Cor. 3,10.15. Inauguralis. Resp.: M. Christ. Eberhardo Weismanno. – Tubingae 1700.

– LEICH-BEGÄNGNUS der Benigna Dorothea Camerarii. Durch Christoph Reuchlin. – Tübingen: Kerner 1703.

– LEICHBEGÄNGNIS dess Erici Antonii von Marquard. Durch Christoph Reuchlin. Tübingen 1703.

– LEICH-PREDIGT, bey dem traurigen Fall zweyer vom Wetter erschlagenen Studiorum Theologiae. Von Christoph Reuchlin. – Tübingen 1705

– LEICHPREDIGT über Herrn Joh. Georg Goltern, Universitaets-Syndicum. nicht gar 24 Stund vor deß Authoris Tod gehalten, auß Ps. 4. v.9. – Tübingen 1707.

**Reuchlin**, Christoph: Glaubiger Christen getroster Muth im **Todt** . . . [Leichenpredigt auf Erich Anton von **Marquard**, Student, † 19. April 1703.] — Tübingen 1703: Grätz. 56 S. 8°

– LEICH-PREDIGT über David Scheinemann. Von Christoph Reuchlin. – Tübingen: Reiss 1702.

– DE NATURA FIDEI JUSTIFICANTIS, ex Joh. c.1. v.12. Resp.: Vito Friderico Weihenmajero. – Tubingae: Eitel 1701.

– DE OFFICIO CHRISTI PROPHETICO, Joh. 1.18. Resp.: Christoph Andr. Schmidlin. Tubingae 1700.
– – Tubingae 1702.

– AUSSERLESENE PREDIGTEN Uber unterschiedliche Evangelische Texte, zu Entdeckung des falschen heuchlerischen und Erweckung eines wahren thätigen Christenthums, Seiner werthen Gemeine in des HErrn Furcht vorgetragen; Nebenst drey Casual und denen zwey letzten Predigten, so der seelige Herr Author kurtz vor seinem tödtlichen Hintritt abgelegt, Samt dessen eigener Leich-Predigt, Gehalten von Herrn Andrea Adamo Hochstettern. *(die letzten 3 Predigten fehlen im Exemplar von 24).* – Tübingen: Cotta 1708. 411 S.

– ZWEY RECTOR-PREDIGTEN Von Christoph Reuchlin auß 1.Petr. II. 17. von Evangelischen Universitäten; und Ps. 111.10.11, von dem rechten Methodo studiorum. – Tübingen 1705

– DISSERTATIO PRIMA COLLEGII BIBLICI ad methodum Schmidianam adornandi, de Theologia. Resp.: Jo. Isaaco Andlero Bebenhusano. – Tubingae 1706.

**Reuchlin,** Eugen, a. Ellwangen: Über Matégerbstoff. Würzburg 1904: C. J. Becker. (56 [vielm. 55] S.) 8°
München, Phil. Fak., Ref. Hilger, Diss. v. 14. Sept. 1904
[Geb. 30. Juni 76 Ellwangen; Wohnort: Ellwangen; Staatsangeh.: Württemberg; Vorbildung: Gymn. Ellwangen, pharmazeut. Staatsexamen Juni 01; Studium: München 11 S.; Rig. 18. Mai 04.]

**Reuchlin,** Frdr., Einführung in die Geschäftsverbesserungs- und Erfindungs-Berichte für Leder produzirende und verarbeitende Gewerbe, insbesondere für Metzger, Gerber, Schuhmacher ꝛc. Berlin 864. Th. Grieben. gr. 8. (39 S.) n. 4 ngr.

—— neueste Geschäfts- und Erfindungsberichte für eine Anzahl Gewerbe, besonders wichtig für Schuh- und Stiefel-Fabrikanten, Gerber und Lederfabrikanten, Fleischer, Sattler, Kürschner ꝛc. gr. 8. (148 S.) Berlin 864, Grieben. *

**Reuchlin,** Friedrich Jacob [Praes.], s. Engel, Philipp Jacob: De libertate mentis humanae.

**Reuchlin,** Hermann

Des deutschen Soldaten Abschied. Soldaten-Geschichten aus den Nationalkriegen der Deutschen v. Fr. Bernhard [d. i. Hermann **Reuchlin**], Stuttgart. 1851. 8° = desselben: Der deutsche Soldat. Bdch. 10.

Blücher, Wrede und Neuestes aus Baden und Ungarn von und für deutsche Soldaten hrgg. v. Fr. Bernhard [d. i. Hermann **Reuchlin**]. Stuttgart. 1850. 8° = desselben: Der deutsche Soldat. Bdch. 4.

Der deutsche Bürgerkrieg in Baden, von Augenzeugen geschildert, nebst anderen Geschichten von und für Soldaten, hrgg. v. Fr. Bernhard [d. i. Hermann **Reuchlin**]. Stuttgart. 1849. 8° = desselben: Der deutsche Soldat. Bdch. 2.

**Reuchlin,** Hermann. — Graf Cäsar ..... Den deutschen Patrioten gewidmet. (Aus: „Lebensbilder zur neueren Geschichte Italiens".) 8. Nördlingen 1861.

**Reuchlin,** Herm., das Christenthum in Frankreich innerhalb u. außerhalb d. Kirche. gr. 8. (29½ B. u. 2 Tab.) Hamburg 837, Fr. Perthes.

**Reuchlin,** Hermann. Garibaldi und die Alpenjäger. Den Herzhaften unter der Jugend gewidmet. (Aus: „Lebensbilder zur neueren Geschichte Italiens".) Nördlingen 1861.

**Reuchlin,** Herm., Geschichte Italiens, s. a. Staatengeschichte der neuesten Zeit.

**Reuchlin, Herm.: Geschichte Italiens von der Gründung der regierenden Dynastien bis zur Gegenwart. Leipzig. 5 Bde**
**Th. 1. Bis zum J. 1848. 1859.**
**Th. 2. Hälfte 1. Vom Jan. 1848 bis zur ersten Niederlage Karl Alberts u. zur Unterwerfung Siciliens. 1860.**
**„ 2. Von der ersten Niederlage Karl Alberts u. der Unterwerfung Siciliens bis auf die Gegenwart. 1860.**
**„ 3. Die Reaktionszeit u. die nationale Erhebung Italiens von der Bekämpfung der röm. Republik im Frühjahr 1849 bis zum letzten Ministerium Cavours im Jan. 1860. 1870.**
**„ 4. Die letzten Zeiten Cavours u. die Vollendung der nationalen Einheit. Von 1860—70. 1873.**
**(Staatengeschichte der neuesten Zeit. Bd 3. 4. 5. 16. 18.)**

**Reuchlin,** Dr. Hermann. Geschichte Neapels während der letzten 70 Jahre, dargestellt am Leben der Generale Florestan und Wilhelm Pepe. (Aus: „Lebensbilder zur neueren Geschichte Italiens".) 8. Nördlingen 1862.

— Geschichte von Port-Royal. Der Kampf des reformirten u. des jesuitischen Katholicismus unter Louis XIII. u. XIV. 1r Bd., bis zum Tode der Angelica Arnauld 1661. Mit 1 Stammtafel. gr. 8. Hamburg 839. Fr. Perthes. n. 4 ℛ︀

**Reuchlin,** Herm., Geschichte von Port-Royal. Der Kampf des reformirten und des jesuitischen Katholicismus unter Louis XIII. u. XIV. 2. Bd. (Schluß), vom Tode der Reformatorin Maria Angelica Arnauld 1661 bis zur Zerstörung des Klosters 1713. gr. 8. Hamburg u. Gotha 844, Fr. u. A. Perthes. n. 4 ℛ︀ (2 Bde. n. 8 ℛ︀)

**Reuchlin,** Hermann, approb. Arzt aus Stuttgart: **Aus d. Tübinger Universitäts-Augenklinik. Zur Kasuistik des doppelseitigen pulsierenden Exophthalmus.** *Tübingen: G. Schnürlen 1902.* (57 S.) 8°
Tübingen, Med. Diss. v. 1902

**Reuchlin, Herm., zur Kasuistik des doppelseitigen pulsierenden Exophthalmus. Diss. gr. 8. (57 S.) Tübingen 902. (F. Pietzcker.) n.n. 1. 20**

Der Krieg in Schleswig-Holstein 1850. von Verwundeten beschrieben, und Landwehrgeschichten v. Fr. Bernhard [d. i. Hermann **Reuchlin**]. Stuttgart. 1851. 8° = desselben: Der deutsche Soldat. Bdch. 9.

——, Pascals Leben u. d. Geist seiner Schriften, z. Theil nach neu aufgefund. Handschriften, mit Untersuchn. üb. d. Moral d. Jesuiten. gr. 8. (25¾ B.) Stuttgart u. Tübingen 840, Cotta'scher Verlag.

Lebens- und Todesbilder aus Schleswig-Holstein. Baden und Ungarn, nebst hessischen Geschichten für deutsche Soldaten v. Fr. Bernhard [d. i. Hermann **Reuchlin**]. Stuttgart. 1850. 8° = desselben: Der deutsche Soldat. Bdch. 7.

— Lebensbilder zur Zeitgeschichte. I—III. Nördlingen 861, 62. Beck. gr. 8. n. 1 ℛ︀ 13 ngr.
I. Graf Cäsar Balbo. Den deutschen Patrioten gewidmet. (V, 68 S.) n. 12 ngr.
II. Garibaldi und die Alpenjäger. Den Herzhaften unter der deutschen Jugend gewidmet. (VI, 115 S.) n. 16 ngr.
III. Geschichte Neapels während der letzten 70 Jahre, dargestellt am Leben der Generale Florestan und Wilh. Pepe. (IV, 92 S.) n. 15 ngr.

Theodor Preußer, schleswig-holstein'scher Oberfeuerwerker, als Sieger gestorben bei Eckernförde am 5. April 1849. Mit Erzählungen von anderen wackeren Soldaten hrgg. v. Fr. Bernhard [d. i. Hermann **Reuchlin**]. Stuttgart. 1849. 8° = desselben: Der deutsche Soldat. Bdch. 1.

Seydlitz und Schill, Wrangel, Willisen und von der Tann. Für deutsche Soldaten geschildert v. Fr. Bernhard [d. i. Hermann **Reuchlin**]. Stuttgart. 1850. 8° = desselben: Der deutsche Soldat. Bdch. 6.

Der deutsche Soldat. Wahre und schöne Geschichten von ruhmwürdigen Thaten deutscher Krieger aus neuer und neuester Zeit, geschrieben v. Fr. Bernhard [d. i. Hermann **Reuchlin**]. Bdch. 1—10. Stuttgart. 1849—51. 8°

Der deutsche Soldat in den Freiheits-Kriegen 1813 und 1850. Geschildert für deutsche Soldaten v. Fr. Bernhard [d. i. Hermann **Reuchlin**]. Stuttgart. 1850. 8° = desselben: Der deutsche Soldat. Bdch. 8.

Der deutsche Soldat von Zieten (1740) bis zu den Feldzügen 1848 und 1849 geschildert v. Fr. Bernhard [d. i. Hermann **Reuchlin**]. Stuttgart. 1850. 8° = desselben: Der deutsche Soldat. Bdch. 5.

**Reuchlin,** J. Casp., Denkmal d. Altenburgischen Jubelfreude des vor 100 Jahren geschlossenen Religionsfriedens. gr. 8. Altenb. (Akadem. Buchh. in Jena.) 755.

**Reuchlin,** Joh., Augenspiegel. Hrsg. v. Ernst Theod. Mayerhoff. 8. (11 B.) Berlin 836, Stuhr'sche Buchh.

Reuchlins, Johann, Briefwechsel. Gesammelt und hrsg. von Ludwig Geiger, s. Bibliothek des litterarischen Vereins in Stuttgart, Bd. 126.

— Komödien, s.: Holstein, H.

**Reuenthal,** N. v., s.: Noidhart v. Rouenthal.

**Reuer, Chr.,** praktische durch vieljähr. Erfahrung selbst erprobte Geheimnisse der Schönfärberei. gr. 8. Eßlingen 847. (Hechingen, Egersdorff.) n. 1 1/3 ℳ

**Reuer,** Fritz, appr. Arzt a. Hornburg: Ueber Ventrifixura uteri als Behandlungsmethode bei Lageveränderungen der inneren Genitalien. Würzburg 1905: P. Scheiner. (59 S.) 8°
Würzburg, Med. Fak., Ref. Hofmeier, Diss. v. 24. Febr. 1905
[Geb. 16. Aug. 77 Hornburg; Wohnort: Hornburg; Staatsangeh.: Preußen; Vorbildung: Gymn. Goslar Reife O. 98; Studium: Marburg 5, Würzburg 2, Göttingen 1, Würzburg 2 S.; Coll. 18. Jan. 05; Approb. 22. Juli 05.]

**Reuffurth,** Gieschewald e. neues oberschles. Bergarbeiterdorf der Bergwerksgesellschaft Georg v. Giesches Erben, nach Entwürfen d. Architekten E. u. G. Zillmann, Charlottenburg, beschrieben. (71 S. m. Abbild. u. 37 [1 farb.] Taf. u. Doppeltaf.) Lex. 8. Kattowitz 910. Gebr. Böhm. 5.—; geb. 6. 50

**Reuffurth,** Eduard [aus Cassel]: Die mechanischen Verhältnisse der krebsigen Stricturen der Speiseröhre unter Zugrundelegung mehrerer Fälle von Carcinoma oesophagi. . . . Berlin, Buchdr. v. Gustav Schade (Otto Francke) (1890); 41 + 1 S. + 1 Bl. 8°
Berlin, Med. Fak., Inaug.-Diss. v. 24. Jan. 1890

Reukauf, der,. Lustsp. in 2 Aufz., ss. Schausp. v. Fr. v. Weißenthurn 1r Bd.

— der,. Lustsp. v. Steigentesch. 8. Dortmund. (Blothe in Osnabrück.) 803.

Reuchlin, Johann Christoph Fr.

Reuchlin, Jh. Cph. Fr., Anleit. z. Behandlung d. Verstandes-Uebungen in d. Volksschulen. 8. Stuttg. 811. Steinkopf. 8 gl.

Reuchlin, Jh. Fr., († d. 30. April 1819.) Anleit. zu d. Uebungen üb. die Pestalozzische Einheitstabelle. 8. Stuttg. 809. Steinkopf. 16 gl.

— Aufgabe in benannten Zahlen üb. die Pestalozzische Einheitstabelle. 8. Stuttg. 810. Steinkopf. 18 gl.

Reuchlin, [Joh. Chf. Frdr.]: Bemerkungen über den Würtemb. Schulgesetzes-Entwurf mit Rücksicht auf den Begleitungs- u. Comm.Bericht u. die erschienenen Schriften. Stuttg.: Steinkopf (Febr.) 1836.

— Schreibvorschriften f. Schulen. in 10 qu. 8. Blätt. Stuttg., (Steinkopf). 12 gl.

Reuchlin, Johann Fr., s.a. Reuchlin, Johann Christoph Fr.

— s. Kirchengesetze d. Königr. Würtemberg.

Kirchengesetze d. K. Würtemberg, in Hinsicht auf den Evangel.-Luther. Religionstheil, v. 1798—1808. Hrsg. v. J. Fr. REUCHLIN. *Stuttgart*, Metzler. 809. gr. 8. (1 Thl. 6 Gr.)

**Reucker,** Wilh., Lehrbuch d. Physik f. höh. Mädchenschulen und Lehrerinnenseminare. Nach den Lehrplänen v. 12. XII. 1908. Mit 1 Doppeltaf., 6 einfarb. Taf., 1 (farb.) Spektraltaf. u. 635 Abbild. im Text. (X, 384 S.) gr. 8. Düsseldorf (910). L. Schwann.
Geb. in Leinw. 4. —

**Reudelhuber,** Georg [approb. Arzt aus Lambsheim]: Ueber isolirte Luxationen des Talus und ihre Behandlung . . . . Würzburg, Becker's Univ.-Buchdr., 1886; 22 S. 8°.
Würzburg, Med. Fak., Inaug.-Diss. v. 1886.

Reudelhuber, Georg, über isolirte Luxationen des Talus und ihre Behandlung. Diss. Würzburg 1886, Stahelsche Univ.-Buchh. 8°. 22 S.

Reuder, Jh. Bapt., († d. 6. Dec. 1811.) geistl. Reden. s. G. J. Zimmer.

**Reue, Die belohnte;** ein Lustspiel in zwei Aufzügen . . . Berlin 1800. V: *Bonin, Christian Friedrich Ferdinand Anselm von.* (GGr) (Ky) (MGT)

Reue, die belohnte; Lstspl. in 2 Aufz. (v. C. F. v. Bonin). 8. Berl. 800. Maurers B. 8 gl.

— u. Ersatz. Schausp. in 5 Aufz. von Vogel. 8. Hamb. Vollmer.

— u. Großmuth. Schausp. von Thomdrink. 8. Lingen. (Theissing, Mt.) 793.

**Reue, Die,** vor der Hochzeit, Singspiel in einem Aufzuge. Berlin 1782. V: *Meyer, Friedrich Ludwig Wilhelm.* (BrMm) (Ky) (MGT)

— die, vor der Hochzeit. Singsp. 8. Berlin, Maurer. 782.

**Reue** über einen Jugendfehler. Aus dem Französischen. Wien 1793. V: *Arnaud, François Thomas Marie de Baculard d'.* (BiblPort) (Ky 8/10)

Reue üb. e. Jugendfehler, n. d'Arnaud. 12. Wien, Alberti. 793.

Reue eines preuß. Soldaten über die Greuelthaten des „herrlichen Kriegsheeres" in Baden. In der Verzweiflung von ihm niedergeschrieben zur Warnung für seine Kameraden. 1. und 2. Aufl. 8. (23 S.) Herisau 849, [Schläpfer und Meisel.]

**Reue, Die,** nach der That, ein Schauspiel. Frankf. a. M. 1775. V: *Wagner, Heinrich Leopold.* (BrMm) (ML) (Ky) (GGr) (Cat. d. Stadtbibl. Zürich. Zürich 1864—97.)

— die, nach der That. Schausp. 8. Frankf. Eichenberg. 775.

— vor der That. Singsp. 8. Frankf. Herrmann. 783.

Reue, versöhnt. Schausp. von Iffland. 8. Berlin, Rottmann. 789. Rthlr. Schreibpap.

— — dasselbe, neue Aufl. 8. Leipz. Göschen.

**Reukauf,** August [aus Salzungen]: Philosophische Begründung des Lehrplans des evangelischen Religionsunterrichts an höheren Schulen ... Langensalza, Druck v. H. Beyer & Söhne, 1892; VI, 113 S. 8.
Jena, Phil. Fak., Inaug.-Diss. v. 1892

**Reukauf, A.**, Didaktik des evangel. Religionsunterrichts in der Volksschule, s.: **Religionsunterricht, evangel. I.**

— u. H. **Winzer**, Geschichte der Apostel, s.: Religionsunterricht, evangelischer. IX.

**Reukauf, A.**, Grundlegung f. Auswahl u. Anordnung der Unterrichtsstoffe od. Didaktik des evangel. Religionsunterrichts in der Volksschule, s.: Religionsunterricht, evangelischer. I.

**Reukauf, A.**, abnorme **Kinder** u. ihre Pflege, s.: **Magazin, pädagogisches.**

Reukauf, A., Kirchengeschichte, s.: Religionsunterricht, evang.

— der **Lehrplan** d. evangelischen Religionsunterrichts an höheren Schulen, vom Standpunkt der wissenschaftlichen Pädagogik aus begründet. gr. 8. (VI, 113 S.) Langensalza 892. H. Beyer & Söhne. n. 1. 50

— zur Lehrplan-Theorie der geschichtlichen Stoffe im Religionsunterricht der Volksschule, s.: **Zur Pädagogik der Gegenwart.** 10. Hft.

**Reukauf, A.**, Leseabende im Dienste der Erziehg., s.a. **Magazin, pädagog.**

Leseabende im Dienste der Erziehung. Von Dr. A[ug.] **Reukauf**. *Langensalza: H. Beyer & Söhne 1896.* (1 Bl., 43 S.) 1 Bd 8.
= Magazin, Pädagogisches. H. 84. (97.4156

— u. E. **Heyn**, evangelisches Religionsbuch. 3 Tle. gr. 8. Leipzig, E. Wunderlich. n. 1. 40; Einbde. à n. — 20
1. Biblische Geschichten f. die Mittelstufe gegliederter Schulen. Mit e. Karte v. Palästina. (V, 110 S.) 903. n. — 40
2. Lesebuch aus dem Alten Testament f. die Oberstufe gegliederter Schulen. (IV, 95 S.) 903. n. — 40
3. Lesebuch aus dem Neuen Testament f. die Oberstufe gegliederter Schulen. (V, 138 S.) 903. n. — 60

— — dasselbe. IV. Tl., Ausg. A. Lesebuch zur Kirchengeschichte f. höhere Lehranstalten u. zum Selbststudium. 1. u. 2. Bd. gr. 8. Ebd. n. 2. —; geb. n. 2. 80
1. Bis zur Reformation. (VI, 176 S.) 904. n. — 80; geb. n. 1. 20
2. Reformation. (IV, 109 S.) 906. n. — 80; geb. n. 1. 20

— u. E. Heyn, evangelisches Religionsbuch. I. Tl., II Tl. Ausg. A u. B., III. Tl. u. IV. Tl. Ausg. A—C. 8. Leipzig, E. Wunderlich. 5. 40
I. Biblische Geschichten f. die Mittelstufe gegliederter Schulen. Mit 1 (farb.) Karte v. Palästina. 3. durchgeseh. Aufl. 7.—9. Taus. (V, 111 S.) 909. — 40; geb. — 60
II. Lesebuch aus dem Alten Testament u. Anh., enth. u. a.: Geschichte des Volkes Israel von Mose bis Jesus u. Bibelkunde. 2. Aufl. Mit 1 Karte zur bibl. Erdkunde. (V, 115 S.) 909. — 60; geb. — 80; ohne Karte — 50; geb. — 70
II. Ausg. B. Lesebuch aus dem Alten Testament. Kleine Ausg. (VI, 93 S.) 910. — 40; geb. — 60
III. Lesebuch aus dem Neuen Testament m. Anh., enth. u. a. Geschichte Jesu u. der Apostel. 2. Aufl. (VIII, 147 S.) 909. — 80; kart. 1.—; m. 1 Karte — 90; kart. 1. 10
IV. Ausg. A. 3. Lesebuch zur Kirchengeschichte f. höhere Lehranstalten u. zum Selbststudium. 3. Bd.: Neuzeit. (IV, 95 S.) 908. 1.—; geb. 1. 40
IV. Ausg. B. Lesebuch zur Kirchengeschichte f. höhere Schulen. (VIII, 340 S.) 908. 1.60; geb. 2. —
IV. Ausg. C. Lesebuch zur Kirchengeschichte. Kleinere Ausg. f. höhere Mädchenschulen, Realschulen, Mittelschulen u. Volksschulen. 2. verb. u. verm. Aufl. (VII, 152 S.) 910. — 60; geb. — 80

— — dasselbe. Anh. zum IV. Tl., Ausg. A u. B. Abriß der Kirchengeschichte f. höhere Schulen. (III, 58 S.) gr. 8. Ebd. 908. — 60

— Religions-Lehrplan für die evangel. Volksschule, s.: Religionsunterricht, evangelischer.

— Vorfragen zur Reform des Religionsunterrichts in der Volksschule, s.a. **Bibliothek**, religionspädagogische Nr. 1.

Vorfragen zur Reform des Religionsunterrichts in der Volksschule. Ein Beitrag z. Lösung der schulpolit. Fragen auf d. Gebiet d. Religionsunterrichts von Dr. A[ugust] **Reukauf**, Dir. Göttingen: Vandenhoeck & Ruprecht 1909. V, 132 S. 8°
(Religionspädagogische Bibliothek. Nr 1.) 09. 16010

— **Neue biblische Wandbilder. Farbige Kunstblätter** von Karl Schmauk. Bearb. unter Zugrundelegg. des method. Werkes „Evangel. Religionsunterricht“ von Reukauf u. Heyn, sowie der neuesten Quellenwerke. Neues Testament. I. Serie: **Jesu Wirken in Galiläa.** 6 Blatt. à 60×86 cm. Stuttgart (909). K. Havlik. Für die Serie 10.—; auf Lederpap. n 10.60; m. Leinw.-Rand u. Ösen n 11.80; einzelne Bl. 2.—; bezw. n 2.10 u. n 2.30; Erläuterungen (16 S. m. Abb.) — 30
1. Jesu Taufe. — 2. Der Blinde v. Bethsaida. — 3. Das Töchterlein d. Jairus. — 4. Der Gelähmte. — 5. Jesus als Lehrer am See. — 6. Jesus im Hause d. Pharisäers.

— dasselbe. II. Serie: Gleichnisse. 6 Blatt. à 60×86 cm. Ebd. Für die Serie 10. —; auf Lederpap. n 10.60; m. Lw.-Rand u. Ösen n 11.80; einzelne Bl. 2.—; bezw. n 2.10 u. n 2.30; Erläuterungen (16 S. m. Abb.) 909. — 30
1. Der Säemann. (908.) — 2. Der verlor. Sohn. (908.) — 3. Der Pharisäer u. d. Zöllner. (908.) — 4. Der barmherzige Samariter. (907.) — 5. Der reiche Mann. (907.) — 6. Die Arbeiter im Weinberg. (908.)

Reukauf, Emil

**Reukauf, E.**, die Pflanzenwelt des Mikroskops, s.a. Aus Natur u. Geisteswelt.

Die Pflanzenwelt des Mikroskops. Von E[dmund] **Reukauf**. Mit 100 Abb. in 165 Einzeldarst. Leipzig: B. G. Teubner 1907. (IV, 124 S.) 8° [J.]
= **Natur**, Aus, u. Geisteswelt. Bdch. 181. (08. 176)

**Reukauff,** Heinrich, Referendar in Berlin: Über den Begriff der Rechtsnachfolge nach bürgerlichem Recht. Borna-Leipzig 1906: R. Noske. (X, 96 S.) 8°
Rostock, Jur. Fak., Ref. Bernhöft, Diss. v. 20. Dez. 1906
[Geb. 27. März 80 Neu-Holland, Kr. Niederbarnim; Wohnort: Glienicke b. Beeskow; Staatsangeh.: Preußen; Vorbildung: Gymn. Guben Reife O. 99; Studium: Berlin 1, Lausanne 1, Berlin 4 S.; Rig. 17. Juli 06.]

**Reukauff,** Hugo, appr. Arzt: Ätiologische und therapeutische Bewertung des Alkohols besprochen an dem Sachsenberger Krankenmaterial in den Jahren 1876—1905. Schwerin 1906: Sandmeyer. (51 S.) 8°
Rostock, Med. Fak., Ref. Schuchardt, Diss. v. 30. Nov. 1906
[Geb. 1. März 73 Bergbrück, Prov. Brandenburg; Wohnort: Sachsenberg b. Schwerin i. M.; Staatsangeh.: Preußen; Vorbildung: Gymn. Guben Reife M. 94; Studium: Greifswald 7, Rostock 3 S.; Coll. 5. Mai 05; Approb. 6. Mai 05.]

Reul, Caspar Josef. s. Reul. Kaspar Josef

**Reul,** Charles [cand. med.]: Ueber die Mengenverhältnisse der Mikroorganismen im schleimigen und eitrigen Sputum und Nasensecret .... *Leipzig-Reudnitz, Druck von Schmidt & Baumann.* 1886; 33 S. 8°.
Würzburg Med. Fak., Inaug.-Diss. v. 1886.

Reul, Charles, über die Mengenverhältnisse der Mikroorganismen im schleimigen und eitrigen Sputum und Nasensecret. Diss. Würzburg 1886, Stahelsche Univ.-Buchh. 8°. 33 S.

*Christianus Reul.* Theses ex universa philosophia, quas praeside Christiano Reul aa. ll. et philosophiae magistro eiusdemque in dicto principali Athenaeo professore publico et ordinario primo loco publice defendendas suscepit Andreas Müller, Marchio-Badensis, metaphysices et ethices studiosus. In aula principalis Athenaei Marchio-Badensis die 18. Septembris anno MDCCXXIV. Horis ante meridiem consuetis. Rastadij typis Francisci Georgii Tusch, typogr. Marchio-Badeno-Aul. 4°. 8 S.
Rastatt, P 1724

Reul, Kaspar Josef

**Reul**, Casp. Jos.: Veritates canonico-civiles de rebus eorum, qui sub tutela vel cura sunt: uti et de rebus ecclesiae alienandis vel non ad tit. 13 Lib. 3 Decret. et tit. 9 lib. 27 Pandectarum. Diss. (Trier 1745.)

**Reuland,** Henri Adolphe: Zehntägige Andacht zum heiligen Johannes vom Krenz, erster unbeschuhter Karmelit. Herausgegeben von einem Priester desselben Ordens. Neu bearbeitet von Fr. Johannes vom Kreuz, Terziar-Karmelit. Mit Genehmigung der geistlichen Obrigkeit. Regensburg, New-York und Cincinnati 1891. XII, 83 S. 8°

**Reuland,** Henri Adolphe: Das alte Burgschloss Clerf im Oberoesling und seine Merkwürdigkeiten. Mit einer Ansicht des Schlosses Clerf. Grevenmacher: J. Esslen 1886. 16 S. 8°

Reuland, H. A., das romantische Ernzthal oder Fels und seine Umgegend. Ein Handbuch als Führer für Touristen, zugleich zur Unterhaltung für Jugend und Volk. 8. (III, 214 S.) Luxemburg 880, Brück. *

**Reuland,** Henri Adolphe: Das romantische Ernzthal oder Fels und seine Umgegend. Ein Handbuch als Führer für Touristen, zugleich zur Unterhaltung für Jugend und Volk. Luxemburg: St. Paul.-Druck 1880. 3, 243, 3 S. 8°

**Reuland,** Henri Adolphe: Erzählungen aus dem luxemburger Volksleben alter und neuer Zeit. Herausgegeben von Ns. Gonner. Dubuque, Jowa 1891. 122 S. 8°

**Reuland,** H. A., Geschichte d. Limburger Erbfolgestreites. Die Schlacht bei Worringen u. die Erhebg. Düsseldorfs zur Stadt, s.a. Herchenbach, Wilh.

**Reuland,** Henri Adolphe, u. Guillaume Herchenbach: Geschichte des Limburger Erbfolgestreites. Die Schlacht bei Worringen und die Erhebung Düsseldorfs zur Stadt. Mit 5 lithographischen Tafeln über die Insiegel der Herzöge von Limburg und mehrerer aus dem herzoglichen Geschlechte von Limburg abstammenden Grafen von Luxemburg. Düsseldorf [1882]. 1, 104 S. 8°

**Reuland,** Henri Adolphe: Aus dem Geschichts- und Sagenschatz der Ardennen und der Vogesen. Erzählungen. Herausgegeben von Ns. Gonner. Dubuque, Jowa 1882. 102, 1 S. 8°

**Reuland,** Henri Adolphe: Heinrich II. und Kunigunde, oder: Die Jungfräulichkeit auf dem Kaiserthrone. Eine Geschichte aus der Anfangszeit der vormaligen Grafschaft Luxemburg. Nach Geschichte und Legende erzählt. Herausgegeben von Ns. Gonner. Dubuque, Jowa 1883. 144, 1 S. 8°

**Reuland,** Henri Adolphe: Johann der Blinde, oder: Geschichte der abentheuerlichen Kriegszüge, tapferen Thaten und des ruhmvollen Todes des Grafen Johann von Luxemburg und Königs von Böhmen. Nach den besten Quellen volksthümlich dargestellt. Herausgegeben von Ns. Gonner. Dubuque, Jowa 1885. 179 S. 8°

**Reuland,** Henri Adolphe: Kriegsgeschichten aus alter Zeit. Erzählungen. Herausgegeben von Ns. Gonner. Dubuque, Jowa 1886. 127, 1 S. 8°

—— das zerstörte Lebensglück, s. Herchenbach, Wilh., Roderich und Schwanhilde.

**Reuland,** Henri Adolphe: Die Pest in den Oeslinger Bergen oder: Der Untergang von Rimelscheid. Novelle. Herausgegeben von Ns. Gonner. Dubuque, Jowa 1888. 116, 2 S. 8°

**Reuland,** Henri Adolphe: Der Raubritter von Heringen und der Kreuzfahrer von Fels. Erzählung aus der Zeit des Limburger Erbfolgekrieges. Herausgegeben von Ns. Gonner. Dubuque, Jowa 1881. 106, 1 S. 8°

—— der Raubritter von Heringen und der Kreuzfahrer von Fels. Erzählungen aus der Zeit des Limburger Erbfolgekrieges. Hrsg. von N. Gonner. gr. 8. (107 S.) Luxemburg 882, (Brück.)

**Reuland,** Henri Adolphe: Redlichkeit und Bosheit. Eine wahre Geschichte aus dem luxemburgischen Volksleben erzählt. Luxemburg: St. Paul.-Ges. 1890. 49 S. 8°

**Reuland,** Henri Adolphe: Walter Reinhard, genannt Somru, der Rajah von Sirdhana und seine heldenmüthige Gattin Begoume. Eine wahre Geschichte aus Ostindien. Herausgegeben von Ns. Gonner. Dubuque, Jowa 1890. 129, 2 S. 8°

**Reuland,** Henri Adolphe, u. Guillaume Herchenbach: Roderich und Schwanhilde. Eine Luxemburger Sage mit historischem Hintergrunde. - Das zerstörte Lebensglück, oder Schicksale eines deutschen Flüchtlings. Wahre Begebenheit. Mit Illustrationen. Regensburg 1881. 160 S. 8°

**Reuland,** Henri Adolphe: Der Schiffer - Zunftmeister von Gent. Nach einer flandrischen Chronik. Luxemburg: St.Paul.-Ges. 1889. 88, 1 S. 8°

**Reuland,** Henri Adolphe: Der Trappist. Lebensbild eines Luxemburgers, des ehrwürdigen Bruders Nikolaus (Prim aus Fels) aus dem Kloster Oelenberg. Luxemburg: St. Paul.-Ges. 1891. 48 S. 8°

**Reuland,** Henri Adolphe: Der Volksaufstand in Luxemburg gegen französische Anmassung. Geschichte des „Klöppelkrieges" in den Jahren 1797 bis 1799. Nach den zuverlässigsten Quellen für das Volk dargestellt. Herausgegeben von Ns. Gonner. Dubuque, Iowa 1889. 116, 2 S. 8°

**Reuland,** Henri Adolphe: Luxemburger Volksbücher. Geschichte und Sagen aus dem luxemburger Volksleben. Luxemburg: St. Paul.-Druck.1892. 48 S. 8°

**Reuland,** Henri Adolphe: Willibrord der heilige Glaubensbote, Apostel Frieslands und Luxemburgs und Gründer der Abtei Echternach. Geschichte und Bilder aus dem Missionsleben im 7. Jahrhundert. Herausgegeben von Ns. Gonner. Dubuque, Jowa 1884. 135 S. 8°

**Reuland,** Jean: St. Raphael-Verein zum Schutze der Ein- und Auswanderer. Gegründet unter dem Präsidium des hochwürdigsten Herrn Bischofs Wigger von Newark. Vom hl. Vater bestätigt und mit reichen Ablässen versehen. Vom 3. Plenar-Concil von Baltimore auf's Wärmste empfohlen. Jahresbericht vom 1. Oktober 1886.[New-York 1887.] 4 S. 8°

**Reuland,** Jean: Verhaltungsmassregeln für Reisende nach Amerika bei ihrer Landung in New-York. Luxemburg: St. Paul.-Druck.1886. 14 S. 8°

**Reuland,** Josef [cand. chem. aus Blankenheim (Rheinprovinz)] Ueber Abkömmlinge des Diphenylins. . . . Würzburg, Anton Boegler'sche Buchdr., 1889; 24 S. 8°
Erlangen, Phil. Fak., Inaug.-Diss. v. 1889

**Reuland,** Theophil [app. Arzt aus Blankenheim]: Aus d. Seitz'schen Poliklinik f Kinderkrankheiten zu München. Über benigne Endocardialerkrankungen im Kindesalter, beleucht. an e. Falle v. Endocarditis chronica recurrens bei e. 11½-jähr. Knaben ... München, kgl. Hof- u. Univ.-Buchdr. v. Dr. C. Wolf & Sohn, 1894; 41 S. 8.
München, Med. Fak., Inaug.-Diss. v. 1894

**Reuland,** Wilhelm, a. Duisburg: ⟨Aus d. pathol. Institut zu Bonn.⟩ Über multiple carcinomatöse und maligne Adenome des Dünndarms. Bonn 1905: C. Georgi. (55 S.) 8°
Bonn, Med. Fak., Ref. Ribbert, Diss. v. 8. Juni 1905
[Geb. 23. Sept. 79 Duisburg; Heimatsort: Duisburg; Staatsangeh.: Preußen; Vorbildung: Gymn. Duisburg Reife O. 00; Studium: Marburg 4, Berlin 2, München 1, Bonn 2 S.; Coll. 8. Juni 05; Approb. 10. Apr. 05.]

**Reulbach, Bernhard Joh.** (Würzburg), De dolo tertii ejusque effectu praesertim inter contrahentes. Diss. jur. Würzburg (Fr. E. Nitribitt) 29. VIII. 1812. 40 S. (4.—) 28400

**Reulbach,** Ernest, die Kunstwürde der Photographie. Antwort auf das offene Sendschreiben in Angelegenheiten der Photographie bezüglich ihrer Stellung zur Kunst. München 861. Franz. gr. 8. (31 S.) 5 ngr.

Reuleaux, Carl, s. Reuleaux, Karl

**Reulaux, F., und die deutsche Industrie auf der Weltausstellung zu Philadelphia ... Leipzig 1876. V:** ***Hirth, Gg.*** **(Kat. d. stat. Bureaus. Dresden 1890.)**

**Reuleaux, F.,** u. die deutsche Industrie auf der Weltausstellung zu Philadelphia. Eine unparteiische Sammlg. der durch die ersten 4 Briefe d. Hrn. Reuleaux hervorgerufenen wichtigeren Streitschriften. gr. 8. (VII, 101 S.) Leipzig 876. Hirth. 1. 50

Reuleaux, Franz

**Reuleaux, F., Abriss der Festigkeitslehre f. den Maschinenbau. (XIII, 128 S. m. 75 Abbildgn.) gr. 8. Braunschweig 904. F. Vieweg & Sohn. n. 4.—; geb. in Leinw. n. 4. 80**
**Sonderabdruck aus: „Der Konstrukteur". 5. Aufl.**

Reuleaux, F: Bericht über Eisen- und Stahl-Draht auf der Jndustrie-Ausstellung in Melbourne 1880—1881. Berlin 1881

Reuleaux, F. Neue Betrachtungen und Versuche über die Zapfenreibung. Berl. 1892. 4.

Die praktischen Beziehungen der Kinematik zu Geometrie und Mechanik. Von Prof. Dr. F[ranz] **Reuleaux**. Mit 670 eingedr. Abb. u. 2 Taf. *Braunschweig: F. Vieweg & Sohn 1900.* (XXVIII, 783 S.) 8°
= Reuleaux: Lehrbuch d. Kinematik. Bd 2. 6765

**Reuleaux, F.,** Briefe aus Philadelphia. Vom Verf. durchgeseh. u. durch Zusätze verm. Ausg. gr. 8. (X, 98 S.) Braunschweig 877. Vieweg & Sohn. n. 2. —

Reuleaux, F. (Hrsg.), s. Buch, Das neue, der Erfindungen, Gewerbe und Industrien.

REULEAUX, F.
Die Chemie des täglichen Lebens ... Achte umgearbeitete und bedeutend erweiterte Auflage unter Mitwirkung von Gustav Heppe, Th. Schwartze [und] Jul. Zöllner. Leipzig, 1886. 4to. Ill.

—— —— **die Festigkeit der Materialien,** s. Moll

**Reuleaux, F., Führer d. Maschinisten,** s.: **Scholl, C. F.**

**Reuleaux, F.,** Kurzgefasste Geschichte der Dampfmaschine. Mit Holzschn. Braunschweig 1864. 8°.

— **kurzgefaßte Geschichte der Dampfmaschine. gr. 8. (VI, 75 S. m. 18 Holzst.) Braunschweig 891. F. Vieweg & Sohn.** n. 1. —

— **Ingenieur,** s.: **Weisbach.**

—— theoretische Kinematik. Grundzüge einer Theorie des Maschinenwesens. Mit einem Atlas und zahlreichen in den Text eingedr. Holzst. 2 Abthlgn. gr. 8. Ebendas. 875. [1. Abthl. (S. 1—320.) *M 7.; 2. Abthl. (XXI, S. 321—622 mit Atlas von 8 Holzschntaf. in qu. Fol.) *M 10.] *

**Reuleaux, Fr.,** Theoretische Kinematik. Grundzüge einer Theorie des Maschinenwesens. Braunschweig 1875. Text 8°. Atlas 8°.

Reuleaux, F. Können eiserne Brücken nicht schön sein? Berlin 1890. 4.

**Reuleaux, F., der Constructeur.** Ein Handbuch zum Gebrauch beim Maschinen-Entwerfen. Für Maschinen- und Bau-Ingenieure, Fabrikanten und technische Lehranstalten. 2 Hälften. Lex.-8. (XXVII und 346 S. mit 2 Tab. in gr. 4. und 315 in den Text gedr. Holzst.) Braunschweig 861. 62, Vieweg und Sohn. [1. Hälfte * 1 Thlr., 2. Hälfte * 1 Thlr. 15 Ngr.] *

**Reuleaux, F.,** der Constructeur. Ein Handbuch zum Gebrauch beim Maschinen-Entwerfen. Für Maschinen- u. Bau-Ingenieure, Fabrikanten u. techn. Lehranstalten. 2., sorgsam durchgearb. u. erweit. Aufl. Braunschweig 865. Vieweg & Sohn. gr. 8. (XXX, 467 S. mit 4 Tab. in gr. 4. u. 485 in den Text eingedr. Holzst.) n. 3 ₰ 10 ngr.

— — 3. sorgsam durchgearb. u. erweit. Aufl. Mit zahlreichen in den Text eingedr. Holzst. 1. u. 2. Liefg. enth.: Festigkeitslehre u. Graphostatik. Schrauben, Nieten, Zapfen, Achsen, Wellen, Lager, Lagerstühle, Riemscheiben. Ebend. 869, 70. gr. 8. (S. 1—384.) Jede Liefg. n. 1 ₰ 10 ngr.

— der Constructeur. Ein Handbuch zum Gebrauch beim Maschinen-Entwerfen. Für Maschinen- u. Bau-Ingenieure, Fabrikanten u. techn. Lehranstalten. 3. sorgsam durchgearb. u. erweit. Aufl. 3. Lfg. enth.: Zahnräder, Hebel, Kurbeln etc. [Schluss d. Werkes.] gr. 8. (XX u. S. 385—674 m. eingedr. Holzschn. u. 2 Tabellen in qu. Fol.) Braunschweig 871. Vieweg & Sohn. n. 6. 40 (cplt.: n. 14. 40)

**Reuleaux, F., der Konstrukteur. Ein Handbuch zum Gebrauch beim Maschinen-Entwerfen. 4. umgearb. und erweit. Aufl. Mit zahlreichen in den Text eingedr. Holzst. 1. und 2. Lfg. gr. 8. Braunschweig, Vieweg und Sohn. [1. Lfg. (VIII, S. 1—368.) 882. *M 7.; 2. Lfg. (S. 369—640.) 883. *M 5.]** *

**Reuleaux, F., der Konstrukteur.** Ein Handbuch zum Gebrauch beim Maschinen-Entwerfen. 4. umgearb. und erweit. Aufl. 3. Lfg. gr. 8. (S. 641—864 mit zahlr. in den Text eingedr. Holzst.) Braunschweig 885, Vieweg und Sohn. *
1. und 2. Lfg. Ebendas. 1882,83. *M 12.—

**Reuleaux, F.,** der Konstrukteur. Ein Handbuch zum Gebrauch beim Maschinen-Entwerfen. 4., umgearb. Aufl. Mit zahlr. in d. Text eingedr. Holzst. 4. (Schluss-) Lfg. gr. 8. (LXXI u. S. 865—1200 m. 2 Tab.) Braunschweig 889. Vieweg & Sohn. n. 8. 50 (cplt.: n. 25. —)

— der Konstruktour. Ein Handbuch zum Gebrauche beim Maschinen-Entwerfen. 4., umgearb. u. erweit. Aufl. 2. Abdr. gr. 8. (LXXI, 1200 S. m. Holzst. u. 2 Tab.) Ebd. 894. n. 25. —

— d. Konstrukteur. E. Handbuch zum Gebrauch b. Maschinen-Entwerfen. 4., umgearb. u. erweit. Aufl. 3. Abdr. gr. 8. (LXXI, 1197 S. m. Holzst. u. 2 Tab.) Braunschweig 895. F. Vieweg & Sohn. n. 25. —

— der Konstruktour. Ein Handbuch zum Gebrauch beim Maschinen-Entwerfen. 4. umgearb. u. erweit. Aufl. 4. Abdr. gr. 8. (LXXI, 1197 S m. Holzst. u. 2 Tab.) Braunschweig 899. F. Vieweg & Sohn. n. 25. —; geb. n. 27. —

Reuleaux, F., über die Construktion und Berechnung der für den Maschinenbau wichtigsten Federarten. Für Fabrikanten und technische Lehranstalten. gr. 8. (95 S. mit 3 Stnt. in gr. 4.) Winterthur 857(61), Wurster und Comp. Thlr.
Aus der „Schweizerischen polytechnischen Zeitschrift" besonders abgedruckt.

Reuleaux, F., und C. L. Moll, Construction für den Maschinenbau, s. Moll.

— Constructionslehre für den Maschinenbau, s.a. Moll, C. L.

— — Die Constructionslehre für den Maschinenbau. Braunschweig 1862. Text 8⁰. Atlas Fol.

Reuleaux, F. Cultur und Technik. Wien 1884.

— aus Kunst u. Welt. Vermischte kleinere Schriften. 2. Aufl. gr. 8. (III, 313 S. m. Abb., 8 Taf. u. Bildnis.) Berlin 901. Allgemeiner Verein f. deutsche Litteratur. n. 6. —; geb. in Leinw. od. Halbfrz. n. 7. 50

— Lehrbuch der Kinematik. 2. Bd. Die prakt. Beziehgn. der Kinematik zu Geometrie u. Mechanik. gr. 8. (XXVIII, 788 S. m. 670 Abbildgn. u. 2 Taf.) Braunschweig 900. F. Vieweg & Sohn. n. 25. —
I. Bd. Ebd. 875. n. 17. —.

Reuleaux, F. Deutschlands Leistungen und Aussichten auf technischem Gebiete. Rede zum Geburtstagsfeste S. Majestät des Kaisers und Königs Wilhelm II. in der Aula der Königlichen Technischen Hochschule zu Berlin am 26. Januar 1891. Berlin 1891. 4⁰.

— die Maschine in der Arbeiterfrage, s.: Zeitfragen, soziale.

Reuleaux, F. Maschinenbaukunde. Vorträge von 1863/4. Carlsruhe 1865. Aut. 4.

—— über den Maschinenbaustil. Ein Beitrag zur Begründung einer Formenlehre für den Maschinenbau. Lex.-8. (VII und 70 S. mit 83 in den Text gedr. Holzst.) Braunschweig 862, Vieweg und Sohn. *
Aus des Verf. „Constructionslehre für den Maschinenbau", besonders abgedruckt.

Reuleaux, F. Mittheilungen über die Durchbohrung des Mont-Cenis. 1857. 4.

— die mechanischen Naturkräfte u. deren Verwertung, s.a. Sammlung populärer Schriften, hrsg. von der Gesellschaft Urania zu Berlin. Nr. 56.

Die mechanischen Naturkräfte und deren Verwertung. Von F[ranz] Reuleaux in Berlin. Mit Abb. *Berlin: H. Paetel 1901.* (39 S.) 4⁰(8⁰)
= Sammlung populärer Schriften hrsg. v. d. Urania. No 56. [01. 964]

Reuleaux, F: Ueber Neuerungen an Dampfpumpen und Dampfpumpwerken. Vortrag. Berlin 1886

Reuleaux, F., die Thomas'sche Rechenmaschine. Für Mathematiker, Astronomen, Ingenieure rc. gr. 8. (40 S. mit 1 Stnt. in qu. Fol.) Freiberg 862, Engelhardt. *
Aus: Der Civilingenieur, besonders abgedruckt.

— die sogenannte Thomas'sche Rechenmaschine. Für Mathematiker, Astronomen, Ingenieure, Finanzbeamte, Versicherungs-Gesellschaften u. Zahlenrechner überhaupt. 2., umgearb. u. erweit. Aufl. gr. 8. (VIII, 60 S. m. 1 Taf.) Leipzig 892. A. Felix. n. 2. —

—— eine Reise quer durch Indien, s. Verein, allgemeiner, für deutsche Literatur.

— eine Reise quer durch Indien im J. 1881. Erinnerungsblätter. 2. Aufl. gr. 8. (XV, 288 S. m. eingedr. Holzschn. u. 2 Taf.) Berlin 885. Allgemeiner Verein f. deutsche Literatur. n. 5. —; geb. n. 6. —

— der schweizerische Robinson, s.: Wyß, J. D.

Reuleaux, F. Schieber-Vorrichtung zum Umsteuern. Zürich 1856. fol.

Reuleaux, F: Skizzenbuch der angewandten Kinematik. Hrsg. vom Verein »Hütte« Berlin. Th. [1.] 2. Text u. Atlas. Berlin 1880—1892. Atl. Fol.

— die Sprache am Sternenhimmel u. Ost, West, Süd, Nord. Zwei Abhandlgn. 4. (27 S. m. 7 Abbildgn.) Berlin 901. C. A. Schwetschke & Sohn. n. 1. 20
Sonderabdruck aus: „Das Weltall".

Reuleaux, F. Die graphische Statik in ihrer Anwendung auf den Maschinenbau. Nach Vorträgen autogr. Heft 1. Zürich 1864.

Reuleaux, F. Über die Unbestimmtheit des Ausdruckes Pferdekraft. 1857. 4.

Reuleaux, F. Über das Verhältnis zwischen Geometrie, Mechanik und Kinematik. Berlin 1890. 4.

Reuleaux, F. Der Muir'sche Vierrichtungsventilator. 8.

Reuleaux, F: Vorträge über Kinematik. Hrsg. von den Studirenden der Königl. Gewerbe-Akademie. 2. Aufl. Berlin 1870. Fol.
Selbst: Fortsetzung der Vorträge über Kinematik. Berlin 1870

Reuleaux, F: Vorträge über Maschinenbaukunde. Berlin 1868. (Ms. gedr.)
Reuleaux, F: Vorträge über Maschinenbaukunde. 2. Aufl. Berlin 1870. (Ms. gedr.)
Reuleaux, F: Vorträge über Maschinenbaukunde. 2. Aufl. 2. Abdruck. Berlin 1873

— über das Wasser in seiner Bedeutung f. die Völkerwohlfahrt. Ein akadem. Vortrag. Mit 3 Abbildgn. in (eingedr.) Holzschn. gr. 8. (43 S.) Berlin 871. Nicolai's Verl. n. 1. —

— s.a. Weltverkehr, der, u. seine Mittel.

Reuleaux, F. Der Weltverkehr und seine Mittel. 8. A. Leipzig 1889. 2 Bde.

Reuleaux, F. Über die Wirkung der Dampfvertheilung bei den Coulissen-Steuerungen. Zürich 1856. 4.

Reuleaux, F., Das Centrifugalmoment. Ein Beitrag zur reinen Dynamik. (2. Cap.) und Regulatoren mit Centrifugal-Tachometer. (3. Cap.) (Aus: Reuleaux, Constructionslehre. II. Regulatoren.)

Reuleaux, F. Cirkular betreffend Burmester in München. 1890. 4.

Reuleaux, H., das singende Thal bei Thronecken. Ein Hochwaldräthsel. gr. 8. (47 S. mit 1 lithogr. Karte.) Koblenz 880, [Denkert und Groos.] Groos. *

Reuleaux, Karl

Reuleaux, Carl, auch e. Alabamafrage. Abhandlung üb. die durch ministeriellen Entscheid vom 9. August 1870 f. Preußen u. das ehemal. Kurfürstenth. Hessen verfügte Aufhebg. d. Hoffmann-Licht'schen Patentes u. deren Konsequenzen f. das Ausl. Nebst Auszug aus e. italien., denselben Gegenstand behandelnden vereid. Expertise. gr. 8. (48 S.) Berlin 872. Beelitz. 1. —

Reuleaux, Carl: Das B u c h der Rätsel v. –. M. 1 allegor. Titelb. gez. v. Caecilie Bader. Als Ms. gedr. Wolfratshausen: (Wild'sche Buchdr., München) 1899. (XVI, 104 S., 1 Bl.) 1 Bd 8°
= Reuleaux, C.: Schriften. Op. 19.

Reuleaux, Carl, Dichtungen. 1. Bd.: Fabeln, Romanzen und Balladen. Mit 1 (zinkotyp.) Illustr. nach Gabr. Max und (zinkotyp.) Zeichnungen von F. Geiges und H. Knöchl. 16. (XVI, 180 S.) München 877, Merhoff's Verlag. *
geb. mit Goldschn. *

—— dass. — 2. Bd.: Ein Tag in der Hölle oder Ugolino und Roger. Dichtung in 55 Gesängen. Im Anschluß an Dante Alighieri's göttliche Komödie. 16. (XIV, 176 S.) Ebendas. 878. * *M* 2.; geb. mit Goldschn. *

—— dass. — 3. Bd. A. u. d. T.: Raketen und Veilchen. Gedichte. 1. Thl. Mit Illustr.: Der Nixenwald von B. Wegmann, Santa Julia nach Gabr. Max von H. Knöchl, Portraits von F. Trübner. 16. (XX, 211 S.) Stuttgart 879, Metzler'sche Buchh. *
geb. *

Reuleaux, Carl, Dichtungen. Opus 4: „Italische Sonette". [Reiseerinnerungen.] gr. 8. (25 S.) Stuttgart 880, (Metzler'sche Buchh.) *

—— dass. — Opus 5 und 6. gr. 8. München 881, Merhoff's Verlag. à Opus *

Inhalt:

Opus 5. „Vaterländische Sonette." [Städtebilder.] Mit einem Anhang: „Drei Sperwürfe den Vivisektionisten". (39 S. mit 1 eingedr. Holzschn.-Illustr.)

Reuleaux, Carl, Dichtungen ꝛc.

Opus 6. „Mysteriöse Sonette." [In Rätselform.] 1. Tl. Mit einem Anhang. (VIII, 43 S.)

—— dass. — Opus 6. 2. Aufl. gr. 8. (VIII, 43 S.) München 881, Kellerer's Hofbuchh. *
1. und 2. Bd. München 1877,78, Merhoff's Verlag. à * *M* 2.; geb. * *M* 3.

Reuleaux's, Carl, Dichtungen. Op. 7 und 8. gr. 8. München, Kellerer. [* *M* 2.—.] *

Inhalt:

Op. 7. Den Manen Ludwig des Zweiten. (21 S.) 886. * *M* 1.—; 2. bedeutend erweit. Aufl. (48 S. mit 1 eingedr. Illustr. von Fr. Steub und 1 Lichtdr.-Portr. nach Frz. Lenbach.) 887. * *M* 1.50.
„ 8. Cypressen. (XVI, 78 S. mit 1 Illustr. von Friedr. Steub.) 887. * *M* 1.—.

Reuleaux, Carl. Fabeln, Romanzen und Balladen. 4. reich illustrierte Aufl. Mit einer Illustration nach Gabriel Max und Zeichnungen von H[einrich] Deuchert, Fritz Steub und F(ritz) Geiges. II+240 S. 8. Ascona, C. v. Schmidtz, [1905]. [geb. fr. 3.—]

— Katalog f. die Heliceen-Genera Euparypha Hartm. u. Xerophila Held, aufgestellt nach C. A. Westerlund. Eingerichtet zum Anschluss an W. Kobelt's Katalog. gr. 8. (51 S.) Ebd. 889. n. 1. 50

Reuleaux, Carl. Lenze! Liebesgedichte von C. R. Mit Illustrationen von Fritz Steub. 2. Aufl. II + 109 S. 8. Ascona, C. v. Schmidtz, [1905]. [geb. fr. 2. 25]

*Reuleaux*, Carl, den Manen Ludwig des Zweiten. (Reuleaux's Dichtungen 7.) München, Max Kellerer's herz. b. Hofbuchh., 1886. Gr. 8°. Schwarz Srsb.*) m. Goldtit. auf Deckel.
21 S. u. Anh. (Verlags-Anzeigen). Orig.-Umschl. m. Trauerrand.

*Reuleaux*, Carl, den Manen Ludwig des Zweiten. (In Versen.) 2., bedeutend erweiterte Aufl. Mit 1 Illustr. von *Frdr. Steub* u. dem Portr. d. Königs nach Prof. *Frz. Lenbach* (in photogr. Reprod. von *Bruckmann's* Verlagsanst.). München 1887. Max Kellerer's h. b. Hofbuchhdlg. Gr. 8°. Eleg. blauer Hsaffianb.*) m. Fileten.
48 S. Tit. m. Trauerrand. Schöne Ausstattung. — Inh.: Tod, Gericht, Sieg. 2. Vor dem Paradebette. 3. Das Leichenbegängniss. — Anhang, S. 49—63: Abdr. von Rezensionen der Reuleaux'schen Dichtungen, Opus I—VIII.

Reuleaux, Carl. Märchen für grosse Kinder. [Gedichte.] Mit Illustrationen von Friedrich [*d. i.* Fritz] Steub und Bertha Wegmann. [Neue Ausgabe.] II + 160 S. 8. Ascona, C. v. Schmidtz, [1905]. [geb. fr. 2. 25]

Reuleaux, Carl. Raketen und Veilchen. Gedichte. Mit mehreren Illustrationen. 3. neuorganisierte Aufl. II + 224 S. 8. Ascona, C. v. Schmidtz, [1905]. [geb. fr. 2. 50]

— der Hoffmann'sche Ringofen. Seine Bedeutg., seine Einführg. in die Gewerbe, sein Verhalten zu deutscher u. italien. Patentgesetzgebg. u. zum Itzenplitz'schen Dekrete vom 9. August 1870, durch welches die Hoffmann'schen Ringofenpatente f. Preussen u. Kurhessen aufgehoben wurden. Nebst Mitgliederverzeichniss der königl. Preuss. Deputation f. Gewerbe aus dem J. 1858 u. 1870, sowie Resumée derjenigen Untersuchgn., welche durch die zu Berlin im Januar 1873 versammelt gewesene techn. internationale Deputation in Hoffmann'schen Patent-Aufhebungssachen veranstaltet worden sind. gr. 8. (69 S. m. eingedr. Holzschn.) Berlin 873. Polytechnische Buchhandlung. n. 1. 50

Reuleaux, Carl. Schriften. 3.—5., 9.—12. op. Münch., Kellerer. * 11 20

3. Raketen u. Veilchen. Gedichte. 2. neuorganis. Aufl. 12. (XXIV, 224 S.) 892. * 2 —.
4. Dichtungen. „Italische Sonette". Reiseerinnerungen. 2. bedeutend erweit. Aufl. gr. 8. (XII, 66 S. m. e. Illustr.) 890. * 1 20.
5. „Vaterländische Sonette" [Städtebilder]. Mit e. Anh.: „Drei Speerwürfe den Vivisektionisten". 2. durchgeseh. Aufl. gr. 8. (XVI, 35 S.) 891. * 1 —.
9. Katalog f. die Heliceen-Genera Euparypha Hartm. u. Xerophila Held, aufgestellt nach C. A. Westerlund. Eingerichtet zum Anschluss an W. Kobelt's Katalog. gr. 8. (51 S.) 889. * 1 50.
10. Zwei Worte zur bleibenden Ehrenrettung deutschen Wissens u. Wirkens. 2. Aufl. gr. 8. (XI, 112 S. m. Illustr.) 890. * 2 —.
11. Märchen f. große Kinder. Mit Illustr. v. Friedr. Steub u. Bertha Wegmann. 12. (XII, 160 S.) 891. * 2 —; geb. * 3 —.
12. „Gelegenheitssonette" darunter „Rosen u. Speerwürfe der Kritik". Mit 1 Illustr. v. Fritz Steub. gr. 8. (XVI, 61 S.) 892. * 1 50.
op. 1. 2. 6.—8. Ebd. 1877—88. * 7 50.

Reuleaux, Carl, Schriften. Op. 5. gr. 8. München 891. M. Kellerer. n. 1. —
„Vaterländische Sonette" [Städtebilder]. Mit e. Anh.: „Drei Speerwürfe den Vivisektionisten". 2., durchgeseh. Aufl. (XVI, 35 S.)

— dasselbe. Op. 11. 12. Ebd. 891. n. 2. —; geb. n. 3. —
Märchen f. große Mädchen. Mit Illustr. v. Frdr. Steub u. Bertha Wegmann. (XII, 160 S.)

— dasselbe. Op. 3. 12. Ebd. 892. n. 2. —
Raketen u. Veilchen. Gedichte. 2., neuorganis. Aufl. (XXIV, 224 S.)

— dasselbe. Op. 12. gr. 8. Ebd. 892. n. 1. 50
„Gelegenheitssonette", darunter „Rosen u. Speerwürfe der Kritik". Mit 1 Illustr. v. Fritz Steub. (XVI, 61 S.)

— dasselbe. Op. 2. 12. Ebd. 893. n. 2. —
Ein Tag in der Hölle od. Ugolino u. Roger. Dichtung in 55 Gesängen. (Im Anschluß an Dante Alighieri's Hölle.) 2., durchgeseh. Aufl. Mit Illustr. v. Fritz Steub. (XXIII, 280 S.)

— dasselbe. Op. 6. gr. 8. Ebd. 893. n. 1. 50
Mysteriöse Sonette (in Rätselform). Mit e. Anh. 3., durchgeseh. u. m. 18 Lösgn. verseh. Aufl. (XVI, 63 S.)

Reuleaux, Carl, Schriften. Op. 1. 12. München 894. M. Kellerer. n. 2. —; geb. in Leinw. m. Goldschn. n. 3. —
Fabeln, Romanzen u. Balladen. Mit e. Anh.: „Widmungen". 2. u. 3., verm. u. reicher illustr. Aufl. Mit 1 Illustr. nach Gabr. Max u. Zeichngn. v. H. Deuchert, Fritz Steub u. F. Geiges. (XXIV, 272 u. XXIV, 278 S.)

— dasselbe. Op. 18. 12. Ebd. 894. n. 2. —; geb. in Leinw. m. Goldschn. n. 3. —
Lenzel (Liebesgedichte). Mit Illustr. v. Fritz Steub. (XVI, 169 S.)

Reuleaux, Carl, Schriften op. 14—16. München, M. Kellerer. n. 7. 50; geb. in Leinw. m. Goldschn. n. 10. 50
14. Neue Sonette, worunter „Bismarcktrilogie". gr. 8. (XIV, 151 S. m. 1 Bildn.) 895. n. 2. —; geb. in Leinw. m. Goldschn. n. 2. 50
15. „Gesammelte Sonette". M. Illustr. v. Caecilie Bader, Fritz Staub u. a. 12. (XXIV, 345 S.) 896. n. 2. 50; geb. in Leinw. m. Goldschn. n. 3. —
16. Des Königs Brevier. Erzählg. aus d. Zeitalter Friedrich's d. Großen. 2 Tle. M. Illustr. v. Caecilie Bader. 12. (XVI, 193 u. XVI, 160 S.) 897. n. 3. —; geb. in Leinw. m. Goldschn. n. 5. —

Reuleaux, Carl, Schriften. Op. 17. „Politische Sonette". M. e. Anh. u. e. allegor. Titelbilde, entworfen u. gezeichn. v. Ant. Hoffmann. gr. 8. (XVI, 60 S.) München, O. Weihrauch. n. 2. 40

— dasselbe. Op. 18. gr. 8. Leipzig 898. B. Franko. n. 2. —
„Kriegstechnisches u. Malakozoologisches" in gesammelten Aufsätzen, zusügl. ein. Auslassgn. and. üb. Reuleaux'sche Entdeckgn. auf d. Boden d. Malakozoologie. M. 1 Illustr. v. Ant. Hoffmann u. 2 Zeichngn. (XVI, 66 S.)

Reuleaux, Carl, Schriften. Op. 19—22. gr. 8. Leipzig, B. Franke. n. 7. 50
19. Das Buch der Rätsel. Mit e. allegor. Titelbilde, gezeichnet v. Caecilie Bader. (Neue [Titel-]Aufl.) (XVI, 83 S.) [899.] (899.) n. 2. —
20. Phantastisches u. Wahres od. „Antimodernes". Mit einer Illustr. v. Caecilie Bader u. e. Anh., worunter „Intimes". (XVI, 73 S.) 899. n. 1. —; geb. in Leinw. n. 1. 50
21. Das Buch der Rätsel. (Neue Folge.) Mit e. allegor. Titelbilde, gezeichnet v. Caecilie Bader. (XVI, 107 S.) 900. n. 2. 50
22. Das Buch der Rätsel Neueste Folge. Mit e. allegor. Titelbilde, gezeichnet v. Caecilie Bader. (XVI, 113 S.) 901. n. 2. —

— gesammelte Sonette. Mit Illustr. v. Caecilie Bader, Fritz Steub u. anderen. 8. Aufl. (336 S.) kl. 8. Ebd. (905). Geb. 2. 50

— „ein Tag in der Hölle" od. Ugolino u. Roger. Dichtg. in 150 Gesängen. (Im Anschluß an Dante Alighieri's „Hölle".) Pracht-Ausg. Mit Illustr. v. Max Ebersberger. 2. Taus. gr. 4. (VIII, 92 S.) München 902. (Lorch, K. Rohm.) n. 1. 50

Reuleaux, Carl. Ein Tag in der Hölle oder Ugolino und Roger. Dichtung in fünfundfünfzig Gesängen. (Im Anschluss an Dante Alighieri's Hölle.) 3. durchgesehene Aufl. Mit Illustrationen von Fritz Steub. II + 191 S. 8. Ascona, C. v. Schmidtz, [1905]. [geb. fr. 2. 25]

— zwei Worte zur bleibenden Ehrenrettung deutschen Wissens u. Wirkens. 2. Aufl. (Schriften. Op. 10.) gr. 8. (XI, 112 S. m. Illustr.) Ebd. 890. n. 2. —

Reuleaux, Carl. Cypressen. Dichtungen von C' R'. Mit einer Illustration von Friedrich [*d. i.* Fritz] Steub. 2. Aufl. II + 78 S. 8. Ascona, C. v. Schmidtz, [1905]. [geb. fr. 2. 25]

Reulecke, A., kaltgestellt u. and. Humoresken aus dem Lehrerleben. 8. (54 S.) Leipzig 896. Berlin, J. Gnadenfeld & Co. n. — 50

— d. Leuthener Schwerenöter. Erzählg. aus d. 7jähr. Kriege. 8. (VIII, 232 S.) Ebd. 896. n. 2. —; geb. n. 2. 70

Reulecke, A., der Leuthener Schwerenöter. Erzählg. aus dem 7jähr. Kriege. 2. Aufl. 8. (283 S.) Wolfenbüttel 901. J. Zwißler. n. 2. —; geb. in Leinw. n. 3. —

Reulecke, August

Reulecke, A., der Disziplinarprozeß in Preußen. (23 S.) gr. 8. Kleincrostitz (907). (Eilenburg, C. W. Offenhauer.) — 40

Der Disziplinarprozeß in Preußen. Von A[ugust] **Reulecke**. Kleincrostitz: Selbstverl. [1907]. 23 S. 8° [08. 14496]

Reulecke, A., im Tode treu, s. A. Meyer's, Ulr., Bücherei. Nr. 16.

Im Tode treu. Geschichtl. Erzählung von A[ugust] **Reulecke**. Berlin: U. Meyer [1905]. (80 S.) 8° [F.]
— **Bücherei**, Ulrich Meyer's. No 16. [08. 2293]

Reulihet, die Krankheiten d. Füsse, u. die vorzügl. Mittel u. Methoden zu deren Heilung, nebst Vorschriften üb. d. zweckmäss. Art d. Fussbekleidung. Nach d. Franz. frei bearb. v. L. J. A. Venus. 8. (8½ B.) Ilmenau 833, [Weimar,] Voigt.

Reuling, das Gespenst mit der Trommel; Lstspl. 8. Prag 769. Widtmann. 3 gr.

**Reuling.** Vide: Kröncke, C.: Bemerkungen zu der Schrift.

**Reuling:** Zur Würdigung des amerikanischen Patentes Rae Nr 61686 als angebliche Veröffentlichung des Mac Arthur Forrest-Verfahrens. (o. O. 1895?)

Reuling, Carl, s. Reuling, Karl

**Reuling**, C[arlot], (von Michelstadt [Hessen]): Die komische Figur in den wichtigsten deutschen Dramen bis zum Ende des XVII. Jahrhunderts. Stuttg. G. J. Göschen 1890. 2 Bl., 181 S., 1 Bl. Vita. 8°. Zürich. Phil. Diss. [v. 14. Dec. 1889].

**Reuling**, C., die komische Figur in den wichtigsten deutschen Dramen bis zum Ende d. 17. Jahrh. gr. 8. (III, 181 S.) Stuttgart 890. Göschen. n. 4. —

— fragwürdige Gestalten. E. Skizzenbuch. 8. (167 S.) Berlin 895. F. Fontane & Co. n. 2. —

Reuling, Carlot Gfr., anno dazumal. Ein deutscher Schwank in 3 Aufzgn. m. teilweiser Benutzg. e. alten Anekdotenstoffes. gr. 8. (110 S.) Berlin 897. E. Bloch. n. 2. —

Reuling, Carlot Gfr., der gute Bruder. Komödie in 1 Akt. 8. (38 S.) Berlin (900). E. Bloch. n. 1. —

Reuling, Carlot Gfr., aus Hag u. Tann. Odenwald-Märchen u. Phantasieen. 8. (139 S.) Braunschweig 892. Appelhans & Pfenningstorff. n. 2. —

— Knecht Hagebuchen, s.: Sammlung deutscher Schriften.

— zwischen Licht u. Dunkel. Neue deutsche Märchen. Zeichnungen v. Phpp. Franck. 8. (VII, 128 S.) Berlin 894. F. Fontane & Co. n. 2. —

Reuling, Carlot Gfrd., Mahner. Schauspiel in 4 Akten. (116 S.) 8. Berlin (906). E. Bloch. n. 2. —

— der Mann im Schatten. Komödie in 4 Akten. gr. 8. (99 S.) Ebd. 895. n. 1. 50

Reuling, Carlot Gottfr., Quellen im Sande. Roman. (297 S.) 8. Berlin 908. E. Fleischel & Co. 3.50; geb. 5.—

Der Retter. Drama in 4 Akten von Carlot Gottfrid Reuling. Berlin: E. Bloch (1901). (125 S.) 8°

Der Schatzgräber. Bauerukomödie in 3 Akten von Carlot Gottfrid Reuling. *Berlin: E. Bloch [1902].* (94 S.) 8° [F.]

Der bunte Schleier. Ein Dramat. Märchen von Carlot Gottfrid Reuling. *Berlin: E. Bloch [1899].* (119 S.) 8° [F.]

— das Stärkere. E. Schausp. in 5 Aufzgn. 8. (78 S.) Berlin 897. E. Bloch. n. 2.—

— die gerechte Welt. E. Tragikomödie aus d. siebziger Jahren. 8. (V, 87 S.) Berlin 896. F. Fontane & Co. n. 1.50

Reuling, G. L.

— Über die Frage, ob und inwiefern das allg. deutsche Handelsgesetz (vom 1. VIII. 1862) auf die Renten- und Lebensversicherungs-Anstalt (zu Darmstadt) anwendbar sei? Darmstadt 1868.

*Reuling, G. L.* Die allgemeine Geistlichen Wittwencasse der Provinz Starkenburg. Darmstadt 1843.

Reuling, Georg (Lorsch)
Mittheilung über einen Fall von Blutcyste an der Stelle des Kreuzbeins.
Giessen 1866. 30 S.
Diss. med. 1866, 19. Mai. vorh. 26.7

Reuling, Georg Friedrich (Darmstadt, Chirurgus primarius ...)
Dissertatio inauguralis medico-chirurgica sistens Casus nonnullos de ulceribus pedum et eximia nitri in iisdem sanandis efficacia.
Giessae 23. Oct. 1775: Joh. Jac. Braun. 28 S. 4°
pro gradu doctoris, summisque in medicina honoribus ... rite consequendis.

Reuling, Karl

Reuling, C. Glücklich? Roman. In-8°. 119 S. Zürich, Verlags-Magazin (J. Schabelitz). 1890

Reuling, Edw. Wlh., Vorschlag d. Holzmangel etc.

REULING, L. W.: Ohnmaßgeblicher Vorschlag, wie dem allgemein einreissenden Holzmangel am geschwindesten und sichersten, wo nicht völlig, doch wenigstens größtentheils abzuhelfen sey. - Darmstadt 1788. 26 S.

Reuling, [Rudolf], Bauinspektor: Der Neubau des Gymnasiums zu Offenbach-M. (Offenbach a. M. 1910: Cramer.) S. 1—8. 4°
Offenbach a. M., großh. G P 1910 (878) [S 10. 353

Reuling, Wilh., über den Ammoniakgehalt der exspirirten Luft und sein Verhalten in Krankheiten. Ein Beitrag zur Kenntniss der Uraemie. gr. 8. (50 S.) Giessen 854, Heinemann.

Reuling, Wilh., die Anrechte der Auftraggeber u. Dienstherren an den Erfindungen ihrer Beauftragten u. Angestellten. gr. 8. (28 S.) Berlin 892. C. Heymanns Verl. n. —60

— Beiträge zum preußischen Miethrecht. gr. 8. (108 S.) Berlin 894. H. W. Müller. n. 2.—

Reuling, Wilh., Beiträge zum Patentrecht. 1. u. 2. Hft gr. 8. Berlin 899. [R. Gaertner.] Weidmann. n. 9.—
1. Zur Reform des deutsch. Patentgesetzes. (III, 29 S.) n. 1.—
2. Rechtsgutachten zur Prozessache der Firma Haarmann & Reimer in Holzminden wider die Firma Franz Fritzsche & Co. in Hamburg betr. die patentrechtliche Unabhängigkeit des Zieglerschen Veilchenöl-Verfahrens vom Jonon-Patent (R. P. 73089). (335 S.) n. 8.—

Reuling W, Beiträge zur Reform des Rechts der Geschäftszeichen. (68 S) Berlin 1893

*Reuling, W.* Denkschrift i. S. der Magdeburger Lebensversicherungs-Gesellschaft wider den Kgl. preußischen Fiskus. Berlin 1874.

Reuling, W., Distichen. Deutsche Juristen d. 19. Jahrh. Politisches u. Unpolitisches. gr. 8. (115 Bl.) Leipzig 887. Veit & Co. n. 1.60

— dasselbe. Neue Folge. 8. (70 S.) Ebd. 888. n. 1.—

Reuling, Wilh., Distichen. Politisches u. Unpolitisches. Deutsche Juristen d. 19. Jahrh. Neue Ausg. 8. (91 S.) Berlin 896. E. S. Mittler & Sohn. n. 3.—

— das Ebenburtsrecht d. Lippischen Hauses nach Hausgesetzen u. Hausobservanz. Rechtsgutachten, Sr. Durchl. d. Fürsten zu Schaumburg-Lippe erstattet. Mit e. Anlagenhft. 4. (III, 308 u. 178 S.) Berlin 897. C. Heymann's Verl. n. 24.—

Die Erfindungen und Patente auf dem Gebiete der sogen. Veilchenketone im Allgemeinen. Denkschr. z. Prozessache d. Firma Haarmann & Reimer gegen d. Firma Franz Fritzsche & Co. wegen angebl. Verletzung d. R. P. 73089. Von Dr. W[ilh.] Reuling. Justizr. Als Ms. gedr. *Berlin: E. S. Mittler & Sohn 1900.* (24 S.) 4°

— wechselrechtliche Erörterungen. 2. unveränd. Aufl. gr. 8. (IX, 49 S.) 894. Berlin n. 1.—

— zur Frage d. Rechtschutzes d. Bauhandwerker. gr. 8. (77 S.) Berlin 896. Polytechn. Buchh. A. Seydel. n. 1.50

Zur Frage der Zuständigkeit des Kaiserlichen Patentamts zur Ertheilung sogenannter 'abhängiger Patente'. Aus e. Rechtsgutachten erstattet v. Dr. W[ilhelm] Reuling, Kaiserl. Justizr. Als Ms. gedr. Berlin: (Gedr. v. E. S. Mittler & Sohn) 1898. (17 S.) 1 Bd 8°

W. REULING. Die Geschäftsordnungen der Deutschen Anwaltskammern und ihrer Vorstände. Auf Veranlassung des Vorstandes des Deutschen Anwaltvereins in vergleichender Darstellung besprochen. Beilage zu Juristische Wochenschrift, Organ des Deutschen Anwaltvereins 1881. Nr. 7. Berlin 1881 W. Moeser Hofbuchhandlung. 4°.

Reuling, Wilhelm (Darmstadt)
Die norddeutsche Gewerbeordnung und die hessische Gewerbegesetzgebung.
Darmstadt: Diehl 1870. 83 S.
Dr. jur. Giessen 16.10.1869. vorh. 1a.

— die Grundlagen der Lebensversicherung. gr. 8. (XII, 67 S.) Berlin 901. E. S. Mittler & Sohn. n. 2.—

Reuling, W.: Die künftige Justizverfassung des Deutschen Reichs. Vortrag. (Leipzig 1872.)
(S.-A. a.: Im neuen Reich, hrsg. von Dove.)

Die wahre rechtliche Natur der vermeintlichen 'Kompensationseinrede'. Eine krit. Studie von W[ilh.] Reuling. Justizr. Als Hs gedr. *Berlin 1899: W. Gronau.* (31 S.) 8° [F.]

— die Provisionsansprüche d. Grundstücksvermittler. E. civilist. Studie. [Aus: „Beiträge zur Erläuterg. d. deutschen Rechts".] gr. 8. (42 S.) Berlin 896. F. Vahlen. n. 1.—

[F.] Die Provisionsansprüche der Grundstücksvermittler und Zur Auslegung der §§ 156, 105 I. 5 A.L.R. M. e. Anh.: Z. Kritik d. heutigen Vertragstheorien. E. civilist. Studie … Als Ms. gedr. [Vf.: Wilhelm **Reuling**.] *Berlin: Dr. v. W. Gronau 1895.* (108 S.) 1 Bd 8.

[F.] Rechtsgutachten betreffend die Anwendbarkeit des Badischen Rechts in der Nachlasssache der zu Baden-Baden verstorbenen Frau Marie Philippine Freifr. v. Witzleben auf Mariahalden bei Baden-Baden. Die Anwendbarkeit d. bad. Rechts auf d. Nachlässe in Baden verstorbener sog. 'Einsassen' im Sinne d. bad. sechsten Konstitutionsedikts v. 4. Juni 1808. Von Dr. W[ilh.] **Reuling**, Kais. Justizr. *Berlin: Gedr. bei J. Sittenfeld 1896.* (59 S.) 1 Bd 4. [96. 5026

Rechtsgutachten zur Auslegung des § 2 des Fürstlich Lippischen Gesetzes, betr. d. Einsetzung einer Regentschaft aus Anlass d. Todes S. Durchl. d. Fürsten Woldemar, vom 24. Apr. 1895. Der Fürstl. Schaumburg-Lippischen Staatsregierung erstattet. (Verf.: W[ilhelm] **Reuling**. Justizr.) *(Berlin 1896: J. Sittenfeld.)* (4 S.) 4° [Kopft. F.] 11

Rechtsgutachten betreffend Inhalt und Rechtsgültigkeit des Englischen Patents No. 6620 A. D. 1885 … Erstattet v. Dr. W[ilh.] **Reuling**, Kais. Justizr. *Berlin: J. Sittenfeld 1895.* (41 S.) 1 Bd 2.

**Reuling: Rechts-Gutachten zur Patentstreitsache der Handlung B. v. Harenne & Schwilden in Aachen gegen den Ledertreibriemen-Fabrikanten W. Kaulhaufen. Berlin 1895**

Rechtsgutachten zur Prozesssache der Firma Haarmann & Reimer in Holzminden wider die Firma Franz Fritzsche & Co. zu Hamburg betr. die patentrechtl. Unabhängigkeit des Dr. Zieglerschen Veilchenöl-Verfahrens vom Jonon-Patent ⟨R. P. 73089⟩. Erstattet von Dr. W[ilhelm] **Reuling**, Justizr. *Berlin: R. Gaertner 1899.* (335 S.) 8°
— Beiträge z. Patentrecht. H. 2.

[F.] Rechtsgutachten betreffend die derzeitige Rechtslage der sogenannten Lippischen Thronfolgestreitigkeiten. Der Fürstl. Schaumburg-Lippischen Staatsregierg erstattet. (Vf.: Wilh. **Reuling**, Kais. Justizr.) Als Ms. gedr. … *(Berlin: Gedr. bei J. Sittenfeld 1896.)* (23 S.) 1 Bd 8.

**Reuling**, W., u. W. **Loewenfeld**, die Rechtsverfolgung im internationalen Verkehr. Darstellung der Justizorganisation, d. Prozessrechts, d. Konkursrechts u. der Erbschaftsregulirg. in den Kulturstaaten d. Erdballs. Unter Mitwirkg. hervorrag. Juristen aller Länder hrsg. 1. Lfg. gr. 8. (160 S.) Leipzig 887. Veit & Co. n. 4. —

**— u. W. Loewenfeld, die Rechtsverfolgung im internationalen Verkehr. Darstellung der Justizorganisation, d. Prozessrechts, d. Konkursrechts u. der Erbschaftsregulirg. in den Kulturstaaten d. Erdballs. Unter Mitwirkg. hervorrag. Juristen aller Länder hrsg. 2. Lfg. gr. 8. (S. 161—320.) Leipzig 891. [Veit & Co.] Berlin, C. Heymanns Verl. n. 4. — (1. 2.: n. 8. —)**
**Fortsetzung s.: Leske, Frz.**

Zur Reform des Deutschen Patentgesetzes. Von Dr. W[ilhelm] **Reuling**, Justizr. *Berlin: R. Gaertner 1899.* (29 S.) 8°
— Beiträge z. Patentrecht. H. 1.

— zur Reform der juristischen Studien-Ordnung. Ein Wort f. Einführung e. pädagogisch richtigen Lehrplans. gr. 8. (9 S.) 887. Leipzig n. — 40

**Reuling, W: Zur Reform der juristischen Studien-Ordnung. 2. Aufl. Leipzig 1888**

— sind Zeitungs-Titel Waarenzeichen? gr. 8. (31 S.) Berlin 896. R. Hoffmann. n. — 80

**— vom armen u. vom reichen Staat. Finanz- u. sozialpolit. Rückblicke u. Ausblicke. gr. 8. (27 S.) Berlin 894. (H. Bahr's Sort.) n. — 80**

**— zum Thema des Rechtsschutzes der elektr. Stromkreise u. Betriebsstellen. Mit Gesetzesentwurf. gr. 8. (VI, 26 S.) Berlin 900. Polyt. Buchh. A. Seydel. n. 1. —**

— d. Thronfolge im Fürstenth. Lippe. [Aus: „Die Post".] gr. 8. (26 S.) Berlin 895. E. S. Mittler & Sohn. n. — 35

**— der unlautere Wettbewerb nach d. 2. „Entwurf e. Gesetzes zur Bekämpfg. d. unlaut. Wettbewerbes" u. üb. d. Rechtsschutz v. Fabrikations- u. Geschäftsgeheimnissen. [Aus: „Die chem. Industrie".] gr. 8. (116 S.) Berlin 895. R. Gaertner. n. 2. 40**

Reum, A.: Die merkwürdigen Punkte des Dreiecks in trimetischen Coordinaten. 1875. 4°
Diss. Rostock

**Reum,** Albrecht [Dr.]: Der französische Aufsatz. Dresden, Druck v. B. G. Teubner, 1896; 3—38 S. 4.
Dresden, Vitzthumsches G, OP 1896 (545)

**Reum, Albr., s.: Buchner's Lehrmittel f. den französischen Unterricht.**

**Reum**, Albr., französische Stilübungen f. den ersten Aufsatzunterricht. Ein Ergänzungsheft zu jedem französ. Lehrgange, vorzugsweise jedoch zu Buchners Lehrmitteln f. den franz. Unterricht u. den daselbst vom Verf. bearb. Lehrbüchern für Vor-, Unter- u. Oberstufe. 8. (VIII, 152 S.) Bamberg 899. C. C. Buchner Verl. Kart. n. 1. 50

**Reum**, Albr., französ. Übungsbuch f. die Vorstufe, s. a. Buchner's Lehrmittel f. d. französ. Unterricht.

— französisches Übungsbuch f. die Vorstufe unter Benutzg. v. 4 Hölzelschen Wandbildern f. den Anschauungs- u. Sprachunterricht. 2. verm. u. verb. Aufl. gr. 8. (VIII, 108 S.) Ebd. 899. Geb. n. 1. 40

— dasselbe f. die Unterstufe, s.: Buchner's Lehrmittel f. den französischen Unterricht.

**Reum**, August [Oberl. Prof. Dr.]: Die Behandlung der geraden regelmässig vierseitigen Säule im Anschauungsunterricht. Ein Beitrag zur Klärung des vorbereitenden geometrischen Unterrichts in Quinta. Barmen, Buchdr. v. W. Wandt, 1890; 11 S. 4°
Barmen-Wupperfeld, R, P 1890

**Reum, A., der mathematische Lernstoff f. den Unter-Secundaner des Gymnasiums, des Realgymnasiums u. der Oberrealschule, sowie f. den Primaner der Realschule. I. Anfangsgründe der Trigonometrie u. Berechng. v. Dreiecken. II. Die notwendigsten stereometr. Sätze üb. Ebenen u. Geraden; die einfachen Körper, ihre Zeichng. u. die Berechng. ihrer Oberflächen u. Inhalte. III. Die Lehre v. den Potenzen, Wurzeln, Logarithmen u. der quadrat. Gleichg. in entwickelnder Lehrweise bearb. gr. 8. (VII, 44 S. m. Fig.) Essen 894. G. D. Baedeker. Kart. n. — 60**

**Reum,** *August* [Prof. Dr.]: Der mathematische Lehrstoff für den Quartaner der höheren Lehranstalten, in entwickelnder Lehrweise bearb. (Umschlagt.: Der Unterricht in der Planimetrie '(I. Tl)', wie er nach d. Vorlage d. Oberl. Prof. Dr. Reum von d. Fachkonferenz durchberaten wurde.) Barmen, Druck v. W. Wandt, 1894; 35 S. 8.
Barmen-Wupperfeld, OR, P 1894 (492)

**Reum,** *August* [Prof. Dr.]: Der planimetrische Lehrstoff für den Ober-Tertianer der höheren Lehranstalten, in entwickelnder Lehrweise bearb. ([Umschlagt.:] Der Unterricht in der Planimetrie '(II. Tl: O u. Um)', wie er nach d. Vorlage d. Oberl. Prof. Dr. Reum von d. Fachkonferenz durchberaten wurde.) [Forts. d. P-Beil. 1894; vgl. d. folg. Nr.] Barmen, Druck v. W. Wandt, 1895; 28 S. 8.
Barmen-Wupperfeld, OR, P 1895 (501)

**Reum,** *August* [Prof. Dr.]: Der planimetrische Lehrstoff für den Unter-Tertianer der höheren Lehranstalten, in entwickelnder Lehrweise bearb. ([Umschlagt.:] Der Unterricht in der Planimetrie '(II. Tl: O u. UIII)', wie er nach d. Vorlage d. Oberl. Prof. Dr. Reum von d. Fachkonferenz durchberaten wurde.) [Forts. d: P.-Beil. 1894; vgl. d. vorherg. Nr.] Barmen, Druck v. W. Wandt, 1895; 27 S. 8.
Barmen-Wupperfeld, OR, P 1895 (501)

Reum, August Die fremdländischen Vögel unserer Sammlung. 14 S. **Progr.** *Barmen-Wupperfeld* 1878.

**Reum, Friedrich Albrecht** [aus Camburg a. S.]: De Temporibus, ein echtes Werk des Abtes Aelfric .... Halle a. S., Druck v. Ehrhardt Karras, 1887; 48 S. 8°
Leipzig, Phil. Fak., Inaug.-Diss. v. 10. Jan. 1888

Reum, Friedrich Albert, de Temporibus, ein echtes Werk des Abtes Aelfric. Diss. Leipzig 1887, Gustav Fock. 8°. 48 S.

Reum, Jo. Adm., Ansichten d. höhern Forstwissenschaften, s. H. Cotta.

REUM, Johann Adam: Anwendung der Raumgrößenlehre auf forst- und landwirthschaftliche Messungen, Berechnungen und Theilungen. - Dresden 1836. 119 S. (als Mskr. gedr.)

Reum, Joh. Adam, ökonom. Botanik, od. Darstellung d. haus- u. landwirthschaftl. Pflanzen, zum Unterr. junger Landwirthe. gr. 8. (23 B.) Dresden 832, Arnold.

**Reum,** Joh. Adam, Ökonomische Botanik, oder Darstellung d. haus- u. landwirthschaftlichen Pflanzen. zum Unterricht junger Landwirthe. Dresden 1833. gr. 8.

Reum, (Joh. Ad.,) Forstbotanik. 2e Aufl. gr. 8. Dresden 825, Arnold.

Reum, Joh. Adam, Forstbotanik. 3., sehr verb. u. verm. Aufl. gr. 8. (28½ B.) Dresden u. Leipzig 837, Arnoldische Buchh.

Reum, J. A.: „Grundlehren der Mathematik für angehende Forstmänner", 2 Teile, Dresden 1823, 1824 (Arnold).

— Grundlehren d. Mathematik f. angehende Forstmänner. 1r u. 2r Thl. gr. 8. Dresden 824, Arnold.

REUM, Johann Adam: Grundriß der deutschen Forstbotanik. - Dresden 1814 u. 1819. 2 Tl. - Tl. 1: 1814. 300 S. - Tl. 2 a. u. d. T.: Die deutschen Forstunkräuter. Ein Versuch, sie kennen, benutzen und vertilgen zu lernen; für Forstmänner etc. 1819. 111 S. - 2. Aufl. ebd. 1825, 2 Tl. i. e. Bd. u. d. T.: Forstbotanik. VIII, 489 S. - 3. sehr verb., verm. Aufl. Dresden, Leipzig 1837. 448 S.

— Grundriß d. deutschen Forstbotanik. gr. 8. Dresd. 814. Arnold. 1 ℛ 2r Thl. A. u. d. T.: die deutschen Forstkräuter, ein Versuch, sie kennen, benutzen u. vertilgen zu lernen. gr. 8. Ebd. 15 gr 2e Aufl. 2 Thle. gr. 8. Ebd. 825. 2 ℛ 12 gr

Reum, Dr. J. A., Grundriß der deutschen Forstbotanik. 2r Theil.
Auch unter dem Titel:
die deutschen Forstkräuter, ein Versuch, sie kennen, benutzen und vertilgen zu lernen. gr. 8. Dresden, Arnold. 819.

—— Pflanzen-Physiologie, od. d. Leben, Wachsen u. Verhalten d. Pflanzen mit Rücksicht auf Zucht u. Pflege; für Naturforscher u. Freunde der Forst-, Garten- u. Landwirthschaft. gr. 8. (18 B.) Dresden u. Leipzig 835, Arnoldische Buchh.

[**Reum J. A.**]: Uebersicht d. Benutzung d. Waldprodukte. Eine Zugabe d. Lehre v. der Forstbenutzung. Dresd. 1827. 52 S.
(Indb. med sammes Uebersicht d. Forstwesens . . .). 574.

**Reum J. A.:** Uebersicht d. Forstwesens. Ein wissenschaftlicher Versuch. Als Manuscr. . . . Dresd. 1828. 141 S.
(Indb. hermed: Uebersicht d. Benutzung d. Waldprodukte . . . Sst. 1827).

REUM, Johann Adam: Verzeichniss der im K. S. Forstgarten zu Tharandt befindlichen Baum- und Strauch-Gattungen. - o. O. u. J. 28 S.

REUM, Johann Adam: Von der Zucht einiger Laubholz-Arten durch Saat und Pflanzung. - Tharandt 1833. 24 S.

REUM, Johann Valentin: Allgemeine Rechtsgrundsätze über das gemeine in Teutschland gültige Forst- und Jagdrecht. - Tharandt 1834. 34 S. (Hdschr.)- Diss. Univ. Jena 1834

Reumann, A., das Kriegs-Wesen des heil. römischen Reiches deutscher Nation, s. Kriegs-Wesen, das.

Reumann, B. Dav. (Hrsg.), s. Felden, Joh. v.: Ars geometrica ...

Reumann, Jacob

— die städt. Arbeitsvermittlung als Mittel d. Kampfes gegen d. Socialdemokraten. s. Arbeiter-Bibliothek, Wiener, Hft. 6.

Reumann, Jac., Die städtische Arbeitsvermittlung als Mittel des Kampfes gegen die Socialdemokraten. Wiener Arbeiter-Bibl., Heft 6. 8°. Wien 1898.

**Reumann,** städtische Arbeitsvermittelung als Mittel im Kampfe gegen die Socialdemokratie. Wien 899.

Reumann, Jac., die Heimarbeit in Oesterreich, s. Arbeiter-Bibliothek, Wiener. Hft. 3.

Reumann, Jacob, Die Heimarbeit in Oesterreich. (Wiener Arbeiter-Bibliothek. 3. Heft.) 8. (56 S.) Wien: Wiener Volksbuchhandlung 1897. —.15

**de Reume,** A., recherches historiques, généalogiques et bibliographiques sur les Elsevier. Lex. 8. (119 S. m. 1 Portr. u. 3 lith. Taf.) Bruxelles 847, Kiessling & Co. n. 1½ ℛ

**Reumert,** Ldw. Jos. Aug., de Symptomatibus Inflammationis Venae Cavae Dissertatio. 8. Hauniae 840. (Höst.) ⅜ ℛ

Reumont, A., die Behandlung der Syphilis in den Bädern von Aachen und Burtscheid. 8. (22 S.) Aachen 885, (Benrath und Vogelgesang.)
Aus: Die Thermen von Aachen und Burtscheid, besonders abgedruckt.

**Reumont,** Alex., üb. die Behandlung der constitutionellen Syphilis u. der Quecksilberkrankheit an den Schwefelquellen vorzugsweise in Aachen. gr. 8. (46 S.) Berlin 874. G. Reimer. — 75

Reumont, Alex., die Behandlung der constitutionellen Syphilis und der Quecksilberkrankheit in den Schwefelbädern, vorzugsweise in Aachen. Nach klin. Erfahrungen. 2. verm. Aufl. gr. 8. (VI, 66 S.) Berlin 878, G. Reimer. *

Reumont, Alex., Beiträge zur Pathologie und Therapie der constitutionellen Syphilis. Nach Erfahrungen bei der Aachener Thermalcur. gr. 8. (VI und 128 S.) Erlangen 864, Enke's Verlag. *

—— biographische Denkmäler nach persönlichen Erinnerungen. gr. 8. (VII, 450 S.) Leipzig 878, Duncker und Humblot. * geb. *

Inhalt:

Elisabeth, Königin von Preußen. — Luise von Bourbon, Herzogin von Parma. — Marquis von Normanby. — Don Carlo Filangieri, Fürst von Satriano. — Wilhelm von Normann. — Giovanni Rosini. — Cesare Alfieri. — Johannes Gaye. — Antonio Coppi. — Dr. Joseph Müller. — Therese Gräfin Spaur. — Luigi Cibrario. — Luigi Crisostomo Ferrucci. — Carl Frhr. v. Hügel. — Francesco Bonaini. — Alphonse de Rayneval. — Gian Carlo Conestabile della Staffa. — Emmanuele Cicogna. — Federigo Sclopis.

—— Denkschrift über die Einrichtung vollständiger Apparate zum Einathmen der Gase und Dämpfe der Schwefel-Thermen zu Aachen, namentlich der Kaiserquelle daselbst, in chron. Brustkrankheiten. gr. 4. (18 S.) Aachen 853, Benrath und Vogelgesang. **

Reumont, A., Guide médical aux eaux thermales d'Aix-la-Chapelle et de Borcette, s. Améry, C.

— guide pratique du médecin et du malade aux eaux minérales d' Aix-la-Chapelle et de Borcette, s.: Améry, C., Aix-la-Chapelle.

Reumont, A(lex.), die Heilquellen von Aachen und Burtscheid, s. Benrath, H., Aachen.

Reumont, Alex., Aachen's Schwefelthermen. Eine balneotherapeut. Skizze. gr. 8. (24 S.) Aachen 856, Benrath und Vogelgesang. *

Aus der medicin. Zeitung Russlands 1855, Nr. 26 und 27, besonders abgedruckt.

—— die aachener Schwefelthermen in syphilitischen Krankheitsformen. Diagnostisch und therapeutisch. 2., gänzlich umgearb. und verm. Aufl. gr. 8. (68 S.) Erlangen 859, Enke's Verlagsbuchh. *

—— die aachener Schwefelthermen in complizirter Syphilis. 8. (28 S.) Jena 858, Mauke.

Reumont, Alexand. (geb. Aachen): Asthmatis semiologia. Berolini (1843). (41 S.) 8°

Berlin, Med. Diss. v. 11. Dez. 1843

—— the mineral springs of Aix-la-Chapelle and of Borcette. Their medical properties and instructions for their use exemplified in ancient and modern cases. 8. (IV und 95 S.) Aachen 861, Benrath und Vogelgesang. *

Reumont, A., Syphilis und Tabes dorsalis. Nach eigenen Erfahrungen. 2. (Titel-)Aufl. gr. 8. (III, 98 S.) Aachen (881)888, Mayer. *

Reumont, Alex., die Thermen von Aachen und Burtscheid in ihrer Wirkung und Anwendung, s.a. Aachen und seine Umgebungen.

—— die Thermen von Aachen und Burtscheid. Nach Vorkommen, Wirkung und Anwendungsart beschrieben. Nebst einer historisch-topograph. Beschreibung beider Städte und deren Umgebung von Friedr. Haagen u. A. Mit 1 (lithogr.) Städteplan und 1 Karte der Umgebung (in Aubeldr.). 4. neu bearb. Aufl. 8. (III, 248 S.) Aachen 877, Benrath und Vogelgesang. geb. *

— die Thermen v. Aachen u. Burtscheid. Nach Vorkommen, Wirkgn. u. Anwendungsart beschrieben. Nebst e. historisch-topogr. Beschreibg. beider Städte u. deren Umgebg. v. Frdr. Haagen u. A. Mit 1 Städteplan u. 1 Karte der Umgebg. 5. Aufl. 8. (IV, 306 S.) Aachen 885. Benrath & Vogelgesang. geb. n. 3. 50

— die Thermen v. Aachen u. Burtscheid. Nach Vorkommen, Wirkg. u. Anwendungsart beschrieben. Nebst e. historisch-topograph. Beschreibg. beider Städte u. deren Umgebg. v. F. Haagen u. A. 6. Aufl. 8. (IV, 306 S.) Aachen 888. O. Müller. n. 1. 75

Reumont, Alex., s. Thomson, A. Todd, Anleitung zur Erkenntniß der Vergiftungen.

—— Wintercuren in Aachen. 8. (16 S.) Aachen 863, Mayer.

—— über Winterkuren in Aachen. Nach fünfjähr. Erfahrung. gr. 8. (8 S.) Neuwied 867, Heuser's Verlag. *

Aus: Allgemeine balneolog. Zeitung, besonders abgedruckt.

—— Winterkuren an Schwefelthermen. gr. 8. (VII, 42 S.) Wien 877, Braumüller. *

Reumont, Alfred von

v Reumont, A. Sir Frederik Adam, ein Lebensbild aus neuester Zeit. 8. Leipzig 1855.

Reumont, Alfr. v., die Gräfin von Albany. 2 Bde. Berlin 860. v. Decker. 8. (XXI, 867 S. u. lith. Portr.) 4 ₰ 15 ngr.

— ein Beitrag zum Leben Michel Angelo Buonaroti's. 8. Stuttgart 834. Cotta. 1/6 ₰

Reumont, Alfr. v., Beiträge zur italienischen Geschichte. 1—4. Bd. 8. Berlin, Deckersche geheime Ober-Hofbuchdr. [Bd. 1. 2. (XV und 969 S.) 853. 4 Thlr. 15 Ngr., 3. 4. (VI und 901 S.) 855. 4 Thlr. 15 Ngr.]

Reumont, Alfr. v., Beiträge zur italienischen Geschichte. 5. und 6. Bd. 8. (XI und 1021 S.) Berlin 857, Decker'sche geheime Ober-Hofbuchdruckerei.

1—4. Bd. Ebendas. 1853—55. * 9 Thlr.

Reumont, Alfr. v., Bibliografia dei lavori pubblicati in Germania sulla storia d'Italia. gr. 8. (XI und 468 S.) Berlin 863, v. Decker'sche geheime Ober-Hofbuchdruckerei. *

— s. Bibliothek, ausgewählte, der Classiker des Auslandes, 54. u. 55. Bd.

Reumont, Alfr. v., Briefe heiliger und gottesfürchtiger Italiener gesammelt und erläutert. gr. 8. (XXXIII, 303 S.) Freiburg i. Br. 877, Herder'sche Verlagsh. * ℳ 4.; geb. *

Reumont, Alfr. v., Briefe heiliger u. gottesfürchtiger Italiener, gesammelt u. erläutert. gr. 8. (XXXIII, 303 S.) Freiburg i/Br. 878. Herder. n. 4. —

(——) römische Briefe, 2 Thle., s. Briefe.

Reumont, Alfred von. Francesco Burlamacchi (1498–1548). Episode lucchesischer Geschichten. [A.] 8. (Leipzig 1849.)

Reumont, Alfr. v., Gino Capponi. Ein Zeit- und Lebensbild. gr. 8. (XVI, 458 S.) Gotha 880, F. A. Perthes. *

v. Reumont, Alfr., die Carafa v. Maddaloni. Neapel unter spanischer Herrschaft. 2 Bde. 8. (1: XVI u. 420 S. 2: VIII u. 375 S.) Berlin 851, Decker. 4 ₰

— Charakterbilder aus der neueren Geschichte Italiens. 8. (VIII, 295 S.) Leipzig 886. Duncker & Humblot. n. 5. —

—— Vittoria Colonna. Leben, Dichten, Glauben im 16. Jahrh. 8. (XVI, 288 S.) Freiburg i. Br. 881, Herder'sche Verlagsh. *

— biographische Denkmäler nach persönlichen Erinnerungen. gr. 8. (VII, 450 S.) Leipzig 878. Duncker & Humblot. n. 9. —

**Reumont**, Alfr., Dichtergräber. Ravenna. Arqua. Certaldo. 8. Berlin 840, A. Duncker. n. 1/2 Thlr.

Reumont, Alfr. v., Elisabeth, Königin von Preußen. Ein Erinnerungsblatt. gr. 8. (36 S.) Berlin 874, v. Decker'sche Geh. Ober-Hofbuchdr. *

— siehe: Ganganelli.

**Reumont, Alfr. v., Geschichte der Stadt Rom.** In 3 Bdn. Berlin, v. Decker. Lex.-8. n. 20 Thlr; geb. n.n. 22 Thlr

1. Bd. Von der Gründung der Stadt bis zum Ende des Westreichs. (XVII, 876 S. mit 2 Steintaff. in hoch 4. u. gr. Fol.) 867. n. 5 Thlr; geb. n.n. 5 Thlr 15 ngr.

2. Bd. Von der Herrschaft germanischer Völker bis zum Ende des grossen Schismas. (XV, 1269 S.) 868. n. 6 Thlr; geb. n.n. 6 Thlr 15 ngr.

3. Bd. 1. Abthl. Rückverlegung des heiligen Stuhls bis zur Gegenwart. 1. Abthl. Die Restauration. (XI, 575 S. mit 2 chromolithogr. Plänen.) 868. n. 3 Thlr 10 ngr; geb. n.n. 3 Thlr 25 ngr.

3. Bd. 2. Abthl. Von der Rückverlegung des heil. Stuhls bis zur Gegenwart. 2. Abthl. Das moderne Rom. (XI, 951 S. mit 2 Plänen in Photolith. u. Farbendr. in qu. gr. Fol.) n. 5 Thlr 20 ngr; geb. n.n. 6 Thlr 5 ngr.

— Geschichte Toscana's seit dem Ende d. florentischen Freistaats, s.a. Geschichte der europäischen Staaten.

Geschichte Toscana's seit dem Ende des florentinischen Freistaats. Von Alfred von **Reumont.**
Th. 1. 1530—1737. Gotha. 1876.
Th. 2. 1737—1859 u. Register. ebd. 1877.
= Geschichte der europäischen Staaten. Hrgg. v. Heeren, Ukert u. Giesebrecht. (19.) 8°.

— s. Graberg von Hemsö, das Sultanat von Moghrib-ul-Aksa, und Dess. Theorie der Statistik.

—— Italia ꝛc., s. Italia.

**Reumont, Alfr. v., die Jugend Caterina's de' Medici.** 1. Aufl. (XVI und 223 S.) 1854. und 2., umgearb. Aufl. 8. (XVI und 300 S. mit lithogr. Portr. und 1 Tab. in 4.) Berlin 856, Deckersche geheime Ober-Hofbuchdr. Thlr.

**Reumont**, Alfr. v., Aachener Liederchronik. Mit e. Chronologie der Geschichte Aachens. 2. Ausg. 8. (III, 235 S.) Aachen 885. Mayer. n. 2. —

Reumont, Alfr., Aachens Liederkranz u. Sagenwelt. 8. (24 B.) Aachen 829, Mayer.

—— die poetische Literatur der Italiener im 19. Jahrhundert. Vortrag, gehalten im wissenschaftl. Verein am 13. Januar 1844. gr. 8. (1 3/4 B.) Berlin 844, Alex. Duncker.

(Reumont, Alfred von.) Alvise Lütolf (1824–1879). [Necrologio.] (E.) 8. (Firenze 1879.)

— s. Machiavell's Florentin. Geschichten.

von Reumont, Alfred: Die toscanischen Maremmen im Frühling 1832. Stuttgart u. Tübingen 1832. 31 S. 8°.

— Lorenzo de Medici il Magnifico. 2 Bde. gr. 8. (XXIII, 606 u. XVIII, 604 S.) Leipzig 874. Duncker & Humblot. n. 24. —

—— Lorenzo de' Medici il Magnifico. 2. vielfach veränd. Aufl. 2 Bde. gr. 8. (X, 437; VI, 499 S. mit 2 Portr. in Lichtdr.) Leipzig 883, Duncker und Humblot. * geb. *

Reumont, Alfred, geograph.-statist. Nachrichten von d. russ. Häfen am schwarzen Meere. Nach Graf L. Serristori, E. Taitbout de Marigny u. A. bearb. gr. 8. (2 1/2 B.) Stuttgart u. Augsburg 836, Cotta'sche Buchh. Thlr.

—— pro Romano pontifice. Rückblick und Abwehr. gr. 8. (30 S.) Bonn 871, Henry.
Vgl.: Pro populo italico.

— Reiseschilderungen aus südlichen Gegenden, s.a. Reisen u. Länderbeschreibungen 5e Lfrg.

Reumont, Alfred: Reiseschilderungen und Umrisse aus südlichen Gegenden. Stuttgart u. Tübingen 1835. VI, 195 S.
= Reisen und Länderbeschreibungen der älteren und neuesten Zeit. Lfg. 5. 8°.

— Rheinlands Sagen, Geschichten u. Legenden. In 4 Lfrga. mit 8 Stahlstichen u. 1 Titelkpfr. gr. 8. Köln u. Aachen 837. Kohnen. (Kohnen u. Friedheim.) n. 2 Thlr — Pracht-Ausg. (etwas größres Format mit d. Stahlst. auf chines. Pap.) n. 3 1/3 Thlr

— Rheinlands Sagen, Geschichten und Legenden. Mit 8 Stahlst. u. 1 Titelkupfer. Nach Original-Zeichnungen. 2. verm. u. verb. Aufl. gr. 12. Köln u. Aachen 844, Kohnen. n. 2 1/3 Thlr

Reumont, Alfred, Andrea del Sarto. gr. 12. (10 3/4 B. u. 1 Grundriß.) Leipzig 835, Brockhaus.

—— kleine historische Schriften. gr. 8. (VII, 536 S.) Gotha 882, F. A. Perthes. *

—— aus König Friedrich Wilhelms IV. gesunden und kranken Tagen. 1. und 2. unveränd. Aufl. gr. 8. (XII, 579 S.) Ebendas. 885. * M 10.—; geb. *

— Thorwaldsen. Eine Gedächtnißrede. gr. 8. Berlin 844, A. Duncker. 1/6 Thlr

**Reumont, Alfred, Thorwaldsen. Eine Gedächtnissrede.** gr. 8. (1 B.) Berlin 840, Alex. Duncker. Thlr.

— s. White, Charl., häusl. Leben u. Sitten d. Türken.

—— Zeitgenossen. Biografien und Karakteristiken. 2 Bde. 8. (XVI und 750 S.) Berlin 862, v. Decker'sche geheime Ober-Hofbuchdruckerei.

— s. Zuccagni-Orlandini, die Insel Pianosa.

Reumont, G., Aachen u. seine Heilquellen. Ein Taschenb. f. Badegäste. 16. (13 B. u. 1 Ansicht d. Elisen-Brunnens.) Aachen 828, [Mayer.]

**Reumont, G., et J. P. J. Monheim, Analyse des eaux sulfureuses d'Aix la Chapelle.** gr. 8. Frankf. Varrentrapp. 811.

**Reumont**, Heinrich: Die deutschen Glossen im Hortus Deliciarum der Herrad von Landsberg. *Metz 1900: W. Reumont.* (73 S.) 8°
Strassburg, Phil. Diss. v. 1899

**Reumuth**, J. G., lateinische Schulwand-Vorschriften. Zwickau (855.) (Gebr. Thost.) (2 lith. Bgn. in gr. Fol.) 15 ngr.

Reun, Franz, Der Schenk v. Dürnstein, Schausp. in 4 Akt., Wiener-Neustadt; Bilder aus —, gezeichn. v. Oskar Gruner, Krems, 8°. 2 Bde.

v. **Reunenkampf**, G., Darstellung der Verfassung des livländ. Creditvereins. 8. Dorpat 837. Kluge. 3/4 ʀᴊ

**Reuner**, Karl Ernst, kurzer Unterricht in der deutschen Sprache. Für niedere Volksschulen bearbeitet. 8. (54 S.) (Hirschberg 852, Rosenthal.) n. 1/6 ʀᴊ

Reuner, Therese, die Martinswand, od. die Kraft des Glaubens. Historisch-poetische Erzählung. 16. München 839. (Fleischmann.) 1/8 ʀᴊ

**Reunert**, Otto [aus Hamburg]: Über Uterussarcome unter Mitteilung dreier neuer Fälle .... Regensburg, Buchdr. d. Verl.-Anstalt, 1886; 48 S. 8°.
München, Med. Fak., Inaug.-Diss. v. 1886.

Reunert, Otto, über Uterussarcome unter Mitteilung dreier neuer Fälle. Diss. München 1886, A. Buchholz. 8⁰. 48 S.

**Reuning**, E., Post-Tarif f. das correspondirende Publikum. 8. (15 S.) Neuwied 874. Strüder. n. — 50

**Reuning**, **Ernst**, a. **Nidda**: **Diabasgesteine an der Westerwaldbahn Herborn-Driedorf. Stuttgart: E. Schweizerbart 1907. (S. 390—459.) 8° ¶(S.-A. a. d. Neuen Jahrbuch f. Mineralogie Beil.-Bd 24.)**
Gießen, Phil. Fak., Ref. Kaiser, Diss. v. 7. Aug. 1907
[Geb. 22. Mai 81 Nidda; Wohnort: Nidda; Staatsangeh.: Hessen; Vorbildung: Oberrealsch. Offenbach a. M. Reife M. 02; Studium: T.H. Darmstadt 2, Univ. Gießen 8 S.; Rig. 7. Nov. 06.]

Reuning, O., Album für Post-Marken. 1.—3., verb. Aufl. qu. 4. (XVI und 64 S.) Leipzig 864—67, Wilfferodt. geb.

Reuning, O., Album für Post-Marken. 7. Aufl. 1873, und 10. verb. Aufl. 4. (XII, 68 S.) Leipzig 875, Wilfferodt. cart. ℳ 1,50.; geb.
—— dass. — 8. verb. Aufl. Illustr. Ausg. (XVI, 68 S.) 1873. ℳ 2,40., und 11. verb. Aufl. [2. illustr. Ausg.] 4. (XII, 82 S. mit eingedr. Holzschn.) Ebendas. 875. geb.
—— dass. — 9. Aufl. 1873, und 12. verb. Aufl. qu. gr. 8. (XII, 66 S.) Ebendas. 875. geb. in Halblwd. geb. in Lwd.
Auf Cartonpapier in Lwd. geb. ℳ 2,40.; mit Beilage

— dasselbe. 11. verb. Aufl. [2. illustr. Ausg.] 4. (XII, 82 S. m eingedr. Holzschn.) Ebend. 875. geb. 2. 70

**Reuning**, O., Album f. Post-Marken. 13. verb. Aufl. 4. (X, 70 S.) Leipzig 876. Wilfferodt. 1. 50; geb. n. 2. —

Reuning, O., Album für Postmarken. 14. verb. Aufl. [4. illustr. Ausg.] 4. (XX, 84 S. mit eingedr. Holzschn.) Leipzig 880, Wilfferodt. cart. ℳ 2,40.; geb. Ausg. auf Schreibpap. geb.

Reuning, Theodor

**Reuning**, die Abwehr der Rinderpest v. den Grenzen Deutschlands. 8. (21 S.) Dresden 871. Schönfeld's Verl. n. — 40

— Beiträge zu der Frage üb. die naturgesetzl. u. volkswirthschaftl. Grundprincipien d. Waldbaues. 8. (34 S.) Ebend. 871. n. — 60

Reuning, landwirthschaftliche Briefe über England. gr. 16. (VII und 98 S.) Dresden 862, Schönfeld's Buchh. *
Aus: Wissenschaftliche Beilage der Leipziger Zeitung, besonders abgedruckt.

Reuning, Thdr., s. Briefwechsel zwischen Justus v. Liebig und Th. R. über landwirthschaftliche Fragen.

**Reuning**, die Entwicklung der Sächsischen Landwirthschaft in den J. 1845—1854. Amtlicher Bericht an das Königl. Sächs. Ministerium des Innern erstattet von dem General-Secretair der landwirthschaftl. Vereine rc. Dresden 856. Schönfeld. gr. 8. (2 Bl., 220 S.) n. 1 ʀᴊ.

— die Geschäfts-Anweisung zur Ausführung v. Probe-Abschätzungen nach dem System der Einkommensteuer im Königr. Sachsen u. der Einfluß der Principien derselben auf die Vertheilg. der Steuerlast. gr. 8. (56 S.) Ebend. 871. n. 1. —

Reuning, Justus v. Liebig und die Erfahrung. Ein Beitrag zur Düngerfrage. gr. 8. (65 S.) Dresden 861, Schönfeld's Buchh. *

**Reuning**, (Theod.), über die Verhinderung des Mangels an Brodgetreide, insbesondere durch öffentl. Magazinirung. Abdruck aus dem Archiv der politischen Oekonomie VI. 2. gr. 8. (30 S.) Heidelberg 847, C. F. Winter. n. 1/6 ʀᴊ

**Reuning** u. **Stöckhardt A.**: 1. Was soll die deutsche Landwirtschaft? Was sollen die landw. Versuchs-Stationen, wie soll die Thätigkeit geregelt, wie sollen sie organisiert werden? 2. Agriculturchemische Versuchsstations-Bewegungen im Jahre 1855 u. 1856. Leipz. 1856. 29 S. (Sartr.). P.

*Kongress zu Basel:* **Réunion** fraternelle de francs-maçons à Bâle le 5 juillet 1908. Basel 1908: Wittmer. 46 S. 8⁰ [Nebentit.:] Internationale Maurervereinigung in Basel 5. Juli 1908.
cf. Bbl. 22 (1908) S. 561—562; L. 31 (1908) S. 275—276.
In deutscher u. franz. Sprache. Kurzer Bericht u. Wiedergabe der gehaltenen Reden d. Brr Ch. Bernardin, K. Cahn, G. Köhler, E. Quartier-la-Tente u. a., welche die Herstellung der offiz. freundlichen Beziehungen der deutschen Grlogen zum Gr. O. de France wünschen.

*Kongress in der Schlucht:* **Réunion** frat.·. du 7 juillet 1907 au col de la Schlucht. Colmar: Strassburger Dr.- u. Verlagsanstalt [1907]. 30 S. 8⁰ [Umschlagtit.] [Nebentit.:] Brüd .·. Zusammenkunft vom 7. Juli 1907 auf der Schlucht.
Bericht in deutscher u. franz. Sprache. Reden der Brr K. Cahn, Ch. Bernardin, H. Kraft, G. Köhler u. a., die Annäherung der Frmr Frankreichs u. Deutschlands betr.

**Réunion** technique pour l'unification et la simplification des formalités en matière de Propriété industrielle tenue à Berne du 1[er] au 5 août 1904. [Provoquée par l']Union internationale pour la Protection de la Propriété industrielle. ([Documents et] Procès-verbaux.) 90 p. 4. (Berne,) Bureau international de l'Union p' la prot' de la propr' i' (Impr. Ott & Bolliger), 1904.

**Reuper,** Erich, appr. Arzt a. Liedingen in Braunschweig: Über einen Fall von Hirncyste. Halle a. S. 1906: C. A. Kaemmerer. (26 S.) 8°
Halle, Med. Fak., Ref. v. Bramann, Diss. v. 4. Aug. 1906
[Geb. 2. Juli 79 Liedingen, Braunschweig; Wohnort: Halle a. S.; Staatsangeh.: Braunschweig; Vorbildung: Neues Gymn. Braunschweig Reife M. 99; Studium: Göttingen 4, Kiel 1, Halle 5 S.; Coll. 27. Juli 06; Approb. 10. Sept. 05.]

**Reuper, Jul., Deutsche im fernen Westen,** s.a. **Ruppius, Otto.**

(F) **Reuper, J.,** Deutsche im fernen Westen. [Jugendbibliothek des Akademischen Verlages.] 8°. (ill. 287 S.) geb. K 4.80 Wien: Schultz 1906.

**Reuper, Jul.,** um die Erde, s. **Volks- und Jugend-Bibliothek,** österreichische.

**Reuper,** Jul., Erzählungen, Schwänke u. Sagen, s.: Pichler's Jugendbüchereі. (Aurbacher, Ludw.)

**Reuper, Julius, Festspiel f. höhere Lehranstalten zur Feier der Vermählung des Kronprinzen Rudolf mit Prinzessin Stefanie v. Belgien.** 8. (15 S.) geh. 25 kr. Wien: Pichler 1881.

—— **Frauenberuf und Frauenbildung. Ein Beitrag zur Frauenfrage.** gr. 8. (III, 84 S.) **Wien 878, Pichler's Wwe. und Sohn.** *

Reuper, Jul. Zur Geschichte der Anstalt. 41 S. 8. *Ostrau Mähr.* 1884. **Progr.**

**Reuper, Jul.,** wahre **Geschichten.** Bilder aus dem Leben f. jung u. alt. 8. (VIII, 206 S.) Glogau (900). C. Flemming. Geb. in Leinw. n. 2. 50

**Reuper,** Julius, der Held vom Congo, ein Mann der Thatkraft. Eine Erzählung für die reifere Jugend. kl. 8°. (93 S.) Mähr.-Ostrau, Prokisch. cart. fl. —.70. *1886.*

— **Helden zur See. Seefahrten u. Abenteuer v. der ersten Umsegelg. Afrikas bis auf die neueste Zeit. Mit 1 farb. Titelbild u. 6 Tondr.-Bildern. 2. Aufl. (VI, 302 S.) gr. 8. Stuttgart 908. Union. Geb. in Leinw. n. 4. 60**

— Helden zur See. Seefahrten u. Abenteuer von der ersten Umsegelg. Afrikas bis auf die neueste Zeit. Mit 1 farb. Titelbild u. 6 Tondr.-Bildern. 4. Aufl. (VI, 302 S.) 8. Stuttgart (908). Union. Geb. in Leinw. 4. 50

— Andreas Hofer u. seine Getreuen, s.: **Jugendbücher,** Stuttgarter.

—— **Musterreden. Gesammelt und nebst Aufgaben und Stoffen zu Redeübungen für den Schul- und Privatgebrauch hrsg.** gr. 8. (XVI, 200 S.) **Leipzig 880, Klinkhardt.** *

— **im hohen Norden. A. E. Nordenskiölds Entdeckungsfahrten,** s.a. **Universal-Biblioth. f. d. Jugend. 395. 396.**

Im hohen Norden. A. E. Nordenskiölds Entdeckungsfahrten. Der Jugend u. d. Volke dargest. von Julius **Reuper.** Mit 1 Portr., 1 Übersichtskarte u. 3 Abb. von R. Mahn. *Stuttgart, Berlin, Leipzig: Union [1902].* (120 S.) 8° [J.]
— Universal-Bibliothek f. d. Jugend. 395/396.

— **ein Ostindienfahrer.** Scharnhorst, s.: **Horn, W. O. v.**

— Im Reiche des Löwen. Klassische Tierfabeln aus aller Welt, s.a. **Bibliothek der Gesamtliteratur.**

**Reuper,** Julius: Im Reiche des Löwen. Klassische Tierfabeln aus aller Welt. Ausgewählt für Jung u. Alt von —. Ill. von Alfred Weßner. Halle a. S.: Hendel [1909]. XVI, 147 S. 8°
(Bibliothek d. Gesamtliteratur d. In- u. Auslandes. Nr. 2162–2165.)

—— schlesische **Sagen und Märchen,** s. **Volks- und Jugend-Bibliothek.**

— Die sieben Schwaben, s.: Pichler's Jugendbüchereі. (Aurbacher, Ludw.)

— **die beiden Sträflinge,** s.: **Gerstäcker, Frdr.**

**Reuper,** Jul., österreichischer Studenten-Führer. Die Organisation der österreich. Mittel-, Fach- u. Hochschulen, sowie die aus dem Besuche derselben entspring. Begünstiggn. u. Berechtiggn. Suppl.-Hft. gr. 8. (VIII, 88 S.) Mähr.-Ostrau 885. Prokisch. n. — 70

**Reupsch,** Jh. Fr. Lebr., († 1738.) die Auferstehung der Todten, eine Ode. 4. Quedlinb. 759. (Ernst). 3 gl.

— vermischte Probestücke, in gebund. u. ungebund. Schreibart. gr. 8. Quedlinb. 760. (Ernst). 12 gl.

— 9 Reden bei Einführung verschied. Prediger. gr. 8. Quedlinb. 760. Ernst. 4 gl.

— s.a. Schilderungen

Schilderungen. (Moralisch-satyr., oft recht jokose Charakterbilder von *Joh. Friedr. Leberecht Reupsch,* geb. 3. Febr. 1727 zu Bernburg, † das. 11. April 1787. — Goedeke IV, 62, 47, 1.) 2 Thle. Mit 2 curiosen satyr., großen Titelvignetten (die 2te signirt: P. sc.). Franckfurt u. Leipzig, in der Biesterfeldischen Buchhandlung. 1759—1760. 8°. (7 Mk. 50 Pfg. Adolf Weigel, 1908.) (Im Besitze des Verlagsbuchh. Rudolf Hofmann in Berlin; auch in Warmbrunn u. im Britisch Museum.)
I: Tit., 2 Bll. Vorr., 1 Bl. Inh., 312 S. Enth. 24 Nrn.
II: Tit., 4 Bll. Zuschr. (an den Fürstl. Anhalt-Bernburg. Cabinetsrath Geo. Friedr. Chrn. Nettelbeck), 10 Bll. (lesenswerthe) Vorr., 1 Bl. Inh., 344 S., 1 Bl. Druckf. Enth. 18 Nrn.

**WER** hat Lust und Belieben? Eine Einladungsschrift an alle Herren Buchhändlere in ganz Deutschland, wegen des öffentlichen Verkaufs meiner in alle Arten der Gelehrsamkeit einschlagenden Handschriften. (Satirische fingirte Titel von *Joh. Friedr. Leberecht Reupsch.*) Frankfurt und Leipzig 1764. 8°. 61 S.
Goedeke IV, 28, 19. —

— s. Wirthschaftsregeln für Frauenzimmer.

**Reupsch, L.,** s. **Samml.** religiöser Gesänge rc.

[Aut. u. Russ.] Reus, Dresdener Parteitag. **Reus.** Dni velikago suda germanskoj social-demokratii. ⟨Zamětki postoronnjago o drezdenskom partejtagě.⟩ *Berlin-Charlottenburg: F. Gottheiner 1904.* (94 S.) 8° [04. 1904]

**Reus,** Die Tage des grossen Gerichts in der deutschen Sozialdemokratie. Glossen eines Unbeteiligten über den Dresdener Parteitag. (In russ. Sprache.) 8°. Berlin, F. Gottheiner, 1905.

**Reus, August: Über Kollisionen der Gesetze über den Erwerb und Verlust der Staatsangehörigkeit.** *Darmstadt: J. Waitz 1898.* (70 S.) 8°
Heidelberg, Phil. Diss. v. [10. Mai] 1898

**Reus, Franziskus v., kurze Lebensgeschichte der Dienerin Gottes Maria Agnes Klara Steiner von der Seitenwunde Jesu. Aus dem Italien. übers. von Pet. Paul Außerer.** 12. (XI, 324 S. mit 1 Stahlst.) **Innsbruck 882, F. Rauch's Buchh.** *

Reus, Franziskus v., kurze Lebensgeschichte der Dienerin Gottes Maria Agnes Klara Steiner v. der Seitenwunde Jesu. Aus dem Ital. übers. v. Peter Paul Außerer. 2. Aufl. 12. (XII, 344 S. m. 1 Stahlst.) Innsbruck 886. F. Rauch. n. 1. 20

Reus, G., Elem. arithmeticae in us. scholar. 8. ibid. 758.

Reus, Joh. Bapt., S. J., der heldenmütige Liebesakt zum Troste der armen Seelen im Fegfeuer, nach d. Bestimmgn. der Kirche u. im Lichte der Wahrheiten des hl. Glaubens. (672 S. m. 1 Stahlst.) 16. Kevelaer (907). Butzon & Bercker. Geb. in Leinw. 1. 65

Reusch. Der Scheck- und Kontokorrent-Verkehr der Sparkassen. (Verhandlungen des Sparkassenverbandes für die Provinz Hessen-Nassau und das Fürstentum Waldeck.) Cassel 1908.

Geschichte des Elbinger Gewerbe-Vereins 1828–1903. Festschrift z. 75jähr. Stiftungsfest hrsg. vom Vorstande. (Verf.: [A.] Reusch, Prof., u. Dr. [Rudolf] Nagel, Prof.) *Elbing 1903: (E. Wernich)*. (59 S.) 8° (o1. 5170 10

Reusch, Adam Die römischen Altertümer im Museum zu Altkirch. 21 S. **Progr.** *Altkirch* 1883.

Reusch, Adam, de diebus contionum ordinariarum apud Athenienses, s.a. Dissertationes philologica Argentoratenses.

**Reusch**, Adam [Nassovius]: De diebus contionum ordinariarum apud Athenienses. Argentorati apud Carolum I. Truebner, 1879. 8. IV, 42 S.

Reusch, *Adam* Die Schlacht bei Cannae. 4 (S. 3—18, 1 Karte). **Progr.** Prg. *Altkirch* 1888 (471).

Reusch, Adf., ein Studienaufenthalt in England. Ein Führer f. Studierende, Lehrer u. Lehrerinnen. 8. (VIII, 143 S.) Marburg 902. N. G. Elwert's Verl. n. 1. 80; geb. in Leinw. n. 2. 25

Reusch, Adolf: Ein Studienaufenthalt in England. *Lübeck 1902: M. Schmidt.* (S. 3–30.) 4°
Lübeck, R. OP 1902 (805)

Reusch, Adf., Studienaufenthalt in England. Ein Führer f. Studierende, Lehrer u. Lehrerinnen. 2. verm. Aufl. (VIII, 248 S.) kl. 8. Marburg 910. N. G. Elwert's Verl. 3.—; geb. 3. 60

Reusch, Alb. Wilhelm Gnapheus, der erste Rektor des Elbinger Gymnasiums. (Schluſs.) 38 S. [I: 1868.] **Progr.** G. *Elbing* 1877.

Reusch: Zur Lehre von der Tempusfolge. 23 S.– Progr. Elbing. 1861.

Reusch, C., aus deutschem Walde. Zwei Dichtgn. 8. (VI, 86 S.) Leipzig 886. Friedrich. n. 2. —

Reusch, C. Fr. et C. G. Lau, de tumulis et urnis sepulcralibus in Prussia. Regiom. 724. 4.

Reusch, Christian Friedrich, s.a. Reusch, R.

Reusch, Chr. Frdr., Anleitung zum Instruiren, Dekretiren u. Referiren im Zivilprozeß f. angehende Juristen. 2 Hfte. 1. Hft., enth.: die Lehren v. der Klagenanmeldung, Klage, dem Schriftwechsel, ersten Referat, Beweisresolut, der Beweisinstanz, dem zweiten Referat u. dem Erkenntnisse. 2. Hft., enth.: die Lehre v. den Rechtsmitteln, Kontumazen u. Prorogationen, unregelmäß. Prozeßendungen u. den Inzidentsachen. Anh.: Depositalwesen. gr. 8. (IV u. 218 S.) Königsberg 852. 53, Theile. (à 18 ngr) 1 ß 6 ngr

Reusch, Anleitung zum Instruiren, Dekretiren und Referiren im Zivilprozeß für angehende Juristen. 3. Heft, enthltd.: das Exekutionsgesuch, die Exekutionsverfügung; besonders die Exekution ins Mobiliar, in die Aktiva, in das Immobiliar, gegen die Person; objektiv und subjektiv eximirte Exekution; Kostensachen nebst Anhang über das Salarienkassenwesen. Königsberg 854. Theile. gr. 8. (S. 219—362.) 18 ngr

— — 4. (letztes) Heft. (enthltd. Einleitung u. Schluß.) Königsberg 854. Theile. gr. 8. (2 Bl., XLIV, S. 363—378.) 6 ngr

Reusch, Bemerkungen und Vorschläge zur Reform der preuß. Gerichtsordnung, mit besond. Bezuge auf den Entwurf der neuen Civil-Prozeß-Ordnung für die preuß. Staaten, Berlin 1848. gr. 8. (IV und 68 S.) Berlin 849, C. Heymann. *

Reusch, Chrn. Friedr., Kant und seine Tischgenossen. Aus dem Nachlasse des jüngsten derselben. gr. 8. (30 S.) Königsberg 849, (Bornträger'sche Sortimentsb.) Thlr. *

Reusch, E., s.a. Reusch, F. E.

Reusch, E.: De cultu angelorum. Helmstedt 1739. 4°

Reusch, Eduard, Dr., Beiträge zu den Elementen der Katoptrik und Dioptrik. Tübingen 1857.

— Ueber Ringbildung in Flüssigkeiten.

— Theorie der Cylinderlinsen. Leipzig 1868.

REUSCH, Eduard: Ein Vermächtnis. - Köln-Sülz o. J. 12 S., 3 Abb. (Selbsterlebtes u. Selbsterprobtes betr. Forstdüngung u. Ödlandaufforstung i. d. Eifel)

Erhard Reusch progr. de botanicis non medicis. Helmst. 1739. 4.

Reusch, Erhard [Praes.], s. Curio, Christian: De bibliothecis Romanorum.

— — (Koburg), Diss. inaug. ad L. Un. C. non lic. habitat. metrocomiae loca sua ad extraneum transferre. Erfurt (O. F. Werther) 4. XII. 1715. 20 S. (4.—) 28409
Gew.: Philipp Wilhelm von Boineburg.

Reusch, Erhard [Praes.], s. Herrmann, Johann Friedrich: De immutabili naturae lege.

Reusch, E., de hymno angelico. Helmst. 1739. 4.

Reuschii, Erh., Disquisitio de jurejurando per genium principis. Helmst. 735. 4.

Reusch, E., de nativit. Christi. Helmst. 1735. 4.

Reusch, E. Origines metalli fodinarum in Germania. 4°. Helmstadt 1725.

— — u. Michael Christoph Muller (Nürnberg), De republicae Romanae ortu sub Aenea, ad T. Livii I, 1. 2. Exercit. acad. Altdorf (M. D. Meyer) 16. V. 1711. 40 S. (4.75) 28410
Widm. v.: Heinrich Hildebrand, Christian Gottlieb Schwarz, Joh. Christoph Rüll (dtsch.), Sigismund Jakob Apinus, Joh. Matth. Schnizzer.

**Reusch, Erhard,** Disquisitio de M. T. Ciceronis partitionibus oratoriis, Adjuncta est oratio qua veterum eloquentia, huiusque addiscendae ratio, ab iisdem dicendi magistris tradita, commendatur. Helmstedt (P. D. Schnorr) (Nov.) 1723. 62 S. (5.25) 28407
Gew.: Andreas Gottlieb von Bernstorf, Urban Dietrich von Luedeke. — Untertitel: Reusch, Erhard, Disquisitio de M. T. Ciceronis partitionibus oratoriis. Ad humanitatis meliorumque literarum in Acad. Julia cultores. (Sept. 1723.) 28 S. — Reusch, Erhard, Oratio, qua veterum eloquentia, huiusque addiscendae ratio, ab iisdem dicendi magistris tradita, commendatur cum eloquentiae et phil. Latinae prof. publ. ordin. munus susciperet. Helmstedt 14. IX. 1723. S. 29—62.

**Reuschius,** Erh.: De populi Romani quaestoribus ac potissimum aerariis, eorumque ortu, numero, et muniis selecta quaedam capita. Progr. Helmstadii 1725.

Reusch, Erhard [Praes.], s. Silberrad, Martin Jakob: De imperatoris titulo ex antiquitate selecta quaedam capita.

— — u. **Martin Jakob Silberrad (Nürnberg), De imperatoris titulo ex antiquitate selecta quaedam capita diss. I.** Helmstedt (S. Buchholz) 8. V. 1728. 40 S. (4.25) **28411**

— — u. **Martin Jakob Silberrad** (Nürnberg), De imperatoris titulo ex antiquitate selecta quaedam capita diss. II. Helmstedt (S. Buchholz) 29. V. 1728. S. 41—80. (4.25) 28412

— — u. **Martin Jakob Silberrad** (Nürnberg), De imperatoris titulo ex antiquitate selecta quaedam capita diss. III. Helmstedt (S. Buchholz) Juni 1728. S. 81—118. (4.25) 28413

— — De usu et praestantia actorum pacis Vestphalicae Diss. *APTOΣXEΔIAΣTIKII* cum brevi explicatione art. V sect. XVI transactionis Osnabrugensis ex actis speciminis loco repetita. Helmstedt (P. D. Schnorr) 1730. 24 S. (4.75) 28408

Reusch, F.

—— „Unkel Bräsig!“ Komische plattdeutsche Orig.-Gedichte. 1. Thl. 8. (V, 89 S.) München 878, Schäfer's Antiquariat. *

Reusch, F., dummen-Jungens-Streich. Spassige Geschichten ut min Schooltid. Mit Illustr. (Holzschntaf.). gr. 16. (136 S.) Leipzig 877, Wölfert's Buchh. *

— dummen-Jungens-Streich. Spassige Geschichten ut min Schooltid. Mit Illustr. (Holzschntaf.). gr. 16. (136 S.) Leipzig 878. Wölfert. n. 1. —

—— Smollis! Feucht-fröhliche Musenklänge. Mit 22 (eingedr. chemityp.) Orig.-Illustr. von Henry Albrecht. gr. 16. (VI, 107 S.) Ebendas. 878. *

Reusch, F. E., Construction zur Lehre von den Haupt- und Brennpunkten eines Liniensystems. gr. 8. (VIII, 70 S. mit 5 auf Stein grav. Taf. in qu. Fol.) Leipzig 870, Teubner. *

Reusch, E., die stereographische Projection. Lex.-8. (VII, 32 S. mit 8 auf Stein grav. Taf.) Leipzig 881, Teubner. *

Reusch, F. E., der Spitzbogen und die Grundlinien seines Masswerkes. Ein geometr. Beitrag zur Ornamentistik des Mittelalters. gr. 4. (IV und 47 S. mit einem Atlas von 25 Stnt.) Stuttgart 854. [Leipzig, Winter'sche Vrlgsh.] *

**Reusch,** F. E., Theorie der Cylinderlinsen. Mit 2 Steintaff. (in qu. 4.) Leipzig 868. Teubner. gr. 8. (VII, 35 S.) n. 16 ngr.

Reusch, Franz Heinrich

**Reusch,** Fr. Heinr., Beiträge zur Geschichte d. Jesuitenordens. gr. 8. (IV, 266 S.) München 894. C. H. Beck. n. 5. —

**Reusch,** F. H., s.: Bellarmin's, Cardinal, Selbstbiographie.

Reusch, Fr. Heinr., Bericht über die vom 10. bis 16. Aug. 1875 zu Bonn gehaltenen Unions-Conferenzen im Auftrage des Vorsitzenden v. Döllinger hrsg. gr. 8. (IV, 139 S.) Bonn 875, Neusser. *

Reusch, Fr. Heinr., Bericht über die am 14., 15. und 16. September zu Bonn gehaltenen Unions-Conferenzen im Auftrage des Vorsitzenden Dr. v. Döllinger hrsg. gr. 8. (72 S.) Bonn 874, Neusser. *

Reusch, F. Heinr., Bibel und Natur. Vorlesungen über die mosaische Urgeschichte und ihr Verhältniß zu den Ergebnissen der Naturforschung. 1. Aufl. 1862. und 2., umgearb. Aufl. gr. 8. (XI und 496 S.) Freiburg im Br. 866, Herder'sche Verlagsh.

**Reusch,** F. Heinr., Bibel u. Natur. Vorlesungen über die mosaische Urgeschichte u. ihr Verhältniß zu den Ergebnissen der Naturforschung. 2. Aufl. 1866 u. 3., umgearb. Aufl. Freiburg im Br. 870. Herder'sche Verlagsh. gr. 8. (VII, 524 S.) 1 Thlr. 20 ngr.

— Bibel u. Natur. Vorlesungen üb. die mosaische Urgeschichte u. ihr Verhältniß zu den Ergebnissen der Naturforschg. 4 bedeutend verm. u. theilweise umgearb. Aufl. gr. 8. (VII, 606 S.) Bonn 876. Webers Verl. n. 8. 50

Reusch, Fr. Heinr., s. Bibliothek des litterarischen Vereins in Stuttgart CLXXVI.

—— die deutschen Bischöfe und der Aberglaube. Eine Denkschrift. gr. 8. (109 S.) Bonn 879, Neusser. *

**Reusch,** Fr. Heinr., s.: Briefe an Bunsen.

**Reusch,** Friedr. Heinr., Erklärung des Buchs Baruch. Freiburg i. Br. 853. Herder. 8. (IV, 279 S.) 1 Thlr. 2 ngr.

— theologische Facultäten od. Seminare? Rede, geh. bei dem Antritte d. Rectorates der Rhein. Friedrich-Wilhelms-Universität am 18. Octbr. 1873. 8. (30 S.) Ebend. 873. n. — 60

— die Fälschungen in dem Tractat d. Thomas v. Aquin gegen die Griechen [Opusculum contra errores Graecorum ad Urbanum IV]. [Aus: „Abhandlgn. d. k. b. Akad. d. Wiss.“] gr. 4. (70 S.) München 889. (Franz' Verl.) n.n. 2. 10

—— vollständiges Gebetbuch für katholische Christen. gr. 16. (VI, 543 S.) Ebendas. 877. geb. in Calico *
geb. in Schafleder mit Goldschn. *
geb. in Saffian mit Goldschn. *

Reusch, Fr. Heinr., Gebetbuch f. katholische Christen. Kleinere Ausgabe. 16. (IV, 418 S. m. 1 Stahlst.) Bonn 891. P. Neußer. Geb. in Leinw. m. Goldschn. n. 3. — ; in Saffian m. Goldschn. n. 4. —

— vollst. Gebetbuch f. kathol. Christen. 2. Aufl. Neu hrsg. v. Thdr. Weber. gr. 16. (VIII, 530 S.) Bonn 898. F. Cohen. Geb. in Leinw. n. 3. 80; in Ldr. m. Goldschn. n. 5. —
57

Reusch, F. H., die heil. Genovefa, siehe: Leben, das, der Heiligen, 28. Lfg.

— Geschichte der Moralstreitigkeiten in der römisch-kathol. Kirche seit d. 16. Jahrh., s.: Döllinger, J. v.

Reusch, F. H., Die Geschichte des jüdischen Volkes. (Würzburger) Chilianeum, 1869 (Neue Folge), Bd. II, S. 117—425.

Reusch, Fr. Heinr., der Index der verbotenen Bücher. Ein Beitrag zur Kirchen- und Literaturgeschichte. 2 Bde. gr. 8. Bonn, Cohen und Sohn. [1. Bd. (XII, 624 S.) 883. *ℳ 15.; 2. Bd. (XI, IV, 1266 S.) 885. *ℳ 25.] *

—— Index librorum prohibitorum, gedruckt zu Parma 1580, nach dem einzigen bekannten Exemplare hrsg. u. erläutert. gr. 8. (44 S.) Bonn 889, Fr. Cohen. * 2 —

Reusch, Fr. Heinr., die Indices librorum prohibitorum des XVI. Jahrh., s. Bibliothek des litterarischen Vereins in Stuttgart, Bd. 176.

—— Lehrbuch der Einleitung in das Alte Testament. gr. 8. (VIII und 213 S.) Freiburg im Br. 859, Herder'sche Verlagsh. *

—— Lehrbuch der Einleitung in das Alte Testament. 2. Aufl. 1864. und 3., verb. Aufl. gr. 8. (XVI und 220 S.) Freiburg im Br. 868, Herder'sche Verlagsh. *

—— Lehrbuch der Einleitung in das Alte Testament. 4. verb. Aufl. gr. 8. (IX, 229 S.) Freiburg i. Br. 870, Herder'sche Verlagsh. *

— Lehrbuch der Einleitung in das Alte Testament. 5., verb. Aufl. Ebend. 870. gr. 8. (XVI, 229 S.) n. 20 ngr.

—— Luis de Leon und die spanische Inquisition. gr. 8. (VI, 124 S.) Bonn 873. Weber. *

—— Liber sapientiae, s.a. Liber.

Reusch, F. H., Liber Sapientiae Graece secundum exemplar Vaticanum cum variis lectionibus, Latine secundum editionem Vulgatam in usum scholarum academicarum editus. Freiburg, Herder, 1858, 8°, 62 S., 90 Pf.
Recens. von Nolte, (Tüb.) Theol. Quartalschr. 1859, S. 315—319.

—— Observationes criticae in librum Sapientiae. gr. 4. (36 S.) Freiburg im Br. 861, Herder'sche Verlagsh. *

Observationes criticae in librum Sapientiae. Ebendas., 1861, 4°, 36 S., 1 Mk.

— drei Predigten üb. die Beichte u. üb. die Heiligenverehrung. Ein Beitrag zur Erläuterg. der Beschlüsse der ersten Synode der Altkatholiken. gr. 8. (24 S.) Ebend. 874. n. — 50

Reusch, F. H., Predigten üb. die sonntäglichen Evangelien. Nebst einigen Fest- u. Gelegenheits-Predigten. gr. 8. (IV, 514 S.) Bonn 876. Neusser. n. 7. —; geb. n. 9. —

—— der Process Galilei's und die Jesuiten. gr. 8. (XII, 484 S.) Bonn 879, Weber's Verlag. *

— die biblische Schöpfungsgeschichte u. ihr Verhältniß zu den Ergebnissen der Naturforschung. [Ein Auszug aus des Verfassers größerem Werk „Bibel u. Natur". 4. Aufl., Bonn 1876.] gr. 8. (VII, 197 S.) Ebend. 877. n. 2. 50

Reusch, F. H., Das Buch Tobias übersetzt u. erklärt. Freiburg, Herder, 1857, 8°, XLVI u. 143 S., 2,10 Mk.
Recens. von Welte, (Tübing.) Theol. Quartalschr. 1858, S. 309—317.

Sacram memoriam ... Friderici Gvilelmi III vniversitatis Fridericiae Gvilelmiae Rhenanae conditoris ... ab eadem vniversitate d. III m. Avg. a. 1870 ... recolendam victorvmqve renvntiationem e lit. certaminibvs prodevntivm ... indicit Franciscvs Henricvs Revsch, ord. theol. cath. h. a. decanvs. — Praecedit libellvs Tobit e codice Sinaitico editvs et recensitvs. Bonnae, form. C. Georgi (1870). V, 24 S. 4. ¶ In Komm. bei Herder in Freiburg i. B.

Reusch, F. H., Libellus Tobit e codice Sinaitico editus et recensitus. Freiburg, Herder, 1870. 4°, 24 S., 1 Mk. (Jetzt Verlag von E. Weber, Bonn.)
Zuerst 1870 als Bonner Universitäts-Programm veröffentlicht. Der im sinaitischen Kodex enthaltene und von dem Texte der andern Handschriften ganz verschiedene griechische Text des Buches Tobias ist darum besonders beachtenswert, weil er den ältesten lat. Übersetzungen zu Grunde liegt und allem Anscheine nach dem verlorenen chaldäischen Originaltexte am nächsten steht.

— das Verfahren deutscher Bischöfe bezüglich der den Altkatholiken zum Mitgebrauch eingeräumten Kirchen. Ein theolog. Gutachten. gr. 8. (15 S.) Ebend. 875. n. — 50

Reusch, Friedr. Ed., über gewisse Strömungsgebilde im Innern von Flüssigkeiten und deren morphologische Bedeutung. gr. 4. (28 S. mit 1 Stnt.) Tübingen 860, (Fues'sche Sortimentsbuchh.) *

Reusch, Friedrich Heinrich, s. Reusch, Franz Heinrich

— Friedrich Hermann (Ottmarsbocholt / Westfalen), De hydrocephalo. Diss. med. Berlin (Th. Brüschcke) 2. VI. 1820. 31 S. mit Biogr. (3.75) 28414
Oppon.: Becker u. Pielsticker. — Gew.: Christoph von Notz, Johann Heinrich Schulte im Busch.

Reusch, Hans H., die Fossilien führenden krystallinischen Schiefer v. Bergen in Norwegen. Autoris. deutsche Ausg. v. Rich. Baldauf. Mit e. geolog. (chromolith.) Karte u. 92 Holzschn. gr. 8. (IV, 134 S.) Leipzig 883. Engelmann. n. 6. —

— über Vulkanismus, s.a. Sammlung gemeinverständlicher wissenschaftlicher Vorträge.

Reusch (Hans H.). Ueber Vulkanismus. Vortrag. Deutsch von M. O. Herrmann. Berlin 1883. 8.

— Heinr. Aug. Wilhelm (Springe), De ratione cognitionis Dei ex contemplanda rerum natura haustae stabili et certa. Hannover (Telgener) 1816. 20 S. (3.50) 28415
Gew.: Friedrich Ernst Ruhkopf.

Reusch, Henriette, d. Errettung d. Moses, s.a. Deigendesch, Karl.

**Reusch, Henriette, die Errettung des Moses.** Ein dramat. Spiel für die weibliche Jugend. Köln 867. Bachem. 12. (47 S.) 7½ ngr.

— das Rosenwunder, s. Damen, drei kleine.

**Reusch, Hermann** [aus Tübingen]: Zur Kenntnis des Chinolins. . . . Tübingen, L. Fr. Fues'sche Buchdr. (W. Armbruster & O. Riecker), 1889; 35 S. 8°
Tübingen, Naturw. Fak., Inaug.-Diss. v. 1889

Reusch, Herm. Zur Kenntnis d. Chinolins. Diss. gr. 8. (35 S.) Tüb. 889, (Fues' Verlag). * 1 —

Reusch, Herrm. Das Verfahren in Grundbuchsachen nach den preussischen Grundbuchgesetzen vom 5. Mai 1872, m. Berücksicht. der einschläg. materiellen Rechtsnormen u. der in der Beschwerdeinstanz ergangenen endgült. Entscheidgn. systematisch dargestellt u. m. Formularen zu Urkunden u. Verfüggn. versehen. 4 Abthlgn. gr. 8. Berl., H. W. Müller. * 7 —; geb. * 8 —
1. Allgemeiner Thl. (VII, S. 1—96.) 890. * 1 60.
2. Eintragungen in Abthl. II u. III d. Grundbuchs. (IX—XIII, S. 97-212.) 891. * 2 —.
3. Auflassung u. Eintragung d. Eigenthums. (S. 213—312.) 891. * 2 —.
4. Formularbuch u. alphabet. Register. (IV, III, S. 313—380.) 891. * 1 40.

— — Die Zurückführung d. Grundbuchs auf die Steuerbücher f. die östlichen u. die neuen Provinzen d. preussischen Staates. gr. 8. (VII, 65 S.) Ebd. 890. * 1 80

**Reusch, J[akob]:** Planimetrische Konstruktionen in geometrographischer Ausführung. Leipzig 1904: B. G. Teubner. (XIII, 84 S.) 8°
Thann, PG P 1904 (608)

*Reusch*, Jh. Pet., († d. 5. Juni 1758.) annotationes in J. W. Baieri compendium theologiae positivae. 8. Jena 757. Cröcker. 1 ℛ 6 g

Reusch, Johann Peter [Praes.], s. J a c o b i, Johann Friedrich: Quo sensu hic mundus sit optimus.

— introductio in theologiam revelatam, seu theolog. revelatae pars generalis. 8. Jena 744. Ed. II. (ed. Karl Ghlf. Müller). 760. Cröcker. 1 ℛ 6 g

— **Jo. Pet.,** De religionis verae cum felicitate vera necessario arctissimoque nexu programma inaug. quo professionem logicae ac metaphys. patronosque et fautores ad audiendam orationem de Spinozae atheismo habebitur invitat. Jena (Croeker) 8. XI. 1738. 16 S. (—.—) 28416

– s. S a r a s a, ars semper gaudendi.

— systema logicum, antiquiorum atque recentiorum, idemque propria praecepta exhibens. 8. Jena 734. Neue Aufl. 750. N. A. v. C. F. Polz. 760. Cröcker. 20 g

— systema metaphysicum antiquiorum atque recentiorum. 8. Jena 734. 743. Ed. III. 753. Cröcker. 20 g (vergl. Jh. Gli. *Waldin*).

— theologia moralis. 8. Ienae, Hartung. 759.

— theologia moralis; ed. et praef. est Karl Ghlf. Müller. 8. Jena 760. Hartung. 16 g

— theologia polemica. Prs. I. 8. Jena 754. Hartung. 1 ℛ 12 g

Reusch, Johann Peter [Praes.], s. W e d e l, Friedrich Wilhelm von: De obligatione circa observandas ceremonias.

– s. F. S. Zickler, Erklärung.

**Reusch**, Ioannes Guilielmus, Syrus interpres cum fonte Novi Testamenti Gra[...] latus. Lipsiae 1741.

R e u s c h, I. W., Syrus interpres c. fonte Nov. Test. graeco collat. 8. Lips. Breitkopf. 742.

**Reusch, Joseph** [aus Niederwalluf a. Rh.]: Die alten syntactischen Reste im modernen Slang . . . (Erscheint vollst. in d. Anglia.) Münster, Buchdr. v. J. Bredt, 1894; 40 S., 2 Bl. 8.
Münster, Phil. Fak., Inaug.-Diss. v. [28. Juni] 1894

Reusch, R., s.a. R e u s c h, Christian Friedrich

**Reusch, [R.]:** Anleitung zum Instruiren, Dekretiren, Referiren im Preußischen Civilprozeß für angehende Juristen. Königsberg. 2 Bde
Bd [1.] [Der ordentliche Prozeß.] 1854.
„ 2. [u. d. Tit.:] **Reusch (u. Marcinowski):** System der Preuß. Allg. Gerichtsordnung nach Gesetz und Praxis dargest. Die außerordentlichen Prozesse. 1856. [Umschlagtit.:] 1865.

**Reusch,[R.]:** Das Appellations-Referat nach Preußischem Gerichts-Gebrauch in Aufsätzen und Mustern dargest. Berlin 1861.

**Reusch**, das Appellations-Referat nach preussischem Gerichts-Gebrauch in Aufsätzen und Mustern dargestellt. Berlin 861. C. Heymann. gr. 8. (V, 82 S.) 12 ngr.

Reusch, R., plattdeutsche Gedichte in der Mundart des preussischen Samlandes. gr. 16. (36 S.) Berlin 863, (Geelhaar.)

—— die nordischen Göttersagen einfach erzählt. br. 8. (IX und 139 S. mit eingedr. Holzschn. nach Zeichnungen von L. Pietsch.) Berlin 865, Schindler. *

**Reusch, [R.]:** Musterakten in Todeserklärungs- und Aufgebotssachen nach Preußischem Gesetz. Berlin 1859.

— Musterakten in Todeserklärungs- und Aufgebotssachen nach Preussischem Gesetz zur Einführung angehender Juristen in die Praxis, sowie zum Gebrauche für Richter und Rechtsanwalte ausgearb. Berlin 859. Guttentag. Lex.-8. (IV, 163 S.) n. 1 ℛ 5 ngr.

**Reusch u. Marcinowski**, die außerordentlichen Prozesse der preussischen allgemeinen Gerichts-Ordnung nach Gesetz u. Praxis dargestellt. Neuer Abdr. Königsberg 868. Theile's Buchh. gr. 8. (VIII, 629 S.) 3 ℛ

—— Sagen des preussischen Samlandes. 3., völlig umgearb. Aufl. hrsg. von dem literar. Kränzchen zu Königsberg. 8. (XV und 139 S.) Königsberg 863. Berlin, Geelhaar.

**Reusch**, [R.] (u. **Marcinowski**): System der Preuß. Allg. Gerichtsordnung nach Gesetz und Praxis dargest. Die außerordentlichen Prozesse. Königsberg 1856. [Umschlagtit.:] 1865.

— Neuer Abdr. [u. d. Tit:] **Reusch**, [R.] u. **Marcinowski**: Die außerordentlichen Prozesse der Preuß. Allg. Gerichts-Ordnung nach Gesetz und Praxis dargest. Königsberg 1868.

— System der Preußischen Allgemeinen Gerichtsordnung nach Gesetz und Praxis dargestellt. 2. Bd.: Die außerordentlichen Prozesse. Königsberg 856. Theile. gr. 8. (VI, 226 S.) 1 ₰.
Den 1. Bd. bildet des Verf. „Anleitung zum Instruiren ꝛc."

—— System der preußischen allgemeinen Gerichtsordnung nach Gesetz und Praxis dargestellt. 2. Bd.: Außerordentliche Prozesse. 3. Heft. gr. 8. (S. 227—354.) Königsberg 860, Theile's Buchh. *
2. Bd. 1. und 2. Heft. Ebendas. 1856. * 1 Thlr.

Reusch, System der Preußischen Allgemeinen Gerichtsordnung nach Gesetz und Praxis dargestellt. 2. Bd. 4.—6. (Schluß-)Heft. Außerordentliche Civilprozesse § 47 bis 52 bearb. von Marcinowski. gr. 8. (VIII und S. 355—629.) Königsberg 865, Theile's Buchh. à Heft 15 Ngr.

**Reusch**, R. (Hrsg.), s. U n t e r h a l t u n g e n des literarischen Kränzchens in Königsberg.

**Reusch, Wilh.**, Der histor. Wert der Caracallavita in den scriptores historiae Augustae. Diss. 1931. 4.50

**Reusche**, Frdr., wahnsinnige Caesaren. E. Studie. 12. (36 S.) Leipzig 896. C. F. Tiefenbach. n. — 50

**Reusche**, Frdr., Chicago u. Berlin, s.a. W e l t a u s s t e l l u n g s - B i b l i o t h e k, deutsche.

Reusche F, Chicago u Berlin. Alte u neue Bahnen im Ausstell.-Wesen. Berlin 1892

— G e f ä n g n i s s t u d i e n. gr. 8. (V, 168 S.) Leipzig 894. Renger. n. 2. —

**Reusche, Frdr., Ferdinand Lassalle und die Arbeiterfrage. Eine übersichtliche Darstellung der Lehren Ferdinand Lassalle's. 8⁰. Wien, M. Auer, 1868.**

**Reuschel**, s.: R o l l o - R e u s c h e l.

**Reuschel**, Carl, s. R e u s c h e l, Karl

Reuschel, Fr. Die evangelische Pfarrkirche in Mühlbach. 8 S. u. 7 Taf. **Progr.** *Mühlbach* 1878.

**Reuschel**, Fr., die evangelische Pfarrkirche in Mühlbach. Mit 7 photolith. Illustr. gr. 4. (8 S.) Hermannstadt 878. (Michaelis.) n.n. 1. 50

**Reuschel**, Karl, Literaturgeschichten, wie sie nicht sein sollen, s.: A u c h e. Literaturgeschichte.

R e u s c h e l, Carl. Volkskundliche Streifzüge. Zwölf Vorträge über Fragen der deutschen Volkskunde von Karl Reuschel. VIII + 266 S. 8. Dresden und Leipzig, C. A. Koch, 1903. [M. 4. —]

**Reuschel**, Karl *Theodor*: Untersuchungen zu den deutschen Weltgerichtsdichtungen des XI. bis XV. Jahrhunderts. I. Tl: Gedichte d. XI. bis XIII. Jhs ... (Th. 2 erscheint in: Beitr. z. Gesch. d. deutsch. Sprache u. Litt., Bd XX.) Chemnitz, Druck v. Gebr. Heyde, 1895; 1 Bl., 44 S., 1 Bl. 8.
Leipzig, Phil. Fak., Inaug.-Diss. v. [12. Dez.] 1895

— s.: V i l m a r, A. F. C., Geschichte d. deutschen Nationalliteratur.

— die deutschen Weltgerichtsspiele des Mittelalters u. der Reformationszeit, s.a. T e u t o n i a.

**Reuschel, Karl**, Dr. phil.: Die deutschen Weltgerichtsspiele des Mittelalters und der Reformationszeit. Literarhistor. Untersuchung. T. 1. 1903. 34 S. 8⁰
¶ Vollst. als: Teutonia. H. 4. 1906.
Dresden Te. H., Hab.-Schr. v. W.-S. 1903/04

R e u s c h e l, Carl. Die deutschen Weltgerichtsspiele des Mittelalters und der Reformationszeit. Eine literarhistorische Untersuchung von K' R'. Nebst dem Abdruck des Luzerner «Antichrist» (des Zacharias B l e t z) von 1549. [Mit 1 Tafel.] XIV + 356 S. 8. Leipzig, Eduard Avenarius, 1906. [M. 12. —]
Teutonia. Arbeiten zur germanischen Philologie, hrg. von Dr. phil. Wilhelm Uhl.... Heft 4....

Moderne Raubritter. Enthüllgn üb. d. Schlittenfahrer-Schwindler in London. Von (St[a n i s l a u s]) 'R o l l o'-Reuschel, Lond. Vertr. d. Köln. Volkszeitg. M. 20 Abb. nach Docum. *Köln: J. P. Bachem 1895.* (2 Bl.; 310 S.) 1 Bd 8. [96. 1767

**Reuscher**: Adnotationes ad locos aliquot Jonis Euripideae. 16 S.–Potsdam, Progr. 1859

**Reuscher**, Arnold [Dr., Dir.]: Ansprachen. Stolp, F. W. Feige's Buchdr., 1893; 23 S. 8.
Stolp, st. G u. RPG, P 1893 (147)

R e u s c h e r, Arnold Reden und Ansprachen. 8 (19 S.). **Progr.** Stādt. G. u. Rprg. *Stolp* 1892 (144).
Rede am Geburtstage Sr. Majestät des Kaisers 1891. Sedan. 2. September 1889. Entlassung am 20. März 1883. Entlassung am 20. März 1890.

**Reuscher**, Arnold [Dr., Dir.]: Reden und Ansprachen. Stolp, W. Delmanzosche Buchdr., 1892; 19 S. 8.
Stolp, st. G u. RPG, P 1892 (144)

**Reuscher**, Arnold [Dr., Dir.]: Reden und Ansprachen. Stolp, W. Delmanzosche Buchdr., 1894; 23 S. 8.
Stolp, st. G u. RPG, P 1894 (146)

**Reuscher**, Carl, s. R e u s c h e r, Karl

**Reuscher**, Carl Roman, s. R e u s c h e r, Karl Roman

**Reuscher**, Carl Wilhelm, s. R e u s c h e r, Karl Wilhelm

**Reuscher**, Fr., s. 1) Cicero, 4 Staatsreden. 2) Quinctilians Lehrgebäude.

**Reuscher**, F[rançois] L[ouis], Du sollst nicht tödten! Predigt in der frantzösischen reformirten Kirche d. 8. Oct. d. J. gehalten. Altona. 1820. P.

Gottlieb Reuscher

Theophilus Reuscher [Gottlieb Reuscher]: Observationes quaedam ad ortum, naturam et curationem tetani traumatici. Halae: Schimmelpfennig 1814. 22 S. 8°

Halle, Med. Diss.v. 1814

Reuscher, J., das Pferd u. die verschiedenen Racen desselben; so wie auch die sichersten Merkmale, das Alter u. die Fehler des Pferdes zu erkennen; nebst einem prakt. Unterricht im Schlußreiten nach Königl. Dänischer Manege, u. den bewährt. Hülfen gegen die Unarten u. Böswilligkeiten der Pferde. Mit 1 Abbild. 8. Berlin 841. Amelang. 1 ₰

Reuscher, J. Fr. A., s. Reuscher, Samuel Friedrich August

Reuscher, Jul., s. Andersen, H. C., Bilderbuch ohne Bilder. — dess. Mährchen u. neue Mährchen.

— s. Andersen, J. C., Bertel Thorwaldsen.

– s. Ingemann, Kunnuk u. Naja.

Reuscher, Karl

**Reuscher,** Carl [app. Arzt aus Alsfeld]: Aus d. medizin. Klinik d. Hrn Geheimr. Prof. Dr. Riegel in Giessen. Bericht über einen Fall von totaler halbseitiger Körperhypertrophie verbunden mit symmetrischer Polydactylie an Händen und Füssen ... Giessen, grossh. Hof- u. Univ.-Dr. C. v. Münchow, 1897; 31 S. 8.
Giessen, Med. Fak., Inaug.-Diss. v. 1897

Reuscher, Karl Roman

**Reuscher, Carl Roman** (Jahnishausen/Meißen), Stillicidium altius tolli posse etiam cum damno servientis ad L. XX. § V. D. de servit. pr. urb. Präs. Christoph Ludw. Crell. Wittenberg (Scheffler) 28. III. 1744. 10 S (4.—) 28417

Reuscher, Karl Wilhelm

**Reuscher,** Car. [illegible] Halberstadt [illegible]: De articuli coxae resectione. Berolini 1862. 32 S. 8°
Berlin, Med. Diss. v. 15. März 1862

**Reuscher,** Max [Kammergerichts-Ref.]: Die rechtliche Natur des Vertrages über die Versicherung des eigenen Lebens mit Bezug auf das Recht des Begünstigten .... Potsdam, Krämer'sche Buchdr. (Paul Brandt) (1880); VII + 86 S. + 1 Bl. 8°
Berlin, Jur. Fak., Inaug.-Diss. v. 6. Aug. 1880

**Reuscher,** Max: Versuche des Aufbaues vierbasischer, organischer Säuren der Fettreihe aus einigen monohalogenierten zweibasischen vermittelst molekularen Silbers ... Leipzig-Reudnitz, Druck v. O. Schmidt, 1892; 30 S., 1 Bl. 8.
Leipzig, Phil. Fak., Inaug.-Diss. v. [15. Aug.] 1892

Reuscher, Samuel Friedrich August

Reuscher, S. Fr. A., Abriß d. Elementar-Geographie, z. Gebrauche f. die 3e geograph. Lehrklasse auf Gymnasien u. für höhere Volksschulen. gr. 8. Halle 830. Gebauer. 20 Ꝁ

Reuscher, S. Fr. A., Abriß der Elementar-Geographie, zum Gebr. für die mittlern Klassen der Gymnasien u. für höhere Bürgerschulen. 2. verb. Aufl. gr. 8. Leipzig (u. Berlin) 846, Gebauer'sche Buchh. n. 28 ngl

Reuscher, S. Fr. A., Abriß der Elementar-Geographie, zum Gebrauch für die mittlern Klassen der Gymnasien und für höhere Bürgerschulen. 2., verb. Aufl. gr. 8. (IV und 341 S.) Leipzig 847. [Berlin, Gebauer'sche Buchh.] *

Reuscher. Ansprache an die Schüler bei Eröffnung des Schuljahres. 7 S.
Cottbus, Progr. 1853

Reuscher, S. Fr. A., häusliches Aufgabebuch z. Einübung d. latein. Formenlehre f. Anfänger; z. Schul- u. Privat-Gebrauch insonderheit f. Lehrer u. Schüler in den untersten Gymnasial-Klassen entworfen. 8. (7½ B.) Cottbus 836, Meyer.

Reuscher, S. Fr. A., häusl. Aufgabebuch zur Einübung der lateinischen Formenlehre für Anfänger; zum Schul- u. Privat-Gebrauch. 8. Cottbus u. Guben 837. Meyer. ⅓ ₰

**Reuscher,** häusliches Aufgabebuch zur Einübung der latein. Formen- u. Flexions-Lehre für Anfänger. Zum Schul- u. Privat-Gebrauch, insonderheit für Lehrer u. Schüler in den untersten Gymnasialklassen. 2. völlig verb. Aufl. Cottbus 856. Meyer. 8. (110 S.) 12 ngr.

Reuscher Über die beiden wichtigsten Documente der neusten Schulgesetzgebung. Ein einleitendes Resumé. 16 S.
Cottbus, Progr. 1843

—— Elementar-Syntax d. latein. Sprache, e. Leitfaden z. Gebr. f. unt. Gymnasial- u. höh. Bürger-Schulklassen. gr. 8. (12½ B.) Cottbus 839, Meyer.

—— Grundriß d. Elementar-Geographie f. unt. Gymnasial- u. höh. Bürgerschul-Klassen, od. allgem. Beschreib. d. Kummerschen Relief-Globus. gr. 8. (11 B.) Berlin 837, G. Reimer.

— Grundriß d. allgem. Erd- u. Länderkunde. Ein Leitfaden des geograph. Unterrichts f. die Mittel-Klassen d. Gymnasien u. die Ober-Klassen höherer Volksschulen. gr. 8. Berl. 832. Nauck. 12 Ꝁ

Reuscher Introduktions-Rede. (Ueber den erhabenen und wichtigen Beruf des Lehrers.) 13 S. . . . . . . . . . .
Progr. Kottbus 1829

— Lehrbuch d. Geschichte d. Völker u. Staaten d. Alterthums; nebst allgem. Angabe d. Hauptquellen z. Beförder. eines zweckmäß. Studiums d. alten Geschichte. Zum Schul- u. Privatgebrauch. gr. 8. Berl. 824. Amelang. 2 ₰

**Reuscher,** Samuel Friedericus Andreas: Ueber die beste Methode des Unterrichts in der lateinischen Sprache.
Halle-Wittenberg, Phil. Diss. v. 22. Okt. 1818 (wohl nachgeliefert)
Geb. [Atzendorf bei Magdeburg 18. 8. 1788]

R. wurde ohne Rigorosum promoviert. — Dieser Titel von R.'s Diss. findet sich nur bei Bullmann, Denkwürdige Zeitperioden. 1833. S. 162; ein Exemplar der Schrift war nicht nachweisbar. In seiner Bewerbung um die Promotion bezog sich R. auf seine 3 in Halle gekrönten Preisschriften:

1. Über die vitiositatem der menschlichen Natur nach den Aussprüchen der Vernunft und der Bibel.
2. Über den Nutzen der alten griechischen Übersetzungen des A. T. bey Erklärung des N. T.
3. Über das Brief- und Correspondenz-Wesen der Römer nach Ciceros Briefen.

R. gab im Gymn.-Progr. Kottbus 1843 S. 60 die 3 ungedruckten lateinischen Arbeiten an, die seiner Promotion zu Grunde lagen, faßte aber die Titel der beiden ersten so:

R. gab im Gymn.-Progr. Kottbus 1843 S. 60 die 3 ungedruckten lateinischen Arbeiten an, die seiner Promotion zu Grunde lagen, faßte aber die Titel der beiden ersten so:

1. Über die Lehre von dem ursprünglichen menschlichen Verderben, nach neutestamentlichen Quellen, verglichen mit den Aussprüchen und Ansichten der Profan-Schriftsteller.
2. Über den Werth und Gebrauch der griechischen Übersetzung des A. T. durch die sogenannten 70 Dolmetscher interpretatio Septua-

ginta viralis; zur Erklärung der N. T.
R. war unter der Bedingung baldiger Einsendung seiner versprochenen Druckschrift promoviert worden. Seine neue Arbeit könnte über das von Bullmann angegebene Thema gehandelt haben, aber in den Akten findet sich von ihr keine Spur. Auch im Diplom für R. wird keine Arbeit erwähnt. Unklar bleibt auch, ob etwa R.'s folgende Schrift mit der nachzuliefernden Diss. identisch gewesen sein mag: De antiquarum historiarum Studio, in publicis Scholis solemni, ad severiores docendi discendique leges revocando Kottbus 1822. Gymn., Progr. — Verf. erlebte 1868 das goldene und 1878 das 60jährige Dr.-Jubiläum als Gymnasialdirektor (in Kottbus) a. D. in Berlin.

— fortgesetzte Nachricht von d. Friedrich-Wilhelm's-Gymnasium in Kottbus, od.: 4e Jahresschrift desselben. gr. 8. Sorau 825. Jülien. 6 gr

— s. S. Patrik, Geographia.

Reuscher Rede bei der Amtseinführung des Prorector Rauck. 14 S.
Cottbus, Progr. 1843

Reuscher Rede bei Einführung des Lehrers Loof. 11 S. . . . .

— latein. Schul-Grammatik zum Gebrauch d. obern Klassen d. Gymnasien. 2 Thle. gr. 8. Sorau 827, 28. Jülien. 2 rf

— allgem. Umrisse d. Erd- u. Länderkunde f. d. geograph. Elementar-Unterricht rc. 8. Kottbus 826. (Leich in Leipz.; auch Krause in Berl.) 12 gr

— allgemeine Umrisse der Erd- u. Länderkunde für den geographischen Elementar-Unterricht auf Gymnasien. 8. 827. Halle, Goldig'sche Buchh. 1/2 rf

Reuscher Umrisse zu einer Anordnung und Gliederung des historischen Lehrstoffs für die Mittelklassen von Gymnasien und für höhere Bürgerschulen. 23 S.
Cottbus, Progr. 1847

—— histor. Vorschule, od. Vorbereit. z. Weltgeschichte. Ein Repetitionsbuch f. angeh. Gymnasiasten; auch z. Gebr. bei d. geschichtl. Unterr. auf d. 3. Bildungsstufe d. Gymnasien u. in d. Oberklassen d. Bürgerschulen. gr. 8. (12 B.) Magdeburg 836, [Berlin,] Rubach.

Reuscher Ueber den Zusammenhang der Schule (des Gymn.) mit der Universität durch Sprachen. 8 S. . . . . . . . . .
Progr. Kottbus 1832

Reuschert, E., Einführung in das bürgerliche Leben, s.: Burckhardt, H.

— kleine Erzählungen f. taubstumme Kinder. 1. Hft. gr. 8. (43 S.) Berlin 902. (Dierig & Siemens.) n. — 40

— kleine Erzählungen f. taubstumme Kinder. 2. Heft. (48 S.) gr. 8. Berlin 903. (Dierig & Siemens.) n. — 40

Reuschert, E., kleine Erzählungen f. Taubstumme. 1. Bdchn. 2. veränd. u. verm. Aufl. (54 S.) 8. Berlin 908. (Dierig & Siemens.) — 50

— Die Gebärdensprache der Taubstummen u. die Ausdrucksbewegungen der Vollsinnigen. (II, 222 S. m. 1 Bildnis.) gr. 8. Leipzig-R. 909. H. Dude. 3. 60

Friedrich Moritz Hill, der Reformator des deutschen Taubstummenunterrichts. Ein Gedenkblatt zu s. 100jähr. Geburtstage. Mit Beiträgen hervorrag. Zeitgenossen Hills. Bearb. von E. Reuschert, Taubstummenl. Berlin: Selbstverl. 1905. (185 S.) 8° [05. 10273

— Friedrich Moritz Hill, der Reformator des deutschen Taubstummenunterrichts. Ein Gedenkblatt zu seinem 100jähr. Geburtstage. Mit Beiträgen hervorrag. Zeitgenossen Hills. (185 S. m. 1 Bildnis.) gr. 8. Berlin (N. 37, Templinerstr. 13) 905. Taubst.-Lehrer Reuschert. n. 4. —

— aus aller Welt. Ein Lesebuch f. Taubstumme. Fortsetzung zu Reuscherts „Kleinen Erzählgn." 3. Bdchn. (56 S.) 8. Berlin 906. (Dierig & Siemens.) n. — 60

Reuschert, F. W., s.: Jahrbuch, statistisches, f. Taubstummen-Lehrer.

Reuschert, F. W., die Sprachgebrechen u. deren Heilung. Ein Wegweiser zur zweckmäß. Behandlg. der Taubstummen, Stotterer, Lispler, Stammler, Laller, sowie auch der Blödsinnigen, Idioten u. Kretinen. 8. (VII, 79 S.) Straßburg 883. Schultz & Co. Verl. n. 1. 50

Reuschert-Metz, F. W., auf Kaiser Friedrich's Tod. Eine Sammlg. v. Gedichten aus Nord u. Süd, Ost u. West unsres deutschen Vaterlandes auf den Tod Sr. Majestät unsres hochsel. Kaisers u. Königs Friedrich III. 8. (XII, 78 S. m. 1 Holzschn.) Trier 888. Stephanus. n. 1. 20; Volksausg. n. — 60

Auf Kaiser Friedrichs Tod. Eine Samml. v. Gedichten v. F. W. Reuschert. [ca 1889?]
*[FT. 2 (1889) S. 62.]*

Reuschert, O., u. F. Dietrich, Heimatkunde der Stadt u. des Kreises Merseburg. gr. 8. (64 S.) Halle 899. H. Schroedel. n. — 45

Reuschert, W., heilpädagogische Karte 1. von Europa (1 : 9,250,000). 2. von Deutschland, den Niederlanden und der Schweiz (1 : 3,700,000). 2 Bl. Autogr. und color. qu. gr. Fol. Nebst einem Verzeichniss sämmtl. heilpädagog. Anstalten aller Welttheile, mit Vorwort und erklärendem Text. gr. 8. (8 S.) Metz 881, Herlet. *

Reuschert, W. Rede zu Kaisers Geburtstag, s. Schreck, Ernst. Vaterländische Schulfeier.

Reuschert, W., evang. Spruch- u. Gebetbüchlein f. einf. Schulverhältnisse, desgl. f. Taubstummenschulen. 8. (IV, 36 S.) Straßburg 896. Straßburger Druckerei u. Verlagsanstalt. Kart. n. — 40

Reuschert, Wilh., Repetitorium f. Militäranwärter. E. Hilfsbuch z. zweckmäß. Vorbereitg. auf d. Vorprüfg. zum Dienst in der Post-, Eisenbahn-, Steuer-, Kasernen-, Lazarett-, Bergbau- u. Polizeiverwaltg. 8. (VII, 136 S.) Straßburg 898. F. Engelhardt. Kart. n. 1. 80

Reuschle, C., s. Reuschle, Karl Gustav

Reuschle, C. G., s. Reuschle, Karl Gustav

Die Ursachen der Schwankungen des Geldzinses im allgemeinen und des Diskonts im besonderen. Von C[hristian] Reuschle, Oberpostmeister. Berlin: L. Simion Nf. 1908. (VIII, 192 S.) 8° [08. 113.

Reuschle, Karl Gustav

Reuschle, mathematische Abhandlung. (I.) Stuttgart 850. (Tübingen, Fues' Sortbdlg.) gr. 4. (36 S.) n. 10 ngr

— — (II.) Ebend. 853. (Ebend.) gr. 4. (54 S.) n. 12 2/3 ngr

—— mathematische Abhandlung, enth.: Neue zahlentheoret. Tabellen, sammt einer dieselben betr. Correspondenz mit dem verewigten Prof. C. G. J. Jacobi. gr. 4. (61 S.) Stuttgart 856. (Tübingen, Fues'sche Sortimentsh.) *

**Reuschle,** C., graphisch-mechanischer Apparat zur Auflösung numerischer Gleichungen m. gemeinverständlichen Erläuterungen. Fol. (1 Steintaf. u. 1 Bl. Gelatinepap.) Mit Text. gr. 4. (10 S.) Stuttgart 885. Metzler's Verl. In Mappe. n. 2. 80

**Reuschle, K. G.**, die Arithmetik in der Hand des Schülers. Ein kurzes u. vollständ. Lehrbuch der elementaren Arithmetik u. Algebra nach dem neusten Standpunkt der Wissenschaft in der altklass. Form abgefaßt. gr. 8. (X u. 298 S.) Stuttgart 850, Schweizerbart. 27 ngr

Reuschle, K. G., **Bemerkungen** über Wesen und Stellung der mathematischen Wissenschaften. 4. (16 S.) Stuttgart 863. (Tübingen, Fues'sche Sortimentsh.) *

— die Deck-Elemente. Ein Beitrag zur descriptiven Geometrie. Mit 1 lith. Fig.-Taf. gr. 8. (IV, 37 S.) Ebend. 882. n. 1. 40

Reuschle, C. G., Elementargeographie oder Leitfaden für den ersten zusammenhängenden Unterricht in der Erdbeschreibung. gr. 8. (144 S.) Stuttgart 859, Schweizerbart'sche Verlagsh.

**Reuschle, K. G.**, Elementargeographie oder Leitfaden für den ersten zusammenhängenden Unterricht in der Erdbeschreibung. 2., dem neuesten Stand angepaßte Aufl. 1867 u. 3. wesentlich verb. Aufl. Stuttgart 870. E. Schweizerbart'sche Verlagsh. gr. 8. (VIII, 148 S.) n. 12 ngr

**Reuschle, K. G.**, Elementargeographie od. Leitfaden f. den ersten zusammenhäng. Unterricht in der Erdbeschreibg. 4. wesentl. verb. Aufl. gr. 8. (VIII, 127 S.) Stuttgart 874. Schweizerbart. n. 1. 20

— Elemente der Trigonometrie m. ihrer Anwendg. in der mathemat. Geographie. Als Lehrbuch f. den Unterricht u. zum Selbststudium entworfen. Mit 2 (lith.) Figurentaf. (in 4.) gr. 8. (XII, 147 S.) Ebend. 873. n. 3. —

— Entwickelung von Produkten conjugirter Factoren. 4. (13 S.) Stuttgart 874. (Tübingen, Fues.) n. — 60

—— beschreibende Geographie. Ein Leitfaden der topischen und politischen Geographie mit gehöriger Rücksicht auf Naturgeschichte, Statistik und Geschichte zum Gebrauch an höheren Lehranstalten als Zugabe zum Atlas. 2 Hälften. gr. 8. (1. Hälfte. S. 1—176.) Stuttgart 852, Schweizerbart'sche Vrlgsh.

— beschreibende Geographie. Ein Lehrbuch der wissenschaftl. Geographie [vergleich. Erdkunde] zum Gebrauch an höheren Lehranstalten u. zum Selbststudium nach eigenem Plan entworfen. 4. gänzlich umgearb. Aufl. Lex.-8. (XI, 333 S.) Stuttgart 872. E. Schweizerbart. n. 3. —

—— illustrirte Geographie für Schule und Haus mit einem Atlas von 50 (eingedr. galvanotyp. und ill.) Karten und mehreren hundert Abbildungen (in eingedr. Galvanotypien.) gr. Fol. (95 S. mit 2 galvanotyp. Taf., wovon 1 ill.) Stuttgart 866, Rieger'sche Vrlgsh. *

— Grundzüge der physischen Geographie, mit vielen speciellen Schilderungen u. tabellarischen Zusammenstellungen. Nach den neuen engl. Werken v. Hughes u. Ansted. Angeordnet u. bevorwortet. Mit 5 (lith. u.) kolor. Karten (in qu. gr. 4.) u. 30 (eingedr.) Holzschn. [Praktische Lehrbücher. 13. Bd.] gr. 8. (VIII u. 290 S.) Stuttgart 852, J. B. Müller. 1 Thlr. 12 ngr

Reuschle, C. G., Grundzüge der physischen Geographie, mit vielen speciellen Schilderungen und tabellar. Zusammenstellungen. Nach den neuen engl. Werken von Hughes und Ansted. Angeordnet und bevorwortet. (Praktische Lehrbücher. 13. Bd.) gr. 8. (VIII und 290 S. mit 5 lithogr. und ill. Karten in qu. gr. 4. und 30 eingedr. Holzschn.) Stuttgart 852. [Leipzig, Winter'sche Vrlgsh.] Thlr. *

—— Handbuch der Geographie oder neueste Erdbeschreibung mit besonderer Rücksicht auf Statistik, Topographie und Geschichte. 10 Lfgn. Lex.-8. (VIII und 1510 S. mit 1 Stnt.) Stuttgart 857—59, Schweizerbart'sche Verlagsh. à Lfg. 18 Ngr.

Reuschle, Dr., Kant und die Naturwissenschaft, mit besonderer Rücksicht auf neuere Forschungen. (Aus: Deutsche Vierteljahrsschrift, 1868, Heft II, 1, No. CXXII.)

—— Kepler und die Astronomie. Zum 300jähr. Jubiläum von Kepler's Geburt am 27. Decbr. 1571. gr. 8. (XV, 202 S. mit 1 lithogr. Fig.-Taf.) Frankfurt a. M. 871, Heyder und Zimmer. *

Reuschle, C. G. Kepler, der Würtemberger. Stuttgart 1841. 4.

— Kosmos für Schulen u. Laien. Gemeinfaßlicher Abriß der physischen Weltbeschreibung nach Alex. v. Humboldts Gesichtspunkten. 2. unveränd. (Titel-) Aufl. 2 Thle. gr. 8. 1. Thl. Der Himmel. 2. Thl. Die Erde. Stuttgart 848, Hallbergers Verlagsbuchhandlung. (à 1 Thlr.) 2 Thlr. — 2. (Titel-) Aufl. 2 Thle. gr. 8. Ebd. (848) 850. 2 Thlr.

**Reuschle, K. G.**, Lehrbuch der Arithmetik mit Einschluß der Algebra. Für höhere Lehranstalten u. zum Selbstunterricht. 1. Thl. Arithmetik. gr. 8. Stuttgart 844, Becher. n. 1 Thlr. 4 ngr

— dass. 2. Thl. Algebra. 8. Ebend. 846. 1 Thlr. 8 ngr

— vollständiges Lehrbuch der Geographie mit Einschluß der Hilfskenntnisse nach neuem Plan in 2 selbständ. Thln. [Physik der Erde u. beschreibende Geographie.] entworfen u. zum Schulgebrauche dargestellt. (1. Thl.) A. u. d. T.: Die Physik der Erde. Ein kurzes Lehrbuch der mathemat. u. physikalischen Geographie mit den erforderlichen Lehren der Mechanik, Physik u. Chemie zum Gebrauch an höheren Lehranstalten in der halbsynthet. Form zusammengestellt. gr. 8. (X u. 198 S.) Stuttgart 851, Schweizerbart. ½ Thlr.

—— vollständiges Lehrbuch der Geographie mit Einschluß der Hilfskenntnisse nach neuem Plan in 2 selbständigen Thln. (Physik der Erde und beschreibende Geographie) entworfen und zum Schulgebrauche dargestellt. (2. Thl.) A. u. d. T.: Beschreibende Geographie. Ein Leitfaden der topischen und politischen Geographie mit gehöriger Rücksicht auf Naturgeschichte, Statistik und Geschichte zum Gebrauch an höheren Lehranstalten als Zugabe zum Atlas entworfen. 2., durchaus verb. Aufl. mit ausführl. Register. gr. 8. (XIII und 398 S.) Stuttgart 857, Schweizerbart'sche Verlagsh. Thlr.

— vollständiges Lehrbuch der Geographie mit Einschluß der Hilfskenntnisse nach neuem Plan entworfen u. zum Schulgebrauche dargestellt. (2. Thl.) A. u. d. T.: Beschreibende Geographie. Ein Leitfaden der topograph. u. polit. Geographie mit gehöriger Rücksicht auf physiol. u. geschichtl. Verhältnisse zum Gebrauch an höheren Lehranstalten als Zugabe zum Atlas entworfen. 3., neu bearb. Aufl., mit Register der Namen unter Angabe ihrer Aussprache. Ebend. 866. gr. 8. (XIV, 391 S.) 27 ngr

— graphisch-mechanische Methode zur Auflösung der numerischen Gleichungen. gr. 8. (IV, 64 S.) Ebend. 884. n. 1. 50

— Philosophie u. Naturwissenschaft. Zur Erinnerg. an David Frdr. Strauß. gr. 8. (VIII, 119 S.) Bonn 874. Strauß. n. 2. 50

— Praxis der Kurvendiskussion. 1. Tl. Kurvendiskussion in Punktkoordinaten, m. e. Anh. üb. analytisch-geometr. Principien. Mit 72 Fig. im Text. gr. 8. (VII, 158 S.) Ebend. 886. n. 3. 80

**Reuschle**, Neue zahlentheoretische Tabellen sammt einer dieselben betreffenden Correspondenz mit dem verewigten C. G. J. Jacobi. Stuttgarter Gymnasial-Programm für 1855/56. 4°. brosch. (618.)

— Tafeln complexer Primzahlen, welche aus Wurzeln der Einheit gebildet sind. Auf dem Grunde der Kummerschen Theorie der complexen Zahlen berechnet. gr. 4. (VII, 671 S.) Berlin 875. Dümmler's Verl. in Comm. n. 24. —

**Reuschle**, C. G. Analytische Theorie der Bewegung des sphaerischen Pendels. Stuttgart 1840. 4.

**Reuschle**, Dr.,
I. Ueber die Wahrscheinlichkeit bei Zahlen-Lotterien.
II. Eine neue arithmetische Entwickelung.
III. Elementar-Beweis für die trigonometrischen Proportional-Theile.
IV. Elementar-Beweis von der Allgemeinheit der goniometrischen Grundformeln.
V. Ueber die Punkte, Transversalen und Kreise des Dreiecks.
VI. Ueber das Wesen der Parallelen-Theorie.

**Reuschlen**, J. der neue. Rechenmeister. Ein sicherer u. bequemer Rathgeber im bürgerl. u. commerciellen Leben, zur Berechng. d. Geldwerthes v. Waaren aller Art, sowohl nach dem seither. als auch nach dem neuen Maaß u. Gewicht, als Längen- u. Flächen-, Körper- u. Hohlmaaße u. der Gewichte, nebst e. Reductionstabelle, Verwandlng. d. württ. Maaßes in das Metermaaß enth. u. e. Anh. üb. den Gebrauch der Tabellen n. e. leicht faßl. Belehrg. üb. das Rechnen m. Decimalzahlen. gr. 16. (182 S.) Stuttgart 871. Kittinger. n. 1. —; cart. n. 1. 20

**Reuschler**, Guenther, romantischer Kalender. (143 S.) 8. Berlin 910. Boll & Pickardt. 1. 50

Reuschwerder [Schlagwort]

**Reuschwerder**, s.: Geologische Karten. Preussen 104.

**Reusels**, [Peter], Referendar: Unterschiede zwischen der offenen Handelsgesellschaft und der Gesellschaft des BGB. *Rostock 1903: C. Hinstorff.* (148 S.) 8°
Rostock, Jur. Diss. v. [12. Aug.] 1903

**Reusens**, éléments d'archéologie chrétienne. 2. éd. revue et considérablement augmentée. 2 vols. Lex.-8. (576 u. 622 S. m. 261 eingedr. Holzschn.) Aachen 884. Barth. n. 20. —

**Reusens**, E., éléments d'archéologie chrétienne. 2 tomes. 8. (493 u. 504 S. m. Holzschn.) Louvain 871—75. (Bonn, Strauss.) n. 20. —

**Reusing**, Hans [Cand. med., aus Kassel]: Über die Einwirkung des Strophantin auf das Froschherz. . . . Berlin, Druck v. O. Bornstein, 1889; 21 S. 8°
Würzburg, Med. Fak., Inaug.-Diss. v. 1889

**Reusmann**, s.a. Reußmann.

Reusmann, Christoph Johann Ludolph

**Reusmann**, C. J. L., Moses resuscitatus. Gotting. 1747. 4.

**Reusmann**, Cph. Jh. Ldph., († . . .) heilsame Worte d. Lehre d. Lebens, in Predigten üb. einige sonn- u. festtägl. epistol. Texte. 8. Götting. 760. Vandenhöck u. R. 12 gr.

— Zeugnisse d. Wahrheit z. Glauben u. zur Gottseligkeit, oder Samml. geistl. Reden. Nebst e. Vorrede v. Consistorialrath Hagemann. 3 Thle. 8. Hamb. 748—52. Martini. 1 ₰ 6 gr.

Reusmann, Johann Gottfried

— — Ad examina scholae habenda, inspectores, senatum, ecclesiae doctores reverendos, quoscunque literarum fautores invitat. Schneeberg (Fuld) 14. V. (1770.) 8 S. (3.75) 28422

— — Ad latinas oratiunculas tres recitandas nec non ad scholae examina habenda inspectores scholae gravissimos, senatum amplissimum, ministros ecclesiae reverendos, fautores literarum reliquos invitat. Schneeberg (Fuld) 3. u. 6. V. (2. V.) 1776. 8 S. mit Namen. (3.75) 28424

— — De philosophiae calumnia prolusio, qua ad examina scholastica habenda inspectores scholae, senatum, ministros ecclesiae reverendos, reliquos scholae fautores invitat. Schneeberg (Fuld) 18. V. (1778.) 8 S. (3.75) 28425

— — (Schneeberg), Examina scholastica habenda, his finitis, duas orationes recitandas indicit. Utrique actui ut frequentes interesse velint inspectores scholae, senatus civitatis, sacrorum ministri reverendi, quicunque literarum fautores, hac prolusione de malae latinitatis causis rogat, invitat. [Schneeberg] (Fuld) 12. u. 17. X. (1767.) Mit Namen. (3.75) 28420

— — Argumenti superioris continuatio praemissa indicendo examini in schola nostra habendo, ad quod frequentia sua ornandum inspectores senatum ministros sacrorum reverendos, omnes literarum fautores invitat. Schneeberg (Fuld) 24. IV. (1769.) 8 S. (3.75) 28421

— — Examinibus scholae habendis ut velint interesse inspectores senatus ecclesiae ministri reliqui literarum fautores rogat. Schneeberg (Fuld) 10. X. (1774.) 8 S. (3.75) 28423

— — Juventutis scholasticae examina habenda indicit, quibus ut interesse velint inspectores scholae senatus ministri sacrorum, omnes literarum fautores, rogat. Schneeberg (Fuld) 15. V. (1775.) 8 S. (—.—) 28419

— — De philosophia scholae prolusio examinibus scholasticis habendis praemissa, ad qua inspectores scholae, anatum, ministros ecclesiae reverendos, fautores scholae reliquos invitat. Schneeberg (Fuld) 24. IV. (1780.) (3.75) 28426

**Reusmann, Johann Gottfried,** Examinibus scholasticae juventutis habendis, ut interesse velint scholae ephori senatorius ordo sacrorum ministri et quicunque musarum cultures, atque amici hac prolusione, de probabili ac vero in interpretatione, humanissime rogat. [Schneeberg] (Fuld) 13. X. (1766.) (—.—) 28418

**Reusmann**, J. G., de variis olei in sacris usu. Schneeb. 1783. 4.

Reusmann, N., an legis Mosaicae observantia adhuc sit urgenda? Nivem. 1785. 4.

Reusner, Geo., comment. ad ius statuar. Saxonum in Transylvania. 4. Vitteb. 722.

Reusner, Michael

— Wiener u. Breitscheid, Deutschland u. die Vorgänge im russischen Reich. Vorträge, geh. im sozialliberalen Verein zu Berlin. (25 S.) 8. Berlin-Schöneberg 905. Verlag der „Hilfe". n. — 50

Reusner, M. v., Gemeinwohl u. Absolutismus. (IV, 142 S.) gr. 8. Berlin 904. F. Gottheiner. n. 4. —

— die russischen Kämpfe um Recht u. Freiheit (V, 215 S.) 8. Halle 905. Gebauer-Schwetschke. n. 2. 20

Reusneri, Nic., Icones clarorum virorum. C. figg. Basil. 591. 8. Francof. 720. 8.

*Reusner*, Nic., Rerum memorabilium in Panonia sub Turkarum imperatoribus a capta Constantinopoli etc. 4. Frankf. u. Colonae 770. (Eggenberger in Pesth). 1 ꝑ 8 gr.

Reuss [Schlagwort]

Reuss, s. a. Vogtland.

Reuss. Brossmann, Eduard, Karte vom Oberlande d. Fürstentümer Reuss u. e. Teile d. Pflege Reichenfels, m. Berücksicht. der angrenz. Landesteile. 3. Aufl. der Oberländer'schen Spezialkarte. 1 : 50,000. 71 × 100 cm. Farbdr. Lobenstein (904). F. Krüger. n. 2. —

Reuss [Sachliches OW]

Reuss, Dr. Eduard, zum 3. Juli 1879. [Jena 1879.] V: *Nippold, Friedrich.* (Cat. d. Stadtbibl. Zürich. Zürich 1864—97.)

Reuß [Verfasser]

Reuß, Dr., Fragmente eines altdeutschen Heldengedichts. ... Kitzingen ... (Köpplinger.) n. 1/4 ngr.

(Reuss, Fürst v.) Gedanken über die Anwendung der Richtung (des Exercierens) der Kriegsvölker. Von einem k. k. Officier. 4. Dresden 1776.

REUSS: Haben sich die aus Einzelpflanzung verschulter Fichten hervorgegangenen Bestände bei dem Schneebruch im December 1883 widerstandsfähiger gezeigt als die aus Büschelpflanzung erzogenen. Referat. - Wernigerode 1887. 49 S.

Reuß, f.: Lesebuch f. Bürgerschulen.

Reuss: Über die Paragenese der auf die Erzgängen v. Pribram einbrech. Mineral. Abthl. II. Wien 1863.
Schul-/Univ.-Schrift

— f.: Schreiblesefibel.

Reuss, A. v., die Anstalten f. Kranke etc. in Oesterreich, s.: Illing, Ferd.

Reuß, A., das russ. Dampfbad zu Frankf. a. M. Einige Worte üb. dessen Einrichtung, Gebrauch u. Wirkung, nebst Einleit., üb. die Wichtigkeit der Pflege der Haut z. Erhaltung d. Gesundheit. gr. 8. Frankf. a. M. 831. Sauerländer. 2 gr.

Reuss, Adph., officielle Berichte von Staats- u. Stadtbehörden über das Liernur'sche Canalisationssystem. gr. 8. (144 S.) Heilbronn 877. (Würzburg, Stuber's Verl.) n. 1. 80

Reuß, Albrecht Reichard

— Dissertatio DE ARCANO TARTARI. - Halle: Junker 1733 *(laut Haug, Balthasar: Schwäbisches Magazin 1777, 864).*

Reuß, Alex. v., praktisches Handbuch für Jäger und Jagd-Oekonomen. Aus des alten Königl. Sächs. Hegereiters Heink vieljährigen Erfahrungen u. Erlebnissen im Gebiete der rationellen Jagdökonomie, der Wilddieberei u. des praktischen Jägerlebens. Dresden 861. Klemm. gr. 8. (VI, 252 S.) 22½ ngr.

Reuß, Alfred, Referendar: Vergleichung des persönlichen und dinglichen Vorkaufsrechtes nach dem Bürgerlichen Gesetzbuche für das Deutsche Reich. *Rostock 1902: C. Hinstorff.* (56 S.) 8°
Rostock, Jur. Diss. v. [3. Jan.] 1903

Reuss, Ambros, s. Reuss, Franz Ambros

Reuss, Andr., u. Ferd. Carl, Recept-Taschenbuch oder Sammlung der in den Kliniken des K. Julius-Hospitals zu Würzburg gebräuchlichsten Recept-Formeln. gr. 16. (IV u. 183 S.) Erlangen 848, Enke. — 2. verm. Ausg. gr. 16. (VI u. 215 S.) Ebd. 852. n. 22 ngr.

Reuss, jun., Andr., und Ferd. Carl, Recept-Taschenbuch oder Sammlung der in den Kliniken des königl. Julius-Hospitals zu Würzburg gebräuchlichsten Recept-Formeln. 2., verm. Ausg. gr. 16. (V und 215 S.) Erlangen 853, Enke's Vrlgsh. •

Reuss, August

*Reuss, Dr. A. Ritter v.:* Die Augen der Schüler des Leopoldstädter CROG. in Wien. 19. Wien CROG. II. 74.
Progr.

Reuss, Aug., Ritter v., über die ägyptische Augenkrankheit, s.: Vorträge des Vereines zur Verbreitung naturwissenschaftlicher Kenntnisse in Wien. 47. Jahrg. 3. Heft.

Reuß, A. Ritter v., die Blindheit und ihre Ursachen, s. Sammlung gemeinnütziger Vorträge.

Reuss, A. v., über die Blindheit u. ihre häufigsten Ursachen, s.: Vorträge des Vereines zur Verbreitung naturwiss. Kenntnisse in Wien. 44. Jhrg. 4. Heft.

— über Brillen, s.: Vorträge des Vereines zur Verbreitung naturwiss. Kenntnisse in Wien. 46. Jhrg. 5. Heft.

— Über die Erziehung des Farbensinnes, s.: Vorträge des Vereines zur Verbreitung naturwissenschaftl. Kenntnisse in Wien. 48. Jahrg. 13. Heft.

— über Farbenblindheit, s.: Klinik, Wiener, 1879.

— das Gesichtsfeld bei functionellen Nervenleiden. gr. 8. (V, 119 S. m. 17 Fig.) Wien 902. F. Deuticke. n. 4. —

— die Kosmetik in der Augenheilkunde, s.a. Vorträge des Vereines z. Verbreitg. naturw. Kenntnisse in Wien. 45. Jhrg. 5. Heft.

Reuss, A. v., Die Kosmetik in der Augenheilkunde. [Vorträge des Vereines zur Verbreitung naturwissenschaftlicher Kenntnisse in Wien. 45. Jahrg. Heft 5] 8°. (39 S.) † K —.80 Wien: Braumüller 1905.

Reuss, Aug., Tentamen anatomico-pathologicum de Melanosi. Cum tab. lithogr. 8maj. Prag 833. (Enders.) n. 3/4 ₰

Quintett ⟨F moll⟩ für Pianoforte, 2 Violinen, Viola und Violoncell comp. von August Reuß. Op. 12. [Partitur u. Stimmen.] *Leipzig: F. Kistner 1902.* (Getr. Pag.) 4° [04. 1907

— üb. d. Steilschrift, s.: Vorträge d. Vereines z. Verbreitg. naturwissensch. Kenntnisse in Wien. 39. Jahrg. 7. Hft.

Reuss, Aug. u. M. Woinow, ophthalmometrische Studien. Mit 5 (eingedr.) Holzschn. Wien 869. Braumüller. gr. 8. (III, 59 S.) n. 16 ngr.

v. Reuß, Aug. Chr., Beschreib. e. neuen chem. Ofens, mit 5 Kpfr. 8. Leipz. 782. (Compt. f. Litt.) 6 gr

Reuß, A. C., Beschr. e. chemisch. Ofens, m. K. 8. Leipz. Hilscher. (Compt. f. Litt.) 782.

— s. Entwurf e. Würtemberg. Arztes, üb. die Blatternseuche.

Reuss, August Emanuel

Reuss, A. E. Ueber die fossile Gattung Acicularia d'Arch. (Aus Sitzungsb. der k. Akad.) Wien. 1861. 8.

— über Anthozoen u. Bryozoen des Mainzer Tertiärbeckens. [Aus den Sitzungsber. der k. Akad. der Wiss.] Ebend. 864. Lex.-8. (14 S. mit 3 Steintaff.) n. 8 ngr.

— über einige Anthozoen der Kössener Schichten u. der alpinen Trias. [Aus den Sitzungsber. der k. Akad. der Wiss.] Ebend. 864. Lex.-8. (16 S. mit 4 Steintaff.) n. 12 ngr.

Reuss, Aug. Em., über einige Anthozoen aus den Tertiärschichten des Mainzer Beckens. Mit 2 (lith.) Taf. (Aus den Sitzungsber. der k. Akad. der Wissensch.) Wien 859. Gerold in Comm. gr. 8. (12 S.) n. 5 ngr.

Reuss, Aug. Em., zwei neue Anthozoen aus den Hallstädter Schichten. [Aus den Sitzungsber. der k. Akad. der Wiss.] Wien 865. (Gerold's Sohn.) Lex.-8. (15 S. mit 4 Steintaff.) n. 12 ngr.

— über hemimorphe Barytkrystalle. [Aus den Sitzungsber. der Akad. der Wiss.] Ebend. 869. Lex.-8. (4 S.) 1½ ngr.

Reuss. A. E. Ein Beitrag zur genaueren Kenntniss der Kreidegebirge Mecklenburgs. (Aus d. Zeitsch. d. deutschen geol. Gesellsch.) Berlin. 1855. 8.

— — Ein Beitrag zur Paläontologie der Tertiärschichten Oberschlesien's. (Aus d. Zeitsch. d. deutschen geol. Gesellsch.) Berlin. 1851. 8.

Reuss, Aug. Em., Beiträge zur Charakteristik der Kreideschichten in den Ostalpen, besonders im Gosauthale und am Wolfgangsee. (Aus d. Sitzungsberichten d. k. Akad. d. W.) Wien 853. (Gerold.) gr. 8. (6 S.) n. 2 ngr.

—— Beiträge zur Charakteristik der Kreideschichten in den Ostalpen, besonders im Gosauthale und am Wolfgangsee. gr. 4. (157 S. mit 31 Stnt.) Wien 854, (Gerold's Sohn.) *

Aus: Denkschriften der k. Akademie der Wissenschaften, besonders abgedruckt.

— Beiträge zur Charakteristik der Tertiärschichten des nördlichen und mittleren Deutschlands. Mit 12 (lith.) Taf. (Aus d. Sitzungsberichten d. k. Akad. d. W.) Wien 855. (Gerold.) gr. 8. (79 S.) n. 1 ₰. 16 ngr.

—— Beiträge zur Charakteristik der Tertiärschichten des nördlichen und mittleren Deutschlands. Lex.-8. (79 S.) Wien 856, (Gerold's Sohn.) *

Aus: Sitzungsberichte der k. Akademie der Wissenschaften J. 1855, besonders abgedruckt.

— Beiträge zur Kenntnis der tertiären Foraminiferen-Fauna (mit 2 Taf.): 1. Die Foraminiferen des Crags von Antwerpen. 2. Die Foraminiferen von Dingden in Westfalen. S. 42. 855 . . . . . . . . . . . . . . . . . . . . . . . vgr.
Separatabdruck

—— Beiträge zur Kenntniss der tertiären Foraminiferen-Fauna. (2. Folge.) Lex.-8. (36 S. mit 8 Stnt.) Wien 863, (Gerold's Sohn.) *

Reuss, A. E. Beiträge zur geognostischen Kenntniss Mährens. 1. Abth. (Aus d. Jahrb. d. k. k. geol. Reichsanst.) Wien. 1854. 4.

— Paläontologische Beiträge (mit 8 Taf.): 1. Über eine neue oligozäne Scalpelium-Art. 2. Die Foraminiferen des Kreidetuffs von Maastricht. 3. Foraminiferen der Schreibkreide von Rügen. 4. Die Foraminiferen des senonischen Grünsandes von New-Jersey. S. 44. 1. 861 . . . . . . . . . . . . . . . . . . . . . . . vgr.
Separatabdruck

—— paläontologische Beiträge. Lex.-8. (44 S. mit 8 Stnt.) Wien 861, (Gerold's Sohn.) *

Vorstehende zwei Schriften des Verf. wurden aus Sitzungsberichte der k. Akademie der Wissenschaften, Jahrg. 1859 und 1861, besonders abgedruckt.

— paläontologische Beiträge. [2. Folge.] [Mit 3 (lith.) Taff. (in 8. u. qu. 4.)] [Aus den Sitzungsber. der k. Akad. d. Wiss.] Ebend. 868. (31 S.) Lex.-8. n. 14 ngr.

— Kritische Bemerkungen über die von Herrn Zekeli beschriebenen Gasteropoden der Gosaugebilde in den Ostalpen (mit 1 Taf.). S. 11. 852 . . . . . . . . . . vgr.
Separatabdruck

Reuss. Aug. Em. Kritische Bemerkungen über die von Herrn Zekeli beschriebenen Gasteropoden der Gosaugebilde in den Ostalpen. 1852.

———— Mineralogische und bergmännische Bemerkungen über Böhmen. Berlin 1801. 8.

Mineralogische Bemerkungen auf einer Reise nach Karlsbad. (Aus d. neuen Schriften d. Gesellsch. naturf. Freunde.) Berlin. 1795. 4.

Bericht über geol. Untersuchungen in der Umgegend von Franzensbad und Eger. (Aus d. Jahrb. d. k. k. geol. Reichsanst.) Wien. 1851. 4.

Mineralogische Beschreibung der Herrschaften Unterbrżezan, Kamenitz u. Marderscheid im Kaurzimer Kreise. Nebst einer Geschichte des ehemaligen u. jetzigen Betriebes des uralten Goldbergwerkes zu Eule. Hof. 1799. 8.

Reuss, Aug. Em., das Saidschitzer Bitterwasser, chemisch untersucht von Jac. Berzelius, mit Bemerkgn. über seine Heilkräfte. 2. Aufl. 12. (3⅓ B.) Prag u. Leitmeritz 843, Medau.

Reuss, Aug. Em., die Bryozoen, Anthozoen u. Spongiarien des braunen Jura von Balin bei Krakau. [Aus den Denkschriften der k. Akad. der Wiss.] Wien 867. (Gerold's Sohn.) gr. 4. (26 S. u. 4 Bl. Erklärungen mit 4 Steintaff.) n. 1 ₰

**Reuss**, A. E. Ritter v., die fossilen Bryozoen d. oesterreich-ungarischen Miocäns. 1. Abth. Salicornaridea, Cellularidea, Membraniporidea. Mit 12 lith. Taf. [Aus: „Denkschriften d. k. Akad. d. Wiss."] gr. 4. (50 S.) Wien 874. Gerold's Sohn in Comm. n. 7. —

— dasselbe. Vorläufige Mittheilg. [Aus: „Sitzungsber. d. k. Akad. der Wiss."] Lex.-8. (4 S.) Ebend. 874. — 15

— über tertiäre Bryozoen von Kischenew in Bessarabien. [Mit 2 lith. Taff.] Aus den Sitzungsber. der k. Akad. der Wiss.] Ebend. 870. Lex.-8. (9 S.) n. 5 *ngr.*

—— über einige Bryozoen aus dem deutschen Unteroligocän. Lex.-8. (19 S. mit 8 Stnt.) Wien 837, (Gerold's Sohn.) * *

Reuss, Aug. Em. Zur Charakteristik der Tertiärschichten des nördlichen und mittlern Deutschlands. 1855.

Reuss. A. E. Ueber Clytia Leachi. Rss., einen langschwänzigen Decapoden der Kreideformation. (Aus Denksch. der k. Akad.) Wien. 1853. 4.

— über einige Crustaceenreste aus der alpinen Trias Oesterreichs. [Aus den Sitzungsber. der k. Akad. der Wiss.] Ebend. 867. Lex.-8. (8 S. mit 1 Steintaf.) n. 4 *ngr.*

— die fossilen Entomostraceen des österr. Tertiärbeckens, s.a. Abhandlungen, naturwissenschaftliche, hrsg. v. W. Haidinger, III. Bd.

Reuss, Aug(ust) Em(anuel): Die fossilen Entomostraceen des osterreichischen Tertiärbeckens. Ein Beitrag zur Kenntniss der fossilen Fauna desselben. 52 S., gbd., 4 Taf.

Wien: Braumüller 1849
aus: Naturwissenschftliche Abhandlungen,
Bd 3, Abth.1.

JB 6.347

— Entwurf einer systematischen Zusammenstellung der Foraminiferen. (Aus Sitzungsb. d. k. Akad.) Wien. 1861. 8.

– Über zwei neue Euomphalos-Arten des alpinen Lias. (Aus dem 3. Vol. der Palaeontographica von Dunker und H. v. Meyer.) Cassel. 1854. 4°

— die fossile Fauna der Steinsalzablagerungen von Wieliczka in Galizien. Monographisch dargestellt. [Aus den Sitzungsber. der k. Akad. der Wiss.] Ebend. 867. Lex.-8. (166 S. mit 8 Steintaff.) n. 1 *ᴀʙ* 15 *ngr.*

— zur fossilen Fauna der Oligocänschichten von Gaas. [Mit 6 lith. Taf.] Aus den Sitzungsber. der k. Akad. der Wiss.] Ebend. 868. Lex.-8. (43 S.) n. 20 *ngr.*

—— zur fossilen Fauna der Oligocänschichten von Gaas. Lex.-8. (43 S. mit 6 lithogr. Taf.) (Ebendas.) 869. *
Vorstehende zwei Schriften sind aus: Sitzungsberichte der k. Akademie der Wissenschaften, besonders abgedruckt.

**Reuss**, August Emil, Zur Fauna des deutschen Oberoligocäns. Abth. 1. 2. Wien 1864—65. 8.
Sep.-Abdr. aus: S.-Berr. d. k. Akad. d. Wiss. . . . . . . . . . . . . . . . . . . . (D.; DGG.)

— zur Fauna des deutschen Oberoligocäns. 2 Abthlgn. [Aus den Sitzungsber. der k. Akad. d. Wiss.] Ebend. 865. [1. Abthl. (48 S. mit 5 Steintaff.) n. 20 *ngr.*, 2. Abthl. (78 S. mit 10 Steintaff.) n. 1 *ᴀʙ* 10 *ngr.*] n. 2 *ᴀʙ*

—— neue Fischreste aus dem böhmischen Pläner. gr. 4. (10 S. mit 3 Stnt. in gr. 4., qu. Fol. und qu. Imp.-Fol.) Wien 856, (Gerold's Sohn.) *
Aus: Denkschriften der k. Akademie der Wissenschaften, besonders abgedruckt.

—— neue Fischreste aus dem böhmischen Pläner. gr. 4. (10 S. mit 3 Stnt. in gr. 4., qu. Fol. und qu. Imp.-Fol.) Wien 857, (Gerold's Sohn.) *
Aus: Denkschriften der k. Akademie der Wissenschaften, besonders abgedruckt.

**Reuss**, Aug. Em., neue Fischreste aus dem böhmischen Pläner. Mit 3 (lith.) Taf. (in 4. u. Fol.) Aus d. Denkschriften d. k. Akad. d. W. Wien 858. Gerold in Comm. gr. 4. (10 S.) n. 26 *ngr.*

— Die Foraminiferen. Anthozoen und Bryozoen des deutschen Septarientones. Ein Beitrag zur Fauna der mitteloligozänen Tertiärschichten (mit 11 Taf.). D 25. I. 117 . vgr.
Separatabdruck

—— die Foraminiferen, Anthozoen und Bryozoen des deutschen Septarienthones. Ein Beitrag zur Fauna der mitteloligocänen Tertiärschichten. gr. 4. (98 S. und 11 Bl. Erklärungen mit 11 Stnt.) Wien 866, (Gerold's Sohn.) *

— die Foraminiferen, Bryozoen u. Ostracoden d. Pläners, s: Geinitz, H. B., das Elbthalgebirge in Sachsen.

— die Foraminiferen u. Entomostraceen des Kreidemergels von Lemberg, s.a. Abhandlungen, naturwissenschaftl., hrsg. v. W. Haidinger, IV. Bd.

– Die Foraminiferen und Entomostraceen des Kreidemergels von Lemberg. (Aus naturw. Abh. herausgeg. von W. Haidinger.) Wien 1858. 4°

— die fossilen Foraminiferen, Anthozoen und Bryozoen von Oberburg in Steiermark. Ein Beitrag zur Fauna der oberen Nummulitenschichten. Mit 10 lith. Taf. (Aus den Denkschriften der k. Akad. der Wissensch.) Ebend. 864. gr. 4. (38 S.) n. 2 *ᴀʙ*

— Ueber die fossilen Foraminiferen und Entomostaceen der Septarienthone der Umgegend von Berlin. (Aus Zeitschr. der deutsch. geolog. Ges.) 1851. 8.

— Die Foraminiferen des norddeutschen Hils und Gault (mit 13 Taf.). S. 46. I. 5 vgr.
Separatabdruck

**Reuss**, A. E. Die Foraminiferen des norddeutschen Hils und Gault. Wien, 1862.

—— die Foraminiferen des norddeutschen Hils und Gault. Eine Monographie. Lex.-8. (100 S. mit 13 Stnt.) Wien 863, (Gerold's Sohn.) *

**Reuss**, A. E. Die Foraminiferen der westfälischen Kreideformation. Wien, 1859.

— die Foraminiferen der westphälischen Kreideformation. Mit 13 (lith.) Taf. (Aus den Sitzungsber. der k. Akad. der Wissensch.) Ebend. 860. gr. 8. (94 S.) n. 20 *ngr.*

— neue Foraminiferen aus den Schichten des österr. Tertiärbeckens, s.a. Denkschriften der k. Akademie der Wissenschaften. Mathemat.-naturwissenschaftl. Cl. I. Bd.

**Reuss**, A. E. Neue Foraminiferen aus den Schichten des österr. Tertiärbeckens. (Aus Denkschr. d. k. Akad.) Wien. 1849. 4.

— Über neue Foraminiferen aus den Tertiärschichten des österreichischen Beckens. S. 3. 17 . . . . . . . . . . . . . . . . . . . . . . . vgr.
Separatabdruck

— die Foraminiferen u. Ostracoden der Kreide am Kanara-See bei Küstendsche. [Aus den Sitzungsber. der k. Akad. d. Wiss.] Ebend. 866. Lex.-8. (26 S. mit 1 Steintaf.) n. 6 *ngr.*

— Ueber die Foraminiferen von Pietzpuhl. (Aus Zeitschr. d. deutsch. geolog. Ges.) Berlin. 1858. 8.

—— die Foraminiferen des Septarienthones von Pietzpuhl. Lex.-8. (39 S.) Wien 870, (Gerold's Sohn.) *

— die Foraminiferen-Familie der Lagenideen. Monographisch dargestellt. Mit 7 (lith.) Taf. (Aus den Sitzungsberichten der k. Akad. der Wissensch.) Ebend. 862. gr. 8. (36 S.) n. 20 *ngr.*

—— die Foraminiferen-Familie der Lagenideen. Monographisch dargestellt. Lex.-8. (36 S. mit 7 Stnt.) Wien 863, (Gerold's Sohn.) *
Vorstehende Schriften des Verf. wurden aus: Denkschriften und Sitzungsberichte der k. Akademie der Wissenschaften, besonders abgedruckt.

— Fragmente zur Entwicklungsgeschichte der Mineralien. (Aus d. Sitzungsberichten d. k. Akad. d. W.) Wien 856. Gerold. gr. 8. (84 S.) n. 15 *ngr.*

—— Fragmente zur Entwickelungsgeschichte der Mineralien. Lex.-8. (84 S.) Wien 857, (Gerold's Sohn.) *
Vorstehende zwei Schriften des Verf. wurden aus: Sitzungsberichte der k. Akademie der Wissenschaften, Jahrg. 1856 und 1860, besonders abgedruckt.

— die Gegend zwischen Kommotau, Saaz, Raudnitz u. Tetschen in ihren geognostischen Verhältnissen geschildert. Prag 867. Dominicus. Lex.-8. (72 S. mit 1 chromolithogr. geognost. Karte in qu. Fol.) n. 24 *ngr.*

— Mineralogische Geographie von Böhmen. 2 Vol. Dresden. 1793 u. 1797. 4.

Reuss, Aug. Em., die Geologie des böhmischen Mittelgebirges. (Die Gegend zwischen Komotau-Saaz, Raudnitz u. Tetschen in ihren geognost. Verhältnissen.) Mit 1 geolog. Karte. Im Anh. die Teplitz-Schönauer Thermen in physikal. u. chem. Beziehg. v. A. Wraný. (Neue [Titel-]Ausg.) gr. 8. (128 S. m. Bildnis.) Teplitz-Schönau [867.] (899). A. Becker. n. 2. 50; geolog. Karte allein n. 2. —

—— s. Hörnes, Mor., die fossilen Mollusken.

Geognostische-Karte, d. Gegend zwischen Kommotau, Saaz, Raudnitz u. Teschen, nach d. Aufnahmen. d. k. k. geolog. Reichsanstalt u. nach eigenen Erfahrungen zusammengestellt von Dr. Aug. E. Reuss. Prag, Dominicus. 1867. [illegible] kr.

— zur Kenntniss fossiler Krabben. Mit 24 lith. Taf. (in Farbendr.) (Aus den Denkschr. der k. Akad. der Wissensch.) Ebend. 859. gr. 4. (90 S.) n. 4 *ℛ︎* 6 *ngr.*

— über Koprolithen im Rothliegenden Böhmens. (Aus d. Sitzungsberichten d. k. Akad. d. W.) Wien 855. (Gerold.) gr. 8. (11 S.) n. 4 *ngr.*

— die fossilen Korallen d. österreichisch-ungarischen Miocäns. [Mit 21 lith. Taf.] [Aus: „Denkschriften d. mathemat.-naturw. Classe d. k. Akad. d. Wiss."] gr. 4. (74 S.) Wien 872. Gerold's Sohn in Comm. n. 12. —

— oberoligocäne Korallen aus Ungarn. [Aus den Sitzungsber. der k. Akad. der Wiss.] Wien 870. (Gerold's Sohn.) Lex.-8. (20 S. mit 5 Steintaf.) n. 15 *ngr.*

— Ueber fossile Krebse aus den Raibler-Schichten in Kärnthen. (Aus F. v. Hauer's Beiträge zur Paläontographie von Oesterreich.) Wien. 1858. 4.

Reuss, A. E. Ueber kurzschwänzige Krebse im Jurakalke Mähren's. (Aus d. Sitzungsb. d. k. Akad.) Wien. 1858. 8.

— Die Kreidegebilde des westlichen Böhmens. Prag. 1844. 8.

—— über Kropolithen im Rothliegenden Böhmens. Lex.-8. (11 S.) Wien 850, (Gerold's Sohn.) *
Aus: Sitzungsberichte der k. Akademie der Wissenschaften 1856, besonders abgedruckt.

— Ueber den Kupfergehalt des Rothliegenden in der Umgegend von Böhmischbrod. (Aus d. Jahrb. d. k. k. geol. Reichsanst.) Wien. 1852. 4.

— über fossile Lepadiden. Mit 3 (lith.) Taf. (Abdr. aus den Sitzungsber. der k. Akad. der Wissensch.) Ebend. 864. gr. 8. (32 S.) n. 12 *ngr.*

Reuß, Prof. Dr. August Em. — Loliginidenreste in der Kreideformation. Von — —. Prag, 1855. Druck von Gottlieb Haase Söhne. (2 Bl. 4.)

— Paläontologische Miszellen. (Auszug.) S. 16. 18 . . . . . . . . . . . . . . . vgr.
— — (mit 7 Taf.): 1. Über ein Schädelfragment der Dronte im Prager Museum. 2. Schildkrötenreste im böhmischen Pläner. 3. Über neue Krusterspezies aus der böhmischen Steinkohlenformation. 4. Reptilreste im Pläner der Umgebung von Prag. D 10. I. 71 . . . . . . . . . . . . . . . . . 4.50
Separatabdruck

— paläontologische Miscellen. Mit 7 (lith.) Taf. (theilw. in Farbendr.) Aus d. Denkschriften d. k. Akad. d. W. Wien 856. (Gerold.) gr. 4. (18 S.) n. 1 *ℛ︎*. 15 *ngr.*

— — Die fossilen Mollusken der tertiären Süsswasserkalke Böhmens. (Aus den Sitzungsb. d. k. Akad.) Wien. 1860. 8.

— die fossilen Mollusken der tertiaren Süsswasserkalke Böhmens. Mit 3 (lith.) Taf. (Aus den Sitzungsber. der k. Akad. der Wissensch.) Ebend. 861. gr. 8. (31 S.) n. 12 *ngr.*

Reuss, Aug. Em., die fossilen Mollusken des Tertiärbeckens v. Wien, s.: Hörnes, Mor.

— vorläufige Notiz üb. 2 neue fossile Foraminiferen-Gattungen. [Aus: „Sitzungsber. d. k. Akad. d. Wiss."] Lex.-8. (5 S.) Ebend. 871. — 15

Reuß August Emanuel Ritter von, Dr.: Mineralogische Notizen aus Böhmen (mit 1 Taf.): 1. Über gediegenes Eisen im Pläner Böhmens. 2. Über den Lillit, eine neue Mineralspezies von Přibram. 3. Über einen dichten Pyroxen von Rochlitz. 4. Über den Steinmannit von Přibram. S. 25. [illegible] . . . . . . . . . . . . . . . vgr.
Separatabdruck

— mineralogische Notizen aus Böhmen. Mit 1 (lith.) Taf. (Aus d. Sitzungsberichten d. k. Akad. d. W.) Wien 857. Gerold in Comm. gr. 8. (24 S.) n. 7 *ngr.*

August Christian Reuss

Novae quaedam Observationes circa structuram vasorum in placenta humana, hujusque peculiarem cum utero nexum. [Resp.:] Christoph[orus] Henric[us] Schmalzlein. Tubingae (1784:) Schramm. 64 S. 8°

Tübingen, Med. Diss. v. 1784

August Christian Reuss

August Christian Reuss, Novae quaedam Observationes circa structuram vasorum in placenta humana et peculiarem hujus cum utero nexum. Tubingae: Heerbrandt. 1784. 64 S. 8°

[Erschien zuerst als Med. Diss. Tübingen 1784.]

— Orographie des nordwestlichen Mittelgebirgs in Böhmen. Ein Beitrag zur Beantwortung der Frage: Ist der Basalt vulkanisch oder nicht? Dresden. 1790. 8.

—— über die Paragenese der auf den Erzgängen von Přibram einbrechenden Mineralien. (2. Abhandlung.) Lex.-8. (64 S.) Wien 863, (Gerold's Sohn.) *
Vorstehende Schrift des Verf. wurde aus: Sitzungsberichte der k. Akademie der Wissenschaften, besonders abgedruckt.

— *Phymatocarcinus speciosus*, eine neue fossile Krabbe aus dem Leithakalke des Wiener Beckens (mit 1 Taf.). S. 63. I. 325 . . . . . . . . . . . . . . . . . . . —.40
Separatabdruck

Reuss, August Emanuel: Die fossilen Polyparien des Wiener Tertiärbeckens. 109 S., gbd., II Taf.

Wien: Braumüller & Seidel 1847
aus: Naturwissenschafliche Abhandlungen, Bd 2.

JB 6.346

—— über zwei Polyparien aus den Hallstätter Schichten. gr. 4. (5 S. mit 1 Stnt.) Wien 855, (Gerold's Sohn.) *
Aus: Denkschriften der k. Akademie der Wissenschaften, besonders abgedruckt.

— Ueber drei Polyparien-Species aus dem oberen Kreidemergel von Lemberg. (Aus Palaeontographica von Dunker und H. v. Meyer.) Cassel. 1854. 4.

—— über einige noch nicht beschriebene Pseudomorphosen. Lex.-8. (28 S.) Wien 853, (Gerold's Sohn.) *
Aus: Sitzungsberichte der k. Akademie der Wissenschaften J. 1853, besonders abgedruckt.

Reuss, A. E. Pyroretin, ein fossiles Harz der böhmischen Braunkohlenformation. (Aus den Sitzungsb. d. k. Akad.) Wien 1854. 8.

— s. Reuß, Fr. A., die Thermen von Teplitz.

— Uber zwei neue Rudistenspezies aus den alpinen Kreideschichten der Gosau (mit 1 Taf.). S. 11. 923 . . . . . . . . . . . . . . . . . . . . . . . . vgr.
Separatabdruck

Réuss, Aug. Em. Ueber zwei neue Rudistenspecies aus den alpinen Kreideschichten der Gosau. 1852.

Reuss, A. E. Ueber zwei neue Rudistenspecies aus den alpinen Kreideschichten der Gosau. (Aus den Sitzungsb. der k. Akad.) Wien. 1854. 8.

——— Sammlung naturhistorischer Aufsätze mit vorzüglicher Hinsicht auf die Mineralgeschichte Böhmens. Prag 1796. 8.

— der Sauerbrunnen zu Bilin in Böhmen, s. Redtenbacher, Jos.

—— über silurische Schalsteine und das Eisenerzlager von Auval bei Prag. Lex.-8. (18 S.) Wien 857, (Gerold's Sohn.) *

—— geognostische Skizze der Umgebungen von Carlsbad, Marienbad und Franzensbad. Lex.-8. (67 S. mit 1 chromolithogr. Karte in gr. Fol.) Prag 863, Dominicus.

— geognostische Skizze der Umgebung v. Carlsbad, Marienbad u. Franzensbad. Mit e. geognost. Karte. (Neue [Titel-]Ausg.) gr. 8. (120 S.) Ebd. [863.] (899). n. 2.—; geognost. Karte allein n. 1.50

Reuß, Aug. Em., geognostische Skizzen aus Böhmen. (1r Thl.) A. u. d. T.: Die Umgebungen von Teplitz u. Bilin in Beziehung auf ihre geognost. Verhältnisse. Ein Beitrag zur Physiographie des böhm. Mittelgebirges. Mit 1 illum. geognost. Karte u. 9 lithogr. Tafeln. gr. 8. Leitmeritz 840. Medau. 3 ₰

— geognostische Skizzen aus Böhmen. 2. Bd. A. u. d. T.: Die Kreidegebilde des westlichen Böhmens, ein monographischer Versuch. Nebst Bemerkungen über die Braunkohlenlager jenseits der Elbe u. eine Uebersicht der fossilen Fischreste Böhmens. Mit 3 lith. Taf. gr. 8. Prag u. Leitmeritz 844, Medau. (à) 3 ₰

Reuss, Prof. Dr. A. E., und Dr. M. Woinow. Ophthalmometrische-Studien. Mit V Holzschnitten. gr. 8. (59 S.) Wien, Braumüller 1869.

Reuss, Aug. Em. Ritter v., paläontologische Studien über die älteren Tertiärschichten der Alpen. 2. und 3. Abthl. [Auszug aus einer für die Denkschriften bestimmten Abhandlung.] Lex.-8. Wien, (Gerold's Sohn.) [2. Abthl. (5 S.) 869. * 20 Pf.; 3. Abthl. (4 S.) 872. 15 Pf.]
Aus: Sitzungsberichte der k. Akademie der Wissenschaften, besonders abgedruckt.

—— dass. — 1.—3. Abthl. gr. 4. (Ebendas.) *
Inhalt:
Abthl. 1. Die fossilen Anthozoen der Schichten von Castelgomberto. (56 S. mit 16 lithogr. Taf.) 868. *ℳ 8.
» 2. Die fossilen Anthozoen und Bryozoen der Schichtengruppe von Crosara. (36 S. mit 20 lithogr. Taf.) 869. *ℳ 12.
» 3. Die fossilen Anthozoen der Schichtengruppe von S. Giovanni Ilarione und von Ronca. — Nachträge zu den ersten 2 Abthlgn. — Schlussbemerkungen. — Allgemeines Namenregister. (58 S. mit 20 lithogr. Taf.) 873. *ℳ 11.
Aus: Denkschriften der k. Akademie der Wissenschaften, besonders abgedruckt.

— u. H. v. Mayer, die tertiären Süsswassergebilde des nördl. Böhmens u. ihre fossilen Thierreste, s.: Palaeontographica. II. Bd.

Reuss, A.: Über den Süsswasserquarz von Littmitz. (A. d. Lotos.) Prag. 1851. 8°

— die marinen Tertiärschichten Böhmens und ihre Versteinerungen. Mit 8 (lith.) Taf. (Aus den Sitzungsber. der k. Akad. der Wissensch.) Ebend. 860. gr. 8. (81 S.) n. 1 ₰

Reuß, Prof. Dr. Aug. Em. — Kurze Uebersicht der geognostischen Verhältnisse Böhmens. Fünf Vorträge, gehalten im naturwissenschaftlichen Vereine Lotos im Jahre 1853. Von — —. Mit 3 geologischen Uebersichtskarten. 8. (104 S.) Prag. 1854. Druck von C. W. Medau. Verlag der J. G. Calve'schen Buchhandlung.

— kurze Uebersicht der geognostischen Verhältnisse Böhmens. Fünf Vorträge, gehalten im naturwissenschaftlichen Vereine Lotos im J. 1853. Mit 3 (lith. u. color.) geolog. Uebersichtskarten. Prag 854. Tempsky. gr. 8. (103 S.) 21 ngr.

Reuss (A. E.), Die Umgebungen von Teplitz und Bilin in Beziehung auf ihre geognostischen Verhältnisse. Mit einer geognostischen Karte. Prag 1840. 8. (Bildet den 1. Band der geognostischen Skizzen aus Böhmen.)

Reuß August Emanuel Ritter von, Dr.: Untersuchung der fossilen Tierreste des Wieliczkaer Steinsalzes. S. 2. 351 . . . . . . . . . . . . . . . . . . . . . vgr.
Separatabdruck

Reuss. A. E. Geologische Untersuchungen im Gosauthale im Sommer 1851. (Aus dem Jahrb. d. k. k. geolog. Reichsanst.) Wien. 1851. 4.

—— über die geognostischen Verhältnisse des rakonitzer Beckens in Böhmen. Lex.-8. (41 S.) Wien 858, (Gerold's Sohn.) **
Vorstehende Schrift des Verf. wurde aus: Sitzungsberichte der k. Akademie der Wissenschaften, Jahrg. 1857, 1858 und 1860, besonders abgedruckt.

Reuss, A. E., die geognost. Verhältnisse des Egerer Bezirkes u. des Ascher Gebietes, s. a. Abhandlungen der k. k. geolog. Reichsanstalt. 1. Bd.

— die geognostischen Verhältnisse des Egerer Bezirkes u. des Ascher Gebietes in Böhmen. [Aus den Abhandlungen der k. k. geolog. Reichsanst. 1. Bd. 1. Abth.] Mit 1 (lith. u. color.) Karte. Fol. (72 S.) Wien 852, Braumüller in Comm. n. 1 ℛ

— die geognostischen Verhältnisse von Teplitz; und über das Vorkommen des Pyrops in Böhmen. (Aus Bd. XI. des Archivs für Mineralogie ꝛc. besonders abgedruckt.) Mit 1 Karte. 8. Berlin 838. Reimer. 5/12 ℛ

— die Versteinerungen der böhmischen Kreideformation. Mit Abbildungen der neuen oder weniger bekannten Arten, gezeichnet von Jos. Rubesch. 1. Abthl. Mit 13 lith. Tafeln. Roy.-4. Stuttgart 845, Schweizerbart. n. 3 1/3 ℛ — 2. Abthl. 1. u. 2. Hälfte. (Schluß.) Mit 38 lith. Tafeln. Ebend. 846. n. 11 2/3 ℛ

— Vorträge über neue Species der Foraminiferen. (Aus böhm. Akad.) Prag. 1860—1861. 8.

**Reuss**, Bruno [app. Arzt aus Grossenhain]: Uber einen Fall von Leptomeningitis cerebralis et spinalis ... München, Buchdr. v. M. Ernst, 1892; 27 S. 8.
München, Med. Fak., Inaug.-Diss. v. 1892

Reuss, Carl, s. Reuss, Karl

**Reuss, Caesar,** Referendar: Die Stellung des Grundbuchrichters zu den Eintragungsbewilligungen des Gemeinschuldners. Halle a. S. 1909: Nietschmann. 57 S. 8°
Heidelberg, Jur. Diss. v. 13. Juli 1909, Ref. Heinsheimer
[Geb. 5. Mai 80 Elbing; Wohnort: Schkeuditz; Staatsangeh.: Preußen; Vorbildung: Gymn. Gnesen Reife O. 05; Studium: Jena 3, Berlin 3 S.; Rig. 19. Febr. 09.] [U 09. 1883

**Reuß**, Chr. Glo., († d. .. Oct. 1792.) Anweis. z. Zimmermannskunst. Fol. Leipz. 764. 2e Aufl. mit Zusätzen 767. N. Aufl. 789. Breitkopf. u. H. 2 ℛ Hbg. Pr. 1 ℛ Anh. dazu f. die Besitzer d. frühern Aufl. 12 gl.

— Beschreib. d. vier im Königr. Sachsen erbauten Brücken üb. die Floh-, Saal- u. Elbströme, Mit Abriß. (Als Anh. zu obigen Werken). Mit Kpf. Fol. Lpz. 789. Breitkopf u. H. 16 gl.

Reuß, C. Glo., Beschreibung der vier im Königr. Sachsen neu erbaute Brücken üb. d. Floh-Saal- und Elbströme, m. Abriß. (als Anh. zu dessen Zimmermannskunst.) Fol. Leipz. Breitkopf und Härtel.

— ökonom. Vorschläge üb. d. Gebrauch d. Holzes. 1r Thl. Leipzig. (Hilscher in Dresden.) 801.

Reuss, Christian Friedrich

— s. Abriß der Universitätsstudien.

— s. Anbau d. Kartoffeln.

Reuss, Chrn Frdr.] Von Anbau und Commerz der Färberröthe in Deutschland. Leipzig 1779. 8.

— s. Anbau d. Krabbs.

— s. Beobachtt. üb. vener. Krankheiten.

**Reuss** C. F.: Physikalisch-ökonomische Beobachtungen üb. die allgemeine vortheilhaftere Gewinnung u. Benutzung d. Torfs bey dem immer mehr einreissenden Holzmangel. Leipz. 1793. 227 S.

— physikal.-ökonom. Beobachtt. über die vortheilhafte Gewinnung u. Benutzung d. Torfs. gr. 8. Leipz. 793. Kummer. 15 gl.

— physisch-ökonom. Beobachtt., Vorschläge u. Erfahrr. üb. einen sparsamen u. nützl. Gebrauch des Holzes ꝛc. 1r Thl. 8. Leipz. 801. Hilscher in Dresd. 12 gl.

— Beobachtt., Versuche u. Erfahrr. üb. d. Salpeter, nebst 2 Fortsetz. 8. Tübing. 783—86. v. Cotta. 2 ℛ 4 gl.

— s. Beschreibung d. Gräser.

*v. Reuss*, Chr. Fr., († d. 19. Oct. 1813.) Compendium botanices, systemat. Linneani conspectum, ejusd. applicationem ad select. plant. Germaniae indigenarum us. medico et oeconom. etc. c. fig. 8maj. Ulm 774. Ed. II. 785. Stettin. 1 ℛ 20 gl. color. 3 ℛ

— s.a. Dictionarium botanicum.

Reuss (C. F.). Dictionarium botanicum, . . . lateinisches und deutsches Handwoerterbuch. . . . Leipzig, 1781. 2 vols. 8°.

— Dispensatorium universale seu Lexicon chemico-pharmaceuticum ad tempora nostra accommodat. II Tomi. 8maj. Strassb. 786, 89. (T. I. Ed. n. 791.) (Treuttel u. W.) 4 ℛ — Supplementum etc. 8maj. ibid. 787.

— Dispensatorium univ. seu Lexicon chemico-pharmaceuticum ad tempora nostra accommodat. 2 Tmi. 8. maj. Strasb. König. 791.

— Diss. medicae selectae Tubingens., s.a. B. D. *Mauchart*.

— dissertationes medicae sel. Tubingens. oculi humani affectus considerantes studio. 3 Vol. 8. Tub. Cotta. 783–786.

— üb. vorth. Gewinn- und Benutzung d. Torfs. gr. 8. Lpz. Kummer. 793.

**v. Reuß**, Chr. Fr., allgem. medicin.-diätet. Handbuch bei der Sauerbrunnenkur. 8. Frkf. u. Leipz. 792. (Metzler in Stuttgart). 6 gl.

— s. Hausarzneibuch.

Chr. Fried. Reuss ist von jeher eine Medicin gewesen und warum soll man solche studiren? Tübingen 1767. 4.

— Kenntniß derjenigen Pflanzen, die Malern u. Färbern zum Nutzen, u. deren Liebhabern z. Vergnügen gereichen. 8. Leipz. 776. Hilscher. 1 ℛ 4 gl.

Christian Friedrich von Reuss

Christian Friedr[ich von] Reuss, Primae Lineae encyclopaediae et methodologiae universae scientiae medicae et theoreticae et practicae omniumque eius scientiarum tam praeparantium quam affinium ac subiunctae cuiusuis historiae litterariae. Tubingae 1783: Cotta. VIII, 570 S. 8°

— s.a. Rindviehartzneibuch.

— Rindvieh-Arzneibuch, sowohl für die gewöhnlichen Viehkrankh. als die sonstigen Viehseuchen. 8. (II.) Ebd. (784) 01. Osiander. M. 1.25

— s.a. Samml. v. Abhandll. aus d. Oekonomie.

**Sammlung** einiger Abhandlungen aus der Oekonomie, Kameralwissenschaft, Arzneikunde und Scheidekunst (v. Chr. F. Reuss). 8°. Leipzig (Compt. f. Litt.) 1771.

REUSS, CHRISTIAN FRIEDRICH.
Sammlung einiger Abhandlungen aus der Oekonomie, Kameralwissenschaft, Arzeneykunde und Scheidekunst. Leipzig, 1777. 8vo.

— Samml. verschied. allgem. anwendbarer Feuerordnungen u. Feuer-Anstalten. 2 Thle. 8. Leipz. 798 u. 801. (Kühn). 1 ℳ 12 𝒢

– s.a. Samml. v. Nachrichten über Magnetkuren.

**Reuss**, Chr. Fr., Samml. d. neuesten wichtigsten Nachrichten v. Magnetkuren. Lpz. 8°.
**1778**

—selectus observationum practicar., ut et medicor. remedior. 8. Strassb. 789. König. 18 𝒢

Reuss, Christian Friedrich: Praktischer Unterricht in den bewährtesten und vortheilhaftesten Bereitungsarten und Verbesserungen der natürlichen und künstlichen Weine, der Weinschöne, wie auch von den Weinverfälschungen und ihren Entdeckungsmitteln. Nebst einem Anhang, der das zweckmäßigste einiger dahin einschlagenden Schriften enthält. Vom Verfasser des Buchs: Ueber den Anbau und die Benutzung der Kartoffeln zu Mahlzeiten usw. [d.i. Christian Friedrich Reuss]. Leipzig: Voß 1795. VIII, 391 S. -- 17.21*
--- Dass. 2., sehr verb. u. verm. Aufl. Ebd. 1804. VIII. 376 S. -- 12.121*.
Stiftsbibliothek Klosterneuburg

—Untersuchung d. Cyder- od. Apfelweins, nach seinen Eigenschaften u. Wirkungen beim Gebrauch. 8. Tübing. 781. v. Cotta. 4 𝒢

— Untersuchung d. Küchensalzes nach seinen vorzügl. Eigenschaften u. Wirkungen. 8. Heidelb. 786. (Braun). 4 𝒢

—medicin.-ökonom. Untersuchung der Eigenschaften u. Wirkungen e. ächten unverfälschten Puders. 8. Tübing. 781. (Osiander). 4 𝒢

– s. Untersuchung der Salatpflanzen.

—Untersuchungen u. Nachr. von d. berühmt. Selzerwassers Bestandtheilen. 8. Leipz. 775. Neue verm. Ausg. 780. Hilscher. 5 𝒢

Ueber des Salpeters vortheilhafteste Verfertigungsarten. Tübingen, 1783. Erster Supplement, 1785. Zweiter Supplement, 1786.

—neue Versuche über die mit besondern Arzneikräften angeschwängerte Geiß- u. Ziegenmilch u. d. vorzügl. schnellen u. angenehmen Wirkung in manchen langwierigen Krankheiten. 8. Leipz. 783. Compt. f. Litt. 5 𝒢

– s. Vertilgung schädl. Thiere.

– s. Was ist ein Landtag.

**Reuss, Christian Theophil** (Sulz), Cinnabaris exul redux in pharmacopolium. Diss. inaug. Präs. Ferd. Christoph Oetinger. Tübingen (Chr. G. Cotta) 15. VIII. 1760. 32 S. (4.50) 28433

— — **De scabie ovium.** Diss. oecon.-med. Präs. Georg Friedrich Sigwart. Tübingen (Sigmund) (19.) Dez. 1763. 31 S. (4.75) 28434
Widm. v.: Georg Friedrich Sigwart.

**Reuß, D.**, üb. das geistl. Gut im Großherzogth. Würtemberg. 8. Stuttg. 802. Löflund. 3 𝒢

Reuss, E. C. F., De Antigones et Ismenes sororum mytho. Diss. 1878. 58 S.

Reuss, Ed., s.: Bible, la, française de Calvin.

**Reuss, Ed.**, bibliotheca novi testamenti Graeci cujus editiones ab initio typographiae ad nostram aetatem impressas quotquot reperiri potuerunt collegit, digessit, illustravit. gr. 8. (VII, 314 S.) Braunschweig 872. Schwetschke & Sohn. n. 6. —

**Reuss', Eduard, Briefwechsel m. seinem Schüler u. Freunde Karl Heinrich Graf. Zur Hundertjahrfeier seiner Geburt hrsg. v. K. Budde u. H. J. Holtzmann. Mit dem Bildnis der Briefsteller. (IX, 661 S.) gr. 8. Giessen 904. A. Töpelmann.** n. 12. —; geb. in Halbfrz. n.n. 14. 50

Friedrich Chopin. Klavierkonzert in F moll (Op. 21). Erl. von Eduard Reuß. *Berlin & Leipzig: H. Seemann Nachf. [1904].* (22 S.) 8° [F. u. Ant.]
— Musikführer, Der. No 243. [04. 11544

Dornröschen. Märchen in 1 Vorspiel u. 3 Akten von E. B. Ebeling-Filhès. Musik von Engelbert Humperdinck (Leipzig, Max Brockhaus). Textlich u. musikal. erl. von Eduard Reuß. Berlin & Leipzig: H. Seemann Nachf. [1904]. (25 S.) 8° [F.]
= Musikführer, Der. No 284. [05 ...

– Dasselbe, s.a. Musikführer, Der.

**Reuß, Ed., akademische Festrede, zur Feier des 400jähr. Geburtstags Dr. Martin Luther's am 9. Novbr. 1883 in der Nikolaikirche zu Straßburg gehalten. gr. 8. (20 S.) Straßburg 883, Schmidt's Universitäts-Buchh.** *

— Geschichte Israels bis zum Exil; Rede üb. den Wahlspruch, s.a. Volksbibliothek, religiöse.

Reuss, Eduard [weil. Prof. zu Strassburg]: Geschichte Israels bis zum Exil. Rede über d. Wahlspruch. Berlin: Bibliogr. Bureau 1892. (II, 78 S.) 8°
Volksbibliothek, Religiöse. 1, 3.

**Reuss, Ed.**, die Geschichte der heiligen Schriften Alten Testaments. gr. 8. (XV, 743 S.) Braunschweig 881. Schwetschke & Sohn. n. 14. —

**Reuss, E.**, die Geschichte der heiligen Schriften Alten Testaments. 2., verm. Aufl. gr. 8. (XX, 780 S.) Braunschweig 890. Schwetschke & Sohn. n. 15. —

**Reuss, Ed.**, die Geschichte der heil. Schriften Neuen Testaments. gr. 8. (18 B.) Halle 842, Schwetschke u. Sohn. *

**Reuss, Ed.**, die Geschichte der heiligen Schriften neuen Testaments. 2., durchaus umgearb. und stark verm. Ausg. gr. 8. (X und 586 S.) Braunschweig 853, Schwetschke und Sohn.

**Reuss, Ed.**, die Geschichte der heiligen Schriften Neuen Testaments. 3., verm. und verb. Aufl. gr. 8. (XVI und 589 S.) Braunschweig 860, Schwetschke und Sohn.

Reuss, Ed., die Geschichte der heiligen Schriften Neuen Testaments. 4., verm. und verb. Ausg. gr. 8. (XVI und 626 S.) Braunschweig 864, Schwetschke und Sohn.

**— die Geschichte der heiligen Schriften neuen Testaments. 5. verm. und verb. Ausg. gr. 8. (X, 640 S.) Braunschweig 874, Schwetschke und Sohn.** *

Reuss, Ed., die Geschichte der heiligen Schriften Neuen Testaments. 6. verm. und verb. Aufl. gr. 8. (XII, 686 S.) Braunschweig 887, Schwetschke und Sohn. *

— Hiob. 8. (IV, 115 S.) Ebd. 888. n. 2. —; geb. n. 3. —

**Reuss, Ed.**, das Buch Hiob. Vortrag gehalten in der Nicolaikirche, den 8. Febr. 1869. Strassburg 869. Treuttel & Würtz. gr. 8. (40 S.) n. 8 ngr.

— die deutsche Historienbibel vor der Erfindung des Bücherdrucks. gr. 8. (136 S.) Jena 855, Mauke. *
Aus: Beiträge zu den theolog. Wissenschaften von Reuss und Cunitz, besonders abgedruckt.

**Reuß, Eduard**, Fr. Chopin's Klavierkonzert in F moll, s.: Musikführer, der.

Reuss, Eduard: Liszt's Lieder. Leipzig: M. Brockhaus in Komm. (1906). VIII, 96 S. 8°
Aus: Bayreuther Blätter. Jg. 1906, H. 7/9 u. 10/12.

**Reuss, Eduard**, Liszt's Lieder. (VIII, 96 S.) gr. 8. Leipzig (907). (M. Brockhaus.) 2. —
Sonderabdruck aus: „Bayreuther Blätter".

Reuß, Ed., Franz Liszt, s.a. Männer der Zeit, V.

[F.] Franz Liszt. E. Lebensbild v. Eduard Reuss. *Dresden & Leipzig: C. Reissner 1898.* (4 Bl., 325 S.) 1 Bd 8.
= Männer d. Zeit. Bd V. [98. 3513]

**Reuss, Ed.**, der 68. Psalm. Ein Denkmal exeget. Noth u. Kunst zu Ehren unsrer ganzen Zunft errichtet. gr. 8. (106 S.) Jena 851, Mauke. n. 2/3 ℳ

Reuss, Ed., Reden, an Theologie Studirende im akademischen Kreise gehalten. 2. Aufl. 8. (IX, 173 S.) Braunschweig 879, Schwetschke und Sohn. *
Die 1. Aufl. war nicht im Handel.

**Reuß**, Ed., das Alte Testament, übers., eingeleitet u. erläutert, hrsg. aus dem Nachlasse des Verf. v. Erichson u. Horst. 36 Lfgn. = 7 Bde. gr. 8. Braunschweig, C. A. Schwetschke & Sohn. n.n. 50. —; geb. in Halbfrz. n.n. 60. —
1. Bd. Allgemeine Einleitung zur Bibel: Ueberblick der Geschichte der Israeliten von der Eroberg. Palästina's bis zur Zerstörg. Jerusalems. Die Geschichtsbücher. Richter, Samuelis u. Könige. (V, 389 S.) 892. n.n. 6. 50; geb. n.n. 8. —
2. Bd. Die Propheten. (576 S.) 892. n.n. 9. 10; geb. n.n. 10. 70
3. Bd. Die hl. Geschichte u. das Gesetz. Der Pentateuch u. Josua. (589 S.) 893. — 4. Bd. Die Kirchenchronik v. Jerusalem. Chronik, Esra, Nehemia. (178 S.) 893. 3. u. 4. Bd. in 1 Bd.: n.n. 13. —; geb. n.n. 15.
5. Bd. Die hebräische Poesie. Der Psalter, die Klagelieder u. das Hohelied. (395 S.) 893. n.n. 6. 50; geb. n.n. 8. —
6. Bd. Religions- u. Moralphilosophie der Hebräer. Hiob. Das Salomonische Spruchbuch. Der Prediger. Die Weisheit Jesu's, des Sohnes Sirachs. Das Buch der Weisheit Salomo's. Lehrreiche Erzählgn. u. andere erbaul. Schriften aus den letzten Zeiten des vorchristl. Judentums: Jona, Tobia, Susanna, die Pagen des Darius, Baruch, das Gebet Manasse's. (439 S.) 894. n.n. 7. 15; geb. n.n. 8. 75
7. Bd. Die politische u. polemische Litteratur der Hebräer. Ruth. 1. u. 2. Makkabäer. Daniel. Esther. Judith. 3. Makkabäer. Bel u. die Schlange. Die Epistel des Jeremia. Register. (278 u. 24 S.) 894. n.n. 5. 20; geb. n.n. 6. 70
Das in Aussicht genommene Neue Testament wird vorläufig nicht erscheinen.

**Reuß, Fürstin Eleonore zu, gesammelte Blätter, s. Blätter.**

**Reuß**, Eleonore Fürstin, geb. Gräfin zu Stolberg-Wernigerode, Gedichte. 1. Sammlung. 2., verm. Aufl. der gesammelten Blätter von El. 8. (X, 138 S.) Berlin 882. Hertz. n. 2. 60; geb. m. Goldschn. n. 4. —

— dasselbe. 2. Sammlung. 8. (X, 262 S.) Ebend. 880. n. 4. 50; geb. m. Goldschn. n. 6. — (1. u. 2.: n. 6. 50; geb. n. 9. —)

— Philipp Nathusius' Jugendjahre. Nach Briefen u. Tagebüchern unt. Mitwirkung von Mart. v. Nathusius. gr. 8. (III, 283 S.) Berlin 896. Besser. n. 4. —; geb. n. 5. —

**Reuß**, Eleonore Fürstin, die sechs Kissen, s.: Yonge, Charlotte M.

— s.: Komm, heiliger Geist.

**Reuß**, Eleonore Fürstin, **Philipp v. Nathusius. Das Leben u. Wirken des Volksblattschreibers. gr. 8. (III, 423 S. m. 1 Bildnis.) Neinstedt am Harz 900. (Greifswald, J. Abel.) n. 5. —; geb. in Leinw. n. 6. —**

Ⓑ **Reuß**, Eleonore, Philipp v. Nathusius. 900. (KVL 32.) Jetzt: Hamburg, Agentur d. Rauhen Hauses.

**Reuß, Eleonore Fürstin, Friederike Gräfin v. Reden, geb. Freiin Riedesel zu Eisenbach. Ein Lebensbild nach Briefen u. Tagebüchern. Mit 1 Portr. in Farbenlichtdr. u. 2 Ansichten. 2 Bde. gr. 8. (VII, 509 u. VII, 468 S.) Berlin 888. Hertz. n. 14. —; geb. n. 16. 40**

— Friederike Gräfin v. Reden, geb. Freiin Riedesel zu Eisenbach. E. Lebensbild nach Briefen u. Tagebüchern. 2., neu bearb. Aufl. in 1 Bd. gr. 8. (III, 538 S.) Ebd. 897. n. 7. —; geb. in Leinw. n. 8. —

**Reuß**, Eleonore Fürstin, die 7 Sendschreiben (der Offenbarung St. Johannis). Sanct Johannis d. Theologen siebenfarb. Regenbogen, wie er sich abgespiegelt im Thau auf den Blumen u. Halmen der Au. Lieder v. E. Fürstin R. Mit Randzeichngn. v. M. E. Beck. 4. (VIII, 80 S.) Berlin 871. (Görlitz, C. A. Starke.) Kart. 12. —

**Reuß, Eleonore Fürstin, die sieben Sendschreiben (der Offenbarung St. Johannis). Lieder. 2. Aufl. (VII, 61 S.) gr. 8. Kaiserswerth (904). Buchh. der Diakonissenanstalt. n. 1. 20**

**— Adolf v. Thadden-Trieglaff. Ein Lebensbild, gezeichnet nach Erinnergn. seiner Kinder und Freunde. gr. 8. (III, 293 S. m. Bild in Heliograv.) Ebd. 890. n. 4. 60; geb. n. 5. 60**

— Adolf v. Thadden-Trieglaff. Ein Lebensbild, gezeichnet nach Erinnergn. seiner Kinder u. Freunde. 2., verm. Aufl. gr. 8. (III, 303 S. m. Bildnis.) Berlin 894. Besser. n. 4. 60; geb. in Leinw. n. 5. 60

**Reuß, Eleonore Fürstin, aus herbstlicher Zeit. Gedichte. 8. (XI, 150 S.) Berlin 901. M. Warneck. n. 2. —; geb. in Leinw. n. 3. —**

**Reuß**, Elly (E. Nelly), erreichte Ziele, s.a. Frauenbibliothek, deutsche. Bd. 6/7.

**†Reuß, Elly [†E. Nelly], erreichte Ziele. Ein Familien-Roman. 2 Bde. 1. und 2. Aufl. 8. (263; 238 S.) Bernburg 886, Bacmeister. *ℳ 6.—; geb. ***

**— dass. — 3. Aufl. 8. (263; 238 S.) Eisenach 887, Bacmeister. *ℳ 4.—; geb. ***

**Reuß, Elly.** Erreichte Ziele. 3. Aufl. 8. Eisenach 887. Wolfenbüttel, Zwißler. [* 4 —] * 2 —

**Reuss, Erich:** Ueber Angina als Infektionskrankheit insbesondere als Ursache der Endokarditis. Berlin 1910: (Pinkowitz). 30 S. 8°
Gießen, Med. Diss. v. 12. Juni 1910, Ref. Voit
[Geb. 28. Okt. 87 Neustadt-Gödens; Wohnort: Frankfurt a. M.; Staatsangeh.: Preußen; Vorbildung: Gymn. Aurich Reife O. 04; Studium: Berlin 10 S.; Coll. 28. Jan. 10; Approb. 6. Juni 10.] [U 10. 1161

**Reuß, F.** Die Schlacht am Trasimenersee. (Leipzig 1906.) 4°. (Aus: Klio.)

— **F. F.,** Notice sur un nouvel effet de l'électricité galvanique. O. O. 15. IV. 1808. S. 327—337, 1 Taf. (3.75) 28435
Angebdn.: Wuttig, I., Essai sur le perfectionnement de l'art de purifier l'air. S. 338—348. — Correspondance sur les expériences de Davy avec les alcalis. Extrait d'une lettre de Mr. de Jacquin au Directeur perpétuel de la Société G. Fischer. S. 349—362.

Reuß, F. W. L., s. Reuß, Friedrich

Reuß, Ferdinand Friedrich

*Reuss,* Fd. Fr., nouvelle analyse du principe fébrifuge de Quinquina. 8. Moskau 810.

– s. Burdin, v. Menschen.

Reuß, Ferd. Fr., über d. Cholera-Seuche, s. Sammlung d. wichtigst. Abhandln. üb. d. Cholera-Seuche.

Reuss, (Ferd. Frid.,) Commentationes duae, altera physica de Electricitates Voltanae effectu novo quem hydragogum dixit etc. Moskau 822.

— — (Tübingen), Examen vasorum figulinorum patriae, calce plumbi obductorum, nec non ad eorum correctionem tentamina et consilia. Diss. med. Präs. G. C. C. Storr. Tübingen (Reiss u. Schmid) April 1800. 43 S. (4.—) 28437

— **Ferdinand Friedrich,** Memoria viri Wilhelm Michael Richter, quam in panegyri societatis physico-medicae Mosquensis, praesidis munus auspicaturus, celebravit. O. O. 2. X. 1822. 29 S. (4.—) 28436

— oratio de incendiis spontaneis. 8. Moskau 809.

— oratio de antiquorum hominum praestantia, deque studii litterarum antiquarum praecipue vero Latinarum utilitate incredibili. 4. Moskau 818.

Reuss, Fr. De Iubae regis historia romana a Plutarcho expressa. 27 S. Progr. *Wetzlar* 1880.

**Reuß, Frz., aus Altisland. Aus dem Altisländ. übertr. u. bearb. (79 S.) 8. Magdeburg (910). R. Zacharias. 1.—**

Reuß, Frz., die philanthropisch-pädagogischen Bestrebungen der Gegenwart. Eine historisch-pädagog. Studie. gr. 8. (51 S.) Leipzig 892. G. Fock. n. — 60

— **Das stille Herz. Gedichte in Prosa u. Skizzen. (77 S.) 8. Würzburg 910. Memminger. 1.50**

— **Lebenslagen. Freie Gedichte e. Weltmenschen. (104 S.) kl. 8. Leipzig-Gohlis 908. Raschwitz, B. Volger. 1. 20**

**Reuss, Franz** [in Eichstätt]: ... Christian Wilhelm Dohms Schrift „Über die bürgerliche Verbesserung der Juden" und deren Einwirkung auf die gebildeten Stände Deutschlands. Eine kultur- und literaturgeschichtliche Studie. Kaiserslautern, Druck d. Buchdr. M. Blenk & Cie., *1891;* 1 Bl., 105 S., 2 Bl. 8°
Leipzig, Phil. Fak., Inaug.-Diss. v. [28. Jul.] 1891

— Christian Wilhelm Dohms Schrift „Über die bürgerliche Verbesserung der Juden" u. deren Einwirkung auf die gebildeten Stände Deutschlands. Eine kultur- u. literaturgeschichtliche Studie. Diss. gr. 8. (107 S.) Kaiserslautern 891. Ebd. n. 2. —

— Ein Vorspiel. (184 S.) kl. 8. Leipzig (908). Verlag f. Literatur, Kunst u. Musik. 3.—; geb. n 4. —

**Reuß, Frz., Wiederholungskurs für den Unterricht in der deutschen Grammatik. Ein Hilfsmittel zur Wiederholung des einschläg. Unterrichtsstoffes für Schüler der höheren Klassen von Mittel-, namentlich auch von Präparandenschulen. gr. 8. (94 S.) [Eichstätt 885, Stillkrauth.] Nürnberg, Korn'sche Buchh. cart. ***

***Reuss,*** **Frz. Ambr., adversaria in spirituum animalium hypothesin. 8. Prag 784. Schönfeld. 2 Gr.**

— **Anleit. zum Gebrauch des Saidschützer Bitterwassers. 8. o. O. 798.**

— **Anleit. z. Gebrauch d. Egerbrunnens. 8. Prag 794. Neureutter. (Hinrichs in Leipz.) 8 Gr.**

Reuß, Ambr., die Bäder von Teplitz u. ihre bewunderungswürdige Heilkraft bei vielen u. häufig vorkomm. äußern u. innern Krankheiten. Mit 1 Karte u. 9 lithogr. Abbildd. gr. 12. Leitmeritz 835. Medau. 1 Rthlr.

– F. A. Einige allgemeine Bemerkungen über die Trapp-Formation in Böhmen. (Aus den Abh. einer Privatgesellsch. in Böhmen. 4 Vol.) Prag. 1790. 8.

— **mineralog. u. bergmännische Bemerkk. üb. Böhmen. Mit e. Ansicht d. Schlosses Rothenhaus. gr. 8. Berl. 801. (Reimer). (W. Nauck in Leipz.) 3 Rthlr.**

— **chem.-medicin. Beschreib. d. K. Franzbades oder Egerbrunnens, nebst e. Literaturgeschichte d. Quelle. Mit 1 Karte u. Kpf. 8. Dresd. 794. Walther. 20 Gr. 2e Aufl. Eger 816. ... Anhang. Ebd. 3 Gr.**

— **mineralog. Beschreib. d. Bunzlauer Kreises, s. mineral. Geographie v. Böhmen.**

— **mineral. Beschreib. d. Leitmeritzer Kreises, s. Geographie v. Böhmen. 1r Thl.**

— **mineralog. Beschreib. der Herrschaft Unterbrzezan, Kamenitz u. Manderscheid im Kaurzimmer Kreise. Mit 1 Titelkupf. gr. 8. Hof 799. Grau. 20 Gr.**

— Beschreib. d. Mineralquellen z. Bilin in Böhmen. 3. Wien, Geistinger.

— **phys.-chem. Beschreib. d. Gesundbrunnens zu Mscheno. gr. 8. Dresd. 799. Walther. 4 Gr.**

— **das Saidschützer Bitterwasser, histor., physikal., chemisch, medicinisch beschrieben. gr. 8. Prag 791. Neureutter. (Hinrichs in Leipz.) 14 Gr.**

—— Das Saidschützer Bitterwasser, historisch, geognostisch und heilkundig dargestellt; chemisch untersucht von Professor Steinmann. Prag 1827. 8.

— s. S. Breislak, Reise.

Reuss, (Franz) Ambros (Übers.):

s.: Caldani, Leopoldo Marc'Antonio: Physiologie des menschlichen Körpers. (Institutiones physiologicae. Dt.) Prag: 1784

JB 1.014

— d. Egerbrunnen, od. Anleit. zum Gebr. d. Franzbades, f. Badegäste. 8. Lpz. Joachim.

— Einl. in d. allgem. Pathologie d. Nerven. 8. Prag, Widtmann. 788.

— die Gartenquelle zu Teplitz, in chem. u. medicin. Hinsicht untersucht. gr. 8. Dresden 797. Walther. 3 ℊ

— mineralog. Geographie v. Böhmen. 2 Thle. Mit Kpf. (1r Thl. A. u. d. T.: mineralog. Beschreib. d. Leitmeritzer Kreises. 3 ß 2r Thl. Auch u. d. T.: mineralog. Beschreib. des Bunzlauer Kreises rc. 4 ß) 8. Dresd. 793 u. 97. Walther. 7 ß

Reuss F. A.: Handbuch (2: Lehrbuch) d. Geognosie. 2 Bd. Leipz. 1805. (=: Lehrb. d. Mineralogie Th. 3). 64.

Reuss, F. A.: Petrographische Karte des Biela-Thales im Leitmeritzer Kreise, Königreich Böhmen. Teplitz 1829. kl.Fol.

Reuss, Fr. A.: Lehrbuch der Geognosie. 2 Vol. Leipzig 1805. 8°

— Lehrbuch d. Mineralogie, nach Kerstens mineralog. Tabellen. 4 Thle in 8 Bden. gr. 8. Leipz. 801—6. (Aue in Altona). 19 ß Hbg. Pr. 12 ß 3r Thl. Auch u. d. T.: Handbuch d. Geographie rc. 1r u. 2r Bd.) 1 ß 12 ℊ

— das Marienbad bei Auschowitz auf d. Herrschaft Tepl. Mit 3 Kpf. 8. Prag 818. Krauß. Schrbp. 2 ß — Dass. in 12. (Prag, Haase u. S.) 1 ß Schrbp. 1 ß 8 ℊ (a. Wimmer in Wien). 1 ß Pstp. 1 ß 16 ℊ

s. J. Mayer, Samml. physikal. Aufsätze.

— die Mineralquellen zu Bilin in Böhmen. Mit 1 Kpf. 8. Wien 808. Geistinger. 1 ß Hbg. Pr. 18 ℊ

Franz Ambros Reuss

Die Mineralquellen zu Bilin in Böhmen. Von [Franz Ambros] Reuß u. [Josef Johann] Steinmann. Wien 1827: v. Ghelen. XVI, 160 S. 8°

Reuß, Frz. Ambr., und Steinmann, die Mineralquellen zu Bilin in Böhmen. gr. 8. (11 B.) Wien 827, (Wallishausser.)

—— Die Mineralquellen zu Liebwerda in Böhmen. Prag 1811. 8. Mit 2 Taf.

— die Mineralquellen zu Liebenwerda in Böhmen. 8. Prag 813. Widtmann. 1 ß

— die Mineralquellen zu Mscheno in Böhmen. Mit 2 ill. Kpft. 8. Leipz. 804. Rein. 1 ß Schrbp. 1 ß 12 ℊ

— Naturgeschichte d. Biliner Sauerbrunnens in Böhmen. Mit 5 Kpft. 8. Prag 788. Neue unveränd. A. 801. Calve. 1 ß

— Orographie des nordwestl. Mittelgebirges in Böhmen, ein Beitr. z. Beantwort. d. Frage: Ist d. Basalt vulkanisch od. nicht? gr. 8. Dresd. 790. Walther. 10 ℊ

REUSS Franz Ambros. Pathologie der Nerven. Prag 1788.

Reuß, Frz. Ambr., Samml. naturhistor. Aufsätze, mit Hinsicht auf die Mineralgeschichte Böhmens. 8. Prag 796. Widtmann. 20 ℊ

— Taschenbuch f. die Badegäste zu Teplitz. Eine vollständ. Beschreib. dieses Heilorts u. seiner Umgebungen, in topograph., pittoresker, geschichtl., geognost. u. medicin. Hinsicht. gr. 8. Teplitz 823. (Leipz., Kollmann). 1 ß

Reuß, Fr. A., die Thermen von Teplitz. 2. umgearb. Aufl., besorgt von Aug. Em. Reuß. gr. 8. Prag 814, Medau's Verlagsh. 1 ß

— chem. Unters. des Carolinenbrunnens, oder Saidschützer Bades. gr. 8. Dresd. Walther. 798.

— chem. Untersuchung d. Karolinen-Brunnens, od. Saidschützer Bades. gr. 8. Dresd. 799. Walther. 2 ℊ

— Versuch e. Einleitung in die allgem. Pathologie d. Nerven. 8. Prag 788. Widtmann. 10 ℊ

— neues mineralog. Wörterbuch, od. Verzeichniß aller Wörter, welche auf die Oryktognosie u. Geognosie Bezug haben. Mit Angabe ihrer wahren Bedeutung rc. gr. 8. Hof. 798. Grau. 1 ß 20 ℊ

Reuß, Franz Nikolaus

Reuß, F. N., d. fränk. Bienenwirth, nach bewährt. Erfahr. 8. Bamb. Göbhard. 804.

Reuß, F. N., der fränkische Bienenwirth, od. leicht faßl. Unterricht in d. Bienenzucht. Neue Aufl. 8. Bamb Göbhard. 813.

Reuß, Frz. Nikol., d. fränkische Bienenwirth, od. leicht faßlicher Unterricht in d. Bienenzucht. Mit 1 schwarz. u. 1 ill. Kpf. 8. Bamb. 804. N. A. 813. Wesché in Frankf.. 8 ℊ

**Reuss,** Friedrich, Dr., Prof.: Kritische Bemerkungen zu Xenophons Anabasis. 4. *Saarbrücken 1900: Gebr. Hofer.* (32 S.) 4° ¶(T. 1 in: N. Jahrb. f. Philol., 1883; T. 2 = P-Beil. Wetzlar 1887; T. 3 in: Jahrb. f. Ph., 1892.)
Saarbrücken, k. G u. VS, P 1900 (406)

Reuss, Friedrich Kritische und exegetische Bemerkungen zu Xenophons Anabasis. 4 (23 S.). **Progr.** G. *Wetzlar* 1887 (433).

**Reuss, F. W. L., Hieronymus von Kardia. Diss. 1876. 82 S.**

**Reuss, Frdr., Hieronymos v. Kardia. Studien zur Geschichte der Diadochenzeit. gr. 8. (VI, 187 S.) Berlin 876. Weidmann. n. 5. —**

— König Konrad IV. und Heinrich Raspe. 21 S. **Progr.** *Wetzlar* 1885.

**Reuss,** Friedrich [Prof. Dr.]: Isokrates Panegyrikus und der kyprische Krieg. Leipzig, G. Fock, 1894; 15 S. 4.
Trarbach, k. G, P 1894 (403)

**Reuss,** Frdr., Isokrates Panegyrikus u. der kyprische Krieg. Progr. 4. (15 S.) Leipzig 894. G. Fock. n. — 80

Reuss, Frdr. Die Wahl Heinrich Raspes am 22. Mai 1246. 11 S. Progr. *Lüdenscheid* 1878.

Reuß, Friedrich August

**Reuß, F. A., kurzer chronolog. Abriß der Geschichte des vormal. Frauenklosters zu Kitzingen. 8. Kitzingen 840, Köpplinger. 1/6 ℛ**

Reuß, F. A., kurzer chronolog. Abriß d. Geschichte d. vormal. Frauenklosters zu Kitzingen. 8. (2 B.) Kitzingen 840. [Nürnberg, Lotzbeck.]

F. A. REUSS, Beiträge zur Lebensgeschichte des gekrönten Dichters M. Joh. G. Hochstater von Kitzingen, bei Gelegenheit der Herausgabe des Handschriften-Verzeichnisses des historischen Vereines für den Untermainkreis bekannt gemacht. Würzburg. 1837. Druckerei von F. E. Thein. 8°.

Solennia anniversaria Societatis historiae circuli ad Moenum inferioris scrutatorum die XXVI. Augusti MDCCCXXXVII. rite celebranda indicit F. A. REUSS. Inest Inscriptionum et monumentorum sepulchralium urbis Kitzingae delectus. ib. — 8°.

Reuss, F. A.: Lorenz Fries . . . s. Heffner, Karl.

Reuss (F. A.). Walafridi Strabi Hortulus . . . Wirceburgi, 1834. 8°.

(Frid. Aug. Reuss) progr. lectionum Samonicearum partic. I. Virceburg. 1836. 4. (Ex codice Turicensi saec. IX. vel X. et Ed. princ.)

**—— de libris physicis S. Hildegardis, comment. histor.-med. 8maj. (6 B.) Wirceburgi 835, libr. Stahel.**

(F. A. REUSS), Monumenta Kilianea. Heft 1. Das Cyriakus-Panier. Mit 2 lithographirten Abbildungen. Würzburg. 1844. Druck von F. E. Thein. 8°.*)

Aelteste Urkunde über den Umfang der Würzburger Stadtmarkung, als Programm zur achten Stiftungsfeier des historischen Vereines für Unterfranken und Aschaffenburg am 27. August 1838 herausgegeben von F. A. REUSS. Würzburg. Druck von Fr. E. Thein. 8°.

(F. A. REUSS), Walther von der Vogelweide. Eine biographische Skizze. Mit 1 lithographirten Abbildung. Würzburg 1843. In Komm. der Verlagshandlung von Comm.-Assessor Bonitas sel. Wtw. und Th. Bauer. 8°.*)

Reuss, Friedrich Wilhelm, s. Reuss, Wilhelm

*Reuss*, G., Elementa arithmeticae in us. scholar. 8. Bamb. 758. Wesché in Frankf. a. M. 1 ℛ

**Reuß, G. Ch., Esers Petrefacten-Sammlung systematisch verzeichnet. gr. 8. (VIII u. 56 S.) Ulm 850, Stettin. n. 1/3 ℛ**

Reuß, G. Ch., Pflanzenblätter in Naturdruck mit der botanischen Kunstsprache für die Blattform. 42 Fol.-Taf. mit erläuterndem Text. (In 7 Liefgn.) 1. u. 2. Liefg. Stuttgart 862. Schweizerbart. Fol. Jede Liefg. (à 6 Kpfrtaf. u. 1 Bgn. Text in 8.) n. 25 ngr.

Reuß, G. Ch., Pflanzenblätter in Naturdruck mit der botanischen Kunstsprache für die Blattform. 42 Fol-Taff. mit erläut. Text in 8. (In 7 Liefgn.) 3—7. Liefg. Stuttgart 867—70. E. Schweizerbart'sche Verlagsh. Fol. Jede Liefg. (6 Kpfrtaff. u. 1 Bg. Text in 8.) n. 25 ngr.

— — 2. Aufl. Ebend. 869, 70. Fol. Jede Liefg. (6 Kpfrtaff. u. 16 S. Text.) n. 1 ℛ

Reuß, G. Ch., Pflanzenblätter in Naturdruck m. der botanischen Kunstsprache f. die Blattform. Eine illustr. Morphologie d. Blattes in 42 Foliotaf. m. erläut. Text in 8. 2. Aufl. (VIII, 176 S.) Stuttgart 872. Schweizerbart. In Mappe. n. 22. —

Reuß, G. Ch., Pflanzenblätter in Naturdruck mit der botanischen Kunstsprache für die Blattform, gesammelt, auf Metall übertragen u. hrsg. Eine illustr. Morphologie des Blattes in 42 Foliotaf. 3. Aufl. Mit erläut. Text. gr. 8. (VIII, 176 S.) Stuttgart 882. Schweizerbart. n. 22. —

Reuß, G. Chr., s. J. G. Süskind, Handbuch der Naturlehre.

Reuß, Georg Jakob Ludwig

Reuß, Geo. Jak. Ludw., drei Abhandlungen in Predigtform, nebst Liturgieen u. Liedern, u. einigen Anmerkn. Den evangel. Kirchen dies. Zeit, besond. ihren Machthabern, Bischöfen, Vorstehern u. Lehrern gewidmet. gr. 8. (6 B.) Coblenz 828, [Hergt.]

— populär-prakt.-theolog. Abhandl. vermischt. Inhalts. 1s Hft. (A. u. d. T.: die Hauptwahrheiten aller Religion, od. es ist ein Gott, es ist eine Vorsehung, es ist ein ewiges Leben). gr. 8. Darmst. 818. Leske. 16 ℊ

— animadversiones ad loca sacri codicis difficiliora Gal. III, 20. 1. Cor. XV, 29. Joh. IV, 22. quas festo emendatorum per Lutherum sacrorum Saeculari tertio summe venerabili theolog. ordini in Acad. Gissensi etc. 4. Giessen 817. (Heyer). 3 ℊ

— — animadversiones ad loca sacri codicis difficiliora Gal. III. 20. 1 Cor. XV. 29. Joh. IV, 22 quas festo emendatorum per Lutherum Sacrorum Saecularis tertio summe venerabili theolog. ordini in Acad. Gissensi etc. 4. Ibid. 818.

— Beweis d. Wahrheit u. Göttlichkeit d. christl. Religion. gr. 8. Leipz. 819. Barth. 9 ℊ

— die heil. Geschichte in kirchl. Vorlesungen. 8. Ebend. 819.

— die heil. Geschichte in kirchl. Vorlesungen. 8. Gießen 820. Heyer. 20 ℊ

— kurze Geschichte Mart. Luthers u. d. Kirchenreformation. 8. Darmst. 817. Leske. 3 ℊ

— Handbibliothek f. Kinder u. ihre Lehrer. 3 Bdchn. (1s Bdchn. Religionskatechismus. 12 ℊ 2s u. 3s Bdchn. Katechismus d. Sitten- u. Pflichtenlehre. 2 Abtheill. 1 ℛ 4 ℊ) 8. Hildburgh. 796—802. (Fr. Fleischer in Leipz.) (a. Taubert). 1 ℛ 16 ℊ

Reuß, G. J. L., Handbibl. f. Kinder u. ihre Lehrer. 1s-3s Bdchen. 8. Hildburghausen, Hanisch. 796-802. (1s 12 gr. 2s 10 gr. 3s 18 gr.)

— Casualpredigten durch die Zeitumstände veranlaßt. 8. Gießen 816. Heyer. 8 ℊ

— evangel. Kirchenagende. 8. Gotha 821. Becker. 21 ℊ

— s. Leidens- u. Todesgeschichte Jesu.

— Leitfaden beim Religionsunterricht d. christl. Jugend aller Confessionen. gr. 12. Siegen 825. (Frankf., Hermannsche B.) 4 ℊ

s. Mart. Luther, kleiner Katechismus.

— s. Pauli Brief an die Römer.

– s. Psalmen.

— d. Psalmen zum Gebr. in sogen. Betstunden ꝛc. gr. 8. Altb. Rink. 800.

— — dies. gr. 8. Lpz. Hinrichs. 800.

— System der reinen populär-prakt. christl. Religions- u. Sittenlehre. 1r Thl. Religionslehre. gr. 8. Leipz. 820. Barth. 1 ℔ 18 g̃ 2r Thl. 1r Bd. d. Sittenlehre. 1e u. 2e Abthl. gr. 8. Ebd. 821. 4 ℔ 3 g̃

Reuß, Gerh., üb. den Unterschied der Gottheit Christi im Neuen Testament u. d. kirchl. Lehre v. d. Gottheit Christi, s.: Allotria, ernste.

Reuss, Gust., Května slovenska čili opis všech jevnosnubných na slovensku divorostaucích zahradních a mnohých žrostlin podlé saustavy De Candolle-ovy. S připojeným zrostlinářským názvoslovím, slovníkem a návodem k určitbě zrostlin podlé saustavy Linné-ovy vypracoval a vydal. gr. 8. (LXXV und 497 S.) Stávnici 853. (Prag, Kronberger'sche Buchh.) Thlr. *

— května Slovenska čili Opis všech Jevnosnubných na Slovensku divorostaucích a mnohých zahradních Zrostlin podlé saustavy De Candolle-ovy. S připojeným Zrostlinářským Názvoslovím, Slovníkem a Návodem k určitbě zrostlin podlé saustavy Linné-ovy. Schemnitz 853. (Wien, Wenedikt.) gr. 8. (LXXV, 496 S.) 3 ℛ.

Reuss, Gust., über silurische Schalsteine und das Eisenerzlager von Auval bei Prag. (Aus d. Sitzungsberichten d. k. Akad. d. W.) Wien 857. gr. 8. (18 S.) n. 4 ngr.

Reuß, Hans, aus Berlin: Die Cercarie und Sporocyste des Distomum duplicatum Baer. Mit 1 Taf. u. 1 Fig. im Text. *Leipzig: W. Engelmann 1903.* (22 S.) 8° ¶(Aus: Zeitschr. f. wiss. Zool., Bd 74, H. 3. — Ohne die Taf.)
München, Phil. Diss. v. 1903

Reuß, Hans, s.a. Fischerei-Kalender, deutscher.

Reuß, H.: Deutscher Fischerei-Kalender für das Jahr 1910. München 1909.

Reuß j. L., Prinz Heinrich XXVIII, der korrekte Diener. Handbuch f. Herrschaften u. deren Diener. gr. 8. (51 S. m. 9 Abb.) Berlin 900. P. Parey. Geb. in Leinw. n. 2. 50

Reuß j. L., Prinz Heinrich XXVIII., der korrekte Diener. Handbuch f. Herrschaften u. deren Diener. 2., neubearb. Aufl. (VII, 48 S. m. Abb.) 8. Berlin 908. P. Parey. Geb. in Leinw. 2. 50

v. Reuß, Fürst zu Graitz, Hnr., (Heinrich XIII.) († d. 12. Febr. 1799.) s. Gedanken v. d. Anwendung d. Richtung d. Kriegsvölker.

Reuss j. L., Prinz Heinrich XXXIII, der britische Imperialismus. (Diss.) (VIII, 168 S.) gr. 8. Berlin 905. O. Häring. n. 4. —

Reuß, Heinr., Kaiserbuch (Wilhem I.), s.: Rogge, Bernh.

Reuß j. L., Prinz Heinrich XXVIII., der korrekte Kutscher. Handbuch f. Equipagenbesitzer u. deren Kutscher. 8. (81 S. m. 50 Abbildgn.) Berlin 890. Parey. geb. n. 3. —

Reuß j. L., Heinrich XXVIII. Prinz, d. korrekte Kutscher. Handbuch f. Equipagenbesitzer u. deren Kutscher. 2., neubearb. Aufl. 8. (93 S. m. 51 Abb.) Berlin 897. P. Parey. Geb. in Leinw. n. 3. –

Reuß j. L., Prinz Heinrich XXVIII., der korrekte Kutscher. Handbuch f. Equipagenbesitzer u. deren Kutscher. 3., neubearb. Aufl. (VI, 87 S. m. 51 Abbildgn.) 8. Berlin 905. P. Parey. Geb. in Leinw. n. 3. —

Reuß, Heinr. Reise-Erinnerungen. 1593—1616, s. Schmidt, Berth.

Reuss, jüng. Linie, Heinrich III. u. Heinrich V. (Brüder), De tempestivitate aetatis humanae. Pars I. II. III. O. O. u. Jahr. 112 S. (6.—) 28432
Widm. v.: Johann Conrad Brotbequ.

Reuß, Hermann

Reuß, Hermann, Aufforderung und Anleitung zur Bekämpfung der Nonne aus rein praktischen Gesichtspunkten bearbeitet. Gr.-8. (48 S.) —.50
Wien: Perles 1892.

Reuss jun., H., die Baummesskluppe m. Registrirapparat u. Zählwerk zur Erleichterung der Bestandes-Massenaufnahmen u. zur Controle der Nutzholz-Abpostungen. gr. 8. (16 S. m. 1 Taf.) Prag 882. Rziwnatz in Comm. n. — 80

Reuß, H., die waldbaulich-wirthschaftliche Bedeutung der Bestandesgründung durch Pflanzung u. der Einfluß naturwidriger Ausführung der Pflanzungen auf die Bestandeszukunft (m. specieller Bezugnahme auf die Fichte). (Internationaler land- u. forstwirthschaftl. Congreß zu Wien 1890. Section VII. Forstwirthschaftl. Subsection a: Forstliche Production. Frage 101.) [Aus: „Centralblatt f. das gesamte Forstwesen".] gr. 8. (6 S.) Wien 890. (W. Frick.) n. 1. —

Reuß, Herm., die forstliche Bestandesgründung. Ein Lehr- u. Handbuch f. Unterricht u. Praxis. Auf neuzeitl. Grundlagen bearb. (XIV, 398 S. m. 64 Abb.) gr. 8 Berlin 907. J. Springer. 8.—; geb. in Leinw. n 9. 20

Reuss, Herm., über die nachtheiligen Einflüsse naturwidrig-misshandelnder Pflanzmethoden auf die Bestandeszukunft m. specieller Bezugnahme auf die Fichte. gr. 8. (46 S. m. Abbildgn.) Wien (901). (W. Frick.) n. 2. —

Reuß, Herm., juristische Examinatorien. 1—5. Bd. 8. Leipzig 880. 81. Roßberg. cart. n. 7. 20
1. Pandekten [m. röm. Erbrecht]. (VIII, 124 S.) n. 1. 50
2. Deutsches Privatrecht, Lehen-, Handels-, Wechsel- u. Seerecht; deutsche Rechtsgeschichte. (VI, 104 S.) n. 1. 20
3. Verfahren in bürgerl. Streitigkeiten; Verfahren in Strafsachen; deutsches Strafrecht. (VI, 133 S.) n. 1. 50
4. Katholisches u. protestant. Kirchenrecht; Institutionen u. röm. Rechtsgeschichte. (VIII, 103 S.) n. 1. 50
5. Allgemeines Staatsrecht; deutsches Reichsstaatsrecht; Nationalökonomie; Finanzwissenschaft. (VIII, 98 S.) n. 1. 50

Reuß, H., juristische Examinatorien. 1. Bd. 8. Leipzig 890. Roßberg. cart. n. 1. 80
Pandekten [m. römischem Erbrecht]. 2., umgearb. u. verm. Aufl. (VIII, 143 S.)

Reuß, H., Handausgabe der in Bayern giltigen allgemeinen Polizeistrafgesetzgebung, s.: Reger, A.

Reuß, Herm. (II.), heiraten und gut leben mit einer Mark täglich. Nach dem Engl. des Will. Couchman. 3. und 4. umgearb. Aufl. 12. (71 S.) Leipzig 885, Siegismund und Volkening. 60 Pf.; cart.

Reuß, Herm., heiraten u. gut leben m. e. Mark täglich. Nach dem Engl. des William Couchman. 6. umgearb. Aufl. 12. (71 S.) Leipzig (890). H. Hartung & Sohn. n. — 60

REUSS, Hermann: Zur Illustration der Folgennachtheile der Schälbeschädigung durch Hochwild im Fichtenbestande. - Wien 1900. 47 S., m. Abb., 4 Tab.

— zur Illustration der Folgennachtheile der Schälbeschädigung durch Hochwild im Fichtenbestande. Ueber Anregg. des Specialcomités f. Forstwirthschaft u. Holzhandel zur Veranstaltg. der Collectivausstellg. Oesterreichs in Gruppe IX der Weltausstellung in Paris 1900 vorf. gr. 8. (47 S. m. Abbildgn. u. 4 Tab.) Ebd. 901. n. 2. —

**Reuß, Hermann,** appr. Arzt: Das Abadie'sche Phänomen ⟨Druckanalgesie der Achillessehne⟩ ein Frühsymptom bei Tabes dorsalis? Eine krit. Kontrolluntersuchung aus d. Münchener med. Poliklinik. München 1908: Wolf. 35 S. 8°
München, Med. Diss. v. 4. März 1909, Ref. v. Bauer
[Geb. 30. Jan. 81 Ingolstadt; Wohnort: München; Staatsangeh.: Bayern; Vorbildung: Maximilians-Gymn. München Reife Juli 01; Studium: München 12 S.; Coll. 4. März 09; Approb. 15. Febr. 09.] [U 09. 3385

Reuß, Herm. (I.), der Rechtsschutz der Geisteskranken auf Grundlage der Irrengesetzgebung in Europa und Nord-Amerika. Mit den inländ. Gesetzen, dann den ausländ. im Orig.-Texte wie in Übersetzungen. gr. 8. (X, 352 S.) Leipzig 887, Roßberg'sche Buchh.

**Reuß,** Herm.: Der Rechtsschutz der Geisteskranken auf Grundlage der Irrengesetzgebung in Europa und Nord-Amerika. Mit den inländ. Gesetzen, dann den ausländ. im Originaltexte wie in Uebers. Leipzig 1888.

— Repetitorium des Handelsrechts, Wechselrechts u. Seerechts, s.: Schmidt, Ludw. Heinr.

Reuß, Herm., Repetitorium der Institutionen, | s.: Schmidt, Ludw. Heinr.
— Repetitorium d. Pandekten, |

— Repetitorium der äußeren römischen Rechtsgeschichte [Staatsrecht u. Rechtsquellen]. 8. (VIII, 120 S.) Leipzig 891. Roßberg. Kart. n. 1.60

Reuß, Herm. Repetitorium d. inneren röm. Rechtsgeschichte [Privat- u. Strafrecht]. 8°. (VIII, 116 S.) Lpz. 891, Roßberg. cart. * 1 80

— Repetitorium der inneren römischen Rechtsgeschichte [Privat- u. Strafrecht.] Leipzig 892.

— Repetitorium der deutschen Reichs- u. Rechtsgeschichte, s.a. Schmidt. Ludw. Heinr.

**Schmidt,** Repetitorium der deutschen Reichs- u. Rechtsgeschichte. 5. Aufl., bearb. v. **Reuss.** Leipzig 894.

Reuß jun., H., die Schälbeschädigung durch Hochwild, speciell in Fichtenbeständen. Ihre Ursache, ihre wirtschaftlich-finanzielle Bedeutung und die Mittel zu ihrer Abwendung. gr. 8. (X, 233 S.) Berlin 888, Springer. *

— die landwirtschaftliche Unfallversicherung nach dem Reichsgesetze vom 5. Mai 1886. Ein Vortrag. 8. (22 S.) Ansbach 889. Brügel & Sohn. — 30

—— das Unfallversicherungsgesetz vom 6. Juli 1884. Ein Vortrag. 8. (20 S.) Ansbach 886, Brügel und Sohn.

Reuss, Herm., Vegetarianismus und Socialwissenschaft. Ein Vortrag, gehalten in der Wolkenburg zu Cöln. 2. Aufl. Mit einem Anhang: Die Literatur des Vegetarianismus. gr. 8. (30 S.) Leipzig 878, Siegismund und Volkening. *
Die 1. Aufl. war nicht im Handel.

— die bayerischen Wassergesetze, s.a. Kulturgesetze, die bayerischen.

*Reuß, H.* Die bayer. Wassergesetze vom 28. V. 1852. Ansbach 1890.

— die bayerischen Wassergesetze. Mit Ergänzungsgesetzen, Vollzugsverlassen, Motiven, oberstrichterl. Erkenntnissen u. Erläuterungen hrsg. 2., verm. Aufl. 8. (X, 511 S.) Ansbach 896. C. Brügel & Sohn. Kart. n. 5.40

Reuss, Hermann (Seligenstadt)
Ueber das Wurstgift.
Giessen: Keller 1860. 34 S. + 2 Bl. Thesen.
Diss. med. 13.3.1860. vorh. 7. 11.

Reuß, H., die Zuchtwahl in der Forstwirthschaft. [Aus: „Centralbl. f. d. ges. Forstwesen".] (Internationaler land- u. forstwirthschaftl. Congreß zu Wien 1890, Hft. 137.) gr. 8. (5 S.) Wien 890. (W. Frick.) n. — 80

**Reuss,** I. C., s. Reuss, August Christian

Reuß, J. C. G., s. Macaulay, Alex., Wörterbuch der Medicin.

*Reuss*, J. L., u. H. C. M. Rettig, Ephemerides exegetico-theologicae etc. Fasc. I—III. 8. Giessen 824. (Heyer). 18 gr. Schrb. 1 ß

**Reuß,** Jenny, s. Reuß-Hoernes.

**Reuss,** Jeremias David

— Beschreib. merkwürd. Bücher auf d. Universitätsbibliothek zu Tübingen v. J. 1468 bis 1477 u. zweier hebr. Fragmente. 8. Tübing. 780. (Osiander). 8 gr.

— Beschreib. einiger Handschriften a. d. Universitätsbibliothek zu Tübingen, mit Kupf. 8. Tübingen, Heerbrand. 778.
Schreibp.

— Beschreib. einiger Handschriften auf d. Universitätsbibliothek zu Tübingen. Mit 2 Kpft. 8. Tübing. 778. (Osiander). 12 gr. Schrbp. 16 gr.

*Reuss*, Jerem. Dav., Conspectus Societatis Regiae scientiar. Gotting. 4maj. Götting. 809. Dieterich. 1 ß

-- **Jeremias David** (Rendsburg/Holstein), Diss. theol., qua systema doctrinae reformatorum de praedestinatione et gratia ad liberale et ingenuum examen revocatur; cuius partem hanc I. Präs. Jeremias Friedrich Reuss. Tübingen (Fues) 30. X. 1771. 60 S. (5.25) 28438

— das gelehrte England, od. Lexicon d. jetzt lebenden Schriftsteller in Großbritannien, Irland u. Nord-Amerika, nebst Verzeichniß ihrer Schriften v. 1770—1790. 2 Thle. gr. 8. Berl. 791. Nicolai. 1 Rthl. 6 gr — Dass. als Supplement v. 790—803. 2 Bde. gr. 8. Ebd. 804. 3 Rthl. 18 gr (A. u. d. engl. T.: Alphabetical Register of all the Authors etc. Mit e. Vorrede v. Geo. Forster).

Reuss, Jerem. Dav., Repertorium comment. a Societatibus litterariis editarum; secundum disciplinarum ordinem digessit etc. Tmi. I—XVI. 4maj. Götting. 801—21. Dieterich. 46 Rthl. 16 gr

— Repertorium comment. a soc. litter. VIII Tmi. 4. maj. Gott Dieterich. 802-10. (I. Historia naturalis et Zoologia. 5 Rthlr. II. Botanica et Mineralogia, 5 Rthlr. 8 gr. III. Scient. natural. Chemia et res metallica. 1 Rthlr. 8 gr. IV. Physica. 3 Rthlr. V. Astronomia. 5 Rthlr. 8 gr. VI. Oeconomia. 5 Rthlr. VII. Mathesis, Mechanica, Hydrostatica etc. 3 Rthlr. 16 gr. VIII. Historia. 4 Rthlr. 16 gr.)

* Reuss, J. D., Repertorium comment. a soc. litter. Tom. IX. Philologia et Artes. 4maj. Gottingae, Dieterich, 810.

— — id. lib. Tom. X. Scientia et ars medica et chirurgica. 4maj. ibid. 813.

Reuss, J. D., Repertorium commentationum a Soc. litter. edit. 4. Tom. XI. Materia medica. Pharmacia 1816 2 Rthl. 16 Gr. Tom. XII. Therapia generalis et specialis. P. 1. 1817. 2 Rthlr. 8 Gr. Tom. XIII et XIV et XV. Therap. gen. et spec. p. 2. 3. 4. 1818 u. 1820. p. 2. 4 Rthlr. p. 3. 3 Rthlr. 4 Gr. p. 4. 3 Rthlr. 8 Gr. Göttingen, Dieterich, 816—820.
(Tom. I. a XV, 45 Rthlr. 4 Gr.)

Reuss, (J. D.,) Repertorium Commentatt. a Soc. litter. edit. Tom. XVI. 4. Götting. 821, Dietrich. 1 Rthl. 12 gr. Tom. I—XVI.

— s. Samml. d. Instruct. d. span. Inquisitions-Gerichts.

Reuß, Jeremias Friedrich

THEOLOGISCHE ABHANDLUNGEN von der Wundergabe des hl. Geistes und der Rechtfertigung. Übers. durch Ernst Bengel. – Tübingen 1779.

— theolog. Abhandl. von d. Wundergaben d. heil. Geistes; aus d. Latein. v. Er. Bengel. 8. Tübing. 779. (Osiander). 16 gr

– Hrn Goßmann Friederich Köstlins erbauliche Abschiedspredigt ... samt zween SCHIEDENEN PREDIGTEN von Hrn Jeremias Friedrich Reuß. – Franckfurt & Leipzig 1751. 160 S. *(Vorrede; Copenhagen, 3. 1. 1737.)*

– – Annotationes quaedam practicae ad formam doctrinae scholasticoacroamaticam in articulo de justificatione. – Tubingae 1735.

– ANWEISUNG, wie Prediger und Seelsorger ihr Amt gewissenhaft führen sollen. Neue Aufl. – Tübingen 1769.

– – **Jeremias Friedrich** (Präs.), De auctore Apocalypseos. Diss. theol. Tübingen (Fues) Nov. 1767. 82 S. (5.50) 28439
Defendent: David Bernhard Sartorius (Bebenhausen), Johann Georg Pfeiffer (Bulingen), Johann David Loeffler (Stuttgart, Heinrich Christoph Koebel (Stuttgart), Johann Christoph Osiander (Niero-Sulz), Johann Wilhelm Volz (Thieringen.)

Reuß, Jer. Fr. H., Aeußerungen d. Zutrauens der Rechts- u. Vaterlandsliebe, üb. den würtemberg. Verfassungs-Entwurf v. 3. März 1817, verglichen mit dem des ständ. Gemité vom Jahr 1816. gr. 8. Reutl. 807. Litt. Compt. (Mäcken). 20 gr

— Beitrr. zu e. Methodologie d. latein Elementarunterrichts, als eine Zugabe f. die Lehrer zu dessen latein.-deutschen Elementarübungen. gr. 8. Stuttg. 812. Steinkopf. 18 gr

– DE CANONE HERMENEUTICO, quo scripturam per Scripturam interpretari jubemur. Resp.: Gottlieb Jakob Planck. – Tubingae 1774.

– DECENTIA RESTABILITIONIS generis humani ex idea entis summi et mundi physici ac pneumatici rationaliter explicatur. Resp.: Georg Friedrich Griesinger. – 1758.

– DENCKMAL DER LIEBE FÜR HORRHEIM, Oder Eine Predigt Welche über die zwey Worte Des Sterbenden Erlösers: Vater! vergib ihnen, dann sie wissen nicht, was sie thun; und; Wahrlich, ich sage dir, heute wirst du mit mir im Paradiß seyn. Am Char-Freytag Ao. 1732. gehalten, und hernach zum Druck überlassen worden von M. Jerem. Frid. Reuß. – Tübingen: Ebert 1732. 63 S.

– DISSERTATIO exegetica qua insigne de Christo oraculum Esaj. 52,13–53,12 illustratur. – Resp.: Gottlob Christian Storr. – Tubingae 1768.

– DISSERTATIO qua ex vaticiniis ipsius Christi insigniter impletis, probatur religionis Christianae veritas. Resp.: Ludwig Christoph Steinhofer. – Tubingae 1768.

– DISSERTATIO theologica qua systema doctrinae Reformatorum de praedestinatione et gratia ad examen revocatur. T. 1. 2. Resp.: Jerem. Dav. Reuß u.a. – Tubingae 1771.

– DISSERTATIO theologico-exegetica qua oraculum illustre Zach. 6,12.13. explanatur. Pars 1–3. Resp.: Ernest. Bengel. Joh. Georg Bauder u.a. – Tubingae 1758.

– DISSERTATIONES TUBINGENSES. 1. 2. – o.O. u.J.

Reuss, J. F., de donis Sp. S. miraculosis, praecipuo pro veritate doctrinae apost. argumento. Tubing. 1768. 4.

– DE DONIS SPIRITUS SANCTI MIRACULOSIS, ut praecipuo pro veritate doctrinae apostolicae argumento. P. 1. 2. [3.] Resp.: Jo. Alb. Burk u.a. – Tubingae 1768 bis 1769. [15 (T. 2), 21, 27 (T. 2).

– DE ECCLESIA RUTHENICA. Dissertatio. – Tubingae 1752. [21.

– – Dissertatio theologica de ecclesia Ruthenica, quam juvante deo praeside Jerem. Frider. Reussio, Diebus Novembr. 1762 publice defendent M. Georgius Fridericus Faber u.a. – Tubingae: Sigmund 1762. 48 S.

– ELEMENTA THEOLOGIAE MORALIS, quibus, quae ad rectam pie beateque in Christo Jesu vivendi rationem pertinent, generatim exponit D. Jerem. Frider. Reuss, Cancellarius Tubingensis. – Tubingae: Berger 1767. 616 S.

— elem. theologiae moral. 8. Tub. Heerbrand. 767.

— elementa theologiae moralis. 8. Tübing. 767. (Osiander). 20 gr

— latein.-deutsche Elementarübungen. 1r Cursus. gr. 8. Tübing. 812. 2e A. 814. 3e A. 823. v. Cotta. 16 gr 2r Curs. gr. 8. Ebd. 812. 2e Aufl. 820. 20 gr

Reuß, Jer. Fr. H., lateinisch-deutsche Elementar-Uebungen für das Knabenalter. I. Curs. Uebung der Declinationen u. Conjugationen und der zu ihrer Anwendung gehör. Grundregeln. 3e Ausg. Verm. u. mit e. Vorrede u. Register rc. gr. 8. Stuttgart 833. v. Cotta. 2/3 Rthl. — II. Curs. Die durch die Declinations- u. Conjugations-Praxis begründ. weiteren Uebungen, welche dem Lesen d. römischen Classiker vorangehen müssen. 2e Ausg. rc. gr. 8. Ebd. 820. 5/6 Rthl.

— Register der in den latein.-deutschen Elementarübungen vorkommenden Grammatikalien, Wörter u. Sachen, nebst Erklär. der im Buche fehlenden Wörter u. 22 Tabellen. gr. 8. Stuttg. 813. Steinkopf. 6 gr

— etwas f. Verbesserung d. vorbereiteten theolog. Seminarien in Würtemberg, od. Beitr. z. Beantwort. d. Frage: Wie ist die Vorbildungsanstalt f. 14 bis 18jähr. Würtemberger einzurichten, welche zu evangel. Geistlichen bestimmt 2c. gr. 8. Stuttg. 818.

– PROGRAMMA de frigore in Incarnationis mysterio ex sapientiae morbo, quo cives academici ad pie celebrandum festum Domini nostri natalitium invitabantur. – 1760.

**Reuß**, Jeremias Friedrich (Hrsg.), s. Gesangbuch, Holsteinisches. 1752.

– DE GRATIA SPIRITUS SANCTI applicatrice in genere. Resp.: Tobias Ferd. Mohr. – Tubingae 1760. 44 S.

[–] ZWÖLF HIRTEN-BRIEFFE eines Kirchen-Inspektoris an die Prediger seiner Inspection nach gehaltener Kirchen-Visitation. – Copenhagen & Leipzig: Preuß 1741. 92 S. *(vermutlich von Jeremias Friedrich Reuß.)*

– DE ILLUMINATIONE. Resp.: Joan. Godofr. Maier. – Tubingae (1764).

– DIE LEHRE VON DER RECHTFERTIGUNG in vier Predigten vor der Hohen Königlich-Dänischen Herrschaft abgehandelt, und auf allergnädigsten Befehl aus Liebe gestellet von Jeremias Friedrich Reuß. – Leipzig: Mumme, Buchh. in Copenhagen 1737. 169 S.

– DIE LEHRE VON DER RECHTFERTIGUNG, in vier Predigten abgehandelt. – Leipzig 1739.

– DIE LEHRE VON DER RECHTFERTIGUNG, in vier Predigten vor der Hohen Königlich-Dänischen Herrschaft abgehandelt und auf allergnädigsten Befehl ans Licht gestellet von Jeremias Friedrich Reuß, Königl. Hofpredigern und Professor Theol. Ordinar. 2. Aufl. – Leipzig: Mumme, Buchh. in Copenhagen 1747. 176 S.

— d. Lehre v. d. Rechtfert. in Predigten. 8. Nrnb. (Christiani in Schleswig.) 747.

— die Lehre v. d. Rechtfertignng, in 4 Predigten. 8. Flensburg 769. Korte. 3 gr

– THEOLOGIAE PROPHETICAE PRIMAE QUAEDAM LINEAE. Resp.: Joh. Henr. Steinweg. – Tubingae 1763. 48 S.

– – Göttingen 1763.

– REGIA JESU CHRISTI DOMINI MAJESTAS. Resp.: Johann Samuel Herbort. – 1765.

– MELETEMA DE SCYLLA QUADAM philosophiae recentioris in lucem publicam editum a Jeremia Friderico Reuss. – Hafniae 1737.

– – Göttingen 1737.

– MONUMENTUM DOCTRINAE DE SALVATORIS NOBIS NATI DIVINITATE. – Tubingae 1759.

– ORATIO ... QUA MONUMENTUM DOCTRINAE SALVATORIS NOBIS NATI DIVINITATE DECLARAVIT. – Tubingae 1763.

– PROGRAMMA de notione σωτηρος; ejusque vindiciis. – Tubingae 1772.

— — De oeconomia qua in docendo ipse etiam dominus usus esse dicitur. Disquis. theol.-hermeneutica. Tübingen (Fues) Nov. 1773. 48 S. (4.75) 28440
Defendent: Christian Gottlob Pregizer (Stuttgart), Eberhard Joseph Eidenbenz (Münching), Carl Friedrich Brech (Mundelsheim), Joh. Christoph Winter (Siglingen.)

– D. Jeremiae Frid. Reuss, Cancellarii Tubingensis OPUSCULA varii generis theologica, passim emendata, haud paucis in locis aucta. – Fasc. 1. 2. – Tubingae: Berger 1768–1770. 438, 436 S.
*Bd 1:*
*1.* Dissertatio theologico-exegetica, qua oraculum illustre Zach. 6.12.13. explanatur (S. 1–156).
*2.* Dissertatio critico-theologica de auctore apocalypseos (S. 157–260).
*3.* Dissertatio historico-theologica de ecclesia Ruthenica (S. 261–382).
*4.* Programma, quo domino et salvatori nostro, Jesu Christo, divina sua, contra novos Arianos gloria asseritur (S. 383–438).
*Bd 2:*
*5.* Dissertatio theologica de gratia spiritus sancti applicatrice primum in lucem edita A. 1760. Mense octobr. (S. 1–76).
*6.* Dissertatio theologica de divina vocatione hominum ad salutem. In lucem edita primum A. 1761. Mense nov. (S. 77–166).
*7.* Programma, quo cives academici ad pie celebrandum festum domini nostri natalitium invitabantur. A. 1760 (S. 167–276).
*8.* Dissertatio theologica de illuminatione. Conscripta et in lucem edita A. 1764 (S. 277–381).
*9.* Oratio, die natali regis Christiani VI. dicta Hafniae, d. 30. Nov. A. 1739 (S. 385–436).

— opuscula varii generis theologica etc. II. Tom. 8. Tübing. 768 u. 70. (Osiander). 1 ꝑ

— Oratio de divinitate Salvatoris nobis nati. 4. Tübing. 759. Osiander. 2 gr

– DE PERIODIS OECONOMIAE DIVINAE SCRIPTURARIIS. Resp.: Karl Friedrich Harttmann. – Tubingae 1766.

– EINE PREDIGT VON DER ERHÖRUNG DES GEBETS. – Copenhagen 1741. *(wieder abgedruckt in: Reuß: Sammlung heiliger Reden, 1743, S. 309–366.)*

– ETLICHE PREDIGTEN ÜBER EINIGE GRUND-STÜCKE DES CHRISTENTHUMS. Vor der Königlichen Herrschafft gehalten. Und auf Allergnädigsten Befehl ans Licht gestellet Von Jeremias Friedrich Reuss, Königl. Hoff-Prediger und Prof. Theol. ord. – Copenhagen: Paull 1737. 244 S.

— etl. Predigten üb. einige Grundst. d. Christenth. 8. Nrnb. 737.

– Jeremias Friedrich Reuß, jezo der Universität Tübingen Canzlers PREDIGTEN, EHEMALS IN KOPENHAGEN VOR DER KÖNIGLICHEN HERRSCHAFT GEHALTEN. Neue Ausg. Bd 1. 2. – Tübingen: Berger 1759. 468, 536 S.

— Predigten in Copenh. vor d. königl. Herrsch. geh. 2 Thle. 8. Tüb. Heerbrand. 759.

— Predigten in Kopenhagen vor d. Königl. Herrschaften gehalten. 2 Thle. 8. Tübing. 759. (Osiander). 1 ꝑ 4 gr

– Dissertatio DE PRINCIPIO RATIONIS SUFFICIENTIS. – Tubingae 1723.

– DE PROTHESI AEONUM fundamento doctrinae de Christo et Ecclesia ex Eph. 3,2. Resp.: Christian Theophil Krafft. – Tubingae 1766. [15, 21.

– QUAESTIO: an ex vaticiniis V.T. probari possit futura generalior Judaeorum conversio? Resp.: Jos. Frid. Schilling. – Tubingae 1761.

Die rechten Quellen einer gott-gefäll. Jubelfreude, wie sie an dem von Friedrich V. wegen der nun seit 300 Jahren fortgedauert. Regierung des oldenburg. Stammes angeordneten grosen Jubelfest, den 28. Oct. 1749. in der Domkirche zu Schleßwig vorgestellet worden durch Jeremias Friderich **Reuß**. — Hamburg: Martin 1750. 64 S. 8° (4°)

– DIE RECHTEN QUELLEN EINER GOTT-GEFÄLLIGEN JUBELFREUDE: wie sie an dem, zum Preis der göttlichen Gnade, von Ihro Königl. Majestät, unserem Allergnädigsten Erbkönige und Herrn Friderich dem Fünften wegen der nun seit 300 Jahren in ununterbrochener Erbfolge fortgedauerten Königlichen Regierung des Höchst gesegneten Oldenburgischen Stammes, allergnädigst angeordneten grosen Jubelfest den 28. Octobr. 1719. in der Domkirche zu Schleßwig vorgestellet worden von Jeremias Friedrich Reuss, S. Th. D. Königl. Ober-Consistorial-Rath und General-Superintenderten. – Hamburg: Martini 1750. 64 S.

Reuß, Jer. Fr. l., († d. 6. März 1777.) die rechten Quellen einer Gott gefälligen Jubelfreude. 8. Hamb. 751. Martini. 4 xr

– DE LIBERALI simul vero etiam recta dicta N.T. de mortis Christi vi et effectu INTERPRETANDI RATIONE. Resp.: Phil. Frid. Jaeger u.a. – Tubingae 1774–1775.

– DE RECTA RATIONE INTERPRETANDI dicta N.T. de malis spiritibus. Resp.: Carl Vict. Hauff u.a. – Tubingae 1776. 60 S.

– DE RECTA RATIONE MODOQUE, divinam scripturae sacrae originem et auctoritatem PROBANDI. Resp.: Ludov. Theophil. Uhland u.a. – Tubingae: Fues 1772. 58 S.

Reuß, J. Fr., Rede z. Säcular-Feier d. Augsburg. Confession, am 27. Jun. 1830, im Namen d. K. Seminars Blaubeuren im Chor d. Klosterkirche gehalt. 8. (2¼ B.) Stuttgart 830, [Beck u. Fränkel.]

– REDEN BEI EINEM THEOLOGISCHEN DOCTORAT. – in: Academische Reden, welche ... auf der hohen Schule zu Tübingen bey einem theologischen Doctorat den 26ten October 1770 gehalten worden. – Tübingen: Fues (1770).

– Jeremias Friderich Reussen, General-Superintendenten der Herzogthümer Schleßwig und Hollstein, Ober-Consistorialrath und Ober-Hof-Prediger in Coppenhagen HEILIGE REDEN UBER DIE WICHTIGSTE GRUNDSTÜCKE DES CHRISTENTHUMS. – Ulm: Gaum 1757. 160 S. *(Vier Predigten.)*

—heil. Reden üb. Grundstücke d. Christenthums. 8. Ulm 754. Stettin. 8 xr

Reuss, Jeremias Friedrich [Praes.], s. R e u s s, Jeremias David: Diss. theol., qua systema doctrinae reformatorum de praedestinatione et gratia ad liberale et ingenuum examen revocatur; cuius partem hanc I.

– Jeremiä Friederich Reuß SAMMLUNG HEILIGER REDEN, Welche über verschiedene Texte heiliger Göttlicher Schrifft vor Hoher Königl. Dänischer Herrschafft zu unterschiedenen Zeiten gehalten, und auf allergnädigsten Befehl zum Druck übergeben worden. – Nürnberg & Leipzig: Creutz 1743. 366 S.

– ZWEYTE SAMMLUNG HEILIGER REDEN. – Nürnberg & Leipzig 1748.

Reuß, J. F., zwey Sammlungen heiliger Reden. 8. Nürnberg. 742. 48. Rthlr.

– DE SENSU SEPTEM PARABOLARUM Matth. 13 Prophetico. Resp.: Heinrich Gultzau. – Hafniae 1733.

– – Jena 1734.

Reuss, Jeremias Friedrich [Praes.], s. S i g e l, Joseph Friedrich: De ecclesia Ruthenica.

Reuss, Jeremias Friedrich [Praes.], s. S t e i n w e g, Johann Heinrich: Theologiae propheticae primae quaedam lineae.

Reuß, Jeremias Friedrich (Hrsg.), s. S t r e s o w, Conrad Friedrich: Hauspostill . . . .

– EIN STÜCK DER LEHRE VOM GEBET, wie es aus Jac. 4,2.3. In einer Predigt Vor der Hohen Königl. Herrschafft vorgetragen worden; Auf Allergnädigsten Befehl ans Licht gestellet von Jerem. Frid. Reuss. Königl. Hoff-Pred. – Copenhagen 1739: Auf Jacob Preussens Kosten. 48 S. *(wieder abgedruckt in: Reuß: Sammlung heiliger Reden, 1743, S. 263–308.)*

– THESES DE SCYLLA QUADAM philosophiae recentioris. Resp.: Paul Lakiner. – Göttingen 1737.

– TRAUERREDE [lat.] auf die Frau Markgräfin, Sophia Christiana zu Culmbach, Schwiegermutter des Königs, Christian VI. gehalten am 23.Sept. 1737. – in: Dänische Bibliothec Stück 2, 1738, S. 457ff.

– – Schediasma de usu experientiae spiritualis in scripturarum interpretatione. – Frankfurt & Leipzig 1735.

– DE SPURIO USU PAEDAGOGICO RELIGIONIS NATURALIS. Resp.: Ludwig Timotheus Spittler. – 1775.

– DE VARIO USU VOCIS πνεῦμα in scriptis Nov. Test. Resp.: Ludwig Friedrich David Eberhard Georgii. – Tubingae 1776.

R e u s s, J. F., relig. chr. veritas, ex vaticiniis Chr. insigniter impletis probata. Tub. 1768. 4.

– DIE RECHTE VERSICHERUNG VON DER VERGEBUNG SEINER SÜNDEN, wie sie in einer Predigt erwogen worden: auf Allergnädigsten Befehl ans Licht gestellet von Jerem. Frid. Reuss. Teutschen Hoff-Prediger am Königlichen Dänischen Hofe. – Copenhagen: Buchdr. des Königl. Waysen-Hauses 1737. 64 S.

– DIE VERSIEGELUNG DER GLÄUBIGEN MIT DEM HEIL. GEIST; In einer Predigt vor der Hohen Königlichen Herrschafft vorgestellet, Und auf Allergnädigsten Befehl zum Druck gegeben, Von Jeremias Friedrich Reuss, Königl. Hoff-Prediger, und Profess. Theolog. Ordinar. – Copenhagen 1740: Auf Jacob Preussens Kosten. 48 S. *(wieder abgedruckt in: Reuß: Sammlung heiliger Reden, 1743, S. 217–262.* –

– VERTHEIDIGUNG DER OFFENBARUNG JOHANNIS gegen Semler den berühmten Hallischen Gottesgelehrten Herrn D. Semler. Von D. Jeremias Friedrich Reuß, Canzlern in Tübingen. – Frankfurt & Leipzig: Berger 1772. 438 S.

— Verth. d. Offenb. Joh. gegen Semmler. 8. Tüb. Heerbrand. 772.

—Vertheidigung d. Offenbarung Johannis gegen Semler. 8. Tübing. 772. (Osiander). 18 xr

– Dissertatio DE DIVINA VOCATIONE HOMINUM AD SALUTEM. – Tubingae (1761).

– EINE VORLESUNG VON DEM EIGENTLICHEN ZWECK DER GÖTTLICHEN OFFENBARUNG und der Lehre Christi. am 30. Oct. 1767 in Sr. Herzoglichen Durchlaucht höchster Gegenwart gehalten. – [1767.]

Reuss, Jeremias Friedrich [Praes.], s. W a r t h, Johann Friedrich: De ecclesia Ruthenica.

Reuss, Jeremias Friedrich [Praes.], s. W o l f f, Georg Friedrich: De ecclesia Ruthenica.

Reuss, Jeremias Friedrich [Praes.], s. Z i e g l e r, Wolfgang Jakob: Theologiae propheticae primae quaedam lineae.

Reuß, J. F., kurze Zusammenstellung d. latein. Declinationen, Pronomina, Zahlwörter, Conjugationen u. Präpositionen. Ein Anh. zu d. latein.-deutschen Elementarübungen. gr. 8. (3 B. u. 1 Tab.) Carlsruhe 838, Braun'sche Hofbuchh. *

Reuß, Jg., kurze Vergleichung d. Eisenbahn im Großhrzgth. Baden mit jenen in Rheinpreußen u. d. Königr. Belgien, nebst techn. Bemerkn., Nachrichten u. Tabn. Erstere betreff. gr. 8. (1¾ B. u. 2 Stnt.) Heidelberg 840, C. F. Winter.

Reuß, Jh., Betrachtt. üb. das Beichtweisen. 8. Nürnb. 787. Grattenauer. 5 xr

— Predigten üb. die Sonn- u. Feiertags-Evangelien. 4. Nürnb. 790. (Korn in Fürth). 20 xr Schrbp. 1 fl

— s. Samml. auserlesener Morgen- u. Abend-Gebete.

Schulwandkarte vom Kreis Eckernförde, bearb. u. gez. v. J[ohann] Reuss. 1 : 28000. Leipzig. o. J. 6 Bl. Groß-Fol. Buntdruck.

—Unterhaltungen f. die Passionszeit üb. die Leidensgesch. Jesu. 2 Thle. 8. Nürnb. 805, G. Schneider u. W. 1 fl 4 xr

Reuß, Jh. Aug., Beitrr. z. neuesten Geschichte d. reichsgerichtl. Verfassung u. Praxis, mit literar. Nachrr. 3 Bde. 8. Ulm 783—90. Stettin. 2 ℛ

—Deductions- u. Urkunden-Sammlung; ein Beitr. z. deutschen Staatskanzlei. 15 Bde. 8. Ulm 785—99. Stettin. 7 ℛ 20 ℊ

— s. Gutachten d. Würtemberg. Regier.-Raths-Collegiums.

— **Johann August** (Marbach), De interdictis exportationis frumentorum territorialibus. Diss. jur. publ. German. Präs. Gottfried Daniel Hoffmann. Tübingen (Fues) Juli 1772. 36 S. (4.50) 28441

Reuss, Johann August [Praes.], s. M o h l, Benjamin Ferdinand: De juribus atque obligationibus specialium Germaniae rerum publicarum inter se in exercenda jurisdictione criminali obviis.

**Reuss, J. A.:** Comment. jur. publ. de munitione viarum publ. (vulgo Chausséebau) tam territor., quam circul. *Tub.*, Cotta. 782. 4. (12 Gr.)

**Reuss, J. Ang.:** Ueb. d. Rechtssache d. Frhrn. v. *Moser* mit d. Landgrafen zu Hessen-Darmst. *Stuttgart*, Metzler. 788. 4. (9 Gr.)

— üb. die Rechtssache d. Frhrn. v. Moser mit d. Landgrafen v. Hessen-Darmstadt. 4. Stuttg. 789. Metzler. 9 ℊ

— deutsche Staatskanzlei, od. Fortsetz. d. Fabrischen Staatskanzlei. 39 Thle. 1783—800. 8. Ulm, Stettin. 20 ℛ 4 ℊ Jahrg. 1799, od. 3 Bde. 8. Ebd. 800. 6 ℛ Jahrg. 1800. 6 Bde. 8. Ebd. 802—3. 3 ℛ 12 ℊ Jahrg. 1801. 3 Bde. 8. Ebd. 803 u. 4. 2 ℛ 31 ℛ 16 ℊ

— Staatsschriften üb. die Lütticher Revolutions- u. Executionssache. 2 Bde. 8. Ulm 790 u. 91. Stettin 1 ℛ 4 ℊ

— — **(Präs.), (Stuttgart),** Theses de revisione sententiarum cameralium ejusque Cum Visitatione Camerali Nexu. Publ. defendent respondentes. Stuttgart (Cotta) 11. XII. 1778. (4.75) 28442
Respond.: Philipp Christian Friedrich von Normann, Wilhelm Friedrich Carl Bregenzer (Alto-Asp.), Johann Friedrich Schmidlin (Stuttgart), Carl Eberhard Waechter (Stuttgart), August Friedrich Baz (Regensburg), Wendelin Billinger (Stuttgart), Georg Friedrich Boigeol (Montisbel.), Ludwig Friedrich Johann Grub (Stuttgart).

Reuß, Jh. Cph., († d. 19. Febr. 1822.) das Theuerungs- u. Nothjahr v. d. Erndte 1816 bis z. Erndte 1817, besond. f. die Bezirke Wunsiedel, Selb — beschrieben. 8. Wunsiedel 819.

**Reuss,** Jh. Evangel., († 1784.) institutiones oratoriae ad usus tironum rhetorum accommodatae. 8. Augsb. 773. (Wolf). 9 ℊ

Reuß, Johannes Jodocus: Abhandlung über die äußerliche Anwendung des kalten Wassers zur Mäßigung des Fiebers und über die Anwendung des kalten Wassers als Arzneymittel überhaupt. S. 51-122. gbd.

Berlin: Reimer 1822
(J.prakt.Arzneykd u.Wundarzneykunst, Suppl. 1822.)

JB 6.046/Suppl.1822

Reuss, Johannes Jodocus: Das Fleckenfieber oder die Kriegspest, mit einem Anhange von der Heilung und Verhütung der Rinderpest. 445 S., gbd.

Aschaffenburg: mit Elz'schen Schriften 1814
(Reuss, J.J.: Wesen der Exantheme... Th.1)

JB 5.137/1

Reuß, Jh. Jodoc., selbstständige exanthemische Form u. Identität des ansteckenden Fleckenfiebers mit d. oriental. Pest. Nachtrag z. ersten Theil d. Werkes: Wesen d. Exantheme. gr. 8. Nürnb. 815. Riegel u. W. 1 ℛ 4 ℊ

— — selbstständige exanthemische Form und Identität des ansteckenden Fleckenfiebers mit der oriental. Pest. Nachtrag zum ersten Theil des Werkes: Wesen der Exantheme. gr. 8. Ebend. 818.

— s. J. Rehmann, Anzeige u. Mittel.

**Reuss, Joh. Jodoc., die medizin. Systeme u. Heilmethoden d. neuest. Zeit, in Bezieh. auf d. Fragen: Ist d. Heilkunst e. wissenschaftl. Behandl. nach einem Prinzip fähig? inwiefern? u. welches ist das in dies. Hinsicht aufzustell. Prinzip? Kritisch bearb. u. dargest. gr. 8. (31 B.) Stuttgart 831, Cotta.** Thlr.

Reuss, Johannes Jodocus: Wesen der Exantheme mit Anleitung, alle pestartigen Krankheiten einfach, leicht, geschwind und sicher zu heilen, und ihre Ansteckungs-Fähigkeit zu schwächen und zu vernichten.

Aschaffenburg: mit Elz'schen Schriften 1814
Th.1: Reuss, J.J.: Das Fleckenfieber oder die Kriegspest, mit einem Anhange von der Heilung und Verhütung der Rinderpest. 1814

JB 5.137

**Reuß, Jh. Jodocus, das Wesen der Exantheme. 1r Thl. das Fleckenfieber od. die Kriegspest. gr. 8. Nürnb. 814. (Riegel u. W.) 2 ℛ 2r Thl. Wesen d. Exantheme mit Anleit., alle pestart. Krankheiten einfach u. geschwind zu heilen. gr. 8. Ebd. 816. 3 ℛ 3r Thl. enth. das Scharlachfieber, die Masern, den Keuchhusten, die unächten Pocken u. Rotheln. gr. 8. (Ebd.) 818. 2 ℛ 8 ℊ**

**Reuss, K.** Strassburg im 30jährigen Kriege 1618–48. Fragment aus der Strassburger Chronik des Malers J. J. Walther. (41) 4. Strassburg 1879. 1,90.

Reuss, Karl

**Reuss, Carl, die Beschädigung der Vegetation durch Rauch und die Oberharzer Hüttenrauchschäden, s. Schroeder, Jul.**

Reuss, K. De Lycurgi quae fertur agrorum divisione. XIV S.
**Progr.** G. *Pforzheim* 1878.

**Reuss, Karl, Karte des nordwestlichen Harzes. Unter Benutzung der Revier- und Generalstabskarten nach eigenen Messungen bearb. 1 : 40,000. Chromolithogr. Imp.-Fol. Goslar 886, Koch.** *
**Auf Leinw. in Futteral** **

**Reuss,** Carl, Rauchbeschädigung in dem v. Tiele-Winckler'schen Forstreviere Myslowitz-Kattowitz. Insbesondere Ermittlg., Bewerthg. u. Vertheilg. des Rauchschadens. m. 2 Karten. gr. 4. (IV, 236 S.) Goslar 893. J. Jäger & Sohn n. 16. —

Reuss, Carl, Rauchbeschädigung in dem gräfl. v. Tiele-Winckler'schen Forstreviere Myslowitz-Kattowitz. Nachtrag zu d. Werke gleicher Bezeichng. v. J. 1893 u. Entgegnung auf d. Schrift „Waldschäden im oberschles. Industriebezirk etc. Eine Rechtfertigg. d. Industrie gegen folgenschwere falsche Anschuldiggn. v. B. Borggreve", sow. Widerlegg. einiger v. and. Seite gegen mein Werk „Rauchbeschädigg. pp. 1893" erhob. Einwände m. 1 Karte. gr. 4. (61 S.) Goslar 896. F. Jäger. n. 1. 60 (Hauptwerk u. Nachtrag: n. 17. 60)

Reuss, K. [Prof. Dr.]: Die Stellung des Max Piccolomini in der Wallensteindichtung. *Pforzheim* (1889); 15 S. 4°
Pforzheim, G, P 1889 (581)

Reuss, Karl: Lateinische Stilübungen im Anschlufs an Livius und Tacitus. 4 (14 S.). **Progr.** Grofsh. G. *Pforzheim* 1898 (644).

**Reuss**, Karl, Dr., Prof.: Lateinische Stilübungen im Anschluss an Cicero und Tacitus. *Pforzheim 1900: F. Hamberger.* (14 S.) 4°
Pforzheim, grossh. G, MP 1900 (659)

**Reuss, Karl**: Lateinische Stilübungen im Anschluss an Livius und Tacitus. *Pforzheim 1898: F. Hamberger.* (14 S.) 4°
Pforzheim, grossh. G, MP 1898 (644)

Reuss, Carolus: De coniunctionum causalium apud Tacitum usu. [P. 1.] Halis Saxonum 1876: Ploetz. 42 S. 8°
Halle-Wittenberg, Phil. Diss. v. 9. Aug. 1876
Geb. Schloss-Beichlingen (Kr. Eckartsberga) 5. 5. 1852. V.
Verf. erlebte das goldene Dr.-Jubiläum 1926 als Professor, Studienrat a. D. in Eilenburg, verzichtete aber 1927 auf Diplomerneuerung.

Reuss, Karl Friedrich

REUSS, Carl Friedrich: Dictionarium botanicum, oder botanisches lateinisches und deutsches Handwörterbuch für Aerzte, Kameralisten, Apotheker, Spezereyhändler, Kräuterkenner, Blumisten, Oekonomen, Gärtner, Fabrikanten nach dem Linnäischen System. - Leipzig 1781. Lat. -dtsch. Tl. : 1 Alph., 1/2 Bg. - Dtsch. -lat. Tl. : 1 Alph., 8 Bg. - Dictionarium botanicum ... nebst einem vermehrten Anhang von weitern deutschen Pflanzenbenennungen, und ein Verzeichniß von Pflanzen nach ihrer unterschiedlichen Blühezeit. ebd. 1786. 6 Bg.

**Reuß, Karl Jos., s. Pindaros, zweite Olympia.**

**Reuß**, Kurt, der Messias der Juden. Ein Appell an d. deutsche Volksgewissen. 4., verb. Aufl. gr. 8. (IX, 63 S.) Gera 896. J. Becker. n. 1. —

— Schwerthiebe! Drei Serien Kampfsonette. gr. 8. (46 S.) Ebd. 898. n. 1.

— s.: Thing! K. Reuß in öffentl. Audienz beim deutschen Kaiser.

— Karl L. Ferd. Das Leben Bischof Theodorich I. von Metz. Ein Beitrag zur Geschichte der Ottonen. 49 S. *Eilenburg* 1882. **Progr.**

**Reuß, L.**, die würdigsten Empfindungen, die e. hoffnungsvolles Staatsgesetz in d. Brust jedes braven Hessen erwecken muß. Pred. am Feste d. neuen Staatsverfassung, gehalt. am 9. Jan. 1831. 8. (1¼ B.) Hanau, Edler.

**Reuß, L., Entgegnung auf den Artikel d. Herrn Forstdirektors Jäger, [Allg. Forst- u Jagd-Zeitg. Juni 1870.] den Zustand u. die Bewirthschaftg. der fürstl. Wittgensteinschen Forsten betr. gr. 8. (40 S.) Hannover 871. Rümpler. — 30**

— über **Entwässerung der Gebirgswaldungen.** gr. 8. (16 S.) Prag 874. Rziwnatz in Comm. n. — 40

**Reuß, L.**, die Lärchenkrankheit. Wesen, Ursache u. forstliche Bedeutung. Hannover 870. Rümpler. gr. 8. (75 S.) 15 ngr.

**Reuß, L.**, Morgen- u. Abendgespräche der Seele mit Gott. Nebst einer Einleitung in eine vernunft- u. schriftmäßige Ansicht des Gebets. gr. 12. Hanau 834. König. ⅓ ₰

— wie e. Volk sich verhalten müsse in einer f. seine Staatsverfassung bedenkl. Zeit. Pred. üb. Psalm 75, am Jahrestag d. Verfassungsfestes, d. 8. Jan. 1832 in d. Johanniskirche zu Hanau. 8. (1 B.) Hanau, König.

Reuss, Leofrid

*Reuß, L.* Aufsichtsrecht im Versicherungslexikon nebst Ergänzungsband von *Manes.* Tübingen 1909 und 1913.

**Reuss**, Leofrid, Rechtspraktikant aus Würzburg: Die **Haftung** Dritter nach bayerischen, preussischen und Reichs-Strafgesetzen. *Würzburg 1900: H. Stürtz* (auf d. Umschl.: *Verl. v. Gnad & Co.*) (IX, 225 S.) 8°
Würzburg, Jur. Diss. v. 1900

Reuss, Leofrid, die Haftung Dritter nach bayerischen, preussischen u. Reichs-Strafgesetzen. gr. 8. (IX, 225 S.) Würzburg 900. Gnad & Co. n. 3. —

**Reuß, Leop.**, Fauna d. Unter-Donaukreises, od. gemeinnütz. Naturgeschichte der im Unter-Donaukreise einheim. wilden u. zahmen Thiere. 1. Thl. Die 4 ersten Thierklassen enthalt. 8. (31 B.) Passau 832, Pustet.

— Flora d. Unter-Donau-Kreises, od. Aufzählung u. kurze Beschreib. der im Unter-Donau-Kreise wildwachs. Pflanzen. Mit Angabe d. Standorts, d. Blühezeit, d. ökonom., techn. u. mediz. Benützung. 8. (18½ B.) Passau 831, Pustet.

**Reuß, Leop., kurzgefaßte Geschichte des älteren Italiens als Einleitung zur Entwicklungs-Geschichte der Neu-Italiener. gr. 8. (IV u. 276 S.) Passau 851, Elsässer & Waldbauer. ⅔ ₰**

**Reuß, Leop.**, der Mensch in seiner naturgemäßen Entwicklung, sowohl dem Geiste als dem Körper nach. 1. Thl. Entwicklung des Menschen als Individuums von der Geburt bis zum 28.—30. Jahre, als dem eigentl. Mannesalter. Ein Versuch. gr. 8. 844. (Passau, Ambrosi.) n. 18 ngl

**— der Mensch in seiner naturgemäßen Entwicklung. 2. Thl. Die Entwicklung der Gattung. Ein zweiter Versuch. gr. 8. (101 S.) Passau 847, Ambrosi. ½ ₰**

Reuß, Lothar

**Reuß**, L. v., Begebnisse u. Erlebnisse im deutsch-französischen Kriege 1870/71. Vom Beginn des Krieges bis zum Friedensschluß u. der Rückkehr in die Heimat. gr. 8. (VII, 126 S.) Landsberg a/L. 894. G. Berga. n. 2. —

**Reuß, Loth., der Dienst einer Batterie im Kriege. [Unter Zugrundelegung des Materials, der Formation u. der Vorschriften der königl. bayerischen Artillerie.] 2 Theile. Nürnberg 869. v. Ebner. gr. 8. Jeder Thl. n. 13 ngr.**
1. Dienst einer Feldbatterie im Kriege. (VIII, 87 S. mit 1 Tab. in qu. gr. 4.) — 2. Dienst einer Festungsbatterie im Kriege. (IV, 67 S.)

**Reuß**, Ludwig, Referendar in Köln: Das constitutum possessorium im römischen Recht. Borna-Leipzig 1905: R. Noske. (X, 62 S.) 8°
Rostock, Jur. Fak., Ref. Bernhöft, Diss. v. 20. März 1905
[Geb. 11. Apr. 83 Wetzlar a. Lahn; Wohnort: Cöln; Staatsangeh.: Preußen; Vorbildung: Gymn. Saarbrücken Reife O. 00; Studium: Lausanne 1, Marburg 3, Bonn 2 S.; Rig. 12. Nov. 03.]

Reuß, M.: Erläuternde Bemerkungen zu Preuß. Berggesetznovelle vom 28. Juli 1909. (Verantwortlichkeit im Bergwerksbetriebe. Sicherheitsmänner usw.) Berlin, 1909. 73 S.

**Reuss, Matern.** Initia doctrinae philosophicae solidioris. Salzburg 1798—1801. V (Pars 2): *Metzger, Paul.* (Ky)

— initia doctrinae philosophicae solidioris. II Ptes. (P. II. v. P. Metzger). 8maj. Salzb. 798 u. 801. Mayr. 16 gr.

— Logica universalis et analytica facultatis cognoscendi purae; scholae suae scripsit. 8. Würzb. 789.

**Reuß, Maternus,** Soll man auf kathol. Universitäten Kants Philosophie erklären? Würzburg 1789, 62 S., 8°.

Oberdeutsche Littztg 1789, II, S. 885. Auserles. Litt. des kath. Teutschl. Bd. 2, St. 3 S. 434. — Litteratur über das Studium der theol. Wissenschaft (Umfang, Methode rc.) s. Repert. I, 6 ff.

**Reuß,** Matern, († d. 26. Sept. 1798.) soll man auf kathol. Universitäten Kants Philosophie erklären.? gr. 8. Würzb. 789. Rienner. (Wesché in Frankf.) 4 gr.

Reuß, M., Verordnung über das Verfahren von den auf Grund des Unfallversicherungsgesetzes errichteten Schiedsgerichten vom 2. Novbr. 1885 mit Erläuterungen für den prakt. Gebrauch. 12. (56 S.) Dortmund 886, Köppen'sche Buchh. *

— Vorlesungen üb. die theoret.-prakt. Philosophie seit d. Jahre 1789 gehalten. 2 Thle. gr. 8. Würzb. 797. (Wesché in Frankf. a. M.) 1 rthl 12 gr

Reuss, Max

**Reuss, M.** Mittheilungen aus der Geschichte d. königl. Oberbergamtes zu Dortmund u. d. niederrheinisch-westfälischen Bergbaues. Festschrift zur Feier d. 100jähr. Bestehens d. königl. Oberbergamtes zu Dortmund am 25. Juni 1892. Im Auftrage Sr. Exc. d. Hrn. Ministers f. Handel u. Gewerbe Frhrn. v. Berlepsch verf. gr. 4. (III, 114 S. m. 2 Karten.) Berl. 892, Ernst u. Sohn. cart. * 7 —
Aus: Zeitschr. f. Berg-, Hütten- u. Salinenwesen, besonders abgedruckt.

Reuss, Otto

**(Ms. f. Frmr.)· Skizzen aus der Konstanzer Geschichte im Lichte der Humanität. Vortrag am Vorabend des Konstanzer Grosslogentags, 3. Mai 1902, gehalten von Otto Reuss. [Konstanz 1902: Reuss & Itta.] 31 S. 8° [Kopftit.] (Beil. zum BayrBbl. 2 (1901—1902) No 11.)**

**Reuss, P. A.,** Causae selectae in s. congregatione cardinalium concilii Tridentini interpretum propositae, s. Lingen, Chr.

— Peter (Aubens.) Momenta quaedam circa haemoptysin. Diss. med. Präs. Johann Caspar Gutberlet. Würzburg (Fr. E. Nitribitt) 4. VIII. 1798. 60 S. (5.—) 28447

**Reuss,** Rud., l'affaire de Tisza-Eszlar. Un episode de l'histoire de l'antisémitisme au 19. siècle. gr. 8. (53 S.) Strassburg 883. Treuttel & Würtz. n. — 70

—— ausfurliche und grundrichtige Beschreibung von der Stadt Strassburg, s. Chroniques, les, d'Alsace.

**Reuss,** Rud. Die Beschreibung des bischöflichen Krieges anno 1592. E. Strassburger Chronik, m. Anm. u. ungedr. Beilagen z. erst. Male hersgegeb. (161) 8. Strassburg 1877. 3,50.

**Reuss, Rud.,** die Beschreibung des bischöflichen Krieges anno 1592. Eine Strassburger Chronik, mit Anmerkungen und ungedr. Beilagen zum ersten Male hrsg. gr. 8. (XIV, 161 S.) Strassburg 878, Treuttel und Würtz. *

—— Pierre Brully, ancien dominicain de Metz, ministre de l'église française de Strasbourg 1539—1545. Étude biographique. gr. 8. (185 S.) Strassburg 878, Treuttel und Würtz. **

**Reuß,** R., zum Gedächtnisse Martin Butzers, d. Straßburger Reformators. Rede. gr. 8. (30 S. m. 1 Bildnis.) Straßburg i/E. 891. J. H. E. Heitz. n. — 20

**Reuss,** Rodolphe, Charlotte de Landsberg et le sacrilége de Dorlisheim [1722—1723] d'après des documents inédits. 8. (52 S.) Strassburg 888, Treuttel und Würtz. *

—— s. Chronik, kleine Strassburger.

— les colloques scolaires du gymnase protestant de Strasbourg. gr. 8. (66 S.) Ebend. 881. n. 1. 40

**Reuss,** Rud., trois conférences Strasbourgeoises, s.: Sabatier, A.

— zur Geschichte d. grossen Strassburger Freischiessens u. d. Zürcher Hirsebreies 1576. Verhandlungen d. Strassburger Magistrats aus den Rathsprotocollen zum ersten Male hrsg. Mit 1 Lith. d. Zürcher Hirsebreitopfes. gr 8. (XI, 91 S.) Strassburg 876. Treuttel & Würtz. n. 2. 40

—— Geschichte des Neuhofes bei Strassburg. Eine histor. Skizze nach ungedruckten Dokumenten des Stadtarchivs. gr. 8. (108 S.) Strassburg 884, Schmidt's Universitäts-Buchh. *

**Reuss,** Rudolf M. Samuel Gloner, ein Strassburger Lehrerbild aus den Zeiten des dreifsigjährigen Krieges. 8 (S. 143—226 = [84 S.]).
Progr.

— Gustav Adolf, König v. Schweden. Ein evangel. Lebensbild aus dem 30jähr. Kriege. 12. (IV, V, 28 S. m. Bildnis.) Ebd. 894. n. — 10

**Reuss, Rodolphe,** Idylle norvégienne d'un jeune négociant strasbourgeois. Épisode des souvenirs inédits de Jean-Everard Zetzner (1699—1700). (65 S.) Lex.-8. Strassburg 905. J. Noiriel. n. 1. —
Sonderabdruck aus: „Revue d'Alsace".

— la justice criminelle et la police des moeurs à Strasbourg au 16e et au 17e siècle. Causeries historiques. 12. (286 S.) Strassburg 885. Treuttel & Würtz. n. 2. —

— Charlotte de Landsberg et le sacrilége de Dorlisheim [1722—1723] d'après des documents inédits. 8. (52 S.) Strassburg 888. Treuttel & Würtz. n. — 80

— zwei Lieder üb. den Diebskrieg od. Durchzug d. navarr. Kriegsvolkes im Elsass (1587). Mit histor. Einleitg. u. ungedruckten Beilagen. gr. 8. (XV, 151 S.) Strassburg 874. Noiriel. n. 3. —

**Reuss**, Rud., Graf Ernst v. Mansfeld im böhmischen Kriege 1618—1621. Ein Beitrag zur Geschichte des 30jähr. Krieges. gr. 8. (XVI und 128 S. mit 1 lithogr. Plane von Pilsen.) Braunschweig 865, Schwetschke und Sohn.

**Reuss**, Rodolphe, les manuscrits alsatiques de la bibliothèque de la ville de Strasbourg. Inventaire sommaire. [Aus: „Revue d'Alsace".] gr. 8. (57 S.) Strassburg 897. Treuttel & Wurtz. n.n. 1.—

— vieux noms et rues nouvelles de Strasbourg. Causeries biographiques d'un flâneur, avec une préface. 8. (XIV, 442 S.) Strassburg 883, Treuttel und Würtz. *

— notes pour servir à l'histoire de l'église française de Strasbourg 1538—1794. gr. 8. (147 S.) Ebend. 880. n. 2. 80

— der Apostel Paulus, s. Schriften des protestantischen liberalen Vereins in Elsaß-Lothringen.

— Konrad Pellikanus, s.: Schriften d. protestantischen liberalen Vereins in Elsaß-Lothringen

**Reuss**, R. v., Phymatocarcinus speciosus, eine neue fossile Krabbe aus dem Leithakalke des Wiener Beckens. Lex.-8. (6 S. mit 1 lithogr. Taf.) Wien 871, (Gerold's Sohn.) *
Aus: Sitzungsberichte der k. Akademie der Wissenschaften, besonders abgedruckt.

— A. Schillinger. Souvenirs pour ses amis. Avec des extraits du Journal de Schillinger pendant le siége de Strasbourg. 8. (XI. 292 S.) Strassburg 883. Treuttel & Würtz. n. 6.—

— Wolfgang Schuch, ein evangelischer Märtyrer des Elsasses, s. Schriften des protestantischen liberalen Vereins in Elsaß-Lothringen.

— de scriptoribus rerum alsaticarum historicis inde a primordiis ad saeculi XVIII exitum. gr. 8. (XII, 250 S.) Strassburg 898. F. Bull. n. 6.—

— Séligmann Alexandre ou les tribulations d'un Israélite strasbourgeois pendant la terreur. [Aus: „Affiches de Strasbourg".] 12. (44 S.) Strassburg 880. Treuttel & Würtz. n. — 70

— Souvenirs alsatiques. Jean-Pierre Massenet, cultivateur à Heiligenstein, député du Bas-Rhin, professeur à l'académie de Strasbourg, d'après des documents inédits. 8. (IV, 168 S.) Strassburg 897. Treuttel & Würtz. n. 1.50

— Strassburg im dreissigjährigen Krieg [1618—1648]. Fragment aus der Strassburgischen Chronik d. Malers Joh. Jak. Walther, nebst Einleitung u. biographischer Notiz. gr. 4. (41 S.) Ebend. 879. n. 1. 90

**Reuss**, Rodolphe, un voyage d'affaires en Espagne en 1718. Extraits des mémoires inédits du Strasbourgeois Jean-Everard Zetzner. (67 S.) Lex. 8. Strassburg 907. J. Noiriel. 1.—

— die kirchlichen Wahlen zu Dingsheim, s.: Schriften d. protestantischen liberalen Vereins in Elsaß-Lothringen.

**Reuss**, Th. A., meine Erlebnisse auf dem Motorrad. 1. Bd. (110 S. m. Abb.) gr. 8. Kötzschenbroda 907. Th. A. Reuss. 1.—

**Reuss**, Theodor, a. Lindau i. B.: Heinse und Hölderlin. Stuttgart 1906: J. F. Steinkopf. (VII, 72 S.) 8°
Tübingen, Phil. Fak., Ref. v. Fischer, Diss. v. 11. Dez. 1906
[Geb. 19. Aug. 82 Lindau; Wohnort: Tübingen; Staatsangeh.: Württemberg; Vorbildung: Gymn. Tübingen Reife M. 00; Studium: Tübingen 6, Berlin 1, Leipzig 1, Tübingen 3 S.; Coll. 5. Juli 06.]

**Reuss, Theod.: Lingam-Yoni oder Die Mysterien des Geschlechts-Kultus als die Basis aller Kulturvölker des Altertums und des Marienkultus in der christlichen Kirche, sowie Ursprung des † und des ♀". — Unter Benutzung alter Geheimschr. eines Ordens sowie der anerkanntesten Quellenwerke zsgest. und aus d. Engl. übers. von „Pendragen". Als Ms. f. Frmr. Gr. Lichterfelde: Wilson.**
cf. L. 29 (1906) S. 42.

**Was muss man von der Freimaurerei wissen? Eine allgemeinverständliche Darst. des Ordens der Freimaurer, der Illuminaten und Rosenkreuzer von Peregrinus [d. i. Theod. Reuss]. Berlin: Steinitz [1901]. 80 S. 8⁰**

**[Dasselbe.] 2. verm. u. verb. Aufl. Ebendas. 1905. 80 S. 8⁰**
Will für Nicht-Mr. das sein, was R. Fischers „Darstellung d. frmrischen Systeme" f. Frmr" ist.

**Was muss man von der Freimaurerei wissen? Eine allgemeinverständliche Darstellung des Ordens der Freimaurer, der Illuminaten und Rosenkreuzer von Peregrinus [d. i. Theod. Reuss]. 3. Aufl. Berlin: Steinitz 1910. 80 S. 8⁰.**

**Reuss**, Wilhelm [aus Grünberg]: Beiträge zur Kenntniss der salpetersauren Quecksilberoxydulsalze (Mercuronitrate) .... *Altenburg, Pierer'sche Hofbuchdr. Stephan Geibel & Co.,* 1886; 80 S. 8°.
Freiburg i. B. Phil. Fak., Inaug.-Diss. v. 1886.

**Reuss**, Wilh., Beiträge zur Kenntniss der salpetersauren Quecksilberoxydulsalze [Mercuronitrate]. Inaugural-Dissertation. gr. 8. (79 S.) Freiburg i. Br. 886. (Braunschweig, Gebr. Haering.) *

**Reuß**, Wilh., die Gesetze über die Schwurgerichte, s. Gesetze.

**Reuss**, *Friedrich* Wilhelm [aus Friedberg i. d. W., jetzt Lehramtsassessor zu Wimpfen]: Die dichterische Persönlichkeit Herborts von Fritzlar ... Wertheim, Buchdr. v. E. Bechstein, *1896*; 97 S., 1 Bl. 8.
Giessen, Phil. Fak., Inaug.-Diss. v. 1896

**Reuss**, Wilh. Ritter v., der Biliner Sauerbrunn: Beilage zum Kalender des Centralvereines deutscher Ärzte in Böhmen f. 1896.

**Reuß**, Wilh., das württembergische Strafgesetzbuch, s. Strafgesetzbuch, das württembergische.

**Reuß,** Wolfgang, approb. Arzt: **Symbiose von Carcinom und Tuberkulose. Kasuistische Mitteilung.** *München 1903: Kastner & Callwey.* (20 S.) 8°
München, Med. Diss. v. 1903

**Reuß, Zoë v.,** Doktors Bescheerung u. andere Novellen, s.: Universal-Bibliothek.

**Reuß, Zoë v.,** Christine. Flächsern Garn, s.: Volksbücher, neue.

Die Frau der Gegenwart im Umgang und Verkehr. (Weiblicher 'Knigge'.) Von Zoë v. **Reuss.** *Berlin: W. Möller [1901].* (112 S.) 8° [F.] [01. 1033
= [Frauen-Buch, Das praktische. Bd 7.]

-- dasselbe, s.a. Frauenbuch, das prakt. 7.

Die Frau der Gegenwart im Umgang und Verkehr. (Weiblicher 'Knigge.') Von Zoë v. **Reuss.** 2. bedeutend erw. Aufl. *Berlin: W. Möller [1902].* (198 S.) 8° [F.] [02. 2191

**Reuß,** Zoë v., die Frau der Gegenwart in Umgang u. Verkehr. (Weiblicher „Knigge".) 3. unveränd. Aufl. 8. (198 S.) Berlin (902). W. Möller. Geb. in Leinw. n. 3. —

— Grobbrot u. Feinbrot. Erzählungen. (VIII, 327 S. m. Bildnis.) 8. Berlin (903). Oranienburg, W. Möller. n. 2. —; geb. n. 3. —

— Irene, s.: Weber's moderne Bibliothek. Nr. 59.

Reuß, Zoë v., das Codicill. Roman. 8. (208 S.) Berlin 885, J. Engelmann. *

**Reuß,** Zoë v., Kyffhausen. Epische Dichtg. 12. (66 S.) Leipzig 899. P. Ehrlich. n. 1. 50; geb. in Leinw. n. 2. 50

— deutsche Männer, s.a. Volksbücher, neue.

[F.] Deutsche Männer. Erzählg aus schwerer Zeit v. Zoë v. **Reuss.** M. 1 Buntdruckb. *Berlin: Christl. Zeitschriftenver. 1896.* (104 S., 1 Taf.) 1 Bd 5. = Volksbücher, Neue. Bdch. 34. [97. 7652

**Reuß,** Zoë v., deutsche Novellen. 2 Bde. 8. (232 u. 396 S.) Norden 877. Soltau. n. 6. —

**Reuß, Zoë v., deutsche Novellen, 2 Bde. 2. (Titel-)Ausg. 8. (232; 396 S.) Norden 882, Soltau's Verlag.** *

— **Silbersegen, s.: Gabelsberger-Bibliothek 56. Bd.**

**Reuß,** Zoë v., der kleine Töffel. Vaterländische Erzählg. 8. (167 S.) Jena 893. H. Costenoble. n. 2. —

**Reuß-Hoernes, Jenny v. (Frau Jenny Hoernes), vom Baume der Erkenntnis. Neue Gedichte. (118 S. m. Bildnis.) kl. 8. Breslau 907. Berlin, S. Schottlaender's schles. Verlags-Anstalt. n. 2. —**

**Reuß,** Jenny v. (Jenny Hoernes), Tempi passati. Dichtungen. 8. (IV, 180 S.) Graz 898. H. Wagner. n. 3. —; geb. in Leinw. m. Goldschn. n. 4. —

**Reussacher, Karl, die Gold führenden Gangstreichen der Salzburg. Central-Alpenkette, siehe: Abhandlungen, naturwissenschaftl., hrsg. v. W. Haidinger, II. Bd.**

**Reußbote: Der Reußbote**
① Publikationsorgan der Gemeinden Bellikon, Birrhard, Birmenstorf, Büblikon, Bußlingen, Fislisbach ... etc. (1898—1902). Publikationsorgan der Gemeinde Mellingen sowie des Reußtales und des Rohrdorfberges (1903—1910). Hauptanzeigeblatt für (1911: Mellingen) das Reußtal und Rohrdorfsberg (1911—1933). Organ für die Bezirke Baden, Bremgarten, Brugg und Lenzburg ⑤ 4. 6. 1898 (cont.) ⑥ 2° ⑦ wöchentlich 2×; wöchentlich 3× (ab 1. 1. 1924) ⑧ Mellingen: Schmid, A. Rymann (ab 1903), A. Nüßli (ab 7. 4. 1914) ⑨ Unterhaltungsblatt (wöchentlich. 1901-1905). Illustriertes Sonntagsblatt (wöchentlich, 1905—1910). Illustr. Unterhaltungsblatt (wöchentlich, 1910/11). Feierabend (illustriert; 2× wöchentlich, 1915/16) ⑩ die Drucker ⑪ die Drucker ⑫ neutral (1897, Drucker Schmid), katholisch-konservativ (A. Rymann), neutral (A. Nüßli), freisinnig, neutral ⑭ Be: L.

**Reusse,** Clara, s. Reusse, Klara

**Reuße, H.,** die deutschen Eisenbahnen, in Beziehung auf Geschichte, Technik u. Betrieb. Hierbei 1 Eisenbahnkarte in Farbendruck, 1 Blatt Profile u. 4 Blätter mit Plänen mehrerer Eisenbahnen. gr. 16. Cassel 844, Fischer. n. 5/6 ℛ (Die Karte mit den Plänen u. Profilen apart n. 1/4 ℛ)

— Eisenbahnkarte von Deutschland u. der angrenz. Länder, nebst (5) Profilen u. Plänen. 16. (Mit Text.) Ebend. 844. n. 1/4 ℛ

**Reusse:** Geognostische Karte von Kurhessen, s. Schwarzenberg.

**Reusse,** H. Strassen-, Orts- und Fluss-Karte von Kurhessen. 1 : 96 000. Cassel 1839. 12 Bl. 1., und Titelbl.

Reusse, Klara

**Reusse,** Clara, s.: Collection of longer English poems.

**Reuße,** Rud., Rede zur Bismarck-Gedenkfeier, am 31. III. 1900 geh. gr. 8. (9 S.) Weimar 900. H. Böhlau's Nachf. n.n. — 25

**Reussen,** J. W. A., Disputatio de diurnis aliisque Romanorum actis. Diss. 1857. 77 S. 1.50

**Reussen, Johann Hermann** (Harderode/Braunschweig/Wolfenbüttel), Diatriben historicam, C. Julii Caesaris adversus Ariovistum regem aliosque Germanos gesta bella explicantem. Moder. Christoph Cellarius. Halle/Magdeburg (Chr. Henckel) 26. IV. 1702. 26 S. (4.50) 28449
Gew.: Johann Friedrich von Helmburg.

— — Dasselbe. Halle/Magdeburg (Chr. Henckel) 26. IV. 1702. 1710. 26 S. (4.50) 28450
Gew.: Johann Friedrich von Heimburg.

**Reußenländer u. Geraer, der. Ein Monats-Blatt f. vaterländ. Zustände. Red.: Adph. Hofmeister. 1. Jahrg. August — Decbr. 1849. 5 Nrn. 2—4. Jahrg. 1850—1852. à 12 Nrn. 4. (1/2 Bog.) Gera, Illgens Erben in Comm. 1849: n. 4 ngl 1850—1852 à n. 8 ngl**

**STRUBE,** Karl, eine Geschichte aus gesammelten Briefen, von ihm selbst und seinen Freunden (verfasst von *Mariane Reussing*, geb. *Wedekind*). Eisenach 1784—89.
Anon.-Lex. IV. p. 129 (nach v. Schindel, Meusel, Kayser).

— — Dasselbe. Neue Aufl. Leipzig 1805.

Reussing, Th.: De origine febrium ..., s. Nicolai, E.H. (Praes.)

Reussisches Unterland [Schlagwort]

**Reussisches Unterland. Schallwitz, Bruno, Schulkarte des Reussischen Unterlandes in Höhenschichten. 1 : 80,000. 37,5 × 89,5 cm. Farbendr. Gera 896. H. Kanitz' Verl. n. — 20**

Reußler, J. W. Der deutsche Michel auf der Wache. Berlin 1848. 10 S. 8.

**Reussmann**, J. G., de vario olei usu apud veteres populos. Progr. Schneeberg. 783. 4.

*Reussmann*, Jh. Gf. († d. 25. Febr. 1796.) f. *Devarius* de graecae linguae partic.

– s.a. **Lebensbeschreibung d. Graf. L. v. Solms.**

(**Reussmann**, J. G.) Lebensbeschreibung des Heil. Röm. Reichs-Grafen Friedrich Ludwig von Solms zu Tecklenburg. (118) 8. Leipzig 1795.

**Reussner**, A. Constructionen aus dem Gebiete der darstellenden Geometrie. Clausthal. 1884.

**Reussner**, Georg [app. Arzt aus Halle a./S.]: Ueber einen Fall von Glio-Sarcom des Grosshirns ... München, Buchdr. v. M. Ernst, 1892; 24 S., 1 Bl. 8.
München, Med. Fak., Inaug.-Diss. v. [3. März] 1892

**Reussner**, H. Adolf: Untersuchungen über die Syntax in dem angelsächsischen Gedichte vom heiligen Andreas. Ein Beitrag zur angelsächsischen Grammatik. . . . Halle a. S., Druck v. Ehrhardt Karras, 1889; 1 Bl. + 62 S. + 1 Bl. 8°
Leipzig, Phil. Fak., Inaug.-Diss. v. 31. Jan. 1889

**Reußner**, Herm., geschichtliche Rückblicke u. Betrachtungen an vaterländischen Schulfeiern. gr. 8. (IV, 137 S.) Halle a/S. 893. H. Schroedel. n.n. 1.75

**Reußner**, J. F., Denkübungen zum Gebr. in Primär-Schulen. gr. 12. (5 B.) Straßburg 832, Levrault.

**Reussner**, J. F., Exercices pour former le raisonnement des enfans. gr. in-12. Paris et Strasb. 835. Levrault. 1,3 f

**Reußthaler: Der Reußthaler**
① Anzeiger des Kreises Mellingen und Umgebung ⑤ 1906—1917 ⑦ wöchentlich 2× ⑧ Baden: J. Jäger ⑨ Illustrierte Sonntagsbeilage ⑩ der Drucker ⑪ der Drucker ⑫ freisinnig-demokratisch ⑬ BGSZ: 941 ⑮ Kopfblatt der »Schweizer Freien Presse«.

FSC
www.fsc.org
MIX
Papier | Fördert
gute Waldnutzung
FSC® C083411

Kolibri 360 GmbH
Ferdinand-Jühlke-Straße 7
99095 Erfurt, Deutschland
produktsicherheit@kolibri360.de